AF499516

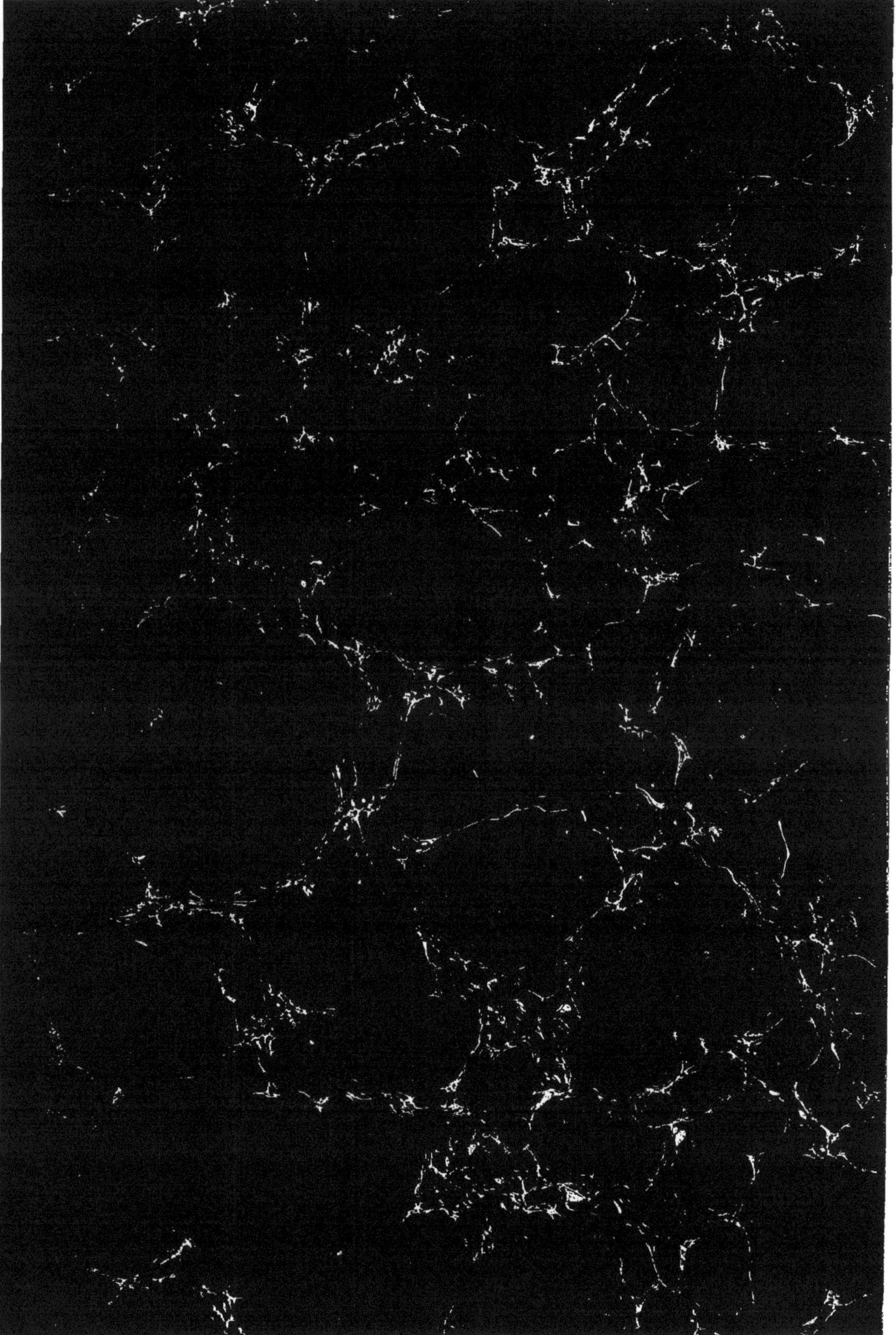

ENCYCLOPÉDIE THÉOLOGIQUE,

OU

SÉRIE DE DICTIONNAIRES SUR TOUTES LES PARTIES DE LA SCIENCE RELIGIEUSE,

OFFRANT EN FRANÇAIS

LA PLUS CLAIRE, LA PLUS FACILE, LA PLUS COMMODE, LA PLUS VARIÉE ET LA PLUS COMPLÈTE DES THÉOLOGIES.

CES DICTIONNAIRES SONT :

D'ÉCRITURE SAINTE, DE PHILOLOGIE SACRÉE, DE LITURGIE, DE DROIT CANON, D'HÉRÉSIES ET DE SCHISMES, DES LIVRES JANSÉNISTES, MIS A L'INDEX ET CONDAMNÉS, DES PROPOSITIONS CONDAMNÉES, DE CONCILES, DE CÉRÉMONIES ET DE RITES, DE CAS DE CONSCIENCE, D'ORDRES RELIGIEUX (HOMMES ET FEMMES), DES DIVERSES RELIGIONS, DE GÉOGRAPHIE SACRÉE ET ECCLÉSIASTIQUE, DE THÉOLOGIE DOGMATIQUE ET MORALE, DE JURISPRUDENCE RELIGIEUSE, DES PASSIONS, DES VERTUS ET DES VICES, DE GÉOLOGIE ET DE CHRONOLOGIE RELIGIEUSES, D'HAGIOGRAPHIE, D'ICONOGRAPHIE CHRÉTIENNE, DE MUSIQUE CHRÉTIENNE, DE BIOGRAPHIE CHRÉTIENNE, DES PÈLERINAGES CHRÉTIENS, D'ANECDOTES CHRÉTIENNES, DE DIPLOMATIQUE ET DE SCIENCES OCCULTES.

PUBLIÉE

PAR M. L'ABBÉ MIGNE,

ÉDITEUR DE LA BIBLIOTHÈQUE UNIVERSELLE DU CLERGÉ,

OU

DES COURS COMPLETS SUR CHAQUE BRANCHE DE LA SCIENCE ECCLÉSIASTIQUE.

50 VOLUMES IN-4°.

PRIX : 6 FR. LE VOL. POUR LE SOUSCRIPTEUR A LA COLLECTION ENTIÈRE, 7 FR., 8 FR., ET MÊME 10 FR. POUR LE SOUSCRIPTEUR A TEL OU TEL DICTIONNAIRE PARTICULIER.

TOME CINQUANTIÈME.

DICTIONNAIRES DE GÉOLOGIE ET DE CHRONOLOGIE.

1 VOL. PRIX : 8 FRANCS.

CHEZ L'ÉDITEUR,
AUX ATELIERS CATHOLIQUES DU PETIT-MONTROUGE,
BARRIÈRE D'ENFER DE PARIS.

1849

DICTIONNAIRE
DE GÉOLOGIE,

SUIVI

D'ESQUISSES GÉOLOGIQUES ET GÉOGRAPHIQUES,

PAR M. A. DE CHESNEL,

ET

DICTIONNAIRE
DE
CHRONOLOGIE
UNIVERSELLE,

PAR M. CHAMPAGNAC;

PUBLIÉS PAR M. L'ABBÉ MIGNE,

ÉDITEUR DE LA BIBLIOTHÈQUE UNIVERSELLE DU CLERGÉ,

OU

DES COURS COMPLETS SUR CHAQUE BRANCHE DE LA SCIENCE ECCLÉSIASTIQUE.

TOME UNIQUE.

PRIX : 8 FRANCS.

CHEZ L'ÉDITEUR,
AUX ATELIERS CATHOLIQUES DU PETIT-MONTROUGE,
BARRIÈRE D'ENFER DE PARIS.

1849

Imprimerie de MIGNE, au Petit-Montrouge.

INTRODUCTION.

L'étude de la géologie, l'une des plus attachantes pour l'exercice de l'intelligence, est aussi l'une des plus anciennes et des plus répandues chez tous les peuples, même ceux qui vivent presque à l'état sauvage, lesquels ont aussi, dans leurs traditions, une cosmogonie quelconque. C'est en effet un besoin inné chez l'homme, que de chercher à se rendre compte des phénomènes de la nature auxquels il assiste journellement; ce n'est pas avec indifférence qu'il devient témoin du spectacle des orages, du courroux de l'Océan, du grandiose de ces chaînes de montagnes dont les pics sourcilleux se perdent dans la nue, des commotions souterraines qui ébranlent le sol qui le supporte, de la beauté de la végétation, de la structure si variée, enfin, des milliers d'êtres qui occupent avec lui l'espace qu'il parcourt. Incessamment ému de ces merveilleuses conceptions, de cet ordre admirable dont il apprécie en partie la puissance et le but, et qui le mettent en rapport avec le Moteur suprême qu'il ne sait définir, mais dont il reconnaît l'intervention dans chaque chose créée, son esprit cherche constamment à s'élever vers ces régions où il sent que la vérité doit se trouver, et avant d'avoir été éclairé par les préceptes de la religion, il est déjà religieux par le seul examen des œuvres du Créateur.

Mais cet instinct que l'homme possède de la perfection établie dans l'ordre de l'univers, se transforme en une science, à mesure que la méditation apporte de la méthode dans le classement de ses idées et des conclusions à l'ensemble des faits. C'est alors qu'il demeure convaincu que toutes les forces de la nature dépendent l'une de l'autre, qu'il règne une harmonie complète dans leur action, et que les choses les plus dissemblables en apparence subissent la direction d'un principe commun. Il est incontestable d'ailleurs que nous avons le pressentiment de grandes lois, même avant que nous cherchions à les découvrir par l'analyse; car nous éprouvons tout d'abord que le mode d'action dont il nous est permis de saisir quelques éléments ne saurait satisfaire aux conditions d'existence et de durée de ce grand tout que l'on nomme l'univers. Ensuite, sur quelques points du globe que nous nous trouvions jetés, nous remarquons que, dans des circonstances analogues, les faits s'accomplissent de la même manière, d'après des règles constamment rigoureuses; nous découvrons, en suivant le fil conducteur que nous offrent les lois générales, l'explication des diverses métamorphoses du beau et du laid, du bon et du mauvais; nous savons, enfin, pourquoi telles contrées sont et doivent être stériles, pourquoi d'autres se montrent toujours luxuriantes. Dans les investigations auxquelles nous sommes entraînés, nous rencontrons sans doute de nombreux préjugés, de fausses traditions qui peuvent nous égarer; mais dans ce cas même il ne faut pas perdre de vue que lorsque l'erreur de la multitude se rattache aux créations de Dieu, c'est presque constamment par excès d'amour et d'admiration qu'elle se propage et se fortifie, et non par un sentiment répréhensible.

En rétrogradant jusqu'aux premiers âges des sociétés, chacune d'elles fournit des notions plus ou moins étendues, plus ou moins rationnelles sur l'origine de la terre et sur l'existence d'un déluge universel. Néanmoins, il est très-remarquable que les traditions des temps réellement historiques ne remontent, aucunes, au delà de l'époque où vivait Moïse, c'est-à-dire 1595 années avant la venue de Jésus-Christ, ou près de trente-cinq siècles en arrière de nous ; et comme le récit de la Genèse ou la chronologie des Hébreux est la seule qui repose sur des faits qui ne peuvent être contestés, il faut nécessairement en conclure que la cosmogonie des autres peuples de l'antiquité n'est qu'une version plus ou moins altérée du livre sacré.

L'ordre de la création fut révélé à Moïse par Dieu. Donc tout ce que contient le récit de la Genèse ne saurait être mis en doute, puisque la parole de Dieu est l'expression de la vérité. D'un autre côté, les observations de la science, lorsqu'elles ont lieu avec sincérité, doivent confirmer et confirment effectivement les faits rapportés par l'historien hébreu, puisque Dieu lui dictait son livre et que rien dans la création ne peut jamais contredire ce qu'a annoncé le Créateur. Par suite de la même logique, tous les systèmes des géologues doivent contenir des vérités, puisque tous les phénomènes de la nature ont dû concourir aussi, dans des proportions diverses, au même résultat. Si la cosmogonie de Moïse n'était pas une révélation, il faudrait convenir que ce saint personnage eût été un géologue bien surprenant, puisqu'il aurait expliqué, il y a trente-cinq siècles, les révolutions successives qu'avait éprouvées le globe depuis sa création ; qu'il aurait enfin tracé les voies rationnelles sur lesquelles la science marche aujourd'hui, mais desquelles on l'a vue trop fréquemment s'écarter avant d'arriver à l'établissement des principes qui constituent l'état présent de la géologie. C'est que le savant pénètre sans beaucoup de difficulté dans l'étude des détails, attendu que Dieu lui a donné l'intelligence pour atteindre ce but ; tandis que dans l'examen qu'il fait de l'ensemble, il se perd le plus souvent dans de fausses théories, parce qu'alors il s'occupe moins de résumer ce qui est, que de spéculer sur ce qu'il rêve.

Jusqu'au commencement du présent siècle environ, les théologiens et les géologues se trouvèrent en désaccord complet sur la cosmogonie. Les premiers, pleins de foi et de respect pour les saintes Ecritures, considéraient en quelque sorte comme autant d'hérésies les doctrines que répandaient les seconds sur les longues périodes qu'ils assignaient entre le dépôt de chaque terrain ; et ceux-ci, n'examinant que les faits, se refusaient à admettre que la formation des différentes couches géologiques eût pu s'accomplir dans les six jours annoncés par la Genèse. Une telle désunion était déplorable à plus d'un titre ; mais un rapprochement s'est déjà opéré par la manière dont un grand nombre de dissidents, des deux côtés, se sont réunis pour interpréter le mot hébreu *iom* יוֹם. En donnant à ce mot, comme on l'avait fait en général précédemment, la signification de *jour* et la durée que nous assignons à une révolution diurne, au lieu de la considérer, peut-être avec plus de rationalisme, dans le sens d'*époque*, et de ne voir alors dans les jours de la Genèse que des périodes successives ayant chacune une étendue plus ou moins considérable, on ne pouvait parvenir à s'entendre. Par la seconde opinion, au contraire, celle qui considère le mot *iom* comme synonyme d'*époque*, on rend aisée l'alliance de l'histoire sainte avec les théories géologiques. Il faut bien remarquer, en effet, qu'en admettant cette conclusion, on ne porte pas la moindre atteinte, ce qui est l'essentiel, aux vérités de la révélation, tandis qu'en la repoussant, on cesse de se rendre un compte satisfaisant de la formation de ces divers terrains qui contiennent des débris de corps organiques qui semblent caractériser des époques différentes, à moins de penser, ce qui ne saurait être, que Dieu aurait anéanti le lendemain ce qu'il avait créé la veille ; avec elle, enfin, l'ordre chronologique de la création se trouve représenté dans les couches du globe, tel qu'il est exposé par la Genèse ; et il résulte alors des faits matériels qui subsistent, qu'ils deviendraient un témoignage irrécusable de l'exactitude qui existe dans le livre hébreu, si la parole divine ne devait pas, en tout état de choses, être acceptée avec foi. Cette interprétation du mot *iom* semblerait d'ailleurs avoir été aussi celle de saint Augustin, puisqu'il a dit qu'on ne pouvait *affirmer* que les jours de la création fussent pareils à ceux de la semaine ; saint Athanase, Bossuet et plusieurs autres ministres de l'Evangile, se sont exprimés comme lui à ce sujet ; puis, lorsque Moïse emploie les mots *fuit vespera et fuit mane*, pour désigner chaque journée, il est peut-être permis de supposer qu'il entend seulement que chacune d'elles, ou chaque époque, a un commencement et une fin, supposition d'autant plus naturelle, qu'il ne fait plus usage de cette phrase dès qu'il arrive à l'apparition de l'homme sur la terre, c'est-à-dire aux temps historiques.

Nous nous sommes rangé, après un examen consciencieux, du côté de cette opinion qui ne voit dans les *jours* de la Genèse que des *époques* ; mais plus peut-être encore qu'aucun de ceux avec qui nous la partageons, nous nous sommes attaché à faire ressortir la concordance des faits géologiques avec le récit de Moïse. Toutefois, nous devons déclarer qu'en persévérant dans cette voie d'interprétation, nous n'en reconnaissons pas moins tout le poids qu'a l'autorité de certains de nos adversaires, tant sous le rapport religieux que sous celui de la science ; mais aux hommes pieux nous répondons alors que notre orthodoxie, que notre bonne foi doivent leur prouver que nous marchons avec eux vers le même but, celui de rendre plus apparente la vérité, et que nous différons simplement sur quelques-uns des points qui peuvent y conduire par la ligne la plus droite ; aux savants nous disons que c'est précisément dans l'examen des mêmes faits qu'ils nous opposent, que nous croyons rencontrer les bases les plus solides de notre doctrine.

L'objection la plus sérieuse qui lui est adressée, au surplus, est celle-ci : On prétend que le dépôt des terrains, et surtout celui des corps organisés que ces terrains renferment, n'a pas eu lieu avec la régularité que nous admettons pour établir notre concordance. Eh bien ! nous continuons à soutenir que cette régularité existe, tant pour la formation des terrains que pour le dépôt des fossiles ; qu'elle est invariable dans toutes les contrées du globe ; que nous-même l'avons toujours observée dans des conditions identiques sur chaque point des deux hémisphères où nous nous sommes trouvé dans le cas de l'étudier. Mais il ne faut pas perdre de vue, après cela, que lorsque des fossiles sont caractéristiques d'un terrain, il n'en résulte pas, rigoureusement, qu'on ne puisse en rencontrer quelques individus épars dans un dépôt antérieur ou postérieur à ce terrain, et voici pourquoi. Chaque formation est communément composée de plusieurs étages ; or, il advient presque toujours que le mélange de quelques fossiles de l'étage inférieur d'un terrain a lieu avec les fossiles de l'étage supérieur du terrain qui lui est antérieur, et ce mélange est d'autant plus facile et concevable, que la solidification d'un dépôt n'est pas accomplie instantanément ; qu'aussi longtemps, au contraire, qu'il est recouvert par le liquide, cette solidification est lente et soumise à une sorte de remaniement, c'est-à-dire qu'il arrive dans ce travail quelque chose d'analogue à ce qui se passe dans les cavernes envahies par les eaux, et où les produits de différentes époques ou périodes historiques se trouvent empâtés en un même agrégat stalagmitique. Ainsi, rien de surprenant qu'une formation houillère, par exemple, contienne, parmi ses végétaux, quelques mollusques et poissons appartenant à une époque postérieure; que les terrains secondaires offrent quelquefois des débris d'animaux du dépôt tertiaire; car ce ne sont que des cas fortuits dus, outre la cause que nous venons d'indiquer, à divers cataclysmes, tels que des redressements, des déchirements de montagnes, des submersions, etc.; mais les faits généraux, mais l'ordre chronologique des dépôts n'en demeurent pas moins constamment les mêmes : vous ne trouverez pas, au sein des grandes masses de la houille, les animaux qui caractérisent la période secondaire, pas plus que vous ne rencontrerez dans les couches de celle-ci, les fougères et les lycopodiacées du terrain carbonifère; il en sera de même des autres époques et des autres formations; plus, enfin, vous apporterez de soin et d'impartialité à observer la constitution des masses principales de chaque terrain et ce qui résulte du rapport intime de ce terrain, soit supérieurement, soit inférieurement, avec le dépôt qui lui est postérieur ou antérieur, plus vous éprouverez de surprise et d'admiration à voir combien les couches du globe viennent ratifier de point en point le récit de Moïse sur l'ordre de la création.

Il n'est pas toujours possible à l'homme de juger de l'inconnu par le connu, c'est-à-dire d'apprécier les faits accomplis loin de lui par ceux qui se réalisent en sa présence; car s'il en était ainsi, cette méthode serait évidemment la plus rationnelle, et ferait éviter les écueils de l'erreur. Cependant il est des gens qui décident *à priori* que l'ordre des temps est demeuré invariable, sans réfléchir d'abord qu'une semblable assertion est démentie par les faits; qu'elle a ensuite pour conséquence d'attribuer à notre raison une portée que Dieu n'a peut-être pas voulu lui accorder; que s'engager sur une pareille voie est altérer la foi religieuse, méconnaître en quelque sorte l'omnipotence de la Divinité; que c'est enfin préconiser le matérialisme et considérer notre monde comme une machine qui se conserve d'elle-même au moyen de lois physiques et immuables qui lui sont propres, sans qu'aucune autre intervention lui soit nécessaire, sans qu'elle ait jamais à redouter que le mouvement qu'elle s'est imprimé puisse être suspendu ou accéléré par une puissance supérieure. On pénètre facilement au sein de l'hérésie, lorsqu'on accueille avec trop de légèreté certaines idées dont la surface est spécieuse.

Nous le répétons, si les six jours indiqués par la Genèse peuvent être effectivement regardés, ainsi que nous le croyons, comme six états par lesquels le globe a passé, sans qu'il soit possible de déterminer la durée de chacun des intervalles qui les a séparés, rien ne devient plus aisé que l'alliance de la cosmogonie du prophète Moïse et de la géologie moderne ; elles s'expliquent alors naturellement l'une par l'autre, et ne peuvent même se comprendre parfaitement chacune, qu'en se prêtant un mutuel appui. On voit aussi que Moïse divise la création en deux périodes principales : la première embrasse ce qu'il nomme le *commencement*, בְּרֵאשִׁית, c'est-à-dire le temps pendant lequel Dieu créa la matière dont il forma le ciel et la terre, ou tira du néant la substance des systèmes planétaires, ce qu'exprime le premier verset de la Genèse, lorsqu'il dit : *Au commencement, Dieu créa le ciel et la terre;* et ici, comme dans ce qui précède, on peut conclure qu'une suite de siècles, dont on ne pourrait fixer le nombre, durent s'écouler entre ce commencement où la terre reçut une forme, et le temps où s'établit la seconde période.

Nous venons de faire connaître notre sentiment sur un point capital de l'étude de la géologie, et nous n'avons pas hésité non plus à faire l'aveu que des hommes très-capables ne pensent pas comme nous; mais, placés sur un champ où chacun a le droit de conserver son libre arbitre, nos adversaires livrent sans doute, comme nous le faisons nous-même, à l'autorité et au jugement du plus grand nombre, un différend qui du reste se débat à armes courtoises. On a abandonné sagement en effet, dans les questions de cette nature, l'aigreur de la controverse; tous les esprits religieux tendent aujourd'hui à opérer la fusion de la science avec le haut et puissant enseignement théologique, lequel doit d'ailleurs demeurer la règle de tout autre, puisqu'il n'y a point d'intérêt qui puisse jamais être mis en balance avec celui de la vérité.

Aucun travail semblable au nôtre ne l'ayant précédé, nous avons dû, les premiers, poser les limites de ce qui doit constituer un Dictionnaire de géologie proprement dite, c'est-à-dire sa nomenclature. Ces limites n'étaient pas sans difficulté à déterminer; car, à la rigueur, la minéralogie, qui se lie intimement à la composition des roches, la malacologie, qui fournit des espèces en si grand nombre à la paléontologie, pouvaient entrer aussi dans le cadre du Dictionnaire qui nous occupait; mais alors nous aurions été obligé de publier plusieurs volumes, et nous nous serions trouvé entraîné, soit à empiéter sur des branches de l'histoire naturelle qui sont le plus communément l'objet de traités spéciaux, soit à composer un dictionnaire presque général de cette science. Nous avons donc pensé qu'il était plus convenable de borner notre œuvre à l'examen des grands cataclysmes qui ont amené le globe à son état actuel, et des causes toujours agissantes dont le résultat doit être des perturbations plus ou moins semblables à celles qui les ont précédées. Nous ne donnons que la description des roches, sans nous attacher à l'analyse particulière des minéraux qu'elles contiennent; et quant à la paléontologie, nous ne mentionnons guère que les genres et les espèces qui n'ont plus d'analogues vivants, ou qui du moins échappent à nos investigations. Nous avons compris aussi, dans notre nomenclature, quelques termes de géographie physique qui font également partie de la langue du géologue, et un certain nombre de mots anglais et allemands qui désignent diverses formations et diverses roches, et sont fréquemment employés par les auteurs français.

La description que nous avons reproduite des corps fossiles est plus ou moins étendue, selon que les renseignements connus, ou que nous avons pu nous procurer, se sont trouvés plus ou moins complets. Afin d'éviter aussi le reproche d'omission, autant du moins qu'il est possible de s'y soustraire, nous nous sommes décidé à indiquer plusieurs genres déjà publiés, quoiqu'au fond nous ayons peu de foi aux éléments qui ont servi à leur création. Nous concevons très-bien qu'en présence de diverses parties du squelette d'un animal perdu, on puisse, comme l'a fait Cuvier dans quelques cas, reconstituer cet animal tel qu'il devait être à l'époque de son existence, et se rendre à peu près compte de ses instincts, de ses habitudes, décider enfin si c'était un reptile, un cétacé, un pachyderme, un carnassier, etc.; mais que sur l'examen d'une seule dent, par exemple, dent dont maintes circonstances ont pu même altérer ou dénaturer les caractères primitifs, on ait la prétention, par une suite d'analogies poussées jusqu'à l'incompréhensible, de proclamer que l'individu à qui cette dent appartenait, offrait des membres de telle ou telle forme, de telle ou telle dimension, et avait telle ou telle inclination, nous avouons que cette manière de procéder est d'une hardiesse qui dépasse pour nous les bornes de la logique, telle du moins que nous en considérons l'emploi. Malheureusement pour la science, beaucoup d'hommes, recommandables d'ailleurs à bien des titres, se laissent aveugler par la vanité puérile d'attacher leur nom à la création d'un genre ou d'une espèce; et, infidèles à leur conscience, ils dupent, sans remords aucun, les adeptes que, par d'honorables antécédents, ils ont amenés à ne point douter de leur parole.

DICTIONNAIRE
DE GÉOLOGIE.

A

ABAISSEMENT. On appelle ainsi le phénomène qui cause un changement de niveau entre la mer et un continent, soit que ce changement provienne de l'affaissement du sol, ou bien d'un abaissement réel de la mer elle-même. C'est dans le golfe de Bothnie que ce genre de dépression est le plus considérable; on le dit de 1 mètre 28 cent. par siècle, mais il diminue dans la direction du sud, et il n'est que de 64 centimètres sur la côte de Kalmar. Le sol du Groënland et celui de quelques continents de la mer Pacifique et de l'Océan Indien s'abaissent de même graduellement; toutefois, MM. Léopold de Buch et Lyell pensent que le prétendu abaissement de la mer Baltique, par exemple, signalé par Fortis et d'autres géologues, doit être considéré, au contraire, comme un exhaussement du continent de la péninsule scandinave; et l'on remarque en effet que les îles d'Aland et de Gottland, qui sont calcaires et arénacées, ne subissent point ce changement de niveau, parce qu'elles sont moins rapprochées que les roches de gneiss et de granite du centre d'action qui produit le soulèvement.

ABFÆLLE. Nom que les Allemands donnent aux flancs d'une montagne.

ABGLEICHUNG. Les Allemands désignent par ce nom l'affleurement d'une roche.

ABIME. Les anciens géologues désignaient par ce mot toutes les vastes cavités qui se trouvent dans le sein de la terre et qu'ils supposaient en communication avec les mers; mais aujourd'hui cette dénomination est beaucoup plus restreinte, et on n'en fait guère usage que pour désigner, soit les profondeurs de l'Océan, soit des gouffres dans l'intérieur du sol et dont le fond n'est pas connu. Dans l'un et l'autre cas, néanmoins, les excavations sont le résultat ou de l'action des feux souterrains, ou du redressement des couches rocheuses, ou enfin de l'écoulement de certains dépôts des eaux. Quelquefois encore, elles sont les lits desséchés de rivières souterraines. En Morée, où l'on trouve un grand nombre de ces abîmes, on leur donne le nom de *Katavotrois*.

ABKOEMNIS. Les Allemands appellent ainsi l'étendue dont une veine s'éloigne du filon principal.

ABKOMMENDES, ou ABKOMMIS. Les Allemands donnent ce nom à la branche qui se détache d'un filon principal, soit du côté du toit, soit de celui du mur.

ABLOESING. Nom que donnent les Allemands à la trace ou espace qui existe entre un filon et ses parois.

ACANTHODERMA. *Agassiz.* Genre de poissons fossiles, de la famille des Sclérodermes. Ses principaux caractères sont les suivants : Corps couvert d'empreintes creuses qui semblent avoir été produites par des pointes saillantes du système dermique; vertèbres grosses et courtes; apophyses épineuses longues et vigoureuses; cavité abdominale très-grande; nageoire dorsale épineuse, à un seul grand rayon épineux; l'anale composée de rayons très-fins; la caudale grêle et formée de rayons articulés et dichotomés. Ce genre est propre aux schistes de Glaris.

ACANTHODES. *Agassiz.* Genre de poissons fossiles, de la famille des Lépidoïdes. Voici quels sont ses principaux caractères : Dents en brosse; écailles très-petites; nageoire dorsale opposée à l'anale; point de nageoires ventrales; les pectorales très-grandes. Le premier rayon de la dorsale, de l'anale et des pectorales est épais, fort et roide, mais les rayons suivants et ceux de la caudale sont très-fins et à peine distincts. Enfin, la mâchoire inférieure est plus allongée que la supérieure, et la gueule est très-fendue. Ce genre appartient à la formation houillère.

ACANTHODIENS. *Agass.* Famille de poissons de l'ordre des Ganoïdes, dont les caractères principaux sont de petites écailles presque microscopiques, de forme rhomboïdale, lisses et plus ou moins sculptées; un corps fusiforme; une tête grosse et large; et une bouche fendue et armée de petites dents.

ACANTHOESSUS. *Agass.* Genre de poissons fossiles, de la famille des Acanthodiens.

ACANTHONEMUS. *Agass.* Genre de poisson fossile, de la famille des Scombéroïdes. Ses caractères principaux sont les suivants : Corps trapu; museau protractile; dents en brosse; nageoire dorsale continue; rayons épineux de la dorsale et de l'anale très-développés; les ventrales thoraciques. Ce genre provient du Monte-Bolca et du calcaire tertiaire de Schio dans le Vicentin.

ACANTHOPLEURUS. *Agass.* Genre de poissons fossiles, de la famille des Sclérodermes. Ses caractères sont : Nageoires ventrales ayant une forte épine ; vertèbres de moyenne longueur et portant des apophyses courtes et fortes ; corps recouvert d'une fine granulation. Ce genre se trouve dans les schistes de Glaris.

ACANTHOPSIS. *Agass.* Genre de poissons fossiles, de la famille des Cyprinoïdes. Ses caractères principaux consistent en un corps très-allongé, comprimé et d'une seule venue; nageoire caudale tronquée ou arrondie; la dorsale un peu en avant des ventrales ; barbillons courts ; premier sous-orbitaire mobile, bifurqué et terminé en pointes acérées ; écailles presque imperceptibles. Ce genre se rencontre dans les schistes d'Œningen.

ACANTHURUS. *Lacépède.* Genre de poissons, de la famille des Theuties. Il a pour caractères principaux des dents tranchantes et dentelées, et une épine tranchante et mobile de chaque côté de la queue. Les espèces fossiles de ce genre se trouvent au Monte-Bolca.

ACANUS. *Agass.* Genre de poissons fossiles, de la famille des Percoïdes. Son principal caractère consiste dans des rayons épineux d'un grand développement, particulièrement ceux de la dorsale, laquelle est continue. Ce genre appartient aux schistes de Glaris.

ACCIPENSERIDES. *Agass.* Famille de poissons fossiles, de l'ordre des Ganoïdes. Ses principaux caractères sont : Corps revêtu de plusieurs rangées longitudinales de gros écussons qui recouvrent partiellement sa surface, et laissent, sur les côtés, de larges bandes garnies de petites paillettes écailleuses ; bouche petite, ouverte sur le rostre, et dépourvue de dents; nageoire caudale à lobe inférieur très-développé, et allant en se rétrécissant insensiblement jusqu'à l'extrémité de la queue.

ACCROISSEMENT. Dans les roches et les minéraux, l'accroissement a lieu par *juxtaposition*, c'est-à-dire que l'attraction entre les molécules de même nature et l'influence particulière de divers agents chimiques, déterminent de nouvelles molécules à venir se réunir à la surface de celles qui ont déjà constitué un corps. Cet accroissement, toutefois, est sans bornes fixes, puisque tandis que cette sorte d'agrégation a lieu d'une part, d'autres agents, exerçant à leur tour une puissance non moins grande, altèrent ou décomposent quelquefois les mêmes corps.

ACERDÈSE. Roche d'un noir brunâtre et d'un éclat plus ou moins métalloïde, qui est formée d'hydroxyde de manganèse et raie la fluorine.

ACEROTHERIUM. *Kaup.* Mammifère fossile, dont les dents sont semblables à celles du rhinocéros ; mais qui, de même que les tapirs, avait quatre doigts aux pieds de devant et trois seulement à ceux de derrière. On a décrit l'*A. incisivum*.

ACÉTABULIFÈRES. *Acetabulifera.* Férussac. Premier ordre de la classe des Céphalopodes, qui comprend des animaux libres, symétriques et formés de deux parties distinctes : la première, *postérieure*, est le corps qui est allongé, cylindrique, pourvu ou non de nageoires et contenant les viscères, deux branchies paires, un sac en encre, etc. ; la seconde, *céphalique*, porte des bras armés de cupules, de crochets pédonculés ou sessiles; au milieu des bras se trouve un appareil buccal composé de deux mandibules cornées et d'une langue hérissée de pointes, puis des yeux saillants sur les côtés, un orifice auditif externe, et au-dessous un tube locomoteur entier. L'animal est contenu dans une coquille symétrique non cloisonnée, ou renferme dans la partie dorsale de son corps, soit un osselet déprimé, corné ou crétacé, soit une spirale cloisonnée, dont la dernière loge se trouve trop petite pour recevoir aucune partie de l'individu. Cette coupe correspond aux *Cryptodibranches* de M. de Blainville, et aux *Dibranchiata* de M. Owen.

ACRODUS. *Agass.* Genre de poissons fossiles, de la famille des Cestraciontes et dont voici les principaux caractères : Partie émaillée des dents portée sur un os de structure granuleuse, en forme de parallélogramme incliné à son côté interne; couronne renflée au milieu, arrondie sur ses côtés et rétrécie à ses deux bouts; surface émaillée ornée de rides transversales. Ce genre appartient aux terrains Liasiques.

ACROGASTER. *Agass.* Genre de poissons fossiles, de la famille des Percoïdes. Ses caractères principaux sont : Rayons mous et nombreux aux nageoires ventrales ; l'anale et la dorsale aussi étendues l'une que l'autre et formées de quelques gros rayons rouges à leur bord antérieur; la dorsale se prolongeant peu en arrière ; cavité abdominale spacieuse et le bord du ventre saillant. Ce genre appartient au grès vert de Munster.

ACROGNATHUS. *Agass.* Genre de poissons fossiles, de la famille des Halécoïdes et dont le caractère principal consiste en une tête grande, large et plate. On le rencontre dans la craie de Lewes.

ACROLEPIS. *Agass.* Genre de poissons fossiles, de la famille des Sauroïdes Ses principaux caractères sont les suivants : Tête grosse, museau pointu et dents coniques très-serrées ; écailles rhomboïdales d'égale grandeur à peu près sur tout le corps et ornées de grosses rides longitudinales et irrégulières qui se combinent de diverses manières entre elles; nageoire dorsale opposée à l'espace entre les ventrales et l'anale ; celle-ci occupant l'espace entre les ventrales et la caudale; les ventrales situées au milieu du corps et plus rapprochées de l'anale que des pectorales ; la caudale inéquilobe; le lobe inférieur garni d'écailles comme le lobe supérieur; chaque écaille surmontée d'une quille. Les espèces de ce genre se rencontrent dans le Zechstein ou calcaire magnésien.

ACROTEMNUS. *Agass.* Genre de poissons fossiles, de la famille des Pycnodontes, et dont le caractère principal consiste dans les dents qui présentent une arrête saillante, semblable à un pli qu'on y aurait pincé. Ce genre provient de la craie de Kent.

ACTINOBATIS. *Agass.* Genre de poissons fossiles, de la famille des Raies, dont le caractère principal consiste en une bouche dont la forme est celle d'un large disque ovale.

ACTINOCRINITES. Nom donné par Miller aux débris d'encrinites des terrains de transition, débris qui offrent au centre de leur face externe des côtes saillantes en forme d'étoile. Les caractères principaux de ce genre sont : Pédoncule cylindrique ; bras auxiliaires épars ; six pièces costales primaires, dont cinq hexagones et la dernière pentagone ; onze pièces costales secondaires et intercostales ; pièces scapulaires penta-hexagones ; dix bras bimanes.

ACTINOTE. Variété verte de la Trémolite.

ACTINOTE-SLATE. Les Anglais désignent par ce nom l'actinote schisteuse.

ADAMANTIN. Mot qui désigne adjectivement l'éclat et la dureté d'une roche ou de l'une de ses parties constituantes, lorsque ces qualités physiques se présentent à un degré à peu près analogue à celui qu'elles offrent dans le diamant.

ADAPIS. Genre de pachyderme fossile, découvert par Cuvier dans le plâtre des environs de Paris. Son caractère principal réside dans quatre dents incisives, deux canines et quatorze molaires ou séries continues à chaque mâchoire. Cet animal se rapprochait des insectivores par les collines pointues de ses dents.

ADELOGÈNE. Nom donné par MM. Cordier et Brongniart aux roches dont les éléments sont d'une telle finesse qu'il est impossible de les séparer à l'œil nu et de reconnaître la véritable composition de la masse. Ce mot s'emploie adjectivement.

ADER. Nom que les Allemands donnent à une veine minérale.

ADIANTITES. Nom par lequel M. Gœppert a désigné un groupe nombreux de fougères fossiles, qu'il trouve analogues aux espèces vivantes et particulièrement à celles qui constituent le genre *Adiantum*.

ADLERSTEIN. Nom que donnent les Allemands à la pierre d'aigle.

AELLOPOS. *Munst.* Genre de poissons fossiles, de la famille des Squalides. Ses caractères principaux sont les suivants : Seconde nageoire dorsale très-grande et de forme triangulaire et pyramidale ; la caudale très-allongée ; chagrin d'une fine granulation uniforme.

ÆLODON. *Voy.* Gavial.

AÉROLITHE. Masse métallique qui se précipite des hautes régions atmosphériques à la surface de la terre. La chute de ces masses est communément précédée de l'apparition d'un globe enflammé qui lance des étincelles en parcourant l'espace avec une remarquable vélocité, et laisse une longue traînée lumineuse. Après une durée plus ou moins considérable, ce globe éclate au milieu d'un nuage blanchâtre ; ses détonations sont pareilles à des décharges d'artillerie, puis sont suivies d'un roulement qui a du rapport avec celui du tambour ; enfin, la chute des aérolithes a lieu et elle est toujours accompagnée d'une sorte de sifflement et d'une forte odeur de soufre. Ces corps se précipitent avec une telle rapidité sur le sol, qu'ils s'y enfoncent à une profondeur plus ou moins grande, et leur dimension ainsi que leur nombre est très-variable.

Une foule d'hypothèses ont été imaginées pour expliquer l'origine des aérolithes ; mais trois d'entre elles seulement ont été discutées avec quelque attention. La première suppose que le gaz hydrogène, après avoir dissous dans l'opération des volcans les matériaux dont se composent les aérolithes et s'être chargé de leurs molécules, s'élève dans les régions supérieures de l'atmosphère, où il arrive alors quelquefois qu'il s'enflamme et donne naissance aux météores qui précèdent la chute des aérolithes. Puis il résulte de la combinaison du gaz, que celui-ci abandonne les molécules métalliques qu'il tenait en suspension, lesquelles, rapprochées par l'attraction et fondues ensemble, forment des masses plus ou moins considérables. La seconde théorie, due à Laplace, fait provenir les aérolithes des volcans de la lune, et le savant mathématicien a même calculé la force de projection qui est indispensable pour qu'il soit permis à un corps, lancé de la lune, d'arriver au point où l'attraction terrestre peut s'en emparer ; et MM. Biot et Poisson, ayant cherché à leur tour quelle était la résistance que peut opposer l'atmosphère de la lune à l'attraction de notre planète, ont trouvé que la force nécessaire pour porter un corps au delà de l'attraction lunaire, devait être cinq fois plus considérable que celle qu'une pièce de 24, chargée de 6 kilogrammes de poudre, imprime à un boulet de calibre. Enfin, la troisième opinion, qui est partagée entre autres par Chladni, Lagrange et Gay-Lussac, a pour objet d'établir que les aérolithes sont des fragments de planète qui circulent dans l'espace, jusqu'à ce que, parvenus dans notre sphère et soumis au frottement de l'air atmosphérique, ils se brisent en éclats par suite d'un excès de chaleur.

Les trois hypothèses qui viennent d'être exposées ont trouvé et trouvent encore des contradicteurs. A la première on répond d'abord que rien dans nos moyens de volatilisation, ne peut faire apprécier la gazéification que l'on prétend démontrer, et qu'ensuite il serait tout aussi difficile de concevoir comment il serait possible aux molécules métalliques tenues en dissolution dans l'atmosphère, de se trouver constamment dans les mêmes proportions relatives et de former des masses d'un poids considérable avant d'obéir à la loi commune de la gravitation. A l'assertion de de Laplace, on objecte que ce qui a été pris pendant longtemps dans la lune comme des phénomènes volcaniques, n'est plus considéré aujourd'hui, généralement, que comme un effet de lumière.

La dernière théorie, qui est analogue à celle du phénomène des étoiles filantes, est celle qui paraît avoir pris le plus de consistance; mais il est aisé de s'apercevoir, néanmoins, qu'elle manque ainsi que les autres d'une base bien rationnelle.

La question de savoir si les météorites étaient antérieures ou non au dernier cataclysme, a été aussi controversée, mais n'a amené non plus aucune solution satisfaisante. Ceux qui ont soutenu la négative en s'appuyant sur ce qu'on n'avait point trouvé soi-disant d'aérolithes dans les dépôts diluviens, n'ont pu s'appuyer sur des faits positifs.

Les expériences de M. Bierley, physicien anglais, semblent établir que les aérolithes n'ont pas en tombant une très-haute température, et cette assertion paraît confirmée par cette circonstance que si elles se trouvaient effectivement à l'état d'incandescence lors de leur chute, elles continueraient à brûler, puisqu'elles sont composées en grande partie de fer à l'état métallique, tandis qu'on les trouve intactes et qu'on y reconnaît la présence d'une certaine quantité de carbone.

Les aérolithes contiennent du fer, du soufre, de la magnésie, de la silice, du nickel et des traces de chaux et de chrôme. La silice, que l'on obtient à l'état gélatineux de ces météores, est ordinairement unie avec la magnésie. Le soufre y est en combinaison avec le fer, et lorsqu'on dissout celui-ci séparé, dans l'acide sulfurique ou l'acide muriatique, il se dégage un mélange de gaz hydrogène et de gaz hydrogène sulfuré. Il est toutefois probable que le soufre n'est pas combiné avec la totalité du fer, et qu'il ne sature que la portion qui devient indispensable pour constituer le proto-sulfure de ce métal. La plus grande partie du fer doit se trouver à l'état de pureté, puisque le gaz hydrogène est plus abondant que le gaz sulfuré. Lorsqu'on traite des aérolithes par des acides faibles, la totalité du chrôme reste mélangée à la silice et lui donne une teinte grise. Le chrôme est à l'état métallique, car il est insoluble dans les acides, et on ne peut opérer la dissolution qu'en traitant par la potasse le résidu où il se trouve; et ce métal paraît être libre de toute combinaison, puisqu'on l'aperçoit fréquemment dans les aérolithes en parties assez volumineuses, qui sont absolument isolées de tous corps étrangers.

On divise les aérolithes en deux sections : les *aérolithes métalliques* et les *aérolithes pierreuses*. La chute des premières est très-rare, et la plupart de celles qui ont été observées datent d'une époque très-reculée; la seconde espèce est celle qui tombe de nos jours.

Les *aérolithes métalliques*, ou fer météorique, sont composées de fer presque pur et d'une portion plus ou moins considérable de nickel, métal dont la présence avec le fer fait toujours reconnaître l'aérolithe. Le fer météorique est plus blanc et plus ductile que celui des usines, il est attirable à l'aimant, et sa pesanteur spécifique est de 6. 48 à 7. 80. Ce fer est communément caverneux et spongieux, et a quelque rapport ou ressemblance avec le péridot; mais il offre quelquefois des cristaux octaèdres ayant une structure dendroïde, avec des stries croisées sous un angle de 60°. La masse de fer météorique de Sibérie, analysée par Klaproth, a donné dans 100 parties :

Fer	58, 50
Nickel	0, 75
Silice	20, 50
Magnésie	19, 25

Il existe aussi dans le fer météorique, nous l'avons dit plus haut, des morceaux isolés de chrôme, puis du cobalt et du soufre.

Parmi les aérolithes métalliques, on cite celles qui tombèrent dans la forêt de Naunhof, en Misnie, vers l'an 1550, et à Agram, en Croatie, dans l'année 1715. L'aérolithe de Sibérie, décrite par Pallas, pesait 700 kilogrammes; celle observée par le baron de Humboldt, à la Nouvelle-Biscaye, était du poids de 20,000 kilogrammes; et, s'il faut en croire Bougainville, il en aurait vu une, au bord de la rivière de la Plata, qui devait peser au moins 50,000 kilogrammes.

Les *aérolithes pierreuses* sont de formes irrégulières et offrent des arêtes et des angles nombreux. Elles sont revêtues d'une croûte de couleur grise plus ou moins épaisse qui se couvre promptement de taches de rouille par suite de son exposition à l'air. Ces pierres sont faciles à briser, et leur cassure a quelque rapport avec celle du grès. Elles rayent le verre et elles étincellent sous le choc de l'acier. Selon la quantité de fer qu'elles contiennent, leur pesanteur spécifique varie de 3. 33 à 4. 3.

L'analyse faite par Vauquelin d'une aérolithe tombée à l'Aigle, en 1803, a donné :

Fer	36
Nickel	3
Silice	53
Magnésie	3
Chaux	1
Soufre	2

Mais ces substances ne se trouvent pas toujours associées dans les mêmes proportions. Souvent les aérolithes pierreuses en renferment d'autres que l'alumine et le manganèse, et MM. Thénard et Laugier, en recourant à des moyens chimiques, y ont rencontré, comme dans les aérolithes métalliques, du chrôme, du cobalt, et du carbone.

Maintenant, voici quelles sont les substances que M. Charles Upham Schepard, des Etats-Unis, a reconnues dans les aérolithes en général : Acide sulfureux; sels d'epsom et de glauber; nickel vitriolique; sulfate de fer; hyposulfites de manganèse; chlorides de nickel, de cobald, de calcium, de sodium et de magnésium; silice soluble; apatite; apatoïde; sphénomite; oyslytite; mica; iodolite; anorthite; chladnite; pyroxène; chantonnite; péridot; grenat; limonite; minerai de chrôme; fers natif et nickélifère; aciers natif et nickélifère; pyrites de fer magnétiques; schreibersite; soufre; plombagine. Il résulterait de cette observation que le nombre des espèces météoriques déjà reconnues égalerait un dixième des espèces minérales de notre terre.

Le phénomène des aérolithes, observé par des auteurs anciens, tels que Pythagore, Pausanias, Pline, Tite-Live, Plutarque, César, etc., fut cependant contesté pendant un grand nombre de siècles, et ce n'est guère qu'à dater de la fin du XVIIIe, que les naturalistes et les physiciens ont commencé à s'accorder sur la réalité de l'existence de ces corps. Dans l'antiquité, la chute d'une aérolithe était un événement que l'on considérait comme le présage, ou de la satisfaction ou du courroux des dieux. Une de ces pierres fut adorée par les Phrygiens sous le nom d'*Eliogabale*, et une autre, appelée *Cybèle*, était aussi l'objet d'un culte particulier. La masse de fer du mont Ida, était aussi sans doute une aérolithe, et il en était de même, probablement, des pierres tombées dans le lac de Mars, vers l'an 176 avant Jésus-Christ, et de l'ancyle tombé en l'an 700 avant notre ère.

Tite-Live rapporte que du temps de Tullus-Hostilius, il tomba à Rome, sur le mont Albin, une pluie de pierres. Un phénomène semblable eut encore lieu à Rome, suivant le récit de Pline et de Julius Alocqueus, sous le consulat de Cellarius et de Manlius-Torquatus. Pline rapporte encore que l'année qui précéda la défaite de Crassus, il tomba en Lucanie une pluie de pierres, et que de son temps on montrait aussi une pierre qui était tombée du ciel auprès du fleuve Pegos dans la Thrace, durant la seconde année de la 78e olympiade. Cet événement détermina même le philosophe Anaxagore à enseigner que la voûte céleste était composée de grosses pierres que la rapidité seule du mouvement circulaire tenait éloignées de la terre, sur laquelle elles retomberaient toutes sans ce mouvement. Les compagnons de Cortez virent une masse de fer qui était tombée à Cholula sur la pyramide voisine. C'est avec du fer météorique, que les califes et les princes Mongols se firent forger des lames de sabre.

L'une des chutes d'aérolithes les plus célèbres dans les temps modernes est celle qui eut lieu à l'Aigle, en Normandie, le 26 avril 1803. Une autre qui fut signalée à la fin de novembre 1833, à Kandahar, ville de l'Inde, fut si abondante, et les fragments étaient d'une telle dimension, que les couvertures des habitations en furent percées d'outre en outre, et qu'un grand nombre s'écroulèrent.

Chladini, physicien allemand, a publié une liste chronologique des chutes d'aérolithes observées depuis l'an 1478 avant l'ère vulgaire, jusqu'à nos jours. On voit, d'après cette liste, qu'il y a eu, dans l'espace que nous venons d'indiquer, 10 chutes d'aérolithes en Chine ; 5 en Turquie ; 9 en Egypte, en Syrie, en Arabie et en Perse ; 8 dans l'Inde ; 26 en Italie ; 24 en France ; 43 en Allemagne, en Hongrie, en Bohême, en Suisse, etc. ; 16 en Angleterre ; 3 en Hollande ; 1 au Groënland ; 1 en Suède ; 14 en Russie, en Pologne et en Sibérie ; et 7 dans l'Amérique septentrionale.

AETHALION. *Munst.* Genre de poissons fossiles, de la famille des Lépidoïdes. Ses caractères principaux sont : Dents en brosse ; nageoire dorsale opposée à l'espace compris entre l'anale et les ventrales ; la caudale fourchue ; apophyses des vertèbres caudales, distantes des corps de vertèbres et non accolées.

ÆTITE. Géode de fer oxydé qui se présente communément sous la forme de petites masses sphéroïdes ou ovoïdes, mais qui quelquefois aussi sont aplaties. Ces géodes sont composées de couches concentriques brunes et jaunes alternativement, et allant toujours en diminuant de consistance à mesure qu'on approche du centre, où elles contiennent fréquemment un noyau mobile qui résonne lorsqu'on les agite. L'Ætite porte aussi le nom de *Pierre d'aigle.*

ÆTOPHYLLUM. *Ad. Brongn.* Genre de plante fossile que l'on a rencontré dans le grès bigarré, et qui a quelque rapport avec les orchidées. Ses feuilles sont alternes et rubanées et ses fleurs en épi terminal.

AFFLEUREMENT. En termes de mineur, cela exprime la fin d'une veine de houille ; mais les géologues emploient aussi quelquefois ce mot pour désigner l'apparition à nu, sur le sol, d'une substance minérale quelconque.

AFTERGÆMS. Nom que les Allemands donnent au quartz mélangé de titane oxydé aciculaire.

AFTERGNEISS. Les Allemands appellent ainsi le schiste micacé qui contient des grenats.

AFTERGRANIT. Nom que donnent les Allemands au granite dans lequel l'amphibole remplace le mica.

AFTERHORNSTEIN. Les Allemands nomment ainsi le pétrosilex qu'on appelle vulgairement pierre de corne.

AFTERKORNLING. Nom que les Allemands donnent à la syénite.

AFTERPORPHYR. Les Allemands appellent ainsi le porphyre argileux.

AGALLOCHITES. Nom que les anciens naturalistes donnaient aux bois fossiles qui, selon eux, avaient quelque ressemblance avec le bois d'aloès.

AGARICITES. Nom que les naturalistes d'autrefois donnaient à quelques polypiers fossiles.

AGE DU MONDE. Cette question est l'une de celles qui ont le plus occupé l'esprit de l'homme ; elle a été l'objet des opinions les plus singulières ou les plus exagérées chez les différents peuples, de systèmes plus ou moins ridicules de la part des philosophes, et de controverses plus ou moins passionnées entre les chronologistes. Le besoin qu'a toujours éprouvé notre espèce de pénétrer dans l'inconnu, de rattacher le présent au passé par des liens quelconques, de caresser sa vanité par son antiquité, a causé ces croyances nombreuses qui se sont répandues dans toutes les sociétés, sur l'origine du monde et la succession des temps primitifs. L'intelligence humaine n'a au surplus que deux moyens pour se conduire dans cette sorte de labyrinthe : l'histoire ou la tradition, les monuments de la nature et ceux de l'art.

Mais il est d'autant plus difficile de bien déterminer la chronologie des divers peuples, que les auteurs ont fréquemment donné à certains mots une acception qu'ils n'avaient pas, d'où il est résulté qu'une même durée a été attribuée à des périodes qui offraient cependant entre elles de notables différences. Ainsi, chez plusieurs nations, on désignait par le nom d'année un intervalle qui n'était en réalité que d'un mois. Chez d'autres, l'année se composait de quatre ou six mois : et quelques-uns enfin la formaient d'une saison entière. Les uns réglaient le cours de l'année sur le mouvement solaire, tandis que les autres n'observaient que celui de la lune : il en a été de même de la division de l'année, formée tantôt de deux, tantôt de trois ou quatre saisons; et de celle du jour et de la nuit qui a subi tant de variations suivant les temps et les climats. Les indications de la Genèse sont seules exemptes de ces inconvénients, attendu que Moïse compte les années par 12 mois et les mois par 30 jours.

Quant aux calculs que l'on chercherait à établir par les époques géologiques, il serait impossible d'apprécier l'immensité des temps que la formation actuelle du globe a vu s'écouler, puisqu'il faudrait pour cela se rendre compte de la durée qu'a exigée notre planète pour son passage de l'état gazeux à l'état igné; de celle qui a conduit au refroidissement et a rendu la matière solide; et de celle enfin qu'il a fallu aux matières organiques pour produire ces puissants sédiments auxquels sont dus les dépôts stratifiés. Il en est de même des éléments chronologiques que l'on voudrait chercher dans la configuration générale du globe, configuration que les feux souterrains et les eaux tendent constamment à modifier : les premiers, en bouleversant les masses rocheuses, pratiquent des issues aux cavités du sol; les secondes, au moyen de leur érosion continue, sapent les angles saillants, établissent des bassins sur les rives, et leurs courants vont former, soit au milieu des plaines, soit au fond des mers, ces dépôts de sables et de cailloux qui constituent quelquefois d'immenses atterrissements; d'autres fois encore, la violence de ces eaux est telle, qu'elles s'élèvent jusqu'au sommet des plus hautes montagnes, sur lesquelles elles abandonnent ensuite les débris des corps organisés qui vivent dans leur sein; et ces révolutions diverses, apportant sans cesse des changements à la configuration des continents, ne peuvent, nous le répétons, venir en aide à la recherche des dates. Les grands cataclysmes ont déterminé des époques, il est vrai; mais il n'en est pas ainsi des révolutions partielles.

Plusieurs monuments de l'art sur lesquels on a cherché aussi à s'appuyer, n'ont pas fourni de meilleurs résultats; ils ont propagé, au contraire, de nombreuses erreurs, et aucun n'a pu donner une date antérieure à celle de 40 à 50 siècles. Les temples troglodytiques de l'Abyssinie ne reculent pas au delà; les Pyramides d'Egypte ne remontent, suivant Champollion, qu'à 3040 ans avant Jésus-Christ. On avait attribué au Zodiaque de Denderah, une antiquité de 15,000 ans; mais Delambre reconnut que les sculptures de ce monument étaient postérieures aux conquêtes d'Alexandre, et d'autres observateurs ont établi depuis qu'il avait été construit sous Tibère et Néron. Le Zodiaque d'Esné se reporte au règne d'Antonin, c'est-à-dire à l'an 147 de Jésus-Christ, et le plus ancien des autres Zodiaques égyptiens ne remonte pas au delà de Trajan. Les monuments mythriaques appartiennent au règne de Caracalla. Enfin, les plus anciens livres des Hébreux sont de 3500 ans avant notre ère.

Toutefois, les incertitudes, les difficultés que présente la chronologie, n'ont pas empêché les différents peuples, nous l'avons dit plus haut, d'assigner des dates précises à l'âge du monde. Ainsi l'ère de Brahma est de 4,000,000 d'années; celle de Teu-Sio-Daï-Tsinn, premier daïri des Japonais, de 2,362,000; celle des Chinois, de 2,376,479; celle des Chaldéens, de 720,000; celle des Babyloniens, de 470,000; celle des anciens Perses, de 100,000; et celle des Phéniciens, de 30,000. Selon la Genèse, la durée du monde serait seulement de 5550 ans.

Ce qui prouve l'exactitude de la chronologie mosaïque, c'est qu'en ramenant celle de tous les peuples aux temps véritablement historiques, on retrouve un point de départ qui est à peu près le même. Les Chaldéens, par exemple, se donnent une antiquité de plusieurs milliers de siècles, et Bérose compte 430,000 avant le déluge, et 35,000 entre ce cataclysme et le règne de Sémiramis; mais les observations d'éclipses qui leur sont dues et que Ptolémée a recueillies, ne remontent pas au delà de 2500 ans avant Jésus-Christ. Les traditions des Phéniciens ne dépassent point 4 à 5000 ans avant l'époque actuelle. Les Egyptiens s'étaient fondé une chronologie d'après laquelle ils s'attribuaient 36,525 années d'existence; mais sur ce nombre ils en accordaient 33,984 au règne des dieux, c'est-à-dire aux temps fabuleux, de manière que les époques historiques se composent seulement de 2541 ans avant l'ère chrétienne, durée qui s'appuie sur leurs observations astronomiques et la chronologie des Pharaons. Les Indiens se donnent plusieurs millions d'années d'existence; mais, en s'en rapportant même à leurs traditions, ce n'est tout au plus qu'à l'an 3200 avant Jésus-Christ que l'on peut assigner le commencement de leurs dynasties souveraines; et ce n'est qu'à dater du xe siècle de notre ère, époque de la conquête des Gaznévides, qu'il est possible d'accorder quelque créance à leur histoire. Leur *Surga Suddata*, que les brahmes disent avoir été révelé il y a vingt millions d'années, n'a été composé que vers l'an 760 avant Jésus-Christ; et leurs *Védas* ou livres sacrés, postérieurs à la Bible, ne remontent pas au delà de 3200 ans à partir de notre époque. Au surplus, les Indiens de nos jours regardent l'âge actuel comme un âge de malheur, et se font un devoir religieux de ne point conserver le souvenir des événements qui s'y passent. Les Chinois se gratifient à leur tour d'une multitude de siècles d'antiquité, ce qui n'empêche pas que ce n'est également qu'à la date de l'an 2637 avant Jésus-Christ, qu'ils comptent leurs cycles, dont la durée est de 60 ans, et rien ne constate qu'avant Confucius, contemporain de Pythagore, qui vivait vers l'an 600 avant notre ère, leurs annales pussent inspirer de la confiance. Leur plus ancienne observation astronomique, celle du Gnomon, remonte à 2900 ans, et suivant M. Biot, leurs premières recherches dans cette science seraient antérieures de 2400 ans à la venue de Jésus-Christ et postérieures de cinq siècles à la position primitive des solstices et des équinoxes rappelés par les monuments égyptiens.

Les savants ont aussi apporté le tribut de leurs calculs pour aider à apprécier l'âge du monde. Quelques géologues ont évalué à 1 ou 2 millions d'années le temps qui s'est écoulé entre chaque cataclysme. M. Elie de Beaumont a prétendu qu'une végétation de vingt-cinq ans ne peut fournir que 2 millimètres de houille, ce qui donne 600,000 ans pour une strate de houille de 60 mètres d'épaisseur, maximum de puissance. M. Becquerel a pensé, de son côté, que le creusement de certaines vallées du Limousin, dans un sol granitique et à une profondeur de 2 mètres 30 centimètres, n'avait pu s'effectuer qu'en 80,000 ans, attendu que l'altération subie par le granite d'une église bâtie depuis 400 ans avait été de 7 millimètres.

On sait qu'Hésiode chez les Grecs, Ovide et Virgile chez les Latins, divisèrent la durée du monde en quatre phases, qu'ils appelèrent l'âge d'or, l'âge d'argent, l'âge d'airain et l'âge de fer. Bède, mort l'an 735, établit sept âges réels dans la durée des temps, en se fondant sur les notions historiques. Ainsi, d'après lui, le premier âge s'étend depuis Adam jusqu'à Noé et contient dix générations; le second se compose du même nombre de générations, depuis Noé jusqu'à Abraham, et les événements se transmirent alors par la langue hébraïque; le troisième s'étend d'Abraham à David, et comprend quatre générations et 942 ans; le quatrième renferme douze générations dans 473 années; le cinquième s'étend depuis la transmigration de Babylone jusqu'à la venue de Notre-Seigneur Jésus-Christ, et contient quatorze générations dans 589 ans; le sixième est celui dans lequel nous sommes; et le septième comprendra l'époque de la résurrection. Bossuet a aussi divisé l'histoire du monde en douze âges ou époques, dont la première commence à Adam et la dernière à l'établissement de l'empire de Charlemagne. Ainsi, la première est caractérisée par Adam ou la création; la seconde, par Noé ou le déluge; la troisième, par la vocation d'Abraham, ou le commencement de l'alliance de Dieu avec les hommes; la quatrième, par Moïse ou la loi écrite; la cinquième, par la prise de Troie; la sixième, par Salomon ou la fondation du Temple; la septième, par Romulus et la fondation de Rome; la huitième, par Cyrus ou le peuple de Dieu délivré de la captivité de Babylone; la neuvième, par Scipion ou la chute de Carthage; la dixième, par la naissance de Notre-Seigneur Jésus-Christ; la onzième, par Constantin ou la paix de l'Église; la douzième, enfin, par Charlemagne.

AGNOSTE. *Voy.* TRILOBITE.

AGNOTHERIUM. Genre créé par M. Kaup, avec les débris fossiles d'un animal voisin du chien et qui avait la taille d'un lion.

AGREGATION. On donne ce nom à des masses rocheuses, composées de fragments agglutinés et dont les dimensions sont plus ou moins considérables. Le plus communément, ces roches sont hétérogènes, c'est-à-dire qu'elles sont formées de débris de diverses espèces; mais quelquefois aussi les fragments et le ciment qui les unissent sont homogènes, comme cela a lieu dans les brèches calcaires à ciment calcaire, et dans les grès et poudingues où les morceaux de quartz se trouvent agglutinés par la silice. Les plus grandes masses de roches agglomérées sont désignées par le nom de *Conglomérats;* celles qui ont moins d'un demi-mètre cube de dimension se nomment *Poudingues* lorsque les fragments sont arrondis, et *Brèches* quand ils sont anguleux; si les grains sont très-petits et siliceux, ils constituent les *Grès;* et lorsqu'ils ont une apparence de feldspath, ce sont des *Tufs*. Les *Psamites* sont des grès dans la composition desquels il entre du mica; les *Arkoses*, une agrégation de grains de feldspath et de quartz; les *Grauwackes*, une agglutination argileuse de fragments de granite, de gneiss, de micaschiste et de schiste argileux; les *Macignos*, une réunion de calcaire, d'argile et de quartz sableux; et les *Pépérines*, enfin, un mélange de fragments sédimentaires et de débris volcaniques.

AIMANT. Roche formée de fer oxydulé magnétique, ou oxyde de fer faiblement oxygéné. Elle est d'un noir brillant, compacte, à cassure lithoïde, grenue ou lamelleuse, et contient 80 à 90 pour 100 de fer. Elle a un pôle nord et un pôle sud, et l'on sait quelle est son action sur les barreaux aimantés et même sur le fer. Elle se rencontre principalement dans les terrains anciens, en Suède, en Norwége, en Laponie, et particulièrement dans les masses montagneuses de Dannemora, d'Utoé, de Taberg et de Gallivara. Elle existe également en Sibérie, au Brésil, dans la province de Minas-Géraès, etc. Les anciens connaissaient très-bien la propriété attractive de cette roche sur le fer; mais ce fut seulement au XIIe siècle, que l'on appliqua cette propriété à la construction de la boussole.

ALABANDINE. Variété de manganèse.

ALALITHE. Variété de pyroxène.

ALAUNERDE. Nom que donnent les Allemands à la terre alumineuse.

ALAUNFELS. Les Allemands donnent ce nom à l'alunite.

ALAUNSCHIEFER. Nom que donnent les Allemands au schiste aluminifère.

ALBATRE. On distingue cette substance en *albâtre calcaire* et en *albâtre gypseux*. Le premier est de la chaux carbonatée concrétionnée, le second, de la chaux sulfatée compacte. L'albâtre calcaire est le produit des infiltrations qui ont lieu dans certaines cavernes, et la plus célèbre est celle d'Antiparos, dans l'Archipel, dont l'étendue est, dit-on, d'environ 600 mètres. L'albâtre calcaire reçoit facilement un beau poli; mais il est rarement blanc, et offre, au contraire, de nombreuses nuances rougeâtres ou jaunâtres. L'albâtre *veiné* ou *onyx* est d'un jaune de miel, et ses couches parallèles sont translucides. L'*oriental* est d'un blanc jaunâtre avec des veines blanches, et a une demi-transparence. C'est de l'Egypte que les anciens tiraient leur albâtre statuaire; mais l'Italie, l'Espagne et même la France, en possèdent aussi de fort beau. L'albâtre gypseux, ou *alabastrite* des anciens, est celui dont on fait généralement usage pour les vases, les pendules et les ornements qui réclament un travail délicat. Sa blancheur est aussi l'une des qualités qui le recommandent; mais il la perd aisément, ainsi que sa transparence, lorsqu'on l'expose au feu. La carrière la plus renommée d'albâtre gypseux est celle de *Voltara*, en Italie, et de nombreux ateliers sont établis dans les environs pour mettre en œuvre ses produits.

ALBERTIA. Genre de plante fossile, de la famille des Conifères, que l'on rencontre dans le terrain houiller.

ALCYONITES. Nom qu'employaient les anciens naturalistes, pour désigner les polypiers fossiles de la famille des Spongiaires, et non de celle des véritables Alcyonaires.

ALCYONIUM. Genre formé par Lamouroux, de quelques polypiers que d'autres naturalistes ont appelés *Priapolithes* et *Diorchites*. Les espèces les plus remarquables de ce genre sont l'*A. pyramidale*, *A. Boletus*, *A. infundibulum* et *A. Phalloides*. Elles se trouvent dans les terrains secondaires.

ALGACITES. *Schlotts*. Voy. Fucoïdes.

ALLAGITE. Variété de manganèse.

ALLOPHANE. Roche découverte par Riemann à Grafenthal, en Thuringe, où elle se présente en nids irréguliers dans le sein d'une autre roche argilo-ferrugineuse. Elle est opaque, demi-transparente, à cassure conchoïde, d'un éclat vitreux et d'un bleu qui passe quelquefois au vert et au bleuâtre, coloration due au carbonate de cuivre.

ALLURE. Les mineurs désignent par ce nom l'ensemble des caractères que fournissent la direction, l'inclinaison et la puissance d'une couche ou d'une formation.

ALLUVIONS. Dépôts plus ou moins considérables de sables et de cailloux roulés ou galets, qui sont le produit de l'érosion des torrents et des autres cours d'eau, à mesure qu'ils descendent des montagnes pour aller se jeter dans la mer. Ils forment, à l'entrée des grands fleuves surtout, de vastes plaines à travers lesquelles ils se divisent aussi quelquefois en branches qui constituent alors ce qu'on appelle des deltas.

On sait que la vaporisation que subissent les eaux qui couvrent la majeure partie de la surface du globe, se condense sur les sommités les plus élevées, pour se précipiter de nouveau vers la terre sous la forme de pluies et de neiges. C'est ainsi que les cours d'eau se trouvent alimentés et qu'ils exercent un frottement continuel sur les saillies du sol. Ce frottement devient d'autant plus violent que la masse des eaux se trouve plus considérable et sa course rapide. Il en résulte que des fragments de toutes dimensions, que des blocs souvent énormes se trouvent enlevés au passage, puis quelquefois broyés les uns contre les autres, pour aller déposer leurs débris, soit au fond des mers, soit simplement sur les rives, lorsque l'exhaussement de celles-ci et l'affaiblissement des courants les empêchent de franchir les barrières qui leur sont opposées. Quand, au bout d'une certaine période, les matières qui ont été ainsi charriées se sont accumulées sur les côtes, la mer se trouve alors forcée d'opérer un mouvement rétrograde, en laissant derrière elle des flaques d'eau qui subsistent un temps plus ou moins considérable; mais qui finissent, à un terme plus ou moins éloigné, par être comblées, parce que la même cause agissant incessamment, produit aussi sans relâche les mêmes effets. On a donné à ce phénomène, à ce dépôt continu le nom d'*atterrissement*. La Basse-Egypte, ou Delta, est un exemple du sol produit par les atterrissements. Il en est de même de ceux de la mer Jaune, en Chine; des terrains que le Gange a formés au Bengale; des Pays-Bas dus aux dépôts du Rhin; du bassin du Rhône, de l'ensablement du golfe de Lyon, des lagunes de Venise et des promontoires élevés par l'Arno et le Pô.

L'horizontalité constante est le caractère le plus remarquable des dépôts d'alluvions, et il se fait principalement apercevoir dans les pentes adoucies de la Manche, dont le fond est formé de sables et de cailloux roulés; partout enfin où l'observation a pu atteindre, même au sein des mers qui présentent le plus grand nombre d'écueils, cette loi générale de l'horizontalité n'a point donné d'exception.

Dans tous les lieux aussi où l'on a pu étudier le fond de la mer, on a reconnu que les débris qui le constituent sont parfaitement identiques à ceux qui forment les rivages; mais on a remarqué, en même temps, que si les fragments de coquilles sont identiques dans une même contrée, ils varient à l'infini à de plus grandes distances, ce qu'il faut évidemment attribuer à ce que les courants qui partent de divers points, se dirigent vers un centre commun, et à ce qu'un mélange des matières qu'ils charrient s'opère à mesure qu'ils approchent de ce centre.

Les atterrissements du Nil, du Mississipi et de l'Orénoque entraînent avec eux des dépôts si considérables, qu'ils sont pour ainsi dire visibles, et cependant ces dépôts n'ont produit dans aucun lieu des effets d'une assez grande importance, pour qu'on puisse regarder l'état actuel des continents comme fort ancien.

Au temps de Menès, tout le pays, depuis Thèbes jusqu'à la mer, n'était qu'un vaste marais, qui se combla peu à peu au moyen des terres charriées par les alluvions, et d'après des observations exactes, vingt-six ans ont suffi pour prolonger d'une demi-lieue un cap en avant de Rosette, ce qui donnerait un accroissement de deux lieues tous les cent ans. Les villes de Damiette et de Rosette, qui furent bâties sur le Delta, au bord de la mer, il y a moins de mille ans, en sont éloignées aujourd'hui de deux lieues.

Le sol de l'Egypte s'exhausse en même temps qu'il s'étend. Ainsi, à Eléphantine, l'inondation est maintenant supérieure de plus de deux mètres à ce qu'elle était aux plus grandes hauteurs qu'elles atteignaient sous Septime-Sévère, c'est-à-dire 1652 années avant l'époque actuelle. Les observations de Girard donnent à l'élévation moyenne de la vallée du Nil 0m 126 par siècle.

On ne peut calculer toutefois, par des dates précises et générales, la formation des deltas: ces formations sont plus rapides dans un lieu que dans un autre; et elles tiennent à des conditions topographiques qui, à leur tour, donnent plus ou moins d'activité à certains phénomènes physiques. Selon quelques écrivains, par exemple, la côte d'Egypte serait demeurée la même depuis 3000 ans; au dire de M. Lyell, le delta du Mississipi ne croîtrait que d'un mètre par siècle, et il aurait fallu 67,000 ans pour le former.

La plaine caillouteuse de la Crau, dans le département des Bouches-du-Rhône, est l'un des exemples les plus remarquables des dépôts d'alluvions. Cette plaine, qui forme un vaste delta dont le sommet du triangle est tourné vers la Méditerranée, présente une surface d'environ 10 myriamètres ou vingt lieues carrées et une horizontalité à peu près parfaite, si ce n'est en se rapprochant de la mer. Elle repose sur une couche d'un poudingue arénacé-calcaire, dont la profondeur atteint quelquefois 16 mètres, et la couche supérieure est un lit de gros cailloux, plus ou moins arrondis et polis, tantôt étendus d'une manière uniforme, tantôt formant des monticules ou des espèces d'ilots. Aucune eau courante ne traverse cette vaste étendue; mais celle-ci est bornée, du nord à l'ouest, par le canal d'Adam de Crapone, et elle offre plusieurs étangs, tels que ceux d'Entressen, de Dézeaumes, de Meyrance, de Sigagnan et du Galejou, et le marais appelé Palud de Saint-Martin de Crau. Trois opinions ont été émises par les géologues sur la formation de la Crau. D'après la première, soutenue par Guettard et de Servières entre autres, ce dépôt proviendrait d'un atterrissement dû au Rhône qui aurait débouché jadis de ce côté; selon Solery, de Truchet et Paul de Lamanon, au contraire, cet atterrissement serait le résultat de l'ancien passage de la Durance; enfin, de Saussure et Darluc attribuaient la formation de la Crau à un envahissement subit de la mer, hypothèse qui ne manque pas certainement de probabilité, puisqu'elle semble s'appuyer sur des témoignages historiques, tels que la situation actuelle d'Aigues-Mortes; mais, d'un autre côté, on peut opposer aussi à cette opinion celle d'un cataclysme qui aurait mis à sec dans ce lieu, une portion de l'ancien lit de la mer, dont les eaux, à mesure qu'elles se retiraient, auraient laissé sur leur fond les cailloux que diverses circonstances auraient livrés à leur action.

ALNITES. *Gæppert.* Genre de végétal fossile que l'on rencontre dans les terrains tertiaires et que l'on croit voisin de la plante vivante *Alnus glutinosa.* On a trouvé, dans le lignite de Salzhausen, en Wethéravie, des branches de ce fossile, avec leurs chatons garnis d'étamines dont le pollen était bien conservé, circonstance extrêmement rare dans la flore fossile.

ALOSA. *Cuv.* Genre de poisson de la famille des Halécoïdes. Ses caractères principaux consistent en un corps régulier; une échancrure au milieu de la mâchoire supérieure; une colonne vertébrale composée d'un grand nombre de vertèbres; et des côtes sternales. On trouve dans le terrain tertiaire d'Oran, l'*Alosa elongata* d'Agassiz.

ALPENKALKSTEIN. Nom que donnent les Allemands au calcaire alpin.

ALTER-ROTHER-SANDSTEIN. Nom que les Allemands donnent au vieux grès rouge.

ALTERE-ALLUVIAL-BILDUNGEN. Les Allemands appellent ainsi les alluvions anciennes.

ALUM-EARTH. Nom que les Anglais donnent à la terre alumineuse.

ALUMINE. Cette substance se présente de diverses manières dans la nature : dans son état de plus grande pureté, elle constitue le *corindon*, pierre cristallisée que l'on appelle aussi *gemme orientale;* mélangée avec la silice, c'est-à-dire à l'état d'hydrate, elle forme les argiles; en se comportant comme un acide avec certaines bases, elle donne lieu à des composés salins ou aluminates, dont l'espèce la plus remarquable est le *rubis spinelle*, aluminate de magnésie; dans divers cas elle se montre comme base à l'égard de la silice et de quelques autres acides; elle fournit le sel d'alun en s'unissant à l'acide sulfurique, l'ammoniaque et la potasse; combinée avec le même acide, la potasse et l'eau, elle constitue la pierre de Tolfa, appelée alunite et alun de Rome; unie à l'acide fluorique et à la soude, elle produit la chryolite; et elle devient enfin l'une des parties constituantes de la plupart des silicates, tels que l'*émeraude*, la *tourmaline*, le *feldspath*, le *grenat*, le *mica*, etc.

ALUMINITE. Roche composée, d'après

Stromeyer, d'alumine, d'acide sulfurique et d'eau. On la trouve en Saxe et dans le comté de Sussex en Angleterre, où elle se présente en masses réniformes et globulaires, lisses, mamelonnées, blanchâtres, tendres, friables et douces au toucher. L'alumite est opaque et happe faiblement à la langue.

ALUM-SLATE. Nom que donnent les Anglais au schiste alumineux.

ALUNITE. Roche composée d'acide sulfurique, d'alumine, de potasse et d'eau, et qui se présente dans la nature en masses cristallisées, ayant une texture fibreuse ou compacte, de couleur grise, rougeâtre ou rosée. On la rencontre particulièrement dans les terrains trachytiques, et entre autres au Mont-d'Or, en Auvergne; à la Tolfa, dans les Etats-Romains; en Hongrie; dans les îles de Lipari et d'Ischia; à Volcane et à la Solfatare de Pouzzole, etc. L'alunite porte aussi le nom de pierre d'alun et pierre alumineuse de la Tolfa.

ALVÉOLITE, *Alveolites*. Genre de polypier établi par Lamarck, sur des individus dont la plupart sont fossiles. Ce polypier, branchu, est formé par la réunion de cellules courtes, alvéoliformes et à minces parois, dans lesquelles sont renfermés les animaux. Les espèces de ce genre ont été étudiées principalement par MM. de Lamarck, Goldfus et Risso.

ALWARSTEIN. Nom que les Allemands donnent au calcaire compacte et à l'argile calcarifère endurcie.

AMADOU-FOSSILE. On nomme ainsi l'asbeste tressé d'un brun rougeâtre.

AMALGAME. Roche qui résulte de la combinaison naturelle du mercure et de l'argent, et qui constitue le genre Hydrargure de Beudant.

AMANSITE. *Voy.* LEPTYNITE.

AMAS. Gisement de matières minérales qui se trouvent intercalées, en masses plus ou moins considérables, dans les divers terrains; que l'on rencontre tantôt dans une disposition verticale, tantôt dans un sens horizontal, et qui se présentent quelquefois aussi sous la forme de boudins, d'œufs, de lentilles, etc., dans des proportions énormes. Les Allemands désignent le gisement vertical par la dénomination de *Stehende-Stock*, qui signifie bloc debout; et l'horizontal par celle de *Liegende-Stock*, qui veut dire bloc couché. Parmi les substances métallifères qui affectent la disposition en amas, on remarque principalement le fer oxydulé et le cuivre pyriteux, et c'est ainsi qu'on les rencontre dans les terrains anciens de la Scandinavie. L'amas de fer oxydulé le plus renommé est celui de Cogne, dans la vallée d'Aoste, où il existe dans un vaste filon de serpentine. On en cite un second à Traversine, en Piémont, qui se trouve dans un filon de granite, dont la longueur est de plus de 500 mètres. Dans l'un et l'autre de ces gisements, le terrain schisteux élémentaire a été traversé par des roches ignées dans lesquelles se trouve le minerai. La Suède, la Norwége et la Laponie renferment aussi de nombreux amas, dont les plus remarquables sont ceux de Dannemora, en Suède. Le minerai s'y trouve dans des filons de granite et de roche pétrocilicetise, au milieu d'un terrain de gneiss; les exploitations sont établies à ciel ouvert et s'étendent sur une longueur de plus de 1400 mètres; enfin, les amas sont verticaux et d'une profondeur considérable. Ces amas, joints à ceux de Tabery, dans la province de Smoland: d'Aker, en Sudermanie; et de Gellivara, dans la Laponie, fournissent en grande partie le minerai qui, sous le nom de fer de Suède, jouit d'une célébrité très-répandue. Le mont Tabery, d'une élévation de 125 mètres, est composé d'une roche amphibolique enclavée dans les gneiss et dont le fer oxydulé s'isole en veines et en nodules. Il en est de même en Laponie, des amas de Gellivara et de Kirunavara, qui se trouvent aussi dans des roches amphiboliques enclavées dans le gneiss et dont l'épaisseur est de plus de 200 mètres.

Les amas de cuivre pyriteux de falhun, en Dalécarlie, sont les plus renommés. Ils sont conposés, sur des points divers, soit de pyrite uniquement ferrugineuse, soit de pyrite cuivreuse, et sont enclavés dans des roches talqueuses et amphiboliques, qui elles-mêmes sont comprises dans un terrain de micaschistes. Ces amas contiennent aussi de la galène argentifère, des pyrites aurifères et du plomb. La galène, le cinabre et la blende constituent aussi quelquefois des amas. Les mines de Rammelsberg, dans le Hartz, portent sur un amas de 300 mètres de profondeur, qui est enclavé dans un schiste argileux et se compose de galène, de blende, de pyrites, de quartz et de sulfate de baryte; puis contient en outre du plomb, du zinc et de l'argent. Les mines d'Idria, en Carniole, reposent sur un amas composé de schiste bitumineux et cinabre qui se trouve enclavé dans le calcaire.

AMAZONITE. Roche que l'on appelle encore *pierre des Amazones*, parce qu'on la recueille au bord du fleuve de ce nom. Elle est composée de feld-spath, d'un beau vert, et elle était connue des Grecs et des Romains, qui la retiraient de l'Orient pour en faire des vases et des camées. On la trouve aussi aux monts Ourals et en Sibérie.

AMBLYPTERUS. *Agass.* Genre de poissons fossiles, de la famille des Lépidoïdes. Ses principaux caractères sont les suivants: Nageoires très-larges et composées de nombreux rayons; les pectorales très-grandes; l'anale large; la dorsale opposée à l'intervalle entre les ventrales et l'anale; point de petits rayons sur le bord des nageoires, excepté au lobe supérieur de la queue; écailles médiocres. Les espèces de ce genre se rencontrent dans les terrains houillers.

AMBLYSENIUS. *Agass.* Genre de poissons fossiles, de la famille des Sauroïdes, mais dont les caractères ne sont pas encore bien déterminés.

AMBLYURUS. *Agass.* Genre de poissons fossiles, de la famille des Lépidoïdes, et dont les caractères principaux sont: Corps allongé; gueule fendue et armée de dents pointues ; nageoire dorsale très-longue; l'anale étroite ; la caudale large et tronquée. Ce genre appartient au lias de *Lyme-Regis*.

AMIANTE ou ASBESTE. *Voy.* Trémolite.

AMMONÉEN. Quelques géologues appellent ainsi le terrain jurassique, par rapport à la quantité d'ammonites qu'il contient.

AMMONITE, *Ammonites*. Coquille fossile vulgairement appelée *corne d'Ammon*. Ce genre est fort nombreux en espèces, et l'était bien plus encore avant qu'on en eût extrait les genres scaphite, cératite, gogniatite, ammonocératite, hamite, baculite, turrilite, etc. On trouve ces fossiles dans les plus anciennes couches des terrains secondaires et jusqu'aux premières de la craie, où alors ils se montrent plus rares. Leur taille varie de la grosseur d'une lentille à celle d'une grande roue de charrette, et parmi les espèces qui ont cette dernière dimension, on peut citer l'*Ammonites colubratus*, décrite par M. Schlotcim, dont le diamètre est de plus de 2 mètres. Presque toujours le test des ammonites, qui est fort mince, a disparu dans les individus que l'on rencontre, en sorte que ce n'est que le moule intérieur que l'on peut étudier. Ce moule est souvent à l'état pyriteux et offre dans ce cas des couleurs prismatiques et métalliques ; quelquefois aussi il est entièrement ferrugineux, quartzeux ou converti en agate. Dans quelques localités, les ammonites sont en si grand nombre que leurs masses constituent de véritables montagnes.

Ce fossile qui n'a plus d'analogue à l'état vivant, semble avoir appartenu aux mollusques céphalopodes, dans le voisinage des sèches, des spirules et des nautilles ; il est de l'ordre des Tentaculifères. Les espèces qui, dans le principe, reçurent toutes la dénomination générique d'Ammonites, furent partagées ensuite en plusieurs genres, parce qu'un examen attentif convainquit bientôt que toutes ces espèces n'avaient pas la même forme. Il y en a en effet de plus ou moins déprimées, de plus ou moins globuleuses ; les unes sont lisses ou simplement striées, tandis que d'autres sont couvertes de côtes ou de tubercules saillants ; les tours de spire enfin se montrent quelquefois tous à découvert, tandis que dans d'autres cas ils s'enveloppent successivement, le dernier tour recouvrant alors tous les autres. Mais il est dans les formes des différences bien autrement notables. Ainsi quelques individus ressemblent à une baguette droite, aplatie transversalement et amincie vers l'extrémité, avec des cloisons pareilles à des feuilles de persil : ils ont servi à constituer le genre *Baculite*. On voit d'autres ammonites qui sont recourbées en arc, et elles établissent les *Hamites*. Celles qui s'enroulent sur elles-mêmes et dont la forme générale est ovale ont fourni les caractères du genre *Scaphite*. Les espèces qui présentent une sorte de vis ou de pyramide sont des *Turrilites*, et enfin les *Criocératites*, enroulées sur le même plan, ont des tours non contigus et séparés les uns des autres par un espace vide.

Les caractères du genre Ammonite sont : Animal inconnu ; coquille discoïdale ou globuleuse, enroulée sur le même plan ; spire embrassante ou non ; les tours quelquefois découverts, mais contigus à tous les âges ; bouche ordinairement rétrécie, munie de bourrelets et d'appendices latéraux variables de forme suivant les espèces ; cloisons divisées en lobes profonds, l'un dorsal, l'autre ventral et en nombre plus ou moins grand de lobes latéraux, lesquels lobes sont séparés par des sinus également divisés, mais dont les sections sont arrondies ; siphon continu, dorsal, faisant saillie en avant de la dernière cloison, et recevant sur ses parois plusieurs digitations du lobe dorsal.

Le grand nombre d'espèces que présente ce genre avait fait sentir, nous venons de le dire, la nécessité d'établir une division de ces espèces, et parmi ceux qui se sont occupés de ce classement, M. Léopol de Buch nous paraît avoir été le plus heureux dans sa distribution. Ce naturaliste distingue dans le contour d'une cloison des ammonites, six lobes principaux : l'un dorsal, situé au contour extérieur et traversé par le siphon, deux latéraux de chaque côté, et un ventral contigu au précédent tour de spire. Ces six lobes sont séparés par des sinus, appelés *selles*, qui se trouvent dirigés en sens inverse. Le mode de découpure des lobes a fourni à M. de Buch des caractères propres à établir quatorze sections dans la tribu des Ammonites, lesquelles sections sont : les Goniatites, les Cératites, les Ariétines, les Falcifères, les Amalthées, les Capricornes, les Planulées, les Dorsales, les Coronaires, les Macrocéphales, les Armées, les Ventées, les Ornées et les Flexueuses. Les Goniatites sont à tours enveloppants et les lobes de leurs cloisons, dépourvus de dentelures latérales, présentent un contour simplement sinueux et anguleux ; le syphon, très-petit, ne fait point saillie ; la dernière loge, celle qu'occupait l'animal, est très-étendue et les lobes sont arrondis ou anguleux. Cette section renferme les *Ammonites Henslowi*, *Becheri*, *primordialis*, *salagramanus*, *carbonarius*, etc. Les Cératites, plus déprimées que les précédentes, ont leurs tours découverts, des épines sur le dos, et les lobes de leurs cloisons sont faiblement dentelés au sommet. Elles comprennent les *Ammonites bipartitus* et *nodosus* du Muschelkalk. Les Ariétines ont leurs flancs garnis de côtes simples, rayonnantes, saillantes et infléchies en avant ; le syphon, sous forme de tuyau, est renfermé dans un canal dorsal qui sépare les côtes ; et les lobes des cloisons sont très-distincts. Les *Ammonites rotiformés*, *Brookiié*, *Bucklandi*, *conybearei*, etc., font partie de cette section, dont les représentants, communément d'un grand diamètre, se rencontrent dans le lias. Les Falcifères ont les tours de spire enveloppants très-comprimés, terminés par une arête et comme tronqués vers le centre; ils sont couverts de rides repliées en avant sous la forme de faux ; le syphon est saillant ; les cloisons très-dentelées ; et en outre des six lobes réguliers, on en remarque trois ou quatre petits qui sont accessoires. Les *Ammonites serpentinus, Walcotti, Murchinsoni, depressus*, etc., appartiennent à cette coupe. Les Amalthées ont le dos tranchant et découpé par les stries, et les cloisons offrent des découpures semblables à des feuilles de persil. Cette section est caractérisée par les *Ammonites alternalus, amaltheus, Greznoughii, Lamberti*, etc. Les Capricornes sont assez voisines des Amalthées ; mais les écailles de la carène sont beaucoup plus fortes, les côtes plus prononcées et les tours de spire peu enveloppants. Cette division renferme les *Ammonites capricornus, angulatus*, etc. Les Planulées ont le dos arrondi ; les tours de spire découverts, arrondis et presque sur le même plan ; les stries nombreuses et serrées, se partageant vers le milieu des flancs en plusieurs branches, mais sans tubercule au point de partage ; et les lobes auxiliaires des cloisons, très-développés, s'étendent en remontant vers le dos. Les espèces de cette section sont les *Ammonites giganteus, bifurcatus, annulatus, communis, triplicatus, mutabilis, Parkinsoni*, etc. Les Dorsales forment une section intermédiaire entre les Planulées et les Coronaires. Le dos, très-élargi, se réunit aux flancs à angle droit, et auprès de cet angle se trouve une rangée de tubercules au delà desquels se bifurquent les stries des flancs, afin de se joindre à celles du côté opposé en traversant le dos. Telles sont les *Ammonites armatus, fibulatus, Davœi, subarmatus*, etc. Les Coronaires ont les tours de spire renflés et se recouvrent successivement, d'où résulte un ombilic profond ; les stries des flancs sont aiguës et saillantes, aboutissent à un tubercule qui sépare le lobe latéral supérieur de l'inférieur ; et le dos porte une rangée de tubercules qui le rendent plus large et plus déprimé. Cette section, qui caractérise le terrain oolithique moyen, contient particulièrement les *Ammonites contractus, dubius, Gowerianus, Blagdeni, anceps*, etc. Les Macrocéphales ont une ouverture large ; l'enroulement rapide des tours de spire offre un demi cercle parfait et, de chaque côté, un angle au-dessus duquel est situé le lobe latéral inférieur. Les *Ammonites inflatus, sublævis, Brongnartii, tumidus*, etc., sont compris dans cette division. Les Armées offrent sur leurs flancs des rangées longitudinales de tubercules dont la supérieure repose sur l'arête de jonction des flancs avec le dos ; le dos est large, déprimé et rarement armé de tubercules. Cette section comprend les espèces de la formation crayeuse, c'est-à-dire les dernières qui ont vécu sur le globe. Parmi ces espèces on distingue surtout les *Ammonites Rothomagensis, longispinus, monile, Bakerii, Birchii, perarmatus, Mantelli*, etc. Les Dentées ont le dos étroit, déprimé, ayant de chaque côté une rangée de dentelures ne correspondant point à la direction des stries ; les flancs, presque parallèles, sont couverts de stries nombreuses qui partent du bord interne et sont bifurqués vers le milieu où se trouve quelquefois une rangée de petits tubercules. Les *Ammonites Jasoni, Duncani, splendens*, etc., font partie de cette section. Les Ornées, qui se rapprochent des Dentées, en diffèrent en ce qu'elles ont une seconde rangée de tubercules placée latéralement au-dessous du lobe latéral supérieur de la cloison, et une troisième rangée entre le lobe latéral inférieur et le bord inférieur, ce qui donne à l'ouverture de la coquille une forme hexagone, comme on le remarque dans les *Ammonites Castor, Pollux, pustulatus*, etc. Les Flexueuses ont aussi des dentelures qui bordent le dos de chaque côté, mais entre ces dentelures existe un cordon de tubercules ; les stries latérales sont bifurquées au-dessous du milieu et forment en cet endroit des tubercules qui élargissent les flancs à leur partie inférieure ; enfin, le lobe dorsal des cloisons est plus court que le lobe latéral supérieur. Les *Ammonites flexuosus, asper, curvatus, falcatus*, etc., se rangent dans cette dernière section.

Du temps des Romains, les Ammonites étaient déposées comme des amulettes dans les urnes cinéraires ; dans l'Inde, où on les nomme *Salagraman*, on les recueille religieusement comme la représentation du dieu Wicshnou. En 1482, Berthold d'Anjou, professeur de médecine à Caen, ayant trouvé, dans une fouille, une corne d'Ammon qu'on prit pour un serpent pétrifié, on regarda cette pièce comme un prodige, et afin que tout le monde pût l'admirer, on la déposa dans la cathédrale de Bayeux. On la plaça comme un monument contre un des murs de l'église, et l'on mit au-dessous l'inscription suivante :

Credite mira Dei ; serpens fuit hic lapis exstans :
Sic transformatum Bartholus attulit huc.

AMMONOCERATITE, *Ammonoceratites*. Genre de coquilles fossiles, établi par Lamarck, et appartenant à la division des Céphalopodes testacés. On n'en connaît encore que deux espèces : l'A. glossoïde, et l'A. aplatie.

AMONOCARPUM. *Ad. Brongn.* Genre de plante fossile établi sur un fruit trouvé dans les argiles tertiaires de l'île de Scheppy. La forme de ce fruit est triangulaire, déprimée, à angles saillants et arrondis, et il est marqué de sillons longitudinaux.

AMPELITE. Roche de texture schistoïde, compacte ou terreuse, composée de phyllade argileux, de carbone et de fer. C'est une variété de schiste dont on fait des crayons à dessiner et qui a reçu aussi les noms de *pierre d'Italie*, de *crayon des charpentiers*, etc.

AMPHERISTUS. *Kœn.* Genre de poissons fossiles, dont la famille n'est pas déterminée.

AMPHIBIOLITHE. Nom générique par lequel les anciens naturalistes désignaient les animaux amphibies fossiles.

AMPHIBOLE. Roche à base simple, composée de silicates de chaux, de magnésie, de fer et d'alumine ; mais ces deux dernières substances manquent quelquefois.

AMPHIBOLITE ou AMPHIBOLIQUE. Roche d'origine ignée, qui se présente en masses plus ou moins puissantes, dans divers terrains. Sa texture est ou schistoïde ou grenue ; elle est composée d'hornblende ou d'actinote, avec de l'orthose, du mica, de la serpentine, du quartz, du grenat, du disthène et des pyrites. De cette association proviennent aussi les trapps, les diorites et les ophites. Lorsque l'amphibole est presque pur, il est désigné sous le nom de lherzolite, et lorsque le calcaire se présente dans les roches amphiboliques, celles-ci sont alors appelées hémithrène. L'amphibolite est ordinairement cristalline, et sa tendance à cet état se manifeste par sa texture lamelleuse ou aciculaire. Sa couleur habituelle est le vert foncé ou le noir. L'Angleterre offre surtout de puissantes masses de trapps que l'on désigne sous les noms de *Whinstone* et *Toadstone*, lesquels empâtent de vastes portions de calcaires qui se trouvent ainsi changés en marbre ou en dolomie ; et lorsqu'ils se sont trouvés en contact avec la houille, ils l'ont changée en coke, transformations qui se représentent fréquemment au surplus dans les roches d'origine ignée. Il est aussi des roches qui, par cela seul qu'elles contiennent des cristaux et des nodules d'amphibole, reçoivent le nom d'amphiboliques ; mais elles ne font en aucune manière partie de cette nature de roches. Tels sont les trachyte amphibolique et porphyre amphibolique, qui ont été ainsi désignés parce que des cristaux se rencontrent dans le trachyte et le porphyre. L'amphibolite est quelquefois encore confondue avec le pyroxène, qui n'en diffère que parce que ce dernier a été formé sous l'influence d'un refroidissement brusque, tandis que l'autre provient d'un refroidissement lent.

AMPHICYON. *Lartet.* Voy. AGNOTHERIUM.

AMPHIGENITE. Roche d'une teinte blanchâtre, composée de silice, d'alumine et de potasse. Elle raye le verre avec difficulté ; mais elle se cristallise en dodécaèdres et même quelquefois en solides à 24 faces. On la rencontre en abondance dans les produits volcaniques ou dans les substances qui ont subi l'action des feux souterrains.

AMPHIGONUS. *Agass.* Voy. AMPHITHERIUM.

AMPHISTIUM. *Agass.* Genre de poissons fossiles, de la famille des Scombéroïdes. Ses caractères principaux sont les suivants : Corps large et trapu ; nageoire dorsale continue et occupant plus de la moitié du bord dorsal ; anale très-grande. Ce genre se rencontre au Monte-Bolca.

AMPHISYLE. *Klein.* Genre de poisson de la famille des Aulostomes. Ses principaux caractères consistent dans un dos cuirassé de larges plaques écailleuses, avec la première desquelles le rayon épineux antérieur de la nageoire se trouve articulé. Les espèces fossiles de ce genre se trouvent au Monte-Bolca.

AMPHITHERIUM. Nom imposé par M. de Blainville à un animal fossile trouvé dans les schistes de Stonesfield en Angleterre, et qui a été l'objet d'une controverse entre les géologues. Cuvier considérait ces restes comme appartenant à des Didelphes, et cette opinion était partagée par MM. Buckland et Valenciennes ; MM. de Blainville, Agassiz et Grant, les rapportent, au contraire, aux reptiles de l'ordre des Sauriens. Ces débris ont donc reçu plusieurs noms, tels que ceux de *Didelphis Bucklandi*, de *Thylacotherium*, d'*Amphigonus*, etc.

AMPHITHOITE, *Amphithoïtes*. Nom donné improprement par Desmarets à un corps fossile qu'il avait pris pour un polypier, mais qui appartient au genre végétal *Caulinites*.

AMPLEXE, *Amplexus*. Sowerby. Genre de mollusque fossile, voisin des Orthocères, et que l'on rencontre dans les terrains de transition inférieurs. On connaît l'*A. flexuosus*.

ANAGENITE. Nom donné par Haüy à une roche talqueuse, composée d'une pâte phyladienne, avec des fragments arrondis ou anguleux, de feldspath et de quartz. Cette roche est dure, susceptible d'être polie, et contient quelquefois des débris de mollusques marins, tels que des Spirifères, des Térébratules, des Productus, des Entroques, etc. L'anagénite s'offre sous des teintes verdâtres, rougeâtres et noirâtres, et fait partie des terrains de transition.

ANANAS FOSSILE. Nom donné par Davila à un fossile que plusieurs naturalistes, et entre autres Desmarets, rapportent à une tête d'Encrine, mais que nous croyons appartenir à un autre genre.

ANANCHITES. *Lamarck*. Genre d'Echinodermes fossiles. Ses principaux caractères sont les suivants : Corps irrégulier, ovale ou conoïde et garni de tubercules spinifères ; ambulacres partant d'un sommet simple ou double, et se prolongeant, soit jusqu'au bord, soit jusqu'à la bouche. Ce genre se trouve dans les terrains crétacés, dont il est en quelque sorte caractéristique.

ANCYLOCERAS. Genre de mollusques fossiles établi par M. d'Orbigny et extrait de la famille des Ammonites. Il appartient comme elles à la classe des Céphalopodes, à l'ordre des Tentaculifères, et avait été compris par les auteurs dans le nombre des Hamites. Ses caractères sont : Animal inconnu ; coquille multiloculaire, spirale, enroulée sur le même plan et se projetant en une longue crosse ; spire régulière dans le jeune âge et composée alors de tours peu nombreux, disjoints et très-séparés les uns des autres ; le dernier de ces tours s'allonge en droite ligne sur une certaine longueur, puis se recourbe en crosse à son extrémité ; cette crosse est dépourvue de cloisons ; bouche ronde, ovale ou pourvue de points à son pourtour et formant une légère saillie intérieure ; cloisons symétriques, divisées régulièrement en six lobes inégaux, formés de parties impaires allongées, le lobe dorsal excepté, et de six selles divisées en parties presque paires; lobe latéral supérieur plus long et plus large que le lobe dorsal, et l'inférieur de moitié plus court que le supérieur; siphon continu, toujours dorsal. L'ancyloceras se distingue du crioceras par son dernier tour qui se projette en crosse comme chez les Scaphites, et il diffère de ce dernier genre, par ses tours disjoints et par ses lobes formés de parties impaires. Les espèces de ce genre appartiennent au terrain crétacé.

ANDESITE. Roche de texture grenue ou compacte, d'un aspect terne ou vitreux, et composée d'albite et d'amphibole.

ANENCHELUM. *Blainv.* Genre de poissons fossiles, de la famille des Scombéroïdes, dont les caractères principaux sont les suivants : Corps allongé et anguilliforme; vertèbres longues et grêles; osselets apophysaires accolés aux apophyses; tête obtuse; mâchoires armées de fortes dents; nageoire dorsale continue; les ventrales composées de longs rayons. Les espèces de ce genre se trouvent dans les schistes de Glaris.

ANGUILLA. *Thumb.* Genre de poisson de la famille des Anguilliformes. Ses principaux caractères résident dans des ouïes qui s'ouvrent de chaque côté sous les nageoires, et dans la dorsale qui commence à la nuque. Les espèces de ce genre se rencontrent au Monte-Bolca et dans le calcaire d'eau douce d'Aix en Provence.

ANGUILLIFORMES. *Cuv.* Famille de poissons de l'ordre des Cycloïdes, dont les débris fossiles remontent jusqu'au dépôt du terrain de Monte-Bolca.

ANHAUFUNG. Les Allemands désignent par ce mot ce que nous appelons agrégat.

ANHYDRITE. Roche formée de chaux et d'acide sulfurique, se présentant soit à l'état grenu, soit à l'état compacte ou même avec ces deux caractères; d'une couleur blanche, bleuâtre et quelquefois rougeâtre; et renfermant souvent du carbonate de fer, de la pyrite, du borate de magnésie, du chlorure de sodium, du mica, de l'amphibole, etc. On la rencontre dans les terrains primordiaux et les suivants.

ANIMAUX FOSSILES. *Voy.* PALÉONTOLOGIE.

ANNELIDES. Ire classe des animaux articulés, laquelle se divise à son tour en trois groupes : les *Apodes*, qui comprennent les Hirudinées et les Échiuridées; les *Antennées*, renfermant les Aphrodites, les Néréides, les Eunèles et les Amphinomes; et les *Sédentaires*, composées des Dorsalées, des Maldanies, des Amphitritées et des Serpulées.

ANNULARIA. Genre de plante fossile, dont le classement est incertain et que l'on rencontre dans le terrain liasique. Ses principaux caractères consistent en des feuilles étalées dans un même plan, élargies dans leur partie moyenne, souvent obtuses au sommet et réunies en une sorte d'anneau très-distinct à leur base.

ANOMITES. Nom que quelques auteurs ont donné aux espèces fossiles du genre *Anomia*. Ces mollusques se rencontrent principalement dans les calcaires du Plaisantin; mais on en trouve une espèce dans les environs de Paris.

ANOMOPTERIS. *Ad. Brongn.* Genre de fougères fossiles, ayant quelque ressemblance avec la fougère vivante nommée *Blechnum*. Ses caractères principaux sont : Feuille pinnée; pinnules linéaires, entières, prolongées supérieurement en une oreillette arrondie, et décurrentes inférieurement; nervures secondaires simples, espacées et déterminant des plis transversaux dans les pinnules; fructification placée à l'extrémité des pinnules et fixée isolément à chaque nervure. Ce genre se montre dans le grès bigarré.

ANOPLOTHERIUM. Cet animal est une sorte d'anneau qui rattache les Pachydermes aux Ruminants. Il est caractérisé par six incisives, deux canines et quatorze molaires à chaque mâchoire, c'est-à-dire quarante-quatre dents formant des séries continues et d'égale hauteur, comme on le remarque dans l'homme. Les pieds offrent deux grands doigts comme dans les Ruminants; mais les os du métacarpe et du métatarse ne sont pas soudés en canon. Cuvier a observé six espèces de ce genre; mais trois seulement ont pu être convenablement reconstruites, ce sont les *A. commune*, *A. gracile* ou *medium*, et *A. leporium* ou *minus*. Le savant observateur attribue au premier la taille d'un petit âne, des habitudes de nageur et de plongeur; et comme son système dentaire lui interdisait le régime carnivore, il faut supposer qu'il allait au fond des eaux, chercher les racines et les tiges des plantes qui y croissent. Il devait avoir une queue énorme, composée de vingt-deux vertèbres, et d'une longueur égale au moins à celle du corps. L'*Anoplotherium gracile*, d'une forme plus élégante que celle du précédent, était haut sur jambes. « Autant, dit Cuvier, les allures de l'Anoplotherium commun étaient lourdes et traînantes quand il marchait sur la terre, autant le *gracile* devait avoir d'agilité et de grâce. Léger comme la gazelle ou le chevreuil, il devait courir rapidement autour des marais et des étangs où nageait la première espèce; il devait y paître les herbes aromatiques des terrains secs, ou brouter les pousses des arbrisseaux; sa course n'était point sans doute embarrassée par une longue queue; mais, comme tous les herbivores agiles, il était probablement un animal craintif, et de grandes oreilles mobiles, comme celles des cerfs, l'avertissaient du moindre danger; nul doute enfin que son corps ne fût couvert d'un poil ras, et par conséquent il ne nous manque que sa couleur pour le peindre tel qu'il animait jadis ces contrées où il a fallu en déterrer après tant de siècles de si faibles vestiges. » Quant à la troisième espèce, le *leporum*, elle ne devait pas avoir une taille plus développée que celle du lièvre. On a reconnu des débris d'Anoplotherium dans le gypse de Montmartre, de Belleville, de Pantin, du Mont-

Valérien, de Montmorency, d'Argenteuil et de Vaux. On les a rencontrés aussi dans les environs d'Orléans, d'Issel, de Saint-Geniez et autres localités; et enfin, en Angleterre, en Italie, etc. Les genres *Dichobune* et *Xiphodonte* forment deux divisions des Anoplotherium.

ANORGANOGÉNIE. Étude de l'origine des corps inorganiques.

ANORGANOGRAPHIE. Description des corps inorganiques.

ANORGANOLOGIE. Discours sur les corps inorganiques.

ANSCHUSS. Les Allemands désignent par ce mot ce que nous appelons concrétions.

ANSCHUTT. Mot allemand qui signifie alluvion.

ANSE. Sorte d'échancrure demi-circulaire ou de petit golfe, que la mer pratique le long de la côte.

ANTÉDILUVIENNE (Époque). Cette dénomination est appliquée, en géologie, aux dépôts qui auraient précédé immédiatement le déluge mosaïque, et son emploi est dû, primitivement, aux naturalistes théologiens anglais (*Physico-théologicals writers*); mais les auteurs n'ont pas toujours été d'accord sur les produits qu'il fallait rigoureusement renfermer dans cette époque, c'est-à-dire qu'ils y ont souvent confondu des formations postérieures au déluge, ou bien très-éloignées du dépôt superficiel appelé *diluvien*.

ANTHOLITES. Genre de plante fossile que l'on rencontre dans les formations tertiaires.

ANTHOPORITA. Nom qu'avait donné Hofer à l'*Encrinites liliiformis*.

ANTOPHYLLITE. Roche de couleur brunâtre, de texture lamellaire et d'un éclat métalloïde, qui se trouve, en petites couches, parmi les micaschistes de la Norwége et du Groënland. Elle est composée de silice, d'alumine, de chaux, de magnésie, d'oxyde de fer et d'oxyde de manganèse.

ANTHRACITE. Roche d'un noir métalloïde, composée de carbone avec quelques traces d'hydrogène. De même que le lignite est un charbon plus ligneux que la houille, l'anthracite est un charbon plus pierreux, en sorte que la houille proprement dite se trouve un milieu entre les deux autres charbons de terre. Le principal gisement de cette roche est dans les terrains de transition, au-dessous de la formation houillère; elle s'y présente en couches ou en amas, au milieu des dépôts arénacés et dans le voisinage des roches porphyriques et amygdaloïdes. On en rencontre aussi au milieu du lias des Alpes, comme on le remarque dans la Tarentaise, le Dauphiné, le Valais, etc.

ANTHRACITH. Nom allemand de l'anthracite.

ANTHRACONITE. Variété de carbonate de chaux ou calcaire bacillaire.

ANTHRACOTHERIUM. Genre de mammifère fossile constitué par Cuvier avec les débris d'un animal voisin de l'Anoplotherium. Les caractères principaux de ce genre sont des dents molaires qui ont à leur couronne six et quatre tubercules coniques, rangés par paire, et des canines analogues à celles du tapir. Cinq espèces ont été reconstituées par Cuvier, et une sixième par Pentland. Les premières sont l'*A. magnum*, *A. minus*, *A. minimum*, *A. alsaticum* et *A. velaneum*; la dernière est l'*A. silistrense*. La première de ces espèces avait la taille de l'âne, et la seconde, les dimensions du cochon. L'Anthracotherium se trouve, en France, dans des marnes calcaires de sédiment d'eau douce, supérieures au gypse, et dans des dépôts de lignite enclavés dans des marnes, des argiles et des sables. L'espèce de Pentland a été découverte au Bengale.

ANTHROPOGLYPHITE. Les anciens naturalistes désignaient par ce nom les priapolithes et autres produits pierreux qui offraient de la ressemblance avec quelque partie du corps humain.

ANTHROPOÏDES. Mot proposé par Al. Brongniart, pour désigner les fossiles humains.

ANTHROPOLITHES. *Voy.* ANTHROPOÏDES.

ANTHROPOMORPHITES. Nom que l'on donnait autrefois à toutes les pétrifications qui semblaient offrir quelque rapport avec la forme humaine. C'est absolument la même signification qu'anthropoglyphite.

ANTILOPE. Des ossements fossiles de ce mammifère ont été trouvés dans les cavernes du département de l'Aude par M. Marcel de Serres; en Touraine, par M. Desnoyers; dans le terrain tertiaire du Gers, par M. Lartet; et dans celui de l'Auvergne, par M. Croizet.

APATITE. Roche composée de phosphate de chaux naturel et dans laquelle Werner a rassemblé toutes les variétés de la phosphorite.

APHANITE. Nom donné par Haüy à la roche qu'on appelait avant lui *cornéenne*. Elle est composée d'un mélange de hornblende et d'orthose, ou quelquefois d'eurite, et renfermant alors de l'axinite, de la datolithe, de l'isocrase, etc. L'aphanite est d'une texture terreuse, compacte et difficile à casser. Sa couleur est noirâtre, et elle forme, dans les terrains d'origine ignée, des masses qui ne s'offrent jamais en couches.

APIOCRINITES. *Miller*. Genre de polypiers fossiles, que l'on rencontre dans les terrains oolithiques et dont les principaux caractères sont: une racine; une tige ronde et simple radiée à sa surface articulaire; et un sommet pyriforme, composé d'articles dilatés, formant à sa base un cône renversé, de pièces basales transverses, de pièces intermédiaires avec ou sans accessoires, et de pièces supérieures pourvues d'attaches brachiales doubles et de deux canaux brachiaux.

APLITE. Nom donné par Retz à la roche qu'Haüy appelle pegmatite, roche composée de quartz et de feldspath, et qui se trouve en abondance dans la Dalécarlie.

APOGON. *Lacép.* Genre de poisson de la famille des Percoïdes. Ses caractères principaux consistent dans deux nageoires dorsales très-distinctes ; un double bord dentelé au préopercule ; un corps court et des écailles grandes. Les espèces fossiles de ce genre se trouvent au Monte-Bolca.

APSEUDÉSIE. Genre de polypiers fossiles, établi par Lamouroux. Ses caractères principaux sont les suivants : Corps de forme globuleuse, couvert de petites lames saillantes, contournées, unies et lisses d'un côté, et de l'autre garnies de lamelles. On trouve ce polypier dans les terrains jurassiques de la Normandie.

APTYCUS. *Voy.* TRIGONELLITE.

ARACHNÉOLITHES. Nom que quelques naturalistes ont donné à des crustacés fossiles.

ARAUCARITES. M. Endlicher a désigné sous ce nom des fragments de bois fossile découverts dans les terrains houillers, et qui ont de l'analogie avec la structure du genre *Araucaria*, de la famille des Conifères, structure qui consiste principalement dans des ponctuations disposées en une seule série, sur les parois latérales de chacune des fibres ou cellules allongées qui constituent le bois de ce genre.

ARBORISATION. On désigne par ce mot certaines empreintes résultant d'une cause quelconque, qui se remarquent principalement sur les lames des roches feuilletées, et qui ornent diverses agates et les pierres dites de Florence. Toutefois, les arborisations sont aussi le produit des dispositions particulières qu'affectent dans les roches les molécules de plusieurs métaux, tels que le fer et la manganèse. Ces dessins sont très-communs dans quelques variétés de calcaire, dans les marnes et dans les grès d'ancienne formation.

ARCACITES, *Arcacites*. On désigne ainsi les mollusques fossiles qui appartiennent au genre Arche, *Arca*.

ARCHÆUS. *Agass.* Genre de poissons fossiles, de la famille des Scombéroïdes. Ses caractères principaux sont les suivants : Corps plus ou moins allongé ; colonne vertébrale composée de vertèbres longues et peu nombreuses ; osselets interapophysaires très-grêles. Ce genre se trouve dans les schistes de Glaris.

ARCHIHYDRE. Serpent antédiluvien qui a été découvert par M. Théophile Kock, dans l'Etat d'Alaboma, Amérique du Nord. Son squelette complet a 36 mètres 48 cent. de longueur, et ses vertèbres de 67 à 80 centimètres de hauteur, sur 40 à 48 de circonférence.

ARCHIPEL. Groupe d'îles peu distantes les unes des autres.

ARDOISE. Roche composée des mêmes éléments que le phyllade ou talcschiste. Les principales ardoisières de France sont celles d'Angers, de Charleville, de Lunéville, de Blamont, de Cherbourg, de Saint-Lô, de Redon, de Grenoble, de Traversac, de Villac, etc. Celles d'Angers contiennent un très-grand nombre d'empreintes de trilobites. Les ardoisières les plus renommées de l'Angleterre sont celles du Westmoreland, dans le Derbyshire, de l'île d'Anglesey et de Bangor dans le pays de Galles : les premières sont bleues, les secondes d'un rouge pourpre et les troisièmes grises. On cite aussi les exploitations de Chiavari dans le pays de Gênes, et celles du Platsberg, dans le canton de Glaris, en Suisse.

ARÉNACÉ. Mot que l'on emploie adjectivement pour désigner les roches friables composées de petits grains qui se désagrégent facilement et ont l'apparence du sable.

ARÉNIFÈRE. Epithète que l'on donne aux roches qui contiennent accidentellement des grains de sable.

ARÊTE. Ligne formée par la réunion de deux surfaces inclinées l'une sur l'autre.

ARGILE. Roche à texture compacte ou terreuse, plus ou moins homogène et formée d'alumine, de silice et d'eau, en proportions plus ou moins variables. Lorsqu'elle ne contient pas d'autres éléments, elle est entièrement réfractaire ; mais lorsqu'elle renferme du calcaire, du fer oxydé, du fer sulfuré, etc., elle devient effervescente. Parmi les argiles réfractaires, se présente en première ligne le *kaolin*, qui provient de la décomposition des roches abondantes en feldspath, telles que les Eurites, les Pegmatites, les Ponces, etc. L'*argile plastique*, appelée plus communément *terre de pipe*, est infusibile au feu de porcelaine, ce qui la distingue de la glaise ou argile de potier, et la meilleure est celle que l'on exploite à Montereau-sur-Yonne. Les argiles fusibles comprennent entre autres l'*argile figuline* ou *terre à potier*, l'*argile smectique* ou *terre à foulon*, et les *argiles ocreuses*, rouges et jaunes. La première est une argile plastique que la chaux et l'oxyde de fer qu'elle contient rendent fusible ; la seconde, employée pour le dégraissage des étoffes de laine, est tantôt d'un gris jaunâtre, tantôt d'un vert olive, et la plus renommée vient d'Angleterre ; l'argile ocreuse jaune, friable et tachante, est colorée par de l'hydrate jaune de fer, et l'argile ocreuse rouge ou *sanguine*, doit sa couleur au peroxyde de fer. L'argile calcarifère ou marne argileuse, est un mélange terreux d'argile et de calcaire, et celle d'Argenteuil, près Paris, qui est blanche, forme la base terreuse de la porcelaine tendre de Sèvres. M. Cordier désigne par le nom d'*argile inflammable*, celle qui est mélangée d'environ un tiers de bitume, et qui est légère, spongieuse et de couleur grise. L'*argile de Kimmeridge* est le dépôt marneux le plus récent de l'étage oolithique, et on l'appelle aussi, en France, *marne argileuse havrienne* et *marne à gryphée virgule*. L'*argile d'Oxford* est arénacée et se trouve placée immédiatement au-dessous du calcaire à coraux dans l'étage oolithique. On distingue encore les argiles phylladigène, salifère, etc.

ARGILIFÈRE. Mot qui s'emploie pour désigner une substance qui contient de l'argile.

ARGILIFORME. Qui a l'aspect de l'argile.

ARGILITE. Nom donné à une roche argileuse.

ARGILOIDE. Synonyme d'argiliforme.

ARGILOLITHE. Roche à texture terreuse et lâche, quelquefois poreuse, de couleur terne, jaunâtre ou violâtre, souvent rubanée et servant de base aux argilophyres et aux domites. Cette substance, qui appartient aux formations trachytique et porphyrique, comprend une partie des roches que les Allemands nomment *Thonstein* et *Verhœrtelevthon*, et se trouve dans l'île d'Egine, en Saxe, en Hongrie, dans les Pyrénées, dans le Cantal, etc.

ARGILOPHYRE. Roche porphyroïde, composée d'une pâte d'argilolithe, de cristaux d'orthose ou d'albite, et renfermant quelquefois du quartz, du mica, de l'amphibole, etc. L'argilophyre comprend le groupe de roches que Werner avait appelé *Tonporphyr*, et dont l'argilolithe forme la base.

ARGONAUTITE. Nom sous lequel Montfort désignait un mollusque fossile qu'il prenait pour appartenir au genre Argonaute et qu'il faut rapporter aux *Peneroplis*.

ARKOSE. M. Brongniart a donné ce nom à une roche de texture grésiforme ou porphyroïde, composée de grains de quartz et d'orthose, et renfermant souvent des grains de mica, de la barytine et d'autres substances. Sa pesanteur et son aspect cristallin sont dus principalement à la présence de la galène, de la fluorite et de la barytine. Cette roche est appelée *Arkose commune*, lorsqu'elle est principalement composée de quartz ; *Arkose granitoïde*, lorsque le feldspath y domine ; et *Arkose milliaire*, lorsqu'elle est à petits grains. On la divise aussi en arkoses provenant du transport par les eaux et de l'agrégation des éléments du granite, et en arkoses formées sur place par diverses modifications des mêmes éléments. Quant à l'origine de cette roche, on l'attribue généralement aux injections de granite au milieu de couches déjà déposées, comme il arrive de la sortie des trachytes et des basaltes, qui donnent naissance aux agglomérats trachytiques et basaltiques.

L'*arène*, ou arkose friable, est du nombre de celles qui n'appartiennent point au transport des eaux et forme des amas à la surface du granite, se compose de sable granitique sans agrégation, dans lequel se trouvent disséminés le feldspath, le quartz et le mica, et souvent cette espèce d'arkose alterne avec les arkoses solides. L'arène offre de vastes gisements à Pontivy, où on l'emploie dans la fabrication des mortiers hydrauliques.

L'arkose granitoïde, que l'on rencontre aussi à la surface des massifs granitiques, est composée de carbonate de chaux, de galène, de barytine, de fluorite, d'arragonite et d'autres minéraux qui, par leur cristallisation au sein de la masse, lui ont procuré la dureté, la ténacité et la pesanteur qui la distinguent. Cette arkose est aussi très-fréquemment pénétrée par des sédiments d'autres roches qui reposent sur elle, ce qui se remarque surtout dans les localités où elle se trouve recouverte par le lias ou le calcaire à gryphées, qui dans ce cas y introduit ses fossiles caractéristiques ; ou par la formation houillère qui mélange avec elles ses calamites et ses autres végétaux ; ou enfin par des dépôts tertiaires qui lui livrent les ossements et les mollusques qu'ils ont empâtés. L'arkose granitoïde forme aussi des bancs et des filons dans le granite même, comme on peut l'observer dans beaucoup de contrées, et entre autres dans la Bretagne, le Calvados, les Vosges, le Morvan, etc., en France ; et dans le pays de Galles en Angleterre, où le terrain houiller repose sur elle.

Les *arkoses stratifiées* se composent de grains égaux et de même nature, et sont caractérisées aussi par la présence de la blende, de la galène, de la baryte et de la fluorite ; par le broiement du feldspath et la rareté du mica ; et enfin par des débris organiques. La variété appelée *milliaire*, dont les couches sont fréquentes dans le terrain houiller, appartient aux arkoses stratifiées ; et c'est à elles également qu'il faut rapporter le *grès vosgien*, lorsqu'il est formé de cristaux de quartz et de feldspath décomposé.

Les minéraux qui se montrent au sein des arkoses sont particulièrement le cuivre, la manganèse et le plomb argentifère ; et la présence de l'arkose indique communément un gisement de houille.

ARRAGONITE. Cette roche, dont la composition est à peu près la même que celle du calcaire, n'en diffère que par le système de cristallisation et parce qu'elle contient un peu d'eau et de carbonate de strontiane. Elle se présente en nids ou en amas plus ou moins considérables dans les dépôts métallifères, dans les basaltes, et remplit les fentes des tufs basaltiques.

ARSENIKKIES. Nom que les Allemands donnent à la pyrite arsénicale.

ARTHROPTERUS. *Agass.* Genre de poissons fossiles, de la famille des Squalides, qui se distingue principalement par la forme de ses rayons, qui sont composés d'articles cylindracés, dilatés aux deux bouts et divisés longitudinalement en branches parallèles à articulations distinctes. Ce genre appartient au lias.

ARTICULÉS. Classe d'animaux qui comprend ceux dont le corps se compose d'un nombre plus ou moins grand de segments ou d'anneaux articulés en série les uns derrière les autres, ou réunis par la peau, qui est alors plus mince aux points de jonction.

ARTOLITHE. Nom que l'on donnait autrefois à toutes les espèces minérales qui avaient une forme de géode plus ou moins ronde ou aplatie. Tels sont les rognons de silex, et ceux de sulfate de strontiane que l'on trouve à Montmartre dans les couches de marne supérieure.

ASAPHE. M. Al. Brongniart appelle ainsi un genre de l'ordre des Trilobites, qu'il caractérise de cette manière : Corps large et plat ; lobes latéraux doubles en longueur du lobe moyen ; expansions submembraneuses dépassant les arcs des lobes latéraux ; bouclier demi-circulaire et portant deux tubercules oculiformes réticulés; abdomen divisé en huit ou douze articles.

ASCHE. Nom que les Allemands donnent à la cendre, à l'argile magnésienne pulvérulente et au calcaire terreux.

ASPHALTE. *Voy.* BITUME.

ASPIDITES. *Gœppert.* Genre de fougères fossiles, qui a de l'analogie avec la plante vivante nommée *Aspidium.* Ce genre a été divisé en deux sections : la première comprend les espèces à feuilles simples, et M. Ad. Brongniart les a renfermées dans son genre *Tœnopteris;* la seconde, les espèces à feuilles bipinnées. Les caractères manquent pour établir ce genre tel que l'envisage Gœppert.

ASPIDORHYNCHUS. *Agass.* Genre de poissons fossiles, de la famille des Sauroïdes. Ses caractères principaux sont les suivants : Corps très-allongé; mâchoire supérieure prolongée en forme de bec et dépassant l'inférieure; nageoires pectorales et ventrales arrondies; la dorsale reculée et opposée à l'anale; la caudale fourchue; écailles plus hautes que longues; quelques dents du bec dépassant la mâchoire inférieure. Les espèces de ce genre appartiennent aux formations liasiques et à la craie.

ASPIUS. *Agass.* Genre de poissons fossiles, de la famille des Cyprinoïdes. Ses caractères principaux sont : Corps comprimé, allongé et recouvert de grosses écailles saillantes au bord postérieur; bouche fendue obliquement de haut en bas; mâchoire inférieure débordant la supérieure; dents pharyngiennes allongées et disposées sur deux rangs; nageoire dorsale en arrière des ventrales; la caudale très-fourchue; squelette grêle. Ce genre se rencontre dans les schistes d'OEningen et dans les lignites de Ménat.

ASPLENIOPTERIS. *Sternb.* Genre de plante fossile établi sur des impressions de feuilles qu'on a peut-être légèrement rapportées à des fougères. Ces impressions ont été observées dans les terrains tertiaires.

ASSISES. *Voy.* STRATIFICATION.

ASTACITES. *Voy.* ASTACOLITES.

ASTACOLITES. Nom employé par les anciens naturalistes et entre autres Davila, pour désigner les Macroures fossiles.

ASTERACANTHUS. *Agass.* Genre de la famille des Ichthyodorulithes. Ses caractères principaux consistent dans des rayons grands, légèrement arqués, arrondis à leur bord postérieur, et couverts de tubercules étoilés à leur surface; une base lisse, et un sillon très-évasé à la partie inférieure de la face postérieure. Ce genre appartient au terrain jurassique.

ASTERODERMUS. *Agass.* Genre de poissons fossiles, de la famille des Raies, mais dont les caractères ne sont pas encore suffisamment déterminés.

ASTEROLEPIS. *Eickw.* Genre de poissons fossiles, de la famille des Célacanthes. Ses caractères principaux sont : Ecailles larges et plates, ayant à leur surface de petits mamelons étoilés qui souvent se réunissent et se confondent structure intérieure finement celluleuse, et surface couverte de petits feuillets étoilés, du milieu desquels surgissent les mamelons. Ce genre se trouve dans le vieux grès rouge.

ASTEROLITHES. *Voy.* PSAROLITHES.

ASTEROPHYLLITES. Plantes fossiles dont le classement est incertain et que l'on rencontre dans le terrain liasique. Les caractères principaux de ces plantes consistent dans des feuilles disposées en verticilles et formant étoile. Les astérophyllites ont fourni plusieurs coupes qui se composent des genres *Annularia*, *Bornia*, *Bruckmannia*, *Beckera*, *Phyllotheca*, etc.

ASTEROPTYCHIUS. *Agass.* Genre de la famille des Ichthyodorulithes, que l'on rencontre dans le calcaire carbonifère.

ASTRAPYALITE. *Voy.* FILGURITE.

ASTROITE. Nom que l'on donnait anciennement à plusieurs polypiers fossiles, qui se trouvent aujourd'hui réunis à divers genres.

ATAKAMITE. Roche cuivreuse qui se trouve particulièrement dans le désert d'Atakama, au Pérou.

ATÉLECYCLE. ATELECYCLUS, *Leach.* Genre de crustacé, dont une espèce fossile a été trouvée par M. Desmarest, dans le calcaire grossier des environs de Montpellier. C'est l'*A. rugosus.*

ATMOSPHÈRE. Masse gazeuse qui environne la terre et se compose, sur 100 parties considérées en poids, de 21 d'oxygène, et de 79 d'azote ou de nitrogène. On donne à cette masse, les uns 48,000 mètres de hauteur, les autres 60,000, et Lalande l'a même portée à 74,000. L'atmosphère se dilate ou se comprime en raison de la chaleur des rayons solaires, ce qui fait qu'elle est beaucoup plus haute sous l'équateur que sous les pôles; et la différence, selon Laplace, est dans le rapport de 3 à 2. Malgré la légèreté de l'air, chacun de nous est chargé d'une colonne de ce fluide, qui pèse au delà de 1100 kilogrammes, et le poids total de l'atmosphère qui environne le globe est estimé à environ 86,594,004,795, 636 myriagrammes.

La dilatation plus ou moins grande de l'atmosphère exerce une influence remarquable sur l'organisation des êtres qui la subissent, et il s'en suit naturellement que celle qui régnait à l'époque où les végétaux et les animaux gigantesques couvraient le globe, devait être essentiellement différente de celle d'aujourd'hui. Saturée alors d'une grande quantité d'acide carbonique, elle déterminait le développement extraordinaire de la végétation, et l'accumulation des plantes qui formèrent la houille, circonstance qui ne pourrait se reproduire actuellement, puisque l'atmosphère, contenant une proportion notable d'oxygène et peu d'acide carbonique, détruirait avec rapidité les amas des matières végétales. Aussi ne fut-ce qu'après que les grands végétaux eurent absorbé une partie de l'excès de carbone, que les reptiles monstrueux firent leur apparition sur la terre; de même qu'il fallut que ces végétaux absorbassent le carbone de l'air, pour que les animaux à sang chaud, c'est-à-dire les mammifères, vinssent peupler les diverses contrées du globe et se multiplier ainsi que les plantes dicotylédones. Enfin, une dernière modification dut s'accomplir, pour qu'il fût permis à l'homme de venir vivre à son tour sur la terre.

ATOLLS. Nom que donnent les Anglais aux récifs de polypiers qui ont une forme annulaire et offrent des lagunes. Les atolls sont caractérisés par une bande de coraux morts qui est toujours beaucoup plus élevée du côté du vent dominant, et ensuite par cette circonstance particulière que le récif offre une ouverture ou passage étroit, dont la profondeur, quelquefois très-considérable, sert de communication entre la mer et la lagune.

ATRAMENTSTEIN. Nom que les Allemands donnent à un composé de diverses pierres qui servent à remplir les espaces vides dans les mines.

ATTERRISSEMENT. *Voy.* ALLUVIONS.

AULOLEPIS. *Agass.* Genre de poissons fossiles, de la famille des Halecoïdes, que l'on rencontre dans la craie de Lewes.

AULOSTOMA. *Lacép.* Genre de poisson de la famille des Aulostomes. Ses caractères principaux sont les suivants : Nageoires ventrales abdominales; la dorsale molle, opposée à l'anale et très-reculée; quelques épines libres en avant de la dorsale; tube de la bouche ample et comprimé; mâchoires dépourvues de dents. Les espèces fossiles de ce genre se trouvent au Monte-Bolca.

AULOSTOMES. *Cuv.* Famille de poissons de l'ordre des Cténoïdes. Ses principaux caractères sont : Corps allongé, cylindracé, ou comprimé et à écailles rudes souvent transformées en larges plaques dorsales; tête en forme de tube allongé; bouche petite; rayons épineux du dos isolés ou réunis en une nageoire adossée aux rayons mous. Cette famille comprend les genres *Amphysile*, *Aulostoma*, *Fistularia*, *Urosphen*, *Ramphosus*, etc.

AURICULITE. Nom donné par Bosc à un mollusque fossile du genre Gryphée.

AUROCHS. Les débris fossiles de cette espèce de bœuf se rencontrent assez fréquemment dans les terrains meubles, et l'on pense même que cet animal existe encore dans les forêts de la Lithuanie.

AUSSERE. Les Allemands désignent par ce mot l'extérieur d'un terrain.

AVALANCHES. Masses de neige qui, après s'être accumulées sur les hauteurs, dans les vallées, se détachent subitement au retour d'une température plus douce, et renversent tout ce qu'elles rencontrent sur leur passage. Le moindre bruit, le son de la voix, celui d'une clochette peut déterminer leur chute.

AXINITE. Roche composée de silice, d'alumine, d'oxyde de fer, d'oxyde de manganèse et d'acide carbonique. On la trouve dans les formations granitiques et de transition, et elle est très-commune, en France, dans les montagnes de l'Isère.

B

BACULITE, *Baculites.* Genre de mollusques fossiles établi par Lamarck, dans la famille des Ammonites. Ce genre est de la classe des Céphalopodes et de l'ordre des Tentaculifères, et ses caractères principaux sont les suivants : Animal inconnu; coquille multiloculaire, droite, conique, ronde, comprimée ou anguleuse et représentant une corne droite, dont la partie supérieure est, sur une certaine étendue, dépourvue de cloison; bouche ovale ou comprimée, munie, du côté dorsal, d'une languette plus ou moins aiguë et, sur les côtés latéraux, d'une échancrure profonde; cloisons symétriques divisées en quatre ou six lobes formés de parties paires, excepté le lobe ventral, et d'autant de selles composées aussi de parties paires; lobe dorsal égal ou plus court que le lobe latéral supérieur; selle dorsale large; lobe latéral supérieur plus long que le lobe latéral inférieur; lobe ventral plus ou moins petit et formé de parties impaires; siphon continu et dorsal.

Les principales espèces de ce genre sont les *B. neocomiensis*, *Baculoides incurvatus* et *anceps*, et on les rencontre avec les Trigonies, les Térébratules et les Ammonites, dans les couches anciennes des terrains intermédiaires situés au-dessus de la craie. La montagne de Saint-Pierre, à Maëstricht, renferme un très-grand nombre de *B. vertebralis.*

BADEFAUM, BADESCHAUM, BADESTEIN et BADETUFF. Les Allemands donnent ces noms à des concrétions pierreuses qui se forment dans les eaux thermales.

BAIE. Profonde découpure pratiquée au sein du continent par les eaux de la mer.

BAIKALITE. Roche qui n'est que l'une des variétés du pyroxène.

BALANITE. Nom donné aux espèces fossiles du genre *Balanus* et dont l'oryctographe Bajerus s'est occupé le premier. Ces espèces, qui sont au nombre d'une trentaine environ, se trouvent dans le calcaire grossier, en France, en Italie, en Suisse, en Angleterre, dans la Silésie, en Pologne, etc.

BALANOIDES. Quelques auteurs ont appelé ainsi les pointes d'oursins fossiles.

BALEINE. Le premier débris fossile de cet énorme cétacé qui fixa l'attention publique, fut trouvé en 1779, à Paris, rue Dauphine, par un marchand de vin qui faisait faire des fouilles pour une construction. Le fragment mis à nu était d'une dimension considérable; mais il fut brisé, et ce fut de cette pièce mutilée que Lamanon fit exécuter une copie en terre cuite, dont il donna la description dans le journal de physique. Sur ces indications, Cuvier reconnut que les ossements recueillis appartenaient à une espèce différente, non-seulement de celles qui vivent aujourd'hui, mais encore de celles qu'on a rencontrées ailleurs à l'état fossile.

BANCHE. On appelle ainsi, sur les côtes de la mer, des bancs de marne argileuse qui, après avoir été humectés par les eaux, se sèchent au contact de l'air, blanchissent, prennent l'aspect de la pierre, et sont presque toujours percés par des pholades et autres mollusques lithophages.

BANCS. Amas de cailloux roulés ou de galets, de sable, de coquilles, de polypiers et de vase, qui se forment au fond des mers, des lacs et des rivières, et qui offrent plus ou moins de danger à la navigation, selon qu'ils se trouvent plus ou moins rapprochés de la surface des eaux. On donne aussi le même nom à des assises de roches, d'une nature particulière, qui se trouvent quelquefois intercalées dans un système de couches différentes. Ces assises sont le plus souvent de consistance solide, comme les bancs de silex, par exemple.

BANDJASPIS. Nom que les Allemands donnent au jaspe rubané.

BANDSTEIN. Les Allemands appellent ainsi l'onix.

BANK. Ce mot allemand signifie banc, couche ou lit.

BAROLITHE. Nom que l'on donnait autrefois à la baryte carbonatée.

BAROSELENITE. Les anciens naturalistes désignaient ainsi la baryte sulfatée.

BARRE. Espèce de banc ou d'atterrissement, qui se forme à l'embouchure des rivières, et qui provient du dépôt opéré par les eaux douces et la mer, à leur point de jonction. Tels sont ceux de l'Adour, de la Gironde, du Gange, du Sénégal, des Amazones, etc.

BARYTINE. Roche dont la couleur varie du jaunâtre au brunâtre, et du blanchâtre au bleuâtre, et qui se trouve en filons dans les terrains de transition, particulièrement dans le grès rouge. On la rencontre aussi dans les formations granitiques, dans les argiles du terrain secondaire, et même dans les calcaires récents, tels que le travertin. C'est un sulfate de baryte, que les anciens minéralogistes appelaient *baryte hépatique*, ou pierre puante.

BAS-FONDS. Sortes d'atterrissements composés le plus souvent de sable, et quelquefois de roches solides, qui se trouvent submergés par la mer, mais à une faible distance de la surface des eaux. Ces bas-fonds ne sont communément que le prolongement des plaines à pente douce qui bordent les côtes, et les dépôts de débris organiques qui les recouvrent sont toujours différents de ceux qui se trouvent dans les profondeurs.

BASALTE. Roche noire ou d'un gris de fer, de texture compacte ou bulleuse, tenace, qui raie le verre et qui est composée d'un mélange de hedenbergite et de labrodite, mélange qui renferme quelquefois de l'amphibole, du péridot, du pyroxène, de la négrine, de l'olivine, du zircon, du mica, du fer titané, etc. Le pyroxène se présente communément en cristaux porphyriques; le feldspath offre rarement la forme cristalline; le péridot se montre en grains vitreux d'un vert plus ou moins foncé; et le fer titané en grains dont l'aspect métallique est noirâtre, bleuâtre ou rougeâtre. La chaux carbonatée et la mésotype apparaissent aussi en grains arrondis dans le basalte, et lorsque celui-ci est chargé de substances accidentelles, on le désigne sous le nom de *basanite*. C'est ainsi que l'on appelle *basanite péridotique*, celui où le péridot abonde, et *basanite variolithique*, celui qui contient des noyaux arrondis de mésotype ou de chaux carbonatée.

La structure la plus ordinaire des basaltes est la forme prismatique. Cependant ils se montrent aussi sous la forme tabulaire et globuliforme; mais quelle que soit leur structure, elle offre constamment une disposition symétrique. L'origine des basaltes est ignée. Ils ont été poussés de bas en haut à la surface du sol, où ils se présentent soit en filons, soit en coulées ou en nappes, soit enfin en masses coniques. La plupart des caractères minéralogiques des basaltes sont analogues à ceux des laves et des matières scorifiées des volcans; et presque toujours ils sont accompagnés des cendres, des pouzzolanes et autres déjections des cratères actuellement en activité. C'est ce qui a fait dire à M. de Beaumont que les basaltes ne sont qu'une forme particulière des laves, et qu'un grand nombre de coulées de ces dernières ne sont que de véritables basaltes; d'où il conclut qu'il faut réserver la dénomination de basalte aux roches qui proviennent de l'effet combiné des lois du refroidissement et de l'hydrostatique, et donner celle de lave à la matière ignée dans la formation de laquelle interviennent en outre les résultats de phénomènes dynamiques.

M. de Humboldt a donné le nom de pseudo-basaltes à des variétés de Trachytes qui passent à la structure compacte et à la couleur noire, et qui contiennent beaucoup d'amphibole.

BASALTTUF. Nom que les Allemands donnent à la brèche basaltique.

BASANITE. Nom donné par M. Al. Brongniart aux roches composées qui ont le basalte pour base. Il les subdivise ensuite en *Péridoteuses*, lorsque le péridot y domine; en *pyroxéniques*, lorsque c'est le pyroxène; en *laviques*, lorsqu'elles sont plus ou moins scoriacées; et en *variolithiques*, lorsqu'elles sont parsemées de noyaux arrondis de chaux carbonatée, de mésotype, de calcédoine, etc. Toutefois, ces divers produits ne doivent être considérés, rigoureusement, que comme des variétés du balsalte.

BASILOSAURUS. Animal fossile, de l'ordre des cétacés herbivores, dont les débris ont été recueillis dans les terrains tertiaires de la Louisiane, et qui doit son nom à Richard Harlan. Owen lui a donné celui de *Zeuglodon*.

BASSIN. On désigne ainsi, en géologie, comme en géographie physique, un système de vallées, de plus ou moins d'étendue chacune, qui toutes aboutissent à une plus grande, de manière que les eaux des vallées supérieures viennent se réunir dans un même lit qui les conduit, soit dans un lac, soit dans une mer. Des collines ou des montagnes forment les points de partage entre les bassins, et chaque versant de ces points culminants donne naissance à des bassins opposés. On remarque que la végétation de chaque bassin, quoique se développant sur des versants différents, y est cependant à peu près la même sur tous les points.

Paris, par exemple, est le centre d'un bassin géologique qui se termine vers l'est à la chaîne des Vosges, et à l'ouest aux coteaux de la Bretagne et de la basse Normandie. On peut même dire qu'il se prolonge aussi jusqu'aux montagnes du pays de Galles en Angleterre, puisque le terrain de craie qui forme les falaises de Normandie, se continue au delà du détroit, suivi par les terrains jurassiques, comme cela a lieu en France. Quelquefois, les grands bassins géologiques se divisent en bassins partiels, et souvent aussi ils sont séparés les uns des autres par des chaînes de montagnes, comme les bassins hydrographiques le sont par les lignes de partage des eaux.

Dans leur *Essai sur la géographie minéralogique des environs de Paris*, les géologues Cuvier et Brongniart ont tracé comme suit ce qu'on appelle le *bassin de Paris*. « Le bassin de la Seine, disent-ils, est séparé pendant un assez grand espace, de celui de la Loire, par une vaste plaine élevée, dont la plus grande partie porte vulgairement le nom de Beauce, et dont la portion moyenne et la plus sèche s'étend du nord-ouest au sud-est, sur un espace de plus de quarante lieues, depuis Courville jusqu'à Montargis. Cette plaine s'appuie vers le nord-ouest à un pays plus élevé qu'elle, et surtout beaucoup plus coupé, dont les rivières d'Eure, d'Aure, d'Illon, de Rille, d'Orne, de Mayenne, de Sarthe, d'Huine et de Loire tirent leurs sources. Ce pays, dont la partie la plus élevée, qui est entre Séez et Mortagne, formait autrefois la province du Perche et une partie de la basse Normandie, appartient aujourd'hui au département de l'Orne.

« La ligne de séparation physique de la Beauce et du Perche passe à peu près par les villes de Bonneval, Alluye, Illiers, Courville, Pontgouin et Verneuil. De tous les autres côtés, la plaine domine ce qui l'entoure. Sa chute, du côté de la Loire, ne nous intéresse pas pour notre objet. Celle qui est du côté de la Seine, se fait par deux lignes, dont l'une, à l'occident, regarde l'Eure, et l'autre, à l'orient, regarde immédiatement la Seine. La première va de Dreux vers Mantes. L'autre part d'auprès de Mantes, passe par Marly, Meudon, Palaiseau, Marcoussy, la Ferté-Alais, Fontainebleau, Nemours, etc.

« Mais il ne faut pas se représenter ces deux lignes comme droites et uniformes : elles sont au contraire sans cesse inégales, déchirées, de manière que si cette vaste plaine était entourée d'eau, ses bords offriraient des golfes, des caps, des détroits, et seraient partout environnés d'îles et d'îlots. Ainsi, dans nos environs, la longue montagne où sont les bois de Saint-Cloud, de Ville-d'Avray, de Marly, et des Alluets, et qui s'étend depuis Saint-Cloud jusqu'au confluent de la rivière de Mauldre dans la Seine, ferait une île séparée par le détroit où est aujourd'hui Versailles, par la petite vallée de Sèvres, et par la grande vallée du parc de Versailles. L'autre montagne, en forme de feuille de figuier, qui porte Bellevue, Meudon, les bois de Verrière, ceux de Chaville, formerait une seconde île séparée du continent par la vallée de Bièvre et par celle des coteaux de Jouy. Mais ensuite, depuis Saint-Cyr jusqu'à Orléans, il n'y a plus d'interruption complète, quoique les vallées où coulent les rivières de Bièvre, d'Ivette, d'Orges, d'Etampes, d'Essonne et de Loing, entament profondément le continent du côté de l'est ; celles de Vesgres, de Voise et d'Eure, du côté de l'ouest.

« La partie de la côte la plus déchirée, celle qui présenterait le plus d'écueils et d'îlots, est celle qui porte vulgairement le nom de Gâtinais français et surtout sa portion qui comprend la forêt de Fontainebleau. Les pentes de cet immense plateau sont en général assez rapides et tous les escarpements qu'on y voit, ainsi que ceux des vallées, et les puits que l'on creuse dans le haut pays, montrent que sa nature physique est la même partout, et qu'elle est formée d'une masse prodigieuse de sable fin qui recouvre toute cette surface, passant sur tous les autres terrains ou plateaux inférieurs sur lesquels cette grande plaine domine. Sa côte, qui regarde la Seine depuis la Mauldre jusqu'à Nemours, formera donc la limite naturelle du bassin que nous avons à examiner.

« De dessous ses deux extrémités, c'est-à-dire vers la Mauldre, et un peu au delà de Nemours, sortent immédiatement deux portions d'un plateau de craie qui s'étend en tous sens, et à une grande distance, pour former toute la haute Normandie, la Picardie et la Champagne. Les bords intérieurs de cette grande ceinture, lesquels passent, du côté de l'est, par Montereau, Sezanne, Epernay ; de celui de l'ouest, par Montfort, Mantes, Gisors, Chaumont, pour se rapprocher de Compiègne, et qui font au nord-est un angle considérable qui embrasse tout le Laonnais, complètent, avec la côte sableuse que nous venons de décrire, la limite naturelle de notre bassin.

« Mais il y a cette différence, que le plateau sableux qui vient de la Beauce est supérieur à tous les autres, et par conséquent le plus moderne, et qu'il finit entièrement le long de la côte que nous avons marquée, tandis qu'au contraire le plateau de craie est naturellement plus ancien et inférieur à tous les autres ; qu'il ne fait que cesser de paraître au dehors, le long de la ligne de circuit que nous venons d'indiquer ; mais que, loin d'y finir, il s'enfonce visiblement sous les supérieurs ; qu'on le retrouve partout où l'on creuse ces derniers assez profondément, et que même il s'y relève dans quelques endroits, et s'y reproduit pour ainsi dire en les perçant. On peut donc se représenter que les matériaux qui composent le bassin de Paris, dans le sens où nous le limitons, ont été déposés dans un vaste espace creux, dans une espèce de golfe dont les côtés étaient de craie. Ce golfe faisait peut-être un cercle entier, une espèce de grand lac ; mais nous ne pouvons pas le savoir, attendu que ses bords, du côté du sud-ouest, ont été recouverts, ainsi que les matériaux qu'il contenait, par le grand plateau sableux dont nous avons parlé d'abord. »

BATOLITE. Nom donné par Montfort à un mollusque fossile qui n'est qu'une variété d'hippurite.

BATRACIENS. Quatrième ordre de la classe des Reptiles, qui comprend les crapauds, les grenouilles, les salamandres, etc., et que l'on divise aussi en trois sections : les *Péromèles*, les *Anoures* et les *Urodèles*. On rencontre des batraciens fossiles dans les formations d'eau douce, des terrains tertiaires. Le *Salamandroïdes Jægeri*, découvert par M. Jæger, dans le Keuper du Wurtemberg, avait des proportions gigantesques. Les schistes d'OEningen sont aussi très-riches en batraciens, et c'est dans ces schistes que furent recueillis les débris du prétendu homme fossile de Scheuchzer. Enfin, M. Lartet en a trouvé dans les terrains tertiaires des environs d'Auch.

BAUMACHAT. BAUMSCHALCEDON et BAUMSTEIN. Noms que les Allemands donnent au quartz agate arborisé.

BECKERA. Genre de plantes fossiles formé par M. de Sternberg, avec un groupe des Astérophyllithes.

BED. Mot anglais qui signifie couche ou lit.

BELEMNITE, *Belemnites*. Genre de mollusques fossiles, de la classe des Céphalopodes et de l'ordre des Acétabulifères. On lui a donné aussi le nom de *Dactyles idæus*, et celui de *Lapis lyncis*, ou *lyncusius* ; le vulgaire l'appelle *pierre de foudre*. Ses caractères principaux sont les suivants : Animal inconnu ; osselet interne corné, allongé, déprimé, élargi et arrondi en avant, tandis qu'il est très-étroit en arrière ; deux petites ailes accompagnent cet osselet, et viennent s'insérer autour d'un rostre crétacé, qui est allongé, conique ou comprimé, acuminé en arrière, dont le bord antérieur est entier, et dont l'intérieur offre une série de loges superposées, percées sur la partie inférieure d'un siphon marginal continu, placé dans une cavité conique. Les principales espèces de ce genre sont les *B. dilatatus*, *bipartitus*, *bicanaliculatus*, *latus*, *semicanaliculatus*, *subfusiformis*, *pistiliformis*, etc.

BEKLEIDUNG. Ce mot allemand signifie concrétion et incrustation.

BELEMNITELLA. Coupe formée par M. d'Orbigny, dans le genre Belemnite, et dont les espèces sont : *B. mucronata*, *quadrata* et *scania*.

BELONOSTOMUS. *Agass*. Genre de poissons fossiles, de la famille des Sauroïdes, dont les caractères consistent dans une gueule très-fendue ; des mâchoires armées de dents acérées et inégales ; et un squelette vigoureux. On rencontre ce genre depuis le lias jusqu'à la craie.

BELOSEPIA. Nom générique donné par M. Volz aux seiches fossiles du bassin parisien, telles que les *Sepia parisiensis* et *compressa*.

BERG. Les Allemands désignent par ce nom une roche qui ne contient aucun minerai.

BERGADER. Mot allemand qui signifie veine métallique.

BERGBLAU. Nom que les Allemands donnent au bleu de montagne.

BERGBUTTER. Les Allemands appellent ainsi le beurre de montagne.

BERGE. Rivage à pic formé ou taillé par les eaux, dans les atterrissements qui bordent un fleuve ou un cours d'eau quelconque, et qui est communément composé de gravier, de sable et de limon. La berge conserve peu de temps sa configuration, laquelle est incessamment altérée par l'érosion des courants, et elle offre quelquefois plusieurs étages de diverses époques.

BERGERZ. Mot allemand qui signifie minerai.

BERGFALL. Les Allemands désignent ainsi un éboulement quelconque dans une mine.

BERGFLACHS. Nom que les allemands donnent à l'asbeste flexible.

BERGFLEISCH. Les Allemands désignent ainsi ce qu'on appelle vulgairement la chair de montagne.

BERGGORK. Nom que donnent les Allemands à l'asbeste tressé.

BERGRUN. Les Allemands donnent ce nom au vert de montagne.

BERGKOHLE. Nom que les Allemands donnent au bois fossile bitumineux.

BERGMILCH. Nom que les Allemands donnent au calcaire pulvérulent.

BERGOEHL. L'un des noms donnés par les Allemands au bitume.

BERGPECH ou BERGPECH-ERDE. Les Allemands donnent ce nom à l'ampélite.

BERGTHEES. L'un des noms que les Allemands donnent au bitume.

BERGTORF. Nom que les Allemands donnent à la tourbe de montagne.

BERGWERCK. Les Allemands donnent ce nom à l'endroit où l'on extrait un minéral.

BERNSTEIN. Nom donné par les Allemands à l'ambre jaune.

BERYX. *Cuvier*. Genre de poisson de la famille des Percoïdes. Les caractères principaux qui le distinguent sont : une tête grosse et obtuse, et une seule nageoire dorsale avec quelques rayons épineux dans sa partie antérieure. Les espèces fossiles de ce genre se rencontrent dans la craie.

BEURRE DE MONTAGNE. Espèce d'alun mêlé de terre ferrugineuse.

BEYGANGE. Nom que donnent les Allemands aux branches d'un filon principal.

BIBLIOLITHE. Quelques naturalistes ont

donné ce nom à des roches schisteuses feuilletées, qui, par suite de fissures perpendiculaires du plan des feuillets, se divisent facilement en plaques trapézoïdales.

BILDSTEIN. *Voy.* PAGODITE.

BILOCULINES. *Voy.* MILIOLITES.

BIMSTEIN. Nom que donnent les Allemands à la pierre-ponce.

BIND. Les Allemands appellent ainsi le schiste micacé qui contient des tourmalines.

BISIPHITE. Genre de mollusques que l'on a formé avec quelques espèces de la famille des Nautiles.

BITTERKALK. Nom que les Allemands donnent à la dolomie.

BITTERSPATH. Les Allemands donnent ce nom au spath magnésien.

BITUBULITE, BITUBULITES. *Blumenbach.* Fossile non déterminé, que M. Schlotheim avait rapproché des hippurites, et qui a été recueilli dans le calcaire d'Heinber.

BITUME. Substance combustible comprise dans les carbures d'hydrogène, qui se présente, ou liquide, ou molle, ou solide, et qui, dans ce dernier état, se pulvérise facilement et se liquéfie à une température peu élevée. Les bitumes brûlent avec flamme et une fumée épaisse, et dégagent une odeur désagréable. Leur pesanteur spécifique est de 0. 7 à 1-6, c'est-à-dire moindre que celle de l'eau, ce qui fait que souvent ils nagent à sa surface. On les rencontre depuis les terrains les plus récents jusqu'aux formations houillères où ils sont mélangés avec les argiles schisteuses et les grès.

Quoique l'origine des bitumes soit une question encore très-controversée, il semble toutefois que l'opinion la plus rationnelle doit les considérer comme un produit volcanique, opinion que vient d'ailleurs appuyer l'examen des localités où se rencontrent ces substances, leur voisinage des lacs, leur rapport avec les sources de gaz hydrogène carboné, avec les sels ammoniacaux et alumineux, et enfin avec les gypses et les minerais de soufre. MM. Turner et Reichenbach les ont considérés avec quelque apparence de raison dans leurs arguments, comme provenant de la distillation des houilles ; mais M. Théodore Virlet nous semble avoir parfaitement établi, par un seul fait et par des chiffres, que les bitumes n'ont point une origine organique. «Les sources de pétrole de Zante, dit-il, en fournissent annuellement 100 barils de 200 livres environ. Ces sources existaient déjà du temps d'Hérodote, qui vivait dans le ve siècle avant notre ère ; en prenant donc pour leur produit la moyenne de 100 barils par année, 2300 ans × 100 barils × 200 livres, sera approximativement la quantité de livres de pétrole qu'elles ont dû fournir depuis que cet historien les a décrites ; or, M. Reichenbach ayant reconnu, par plusieurs expériences, que chaque quintal de houille donnait au plus deux onces d'huile, il n'aurait pas fallu moins de 2300 × 100 × 200 × 8 = 368,000,000 quintaux de houille pour produire cette masse effective de pétrole. Si l'on ajoute maintenant que ces sources devaient exister bien avant Hérodote ; qu'elles sont loin de paraître épuisées ; que la quantité de pétrole recueillie est très-probablement loin de correspondre à celle qui est produite, on voit que toutes les mines de houille de l'Angleterre (pays le plus riche en ce genre de combustible) n'auraient pu suffire à alimenter par leur distillation lente, les seules sources de Zante, et cependant elles ne fournissent guère que la quatre-centième partie de la quantité qui se recueille aux environs de Bakou.»

Les bitumes proprement dits se divisent principalement en naphte ou pétrole, en malthe ou pissasphalte et en asphalte.

Le NAPHTE pur est liquide à la température ordinaire, transparent, jaunâtre et très-inflammable ; mais presque toujours il est mélangé d'une autre substance, bitumineuse aussi, mais non volatile, qui le noircit. C'est dans cet état de mélange qu'on le nomme pétrole. Lorsqu'on le distille, il donne pour résidu une matière visqueuse qui se durcit à l'air. Son analyse présente la même composition que le gaz hydrogène percarburé, c'est-à-dire 87. 60 de carbone et 12. 40 d'hydrogène. Les naphtes sont répandus sur toute la surface du globe. La seule localité qui, en France, soit de quelque produit, est celle de Gabian, dans le département de l'Hérault. On cite encore les naphtes du duché de Parme, de la Toscane, de la Sicile, de l'Angleterre, de l'Écosse, de la Bavière et de la Suède. En Valachie, le naphte que l'on recueille près des feux perpétuels du temple de Parsis est d'un rapport d'environ 800,000 francs. Dans l'île de Zante, on trouve un grand nombre de bassins de naphte, dispersés dans une plaine marécageuse située entre la mer et des collines de calcaires schisteux de la formation de la craie. Ces sources étaient connues dès la plus haute antiquité, et Hérodote rapporte que de son temps on ramenait le bitume à la surface, au moyen d'une perche et d'un fagot de myrthe, pratique qui a encore lieu de nos jours. En Amérique, il y a les sources de naphte du Pérou, du lac Érié, du Kentucky, etc. Dans le comté de Cumberland, elles portent le nom de *Rock-oil*. L'Asie possède un grand nombre de ces sources. On connaît celles de Grumaja, dans le Caucase, de la petite Boukharie, de l'Inde, du Penjâb, du Japon, de la Chine. Les Chinois nomment le naphte *huile de pierre*. Le célèbre *moum* des Perses n'est aussi que du naphte qui découle des parois d'une caverne près de Darab. Les naphtes imprègnent tout le sol de la presqu'île d'Abcheron, sur la mer Caspienne, et jaillit dans quelques endroits. Les grands feux de cette localité ou dégagement de gaz hydrogène carboné reçoivent le nom d'atech-gah, qui signifie foyer. Cette presqu'île renferme aussi seize puits de naphte blanc, ou mieux de naphte verdâtre, qui se distingue également du noir par sa fluidité et sa volatilité. Au village de Balkhani, près de Bakou, aussi sur la mer Caspienne, on compte 82 sources de naphte qui produisent au delà de 40,000 quintaux par année. Pour obtenir cette substance, on perce des puits de 13 à 14 mètres de profondeur, dans un terrain marneux.

Le MALTHE OU PISSASPHALTE, qu'on appelle aussi *poix* ou *goudron minéral*, est de consistance molle, glutineuse, se durcit par le froid et se ramollit par la chaleur. On pense généralement que la substance qu'on désigne par le nom de *pétrole* est un mélange de naphte pur et de malthe. Celui-ci découle par les fissures des roches, imprègne beaucoup de terrains et constitue les conglomérats, les grès et les argiles bitumineux. L'Albanie renferme des mines de malthe qui sont situées dans le Condessi au pied des monts Chimariots ou Akrocérauniens. Ces mines étaient exploitées du temps de Pline, et n'ont pas cessé de l'être depuis. L'examen de cette localité rappelle parfaitement le *nymphœum* des anciens et les descriptions d'Aristote, de Plutarque, d'Elien, de Dion Cassius et de Dioscoride. Le malthe se trouve encore en Grèce, en Transylvanie, en Gallicie, en Bavière, en Suisse, etc. En France, on le rencontre à Pont-du-Château, au Puy de la Pège en Auvergne, à Begrède et à Gabian en Languedoc, à Dax, etc.

L'ASPHALTE est un bitume qui provient principalement de la mer Morte ou Lac Asphaltite, où il est connu depuis les temps les plus reculés. Il s'élève du fond à la surface des eaux où il se présente dans un état de mollesse; mais lorsque le vent et les vagues l'ont poussé le long des côtes où on le recueille, il y a promptement acquis de la solidité. Selon Strabon, l'apparition de l'asphalte à la surface de la mer était toujours accompagnée de bouillonnement et d'écume. Dioscoride cite son reflet de couleur pourpre. Les arabes actuels le nomment *karabé de Sodome;* et à Damas on en enduit des draps et des toiles pour les rendre imperméables. On sait aussi que les anciens Egyptiens en faisaient usage pour embaumer ou préparer leurs momies.

En Amérique et dans l'île de la Trinité, il existe un vaste bassin appelé le *Lac de poix*. Il est situé à 24 milles environ du port d'Espagne, et dans un endroit nommé la Pointe-de-Bréa. Il a une longueur d'à peu près 800 mètrès, sur une largeur de 200, et sa superficie est de 1500 acres. La dimension des fissures semble annoncer que la masse de poix est d'une grande épaisseur. Cette masse est communément assez ferme pour que l'on puisse marcher dessus; toutefois, la chaleur la ramollit souvent au point qu'il y a un véritable danger à s'aventurer dans cette exploration. Les bords de ce lac sont entourés de bois dont la végétation est vigoureuse, et les ananas y acquièrent, dit-on, un fort bon goût. Dans la poix même, et sans aucune addition de terre, il y a quelques plantes qui croissent parfaitement, et les amas d'eau qui se rencontrent çà et là sur la surface, contiennent aussi des poissons et des grenouilles.

BITUMINOESER-MERGEL-SCHIEFER. Nom que donnent les Allemands au schiste marneux désagrégé.

BLAES. Nom que donnent les Anglais à l'argile schisteuse désagrégée.

BLÆTTERGYPS. Nom que les Allemands donnent à la chaux sulfatée laminaire.

BLÆTTERIG. Mot allemand qui signifie laminaire.

BLÆTTERKOHLE. Nom que les Allemands donnent à la houille lamelleuse et brillante.

BLÆTTERSPATH. Les Allemands nomment ainsi la chaux sulfatée.

BLÆTTERSTEIN. Nom que les Allemands donnent au trappamygdalaire.

BLAIREAU. On a recueilli dans le diluvium des cavernes, et principalement dans le midi de la France, des ossements fossiles de ce genre de carnassiers.

BLATTERSTEIN. Nom imposé par les Allemands à des roches amygdaloïdes, compactes ou terreuses, dont la base est communément d'aphanite, mais change quelquefois de nature, et dont les différents noyaux sont contemporains ou postérieurs à la masse. C'est ce que nos naturalistes désignaient autrefois sous le nom de *variolithes*, et que M. Al. Brongniart appelle *spilites*. Les ophiolithes et les prasaphyres, ou porphyre vert ancien, sont des blattersteins. Ces roches établissent une sorte de relation entre les plutoniques et les neptuniennes, d'où il semblerait qu'on peut conclure qu'elles sont d'origine ignée. Ce qui les distingue des amygdaloïdes proprement dites, c'est que leur base est de nature variable, tandis que celle des secondes est toujours de feldspath et à noyaux contemporains quoique de deux couleurs différentes, comme on le remarque dans les porphyres et les variolithes de la Durance.

BLANTHON. Nom donné par les Allemands à l'argile bleue.

BLEI ou BLEY. Les Allemands donnent ce nom au plomb.

BLENDE. Roche noirâtre, ou au moins roussâtre, qui est un sulfure de zinc et qui se présente en petits nids dans les terrains granitiques, où elle accompagne le sulfure de plomb, les dolomies, etc. Il y a des blendes mamelonnées, globuliformes, lamellaires, fibreuses et grenues.

BLENNOIDES. *Agass.* Famille de poissons de l'ordre des Cycloïdes. Ses principaux caractères sont: Poisson trapu et de petite taille; écailles petites; dent plus ou moins développées; nageoires ventrales jugulaires; la dorsale longue et composée en partie de rayons épineux, et en partie de rayons mous. Cette famille est représentée, à l'état fossile, par le genre *Spinacanthus*.

BLEU MARTIAL FOSSILE. On donnait anciennement ce nom au fer phosphaté naturel.

BLEU DE MONTAGNE. Cuivre carbonaté.

BLEYGLANZ. Nom donné par les Allemands au plomb sulfuré ou galène.

BLEYGLASZ. Les Allemands appellent ainsi le plomb carbonaté.

BLEYGLIMMER. Nom que donnent les Allemands au plomb carbonaté pailleté.

BLEYGNEUSS. Les Allemands appellent ainsi le schiste qui contient du plomb.

BLEYISCH. Mot allemand qui signifie plombifère.

BLEYSCHIEFER. Nom que donnent les Allemands au schiste plombifère.

BLOCHIUS. *Agass.* Genre de poissons fossiles de la famille des Sclérodermes. Ses caractères principaux sont les suivants : Corps extrêmement long et très-grêle, revêtu d'écailles émaillées et rhomboïdales ; vertèbres longues et grêles ; côtes semblables à de petites épines ; rayons de nageoires régnant tout le long du corps ; chaque rayon divisé nombre de fois, particulièrement ceux de la caudale. Les écailles de ce genre sont en losange et leurs angles saillants dirigés dans le sens des diamètres longitudinal et transversal du poisson ; elles ne s'étendent ni sur la caudale, ni sur aucune autre nageoire, mais sont limitées au tronc. On trouve ce genre au Monte-Bolca.

BLOCS ERRATIQUES. Fragments de roches d'un volume plus ou moins considérable, que l'on rencontre fréquemment isolés et loin des formations auxquelles ils appartiennent. Ces blocs ont leurs angles émoussés, mais rarement arrondis. Ils proviennent en général des roches les plus cohérentes des terrains primordiaux, et présentent de la ressemblance avec les roches qui constituent les chaînes de montagnes plus ou moins éloignées des lieux où ils se trouvent. Ceux de la Baltique, de la Pologne, de la Prusse et de l'Allemagne, par exemple, doivent provenir de la Suède et de la Norwége, puisque les points intermédiaires n'offrent point de substances analogues. L'époque de leur dispersion paraît récente relativement aux époques géologiques : ceux des Alpes et du nord de l'Europe reposent sur des roches d'une faible antiquité relative, et ils ne sont jamais recouverts par aucune sorte de dépôts. Ils se dirigent en lignes parallèles du nord au sud, varient légèrement dans cette direction, et présentent toujours dans l'ensemble de leurs caractères, l'apparence d'avoir été entraînés du nord par la violence d'un courant d'eau, violence que démontrent la dimension des blocs et la distance à laquelle ils sont transportés. Leur volume est d'autant plus grand qu'on les trouve plus rapprochés de leur point de départ, tandis que le frottement les diminue à mesure qu'ils s'en éloignent. Le comte de Rasoumowsky a remarqué que quand il y a des collines dans les plaines, on n'y voit des blocs que sur le versant septentrional. Ils sont disposés par bandes ou traînées, souvent parallèles, qui se croisent quelquefois et la plupart se dirigeant du N.-O. au S.-O., tandis que quelques autres vont du N.-O au S.-E. Si l'on remonte vers le nord, dans le sens de ces traînées, on trouve alors en place des roches semblables à celles qui composent les blocs erratiques. La Baltique n'interrompt point ces traînées, puisque les blocs se retrouvent dans les plaines au sud de cette mer ; mais alors la disposition en ligne est moins sensible. Une circonstance remarquable aussi, c'est que les blocs les plus volumineux se trouvent vers les côtes méridionales de la Baltique, d'où leur volume va généralement en diminuant, tant vers le sud que vers le nord ; mais c'est de ce dernier côté et principalement dans la Scanie et la Smalande, que les blocs sont plus abondants ; leurs traînées y forment des collines longitudinales que les Suédois nomment *as*. Les blocs non roulés de la Scandinavie ont été portés jusqu'à 1300 kilomètres des montagnes qui les ont fournis, et, selon M. Murchison, ce charriage aurait eu lieu par des radeaux de glace.

Le transport des blocs erratiques est évidemment le résultat des courants d'eau, et leur situation actuelle doit être rapportée sans doute au dernier cataclysme qui a inondé la surface du globe. Ce phénomène devient surtout parfaitement compréhensible, si l'on porte son attention sur ces longues traînées de blocs roulés, sur ces plaines offrant un véritable chaos, telles qu'on en rencontre dans les Alpes, les Pyrénées et autres contrées montagneuses et qui fournissent une preuve si incontestable de la violence et de la force des courants d'eau. Plusieurs de ceux-ci ont dispersé les débris des Alpes sur une partie des régions voisines, et ont ainsi donné naissance à de vastes plaines qui sont uniquement formées de ces débris. Les vallées de la Durance et du Drac présentent, à leur origine, les fragments les plus gros et les plus anguleux ; puis ils diminuent de volume à mesure que l'on s'approche de la plaine de la Crau, où ils se dispersent, sous forme de cailloux roulés, sur une surface qui a près de 10,000 mètres carrés. Du côté de l'Italie, le même phénomène se représente sur les collines calcaires du pied des Alpes ; et il en est de même sur les pentes du Jura.

Les glaciers transportent aussi, à des distances considérables, des masses de rochers qui les recouvraient et qu'ils déposent sur des rives où ne se rencontrent point les mêmes substances. Le capitaine Bayfield observa, sur la côte du Labrador et du golfe de Saint-Laurent, entre les 50e et 60e degrés de latitude nord, de longues lignes de blocs erratiques dont quelques-uns avaient près de quatre mètres de diamètre, appartenant à des granites, et il en remarqua de semblables dans le détroit de Belle-Isle, entre Terre-Neuve et le continent américain. Peut-être faut-il attribuer aussi à ce charriage des glaces le dépôt qui a lieu sur les bords de la Baltique des énormes blocs de gneiss et d'autres roches, et, comme nous l'avons dit plus haut, c'est l'opinion de M. Murchison.

La question des blocs erratiques est une des plus controversées et des plus intéressantes de la géologie, et le phénomène de leur transport est pour ainsi dire miraculeux. La Baltique, nous le répétons, semble s'opposer au passage des blocs erratiques de la basse Allemagne et des Pays-Bas, et cependant ces blocs ne peuvent provenir que de la Scandinavie. Il en est de même de l'Aar, que l'on croirait opposer un obstacle insurmontable au passage des blocs des Alpes, qui se trouvent à une hauteur considérable sur le Jura. Ceux que l'on trouve sur les côtes orientales de l'Angleterre, dans l'Ecosse et dans les îles Shetland, appartiennent aux formations de la Norwége. Les blocs qui se montrent dans les plaines qui s'étendent de la Westphalie aux monts Ourals, sont entièrement étrangers au sol sur lequel ils reposent; et l'on est amené à conclure qu'ils doivent appartenir à la Suède. Les masses rocheuses qui sont entre la Dwina et le Niémen, au N.-E. de Varsovie, tiennent des montagnes de la Finlande. C'est un bloc erratique qui sert de piédestal à la statue de Pierre le Grand à Saint-Pétersbourg.

Dans les Apennins, les Pyrénées, les Carpathes et les montagnes de la Bohême, le phénomène des blocs erratiques est inconnu. Les masses éparses qui couvrent les pentes des montagnes primitives, ne sont que des masses projetées ou détachées lors des éruptions ignées ou du bouleversement des montagnes. De semblables blocs sont connus au Harz, dans le Tatra, dans les Grampians, les Pyrénées et d'autres chaînes; et ces blocs, en se décomposant, ont pu donner naissance à ces pierres druidiques et ces pierres mobiles dont il est souvent question dans l'histoire de quelques contrées. Au hameau de la Roquette, non loin de Castres, département du Tarn, on rencontre une de ces traînées ou coulées de blocs qui est extrêmement remarquable. Les fragments, plus ou moins arrondis et volumineux, se trouvent réunis et superposés dans le lit d'un torrent, et, presque sur toute l'étendue, ils s'élèvent de plusieurs mètres au-dessus de l'eau qu'on n'aperçoit pas, mais qu'on entend mugir dans sa course rapide. La superposition des blocs a donné naissance à ce que les habitants du pays nomment la grotte de Saint-Dominique; et non loin de cette grotte, sur la même coulée, se montre une pierre mobile qui a la forme d'un œuf et jouit d'une sorte de célébrité.

Duluc pensait que les blocs erratiques avaient tous été lancés dans les airs par suite de soulèvements, et d'autres géologues ont cherché aussi à préconiser cette opinion; mais elle offre bien plus de difficultés encore pour résoudre le problème, que l'hypothèse du transport par les eaux.

BLUE-LIAS, ou LIAS BLEU. Nom donné par les Anglais aux couches de l'étage inférieur des terrains jurassiques, lesquelles sont d'une couleur gris-bleuâtre et composées le plus souvent d'argile et de calcaire marneux. C'est au sein de ces couches qu'ont été rencontrés les débris d'ichthyosaures, de plésiosaures, etc.

BOEUF. Les ossements fossiles de ce genre se rencontrent principalement dans les terrains d'alluvions, les tourbières, les brèches osseuses et les couches arénacées sous-volcaniques. Le *Bos priscus* se trouve principalement en Allemagne, en Russie, en France, en Italie et dans l'Amérique du Nord. Le *B. primigenius*, qui se montre dans les terrains volcaniques de l'Auvergne, était d'une taille supérieure de près d'un tiers à celle du bœuf commun. Le *B. Pallasii* se trouve en Sibérie; et l'on connaît encore les *B. bombifrons*, *latifrons*, etc.

BOGESEN SANDSTEIN. Nom que donnent les Allemands au grès bigarré.

BOHNERZ ou BOHNENERZ. Les Allemands appellent ainsi le fer oxidé globuliforme.

BOGS. Nom que l'on donne aux tourbières en Irlande, où ces formations sont très-considérables.

BOIS PETRIFIÉ. *Voyez* PALÉONTOLOGIE.

BOLIDES. Nom que l'on donnait autrefois aux aérolithes.

BOLS ou TERRES BOLAIRES. On a donné ce nom à certains ocres qui paraissent être d'origine volcanique et dont on faisait anciennement usage en médecine sous le nom de *terra bolaris striegensis*. Quelques-uns ont même joui d'une grande célébrité, surtout ceux qui provenaient de l'archipel grec; d'autres servent à la nourriture de diverses peuplades, principalement dans les contrées équatoriales, lesquelles reçoivent, par rapport à cette circonstance, le nom de géophages. Ces ocres ont une apparence argileuse; leurs grains sont fins et ils sont ordinairement colorés en rouge ou en jaune par l'oxide de fer. Ils sont tantôt secs, tantôt doux et savonneux. Les variétés de terres bolaires sont très-nombreuses. Celles de l'île Féroé forment des couches de peu d'épaisseur auxquelles les géologues ont donné le nom de *wake ferrugineuse*; et l'on suppose qu'elles proviennent de la décomposition des basaltes. On trouve aussi de ces terres ou ocres, blancs et rougeâtres, sur le Puy-Chopine, en Auvergne.

Le *bol d'Arménie*, qui prend son nom de la contrée où les anciens le recueillaient plus particulièrement, est encore usité en médecine et entre dans la composition de la thériaque de Venise. On accordait à la *terre blanche de Lemnos* ou *terre sigillée*, des propriétés merveilleuses, et les prêtres de Diane en formaient de petits gâteaux qu'ils scellaient d'un cachet mystérieux. La *terre bolaire de Samos* était très-onctueuse, et avait, au dire de Dioscoride, la propriété d'arrêter les vomissements; il y en avait de blanche et de couleur cendrée; la première était appelée *aster* et la seconde *collyrion*. Le *bol de Chio* était de couleur blanche et passait pour un cosmétique précieux, c'est-à-dire qu'on lui attribuait le pouvoir de blanchir la peau et d'effacer les rides. Les bols de Damas, de Malte, d'Erétrie, de Cimolis, de Mélos, de Saxe, etc., étaient aussi en réputation.

La terre de Boucaros, que l'on recueille aux environs d'Estrémos, dans l'Alentéjo, en Portugal, et dont on fabrique des alcarazas, a le goût si agréable, que les habitants de la contrée se plaisent à la mâcher. Plusieurs tribus des Tartares nomades de la Sibérie mêlent de l'argile lithomarge avec du lait pour s'en nourrir. Les habitants de Java mangent, sous le nom de *tana-ampo*, une argile ferrugineuse qu'ils font torréfier sur une plaque de tôle. Les Nègres du Sénégal mêlent à leurs aliments une terre glaiseuse qu'ils recueillent principalement dans les îles Los-Idolos. Ceux de la Guinée mangent une terre jaunâtre qu'ils appellent *caouac*. Au Pérou, les indigènes mêlent dans leurs aliments une terre calcaire qui se vend sur les marchés comme denrée d'approvisionnement. Les Ottomaques, qui habitent les bords de l'Orénoque, pétrissent en boules, pour leur nourriture, une terre glaise, onctueuse et jaunâtre, qui est colorée par l'hydroxyde de fer. Enfin les peuples de la Nouvelle-Calédonie mangent une terre bolaire, friable, qui, assure-t-on, contient du cuivre.

BORAX. Roche qui résulte de la combinaison de l'acide borique avec l'oxyde de sodium, et que l'on trouve à l'état natif au Tibet, au Pérou, dans l'Inde, à Ceylan, dans la basse Saxe, etc. Le borax est d'un gris verdâtre; il était connu des anciens sous le nom de chrysocolle.

BORNIA. Genre de plantes fossiles, créé par M. de Sternberg, avec un groupe des Astérophyllées ou Astérophyllithes.

BOTHRIOLEPIS. *Eichw.* Genre de poissons fossiles, de la famille des Célacanthes, dont les principaux caractères sont les suivants : Plaques ayant des enfoncements diversement contournés, au milieu desquels on remarque des trous; dents incisives grosses, coniques et faiblement recourbées en arrière; stries longitudinales à la base. Ce genre se rencontre dans le vieux grès rouge.

BOTHROSTEUS. Genre de poisson fossile dont la famille n'est pas encore déterminée.

BOTOM-LAYER-COAL. Nom que les Anglais donnent à l'une de leurs espèces de houille, qui est la meilleure pour le chauffage.

BOUE. Ce mot reçoit diverses acceptions. MM. Drapiez et Bory de Saint-Vincent le donnent aux débris de toute nature qui, mêlés à l'eau, forment à la surface du sol une sorte de pâte que les pluies entraînent ensuite dans les rivières où ils deviennent l'un des éléments des alluvions. Ce qu'on appelle *boue minérale* provient des sédiments des sources thermales imprégnées de gaz hydrogène, sédiments que l'on rassemble dans des bassins où se plongent les malades à qui ce remède est prescrit. Telles sont entre autres les boues renommées de Dax. Les volcans de boues ont reçu le nom particulier de salses ou salses.

BOULDERS. Les Anglais donnent ce nom aux rognons de silex.

BOURSOUFLEMENTS. On désigne ainsi, soit des parties de laves qui, par suite de l'expansion des gaz, se sont dilatées de manière à former des espèces de mamelons à la surface du sol, soit des gonflements de roches de diverses natures, de plus ou moins d'étendue et de figures variées, qui proviennent aussi de phénomènes volcaniques. Quelquefois les boursouflements acquièrent un tel développement, qu'ils forment de véritables montagnes, et il en existe plusieurs de ce genre dans l'île de Java, où l'on remarque surtout celui de Guning-Kopak, qui a environ 100 mètres d'élévation et dont l'intérieur offre une vaste caverne. Le volcan de Jorullo est regardé aussi par quelques-uns comme une boursouflure, et elle aurait alors 150 mètres d'élévation ; enfin la plaine du *Mal-Pais*, au Pérou, est toute couverte d'ampoules que les habitants nomment *hormitos*, et qui s'enfoncent sous les pieds des mulets.

BOWEY-COAL. Nom que donnent les Anglais à une substance ligneuse qui est bitumineuse et combustible.

BRACHYGNATHUS. *Agass.* Genre de poissons fossiles dont la famille n'est pas déterminée.

BRACHYPHYLLUM. Genre de plante fossile, de la famille des conifères, que l'on rencontre dans le terrain crétacé, et dont les caractères principaux consistent dans des rameaux pennés et épars, et des feuilles courtes, coniques et disposées en spirale.

BRACHYRITES. Crustacé fossile découvert par M. Schlotheim et qui se rapproche des Dromies.

BRADFORT-CLAY. Nom donné par les Anglais à une formation de marne argileuse bleue et de calcaire sableux.

BRANCHIOPODES. Groupe de l'ordre des Crustacés, ainsi nommé à cause de la disposition toute spéciale de leurs membres, qui sont à la fois respiratoires, locomoteurs, d'apparence foliacée et tout à fait branchiformes. Un caractère très-remarquable aussi, est l'agitation continuelle de ces organes, lors même que l'animal est en état de repos.

BRANDSCHIEFER. Roche à texture schistoïde, composée de houille et de phyllade ou talcschiste.

BRAUNEISENSTEIN. Nom que les Allemands donnent au fer hydraté.

BRAUNERZ. Les Allemands appellent ainsi le zinc sulfuré mélangé de plomb sulfuré.

BRAUNITE. Variété de manganèse.

BRAUNKOHLE. Les Allemands nomment ainsi la houille brune ou houille terreuse.

BRAUNSTEIN. Nom que les Allemands donnent à la manganèse.

BRECCIA. Mot italien qui signifie brèche.

BRECCIOLE. Espèce de roche ou de poudingue volcanique, qui empâte diverses substances produites par les éjections des feux souterrains.

BRÈCHES OSSEUSES. On nomme ainsi des concrétions calcaires dans lesquelles se trouvent empâtés un grand nombre d'ossements fossiles et particulièrement de ruminants. Ces concrétions remplissent surtout des fentes de rochers, sur les côtes de la Méditerranée. La formation de ces brèches est fort ancienne, puisque les os de ruminants qu'elles renferment appartiennent à des races contemporaines des éléphants et de rhinocéros fossiles. Les principales sont celles de Gibraltar, de Cette, d'Antibes, de Nice, de Pise, de la Corse, de la Sardaigne, de la Sicile, de Cerigo en Dalmatie. etc. Parmi les débris qu'on y recueille, on a reconnu aussi plusieurs espèces de cerfs, une antilope, des chevaux, des chiens, des chats, des lagomys, des lapins, des campagnols, des musaraignes, des tortues, des lézards et des coquilles terrestres, fluviatiles et lacustres.

BRÉCHITES. Nom que Guettard a employé pour désigner les polypiers fossiles.

BRENNKOHLEN. Nom que les Allemands donnent à un charbon fossile qui est différent de la houille.

BRIETZ. Les Allemands appellent ainsi le trass ou tuf volcanique.

BROCATELLE. Espèce de marbre ou calcaire globulitère, diversement coloré.

BRONGNARTIA. Genre formé par M. Eaton, dans la famille des Trilobites et qui doit être considéré comme synonyme de celui d'*Isoletus*.

BRUCH. Nom donné par les Allemands à un éboulement de roches ou à une cassure.

BRUCHBEIN, BRUCHNOCHEN et BRUCHSTEIN. Noms que donnent les Allemands aux marnes incrustées.

BRUCKMANNIA. Genre de plante fossile formé par M. de Sternberg, avec un groupe des Astérophyllées ou Astérophyllithes.

BUCARDITES. Les anciens naturalistes appelaient ainsi les mollusques fossiles qui avaient la forme d'un cœur, qu'ils appartinssent ou non au genre *Bucardia*.

BUCCINITES. Nom que l'on donne aux buccins fossiles.

BUJONITES. On appelle ainsi des dents fossiles de poissons, auxquelles on a cru trouver de la ressemblance avec des crapauds pétrifiés. Quelques naturalistes rapportent ces dents au genre Spore et à l'anarrhique-loup.

BUNT. Mot allemand qui signifie bigarré ou diapré de diverses couleurs.

BUNTER SANDSTEIN. Nom que les Allemands donnent au grès bigarré.

BUNTERTHON. Les Allemands nomment ainsi l'argile bigarrée.

BUNTKUPFERERZ. Nom donné par les Allemands au cuivre pyriteux.

BYSSACANTHUS. *Agass.* Genre de la famille des Ichthyodorulithes, et dont les caractères consistent dans des aiguillons allongés, plus ou moins arqués, sillonnés sur tout leur pourtour et avec une cavité centrale circulaire. Ce genre provient du vieux grès rouge.

BYSSOLITHE. L'un des noms que l'on a donnés à l'amianthe ou trémolite.

C

CAILLOUX. On désigne ainsi, en géologie, des fragments de différentes roches qui ont été roulés par les eaux et qui forment quelquefois de vastes dépôts sur des plaines. On trouve un grand nombre de ces plaines en Allemagne, en Prusse, dans le Mecklembourg, etc.; et, en France, on cite principalement celle de la *Crau*, dans le département des Bouches-du-Rhône. La dénomination de *galets* est particulièrement affectée aux fragments roulés qui sont accumulés sur les plages. On donne aussi le nom de cailloux à des pierres siliceuses et autres, de diverses couleurs et presque toujours arrondies, dont on fait des bijoux. Tels sont le *caillou* ou *diamant d'Alençon*, qui est un quartz enfumé; le *caillou d'Angleterre*, espèce de poudingue; le *caillou de Rennes*, composé de fragments de quartz jaspe, rouge ou jaune, à ciment siliceux et fin; le *caillou d'Egypte*, qui est un jaspe zonaire, souvent dendritique et dont les zones concentriques ont des arborisations; et enfin, les *cailloux de Cayenne, du Rhin, de Bristol, du Médoc*, etc., qui tous sont des fragments roulés de quartz hyalin ou de cristal de roche.

M. Al. Brongniart a donné le nom de *cailloux métriques* aux fragments qui entrent dans la composition des poudingues, des cailloux roulés et des blocs erratiques, et sa nomenclature est établie de la manière suivante : cailloux *miliaires*, ceux de la grosseur d'un grain de millet; *pisaires*, de celle d'un pois; *avellanaires*, de celle d'une noisette; *colombaires*, de celle d'un œuf de pigeon; *ovulaires*, de celle d'un œuf de poule; *pugillaires*, de celle d'un poing; *céphalaires*, de celle de la tête; *péponaires*, de celle d'un potiron; *métriques*, du diamètre d'un mètre environ; *bimétriques*, de celui de deux mètres; *gigantesques*, de plus de deux mètres.

CALAMINE. Roche composée de zinc oxydé, d'oxyde de fer, de plomb sulfuré et de parties terreuses. On en connait trois variétés : la première, qui se trouve en Angleterre, est nommée calamine lamelleuse; la seconde, qui provient de Daourie, est appelée calamine chatoyante; et la troisième, que l'on recueille en Souabe, en Carinthie, en France et autres contrées, est désignée sous le nom de calamine commune.

CALAMITEA. Nom donné par M. Cota aux axes ligneux des espèces de calamites à écorce charbonneuse, et dont il avait cru pouvoir constituer un genre indépendant.

CALAMITES, Calamites. *Suckow*, etc. On appelle ainsi des tiges de plantes fossiles qui ont les caractères suivants : Tige cylindrique, articulée, recouverte de côtes et de sillons très-prononcés, formant une écorce d'une épaisseur plus ou moins grande, et offrant quelquefois des tubercules à sa surface. Ce genre, dont les proportions sont colossales, se trouve dans les terrains houillers et ceux de transition où il se montre sous forme de colonnes. Le rapport qu'on a cherché à établir entre les calamites et les roseaux et les prêles, n'est nullement justifié par les caractères qui ont pu être observés. — Guettard avait aussi donné le nom de Calamites à des polypiers fossiles, de la division des caryophyllées, qui ressemblent à des tuyaux réunis.

CALAMOPLEURUS. *Agass.* Genre de poissons fossiles, de la famille des Mugiloïdes.

CALAMOSTOMA. *Agass.* Genre de poissons fossiles de la famille des Lophobranches. Ses principaux caractères sont : Rostre à forme tubuleuse ; flancs garnis de trois rangées d'écailles carrées, plus hautes que longues : une quatrième couvrant le ventre, une cinquième le dos, et les écailles de cette dernière se terminant en petits crochets imbriqués ; bec effilé, spatuliforme et occupant à peu près le tiers de la longueur du poisson. Ce genre se trouve au Monte-Bolca.

CALAMOXYLUM. *Corda.* Genre de plantes fossiles établi sur des tiges que l'on rencontre dans le grès houiller. Ses caractères principaux sont : une tige cylindrique, striée extérieurement, et formée de vaisseaux rayés transversalement ou obliquement, sans ordre, que ne sépare aucun rayon médullaire.

CALCAIRE. Aucune substance de la croûte du globe ne se présente sous autant d'aspects que les calcaires, et leurs grandes masses sont un des phénomènes les plus intéressants de la géologie. Dus à des dépôts de sédiments, on est embarrassé de définir à quels éléments primitifs ces dépôts remontent, puisque les terrains pyrogènes et primordiaux n'en renferment qu'en petite quantité dans leurs formations inférieures. Ces éléments auraient-ils alors été transformés ? C'est une question à résoudre. La consistance des roches calcaires est très-variable : il y en a de très-dures et de fort tendres. Celle du territoire d'Odessa, en Crimée, qui sert à bâtir, est tellement friable, par exemple, qu'on rapporte à ce sujet que les voleurs, au lieu d'attaquer les serrures et les bois pour s'introduire dans une maison, se servent tout simplement d'une scie appropriée, avec laquelle ils enlèvent carrément et en quelques minutes un morceau au milieu d'un mur. On distingue particulièrement le *calcaire alpin*, le *calcaire du Jura*, le *calcaire grossier* de Paris ou *calcaire à cérites*, et le *calcaire moellon*, de Montpellier.

CALCAIRE CHLORITE. Nom donné aux couches inférieures du calcaire grossier de Paris, parce qu'il contient en abondance de la chlorite, espèce de terre verte qui appartient au genre silicate.

CALCAREOUS GRIT. Nom donné par les Anglais à des sables et grès calcarifères.

CALCÉOLE, *Calceola.* Genre de mollusque fossile établi par Lamarck, et placé par lui dans la famille des Rudistes, entre les Radiolites et les Birostrites. Cuvier l'a rangé ensuite dans la famille des Ostracées, entre les Sphérulites et les Hippurites ; M. de Blainville, à la fin des Rudistes, faisant passage aux Ostracées ; M. Charles Dumoulin en fait le type de la famille des Calcéolées et le classe à côté des Sphérulites et des Hippurites ; enfin, on a proposé de les comprendre dans l'ordre des Brachiopodes, famille des Térébratules, et d'en faire le passage de celles-ci aux Cranies. Les Calcéoles se trouvent particulièrement dans les environs de Juliers, mais on les recueille aussi dans d'autres parties de l'Allemagne. On connaît les *C. heteroclita*, *scandalina* et *depressa*.

CALCIPHYRE. Nom donné par M. Al. Brongniart aux roches calcaires empâtées de cristaux de feldspath, de pyroxène, d'amphibole et de grenat.

CALLIPTERYX. *Agass.* Genre de poissons fossiles, de la famille des Cottoïdes. Ses caractères principaux sont : Grands poissons à nageoires dorsale et anale très-étendues, et dont les rayons antérieurs du dos sont épineux ; les pectorales de moyenne grandeur ; les ventrales insérées sous l'angle de la ceinture thoracique ; la caudale tronquée et même arrondie ; colonne vertébrale composée de longues vertèbres à apophyses épineuses très-fortes, auxquelles se rattachent des osselets intérapophysaires ; os de la tête très-gros ; dents en brosse disposées en larges bandes sur le bord des mâchoires. Ce genre provient du Monte-Bolca.

CALLITHRIX. M. Lund a désigné par le nom de *C. primævus*, une espèce de singe dont il a recueilli les débris dans des cavernes du Brésil.

CALP. Nom que donnent les Anglais au calcaire salicifère.

CALSCHISTE. Nom donné par M. Al Brongniart au schiste argileux qui contient des nodules, des lamelles ou des veines calcaires. Dans le premier cas, la roche est appelée *granitelline ;* dans le second, *sublamellaire ;* et dans le troisième, *veinée*. Le calschiste a la texture schistoïde ; il se compose, outre le calcaire, de talc, de stéatite et de chloride, et renferme aussi du bitume, du kalcopyrite, etc.

CALYMÈNE, Calymena. *Brongniart.* Genre de crustacé établi dans la classe des Trilobites, et dont les principaux caractères sont les suivants : Tête demi-circulaire divisée profondément par deux sillons longitudinaux ; yeux situés sur les lobes latéraux, à cornée réticulée et de forme semi-lunaire ; segments thoraciques au nombre de dix ou de quatorze ; anneaux abdominaux distincts et non soudés entre eux. Ce genre se rencontre dans les calcaires de transition.

CANCRITES. Nom que quelques anciens naturalistes avaient donné aux crustacés fossiles.

CANNEL-COAL. Nom que les Anglais donnent à la houille compacte.

CANNOPHYLLITES. *Ad. Brongn.* Plante fossile recueillie dans les terrains houillers. Ses caractères sont les suivants : Une feuille de forme ovale, entière, traversée par une nervure moyenne et épaisse, de laquelle naissent des nervures latérales, obliques, fines, simples, ou simplement bifurquées.

CAOUTCHOUC FOSSILE. *Voy.* Elatérite.

CAP ou PROMONTOIRE. Portion du contour d'un continent, qui s'avance plus dans la mer que les terres qui lui sont contiguës.

CARANGOPSIS. *Agass.* Genre de poissons fossiles, de la famille des Scombéroïdes. Ses caractères principaux sont : Corps allongé et comprimé ; dents en brosse ; la première nageoire dorsale composée de longues épines; la seconde, opposée à l'anale; point de fausses pinnules. Ce genre se trouve au Monte-Bolca.

CARBONIFEROUS-LIMESTONE. Les Anglais appellent ainsi le calcaire magnésien caverneux.

CARCHAROPSIS. *Agass.* Genre de poissons fossiles, de la famille des Squalides, qui est principalement caractérisé par un corps allongé et qui se trouve dans le calcaire carbonifère du Yorkshire, en Angleterre.

CARCINITES. L'un des noms par lesquels les anciens naturalistes désignaient les crustacés fossiles.

CARCINOPODES. On nomme ainsi les pattes de crustacés fossiles, débris qui se rencontrent fréquemment dans les terrains tertiaires.

CARDIOCARPON. *Ad. Brongn.* Nom donné à des fruits fossiles qui se rencontrent assez communément dans les terrains houillers et dont voici les principaux caractères : Fruit symétrique, de forme comprimée, lenticulaire et à contour cordiforme ; une échancrure à la base; pointe mousse indiquant le sommet organique. Ces fossiles sont plats et minces dans les schistes, et renflés dans les grès. M. Brongniart pencherait à rattacher ces graines au genre calamite avec les restes duquel on les trouve presque toujours associées.

CARDIOLITES. *Voy.* BUCARDITES.

CARGNICULE. Nom que l'on a donné au calcaire magnésien caverneux.

CARNASSIERS ou CARNIVORES. Ordre des mammifères qui comprend les chats, les hyènes, les ours, les chiens, etc.

CARPOLITHES. On désigne ainsi les fruits fossiles que l'on rencontre dans les diverses couches du globe, et dont les genres et les espèces sont en très-grand nombre. Presque tous appartiennent à des végétaux perdus; mais on a trouvé néanmoins, dans les terrains houillers et les terrains tertiaires, des graines de *chara* et des fruits de palmiers, de pins, de sapins, d'érables, de bouleaux, etc. Les fruits de végétaux inconnus ont été observés particulièrement dans les lignites plastiques et surtout dans ceux de l'Angleterre et de l'Allemagne. Les calcaires du Jura et des Alpes, et le terrain de craie n'en contiennent point.

CARRIÈRES. Fouilles profondes et plus ou moins étendues, pratiquées dans le sol, et dont l'exploitation fournit des matériaux pour les constructions, tels que la pierre à bâtir, le marbre, le grès, la pierre à plâtre, l'ardoise, le sable, etc. Ces lieux sont généralement d'un grand intérêt pour le géologue, car outre qu'ils lui permettent d'étudier l'ordre des couches qui y apparaissent très-distinctes, il y trouve à découvert les corps organiques qu'elles renferment. Les carrières sont à ciel ouvert ou à galeries creusées dans l'intérieur du sol, et dans ce dernier cas on y pénètre communément au moyen de puits à l'orifice desquels sont établis des treuils. Les exploitations les plus considérables de ce genre sont creusées dans le calcaire grossier et dans la craie; celles de Maëstricht, ouvertes dans cette dernière formation, sont immenses; et la Touraine et la Champagne offrent aussi de vastes caves pratiquées dans le même terrain.

CARYOPHYLLITES. Nom donné par quelques auteurs aux polypiers fossiles de la famille des Caryophyllies.

CASCALHO. Poudingue formé de fragments arrondis de quartz, réunis par un ciment ferrugineux, et dans lequel, au Brésil, les diamants se trouvent fréquemment engagés.

CASSIDITES. On appelle ainsi les mollusques fossiles du genre *cassidula*.

CASSIDULINES. *Voy.* CASSIDITES.

CASUARINITES, CASUARINITES. *Schlot.* Genre de plante fossile, créé avec un groupe des Astérophyllites, mais qui n'offre aucun caractère stable.

CATACLYSME. Mot qui désigne les grandes révolutions qu'a subies le globe terrestre, soit qu'elles aient été causées par les eaux, soit par l'action des feux souterrains. Ces révolutions sont attestées par les débris de corps marins que l'on rencontre dans l'intérieur des terres, jusque sur les sommets les plus élevés; par les amas de cailloux roulés qui forment ce que les géologues anglais appellent le *diluvium;* et par la présence des blocs erratiques, ces énormes fragments de roches roulés que l'on trouve dans des contrées où leurs formations n'existent pas et dont le dépôt ne peut être attribué qu'à de violents cours d'eau qui les ont transportés. Parmi les exemples que l'on peut apporter et que nous avons déjà signalés, des cataclysmes dus aux irruptions des eaux, il faut citer surtout les montagnes de la Suède qui ont été démantelées par cette force, phénomène dont la marche uniforme s'est manifestée sur les côtes de la Grande-Bretagne et dans les plaines du Mecklembourg, du Danemark, de la Prusse et de la Poméranie. On a trouvé enfin, dans des régions glacées, des animaux qui ne peuvent vivre aujourd'hui que dans la zone torride, et dont la conservation était telle que les bêtes carnivores s'en disputaient la chair; et il faut bien conclure de ce fait, qu'une catastrophe subite a causé l'ensevelissement de ces animaux, en même temps qu'elle changeait la température du climat qu'ils habitaient.

CATARACTE. Chute d'eau plus ou moins élevée, qui est produite le plus souvent par les ravins et les torrents; mais qui est aussi le résultat, au milieu des fleuves, des inégalités et du changement de niveau du sol sur lequel roulent ces fleuves. Les cataractes du Nil, du Niagara, du Rhin, de Luleå, de Garvanie et du Tarn, sont les plus renommées.

CATENIPORE, *Capenipora.* Genre de polypier fossile établi par Lamarck, mais qui ne diffère du tabifore que par des caractères à peine sensibles, et ne semble pas devoir en être séparé.

CATILLUS. Genre de mollusques fossiles, établi par M. Al. Brongniart sur des individus extraits des Inocérames, et qui est caractéristique de la craie blanche.

CATOLOCHIS. M. l'abbé Croizet a donné ce nom à un cerf fossile qu'il a trouvé en Auvergne, et dont le premier andouiller est rapproché de la couronne.

CATOPTERUS. *Agass.* Genre de poissons fossiles, de la famille des Lépidoïdes. Ses caractères principaux sont : Nageoire dorsale opposée à l'anale, toutes deux rapprochées de l'extrémité de la queue, et la dorsale paraissant formée de deux parties séparées ; les ventrales douteuses ; les pectorales petites ; écailles moyennes. M. Agassiz ne connaît qu'une espèce de ce genre, que l'on rencontre dans les formations schisteuses, et qu'il désigne sous le nom de *C. analis*.

CATURUS. *Agass.* Genre de poissons fossiles, de la famille des Sauroïdes, qui est caractérisé comme suit : Nageoire caudale grande, équilobe, anguleuse, largement échancrée et le rayon garni de petits fulcres ; la dorsale avancée, opposée aux ventrales, et de moyenne grandeur, ainsi que l'anale et les ventrales ; les pectorales petites ; vertèbres courtes, larges et surmontées d'apophyses vigoureuses qui s'inclinent en arrière dans la partie caudale du tronc ; côtes grêles ; osselets intérapophysaires robustes ; écailles minces, rhomboïdales et à surface légèrement striée; dents coniques très-serrées. Les espèces de ce genre appartiennent aux formations jurassiques.

CAULERPITES. *Ad. Brongn.* Section des Fucoïdes ou algues fossiles, qui offrent de l'analogie avec le genre *Caulerpa*. On rencontre ces Fucoïdes dans les schistes bitumineux de Mansfeld.

CAULINITE, CAULINITES. *Ad. Brongn.* Genre de plantes fossiles, que l'on trouve dans les terrains tertiaires, surtout dans le calcaire grossier de Paris, et qui a quelque ressemblance avec le *Caulinia*. Ses principaux caractères sont : Tige cylindrique, rameuse, presque dichotome et marquée de cicatrices transversales provenant de l'insertion des feuilles, lesquelles cicatrices embrassent la tige en partie.

CAULOPTERIS. *Lindley.* Genre de plantes fossiles, établi sur des tiges qui offrent de l'analogie avec les fougères arborescentes vivantes. Ces tiges sont grosses et longues, et portent de grandes cicatrices pétiolaires, ovales ou oblongues, disposées en séries longitudinales plus ou moins espacées et sur lesquelles on aperçoit quelquefois les traces de faisceaux vasculaires, lesquels sont petits, arrondis, isolés les uns des autres, et nombreux sur chaque cicatrice. On trouve ce genre dans les terrains tertiaires.

CAVERNES. Cavités plus ou moins étendues, qui se composent le plus souvent d'une suite de renflements et d'étranglements, c'est-à-dire d'une série d'espèces de salles de diverses dimensions qui communiquent entre elles par des couloirs d'un abord plus ou moins facile à franchir. Les cavernes se ramifient en branches tortueuses qui prennent toutes sortes de directions. Les unes se prolongent dans un sens parallèle au sol ; d'autres s'enfoncent en forme de puits ; quelquefois elles renferment des abîmes remplis d'eau, ou leur fond sert de lit à de véritables rivières ; leurs aspérités, leur distribution présentent communément les formes les plus bizarres ; et les stalagmites et les stalactites, dont leur sol et leurs parois sont presque toujours revêtus, produisent dans quelques-unes des effets magnifiques, lorsque la lumière fait scintiller les cristaux dont ces substances sont composées. Plusieurs rivières, après avoir accompli un trajet plus ou moins considérable à la surface du sol, viennent ensuite se perdre dans des cavernes, pour reparaître quelquefois plus loin. Le Rhône, peu après son entrée en France, se perd dans un gouffre; la Lesse se perd dans la grotte de Han, près de Rochefort en Belgique ; il en est de même de la rivière de la Loue, en Franche-Comté ; du Loiret, et de la Touvre, dans la Charente; tels sont encore quelques fleuves de la Grèce et de la Dalmatie.

De nombreuses hypothèses ont été imaginées pour expliquer la formation des cavernes : les uns ont prétendu qu'elles avaient été formées par des courants acides qui auraient dissous le calcaire ; d'autres ont pensé qu'elles étaient le résultat des courants souterrains qui avaient traversé les couches de la surface du globe, pendant qu'elles étaient encore molles ; le plus grand nombre enfin les attribue aux boursouflements causés par le dégagement des gaz ou l'action des feux souterrains, qui, en déplaçant les couches de leur situation horizontale, ont donné naissance à ces vides que l'action des eaux à son tour a pu agrandir.

Beaucoup de cavernes des terrains calcaires renferment des ossements fossiles, et fixent, surtout depuis le commencement du présent siècle, l'attention et l'intérêt des géologues. Le sol de ces cavernes est ordinairement formé de cailloux roulés et d'argile rougeâtre; l'on a même remarqué que les ossements sont presque toujours recouverts d'une couche stalagmitique, et que lorsque cette couche n'existe pas, c'est presque un indice certain que l'on ne rencontrera point de débris d'animaux dans le sol diluvien. Les ossements sont enfouis dans un dépôt terreux ou pierreux, composé principalement de carbonate de chaux imprégné de matières animales, lequel forme une ou deux couches, communément peu épaisses. Ces ossements sont très-rarement réunis en un squelette entier ; mais ils sont séparés, dispersés et plus ou moins fracturés. Plusieurs semblent même avoir été brisés ou entamés par les dents d'un animal carnassier, et ils sont accompagnés de cailloux roulés et quelquefois de débris provenant de l'industrie humaine. Toutefois, les fragments de verre, de poterie et les mollusques terrestres qui se trouvent liés en agrégat aux ossements des cavernes, ne justifient en aucune manière leur contemporanéité avec ces ossements. Les cataclysmes les plus récents qui ont dispersé le gravier diluvien et charrié son limon dans les fissures et les cavités des montagnes, ont pu agglomérer dans ces lieux des débris d'espèces contemporaines; mais un grand nombre de ces cavités, destinées à être fréquemment envahies par les eaux, ont vu aussi, à chaque inondation, remanier, retourner le gravier qui les encombrait ainsi que les corps que ce gravier retenait; de telle sorte que les parties inférieures revenant à la surface pour y remplacer les dépôts modernes que l'action du courant refoulait vers le fond, il s'en est suivi un certain nombre de mélanges qui ont constitué enfin l'agrégat hétérogène que quelques-uns voudraient actuellement attribuer à l'amalgame d'une seule époque. Il peut donc y avoir, dans la même caverne, des ossements humains contemporains des cerfs et des ours qu'on leur trouve associés; comme ces derniers peuvent également se montrer unis à des ossements d'hommes ou d'animaux d'une date récente, puisque l'état de fossilisation ne tient nullement à une période rigoureuse d'enfouissement, mais bien à une opération chimique qui peut s'accomplir avec plus ou moins de rapidité, selon le concours de certaines circonstances.

Tout porte à penser que l'homme fut contemporain de plusieurs espèces dont les analogues ne se trouvent plus à l'état vivant. Dans quelques cavernes, les ossements d'hommes et d'animaux peuvent avoir été enfouis à la même époque, tandis que, dans d'autres endroits, ceux où les eaux ont plusieurs fois pénétré, où elles ont charrié ce qu'elles ont rencontré sur leur passage, où elles ont remanié ce qui s'y trouvait déjà déposé, il peut se faire aussi qu'on y rencontre des ossements d'hommes et d'animaux appartenant à des époques fort éloignées les unes des autres, quoique parvenus au même état de fossilisation. Cuvier a dit : « Les dépôts accumulés par la mer peuvent être solidifiés par de la stalactite, lorsque des matières calcaires tenues en dissolution viennent à tomber sur ces dépôts. Il se forme alors des agrégats, où les produits de la mer et ceux de l'eau douce peuvent être réunis : tels sont les bancs de la Guadeloupe, qui offrent à la fois des coquilles de mer et de terre. » M. Constant Prévost pense que dans le plus grand nombre des cavernes, les ossements ont été introduits par des eaux courantes; l'opinion de M. Dufrénoy est, au contraire, que ces ossements proviennent d'un séjour prolongé des animaux qui y ont été enfouis; et MM. d'Omalius d'Halloy et de Bouard font remarquer qu'on peut très-bien concilier les deux hypothèses en admettant que, dans beaucoup de cas, les deux modes de dépôts se sont formés successivement.

La présence des coquilles d'eau douce, mêlées avec des coquilles marines, dans les cavernes à ossements, se fait remarquer à Cagliari, à Nice, à Gibraltar, à Tripoli, etc.; les poteries grossières ont été trouvées dans les cavernes de la Syrie, de la Dalmatie et du midi de la France; les poteries mêlées aux ossements humains se rencontrent dans les sables ossifères de Vienne; et les objets d'industrie observés dans les agrégats stalagmitiques, ont été principalement signalés par MM. Rosenmuller, Sommering, Buckland, Marcel de Serres, etc.

La majeure partie des ossements que renferment les cavernes appartiennent à des carnassiers. Dans les cavernes de l'Allemagne, les ours dominent, surtout l'espèce appelée *Ursus spelæus*. En Angleterre, et principalement dans l'Yorckshire, ce sont les ossements de hyènes. On trouve aussi dans ces dépôts, des débris de chats, de chiens, de putois, de belettes, de gloutons, de campagnols, de rats, de lièvres, de chevaux, de bœufs, de cerfs, d'éléphants, de rhinocéros, d'hippopotames, d'oiseaux, de reptiles, de mollusques, d'insectes, d'excréments, etc. Les plus célèbres des cavernes à ossements sont celles du pays de Blanckerbourg, dans l'électorat de Hanovre. Ces cavernes sont composées d'un grand nombre de salles plus ou moins grandes et de toutes formes, qui sont garnies de stalactites. La caverne d'Adelsberg, en Carniole, qui se compose aussi d'une suite d'excavations d'une étendue de plus d'un myriamètre en ligne directe, renferme des ossements qui, pour la majeure partie, appartiennent au genre Ours. Il y a aussi des cavernes à ossements dans la Franconie, dans le Harz et dans la Westphalie. M. Schmerling a publié sur les cavernes de la province de Liége, un mémoire où il signale une espèce d'ours qu'il a nommée *giganteus*, et que M. Marcel de Serres croit être l'*Ursus Pitorii* qu'il a déterminé; puis une autre espèce qu'il rapporte à l'*Hippopotamus minutus* de Cuvier, tandis que M. Marcel de Serres la classe dans le genre Dugong, cétacé herbivore. M. Schmerling a trouvé dans les mêmes cavernes, des débris de poissons marins et des dents de squales, débris également remarqués dans les cavernes de Lunel-Viel, par M. Marcel de Serres. On cite encore les cavernes à ossements de Chockier et de Han, en Belgique; de Palerme, de Syracuse et de San-Ciro, en Sicile; de Bauwell, dans le Mendips, du Somersetshire et du Pavilland, en Angleterre; de Marmora, de Cagliari, de Gibraltar, de Tripoli, etc. Il y en a dans la Nouvelle-Hollande et au Brésil. La France renferme celles de Bize, près de Narbonne; de Mialet, près d'Anduze; de Bringues, dans le département du Lot; de Lacombe-Grenaut, dans celui de la Dordogne; de Lunel-Viel et de Sommières, dans l'Hérault; de Pondres et de Souvignargues, dans le Gard; d'Echunoz et de Fouvent, dans la Haute-Saône; et d'Osselles près de Besançon, dans le Doubs, laquelle est renommée par ses brillantes stalactites et ses ossements d'ours.

MM. Spix, Martius et Wagner ont signalé les cavernes à ossements de mégalonix et de mégathérium dans les calcaires du Brésil; M. Wagner a étudié celles de la Sardaigne; M. de Marmora, celles de Cagliari; et M. de

Razoumowski les sables ossifères de Baden, près de Vienne.

M. Théodore Virlet nous a fait connaître une caverne fort curieuse qu'il a explorée, dans l'île de Thermia. Elle est située près du village de Sillaka et creusée au sein de couches presque verticales de schistes argileux, de stéaschistes et de micaschistes. Son entrée est située à près de 500 mètres au-dessus du niveau de la mer; elle est composée de plusieurs salles plus ou moins vastes et plus ou moins hautes; et sa profondeur totale, s'il faut s'en rapporter aux habitants de l'île, serait aussi de près de 500 mètres. La description que M. Virlet donne de cette caverne paraîtrait établir que quelle qu'ait été son origine, les eaux ont dû ensuite la balayer. Voici quelques passages du compte rendu par l'explorateur: « Les parois en sont rarement planes ou parallèles, comme pourraient l'être celles d'une caverne résultant de quelque fente ou d'un filon qui, ayant disparu, aurait laissé sa place vide. Au contraire, le long de ces parois règnent d'autres excavations sans issues, ressemblant assez à des fissures élargies ou corrodées par l'action d'un liquide en mouvement, comme cela a souvent lieu sur les rivages de la mer, dans des fissures verticales, continuellement battues par les vagues. Ces excavations latérales, généralement fort étroites et ordinairement creusées entre les strates du terrain, ne sauraient être prises pour d'anciennes galeries d'exploitation, comme la présence des nombreux filons de fer qui traversent pourraient d'abord le faire penser; car, bien que souvent fort profondes, elles ne permettraient pas toujours à un homme d'y pouvoir pénétrer. On y observe souvent des pointes de la roche schisteuse qui s'élèvent du milieu du sol, et s'y présentent comme des témoins que réservent les terrassiers dans leurs travaux. Ces pointes ressemblent encore assez bien à certains écueils, à ces saillies de rochers que l'on remarque parfois au milieu du lit des torrents. Enfin, les parois offrent partout ces formes arrondies qu'on observe dans la plupart des grottes calcaires. »

CELACANTHES. *Agass*. Famille de poissons de l'ordre des Ganoïdes. Le caractère le plus remarquable des individus qui composent cette famille, c'est que leurs os et notamment leurs rayons sont tous creux à l'intérieur. Un autre caractère est la forme et la disposition des nageoires, et le mode d'articulation des rayons. La plupart de ces rayons sont roides ou seulement articulés à leur extrémité. Dans la nageoire caudale, les rayons sont soutenus par des osselets interapophysaires, particularité qui, chez les autres poissons, n'a lieu que pour l'anale et la caudale. Enfin, la colonne vertébrale, en se prolongeant d'une manière plus ou moins apparente entre les deux lobes principaux de la caudale, forme un appendice médiane effilé. Le système écailleux de cette famille offre aussi des particularités que l'on ne rencontre dans aucune autre.

CELESTINE. Roche à base simple, composée de sulfate de strontiane.

CELLULARITES. Nom donné aux polypiers fossiles du genre *Cellaria*.

CENCHRITES. Les anciens naturalistes appelaient ainsi les petits grains arrondis qui constituent les roches oolithiques.

CENDRES VOLCANIQUES. *Voy*. VOLCAN.

CENTROLEPIS. *Egert*. Genre de poissons fossiles, de la famille des Lépidoïdes, que l'on rencontre à Lyme-Regis.

CEPHALASPIDES. *Agass*. Famille de poissons fossiles, de l'ordre des Ganoïdes, qui se distingue par les formes bizarres des genres qui la composent.

CEPHALASPIS. *Agass*. Genre de poissons fossiles, de la famille des Lépidoïdes.

CEPHALOPODES. *Cuv*. Cette classe de mollusques se distingue principalement par les bras, pieds ou tentacules qui couronnent la tête. Les animaux qui la composent sont des plus avancés par leur organisation et sont formés de deux parties: 1° d'un corps qui est renfermé dans une coquille, ou qui contient une partie crétacée ou cartilagineuse pourvue quelquefois de nageoires; 2° d'une tête distincte, pourvue d'yeux complets, d'organes de l'ouïe et de manducation, et de bras ou de tentacules servant à la préhension. A l'état fossile, les céphalopodes se reconnaissent, soit par leur coquille anciennement extérieure, coquille communément symétrique, droite, arquée, spirale, divisée par des cloisons droites ou foliacées; soit par des osselets internes, cornés ou crétacés, formés par des empreintes. Parmi les familles qui appartiennent à cette classe, se trouvent celles des Belemnites, des Ammonites, des Spirules, etc. Les Céphalopodes, nous le répétons, se font remarquer entre tous les autres mollusques, par la supériorité des organes qu'ils possèdent, surtout ceux de la vue, de l'ouïe, de préhension et de locomotion; et ils comprennent aussi le genre Argonaute, genre célèbre auquel l'homme, dit-on, a emprunté les éléments de l'art de la navigation.

CERATITE, *Ceratites*. Nom imposé par M. de Haan à une division des Ammonites.

CERATODUS. *Agass*. Genre de poissons fossiles, de la famille des Cestracionthes. Ses caractères sont: Dents composées de deux couches: la superficielle est une espèce d'émail composé de tubes très-serrés qui forment la couronne et donnent à la surface un aspect pointillé; la seconde couche est osseuse et composée d'un tissu réticuleux semblable à celui des poissons cartilagineux; la surface extérieure de l'os est lisse; les cornes, tournées en dehors, ont leur pointe dirigée en avant, et les cornes postérieures sont de plus en plus grandes. Ce genre appartient au lias de Bristol.

CERATOPHYTES. Nom générique sous lequel les anciens naturalistes comprenaient un certain nombre de polypiers fossiles.

CERAUNITE ou CERAUNIAS. Nom que les anciens donnaient à divers corps qu'ils supposaient être tombés du ciel avec la foudre, tels que les bélemnites, les haches de jade, la pyrite martiale, etc. Quelques auteurs désignent encore ainsi le jade néphrétique ou la néphrite.

CEREBRITES. Les naturalistes d'autrefois appelaient de ce nom certains Madrépores fossiles auxquels ils trouvaient de la ressemblance avec une cervelle d'homme.

CEREOLITHE. Nom qui était donné jadis à une variété de la stéatite qui a quelque ressemblance avec de la cire.

CERF. On rencontre les débris fossiles de cet animal, dans presque tous les lieux où se trouvent ceux de bœuf, c'est-à-dire dans les terrains meubles, les tourbières, les brèches osseuses, etc.; et les dépôts tertiaires où gisent les mastodontes en offrent également. Le cerf à bois gigantesque est le plus célèbre des ruminants fossiles et se recueille particulièrement en Irlande. On a trouvé une tête de cet animal dont les andouillers extérieurs avaient leurs pointes éloignées l'une de l'autre de plus de 3 mètres. On distingue aussi les *Cervus enryceros*, *Tarandus priscus*, *primigenius*, *Elaphus Reboulii*, *Solilhacus*, *Polignacus*, *intermedius*, *arvernensis*, *Etueriarum*, *issiodorensis*, etc., etc., et le chevreuil fossile, *Capreolus fossilis*. On doit plusieurs de ces espèces à MM. de Christol, Robert et l'abbé Croizet, qui ont fait une étude particulière du genre.

CERUSE. Roche formée de carbonate de plomb.

CESTRACIONTES. *Agass.* Famille de poissons fossiles, de l'ordre des Placoïdes. Les principaux caractères résident dans les dents, qui ont une racine distincte, d'aspect poreux et réticulé, et séparée de la couronne par un étranglement ou un sillon plus ou moins prononcé. Cette couronne est composée de fibres verticales qui paraissent de plus en plus serrées en se rapprochant de la surface. La dentine, dans laquelle les canaux médullaires sont creusés, est en général dure et cassante; et les tubes calcaires qui la traversent, sont différents suivant les genres.

CETACÉS. Ordre des mammifères qui se divise en deux sections : les *Herbivores* et les *Piscivores*. Les premiers comprennent les Lamantins et genres analogues; les seconds, les Baleines, les Cachalots, les Narvals, etc.

CETIOSAURUS. *Owen.* Genre de reptile gigantesque fossile, trouvé dans le terrain nécomien, et dont les caractères principaux sont les suivants : Vertèbres spongieuses; os également spongieux et n'offrant aucune trace de cavité médullaire. On connaît déjà quatre espèces de ce genre : les *C. longus*, *brevis*, *medius* et *brachiurus*.

CHAILLES. On appelle ainsi des boules d'argile ocreuse que l'on rencontre surtout dans le terrain jurassique.

CHAIR DE MONTAGNE ou CHAIR FOSSILE. Asbeste tressé de Haüy.

CHALCOPYRITE. Roche cuivreuse, formée de cuivre, de soufre et de fer. Elle est d'un jaune de bronze et se cristallise en octaèdre.

CHALEUR. Ce qu'il est nécessaire de faire connaître sur la chaleur, dans son application à la géologie, est développé par nous aux articles CHALEUR CENTRALE et TEMPÉRATURE DU GLOBE, en sorte que nous avons peu à nous occuper ici de ce sujet, puisque notre intention n'est pas d'examiner les théories qui appartiennent d'une manière plus spéciale à la physique.

La sensation que nous appelons *chaleur* est excitée en nous par un agent mystérieux dont la matérialité a échappé jusqu'à ce jour à l'expérimentation, et qui a reçu différents noms, tels que ceux de *fluide igné*, de *matière du feu*, etc. Les réformateurs de la nomenclature chimique lui ont imposé enfin celui de *calorique*, et quant au mot *chaleur*, il a été réservé pour désigner la science qui a pour objet les propriétés, les effets et les lois du calorique.

Trois sources principales de chaleur viennent réparer incessamment, à la surface du globe, les pertes occasionnées par ce qu'on appelle le *rayonnement* et le *refroidissement* : ces sources sont la chaleur centrale, la chaleur solaire et celle qui résulte des actions mécaniques et chimiques qui s'exercent sur la matière. La chaleur qui provient des profondeurs de la terre ne modifie pas d'une quantité appréciable, comme nous le verrons plus loin, la température moyenne de la surface; mais elle contribue néanmoins, réunie aux autres chaleurs, à entretenir la température nécessaire à l'existence des êtres organisés.

La chaleur solaire est la seule qui exerce de l'influence sur les climats et les saisons. L'air pur, il est vrai, ne s'échauffe que faiblement par cette chaleur; mais il reçoit, en compensation, une quantité notable de calorique, par suite de son contact avec le sol; et celui-ci, qui, pendant le jour, jouit d'une température plus élevée que celle de l'air, en offre une beaucoup plus basse, au contraire, durant la nuit. La chaleur solaire qui s'est accumulée pendant une partie de l'année, se dissipe ensuite dans l'autre portion; mais il ne s'en établit pas moins une balance convenable entre ces deux périodes. Il résulte d'expériences faites par M. Pouillet, à l'aide d'un instrument fort ingénieux de son invention, que la quantité totale de chaleur que verse le soleil, dans le cours d'une année, sur le globe de la terre, est égale à celle qui serait nécessaire pour fondre une couche de glace qui couvrirait la surface entière de ce globe et qui aurait 14 mètres d'épaisseur. Une portion de cette chaleur est immédiatement perdue par le rayonnement du jour et celui de la nuit; mais celle qu'absorbe le sol jusqu'à une certaine profondeur, durant les mois de température croissante, remonte pendant l'époque de température décroissante, pour venir réchauffer la surface et se perdre à son tour dans les hautes régions; et l'on suppose même qu'outre ces deux mouvements descendant et ascendant, il en existe un troisième, latéral, qui s'opère entre la surface du sol et la couche invariable, par lequel la chaleur absorbée sous la zone torride et les zones voisines se transmet progressivement dans les deux hémisphères, pour se dissiper à la hauteur des contrées polaires.

Les combinaisons chimiques, telles que celles qui accompagnent la naissance, le développement et la décomposition des êtres, et celles qui résultent fortuitement des produits de l'art, sont autant de phénomènes qui fournissent de la chaleur et du froid; le simple contact des corps, le frottement, la compression, la percussion et tous les changements mécaniques qu'éprouvent les molécules matérielles dégagent aussi de la chaleur; enfin, l'électricité en répand de son côté dans la nature.

Les effets les plus généraux de la chaleur solaire sur les êtres organisés sont de colorer, d'affermir la peau et d'augmenter la circulation du sang; de colorer les poils des quadrupèdes, les plumes des oiseaux et les ailes des insectes; d'augmenter l'intensité des parties vertes des plantes et de rendre plus vives les teintes de leurs fleurs.

Les corps organisés sont rarement à la température des milieux dans lesquels ils vivent, et le corps humain, par exemple, n'est jamais à celle de son atmosphère ambiante. Les animaux des régions polaires sont plus chauds que les glaces sur lesquelles ils habitent; ceux des contrées équatoriales plus froids que l'air qui les environne; et la température des oiseaux et des poissons est constamment plus élevée que celle des milieux qui les reçoivent. La température de l'homme est de 37° et varie peu : la plus basse se rencontre chez les Hottentots du cap de Bonne-Espérance, où elle est de 35°,8, et la plus haute ne dépasse point 38°,9. Celle du mouton, à Colombo, est de 40 à 40°,5; de la chèvre, dans la même région 40°; du singe, 39°; de l'éléphant, 37°,5. La chaleur du pigeon commun est de 42 à 43°; de la grive, de la poule et du perroquet, 42°. Celle du serpent, à Colombo, s'élève de 31 à 32°; de la bonite, à 37° dans les muscles internes; de l'huître commune, 27°; de l'écrevisse, 26°; du scorpion, 25°; et de la guêpe, 24°. La source principale du calorique chez les animaux provient de l'innervation, de la respiration, de la circulation, de la nutrition et de la combinaison qui s'opère dans les poumons entre l'oxygène et le carbone pour former de l'acide carbonique; mais il semble incontestable qu'il existe de plus en eux une cause de chaleur qui se rattache peut-être intimement à l'action plus ou moins énergique du système nerveux. Dans quelques circonstances particulières, les animaux peuvent vivre dans des températures extrêmement élevées, et sans parler de ceux qui existaient aux premiers âges du monde dans des milieux qui ne se rencontrent plus sur la surface du globe à l'époque actuelle, il en est encore qui habitent des eaux thermales dont la chaleur est de 80 à 100°; et les *Mémoires de l'académie des sciences* rapportent le fait de deux jeunes filles qui pouvaient supporter une température de 150 degrés.

Les végétaux ont aussi une chaleur propre, et malgré la difficulté de déterminer cette chaleur, aux diverses phases de leur existence, comparativement à la température de l'atmosphère ambiante, on est arrivé néanmoins à quelques résultats intéressants qui permettent d'apprécier la marche de cette chaleur par rapport à l'air. Ainsi, selon Schubler, plus la température de l'air reste longtemps constante, et moins celle de l'arbre en diffère. Celle-ci est ordinairement supérieure à l'autre le matin, puis inférieure dans la soirée, et ces différences sont d'autant plus grandes que l'arbre a plus de diamètre ou que le thermomètre est plongé plus avant. Dans la journée, les plantes ont un maximum de chaleur au delà et en deçà duquel leur calorique est sensiblement moindre. La rose se trouve dans sa température la plus élevée à 10 heures du matin ; la bourrache à midi; la valériane à 1 heure; l'asperge à 3. M. Dutrochet a constaté que les cryptogames et particulièrement les bolets, ont une chaleur propre supérieure à celle des phanérogames. La température moyenne du tronc des arbres est inférieure à celle de l'air dans l'hiver, le printemps et l'été, mais elle lui est égale en automne. La séve, en passant des racines dans le tronc, apporte avec elle la température qui existe dans le sol. Pendant la nuit, il y a un abaissement sensible de chaleur dans les végétaux; mais il se manifeste moins dans le bouton de la fleur que dans les autres parties de la plante. Une humidité trop longtemps prolongée diminue aussi la chaleur propre du végétal. On a remarqué que le tronc des sapins conserve intérieurement la température de 0 par 11° de froid, et que le bouleau présente 1° au-dessus de 0 à une même température.

Une chaleur beaucoup plus intense et qui varie suivant les espèces, se produit dans les végétaux au moment de la germination; et le même phénomène se présente chez quelques-uns à l'époque de la floraison. L'*Arum maculatum* ou *pied-de-veau*, est un exemple remarquable de ce paroxysme, qui, chez lui, a son siége principal dans la partie supérieure et renflée de la spathe. C'est sous l'influence de cette augmentation de calorique que s'opère le rapide épanouissement de la fleur, épanouissement qui s'accomplit dans l'espace de 3 à 4 heures. Le second jour, le paroxysme se montre moins intense, et il se concentre alors surtout dans les fleurs mâles, où il détermine l'émanation du pollen. Ce paroxysme a lieu dans l'obscurité comme à la lumière, et Schultz a observé que sa plus grande force se faisait ressentir entre six et sept heures du soir. Selon Sénebier, le spadix de l'*Arum maculatum* acquiert en cette circonstance jusqu'à 7° au-dessus de la température ambiante. La chaleur de l'*Arum cordifolium*, de l'Ile de France, s'est élevée jusqu'à 49° dans un milieu de 19°.

Murray a publié un travail très-curieux

d'où il résulte un fait physiologique du plus grand intérêt, c'est que selon la couleur dominante du disque floral, la température de la plante se trouve en rapport exact avec celle qu'offrent les mêmes couleurs fournies par le prisme du spectre solaire. Ainsi la chaleur propre temporaire des plantes à fleurs blanches est de 1 à 2° au-dessous de la température du milieu ambiant; celle des fleurs bleues, de 1 à 2° au-dessus; des fleurs jaunes, de 3 à 5°; et des fleurs rouges, de 4 à 7°.

Les végétaux comme les animaux supportent de très-grandes élévations de calorique et des abaissements très-notables de température. Ainsi, l'on voit quelques espèces vivre dans des milieux de 70 à 80° d'élévation, et le bouleau supporte aisement une température de 30 à 36° au-dessous de zéro.

CHALEUR CENTRALE. Il est admis aujourd'hui, du moins par un grand nombre de savants physiciens, qu'il existe, en dessous de l'écorce du globe, une masse à l'état de fluidité ignée, d'un volume qui doit être immense relativement à celui de cette écorce, puisque la profondeur à laquelle on suppose que se rencontre une chaleur capable de fondre toute espèce de roche, est estimée à 10 myriamètres environ, et que cette longueur est moins de la 60e partie du rayon terrestre. La portion extérieure de la masse fluide tend constamment à l'état solide, d'où il résulte que la somme de la croûte refroidie s'accroît chaque jour. La température est variable à la surface de la terre et jusqu'à une profondeur de 20 à 30 mètres. A ce dernier point elle est invariable et sensiblement égale à la température du lieu ; mais à mesure que l'on pénètre au-dessous de ce point, on trouve un accroissement de chaleur continue, qui est environ de 1 degré pour 30 mètres. Si cette progression demeure la même jusqu'au centre du globe ou à peu près, il en résulte qu'à 300 mètres il doit régner une température de 100°, c'est-à-dire celle de l'eau bouillante, et qu'à 10 myriamètres ou 25 à 30 lieues, la chaleur est suffisante pour fondre toutes les substances minérales connues. Ainsi, en supposant, nous le répétons, que cette progression de température s'étende jusqu'au centre, la chaleur, à ce point, dépasse tout ce qu'il est possible d'imaginer. Quant à l'influence de cette chaleur centrale sur la surface du globe, Fourier a démontré qu'elle n'agissait que pour moins de 1/30 de degré, et que sa diminution doit avoir été tout au plus de la 3/100 partie de 1 degré depuis 2000 ans. Il est facile, d'après ce premier résultat, d'apprécier le temps qu'il faudrait pour que la température de l'intérieur de la terre s'abaissât jusqu'à celle de sa surface.

Cette hypothèse de la chaleur centrale et de l'état de fluidité incandescente de l'intérieur du globe est presque généralement adoptée, nous l'avons dit : néanmoins, quelques physiciens ont exprimé des opinions contraires. Les uns pensent que le globe n'a jamais eu, dans son état primitif, la température élevée qu'on lui attribue ; que la chaleur qu'il possède et qui l'a pénétré jusqu'à une certaine profondeur, provient uniquement de son passage dans des régions célestes jouissant d'une température infiniment plus élevée que celle où il se trouve actuellement ; d'autres prétendent que cette chaleur doit s'attribuer simplement aux réactions chimiques qui s'accomplissent à une profondeur peu éloignée de la surface ; plusieurs, divisant le globe en compartiments, en font une vaste pile dont les phénomènes électriques et magnétiques détermineraient la chaleur centrale ; quelques-uns, enfin, croient que la chaleur au moyen de laquelle on explique la fusion des roches primitives, n'a pas pénétré profondément le noyau central, et ils s'appuient principalement sur les considérations suivantes : 1° que la densité du noyau étant, par rapport à celle de l'eau :: 1 : 5, elle est supérieure à celle de l'enveloppe extérieure qui n'est que comme 1 : 3, et qu'alors son état de tension sous l'influence d'une température de près de 250,000 degrés de chaleur, en prenant pour base de ce calcul l'accroissement de 1 degré par 30 mètres de profondeur, produirait une chaleur sous l'action de laquelle tous les corps solides seraient mis en état de vaporisation la plus tenue ; 2° que cette température aurait dû briser la croûte du globe, mince pellicule de 12 kilomètres au plus, c'est-à-dire de 1/500 du rayon, et qu'alors la terre tout entière aurait été rendue à l'espace sous forme de vapeurs. Fourier de son côté, modifiant la théorie de la chaleur centrale, a calculé que la terre échauffée à une température quelconque et plongée dans un milieu plus froid qu'elle, ne se refroidit pas plus, dans l'espace de 1,280,000 années, qu'un globe de 1 pied de diamètre et dans des circonstances semblables, ne le ferait dans une seconde, d'où il résulterait qu'en 30,000 années, la température de la terre aurait diminué de moitié.

Whiston, quoiqu'il n'apportât aucune preuve à l'appui de son opinion, avait cependant pressenti, le premier, l'existence d'une chaleur centrale. Il pensait que la terre, lorsqu'elle était à l'état de comète, avait un noyau central que le soleil avait amené à l'état d'incandescence lorsque cette comète s'était approchée de lui. Cette opinion ne s'écartait point de celle que professent les astronomes actuels, puisque, selon eux, le passage près du soleil de la comète de 1680 dut lui faire acquérir une température deux mille fois plus élevée que celle d'un fer rouge, et que cinq cents siècles lui seront nécessaires pour se refroidir. Boyle attribuait la chaleur centrale à la décomposition des pyrites ou à une sorte de fermentation dont il ne se rendait aucun compte exact. En 1740, et au moyen d'expériences thermométriques, Gensanne constata que la température augmente avec la profondeur. Ces expériences eurent lieu dans les mines de plomb de Giromagny, près de Béfort. En 1785, de Saussure en fit d'analogues dans le canton de Berne; et M. de Humboldt les renouvela, en 1791, dans les mines de Fresberg, et en 1798 dans quelques-unes de l'Amérique, jusqu'à une profondeur de 522 mètres. Cette importante question fut ravivée en 1802 par M. d'Aubuisson; et, en 1827, un mémoire de M. Cordier, publié parmi ceux du muséum d'histoire naturelle, répandit sur cette même question une nouvelle lumière. Nous rapporterons ici quelques fragments de la théorie de Fourier, que nous avons déjà nommé, sur la chaleur centrale.

« L'opinion d'un feu intérieur, dit ce savant, cause perpétuelle de plusieurs grands phénomènes, s'est renouvelée dans tous les âges de la philosophie. La forme sphéroïde terrestre, la disposition régulière des couches intérieures rendue manifeste par les expériences du pendule, leur densité croissant avec la profondeur, et diverses autres considérations concourent à prouver qu'une chaleur très-intense a pénétré autrefois toutes les parties du globe. Cette chaleur se dissipe par l'irradiation dans l'espace environnant, dont la température est très-inférieure à celle de la congélation de l'eau. Or, l'expression mathématique de la loi du refroidissement montre que la chaleur primitive contenue dans une masse sphérique d'une aussi grande dimension que la terre, diminue beaucoup plus rapidement à la superficie que dans les parties situées à une grande profondeur. Celles-ci conservent presque toute leur chaleur durant un temps immense; et il n'y a aucun doute sur la vérité des conséquences, parce que nous avons calculé ces temps pour des substances métalliques plus conductrices que les matières du globe. Mais il est évident que la théorie seule ne peut nous enseigner quelles sont les lois auxquelles les phénomènes sont assujettis. Il reste à examiner si, dans les couches du globe où nous pouvons pénétrer, on trouve quelque indice de cette chaleur centrale. Il faut vérifier, par exemple, si au-dessous de la surface, à des distances où les variations diurnes et annuelles ont entièrement cessé, les températures des points d'une verticale prolongée dans la terre solide augmentent avec la profondeur : or, toutes les observations qui ont été recueillies et discutées par les plus savants physiciens de nos jours, nous apprennent que cet accroissement subsiste : il a été estimé d'environ un degré pour trente ou quarante mètres. Il est facile de conclure, et il résulte d'ailleurs d'une analyse exacte, que l'augmentation de température dans le sens de la profondeur ne peut être produite par l'action prolongée des rayons du soleil. La chaleur émanée de cet astre s'est accumulée dans l'intérieur du globe; mais le progrès a cessé presque entièrement; et si l'accumulation continuait encore, on observerait l'accroissement dans un sens précisément contraire à celui que nous venons d'indiquer. La cause qui donne aux couches plus profondes une plus haute température est donc une source intérieure de chaleur constante ou variable, placée au-dessous des points du globe où l'on a pu pénétrer. Cette cause élève la température de la surface terrestre au-dessus de la valeur que lui donnerait la seule action du soleil. Mais cet excès de la température de la superficie est devenu presque insensible, et nous en sommes assurés, parce qu'il existe un rapport mathématique entre la valeur de l'accroissement par mètre, et la quantité dont la température de la surface excède encore celle qui aurait lieu si la cause intérieure dont il s'agit n'existait pas. C'est pour nous une même chose de mesurer l'accroissement par unité de profondeur, ou de mesurer l'excès de température de la surface. Lorsqu'on examine attentivement, et selon les principes des théories dynamiques, toutes les observations relatives à la figure de la terre, on ne peut douter que cette planète n'ait reçu à son origine une température très-élevée; et, d'un autre côté, les observations thermométriques montrent que la distribution actuelle de la chaleur dans l'enveloppe terrestre est précisément celle qui aurait lieu si le globe avait été formé dans un milieu d'une très-haute température et qu'ensuite il se fût continuellement refroidi. Il importe de remarquer cet accord des deux genres d'observations. La question des températures terrestres nous a toujours paru un des plus grands objets des études cosmologiques, et nous l'avions principalement en vue en établissant la théorie mathématique de la chaleur. »

Fourier se résume ensuite en établissant : 1° que le refroidissement, et par conséquent la progression croissante de la chaleur à mesure qu'on s'enfonce, a été autrefois beaucoup plus rapide qu'elle ne l'est aujourd'hui; 2° qu'il faut plus de trente mille ans pour que la raison de la progression diminue de moitié, c'est-à-dire qu'elle ne soit plus que d'un demi degré par trente mètres; 3° que l'effet de la chaleur interne est maintenant presque nul à la surface du globe; qu'il n'y élève pas le thermomètre d'un trentième de degré; que, depuis près de deux mille ans, cet effet n'y a pas diminué d'un trois centième de degré, et que nous retrouvons encore ici ce caractère de stabilité que présentent tous les grands phénomènes de l'univers.

L'augmentation de la chaleur souterraine ne suit pas la même loi par toute la terre : elle peut être double ou même triple d'un pays à un autre, et ces différences ne sont en rapport constant ni avec les latitudes, ni avec les longitudes. L'accroissement de cette chaleur peut aller à un degré par 15 et même 13 mètres; mais elle ne peut pas être fixée à moins de 25 mètres. La chaleur qui peut exister au centre de la terre, en supposant un accroissement continu de 1 degré par 25 à 30 mètres de profondeur, serait de plus de 250,000° centigrades. La température capable de fondre toutes les laves et une grande partie des roches connues existe à une profondeur peu considérable; et tout porte à penser que la masse intérieure du globe est toujours douée de sa fluidité originaire.

Dans une question d'une aussi grande importance que l'est celle de la chaleur centrale, nous ne devons pas négliger de faire connaître quelques-unes des idées de M. de Humboldt sur ce sujet, et nous les extrayons de son *Cosmos*.

« La figure, la densité et la consistance actuelle du globe sont intimement liées aux forces qui agissent dans son sein, indépendamment de toute influence extérieure. Ainsi, la force centrifuge, conséquence du mouvement de rotation dont le sphéroïde terrestre est animé, a déterminé l'aplatissement du globe; à son tour, l'aplatissement du globe dénote la fluidité primitive de notre planète. Une énorme quantité de chaleur latente est devenue libre par la solidification de cette masse fluide, et si, comme le veut Fourier, les couches superficielles, en rayonnant vers les espaces célestes, se sont refroidies et solidifiées les premières, les parties les plus voisines du centre doivent avoir conservé leur fluidité, leur incandescence primitive. Longtemps cette chaleur intense a traversé l'écorce ainsi formée, pour se perdre ensuite dans l'espace; puis, à cette période a succédé un état d'équilibre stable dans la température du globe, en sorte qu'à partir de la surface, la chaleur doit aller en croissant graduellement vers le centre. En fait, cet accroissement se trouve établi d'une manière irrécusable, au moins jusqu'à une grande profondeur, par la température des eaux qui jaillissent des puits artésiens, par celle des roches qu'on exploite dans les mines profondes, et surtout par l'activité volcanique de la terre, c'est-à-dire par l'éruption des masses liquéfiées qu'elle rejette de son sein. D'après les inductions, fondées à la vérité sur de simples analogies, il est hautement probable que cet accroissement se propage jusqu'au centre.

« Dans l'ignorance complète où nous sommes sur la nature des matériaux dont l'intérieur de la terre est formé, sur les degrés divers de la capacité pour la chaleur et de conductibilité des couches superposées, enfin sur les transformations chimiques que les matières solides ou liquides doivent subir sous l'influence d'une pression énorme, nous ne pouvons appliquer sans réserve à notre planète, les lois de la propagation de la chaleur qu'un profond géomètre a découvertes pour un sphéroïde homogène en métal, à l'aide d'une analyse qu'il avait créée lui-même. Déjà notre esprit réussit avec peine à se représenter la limite qui sépare la masse liquide intérieure des couches solides dont se compose l'écorce terrestre, ou bien cette gradation insensible par laquelle les couches passent de la solidification complète à la demi-fluidité des substances terrestres ramollies, mais non pas en fusion. Or les lois connues de l'hydraulique ne peuvent s'appliquer à cet état intermédiaire sans de grandes restrictions. L'attraction du soleil et de la lune, qui soulève les eaux de l'océan et produit les marées, doit se faire sentir encore sous la voûte formée par les couches déjà solidifiées; il se produit sans doute dans la masse un flux et un reflux, une variation périodique de la pression que supporte la voûte. Toutefois, ces oscillations doivent être fort petites, et ce n'est point à elles, mais à des forces intérieures plus puissantes, qu'il faut attribuer les tremblements de terre. Il existe ainsi des séries entières de phénomènes dont nous pourrions à peine déterminer numériquement la faible influence, mais qu'il est utile de signaler, afin d'établir les grandes lois de la nature dans toute leur généralité, et jusque dans les moindres détails.

D'après les expériences assez concordantes auxquelles on a soumis l'eau de divers puits artésiens, il paraît qu'en moyenne la température de l'écorce terrestre augmente dans le sens vertical, à raison de 1 degré du thermomètre centigrade pour 92 pieds (30 mètres). Si cette loi s'applique à toutes les profondeurs, une couche de granite serait en pleine fusion à une profondeur de 4 à 5 myriamètres.

«La chaleur se propage dans le globe terrestre de trois manières différentes. Le premier mouvement est périodique; il fait varier la température des couches terrestres suivant que la chaleur, d'après les saisons et la position du soleil, pénètre de haut en bas ou s'écoule de bas en haut, en reprenant la même voie, mais en sens inverse. Le deuxième mouvement qui résulte encore de l'action solaire est d'une excessive lenteur; une partie de la chaleur qui a pénétré les couches équatoriales, se meut dans l'intérieur de l'écorce terrestre jusque vers les pôles; là, elle se déverse dans l'atmosphère et va se perdre dans les régions éloignées de l'espace. Le troisième mode de propagation est le plus lent de tous; il consiste dans le refroidissement séculaire du globe, c'est-à-dire dans la perte de cette faible partie de chaleur primitive qui est actuellement transmise à sa surface; à l'époque des plus anciennes révolutions de la terre, cette déperdition de chaleur centrale a dû être considérable; mais à partir des temps historiques, elle s'est tellement ralentie, qu'elle échappe presque à nos instruments de mesure; ainsi la surface de la terre se trouve placée entre l'incandescence des couches intérieures et la basse température des espaces célestes, température vraisemblablement inférieure au point de congélation du mercure.

« Les variations périodiques que la situation du soleil et les phénomènes météorologiques produisent dans la température de la surface ne se propagent dans l'intérieur de la terre qu'à une très-faible profondeur. Cette lente transmission de la chaleur à travers le sol diminue la déperdition qu'il éprouve pendant l'hiver; elle est favorable aux arbres à racines profondes. Ainsi, les points situés à diverses profondeurs, sur une même ligne verticale, atteignent à des époques très-différentes le maximum et le minimum de température qui leur échoit en partage, et plus ils s'éloignent de la surface, plus la différence de ces deux extrêmes diminue. Dans la région tempérée que nous habitons (lat. 48. 52), la couche de température invariable se trouve à une profondeur de 24 à 27 mètres; vers la moitié de cette profondeur, les oscillations que le thermomètre éprouve par suite des alternatives des saisons vont à peine à un demi-degré.

« Sous les tropiques, la couche invariable se trouve déjà à un mètre au-dessous de sa surface, et Boussingault a tiré parti de cette circonstance pour déterminer d'une manière simple, et à son avis très-sûre, la température moyenne de l'atmosphère du lieu. On peut considérer cette température moyenne de l'atmosphère en un point donné de la surface, ou mieux dans un groupe de points rapprochés, comme l'élément fondamental qui détermine dans chaque contrée la nature du climat et de la végétation. Mais la température moyenne de la surface est très-différente de celle du globe terrestre lui-même. On s'enquiert souvent si le cours des siècles a sensiblement modifié cette moyenne température du globe, si le climat d'une région s'est détérioré, si l'hiver n'y serait pas plus doux et l'été moins chaud. Le thermomètre est l'unique moyen de résoudre de pareilles questions, et c'est à peine si sa découverte remonte à deux siècles et demi. Il n'a guère été employé d'une manière rationnelle que depuis 120 ans. Ainsi la nature et la nouveauté des moyens restreignent considérablement le champ de nos recherches sur la température atmosphérique. Il n'en est plus de même s'il s'agit de la chaleur centrale de la terre. De même que, de l'égalité dans la durée des oscillations d'un pendule, on peut conclure à l'invariabilité de sa température, de même la constance de la vitesse de rotation qui anime le globe terrestre nous donne la mesure de la stabilité de sa température moyenne. La découverte de cette relation entre la *longueur du jour* et la *chaleur du globe* est assurément l'une des plus brillantes applications qu'on ait pu faire d'une longue connaissance des mouvements célestes à l'étude de l'état thermique de notre planète. On sait que la vitesse de rotation de la terre dépend de son volume. La masse de la terre venant à se refroidir par voie de rayonnement, son volume doit diminuer; par conséquent tout décroissement de température correspond à un accroissement de la vitesse de rotation, c'est-à-dire à une diminution de la longueur du jour. Or, en tenant compte des inégalités séculaires du mouvement de la lune dans les calculs des éclipses observées aux époques les plus reculées, on trouve que depuis le temps d'Hipparque, c'est-à-dire depuis 2000 ans, la longueur du jour n'a certainement pas varié de la centième partie d'une seconde. On peut donc affirmer, en restant dans les mêmes limites, que la température moyenne du globe n'a pas varié de $\frac{1}{170}$ de degré depuis 2000 ans. »

Il résulte de tout ce qui précède que s'il n'existe que des hypothèses sur les causes de la chaleur centrale, les diverses théories de la science et les moyens dont elle fait usage n'en conduisent pas moins à des solutions identiques qui constatent le fait principal. Il demeure donc parfaitement établi que la chaleur centrale augmente à partir du point où règne la température constante des caves, et que l'action des rayons solaires ne peut produire aucun échauffement qui progresse avec la profondeur, en sorte que la croûte terrestre jouit réellement d'une chaleur indépendante de cette action. Quant à la chaleur centrale, les expériences de Fourier ont démontré aussi qu'elle n'exerce presque plus d'influence sur celle de la surface du globe, puisque, nous l'avons vu plus haut, cette influence est moins d'un trentième de degré, et que la déperdition que le rayonnement de cette chaleur centrale vers les espaces planétaires occasionne à la surface de la terre, est devenue tellement insensible, qu'elle doit avoir atteint à peine la trois-centième partie d'un degré du thermomètre depuis 2000 ans.

Dans un travail sur la décomposition des roches, M. Ebelmen a fait intervenir le feu central pour aider à résoudre l'une des questions les plus importantes de l'histoire naturelle. «Les diverses bases, dit-il, qui se séparent de la silice, par la décomposition des roches ignées, déterminent la précipitation et la minéralisation de l'oxygène et de l'acide carbonique. Le dernier élément surtout est absorbé en grande quantité, et un calcul simple montre qu'une faible épaisseur de roches plutoniques décomposées suffirait pour la précipitation complète de l'acide carbonique contenu dans l'air. Or les couches argileuses des terrains stratifiés accusent la décomposition de masses immenses de roches plutoniques, et, par conséquent, la précipitation de quantités d'acide carbonique hors de toute proportion avec celles qui existent naturellement dans l'air. Ce résultat peut s'expliquer sans qu'il soit nécessaire d'admettre que l'air ait eu aux diverses époques géologiques une composition très-différente de celle qu'il présente aujourd'hui. Je vois dans les phénomènes volcaniques la principale cause qui restitue à l'atmosphère l'acide carbonique que la décomposition des roches en précipite continuellement. On sait que ce gaz se dégage en abondance du sol dans le voisinage des volcans brûlants et même des volcans éteints. Il est intéressant de voir la formation des roches ignées accompagnée du dégagement d'un gaz que la destruction des mêmes roches précipitera. La chaleur centrale du globe serait donc indispensable à l'entretien de la vie organique à sa surface. Les belles expériences de Saussure sur le rôle de l'acide carbonique de l'air dans l'alimentation des végétaux ne suffisent plus pour expliquer la permanence de composition de l'air atmosphérique. On voit qu'il faut faire intervenir dans la solution de la question, des phénomènes d'un tout autre ordre, et que les éléments minéraux de la croûte terrestre concourent aussi, par des créations inverses les unes des autres, à la production de cet équilibre. »

Il y a aussi dans les profondeurs de la terre, nous l'avons déjà dit, des températures exceptionnelles. Au moyen du géothermomètre, M. Mandelslohé a constaté qu'à Neuffen, dans le Wurtemberg, un puits foré dans des schistes noirâtres bitumineux et, au fond, dans des couches calcaires et marneuses du Lias, dont la profondeur est de 385 mètres, marque la température de 38° 7, ce qui indique un accroissement de chaleur de 1 degré par 10m 5. Dans des puits de Monte-Massi, en Toscane, on trouve 1 degré par 13 mètres.

Aux bains de Brusca, Asie-Mineure, lorsqu'on place le thermomètre à l'endroit où l'eau jaillit, il s'élève à 184°, c'est-à-dire à 72° de plus que la source la plus chaude d'Angleterre, et 20° de plus que celle de Carlsbad, la plus chaude de l'Europe. Bien que cette eau conserve une température de 97° et qu'elle ait une légère odeur de gaz hydrogène sulphureux, on trouve dans le ruisseau qui sort de l'établissement des bains, des coquilles univalves du genre *Buccinoida*.

Par une exception d'une tout autre nature, il existe en Servie, à ce que rapporte M. Ami Boué, un puits d'une grande profondeur, au fond duquel on trouve constamment de la neige et de la glace. *Voy.* TEMPÉRATURE DU GLOBE.

CHALICOTHERIUM, *Kaup.* Genre de pachyderme fossile, dont les caractères ne sont pas encore suffisamment établis.

CHALK. Les Anglais donnent ce nom à la craie, et appellent *Chalk-Marle*, la craie marneuse.

CHALKOPYRITE. Nom que l'on a donné au cuivre pyriteux, double sulfure de cuivre et de fer, composé de 2 atomes de soufre, de 1 atome de cuivre et de 1 atome de fer. La chalkopyrite se rencontre en amas et en filons dans les terrains de cristallisation, et il en existe à Baigorry, dans les Pyrénées; à Chessy, près Lyon; à Roraas, en Norwège; à Ramelsberg, dans le Hartz; dans la Cornouailles, en Angleterre, etc., etc.

CHALKOSINE. Roche cuivreuse, formée de cuivre, de soufre et de fer, variété de la chalkopyrite et peut-être la même.

CHAMEAU. MM. Hugh, Falconer et Cautley ont recueilli, dans les collines subhymalayanes, des os fossiles de chameau qui ne diffèrent en rien de ceux de l'espèce vivante, et ils ont donné à ces débris le nom de *Camelus sivalensis*.

CHAMITES. Nom que quelques naturalistes ont donné aux coquilles bivalves fossiles qui ont quelque rapport avec le genre appelé Came.

CHAMOISITE. Roche qui se présente en masses compactes ou oolithiques et qui se compose de silice, d'alumine, de protoxyde de fer et d'eau. Elle est d'une couleur gris-verdâtre et on l'exploite à Chamoison, dans le Valais, comme un minerai de fer.

CHEILANTHITE, *Cheilanthites.* Genre formé par M. Gœppert parmi les fougères fossiles des terrains houillers, qui ont de l'analogie avec les espèces vivantes.

CHEIRACANTHUS. *Agass.* Genre de poissons fossiles, de la famille des Acanthodiens. Ses caractères principaux sont : Corps cylindracé; écailles petites et imbriquées ; tête courte et haute ; bouche largement fendue ; nageoires pectorales très-grandes et à rayons épineux très-vigoureux ; l'anale diminuant vers la base de la caudale ; la dorsale à rayons épineux très-développés ; la caudale hétérocerpe. Ce genre appartient aux formations schisteuses.

CHEIROLEPIS. *Agass.* Genre de poissons fossiles, de la famille des Acanthodiens. Il est caractérisé comme suit : Corps fusiforme; tête moyenne; gueule grande et fendue longitudinalement ; pontour formé par le maxillaire; toutes les dents placées sur le même rang; nageoires à rayons très-nombreux, fins et serrés et dépourvus du premier rayon épineux. On rencontre ce genre dans les schistes.

CHEIROTHERIUM. Nom donné par M. Kaup à des empreintes fossiles que l'on remarque à la surface inférieure de plaques de grès bigarré, dans les carrières d'Hilburghauden, en Saxe, et que l'on retrouve encore dans d'autres localités. Ces empreintes sont disposées par séries et varient de dimension suivant ces séries. Elles présentent quatre ou cinq parties ou doigts dont l'externe est éloigné des autres comme le serait un pouce. A quels animaux appartiennent ces empreintes? c'est un problème dont on n'a pu encore donner la solution. On a nommé des salamandres, des lézards, des phalangers, des plantigrades, des quadrumanes, même l'homme ! Mais ce ne sont que des hypothèses donc aucune n'est mieux appuyée que l'autre. M. de Blainville les rapporte à des végétaux de l'ordre des Prêles ou à des rhyzomes d'acorus.

CHELONICHTHYS. *Agass.* Voy. ASTEROLEPIS.

CHELONIENS. Groupe dans lequel on a rangé les tortues de mer et de terre, et qui comprend les Encydes, les Trionyx et les Chélonées.

CHELONITES. Nom que les anciens naturalistes donnaient à de certaines pétrifications qui leur offraient de la ressemblance avec une carapace de tortue.

CHERT. Les Anglais appellent ainsi l'hornstein.

CHETODONTES. *Cuv.* Famille de poissons, de l'ordre des Cténoïdes, qui est caractérisée de la manière suivante : Corps court, large, comprimé et à écailles rudes ; rayons épineux du dos adossés aux rayons mous ; nageoires verticales écailleuses ; pièces operculaires dentelées ou épineuses, nageoires ventrales thoraciques manquant quelquefois. Cette famille comprend les genres *Semiophorus*, *Ephippus*, *Scatophagus*, *Zanclus*, *Macrostoma*, *Holacanthus*, *Pomacanthus*, *Platax*, *Pygæus*, *Toxotes*, etc.

CHEVAL. Les ossements de cet animal que l'on trouve à l'état fossile, indiquent des espèces dont la taille était bien inférieure à celle des chevaux qui vivent à notre époque. On a dit que M. Darwin avait recueilli des débris de ce genre dans les plaines de l'Amérique du Sud, et s'il n'y a pas eu erreur dans la détermination, cette découverte aurait de l'intérêt pour la science, puisqu'on ne supposait pas que l'introduction de ce quadrupède dans cette partie du monde fût antérieure à la conquête des Espagnols.

CHIEN. Ce genre se rencontre à l'état fossile, et le bassin de Paris en offre une espèce particulière qui porte le nom de *Canis parisiensis*.

CHIENDENT FOSSILE. Dénomination vulgaire que quelques auteurs ont employée pour désigner l'amiante.

CHIMERIDES. *Agass.* Famille de poissons fossiles, de l'ordre des Placoïdes. Un des caractères principaux qui distinguent cette famille est une lame striée longitudinalement à la face externe du bord dentaire des deux mâchoires chez les grandes espèces, lame qui, dans les petites espèces, est remplacée par un enduit émaillé très-lisse, semblable à la croûte d'émail des écailles des Ganoïdes.

CHINCHILLA. Des débris fossiles de cet animal ont été recueillis par MM. Croizet et Jourdan, dans les terrains tertiaires de l'Auvergne.

CHIRITE. Nom que les anciens naturalistes donnaient aux stalactites qui ont la forme digitée ou celle d'une main.

CHLAMIDOTHERIUM. *Lund.* Animal fossile, de la famille des Tatous. Sa cuirasse a de l'analogie avec celle de l'Encoubert, et ses pieds, sauf de plus grandes proportions, ressemblent à ceux des Cachimanes; le système dentaire offre 4 incisives en haut, 6 en bas, et les molaires, grandes, comprimées sur les côtés, ont une large surface plate, enfoncée dans son milieu pour la trituration. Le *C. giganteum* devait avoir au moins la taille du rhinocéros, et le *C. Humboldtii*, celle du tapir.

CHLORISTISCHE-KREIDE. Nom que les Allemands donnent à la craie chloritée.

CHLORIT-QUARTZ. Ce nom est donné par les Allemands au grès flexible.

CHLORIT-SCHIEFER. Les Allemands appellent ainsi la chlorite schisteuse.

CHLORITE. Roche à base d'apparence simple, composée de silicate de fer, d'alumine, de magnésie et de potasse.

CHLORITOSCHISTE. Roche de texture schistoïde, composée de chlorite et de quartz et renfermant quelquefois du talc, de la serpentine et de l'orthose.

CHLOROPHAZITE ou CHLOROPHÆSITE. Terre verte qui se montre en nids dans les basaltes et autres roches amygdalaires.

CHOEROPOTAME, *Chœropotamus.* Genre de pachyderme fossile, découvert et reconstitué par Cuvier en 1821, d'après l'examen d'une mâchoire trouvée dans une carrière à plâtre des environs de Paris. Ses caractères principaux sont les suivants : 7 dents molaires, de forme conique, à la mâchoire supérieure, dont 4 de remplacement, et 3 arrière-molaires, presque carrées, offrant à leur couronne quatre cônes mousses et deux plus petits; petite proéminence bifurquée au milieu des quatre grands tubercules; mâchoire inférieure ne portant que 6 molaires de chaque côté. Le chœropotame devait avoir des formes et des dimensions analogues à celles du cochon. L'espèce déterminée par Cuvier est le *C. gypsorum*.

CHOMATODUS. *Agass.* Genre de poissons fossiles, de la famille des Cestracionтes, dont les caractères principaux sont les suivants : Dents dont la couronne est entourée, à sa base, d'une série de plis concentriques plus ou moins saillants et nombreux et dont le centre, souvent plat, s'élève toutefois en forme de tranchant acéré. Ce genre forme une coupe des *Psamodus*.

CHONDROSTEUS. *Agass.* Genre de poissons fossiles, de la famille des Acipenséridés, que l'on trouve dans le lias de Lyme-Regis.

CHORISTITE. *Fischer.* Voy. SPIRIFER.

CHRYOLITHE. Substance éminemment fusible, produite par la combinaison de l'acide fluorique et de la soude.

CHRYSALITHE. Nom que les anciens naturalistes imposaient à certaines ammonites, auxquelles ils trouvaient l'apparence d'une chrysalide fossile.

CHRYSOCOLLE. Les anciens appelaient ainsi le borax.

CIDARITES, *Cidarites.* Genre d'Echinodermes échinides, dont plusieurs espèces se trouvent à l'état fossile dans les terrains jurassiques, crétacés et tertiaires.

CIERGES FOSSILES. *Voy.* SYRINGODENDRON.

CIMENT. On donne ce nom, en géologie, à la substance ou pâte qui réunit les diverses parties des roches formées par agrégation. Dans les *Poudingues* par exemple, les cailloux roulés sont cimentés par une substance siliceuse; les grains de sable et les paillettes de mica des *Psammites*, sont agglutinés par un ciment argileux; dans l'*Agénite*, composée de fragments arrondis de roches dures, le ciment est schistoïde; il est argiloïde dans l'empâtement qui enveloppe les grains de feldspath qui constituent le *Mimophyre;* un ciment calcaire lie les fragments dont est formé le *Gompholite*, etc., etc.

CIMOLITHE. Espèce d'ocre ou de terre bolaire, qui prend son nom d'une île de l'Archipel qui s'appelait anciennement *Cimolis*.

CINABRE. Roche composée de deutosulfure de mercure, qui offre quelquefois des dépôts plus ou moins considérables dans les terrains primitifs, comme on le remarque à Ixlana, en Hongrie; mais dont les principaux gisements se trouvent dans les terrains secondaires, le grès rouge et les calcaires qui le recouvrent. Tels sont ceux de la Chine, du Pérou, du Mexique, d'Almanda en Espagne, du duché de Deux-Ponts, d'Idria en Carniole, etc.

CINÉRITE. Nom que quelques auteurs donnent à la pouzzolane.

CIPOLIN. Roche à texture schistoïde, composée de calcaire et de mica ou de talc.

CIPOLINO. Nom que les Italiens donnent au cipolin.

CIRCOS. Nom donné à des épines d'oursins fossiles, qui appartiennent probablement à divers genres.

CIRE FOSSILE. On a découvert en Moldavie une substance analogue à la cire, et qui est utilisée depuis longtemps par les habitants du pays, mais complétement ignorée des naturalistes. Cette substance, qui se présente en couches, et dont l'origine géologique paraît difficile à indiquer, a été analysée par le professeur Magnus de Berlin, à la demande de M. de Humboldt. Le savant chimiste a reconnu que c'est un mélange de plusieurs matières différentes, mais dont aucune ne contient ni azote, ni oxygène; que toutes se réduisent, en dernier résultat, à un quart environ d'hydrogène et trois quarts de carbone, ce qui permet de rapprocher ce corps, quant à sa composition, du gaz oléfiant (hydrogène bicarboné) et de quelques autres carbures d'hydrogène. Cette substance a reçu aussi le nom d'*ozokérite*.

CIRUPTONIA. Genre de plantes fossiles que l'on rencontre dans les formations tertiaires.

CIVETTE. Des débris fossiles de ce genre ont été rencontrés dans les dépôts tertiaires d'eau douce, par Cuvier et MM. l'abbé Croizet et Lartet. On connaît les *Viverra antiqua, zibethoides, gigantea, exilis* et *parisiensis*.

CLADACANTHUS. *Agass.* Genre de la famille des Ichthyodorulithes, que l'on rencontre dans le calcaire carbonifère.

CLADOCYCLUS. *Agass.* Genre de poissons fossiles, de la famille des Sphyrénoïdes, dont le caractère principal réside dans le tube des écailles de la ligne latérale, qui est branchu. On rencontre ce genre dans la craie de Lewes.

CLADODUS. *Agass.* Genre de poissons fossiles, de la famille des Squalides. Son caractère principal consiste dans l'uniformité des rangées de dents qui sont disposées en éventail et vont toutes en grandissant uniformément du sommet de la plaque à sa base. Ce genre provient du vieux grès rouge.

CLADYODON. *Owen.* Genre de reptile fossile, dont les débris ont été trouvés dans le grès rouge de Warwick et de Leamington, et dont le caractère observé réside dans des dents pointues, recourbées, comprimées latéralement et dentelées à leurs bords antérieur et postérieur. L'espèce de M. Owen est le *C. Lloydii*.

CLATHARIA. *Mantell.* Genre de plantes fossiles que l'on rencontre dans la craie, que M. Ad. Brongniart rapporte aux Liliacées, et Endlicher aux Acrobyées. Ses caractères consistent principalement dans une tige dont la surface est couverte de fibres réticulées, et dans une écorce formée par la soudure complète de pétioles dont l'insertion est rhomboïdale.

CLATHROPTERIS. *Ad. Brongn.* Genre de fougères fossiles que l'on rencontre dans les calcaires gryphites de la Scanie, et qui est caractérisé comme suit : Fronde pinnatifide à pinnules entières; nervure médiane atteignant le sommet; nervures secondaires simples, réunies et parallèles, perpendiculaires à la côte; nervules nombreuses et formant, par leur réunion, des aréoles quadrilatérales.

CLAVAGELLE, CLAVAGELLA. *Lamarck.* Genre de mollusque, de la famille des Tubicolés, dont on rencontre le plus grand nombre d'espèces à l'état fossile, dans les terrains tertiaires et quelques couches inférieures à ce dépôt. Le caractère le plus remarquable de ce genre est que l'une des valves se détache du tube pour devenir libre dans son intérieur, tandis que l'autre reste incrustée en entier dans les parois de ce tube et en fait partie intégrante. On connaît les *C. aperta, baccilaris, balanorum*, etc.

CLAY. Nom que les Anglais donnent à l'argile.

CLAYSTONE. Les Anglais appellent ainsi l'argilolithe.

CLAYSTONE-PORPHYRY. Nom que les Anglais donnent au porphyre argilolithique.

CLETHRITE. *Voy.* ALNITE.

CLIMAT. *Voy.* TEMPÉRATURE DU GLOBE.

CLIMATIUS. *Agass.* Genre de la famille des Ichthyodorulithes. Ses caractères consistent dans des rayons à côtes longitudinales, crénelées au bord antérieur et ayant à leur base quelques côtes transversales qui s'entrecroisent avec les longitudinales. Ce genre provient du vieux grès rouge

CLINGSTONE. Nom donné par les Anglais à la phonolite.

CLIONITES. On appelle ainsi les espèces fossiles du genre Clio.

CLUPEA. *Lin.* Genre de poisson de la famille des Halécoïdes. Ses caractères principaux sont : Corps régulier; côtes sternales; point d'échancrure à la mâchoire supérieure; nageoire dorsale placée au milieu du dos. Les espèces de ce genre se trouvent au Monte-Bolca, dans les schistes de Glaris, dans ceux du Liban, au mont Carmel, etc.

CNERITE. L'une des variétés de cendres que lancent les volcans.

COAK. Nom que donnent les Anglais à une espèce de houille dépouillée de bitume par une première combustion.

COBAYE, *Cobaya.* Ce mammifère, qui porte vulgairement le nom de cochon d'Inde, a été recueilli à l'état fossile, par MM. l'abbé Croizet et Jordan, dans les terrains tertiaires de l'Auvergne; par M. Murchison, à Œningen; et par M. Lind, au Brésil. Les débris trouvés ont déjà servi à constituer les espèces suivantes : *C. issiodoromys, œningensis, bilobidens, gracilis, saxatilis, fulgida, rupicens* et *saxatili affinis*.

COBITIS. *Lin.* Genre de poisson de la famille des Cyprinoïdes, qui est caractérisé de la manière suivante : Corps allongé et cylindrique; joues lisses; sous-orbitaires immobiles et cachés sous la peau; dents pharyngiennes effilées et taillées en biseau; écailles petites. Les espèces fossiles de ce genre se rencontrent dans les schistes d'OEningen et dans le calcaire d'eau douce de Mousach.

COCCOLEPIS. *Agass.* Genre de poisson fossile de la famille des Lépidoïdes. Voici quels sont ses caractères : Surface des écailles granulées; nageoire dorsale, grande et tronquée verticalement; rayons nombreux, fins et indivis; nageoires ventrales petites et rapprochées de l'anale; la caudale peu vigoureuse; lobe inférieur assez garni et ayant des articulations qui forment entre elles des lignes transversales. Une seule espèce, très-rare, le *C. Bucklandi*, a été trouvée à Solenhofen.

COCCOLITHE. Roche composée de hedenbergite granulaire et renfermant diverses substances minérales. On donne le même nom à des substances pierreuses qui se présentent en grains arrondis, soit libres, soit adhérents entre eux, et telles sont la coccolithe verte de Finlande, qui n'est autre chose que de l'amphibole actinote, et celle de Suède et de Norwége, composée de pyroxène.

COCCOSTEUS. *Agass.* Genre de poissons fossiles, de la famille des Céphalaspides. Ses caractères principaux sont : Tête très-grande, large et haute, de forme presque circulaire et composée de plusieurs plaques; deux nageoires verticales; queue plus longue que le corps, terminée en pointe et munie d'une petite dorsale et d'une anale opposées l'une à l'autre. On trouve ce genre dans le terrain dévonien.

COCHLIODUS. *Agass.* Genre de poissons fossiles, de la famille des Cestraciontes, dont voici les caractères : Dents disposées sous une forme enroulée et de manière à recouvrir une portion de la surface renflée du bord dentaire de la mâchoire. Ce genre forme une coupe des *Psammodus* et se rencontre dans le terrain houiller.

COCHON. On trouve plusieurs espèces de ce genre, à l'état fossile, qui n'ont plus d'analogues parmi les espèces vivantes. On les recueille dans les terrains meubles, les tourbières et les cavernes; et dans les seules sablières d'Eppelsheim, M. Kaup a distingué les *Sus antiquus*, *palæochærus* et *antediluvianus*. On rencontre aussi les débris fossiles du sanglier commun.

COELACANTHUS. *Agass.* Genre de poissons fossiles qui forme le type de la famille des Célacanthes. Ses caractères principaux sont : Apophyses se divisant en deux branches et formant une fourche qui embrasse le corps de la vertèbre; nageoire caudale supportée par des osselets intérapophysaires, avec prolongement de la queue au delà des rayons, et un petit faisceau de rayons articulés entourant son extrémité; les autres nageoires composées de rayons grêles; la première dorsale correspondant à l'extrémité des pectorales, la seconde, opposée à l'espace entre les ventrales et l'anale; celle-ci rès-rapprochée de la caudale; vertèbres plus hautes que longues vers la partie antérieure du tronc, mais s'allongeant sensiblement en arrière; apophyses grêles dans la région abdominale et prenant plus de développement dans la région caudale; écailles grandes, allongées, et à bord postérieur arrondi. Les espèces de ce genre se trouvent dans les formations de la houille, du Zechstein et du Muschelkalk.

COELASTER. *Agass.* Genre d'échinoderme fossile, que l'on trouve dans la craie et dont le caractère principal consiste dans des plaques disposées comme celles des oursins, avec une étoile d'ambulacres au sommet, lesquelles plaques circonscrivent la cavité intérieure.

COELOCEPHALUS. *Agass.* Genre de poisson fossile dont la famille n'est pas déterminée.

COELOGASTER. *Agass.* Genre de poisson fossile, de la famille des Halécoïdes : on ne connaît encore que le *C. analis*.

COELOPLEURUS. *Agass.* Genre fossile, de la famille des Cidarides, que l'on trouve dans le calcaire grossier. Ses caractères principaux sont : Tête déprimée; espaces inter-ambulacraires sans tubercules; tubercules imperforés aux ambulacres; pores simples. On connaît les *C. radiatus* et *equestus*.

COELOPOMA. *Agass.* Genre de poissons fossiles dont la famille n'est pas déterminée.

COELORHYNCHUS. *Agass.* Genre de poissons fossiles, de la famille des Xiphioïdes, que l'on trouve dans l'argile de Londres, de Sheppy.

COL. On désigne ainsi, principalement dans les Alpes, des dépressions de montagnes qui ouvrent un passage pour aller d'un versant sur l'autre et forment quelquefois une sorte de défilé. Dans les Pyrénées, ces sortes de passages reçoivent le nom de *ports*.

COLLYRITE. Roche d'un éclat nacré ou opalin, à cassure conchoïde, qui est composée d'alumine, de silice et d'eau. C'est un silicate d'alumine hydraté. On la trouve, en petits filons, dans les roches anciennes, en Hongrie et dans les Pyrénées.

COLLYRITES. *Deluc* et *Desmoulins*. Groupe d'échinides, de la famille des Spatangues.

COLOBODUS. *Agass.* Genre de poisson fossile, de la famille des Pycnodontes, qu'il faut rapporter au genre *Lepidotus*.

COMATULE, *Comatula*. Genre semblable aux radiaires, dont les espèces fossiles se trouvent dans le calcaire lithographique de Solenhofen et dans la craie. On connaît les *C. Wagneri*, *tenella*, *pinnata*, *pectinata*, *filiformis*, etc.

COMATURELLA. *Munster*. Voy. COMATULE.

COMBUSTIBLES. M. Omalius d'Halloy a appliqué cette épithète aux roches qui renferment des débris de matières organiques végétales susceptibles de brûler.

COMPTONIA. Ce nom a été proposé par M. Gray, pour désigner une espèce d'astérie fossile.

CONCHITES. Nom qui comprend à la fois les mollusques bivalves et les patelles fossiles.

CONCHYLIOMORPHITE. Les anciens naturalistes désignaient ainsi les pierres figurées qui avaient l'aspect d'une coquille; mais ce nom n'est plus employé aujourd'hui, par quelques personnes, que pour spécifier une matière particulière qui remplace le véritable test, sur les moules de divers mollusques fossiles, surtout lorsque les coquilles se changent en silice.

CONCHYLIOTYPOLITES. On donnait ce nom, autrefois, aux roches qui offraient des empreintes, ou mieux des moules de coquilles.

CONCRETIONS. Masses pierreuses ou métalliques, dont les particules se sont réunies, avec plus ou moins de lenteur, par voie de sédiment, et qui se présentent communément en couches parallèles, souvent concentriques, comme on le remarque dans les stalactites, les stalagmites et autres formations calcaires provenant d'infiltrations. On donne aussi ce nom à certains nodules arrondis que l'on rencontre dans les roches calcaires, marneuses ou argileuses et qui ordinairement offrent plus de dureté que leur gangue.

CONCHIOSAURUS. Genre de lézard fossile qui a été établi sur quelques fragments recueillis dans le calcaire coquillier de Leinech, dans le Bayreuth, par Van Meyer, de Bonn. Ses caractères principaux sont: 13 dents de chaque côté, lesquelles sont coniques, simples, creuses, légèrement arquées en arrière, à racine enfoncée dans des alvéoles distinctes, disposées en une seule série insérée sur le bord des os maxillaires, et s'étendant seulement jusqu'au-dessous de l'angle antérieur de l'œil. Ces dents, un peu étranglées à leur collet, sont striées longitudinalement à leur couronne; elles sont petites et égales, à l'exception toutefois de la seconde (en comptant d'avant en arrière) dont les dimensions sont triples de celles de ses congénères.

CONFERVITE, Confervites. *Ad. Brongn.* Genre de conferve fossile dont les principaux caractères sont des filaments simples, roides, fasciculés et entrecroisés. Ce genre se trouve dans la craie Tufau.

CONGELATIONS PIERREUSES. *Voy.* Stalactites.

CONGLOMERATS. Nom donné à quelques roches particulières qui sont formées de fragments d'autres roches liées par un ciment. Tels sont les Poudingues, les Brèches, les Arkoses, les Mimophyres, les Psammites, les Pséphites, les Anagénites, les Gompholites, les Macignos, etc. Quelquefois les déjections volcaniques, composées de feu et d'eau, produisent aussi des conglomérats que l'on appelle *Pépérine* et *Brecciole*, mais qui offre peu de solidité.

CONIFERES. Famille d'arbres verts qui a de nombreux représentants à l'état fossile, dans les terrains houillers, le lias, les formations oolithiques et les terrains tertiaires.

CONILITE, *Conilites*. Genre de mollusque, à coquille multiloculaire, fossile, qui a été formé par Lamarck et qui est voisin des hippurites et des Belemnites.

CONNICOAL-CORAL. Nom que donnent les Anglais à une espèce de houille dont les parties coniques sont enchâssées les unes dans les autres.

CONODUS. *Agass.* Genre de poissons fossiles, de la famille des Sauroïdes.

CONOTROCHITES. Nom que les anciens naturalistes donnaient à tous les moules intérieurs de coquilles, dont la forme était conique.

CONTINENTS. Ce nom générique désigne toutes les parties de la croûte terrestre qui s'élèvent au-dessus des eaux; car d'autres portions de cette croûte forment aussi le fond de ces mêmes eaux. Des révolutions diverses ont mis les continents à sec: ils ont d'abord apparu comme de petites îles; puis ils se sont successivement agrandis; et leurs contours ont aussi subi de nombreuses variations, dues pour la plupart à l'action incessante des mers. Les continents renferment toutefois sur leur étendue, une quantité assez considérable de masses d'eau; et leur sol est plus ou moins accidenté, suivant qu'il a été plus ou moins en proie aux commotions volcaniques ou aux cataclysmes neptuniens. En général, on divise le globe en deux grands continents seulement, qui constituent ce qu'on appelle l'ancien monde et le nouveau, et qui ont entre eux, soit au sein des mers ou dans le voisinage de leurs côtes, des îles plus ou moins considérables et de nombreux archipels. Il faut encore remarquer que, depuis les temps historiques, plusieurs points des continents ont changé d'aspect, soit par suite de l'envahissement des eaux, soit au contraire à cause de leur retraite; et que des îles ont disparu sous les mers, tandis que d'autres ont surgi en quelque sorte à leur surface. Les échancrures des continents forment ce qu'en géographie physique on nomme golfe, baie, péninsule, cap, promontoire, etc.

CONVALLARITE, Convallarites. *Ad. Brongn.* Genre de plantes fossiles qui se trouve dans le grès bigarré et qui a été établi sur des empreintes de feuilles linéaires, à nervures parallèles et insérées en verticille sur une tige droite ou courbée.

COPROLITHES. Fèces de reptiles et particulièrement d'Ichthyosaures, dont on trouve une grande quantité à Lyme-Regis, en Angleterre. On en a rencontré aussi de tout à fait semblables à New-York; mais ils gisent dans le grès vert.

CORALLINITES. Nom vulgaire donné aux polypiers fossiles à petites branches.

CORALLITES. On appelle ainsi, vulgairement, les polypiers fossiles à grosses branches.

CORAL-RAG. Les Anglais nomment ainsi l'oolithe blanche moyenne qui appartient au système moyen de la formation jurassique. Ce nom fut d'abord appliqué par eux à quelques couches calcaires des environs d'Oxford, qui renferment de nombreux débris de coraux et de polypiers, puis étendu à tout l'étage dont ces couches font partie. Le dépôt supérieur de la roche d'Oxford est un calcaire blanchâtre formé de grains arrondis qu'on appelle oolithes, et de débris de diverses coquilles, mais principalement d'univalves. Au-dessous se présente le coral-rag proprement dit, composé d'un amas de madrépores blanches et blanchâtres; et à la partie inférieure sont des lits sablonneux et ferrugineux remplis de fossiles bien conservés, parmi lesquels on distingue des Caryophillies, des Astrées et des Echinides. On retrouve la formation du coral-rag, en France, dans les Ardennes, les Vosges et les départements de la Manche et du Calvados.

CORAX. *Agass.* Genre de poissons fossiles, de la famille des Squalides. Son caractère principal est : Dents massives se distinguant par l'homogénéité des dentelures, surtout le pourtour de l'émail. Ce genre appartient aux terrains crétacés.

CORBULE, *Corbula.* Genre de coquille qui offre plusieurs représentants à l'état fossile. Lamarck lui assigne les caractères suivants: Coquille régulière, inéquivalve, peu entr'ouverte, ayant sur chaque valve une dent cardinale conique, courbée, ascendante, et une fossette à côté de cette dent.

CORNBRASH. Nom que les Anglais donnent à un dépôt calcaire oolithique mélangé avec de la marne.

CORNEENNE (Pierre). Ce nom était donné par Dolomieu à la roche qu'on appelle aujourd'hui aphanite.

CORNE D'AMMON. C'est ainsi qu'on appelait anciennement l'Ammonite.

CORNSTONE. Nom que donnent les Anglais aux concrétions calcaires de la formation carbonifère.

COSMACANTHUS. *Agass.* Genre de la famille des Ichthyodorulithes, qui est caractérisé comme suit : Rayons petits, arqués ou presque droits, ornés sur toute leur surface de tubercules disposés en séries longitudinales très-régulières, dont les plus marqués se trouvent du côté antérieur du rayon. Ce genre provient du vieux grès rouge.

COSMOGONIE. Science des lois générales par lesquelles le monde est gouverné. Nous faisons connaître, avec développement, au mot ÉPOQUES, quelle est la cosmogonie de Moïse, c'est-à-dire la seule qui puisse être acceptée comme vraie. Cette cosmogonie a servi de base à celle des anciens peuples de l'Orient, tels que les Indiens, les Perses, les Chinois, etc.; et les Perses principalement ont presque reproduit textuellement le récit de la Genèse. Ainsi il était admis parmi eux que Dieu avait créé la terre en six époques distinctes. Durant la première, les cieux avaient été formés; dans la seconde, les eaux; pendant la troisième, la terre; à la quatrième avaient apparu les arbres et les plantes; à la cinquième, les animaux; et l'homme à la sixième. Les Persans modernes prétendent avoir reçu leur cosmogonie de Zoroastre, et d'après cette théorie de la terre, Dieu aurait créé l'univers également en six époques de durée différente, appelées *Gâhanbârha*, et formant en tout 365 jours ou une année complète. La première de ces époques, nommée *Midynzeram*, égalerait 55 jours et aurait été employée à la création des cieux; la seconde, appelée *Midynshalam* et de 60 jours, eût été consacrée à la formation des eaux; la troisième, ou *Pitishahimgâlt*, de 75 jours, aurait appartenu à l'arrangement de la terre; la quatrième, *Jyâshehram*, de 30 jours, eût été celle de l'apparition des végétaux; la cinquième, *Midiyarim*, de 80 jours, celle des animaux; et la sixième, ou *Hamespitamîdim*, composée de 75 jours, aurait été signalée par l'apparition de l'homme. — Les Chinois, selon le P. Kircher, croyaient que le chaos avait été divisé en deux principes : l'un imparfait, nommé *Yn*, et l'autre parfait, appelé *Yang*. La combinaison de ces deux principes aurait produit les quatre éléments. — Le *Coran* admet aussi une durée de six jours pour la création. Le Prophète y dit qu'en deux jours la terre fut créée, que les montagnes y prirent aussitôt leur place, que durant ces deux jours et deux autres qui les suivirent, tous les êtres prirent vie, et que les sept cieux furent créés à leur tour, pendant deux nouveaux jours qui complétèrent l'œuvre de Dieu. — Bélus, législateur qui forma l'empire d'Assyrie, en réunissant Babylone à Ninive, admet que la terre avait été dans un état de conflagration générale et dans celui d'une inondation universelle. — Hermès Trismégiste, personnage célèbre chez les Egyptiens, qui existait vers l'an 2000 avant Jésus-Christ, et que les alchimistes du XIVe siècle considéraient comme le créateur de la science hermétique, avait écrit aussi, sous le titre de *Pœmander* (le Pasteur), un livre dans lequel était reproduite, à ce qu'il paraît, la cosmogonie de Moïse. Selon les prêtres égyptiens, le retour des grandes catastrophes du globe était déterminé par celui de l'*annus magnus* ou grande année, c'est-à-dire le retour du soleil, de la lune et des planètes à un point d'où l'on supposait qu'ils avaient dû partir à une époque très-reculée. Cette espèce de cycle était portée par les uns à 300,000 ans. Orphée l'évaluait à 120,000, et Cassandre à 180,000. Les Egyptiens disaient aussi, comme le rapporte Platon dans son Timée, que le monde était soumis à des conflagrations et des déluges, parce que c'était ainsi que les dieux punissaient les crimes dont les hommes se rendaient coupables. — Selon les Etrusques, le créateur de toutes choses avait employé 6000 ans pour former tout ce qui existe. Dans le premier mille, il avait créé le ciel et la terre; dans le second, le firmament; dans la troisième, la mer et toutes les eaux; dans le quatrième, le soleil, la lune et les étoiles; dans le cinquième, les animaux de toute espèce; dans le sixième, enfin, il avait formé l'homme.

Mais, avec la marche des temps, le texte sacré s'altéra, et l'imagination des peuples s'exerça sur la cosmogonie comme sur tous les phénomènes qui les rendaient d'autant plus attentifs qu'ils se trouvaient moins à la portée de leur compréhension. Chez les Scandinaves, par exemple, le merveilleux dominant la raison, leur laissait croire que le commencement de toutes choses était une sorte d'abîme au fond duquel se trouvaient deux mondes : celui de la lumière et celui des ténèbres. Du choc produit par ces deux mondes qui se rencontrèrent, jaillirent des étincelles du fluide lumineux, étincelles qui déterminèrent la fonte d'une voûte de glace étendue sur l'abîme. Quelques parcelles de cette glace engendrèrent le premier être, le géant *Ymir*, qu'Odin et ses frères tuèrent et précipitèrent dans l'abîme, et dont les membres servirent à former le monde. Le tronc devint la terre, le sang la mer, les os les montagnes, les dents les pierres, les cheveux les forêts, le crâne le ciel, et les yeux les astres. L'apparition de l'homme couronna cette magnifique création.

Les philosophes et leurs écoles vinrent à leur tour apporter leurs systèmes cosmogoniques, et la lumière qu'ils prétendirent répandre ne rendit, au contraire, que de plus en plus ténébreuse l'appréciation des faits. On remarque seulement que les observateurs des temps reculés, de même que ceux qui ont précédé le XVIIIe siècle, après avoir reconnu, dans les révolutions du globe, l'action du feu et de l'eau, se sont partagés en deux camps pour rapporter d'une manière exclusive, à l'un de ces agents, les divers cataclysmes dont les traces subsistent, ce qui constitue parmi eux des *Hydrogéens* ou *Neptuniens*, et des *Pyrogéens* ou *Plutoniens*. Nous avons à y ajouter des *Atmogéens*, des *Chimistes* et de véritables *Bouffons*.

HYDROGÉENS. Thalès, de Milet, qui était allé interroger les savants égyptiens, proclama, à son retour dans sa patrie, que l'intelligence qui avait créé le monde était sans commencement et n'aurait point de fin ; et il enseigna que l'âme est immortelle, et que nos pensées les plus intimes sont connues au ciel. Pour lui, l'eau était le principe de toute création : la terre, c'était de l'eau condensée ; l'air, de l'eau raréfiée ; toutes choses, enfin, après des transformations infinies les unes dans les autres, se résolvaient en eau. La terre, occupant le milieu du monde, se mouvait sur son propre centre, et ce mouvement ne devait être attribué qu'aux eaux de la mer sur laquelle elle reposait. — Anaxagore, qui, on le sait, fut le premier à constituer, chez les Grecs, la philosophie en système, fut aussi celui dont les opinions eurent le plus d'analogie avec la science moderne. Il admit, comme principe fondamental, l'infini et une intelligence suprême capable de disposer la matière ou le chaos pour en constituer les différents êtres qui peuplent le monde : cette intelligence était Dieu. Selon le philosophe de Clazomène, chaque corps était formé de particules homogènes ; la lune était un corps opaque, habité et couvert de montagnes et de vallées ; les comètes, un assemblage d'étoiles errantes que le hasard réunissait, mais qui se séparaient au bout d'une certaine durée. Anaxagore enseigna aussi que le vent se formait par la raréfaction de l'air sous les rayons solaires ; que le tonnerre provenait du choc des nuées ; que les eaux, rassemblées à la surface du globe, s'élevaient en vapeur sous l'action du soleil, jusque dans la moyenne région de l'atmosphère, pour retomber en pluies ; que ce qui était terre à une époque devenait mer dans une autre, *et vice versa* ; et, enfin, il fit cette réponse très-remarquable à quelqu'un qui lui demandait s'il était possible que la mer couvrît un jour les montagnes de Lampsaque : « Oui, à moins que le temps ne manque. » — Aristote, dans son traité des Météores, a consigné quelques observations géologiques. Ainsi il y fait mention de l'accroissement du delta du Nil depuis Homère jusqu'à l'envasement du Palus-Méotide ; il signale divers faits qui prouvent que les phénomènes volcaniques avaient fixé son attention ; il fait très-bien remarquer que, d'une part, les révolutions du globe sont si lentes, eu égard à la brièveté de notre vie, qu'à peine leur progrès est sensible pour nous, tandis que, d'un autre côté, les migrations multipliées des peuples, en les éloignant de la scène des catastrophes, amènent souvent l'oubli de ces événements. Enfin, au commencement du douzième chapitre de ce traité, il s'exprime de la manière suivante : « Il est certaines contrées où la position des terres et des mers ne s'est pas montrée en tout temps la même, car telle portion qui était terre à une époque est devenue mer ensuite, et telle autre qui n'offrait que des eaux s'est changée plus tard en continent. Une loi préside sans doute à ces changements ; et comme le temps ne peut cesser d'exister, que l'univers est éternel, il faut en conclure que le Nil et le Tanaïs n'ont pas toujours coulé, que leur source était jadis à sec, qu'il en est enfin de même de toutes les rivières et de la mer : tout est modifié par le temps. » — Dans la théorie que Thomas Burnet publia en 1681, on retrouve une interprétation de la Genèse. Suivant cette théorie, la terre n'était, dans l'origine, qu'une masse fluide dans laquelle se rangèrent ensuite les matières d'après l'ordre de leur densité ; d'où il résulta un noyau solide, d'abord enveloppé de l'Océan, puis ensuite par une épaisse couche d'huiles et de matières grasses. Lorsque l'atmosphère parvint à surmonter cette couche, elle déposa les substances impures qu'elle tenait en suspension, et ce premier dépôt, de nature limoneuse, donna naissance à des plantes et à des animaux. La terre alors n'offrait qu'une plaine unie, couverte de plantes, de fleurs et d'arbres fruitiers, et aucune masse d'eau, aucun fleuve, aucun torrent n'y apportait ses ravages ; de simples rosées entretenaient la vie, et enfin le globe roulait dans l'espace dans le sens de son équateur. Mais, au bout de seize siècles, les crimes de l'homme changèrent cet heureux état de choses : d'immenses crevasses se formèrent sous cette couche si lisse et si riante ; des masses roulèrent dans les abîmes, et les eaux se précipitèrent au dehors, causèrent un déluge qui couvrit la terre et engloutit ses habitants. — Scheuchzer disait, vers l'an 1708, que Dieu avait soulevé les montagnes pour faciliter l'écoulement des eaux qui avaient produit le déluge; mais, suivant lui, le soulèvement n'avait pu s'opérer qu'aux endroits où la croûte terrestre était le plus épaisse, parce que, sans cette condition, il eût été impossible à ces masses de se soutenir. — Bertrand, qui cultivait la géologie dans les dernières années du XVIIIe siècle, plaçait au centre du globe, qu'il considérait comme étant creux, un noyau d'aimant qui pouvait se transporter, au gré des comètes, d'un pôle à l'autre, mouvement qui lui faisait entraîner avec lui le centre de gravité et la masse des mers, d'où résultait alors l'inondation alternative des deux hémisphères. — Deluc, au commencement du présent siècle, imagina que la terre et tous les corps célestes étaient des masses d'éléments confus sur lesquels le Créateur répandit une certaine quantité de lumière et fit naître des précipitations chimiques qui formèrent les roches dont la voûte du globe est composée. Cette croûte consolidée s'affaissa un grand nombre de fois, et les eaux qui couvraient le globe, s'infiltrant dans les crevasses, donnèrent naissance aux premiers continents. Le soleil n'existait point encore. Lorsqu'il parut, des végétaux, différents de ceux qui croissent aujourd'hui, se multiplièrent, et de leurs débris se formèrent les houilles. Les continents, couverts par l'Océan, nourrirent cette immense quantité de mollusques à coquilles dont on trouve les débris fossiles, et les éruptions volcaniques répandirent sur la terre des torrents de laves. Par un dernier affaissement, les continents s'écroulèrent, la mer se précipita sur les terres et engloutit les générations qui les habitaient : ce fut le déluge universel. Après cette catastrophe, nos continents sortirent des eaux.

PYROGÉNS. Héraclite, d'Ephèse, qui vivait 50 ans avant Jésus-Christ, regardait le feu comme le principe de toutes choses. En se condensant, le feu produisait d'abord l'air; puis cet air, toujours par condensation, se transformait en eau, et enfin une même manière d'opérer amenait l'eau à l'état solide, celui de terre. Il suffisait alors d'une transformation rétrograde, pour que les choses remontassent à leur point de départ, c'est-à-dire à leur état de feu, d'où il devait nécessairement résulter que le monde finirait par la combustion.—Ray, en 1693, Hook, en 1705, et Lazaro Moro, en 1740, admirent tous trois que la force volcanique avait soulevé la croûte terrestre pour former les montagnes.—Leibnitz, en 1700, nous représente la terre primitivement en fusion, puis offrant à sa surface, à mesure qu'elle se refroidit, des scories, des sillons et des crevasses par lesquelles l'Océan va se perdre dans le vaste abîme, après avoir déposé, par couches, des sédiments et des débris de corps organisés. Les montagnes sont le produit des soufflures du globe, lorsqu'il était en fusion.—Dans sa nouvelle théorie de la terre, publiée en 1708, Whiston enseigne que la terre était primitivement une comète que l'alternative du feu et du froid rendait inhabitable. C'était le chaos. Dieu, alors, la fit rouler dans une orbite presque circulaire, et ce fut pendant cette rotation que les plantes et les animaux couvrirent sa surface; puis, l'Eternel ayant eu à se plaindre de la méchanceté des hommes, une comète vint se précipiter sur le globe, briser son enveloppe et donner passage à l'Océan, qui ensevelit sous ses eaux les sommets les plus élevés, et laisse subsister d'immenses bassins lorsqu'il opère sa retraite.—Buffon suppose qu'une comète ayant heurté le soleil, celui-ci lança dans l'espace un grand nombre de fragments de matières en fusion, et que ces fragments furent l'origine de notre globe et des planètes du système actuel. La terre n'aurait pris la forme sphéroïde que par suite de sa révolution autour de l'astre qui lui a donné naissance, et le liquide qui couvre sa surface serait le résultat de la condensation de l'atmosphère, par suite du refroidissement du globe. Les mers, ayant délayé plus tard les produits vitrifiés qu'elles recouvraient, auraient constitué les roches de diverses natures et formé les vallées primitives; et, à mesure que le refroidissement aurait progressé, la terre se serait couverte de plantes et d'animaux dont la constitution aurait varié suivant l'intensité de la chaleur des milieux où la vie se développait. Ce refroidissement extérieur de l'écorce terrestre ayant peu modifié la température intérieure, rien ne serait changé aux phénomènes qui produisent les volcans et les tremblements de terre.

ATMOGÉNS. Par suite de ses recherches sur les nébuleuses disséminées dans l'espace, Herschell pense que la matière éthérée a pu produire les étoiles, le soleil, les planètes, les comètes et les bolides. Il suppose alors que l'univers était à peu près également parsemé d'étoiles de grandeurs différentes, et qu'en plusieurs points des étoiles supérieures en force ont condensé autour d'elles les plus voisines; que, prenant par là même une nouvelle puissance attractive, elles continueront d'attirer vers un centre commun et par un mouvement lent les étoiles qui ne se trouvent pas contre-balancées par un pouvoir central voisin. A l'appui de cette conjecture, Herschell fait remarquer que dans le voisinage des nébulosités il y a communément beaucoup moins d'étoiles, et que notre soleil lui-même semble faire partie d'une nébuleuse encore informe, la voie lactée.—Laplace, reprenant cette hypothèse d'Herschell, dit que l'observation des mouvements planétaires conduit en effet à conclure qu'en vertu d'une chaleur excessive, l'atmosphère du soleil s'est étendue au delà des orbes de toutes les planètes, et qu'elle s'est resserrée successivement jusqu'à ses limites actuelles, ce qui peut tenir à des causes analogues à celle qui, pendant plusieurs mois, fit briller d'un si vif éclat l'étoile qui parut, en 1372, dans la constellation de Cassiopée. Les planètes auraient été formées aux limites successives de cette atmosphère, par la condensation des gaz qu'elle aurait abandonnés dans le plan de son équateur en se refroidissant et se condensant à la surface de l'astre. Les zones de vapeurs auraient pu produire, par leur refroidissement, des anneaux liquides ou solides autour du corps central; mais elles se seraient généralement réunies en plusieurs globes, et quand l'un d'eux aurait eu assez de puissance pour attirer vers lui toutes les autres, leur réunion aurait donné lieu à une planète considérable. Enfin, les satellites auraient été formés d'une manière analogue par les atmosphères des planètes. On voit que, d'après Herschell et de Laplace, la matière éthérée, répandue à son origine dans toute l'immensité, aurait, par ses divers degrés de condensation, produit les nébuleuses, les étoiles ou les soleils, les comètes, les planètes, les satellites et ce nombre infini de bolides qui semblent errer dans l'univers, mais qui, cependant, nous apparaissent plus particulièrement à de certaines époques et qui suivent des directions déterminées. La théorie d'Herschell a été non-seulement accueillie par de Laplace, mais encore par Gauss, Nichols et Whewel.

Chimistes. De Laméthrie appliqua, en 1798, à la théorie de la terre, les idées qu'il avait puisées dans l'étude de la minéralogie. Selon lui, toutes les révolutions du globe doivent être attribuées à des causes plutôt chimiques que mécaniques; toutes les montagnes se sont formées, par cristallisation, dans un immense fluide qui disparut par l'évaporation.—Breislak, en s'appuyant sur les lumières de la chimie moderne et des faits qui établissent que certaines roches antérieures à nos volcans ont été formées ou modifiées par le feu, pense que la terre a subi successivement l'action du feu et celle de l'eau; que, soumis d'abord à un état de fluide igné, le calorifique, uni à différentes substances, a formé les gaz; que l'hydrogène et l'oxygène, unis par l'action très-intense de la matière électrique, ont produit l'eau qui forma l'atmosphère; que l'eau, condensée et précipitée à la surface de la terre refroidie, fut d'abord douée d'une chaleur qui favorisa le développement d'une foule d'animaux aquatiques; et que les substances gazeuses qui se dégageaient du centre, soulevèrent les couches déjà formées et produisirent l'inclinaison de la plupart des dépôts anciens. — Selon Marschall, tous les matériaux qui composent la croûte terrestre sont tombés du ciel comme les aérolithes, et ces fragments ont communiqué aux êtres dont ils recèlent les dépouilles, l'empreinte de leur origine. —Plusieurs géologues pensent qu'un jour viendra où les fleuves, les lacs, les rivières et les mers, y compris l'Océan, s'évaporeront peu à peu, jusqu'à ce que la terre desséchée prenne feu au soleil. En revanche, d'autres savants prophétisent que la terre se remontrera de nouveau, mais après seulement qu'une évaporisation de plusieurs milliers de siècles lui aura permis de remettre à découvert quelques-uns de ses continents.

Bouffons. Epicure nous a raconté que la terre, à son origine, était grasse et vitreuse, et ne se couvrit d'arbres et de plantes qu'après que le soleil l'eut suffisamment échauffée. Alors de petites tumeurs, semblables à des champignons, s'élevèrent de toutes parts sur cette terre, et quand la maturité de chacune fut complète, sa peau se creva pour donner passage à un petit animal qui se dirigea vers des ruisseaux de lait qui se trouvaient là précisément pour les nourrir. Mais tous ces animaux n'avaient pas leur organisation complète: les uns étaient pourvus d'une tête et manquaient de pieds; les autres, avec des pieds, se trouvaient privés de tête, et le plus grand nombre n'offrait qu'une masse informe; mais tous ceux qui présentaient ces monstruosités ne tardèrent point à périr, et il n'y eut que les êtres bien conformés qui vécurent pour se multiplier. —Képler accorde au globe des facultés vitales. Suivant lui, un fluide le parcourt en tous points, et les matières d'apparence inerte se l'assimilent aussi bien que les corps animés. Les molécules les plus élémentaires sont douées d'un instinct et d'une volonté, et ont des sympathies et des antipathies qui les attirent les unes vers les autres, ou causent entre elles des mouvements répulsifs. Un minéral quelconque peut convertir en sa propre nature les masses les plus grandes, ainsi que cela a lieu dans notre organisme, où les aliments se transforment en chair et en sang; les montagnes, enfin, sont les organes de la respiration du globe; les schistes, ses organes sécrétoires; les filons, des espèces d'abcès ou de caries; et les métaux, le produit de diverses maladies et de la pourriture.—Maillet, qui écrivait en 1748, partagea, dans ses théories, une partie des opinions des Neptuniens; puis, à propos du déluge, il émit l'hypothèse que la terre était demeurée pendant plusieurs milliers d'années sous les eaux, et qu'avant la retraite de celles-ci, l'homme et tous les animaux aujourd'hui terrestres avaient été marins. Il justifiait ainsi l'existence des Tritons et des Syrènes, et de tous ces êtres extraordinaires dont le moyen âge surtout peuplait l'Océan.—Un plaisant a dit, à propos de tous les systèmes fantasques sur la formation du globe: « L'astronome se figure la terre comme une nébuleuse condensée; le chimiste y voit une boule de potassium et de silicium oxydés; l'électromagnétiste se plaît à y découvrir l'analogue d'une batterie galvanique; et le zoologiste ne manque pas d'y reconnaître un énorme animal, un être ayant vie, dont les volcans sont les narines, dont les laves sont le sang et dont les tremblements de terre sont les battements artériels. » *Voy.* Age du monde, Déluge, et Epoques géologiques.

COSMOGRAPHIE. Science qui fait connaître la structure, la forme, la disposition et les rapports des diverses parties qui composent l'univers.

COTE. On désigne ainsi le bord ou le rivage de la mer, et l'on distingue deux espèces de côtes : la *basse* et l'*acore*. La première, ou celle qui est en pente douce, indique qu'elle borde une mer peu profonde, tandis que l'acore est une preuve du contraire. Les deux côtes d'un détroit sont toujours acores, parce que le passage résulte de la rupture d'une portion de continent.

COTICULAIRE. Epithète qui désigne une roche schisteuse pénétrée par une petite quantité de silice.

COTICULE. Variété de schiste argileux, pénétrée de silice, d'une couleur verdâtre ou jaunâtre, et qu'on emploie comme pierre à rasoir.

COTTOIDES. *Agass.* Famille de poissons, de l'ordre des Cténoïdes. Le caractère principal de cette famille consiste en ce que les sous-orbitaires, ou l'un d'entre eux, se portent assez loin sur la joue pour la couvrir plus ou moins sur sa longueur et pour s'articuler par leur extrémité postérieure avec le préopercule. Cuvier avait donné à cette famille le nom de *joues cuirassées*.

COTTUS. *Lin.* Genre de poisson, de la famille des Cottoïdes. Ses principaux caractères sont : Tête grosse et large, tuberculeuse ou épineuse; nageoires dorsales distinctes et la première étroite; rayons inférieurs des pectorales simples ; les ventrales formées d'un petit nombre de rayons; six rayons aux branchies. On trouve les espèces fossiles de ce genre dans les terrains tertiaires.

COUCHES. *Voy.* STRATIFICATION.

COULÉES. Nom que l'on donne aux torrents de laves que vomissent les bouches des volcans.

CRABITES. Quelques naturalistes ont appelé ainsi les crustacés fossiles.

CRAG. Les Anglais désignent par ce nom un calcaire marneux, ferrugineux et coquillier, qui fait partie de l'étage supérieur du terrain supercrétacé.

CRAIE. Ce terrain forme en général, dans les Pyrénées, une suite de collines peu élevées, séparées en partie de la chaîne principale, par des vallées longitudinales ; mais cependant il s'élève quelquefois à de grandes hauteurs, par suite de redressements considérables, comme cela a lieu pour le Mont-Perdu.

CRAIE DE BRIANÇON. *Voy.* STÉATITE.

CRANIE, *Crania*. Genre de mollusque dont le plus grand nombre d'espèces se rencontre à l'état fossile dans les terrains crétacés. M. Hœninghaus a publié une monographie de ce genre.

CRATÈRE. *Voy.* VOLCAN.

CRÉPIDULITES. Nom donné aux espèces fossiles du genre *Crepidula*.

CRÊTE. Partie la plus élevée d'une montagne, qui prend surtout un caractère très-prononcé dans les masses à couches inclinées.

CRICACANTHUS. *Agass.* Genre de la famille des Ichthyodorulithes, que l'on trouve dans le terrain houiller.

CRICODUS. *Agass.* Genre de poisson fossile, de la famille des Sauroïdes.

CRINOIDES. Famille établie par Muller, et dans laquelle il a renfermé les Encrines de Lamarck.

CRIOCERAS. *Léveillé.* TOPOBUM. *Sowerby.* Genre de mollusques fossiles, de la classe des Céphalopodes et de l'ordre des Tentaculifères. Ce genre, extrait des Ammonites, a pour caractères : Animal inconnu; coquille multiloculaire, discoïde et spirale enroulée sur le même plan ; spire régulière à tous les âges, composée de tours disjoints non contigus ; bouche ovale, ronde ou comprimée et formant une légère saillie intérieure; cavité supérieure aux cloisons occupant près des deux tiers du dernier tour; cloisons divisées régulièrement en six lobes, dont le latéral supérieur est plus long que le lobe dorsal ; les lobes et les selles étroits à leur base et fortement élargis à leur extrémité; siphon continu et dorsal. Le Crioceras ne diffère essentiellement de l'Ammonite que par les tours de spire qui, au lieu d'être contigus, sont séparés.

CRIOCÉRATITE. *Voy.* CRIOCERAS.

CRIQUE. Nom que les marins donnent à de petites baies.

CRISTALLISATION. Forme plus ou moins régulière que reçoivent les molécules similaires des substances minérales, lorsqu'elles ont été réunies et solidifiées suivant les lois de l'affinité chimique. Le minéral ainsi cristallisé est un assemblage de petites lames disposées parallèlement entre elles en divers sens et autour d'un centre commun qui ne peut être aperçu qu'au moyen d'une opération mécanique. La forme de ce centre ou noyau est dite *primitive* ; les lames cristallines qui l'environnent constituent une autre forme que l'on appelle *secondaire*; et l'opération mécanique qui permet d'arriver à la forme primitive ou de l'obtenir, se nomme *clivage*. Lorsqu'il est difficile d'opérer par le clivage, on parvient à connaître la forme primitive d'un cristal, par la détermination de ses joints naturels. « On reconnaît, dit Haüy, chacun de ces joints, lorsque, ayant fracturé le cristal de manière à laisser subsister en partie la face qui est parallèle à ce joint, on le fait mouvoir à une vive lumière. Il arrive alors qu'au même instant où le résidu de la face dont je viens de parler renvoie à l'œil les rayons réfléchis, on aperçoit, à l'endroit de la fracture, d'autres reflets qui partent des lames inférieures, en sorte qu'en faisant tourner le cristal en divers sens, on voit paraître et disparaître simultanément les rayons qui produisent les deux reflets. On en conclut qu'il existe dans l'intérieur du cristal un joint situé parallèlement à la face dont j'ai parlé. » Ce fut ce savant minéralogiste qui découvrit la forme primitive dans toutes les substances cristallisées ; mais cette forme avait été soupçonnée avant lui par Romé de l'Isle. Toutefois, Haüy alla plus loin, en démontrant que cette forme primitive résultait d'un grand nombre de petites molécules dont chacune était un polyèdre très-simple, molécule qu'il nomma *intégrante*, et que celle-ci pouvait être un composé d'autres molécules de même forme ou de forme différente, lesquelles étaient des molécules *soustractives*.

La molécule intégrante affecte trois formes : le Tétraèdre irrégulier, le Prisme triangulaire et le Parallèlipipède. Il y a cinq formes primitives : le Tétraèdre régulier, l'Octaèdre régulier, le Prisme hexaèdre régulier et le Dodécaèdre rhomboïdal, et ces cinq formes sont le résultat de diverses combinaisons des trois molécules intégrantes. Ainsi le Tétraèdre régulier provient de la réunion de deux Tétraèdres irréguliers ; l'Octaèdre régulier, de celle de quatre Tétraèdres irréguliers ; le Parallélipipède résulte de plusieurs Prismes triangulaires ou de quelques Tétraèdres, suivant qu'il est rectangle ou obliquangle ; le Prisme hexaèdre régulier est le produit de plusieurs prismes triangulaires ; et le Dodécaèdre rhomboïdal, enfin, est celui de l'assemblage de vingt-quatre Tétraèdres. La forme primitive se modifie aussi selon certaines règles géométriques de décroissement, et les formes secondaires qui en résultent sont en si grand nombre, que le seul carbonate de chaux compte plus de 2000 exemples de décroissement provenant de rhomboïdes. Ces décroissements s'opèrent soit parallèlement au bord des lames du cristal, soit dans le sens de leurs diagonales, ou bien en suivant une ligne intermédiaire. Toutefois, la marche que suit la nature dans ces diverses circonstances n'interrompt que rarement les règles rigoureuses de la symétrie, et lorsqu'on connaît, par exemple, un nombre quelconque des faces parallèles d'un cristal, il est toujours aisé de retrouver la position des autres. Il est encore un autre principe, en cristallographie, qui admet peu d'exceptions, c'est que l'ouverture des mêmes angles est constante dans les cristaux identiques d'une même espèce minérale, d'où il suit que leur mesure obtenue à l'aide du goniomètre permet de déterminer à la fois et la forme cristalline et la substance à laquelle le cristal appartient.

CROCODILE. Les ossements de ce reptile se rencontrent dans la craie, dans les formations gypseuses et les marnes et calcaires bleuâtres, où ils se trouvent associés aux Ichthyosaures et aux Plésiosaures ; et par une loi qui est constamment la même, les individus des terrains crétacés et jurassiques s'éloignent plus des genres actuellement vivants, que ceux des terrains tertiaires. Les crocodiles sont très-communs dans le département du Calvados ; on en trouve aussi dans les lignites d'Auteuil et de Mimet, et dans les calcaires d'eau douce où ils sont mêlés avec des Lophiodons ; enfin, leurs débris se montrent dans les couches meubles et superficielles qui renferment les éléphants et les autres grands quadrupèdes.

CRUSTACÉS. Cette famille, qui renferme les écrevisses, les crabes, les homards, etc., se trouve, à l'état fossile, dans les argiles bleues que les Anglais nomment *bleue-lias*, et on les rencontre aussi dans les roches du Calvados, le calcaire grossier du bassin de Paris, le calcaire moellon de Montpellier, etc.

CRUSTACITES. Nom que les anciens naturalistes donnaient aux crustacés fossiles.

CRYPTES. Galeries souterraines, plus ou moins profondes, qui, pour la plupart, ont été creusées par les hommes, soit pour des exploitations de mines, soit pour une destination religieuse ou tout autre emploi.

CTENACANTHUS. *Agass.* Genre de la famille des Ichthyodorulithes, dont le caractère principal consiste dans des rayons à côtes longitudinales, qui sont pectinés. Ce genre se trouve dans le vieux grès rouge.

CTENODUS. *Agass.* Genre de poissons fossiles, de la famille des Cestraciontes, dont le caractère principal est une mâchoire recouverte par une série de carènes ou quilles en éventail. Ce genre se trouve dans le vieux grès rouge.

CTÉNOIDES. *Agass.* Troisième ordre des poissons fossiles, dont les caractères sont les suivants : Ecailles circulaires plus ou moins allongées, formées de lames cornées et dentelées à leur bord postérieur comme les dents d'un peigne. Cet ordre se compose des familles des Percoïdes, des Sparoïdes, des Sciénoïdes, des Cottoïdes, des Theuties, des Aulostomes, des Chétodontes et des Pleuronectes.

CTENOLÉPIS. *Agass.* Genre de poissons fossiles, de la famille des Célacanthes. On connaît le *C. cyclus*, qui appartient à la formation oolithique.

CTENOPTYCHIUS. *Agass.* Genre de poissons fossiles, de la famille des Cestraciontes. Son caractère principal consiste dans des dents comprimées et à saillies qui leur donnent l'apparence d'un peigne.

CUBICODON. *Jæger.* Genre de reptile herbivore fossile, trouvé dans le grès infraliasique du Wurtemberg, et qui est caractérisé comme suit : Dents de forme cubique et dont la couronne ressemble à celle des dents de la dragonne. Ce genre paraît voisin des crocodiles.

CUIR DE MONTAGNE. Variété de talc, composé de silice, de manganèse, de chaux et de fer, à texture fibreuse comme l'asbeste, et que l'on rencontre principalement au milieu des micaschistes.

CUNOLITES. *Lamarck.* Genre de polypiers fossiles formé avec quelques espèces de Cyclolites.

CUPRESSITE, *Cupressites*. Genre de plante fossile qu'on rencontre dans la craie et les dépôts supérieurs, et dont le caractère principal consiste dans les feuilles qui sont opposées ou verticillées, sessiles, courtes et subulées.

CRUPRESSOCRINITES. Encrines fossiles.

CYATHOCRINITES. *Miller.* Genre d'encrines qui se trouve dans le calcaire houiller d'Angleterre.

CYBIUM. *Cuv.* Genre de poisson, de la famille des Scombéroïdes. Il est caractérisé comme suit : Corps allongé ; grandes dents aux mâchoires ; nageoires dorsales contiguës ; fausses pinnules. Les espèces fossiles de ce genre se trouvent au Monte-Bolca et dans l'argile de Londres.

CYCADITES. Nom donné par M. Buckland aux espèces fossiles de la famille des Cycadées.

CYCLOIDES. *Agass.* Quatrième ordre des poissons fossiles, dont les familles présentent des écailles à couches cornées ou osseuses, simples sur leurs bords, dont la surface supérieure est souvent ornée de figures, mais qui ne sont point recouvertes d'émail.

CYCLOLITE, CYCLOLITES. *Lamarck.* Genre de polypiers fossiles, de la famille des Anthozoaires, que l'on a caractérisé comme suit : Masse pierreuse, courte, simple, orbiculaire ou elliptique, aplatie et marquée de lignes concentriques en dessous ; convexe en dessus, avec un grand nombre de lamelles très-fines, striées et convergentes vers un centre sublacuneux. Les principales espèces de ce genre sont les *C. hemispherica*, *elliptica*, et *nummularia*. S'il fallait en croire Lamarck, il y aurait une cyclolite vivante dans l'Océan Indien.

CYCLOPOMA. *Agass.* Genre de poissons fossiles, de la famille des Percoïdes. Ses principaux caractères sont : Opercule terminé par une grosse pointe forte et aiguë ; préopercule très-dentelé dans son bord postérieur ; nageoires dorsales réunies à leur base ; la caudale arrondie et son lobe supérieur plus développé que l'inférieur. Ce genre se rencontre au Monte-Bolca.

CYCLOPTERIS. *Ad. Brongn.* Genre de fougères fossiles, que l'on trouve dans les terrains houillers et dont les caractères sont les suivants : Folioles arrondies, cordiformes et dont les nervures partent en divergeant de la base. Ce genre est divisé en deux sections : la première comprend les espèces dont les feuilles symétriques et régulières paraissent avoir formé la feuille tout entière ; la seconde, les espèces qui offrent des feuilles obliques, non symétriques.

CYCLURUS. *Agass.* Genre de poissons fossiles, de la famille des Cyprinoïdes. Voici quels sont ses caractères : Colonne vertébrale recourbée en haut, à son extrémité ; vertèbres grosses et courtes ; écailles épaisses et allongées ; nageoire dorsale très-développée ainsi que l'anale ; la caudale arrondie. Ce genre se trouve dans les schistes d'Œningen et dans les lignites de Ménat.

CYCTARTHUS. *Agass.* Genre de poissons fossiles, de la famille des Raies.

CYLINDRICODON. *Jæger.* Genre de reptile fossile, trouvé dans le terrain secondaire du Wurtemberg, et qui est voisin des crocodiles. Son caractère principal réside dans des dents cylindriques, à couronne aplatie et implantées dans des alvéoles. On connaît le *C. Jægeri.*

CYMATITES. Nom donné par Bertrand aux Astraires fossiles.

CYMATOTHERIUM. *Kaup.* Mammifère fossile, herbivore, trouvé dans le diluvium d'une fente de calcaire grauwacke, à Œlsnitz, en Saxe, et dont les caractères sont les suivants : Dents coniques à longues racines, et creuses à leur partie inférieure ; crête mousse et dentelée derrière la dent, et pourvue d'une rangée de pores ; canal dentaire très-gros. On connaît le *C. antiquum.*

CYPRINODONTES. *Agass.* Famille de poissons de l'ordre des Cycloïdes. On l'a caractérisée de cette manière : Corps oblong, régulier et pourvu de grandes écailles ; dents aux mâchoires ; nageoires ventrales abdominales ; plus de trois rayons branchiostègnes. Cette famille comprend le genre *Lebias.*

CYPRINOIDES. Famille de poissons de l'ordre des Cycloïdes. Ses caractères principaux sont : Corps oblong et régulier ; bouche petite, entourée de lèvres charnues ; os pharyngiens inférieurs armés d'une ou de plusieurs rangées de fortes dents, quelquefois aplaties ; trois rayons branchiostègnes ; colonne vertébrale vigoureuse. Cette famille comprend les genres *Acanthopsis*, *Cobitis*, *Gobio*, *Tinca*, *Lenciscus*, *Aspius*, *Rhodeus* et *Cyclurus.*

CYRTIA. *Voy.* SPIRIFÈRE.

D

DACH. Les Allemands donnent ce nom au toit ou portion de roche qui recouvre un filon ou une couche.

DACHSTEIN. Ce nom est donné par les Allemands à la paroi supérieure d'un filon ou d'une couche.

DACSCHIEFER. Les Allemands appellent ainsi l'ardoise.

DACTYLITES. Nom donné confusément, par les anciens naturalistes, à des pointes d'Oursins, des Bélemnites, des Orthocératites, des Solens et des Dentales fossiles.

DAMARITE, DAMARITES. *Sternberg.* Genre de plantes fossiles qui se rapproche des *Dammara*, de la famille des Abiétinées. Ce genre est caractérisé par des cônes turbinés-subglobuleux, à écailles rangées dans l'ordre quaternaire, et disposées en séries multiples, nombreuses, imbriquées, déprimées, cunéiformes, épaisses et convexes.

DAPEDIUS. *De la Bèche.* Genre de poissons fossiles, de la famille des Lépidoïdes. Ses caractères sont des dents sur une seule rangée et échancrées à leur pointe ; une nageoire dorsale commençant près de la nuque ; l'anale plus courte, plus reculée et plus petite ; la caudale fourchue et très-petite ; et les pectorales grandes. Les principales espèces de ce genre sont les *D. politus* et *altivelis* ; elles appartiennent, à ce que l'on suppose, au terrain jurassique.

DAUPHIN. Les débris fossiles de ce genre ont été trouvés dans les terrains tertiaires, et ils prouvent que les espèces perdues étaient essentiellement différentes des espèces actuelles. On connaît les *Delphinus macrogenius, dationum, Renovi, Karstenii, calvertinsis*, etc.

DEHNBAR. Mot allemand qui signifie ductile.

DELTA. Sol toujours formé d'alluvions, qui est communément encadré par deux ou plusieurs branches d'un fleuve qui se divise avant de se jeter dans la mer. Le terrain compris entre deux de ces branches offre presque toujours un triangle dont la mer est la base et le sommet le point où a lieu la séparation du fleuve ou celle de l'une de ses principales branches. Le Nil, le Niger, le Rhin, le Rhône, le Pô, l'Adige et d'autres grands fleuves encore, forment des Deltas avant de se jeter dans la mer. *Voy*. ALLUVIONS.

M. Lyell divise les Deltas en trois classes, dont la différence la plus caractéristique consiste dans la nature des débris organiques que chacune d'elles renferme : 1° ceux qui se forment dans les lacs ; 2° ceux qui sont le produit des mers intérieures ; 3° ceux que l'on voit sur les bords de l'Océan. A la première classe appartiennent le lac de Genève et le lac Supérieur ; à la seconde, la mer Baltique, les Deltas du Rhône et du Pô, la côte de l'Asie Mineure et le Delta du Nil ; et à la troisième, les Deltas du Gange et du Mississipi.

DÉLUGE. Inondation considérable. Suivant Buffon, le souvenir des cataclysmes qui ont bouleversé le globe s'est conservé chez toute la race humaine par tradition. « L'idée, dit-il, en parlant de l'homme, qu'il doit périr par un déluge universel ou par un embrasement général ; le respect pour certaines montagnes sur lesquelles il s'était sauvé des inondations ; l'horreur pour ces autres montagnes qui lançaient des feux plus terribles que ceux du tonnerre ; la vue de ces combats de la terre contre le ciel, fondement de la fable des Titans et de leurs assauts contre les dieux ; l'opinion de l'existence réelle d'un être malfaisant ; la crainte et la superstition qui en sont le premier produit ; tous ces sentiments, fondés sur la terreur, se sont dès lors emparés à jamais du cœur et de l'esprit de l'homme ; à peine est-il encore aujourd'hui rassuré par l'expérience des temps, par le calme qui a succédé à ces siècles d'orages, enfin par la connaissance des effets et des opérations de la nature ; connaissance qui n'a pu s'acquérir qu'après l'établissement de quelques grandes sociétés dans des terres paisibles. » Selon M. Beudant, tous les faits indiquent des bouleversements avant la création des mammifères, et nous en montrent également un qui a eu lieu évidemment depuis leur existence; rien ne s'oppose donc, et tout au contraire conduit à regarder cette dernière catastrophe comme celle dont la Genèse nous donne à la fois la cause et les détails. Les idées d'un déluge et de la retraite progressive de la mer, ainsi que des révolutions qui ont été le résultat de ce cataclysme, se retrouvent aussi chez la plupart des auteurs anciens. Hérodote était convaincu que la mer avait couvert autrefois la Basse-Egypte jusqu'à Memphis, les campagnes d'Ilion, de Theutrane et d'Ephèse, et les plaines qu'arrose le Ménandre. L'historien Josèphe, saint Jérôme, l'Egyptien Mnazias, Nicolaüs, le Chaldéen Bérose, ont signalé cette croyance générale. Pline nous a entretenus des terres que la mer a abandonnées, de celles qu'elle a recouvertes, et des îles qui ont été jointes aux continents. Apulée parle aussi de ces diverses circonstances. Molina rapporte que la tradition des Chiliens au sujet du déluge s'exprime ainsi : « La population se réfugia sur une haute montagne divisée en trois pointes, appelée Thegtheg, c'est-à-dire, le Tonnant ou le Foudroyant, qui avait la faculté de flotter sur les eaux. » Chaque fois encore que la terre s'ébranle fortement, les habitants cherchent un abri sur les monts qui affectent à peu près la même forme que le Thegtheg ; et dans cette circonstance ils se munissent d'une grande quantité de vivres, ainsi que de plats en bois, ceux-ci devant préserver leur tête de la chaleur dans le cas où la montagne, soulevée par les eaux, viendrait à se trop rapprocher du soleil.

La Genèse, qui a environ 3300 ans d'antiquité, ne fait pas remonter le déluge à plus de 15 ou 1800 ans avant l'époque où elle fut écrite. Suivant la version des Septante, le déluge aurait eu lieu l'an 2986 avant l'ère chrétienne, ce qui ferait remonter ce cataclysme à 4834 ans, à partir de 1848. Voici comment le chapitre VII de la Genèse décrit le déluge : *Les sources du grand abîme des eaux jaillirent, et les cataractes du ciel furent ouvertes. La pluie tomba pendant quarante jours et quarante nuits. Le déluge se prolongea pendant quarante jours, et les eaux s'étant accrues couvrirent la surface de la terre ; mais l'arche était portée sur les eaux. Les eaux crurent et grossirent beaucoup. Toutes les hautes montagnes qui sont sous les cieux furent couvertes. L'eau, ayant gagné le sommet des montagnes, s'éleva de quinze coudées plus haut. Tous les hommes et tous les animaux périrent ; il ne resta que Noé et ceux qui étaient avec lui dans l'arche.* Les circonstances du déluge mosaïque et leur date se sont reproduites, à quelques variantes près, chez les Arméniens, les Arabes, les Mongols, les Turcs et parmi tous les autres peuples de l'Orient. Toutefois Bérose, qui écrivait à Babylone du temps d'Alexandre le Grand, place le déluge 35,000 ans avant le règne de Sémiramis.

Les Egyptiens racontaient qu'à l'époque où Osiris était occupé à instruire les hommes en Ethiopie, le Nil avait débordé aux approches du solstice, et que les hommes auraient péri victimes de cette inondation, si Hercule n'était venu s'opposer à l'envahissement des eaux en élevant des digues le long du fleuve. Selon Albumassar, le monde aurait même été renouvelé après ce déluge, lorsque le soleil se trouvait au premier degré du Bélier et Régulus dans le colure du solstice ; et enfin, dans les chants de Nomus, ce poëte représente cette catastrophe comme l'effet de la colère de Jupin, qui avait voulu venger ainsi la mort du premier Bacchus, tombé sous les coups des Titans. — D'après les Indiens, la durée du déluge aurait été de 120 ans 7 mois et 3 jours. Wishnou aurait annoncé ce désastre au roi Satyavatra, qui régnait à Dawaran, en lui apparaissant sous la forme d'un poisson et en lui déclarant que le monde allait finir par une inondation. Ainsi averti, le prince se serait sauvé sur une barque, avec six hommes et une femme, et aurait gagné une montagne très-élevée située vers le nord. Ce déluge remonte à 3200 ans avant l'époque actuelle. — Les persans admettent, d'après le récit de Boundhesh, que le déluge a duré dix jours et dix nuits. — Suivant le Chou-King, le premier empereur des Chinois, du nom de Yao, aurait été occupé à faire écouler les eaux qui, de son temps, « après s'être élevées jusqu'au ciel, baignaient encore le pied des plus hautes montagnes, couvraient les collines moins élevées et rendaient les plaines impraticables. » Cet empereur vivait, selon les uns, 4163 ans avant l'ère chrétienne, selon les autres, 3943 seulement. Les anciens Chinois célébraient une fête en commémoration du déluge. — Varron et Censorinus ont placé le déluge d'Ogygès 1600 ans avant la première olympiade, c'est-à-dire, 2376 ans avant l'ère chrétienne. — Le déluge de Deucalion remonte à l'an 1796 avant Jésus-Christ. — Chez les Scandinaves, la tradition rapportait le déluge au géant Ymus, qui, ayant été tué, laissa échapper de ses blessures une si grande quantité de sang, qu'elle submergea le monde.—Les Gaulois disaient qu'un castor noir ayant percé la digue qui soutenait le grand lac (l'Océan), tout avait péri, à l'exception de *Douyman* et de *Douymech* (*man*, homme, et *mech*, femme) qui s'étaient sauvés dans un vaisseau sans voiles avec un couple de chaque espèce d'animaux. —Les anciens Américains avaient une grande vénération pour l'arc-en-ciel, parce qu'ils le considéraient comme le signe précurseur qui avait annoncé la fin de l'inondation universelle dont leurs contrées avaient été couvertes. Les Mexicains divisaient même à ce sujet la durée du monde en quatre âges : le premier était celui du déluge ; le second était l'époque du renouvellement du genre humain ; le troisième se rapportait à la constitution des sociétés; et le quatrième désignait l'existence contemporaine. — Les Banians disent aussi que le déluge a été la fin du premier âge du monde ; et les Siamois, enfin, attribuent ce cataclysme à une cataracte qui sortit des cheveux de Théréas, leur mauvais génie.

La manière dont le déluge s'est opéré est aussi l'une des circonstances qui ont le plus exercé l'attention des savants. Suivant Whiston, qui du reste respecte le récit de la Genèse, le déluge serait le résultat du passage d'une comète dont la queue aurait heurté la terre. Notre globe se serait alors trouvé enveloppé, pendant quarante jours, d'une vapeur épaisse et aqueuse, et la pluie aurait été si abondante, qu'en deux jours seulement les cataractes du ciel auraient versé autant d'eau qu'en offre aujourd'hui le volume de l'Océan. Il suppose aussi que la comète, en approchant de la terre, aurait exercé sur elle une telle influence attractive, que l'écorce du globe se serait fracturée en un grand nombre d'endroits et aurait livré passage aux eaux intérieures.

Dans son *Histoire de la terre*, qui parut en 1702, Woodward, cherchant à expliquer le déluge, suppose qu'à cette époque le globe était une croûte terreuse qui servait d'enveloppe à l'Océan ; que cette croûte se brisa de toutes parts à la voix de Dieu, et que les eaux, débordant avec furie, allèrent recouvrir jusqu'aux plus hautes montagnes. Alors les molécules, n'étant plus retenues par la force de cohésion, se séparèrent et se déposèrent par couches, suivant l'ordre de leur densité ; mais les corps organisés ne subirent point cette dissolution, à cause de l'*entrelacement de leurs fibres* (idée singulière !), et tous demeurèrent ensevelis dans le limon. Dans cet état de choses, les couches étaient concentriques et ceintes par les eaux, ce qui obligea l'Eternel à déchirer de nouveau la croûte terrestre, pour faire rentrer dans le vide qui se trouvait au-dessous les eaux que le même gouffre avait vomies. Cependant, comme il advint que le contenu se trouva plus considérable que le contenant, les efforts auxquels les eaux se livrèrent pour prendre place, soulevèrent assez d'un côté l'enveloppe solide pour donner naissance aux montagnes, tandis que de l'autre tous les bassins se trouvaient à la fois remplis.

M. Alexandre Brongniart a dit, au sujet de l'eau diluviale : « Cette eau venait-elle du ciel ou de l'intérieur de la terre? Les fissures et les cavités ouvertes dans sa croûte, tant calcaire que granitique, ne faisaient-elles pas partie des canaux par où le liquide a été vomi par torrents à la surface des terres ? Les chaînes et terrains calcaires jurassiques et alpins semblent montrer encore dans leurs fissures, cavernes, puits et canaux souterrains, les routes suivies par ces torrents, ainsi que leurs issues. Les *fiords* ou golfes profonds et étroits qui pénètrent si avant dans les terres en Ecosse, en Norwége, en Finlande, semblent également montrer les fissures de sortie de ces torrents, fissures fermées maintenant par les débris des matières meubles et les grands bouleversements qui ont dû résulter d'un tel cataclysme. Ou bien la mer actuelle, couvrant encore à cette époque une partie des continents, les a-t-elle abandonnés tout à coup, soit en s'engouffrant dans des cavités ouvertes dans son sein, soit en s'épanchant dans des directions diverses de dessus les terres qui s'élevaient rapidement au-dessus de sa surface ? »

Herschell prétend que Dieu se servit, pour compléter le déluge, de la fameuse comète antédiluvienne qui reparut en 1680. M. de

Beaumont a avancé que le soulèvement de la chaîne des Andes pouvait avoir été la cause du déluge universel.

Au surplus, le déluge décrit par la Genèse doit être considéré comme placé en dehors de tous les phénomènes naturels, puisqu'aucunes lois de la physique ne sauraient l'expliquer et que toutes les hypothèses auxquelles on peut s'arrêter à ce sujet n'offrent aucune solution satisfaisante. Ainsi les eaux de ce déluge ont agi dans un sens inverse de celui qui a lieu lorsqu'elles tirent leur origine des nuées; les montagnes qui, par leur situation élevée et leur forme pointue, ne peuvent, dans l'ordre actuel des choses, recevoir de puissants courants d'eau, sont cependant les portions du globe qui portent les traces les plus évidentes du ravage diluvien ; l'action des eaux sorties de l'intérieur ne présente pas une conclusion plus satisfaisante, puisque dans les circonstances ordinaires la quantité d'eau que fournissent les sources est en rapport avec l'imbibition des eaux pluviales ; le déplacement des mers, causé par l'action des vents, ne satisfait pas davantage le raisonnement; il en est de même de l'attraction céleste; l'opinion qui repose sur des affaissements du sol est repoussée par l'examen des montagnes, qui au lieu d'une dislocation n'ont été nullement altérées; et quant à l'hypothèse des soulèvements, elle n'est pas plus admissible, dans son application au déluge mosaïque, puisqu'il eût fallu que les différentes parties du globe se soulevassent à la fois, tandis que l'ordre habituel de ce genre de phénomène est contraire à cette simultanéité.

Tout semble démontrer que les déluges d'Ogygès, de Deucalion et de Samothrace, dont les anciens voulurent faire une imitation du déluge mosaïque, ne furent que des inondations locales, causées, pour les deux premières, par l'exhaussement des eaux dans les bassins de la Thessalie et de la Béotie, et pour le troisième, par un phénomène volcanique sous-marin. Au reste, des causes imprévues ont souvent produit et produisent encore des déluges partiels avec des conséquences plus ou moins graves. Le soulèvement de quelques grandes régions sous-marines peut inonder des contrées d'une vaste étendue. Ammien Marcellin cite un tremblement de terre à la suite duquel les eaux de la Méditerranée s'élevèrent à une si grande hauteur, qu'elles couvrirent le toit des maisons d'Alexandrie. Les eaux du bassin fermé de Phouia, en Arcadie, se perdaient naguère dans des gouffres et reparaissaient sur le revers opposé des montagnes pour aller grossir l'Alphée ; mais les gouffres s'étant tout à coup obstrués, les eaux durent franchir les parois de leurs bassins, pour aller se répandre dans la plaine, et des villages disparurent sous un lac qui a maintenant 40 mètres de profondeur, et qui s'était élevé jusqu'à 300 avant de trouver une issue convenable. En 1818, la partie supérieure de la vallée de Bagne, en Suisse, fut convertie en un immense lac, par des avalanches de neige et de glace qui s'y étaient accumulées. Ce lac, de près d'un mille de long, avait sur quelques points une profondeur de 60 mètres et une largeur de 200 mètres, et ce ne fut qu'avec les travaux les plus laborieux que l'on parvint à le faire écouler avant qu'il causât les désastres les plus redoutables.

La dépression de l'Asie centrale à l'est de la mer Caspienne peut donner lieu à la création d'une grande mer intérieure. Cette mer Caspienne est d'environ 31 mètres plus basse que la mer Noire, d'où il résulte que si l'espace qui la sépare de la mer d'Azof venait à s'abaisser, toute la contrée se trouverait envahie par les eaux. Les immenses lacs de l'Amérique du Nord, dont l'élévation audessus du niveau de la mer va quelquefois jusqu'à 200 mètres, et dont la profondeur est souvent de 400 mètres, peuvent aussi amener un jour une sorte de déluge dans cette partie du monde. Ainsi, par exemple, le lac Supérieur du Mississipi, dont la profondeur est dans quelques endroits de plus de 250 mètres, dépasse le niveau de l'Océan de plus de 180 mètres, et si ce lac venait à déverser, il inonderait un bassin d'une étendue considérable.

Les témoignages du déluge universel sont tellement nombreux et si connus, qu'il serait superflu de les rappeler ici. On a remarqué que les dépôts diluviens ne dépassent jamais 3 ou 4000 mètres ; mais cette circonstance provient de ce que la retraite des eaux dut entraîner une partie de ces dépôts qui ne pouvaient demeurer sur les pentes et tendaient au contraire à se précipiter vers les fonds ; et d'ailleurs les blocs erratiques, arrachés aux faîtes des montagnes, établissent suffisamment que les eaux atteignirent ces hauteurs. Il en est de même des ossements que l'on rencontre dans les cavernes et jamais sur les élévations. Quant à la présence des débris humains dans des terrains meubles et remplis de galets ou de cailloux roulés, qui couvrent les plaines ou le sol des cavités intérieures, ils démontrent également que l'homme a péri victime de ce grand cataclysme dont tout atteste la violence et l'étendue.

DENDRITE. Pierre arborisée. *Voy.* ARBORISATION.

DENDRODUS. *Owen*. Genre de poissons fossiles, de la famille des Célacanthes. Il est ainsi caractérisé : Dents munies de fines stries dans toute leur longueur ; racines arrondies et implantées dans des excavations alvéolaires. Ce genre se rencontre dans le vieux grès rouge.

DENDROITES. Nom que les anciens naturalistes donnaient aux corps fossiles, qui, par leur forme, ont quelque ressemblance avec des branches d'arbres.

DENSITÉ. On sait que ce mot indique le rapport qui existe entre la masse d'un corps et son volume, et que ce corps est d'autant plus dense qu'il a plus de poids et moins de volume. L'eau pure, portée à son maximum de densité, ou à la température de 3°92', sert de terme de comparaison pour établir la densité des solides et des liquides; et il en est de même de l'air, à 0° de température et à 0m 76mm de pression, pour les fluides élastiques permanents et non permanents. Pour trouver la densité moyenne du globe, on s'est aidé de la loi de la gravitation universelle, en vertu de laquelle tous les corps s'attirent en raison directe de leurs masses et en raison inverse du carré de leurs distances, et l'on a cherché à déterminer directement cette densité, en comparant la force d'attraction que le globe exerce de sa masse, avec les phénomènes analogues produits par des corps dont le volume et la densité sont parfaitement connus. Parmi les expériences faites à ce sujet, celles de Cavendish paraissent avoir obtenu le résultat le plus exact. Ce savant a trouvé que, la densité de l'eau étant toujours prise pour unité, celle du globe était de 5,48, ou à peu près 5 1/2 plus grande, d'où il faut conclure que la densité des couches ne progresse que d'une manière presque insensible, à mesure que l'on pénètre vers l'intérieur, puisqu'à la moitié du rayon terrestre, cette densité est à peine double de celle des masses qui composent l'écorce extérieure. On a trouvé aussi que la densité de la lune est environ les 3/5 de celle de la terre, et celle du soleil 1/4 seulement, quoique sa masse soit 355 mille fois plus grande.

DENTALITES. Nom donné aux espèces fossiles du genre *Dentalium*.

DENTEX. *Cuv.* Genre de poisson, de la famille des Sparoïdes. Ses caractères principaux sont : Dents coniques sur les bords des intermaxillaires et des maxillaires inférieurs; les antérieurs allongés en forme de crochet; joues écailleuses. Les espèces fossiles de ce genre se trouvent au Monte-Bolca et dans le calcaire grossier de Nanterre.

DENUDATION. Aspect que présente une vallée ou une plaine, lorsque les couches qui formaient les collines ou les plateaux environnants ont été enlevées et laissent à nu le sol qui les supportait. Tel est le bassin de Weald, au sud de Londres, dans lequel des courants diluviens ont fait disparaître les dépôts tertiaires, la craie et le grès vert qui formaient le sol supérieur, et ont mis à découvert les couches inférieures au terrain crétacé. On remarque un exemple semblable en France, dans la plaine qui s'étend de Vitry-le-Français à Châlons.

DEPOTS. *Voy.* TERRAINS.

DEPOTS QUATERNAIRES. M. Marcel de Serres a donné ce nom aux dépôts formés depuis la retraite des mers, hors de leur influence et postérieurement à l'existence de l'homme. Selon lui, ils ne diffèrent pas des dépôts actuels, quoique renfermant des espèces détruites. Ce géologue en déduit que tous les débris d'animaux enfouis dans des gisements analogues, brèches osseuses, cavernes, alluvions et marnes d'eau douce, postérieurs aux derniers terrains tertiaires d'origine marine, sont contemporains et non point antédiluviens, et il nomme ces innombrables débris *humatiles* (d'*humatus*, enfoui), voulant ainsi les distinguer des fossiles qui n'appartiennent qu'aux temps géologiques ou époques antérieures à la retraite des mers. Les dépôts quaternaires de M. Marcel de Serres ne sont évidemment que les terrains détritiques de M. Al. Brongniart.

DERCETIS. *Munst.* Genre de poissons fossiles, de la famille des Sclérodermes. Ses caractères sont : Dents coniques très-élevées qui alternent avec d'autres plus petites; charpente osseuse robuste; vertèbres vigoureuses, nageoires pectorales très-grandes; les ventrales rapprochées des pectorales; la dorsale occupant à peu près toute la ligne du dos; l'anale moins grande de moitié que la dorsale et finissant au même point; la caudale grêle et échancrée; flancs garnis de trois rangées d'écussons semblables à ceux des esturgeons. Ce genre se trouve dans la formation crayeuse.

DETRITIQUES. Cette épithète a été donnée par M. Al. Brongniart aux terrains postérieurs au dernier cataclysme, lesquels résultent d'un assemblage presque toujours meuble, de fragments de roches de toute espèce. Ces terrains contiennent un grand nombre de corps organisés, dont la plupart ont encore leurs analogues vivants et qui se trouvent mêlés à des débris de l'industrie humaine, circonstance qui se présente surtout très-fréquemment à l'observateur, dans les cavernes à ossements.

DETRITUS. Débris des roches et de la végétation, lesquels forment des terres propres ou impropres à la culture, selon les proportions de leur mélange. On appelle *terreau* le détritus qui provient en majeure partie de la décomposition des plantes; les *éboulis* sont des amas de terre qui se disposent en talus; et les *moraines* des éboulis qui s'établissent à la surface des glaciers.

DETROIT. Passage par lequel un golfe ou une mer intérieure communique avec l'Océan. Les plus renommés sont ceux de Bab-el-Mandeb, de Bering et de Gibraltar. Le premier joint la mer Rouge à l'Océan Indien; le second est placé entre l'Amérique et l'Asie; et le troisième, entre l'Europe et l'Afrique.

DIABASE. *Voy.* DIORITE.

DIAGRAPHITE. Synonyme de l'Ampélite graphique.

DIALLOGITE. Roche composée de carbonate de fer, de protoxyde de manganèse et de chaux.

DIASPRO-PORCELLANICO. Nom que les Italiens donnent au jaspe-porcelaine.

DICERATE, *Diceras.* Genre de mollusques qu'on ne rencontre qu'à l'état fossile et qui forme, dans la famille des Camacées, un groupe voisin du Came proprement dit. La coquille est irrégulière, inéquivalve, à sommets coniques contournés en spirale et semblables à des cornes. La dent cardinale, faisant partie de la grande valve, est très-développée. On connaît les *D. arietina* et *sinistra*.

DICHOBUNE. Genre de mammifères fossiles qui est dû aux recherches de Cuvier, et placé par lui dans l'ordre des Pachydermes, à côté des Anoplothérium et des Hippopotames. On en connaît trois espèces : les *D. leporium*, *murinum* et *obliquum*, espèces de très-petite taille, et dont les dents molaires sont garnies de tubercules distincts. Quelques géologues font aujourd'hui des Dichobunes une division du genre Anoplothérium.

DICHOCRINITES. Nom donné à l'une des divisions du genre Encrine.

DICROCERE. Nom que l'on a donné à une espèce de cerf fossile.

DICTEA. *Munster.* Genre de poissons fossiles, de la famille des Cestracioutes. Ses caractères principaux sont : Dents de forme allongée et pyriforme, disposées au centre sur quatre rangées symétriques ; une très-grosse dent plate en arrière, de chaque côté, et sur les bords une rangée de dents rhomboïdales ; nageoires pectorales larges, arrondies en dehors et se prolongeant sur les côtés de la tête ; première dorsale lobée. On rencontre ce genre dans le Zechstein.

DICTYOPHYLLUM. *Lindl.* Voy. PHLEBOPTERIS.

DIDELPHE, *Didelphis*. Les premiers débris fossiles de ce mammifère, de la classe des Marsupiaux, ont été trouvés dans les plâtrières des environs de Paris et ont servi à constituer le *D. Cuvieri*.

DILUVIUM. On entend généralement par ce mot, un terrain composé de fragments roulés et de débris plus ou moins volumineux de roches de différente nature, d'amas de sable, de graviers, de marne et d'argile ; cet ensemble de dépôts, que l'on désigne aussi sous le nom de *terrains diluviens*, recouvre toutes les couches dont se compose l'écorce du globe, et n'est recouvert que par les alluvions des fleuves et par les produits volcaniques modernes. Le limon qui a comblé l'intérieur de certaines cavernes, et dans lequel on a observé des amas prodigieux d'ossements de mammifères terrestres, fait partie de l'ensemble de ces dépôts. C'est avec l'époque de formation des terrains diluviens que certains géologues font coïncider la destruction de plusieurs races, comme les Mastodontes, les Eléphants, les Rhinocéros, les Hippopotames, les Ours, les Lions, les Hyènes, etc. La dénomination de *Diluvium*, qui nous vient des Anglais, est synonyme, comme on le voit, des *Terrains détritiques* de M. Al. Brongniart et des *Dépôts quaternaires* de M. Marcel de Serres, et il serait peut-être convenable de la réserver exclusivement pour désigner le limon qui empâte les ossements fossiles.

DIMORPHINES. Nom donné par M. A. d'Orbigny à des Céphalopodes fossiles de la famille des Enallostègnes.

DIMORPHISME. On appelle ainsi la propriété qu'ont certaines espèces minérales d'offrir divers systèmes de cristallisation.

DINORNIS. Genre d'oiseaux fossiles, dont les débris ont été recueillis à la Nouvelle-Zélande, et qui avait, à ce que l'on suppose, la taille de l'autruche et même celle de l'éléphant. On l'a rapporté à la famille des Brévipennes, et caractérisé comme suit : Os privés de trous à air ; pieds tridactyles. Cinq espèces de ce genre ont été décrites, ce sont les *D. giganteus*, *didiformis*, *Struthioïdes*, *otidiformis* et *Dromœoïdes*.

DINOSAURIENS. Ordre créé par M. Owen, pour renfermer les reptiles fossiles trouvés en Angleterre, dans le terrain des Wealds et dans l'Oolithe, et qu'il caractérise de la manière suivante : Un grand sacrum, formé de 5 vertèbres ankylosées, dont la partie annulaire ne correspond pas uniquement au corps de chacune d'elles, mais se trouve supportée par deux vertèbres contiguës, comme dans les vertèbres dorsales de tortues, d'où il résulte que les trous de conjugaison des trois vertèbres intermédiaires sont placés à peu près au milieu du corps des vertèbres ; vertèbres dorsales hautes et longues ; côtes à double articulation pour la partie antérieure du tronc, et à simple articulation avec l'apophyse transverse, pour la partie postérieure du même tronc ; les os d'une grande proportion et pourvus de cavités médullaires et d'apophyses ; ceux du métacarpe, du métatarse et des phalanges ayant de la ressemblance avec ceux des grands Pachydermes. Les reptiles de cet ordre sont les *Megalosaurus*, les *Hylæosaurus* et les *Iguanodon*.

DINOTHERIUM. Genre fossile, de la famille des Dugongs et des Lamantins, qui fut découvert pour la première fois, par le docteur Kaup, dans une vallée de Hesse-Darmstadt. On suppose qu'il était aquatique herbivore, et que sa longueur devait être de 6 à 8 mètres environ. Le docteur de Klippstein trouva aussi près d'Eppelsheim, à une lieue d'Alzei, dans la Hesse Rhénane, une tête du même animal ayant 2 mètres de long sur environ 50 centimètres dans sa plus grande largeur, et d'un poids d'à peu près 250 kilogrammes. Il fut offert 40,000 francs de cette pièce fossile. Le Dinothérium offre deux espèces de dents : des molaires à collines transverses plus ou moins mamelonnées et une incisive de chaque côté, de forme conique et ayant une très-grande tendance à se prolonger hors de la bouche en forme de défenses. On distingue cinq doigts réunis par la peau, et dont on n'aperçoit que les ongles. On remarque aussi dans la tête des traces d'un fort ligament cervical ; l'orbite est, comme dans les Lamantins, très-petit et latéral ; la face, comme celle du Dugong, est large, aplatie, et se prolonge comme dans les cétacés ; le trou sous-orbitaire enfin a un grand développement, ce qui fait supposer que l'animal était pourvu d'une trompe. La mâchoire inférieure a ses branches courbées en bas ; mais la branche montante présente une disposition particulière, afin de rendre facile le mouvement d'élévation et d'abaissement.

DIODON. *Lin.* Genre de poisson, de la famille des Gymnodontes. Ses caractères sont : Corps orbiculaire, allongé ou sphérique, suivant les espèces, et recouvert de piquants ; mâchoires portant, au lieu de dents, une plaque divisée, d'avant en arrière, par une ainure très-marquée et sillonnée transversalement, qui sert d'appareil masticateur. On trouve au Monte-Bolca le *D. tenuispiscus*, Agassiz.

DIORCHITE. Nom que quelques auteurs ont donné aux corps fossiles que d'autres naturalistes ont appelés Priapolithes, et qui constituent aujourd'hui le genre Alcyonium.

DIORITE. Roche qui a reçu aussi de M. Al. Brongniart le nom de Diabase. Elle est composée d'amphibole et de feldspath, et contient en outre, disséminés, du mica, du quartz, de l'épidote, du grenat, du titane, du soufre, du fer, etc. La Diorite était estimée des anciens et fut employée dans les monuments de l'Egypte. Elle reçoit plusieurs noms suivant sa texture. La *Diorite granitoïde* ou grenue est commune dans les Vosges et dans les environs de Nantes; on appelle *Diorite schistoïde* celle qui se délite facilement; la *Diorite porphyroïde* est celle dans laquelle sont disséminés des cristaux de feldspath. La *Diorite orbiculaire*, ou *Granite orbiculaire de Corse*, est composée de cercles d'amphibole qui alternent avec des cercles de quartz, et l'on fabrique avec elle des vases et autres objets d'un grand prix. Cette roche constitue des montagnes entières dont les couches sont quelquefois très-redressées, et on la rencontre souvent intercalée entre des granites, ce qui semble indiquer une origine commune.

DIPLACANTHUS. *Agass.* Genre de poissons fossiles, de la famille des Acanthodiens. Ses caractères principaux sont : Corps cylindrique; tête grosse et aplatie latéralement; gueule largement fendue et armée de petites dents; deux nageoires dorsales munies chacune d'un grand rayon épineux et placées, l'une près de la nuque, l'autre à l'opposite de l'anale; les pectorales courtes et fixées sur une ceinture thoracique; les ventrales peu marquées, la caudale fourchue; écailles petites, rhomboïdales et ornées de dessins. On trouve ce genre dans le vieux grès rouge.

DIPLODUS. *Agass.* Genre de poisson fossile, de la famille des Hybodontes, qui est ainsi caractérisé : Couronnes distinctes, jusqu'au nombre de cinq, implantées dans une seule racine et offrant chacune une cavité pulpaire unique; tubes calcifères ondulés et disposés parallèlement; dentine quelquefois disposée en couches concentriques; point de couche d'émail. Ce genre se trouve dans les terrains houillers.

DIPLOPTERUS. *Agass.* Genre de poissons fossiles, de la famille des Sauroïdes. Il est caractérisé comme suit : Corps allongé et svelte; écailles rhomboïdales, simples, engrenées par leurs bords obliques; tête grande, large, plate et museau arrondi; mâchoires vigoureuses, garnies d'une rangée de dents coniques, serrées et d'égale grandeur; nageoires pectorales grandes, arrondies et placées sur les côtés de la gorge; les ventrales petites et placées au milieu du ventre; deux dorsales et deux anales opposées les unes aux autres et fort espacées; la caudale hétérocerque, ayant au bord supérieur de véritables rayons au lieu de fulcres. Ce genre se trouve dans le terrain houiller et le vieux grès rouge.

DIPROTODON. Genre de mammifères fossiles, de l'ordre des Marsupiaux, constitué par M. Owen, sur une seule dent recueillie dans la vallée de Wellington à la Nouvelle-Hollande, dent qui a quelque rapport avec celle des Dugongs. L'espèce décrite, à laquelle on suppose la taille d'un cheval, a été nommée *D. australis*.

DIPTÉRIENS. *Agass.* Famille de poissons fossiles, de l'ordre des Ganoïdes.

DIRECTION ET INCLINAISON DES COUCHES. Lorsqu'on a besoin de connaître l'une ou l'autre, on fait usage d'une boussole qui doit être placée dans une boîte carrée, afin d'appliquer un de ses côtés parallèlement à la ligne de 0° à 180°, sur une ligne horizontale tracée sur le plan de la couche. L'angle qu'indique l'aiguille est la direction de cette couche. Quant à l'inclinaison, elle se mesure à l'aide d'un Perpendicule ou tige métallique libre qui est adaptée au pivot. On place alors la face de la boussole, à laquelle correspond le zéro, sur le plan, dans une direction perpendiculaire à la précédente, et l'on suit l'angle indiqué par la pointe du Perpendicule, angle qui se trouve égal à celui que forme la couche avec le plan horizontal. Les couches redressées offrent communément une direction constante dans les contrées d'une certaine étendue; mais l'inclinaison ne donne pas un résultat analogue, et presque toujours elle va en diminuant, à mesure qu'on s'écarte de l'axe central d'une chaîne. Les travaux de M. Elie de Beaumont sur le soulèvement des montagnes ont attaché une nouvelle importance à l'observation de la direction des couches.

DIRT-BED. Nom que les Anglais donnent à une couche de boue.

DISASTER. *Agass.* Genre d'Echynodermes fossiles, caractérisé par un ambulacre impair, et ceux de la paire antérieure convergeant en un point plus ou moins éloigné de celui de réunion des deux ambulacres postérieurs.

DISCOLITE. Nom donné par Montfort à un polypier qui porte aujourd'hui celui d'Orbulite.

DISCORBITES. *Voy.* PLANULITES.

DISTHENE. Roche d'aspect vitreux et de couleur bleu clair, composée de silice, d'alumine, de chaux et de potasse. On la rencontre dans les terrains micaschisteux de la Bretagne et dans ceux du Saint-Gothard et du Tyrol, dans la dolomie du Simplon et parmi les amphibolites de l'île de Syra.

DOGGER. Nom que les Anglais donnent à un calcaire jaune qui fait partie de la formation carbonifère.

DOLÉRITE. Roche de texture granitoïde, composée d'hédenbergite et de labrodite lamellaires, renfermant quelquefois des cristaux d'amphibole, de péridot, des pyrites, etc.

DOLICOLITHES. Nom donné par quelques naturalistes, soit à des vertèbres fossiles de poissons, soit à des articulations d'encrines.

DOLOMIE. Chaux carbonatée magnésifère. Cette roche, qui joue l'un des rôles les plus importants dans la structure des grandes masses minérales du globe, offre trois variétés principales : la *Dolomie granulaire*, la *Dolomie lamellaire* et la *Dolomie compacte*. La première se présente en masses non stratifiées dans divers terrains, mais principalement au milieu des roches cristallines ; elle est ordinairement friable, pulvérulente même, et de sa désagrégation résultent des montagnes coniques, dont les flancs sont couverts de débris et de graviers. La seconde, remarquable par son extrême blancheur et son éclat nacré, était employée dans l'architecture des anciens, et elle a fourni plusieurs des colonnes du temple de Sérapis, près de Pouzzoles. La troisième, dont la cassure est fine et conchoïde, constitue de nombreuses couches au sein des terrains secondaires de l'Europe. La Rauwache, variété de Dolomie, est fétide, ainsi que l'Asche, autre variété.

DOMITE. Nom donné par M. de Buch à une roche d'origine ignée qui compose toute la masse du Puy-de-Dôme, en Auvergne. Cette roche, dont la texture est terreuse et grenue, est composée d'une pâte d'argile endurcie nommé *argilolithe*, dans laquelle sont disséminés du feldspath, du mica, de l'amphibole, du pyroxène, du fer oligiste, du titane et du soufre. Elle a plusieurs variétés qui se distinguent par la couleur : la blanchâtre, la jaunâtre, la grisâtre, la brunâtre et la rougeâtre. Outre le Puy-de-Dôme, elle constitue aussi, dans le voisinage, le Puy-Chopine, le Grand-Sarconi, une partie du Cantal, et on la retrouve encore aux îles Ponces et aux environs de Popayan, dans l'Amérique méridionale. Partout les montagnes formées par elle ont leurs sommets et leurs flancs arrondis. Quant à son origine, il semble qu'elle doit être attribuée à des soulèvements. Les Romains faisaient, dit-on, des sarcophages avec cette roche, qu'ils extrayaient du Grand-Sarconi, et le nom de ce Puy viendrait même, selon quelques étymologistes, de cet usage particulier.

DORCATHERIUM. Sorte de cerf fossile, dont M. Kaupa a trouvé les débris dans le calcaire de Findheim.

DRACONITES. Nom que quelques auteurs ont donné aux polypiers fossiles de l'ordre des Astrées.

DRACOSAURE, DRACOSAURUS. *Munst.* Genre de reptiles fossiles, dont les débris se trouvent dans le terrain triasique, et principalement dans le Muschelkak. Ce genre est caractérisé comme suit : Tête petite et patte palmée ; crâne très-allongé entre la cavité cérébrale et les orbites ; orbites rapprochées des narines, non terminales et séparées l'une de l'autre ; dents petites, aiguës, nombreuses, enchâssées dans des alvéoles et sur deux rangs à la mâchoire supérieure ; intermaxillaire portant à son extrémité et à sa partie postérieure, des dents plus fortes qui remplacent les incisives et les canines ; bout de la mâchoire inférieure pourvu de plusieurs de ces dents.

DRAGÉES DE TIVOLI. *Voyez* PISOLITHES.

DRAGONITE ou DRACONITE. On a appelé ainsi le cristal de roche.

DREMOTHERIUM. Genre de mammifère fossile, créé par Geoffroy Saint-Hilaire, qui le trouva dans les brèches osseuses de Saint-Gérand-le-Puy. C'est un ruminant, voisin des Chevrotains, mais qui n'est pas pourvu, comme eux, de longues dents canines à la mâchoire supérieure.

DRUSE ou DRUSEN. Cavité qui, dans un filon, renferme des minéraux cristallisés.

DRYITE. Quelques naturalistes ont donné ce nom au bois de chêne pétrifié.

DUCTOR. *Agass.* Genre de poissons fossiles, de la famille des Scombéroïdes. Ses caractères principaux sont : Corps allongé et cylindracé ; vertèbres longues et peu nombreuses ; pédicule de la queue très-large. Ce genre appartient au Monte-Bolca.

DUGONG. *Halicore.* Genre de mammifère qui est rangé parmi les Cétacés, et dont une espèce fossile a été signalée par M. Jules de Christol, comme se trouvant dans le midi de la France. Cuvier, qui l'avait déjà observée, l'avait décrite sous le nom d'*Hippopotamus dubius*.

DULES. *Cuv.* Genre de poisson, de la famille des Percoïdes. Ses principaux caractères sont : Mâchoires garnies de dents en velours ; opercule épineux ; préopercule dentelé ; six rayons branchiostègues ; nageoires dorsales réunies. Les espèces fossiles de ce genre se rencontrent particulièrement au Monte-Bolca.

DUNES. On appelle ainsi, sur les rives de l'Océan, des collines de sable mobile, formées par l'action des vents et que le même moteur renverse ou déplace incessamment, pour les pousser en avant dans les terres qu'elles envahissent. On a calculé que la marche des Dunes du golfe de Gascogne est de 20 à 22 mètres par an ; que si on ne leur opposait aucun obstacle, elles arriveraient en 200 années jusqu'à la ville de Bordeaux, et que, d'après leur étendue actuelle, il doit s'être écoulé 40 siècles depuis qu'elles ont commencé à se former.

DURCHGANG. Mot allemand qui signifie clivage.

DURRSTEINERZ. Nom que les Allemands donnent à un minerai de fer noir.

DUSODYLE. Nom donné par M. Cordier à un combustible fossile, très-rare, qui répand une odeur fétide et que l'on remarqua pour la première fois, au XVIe siècle, en Sicile, où les habitants l'appellent *merda di diavolo*. Cette substance s'offre en masses feuillées, très-élastiques, comme papyracées et d'un gris verdâtre ou d'un jaune sale. Dolomieu, qui en observa un gisement à Melini, près Syracuse, rapporte qu'elle y forme des couches minces, contenues entre des bancs de calcaire tertiaire, et qu'elle renferme des empreintes de poissons et de feuilles de dicotylédones. On l'a retrouvée, depuis lors, près de Lintz, sur les bords du Rhin, aux environs de Bonn et dans les dépôts tertiaires lacustres de l'Auvergne.

DYKE. Les Anglais appellent ainsi une masse rocheuse, aplatie et souvent verticale, en forme de muraille, qui remplit l'intervalle entre les parois d'une fracture, dans diverses formations, et interrompt de cette manière la continuité des couches. Quelquefois, cependant, la puissance des Dykes est telle, qu'ils forment presque des montagnes et se confondent avec les masses non stratifiées. La profondeur de ces Dykes est inconnue; mais il paraît que leur épaisseur augmente à mesure qu'ils s'élargissent. Ils sont d'origine ignée, et l'on voit toujours sur les parois des couches qu'ils ont traversées, des traces qui indiquent la violence de la masse fluide au moment de son éjection. Les roches qui entrent dans la composition des Dykes ont reçu aussi des Anglais le nom générique de *Trapps*. Les couches qui se trouvent en contact avec ces Dykes éprouvent constamment des modifications qui sont très-remarquables. Ainsi les schistes et les grauwackes deviennent durs et siliceux; les grès passent à l'état de quartzites cristallisés, et les calcaires argileux à celui de porcellanites. En Angleterre, les Dykes qui ont traversé les couches de houille, les ont converties en coke en les privant de leur bitume. Ces éjections se montrent en grand nombre dans les contrées volcaniques où les feux sont éteints, et les localités où se trouvent des volcans en activité en offrent également quelques-unes. Les Dykes sont communs en Écosse, dans le pays de Galles, en Saxe et dans d'autres parties de l'Allemagne, où le vulgaire les appelle *Murs du diable*. En 1828, le Vésuve en présentait sept de 100 à 150 mètres de hauteur, et leur dureté était plus grande que celle des scories et des laves au milieu desquelles ils avaient surgi.

E

EARTH-COAL. Nom que les Anglais donnent au lignite terreux.

EAU. Ce corps joue un rôle d'une telle importance en géologie, qu'on ne saurait étudier cette science sans examiner la question des eaux sous les divers points où on la considère en géographie physique. On sait que lorsque l'eau qui provient des nuées tombe en petite quantité, elle humecte seulement le sol et que l'évaporation la rend à l'atmosphère; tandis que si la pluie et la neige, au contraire, sont abondantes, l'eau filtre à travers les terrains meubles et perméables, et pénètre dans l'intérieur de la terre jusqu'à ce qu'elle rencontre une couche imperméable. Elle glisse alors sur cette couche, et suivant les sinuosités qui se présentent à elle, son cours la ramène le plus souvent à la surface du sol. Telle est l'origine des sources et des fontaines. Les filets d'eau produits par les sources forment des ruisseaux, puis ceux-ci, en se réunissant, donnent naissance à des rivières et à des fleuves. Mais le phénomène des sources néanmoins n'est pas toujours aussi simple: quelquefois elles donnent plus d'eau que ne pourrait en avoir reçu le terrain qui les recouvre, et pour se rendre un compte satisfaisant de ce fait, il faut nécessairement avoir recours aux lois par lesquelles la physique explique l'action des tubes capillaires, des siphons et des jets d'eau. Les sources sont en général plus abondantes dans les montagnes que dans les plaines, ce qui doit être attribué à ce qu'il pleut davantage dans les contrées élevées que dans les pays plats; à ce qu'il existe sur les sommités une plus grande précipitation de vapeurs, et à ce que les neiges et les glaces qui séjournent sur les montagnes fournissent aux sources un aliment continuel. Les eaux qui surgissent des terrains anciens sont pures et limpides; mais il n'en est pas de même de celles qui traversent les couches calcaires et gypseuses où elles se chargent de carbonate et de sulfate de chaux, ce qui les rend désagréables au goût et tout à fait impropres à certains usages. Les eaux courantes se chargent aussi, dans certaines circonstances, de matières terreuses qui les rendent plus ou moins troubles; mais elles déposent ensuite ces matières sous forme de limon.

Les cavités du sol deviennent fréquemment des espèces de réservoirs ou de vastes sources au milieu desquelles aboutissent surtout les puits artésiens. Les courants d'eau souterrains ont fréquemment la faculté de remonter et de prendre un niveau plus élevé que celui de leur gisement; et lorsqu'on les atteint par un trou de sonde, leur ascension dépasse généralement le niveau du sol. La construction du puits artésien offre donc le même principe que le phénomène du siphon et du jet d'eau. Dans un terrain donné et d'une horizontalité sensible, les eaux souterraines, lorsqu'elles se trouvent placées à divers étages, peuvent donc offrir des forces ascensionnelles très-différentes. Ces eaux circulent communément dans un milieu perméable et entre deux surfaces qui ne le sont pas. Les sables sont essentiellement perméables, tandis que les argiles ne le sont point; mais les alternances de sables et d'argiles deviennent les conditions les plus favorables pour l'établissement d'un puits artésien. Ainsi un sondage commencé dans une masse de granite ou de porphyre n'offrirait une chance de succès qu'autant qu'il se rencontrerait un filet d'eau ascensionnel dans les fissures, cas tout particulier sur lequel il ne faut pas compter. Alors, pour tenter avec quelque confiance le creusement d'un puits artésien, il est indispensable de faire choix, dans une plaine ou dans une vallée, d'un point peu élevé, et surtout, autant que la localité s'y prête, d'un espace encaissé plus ou moins par des saillies dominantes vers lesquelles on voit les couches de la plaine ou de la vallée se relever. M. Héricart de Thury a démontré le premier, d'après les faits qui précèdent, l'opération qui a lieu dans le forage du puits artésien. Il suppose que dans des couches dont le prolongement a une inclinaison prononcée d'un lieu dans un autre, il se rencontre toujours un banc perméable entre deux autres bancs qui ne le sont point; et alors, si l'on adapte au premier un tuyau vertical, ce tuyau produit inévitablement un effet semblable au tuyau d'un jet d'eau artificiel, c'est-à-dire que l'eau tend à s'élever dans ce tube à une hauteur égale à celle où la couche perméable se trouve en contact direct avec une masse d'eau. C'est en appliquant cette théorie au bassin parisien que l'on a pensé que le prolongement des marnes argileuses jurassiques de la Bourgogne, sous le terrain crétacé, devait permettre de faire jaillir de l'eau jusqu'au sommet des plus hautes collines des environs de Paris, et le percement du puits de Grenelle est venu pleinement confirmer les prévisions de la science. Ce puits artésien a jailli le 26 février 1841, après sept années et deux mois de travaux, conduits par M. Mulot, et une dépense de 168,000 francs. La température de l'eau est à 28 degrés centigrades; elle dissout parfaitement le savon. La quantité fournie est de 100 litres par minute, soit 360 mètres cubes par heure, et ainsi 8640 mètres cubes dans les vingt-quatre heures. La profondeur que l'on a atteinte est de 547 mètres, et tout le conduit est tubé. Le tube présente, à l'orifice, 33 centimètres et quinze à sa partie inférieure. Les terrains composés de marnes, de sables ou de grès, qui alternent fréquemment, sont propres à la recherche des eaux jaillissantes. On n'a point d'exemple de ces sortes de sources dans le terrain carbonifère; et les terrains anciens, nous l'avons déjà dit, sont tout à fait impropres à l'établissement des puits artésiens. Au surplus, il y a des sources qui jaillissent d'elles-mêmes, avec plus ou moins de force, soit à la surface du sol, soit dans des marais, soit au milieu de la mer, où l'on a observé des sources d'eau douce à une grande distance des côtes.

Les torrents sont des cours d'eau de peu d'étendue, mais d'une grande rapidité, et ils constituent généralement les rivières des contrées montagneuses; souvent ils tarissent à certaines époques de l'année, mais ils coulent constamment dans le même lit. Les sources, les ruisseaux et les torrents se réunissent ordinairement dans un bassin commun, dans une vallée, où leurs eaux, alors confondues, s'écoulent par un seul canal qui forme une rivière de plus ou moins d'importance. Le canal d'une rivière aboutit souvent à son tour à un bassin plus vaste où la réunion de plusieurs rivières donne naissance à un fleuve; ce fleuve reçoit dans son cours le tribut d'autres rivières, pour aller ensuite se jeter dans la mer. Le nom de *confluent* se donne à la réunion de deux cours d'eau.

Les eaux couvrent environ les trois quarts du globe terrestre et sont beaucoup plus abondantes dans l'hémisphère austral que dans le boréal. Leur plus grande profondeur est de 10 kilomètres, et la profondeur moyenne de 3200 à 4800 mètres. Si elles couvraient la surface du globe dans toutes ses parties, cette profondeur équivaudrait à 1 millimètre d'eau sur un globe de 1 mètre de diamètre, 10,000 mètres étant la 1273e partie du diamètre de notre sphéroïde.

Les eaux qui entourent des continents ou les font communiquer entre eux, sont appelés *mers* ou *océans*. Les *mers intérieures* sont celles qui sont environnées de terres et qui ne communiquent avec l'Océan que par des passages rétrécis. La plus étendue de ces mers est la mer Caspienne, qui a environ 150 myriamètres de longueur, sur 25 de largeur. Leur salure est extrêmement variable; mais celle qui paraît dominer toutes les autres à cet égard est la mer Morte, qui contient à peu près un quart de matières salines. Les *golfes* et les *baies* sont des parties d'eau qui s'avancent dans les terres, et les marins donnent le nom d'*anse* et de *crique* aux petites baies. Les eaux qui appartiennent à l'intérieur des terres se divisent en eaux *stagnantes* et en eaux *courantes*. Lorsque les eaux stagnantes ont une certaine profondeur et une masse d'une certaine étendue, elles prennent la dénomination de *lacs* et d'*étangs*. Les *marais* sont des espaces d'eau stagnante de peu de profondeur, où la végétation continue à être en activité. Les eaux *courantes* sont les *fleuves*, les *rivières* et les *ruisseaux*. Le point où un cours d'eau se jette dans un lac ou dans la mer est appelé *embouchure*. Quand un cours d'eau franchit brusquement une différence de niveau, on donne à sa chute les noms de *cataracte*, de *saut*, de *rapide* et de *cascade*. Les eaux se divisent aussi en *eaux salées*, en *eaux douces*, en *eaux minérales* et en *eaux thermales*. Les eaux salées doivent leur amertume à plusieurs substances qu'elles contiennent, mais principalement au sel marin ou chlorure de sodium.

Les eaux étant incessamment sollicitées par l'attraction à se rapprocher du centre du globe, remplissent les parties les plus basses de l'écorce solide, et tendent à s'y maintenir à un même niveau, c'est-à-dire à une superficie que l'on considère comme la véritable surface de la terre et qui sert de point d'appréciation pour la mesure des inégalités de la surface de l'écorce solide.

Un mouvement particulier des mers, dont il n'est pas possible de se rendre un compte exact, à moins qu'on ne le compare aux débordements et aux atterrissements des fleuves, leur fait opérer, de loin en loin, des retraites qui laissent à sec des portions du sol qu'elles occupaient précédemment. C'est ainsi que le port de Fréjus, qui donnait asile aux galères des Romains, se trouve aujourd'hui assez éloigné de la mer, et il en est de même d'Aigues-Mortes, de Brindisi, de Damiette et de bien d'autres lieux. Quant à la mer Baltique, dont on a remarqué la diminution de profondeur, plusieurs géologues attribuent ce phénomène à l'élévation progressive de son fond; et en résumé on ne peut jamais établir une base certaine sur le sol immergé, pour apprécier les différences du niveau des mers, puisque ce sol est soumis lui-même à des abaissements et des exhaussements qui ne deviennent sensibles que dans la suite des temps et par le résultat de certaines comparaisons qui se rattachent aux monuments historiques.

Les mouvements qui ont lieu dans les mers sont ou constants ou seulement accidentels. Parmi les premiers on distingue les *marées* et les *courants*. La marée est un mouvement qui détermine pendant environ six heures l'élévation de l'Océan vers les côtes, et qui le fait redescendre ensuite pendant six autres heures. C'est ce qu'on appelle le *flux* et le *reflux*, et l'on donne aussi le nom de *mer pleine* au moment où l'eau se trouve le plus élevée, et celui de *basse mer* à sa retraite totale. La durée, l'époque et la puissance des marées subissent de nombreuses variations; mais en général on compte qu'il faut à deux marées complètes un intervalle de 24 heures 50 minutes 28 secondes, ce qui équivaut au temps que la lune met à faire sa révolution autour de la terre. On s'est assuré aussi que le moment de la mer pleine correspond à ceux du passage de la lune au méridien du lieu et au méridien opposé : et que, dans un même lieu, la marée est toujours plus forte lorsque la lune est à son périgée, et plus faible lorsqu'elle parvient à son apogée. Il résulte de ces observations qu'il est facile de calculer, d'après les mouvements de la lune, quelles doivent être les circonstances de la marée dans un même lieu, et attendu que ces calculs ont une grande importance pour les navigateurs, on les établit pour chaque port. On a déduit, avec vérité, de la coïncidence des mouvements des marées avec ceux de la lune, que ce phénomène devait être attribué à l'action attractive de la lune sur les eaux. Le soleil lui-même n'est pas étranger au mouvement des mers, car les marées sont toujours plus fortes à l'époque des équinoxes et à celle des nouvelles et pleines lunes, c'est-à-dire lorsque le soleil et la lune se trouvent en conjonction et en opposition, que cela n'a lieu au premier et au dernier quartier. Les variations des marées tiennent ensuite à des circonstances locales qu'il serait oiseux d'énumérer ici. On donne le nom de *barre* et de *mascaret* aux vagues qui, au moment du flux, s'avancent à l'embouchure des fleuves et en refoulent les eaux en arrière.

On appelle courants certains mouvements de la mer qui ont lieu dans un sens déterminé, tandis que les parties voisines sont calmes ou se meuvent d'une manière opposée. Le *courant équatorial* est l'un des plus remarquables de ces mouvements, puisqu'il imprime à toutes les mers de la zone torride une direction qui se manifeste de l'Est à l'Ouest. Les courants que l'on appelle *polaires*, se dirigent des pôles vers les mers équatoriales; et l'on pense qu'ils sont dus à la forte évaporation qui a lieu sous la zone torride et a besoin d'être remplacée par les eaux qui viennent des pôles. On nomme *contre-courants* ou *remous*, le courant qui s'avance dans un sens opposé à un autre courant qui se trouve à côté; et lorsqu'un courant revient sur lui-même en tournoyant, on l'appelle *tournant d'eau*. Le plus célèbre de ces tourbillons ou *vortex* est le Mahlstroem, situé en Norwége, entre les îles de Véroë et Moskenœsoé, dans l'Océan Arctique, et par le 67° 40' Nord, et 11° 44' Est. Ce gouffre, auquel plusieurs écrivains ont prêté une force irrésistible, attirerait, selon eux, de très-grandes distances et pour les engloutir, non-seulement des baleines et des barques, mais encore des navires d'un puissant tonnage. Voici, au surplus, la description qu'a donnée Schelderup du Mahlstroem, dans un mémoire adressé par lui, en 1750, à l'académie des sciences de Stockholm : «Le courant a sa direction pendant six heures du Nord au Sud, et pendant six autres heures du Sud au Nord. Il suit constamment cette marche. Il ne suit pas le mouvement de la marée, mais il en a un tout contraire. En effet, dans le temps que la marée monte et va du Sud au Nord, le Mahlstroem va du Nord au Sud, et lorsque ce courant est le plus violent, il forme de grands tourbillons ou tournoiements qui ont la forme d'un cône creux renversé qui peut avoir 12 pieds de profondeur; mais loin d'engloutir et de briser ce qui s'y trouve, c'est dans le temps que le courant est le plus fort que l'on y pêche avec le plus de succès; et même en y jetant un morceau de bois, on diminue le tournoiement. C'est lorsque la marée est la plus haute, ou qu'elle est la plus basse, que le gouffre est le plus tranquille; mais il est très-dangereux dans le temps des tempêtes et des vents orageux, qui sont très-communs dans ces mers. Alors les navires s'en éloignent avec soin et le Mahlstroem fait un bruit terrible. Il n'y a point de trous ni d'abîmes en ce lieu, et les pêcheurs ont trouvé avec la sonde que le gouffre était composé de rochers et d'un sable blanc qui se trouve à vingt brasses dans la plus grande profondeur.» Les mugissements de ce vortex, lorsqu'il se montre en courroux, se font entendre à plus de 12 milles, et son action s'augmente, dit-on, par le concours de deux marées contraires, ou par le souffle de certains vents.

On a fait aussi cette remarque singulière au sujet des courants, c'est que, dans un même lieu, des mouvements contraires peuvent se manifester à diverses profondeurs, c'est-à-dire que la partie supérieure peut couler dans un sens, lorsque l'inférieure coule dans un autre ou bien est en repos. La vitesse du courant d'un fleuve ou d'une rivière est toujours moindre au fond qu'à la surface; ce n'est que près de celle-ci qu'elle atteint son maximum, et les molécules superficielles du milieu du courant se meuvent plus vite que celles des côtés. Cette différence en moins qui existe au fond et sur les côtés est due au frottement, en sorte que le sol dont le fond et les côtés du lit sont formés, finit par se désagréger, et l'on a calculé qu'une vitesse de 75 millimètres par seconde, dans le fond, suffisait pour entraîner de l'argile fine, que celle de 15 centimètres faisait céder le sable fin, que le gravier fin ne résistait pas à celle de 30 centimètres, et que celle de 90 centimètres emportait des fragments de la grosseur d'un œuf. Il est facile de se convaincre, au surplus, que si les rivières n'avaient pas la faculté d'opérer ce transport jusqu'à la mer, leurs canaux se trouveraient promptement comblés et les plaines seraient ou constamment submergées ou couvertes d'un sable stérile.

Buffon voyait, dans un mouvement constant et régulier des mers, d'orient en occident, la cause de l'état présent de la figure du globe, et d'autres savants pensent aussi que des perturbations périodiques, plus ou moins éloignées, dans le mouvement des eaux, sont une cause incontestable des phénomènes qui occupent l'attention des géologues. Dans ses *Etudes de la nature*, Bernardin de Saint-Pierre a donné des observations particulières sur ce mouvement; et tout récemment, M. Adhémar a fait connaître une théorie ingénieuse sur la même question. Après avoir fait remarquer que la position actuelle de l'axe de la terre, par rapport au plan de l'écliptique, donne pour résultat que la longueur de la période de nuit du pôle austral surpasse de 168 heures celle de jour, tandis qu'au pôle boréal c'est la somme des heures de jour qui dépasse de 168 celle des nuits, l'auteur arrive à cette conclusion, qu'il doit résulter de cette différence, répétée durant un certain nombre d'années, de grands cataclysmes propres à bouleverser le monde. Il démontre en effet, après avoir prouvé l'inégale répartition des eaux sur le globe, qu'en allant du pôle boréal au pôle austral, les rapports de la mer à la terre forment dans chaque zone une série constamment croissante dans laquelle aucun terme ne rétrograde, fait particulier qu'on ne saurait attribuer à la seule configuration des parties solides de la terre; et qu'en admettant que la superficie diminue généralement toutes les fois qu'il y a augmentation dans la hauteur de l'eau, il faut alors reconnaître que, dans l'hémisphère austral, la mer doit être beaucoup plus profonde que dans l'autre hémisphère, différence qui ne trouve son explication que dans une cause qui placerait le centre de gravité du globe terrestre entre le centre de figure et le pôle antarctique. Poursuivant son interprétation et cherchant l'existence d'une loi qui vienne l'appuyer, M. Adhémar se présente le globe terrestre enveloppé d'eau de toutes parts, et il acquiert alors cette conviction que pendant un hiver du pôle antarctique, il se formera beaucoup plus de glaces vers ce pôle que n'en offrira le pôle arctique pendant l'hiver correspondant, et il conclut que cette différence reproduite durant quelques milliers d'années doit nécessairement devenir considérable. Ainsi, par exemple, lorsqu'après trois mille ans la masse de glaces du pôle arctique a augmenté avec une grande progression, par suite de la durée de l'hiver correspondant et l'effet que produit sur l'atmosphère le rayonnement de cette immense accumulation, il doit inévitablement arriver un terme où la surface inférieure du glaçon touchera la terre, et l'augmentation ne pouvant plus avoir lieu de ce côté, le centre de gravité s'élèvera en s'éloignant du centre de figure. Maintenant, si l'on fait attention que la masse des glaces de l'hémisphère boréal se trouve très-inférieure à celle du pôle austral, on sera convaincu qu'il faut alors que le centre du globe et des deux masses de glaces se porte sur le rayon qui aboutit au pôle austral, en entraînant avec lui la presque totalité des eaux qui couvraient la surface de la terre et en laissant à découvert une grande partie des continents de l'hémisphère boréal.

C'est donc par ce déplacement du centre de gravité que M. Adhémar explique la présence de la masse d'eau qui existe dans l'hémisphère austral, et qu'il cherche à donner la solution des cataclysmes causés par le mouvement des mers. « L'inégalité de longueur, dit-il, qui existe entre l'hiver de l'émisphère austral et le nôtre provient, comme on le sait, de la forme elliptique de l'orbite parcourue par notre planète. L'automne et l'hiver de notre hémisphère ont lieu actuellement pendant que la terre parcourt l'arc qui correspond au périhélie; mais par l'effet de la précession des équinoxes, combiné avec le déplacement de l'orbite terrestre, le contraire doit avoir lieu dans dix mille cinq cents ans d'ici, c'est-à-dire qu'à cette époque l'automne et l'hiver de l'hémisphère austral seront au contraire de sept jours plus courts que les nôtres. Or, il est évident qu'alors tous les phénomènes que nous venons d'exposer auront dû se reproduire dans un ordre inverse. Ainsi, depuis l'année 1248, notre hémisphère commence à se refroidir, tandis que l'hémisphère austral se réchauffe; et lorsque les glaces du pôle boréal surpasseront celles du pôle austral, le centre de gravité du système traversera le plan de l'équateur, la masse des eaux sera entraînée d'un hémisphère à l'autre, et les continents voisins du pôle antarctique seront abandonnés par la mer, tandis que ceux que nous habitons seront submergés. »

La théorie de M. Adhémar se résume dans les cinq propositions suivantes : 1° Par suite de la précession des équinoxes, il y a inégalité entre les sommes de jours et de nuits des deux hémisphères ; 2° cette inégalité produit une différence dans les températures correspondantes, et c'est à cette différence que l'on doit attribuer celle des glaces des deux pôles ; 3° l'inégalité qui existe entre les poids des deux masses glacées déplace nécessairement le centre de gravité ; 4° du déplacement du centre de gravité résulte le déplacement des eaux ; 5° ce déplacement des eaux doit avoir lieu tous les dix mille cinq cents ans.

Au surplus, les causes des retours successifs de la mer au-dessus de nos continents sont un des faits géologiques sur lesquels nous avons le moins de lumières. « Ce sont ces alternatives, dit Cuvier, qui me paraissent maintenant le problème géologique le plus important à résoudre, ou plutôt à bien définir, à bien circonscrire ; car, pour le résoudre en entier, il faudra découvrir la cause de ces événements, entreprise d'une tout autre difficulté. »

L'action destructive des eaux est connue, et cette action a lieu de diverses manières. Son pouvoir dissolvant opère particulièrement sur les éléments calcaires et alcalins des roches, lorsque surtout elle contient de l'acide carbonique, substance que la pluie recueille dans l'atmosphère et que les fontaines fournissent en assez grande abondance. Par suite de la propriété qu'a l'eau de se dilater en se congélant, elle fait éclater les roches les plus solides lorsqu'elle s'est introduite dans leurs fissures ; car son augmentation de volume, lorsqu'elle est convertie en glace ne s'élève pas à moins de $\frac{1}{3}$, du volume total. Enfin, lorsque l'eau courante est chargée de matière terreuse, sa force mécanique devient telle, qu'elle mine sans cesse le rocher contre lequel elle frappe jusqu'à ce qu'elle l'ait précipité dans son courant.

Les sources qui existent à la surface du sol et qui sont d'une certaine abondance ont une température qui varie peu dans le courant de l'année. Dans notre hémisphère, leur plus haut degré de chaleur a lieu vers le mois de septembre, et le plus grand degré de froid au mois de mars. Dans la zone torride, la température moyenne de l'air est en général un peu plus haute que la température des sources ; dans la zone tempérée, au contraire, les sources sont plus chaudes que l'air, et leur excès devient croissant avec la latitude, de sorte qu'à 60° et 70°, elles l'emportent de 3 à 4° centigrades. Les sources de peu d'importance subissent avant d'arriver au jour les divers degrés de chaleur ou de refroidissement des couches du sol qu'elles traversent ; mais il n'en est pas de même des fortes masses d'eau : celles-ci parviennent à la lumière en retenant la température exacte qu'elles avaient acquise aux profondeurs d'où elles sortent, et en général la température des sources est extrêmement variable ; les unes atteignent jusqu'à 80 et 100 degrés centigrades, d'autres sont seulement tièdes lorsqu'elles ne sont pas tout à fait froides. Celles qui proviennent des terrains primitifs et qui la plupart sont thermales, possèdent presque toutes une haute température. Par suite d'expériences qui ont été faites et dont les premiers essais sont dus à M. Arago, il est aisé d'apprécier jusqu'à un certain point la profondeur d'un puits par la température de l'eau qu'il fournit. Les couches supérieures des lacs éprouvent des variations considérables. En hiver, elles peuvent se congeler, et en été elles atteignent des températures de 20 à 25° ; mais à une certaine profondeur les choses se passent différemment : la température du fond est à peu près constante, et elle est très-inférieure à la température moyenne du lieu, c'est-à-dire que toutes les couches profondes ont une température constante dès qu'elles ont dépassé celle du maximum de densité qui est de 4° 4'. Dans les rivières, le mouvement de translation des molécules liquides fait que la distribution de la chaleur s'accomplit par d'autres lois et présente des phénomènes d'une autre nature. Ainsi, dans divers cas, la congélation a lieu du fond à la surface, tandis que dans d'autres circonstances elle se produit de la surface au fond. Selon M. de Humboldt, le froid que l'on peut observer à de grandes profondeurs dans l'Océan intertropical indiquerait que les mers doivent être sillonnées par des courants analogues à ceux de l'atmosphère.

L'air en contact avec des mers éloignées des continents présente moins de variations dans sa température que celui qui touche aux terres. Sous les tropiques, l'air, dans sa plus haute température, est généralement plus chaud que la partie superficielle des eaux prise aussi dans sa plus haute température ; mais les températures moyennes donnent un résultat inverse. Ainsi, dans la zone torride, la partie supérieure de l'eau a, comme le sol, une température supérieure à celle de l'air, différence qui diminue à mesure que l'on s'avance vers les pôles. La température intérieure des eaux présente aussi, dans les zones torrides et tempérées, un résultat inverse à celui qui a lieu dans les terres, c'est-à-dire qu'elles sont en général plus froides à une certaine profondeur qu'à leur surface. Péron a reconnu que, sous l'équateur, la température de la surface de l'Océan étant de 31 degrés, il n'y avait plus que 9 $\frac{1}{2}$ degrés à 390 mètres, et 7 $\frac{1}{2}$ degrés à 700 mètres de profondeur. Sous le 20° degré de latitude, le capitaine Sabine a trouvé cette même température de 7 $\frac{1}{2}$ degrés à plus de 2000 mètres de profondeur, tandis que la température de la surface était à 28 degrés. Les expériences faites dans les mers de la zone glaciale offrent beaucoup de variations. Celles que de Saussure a réalisées dans les lacs de la Suisse ont fait connaître que la température du fond de ces lacs est ordinairement de 4 à 7 degrés, dans les moments où la surface est de 20 à 25 degrés.

Généralement, la distribution de la chaleur dans les eaux s'explique, nous le répétons, par les effets de leur densité sous diverses températures. L'eau ayant son maximum de densité lorsqu'elle est à la température de 3 à 4 degrés, et la densité diminuant soit que la température s'élève ou s'abaisse, il en résulte que l'eau, à 3 ou 4 degrés, doit toujours occuper la région la plus basse, c'est-à-dire que quand la température de la surface est au-dessous de 4 degrés, l'eau doit devenir plus froide à mesure que l'on s'enfonce; tandis que lorsque la température de la surface est au-dessous de 3 degrés, celle de l'intérieur doit être plus élevée, sans dépasser toutefois 4 degrés, à moins de circonstances accidentelles.

L'origine des eaux thermales ne peut être attribuée qu'à la chaleur centrale. Il est des espèces de tuyaux naturels qui laissent passer des gaz plus ou moins échauffés, lesquels, lorsqu'ils se trouvent en contact avec de l'eau sous certaines conditions, la transforment en eau thermale, de même qu'on l'opère dans les officines en y introduisant des gaz. Ce qui constate la profondeur à laquelle pénètrent les eaux thermales, c'est que la sécheresse n'exerce sur elles aucune influence et qu'elles continuent toujours à couler lorsque les autres fontaines sont taries. Cette même cause de la profondeur fait que les eaux sortent presque toujours de la terre à une température plus élevée que celle du climat où on les rencontre, parce qu'elles proviennent de cours d'eau établis dans l'intérieur du sol. Les sources thermales atteignent quelquefois des températures voisines de l'ébullition; mais la cause locale de cette chaleur n'est pas exactement déterminée. Il est aussi de ces sources qui sourdent quelquefois au sein des eaux froides, ou se fraient un passage au milieu d'elles. Dans la campagne de Rome, et non loin de Tivoli, se trouve le lac de la *Solfatare*, appelé aussi *Lagò di Zolfo* et *Lacus Albula*, dans lequel coule continuellement un courant d'eau tiède qui sort d'un autre petit lac situé peu au-dessus. L'eau du lac de la Solfatare est tellement saturée d'acide carbonique, qu'on la croirait en ébullition sur divers points de sa surface.

On appelle *glacières naturelles* des amas d'eau formés dans quelques cavernes, lesquelles eaux, après avoir traversé des terres salines, se refroidissent jusqu'à la température de la glace.

Nous ne saurions mieux terminer cet article qu'en rapportant la savante et ingénieuse théorie au moyen de laquelle M. l'abbé Paramelle indique les sources d'eau qui existent dans le sol.

La proposition fondamentale de cette théorie est celle-ci : *Le cours des eaux souterraines suit les mêmes lois que celui des eaux qui circulent à ciel ouvert.* On peut remarquer en effet que le lit d'une rivière n'occupe jamais le milieu d'une vallée à moins que les deux coteaux ne soient également abruptes. Ses eaux baignent toujours le côté le plus rapide, et, sur l'autre rive, elles laissent un espace plus ou moins large entre leur bord et la montagne opposée. Enfin, si une falaise à pic borde l'un des côtés de la rivière, cette falaise est toujours baignée par les eaux. D'après ces faits, l'abbé Paramelle déclare que si les deux côtés d'une vallée sont à la même hauteur, c'est au milieu qu'on doit pratiquer les fouilles. Si les pentes sont inégales, le courant doit passer près du coteau le plus rapide; si vers l'une de ces pentes on aperçoit une roche très-escarpée ou faisant saillie, les eaux ne manquent jamais de venir en battre le pied. Ce n'est point à la naissance des vallons que les recherches seront heureuses, mais après l'épanouissement de plusieurs vallons secondaires en un vallon principal. D'ailleurs les courants qui se jettent dans les rivières sont d'autant plus considérables qu'ils forment avec celles-ci un angle plus aigu. *Voy.* GLACIERS et TEMPÉRATURE DU GLOBE.

ECHINIDES. Nom d'une famille de Radiaires, qui comprend les Oursins, et dont M. Agassiz a constitué trois divisions : les *Spatangues*, les *Clypéastres* et les *Cidarites*.

ECHINITES. Nom générique donné par quelques géologues aux Oursins fossiles que l'on rencontre plus ou moins conservés dans les terrains secondaires, tertiaires ou d'alluvions, où ils se trouvent mêlés avec les Ammonites, les Bélemnites, les Polypiers, et autres genres. Quelquefois aussi ils constituent des masses considérables recouvertes de silex, de carbonate de chaux, etc.

ECHINODACTYLES. L'un des noms donnés aux pointes d'Oursins fossiles.

ECHINODERMES. Première classe des animaux radiaires, qui comprend les Oursins, les Astéries, les Ophiures, les Encrines et les Holoturies. Le caractère principal des animaux qui appartiennent à cette classe est d'avoir à la peau un nombre plus ou moins considérable de cirrhes tentaculiformes, à la fois locomoteurs, respiratoires et tactiles.

ECHINOMÉTRITES. *Voy.* CIDARITES.

ECHINOPSIS. *Agassiz.* L'une des divisions des Cidarites.

ECHINOSPHÆRITES. Groupe d'Encrines.

ECHITE, *Echites.* Nom donné par Mercati à un Oursin fossile du genre Clypéastre.

ECHYMIS. Cet animal, que l'on appelle vulgairement *Hérisson*, se montre à l'état fossile dans les terrains tertiaires de l'Auvergne.

ECHYNOCORYTHES. Nom donné à un groupe de Spatangoïdes.

ECLOGITE. Roche de texture granitoïde, composée de grenat et d'ouralithe, et renfermant quelquefois de l'orthose, du distène, du quartz, de l'hornblende, de l'épidote, du pyroxène, de l'actinote, etc. On la trouve dans le sauralp en Styrie.

ECUEIL. Sommet de rocher ou partie quelconque de terre ferme qui fait saillie au-dessus du niveau de la mer et présente du danger pour la navigation.

ECUME DE MER. Variété d'argile qui contient une quantité assez considérable de magnésie.

EDAPHODON. *Buckland.* Genre de poissons fossiles, de la famille des Chimérides. Ses caractères principaux sont : Maxillaires supérieurs munis de trois tubercules de dentine dentritique, faisant saillie sur la mâchoire; maxillaire inférieur ayant un tubercule plat de même structure. Ce genre se rencontre dans l'argile de Londres et dans le sable de Bagshot.

EDENTÉS. Classe de mammifères comprenant les Bradypes, les Dorakaphores ou Tatous, les Oryctéropes, les Myrmécophages ou Fourmiliers, les Lépidophores ou Pangolins, les Echidnés et les Ornithorhynques. Cette classe offre, à l'état fossile, les Mégathérium, les Mégalonyx, les Glyptodon, les Macrothérium, etc. Le caractère principal des Edentés réside dans la similitude plus ou moins complète de leurs dents, qui sont constamment uniradiculées et d'une structure beaucoup plus simple que celle des autres mammifères; et leurs rapports avec les cétacés, dans plusieurs points de leur organisation, est aussi très-remarquable.

EINSINCKUNG. Nom que les Allemands donnent à un éboulement ou un écroulement.

EISDRUSEN. Les Allemands nomment ainsi le quartz hyalin en cristaux hexaèdres.

EISNADER. Nom que donnent les Allemands à une veine de fer.

EISNARTIG. Mot allemand qui signifie ferrugineux.

EISENBLAU. Nom que les Allemands donnent au fer azuré.

EISENBLENDE. Les Allemands appellent ainsi l'urane oxidulé.

EISENBLUMEN et EISENBLUTHE. Noms que donnent les Allemands à la chaux carbonatée fibreuse.

EISENBRENNERZ. Les Allemands désignent par ce nom un minerai de fer mêlé de matières combustibles et qui a l'aspect de la houille brune et luisante.

EISENERDE. Nom que donnent les Allemands à une sorte de terre ferrugineuse.

EISENGANG. Les Allemands appellent ainsi une veine de minerai de fer.

EISENGLANZ. Nom par lequel les Allemands désignent le fer oligiste.

EISENGLAS. Nom que donnent les Allemands au minerai de fer cassant.

EISENGLIMMER. Les Allemands appellent ainsi le fer oligiste écailleux.

EISENGLIMMER-SCHIEFER. Nom que les Allemands donnent à l'itabirite.

EISENKALK. Nom donné par les Allemands au calcaire ferrifère.

EISENKIES. Les Allemands donnent ce nom au fer sulfuré jaune.

EISENKIESEL. Mot allemand qui signifie jaspe ferrugineux.

EISENKLOS. Nom allemand donné au fer oxydé terreux.

EISENSCHWERSTEIN. Les Allemands donnent ce nom à une espèce de calcaire qu'ils appellent aussi Scheelin.

EISENSPIEGEL. Ce nom est donné par les Allemands au fer spéculaire.

EISENSTEINFLOSS. Nom que les Allemands donnent au basalte.

EISEN-ROGGENSTEIN. Les Allemands nomment ainsi l'oolithe ferrugineuse.

EISENSUMPFERZ. Nom que donnent les Allemands à la mine de fer des marécages.

EISENTHON. Les Allemands appellent ainsi la vacke ferrugineuse.

ELAN. Cet animal présente, à l'état fossile, trois espèces qui ont été comprises dans le genre *Cervus;* ce sont les *C. euryceros* et *coronarius*, et celui de Pézénas.

ELAPHOCERATITE. Nom donné par Mercanti à un fossile qu'il regardait comme une corne de cerf, et que Bertrand a rapporté à un polypier caralloïde branchu. S'il fallait en croire cet auteur, ce fossile aurait été cité par Aristote et chanté par Orphée.

ELASMODUS. *Egert.* Genre de poissons fossiles, de la famille des Chimérides, qui est caractérisé comme suit : Lames des dents de l'intermaxillaire, disposées sur quatre séries verticales, diminuant de longueur et de largeur, de la symphise en dehors; maxillaire inférieur à lames semblables dans sa partie antérieure. Ce genre se rencontre dans l'argile de Londres.

ELASMOTHERIUM. *Fischer.* Animal fossile, voisin des rhinocéros, qui a été découvert en Sibérie, dans les terrains d'alluvions anciennes. Il se rapproche du rhinocéros par ses molaires; du cheval, par le plissement de la lame d'ivoire des dents; et de l'éléphant, par l'ondoiement et les festons de ces mêmes dents. On connaît les *E. Fischeri* et *Keyserlingii.*

ELATÉRITE. Sorte de bitume élastique que l'on recueille dans le Derbyshire en Angleterre. Cette substance est brune, tirant quelquefois sur le noir, molle, fusible à une très-faible température, et brûlant avec une fumée noire et une odeur aromatique. C'est un mélange de carbure d'hydrogène, avec un principe oxygéné non encore déterminé. On trouve l'élatérite disséminée dans les filons de plomb de Castletowa et dans les veines de calcaire et de quartz qui traversent les couches de houille de Montrelais, dans la Loire-Inférieure.

ELEPHANT. Il n'y a que deux espèces de ce genre à l'état vivant : l'*Elephas Africanus* et l'*Elephas Asiaticus.* Une troisième espèce, qu'on ne rencontre que fossile, est le *Mammouth*, qui a reçu de Blumenbach le nom d'*Elephas primigenius.* Celle-ci a pour caractères principaux : Molaires marquées de nombreux sillons, moins serrés et moins festonnés que dans les autres espèces; dents incisives longues et sortant d'alvéoles qui ont la forme de tubes ; tête allongée et front excavé. On a aussi divisé le mammouth en deux variétés : la première est l'*Elephas meridionalis*, qui conserve tous les caractères du *primigenius*; la seconde est l'*Elephas priscus*, dont les molaires sont semblables à celles de l'éléphant d'Afrique.

Les Mammouths ont été trouvés dans diverses parties de l'Europe, mais surtout en Sibérie, et sur les côtes de cette contrée il y a des îles qui sont entièrement composées de sable rempli d'une immense quantité d'ossements de Mammouths. Les débris d'éléphants sont en nombre si considérable dans le val d'Arno supérieur, que les habitants les employaient autrefois pour des constructions, en les mêlant pêle-mêle avec des pierres. On trouve des éléphants fossiles en France, en Allemagne, en Angleterre, en Irlande, dans la Scandinavie, en Pologne, et le capitaine Kotzebue en a recueilli sur la côte d'Amérique, au delà du cercle polaire. L'histoire de la découverte du célèbre Mammouth de la Léna, consignée en 1815 dans les Mémoires de l'académie de Saint-Pétersbourg, a été extraite de la manière suivante par Cuvier : « En 1799, un pêcheur tongouse remarqua sur les bords de la mer Glaciale, près de l'embouchure de la Léna, au milieu des glaçons, un bloc informe qu'il ne put reconnaître. L'année d'après il s'aperçut que cette masse était un peu plus dégagée ; mais il ne devinait pas encore ce que cela pouvait être. Vers la fin de l'été suivant, le flanc tout entier de l'animal et une des défenses étaient distincts et sortis des glaçons. Ce ne fut que la cinquième année que, les glaces ayant fondu plus vite que de coutume, cette masse énorme vint échouer à la côte sur un banc de sable. Au mois de mars 1804, le pêcheur enleva les défenses dont il se défit pour une valeur de cinquante roubles. On exécuta à cette occasion un dessin grossier de l'animal. Ce ne fut que deux ans après, et la septième année de la découverte, que M. Adams, adjoint à l'académie de Pétersbourg, et aujourd'hui professeur à Moscou, qui voyageait avec le comte Golowskin, envoyé par la Russie en ambassade à la Chine, ayant été informé à Iakutsh de cette découverte, se rendit sur les lieux. Il y trouva l'animal déjà fort mutilé. Les Iakoutes du voisinage en avaient dépécé les chairs pour nourrir leurs chiens, des bêtes féroces en avaient aussi mangé; cependant le squelette se trouvait encore entier, à l'exception d'un pied de devant. L'épine du dos, une omoplate, le bassin et les restes des trois extrémités étaient encore réunis par les ligaments et par une portion de la peau. L'omoplate manquante se retrouva à quelque distance. La tête était couverte d'une peau sèche, une des oreilles, bien conservée, était garnie d'une touffe de crin. On distinguait encore la prunelle de l'œil ; le cerveau se trouvait dans le crâne, mais desséché ; la lèvre inférieure avait été rongée, et la lèvre supérieure détruite, laissait voir les mâchelières. Le cou était garni d'une longue crinière ; la peau était couverte de crins noirs et d'un poil ou laine rougeâtre. Ce qui en restait était si lourd, que dix personnes eurent beaucoup de peine à le transporter. On retira, selon M. Adams, plus de trente livres pesant de poils et de crins que les ours blancs avaient enfoncés dans le sol humide en dévorant les chairs. L'animal était mâle ; ses défenses étaient longues de plus de neuf pieds en suivant les courbures, et sa tête, sans les défenses, pesait plus de quatre cents livres. M. Adams mit le plus grand soin à recueillir ce qui restait de cet échantillon unique d'une ancienne création. Il acheta ensuite les défenses à Iakutsh. L'empereur de Russie, qui a acquis de lui ce précieux monument, moyennant la somme de 8000 roubles (32,000 fr.), l'a fait déposer à l'académie de Pétersbourg. »

Les ossements fossiles d'éléphants, si communs dans les contrées où il serait impossible à ces animaux de vivre aujourd'hui, ne se rencontrent pas au contraire, ou du moins cette rencontre est fort rare, dans les pays que leur race habite à notre époque. Ce fait remarquable semblerait confirmer l'une des opinions de Buffon sur les migrations d'animaux qu'occasionnèrent les changements de la température du globe. Toutefois, Cuvier explique différemment cette circonstance, et il dit en parlant des localités qu'occupent aujourd'hui les éléphants : « N'y en a-t-il pas eu d'enfouis dans ces régions, ou la chaleur les a-t-elle décomposés? ou lorsqu'on en a découvert, a-t-on négligé de les remarquer, parce qu'on les attribuait à des animaux du pays et qu'on n'y voyait rien d'extraordinaire ? ne serait-ce pas aussi que les Mammouths étant des animaux destinés à vivre dans le nord, à cause de la laine épaisse et des longs crins qui les recouvrent, il n'y en avait point à une certaine proximité des tropiques ? Les géologistes qui visiteront la zone torride ont là un sujet bien important de recherches. »

Une autre solution se présente encore à l'esprit, c'est que les ossements qu'on trouve à l'état fossile ont bien vécu dans les lieux où gisent leurs débris; mais qu'un changement de température a eu lieu depuis leur enfouissement. Il faut bien en effet admettre ce dernier fait pour justifier l'existence de ces animaux à une autre époque dans les régions du cercle polaire, puisqu'à la nôtre ces contrées ne fournissent aucun végétal propre à la vie de ces énormes quadrupèdes. Cependant toutes ces hypothèses n'expliqueraient pas davantage la conservation extraordinaire de l'éléphant de la Léna, et pour se rendre un compte à peu près satisfaisant de ce phénomène, on ne peut guère recourir qu'à un cataclysme d'où seraient résultées presque instantanément les conditions de température nécessaire à cette étrange conservation. Cuvier dit encore, à propos de l'éléphant de la Léna et du rhinocéros de Vilhoui : « S'ils n'eussent été gelés aussitôt que tués, leur putréfaction les aurait décomposés, et d'un autre côté, cette gelée éternelle n'occupait pas auparavant les lieux où ils ont été saisis, car ils n'auraient pas pu vivre sous une pareille température. C'est donc le même instant qui a fait périr les animaux et rendu glacial le pays qu'ils habitaient. »

Au sujet de ces deux animaux fossiles, M.

Huot a émis cette hypothèse qu'il aurait existé un continent boréal, dont le Spitzberg et les îles qui portent le nom de nouvelle Sibérie indiqueraient la trace, continent habité par l'éléphant et le rhinocéros poilus dont l'organisation était favorable à l'existence sous une température extrêmement basse. Une irruption marine, venue du nord, aurait couvert ce continent et transporté dans la Sibérie septentrionale les animaux en question, lesquels, après la retraite des eaux, se seraient trouvés déposés sur les sables et saisis par les glaces qui les auraient conservés intacts. Ce cataclysme serait le plus récent de ceux qu'a éprouvés notre globe et trouverait sa confirmation dans la figure des contours qu'ont aujourd'hui, au septentrion, les deux continents de l'Asie et de l'Amérique. M. Huot suppose, en outre, que le Mammouth a vécu à la fois sur le continent boréal dont il vient d'être parlé, et sur le plateau de la grande Tartarie, tandis que le rhinocéros poilu n'a été rencontré que dans la Sibérie, et il ajoute que les traditions des Groënlandais affirment qu'il existe dans l'intérieur de ce pays un animal noir et velu comme l'ours et dont la taille est d'environ dix mètres.

C'est à la découverte des ossements d'éléphants fossiles que l'on a dû, pendant longtemps les récits plus ou moins extraordinaires que l'on répandait sur les squelettes d'anciens géants. Le plus singulier de ces contes est celui qui, sous Louis XIII, eut pour but de faire passer des débris de cette nature pour les restes de Teutobochus, roi des Cimbres, celui qui combattit Marius. Ce fut le 11 janvier 1613 que, dans une sablonnière du château de Chaumon, près de Montricoux, l'on trouva des ossements qu'un chirurgien de Beaurepaire, nommé Mazurier, eut la pensée d'exploiter. Il publia alors, dans une brochure, qu'il avait trouvé ces ossements dans un sépulcre long de 10 mètres sur lequel était écrit *Teutobochus rex*, et dans lequel une cinquantaine de médailles à l'effigie de Marius étaient aussi déposées. Il montra ces reliques pour de l'argent, tant à Paris qu'en province, et ce ne fut que longtemps après que l'on reconnut que les dépouilles mortelles du soi-disant Teutobochus n'étaient que des os d'éléphant.

Les naturels de la Sibérie, qui découvrent continuellement de ces débris dans l'intérieur du sol, sont persuadés qu'ils appartiennent à un animal semblable à un éléphant, mais vivant comme les taupes dans les entrailles de la terre, parce qu'il lui serait impossible de supporter la lumière du jour. Ils lui donnent le nom de Mammouth, que les géologues ont conservé à l'*elephas primigenius*. Les Chinois, qui connaissent aussi l'éléphant fossile, l'appellent *Tien-schü-ia*, et partagent à son sujet la même croyance que les habitants de la Sibérie. Une tradition indienne rapporte de la manière suivante l'existence du Mammouth : « Il y a dix mille lunes que cette terre occidentale était entièrement couverte de forêts épaisses : longtemps auparavant, des hommes pâles qui commandaient au tonnerre et à la foudre, se jetèrent sur les ailes du vent pour détruire ce jardin de la nature. A cette époque, des bandes de bêtes féroces et des hommes, aussi libres qu'elles, étaient les seuls maîtres du pays. Il existait une race d'animaux grands comme un précipice, affreux, cruels comme des panthères sanglantes, légers comme l'aigle qui se précipite et terribles comme l'ange de la nuit. Les chênes craquaient sous leurs pieds et le lac diminuait quand ils venaient y éteindre leur soif. C'est en vain qu'on tirait contre eux le fort javelot; la flèche aiguë était également inutile. Les forêts étaient dévastées et réduites en farine. On entendait de tous côtés les gémissements des animaux expirants, et des contrées entières habitées par des hommes étaient détruites. »

ELLIPSOLITES. Nom donné par Montfort à l'une de ses divisions des Ammonites.

EMERIL. Roche à base d'apparence simple, composée d'alumine et ordinairement mélangée de fer.

EMPREINTES. On désigne ainsi, en géologie, les impressions que laissent, dans les couches rocheuses, les corps organisés qui s'y sont trouvés emprisonnés au moment de leur formation.

EMPYRODOXES. Epithète par laquelle M. Mahs indique les roches volcaniques ou considérées comme telles.

ENALIOSAURIENS. Ordre de reptiles fossiles établi par Owen et qui comprend les Ichthyosaures, les Plésiosaures et les Pliosaures.

ENCARDITES. *Voy.* BUCARDITES.

ENCHELYOPUS. *Agass.* Genre de poissons fossiles, de la famille des Anguilliformes. Il est ainsi caractérisé : Corps très-allongé ; ceinture thoracique grêle; nageoire dorsale prolongée jusqu'à la nuque. Ce genre se rencontre au Monte-Bolca.

ENCHODUS. *Agass.* Genre de poissons fossiles de la famille des Scombéroïdes, Ses caractères principaux sont : Dents très-développées, bombées à la face interne, plus comprimées à la face externe et occupant tout le tour de la mâchoire; celles du bord des mâchoires en forme de brosse. Ce genre se trouve dans la craie.

ENCRINE, *Encrinus.* Genre d'animaux radiaires de la classe des Echinodermes, qui se montrent particulièrement à l'état fossile. Miller a partagé les Encrines en 9 genres distincts ; *Apiocrinites*, *Pentacrinites*, *Encrinites*, *Poteriocrinites*, *Cyathocrinites*, *Actinocrinites*, *Rhodocrinites*, *Platycrinites* et *Eugeniacrinites*. On les rencontre dans le calcaire de transition, la craie, l'oolithe, le grès rouge et le grès houiller. Les Encrines étaient appelées autrefois *Larmes de géants*, *Pierres des fées*, *Grains de rosaires*, etc. Quelques observateurs croyaient y voir des articulations vertébrales de poissons, et Agricola les prenait pour des infiltrations analogues aux Stalactites. Guettard a caractérisé comme il suit les encrines : « Ce sont des amas de petits corps de différentes figures, articulés les uns avec les autres, et qui, par leur réunion, représentent en quelque façon la fleur de lis. Lorsque les Encrinites sont composées de cinq de ces lames, le total porte le nom de *Pentacrinite*. Les *Pentagones* sont des corps qui ont réellement cette figure et qui sont faits de cinq parties en forme de parallélogrammes articulés les uns avec les autres par un de leurs côtés. La base des Pentacrinites est communément formée par un corps semblable. Si, au lieu de cinq parallélogrammes, cette base est composée de six, si elle l'est de treize, alors elle porte le nom de *hexagone* ou de *trisdécagone*. On pourrait lui donner celui de *heptagone*, *octogone*, etc., si elle renfermait sept ou huit parties semblables; et il en serait ainsi des autres figures à plusieurs pans que cette base pourrait avoir. Qu'une Encrine avec sa base soit maintenant imaginée soutenue par une Entroque radiée ou étoilée, alors on aura un de ces corps auxquels on a donné le nom d'*Encrinite à queue*. »

ENCRINITES. Nom sous lequel on comprenait autrefois toutes les Encrines fossiles. Muller l'a réservé pour constituer un genre qui comprend une belle et grande espèce caractéristique du Muschelkalk, l'*E. moniliformis* ou *liliiformis*.

ENCRINITIQUE. Mot employé quelquefois adjectivement pour désigner les couches qui renferment des Encrines.

ENCRINOS. Nom donné par Mercati aux articulations des Encrines fossiles.

ENDOGÉNITES. Genre de plantes fossiles que l'on rencontre dans le terrain tritonien.

ENGRAULIS. *Cuv.* Genre de poisson de la famille des Halécoïdes. Ses caractères principaux sont : Corps allongé; bouche très-grande; museau pointu et débordant la mâchoire inférieure; point de côtes sternales; nageoire dorsale opposée aux ventrales. On trouve les espèces fossiles de ce genre au Monte-Bolca.

ENOPLUS. *Lacép.* Genre de poisson de la famille des Percoïdes. Ses caractères sont : Corps large et comprimé; nageoire dorsale antérieure très-haute; les ventrales fort grandes. Les espèces fossiles de ce genre se trouvent au Monte-Bolca.

ENORCHITE ou ENORCHYTE. *Voy.* PRIAPOLITHE.

ENTOMOLITHES. Famille dans laquelle Linné renfermait tous les insectes et les crustacés fossiles.

ENTOMOSTRACITES, *Entromostacites*. Nom donné par Wahlenberg à plusieurs espèces extraites par lui du genre Trilobite. Tels sont les *E. expansus*, *gibbosus*, *caudatus*, *pisiformis*, *crassicauda*, *tuberculatus*, *laticauda*, etc.

ENTROCHITES. Nom donné à une division d'Encrines discoïdes dont certains marbres sont pétris, et que les anciens naturalistes prenaient, comme il est dit au mot ENCRINES, pour des vertèbres de poissons.

EPERON. Nom que l'on donne quelquefois, en géologie, au petit rameau d'une montagne.

EPHIPPUS. *Cuv.* Genre de poisson de la famille des Chétodontes, caractérisé comme suit : Nageoire dorsale formée à sa partie antérieure de gros rayons épineux qui ne sont point recouverts d'écailles ; forte échancrure entre les rayons épineux et les rayons mous. Les espèces fossiles de ce genre se rencontrent au Monte-Bolca.

EPIDOTE. Roche composée de silice, d'alumine, de chaux et de protoxyde de fer. Elle offre deux variétés qui ont reçu de Beudant les noms de Zoïzite et de Thallite.

EPIPHLOSE. Nom proposé par Lamarck pour désigner la pellicule cornée qui enveloppe la plupart des coquilles et se détache par desquamation lorsque ces coquilles se trouvent exposées à une trop grande sécheresse. C'est ce que l'on appelle vulgairement le *Test*.

EPITOMITE. Genre que Fischer avait créé avec un corps fossile qu'il avait pris pour un mollusque voisin des Orthocées, et qui n'est autre chose qu'une tige d'Encrine.

EPONGE FOSSILE. On trouve dans un dépôt tertiaire des environs d'Oran, en Algérie, des spicules d'éponges, et ce sont les mêmes corps qui ont fait donner le nom de *Mousseuses* à certaines agates que l'on trouve en Sicile et à Oberstein en Allemagne. Il en est de même pour quelques jaspes de l'Inde.

EPONTES. Parois de la roche qui encaisse un filon.

EPOQUES GÉOLOGIQUES. On donne ce nom aux différentes périodes de la formation du globe, qui, supposées d'accord avec les six jours mentionnés dans la Genèse, présentent six états, d'une durée plus ou moins considérable, pendant lesquels Dieu apporta l'ordre dans la matière et créa les corps organisés. Buffon, voulant caractériser l'ensemble de ces événements et de ces phénomènes, s'exprime ainsi : « La nature étant contemporaine de la matière, de l'espace et du temps, son histoire est celle de toutes les substances, de tous les lieux, de tous les âges ; et quoiqu'il paraisse à la première vue que les grands ouvrages ne s'altèrent ni ne changent, et que dans ses productions, même les plus fragiles et les plus passagères, elle se montre toujours et constamment la même, puisqu'à chaque instant ses premiers modèles reparaissent à nos yeux sous de nouvelles représentations ; cependant, en l'observant de près, on s'apercevra que son cours n'est pas absolument uniforme ; on reconnaîtra qu'elle admet des variations sensibles, qu'elle reçoit des altérations successives, qu'elle se prête même à des combinaisons nouvelles, à des mutations de matière et de forme ; qu'enfin, autant elle paraît fixe dans son tout, autant elle est variable dans chacune de ses parties ; et si nous l'embrassons dans toute son étendue, nous ne pouvons douter qu'elle ne soit aujourd'hui très-différente de ce qu'elle était au commencement et de ce qu'elle est devenue dans la succession des temps. Ce sont ces changements divers que nous appelons ses époques. La nature s'est trouvée dans différents états :

la surface de la terre a pris successivement des formes différentes; les cieux mêmes ont varié, et toutes les choses de l'univers physique sont, comme celles du monde moral, dans un mouvement continuel de variations successives. »

Longtemps, on le sait, les théologiens et les géologues furent divisés sur la manière dont il fallait interpréter les six jours dont parle Moïse, et le mot *iom* fut le sujet d'un grand nombre de controverses. Aujourd'hui qu'il est à peu près généralement admis que ce mot ne doit pas être considéré comme exprimant un *jour* de vingt-quatre heures, mais bien une *époque* d'une durée indéterminée, le texte mosaïque vient offrir à la géologie un appui sans lequel elle ne pourrait marcher dans la voie de la vérité; et ceux que la foi religieuse éloignait d'une étude aussi utile qu'attrayante, peuvent actuellement s'y livrer avec confiance.

C'est donc avec l'autorité du récit de Moïse, que nous allons tracer quelles furent les révolutions du globe pendant les six époques de la création.

Mais nous devons d'abord faire remarquer que Moïse semble diviser la création en deux grandes périodes distinctes : la première, d'une durée indéfinie et qu'il nomme le *commencement*, serait celle pendant laquelle Dieu aurait tiré la matière du chaos pour y faire naître l'ordre; la seconde aurait pour point de départ la création du ciel et de la terre, c'est-à-dire le premier jour ou la première époque. Quant aux géologues, ils divisent aussi les révolutions du globe en trois grandes époques principales, la Primitive, la Secondaire et la Tertiaire ; mais cette division concorde parfaitement avec les jours de la Genèse ; ainsi, la *première* comprend le premier et le deuxième jour; la *seconde*, le troisième, le quatrième et le cinquième jour ; et la *troisième*, le sixième jour.

Le COMMENCEMENT. Quel était le chaos? Quelle fut la matière? Un dictionnaire peut donner l'acception de ces deux mots en les interprétant d'après leur signification dans la science de l'homme; mais il n'en est pas de même lorsqu'il s'agit de l'œuvre de Dieu; et la Genèse ne fournissant aucune explication précise sur la nature de la substance dont l'Eternel forma notre planète, nous nous trouvons obligés de nous en tenir à ce qui, dans le récit de Moïse et dans les observations géologiques, semble établir l'état d'incandescence dans lequel se trouvaient les matériaux qui ont servi à constituer le globe terrestre.

PREMIER JOUR OU PREMIÈRE ÉPOQUE. « *Au commencement, Dieu créa le ciel et la terre. La terre était informe et toute nue; les ténèbres couvraient la face de l'abîme et l'esprit de Dieu était porté sur les eaux. Or, Dieu dit : Que la lumière soit faite, et la lumière fut faite. Dieu vit que la lumière était bonne, et il sépara la lumière d'avec les ténèbres. Dieu nomma la lumière Jour et les ténèbres Nuit; et il y eut un soir et un matin, ce fut le premier jour.* »

L'état primitif de la terre était gazeux, à ce que l'on croit, ainsi que tous les autres corps planétaires. La géométrie a démontré que la forme sphérique du globe terrestre et l'aplatissement de ses pôles sont la conséquence rigoureuse du rapport de sa masse supposée fluide avec la vitesse de son mouvement de rotation ; et la fluidité primitive de la terre est confirmée par la régularité des couches qui la composent et de leur densité croissante à mesure qu'elles sont plus inférieures. Les matières liquides et solides qui constituent aujourd'hui notre globe, occupaient alors un espace d'une plus grande étendue ; et la solidité qu'il a acquise ne provient que de l'abaissement de la température ou du rayonnement. Le refroidissement s'opéra, comme celui de tous les corps chauds, c'est-à-dire en commençant par la surface. Selon M. Buckland, la consolidation s'accomplit d'abord par le rayonnement du calorique de la surface à travers l'espace, et la diminution graduelle de la chaleur permettant aux molécules minérales de se rapprocher et de cristalliser, donna naissance à toutes les roches granitiques qui formèrent la première enveloppe solide, roches dans lesquelles la cristallisation est extrêmement visible.

Tant que la surface du globe se conserva assez chaude pour que sa masse pût demeurer à l'état de fluidité ignée, cette masse fut entourée d'une atmosphère qui contenait, outre les fluides élastiques de notre atmosphère actuelle, toute l'eau qui se trouve aujourd'hui à la surface de la terre, ainsi qu'une foule d'autres matières sublimées; et lorsque la formation de la première pellicule eut rendu plus facile la combinaison de l'oxygène avec les métaux, les oxydes se consolidèrent plus aisément à leur tour à la partie supérieure de cette pellicule, et y formèrent un enduit qui préserva le reste des matières de l'action de l'oxygène.

La lumière de ces temps primitifs n'était point celle du soleil ; mais elle était semblable à celle qui provient des molécules de la matière, lesquelles possèdent un calorique et une électricité qui leur est propre. Telle est la lumière des volcans, tout à fait indépendante de l'action des rayons solaires. Toutefois, il ne se peut pas affirmer que la lumière primitive fût identique à cette dernière ; ce ne fut qu'après que la consolidation de la terre lui fit perdre cette lumière primitive, que Dieu donna au soleil une atmosphère lumineuse.

DEUXIÈME JOUR OU DEUXIÈME ÉPOQUE. « *Dieu dit : Qu'il y ait un intervalle au milieu des eaux et qu'il sépare les eaux d'avec les eaux. Dieu étendit le firmament et sépara les eaux qui étaient au-dessous du firmament de celles qui étaient au-dessus ; il en fut ainsi. Dieu appela le firmament Cieux ; et il y eut un soir et un matin, ce fut le second jour.* »

Un intervalle se forma alors au milieu des eaux pour les séparer, et le firmament recevant plus d'étendue, les eaux qui étaient au-dessous de celui-ci se séparèrent de celles qui se trouvaient au-dessus. Des anciens ont semblé, au surplus, reconnaître trois régions dans le firmament : la première, voisine de la terre, constitue l'atmosphère proprement dite ; la seconde est celle que l'on appelle matière éthérée et où sont placés les astres ; la troisième est considérée comme le séjour de Dieu. Les eaux qui auparavant étaient répandues dans l'atmosphère, purent reposer sur la croûte terrestre, dès que l'établissement de celle-ci permit qu'elles ne fussent plus rejetées par une puissante ébullition.

Lorsque la diminution de chaleur, causée par l'ignition, permit aux roches en fusion de cristalliser, et aux métaux et pierres précieuses de s'agréger, il s'effectua alors sous l'influence de la condensation des vapeurs répandues dans l'atmosphère et d'une pression considérable de la colonne d'air, un commencement d'opération métamorphique qui désagrégea les roches primitives et donna naissance à des strates régulières. Les eaux apparues pour la première fois à la surface du globe déposèrent les sédiments suspendus dans leur sein ; des combinaisons de toute sorte se manifestèrent dans ce vaste laboratoire ; et dans les fissures qu'offrait de toutes parts la croûte terrestre, surtout dans le gneiss et le micaschiste, se glissèrent des substances sublimées, des filons métallifères, des pierres précieuses, au milieu desquels s'injectèrent aussi des masses plus ou moins considérables de granites, de syénites, de protogynes, de porphyres, etc. Aux formations gneissiques et micaschistes succédèrent des strates de schistes argileux ; puis au-dessus de ces terrains se formèrent les argiles schisteuses, les calcaires argileux, les grès carbonifères, etc.

Le dépôt schisteux provient de la couche de liquide qui se déposa sur la pellicule granitique et qui fut le résultat de la condensation d'une partie de l'immense atmosphère de notre planète. Au fond de ce liquide il se forma des sédiments composés de silicates qui sont toujours le résidu des eaux en ébullition, et il s'y précipita aussi une petite quantité de carbonate de chaux. Ces premiers sédiments constituèrent des grès micacés, puis des grès quartzeux, que la grande chaleur de l'atmosphère et les phénomènes chimiques transformèrent ensuite en gneiss puis en micaschistes. Mais avant la formation de ces roches, l'acide silicique ou l'oxyde de silicium formait des amas de quartzite ; l'oxyde de calcium, uni avec les silicates à l'acide carbonique, donnait naissance à des amas de cipolin et d'ophicalce ; des amas de gypse résultèrent de la combinaison du même oxyde avec l'acide sulfurique ; des couches de dolomie furent le produit de la combinaison des oxydes de calcaire et de magnésium avec l'acide carbonique ; il en fut de même de divers autres mélanges ; et les fractures produites par l'incandescence intérieure du globe donnèrent issue à différentes substances métalliques vaporisées qui se sublimèrent dans ces fentes et formèrent des filons d'oxyde de cuivre, d'étain, de fer, de galène et des veines de graphite. Les pellicules granitiques et schisteuses, encore peu épaisses, furent souvent traversées aussi par des éruptions de roches feldspathiques, c'est-à-dire de la même nature que les premiers granites consolidés, puisqu'elles provenaient du même foyer et de la même profondeur, et de là les dépôts plutoniques qui existent dans la formation micaschisteuse.

Nous avons dit que dans les eaux formées par la condensation se déposèrent les grès transformés plus tard en gneiss et en micaschistes. Afin de se rendre un compte satisfaisant de ce phénomène, il est indispensable de se rappeler que l'eau bouillante passe de 100° à 170° par la compression de huit atmosphères, et à 265° 89 par celle de cinquante. Si l'on admet alors que le tiers ou simplement le quart des eaux qui constituent aujourd'hui l'Océan était à l'état de vapeur lorsque les premiers sédiments se formèrent au-dessus des granites, ce sera nécessairement au fond d'une masse d'eau soumise à une chaleur de plus de 250° et comprimée par le poids de cinquante atmosphères, que le remaniement des détritus granitiques et leur agglutination par le ciment siliceux et feldspathique qu'abandonnèrent les eaux, lorsqu'elles furent moins chaudes, aura été opéré ; puis, enfin, lorsque de nouvelles masses de roches granitiques se firent jour à travers celles de sédiment, elles leur communiquèrent un degré de chaleur qui les transforma en gneiss et en micaschistes. Ce fut aussi durant la deuxième époque que l'action du feu causa les exubérances, les profondeurs et les cavités qui se remarquent à la surface et à l'intérieur de la terre ; et que la consolidation des argiles et leur transformation en schistes argileux et souvent maclifères, ainsi que celle des grès et des calcaires, eurent lieu sous l'influence des éruptions de granites, de syénites et de porphyres et des soulèvements qu'elles produisirent.

Troisième jour ou troisième époque : *« Dieu dit : Que les eaux qui sont sous le ciel se rassemblent en un seul lieu et que l'élément aride paraisse. Il en fut ainsi. Dieu nomma l'élément aride Terre et le rassemblement des eaux Mer. Dieu vit que c'était bien. Dieu dit : Que la terre fasse germer des végétaux, l'herbe avec la semence, les arbres fruitiers avec leurs fruits, chacun selon son espèce, et qui renferment leur semence en eux-mêmes, pour se reproduire sur la terre. Il en fut ainsi. La terre produisit des végétaux, l'herbe portant sa semence, des arbres fruitiers renfermant leur semence chacun selon son espèce. Dieu vit que c'était bien. Et du soir au matin se fit le troisième jour. »*

La formation de l'océan précéda l'apparition des continents, et cette apparition n'eut lieu qu'après que l'abaissement de la température permit aux éléments de la terre de se consolider. Les continents furent d'abord composés de petites îles et ils ne prirent que peu à peu l'étendue et la configuration qu'ils ont aujourd'hui. La formation des montagnes paraît n'avoir eu lieu que postérieurement à l'époque où la vie se manifesta à la surface du globe, et quelques-uns même ont avancé que l'exhaussement du sol de l'Amérique est contemporain de la dispersion des dépôts diluviens. Lorsque des affaissements ou des ruptures avaient lieu sur quelques points de la croûte terrestre, l'eau se précipitait aussitôt dans les abîmes qui se présentaient, leur hauteur en diminuait d'autant, et elles laissaient des dépôts de sédiments sur les portions solides qu'elles abandonnaient. Ces dépôts formèrent des couches horizontales dont les inférieures étaient d'argile et les supérieures de calcaire, attendu que la production des argiles précéda celle des calcaires. Il en fut de même des schistes, des ardoises et des matières bitumineuses. Aux argiles schisteuses et aux calcaires argileux qui forment l'étage supérieur des terrains de transition, succédèrent les terrains dont l'ensemble est désigné sous le nom générique de terrain secondaire, lequel se compose de plusieurs étages formés par le vieux grès rouge, les calcaires carbonifères et de montagne, puis par les houilles et les terrains triasiques.

Les premiers êtres qui se montrèrent à la surface de la terre furent des végétaux, et l'air alors n'était point chargé d'oxygène comme il l'est aujourd'hui, car ils se seraient rapidement décomposés. Les plantes herbacées se produisirent d'abord, puis les arbres leur succédèrent, et cette distinction est très-exactement établie par Moïse, qui place toujours le mot *herbam* avant celui de *lignum*. La végétation de ces premiers âges avait des dimensions surprenantes, développement qui tenait particulièrement à l'abondance de l'acide carbonique qui se trouvait alors répandu dans l'atmosphère. Dans les terrains houillers, on a remarqué des calamites (prèles) de 3 à 4 mètres de longueur; des fougères de 25 à 30; et des lycopodes de 20 à 25. Cette végétation se composait de plantes marines et de plantes terrestres appartenant aux cryptogames semi-vasculaires ou œthéogames, tels que des fucoïdes, des calamites, des pecopteris (fougères) et des lycopodiacées; et de phanérogames monocotylédones.

QUATRIÈME JOUR OU QUATRIÈME ÉPOQUE. « *Dieu dit : Que des corps de lumière soient faits dans le firmament du ciel, afin qu'ils séparent le jour d'avec la nuit et qu'ils servent de signes pour marquer les temps et les saisons, les jours et les années. Qu'ils luisent dans le firmament du ciel et qu'ils éclairent la terre et cela se fit ainsi. Dieu fit donc deux grands corps lumineux, l'un plus grand pour présider au jour, et l'autre moindre pour présider à la nuit. Il fit aussi les étoiles. Il les mit dans le firmament du ciel pour luire sur la terre, pour présider au jour et à la nuit et pour séparer la lumière d'avec les ténèbres, et Dieu vit que cela était bien, et du soir et du matin se fit le quatrième jour.* »

Le soleil et les autres corps célestes reçurent alors la disposition qui leur était indispensable pour remplir leur destination. Avant cette disposition, la lumière terrestre, comme nous l'avons fait observer plus haut, n'était qu'une lumière latente analogue à celle qui continue à pénétrer toutes les molécules de la matière. Quant à celle de la quatrième époque, rien n'annonce qu'elle fût différente de celle dont nous jouissons aujourd'hui, puisque les organes exhalants des végétaux des terrains de transition et des dépôts houillers sont pareils à ceux des espèces actuelles qui croissent dans les régions équatoriales. Une question se représente naturellement à l'esprit à propos de la végétation houillère que l'on rencontre la même en tous lieux : toutes ces régions, aujourd'hui si différentes par leur température, étaient-elles alors soumises à une chaleur presque semblable? On pense que le peu d'épaisseur qu'avait alors l'écorce du globe et l'uniformité de la chaleur centrale rendaient possible à la surface de la terre cette égalité de température; et qu'il pouvait y avoir aussi une uniformité de lumière plus régulièrement répartie qu'à notre époque.

C'est aussi durant la même période et après la retraite des eaux, que l'action des volcans commença à se faire sentir; mais les tremblements de terre se manifestèrent longtemps avant les éruptions volcaniques. Les premières terres fécondées après cette retraite des eaux formèrent les dépôts de houille, et le cours de ces eaux fixant sa direction, détermina la formation des vallées.

CINQUIÈME JOUR OU CINQUIÈME ÉPOQUE. « *Dieu dit encore : Que les eaux produisent des animaux vivants qui nagent dans l'eau et des oiseaux qui volent sur la terre et sous le firmament. Dieu créa donc les grands poissons et tous les animaux qui ont la vie et le mouvement, que les eaux produisirent, chacun selon son espèce, et il créa aussi tous les oiseaux selon leur espèce. Dieu vit que c'était bien. Dieu les bénit et dit : Croissez et multipliez et remplissez les eaux de la mer, et que les volatiles se multiplient sur la terre. Et du soir et du matin se fit le cinquième jour.* »

Les poissons apparurent donc à cette époque, ainsi que les grands reptiles et les premiers animaux ailés; mais cette création s'opéra en plusieurs périodes successives. Les premiers êtres organisés destinés à vivre dans l'eau sont dépourvus d'un appareil pulmonaire et n'ont que des branchies propres à la respiration de l'air dissous dans ce liquide. Ce sont d'abord des reptiles aquatiques de la classe des Sauroïdes, puis des poissons de l'ordre des Ganoïdes; des crustacés, des annélides et des zoophytes; et enfin de nombreux mollusques. Les insectes, les oiseaux, les infusoires, etc., viennent ensuite. La présence d'infusoires dans les terrains anciens n'a rien qui doive causer de la surprise, puisque même leurs conditions actuelles d'organisation leur permettent de vivre dans tous les milieux possibles. Ainsi M. Quekett a signalé la similitude d'infusoires trouvés à l'état vivant dans les mers du Nord, d'où les avait rapportés le capitaine Parry, attachés à des zoophytes, et de ceux recueillis à l'état fossile par M. Rogers, à 6 mètres de profondeur dans le sol sur lequel est bâtie la ville de Richemond. Il faut donc conclure de ces divers faits que les mers qui couvraient alors la majeure partie du globe, n'avaient aucunes propriétés contraires à la vie, malgré la haute température qu'elles conservaient encore, température qui donnait seulement aux animaux comme aux végétaux des proportions gigantesques.

En partant aussi de cette époque pour arriver par de lentes transitions à la nôtre, on voit que l'organisation des différents êtres, à part quelques exceptions, a tendu constamment à se compliquer et à se perfectionner. La gradation des mollusques, par exemple, est digne de remarque. Les premiers qui apparaissent sont conchifères ou à coquilles bivalves et leurs espèces sont doubles de ceux à coquilles univalves ; et comme ces derniers ont une tête, des yeux et des appareils locomoteurs qui les placent dans un ordre plus élevé que les Acéphales, on reconnaît tout d'abord que le Créateur, en peuplant la surface du globe, a premièrement multiplié les êtres à organes simples, parce que leur structure était plus appropriée à la nature chimique des milieux dans lesquels ils étaient destinés à vivre.

Les crustacés ont des yeux, un appareil respiratoire mieux déterminé, l'orifice buccal est armé chez eux d'appareils masticateurs, ils ont des pieds et ils ferment la série des êtres à squelette extérieur, chez lesquels le cœur, lorsqu'il existe, n'a qu'une seule cavité. Viennent ensuite les poissons, par lesquels commence la classe des vertébrés ou animaux à squelette intérieur. Chez eux se présentent alors un centre nerveux auquel viennent aboutir tous les nerfs, un appareil visuel perfectionné, des branchies lamellées, un système de locomotion très-compliqué, et l'orifice buccal garni de dents acérées et tout à fait différent de celui des crustacés. Les sauriens et les tortues offrent un nouveau progrès dans les formes : il n'existe plus de branchies, mais un sac pulmonaire formé d'un tissu lâche et vésiculeux; le système circulatoire est aussi plus perfectionné que chez les poissons; car chez ceux-ci le cœur n'a que deux cavités, tandis que chez les reptiles il en existe trois; ensuite leurs téguments ont plus d'épaisseur, plus de solidité, et à la chair blanche et flasque des poissons succèdent des fibres musculaires rouges et presque semblables à celles des mammifères. Leur cerveau n'est plus alors, comme dans les poissons, une suite de ganglions avec des lobes cérébraux et olfactifs atrophiés ; mais avec sept masses ganglionnaires distincts se trouvent des lobes cérébraux dont le volume égale tous les autres ensemble.

Quant au mode de propagation, il subit également une ascendance manifeste dans les formes. L'androgynie existe dans les mollusques. Les crustacés offrent une bisexualité distincte avec des centres générateurs déplacés comme cela a lieu dans toutes les formes inférieures organiques, mais qui se retrouvent à la partie uropygiale chez les insectes proprement dits. Dans les vertébrés, les organes générateurs ont une position fixe; chez les poissons ils se centralisent dans la région postérieure du corps entre les appendices pelviens ; et les sauriens ont des formes encore plus arrêtées.

Quelques-unes des modifications opérées semblent également avoir eu pour but de maintenir l'équilibre dans la société des diverses familles. Ainsi les Céphalopodes paraissent avoir été créés pour s'opposer à la propagation des mollusques herbivores; de même, les Trachélipodes herbivores des couches tertiaires n'ayant plus à se défendre des Céphalopodes des époques plus anciennes, ne sont plus munis de l'espèce de bouclier qu'on leur trouve dans les couches de transition.

Les grès déposés sur la formation houillère sont une agglomération des détritus des roches primitives, c'est-à-dire qu'ils sont le résultat d'une dislocation très-puissante. Les conglomérats de ce dépôt présentent, dans quelques localités de l'Angleterre, des blocs de porphyre qui sont quelquefois du poids de 3 à 4000 kilogrammes. Le grès rouge couvre de grands espaces dans les deux continents, d'où il faut conclure qu'après l'époque de la formation houillère, les parties émergées du globe avaient déjà de vastes étendues. Les formations magnésifère et pœcilienne ont eu lieu par des causes à peu près analogues à celle du dépôt du grès rouge; et des nuances peu sensibles ont présidé aux formations pœcilienne, conchylienne et keuprique; mais dans cette dernière, les dépôts calcaires où se trouvaient des amas gypseux, ont été remplacés par des marnes colorées par divers oxydes métalliques, et les sources minérales qui avaient déposé le gypse dans les précédentes formations, devinrent alors plus abondantes et formèrent des amas gypseux plus considérables. Enfin, des sources minérales, contenant les éléments du sel gemme, c'est-à-dire du chlore et de l'oxyde de sodium, se firent jour et constituèrent des amas de sel dans les marnes irisées. La formation triasique présente donc ce caractère particulier, c'est l'abondance de ses dépôts gypseux et salifères qui n'existent point ou se montrent rarement dans les terrains antérieurs. Dans cette formation, les poissons se présentent en grand nombre et offrent des genres nouveaux ainsi que les sauriens. Les oiseaux s'y montrent aussi, mais principalement les échassiers, ce qui semble constater que les plantes qui croissaient alors ne pouvaient encore convenir qu'à la nourriture de la famille des oiseaux granivores. On a recueilli dans le terrain triasique au delà de quatre cents espèces de fossiles dont près de la moitié appartiennent à des genres éteints.

Les eaux dans lesquelles les détritus de l'époque jurassique se sont déposés devaient être beaucoup plus chargées de carbonate de chaux que celles de la période triasique, puisque la majeure partie des couches jurassiques sont calcarifères. Les animaux marins étaient aussi très-abondants à cette époque, puisque les couches de coral-rag ne sont presque composées que de débris de coquilles et de polypiers. Les Ammonites et les Bélemnites ont pullulé dans ces terrains. Toutefois l'Océan ne devait pas avoir encore une grande profondeur à cette époque, à en juger par les genres qui ont encore leurs analogues et qui ne vivent que dans des lieux peu profonds. Sur environ 1500 espèces de fossiles de la période jurassique, un grand nombre existait déjà durant la triasique; mais la moitié des espèces environ et tous les poissons appartiennent à des genres éteints. Les reptiles, déjà nombreux à l'époque du lias, deviennent plus abondants encore pendant la période oolithique, et la terre était peuplée en grande partie de Ptérodactyles et de Plésiosaures. La végétation d'alors était aussi toute différente de celle qui l'avait précédée et de celle qui la suivit. Les Lycopodiacées gigantesques, les Cactées, les Calamites, et les Palmiers de la formation houillère avaient disparu, et la proportion des fougères était moins grande; mais il existait en abondance des espèces de la famille des Cycadées et des plantes analogues à celles qui vivent aujourd'hui à la Nouvelle-Hollande et au cap de Bonne-Espérance; et, outre les Cycadées, il y avait des Dicotylédones appartenant aux conifères.

Après la formation oolithique vint celle du terrain crétacé. De nouvelles dislocations et des soulèvements mirent à nu plusieurs parties qui étaient sous les eaux, et ces nouvelles terres se couvrirent de végétaux et de lacs d'eau douce, et se sillonnèrent de rivières et de ruisseaux. Aussi les dépôts wealdiens sont-ils fort riches en plantes terrestres et en animaux lacustres dont les débris ont été surtout accumulés dans les golfes, à l'embouchure des grands cours d'eau. C'est dans les couches wealdiennes que M. Mantell a découvert le reptile monstrueux qui a reçu le nom d'Iguanodon. Les autres reptiles de ce dépôt sont l'hyglæosaure, observé aussi pour la première fois par M. Mantell, le mégalosaure et le plésiosaure; et l'on trouve encore avec ces reptiles, des restes de crocodiles, de trionys, d'émydes et de chélonées.

Le terrain crétacé offre près de neuf cents espèces de fossiles, dont plus d'un tiers appartient à des genres éteints. Comme dans l'étage inférieur de ce terrain, les débris de végétaux sont nombreux, tandis qu'ils sont rares dans la partie supérieure, on en conclut que, pendant la période crétacée, il existait moins de terres émergées que durant la période jurassique. Il est reconnu, en effet, d'après l'examen de ce terrain, dans les deux continents, que la terre offrait, durant sa formation, un aspect tout différent de celui de la période jurassique. On remarque aussi, dans l'étage inférieur, que le lignite s'y trouve d'une fossilisation incomplète, ce qu'il faut attribuer sans doute, soit à l'absence de variété dans les débris végétaux de cette époque, soit à des influences désorganisatrices qui n'existaient pas lors de la période houillère. D'un autre côté, on observe dans les plantes cryptogames et les monocotylédones, une puissance de conservation qui n'existe pas dans les végétaux de l'ordre le plus élevé.

Sixième jour ou sixième époque. « *Dieu dit : Que la terre produise des animaux vivants, chacun selon son espèce; les animaux domestiques, les reptiles et les bêtes sauvages, selon leurs espèces. Il en fut ainsi. Dieu fit les bêtes sauvages de la terre selon leurs espèces, les animaux domestiques et tous les reptiles, chacun selon son espèce. Dieu vit que c'était bien. Dieu dit : Faisons l'homme à notre image et à notre ressemblance; qu'il domine sur les poissons de la mer, sur les oiseaux du ciel, sur les bêtes, sur toute la terre et sur tous les reptiles qui rampent sur la terre. Dieu créa l'homme à son image; il le créa mâle et femelle. Dieu les bénit et leur dit : Croissez et multipliez-vous, remplissez la terre, assujettissez-la, dominez sur les poissons de la mer, sur les oiseaux du ciel et sur tous les animaux qui se meuvent sur la terre. Dieu dit encore : Je vous ai donné toutes les herbes qui portent leur graine sur la terre, et tous les arbres qui renferment en eux-mêmes leur semence, chacun selon son espèce, afin qu'ils vous servent de nourriture. Et à tous les animaux de la terre, à tous les oiseaux du ciel, à tout ce qui se meut sur la terre et qui est vivant et animé, afin qu'ils aient de quoi se nourrir; et cela se fit ainsi. Dieu vit toutes les choses qu'il avait faites et elles étaient très-bonnes. Et du soir et du matin se fit le sixième jour.* »

Cette sixième époque comprend le complément de création, non-seulement de tous les êtres dont les analogues existent aujourd'hui, mais encore d'un grand nombre de genres et d'espèces perdues, et elle se termine par l'apparition de l'homme. Les premiers points habités durent être nécessairement les contrées du Nord, puisque ces points furent les premiers refroidis. Ainsi les éléphants qui se montrent actuellement dans les régions méridionales, occupèrent d'abord les régions boréales. Il en fut de même des rhinocéros, des hippopotames, etc. Selon Buffon, le premier séjour de l'homme fut dans les hautes terres de l'Asie.

La vaste étendue des terrains tertiaires dans les diverses parties du monde indique qu'après le dépôt crétacé, de notables changements eurent lieu sur la terre et réclamèrent un temps considérable. L'examen des fossiles de ces terrains atteste aussi l'abaissement progressif de la température, c'est-à-dire le passage gradué de la température équatoriale à celle que nous éprouvons aujourd'hui; et son terme moyen, durant la formation de l'étage inférieur, devait être d'environ 22° centigrades. A l'époque de l'argile plastique et du calcaire grossier, il n'existait plus sous nos latitudes de fougères arborescentes, ni de cycadées; seulement on remarque encore, aux couches inférieures, des débris de palmiers, de crocodiles et de grands mammifères pachydermes. Pendant cette durée de la période de l'étage inférieur, il se forma un grand nombre de dépôts d'eau douce par les affluents dans les golfes; mais les eaux marines vinrent souvent les recouvrir, ce qui donna lieu aux alternances de dépôts marins et d'eau douce que l'on remarque dans cet étage. Dans les couches de l'étage moyen, on rencontre des coquilles identiques à celles du Sénégal, ce qui prouve que la température de l'Europe était évidemment plus basse que celle de l'Afrique; et l'on doit penser que la température qui régnait à l'époque de la formation de l'étage supérieur, devait peu différer de celle que nous éprouvons aujourd'hui, puisque les formations de cet étage, qui avoisinent la Méditerranée, renferment les mêmes coquilles que l'on voit encore dans cette mer.

Suivant M. Ami Boué, l'Europe était, après la formation de la craie, un vaste continent dont le contour était très-découpé et qui renfermait un grand nombre de mers intérieures et de lacs d'eau douce. Dans le Nord, une immense mer s'étendait de l'Asie en traversant l'Allemagne jusqu'à l'Angleterre; et le centre de l'Europe offrait une autre mer qui couvrait le pays plat de la Suisse, de la vallée du Rhin, de la Souabe, de la Bavière, de l'Autriche, de la Moravie et de la Hongrie; et entre ces deux mers se trouvait le grand bassin de la Bohême, qui communiquait avec la dernière. Dans l'Europe méridionale, la Méditerranée couvrait toutes les contrées basses qui forment actuellement ses bords, et elle communiquait alors avec la mer Rouge, la mer Noire et le grand bassin de l'Asie occidentale. Enfin, en France, il y avait deux mers qui communiquèrent ensemble jusqu'au dépôt de la molasse : la première s'étendait entre les monts Pyrénéens et les chaînes du Cantal et de l'Aveyron; la seconde couvrait le Languedoc et la Provence; une troisième s'étendait ensuite sur les pays plats compris entre la Picardie, la Champagne, la Bourgogne, le Limousin, le Maine, la Bretagne et la Manche.

Durant la période où se formèrent les premiers terrains de transport, l'Europe offrait encore un grand nombre de bassins remplis d'eau, et ces bassins, marins dans l'origine, étaient alors divisés en lacs d'eau douce, comme ceux de la Bavière, de l'Autriche, de la Hongrie, de la Bohême et du Rhin. En France, la région septentrionale offrait trois bassins lacustres : celui de Paris, celui de la Loire supérieure et celui de la Loire inférieure; et il en existait en outre dans la partie sud-ouest. La hauteur des eaux de ces lacs est constatée par des grandes masses de cailloux et de marne, contenant des coquilles et des ossements de quadrupèdes, telles qu'on en voit en Hongrie, en Autriche, dans la vallée du Rhin et le long de la Garonne. Pendant que les eaux douces et les ruptures des lacs formaient des dépôts, la mer rongeait les continents et y accumulait des dépôts considérables d'alluvions; mais les causes qui ont fait baisser les mers ou hausser les continents après l'époque des alluvions anciennes, sont d'autant plus difficiles à définir ou à généraliser, qu'elles ont incontestablement varié suivant les localités. Ainsi, l'abaissement de la Méditerranée peut avoir été produit par la débâcle de la grande mer intérieure de l'Asie; mais on ne saurait évidemment assigner les mêmes causes pour la mer du Nord et l'Océan atlantique. La période clysmienne a cela de particulier, que la vie y présente, dans les formes inférieures des êtres, des types à peu près identiques à ceux de la nôtre, ce qui prouve que pendant sa durée, les conditions d'existence étaient les mêmes qu'à présent. Cette période se couronne par l'apparition des quadrumanes et de l'homme à la surface du globe : celle des premiers est désormais constatée par les découvertes de M. Lartet ; et la seconde est tout aussi bien établie.

La race de l'homme, qui est la dernière, est aussi contemporaine des dernières révolutions du globe et il existe un accord très-remarquable entre les traditions des temps antiques et les théories qui résultent aujourd'hui de l'observation des faits. Une chose qui ressort avec la même évidence, est l'évolution successive des formes dans les végétaux et les animaux, suivant les modifications des milieux où s'accomplissait leur existence ; puis l'ascendence des types; et enfin les organismes dominateurs qui se présentèrent à chaque période. Ainsi, durant la formation jurassique, les Sauriens gigantesques établirent leur règne; l'époque tertiaire est envahie par les Mastodontes, les Paléotherium, les Dinothérium et autres animaux analogues; et enfin, la période alluviale ancienne voit se répandre les tribus si nombreuses des carnassiers.

C'est aussi à la sixième époque que Buffon rapporte la séparation du continent de l'ancien monde, de celui du nouveau. « Tant que dura, dit-il, la chute des eaux par l'entière dépuration de l'atmosphère, leur mouvement général fut dirigé des pôles à l'équateur; et comme elles venaient en plus grande quantité du pôle austral, elles formèrent de vastes mers dans cet hémisphère, lesquelles vont en se rétrécissant de plus en plus dans l'hémisphère boréal jusque sous le cercle polaire ; et c'est par ce mouvement, dirigé du sud au nord, que les eaux ont aiguisé toutes les pointes des continents; mais après leur entier établissement sur la surface de la terre, qu'elles surmontaient partout de deux mille toises, leur mouvement des pôles à l'équateur ne se sera-t-il pas combiné, avant de cesser, avec le mouvement d'orient en occident? et lorsqu'il a cessé tout à fait, les eaux entraînées par le seul mouvement d'orient en occident n'ont-elles pas escarpé tous les revers occidentaux des continents terrestres, quand elles se sont successivement abaissées? et enfin, n'est-ce pas après leur retraite que tous les continents ont paru, et leurs contours ont pris une dernière forme?

« L'étendue des terres dans l'hémisphère boréal, en le prenant du cercle polaire à l'équateur, est si grande en comparaison de l'étendue des terres prises de même dans l'hémisphère austral, qu'on pourrait regarder le premier comme l'hémisphère terrestre et le second comme l'hémisphère maritime. D'ailleurs, il y a si peu de distance entre les deux continents vers les régions de notre pôle, qu'on ne peut guère douter qu'ils ne fussent continus dans les temps qui ont succédé à la retraite des eaux. L'époque de la séparation des deux continents et même celle de la rupture de ces barrières de l'Océan et de la mer Noire paraissent être bien plus anciennes que la date des déluges dont les hommes ont conservé la mémoire. Le déluge de Deucalion, qui ravagea la Thessalie, n'est que d'environ quinze cents ans avant l'ère chrétienne; celui d'Ogygès, qui couvrit les terres de l'Attique, est de dix-huit cents ans avant Jésus-Christ; celui de l'Arménie et de l'Egypte, dont la tradition s'est conservée chez les Egyptiens et les Hébreux, est de deux mille trois cents ans avant Jésus-Christ. La séparation des continents, la submersion des terres qui les réunissaient, celle des terrains adjacents à l'ancien lac de la Méditerranée, et enfin la séparation de la mer Noire, de la Caspienne et de l'Aral, quoique toutes postérieures à l'établissement des animaux dans les contrées du Nord, pourraient bien être antérieures à la population des terres du Midi, dont la chaleur trop grande alors ne permettait pas aux êtres sensibles de s'y habituer, ni même d'en approcher. Il n'y a peut-être pas cinq mille ans que les terres de la zone torride sont habitées, tandis qu'on en doit compter au moins quinze mille depuis l'établissement des animaux terrestres dans les contrées du Nord. C'est à la date d'environ dix mille ans, à compter de ce jour, que l'on peut placer la séparation de l'Europe de l'Amérique. On peut attribuer cette division à l'affaiblissement des terres qui formaient autrefois l'Atlantide. Après la séparation de l'Europe et de l'Amérique, après la rupture des détroits, les eaux ont cessé d'envahir de grands espaces, et dans la suite, la terre a plus gagné sur la mer qu'elle n'a perdu. »

Voilà l'opinion de Buffon. Mais ne serait-il pas tout aussi raisonnable de penser que la séparation des deux continents s'est accomplie durant ou postérieurement au déluge mosaïque? ne se serait-elle pas opérée au détroit de Béring, vers ce point où le cap Oriental et le cap du Prince de Galles sont encore si rapprochés? Ce qui justifie pour nous notre assertion, c'est que les mêmes circonstances géologiques qui constatent le déluge mosaïque existent en Amérique, comme sur notre continent; c'est que les peuples qui habitent cette contrée semblent provenir des races mongoliques et africaines.

Septième jour ou septième époque. « *Le ciel et la terre furent donc ainsi achevés avec tous leurs ornements. Dieu termina au sixième jour tout l'ouvrage qu'il avait fait et il se reposa le septième après avoir achevé tous ses ouvrages. Il bénit ce septième jour et il le sanctifia, parce qu'il avait cessé en ce jour de produire tous les ouvrages qu'il avait créés. Telle a été l'origine du ciel et de la terre, et c'est ainsi qu'ils furent créés, au jour que Dieu fit l'un et l'autre.* »

Cette époque se trouve caractérisée par la stabilité que la terre prit alors, c'est-à-dire que les mers n'abandonnèrent plus leurs bassins respectifs, que la chaleur centrale cessa d'avoir une influence immédiate sur le sol, et que la température prit une sorte d'uniformité. Cet état dura jusqu'au déluge universel. *Voy.* Paléontologie et Terrains.

EQUISETUM. M. Adolphe Brongniart a conservé à cette plante fossile, le nom générique donné aux prêles vivantes. Voici quels sont ses caractères : Une tige cylindrique, striée, fistuleuse et articulée; feuilles en verticilles; épis terminaux; involucre membraneuse composée de 6-8 écailles; dents des gaînes très-courtes. On rencontre ce genre dans les terrains houillers et dans les formations oolithiques.

ERDLAGE et ERDCHICHT. Mots allemands qui signifient couche, lit ou banc.

ERDOEHLE et ERDPECH. Noms que les Allemands donnent au bitume.

ERDKOHLE. Les Allemands appellent ainsi le lignite terreux.

ERETMOSAURES. Dénomination sous laquelle M. Ritgen comprend un groupe de reptiles fossiles composé des Ichthyosaures, et qui forme la première des trois divisions qu'il établit pour les Sauriens.

EROSION. Mot employé en géologie, pour exprimer l'action destructive des eaux sur la surface et les contours des continents.

ERZADER. Mot allemand qui signifie veine métallifère.

ERZGANG. Mot allemand qui signifie filon et gangue.

ERZGEBIRGE. Les Allemands donnent ce nom à une montagne métallifère qui renferme plusieurs substances minérales.

ERZKUFT. Ce nom est donné par les Allemands à une fente ou une crevasse qui contient du minerai.

ERZMITTEL. Les Allemands appellent ainsi des amas de minerai que l'on rencontre de distance en distance dans une roche ou un filon.

ESCARITES. Nom que les anciens naturalistes donnaient à des polypiers fossiles appelés vulgairement *escares*.

ESOCIDES. *Cuv.* Famille de poissons, de l'ordre des Cycloïdes. Ses caractères principaux sont : Corps élancé et muni de grandes écailles; maxillaires supérieurs dépourvus de dents; dents fortes et coniques à la mâchoire inférieure, aux palatins et au vomer; nageoires ventrales et abdominales. Cette famille comprend les genres Esox, Holosteus, Sphenolepis, Istieus.

ESOX. *Lin.* Genre de poisson de la famille

des Esocides, qui est caractérisé comme suit : Corps allongé et cylindracé; tête grande; museau allongé, obtus et déprimé; gueule fendue; les maxillaires supérieurs édentés; les intermaxillaires armés de petites dents coniques; fortes dents aux palatins, à la partie antérieure du vomer et à la mâchoire inférieure; rayons branchiostègnes nombreux; nageoire caudale peu échancrée; la dorsale et l'anale rapprochées de la caudale et opposées l'une à l'autre; les écailles grandes et le squelette grêle. Ce genre se trouve dans les schistes d'Œningen et dans les marnes diluviennes.

ESTUAIRE. Les géographes anciens et quelques géologues modernes donnent ce nom, soit à certaines sinuosités des rives maritimes qui ne sont couvertes d'eau qu'à la marée montante, soit à l'embouchure d'un fleuve qui forme une espèce de golfe.

EUCALYPTOCRINITES. Nom proposé par M. Goldfuss, pour désigner un groupe d'Encrines.

EUCHAIRITE. Roche cuivreuse, composée de cuivre, de sélénite et d'argent, qui se rencontre en petites masses dans les formations calcaires de la Suède.

EUGENIACRINITES. Genre d'Encrines établi par Miller.

EUGNIATHUS. *Agass.* Genre de poissons fossiles, de la famille des Sauroïdes, dont les caractères ont été ainsi déterminés : Nageoires grandes et bien fournies de rayons; lobe inférieur de la dorsale à rayons gros et nombreux; cette nageoire opposée à l'espace compris entre les ventrales et l'anale; l'anale petite et composée de rayons grêles; les pectorales et les ventrales également grêles; écailles grandes, rhomboïdales, plus longues que hautes, à sillons et dentelures au bord postérieur; dents inégales; museau allongé et pointu. Ce genre se trouve dans le Lias.

EUPHOTIDE. Nom donné par Haüy à une roche que les Italiens appellent Gabbro, granitone et *verde di Corsica*, à cause de sa couleur verte. Sa texture est granitoïde; elle est composée de smaragdite ou d'ouralite, d'albite compacte et d'orthose; et renferme quelquefois de l'épidote, du talc, du quartz, de la nigrine, etc.

EURITE. Nom que M. d'Aubuisson a donné à la roche que les Allemands appellent Weistein, Klingstein et Haufels, et qui se compose d'une pâte de pétrosilex qui renferme en majeure partie des grains de feldspath, puis du mica, de l'amphibole, du grenat et autres substances. La texture de cette roche est compacte ou grenue; quelquefois elle a l'aspect d'un porphyre, ou se divise en feuillets, ce qui établit des variétés que l'on désigne par les noms de schistoïde, de porphyroïde et de granitoïde. Elle est toujours stratifiée et elle affecte des formes prismatiques qui sembleraient annoncer une origine ignée.

EURITINE. Roche qui doit son nom à M. Cordier. C'est un conglomérat microscopique de détritus feldspathique endurci, par un ciment quartzeux, qui se trouve en couches dans les Vosges et dans les terrains houillers du département de Maine-et-Loire, où les mineurs l'appellent *Pierre carrée*. Dolomieu, qui l'avait aussi observée, la prenait pour du pétrosilex.

EURYARTHRA. *Agass.* Genre de poissons fossiles, de la famille des Raies.

EURYNOTHUS. *Agass.* Genre de poissons fossiles, de la famille des Lépidoïdes, que l'on rencontre à Burdie-House, en Angleterre.

EXHAUSSEMENT. *Voy.* SOULÈVEMENTS.

EXOGYRA. *Goldfuss.* Voy. PLANOSPIRITE.

F

FÆLLE. Nom que les Allemands donnent à ce que nous appelons faille.

FAILLE. Fente qui divise quelquefois d'une manière notable les couches géologiques, et qui provient toujours d'un dérangement de niveau des deux côtés de la fente. On remarque en effet que l'un de ces côtés est constamment plus bas que l'autre. Les failles sont constamment le résultat, soit d'un affaissement, soit d'un soulèvement. Il en existe une en Angleterre, qui est immense, dans laquelle le déplacement vertical est de 200 à 300 mètres, dont l'étendue horizontale du mouvement qui lui a donné naissance, a au moins trente milles, et dont la fente offre une longueur qui varie de 3 à 15 mètres.

FALAISE. On désigne par ce mot une côte escarpée qui s'élève quelquefois au delà de 100 mètres au-dessus du niveau de la mer, comme on le remarque sur les deux rives de la Manche, c'est-à-dire en Normandie et en Angleterre; et qui, constamment battue par les flots, fournit ces débris que l'on appelle galets. Souvent aussi les falaises, minées à la fois par les eaux pluviales qui les creusent perpendiculairement et les vases qui les attaquent sur leurs flancs, forment des pyramides, des obélisques, comme on en voit sur les côtes de la Normandie, de l'Angleterre et de l'Océanie, et conservent leur position et leur forme bizarre, jusqu'à ce que quelque lave furieuse vienne un jour les briser et les renverser.

FALUN. Dépôt meuble, composé de débris de coquilles et de sable, qui s'emploie quelquefois pour amender le sol qui le recouvre. Celui du département d'Indre-et-Loire, situé sur un plateau au sud de Tours, offre une superficie de 106,656 mètres carrés, et une épaisseur qui varie de 1 à 20 mètres, selon le plus ou moins d'éloignement du bassin maritime dans lequel il s'est formé. Ce falun est composé de sable quartzeux, de cailloux roulés et de coquilles qui appartiennent principalement aux genres Arche, Huître, Peigne, Pétoncle, Cérithe, Porcelaine, Cône, etc. On y trouve aussi des balanes, des serpules, des polypiers, des débris de lamantin, des dents de squale et des ossements de mastodonte, d'hippopotame, de rhinocéros, de tapir, de cheval, de palæothérium, de cerf, etc.

FARINE fossile. Dénomination vulgaire du calcaire commun.

FASSAITE. Variété de pyroxène.

FAULT. Nom que les Anglais donnent à ce que nous appelons faille.

FAVOSITE, *Favosites*. Genre de polypiers fossiles, de l'ordre des Tubiporées, que l'on rencontre dans les terrains secondaires et ceux de transition. Il est caractérisé comme suit : Corps pierreux, simple, de forme variable, et composé de tubes parallèles, prismatiques, disposés en faisceau, contigus, pentagones ou hexagones, plus ou moins réguliers, rarement articulés.

FAVULARIA. *Sternb*. Voy. SIGILLARIA.

FELDSPATH. Roche à base simple, de texture cristalline, composée de silicates d'alumine et de potasse, quelquefois remplacée par la soude ou la chaux. Cette substance constitue aujourd'hui l'orthose et l'albite.

FELDSPATH-PORPHYR. Nom que les Allemands donnent au porphyre dont la base est le feldspath.

FELDSTEIN. Les Allemands appellent ainsi le pétrosilex.

FELL-TOP-LIMESTONE. Nom que donnent les Anglais au groupe de couches calcaires qui se rencontre dans la formation carbonifère.

FELSARTEN. Mot allemand qui signifie roche.

FELSPAR. Les Anglais appellent ainsi le feldspath.

FENTES. On appelle ainsi, en géologie, les fissures dont les parois sont distantes au lieu d'être en contact. Les fentes sont quelquefois remplies de substances minérales qui prennent alors le nom de filons.

FERN-LIMESTONE. Nom que donnent les Anglais au calcaire brun-rouge de la formation carbonifère.

FLEUER-STEIN. Les Allemands nomment ainsi le silex pyromaque.

FILASSE DE MONTAGNE. Nom vulgaire donné à l'asbeste. *Voy*. TRÉMOLITE.

FILICITES, *Filicites*. M. Ad. Brongniart a créé provisoirement ce genre, avec quelques fougères qu'il n'a pu rattacher dans le moment aux autres genres déjà décrits dans la flore fossile; mais qui deviendront peut-être, selon lui, le type de genres nouveaux. Celui-ci n'a donc aucuns caractères génériques proprement dits, et chaque espèce forme pour ainsi dire une division dans le groupe.

FILONS. Amas de matières minérales qui remplissent les fentes des couches géologiques et qui se partagent le plus souvent en rameaux dont les subdivisions se perdent ensuite dans la roche. Les filons sont, ou de substances minérales, ou de substances métalliques, et présentent toujours des caractères qui les font parfaitement distinguer. Ainsi, lors même qu'un filon de granite traverse une masse granitique, on le reconnaît à ses grains cristallins et épurés. Les filons métalliques sont presque constamment engagés avec une substance minérale, telle que du calcaire, du quartz, de l'argile, de la baryte, etc., laquelle substance porte dans ce cas le nom de *Gangue* ou de *Matrice*, comme la désignaient les anciens naturalistes. Les métaux se présentent au milieu de cette gangue, tantôt en masse, tantôt en rognons ou simplement en grains, ou bien en veines. S'il faut en croire une observation que les mineurs donnent pour exacte, les filons d'une formation contemporaine offrent un parallélisme constant, tandis que ceux de diverses origines se croisent en différents sens, d'où il résulterait que celui qui est interrompu a dû précéder celui qui le traverse.

FIRE-CLAY. Nom que donnent les Anglais à l'argile schisteuse.

FIRE-STONE. Mot anglais qui signifie pierre qui résiste au feu.

FISSILE. On emploie cette épithète pour désigner les roches ou les minéraux qui ont de la tendance à se diviser en feuillets. Tels sont le talc graphique, les gneiss, etc.

FISSURE. Ce mot est appliqué de deux manières en géologie : la *Fissure de stratification* est celle qui sépare les assises de couches de même nature; celle de *superposition* sépare des couches de natures diverses.

FISTULARIA. *Lacép*. Genre de poisson de la famille des Aulostomes. Ses caractères principaux sont : Tube de la bouche long et déprimé; petites dents aux intermaxillaires inférieurs; nageoire dorsale opposée à l'anale; rayon médian de la caudale filamenteux. On rencontre les espèces fossiles de ce genre dans la craie.

FLABELLARIA. Genre de la famille des Palmiers, que l'on trouve à l'état fossile.

FLACHES-GEBIRG. Les Allemands désignent par ce mot une montagne à pentes douces.

FLAG. Nom que les Anglais donnent au schiste.

FLIESENSTEIN et FLIESEN. Noms que les Allemands donnent à une espèce de grès argileux mêlé de calcaire.

FLIESSGOLD, FLIETSCHGOLD et FLILSCHENGOLD. Noms que donnent les Allemands aux paillettes d'or disséminées dans le sable des rivières.

FLINTY-SLATE. Les Anglais appellent ainsi le schiste quartzeux.

FLOETZ. Les Allemands désignent par ce mot une couche minérale qui est parallèle aux bancs du terrain où elle est située.

FLOETZGEBIRGS-ARTEN. Nom que donnent les Allemands aux montagnes stratifiées.

FLOETZ-GRUNSTEIN. Ce nom est donné par les Allemands à la dolérite.

FLOETZKLUPTE. Les Allemands appellent ainsi les ouvertures ou fentes qui partagent une roche en assises.

FLOETZ-PORPHYR. Nom que donnent les Allemands au porphyre de la formation houillère.

FLOETZTRAPP. Les Allemands nomment ainsi le trapp stratiforme ou secondaire.

FLUORINE ou FLUORITE. Roche composée d'une partie de calcium et de deux de fluore. Elle est à cassure vitreuse, de peu de dureté, et présente des cristaux en cubes et octaèdres réguliers, de couleurs vertes, jaunes, violettes et bleues. Elle se rencontre en masses lamellaires, concrétionnées, compactes ou terreuses, au milieu de divers calcaires. On la nomme aussi *Chaux fluatée*, *Spath fluor* et *Spath fusible*, et l'on croit que c'est avec l'une de ses variétés qu'on fabriquait les vases *murrhins*, si célèbres dans l'antiquité.

FLYSH. Nom que l'on a donné, dans les Alpes, à l'un des systèmes du terrain crétacé, système qui, au Fluhberg, dans la chaîne du Stockhorn, s'élève à plus de 2000 mètres. Le flysh est formé de couches alternatives de schistes marneux ou sableux, noirs ou gris; de macignos noirâtres très-compactes; de calcaires veinés et de calcaires brèches; de silex cornés, en couches ou en rognons; et enfin de quelques coquilles.

FONGITE. Nom que les anciens naturalistes donnaient à une espèce de madrépore fossile qui est en forme d'entonnoir

FONTAINE. *Voy.* EAU.

FONTINAL. Quelques géologues emploient ce mot pour désigner des formations dues à des sources froides ou thermales.

FOREST-MARBLE. Nom que les Anglais donnent à une formation de calcaire à polypiers et de marne.

FORETS SOUS-MARINES. On désigne par ce nom les forêts qu'une catastrophe géologique a subitement enfouies sous une couche plus ou moins épaisse de tourbe ou de sable. Dans les forêts sous-marines de la grande vallée de la Somme, et dans celle de Canche et d'Anthie, les chênes, les ormes, les hêtres et les pins sont couchés tout entiers. Celle de Gorinchem, en Hollande, découverte en 1818, a présenté des arbres énormes, tous renversés les uns sur les autres dans la direction du sud-ouest. La forêt sous-marine ouverte en 1834 à Holderness, dans le Yorkshire, offrait au contraire des arbres renversés dans toute espèce de direction. Il y a encore de ces forêts près de Cologne, dans la haute Autriche, en Ecosse, dans le département de la Loire, etc. On en rencontre enfin aux régions boréales.

Dans les environs de Morlaix, en Bretagne, un coup de mer déblaya, en 1811, une partie de la côte des sables meubles qui la recouvraient, et mit à découvert une masse considérable de troncs d'arbres. Ceux-ci étaient tous couchés sur le rivage, leur cime tournée vers l'intérieur des terres, comme s'ils avaient été renversés par un coup de mer semblable à celui qui les avait découverts. Cet enfouissement paraît remonter à l'an 700. En 1839, on a découvert à Soud-Hokons, près de Londres, une forêt souterraine dont tous les arbres sont des chênes d'une grande dimension. On croit que cette forêt fut exploitée par les soldats romains pour la construction de leurs routes. MM. Correa de Serra, Playfair, Henslow et Sedgwich, ont décrit les forêts sous-marines du Cornouailles et du Lincolnshire. MM. Flemming et Smith ont aussi cité plusieurs exemples de ces forêts sur les côtes d'Ecosse et d'Angleterre.

Les arbres nombreux que le Mississipi charrie, depuis qu'il épanche ses eaux vers l'Océan, ont formé une espèce de radeau dont la longueur est d'environ 3200 mètres et la largeur de 212, dans le canal d'une de ses branches, la rivière Rouge.

Parmi les exemples des révolutions qui se sont accomplies dans des bassins particuliers et qui ont amené l'enfouissement de forêts, on peut citer la baie où s'élève l'abbaye du mont Saint-Michel et qui porte le nom de baie de Cancale. Le cataclysme qui donna naissance à ce golfe eut lieu au mois d'octobre de l'an 709, à la suite d'une violente tempête. Une portion notable des côtes de l'Armorique fut engloutie par la mer; le mont Saint-Michel, séparé du continent, devint une île; la baie de Cancale remplaça l'antique forêt de Scycy, que le culte druidique avait rendue célèbre; et d'immenses anfractuosités découpèrent les côtes de la Normandie et de la Bretagne. La mer, qui jadis était éloignée de plusieurs lieues d'Avranches, vient aujourd'hui, dans les fortes marées, baigner les murs de cette ville, et l'on trouve en plusieurs endroits de la grève, à peu de profondeur, des rangées d'arbres renversés dans une même direction.

FORET FOSSILE. On a trouvé dans les environs de Rome, non loin de la porte du Peuple, une forêt fossile qui s'étend le long de la voie Flaminia, vers le pont Molle. C'est une masse de 40 pieds d'épaisseur, dont la base est formée de troncs d'arbres d'une grande dimension.

FORMATION. Assez généralement, on donne ce nom, en géologie, à l'association d'un certain nombre de roches. Plusieurs formations constituent un terrain.

FORMATION DE POLYPIERS. Les habitants des Bermudes montrent certains polypiers qui, suivant la tradition de la contrée, ont vécu sur les mêmes points depuis plusieurs siècles. Ehremberg a observé des individus, des genres Méandrine et Favie, dont le diamètre était de 1 à 3 mètres, et qui, selon lui, devaient avoir plusieurs milliers d'années, fait qui semble annoncer une extrême lenteur dans l'accroissement des polypiers. La chaîne des Maldives, située dans l'Océan Indien, au sud-ouest du Malabar, et qui s'étend, du nord au sud, sur une longueur de 480 milles géographiques, se compose d'une série de groupes circulaires d'îles entièrement formées de corail, dont les plus grandes ont de 40 à 90 milles dans leur diamètre le plus considérable.

FORMES. On donne ce nom aux divers aspects sous lesquels se présentent les parties qui composent l'écorce du globe. Ces formes sont ordinairement massives, fragmentaires, cristallines et organiques.

FOSSILES. On appelle ainsi des restes de végétaux ou d'animaux qui ont subi, par suite de leur enfouissement dans le sol, des altérations telles dans leur constitution, qu'ils ne conservent plus généralement que leur forme. La substance fossilisée appartient donc toujours aux corps organiques; elle transforme des éléments primitifs en éléments calcaires ou siliceux; et conserve néanmoins les caractères particuliers de sa structure. Lorsqu'on analyse un fossile animal, on reconnaît toujours, si l'on procède par la voie de la distillation, la présence d'un sel alcalin et d'une huile fétide empyreumatique; et le fossile végétal donne un acide pareil à celui que produit la distillation du tartre. Quand on a recours à la voie de calcination, la matière animale prend, en opérant à feu nu et à l'air libre, une couleur blanche qui devient noire, au contraire, si l'on fait usage de vaisseaux clos. Quant à la matière végétale, elle se convertit en charbon et devient inflammable. On donne aussi, mais improprement, le nom de fossiles à des empreintes d'animaux et de végétaux et à des moules de mollusques.

Quelles sont les conditions rigoureuses de la fossilisation et dans quelle durée peut-elle communément s'opérer? Ce sont, nous le pensons du moins, des questions qui restent encore à résoudre. Toutefois, MM. Marcel de Serres et Figuier ont cru reconnaître que ces conditions, pour certaines coquilles dans les temps modernes, consistent dans l'immersion des restes organiques au sein de grandes masses d'eau contenant en dissolution des composés calcaires ou siliceux. *Voy.* Paléontologie.

FRANKLINITE. Roche de couleur noire, à l'aspect métalloïde, composée de peroxyde de fer, d'oxyde rouge de manganèse et d'oxyde de zinc, qui a été découverte dans la mine de Franklin, district de New-Jersey, aux Etats-Unis.

FRESHWATER FORMATION. Nom que donnent les Anglais à la formation d'eau douce.

FUCOIDES, Fucoides. *Sternb.* Genre de fucus fossiles, que l'on a divisé en plusieurs groupes composés d'espèces qui se rapprochent plus ou moins de genres vivants, d'où résulte l'impossibilité d'assigner à ce genre des caractères bien déterminés. Ces groupes sont : les Spargassites, les Fucites, les Laminarites, les Encœlites, les Gigartinites, les Delesserites, les Dictyolites et les Caulepites. On trouve les Fucoïdes dans les terrains houillers, les grès, les calcaires marneux, etc.

FULGURITES. Nom donné à des tubes siliceux que l'on remarque souvent dans les collines de sables et dans les landes, où ils se ramifient à des profondeurs qui varient de 2 à 10 mètres et que l'on attribue à la foudre qui s'enfonce dans ces dépôts. La grosseur des Fulgurites varie aussi depuis celle du doigt jusqu'à celle d'un verre ordinaire. Ces tuyaux sont aussi appelés des *Astrapyalites* et des *Tubes fulminaires.*

FULLERS-EARTH. Nom donné par les Anglais à une formation de terre à foulon et de marne argileuse bleue.

FUMAROLLES ou FUMEROLLES. Jets de vapeur qui s'échappent des crevasses du sol, dans les terrains volcaniques et dans quelques autres, comme on le remarque au Monte-Cerboli en Toscane, où ces jets se montrent au milieu d'une formation calcaire. On donne le même nom aux vapeurs qui sortent des courants de laves.

G

GABBRO. *Voy.* Euphotide.

GABELUNG. Les Allemands désignent par ce mot, la division d'un filon en deux branches.

GÆLLMEI. Nom que les Allemands donnent au zinc oxydé.

GALÈNE. Roche composée de sulfure de plomb et d'un peu de fer, et renfermant aussi, quelquefois, un peu d'argent. Elle se distingue en galène cristallisée, pseudomorphique, globuleuse, stalactitique, lamellaire, terreuse, saccharoïde et compacte. On la rencontre dans tous les terrains de la série, depuis les formations primitives jusqu'aux secondaires comprises.

GALÉRITE, *Galerites.* Genre de polypiers fossiles, établi par Lamarck et placé dans l'ordre des Echinodermes pédicellés. Les principaux caractères de ce genre consistent dans des ambulacres complets, formés de sillons qui rayonnent par paires du sommet à la base, et dans une bouche inférieure et centrale. On rencontre les Galérites dans les couches de craie de première formation.

GALESINITE. *Voy.* Nigrine.

GALETS. Fragments de roches de toute nature, qui sont arrondis par le mouvement des eaux et forment de vastes dépôts sur certaines plages. Ces dépôts de transport sont semblables à ceux qui appartiennent aux terrains d'alluvions anciennes.

GALLINACE. L'une des variétés de cendres que lancent les volcans.

GANG. Les Allemands donnent ce nom à une masse métallique différente de la roche qu'elle traverse.

GANGART. Ce nom est donné par les Allemands aux diverses substances qui, dans un filon, accompagnent le minerai principal.

GANG-GEBIRGE. Les Allemands appellent ainsi les montagnes qui renferment un grand nombre de filons métalliques.

GANGUE. Substance rocheuse ou autre qui enveloppe un minéral quelconque.

GANODUS. *Egert.* Genre de poissons fossiles, de la famille des Chiméridés. Il est caractérisé comme suit : Tubercules allongés et réunis en une seule protubérance recouverte d'une lame osseuse; lame striée longitudinalement à la face externe du bord dentaire des deux mâchoires.

GANOIDES. *Agass.* Ordre de poissons fossiles dont les principaux caractères sont les suivants : Ecailles anguleuses, rhomboïdales ou polygones, formées de lames osseuses ou cornées, et recouvertes d'émail. Cet ordre comprend les familles des Lépidoïdes, des Sauroïdes, des Pycnodontes, des Sclérodermes, des Gymnodontes et des Lophobranches.

GASTERACANTHUS. *Agass.* Genre de poissons fossiles dont la famille n'est pas déterminée.

GASTERONEMUS. *Agass.* Genre de poissons fossiles, de la famille des Scombéroïdes. Il est ainsi caractérisé : corps comprimé; tête petite; abdomen dilaté; nageoires ventrales thoraciques, supportées par un énorme os sphérique, et composées d'un long rayon simple, précédé d'un petit osselet; la dorsale continue. Ce genre provient du Monte-Bolca.

GAULT ou GALT. Marne argileuse, grisâtre ou bleuâtre, qui forme l'un des groupes de l'étage moyen du terrain crétacé.

GAVIAL. Espèce de crocodile des fleuves de l'Inde, auquel on a cherché à rapporter plusieurs animaux fossiles, sans qu'il ait été possible de s'appuyer sur des caractères bien déterminés. Les débris qui ont paru avoir le plus d'analogie avec la famille des Gavials, sont ceux du Palæosaurus, ou Gavial de Manheim, appelé ainsi parce que ses restes furent trouvés aux environs de cette ville, dans les schistes marneux si connus sous le nom de schistes lithographiques de Solenhofen.

GEBIRGE. Ce mot allemand signifie une chaîne de montagne.

GEBIRGS-ARTEN. Les Allemands désignent par ce mot les montagnes d'une grande étendue.

GEBIRGSKESSEL. Ce mot allemand indique une espèce de bassin dans une région élevée et qui est entouré de montagnes.

GEFLOSSEN. Mot allemand qui signifie coulée.

GELBE-ERDE. Nom que les Allemands donnent à l'argile ocreuse.

GEMMES. Ce nom, que l'on donne particulièrement aux pierres précieuses, appartient à la minéralogie proprement dite : toutefois, il n'est pas inutile d'en dire un mot dans ce Dictionnaire, comme renseignement. Le Diamant, le Corindon, l'Emeraude, le Spinelle, le Cymophane, l'Opale, le Péridot, la Topaze, le Grenat, la Tourmaline, la Cordiérite, la Turquoise, etc., sont les gemmes les plus renommées. Les variétés du Corindon constituent à leur tour plusieurs pierres précieuses. Ainsi, le Corindon rouge donne le *Rubis oriental;* le bleu, le *Saphir;* le blanc, le *Saphir blanc;* le jaune, la *Topaze orientale;* le pourpre, *l'Améthiste orientale;* le vert, *l'Emeraude orientale*. Il y a encore les Corindons *opalisant* et *astérie*. Le Spinelle fournit aussi le *Rubis spinelle* et le *Rubis balais;* l'Emeraude se divise en *Aigue-marine*, en *Emeraude du Pérou* et en *Béril bleu;* il y a l'*Opale irisée* et l'*Opale de feu;* le Grenat offre l'*Hyacinthe* et le *Pyrope*. Mais le Diamant est sans contredit la gemme par excellence, et il mérite sa réputation par sa dureté, son éclat et sa force de réfraction.

Le Diamant est du carbone pur; sa dureté est telle qu'il raie tous les corps connus et n'est rayé par aucun; sa densité est de 3. 52 à 3. 55; il n'est ni volatil, ni fusible et ne se dissout dans aucun liquide. On le trouve dans un terrain d'alluvions dont la nature est à peu près la même dans toutes les localités où on le recueille; ce dépôt est formé de cailloux roulés, liés par une argile ferrugineuse ou sableuse; et on y rencontre de l'oxyde de fer à divers états, du quartz, du bois pétrifié, etc. On a remarqué que les diamants les plus volumineux se rencontrent toujours dans le fond ou sur le bord des larges vallées, et particulièrement aux points où se trouve aussi de la mine de fer en grains lisses. En général, ils se montrent à peu de profondeur au-dessous de la surface du sol. Les terrains diamantaires ne sont encore connus que dans l'Inde, l'île de Bornéo et le Brésil. Les fameuses exploitations de Golconde, dans le Décan, employaient, dit-on, jusqu'à trente mille personnes. C'est elles qui ont fourni le Diamant nommé *le Régent*. Le gisement de Minas-Geraes, au Brésil, n'a été découvert qu'au XVIIIe siècle. Le Diamant des vitriers, qui doit avoir la forme de l'octaèdre régulier, se recueille à Bornéo. La Hollande possède de nombreux ateliers pour la taille des Diamants, et Anvers est renommé pour celle des Roses.

Parmi les diamants célèbres par leur volume et leur eau, on cite principalement celui du Raja de Matun, à Bornéo, qui pèse au moins 300 carats (le carat équivaut à 20 centigr. 5 milligr.) ; celui de l'empereur du Mogol, pesant 279 carats et estimé 11 millions de francs; celui de l'empereur de Russie, pesant 163 carats et acheté 2,250,000 fr. avec une pension viagère de 100,000 fr.; celui de l'empereur d'Autriche, appelé le grand-duc de Toscane, pesant 139 carats et évalué 2,600,000 fr.; le Régent, pesant 136 carats et acheté 2,500,000 f.; Le Sanci, pesant 55 carats, etc. On fait encore mention d'un Diamant de couleur *bleu foncé*, pesant 8 grammes et acheté 450,000 fr.; d'un autre, *vert émeraude*, déposé au trésor de Dresde et pesant 6 grammes 75 milligrammes; et enfin d'un troisième, *rouge rubis*, du poids de 2 grammes et acheté par l'empereur Paul Ier pour 400,000 francs.

GEODE. Corps plus ou moins arrondi et creux à l'intérieur, qui renferme, soit un noyau mobile, comme la Pierre d'aigle, soit une matière terreuse et pulvérulente, soit enfin des cristaux qui sont de même nature que le rognon ou d'une substance différente.

GEODÉSIE. Science qui a pour objet la mesure de la terre ou celle d'une partie quelconque de sa surface. Ainsi, il faut placer au nombre des opérations géodésiques, le levé trigonométrique d'un pays ou la détermination d'un arc du méridien.

GEOGÉNIE. Partie de la cosmogonie qui embrasse la théorie de la formation de l'univers.

GEOGNOSIE. Etude des substances minérales qui forment les montagnes et les grandes couches du globe.

GEOGONIE. Partie de l'histoire qui traite de l'origine de la terre.

GEOLOGIE. Partie de l'histoire naturelle qui a pour objet la connaissance de la description du globe terrestre; des diverses matières dont il se compose; puis leur formation, leur position, leur direction, etc. Les dépôts géologiques ont reçu le nom de *Terrains* ou de formations, et se distinguent par leur disposition, soit en *Etages*, soit en *Assises*. La succession et la composition des terrains sont indiqués à l'article que nous avons consacré à ce mot; et il en est de même de la succession des corps organisés, dont nous avons parlé aux mots ÉPOQUES GÉOLOGIQUES et PALÉONTOLOGIE. Un des points les plus intéressants dans l'étude de l'écorce du globe est la *stratification* des roches. On entend par ce mot, la division d'une masse quelconque en bancs ou couches que l'on appelle *Strates* (*Voy.* STRATIFICATION). La régularité que ces couches présentent en général est un fait extrêmement remarquable, qui confirme l'ordre et la succession dans lesquels les dépôts se sont formés, et qui, comparé aux opérations qui s'accomplissent sous nos yeux, démontre l'uniformité des lois que la nature observe dans son action incessante. Nous assistons chaque jour en effet à ce travail continu du temps sur les œuvres créées, travail qui nous explique l'analogie qui existe entre les résultats que prépare le moment actuel et ceux que la série des siècles a déjà réalisés. Ainsi, les dépôts anciens se conçoivent parfaitement par les dépôts modernes qui proviennent, les uns des sédiments ou des débris des roches calcaires, des grès ou des coquilles, les autres des déjections des matières volcaniques. On reconnaît, toutefois, qu'à l'époque actuelle les opérations dont il vient d'être parlé se font avec plus de calme qu'il n'en existait dans les périodes anciennes; et si l'on s'arrête simplement à cette considération que les feux souterrains ont suffi naguère pour imprimer un mouvement ondulatoire aux plaines qui sont au pied des Cordilières, et pour élever la côte du Chili à 12 mètres au-dessus de son niveau primitif, on peut facilement se rendre compte de l'effet que devaient produire les mêmes causes, lorsqu'elles agissaient sur une croûte moins épaisse. Au surplus, tous les changements qui s'accomplissent à la surface du globe ne sont pas dus seulement à l'action des feux souterrains, à celle des eaux et aux cataclysmes soudains qui en sont le résultat: plusieurs proviennent aussi de cette destruction lente qui suit la marche des siècles, de cette destruction qui creuse, qui mine, qui brise insensiblement les corps que l'on serait disposé à croire inaltérables. C'est ainsi que les sommets et les flancs des plus hautes montagnes se morcèlent petit à petit; que certains glaciers s'avancent en entraînant avec eux dans la plaine, les masses rocheuses qu'ils ont enveloppées; que les avalanches détruisent tout sur leur passage; que les vallées de Goldau et de Bouzingen se sont trouvées ensevelies par l'écroulement du Righi; que les montagnes glissent sur leur base et vont porter la dévastation sur le sol où elles s'arrêtent, comme le firent la montagne de Perrier en Auvergne, le mont Goïma dans l'Etat de Venise, celui de Piz dans la province de Trévise, et comme cela a lieu encore fréquemment dans les contrées équatoriales.

Nous avons fait connaître, au mot COSMOGONIE, les principales théories qui, chez les anciens et les modernes, ont été le résultat des études géologiques. Nous avons parlé des *Neptuniens*, dont l'hypothèse prit, dit-on, naissance en Egypte, et compte entre autres, parmi ses propagateurs, chez les anciens, Orphée, Hésiode, Homère, et parmi les modernes, Linné et Dolomieu; des *Plutoniens*, qui avaient pour défenseurs, dans les temps reculés, Zoroastre, les Mages, les Brahmes, les Stoïciens, les philosophes du Portique, et dans nos derniers siècles, Descartes, Leibnitz et Buffon; et enfin, des *Atmogéens*, représentés en première ligne par Herschell et de Laplace. Nous ajouterons que beaucoup d'observations recueillies soi-disant et signalées pour la première fois par des savants de notre époque, doivent être restituées à leurs devanciers; et nous indiquerons entre autres Frascator et Sténon, qui déjà, vers 1517, annonçaient que les débris fossiles répandus sur la surface du globe, provenaient de dépôts d'époques différentes et devaient aider à reconnaître l'âge des roches qui les contiennent; nous rappellerons également que les travaux de Buffon ont été la base ou le fil conducteur des plus importantes investigations qui se sont réalisées de nos jours.

Il serait aussi long que superflu d'examiner ici les travaux de chacun des géologues qui se sont plus ou moins distingués par leurs recherches, et nous nous bornerons à mentionner les noms suivants: Anaxagore, Aristote, *Alexander ab Alexandro*, Agricola, Andrada, Ardonino, Ampère, Arago, Agardh, Allan, Agassiz, Artis, Aubuisson, Archiac; Bebès, Boccace, Bacon, Bernard de Palissy, Burnet, Burgnet, Bernier, Buffon, Blumenbach, Bergmann, Bonard, Bertrand, Bertrand Geslin, Bertrand Roux, Breislak, Behrendt, Boué, Blainville, Brongniart, Beudant, Boblaye, Bird, Brochant de Villiers, Brard, Beaumont, Buckland, Buch, Boissy, Bory de Saint-Vincent, Biot, Boubée, Basterot, Bouillet, Bravart; Censorius, Cardan, Carpentier, Conybeare, Clift, Cuvier, Cordier, Cotta, Caumont, Croizet, Constant Prévost, Charpentier, Christol; Descartes, Demaillet, Desmarest, Dolomieu, Deluc, Deshayes, de France, Dufrenoy, d'Orbigny, Desmoulins, Desnoyers, Dujardin; Eudoxe, Erastothène, Engelhart, Esmark; Ferdrousi, Frascator,

Fontenelle, Freisleben, Fleuriau de Bellevue, Faujas de Saint-Fond, Fleming, Fortis, Fourier, Ferrussac; Galilée, Greenough, Gensane, Geoffroy-Saint-Hilaire, Gratteloup, Gazola, Guérin, Girardin, Graves, Granger; Hésiode, Héraclite, Hérodote, Hall, Hutton, Herschell, Haüy, Humboldt, Halloway, Hitchkok, Hibbert, Hisenger, Huot; Jameson, Jaubert; Kaswini, Khildhz, Klipstein; Lucrèce, Loatzen, Léonard de Vinci, Leibnitz, Linné, Lehmann, Lonheis, Lister, Laméthrie, Lavoisier, Laplace, Lyell, Laurillard, Lamarck, Lartet, Labèche, Losh, Léonhard, Lazius, Llwydd, Lecoq; Mohamed-ben-Mohamed, Monnet, Morro, Michell, Mohs, Macculoch, Murchisson, Mantell, Martius, Montlosier, Marcel de Serres, Michelin; Newton, Needham, Noze, Nilson, Noggerath, Nau; Ovide, Owen, Omallius d'Halloy; Pythagore, Platon, Ptolémée, Polybe, Pomponius Mela, Pline, Pausanias, Paulus Sanctinus, Pascal, Pallas, Patrin, Palassou, Packe, Pentland, Playfer, Philipps, Poisson, Pander, Pareto, Passy; Ray, Rouelle, Rauner, Rosenmuller, Razoumowsky, Rhodes, Ramond, Rose, Rozet; Straton, Strabon, Saint-Justin, Sténon, Scheuchzer, Strachey, Schlottheim, Silliman, Saussure, Spallanzani, Scipion, Schmerling, Sturl, Sommering, Sowerby, Sedgwick, Sternberg, Soret, Steinhauer, Smith; Thalès, Théophraste, Trogue Pompée, Tylas, Targioni, Tournal; Underwood; Valerius, Voigt, Virlet, Verneuil, Woodward, Whisthon, Wickham, Werner, Webster, Whewel, Wrede, Whitehurst; Xenophane, Xanthus; Young; Zoroastre, Zenon, Zulzer; etc., etc.

Cuvier, de Lamarck, Brongniart, Deshayes et de France, se sont occupés du bassin de Paris; Montlosier, Bouillet et Croizet, de l'Auvergne; Marcel de Serres, Jules de Christol et Tournal, du Midi de la France, comme l'avaient fait avant eux Gensane et Soulavie pour le Languedoc; Gratteloup, Desmoulins et Basterol, du bassin de la Gironde; Dietrich, Palassou, Ramond, Picot de Lapeyrouse et Charpentier, des Pyrénées; de Saussure et Deluc, des Alpes; Théodore Virlet, de la Grèce; Rozet, de l'Algérie; Werner, de l'Allemagne, avec ses élèves de Buch, Sturl, Léonhart, Lazius, Noze, Voigt, Freisleben, Wrede et de Humboldt; ce dernier, de l'Amérique; Murchisson, Buckland, Conybeare, de Buch, Lyell, de l'Angleterre; Pallas, de la Russie; Huot, de la Crimée; Verneuil, de l'Asie Mineure, etc., etc.

Lehman et Rouelle sont les premiers qui aient classé les terrains en formations primordiales, secondaires et tertiaires; Werner et ses élèves ont fait de nombreuses observations sur la superposition des terrains; Faujas de Saint-Fond, Dolomieu, Deluc, Desmarest, Montlosier, Girardin, d'Aubuisson, Fleuriau de Bellevue, de Humboldt et Bory de Saint-Vincent, ont fait une étude particulière des volcans; M. Ad. Brongniart a composé une flore fossile, et MM. de Sternberg, de Schlottheim, Parkinson, Steinhauer, Bird, Allan, Rhodes, Noggerath, Mantell, Artis, Lyell, Martius, etc., ont cultivé la même spécialité. Les poissons fossiles ont été l'objet des recherches du savant Agassiz et de MM. Gasola, Mantell, Buckland, Murchisson, etc.; enfin, le présent siècle a vu éclore aussi plusieurs monographies, telles que celle de M. de Blainville sur les *Belemnites*, de M. Brongniart, sur les *Trilobites*, de M. Desmoulins, sur les *Echinides*, etc.; et de nombreux mémoires sur des localités, tels que ceux de M. Passy, sur les terrains crétacés de la Seine-Inférieure, de M. d'Archiac, sur la craie de l'Ouest, de M. Michelin, sur le gault de la Champagne, etc., etc.

GEOSAURUS. Saurien fossile, découvert par Schemering dans les schistes à crevasses ferrugineuses des environs de Manheim et auquel il avait imposé le nom de *Lacerta gigantea*. Les os de la face indiquent un museau analogue à celui des Scincoïdes; l'orbite, vaste et elliptique, est placé sur les côtés de la tête; et les plaques osseuses qu'elle renferme semblent annoncer que le globe de l'œil se trouvait renfoncé par un cercle osseux, polyphylle, comme celui des Ichthyosaures. Les mâchoires sont peu allongées, elles ont un bord dentaire droit, et les branches de l'inférieure sont réunies par une symphise de peu d'étendue, comme dans les Lacertiens. Les dents pouvaient être d'environ 18 sur la mâchoire entière, mais en plus petit nombre sur le maxillaire inférieur, et elles vont en décroissant de grandeur d'avant en arrière; elles sont enfin uniformes, faiblement arquées, coniques, obtuses à leur sommet, d'un brun lisse et brillant, placées à quelque distance l'une de l'autre et alternant comme celles des crocodiles. Le corps des vertèbres, fortement étranglé à sa partie moyenne, a ses facettes articulaires antérieures et postérieures légèrement concaves, les apophyses transverses grandes et robustes, et les apophyses épineuses simples et très-développées. La disposition des os du bassin le rapproche un peu des os pelviens des crocodiles; le fémur n'a pas les trochanters aussi marqués que dans les Sauriens.

GERVILIE, *Gervilia*. Genre de mollusques fossiles, créé par M. de France, et qui a beaucoup d'analogie avec les Pernes. Ses caractères sont ainsi définis : Coquille bivalve, inéquivalve, inéquilatérale, allongée, un peu arquée, substransverse, très-oblique sur la base et non saillante. Sa charnière est double : l'extérieure offre des sillons larges, mais peu profonds, opposés sur chaque valve et destinés à recevoir des ligaments; l'intérieure a des dents très-obliques, alternes sur chaque valve et se relevant mutuellement. Toutes les espèces de ce genre se rencontrent dans les environs de Caen où elles ont été observées particulièrement par M. Eudes Deslongchamps.

GESTELLSTEIN. Nom que les Allemands donnent au schiste micacé pur.

GESTOSSEN. *Voy.* GEFLOSSEN.

GIESECKITE. Nom donné à une roche découverte au Groënland par le docteur Gieseck et à laquelle on avait d'abord imposé celui de *Saphirine*. Elle se trouve dans le micaschiste de Driskances. Son analyse a fourni à M. Stromeyer : Silice, 14. 51 ; alumine, 63. 11 ; magnésie, 16. 85 ; chaux, 0. 38 ; oxyde de fer, 3. 92 ; oxyde de manganèse, 0. 53 ; eau et perte au feu, 0. 49. Sa couleur, comme l'indiquait son premier nom, est d'un bleu azuré.

GIOBERTITE. Roche lamellaire, compacte et terreuse, composée de carbonate et de magnésie, qui se trouve au milieu des dépôts de serpentine, dans le Tyrol et le Piémont. Il y a aussi de la Giobertite composée de carbonate de chaux, d'oxyde de fer et de manganèse.

GISEMENT. Lieu où un minéral ou un fossile se trouve au sein de la terre, et la disposition dans laquelle il est placé. Les fers magnétique, oxydé, oligiste, hydraté, carbonaté et sulfuré, le plomb sulfuré, l'étain, le mercure, le zinc et le cobalt, se disposent communément en *bancs* et quelquefois en *amas;* les fers oxydulé et oligiste constituent aussi des *montagnes ;* le fer sulfuré, le fer arsénical, les diverses variétés de l'argent, le mercure sulfuré, le molybdène sulfuré, l'or natif et le platine, sont *disséminés* par petites portions dans les roches granitiques et volcaniques ; les diverses variétés de fer se présentent aussi en *nodules*, en *rognons* ou en *nids*, de même que celles de cuivre, de l'argent, de l'or et du platine, dans les formations granitiques et secondaires, enfin, la plupart des mêmes minéraux se rencontrent encore, selon les formations, en *filons*, en *amas transversaux* et en *stockwercks*. Ce dernier nom se donne à des amas entrelacés, c'est-à-dire aux bancs où les substances minéralogiques se trouvent indifféremment disséminés soit en petites parties, soit en rognons, soit en nodules.

Le gisement géologique des roches est indiqué à l'article spécial que nous avons consacré à chacune d'elles. Quant au gisement géographique, s'il fallait maintenant nous en occuper, ce serait entreprendre un travail qui réclamerait une étendue aussi considérable que celle du présent Dictionnaire ; aussi ne mentionnerons-nous brièvement que quelques généralités.

Le granite formé essentiellement de feuillets de mica se montre principalement dans les Alpes Suisses, les Cordillères des Andes, etc. ; le granite à petits grains et à feldspath blanc ou jaunâtre, dans les Cordillères, etc. ; le granite à cristaux isolés d'amphibole, dans les Pyrénées, la Haute-Egypte, aux cataractes de l'Orénoque, etc. ; le granite alternant avec le gneiss, en Allemagne, près de Riobamba, dans le royaume de Quito, etc. ; le granite stannifère, en Franconie, etc. ; l'eurite avec ses variétés, en Allemagne, etc. ; le gneiss primitif, en France, en Ecosse, en Norwége, en Grèce, dans l'Asie Mineure, etc. ; on trouve le gneiss alternant avec le micaschiste, dans les Pyrénées, la Suisse, la Saxe, la Silésie, les Cordillères et les Llanos de Vénézuéla ; la syénite primitive se montre dans la Haute-Egypte, aux cataractes de l'Orénoque, aux Andes du Pérou, au mont Sinaï, etc. ; la serpentine primitive, en Saxe, dans les environs de Caracas. etc. ; le calcaire primitif, dans la vallée de Vicdessos des Pyrénées, sur le plateau de Quito, etc. ; le micaschiste primitif, dans les Pyrénées, les Alpes, le Tyrol, la Carinthie, la Norwége, le Brésil, les Cordillères, les montagnes de Parime, etc. ; le schiste primitif, dans les Pyrénées, la Norwége, les Llanos de Vénézuéla, le Mexique, les Andes, etc. ; le quartz en roche, dans les îles Hébrides, les montagnes du Brésil, les Cordillères des Andes, etc. ; le porphyre primitif, dans la Saxe, la Silésie, le Pérou, etc. ; et l'Euphotide, dans le Haut-Valais en Suisse, le harz, les montagnes du Bareuth, la Silésie, la Norwége, la spezzia en Italie, la Corse, l'île de Cuba, le Mexique, etc.

La grauwacke se montre dans les Alpes, la Tarentaise, la Carinthie, la Saxe, le Caucase, etc. ; les porphyres et les syénites de transition, dans les Vosges, la Saxe, la Norwége, les Philippines, les Moluques, le Mexique, les Andes du Pérou, etc. ; le calcaire noir de transition, dans les Ardennes, la Bretagne, les Pyrénées occidentales, les Alpes Suisses, la Norwége, le Caucase, etc. ; et l'euphotide de transition, dans le département des Landes, les Pyrénées, le Piémont, la Norwége, l'île de Cuba, les Llanos de Vénézuéla, etc.

La houille se trouve en Angleterre, en France, en Hongrie, en Autriche, au plateau de Santa-Fé de Bogota, aux Cordillères de Huarocheri et de Canta, dans les plaines salifères du Moqui et de Nabajoa au Nouveau-Mexique, dans le bassin du Missouri, etc. ; le grès rouge, en Saxe, en Silésie, en Hongrie, dans le Tyrol, en Ecosse, au Mexique, au Pérou, dans les plaines de Vénézuéla, etc. ; le quartz en roche secondaire, dans les Andes du Pérou, etc. ; le calcaire alpin, en France, en Suisse, en Angleterre, dans le Tyrol, en Styrie, dans les Andes, etc. ; le sel, en France, en Angleterre, en Suisse, en Pologne, dans le Wurtemberg, le Hanovre, le Hollstein, la Transylvanie, la Russie, la Colombie, etc. ; le calcaire magnésifère, en Angleterre, en Hongrie, etc. ; le grès bigarré, en France, en Angleterre, en Thuringe, dans la Nouvelle-Grenade, les Llanos de Vénézuéla, etc. ; le muschelkalk ou calcaire coquillier, dans les Vosges, le Hanovre, la Westphalie, etc. ; le calcaire du Jura, en France, en Angleterre, en Suisse, en Franconie, dans les Apennins, les Cordillères du Mexique, etc. ; le grès vert, en France, dans la Hongrie, la Galicie, etc. ; et la craie, en France, dans le Hollstein, le Hanovre, la Westphalie, le Harz, l'île de Rugen, etc.

Le grès à lignites se montre aux environs de Paris et dans les départements de la Gironde et de la Dordogne, dans les environs de Londres, en Suisse, en Hongrie, etc. ; et le calcaire siliceux et le gypse à ossements, constituent en partie le bassin de Paris.

Le leptinite se trouve, entre le granite et le gneiss, en Saxe, en Silésie et dans tous les terrains de syénite; le pegmatite, dans les mêmes terrains, en France, dans le Limousin, puis dans la Suède, la Moravie, les Etats-Unis, etc.; l'hyalomicte se montre en couches subordonnées, dans les divers dépôts superposés au granite ancien, et au pic d'Itacolumi, au Brésil : il renferme de l'or, du soufre et du fer oligiste; la diorite se trouve dans tous les terrains primitifs; la dolérite dans les formations intermédiaires et les premiers dépôts secondaires; et la dolomie forme des couches puissantes au mont Saint-Gothard, dans la Thuringe, en Hongrie, en Italie, etc.

L'or ne se présente jamais qu'à l'état métallique dans la nature, le plus souvent combiné avec l'argent, le cuivre, le rhodium, le tellure, etc., ou disséminé dans d'autres minéraux. Ses gangues sont en général le quartz, le jaspe sinople, le feldspath, l'oxyde de fer, le zinc, le mercure, le cuivre et l'arsenic. On le rencontre aussi quelquefois en grains isolés, sans gangue, et il reçoit dans cet état le nom de *Pépite.* En Europe, il existe des gisements d'or en Hongrie, en France, en Piémont, en Suisse, en Suède et en Grèce. Le Tage, en Espagne; l'Ariége, le Gardon, le Rhône, la Garonne et l'Hérault, en France; et le Rhin, en Allemagne, roulent des paillettes d'or. L'Afrique possède des mines d'or très-riches; l'Amérique a celles du Chili, du Pérou, du Mexique, du Brésil; l'Asie, celles de la Sibérie et les sables du Pactole; enfin, le Japon, l'île de Formose, Ceylan, Java, Sumatra, Bornéo, les Philippines et autres îles de l'archipel Indien, ont aussi leurs gisements d'or.

L'argent se montre en filons, dans la Norwége, la Sibérie, la Souabe, la Saxe, la Hongrie, la Transylvanie, les Vosges, le Mexique, le Pérou, etc. Le Platine est disséminé dans des dépôts arénacés semblables à ceux où se rencontrent l'or et le diamant, et on le rencontre au Brésil, dans la Colombie, à Saint-Domingue, sur l'Oural, etc. On a même annoncé, récemment, qu'il avait été découvert en France par M. Gaimard.

L'oxyde magnétique de fer constitue des dépôts considérables en Suède, en Norwége, dans les monts Ourals, en Hongrie, au Piémont, aux Etats-Unis, etc.; le fer oligiste forme quelquefois des montagnes entières en Laponie, à l'île d'Elbe, en Suède, dans les Vosges, à la côte de Coromandel, au Brésil, etc.; le péroxyde de fer offre des dépôts ou des filons plus ou moins considérables, dans le Harz, l'Auvergne, le Vivarais, l'Ardèche, etc.; l'hydroxyde de fer se présente en amas ou en couches puissantes, dans la Hongrie, la Saxe, la Bohême, la Savoie, la Suisse, les Pyrénées, le Dauphiné, la Lorraine, la Bourgogne, la Normandie, les îles Shetland, la Nouvelle-Grenade, etc.; et le carbonate de fer apparaît en filons et quelquefois en amas considérables, dans les Pyrénées, le Dauphiné, l'Aveyron, la Savoie, la Styrie, la Carinthie, la Galicie, la Hongrie, la Silésie, l'Espagne, l'Angleterre, etc.

Le cuivre pyriteux se montre dans les gneiss et les micaschistes, aux Pyrénées, dans la Styrie, le Tyrol, la Hongrie, la Croatie, le Harz, la Norwége, la Suède, le Piémont; l'île de Cuba, les Andes, sur les rives de l'Amazone, le plateau de Potosi, etc.; et le carbonate de cuivre se trouve aussi à peu près dans toutes ces localités.

Le sulfure de plomb se rencontre en dépôts considérables, depuis les terrains primitifs jusqu'aux secondaires, dans la Bretagne, le Tarn, la Lozère, l'Isère, les Vosges, le Saint-Gothard, la Bohême, la Saxe, l'Andalousie, l'Ecosse, la Pologne, le Mexique, etc.; l'étain se trouve en filons dans les terrains anciens, aux environs de Limoges, en Bohême, en Saxe, en Suède, en Amérique, aux Indes, etc.; le mercure se recueille dans les terrains secondaires, en France, en Espagne, en Carniole, au Mexique, au Pérou, etc.; le zinc se montre principalement dans les dépôts de sulfure de plomb, en Languedoc, en Belgique, dans le Harz, en Carinthie, en Silésie, etc.; l'antimoine apparaît en filons au sein du granite, dans l'Ardèche, la Lozère, le Puy-de-Dôme et la plupart des contrées de l'Europe; le molybdène se montre en gîtes isolés dans les granites et les micaschistes, dans le Dauphiné, la Savoie, le Piémont, le Tyrol, la Bohême, les Pyrénées, etc.; et la manganèse se présente en grandes masses, dans la Bourgogne, les Cévennes, le pays de Gênes, etc.

Le diamant se trouve au sein des dépôts d'alluvions, dans les provinces de Visapour et de Hidrabad; dans le Golconde, et principalement à Raslkunda; à Orissa et Allahabad dans la Decan; au Bengale; à Gaudjicota, dans la vallee de Pennar, sur les frontières de Missore, à Sumbelpour, sur les bords de la rivière de Mahameddy; à Ambauwany et Sandak, dans l'île de Bornéo; dans la province de Minas-Geraes, au Brésil, où les principaux gisements sont ceux de Mandaya, de Saint-Gonzalès, de Montero, de Rio-Pardo, de Carolina et de Canjeca; dans ceux de Serro San-Antonio, de Rio-Plata et d'Abatje; et enfin dans la Sibérie, près de Kescanar, et non loin de la mine de fer de Bissersk.

L'émeraude se rencontre particulièrement dans les dépôts de pegmatite, en France, en Suède, en Sibérie, aux monts Ourals et Altaï, en Egypte, dans le Connecticut, etc.; les grenats se trouvent disséminés dans les terrains de cristallisation, en France, dans les Pyrénées, en Piémont, en Bohême, en Saxe, en Hongrie, en Suède, en Norwége, en Sibérie, en Amérique, etc.; la tourmaline appartient aussi aux terrains de cristallisation, et se recueille au Saint-Gothard, dans le Tyrol, en Moravie, en Sibérie, au Brésil, aux Etats-Unis, etc.; la topaze forme de petites veines ou tapisse les fentes des roches cristallines, telles que les pegmatites et les granites, et se trouve en Suède, en Saxe, en Bohême, en Sibérie, au Brésil, au Connecticut, etc.; le corindon appartient aux mêmes roches, et se rencontre au Mont-d'Or, en Saxe, dans la province de Grenade en Espagne, dans les îles de l'archipel Grec, en Amérique, en Chine, etc. ; enfin, le spinelle se montre auprès du Corindon, en Sudermanie, au Pégu, à l'île de Ceylan, etc.

GLACIERS. Dans les vallées qui se trouvent voisines des cercles polaires, comme sur les montagnes les plus élevées des latitudes tempérées, les neiges, après avoir été amenées à l'état d'une entière congélation, constituent ce qu'on appelle des glaciers. Dans les régions arctiques et antarctiques, ces glaciers descendent graduellement des vallées pour arriver à l'Océan, où, sous la forme de champs de glace ils deviennent flottants; mais sous les basses latitudes, comme cela a lieu dans les Alpes, ils descendent à un niveau très-inférieur à celui des neiges perpétuelles, pour se fondre et donner naissance à des torrents.

M. Agassiz, qui s'est livré à des études profondes sur la formation des glaciers et les phénomènes qu'ils présentent, a dit : « Depuis Saussure, on a généralement conservé l'opinion que le mouvement d'un glacier n'est autre chose qu'un glissement sur lui-même, occasionné par son propre poids; mais plusieurs raisons portent à mettre en doute l'exactitude de cette explication. Le mouvement dont il s'agit semble, à bien plus juste titre, pouvoir être attribué à la dilatation de la glace résultant de la congélation de l'eau qui y est infiltrée et a pénétré dans ses cavités; car la masse de chaque glacier renferme d'innombrables fissures qui descendent à diverses profondeurs et sont, en grande partie, remplies d'eau de pluie et de celle qui provient de la fonte de la glace de la surface. Cette eau, étant toujours très-froide, se congèle au moindre abaissement de température, et tend, par suite, à faire dilater le glacier dans toutes les directions. Cependant, comme la glace est retenue de deux côtés par les flancs de la vallée et qu'elle pèse verticalement de tout son poids, la somme des dilatations, jointe à l'action de la pesanteur, ne peut, en définitive, que pousser le glacier vers le bas de la déclivité, c'est-à-dire vers le seul côté qui n'offre pas de résistance. » Selon M. Mallet aussi, la marche des glaciers des Alpes doit être attribuée à la pression hydrostatique de l'eau qui coule au fond et remplit les fissures qui se trouvent contenues dans l'intérieur de la masse. Ce mouvement progressif des glaciers est quelquefois, dans les Alpes, de 7 mètres 60 cent. par année; mais elle se montre aussi bien plus rapide, et l'on dit qu'elle est de 71 mètres pour le glacier de l'Aar.

Les parties des Alpes Suisses qui atteignent une élévation de 2000 à 2400 mètres, sont couvertes de neiges perpétuelles; mais dans la vallée de Chamouni, les glaciers sont de 1200 mètres au-dessous de cette limite, qui est elle-même inférieure d'à peu près 3600 mètres à la cime la plus haute du Mont-Blanc, où les glaciers atteignent, par 46° de latitude, 900 mètres environ au-dessus du niveau de la mer. De Saussure évalue leur épaisseur verticale moyenne à 24 ou 30 mètres; mais dans quelques endroits elle est au moins de 180 mètres.

La surface d'un glacier mouvant est presque toujours couverte de sable et de gros fragments qui proviennent des rochers qui leur servent de limites. Ces masses offrent des espèces de chaînes ou monticules, dont l'élévation est communément de 10 à 12 mètres et qui ont reçu en Suisse le nom de *Moraines.*

Les glaces que l'on rencontre sur les côtes du Spitzberg et du Groënland ont ordinairement de 6 à 9 mètres d'épaisseur et offrent, en quelques lieux, des plaines immenses qui sont, ou parfaitement unies, ou hérissées de colonnes et de pointes, de 5 à 10 mètres de hauteur. Même au milieu des eaux vives, il y a des montagnes de glace qui s'élèvent depuis 10 mètres jusqu'à 30 et 40 au-dessus de la surface de la mer, et qui s'enfoncent trois fois autant que cette dimension, c'est-à-dire à 40, 120 et 160 mètres. C'est principalement dans la baie de Baffin que l'on trouve de ces énormes masses flottantes. Quelquefois la glace se forme en pleine mer, à plus de 10 myriamètres des côtes.

Entre le Spitzberg et le Groënland, la densité de l'eau de mer est de 1,026; cette eau, en état de calme, se congèle à —2°; mais lorsqu'elle a été concentrée par la gelée, elle peut atteindre à une densité de 1,104, et alors elle ne gèle qu'à —10°. L'eau saturée de sel ne peut se solidifier qu'à —15°.

La couleur de la glace des glaciers est ordinairement bleue, et la teinte en est d'autant plus intense, que la masse contient moins d'air.

De Saussure divisait les glaciers en deux classes : la première comprenait ceux qui, sur les pentes, forment de larges et hautes sommités; la seconde, ceux qui occupent les ravins et qui sont hérissés d'aspérités pointues, dont quelques-unes ont jusqu'à 20 mètres de hauteur. Ces derniers ont aussi quelquefois une étendue de plusieurs myriamètres, et leur épaisseur est en rapport avec cette étendue. Le *glacier des bois*, qui forme au pied du Montanvert, à Chamouni, ce que l'on nomme la mer de glace, a, dans quelques-unes de ses parties, jusqu'à 300 mètres de profondeur. *Voy.* EAU et TEMPÉRATURE DU GLOBE.

GLAISE. Nom que l'on donne vulgairement à l'argile plastique que recouvrent des bancs pierreux de calcaire grossier.

GLANDULITHE. Nom proposé par Pinkerton, pour désigner les roches qui sont composées de globules ou sphéroïdes disséminés dans une pâte de feldspath et de quartz, ainsi qu'on le remarque dans le porphyre orbiculaire ou pyroméride.

GLAUCONIE. Roche composée de calcaire et de grains verts de fer chloriteux.

GLAUZSCHIEFER. Nom que les Allemands donnent au schiste éclatant.

GLETSCHER. Mot allemand qui signifie avalanche.

GLIEDERTE-KALK. Les Allemands appellent ainsi le calcaire magnésien.

GLIMMER. Nom que donnent les Allemands au mica.

GLIMMERSCHIEFER. Nom que les Allemands donnent au schiste micacé.

GLOBULODUS. *Munst.* Genre de poissons fossiles, de la famille des Pycnodontes, dont le caractère principal est d'avoir des dents pédiculées. On le rencontre dans le calcaire lithographique de Solenhofen.

GLOSSOPTERIS. *Ad. Brongn.* Genre de fougères fossiles qui se rapprochent du genre vivant *Aspidium*, et dont les principaux caractères sont une feuille simple, entière et lancéolée; les nervures naissant obliquement de la moyenne et réticulées à leur base. Ce genre se trouve dans les terrains carbonifères.

GLYPHIS. *Agass.* Genre de poissons fossiles, de la famille des Squalides, et que l'on a caractérisé comme suit : Dents élancées; racine et base de la couronne un peu élargies; cône dont la forme est celle d'un ciseau; racine massive et à cornes proéminentes ; dents de la mâchoire supérieure triangulaires. Ce genre provient de l'argile de Londres.

GLYPHITE. Variété de talc compacte, qui porte vulgairement le nom de *Pierre de lard.*

GLYPTODON. Genre de mammifère fossile, de la classe des Edentés.

GLYPTOLEPIS. *Agass.* Genre de poissons fossiles, de la famille des Célacanthes. Ses caractères principaux sont : Corps fusiforme; écailles minces et arrondies; nageoire ventrale ayant de la ressemblance avec une peau d'anguille; deux dorsales opposées à deux anales; la caudale grande, hétérocerque, triangulaire et le rayon supérieur portant de nombreux petits fulcres. Ce genre se rencontre dans le vieux grès rouge.

GLYPTOPOMUS. *Agass.* Genre de poissons fossiles, de la famille des Sauroïdes. Voici quels sont ses caractères : Corps trapu; queue courte; écailles rhomboïdales ou carrées, et juxtaposées les unes aux autres.

GLYPTOSTEUS. *Agass.* Voy. BOTHRIOLEPIS.

GNATOSAURUS. Saurien fossile que M. Herman von Meyer a trouvé dans les schistes de Solenhofen. Le seul débris recueilli est une mâchoire dont les branches sont longues, grêles, droites et soudées entre elles dans une étendue considérable. Les dents, simples, lisses et à peu près droites, sont creuses à l'intérieur, implantées dans des alvéoles isolés et disposés sur un bord dentaire qui est droit aussi, décroissent régulièrement de grandeur d'avant en arrière, et on en compte une quarantaine sur chaque branche de la mâchoire fracturée en arrière, ce qui semble annoncer qu'un nombre beaucoup plus grand existait dans la mâchoire complète.

GNEGYNE. Roche de texture schistoïde, composée d'orthose laminaire et de talc, et renfermant ordinairement du quartz, de la stéatite, de la chlorite, etc.

GNEISS. Roche plus ou moins feuilletée et essentiellement composée de paillettes de mica et de feldspath lamellaire ou grenu. Elle contient en outre du quartz, du talc et du graphite, d'où elle prend les noms de gneiss quartzeux, talqueux et graphiteux. Elle renferme aussi, mais accidentellement, des tourmalines, des grenats, du fer, du molybdène, etc. Les gneiss présentent de vastes formations qui reposent ordinairement sur les granites ou alternent avec eux, et sont traversés par des filons métallifères ou bien d'origine ignée.

GOBIO. *Lin.* Genre de poissons de la famille des Cyprinoïdes, dont les caractères sont ceux-ci : Corps cylindracé; dents pharyngiennes et placées sur deux rangs; nageoire dorsale opposée aux ventrales et ayant un rayon simple; écailles moyennes et minces. On trouve les espèces fossiles de ce genre dans les schistes d'OEningen.

GOBIOIDES. *Agass.* Famille de poissons de l'ordre des Cténoïdes, dont les caractères consistent dans des écailles rudes et pectinées et des nageoires ventrales thoraciques qui se réunissent par leur bord intérieur, de manière à former une espèce d'entonnoir.

GOBIUS. *Lin.* Genre de poissons de la famille des *Gobioïdes.* Ses caractères principaux sont : Corps cylindracé et allongé; nageoires ventrales entièrement réunies en forme d'entonnoir; les dorsales au nombre de deux et la première épineuse. Les espèces fossiles de ce genre se trouvent au Monte-Bolca.

GOLD. Nom que donnent les Allemands à l'or.

GOLDERZ. Les Allemands désignent par ce mot le minerai d'or.

GOLDHALTING. Mot allemand qui signifie aurifère.

GOLFE. Portion de mer assez notable, plus ou moins avancée au sein du continent.

GOMPHOLITE. Roche à texture poudingiforme, tenace, friable ou meuble, que les Allemands nomment *Nagelfluh*, et qui se compose de fragments de calcaire, de grès, de psammite, de quartz, etc. Elle fait partie de la formation Tritonnienne, et constitue, en Suisse, le mont Righi, remarquable par l'immense quantité de fragments arrondis que l'on y rencontre à une hauteur de 1900 mètres.

GONIATITE, *Goniatites.* Groupe formé par de Haan, dans la nombreuse famille des Ammonites.

GONIODONTES. *Agass.* Famille de poissons fossiles, de l'ordre des Ganoïdes.

GONIOGNATHUS. *Agass.* Genre de poissons fossiles, de la famille des Scombéroïdes, qui a été recueilli dans l'argile de Londres de Sheppy.

GONIOMÈTRE. Instrument dont on fait usage en géologie et en minéralogie, pour mesurer les angles des substances cristallisées. Le goniomètre ordinaire consiste en deux lames d'acier qui se trouvent réunies par un axe, de manière à ce qu'elles puissent se mouvoir autour et glisser au moyen de deux rainures qui servent à les allonger ou à les raccourcir selon le cas. On applique ces deux lames sur les deux faces du cristal dont on veut mesurer l'angle dièdre, perpendiculairement à leur intersection, ou bien sur les deux arêtes dont on veut connaître l'angle plan. Cette première disposition prise, on place les lames sur un rapporteur au centre duquel se trouve un taquet destiné à recevoir la virole des lames; et comme le limbe de ce rapporteur est divisé en degrés et en dixièmes, on obtient exactement la mesure cherchée en examinant quel est le nombre qui se trouve entre l'ouverture des lames. Il est d'autres goniomètres que celui-là, qui ont été plus ou moins perfectionnés; mais il suffit d'indiquer ici le plus simple, qui a été inventé par Garangeot et remanié par Gillet de Laumont.

GONIOPHOLIS. *Owen*. Genre de reptiles fossiles, que l'on rencontre dans les terrains secondaires. Ce genre est voisin des crocodiles, et ses principaux caractères sont: Dents épaisses, rondes et obtuses, marquées de cannelures nombreuses et bien déterminées; cuirasse formée de grandes écailles osseuses et de figure quadrilatère régulière; écailles longues et larges et se distinguant par une apophyse conique et obtuse située à l'un des angles, laquelle apophyse s'insère dans une dépression qui existe à la surface inférieure de l'angle opposé de l'écaille voisine. On connaît le *G. crassidus*.

GORGE ou DEFILÉ. Passage étroit entre deux montagnes.

GOUANO ou GUANO. Substance d'un jaune foncé, d'une odeur forte et ambrée, et qui est le produit de la fiente des oiseaux. Cette substance est soluble avec effervescence dans l'acide nitrique à chaud, et les chimistes Fourcroy et Vauquelin, qui l'avaient soumise à l'analyse, y avaient reconnu la présence des acides urique, oxalique et phosphorique, avec celle de la chaux, de la potasse, de l'ammoniaque et d'une matière grasse, le tout uni à du sable quartzeux et de l'oxide de fer. On trouve particulièrement le gouano aux îles Chinques, sur les côtes du Pérou, et aux îles Arica, Ilo et Iza, où il forme des couches qui ont jusqu'à 20 mètres d'épaisseur. Ce genre de dépôt, qui doit être évidemment classé parmi les terrains les plus modernes, fournit un engrais d'une grande ressource, et un nombre assez considérable de petits bâtiments, nommés *Guaneros*, sont employés à son transport dans diverses contrées.

GOUFFRE. Cavité souterraine dont l'étendue est plus ou moins grande et qui se prolonge presque toujours perpendiculairement. Des rivières viennent quelquefois se précipiter dans ces gouffres, pour ne reparaître qu'à de grandes distances, et la Grèce, particulièrement, offre un grand nombre d'exemples de ce genre, ce qui tient à la dislocation générale du sol.

GRAINS. Parties de substances minérales, ordinairement arrondies, dont le volume ne dépasse point la grosseur d'un pois, et qui forment, soit des roches conglomérées, soit des dépôts meubles.

GRAMMATITE. Variété cristallisée de la Trémolite.

GRANILITHE. Nom qui a été proposé par Pinkerton, pour désigner le granite à petits grains. Déjà cette variété avait été appelée *Granitin* par Daubenton.

GRANITE. Roche composée essentiellement de feldspath lamellaire, de quartz et de mica qui s'y trouvent à peu près également disséminés. Il résulte de ce mélange deux variétés de granite. Lorsque la dissémination des trois substances est à peu près égale, elle forme le *granite commun*, dont la roche est communément grisâtre, jaunâtre ou rosâtre. Quand la roche est à petits grains et contient des cristaux de feldspath d'une forme régulière et d'une dimension plus grande que celle des autres constituants, elle prend le nom de *granite porphyroïde*, parce qu'elle ressemble au premier aperçu à un porphyre. Souvent le granite contient des cristaux d'amphibole et de tourmaline, ou bien des métaux tels que le fer oxydulé, le fer sulfuré, l'étain, le molybdène, le titane et l'urane. D'autres fois ce sont des substances minérales, comme l'épidote, l'actinote, le béryle, la pinite, le zircone, le grenat, etc.; puis des amas de calcaire, de quartz, de galène, d'organ, de fluorite, de topaze, etc.; enfin, il arrive que le calcaire, le quartz, la barytine et la fluorite forment des filons de plus ou moins d'étendue dans le granite, et servent alors de gangue à l'argent, au bismuth, à l'or fin, au cuivre, à l'étain, au fer, à la galène, etc. Quand le granite se trouve en grandes masses dans les montagnes, il est aussi quelquefois traversé par des filons de basalte, de syénite, de porphyre, etc. Cette roche a surtout pour caractère bien tranché de ne jamais renfermer de corps organisés; de ne point avoir de stratification, et de se décomposer facilement sous l'action des agents atmosphériques. Elle constitue des montagnes à croupes arrondies et terminées par des plateaux.

GRANITELLA. Nom que les Italiens donnent à la syénite.

GRANITONE. Roche de texture granitoïde, composée d'albite compacte et de diallage, et renfermant quelquefois de la serpentine et d'autres minéraux.

GRANULIT. Nom que les Allemands donnent à l'eurite.

GRANULITHE. *Voy.* LEPTYNITE.

GRAPHISCHISTE. M. Boubée a donné ce nom à une variété de schiste, dans laquelle le mica est remplacé par du graphite.

GRAPHITE. Roche qui se rencontre en amas, en filons, ou disséminée dans les gneiss, les micaschistes, le schiste argileux et les calcaires qui en dépendent, et se montre encore dans les terrains de transition et jurassique. Elle est d'un gris de plomb, douce au toucher, d'un aspect métallique, et offre, à ce que l'on croit, une composition analogue à celle du diamant, quoique dans un autre état d'agrégation moléculaire. On nomme aussi cette substance *Plombagine*, *Fer carburé* et *Mine de plomb*.

GRAPHITRÈNE. Roche composée de calcaire et de graphite, que l'on rencontre quelquefois dans le terrain granitique.

GRAPHOLITE. Nom sous lequel plusieurs auteurs désignent le schiste ardoisé.

GRAPTOLITHES. Polypiers fossiles que l'on rencontre dans des schistes du terrain de transition, en Suède et en Normandie.

GRATOLÉPIS. *Agass*. Genre de poissons fossiles, de la famille des Sauroïdes.

GRAULIEGENDE. Nom que donnent les Allemands au grès de couleur grise que l'on rencontre parmi le grès rouge.

GRAUSTEIN. Nom que les Allemands ont donné à la roche que les géologues français appellent dolérite.

GRAUWACKE. Les Allemands désignent ainsi une roche à texture grésiforme, tenace, friable et quelquefois meuble, composée de grains de quartz, d'argile et quelquefois d'orthose, de phyllade et de taleschiste. Cette roche est appelée par les Français mimophyre, psammite ou anagénite.

GRAUWACKE-SCHIEFER. Les Allemands appellent ainsi la grauwacke-schisteuse.

GRAUWACKE-WURSTEIN. Nom que donnent les Allemands à la grauwacke-poudingue.

GRAVIER. Sable grossier charrié par les rivières et qui se mêle aux galets ou cailloux roulés, pour former le terrain de transport. L'argile plastique n'est souvent autre chose qu'un sable de cette nature; et les anagénites et les poudingues sont également un gravier dont un ciment siliceux a empâté les grains.

GRAYWACKE. Les Anglais nomment ainsi la grauwacke.

GRAYWACKE-STATE. Les Anglais désignent ainsi les couches de grauwacke.

GREAT-EIMESTONE. Nom que les Anglais donnent aux couches calcaires de la formation carbonifère.

GREAT-OOLITHE. Nom Anglais de la grande oolithe.

GREEN-SAND, ou sable vert. Les géologues anglais donnent ce nom à une roche friable, composée de calcaire et de glauconie ou silicate de fer, et qui appartient à la partie inférieure du terrain crétacé.

GREENSTONE. *Voy.* Greystone.

GREISEN. *Voy.* Hyalomicte.

GRENAT. Roche composée de silice et d'alumine, diversement combinés avec de la chaux, de l'oxyde de fer, du fer et de la manganèse. On trouve le grenat dans les roches anciennes, telles que les gneiss et les schistes; dans les pegmatites, les diorites et les serpentines; dans les calcaires inférieurs à la craie, et même dans les formations d'origine volcanique. Il y a plusieurs variétés du grenat, dont les principales sont le *Grossulaire*, ou grenat verdâtre; le *Colophonite*, ou grenat jaunâtre; l'*Essonite*, ou grenat orangé; l'*Almandine*, ou grenat rouge violet, que l'on nomme encore *Grenat pyrope* et *Grenat Syrien*; la *Mélanite*, ou grenat noir ou brun foncé; et la *Spessartine*, qui offre la même couleur.

GRENATITE. Roche à texture compacte, granulaire ou schistoïde, composée de grossulaire et d'almandine ou de mélanite.

GRÈS. Roche quartzeuse, à texture grenue plus ou moins serrée, à grain plus ou moins fin, de couleur communément blanche ou rougeâtre, mais offrant quelquefois un assemblage de diverses couleurs. Les grains quartzeux sont agglutinés par un ciment invisible qui est ou siliceux ou calcaire. Les immenses plaines de Vénézuéla sont en partie recouvertes de grès rouge. Celles du nord de la Nouvelle-Grenade le sont également, et dans certains lieux la roche prend une structure globuleuse. M. de Humboldt a observé près de Zambrano, sur la rive occidentale du Rio-Magdalena, des boules de grès, atteignant quelquefois une largeur d'un mètre, qui se séparaient en douze ou quinze couches concentriques.

GRES VERT. Le grès vert à hippurites et les calcaires qui l'accompagnent constituent la chaîne des Corbières, l'un des contreforts des Pyrénées-Orientales. Cette formation est très-riche en fossiles. A Soulatge, principalement, on trouve d'immenses dépôts de madrépores, de spatangues, d'oursins, d'hippurites, de radiolites, de térébratules, d'inocérames, de nérinées, de cérithes, d'ammonites, de cyclolites, etc. Des mines de fer se rencontrent entre les grès verts et les schistes argileux, et les nuances qui établissent le point de contact entre ces deux formations sont fortement colorées en rouge, phénomène qui doit être attribué évidemment à une action ignée qui a fait passer le fer à l'état de tritoxyde. Le schiste argileux alterne avec un grand nombre de marbres dans la même formation, et l'on y trouve aussi des quartz laiteux et translucides.

GRESIFORME. Qui a la texture du grès.

GREUBE. Espèce de calcaire jaunâtre, poreux et friable, dont on fait usage à Genève pour colorer en jaune les boiseries de sapin. Il a son gisement au pied septentrional du petit Salève, non loin des bords de l'Arve, où il forme de petites collines adossées à la montagne. Le greube est une formation d'eau douce, dans laquelle on rencontre des débris de coquilles terrestres et des empreintes de feuilles d'arbres dicotylédons.

GRÈVE. Bord des rivières et des mers, que le mouvement des eaux a couvert de gravier et de galets.

GREYCHALK. Les Anglais nomment ainsi la craie grise.

GREYSTONE. Nom que donnent les Anglais à la substance que nous appelons diorite.

GROBKHOLE. Les Allemands nomment ainsi la houille granuleuse.

GRUBIG. Mot allemand qui signifie caverneux.

GRUN-PORPHYR. Nom que donnent les Allemands au porphyre-ophite.

GRUNER-SANDSTEIN. Les Allemands appellent ainsi le grès vert.

GRUNSTEIN. Les Allemands comprennent sous cette même dénomination l'hémithrène, composée d'amphibole et de calcaire, et la diorite, formée d'amphibole et de feldspath.

GRUNSTEIN-PORPHYR. Nom que donnent les Allemands à une variété de grunstein dans lequel les grains d'amphibole et de feldspath sont microscopiques.

GRUNSTEIN-SCHIEFER. Les Allemands désignent ainsi une variété de grunstein schisteux, composé de feldspath compacte, d'amphibole, de mica et quelquefois de parcelles de quartz.

GRYPHITE, *Gryphitis*. Nom de la gryphée fossile.

GULDISCH. Mot allemand qui signifie aurifère.

GUXEN. Nom allemand que l'on donne, dans les Alpes, aux terribles tourmentes du vent d'ouest.

GYMNODONTES. *Cuv.* Famille de poissons de l'ordre des Ganoïdes. Ses caractères principaux sont : Arcade palatine immobile; mâchoires recouvertes d'une gaîne d'ivoire formée de dents réunies ; des écailles saillantes en pointes ou piquants et obliques au corps qui en est tout couvert ; un squelette fibreux et une ossification tardive. Cette famille renferme le genre *Diodon*.

GYPSE. Roche à base simple, composée de sulfate, de chaux et d'eau. Le terrain gypseux est formé, dans le bassin de Paris, de couches alternantes de marnes schisteuses et de gypse saccaroïde compacte ou feuilleté. Dans sa plus grande masse et au centre, se trouvent des productions terrestres et d'eau douce; supérieurement et inférieurement se rencontrent les corps marins; l'assise inférieure est caractérisée par des silex ménélites et de gros cristaux de sélénite lenticulaires et jaunâtres; vers le milieu de la formation gisent des squelettes de poissons mêlés à de la strontiane sulfatée ; et enfin, l'assise supérieure est devenue célèbre par l'immense quantité d'ossements fossiles de mammifères qu'elle contient et qui ont été étudiés si laborieusement par Cuvier.

GYRACANTHUS. *Agass.* Genre de la famille des Ichthyodorulithes. Il a pour caractères : Arêtes et sillons profonds s'étendant obliquement et descendant du milieu de la face antérieure du rayon, vers ses bords postérieurs, et aboutissant sur les côtés de la ligne médiane postérieure à des sillons longitudinaux.

GYROGONITE. Nom par lequel on désigne quelquefois les graines du *Chara medicaginula*, qui se rencontrent dans le terrain nymphéen.

GYROLEPIS. *Agass.* Genre de poissons fossiles établi dans la famille des Lépidoïdes ; mais sur des caractères encore douteux, au nombre desquels sont des stries d'accroissement des écailles qui forment des saillies concentriques à leur surface. Les espèces supposées de ce genre sont les *G. maximus*, *tenuistriatus*, *Albertii* et *asper* ; on les rencontre dans le Muschelkalk.

GYRONCHUS. *Agass.* Genre de poissons fossiles, de la famille des Pycnodontes. Son caractère principal est d'avoir les dents de la rangée médiane allongées dans le sens du diamètre longitudinal, au lieu de l'être transversalement. On trouve ce genre dans le calcaire de Stonesfield.

GYROPRISTIS. *Agass.* Genre de la famille des Ichthyodorulithes, que l'on rencontre dans le calcaire magnésien.

GYROSTEUS. *Agass.* Genre de poissons fossiles, de la famille des Célacanthes. On connaît le *G. mirabilis*, qui appartient au terrain oolithique.

H

HALB-GRANIT. Mot allemand qui signifie roche amphibolique.

HALB-PORPHYRE. Nom que les Allemands donnent au porphyre antique.

HALDEN. Mot allemand qui signifie déblai.

HALEC. *Agass.* Genre de poissons fossiles, de la famille des Halécoïdes, qui est ainsi caractérisé : Tête fort large et aplatie ; gueule très-fendue ; os de la mâchoire inférieure étroits ; point de côtes sternales. On rencontre ce genre au Planer de Bohême.

HALECOIDES. *Agass.* Famille de poissons de l'ordre des Cycloïdes. Ses caractères principaux sont : Maxillaire supérieur faisant partie du bord de la mâchoire et souvent armé de dents; dents coniques plus ou moins développées ; nageoires ventrales abdominales; squelette grêle avec ou sans côtes sternales. Cette famille comprend les genres *Mallotus*, *Osmerus*, *Osmeroïdes*, *Acrognattus*, *Aulolepis*, *Alosa*, *Megalops*, *Clupea*, *Engraulis*, *Halec*, *Platinx*, *Cœlogaster*, *Clupeina*, *Elopides* et *Halecopis*.

HALITHERIUM. Genre établi par M. Fitzinger pour des débris fossiles d'un mammifère aquatique, trouvés dans le terrain tertiaire de la haute Autriche, mais qu'il faut rapporter aux Métaxythérimus.

HALLOYSITE. Roche à cassure conchoïde ou cireuse, de couleur blanchâtre ou d'un gris bleuâtre, que l'on trouve en rognons au milieu des minerais de fer, de zinc et de plomb, qui se montrent dans les calcaires du terrain carbonifère des provinces de Liége et de Namur en Belgique. L'halloysite est un silicate d'alumine.

HALOMIA. Genre de plantes fossiles, voisin du *Lepidendron*, de la famille des Lycopodiacées.

HAMITE, *Hamites*. Genre créé par Parkinson, dans la famille des Ammonites. Ce genre est de la classe des Céphalopodes, de l'ordre des Tentaculifères, et ses caractères sont : Coquille multiloculaire, spirale et enroulée sur le même plan; spire irrégulière, elliptique, formée de coudes placés aux extrémités de l'ellipse et d'intervalles plus ou moins droits ou arqués; tours sans contact; coudes représentant des crosses ; bouche ronde ou ovale, quelquefois pourvue de pointes ; cloisons symétriques, divisées régulièrement en six lobes inégaux ; lobe latéral supérieur formé de parties paires et de six selles divisées en parties presque paires : lobe dorsal plus court que le lobe latéral supérieur, qui est très-grand et très-dilaté à son extrémité; lobe ventral formé quelquefois de parties paires. On rencontre ce genre dans la partie inférieure des terrains anciens, au-dessous de la craie. L'espèce la plus remarquable et la plus rare est celle que l'on trouve en Angleterre dans les environs de Benson, en Oxfordshire, et que Sowerby a fait connaître sous le nom de *H. armatus.*

HAMMITES. Dénomination générique qui comprenait autrefois des globules calcaires qu'on appelait encore par des noms particuliers, lorsqu'ils offraient des points de ressemblance avec quelques objets déterminés. Ainsi les *Méconites* ressemblaient à des graines de poivre; les *Cenchrites* à des graines de millet; les *Orobites*, à de la graine d'orobe; les *Pisolithes*, à des pois; et les *Oolithes* à des œufs de poissons. Ces deux dernières désignations sont les seules qui aient été conservées.

HAPLACANTHUS. *Agass.* Genre de la famille des Ichthyodorulithes. Ses caractères consistent dans un rayon lisse, dont le dos se présente comme un filet arrondi. Ce genre appartient au vieux grès rouge.

HARPUGMOTERIUM. *Voy.* TETRACAULODON.

HASTINGS SAND. Nom que les Anglais donnent à un sable ferrugineux qui passe au grès et renferme des lits d'argiles grises ou rouges, des marnes et des bancs de Lumachelle. Ce sable constitue l'un des groupes de l'étage inférieur de la formation crétacée.

HAUFELS. L'un des noms que les Allemands donnent à l'Eurite.

HAUFEN. Mot allemand qui signifie amas.

HAUMANITE. Variété de manganèse.

HELIOCERAS. Genre de mollusques fossiles, établi par M. d'Orbigny dans la famille des Ammonites. Ce genre est de la classe des Céphalopodes, de l'ordre des Tentaculifères, et a été caractérisé comme suit : Coquille multiloculaire, spirale, enroulée obliquement; spire senestre ou dextre, composée de tours arrondis, disjoints; bouche entière, ovale; cavité supérieure à la dernière cloison occupant la majeure partie du dernier tour de la spire; cloisons divisées en six lobes formés de parties paires ou impaires et de selles composées de parties paires; siphon supérieur. Les principales espèces de ce genre sont l'*H. annulatus* et le *gracilis*.

HELMINTOLITES. *Voy.* PSAROLITHES.

HELODUS. *Agass.* Genre de poissons fossiles, de la famille des Cestracionles Ses caractères principaux sont : Dents à surface lisse, le centre plus ou moins renflé en forme de cône obtus ; elles sont, ou allongées et arrondies avec un seul renflement au milieu, ou bien elles offrent une série de cônes obtus, dont celui du milieu est plus élevé. Ce genre forme une coupe de celui des *Psammodus*, et on le trouve dans les terrains houillers.

HEMIPRISTIS. *Agass.* Genre de poissons fossiles, de la famille des Squalides. Il est ainsi caractérisé : Dents pyramidales, larges à la base, aiguës à leur sommet ou plus ou moins recourbées en arrière : serratures marginales ne s'étendant qu'à une certaine distance, en sorte que la pointe de la dent est lisse.

HEMIRHYNCHUS. *Agass.* Genre de poissons fossiles, de la famille des Scombéroïdes. Ses caractères principaux sont les suivants : Corps allongé ; mâchoire supérieure prolongée en un bec effilé non armé de dents ; squelette faible ; apophyses épineuses grêles ; osselets intérapophysaires disposés par paires ; écailles très-grandes. Ce genre se trouve dans le calcaire grossier de Paris.

HEMITRENE. Roche de texture granitoïde, porphyroïde, compacte ou schistoïde et composée d'actinote ou de hornblende et de calcaire, avec du mica, de l'aimant, de l'orthose, etc. On la rencontre dans les terrains anciens ou immédiatement supérieurs.

HETERODON. Nom donné par M. Lund, à un groupe de mammifères fossiles de l'ordre des Edentés.

HETEROSITE. Variété de manganèse.

HIBOLITE. Nom que quelques naturalistes ont donné à une variété de Bélemnite.

HINNITE, *Hinnites.* Genre de mollusques, voisin des Peignes, établi par M. de France, et dont presque toutes les espèces ne se trouvent qu'à l'état fossile, dans les terrains tertiaires. Ce genre est ainsi caractérisé : Coquille bivalve, inéquivalve, longitudinale et parfaitement close ; une valve adhérente ; toutes deux ayant le bord dorsal prolongé en oreillettes et sans ouverture pour le passage d'un pied ou d'un byssus ; gouttière centrale profonde.

HINTERGEBIRGE. Mot allemand qui désigne les montagnes inférieures d'une chaîne.

HIPPARION. Genre de cheval fossile, établi par M. Jules de Christol, d'après des ossements recueillis par lui dans des sables tertiaires du bassin de Pézénas. Son caractère principal consiste en ce que l'émail des dents molaires supérieures, au lieu de montrer un croissant au milieu du bord interne, offre un cercle qui ne se confond point avec les croissants du reste de la dent. On connaît les *H. gracile* et *nanum.*

HIPPARITHERIUM. Nom proposé par M. Jules de Christol, pour former un genre à part de l'espèce de Paléothérium nommée *Aurelianum*, et dont on a recueilli des débris aux environs de Montpellier, d'Orléans, d'Auch, etc. Cette espèce se distingue des autres Paléothères, en ce que l'angle de ınion des deux croissants est bifurqué, ꞔ les molaires supérieures sont plus ıar- ı que longues, qu'elles portent à leur bord ıtérieur un rudiment de troisième colline, ןue la barre entre les molaires et les ca- ıes est longue.

ɪIPPOPOTAME, *Hippopotamus*. Les es- ꞔes fossiles de ce genre ont été trouvées France, principalement dans les terrains lluvions, en Auvergne, dans les landes Bordeaux, dans les environs de Pa- , etc.; en Angleterre, dans le comté de ddlesex; en Sicile; et dans l'Inde, au sein ; collines tertiaires subhimalayanes. On ınaît les *H. major, minutus* et *hexapro- ton*.

ɪIPPOTERIUM. Genre de cheval fossile, ıstitué par M. Kaup avec des débris dé- ıverts par lui dans les sablières d'Eppel- eim, mais qu'il faut rapporter au genre pparion, qui présente les mêmes caracté- ı et qui a la priorité.

HIPPURITE, *Hippurites*. Genre de mol- ꞔques fossiles découverts par M. Picot de peyrouse dans les Pyrénées, et qu'il avait pelés *Orthocératites*, en les plaçant parmi ı Céphalopodes. On les range aujourd'hui côté des Radiolites et des Sphérulites. Ce nre est caractérisé comme suit : Coquille valve, allongée, conoïde, non symétrique offrant constamment à son extrémité poin- e une trace d'adhérence aux corps sous- arins; cloisons transverses à l'intérieur; ıe gouttière latérale, formée par des arêtes ngitudinales, obtuses et convergentes; la ırnière loge formée par un opercule. Quel- ıefois les individus sont attachés les uns ıx autres de manière à former comme des yaux d'orgue. Le chaînon des Corbières, ıns les Pyrénées orientales, est très-riche ı beaux représentants de ce mollusque, et ɔn en rencontre aussi en Italie.

HIRSCHHORNSTEIN. Nom que donnent s Allemands à l'espèce de schiste qu'on ap- ɔlle vulgairement pierre à rasoirs.

HIRSENERZ, HIRSENSTEIN et HIRSE- TEIN. Les Allemands donnent ces noms à ɔolithe.

HIRUDINÉES. Nom que l'on donne à la mille de vers annélides qui comprend les ıngsues.

HISTERAPTERA et HISTEROLITHOS. oms donnés par Bertrand à quelques poly- iers fossiles qui appartiennent au genre *Cy- olites*.

HISTRICES. Imperati a désigné par ce om des oursins fossiles dont les mamelons āillants sont entourés d'un anneau relevé.

HOEHLE. Mot allemand qui signifie ca- ité, grotte ou caverne.

HOELENKALK. Mot allemand qui signifie alcaire à cavernes.

HOLACANTHUS. *Lacép*. Genre de pois- on de la famille des Chétodontes. Ses carac- ères principaux sont : Préopercule à bords entelés et ayant à son angle un aiguillon irigé en arrière; rayons épineux de la na- ;eoire dorsale très-vigoureux. On trouve l'*H. microcephalus* dans le calcaire grossier de Châtillon.

HOLOCENTRUM. *Art*. Genre de poisson de la famille des Percoïdes. Il est ainsi ca- ractérisé : Opercule épineux et dentelé; préopercule denté et armé, à son angle, d'une forte épine dirigée en arrière; os du crâne et sous-orbitaires dentelés; deux na- geoires dorsales, dont la première, formée de gros piquants, est plus large que la se- conde. Les espèces fossiles de ce genre se rencontrent au Monte-Bolca.

HOLOPTYCHIUS. *Agass*. Genre de pois- sons fossiles, de la famille des Célacanthes. Voici quels sont ses caractères : Corps fusi- forme, large et trapu; mâchoire inférieure énorme et recourbée en demi-cercle; rayons branchiostègues remplacés par deux pla- ques émaillées; nageoires ventrales très- reculées et distantes l'une de l'autre; la cau- dale à rayons vigoureux; les pectorales petites et placées sur les côtés du corps. On trouve ce genre dans la houille et le vieux grès rouge.

HOLOPYGUS. *Agass*. Genre de poissons fossiles, de la famille des Célacanthes. On connaît le *H. Binnegi*, qui provient du ter- rain houiller.

HOLOSTEUS. *Agass*. Genre de poissons fossiles, de la famille des Esocides, caracté- risé par un corps très-allongé, un squelette grêle, des côtes minces et des arêtes muscu- laires nombreuses et grandes. Ce genre vient des schistes d'OEningen.

HOLZGRAUPEN. Nom que les Allemands donnent au schiste marno-bituminifère.

HOMACANTHUS. *Agass*. Genre de la fa- mille des Ichthyodorulithes, dont les carac- tères consistent dans des rayons armés de crénelures à leur bord postérieur, et dont les flancs sont garnis de sillons longitudinaux homogènes. Ce genre se rencontre dans le vieux grès rouge.

HOMME. Tout le monde sait que l'appa- rition de l'espèce humaine sur la terre fut le complément de la création et termina le sixième jour ou la sixième époque; on est d'accord également dans la pensée que la haute chaîne de l'Himalaya, qui constitue le plateau central de l'Asie et qui est du même âge que le Mont-Blanc, fut le lieu habité par le premier homme, dont la race se répandit ensuite, par irradiation, sur divers points de la terre; on est convaincu, enfin, que le dé- luge universel anéantit cette race, à l'excep- tion de la famille de Noé; mais on se de- mande encore si les ossements humains trouvés à diverses époques sur différents points du globe doivent être tous considérés comme postérieurs au déluge, ou si quel- ques-uns, au contraire, n'appartiennent pas aux temps antédiluviens, et cette espèce de problème ne semble nullement devoir obte- nir une solution prochaine.

L'évêque Berkeley disait, il y a plus d'un siècle, à propos de la date récente de la création de l'homme : « Celui qui reconnaît qu'en creusant dans la terre on trouve d'im- menses quantités de coquilles, et même quelquefois des cornes et des ossements intacts et entiers d'animaux, quoique ayant très-probablement séjourné plusieurs milliers d'années dans les couches terrestres, celui-là admettra sans peine que des canons, des médailles et différents objets en métal ou en pierres, enfouis dans le sein de la terre, auraient pu s'y conserver entiers pendant quarante ou cinquante mille ans, si le monde avait été assez ancien pour cela. Comment se fait-il donc que l'on ne trouve aucun objet d'antiquité appartenant aux siècles nombreux qui auraient précédé les temps dont parle l'Ecriture; que l'on ne découvre jamais ni fragments de bâtiments, ni monuments publics, ni pierres gravées, camées, statues, bas-reliefs, médailles, inscriptions, ustensiles, ou ouvrages d'aucune sorte, qui puissent témoigner de l'existence de ces puissants empires, de ces monarques, de ces héros et de ces demi-dieux qûi se sont succédé pendant tant de milliers d'années? Jetons un coup d'œil en avant, et supposons une période à venir de dix ou vingt mille années, pendant laquelle des pestes, des guerres, des famines et des tremblements de terre exerceront leurs ravages sur le globe. Or, n'est-il pas extrêmement probable qu'à la fin de cette période, des colonnes, des vases et des statues de granite, de porphyre et de jaspe, qui, à notre connaissance, ont déjà duré pendant plus de deux mille ans, à la surface du sol, sans éprouver aucune altération notable, rendraient témoignage de cette époque et des siècles passés? N'arriverait-il pas alors que quelques-unes de nos monnaies courantes, ainsi que de vieux murs et les fondations de quelques bâtiments, seraient mis au jour, comme les coquilles et les roches du monde primitif qui se sont conservées jusqu'à l'époque actuelle? »

A cela Cuvier répondait, plus tard, que l'homme n'avait pas été plus épargné que les autres créatures vivantes, que des individus avaient dû être enfouis en même temps que les animaux que l'on retrouve aujourd'hui, et que si notre espèce manquait au monde fossile, c'est apparemment parce que la charpente osseuse de l'homme est plus altérable que celle des animaux.

M. Adolphe Brongniart pense qu'en raison de la différence de l'atmosphère des temps reculés avec le nôtre, et surtout à cause de la quantité d'acide carbonique répandu dans l'air, l'homme ne pouvait exister; d'autres, au contraire, sont disposés à croire que, durant l'époque où régnait un climat équatorial, les hommes pouvaient être de races semblables à celles qui vivent aujourd'hui entre les tropiques, et qu'il est possible que des ossements d'autres races humaines se retrouvent dans quelques régions qui jouissaient peut-être d'une température moins chaude que l'Europe, lors du dépôt des alluvions anciennes.

Cuvier, après avoir déclaré qu'il n'a jamais rencontré l'homme à l'état fossile, ajoute: « Je n'en veux pas conclure que l'homme n'existait pas avant cette époque. Il pouvait habiter quelques contrées peu étendues, d'où il a repeuplé la terre après ces événements terribles; peut-être aussi les lieux où il se tenait ont-ils été entièrement abîmés et ses os ensevelis au fond des mers actuelles, à l'exception du petit nombre d'individus qui ont continué son espèce. »

En admettant même une température plus élevée aux époques antérieures au déluge mosaïque, rien ne s'opposerait pour cela à l'existence de l'homme aux mêmes époques, puisque d'une part il pouvait avoir alors un appareil respiratoire en rapport avec le milieu où il se trouvait, que de l'autre les habitants actuels des régions équatoriales nous donnent un exemple de l'excessive chaleur que l'homme peut supporter. Puisque la race humaine existait évidemment avant le déluge mosaïque, il faut conclure que si l'on ne rencontre pas, ou si du moins on n'est pas encore certain d'avoir rencontré l'homme fossile dans les formations antérieures à ce déluge, c'est que d'une part sa race occupait alors, probablement, un très-petit espace sur le globe, et que de l'autre il se pourrait encore que les conditions physiques de ces temps reculés s'opposassent à sa fossilisation, ce que pourtant nous sommes loin d'être disposé à admettre pour notre compte, car il nous paraît plus raisonnable de penser que les investigations ne se sont pas encore portées vers les lieux où les débris de la race humaine peuvent se trouver en grand nombre. Les recherches géologiques en effet ont à peine eu lieu dans la contrée habitée primitivement par l'homme, c'est-à-dire vers les plateaux de l'Asie centrale.

Au surplus, on doit supposer, ou du moins il est permis d'admettre cette conjecture, que les ossements d'hommes et d'animaux trouvés dans les alluvions de l'époque diluvienne ne proviennent pas tous du cataclysme qui a produit ces alluvions: ils sont aussi les restes d'hommes et d'animaux morts antérieurement et qui ont pu se conserver intacts pendant une longue période à la surface du sol ou dans ses cavités. Puisque les mers ont abandonné des continents pour en recouvrir d'autres, il serait possible aussi que le fond des mers actuelles renfermât des restes d'animaux et peut-être d'hommes dont on ne soupçonne pas l'existence. Enfin, si l'on rencontre moins d'ossements humains que de débris d'animaux, c'est que d'abord le genre humain est moins nombreux sur la surface du globe, et qu'ensuite il s'est trouvé dans des circonstances particulières qui ont empêché la dispersion de ses restes telle qu'elle a lieu pour les animaux.

Des débris humains ont été trouvés dans toutes les contrées du globe et dans des circonstances de gisement très-variées. Des crânes ont été observés dans le pays de Bade et en Autriche, dans un limon qui semblait déposé lors de la formation du groupe erratique. M. Schmerling a trouvé, dans les cavernes de Maëstricht, des têtes rappelant les formes africaines. MM. de Schlottheim, le comte Sternberg, et le comte de Razoumowsky, ont décrit des os humains dans les marnes alluviales ou des détritus argileux ossiférés, et en ont conclu que l'homme a subi les mêmes catastrophes que les animaux perdus avec lesquels on trouve ses restes associés dans les cavités des roches. Des débris de même nature ont été rencontrés, dit-on, sur les bords du Rhin, dans la même marne alluviale qui encroûte ce pays, comme elle remplit des trous en Saxe. On prétend aussi qu'en 1760 on trouva dans les environs d'Aix et dans un rocher qu'on avait fait sauter par la mine, plusieurs corps humains fossiles et, entre autres, six têtes plus ou moins adhérentes au calcaire. M. Boué a découvert des ossements humains dans les alluvions anciennes de l'Alsace. On a rencontré dans les mêmes terrains, en Autriche, des crânes ayant le plus grand rapport avec ceux d'une race découverte dans le haut Pérou par Pentland, c'est-à-dire qu'ils montrent le même aplatissement frontal et la même élévation si extraordinaire des parties postérieures du pariétal. Quant aux squelettes de la Grande-Terre à la Guadeloupe, qui sont enveloppés dans un calcaire sablonneux, ils ne sont point fossiles ; la substance qui leur sert de gangue ne s'est point combinée avec la leur, et tout porte à croire que leur enfouissement est d'une époque peu éloignée de la nôtre. MM. Marcel de Serres, Jules de Christol et Tournal, ont rencontré des ossements humains dans les cavernes du Midi de la France. En 1845, le docteur Lend découvrit dans la province de Minas-Géraès, au Brésil, des ossements humains fossiles d'une grandeur colossale, du moins à ce qu'il rapporte. L'année suivante, le professeur Melsen a trouvé, dans une tourbière, entre Ystad et Falsterbro, en Suède, des ossements semblables, c'est-à-dire d'une longueur et d'une grosseur remarquables. La même année, M. Dickson annonça avoir trouvé près de Natchez, dans le Mississipi, et à une très-grande profondeur, un os humain ou fragment d'un bassin de jeune homme. Ce débris était mêlé à des restes de mégathérium et autres animaux de la même époque. On a encore recueilli des ossements humains dans les cavernes de la Nouvelle-Hollande, dans celles d'Espagne; et MM. Donati et Germar en ont signalé dans les brèches osseuses de la Dalmatie. Peut-être trouverait-on dans les couches des mers actuelles, si quelque cataclysme les mettait à découvert, les types de toutes les variétés de la race humaine qui ont habité le globe.

Si l'existence d'ossements humains antérieurs à l'époque diluvienne se trouvait un jour définitivement constatée, ce fait donnerait quelque créance à la découverte signalée par les auteurs anciens et ceux du moyen âge, d'ossements de géants, découverte dont le charlatanisme, l'ignorance et la crédulité publics s'emparèrent pour propager les récits les plus absurdes.

Ainsi Hérodote nous dit qu'on trouva au mont Tégée les restes du fils d'Agamemnon. Pline mentionne, dans le VIe chapitre de son *Histoire naturelle*, qu'une montagne de Crète ayant été renversée, on y remarqua un squelette d'une taille de 46 coudées ou 22 mètres 41 centimètres. Pendant la guerre qui eut lieu dans cette même contrée, on trouva, au rapport de Solin, un squelette humain qui avait 33 coudées, c'est-à-dire 16 mètres 7 centimètres. Suétone parle d'ossements de géants découverts de son temps dans l'île de Caprée. Plutarque raconte que Sertorius, se trouvant en Mauritanie et ayant fait ouvrir le sépulcre d'Antée, y trouva un squelette de 70 coudées ou 34 mètres 15 centimètres. Philostrate nous apprend que, par suite d'un éboulement sur la rive de l'Oronte, on découvrit le tombeau de l'Ethiopien Ariadne, dont les débris avaient 30 coudées de longueur ou 14 mètres 61 centimètres, et que l'on trouva aussi dans une caverne du mont Sigée un squelette de 22 coudées ou 10 mètres 71 centimètres. Phlegonitrall affirme que l'on avait recueilli dans la caverne de Diane, en Dalmatie, plusieurs squelettes de 7 à 8 mètres de longueur. Sigibert rapporte qu'en l'année 1171 on trouva en Angleterre un squelette de 16 mètres de longueur. Suivant Fesellus, on déterra, en l'an 1516, dans le bourg de Mazarino, en Sicile, un squelette de 20 coudées ou 9 mètres 74 centimètres. En 1547, Paul Léontin, faisant fouiller dans un lieu voisin de Palerme, découvrit un squelette de 18 coudées ou de 8 mètres 77 centimètres. En 1588, Platerus, médecin de la ville de Bâle, présenta au sénat de Lucerne un squelette de 6 mètres de hauteur. L'historien Aventin parle d'un géant, nommé Ænothère, qui faisait partie de l'armée de Charlemagne et dont la force était telle que lui seul renversait des phalanges entières. Le grammairien Saxo cite un certain Hartebenius, qui n'avait que 9 coudées ou 4 mètres 38 centimètres, mais qui était toujours accompagné de douze géants dont la taille était de 9 à 10 mètres. Sous l'empereur Henri II, on découvrit, près de Rome, le corps d'un géant dont la taille était de 12 à 15 mètres. Fulgenius dit avoir vu près de Valence, sous le règne de Charles VII, roi de France, et à la suite d'un débordement du Rhône, un squelette de 7 mètres 74 centimètres. Cælius Rhodiginus dit que, sous le règne de Louis XI, on trouva un squelette de 5 mètres 84 centimètres, enfoui près de Saint-Péray en Dauphiné. Le P. Hiérôme des Monceaux, missionnaire, parle d'un géant de 31 mètres 18 centimètres, dont les débris furent trouvés à Cailloubella, non loin de Thessalonique, en Macédoine. Enfin, en 1613, on prétendit avoir retrouvé les restes d'un roi des Cimbres dont les proportions étaient gigantesques; mais on reconnut plus tard que ces débris devaient appartenir à une espèce d'éléphant.

Faut-il donc croire à l'existence des géants? Nous nous prononçons personnellement pour l'affirmative ; non pas en nous appuyant seulement sur les traditions qui précèdent, mais parce que nous sommes convaincu, d'après la taille qu'avaient communément les races celtiques, par exemple, taille qui prouve que notre espèce a toujours été en dégénérant, que les hommes antediluviens, d'une part, devaient avoir des proportions analogues à celles des animaux qui vivaient aux mêmes époques; et que, d'autre part, ceux qui appartenaient aux premiers temps de la période postdiluvienne devaient être doués aussi de formes infiniment plus développées que ne l'ont généralement les hommes actuels, puisque les saintes Ecritures elles-mêmes mentionnent des tribus entières de géants. Il est donc probable que le gravier diluvien renferme quelque part des débris de ces races si renommées chez les peuples syro-chaldéens (1).

On sait que les rabbins se sont souvent occupés des géants qui existaient chez les Philistins, les Ammonites, les Ammalékites, etc., et, sans qu'il soit possible d'apporter des preuves irrécusables à l'appui de ces traditions, il est permis de supposer que ces individus de taille colossale n'étaient pas simplement des phénomènes. Il faut remarquer qu'ils étaient en grand nombre, et que ce qu'il y a même d'exagéré dans la description qui nous a été transmise prouve l'influence qu'exerçait cette race sur les esprits.

On a été jusqu'à dire, effectivement, que quelques-uns de ces géants avaient 16 et 18 mètres de hauteur; que leur tête était grosse comme le corps d'un éléphant; que leur ventre offrait une telle proéminence qu'il pouvait abriter deux ou trois cents moutons; et qu'enfin ils étaient velus comme des ours. Les Hébreux, qui étaient singulièrement frappés de la présence de cette espèce d'hommes, nous ont laissé de curieux détails sur leur compte.

Ils les divisaient en sept classes. Les *Emin* étaient le type de la race. Les *Chibourim* étaient d'une force incompréhensible, et, selon le témoignage de Rabbi-Abba, leur cuisse avait 9 mètres de circonférence. Les *Zoûm-Zoumin* étaient loin d'être aussi redoutables, et ils ne se distinguaient que par leur méchanceté et surtout leur paresse, qui était si grande, qu'on les voyait passer des mois entiers assis à la même place. Les *Nesilim* étaient aussi redoutables qu'horribles à voir, et leurs crimes de toute nature s'étaient tellement multipliés, que les thalmudistes les considèrent comme la cause première de cette colère de Dieu qui envoya le déluge universel. Les *Hhevim* et les *Ennakin* le disputaient en cruauté aux *Nesilim;* et enfin, les *Refayim* avaient un aspect si épouvantable, qu'ils pétrifiaient en quelque sorte ceux qui les rencontraient.

Le peuple de la terre de Chanaam était célèbre par sa haute taille, et les enfants d'Enak, qui le gouvernaient, étaient de la race des géants. David livra plusieurs batailles aux géants de la race d'Arapha. Les Syrhores, peuples asiatiques, étaient hauts de 4 mètres, s'il faut en croire l'historien Torniel.

Nous nous garderons bien maintenant de mentionner ici toutes les fables auxquelles donna lieu, à diverses époques, la découverte d'ossements d'éléphants et de rhinocéros que l'ignorance du temps rapporta au squelette humain pour en constituer des restes de géants. Quelques auteurs pensent même que l'omoplate de Pélops, conservée à Olympie, le géant Oronte, trouvé à Antioche, le géant Opladanus, conservé dans le temple d'Esculape à Mégalopolis, puis d'autres encore, doivent être rangés parmi les débris de Mastodontes; mais il est deux de ces erreurs que nous ne pouvons passer sous silence, à cause de leur immense retentissement.

Le théologien Schenchzer, ayant trouvé, en 1726, près du lac de Constance, les empreintes d'un grand lézard, s'empressa de publier qu'il avait découvert un homme fossile, et il donna à ce fossile le nom de *Homo diluvii testis*. Camper fut le premier qui, en 1787, reconnut que l'homme fossile de Schenchzer devait se rapporter à la classe des reptiles, et, plus tard, Cuvier établit d'une manière incontestable que ce reptile appartenait au genre *Proteus*. Le fossile des grès de Fontainebleau, qui excita si vivement la curiosité des Parisiens, et que l'on signalait aussi comme l'empreinte d'un squelette humain, n'était qu'une forme due au hasard.

L'opinion qu'il a existé et qu'il existe peut-être encore des hommes marins est aussi une croyance qui s'est fortement incrustée dans l'esprit des peuples. On sait que les anciens ne doutaient pas de l'existence des Tritons, des Néréides, des Syrènes, des Ambises, etc. Chez les modernes cette tradition s'est reproduite dans les théories de quelques géologues, comme Maillet, Lachesnaye des Bois, Sachs, etc. Le premier représente l'homme marin couvert d'écailles de la ceinture jusqu'au bas et ne possédant pas l'organe de la voix. Des voyageurs tels que Schmid, Monconys, Bartholin, Desponde, Dimas, Bosquis, Chrétien, etc., ont prétendu avoir rencontré de ces hommes marins.

HOPLOPTERYX. *Agass.* Genre de poissons fossiles, de la famille des Percoïdes. Ses caractères sont : Rayons mous et épineux de la nageoire dorsale très-développés : rayons de l'anale fort courts; écailles massives. Ce genre appartient à la craie de Westphalie.

HONESTONE. Nom que donnent les Anglais à la substance que nous appelons phonolithe cellulaire.

HORNBLENDEGESTEIN. Les Allemands nomment ainsi l'amphibolite.

HORNBLENDE-SCHIEFER. Nom que les Allemands donnent à l'hornblende schisteuse.

HORNBLEND-PORPHYR. Nom donné par les Allemands à un porphyre qui a pour base l'amphibole.

HORNFELS. Roche compacte ou schistoï-

(1) Nous devons à la vérité d'avouer que si nous avons rencontré beaucoup d'hommes religieux qui partagent notre opinion au sujet des géants, nous en avons trouvé aussi qui pensent que par les personnages qui portent ce nom dans l'histoire sainte, il faut entendre simplement des brigands redoutables pareils à ceux dont les païens faisaient des demi-dieux.

le, composée d'un mélange d'orthose lamelleux et de quartz esquilleux, et qui renferme quelquefois de l'amphibole, de la tourmaline et de l'andalousite.

HORNFELSTEIN. Les Allemands nomment ainsi le pétrosilex.

HORNMERGEL. Nom que donnent les Allemands au calcaire magnésien compacte, arénacé et à parties globulaires.

HORNSCHIEFER. Le schiste corné est ainsi désigné par les Allemands.

HORNSTEIN. Nom allemand du feldspath compacte quartzifère.

HORNSTEINWAKE. Les Allemands donnent ce nom aux roches pétrosiliceuses mélangées accidentellement d'autres substances.

HORNSTONE. Nom que les Anglais donnent au pétrosilex quartzifère corné ou jaspoïde.

HORST ou HUGEL. C'est ainsi que les Allemands désignent une colline.

HOUILLE. Pierre plus ou moins brillante, d'un noir velouté et irisé. Lorsqu'elle est compacte, sa densité est de 1. 32; mais elle varie de 1. 16 à 1. 40. Sa pesanteur absolue est ordinairement de 1,300 kilogrammes le mètre cube; mais elle s'élève quelquefois jusqu'à 1800. Elle est opaque, insipide, inodore, cassante, quelquefois friable et cédant à l'effort de l'ongle. Elle brûle facilement avec odeur et fumée et donne un résidu assez considérable. La fumée est noire et sèche, l'odeur désagréable. La manière dont on opère la combustion influe sensiblement sur la nature et la quantité de la cendre : la même houille, lorsqu'elle a brûlé avec lenteur, donne une cendre grise ou rougeâtre, pulvérulente et sèche au toucher; lorsque la combustion est très-rapide et activée par un courant d'air puissant, elle fournit pour résidu une scorie dure, solide et vitrifiée. La houille n'offre pas de formes cristallines; mais elle a de la tendance à se diviser en fragments rhomboïdaux qui affectent une sorte de régularité. Elle est très-faiblement hygronométrique et n'absorbe guère que 2 à 3 pour 100 d'eau. Quand elle se mouille, elle absorbe 10 à 16 pour 100 et augmente en même temps de volume dans la proportion de $\frac{1}{6}$ à $\frac{1}{4}$. A l'air et au soleil, elle perd une certaine quantité de l'huile volatile qu'elle contient.

La houille est composée de parties variables de charbon, de bitume, d'huile essentielle, de soufre, de quelques centièmes d'oxyde de fer et de manganèse, de sulfure de fer, de sulfate de chaux, de silice, de soude et d'alumine, de matière azotée, de débris organiques, d'eau, etc. Celle d'Angleterre, soumise à l'analyse, a présenté ce carbone dans la proportion de 60 à 75 pour 100, avec des quantités variables d'hydrogène, d'oxygène et d'azote. Ce dernier gaz s'y rencontre dans la proportion de 6 à 16 pour 100, et c'est une circonstance d'autant plus remarquable, que la houille est d'origine végétale et que les plantes ne contiennent point généralement d'azote. La matière huileuse et bitumineuse participe des corps gras, et de ses proportions très-variables dépend, sous certains rapports, le développement de la puissance calorifique. La houille qui renferme trop de soufre est mauvaise, parce que cette substance nuit à la combustion. Les corps terreux, tels que le sulfate et le carbonate de chaux, facilitent la division des masses, lorsqu'ils ne vont pas au delà de 7 à 8 pour 100. L'eau, lorsqu'elle ne dépasse pas 9 pour 100, contribue, par sa décomposition et sa vaporisation unies à l'action du bitume et du carbone, à l'alimentation du feu. Le sulfure de fer est la substance qui exerce le plus d'influence dans la combustion de la houille, parce qu'en se décomposant, il donne de l'acide sulfureux, de l'acide hydrosulfurique et du sulfure de carbone, corps gazeux qui sont nuisibles dans certaines industries. La présence du bisulfure de fer cause ensuite quelquefois de violents incendies, attendu que ce corps absorbant l'oxygène, par le contact de l'air humide, pour se transformer en sulfate de fer, cette action peut devenir assez vive pour élever la température au rouge et embraser la masse entière.

La houille est due aux dépôts végétaux des premiers âges, qui, après avoir d'abord formé des tourbes, des bitumes et des lignites, ont donné ensuite, par une altération plus avancée, les houilles, les anthracites, le jayet, etc. Toutefois, diverses opinions ont été émises au sujet de la formation de cette substance : les uns l'attribuent à l'enfouissement de végétaux seulement, d'autres à des matières animales et végétales mélangées, et, dans la première hypothèse, quelques géologues se demandent encore si les houilles sont le produit de débris de bois et de végétaux transportés par les fleuves et accumulés dans certains deltas, ou bien si plusieurs couches de végétation ont eu lieu dans les mêmes endroits et ont amené successivement à l'état carbonifère les plus anciennes. Pour nous, nous sommes convaincu que les deux causes ont concouru au même résultat.

Rarement la houille est disséminée dans d'autres masses minérales : elle forme presque toujours à part des couches, des bancs ou des veines. Les terrains houillers sont communément adossés aux derniers échelons des terrains primitifs, quelquefois parmi les roches calcaires; la houille y est accompagnée de débris de corps organisés; et rien n'est plus variable que le nombre, la direction et l'inclinaison de ses couches, dans la même contrée et le même percement. On nomme *puissance* l'épaisseur d'une couche; *toit*, la partie supérieure; *chevet*, la partie inférieure; et *pied*, celle qui s'enfonce dans la profondeur. La houillère de Decazeville a depuis 30 jusqu'à 75 mètres d'épaisseur, et on trouve en abondance, dans la même localité, le fer oligiste et le fer hydraté.

La houille présente plusieurs variétés. Celle qui est en rognons plus ou moins volumineux et disséminés dans les matières terreuses de la formation houillère, se nomme *houille réniforme;* on appelle *polyédrique* celle qui affecte la forme rhomboïde; *schisteuse*, celle qui se divise en feuillets; *gra-*

nulaire, celle qui est grenue; *compacte*, celle qui a un éclat résineux et une cassure conchoïde; et *terreuse*, celle qui est noirâtre et pulvérulente. On la distingue encore en *houille grasse* et *houille maigre*. La première, d'un beau noir, légère mais moins friable, est très-combustible, brûle avec une flamme blanche; c'est celle qui est employée par les forgerons; la matière huileuse et bitumineuse qu'elle contient, fait qu'elle s'agglutine facilement et brûle avec plus d'activité lorsqu'on l'humecte avec de l'eau. La seconde, plus pesante, plus solide et moins noire, brûle avec plus de difficulté et s'emploie pour le chauffage.

Avant de se consumer entièrement, la houille se transforme en une matière charbonneuse à laquelle les Anglais ont donné le nom de *coke*, matière qui a la propriété de se brûler sans dégager de fumée, ce qui la fait alors rechercher pour le chauffage. De la carbonisation de la houille, soit pour la fonte du minerai, soit pour la production du gaz d'éclairage, on obtient, outre le coke, du noir de fumée, et du goudron qui donne à son tour du bitume et de l'huile empyreumatique. La découverte du gaz obtenu de la houille pour l'éclairage est due, dit-on, à un Français nommé Lebon, qui la mit en œuvre en Angleterre.

On trouve de la houille au Japon, à Madagascar, en Afrique, à la Nouvelle-Hollande, dans l'Amérique méridionale, aux Iles Lucayes, à Saint-Domingue, au Groënland, etc. Le Portugal, l'Espagne, l'Italie, la Hongrie, la Suède, n'ont que des houillères de peu d'importance; la Norwége et la Russie méridionale paraissent en être dépourvues, mais on en cite quelques gisements en Sibérie. Les plus riches formations de houille existent en Angleterre, aux Etats-Unis, en Belgique, en France, en Allemagne, en Prusse, en Autriche et en Chine. Des calculs assez exacts faits en Angleterre ont établi que les houilles de cette contrée pouvaient encore être exploitées pendant vingt siècles au moins, avant qu'il en résultât une diminution qui pût faire appréhender une cessation plus ou moins grande des produits. En France, on compte 77 bassins houillers; mais sur ce nombre, 25 seulement ont un rapport réel, et il n'y en a guère que 8 d'une importance remarquable. Ce sont ceux de la Loire, du Creuzot, d'Aubin, d'Epinac, de Commentry, de Brassac, de Valenciennes et d'Alais. Voici un résumé des observations faites jusqu'à ce jour, sur les combustibles fossiles de la Chine : « La chaîne de montagne qui traverse le céleste empire au sud, présente de la houille presque à chaque pas, et c'est à tel point que l'on ne peut passer cette chaîne, d'un versant à l'autre, sans rencontrer des affleurements de ce combustible. A 30 milles environ de Pékin, on en rencontre déjà un gisement abondant, mais là le charbon est anthraciteux, comme du reste tous ceux qui proviennent des environs de cette ville. Les Chinois l'appellent *chetan*, de *che* pierre, et *tan*, charbon. La plupart des autres provinces abondent également en mine de charbon fossile, et il n'existe peut-être pas de pays au monde où il s'en trouve une plus grande quantité. A Pékin on en distingue de trois sortes : la première, employée par les forgerons, donne plus de flamme que les autres, est moins friable, mais est très-sujette à crépiter au feu; la deuxième est plus dure, plus tenace, se consume lentement et laisse un résidu de cendres grises; la troisième est très-molle, brûle facilement, produit moins de chaleur que celle de la deuxième qualité et se consume aussi plus rapidement. Cette dernière sorte, réduite en poudre et mélangée avec un quart d'argile fournit aux Chinois un combustible économique, qui se vend sous forme de briques ou de boules de diverses grosseurs. A Canton, le charbon minéral paraît avoir les caractères de la lignite; à Nankin il ressemble à ce que les Anglais nomment *Cannel-coal*. » *Voy.* Terrain houiller.

HUMATILES. Nom donné par M. Marcel de Serres aux débris d'animaux enfouis dans ce qu'il appelle aussi les terrains quaternaires, c'est-à-dire les dépôts postérieurs à la formation tertiaire.

HUMUS. Couche de terre formée par les détritus des végétaux.

HUREAULITHE. Variété de manganèse.

HYÆNODON. *Laizer*. Genre de mammifère fossile, voisin des Coatis, dont les restes ont été recueillis dans le calcaire tertiaire de Courmon, département du Puy-de-Dôme, dans les environs de Tarbes, de Rabasteins, de Paris, etc. On connaît les *H. leptorhynchus* et *parisiensis*.

HYALITHE. Variété de quartz hyalin concrétionné.

HYALOMICTE. Ce nom a été donné par M. Al. Brongniart à une roche qui est communément intercalée dans la formation granitique et qui avait été appelée par Werner *Greisen* et par M. d'Eschwege *Itacolumite*. Elle est composée essentiellement de quartz hyalin parsemé de lames de mica, et sa structure est tantôt schisteuse et tantot massive, d'où il résulte deux variétés : l'*Hyalomicte schistoïde* et l'*Hyalomicte granitoïde*. La première est la seule qui soit distinctement stratifiée. Cette roche sert de gangue à plusieurs espèces minérales, telles que le feldspath, la fluorine, l'étain et le fer. Le scheclin ferrugineux, le fer arseniacal et l'étain oxydé s'y présentent en filons.

HYBODONTES. *Agass*. Famille de poissons fossiles, de l'ordre des Placoïdes. Les principaux caractères des genres qui constituent cette famille sont les suivants : Dentine à canaux médullaires reticulés, dont les mailles s'entrecroisent dans tous les sens; canaux médullaires allant en grossissant vers l'intérieur de la dent. La dentine est traversée par des tubes calcaires, pour la plupart dendritiques, qui partent des canaux et rayonnent dans tous les sens, et la couronne est composée d'une substance très-dure, qui saute en éclat.

HYBODUS. *Agass.* Genre de la famille des Ichthyodorulithes. Ses caractères sont : Rayons d'une grosseur considérable, peu arqués, plus larges vers la base qu'à l'extrémité et se terminant en pointe; surface ornée de fortes arêtes longitudinales; bord postérieur garni de deux rangées plus ou moins distantes de grosses dents acérées et arquées vers la base du rayon. Ce genre se rencontre depuis le grès bigarré jusqu'aux derniers dépôts jurassiques et weldiens.

HYDROTITE. Sorte de géode de calcédoine, qui contient de l'eau.

HYÈNE. Les ossements fossiles de ce mammifère se rencontrent dans les terrains meubles, les brèches osseuses et les cavernes. On connaît les *Hyæna spelæa*, *monspessulana*, *Perrieri*, *sivalensis*, *neogæa*, etc.

HYLOESAURUS. *Mantell.* Genre de reptiles fossiles, découverts dans la forêt de Tilgate en Angleterre, et dont le caractère le plus remarquable est le développement de la partie annulaire des apophyses des vertèbres. Les écailles osseuses de cet animal étaient semblables à celles des crocodiles.

HYPEROODON. Animal que l'on rencontre à l'état fossile.

HYPSODON. *Agass.* Genre de poissons fossiles, de la famille des Sphyrénoïdes, dont le caractère principal consiste dans des dents formidables. Ce genre se rencontre dans la craie de Lewes.

I

ICHNITES. Empreintes. *Voy.* CHEIROTHÉRIUM.

ICHTHYODONTES. Nom que l'on a donné improprement à des empreintes de poissons, particulièrement de requins et de raies.

ICHTHYODORULITHES. MM. Buckland et de la Bèche ont appelé ainsi des rayons osseux de nageoires que l'on trouve fossiles dans tous les terrains, et M. Agassiz en a constitué une famille.

ICHTHYOLITHES ou ICHTHYOOLITHES. Nom par lequel on désigne les poissons fossiles.

ICHTHYOSARCOLITE. Mollusque fossile observé par Desmarets et qu'il avait rencontré dans une formation de calcaire blanc, aux environs de la Rochelle. Voici les caractères de ce genre : Coquille droite et épaisse, à peu près triangulaire, offrant à l'intérieur des cloisons obliques en forme de cornet, avec un siphon longitudinal et latéral. On connaît les Ichthyosarcolites triangulaire et oblique.

ICHTHYOSAURE, *Ichthyosaurus*. Cet animal, d'une taille de 6 à 8 mètres, réunissait en lui divers caractères qui sont aujourd'hui répartis entre plusieurs genres. Ainsi, il avait la tête d'un lézard, le museau d'un marsouin, les dents d'un crocodile, les vertèbres d'un poisson, le sacrum de l'ornithorynque, les nageoires d'une baleine, et son corps, d'une énorme dimension, était terminé par une queue puissante. Ses yeux, d'un développement remarquable, étaient environnés de pièces analogues à celles des oiseaux ; et sa mâchoire inférieure, composée de six pièces, était disposée de manière qu'elle devenait à la fois élastique et légère sans rien perdre de sa solidité. Ses vertèbres, au nombre de plus de cent, étaient creuses comme celles des poissons ; les côtes, nombreuses, bifurquées pour la plupart au sommet, minces inférieurement et offrant des os intermédiaires analogues aux parties cartilagineuses et sternales des côtes des crocodiles, permettaient à cet animal d'introduire une grande quantité d'air dans sa poitrine et par conséquent de demeurer longtemps sous l'eau sans venir respirer à la surface ; enfin, outre ses membres antérieurs, semblables aux rames de la baleine et d'une grande puissance, l'Ichthyosaure en possédait encore de petits, placés à sa partie postérieure, et destinés également à la locomotion. Cuvier a dit, en parlant de ce reptile : « Il n'avait probablement aucune oreille extérieure, et la peau passait sur le tympan comme dans le caméléon, la salamandre et la pipa, sans même y remédier. Il recevait l'air en nature et non par l'eau, comme les poissons; ainsi, il devait revenir sur la surface de l'eau. Néanmoins, ses membres courts, plats, non divisés, ne lui permettaient que de nager. Il y a grande apparence qu'il ne pouvait pas même ramper sur le rivage autant que les phoques, mais que s'il avait le malheur d'y échouer, il y demeurait immobile comme les baleines et les dauphins. Il vivait dans une mer où habitaient avec lui les mollusques qui nous ont laissé les cornes d'Ammon et qui, selon toutes les apparences, étaient des espèces de sèches et de poulpes qui portaient dans leur intérieur (comme aujourd'hui le *Nautilus spirula*) ces coquilles spirales et singulièrement chambrées ; des térébratules, diverses espèces d'huîtres abondaient aussi dans cette mer, et plusieurs sortes de crocodiles en fréquentaient les rivages, si même ils ne l'habitaient conjointement avec les ichthyosaurus. »

Les vestiges des Ichthyosaures ont été rencontrés dans ceux des terrains secondaires que l'on désigne sous le nom de terrains jurassiques, c'est-à-dire dans les marnes stratifiées où sont en grand nombre les Ammonites et les Oolithes. Observés d'abord dans les environs de Lyme-Regis, en Angleterre, on les a retrouvés depuis en Allemagne, dans les carrières d'Altorf et de Bolt, et en France dans celles de Honfleur.

L'examen des excréments de cet animal, conservés dans les terrains que nous venons d'indiquer, a fait connaître cette particularité de ses habitudes, c'est que non-seulement il dévorait le plésiosaure, autre reptile qui lui était contemporain, mais qu'encore il dévorait les individus de sa propre espèce.

ICHTHYOSIAGONE. Genre de mollusques fossiles, qui avait été ainsi désigné par Bourdet de la Nièvre, mais auquel M. Eudes Deslongchamps a depuis imposé le nom de *Munsteria*.

IDMONÉE, IDMONEA. *Lamouroux*. Genre de polypiers fossiles, de la famille des Millépores, qui est caractérisé comme suit : Polypier calcaire; cellules saillantes, coniques, distinctes et à ouverture cellulaire, disposées en demi-anneau ou en lignes brisées et transverses sur les deux tiers environ de la circonférence des branches.

IDOCRASE. Espèce de roche, composée de silice, d'alumine, de chaux, de magnésie et de protoxyde de fer, qui se montre en filons et quelquefois en couches, dans les terrains anciens. On la rencontre dans les Alpes et les Pyrénées.

IGUANODON. Animal fossile, d'apparence gigantesque, que l'on a trouvé parmi des débris de Mégalosaures, dans les sables d'Hasting, dans la forêt de Tilgate, dans l'île de Wight, etc. On n'a pu encore asseoir un jugement que sur les dents qu'on s'est procurées en grand nombre; et c'est un peu au hasard que l'on rapporte encore au même animal une corne analogue à celle du rhinocéros, quelques vertèbres à apophyses fortes et épaisses avec le corps subquadrangulaire, une clavicule crochue se rapprochant de celle d'un iguane, et un os de métacarpe ayant deux fois la longueur de celui d'un éléphant. Quant aux dents, elles sont simples, coniques, comprimées latéralement, à bord tranchant; la racine, simple, est faiblement recourbée et amincie vers son extrémité; la couronne, prismatique, est émaillée du côté de sa face externe, et présente deux arêtes longitudinales obtuses qui se divisent en trois facettes. Il paraît que ces dents se trouvaient rangées latéralement sur une seule ligne et implantées dans des alvéoles séparées. La seule espèce connue jusqu'à ce jour a reçu le nom de Mantell, *I. Mantelli*. Un individu de cette espèce, trouvé en Angleterre, avait, suivant M. Mantell, environ 24 mètres de longueur.

INCRUSTATIONS. Dépôts de sédiments calcaires qui sont dus à quelques fontaines jouissant de cette propriété. Les objets que l'on place dans les eaux de ces sortes de fontaines se recouvrent d'une croûte calcaire, plus ou moins épaisse, qui conserve avec exactitude la forme de ces objets. La différence qui existe entre les incrustations et les pétrifications, c'est que, dans celles-ci, des molécules calcaires ou siliceuses ont entièrement remplacé la matière organique, tandis que, dans les premières, cette matière organique est simplement recouverte d'un enduit calcaire.

La fontaine de Saint-Allyre, à Clermont-Ferrand, jouit à ce sujet d'une certaine célébrité. Les canaux de l'aqueduc d'Arcueil présentent le même phénomène, ainsi que la rivière de la Vouzie, qui coule à Provins. La source de Saint-Allyre a même produit un pont d'une seule arche, sous lequel passe le ruisseau qu'elle alimente, et les végétaux qui l'environnent se couvrent aussi d'incrustations. Les bains de Saint-Philippe, près de Radicojani, en Toscane, jouissent d'une réputation égale à celle de Saint-Allyre : on expose, sous les filets d'eau, des moules en creux de bas-reliefs antiques, et l'on obtient promptement des sculptures qui sont une copie exacte de ces monuments.

INFERIOR-GREENSAND. Nom que les Anglais donnent au grès vert inférieur.

INFERIOR OOLITE. Nom que les Anglais donnent à une formation d'oolithe ferrugineuse.

INFUSOIRES. Animaux microscopiques qui offrent les manifestations les plus simples de la vie, qui sont remarquables par leur transparence et la rapidité de leur développement, et que l'on peut observer dans toutes les eaux et dans des infusions diverses. Les plus connus de ces animaux sont les genres *Volvox*, *Vorticelle*, *Cercaire*, *Nivicule*, etc. On les a divisés en deux ordres : les *Astomes*, ou infusoires sans bouche; et les *Stomatodes*, qui ont une bouche et un œsophage. Dans les couches de craie qui renferment des Infusoires, on a remarqué que ces fossiles s'y trouvent dans les proportions suivantes : 27 millimètres cubes en contiennent 1,000,000 ; un demi-kilogramme 10,000,000. On trouve aussi des Infusoires dans le Tripoli.

Ces animaux, à l'état fossile, ont été mangés en Laponie, pendant de grandes disettes. La partie terreuse qui les renferme est composée de silice, d'une matière animale qui est celle des Infusoires et d'un acide particulier, et elle est appelée par les Lapons farine de montagne. Ils la mêlent parfois à leurs farines de céréales et d'écorce, pour en faire du pain. La petite commune de Degerfort en a fait constamment usage en 1833. La plupart des analogues de ces fossiles vivent encore, dit-on, aux environs de Berlin.

INOCÉRAME, INOCERAMUS. *Sowerby*. Genre de mollusques fossiles, que l'on rencontre dans les terrains crétacés. On le caractérise de la manière suivante : Coquilles inéquivalves, longitudinales, à sommets rapprochés, plus ou moins proéminents, avec une charnière droite, large, épaisse et sur la surface de laquelle sont creusées plusieurs gouttières. On connaît les *I. sulcatus* et *concentricus*.

INOLITHE. Nom que quelques géologues ont donné à un calcaire concrétionné, mais qui n'a pas été conservé dans les nomenclatures actuelles.

INSECTIVORES. Ordre de mammifères,

qui comprend les roussettes, les chauve-souris, les galéopithèques, etc.

IRON-SAND. *Voy.* Hasting-Sand.

IRON-CLAY. Nom que donnent les Anglais à la wacke ferrugineuse.

ISCHYODON. *Egert.* Genre de poissons fossiles, de la famille des Chimérides. Son caractère principal réside dans le grand développement des tubercules de trituration de la mâchoire inférieure, qui sont séparés les uns des autres et dont celui du milieu est le plus large. Ce genre se rencontre dans l'argile kimmeridgienne, près d'Oxford.

ISERINE. *Voy.* Nigrine.

ISOCHIMÈNES. Lignes de convention qui font le tour de la terre, en passant par les points où la plus basse température de l'air est égale, et qui s'écartent plus que les isothernes des parallèles terrestres.

ISOCRINITES. Nom donné par M. Philipp, à un genre d'encrines.

ISOLETUS. Genre de la famille des Trilobites.

ISOTHÈRES. Lignes de convention que l'on fait passer autour de la terre, aux points où la plus haute température de l'été est égale.

ISOTHERNES. Lignes de convention que l'on fait passer autour de la terre sur les points d'égale température moyenne et qui s'écartent plus ou moins des parallèles terrestres.

ISTHME. Zone de terre resserrée entre deux mers et joignant deux contrées d'une étendue plus ou moins considérable. Tels sont les isthmes de Suez, de Panama, etc.

ISTIENS. *Agass.* Genre de poissons fossiles, de la famille des Esocèdes. Ses caractères principaux sont : Corps allongé ; petites dents aux mâchoires ; nageoire dorsale très-grande et occupant presque tout le bord dorsal ; l'anale reculée ; les écailles grandes ; les vertèbres courtes ; les apophyses épineuses très-serrées et les osselets apophysaires moins nombreux que les apophyses. Ce genre se trouve dans le terrain crétacé et dans le grès vert des environs de Munster.

ISURUS. *Agass.* Genre de poissons fossiles, de la famille des Scombéroïdes, qui est ainsi caractérisé : Corps trapu, squelette robuste et tête grosse ; pédicule de la queue très-rétréci. On le trouve dans les schistes de Glaris.

ITACOLUMITE. *Voy.* Hyalomicte.

IUNGERE-GRAUWACKE-GEBIRGE. Nom que donnent les Allemands à la grauwacke récente.

J

JADE. Roche d'une texture ordinairement compacte, lamellaire, esquilleuse ou demi-schistoïde, composée d'orthose et de talc, et qui est plus ou moins tenace, selon la quantité plus ou moins grande d'orthose qui s'y trouve. Cette roche servait à fabriquer quelques-unes de ces haches de pierre dont les Celtes faisaient usage, mais qui, plus communément étaient en silex, et celles que l'on trouve en Amérique sont aussi de la même substance.

JAIS ou JAYET. *Voy.* Lignites.

JANASSA. *Munst.* Genre de poissons fossiles, de la famille des Cestracionles, dont voici les caractères : Chevrons dentaires d'une structure tubuleuse, quoique la couronne soit émaillée; dents antérieures petites; il y en a trois rangées principales et le plus petites sur les côtés. Ce genre provient du Zechstein.

JASPE. Roche composée de silice presque pure et souvent colorée par les oxydes métalliques. Lorsqu'elle est limpide, elle prend le nom de *cristal de roche;* la couleur rouge a fait appeler *cornaline ;* la jaune, *sardoine;* elle conserve la dénomination de *jaspe*, lorsqu'elle est opaque ; et sa transparence la transforme en *agate*. En général, on rapproche aujourd'hui toutes ces variétés sous le nom générique de *Calcédoine*.

JASPISERZ. Nom que donnent les Allemands au quartz-jaspe ferrugineux qui est d'un rouge foncé.

JASPIS-PORPHYR. Les Allemands désignent ainsi le jaspe porphyre, dont la base est le pétrosilex.

JESERSONITE. Variété de pyroxène, que l'on recueille aux environs de Sparte, dans le New-Jersey (Etats-Unis).

JEUX DE VANHELMONT. *Ludus Helmontii.* Nom que l'on donnait autrefois aux concrétions pierreuses ou sphéroïdes qui imitent des solides géométriques ou des corps organisés. On appelait aussi Jeux de Paracelse, *Ludus Paracelsi*, celles de ces concrétions qui offrent des prismes dus à l'action du retrait qu'a éprouvé la matière pendant sa consolidation.

JUDAIQUES (Pierres). On a ainsi appelé des articulations d'Encrines et des pointes d'oursins fossiles.

JUGLANDITES, *Juglandites.* M. Ad. Brongniart a donné ce nom au groupe qui comprend les espèces fossiles du genre *Juglans*, et que l'on rencontre dans les terrains de lignites et ceux de sédiments supérieurs.

JUNIPERITES, *Juniperites.* Groupe de conifères fossiles formé par M. Ad. Brongniart avec les espèces du genre *Juniperus*, que l'on trouve dans les terrains crétacés.

JURA-LIMESTONE. Nom que donnent les Anglais au calcaire du Jura.

K

KALIN. Nom chinois dont on fait généralement usage dans l'Inde, pour désigner l'étain.

KALK et KALKERDE. Noms que les Allemands donnent à la roche calcaire.

KALKFELS. Nom allemand du calcaire.

KALKSCHIEFER. Nom que les Allemands donnent au schiste calcaire.

KALKSPATH. Les Allemands désignent ainsi le spath calcaire.

KALKSTEIN. L'un des noms que les Allemands donnent à la roche calcaire.

KAOLIN. Roche, le plus souvent meuble, composée de silice, d'alumine, de potasse, de magnésie et de chaux, avec de l'oxyde de fer, et renfermant en outre de l'orthose, du quartz et du mica. Cette roche est ordinairement blanche, mais quelquefois jaunâtre, et provient de la décomposition du feldspath ou orthose. Les terrains où elle se rencontre en plus grande abondance sont ceux de Schneeberg, de Meissen, de Normandie, de Saint-Tropez, de Mende, etc.

KARPATHEN-SANDSTEIN. Nom que donnent les Allemands au grès des Karpathes.

KARSTENITE. Roche composée de sulfate de chaux, de feldspath grenu, de quartz et d'une très-mince quantité d'eau de cristallisation. Sa texture est communément lamellaire, quelquefois fibreuse ou compacte, et, dans le premier cas, elle est employée comme marbre. Tel est le *Bordiglio* ou marbre de Bergame. On l'exploite principalement sur le territoire de Vulpino, près Milan, d'où lui est venu le nom de *Vulpinite*. On l'a encore appelée *Anhydrite*, *Gypse anhydre*, *Chaux sulfatée anhydre*, *Chaux sulfative*, *Wurfeldspath*, *Spath cubique*, etc.

KELLOWAY-ROCKS. Nom que les Anglais donnent à un dépôt de calcaire marneux et d'argile.

KERODON. Genre de mammifère, de l'ordre des Rongeurs, dont on rencontre deux espèces à l'état fossile.

KERSANTON. Roche composée de hornblende et d'orthose, et renfermant quelquefois du calcaire.

KETTOESUTEIN. L'un des noms par lesquels les Allemands désignent l'oolithe.

KEUPER. Formation composée de marnes irisées, de gypse, de grès et de sel gemme.

KEUPER-SANDSTEIN. Nom que les Allemands donnent au grès du Keuper.

KEUPER-MERGEL. Les Allemands appellent ainsi la marne du Keuper.

KEUPER-GYPS. Nom que donnent les Allemands au gypse du Keuper.

KIES. Les Allemands désignent par ce nom un composé de gros sable et de petits cailloux.

KIESEL. Mot allemand qui signifie caillou.

KIESELARTING. Mot allemand qui désigne une substance quelconque de nature du caillou.

KIESEL-CONGLOMERAT. Nom que les Allemands donnent à diverses espèces de poudingues.

KIESEL-GEBIRGE. Les Allemands désignent ainsi le grès à gros grains.

KIESEL-GYPS. Nom allemand de la chaux sulfatée.

KIESELSAND et KIESELSANDSTEIN. Noms allemands du gravier.

KIESELSCHIEJER. Les Allemands appellent ainsi le schiste siliceux ou phtanite.

KIESELSINTER. Nom allemand du quartz hyalin concrétionné.

KIESELSTEIN. Nom allemand du silex.

KIESELTUFF. Nom allemand du quartz concrétionné.

KIESIG. Les Allemands désignent ainsi toute substance graveleuse.

KILLAS. Nom que l'on donne, dans la Cornouailles, aux schistes qui se trouvent endurcis par suite de leur contact avec les granites et les porphyres. Les Allemands désignent aussi par ce nom l'argile schisteuse impressionnée.

KIMMERIDGE-CLAY. Nom donné par les Anglais à ce qu'on appelle en France l'argile havrienne.

KLEBSCHIEFER. Les Allemands appellent ainsi la magnésite schisteuse qui happe à la langue.

KLINGSTEIN. Nom que les Allemands donnent au feldspath sonore ou phonolite.

KLIPPENKALK. Mot allemand qui désigne un calcaire formant des rochers escarpés.

KLUFT. Mot allemand qui signifie fente ou crevasse.

KLUMP. Mot allemand qui signifie amas.

KLYTA. Nom allemand de la craie.

KNEISS. Nom allemand du schiste bitumineux.

KOHLENBLENDE. Nom allemand de l'anthracite.

KOHLENGEBIRGE. Les Allemands désignent par ce nom le lit ou la couche de pierre qui existe au-dessus et au-dessous de la houille.

KOHLENGRUBE. Mot allemand qui signifie houillère.

KOHLENSCHIEFER. Nom que donnent les Allemands à l'argile schisteuse bitumineuse.

KOHLEN-SANDSTEIN. Les Allemands appellent ainsi le grès houiller.

KOHLENSTEIN. Nom que donnent les Allemands à l'argile schisteuse.

KORN. Mot allemand qui signifie grain.

KOERNIC. Mot allemand qui signifie grenu, granuleux.

KRÆHENAUGENSTEN. Nom par lequel les Allemands désignent une roche amygdaloïde.

KRAINS. Les mineurs appellent ainsi certaines dislocations qui interrompent quelquefois la régularité des couches géologiques et offrent un mélange bréchiforme plus ou moins compacte ou plus ou moins lâche.

KREIDE. Nom allemand de la craie.

KREIDE-GRAU. Nom allemand de la craie grise.

KREIDE-GEBIRGE. Les Allemands désignent ainsi les montagnes de craie.

KREIDEKIESEL. Nom que donnent les Allemands au quartz agate pyromaque.

KREIDENARTIG. Mot allemand qui désigne une substance de nature crétacée.

KRYOLITHE. Substance blanche et cristalline, ou fluate d'alumine et de soude, qui se présente en masses plus ou moins considérables au Groënland.

KUMMELSTEIN. Mot allemand qui désigne une roche amygdaloïde.

KUPFER. Nom allemand du cuivre.

KUPFER-ARTIG. Mot allemand qui désigne une substance de la nature du cuivre.

KUPFERBRAND, KUPFERBRANDERZ et KUBFERBRONZERZ. Noms allemands donnés au cuivre bitumineux et à l'argile schisteuse et bitumineuse.

KUPFERHALTIG. Mot allemand qui signifie cuivreux.

KUPFERKIES. Nom allemand de la pyrite cuivreuse.

KUPFERSCHIEJER. Nom que donnent les Allemands à l'argile calcarifère, schisteuse ou cuivreuse saturée d'une ou de plusieurs espèces de cuivre.

KURZAWKA. Nom que donnent les Polonais à l'argile schisteuse du terrain crétacé inférieur.

L

LABRAX. *Cuv.* Genre de poisson de la famille des Percoïdes, qui est caractérisé comme suit : Opercule armé d'une double pointe; sous-orbitaire, intéropercule et subopercule lisses; préopercule lisse avec des dents plus grosses à son bord inférieur; pièces operculaires écailleuses. Les espèces fossiles de ce genre se trouvent au Monte-Bolca et dans le calcaire grossier de Passy.

LABROÏDES. *Cuv.* Famille de poissons, de l'ordre des Cycloïdes, dont les caractères principaux sont les suivants : Poissons oblongs, munis de grandes écailles; mâchoires à lèvres charnues; point de dents au palais; os pharyngiens armés de grosses dents; nageoire dorsale formée à sa partie antérieure de rayons épineux; les ventrales thoraciques. Cette famille comprend le genre *Labrus*.

LABRUS. *Arted.* Genre de poissons de la famille des Labroïdes. Voici quels sont ses caractères : Corps trapu; squelette massif; lèvres épaisses et charnues ; pièces operculaires sans épines ni dentelures. On trouve ce genre au Monte-Bolca.

LABYRINTHODON. *Owen.* Genre de Batraciens fossiles gigantesques, dont les débris ont été recueillis dans la formation triasique. Le caractère principal de ce genre réside dans les dents qui offrent de nombreux plis formant un véritable dédale de lignes et convergeant vers la cavité de la pulpe. Quoique la tête de ces Batraciens ait, comme dans les genres actuels, un double condyle occipital et deux grands vomers, l'ensemble des os présente une analogie très-prononcée avec les Crocodiles. On connaît déjà les *L. salamandroides*, *giganteus*, *leptognathus*, *scutalus* et *ventricosus*.

LAC. Grand amas d'eau au milieu des terres, qui n'a d'issue que par une rivière ou par des canaux souterrains.

LACERTA. *Voy.* Géosaure.

LACUSTRINE. Mot anglais qui signifie lacustre.

LAGENITES. Nom que les anciens naturalistes donnaient à des concrétions calcaires dont la forme a de la ressemblance avec une fiole.

LAGER. Mot allemand qui signifie gisement, couche et banc.

LAGOMYS. Sous-genre de la famille des Lièvres, dont on trouve quelques espèces à l'état fossile, qui semblent se rapprocher des *L. Pika* et *Ogotona*. Leurs débris se rencontrent principalement dans les brèches osseuses de la Corse, de Nice et de la Sardaigne.

LAGONI. Nom que l'on donne, en Italie, à des lacs d'eau saline, qui dégagent divers gaz et des matières bitumineuses et contiennent particulièrement de l'acide borique.

LAGUNE. Espèce de petit lac, plus ou moins marécageux, qui se forme vers le bord de la mer, à l'embouchure de certains fleuves, par suite de l'atterrissement de ces mêmes fleuves. Tels sont les canaux qui se sont formés en Italie dans les bancs d'alluvions aux embouchures du Pô, de l'Adige, de la Brenta, etc., bancs de la même nature ou de la même origine que le sol de la Hollande et celui sur lequel repose la ville de Venise.

LAMANTIN, *Manatus.* Mammifère aquatique dont les débris fossiles ont été indiqués pour la première fois par Meyer. Le nom de cet animal lui vient de la forme de ses pieds de devant, qui ont de la ressemblance avec les mains de l'homme et dont il se sert aussi d'une manière à peu près analogue. Ces mains ont cinq doigts, dont quatre sont terminés comme les nôtres par des ongles plats et arrondis. Les Lamantins ont encore des mamelles sur la poitrine et le mufle entouré de poils qui produisent l'effet d'une chevelure; enfin, comme ils s'élèvent quelquefois perpendiculairement au-dessus de l'eau, et offrent, dans l'éloignement, quelque apparence de l'espèce humaine, on en a conclu qu'on devait leur rapporter les récits que les anciens nous ont laissés sur les *Trtions* et les *Syrènes;* que ce sont les mêmes animaux qui ont causé l'erreur des voyageurs modernes qui nous ont entretenus des *hommes* et des *femmes de mer;* erreur que d'autres écrivains, tels que Lachesnaye des Bois, Maillet et Sachs, ont reproduite dans leurs ouvrages. Les Espagnols ont appelé aussi les Lamantins *Pesce-Mulher* et *Pesce-Dona* ou Poisson-Femme. Cette race ne se rencontre plus aujourd'hui vivante que dans la zone torride, tandis que ses débris fossiles se trouvent dans diverses contrées de l'Europe. En France on les recueille dans l'Anjou, la Vendée, les environs de Montauban, de Montpellier, etc. ; et dans le bassin de Paris, les gisements de ce mammifère existent à Longjumeau, à Mantes et à Marly.

LAMNODUS. *Agass.* Genre de poissons fossiles, de la famille des Célacanthes. Ses caractères principaux sont : Dents comprimées, à bord tranchant qui remonte depuis la base de la dent jusqu'au sommet; couche uniforme d'émail sur la pointe de la dent. Ce genre se rencontre dans le vieux grès rouge.

LANDES. Vastes plaines envahies par les sables, impropres par elles-mêmes à la culture, sur lesquelles ne végètent que des arbrisseaux rabougris ou la plante que l'on nomme *Lande* ou *Ajonc* (*Ulex Europæus*), et sur la surface desquelles se rencontrent de nombreux marécages. Ce sol ingrat occupe une zone assez considérable non loin des rives de l'Océan, et particulièrement depuis l'embouchure de l'Adour, jusqu'à celle de l'Océan; mais dans cette dernière contrée, toutefois, on trouve quelques bois de pins appelés *Pignades* ou *Pignadas*, qui relèvent un peu la monotonie de ces déserts; et dans plusieurs lieux, enfin, des écobuages et l'emploi de diverses méthodes agricoles, plus ou moins heureuses, ont amélioré ces terrains presque maudits, pour fournir la preuve qu'il était possible d'arriver, avec une sage entente des choses, à les fertiliser.

LAPIDIFICATION. Passage d'un corps organisé à l'état pierreux. *Voy.* Pétrification, Fossiles.

LAPILLI. Scories très-fines éjectées par les volcans.

LARDARO. Nom italien du schiste talqueux.

LARMES VOLCANIQUES. On a donné ce nom à des masses vitreuses, plus ou moins arrondies ou ovoïdes, que l'on rencontre dans les terrains volcaniques. On les appelle aussi des *Bombes*, et l'on pense qu'elles ont été vomies par les cratères en ignition. Leur grosseur varie depuis celle d'une pomme jusqu'à celle d'un boulet de 24, et elles sont formées d'un noyau scorifié et spongieux, recouvert d'une croûte compacte. Quelquefois, le noyau, au lieu d'être spongieux, est compacte, et son enveloppe est d'une nature différente.

LATES. *Cuv.* Genre de poissons de la famille des Percoïdes. Il est caractérisé de la manière suivante : Préopercule dentelé, avec une forte épine à l'angle; humérus dentelé à son angle; deux nageoires dorsales; la caudale arrondie. Les espèces fossiles de ce genre se trouvent au Monte-Bolca et dans le calcaire grossier de Sèvres.

LAUVINES. *Voy.* Avalanches.

LAVA. Nom italien de la lave.

LAVE. Nom qui dérive, à ce que l'on pense, du mot allemand *Laufen*, qui signifie *couler*, et qui désigne toute espèce de matière minérale en masse que les volcans rejettent à l'état de liquidité. La Lave offre sept roches principales qui sont le *Basalte* ou *Basanite*, le *Wachite*, la *Leucostine*, la *Téphrine*, la *Pumite*, la *Stigmite* et la *Pépérine*. Quelques géologues rangent aussi parmi les Laves, les *Sphérolithes* ou bombes calcaires que lance le Vésuve; puis les cendres, que l'on distingue en *Spodite*, *Thermautide*, *Gallinace*, *Cnérite*, etc. Le pavé des rues de Pompéia est formé de Laves, ce qui prouve qu'il y a eu des éruptions du Vésuve antérieures à celles de 79. Herculanum, plus rapproché du Vésuve, est couvert d'une couche de Laves et de produits volcaniques, dont l'épaisseur varie de 22 à 36 mètres. Les Laves de Volvic, en Auvergne, sont employées pour le dallage. *Voy.* Volcan.

LEBELSTEIN. Nom que donnent les Allemands à la pierre olaire.

LEBERKIES. Nom allemand du fer hépatique.

LEBERKISE. Roche composée de sulfure de fer magnétique, qui forme des nids dans le micaschiste et dans les roches calcaires anciennes. Les minéralogistes ont appelé aussi cette substance *Fer sulfuré magnétique*, *Pyrite hépatique* et *Pyrite magnétique*.

LEBIAS. *Cuv.* Genre de poissons de la famille des Cyprinodontes. Ses caractères sont : Corps peu allongé; mâchoires aplaties horizontalement et garnies d'une rangée de dents dentelées; opercules grands; rayons branchiostègues nombreux; nageoire dorsale opposée à l'anale. Les espèces fossiles de ce genre se rencontrent dans le terrain tertiaire d'Aix, les schistes d'OEningen, les lignites de Senssen, l'argile plastique de Francfort, la marne tertiaire de Gesso, etc.

LEDOPIFLOYOS. *Voy.* Lepidodendron.

LEHM. Nom que l'on donne, dans la vallée du Rhin, au dépôt limoneux plus généralement connu sous celui de *Loess*.

LEIACANTHUS. *Egert.* Genre de la famille des Ichthyodorulithes, dont voici les caractères : Rayons à arêtes et sillons longitudinaux à leur surface extérieure; bord antérieur dépourvu de dents. Ce genre se trouve dans le muschelkalk des environs de Lunéville.

LEIODON. *Owen.* Genre de Lacertiens fossiles, dont les débris ont été trouvés dans la chaux de Norfolk. Il a été établi sur des dents dont la face externe est aussi convexe que la face interne, et dont la coupe transversale donne une ellipse ayant les extrémités du grand axe en correspondance avec deux arêtes tranchantes, opposées et longitudinales, qui séparent la face externe de la face interne de la dent.

LEIOSPHEN. *Agass.* Genre de poissons fossiles, de la famille des Hybodontes. Ses caractères principaux sont : Tubes calcifères de la couronne ondulés et espacés; cavité pulpaire spacieuse; couche d'émail nettement séparée de la dentine.

LENTICULITE ou LENTICULINE. Genre de mollusques qui a été quelquefois confondu avec les *Nummulites*, mais qui en diffère par ses cloisons qui s'étendent jusqu'au centre de la coquille, et par l'ouverture qui reste constamment visible, ce qui n'a pas lieu dans la nummulite.

LENZINITE. Roche composée de silice, d'alumine, d'eau et quelquefois d'un peu de chaux. Elle offre deux variétés : la *Lenzinite argileuse* et la *Lenzinite opaline*. On les trouve dans le groupe de montagnes volcaniques appelé l'Ersel, sur la rive gauche du Rhin.

LEPIDODENDRON. *Ad. Brongn.* Genre de plantes fossiles, de la famille des Lépidodendrées, et voisin des Lycopodiacées. On le caractérise ainsi : Tiges dichotomes, couvertes, vers leurs extrémités, de feuilles simples, linéaires ou lancéolées, insérées sur des mamelons rhomboïdaux; partie inférieure des tiges dépourvue de feuilles ; mamelons marqués, vers leur partie supérieure, d'une cicatrice plus large dans le sens transversal, à trois angles, deux latéraux aigus et un inférieur obtus, lequel manque cependant quelquefois. M. de Sternberg a établi deux sections dans ce genre : Les *Lepidendron*, qui offrent des cicatrices rhomboïdes; et les *Ledopifloyos*, dont les cicatrices sont orbiculées. M. Adolphe Brongniart a observé 34 espèces de Lepidodendron dans les terrains houillers.

LEPIDOIDES. *Agass.* Famille de poissons fossiles, de l'ordre des Ganoïdes. Elle est caractérisée de la manière suivante : Dents en brosse sur plusieurs rangées, ou une seule rangée de petites dents obtuses; écailles plates, rhomboïdales et parallèles au corps qui en est tout couvert; squelette osseux. Cette famille renferme les genres *Acanthodes*, *Catopterus*, *Amblypterus*, *Palæoniscus*, *Osteolepis*, *Platysomus*, *Gyrolepis*, *Tetragonolepis*, *Dapedius*; *Semionotus*, *Lepidotus*, *Pholidophorus*, *Microps* et *Notagogus*.

LEPIDOLITHE. Variété de mica qui se présente en petites lames de couleur violette.

LEPIDOPHYLLUM. *Ad. Brongn.* Genre de plantes fossiles, de la famille des Lépidodendrées et voisin des Lycopodiacées. Voici quels sont ses caractères : Feuilles simples, sessiles, très-entières, lancéolées ou linéaires, traversées par une seule nervure simple ou par trois nervures parallèles ; point de nervures secondaires. Ce genre appartient au terrain houiller.

LEPIDOSAURE, *Lepidosaurus*. Nom proposé par M. Hermann von Meyer, pour désigner un animal fossile dont M. L. Ruppel a trouvé seulement les écailles dans les schistes de Solenhofen. Ces écailles sont quadrilatères et ont environ 18 millimètres de largeur sur chaque bord. Leur surface supérieure est lisse et l'interne feuilletée. Le bord supérieur est légèrement échancré, et ses angles émoussés font une saillie qui a la forme d'une dent ; puis l'un des côtés offre une petite échancrure destinée à recevoir une dent saillante du bord correspondant de l'écaille voisine. Toutes ces écailles sont de grandeur à peu près égale, leur configuration est d'une grande uniformité, et leur disposition est en rangées transversales contrariées et faiblement imbriquées.

LEPIDOSTEUS. *Agass.* Genre de poissons fossiles, de la famille des Sauroïdes. Ses caractères sont : Tête allongée ; mâchoires formant un rostre ou bec assez grêle ; deux espèces de dents : les petites en forme de rape ou de brosse, les grandes, coniques, très-pointues et cylindriques; écailles en losanges, plus ou moins obliques et formant des rangées dorsoventrales très-distinctes.

LEPIDOSTROBUS. *Ad. Brongn.* Genre de plantes fossiles, de la famille des Lepidodendrées et voisin des Lycopodiacées. Il a pour caractères : Cônes cylindriques, composés d'écailles ailées sur leurs deux côtés, creusées d'une manière infundibuliforme, et se terminant par des disques rhomboïdaux, imbriqués de haut en bas. Ce genre se trouve dans les terrains houillers.

LEPIDOTUS. *Agass.* Genre de poissons fossiles, de la famille des Lépidoïdes. Il est caractérisé comme suit : Nageoire dorsale opposée au commencement de l'anale et de même forme qu'elle; la caudale fourchue et le lobe supérieur un peu plus grand; les pectorales et les ventrales médiocres ; de petits rayons sur le bord antérieur de toutes les nageoires ; et des dents obtuses. Ce genre appartient aux terrains jurassiques et crétacés. On connaît les *L. frondosus*, *gigas*, *latissimus*, *minor*, *Mantelli*, *Maximiliani*, *ornatus*, *radiatus*, *striatus*, *subdenticulatus*, *undatus*, *unguiculatus*, et *Virleti*.

LEPITHERIUM. Grand reptile fossile, de l'ordre des Crocodiles, que Geoffroy Saint-Hilaire a essayé de reconstruire sur l'examen de carapaces trouvées dans les environs de Montevideo, et que l'on attribuait, les uns à des Tatons, les autres au Mégathérium.

LEPRACANTHUS. *Egert.* Genre de la famille des Ichthyodorulithes, que l'on rencontre dans le terrain houiller.

LEPTACANTHUS. *Agass.* Genre de la famille des Ichthyodorulithes, caractérisé comme suit : Nageoires dorsales ayant de petites épines ensiformes plates, dont les bords postérieurs sont armés de dents acérées et le bord antérieur est tranchant; surface extérieure marquée de stries très-fines, longitudinales, nombreuses et serrées. Ce genre provient du terrain jurassique.

LEPTOCEPHALUS. *Agass.* Genre de poissons fossiles, de la famille des Anguilliformes, que l'on rencontre au Monte-Bolca.

LEPTOCRANIUS. *Bronn.* Voy. SREPTOSPONDYLUS.

LEPTOLEPIS. *Agass.* Genre de poissons fossiles de la famille des Sauroïdes. Ses caractères sont : Ecailles très-minces; la nageoire dorsale opposée aux ventrales et la caudale fourchue ; la gueule fendue; les pièces operculaires larges et subopercule grand; les dents en brosse en avant des mâchoires, et de grosses dents à la partie postérieure. Ce genre se rencontre dans les formations liasiques. On connaît les *L. Bronni*, *Jægeri*, *dubius*, *Knorri*, *longus*, *sprattiformis* et *tenellus*.

LEPTYNITE. Roche composée essentiellement de feldspath grenu, souvent mêlé au quartz et enveloppant de l'amphibole, du mica, de l'actinote, du distène, des topazes, des grenats, etc. Cette roche a reçu aussi les noms de *Weistein*, *d'Hornfels*, *d'Amansite* et de *Granulithe*.

LERZOLITHE. Roche composée de hedenbergite lamelleux, de labradorite, et renfermant quelquefois du diopside et des cristaux.

LETTEN. Nom que les Allemands donnent à la terre glaise.

LETTENKOHLE. Les Allemands appellent ainsi la houille argileuse.

LEUCISCUS. *Klein.* Genre de poissons fossiles, de la famille des Cyprinoïdes. Ses caractères principaux sont : Corps fusiforme et couvert de grandes écailles; dents pharyngiennes disposées sur deux rangs; squelette robuste. Ce genre se rencontre dans divers terrains tertiaires et les lignites d'Allemagne.

LEUCOSTINE. Roche d'origine ignée, observée par de Laméthrie, qui l'a nommée, et dont la pâte, composée de pétrosilex, enveloppe des cristaux d'orthose. Il y a des Leucostines compactes, porphyroïdes et schistoïdes.

LÉZARD. M. Bullock a rencontré, dans le terrain secondaire, un squelette de lézard qui, s'il eût été complet, n'aurait pas eu moins de 50 mètres de longueur, s'il faut en croire ce naturaliste.

LIAIS. (Pierre de). Calcaire compacte à grain fin, que l'on rencontre, en couches peu épaisses, dans les environs de Paris, et qui est employé pour les moulures dans la bâtisse.

LIAS. Nom donné à la partie inférieure du terrain jurassique qui est formée de couches de marnes, de calcaires et de grès. Généralement on peut le diviser en trois étages.

Le *Supérieur* est composé de marnes argileuses schisteuses, quelquefois jaunâtres, mais plus communément bleuâtres ou noirâtres, à cause des matières bitumineuses qu'elles renferment. Les Bélemnites abondent dans cette couche, et l'on y trouve aussi des blocs ou nodules de calcaire de la même couleur, c'est-à-dire bleuâtre; des amas de Gypse saccharoïde et fibreux contenant des cristaux de quartz; puis de la Barytine, de la Fluorine, de la Blende, de la Galène, de la Dolomie, de la Calamine, du fer oligiste, et de la Limonite en lits, en filons et en rognons. Dans quelques lieux, cet étage offre des bancs de marnes micacées, des Fucoïdes, des rognons de fer carbonaté lithoïde, des ossements de Crocodiles, d'Ichthyosaures, de Géosaures et des coquilles. Souvent ces corps organisés fossiles sont convertis en pyrites de fer; et de ce que les marnes du Lias sont quelquefois pyriteuses et bitumineuses en même temps, il résulte des inflammations spontanées, comme on l'observe aux falaises de Charmouth dans le Dorsetshire. Les Anglais ont mit à profit la décomposition des Pyrites dans ces sortes de marbres, pour exploiter du sulfate d'alumine.

L'*Etage moyen* se compose aussi de marnes, de calcaires marneux et quelquefois de grès; et il empâte communément une si grande quantité de Gryphées arquées, coquille caractéristique de cette formation, qu'on le désigne sous le nom de calcaire à Gryphites. Souvent ces Gryphites se convertissent en silex. Les bancs marneux, de couleur jaunâtre, bleuâtre ou noirâtre, alternent avec des bancs calcaires et donnent quelquefois de bonne chaux hydraulique. On y trouve aussi des débris d'Ichthyosaures et de Plésiosaures, des filons de baryte et des grains de plomb sulfuré.

L'*Etage inférieur*, composé également de marnes et de calcaires, présente en outre des roches arénacées, telles que des grès très-variés et des arkoses.

Le terrain de Lias renferme des mollusques souvent convertis, comme nous l'avons dit, en fer sulfuré ou en fer oligiste, et parmi lesquels on remarque surtout des Ammonites, des Gryphites, des Huîtres, des Peignes, des Plagiostomes, des Spirifères, des Térébratules et des Unios. On y trouve plusieurs Crustacés; des débris de Sauriens; des empreintes de Fougères, de Cycadées et de Fucoïdes, des Lignites, des bois fossiles souvent silicifiés et des Féces d'ichthyosaures qui ont reçu le nom de Coprolithes.

M. Elie de Beaumont a reconnu, dans la Tarentaise, une formation de Lias à roches cristallines offrant des caractères physiques identiques avec ceux des roches primitives.

LIAS-KALK. Nom que donnent les Allemands au calcaire Lias.

LIAS-SANDSTEIN. Les Allemands nomment ainsi le grès du Lias.

LIAS-SCHIEFER. Nom allemand du schiste du Lias.

LICHIA. *Cuv.* Genre de poisson de la famille des Scombéroïdes. Ses principaux caractères sont : Corps allongé et comprimé; dents en brosse; la première nageoire dorsale composée d'épines libres et mobiles et d'une épine fixe dirigée en avant; deux épines libres en avant de l'anale. On trouve au Monte-Bolca le *Lichia prisca*.

LICOPHRE, *Licophris*. Genre que Montfort avait créé pour des corps fossiles qu'il prenait pour des mollusques; mais que, selon M. Deshayes, il faut rapporter aux polypiers nommés *Orbitolites*.

LICORNE, *Monoceros*. La question de l'existence de cet animal a été des plus controversées. Généralement, aujourd'hui, on regarde son histoire comme fabuleuse; mais les anciens et les populations du moyen âge croyaient fermement à sa création; on a prétendu aussi avoir rencontré ses ossements à l'état fossile. Voici, au surplus, comment Pline décrit la Licorne ou Monocéros : Animal ayant la tête du cerf, les pieds de l'éléphant, la queue du sanglier, la forme générale du cheval, et présentant une corne longue de 2 coudées, placée au milieu du front.

LIÈGE FOSSILE. Nom donné à une variété d'asbeste ou trémolite.

LIEGENDE. Mot allemand qui signifie chevet ou mur d'un filon.

LIEGENDE-STOECKE. Nom par lequel les Allemands désignent les amas couchés d'un minerai.

LIGNITES. Nom que l'on applique en général à tous les végétaux fossiles carbonisés, mais que l'on réserve plus particulièrement pour désigner les bois fossiles qui ne sont point bitumineux. Les végétaux fossiles, ayant précédé sur la terre l'apparition des autres êtres organisés, se rencontrent dans les terrains les plus anciens, et non-seulement les houilles sont des produits végétaux, mais encore le Graphite ou carbure de fer, ainsi que le Diamant, sont de véritables Lignites parvenus à un degré particulier d'altération ou de modification, puisque leurs éléments chimiques sont exactement de même nature. Les expériences modernes établissent d'ailleurs que les matières végétales se transforment toujours en un combustible analogue à la Houille, lorsqu'elles sont soumises à l'influence de la chaleur et de la pression.

A mesure que la végétation se développa avec plus de puissance, ses débris augmentèrent dans la même proportion ; modifiés par le temps, la chaleur et les actions chimiques, ils donnèrent d'abord naissance à la formation de la Plombagine ou Graphite ; puis à celle de l'Anthracite et de la Houille ; et enfin, à l'époque des terrains secondaires, il se forma des dépôts de charbon fossile que l'on distingue par le nom de Houille sèche. C'est cette dernière que M. Adolphe Brongniart a proposé d'appeler *Stipite;* on la rencontre dans le grès bigarré, les marnes irisées, les grès du Lias et le Lias lui-même, puis dans le calcaire jurassique et dans le grès vert des Pyrénées. Après les Stipites, viennent les Lignites proprement dits, qui se composent des débris de végétaux des périodes tertiaires et commencent au terrain d'argile plastique de Brongniart, pour arriver aux dépôts les plus récents. On range aussi parmi les Lignites les bois altérés et les Lignites fibreux que l'on rencontre au milieu des alluvions anciennes et auxquels on a donné le nom de *Forêts sous-marines:* et enfin on trouve des bois d'une conservation remarquable dans les tourbières et dans les terrains volcaniques où ils ont été enveloppés par la lave.

L'Anthracite, qui n'est qu'une houille modifiée, est une substance noire, opaque, brillante, tendre et sèche, ou du carbone presque pur avec quelques traces d'hydrogène et 3 à 5 pour 100 de matière terreuse. Les Stipites sont les houilles des terrains secondaires supérieurs aux houilles ; et les Lignites, véritables houilles des terrains modernes, sont des matières noires ou simplement brunes, opaques, brûlant avec flamme et une fumée épaisse et fétide. Souvent ces Lignites conservent la structure ligneuse du bois qui leur a donné naissance. Le Jayet est une variété compacte et brillante des Lignites.

Les bois fossiles sont quelquefois pétrifiés en agate, en jaspe, en silex et en pyrite, ce qui ne les empêche pas de conserver leurs caractères de structure et quelquefois même leur couleur. Les bords du Missouri présentent une grande quantité de bois pétrifiés ; on en rencontre aussi beaucoup à Java et à Antigua ; et, en France, quelques provinces en offrent également en assez grand nombre, particulièrement l'Auvergne. Dans quelques portions de l'île de Kergelen, aux terres Antarctiques, le capitaine James Ross a observé récemment des arbres fossiles dont quelques-uns ont 2 mètres de diamètre et qui sont réduits à l'état charbonneux.

LIMESTONE. Nom que les Anglais donnent à la roche calcaire.

LIMON. Terre délayée que déposent les eaux courantes sur les terrains qu'elles ont momentanément envahis. On sait quelle est la réputation du Limon du Nil pour l'engrais des terres sur lesquelles le fleuve le dépose. L'analyse que fit de ce dépôt la commission d'Egypte fournit le résultat suivant : $\frac{3}{5}$ d'alumine; à peu près $\frac{1}{5}$ de carbonate de chaux ; $\frac{1}{10}$ de carbonate libre ; 5 à $\frac{6}{100}$ d'oxyde de fer, qui communique aux eaux la teinte rouge qu'elles ont à l'époque de l'inondation ; 2 à $\frac{4}{100}$ de carbonate de magnésie ; et enfin quelques atomes de silice assez divisés pour demeurer en suspension dans les eaux. Ce Limon est employé aussi pour faire de la brique, de la poterie, des pipes ; les verriers s'en servent dans la construction de leurs fourneaux, et les fellahs en revêtent leurs habitations.

LIMONITE. Roche de couleur jaune ou plus ou moins brune à l'extérieur et composée de péroxyde de fer, d'oxyde de manganèse, de silice et d'eau. On la rencontre en masses de transport, quelquefois puissantes, dans les cavernes ou les crevasses des formations jurassiques ; elle est très-répandue sur la surface du sol, et prend divers aspects, tels que ceux de grains, de géodes, de rognons, de mamelons, de lames schisteuses, etc. C'est la Limonite qui fournit ce que l'on appelle communément l'ocre jaune.

LISTRONITE. Nom que quelques naturalistes ont donné aux espèces fossiles du genre *Pecten*.

LIT. Couche de nature particulière, qui se rencontre dans un système d'autres couches et dont la consistance est meuble. On dit des lits de sable, d'argile, etc.

LITHOGLYPHITES. Quelques naturalistes ont donné ce nom à des pierres figurées dont les formes sont dues simplement au hasard.

LITHOMARGE. Substance argileuse composée de silice et d'alumine.

LITHOMORPHITES. Nom générique sous lequel on comprenait autrefois toutes les pierres qui rappellent par leur forme un objet connu.

LITHOPHAGES. On nomme ainsi les mollusques qui percent les roches pour s'y loger. Tels sont entre autres les pholades.

LITHOPHYLLES. Nom que l'on a donné aux feuilles fossiles.

LITHOPHYTES. Cuvier a ainsi appelé un groupe de polypiers qui comprend les Madrépores, les Millépores et les Isis.

LITUITE. Genre de mollusques fossiles qui

a été créé par Montfort et dont M. de Blainville a fait une famille, celle des *Lituacés*, qui comprend les *Spirules*, les Ammonocératites, les Hamites, les Lituoles et les Ichthyosarcolithes.

LITUOLITES. Nom donné par quelques naturalistes à des coquilles microscopiques fossiles, analogues au genre Lituola de Lamarck, famille des Rhizopodes.

LOEMIGE. Nom que l'on donne dans le comté de Mansfeld, en Angleterre, au banc de roches sur lequel repose le schiste cuivreux.

LOESS. Mot allemand qui signifie argile limoneuse.

LOIR. Des débris fossiles de ce mammifère, de l'ordre des Rongeurs, ont été trouvés dans plusieurs cavernes à ossements du Midi de la France, et Cuvier a recueilli dans les plâtres des environs de Paris, les *Myoxus spœleus* et *parisiensis*.

LONCHOPTERIS. *Ad. Brongn.* Genre de fougères fossiles, dont les principaux caractères résident dans une feuille pinnatifide, des pinnules adhérentes au rachis, et des nervures secondaires régulièrement réticulées. Ce genre se rencontre dans les terrains houillers.

LONDON-CLAY. Nom que donnent les Anglais à une sorte d'argile ou de calcaire analogue au calcaire grossier de Paris.

LOPHIODON. Genre de Pachydermes fossiles, voisin des Tapirs. Il est ainsi caractérisé : 6 dents incisives et 2 canines à chaque machoire ; 7 molaires de chaque côté à la mâchoire supérieure et 6 à l'inférieure, les molaires offrant des collines ou crêtes transversales d'une grande obliquité. Il n'y a pas de seconde colline dans les molaires supérieures, mais il y en a une troisième à la dernière molaire d'en bas. Ce genre se rencontre dans les terrains tertiaires moyens et supérieurs, et l'on connaît déjà un grand nombre d'espèces telles que les *L. isselense*, *aurelianense*, *buxovillianum*, *giganteum*, *medium*, *minutum*, *minimum*, *occitanum*, *parvulum*, *tapiroides*, *tapirotherium*, *monspessulanum*, etc.

LOPHIOIDES. *Cuv.* Famille de poissons de l'ordre des Cycloïdes. Ses caractères principaux sont : Corps de forme irrégulière et tête très-développée ; dents acérées ; nageoires pectorales supportées par un prolongement des os carpiens ; nageoires ventrales thoraciques ; point de sous-orbitaires. Cette famille a pour type le genre *Lophius*.

LOPHIUS. *Arted.* Genre de poissons de la famille des Lophioïdes. Voici ses caractères : tête très-large et déprimée, gueule énorme, armée de dents nombreuses et acérées ; deux nageoires dorsales, dont la première s'avance jusqu'à la tête. Ce genre se rencontre au Monte-Bolca.

LOPHOBRANCHES. *Cuv.* Famille de poissons de l'ordre des Ganoïdes, qui est caractérisée comme suit : Branchies réunies en petites houppes rondes ; corps allongé, anguleux et recouvert de plaques anguleuses ; museau tubuleux et terminé par de petites mâchoires libres ; squelette osseux. Cette famille comprend les genres *Calamastoma*, *Syngnathus*, etc.

LOWER-CHALK. Nom anglais de la craie inférieure.

LOWER-GREENSAND. Sable vert qui renferme du minerai de fer hydraté et des silex, et qui forme l'un des groupes de l'étage moyen du terrain crétacé.

LUDUS-HELMONTI, ou Jeux de Vanhelmont. On donne ce nom à des rognons marneux géodiques qui renferment des cristaux de quartz.

LUMACHELLEN et LUMACHELLEEN-MARMOR. Noms allemands du marbre Lumachelle.

LUNULITES, Lunulites. *Lamarck.* Genre de polypiers de la famille des Bryozoaires, dont la presque totalité des espèces ne se rencontrent qu'à l'état fossile dans les terrains secondaires et tertiaires. Ce genre est ainsi caractérisé : Corps en forme de disque concave ou de cupule, et offrant sur la face convexe des cellules régulières comme celles des flustres, disposées en quinconce ou en stries rayonnantes et longitudinales ; face concave lisse ou marquée de rides et de sillons divergents.

LYCOPODITES. *Ad. Brongn.* Genre de plantes fossiles, de la famille des Lycopodiacées. Voici quels sont ses caractères : Feuilles insérées tout autour de la tige ou sur deux rangs opposés et ne laissant point de cicatrices nettes et bien limitées. Ce genre se trouve dans les terrains houillers.

LYDIENNE. M. Cordier a donné ce nom à une roche composée de schiste argileux, de matières phylladiennes et de grains de quartz et de mica, le tout réuni par un ciment quartzeux invisible. Cette roche, qui est tendre et très-fusible, renferme aussi un grand nombre de petites veines blanches quartzeuses, et on la rencontre dans tous les terrains phylladiens. La Pierre Lydienne est ce qu'on appelle vulgairement *Pierre de touche*.

LYMNEE, *Lymnœa*. Genre de mollusques dont les individus fossiles caractérisent le calcaire d'eau douce.

LYMNOREE, Lymnorea. *Lamouroux.* Genre d'éponges fossiles, que l'on trouve dans le calcaire jurassique des environs de Caen. Il est ainsi caractérisé : Petites masses globuleuses, cupuliformes, ridées en dessous et terminées en dessus par des mamelons ayant chacun un oscule.

M

MACHAIRODUS. Nom donné par M. Kaup à un groupe de chats fossiles formé par lui.

MACIGNO. Roche arénacée, composée de petits grains de quartz mêlés à du calcaire, t contenant, tantôt de l'argile, tantôt du ıica. On divise cette roche en Macigno so-de, Macigno compacte et Macignoschistoïde, ui se rencontrent tous les trois dans les rauwackes, c'est-à-dire dans les terrains ompris entre les granites et la craie; et en Iacigno molasse, qui fait partie de la for-ıation supercrétacée et se montre surtout ı abondance depuis les bords de l'Orbe ısqu'à Lausanne, en Suisse. Parmi les fos-iles que ce groupe renferme, on remarque ırtout des débris de végétaux.

MACLÉS. Epithète qui désigne le croise-ıent de deux cristaux qui se penchent ıéci-roquement l'un vers l'autre. Cette particu-ırité est offerte par le feldspath.

MACLINE. Roche composée de mica, 'actinote et d'andalousite.

MACLOMYRE. Nom donné par M. Boubée une variété de granite composée de mica : de spath lamelleux, et dans laquelle on ne encontre aucune parcelle de quartz.

MACRAUCHENIA. *Owen*. Genre de mam-ifères, de l'ordre des Pachydermes, qui lie eux-ci aux Ruminants. On suppose qu'il ait de la taille du rhinocéros. Ses débris it été trouvés par M. Darwin, dans un ter-ain sablonneux, au sud du Port-Saint-Julien, ıns la Patagonie.

MACRÉE. Nom donné par quelques-uns ı phénomène plus généralement connu us le nom de BARRE. *Voy.* ce mot.

MACROPOMA. *Agass.* Genre de poissons ssiles, de la famille des Célacanthes. Ses ractères sont : Deux nageoires dorsales, ınt l'une est opposée à l'espace compris en-e les pectorales et les ventrales, et l'autre l'espace entre les ventrales et l'anale ; se-nde dorsale supportée par un os très-vi-ureux ; la caudale remarquablement déve-ppée ; rayons hérissés d'épines sur leurs anches. Ce genre appartient à la formation étacée.

MACROSEMIUS. *Agass.* Genre de poissons ssiles, de la famille des Sauroïdes. Ses ca-ctères principaux sont les suivants : Na-oire dorsale à rayons très-grands, et qui tend tout le long du dos; la caudale arron-e et ayant son lobe supérieur plus faible e l'inférieur; les pectorales grandes; les ntrales et l'anale petites; tête grosse, gueule u fendue, mais armée de dents coniques et bustes. Ce genre appartient au calcaire li-ographique de Solenhofen.

MACROSTOMA. *Agass.* Genre de poissons ssiles, de la famille des Chétodontes, qui ainsi caractérisé : Colonne vertébrale s-forte; vertèbres grosses, plus hautes que igues et surmontées d'apophyses vigou-uses, dont les antérieures sont arquées en ant, tandisque celles de la queue sont incli-es en arrière; osselets intérapophysaires s-gros et plus nombreux que les ver-ıres; nageoire dorsale offrant des rayons térieurs simples et les suivants bifurqués articulés; anale très-étendue par des yons épineux gros et courts. Ce genre a recueilli dans le calcaire grossier d'Hau-ive.

MACROTHERIUM. Genre de mammifères fossiles, de l'ordre des Edentés.

MACROURES. Division de l'ordre des Dé-capodes, qui comprend le genre Ecrevisse et tous les crustacés à branchies thoraciques internes les mieux organisés pour la nage. On rencontre beaucoup de débris des animaux de cette division à l'état fossile.

MADRÉPORES. *Voy.* POLYPIERS.

MADRÉPORITES. Quelques auteurs avaient ainsi appelé des ossements fossiles de Sauriens et de cétacés recueillis en Norman-die et qu'ils avaient pris pour des Madrépores. Le même nom a été donné à une variété de carbonate de chaux ou calcaire bacillaire.

MAGAS. Genre de mollusques extrait des Térébratules par Sowerby, qui lui donne les caractères suivants : Coquille bivalve, équi-latérale, inéquivalve; l'une des valves ayant un bec recourbé le long duquel s'étend un sinus angulaire; charnière droite avec deux tubercules dans son milieu.

MAGNESIAN LIMESTONE. Nom que les Anglais donnent au calcaire alpin.

MAGNÉSITE. Roche de couleur blanche, plus ou moins terreuse, dure au toucher, composée de silice, de magnésie, d'alumine et d'eau, que l'on trouve en rognons ou en masses informes parmi des portions de silex et d'argiles verdâtres, dans les environs de Madrid, dans le Piémont, l'île de Négrepont, à Montpellier, Crécy, Saint-Ouen, Montmar-tre, etc. C'est avec la magnésite qui vient de l'Asie Mineure que l'on fabrique les pipes dites d'*écume de mer*.

MAGNETEISEN. Nom que les Allemands donnent à l'aimant.

MAGNETKIES. Les Allemands appellent ainsi la pyrite magnétique.

MALLOTUS. *Cuv.* Genre de poissons fos-siles, de la famille des Halécoïdes. Ses prin-cipaux caractères sont : Corps allongé et régulier; squelette grêle; point de côtes ster-nales; dents en velours ras; nageoire dor-sale insérée au milieu du corps; l'anale très-grande. Ce genre a été trouvé sur les côtes du Groënland.

MALM. *Voy.* GREENSAND.

MALTHE. *Voy.* BITUME.

MAMANDRITES. Nom que quelques na-turalistes ont donné à des corps fossiles qui appartiennent aux Alcyons.

MAMMOUTH. *Voy.* ELÉPHANT.

MANATUS. *Blainv. Voy.* MÉTAXYTHÉRIUM.

MANDELSTEIN. Nom que donnent les Allemands à des roches plutoniques caver-neuses, dont les cavités sont ordinairement remplies de géodes siliceuses, calcaires ou zéolithiques, lesquelles ressemblent à des noyaux ou des amandes. Verner distinguait le *Mandelstein primitif*, que nous appelons *Variolithe;* le *Mandelstein de transition* ou *Trappamygdaloïde*, et le *Mandelstein secon-daire*, autre Trapp en décomposition. Le Man-delstein se rencontre dans les terrains de transition et les terrains secondaires.

MANGANÈSE. Roche très-répandue dans la nature, composée principalement d'oxyde de fer, d'oxyde et de protoxyde de manganèse, de silice, d'alumine, de chaux, de magnésie et d'eau; mais qui offre de nombreuses variétés dans lesquelles ces parties se trouvent en plus ou moins grande quantité, ou manquent les unes ou les autres. Les principales variétés portent les noms de *Rhodonite* ou *Manganèse rose*, *Manganèse de Pesillo*, *Manganèse rose de Kapnit*, *Marceline*, *Photesite*, *Opsimose*, *Allagite*, *Tripolite*, *Alabandine*, *Hureaulithe*, *Diallogite*, *Hétérosite*, *Pyrolusite*, *Braunite*, *Acerdèse*, *Haumanite* et *Psilomélane*.

MANTELLIA. *Ad. Brongn.* Genre de plantes fossiles, que l'on rencontre dans le Lias, et qui est ainsi caractérisée : Tiges cylindriques sans axe central distinct, couvertes de cicatrices rhomboïdales et dont le diamètre horizontal est plus grand que le diamètre vertical. On connaît les *M. nidiformis* et *cylindrica*.

MARAIS. Terrain bas, occupé par des eaux stagnantes, et dont la végétation consiste principalement en plantes aquatiques, telles que des conferves, des potamogétons, des joncs, des carex, des scirpes, etc., qui forment un groupe particulier par leurs genres. Lorsque le marais est desséché, il constitue un terreau assez fertile. Ces formations se rencontrent en plus grand nombre dans les régions septentrionales que dans les méridionales. Les plus remarquables en Europe sont ceux de la Russie, de la Finlande, de la Hollande et de la Westphalie; en Asie, ce sont ceux de l'Euphrate et le Palus-Méotide ; et l'Amérique offre ceux de l'embouchure du Mississipi, de l'Orénoque et du fleuve des Amazones. Les marais Pontins, en Italie, jouissent, à juste titre, d'une grande, mais triste célébrité, par leur influence malsaine qui dépeuple la contrée. Bornés au midi par la mer, au nord par les collines de Velletri, à l'ouest par les montagnes de San-Felice et le rivage de Terracine, et à l'est par le camp de Cisterna, ils occupent une superficie d'environ 8 myriamètres carrés, et produisent des exhalaisons si infectes, qu'elles portent la mort jusque dans Rome même, et que le sol d'où elles s'échappent est couvert des ruines de vingt-trois villes et d'une immense quantité de villas. En France, les marais qui ont le plus d'étendue se trouvent dans le département de la Gironde, dans les Landes, la Sologne, la Camargue, la Vendée, la Bresse, la Touraine, etc.

MARAIS SALANTS. Portions de terrains plus ou moins considérables, fréquemment inondés par les eaux de la mer, et sur lesquels on retient une partie de ces eaux, afin d'obtenir, par l'évaporation, le sel qu'elles contiennent.

MARBRE, *Marmor*. On donne ce nom aux calcaires ou carbonates de chaux dont la dureté est assez grande pour recevoir le poli. On fait choix, pour les arts et les constructions, de ceux de ces calcaires qui ont les couleurs les plus pures, les plus vives et les plus variées. La pesanteur spécifique des marbres varie, suivant leur structure, depuis 2480 jusqu'a 2700 kilogrammes par 32 centimètres. Celui de Paros va même au delà de 2800 kilogrammes. Les marbres ont pour caractères distinctifs de se réduire en chaux vive par la calcination, de se laisser rayer par une pointe de fer et de se dissoudre en faisant effervescence dans les acides nitrique, sulfurique et muriatique, étendus d'eau.

L'état cristallisé des marbres statuaires tient aux modifications qu'ils ont éprouvées par suite de la haute température à laquelle ils ont été amenés postérieurement à leur dépôt. Il résulte d'expériences de sir James Hall, que la pression modifie essentiellement les effets de la chaleur, et que les calcaires qui se convertissent en chaux, à ciel ouvert, conservent au contraire leur acide carbonique lorsqu'ils sont comprimés. Ils deviennent même, dans ce cas, fusibles et cristallisables; mais M. Faraday pense que la pression n'est pas nécessaire, et, selon lui, le carbonate de chaux ne se décompose pas sous la pression ordinaire, lorsqu'il s'échauffe sans la présence d'un autre gaz.

La Grèce, l'Italie, la France, l'Espagne, la Belgique et d'autres contrées encore sont très-riches en marbres. Les Grecs, qui en possédaient de fort nombreux et de fort beaux, n'eurent jamais recours à l'étranger pour ce produit; il en était de même des Egyptiens; mais les Romains allaient en chercher dans tous les pays, et ils ouvrirent dans chaque d'immenses exploitations.

Marbres blancs ou Marbres saccharoïdes. Le plus célèbre est celui de *Paros*, qui servit à la composition de la Vénus de Médicis et de la Vénus du Capitole. Le *Pentélique*, qui s'extrayait aux environs d'Athènes, sur les monts Pentélique et Hymette, était d'une blancheur éclatante, avait des reflets noirs, était quelquefois mélangé de talc argental ou verdâtre, et il fournit la tête d'Alexandre, le torse de Bacchus, la tête d'Hippocrate et la statue d'Esculape. Le marbre *Thasien*, que l'on tirait de l'île de Thasos, en Thrace, donnait de très-beaux blocs. L'Antinoüs du Capitole avait été fait avec le marbre de *Luni*. Celui de *Chio* s'exploitait dans cette île, au mont Pelleno. Le *Cipolin* l'était en Grèce et en Egypte, et offrait un mélange de mica, avec des bandes ondulées, blanches et vertes. Venaient ensuite les marbres de *Luria*, de *Carrare*, de *Campan*, etc.

Marbres noirs. Il y a le *noir antique* ou marbre de *Lucullus*, originaire de la Grèce; le *noir de Flandres*, le *noir de Namur*, le *noir de Dinan*, etc.

Marbres verts. Le *vert antique*, qui s'exploitait en Macédoine et en Thrace, est composé de rognons anguleux de serpentine et de calcaire saccharoïde; puis viennent le *vert d'Egypte*, le *vert de mer*, le *vert poireau*, le *vert de Suze*, et le *vert de Florence*, qui sont composés d'un mélange de serpentine ou de talc avec du calcaire.

Marbres rouges. *Le rouge antique* s'extrayait des montagnes situées entre le Nil et la mer Rouge, et il était sablé de petits points noirs; le *Languedoc* ou *incarnat* est mêlé de blanc et de gris en zones contournées ; le *Royal rouge*, de Franchimont, et le *Malplaquet*, ont un fond rouge clair, mêlé de teintes blanches, grises et bleuâtres ; la *Pierre d'Avesnes* est un marbre blanc mêlé de rouge brun, avec des veines blanches, cendrées et bleues ; la *Griotte* est d'un rouge brun et composée de myriades de nautiles ; il y a ensuite le *rouge de Vérone*, le *rouge de Séville*, le *rouge de Molina*, le *rouge de Boyn*, le *rouge de Ratisbonne*, etc.

Marbres jaunes. La *Brocatelle de Sienne* est veinée de pourpre et de rouge violacé ; le *jaune de Vérone* est d'une teinte uniforme ; le *nankin de Valmiger*, dans l'Aude, est d'un jaune terne varié par des coquilles ; le *jaune antique* ne se trouve plus que dans les mosaïques et les colonnes du Panthéon à Rome.

Marbres gris. Le plus recherché est la *Sainte-Anne*, qui est à veines et taches blanches.

Marbres bleus. On désigne d'abord ainsi le marbre *Turquin* ou *Bardigle*, qui est d'une teinte gris ardoisé ; il s'extrait des carrières de Seravezza et de Carrare. Les carrières della Spiaggia et de Luchera à Seravezza fournissent ensuite le *bleu fleuri ;* et le marbre d'*Aspin*, dans la vallée d'Argelez, a le fond d'un bleu plus ou moins foncé et jaspé de blanc.

Lumachelles. On donne ce nom, qui vient du mot italien *Limachia*, limaçon, à des calcaires coquilliers. Les variétés les plus recherchées sont : la *Lumachelle de Castracani* ou d'Astracan, marbre antique que l'on croit venir de l'Inde ; la *Lumachelle d'Espagne*, appelée aussi *Brocatelle*, et qui est d'une pâte jaune ; la *Lumachelle d'Italie*, d'un jaune pâle avec des coquilles converties en spath calcaire blanc ; le *Drap mortuaire* ou *Lumachelle noire antique ;* la *Granitelle noire de Ligny*, près Mons ; la *Lumachelle noire de Lusy-le-Bois*, en Bourgogne ; celle de *Narbonne* et celle de *Carinthie*, qui est opaline, chatoyante, d'un gris sombre avec des coquilles d'un blanc grisâtre à reflets rouges, verts ou orangés, et que l'on range parmi les pierres précieuses.

Marbres bréchoïdes. Ils sont sillonnés par une multitude de petits filons de couleurs différentes de celle de la masse. Le *Portor* est le plus célèbre de ces marbres. Il est noir, sillonné de veines jaunes ou rougeâtres ; le plus recherché provient du cap *Porto-Venere* et des îles Palméria et Trinetto, aux environs de Gênes ; mais on en trouve aussi en Espagne et à Saint-Maximin, dans le département du Var.

Brèches. Marbres à fragments anguleux. La *Brèche violette antique* est formée de la réunion de fragments de calcaire blanc laiteux et lilas, provenant de l'île de Skiros ; l'*Africaine* est composée de fragments de grès rouge et violet réunis dans un fond noir ; la *Tarentaise* est d'un brun chocolat et empâté de fragments jaunes ou blancs ; la *Brèche d'Italie* est à fond brun et à taches blanches ; la *Brèche de Tolonet*, en Provence, a le fond jaunâtre avec des fragments gris, bruns et rouges ; celle de Marseille, ou *Brèche de Memphis*, est composée de fragments blancs, gris et bruns, réunis par une pâte rougeâtre ; celle de *Dourlers* est formée de calcaires cendrés, blancs et rougeâtres ; celle d'*Etrœungt*, aux environs d'Avesnes, de fragments gris et verdâtres ; celle des *Pyrénées*, d'une pâte rouge brun, avec des fragments noirs, gris et rouges ; celle de *Baudéan*, près Bagnères de Bigorre, est noire avec des veines rouges ; enfin il y a des Brèches *rose antique*, *fleur de pêcher*, d'*Alet*, de *Saint-Roman*, de *Castelle-Vielle*, etc.

Marbres poudingues. Ils sont composés de fragments arrondis, et l'on distingue particulièrement parmi eux celui qui porte le nom de *Piedra Almandrada de las Canteras*, lequel est formé de petits galets rouges, jaunes et noirs, réunis par un ciment rouge.

MARCASSITE. Roche composée de sulfure de fer et qui a porté aussi les noms de *Pyrite blanche arsenicale* et de *Pierre de santé*. Ce dernier nom lui était donné parce qu'on se persuadait que, portée en bague, elle indiquait, par son plus ou moins d'éclat, la santé plus ou moins bonne de celui qui la portait ou qui la regardait. On a trouvé dans des sépultures des Incas des plaques de marcassite qui probablement avaient servi de miroirs.

MARCELINE. Roche formée de silicate de manganèse, et que l'on rencontre aux environs de Saint-Marcel en Piémont.

MARES. Bassins peu profonds et de peu d'étendue, qui se forment dans quelques lieux à la surface du sol et qui reçoivent des terres voisines l'écoulement des eaux pluviales. On trouve de ces bassins dans les points élevés comme dans les plaines, et dans les localités sèches comme dans celles qui sont humides. Lorsque des travaux rendent le fond des mares à la culture, et que des fouilles permettent d'examiner leur composition, on remarque des lits de matières charbonnées, provenant de la décomposition des végétaux, c'est-à-dire des éléments analogues à ceux qui ont dû constituer primitivement les terrains houillers. On rencontre même, dans ces couches, des troncs d'arbres qui ont acquis une couleur noirâtre et une grande dureté, et d'autres fragments de bois convertis en phosphate de fer terreux. Ces dépôts renferment aussi des graines, des débris de coquilles lacustres, etc., etc.

MARLITE. Nom que Kirwan avait proposé de donner aux roches composées de calcaires, d'argiles et de sables, et qui sont généralement appelées aujourd'hui *Macignos*.

MARLY-SANDSTONE. Nom que les Anglais donnent au grès marneux.

MARMOLITHE. Roche à texture foliacée et de couleur grisâtre ou verdâtre, qui se compose de silice, de magnésie, de chaux, d'alumine, d'oxyde de fer, de chrôme et d'eau. On la considère comme une variété de la serpentine.

MARNE. Espèce de roche, très-répandue, qui se compose de calcaire, d'argile et quelquefois de sable, dans des proportions indéterminées, et qui se trouve aux divers étages de l'écorce terrestre, où elle forme des lits plus ou moins épais, qui alternent communément avec des argiles et des calcaires. La marne a de nombreuses variétés qui se distinguent par leur texture, les substances minérales qu'elles contiennent et leurs couleurs. Sa texture est compacte, feuillée ou terreuse. Les substances qui s'y rencontrent ordinairement sont le mica, l'oxyde de manganèse, le quartz et la magnésite. Quant aux couleurs, ce sont le jaune, le brun, le vert, le rouge et le gris; elles sont dues aux oxydes de fer et de manganèse. Les marnes renferment fréquemment des débris organiques fossiles, et particulièrement des poissons, des insectes et des végétaux. Les couches marneuses du Monte-Bolca, près de Vérone, et celles d'OEningen, près du lac de Constance, sont célèbres par leurs poissons fossiles; celles d'Aix, en Provence, contiennent à la fois des poissons et des insectes; d'autres, comme dans le département de l'Aude, près de Narbonne, et dans les environs de Paris, sont en outre riches en coquilles et en plantes.

Le retrait qu'éprouvent les marnes en se desséchant affecte des formes régulières et particulièrement le parallélipipède et le prisme à 5 ou 6 pans. Ce retrait présente aussi quelquefois des sortes de cubes, résultant de la réunion de six pyramides à quatre faces, dont chaque face est la base même de la pyramide.

La marne argileuse, mêlée à l'eau, s'emploie aux mêmes usages que l'argile plastique; la marne verte sert à faire des carreaux et des briques; celle qui est verdâtre et grise se vend comme pierre à détacher; et la plupart des variétés peuvent devenir un amendement précieux pour quelques espèces de terres cultivables. Celle qui est calcaire friable est la plus estimée par les agriculteurs, parce qu'elle se délite facilement après une courte exposition à l'air.

MARSOUIN. Les débris fossiles de cet animal se trouvent avec ceux du Dauphin dans les terrains tertiaires marins. On connaît les *Phocœna Cortesii*.

MARSUPIAUX. Groupe de mammifères qui se divise en insectivores et en frugivores. Les premiers comprennent les Péramèles, les Sarigues, les Dasyures, etc.; les seconds, les Phalangers et les Kanguroos. Les restes fossiles de ces animaux ont été rencontrés dans les gypses des environs de Paris; dans les brèches osseuses des bords de la Méditerranée; dans les grottes de la vallée de Wellington, à la Nouvelle-Hollande, etc., etc.

MARSUPITES ou MARSUPIOCRINITES. Genre d'Encrines fossiles, établi par Miller, sur des débris trouvés dans les terrains de craie, en Angleterre. Il est ainsi caractérisé: Corps régulier, ovale en forme de bourse, tronqué et aplati à l'autre extrémité, puis revêtu de grandes plaques polygonales et articulées entre elles. Les localités où l'on a le plus recueilli de Marsupites sont Warminster, Brigton, Lewes, Hurspoint, etc.

MASSIF. Ce mot s'emploie, en géologie, pour désigner une roche non stratifiée.

MASTODONSAURUS. Nom donné par M. Owen, à un groupe de Batraciens fossiles.

MASTODONTE. *Mastodon*. Les débris de cet animal, que l'on rencontre en Europe, en Amérique et en Asie, et qui fait partie de la famille des Eléphants, consistent principalement en dents molaires. La taille du Mastodonte était à peu près celle de l'Eléphant, et longtemps on prit ses restes pour ceux de squelettes humains appartenant à des géants. En Amérique, ces restes sont si bien conservés, que l'on peut aisément reconstituer toutes les parties de ce genre fossile. Grew, en 1681, signala le premier des dents de cet animal, et M. de Longueil en apporta en France des ossements qu'il avait recueillis sur les bords de l'Ohio. Réaumur vint ensuite faire connaître que les turquoises qu'on tirait des carrières de Simorre n'étaient que des dents d'un animal marin; d'Aubenton et Guettard déclarèrent à leur tour que cet animal devait être voisin des Hippopotames; mais Camper et Blumenbach le rapprochèrent des Éléphants; et enfin Cuvier, après avoir partagé cette opinion, en créa définitivement un nouveau genre auquel il imposa le nom de Mastodonte. Les caractères principaux de ce genre sont des dents molaires tuberculeuses; l'absence des canines; et des incisives qui se dirigent vers le bas en sortant de la bouche constituaient de véritables défenses. On pense que le Mastodonte avait aussi une trompe. Celui de l'Ohio, *Mastodon giganteum*, devait être d'une taille d'environ 3 mètres. L'espèce à dents étroites, *Mastodon angustidens*, se trouve en Amérique, en Asie et dans diverses parties de l'Europe. Outre les deux espèces qui viennent d'être indiquées, il y a les *Mastodon Tapiroïdes, Minos, Humboldtii Condilleratum, longirostris, Andium, latidens*, etc.

Le Mastodonte géant, qui vient de l'Ohio, a des molaires dont la couronne est à peu près rectangulaire et dont les tubercules sont en forme de pyramide quadrangulaire; elles sont au nombre de six, huit ou dix, et pèsent quelquefois jusqu'à cinq kilogrammes. On suppose que cet animal se nourrissait à la manière des Hippopotames, c'est-à-dire des parties les plus charnues des végétaux, et diverses observations sembleraient indiquer que la disparition des Mastodontes ne serait pas très-ancienne. Le Mastodonte à dents étroites qu'en Amérique on rencontre particulièrement près de Santa-Fé de Bogota, dans un lieu que l'on appelle le *Camp des Géants*, et qui se montre aussi communément en Toscane, est l'espèce à laquelle il faut rapporter les ossements qui, sous Louis XIII, furent pris pour ceux de Teutobochus, roi des Cimbres et des Ambraciens, défait par Marius, 159 ans avant Jésus-Christ. On les extraya d'une sablonnière en 1613, non loin du château de Chaumont, à quatre lieues de Romans. Cette prétendue découverte fut défendue par les chirurgiens Mazuyer et Habicot, et combattue par Riolan. On doit à M. de Blainville un mémoire sur ces ossements, qui de Grenoble avaient été transportés à Bordeaux.

Les Américains pensent que le Mastodonte existait à une époque où la taille des hommes était en rapport avec la sienne, et que le Grand-Etre foudroya l'animal et l'homme.

MÉANDRITES. Nom que les anciens naturalistes donnaient à des polypiers fossiles, dont la forme était celle d'une boule à surface sillonnée, et qui appartiennent au genre *Meandrina*.

MÉCONITE. *Voy.* OOLITHE.

MÉDITERRANÉE. Nom générique qui a été donné à toutes les grandes masses d'eau que l'Océan a formées dans l'intérieur des terres et qui se trouvent toujours en communication avec lui. Celle de ces mers intérieures qui conserve le nom de Méditerranée, est contenue entre l'Atlas, les Pyrénées et les chaînes qui se dirigent des Alpes vers la Turquie, c'est-à-dire qu'elle est bornée au nord et à l'ouest par l'Europe; à l'est par l'Asie; et au sud par l'Afrique. Sa longueur, depuis le détroit de Gibraltar jusqu'à la Syrie, est d'environ 360 myriamètres. La salure de la Méditerranée est inférieure à celle de l'Océan; et son niveau paraît être toujours le même, d'où quelques-uns concluent qu'elle doit rendre à l'Océan, par des canaux sous-marins, une partie des eaux qu'elle en reçoit journellement.

MEERSCHAUM. Nom que les Allemands donnent à l'écume de mer.

MÉGALICHTHYS. *Agass.* Genre de poissons fossiles, de la famille des Sauroïdes, qui est ainsi caractérisé : Corps des vertèbres plus courts que hauts; dents élancées, plissées à la base et s'effilant en un cône très-lisse.

MÉGALODON. *Agass. Voy.* HYPSODON.

MÉGALONYX. Mammifère fossile, de grande taille, signalé pour la première fois en 1797, par Jefferson, président des Etats-Unis. Les débris avaient été trouvés dans une caverne du comté de Green-Briar, dans l'ouest de la Virginie; ils furent rapprochés des carnassiers et du genre Chat, et l'on reconnut que l'animal devait avoir 2 mètres de hauteur et peser environ 500 kilogrammes. Wistar et Cuvier rangèrent le Mégalonyx dans les édentés, et Desmarets, dans sa Mammalogie, l'a rattaché au genre Mégathérium, en l'appelant *M. Jeffersonii*.

MÉGALOPS. *Cuv.* Genre de poisson de la famille des Halécoïdes. Une espèce, le *M. Priscus*, a été recueillie dans l'argile de Londres de Scheppy.

MÉGALOSAURE, *Mégalosaurus*. Reptile fossile, d'une taille de 20 à 30 mètres, intermédiaire aux Lacertiens et aux Crocodiles, et qui fut découvert par le docteur Buckland en 1824, dans un banc de schiste calcaire, sablonneux sur divers points, qui est situé à Stonesfield, près Woodstok, dans l'Oxfordshire. Le calcaire où se trouve le Mégalosaure est placé au-dessous de la région moyenne des couches oolithiques et au-dessus du Lias qui contient les Ichthyosaures. Les ossements du premier ont été longtemps confondus avec les débris d'oiseaux carnassiers. Selon l'opinion de Cuvier, ce reptile devait être de la taille d'une petite baleine et très-vorace. Voici comment ce genre a été caractérisé : Dents longues de 50 à 60 millimètres, comprimées, aiguës, arquées vers l'arrière, à deux tranchants dentelés, et enchâssées dans des alvéoles cernés, mais grands. Ces dents sont appuyées contre le bord alvéolaire externe, plus élevé que l'interne, d'où il résulte des rapports intimes avec celles des Monitors et des Crocodiles. Le corps des vertèbres est rétréci et presque cylindrique dans son milieu, puis creusé d'une fosse longitudinale au-dessous de la partie annulaire; la surface articulaire de ce corps est plane ou légèrement concave, et les surfaces non articulaires sont très-lisses. La tête des côtes est supportée par un col long et comprimé; le coracoïdien est très-étendu; et le fémur, arqué en deux sens, a sa tête articulaire dirigée en avant.

MEGALURUS. *Agass.* Genre de poissons fossiles, de la famille des Sauroïdes. Ses caractères principaux sont : Squelette robuste; colonne vertébrale très-forte, composée de vertèbres grosses et plus hautes que longues; côtes et apophyses courtes et grosses; apophyses supérieures supportées par des processus distincts et gros; osselets interapophysaires tout le long du dos; tête courte; gueule peu fendue; mâchoires armées de dents grosses et coniques, entremêlées de plus petites; écailles lisses à bord postérieur arrondi; nageoire caudale supportée en partie par les apophyses inférieures et ayant des rayons grêles et peu divisés; la dorsale grande et son insertion opposée à celle des ventrales qui sont plus plus rapprochées de l'anale que des pectorales; l'anale composée de rayons allongés et en petit nombre. Ce genre appartient aux étages supérieurs du terrain jurassique.

MEGAPHYTUM. Genre de plantes fossiles, voisin du *Lépidendron*.

MEGATHERIDES ou MEGATHERIOIDES. Famille créée par M. Owen, pour comprendre des animaux fossiles, de l'ordre des Edentés, dont l'organisation est analogue à celle des Paresseux, des Fourmiliers et des Tatons actuels, et dont les débris se rencontrent presque tous en Amérique, dans les sables argileux du bassin de la Plata, du Brésil, etc. Cette famille se compose jusqu'à ce jour des genres *Mégalonix*, *Mégathérium*, *Mylodon* et *Scélidothérium*.

MEGATHERIUM. Genre de mammifères fossiles, de grande taille, dont les restes se rencontrent dans les couches superficielles des terrains d'alluvions de l'Amérique, principalement au Paraguay, et qui fut découvert pour la première fois en 1789, dans le lit du fleuve Luzan, qui se jette dans le Rio-Parana, affluent de la Plata. Le squelette fut monté par Jean-Baptiste Bru, et existe encore à Madrid. L'espèce établie sur les débris provenant des mêmes lieux a reçu le nom de *M. Cuvieri*. Cet animal était de l'ordre des Edentés, il devait avoir la taille de l'Eléphant, et occuper une place entre les Tatous et les Fourmiliers tamanoirs; il vivait de végétaux, et ses pieds de devant, armés d'ongles très-tranchants, lui donnaient la faculté de fouiller la terre pour y chercher des racines qui probablement formaient une partie de sa nourriture. Le genre Mégathérium est caractérisé comme suit: Apophyse descendante du jugal très-grande; mâchoire inférieure renflée au-dessous des molaires et se terminant en forme de bec; dents longues, quadrangulaires, composées, à leur milieu, d'un ivoire grossier et tendre, et offrant de chaque côté de cette substance, un cément jaunâtre, puis, entre lui et l'ivoire, une zone de substance dure, formée de trois lignes grises et de deux blanches. La dernière dent est beaucoup plus petite que les autres, et la plus longue est d'environ 240 millimètres. Le fémur, moins long que celui de l'Eléphant, est beaucoup plus large; les vertèbres sont au nombre de 7 cervicales, 16 dorsales, 3 lombaires, 5 sacrées et 15 caudales; la main était composée de 4 doigts dont 3 armés d'ongles; et le pied avait aussi quatre doigts, dont 2 seulement pourvus d'ongles.

MÉLANIE, *Melania*. Genre de mollusques gastéropodes, établi par Lamarck, et qui a de nombreux représentants à l'état fossile, dans les terrains marins tertiaires.

MÉLANOGRAPHITES. Nom que quelques naturalistes ont donné à certaines pierres arborisées dont les dessins sont très-noirs.

MÉLANOPSIDE. Genre de mollusques d'eau douce, dont on rencontre des représentants au sein des couches tertiaires. Ses principaux caractères consistent dans une ouverture oblongue qui présente une échancrure en avant et une callosité d'une certaine épaisseur sur la columelle en arrière.

MÉLAPHYRE. Nom donné par MM. Al. Brongniart et d'Omalins d'Halloy, à la roche que les Allemands appellent *Trapporphir* et M. Cordier *Ophite*. Elle est composée d'une pâte d'amphibole noir, enveloppant des cristaux de feldspath. On en distingue trois variétés: *le Mélaphyre demi-deuil*, le *Mélaphyre sanguin* et le *Mélaphyre à taches vertes*. Cette roche renferme aussi, accidentellement, de l'orthose, du mica, de l'ouralithe, etc.

MÉLOCRINITES, *Melocrinites* ou *Melocrinus*. Genre établi par M. Goldfuss, pour des corps fossiles du terrain de transition, qui ont beaucoup d'analogie avec les *Actinocrinites*. Voici comment ce genre est caractérisé: Cupule inarticulée; bassin formé de 4 pièces, avec 5 pièces costales primaires, lesquelles sont aussi surmontées de 5 pièces secondaires de même forme, qui renferment entre elles 5 autres pièces intercostales, également hexagones; 5 pièces scapulaires hexagones et 5 rayons; tige cylindrique traversée par un canal cylindrique ou à 5 côtes; ouverture buccale située de côté.

MÉLONIE, *Melonia*. Genre de mollusques qui offre de petits corps subsphériques et que l'on rencontre aussi à l'état fossile.

MELONITE ou MELON FOSSILE. Les anciens naturalistes désignaient par ce nom des géodes de Calcédoine et des nodules de silex dont la forme et la grosseur avaient quelques rapports avec le melon. On les a aussi appelés *Meloponites* et *Melons du Mont-Carmel*.

MÉNILITE. Variété de quartz qui a l'aspect de la résine et qui a été rencontrée dans plusieurs endroits du bassin de Paris, au milieu des marnes gypseuses. Elle prend son nom de la commune de Ménilmontant, où elle a été observée pour la première fois.

MER. On désigne par ce mot la totalité des eaux amères et salées qui occupent la majeure partie du globe terrestre. Sur environ 5 millions de myriamètres carrés que présente la surface de ce globe, la mer en couvre en effet à peu près les trois quarts, mais d'une manière inégale, c'est-à-dire que l'hémisphère austral en contient plus que le boréal, dans la proportion de 8 à 5. On évalue sa profondeur, terme moyen, à 4 ou 5000 mètres, et Laplace, en soumettant au calcul l'attraction exercée sur la terre par le soleil et la lune, ainsi que les effets de la force centrifuge qui résulte du mouvement de rotation du globe, a démontré que cette profondeur ne pouvait dépasser 8000 mètres, mesure égale à l'élévation des plus hautes montagnes, qui se montrent au-dessus du niveau de la mer.

Le niveau de la mer est généralement dans un état stationnaire, et il ne s'élève ou ne s'abaisse que par des causes locales ou temporaires. Ainsi, les eaux de la mer Rouge ne se trouvent supérieures de quelques mètres (8 environ) à celles de la Méditerranée, que parce que les vents y font refluer les eaux de l'Océan Indien; la Baltique et la mer Noire ne s'enflent au printemps que parce que divers grands fleuves y déchargent leurs eaux que les torrents et la fonte des neiges ont augmentées; l'Océan Pacifique n'est élevé de 7 mètres au-dessus de l'Atlantique, et le golfe du Mexique à peu près de la même hauteur au-dessus de l'Océan Pacifique, que par suite de l'influence des vents alizés qui chassent les eaux de l'Atlantique dans le golfe du Mexique, et élèvent alors le niveau de celui-ci au-dessus du Grand Océan; enfin, si le niveau de la mer Caspienne est de 108 mètres au-dessous de celui de la mer Noire, c'est que l'affaissement du sol ou la diminution des eaux par l'évaporation ou toute autre circonstance a amené progressivement ce résultat.

Les eaux de la mer ont une odeur nauséabonde et une saveur amère que l'on attribue au chlorure de sodium dont elles sont saturées; mais l'amertume diminue, dit-on, à raison de la profondeur. L'analyse faite sur 1000 grammes d'eau de l'Océan Atlantique a donné le résultat suivant: Acide carbonique, 0.33; chlorure de sodium, 25.10; chlorure de magnésium, 3.50; sulfate de magnésie, 5.78; carbonate de chaux et de magnésie,

0.20 ; sulfate de chaux, 0.15. On rencontre en outre dans ces eaux quelques traces d'oxyde de fer et une petite quantité de potasse. Leur pesanteur spécifique moyenne est, d'après Gay-Lussac, de 1.0273.

Communément, la couleur de la mer est d'un bleu verdâtre, qui devient de plus en plus clair à mesure que l'on s'approche des côtes ; mais diverses circonstances lui donnent d'autres teintes. La mer est noire dans les environs des îles Maldives ; blanche dans le golfe de Guinée ; jaune entre la Chine et le Japon ; rouge sur les bords de la Californie ; verdâtre sur ceux des Canaries et des Açores. Ces différentes nuances sont le plus souvent produites par le délayement de quelques substances terreuses, par des hydrophytes et par des animalcules, particulièrement du genre *Oscillaria*.

Quant à la phosphorescence de la mer, elle est due, selon les localités, à des poissons, à des mollusques, à des polypiers, à les zoophytes, à des animalcules, etc. ; et enfin, les phénomènes électriques n'y sont peut-être pas étrangers.

MERGEL. Nom allemand de la marne.

MERGELIGER-KREIDE. Nom allemand de la craie marneuse.

MERGELSCHIEFER. Les Allemands appellent ainsi le schiste marneux.

MERICATHÉRIUM. Genre de mammifères fossiles, de l'ordre des Ruminants sans cornes, formé par M. Bojanus, sur l'examen de dents molaires trouvées en Sibérie parmi les débris de Mammouths. Le principal caractère de ces dents est d'avoir des arêtes entre les colonnes.

MESINTERIPORE. Genre de polypiers fossiles, établi par M. de Blainville pour des corps recueillis dans le calcaire jurassique des environs de Caen, et qu'il a rangés dans la famille des Operculifères ou Polypiers membraneux. Il a caractérisé ce genre de la manière suivante : Cellules ovales obliques, saillantes et à ouverture presque terminale, disposées en quinconce et formant un polypier calcaire, fixé, subglobuleux, composé d'expansions contournées dans tous les sens et divergentes du point d'attache.

MESOGASTER. *Agass.* Genre de poissons fossiles, de la famille des Sphyréoïdes, qui est ainsi caractérisé : Tête courte et obtuse ; mâchoires d'égale longueur ; nageoires ventrales abdominales. Ce genre se trouve au Monte-Bolca.

METALLIFEROUS-LIMESTONE. Nom anglais du calcaire métallifère.

MÉTALLISATION. Opération par laquelle on prétendait autrefois amener toutes les substances de la terre à l'état de métaux. On croyait aussi que les métaux croissaient au sein de la terre, comme les végétaux à sa surface.

MÉTAXITE. Roche à texture grésiforme, plus ou moins tenace, composée de quartz et de kaolin, et renfermant quelquefois du mica, du talc et d'autres substances minéralogiques.

METAXYTHERIUM. Genre de mammifères aquatiques fossiles, établi par M. Jules de Christol, pour des animaux dont les débris se rapprochent de ceux des Lamantins et des Dugongs. Ce genre, placé dans la famille des Cétacés herbivores, est caractérisé par une paire d'incisives permanentes à la mâchoire supérieure, qui était dépourvue de canines et dont les molaires, au nombre de 6 à 8 de chaque côté des deux mâchoires, se succédaient en avant et tombaient en sens contraire. La couronne des dents supérieures offre deux collines transverses mamelonnées, avec un pli en avant et un talon en arrière ; le collet est prononcé et les racines sont au nombre de trois, deux externes et une interne. La couronne des inférieures est à deux collines et un fort talon en arrière, le collet est marqué et les racines sont au nombre de deux. On connaît les *M. Cuvieri, Brocchii*, *Guettardi*, *Christolii*, etc. , que l'on rencontre dans les terrains tertiaires. Cuvier avait constitué, avec les mêmes débris, les *Hippopotamus medius* et *dubius*.

MÉTEORITES. *Voy.* Aérolithes.

METRIORHYNCUS. *Meyer. Voy.* Steneosaurus.

MEULIÈRE ou SILEX MOLAIRE. Pierre qui présente ordinairement une texture cellulaire, une cassure à surface plane, et dont les cellules, communément irrégulières, mais quelquefois polyédriques, sont formées par des lames minces de silex. Cette roche est presque opaque, et sa couleur varie du blanchâtre au grisâtre, au jaunâtre et au rougeâtre. Elle forme plus fréquemment des bancs disloqués que des couches continues, et se présente au milieu de sables et d'argiles qui pénètrent dans ses fissures et ses cavités. C'est dans les meulières anciennes que l'on remarque les cellules polyédriques que quelques personnes ont prises pour des morilles pétrifiées ou des polypiers. Les meulières supérieures au grès fournissent de très-bonnes meules de moulin, surtout celles du village des Mollières, dans le département de Seine-et-Oise. Elles offrent aussi d'excellents matériaux pour les constructions, et de nombreuses carrières de cette roche sont ouvertes dans les environs de Paris. Parmi les meulières qui sont affectées à établir des meules de moulin, les ouvriers distinguent les silex blancs, les silex bleus, les silex grain de sel, les silex roussette, etc.

MICACITE. *Voy.* Micaschiste.

MICASCHISTE. Roche qui se divise en feuillets comme les schistes, se compose de quartz et principalement de mica, et contient en outre divers minéraux qui constituent plusieurs de ses variétés, telles que le *Micaschiste quartzeux*, le *Micaschiste feldspathique*, le *Micaschiste talqueux* et le *Micaschiste porphyroïde*. Cette roche, très-répandue, et qui forme des couches puissantes et souvent contournées, se montre surtout dans le terrain inférieur auquel les Anglais donnent le nom de *Système cambrien* ; et elle renferme aussi quelquefois de la Tourmaline, du Corindon, de l'Hornblende, des Staurides, du Graphite, de l'Actinote, du Grenat, etc.

MICA-SLATE. Nom anglais du micaschiste.

MICRASTER. Genre d'Echinides établi par M. Agassiz, pour les espèces de Spatangues à disque cordiforme, dont la partie dorsale des ambulacres, très-développée, offre presque une étoile. Ce genre renferme des espèces qui sont caractéristiques du terrain de craie.

MICRODON. *Agass.* Genre de poissons fossiles, de la famille des Pycnodontes. Ses caractères sont : Corps aplati, élevé, court et comprimé ; nageoire caudale très-développée, largement fourchue et supportée par un pédicule grêle ; la dorsale et l'anale commençant vers le milieu du corps et se prolongeant jusqu'à l'origine de la caudale ; leurs rayons uniformes ; les pectorales petites et à rayons très-fins ; écailles en losanges et épaisses ; squelette robuste ; apophyses des vertèbres massives ; côtes très-fortes ; osselets en forme de V. Les espèces de ce genre se rencontrent dans les formations les plus récentes du terrain jurassique.

MICROPS. *Agass.* Genre de poissons fossiles, de la famille des Lépidoïdes, qui est ainsi caractérisé : Ecailles régulières à la base de la nageoire caudale et des dents en brosse. La principale espèce de ce genre est le *M. furcatus*, qui appartient à la formation du Lias.

MICROSOLENA. *Lamouroux.* Genre de polypiers fossiles, que l'on rencontre dans le calcaire jurassique de Caen. Il est caractérisé comme suit : Masse pierreuse amorphe, formée de tubes capillaires cylindriques rarement comprimés, parallèles et communiquant entre eux par des ouvertures latérales, également espacées.

MICROSPONDYLUS. *Agass.* Genre de poissons fossiles, dont la famille n'est pas déterminée.

MICROTHERIUM. Nom proposé par M. Hermann von Meyer, pour désigner un groupe de mammifères fossiles de la division des Pachydermes.

MILIOLITES ou **MILIOLES.** *Lamarck.* Corps fossiles, semblables à des coquilles, que l'on rencontre dans les terrains marins tertiaires. Ces corps offrent, soit deux, soit trois, soit un plus grand nombre de loges, ce qui a fait songer à les ranger dans plusieurs divisions ou plusieurs genres ; mais les caractères proposés sont encore trop vagues, pour adopter ce classement.

MILLSTONE-GRIT. Nom anglais du grès feldspathique grossier.

MIMOPHYRE. Nom qui a été imposé par M. Al. Brongniart à une roche formée d'un ciment argiloïde enveloppant des grains de feldspath. Elle présente trois variétés qui sont le *Mimophyre quartzeux*, où les fragments de quartz sont en plus grand nombre ; le *Mimophyre pétrosiliceux*, dont la pâte compacte a de l'analogie avec le pétrosilex ; et le *Mimophyre argileux*, qui est tendre et friable.

MIMOSITE. M. Cordier désigne sous ce nom une roche agrégée, grenue et à grains très-fins, composée de fer titané, de pyroxène et de feldspath vitreux, translucide et coloré en vert par le pyroxène. Cette roche appartient aux terrains pyrogènes des périodes crétacée et paléothérienne.

MINE. Dans le langage vulgaire, on nomme ainsi toute substance minérale qui se rencontre dans la nature, et on se sert aussi du même mot, joint au nom d'un métal, pour désigner ce métal : c'est ainsi que l'on dit de la mine d'argent, de la mine de fer, de la mine de cuivre, de la mine de plomb, etc. Mine signifie encore le gisement du minéral, le lieu où on l'exploite, etc.

Dans l'exploitation des mines, on distingue les *Gîtes généraux* et les *Gîtes particuliers* : les premiers constituent des masses puissantes qui appartiennent à la série géologique ; les seconds sont des parties isolées et accidentelles au sein des gîtes généraux. Lorsque les gîtes particuliers sont exploités, on les désigne par le nom de *Gîtes de minerais.* S'ils sont de formation contemporaine à celles des terrains qui les encaissent, on les appelle *Bancs* et *Amas parallèles ;* et lorsqu'ils sont postérieurs à leurs enclaves, ils reçoivent les dénominations de *Filons*, d'*Amas entrelacés*, d'*Amas transversaux* et d'*Amas irréguliers*.

Les filons sont des gîtes de forme plane, de peu d'épaisseur, mais d'une étendue ordinairement assez grande, et qui se sont établis dans les fentes du terrain qui les contient, postérieurement au dépôt de celui-ci. Les filons d'une même époque sont d'une composition identique et parallèles entre eux ; lorsqu'ils sont d'époques différentes, ils se croisent les uns les autres, et ils se bifurquent quand ils traversent un terrain peu résistant. En général, ils se terminent en coin à leur partie inférieure. On distingue plusieurs parties dans un filon : le *Toit* est la paroi supérieure ; le *Mur*, la paroi inférieure ; la *Tête* est la portion la plus voisine de la surface, et elle prend le nom d'*Affleurement*, lorsqu'elle est entièrement au jour ; la *Queue*, enfin, est la partie la plus profonde du filon. Les filons ont quelquefois une étendue considérable dans le sens de leur direction, et leur puissance varie de 0m 10 jusqu'à 50 et 60 mètres.

Les données fournies par la science ne sont pas toujours confirmées par la pratique, dans l'exploitation des mines, et les déceptions seraient très-nombreuses si l'on s'en rapportait uniquement au géologue. En d'autres termes, celui-ci peut très-bien, sans commettre la moindre erreur, indiquer la nature d'un gisement ; mais il faut recourir au mineur expérimenté, pour apprécier l'importance de ce gisement, son produit probable, et encore n'est-on pas malgré cela à l'abri de tout mécompte. Les filons, en effet, sont loin d'offrir une richesse, une épaisseur ou une profondeur toujours la même ; telle mine qui semble d'abord promettre un rapport immense, devient tout à coup stérile après une courte durée de produit, et c'est ainsi que celles de Potosi, si célèbres autrefois, sont devenues inférieures à la plupart des exploitations de l'Amérique du Sud; puis enfin, souvent la mine change de nature, comme cela s'est présenté pour celle de Schnœberg, qui, ouverte en donnant du fer au xvᵉ siècle, produisit de l'argent le siècle suivant, et fournit aujourd'hui du cobalt.

Un tableau dressé par Werner sur les principales localités d'où l'on tirait les métaux du temps d'Auguste, donne les indications suivantes : L'or provenait de l'Egypte, de la Transylvanie, des Indes, de l'Asie Mineure, de la Galice et des Asturies; l'argent, de l'Espagne, de la Grèce et des bords du Rhin; le cuivre, des environs de Constantinople, de l'île de Chypre, de Rio-Tinto en Espagne, des monts Ourals en Russie, et des Abruzzes en Italie; le fer, de l'île d'Elbe, de la Styrie et de la Biscaye; le plomb, de l'Espagne et de l'Angleterre; l'étain, de l'Angleterre; le mercure, d'Almaden en Espagne, et d'Ephèse dans l'Asie Mineure.

Aujourd'hui, en Europe, la houille s'exploite principalement en Angleterre, en Belgique, en France et en Russie; le plomb, en Angleterre, en Espagne et en Allemagne; le cuivre, en Angleterre et en Autriche; l'étain, en Angleterre et en Saxe; le zinc, en Belgique, en Angleterre et en Pologne; le mercure, en Espagne, en Bavière et en Autriche; l'argent, en Autriche, en Saxe, dans le Harz et en Prusse; l'or, en Autriche, dans l'Etat de Bade et dans le Piémont.

Dans le nouveau monde, l'argent est produit surtout par le Mexique et le Pérou; l'or, par le Brésil, le Mexique, la Colombie, le Chili et les Etats-Unis. *Voy.* GISEMENT.

MINERAI. Terme qui désigne une substance minérale, telle qu'on l'extrait de sa mine, pour la soumettre ensuite aux opérations métallurgiques. Le minerai est rarement pur, et presque toujours, au contraire, il se trouve mélangé à d'autres substances, soit minérales, soit terreuses. Ces matières hétérogènes reçoivent le nom de *Gangue*.

MINÉRALISATION. Ce mot désigne l'opération chimique que subissent les minéraux pour se constituer, c'est-à-dire les actions électriques qui déterminent à leur tour les réactions chimiques, opération qui se réalise surtout sous de hautes températures. Les diverses combinaisons qui résultent alors de ce travail donnent naissance aux carbonates, aux sulfates, aux sulfures, aux phosphates, aux fluates, aux oxydes, etc.

MINÉRALOGIE. Science qui a pour objet l'étude des substances minérales qui se rencontrent dans divers terrains qui constituent l'écorce du globe. Cette étude remonte jusqu'à Aristote, qui, le premier, divisa les minéraux en deux grandes classes : ceux que le marteau peut réduire en fragments et ceux qui sont malléables. Après lui, Théophraste rangea les substances minérales dans trois ordres : les pierres, les terres et les métaux. Puis, vinrent Dioscoride, qui partagea les minéraux en terrestres et en marins; Pline, qui ajouta peu aux observations de Théophraste; et Zoime et Geber, qui ne s'occupèrent que de la soi-disant transmutation des métaux.

Avicenne ramena la méthode dans les investigations minéralogiques : aux pierres et aux métaux, qui avaient constitué le classement de ses prédécesseurs, il ajouta les sels et les substances sulfureuses; il démontra l'utilité de l'analyse pour distinguer les différents corps; et ses travaux restèrent en honneur durant plusieurs siècles. Plus tard, parut Albert le Grand, qui comprit sous la dénomination de *Mineralia media* les sels et les substances combustibles; puis le moine Valentin, qui fit connaître l'*Antimoine*, et le juif Isaac, qui introduisit des procédés métalliques dans l'analyse des minéraux; et enfin, une foule d'alchimistes qui, au milieu de leurs rêveries et de leurs opérations infructueuses, rendirent cependant quelques services à la science, en multipliant les procédés au moyen desquels on pouvait analyser les substances minérales et réaliser leurs diverses combinaisons. On sait que ces alchimistes avaient consacré les sept principaux métaux aux planètes, et que, dans leur langue particulière, l'or était le Soleil, l'argent la Lune, le fer Mars, le cuivre Vénus, le mercure Mercure, le plomb Saturne et l'étain Jupiter.

George Agricola vint, vers l'an 1546, donner une impulsion nouvelle et puissante aux travaux minéralogiques, en se livrant à la recherche de méthodes utiles pour l'exploitation des mines et le traitement des minerais; et on lui doit aussi la découverte du *Bismuth*. A la même époque, Paracelse découvrait le *Zinc*, et Bernard de Palissy, en pratiquant la composition des émaux, communiquait aux savants un grand nombre de faits propres à ouvrir des voies non encore fréquentées. En 1664, Becher publia le résultat de ses observations sur les effets que le feu produit sur les minéraux; en 1673, l'Anglais Boyle fit connaître ses remarques sur la propriété électrique de ces mêmes minéraux; en 1733, Brandt découvrit l'*Arsenic* et le *Cobalt;* en 1741, Wood trouva le *Platine;* en 1751, Cronstedt fit connaître le *Nickel* et l'emploi du chalumeau; vers les mêmes temps, Bromel, Cramer, Henckel, Woltersdorff et Walérius proposèrent des méthodes de classification, les unes fondées sur les caractères extérieurs, les autres sur l'analyse chimique; et la chimie reconnut l'existence de trois terres simples : la *Chaux*, la *Silice* et l'*Alumine*.

En 1774, Gahn et Schéele firent connaître la *Manganèse;* en 1781, Delhuyard découvrit le *Tungstène*, Grégor le *Titane*, Huller le *Tellure*, et Heilm le *Molybdène;* en 1789, Klaproth fit connaître l'*Urane;* en 1797, Vauquelin découvrit le *Chrôme;* en 1802, le *Colombium* fut découvert par Hatchett; en 1803, le *Palladium* et le *Rhodium* par Wolaston, et l'*Irridium* et l'*Osmium* par Vauquelin, Fourcroy, Tennant et Descotils; en 1804, le *Cérium* par Berzélius et Hisinger ; en 1807, le *Potassium*, le *Sodium*, le *Barium*, le *Strontium*, le *Calcium* et le *Magnésium* par Davy ; en 1810, le *Silicium* et le *Zirconium* par Berzélius ; en 1818, le *Cadmium* par Stromeyer, et le *Lithium* par Arfwedson : de 1818 à 1823, l'*Aluminium*, le *Glucium* et l'*Ythrium* par Wœhler ; en 1826, le *Brôme* par M. Balard ; et enfin, en 1828, le *Thorium* par Berzélius, et le *Vanadium* par Sefstroem.

La minéralogie compte aussi plusieurs écoles. La première, celle qu'on nomme l'*école empirique*, se développa particulièrement en Suède et en Saxe, et a pour représentants Bromel, Walérius et Werner. Elle se fondait uniquement sur le témoignage des sens et ne s'arrêtait qu'aux caractères extérieurs. La seconde, ou *école chimique*, se compose des minéralogistes dont les principes de classification reposent sur l'analyse, et tels sont entre autres Cronstedt, Bergmann, Kirwan et Berzélius. La troisième, ou *école physique*, a pour éléments les caractères physiques, d'où elle se fractionne en *cristallographes*, en *naturalistes purs* et en *minéralogistes opticiens ;* et parmi ceux qui la représentent, il faut citer principalement Mohs, Weis, Romé de l'Isle, Haüy, Brewster, Biot, Babinet, etc.

On range communément les corps inorganiques dans trois divisions : la première comprend ceux qui ne sont formés qu'à l'aide de fonctions vitales, tels que les sucres, les gommes, les résines, etc., qui doivent leur origine aux végétaux, et les sécrétions calcifères qui se forment dans les animaux ; la deuxième se compose des corps produits par les matières organiques enfouies dans les couches du globe, comme certaines résines et certains bitumes, et de végétaux charbonnés, de sels, etc. ; et la troisième est constituée par les corps d'origine purement minérale, que l'on tire du sein de la terre, ou que l'on obtient artificiellement, comme les carbonates, les sulfates, les chlorhydrates, les silicates, etc. ; ces deux dernières divisions appartiennent à la minéralogie proprement dite. *Voy.* Roches.

MINETTE. Nom vulgaire que l'on a donné à une variété de porphyre qui contient du mica.

MISSOURIUM. Nom donné par M. Koch à un groupe de Pachydermes fossiles.

MODER. Nom allemand de la tourbe.

MOLASSE. Mélange de sable, d'argile, de calcaire et quelquefois de mica, qui doit son nom à ce qu'il est habituellement friable. Toutefois, la molasse acquiert, dans quelques circonstances, une solidité assez grande pour être employée comme pierre à bâtir. Sa couleur ordinaire est le gris passant au verdâtre. On rencontre cette roche dans le terrain tritonien ; et, en Suisse, ses couches alternent avec le gompholite. Elle renferme quelquefois du lignite et de nombreux fossiles qui sont des ossements d'éléphant, de rhinocéros, de cochon, de cerf, d'antilope et de hyène ; et des mollusques, tels que des turritelles, des natices, des mitres, des cancellaires, des buccins, des cérithes, des rochers, des peignes, des bucardes, des vénus, des cythérées, des solens et des balanes.

MONITOR. Genre de la famille des Sauriens, dont on rencontre de nombreux débris dans la couche de schiste marneux et bitumineux qui s'étend dans la Thuringe, le Voigtland, la Hesse, la Franconie et la Bavière. Ces débris sont associés à des restes de poissons d'eau douce.

MOLOSSE, *Molossus*. Genre de mollusques fossiles, établi par Montfort, pour une coquille libre, univalve, cloisonnée, droite, conique, fistuleuse et intersectée, avec un siphon latéral et continu servant de bouche. MM. de Blainville et Férussac ont rangé ce genre auprès des Nodosaires.

MONOCEROS. *Voy.* Licorne.

MONOTREMES. Ordre de mammifères qui comprend les Ornithorynques et les Echidnés, et forme une sorte de passage entre les mammifères proprement dits et les ovipares. Cet ordre a reçu de M. de Blainville le nom d'*Ornithodelphes*.

MONTAGNES. Les parties du sol qui se dessinent en relief, portent les noms de *Montagnes*, de *Collines* et d'*Eminences*. Les côtes ou pentes d'une montagne se nomment *Flancs;* les *Versants* sont les côtés diamétralement opposés ; sa partie supérieure est appelée *Sommet* et *Cime*, et l'inférieure *Pied*. La *Base* est l'espace qu'occupe la montagne. Lorsque le sommet est arrondi, on le désigne quelquefois par le nom de *Croupe*, et s'il a une certaine étendue, c'est un *Plateau*. Le sommet reçoit encore, selon son aspect, les noms de *Ballon*, de *Dôme*, de *Tour*, de *Pic*, de *Corne*, de *Dent*, d'*Aiguille* et de *Pointe*. Le *Faîte* est la ligne que l'on suppose traverser une chaîne dans toute sa longueur. Les montagnes sont *isolées* ou forment des *Chaînes* et des *Groupes*, et dans le premier cas elles sont appelées *Monts*. Elles ont quelquefois une direction constante, mais souvent aussi elles changent brusquement et même plusieurs fois de direction, et les Pyrénées sont un exemple de la première disposition, comme les Alpes de la seconde. On a remarqué que les principales chaînes de l'ancien continent se dirigent dans le sens de l'ouest, tandis que celles du nouveau continent suivent la direction du nord au sud. Les montagnes se composent quelquefois de plusieurs *Chaînons* ou élévations particulières, rangées les unes à côté des autres ; on nomme *Rameaux* les chaînons qui se détachent de la masse principale pour suivre diverses directions ; lorsque ces rameaux ne s'éloignent pas beaucoup de leur point de départ, on les appelle *Contreforts*, et telles sont les Corbières, dans le département de l'Aude ; enfin, les *Gradins* sont des chaînons qui s'élèvent en étage les uns au-dessus des autres.

Diverses circonstances font quelquefois que les montagnes s'affaissent ou glissent sur elles-mêmes et causent des désastres plus ou moins grands. Tel fut l'événement qui combla la vallée de Goldau en Suisse. Le 13 mars 1846, le mont Mormentzec, haut de 600 mètres et situé à l'entrée du défilé de Borsœ, en Hongrie, se fendit tout à coup et obstrua le cours d'une rivière qui a, en ce lieu, 96 mètres de largeur, ce qui causa l'inondation de tout le pays en amont. Dans le mois d'octobre 1847, la montagne Lioubeack, de l'île de Tincotou, s'affaissa subitement sans qu'aucun fait particulier eût donné l'éveil sur cette catastrophe.

Les différences d'élévation et de latitude influent plus ou moins sur la température des montagnes. Passé 2500 mètres environ, on ne voit plus, sur leur sol, que de la mousse et quelques plantes grêles à fleurs blanches. A 3200 mètres, il n'y a plus que des lichens qui tapissent la surface des rochers; puis, un peu plus haut, toute végétation expire. Cette dégradation se fait remarquer sur tous les points du globe, à température égale, et elle est surtout frappante en Laponie. Ainsi, à 62° de latitude Nord, on voit encore le tilleul, l'orme et le noyer, mais sans être chargés de fruit; à 62° 25', le chêne n'a pas cessé de végéter; à 63° 50', on rencontre le groseiller épineux; à 64° 30', on peut cultiver les pois et les fèves; à 66° 50', c'est-à-dire au cercle polaire, c'est le seigle printanier et le chou blanc qui sont confiés à la terre. Le 66° 50' est la limite des forêts de sapins; à 67° 20', se trouve celle des neiges perpétuelles; à 70° on ne voit plus que des bouleaux et des pins; et enfin, à 70° 25', ce ne sont que le bouleau-nain et le genévrier.

Il résulte de ce qui précède qu'une montagne élevée est pour ainsi dire divisée par couches et que, dans l'espace d'un jour et dans certaines localités, on peut monter depuis la région des Tropiques jusqu'à celle qui caractérise les contrées du Nord. Voici ce qu'un voyageur raconte, à ce sujet, de son passage sur l'Himalaya : « La pente méridionale offre une terre qui est cultivable jusqu'à la hauteur de 3200 mètres; mais les moissons y sont maigres et chétives. A l'élévation de 3680 mètres, on voit de belles forêts; au delà de cette ligne les arbres diminuent de taille et de vigueur végétative. On passe le Sutlje près de Wangton, sur une échelle de cordes. De ce point, la route se dirige droit au nord et arrive à 3500 mètres. Des neiges perpétuelles couvrent les régions les plus élevées de cette vaste chaîne; de temps à autre des masses énormes de ces neiges se détachent et se précipitent avec un fracas horrible dans la profondeur des abîmes, en entraînant avec elles de gros fragments de roches; et lorsqu'on parvient à 4800 mètres, la respiration devient difficile, on éprouve de la lassitude, des vertiges, des maux de tête et une soif inextinguible. Il est impossible de décrire les sensations que produit l'extrême raréfaction de l'air; on croit étouffer à tout moment; la respiration s'accélère de la manière la plus pénible; l'élasticité de la peau diminue; et le sang circule avec une rapidité qui semble propre à désorganiser toute la machine. Le point culminant du passage est à 5280 mètres au-dessus du niveau de la mer. A mesure que l'on approche de la frontière chinoise, on voit le pays changer d'aspect; les arbres sont en petit nombre et rabougris, c'est-à-dire que la végétation est pauvre et chétive, et les montagnes offrent des masses dont les formes n'ont plus rien de pittoresque. Tel est en général le pays que traverse la route qui conduit à Ladak. Le voyageur marche sans cesse au milieu de roches dont il se détache à chaque instant des fragments qui menacent de l'écraser, et ne fait que monter et descendre, tantôt grelottant de froid, tantôt étouffant de chaleur. Souvent il est obligé de grimper sur des échelles fragiles, le long d'horribles abîmes, et de franchir des torrents sur des bouts de branches qui se balancent au gré des vents. »

Nous allons faire connaître ici quels sont les points les plus culminants de l'écorce du globe, et quoique, au premier aperçu, ce tableau puisse paraître comme une dépendance exclusive de la géographie physique, nous pensons qu'il est utile, dans un grand nombre de recherches, que le géologue se trouve en mesure d'apprécier l'accentuation ou le mouvement du sol d'une contrée (1).

EUROPE.

SYSTÈME HESPÉRIQUE.

Chaîne Pœni-Bétique.

Le Cerro de Mulhacen.	3650 mètres.
Le Pic de Neleta.	3460

Chaîne Marianique.

La Sierra Sayra.	1856
Le Cumbre d'Arcena.	1730
La Foya.	1280

Chaîne Oreto-Herminienne ou Sierra de Tolède.

La Sierra de Guadalupe.	1620
La Sierra de Portalègre.	670

Chaîne Carpeto-Vettonique.

La Sierra de Gredos.	3200
La Peñalara.	2500
La Sierra d'Estrella.	2090
Le Monte Centra.	580

Chaîne Celtibérienne.

Le Moncayo.	2910
La Sierra d'Occa.	1649

Pyrénées Gallibériques.

Le Pic Poseto, dans la vallée d'Astos.	3499

(1) Nous avons suivi, dans ce tableau, les divisions adoptées par M. Adrien Balbi; mais nos chiffres ne sont pas toujours les mêmes que les siens, parce que des relevés de hauteurs plus récents nous ont paru devoir être préférés. Nous avons indiqué aussi tous les points culminants des Pyrénées qui nous sont particulièrement connus; et il en a été de même pour quelques autres contrées.

La Maladetta ou Pic Nethon.	3467 mètres.
Groupe du Marboré. Mont-Perdu.	3401
Groupe du Marboré. Le Cylindre.	3354
Groupe du Marboré. La Cascade.	3261
Groupe du Marboré. La Brèche de Roland.	2982
Le Vignemale.	3352
Le Pic de Montcalm, vallée d'Ansat.	3236
Le Pic de Biédous, vallée de Gistain.	3230
Le Pic Long, vallée de Gèdre.	3213
Le Pic de Grabioules, vallée de Lys.	3162
Le Pic de Néouvielle.	3132
Le Tuque del Maonpas, vallée de Lys.	3130
Le Pic de Badescure, vallée de Bun.	3130
Le Pic Quayrat, vallée d'Astos.	3085
Le Pic Fourcanade.	3046
Le d'Arrio-Grand, vallée d'Aruo.	2990
Le Pic de Baronde.	2962
Le Pic des Aiguillons.	2955
Le Pic de la Serrière, vallée d'Aston.	2939
Le Mont Ardo.	2927
Le Pic du midi de Bigorre.	2896
Le Pic de Montonlion.	2887
Le Pic d'Arré.	2880
Le Pic de la Noux.	2844
Le Pic d'Arbizon.	2832
Le Pic de Montvallier, près Saint-Gyrons.	2823
Le Pic de Fontargente.	2807
Le mont Arrouy.	2784
Le Canigou.	2774
Le Pic Peizic, aux sources de l'Ariége.	2768
Le Pic du midi d'Ossau.	2742
Le Pic de Sacroutz.	2716
Le Tuque Sieyo.	2716
Le Pic de Crabère.	2627
Le mont Astainca.	2562
Le mont Mosset.	2398
Le Pic de Montaigne.	2312
Le Mont de Tabe ou de Saint-Barthélemy.	2303
Le Tourmalet.	2194
Le Pic d'Anie ou d'Ahuga.	2181
Le Pic de Bergous	2150
Le Pic de Leyré.	2150
Le Pic d'Endrou.	2053
Le Pic de Cambiel.	2037
Le Mont Orhy.	2000
La Peña de Lhiertz.	1591
Le Pic de Bugarach	1216
Le Mont Haya.	970
Le Mont Tauch.	867
Le Mont Alaric.	588
Le Pic d'Aisquebel.	539

Pyrénées Cantabriques.

La Sierra d'Aralar.	2000

Pyrénées Asturiques.

La Peña de Peñaranda.	3337 mètres.
La Sierra de Peñamarella.	2871

Pyrénées Gallaïques.

Le Gaviara.	2386
La Sierra de Montezinho.	2264

Chaîne des îles Baléares.

Le Ping de Torcella, île de Majorque.	1457
Le Monte Toro, île de Minorque.	1455

SYSTÈME GALLO-FRANCIQUE.

Cévennes.

Groupe méridional.

Pic du Faux-Moulinier.	622
Pic d'Arfons.	830
Pic de Montaut.	1040
Mont de la Lozère.	1490
Montagne de la Tanargue.	840

Groupe septentrional.

Gerbier des Joncs.	1562
Mont Mézenc.	1774
Mont Pilat ou Pilet.	1072
Montagne de Tarare.	1450
Montagne de Haute-Joux.	994
Montagne de Gerbizon.	1049
Montagne Folletin.	1368
Montagne de Tartas.	1345
Montagne de Devez.	1425
Pic de la Durance.	1215
Pic de Montocelle.	1652

Chaîne des Vosges.

Le Ballon de Guebviller.	1424
Le Haut d'Honec.	1335
Le Mont Tonnerre.	675
Le Tasselot.	596
Le Mont Afrique	568
Les Fourches.	489

Montagne de la Margueride.

Le Mont Boissier.	1494

Montagnes de l'Auvergne.

Le Puy de Sancy.	1887
Le Plomb de Cantal.	1848
Le Puy-de-Dôme	1471

Montagnes du Forez.

La Pierre-sur-Haute.	1648

Chaîne Armorique.

Le Point culminant.	386

SYSTÈME ALPIQUE.

Alpes Maritimes.

Le Monte Pelvo.	3021
La Montagne de Lure.	1746

Alpes Cottiennes.

Le Mont Olan.	4196

Le Mont Pelvoux de Valouise.	4078 mètres.
Le Mont Viso.	3818
Le Mont Genèvre.	3575

Alpes Grecques.

Le Mont Iseran.	4028
Le Grand-St-Bernard.	3682
Le Petit-St-Bernard.	2910
Le Mont Cenis.	2883

Alpes Pennines.

Le Mont Blanc.	4782
Le Mont Rose.	4600
Le Mont Cervin.	4481
Le Mont Combin.	4286
Le Géant.	4187

Alpes Lépontiennes.

Le Simplon ou Monteleone.	3502
Le Pitz Vahlrein.	3298
Le St-Gothard.	3215

Alpes Rhétiques.

L'Ortelez Spitz.	3899
Le Zébru.	3723
Le Monte Dell'oro.	3197
Le Drey-Herren-Spitz.	3071

Alpes Noriques.

Le Gross Glockner.	3876
Le Wiesbachhorn.	3492
Le Baconier-Wald.	721

Chaîne septentrionale.

Alpes Bernoises.

Le Finster-Aar-Horn.	4330
Le Jung-Frace.	4161
Le Monch.	4095
Le Jorat ou Mont Pélerin.	1240

Chaîne du Jura.

Le Recullet.	1707
La Dole.	1672
Le Mont Chasserat.	1523

Chaîne du Voralberg.

Le Hochspitze.	3234

Alpes Carniques.

La Marmolata.	2974
Le Grand Nabois.	2910

Alpes Juliennes.

Le Mont Terglon.	3296
Le Snisnik.	3232
Le Monte Maggiore, en Istrie.	1387
Le Monte Capella, en Croatie.	945
Le Mont Papouk, en Esclavonie.	757

Chaîne de l'Apennin.

Le Monte Cimone.	2117
Le Monte Amiata.	1758
Le Monte Cavallo ou Monte Corno.	2889 mètres.
Le Monte Vetora.	2464
Le Monte Amaro.	2770
Le Monte Cuenzo, en Calabre.	1579
Le Mont Etna, en Sicile.	3298
Le Pizzo di Case.	1975

SYSTÈME SLAVO-HELLÉNIQUE.

Chaîne septentrionale.

Le Mont Dinara.	3232
Le Tchardagh.	3104
L'Egrisondagh	2522
Le Doubnitza.	2716
Le Balkan.	2716

Chaîne méridionale.

Le Mezzovo.	2716
Les Monts Candaviens.	2134
Le Mont Parnasse ou Liacoura (Phocide).	1746
Le Mont Hélicon ou Zagora (Béotie).	700
Le Mont Taygète, en Morée.	2406
Le Mont Cyllène, *id.*	2135

Chaînons de la Chaîne méridionale.

Les Monts Chamoursi, à l'ouest de Janina	2349
Le Tamoros.	1940
Les Monts Acrocérauniens ou Chimera.	1192
Les Monts Volutza.	2134
Le Mont Olympe ou Lacha.	1940
Le Mont Ossa ou Kisovo.	1746
Le Mont Pélion ou Zagora.	1192
Le Mont OEta, où se trouve le défilé des Thermopyles.	1192
Le Mont Cythéron (Attique).	1221
Le Mont Hymète ou Trelo Vonno (Attique).	873
Le Mont Ida ou Psiloriti, île de Candie.	2357
Le Mont Delphi, île de Négrepont.	1261
La Montagne Noire, île de Céphalonie.	1628
Le Mont Jupiter, île de Naxos.	1001

SYSTÈME HERCYNIO-CARPATHIEN.

Chaîne des Carpathes ou Krapacks.

Le Ruska Royana.	3007
Le Gailuripi.	2910
Le Eist-Haler-Spitz.	2586
Le Pic de Lomnitz.	2569
Le Tatra.	2400
Le Kekes.	1000
Le Sasko.	900

Monts Sudètes.

Le Schneeberg	1381
Le Riesenkoppe ou Schneekoppe.	1601
L'Iserkamm, dans l'Isergebirge.	1261

Le Walter-Dorfer-Spitze. 778 mètres.
Le Keilberg, dans l'Iserge-birge. 1263

Monts Hercyniens.

Le Schneeberg, dans le Fichtelgebire. 1057
Le Hohenberg, dans le Rauhe-Alp. 1022
Le Feldberg, dans le Schwazz-wald. 1418

Dans les chaînes secondaires.

Le Ploekenstein. 1350
Le Haydelberg. 1401
Le Sieglitaberg. 743
Le Schneekopf. 972
Le Brocken. 1110
Le Kreuzberg. 915
L'Oberwald. 737
Le sommet de la Spessardt. 904
Le Gross-Feldberg. 842
Le Saltzburgerkopf. 842

SYSTÈME SCANDINAVIQUE.

Chaîne Scandinavique.

Monts Thuliens.

Le Sognefield. 2179
Le Langfield. 2002
Le Gousta. 1965

Monts Dofrefield.

Le Skagstloz-Find. 2547
Le Sneehatten. 2464
Le Syltfiallet. 1967
Le Sulitelma. 1845
Point culminant des îles Ost-Wangen et Hindoen. 1183

Chaîne Maritime.

Point culminant des îles Seiland. 1152
Id. des îles Isestad et Andergoe. 1067
Id. des îles Rogla, Vanoe et Arenoe. 970
Le cap Nord, dans l'île de Mageroe. 388

SYSTÈME SARDO-CORSE.

Le Monte Rotondo, en Corse. 2672
Le Monte d'Oro, *id.* 2652
Le Monte di Paglia Orba, *id.* 2650
Le Monte Cardo ou Cervello, *id.* 2500
Le Monte Padro, *id.* 2458
Le Monte Artica, *id.* 2440
Le Monte Plenoso, *id.* 2257
Le Monte Ladroncello, *id.* 2135
Le Monte dell' in Acdine, *id.* 2056
La Punta della Capella, *id.* 2049
Le Monte Genargenta, en Sardaigne. 1820
Le Monte Gigantinu, *id.* 1204

SYSTÈME BRITANNIQUE.

Chaînon septentrional ou de Ross.

Le Mont Vevis, comté de Ross. 1129
Le Bens Nevis, comté d'Inverness. 1323 mètres.
Le Ben-na-Muich-Dnidh, comté d'Aberdom. 1325

Monts Cheviots.

Le Lowther, comté de Lanark. 951
Le Cheviot-Hill, dans le Northumberland. 815

Chaîne centrale.

Le Crossfell, dans le Cumberland. 1026
Le Wharnside, dans le comté d'York. 724
Le Conistonfell, dans le Lancaster. 782
Le Snowdon, dans le pays de Galles. 1079
Le Cader-Idris. 889

Chaînons de l'Irlande.

Le Carran-Tual, comté de Kerry. 1036
Le Sleibh-Douard, comté de Down. 850
Le Sniebh-Dorin, comté de Londonderry. 954

Chaînons des Hibrides.

Monts de Chuchullin, île de Skye. 910
Le Quetfell, île d'Arran. 871
Le Ben-Oir, île de Jura. 749
L'Hécla, île de South-Nist. 912
Le Suaneval, île de Lewis. 819

Chaînons des Orcades.

Le Point culminant de l'île Hoy. 275

Chaînons des îles Shetland.

Le Mont Rona, île de Mainland. 1090

Chaînons des îles Feroer.

Le Satterind, île de Stroemoe. 913

ASIE.

SYSTÈME ALTAÏ-HIMALAYA.

Groupe de l'Altaï.

L'Iyiktou ou Alas-Tau. 3492
L'Italitzkoï. 3234
Le Tagtau, dans la Dzongarie. 3014
L'Allakh-Iouna, en Sibérie. 1940
Le volcan d'Avatcha. 2910
Le Pic de Klintchewka. 6080

Groupe du Thian-Chan.

Le Bokhda-Oola. 5820
Le Pé-Chan, volcan. 5060
Le Pechta. 3880
L'Asferah. 4850
Le Mouz-Tagh. 4850

Le Bolor ou Belour-Tag. 5820 mètres.
Le Trône de Salomon ou Thakt-i-Souleiman. 4850

Groupe du Kuen-Lun.

Le Kuen-Lun, dans le Tibet. 4850
Le Yun-Ling, en Chine. 4850

Groupe de l'Himalaya.

Le Tchhmoulari, aux limites du Boutan. 8536
Le Dhawalgiri, aux limites du Népâl. 8517
Le Djawabir. 7811
Le Pic de Pichaouer. 6208
Le Pic Hindou-Koh. 6984
Le Koh-i-Baba, au sud de Bamian. 5820
Le Mont Bleu, dans le Tchittagong. 1810
Le Souffaïd-Koh. 4074
Le Taukhte-Soleiman. 3880

Groupe Japonais.

Point culminant de l'île de Formose. 3686
Id. de l'île Kiousiou. 2910
Le Fousi-no-Yama, volcan de l'île Niphon. 3686
Le Sira-Yama, *id.* 2910
Le Point culminant de l'île de Sikokf. 2522
Le Pic de l'île Ieso. 2330

SYSTÈME TAURO-CAUCASIEN.

Groupe du Taurus.

Le Sogout-Tugh, dans le Sandjak Hamid. 4656
Le Takhtalou, près Antalia. 2366
L'Oros-Staveros, dans l'île de Chypre. 2328

Groupe de l'Anti-Taurus.

Le Mont Argæus ou Ardjs. 4850
Le Mont Karadja, au sud de Konich. 5060
Le Kerchich-Tagh. 2716
Le Mont Ida. 1741
Le Mont Kerki, île de Samos. 1455
Le Mont Olympe, île de Lesbos. 1014

Groupe du Liban.

Le Liban, en Syrie. 2556
L'Anti-Liban ou Djebel-Chaïk. 4850
Le Mont Carmel. 654
Le Mont Thabor. 592
Le Mont Sinaï, en Arabie. 2407
Le Mont Oreb. 2734

Groupe d'Ararat Damavend.

L'Ararat, en Arménie. 4238
Le Pic Damavend, volcan en Perse. 3880
Le Pic de Sevellan, près Arbedil. 3880

Groupe d'Erzeroum.

Le Kop-Tagh. 4656 mètres.

Groupe Kourdistanique.

Les Monts Djidda-Dang, en Chaldée. 5432

Groupe Caucasien.

L'Elbrouz, au nord de Kouthaisi. 5432
Le Mquinwari ou Karbak. 4656
Le Chat Albrouz, confins du Daghestan. 3880
Le Tchatyr-Dagh, en Crimée. 1633

SYSTÈME INDIEN.

Gates Occidentales.

Les Gates, au sud du Tapty. 2910
La Chaine d'Abon, au nord du Tapty. 1649
Le Pic Soubramani, dans le Malabar. 1713
Le Mont Taddianda Malla, *id.* 1721

Monts Nilgherry.

Le Mourchourti-Bet. 2669
L'Outa-Kamound. 1947

Gates orientales.

Point culminant à l'ouest de Nellore. 970

Monts Vindhya.

Le Pic de Chaizgour, dans le Malwa. 797
Le Pic d'Ambawara. 582

Groupe de l'île de Ceylan.

Le Pic d'Adam. 1940
Le Pedrogalla. 1966

SYSTÈME OURALIEN.

Oural Verkhotourien.

Le Kvar-Kouch. 1600

Oural Bachkyrien.

Le sommet de l'Irmel. 1342
Le Grand Taganaï. 1238

Groupe de Novaïa-Zemlia.

Le Mont Glazowsky. 736

AFRIQUE.

—

SYSTÈME ATLANTIQUE.

—

Sommets de l'Atlas. 3880
Le Ouanascherysch, en Algérie. 2716
Le Jurjura, *id.* 2328
Le Felizia, *id.* 2328
Le Col de Téniah, *id.* 958
Le Zaouan, dans l'Etat de Tunis. 1358
Le Gharian, dans l'Etat de Tripoli. 1261
Les Monts Akhdar, *id.* 582

SYSTÈME ABYSSINIEN.

L'Amba-Gechen. 4462 mètres.
L'Amba-Haï, royaume de Tigré. 3686
Le Beyeda, *id.* 3685
La source du Bahr-el-Arrek, dans le Gojam. 3205
Le Mont Lamalmon 3399
L'Amba-Hadji. 2404
Le Mont Taranta. 2365

SYSTÈME NIGRITIEN.

Le Mont Loma, source du Djoliba. 489
La Sierra Leone. 844
Le Pain-de-sucre. 764
Point culminant de la chaîne du Yarriba. 874
Le Pic de Mendefy, dans le Mandara. 2328
Les Monts Camerones, pays des Calbongos. 5060
Le Mont Zambri, royaume des Molouas. 4469
Le Zambi, volcan du Libolo. 4617
Le Mont Muria, dans le Cambambe. 5044

SYSTÈME AUSTRAL.

Les Monts Lupata, dans le Manica. 1940
Le Compass, dans les Monts des Neiges. 2435
Le Comberg, dans les Nieuveld. 2037
Point culminant des Monts Karri. 2037
Id. des Monts Roggeveld. 1606
Id des Monts Bokkeveld. 1844
Le Mont de la Table. 984
Le Pic du Diable. 1003

SYSTÈME INSULAIRE.

Océan Atlantique.

Groupe de Madère.

Le Pic Ruivo. 1872
La Cime de Torhinas. 1773

Archipel des Canaries.

Le Pic de Ténériffe. 3652
Le Chahorra, île de Ténériffe. 2997
Le Pico del Pozo, Grandes Canaries. 1844
Le Pico de los Muchachos, île de Palma. 2340
La Corona, volcan de l'île Lauzarota. 594

Archipel du Cap Vert.

Le Fogo, de l'île de Feu. 2392
Le Pic San-Antonio, île San-Yago. 2245

Groupe d'Anno-Bon et Fernan-do-Po.

Le Pic. 2134

Ile de l'Ascension.

La Montagne Verte ou Green Mountain. 883 mètres.

Ile Sainte-Hélène.

Le Pic de Diane. 818

Océan Austral.

Groupe de Tristan d'Acunha.

Le Pic de l'île Tristan. 2328
Le Pic de l'île de Diégo Alvarez. 1416

Océan Indien.

Archipel de Madagascar.

Les Monts Ambostimènes, à Madagascar. 3492
Les Monts Bétanimènes, *id.* 2328
Le Pic de l'île de la Grande-Cornore. 2328
Le Pic de l'île d'Anjouan. 1164
Le Piter-Boot, de l'île Maurice. 738
Le Piton des Neiges, île Bourbon. 3793
Le Bernard. 3686
Le Volcan. 2716

AMÉRIQUE.

SYSTEME DES ANDES.

Chaîne principale.

Andes de la Patagonie.

Le Corcovado. 3784

Andes du Chili.

Le Descabezado. 6402
Le Maypo, volcan. 3857

Andes du Pérou.

Le Chipicana, près Arica. 5614
Le Pichu-Pichu, près Aréquipa. 5644
L'Aréquipa, volcan. 5799
Le Nevado de Sasaguanca. 5432
Le Chimborazo. 6443
L'Illiniza. 5272
Le Pichincha, volcan. 5652
Le Cotopaxi, volcan. 5652
L'Antisana, volcan. 5745
Le Cayambé. 5956

Andes de la Colombie.

Point culminant de la Sierra Demerida. 5820
Le Nevado de Mucuchies. 4850
La Silla de Caracas. 2619

Chaînes secondaires.

Cordillère orientale du Titicaca.

Le Nevado de Sorata. 7659
Le Cerro de Potosi. 4893

Cordillère de Chachapoyas.

Le Point Culminant. 3492

Chaîne de Quindiu.

Le Nevado de Huila. 5432
Le Pic de Tolima. 5558

Dépendances.

L'el Picacho de la Sierra Nevada de Santa-Marta. 5820 mètres.
La Horqueta, *id.* 5820
Point culminant de l'île Margarita. 1164
Id. de l'île Chiloë. 1940
Le Pic de Cuptana, archipel de Chonos. 2910
Le Mont Sarmiento, dans la Terre de Feu. 1940
Le Cap Horn, îles Hermites. 563
Le Mont Chattelux, archipel des Malouines. 679

SYSTÈME BRÉSILIEN.

Chaîne centrale.

Point culminant de la Mantequiera. 2555
Le Mont Ita Columi. 1862
La Serra de Piédade, près Sabara. 1765
La Serra da Frio, près Villa do Principe. 1808

Chaîne orientale.

La Serra d'Anasoiaba. 1242
La Serra Tingua, au nord de Rio-Janeiro. 1077

Chaîne occidentale.

Point culminant des Pirineos. 776

Chaînes secondaires.

La Serra Marcella. 388
La Serra da Canastra. 679
Point culminant de la Serra Borborema. 873

SYSTÈME MISSOURI-MEXICAIN.

Chaîne principale.

Cordillère de Veragna.

La Silla de Veragnoe. 2716

Cordillère de Guatemala.

L'Agua, volcan, près Guatemala. 4520
Le Fuego, volcan. *id.* 4448

Cordillère de Mexico.

Le Popocatepetel, ou Puebla, volcan. 5500
L'Orizaba, volcan. 5434
La Sierra Nevada de Mexico. 4775
Le Nevado de Toluca. 4602

Cordillère Missouri-Colombien, ou Montagnes Rocheuses.

Le Pic Espagnol. 3395
Le Pic James. 3488
Le Pic Long. 4115
La Duida, volcan. 2538
Les Monts Bergantins. 1317

Chaînes secondaires.

Groupe des Monts Ozark.

Point culminant. 776

Cordillère maritime.

Le Cerro de la Giganta, en Californie. 1358 mètres.
Le Mont Beautemps ou Fairweather dans l'Amérique Russe. 4471
Le Mont St-Elie, volcan. 5430
Le Pic Oriental, volcan. 2716

Archipel des îles Aléoutes.

L'Ajagedan, volcan, île d'Unimak. 2280
Le volcan de l'île Tanaga. 1940
Le Pic Makuchkin, île d'Unalaska. 1610

SYSTÈME ALLEGENIEN.

Montagnes Bleues.

Le Mont Otler, en Virginie. 1288
Le Mont Tonnerre, *id.* 1014
Le Caths-Hill, près New-York. 941
Le Mont Washington, dans les Montagnes Blanches. 2018

Montagnes du Cumberland.

Point Culminant. 999

Montagnes d'Allegheny.

Mont Greenbrier, en Virginie. 1151

Groupes secondaires.

Le Mont Bior, dans le Canada. 401
Le Mont Ocoutch. 605
Le coteau des Prairies, pays des Sioux. 534
Point culminant de l'île de Terre-Neuve. 388

SYSTÈME ARCTIQUE.

Les Cornes du Cerf. 2522

Chaîne de l'Islande.

L'Œräfe-Jœkull. 2318
Le Huappafels-Jœkull. 1940
Le Dranga-Jœkull. 1940
L'Hécla, volcan. 1684

Ile de Jean-Mayen.

Le Beerenberg. 2076
L'Esk volcan. 485

SYSTÈME ANTILLIEN.

Le Mont Potrillo, île de Cuba. 2716
La Sierra de Cobre, *id.* 2716
Les Montagnes Bleues, à la Jamaïque. 2218
L'Anto Sepo, à St-Domingue. 2716
Le Mont de la Selle, *id.* 2163
Le Mont de Misère à St-Christophe. 1940
La Soufrière, à la Guadeloupe. 1509
Point culminant de la Dominique. 1843
Le Piton de Carbet, à la

Martinique. 1201 mètres.
La Montagne Pelée, *id.* 1533

OCÉANIE.

SYSTÈME MALAISIEN.

Groupe Sumatrien.

Chaîne de Sumatra.

Le Gounong-Kosumbra. 4553
Le Mont Ophir ou Gounong Pasaman. 4202
Le Berapi, volcan. 3944
Le Gounong Dembo, volcan. 3625

Chaîne de Java.

Le Simiron, volcan. 3880
Le Tagal, volcan. 3556
Le Djède, volcan. 3232
L'Addjouna. 3230
Le Pic de Karang-Assem, île de Badi. 2522

Chaîne de Sumbava-Timor.

Point culminant de l'île Lombock. 2522
Id. de l'île de Timor. 1940

Groupe Luçon-Bornéen.

Chaîne de Bornéo.

Les Monts de Cristal. 2522

Chaîne de l'archipel des Philippines.

Le Mont Mayon ou Albay, volcan de l'île de Luçon. 3298
Le Mont Taal, volcan, *id.* 2522
Le Mont Mahaye, volcan, *id.* 3880
Le Mont Arayet, volcan, *id.* 2328
Le Mont Curac, île de Samos. 2328
Le Mont Cavayan, île de Negros. 3880
Point culminant de l'île Mindanao. 2910

Groupe Moluco-Célébien.

Chaîne Célébienne.

Le Mont Lampo Batan, îles Célèbes. 2328

Chaîne Moluquaise.

Le Pic de Ceram. 2596
Le Pic de Bouron. 2101
Le Pic de Ternate. 1242
Le Pic de Tidor. 1222

SYSTÈME AUSTRALIEN.

Groupe Australien.

Montagnes Bleues.

La Sea View-Hill, Nouvelle-Galles. 2713
Le Warning. 1300
Le Foress-Hill. 1146

Chaîne Diéménienne.

Les Monts Barren, en Diéménie. 1517 mètres.
Le Pic de Ténériffe, *id.* 1362
Le Mont Wellington, *id.* 1280

Groupe Papouasien.

Chaîne Papouasienne.

Point culminant de la Nouvelle-Guinée. 4050
Le Mont Arfack. 2887

Chaîne Calédonienne.

Point culminant de la Nouvelle-Calédonie. 2328

Chaîne des îles Salomon.

Point culminant. 3298

Groupe Tasmanien.

Chaîne Tasmanienne.

Le Pic d'Egmont, Nouvelle-Zélande. 2476

SYSTÈMES POLYNÉSIENS.

Système des Carolines.

Le Piton Crozer, île Oualan. 675
Le Monte Santo, île Pouïnipet. 888

Système des Marianes.

Le volcan de l'île de l'Assomption. 636

Système de Hawaii ou Sandwich

Le Mowna-Roa, de l'île Hawaii. 2334
Le Mowna-Koah, *id.* 5389
Le Mowna-Worovay, volcan. 4160
Le Pic Oriental, île Maouvi. 3297
Le Pic du Nord-Ouest, île Woahou. 1223
Le Pic de l'île Atoni. 2359

Système de Mendana.

Sommets des îles Nouka-Iva, Ouapoa et Hivaova, de 1300 à 1450

Système de Tahiti.

L'Oroéna, île de Tahiti. 3308
Le Tobronu, *id.* 2910
Le Pic de l'île d'Eimeo. 1213
Le Piton de l'île Borabora. 708

Système de Tonga.

Le volcan de l'île de Tosoa. 970

MONTMARTRITE. M. Jameson a ainsi nommé une variété de gypse calcifère, parce qu'on la rencontre principalement à Montmartre, près Paris.

MOORKOHLE. Les Allemands désignent par ce nom une espèce de lignite combustible grossier, que l'on trouve en Pologne dans le terrain crétacé.

MORAINES. Nom que l'on donne, dans les Alpes, à des amas de fragments de roches, plus ou moins arrondis, qui bordent les glaciers et qui, probablement, étaient contenus primitivement dans ceux-ci. Ces amas ont quelquefois une telle dimension, qu'elle dépasse celle du glacier qu'ils accompagnent. Quelques géologues pensent pouvoir expliquer, par la marche des glaciers et la formation des Moraines, l'origine de ces blocs que l'on rencontre dans certaines vallées, et dont le transport est toujours l'objet de conjectures : nous voulons parler des Blocs erratiques. D'après M. Agassiz, le mouvement des Moraines, qui a lieu de haut en bas et progressivement, serait dû à la dilatation de l'eau transformée en glace; mais M. André Deluc oppose à cette opinion que la congélation ne peut s'opérer qu'auprès de la surface, et que si la glace a 33 mètres de profondeur, plus des $\frac{9}{10}$ de cette épaisseur n'éprouvent aucune variation de température, parce que l'eau est un mauvais conducteur du calorique, et que la portion de ce liquide qui s'infiltre dans les fentes, s'y gèle peu, quelle que soit la saison. M. Deluc assigne au phénomène deux causes principales : la première serait la pression qu'exercent les neiges accumulées dans la partie supérieure du glacier et le poussent en avant sur une pente inclinée ; la seconde proviendrait de la fonte continue de la glace dans la partie qui repose sur le terrain, par l'effet de la chaleur intérieure de la terre. Cette dernière cause ferait abaisser le glacier, le rendrait caverneux en dessous, et amènerait le mouvement en avant, mouvement qui s'opère dans toutes les saisons. Ce mouvement peut tenir aussi à ce que les masses des glaciers cherchent leur niveau comme le font les eaux courantes. Quoi qu'il en soit de la véritable cause de ce mouvement, il reste un fait incontestable, c'est que, dans plusieurs contrées, les glaciers ont envahi des lieux habités et enseveli des forêts entières, et que, dans d'autres, ils se sont étendus sur les prairies.

MORAST-ERZ. Nom que donnent les Allemands à l'hydrate de fer qui se forme dans les plaines basses du Mecklembourg.

MOSASAURUS. Genre de reptiles fossiles, de l'ordre des Sauriens, établi par M. Conybeare, sur des débris trouvés dans le terrain crétacé. Ce fossile, qui a été longtemps connu sous le nom de *grand animal de Maëstricht*, est voisin des Monitors et des Iguanes, et avait d'énormes dimensions. Le squelette découvert à Maëstricht offre une tête de 1 mètre 28 cent. de longueur; ses vertèbres sont au nombre de 133; sa queue est longue de 3 mètres 20 cent. et devait se terminer en s'élargissant, comme une rame; et la longueur totale de ce saurien devait être de 7 à 8 mètres. Ce genre a été ainsi caractérisé : Dents pyramidales, un peu arquées et la pointe infléchie en dedans et en arrière; elles sont légèrement cannelées, et leur face externe est plus aplatie que les autres; puis elles sont portées sur des racines ou noyaux adhérents dans les alvéoles pratiqués dans l'épaisseur du bord de la mâchoire. Les ptérygoïdiens sont armés de petites dents. Une apophyse médiane inférieure existe dans les vertèbres cervicales et les premières dorsales; les apophyses épineuses sont hautes; les vertèbres caudales n'ont point d'apophyse transverse, et l'humérus est épais et court. On connaît les *M. Hoffmanni*, *Decayi* et *Maximiliani*.

MOUNTAIN-LIMESTONE. Nom anglais du calcaire carbonifère.

MOYA. Nom que les Espagnols donnent au tufa volcanique.

MUGIL. *Lin.* Genre de poissons de la famille des Mugiloïdes, dont les principaux caractères sont : Corps trapu et couvert de grandes écailles ; dents en velours ras ; deux nageoires dorsales séparées, dont la première n'a que quatre rayons épineux. On trouve le *M. princeps* dans les marnes du Monte-Bolca.

MUGILOIDES. *Cuv.* Famille de poissons de l'ordre des Ctnéoïdes.

MUGISSEMENTS SOUTERRAINS. Bruits qui précèdent communément les tremblements de terre d'une certaine intensité, et qui ont de la ressemblance avec le roulement d'une voiture et des décharges d'artillerie. Les mêmes bruits annoncent aussi les éruptions volcaniques et retentissent quelquefois à une distance très-considérable. On raconte que dans celle qui eut lieu au Cotopaxi, en 1744, les mugissements se firent entendre à près de 80 myriamètres. En 1815, les détonations du Tomboro, dans l'île de Sumatra, furent perçues à plus de 100 myriamètres. Sir Humphry Davy, qui s'est occupé de ce phénomène, a fait connaître les remarques suivantes à l'occasion du mont Vésuve.

« Un tonnerre souterrain très-sonore et longtemps continué annonçait une explosion considérable. Avant l'éruption, le cratère paraissait parfaitement tranquille, et son fond, sans aucune ouverture apparente, était couvert de cendres. Bientôt des bruits sourds et confus se faisaient entendre, comme s'ils venaient d'une grande distance; peu à peu le son approchait et ressemblait bientôt à celui d'une artillerie qui aurait été sous nos pieds. Alors des cendres et de la fumée commençaient à s'échapper du fond du cratère; enfin, la lave et les matières incandescentes étaient projetées avec les plus violentes explosions. Je n'ai pas besoin de dire que, quand j'étais sur le bord du cratère, étudiant le phénomène, le vent venait de mon côté et soufflait avec force ; sans cette circonstance, il y aurait eu du danger à y rester. Toutes les fois que l'intensité du tonnerre m'annonçait une explosion violente, je m'éloignais toujours, en courant aussi vite que possible, du siége du danger. »

MULTICOLITES. *Voy.* Miliolites.

MURBERSANDSTEIN. Nom allemand du grès des houillères.

MURKSTEIN. Nom allemand du micaschiste grenatifère.

MUSCHELBRUCH. Les Allemands désignent par ce nom ce que nous appelons falun.

MUSCHELGRUBE. Mot allemand qui signifie une falunière.

MUSCHELKALK. On donne ce nom à des formations calcaires ou marneuses que M. Al. Brongniart a désignées aussi sous le nom de *Calcaire conchylien*. Cette roche, dont les couches alternent avec des couches de marnes et d'argiles, est compacte, ordinairement de couleur grise, mais quelquefois jaunâtre ou rougeâtre, sa cassure est conchoïde, elle est mélangée de petites lames de calcaire spathique, et contient un assez grand nombre de corps organisés, particulièrement des débris de mollusques. La portion calcaire proprement dite offre des poissons et des reptiles, tels que des tortues, des plésiosaures et des ichthyosaures, et les marnes sont pétries de coquilles, dont les plus communes sont des moules, des plagiostomes, des térébratules, des trigonies et des ammonites. On y trouve aussi des encrines et quelques végétaux. Le muschelkalk, que l'on nomme encore *Calcaire coquillier* et *Calcaire de Gœttingue*, occupe une partie de l'Allemagne septentrionale; en France, il a été reconnu autour de la chaîne des Vosges, par MM. Boué et Élie de Beaumont; et, par le premier, en Bourgogne.

MUSCHELSAND. Nom allemand du sable coquillier.

MUSCITES, Muscites. *Ad. Brongniart*. Genre de mousses fossiles, dont les caractères principaux sont une tige simple, filiforme, rameuse; des feuilles sessiles et imbriquées; et une capsule ovale, cylindrique, pédicellée et operculée. On rencontre ce genre dans les formations d'eau douce.

MUSOCARPUM. *Ad. Brongniart*. Genre de plantes fossiles, de la famille des Scitaminées, qui est ainsi caractérisé : Fruit presque cylindrique, à six côtes, rétréci insensiblement à sa base qui paraît avoir été continue avec le pédoncule, et terminé supérieurement par une large aréole hexagone, dont le pourtour est formé par la cicatrice d'un périanthe adhérent. La trace d'un style existe au milieu de l'aréole. Ce genre appartient au terrain houiller, et l'on connaît les *M. prismaticum* et *difforme*.

MYLODON. *Owen*. Genre de mammifères fossiles, de l'ordre des Édentés. La première des dents supérieures est presque elliptique, la seconde elliptique et les autres trigones avec un sillon à leur face interne. La première des dents inférieures est elliptique, la troisième tétragone, et la dernière très-grande et bilobée. Les pieds sont égaux, ceux de devant pentadactyles, ceux de derrière tétradactyles; les doigts externes n'ont point d'ongles; et les ongles sont semi-coniques et inégaux. On connaît les *M. robustus* et *Darwini*, dont les débris se trouvent en Amérique.

MYRIACANTHUS. *Agass*. Genre de la famille des Ichthyodorulithes. Ses caractères sont : Rayons quadrilatéraux, mais arrondis, c'est-à-dire que les grands piquants sont disposés en séries sur les côtés de leur face postérieure, formant alors deux rangées d'épines comprimées, tranchantes et arquées, dont toutes les pointes sont tournées vers l'extrémité du rayon; la surface comprise entre ces épines est à peu près plane et lisse, c'est-à-dire sans tubercules, mais avec des stries longitudinales; les épines latérales alternent irrégulièrement les unes avec les autres sur les bords postérieurs et extérieurs; et les surfaces latérales du rayon, comprimées, se confondent avec la surface antérieure, en s'arrondissant en avant.

MYRIPRISTIS. *Cuv*. Genre de poissons de la famille des Percoïdes, qui est ainsi caractérisé : Préopercule hérissé de deux rangs parallèles de dentelures, sans épine à son angle; opercule, os de la face et du crâne dentelés; deux nageoires dorsales à peu près égales. Les espèces fossiles de ce genre se trouvent au Monte-Bolca.

MYRTILLITES. Les anciens naturalistes appelaient ainsi de petits spongiaires fossiles qui ont quelque ressemblance avec les fruits de la plante nommée airelle myrtille (*Vaccinium myrtillus*) et que l'on prenait pour les fruits pétrifiés de cette plante.

MYSTRIOSAURUS. *Voy*. Teleosaurus.

MYTILOIDES. Mollusques fossiles dont la forme a du rapport avec celle des moules, et que l'on trouve dans les terrains de craie, particulièrement dans ceux du Nord de la France.

MYTULITHES. Nom que quelques naturalistes donnent aux moules fossiles.

NAGELFLUH ou NAGELFLUHE. Roche composée de diverses substances ayant la forme arrondie ou ovale, et empâtées dans un ciment calcaire ou argileux. C'est un dépôt supercrétacé qui, en Suisse, constitue le Righy, le Rosberg et autres sommités qui bordent la vallée de Goldau. C'est à la facilité avec laquelle cette roche se décompose que sont dus les désastres qui ont plusieurs fois affligé cette vallée, particulièrement dans l'année 1800.

NAGELKALK. Les Allemands désignent par ce nom une marne qui offre des formes semi-cristallines.

NAPHTE. *Voy*. Bitume.

NARCODES. *Agass*. Genre de la famille des Ichthyodorulithes. Ses caractères consistent en un rayon faiblement comprimé, dont les côtés antérieur et postérieur ne sont pas du même aspect; la face postérieure est couverte de gros tubercules plus ou moins réguliers, et l'antérieure est lisse jusque sur la moitié du flanc. Ce genre appartient au vieux grès rouge.

NARCOPTERUS. *Agass.* Genre de poissons fossiles, de la famille des Raies.

NASEUS. *Commers.* Genre de poissons de la famille des Theuties, qui est ainsi caractérisé : Front plus ou moins proéminent ; dents coniques ; quatre rayons branchiostègues ; trois rayons mous aux nageoires ventrales ; queue armée de piquants fixes. Les espèces fossiles de ce genre se trouvent au Monte-Bolca.

NATRON. Substance saline qui se trouve en dissolution dans certaines eaux et offre aussi des amas ou des efflorescences sur certains terrains, comme en Egypte, en Barbarie, en Hongrie, sur le Vésuve, etc. Cette substance se compose de soude, d'acide carbonique, de sodium, de matière terreuse et d'eau.

NAULAS. *Agass.* Genre de la famille des Ichthyodorulithes. Ses caractères consistent dans un rayon de grande taille, marqué de profonds sillons parallèles et à angle droit. Ce genre appartient au vieux grès rouge.

NAUTILE, Nautilus. *Linné.* Genre de mollusques de la classe des Céphalopodes et de l'ordre des Tentaculifères. Ses caractères principaux sont : Coquille spirale, droite, à cloisons simples ou onduleuses, non foliacées sur leurs bords ; siphon central ou situé contre la spire et ne variant que dans ses limites ; dernière loge supérieure aux cloisons, très-grande et susceptible de contenir l'animal. Ce genre a de nombreuses espèces fossiles dont la plupart sont contemporaines des Ammonites ; mais on en trouve aussi dans des terrains où celles-ci ne se montrent plus.

NAUTILLIPSITES. Genre de mollusques fossiles, de l'ordre des Céphalopodes, établi par Parkinson, avec quelques espèces d'*Ellipsolites* de Sowerby, qui présentent des cloisons simples au lieu de les avoir découpées, et un siphon semblable à celui des nautiles.

NAUTILITES. On désignait ainsi, autrefois, les espèces fossiles du genre *Nautilus*.

NECTIQUE. On désigne ainsi adjectivement une variété de quartz qui est d'une porésité et d'une légèreté très-remarquables.

NELSONIA. Genre de plantes fossiles, de la famille des Cycadées, que l'on rencontre dans le terrain crétacé.

NEMACANTHUS. *Agass.* Genre de la famille des Ichthyodorulithes, qui est ainsi caractérisé : Rayon comprimé, à côtés aplatis et ayant le bord antérieur de la forme d'une quille surmontée d'un filet arrondi qui se détache du reste du rayon par une légère cannelure latérale ; partie antérieure compacte, c'est-à-dire ne formant, depuis la base, qu'une rainure occupant la moitié de l'épaisseur seulement, et se transformant en une cavité close et étroite, vers le point où les tubercules commencent ; surface parsemée de mamelons arrondis dans sa partie supérieure et près du filet du bord antérieur, lesquels mamelons sont disposés en séries continues parallèles à ce filet. Ce genre provient du Lias des environs de Bristol.

NEMOPTERYX. *Agass.* Genre de poissons fossiles, de la famille des Scombéroïdes, dont voici les principaux caractères : Corps allongé ; nageoire caudale arrondie ; les pectorales très-grandes ; fortes dents aux mâchoires et la colonne vertébrale robuste. Ce genre se rencontre dans les schistes de Glaris.

NEUFRO. Mot italien qui désigne une variété de lave.

NEUROPTERIS. *Ad. Brongn.* Genre de fougères fossiles, qui se trouve dans les terrains houillers. Ses caractères sont : Fronde pinnée ou bipinnée ; pinnules non adhérentes par leur base au rachis, plus ou moins cordiformes et entières ; nervures très-fines, serrées, plusieurs fois dichotomes, arquées, naissant très-obliquement de la base de la pinnule et de la nervure moyenne, qui disparaît vers l'extrémité des pinnules. On compte une vingtaine d'espèces de ce genre.

NEVROPTERIS. *Voy.* Neuropteris.

NEW-RED-SANDSTONE. Nom anglais du nouveau grès rouge.

NIDS. Petites portions de substances minérales enveloppées dans des masses plus considérables et qui diffèrent des rognons en ce que les matières qui les composent sont meubles ou friables.

NIGRINE. Roche de couleur noire, à cassure brillante, composée d'acide titanique, de protoxyde de fer et de protoxyde de manganèse. On la trouve en nids disséminés dans les roches granitiques, dans les laves, les basaltes, les calcaires anciens, et dans le lit de quelques rivières qui sortent des Alpes, des monts Ourals, des Carpathes et des montagnes volcaniques de l'Auvergne, où elle se montre sous la forme de sable pulvérulent. La nigrine porte aussi les noms de *fer titané*, d'*iserine*, de *galésinite*, de *grégorite*, etc.

NOEGGERATHIA. *Sternberg.* Genre de plantes fossiles, de la famille des Palmiers, que l'on rencontre dans les terrains houillers. Il est ainsi caractérisé : Feuilles pétiolées et pinnées ; folioles ovales, presque cunéiformes, appliquées contre les parties latérales du pétiole, dentées vers leur extrémité et à nervures fines et divergentes. On ne connaît encore qu'une seule espèce de ce genre, le *N. foliosa*, nommée par Thunberg.

NOEUD. Quelques géologues appellent ainsi le point où viennent s'entrecouper plusieurs chaînes de montagnes, point où les couches se montrent communément disloquées.

NOTÆUS. *Agass.* Genre de poissons fossiles, de la famille des Halécoïdes. Ses caractères principaux sont : Corps trapu ; vertèbres plus hautes que longues ; nageoire caudale arrondie ; la dorsale s'étendant sur la plus grande partie du dos ; les ventrales abdominales. On trouve ce genre dans le gypse de Montmartre.

NOTAGOGUS. *Agass.* Genre de poissons fossiles, de la famille des Lépidoïdes. Ses caractères sont : Rayons des osselets intérapophysaires du dos, formant deux nageoires distinctes, et les dents en brosse. Les principales espèces de ce genre sont les *N. Zieteni*, *Pentlandi* et *elatior*; on les rencontre dans les dépôts supérieurs de la formation jurassique.

NOTHOSAURE, Nothosaurus. *Munster*. Genre de reptiles fossiles, dont les débris se rencontrent dans le muschelkalk de Wurtemberg et de la Lorraine. Ses caractères principaux sont : Dents petites, coniques, striées, légèrement infléchies en dedans et en arrière, et implantées dans des alvéoles séparés ; celles des intermaxillaires et de la partie antérieure de la mâchoire inférieure sont plus grosses et plus longues que celles des maxillaires et de la mâchoire inférieure qui leur correspond, et entre ces dernières et les premières il existe de chaque côté des deux mâchoires une ou deux dents plus grosses et plus longues, qui font l'office des canines. On connaît les *N. giganteus*, *mirabilis* et *venustus*.

NOTHOSOMUS. *Agass*. Genre de poissons fossiles, de la famille des Lépidoïdes, que l'on rencontre dans le calcaire jurassique.

NOTOTHERIUM. *Owen*. Genre de pachydermes fossiles, de l'ordre des Marsupiaux, dont les débris ont été recueillis en Australie. Il est ainsi caractérisé : Mâchoire tenant le milieu, pour la forme, entre celle du mastodonte et celle de l'éléphant ; point de dents incisives ; molaires formées chacune de deux collines transverses, comme chez les kanguroos. On connaît deux espèces de ce genre, les *N. inerme* et *Mitchelli*, qui devaient avoir la taille du cheval.

NOVACULITE. Roche de texture schisto-compacte, mais dont la composition n'est pas exactement connue.

NOYAUX. Fragments plus ou moins arrondis, qui constituent une partie essentielle des roches à texture poudingiforme et amigdaloïde.

NUCLÉOLITE, *Nucleus*. Genre d'échinides fossiles, de la famille des Clypéastres. Il est caractérisé comme suit : Corps ovale ou cordiforme, ayant des ambulacres complets ; bouche presque centrale et l'anus au-dessus du bord. Ce genre appartient aux terrains jurassiques et crayeux ; mais on le trouve aussi dans les formations tertiaires inférieures.

NUCULE, *Nucula*. Genre de mollusques, de la famille des Arcacées de Lamarck, et dont une espèce surtout, la *N. margarita*, se trouve à l'état fossile dans un grand nombre de contrées.

NUMMULINE. *D'Orbigny*. Voy. Nummulites.

NUMMULITES. *Lamarck*. Genre de mollusques fossiles, de la famille des Céphalopodes polythalames, qui est ainsi caractérisé : Coquille lenticulaire, enroulée en spirale dans un même plan, et formée de tours nombreux embrassants, divisés en loges simples et multipliées. Ce genre se montre en abondance dans les couches secondaires et tertiaires, particulièrement dans les Alpes, les Pyrénées et les Apennins, et l'on distingue entre autres espèces, la *N. lævigata*, large de 6 à 16 millimètres. Les roches sur lesquelles sont assises les Pyramides d'Egypte sont pétries de Nummulites, et Strabon, de qui cette circonstance était connue, en avait déduit que ces corps étaient les restes pétrifiés des aliments dont s'étaient nourris les ouvriers qui avaient élevé ces gigantesques monuments.

NUMMULUS. Nom sous lequel on désignait autrefois une espèce de Cranie fossile qui portait aussi le nom de *Monnaie de Brattenbourg*, et qui se trouve en Suède.

NUTTAINIA. Genre établi par M. Eaton, dans la famille des Trilobites, et qui est caractérisé par un bouclier céphalique, dont le bord antérieur, prolongé, est relevé en forme de bec. Ce genre douteux ne compte encore qu'une espèce, la *N. sparsa*.

NYMPHÉEN. Sorte de terrain formé dans l'eau douce et qui renferme des débris d'animaux et de végétaux analogues à ceux qui vivent sur le sol moderne et dans les eaux douces. Ce terrain se présente communément par bassins, et les roches compactes y sont en grand nombre, mais elles tendent toutes néanmoins à devenir celluleuses.

O

OASIS. Petites vallées ou bassins cultivés qui se trouvent placés dans la direction du sud au nord, au milieu des immenses déserts ou plaines de sables mouvants qui forment le sol de l'Afrique centrale. En Egypte, les trois principales Oasis sont la Grande-Oasis de Thèbes ou *El-Khardjeh*, celle du Milieu ou *El-Dakhel*, et la Petite-Oasis ou *El-Baharieh*. Dans le grand désert de Barbarie, on compte celle d'*El-Farafrah*; celle de *Sy-Ouâh*, célèbre anciennement par son temple d'Ammon; celle de *Garamantes*; et celle d'*Audjelah*, qu'habitait la tribu renommée des Psylles.

OBSIDIENNE. Roche qui a quelquefois un aspect vitreux très-brillant et qui est composée de ryacolithe, avec des cristaux d'albite, de péridot et de pyroxène. Cette roche se présente dans les terrains trachitiques et les volcans actuels, mais elle n'est pas répandue également dans chaque. L'Etna, les volcans des bords du Rhin, de l'Auvergne et du Velay, n'en contiennent que peu ou point, tandis que ceux du Mexique, de la Nouvelle-Espagne et de la Guadeloupe, en offrent des coulées considérables.

OCÉAN. Vaste étendue d'eau qui environne les divers continents qui forment l'univers. Cette étendue peut se diviser en cinq parties : l'Océan Atlantique, l'Océan Pacifique ou Grand Océan, l'Océan Indien, l'Océan Austral et l'Océan Glacial. Le premier s'étend des côtes orientales de l'ancien monde, aux rives orientales du nouveau, et se trouve borné au nord par une ligne que l'on peut imaginer aller de l'île de Terre-Neuve aux îles Britanniques, et au sud, par le cap de Bonne-Espérance et le cap Horn ; le second occupe l'espace compris entre les côtes orientales de l'Asie, les îles Philippines, les Moluques et la Nouvelle-Hollande d'un côté, puis le littoral de l'Amérique occidentale de l'autre, et ses extrémités sont le détroit de Béring au nord et la pointe méridionale de la Nouvelle-Zélande au sud ; le troisième est renfermé entre les parties méridionales de l'Asie et de l'Afrique et les bords de la Nouvelle-Hollande ; le quatrième environne les régions polaires antarctiques en confondant ses limites au nord avec celles des mers qui précèdent ; et le cinquième enfin s'étend du pôle Nord au cercle polaire arctique.

M. Huot a divisé aussi toutes les eaux marines en cinq océans et en quarante-huit mers, de la manière suivante : l'*Océan Glacial arctique* comprend la mer Blanche, celle de Kara, celle d'Hudson, la mer Caspienne et la mer Polaire. A l'*Océan Atlantique*, divisé en *Boréal*, *Equinoxial* et *Austral*, appartiennent la mer du Nord, la Baltique, la mer d'Irlande, la Méditerranée, la Colombienne, la mer des Esquimaux et celle du Groënland. Dans la Méditerranée, on distingue la mer Tyrienne, la mer Ionienne, la mer Adriatique, la mer de Candie, l'Archipel, la mer de Marmara et la mer Noire ; la Méditerranée colombienne se divise en mer des Antilles et mer ou golfe du Mexique. L'*Océan Indien* comprend la mer d'Oncan et celle du Bengale ; dans la première se trouvent la mer Rouge et la mer Persique ; dans la seconde, la mer de Nicobar. L'*Océan Pacifique*, que l'on divise aussi en *Boréal*, *Equinoxial* et *Austral*, comprend la mer de Béring, celle d'Okholsk, celle du Japon, la mer Bleue, celle de la Chine, celle de Mindoro, de Célèbes, de Java, de la Sonde, des Moluques, de Carpentarie, du Corail, la mer Australienne et celle de Californie ; dans la mer d'Okholsk on distingue aussi celle de Penjina et celle d'Yeso ; dans la mer Bleue, la mer Jaune ; et dans la mer de la Chine, celle de Siam. L'*Océan Glacial* n'offre aucune division connue ; et la mer Caspienne est la seule qui soit tout à fait intérieure et isolée. *Voy.* MER.

OCNOTHERIUM. Nom sous lequel M. Lund désigne un petit groupe d'Edentés fossiles.

OCRE. Roche à texture terreuse, compacte et grenue, et composée d'argile et de limonite.

ODONTACANTHUS. *Agass.* Genre de la famille des Ichthyodorulithes. Ses caractères sont ceux-ci : rayon conique et comprimé, dont l'un des bords est entier, et l'autre fortement dentelé ; intérieur creux. Ce genre provient du vieux grès rouge.

ODONTASPIS. *Agass.* Genre de poissons fossiles, de la famille des Squalides. Ses caractères principaux sont : Réseaux des canaux médullaires très-compliqués ; tubes calcifères petits, courts et entrelacés ; tubes de l'émail très-fins et parallèles ; dents petites, comprimées et obtuses ; point de canal principal occupant le milieu de la dent.

ODONTEUS. *Agass.* Genre de poissons fossiles, de la famille des Sciénoïdes, qui est ainsi caractérisé : Rayons mous et épineux de la nageoire dorsale réunis ; six rayons branchiostègues ; préopercule finement dentelé. Ce genre provient du Monte-Bolca.

ODONTOPTERIS. *Ad. Brongn.* Genre de fougères fossiles qui se trouve dans le terrain houiller. Il a pour caractères : Fronde bipinnée ; pinnules adhérentes au rachis par leur base qui n'est point rétrécie ; nervures simples ou dichotomes, toutes égales, naissant du rachis ; point de nervure moyenne distincte. On connaît les *O. Brardii*, *crenulata*, *minor*, *obtusa* et *Schlotheimii*.

OGYGIE. *Voy.* TRILOBITE.

OLD-RED-SANDSTONE. Nom anglais du vieux grès rouge.

OLIGISTE. Roche composée d'oxygène et de fer, et qui forme des mamelons, des masses plus ou moins considérables, des stalactites et des fragments fibreux ou feuilletés dans les terrains pyroïdes et dans les dépôts qui ont été soumis aux actions volcaniques. On le trouve ainsi en Suède, en Norwége, en Laponie, en Saxe, à l'île d'Elbe, dans les Vosges, au Brésil, etc. Il offre plusieurs variétés, et entre autres l'*Oligiste rouge* et l'*Oligiste spéculaire*.

OLIVES PÉTRIFIÉES. *Voy.* PHÉNICITES.

OLIVINE. Substance composée de silicate de magnésie, qui caractérise les formations basaltiques, les laves anciennes de l'Europe et les laves modernes du nouveau monde, particulièrement celles du Jorullo, au Mexique. Elle porte aussi les noms de *Chrysolite* et de *Cymophane*.

OMEGADON. M. Pomel a donné ce nom à un genre de mammifères fossiles dont il a recueilli les débris dans le département du Puy-de-Dôme, et dont le caractère principal consiste dans les replis d'émail des molaires.

ONCHUS. *Agass.* Genre de la famille des Ichthyodorulithes. Ses caractères consistent dans des rayons à sillons longitudinaux, lisses et uniformes, et ayant la base taillée en biseau. Ce genre se trouve dans le vieux grès rouge.

ONCYLOGONATUM. *Kœnig. Voy.* EQUISETUM.

ONGUICULÉS. Ray est le premier qui ait employé ce mot pour désigner les mammifères qui ont l'extrémité supérieure de la première phalange de leurs doigts armée d'un ongle.

ONGULÉS. Mot introduit aussi dans la science par Ray, et qui désigne tous ceux des mammifères dont la première phalange est entièrement revêtue d'un ongle, comme on le voit chez les chevaux, les éléphants et la plupart des Ruminants.

ONGULINE, Ungulina. *Daudin*. Genre de mollusque voisin des Lucines, dont on rencontre quelques espèces à l'état fossile dans les terrains tertiaires.

ONYCHITE. Nom sous lequel les anciens naturalistes désignaient les Térébratules, dont la forme recourbée a quelque ressemblance avec un ongle pétrifié.

ONYCHOTERIUM. Nom donné par Fischer à un groupe d'Edentés fossiles.

OOLITHE. Roche calcaire qui se compose d'une agglomération de grains ou de noyaux très-variables par leur grosseur. On appelle Oolithe miliaire celle dont les parties constituantes sont de la grosseur d'un grain de millet. Quelques géologues regardent ces grains comme de petites coquilles, d'autres n'y voient que des grains de sable recouverts d'une couche calcaire. Cette roche abonde principalement dans les terrains jurassiques et dans le Lias, qui ont reçu pour cette raison le nom de *Terrain oolithique*.

OPERCULITES. Les anciens naturalistes désignaient ainsi les Opercules fossiles.

OPHICALCE. Roche de texture compacte, saccharoïde ou bréchiforme, composée de calcaire, de serpentine, de dalliage, de talc, de stéatite, de smaragdite et de chlorite. Le calcaire y est dominant et s'y présente sous une couleur blanche; celle des substances talqueuses est fréquemment verte. Cette roche forme des couches, des amas ou des filons de diverses textures, et fournit des marbres estimés, parmi lesquels on distingue le vert antique, le polz vera, le campan et le serancolin.

OPHIDIENS. Cet ordre comprenait autrefois tous les serpents, c'est-à-dire les reptiles privés de pieds et dont le corps allongé se meut au moyen de replis qu'il fait sur le sol. Aujourd'hui, les Ophidiens sont ainsi caractérisés : Reptiles à peau écailleuse, pourvus d'un seul condyle occipital et dont les embryons ont un amnios et une vésicule allantoïde; corps allongé et serpentiforme, à peu près cylindrique; langue bifide; point de paupières; ouverture cloacale en fente transversale; mâchoires jointes au crâne par des articulations, et plus ou moins allongées et mobiles; dents acrodontes qui se montrent sur les os palatins et les ptérygoïdes, aussi bien que sur les maxillaires; vertèbres nombreuses, concavo-convexes, partageables en costifères et en caudales; point de sternum, d'épaule, ni de bassin. Cet ordre comprend les Typhlops, les Eryx, les Couleuvres, les Vipères, etc.

OPHIOLITE. Roche tendre, d'origine plutonique, composée de différents silicates de magnésie et dont les couleurs sont le vert, le jaunâtre, le rougeâtre, le brun et le noirâtre. Sa texture est compacte, lamellaire, granitoïde, porphyroïde, ou bréchiforme, et elle se présente communément en amas ou en filons. Outre les silicates, l'ophiolite contient des minéraux mélangés mécaniquement, tels que le calcaire, le grenat, le quartz, le diallage, le bronzite, le grammatite, le fer oxydulé, etc. Cette roche se trouve en assez grande abondance dans les terrains plutoniques.

OPHIOPSIS. *Agass*. Genre de poissons fossiles, de la famille des Lépidoïdes, ainsi caractérisé : Nageoire dorsale longue et continue, n'occupant pas moins de la moitié de la longueur du dos; rayons grêles, articulés, et dichotomés; écailles rhomboïdales et très-régulières sur tout le corps, à surface lisse et bord postérieur uni; vertèbres fortes, plus longues que larges, et à articulations très-saillantes; gueule armée de petites dents coniques. Les espèces de ce genre se trouvent dans les terrains jurassiques.

OPHISURUS. *Lacép*. Genre de poissons de la famille des Anguilliformes, dont on rencontre au Monte-Bolca l'espèce appelée *Acuticaudus*.

OPHITE. Roche à base d'eurite et d'amphibole, empâtant des cristaux de feldspath et dont les caractères sont analogues à ceux du porphyre, Le ciment est d'un vert plus ou moins foncé, et les cristaux sont communément d'une couleur blanche ou d'un vert pâle. L'ophite se confond facilement avec les porphyres, les ophiolites porphyroïdes et les diorites ; facile à se décomposer, ses divers états augmentent encore l'incertitude de l'observateur ; et l'ophite des Pyrénées, par exemple, est un véritable Protée. Cette roche fut l'objet d'une étude toute particulière pour le savant abbé Palassou.

OPHIURELLA. *Agass*. Genre d'Ophiurides fossiles, que l'on rencontre dans le calcaire lithographique et le Lias, et dont le caractère principal est la petitesse relative du disque.

OPLOTHERIUM. *Laizer* et *Parieu*. Genre de Pachydermes fossiles, dont les restes ont été recueillis dans les terrains tertiaires du bassin de l'Allier. Voici quels sont ses caractères : Canines saillantes ; arrière-molaires supérieures offrant deux collines transversales formées de cinq pointes ou croissants, deux à la colline antérieure et trois à la colline postérieure; angle de la mâchoire à contour arrondi. On connaît deux espèces de ce genre, les *O. laticurvatum* et *leptognathum*.

OPOSSUM. Nom par lequel les Anglais désignent le genre Didelphe.

OPSIMOSE. Variété de manganèse.

ORACANTHUS. *Agass*. Genre de la famille des Ichthyodorulithes. Ses caractères sont : Rayon d'une grosseur considérable, à base très-large, et remarquable par les étoiles qui ornent la partie de leur surface qui est visible. Ce genre appartient au terrain carbonifère.

ORBITOLITES. *Lamarck*. Genre de polypiers ou de Bryozoaires, dont la plupart des espèces ne se trouvent qu'à l'état fossile, dans les terrains crétacés et les formations tertiaires. Il est ainsi caractérisé : Corps pierreux, libre, orbiculaire, quelquefois un peu concave, poreux des deux côtés ou seulement sur le bord; pores très-petits, régulièrement disposés et rapprochés.

ORBITULITES. *Voy.* ORBITOLITES.

ORBULITES. Lamarck avait proposé ce nom pour une coupe à établir dans la famille des Ammonites, laquelle division aurait compris les individus dont le dernier tour de la coquille enveloppe tous les autres, c'est-à-dire dont la spire est invisible. Cette coupe ne paraît pas avoir été adoptée. Lamarck a aussi donné ce nom au genre qu'ensuite il a appelé *Orbitolites*.

ORCYNUS, *Cuv.* Genre de poissons de la famille des Scombéroïdes, dont les principaux caractères sont les suivants : Corps allongé; nageoires dorsales continues : fausses pinnules derrière la dorsale et l'anale ; pectorales très-longues. Les espèces fossiles de ce genre se trouvent au Monte-Bolca.

ORGUES GEOLOGIQUES. Nom donné par Mathieu à des espèces de puits naturels qui, dans divers lieux, percent les couches calcaires et sont remplis d'argile ferrugineuse et de silex brisé. On les rencontre assez fréquemment dans les carrières, et les environs de Paris en offrent à Carrière-Saint-Denis, à Triel, à Nanterre, etc. Le diamètre de ces puits varie depuis 4 à 5 décimètres jusqu'à 1 mètre et au delà ; et quelquefois ils ressemblent à des tubes de 2 à 3 centimètres de largeur. Tantôt ils sont verticaux, tantôt inclinés; tantôt éloignés les uns des autres et tantôt rapprochés en grand nombre. La colline de Saint-Pierre, à Maëstricht, en est toute perforée, et leur multiplicité cause souvent des éboulements redoutés par les ouvriers qui exploitent cette immense carrière. Maintenant, quelle est l'origine de ces tubes singuliers? C'est une question fort controversée, et le problème est encore à résoudre. Cependant, Gillet de Laumont a tenté d'en donner la solution en attribuant ces puits à des infiltrations analogues à celles qui donnent naissance aux stalactites et aux stalagmites.

ORNITHICHNITES. Nom donné par M. Hitchkok à des traces d'oiseaux laissés sur diverses roches.

ORNITHIENITES. Nom donné par le même géologue à des empreintes de pieds d'oiseaux, observées par lui à la surface des grès rouges, aux États-Unis.

ORNITHOLITHES. Ce nom est donné aux débris d'oiseaux fossiles. Ce n'est qu'en 1782 qu'on trouva pour la première fois de ces débris à Montmartre. Depuis lors, les recherches ayant été plus actives, on en a rencontré dans un grand nombre de localités. On recueille des restes d'oiseaux nageurs et d'échassiers dans divers calcaires de la formation secondaire; mais les terrains tertiaires sont les plus riches en Ornitholithes. Les lieux les plus renommés pour les gisements d'oiseaux fossiles sont les calcaires secondaires de Pappenheim et de Stonesfield, et les calcaires tertiaires de Vérone, d'OEningen et d'Auvergne. Dans les formations d'eau douce de cette dernière contrée, on remarque des genres analogues à ceux de l'ibis, du cormoran, du busard, du balbuzar, de la chouette, de la bécasse, de l'alouette de mer, de la caille, etc., et l'on trouve aussi, parmi leurs débris, des plumes et des coquilles d'œuf. Les ornitholithes existent également en grand nombre dans les terrains diluviens et alluviens de la Nouvelle-Zélande, qui contiennent entre autres des ossements d'une autruche qui devait avoir la taille d'une girafe. Les cavernes du Brésil, visitées par M. Lund, lui ont offert des restes analogues ; enfin, les brèches osseuses d'Europe empâtent toutes des débris d'oiseaux ; on en rencontre dans les formations tertiaires sous-pyrénéennes; dans les terrains crétacés de l'Allemagne et de l'Angleterre, et dans le grès rouge en Amérique.

OROBITES. Concrétions calcaires globuleuses, qui sont de la grosseur d'un pois de pigeon ou orobe. *Voy.* HAMMITES.

ORODUS. *Agass.* Genre de poissons fossiles, de la famille des Cestraciontes. Ses caractères sont : Dents allongées dont la région moyenne, plus élevée que les autres parties, forme un cône obtus et transverse; diamètre longitudinal relevé par une arête tantot médiane, tantot submédiane, de laquelle naissent des rides obliques qui se ramifient encore sur les bords. On rencontre ce genre dans les terrains anciens.

OROGNATHUS. *Agass.* Genre de poissons fossiles, de la famille des Sauroïdes.

ORTHACANTHUS. *Agass.* Genre de la famille des Ichthyodorulithes, que l'on rencontre dans le terrain houiller.

ORTHOCERATITES. *Picot de Lapeyrouse. Voy.* HIPPURITES.

ORTHOSE. Nom que l'on donne communément aujourd'hui à tous les feldspaths qui contiennent de la potasse. Cette roche fait partie essentielle des terrains granitiques et porphyriques, et c'est à sa décomposition que l'on doit la matière terreuse, blanche et onctueuse que l'on nomme Kaolin, et qui sert à la fabrication de la porcelaine. La variété verte de l'orthose est celle que l'on nomme *Pierre des Amazones;* lorsque la variété est aventurine, c'est la *Pierre du Soleil;* et lorsque l'orthose est chatoyant, il se nomme *Pierre de Lune.*

ORYCTEROTHERIUM. *Harlan.* Genre de mammifères fossiles, de l'ordre des Edentés, dont les débris se trouvent en Amérique.

ORYCTOGNOSIE. Nom que quelques auteurs donnent à la partie de la géologie ou de la minéralogie qui traite des fossiles.

ORYCTOGRAPHIE. On désigne ainsi l'étude particulière des fossiles.

ORYCTOLOGIE. Science qui traite des roches, des minéraux et des fossiles.

ORYGOTHERIUM. Nom donné par M. Hermann von Meyer à un groupe de ruminants fossiles.

OSE. Les Suédois appellent ainsi la portion de strate détachée de la formation à laquelle elle appartient.

OSMEROIDES. *Agass.* Genre de poissons fossiles, de la famille des Halécoïdes. Ses caractères sont : Tête aplatie; bouche petite; point de côtes sternales; nageoire dorsale très-avancée. Ce genre se rencontre dans les terrains crétacés.

OSMUNDA, *Scheuchz. Voy.* NEUROPTERIS.

OSSEMENTS FOSSILES. *Voy.* PALÉONTOLOGIE.

OSTEOGLOSSE. On a donné ce nom à des corps fossiles qui ont la forme de langues de poisson, et que quelques auteurs croient pouvoir rapporter à des espèces de la famile des Sélaciens.

OSTEOLEPIS. *Agass.* Genre de poissons fossiles, de la famille des Sauroïdes, dont les caractères principaux sont les suivants : Corps svelte, mâchoire vigoureuse; gueule largement fendue et armée de petites dents coniques et aiguës; écailles rhomboïdales ou oblongues; nageoires pectorales grandes, arrondies et placées sous la gorge près la ligne médiane; les ventrales petites et reculées au delà de la moitié du corps; la caudale hétérocerque, composée de petits fulcres très-grêles; deux dorsales et deux anales qui alternent ensemble. Ce genre se rencontre dans le terrain du vieux grès rouge.

OSTEOPERA. Genre que M. Harlan avait établi pour des ossements des bords de la Delaware, que, par erreur, il avait rapportés à un rongeur fossile, tandis qu'ils appartiennent à un Paca fauve.

OSTRACION. *Lin.* Genre de poissons, de la famille des Sclérodermes, qui est ainsi caractérisé : Cuirasse osseuse, divisée en compartiments plus ou moins réguliers, de manière à ne laisser à l'animal que le mouvement de la queue, des nageoires et de la bouche. On trouve ce genre au Monte-Bolca.

OSTRACITES. Nom que quelques naturalistes ont donné aux huîtres fossiles.

OTARION. *Munster.* Genre de crustacés fossiles, de l'ordre des Trilobites, dont les débris ont été recueillis dans un conglomérat calcaire du terrain de transition de Bohême. Il a pour caractères : Corps obovalaire, aplati, dépourvu d'yeux; bouclier céphalique, grand et cornigère; lobes latéraux larges, contigus et obtus à leur extrémité; front court, arrondi en avant et séparé des joues par deux petits tubercules oculiformes; lobes latéraux du thorax composés de segments grands et entiers; abdomen petit et formé de segments plus ou moins confondus entre eux. On connaît deux espèces de ce genre.

OTODUS. *Agass.* Genre de poissons fossiles, de la famille des Squalides, dont voici les caractères : Dents à forme élancée, ayant un bourrelet très-développé de chaque côté; racine très-développée, très-épaisse et plus ou moins échancrée; dents antérieures droites et pyramidales et les postérieures arquées; face externe plane et face interne bombée; base de la couronne lisse.

OURS. Cet animal se trouve fréquemment à l'état fossile dans les cavernes ossifères et les brèches osseuses. On désignait autrefois leurs débris sous le nom de *Lions fossiles* et d'*ossements de dragon.* C'est à Camper qu'on doit d'avoir indiqué le premier la différence spécifique des ours fossiles, et trois espèces principales ont fixé l'attention des géologues : ce sont l'*Ursus spelæus*, l'*U. arctoïdeus* et l'*U. priscus*. On mentionne ensuite les *U. avernensis*, *etruscus*, *Pittorii*, *metoposcairnus*, *leodiensis*, *giganteus et neschersensis;* mais les cinq dernières espèces surtout sont très-douteuses.

OVULITES. Corps fossiles que Lamarck a rapportés aux polypiers foraminés, mais que d'autres naturalistes considèrent comme des pellicules calcaires d'algues calcifères antédiluviennes. Ces corps, qui sont de forme ovale ou cylindracée, creux, à parois fragiles, et criblés de pores disposés irrégulièrement, se rencontrent dans le terrain tertiaire des environs de Paris; et la localité de Grignon, entre autres, offre l'*O. margaritula*, et l'*O. elongata.*

OXFORD-CLAY. Nom donné par les Anglais à une sorte d'argile arénacée qui se trouve placée immédiatement au-dessous du calcaire à coraux dans l'étage oolithique.

OXYRHIA. Nom donné par M. Kaup à un groupe de mammifères insectivores fossiles.

OXYRHINA. *Agass.* Genre de poissons fossiles, de la famille des Squalides. Ses principaux caractères sont : Dents dépourvues de bourrelets latéraux, de forme aplatie et élancée, et à cornes très-prononcées. Ce genre appartient aux terrains jurassiques et tertiaires.

OZOKERITE. *Voy.* CIRE FOSSILE.

P

PACA. Genre de mammifères de l'ordre des Rongeurs, qui habite l'Amérique méridionale, et dont M. Lund a signalé deux espèces rencontrées à l'état fossile au Brésil. Ce sont les *Cœlogenus laticeps* et *major.*

PACHYCEPHALUS. *Agass.* Genre de poissons fossiles, dont la famille n'est pas déterminée.

PACHYCORMUS. *Agass.* Genre de poissons fossiles, de la famille des Sauroïdes, dont voici les caractères : Nageoire caudale très-large et supportée par un pédicule grêle; lobes précédés d'un grand nombre de rayons indivis, qui vont en s'allongeant et donnent à la caudale une forme arrondie; dorsale située au milieu du dos et opposée à l'espace compris entre l'anale et les ventrales qui sont assez grêles; pectorales très-grandes; écailles minces; mâchoires robustes; dents petites; rayons branchiostègnes nombreux et serrés. Ce genre appartient au terrain liasique.

PACHYDERMES. Ce mot, qui signifie cuir épais, désigne le septième ordre de la classe des mammifères de Cuvier, et comprend les Eléphants, les Rhinocéros, les Hippopotames, les Tapirs, les Cochons et les Chevaux. Les caractères de cet ordre sont les suivants :

Animaux à sabot, dont les pieds servent uniquement de soutien; point de clavicule; avant-bras restant toujours dans l'état de pronation; formes lourdes et peau d'une grande épaisseur. Les animaux qui composent l'ordre des Pachydermes se nourrissent exclusivement de végétaux. Ils sont divisés en trois familles : les *Proboscidiens* ou Pachydermes à trompe et à défenses; les *Pachydermes ordinaires;* et les *Solipèdes*, qui n'ont qu'un doigt apparent et un seul sabot à chaque pied.

PACHYPTERIS. *Ad. Brongn.* Genre de fougères fossiles, qui appartient aux terrains oolithiques, et qui est ainsi caractérisé : Fronde pinnée et bipinnée; pinnules entières, coriacées, sans nervures ou traversées par une nervure simple, rétrécies à la base et non adhérentes au rachis. On connaît les *P. ovata* et *lanceolata*.

PACHYTE, *Pachytos*. Genre de mollusques fossiles créé par M. Defrance, qui l'a séparé des Plagiostomes, et que Cuvier a rangé dans la famille des Ostracées. Les caractères de ce genre sont les suivants : Coquille bivalve, régulière, sans dents à la charnière, qui se trouve en ligne droite sur une valve, et découpée profondément dans l'autre, où elle offre une ouverture en forme de triangle. Ce mollusque appartient aux couches de la craie, et particulièrement aux formations de Gravesand et de Kent, en Angleterre.

PACILITE. Genre de mollusques fossiles, proposé par Montfort, pour une Bélemnite dont le caractère consistait principalement en une courbure au sommet.

PAGELLUS. *Cuv.* Genre de poissons, de la famille des Sparoïdes, qui est ainsi caractérisé : Deux rangées de petites dents molaires aux intermaxillaires et aux maxillaires inférieures; petites dents coniques et grêles en avant des mâchoires. Les espèces fossiles de ce genre se rencontrent au Monte-Bolca et au Liban.

PAGODITE. Pierre que les Allemands emploient pour la sculpture.

PALÆOBATRACHUS. Nom donné par M. Tschudi à un groupe d'Amphibiens de la famille des Rainettes, qui, d'après lui, ne comprendrait encore qu'une seule espèce, trouvée à l'état fossile, laquelle s'appelle *Goldfussii*.

PALÆOCHOERUS. *Pomel.* Genre de Pachydermes fossiles, dont les débris ont été recueillis dans le calcaire à indusies de Saint-Gérand-le-Puy, dans le département de l'Allier. Il est ainsi caractérisé : Mâchoire supérieure composée, de chaque côté, de trois incisives, dont une grande frontale et les deux autres plus petites presque latérales; d'une canine comprimée et petite; de trois fausses molaires à deux racines, très-serrées l'une contre l'autre, et formées d'une pointe épaisse et d'un talon creux grandissant de la première à la troisième; d'une dent triangulaire à trois racines et à trois pointes mousses; et enfin de trois grosses molaires à quatre racines presque carrées et portant chacune quatre pointes mousses avec de petits tubercules placés entre elles. Les métacarpiens et les métatarsiens indiquent des pieds à quatre doigts. On connaît deux espèces de ce genre, ce sont les *P. typus et major*.

PALÆOCYON. *De Blainville.* Genre de carnivores fossiles, dont les débris ont été trouvés dans le grès siliceux tertiaire de la Fère. Voici quels sont les caractères observés : Molaires supérieures au nombre de sept, trois fausses et quatre vraies tuberculeuses; voûte palatine large; crête occipitale large, haute et prolongée en arrière; cavité cérébrale petite; arcade zygomatique très-écartée; humérus fort et remarquable par sa crête deltoïdienne très-longue et saillante. M. de Blainville pense que cet animal pouvait être aquatique.

PALÆOMERYX. *Meyer.* Genre de cerfs fossiles, dont les restes ont été découverts principalement dans les terrains lacustres de Georgens-Mund et dans la molasse d'Arau et des bords du Rhin. Ce genre est surtout caractérisé par un plissement qui diffère de la lame d'émail. On connaît les *P. Boyani, Kaupii, minor, Pygmæus et Scheuchzeri.* Quelques géologues pensent que ce genre est le même que le *Dorcatherium* de M. Kaup.

PALÆOMYS. Genre de Rongeurs fossiles.

PALÆONISCUS. *Agass*, Genre de poissons fossiles, de la famille des Lépidoïdes. Ses caractères principaux sont : Nageoires médiocres avec de petits rayons sur leurs bords; la dorsale opposée à l'espace entre les ventrales et l'anale; écailles généralement petites, mais plus grosses et impaires en avant de la nageoire dorsale et de l'anale. On connaît les *P. Blainvilii, Duvernoy, elegans, Freieslebeni, fultus, macropomus, magnus, minutus et Voltzii*, qui appartiennent aux terrains houillers et au Zechstein; mais les espèces que l'on rencontre dans la houille ont les écailles lisses, tandis que les autres les ont striées.

PALÆONTOLOGIE. *Voy.* PALÉONTOLOGIE.

PALÆOPHILUS. Nom donné par M. Tschudi à un genre d'Amphibiens fossiles, du groupe des Crapauds.

PALÆOPHIS. Genre de serpents fossiles.

PALÆOPHRYNOS. *Tschudi.* Genre de Batraciens fossiles, dont les débris ont été trouvés dans les schistes d'OEningen, et dont l'espèce publiée porte le nom de *Gesneri*.

PALÆOPITHECUS. M. Voigt a ainsi appelé un groupe de Singes fossiles.

PALÆORHYNCUM. *Blainv.* Genre de poissons fossiles, de la famille des Scombéroïdes, qui est ainsi caractérisé : Corps anguilliforme; tête petite, mâchoires égales et allongées en un bec dépourvu de dents; les nageoires dorsale et anale très-développées; la caudale petite et fourchue; osselets apophysaires disposés par paires. On rencontre ce genre dans les schistes de Glaris.

PALÆOSAURE, PALÆOSAURUS. *Riley et Stuchberg.* Genre de reptiles fossiles, dont les débris ont été rencontrés dans le conglomérat dolomitique de Redland, près Bristol.

Ce genre a pour caractères : Dents implantées dans des alvéoles et dentelées à leurs bords antérieurs et postérieurs; corps des vertèbres biconcave et le canal vertébral s'enfonçant au milieu de ce corps; fémur deux fois plus long que l'humérus; premières côtes articulées par une tête et un tubercule. Ces reptiles sont les plus anciens dans l'ordre des dépôts, et l'on pense qu'ils étaient terrestres. On connaît les *P. platyodon* et *cylindrodon*.

PALÆOTHERIUM. *Voy.* PALEOTHERIUM.

PALÆOTRITON. Nom que M. Fitzinger a donné à la Salamandre fossile que Scheuchzer avait prise pour un squelette humain.

PALÆOTROGUS. M. Jœger a donné ce nom à un groupe de Rongeurs fossiles.

PALÆOZOOLOGIE. Nom que M. de Blainville a proposé pour remplacer celui de Paléontologie.

PALEONTOLOGIE. Branche de la géologie qui traite des animaux et des végétaux fossiles. On donne le nom de *Fossiles* à tous les restes de corps organisés qui sont enfouis dans l'écorce du globe, soit qu'ils aient totalement changé de nature, soit qu'ils n'aient éprouvé que de légères altérations, ou laissé simplement des empreintes. On appelle *Pétrification*, le corps dans lequel la matière organique a été remplacée par une substance qui n'est pas organique, telle que la silice ou bien le calcaire; l'*Empreinte* est une trace qu'ont laissée sur une roche quelconque des corps organisés; le *Moule* est l'empreinte intérieure de ces corps; et la *Contre-Empreinte*, le moule qui s'est formé sur les vides des corps organisés entrés en dissolution, et qui représente alors les parties extérieures de ces mêmes corps. Il y a des Fossiles tout à fait changés en pierres, d'autres qui ont conservé sans altération leurs diverses parties. Il y en a de spathisés, de silifiés, d'agatisés, de changés en matière charbonneuse, en pyrite, en limonite, en cuivre carbonaté, en cinabre, en aragonite, en chaux fluatée, en galène, en gypse, etc.

La plupart des Fossiles appartiennent à des espèces que la majeure partie des géologues regardent comme perdues, parce qu'elles échappent aujourd'hui à nos recherches, et l'on a répété souvent, avec quelque justesse, qu'ils étaient pour la géologie ce que les médailles sont pour l'histoire, c'est-à-dire qu'ils servent à caractériser les époques, à établir un ordre chronologique dans les formations diverses de l'enveloppe terrestre. Toutefois nous devons déclarer ici, une fois pour toutes, que lorsque nous employons l'expression d'*espèces perdues*, pour nous conformer à l'usage, nous n'entendons nullement établir par là qu'elles ont en effet entièrement disparu. En admettant des époques de création, nous croyons aussi à l'apparition successive des êtres, et pensons qu'aux plus simples par leur organisation ont succédé les plus perfectionnés; mais nous sommes loin de vouloir dire que des races ont été détruites pour faire place à d'autres; si des genres, si des espèces n'existent plus, il faut l'attribuer aux lois communes de destruction ou à des circonstances purement locales.

Certains terrains sont pétris de Fossiles, d'autres en contiennent à peine, ou n'en renferment pas du tout. Les familles, les genres et les espèces semblent augmenter en nombre à mesure que des dépôts plus anciens on arrive aux plus modernes; mais en même temps les individus, dans les mêmes espèces et quelquefois dans les genres, décroissent dans la même proportion. Les Fossiles qui appartiennent aux espèces que nous trouvons encore à l'état vivant, ont conservé leur composition primitive; mais ceux qui proviennent d'espèces perdues sont complétement dépourvues de leurs premiers principes, qui sont alors remplacés par des substances minérales analogues à celles qui constituent les roches qui les renferment. Plus on s'enfonce dans les couches du globe, et plus les formes des espèces enfouies s'éloignent de celles des espèces actuelles; et malgré le grand nombre des fossiles déjà décrits, on est bien loin sans doute de connaître toutes les espèces qui ont existé. De même enfin que certaines espèces, parmi les corps vivants, sont plus ou moins rares, certains Fossiles se montrent en plus ou moins grand nombre.

Longtemps, et surtout au moyen âge, on a considéré les Fossiles comme des jeux de la nature; mais les anciens, et entre autres Strabon, les avaient parfaitement remarqués, et en avaient déduit, comme nous le faisons aujourd'hui, que la mer avait dû séjourner sur les continents; Pythagore faisait même reposer sa doctrine des transformations successives sur la présence des coquilles marines que l'on rencontre au sein des continents. En 1517, Frascatoro avait également fait observer que les débris organiques ne pouvaient avoir été enfouis à la même époque; mais Agricola et Andrea Mattioli repoussèrent cette opinion en déclarant que les formes organiques fossiles étaient dues uniquement à une certaine matière grasse, *materia pinguis*, que la chaleur mettait en fermentation, et la controverse sur les corps fossiles prit dès lors cette âcreté qui distinguait au moyen âge toutes les disputes scolastiques. Toutefois, Sténon publia à son tour que les Fossiles étaient propres à faire distinguer l'âge des couches qui les contiennent; et Bernard de Palissy, en s'occupant de ses émaux, s'écriait que les Fossiles n'étaient pas de simples jeux de la nature, mais bien des corps qui avaient eu vie.

Les recherches de Pallas sur l'enfouissement des éléphants et des rhinocéros dans les glaces de la Sibérie fixèrent ensuite l'attention publique. Werner, Blumenbach, Schlottheim signalèrent de leur côté l'avantage de l'étude des Fossiles; puis vint Cuvier, qui, au moyen de l'anatomie comparée, ressuscita les grandes espèces perdues. Après lui, la Paléontologie doit les travaux ou les observations les plus utiles à MM. Alexandre et Adolphe Brongniart, de Blainville,

Geoffroy Saint-Hilaire, Schmerling, Goldfus, de Buch, Buckland, Agassiz, Desmarest, Marcel de Serres, Croiset, Boué, Jules de Christol, Férussac, de Labèche, Kaup, Klipstein, Laurillard, Rasoumowsky, Boissy, Lartet, etc., etc., et enfin à M. d'Orbigny, qui, dans sa *Paléontologie universelle*, a résumé toutes les recherches de ses devanciers.

Les végétaux, nous l'avons déjà vu, furent les premiers êtres organisés qui apparurent sur la surface du globe. Après eux les animaux rayonnés se montrent dans les dépôts les plus anciens, et certains genres forment même de grandes masses analogues aux récifs de corail, dans le terrain secondaire, et surtout dans l'étage nommé *coral-rag*. Le genre Pentacrinite, remarquable par ses tiges branchues, apparaît dans le terrain de transition et dans le terrain secondaire, puis on cesse de le rencontrer. Les Echinites ne se montrent que vers le milieu de la formation secondaire. Les articulés fournissent les Trilobites, dont le corps est partagé en trois lobes longitudinaux, et cette famille apparaît dans les terrains de transition, où elle remplit des bancs entiers de schistes et de calcaires. Le terrain houiller ne renferme que quelques insectes, mais ceux-ci se font voir en abondance dans les couches supérieures de la série jurassique, principalement en Angleterre et en Allemagne; le docteur Behrendt, de Dantzig, en a compté plus de six cents espèces dans des morceaux d'ambre que contenait le terrain tertiaire; et l'on en trouve aussi dans les marnes subapennines de la Carinthie, et dans les environs d'Aix en Provence. Les premiers mollusques que l'on observe dans les terrains de transition sont les Orthocératites, coquilles cloisonnées qui semblent caractéristiques de ce terrain. Dans les terrains secondaires, les coquilles univalves et bivalves sont nombreuses, et parmi elles se distinguent les Ammonites; puis ces dernières ne dépassent plus les formations secondaires, tandis que les Nautiles arrivent jusqu'aux espèces aujourd'hui vivantes; enfin, au-dessus des formations de craie, on rencontre les univalves en plus grand nombre que les bivalves, lorsque le contraire a lieu au-dessous de ce terrain. M. Deshayes, qui a déterminé plus de 3000 espèces dans les dépôts tertiaires, a remarqué que dans ces seuls terrains le rapport numérique des espèces perdues aux espèces vivantes croît avec l'ancienneté des dépôts. Selon lui, la formation subapennine, qui est la plus récente, ne contient que 51 pour cent d'espèces perdues, tandis que dans la formation du Bordelais, de la Touraine, etc., le chiffre est de 80 pour cent; et que, dans la plus ancienne couche tertiaire, tels que les bassins de Paris et de Londres, la proportion est de 96 pour cent.

Les animaux vertébrés comprennent les poissons, les reptiles, les oiseaux et les mammifères. Les poissons, peu nombreux et altérés dans le terrain de transition, se multiplient et sont dans un bon état de conservation dans les couches secondaires anciennes; quelquefois même ils s'y rencontrent en bancs si considérables, qu'on serait porté à penser qu'ils ont été saisis par quelque cataclysme, tel qu'une éruption volcanique sous-marine. M. Agassiz a déterminé un très-grand nombre de poissons fossiles, et ceux auxquels il donne le nom de Goniolépidotes font leur première apparition dans la partie supérieure du terrain houiller, et disparaissent avec le Lias. Les reptiles gigantesques, comme le Phytosaure, l'Iguanodon, l'Ichthyosaure, le Plésiosaure, etc., se montrent dès les étages moyens du terrain secondaire; les oiseaux n'apparaissent en nombre que dans le terrain tertiaire, et le Ptérodactyle établit la transition entre eux et les poissons; c'est aussi dans la même formation que commencent à se montrer, mais en grand nombre, les mammifères, particulièrement dans les terrains lacustres; mais les premiers qui apparaissent appartiennent à des genres actuellement éteints, ou que nous ne rencontrons plus, comme le Paléothérium, l'Anoplothérium, le Lophiodon, le Mastodonte, etc.; et ceux-ci cessent de se montrer peu à peu, à mesure que se font voir les animaux analogues aux espèces aujourd'hui vivantes.

On a remarqué que les genres éteints appartiennent généralement à des animaux des classes supérieures, tandis qu'ils sont en petit nombre parmi les rayonnés et les mollusques, ce qu'il faut peut-être attribuer à ce que le mode d'organisation de ces derniers leur permettait mieux de vivre dans toute espèce de milieu.

Des révolutions locales ont quelquefois apporté du trouble, des remaniements dans l'ordre régulier des dépôts, ou bien des modifications, des exceptions dont il n'est pas possible d'apprécier la cause, s'offrent dans quelques circonstances pour contrarier l'uniformité habituelle des lois que l'on considère comme générales. Ainsi on a trouvé des poissons à formes équatoriales dans les couches anciennes, telles que les grauwackes, les grès pourprés et les schistes, où ils sont associés avec des trilobites. MM. Fleming, Murchisson et Sedgwick ont reconnu, disent-ils, des poissons marins et d'eau douce, et des débris de tortues dans le grès pourpré. Les couches du groupe carbonifère de l'Angleterre ont montré des ossements de poissons reptiles mêlés avec des coquilles d'eau douce et des végétaux terrestres. On a découvert dans le groupe carbonifère du Dhrosphire et du Northumberland, des Arachnides, des Coléoptères et des Névroptères. Des Cétacés, tels que les Dugons, les Lamantins, les Xiphins, les Narvals, les Rorquals, etc., ont été trouvés dans le groupe paléothérique et les supérieurs, et il en est de même des amphibies, comme les Trichens et les Phoques. Il faut encore y joindre le Dinothérium. On a reconnu près de quatre cents espèces de mammifères dans les groupes paléothérique, erratique et historique, et le genre Gibon habitait le globe à l'époque du groupe paléothérique. Les débris d'éléphants, de rhinocéros et de mastodontes, que l'on croyait n'exister que dans les graviers superficiels, ont été rencontrés dans des terrains inférieurs. Toutes ces exceptions sont concevables, mais elles ne détruisent en rien les faits établis par l'observation des grandes masses, faits qui confirment toujours pleinement l'ordre successif des créations et des dépôts.

Plusieurs opinions, accueillies d'abord comme vraies, sur l'existence ou l'habitation de certains animaux, sont rangées aussi aujourd'hui au nombre des erreurs commises dans l'observation des choses, et de même un grand nombre de faits, considérés d'abord comme douteux, ont été reconnus exacts dans la suite. Le *Cervus giganteus*, dont on supposait l'existence antérieure à celle de l'homme, a cependant vécu à la même époque. Le Dronte, que l'on regardait comme un animal fabuleux, existait à l'île Maurice, vers l'an 1626, et existe encore, à ce que l'on croit, à Madagascar. Du temps d'Aristote, les Lions étaient communs en Grèce. Sous les Romains, l'Auroch et l'Elan peuplaient les forêts de la Gaule et de la Germanie, et l'on soupçonne que le premier de ces animaux se rencontre encore dans les solitudes de la Lithuanie. Pendant le règne de Henri IV, la Baleine, qu'il faut aller chercher aujourd'hui dans les mers du Nord, se pêchait dans le canal de la Manche, le Bièvre, qui a disparu de la France, y était autrefois très-commun ; il en était de même du Castor ; le Bouquetin se rencontrait naguère sur les Alpes et les Pyrénées ; au XIVe siècle, les Loups étaient si nombreux dans nos contrées, que Charles V leva une taille pour subvenir aux moyens nécessaires à leur destruction ; et, dans la Touraine, il y avait une si grande quantité de serpents, qu'ils y étaient l'objet d'un commerce. Enfin, comme les migrations nous ont amené, du sein de l'Asie centrale, le Bœuf, le Cheval, la Poule, etc., des circonstances analogues peuvent avoir repoussé, dans de lointains pays, quelques-unes des espèces autrefois communes dans nos régions. C'est ainsi que le *Rostellaria curvirostris*, recueilli fossile dans les environs de Turin, se retrouve à l'état vivant dans la mer Rouge ; que le *Conus antediluvianus* existe à Owhyhée, et que le genre Trilobite se rencontre, dit-on, dans les mers du Chili. Rien ne prouve donc que la plupart des espèces que l'on dit éteintes n'existent pas encore sur quelques points du globe. Le Mammouth a peut-être survécu quelque part à la catastrophe qu'on dit avoir enseveli son espèce ; et comme les naturalistes, les voyageurs n'ont pu traverser tous les continents, explorer le fond de toutes les mers, il est hors de doute que leurs investigations ne peuvent être admises comme complètes. Il est également d'autres espèces que l'on ne rencontre même pas à l'état fossile, mais qui paraissent néanmoins avoir existé dans des temps reculés, s'il faut s'en rapporter aux figures conservées sur certains monuments : tels sont le Sanglier d'Arimanthe, tracé par Alcamène sur le temple de Jupiter, à Olympie; le Xilhit des anciens Egyptiens, etc.

La série des fossiles ne montre dans aucun lieu une ligne bien tranchée de démarcation dans ses différents termes, et les créations végétales et animales ne paraissent pas évidemment avoir été renouvelées plusieurs fois en totalité sur la terre, comme quelques-uns le prétendent. La succession des genres et des espèces a été au contraire lentement graduée; plus on se rapproche de l'équateur, plus les dépôts récents offrent d'analogie avec les créations actuelles; et enfin l'espèce a dû varier avec les changements survenus dans l'atmosphère.

En parlant des différences si multipliées qui se présentent entre les espèces fossiles et celles actuellement vivantes, Cuvier ajoute : « Par là se confirme de plus en plus cette proposition, à laquelle l'examen des coquilles fossiles avait déjà conduit : que ce ne sont pas seulement les productions de la terre qui ont changé lors des révolutions du globe, mais que la mer elle-même, agent principal de la plupart de ces révolutions, n'a pas conservé les mêmes habitants; que lorsqu'elle formait dans nos environs ces immenses couches calcaires peuplées de coquilles aujourd'hui presque toutes inconnues, les grands mammifères qu'elle nourrissait n'étaient pas ceux qui la peuplent actuellement; et que, malgré les forces que semblait leur donner l'énormité de leur taille, ils n'ont pas mieux résisté aux catastrophes qui ont bouleversé leur élément, que n'y ont résisté sur la terre, les éléphants, les rhinocéros, les hippopotames et tous ces autres quadrupèdes si robustes, qu'à défaut des arts de l'homme, une révolution générale de la nature pouvait seule extirper leurs races. »

M. Kefersten, dans son *Histoire universelle du globe terrestre*, a indiqué les nombres suivants parmi les fossiles : Hommes fossiles ; mammifères, 86 genres et 270 espèces; Oiseaux, 19 genres; Amphibies, 36 genres et 120 espèces ; Poissons, 88 genres et 287 espèces ; Insectes, 152 genres et 247 espèces ; Malacostracées, 51 genres et 202 espèces ; Mollusques, 332 genres et 6056 espèces, savoir : 1073 Céphalopodes, 9 Ptéropodes, 2361 Gastéropodes, 2061 Acéphalées, 507 Brachiopodes et 39 Cirrhipèdes; Annélides, 4 genres et 102 espèces; Echinodermes, 38 genres et 411 espèces; Polypiers, 113 genres et 907 espèces ; Plantes, 131 genres et 807 espèces. Selon le même M. Keferstein, on se tromperait en croyant rencontrer dans les créations successives un développement gradué des organes, ou en admettant plusieurs destructions totales et plusieurs renouvellements des créations : il pense que la plupart des genres actuels ont déjà existé aux époques les plus reculées, conjointement avec d'autres qui ont disparu.

Après avoir esquissé rapidement quel fut l'ordre de l'apparition des corps organisés ue l'on rencontre actuellement à l'état fossile, nous avons à nous arrêter en particuer sur chacune des grandes divisions de es corps.

Végétaux. On ne trouve aucunes traces e végétaux dans les terrains primitifs; mais eulement au milieu des couches que l'Oéan déposa sur ces masses. Plus on se rap-roche de la surface du sol, plus on retrouve es espèces congénères avec les nôtres. Raement on rencontre les végétaux fossiles n grandes masses: ils sont plus habituellement isolés.

Le règne végétal se divise en Agames, en ryptogames cellulaires et vasculaires, et n Phanérogames monocotylédones et dicotylédones. La liaison entre les Cryptogames asculaires et les Phanérogames monocotylédones s'établit au moyen des Cycadées d'un ôté et des Conifères de l'autre, parce qu'en ffet les formes douteuses des Cycadées et es Conifères fossiles rendent difficile de onsidérer ces plantes comme des Dicotylédones parfaits et par conséquent de les assiiler à cette classe. Jussieu et Linné avaient lacé les Cycadées parmi les Fougères; mais ichard fit apercevoir le premier les rapports intimes qui les lient aux Conifères, et obert Brown a complété cette liaison. I. Adolphe Brongniart a formé aussi sa lasse des Phanérogames gymnospermes, itermédiaires entre les Cryptogames et les rais Phanérogames, avec les Cycadées et s Conifères; il place les Equisétacées avant s Fougères; puis les Characées et les Lyopodiacées amènent aux Phanérogames moocotylédones, qui commencent par les aïades. Aux plantes cellulaires les plus mples succèdent, dans les couches, les ryptogames semi-vasculaires d'une organisation un peu plus compliquée, puis viennent les Phanérogames ou plantes monocolédones et dicotylédones. Ces dernières 'offrent, à l'état fossile, des genres analoues à ceux actuellement existants, qu'à artir de l'époque du groupe erratique.

Sauf les Fougères arborescentes, qui paent encore aujourd'hui les régions équatoiales, tous les végétaux gigantesques que on trouve dans les formations houillères 'ont leurs analogues que parmi les plantes umbles de nos climats. Les Calamites, qui vaient 4 à 5 mètres d'élévation et 1 à 2 déimètres de diamètre, ont une ressemblance resque identique dans leur organisation, vec les Prêles. Les Lépidodendrons, dont es espèces sont nombreuses, diffèrent peu e nos Lycopodes, si ce n'est qu'ils s'éleaient à 25 et 30 mètres. Quant aux Cryptoames aux feuilles rigides, ils étaient déourvus de fruits charnus et de graines arineuses. Ce fut pendant la longue période ui sépare les formations houillères des terains tertiaires, que se montrèrent deux failles prépondérantes, les Cycadées et les onifères; et les végétaux fossiles des terains tertiaires sont remarquables par leur nalogie avec les arbres de l'Amérique sepentrionale, ce qui donne naissance à ces deux hypothèses: Un transport de végétaux a-t-il eu lieu à d'autres époques de l'Amérique en Europe, ou celle-ci a-t-elle vu détruire la végétation qui règne aujourd'hui en Amérique?

M. Adolphe Brongniart a divisé la Flore fossile en trois périodes: la première et la plus ancienne comprend l'espace qui s'est écoulé entre le premier dépôt de sédiment et l'époque qui a suivi immédiatement la formation de la houille; la seconde époque s'étend jusqu'à la craie; et la troisième correspond à l'époque des terrains tertiaires. Les couches de houille, qui sont le résultat de la destruction de la végétation primitive, constatent d'une manière irréfragable que la vie a commencé par les plantes sur notre globe. Après la période houillère a eu lieu le dépôt du grès bigarré et des roches qui l'accompagnent, lesquelles couches ne contiennent que des plantes marines; et audessus de ce grès, depuis la formation liasique jusqu'à la craie, on rencontre, surtout dans le calcaire jurassique, les débris d'une végétation entièrement différente de la première, et qui se développait durant l'existence des Ichthyosaurus, des Ptérodactyles, des Plésiosaurus, etc. La formation de la craie renferme quelques plantes marines. Enfin, l'époque tertiaire présente beaucoup de genres qui ont de la ressemblance avec nos plantes actuelles, genres contemporains des Paléothérium, des Anoplothérium, puis des Eléphants et des Rhinocéros.

Les végétaux de la première période renferment des Fougères de 20 à 25 mètres de longueur, des Equisétacées de 4 à 5 mètres, et des Lycopodiacées qui s'élèvent jusqu'à 30 mètres. Cette période offre deux caractères remarquables: la simplicité dans l'organisation et l'élévation dans la température. La seconde période présente des Cryptogames en nombre immense, la famille des Fougères y est considérable et se mêle avec des Cycadées et des Conifères. La troisième période amène, dans les couches inférieures, des Palmiers ou autres arbres monocotylédones; dans les couches moyennes, des végétaux analogues aux familles et aux genres qui existent encore; et dans les formations d'eau douce, des Chara et des Nymphæa identiques à ceux qui se rencontrent aujourd'hui dans nos étangs et nos mares. Il faut remarquer que la présence des Cycadées et des Conifères dans la seconde période indique une sorte de passage entre la végétation de la troisième, où les Dicotylédones dominent, et celle de la première, dans laquelle les Cryptogames constituent la presque totalité de cette Flore.

Les végétaux de la première période ne se sont pas perpétués dans la seconde; mais les classes de celle-ci sont plus nombreuses que dans la première, quoique leur organisation ne soit pas aussi perfectionnée que dans la troisième. Elle comprend en effet cinq classes sur les six qui forment la Flore actuelle: ce sont les Agames, les Cryptogames semi-vasculaires, les Gymnospermes, les Monocotylédones et les Dicotylédones, et il ne lui manque donc que les Amphigames, pour être semblable à celle d'aujourd'hui. Les Dicotylédones n'ont paru toutefois qu'à l'époque du dépôt crayeux. Dans cette Flore, les Cryptogames semi-vasculaires ne dominent plus comme dans la première, tandis que les Monocotylédones et les Gymnospermes y prennent une grande extension. Les Cycadées, de ce dernier ordre, y sont très-répandues ; et avec les Cycadées et les Conifères parurent des Liliacées, des Cannées, des Graminées et d'autres plantes dont le rang n'est pas encore exactement fixé. Les plantes marines s'y sont aussi montrées, et la proportion des Phanérogames a été toujours croissant depuis le dépôt de grès rouge ancien jusqu'aux formations crayeuses.

Voici, d'après la flore établie par M. Adolphe Brongniart, quels sont les végétaux représentés par la formation houillère : Dans les Cryptogames vasculaires : *Equisétacées*, le genre Calamites ; *Fougères*, les genres Sphenopteris, Cyclopteris, Necropteris, Glossopteris, Pecopteris, Lonchopteris, Odonpteris, Schizopteris et Sigillaria ; *Marsiliacées*, le genre Sphenophillum ; *Lycopodiacées*, les genres Lycopodites, Selaginites, Lépidodendron, Lepidophyllum, Lepidostrobus, Cardiocarpon et Stigmaria. Dans les Phanérogames monocotylédones : *Palmiers*, les genres Flabellaria, Nœggerathia et Zeugophyllites ; *Cannées*, le genre Cannophyllites. Les familles phanérogames incertaines offrent les genres Sternbergia, Poacites, Trigonocarpum et Musocarpum ; et parmi les plantes dont le classement est également incertain, se trouvent les genres Phyllotheca, Annularia, Ostérophyllites et Volkammania. Les trente et un genres qui viennent d'être nommés fournissent à peu près 260 espèces, et les genres Pecopteris, Sigillaria et Lepidodendron sont les plus nombreux en espèces. Les dépôts houillers les plus récents sont composés de Conifères, les plus anciens, de Fougères arborescentes, de Lycopodes, de Prêles, etc., tandis que d'autres sont des débris de Cycadées, de Conifères et de végétaux dicotylédones.

On trouve des Rhizomates ou troncs de fougères dans le grès rouge, ainsi que d'autres troncs appelés Médulores et Calamitus par M. Cotta. Dans le Zechstein, sont des Fougères et des débris de Cupressites Hulmanni. Le Lias offre des Calamites, des Lycopodiacées, des Liliacées, des Prêles et le Voltzia et le Mantellia en abondance. Les couches de craie présentent les genres Zamia, Ptérophyllum et Nelsonia, de la famille des Cycadées, et les genres Taxites, Thuites, Brachyphyllum, etc., de la famille des Conifères. Le groupe paléothérique est caractérisé par une végétation dont la plus grande partie des genres se trouve encore dans la zone tropicale ou tempérée. A mesure que les Fougères disparaissent, d'autres genres augmentent, tels que les Taxites, les Junipérites, parmi les Conifères, et ensuite d'autres familles, comme les Amentacées, les Juglandées, les Acérinées, etc. Plus on remonte dans la série des couches, plus est grande l'analogie des plantes avec la végétation des contrées qui les recèlent. Les dépôts paléothériques marins et ceux d'eau douce présentent, cela va sans dire, des végétaux différents. A Bolca, on trouve des Fucoïdes mêlés à des végétaux terrestres, tandis que le calcaire d'eau douce de Paris et de l'île de Wight n'offrent que des characées et des Nymphéacées. A l'époque tertiaire, on ne rencontre plus ni Lycopodiacées, ni Cicadées ; mais d'après M. Adolphe Brongniart, la végétation de cette époque offre 25 genres et 64 espèces distribués comme suit : Confervites, 1 ; Fucoïdes, 12 ; Muscites, 2 ; Equisetum, 1 ; Tænioptères, 1 ; Chara, 4 ; Pinus, 9 ; Taxites, 5 ; Juniperites, 3 ; Thuya, 3 ; Potamophyllites, 1 ; Zosterites, 2 ; Caulinites, 1 ; Palmacites, 1 ; Flabellaria, 3 ; Phœnicites, 1 ; Cocos, 3 ; Smilacites, 1 ; Antholites, 1 ; Carpinus, 1 ; Betula, 1 ; Ciruptonia, 2 ; Juglans, 3 ; Acer, 1 ; et Nymphæa, 1.

Polypiers. Ces êtres, qui semblent un lien entre la vie végétale et la vie animale, contribuèrent, par leurs dépouilles, à l'accroissement des couches calcaires dont se trouvaient composés en partie les continents formés au sein des eaux. Parmi les plus anciens Polypiers sont les genres Terebellaria, Berenicea, Alecto, Eumonia, Fungia, Millepora, etc.

Reptiles. Après la création des Trilobites, animaux articulés que l'on rencontre dans les terrains de transition, paraissent les premiers vertébrés, représentés par de grands reptiles, tels que les Mégalosaures, les Pœkilopleurons, les Mosasaures, les Géosaures, les Téléosaures, les Ichthyosaures, les Plésiosaures, les Phytosaures, les Ptérodactyles, les Iguanodons, etc., mêlés à quelques gros mollusques et à des végétaux. A part le Leptorhyncus, la plupart des reptiles de l'époque tertiaire, tels que les Crocodiles, les Tortues, etc., appartiennent à des genres actuellement existants. Parmi les Batraciens de la même époque se trouve la célèbre Salamandre que Scheuchzer avait prise pour un homme fossile. M. Théophile Kerk a annoncé aussi qu'il avait découvert dans l'Etat de Dalaboma, Amérique du Nord, un squelette complet de serpent antédiluvien.

Poissons. C'est aux recherches de M. Agassiz que l'on doit incontestablement le plus de lumière sur les Poissons fossiles qu'il a divisés en plusieurs périodes embrassant toute la série des formations géologiques. Ces poissons se rencontrent sans interruption dans tous les terrains de sédiment, depuis les plus anciens jusqu'aux plus récents ; ils diffèrent suivant les formations auxquelles ils appartiennent ; mais tous présentent, dans chacune d'elles, des caractères particuliers d'organisation qui permettent de les déterminer avec facilité. Tous les Poissons osseux antérieurs à la raie se rattachent à des genres qui n'ont lus d'analogues à l'état vivant, et sont caactérisés par des écailles rhomboïdales reouvertes d'émail ; les autres ont des dents platies, pointillées ou diversement plissées.

Les Poissons fossiles, comme les autres orps organisés, sont d'autant moins semlables à ceux qui existent de nos jours, u'ils se retrouvent dans les terrains les plus nciens ; ils offrent depuis les proportions es plus minimes jusqu'aux plus gigantesues, et quelquefois des formes qui tiennent e celles des reptiles, ou n'ont de rapport vec aucun animal connu. Comme tous les tres organisés, aussi, ils présentent une uccession lente et graduée. Il n'est pas une eule espèce qui se trouve dans deux formaons différentes, mais il en est un grand ombre de disséminés sur une étendue hoizontale considérable. Les Poissons des emps géologiques qui se sont succédé avec es formes différentes, ne se rapportent généralement qu'à des types qui n'existent plus, t leurs affinités avec les espèces vivantes ont très-éloignées. Il est difficile également 'expliquer les changements brusques qui araissent avoir eu lieu dans l'organisation, uisque les nouvelles races qui, par suite e changements dans les milieux, ont sucédé aux anciennes, semblent avoir été outes produites par une création directe.

Les Poissons fossiles se rencontrent queluefois d'une conservation admirable. Ceux e Mansfeld en Thuringe, d'Œningen en uisse, et de Saarbruck en Lorraine, sont dans in état si parfait, que souvent la capsule de 'œil est intacte ; et dans quelques échantilons du Monte-Bolca on distingue les feuilets ténus que forment les branchies aérienies de ces animaux. Cette circonstance constate que ces fossiles ont été recouverts ubitement par le sédiment calcaire, et il en st de même sans doute des schistes cuivreux le Mansfeld. On peut encore rapporter à ce ujet une remarque que l'on doit à M. Buckland : selon lui, les Seiches fossiles ont ouvent leur réceptacle à encre rempli de pigment : or, comme ce pigment est toujours projeté par l'animal au moment du danger, l faut nécessairement conclure que les inlividus dont nous parlons n'ont même pas eu le temps de faire usage de ce moyen de léfense.

M. Agassiz a rangé les Poissons fossiles dans quatre divisions, et son système repose sur le caractère des téguments extérieurs ou écailles. Le premier ordre, celui des *Placoïdes*, qui contient également des Poissons osseux et des Poissons cartilagineux, a pour caractères des plaques d'émail de dimensions plus ou moins grandes, qui recouvrent la peau d'une manière irrégulière. Dans le second ordre, les *Ganoïdes*, les écailles sont anguleuses et composées de plaques osseuses ou cornées revêtues d'une lame mince d'émail. Dans le troisième, formé des *Cténoïdes*, les écailles sont dentelées ou pectinées à leur bord postérieur comme les dents d'un peigne et formées d'une lame cornée et d'une lame osseuse sans couche d'émail. Enfin, dans le quatrième, les *Cycloïdes*, les écailles sont à couches cornées ou osseuses ; elles sont simples sur leurs bords, ont la surface supérieure souvent ornée de figures ; mais elles ne sont point recouvertes d'émail.

Dans les terrains de transition, on distingue, parmi les Placoïdes, quelques espèces d'Onchus, de Ctenoptychius, de Ptychacanthus et de Ctenacanthus ; dans les Ganoïdes, les genres Polyphractus, Pterichthys, Pamphractus, Cheiracanthus, Cephalaspis, Osteolepis, Diplacanthus, Dipterus, Acanthodes, Chelonichthys, Coccosteus, Cricodus, Megalichthys, Diplopterus, Cheirolepis, Platygnathus, Lamnodus, Cricodus, Dendrodus, Psammolepis, Phyllolepis, Glyptolepis, Glyptosteus et Holoptychius. Outre l'analogie qu'ont ces Poissons avec les Reptiles, et même avec les Trilobites, on remarque encore particulièrement en eux l'uniformité des types et celle qu'ont les parties d'un même animal entre elles, c'est-à-dire que cette uniformité est telle, quelquefois, qu'il est extrêmement difficile de distinguer les uns des autres, les os, les dents et les écailles. M. Agassiz en a conclu que le principe de la vie animale qui, plus tard, s'est développé sous la forme de Poissons ordinaires, de Reptiles, d'Oiseaux et de Mammifères, devait exister à l'état de germe dans les Poissons sauroïdes.

Les terrains houillers offrent parmi les Placoïdes, des Cestraciontes appartenant aux genres Pæcilodus, Petalodus, Psammodus, Ctenoptychius, Pleurodus, Orodus, Cochliodus, Helodus et Chomatodus ; les Ganoïdes sont représentés par les genres Cœlacanthus, Phyllolepis, Uronemus, Hoplopygus, Holoptychius, Eurinotus, Palæoniscus et Acanthodes ; et les Sauroïdes par des espèces monstrueuses. Dans les formations triasiques et le Zechstein, on trouve des Chimérides à forme étrange, des Cestraciontes appartenant aux genres Acrodus, Janassa, Strophodus et Dictæa ; des Hybodontes, de l'ordre de Placoïdes ; des Lépidoïdes des genres Gyrolepis, Palæoniscus et Platysomus ; des Sauroïdes des genres Pygopterus, Saurichthys et Acrolepis ; et enfin des Célacanthes et des Pycnodontes dont les genres Placodus et Colobodus sont caractéristiques du Muschelkalk. Le lias et la série oolithique présentent, parmi les Placoïdes, des Hybodontes qui y prédominent, c'est-à-dire des poissons à dents sillonnées sur leurs deux faces et à deux grands rayons épineux ; puis des Cestraciontes et des Chimérides ; les Ganoïdes sont représentés par les genres Lepidotus, Tetragonolepis, Dapedius, Semionotus, Pholidophorus, Nothosomus, Notagogus et Propterus ; les Sauroïdes appartiennent aux genres Conodus, Caturus, Pachycormus, Ptycolepis, Sauropsis, Thrissops, Eugnathus, Amblysemius, Aspidorynchus, Megalurus, Belonostomus et Macrosemius ; les Célacanthes offrent les genres Ctenolepis, Agyrosteus et Undina ; et les Pycnodontes, les genres Gyrodus, Pycdonus,

Sphærodus, Gyronchus, Microdon et Scrobodus. Les espèces de la craie appartiennent en partie, nous l'avons déjà dit, à des genres qui ont entièrement disparu; mais en général, néanmoins, elles rappellent plutôt par leurs caractères les poissons des formations tertiaires, que ceux des terrains oolithiques. Les dépôts crétacés offrent des Pycnodontes, des Cestraciontes, des Squalides, des Raies, des Chimérides, des Percoïdes, des Halécoïdes, des Scombéroïdes, des Sclérodermes et des Sauroïdes. Les poissons de Monte-Bolca, localité renommée par le nombre et la belle conservation de ces fossiles, semblent appartenir à une époque intermédiaire entre la formation crétacée et les dépôts tertiaires. Ces poissons appartiennent aux Squales, aux Raies, aux Pycnodontes, aux Sclérodermes, aux Gobioïdes, aux Sciénoïdes, aux Cottoïdes, aux Sparoïdes, aux Lophobranches, aux Percoïdes, aux Chétodontes, aux Aulostomes, aux Scombéroïdes, aux Teuthyes, aux Sphyrénoïdes, aux Halécoïdes, aux Anguilliformes, etc. Les poissons des dépôts tertiaires inférieurs appartiennent aux genres Hemirhynchus, Phyllodus, Sphenolepis et Notæus; aux Chimérides, aux Myliobates, aux Esturgeons, aux Scombéroïdes, etc. Les espèces du crag d'Angleterre, de la molasse et de la formation subapennine, se rapportent à des genres communs aujourd'hui dans les mers des régions tropicales et tempérées. Les dépôts lacustres de la même époque présentent de nombreuses espèces de Cyprins, de Cottus, de Brochets, de Cyprinodontes, d'Anguilles, etc. Enfin, les poissons des groupes tertiaires se rapprochent pour la plupart des espèces aujourd'hui vivantes; et le terrain diluvien n'offre encore qu'un poisson fossile bien déterminé, l'*Esox otto*, trouvé en Sibérie parmi des ossements d'Eléphant.

MOLLUSQUES. Les premiers animaux de cet ordre qui vinrent habiter les eaux paraissent avoir appartenu aux genres Productus, Terebratula, Gryphæa, Ammonites, Bélemnites, Nautilus, Baculites, Turrilites, Scaphites, Hippurites, Crania, Cardita, Pholadomia, Pecten, Melania, Mytilus, Cypricardia, Trigonia, Lucina, Ostrea, Leina, Isocardia, Serpula, Nucleolites, Galerites, Ananchites, Trochus, Perna, Mactra, Plagiostoma, etc., et à mesure que l'on s'élève dans les terrains tertiaires, on rencontre, à l'état fossile, la plupart des genres et des espèces dont les analogues vivent encore dans nos mers. M. Deshayes, entre autres observateurs, a remarqué que dans ces terrains, que l'on divise communément en trois étages, le supérieur, auquel se rapportent le tuf ponceux de Naples, les collines subapennines, les coquilliers supérieurs de Perpignan, de la Sicile, etc., présente, parmi ses coquilles, 50 espèces sur 100 dont les analogues vivent encore dans la Méditerranée, l'Océan Indien et le Sénégal. Dans les faluns de la Touraine, qui appartiennent à l'étage moyen, on rencontre 20 espèces sur 100 qui vivent encore dans la Méditerranée, l'Atlantique et le Sénégal. Enfin, l'étage inférieur n'a plus seulement que 3 $\frac{1}{2}$ pour 100.

Plus on pénètre dans les terrains anciens, plus on voit diminuer le nombre des espèces des mollusques, et l'on remarque que leur organisation s'y montre de moins en moins complexe; et tandis que les genres deviennent, proportionnellement aussi, moins nombreux, lorsque l'on atteint les formations les plus anciennes, les espèces apparaissent plus grosses et plus complétement développées. Ainsi, le terrain crétacé du Danemark offre des Ammonites qui ont jusqu'à 3 mètres de diamètre; dans le Lias, on trouve des Nautiles de 1 mètre 50 centimètres de largeur; les Bélemnites du terrain jurassique atteignent jusqu'à une longueur de 25 centimètres; et les Orthocères de la formation silurienne ont jusqu'à 2 mètres de long.

OISEAUX. Les Ornitholithes ont été plusieurs fois signalés par les naturalistes anciens; mais souvent ils ont pris pour des débris d'oiseaux des corps qui n'appartenaient pas même au règne organique; fréquemment aussi ils ont considéré comme fossiles des oiseaux, des nids et des œufs, simplement recouverts d'une croûte de sédiments calcaires. Blumenbach semble être le premier qui ait réellement observé les Ornitholithes dans les terrains d'OEningen, et les recherches faites au XIXe siècle dans les cavernes à ossements en ont procuré un assez grand nombre. On les trouve communément dans les terrains calcaires supérieurs à la craie, où ils sont mêlés à des débris de Mammifères. M. Hitchkok a fait connaître, comme ayant été laissées par les pieds de divers oiseaux, des empreintes trouvées à la surface des grès rouges, dans plusieurs localités des Etats-Unis, et il les a décrites et représentées sous le nom d'Ornithienites.

La détermination des oiseaux fossiles est moins facile que celle des Mammifères, car on a pour ceux-ci le caractère si prononcé de la dentition qui n'a point d'équivalent chez les premiers. Aussi Cuvier s'est-il empressé de déclarer, en parlant des Ornitholithes, qu'il n'avait à donner que des conjectures bien éloignées d'être aussi rationnelles que ses propositions relatives aux os des quadrupèdes. M. l'abbé Croiset a trouvé des Ornitholithes dans les marnes bleues de Gergovia en Auvergne; M. Lartet, dans les environs d'Auch; et M. Schmerling dans les cavernes des environs de Liége, où il a reconnu des débris du Martin-Pêcheur, de l'Alouette, du Pigeon, du Corbeau, du Coq, du Canard, de l'Oie, de la Perdrix, etc.

Les Oiseaux ont été peu nombreux aux différentes époques géologiques, du moins leurs débris se rencontrent-ils fort rarement. La composition de l'atmosphère pourrait peut-être indiquer la cause de cette circonstance; car si la grande quantité d'acide carbonique dont elle était chargée, dans certains temps, se trouvait favorable au développement de la végétation et peu nuisible aux animaux d'un appareil particulier de respiration, comme les Reptiles et les Poissons, il ne pouvait en être de même des Oiseaux, et leur propagation ne put avoir lieu que lorsque l'excès d'acide carbonique se dissipa dans les espaces interplanétaires, et fut aussi absorbé par l'accroissement de la végétation et la formation des roches calcaires. Les Oiseaux que l'on rencontre dans les formations de la troisième époque ne se rapportent exactement à aucun genre connu ; mais ils sont voisins de la Caille, de la Bécasse, de l'Alouette de mer, de l'Ibis, du Cormoran, du Buzard, de la Chouette et du Balbuzard.

Insectes. Leur création est contemporaine de celle des oiseaux, et l'on rencontre beaucoup de leurs débris dans les formations crétacées. Le docteur Behrendt en a recueilli environ 600 espèces dans les terrains tertiaires de l'Allemagne ; on en trouve en grand nombre dans les environs d'Aix en Provence, et dans les marnes de la Carinthie ; enfin les formations houillères en présentent quelques espèces.

Mammifères. Cuvier pense que leur apparition date seulement de la formation de l'argile plastique, durant la période tertiaire, et ce n'est que dans le calcaire grossier qu'il dit avoir commencé à trouver ces animaux. Parmi le nombre des Mammifères qui apparurent à l'époque tertiaire, les quatre cinquièmes au moins n'ont plus d'analogues à l'état vivant. Les plus remarquables appartiennent à l'ordre des Pachydermes : tels sont les genres Palæothérium, Anoplothérium, Xiphodon, Dichobune, Lophiodon, Chæropotame, Anthracothérium, Dinothérium, Mastodonte, Adapis, Hippopotame, Rhinocéros, Eléphant et Tapir. Les Rongeurs offrent le Trogonthérium, espèce de Castor, le Loir et l'Ecureuil ; les carnassiers : le Coati de la tribu des Plantigrades, la Genette plâtrière des Digitigrades et le Canis parisiensis ; les Marsupiaux : le genre Sarigue ; les Mammifères amphibies qui paraissent pour la première fois donnent les genres Phoque, Ziphius, Lamantin et Baleine.

La quatrième époque ou la période qui suit les dépôts tertiaires voit disparaître la plupart des grands Pachydermes ; mais ceux qui subsistent alors, tels que l'Hippopotame, le Rhinocéros et le Tapir, s'y montrent en grand nombre. Viennent ensuite le Chæropotamus, le Cheval, l'Elasmothérium, qui tenait à la fois de l'Eléphant, du Cheval et du Rhinocéros ; puis parmi les Ruminants : le Cerf, le Bœuf, l'Antilope, le Mouton et le Mérigathérium, qui avait trois mètres de hauteur ; dans les Rongeurs : le Porc-épic, le Rat, le Lièvre, le Lapin, le Campagnol et le Lagomys ; dans les Edentés : le Mégathérium, haut de 3 mètres, le Mégalonix, de la taille de 1 mètre 50, et le Pangolin gigantesque ; enfin, dans les Carnassiers, on rencontre le Putois, la Belette, le Glouton, l'Hyène, l'Ours, le Chien et le genre Felis.

Réaumur, Pallas, Daubenton, Lamanon, Camper, Blumenbach, Rosenmuller, Faujas de Saint-Fond, de Blainville, Geoffroy Saint-Hilaire, Goldfus, Fischer, Meyer, Desmarest, Bojanus, Kamp, Marcel de Serres, Siéger, Jules de Christol, Bravart, Croiset, Jaubert, Clift, Laurillard, etc., ont consacré des travaux aux Mammifères fossiles.

On a vu, par l'exposé paléontologique qui précède, que chaque formation de terrain, en commençant par les dépôts de transition, est caractérisée par certains genres de corps organisés. Ainsi l'on peut dire, *à priori*, quels sont les fossiles qui doivent se rencontrer dans tel ou tel terrain, lorsqu'on connaît sa composition, de même que par l'examen des fossiles qui ont été recueillis dans telle ou telle contrée, on peut affirmer que le sol s'y trouve constitué de tels ou tels dépôts. Nous terminerons donc cet article par l'énumération des principaux genres et espèces qui sont caractéristiques de chaque terrain, en partant du plus profond pour arriver successivement jusqu'au plus superficiel.

Terrain houiller. *Cryptogames vasculaires.* Equisétacées : Equisetum, Calamites.—Fougères : Sphenopteris, Cyclopteris, Necropteris, Glossopteris, Pecopteris, Lonchopteris, Odopteris, Schizopteris et Sigillaria. — Marsiliacées : Sphenophillum.—Lycopodiacées : Lycopodites, Selaginites, Lepidodendron, Lepidophyllum, Lepidostrobus, Cardiocarpon et Stigmaria. — *Phanérogames monocotylédones.* Palmiers : Flabellaria, Nœggerathia et Zeugophyllites. — Cannées : Cannophyllites. — *Familles phanérogames incertaines* : Sternbergia, Poacites, Trigonocarpum et musocarpum.— *Plantes dont le classement est incertain* : Phyllotheca, Annularia, Asterophyllites et Volkamannia.

Dans les couches les plus supérieures du terrain houiller, on rencontre aussi quelquefois des Insectes et des Mollusques qui ne s'y trouvent sans doute que par suite d'un mélange ou d'un remaniement de ces couches avec le dépôt qui leur est immédiatement supérieur.

Terrain ardoisier ou Grauwacke. Des Encrines, des Hamites, des Polypiers, des Spirifères et des Trilobites.

Terrain pénéen ou Grès vosgien. Encrinites ramosus ; Gryphites aculeatus ; Pecten priscus ; Productus aculeatus, rugosus et speluncarius ; Terabratula alata, lacunosa, elongata, inflata, pelargonata et pigmea.

Terrain keuprique. *Etage supérieur.* Végétaux : Anomopteri, Mongeotii ; Calamites arenarius, Mongeotii et remotus : Echinostachys oblongus ; Filicites scolopendroïdes ; Nevropteris Volzii et elegans ; Paleoxiris regularis ; Sphenopteris myriophyllum et palmetta ; Volzia brevifolia, elegans, rigida, acutifolia et heterophylla. — Coquilles : Cypricardia socialis ; Melania scutata ; Mytilus eduliformis ; Trigonia vulgaris.

Terrain liasique. Ce terrain a offert, dans la Tarentaise et dans le voisinage des Anthracites, des empreintes végétales parmi lesquelles on a distingué les espèces suivantes : Annularia brevifolia ; Asterophyllites equiselliformis ; Nevropteris tenuifolia, flexuosa, Soretii et rotundifolia ; Odopteris Brardii et obtusa ; Pecopteris polymorpha, arborescens, Beaumontii, Plukenetii et obtusa ; Volkamannia erosa. La formation liasique renferme, dans les autres localités, des Pentacrinites et des Polypiers. — Des coquilles : Ammonites stellaris, lugans, concavus, excavus, Walcotii, Buckandii, fimbriatus, Stokesi, Strangewasi, falcifer, decipiens et Johstonii ; Belemnites apicicurvatus ; Cardita striata ; Gryphæa gigantea, acuta et dilatata ; Modiola cuneata ; Nautilus truncatus ; Pholadomia gibbosa et lyrata ; Plicatula spinosa ; Pecten æquivalvis et barbatus ; Plagiostoma gigantea, punctata et sulcata ; Pinna lanceolata ; Spirifer oblatus et Walcotii ; Terebratula tetraedra et ornithocephala ; Unio crassissima.— Reptiles : des vertèbres d'Ichthyosaurus et de Plésiosaurus. — Poissons : le Dapelium politum.

Terrain jurassique. Des Astéries, des Encrinites. — Des Polypiers : Alecto dichotoma, Idmonea-triquetra, Theonoa-chlatrata, Chrysaora-damæcornis et spinosa ; Berenicea diluviana ; Entelophora cellarioïdes ; Eunomia radiata, spiropora-tetragona, cespitosa, elegans et intricata ; Millepora dumelosa, corymbosa, conifera, pyriformis, macrocaule, cariophylla , truncata et Brebissonii ; Simnorea mamillaris ; Terebellaria ramosissima et Antilope ; Turbinolopsis ochracea.—Coquilles : Ammonites armatus, sublævis, communis, omphaloïdes, excavatus, acutus, Duncani, annulatus et plicomphalus ; Ananchites bicordata ; Avicula echinata et costata ; Belemnites ; Cidarites ; Donacites Alduini ; Gervillia siliqua, pernoïdes, Monotis et costellata ; Gryphæa virgula et dilatata ; Galerites depressa et patella ; Isocardia concentrica ; Lucina ; Lima proboscidea ; Meleagrina ; Melania headdingtonensis ; Mactra gibbosa ; Modiola elegans et subcarinata ; Nautilus sinuatus ; Nucula pectinata ; Nucleolites scutata ; Ostrea gregaria, minima, deltoidea, plicatilis, palmetta, carinata et Marschii ; Pholadomia ovalis, ambigua et Protei ; Pecten fibrosus, leus, vimeneus, corneus et vagans ; Pinna tetragona et pinnigena ; Plagiostoma punctata ; Serpula quadrangularis ; Trigonia clavellata et nodulosa ; Trochus elongatus ; Terebratula biplicata, ornithocephala , tetrandra, digona, coarctata, reticulata, globata, plicatella, serrata et truncata. On rencontre encore dans le terrain jurassique des débris de Crustacés, d'Ichthyosaurus, de Plésiosaurus, de Plérocérus, de Téléosaurus, de Gavialis, de Dapédium, etc., et des bois convertis en calcaire fétide.

Terrain crétacé anglais. *Etage inférieur.* — Végétaux : Sphænoteris Mantelli ; clatharia Lyelli, et Carpolithes Mantelli. — Coquilles : Cypris faba ; Cyrena membranacea ; Bucardia ; Melania attenuata et tricarinata ; Ostrea. — Animaux vertébrés : Crocodile sussexiensis ; Emyde sussexiensis ; Iguanodon et Megalosaurus. — *Etage moyen.* Coquilles : Ammonites varians, splendens, Woolgari, catinus, rusticus, lewesiensis, Mantelli, sussexiensis, triplicatus et falcatus ; Catille Lamarckii et Brongnarlii ; Cucullea decussata ; Hamites alternatus et armatus ; Modiola imbricata ; Nucula pectinata ; Pecten orbicularis, nitidus, Beaveri et lamellosus ; Plagiostoma spinosum ; Rostellaria Parkinsonii ; Scaphites striatus et costatus ; Spongia ramosa ; Trigonia clavellata ; Terebratula ovata, semiglobosa et pectina ; Turrilites costatus, undulatus et tuberculatus ; Voluta ambigua ; Venus ringmerensis. — *Système du gault.* Coquilles : Ammonites varians, rostratus, falcatus, cristatus, Woolgari, catinus, rusticus, lewesiensis, monilis et nutfieldensis ; avicula ; cirrus depressus et perspectivus ; Cucullea decussata ; Hamites spinulosus et baculoïdes ; Inoceramus concentricus, sulcatus, mytiloïdes et Websteri ; Lucina ; Modiola ; Mytilus edentatus ; Pecten quinquecostatus, orbicularis, obliquus et asper ; Plagiostoma spinosum ; Podopsis striata ; Rostellaria Parkinsonii ; Terebratula ovata et lata ; Tellina æqualis ; Trigonia cavellata, alæformis, tedalia et spinosa. Ce dépôt renferme aussi des Polypiers et des débris de Vertébrés. —*Etage supérieur.* Il contient des Polypiers et des Coquilles telles que les suivantes : Scaphites striatus et costatus ; Terebratula striatula, plicatilis, subrotunda, undata et intermedia ; puis un certain nombre de Poissons.

Terrain crétacé français. *Etage supérieur.* Des Reptiles, et entre autres le Crocodile de Meudon ; des débris de Poissons ; des Polypiers et des Coquilles : Belemnites mucronatus ; mytilus lævis ; ostrea vesicularis et serrata ; Terebratula Defrancii, plicatilis, alata, carnea, octoplicata et subundata ; Trochus Basteroti , etc. — *Etage moyen.* Les Tufaux , les Glauconies. Les sables et les marnes de cet étage contiennent des restes de Poissons et des Coquilles dont les principales sont : Ammonites ; Cassis avellana ; Cucullea decussata ; Gryphæa columba ; Hamites rotundus ; Nucula pectinata ; Ostrea carinata et pectinata ; Pecten quinquecostatus, orbicularis, intextus, asper et dubius ; Plagiostoma spinosum ; Terebratula gallina , alata, pectina et octoplicata. — *Etage inférieur ou sable vert.* Les Coquilles de cet étage sont : Belemnites quadratus ; Cucullea glabra ; Chama conica ; Fusus alveolatus ; Gervillia solenoïdes ; Isocardia ; Nautilus ; Ostrea macroptera et solitaria ; Pecten carinatus ; Pleurotoma fusiformis ; Panope plicata ; Trochus concavus ; Turitella, etc.

Formations tertiaires. Les Fossiles des terrains qui les précèdent y disparaissent presque entièrement, pour faire place à d'autres genres qui, principalement dans les couches supérieures, ont presque tous leurs analogues vivants.

Terrain diluvien. Il contient en grand nombre des débris d'Eléphants, de Rhinocéros, d'Hippopotames, de Cheval, de Cerf, de Bœuf, d'Ours, d'Hyène, de Chat, de Chien, e Mastodonte, de Mégathère, de Paléothère, e Lophiodonte, etc., etc.

TERRAIN NYMPHÉEN. *Etage inférieur.* Il enferme les Mollusques suivants : Cyrena ellinoïdes ; Lymneus longiscatus ; Melania riticea ; Melanopsis buccinoïdes et costata ; ľerita globulosa, pisiformis et sobrina ; hysica antiqua ; Planorbis rotondatus, inertus, punctatus et Prevostinus ; Paludina irgula, unicolor et Desmarestii. On y renontre aussi des restes du Lophiodonte du aonnais et du Crocodile d'Auteuil. — *Etae moyen.* Le gypse de Montmartre renferme s Palæothérium magnum, medium, crassaım, latum et minimum ; les Anoplotherium ommune et secundarium ; le Xiphodon grale ; les Dichobune leporinus, murinus et bliquus ; le Chæropotamus parisiensis ; le anis parisiensis ; le Didelphis parisiensis, c. ; puis une espèce de Crocodile, des Trioix, des Emydes et quelques Poissons, tels ue le Perca minuta ; les Cyprinus squamots et minutus ; le Pœcilia Lametherii ; l'Aormurus macrolepidotus ; et l'Amia ignota. *Etage supérieur.* Il présente les genres iivants dans les végétaux : Chara medicaaula ; Nymphæa arethusa ; et Carpolithes aliclroïdes ; et parmi les Mollusques : Cycloоma elegans, antiquum ; Lymneus corneus ventricosus ; Planorbis cornuta ; Potamides amarckii ; et Pupa Defrancii. Dans les mares on rencontre le Cyclostoma mumia ; le ulinus atomus ; les Lymneus longiscatus atus, elongatus et acuminatus ; et le Plarbis leus.

TERRAIN TRITONIEN. *Etage inférieur.* On y ouve d'abord quelques Végétaux, tels que s genres Pinus, Equisetum, Caulinites, Zosrites, Potamophyllites, Endogenites, Flabelria et Phyllites ; puis des Mollusques, parmi squels les plus caractéristiques de cet étage nt les Arca diluvii, Balanus tintinnabulum, præainflata, Cassis harpæformis, Cerithium ganteum, Calyptrea trochiformis, Corbula llica, Fusus rugosus, Murex tripteris, autilus imperialis, Nummulites lævigata, rita conoïdea, Pleurotoma filosa, Pyrula us, Pectunculus pulvinatus, Scalaria cris-, Solarium plicatum, Solen vagina, Troıus agglutinatus, Voluta cythara, Venerirdia planicosta ; et enfin les genres Aurila, Ampullaria, Ancillaria, Alveolites, vicula, Astrea, Bulla, Buccinum, Conus, ssidaria, Chiton, Cucullata, Crassatella, ama, Clavagella, Cytherea, Cassidulus, ryophilla, Delphinulla, Donax, Dentalium, ıctylopora, Emargiscula, Eschara, Eryci-, Fasciolaria, Fissurella, Fistulana, Flua, Hippocrenes, Hipponix, Inachus, Lima, icina, Leucosia, Lunulites, Nuliolites, Modonta, Melania, Marginella, Mitra, Mytis, Modiola, Mactra, Natica, Nucula, Nuolites, Orbulites, Ostrea, Pyramidella, asianella, Patella, Pecten, Pinna, Palinus, Polytripes, Rostellaria, Strombus, Sponlus, Serpula, Siliquaria, Sentella, Spatans, Tornatella, Turbo, Turitella, Terebra, phis, Tritonium, Tellina, Teredo, Tereatula, Turbinolia et Vulsella. — *Etage supérieur.* Mollusques : Ampullaria patula ; Cerithium cristatum, lamellosum, mutabile, plicatum et cinctum ; Cytherea nitudula, lævigata, elegans, convexa et plana ; Cardium obliquum ; Crassatella compressa ; Corbula rugosa ; Donax retusa ; Nucula margaritacea ; Ostrea flabellula, hippopus, pseudochama, longirostris, canalis, cochlearia, cyathula, spatulata et lingulata. — Animaux : des ossements de Cétacés, et notamment de Lamantins ; des os de Poissons et des aiguillons et palais de Raies ; et enfin des pattes de Crabes.

M. Agassiz a caractérisé, par le tableau zoologique suivant, les divers dépôts qui se sont formés.

GROUPE GRAUWACIQUE.

Rayonnés. { *Polypiers :* Astrées. *Radiaires :* Crinoïdes.
Articulés. { *Vers :* Serpules. *Crustacés :* Trilobites.
Mollusques : Unio, Trochus, Ammonites, Nautiles.
Vertébrés : Squales, Ganoïdes.

GROUPE CARBONIQUE.

En outre des animaux précédents :
Polypiers : Tubifores.
Articulés : *Insectes* : Névroptères, Coléoptères et Scorpions.
Crustacés : Estacus, Entomostracés.

GROUPE TRIASIQUE.

Polypiers : Gorgonites.
Radiées : Astéries, Ophiures.
Mollusques : Ostracés.
Vertébrés : Paléosaurus.

GROUPE OOLITHIQUE.

Les animaux précédents.
Rayonnés : Acalèphes.
Polypiers : Scyphies, Astéries.
Acalèphes : Méduses.
Radiaires : Comatules, Echinus, Spatangues, Elothur.
Insectes : Hémiptères, Arachnides.
Mollusques : Salpa, Buccinus, Sépia.
Reptiles : Sauriens, Chélédoniens.

GROUPE CRÉTACIQUE.

Crustacés : Cancers.
Poissons : Raies.

GROUPE PALÉOTHÉRIQUE.

Insectes : Lépidoptères, Diptères, Hyménoptères, Orthoptères.
Crustacés : Balanus.
Mollusques : Hélices, Otéropodes.
Poissons : Cténoïdes, Cyloïdes.
Reptiles : Ophidiens, Batraciens.
Mammifères : Pachydermes, Cétacés, Vespertilions, Ruminants, Glires, Carnivores, Quadrumanes.

Parmi les Mollusques, les Ammonites ont disparu, et parmi les Reptiles les Paléosaures.

GROUPE ERRATIQUE.

L'Halmatura.
Mammifères : Edentés, Phoques.

GROUPE HISTORIQUE.

Ascalèphes : Physales, Béroë.

Vers : Helminthes, Lombris.
Poissons : Cyclostomes.

PALÉOTHÉRIEN. Terrain qui correspond aux formations tertiaires d'eau douce que M. d'Omalius d'Halloy a appelées dépôt nymphéen.

PALÉOTHÉRIQUE. Nom donné au groupe des terrains tertiaires, parce que le Paléothérium le caractérise particulièrement.

PALÉOTHÉRIUM. *Cuvier*. Genre de Pachydermes fossiles, qui a de l'analogie avec les Tapirs. Les débris de Paléothères furent observés pour la première fois par Lamanon, dans les couches de plâtre de Montmartre et décrits ensuite par Cuvier. Voici les caractères du genre : Trois doigts terminés par un sabot à chaque pied; six dents incisives et deux canines à chaque mâchoire; dents molaires au nombre de sept de chaque côté, dans les deux mâchoires. La première molaire supérieure est petite, à une seule colline et deux racines, les six autres ont quatre racines et deux collines; les collines sont obliquement transverses, et leur moitié interne est séparée par une vallée profonde, tandis que l'externe l'est simplement par une dépression; un bourrelet règne autour de la dent. A la mâchoire inférieure, la première molaire, qui est petite, se trouve séparée de la canine par une barre, et n'a qu'une seule racine et une seule pointe aiguë avec un talon en arrière; les cinq molaires suivantes sont formées de deux portions de cylindres qui présentent une pointe à l'angle de leur réunion; et la dernière, plus grande d'un tiers que les précédentes, offre trois cylindres et deux pointes. L'ouverture nasale est échancrée en arrière; les os du nez sont raccourcis; et le fémur est pourvu d'un troisième trochanter. On suppose que le Paléothérium portait aussi, comme le Tapir, une courte trompe charnue, et que c'est par rapport à l'insertion des muscles qui la faisaient mouvoir, que les os du nez étaient plus courts et montraient au-dessous une échancrure d'une certaine dimension. On distingue les *P. magnum*, *medium*, *crassum*, *latum*, *curtum*, *minus*, *minimum* et *indeterminatum*. Le grand Paléothérium devait avoir la hauteur d'un cheval moyen et une tête massive. Les espèces de ce genre se rencontrent dans plusieurs localités, mais particulièrement dans les dépôts gypseux du bassin de Paris, où leurs débris sont mêlés à ceux des Anoplothériums ; des Dicobunes ; des Adapis, des Felis, des Chiens, des Chauve-Souris, des Rongeurs, des Tortues d'eau douce, des Poissons, etc.

PALEOXIRIS. Genre de fougères fossiles, que l'on rencontre dans le terrain keuprique.

PALIMPHYES. *Agass.* Genre de poissons fossiles, de la famille des Scombéroïdes. Ses caractères principaux sont : Corps trapu; vertèbres courtes et nombreuses; nageoires dorsales séparées ; les pectorales très-grandes; pédicule de la queue large. Ce genre provient des schistes de Glaris.

PALMACITES, PALMACITES. *Ad. Brongn.* Genre de Palmiers fossiles, que l'on rencontre dans le calcaire grossier inférieur. Il est ainsi caractérisé : Tiges cylindriques, simples, couvertes de bases de feuilles pétiolées, à pétiole élargi et amplexicaule à sa partie inférieure. On connaît le *P. echinatus*.

PALMULARIA. *Defrance*. Corps fossile qui se rapproche des polypiers et que l'on rencontre dans les terrains tertiaires. Ses caractères sont les suivants : Corps ovale oblong, aplati et lisse en dessous ; garni en dessus et sur les côtés de deux séries obliques de petites côtes celluliformes qui offrent des dentelures sans ouverture distincte. On connaît la *P. Soldanii*.

PAMPHRACTUS. *Agass.* Genre de poissons fossiles, de la famille des Céphalaspides, caractérisé comme suit : Plaque centrale de la carapace très-développée; démarcation distincte de l'articulation occipitale, par une ligne transversale; nageoires fixées sous des plaques latérales de forme triangulaire. On trouve ce genre dans le vieux grès rouge.

PANABASE. Roche cuivreuse, formée de cuivre, de soufre, d'antimoine, d'arsenic, de fer, de zinc et d'argent.

PANDORE, *Pandora*. Genre de mollusques, dont on connaît deux espèces à l'état fossile : le *P. margaritacea* et le *P. Defrancei*. La première se rencontre dans les sables coquilliers de Loignan, près Bordeaux, la seconde, dans le calcaire grossier de Grignon.

PANGOLIN. Cuvier a recueilli des débris fossiles de ce genre, qui indiquent une espèce dont la taille devait être de 7 à 8 mètres de longueur.

PARAMONDRA. *Buckland*. Genre de spongiaires fossiles, que l'on rencontre dans la craie d'Irlande, et dont la forme est celle d'un entonnoir allongé, porté par un long pédoncule.

PAREXUS. *Agass.* Genre de la famille des Ichthyodorulithes. Ses caractères consistent dans un rayon dont le bord postérieur offre des dentelures arquées en haut, et dont la surface est ornée de côtes longitudinales fines et régulières. Ce genre appartient au vieux grès rouge.

PASSAGE DES ROCHES. On désigne ainsi les formes intermédiaires que prennent la plupart des roches, entre une espèce et une autre. Il y a des altérations produites par la voie ignée, telles que le passage du calcaire compacte au calcaire grenu ; la transmutation d'une marne en une roche jaspoïde, et d'une roche feldspathique en une alunite. Les gaz acides et les matières terreuses ou métalliques à l'état de gaz ou de sublimation ont produit aussi des changements dans les roches. Leur décoloration est due à des gaz acides, tels que les acides sulfureux, chlorhydrique, carbonique, sulfhydrique, fluorique, borique et phosphorique ; cette décoloration produit des teintes blanches, rougeâtres et violâtres; la couleur noire provient du carbone, de l'oxyde de fer et du manganèse; la rouge du tritoxyde de fer.

Le fendillement du retrait des masses est une manifestation particulière de l'action ignée. Après que les fentes ont été établies par cette action, un nouveau travail, igné ou électro-chimique, les a tapissées de minéraux. Les fentes et les fendillements ont diverses directions. La perte du lustre d'une roche est également due aux opérations ignées, qui changent aussi la consistance de cette roche, et la même cause produit la désagrégation d'une roche compacte ou cristalline en une masse presque arénacée.

Au contact des roches plutoniques, et surtout des basaltes, les grès, les marnes et les argiles sont changés en masses endurcies et divisées en prismes. La chaleur plutonique prive diverses roches d'une partie de leurs éléments; et dans le voisinage des trapps et des porphyres, les roches carbonifères perdent une portion de leur bitume, comme la houille se change en anthracite, puis celle-ci en plombagine.

Le calcaire compacte, empâté dans des brèches basaltiques, est passé à l'état de chaux vive et d'un silicate de chaux, ce qui le prive de faire effervescence avec les acides; et une chaleur continue sous une masse, comme un refroidissement varié, sont capables de modifier la texture d'une roche.

Quelquefois celles qui ont subi des transformations ne se trouvent point cependant en contact avec les roches plutoniques, et entre ces dernières et elles il existe des roches qui ne sont point altérées.

Par suite de la chaleur, le calcaire compacte passe aussi à l'état translucide et sublamellaire, puis à un marbre nuagé ou à une roche grenue. La craie d'Irlande est changée en calcaire translucide; le calcaire du Lias avec les gryphées arquées devient un calcaire grenu, sans fossiles; et le calcaire jurassique passe au marbre serpentineux ou au marbre statuaire.

Le changement de texture dans les roches, occasionné par la voie ignée, est accompagné de la production de nouveaux minéraux accidentels. Ainsi le calcaire se convertit en gypse, et le carbonate de chaux devient, au milieu de ce travail chimique, du carbonate de chaux et de magnésie.

Les opérations de la nature s'accomplissent au moyen de l'eau, du calorique et de l'électricité, mais par des combinaisons dont les formules nous sont inconnues. Une partie des nids et des petits filons de minerais ne sont que des accidents d'infiltrations aqueuses; mais d'autres sont des effets de sublimation ignée, ou bien des produits d'affinités électro-chimiques, mises en jeu par la chaleur et la présence de certains éléments.

La décomposition des masses minérales a lieu au moyen de l'air, des gaz, de l'eau et des affinités électro-chimiques de leurs différents éléments. Les produits de la décomposition sont très-variés. Les nitrates de potasse, de chaux et de magnésie, les sulfates de chaux, de magnésie, d'ammoniaque ou de soude, le carbonate de soude, le chlorure de sodium, l'alun, le soufre, etc., sont des substances qui se forment à la surface du sol, aux dépens des matières qu'elles recouvrent et de l'air ou de l'humidité qui vient en contact avec elles. Les décompositions subies par les roches ne sont pas aussi prononcées que celles des minéraux, cependant on sait que l'anhydrite devient du gypse en se combinant avec l'eau; les roches alumineuses se changent petit à petit en alun; les cristallines se décomposent plus promptement que les autres, et l'action de l'eau contenant de l'acide carbonique, qui réagit sur les silicates, change l'élément électro-négatif, s'empare des bases les plus solubles et produit le kaolin; enfin les phyllades et quelques porphyres se décomposent en argiles.

La décomposition naturelle est souvent difficile à distinguer de l'action ignée; car toutes les deux produisent la décoloration. La désagrégation n'est pas toujours non plus un effet chimique, et elle devient souvent le fait de l'action de l'eau; puis la décomposition est plus ou moins rapide suivant la nature du climat.

PASSALADON. *Buckland*. Genre de poissons fossiles, de la famille des Chimérides. Son caractère principal est un maxillaire supérieur de forme conique, et du bout duquel sort un mamelon de lames parallèles. Ce genre se rencontre dans le sable de Bagshot.

PATELLITES. Nom que quelques auteurs donnent aux Patelles fossiles.

PAVÉ DES GÉANTS. On appelle ainsi une masse de colonnes basaltiques qui se trouve au bord de la mer, non loin de Bushmills, en Irlande. Cette formation semble se prolonger assez au loin sous les eaux de la mer, et elle pénètre même jusqu'au sein des couches calcaires dont sont composées les falaises de la côte. Les sections des primes de ces basaltes sont irrégulières : il y en a à quatre, à cinq, à six et à un plus grand nombre de côtés, c'est-à-dire que cette chaussée ne présente point cette distribution rigoureuse que l'on remarque dans certains groupes basaltiques, et qui les fait comparer à des alvéoles de ruches.

PAVONIA. *Lamarck*. Genre de polypiers dont on rencontre une espèce, à l'état fossile, dans les terrains de transition. Ses caractères principaux sont : Expansions foliacées, irrégulières, ayant leurs deux surfaces garnies de rides correspondant à autant de rangées d'étoiles lamelleuses, sessiles et plus ou moins imparfaites.

PEBBLY-CALCARIFEROUS-GRIT. Les Anglais donnent ce nom à la brèche de grès calcarifère.

PECHICHT. Mot allemand qui signifie bitumineux.

PECHKOHLE. Nom allemand de la houille sèche.

PECHSTEIN. Nom donné par les Allemands à la roche que les Français appellent résinite.

PECHSTEIN-PORPHYR. Les Allemands désignent par ce nom un porphyre dont la base est de feldspath résinite, et la couleur, rouge, brune, verte ou noire.

PÉCOPTERIS. *Sternb.* Genre de fougères fossiles que l'on rencontre dans les terrains houillers. Il a pour caractères : Fronde une, deux ou trois fois pinnée ; pinnules adhérentes par leur base au rachis, ou rarement libres, et traversées par une nervure moyenne qui s'étend jusqu'à l'extrémité de la pinnule ; nervures secondaires sortant presque perpendiculairement de la nervure moyenne, simples ou une ou deux fois dichotomes. M. Ad. Brongniart compte 73 espèces de ce genre, dont 18 seulement lui paraissent douteuses. Les différents modes de division des nervures et les modifications de forme des pinnules ont amené à établir les groupes suivants parmi les Pécopteris : les Diplazioïdes, les Ptéroïdes, les Cyathoïdes, les Névroptéroïdes, les Unitæ, les Sphéroptéroïdes et les Tænioptéroïdes.

PECTINITES. Nom donné aux espèces fossiles du genre *Pecten.*

PEGMATITE. Roche composée principalement d'orthose lamellaire et de quartz, mais dans laquelle se montre aussi fréquemment du mica et de la tourmaline, puis quelquefois des topazes, des grenats, des béryls et des cymophanes. On désigne par le nom de *Pegmatite graphique* celle où le quartz forme, dans le feldspath, des lignes qui ressemblent à des caractères hébraïques ; et *Pétuntzé* celle où le quartz n'est qu'en grains. Cette roche se rencontre en filons, en veines et en amas plus ou moins considérables, dans les granites, les gneiss, les micaschistes et autres roches anciennes, et paraît provenir d'éjections postérieures à la formation des masses qu'elle traverse. La décomposition de la Pegmatite produit du kaolin.

PELAGOSAURUS. *Kaup.* Voy. STÉNÉOSAURE.

PELAGUSES. Nom donné par Montfort à l'une de ses divisions des Ammonites.

PELATES. *Cuv.* Genre de poissons, de la famille des Percoïdes. Ses caractères principaux sont : Préopercule dentelé ; opercule épineux ; mâchoires garnies de dents en velours ; rayons épineux de la nageoire dorsale très-nombreux. Les espèces fossiles de ce genre se rencontrent au Monte-Bolca.

PELOPHILUS. Nom donné par M. Tschudi à un genre de Batraciens fossiles, trouvé dans les schistes d'Œningen et dont l'espèce est l'Agassizii.

PENÉEN. Nom donné par M. d'Omalius d'Halloy à un terrain qu'il compose de diverses roches réunies qui ont été aussi appelées groupes de grès rouge ou *New red Sandstone*, *Lupferschiefer*, etc.

PENINSULE ou PRESQU'ILE. Portion de terre environnée d'eau de tous côtés, à l'exception de celui par lequel elle tient au continent.

PENNANT-GRIT. Nom anglais du grès grossier de la formation houillère.

PENTAMEROUS-LIMESTONE. Nom anglais du calcaire à pentamères.

PENTACRINITES, *Pentacrinites.* Genre d'Encrines, dont plusieurs espèces sont caractéristiques des terrains jurassique et liasique, et qui est ainsi caractérisé : Corps porté par une longue tige articulée pentagonale avec des rameaux accessoires verticillés, et formée d'une cupule également articulée, ayant quatre rangées de cinq pièces chacune, d'où partent cinq rayons binaires ou subdivisés chacun en deux branches portant des rameaux tentaculés. Ce genre commence à se montrer dans les terrains de transition ; il devient très-nombreux dans ceux de l'époque secondaire, et disparaît ensuite.

PENTREMITES, *Pentremites.* Nom donné par M. Say à des corps fossiles qui paraissent être intermédiaires entre les Crinoïdes pyriformes et les Oursins. Ces corps sont portés par une tige cylindrique composée d'articles percés d'un trou rond et radiés à leur surface articulaire. Le têt, de forme globuleuse, déprimée et presque pentagonale, est composé de trois pièces dorsales, inégales et enfoncées, au-dessus desquelles sont deux rangées coronaires de cinq pièces chacune ; les supérieures étant pétaloïdes, percées d'un trou à l'extrémité libre, et présentant en outre à l'extérieur une espèce d'ambulacre limité par une série de pores.

PEPERINE. Roche à texture celluleuse, arénacée et terreuse, formée de wacke qui contient de la pierre ponce, de la leucostine, du basalte, de la téphrine, du mica, de l'amphygène, de l'orthose, du calcaire, de l'aimant, etc. Cette roche forme des amas, des couches et des filons dans les terrains volcaniques et basaltiques, et se lie fréquemment avec des terrains de sédiments supérieurs. Elle offre deux variétés principales, qui sont connues sous les noms de *Pouzzolane* et de *Trass.*

PEPERITE. *Voy.* PÉPÉRINE.

PEPITES. Nom que l'on donne aux morceaux d'or roulés que l'on recueille dans les dépôts d'alluvions. La vallée du Riohiaqui, au Mexique, a fourni des Pépites du poids de 2 kilogrammes, et le Rio-Andageda en a offert d'une pesanteur qui s'élevait jusqu'à 12 kilogrammes. Le Kordofan, en Afrique, est riche aussi en Pépites d'une grande dimension, et on en trouve enfin de remarquables dans la Cochinchine, dans les îles de la Malaisie, etc.

PERCA. *Lin.* Genre de poissons, de la famille des Percoïdes. Ses principaux caractères sont : Deux nageoires dorsales rapprochées ; préopercule dentelé et dents plus grosses au bord inférieur, forte épine à l'angle de l'opercule ; dentelures au bord inférieur de l'interopercule et du subopercule, ainsi qu'aux scapulaires et à l'angle de l'humérus. Les espèces fossiles de ce genre se trouvent dans les terrains tertiaires.

PERCOIDES. *Cuv.* Famille de poissons, de l'ordre des Cténoïdes. Ses caractères principaux sont : Poissons oblongs et à écailles rudes ; pièces operculaires fortement dentelées ou épineuses ; dents aux intermaxillaires, aux maxillaires inférieurs, au vomer et le plus souvent aux palatins ; forts rayons épineux à la partie antérieure du dos, formant une nageoire distincte des rayons mous ou s'unissant à eux dans la même membrane ; nageoires ventrales ordinairement thoraciques. Cette famille comprend les genres *Sphenocephalus*, *Acanus*, *Apogon*, *Acrogaster*, *Beryx*, *Enoplosus*, *Holocentrum*, *Holopterix*, *Dules*, *Myripristis*, *Podocys*, *Pristigenys*, *Smerdis*, *Perca*, *Labrax*, *Lates*, *Cyclopoma*, *Pelates*, *Serranus*, etc.

PERIODUS. *Agass*. Genre de poissons fossiles, de la famille des Pycnodontes, ainsi caractérisé : Couronne des dents entourée d'un large sillon, de manière à présenter la forme d'un chapeau à larges bords relevés.

PERIDOLITE. Nom que M. Cordier donne aux basaltes et aux basanites qui contiennent une telle quantité de cristaux de péridot, qu'ils entrent quelquefois dans la masse pour plus de moitié.

PERIOROMYS. Genre de Rongeurs fossiles, créé par M. Laizer.

PERLITE. Roche de texture porphyroïde, composée de silice, d'alumine, de potasse de chaux et d'oxyde de fer, et qui renferme aussi communément des cristaux de feldspath et des paillettes de mica. Elle appartient exclusivement aux terrains trachytiques, où elle se présente sous forme de filons ou d'amas non stratifiés.

PERLSTEIN. L'un des noms que donnent les Allemands à la rétinite.

PERLSTEIN--PORPHYR. Les Allemands nomment ainsi un porphyre à base de perlite.

PERNE, Perna. *Lamarck*. Genre de mollusques dont on trouve des représentants à l'état fossile, dans les terrains tertiaires. Ses caractères sont : Coquille subéquivalve, aplatie et un peu difforme; tissu lamelleux ; charnière linéaire, marginale, composée de dents transverses, parallèles, et entre lesquelles s'insère le ligament, sans qu'elles s'engrènent avec celles de la valve opposée : sinus baissant, à parois calleuses et placé sous l'extrémité de la charnière, pour le passage du bysus qui est sécrété par un pied conique; lobes du manteau libres au bord dans tout le contour, excepté sur le dos.

PÉTRIFICATION. Opération de la nature au moyen de laquelle des corps organisés prennent la consistance de la pierre, sans que leurs formes primitives en soient sensiblement altérées. Les corps pétrifiés proprement dits diffèrent donc des fossiles dans lesquels on retrouve des traces de la matière organique. Les ossements renferment encore, en effet, du phosphate de chaux et plus ou moins de matière animale, et les débris de végétaux peuvent aussi s'unir à l'oxygène de l'air par la combustion, tandis qu'aucune de ces conditions n'a lieu chez les corps réellement pétrifiés. Au surplus, cette distinction n'apporte aucune difficulté dans l'étude des fossiles, attendu que l'objet pétrifié, qui a conservé sa forme primitive, procure le même témoignage scientifique que s'il offrait encore des matériaux organiques. Il y a deux sortes de pétrifications : la pétrification calcaire et la pétrification siliceuse. Les coquilles et les polypiers ont principalement subi les effets de la première ; la seconde a agi aussi sur les mêmes corps; mais c'est particulièrement sur les végétaux que la silice a exercé son influence. Ainsi l'on trouve fréquemment des troncs d'arbres convertis en silex, tandis qu'il est fort rare au contraire que des plantes soient métamorphosées en carbonate de chaux. Suivant Haüy, les corps pétrifiés et les bois silicifiés sont de simples pseudomorphoses, c'est-à-dire que, dans le phénomène de la pétrification, chaque molécule organique a été successivement remplacée par une molécule de calcaire ou de silice dans le corps soumis à la décomposition. On peut distinguer dans les végétaux, après la pétrification, ceux qui appartiennent aux monocotylédonés ou aux dicotylédonés, attendu que le tissu fibreux est toujours assez bien conservé pour permettre d'établir cette division ; mais on ne saurait séparer également les espèces dans les plantes dicotylédones.

PETROLE. *Voy*. Bitume.

PETUNZÉ ou PETUNTZÉ. Ce nom chinois a été donné à une variété de Pegmatite. *Voy*. ce mot.

PEUCE. *Lindley*. Genre de Conifères fossiles, dont les espèces ont été recueillies dans les terrains houillers et oolithiques.

PFEFFERSTEIN. Nom allemand de l'oolithe.

PFEILERSTEIN. Les Allemands désignent par ce nom le basalte en colonne.

PHANOLITHE. Roche sonore, d'une texture compacte, schistoïde, écailleuse ou celluleuse, composée de ryacolithe ou d'albite, de mésotype et de nigrine, et renfermant aussi de l'amphibole, du pyroxène, du mica, du sphène et de la haüyne.

PHASCOLOTHERIUM. *Owen*. Animal fossile, de l'ordre des Marsupiaux, trouvé dans les carrières de Stonefield, près d'Oxford, en Angleterre. L'espèce décrite porte le nom de *Bucklandi*. Quelques géologues pensent que ce genre ne doit en faire qu'un avec l'*Amphitherium*. Il est, du reste, caractérisé de cette manière : Dents au nombre de 11 : 3 incisives, 1 canine, 3 fausses molaires lobées et 4 molaires à plusieurs pointes.

PHENGITE. *Voy*. Karstiénite.

PHÉNICITES. Nom donné par quelques naturalistes à des pointes d'Oursins fossiles, qui ont une forme ovale et renflée, et ont reçu les désignations vulgaires de *Pierres judaïques* et d'*Olives pétrifiées*.

PHIALITES. Nom que l'on donnait autrefois à des concrétions pierreuses qui ont la forme d'une phiole. C'est la même chose que les *Lagénites*.

PHILLIPSITE. Roche cuivreuse, nommée ainsi par M. Beudant en l'honneur du chimiste anglais Philipp. Elle est composée de soufre, de cuivre et de fer. Sa couleur est rougeâtre et bleuâtre, et elle se cristallise en cubes.

PHLEBOPTERIS. *Ad. Brongn*. Genre de

Fougères fossiles, qui se rencontre dans les terrains oolithiques inférieurs.

PHOENICITES, Phœnicites. *Ad. Brongn.* Genre de Palmiers fossiles, que l'on rencontre dans les formations tertiaires. Les feuilles sont pétiolées, pinnées ; les folioles linéaires, liées en deux à leur base, et à nervures fines et peu marquées. On ne connaît encore que le *P. pumila*.

PHOLADE, Pholas. *Lamarck*. Genre de mollusques dont on rencontre quelques espèces à l'état fossile, particulièrement dans le bassin de Paris. Ce genre est ainsi caractérisé : Coquille bivalve, équivalve, transverse, bâillante de chaque côté et offrant des pièces accessoires diverses, soit sur la charnière, soit au-dessous; bord inférieur ou postérieur des valves recourbé en dehors.

PHOLADOMYE, *Pholadomya*. Genre de mollusques établi par Sowerby, et dont la coquille est remarquable par le peu d'épaisseur de son test.

PHOLIDOPHORUS. *Agass.* Genre de poissons fossiles, de la famille des Lépidoïdes, caractérisé comme suit : Corps allongé; nageoire dorsale petite et opposée aux ventrales; la caudale fourchue et à lobes égaux ; écailles s'étendant un peu sur la base du bord supérieur; dents en brosse. Les principales espèces de ce genre sont les *P. dorsalis*, *latiusculus*, *limbatus*, *microps* et *pusillus* ; on les trouve dans le Lias.

PHOLIDOSAURE, Pholidosaurus. *Meyer*. Genre de Reptiles fossiles, dont les débris se rencontrent dans la formation wealdienne du nord de l'Allemagne, et qui appartiennent à une espèce de grande taille qui a reçu le nom de *P. schaumburgensis*.

PHONOLITE. Roche d'origine ignée, composée de feldspath compacte et de fer titané, et que l'on nomme aussi *Klingstein* et *Clinkstone*. Elle est sonore, d'un brun qui va jusqu'au noirâtre; sa cassure est esquilleuse, et elle renferme quelquefois du mica, de l'amphibole, du sphène et de la haïcyne, avec de petits filons de spath calcaire, de natrolite, de fer hydraté, etc.

PHOQUES. Ordre de mammifères qui comprend les Phoques proprement dits et les Morses. On rencontre les débris fossiles de ces animaux dans les terrains tertiaires marins.

PHOSPHORITE. Roche à base simple, composée de phosphate de chaux.

PHOTÉSITE. Variété de manganèse.

PHTHANITE. Roche de texture schistoïde, composée de quartz compacte, de phyllade ou de talc, et renfermant quelquefois des pyrites, du graphite, etc.

PHYLLADE. Espèce de schiste argileux, composé de divers silicates d'alumine, à feuillets droits, et de couleur jaunâtre, rougeâtre et même verdâtre. Lorsque cette roche renferme des parcelles de mica, on la nomme *Phyllade pailleté;* elle s'appelle *Férifère* lorsqu'elle contient une certaine quantité d'oligiste ou de limonite ; *Bitumifère* quand il s'y trouve des matières charbonneuses; et *Mâclifère*, lorsqu'elle offre des cristaux de mâcle. Le Phyllade a donné son nom à des parties inférieures des terrains de transition.

PHYLLITES. Quelques naturalistes ont ainsi nommé les pierres qui portent des empreintes de feuilles; et M. de Sternberg a donné ce nom au genre de Fougères fossiles appelé *Phlebopteris* par M. Adolphe Brongniart.

PHYLLODUS. *Agass.* Genre de poissons fossiles, de la famille des Pycnodontes. Ses caractères sont : Dents principales égales et composées d'une, de quatre à huit et dix lames superposées qui n'ont guère au delà d'un quart de ligne d'épaisseur et se remplacent successivement à mesure que la supérieure s'use par la mastication. Ce genre se rencontre principalement dans l'argile de Londres.

PHYLLOLEPIS. *Agass.* Genre de poissons fossiles, de la famille des Célacanthes. Voici ses caractères : Ecailles énormes dont la circonférence est plus ou moins carrée et dont les angles sont arrondis; couche d'émail très-légère et reposant sur une autre couche aussi mince, de substance osseuse; surface lisse ou marquée de rides concentriques. On trouve ce genre dans la houille et le vieux grès rouge.

PHYLLOMYS. Nom donné par M. Lund à un groupe de Rongeurs fossiles, dont les débris ont été trouvés au Brésil.

PHYLLOTHECA. Genre de plantes fossiles qui a été créé par M. de Sternberg avec un groupe des Astérophyllées. Les feuilles de ce genre sont soudées à leur base, et la partie soudée forme une sorte de gaîne comme dans les Equisétacées.

PHYSONEMUS. *Agass.* Genre de la famille des Ichthyodorulithes, que l'on rencontre dans le terrain houiller.

PHYTOLITHUS. *Sternb.* Voy. Sigillaria.

PHYTOTYPOLYTHES. Nom donné par quelques naturalistes aux empreintes que les plantes ont laissées sur diverses roches.

PHYTOSAURE, Phytosaurus. *Jæger*. Genre de reptiles fossiles, de la famille des Crocodiliens, dont on ne connaît encore que deux espèces, les *P. cylindricon* et *cubicodon*.

PIC. Sommet de montagne, de forme plus ou moins pointue, très-élevé, peu accessible, et presque dépourvu de végétation. Les Pyrénées offrent une suite assez nombreuse de ces points culminants; et, dans les autres contrées, un des Pics les plus renommés est celui de Ténériffe.

PICHSTONE. Nom anglais du feldspath résinite.

PICITE. *Voy.* Rétinite.

PIERRE D'ABYSSINIE. *Voy.* Trémolite.

PIERRE D'AIGLE. *Voy.* Géode.

PIERRE DES AMAZONES. *Voy.* Orthose.

PIERRE A BOUTON. *Voy.* Jais.

PIERRE A FARD. *Voy.* Talc.

PIERRE A FAUX. *Voy.* Grès.

PIERRE D'ITALIE. *Voy.* Ampélite.

PIERRE JUDAIQUE. *Voy.* Phénicites.

PIERRE DE LARD. *Voy.* Stéatite.

PIERRE DE LUNE. *Voy.* Orthose.

PIERRE LYDIENNE. *Voy.* LYDIENNE.

PIERRE DE LYNX. *Voy.* BÉLEMNITE

PIERRE NÉPHRÉTIQUE. *Voy.* JADE.

PIERRE OLLAIRE. *Voy.* SERPENTINE et STÉATITE.

PIERRE DE POIVRE. On donne aussi ce nom à l'Oolithe.

PIERRE PONCE. *Voy.* PONCE.

PIERRE A RASOIR. *Voy.* SCHISTE.

PIERRE DE SAVON. *Voy.* SEIFESTEN.

PIERRE DE SOLEIL. *Voy.* ORTHOSE.

PIERRE DE THRACE. *Voy.* JAÏS.

PIERRE DE TOUCHE. *Voy.* LYDIENNE.

PIERRE A VARIOLE. *Voy.* VARIOLITHE.

PIERRE VERTE. *Voy.* GRUNSTEIN.

PIERREUX et PIERREUSES. M. de Blainville donne le nom de Pierreux à une section de sa classe des Polypodiaires; Lamouroux l'a appliqué aux Polypiers inflexibles; et M. d'Omalius d'Halloy appelle *Roches pierreuses* celles qui ont pour base des métaux hétéropsides.

PINGEN. Les Allemands donnent ce nom aux puits de mines abandonnées.

PINNITES. Nom que quelques naturalistes ont donné aux mollusques fossiles du genre *Pinna*.

PIPERNO. Nom que les Italiens donnent à la lave du Vésuve.

PIRGO. Genre de mollusques fossiles établi par M. Defrance.

PIRGOLE. Genre proposé par Montfort pour un mollusque fossile que d'autres géologues rapportent aux Dentales.

PISOLITHES. C'est ce qu'on appelle vulgairement *Dragées de Tivoli*. Ces corps sont des globules calcaires à couches concentriques, et le produit de sources incrustantes à Tivoli; mais on les rencontre souvent en couches d'une certaine étendue dans les terrains secondaires. *Voy.* HAMMITES.

PISSASPHALTE. *Voy.* BITUME.

PISTOSAURE, *Pistosaurus*. Genre de reptiles fossiles, qui a quelque analogie avec la Tortue.

PITCOAL. Nom anglais de la houille sèche.

PITONS. On désigne ainsi, aux Antilles, les sommités montagneuses que dans les Pyrénées on nomme *Pics*. Ils sont communément d'un accès difficile et dépourvus de végétation, si ce n'est les plantes cryptogames qui les recouvrent. Les plus renommés de ces Pitons sont ceux de Carbet et de la montagne Pelée, à la Martinique, et celui de la Soufrière, à la Guadeloupe.

PLACODUS. *Agass.* Genre de poissons fossiles, de la famille des Pycnodontes. Il est ainsi caractérisé : Deux sortes de dents, molaires et incisives; les premières plates et peu saillantes, les secondes moins acérées et plus massives. Ce genre se trouve principalement dans le muschelkalk.

PLACOIDES. *Agass.* Premier ordre des poissons fossiles qui comprend toutes les familles dont le squelette est osseux ou cartilagineux, et dont les écailles sont des plaques d'émail, d'une dimension plus ou moins grande, qui recouvrent la peau d'une manière irrégulière.

PLACOSTEUS. *Agass.* Genre de poissons fossiles, de la famille des Placoïdes

PLAGE. Espèce de zone qui sépare la terre végétale de la mer, et qui est composée de sables, de cailloux, de galets et de fragments divers déposés par le flux. Les brisants labourent fréquemment les plages et changent alors leur horizontalité; puis d'autres circonstances y établissent des espèces de bancs, de dimensions variées, ou y élèvent des monticules qui se couvrent quelquefois naturellement de verdure, ou sur lesquels on fait des plantations qui leur donnent une sorte de solidité et de stabilité. Ces monticules deviennent des barrières contre l'empiétement des flots; et lorsqu'ils sont particulièrement formés par les sables, ils reçoivent le nom de *Dunes*. Celles-ci affectent toujours des formes arrondies, et renferment des débris de plantes et d'animaux. On trouve des Dunes consolidées dans toutes les parties du monde.

Lorsque le sol qui borde la mer est plat sur une grande étendue, il est quelquefois envahi par les sables qui couvrent la plage, et augmente au fur et à mesure l'espace occupé par celle-ci. Le progrès des masses de sable qui s'avancent ainsi dans les terres est surtout remarquable dans le golfe de Biscaye, où elles ont enseveli plusieurs villages. L'action des flots qui viennent battre la côte ou expirer sur la plage se fait, dit-on, ressentir avec force jusqu'à une profondeur de 30 mètres, et ramènent de cette profondeur, pour les déposer sur le sable, des coquilles et autres corps organisés ou leurs détritus.

PLAGIOSTOME, *Plagiostoma*. Genre de mollusques fossiles établi par Sowerby et conservé par Lamarck. Il est ainsi caractérisé : Coquille subéquivalve, libre, subauriculée, à base cardinale, transverse et droite; crochets un peu écartés; parois internes s'étendant en facettes transverses; charnière sans dents; fossette cardinale conique, située au-dessous des crochets et en partie interne, mais s'ouvrant au dehors et recevant le ligament. M. Deshayes a réuni les Plagiostomes soit au genre *Peigne*, soit au genre *Spondyle*. Le *P. giganteum*, que l'on rencontre dans le Lias, est une magnifique espèce dont la taille atteint de 15 à 18 centimètres de longueur. Une autre espèce remarquable se trouve en abondance dans les environs de Nancy : c'est le *P. semilunaris*.

PLAINE. Portion de terre horizontale ou peu inclinée. Il est des plaines qui ont peu d'étendue, d'autres au contraire sont immenses. Les unes sont d'une stérilité complète, puis il en existe dont la végétation varie de nature, c'est-à-dire dont les produits sont, ou une véritable richesse, ou un exemple de fécondité presque inutile. Les premières sont représentées par les déserts sablonneux de quelques contrées de l'Afrique et de l'Asie; les secondes par les cultures céréales de la Beauce, du Languedoc et de diverses autres contrées de l'Europe, ainsi que par les Pampas et les Llanos d'Amérique; les troisièmes, par les Landes et les Bruyères de la Gironde et de la Bretagne et les Steppes de la Russie.

En dehors des chaînes Arabique et Libyque qui bordent le cours du Nil, par exemple, le sol n'offre plus que de vastes plaines formées de graviers, de cailloux roulés et de sables, qu'on ne peut mieux comparer qu'à plusieurs de nos grandes plages maritimes, sur lesquelles s'élèvent des Dunes. Les sables s'accumulent en effet sur divers points, dans les déserts, en monticules de formes variées et de différentes hauteurs, dont un morceau de roche ou quelque arbuste forme le noyau. Les plus petits de ces monticules sont sans cesse déplacés par l'action des vents qui les poussent dans les directions vers lesquelles ils soufflent; et ceux qui ne sont point errants reçoivent aussi néanmoins, de l'action des mêmes vents, des formes bizarres dont les figures changent fréquemment. Quelques broussailles rabougries, quelques graminées ou autres plantes chétives croissent çà et là; mais l'étendue du désert, sa solitude, le silence qui y règne ont quelque chose d'aussi triste que de solennel : c'est l'immensité de l'Océan, mais sans les reflets, sans le mouvement, sans le murmure, sans les scènes multipliées qui s'y reproduisent. Il est cependant quelques points de ce sol maudit que la vie végétale n'a pas tout à fait abandonnés, et où des portions de terrains sont cultivables en tout temps : ce sont ces portions que l'on a désignées sous le nom d'*Oasis*.

Les Pampas et les Llanos du nouveau monde ont l'étendue et la monotonie du désert; mais ils se couvrent d'herbes, quelquefois gigantesques, au sein desquelles les chevaux, les buffles et une foule d'autres animaux trouvent en même temps leur nourriture et un refuge; et il en est de même des Steppes du Nord, où certains genres de végétaux acquièrent des proportions colossales. Ainsi le chardon qui croît dans les Steppes de la Russie atteint souvent la taille d'un arbre, et abrite sous ses branches les huttes des Troglodytes, et, dans certains endroits, cette plante est tellement abondante et ses pieds si rapprochés les uns des autres, qu'ils forment comme un petit bois, au milieu duquel un Cosak, monté sur son cheval, peut se cacher.

Quant aux Landes, on sait que leur surface se partage en zones envahies, les unes par une plante épineuse, à fleurs jaunes, quelquefois élevée de plusieurs mètres, que l'on nomme *Ajonc* ou *Lande*, les autres, par diverses espèces de bruyères dont les jolies clochettes roses ne compensent guère l'aspect mélancolique du vaste développement de leurs colonies. Çà et là, dans ces plaines presque constamment humides, sont des mares ou des parties marécageuses plus ou moins considérables; et presque toujours aussi se montrent, sur quelques points de leur surface, des bouquets ou des petits bois de pins, où la brise fait entendre ses sifflements.

PLANITES. Genre proposé par M. de Haan pour comprendre les Ammonites dont les tours de spire se recouvrent peu et laissent la coquille discoïde et aplatie. *Voy.* Planulites.

PLANORBE, *Planorbis*. Genre de mollusques fluviatiles, dont les représentants à l'état fossile sont caractéristiques des formations lacustres des terrains tertiaires.

PLANORBULINA. *Alc. d'Orbigny*. Genre de mollusques que l'on rencontre aussi fossile dans les terrains tertiaires, et qui est ainsi caractérisé : Coquille inéquilatérale, enroulée obliquement en spire complète, avec une seule ouverture en croissant sur la dernière loge, du côté de la spire.

PLANOSPIRITE, Planospirites. *Lamarck*. Sorte de Gryphée fossile qui appartient à la craie de Maëstricht.

PLANULAIRE, Planularia. *Defrance*. Genre de mollusques dont on rencontre plusieurs espèces fossiles dans le terrain jurassique des environs de Caen.

PLANULITES. Genre qu'avait proposé Montfort, puis Lamarck, pour comprendre les Ammonites aplaties, dont les tours nombreux offrent peu d'épaisseur.

PLASTIC-CLAY. Nom anglais de l'argile plastique.

PLATAX. *Cuv*. Genre de poissons, de la famille des Chétodontes. Ses caractères principaux sont : Corps allongé et comprimé; nageoires verticales, hautes et écailleuses; rayons épineux courts et cachés dans le bord antérieur de la nageoire; les ventrales très-longues. Les espèces fossiles de ce genre se trouvent particulièrement au Monte-Bolca.

PLATINX. *Agass*. Genre de poissons fossiles, de la famille des Halécoïdes, qui est ainsi caractérisé : Corps allongé; colonne vertébrale très-vigoureuse; point de côtes sternales; nageoire dorsale très-reculée; les pectorales longues. On trouve ce genre au Monte-Bolca.

PLATRE. *Voy*. Gypse.

PLATYCRINITES, Platycrinites. *Miller*. Genre d'Encrines fossiles, qui appartient aux terrains de transition et de craie. Voici quels sont ses caractères : Cupule formée de pièces non articulées entre elles, mais adhérentes par des sutures; bassin formé de trois pièces inégales, patelliformes et pentagonales; point de pièces costales; cinq pièces scapulaires portant autant de rayons; tige comprimée ou pentagonale et traversée par un canal cylindrique; rayons accessoires de la tige épais et en petit nombre.

PLATYGNATHUS. *Agass*. Genre de poissons fossiles, de la famille des Célacanthes. Il a pour caractères : Ecailles arrondies, plus hautes que longues, imbriquées, formant des séries obliques, et ornées de rides longitudinales brisées; queue allongée sur laquelle sont insérées de puissantes nageoires qui ont un nombre considérable de rayons mous et flexibles. Ce genre se trouve dans le vieux grès rouge.

PLATYONYX. Genre d'Edentés fossiles, qui a été indiqué par M. Lund.

PLATYSOMUS. *Agass.* Genre de poissons fossiles, de la famille des Lépidoïdes. Ses caractères principaux sont : Corps plat et court; dents en brosse; lobe supérieur de la queue allongé; vertébré avec de petits rayons au bord; nageoires dorsale et anale opposées l'une à l'autre et s'étendant depuis le milieu du corps jusqu'au rétrécissement de la queue; nageoires ventrales douteuses et les pectorales petites. On connaît les *P. gibbosus*, *macrurus*, *parvus*, *rhombus* et *striatus*, que l'on rencontre dans les formations antérieures aux terrains jurassiques.

PLECTROLEPIS. *Agass.* Genre de poissons fossiles, de la famille des Lépidoïdes.

PLEIONEMUS. *Agass.* genre de poissons fossiles, de la famille des Scombéroïdes, que l'on a recueilli dans les schistes de Glaris.

PLEIOPTERUS. *Voy.* Osteolepis.

PLESICTIS. *Pomel.* Genre de mammifères fossiles qui forme une sorte de passage entre les Martes et les Mangoustes, et dont les débris ont été trouvés dans le calcaire de Saint-Gérand-le-Puy. Les caractères observés sont les suivants : Dent tuberculeuse supérieure triangulaire; carnassière inférieure offrant une forte pointe sous le lobe médian et ayant un talon creux bordé d'une crête saillante à plusieurs tubercules; crêtes temporales séparées et se réunissant à la crête occipitale; face occipitale quadrangulaire.

PLESIOGALE. *Pomel.* Genre de mammifères fossiles, de la famille des Martes, dont les restes ont été découverts dans le calcaire de Saint-Gérand-le-Puy. Ses principaux caractères sont : Formule dentaire analogue à celle des Martes, et forme des dents comme celle des Putois; région interorbitaire très-étroite; ouverture des arrière-narines rapprochée des molaires. On connaît le *P. Pomeli.*

PLÉSIOSAURE, *Plesiosaurus.* Genre de reptiles fossiles trouvé pour la première fois, en 1813, dans le calcaire de Lyme-Regis, par MM. de la Bèche et Conybeare. Cet animal, contemporain de l'Ichthyosaure, en différait sous un grand nombre de rapports, et ses dimensions étaient aussi plus considérables. Il forme, dans la classe des reptiles, un ordre intermédiaire entre les Chéloniens et les Emydosauriens. Son caractère le plus distinctif était un cou énorme, semblable à celui du serpent, et porté sur un tronc dont les proportions étaient analogues à celles des quadrupèdes et formé de 30 à 40 vertèbres. Ce cou était terminé par une tête pareille à celle du lézard; la queue avait aussi plus de ressemblance avec celle d'un quadrupède qu'avec celle d'un reptile. Voici quels étaient ses autres caractères : Dents grêles, pointues, arquées et cannelées longitudinalement; mâchoire inférieure renflée et offrant des dents plus longues et plus grosses que les autres; dents postérieures de la mâchoire supérieure longues; nageoires allongées; os du carpe et du tarse de l'avant-bras et de la jambe, très-distincts; vertèbres courtes, à diamètre transverse plus grand que l'axe, et offrant une face articulaire plane ou légèrement concave à sa circonférence, puis un peu concave au centre, et la face inférieure creusée de deux fossettes ovales; côtes s'étendant de la vertèbre axis aux deux tiers de la queue, les cervicales courtes comme dans les oiseaux, et les caudales se raccourcissant vers l'extrémité; sternum allongé; pubis et ischion longs et larges. Le Plésiosaure habitait les eaux. Les espèces de ce genre sont nombreuses, et l'on connaît déjà les *P. Hawkinsii*, *dolichodeirus*, *macrocephalus*, *arcuatus*, *pachyomus*, *trigonus*, *costatus*, *subtrigonus*, *rugosus*, *brachispondylus*, *dædicomus*, *grandis*, *trochanterius* et *affinis.*

PLEURACANTHUS. *Agass.* Genre de la famille des Ichthyodorulithes. Ses caractères sont : Rayon dont toute la surface est arrondie, déprimée et armée de chaque côté d'une rangée de dents arquées vers sa base; sillon arrondi et profond le long de la face inférieure. Ce genre se rencontre dans le terrain houiller de Dudley.

PLEURACANTHUS. *Milne Edwards.* Genre de Trilobites établi aux dépens des Calymènes, et caractérisé comme suit : Corps non contractile, offrant de chaque côté une rangée de longues épines dirigées en avant; thorax composé de dix-huit anneaux, dont les lobes latéraux paraissent soudés ensemble ou réunis par une membrane; abdomen petit et enclavé dans le bord postérieur du thorax; lobes latéraux rudimentaires et confondus avec la portion interne des lobes latéraux du thorax; lobe médian composé de huit ou neuf segments. On connaît le *P. arachnoïdes.*

PLEURODON. *Voy.* Mylodon.

PLEURODUS. *Agass.* Genre de poissons fossiles, de la famille des Cestraciontes, que l'on rencontre dans les schistes houillers.

PLEURONECTES. *Cuv.* Famille de poissons de l'ordre des Cténoïdes. Ses caractères principaux sont : Poissons comprimés à écailles rudes et sans symétrie sur les côtés du corps; crâne tondu; nageoires verticales formées de rayons mous; les ventrales subbrachiennes se confondant souvent; les pectorales inégales. Cette famille comprend le genre *Rhombus.*

PLEUROSAURE, *Pleurosaurus.* Nom imposé par M. Hermann von Meyer à un genre de reptiles fossiles, dont les vestiges incrustés ont été observés par lui dans les schistes de Solenhofen. Cet animal n'avait pas, à ce qu'il paraît, au delà de 32 centimètres de longueur, et ses restes offrent cette particularité remarquable que les côtes sont doubles et placées l'une à côté de l'autre, ou l'une sur l'autre, les plus longues de ces branches costales s'articulant seules avec les côtes vertébrales. La proportion des os de la jambe à ceux de la cuisse est comme 2 à 3; on voit aux membres pelviens les restes des phalanges de quatre doigts, et les téguments paraissent avoir été formés d'écailles minces et douces. Quelques géologues pensent que ce genre doit être rapporté au *Pœcilopleuron*.

PLEUROTOMAIRE, *Pleurotomaria*. Genre de mollusques fossiles établi par M. Defrance, et placé dans l'ordre des Gastéropodes pectinibranches. Il a beaucoup de ressemblance avec les cadrans et les turbos; mais il offre une fente profonde placée sur le bord droit de son ombilic. Sa coquille est conoïde ou subdiscoïde, quelquefois carénée et à spire peu convexe. On le rencontre dans les terrains secondaires, particulièrement dans l'oolithe ferrugineuse des environs de Caen et de Bayeux, et M. Eudes Deslongchamps a fait une étude spéciale des espèces de ce genre.

PLIOCÈNE. Dépôt qui fait partie des terrains tertiaires.

PLIOGÈNE. Dépôt qui appartient aux formations tertiaires.

PLIOSAURE, PLIOSAURUS. *Owen*. Genre de reptiles fossiles dont les débris se trouvent dans l'argile d'Oxford et de Kimmeridge. Il est caractérisé par des dents grandes, coniques, enchâssées dans des alvéoles, et dont la couronne offre des cannelures longitudinales ou obliques qui se terminent brusquement; et la surface articulée du corps des vertèbres, qui est plate dans les cervicales, est convexe dans les dorsales et les caudales. En général, la construction des membres est analogue à celle des Plésiosaures. On connaît les *P. brachydeirus* et *trocanterius*.

PLOENER-KALK. Nom allemand de la craie inférieure.

PLUSIAQUES. Nom que M. Al. Brongniart a donné à des dépôts qui font partie des terrains diluviens.

PLUTONIENS. La plupart des géologues appellent ainsi les terrains qui sont le produit des volcans.

POACITES, *Poacites*. Genre de plantes fossiles, de la classe des Phanérogames, mais dont la famille n'est pas encore déterminée.

PODOCEPHALUS. *Agass*. Genre de poissons fossiles, dont la famille n'est pas encore déterminée.

PODOCYS. *Agass*. Genre de poissons fossiles, de la famille des Percoïdes, caractérisé comme suit : Mâchoire inférieure saillante; nageoire dorsale formée, vers la nuque, de très-gros rayons; les ventrales offrant la particularité d'un rayon très-gros et suivi d'autres en grand nombre, qui sont mous et grêles. Ce genre provient des schistes de Glaris.

PODODUS. *Agass*. Genre de poissons fossiles, de la famille des Sauroïdes.

POECILIEN. Nom adopté par MM. d'Omalius d'Halloy et Al. Brongniart, pour désigner la formation qui comprend le grès bigarré.

POECILODUS. *Agass*. Genre de poissons fossiles, de la famille des Cestraciontes, que l'on rencontre dans le terrain houiller.

POECILOPLEURON. *Eudes Deslongchamps*. Genre de reptiles fossiles, voisin des Mégalosaures, dont les débris ont été recueillis dans le calcaire oolithique des carrières de la Maladrerie, près Caen. Il est caractérisé de la manière suivante : Vertèbres à face inférieure arquée; apophyses articulaires antérieures longues et pyramidales; apophyses épineuses des premières caudales arquées, rejetées en arrière et dépassant le niveau du corps des vertèbres; quelques côtes bifurquées à leur extrémité. On connaît le *P. Bucklandi*.

POIKILOPLEURON. *Voy*. POECILOPLEURON.

POISSONS FOSSILES. *Voy*. PALÉONTOLOGIE.

POLAMOTHERIUM. Groupe de carnassiers-mustéliens fossiles, indiqué par M. Geoffroy Saint-Hilaire.

POLDERS. On appelle ainsi, dans les Pays-Bas, les terrains d'atterrissements.

POLES. La terre possède, ainsi que les autres planètes, deux mouvements qui lui sont propres : le premier est un mouvement de translation qui l'emporte dans son orbite; le second, un mouvement de rotation sur elle-même. Comme ce dernier s'effectue constamment autour d'un même diamètre, on a supposé que la terre était traversée par un axe matériel, et on a donné le nom de *Pôles du monde* ou *Pôles du globe* aux deux points où cet axe rencontre la surface de la terre. Le Pôle qui se trouve du côté de la constellation de l'Ourse est appelé *Arctique*, parce que cette Ourse se nomme *Arctos* en grec, et l'autre Pôle se désigne sous le nom d'*Antarctique*, parce qu'il est opposé à celui de l'Ourse. On appelle aussi la partie du firmament qui se trouve du côté du Pôle arctique ou nord, *Hémisphère arctique, boréal* ou *septentrional*, et la partie opposée, *Hémisphère antarctique, austral* ou *méridional*.

Si l'axe de la terre était perpendiculaire au plan de son orbite, et qu'il restât parallèle à lui-même dans le mouvement de translation, il n'y aurait pas de variations produites par les diverses positions de la terre dans l'écliptique, le soleil éclairerait de la même manière tous les points de la surface du globe, et il n'y aurait pas de saisons. Mais comme l'axe des Pôles est incliné sur l'écliptique d'un angle de 23° 1/2, il en résulte que de l'un et de l'autre côté de l'équateur, jusqu'à la distance correspondante à cet angle, les points de la terre ne sont frappés que successivement et dans une direction perpendiculaire par les rayons du soleil; que les Pôles, au lieu d'avoir tous les deux à la fois le soleil à leur horizon, n'en jouissent que l'un après l'autre pendant six mois; et que, privés, durant l'autre partie de l'année, de la lumière et de la chaleur, c'est-à-dire ne voyant le soleil qu'à une faible hauteur au-dessus de leur horizon et ne recevant ses rayons que très-obliquement, ces mêmes Pôles se trouvent soumis à une température extrêmement basse qui exclut la végétation et la vie de leurs parages incessamment couverts de glaces.

Suivant Buffon, et dans l'hypothèse de l'incandescence primitive du globe terrestre, le refroidissement aurait commencé aux Pôles; c'est là que les eaux se seraient établies à leur origine, là par conséquent que la manifestation de la vie aurait eu lieu pour la première fois, afin de gagner de proche en proche les autres points de la terre, lorsqu'ils devenaient habitables. « Les eaux, dit-il, sont venues des Pôles, et elles ont gagné les parties de l'équateur successivement. Tant qu'a duré la chute des eaux et jusqu'à l'entière épuration de l'atmosphère, leur mouvement général a été dirigé des Pôles à l'équateur; et comme elles venaient en plus grande quantité du Pôle austral, elles ont formé de vastes mers dans cet hémisphère, lesquelles vont en se rétrécissant de plus en plus dans l'hémisphère boréal jusque sous le cercle polaire. »

La *Polarisation* du globe est la position géographique et astronomique des Pôles, et c'est par cette position que les autres points sont déterminés. Pour mieux se rendre compte de l'existence dans diverses formations, soit des contrées polaires, soit des régions tempérées, de débris fossiles d'animaux et de végétaux dont les analogues ne se rencontrent plus aujourd'hui que dans les zones les plus chaudes, on a posé ces deux questions : une *température uniforme* a-t-elle existé à une certaine époque? ou bien un *changement de polarisation* s'est-il accompli durant l'une des périodes anciennes? Aucune loi de l'ordre physique actuel ne pouvant appuyer ni l'une ni l'autre de ces hypothèses, le problème reste encore à résoudre. Ce qui demeure parfaitement acquis à l'observation, c'est que des houilles et des ossements fossiles d'Eléphants et de Rhinocéros ont été trouvés jusqu'au delà du 60e degré, et que des Fougères arborescentes et des Palmiers se montrent enfouis au sein du sol de la France. Quant à ce que les physiciens désignent par *Polarisation*, cela n'a aucun rapport avec celle du globe : c'est un état particulier de la lumière, lorsque, après avoir subi la double réfraction ou une simple réflexion sous certains angles d'incidence, ses propriétés changent à tel point, qu'elle ne peut plus être, par exemple, ni réfléchie, ni réfractée.

On nomme *Pôle magnétique* le point du globe vers lequel se dirige constamment, soit la pointe d'une aiguille aimantée tournant sur un pivot, comme dans la boussole, soit l'une des extrémités d'un aimant suspendu. La position de ce Pôle est variable, c'est-à-dire qu'elle dépend, ou de l'accumulation ou de la diminution des glaces au Pôle du globe, et aussi probablement du refroidissement ou de la consolidation intérieure de la terre. Il existe un Pôle magnétique vers chacun des deux Pôles du globe.

POLIERSCHIEFER et POLIERSTEIN. Noms allemands du schiste à polir.

POLYPHRACTUS. *Agass.* Genre de poissons fossiles, de la famille des Céphalaspides. Son caractère principal consiste en des plaques ornées de dessins résultant de lignes concentriques.

POLYPIERS. Formations calcaréo-pierreuses, cornées, membraneuses ou spongiaires, qui servent d'habitation aux Polypes ou les recouvrent. Dans le Grand Océan du Sud, particulièrement, les Polypes travaillent sans relâche à accumuler des masses calcaires, et ils sont si nombreux, leur activité est si prodigieuse, que, s'il faut en croire Cook, il aurait reconnu, à son troisième voyage dans cet océan, des bancs de Polypiers qui, d'après son affirmation, n'existaient pas lors de sa première exploration. La plupart des îles de la Polynésie sont dues à de pareilles formations, mais remontent, selon les apparences, à une époque antédiluvienne; le détroit de Torrès est hérissé de ces îles, et M. Jukes décrit comme suit l'une de celles qui forment le groupe du Capricorne : « La plage se compose de fragments informes de coraux et de coquilles qui ont perdu leur couleur et se sont blanchis à l'air. Au delà de cette plage s'élève une jetée naturelle, également de coraux et de coquilles, haute de près de 2 mètres et large de 9 à 10, qui fait le tour de l'île, dont le diamètre ne dépasse pas 600 mètres. La petite plaine sablonneuse enveloppée par cette jetée n'est couverte que d'une végétation rabougrie, et ses buissons les plus hauts n'atteignent pas un mètre, tandis que la jetée, au contraire, est partout garnie de petits arbres. En creusant le sable, on trouve un peu de terre, formée par la décomposition des matières végétales et par la fiente des oiseaux; et du côté de l'île le plus opposé aux vents s'étend un récif de corail de deux milles de diamètre qui entoure une lagune profonde où nagent des requins et des poissons. L'île est peuplée en outre d'une grande quantité d'oiseaux de mer, et les branches des arbres plient sous le poids de leurs nids. »

On trouve un nombre immense de ces corps à l'état fossile, et ils ont été l'objet de l'étude particulière de quelques naturalistes, parmi lesquels il faut surtout distinguer Lamouroux, Lamarck, de Blainville, Agassiz, etc. Il résulte toutefois, du remaniement des classes, des ordres, des genres et des espèces, une sorte de confusion, non-seulement dans la nomenclature, mais encore dans le rapprochement des individus.

Les terrains tertiaires n'offrent en général que des Polypiers épars, et ce n'est guère que dans la craie où l'on commence à en rencontrer qui forment des bancs ou des récifs, comme on le remarque dans le terrain crétacé inférieur du midi de la France, où l'on trouve aussi des bancs d'hippurites qui ont jusqu'à 60 centimètres d'épaisseur. Des bancs de Polypiers, d'une assez grande étendue, se montrent dans le terrain jurassique, la Pierre de Portland et le Coral-Rag d'Oxford, du Calvados, de la Meuse, etc.; il existe aussi de ces bancs dans l'oolithe inférieure de la France et de l'Angleterre; le calcaire de Montagne, dans le pays de Galles, en renferme; il en est de même du terrain silurien;

et, enfin, il s'en présente en Suède, aux Etats-Unis, sur les bords de la baie de Baffin, à Melville, etc.

Lamouroux et M. de Blainville ont donné chacun une classification des Polypiers : la première est la plus simple et conserve des partisans; mais la seconde, plus savante, paraît obtenir la préférence dans l'enseignement actuel.

Méthode de Lamouroux.

PREMIÈRE CLASSE.

Polypiers flexibles ou non entièrement pierreux.

Cellulifères. — 5 familles.

1. Celléporées. Polypiers membraneux calcaires, encroûtants et isolés; cellules sans communications entre elles et ne se touchant que par leur partie inférieure; ouverture des cellules au sommet latéral ou resserrée. Cette famille comprend les Tubulipores et les Cellépores.

2. Flustrées. Polypiers membraneux calcaires, encroûtants ou phytoïdes; cellules sériales, accolées et sans communications apparentes. Cette famille renferme les genres Bérémée, Elzérine, Electre, Flustre et Phéruse.

3. Cellariées. Polypiers phytoïdes et articulés; cellules communiquant entre elles par leur extrémité inférieure; ouverture par une seule face et ayant des appendices au côté externe du bord; point de tige distincte. Cette famille renferme les genres Acamarchis, Aétée, Cellaire, Cabérée, Crisie, Cauda, Eucratée, Latæc, Loricaire et Ménipée.

4. Sertulariées. Polypiers phytoïdes, simples ou rameux, fistuleux et remplis d'une substance gélatineuse à laquelle vient aboutir l'extrémité inférieure de chaque Polype. Cette famille renferme les genres Amathie, Aglaophanie, Cymodocée, Clytie, Dynamène, Idie, Laomédée, Némertésie, Pasythée, Salacie, Sertulaire et Thoée.

5. Tubulariées. Polypiers phytoïdes, tubuleux, simples ou rameux; jamais articulés et d'une substance cornée ou membraneuse; Polypes situés à l'extrémité des tiges, des rameaux ou de leurs divisions. Cette famille renferme les genres Corniculaire, Liagore, Naïsa, Néoméris, Tubulaire, Talesto et Tibiane.

Calcifères. — 2 familles.

1. Acétabulariées. Polypiers à tige simple, grêle, fistuleuse et terminée par une ombelle ou de petits corps polypeux. Cette famille renferme les genres Acétabulaire et Polyphyse.

2. Corallinées. Polypiers phytoïdes, formés de deux substances, dont l'intérieure est membraneuse et l'extérieure calcaire et parsemée de cellules polypifères à peine visibles. Cette famille renferme les genres Amphiroé, Coralline, Cymopolie, Galaxaura, Halimède Janie, Nésée et Udostée.

Corticifères. — 3 familles.

1. Spongiées. Polypes nuls ou invisibles; Polypier formé de fibres entre-croisées en tout sens, coriaces ou cornés et enduits d'une substance gélatineuse. Cette famille renferme les genres Eponge et Ephydatie.

2. Gorgoniées. Polypiers dendroïdes, inarticulés, plus ou moins cornés, consistants et pierreux, et revêtus d'une enveloppe gélatineuse, crétacée, plus ou moins tenace, qui contient les Polypes. Cette famille renferme les genres Anadiomène, Antipate, Corail, Eunicée, Gorgone, Muricée et Plexaure.

3. Isidées. Polypiers dendroïdes, formés d'une écorce analogue à celle des Gorgonées et d'un axe articulé à articulations alternativement calcaréo-pierreuses et cornées, quelquefois solides et spongieuses ou presque tubéreuses. Cette famille renferme les genres Isis, Mélitée et Mopsée.

DEUXIÈME CLASSE.

Polypiers pierreux, jamais flexibles.

Foraminés. — 2 familles.

1. Escharées. Polypiers lapidescents, polymorphes et à cellules petites, peu profondes, sériales ou confuses. Cette famille renferme les genres Adéone, Celléporaire, Discopore, Echare, Hornère, Krusensterne, Rétépore et Tilésie.

2. Milléporées. Polypiers pierreux, polymorphes, solides et à cellules petites, éparses et non lamelleuses. Cette famille renferme les genres Alvéolite, Distichopore, Eudée, Lunulite, Ovulite, Ocellaire, Mélabésie, Millépore, Orbulite, Rétéporite et Spiropore.

Lamellifères. — 4 familles.

1. Caryophyllacées. Polypiers à cellules étoilées et terminales. Cette famille renferme les genres Caryophyllie, Turbinolie, Cyclolythe et Fongie.

2. Méandrinées. Etoiles ou cellules latérales ou répandues à la surface, non circonscrites, comme ébauchées, imparfaites ou confluentes. Cette famille renferme les genres Pavoine, Agaricie, Méandrine et Monticulaire.

3. Astrées. Etoiles ou cellules circonscrites, placées à la surface du Polypier. Cette famille renferme les genres Echinopore, Explanaire et Astrée.

4. Madréporées. Etoiles ou cellules circonscrites, répandues sur toute la surface du Polypier. Cette famille renferme les genres Porite, Sériatopore, Pocillopore, Madrépore, Oculine, Styline et Sarcinule.

Tubulées. — 1 famille.

Tubiporées. Polypier composé de tubes parallèles et droits en général, cylindriques, quelquefois anguleux, et réunis dans toute leur longueur ou seulement par des cloisons externes et transversales. Cette famille renferme les genres Macrosélène, Caténipore, Favosite et Tubipore.

TROISIÈME CLASSE.

Polypiers sarcoïdes, plus ou moins irritables et sans axe central.

3 *familles.*

1. **Alcyonées.** Polypes connus; huit tentacules ponctués ou garnis de papilles. Cette famille renferme les genres Alcyon, Ammothée, Xénie, Anthélie, Polythoé, Alcyonelle et Halliroé.

2. **Polyclinées.** Polypes à une ou deux ouvertures formées par six divisions tentaculiformes. Cette famille renferme les genres Distome, Sigilline, Synoïque, Aplide, Didemne, Encelie et Botrylle.

3. **Actinaires.** Polypier composé de deux substances, l'une inférieure, membraneuse et ridée transversalement; l'autre supérieure, polypeuse, poreuse, cellulifère, lamelleuse ou tentaculifère. Cette famille comprend les genres Chénendophore, Hippaline, Lymnorée, Montlivaltie et Iérée.

Méthode de M. de Blainville.

Ire classe. — Zoanthaires.

Zoanthaires mous ou Actinéens.

Mous, contractiles dans tous les points, sans croûte ni partie intérieure solide.

Genres : Lucernaire, Moschate, Actinecte, Discosome, Actinodendre, Métridie, Thalasianthe, Actinérie, Actinolobe, Actinie, Actinocère.

Zoanthaires coriaces.

Corps plus ou moins rapproché, formant, par la dessication, un Polypier coriacé.

Genres : Zoanthe, mamillifère, Corticifère.

Zoanthaires pierreux ou Madrépores.

Genres : Cyclolithe, Montlivaltie, Fongie, Polyphyllie, Anthophylle, Turbinolie, Turbinolopse, Caryophyllie, Sarcinule, Columnaire, Styline, Caténipore, Syringopore, Dendrophyllie, Lobophyllie, Méandrine, Dictuophyllie, Agaricie, Tridacophyllie, Monticulaire, Pavonie, Astrée, Echinastrée, Oculine, Branchastrée, Dentipore, Astréopore, Sidéropore, Stylopore, Coscinopore, Gemmipore, Montipore, Madrépore, Palmipore, Héliopore, Alvéopore, Gonipore, Porite, Sériatopore, Pocillopore.

IIe classe. — Polypiaires.

Hydriformes, agglomérés et composant des Polypiers très-variables de nature et de formes.

Milleporés.

Genres : Favosite, Eunomie, Alvéolite, Apsendésie, Théonée, Pélagie, Térébellaire, Polystrême, Frondipore, Lichénopore, Orbiculite, Marginopore, Stromatopore, Tilésie, Spinopore, Chrysaore, Cériopore, Distichopore, Hétéropore, Pustulipore, Hornère, Idmonée, Cricopore.

Tubuliporés.

Genres : Microsoline, Coscinopore, Obélie, Tubulipore, Rubule.

Sous-classe.—Membraneux.

Operculifères.

Genres : Myriapore, Eschare, Diastopore, Ocellaire, Adéone, Mésentéripore, Rétépore, Verticillipore, Dactylopore, Conipore, Ovulite, Polytripe, Vaginopore, Larvaire, Palmulaire, Célépore, Bérénice, Discopore, Membranipore.

Cellariés.

Genres : Lunulite, Electre, Flustre, Elzérine, Phéruse, Vinculaire, Cellaire, Intricaire, Cauda, Cabérée, Tricellaire, Acamarchis, Bicellaire, Crisie, Gémicellaire, Unicellaire, Catanicelle, Ménipée, Alecto.

Sertulariés.

Genres : Anguinaire, Aulopore, Tisiane, Tubulaire, Coryne, Campanulaire, Laomédie, Sérialaire, Plumulaire, Idie, Sertulaire, Bisérialaire, Dynamène, Tulipaire, Salacie, Cymodocée, Antinulaire, Thoas, Eutalophore.

IIIe classe. — Polypes douteux.

Urcéiformes, pourvus de tentacules disposés en fer à cheval au-dessus de l'ouverture buccale.

Genres : Cristatelle, Plumatelle, Alcyonelle, Diffugie et Dédale.

IVe classe. — Polypes nus.

Elle comprend les Hydres.

Ve classe. — Zoophytaires.

Genres : Cuscutaire, Teleste, Corniculaire, Clavulaire, Tubipora.

Coraux.

Genres : Corail, Isis, Mélitée, Gorgone, Eumicée, Funiculine, Plexaure, Muricée Primnoa, Antipathe, Cirrhipathe.

Pennatulaires.

Genres : Ombellulaire, Virgulaire, Pavonaire, Pennatule, Véritille et Rénille.

Alcyonnaires.

Genres : Briarée, Lobulaire, Ammothée, Xénie, Anthélie, Alcyon, Cydonie, Pulmonelle, Massaire et Clione.

VIe classe. — Amorphozoaires.

Animaux informes et percés d'oscules.

Genres : Eponge, Calcéponge, Haléponge, Spongille, Géodie, Cœloptychie, Siphonie, Myrmécie, Scyphie, Eudée, Hippalime, Cnémimidie, Lymnorée, Chénerdophore, Tragos, Manou, Iérée, Téthie.

VIIe classe. — Pseudozoaires *ou* Calciphytes.

Genres : Cymopolie, Coralline, Janie, Flabellaire, Amphiroa, Pinceau, Galaxaure, Acétabule, Polyphyse, Udotée, Dichotomaire, Liagore et Néoméris.

VIIIe classe. — Nématophytes.

M. de Blainville comprend dans cette classe les Zoophytes, ou pour mieux dire ces êtres à part qui offrent en quelque sorte deux natures, qui ne sont ni animaux ni plantes, mais qui semblent participer des uns et des autres. Ils jouissent de la vie, et cependant ils ne présentent quelquefois que des masses calcaires qu'on croirait n'appartenir qu'à la matière inorganique. Ce sont ces êtres pour lesquels M. Bory de Saint-Vincent avait proposé de créer un nouveau règne, auquel il donnait le nom de Psicodiaires.

POLYPITES. Quelques naturalistes désignent ainsi les Polypiers fossiles.

POLYPTERUS. *Agass.* Genre de poissons

fossiles, de la famille des Sauroïdes. Ses caractères principaux sont : Rayons détachés, d'une forme particulière, qui tiennent lieu de nageoires dorsales ; large plaque branchiostégale au lieu de rayons droits ; valves mobiles ou évents qui s'ouvrent au-dessus de la cavité des branchies ; rayons de la nageoire caudale articulés à l'extrémité d'une double rangée d'osselets mobiles les uns sur les autres par leurs extrémités ; écailles rhomboïdales, à bord inférieur convexe et le supérieur concave.

POLYPTYCHODON. *Owen*. Genre de reptiles fossiles, de l'ordre des Sauriens, dont les restes ont été recueillis dans le grès vert de Maidstone. Ce genre est caractérisé principalement par des dents coniques, épaisses, arquées, et dont l'émail est couvert de nombreuses stries longitudinales.

POLYTHALAMES. Nom générique donné aux coquilles qui sont partagées, en tout ou en partie, par des loges décroissantes allant de la base au sommet, et fermées par un pareil nombre de cloisons plus ou moins complètes. Les Céphalopodes présentent beaucoup de ces coquilles, et telles sont par exemple les Nautiles, les Spirules, les Ammonites, etc.

POLYTRIPA. *Defrance*. Genre de polypiers fossiles que l'on rencontre dans les terrains tertiaires. C'est un corps crétacé, fistuleux, composé de cellules tubuleuses, courtes, serrées, et percé, aux extrémités, d'un orifice arrondi, et criblé, tant extérieurement qu'intérieurement, de pores arrondis, serrés et disposés en anneaux.

POMACANTHUS. *Voy.* HOLACANTHUS.

POMICE. Nom que les Italiens donnent à la Pumite.

PONCE. Roche fragile, légère, celluleuse, rude au toucher, composée de dyacolithe, et renfermant des cristaux de la même substance avec du mica. On lui a aussi donné le nom de *Pumite*. Tous les géologues, cependant, ne considèrent point cette substance comme une roche, et M. Beudant a dit à ce sujet : « La Ponce, dans l'état actuel de la science, ne peut pas même être regardée comme une espèce distincte : c'est un état celluleux et filamenteux, sous lequel plusieurs roches des terrains trachytiques et volcaniques sont susceptibles de se présenter. » On exploite d'immenses carrières souterraines de pierre Ponce au pied du Cotopaxi, au Mexique. Sur les collines de Guapulo et de Zumbalica, la Ponce se montre en blocs de couleur blanche ou bleuâtre, qui renferment du mica jaune et noir, des cristaux effilés d'amphibole et du feldspath vitreux.

PONTS. On donne ce nom, en géologie, à des formations calcaires, analogues aux stalactites et aux stalagmites, qui réunissent quelquefois deux parois éloignées l'une de l'autre, ou traversent de certains massifs. On en rencontre dans l'intérieur des grottes, et quelquefois à ciel ouvert, comme cela a lieu à la fontaine Saint-Allyre, à Clermont en Auvergne.

PORCELANITES. Quelques naturalistes appellent ainsi les espèces fossiles du genre Porcelaine ou *Cypræa*.

PORCELAN-JASPIS et PORCELLANIT. Noms allemands de la Porcellanite.

PORCELLANITE. Roche qui porte aussi les noms de *Jaspe-porcelaine* et de *Thermantide*, et que l'on rencontre particulièrement au sein des houilles qui ont été incendiées. Elle forme des couches dont la texture est schisto-compacte, la cassure conchoïde et la dureté plus grande que celle des schistes communs. Cette roche varie du rouge au jaune et même au gris ; elle est quelquefois rubanée et d'un éclat brillant.

POROSE-KALK. Nom allemand du calcaire marneux.

PORPHYRÆNLICHER-TRAPP. Nom allemand du Trapp porphyroïde.

PORPHYRÆHNLICHES-URTRAP-GISSTEN. Nom allemand de la Diorite porphyroïde.

PORPHYRE. Ce nom, qui signifie couleur de pourpre, a été donné par les anciens à une roche de teinte vineuse, parsemée de taches blanches, qu'ils tiraient généralement de la Haute-Egypte. Cette roche est composée d'une pâte de feldspath compacte, très-dure, qui enveloppe des cristaux de la même substance et contient fréquemment des grains de quartz, du mica et de l'amphibole, diversement mélangés. Le porphyre, qui est très-abondant dans la nature, s'y présente en masses non stratifiées, en filons, en amas et quelquefois même en couches. Quoique sa couleur soit communément d'un brun rouge, on en voit aussi de violâtre, de rosâtre et d'un gris verdâtre.

PORPHYRIQUE. Epithète par laquelle on désigne, dans une roche, les caractères qui la rapprochent du Porphyre.

PORPHYRITE. Quelques naturalistes désignent par ce nom une espèce de Porphyre argileux que les Allemands nomment *Thonporphyr*, et dont M. Al. Brongniart a fait une variété du *Mimophyre*.

PORPHYROIDE. Structure analogue à celle du Porphyre.

PORPHYRSCHIEFER. Nom allemand du schiste porphyrique.

PORSCHUSSIG. Mot allemand, qui désigne un minerai placé immédiatement sous la surface de la terre.

POSTDILUVIEN. Epithète qui désigne ce qui appartient aux époques postérieures au déluge mosaïque.

POTAMOPHYLLITES. Genre de plantes fossiles que l'on rencontre dans les terrains tertiaires.

POTERIOCRINITES. Genre d'Encrines fossiles établi par Miller et qui diffère des *Apocrinites* par une tige qui n'est pas élargie à sa partie supérieure et des pièces basilaires aux rayons qui sont moins serrés. On rencontre dans le calcaire houiller d'Angleterre les *P. crassus* et *tenuis*.

POUDINGUE. Roche composée de fragments divers, mais principalement de substances quartzeuses, et qui sont réunis par un ciment visible ou invisible, de nature quartzeuse ou argileuse non calcarifère. Cette roche, qui se rencontre en couches, en amas, en filons et en blocs dans les terrains neptuniens, offre des couleurs très-variées, et particulièrement les nuances blanchâtres, grisâtres, rougeâtres et brunâtres. On désigne par les noms de siliceux et de jaspiques, les poudingues qui sont composés, pour la plus grande partie, de silex ou de jaspe.

POUZZOLANE ou POUZZOLITE. Sorte de lave pyroxénique qui provient de la décomposition des scories, et qui s'offre sous l'aspect d'une matière pulvérulente, qui tantôt est d'une couleur rouge et tantôt d'un gris plus ou moins foncé. On en distingue deux espèces : l'une, que les anciens désignaient par le nom d'*Arena*, est magnétique, composée de silice, d'albumine, de chaux, de magnésie, de fer titané et d'eau; l'autre est de nature argileuse. La Pouzzolane a la propriété de former, avec la chaux et le sable commun, des mortiers qui durcissent avec promptitude dans l'eau, ce qui lui donne une assez grande importance dans l'industrie.

POZZOLANA. Nom italien de la Pouzzolane.

PRASAPHYRE. Nom que l'on donnait autrefois au porphyre vert ancien.

PRASEN, PRASENSTEIN et PRASER. Noms allemands du quartz hyalin vert obscur.

PRESQU'ILE. *Voy.* Péninsule.

PRIAPOLITHE. On appelait ainsi, autrefois, un polypier fossile qui forme aujourd'hui le genre *Alcyonium*. Le même nom est encore donné à des concrétions pierreuses que l'on rencontre dans certaines localités, comme dans les environs de Castres, département du Tarn.

PRISTACANTHUS. *Agass.* Genre de la famille des Ichthyodorulithes. Ses caractères sont : Rayon très-allongé et comprimé à un tel point que sa cavité intérieure a plutôt l'air d'une fissure que d'une cavité organique; bord antérieur tranchant et le postérieur mince avec des dents qui ressemblent à celles d'une scie; ces dents sont plates, triangulaires, verticales sur le bord postérieur du rayon et disposées sur une seule rangée.

PRISTIGENYS. *Agass.* Genre de poissons fossiles, de la famille des Percoïdes, qui est ainsi caractérisé : Nageoire dorsale ayant à sa partie antérieure de nombreuses et fortes épines, plus longues que les rayons mous et occupant plus d'espace; l'anale ayant des épines moins fortes; sous-orbitaires fortement dentelés. Ce genre a été recueilli au Monte-Bolca.

PRISTIPOMA. *Cuv.* Genre de poissons de la famille des Sciénoïdes. Voici quels sont ses caractères : Rayons épineux de la nageoire dorsale réunis aux rayons mous; sept rayons branchiostègues; museau très-bombé et bouche petite; opercule obtus. On trouve au Monte-Bolca le *P. Furcatum*.

PROMONTOIRE. *Voy.* Cap.

PROPTERUS. *Agass.* Genre de poissons fossiles, de la famille des Lépidoïdes. Il a pour caractères : Deux nageoires dorsales; rayons de la première plus longs que ceux de la seconde; charpente osseuse massive; vertèbres grosses et courtes; osselets intérapophysaires vigoureux; écailles rhomboïdales finement dentelées au bord postérieur; la nageoire anale située un peu en arrière de la seconde dorsale; les ventrales correspondant à l'extrémité de la première; la caudale grêle. Les espèces de ce genre se rencontrent dans le calcaire lithographique de Kehlheim.

PROTOGYNE. Roche d'une grande ténacité, analogue en partie au granite, mais dans laquelle le talc remplace le mica. Son nom lui vient de ce que plusieurs géologues, et particulièrement Jurine, la considéraient comme d'une origine plus ancienne que le granite; mais on a reconnu depuis qu'elle se montrait particulièrement dans les schistes talqueux, qui passent au micaschiste, c'est-à-dire dans une formation postérieure au granite. C'est le Protogyne qui, dans les Alpes, constitue le massif du Mont-Blanc et des montagnes qui l'environnent.

PROTOPYLHECUS. M. Lund a donné le nom de *P. Brasilensis* à un genre de quadrumanes fossiles, dont il a recueilli les débris dans les cavernes du Brésil.

PSALIODUS. *Egert.* Genre de poissons fossiles, de la famille des Chimérides, qui est caractérisé par l'absence complète de tubercules de trituration à la mâchoire, et par un bord dentaire ondulé, tranchant et mince. Ce genre se rencontre dans les terrains secondaires et tertiaires.

PSAMMITE. Roche de texture grésiforme, tenace ou friable, composée de grès et d'argile, qui se rencontre abondamment, en couches ou en amas, dans les terrains neptuniens, et particulièrement dans les formations houillères, ce qui lui fait aussi donner le nom de grès houiller. Cette roche est souvent micacée, carbonifère ou maclifère; et ses couleurs, soit unies, soit bigarrées, sont le blanchâtre, le grisâtre, le jaunâtre, le verdâtre, le rougeâtre, le brunâtre et le noirâtre.

PSAMMODUS. *Agass.* Genre de poissons fossiles, de la famille des Cestraciontes. Ses caractères principaux sont : Dents à surface lisse; couronne formée de petits tubes verticaux. Les P. ont constitué les genres *Helodus*, *Chomatodus* et *Choliodus*.

PSAMMOLEPIS. *Agass.* Genre de poissons fossiles, de la famille des Célacanthes, dont on connaît l'espèce *Paradoxus*, qui appartient au vieux grès rouge ou système dévonien.

PSAMMOSTEUS. *Agass.* Genre de poissons fossiles, de la famille des Célacanthes, qui est ainsi caractérisé : Plaques larges, bombées, lisses à l'intérieur, et ornées, à la surface externe, de granulations fines et serrées. On trouve ce genre dans le vieux grès rouge de Russie.

PSAROLITHES, *Spsarolithes.* Tiges de plantes fossiles qui ont quelque analogie avec les fougères.

PSARONIUS. *Bernhard Cotta.* Genre de plantes fossiles, dont on ne rencontre que les tiges, et qui a quelques rapports avec les Fougères et les Lycopodiacées.

PSEPHITE. Roche conglomérée, de couleur verdâtre ou rougeâtre, meuble ou friable, et composée d'une pâte schisteuse qui renferme des fragments de diverses substances. Cette roche forme des couches, des amas et des filons, et accompagne des poudingues dont elle a aussi la texture. Le Pséphite rougeâtre se rencontre dans la partie inférieure des terrains pénéens, et le verdâtre dans les terrains stratifiés inférieurs.

PSICODIAIRES. *Voy.* POLYPIERS.

PSILOMELANE. Variété de Manganèse.

PSITTACODON. *Agass.* Genre de poissons fossiles, de la famille des Chimérides. Ses caractères principaux sont renfermés dans la pointe allongée de l'extrémité antérieure de la mâchoire inférieure et dans la disposition des stries d'accroissement de la face inférieure. On rencontre ce genre dans le terrain oolithique.

PTERICHTHYS. *Agass.* Genre de poissons fossiles, de la famille des Céphalaspides, ainsi caractérisé : Corps petit, ayant une sorte de carapace de forme ovale ou pyriforme; tête plus ou moins ronde et qui s'élève comme un bouton sur le corps; nageoires pectorales en forme d'ailes; queue plus ou moins large, cylindrique, pointue et couverte d'écailles imbriquées. Ce genre se rencontre dans le terrain dévonien.

PTEROCHEIRUS. *Munster.* Genre de Crustacés fossiles, de la famille des Astaciens, que l'on rencontre dans les terrains jurassiques de Solenhofen et d'Eichstadt.

PTERODACTYLE. Ce fut vers la fin du siècle dernier que l'on découvrit les débris de cet animal à Eichstadt, vallée de l'Altmuhl, dans le comté de Pappenheim. Ils gisaient dans des schistes calcaires. Cette découverte causa beaucoup d'incertitudes et de longues controverses parmi les géologues; car les uns affirmaient que ces débris devaient appartenir à un oiseau, tandis que les autres ne voulaient y voir que les ossements d'un genre qui devait servir, plus intimement que la chauve-souris, d'intermédiaire entre les oiseaux et les mammifères; et les restes du squelette, au surplus, étaient peu propres à résoudre la question. L'animal devait avoir un long cou et un corps proportionnellement très-court, comme chez les oiseaux; plusieurs indices laissent en outre penser qu'il devait être pourvu d'ailes puissantes; et d'un autre côté, cependant, la forme de ses membres et de sa queue le rapproche des mammifères. Cuvier décida enfin qu'on devait le ranger dans la classe des Reptiles, et il lui imposa le nom qu'il porte. « Voilà donc, dit le savant anatomiste, un animal qui, dans son ostéologie, depuis les dents jusqu'au bout des ongles, offre tous les caractères classiques des Sauriens; on ne peut donc pas douter qu'il n'en ait eu aussi les caractères dans ses téguments et dans ses parties molles, qu'il n'en ait eu les écailles, la circulation, etc.; mais c'est en même temps un animal pourvu des moyens de voler, qui dans la station devait faire peu d'usage de ses extrémités antérieures, si même il ne les tenait toujours reployées comme les oiseaux tiennent leurs ailes; qui cependant pouvait encore se servir des plus courts de ses doigts de devant pour se suspendre aux branches des arbres, mais dont la position tranquille devait être ordinairement sur les pieds de derrière, encore comme celle des oiseaux; alors il devait aussi, comme eux, tenir son cou redressé et courbé en arrière, pour que son énorme tête ne rompît pas tout l'équilibre. »

PTERODON. *Blainville.* Genre de mammifères fossiles, voisin du Didelphe, dont les débris ont été trouvés dans les plâtrières des environs de Paris.

PTEROPHYLLUM. *Ad. Brongn.* Genre de plantes fossiles, de la famille des Cycadées, que l'on rencontre dans le terrain crétacé et les diverses couches du Lias. Il est ainsi caractérisé : Feuilles pinnées, à pinnules de largeur à peu près égale, s'insérant sur le pétiole par toute la largeur de leur base et tronquées au sommet; nervures fines, égales, simples, peu marquées et toutes parallèles. On connaît les *P. longifolium*, *Meriani*, *Jægeri*, *majus*, *minus* et *Williamsonis*.

PTERYGOCEPHALUS. *Agass.* Genre de poissons fossiles, de la famille des Cottoïdes. Ses caractères sont les suivants : Tête petite; nageoire caudale arrondie et peu fournie de rayons; la dorsale très-prolongée sur la tête avec des rayons antérieurs isolés; grandes ventrales reculées. Ce genre provient du Monte-Bolca.

PTYCHACANTHUS. *Agass.* Genre de la famille des Ichthyodorulithes. Il a pour caractères : Rayon de forme arquée, à flancs comprimés et garnis de plis très-fins et réguliers, avec une quille au bord antérieur. Ce genre vient du vieux grès rouge.

PTYCHOCEPHALUS. *Agass.* Genre de poissons fossiles, dont la famille n'est pas déterminée.

PTYCHOCERAS. Genre de mollusques fossiles créé par M. d'Orbigny, avec des individus de la famille des Ammonites. Ce genre est de la classe des Céphalopodes, de l'ordre des Tentaculifères, et ses caractères sont : Coquille multiloculaire, non spirale, représentant un tube rond ou comprimé, conique, se repliant sur lui-même de manière à ce que le dernier coude soit appliqué sur le premier et soudé avec lui sur toute sa longueur; bouche ronde ou ovale; cloisons symétriques, divisées régulièrement en six lobes légèrement inégaux, dont le lobe latéral supérieur est formé de parties paires et le latéral inférieur de parties impaires; six selles paires; lobe latéral supérieur plus court que le lobe dorsal, et le lobe inférieur plus court d'un tiers que le supérieur; siphon continu et toujours dorsal. Les principales de ce genre sont les *P. americanus* et *Puzosianus*, qui appartiennent au terrain crétacé.

PTYCHODUS. *Agassis.* Genre de poissons fossiles, de la famille des Cestraciontes. Ses caractères sont : Dents anguleuses, plus ou moins carrées; couronne plus large que la racine, qui est obtuse, tronquée, plus ou moins échancrée à son milieu, et sillonnée à son sommet par de gros plis saillants plus ou moins tranchants. Ce genre appartient à la formation crétacée.

PTYCHODUS. *Agass.* Genre de la famille des Ichthyodorulithes, dont voici les caractères : Rayon gros et offrant de larges lames, épaisses, intimement soudées entre elles; surface couverte de rayons longitudinaux; bord antérieur bosselé et les bosses formant, sur les côtés, de larges côtes arrondies et des dépressions transversales plus ou moins marquées. Ce genre se trouve dans la craie.

PTYCHOLEPIS. *Agass.* Genre de poissons fossiles, de la famille des Sauroïdes. Il a pour caractères : Écailles à sillons très-profonds, plus longues que hautes; tête courte; dents grosses, coniques et assez régulières; nageoire dorsale rapprochée de la tête; les pectorales arrondies; ce genre appartient au Lias.

PUDDINGSTONE. Mot anglais qui signifie Poudingue.

PUGMEODON. Genre de mammifères fossiles établi par M. Kaup sur des débris trouvés dans les sablières d'Eppelsheim, mais qu'il faut rapporter aux Métaxythères.

PUMITE. Nom que quelques géologues donnent au produit volcanique qui porte plus généralement celui de *Pierre Ponce.*

PURBECK LIMESTONE ou PURBECK BEDS. Nom que les Anglais donnent à un ensemble de couches calcaires qui alternent avec des couches de marnes plus ou moins schisteuses, renfermant un grand nombre de coquilles, du gypse et du sulfure de fer, et formant un dépôt d'une très-vaste étendue, à l'extrémité sud-est du comté de Dorset en Angleterre. Parmi les corps organisés qui, dans les couches inférieures, se trouvent à l'état siliceux, on remarque surtout le végétal appelé *Mantellia indiformis* et le mollusque qui se nomme *Paludina vivipara*. Le calcaire Purbeck appartient à l'étage inférieur du terrain crétacé.

PURPURSCHIEFER. Nom allemand du schiste pourpré.

PUTZEN. Les Allemands donnent ce nom à la montagne au sein de laquelle se trouve un grand nombre de cavités.

PYCNODONTES. *Agass.* Famille de poissons de l'ordre des Ganoïdes. Ses principaux caractères sont : Dents aplaties ou arrondies, sur plusieurs rangées; écailles plates, rhomboïdales et parallèles au corps qui en est tout couvert; squelette osseux et un corps plat et large. Cette famille renferme les genres *Placodus*, *Sphærodus*, *Pycnodus*, *Gyrodus* et *Microdon.*

PYCNODUS. *Agass.* Genre de poissons fossiles, de la famille des Pycnodontes, qui est ainsi caractérisé : Corps tronqué ou renflé à sa partie antérieure; la postérieure allongée; la nageoire caudale échancrée; dents plus ou moins allongées, bombées et à surface lisse. Les principales espèces de ce genre sont les *P. Bucklandi*, *angustus*, *Hugii*, *depressus*, *gigas*, *microdon*, *latior*, *platessus*, *umbonatus*, etc., que l'on rencontre dans les formations jurassiques supérieures.

PYGÆUS. *Agass.* Genre de poissons fossiles, de la famille des Chétodontes, dont voici les caractères : Rayons du dos ne formant, par leur liaison intime, qu'une seule nageoire continue, dont la partie antérieure épineuse s'avance très-près de la tête. Ce genre provient du Monte-Bolca.

PYGOPTERUS. *Agass.* Genre de poissons fossiles, de la famille des Sauroïdes. Ses caractères sont : Nageoires excessivement développées; la caudale inéquilobe; l'anale très-longue et garnissant le bord inférieur du corps sur une très-grande étendue; la dorsale opposée à l'espace entre les ventrales et l'anale; écailles petites, lisses et rhomboïdales; la mâchoire supérieure débordant l'inférieure. Les espèces de ce genre ont dominé dans les formations anciennes, et particulièrement à l'époque du zechstein et de la houille.

PYRITE. Substance qui résulte de la combinaison naturelle d'un sulfure et d'un métal quelconque. On distingue deux Pyrites ou sulfures de fer, l'un appelé *Persulfure* ou *Bisulfure*, l'autre *Protosulfure*. Le premier offre deux variétés, dont l'une, de couleur jaune, se présente en cristaux ou en rognons dans les dépôts de tous les âges et porte les noms de *Pyrite jaune*, *Pyrite d'or*, *Pyrite martiale*, *Fer sulfuré cubique* et *Fer sulfurique jaune*; l'autre, d'un blanc jaunâtre et plus rare, s'appelle *Pyrite blanche* et *Pyrite prismatique*. Quant au Protosulfure, il est moins abondant que la variété qui précède; il est magnétique, indécomposable avec le feu, et se comporte comme le persulfure de fer, lorsqu'il se trouve en contact avec l'oxygène et l'air atmosphérique, à une température élevée.

PYROIDES. Nom que l'on a donné aux terrains produits immédiatement par la voie ignée, comme les formations granitiques, porphyriques, volcaniques, etc.

PYROLUSITE. Roche composée de péroxyde de manganèse, de silice, d'eau et quelquefois d'un peu de baryte, et qui forme le minerai le plus commun de la manganèse. On la rencontre dans les terrains de cristallisation ou dans les matières sédimenteuses, où elle se montre en dépôts plus ou moins considérables.

PYROMERIDE. Roche de couleur brun rougeâtre et tachetée, qui est composée d'eurite et de quartz, et qui se présente en petits amas, en filons ou en blocs. On l'a recueillie particulièrement dans un terrain porphyrique qui se trouve à Girolata, près de Monte-Pertusato, en Corse. Cette roche est désignée communément sous le nom de *Porphyre orbiculaire.*

PYROMORPHITE. Roche composée d'acide phosphorique, de protoxyde et de chlorure de plomb. Elle tapisse ou remplit les fentes et les cavités des gîtes métallifères, principalement des mines de plomb.

PYROXÈNE. Roche d'un éclat vitreux, d'un vert foncé et composée de silicate de chaux, de magnésie et de fer. Elle est répandue avec abondance dans les terrains plutoniens, les terrains talqueux et ceux qui ont été soumis à l'action des agents ignés; elle forme les éléments d'un grand nombre de roches mélangées, et se montre fréquemment dans divers états de décomposition. Ses principales variétés sont l'*Erzolithe*, l'*Alalithe*, la *Sahlithe*, la *Fassaïte*, etc.

Q

QUADERSANDSTEIN. Nom que donnent les Allemands à une espèce de grès blanc ou grisâtre, dont les grains sont fins et agglutinés par un ciment argileux ou quartzeux presque invisible. Le mica, qui s'y trouve en petite quantité, est argentin et en paillettes isolées. Ce grès se montre sur les rives de l'Elbe, à Vic en Lorraine, dans le pays de Foix et dans les environs de Navarreins, département des Basses-Pyrénées, et se divise naturellement en pièces carrées.

QUADERSTEIN. Nom allemand de la pierre de taille.

QUADRUMANES. Ordre de la classe des mammifères, qui comprend les Singes, les Sapajous et les Lémuriens.

QUARTZ. Roche composée communément de silice, d'alumine, de magnésie, de fer oxydé et de manganèse oxydée, et dans laquelle se trouvent engagées un grand nombre d'autres substances, telles que le titane rouge, l'asbeste, l'amianthoïde, le fer oligiste, la pyrite de fer, l'épidote, la tourmaline, la chlorite, la baryte, l'or natif, etc. Ses couleurs comprennent principalement le blanc, le jaune, le gris, le bleu, le violet, le bleu verdâtre, le vert obscur, le noir, etc. Cette roche a aussi beaucoup de variétés, parmi lesquelles on distingue particulièrement le *Quartz hyalin incolore*, le *Quartz violet*, le *Quartz agate*, le *Quartz résinite*, le *Quartz jaspe*, etc. Le Quartz hyalin ne forme pas de montagnes à lui seul, mais il entre dans la composition de tant de roches, qu'il joue évidemment l'un des rôles les plus importants dans la composition de l'écorce du globe.

QUARTZ-DRUSE. Les Allemands appellent ainsi un groupe de quartz cristallisé.

QUARTZFELS. Non allemand du schiste micacé.

QUARTZ-GESTEIN. Nom allemand du quartzite.

QUARTZ-HORNFELS. Les Allemands nomment ainsi une roche pétrosiliceuse mêlée de quartz.

QUARTZICHT. Mot allemand qui désigne ce qui est de la nature du quartz.

QUARTZITE. Espèce de grès quartzeux, qui a été solidifié par la chaleur et que l'on rencontre au milieu des schistes où il se présente principalement en amas lenticulaires de plus ou moins d'étendue.

QUARTZ-PORPHYR. Les Allemands donnent ce nom au porphyre à base de quartz.

QUARTZ-SAND. Nom allemand du sable quartzeux.

QUARTZ-SANDSTEIN. Nom allemand du quartz arénacé agglutiné.

QUARTZ-SCHIEFER. Nom allemand du gneiss.

QUARTZ-SINTER. Nom allemand du quartz hyalin concrétionné.

QUERN-STONE. Nom que les Anglais donnent au sable et au grès ferrugineux.

QUERSCHICHT. Mot allemand qui signifie couche transversale.

QUIS ou KIES. Nom générique allemand des pyrites cuivreuses et ferrugineuses.

R

RACHÉOSAURE, *Racheosaurus*. Genre de crocodiles fossiles, dont les débris ont été recueillis par M. Hermann von Meyer, dans les schistes de Solenhofen. Il est ainsi caractérisé : Corps des vertèbres concave à sa surface articulaire postérieure; apophyses épineuses très-larges, surtout celles de la queue; celles des vertèbres caudales doubles ou accompagnées d'une arête ou apophyse subulée qu'on ne retrouve que chez les poissons; vertèbres caudales pourvues d'apophyses à chevrons, comme chez les crocodiles aujourd'hui vivants; côtes arrondies et paraissant exister aussi sur la région des lombes; celles des vertèbres réunies aux sternales en formant un angle en avant; os du bassin plus courts et plus larges que ceux des crocodiles; ceux de la jambe n'atteignant guère que le tiers de la longueur de ceux de la cuisse; doigts des pieds en nombre égal à ceux des crocodiles actuels; rudiment d'un cinquième doigt en dehors du tarse; enveloppe cutanée formée, selon les apparences, par des écailles minces et lisses. On suppose que le Rachéosaure avait environ 2 mètres de longueur.

RADIOLITE. *Voy.* SPHÉRULITE.

RAFLS. Nom qui a été donné aux masses énormes d'arbres flottants qui obstruent les grands fleuves de l'Amérique, et qui forment en certains lieux où elles se sont amoncelées, des espèces de ponts qui occupent toute la largeur du courant.

RAMPHOSUS. *Agass.* Genre de poissons fossiles, de la famille des Aulostomes. Ses caractères principaux sont : Grand rayon épineux, dentelé à son bord postérieur, s'élevant de la nuque et paraissant inséré sur une large plaque suroccipitale; nageoire dorsale molle, petite et opposée à l'anale; la caudale grande et coupée carrément; les ventrales insérées au-dessous des pectorales; museau saillant en forme de rostre; mâchoires placées immédiatement au-dessous de l'orbite. Ce genre vient du Monte-Bolca.

RAPARIDI. Nom que les Finlandais donnent à la syénite.

RAPHIOSAURE, Raphiosaurus. *Owen.* Genre de Sauriens fossiles, recueilli en Angleterre dans le terrain crétacé. Il est principalement caractérisé par des dents qui, au nombre de 32, sont fines, serrées et ankylosées par leur base à un bord alvéolaire externe. On connaît le *R. subulidens.*

RAPILLI ou RAPILLO. Nom donné aux cendres volcaniques lorsqu'elles ont la grosseur du gravier.

RASENEISEN. Nom allemand du fer limoneux.

RAUCH-GRANER-KALK. Nom allemand du calcaire gris de fumée.

RAUCHSTEIN. Nom allemand du calcaire marneux.

RAUWACKE ou RAUSCHWACKE. Variété de dolomie, dont la texture est caverneuse et la couleur noirâtre. Elle répand une odeur fétide lorsqu'on la casse.

RECEPTACULITES, Receptaculites. *Defrance.* Genre de Polypiers fossiles qui appartient au terrain de transition. Il est ainsi caractérisé : Corps de forme conique, à base large et présentant deux couches distinctes, dont la corticale se compose d'un réseau à mailles carrées ou rhomboïdales pourvu d'un trou profond à l'angle de chaque maille.

RED-CONGLOMERATE. Nom anglais du conglomérat rouge,

RED-MARL. Nom que les Anglais donnent au grès bigarré.

REDRESSEMENT. *Voy.* Soulèvements.

RENULITE. Lamarck a ainsi nommé un genre de mollusques fossiles que l'on trouve dans le terrain tertiaire de Grignon, et qui a de la ressemblance avec un opercule de gastéropode.

RESINITE. Variété de quartz.

RETINITE. Roche dure et fragile, composée d'albite résinoïde, et renfermant des cristaux d'albite ou d'orthose, avec du mica.

REVOLUTIONS DU GLOBE. On a appliqué cette dénomination à tous les changements que la terre a subis depuis son état gazeux jusqu'à l'entier refroidissement qui l'a amenée à un état à peu près analogue à celui dont nous sommes témoins aujourd'hui. *Voy.* Cosmogonie, Déluge, Epoques Géologiques et Volcans.

RHACOLEPIS. *Agass.* Genre de poissons fossiles, de la famille des Percoïdes.

RHAMPHOGNATHUS. *Agass.* Genre de poissons fossiles, de la famille des Sphyrénoïdes. Ses caractères principaux sont : Corps allongé, mâchoires très-effilées et la supérieure débordant l'inférieure; nageoires ventrales abdominales. Ce genre se rencontre au Monte-Bolca.

RHINELLUS. *Agass.* Genre de poissons fossiles, de la famille des Sclérodermes. Il est ainsi caractérisé : Corps allongé et museau effilé; squelette grêle; nageoires développées; deux dorsales distantes, l'une près de la tête, l'autre près de la caudale; nageoire caudale grande et fourchue; enveloppe tégumentaire garnie de trois séries de plaques ou écussons. Ce genre appartient à l'étage inférieur de la craie.

RHINOCEPHALUS. *Agass.* Genre de poissons fossiles, dont la famille n'est pas déterminée.

RHINOCÉROS. L'espèce fossile le plus anciennement connue offre une particularité qui n'existe pas dans les espèces actuelles, c'est qu'elle est pourvue, dans les narines, d'une cloison osseuse servant de soutien à la voûte qui supporte la corne volumineuse de l'animal. Après cette espèce, il en existe deux autres de dimensions plus petites. Pallas rapporte qu'en 1771 on trouva sur les bords du Wilagi un Rhinocéros qui avait conservé sa peau comme l'Eléphant de la Léna. Cet animal, désigné par le nom de *Rhinocéros poilu*, n'a encore été trouvé qu'en Sibérie. Le Val-d'Arno, en Italie, fournit seul autant d'ossements de Rhinocéros que tout le reste de l'Europe ensemble.

RHIZODUS. *Owen.* Voy. Holoptychius.

RHIZOLITHES. Nom que donnaient les anciens naturalistes à des incrustations calcaires ou ferrugineuses qui se forment quelquefois sur certaines racines.

RHODEUS. *Agass.* Genre de poissons fossiles, de la famille des Cyprinoïdes. Voici quels sont ses caractères : Corps trapu, comprimé et couvert de grandes écailles minces; point de barbillons; dents pharyngiennes en biseau; dorsale opposée à l'anale; la caudale fourchue. Ce genre se trouve dans les schistes d'OEningen.

RHODOCRINITES, *Rhodocrinites.* Genre d'Encrines fossiles établi par Miller, et caractérisé comme suit : Corps formant une colonne cylindroïde ou subpentagone, composé de nombreuses articulations percées dans leur centre d'une ouverture à cinq sinuosités pétaloïdes; bassin formé de trois pièces qui supportent cinq plaques costales; un bras à chaque épaule servant d'appui à deux mains. On recueille à Dubley et dans quelques autres localités de l'Angleterre, le *R. verus.*

RHODONITE. Roche composée de silice, d'oxide de manganèse, d'alumine, d'acide carbonique et d'eau, et qui se présente en masses de texture compacte, granulaires ou lamellaires, dans les monts Ourals, en Hongrie, en Transylvanie, en Suède, etc., et en

France, dans les environs de Mâcon et à la Romanèche.

RHOMBUS. *Cuv.* Genre de poissons de la famille des Pleuronectes. Il a pour caractères : Corps large ; nageoire dorsale se prolongeant, ainsi que l'anale, jusque près de la caudale. On trouve au Monte-Bolca le *R. minimus*.

RHYNCHORHINUS. *Agass.* Genre de poissons fossiles dont la famille n'est pas déterminée.

RHYNCOLITHES. Nom donné à des pointes d'Oursins pétrifiées et à d'autres corps fossiles qui sont en forme de bec recourbé et que l'on rapporte à des Sèches antédiluviennes.

RHYTIDOLEPIS. *Sternb.* Voy. SIGILLARIA.

RIVIERE. *Voy.* EAU.

ROCHES. Substances diverses qui composent la partie solide de notre globe, et dont la formation a eu lieu à différentes époques. L'oxygène et le silicium sont les corps simples les plus répandus dans l'écorce terrestre ; et le premier y est même tellement abondant, qu'il s'unit avec presque toutes les autres substances. Après l'oxygène et le silicium, les corps élémentaires qui dominent sont l'aluminium, le potassium, le sodium, le magnésium, le calcium, le carbone, le soufre, le chlore, le fluor, le phosphore, le fer, le manganèse, etc.

Parmi les minéraux répandus dans les différentes formations, le quartz, le calcaire, le mica et le talc sont les plus abondants ; et, selon des calculs de M. Cordier, le quartz constitue les $\frac{45}{100}$ de l'écorce du globe, le calcaire les $\frac{25}{100}$, et le mica les $\frac{5}{100}$. Les autres minéraux ne s'y montrent donc que pour $\frac{15}{100}$.

Les minéraux, seuls ou associés, constituent les roches. Ceux qui ne les constituent pas sont des minéraux accidentels qui se trouvent simplement engagés dans des roches, et forment alors des amas, des filons, des veines, des rognons, des noyaux, des géodes, des grains, des cailloux, des paillettes, etc.

La texture d'une roche est cristalline, feuilletée, massive, conglomérée, lamellaire, fibreuse, radiée, granitoïde, porphyroïde, amygdaloïde, schistoïde, saccharoïde, globuleuse, compacte, grenue, scoriacée, celluleuse, bulbeuse, grésiforme, poudingiforme, bréchiforme, oolithique, fragmentaire, terreuse, arénacée, graveleuse, caillouteuse, écailleuse, raboteuse, conchoïde, lisse, etc. La structure d'une roche est son arrangement avec d'autres roches, ou l'ordre qu'elle occupe dans un terrain, d'où l'on distingue alors des structures régulières, pseudo-régulières et irrégulières.

Les roches se montrent principalement en *Couches* et en *Typhons*. Elles forment des couches lorsque leurs masses sont assises les unes sur les autres, ou placées les unes à côté des autres. Le mot couche se remplace par celui de *Strate*, et l'on dit qu'une couche est subordonnée à une autre couche, lorsqu'elle y est intercalée. Le mot *Banc* est aussi employé comme synonyme de celui de couche, mais on le réserve plus particulièrement à de certaines couches intercalées dans un système d'autres couches, et on le donne surtout à des couches cohérentes, tandis qu'on applique la dénomination de *Lits* pour désigner des couches meubles.

Les *Typhons* sont de grandes masses non stratifiées, comme les granites et les porphyres. Les *Coulées* sont des masses superficielles qui ont l'apparence de torrents solidifiés. Les *Nappes* sont des roches qui forment l'assise supérieure d'un groupe et ont une étendue peu considérable. Les *Dykes* sont composés d'une masse pierreuse uniforme qui surgit comme un mur au milieu d'une masse de roche de nature différente ; leur profondeur est inconnue et leur épaisseur augmente à mesure qu'on s'enfonce. Les *Culots* sont des dykes qui ont la forme d'un cône et sont quelquefois ensevelis au sein des roches. Enfin, les roches affectent aussi les formes de Pyramides, de Prismes, de Gradins, d'Escaliers, de Dalles, de Chaussées, de Colonnades, de Boules, de Bombes, de Blocs, etc.

On distingue les roches en roches de formation aqueuse, de formation ignée et de formation aqueuse et ignée. Celles qui proviennent de la voie ignée se présentent en laves, en scories, en cônes, en nappes, en filons, etc. ; et les minéraux qui dominent dans ces roches sont l'Orthose, l'Albite, le Labradorite, le Rhyacolite, le Quartz, le Mica, le Talc, la Trémolite, l'Actinote, le Dioplite, l'Hedenbergite, la Diallage, la Serpentine, le Bronzite, la Smaragdite, la Fluorine, etc.

Les roches ont été l'objet d'une étude spéciale, d'abord pour Arduino, Ferber, de Hacquet, Fichtel, Werner, Hardinger, Voigt, Faujas de Saint-Fond, Saussure, Dolomieu, Haüy, Freyberg, Pinkerton, etc. ; puis, en 1813, M. Alexandre Brongniart donna la première classification réellement méthodique des roches, laquelle classification fut ensuite perfectionnée par MM. Jameson, de Buch, Brochant de Villiers et Cordier. Après eux viennent MM. d'Omalius d'Halloy, Walchner, Beudant, Scrope, Burat, de Léonhart, Elie de Beaumont, Rozet, etc.

Chacune de ces classifications mérite l'attention, puisque toutes sont le fruit des études d'hommes qui se sont fait un nom plus ou moins recommandable dans la science ; et l'on peut d'autant moins assigner à l'une d'elles une supériorité incontestable sur les autres, que la classification des roches est une des choses qui autorisent le plus l'arbitraire. La méthode employée, en effet, est toujours bonne, lorsqu'elle atteint avec exactitude le résultat cherché, celui de bien séparer les substances et d'établir rationnellement les relations qui existent entre elles. Nous ne nous prononcerons donc pas ici sur le choix, et nous nous bornerons à reproduire simplement quelques-unes des classifications dont les géologues font usage. Nous commencerons par une sorte de tableau indiquant les classes, les familles, les genres, sous-genres et variétés des roches et des minéraux, d'après la méthode adoptée par M. BEUDANT.

Ire CLASSE. — GAZOLITES.

FAMILLE DES SILICIDES.

Genre Silice.

Quartz, Opale.

Genre Silicate.

SILICATES ALUMINEUX : Staurotide, Disthène, *Pinite de Saxe*, Sillimanite, *Kaolin*, *Bucholzite*, *Fibrolite*, Euclase, Emeraude, *Lellite*, Collyrite, *Lenzinite opaline*, Pholerite, Triklasite, *Terre de Hampshire*, *Bol de Sinopis*, *Severite*, *Cymolite*, *Terre de Riegate*, Allophane, *Allophane de Firmi*, Halloysite, *Lithomarge de Roschlitz*, *Lenzinite argileuse*, *Savon de montagne*, *Argiles diverses*, Gehlénite, Grenat, Grossulaire, Grenat almandine, Grenat spessartine, Mélanite, *Nacrite*, *Glaukolite*, *Isopyre*, Scolexerose, Scolezite, *Mésolite de Pargas*, *Mésolite de Hanenstien*, *Mésode*, Mésotype, Pechnite, Cérine, *Allanite*, *Orthite*, *Pyrorthite*, *Serpentine d'Aker*, Idocrase, *Chlorite schisteuse*, *Chlorite écailleuse*, *Chlorite*, *Terre verte de Glaris*, *Fossile terreux d'Andreasberg*, *Smaragdite*, Epidote zoïsite, Epidote thallite, *Miconite*, *Thullite*, *Davyne*, *Gieseckite*, *Couzéranite*, Wernerite, Népheline, *Ittnérite*, *Eckebergite*, Cordierite, *Pélion*, Thomsonite, Carpholite, *Latrobite*, *Hisingerite*, *Sideroschisolite*, *Terre verte de Timor*, *Terre verte du calcaire grossier*, *Terre verte de la craie*, *Bombite*, *Weillite*, Pinite, Triphane, Spodumine, Chabasie, *Zéolite d'Edelfors*, *Mésoline*, *Levyne*, *Labradorite*, *Gabronite*, Amphigène, *Meionite d'Arfwedson*, Anacime, Laumonite, Hydrolite, Harmotome, *Gismondine*, *Dipyre*, *Killinite*, *Autophyllite*, *Néphrite*, *Terre verte de Lossosna*, Orthose, Albite, *Feldspath du Carnate*, *Pétrosilex*, *Lave vitreuse du Cantal*, *Obsidienne*, *Marécanite*, *Rétinite*, *Perlite*, *Sphérolite*, *Ponce*, Pétalite, Stilbite, Epistilbite, Hypostilbite, Heulandite, Brewsterite, *Zéolite de Fahlun*, *Substance rose de Confolens*, *Murkisonite*, *Minéral de Finland*, Adinole. — Silicio-aluminates : Chamoisite, Berthiérine, Cymophane, Saphirine, *Zéolite de Borkult*, *Pagodite*, *Margarite*. — Silicates phtorifères : Les Micas et les Patalliques. — Silicates phosphorifères : Sordawalite. — Silicates sulfurifères : *Outremer*, *Haüyne*, *Spinellane*, Helvine. SILICATES NON ALUMINEUX : Zircon, Eudialite, Thorite, Gadolinite, Cérérite. — Silicates ferrugineux : Ilvaïte, *Terre verte de l'île d'Elbe*, *Knébélite*, *Crondstedtite*, *Chloropale*, *Terre verte de Paris*, Nontronite, Achmite, *Thraulite*. — Silicates manganésiens : Rhodonite, *Rhodonite hydraté*, *Manganèse rose de Kapnik*, *Kieselmangau*, *Pholisite*, *Allagite*, *Manganèse de Pesillo*, Opsinose, Marceline. — Willelmine, Calamine, Chrysocolle, *Dioptase*, Silicate cuivreux de Dillenburg. — Péridot, Marmolite, *Pierre ollaire de Chiavenna*, Serpentine, Pikrolite, Diallage de la Spezia, *Diallage de Baste*, *Diallage métalloïde*, *Anthophillite*, *Bronzite*, *Bronzite de Styrie*, *Asbeste cristallisée de Pitkaranda*, Talc, *Pyrallolite*, Stéatite, *Stéatite cristallisée*, *Picrosmine*, Magnésite, *Quincyte*, *Klebschiefer*. — Edelforse, Wollastonite. — Pyroxènes : Diopside, *Baïkalite de Lowitz*, Hédenbergite, Pyrodmalite, *Bustamite*, Hyperstène. — Amphiboles : Trémolite, Actinote, *Humboldtilite*. — *Pectolite*, Apophyllite, Oxavérite.

FAMILLE DES BORIDES.

Sassoline.

Genre Borate.

Borax, Boracite, *Borate de chaux*, *Borate de fer*.

Genre Borosilicate.

Datholite, Botryolite, *Humboldtite*.

FAMILLE DES CARBONIDES.

Genre Carbone.

Diamant, *Graphite*, *Anthracite*, *Houille*, *Stipite*, *Lignite*, *Bois altérés*, *Terre de Cologne*, *Tourbe*, *Terreau*.

Genre Carbure.

Grizon, Naphte, *Scheizerite*, *Hattchetine*, *Elatérite*, *Dusodyle*, *Malthe*, *Asphalte*, *Rétinasphalte*, *Résine de Highgate*, *Succin*.

Genre Mellate.

Mellite.

Genre Urate.

Guano.

Genre Carbonite.

Humboldtite.

Genre Carbonoxide

Acide carbonique.

Genre Carbonate.

Natron, Urao, Gaylussite, Calcaire, Aragonite, Dolomie, Giobertite, Nématite, Sidérose, Diallogite, Carbocerine, Smithsonite, Zinconèse, Withérite, Barytocalcite, Strontianite, *Stromnite*, Céruse, Leadhillite, Lanarkite, Caledonite, Mysorine, Malachite, Azurite, Carbonate d'argent, Carbonate de bismuth.

FAMILLE DES HYDROGÉNIDES.

Hydrogène, Eau, Hydrates divers.

FAMILLE DES NITRIDES.

Azote.

Genre Nitrate.

Salpêtres sodique, calcique et magnésique.

FAMILLE DES SULFURIDES.

Soufre.

Genre Sulfure.

S. Hydrogénique, Argyrose, Galène, Blende, *Marmatite*, Cinabre, Alabandine, Harkise. — Sulfures de fer : Pyrite, Sperkise, Leberkise. — Molybdinite, Chalkosine, Covelline, Stromeyrine, Philippsite, Chalkopyrite, Stannine, Koboldine. — Sulfures de bismuth : Bismuthine, *Bismuth sulfuré plumbago argentifère*, *Bismuth sulfuré cuprifère*, *Bismuth sulfuré plumbo cuprifère*. — Stibine, *Bleischimmer*, Zinkenite, *Federerz de Wolfsberg*, Jamesonite, *Weissgultigerz*, Haïdingenite, Margyrite, Argyrytherose, Psaturose, Bournonite de Pfaffenberg.

Spiesglandzbleierz, *Plomb sulfuré antimonifère d'Alsace*, *Bourbonite de Neudorf*, *Bourbonite de Nauslo*, *Bleifahlerz du Harz*, Polybasite, Panabase. — Realgar, Orpiment, Proustite. — Sulfo-antimoniure : Antimonikel. — Sulfo-Arséniures : Disomose, Cobaltine, Mispikel, Tennautite, *Cuivre gris arsénifère*, *Argent arsénié*. — Sulfure sélénique.

Genre Sulfoxide.

Acides sulfureux et sulfurique.

Genre Sulfate.

Anglesite, *S. de plomb cuivreux*, Barytine, Célestine, *Célestine de Norton*, *Célestine de Mœn*, Karsténite, Gypse, Glaubérite, *Polyhalite gris de Vic*, *Polyhalite de Ischel*, Thenardite, Exanthalose, Bladite, Aphthalose, Mascagnine, Epsonite, Gallizinite, Rhodhalose, Mélantérie, Néophase, Pittizite, Cyanose, Brochantite, Kœnigite, Uraneux, Uranocuprique, Alunogène, *Alun de plume d'Hurlet*, *Beurre de Montagne*, *S. de Schemnitz*, Webstérite, *Substance de Bernon*, Alunite, Alun, Ammonalun, Alun à base de soude.

FAMILLE DES CHLORIDES.

Genre Chlorure.

C. hydrique, Calomel, Kerargyre, Kerasine, Atakamite, Salmare, Sylvine, C. de calcium, C. de Magnésium, Salmiac.

FAMILLE DES IODIDES.

Iodures de sodium, de magnésium, de zinc, de mercure et d'argent.

FAMILLE DES BROMIDES.

Bromures de sodium, de magnésium et de zinc.

FAMILLE DES PHTORIDES.

Genre Phtorure.

Fluorine, Flucerine, Basicerine, Pht. de Bastuaes, Yttrocérite, Cryolite.

Genre Phtoro-Silicate.

Topaze, Pinnite, Condrodite.

FAMILLE DES SÉLÉNIDES.

Genre Séléniure.

Clausthalie, *S. de plomb et cobalt*, *S. de plomb et mercure*, *S. de plomb et cuivre*, Berzeline, Euchaïrite, *S. d'argent*, *S. de Zinc.*

FAMILLE DES TÉLURIDES.

Genre Tellure.

Bornine, Elasmose, Mullérine, Sylvane, *T. de Sawodinski.*

FAMILLE DES PHOSPHORIDES.

Genre Phosphate.

Apatite, Pyromorphite, Wagnérite, Xénotime, Triplite, Hureaulite, Hétérosite. — Phosphates de fer d'Hillentrup, de Bodenmais, d'Anglar, d'Alleyras, et New-Jersey, de Sayn, d'Eckartsberg, de Cornwal. — Phosphate de cuivre, Aphérèse, Ypoleime, Uranite, Chalkolite, Wawellite, Klaprothine, *Turquoise*, *Kakoxine*, *Childrenite*, *Ph. de Bourbon*, Ambligonite.

FAMILLE DES ARSÉNIDES.

Genre Arséniure.

Arséniures d'argent, d'antimoine, de bismuth ; Smattine, Nickeline, A. de cuivre.

Genre Arsénoxide.

Acide arsénieux.

Genre Arséniate.

Pharmacolite, Roselite, Haïdingerite, Arsenicite, mimetèse, *Bleinière*, Erythrine, Nickelocre, Erinite, Euchroïte, Liroconite, Olivenite, Wood-Copper, Aphanèse, Wood-Copper hydraté, Scorodite, Pharmacosidérite, Néoctèse, Sidéritine.

Genre Arsénite.

Rhodoïse, Néoplase, Condurite.

IIe CLASSE. — LEUCOLYTES.

FAMILLE DES ANTIMONIDES.

Antimoine.

Genre Antimoniure.

Discraze.

Genre Antimoxide.

Exitile, Stibiconise.

Genre Hyvantimonite.

Kermès.

FAMILLE DES STANNIDES.

Cassitérite.

FAMILLE DES BISMUTHIDES.

Bismuth, Oxyde de bismuth.

FAMILLE DES HYDRARGYRIDES.

Mercure, Amalgame.

FAMILLE DES ARGYRIDES.

Argent.

FAMILLE DES PLUMBIDES.

Plomb, Massicot, Minium.

FAMILLE DES ALUMINIDES.

Genre Alumine.

Corindon, Gibsite, Diaspore.

Genre Aluminate.

Spinelle, Gahnite, Pléonaste, Plombyonne.

FAMILLE DES MAGNÉSIDES.

Bruncite.

IIIe CLASSE. — CHROICOLYTES.

FAMILLE DES TITANIDES.

Genre Titanoxyde.

Rutile, Brookite, Anatase.

Genre Titanate.

Nigrine, Chrichtonite, Polycnignite, *OEchynite*, *Ilménite*, Pyrochlore.

Genre Silico-Titanate.

Sphène.

FAMILLE DES TANTALIDES.

Genre Tantanate.

Columbite, Baïerine, Yttrotantale.

Genre Tantalite.

Tantalite brun-cannelle.

FAMILLE DES TUNGSTIDES.

Acide tungstique.

Genre Tungstate.

Wolfram, Scheelite, Scheelitine.

FAMILLE DES MOLYBDIDES.

Acide molybdique.

Genre Molybdate.

Mélinose, M. de Pamphona.

FAMILLE DES CHROMIDES.

Acide chromique.

Genre Chromite.

Eisenchrome.

Genre Chromate.

Crocoïse, Vauquelinite.

FAMILLE DES URANIDES.

Péchurane, Uraconise.

FAMILLE DES MANGANIDES.

Genre Manganoxide.

Pyroclusite, Braunite, Acerdèse.

Genre Manganite.

Hausmanite, Psilomélane, oxyde rouge de zinc.

FAMILLE DES SIDÉRIDES.

Fer, Pierres météoriques.

Genre Sidéroxide.

Oligiste, Limonite, Gœthite.

Genre Ferrate.

Aimant, Franklinite, Beudantine.

FAMILLE DES COBALTIDES.

Péroxyde de cobalt, Oxyde de cobalt manganésifère.

FAMILLE DES CUPRIDES.

Cuivre, Zéguéline, Mélaconise.

FAMILLE DES ORIDES.

Or, Orure.

FAMILLE DES PLATINIDES.

Platine.

FAMILLE DES PALLADIIDES.

Palladium.

FAMILLE DES OSMIIDES.

Iridosmine.

Classification des roches, par M. ALEXANDRE BRONGNIART.

PREMIÈRE CLASSE. — ROCHES HOMOGÈNES.

Premier ordre.—Roches phanérogènes.

I. *Métaux autopsides. Zinc :* Calamine. *Cuivre :* Cuivre pyriteux. *Manganèse :* Manganèse terne. *Fer :* Pyrite ; Fer oxydulé, Oligiste compacte, Oligiste sanguin, Hydroxydé compacte, Hydroxydé pisolithique, Hydroxydé oolithique, Hydroxydé limoneux et Carboné spathique.—II. *Métaux hétéropsides simples. Silice :* Quartzite ; grès lustré, blanc, rougeâtre, bigarré ; Silex meulière et corné ; jaspe. — III. *Métaux hétéropsides combinés. Muriates :* Sel marin rupestre. *Fluates :* Fluorite compacte. *Phosphates :* Phosphorite compacte. *Sulfates :* Gypse saccharoïde, fibreux, grossier ; Karsténite ; Célestine fibreuse ; Barytine lamellaire et compacte ; Alunite. *Carbonates :* Giobertite ; Dolomie granulaire, compacte ; Calcaire lamellaire, saccharoïde, travertin, marbre, compacte, oolithe, craie, grossier, marneux, siliceux, calp, luculite, bitumineux et brunissant. *Silicates :* Collyrite ; Serpentine, Magnésite, écume de mer, plastique, schistoïde ; Stéatite ; Talc laminaire, fibreux et endurci ; Chlorite baldogée et schistoïde ; Amphibole hornblende ; Pyroxène lherzolithe ; Feldspath.

Deuxième ordre. — Roches adélogènes.

I. *Roches combustibles.* Houille schistoïde, compacte ; Anthracite schistoïde, compacte, piciforme ; Lignite. — II. *Roches terreuses tendres.* Kaolin, Argile cimolithe, plastique, smectique, schisteuse ; Marne calcaire, argileuse, sableuse ; Ocre rouge, jaune, brune ; Schiste luisant, ardoise, coticule, argileux, bitumineux, marneux ; Ampélite alumineuse, graphique ; Vake ; Aphanite commun, lydien ; Argilolite. — III. *Roches terreuses dures.* Trapp ; Basalte ; Phtanite ; Pétrosilex agatoïde, jaspoïde, fissile ; Rétinite ; Ponce ; Thermantide ; Tripoli.

DEUXIÈME CLASSE. — ROCHES HÉTÉROGÈNES.

Premier ordre. — Roches de cristallisation.

Feldspathiques : Granite, Protogyne, Syénite, Pegmatite, Leptinite, Eurite. *Diallagiques :* Euphotide, Eclogite. *Amphiboliques :* Amphibolite, Hémithrène, Diorite. *Quartzeuses :* Pyroméride, Sidérocriste, Hyalomicte. *Micaciques :* Micaschiste, Gneiss. *Schisteuses :* Phyllade, Calschiste. *Talqueuses :* Stéaschiste, Ophiolite. *Calcaires :* Ophicalce, Cipolin, Calciphyre. *Aphanitiques :* Spilite, Vakite. *Pyroxéniques :* Dolérite, Basanite. *Feldspatho-pyroxéniques :* Mélaphyre, Porphyre, Ophite, Variolite. *Argilolitiques :* Argilopyre, Domite, Trachyte. *Vitriolitiques :* Pumite, Téphrine, Leucostine, Stigmite.

Deuxième ordre. — Roches d'agrégation

Les grès : Mimorphyre, Arkose, Psammite, Macigno, Glauconie. *Les conglomérats :* Pépérine, Pséphite, Anagénite, Poudingue, Gompholite, Brèche et Brecciole.

Classification des roches, par M. CORDIER.

PREMIÈRE FAMILLE. — ROCHES FELDSPATHIQUES.

Premier ordre. — Roches phanérogènes.

Roches agrégées : Gneiss, Leptinite, Pegmatite, Granite, Syénite. *Roches conglomérées :* Conglomérat feldspathique, grès feldspathique. *Roches meubles :* Sables et graviers feldspathiques, Galets et Débris de roches feldspathiques.

Deuxième ordre. — Roches adélogènes.

I. *Roches pétrosiliceuses. Agrégées :* Pétrosilex, Porphyre syénitique, Porphyre pétrosiliceux, Pyroméride, Porphyre argiloïde. *Conglomérées :* Grauwacke, Conglomérat pétrosiliceux anagénique, Conglomérat porphyrique. *Meubles :* Sables, Graviers de roches pétrosiliceuses, Galets et Débris de roches pétrosiliceuses. — II. *Roches leucostiniques. Agrégées.* Trachyte, Porphyre leucostinique, Phonolite. *Conglomérées :* Conglomérat leucostinique. *Meubles :* Cendre leucostinique, Graviers et Sables de roches leucostiniques, Galets et Débris de roches leucostiniques.

DEUXIÈME FAMILLE. — ROCHES PYROXÉNIQUES.

Premier ordre. — Roches presque homogènes et non cellulaires.

Roches agrégées : Coccolite, Lherzolite compacte. *Roches conglomérées :* Conglomérat lherzolitique.

Deuxième ordre. — Roches mêlées d'une quantité de feldspath et cellulaires.

I. *Roches ophitiques, mêlées de feldspath gras et de terre verte. Agrégées :* Granite ophitique, Ophite, Aphanite. *Conglomérées :* Brèches ophitiques. — II. *Roches de brèches basaltiques, mélangées de feldspath vitreux, de fer titané et de plusieurs autres substances. Agrégées :* Mimosite, Dolérite, Basanite, Amphigénite. *Conglomérées :* Conglomérat basaltique. *Meubles :* Cendre basaltique, Sables et Graviers de roches basaltiques, Galets et Débris de roches basaltiques.

TROISIÈME FAMILLE. — ROCHES AMPHIBOLIQUES.

Roches agrégées : Amphibolite, Kersanton, Diorite, Diorite compacte, Porphyre dioritique.

QUATRIÈME FAMILLE. — ROCHES ÉPIDOTIQUES.

Roches agrégées : Epidote stratiforme.

CINQUIÈME FAMILLE. — ROCHES GRENATIQUES.

Roches agrégées : Grenat stratiforme, granulaire, compacte. *Roches meubles :* Sables grenatiques.

SIXIÈME FAMILLE. — ROCHES HYPERSTHÉNIQUES.

Sélagite.

SEPTIÈME FAMILLE. — ROCHES DIALLAGIQUES.

Roches agrégées : Eclogite, Euphotide, Variolite, Serpentine. *Roches conglomérées :* Brèche euphotidienne, Brèche serpentineuse, Poudingue serpentineux, Grès serpentineux. *Roches meubles :* Sables et Graviers serpentineux, Galets et Débris serpentineux.

HUITIÈME FAMILLE. — ROCHES TALQUEUSES.

Roches agrégées : Protogine; Talcite ordinaire, feldspathique, maclifère et quartzifère. *Roches conglomérées :* Phyllade, Anagénite, Poudingue phylladien. *Roches meubles :* Sable et Gravier talqueux, Sable et Gravier phylladien, Galets et Débris de roches talqueuses, et Galets et Débris de roches phylladiennes.

NEUVIÈME FAMILLE. — ROCHES MICACÉES.

Roches agrégées : Micacite, Macline. *Roches conglomérées :* Conglomérat de micacite. *Roches meubles :* Sable de mica, Gravier de mica, Gravier de micacite, Galets et Débris de micacite.

DIXIÈME FAMILLE. — ROCHES QUARTZEUSES.

Roches agrégées : Roches de quartz et de tourmaline, Quartzite, Phthanite, Jaspe, Quartz grenu sédimentaire, Silex pyromaque, Silex résinoïde. *Roches conglomérées :* Grès quartzeux proprement dit, quartzeux phylladifère, quartzeux avec silicate de fer, quartzeux ferrifère (avec fer oligiste ou avec hydrate de fer), quartzeux avec feldspath, quartzeux avec kaolin, quartzeux avec schiste ordinaire, quartzeux avec marne endurcie, quartzeux polygénique, Brèche quartzeuse, Poudingue quartzeux, Jaspide siliceux. *Roches meubles :* Sable quartzeux homogène, quartzeux micacé, quartzeux ferrifère, quartzeux feldspathique, quartzeux calcarifère; Galets quartzeux, siliceux; Débris anguleux de roches quartzeuses diverses.

ONZIÈME FAMILLE. — ROCHES VITREUSES.

Premier ordre. — Roches congénères de roches feldspathiques.

Roches agrégées : Rétinite, Obsidienne stratiforme, Ponce stratiforme. *Roches conglomérées :* Conglomérat ponceux, Conglomérat d'obsidienne. *Roches meubles :* Obsidienne capillaire, Ponce capillaire, Cendre ponceuse.

Deuxième ordre. — Roches non congénères des roches feldspathiques.

Roches agrégées : Gallinace stratiforme, Scorie stratiforme. *Roches conglomérées :* Conglomérat de scories. *Roches meubles.* Gallinace capillaire, Scorie capillaire, Cendre volcanique.

Troisième ordre. — Roches thermantidiennes.

Thermantide, Tripoli.

DOUZIÈME FAMILLE. — ROCHES ARGILEUSES.

Premier ordre. — Roches épigènes ou argiloïdes.

I. *Roches congénères des roches feldspathiques.* Gneiss décomposé, Leptinite décomposé, Kaolin, Granite décomposé, Porphyre argilitique, Lithomarge porphyrigène, Pséphite, Tephrine, Conglomérat téphrinitique, Trass. — II. *Roches congénères des roches pyroxéniques.* Mimosite décomposée, Dolérite décomposée, Wacke, Pépérino, Tufa. — III. *Roches congénères des roches amphiboliques.* Kersanton décomposé, Diorite décomposée, Xérasite, Conglomérat de Xérasite. — IV. *Roches congénères des roches diallagiques.* Serpentine décomposée. — V. *Roches congénères des roches talqueuses.* Argile phylladigène. — VI. *Roches congénères des roches micacées.* Macline décomposée. — VII. *Roches congénères des roches vitreuses.* 1° A base d'obsidienne : Alloïte, Asclérine stratiforme, capillaire, Conglomérat ascléritique; 2° à base de gallinace : Pépérite, Pouzzolite stratiforme, capillaire, Conglomérat pouzzolithique; 3° à base de Tripoli : Tripoli décomposé.

Deuxième ordre. — Roches argileuses proprement dites.

Argile faisant pâte avec l'eau; Marne faisant pâte avec l'eau, endurcie; Schiste commun; Lydienne; Traumate.

TREIZIÈME FAMILLE. — ROCHES CALCAIRES.

Premier ordre.—Roches à bases de carbonate de chaux simple.

Roches agrégées non sédimentaires : Calcaire sédimentaire à grains salins, sédimentaire compacte, avec schiste ordinaire, argilifère, quartzifère, avec silicate de fer, avec hydrate de fer, globulifère (celui-ci a cinq variétés : Calcaire proprement dit, Oolithique, Brocatelle, Tuberculaire, Pisolitique), Travertin ordinaire et Travertin siliceux, Tuf calcaire, calcaire crayeux ordinaire, globulifère. *Roches conglomérées sédimentaires :* Calcaire grossier, Conglomérat coquillier, madréporique, Brèche calcaire ordinaire, Poudingue calcaire ordinaire. *Roches meubles :* Débris de roches calcaires, Galets de roches calcaires, Sable calcaire coquillier moderne, madréporique moderne, Coquilles modernes, Madrépores modernes, Falun.

Deuxième ordre.—Roches à base de carbonate de chaux magnésifère.

Roches agrégées non sédimentaires : Calcaire magnésien. *Roches meubles.* Sable dolomitique, de calcaire magnésien.

Troisième ordre.—Roches à base de carbonate de chaux ferrifère.

Roches agrégées non sédimentaires : Calcaire ferrifère sédimentaire.

QUATORZIÈME FAMILLE. — ROCHES GYPSEUSES.

Anhydrite grenue, compacte ; Gypse fibrolaminaire, grenu, compacte.

QUINZIÈME FAMILLE. — ROCHES A BASE DE SOUS-SULFATE D'ALUMINE.

Alunite silicifère : Compacte, porphyroïde, arénoïde, bréchoïde ; Alunite silicifère : Solide, terreuse.

SEIZIÈME FAMILLE. — ROCHES A BASE DE MURIATE DE SOUDE.

Sel gemme, Argile salicifère.

DIX-SEPTIÈME FAMILLE. — ROCHES A BASE DE SOUS-CARBONATE DE SOUDE.

Natron.

DIX-HUITIÈME FAMILLE. — ROCHES A BASE DE CARBONATE DE FER.

Carbonate de fer grenu ; Carbonate de fer argileux, compacte ou globulaire.

DIX-NEUVIÈME FAMILLE. — ROCHES A BASE D'OXYDE DE MANGANÈSE.

Oxyde de manganèse stratiforme ; Hydrate de manganèse stratiforme.

VINGTIÈME FAMILLE. — ROCHES A BASE DE SILICATE DE FER HYDRATÉ.

Chamoisite compacte, Chamoisite globulaire, Sous-silicate de fer avec fer oligiste globulaire, Fer chloriteux sur silicate de fer.

VINGT ET UNIÈME FAMILLE. — ROCHES A BASE D'HYDRATE DE FER.

Hydrate de fer, compacte, globuleux, terreux.

VINGT-DEUXIÈME FAMILLE. — ROCHES A BASE D'OXYDE ROUGE ET DE FER.

Roches agrégées : Fer oxydé rouge stratiforme, compacte, globulaire ; Fer oligiste stratiforme, grenu, compacte ; Itabérite. *Roches conglomérées :* Conglomérat de fer oligiste. *Roches meubles :* Sable de fer oligiste.

VINGT-TROISIÈME FAMILLE. — ROCHES A BASE DE FER OXYDULÉ.

Roches agrégées : Fer oxydulé ordinaire, chromifère, zincifère. *Roches meubles :* Sable de fer oxydulé, chromifère et titanifère.

VINGT-QUATRIÈME FAMILLE. — ROCHES A BASE DE SULFURE DE FER.

Pyrite blanche stratiforme, ordinaire stratiforme, cuivreuse stratiforme.

VINGT-CINQUIÈME FAMILLE. — ROCHES A BASE DE SOUFRE.

Soufre stratiforme.

VINGT-SIXIÈME FAMILLE. — ROCHES A BASE DE BITUME GRIS.

Dusodyle stratiforme, Schiste gris inflammable, Argile grise inflammable, Marne grise inflammable, Trass gris inflammable.

VINGT-SEPTIÈME FAMILLE. — ROCHES PISASPHALTIQUES.

Pisasphalte quartzifère, Métaxite pisasphaltique, Sable quartzeux pétroléen.

VINGT-HUITIÈME FAMILLE. — ROCHES GRAPHITEUSES.

Graphite stratiforme.

VINGT-NEUVIÈME FAMILLE. — ROCHES ANTHRACITEUSES.

Anthracite dur et Anthracite friable, Ampélite.

TRENTIÈME FAMILLE. — ROCHES A BASE DE HOUILLE.

Houille maigre et Houille grasse, Schiste noir inflammable ordinaire et Schiste noir calcarifère.

TRENTE ET UNIÈME FAMILLE. — ROCHES A BASE DE LIGNITES.

Lignite stratiforme luisant et Lignite terreux, Bois fossile en amas, Terre d'ombre, Terreau végétal.

TRENTE-DEUXIÈME FAMILLE. — ROCHES ANOMALES.

TRENTE-TROISIÈME FAMILLE. — ROCHES MÉTÉORIQUES.

Classification des roches, par M. ELIE DE BEAUMONT.

ROCHES FELDSPATHIQUES.

Roches à base de feldspath orthose. Feldspath orthose lamelleux, grenu, terreux, compacte, compacte glanduleux et compacte porphyroïde. Résinite, Porphyre quartzifère, Granite, Syénite, Granite graphique, Greissein, Schorl-rock, Roche de topaze, Protogine et Gneiss. *Roches à base d'amphibole.* Amphibole lamelleux, grenu ; Diorite porphyroïde. *Roches à base de riacolithe.* Trachyte : Granitoïde, porphyroïde, micacé et amphibolique ; Andésite, Domite, Phonolithe, Perlithe, Obsidienne et Pierre Ponce.

Roches à base de labradorite. Pyroxène lamelleux, Porphyre pyroxénique. Dolérite, Basalte, Syénite hypersténique, Euphotide, Variolithe, Serpentine et Trapp.

ROCHES TALQUEUSES.

Talc lamelleux, Chlorite, Stéatite, Stéaschiste, Schiste chloritique, Micaschiste, Itabirite.

ROCHES QUARTZEUSES.

Quartz grenu, Silex, Lydien, Jaspe, Silex carié.

ROCHES CALCAIRES.

Calcaire lamelleux, Calciphyre, hémithrène, Marbre cipolin, Calcaire compacte, Lumachelle, Calcaire grossier, d'eau douce, oolithique, terreux, Marne, Calcaire siliceux, bitumineux.

ROCHES DE DOLOMIE.

Dolomie saccharoïde, compacte.

ROCHES DE CHAUX SULFATÉE.

Chaux anhydrosulfatée, gypse fibreux, sel gemme.

ROCHES DE FER OXYDÉ.

Fer oxydé hydraté, fer carbonaté, silicaté et aluninosilicaté.

ROCHES CLASSÉES D'APRÈS LEUR STRUCTURE.

Roches volcaniques. Laves, Scories, Lapilli, Psammite, Pséphite, Arkose, Minophyre, Grauwacke, Conglomérats, Argiles, Phyllade, Schiste bitumineux, Schiste alunifère, Ampélite graphique.

COMBUSTIBLES FOSSILES.

Tourbes, Lignites, Houilles, Anthracite, Graphite.

Classification des roches, par M. D'OMALIUS D'HALLOY.

PREMIÈRE CLASSE.—ROCHES PIERREUSES.

Premier ordre.—Roches silicées.

Ier Genre. *Roches quartzeuses.* Quartz; Grès; Sable; Silex pyromaque, corné et meulière; Jaspe proprement dit et Phtanite; Tripoli; Poudingue; Psammite; Macigno; Gompholite; Arkose, Hyalomicte, Sidérochriste.

Deuxième ordre.—Roches silicatées.

Ier Genre. *Roches schisteuses.* Schiste argileux, ardoise, coticule, happant ou klebschiefer; Ampélite alunifère et graphique; Porcellanite; Psephite; Calschiste.—II. *Roches argileuses.* Kaolin, Argile, Halloysite, Allophane, Collyrite, Smectite, Ocre sanguine et Marne.—III. *Roches feldspathiques.* Feldspath, Leptynite, Leucostine, Tephrine, Perlithe, Ponce, Argilolithe, Argilophyre, Pegmatite, Granite, Syénite et Protogine.—IV. *Roches albitiques.* Trachyte, Domite, Obsidienne, Rétinite, Eurite, Porphyre, Ophite, Variolite, Pyroméride, Euphotide et Granitone.—V. *Roches grenatiques.* Grenat, Eclogite.—VI. *Roches micaciques.* Micaschiste, Gneiss.—VII. *Roches talciques.* Talc, Stéatite, Magnésite, Serpentine, Marmolite, Ophiolite et Stéaschiste.—VIII. *Roches amphiboliques.* Hornblende, Hémithrène, Diorite et Aphanite.—IX. *Roches pyroxéniques.* Lherzolite, Dolérite, Trapp, Mélaphyre, Basalte, Vake, Pépérine et Spilite.

Troisième ordre.—Roches carbonatées.

Ier Genre. *Roches calcareuses.* Calcaire, Glauconie, Cipolin, Ophicalce et Dolomie.—II. *Roches giobertiques.* Giobertite.

Quatrième ordre.—Roches sulfatées.

Ier Genre. *Roches gypseuses.* Gypse et Karsténite.—II. *Roches barytiniques.* Barytine.—III. *Roches célestiniques.* Célestine.—IV. *Roches aluniques.* Alunite.

Cinquième ordre.—Roches phosphatées.

Ier Genre. *Roches apatitiques.* Apatite.

Sixième ordre.—Roches fluorurées.

Ier Genre. *Roches fluoriniques.* Fluorine.

Septième ordre.—Roches chlorurées.

Ier Genre. *Roches chlorurées sodiques.* Sel marin.

DEUXIÈME CLASSE.—ROCHES MÉTALLIQUES.

Ier Genre. *Roches ferrugineuses.* Marcassite, Sperkise, Aimant, Oligiste, Limonite et Sidérose.—II. *Roches manganiques.* Acerdèse et Rhodonite.—III. *Roches cuivreuses.* Chalkopyrite.—IV. *Roches zinciques.* Calamine et Smithsonite.

TROISIÈME CLASSE.—ROCHES COMBUSTIBLES.

Ier Genre. *Roches charbonneuses.* Anthracite, Houille, Lignite et Tourbe.

Classification des roches, par M. AMI BOUÉ.

Roches feldspathiques. Roches à base de feldspath lamelleux : Feldspath lamelleux, Pegmatite, Leptynite, Gneiss, Hornfeld, Granite, Protogine et Syénite. Roches à base de feldspath compacte. Pétrosilex uniforme, quartzifère, jadien, amphibolique, pyroxénique; trapp variolaire; argilolithe; Porphyre commun, micacé, quartzifère, jaspoïde, semi-vitreux, perlitique, pyroxénique, diallagique; Trachyte, Phonolithe. Roches à base de feldspath vitreux : Feldspath résinite, Obsidienne, Perlite, Ponce.—*Roches pyroxéniques.* Pyroxène en roche, Coccolite, Lherzolite, Eclogite, Dolérite, Basalte, Vake, Lave, Scorie.—*Roches amphiboliques.* Amphibolite schisteuse, Kersanton, Diorite.— *Roches diallagiques.* Euphotide, Variolite, Serpentine, Anthophyllite.—*Roches hypersténiques.* Sélagite. *Roches grenatiques.* Grenat massif. *Roches d'idocrase.* Idocrase en roche.—*Roches épidotiques.* Epidote stratiforme.—*Roches de disthène.* Disthène en roche.—*Roches de schorl.* Schorl en roche.—*Roches de macle.* Macline.—*Roches quartzeuses.* Quartz commun, Hyalin amorphe, Quartzite; Quartz compacte schisteux, Phtanite, Jaspe et Silex.—*Roches micacées.* Micaschiste et Greisen.—*Roches talqueuses.* Roche à base de talc lamelleux, Pierre ollaire, Talcschiste, Chlorite, Chlorite en masse, Chlorite schisteuse.—*Roches à base d'ardoise.* Schiste argileux, Schiste argilo-talqueux, Schiste argilo-calcaire, Amphilite, Novaculite, Schaalstein.—*Roches calcaires.* Roches à base de chaux carbonatée : Calcaire saccharoïde et encrinitique; Calcaire compacte: Translucide, phylladifère, compacte proprement dit, Craie, Calcaire friable, Oolithe, Pisolithe, Calcaire à coraux, arénacé, sablonneux, argileux, ferrugineux, ferrifère, siliceux, fétide, bitumineux, Tuf calcaire, Calcaire pulvérulent; Limon calcaire.—*Roches à base de carbonate de chaux et de magnésie.* Dolomie et calcaire magnésien. — *Roches gypseuses.* Anhydrite et gypse. — *Roches de fluor.* Fluor compacte.—*Roches de phosphorite.* Phosphorite compacte.—*Roches de strontiane.* Célestine fibreuse et Strontiane compacte.—*Roches de baryte.* Baryte compacte. —*Roches de carbonate de magnésie.* Magnésie carbonatée.—*Roches à base de sous-sulfate d'alumine.* Alun, Alumite, Aluminite et Lenzinite.—*Roches à base de sous-carbonate de soude.* Natron.—*Roches à acide borique.* Acide borique et Borate de soude.—*Roches de sulfate de soude.* Soude sulfatée.—*Roches à base de muriate de soude.* Sel gemme et Argile salifère ou muriatifère.—*Sels efflorescents.* Potasse nitratée, Chaux nitratée, Magnésie sulfatée, Ammoniaque sulfatée et muriatée, Soude carbonatée, sulfatée et muriatée, Alun, Fer phosphaté, Sélénite, Soufre. —*Roches de fer carbonaté.* Fer spathique et carbonaté argileux.—*Roches à base de fer hydraté.* Fer hydraté.—*Roches à base de protoxyde de fer.* Fer oxydulé, chromaté, titané et oxydulé zincifère.—*Roches à base de fer oxydé rouge.* Fer oxydé rouge, Oligiste et Itabirite.—*Roches pyriteuses.* Pyrite blanche, ordinaire, magnétique, cuivreuse.—*Roches à base de silicate de fer.* Chamoisite.—*Roches manganésiennes.* Manganèse hydraté, carbonaté et silicaté.—*Roches plombifères.* Galène, Plomb carbonaté et phosphaté.—*Roches zincifères.* Calamine, Blende, Zinc oxydé ferrifère, Franklinite.—*Roches de mercure.* Mercure coulant et argental, Cinabre compacte. —*Roches à base de soufre.* Soufre.—*Roches à base de bitume.* Bitume noir : Poix minérale, Naphte, Caoutchouc minéral; Bitume gris : Dusolite.—*Roches de graphite.* Graphite, Gneiss graphiteux.—*Roches à base d'anthracite.* Anthracite, Ampélite.—*Roches à base de houille.* Houille, Schiste noir inflammable, Charbon minéral.—*Roches à base de lignite.* Lignite, Bois bitumineux, siliceux, Tartuffite.—*Tourbes.* Tourbe marine, Lacustre. — *Brèches.* Brèche de granite, de gneiss, de micaschiste, de talcschiste, syénitique, dioritique, d'euphotide, serpentineuse, pyroxénique, porphyrique, d'obsidienne, calcaire, argilo-calcaire, argilo-gypseuse, argilo-salifère, siliceuse, de fer oligiste, anagénique, Argile marno-sableuse bréchoïde. —*Agglomérats.* Agglomérats grossiers : Poudingue calcaire, siliceux, jaspique, quartzeux, serpentineux, magnésien, argileux, charbonneux, phylladien et anagénique; Grauwacke; Agglomérat porphyrique, trappéen, trachytique, basaltique et ponceux; Trass; Tufa volcanique; Lapilli agrégé en roche. *Agglomérats fins* : Grauwacke schisteuse; Grès quartzeux, siliceux, feldspathique, granitique, anagénique, serpentineux, ferrifère, vert, cuprifère, anthraciteux, charbonneux, bitumineux, argileux, marneux, marno-siliceux, calcaire, altéré par la voie ignée, semi-jaspoïde, jaspoïde, vitrifié, modifié, de Tavighanez, Tapanhoacanga. Sables et galets : Calcaires, quartzeux, siliceux, feldspathiques, granitiques, anagéniques, serpentineux, pyroxéniques, basaltiques, volcaniques, ferrifères, verts, stannifères, bituminifères, argileux et marneux; Cendres volcaniques, scoriacées, feldspathiques, pyroxéniques, basaltiques, amphigéniques, vitreuses et ponceuses. Agrégats de coraux ou de polypiers. Faluns ou agrégats de coquillages.—*Roches argileuses proprement dites.* Stéatite, Argile ordinaire, magnésienne, ferrugineuse, sableuse et limoneuse; Marne ordinaire : Argileuse, sableuse, verte, bitumineuse, limoneuse, altérée par la voie ignée, jaspoïde; Marne endurcie : Verte, bitumineuse et cristalline; Magnésite; Argile schisteuse; Alunifère, bitumineuse; Argile altérée par la voie ignée : Endurcie, jaspoïde; Terre végétale, animale; Album græcum d'animaux; Fiente d'oiseaux.—*Roches vitrifiées.* Tripoli, argile, Porcellanite, Grès décolorés, Scories terreuses, Fer oxydulé compacte, oxydé argileux rouge, Fulgirites.—*Roches météoriques.* Aérolithes, fer météorique.—*Roches des filons et des amas.* Agrégats quartzeux, de silex corné, calcédoniques, calcaires, barytiques, strontianiques, fluoriques, pyriteux, de galène, de cuivre pyriteux, de galène et de blende, de blende, de calamine, de fer spathique et hydraté, de manganèse oxydé et carbonaté, d'antimoine sulfuré, aurifères, cuprifères, stannifères, etc.

Classification des roches, par M. Dumont.

PREMIÈRE CLASSE. — ROCHES COMBUSTIBLES.

Dusodyle, Terreau, Tourbe, Lignite, Houille, Anthracite.

DEUXIÈME CLASSE. — ROCHES MÉTALLIQUES.

Première famille.

Ier Groupe. *Roches sulfurées.* Pyrite, Sperkise, Chalkopyrite. — II. *Roches manganoxidées.* Pyrolucite, Acerdèse. — III. *Roches sidexoxidées.* Aimant, Oligiste et Limonite.

TROISIÈME CLASSE. — ROCHES PIERREUSES.

Ire Famille. *Roches quartzeuses.* Quartz, Silex, Meulière, Jaspe, Phthamite, Tripoli, quartzite, Grès, Sidérochriste, Hyalomicte, Hyalistine, Arkose, Psammite, Macigno, Poudingue, Gompholite, Sable, Gravier et Cailloux. — II. *Roches idocrasiques.* Idocrase. — III. *Roches disthéniques.* Disthène. — IV. *Roches feldspathiques.* Feldspath, Gneiss, Granite, Prologine, Pegmatite, Syénite, Hypersténite, Dolérite, Leptynite, Phonolite, Eurite, Pyroméride, Porphyre, Euphotide, Granitone, Diorite, Obsidienne, Rétinite, Perlite, Trachyte, Téphrine, Ponce, Argilolithe, Trass, Aphanite, Variolite, Ophite, Mélaphyre, Basalte, Vake, Spilite, Pépérine. — V. *Roches épidotiques.* Epidote. —VI. *Roches pyroxéniques.* Piroxénite. — VII. *Roches anthophyllitiques.* Anthophyllite.—VIII. *Roches amphiboliques.* Amphibolite. —IX. *Roches calaminiques.* Calamine. — X. *Roches micaciques.* Micaschiste. — XI. *Roches argileuses.* Kaolin, Allophane, Halloysite, Lithomarge, Glaise, Smectique, Limon, Marne, Ocre, Sanguine. — XII. *Roches schisteuses.* Ardoise, Schiste, Coticule, Porcellanite, Ampélite, Calschiste, Pséphite. — XIII. *Roches chloritiques.* Chlorite.—XIV. *Roches chamoisitiques.* Chamoisite. — XV. *Roches talciques.* Talc, Marmolite, Stéatite, Serpentine, Magnésite, Ophiolite, Stéaschiste.

Deuxième famille.

Roches phosphatées. Apatite.

Troisième famille.

Roches carbonatées. Calcaire, Cipolin, Ophicalce, Dolomie, Giobertite, Sidérose, Smithsonite.

Quatrième famille.

Roches sulfatées. Barytine, Célestine, Karsténite, Gypse, Alunite.

Cinquième famille.

Roches fluorurées. Fluorine.

Sixième famille.

Roches chlorurées. Sel marin.

Septième famille.

Roches hydroxydées. Glace, Eau.

ROCHES DE CORNES. On appelait ainsi, autrefois, la roche qui se nomme aujourd'hui *Aphanite.*

ROCHES DE CRISTALLISATION. *Voy.* ROCHES DE REFROIDISSEMENT.

ROCHES D'ÉPANCHEMENT. Ce sont celles dont la formation est due aux matières minérales incandescentes et fluides rejetées de l'intérieur du globe à l'extérieur.

ROCHES GLANDULEUSES. Dénomination que l'on a quelquefois appliquée aux roches qui renferment des noyaux cristallins plus durs que la matière qui leur sert de gangue.

ROCHES NOIRES. On désigne ainsi, vulgairement, le Basalte, l'Eurite compacte noirâtre, le Trapp, etc.

ROCHES DE REFROIDISSEMENT. On nomme ainsi toutes les roches primordiales qui sont le produit de la solidification des matières incandescentes et fluides dont on suppose que le globe était formé à son origine.

ROCHES DE SÉDIMENT. Ce sont celles qui ont été fournies par le dépôt des eaux.

ROGGENSTEIN. Nom allemand de l'Oolithe.

ROGNONS. Corps plus ou moins arrondis et de dimensions diverses, pleins ou géodiques, c'est-à-dire avec des cavités, qui appartiennent à des minéraux de différentes natures, et que l'on rencontre toujours dans des masses qui sont étrangères à leur propre substance.

RONGEURS. Ordre de la classe des Mammifères, qui comprend les Écureuils, les Marmottes, les Lièvres, etc.

ROTHES-TODTES-LIEGENDES. Nom allemand du grès rouge.

ROTTENSTEIN. Nom allemand du Tripoli.

ROTTENSTONE. Nom anglais de la meulière coquillière.

RUBBLY. Les Anglais nomment ainsi le calcaire coquillier qui se divise en petits fragments.

RUDISTES, *Rudista.* Famille établie par Lamarck, pour réunir les Mollusques bivalves dont le ligament, la charnière et l'animal sont inconnus; dont la coquille, très-inéquivalve, est sans crochets distincts, mais qui ont, par la grossièreté de leurs stries d'accroissement, des rapports avec les Ostracés. Cette famille comprend les genres Sphérulite, Birostrite, Calcéole, Cranie et Discine.

RUMINANTS. Ordre de la classe des Mammifères, qui comprend les Chameaux, les Girafes, les Chevrotains, les Cerfs, etc. Il est ainsi caractérisé : Point d'incisives, ou rarement, à la mâchoire supérieure, mais la mâchoire inférieure en offre huit; couronne des molaires marquée communément de deux doubles croissants; pieds pourvus de sabots dans lesquels deux doigts se trouvent engagés, tandis que deux rudiments d'autres doigts se montrent derrière ces sabots ; quatre estomacs destinés à la rumination ; tête le plus ordinairement armée de cornes ou de bois. Les Ruminants étaient appelés *Pecora* par Linné, *Bisulca* par Illiger, et ils ont reçu de M. de Blainville le nom d'*Ongulogradés.*

RUSSKOHLE. Nom allemand de la houille terreuse.

S

SAABLAND ou SALBANDE. Nom que les Allemands donnent à la paroi d'un filon.

SAAMENSTEIN. Ce mot allemand désigne une roche amygdaloïde.

SABBIA. Nom que les Italiens donnent au sable.

SABLE. On nomme ainsi le produit le plus fin des roches siliceuses qui ont été triturées par les eaux. Ce produit s'est formé à toutes les époques géologiques ; on le trouve sur tous les points de la terre, et il est ordinairement accompagné de couches plus ou moins étendues de grès en mamelons ou en fragments. Dans plusieurs contrées de l'Afrique, de l'Asie et de l'Europe, le sable couvre des plaines immenses dont il constitue le sol qui devient alors un désert.

SAHLITHE. Variété de Pyroxène.

SALICITES. Nom donné par quelques naturalistes à de petits corps marins fossiles qui, examinés du côté de leur tranchant, offrent quelque ressemblance avec une feuille de saule.

SALMIACK. Nom allemand de l'ammoniac.

SALSES. *Voy.* VOLCANS.

SALZMARMOR. Nom allemand de la chaux carbonatée saccharoïde.

SALZQUELLE. Mot allemand qui signifie source salée.

SALZSTEIN. Nom allemand du sel gemme.

SALZSTOCK. Les Allemands désignent ainsi les rognons de sel gemme.

SALZTHON. Nom allemand de l'argile salifère.

SAMISCH-ERDE. Nom allemand de l'argile ou terre de Samos.

SAND. Les Allemands nomment ainsi le sable et le sablon. Ils appellent *Flussand*, le sable de rivière; *Goldsand*, le sable d'or; et *Triebsand*, le sable mouvant.

SANDARTIG. Mot allemand qui signifie arénacé.

SANDHUGEL. Mot allemand qui signifie colline sablonneuse.

SANDIG. Mot allemand qui signifie sableux, sablonneux.

SAND-MERGEL. Nom allemand du grès argilo-calcaire.

SANDSCHIEFER. Les Allemands désignent par ce nom les grès schisteux à grains fins.

SANDSTEIN. Nom allemand du grès.

SANDSTEIN-PORPHYR. Nom allemand du grès porphyrique.

SANDSTEIN-SCHIEFER. Nom allemand du grès schisteux.

SANDSTONE. Nom anglais du grès.

SANGUINE. Roche de texture compacte ou terreuse, composée d'argile et d'oligiste. Il est rare qu'elle soit en grande masse.

SAPHIRINE. *Voy.* GIESECKITE.

SARGUS. *Cuv.* Genre de poissons, de la famille des Sparoïdes. Il a pour caractères: Dents incisives tranchantes à la partie antérieure des intermaxillaires et des maxillaires inférieurs.

SASSOLINE. Substance qui se présente en paillettes blanches ou noires, qui forme quelquefois de petites masses dans les terrains volcaniques, et que l'on rencontre principalement dans le cratère de Volcano. On la trouve aussi en dissolution dans les eaux de plusieurs lacs de la Toscane.

SASSO-MORTO. Nom italien de la Nécrolithe.

SATZ. Mot allemand qui signifie dépôt, sédiment.

SAUERZINCK. Nom allemand de la calamine.

SAURICHTHYS. *Agass.* Genre de poissons fossiles, de la famille des Sauroïdes. Ses caratères principaux sont: Dents munies de plis verticaux et logées dans des rainures comme chez les Sauriens; cône d'émail lisse au sommet, supporté par une racine plissée; capuchon d'émail séparé de la racine par un étranglement prononcé. Les espèces de ce genre appartiennent à l'époque jurassique.

SAURIENS. Second ordre de la classe des Reptiles, dans la méthode de M. Al. Brongniart, et qui comprend les Crocodiles, les Dragons, les Caméléons, les Lézards, etc. La forme de la queue fait distinguer les Sauriens en trois groupes: les *Uronectes*, les *Eumérodes* et les *Urobènes*. Chez les premiers, la queue est aplatie en dessous ou de côté; elle est arrondie, conique et distincte chez les seconds; et chez les troisièmes elle offre aussi cette dernière forme, mais n'est point distincte du reste du corps. Les Sauriens sont communément pourvus de 2 ou 4 pattes, mais quelques-uns sont apodes.

SAUROCEPHALUS. *Harl.* Genre de poissons fossiles, de la famille des Sphyrénoïdes. Il a pour caractères des dents très-comprimées et droites. On trouve ce genre dans la craie blanche.

SAURODON. *Hays.* Genre de poissons fossiles, de la famille des Sphyrénoïdes. Son principal caractère consiste dans des dents comprimées, obliques au sommet et striées à la base. On rencontre ce genre dans la craie blanche.

SAUROIDES. *Agass.* Famille de poissons fossiles, de l'ordre des Ganoïdes, et caractérisé comme suit: Dents coniques, pointues, alternant avec de petites dents en brosses; écailles plates, rhomboïdales et parallèles au corps qui en est tout couvert; squelette osseux. Cette famille renferme les genres *Acrolepis, Aspidorhynchus, Leptolepis, Macropoma, Megalurus, Pachycormus, Ptycholepis, Pygopterus, Sauropsis, Saurostomus, Thrissops* et *Uræus*.

SAUROPSIS. *Agass.* Genre de poissons fossiles, de la famille des Sauroïdes. Ses caractères sont: Tête grosse et courte; dents coniques, acérées et espacées; vertèbres très-courtes; apophyses se touchant presque; côtes grêles et moins arquées que les apophyses; écailles petites et rhomboïdales; nageoires pectorales très-développées; les ventrales mésogastriques; la dorsale opposée à l'anale et petite; l'anale très-large et s'étendant jusqu'à la caudale, qui est équilobe, dilatée et largement fourchue; petits rayons indivis à la base de chaque lobe; rayon principal sans fulcres; rayons de toutes les nageoires très-fins. Ce genre appartient à la formation jurassique.

SAUROSTOMUS. Genre de poissons fossiles, de la famille des Sauroïdes. Il est caractérisé par une mâchoire inférieure allongée et armée d'une longue série de dents triangulaires comprimées et tranchantes. On connaît le *S. esocinus*, qui appartient au Lias.

SAVON DE MONTAGNE. *Voy.* SEIFESTEN.

SCAGLIA. Nom italien de la craie.

SCAPHITE. *Scaphites.* Genre de Mollusques fossiles établi par Parkinson, dans la famille des Ammonites. Ce genre est de la classe des Céphalopodes, de l'ordre des Tentaculifères, et ses principaux caractères sont: Coquille mutiloculaire, à spirale enroulée sur le même plan et se projetant en une partie reployée vers la spire; spire régulière dans le jeune âge seulement et composée alors de tours nombreux, contigus et embrassants, le dernier s'allongeant sur une certaine longueur, pour se reployer ensuite vers son extrémité, la partie dépourvue de cloisons ; bouche ovale ou en croissant, pourvue de bourrelets saillants; cloisons symétriques, divisées régulièrement en plus de six lobes inégaux, partagées en parties paires, et formées de selles ayant les parties presque paires; lobe dorsal aussi long que le lobe latéral; siphon continu et toujours dorsal. Les principales espèces de ce genre sont les *S. Ivanii*, *compressus*, *æqualis*, *constrictus* et *hugardianus*. Elles appartiennent au Lias.

SCAR-LIMESTONE. Les Anglais désignent par ce nom les couches calcaires de la formation carbonifère.

SCATOPHAGUS. *Cuv.* Genre de poissons, de la famille des Chétodontes, qui a pour caractères : Nageoire dorsale antérieure, formée de gros rayons épineux, dont les antérieurs sont les plus longs ; l'anale pourvue de quatre épines; écailles très-petites. Les espèces fossiles de ce genre se trouvent au Monte-Bolca,

SCELIDOTHERIUM. *Owen.* Genre de Mammifères fossiles, de l'ordre des Edentés, dont les débris se trouvent en Amérique. Il est caractérisé comme suit : Dents au nombre de 4 et 5, contiguës ou séparées par des intervalles égaux ; les supérieures trigones ainsi que la première des inférieures ; les deuxième et troisième inférieures un peu comprimées et à face externe sillonnée ; la dernière très-grande et bilobée. On connaît le *S. leptocephalum*.

SCHAALSTEIN. Nom allemand de la chaux carbonatée testacée.

SCHAR-GANG. Les Allemands appellent ainsi le filon ou veine étroite qui va se réunir au filon principal.

SCHAUMERDE. Nom allemand de la chaux carbonatée nacrée.

SCHERM. Les Allemands donnent ce nom aux parois ou pentes d'un filon.

SCHIBIKA. Les Polonais désignent sous ce nom le sel le plus pur de leurs mines.

SCHICHT. Mot allemand qui signifie couche et stratification.

SCHIEFER et SCHIEFERSTEIN. Noms allemands du schiste.

SCHIEFERBLAU. Mot allemand qui signifie ardoise.

SCHIEFERIG. Mot allemand qui signifie schisteux.

SCHIEFERKOHLE. Nom allemand de la houille schisteuse.

SCHIEFER-MURGEL. Nom allemand de l'argile calcarifère endurcie.

SCHILFSANDSTEIN. Nom allemand du grès à impressions végétales.

SCHILLERFELS. Nom que les Allemands donnent à l'euphotide.

SCHISTE. Roche feuilletée, d'apparence homogène, ordinairement terne, mais quelquefois luisante, qui se divise le plus souvent en polyèdres, affectant la forme rhomboïdrique, et qui se compose de silicate d'alumine, plus ou moins mélangé de fer. On distingue le *Schiste argileux*, le *Schiste tégulaire* ou *ardoisier*, le *Schiste coticule* ou *Pierre à rasoir* et l'*Ampélite*. Le schiste argileux présente à son tour plusieurs variétés, comme le *Schiste micacé*, le *Schiste ferrifère*, le *Schiste bitumifère* et le *Schiste maclifère;* et l'Ampélite se divise en *Ampélite alumineux* et en *Ampélite graphique*. C'est avec ce dernier que l'on fait les crayons qui sont appelés *Pierre d'Italie* et *Crayon de charpentier*.

SCHIZOPTERIS. *Ad. Brongn.* Genre de plantes fossiles que l'on a placé pour ainsi dire provisoirement dans les fougères, tant ses caractères laissent d'incertitude sur la véritable famille à laquelle il appartient. Ces caractères consistent principalement dans une espèce de fronde ou de feuille plane, irrégulièrement dichotome, à lobes allongés, à nervules très-fines et parallèles, et se bifurquant seulement quand la fronde se divise. On voit que ces données ont autant d'analogie avec certains végétaux marins qu'avec des fougères. Ce genre se montre dans le terrain houiller.

SCHLANGANSTEIN. Nom allemand de la serpentine.

SCHMIEDEKOHLE. Nom allemand de la houille piciforme.

SCHNEEFÆLLE. Nom allemand de l'avalanche.

SCHNEIDESTEIN. Nom allemand du talc olaire.

SCHORLSCHIEFER. Nom que les Allemands donnent au quartz schisteux mêlé de tourmalines.

SCHREIBKREIDE. Nom allemand de la craie blanche.

SCHRIFT-GRANIT. Nom allemand de la pegmatite.

SCHROF. Mot allemand qui signifie falaise.

SCHWEFEL. Nom allemand du soufre.

SCHWEFELKIES. Nom allemand du fer sulfuré.

SCHWIELEN, SCHWÆLEN et SCHWALEN. Noms que donnent les Allemands à l'argile schisteuse qui se présente en masses ellipsoïdes.

SCIOENURUS. *Agass.* Genre de poissons fossiles de la famille des Sciénoïdes.

SCLÉRODERMES. *Cuv.* Famille de poissons, de l'ordre des Ganoïdes. Ses principaux caractères sont une arcade palatine immobile ; un museau saillant, armé de quelques dents distinctes en forme de ciseaux obliques ; des écailles plates, semblables à de larges plaques rhomboïdales ou polygonales, et obliques au corps qui en est tout couvert ; un squelette fibreux et une ossification tardive. Cette famille renferme le genre *Ostracion*, et appartient à l'époque crétacée et tertiaire.

SCOMBÉROIDES. *Cuv.* Famille de poissons, de l'ordre des Cycloïdes, qui compte le plus grand nombre de ses représentants à l'état fossile, dont la plupart des genres sont éteints, et les autres sont à la fois vivants et fossiles. Ses caractères principaux sont : Poissons plus ou moins allongés, mais en général fusiformes; écailles petites; nageoires ventrales thoraciques ou jugulaires; les verticales dépourvues d'écailles; les dorsales tantôt contiguës, tantôt séparées, avec ou sans fausses pinnules en arrière de la seconde dorsale et de l'anale; pièces operculaires dépourvues d'épines et de dentelures; mâchoires garnies de fortes dents coniques ou de dents en velours ras. Cette famille comprend les genres *Archæus*, *Acanthonemus*, *Anenchelum*, *Carangopsis*, *Cybium*, *Ductor*, *Enchodus*, *Gasteronemus*, *Goniognathus*, *Hemirhynchus*, *Isurus*, *Lichia*, *Nemopteryx*, *Orcynus*, *Palimphyes*, *Pleionemus*, *Palæorhynchum*, *Thymnus*, *Trachinotus*, *Vomer*, *Xiphopterus* et *Zeus*.

SCORLROCK. Roche à texture schistoïde ou grenue, composée de quartz et de tourmaline et renfermant quelquefois d'autres substances comme le mica.

SCROBODUS. *Munst.* Genre de poissons fossiles, de la famille des Pycnodontes, dont le caractère principal est d'avoir un corps fusiforme. On le rencontre dans le calcaire de Solenhofen.

SCYLLIODUS. *Agass.* Genre de poissons fossiles, de la famille des Squalides. Ses caractères principaux sont : Mâchoires dilatées sur les côtés et s'arquant vers la symphyse; dents très-petites, tricuspides et la pointe du milieu à bords tranchants. On trouve ce genre dans la craie de Kent.

SÉDIMENT. Produit des substances minérales qui ont été dissoutes ou suspendues dans un liquide et se sont déposées, par suite des lois de la pesanteur et de l'attraction atomique, sur la surface qui se trouvait en contact avec la partie inférieure de ce liquide. Les terrains qui résultent de ce dépôt sont appelés *Terrains sédimentaires* ou *Terrains de sédiment*.

SEESTROHM et SEESTROM. Nom que les Allemands donnent à un courant de la mer ou à son mouvement.

SEIFENGEBIRGE. Les Allemands donnent ce nom aux dépôts d'alluvions.

SEIFENGEBIRGSART. Mot allemand qui signifie brèche, agrégat.

SEIFENGESTEIN. Les Allemands appellent ainsi un minerai d'étain des dépôts d'alluvions.

SEIFENGOLD. Nom allemand de l'or de lavage.

SEIFESTEN ou SEIFENSTEIN. Substance grisâtre ou bleuâtre, très-onctueuse, qui se coupe comme du savon et que l'on rencontre en veines dans la serpentine du Cornwall. Elle se compose de silice, d'alumine, de magnésie, d'oxyde de fer et d'eau. On la nomme vulgairement *Pierre de savon* ou *Savon de montagne*.

SEIFSTEIN. Nom allemand de l'argile smectique.

SEL. Substance composée de 39.66 parties de sodium et de 60.34 de chlore. Ses dépôts se trouvent généralement dans les assises qui existent entre le grès houiller et le Lias inclusivement, c'est-à-dire dans le grès bigarré, les calcaires Pénéen et Conchilien, les marnes irisées, le Keuper, etc., et les dépôts les plus nombreux se rencontrent dans le grès bigarré et les marnes irisées. Les gisements de sel gemme les plus renommés sont ceux de Willicska, en Pologne; de Vic, en France; de Cardona, en Espagne; de Northwich, en Angleterre; de Wimpfen, Sulz et Heilbronn, dans le Wurtemberg; de Bex, en Suisse; de Lunebourg, dans le Hanovre; d'Hallein et de Berthechsgaden, dans le Salzburg; de Segebert dans le Hollstein, etc. On trouve aussi du sel en Transylvanie, en Russie, dans la Colombie, etc. L'extraction qui se fait à Vic a près de 160 mètres de profondeur; celle de Willicska en a 500.

Le sel ne forme aucune couche distincte dans les terrains où il se trouve, et il est toujours subordonné à des dépôts d'argile qui reçoivent, à cause de cette circonstance, le nom d'argiles salifères. Cette argile est de couleur grise, rougeâtre ou tout à fait rouge, et presque constamment mélangée d'un peu de carbonate de chaux. Le sel se présente au milieu de ces dépôts argileux, soit en masses d'une certaine puissance, soit en nids ou en veines, et quelquefois il s'y montre associé à des sulfates de chaux, des nids siliceux, du carbonate de fer, des rognons de sulfure de fer et des sulfures de plomb et de zinc. Dans quelques localités, on remarque aussi, dans son voisinage, des lignites, des fruits et des plantes fossiles, puis des madrépores, et c'est ce qui se voit dans les mines de Gmunden et de Willicska.

Outre le sel gemme, il y a des sources salées qui proviennent pour la plupart des dépôts gypseux; enfin, le sel se trouve en solution dans les eaux de la mer et dans celles de quelques lacs; il se présente en efflorescence à la surface de diverses roches; et il accompagne communément le salpêtre. Les sources salées les plus renommées en France sont celles de Dieuse, de Château-Salins, de Vic, de Moyen-Vic, de Marsal et de Salies, et il y en a d'autres dans les départements de la Moselle, de la Haute-Saône et du Bas-Rhin. Cinq marais salants, d'une certaine importance, se trouvent sur la côte de l'Océan : ce sont ceux de Brouage, du Croisic, de la baie de Bourg-Neuf, de la Tremblade et de Maresmes; et deux sur les bords de la Méditerranée, dans les départements des Bouches-du-Rhône et de l'Hérault. La production totale du sel en France est évaluée 10 millions de quintaux métriques.

Tout le monde sait quel rôle important le sel joue dans l'économie domestique. On peut le considérer en effet comme le condiment le plus indispensable à la nourriture de l'homme; ses propriétés particulières n'exercent pas moins d'influence sur l'élève des animaux, principalement des Ruminants; et M. Boussingault, de l'Institut, s'est livré à des expériences concluantes à ce sujet. L'efficacité de l'emploi du sel pour l'engrais et la bonne constitution des bestiaux est d'ailleurs reconnue depuis des siècles, et déjà, en l'an 604, le pape saint Grégoire le Grand écrivait dans sa 17e homélie sur le xe chapitre de l'Evangile selon saint Luc : « Nous voyons souvent mettre devant les animaux, une pierre de sel, afin qu'ils soient forcés, en léchant cette pierre, d'en consommer quelques parties, et par là, de s'améliorer. » *Sæpe videmus quod petra salis brutis animalibus anteponitur, ut ex eadem salis petra lambere debeant et meliorari.*

SÉLAGINITE, *Selaginites*. Genre de plantes fossiles qui se rapproche du *Lepidendron*, mais qui en diffère par des feuilles courtes et presque charnues, coniques, subulées, persistantes et ne laissant point de cicatrices sur la tige.

SÉLAGITE. Roche de texture lamellaire, composée de labradorite, qui s'y présente quelquefois en cristaux, et d'hyperstène.

SÉLÉNITE. Nom que quelques auteurs ont donné au gypse ou sulfate de chaux qui contient de l'eau.

SEMIONOTUS. *Agass*. Genre de Poissons fossiles, de la famille des Lépidoïdes. Il est ainsi caractérisé : Nageoire dorsale longue et commençant un peu en avant des ventrales, pour s'étendre jusque vis-à-vis l'anale; les pectorales médiocres, les ventrales petites, l'anale pointue et allongée et la caudale fourchue; lobe supérieur plus grand, mais formé toutefois de rayons insérés sur la dernière vertèbre caudale et parallèles entre eux; écailles prolongées sur les rayons externes du lobe supérieur, lesquels sont les plus grands de la caudale; petits rayons sur les rayons intérieurs des nageoires. Les principales espèces de ce genre sont les *S. leptocephalus*, *Bergeri*, *latus* et *Spixi*, que l'on rencontre dans les formations liasiques.

SEMIOPHORUS. *Agass*. Genre de poissons fossiles, de la famille des Chétodontes. Il a pour caractères : Nageoire dorsale unique, s'élevant comme une voile sur la nuque et la partie antérieure du corps, et dont l'extrémité est très-basse; bord antérieur soutenu par un gros rayon simple; l'anale se prolongeant parallèlement jusqu'à la caudale; les ventrales grandes et allongées. Ce genre provient du Monte-Bolca.

SEPTARIA. Nom que l'on donne à des rognons de calcaires argileux cloisonnés, qui se trouvent dans l'argile de Londres.

SERPENTINE. Roche composée essentiellement du minerai de ce nom et renfermant de la dalliage, de la hornblende, de la grammatite, de la trémolite, de l'actinote, de l'hédenbergite, du diopside, du talc, de l'asbeste, etc.

SERPULE. Genre d'articulés, revêtu d'un tube calcaire très-contourné et que l'on rencontre dans un grand nombre de terrains, soit libre, soit fixé sur d'autres corps.

SERRANUS. *Cuv*. Genre de poissons de la famille des Percoïdes. Ses caractères principaux sont : Partie épineuse de la dorsale réunie aux rayons mous; mâchoires armées de dents canines mêlées à des dents en brosse; préopercule finement dentelé; opercule terminé par des épines plates; sept rayons branchiostègues ; crâne et pièces operculaires écailleuses. Les espèces fossiles de ce genre se trouvent au Monte-Bolca.

SHALE. Nom allemand de la marne schisteuse.

SHAUKLINDSAND. *Voy*. Lower greensand.

SHELL-MARL. Nom anglais de la marne coquillière.

SIDEROCHRISTE. Roche à texture schistoïde ou schisto-granitoïde composée de quartz et d'oligiste spéculaire, et renfermant quelquefois de l'aimant, de l'or, du talc, des pyrites, etc.

SIDEROLINE, *Siderolina*. Genre de Mollusques dont on trouve un représentant à l'état fossile, le *S. Calcitrapoides*.

SIDEROSE. Roche qui se compose de protoxyde de fer, de protoxyde de manganèse, de magnésie et de chaux, et qui se présente dans les terrains de formation antérieure à celle de la craie. Elle a reçu les noms de *Fer carbonaté*, de *Chaux carbonatée ferrifère*, de *Mine d'acier*, etc.

SIGILLARIA. M. Ad. Brongniart a formé ce genre avec des tiges fossiles qu'il rapporte toutes à des fougères et qu'il divise en deux groupes principaux. Le premier, qui constituait le genre *caulopteris* de Lindley, comprend les tiges de fougères arborescentes sur lesquelles on remarque des cicatrices d'insertion de pétioles qui forment de grands disques oblongs, également arrondis en haut et en bas, et n'offrant pas de traces bien distinctes de cicatrices vasculaires. Ces disques sont disposés en séries longitudinales, mais sans former de côtes saillantes régulières, séparées par des sillons profonds et parallèles. Dans le second groupe, les disques d'insertion sont plus petits; leur diamètre longitudinal est à peu près égal au transversal; ils ont généralement une forme oblongue; on observe à leur milieu trois cicatrices vasculaires; et enfin ils sont disposés en séries longitudinales très-régulières et placés sur des côtes saillantes que séparent de profonds sillons parallèles. Les *Sigillaria* se rencontrent dans les terrains houillers.

SILBER. Nom allemand de l'argent.

SILBERBLEY. Nom allemand du plomb argentifère.

SILBERERZ. Nom allemand du minerai d'argent.

SILBERGLAS et SILBERGLASERZ. Noms allemands de la mine d'argent sulfuré.

SILBERKIES. Nom allemand de la pyrite argentifère.

SILEX. Roche à base d'apparence simple. *Voy*. Meulière.

SILEX MOLAIRE. *Voy*. Meulière.

SILICACITE. Roche de texture compacte, dure et tenace, composée de silex et de calcaire réunis intimement.

SILURIAN-SYSTEM. Nom anglais du système silurien.

SILUROIDES. *Cuv*. Famille de poissons, de l'ordre des Ganoïdes.

SMARAG. Nom allemand de l'émeraude.

SIMOSAURE, *Simosaurus*. Genre de reptiles fossiles, qui a quelque analogie avec la Tortue.

SIMPLEGADES. Nom donné par Montfort à l'une des divisions des Ammonites.

SINGE. Pendant longtemps on avait pensé que les quadrumanes ne se rencontraient pas à l'état fossile, et Cuvier a dit : « Aucun os, aucune dent de singe ni de maki, ne se sont jamais présentés à moi dans mes longues recherches. » Les premiers ossements de ce genre furent découverts en 1836, par MM. Baker et Durand, dans les collines de Sewalik, qui font partie de l'Himalaya. L'année suivante et dans les mêmes montagnes, MM. Cautley et Falconer rencontrèrent encore de ces débris dans des couches tertiaires composées de sable, de marne et d'argile; dans le cours de la même année, le docteur danois Lund trouva aussi le quadrumane fossile entre le Francisco et le Velhas, affluents du Parana, au Brésil; vers la même époque, M. Lartet fit connaître le Gibbon, qui gisait à Sausan, près Auch, dans une marne d'eau douce mêlée de calcaire et de sable, et dont les restes étaient associés à ceux de Rhinocéros, de Dinothérium, de Mastodontes, de Cerfs et d'Antilopes; enfin, dans l'année 1839, MM. William Colchester et Searles Wood découvrirent aussi des débris de singe à Kyson, près Woodbridge, dans le comté de Suffolk, en Angleterre, où ils étaient enchâssés dans l'argile dite de Londres.

SIPHONIA. Genre d'éponges fossiles qui offre la forme d'une poire, et que l'on rencontre dans la craie, où il se trouve converti en silex.

SIVATHERIUM. Genre de mammifères fossiles, dont les restes ont été recueillis dans la vallée de Marcanda, branche inférieure de l'Himalaya. M. de Blainville a rapporté cet animal au genre Chameau, et M. Geoffroy Saint-Hilaire au genre Girafe. L'espèce découverte a été appelée *giganteum*.

SMECTITE. Espèce d'argile à foulon, qui a la propriété de dégraisser les étoffes de laine.

SMERDIS. *Agass*. Genre de poissons fossiles, de la famille des Percoïdes. Ses caractères sont : Premier sous-orbitaire et préopercule dentelés ; opercule grand et fort, et offrant une légère saillie arrondie à son bord postérieur; nageoire caudale grande et très-fourchue; bord des ventrales soutenu par un gros rayon épineux ; dorsale épineuse, fortement échancrée en arrière; anale étroite et portant à son bord antérieur trois gros rayons épineux. Ce genre appartient aux terrains tertiaires.

SMILACITE, *Smilacites*. Genre de plantes fossiles que l'on rencontre dans les formations tertiaires.

SMITHSONITE. Roche composée d'oxyde de zinc et d'acide carbonique, et qui se présente souvent en amas assez considérables.

SOL. On désigne ainsi la couche superficielle de l'écorce du globe. Cette couche varie d'aspect suivant les contrées, c'est-à-dire suivant ses principes constituants et les influences climatériques qui la rendent plus ou moins stérile, ou donnent à ses richesses végétales plus ou moins de développement et d'éclat. L'étude complète du sol s'appuie sur la géologie, la géographie, la physique et la chimie, et les généralités, ainsi qu'une partie des détails de sa constitution, ont été traitées aux articles ÉPOQUES GÉOLOGIQUES, TERRAINS, etc.

Les causes qui ont amené les diverses formations du sol et la dislocation de quelques-unes de ses parties continuent d'agir sous nos yeux; seulement elles le font généralement avec plus de lenteur ; mais un cataclysme plus ou moins puissant peut se développer d'un moment à l'autre ; et les tremblements de terre, l'activité des volcans, les débordements, les désastres causés par quelques phénomènes météorologiques, événements qui se reproduisent à des époques plus ou moins éloignées, tous ces exemples, disons-nous , prouvent suffisamment que notre globe est toujours pourvu de ses éléments de destruction.

Le sol varie d'aspect, avons-nous dit, suivant les contrées et le climat : luxurieux de végétation, brillant de lumière et riche de parfums dans les régions équatoriales, il devient dépouillé, sombre et lugubre en se rapprochant des pôles ; là il est couvert de forêts et d'herbages dans lesquels on peut à peine pénétrer ; ailleurs l'aridité la plus affligeante y est perpétuelle. Souvent le sol produit de magnifiques récoltes sans que l'homme ait presque besoin d'y contribuer par son travail; d'autres fois, les efforts les plus opiniâtres ne peuvent parvenir à améliorer sa nature rebelle à la fécondité.

Considéré dans son application à l'agriculture, le sol offre trois compositions distinctes : il est sablonneux, calcaire ou argileux, c'est-à-dire qu'il se compose principalement de silice, de carbonate de chaux et d'alumine. Si le sol était exclusivement composé de l'un de ces trois éléments, il serait impropre à la culture, car la silice n'attire pas assez d'humidité et ne peut la retenir ; le carbonate de chaux, à son tour, peu soluble dans l'eau, et se réunissant en masses que le moindre choc ramène à l'état pulvérulent, ne fournit ni sucs nourriciers, ni consistance aux végétaux; enfin l'alumine, qui aspire l'eau avec force et la retient avec persistance, forme une pâte ductile que la sécheresse fait fendre aisément, et qui présente alors les mêmes inconvénients que le carbonate de chaux. Ce n'est alors que par la combinaison de ces trois éléments que l'on parvient à constituer un sol convenable, c'est-à-dire un sol qui ait assez de consistance pour retenir les racines, assez de pores pour faciliter la circulation de l'air, et la propriété d'attirer l'humidité, et de la retenir ou de la rejeter suivant les circonstances.

Le sol sablonneux, pourvu d'une portion d'humidité suffisante , présente une grande économie de temps au travailleur, parce qu'il est facile à remuer et amender avec du fumier. Le sol calcaire est préférable encore au sol sablonneux, car, presque aussi meuble que lui, il se prête à des cultures plus variées ; mais on ne peut en dire autant du sol argileux : sa nature compacte le fait résister à l'action des instruments aratoires, il livre difficilement passage aux racines des plantes, et sa culture est fort dispendieuse. Au surplus, les mélanges ou les engrais apportent à la nature du sol des modifications telles qu'ils produisent souvent des résultats presque merveilleux. Considéré sous le rapport agricole, M. de Gasparin a établi cette division assez heureuse du sol :

TERRAINS renfermant l'élément calcaire.	Lams.	Inconstants.
		Meubles.
		Tenaces.
	Argilo-calcaires.	Argileux.
		Calcaires.
	Craies.	Fraîches.
		Sèches.
	Sables.	Meubles.
		Inconstants.
TERRAINS ne renfermant point l'élément calcaire.	Siliceux.	Secs.
		Frais.
	Glaiseux. . . .	Inconstants.
		Meubles. Micacés.
		Meubles. Schisteux.
		Meubles. Volcaniques.
		Meubles. Sablonneux.
Argiles.		Tenaces.
Terreaux.	Doux.	Terre de bruyère.
	Acides.	Terre de bois.
		Tourbe.

SOLFATARE. On désigne sous ce nom l'emplacement d'un ancien volcan d'où continuent à s'exhaler des vapeurs sulfureuses qui déposent des quantités de soufre, plus ou moins grandes, dans les fissures qui leur donnent passage. La solfatare de Pouzzoles est l'une des plus célèbres et surtout des plus anciennes, car elle était exploitée du temps même de Pline.

SOUFRE. Substance ordinairement d'un jaune brillant, mais qui prend aussi des teintes verdâtres, brunâtres et rougeâtres, qui est très-fragile et dont la pesanteur spécifique est de 2. 072. Le soufre jouit d'un pouvoir réfringent très-considérable, puisqu'il double l'image des objets, même à travers deux faces parallèles ; et il acquiert par le frottement, sans qu'il soit nécessaire de l'isoler, l'électricité résineuse. Ses formes régulières dérivent d'un octaèdre rhomboïdal, dont les angles sont de 107° 18' et 84° 24' vers un même sommet, et de 143° 7' à la base ; et si on le fait cristalliser par des moyens artificiels, il présente un phénomène très-remarquable, puisqu'on obtient, en variant les procédés, des cristaux dont les formes appartiennent à deux systèmes différents de cristallisation, dimorphisme d'autant plus singulier qu'il a lieu dans une substance réputée simple, et sans qu'il soit possible de se rendre compte des circonstances qui amènent ce changement de forme.

Le soufre se rencontre en nids ou en amas, plus ou moins considérables, dans des terrains et des roches de diverses époques. Au Pérou et au Brésil, on le trouve dans des couches subordonnées aux gneiss et aux micaschistes ; dans la Tarentaise et près de Girgenti en Sicile, c'est dans le terrain jurassique qu'il se montre ; les formations crétacées et supercrétacées en contiennent aussi ; tous les volcans en fournissent en abondance, et il en est de même des solfatares, principalement de celle de Pouzzole, près Naples. On recueille au surplus cette substance dans la plupart des contrées du globe, en Savoie, en Suisse, en Italie, en Espagne, en Allemagne, en Transylvanie, en Irlande, en Russie, en Afrique et en Amérique. En France, on le trouve dans la marne argileuse de Montmartre, près Paris ; dans le gypse des environs de Meaux ; à la cascade de la Dore, en Auvergne ; dans le gypse d'Oisans, en Dauphiné ; à Malvesi, près Narbonne ; à Saint-Boës, près Dax ; etc., etc.

On distingue le *Soufre vitreux*, le *Soufre fibreux*, le *Soufre compacte* et le *Soufre pulvérulent*.

En Sicile, pour obtenir le soufre pur, on procède de la manière suivante : le minerai, réduit en gros fragments, est placé dans un fourneau où on le dispose en forme de voûte. On y met le feu, et alors la portion qui se trouve en contact avec l'air atmosphérique se réduit en gaz acide sulfureux et se dissipe dans cet air, tandis que l'autre portion se lignéfie. On n'obtient ainsi, en soufre pur, que la 18e partie de la masse sur laquelle on a opéré.

SOULÈVEMENTS. De ce que la figure de la terre exige que cette planète ait été à l'état fluide et qu'il n'est guère possible d'admettre que cette fluidité provienne d'une autre cause que de la chaleur, on a déduit que le passage de l'état liquide à l'état solide a dû, en vertu du rayonnement de cette chaleur, se réaliser d'abord à l'équateur, et que les masses de la croûte solide ont nécessairement flotté à la surface du fluide incandescent. La masse fluide se serait trouvée ensuite soumise à l'action des marées, et aussi longtemps que la croûte figée aurait été trop mince pour résister à cette action, on présume qu'il en serait résulté pour elle une rupture en fragments semblables à ceux dont se trouve composée la surface du globe sur tous ses points. C'est de ce rayonnement de la chaleur et de la tendance de la croûte solide à se conformer à la surface fluide inférieure, que des inégalités se sont produites à la surface du globe, dès sa première consolidation ; et de cette nécessité où se trouve l'enveloppe solide de la terre de diminuer sans cesse de capacité, tout en conservant une température égale, pour embrasser avec constance la masse interne dont la température décroît sans cesse, est née la théorie du soulèvement des montagnes.

Lorsque la force qui produit l'ascension et l'éjection des matières volcaniques rencontre sur son passage un obstacle quelconque qui lui rend plus difficile de traverser l'écorce du globe que de la soulever, il s'opère un soulèvement dans une portion de cette écorce. D'un autre côté, quand la croûte du globe était plus mince, plus chaude et plus flexible qu'aujourd'hui, la force qui produit actuellement les ascensions volcaniques devait opérer des soulèvements bien plus nombreux qu'on n'en voit à présent, soulèvements qui avaient aussi, sans le moindre doute, bien plus d'étendue; et le degré favorable à ce phénomène était celui où la croûte n'était pas assez mince pour se rompre au premier effort, ni assez épaisse pour opposer une trop grande résistance aux matières poussées de bas en haut.

Il y a des soulèvements qu'on peut considérer comme résultant d'éruptions où les matières solides, au lieu d'être lancées en l'air, sont simplement poussées de bas en haut, à la manière des taupinières. D'un autre côté, si les phénomènes volcaniques font surgir des montagnes entières, ils en font aussi disparaître; car on voit quelquefois des parties du sol s'affaisser et des cônes volcaniques s'écrouler avec un fracas épouvantable.

Le phénomène des soulèvements explique l'aspect déchiré de la plupart des sommets de montagnes, et la ressemblance qu'ont la plupart des vallées avec des fentes et des crevasses. La théorie qui est due à ce phénomène, a donné aussi l'espoir aux géologues d'arriver un jour à déterminer l'époque précise de l'exhaussement de chaque chaîne de montagnes.

La majeure partie des roches qui composent la croûte terrestre ont été formées dans un liquide et se sont étendues par couches à peu près horizontales. Or, comme ces mêmes couches ont aujourd'hui des inclinaisons plus ou moins prononcées, on ne saurait attribuer cet effet qu'à des catastrophes postérieures à leur formation, et tout porte alors à penser que ces catastrophes ont été des soulèvements, supposition qui, du reste, ne veut pas dire que des couches horizontales n'aient été aussi soulevées sans rien perdre de leur horizontalité.

M. Elie de Beaumont a admis aussi cette supposition, que toutes les rides qui se formaient à la surface du globe par une même révolution devaient avoir une direction parallèle à un même grand cercle de la terre, d'où il résultait que toutes les montagnes formées à la même époque devaient avoir la même direction; et comme la chaîne des Alpes, par exemple, présente deux directions différentes, celle de la partie orientale, qui se dirige de l'est-nord-est à l'ouest-sud-ouest, et celle de la partie occidentale, qui se dirige du sud-sud-ouest au nord-nord-est, M. de Beaumont en conclut naturellement, d'après sa théorie, que cette chaîne a été formée à deux époques différentes. Il rapporte ensuite à l'époque de formation de la partie orientale de ces Alpes l'origine de celle du mont Ventoux, en France; de la Sierra Morena, en Espagne; du Balkan, en Turquie; du Caucase et de l'Hymalaya, en Asie; et des principaux chaînons de l'Atlas en Afrique; tandis qu'il fait remonter au soulèvement de la partie occidentale celui des montagnes de la Scandinavie, des côtes occidentales de l'Espagne et de Maroc, et celui des côtes orientales du Brésil. Voici, au surplus, quels sont les treize soulèvements signalés par ce géologue :

1er.—Soulèvement des couches du West-Moreland et du Hundsruck, dirigées du nord est $\frac{1}{4}$ est, au sud-ouest $\frac{1}{4}$ ouest. Avant la formation du terrain anthraxifère.

2e.—Ballons des Vosges, collines du bocage du Calvados. De l'est 15 degrés sud, à l'ouest, 15 degrés nord. Formation anthraxifère.

3e.—Soulèvement de portions de sol, dirigées parallèlement du nord au sud. Entre la formation du terrain houiller et celle du terrain pénéen.

4e.—Soulèvement des montagnes du Hainaut et du pays de Galles. Entre la formation du grès vosgien et celle du *Todte liegende*.

5e. — Soulèvement des montagnes qui bordent la vallée du Rhin. Entre la formation du terrain keuprique et celle du terrain pénéen.

6e. — Soulèvement du Morvan, du Thuringerwald et du Boehmerwald, dirigé du nord-ouest au sud-ouest. Entre la formation du terrain jurassique et celle du terrain keuprique.

7e. — Soulèvement de l'Erzgebirge, en Saxe, du mont Pilas, dans le Forez, des Cévennes, etc., dirigé du nord-est au sud-ouest Entre la formation du terrain crétacé et du terrain jurassique.

8e. — Soulèvement du mont Viso, dirigé du sud-sud-est au nord-nord-est. Epoque secondaire ou ammonée.

9e. — Soulèvement des Pyrénées; des Apennins; de la chaîne du Carmel, en Syrie; des montagnes de la Mésopotamie; de la chaîne des Gâtes, dans l'Inde; de celle des Alleghanis, dans l'Amérique septentrionale, etc., dirigé de l'ouest-nord-ouest à l'est-sud-est. Entre l'époque tertiaire et l'époque secondaire.

10e. — Soulèvement des montagnes de la Corse et de la Sardaigne, des chaînes du Liban, etc., dirigé du nord au sud. Epoque tertiaire.

11e. — Soulèvement des Alpes occidentales, dirigé du sud-sud-ouest au nord-nord-est. Epoque nymphéenne.

12e. — Soulèvement des Alpes orientales, dirigé de l'est-nord-est à l'ouest-sud-ouest. Epoque tritonienne (1).

13e. — Soulèvement des Andes, dans la direction du nord au sud. Epoque diluvienne.

M. de Beaumont, nous l'avons dit, a établi ce principe général, que tous les mouve-

(1) On croit que les Alpes ont acquis, depuis leur origine, une hauteur de 600 à 1200 mètres, et les Apennins de 300 à 600.

ments du sol qui se sont produits entre deux périodes géologiques consécutives ont affecté une direction unique, variable à chacun de ces cataclysmes. Les premiers éléments de ce principe avaient été entrevus par Halley, et sont devenus, après la publicité donnée aux opinions du savant français, l'objet d'une étude approfondie de la part de M. de Boncheporn. Ce dernier, en admettant la probabilité de divers chocs qui auraient produit un déplacement considérable des pôles et de l'axe de rotation de la terre, attribue principalement ce changement de polarité à la fluidité intérieure du globe, c'est-à-dire à l'action d'une partie du fluide qui existe entre le noyau central, dont la solidification est le résultat de l'écrasement, et la pellicule extérieure solidifiée par le refroidissement. Ce principe forme la condition indispensable pour l'équilibre d'une rotation nouvelle, ou, en d'autres termes, il explique pourquoi l'enveloppe solide, privée de la mobilité moléculaire, subit l'influence des mouvements intérieurs, et se trouve ainsi, d'une part, brisée par l'expansion du fluide vers le nouvel équateur; d'autre part, soumise à la réaction centripète due à son propre poids, comme à celle produite par le frottement du liquide affluent vers l'équateur, parce qu'elle a pris trop d'extension vers les pôles, où elle demeure alors sans appui. Un fait remarquable se présente aussi dans ce cas : c'est que, quel que soit le sens relatif de la translation du fluide parallèlement à l'équateur, la composante de la pesanteur tangentielle au méridien reste partout dirigée vers le cercle équatorial, et que le poids de toute l'enveloppe solide se trouve transformé en une série de forces horizontales dirigées dans chaque hémisphère des pôles vers l'équateur, lesquelles forces y reproduisent un refoulement général dont l'effet est d'y ramener les portions excédantes du revêtement solide par une série d'ondulations tout à fait analogues aux inflexions des terrains dans nos montagnes. Ces ondulations montagneuses sont alors régies par deux grandes lois : il résulte d'abord, de l'égale direction des forces pour tous les points situés à la même latitude, que les ondulations seront partout alignées, parallèles entre elles et au nouveau mouvement de la terre; secondement, la concentration de toutes les forces vers l'équateur devra y rassembler les ridements les plus développés, et y produire par conséquent, à chacun des chocs, une ligne montagneuse principale qui occupera le contour d'un grand cercle de la sphère. D'après cette théorie, on entrevoit la possibilité de retrouver la trace des équateurs successifs de la terre, si en effet sa rotation a varié à diverses reprises; et ce résultat, M. de Boncheporn prétend l'avoir obtenu, c'est-à-dire qu'il déclare que les lignes montagneuses circulaires que l'on peut déterminer embrassent régulièrement toutes les chaînes de la terre, toutes les délimitations continentales, et qu'elles se trouvent exactement en nombre, avec les époques géologiques, et en direction avec les soulèvements qui caractérisent ces époques.

Strabon, Pline, Justin, Cassiodore, Dion Cassius, Plutarque, Sénèque et plusieurs autres écrivains de l'antiquité, nous ont laissé des détails sur la formation ou le soulèvement de plusieurs îles de l'archipel grec. Au rapport de Pline, on attribuait de son temps l'origine des îles de Délos et de Rhodes à un soulèvement opéré au sein des flots. Il en était de même des îles Anaphé, Mélos, Nea, Lemnos, Alone, Lébédos, Théos, Théra ou Santorin, Thérasia, etc. Les petites îles trachytiques du golfe de Santorin se sont successivement élevées au-dessus de la mer : celle d'Hiéra ou vieille Kaméni, 144 ans avant notre ère; la petite Kaméni en 1578; et la nouvelle Kaménie en 1709.

En l'an 764 de notre ère, les îles Kionsiou s'augmentèrent de trois nouvelles îles qui s'élevèrent du sein de la mer.

Le Monte-Nuovo, près de Naples, s'est élevé en un jour et une nuit, en 1538. Voici ce qu'a rapporté sur ce phénomène Porzio, médecin qui vivait à cette époque : « Les cinquième et sixième jour des calendes d'octobre, dit-il, la terre éprouva des secousses continuelles le jour et la nuit. La mer se retira de deux cents pas environ; les habitants purent recueillir sur cette partie du rivage une grande quantité de poissons, et on y vit jaillir des sources d'eau douce. Enfin, le troisième jour des calendes d'octobre, le terrain compris aujourd'hui entre le pied de la montagne que les habitants appellent Monte-Barbaro, et la partie de la mer qui avoisine le lac d'Averne s'éleva et prit subitement la forme d'une montagne naissante. Le même jour, à deux heures de la nuit, ce monticule de terre s'entr'ouvrit avec un grand bruit et vomit, par la large bouche qui s'était formée, des flammes considérables, ainsi que des ponces, des pierres et des cendres. »

En 1725 et 1726, en Islande, et durant une éruption de l'OEræfe Tœkull, une grande étendue de terres élevées s'affaissa et forma un lac; puis, à un quart de lieue de ce premier lac, une colline s'éleva dans un autre lac qui fut converti en un terrain aride.

En 1757, il s'éleva neuf îles nouvelles aux Açores.

Avant le mois de juin 1759, l'espace où s'élève le volcan de Jorullo était couvert de plantations d'indigo et de cannes à sucre, et arrosé par le Cuitamba et le San-Pedro; tout à coup, dans ce mois de juin, des tremblements de terre et des bruits souterrains se firent entendre et continuèrent pendant cinquante à soixante jours; puis, à la fin de septembre, le sol, dit M. de Humboldt, se souleva, en forme de vessie, sur une étendue de 3 à 4 milles carrés et atteignit au centre une élévation de 160 mètres. Des nuages de cendres furent transportés au loin, des roches incandescentes furent lancées à de grandes hauteurs, et le Cuitamba et le San-Pedro disparurent dans le gouffre. Le terrain ainsi bouleversé a reçu le nom de *Malpays*, et les milliers de petits cônes qui le couvrent sont appelés fours (*hornitos*), parce que ce sont des fumarolles hauts de 2 à 3 mètres.

En 1771, de grands espaces de terrains furent soulevés à Java, et une montagne s'éleva vis-à-vis l'embouchure de la rivière de Batavia.

En 1797, les environs de Quito furent soulevés à la suite d'un tremblement de terre.

En 1806, une île formée d'un pic élevé, environné de collines et d'une circonférence de quatre milles géographiques, s'éleva parmi les îles Aléoutiennes.

Pendant les tremblements de terre qui eurent lieu en 1811, dans la Caroline méridionale, des plaines s'élevaient en formant de grandes ondulations; et lorsque celles-ci atteignaient une hauteur considérable, le sol éclatait et il sortait de grandes quantités d'eau, de sable et de charbon de terre.

En 1812, à Caracas, pendant le tremblement de terre du 26 mars, la surface du sol ondulait comme un liquide bouillant, et un énorme bruit se faisait entendre sous terre; puis des soulèvements ou ballons avaient lieu sur différents points.

En 1814, il s'éleva près d'Ounalahka, dans les Aléoutiennes, une île considérable ayant un pic de 1000 mètres d'élévation.

Au mois de juin 1819, et à la suite d'un tremblement de terre, l'événement suivant eut lieu dans le Delta de l'Indus et du Sind : une étendue de terrain considérable, qui environnait le village de Sindrée, s'affaissa tout à coup et fut envahi par la mer; et pendant que ce changement s'opérait dans cet endroit, il se formait, à environ 1 myriamètre de là, dans une plaine basse et unie, une protubérance longue de 7 à 8 myriamètres, large de 3 environ, et dont la hauteur, au-dessus du niveau primitif du Delta, était d'à peu près 3 mètres. Les habitants l'appelèrent *Ulloh Bund* ou Levée de Dieu.

En février et mars 1820, et à la suite de tremblements de terre qui eurent lieu à Sainte-Maure, l'une des îles Ioniennes, il s'éleva près de la côte une île rocheuse.

Dans la même année, près de la côte de Gounong-Api, l'une des îles Banda, dans la Malaisie, une baie de 60 brasses de profondeur fut transformée tout à coup en un promontoire formé de blocs de basalte, et ce soulèvement, d'une puissance de plus de 1000 mètres, eut lieu avec si peu d'agitation, que les habitants ne s'en aperçurent qu'après qu'il fut accompli.

En 1822, deux rochers sortirent de la mer dans le voisinage de l'île de Chypre.

En novembre de la même année, à la suite d'un tremblement de terre qui se fit ressentir sur une étendue de plus de 400 lieues géographiques, et qui endommagea beaucoup les villes de Santiago, Valparaiso et plusieurs autres, toute la ligne de la côte, sur une longueur de 20 myriamètres, fut soulevée au-dessus de son niveau précédent. A Valparaiso, cette élévation était d'un mètre, et à Quintero un peu plus considérable.

La Suède, la côte occidentale de l'Amérique du Sud et certains archipels de l'Océan Pacifique, sont soumis aussi à un mouvement lent et presque insensible d'exhaussement. *Voy.* VOLCANS.

SOURCES. *Voy.* EAU.

SPACK. Nom par lequel les Allemands désignent le sel gemme mélangé d'argile.

SPARNODUS. *Agass.* Genre de poissons fossiles, de la famille des Sparoïdes. Ses caractères principaux sont : Dents coniques, obtuses, distantes les unes des autres et à peu près égales dans les deux mâchoires; gaînes d'écailles le long du dos et sous la queue, dans lesquelles les nageoires dorsale et anale pouvaient se cacher lorsqu'elles étaient pliées en arrière. Ce genre a été recueilli au Monte-Bolca.

SPAROIDES. *Cuv.* Famille de poissons, de l'ordre des Cténoïdes, qui est ainsi caractérisée : Poissons oblongs à écailles rudes; pièces operculaires lisses ou faiblement dentelées; dents de forme variable aux intermaxillaires et aux maxillaires inférieurs; palais inerme; rayons épineux de la partie antérieure du dos réunis aux rayons mous en une seule nageoire; ventrales thoraciques; six rayons branchiostègnes au plus. Cette famille comprend les genres *Dentex*, *Pagellus*, *Sparnodus*, *Sargus*, etc.

SPATANGUE, *Spatangus*. Genre d'Echinides établi par Leske et conservé par Lamarck, mais qui se trouve aujourd'hui réparti dans divers genres récemment créés. Il a beaucoup d'analogie avec les ananchites; mais il en diffère par ses ambulacres, qui sont bornés au lieu d'être complets. Ce genre a de nombreux représentants à l'état fossile.

SPERKIES. Nom allemand de la roche que nous appelons Sperkise.

SPERKISE. Roche d'un jaune verdâtre, qui se présente en masses fibreuses, mamelonnées ou en boules dans toute espèce de terrain, mais particulièrement dans les argiles et la craie, et forme quelquefois des espèces de dendrites à la surface d'autres corps. Son nom a été imposé par M. Beudant à ce que l'on appelait autrefois *fer sulfuré blanc*.

SPHÆRODUS. *Agass.* Genre de poissons fossiles, de la famille des Pychodontes. Il a pour caractères : Dents formant des rangées régulières et espacées et de forme bombée, souvent hémisphérique; couronne lisse supportée par une racine qu'elle déborde plus ou moins. On trouve ce genre dans le terrain triasique.

SPHAGEBRANCHUS. *Bloch.* Genre de poissons fossiles, de la famille des Anguilliformes, que l'on recueille au Monte-Bolca.

SPHENACANTHUS. *Agass.* Genre de la famille des Ichthyodorulithes. Il est caractérisé par un rayon à arêtes et sillons qui s'étendent longitudinalement depuis la base jusqu'au sommet; ce rayon est de forme arrondie sur ses côtés et à son bord antérieur, mais coupé carrément à sa face postérieure.

SPHENOCEPHALUS. *Agass.* Genre de poissons fossiles, de la famille des Percoïdes. Ses caractères sont : Rayons mous aux nageoires ventrales ; intermaxillaires et maxillaires inférieurs munis de très-petites dents pointues ; maxillaires supérieurs dépourvus de dents et se dilatant en forme de spatule arrondie sur les côtés de l'articulation de la mâchoire inférieure ; une seule nageoire dorsale soutenue en avant par quelques rayons épineux ; l'anale ayant un rayon de plus que la dorsale ; la caudale très-fourchue. Ce genre provient de la craie de Westphalie.

SPHENODUS. *Agass.* Genre de poissons fossiles, de la famille des Squalides. Il a pour caractère particulier l'émail des dents, qui est mieux séparé de la dentine que dans toutes les autres dents à dentine solide. Ce genre se rencontre dans les terrains jurassiques et les dépôts inférieurs de la craie.

SPHENOLEPIS. *Agass.* Genre de poissons fossiles, de la famille des Esocides. Il est caractérisé comme suit : Corps allongé ; museau grêle ; nageoire dorsale opposée aux ventrales ; la caudale à peine fourchue ; écailles grandes. Ce genre se trouve dans les schistes d'OEningen et dans le gypse de Montmartre.

SPHENONCHUS. *Agass.* Genre de poissons fossiles, de la famille des Hybodontes. Ses caractères principaux sont : Cône des dents médian et de forme cylindrique avec des plis distincts à la base ; racine développée, fortement dilatée sur les côtés, et offrant une troisième corne, de manière que les dents semblent reposer sur un trépied. Ce genre appartient aux divers étages du lias.

SPHENOPHILLUM. Genre de plantes fossiles, de la famille des Marsiliacées.

SPHENOPTERIS. *Ad. Brongn.* Genre de fougères fossiles dont le caractère principal consiste dans le décroissement rapide des lobes et leur divergence, qui donnent communément à la pinnule la forme d'un coin, d'un éventail ou des doigts d'une main. Ce genre se rencontre dans les terrains carbonifères.

SPHERITE. Concrétion de calcaire siliceux, de couleur grisâtre, que l'on rencontre dans l'argile d'Oxford.

SPHEROLITHES. Boules ou bombes calcaires qui sont éjectées par le Vésuve.

SPHÉRULITE, *Spherulites.* Genre de Mollusques fossiles, établi par Laméthrie, et qui comprend plusieurs des espèces de Radiolites qu'avait formées Bruguières. Les Sphérulites se rencontrent principalement dans les terrains crétacés et oolithiques, et voici comment elles sont caractérisees : Coquille conique, adhérente, très-inéquilatérale, non symétrique, le plus souvent foliacée et parfaitement close ; deux impressions musculaires saillantes dans la valve supérieure, aplaties et obliques dans l'inférieure ; charnière ayant deux fortes dents, longues et coniques à la valve supérieure, lesquelles sont reçues dans deux cavités proportionnelles de la valve inférieure ; ligament interne ou surinterne placé dans une fossette plus ou moins grande, souvent divisée en deux parties inégales, et toujours comprise entre la charnière et le bord postérieur. Suivant M. Deshayes, les Sphérulites et les Cames devraient être rapprochés, et le birostre du dernier genre ne serait qu'un moule intérieur de Sphérulite dont l'animal a disparu. Ce fossile est très-abondant dans le calcaire jurassique et la craie.

SPHYRÆNA. Bloch. Genre de poissons de la famille des Sphyrénoïdes. Ses caractères principaux sont : Corps élancé ; tête allongée avec de fortes dents tranchantes aux intermaxillaires, aux palatins et à la mâchoire inférieure ; nageoire dorsale épineuse, séparée de la dorsale molle ; vertèbres allongées et peu nombreuses ; écailles moyennes. Ce genre se montre au Monte-Bolca.

SPHYRÆNODUS. *Agass.* Genre de poissons fossiles, de la famille des Sphyrénoïdes. Il a pour caractères : Mâchoires armées de dents très-fortes, uniformes, coniques et légèrement comprimées. Ce genre se trouve dans l'argile de Londres de Scheppy.

SPHYRÉNOIDES. *Agass.* Famille de poissons, de l'ordre des Cycloïdes. Ses caractères sont : Poissons allongés et à grandes écailles ; dents fortes et tranchantes ; nageoires dorsales séparées ; les ventrales abdominales ; vertèbres peu nombreuses. Cette famille comprend les genres *Cladocyclus*, *Hypsodon*, *Mesogaster*, *Rhamphognathus*, *Sphyræna*, *Sphyrænodus*, *Saurocephalus* et *Saurodon*.

SPIESGLANZ et SPIESGLAS. Nom allemand de l'antimoine.

SPILITE. Roche d'origine ignée, non stratifiée, que les Anglais nomment *Stoadstone* et les Allemands *Blatterstein*, *Perlstein*, *Mandelstein* et *Schaulstein*. On lui a donné aussi le nom de *Xérasite*, et c'est une de ses variétés qui forme la variolite du Deac. Le Spilite, de texture amygdaloïde, est composé d'une pâte de pyroxène contenant du calcaire et des minéraux de diverses natures. Ses variétés principales sont le *Spilite commun*, qui est d'un vert sombre ou d'un brun violacé, et qui renferme des noyaux de calcaire ; le *Spinite veiné*, où se trouvent des grains de *calcaire spathique*, et qui offre des noduls calcaires avec des cristaux de feldspath ; et le *Spilite zootique*, composé d'une pâte calcarifère renfermant des noyaux calcaires et des débris d'Encrines.

SPINACANTHUS. *Agass.* Genre de poissons fossiles, de la famille des Blennioïdes. Il a pour caractères : Corps trapu ; première nageoire dorsale composée d'immenses épines égalant le corps en longueur, et dont les premières sont dentelées à leur base ; seconde dorsale très-grêle. Ce genre se rencontre au Monte-Bolca.

SPINACORHINUS. *Agass.* Voy. Squaloraja.

SPIRIFÈRE. Genre de Mollusques fossiles qui fut signalé pour la première fois par M. Sowerby. Avant lui, on le confondait avec les Térébratules, qui lui sont associées dans les couches antérieures à la formation de la craie. Les principaux caractères de ce genre sont une coquille bivalve, équilatérale, inéquivalve, dans laquelle existent deux spirales linéaires ; mais on rencontre aussi dans d'autres coquilles, ces deux corps coniques. On a décrit les *S. cuspidatus*, *oblatus*, *glaber*, *obtusus*, *pinguis*, *striatus*, *trigonalis*, *ambiguus*, *minimus*, *Walcotti*, *attenuatus*, *lineatus*, *distans*, *bisulcatus*, *rotundatus* et *Sowerbyi*.

SPLITTERIGER-HORNSTEIN. Nom allemand du pétrosilex fragmentaire.

SPODITE. L'une des variétés des cendres volcaniques.

SPONDYLE, *Spondylus*. Genre de Mollusques dont on rencontre plusieurs représentants à l'état fossile.

SPRENG. Mot allemand qui signifie une fente, une faille.

SQUALODON. *Grateloup*. Genre de cétacés fossiles, voisin des Dauphins, dont les débris ont été recueillis dans le grès marin de Léognan, près Bordeaux. Le caractère le plus remarquable consiste dans le nombre de lobes dentaires, plus considérable que dans les genres analogues.

SQUALORAJA. *Riley*. Genre de poissons fossiles, de la famille des Raies. Ses caractères principaux sont : Bec composé de deux pièces, dont l'inférieure, plus large et déprimée, embrasse l'autre, qui est arrondie, et autour de ce bec sont de petites épines semblables à des boucles de raies ; mâchoires transversales placées en forme de croissant, en avant et au-dessous des orbites ; traces de nageoires pectorales ; rayons des ventrales semblables à ceux des pectorales ; colonne vertébrale composée d'un grand nombre de vertèbres discoïdes très-courtes ; toute la surface du corps garnie de petites boucles acérées, à large base et fissurées à leur pourtour. On rencontre ce genre dans le lias de Lyme-Regis.

STAARSTEIN. Les Allemands désignent par ce nom les bois silicifiés des Monocotylédons.

STAHLERZ. Nom allemand du fer magnétique sablonneux.

STALACTITES et STALAGMITES. Concrétions qui tapissent les parois et le sol du plus grand nombre des grottes naturelles. Le carbonate de chaux, quoique insoluble dans l'eau, est cependant entraîné en dissolution par les eaux souterraines, parce que ce sel est soluble dans un excès d'acide carbonique, et surtout sous une pression considérable, conditions dans lesquelles il se trouve précisément lorsqu'il est au-dessous d'une certaine épaisseur de couches terrestres. Ces sels se précipitent dès que les eaux qui en sont chargées reçoivent le contact de l'air, et que l'acide carbonique s'échappe par suite de la diminution de pression que les eaux éprouvent ; et il se produit alors, dans l'intérieur des cavités souterraines, des dépôts de matière calcaire qui reçoivent les noms de Stalactites et de Stalagmites ; celles-ci se forment à la surface du sol ; les premières couvrent les parois où elles se montrent sous les formes les plus variées ; et quelquefois les Stalagmites vont rejoindre, par leur accroissement en hauteur, les Stalactites qui descendent de la voûte, réunion qui produit des colonnes plus ou moins élevées et d'un diamètre plus ou moins considérable. Les Stalactites, qui sont quelquefois d'une grande blancheur et parfaitement cristallisées, brillent alors de mille feux lorsqu'on pénètre dans les cavernes avec des flambeaux.

M. Malbos a cru remarquer, par l'examen des concrétions que l'on rencontre dans les cavités souterraines, qu'elles pouvaient servir à constater l'époque des cataclysmes qui ont ravagé la terre. Ainsi l'auteur possède, dit-il, une stalagmite brisée qui a été renversée sur place dans une caverne du Vivarais, et qui est d'une longueur de 96 centimètres ou 36 pouces. Le suintement de la voûte qui avait produit cette stalagmite, continuant à tomber sur sa base, en a formé une seconde perpendiculairement sur l'autre, d'environ 14 pouces, laquelle se trouve incrustée à l'extrémité de cette base ; et alors, d'après le calcul de M. Malbos, le déluge de Moïse remonterait à 3490 années avant l'époque actuelle, c'est-à-dire que 36 pouces, longueur totale : 14 : : 3490 : 1357, porterait l'époque où cette stalagmite fut renversée, à peu près à l'invasion des Gaules par les Francs. Il est bien entendu que nous donnons ce calcul de M. Malbos sans y attacher la moindre importance scientifique.

STALAGMITES. *Voy.* STALACTITES.

STALSTEIN. Nom allemand du fer spathique.

STANGEN. Nom allemand des lignites.

STÉASCHISTE. Roche à texture schistoïde, composée de divers silicates de magnésie, qui se présente en masses stratifiées, formant quelquefois des montagnes assez considérables en se réunissant aux schistes et aux phyllades, et renfermant des amas métallifères, principalement du plomb et du cuivre argentifère. Il y a des stéaschistes quartzeux, feldspathiques et grenatiques.

STÉATITE. Roche qui se présente en amas, en couches ou en veines, au milieu des gneiss, des micaschistes et des serpentines. Sa texture est tantôt compacte, tantôt fibro-schisteuse ou schistoïde, ou bien écailleuse. Sa couleur est le grès ou un blanc sale. Cette roche est un silicate de magnésie, dans lequel la silice se montre dans la proportion de 50 à 62 pour 100. Elle porte aussi le nom de *Craie de Briançon*, et les Allemands l'appellent *Spekstein*, c'est-à-dire *Pierre de Lard*. La Stéatite se rencontre rarement en grandes masses.

STEIN. Mot allemand qui signifie roche et rocher.

STEINADER. Mot allemand qui signifie veine de roche.

STEINBANK. Mot allemand qui signifie lit de pierres.

STEIN-BRANSEISTEN. Nom allemand de l'argile glaise.

STEINGRUBE. Mot allemand qui signifie carrière de pierres.

STEINKOHLE. Nom allemand de la houille.

STEINSALZ. Nom allemand du sel gemme.

STÉNÉOSAURE, Steneosaurus. *Geoffroy*. Genre de reptiles fossiles, trouvé dans le terrain secondaire de Honfleur, et qui est voisin des Crocodiles. Voici comment il est caractérisé : Corps des vertèbres convexo-concave ; frontaux antérieurs très-développés et formant toit au-dessus de l'orbite ; naseaux relevés en bosse ; ouverture extérieure des narines ovale. On connaît les *S. rostro minor*, *rostro major*, *Typus*, etc.

STERNBERGIA. Genre de plantes fossiles, de la classe des Phanérogames, mais dont la famille est incertaine.

STIGMARIA. Genre de plantes fossiles, de la famille des Lycopodiacées.

STIGMITE. Nom que quelques géologues donnent à la matière vitreuse que vomissent les volcans, et qui porte plus communément le nom d'*Obsidienne*.

STINK-KALK. Nom allemand du calcaire fétide.

STINKTEIN. L'un des noms allemands du calcaire fétide.

STIPITE. Matière noire, opaque et tendre, de texture schisteuse, granulaire ou compacte, qui brûle avec plus ou moins de facilité et laisse un charbon celluleux, poudreux et à surface rugueuse. Elle diffère de la houille en ce qu'elle a moins d'éclat et qu'elle est moins bitumineuse. Elle appartient aussi à un terrain moins ancien, et se trouve principalement dans le grès bigarré. La Stipite, que les Allemands appellent *Lettenkohle*, porte encore les noms de *Houille maigre*, de *Houille sèche* et de *Houille limoneuse*.

STOCKWERCK. Nom que l'on donne à la disposition confuse, dans un même gisement, des diverses substances qui s'y trouvent disséminées, et qui se présentent alors sous différentes formes.

STOLLEN. Nom par lequel les Allemands désignent les galeries et les chemins de mines.

STRAHLKIES. Nom allemand du fer sulfuré radié, ou pierre de foudre.

STRATIFICATION. Division d'une masse rocheuse en couches ou bancs d'une épaisseur plus ou moins considérable et d'une inclinaison variable. Les strates, qui sont surtout très-remarquables dans les roches d'origine aqueuse, se sont formées en lignes parallèles, horizontales ou peu inclinées, et lorsque l'inclinaison a lieu, elle se montre principalement vers les bords du bassin dans lequel s'est déposé le sédiment dont la roche est composée. Quelquefois, cependant, les strates offrent une inclinaison qui forme avec l'horizon un angle de 45° ou même un angle ouvert, et il arrive aussi qu'elles sont entièrement perpendiculaires ; mais alors ces dernières positions sont le résultat de commotions violentes, postérieures à la consolidation des couches. Les couches parallèles présentent aussi des cas où elles sont tant soit peu arquées ou tout à fait brisées, comme cela a lieu dans quelques terrains houillers. On déduit de ces faits que lorsque les strates sont parallèles, elles doivent appartenir à la même époque, tandis que lorsqu'elles sont inclinées, contournées ou brisées, et affectent l'une sur l'autre une disposition contraire, elles ont dû se former à différentes époques.

On observe aussi, assez fréquemment, à droite et à gauche d'une couche quelconque, des strates inclinées en sens inverse, ce qui indique évidemment que celles-ci ont été brisées pendant le soulèvement de la masse centrale. D'autres fois encore, les masses rocheuses étant traversées par des failles, présentent, de chaque côté de ces éjections, des strates dont les niveaux ne sont plus les mêmes. Il arrive encore, comme dans les montagnes du Hartz, que la stratification est uniforme et très-inclinée, c'est-à-dire de 45°, et que les strates augmentent d'épaisseur à mesure qu'elles s'enfoncent dans les profondeurs de la terre. Enfin, les strates sont parfois divisées transversalement par des fissures qui se sont produites, soit pendant que la roche se consolidait, soit à la suite de quelque perturbation, et qui pénètrent plus ou moins dans l'épaisseur des couches. Rarement ces fissures sont parallèles ; mais lorsqu'elles le sont, c'est avec une grande régularité.

L'épaisseur de la stratification ou des couches reçoit le nom de *Puissance*. La stratification est *régulière*, lorsque toutes les couches sont parallèles entre elles et la direction générale ; elle est *irrégulière*, lorsque ces couches sont contournées. On dit encore que la stratification est *horizontale* lorsque les couches sont peu inclinées ; qu'elle est *inclinée*, lorsque les couches parallèles ont une certaine inclinaison ; *arquée*, lorsque ces couches sont ondulées et contournées ; *affleurée*, lorsque, reposant sur un plan incliné, les couches sont plus épaisses vers le bas que vers le haut et tendent à prendre la stratification horizontale ; et *brisée*, quand elle offre une suite d'angles plus ou moins ouverts et aigus.

La stratification doit être encore observée dans le sens de la *Direction* et de l'*Inclinaison* des couches. La direction d'une couche suit une ligne située sur le plan de cette couche et perpendiculaire à l'horizon ; son inclinaison est l'angle qu'elle forme avec cet horizon, c'est-à-dire que les lignes de la direction des couches et de leur inclinaison se coupent toujours à angle droit. Quelquefois, cependant, les couches plongent dans deux directions opposées, partant d'une ligne que l'on nomme anticlinale. Lorsque les couches de diverses formations sont inclinées dans le même sens, on dit qu'elles sont en stratification *concordante* ; elles sont au contraire en stratification *discordante* ou *transgressive*, lorsqu'elles forment entre elles des angles différents. Dans le premier cas, l'inclinaison de chacune des couches provient de la même cause; dans le second, elle est le résultat d'opérations différentes. Les géologues constatent la direction et l'inclinaison des couches au moyen d'une boussole particulière, de même qu'ils mesurent les angles des minéraux à l'aide d'un instrument appelé *goniomètre*.

STREBEWAND. Mot allemand qui signifie contrefort.

STREPTOSPONDYLUS. *Meyer*. Genre de reptiles fossiles trouvé dans le terrain secondaire de Honfleur et qui est voisin des Crocodiles. Son caractère le plus remarquable est d'avoir la convexité du corps placée en avant et la concavité en arrière, c'est-à-dire dans un sens inverse à ce qui a lieu chez les autres reptiles. On connaît les *S. Cuvieri* et *major*.

STROMBITES. Nom donné par quelques naturalistes aux mollusques fossiles du genre *Strombus*.

STRONTIANITE. Roche qui provient de la combinaison de la strontiane avec un sulfate. Elle se rencontre particulièrement à Stronthian, en Ecosse, à Braunsdorff, en Saxe, et à Léogang, dans le Salzburg.

STROPHODUS. *Agass*. Genre de poissons fossiles, de la famille des Cestraciontes. Il a pour caractères : Dents allongées, plus ou moins rétrécies, tronquées aux deux bouts, et offrant une torsion plus ou moins sensible ; racine large, plate et échancrée dans les dents les plus hautes. Ce genre appartient aux terrains triasique et oolithique.

SUBLIMATION. On nomme ainsi, en chimie, l'opération qui consiste à séparer, au moyen de la vaporisation, les parties volatiles d'un corps sec et solide. C'est à la suite d'un état analogue de la matière première de l'écorce du globe, puis de sa condensation et de son refroidissement, que l'on suppose que se sont formés les terrains granitiques.

SUCHOSAURE, Suchosaurus. *Owen*. Genre de reptiles fossiles dont les restes ont été trouvés dans le terrain de Wealds, et qui est voisin des Crocodiles. Il est caractérisé par des dents comprimées latéralement, un peu recourbées, avec bords tranchants opposés, l'un sur la face convexe, l'autre sur la concave, et marquées de sillons longitudinaux parallèles qui s'effacent avant d'arriver au sommet de la dent. On connaît le *S. cultridens*.

SUPERPOSITION. Ordre dans lequel se succèdent les terrains, les formations, les groupes, les étages et les assises des diverses roches qui constituent l'écorce du globe. Cet ordre n'est jamais interverti, c'est-à-dire que la succession des roches se présente toujours la même dans quelque lieu que ce soit, et que par la connaissance d'un groupe on peut toujours dire quel est celui qui le supporte et celui qui le recouvre, à moins que des circonstances fortuites n'aient établi des lacunes assez considérables pour rendre l'observation confuse. En principe, les grandes masses ont donc toujours un ordre invariable de dépôt, il n'y a que dans les détails qu'il se trouve quelquefois de légères différences.

SUSSWASSER-QUARTZ. Nom allemand du quartz lacustre.

SUSSWASSER-KALK. Nom allemand du calcaire lacustre.

SUTUBRAND et SURTURBRAND. Les Islandais nomment ainsi un bois bitumineux noirâtre.

SWAGA. Nom allemand de la soude boratée.

SWINESTONE. Nom anglais du calcaire argileux fétide.

SYENITE. Roche de texture lamellaire ou grenue, composée d'orthose laminaire, de quartz et d'amphibole ; quelquefois d'albite et de labradorite ; et renfermant souvent du zircon, du mica, etc. Elle diffère du granite proprement dit, en ce que l'amphibole y remplace le mica, ce qui permet de lui donner un plus beau poli. Elle a pris son nom de la ville de Syène, dans la Haute-Egypte, aux environs de laquelle elle constitue une formation puissante.

SYENIT-PORPHYR. Nom allemand de la syénite porphyroïde.

SYNCLINALE. Ligne qui indique la réunion de couches qui de deux côtés opposés plongent l'une vers l'autre.

SYNGNATHUS. Genre de poissons fossiles, de la famille des Lophobranches de Cuvier. Ses caractères sont : Corps allongé ; tube des mâchoires très-long et terminé par une petite bouche ; nageoire dorsale sur le milieu du dos ; queue terminée par une petite nageoire arrondie. On connaît le *S. opisthopterus*, qui se rencontre au Monte-Bolca.

SYRINGODENDRON. *Sternb*. Genre de plantes fossiles, voisin du *Sigillaria*, et qui renferme comme lui des tiges de fougères arborescentes. Ses caractères principaux sont une tige à côtes régulièrement parallèles, à écorce charbonneuse et parsemée de cicatrices punctiformes, sans trace de passage de vaisseaux vasculaires, ce qui semble indiquer seulement le lieu d'insertion d'une écaille ou d'une épine. Ce genre appartient au terrain houiller.

SZYBIKERSABZ. Les Polonais nomment ainsi une variété de sel qui se trouve à la plus grande profondeur de leurs mines.

SZYBIKERSTEIN. Nom que donnent les Polonais à un grès mêlé d'argile et d'oxyde de fer.

T

TABASCHIR. Les Allemands donnent ce nom à une substance particulière qui se trouve dans les amas de bambous et qui a du rapport avec le quartz résinite hydrophane.

TÆNIOPTERIS. *Ad. Brongn*. Genre de

fougères fossiles, qui a quelque ressemblance avec les *Aspidium* vivants. Ses caractères principaux sont une fronde simple, des nervures simples, perpendiculaires à la nervure médiane et peu subdivisées, et une fructification en capsules arrondies. Ce genre se montre dans les formations secondaires et tertiaires.

TACALSCHISTE. Nom donné par M. Boubée à une roche des terrains de transition, qui n'est formée que de calcaire et de schiste talqueux.

TAFELBASAT. Nom allemand du basate tubulaire.

TAGEGEHOENGE. Mot allemand qui signifie crevasses ou filons qui aboutissent sous le gazon.

TALC. Roche à base simple, composée de silicates de magnésie, d'alumine et de potasse, et qui se présente communément en petites masses plus ou moins laminaires. C'est avec cette substance que l'on forme des vitres dans plusieurs contrées du Nord.

TALCADE. M. Boubée désigne par ce nom une sorte de phyllade, formée de talc, mais dont les lamelles ne sont pas distinctes comme dans le talcschiste.

TALCSCHISTE. Roche de texture schistoïde, luisante, douce et onctueuse au toucher, composée de Talc lamelleux et de grains de Quartz, et renfermant quelquefois du Mica, de la Chlorite, de la Stéatite, du Graphite, de l'Orthose, des Staurotides, des Mâcles, etc.

TALKIGE-FORMATION. Nom allemand de la formation Talqueuse.

TALKSCHIEFER. Nom que donnent les Allemands au Talcschiste.

TALWECH. On désigne par ce nom la pente du terrain qui borde un cours d'eau ou une vallée.

TAPIR. Genre de mammifère, de l'ordre des Pachydermes et de la famille des Trydactiles, qui a deux représentants à l'état fossile : le *Tapirus giganteus*, reconstitué par Cuvier sur quelques dents trouvées en France, et le *Tapirus mastodontoïdes*, décrit par Harlan sur des os recueillis au Kentucky. Le Tapir est surtout caractérisé par une petite trompe qui se meut en tout sens, qui est rétractile, mais non préhensible comme celle de l'éléphant. Le Lophiodon et le Dinothérium ont été rapprochés de ce genre par Cuvier.

TARTUFFITE. Substance pierreuse, de texture fibreuse, qui répand une forte odeur de truffe, et à laquelle on attribue une origine végétale, c'est-à-dire que l'on pense que c'est une plante qui, au lieu d'avoir été imprégnée de silice l'a été par du carbonate de chaux. Les tiges de cette substance sont creuses, et ce sont elles qui répandent l'odeur bitumineuse que l'on a comparée à celle de la truffe. Quelquefois le Tartuffite est complétement converti en calcaire spathique et aciculaire. Ce fossile a été rencontré dans diverses formations : à Castel-Gomberto, à Monte-Bolca et à Monte-Viale, c'est dans le terrain supercrétacé qu'il se montre ; à Moustiers, près de Caen, c'est dans les couches de l'oolithe inférieure qu'il se trouve.

TAXITES. Genre de plantes fossiles, de la famille des Conifères, que l'on rencontre dans le terrain crétacé.

TAXOTHERIUM. *Blainville.* Genre de mammifère, voisin des Coatis, qui a été trouvé à l'état fossile dans le plâtre de Montmartre.

TECHNOLITHES. Nom que quelques naturalistes ont donné à des pierres dont les dessins ont quelque rapport avec des objets d'art.

TECHNOMORPHITES. On a ainsi appelé diverses pierres dont la forme offre de la ressemblance avec des produits de l'industrie humaine.

TÉLÉOSAURE, Teleosaurus. *Geoffroy-Saint-Hilaire.* Genre de reptiles fossiles qui appartient aux terrains secondaires et dont les caractères consistent dans une fosse nasale postérieure qui ne se prolonge pas jusqu'à l'extrémité de la face basilaire, mais s'ouvre vers le milieu de l'arcade jugale; dans une arcade orbito-mastoïdienne triangulaire, et dans une mâchoire inférieure terminée par un élargissement en forme de cuilleron, qui porte sur ses côtés des espèces de canines. On connaît les *T. Chapmanni*, *cadomensis*, *priscus*, *asthenoderius*, *Laurillardi*, etc.

TEMPÉRATURE DU GLOBE. Il est facile d'apprécier toute l'importance de cette question en géologie ; seulement, les expériences sont si difficiles à réaliser dans les profondeurs de la terre ou à une grande élévation, et leurs résultats offrent tant de variations, qu'on est souvent réduit, sur certains points, à de simples hypothèses, à des conjectures tirées de traditions ou de documents historiques dont rien absolument ne garantit l'exactitude. Ce qui demeure toutefois parfaitement établi, c'est l'influence de l'atmosphère sur la plupart des phénomènes qui s'accomplissent dans la nature. D'un côté, elle exerce des actions chimiques sur les eaux en leur cédant une partie de l'air oxigéné qui entre dans sa composition, de l'autre, elle décompose le plus grand nombre des minéraux. C'est elle qui détermine les phénomènes électriques qui détruisent le sommet des montagnes ; des degrés plus ou moins élevés de sa température dépendent la prospérité et les richesses d'une contrée, ou sa stérilité et sa désolation ; c'est elle qui soulève les flots de l'Océan, qui contribue à amonceler les dunes et à les transporter ; elle intervient enfin dans mille autres circonstances qui maintiennent la vie ou amènent la mort ; et c'est aussi dans son milieu que se forment ces aérolithes dont la science n'a pu encore pénétrer la véritable combinaison.

L'atmosphère, qui affecte la même forme sphéroïde que notre globe, enveloppe celui-ci jusqu'à une élévation que l'on évalue à 60.000 mètres, et, arrivée à cette hauteur, elle n'exerce plus de réfraction. De même que la température augmente à mesure que l'on pénètre dans l'intérieur de la terre, elle diminue avec la même rapidité lorsqu'on s'élève dans les régions supérieures de l'atmosphère. Le froid qui règne dans ces régions condense les vapeurs aqueuses qui se trouvent dans l'air, et donne ainsi naissance à la formation des nuages. Comme ces vapeurs sont plus légères d'un tiers que l'air qu'elles traversent, elles tendent constamment à s'élever, et le feraient indéfiniment, si, à une certaine limite, le froid ne les condensait, comme nous venons de le dire, pour les ramener à l'état liquide et les faire retomber sur le sol sous la forme de pluie. Le baromètre ayant établi que le poids d'une colonne d'air, prise depuis le sol jusqu'à la plus haute élévation de l'atmosphère, équivaut à celui d'une colonne d'eau semblable qui a 10 mètres de hauteur, il en résulte que le poids total de l'atmosphère est égal au poids d'une masse d'eau suffisante pour entourer le sphéroïde terrestre à dix mètres d'élévation, et que si l'air se condensait et tombait à l'état liquide sur la terre, il n'augmenterait que de $\frac{1}{500}$ la masse des eaux actuelles, ce qui démontre en même temps que son volume n'est que le $\frac{1}{1000}$ de celui du sphéroïde.

Sous l'équateur, la couche de l'atmosphère qui est habituellement la région des nuages se trouve entre 1,000 et 3,000 mètres ; c'est là que les vapeurs plus ou moins condensées absorbent la plus grande portion de la chaleur solaire, en sorte que cette couche est moins refroidie que celles qui, à une même élévation, appartiennent à un air plus pur et plus transparent. Une expérience faite par le capitaine Parry, à Ingloolick, latitude de 69° 21', a donné pour résultat qu'à une élévation de 128 mètres la température ne différait point de celle qui existait sur les glaces de la mer et qui se trouvait de 31° au-dessous de zéro. En général, la température décroît de 1° pour 120, 140 ou 160 mètres.

L'air pur de l'atmosphère s'échauffe peu par la chaleur solaire. L'air brumeux, au contraire, s'échauffe sensiblement, mais il a la propriété de se refroidir promptement ; toutefois, si l'air atmosphérique est peu échauffé par le rayonnement, il l'est vivement par son contact avec la surface du sol ; et il faut remarquer ensuite que l'étendue des plateaux, la profondeur des vallées, la direction des pentes, l'humidité du sol et une foule d'autres circonstances, modifient sans cesse l'action du vent, le rayonnement de la nuit, et par conséquent les températures de chaque lieu.

On évalue que la température des espaces célestes doit être moindre que 50 ou 60° au-dessous de l'air. Celle de la première couche d'air qui entoure le globe dépend principalement de la position des lieux par rapport au soleil, et de leur élévation au-dessus de la mer. Il en résulte qu'il fait plus chaud pendant le jour que pendant la nuit, pendant l'été que pendant l'hiver, entre les tropiques que vers les pôles, dans les régions basses que dans les régions élevées. La température moyenne, durant un jour, est la moyenne des températures correspondantes à tous les instants dont ce jour est composé. Dans les plus longs jours, la température *maximum* de la terre est à 2 heures, et dans les jours les plus courts à 3 heures. Dans les lieux qui se trouvent compris entre les parallèles de 46 et 48 degrés, la température, au coucher du soleil, est à peu de chose près la température moyenne de l'année. Généralement les températures d'octobre et d'avril donnent approximativement la température moyenne de l'année.

Les zones d'égale température, soit dans l'atmosphère, soit dans l'Océan, ne sont ni parallèles à l'équateur, ni parallèles les unes à l'égard des autres ; la température moyenne annuelle de deux régions peut aussi être la même sans que leurs climats aient la moindre ressemblance ; et l'on a observé que plusieurs régions de l'Europe et de l'Amérique, quoique situées sous les mêmes parallèles, offrent une différence moyenne de température qui peut s'élever de 6 à 90° $\frac{1}{2}$ centigrades, tandis que d'autres portions des mêmes continents et qui diffèrent entre elles de 7 à 13° ont cependant une température moyenne semblable. La principale cause qui établit cette différence entre les températures de latitudes correspondantes de l'Europe et de l'Amérique septentrionale provient, d'une part, de la mer qui sépare les deux continents, de l'autre, en Amérique, de la vaste étendue de terre qui s'élève, sur divers points, de 900 à 1,500 mètres. La basse température des hautes régions se communique en partie aux régions voisines d'où il résulte, par exemple, que le Groënland, qui appartient à un continent qui s'étend jusqu'au 82e parallèle boréal, offre, sous le 60e degré de latitude, un climat beaucoup plus rigoureux que celui auquel est soumis la Laponie sous le 72e. Il faut remarquer en outre que tandis qu'entre le pôle et le 30e parallèle de latitude Nord, la terre et la mer ont des étendues à peu près égales, dans l'hémisphère Sud, au contraire, l'Océan recouvre presque les $\frac{15}{16}$ de l'espace compris entre le cercle polaire antarctique et le 30e parallèle de latitude Sud, ce qui donne inévitablement aux climats méridionaux un caractère qui leur est particulier. Ainsi les hivers y sont modérés et les chaleurs de l'eté très-supportables, et à Van-Diémen, par exemple, dont la latitude correspond à peu près à celle de Bonne, les hivers sont encore plus doux qu'à Naples, et les étés comme ceux de Paris, quoique la distance de cette dernière ville à l'équateur soit plus grande de 7 degrés. Les Orchidées parasites, qui caractérisent les tropiques, s'avancent jusque dans la Nouvelle-Zélande, c'est-à-dire au 45e degré de latitude Sud ; et M. Darwin a observé, sous le 42e parallèle de la même latitude, des plantes arborescentes de 9 à 12 mètres de hauteur.

En ramenant, par le calcul, les températures moyennes des divers points de la terre à celles d'une même hauteur, ces températures ne peuvent correspondre exactement aux degrés de latitude; et les lignes qui passent par les lieux d'une même température moyenne décrivent des courbes irrégulières qui coupent plus ou moins souvent les degrés de latitude, selon qu'elles se rapprochent plus ou moins du Nord ou du Midi. C'est ce que M. de Humboldt désigne par le nom de lignes *isothermes*. On évalue la température moyenne de la couche d'air qui touche la surface de la terre et que l'on ramène par le calcul au niveau de la mer, savoir : sous l'équateur, à 27° centigrades ; sous le 20e degré de latitude boréale, à 26 ; sous le 45e degré, à 12 ½ ; et sous le 65e degré, aussi de latitude boréale, au zéro du thermomètre. La température moyenne continue alors de s'abaisser à mesure que l'on s'avance vers les pôles; toutefois, selon Fourier, cet abaissement n'irait pas au delà de 40 degrés au-dessous de zéro; et même d'autres observations ne porteraient la température moyenne du pôle boréal, qu'à 18 degrés au-dessous de zéro.

L'élévation des lieux exerce une telle influence sur la température, que 100 mètres de hauteur verticale occasionnent, dans la température moyenne d'un lieu, une diminution de chaleur plus considérable qu'une différence de latitude équivalente à cent kilomètres sous la zone tempérée, c'est-à-dire que l'influence de hauteur est mille fois plus grande que celle qui résulte de la position géographique ; d'un autre côté, ce décroissement de chaleur, causé par la différence des élévations, est bien plus influencé par les causes accidentelles, que celui que déterminent les latitudes, puisque 1 degré de chaleur correspond tantôt à 120 mètres de hauteur et tantôt à 160 mètres ; mais on a remarqué aussi que ces variations avaient lieu surtout pour les petites hauteurs, tandis que la température était plus constante à de grandes élévations. Il résulte de la diminution rapide que la chaleur éprouve en raison des hauteurs, que les montagnes de la zone torride présentent, dans une petite étendue, les climats de toute la surface de la terre.

Lorsque la température moyenne d'un lieu est de 3 à 4 degrés au-dessous de zéro, la chaleur de l'été n'est plus suffisante pour faire fondre toute la neige tombée pendant l'hiver; de sorte que le sol y demeure constamment couvert de neiges. Selon M. de Humboldt, les limites de ces neiges perpétuelles dans l'hémisphère boréal sont à 4800 mètres sous l'équateur; à 2550 sous le 20e degré de latitude; à 1750 sous le 62e; et à 950 sous le 65e; mais ces limites présentent en général beaucoup de variations et d'irrégularités. La température de l'hémisphère austral paraît moins élevée que celle de l'hémisphère boréal; car, à la Nouvelle-Géorgie et à la terre de Sandwich, sous les 54e et 58e degrés de latitude, les neiges perpétuelles descendent jusqu'au niveau de la mer. Lorsque ces neiges, par suite d'un ramollissement pendant le jour et d'une solidification durant la nuit, deviennent de véritables glaciers, le poids de ces amas leur imprime quelquefois un mouvement lent vers le bas des montagnes qui les supportent, mouvement qui leur fait souvent dépasser les limites des neiges perpétuelles, sans que la chaleur des étés puisse les détruire, en sorte que des murs de glaces sont fréquemment ombragés par une brillante végétation. Longtemps on a pensé que là où commencent les neiges éternelles, la température moyenne de l'année doit être essentiellement celle de la glace fondante ; mais les expériences de MM. de Humboldt et Léopold de Buch ont prouvé que cette opinion est une erreur. Ainsi, sous la zone torride, la température moyenne de l'air est, à la limite des neiges, de 1° 5, au-dessus de zéro, tandis qu'elle s'abaisse à 6° au-dessous de zéro, en Norwége, entre 60 et 70° de latitude. Ce phénomène tient à ce que la limite des neiges dépend en grande partie de la température des mois les plus chauds de l'année, c'est-à-dire que cette limite s'élève avec la hauteur de la température et s'abaisse avec elle; et comme la température dépend, nous l'avons déjà dit, d'une foule de circonstances données dans un lieu, on peut en conclure que la limite des neiges est d'autant plus relevée que leur masse offre moins d'étendue. Les observations recueillies par un grand nombre de voyageurs confirment ce principe. Sur l'Antisana, ce n'est qu'à 4200 mètres que les neiges s'établissent pour quelques semaines seulement; dans la province de Quito, on ne les rencontre qu'à 3700 mètres ; aux monts Himalaya, leur limite est à 5000 mètres ; en Norwége, où la chaîne de montagnes s'étend depuis le 58e jusqu'au 71e degré de latitude, le relèvement des neiges a lieu jusqu'à 1060 mètres, ce qu'il faut évidemment attribuer à l'influence de l'état constamment brumeux de l'atmosphère et au voisinage de la mer.

La Laponie offre des marais et des lacs qui sont toujours glacés jusqu'à leur fond. Les côtes orientales et occidentales du Groënland sont couvertes de masses et de pyramides de glace qui sont inaccessibles; et dans tous les lieux où il a été possible de pénétrer dans la contrée, on n'a rencontré que des montagnes couvertes de neiges et des vallées envahies par les glaces. Les montagnes aiguës dont le Spitzberg est hérissé, et qui lui ont valu son nom, sont couvertes de glace depuis leur sommet jusqu'à leur pied, et quand le soleil les éclaire elles brillent comme des flammes. Les grandes montagnes de glace des pôles, qui paraissent remonter à la plus haute antiquité, ont souvent une épaisseur de 120 à 150 mètres, et leur saillie au-dessus du niveau commun varie de 20 à 30 mètres. Sous l'équateur, on trouve les glaces à une élévation de 4650 mètres ; dans les régions les plus chaudes de l'Afrique, elles sont à 400 mètres ; plus on s'éloigne de la zone torride et plus elles se rapprochent du sol; sur les Alpes, on les rencontre à 2900 mètres ; en Norwége à 1160; en Laponie, dans les vallées, elles s'étendent presque jusqu'à la mer, et vers les pôles, comme nous l'avons dit plus haut, tout est glacé. Leibnitz et Buffon ont vu dans ces faits la progression d'une cause qui doit faire disparaître la vie sur tous les points du globe; mais il est plus raisonnable, plus religieux de croire que Dieu a ainsi disposé les choses pour le maintien d'une harmonie universelle, et que ces amas de glace, dont l'aspect inspire un sentiment si pénible, sont peut-être les réservoirs indispensables pour alimenter les grands fleuves sans lesquels le sol serait infertile et la température toujours brûlante.

Le sol a des températures très-différentes de celles de l'air qui l'environne, différences qui tiennent à sa nature, sa couleur, sa cohérence et son état hygrométrique, conditions qui modifient ses propriétés absorbantes, conductrices et rayonnantes. La portion superficielle du sol, jusqu'à une profondeur de 3 à 4 centimètres, acquiert, aux rayons solaires, une chaleur plus forte que celle de l'air; mais comme elle se refroidit plus facilement durant la nuit, sa température moyenne demeure à peu près la même. A une profondeur de 2 à 3 mètres, les variations de température qui proviennent de la présence ou de l'absence du soleil ne sont pas sensibles. A une profondeur de 35 à 40 mètres, la température du sol demeure constante, uniformité qui se remarque dans les sources, les cavités soustraites à l'influence de l'air extérieur et dans les caves profondes. Quelques-uns pensent que cette température se rapproche beaucoup de la température moyenne de la surface; mais telle n'est pas l'opinion de M. Kupffer, qui a reconnu, dit-il, que les lignes qui unissent les points où la température constante du sol est uniforme, lignes qu'il appelle *isogéothermes*, s'écartent encore plus des degrés de latitude que les lignes isothermes.

La température des caves de l'Observatoire de Paris, dont le sol est situé à 27 mètres 20 au-dessous de la surface du sol, est parfaitement constante et égale à 11° 82. Ce lieu a servi de point de comparaison pour déterminer quelques observations intéressantes. Au mois d'août la température de la terre va en décroissant d'une manière à peu près uniforme depuis la surface du sol jusqu'à la couche invariable; pendant le mois de septembre, elle demeure à peu près uniforme depuis la surface du sol jusqu'à la profondeur de 5 à 7 mètres, et plus bas elle décroît un peu jusqu'à la couche invariable; durant les mois d'octobre et de novembre, elle va en croissant de la surface du sol jusqu'à une profondeur de 5 à 7 mètres, et plus bas elle se trouve à peu près égale à celle de la couche invariable; en décembre, janvier et février, elle va en croissant d'une manière assez uniforme, de la surface du sol jusqu'à la couche invariable; en mars et avril elle décroît rapidement jusqu'à la profondeur de 32 à 64 centimètres, puis décroît insensiblement plus bas, pour s'élever ensuite de nouveau; enfin, pendant les mois de mai, juin et juillet, elle décroît encore, mais lentement, jusqu'à une profondeur plus grande, et redevient encore un peu croissante pour atteindre la température de la couche invariable.

Pour que la chaleur solaire agisse d'une manière énergique à la surface du sol, il est indispensable qu'elle soit concentrée par la réflexion des corps sur lesquels elle tombe, d'où il résulte qu'elle est presque alors sans effet sur une surface élevée au milieu d'un air pur, et que le sommet des hautes montagnes est constamment couvert de neige. On trouve ce refroidissement de l'atmosphère bien plus considérable encore si l'on s'élève dans un ballon, parce qu'il n'existe plus aucun corps propre à la réflexion des rayons solaires, et c'est ainsi que Gay-Lussac, s'étant élevé à une hauteur d'à peu près 65 kilomètres, rencontra un refroidissement de 12 degrés au-dessous de zéro, quoiqu'il régnât au même instant, à la surface du sol, une chaleur de 25 degrés. Plus on s'élève, nous l'avons déjà fait observer, plus le refroidissement augmente; mais il a néanmoins une limite que l'on est parvenu à fixer. Ainsi le froid augmente jusqu'à 40 degrés au-dessous de zéro; mais, arrivé là, le thermomètre resterait stationnaire, et l'on suppose que cette température est celle de notre système solaire. Dans l'île de Melleville, sous le 75ᵉ degré de latitude, la température moyenne est de—18°, et l'on suppose que, sous le 90ᵉ, cette température doit être de 32° au-dessous de la glace. Quant à la chaleur, son maximum est de 54° à l'oasis de Mourzouk, et de 45° à Madagascar.

Les couches de l'Océan subissent, comme celles du sol, des variations de température. Nous rapporterons ici quelques observations qui ont été faites récemment sur les différences de température qu'offre la mer Méditerranée. 1° Près des côtes, cette température à la surface de la mer est notablement plus haute qu'au large pendant le jour, et plus basse quelquefois pendant la nuit; près des côtes de l'Océan, au contraire, la température à la surface de la mer est plus basse qu'au large. 2° La température moyenne de l'année, à la surface, est à peu près égale à celle de l'air. 3° La variation diurne de la température cesse d'être sensible à 16 ou 18 mètres, et la variation annuelle à 3 ou 400 mètres. 4° Le matin, après une nuit sereine et calme, la température de la surface est plus froide que celle des couches situées à quelques mètres au-dessous. 5° Les expériences connues jusqu'à présent n'établissent pas que la température près du fond de la mer est aussi froide que celle indiquée par l'index *a minima* du thermomètre ordinaire. 6° La température *minimum* des couches profondes de la Méditerranée est égale à la température moyenne de l'hiver à la surface.

L'opinion de Buffon, qu'une température uniforme aurait permis à certains animaux de vivre en même temps dans les contrées du Nord et du Midi, est une hypothèse qui explique assez naturellement les dépôts formés, dans toutes les contrées, de débris d'animaux et de végétaux analogues à ceux qui vivent actuellement dans les régions équatoriales; en la repoussant, il faut admettre, soit un changement de polarisation, soit une autre cause tout aussi grave et que rien ne nous aide à établir; en sorte que rien n'autorise non plus à se récrier trop haut contre cette hypothèse. Buffon est tout aussi fondé, lorsqu'il attribue à l'état de la température des premiers âges, non-seulement les dimensions gigantesques des animaux ou des végétaux, mais encore l'existence d'espèces dont on ne trouve plus d'analogues vivants dans aucune contrée, ni sur le continent, ni dans le sein des mers. On ne peut lui reprocher non plus d'avoir placé des êtres vivants dans des mers dont la température était fort élevée, puisque nos eaux thermales entretiennent, jusqu'à 50 à 60 degrés, la vie d'animaux et de plantes; et si cette température élevée était une condition indispensable à l'existence de certaines espèces, on ne doit pas être surpris de leur disparition, lorsque le milieu qui leur était nécessaire est venu à leur manquer. Selon M. Théodore de Saussure, si la proportion d'acide carbonique était de 2, 3, 4, et même de 8 pour 100 plus considérable qu'elle ne l'est aujourd'hui dans l'atmosphère, la végétation en serait plus active, c'est-à-dire plus analogue à celle des premières époques. Toutefois, en défendant ici ce qu'ont de logique les opinions de Buffon, nous ne croyons pas, pour notre compte, comme nous l'avons dit ailleurs, à la disparition complète de toutes les espèces que l'on considère comme perdues, et nous pensons au contraire que bon nombre d'entre elles vivent encore dans quelques lieux ignorés des continents ou des mers.

« A mesure que les terres septentrionales se refroidissaient, dit Buffon, les animaux se retiraient vers les contrées des zones tempérées, où la chaleur du soleil et la plus grande épaisseur du globe compensaient la perte de la chaleur intérieure. Ces zones s'étant refroidies à leur tour, ils ont successivement gagné les climats de la zone torride, qui sont ceux où la chaleur intérieure s'est conservée le plus longtemps, par la plus grande épaisseur du sphéroïde de la terre, et les seuls où cette chaleur intérieure, réunie avec celle du soleil, soit encore assez forte aujourd'hui pour maintenir leur nature et soutenir leur propagation. Il est arrivé pour les climats de la mer le même changement de température que pour ceux de la terre, ce qui explique pourquoi l'on trouve aussi sur notre continent des espèces qui ne vivent que dans les mers méridionales. »

Lorsque les palmiers couvraient le sol du bassin de Paris, et que des crocodiles et de grands pachydermes l'habitaient, la température moyenne de cette contrée devait être, sans aucun doute, analogue à celle qui règne actuellement dans la Basse-Egypte, c'est-à-dire d'environ 22 degrés; aujourd'hui cette température moyenne n'est plus à Paris que de 11 à 12 degrés; elle a donc baissé d'à peu près 10 degrés. Un des faits les plus remarquables de l'influence de la chaleur centrale sur les corps organiques, est l'uniformité de ces corps sur tous les points du globe, lorsque cette chaleur s'y faisait sentir uniformément. Les espèces n'ont commencé à présenter de nombreuses différences et à se réunir par localités qu'à l'époque des dépôts tertiaires, c'est-à-dire lorsque le refroidissement de l'écorce terrestre fut assez sensible pour que sa superficie devint particulièrement soumise à l'action des rayons solaires.

Les théories de M. Elie de Beaumont sur les soulèvements, et celles de M. de Boncheporn sur le déplacement des pôles et de l'axe de rotation de la terre, pourraient peut-être aussi expliquer les changements présumables de climat qu'ont éprouvés les divers points de la terre, et par conséquent l'existence à l'état fossile, sur ces mêmes points, d'animaux et de végétaux dont on ne trouve aujourd'hui les analogues vivants que dans les contrées fort éloignées; mais, d'un autre côté, l'exemple des Pyramides d'Egypte vient contrarier un peu cette hypothèse de changements dans l'axe de la terre, puisque depuis environ 30 siècles qu'elles sont construites, leur position à l'égard du méridien n'a pas varié. Au surplus, ne serait-il pas possible que le charriage des eaux, pendant le déluge mosaïque, fût l'explication la plus rationnelle du dépôt d'ossements de certaines espèces d'animaux dans les cavernes, et que la présence de leurs débris dans telle ou telle contrée ne fût nullement une preuve qu'ils y eussent vécu? Nous sommes en effet témoins, chaque jour, que les produits d'une rive sont portés par les courants et les marées sur une rive opposée, où le sol ne présente point leurs analogues.

Depuis les temps historiques, de grands changements se sont aussi opérés dans la température du globe, et les phénomènes météorologiques prouvent d'ailleurs qu'un travail continu a lieu dans les régions de l'atmosphère, comme dans les profondeurs du sol.

Nicéphore, dans son *Histoire Byzantine*, dit qu'en 753, vers le commencement de l'automne, le Pont-Euxin fut gelé sur une longueur de 25 myriamètres et à une profondeur de 14 à 15 mètres.

Calvisius rapporte que l'an 859 de l'ère chrétienne, la mer Adriatique gela de telle sorte, qu'il devint possible de se rendre à pied de la terre ferme à Venise.

M. le docteur Fuster prétend que le climat de la Gaule, très-froid du temps de César, s'échauffa peu à peu jusqu'au VIe siècle.

En 1705, Plantade écrivait, de Montpellier, à Cassini, que le 30 juillet la chaleur avait été si forte dans cette ville, qu'il n'y avait aucune exagération à la comparer au souffle brûlant qui sort d'une verrerie, et qu'on ne pouvait se garantir des fâcheuses impressions dues à cette température extraordinaire, qu'en se réfugiant dans les caves. On faisait cuire des œufs au soleil; les thermomètres de Hubin cassaient par suite de l'expansion de la liqueur qu'ils contenaient; un thermomètre d'Amontous, placé dans un lieu qui n'avait aucune communication avec l'air extérieur, s'éleva cependant à la température où le suif peut se fondre; et la plus grande partie des vignes éprouva une sorte de combustion dans cette journée. A Paris, le 6 août de la même année, la chaleur fit voler en éclats un thermomètre dont Cassini faisait usage depuis 36 ans, et l'on remarqua de grandes variations dans la marche des pendules.

En 1733, un thermomètre exposé à l'air libre, à Saint-Pétersbourg, était à 27 degrés au-dessous de la glace, et en 1740 on l'y observa à 40. Dans le premier cas c'était une température de 59 degrés au-dessous de celle du sang, dans le second elle arrivait à 72. Néanmoins ce froid excessif put être supporté par ceux qui s'y trouvaient exposés. L'homme peut aussi endurer une chaleur très-grande, quoique, habituellement, il se plaigne d'une chaleur de 28 à 30 degrés.

S'il fallait en croire Delisle, le froid qui régna dans le mois de janvier 1735, en Sibérie, aurait fait descendre le thermomètre à 70 degrés au-dessous de la congélation; mais on sait que l'abaissement du thermomètre ne dépasse guère 40.

Les animaux sont doués d'une température particulière dont la respiration est la cause principale; et l'assimilation, le mouvement du sang, le frottement des différentes parties ne produisent que la plus petite portion de la chaleur totale. Outre l'oxygène employé à la formation du sang, il disparaît une portion bien plus considérable de ce gaz qui semble employée à la combustion de l'hydrogène du sang. On remarque aussi qu'il disparaît en général plus d'oxygène dans la respiration des jeunes animaux que dans celle des animaux adultes.

La température moyenne de l'homme est ordinairement à peu près double de la température moyenne de l'air. Celle d'un enfant nouveau-né est plus élevée que celle d'un enfant de quelques années.

La chaleur vitale des poissons est toujours supérieure à celle du milieu où ils se trouvent, et se conserve à des températures qui font congeler le mercure. Aux régions arctiques, M. Back a observé qu'une gelinotte conservait, dans la cavité pectorale, une chaleur de 41 degrés centigrades, tandis que le froid était de 40 degrés au-dessous de zéro. Les perdrix blanches avaient 43 degrés de chaleur par un froid de 35, et le putois rouge une chaleur de 37 par un froid de 32. Voy. Chaleur centrale.

TENNANTITE. Roche cuivreuse, composée de soufre, d'arsenic, de cuivre et de fer. Elle est d'une teinte gris de plomb, et se cristallise en dodécaèdre rhomboïdal.

TENTACULIFÈRES, *Tentaculifera.* Deuxième ordre de la classe des Céphalopodes. Les caractères de cette division sont : tête peu distincte du corps, avec un appendice pédiforme servant à la reptation, et un grand nombre de tentacules, cylindriques, rétractiles, annelées, sans cupules, qui entourent la bouche; quatre branchies et un tube locomoteur fendu sur toute sa longueur; animal contenu dans la loge supérieure d'une coquille symétrique ou non, cloisonnée, droite, arquée et enroulée sur le même plan ou turriculée.

TÉPHRINE. Roche de texture bulbeuse, composée d'albite et renfermant des cristaux de la même substance, de pyroxène, d'amphigène, etc.

TÉRÉBRATULE, *Terebratula.* Genre de mollusque formé par Bruguières, et qui a été placé par Cuvier dans la classe des Brachipodes. La coquille de ce genre est inéquivalve, régulière et subtrigone; la valve la plus grande est pourvue d'un crochet avancé, presque toujours recourbé, quelquefois tronqué et percé à son sommet d'un trou plus ou moins arrondi; ce crochet reçoit plusieurs modifications; la charnière est à deux dents, et la coquille est d'une contexture solide. Les Térébratules se montrent en abondance dans les terrains secondaires.

TERRAINS. On donne ce nom à des groupes de roches dont la formation appartient à diverses époques. On peut les diviser d'abord en deux grandes sections : les terrains formés par la voie ignée et ceux qui l'ont été par la voie aqueuse, c'est-à-dire en terrains Plutoniens et terrains Neptuniens; puis les subdiviser, comme cela a lieu communément, en six classes qui sont : les terrains Primitifs ou Primordiaux, les terrains de Transition, les terrains Secondaires, les terrains Tertiaires, les terrains Diluviens ou d'alluvions anciennes, et les terrains d'Alluvions modernes. La première division des terrains en Primitifs, de Transition et Secondaires est due à Werner; celle des terrains Tertiaires a été créée par Cuvier et M. Alexandre Brongniart.

Les terrains Plutoniens sont composés principalement de roches feldspathiques, vitreuses, amphiboliques et pyroxéniques, à texture cristalline, qui se présentent en masses non stratifiées, en Dykes et en Coulées, et ne renferment qu'un très-petit nombre de corps organisés vers leurs points de jonction avec les terrains Neptuniens. Ceux-ci sont formés de roches à texture conglomérée ou meuble, calcareuses, quartzeuses, argileuses, schisteuses, ordinairement en couches et en fragmentaires, et recélant, suivant l'ordre des dépôts, une quantité plus ou moins considérable de fossiles.

Les terrains forment entre eux une série continue, depuis les plus anciens dépôts qui ont constitué le sol primordial, jusqu'à ceux qui recouvrent journellement les différents points du sol actuel, c'est-à-dire qu'ils établissent une sorte de chronologie.

TERRAINS PRIMITIFS.

Le sol Primitif est le premier encroûtement qui se forma après que la chaleur causée par l'ignition eut permis aux diverses roches en fusion de se cristalliser, et aux métaux et aux pierres de s'agréger, et qu'il s'effectua, sous l'influence de la condensation des vapeurs répandues dans l'atmosphère, un commencement de travail métamorphique. Les roches formées alors sur place par la coagulation de la matière ellemême produisirent les parois des premiers bassins dans lesquels les eaux purent se réunir; et c'est au sein de ces eaux élevées à une très-haute température et sur des fonds encore brûlants, que les premières formations Neptuniennes eurent lieu. Dans l'origine de ces dépôts, les matières qui jaillissaient de dessous le sol Primitif s'associaient aux sédiments qui se formaient par la voie aqueuse, en se modifiant réciproquement; et de cette action réciproque résultèrent aussi des produits mixtes dans lesquels les caractères propres à l'une ou l'autre origine se confondirent. Entre les Schistes argileux qui alternent avec les plus anciens calcaires à Trilobites et les Phyllades talqueux, on ne rencontre que des nuances à peine sensibles; des Phyllades on passe de la même manière aux divers Stéaschistes et Micaschistes; et enfin de ceux-ci aux Gneiss, qui se lient tellement aux vrais Granites, qu'il est de la dernière difficulté de tracer une ligne de démarcation entre eux.

Le Gneiss semble établir également un lien commun entre les deux formations ignée et aqueuse; car, d'une part, on passe du Gneiss aux Trachytes, aux Laves, aux Basaltes, aux Porphyres et aux Granites; de l'autre, on arrive aussi naturellement, par les Micaschistes, les Phyllades, les Schistes, les Argiles et les Marnes, aux vases qui déposent nos eaux. Toutefois, on remarque en toute occasion, dans le sol Primitif, que l'action plus ou moins directe des roches ignées a modifié, aux diverses époques, la nature des roches aqueuses, de manière que celles-ci prennent fréquemment les caractères de celles des terrains les plus anciens, modification que l'on désigne sous le nom de *Métamorphisme* des roches. Les filons dont les terrains primordiaux sont traversés, et particulièrement ceux de formation ignée, renferment le plus grand nombre d'espèces minérales isolées et de minerais métalliques; et ces terrains, qui se montrent à découvert sur un grand nombre de points de la surface du sol, constituent les principales chaînes de montagnes.

Les terrains Primitifs se divisent en formation Granitique, formation Pyroïde et formation Volcanique.

FORMATION GRANITIQUE. *Système Granitique.* Ce terrain, très-répandu à la surface du globe, et qui se compose de Granites, de Syénites, de Protogynes, de Pegmatites, etc., forme tantôt des massifs considérables, et tantôt ne se présente que par petites bandes au milieu des autres formations. Il est caractérisé principalement par la structure granitoïde et la disposition en masses non stratifiées des roches qui le composent. Ses liaisons avec les autres terrains sont chimiques et mécaniques : elles sont chimiques lorsqu'elles résultent du passage minéralogique des roches et de leur identité de nature et de structure; elles deviennent mécaniques lorsqu'elles consistent dans une simple interprétation de filons ou de masses granitiques à travers les autres terrains. Lorsque les formations granitiques ne sont pas recouvertes par d'autres dépôts, elles sont d'une entière aridité et tout à fait impropres à la culture; mais leurs roches, dures et tenaces à une certaine profondeur, deviennent tendres et friables lorsqu'elles sont altérées par les influences atmosphériques, et le feldspath est celui de leurs éléments qui subit le plus facilement cette altération. Ces roches ne présentent aucune stratification réelle; cependant, lorsqu'elles alternent avec les Micaschistes et les Gneiss, on pourrait les croire stratifiées. Toutes ont pour base le Feldspath ou Orthose, plus ou moins mélangé avec d'autres substances. La Protogyne n'est qu'une variété de Granite dans laquelle le Mica est remplacé par le Talc; dans la Syénite, il l'est par l'Amphibole; dans la Pegmatite, il n'y a que du Quartz et de l'Orthose; et le Diorite offre les mêmes éléments que la Syénite. Les terrains Granitiques renferment beaucoup de minéraux qui y sont disséminés en veines, mais moins cependant qu'il n'y en a dans le terrain Talqueux, et les métaux particulièrement y sont plus rares. Ceux qui s'y montrent le plus communément sont l'Etain, le Titane rutile, le Fer arsénical, l'Urane, le Wolfram et le Molybdène.

Système Porphyrique. Les principaux caractères de ce terrain sont l'abondance des roches porphyroïdes et sa tendance à prendre la forme de Dykes pour traverser d'autres terrains, et c'est généralement sous cette forme qu'il se présente en Europe. Selon M. Elie de Beaumont, de certains groupes porphyriques, que l'on considère comme des couches, ne sont que de véritables Dykes qui suivent, sur une assez grande étendue, les joints de stratification de roches d'une autre nature. Sur notre continent, les Apennins de la Ligurie sont un remarquable exemple de la formation porphyrique. Le terrain porphyrique est quelquefois très-riche en gîtes métallifères, et M. de Humboldt y rattache plusieurs mines d'or et d'argent d'Amérique. Quelques géologues pensent aussi qu'un grand nombre de gemmes ou pierres précieuses que l'on trouve dans les terrains Alluvien et Diluvien, proviennent de la décomposition du terrain porphyrique. Celui-ci se divise en trois systèmes particuliers : le *terrain porphyrique rouge* se compose de Porphyre rouge quartzifère, et se lie quelquefois si intimement avec le Granite, que leurs roches se confondent, comme cela arrive pour la Syénite rouge quartzifère; le *terrain porphyrique vert* est caractérisé par la Serpentine et l'Euphotide, et ses gisements sont analogues à ceux du Porphyre rouge; le *terrain porphyrique noir* a une grande ressemblance avec le terrain porphyrique rouge, mais il s'en distingue particulièrement par l'absence des grains de Quartz, la présence du Pyroxène et la disposition à prendre des teintes noires ou presque noires, et à abandonner la structure porphyroïde pour se rapprocher de la forme basaltique.

FORMATION PYROÏDE. *Système Basaltique.* Ce terrain, d'origine ignée et qui est en relation avec tous les autres, a été observé dans toutes les contrées connues, où il se présente soit en masses puissantes, soit en élévations coniques provenant d'un assemblage de prismes de basaltes, soit sous la forme de Dykes, de Couches, de Coulées, etc., sans que pourtant il occupe jamais une vaste étendue. On est divisé d'opinion sur l'âge du terrain Basaltique : les uns, comme MM. de Buch, de Beaumont et Dufrénoy, regardent les Basaltes comme d'origine plus ancienne que celle des Trachytes; d'autres, au contraire, pensent que ces dernières roches sont les plus anciennes; et M. d'Homalius d'Halloy considère les deux produits comme étant plutôt parallèles qu'ayant une superposition relative. Il semble toutefois résulter du plus grand nombre d'observations, que les Basaltes sont en général d'éjection plus ancienne que les Trachytes, en admettant même qu'une simultanéité ait eu lieu quelquefois entre les deux émissions ; et il n'est guère possible d'arriver à une autre conclusion, si l'on remarque qu'il est presque impossible de voir autre chose dans les roches volcaniques que de simples modifications les unes des autres, c'est-à-dire des variétés dues aux circonstances qui ont accompagné le dépôt, et à la nature de la masse que l'éjection a traversée.

Le terrain Basaltique se divise en deux systèmes : l'un comprend les roches massives homogènes et cristallines, l'autre les roches meubles ou conglomérées. Dans le premier viennent se ranger le Basalte proprement dit, et ses variétés, le Wakite, le Basanite et la Dolérite ; puis les roches subordonnées, qui sont les Eurites, les Spilites, les Mélaphyres, les Phonolithes, les Trachytes, etc. Le second système renferme des Brèches, des Pépérites et des Breccioles, et forme communément des amas autour des collines basaltiques. De la relation qui s'établit entre le terrain Basaltique et ceux qu'il traverse, résultent diverses métamorphoses plus ou moins complètes. Ainsi les Schistes argileux se changent en Quartzites ou en Tripoli ; la Houille abandonne son bitume et prend l'apparence du Coke ; le calcaire offre une texture cristalline et une plus grande pesanteur spécifique, et les Grès deviennent vitreux. On a remarqué des alternances du terrain Basaltique avec le terrain Tertiaire, dans le Vicentin et le Véronais, où cette formation a reçu le nom de *Calcaréo-Trappéen.* En Auvergne, le Basalte repose sur du calcaire d'eau douce, et se mélange quelquefois avec lui. En Ecosse, il existe, entre Kircaldy et Kinghorn, des alternances de soixante-cinq couches de Basaltes-Grunsteins, de Schistes argileux et bitumineux, de Calcaires coquilliers, de Grès et d'autres roches. Au cap Passaro, en Sicile, on avait aussi signalé, comme des alternances, la pénétration du Basalte à travers des calcaires de différents âges.

L'aspect du terrain Basaltique est très-varié : tantôt ce sont simplement de petites collines isolées, coniques, mamelonnées ou à sommets aplatis, comme on le voit en Troade, en Hongrie, en Sibérie, en Auvergne et dans les environs de Montpellier ; d'autres fois, ce sont des coulées ou nappes plus ou moins vastes et inclinées, telles que celles de Palma, du Cantal et du Mont-d'Or, qui forment des cônes surbaissés et tronqués à leurs sommets. Ailleurs, enfin, ce sont des escarpements formés par des milliers de colonnes rangées symétriquement et qui ressemblent à des constructions architecturales. Cette disposition du terrain Basaltique offre, sur les plateaux de l'Ecosse et de l'Irlande, plusieurs exemples très-remarquables. Le promontoire de Pleaskin-Benyore, qui est situé dans le nord de l'Irlande, et qui est élevé de plus de 100 mètres au-dessus du niveau de la mer, est composé de plusieurs assises, dont la supérieure n'a pas moins de 15 mètres. Ces assises se divisent en gros prismes verticaux, d'une élévation de 12 à 15 mètres, et la surface du promontoire offrant la tranche de tous les prismes, on dirait alors d'une mosaïque formée de pierres hexagonales. Cette surface a reçu le nom de *Chaussée* ou de *Pavé des Géants.*

La *Grotte de Fingal*, qui jouit d'une grande célébrité, et qui est située dans l'île de Staffa, fournit à son tour une disposition prismatique extrêmement remarquable. Cette grotte a 80 mètres de profondeur sur 30 de largeur et 19 d'élévation, et on l'a comparée avec assez de justesse à une nef d'église. La mer, qui y pénètre jusqu'à une distance de 40 mètres, permet de la visiter en bateau. Ses parois sont formées de prismes verticaux, très-réguliers, qui ont l'aspect d'une colonnade, et soutiennent une voûte composée de prismes d'une moindre dimension, lesquels s'entrelacent dans tous les sens. L'île de Mull, qui fait aussi partie des Hébrides, offre un cirque basaltique dont les prismes, au lieu d'être verticaux, sont entassés horizontalement et avec la plus parfaite régularité.

On rencontre encore des formations de Basaltes prismatiques dans l'Auvergne, dans le Vivarais, en Allemagne, en Italie, dans les îles de la mer d'Afrique, sur les côtes de l'Asie Mineure et en Amérique. MM. Jackson et Alger ont donné une description intéressante d'un gisement de Basaltes de la Nouvelle-Ecosse : « Il existe, disent-ils, dans la partie nord-ouest de cette contrée, une langue de terre connue sous le nom de Montagne du Nord ; elle s'étend de l'est à l'ouest, le long de la baie de Fundy, sur une longueur de 130 milles, comme une digue naturelle presque rectiligne, et plus élevée que les collines de l'intérieur du pays, dont elle est séparée par la baie de Sainte-Marie, les bassins d'Annapolis et celui des Mines. Elle est composée d'un Trapp (Basalte) qui se divise en prismes verticaux plus ou moins réguliers. Vers l'intérieur, les flancs de cette masse trappéenne sont arrondis, et, abrités des vents du nord-ouest par la masse elle-même, ils présentent un sol des plus fertiles, orné de riches cultures, qui ont fait surnommer les environs d'Annapolis le *Jardin* de la Nouvelle-Ecosse. Partout, au contraire, où cette masse trappéenne est battue par les flots de la mer et des marées de 70 pieds de hauteur, elle présente des faces abruptes et presque perpendiculaires. Cette disposition, à la fois si rude et si pittoresque, tient à la structure de la masse de Trapp, qui se divise en prismes verticaux, et montre partout des joints qui facilitent l'action journalière des vagues. Cette destruction naturelle donne lieu à des accidents nombreux et des plus bizarres. L'œil contemple avec étonnement ce gigantesque escarpement, ce monument de la nature, auprès duquel les colonnades basaltiques de Staffa et de la Chaussée des Géants ne sembleraient guère que d'élégantes miniatures. Ce dépôt de Trapp forme un des champs les plus étendus et les plus fertiles en recherches géologiques et minéralogiques que présente le monde connu. Différent de la plupart des formations étendues de la même roche, sa largeur est tout à fait hors de proportion avec sa longueur; celle-ci n'excède nulle part trois milles, et dans quelques endroits, où elle a été entamée sur le rivage de la mer par des ravins profonds, elle présente à peine une largeur égale au centième de sa longueur. En prenant une moyenne, on trouverait probablement que la largeur de la masse totale des montagnes du Nord, en y comprenant la presqu'île de Digby, n'excède pas le trentième de sa longueur totale. D'après cette circonstance, on doit être porté à y voir un immense Dyke élevé de dessous le grès à travers quelque crevasse large et continue, produite par le soulèvement soudain de ses couches, ce qui ne lui a permis d'acquérir, en coulant de part et d'autre, qu'une étendue très-limitée en largeur; et si on doit admettre une théorie quelconque, nous ne concevons pas comment l'origine d'une masse si singulièrement disproportionnée peut être expliquée d'aucune autre manière. La régularité de son contour, sa continuité, et particulièrement sa direction presque en ligne droite, sont contraires à l'idée de la regarder comme le résultat d'éruptions successives, et viennent à l'appui de l'opinion que nous venons d'exprimer relativement à son origine.»

Dans l'île de Kergelen et au Havre de Noël, régions antarctiques, s'élève, au milieu des glaces, une masse basaltique haute de 200 mètres.

Système Trachytique. Ce terrain, qui se lie intimement avec les terrains Volcanique, Basaltique et Porphyrique, est principalement caractérisé par la nature vitreuse des roches qui le composent. Moins répandu que le terrain Basaltique, il forme des massifs de montagnes coniques qui atteignent des élévations considérables, comme le Chimborazo, dont la hauteur est de 6330 mètres. Les roches de ce terrain permettent de le diviser, comme cela a lieu pour le terrain Basaltique, en deux systèmes, dont l'un est composé de roches cristallines et massives, l'autre de roches conglomérées et meubles. Les premières forment des montagnes coniques non stratifiées ; les secondes, des amas ou des couches au pied de ces montagnes. Les roches de la première division sont des Trachytes, des Domites, des Perlites, des Obsidiennes, des Eurites et des Argilophyres; les éléments de la seconde sont des débris de roches cristallines et massives, tantôt bréchiformes, tantôt entièrement meubles. On n'a aucune donnée certaine sur l'absence ou la présence de dépôts métalliques dans le terrain Trachytique, et l'on est même peu renseigné sur les substances minérales qu'il contient. On y connaît cependant, en Hongrie, des Opales qui s'y montrent en abondance. Les gîtes les plus remarquables du terrain Trachytique sont la chaîne des Andes dans l'Amérique méridionale; et en Europe les montagnes de la Prusse Rhénane, quelques points montagneux de la Hongrie, les monts Euganéens en Italie, et les Monts-d'Or et le Puy-de-Dôme en France.

FORMATION VOLCANIQUE. *Système Lavique.* Ce terrain est presque toujours voisin des terrains Trachytique et Basaltique, a une très-grande analogie avec eux, et ne s'en distingue que par la présence de ses cratères, de ses coulées laviques, de ses Téphrines, de l'Amphigène qui se présente en cristaux dans les laves, et l'abondance des dépôts meubles qui se composent de fragments vitreux ou pyroxéniques. Quoique les massifs Volcaniques soient ordinairement disposés par groupes ou par chaînes, leur continuation est presque toujours interrompue par des dépôts Basaltiques et Trachytiques. Ce terrain peut encore se partager en deux systèmes : le premier comprenant les roches massives, telles que les Laves ; le second, formé de roches conglomérées et meubles, comme les amas superficiels, où l'on distingue la Pouzzolane, et les masses terreuses ou arénacées, que l'on désigne par le nom de Cendres volcaniques. Le terrain dont il est ici question traverse et recouvre tous les terrains Neptuniens; mais il en est tout à fait indépendant, c'est-à-dire qu'il ne se lie avec aucun.

TERRAINS DE TRANSITION.

Avec les nombreuses espèces de Trilobites qui sont dans ce terrain, se trouvent associés des Orthocératites, des Spirifères, des Orthis, des Leptena, des Evomphales, et une immense quantité de Polypiers pierreux, parmi lesquels sont des Caténipores, des Graptolithes, des Porites, etc. L'existence, à cette époque, de roches formées par voie d'agrégation, et l'association d'animaux marins et de végétaux terrestres dans ces roches, démontrent qu'à l'époque de ces terrains, qui ont précédé la formation houillère, la surface du globe était déjà sous l'influence de circonstances analogues à celles qui existent aujourd'hui.

Formation Schisteuse. *Système Micaschisteux.* Ce terrain se compose de roches que l'on nomme Métamorphiques, parce qu'elles ont subi une sorte de métamorphose dans leur texture, par suite de leur contact avec les roches d'origine ignée. Le groupe des Micaschistes passe graduellement, de bas en haut, au Schiste argileux ou Phyllade, et au Schiste talqueux ou Talcschiste.

Système Cambrien ou Snodownien. Ce terrain, ainsi nommé par M. Sedgwick, se compose de Schistes siliceux et ardoisiers, de Psammites et de Calcaires qui reposent sur les Micaschistes et les Gneiss, et se confondent quelquefois avec eux. C'est dans ce système que se montrent les premiers grands végétaux, tels que les Calamites et les Stigmeria; et des Crustacés appartenant aux genres Asaphus et Calymène. Le nom de ce terrain lui vient du lieu qu'habitaient les anciens Cambres, dans la partie des monts Brewyhs, au pays de Galles.

Systèmes Silurien et Dévonien. Le premier, établi par M. Murchison, est caractérisé par les Trilobites, et se trouve très-développé en Angleterre, où il se compose de Schistes bruns, fréquemment calcarifères, qui alternent avec des Grès et des Schistes noirs, des Calcaires d'un gris bleuâtre ou noirâtre, des Psammites calcarifères et des Schistes ardoisiers. Ce terrain reçoit son nom du pays des Silures, célèbres, dans l'histoire d'Angleterre, par la résistance qu'ils opposèrent aux Romains. Le système Devonien, ainsi appelé de la province de Dévonshire, et que les Anglais nomment aussi *Old red Sandstone*, renferme peu de Trilobites, mais on y trouve beaucoup de poissons des genres Cephalopsis, Cheiracanthus, Cheirolepis, Dipterus, etc.

Formation Carbonifère. *Système Psamérythrique.* Terrain formé principalement par le vieux Grès rouge, les Psammites, les Quartzites et les Schistes.

Système Carbonifère ou *Anthraxifère.* Il comprend les groupes auxquels les Anglais ont donné les noms de *Carboniferous Limestone*, *Mountain Limestone* et *Old red Sandstone*, et se compose d'un Calcaire noir ou bleuâtre compacte, plus ou moins imprégné de Carbone, qui alterne avec des Schistes, des Argiles schisteuses et des Calschistes. D'autres roches y sont subordonnées, telles que des couches de Dolomie grise et des lits d'Anthracite. Le principal caractère qui distingue ce terrain consiste dans les fossiles que l'on y rencontre et qui ne se retrouvent plus dans les formations supérieures. Tels sont surtout les Orthocères, les Bellérophons, les Evomphales, les Spirifères, les Strophomènes, les Pentamères, les Productus, les Trilobites, les Encrines et un grand nombre de Zoophytes. Le calcaire de ce système passe ordinairement à diverses nuances de rouge, d'où lui est venu, chez les Anglais, le nom d'*Old red Sandstone*, c'est-à-dire *vieux grès rouge*. La stratification du terrain Antraxifère est fortement inclinée et quelquefois même verticale, d'où résultent des escarpements et des rochers à pic.

Système Houiller. Ce terrain reçoit des Anglais le nom de *Coal Measures*, et des Allemands celui de *Steinkohlengebirge*. Il est composé de Schistes argileux, de Psammites, de Grès, de Conglomérats de fer carbonaté, de Houilles de plusieurs variétés, et les Schistes de cette formation offrent de nombreuses empreintes de végétaux de différentes espèces. Au moment où le dépôt Houiller se forma, la terre était déjà placée dans des circonstances à peu près analogues à celles où nous nous trouvons, c'est-à-dire que le sol était en partie émergé, puisque alors vivaient de nombreuses espèces de végétaux terrestres, tels que des Fougères, des Lycopodiacées, des Palmiers et des Conifères, dont les débris ont par leur décomposition formé la Houille. Les eaux de cette époque se partageaient aussi comme aujourd'hui en eaux douces et en eaux salées, puisque d'une part on trouve des mollusques et des poissons marins contemporains de la Houille, et que de l'autre, des animaux organisés, analogues à ceux de nos eaux douces, accompagnent quelquefois et exclusivement les végétaux des Houillères. On peut donc établir que depuis la formation de la Houille jusqu'à nos jours, les lois et les phénomènes dont nous observons les effets sont demeurés les mêmes, et que si des caractères distinctifs se font remarquer dans les terrains postérieurs à cette formation, ils tiennent à des causes particulières ou locales, et non pas à celles qui se rattachent à la nature et à la composition de l'atmosphère et des eaux, lesquelles n'ont pu varier que dans d'étroites limites.

Les couches tourbières actuelles, à la différence seule des végétaux qui les composent, rendent un compte satisfaisant de la formation des dépôts Houillers, en admettant que ces dépôts se soient formés sur place. Les lits de Tourbe ancienne se seraient alors reproduits plusieurs fois pour former les couches qui constituent un terrain Houiller; puis, par suite d'une révolution quelconque, ils auraient été recouverts par les Grès et les Argiles, dans quelques lieux par des Porphyres; et cette révolution, qui aurait fait disparaître les végétaux qui avaient formé les tourbières, aurait été aussi la cause de leur carbonisation.

Mais M. Constant Prévost combat l'hypothèse qui admet que les Houilles proviennent de l'enfouissement de végétaux sur le sol qui les avait nourris : « L'existence, dit-il, de tiges qui ont conservé une position verticale, serait le fait qui militerait le plus en faveur de cette opinion; mais l'examen des localités où ce même fait a été observé prouve qu'il est exceptionnel. Presque toujours les tiges sont couchées; aucune de celles qui sont droites n'est terminée par des racines implantées dans un terreau qui puisse être considéré comme terrestre; ces tiges sont aussi bien rompues et tronquées à leur extrémité inférieure qu'à la supérieure; les grès qui les enveloppent sont exactement les mêmes que ceux qui sont immédiatement au-dessous d'elles, et aucune ligne visible ne sépare le sol sur lequel les végétaux auraient pris naissance et se seraient développés, des sables que les eaux auraient amenés plus tard pour les enfouir. Il suffit, pour expliquer la verticalité de certaines tiges dans les Houillères, de se rappeler ce qui se passe dans les grands fleuves, et notamment dans ceux de l'Amérique, qui charrient une immense quantité de bois; il suffit qu'un tronc d'arbre soit plus lourd à l'une de ses extrémités qu'à l'autre, pour qu'il se tienne presque debout et qu'il s'arrête dans cette position. Le nombre des arbres plantés ainsi verticalement dans le limon et le sable de plusieurs cours d'eau de l'Amérique du Nord rend ceux-ci innavigables. D'un autre côté, comment expliquer les alternances de 60 à 80 couches de Houille, avec deux fois autant de bancs de schistes et de grès sur une épaisseur de 4 à 500 mètres, dans la supposition que chaque couche de Houille résulterait de végétaux terrestres détruits sur place, tandis que les bancs de schistes et de grès auraient été déposés par les eaux? Il faudrait faire émerger et submerger 60 et 80 fois au moins le même point du sol en lui conservant chaque fois sa position horizontale, puisque les couches sont parallèles entre elles et concordantes. Bien plus, la quantité de bois nécessaire pour produire une couche de charbon d'un mètre est tellement considérable, qu'il faudrait supposer des intervalles de temps immenses pour se rendre compte de ces submersions itératives. On a calculé, par exemple, que la plus belle futaie ne rendrait pas plus de carbone qu'une couche de Houille de 6 millimètres d'épaisseur sur une même surface; par conséquent, 6 mètres de Houille supposeraient la destruction de 1000 futaies; et si l'on donnait cent ans pour le développement de chacune, il aurait fallu cent mille ans pour faire croître le bois nécessaire à la production de 6 mètres de charbon. Or, il y a telles couches ou amas de charbon, comme ceux du Creusot, par exemple, qui ont plus de 30 mètres de puissance. On voit qu'il n'existe aucune de ces difficultés, lorsque l'on attribue la formation de la Houille à la décomposition de végétaux terrestres accumulés par les courants fluviatiles et marins dans les anfractuosités du sol submergé, car rien ne s'oppose à ce que sur un espace d'un myriamètre carré, il ne soit apporté, en quelques années, une quantité de bois, dix, cent, mille fois, etc., supérieure à celle qui aurait pu végéter sur un même espace pendant des siècles. On a calculé qu'il passe à l'un des affluents du Mississipi plus de huit mille pieds cubes de bois par seconde, c'est-à-dire plus de six millions par vingt-quatre heures; et combien par an, par siècle? Tous les navigateurs savent qu'une partie des végétaux terrestres, continuellement apportés dans la mer par les fleuves qui débouchent vers le golfe du Mexique, est portée par le grand courant équatorial jusque sur les côtes d'Islande, du Groënland et du Spitzberg. »

Le docteur Richardson, qui a observé les bois flottants du Mackensie, s'exprime à son tour à ce sujet de la manière suivante : « Comme les arbres conservent leurs racines, qui sont souvent chargées de terre et de pierres, ils s'enfoncent promptement, surtout lorsqu'ils sont imbibés d'eau; puis leur accumulation, là où il existe des remous, donne naissance à de hauts-fonds qui finissent par devenir des îles. Dès que ces îles dépassent le niveau de l'eau, elles sont couvertes de touffes de saules dont les racines fibreuses servent à lier la masse et à lui donner de la solidité. Quoi qu'il en soit, l'action de la rivière et celle de la gelée concourent chaque année à diviser ces îles en plusieurs sections, et il est intéressant alors d'étudier la diversité d'apparences qu'elles offrent suivant les différentes époques de leur formation. Les troncs de ces arbres se décomposent peu à peu jusqu'à ce qu'ils soient convertis en une substance d'un brun noirâtre, ressemblant à de la tourbe, mais conservant encore quelque chose de la structure fibreuse du bois. Des couches de cette substance alternent souvent avec des lits d'argile et de sable, à travers lesquels pénètrent, jusqu'à la profondeur de 4 à 5 mètres et même plus quelquefois, les longues racines fibreuses des saules. Une légère infiltration de matière bitumineuse, dans un dépôt de cette nature, produirait une excellente imitation du charbon, avec des empreintes de racines de saule. Ce qu'il y a surtout de remarquable est la structure schisteuse horizontale que présentent les anciens bords alluviens, ou la courbe régulière que forment les couches par suite de l'inégalité de leur affaissement. Bien que ce soit dans les rivières seulement que nous ayons pu observer des coupes de ces dépôts, la même action se produit dans les lacs sur une échelle bien plus grande encore. Le bois flottant et les débris de végétaux que l'Elk amène dans le lac Athabasca, ont donné lieu à la formation d'un haut-fond de plusieurs milles d'étendue, dans la partie méridionale de ce lac; et tout porte à croire que le lac de l'Esclave lui-même finira par être comblé par les matériaux que la rivière de même nom y entraîne chaque jour. D'immenses quantités de bois flottants sont ensevelis sous le sable qui se trouve à l'embouchure de la rivière, et l'on en voit des piles énormes amoncelées sur toutes les rives du lac. »

Dans le nombre des amas d'arbres flottants ou *Rafts* que l'on rencontre sur les fleuves de l'Amérique, on a longtemps cité celui qui se trouvait sur l'Atchafalaya, l'un des bras du Mississipi. Sa longueur était d'environ 10 milles, sur 220 mètres de largeur et 2 mètres 43 centimètres de profondeur; il était couvert de fleurs, d'arbres et d'arbustes verts, ce qui ne l'empêchait pas cependant de s'élever et de s'abaisser suivant le mouvement de l'eau ; et il avait continué son accroissement durant soixante années environ, lorsqu'en 1835, époque à laquelle plusieurs de ces arbres qui végétaient à sa surface avaient acquis une élévation de 18 à 20 mètres, le gouvernement de la Louisiane prit des mesures pour le détruire, afin de rendre libre la navigation. Il fallut quatre années de travaux pour le faire disparaître.

Outre ces masses fixes, il se forme aussi, à l'extrémité du Delta, dans le golfe du Mexique et dans d'autres lieux encore, des amas de bois flottants, nommés *Suags*, qui sont extrêmement dangereux pour les navigateurs. Souvent cachés entièrement sous les eaux du courant où ils se trouvent placés, ils présentent autant de fascines sur lesquelles la quille des bâtiments va s'engager, et la plupart des bateaux qui sont employés sur le Mississipi sont construits de manière à se préserver autant que possible des suites de cette fâcheuse rencontre.

Dans son *Précis de géographie universelle*, Malte Brun dit aussi, en parlant de l'Islande : « Il y eut autrefois dans cette île de grandes forêts qui abritaient les vallées méridionales. Une mauvaise économie les a dévastées. On ne trouve à présent que quelques bois de bouleaux et beaucoup de broussailles ; mais le bois que la terre refuse aux Irlandais leur est amené par la mer. C'est un des phénomènes les plus étonnants dans la nature, que cette immense quantité de gros troncs de pins, de sapins et autres arbres qui viennent se jeter sur les côtes septentrionales de l'Islande, surtout sur le cap du Nord et sur celui nommé Langanell. Ce bois arrive sur ces deux points dans une telle abondance, que les habitants en négligent la plus grande partie. Les morceaux qui sont poussés le long de ces deux promontoires vers les autres côtes fournissent à la construction des bateaux.

Le terrain Houiller s'étend rarement dans une grande proportion ; presque toujours, au contraire, il est resserré dans des espèces de vallées ou recouvert par d'autres terrains. Dans les lieux où il est censé à découvert, il forme des espèces de collines allongées que recouvre une couche détritique argileuse. La stratification de ce terrain est très-inclinée et présente fréquemment des couches pliées en zigzag, de manière qu'un puits vertical peut traverser à plusieurs reprises une même couche. Le terrain Houiller se compose, comme nous l'avons dit plus haut, de Psammites, de Schistes argileux, de Grès, de Fer carbonaté et de Houille ; mais il passe, par des liaisons à peine sensibles, à d'autres roches, telles que l'Arkose, le Schiste bitumineux, le Phthanite, l'Argile schistoïde, le Calschiste, le Calcaire, la Dolomie et l'Anthracite. Les minéraux dispersés dans ce terrain, sous forme de noyaux ou de petits amas, sont le Calcaire, la Dolomie et le Fer spathique, le Quartz hyalin, la Barytine, la Galène et le Blende.

Les observations faites dans les deux mondes sur la flore Houillère ont amené à ces conclusions importantes, c'est que cette flore doit présenter dans la zone torride les mêmes caractères que dans notre zone tempérée boréale ; et les plantes du terrain Houiller de la zone glaciale doivent être aussi les mêmes que celles de notre zone tempérée. Pendant longtemps on avait supposé que la formation Houillère ne renfermait aucuns débris d'animaux. M. Godelet fut le premier qui en rencontra, dans les environs de Namur ; mais ces débris ne sont pas moins très-rares dans ce terrain, et n'existent probablement qu'aux points de jonction avec la formation Secondaire.

Une des formations Houillères les plus considérables est celle qui occupe une partie de la Belgique, entre l'Escaut et la Roer. Elle s'étend d'un côté jusqu'au delà d'Aix-la-Chapelle, et, de l'autre, jusqu'au delà de Douai. Des deux parts elle s'enfonce sous des terrains Secondaires, et forme, dans cette vaste étendue, une suite de bassins, plus ou moins développés, dont les principaux sont ceux de Liége et de Charleroy. Les couches de Houille sont généralement plus puissantes vers leur centre qu'à leurs extrémités, et leur propriété combustible est aussi meilleure. La dureté des Schistes du terrain Houiller est variable, car ils passent, soit à l'Argile, soit au Phthanite ; ils se décomposent facilement sous les influences météoriques, et plusieurs forment des couches compactes où disparaît la structure schistoïde. On appelle schiste alunifère celui qui a la propriété de donner de l'alun lorsqu'on l'a grillé. *Voy.* Houille.

TERRAINS SECONDAIRES.

Ils sont essentiellement composés de formations marines et de formations fluviomarines qui alternent entre elles sur un grand nombre de points et se remplacent sur d'autres. Les roches prédominantes, ou roches calcaires, argileuses et arénacées, sont nettement stratifiées, et leurs assises nombreuses, parallèles, sont communément horizontales dans les plaines ; mais sur les flancs des montagnes elles se montrent plissées, contournées et plus ou moins inclinées.

Les terrains Secondaires ont aussi un certain nombre de superpositions. Ainsi, viennent successivement les Calcaires compactes, où se trouvent les Ammonites, les Schistes et les Houilles ; les Craies, contenant des noyaux de silex et des Bélemnites spathiques ; les Calcaires grossiers, qui sont remplis de coquilles semblables à celles que l'on trouve encore à l'état vivant dans nos mers ; puis les Marnes, les Sables et les Gypses, qui recèlent des empreintes de poissons, des coquilles et des ossements de quadrupèdes. C'est aussi sur les terrains Secondaires que se trouvent principalement les énormes blocs erratiques et les amas de cailloux qui restent comme témoins des premiers cataclysmes qu'a subis notre globe.

Formation Triasique. On comprend sous

ce nom des dépôts arénacéo-argileux et des calcaires placés entre le Zeichstein et le système Oolithique ou Jurassique. Le Trias se compose en effet d'un calcaire de formation marine que l'on appelle calcaire Conchylien ou Muschelkalk, lequel est séparé du Zeichstein par des Grès et des Argiles bigarrés ; et du calcaire Oolithique, par les Grès et Marnes irisées ou *Bunter Sand Stein*. On trouve dans ces dépôts des coquilles marines non brisées et des végétaux terrestres parmi lesquels sont des Fougères, des Calamites, des Equisétacées, des Conifères et des Liliacées, espèces différentes de celles des terrains houillers. Les principales roches qui s'y trouvent comprises, sont des Basaltes, des Trapps, des Mélaphyres, des Eurites, des Porphyres, des Syénites, des Diorites, des Ophiolites, des Euphotides, des Variolites et des Sélagites. On y rencontre aussi du Gypse, du Sel marin, de la Karsténite, de la Dolomie et du Lignite.

Système Magnésifère ou *Pénéen*. Ce dépôt est le *Magnésian-Limestone* des Anglais, et l'*Alpenkalkstein* des Allemands. Il se compose principalement de Zeichstein, de Schiste cuivreux et de Schiste bitumineux. Le Zeichstein est un calcaire gris, souvent fétide, généralement magnésien, qui ne contient que peu de fossiles, lesquels sont, parmi les mollusques, des Productus, des Leptena, des Spirifères, des Térébratules, des Mytilus et des Encrines; puis des Polypiers, et enfin des Fucus. Ce terrain, qui manque complétement en France, est commun au contraire en Angleterre, dans le Tyrol et dans la Thuringe. On trouve aussi dans ce dépôt un Schiste bitumineux qui contient du cuivre à l'état de sulfure, de petites quantités de Plomb, de Cobalt, de Zinc, de Bismuth et d'Arsenic, et surtout des poissons fossiles dont les écailles sont conservées. Ces poissons appartiennent aux genres *Palæonius*, *Platysomus* et *Girolepis*, et leur état parfait de conservation a fait penser, comme nous l'avons déjà dit ailleurs, que leur enfouissement devait appartenir à une cause instantanée, telle, par exemple, qu'une émanation ignée.

Système Pœcilien. Il se nomme aussi *Grès vosgien* ou *Grès rouge*, *New red Sandstone*, *Zeichstein*, *Todte liegende* et *Kupferschiefer*, et se compose de grès bigarré formé de Grès, de Psammites et de Marnes ; et de Grès vosgien ou mélange de conglomérats et de Grès à gros grains. Il est assez difficile de bien déterminer les caractères généraux de ce système, caractères tirés surtout de la couleur et de la texture des roches. La nature de celles-ci l'a fait souvent confondre avec le terrain Keuprique. La formation Pœcilienne est puissante particulièrement dans la Thuringe, où un étage calcareux est superposé à un étage quartzeux, et dans les Vosges, où l'ordre des étages est inverse. La roche la plus commune dans cette dernière localité est un Grès, rouge de brique, qui passe quelquefois au rouge-violet et au jaune de rouille. C'est de l'oxyde de Fer qui colore extérieurement les grains de Quartz, et l'on y remarque aussi de petits grains de Feldspath et des paillettes de Mica. Lorsque l'on s'enfonce dans la masse, le Grès rouge passe au Poudingue, et renferme alors des noyaux de nature quartzeuse ou formés quelquefois de Phthanite noir ou bleuâtre.

Dans quelques circonstances, le Grès rouge et les Poudingues qu'il constitue reposent directement sur les terrains primordiaux ; mais généralement ils en sont séparés par d'autres roches qui établissent la liaison. Un des passages les plus intimes du Grès rouge est celui qui a lieu avec la formation Houillère, et lorsque le Grès approche de la Houille, il devient moins pur et passe au Psammite. Ses Poudingues subissent aussi des changements analogues; et ces deux formes, alternant avec des lits d'argile, conduisent insensiblement au terrain Houiller, sans qu'aucune ligne de démarcation ait été rigoureusement tracée. Lorsque le Grès rouge se rapproche du terrain Anthraxifère, il passe à un Psammite schistoïde de couleur amaranthe ; lorsque sa jonction a lieu avec le groupe Ardoisier, ses dernières couches renferment des Pséphites composés d'Argile grossière, de fragments d'Ardoise, de Stéatite schistoïde, et de Quartz compacte et grenu ; s'il repose sur le terrain Granitique, ses éléments feldspathiques passent à l'Arkose ; et lorsque son contact s'établit avec le terrain Porphyrique, les roches intermédiaires sont ordinairement des Pséphites et des Psammites.

Le terrain de Grès rouge renferme, mais en petite quantité, quelques minerais, comme le Fer, le Plomb, le Manganèse et le Mercure. Les fossiles y sont fort rares, excepté dans la Thuringe, et même appartiennent peut-être à un dépôt voisin. Le Grès rouge de la Thuringe, le plus célèbre de la formation Pœcilienne, a été divisé par M. Freiesleben en deux étages, dont le premier comprend les sept groupes suivants : le *Letten*, argile glaise d'un gris bleuâtre ou verdâtre, qui renferme des bancs ou des rognons de Dolomie sableuse et des cristaux de Calcaire et de Sélénite; le *Stinkstein*, calcaire fétide ou bitumineux, qui contient du Fer hydraté, du Gypse, du Sel marin, et offre des cavernes d'une grande dimension; l'*Asche*, couche de couleur grise, renfermant du Bitume et du Sable et formant une sorte de cendre lorsqu'elle est desséchée ; le *Rauhstein*, calcaire marneux qui passe à la Dolomie; la *Rauchwacke*, espèce de Dolomie caractérisée par les cellules ou cavités qu'elle renferme; le *Zeichstein*, calcaire compacte, gris ou noirâtre, qui renferme des grains de Calcaire spathique, de Gypse et de Galène, du Cuivre pyriteux, du Cuivre carbonaté, des cristaux de Quartz, des paillettes de Mica et un assez grand nombre de Coquilles, notamment le *Productus aculeatus*; et le *Mergelschiefer*, espèce de calschiste gris, toujours imprégné de bitume et de carbone, qui contient du Cuivre pyriteux, du Cuivre sulfuré, de la Pyrite en grains plus ou moins visibles, de petites quantités de Zinc, de Cobalt, de Plomb, de Bismuth, d'Arsenic et de nombreuses espèces de poissons. L'étage inférieur se compose de couches alternatives de Grès et de Poudingues, de Grains et de Noyaux plus ou moins gros, lesquelles roches passent au Psammite et au Pséphite, et renferment des bancs de Spilite porphyroïde, de Fer oligiste, de Calcaire compacte et de Houille. Comme cet étage ne renferme plus de minerai de cuivre, les mineurs le désignent par le nom de *Roth Todte Liegende*, ce qui signifie mur rouge mort.

Système Conchylien. Ce dépôt, qui se compose de Muschelkalk, lequel est formé à son tour de Calcaires compactes, de Marnes et de Gypse, renferme une grande quantité d'espèces de Coquilles marines et de Polypiers, mais rarement des végétaux. Les mollusques caractéristiques de ce terrain sont l'*Ammonites nodosus*, l'*Avicula socialis*, l'*Encrinites letiformis* et le *Terebratula vulgaris*. Il contient en outre des débris de grands reptiles, tels que les *Phytosaurus*, les *Dracosaurus*, etc.

Système Keuprique. Ce terrain a reçu aussi les noms de *Marnes irisées*, de *Redmarb*, de *Muschelkalk*, de *Terrain salifère*, de *Bunte Mergel* ou *Marnes bigarrées* et de *Bunter Sandstein* ou *Grès bigarré*. Il est composé de couches de Marnes grises, bleuâtres, verdâtres, rougeâtres, jaunâtres et blanchâtres; de Grès ou de Psammites dont les couleurs sont aussi variées que celles des Marnes; et de Gypse et de Sel marin qui alternent indéfiniment. Lorsque le système des Marnes se développe, on a le *Keuper;* si c'est le Calcaire, il produit le *Muschelkalk;* lorsque le Sel marin se présente, il prend le nom de *Terrain salifère;* et lorsque c'est le Grès, on l'appelle Grès bigarré. Le terrain Keuprique est très-développé dans la Lorraine et dans la Souabe.

Formation Jurassique. Elle constitue une partie importante de l'écorce du globe, et a reçu son nom du Jura, où elle joue un rôle important dans la constitution géognostique du pays. Elle est principalement composée de Calcaire compacte et d'Oolithe, accompagnés de Marnes argileuses; puis on y voit de la Dolomie, des Grès, des Sables, du Macigno, du Fer hydraté, etc. Dans les pays de collines, le terrain Jurassique se montre en couches à peu près horizontales, tandis que dans les régions montagneuses il offre presque constamment des couches plus ou moins inclinées. Les sources qui surgissent dans ce terrain sont tellement abondantes, qu'elles donnent presque immédiatement naissance à des rivières : telles sont les sources de la Sorgue, du Lez, etc. Chez les Anglais, l'étage supérieur du dépôt Jurassique est formé du *Portlandsone* ou calcaire Oolithique; du *Kimmeridge-clay*, ainsi nommé d'une marne argileuse que caractérise l'*Ostrea deltoïdea;* du *Coral-rag*, calcaire Oolithique compacte, ou bien de nature terreuse, et renfermant une immense quantité de Coraux et d'autres Zoophytes; et de l'*Oxford-clay*, marne argileuse caractérisée par la présence de la *Gryphea dilatata*. L'étage moyen comprend le *Cornbrash*, système de calcaire schistoïde qui se lie avec le *Forest-Marble*, calcaire coquillier; et le *Bradford-clay*, dépôt argileux qui contient une grande quantité d'*Apiocrinites rotundus*. L'étage inférieur offre le *Great Oolite*, l'un des plus puissants systèmes du calcaire Oolithique; le *Fullers Earth*, argile d'où l'on extrait la terre à foulon; et l'*Inferior Oolite*, calcaire Oolithique dont les couches inférieures sont ordinairement ferrugineuses.

Système Liasique. Ce terrain et le dépôt Jurassique proprement dit ont une liaison si intime, qu'il est souvent fort difficile de les séparer. Les principaux caractères qui distinguent le Lias du calcaire du Jura, sont la présence ou plutôt l'abondance de la *Gryphea arcuata* et l'extrême rareté des roches à texture Oolithique. La stratification des deux terrains est la même, et le Lias est composé de roches argileuses et quartzeuses qui souvent alternent indéfiniment entre elles. Les dépôts Liasiques se trouvent presque toujours à la suite des massifs Jurassiques. Dans les Alpes, ils atteignent quelquefois une épaisseur de plus de 2000 mètres d'épaisseur. Ce terrain, qui se lie par ses couches argileuses aux marnes irisées des dépôts muriatifères, qu'il sépare des calcaires Oolithiques inférieurs, renferme des squelettes entiers d'animaux marins et d'animaux fluviatiles, et quelques végétaux. Ces fossiles sont des Ichthyosaurus et des Plésiosaurus; des Ammonites en grand nombre et des Bélemnites; puis des Coquilles bivalves et univalves, telles que des Pernes, des Modioles, des Pholadomies, des Huîtres, des Plagiostomes et la Gryphée arquée, qui est caractéristique du terrain.

Système Oolithique. Le nom de ce terrain lui vient de ce que certains bancs sont formés de grains plus ou moins arrondis, semblables à des œufs de poissons. Il se compose de calcaires de formation marine et de dépôts argileux de formation fluvio-marine. Dans quelques localités ces calcaires et ces dépôts alternent, dans d'autres ils se remplacent; et il est aussi quelques bancs qui ne sont formés que de Polypiers, ce qui les a fait nommer calcaire à Polypiers, *Coral-rag* des Anglais. Les Ammonites abondent dans toute la formation Oolithique, où elles sont associées aux Trigonies, aux Térébratules, aux Bélemnites et aux Astrées. C'est aussi le gisement principal des Ichthyosaures, des Plésiosaures et des Ptérodactyles. Les bancs argileux qui séparent les assises calcaires renferment un mélange de Coquilles marines bien conservées et groupées par familles; puis des squelettes entiers de reptiles fluviatiles et des végétaux terrestres. Ce terrain fournit d'excellente chaux hydraulique, et on le divise en étage inférieur, étage moyen et étage supérieur.

L'étage inférieur, qui repose sur le Lias, comprend ce que les Anglais appellent le *Cornbrash*, formé de calcaire Oolithique et de marne; le *Forest-Marble*, calcaire à Polypiers et marne; le *Bradford-clay*, composé de marne argileuse bleue et de calcaire sableux; la grande Oolithe ou calcaire Oolithique; le *Fullers Earth* ou terre à foulon; et l'*Inferior Oolite* ou Oolithe ferrugineuse. Cet étage contient une quantité assez notable de fer hydroxydé en grains, pour être considéré comme minerai de fer. Les fossiles marins qui le caractérisent diffèrent beaucoup de ceux du Lias, ce qui annonce qu'il a dû s'écouler un temps considérable entre la formation de chacun de ces dépôts. La Gryphée arquée du Lias semble remplacée, dans l'Oolithe inférieure, par le *Gryphea Cimbuin.* L'étage moyen se compose du *Kelloway roks*, mélange de calcaire marneux et d'argile; du *Coral-rag*, ou calcaire compacte Oolithique et siliceux; et du *Calcareous grit*, formé de sables et de grès calcarifères. L'étage supérieur, de formation essentiellement marine, est séparé du moyen par le grand dépôt fluvio-marin, qui a été nommé argiles de *Dives* ou d'*Oxford*. Il est recouvert par un autre dépôt de la même importance, que les Français nomment *Argile d'Honfleur* et les Anglais *Argile de Kimmeridge*. L'Oolithe supérieure renferme une immense quantité de Polypiers, et ses couches, comme celles du Lias, sont caractérisées par des fossiles entiers, tels que des squelettes de reptiles, des végétaux et des dépôts charbonneux exploitables. La Gryphée dilatée caractérise les argiles de Dives, tandis que la Gryphée virgulaire se montre plus particulièrement dans l'argile de Honfleur. Le calcaire de Portland, qui est de couleur blanche, se trouve au-dessus de l'argile de Honfleur.

Formation Crétacée. En France et en Angleterre, ce terrain se compose communément de Craie, de Tufau, de Glauconie, de Marne et d'Argile; mais dans la plupart des autres contrées, l'association de ces dernières roches a lieu sans que la Craie s'y rencontre, en sorte que le caractère le plus prononcé de ce terrain est sa position entre le terrain Tertiaire et le terrain Jurassique. Il occupe en Angleterre, où il a été observé particulièrement avec beaucoup de soin, la partie sud-est de l'île, et s'appuie à l'est sur le terrain Jurassique, en se prolongeant à l'ouest jusqu'aux côtes de la Manche. Il y est recouvert en général par des dépôts Tertiaires. Les montagnes formées par le terrain Crétacé sont toujours arrondies, peu élevées et terminées par des plateaux d'une étendue plus ou moins grande; leurs flancs ne sont jamais escarpés, mais souvent rapides; et enfin leurs vallées, quelquefois assez profondes, n'offrent point la largeur de celles des terrains Tertiaires. C'est dans la partie inférieure du terrain Crétacé que se trouvent les sources d'eau ascendantes qui alimentent les puits artésiens. Dans quelques contrées, ce terrain renferme des Lignites, comme on le remarque à l'île d'Aix, à Boltigène dans le canton de Berne, à Entrevernes en Savoie, etc. La formation Crétacée se divise en trois étages : Inférieur, Moyen et Supérieur.

Etage Inférieur. Cet étage, que l'on a souvent classé dans les terrains Jurassiques, et que les Anglais appellent *Wealdien*, du nom d'une région boisée du comté de Sussex, où il offre une certaine puissance, se divise en trois groupes : le *Wead-clay*, espèce d'argile plastique grise, schistoïde, qui devient sableuse et renferme quelquefois de petits bancs de calcaire Lumachelle; le *Hastings-sand* ou *Iron-sand*, sable ferrugineux qui passe au Grès, soit ferrugineux, soit calcarifère, et renferme des lits d'argiles grises ou rouges, des marnes et des bancs de Lumachelle; et le *Burbeck-limestone*, calcaire composé de fragments de coquilles, que l'on emploie comme marbre et comme pierre à bâtir.

Etage Moyen. Il se divise aussi en trois groupes : l'*Upper Greensand* ou *Malm*, sable coloré en vert; le *Gault* ou *Galt*, marne argileuse qui passe à l'argile et offre une couleur grisâtre ou bleuâtre; et le *Lower Greensand* ou *Shanklinsand*, qui renferme du minerai de fer hydraté et des silex, et dont la partie inférieure est colorée en vert par du fer chloriteux.

Etage Supérieur. Il est formé de Craie blanche, ordinairement friable en dessus, et renfermant des rognons de silex disposés en couches, de Craie sublamellaire, de Craie marneuse, de Craie glauconieuse et de Craie Tufau. La craie blanche ne présente point de stratification distincte, mais on y rencontre des lits parallèles et horizontaux des Silex pyromaques noirs qui sont caractéristiques de cette Craie, et dans les fissures desquels se trouvent aussi quelquefois des cristaux de Célestine ou Sulfate de strontiane. Cette Craie contient en outre du Sulfure de fer qui s'y présente, soit en nodules hérissés de cristaux octaèdres de ce métal, soit en globules qui sont striés du centre à la circonférence; et des mollusques en grand nombre, tels que des Bélemnites, des Térébratules, des Plagiostomes, des Lituolites, des Scaphites, des Cranies, des Nautiles, des Huîtres, etc., etc. La Craie Tufau ou Craie grise se durcit à l'air et fournit une bonne pierre de taille; elle renferme, entre autres corps organisés, des dents de poissons, de Tortue, les débris d'un grand reptile appelé Mososaurus, et des mollusques.

TERRAINS TERTIAIRES.

Ces terrains sont séparés nettement des Secondaires; car on n'y voit aucun des fossiles caractéristiques de ces derniers, comme les Ammonites et les Bélemnites, et ils offrent des ossements de mammifères qui ne se rencontrent point dans les terrains inférieurs. Les dépôts Tertiaires ont aussi cela de remarquable, qu'ils sont pour ainsi dire circonscrits ou locaux, d'où il résulte qu'ils ont entre eux de nombreuses différences; leur mélange et leurs alternances sont aussi très-variés, et rendent leur étude difficile, surtout pour établir l'identité des dépôts formés dans des contrées placées sous diverses zones. Les assises de ces terrains sont nombreuses, peu épaisses, et de nature minéralogique peu constante. Elles sont généralement horizontales ; elles occupent les parties basses des vallées et constituent des plaines très-étendues. C'est sur le sol Tertiaire qu'est établie la société humaine. Les dépôts inférieurs du terrain Tertiaire offrent des débris de Palmiers ; mais on n'y rencontre plus les grandes Fougères et les Cycadées. Les végétaux Dycotylédones, au contraire, s'y trouvent en abondance : ce sont surtout des empreintes d'Amentacées et de fruits. Parmi les Polypiers sont des genres nombreux qui sont communs avec ceux qui les ont précédés dans les autres formations ; mais l'on y trouve aussi des espèces dont les analogues existent encore, telles, par exemple, que les Oculines. Dans les Radiaires, on remarque le genre Encrine, des Astéries, des Spatangles, des Clypéastres, des Nucléolites. Les Balanes sont analogues aux espèces vivantes, et abondent dans les sables et les calcaires marins. Les Nummulites caractérisent certaines couches de ce terrain. Sur près de quinze cents espèces de Coquilles fossiles que renferme la formation Tertiaire ancienne, cinquante à peine ont leurs analogues vivants, tandis que dans le dépôt Tertiaire moderne, les $\frac{95}{100}$ se trouvent encore dans nos mers. Les genres de mollusques les plus nombreux sont les Buccins, les Casques, les Porcelaines, les Olives, les Strombes, les Ptérocères, les Cancellaires, les Fuseaux, les Cérithes, les Hyales, les Hélices, les Bulines, les Planorbes, les Nérites, les Calyptrées, les Oscabrions, les Clavagelles, les Pholades, les Myes, les Mactres, les Lucines, les Cypricardes, les Cardium, les Chames, les Arches, les Pétoncles, les Mytiles, les Huîtres, les Peignes, les Cranies et les Térébratules. Les genres sont peu nombreux parmi les Céphalopodes ; et c'est dans les couches inférieures que l'on rencontre des Sèches, des Poulpes, des Calmars et quelques Bélemnites. Les Annélides sont très-abondantes dans les couches supérieures, où se rencontrent aussi de nombreuses traces d'insectes, surtout dans les marnes, les Lignites et les dépôts gypsifères ; ce sont des Coléoptères carnassiers et phyllophages, des Hyménoptères, des Dyptères, des Lepidoptères, etc. Les crustacés sont représentés par des Portunes, des Grapses, des Gonoplax, des Dorippes, des Crabes et des Palinures. Le sol Tertiaire supérieur contient des genres propres aux mers tropicales, ainsi que des Raies et des Squales, dont les dents sont encore mêlées à ces terrains, et l'on y retrouve les genres Cyprin, Perche, Brochet, etc. Les Malacoptérygiens apparaissent pour la première fois dans ces couches. Les dépôts les plus profonds renferment des genres perdus, et les Acanthoptérygiens y dominent. On y trouve aussi des poissons des différents ordres, dont la moitié environ existe encore à notre époque. Ce sont surtout des Acanthoptérygiens. Les Chondroptérygiens diminuent en nombre, et leur existence paraît liée à une époque très-restreinte. Les Chéloniens offrent des Emys, des Tryonix, des Testudo ; les Sauriens, des Crocodiles ; les Batraciens, des Grenouilles, des Salamandres, des Tritons ; et les Ophidiens, des Serpents se rapprochant des Boas. Les oiseaux fossiles ne présentent que des genres vivants ; mais ils diffèrent par les espèces. Le Calcaire d'eau douce renferme des Plumes et des Œufs ; le Calcaire marin, des Echassiers, des Palmipèdes et des Gallinacées. Enfin il existe une liaison étroite entre les terrains d'Alluvion anciens et les terrains Tertiaires, sous le rapport de l'existence des grands mammifères perdus.

Formation Supercrétacée. *Etage Inférieur*. Il se compose de Marnes marines à Huîtres et à Cythérées ; de Calcaire lacustre ou Travertin moyen ; de Marnes vertes et Marnes jaunes ; de Gypses et Marnes ; de Calcaire lacustre ou Travertin inférieur ; de Sables et Grès dits de Beauchamp ; de Sables micacés renfermant des nodules solides de sable ferrugineux ; et des lits d'Argile qui, au nord de Paris, par exemple, occupent une vaste superficie, et acquièrent, près de Laon, une puissance de près de 80 mètres. En Angleterre, l'*Argile plastique* forme des couches de Cailloux roulés et de Sables qui alternent irrégulièrement avec des couches d'Argile. Le Calcaire grossier parisien, le dépôt argileux d'Angleterre et le dépôt calcaréo-sableux de la Belgique, occupent le même rang dans l'étage inférieur du dépôt Supercrétacé. Le Calcaire sableux de Belgique se divise à son tour en trois groupes dont l'inférieur est formé de Glauconie grossière ; le moyen, de Sables ferrugineux, contenant des Grès noduleux et fistuleux ; et le supérieur, de Sables calcarifères, argileux et ferrugineux. Le dépôt argileux d'Angleterre se compose d'Argile bleuâtre ou noirâtre, qui renferme des Coquilles marines et des Rognons de calcaire argileux. L'étage inférieur présente en outre des Poudingues et Cailloux roulés de Paris, du Soissonnais, de la Touraine et de l'Angleterre ; et le calcaire Pisolithique de Meudon.

Etage Moyen. Il se compose de ce qu'on appelle les Sables et Grès de Fontainebleau, lesquels ont leurs analogues dans diverses contrées. Au-dessus de cette formation est le Calcaire lacustre ou Travertin supérieur, qui a aussi ses analogues suivant le pays. Enfin cet étage comprend le Calcaire de Nantes et de Douai ; les Faluns de la Touraine, ceux de Dax et de Bordeaux ; le Calcaire Moellon de Montpellier ; les Marnes bleues et les Molasses des environs de Vienne en Autriche ; les Meulières des environs de Versailles ; et l'Argile à Lignites des bords de la Baltique.

Etage Supérieur ou *Dépôt Quaternaire*. Il est formé des Galets et Lignites de la Bresse ; des Grès et Hélices d'Aix ; des Marnes subapennines de l'Italie ; du Crag d'Angleterre, et du Calcaire d'Odessa.

M. Lyell a proposé de diviser les terrains Tertiaires en trois groupes qu'ils nomment *Eocène*, *Miocène* et *Pliocène*. Le premier comprendrait le Calcaire grossier, l'Argile de Londres, le Gypse à ossements, les Calcaires siliceux inférieurs et l'Argile plastique, dépôts caractérisés par les Paléothères et les Anoplothères; le second aurait pour type les Faluns de la Touraine, les collines subapennines, les dépôts des grandes vallées qui débouchent dans la Méditerranée, formations qui contiennent les restes des Eléphants, des Mastodontes, des Rhinocéros et des Cerfs dont les espèces sont aujourd'hui perdues; et le troisième se composerait des dépôts qui se forment actuellement et de ceux qui les ont immédiatement précédés, lesquels contiennent des animaux analogues à ceux qui vivent dans les contrées environnantes.

TERRAINS DILUVIENS *ou* ALLUVIONS ANCIENNES.

Le Diluvium, qui contient les ossements fossiles, est cette grande assise de terrain de transport qui forme presque partout la terre végétale, et qui n'est recouverte, en quelques lieux, que par les alluvions des eaux actuelles. L'épaisseur de cette assise varie de 30 centimètres à 30 et 40 mètres. La majeure partie des géologues considère ce terrain comme le produit d'une inondation brusque et passagère; mais d'autres pensent aussi que des causes qui ont agi avec lenteur ont également contribué à sa formation. Le dépôt Diluvien est, comme la formation Alluviale, composé de couches meubles formées de fragments variables. Il s'étend sur des hauteurs où le cours des eaux actuelles n'a jamais pu atteindre. Sa couche est irrégulière, souvent interrompue; on en retrouve des traces dans tous les lieux, et principalement au voisinage des montagnes ou des plateaux élevés; elle est placée sous la terre végétale la plus récente, et caractérisée par la présence des cailloux roulés; et quelquefois même ce terrain n'est représenté que par des cailloux roulés et des blocs épars sur le sol. Il forme fréquemment des amas dans les fissures et les cavités. Le terrain des plaines est déposé le plus souvent en couches horizontales qui s'étendent sur un espace plus ou moins considérable, tandis que celui des hautes vallées est disposé généralement en amas irréguliers qui s'adossent le long des escarpements de manière à y former des talus; et la composition de ces terrains participe toujours de celle des autres formations qui composent le bassin qui s'élève au-dessus du dépôt Alluvien.

Le terrain Diluvien renferme beaucoup de corps organisés appartenant à diverses époques. La plupart des mammifères ont été rangés dans les genres Eléphant, Rhinocéros, Hippopotame, Cheval, Cerf, Bœuf, Ours, Hyène, Chat, Chien, etc. Les mollusques y sont peu nombreux, mais il n'en est pas de même des végétaux. C'est aussi dans ce terrain que se trouvent les gîtes exploités du Diamant, de l'Or, de l'Etain, du Platine et de la plupart des pierres précieuses, comme les Corindons, les Spinelles, les Topazes, etc., et le Fer y est fort abondant. La période Alluvienne présente les mêmes types qu'à notre époque, ce qui prouve qu'alors les conditions d'existence étaient aussi les mêmes que de nos jours. Ainsi, pour les zoophytes et les mollusques, ce sont des genres dont les analogues vivent encore. Les poissons sont peu connus et les reptiles sont en petit nombre; mais ceux qui s'y montrent sont semblables aux nôtres. Les ossements d'oiseaux s'y trouvent également en assez grande quantité; mais tandis qu'on trouvé des genres de mammifères perdus dans les dépôts de cette époque, les oiseaux, au contraire, appartiennent aux climats chauds. On n'y a pas encore rencontré, néanmoins, l'Autruche et le Casoar. Quant aux genres perdus, ce sont les Mégathérium, les Dinothérium, les Anoplothérium, les Palæothérium, les Mégalonix, les Mastodontes, les Lophiodon, etc. Par suite aussi des changements dans les stations, on trouve le Lagomys de l'Asie septentrionale et les Antilopes, dans les Brèches osseuses de la Méditerranée. Enfin, le couronnement de cette période est l'apparition des Quadrumanes et de l'Homme à la surface du globe.

FORMATION CLYSMIENNE. Ce terrain est ainsi nommé parce qu'il a été formé par voie de lavage et de transport. Il recouvre indifféremment les terrains antérieurs. On le divise en dépôt Ancien et en dépôt Moderne.

Dépôt ancien. Il se compose de Cailloux roulés et de Blocs erratiques qui, dans certaines contrées, occupent des plaines d'une immense étendue; de dépôts limoneux métallifères et gemmifères, formés de Sables argileux et de Galets au milieu desquels se trouvent des Paillettes et des Pépites d'or, et des Pépites de Platine du poids de 6 à 8 kilogrammes : les Gemmes sont des Ceylanites, des Grenats, des Zircons et quelquefois des Diamants; de dépôts ferrifères ou Brèches ferrugineuses, c'est-à-dire de Minerais de fer hydraté qui remplissent des fentes verticales dans le calcaire qui les recouvre : dans l'Alp du Wurtemberg, ces dépôts contiennent des ossements de Mastodontes, de Rhinocéros, de Cerfs, de Chevaux, etc.; et de dépôts limoneux et caillouteux, composés d'une Marne rougeâtre mêlée de sable et contenant, avec des cailloux roulés, des Coquilles marines des terrains anciens et des ossements de mammifères. C'est à ces dépôts qu'appartiennent les ossements des bords de la Léna et de l'Indighirka en Sibérie, c'est-à-dire ceux du Mammouth, ou *Elephas primigenius* et du *Rhinoceros tichorhium*.

Dépôt moderne. Il diffère de l'ancien en ce qu'on y trouve surtout plus de Ruminants analogues ou identiques à ceux qui vivent aujourd'hui dans les mêmes contrées, tandis que dans le dépôt précédent ce sont les Pachydermes qui dominent. Le dépôt moderne se compose particulièrement de couches limoneuses et caillouteuses, comme celles de la vallée du Rhin, dont les blocs appartiennent à des gisements primitifs peu éloignés, et qui sont quelquefois recouverts d'une marne jaunâtre renfermant des Coquilles terrestres et fluviatiles. Ce dépôt reçoit le nom de *Lœss* en Allemagne et de *Lehm* en Alsace. Viennent ensuite des Brèches osseuses, dépôts plus ou moins solides d'argile ferrugineuse, de sable et de calcaire qui enveloppent des débris de roches et d'ossements brisés. Ces ossements sont accompagnés de Coquilles communément terrestres, fluviatiles et lacustres, et quelquefois de corps organisés marins; et les Brèches osseuses remplissent des fentes qui pénètrent plus ou moins dans la roche, comme les côtes de la Méditerranée en offrent des exemples depuis Gibraltar jusqu'aux Falaises de la Dalmatie. Après les Brèches sont des dépôts coquilliers renfermant une grande quantité de Coquilles identiques avec celles qui vivent dans les mers voisines; dépôts qui paraissent dus à des soulèvements de plages, et dont les plus renommés sont le dépôt coquillier d'Uddevalla, en Suède, qui s'élève environ à 80 mètres au-dessus du niveau de la mer; celui du Spitzberg, qui a 7 mètres au-dessus des plus hautes marées; puis celui de Nice et celui de la Conception, sur les côtes du Chili. Enfin, le dépôt moderne de la formation Clysmienne contient des Tourbières anciennes, dont quelques-unes sont sous-marines et d'autres dans l'intérieur des terres, mais qui sont couvertes d'alluvions anciennes et offrent des végétaux étrangers à la contrée, ce qui ne permet pas de les admettre comme de formation récente. Dans celles de l'Ecosse, et particulièrement à la baie de *Fritt of Tay*, on trouve des Chênes, arbres qui sont peu nombreux actuellement dans le pays, et des débris d'Elan d'Irlande, de Daim fauve et de Daim rouge, animaux qui ont disparu de cette région.

TERRAINS D'ALLUVIONS MODERNES.

Ces terrains appartiennent à deux grandes divisions : la *Série Neptunienne* et la *Série Plutonique*. La première comprend tous les dépôts qui sont le produit de l'action des eaux; la seconde se compose des substances fournies par les volcans modernes et les pseudo-volcans. La Série Neptunienne se divise à son tour en dépôt Terrestre, dépôt Nymphéen et dépôt Tritonien.

Dépôt terrestre. Il comprend l'*Humus* ou couche superficielle de terre végétale qui se forme sur le sol, par la succession des débris de végétaux; la *Tourbe des montagnes*, composée de Mousses, de Lichens et de Graminées, qui constituent une substance fibreuse analogue à la tourbe des marais; les *Eboulis*, dépôts que produisent, sur les pentes et au pied des montagnes, de tous les débris de roches que les agents atmosphériques et les eaux ont désagrégées; les *Dépôts Salins* ou efflorescences salines qui se forment sur les bords des lacs de certaines contrées, et se composent de Carbonate de soude ou Natron, de Sulfate de soude ou Sel de Glauber, de Sous-Borate de soude ou Borax, de Nitrate de potasse ou Salpêtre, de Chlorure de sodium ou Sel marin, de Nitrate de chaux, de Sulfate de magnésie, etc.

Dépôt Nymphéen. On le divise en trois étages : l'*Inférieur* se compose de Sables; du Calcaire de la Beauce, qui recouvre une portion notable du bassin de Paris, et qui est accompagné de Marnes plus ou moins calcaires ou argileuses avec des rognons de Silex; et de Meulières à coquilles ou non coquillières. Les fossiles les plus communs de cet étage sont des Lymnées, des Hélices, des Planorbes, des Potamides et autres mollusques d'eau douce. Il présente aussi quelquefois deux systèmes, dont l'un est caractérisé par du Lignite, comme on l'observe dans le Soissonnais et en Suisse, et l'autre par une Argile plastique, ordinairement grise, mais qui passe au blanchâtre, au jaunâtre et au rougeâtre. L'*Etage Moyen* est formé de deux systèmes dans l'un desquels domine un Calcaire siliceux, et dans l'autre la présence du Gypse; le Calcaire siliceux proprement dit ne renferme point de Coquilles, mais on en rencontre dans les Marnes et parmi les Silex qui les accompagnent. L'*Etage Supérieur*, ou système Gypseux, est composé de Gypse, de Calcaire, de Marne et de quelques autres substances. Le Gypse est intercalé dans le Calcaire et dans les Marnes; mais il se rencontre particulièrement à la surface. Ses couches sont quelquefois divisées, en gros prismes irréguliers, par des fissures perpendiculaires aux joints de stratification; elles sont d'un blanc jaunâtre, et souvent elles renferment un grand nombre de cristaux de Sélénite et du Carbonate de chaux. Le Gypse de Montmartre est célèbre par les débris d'animaux qu'il renferme, tels que des Paléothères, des Anoplothères, des Xiphodons, des Dichobunes, des Chœropotamus, des Chiens, des Genettes, des Coatis, des Ecureuils, des Loirs, des Oiseaux, des Crocodiles, des Trionix, des Cyprins, etc. Dans cet étage, les couches compactes non celluleuses sont plus communes; les Marnes moins blanches que le calcaire et passant même fréquemment au grisâtre, au verdâtre et au jaunâtre; elles contiennent de la Silice, qui se présente quelquefois en rognons, et du Schiste happant ou Argile feuilletée que l'on nomme Klebschiefer, lequel renferme à son tour des rognons de Célestine et la variété de Résinite appelée Ménilite. On trouve encore, dans ces marnes, des Lymnées et quelques autres Coquilles d'eau douce mêlées à des Coquilles marines.

Le groupe *Tufacé*, qui appartient au dépôt Nymphéen, ne forme que des amas isolés et peu étendus, et se présente quelquefois stratifié. Il est principalement composé de Calcaire concrétionné, passant quelquefois au Calcaire compacte, mais plus souvent encore aux dépôts arénacés et terreux des terrains Détritique et Alluvien. Le Calcaire Tuffacé est communément rempli de pores et de cavités dont quelques-unes, espèces de tubulures verticales, semblent être le résultat du passage d'un gaz à travers la masse molle. Ce Calcaire donne de bonnes pierres à bâtir. Le terrain Tufacé, surtout celui qui est meuble, contient un grand nombre de corps organisés, principalement des mollusques d'eau douce et de terre, mêlés à des plantes aquatiques Le Tufacé marin n'a encore été observé qu'aux Antilles, où, selon M. Moreau de Jouanès, il forme des plages qui s'élèvent au-dessus du niveau des eaux. C'est un Calcaire grenu, d'un gris jaunâtre, composé en grande partie de débris de Coquilles et de Madrépores, et que les Nègres nomment *Maconne-Bon-Dieu*. Ce qui a donné quelque célébrité à ce Calcaire, c'est que l'on prétend y avoir rencontré, au port de Moule, à la Guadeloupe, des ossements humains fossiles.

Dépôt Tritonien. Ce terrain, qui se confond sous quelques rapports avec le dépôt Nymphéen, en diffère en ce que les fossiles qu'il contient sont marines, et en ce que les textures conglomérées et grossières y sont plus communes que dans la formation d'eau douce. On le divise en deux étages : l'*Inférieur* est caractérisé par la présence du Calcaire grossier, qui occupe dans le bassin de Paris la zone septentrionale, et forme, dans les environs de Laon, des collines de 300 mètres d'élévation. Ce Calcaire est de couleur jaunâtre ; et son fossile le plus caractéristique est le *Cérithium lapidosum*. Les assises moyennes de cet étage présentent, à Grignon et à Courtagnon, des Coquilles qui sont devenues célèbres par leur belle conservation ; et les assises inférieures sont caractérisées par un nombre immense de Nummulites et de Madrépores, et par le passage du Calcaire à la Glauconie, c'est-à-dire qu'il contient des grains de fer chloriteux de couleur verdâtre. On porte à douze cents le nombre des fossiles observés dans cet étage au sein du bassin de Paris. L'*Etage Supérieur* comprend, dans le bassin de Paris, du Sable coquillier, du Poudingue, de la Marne et du Grès blanc qui porte le nom de Grès de Fontainebleau, lequel est formé de sable blanc où se trouvent des bancs, des amas et des blocs de Grès de la même couleur. C'est au milieu de ces Grès que l'on a rencontré des cristaux de grès calcarifère, désignés par Haüy sous le nom de Chaux carbonatée quartzifère. Les Poudingues se composent de noyaux de Silex pyromaque unis par une pâte de Grès, et qui passent quelquefois à l'état de simples dépôts caillouteux. Les Sables coquilliers sont accompagnés de Grès et mélangés d'Argile, de Calcaire, de Mica et de Fer hydraté quelquefois en rognons. Les Marnes sont blanches, jaunâtres et verdâtres, et se mélangent à un Calcaire compacte caractérisé par une grande quantité d'Huîtres. Les fossiles que contient cet étage sont des os de poissons, des aiguillons et des palais de Raies, des Ampulaires, des Cérithes, des Olives, des Fuseaux, des Cadrans, des Mélanies, des Huîtres, des Cythérées, des Cardium, des Nucules, des Crassatelles, des Corbules, etc.

Londres et Bruxelles sont situés, comme Paris, dans des bassins Tritoniens. Le dépôt de cette nature, en Suisse, diffère de celui de l'Angleterre, de la Belgique et de la France. La *Molasse* ou *Macigno* y domine, et la Gompholite, qui lui donne un aspect particulier, y est accompagnée de Marne, d'Argile, de Schiste argileux, de Psammite, de Sables, etc., Il constitue aussi des montagnes dont les couches sont inclinées. C'est également au système Tritonien qu'appartient, dans le Véronais, le Monte-Bolca, si célèbre par les poissons fossiles qu'il renferme ; et les dépôts salifères de la Gallicie, dont le plus important est celui de Wielicska, où les amas, les blocs et les rognons de sel marin forment un ensemble de près de 200 mètres de profondeur. Cette formation salifère est composée de trois assises, dont la première est appelée *Sel vert*, la seconde *Spiza*, et la troisième *Szibik;* et elle contient aussi du Gypse, de la Karsténite, du Lignite, du Soufre et quelques fossiles.

Les *Masses Madréporiques* se rencontrent principalement dans les îles de l'Océanie : elles forment autour de ces îles des ceintures quelquefois interrompues, que l'on nomme récifs, et qui sont séparés de la côte par de petits bras de mer, dont elles dépassent rarement le niveau. Les parties supérieures de ces masses présentent généralement la structure des Polypiers, c'est-à-dire que l'on reconnaît dans leur composition les matières gélatineuses qui accompagnent le Carbonate de chaux dans les parties solides des Polypiers pierreux ; mais, dans les parties inférieures, ce principe gélatineux finit par disparaître entièrement, et la masse prend le caractère de Calcaire concrétionné et même de Calcaire compacte. *Voy.* PALÉONTOLOGIE.

TERRA-MASCHIA. Nom italien d'une variété de pépérine.

TERRE. La Terre, qui ne forme qu'un point dans l'espace, est échauffée par les rayons d'un corps qui est 1,400,000 fois plus grand qu'elle, et dont le volume égale 600 fois celui de toutes les planètes réunies. Elle tourne sur elle-même, d'un mouvement régulier, autour d'un axe idéal, en complétant chaque jour une révolution ; et pendant l'année, elle décrit autour du soleil une ellipse qui est son orbite, c'est-à-dire qu'elle a à la fois deux mouvements : un de rotation et l'autre de translation. Celui-ci produit l'alternative des saisons, l'axe étant penché de 23 à 24 degrés sur le plan. Dans le système solaire, elle occupe la troisième place à partir du soleil, dont elle est éloignée de 34,856,000 lieues environ (15,490,000 myriam.).

La Terre se compose de trois parties distinctes : un noyau solide, une couche liquide et une enveloppe gazeuse. L'atmosphère a une hauteur qui est estimée entre 5 et 10 myriamètres ; les eaux couvrent les 3/4 de la surface du globe. Toutes les observations astronomiques et géodésiques ont conduit à conclure que la terre est un sphéroïde de révolution semblable à celui que produirait toute masse fluide douée d'un mouvement de rotation dans l'espace, c'est-à-dire qu'elle est renflée dans le sens de l'équateur et aplatie vers ses pôles. On admet généralement que le rapport de l'axe polaire au diamètre équatorial est de $\frac{304}{305}$, et l'aplatissement aux pôles étant ainsi considéré comme $\frac{1}{305}$, on a alors :

Rayon à l'Equateur.	6,376.851 mètres.
Rayon au Pôle.	6,355,943 *id.*
Surface de la Terre.	5,098 857 myriam. carrés.
Volume de la Terre.	1,082,634,000 myriam. cubes.

Après que l'on eut reconnu que la Terre était un globe sphérique et qu'Huygens et Newton eurent démontré par la théorie que la terre devait être aplatie vers les pôles, il restait à vérifier la valeur de cette dernière assertion, et c'est ce qui fit songer à aller mesurer un degré aux environs de l'Equateur. En 1735, La Condamine, Bonguer et Godin se rendirent au Pérou, dans les environs de Quito; l'année suivante, Maupertuis, Clairaut, Camus, Lemonnier et l'abbé Outhier furent transportés à Tornéo en Suède; en 1737, Maupertuis fit connaître à l'académie des sciences que le degré du méridien terrestre avait une étendue de 353 toises (683 mètres 82 cent.) plus grande à Bornéo qu'à Paris, ce qui établissait incontestablement que la Terre était aplatie vers les pôles; et les académiciens envoyés au Pérou ayant trouvé de leur côté que le premier degré du méridien était plus petit de 316 toises (297 mètres 04 cent.) que celui qui avait été mesuré de Paris à Amiens, et par conséquent plus petit de 669 toises (1297 mètres 86 cent.) que celui de Tornéo, il ne resta plus d'incertitude sur l'aplatissement. Toutefois, ce fait fut constaté de nouveau par une autre manière d'expérimenter, celle du Pendule. En admettant, en effet, que la Terre est aplatie vers ses pôles, les corps doivent y tendre à descendre plus rapidement vers son centre, dont ils se trouvent plus rapprochés, tandis que le contraire arrive sous l'Equateur, où la pesanteur est moins grande qu'aux pôles. Aussi, à l'aide du Pendule, a-t-on trouvé, dans différents lieux où l'expérience a été répétée, que les oscillations devenaient plus nombreuses pour un même espace de temps, à mesure que l'on approchait du Pôle. D'un autre côté, comme l'augmentation de pesanteur aux pôles tient aussi à la force centrifuge qui s'y fait sentir d'une manière moins sensible, il devenait indispensable, pour régulariser les observations, de tenir compte de cette force, et en procédant alors dans ce sens, on a trouvé qu'au Pôle le rayon de la Terre est plus petit de $\frac{1}{305}$ que sous l'Equateur, c'est-à-dire que l'aplatissement est d'à peu près quatre lieues et demie (19,998 mètres). Cependant, si l'aplatissement des pôles n'est plus contestable, on se trouve toujours en désacord sur la valeur réelle de cet aplatissement. Ainsi, outre le chiffre $\frac{1}{305}$, qui a servi de base au calcul que nous avons donné plus haut, nous trouvons celui de $\frac{1}{308}$, que l'on doit à Delambre; celui de $\frac{1}{321}$, porté par Laplace; celui de $\frac{1}{307}$, désigné par Duséjour et Vambers; celui de $\frac{1}{300}$ adopté par Lalande, etc.

Quant à la densité de la Terre, on l'estime cinq fois plus grande que l'eau distillée; et pour ce qui est de sa composition, de son histoire, etc., nous en parlons avec détail aux mots Epoques géologiques, Température du globe, Terrains, etc.

Les anciens, qui n'avaient aucune connaissance du Nouveau Monde, ne partageaient la Terre qu'en trois parties, et encore la plupart des contrées qui constituaient les divisions établies par eux leur étaient-elles aussi à peu près ignorées. La découverte de l'Amérique vint ajouter une quatrième partie aux premières; mais, au XVIe siècle, Ortelius et Mercator proposèrent de partager toutes les terres du globe en trois mondes: le *Monde Ancien*, comprenant l'Europe, l'Asie et l'Afrique; le *Monde Nouveau*, composé de l'Amérique; et le *Monde Austral*, représenté par la Terre Magellanique. De son côté, Varenius classa les divers pays du globe en quatre continents: l'*Ancien*, *le Nouveau*, le *Polaire* et le *Magellanique*; enfin, plus tard, de Brosses divisa les terres australes en *Australie*, pour la Nouvelle-Hollande et îles voisines; en *Polynésie*, pour les archipels répandus dans le Grand Océan; et en *Magellanie*, pour le continent Austral dont on soupçonnait l'existence.

Aujourd'hui, les géographes se sont accordés à former une cinquième partie du monde, mais ils diffèrent encore sur le nom qu'elle doit porter. M. Graberg l'a appelée *Polynésie*, les Allemands, *Australie*, les Anglais et les Américains, *Australasie*, et les Français, *Océanie*. Cette dernière dénomination est peut-être la préférable.

L'Europe est bornée au nord par l'Océan Glacial Arctique; à l'est, par le fleuve Kara, la chaîne principale de l'Oural et le fleuve de ce nom, le détroit d'Enikali, la mer Noire, le détroit de Constantinople, la mer de Marmara, le détroit des Dardanelles et l'Archipel; au sud, par le Caucase, la mer Noire, la Méditerranée, le détroit de Gibraltar et l'Océan Atlantique; et à l'ouest, par le même Océan, puis au delà du cercle polaire par l'Océan Glacial Arctique. Sa plus grande longueur est de 648 myriamètres, depuis le cap Saint-Vincent, en Portugal, jusqu'à la chaîne de l'Oural, dans les environs de Iékatérinbourg, province de Perm en Russie; et sa plus grande largeur absolue, de 400 myriamètres, entre le cap Nosküun, dans le Finmarck, et le cap Matapan, en Morée. Le plus grand resserrement de ce continent a lieu dans l'empire Russe, entre le golfe Kandalaskaïa, branche de la mer Blanche, et la côte du grand-duché de Finlande, au point qui sépare Kemi d'Uleaborg, rétrécissement dont la largeur est de 38 myriamètres.

L'Asie est bornée au nord par le détroit des Dardanelles, la mer de Marmara, le détroit de Constantinople, la mer Noire et l'Asie Russe; à l'est, par l'Asie Russe et le royaume de Perse; au sud, par l'Arabie; et à l'ouest, par la Méditerranée et l'Archipel.

L'Afrique est bornée au nord par le détroit de Gibraltar et la Méditerranée; à l'est, par l'isthme et le golfe de Suez, la mer Rouge, le Bab-el-Mandeb, le golfe d'Aden et l'Océan Indien; au sud, par l'Océan Austral; et à l'ouest, par l'Océan Atlantique. Sa plus grande longueur est de 973 myriamètres, depuis le cap Bugaroni, dans l'Algérie, jusqu'au cap des Aiguilles, dans l'Afrique Australe; et sa plus grande largeur absolue est de 896 myriamètres, entre le cap Vert et le cap d'Orfui.

L'Amérique est bornée au nord par l'Océan Arctique; à l'est, par le même Océan et l'Atlantique; au sud, par l'Océan Austral; et à l'ouest, par le Grand Océan, la mer de Béring, le détroit de ce nom et l'Océan Arctique. La plus grande longueur de l'Amérique du Nord est de 815 myriamètres, depuis le cap Lisburn, sur l'Océan Arctique, jusqu'à l'extrémité sud de la Floride, aux Etats-Unis; celle de l'Amérique du Sud est de 881 myriamètres, depuis la côte au nord-est de la Hacha, sur la mer des Antilles, dans la Colombie, jusqu'au cap de Froward, sur le détroit de Magellan, dans la Patagonie; et sa plus grande largeur est de 583 myriamètres, depuis le cap Saint-Roque, dans la province brésilienne de Rio-do-Norte, jusqu'à la pointe Malabrigo, au nord-ouest de Truxillo, au Pérou. L'Océanie est bornée au nord par l'Océan Indien, le détroit de Malacca, la mer de la Chine, l'île de Formose et le Grand Océan, pris sous le 35e parallèle boréal; à l'est, par le Grand Océan, qui sépare l'Océanie de l'Amérique, sous le 105e degré de longitude occidentale; au sud, par le même Océan, pris sous le 56e degré de latitude australe; et à l'ouest, par l'Océan Indien, jusqu'au 91e degré de longitude orientale. La plus grande longueur de l'Australie proprement dite est de 477 myriamètres, depuis le cap Cuvier, dans la terre d'Endracht, sur la côte occidentale, jusqu'au cap Byron, dans la Nouvelle-Galles du Sud, sur la côte orientale; et sa plus grande largeur absolue est de 413 myriamètres, depuis le cap York, sur le détroit de Torres, jusqu'au cap Wilson, sur le détroit de Bass.

TERRES ARABLES. Nous avons déjà donné, au mot SOL, des renseignements sur la composition des Terrains qui servent à la culture, et nous en ajouterons quelques-uns dans le présent article. Ces indications, évidemment, n'appartiennent pas à la géologie proprement dite; mais nous pensons qu'il n'est pas sans fruit pour le géologue de les connaître, soit comme complément d'étude, soit dans un but d'utilité approprié à ses relations avec les agriculteurs.

On donne généralement le nom de *Terre végétale* à la couche meuble et de peu d'épaisseur qui recouvre l'écorce rocheuse de la surface sèche du globe, laquelle couche est composée de Sable ou d'Argile plus ou moins mélangé de Terreau, c'est-à-dire de substances végétales ou animales passées à l'état terreux. Dans les contrées calcaires, La Terre végétale contient en outre du Carbonate de chaux; et, communément, elle participe toujours plus ou moins de la nature des dépôts sur lesquelles elle repose. La Silice pure est plus favorable à la végétation que l'Alumine pure ou le Carbonate de chaux pur.

Si toutes les terres destinées à la culture possédaient les éléments que nous venons d'indiquer, l'agronome aurait peu à faire pour les disposer à recevoir les semences, et la plupart des engrais qui se trouvent à sa portée suffiraient pour donner à ces terres la fécondité que réclament les végétaux qu'on en veut obtenir. Malheureusement, il n'en est pas ainsi : l'agriculteur doit le plus souvent recourir à de nombreux auxiliaires pour rendre le sol plus productif, et la science lui vient alors quelquefois en aide.

L'agriculture a profité, sans contredit, comme toutes les autres branches des connaissances humaines, de l'activité intellectuelle qui s'est manifestée depuis un demi-siècle. A la routine des jachères a succédé la théorie des assolements; à l'ignorance qui perdait la majeure partie de l'avantage des fumiers, on a substitué les enseignements de la chimie, qui éclairent sur la nature et la composition des meilleurs engrais à employer. Mais en cherchant à s'éloigner du sentier des préjugés, on s'est jeté sans prudence sur celui de l'empirisme, et ce qu'on a gagné d'un côté, on l'a souvent perdu de l'autre. L'observation générale des jachères est sans doute une absurdité, mais les supprimer en tout état de choses est une autre faute. La méthode des assolements est une heureuse conception, mais vouloir établir des règles fixes pour leurs rotations est une inconséquence grave. Non-seulement chaque contrée, chaque province, chaque canton exige un assolement particulier, mais il en est de même encore pour ainsi dire de chaque champ de la même propriété, et ce n'est qu'après quelques années d'essais qu'un cultivateur peut diriger avec quelque sécurité son exploitation.

D'un autre côté, ce n'est pas précisément dans des livres que le petit propriétaire doit chercher des leçons, mais bien dans les exemples qui lui sont donnés par ceux de ses voisins aisés et agriculteurs pratiques qui ont obtenu des résultats avantageux de la mise en œuvre des nouvelles théories. Les agronomes de cabinet et les chimistes sont, en effet, des maîtres à redouter pour ceux qui tiennent à ménager leur fortune; car la plupart de ces savants professeurs s'occupent bien plus de la renommée que leur procurera telle ou telle utopie, que du fruit que retireraient les cultivateurs d'une méthode sagement combinée; ils ont plus en regard le profit que leur rapportera la publication d'un volume, que la prospérité ou la ruine des pauvres ignorants qu'ils prétendent chercher à instruire.

Le géologue peut indiquer de bons principes : il dira, par exemple, que pour améliorer un sol formé des débris de roches primitives, il faut y mélanger des Argiles calcarifères ou des Marnes argileuses, des engrais acides qui neutraliseront l'influence caustique de la Potasse et de la Soude fournies par le Feldspath; que les mêmes substances feront aussi merveille dans les terrains de Transition et dans les Schistes humides privés de Calcaire; que la terre qui a trop d'Argile doit être mêlée avec du Sable ou du Calcaire; que lorsque cette terre est trop sablonneuse, il faut au contraire employer l'Argile pour conserver l'humidité. Il ajoutera, avec vérité, que les terrains Liasiques sont moins stériles que les Jurassiques; que la formation Crétacée horizontale est toujours infertile; qu'il en est de même des Grès du dépôt marin et des Argiles et des Calcaires d'eau douce; et sa péroraison, enfin, sera que la meilleure composition d'une terre arable doit être de parties de Sable, d'Argile, de Carbonate de chaux, d'Humus et de Sels calcaires. Mais, après avoir établi tout cela, fera-t-il que, dans le premier cas, le cultivateur ait non-seulement à sa portée les Marnes, les Argiles, le Sable, le Calcaire et les autres substances recommandées, mais encore les moyens de main-d'œuvre pour opérer le transport et les mélanges? Le remède ne sera-t-il pas, le plus souvent, plus désastreux que le mal pour celui qui en fera usage?

Vient ensuite le chimiste, plus exigeant, plus minutieux que le géologue, qui apporte ses recettes. Vous n'obtiendrez aucune récolte, selon lui, si vous ne recourez à des engrais qui sont très-mathématiquement composés d'un certain nombre d'éléments, comme ceux-ci entre autres : de l'Azote sous la forme de Sels d'ammoniaque; du Phosphate de chaux et de magnésie; de l'Acide sulfurique, etc.; mais, après avoir formulé son ordonnance, il ne se demandera pas si l'intelligence du laboureur pourra régler les doses nécessaires aux diverses circonstances, apprécier les cas d'exception, et procéder enfin dans de vastes espaces avec la rectitude qu'on obtient dans l'enceinte d'un laboratoire. A Dieu ne plaise que nous cherchions à décrier la science, nous qui l'aimons et qui cherchons à nous initier aux lumières qu'elle répand; mais nous croyons fermement qu'il est deux choses dans lesquelles il faut avoir encore plus de foi qu'en elle : l'expérience et la Providence.

Notre opinion à cet égard est confirmée en partie, au surplus, par celle de MM. Tackeray et Liebig. Le premier pense que lorsqu'un fermier doit suppléer par un engrais au fumier de ferme qui lui manque, il n'a à se préoccuper que d'en composer un qui contienne, sinon toutes les substances renfermées dans son fumier, du moins celles qui le plus probablement ne se trouvent point dans sa terre. Peu importe ensuite, selon lui, comment les acides et les bases se trouveront combinés, pourvu qu'en définitive on ait tous les acides et toutes les bases; car la nature, dit-il, est un alchimiste qui sait mieux que qui que ce soit préparer les proportions convenables à l'aliment de chaque plante. Ainsi elle séparera d'elle-même le Phosphore des Phosphates, le Soufre des Sulfates, le Carbone de l'Acide carbonique et l'Hydrogène de l'Eau; puis elle combinera toutes les bases alcalines et terrestres avec les acides organiques ou végétaux de sa propre formation. Des procédés identiques séparent les acides de leurs bases et les combinent avec d'autres; et tout cela résulte de l'analyse des plantes elles-mêmes et des sols qui les ont produites. Il n'y a alors, ajoute M. Tackeray, ni nécessité, ni motif suffisant pour donner la quantité proportionnelle de chaque sel séparé, puisque la quantité voulue de chacun d'eux variera toujours selon que la terre en contient déjà, et suivant que les diverses récoltes dans un canton le réclament.

Le savant Liebig, après avoir beaucoup cherché, opéré, examiné, se résume aussi à peu près comme M. Tackcray. Quoiqu'il ait d'abord attaché une grande importance à l'Azote, il ne le considère plus aujourd'hui comme indispensable dans les engrais, attendu que l'Ammoniaque est une partie constituante de l'atmosphère, et se trouve ainsi à la portée de tous les végétaux. Si l'on a donc satisfait aux conditions ordinaires pour la croissance des plantes, et si le sol contient une quantité suffisante d'Alcalis, de Phosphates et de Sulfates, les végétaux puiseront d'eux-mêmes l'Ammoniaque dans l'atmosphère, comme ils s'y emparent déjà de l'Acide carbonique, c'est-à-dire qu'on peut se dispenser d'introduire ces deux aliments dans les engrais.

Il résulte de ce qui précède que la science agricole, pour le grand propriétaire cultivateur, réside simplement dans l'adoption des meilleurs engrais, des meilleurs composts connus et garantis par l'expérience, sans qu'il soit nécessaire qu'il s'occupe le moins du monde des combinaisons chimiques qui s'accompliront entre ces aliments et les sols et les végétaux qui s'en empareront; et que, pourvu qu'avec cela sa surveillance soit ferme, incessante avec le personnel qu'il emploie, que ses rotations soient prudemment calculées d'après la nature des terres qu'il exploite, sa réputation de bon agriculteur sera justement acquise. Nous ne pouvons pas sans doute lui interdire les *essais*, tout ce que lui suggérera sa croyance de mieux faire que les autres, c'est d'ailleurs ainsi qu'on arrive aux découvertes, aux perfectionnements; mais alors ce sera à ses risques et périls qu'il tentera d'ouvrir de nouvelles voies, et les saines doctrines de la pratique ne seront plus responsables des mécomptes qu'il pourra rencontrer. Quant au petit propriétaire, qu'il se garde plus que tout autre de faire de la chimie; mais qu'il ait assez de bon sens pour adopter sans résistance les améliorations dont il aura vu les fruits.

L'agriculture est évidemment la première des sciences, puisqu'elle a pour objet de nourrir l'homme; mais c'est précisément à cause de son immense utilité que Dieu a permis que sa pratique fût le partage du plus grand nombre et ne réclamât point ce degré d'intelligence qui conduit à la renommée dans d'autres carrières. L'agriculture est simple et modeste autant qu'utile; ceux qui prétendent hérisser son enseignement de difficultés qui n'existent pas en elle-même lui nuisent au lieu de la servir; et cette prétention n'est à nos yeux que le cachet de l'ignorance, ou celui d'une vanité puérile, ce qui est encore plus condamnable.

TERRES BOLAIRES. *Voy.* Bols.

TERRES DU COMMERCE. Nous employons cette dénomination pour désigner quelques terres particulières qui sont d'un emploi journalier dans les arts et l'industrie, et dont il n'est pas inutile non plus de faire connaître ici les noms et la nature.

On appelle *Terre Absorbante* toute substance minérale qui a la propriété d'absorber les sucs acides. La *Terre d'Almagra* est une tourbe rouge dont on fait usage pour les peintures à fresque. On nomme *Terre Alumineuse* une variété de Lignite terreux et les différentes terres qui contiennent de l'Alun ou Sulfate d'alumine et de potasse. La *Terre Anglaise* est une espèce d'argile plastique qui sert à fabriquer les faïences à couvertes transparentes. La *Terre d'Arménie* est une Ocre rouge employée aussi dans la peinture à fresque. La *Terre Bleue* est le Fer phosphaté pulvérulent et certains Lithomarges qui se trouvent ainsi colorés par le Cuivre carbonaté azuré. La *Terre de Cologne* est un Lignite terreux, de couleur brune, exploité à Liblos, qui s'emploie dans la peinture à fresque et sert en outre à falsifier le tabac à priser. La *Terre Calaminaire* est le Zinc oxydé calaminé. La *Terre Comestible* est une sorte d'Argile onctueuse dont se nourrissent diverses peuplades des bords de l'Orénoque, de la Nouvelle-Calédonie, de Java, de la Guinée, du Sénégal, etc. La *Terre Décolorante* est un Lignite d'Auvergne qui a, comme tous les Charbons, la propriété de décolorer les liquides. La *Terre à Foulon* comprend plusieurs variétés d'Argiles douces qui enlèvent aux étoffes de laine la matière grasse qui provient des diverses préparations auxquelles la substance textile a été précédemment soumise. La *Terre à Four* est une Argile plastique, mêlée de Sable, qui se cuit facilement sans se fendre par la chaleur. La *Terre de Lemnos*, ou *Terre Sigillée*, est une Argile blanche dont les anciens formaient une espèce de pastille qui recevait l'empreinte d'un cachet. La *Terre d'Ombre*, employée dans la peinture et qui est d'une belle couleur brune, vient principalement de l'Ombrie ; elle doit sa coloration à l'Oxyde de fer qu'elle contient en grande abondance. La *Terre de Pipe* est une variété d'Argile plastique qui devient blanche par la cuisson. La *Terre à Pisé* est une terre forte, mélangée de cailloux, dont on fait usage pour des constructions économiques. La *Terre à Porcelaine* est du Feldspath décomposé ou Kaolin. La *Terre Pourrie* est un Tripoli fin et friable. La *Terre de Sienne* est une variété d'Ocre jaune. La *Terre à Sucre* est une Argile dont on fait usage pour la purification du sucre. La *Terre Tufacée* est un Tuf friable qui sert de costine dans les forges. La *Terre Verte* de Vérone, employée dans la peinture, est une sorte de Feldspath décomposé, que l'on retire de Monte-Bretonico, qui dépend du Monte-Baldi.

TERRES VERTES. On désigne ainsi des substances terreuses, plus ou moins agrégées, très-tendres et de couleur verte, que l'on distingue en *Alumineuses* et en *non Alumineuses.* Les premières comprennent la Terre Verte de Lossossna, la Terre Verte de Timor, la Terre Verte de la Craie, la Terre Verte du Calcaire grossier et la Terre Verte de Glaris. Dans la seconde division se trouvent renfermées la Terre verte d'Unghwar ou Chloropale, la Terre Verte de Paris et celle de Chypre. La plupart de ces espèces se rencontrent aussi dans plusieurs localités autres que celles dont elles portent particulièrement la dénomination, et souvent il faut recourir à l'analyse pour les déterminer exactement.

TETRACAULODON. Nom générique proposé par MM. Godmann et Kaup, pour comprendre les Mastodontes dont les mâchoires inférieures portaient des défenses, et dont les dents incisives avaient moins de développement que dans les espèces réservées au genre Mastodonte. Ces géologues ont indiqué les *T. mastodontoïdes* et *longirostris.*

TETRAGONOLEPIS. *Bronn.* Genre de poissons fossiles, de la famille des Lépidoïdes. Les caractères de ce genre sont les suivants : Corps plat, élevé et court ; queue symétrique ; nageoires dorsale et anale opposées l'une à l'autre, et s'étendant depuis le milieu du corps jusqu'au rétrécissement de la queue ; pectorales et ventrales petites, et la caudale coupée presque carrément ; dents arrondies en massue et sur une seule rangée. On connaît les *T. Bouei*, *heteroderma*, *Leachi*, *Magnevili*, *pholidotus et semicinctus.*

TETRAPTERUS. *Rafin.* Genre de poissons fossiles, de la famille des Xiphioïdes. Il est ainsi caractérisé : Corps allongé ; mâchoire supérieure allongée en un bec très-proéminent et garni de dents en brosse ; nageoire dorsale commençant à la nuque ; ventrales thoraciques ; écailles longues et minces ; vertèbres longues et étranglées au milieu ; apophyses épineuses en forme de larges plaques, les articulaires très-développées. Ce genre se rencontre dans l'Argile de Londres de Sheppy.

THEPHRINE. Roche agrégée, composée d'Albite et renfermant des cristaux d'Albite, de Pyroxène, d'Amphigène, etc., qui fait partie des terrains volcaniques. Elle est employée dans les constructions et surtout pour le carrelage.

THERMANTIDE. Roche luisante, à base d'apparence simple, composée de Carbone, d'Hydrogène et d'Oxygène. Elle se rencontre dans les terrains primitifs, mais elle n'a pas été soumise à la vitrification.

THEUTIES. *Cuv.* Famille de poissons, de l'ordre des Cténoïdes. Ses caractères sont : Poissons ovales, comprimés et à écailles dures ; bouche petite et armée d'une seule rangée de dents sur les maxillaires inférieurs ; palais inerme ; rayons épineux du dos réunis aux rayons mous ; ventrales thoraciques. Cette famille comprend les genres *Acanthurus*, *Naseus*, etc.

THON. Nom allemand de l'argile.

THONARTIG. Mot allemand qui désigne une substance argileuse.

THON-EISENSTEIN. Nom allemand du fer hydraté compacte.

THON-GALLEN. Mot allemand qui signifie des rognons d'argile.

THONICHT ou THONIG. Mots allemands qui signifient argileux.

THON-PORPHYR. Nom allemand du porphyre argileux.

THONSCHIEFER. Nom que donnent les Allemands au schiste primitif, roche où domine le Mica.

THONSTEIN. Nom allemand de l'argile endurcie.

THRISSONOTUS. *Agass.* Genre de poissons fossiles, de la famille des Sauroïdes.

THRISSOPS. *Agass.* Genre de poissons fossiles, de la famille des Sauroïdes. Il est ainsi caractérisé : Tête courte, mâchoires grêles, dents petites et acérées ; écailles grandes et minces ; côtes et apophyses très-longues ; nageoires pectorales grandes, étroites et composées d'un petit nombre de gros rayons ; les ventrales petites ; l'anale grande et se prolongeant jusqu'à l'origine de la caudale ; celle-ci inéquilobe ; rayons de toutes les nageoires dichotomés et articulés ; les articles plus longs que larges. Les espèces de ce genre, qui a la forme du Hareng, se trouvent dans le Lias, à Solenhofen.

THUITES. Genre de plantes fossiles, de la famille des Conifères, que l'on rencontre dans le terrain crétacé.

THYELLINA. *Munster.* Genre de poissons fossiles, de la famille des Squalides. Ses caractères principaux sont : Nageoires dorsales en arrière de l'insertion des ventrales, la seconde opposée à l'anale ; les pectorales très-arrondies ; la caudale courte et à lobe antérieur échancré. Ce genre se montre dans les terrains crétacés de Baumberge.

THYLACOTHERIUM. *Owen.* Genre de mammifères fossiles, de l'ordre des Marsupiaux, dont les caractères ont été ainsi établis : Dents au nombre de 16 de chaque côté : 3 incisives, 1 canine, 6 fausses molaires et 6 molaires tricuspides. On connaît les *T. Prevostii* et *Bucklandi*. Quelques géologues rapportent ce genre à l'*Amphiterium*.

THYNNUS. *Cuv.* Genre de poissons, de la famille des Scombéroïdes. Il a pour caractères : Corps allongé ; nageoires dorsales contiguës ; fausses pinnules derrière la dorsale et l'anale ; écailles inégales et formant un corselet autour du thorax. Les espèces fossiles de ce genre se trouvent au Monte-Bolca.

TILE-STONE. Les Anglais donnent ce nom aux grès rouges ou verts, friables ou durs, de la formation carbonifère.

TINCA. *Cuv.* Genre de poissons, de la famille des Cyprinoïdes. Ses caractères principaux sont : Corps trapu ; nageoires épaisses ; écailles petites. Ce genre se rencontre dans les schistes d'OEningen et dans le calcaire d'eau douce tertiaire de Steinheim.

TINCKAL. Nom que les Indiens donnent à la soude boratée.

TOADSTONE. *Voy.* SPILITE.

TODTLIEGENDES. Les Allemands appellent ainsi une sorte de grès rouge qui repose immédiatement sur la grauwacke.

TOEPFERTHON. Nom allemand de l'argile smectique.

TOPASFELS. Nom allemand de la roche de topaze.

TOPOEUM. *Voy.* CRIOCÉRAS.

TORF. Nom allemand de la tourbe.

TORRENT. *Voy.* EAU.

TORTUE. Les débris fossiles de cet animal se rencontrent à peu près dans toutes les couches, soit anciennes, soit modernes, où se trouvent les Crocodiles, et ils se montrent surtout en grande abondance dans les formations qui renferment les Paléothériums. Quelques-unes de ces Tortues devaient avoir d'énormes dimensions, puisqu'un radius de l'une d'elles, recueilli dans les carrières de Mons, près de Lunéville, indique une carapace d'environ 3 mètres de longueur. En 1844, on a découvert au pied de l'Himalaya, dans une couche d'argile et au milieu de restes de Mastodontes, d'Hippopotames, de Rhinocéros et autres animaux antédiluviens, le squelette complet fossile d'une Tortue de grande espèce. Sa longueur totale est de 5^m 56, et celle de sa carapace de 3^m 72. Cette pièce précieuse est déposée au cabinet de la Société géologique de Londres.

TOSCA. Nom que les Espagnols donnent à une variété de pépérine de l'île de Ténériffe.

TOURBE, TOURBIÈRE. La Tourbe est une substance noirâtre, spongieuse, composée de végétaux altérés, et qui est plus ou moins combustible. Les dépôts de Tourbe ou Tourbières offrent trois modifications distinctes : la première ou supérieure est une espèce de feutre spongieux, formé de racines, de fibres et autres portions de végétaux très-reconnaissables ; la seconde se compose d'une matière brune foncée, où l'on distingue à peine quelques fragments de la première ; la troisième ou inférieure n'est qu'une masse noire, homogène, molle, ayant de l'analogie, par son aspect et sa manière de brûler, avec les Lignites et les Bitumes. La Tourbe, que l'on rencontre communément dans les endroits marécageux et les étangs, forme quelquefois des amas puissants, ou s'étend en couches plus ou moins épaisses. Elle n'est ordinairement recouverte que par de l'eau et des végétaux croissants ; mais d'autres fois on la rencontre dans des lieux secs, où elle forme des couches qui alternent avec des lits de sables et de cailloux. Les Tourbières se divisent en Terrestres, en Lacustres, en Marines et en Maritimes. La matière charbonneuse noire que les eaux pluviales enlèvent à certaines Tourbes, et qu'elles déposent soit dans des creux, soit au fond des étangs, forme ce qu'on appelle la Tourbe limoneuse. Les Tourbières contiennent de la Sélénite, de la Sperkise, du Fer phosphaté et du Soufre. On y voit aussi de petites couches de sables et de marnes, et elles renferment en outre des arbres et même des forêts entières composées d'arbres analogues à ceux qui existent actuellement, et surtout des Sapins et des Chênes. On y rencontre également des Coquilles, des Ossements, des Insectes et une foule d'objets appartenant à l'industrie humaine, circonstance facile à expliquer d'après les faits dont nous sommes témoins chaque jour.

Les Tourbières possèdent une élasticité remarquable, surtout lorsqu'elles sont humides, ce qui permet de faire remuer une grande étendue de ce terrain, en frappant l'un de ses points. Les Tourbières, en s'imprégnant d'eau, se gonflent et prennent alors une forme tant soit peu convexe et une mollesse qui rendent imprudent de chercher à s'aventurer sur leur surface. Cette élasticité et cette mollesse donnent aux Tourbières deux propriétés remarquables : la première est de repousser les corps légers, tels que les pieux de bois que l'on y veut enfoncer; la seconde, d'absorber peu à peu les corps lourds qu'on dépose à leur surface. Le premier effet provient de la force ascendante qui cause la convexité de la Tourbe; le second résulte de ce que la mollesse du terrain devenant de plus en plus grande avec la profondeur, le morceau pesant s'affaisse de lui-même et s'enfonce de plus en plus sans rencontrer d'obstacle. Communément, nous l'avons dit, les Tourbières sont couvertes d'eau; mais il en est qui nagent à la surface des lacs; elles offrent exactement le spectacle d'îles flottantes, car elles sont couvertes de végétation et peuvent même soutenir des animaux. Quelquefois il faut amarrer ces îles flottantes comme on amarre un navire; et d'ailleurs la formation des Tourbières a lieu fréquemment à la surface des eaux, par suite d'un grand amas de plantes. La Tourbe, au surplus, ne se forme point dans tous les marais, et ce n'est seulement que sous certaines conditions qu'elle s'engendre.

On a remarqué que des glissements pouvaient avoir placé des Tourbières dans la mer, et que des abaissements de celle-ci sur le continent miné avaient pu produire le même résultat. Il est possible encore que des lagunes ou des marais se soient desséchés sur le bord de l'Océan pour former une Tourbière, et ces lieux ont pu même se couvrir d'arbres qui plus tard ont été ensevelis sous l'eau, après la rupture par cette dernière des digues qui la séparaient de ces lieux. Le glissement des Tourbières est un cas qui se présente fréquemment en Ecosse, soit sur les bords de la mer, soit dans des lacs ou dans des espèces de baies très-closes.

Il se forme, dans les terres basses voisines de l'embouchure du fleuve des Amazones, des marais couverts de mangliers très-épais (*Rizophora mangle*), arbres qui croissent même jusque dans l'eau de la mer. L'enlacement des branches de ces arbres forme sur le rivage des espèces de chaussées dont les vides se comblent de vase et de détritus, et, dans la suite des siècles, ce sol singulier formera une sorte de Tourbière ou de couche qui contiendra les dépouilles des animaux qui y meurent aujourd'hui. Il se forme aussi à l'embouchure du Mississipi, des îles qui ont déjà une certaine étendue, lesquelles, recouvertes chaque année de vase et d'une accumulation de plantes, présentent de nombreuses alternances de limons et de matières végétales.

On n'a pas connaissance que la Tourbe ait été trouvée entre les tropiques; mais elle abonde de plus en plus à mesure qu'on s'éloigne de l'équateur; et c'est dans les latitudes septentrionales qu'elle acquiert ses plus grandes propriétés de combustion. En Europe elle occupe une étendue considérable, et en Irlande surtout elle recouvre près d'un dixième de l'île, c'est-à-dire que les Tourbières ou *Bogs* y occupent une superficie totale de deux millions huit cent trente mille acres. Le lac Neagh recouvre d'immenses Tourbières qui donnent à ses eaux un aspect noir comme de l'encre. On a remarqué aussi que plusieurs des Tourbières du nord de l'Europe existent précisément sur le sol où se trouvaient avant elles des forêts de pins et de chênes dont quelques-unes ont disparu depuis les temps historiques. Une Tourbière a succédé, près de Lochbroom, dans le Ross-Shire, au renversement d'une forêt occasionné par un orage, vers le milieu du XVIIe siècle; et le même phénomène s'est reproduit à Drumlaurig, dans le Dumfriesshire, après la destruction d'un bois qui eut lieu en 1756. La Tourbière de Hatfield, dans le Yorkshire, a offert des sapins de 27 mètres 50 cent. de longueur et des chênes de 30 mètres 50 cent. Dans la même Tourbière, ainsi que dans celle de Kincardine, en Ecosse, on a découvert, à la profondeur de 2 à 3 mètres, des traces de chaussées romaines, des haches, des armes et des monnaies. S'il faut en croire Deluc, il aurait constaté aussi que des Tourbières occupent aujourd'hui l'emplacement où se trouvaient autrefois les forêts aborigènes qui portaient les noms de Semana, d'Hercynia, etc.

La Tourbe est employée pour le chauffage; mais il faut en consommer beaucoup pour obtenir de la chaleur. On peut l'utiliser aussi avec avantage pour former des digues, parce que lorsqu'elle est parfaitement imbibée elle ne donne plus passage à l'eau. En Norwége, on construit ces digues en plaçant un lit de Tourbe entre deux murailles de moellons. Les cendres de la Tourbe sont un bon engrais pour les prairies.

Lorsque les Tourbières sont recouvertes en partie ou divisées par des masses d'eau qui forment des Lagunes, on voit quelquefois flotter sur celles-ci des portions plus ou moins considérables du terrain spongieux qui se sont détachées de la terre et voguent comme un esquif. Entre la ville de Saint-Omer et l'abbaye de Clairmarais, il existe une vaste Lagune sur laquelle on remarque un certain nombre de ces îles flottantes que les habitants de la contrée se plaisent à planter d'arbrisseaux et de saules ; qu'ils dirigent à leur gré comme ils le feraient d'une embarcation ; et qu'ils amarrent quelquefois au rivage au moyen d'une chaîne. La plus grande épaisseur de ces parcelles de terrain ne dépasse pas ordinairement un mètre et demi à deux mètres ; mais il y en avait une naguère d'une puissance plus considérable et d'une étendue assez vaste que l'on appelait *la Royale*, parce que Louis XIV y avait abordé.

TOURTIA. Nom espagnol du grès calcaire grossier.

TOXOCÉRAS. Genre de mollusques fossiles établi par M. d'Orbigny. Ce genre, extrait de la famille des Ammonites, est renfermé comme elles, par l'auteur, dans la classe des Céphalopodes et dans l'ordre des Tentaculifères. Ses caractères sont : Animal inconnu ; coquille multiloculaire, non spirale, représentant une corne oblique, plus ou moins arquée, ou un cône renversé et arqué ; cavité supérieure aux cloisons occupant une grande surface ; bouche ovale, comprimée ou ronde, toujours entière, peu oblique et saillante au bord interne ; cloisons symétriques, divisées régulièrement en six lobes inégaux formés de parties impaires, lesquelles sont divisées en six selles dont les parties sont presque paires ; lobe latéral supérieur beaucoup plus long et beaucoup plus large que le lobe dorsal ; lobe latéral inférieur de moitié moins grand que le supérieur ; siphon continu et toujours dorsal. Le Toxocéras diffère particulièrement du Criocéras, en ce que l'ensemble des lobes est trop peu arqué pour représenter un tour de spire, et que sa figure n'est guère que celle d'une corne plus ou moins courbe. On connaît les *T. requienianus*, *elegans*, *Duvalianus*, *bituberculatus*, *annularis*, *Honoratianus*, *Royerianus*, *Cornuelianus*, *obliquatus*, *Emericianus* et *gracilis*, qui appartiennent au terrain crétacé.

TOXOTES. *Cuv.* Genre de poissons, de la famille des Chétodontes. Il a pour caractères : Mâchoire inférieure saillante ; nageoire dorsale très-reculée et écailleuse à sa partie molle, qui se confond avec la partie épineuse ; l'anale conformée comme la dorsale, à laquelle elle est opposée. On trouve au Monte-Bolca le *T. antiquus*.

TRACHÉLIPODES. Nom donné par Lamarck à un ordre de la classe des Mollusques, dans lequel il a renfermé tous ceux qui ont un pied libre et aplati qui se trouve attaché à la base du cou et sert à ramper.

TRACHINOTUS. *Lacép.* Genre de poissons, de la famille des Scombéroïdes. Ses caractères sont : Corps trapu et élevé ; dents en brosse ; première nageoire dorsale composée d'épines libres. Les espèces fossiles de ce genre se trouvent au Monte-Bolca.

TRACHYTE. Roche agrégée, composée de cristaux de Ryacolithe, de parcelles de Mica et de fragments de Pyroxène, de Quartz, d'Epidote, d'Amphibole, de Grenats, etc. Elle se présente en filons ou en amas, de plus ou moins d'importance, dans les terrains pyroïdes, et se rencontre également dans diverses formations de la période historique. Les Trachytes se divisent aussi, d'après leur nature, en deux systèmes, dont l'un, composé de roches cristallines et massives, offre des masses non stratifiées et coniques, et l'autre, formé de roches conglomérées, se montre en couches au pied des montagnes.

TRANSITION-LIMESTONE. Nom anglais du calcaire de transition.

TRAPP ou TRAPPITE. Roche composée d'un mélange intime de Pyroxène et d'Eurite. Son nom, d'origine suédoise, lui vient de ce que sa disposition extérieure donne l'idée d'un escalier. Le Trapp est d'un vert foncé, bleuâtre ou noirâtre ; il forme des filons et des amas, divisés en un grand nombre de fissures, dans les terrains sédimentaires, où il se montre, tantôt isolé, tantôt intercalé dans d'autres groupes. Beaucoup de géologues reconnaissent que les Trapps de toutes les époques sont analogues aux roches volcaniques, non-seulement par leur composition chimique, mais encore par leur mode de formation et leur origine. L'analogie des Granites et des Trapps est un autre point sur lequel on paraît être aussi d'accord.

TRAPPANDSTEIN. Nom que les Allemands donnent à une variété de Quartz.

TRAPPORPHYR. *Voy.* Mélaphyre.

TRAPP-TUFS. Nom allemand de la brèche trappéenne.

TRASS. Nom par lequel on désigne une variété de la Pépérine. Cette roche est très-recherchée pour la fabrication des mortiers et pour les constructions hydrauliques.

TRAVERTIN ou TRAVERTINO. Espèce de modification du Tuf, qui est à peu près compacte et dont on a fait un grand emploi dans les monuments de Rome.

TREMBLEMENT DE TERRE. Ce phénomène consiste dans une agitation du sol plus ou moins violente, laquelle est accompagnée d'un bruit que l'on compare à celui d'une voiture roulant sur le pavé. Quelquefois cette agitation ne dure qu'un instant, d'autres fois les secousses se prolongent avec une telle intensité, que les édifices sont renversés et que les montagnes s'écroulent. Le tremblement de terre se prolonge, dans certains cas, à des distances immenses, ou bien il se concentre dans un espace très-resserré. Celui qui eut lieu dans l'île d'Ischia, près de Naples, en février 1828, fut si violent, que cette île semblait prête à s'ensevelir dans la mer, et qu'un village entier fut renversé. Les contrées montagneuses et les îles sont les plus exposées aux tremblements de terre. Dans la même région, les phénomènes peuvent être différents, en raison de la nature du sol, c'est-à-dire selon que les dépôts sont plus ou moins résistants. En Sicile, par exemple, les villes situées sur les strates calcaires ou argileux sont peu agitées par les secousses ; et il en est de même à la Jamaïque, où les commotions, très-violentes sur les montagnes centrales, perdent toute leur intensité lorsqu'elles arrivent aux dépôts d'atterrissements.

La cause des tremblements de terre semble avoir un rapport intime avec celle des phénomènes volcaniques. Les gaz qui se forment au-dessous de la croûte terrestre étant constamment sollicités, par leur nature expansive, à pénétrer jusqu'à la surface extérieure de la terre, se livrent à des efforts dont les résultats naturels sont des agitations et des secousses qui ont reçu le nom de tremblement de terre. Les inégalités d'épaisseur de l'écorce du globe concourent aussi aux obstacles qu'ont à surmonter les gaz en travail; car, s'il faut s'en rapporter aux expériences de M. Cordier, cette écorce aurait, à l'intérieur, quelques myriamètres de plus à tel endroit qu'à tel autre. M. Boussingault donne pour cause aux tremblements un tassement qui s'opérerait dans les montagnes; et enfin plusieurs physiciens attribuent ces secousses à d'autres phénomènes qui sont produits par l'électricité.

Les tremblements de terre accompagnent fréquemment les éruptions volcaniques. « En 1797, dit M. de Humboldt, le volcan de Pasto, à l'est du cours de la Guaytara, vomit continuellement pendant trois mois une haute colonne de fumée. Cette colonne disparut à l'instant même où, à une distance de 60 lieues, le grand tremblement de terre de Rio-Bamba et l'éruption boueuse de la Moya firent perdre la vie à 40,000 individus. L'apparition soudaine de l'île de Sobrina, dans l'est des Açores, le 30 janvier 1811, fut l'annonce de l'épouvantable tremblement de terre qui, bien plus loin, à l'ouest, depuis le mois de mai 1811, ébranla, presque sans interruption, d'abord les Antilles, ensuite les plaines de l'Ohio et du Mississipi, enfin les côtes de Vénézuéla, situées du côté opposé. Trente jours après la destruction totale de la ville de Caracas, arriva l'explosion du volcan de Saint-Vincent, île des petites Antilles, éloignée de 130 lieues de la contrée où s'élevait cette cité. Au moment même de cette éruption, le 30 avril 1811, un bruit souterrain se fit entendre et répandit l'effroi dans toute l'étendue du pays, de 2200 lieues carrées. Les habitants des rives de l'Apuré, au confluent du Rio-Nula, de même que ceux de la côte maritime, comparèrent ce bruit à celui que produit la décharge de grosses pièces d'artillerie; or, depuis le confluent du Rio-Nula et de l'Apuré jusqu'au volcan de Saint-Vincent, on compte 157 lieues en lignes droites. L'intensité de ce bruit était à peine plus considérable sur les côtes de la mer des Antilles, près du volcan en éruption, que dans l'intérieur. »

On a remarqué d'ailleurs que les tremblements de terre sont plus fréquents dans les contrées où il y a des volcans que dans celles où il n'y en a pas, dans les pays montagneux que dans ceux des plaines, et qu'ils se renouvellent surtout dans les lieux où ils se sont déjà manifestés, dernière circonstance qui semble prouver que les feux souterrains ont des foyers plus considérables dans certains endroits que dans d'autres. Les tremblements de terre se prolongent sous les eaux de la mer comme sous les portions du sol qui sont immergées, fait qu'il est facile d'apprécier, si l'on considère que la profondeur des eaux, quelle qu'elle soit, est de peu d'importance relativement à la surface générale du globe. C'est principalement sur les côtes que les secousses sont le plus sensibles : on voit alors la mer s'agiter, s'éloigner de la terre, puis y revenir avec une extrême force et submerger toute la contrée.

L'histoire des tremblements de terre est féconde en exemples, et l'Amérique surtout en fournit de nombreux. Nous indiquerons seulement quelques dates.

Nicéphore, patriarche de Constantinople, rapporte que, l'an 750, la Syrie fut ravagée par un effroyable tremblement de terre, qui non-seulement renversa plusieurs villes, mais transporta même au milieu de la plaine des bourgades qui auparavant se trouvaient sur les hauteurs.

En 1586, le 9 juillet, un tremblement de terre, sur la côte de Lima, porta la mer à deux lieues dans l'intérieur des terres.

En 1590, il y en eut un au Chili, qui lança la mer à plusieurs lieues sur les côtes, et laissa des vaisseaux à sec.

En 1687, le 20 octobre, un autre tremblement de terre eut lieu à Lima. La mer se retira d'abord fort loin du rivage, et revenant ensuite dans les terres, elle détruisit Callao et les contrées voisines de celui-ci. Déjà, en 1678, une catastrophe de même nature avait laissé au nord de cette ville, trois vaisseaux sur les terres.

Le 28 octobre de la même année, la ville de Lima fut renversée de fond en comble par un tremblement de terre. Vers les dix heures et demie du soir, un bruit souterrain commença à se faire entendre et fut bientôt suivi de secousses si violentes, qu'en moins de cinq minutes il ne resta de cette grande cité que vingt maisons debout. Soixante-quatorze églises ou couvents, le palais du vice-roi, et enfin tous les édifices publics ne présentèrent plus que d'immenses ruines. La mer, qui baignait la petite ville fortifiée de Callao, qui sert de port à la capitale, s'éloigna entièrement du rivage jusqu'à une grande distance, puis, revenant ensuite avec furie, elle submergea les vaisseaux qui étaient dans le port, à l'ancre, engloutit Callao et cinq mille de ses habitants, et, s'avançant dans les terres, elle renversa tout ce qu'elle rencontra sur son passage et alla déposer tant de sable sur les restes de Lima, qu'à peine ensuite reconnaissait-on l'emplacement de cette ville.

En 1751, un tremblement de terre détruisit la Conception.

Le 30 octobre 1759, il y eut un tremblement de terre si violent en Syrie, que 30,000 personnes furent victimes de la première secousse, qui détruisit en même temps les villes d'Antioche, de Balbus, de Seyde, d'Acre, de Jussa, de Nazareth, de Saphet, etc.

En 1822, le 19 novembre, il se fit sentir un tremblement de terre dans la baie de Valparaiso.

En 1835, et le 20 février, une commotion semblable détruisit la Conception, Talcahuacco et toutes les villes du Chili entre les parallèles des 35 et 38 degrés de latitude sud.

Le 7 mai 1842, la Guadeloupe fut bouleversée par un de ces épouvantables phénomènes.

Toutefois le fameux tremblement de terre de Lisbonne est celui dont la mémoire se conserve encore parmi nous avec la couleur la plus dramatique. Il commença le 1er novembre 1755. Les premières secousses s'opérèrent à 9 heures 40 minutes du matin et ne durèrent qu'environ 8 secondes; mais dans cet espace si rapide, tous les édifices et une partie des maisons s'écroulèrent, et plus de 30 mille personnes furent ensevelies sous leurs ruines. L'eau du Tage s'éleva de 13 mètres au-dessus de son niveau ordinaire ; les secousses continuèrent pendant trois jours ; l'incendie et un vent impétueux vinrent ajouter à ce premier élément de destruction ; et la ville de Lisbonne fut entièrement détruite. On rapporte que, pendant les secousses, on voyait des maisons s'ouvrir en deux et se refermer ensuite, au point qu'il n'était plus possible d'apercevoir l'endroit fendu.

En 1843, on calcula que, depuis le XVIe siècle, 161 tremblements de terre avaient été observés aux Antilles seulement : 1 au 16e; 9 au 17e; 43 au 18e ; 108 au 19e. Ces derniers ont eu lieu comme suit : 32 en hiver, 31 au printemps, 39 en été et 41 en automne. *Voy.* VOLCAN.

TRÉMOLITE. Espèce de roche qui a reçu aussi les noms de *Grammatite*, d'*Amiante* et d'*Asbeste*. Cette substance est flexible, soyeuse, blanche et verdâtre ; on a cherché à l'utiliser pour la fabrication de quelques tissus, et l'on sait qu'on lui a donné la réputation d'être incombustible. On la trouve en abondance aux îles d'Hyères.

TRIGONELLITE. Genre de mollusques fossiles.

TRIGONOCARPUM. Genre de plantes fossiles, de la classe des Phanérogames, mais dont la famille est incertaine.

TRILOBITE. *Trilobites*. Animal qu'on ne trouve qu'à l'état fossile, qui semble appartenir à la classe des crustacés, et que l'on s'accorde à ranger entre les Branchipodes et les Isopodes. Cet animal, dont la forme est très-remarquable, présente les caractères suivants : Corps divisé en trois parties: l'antérieure réunit ce que l'on appelle dans les insectes la tête et le corselet ; la moyenne, qui se distingue par des articulations transversales, peut être regardée comme l'abdomen, et la portion postérieure, qui semble tantôt se confondre avec la moyenne et tantôt en être parfaitement séparée, est comme un post-abdomen. Quelques naturalistes, cependant, ont donné à cette partie le nom de queue. Les deux abdomens sont divisés longitudinalement, dans tous les Trilobites, par deux sillons profonds, en trois lobes, dont celui du milieu est le plus distinctement articulé. Latreille a appelé *flancs* les lobes latéraux. Le bouclier est également partagé en trois parties : la moyenne a reçu de Walch le nom de *front*, et ce naturaliste a désigné par celui de *joues* les deux latérales. On remarque sur chacune de ces dernières parties un tubercule saillant que l'on a assimilé à un œil, et enfin les articulations de l'abdomen et du post-abdomen se prolongent quelquefois latéralement en appendices saillants. Quant à la queue, lorsqu'elle existe, elle est formée par une membrane qui se termine en pointe, ou par un appendice crustacé qui a de la ressemblance avec une alène.

Les Trilobites sont des animaux marins qui paraissent avoir été les premiers habitants des premières eaux ; car ils sont enfouis dans les dépôts les plus profonds. Ils furent ensuite associés à des coquilles, et leur nombre devait être immense, puisque quelques dépôts en sont tellement remplis, que la roche qui les contient semble en être uniquement composée. Il paraît aussi que ces animaux avaient la faculté de se contracter en boule, à la manière des Sphéromes et des Gloméris. M. Al. Brongniart a divisé les Trilobites en cinq genres, nommés *Calymène*, *Asaphus*, *Ogygia*, *Paradoxides* et *Agnostus*,

TRILOCULINES. *Voy.* MILIOLITES.

TRIPPEL. Nom allemand du Tripoli.

TRIPLITE. Variété de Manganèse.

TRIPOLI. Roche homogène, d'une texture schistoïde ou massive, assez dure pour rayer le verre, et composée en grande partie de silice. Elle est presque toujours pulvérulente, et sa couleur varie du jaune au rougeâtre. Les variétés du Tripoli appartiennent à deux formations : l'une semble provenir de schistes argileux ou d'argile sablonneuse fortement soumis aux feux souterrains ; l'autre est un sédiment de matière siliceuse analogue au grès. Les principales variétés du Tripoli sont celles de Venise, de Poligné, de Montélimart et de Ménat.

TRISTYCHIUS. *Agass.* genre de la famille des Ichthyodorulithes. Il a pour caractères : Rayon à sillons longitudinaux très-marqués, mais n'ayant que des stries à la base ; face antérieure offrant trois quilles dont la plus saillante est médiane, et les deux autres, se continuant jusqu'à la base, sont latérales et s'éloignent insensiblement de la quille médiane ; bords postérieurs à épines acérées.

TRITONIEN. Dépôt qui appartient au terrain d'alluvions modernes, et qui se compose de Madrépores, de Coquilles, de Galets et de Dunes.

TROCHITES. Nom que l'on donnait autrefois aux Encrines qui ressemblent à des Disques.

TROGONTHÉRIUM. Animal fossile qui a beaucoup d'analogie avec le Castor, et dont les débris ont été recueillis par M. Fischer, de Moscou, sur les bords de la mer d'Azoff.

TROPÆUM. *Sowerby*. Voy. CRIOCÉRATITE.

TROPFSTEIN. Nom allemand de la Stalactite.

TRUMM et TRUMMER. Mots allemands qui signifient débris.

TRUMMERSTEIN. Mot allemand qui signifie brèche.

TSIEPPEN. Nom persan donné à la Stéatite compacte.

TUF. Calcaire jaunâtre, de texture variée et formé par voie de concrétion, qui se présente en masses plus ou moins considérables dans les terrains de formation moderne. Ce calcaire renferme des Tiges, des Feuilles, des Coquilles et quelques autres corps fossiles et fournit de bons matériaux pour les constructions.

TUFACÉ. Dépôt qui appartient aux terrains modernes, et qui se compose des diverses variétés de Tufs, d'alluvions fluviatiles, de Cailloux, de Gravier et de Limon.

TUFAU. Calcaire plus ou moins friable, de texture grenue et d'une couleur jaune verdâtre, que l'on trouve dans les terrains de Craie et dans ceux qui sont immédiatement supérieurs à cette formation.

TUFSTEIN. Nom allemand du Tufau.

TULBINITES. Nom que quelques naturalistes ont donné à des mollusques fossiles, aujourd'hui *Turrilites*, *Scaphites*, etc.

TURRILITES. *Turrilites*. Genre de mollusques fossiles établi par Lamarck, dans la famille des Ammonites. Ce genre appartient à la classe des Céphalopodes, à l'ordre des Tentaculifères, et a pour caractères : Animal inconnu ; coquille multiloculaire, spirale, enroulée obliquement et devenant turriculée ou plus ou moins conique ; spire sénestre ou dextre, composée de tours arrondis ou anguleux contigus, entamés les uns par les autres et laissant entre eux un ombilic perforé ; bouche entière, pourvue de bourrelets ou d'une saillie antérieure au capuchon ; cavité supérieure à la dernière cloison, occupant les deux derniers tours de la spire ; siphon continu, placé sur la partie convexe externe des tours, ou bien près de la suture, à la base de ces tours ; cloisons divisées en six lobes formés de parties paires ou impaires et de selles composées de parties paires ; lobe dorsal formé de parties paires et plus long ou plus court que le lobe latéral supérieur ; lobes latéraux supérieurs et inférieurs composés de parties paires ou inférieures ; et lobe ventral ayant toujours des parties impaires. Les espèces très-nombreuses de ce genre appartiennent au terrain crétacé.

TUTEN-MERGEL. Nom allemand donné à la marne cristalliforme.

TYPES. Selon M. Geoffroy Saint-Hilaire, les Téléosaures et les Sténéosaures ont engendré les Monitors et autres grands Lézards analogues ; les Mégathères sont les types des Tatous ; les Lophiodons, ceux des Tapirs ; des Spelearetos viennent les Ours, etc., etc.

TYPHON. Grande masse minérale, non stratifiée, comme celle que présentent les Granites, les Porphyres, les Diorites, les Eurites et autres roches anciennes. Les Typhons se distinguent par leur structure, qui est, soit régulière, soit pseudo-régulière.

TYPOLITHES. Nom que quelques naturalistes ont donné aux empreintes fossiles.

TYROMORPHITES. On a ainsi appelé certaines pierres dont la forme a de la ressemblance avec un morceau de fromage.

U

UBEREINANDER-SCHICHTUNG. Mot allemand qui signifie superposition.

UBERGANG. Mot allemand qui signifie le passage d'une roche à une autre.

UEBERGANGSGEBIRE. Nom que donnent les Allemands au terrain de transition.

UBERSINTERUNG. Mot allemand qui signifie incrustation.

ULODENDRON. Genre de plantes fossiles, voisin du *Lepidendron*.

UNDINA. *Munster*. Genre de poissons fossiles, de la famille des Célacanthes. Il comprend deux espèces : l'*U. striolaris* et l'*U. Kohleri*, qui appartiennent au terrain oolithique.

UNSTRATIFIED-ROKS. Mot anglais qui signifie roches non stratifiées.

UNTER-HOEHLE. Nom allemand qui signifie caverne.

UPÉROTE. Nom par lequel plusieurs naturalistes ont désigné un mollusque fossile du genre *Fistulaire*.

UPPER-CHALK. Nom anglais de la craie supérieure.

UPPER-GREENSAND. Les Anglais appellent ainsi un sable vert qui forme l'un des groupes de l'étage moyen du terrain crétacé.

URÆUS. *Agass*. Genre de poissons fossiles, de la famille des Sauroïdes. Ses caractères sont : Nageoire dorsale grande et opposée aux ventrales ; les pectorales grandes et la caudale fourchue ; tête grande ainsi que les mâchoires, qui sont armées de grosses dents coniques alternant avec de plus petites dont la forme est en brosse ; apophyses des vertèbres caudales très-inclinées et rapprochées des corps des vertèbres. On connaît les *U. nuchalis*, *pachyurus*, *macrocephalus*, *microlepidotus* et *macrurus*, que l'on rencontre à Sohlenhofen.

URANOLITHE. *Voy*. AÉROLITHE.

UROLITHES. Substances vésicales fossiles qui proviennent des Sauriens et des Ophidiens, et qu'on a souvent confondues avec les *Coprolithes*, qui se rencontrent aussi dans les mêmes lieux.

URONEMUS. *Agass*. Genre de poissons fossiles, de la famille des Célacanthes. Il a pour caractères : Nageoire dorsale qui commence presque à la nuque et se continue sans interruption jusqu'à la caudale ; l'anale unie aussi à la caudale. Ce genre appartient à l'époque houillère.

UROPTERYX. *Agass.* Genre de poissons fossiles, dont la famille n'est pas déterminée.

UROSPHEN. *Agass.* Genre de poissons fossiles, de la famille des Aulostomes, dont les caractères sont les suivants : Poisson allongé ; nageoire caudale de grande taille et cunéiforme, dont les rayons du milieu sont les plus longs, tandis que ceux des côtés diminuent progressivement. Ce genre provient du Monte-Bolca.

URUS. Nom donné par César à un bœuf sauvage qui existait de son temps dans la Gaule. Quelques-uns pensent que cet animal doit être rapporté à celui que les Allemands ont appelé Aurochs, et qui existait encore dans les Vosges, sous les premiers rois francs, au VIIe siècle.

VAKE ou WAKE. Roche d'une texture compacte, grenue ou bulbeuse, qui est composée de Pyroxène et d'Eurite, et renferme en outre un certain nombre de minéraux. Elle appartient à la formation basaltique, où elle se présente en filons et en couches. Elle offre différentes teintes de vert, de brun et de rougeâtre, et a quelque ressemblance avec les argiles.

VALLÉES. On donne ce nom à des dépressions ordinairement longues et étroites, mais ayant quelquefois une certaine dimension, qui existent au sein des montagnes. Lorsque ces dépressions sont très-étroites, on les appelle *Défilés ;* lorsqu'elles sont plus larges que longues, on les nomme *Bassins.* On remarque qu'en général toute grande vallée est comme un centre où viennent aboutir des branches ou vallées latérales. La plupart des vallées se dirigent dans un sens *transversal* à la chaîne de montagnes à laquelle elles appartiennent; mais il en est aussi qui ont une direction parallèle et qui se nomment alors *longitudinales.* Les premières sont communément bordées de flancs plus escarpés que les secondes, et sont composées de matières identiques, ce qui n'arrive pas toujours pour les flancs des vallées longitudinales. Il est aussi un fait qui se montre constamment dans la structure des vallées transversales, c'est que lorsqu'on voit d'un côté un *angle saillant*, on est à peu près certain d'apercevoir de l'autre un *angle rentrant;* et nous avons déjà fait connaître quel parti l'abbé Paramelle a tiré de cette observation dans sa théorie de l'existence et de la découverte des sources.

La question de l'origine des vallées est l'une des plus importantes et des plus controversées de la géologie. On a supposé que ces dépressions étaient le résultat de l'action des eaux ; mais la théorie et l'observation s'opposent à admettre cette opinion. L'eau ne peut en effet couler que d'un point élevé vers un point plus bas, en sorte que si les vallées étaient le résultat du creusement des eaux, elles auraient toutes la même direction. D'un autre côté, l'action des eaux ne se fait sentir sensiblement que sur les matières meubles ou friables qui se désagrégent aisément, tandis que toutes les traditions, tous les monuments historiques constatent que les fleuves les plus violents et les flots les plus fougueux se brisent durant des milliers d'années sur certaines roches, sans les altérer d'une manière notable. Cependant les vallées existent précisément au sein de ces rochers dont la dureté est aussi remarquable ; et une autre circonstance qui combat encore l'hypothèse de l'érosion, est l'existence de barres ou d'étranglements qui donnent quelquefois aux vallées l'aspect d'une série de bassins unis par des espèces de défilés, tandis que les vallées provenant d'érosion auraient au contraire une tendance à aller toujours en s'élargissant. Il y a toutefois des espèces de vallées d'érosion, comme on l'observe dans les Pyrénées ; mais le plus grand nombre provient des trois causes suivantes : de l'*écartement* et du *plissement* qui résultent des soulèvements, et des *éruptions.* Dans le premier cas, la force du soulèvement a fait fendre la masse des roches soulevées, et a occasionné des enfoncements bordés d'escarpements rapides dont les flancs offrent toujours un angle saillant vis-à-vis d'un angle rentrant ; dans le second, le soulèvement a fait naître des espèces de rides ou des plis qui forment aussi des vallées ; et dans le troisième, les torrents de laves établissent sur le sol des bourrelets ou des éminences longitudinales plus ou moins élevées, qui deviennent à leur tour autant de vallées.

VARIOLITHE. Roche agrégée, composée d'Albite compacte, de Cristaux d'albite, de Labradorite, et contenant de petits noyaux homogènes, mais d'une teinte moins intense, qui lui ont fait donner le nom qu'elle porte. On rencontre cette roche dans les terrains plutoniens et parmi les cailloux roulés des rivières, surtout dans la Durance.

VÉGÉTAUX. La flore du monde primitif offre si peu d'analogues avec les plantes actuellement vivantes, elle est même si bornée dans les représentants qu'elle a laissés dans les diverses couches du globe, qu'un très-petit nombre de notions botaniques deviennent nécessaires au géologue pour classer les végétaux fossiles qu'il rencontre dans ses explorations, et nous pensons que celles que nous donnons ici suffiront à celui qui n'aura pas le dessein de se livrer à une étude tout à fait spéciale de la végétation antédiluvienne. Quant à ceux qui voudraient, au contraire, s'en occuper particulièrement, outre les traités élémentaires connus, ils pourraient consulter les intéressants travaux de MM. Adolphe Brongniart, de Sternberg, de Schlottheim, Lyell, Martins, Mantell, etc., etc., travaux qui ont fait connaître la flore fossile des différents terrains.

Deux groupes parfaitement distincts établissent la première division des végétaux : ce sont les *Cryptogames* et les *Phanérogames*. Le premier comprend les plantes dont l'organisation est la plus simple ; le second, celles dont la structure est la plus perfectionnée. Chez les unes, les organes et le mode de reproduction sont soumis à de nombreuses variations et échappent quelquefois à l'analyse ; dans les autres, au contraire, les systèmes offrent de l'unité et des appareils qui peuvent être facilement étudiés. Les Cryptogames fournissent à peine quelques espèces utiles ou agréables, tandis que les Phanérogames pourvoient à la majeure partie des besoins de l'homme, et contribuent aussi à ses jouissances les plus douces et les plus durables, puisqu'ils lui procurent des ombrages, des pelouses et des fleurs.

Les *Cryptogames* se sous-divisent en *Agames* ou *Cellulaires aphyses*, en *Cellulaires foliacés* ou *Amphigames*, et en *Semi-vasculaires* ou *Æthéogames*.

Les *Agames* offrent un tissu cellulaire simple, contenant le fluide nourricier, et ils n'ont ni feuilles, ni organes sexuels distincts. Tels sont les Conferves, les Algues, les Lichens, etc.

Les *Cellulaires foliacés*, qui se composent principalement des Hépatiques et des Mousses, laissent apprécier avec difficulté le rôle que leurs organes sexuels jouent dans la reproduction.

Les *Semi-vasculaires* présentent des vaisseaux distincts et des trachées ou des fausses trachées ; leurs feuilles sont développées et munies de pores corticaux ; leurs tiges grandes, arborescentes et ayant de l'analogie avec la structure des Monocotylédons ; et leurs organes reproducteurs ont aussi du rapport avec le pollen et les ovules des Phanérogames. Les Lycopodiacées, les Equisétacées, les Fougères, etc., se rangent dans ce groupe.

Les PHANÉROGAMES se distinguent en *Monocotylédons* ou *Endogènes*, en *Gymnospermes* ou *Polycotylédons*, et en *Dicotylédons* ou *Exogènes*.

Les *Monocotylédons* possèdent des vaisseaux, des feuilles et des organes sexuels distincts et caractérisés ; ils n'ont qu'un seul cotylédon, organe formé des appendices minces ou charnus qui enveloppent l'embryon ; une tige ordinairement droite et pourvue de branches et de rameaux, et des feuilles à nervures parallèles. Ils sont représentés par les Palmiers, les Roseaux, les Graminées, les Liliacées, etc., etc.

Les *Gymnospermes* sont pourvus de vaisseaux, de feuilles et d'organes sexuels, et leurs graines reçoivent directement l'action de la substance fécondante. Ils ont un ou plusieurs cotylédons placés sur le même rang ; leurs fleurs, monoïques ou dioïques, sont presque toujours terminales ; leurs ovules, nus et solitaires, sont placés à la base de chaque péricarpe écailleux ; le tronc, simple et plus ou moins cylindrique, offre des couches peu distinctes et longues à se former ; et les feuilles, communément alternes ou verticillées, ont leurs nervures parallèles. Les Cycadées et les Conifères appartiennent à cette division.

Les *Dicotylédons* sont pourvus de deux cotylédons au moins, lesquels sont opposés ou verticillés sur un même plan ; leur tronc est branchu et très-ramifié ; leurs feuilles ont des nervures constamment ramifiées ou en réseaux ; et leurs organes sexuels, parfaitement distincts, sont plus ou moins compliqués. Cette classe comprend la majeure partie des plantes ligneuses et herbacées à fleurs colorées.

VÉGÉTAUX FOSSILES. *Voy.* PALÉONTOLOGIE.

VENTRICULITES. *Mantell.* Genre de spongiaires fossiles, de forme évasée, que l'on rencontre dans les terrains crétacés de l'Angleterre, et qui sont peut-être les mêmes que les *Paramondra*.

VERDE-DI-CORSICA. Nom italien de l'Euphotide.

VERDE-DI-PRATO. Nom italien de l'Ophiolite diallagique.

VERHÆRTELER-THON. Nom allemand de l'Argilolite.

VERSANTS. Flancs d'une montagne.

VERSTEINERT. Mot allemand qui signifie pétrifié.

VERSTEINERUNG. Mot allemand qui signifie pétrification.

VERTÉBRITES. Nom que quelques naturalistes donnaient autrefois aux vertèbres fossiles des divers animaux.

VOLCANS. On donne généralement ce nom, soit à une montagne terminée par une bouche ignivome, soit au foyer intérieur qui détermine les éruptions. On appelle *foyer*, dans un volcan, le réceptacle qui contient les matières en incandescence ; *cheminée*, le conduit qui amène ces matières à l'extérieur où elles forment éruption, et *cratère*, le cône renversé qui termine la cheminée, et qui sert ordinairement au passage des Laves et autres produits volcaniques. On distingue, dans le cratère, le *fond* et les *bords*, que l'on nomme aussi *orles* ; et Deluc a donné le nom de *couronne volcanique* à une sorte de rempart circulaire qui renferme quelquefois le cratère. Dans les cratères éteints, les bords sont couverts de végétation, et le fond est souvent rempli par les eaux pluviales. Si ce fond est d'une certaine étendue, il a l'apparence d'un lac, et tels sont ceux de Castello-Gandolfo, de Nemi, de Gabri, de la Solfatara, de Tivoli, de Baccano, de Bracciano, de Lago Morto, d'Anagni, etc.

Il n'y a aucune proportion rigoureuse établie entre la hauteur du volcan et le diamètre du cratère. Le pic de Teyde, à Ténériffe, a 4000 mètres d'élévation, et son cratère 90 mètres seulement de largeur, tandis que le Volcano, qui n'est élevé que de 500 mètres, a un cratère dont le diamètre est de 770 mètres. Les plus grands volcans connus sont le Popocatepte, au Mexique, qui s'élève à 5500 mètres, et l'Antisana à 6000 mètres. La grande montagne ignivome du Chimborazo atteint 6700 mètres; mais c'est un immense dôme trachytique qui n'a jamais été en éruption. Le Keraouia, dans l'île de Haouaï, offre la singularité remarquable de n'être point situé au sommet d'une montagne, mais dans une plaine d'une élévation médiocre. Sa circonférence est de plus de quatre milles, suivant le témoignage des missionnaires américains, et au fond de l'immense excavation qu'il présente bouillonne sans cesse une mer enflammée.

Les cratères sont généralement creusés, comme nous venons de le dire, en cône tronqué renversé, figure qui est souvent d'une régularité parfaite; et le fond de l'entonnoir, qui est la troncature du cône, est quelquefois d'une grande étendue, raboteux et criblé de petits cônes, du sommet desquels s'échappent les matières volatilisées. La profondeur des cratères varie indépendamment de leurs deux autres dimensions. Chaque éruption nouvelle déplace le fond, le brise quelquefois et le précipite dans les abîmes, d'où sortent les matières enflammées. Alors un fond nouveau se forme à mesure que l'activité du volcan se ralentit et que des Laves se refroidissent et deviennent moins limpides.

Souvent une montagne porte sur ses flancs un certain nombre de petits cônes avec cratères, indépendamment de celui du sommet. Le Monte-Negro et le Monte-Rosso, sur l'Etna, sont des bouches de cette nature : la première s'ouvrit en 1536, la seconde en 1794; et les côtés de cette montagne sont hérissés de quatre-vingts cônes de diverses dimensions. Selon M. Lyell, on ne s'écarterait pas du vrai en accordant au moins trente siècles à la formation du quart seulement de ces cônes, en sorte que douze mille ans environ auraient été nécessaires pour le développement de la totalité. « Cependant, ce long espace, ajoute M. Lyell, ne serait encore qu'une petite partie de l'histoire de de ce volcan. » Quelquefois aussi les volcans sont sans ouverture à leur sommet, comme l'Antisana en Amérique et l'Etna en Sicile.

On distingue quatre sortes de cratères : les cratères d'éruption, les cratères d'affaissement, les cratères d'explosion et les cratères de soulèvement.

Les *cratères d'éruption* offrent, sur leurs parois intérieures, des matières ayant été à l'état fluide et des débris scoriacés, sans que les couches qui en résultent se prolongent dans toute la circonférence du cratère. Lorsque la Lave éruptive en a surmonté les bords, elle les échancre et rend la forme à peu près régulière, tandis que lorsque les matières éjectées sont incohérentes, elles s'entassent sans ordre autour de la cheminée et forment une grande saillie.

Les *cratères d'affaissement* sont ceux qui, après une certaine durée ou une violente éruption, se sont pour ainsi dire engloutis, et ont présenté, au lieu du cône qu'ils avaient auparavant, de vastes cavités circulaires, comme celles des champs Phlégréens près de Pouzzoles, mais au milieu desquelles il arrive parfois aussi qu'une nouvelle éruption fait surgir un nouveau cône. Tel est le Vésuve, au milieu de l'enceinte de la Somma, et surtout le cratère affaissé de Kirauea, dans l'île Owhyhée. M. Ellis, qui l'a visité, le décrit de la manière suivante : « Après avoir marché quelque temps sur une plaine qui résonnait sous nos pas, nous arrivâmes enfin au bord du grand cratère, où s'offrit à nos yeux le spectacle le plus sublime et le plus effrayant. Devant nous s'ouvrait un gouffre immense, ayant la forme d'un croissant de deux milles de longueur environ, et d'à peu près un mille de large. Il nous parut avoir 250 mètres de profondeur. Le fond était couvert de Laves, et dans les parties S.-O. et N. bouillonnait une matière embrasée, un liquide de feu, dont l'agitation était vraiment épouvantable. Du milieu de ce lac embrasé et de ses bords, s'élevaient 51 cônes volcaniques de forme et de position irrégulières, et présentant autant de cratères. Vingt-deux de ces bouches lançaient sans interruption des colonnes de fumée ou des pyramides de flammes; et plusieurs vomissaient en même temps des courants de Laves qui sillonnaient de traits de feu les flancs noirs et hérissés des cônes, pour se joindre à la masse bouillante. »

Les *cratères d'explosion* sont ceux par la bouche desquels certains gaz ont agi à la surface du sol, comme le font les mines que l'on fait jouer au moyen de la poudre. Ces cratères ont communément la forme d'un entonnoir irrégulier, et l'on ne voit autour de ses bords que les débris du sol bouleversé par l'explosion. Les lacs Pavin et de Laach et le golfe de Tazenat, qui sont des exemples de cratères d'explosion, ont été appelés par M. de Montlosier, à cause de leur origine, des *cratères-lacs*.

Les *cratères de soulèvement*, qui proviennent d'une action souterraine quelconque qui a soulevé le sol en y pratiquant une ouverture, présentent, comme les cratères d'éruption, une espèce d'entonnoir ou de cône tronqué renversé; mais ses couches ne sont alors formées que des débris des mêmes roches qui composent le terrain où il a pris naissance; ou si quelque coulée de Laves s'est fait jour, elle se sera mêlée avec les matières incohérentes qu'elle aura rencontrées. Le cratère de soulèvement diffère surtout de celui d'éruption, en ce que les vallées divergentes qui déchirent ses flancs partent de l'intérieur même de l'enceinte, au lieu de commencer à une certaine distance, comme on le voit chez le second.

Un grand nombre d'hypothèses ont été émises sur la cause des éruptions volcaniques. Selon Lémery, ces phénomènes seraient dus à la réaction mutuelle du soufre, du fer et de l'eau qui se trouvent dans les entrailles de la terre. Plusieurs géologues du XVIIIe siècle, et entre autres Werner, ont admis que les volcans sont produits par l'embrasement des couches de houille et de pyrites qui s'enflamment lorsqu'elles sont humectées par les eaux. A en croire Buffon, il est facile à un physicien de reproduire l'action d'un volcan, en mêlant ensemble une certaine quantité de soufre et de limaille de fer, et en enterrant cette préparation à une certaine profondeur; ce volcan artificiel s'enflamme par la seule fermentation, il jette la terre et les pierres dont il est couvert, et il fait de la fumée, de la flamme et des explosions. Breislack attribuait les éruptions volcaniques aux matières bitumineuses; Patrin, en raison du voisinage qui existe habituellement entre les volcans et la mer, a donné l'acide muriatique pour principal élément à l'action de ces volcans, et il fait concourir avec lui le fluide électrique; la même propriété dissolvante de l'acide muriatique a été adoptée par Bernardin de Saint-Pierre, qui considère les volcans comme de vastes fourneaux allumés tout exprès sur les rivages de l'Océan pour en purifier les eaux, opinion plus digne d'un poëte que d'un savant; Kervan a supposé que les Laves étaient entraînées par des flots de bitume; Dolomieu s'est emparé du soufre, dont la combustion est facile au contact de l'air ; et M. Poulett-Scrope ne veut pas que les Laves soient en état de fusion à leur apparition sur la surface de la terre : il les considère comme autant de cristaux glissant les uns sur les autres, au moyen de l'intervention d'un fluide élastique.

Ce fut Davy qui fonda la théorie des volcans, par suite de la découverte qu'il fit des métaux, des pierres et des alkalis qui jouissent de la propriété de brûler dans l'eau en la décomposant. Selon cette théorie, la terre renferme, à une certaine profondeur, de puissantes masses de métaux qui se conservent à l'état métallique, tant qu'ils n'ont aucun contact ni avec l'air, ni avec l'eau; mais dès que ce dernier corps parvient à filtrer jusqu'à eux, ils agissent aussitôt sur lui avec une telle violence, qu'ils en opèrent instantanément la décomposition, en sorte que la chaleur considérable et l'immense dégagement de fluides élastiques qui en résultent donnent naissance aux éruptions. En admettant cette théorie, il en adviendrait que des dégagements considérables d'hydrogène devraient avoir lieu, et comme cela n'est pas, l'hypothèse de Davy a été modifiée par Gay-Lussac, qui croit que l'eau n'agit pas sur les métaux pierreux eux-mêmes, mais sur leurs chlorures.

M. Cordier a essayé de son côté d'expliquer la cause des ascensions et des éjections volcaniques, en établissant qu'en raison du peu d'épaisseur de l'écorce du globe et des nombreuses solutions de continuité qui le traversent, par suite de diverses causes, cette écorce doit jouir d'une grande flexibilité qu'entretiennent la continuation du refroidissement et les tremblements de terre. « Ces conséquences une fois posées, ajoûte ce géologue, les phénomènes volcaniques sont un effet simple et naturel du refroidissement intérieur du globe, un effet purement thermométrique; la masse fluide intérieure est soumise à une pression croissante qui est occasionnée par deux forces dont la puissance est immense, quoique les effets soient lents et peu sensibles : d'une part, l'écorce solide se contracte de plus en plus, à mesure que sa température diminue, et cette contraction est nécessairement plus grande que celle que la masse centrale éprouve dans le même temps; de l'autre, cette même enveloppe, par suite de l'accélération insensible du mouvement de rotation, perdant de sa capacité intérieure. A mesure qu'elle s'éloigne davantage de la forme sphérique, les matières fluides intérieures sont forcées de s'épancher au dehors, sous la forme de Laves, par les évents naturels que l'on a nommés volcans, et avec les circonstances que l'accumulation préalable des matières gazeuses, qui sont naturellement produites à l'intérieur, donne aux éruptions. »

Quelques-uns pensent aussi que l'eau de la mer peut arriver au foyer incandescent du globe terrestre, et que sa vaporisation, trouvant un obstacle par la pression à de grandes profondeurs, détermine alors des éruptions. Son action dans les phénomènes volcaniques résulterait de sa décomposition, qui rend l'un de ses éléments fixe, pendant que l'autre se dégage. Enfin, parmi les substances que renferme le centre de la terre, et dont l'affinité pour l'oxygène peut causer l'éruption des volcans, il faut placer en première ligne le silicium, dont l'oxyde est répandu dans toutes les parties de l'écorce du globe, et dont les diverses combinaisons avec l'oxygène semblent avoir présidé à tous les modes de formation de cette enveloppe.

On entend par *phénomènes volcaniques* l'ensemble des circonstances qui amènent à la surface de la terre des matières à l'état plus ou moins incandescent. Un volcan se compose des substances minérales vomies et de l'orifice d'où elles sont sorties, orifice qui, comme nous l'avons dit, se nomme cratère. L'éruption consiste dans l'éjaculation hors de la croûte terrestre, soit dans l'air, soit dans l'eau, de matières qui proviennent de l'intérieur du globe. Cette éruption est ordinairement accompagnée de mouvements du sol, tels que des tremblements, des soulèvements, des affaissements et un dégagement de chaleur, d'électricité et de bruit. Les matières qui s'échappent des volcans arrivent au jour à l'état gazeux, liquide ou solide, c'est-à-dire à l'état de fumée, de Laves, de cendres, de scories et de blocs plus ou moins volumineux.

Les matières qui se montrent à l'état gazeux ou de fumée, sont ordinairement aqueuses; mais il s'y mêle aussi des acides sulfureux, sulfhydrique et chlorydrique, puis encore de l'acide carbonique, de l'azote, du soufre, du sel marin, du salmiac, de la sassoline, de l'atacamite, du réalgar, du fer oligiste, etc. Les nombreuses analyses qui ont été faites de la fumée du Vésuve ont donné principalement pour sa composition, de la vapeur d'eau renfermant de l'acide hydrochlorique et des chlorures de fer et de soude.

Les substances liquides qui se présentent à l'état de fluidité ignée deviennent, par le refroidissement, ce que l'on appelle des *Laves*. Ces substances s'échappent ordinairement sous la forme de coulées; mais souvent aussi elles sont lancées sous celle de boules ou de grains. Les courants de Laves suivent une marche plus ou moins rapide, selon l'inclinaison du plan qu'ils parcourent ou la nature des obstacles qu'ils rencontrent. Quelquefois la matière roule sur elle-même, c'est-à-dire celle qui est dessus passant successivement dessous; et souvent la couche supérieure se fige et forme une sorte de pont sous lequel la Lave inférieure continue à couler. D'autres fois, les courants s'avancent avec lenteur et se couvrent de boursouflures, ou bien, sur leur surface unie s'élèvent des jets de flamme et de la fumée; enfin, il arrive aussi que la Lave prend, en peu de temps, une telle solidité à sa surface, qu'on ne peut y enfoncer un pieu qu'avec effort.

En général, la Lave coule lentement. Dolomieu cite un courant qui mit deux années à parcourir un espace de 3800 mètres, et d'autres courants qui coulaient encore dix ans après leur sortie du volcan; on a même observé, dit-on, des Laves qui fumaient vingt-six ans après l'éruption qui les avait rejetées. Aussi les nombreux exemples que l'on a de la longue durée pendant laquelle la Lave conserve sa chaleur, même lorsque cette chaleur peut librement rayonner dans l'atmosphère, démontrent-ils suffisamment quelle période énorme il faudrait pour changer sa température lorsqu'elle est renfermée dans la cheminée du volcan.

La Lave commence ordinairement à se faire jour en s'élevant à la plus grande hauteur; mais à mesure que la pression diminue, elle s'écoule par des bouches qui se rapprochent de la base. Au Vésuve, qui a environ 1000 mètres d'élévation, la Lave se répand quelquefois par le cratère même; mais dans les Andes, où les volcans atteignent jusqu'à 2300 mètres, elle ne peut jamais parvenir à cette hauteur. Quant à sa température, elle se maintient fluide et assez élevée pour fondre le verre et l'argent, et déterminer la fusion du plomb en quatre minutes. La température de la Lave du Vésuve est plus élevée que celle de l'Etna. Les coulées de Laves laissent dégager aussi, longtemps après l'éruption, des vapeurs blanchâtres qui sont appelées *fumarolles*, et sont composées de vapeur d'eau, qui contient en dissolution de l'acide muriatique, de l'hydrogène sulfuré, de l'ammoniaque, de la soude et du fer. Souvent les crevasses d'où s'échappent des vapeurs sont tapissées de sel marin, de muriate, d'ammoniaque et de sous-muriate de fer.

Les Laves s'écoulent, soit par le cratère même du volcan, soit par des bouches latérales qui s'ouvrent à chaque éruption sur les flancs du volcan, bouches qui ont aussi la forme de petits cônes, et elles se présentent toujours comme des lanières ou bandes étroites. Dans les cratères de soulèvement, au contraire, les Laves se montrent en larges nappes, caractère qui suffit pour distinguer les cratères d'éruption de ceux de soulèvement. L'état des coulées varie nécessairement avec la pente du volcan. Dans les pentes rapides de 18 à 40°, la Lave ruisselle d'abord torrentiellement, et les parties qui se refroidissent à la surface constituent des amas qui restent ensuite sur le terrain sous la forme de scories; et à mesure que la pente devient moins rapide et que la Lave perd de sa vitesse, elle se revêt d'une croûte dont la partie extérieure acquiert peu à peu une rigidité complète, d'où il résulte une lutte entre la Lave liquide qui tend à s'écouler et l'écorce qui se consolide. On donne le nom de *cheires* aux portions de la coulée où cette lutte s'est établie, et ces cheires se composent de fragments indépendants, anguleux et entassés dans un grand désordre. Les plus rugueuses sont celles qui se sont produites sur des pentes de 3 à 5°, c'est-à-dire sur la pente où la lutte peut avoir son maximum de violence; puis, sur les pentes moindres de 3°, l'écorce de la Lave ayant plus d'épaisseur, la résistance devient moins grande, et la cheire est moins tourmentée; enfin, à 2° de pente, l'écorce de la Lave a complètement triomphé, la Lave s'arrête, quoique liquide; elle se refroidit sans se mouvoir, et prend la forme basaltoïde. On doit à M. de Beaumont des remarques intéressantes sur cette sorte de théorie de trois conditions d'écoulement des Laves.

On a calculé les quantités de Laves sorties de quelques volcans. L'éruption du Vésuve, en 1794, en fournit à peu près 12,000,000 de mètres cubes; en 1787, le volcan de l'île de Bourbon en vomit plus de 48,000,000, et en 1796, environ 36,000,000. Un courant de Laves de l'Etna continua sa course jusqu'à la distance de 30 à 40 milles; et, en Islande, une éruption de l'Hécla couvrit la moitié de l'île.

Nous avons dit quel est le temps considérable que peut apporter dans sa marche une coulée de Laves; mais il est des cas aussi où un courant de cette matière franchit l'espace avec une extrême rapidité. Hamilton en observa un qui avait parcouru 1800 mètres en quelques heures seulement. En 1776, un de ces courants s'étendit sur une longueur de 2000 mètres en quatorze minutes; et M. de Buch vit un torrent de Laves arriver au bord de la mer en moins de trois heures, c'est-à-dire qu'il parcourut pendant cette durée plus de 7000 mètres en ligne droite.

Malgré l'espace qui existe quelquefois entre les éruptions d'un volcan, il est probable que la Lave se maintient liquide à une très-petite profondeur au-dessous du volcan.

Il est aussi des volcans, dont nous nous entretiendrons plus loin, qui rejettent des matières à l'état de fluidité aqueuse; mais plusieurs géologues pensent que l'eau et la boue qu'ils vomissent ne viennent pas toujours de leur intérieur, et qu'elles sont le résultat, soit de phénomènes météorologiques qui se passent à l'extérieur, soit de la fonte des neiges occasionnée par le développement de la chaleur. Nous ne partageons point cette opinion, et nous nous appuyons sur les observations de M. de Humboldt, qui ont suffisamment démontré, selon nous, qu'il existe des volcans de boue qui vomissent même des poissons; et si l'on rapproche ces circonstances de celle que les volcans sont généralement dans le voisinage de la mer, on sera naturellement amené à reconnaître que celle-ci ne doit pas être étrangère aux phénomènes volcaniques. L'eau, en definitive, joue un rôle dans la fluidité des Laves, puisque celles-ci se solidifient dès que les fumarolles s'éteignent, et que l'on a découvert, à la Solfatare, près Pouzzoles, un sulfate triple qui contient 15 pour 100 d'eau, et qui se produit par la distillation du soufre à une température de 400° environ.

Les matières solides lancées par les volcans sont quelquefois à l'état pulvérulent, et reçoivent alors le nom de cendres ou de sables volcaniques. Lorsque ceux-ci ont la grosseur du gravier, on les appelle *rapilli*. Les fragments ressemblent aussi, dans quelques cas, à des scories de fourneaux, et forment même des blocs d'une assez grande dimension ; et enfin il arrive que quelques-uns de ces blocs, quoique lancés par le volcan, n'ont aucun rapport avec les matières volcaniques et appartiennent simplement aux parois de la cheminée.

Les cendres qui s'élèvent des volcans forment souvent des nuages si épais, que des contrées entières se trouvent plongées, en plein jour, dans une profonde obscurité ; et fréquemment aussi elles sont portées à des distances de plus de 50 myriamètres du lieu de l'éruption. Selon Procope, celles de l'éruption du Vésuve, en 472, allèrent se répandre jusqu'à Constantinople, c'est-à-dire à 100 myriamètres. Rome, Venise, sont très-souvent incommodées par les cendres de ce même volcan; et, en 1794, elles couvrirent toute la Calabre. Celles des volcans de l'Asie et de l'Amérique se répandent à plus de 40 myriamètres du cratère qui les a vomies. Dans l'éruption du Tomboro, de l'île de Sumbawa, qui eut lieu en 1815, les cendres allèrent tomber sur Java, Macassar, Batavia, Sumatra, etc. Quelquefois ces cendres forment des nuages si épais, que les lieux où elles s'étendent se trouvent, nous le répétons, au sein des tenèbres ; pendant l'éruption du Vésuve, en 1822, on ne pouvait se conduire, au milieu du jour, dans le pays, qu'à l'aide d'une lanterne ; et c'est ce qui arrive communément en Islande et en Amérique. On distingue les cendres volcaniques en plusieurs variétés appelées *Spodite*, *Thermantide*, *Gallinace* et *Cnérite*.

Les éjections et les phénomènes volcaniques donnent naissance à des élévations plus ou moins considérables qui se forment de diverses manières, mais qui, le plus communément, prennent la figure d'un cône tronqué ; c'est ce qu'on appelle le cratère. Les flancs de la montagne volcanique n'offrent pas toujours assez de résistance pour que les matières liquides, poussées de bas en haut, puissent arriver jusqu'au sommet, et il advient alors que leurs parois s'entr'ouvrent et laissent échapper des coulées plus ou moins abondantes, fait qui se reproduit particulièrement dans les grands volcans. Les bouches volcaniques produisent donc, par l'accumulation des matières en fusion, et peut-être par le soulèvement du sol, des montagnes coniques à cratères, et ce qui se passe à ce sujet sur la terre a lieu également au fond des mers, comme nous le verrons en parlant des éruptions sous-marines. Toutefois, l'élévation des volcans n'est pas toujours rigoureusement due à l'accumulation successive des Laves, et l'histoire du Vésuve en fournit une preuve. Strabon rapporte qu'avant l'éruption de 79, la montagne était terminée par un vaste cirque ayant une large dépression au centre, laquelle était cultivée. Cette enceinte circulaire existe encore, mais il a surgi au milieu un cône d'une grande dimension, dont la hauteur au-dessus de l'ancienne cavité n'a pas moins de 400 mètres : ce cône est le Vésuve proprement dit.

Les éruptions volcaniques sont accompagnées aussi de dégagement de chaleur et de lumière. Cette lumière provient surtout de l'état d'incandescence des matières pierreuses, et selon l'opinion de plusieurs physiciens et géologues, tels que Gay-Lussac, Covelli, Spallanzani, Brongniart et de la Bèche, ce serait sa réflexion sur la fumée qui se dégage du cratère, que l'on prendrait communément pour des flammes ; mais comme les volcans produisent du gaz hydrogène et des matières fuligineuses, rien ne s'oppose à ce qu'ils dégagent aussi de véritables flammes, et les observations récentes de M. Pilla sur le Vésuve semblent laisser ce dégagement hors de doute. Il a remarqué, en effet, qu'à la suite de chaque détonation, il s'élève, avec violence, une colonne de fumée noire et fuligineuse, laquelle est accompagnée d'un jet de gaz enflammé jaillissant au milieu d'une gerbe de pierres ardentes. Cette flamme vibrante, qui est tantôt d'une couleur rouge-violet, tantôt bleuâtre ou verdâtre, est produite par l'inflammation des gaz hydrogène pur et hydrogène sulfuré, au contact de l'air.

Les éruptions sont encore parfois accompagnées de pluie, de tonnerre et d'éclairs multipliés, phénomènes qui résultent de la quantité de vapeur aqueuse qui s'échappe du volcan et du développement d'électricité qu'occasionne le frottement des nuages épais qui roulent les uns sur les autres. L'éruption du Vésuve, de 79, qui ensevelit Herculanum et Pompéi, fut précédée pendant plusieurs années de bruits souterrains et de tremblements de terre. Celle qui eut lieu, en 1812, à l'île de Saint-Vincent, était accompagnée de détonations et de bruits souterrains qui furent entendus jusque sur les bords de l'Orénoque. En 1815, les décharges du Tomboro, dans l'île de Sumbawa, ressemblaient tellement à celles de l'artillerie, qu'au rapport de sir Stramford Raffles, on crut que c'était une attaque des pirates, et que l'on embarqua des troupes à Macassar, une des Célèbes, pour aller à leur poursuite.

Lorsque les volcans sont couverts de neige, celles-ci fondent très-rapidement au moment de l'éruption, et il en résulte quelquefois des inondations considérables, comme celle dont il fut fait mention en 1742.

Les volcans ne sont pas toujours en activité, et ils ont, au contraire, des interruptions plus ou moins longues. On appelle volcans éteints ceux qui, de mémoire d'homme, n'ont pas eu d'éruptions ; mais les intermittences qui existent dans les volcans dits en activité ne permettent pas d'affirmer qu'un volcan que l'on suppose éteint ne se réveillera pas un jour ; en d'autres termes, la durée des temps d'éjection et des intervalles de repos ne paraît soumise à aucune loi.

Depuis trois siècles avant notre ère, Stromboli n'a pas varié sensiblement de l'état où nous le voyons actuellement. Le volcan de Jorullo n'a pas cessé de jeter des flammes depuis sa première explosion. Les temps de sommeil du Vésuve ont duré quelquefois plusieurs siècles. Le Volcano dort depuis plus de mille ans. L'Etna et le pic de Ténériffe sont restés plusieurs siècles sans donner aucun signe de ce qui se passe dans les immenses foyers qui les rendent si redoutables. Les cimes des Andes, le Cotopaxi, le Tunguratura, ont rarement plus d'une éruption par siècle. Le Capacurcu, élevé de 5460 mètres, est resté tranquille depuis le XVIe siècle. L'Orizaba, au Mexique, qui est élevé de 5434 mètres, n'a pas eu d'éruption depuis 1566. Le Zibbel-Teir, dans la mer Rouge, l'île de Bourbon et l'île de Frugo, paraissent au contraire toujours en travail.

L'Etna et le Vésuve sont au surplus les seuls volcans intermittents dont l'histoire et les phénomènes aient été bien étudiés. Le Vésuve, dont l'origine remonte à 79, n'a eu que 12 éruptions jusqu'en 1631 ; mais après cela son activité a été toujours croissant. A chaque éruption de l'Etna et du Vésuve, on voit d'abord paraître une colonne de fumée qui s'élève très-haut et s'étale au sommet comme le ferait un pin, suivant le langage de Pline le Jeune ; puis viennent les explosions, les secousses, les flammes et l'éjection des pierres incandescentes ; puis enfin les Laves atteignent les bords du cratère, le surmontent et se répandent en nappes sur les flancs du pic. Le Stromboli, situé dans la mer, entre la Sicile et l'Italie, et dont la hauteur est de 662 mètres, présente aussi des éruptions périodiques qui n'ont presque point varié depuis le temps où Strabon les a signalées. Ces éruptions se renouvellent à des intervalles de quelques minutes, huit ou dix environ, d'où il résulte que ce volcan sert de phare aux marins, et forme même une sorte de baromètre ; car la pression atmosphérique déterminant le plus ou moins de fréquence des éruptions, celles-ci indiquent si le vent tourne à la tramontane ou au siroco, c'est-à-dire au nord ou au sud-est.

Java offre un exemple remarquable de l'effet terrible des éruptions volcaniques : la montagne de Papandyany a disparu. Sa base, de quinze milles de long sur quinze milles de large, ne peut plus être distinguée de la plaine environnante, et dans l'espace qu'occupait la montagne, le sol conserve à peine 1 mètre de hauteur.

Volcans d'eau et volcans de boue. On a donné le nom de *salses* à des cavités cratériformes qui rejettent une boue argileuse et des bulles de gaz hydrogène. Ces volcans se produisent soit par les vides que les gaz ont laissés en traversant la couche de l'écorce terrestre, vides qui se remplissent d'eau que les éjections lancent alors à l'extérieur avec les débris de la portion disloquée de l'écorce, soit par le passage, à travers d'amas d'eau ou de boue, de gaz, lesquels, en forçant les obstacles qui s'opposent à leur expansion, expulsent, en même temps qu'ils se font jour à l'extérieur, toutes les matières qui les environnent. Le nom de *salses* vient de celui de Salsuolo, lieu situé près de Modène, et où, pour la première fois, on a observé le phénomène de ce genre d'éjection. Lorsque, à Salsuolo, on enferme une perche dans le sol, à la profondeur d'environ 2 mètres, et qu'on la retire, l'eau s'élance aussitôt avec force par le trou qu'on a pratiqué. Aux salses de Terra-Pilota, en Sicile, il existe un grand nombre de petits cônes qui lancent à une hauteur de 2 à 3 mètres des jets de fange et de gaz, ou bien du gaz hydrogène seul. A Macoluba, dans la même contrée, on trouve de petits cratères d'où sortent des bulles d'air qui soulèvent l'argile grise qui couvre le sol, et qui, en la rompant, se dégagent et produisent une légère détonation.

Aux environs de Quito, des éruptions bourbeuses ou des torrents d'eau sortent des cratères en même temps que les flammes. Souvent ces eaux entraînent des poissons dont la mort, évidemment récente, atteste que ces animaux étaient vivants dans les réservoirs souterrains d'où ces fluides volcaniques les ont lancés au dehors, à peu près comme les trombes atmosphériques élèvent les eaux de la mer avec quelques-uns de leurs habitants. Le pic de Carguiza, en Amérique, vomit, en juin 1698, de l'eau, de la boue et des poissons. Dans la même année, le volcan presque éteint d'Imbaburu éjecta une si grande quantité de ces poissons, que l'on attribua les fièvres putrides qui régnèrent alors, aux miasmes qu'exhalaient ces animaux. En février 1797, une crevasse qui s'ouvrit près de Quito vomit aussi une masse boueuse, nommée Moya, qui était tellement abondante, qu'elle ensevelit le village de Pilileo. Les volcans de la Guadeloupe éjectent fréquemment à leur tour des torrents de boues qui renferment un sable composé de grains cristallisés de Labrador, de Ryacolithe, de Pyroxène et de Fer oxydulé titanifère, c'est-à-dire un sable entièrement analogue aux cendres des volcans.

Parmi les volcans de boue on distingue surtout les fontaines jaillissantes du Geyser en Islande, où l'on voit une multitude de petits monticules de terres diversement colorés, d'où sortent des sources d'eaux chaudes chargées de beaucoup de silice. La principale de ces sources, qui porte le nom de Geyser, se trouve sur un monticule de 2 à 3 mètres de haut, composé de matière siliceuse, et offre, à sa partie supérieure, un bassin circulaire rempli d'eau limpide, d'une température égale à celle de l'eau bouillante, et d'où s'élèvent des jets qui atteignent quelquefois une hauteur de 30 mètres et quelquefois bien au delà. Les réservoirs dans lesquels tombe l'eau du Geyser sont revêtus, à l'intérieur, d'une variété d'opale, et leurs bords sont couverts de concrétions siliceuses. Suivant M. Faraday, la solution de la silice est activée dans ces réservoirs par la présence de la soude. Un thermomètre centigrade, placé par M. Lottin dans la source du Geyser, a donné 124°. En général, les eaux thermales n'en donnent guère au delà de 100°.

A Turbaco, près de Carthagène, au Mexique, M. de Humboldt a observé une vingtaine de petits cônes de 7 à 8 mètres de haut, formés d'une marne argileuse d'un gris noirâtre, et qui portent à leur sommet une ouverture remplie d'eau, d'où se dégage, par intervalles, de l'air que précèdent de sourdes explosions, bruit souvent accompagné d'éjections boueuses.

Les Lagonis de la province de Sienne, en Toscane, peuvent être rangés aussi parmi les volcans de boue. Ils fournissent une grande quantité d'acide borique, et on y fabrique pour une somme considérable de borax, composé d'acide borique et de soude. Autrefois la majeure partie du borax consommé dans le commerce provenait des lacs qui se trouvaient au nord du Thibet.

Les éruptions boueuses donnent naissance à des argiles volcaniques et à des tufs; mais il ne faut pas confondre ces tufs avec ceux que produit l'agglomération de détritus volcaniques par voie de sédiment, comme est par exemple le tuf ponceux qui a couvert Herculanum et Pompéi, et dont le sol entier de la campagne napolitaine est formé.

Volcans sous-marins. Lorsque les éruptions de ces volcans ont lieu, le fond de la mer s'élève jusqu'à ce qu'il parvienne à la surface des eaux, où un cône se développe, et il sort alors de celui-ci des torrents de Laves qui ont une telle fluidité qu'elles coulent même dans l'eau. Les volcans sous-marins donnent naissance à des îles, et quelquefois il résulte de leur action continue que celles qu'ils ont formées prennent peu à peu une élévation considérable, comme en offre un exemple l'île d'Ambrein, dans l'Océanie, et celle de l'Ascension, dans l'Océan Atlantique.

En juin 1638, il s'éleva, près de l'île de Saint-Michel, dans les Açores, une masse volcanique d'un myriamètre de longueur environ et de 120 mètres de hauteur. Elle ne demeura que peu de temps à la surface de l'eau.

En 1707, il s'éleva, dans le golfe de Santorin, une île volcanique dont l'accroissement dura pendant une année, et qui n'ayant, à son origine, que l'apparence d'un rocher flottant, présentait, en juillet 1708, une hauteur de 70 mètres, une largeur de 300, et une circonférence de 1600. Pendant l'existence de cette île, la mer bouillonnait autour d'elle, un bruit sourd se faisait entendre sans cesse, et de diverses ouvertures s'élançaient des cendres et des pierres enflammées.

Les éruptions sous-marines sont communes au Kamtschatka. En 1780, il y surgit une île dont l'apparition fut précédée, pendant plusieurs mois, de jets de flammes et de pierres ponces que lançait la mer.

En 1783, on vit sortir du sein de la mer plusieurs îles, à environ 30 milles du cap Reikianes, dans la mer d'Islande.

Une autre masse de cette nature apparut en 1796 près d'Oumnak, l'une des Aléoutiennes, qui n'exista que peu d'années. Pendant sa durée elle lançait des pierres presque sur l'île d'Oumnak.

Tout le monde a entendu parler, en 1831, de l'éruption volcanique qui, entre la Sicile et le banc de Skerki, produisit une île qui reçut d'abord le nom de *Nerita* et ensuite celui de *Julia*. Sa base paraissait plonger de 200 mètres dans la mer. Le cratère avait, du côté du nord, environ 60 mètres de hauteur, et au sud 12 à 15 seulement. L'eau contenue dans ce cratère était d'un jaune orangé, couverte d'une écume épaisse et d'une température de 93 à 98°. Le thermomètre indiquait, sur la plage, une chaleur de 81 à 85°. Cette île disparut presque entièrement en 1832; mais, au mois de janvier de la même année, une colonne d'eau de 12 mètres de diamètre s'élevait du cratère à une hauteur de 6 à 7 mètres.

Comme on vient de le voir, plusieurs de ces îles, qui proviennent d'éjections sous-marines, ne subsistent que peu de temps au-dessus des eaux; mais il en est d'autres qui, après une assez longue durée à la surface des mers, ont pris un aspect qui ne diffère en rien des contrées où les volcans sont éteints, et qui n'offrent rien qui fasse connaître leur origine marine. Si l'on ne connaît qu'un petit nombre de volcans sous-marins ou qui apparaissent au milieu des eaux, c'est qu'on a peu d'occasions de les observer, et que leur apparition, presque toujours suivie d'une destruction plus ou moins prompte, n'a laissé que des traces incertaines. Cependant quelques auteurs anciens avaient aussi remarqué ce phénomène, et Strabon, entre autres, dit que Hiéra s'éleva au milieu des flammes.

On compte sur le globe six régions volcaniques modernes : la première est formée de toutes les contrées qui bordent l'Océan Pacifique et de toutes les îles de cet Océan qui dépendent de l'Amérique, puis des terres asiatiques septentrionales et des îles qui bordent l'Asie sur la limite occidentale de l'Océan Pacifique, et enfin de cet Océan; la seconde se compose des volcans de la Méditerranée européenne; la troisième, de ceux de la Méditerranée colombienne; la quatrième, des volcans de l'Islande et du Groënland; la cinquième, de ceux des Açores et des Canaries; et la sixième comprend les volcans de l'Asie centrale.

Les volcans en activité s'élèvent au delà de trois cents; le nombre de ceux qui sont éteints est bien plus considérable, mais n'est pas connu; toutefois M. de Rienzi prétend avoir compté, sur toute la surface du globe, cinq cent cinquante-sept volcans éteints ou en ignition, dont soixante-trois pour l'Océanie. Ils sont plus nombreux en Asie, en Amérique et dans l'Océanie, qu'en Europe et en Afrique.

L'Italie offre jusqu'à soixante cratères anciens entre Naples et Cumes, et il faut y joindre ceux de la Sicile, des îles de la Méditerranée, de l'Archipel et de l'Adriatique. Les volcans constituent le sol de Sainte-Hélène, celui de l'Ascension, des Açores, de Madère et des îles du Cap-Vert. On en trouve aux îles Maurice et Bourbon. Les grands archipels de l'Asie en sont couverts dans une partie de leur étendue, et le Kamtschatka est la contrée qui en a le plus grand nombre : il y en a six en ignition. L'Islande a un volcan en activité et vivant au milieu de plusieurs autres qui sont éteints. Les îles Kouriles ont quinze volcans qui paraissent être en rapport avec ceux de Kamtschatka. Il y a des montagnes brûlantes en Mongolie et en Chine. Suivant Kœmpfer, le Japon aurait dix volcans. Sumatra et Java ont subi l'action des feux souterrains, et la dernière contient quarante-huit volcans en feu ou éteints. Les Philippines, les Moluques et les Marianes ont des volcans. En Amérique les feux souterrains s'étendent sur toute la ligne du nord au sud. Les cratères les plus remarquables sont dans les Andes : ils y occupent une ligne de près de 1,500,000 mètres carrés, dont Quito occupe à peu près le centre; et dans une chaîne qui traverse la Cordillère, se trouve le terrible Jorullo, avec ses milliers de petits cratères et de fumarolles. Les Antilles ont aussi leurs volcans, tels que ceux de Saint-Christophe, de Saint-Vincent, de la Guadeloupe et de Névis. Sur la côte occidentale de l'Amérique, les îles Aléontes ont quelques sommets enflammés. Enfin, entre l'Amérique et l'Asie, il existe aussi des volcans, dont le plus célèbre est celui de Keraonia, dans l'île d'Haouaï. Dans le dernier voyage que James Ross a fait aux régions antarctiques, il a découvert un nouveau continent sur lequel existe, au milieu des glaces éternelles, un volcan élevé d'environ 3500 mètres, et qui vomit, sans interruption, à ce qu'il lui a semblé, des flammes et de la fumée. Il a donné à ce volcan le nom de *Mont-Erebus*.

Les volcans sont rarement isolés, et on les trouve au contraire communément réunis par groupes, ou disposés en lignes parallèles ou divergentes. M. de Humboldt dit à ce sujet, dans ses *Tableaux de la nature :* « La géographie comparée nous montre, d'un côté, de petits archipels et des systèmes entiers de montagnes volcaniques ayant leurs cratères et leurs courants de Laves, comme les îles Canaries et les Açores; de l'autre, des monts sans cratères et sans courants de Laves proprement dits, comme les Euganéens et les sept montagnes de Bonn; ailleurs elle nous montre des volcans disposés par lignes simples et doubles, et se prolongeant à plusieurs centaines de lieues, tantôt parallèlement à l'axe de la chaîne, comme dans le Guatemala, le Pérou et Java; tantôt la coupant perpendiculairement, comme dans le pays des Aztèques, où des monts de Trachytes, qui vomissent du feu, atteignent seuls à la hauteur des neiges perpétuelles, et sont vraisemblablement placés sur une crevasse qui traverse tout le continent, sur une longueur de cent cinq lieues géographiques, depuis le Grand Océan jusqu'à l'Océan Atlantique.—Cette réunion des volcans, soit par groupes isolés et arrondis, comme en Europe, soit par bandes longitudinales, comme en Asie et en Amérique, démontre, de la manière la plus décisive, que les effets volcaniques ne dépendent pas de petites causes voisines de la surface de la terre, mais sont des phénomènes dont l'origine se trouve à une grande profondeur dans l'intérieur du globe. Toute la partie orientale du continent américain, pauvre en métaux, est, dans son état actuel, sans montagne ignivome, sans masse de Trachyte, probablement même sans Basalte avec Olivine. Tous les volcans d'Amérique sont réunis dans la chaîne des Andes, qui est située dans la partie de ce continent opposée à l'Asie, et qui s'étend, dans le sens des méridiens, sur une longueur de dix-huit cents lieues. Tout le plateau de Quito, dont le Pichincha, le Cotopaxi et le Tunguragua forment les cimes, est un seul foyer volcanique. Le feu souterrain s'échappe, tantôt par l'une, tantôt par l'autre de ces ouvertures que l'on s'est accoutumé à regarder comme des volcans particuliers. La marche progressive du feu y est, depuis trois siècles, dirigée du nord au sud. Les tremblements de terre même, qui causent des ravages si terribles dans cette partie du monde, offrent des preuves remarquables de l'existence de communications souterraines, non-seulement avec des pays dépourvus de volcans, fait connu depuis longtemps, mais aussi entre des montagnes ignivomes qui sont très-éloignées les unes des autres. C'est ainsi qu'en 1797 le volcan de Pasto, à l'est du cours du Guaytara, vomit continuellement, pendant trois mois, une haute colonne de fumée. Cette colonne disparut à l'instant même où, à une distance de soixante lieues, le grand tremblement de terre de Riobamba et l'éruption boueuse de la Moya firent perdre la vie à près de quarante mille individus. L'apparition soudaine de l'île de Sabrina, dans l'est des Açores, le 30 janvier 1811, fut l'annonce de l'épouvantable tremblement de terre qui, bien plus loin, à l'ouest, depuis mai 1811 jusqu'en 1812, ébranla, presque sans interruption, d'abord les Antilles, ensuite les plaines de l'Ohio et du Mississipi, enfin les côtes de Vénézuéla, situées du côté opposé. Trente jours après la destruction totale de la ville de Caracas, arriva l'explosion du volcan de Saint-Vincent, île des petites Antilles, éloignée de cent trente lieues de la contrée où s'élevait cette cité. Au même moment où cette éruption avait lieu, le 30 avril 1811, un bruit souterrain se fit entendre et répandit l'effroi dans toute l'étendue d'un pays de deux mille deux cents lieues carrées. Les habitants des rives d'Apuré, au confluent du Rio-Nula, de même que ceux de la côte Maritime, comparèrent ce bruit à celui que produit la décharge de grosses pièces d'artillerie. Or, depuis le confluent du Rio-Nula et de l'Apuré, jusqu'au volcan de Saint-Vincent, on compte cinquante-sept lieues en ligne droite. Ce bruit, qui certainement ne se propageait point par l'air, doit avoir eu sa cause bien avant dans le fond de la terre. Son intensité était à peine plus considérable sur les côtes de la mer des Antilles, près du volcan en éruption, que dans l'intérieur du pays.—Tous ces phénomènes prouvent que les forces souterraines se manifestent, soit dynamiquement, en s'étendant et en ébranlant par les tremblements de terre, soit en produisant et en opérant chimiquement des changements, par les éruptions volcaniques; ils démontrent aussi que ces forces agissent, non pas superficiellement dans l'enveloppe supérieure de la terre, mais à des profondeurs immenses dans l'intérieur de notre planète, par des crevasses et des filons non remplis qui conduisent aux points de la surface de la terre les plus éloignés. »

On divise donc les volcans en volcans centraux et en volcans en lignes ou chaînes volcaniques.

Les *volcans centraux* sont, entre autres : l'Etna, en Sicile, qui s'élève de 3274 mètres au-dessus du niveau de la mer; les volcans des îles de Lipari; le Vésuve, dans le royaume de Naples; l'Ecla ou Heckla, en Islande, volcan qui atteint 1200 mètres; le Pico, dans l'une des Açores, dont la hauteur est de 2240 mètres; le Pic de Ténériffe, aux Canaries, élevé de 3652 mètres; le Fuelgo, aux îles du Cap-Vert, qui s'élève à 2368 mètres; les volcans des îles Gallapagos; le Mowna-Woravay, de l'île d'Owaihi, l'une des Sandwich, qui a 4160 mètres de hauteur; les volcans des îles Marquises; le Tobreoun, des îles de la Société; le Tofna, des îles des Amis, élevé de 960 mètres ; le volcan de l'île Bourbon, s'élevant à 2402 mètres; le Demavend, dans la chaîne de l'Elburs, entre la mer Caspienne et la plaine de Perse; l'Ararat, dans l'Arménie, dont le sommet est à 5142 mètres du niveau de la mer; le Seiban-Dagh, situé à l'extrémité nord du lac Van, dans la même contrée; les volcans des montagnes de Tartarie, à l'ouest de la Chine; et ceux des montagnes de Kordofan. Les volcans centraux s'élèvent au milieu d'une enceinte basaltique; mais leurs cônes sont entièrement formés de masses feldspathiques, et l'on ne trouve au-dessous de ces bouches volcaniques aucun indice de roches primitives, tandis que tout le contraire a lieu pour les chaînes volcaniques, c'est-à-dire que celles-ci s'élèvent au sein des roches primordiales ou bien dans le voisinage du granite et des produits de la même époque.

Les *volcans en lignes* comprennent les îles de la Grèce; la chaîne située à l'ouest de l'Australie ; celle des îles de la Sonde ; celle des Moluques et des Philippines ; la chaîne du Japon et des Kuriles ; les volcans du Kamtschatka, dont l'un, le Klutschew, est d'une hauteur de 4963 mètres environ ; la chaîne des îles Aleutiennes et celle des îles Marianes ; les volcans du Chili, dont le principal paraît être l'Antuco, qui atteint une hauteur d'à peu près 5020 mètres, et dont les éruptions s'aperçoivent à 20 myriamètres; les volcans de la Bolivia et du Haut-Pérou, dont les plus remarquables sont le Chipicana, haut de 5674 mètres, le Pichu-Pichu, qui en a 5454, et l'Arequipa, élevé de 5699 environ ; ceux de Quito, dont les plus élevés sont le Tunguragua, qui a 4951 mètres, le Pichincha, 5646, le Cotopaxi, 5652, et l'Antisana, qui en a près de 6000 ; ceux des Antilles ; ceux de Guatemala, parmi lesquels le Fuego a occasionné des désastres épouvantables; et enfin ceux du Mexique, dont les plus puissants sont l'Orizaba, élevé de 5434 mètres, et le Popocatepetel, dont la hauteur est de 5500.

Les roches volcaniques, malgré leur apparence d'homogénéité, sont presque toutes composées de cristaux microscopiques qui se rattachent à un petit nombre d'espèces connues, parmi lesquelles sont le Feldspath, le Pyroxène, le Péridot et le Fer titané; puis, quelquefois, à l'Amphigène, au Mica, à l'Amphibole et au Fer oligiste. Ces cristaux, ainsi que les matières vitreuses auxquelles ils sont mélangés, se trouvent fréquemment dans un état de décomposition plus ou moins avancé, et on remarque au surplus, dans l'association des substances élémentaires qui forment les roches volcaniques, la prédominance constante du Feldspath et du Pyroxène. D'après ces principes, M. Cordier a partagé les roches volcaniques en deux grands groupes : les *substances feldspathiques* et les *substances pyroxénées*. Le premier de ces groupes comprend le Trachyte, le Domite, la Dolérite, le Phonolite, le Pumite ou Pierre Ponce, l'Obsidienne et le Spodite; le second se compose du Basalte, des Scories, du Gallinace et des Cinérites ou cendres volcaniques. Ces divers éléments, en subissant les alternatives causées par les agents atmosphériques et les gaz acides qui se dégagent des volcans et des solfatares, donnent naissance à des Tufs volcaniques, des Pépérino, des Wackes, des Pouzzolanes, des Thermantides tripoléennes et cimentaires, etc.

Les géologues divisent aussi, en général, les formations volcaniques en *Terrains Tra-*

chytiques, *Terrains Basaltiques* et *Terrains Laviques*. Les premiers se composent principalement de roches feldspathiques, telles que le Trachyte proprement dit, le Domite, l'Argilolite, l'Alumite, le Pumite, le Stigmite persaire, le Rétinite, l'Eurite porphyrique, etc.; les seconds comprennent les diverses variétés du Balsate, la Dolérite, le Spilite, le Wackite, le Pépérino, les Brecciolcs, etc.; et les troisièmes sont formés par les différentes espèces de Laves, trachytiques ou basaltiques, lesquelles offrent particulièrement la Téphrine, la Leucostine, le Stigmite, l'Obsidienne, le Pumite, etc.

On remarque encore, au sein des roches volcaniques, quels qu'aient été l'époque de leur formation et leur mode d'éjection, un grand nombre de matières étrangères à leurs éléments, tels que l'Olivine, l'Amphigène, l'Amphibole, le Fer titané, le Pyroxène augite, l'Haüyne, la Mésotype, la Stilbite, l'Analcime, l'Hyalite, les Calcédoines, les Jaspes, la Barytine, la Célestine, le Calcaire spathique, l'Arragonite, le Mica, l'Arsenic sulfuré, le Sel marin, le Sel ammoniac, le Soufre, le Zircon, le Corindon, le Spinelle pléonaste, l'Idocrase, la Cordiérite, les Grenats, la Néphéline, la Sodalite, la Mellilite, la Wollastonite, la Gismondine, etc.

Voici, d'après MM. Monticelli et Covelli, les principales substances qui se trouvent dans les roches laviques du Vésuve : Soufre; Acides sulfureux, sulfurique, hydrochlorique, boracique, carbonique et hydrosulfurique; Gaz azote, Séléniure de soufre, Eau, Sulfure d'arsenic, Quartz, Sulfure de plomb, Chlorure de plomb, Cuivre pyriteux, Sulfate de cuivre, Chlorure de cuivre, Pyrite, Fer oligiste, Fer oxydulé, Fer oxydulé titanifère, Sulfate de fer, Perchlorure de fer, Sulfates et Chlorures de manganèse, Zircon, Sous-Sulfate d'alumine, Néphéline, Topaze, Sulfate de magnésie, Hydrochlorate de magnésie, Condrodite, Serpentine, Péridot, Talc, Spinelle, Sulfate de chaux, Fluate de Chaux, Calcaires divers, Dolomie, Arragonite, Phosphate de chaux, Sphène, Wollastonite, Amphibole, Pyroxène, Epidote, Thomsonite de Brook, Stilbite, Grenats, Idocrase, Gismondine, Tourmaline, Gehlénite, Mellilite, Chlorures de sodium et de potassium, Hydrochlorate d'ammoniaque, Sulfate de soude, Sodalite, Lazulite, Analcime, Sulfate de potasse, Alun, Amphigène, Méïonite, Feldspath, Haüyne, Mica, Breislakite, Humboldtilite, Zurlite, Davyne, Cavolinite, Christianiste, Biotine et Hydrochlorate de cobalt.

Par les notions les plus anciennes qui nous restent sur l'activité des volcans, nous savons qu'au delà de 1351 ans avant l'ère chrétienne, les Samnites se retirèrent vers l'extrémité de la Sicile, afin de se mettre à l'abri des fureurs de l'Etna. Les Pélasges auraient aussi quitté la côte d'Etrurie, effrayés par les violentes éruptions qui agitaient le centre et les côtes de l'Italie; et, suivant Sidonius Apollinaris, de pareilles commotions auraient eu lieu dans le Velay, vers le ve siècle.

La célébrité du Vésuve nous engage à donner ici sur lui quelques détails particuliers. Ce volcan est situé à un myriamètre de Naples, et s'élève au milieu d'une plaine aussi riante que fertile. Sa hauteur est d'environ 1300 mètres au-dessus du niveau de la mer; mais elle a été soumise à des variations, puisque dans l'année 1805 MM. de Humboldt et Gay-Lussac reconnurent que le bord du cratère avait baissé depuis 1794. Le Vésuve est environné de deux autres points culminants qu'on appelle le *Monte di Sommo* et l'*Ottayanno*. Les deux tiers du volcan sont cultivés; mais sa sommité est stérile et presque toujours cachée dans les nuages. Au commencement du xvie siècle, ce sommet était encore ombragé de vieux chênes et d'énormes châtaigniers, et l'on pouvait descendre dans la bouche du cratère jusqu'à une profondeur de 65 mètres. On distingue facilement les Laves des différents siècles. Quelquefois ces scories sont envahies par des lichens et des mousses, qui forment alors, à la longue, une terre végétale, laquelle à son tour se couvre de Genêt, de Lavande, de Thym, de Romarin et d'autres plantes qui se plaisent sur les sols rocailleux. Lorsqu'on s'approche du sommet, durant les éruptions, la chaleur des scories est telle qu'à peine on peut la supporter aux pieds, et si l'on creuse à quelques centimètres, il s'échappe de la fumée. Il y existe aussi une grande sonorité, et la chute d'une pierre y cause un ébranlement très-remarquable. Lorsque la matière comprimée parvient à se frayer une issue, son effort s'annonce par une explosion et des jets de flammes. Bientôt alors des fleuves de Laves, qui acquièrent souvent plusieurs milles de diamètre, débordent la bouche du cratère, et vont ensevelir, sous leurs masses énormes et bouillantes, et les champs cultivés et des villages entiers, dont il ne reste plus un seul vestige. L'ascension du Vésuve procure aussi la jouissance d'un magnifique panorama : on y découvre, en s'arrêtant à certains points, le superbe bassin du golfe de Naples; les caps Sorrento et de Misène; les îles de Caprée, d'Ischia, de Nisita et de Procita; Pouzzoles et la côte du Pausilippe.

Malgré tout ce qu'a d'effrayant pour la pensée le voisinage de ce redoutable volcan, la plaine qu'il domine est couverte de villages, de *villas*, de jardins magnifiques et de vignobles, parmi lesquels il faut surtout mentionner celui des environs de Resina, dont le vin a reçu le nom de *Lacryma christi*. Portici et le village de Renna sont bâtis sur les ruines d'Herculanum; le premier est devenu le musée de tous les objets recueillis dans les débris de cette ville antique.

Le Vésuve, qui avait cessé de brûler à une époque antérieure aux temps historiques, se ralluma tout à coup en l'an 79 de Jésus-Christ, première année du règne de Titus. Cette mémorable éruption engloutit à la fois Herculanum, Stabie et Pompéi, et causa la mort de Pline le Naturaliste, qui fut étouffé par la fumée. Pompéi n'a été retrouvée qu'après dix-sept siècles. Pline le Jeune a donné, dans une lettre à Tacite, un récit plein d'in térêt sur cette catastrophe et la mort de son oncle. Le voici :

« Mon oncle, dit-il, était à Misène, où il commandait la flotte. Le 23 août, environ une heure après midi, ma mère l'avertit qu'il paraissait un nuage d'une grandeur et d'une figure extraordinaires. Après avoir été quelque temps couché au soleil, selon sa coutume, et avoir bu de l'eau froide, il s'était jeté sur un lit où il étudiait. Il se lève et monte en un lieu d'où il pouvait aisément observer ce prodige. Il était difficile de discerner de loin de quelle montagne ce nuage sortait : l'événement a découvert que c'était du mont Vésuve; sa figure approchait plus de celle d'un pin que d'aucun autre arbre; car après s'être élevé fort haut, en ligne droite, sa cime était aplatie et formait comme des espèces de branches. Je m'imagine qu'un vent souterrain le poussait d'abord avec impétuosité et le soutenait; mais soit que la pression diminuât peu à peu, soit que ce nuage fût entraîné par son propre poids, on le voyait se dilater et se répandre. Il paraissait tantôt blanc, tantôt noirâtre, et tantôt de diverses couleurs, selon qu'il était plus chargé de cendres ou de terre.

« Ce prodige surprit mon oncle, et il le crut digne d'être examiné de près. Il commande qu'on apprête sa frégate légère, et me laisse la liberté de le suivre. Je lui répondis que j'aimais mieux étudier; et, par hasard, il m'avait donné lui-même quelque chose à écrire. Il sortait de chez lui, ses tablettes à la main, lorsque les troupes de la flotte qui était à Rétine, effrayées par la grandeur du danger (car ce bourg est précisément sous Misène, et on ne s'en pouvait sauver que par la mer), vinrent le conjurer de les vouloir bien garantir d'un si affreux péril. Il ne changea pas de dessein, et poursuivit, avec un courage héroïque, ce qu'il n'avait d'abord entrepris que par simple curiosité. Il fait venir les galères, monte lui-même dessus, et part dans l'intention de voir quels sont les secours qu'on peut donner, non-seulement à Rétine, mais à tous les autres bourgs de cette côte, qui sont en grand nombre à cause de sa beauté. Il se presse d'arriver au lieu d'où tout le monde fuit, et où le péril paraît le plus grand; mais cela avec une telle liberté d'esprit, qu'à mesure qu'il apercevait quelque mouvement ou quelque figure extraordinaire dans ce prodige, il faisait ses observations et les dictait.

« Déjà, sur les vaisseaux, la plus épaisse et la plus chaude fumée se faisait sentir à mesure qu'ils approchaient; déjà tombaient autour d'eux des pierres calcinées et des cailloux tout noirs, tout brûlés, tout pulvérisés par la violence du feu; déjà le rivage semblait inaccessible par des morceaux entiers de montagnes dont il était couvert; lorsqu'après s'être arrêté quelques moments, incertain s'il retournerait, il dit à son pilote, qui lui conseillait de gagner la pleine mer : *La fortune favorise le courage, tournez du côté de Pomponianus.* Pomponianus était à Stabie, en un endroit séparé par un petit golfe que forme insensiblement la mer sur ces rivages qui se courbent. Là, à la vue du péril qui était encore éloigné, mais qui semblait s'approcher toujours, il avait retiré tous ses meubles dans ses vaisseaux, et n'attendait, pour s'éloigner, qu'un temps favorable. Mon oncle le trouve tout tremblant, l'embrasse, le rassure, l'encourage, et pour dissiper, par sa sécurité, la crainte de son ami, il se fait porter au bain. Après s'être baigné, il se mit à table, et soupa avec toute sa gaieté, ou (ce qui n'est pas moins grand) avec toutes les apparences de sa gaieté ordinaire.

« Cependant on voyait luire, de plusieurs endroits du mont Vésuve, de grandes flammes et des embrasements dont les ténèbres augmentaient l'horreur. Mon oncle, pour rassurer ceux qui l'accompagnaient, leur disait que ce qu'ils voyaient brûler c'étaient des villages que les paysans alarmés avaient abandonnés, et qui étaient demeurés sans secours. Ensuite il se coucha et dormit d'un profond sommeil; car, comme il était puissant, on l'entendait ronfler dans l'antichambre; mais enfin, la cour par où l'on entrait dans son appartement commençait à se remplir si fort de cendres, que, pour peu qu'il eût resté plus longtemps, il ne lui aurait pas été libre de sortir. On l'éveille, il sort et va rejoindre Pomponianus et les autres qui avaient veillé. Ils tiennent conseil et délibèrent s'ils se renfermeront dans la maison ou s'ils tiendront la campagne; car les maisons étaient tellement ébranlées par les fréquents tremblements de terre, que l'on aurait dit qu'elles étaient arrachées de leurs fondements et jetées tantôt d'un côté, tantôt de l'autre, et remises à leurs places. Hors de la ville, la chute des pierres, quoique légères et desséchées par le feu, était à craindre.

« Entre ces périls, on choisit la rase campagne. Chez ceux de la suite, une crainte surmonta l'autre. Chez lui, la raison la plus forte l'emporta sur la plus faible. Ils sortent donc, en se couvrant la tête d'oreillers attachés avec des mouchoirs; ce fut toute la précaution qu'ils prirent contre tout ce qui tombait d'en haut. Le jour commençait ailleurs; mais dans le lieu où ils étaient continuait une nuit la plus sombre et la plus affreuse de toutes les nuits, qui n'était un peu dissipée que par la lueur des flammes et de l'incendie. On trouva bon de s'approcher du rivage, et d'examiner de près ce que la mer permettait de tenter; mais on la trouva encore fort grosse et fort agitée d'un vent contraire. Là, mon oncle, ayant demandé de l'eau et bu deux fois, se coucha sur un drap qu'il fit étendre; ensuite, des flammes qui parurent plus grandes, et une odeur de soufre qui annonçait leur approche, mirent tout le monde en fuite. Il se lève, appuyé sur deux valets, et dans le moment tombe mort. Je m'imagine qu'une fumée trop épaisse le suffoqua d'autant plus aisément, qu'il avait la poitrine faible et souvent la respiration embarrassée.

« Lorsque l'on recommença à voir la lumière (ce qui n'arriva que trois jours après), on retrouva au même endroit son corps entier, couvert de la même robe qu'il avait quand il mourut, et plutôt dans la position d'un homme qui repose que d'un homme qui est mort. »

Tout le temps que dura cette affreuse éruption, le sol fut constamment et violemment agité; et chaque secousse semblait repousser la mer au loin, tant elle s'écartait alors du rivage. On n'entendait de toutes parts que des cris et des gémissements qui se mêlaient aux détonations du cratère, et la pluie de cendres et de pierres ne discontinuait pas. Lorsque le jour reparut, et qu'un soleil jaunâtre vint répandre ses rayons sur la scène, les regards cherchaient en vain les champs fleuris, les élégantes habitations qui peu auparavant embellissaient la contrée : il n'y avait plus là qu'un immense désert, qu'un horrible chaos, qu'une solitude de mort!

Depuis cette catastrophe jusqu'en 1139, d'autres éruptions eurent lieu; mais elles furent de peu d'importance. Celle de 1139 fut considérable, puis le volcan devint muet pendant près de cinq siècles, repos trompeur qui engagea beaucoup de gens à faire de nouvelles plantations au pied de la montagne. Leur sécurité fut cruellement déçue en 1631. Déjà, depuis près de six mois, des mugissements continuels se faisaient entendre au sein du volcan, et plusieurs secousses du sol avaient eu lieu, lorsque, dans le mois de décembre, l'éruption fit sauter une partie de la montagne et vomit des matières embrasées qui couvrirent un espace de cinq milles de terrain. Le cratère rejetait aussi de l'eau. 4000 personnes perdirent la vie. Une éruption combla, en 1660, les cavités formées en 1631. Une autre donna naissance, en 1685, à une nouvelle montagne. En 1730, d'épaisses fumées s'étant élevées du volcan, on s'attendait à une éruption; mais, à la grande surprise de tout le monde, ces colonnes de fumée continuèrent pendant sept années sans autre phénomène. Malheureusement, le désastre, pour être éloigné, ne devait en être que plus terrible. Du 14 au 19 mai 1737, les flammes et la fumée augmentèrent considérablement, et l'on entendit des mugissements souterrains; le 20, la violence du feu était telle, que sa clarté dominait presque celle du soleil; à 9 heures du matin, il y eut une explosion qui se fit entendre à une distance de près de deux milles, et d'autres détonations lui succédèrent; c'est alors qu'on s'aperçut qu'une crevasse s'était formée dans la montagne, entre le sud et l'ouest, et qu'il s'en échappait un torrent de feu qui cependant ne diminuait en rien l'activité de la gerbe enflammée qui sortait du cratère. Le courant de Lave se dirigeait vers Résina. Toute la montagne paraissait en feu, les détonations étaient incessantes; la Lave, s'avançant dans plusieurs directions, détruisait tout sur son passage; le décroissement de l'éruption ne fut sensible que le 24, et le désastre ne s'arrêta que le 29, du moins les ravages, car la chaleur, la fumée se prolongèrent jusque dans le mois de juin, et cette catastrophe eut une durée de 22 jours. Les éruptions du Vésuve ne furent pas toujours marquées par des déjections de Laves, et celle de 1036, la septième depuis l'origine du volcan, est la première où l'on ait constaté l'épanchement de matières fondues. De violentes pluies accompagnent communément les derniers moments des éruptions de ce volcan.

Depuis l'an 79, et en comprenant l'éruption de cette époque, jusqu'à celle de 1822, on en compte 41 comme suit : 79, 203, 472, 512, 685, 993, 1036, 1049, 1138, 1139, 1306, 1500, 1631, 1660, 1682, 1685, 1694, 1701, 1704, 1712, 1717, 1730, 1737, 1751, 1754, 1760, 1766, 1767, 1770, 1771, 1773, 1774, 1775, 1776, 1778, 1779, 1794, 1804, 1805, 1806, 1822.

La plus célèbre des éruptions de l'Etna est celle de 1669. Après deux jours de tremblements de terre et de secousses effroyables, qu'accompagnait une obscurité presque complète, il s'ouvrit, au village de Nicolosi, un gouffre d'où sortit un cône de 450 pieds de hauteur, qui porte aujourd'hui le nom de Monte-Rossi. Quelques jours plus tard, une large crevasse se forma à sa base, et il en sortit des torrents de Lave enflammée qui se dirigèrent vers Catane. Aussitôt les habitants de cette ville se rassemblèrent et élevèrent un rempart pour forcer la lave à prendre une autre direction; mais les gens de la campagne, effrayés à leur tour des conséquences que pouvait avoir pour eux la barrière qu'on opposait au terrible courant, prirent les armes et marchèrent pour détruire les travaux des Catanéens. Une lutte acharnée s'engagea; on se battit au bord même du fleuve de feu qui causait l'épouvante générale; et comme les Catanéens furent vaincus, la Lave arriva sur leurs murailles, après avoir enveloppé et détruit quatorze bourgs et villages. Elle s'accumula d'abord au pied de ces murs, élevés de 10 mètres, puis elle atteignit leur sommet, le déborda et retomba en nappes dans la ville, dont elle détruisit une grande portion. Le torrent, à partir du cône, avait au delà de deux myriamètres; sa largeur était de 560 mètres, et son épaisseur d'environ 13 à 14 mètres. Après avoir englouti toute la partie orientale de la ville et comblé son port, la Lave alla former un long cap dans la mer. La dernière éruption de ce volcan date du 10 mai 1830. Dans celle-ci, sept nouveaux cratères se formèrent à son sommet; la Lave atteignit une distance où elle n'était point encore arrivée, et détruisit huit villages, qui disparurent entièrement sous ses flots avec un grand nombre de leurs habitants.

Les éruptions volcaniques sont fréquemment accompagnées de quelques-unes des circonstances suivantes : les sources d'eau changent de position, les rivières se dessèchent ou leur cours s'obstrue, leurs eaux se troublent ou deviennent bouillantes, les eaux minérales s'altèrent, celles des puits changent de niveau ou disparaissent entièrement, et la mer, lorsqu'elle est voisine, est plus ou moins tourmentée. *Voy.* Soulèvements et Tremblement de terre.

VOLKAMANNIA. Genre de plantes fossiles dont le classement est incertain.

VOLZIA. Genre de plantes fossiles que l'on rencontre dans les formations liasiques.

VOMER. *Cuv.* Genre de poissons, de la famille des Scombéroïdes. Ses principaux caractères sont : Corps trapu, comprimé et recouvert de petites écailles; tête grosse et profil incliné; nageoires ventrales thoraciques, les dorsales séparées; rayons courts et grêles; apophyses vigoureuses; vertèbres abdominales recourbées en avant. Les espèces fossiles de ce genre se trouvent au Monte-Bolca, dans les schistes de Glaris et au Liban.

VORTEX. Espèce de tourbillon ou de gouffre au sein de la mer. Tel est le célèbre Mahlstrœm, situé dans l'Océan Atlantique boréal, entre les îles de Véroëe et de Moskenœsoé, sur les côtes de Norwége.

VULPINITE. *Voy.* Karsténite.

WACKE, WACHEN et WAKE. Les Allemands donnent ces noms à une roche de formation stratiforme, qui tient le milieu entre l'argile et le basalte.

WALCHIA. Genre de plantes fossiles, de la famille des Conifères, que l'on rencontre dans le terrain houiller.

WALKERDE. Nom allemand de l'argile smectique.

WATERSILL. Nom que les Anglais donnent, dans les mines, à un grès de la formation carbonifère.

WEAD-CLAY. Nom que les Anglais donnent à une sorte d'argile plastique, grise et schistoïde, qui renferme de la Lumachelle et compose l'un des groupes de l'étage inférieur du terrain crétacé.

WEALDEN-ROCK ou *Terrain wealdien*. Les Anglais appellent ainsi l'étage inférieur de la formation crétacée.

WEISSER-KREIDE. Nom allemand de la craie blanche.

WEISSLIEGENDE. Nom allemand du grès blanc.

WELLENKALK. Nom allemand du calcaire compacte.

WERKSTUCK. Nom allemand de la pierre de liais.

WESTEIN. *Voy.* Leptynite.

WHITESTONE. Nom que les Anglais donnent à la roche leptinite.

WIESENERZ. Nom allemand du fer limoneux.

WITHERITE. Nom que les Anglais ont donné à la roche composée de Baryte carbonatée, parce que le docteur Wilherny l'avait découverte en 1780, aux environs d'Anglesark, dans le comté de Lancastre. Les anciens minéralogistes l'appelaient *Spath pesant aéré*.

WULSTE. Nom que les Allemands donnent à un mélange confus dans les grès houillers.

WURFELDSPATH. *Voy.* Karsténite.

WURSTEIN. Nom allemand du Poudingue.

X

XERASITE. *Voy.* Spilite.

XIPHIOIDES. Famille de poissons, de l'ordre des Cycloïdes. Ses caractères principaux sont : Poissons allongés et à petites écailles; mâchoire supérieure en bec effilé; dents en brosse; nageoires ventrales thoraciques; squelette robuste; vertèbres surmontées d'apophyses épineuses formant de larges plaques verticales ; apophyses articulaires très-développées. Cette famille comprend les genres *tetrapterus* et *cœlorhyncus*.

XIPHODON ou XIPHODONTE. *Voy.* Anoplothérium.

XIPHOPTERUS. *Agass.* Genre de poissons fossiles, de la famille des Scombéroïdes, qui se rencontre au Monte-Bolca.

Z

ZAMIA. Genre de plantes fossiles, de la famille des Cycadées, que l'on rencontre dans le terrain crétacé.

ZANCLUS. *Cuv.* Genre de poissons, de la famille des Chétodontes. Il a pour caractères : Rayons épineux de la dorsale peu nombreux et accolés à la partie antérieure de la dorsale molle ; museau très-saillant. On trouve au Monte-Bolca le *Z. brevirostris*.

ZECHE. Mot allemand qui signifie mine.

ZECHSTEIN. Calcaire magnésien, compacte ou cellulaire, plus ou moins feuilleté, qui renferme quelquefois des nids d'Arragonite, de Fer hématite, de Baryte, etc., et dont les fossiles caractéristiques sont les Productus, les Gorgones, les Poissons, les Monitors, les Fucoïdes, etc. On rencontre le Zechstein en France, en Italie, en Angleterre et en Allemagne; et dans le département du Calvados il offre des bancs silicifiés ou une sorte de meulière calcédonieuse et à tubulures.

ZEICHENSCHIEFER. Nom allemand de l'ampélite.

ZELLKIES. Nom allemand du fer sulfuré lamelliforme.

ZEOLITHIQUE. Epithète employée par les géologues, pour désigner les roches qui contiennent de la Zéolithe.

ZERREIBLICH. Mot allemand qui signifie friable.

ZEUGOPHYLLITES. Genre de plantes fossiles, de la famille des Palmiers.

ZEUGLODON. *Owen.* *Voy.* BASILOSAURE.

ZEUS. *Lin.* Genre de poissons, de la famille des Scombéroïdes. Il est ainsi caractérisé : Corps trapu, tête grosse et museau protractile ; nageoire dorsale épineuse et à rayons longs ; deux anales, l'une molle et l'autre épineuse ; la dorsale et l'anale flanquées d'écussons osseux et épineux ; bord ventral à écussons ; vertèbres courtes et côtes grêles. Une espèce fossile de ce genre a reçu de M. Agassiz le nom de *Z. priscus*, mais on n'en connaît pas le gisement.

ZIEGELERZ. Nom allemand du cuivre pyriteux hépatique.

ZIEGELSCHICHT. Nom que donnent les Allemands à un lit de houille très-mélangé de terre.

ZIEGELTHON. Nom allemand de l'argile glaise.

ZINKKALK. Nom allemand de la calamine.

ZINKSPATH. Nom allemand du zinc carbonaté.

ZINN. Nom allemand de l'étain.

ZINNERZ. Mot qui signifie mine d'étain.

ZIPHIUS. Les débris fossiles de ce cétacé se trouvent avec ceux du Dauphin, dans les terrains tertiaires marins. On connaît les *Z. cavirostris*, *planirostris*, *longirostris* et *densirostris*. Cuvier avait placé ce genre à côté des Baleines, des Cachalots et des Hypérodons.

ZONES. La sphère terrestre est divisée en cinq Zones parallèles, par les Tropiques et les Cercles polaires. La première, ou *Zone Glaciale boréale*, est comprise entre le Pôle boréal et le Cercle polaire ; la seconde, appelée *Zone Tempérée boréale*, se trouve entre le Cercle polaire boréal et le Tropique du Cancer ; la troisième, placée entre les deux Tropiques, reçoit le nom de *Zone Torride ;* la quatrième est la *Zone Tempérée australe*, et s'étend entre le Tropique du Capricorne et le Cercle polaire austral ; et la cinquième, enfin, comprise entre le Cercle polaire austral et le Pôle, est la *Zone Glaciale australe*.

ZOOGLYPHITES. Nom que quelques naturalistes ont donné aux pierres qui portent des empreintes d'animaux.

ZOOLITHES. On a ainsi appelé des animaux pétrifiés dont les formes avaient été peu altérées, malgré leur transformation.

ZOOLOGIE. On donne ce nom à la science qui traite des animaux. Nous avons dit, dans notre introduction, que l'étude de la géologie rendait indispensable la connaissance de quelques-unes des branches du règne organique, mais que, d'une part, les limites imposées à ce Dictionnaire ne nous permettaient pas de nous écarter de notre cadre, et que, d'un autre côté, on était dans l'usage de diviser les sciences naturelles en un certain nombre de spécialités que rarement on présentait ensemble. Toutefois, et afin d'éviter, autant que possible, des recherches à ceux qui auront en main notre travail, nous donnons, dans le présent article, quelques notions générales sur les divisions de la zoologie qui se rattachent le plus intimement à l'étude des fossiles, telles que la malacologie, l'erpétologie, l'ichthyologie, l'ornithologie et la mammalogie, et ces notions, qui sont accompagnées de tableaux de classifications à l'aide desquels il sera facile de ranger méthodiquement une collection de corps fossiles, suffiront au géologue.

Tous les animaux connus se trouvent renfermés dans deux grandes divisions principales, celle des INVERTÉBRÉS et celle des VERTÉBRÉS. Dans les sous-divisions de ces deux premières séries, les êtres sont disposés d'après le perfectionnement de leur organisation, c'est-à-dire depuis la plus simple jusqu'à la plus composée.

Les INVERTÉBRÉS se distinguent en *Monadés*, en *Rayonnés*, en *Elminthés*, en *Articulés* et *Mollusques*.

Les *Monadés* se partagent en *Homogènes* ou *Simples* et en *Hétérogènes* ou *Composés*. Les premiers se présentent sous l'apparence d'une matière ponctiforme animée, qui n'offre aucune trace, ni d'organes locomoteurs, ni de fibres musculaires, ni de système nerveux ; les seconds sont pourvus d'un appareil de locomotion, de fibres musculaires, et paraissent jouir de la faculté du goût et du toucher, puisqu'ils ont une bouche, un organe viscéral, un anus et un système nerveux.

Les *Rayonnés* ont un squelette extérieur composé de parties analogues à des os ; des organes locomoteurs apparents, mus par des faisceaux musculaires ; un système viscéral assez complet ; et un appareil d'absorption gazeuse, souvent lié à celui d'absorption alimentaire. Les Astéries, les Méduses, les Oursins, etc., font partie de cette classe d'animaux.

Les *Elminthés* ou *Vers intestinaux* n'offrent point d'organes locomoteurs ; mais ils sont pourvus d'un système viscéral précédé d'une bouche distincte.

Les *Articulés* sont distribués dans quatre classes qui présentent de nombreuses différences d'organisation, ce sont les *Annélides*, les *Insectes*, les *Arachnides* et les *Crustacés*. Les Annélides ont le sang coloré en rouge, point d'organes locomoteurs quoique jouissant de la faculté de marcher et de nager, point de squelette non plus, mais les Dorsibranches ont le dos garni de lames membraneuses disposées à peu près comme les élytres des Insectes, et ils produisent une gaîne tubulaire dans laquelle ils habitent. Les Insectes sont pourvus d'un squelette, d'organes locomoteurs, d'un système nerveux assez développé et d'appareils d'alimentation et de respiration très-perfectionnés. Les Arachnides ont un système respiratoire et de circulation qui offre plus de perfectionnement que celui des Insectes, et la circulation s'opère chez ces animaux comme chez les Mollusques. Les Crustacés, inférieurs aux Insectes par leur système nerveux, leur sont supérieurs par leurs appareils d'alimentation, de respiration et de circulation.

Les *Mollusques* ne possèdent pas un système nerveux, des organes de locomotion et un instinct aussi perfectionnés que ceux des Insectes; mais ils ont en revanche leurs appareils d'absorption, d'alimentation, de circulation et de respiration plus compliqués, et on les considère alors comme en progrès pour se rapprocher des vertébrés.

Les VERTÉBRÉS comprennent les *Poissons*, les *Reptiles*, les *Oiseaux* et les *Mammifères*.

Les *Poissons* offrent un squelette tout d'une venue, c'est-à-dire que la tête n'est pas séparée du tronc par un rétrécissement qui porte le nom de cou chez les autres animaux, et que la queue ne se distingue guère non plus du reste du corps; ils ont des appendices particuliers, appelés nageoires, qui leur servent d'organes locomoteurs; et leur système nerveux est peu développé.

Les *Reptiles* ont le sang froid; ils rampent généralement, et leurs mouvements sont peu soutenus; leur respiration est aérienne et simple; leur circulation incomplète; leur système nerveux analogue à celui des poissons; et ils présentent, pour la première fois, une oreille externe, mais sans conque auditive.

Les *Oiseaux*, essentiellement organisés pour le vol, possèdent un appareil de circulation complet; une respiration aérienne double qui, au lieu de s'effectuer dans les poumons seulement, s'opère simultanément dans ces organes et dans toute la profondeur des parties du corps; et leur cerveau surpasse en volume la moëlle épinière.

Les *Mammifères*, animaux les plus perfectionnés de l'échelle zoologique, sont caractérisés principalement par des mamelles; ils ont une respiration simple, une circulation complète et le sang chaud.

MOLLUSQUES ou MALACOLOGIE.

CLASSIFICATION DE CUVIER.

—

Ire CLASSE. — CÉPHALOPODES.

Genres : Seiche, Nautile, Ammonite, Bélemnite.

IIe CLASSE. — PTÉROPODES.

Genres : Clio, Cymbulie, Pneumoderne, Limacine, Hyale, Cléodore, Pyrgo.

IIIe CLASSE. — GASTÉROPODES.

1er *ordre. — Pulmonés.*

Genres : Onchidie, Planorbe, Lymnée, Physe, Scarabe, Auricule, Mélampe.

2e *ordre. — Nudibranches.*

Genres : Doris, Tritonie, Eolide, Scyllée, Thétys, etc.

3e *ordre. — Inférobranches.*

Genres : Phyllidie et Diphyllidie.

4e *ordre. — Tectibranches.*

Genres : Pleurobranchus, Pleurobranchæa, Aplysie, Dolabelle, Notarche, Bursatelle, Acère, Gastéroptère et Ombrelle.

5e *ordre. — Hétéropodes.*

Familles : Phylléroés et Ptérotrachés.

6e *ordre. — Pectinibranches.*

Familles : Trochoïdes, Capuloïdes et Buccinoïdes.

7e *ordre. — Tubulibranches.*

Genres : Vermet, Magile, Siliquaire.

8e *ordre. — Scutibranches.*

Genres : Haliotis, Fissurelle, Emarginule et Pavois.

9e *ordre. — Cyclobranches.*

Genres : Patelle, Oscabrion.

IVe CLASSE. — ACÉPHALES.

1er *ordre. — Acéphales testacés.*

Familles : Ostracés, Mytilacés, Camacés, Cardiacés, Enfermés.

2e *ordre. — Acéphales sans coquilles.*

Familles : Les *Agrégés*, qui comprennent les Botryles, les Pyrosomes et les Polyclinum; et les *Simples*, représentés par les Biphores et les Ascidies.

Ve CLASSE. — BRACHIOPODES.

Genres : Lingule, Térébratule, Orbicule, Cranie.

VIe CLASSE. — CIRRHOPODES.

Elle ne renferme que des animaux articulés et doit être rapportée à cette série.

REPTILES ou ERPETOLOGIE.

—

Deux méthodes de classification des Reptiles se présentent en première ligne, ce sont celle M. Al. Brongniart et celle de M. de Blainville. Nous les ferons connaître l'une et l'autre.

CLASSIFICATION DE M. BRONGNIART.

Ier ORDRE. — CHÉLONIENS.

Cet ordre ne renferme que le genre Tortue.

IIe ORDRE. — SAURIENS.

1re *famille. — Crocodiliens.*

Le genre Crocodile.

2e *famille. — Lacertiens.*

Les genres Monitor et Lézard.

3e *famille. — Iguaniens.*

Genres : Stellion, Agame, Istiure, Dragon, Ptérodactyle, Iguane, Ophryesse, Basilic Marbré, Ecphémote, Quetzpaleo, Anolis.

4e famille. — Geckotiens.

Le genre Gecko.

5e famille.— Caméléoniens.

Le genre Caméléon.

6e famille. — Scincoïdiens.

Genres : Scinque, Seps, Bipèdes, Chalcide, Chirotes.

IIIe ORDRE.— OPHIDIENS.

1re famille. — Anguis.

Le genre Orvet.

2e famille. — Serpents.

1re *Tribu*, ou Double-Marcheurs : les genres Amphisbène et Typhlops ; 2e *Tribu*, ou Serpents proprement dits : les genres Rouleau, Boa, Couleuvre, Acrochorde, Crotale et Vipère ; 3e *Tribu :* les genres Bougare et Hydre ; 4e *Tribu*, ou Serpents nus : le genre Cécilie.

IVe ORDRE. — BATRACIENS.

Genres : Grenouille, Rainette, Crapaud, Salamandre, Menopoma, Axolotte, Menobranchus, Protée, Syrène.

CLASSIFICATION DE M. DE BLAINVILLE.

PTÉRODACTYLIENS.

Le genre fossile Ptérodactyle.

ORNITHOÏDES.

1er *ordre. — Chéloniens.*

Familles : Tortues de mer, Tortues de terre, Tortues d'eau douce, Tortues molles.

2e *ordre. — Plésiosauriens.*

Le genre fossile Plésiosaure.

3e *ordre. — Emydosauriens.*

Genres : Crocodile, Alligator, Caïman, Gavial, etc.

4e *ordre. — Saurophidiens.*

1er sous-ordre. — *Sauriens.*

Familles : Geckos, Caméléons, Agames, Dragons, Iguanes, Sauve-Gardes, Lacertiens.

2e sous-ordre. — *Ophidiens.*

1re *Tribu :* Bimanes ou Dipodes : genre Chirotes ; 2e *Tribu*, ou Serpents : Familles des Amphisbènes, des Rouleaux, des Boas, des Couleuvres, des Serpents aquatiques et des Vipères.

ICHTHYOSAURIENS.

Le genre fossile Ichthyosaure.

AMPHIBIENS.

1er *ordre. — Batraciens.*

Familles : les Dorsipares, genre Pipa ; les *Aquipares*, genres Crapaud, Rainette et Grenouille.

2e *ordre. — Pseudo-Sauriens.*

Familles : Salamandres, Protées et Syrènes.

3e *ordre. — Pseurophidiens.*

Genres : Cécilie, Siphonops.

POISSONS OU ICHTHYOLOGIE.

CLASSIFICATION DE CUVIER ET DE M. VALENCIENNES.

1re SÉRIE. — POISSONS ORDINAIRES.

1er *ordre. — Acanthoptérigiens.*

1re Famille : les PERCOÏDES, ayant pour type le genre Perche.

2e Famille : les JOUES CUIRASSÉES, ayant pour type le genre Trigle.

3e Famille : les SCIÉNOÏDES, ayant pour type le genre Sciène.

4e Famille : les SPAROÏDES, ayant pour type le genre Spare.

5e Famille : les MÉNIDES, ayant pour type le genre Mendole.

6e Famille : les SQUAMMIPENNES, ayant pour type le genre Chétodon.

7e Famille : les SCOMBÉROÏDES, ayant pour type le genre Scombre.

8e Famille : les TÆNIOÏDES, ayant pour type le genre Gymnètre.

9e Famille : les THEUTIES, ayant pour type le genre Sidjan.

10e Famille : les PHARYNGIENS LABYRINTHIFORMES, ayant pour type le genre Anabas.

11e Famille : les MUGILOÏDES, ayant pour type le genre Muge.

12e Famille : les GOBIOÏDES, ayant pour type le genre Gobie.

13e Famille : les PECTORALES pédiculées, ayant pour type le genre Baudroie.

14e Famille : les LABROÏDES, ayant pour type le genre Labre.

15e Famille : les BOUCHE-EN-FLUTE, ayant pour type le genre Fistulaire.

2e *ordre. — Mélacoptérygiens abdominaux.*

1re Famille : les CYPRINOÏDES, ayant pour type le genre Cyprin.

2e Famille : les ESOCES, ayant pour type le genre Brochet.

3e Famille : les SILUROÏDES, ayant pour type le genre Silure.

4e Famille : les SALMONES, ayant pour type le genre Saumon.

5e Famille : les CLUPES, ayant pour type le genre Hareng.

3e *ordre. — Malacoptérygiens subrachiens.*

1re Famille : les GADOÏDES, ayant pour type le genre Gade.

2e Famille : les POISSONS PLATS, ayant pour type le genre Pleuronecte.

3e Famille : les DISCOBOLES, ayant pour type le genre Porte-Ecuelle.

4e *ordre. — Malacoptérygiens apodes.*

Les ANGUILLIFORMES, ayant pour type le genre Anguille.

5e *ordre. — Lophobranches.*

Les genres Singnathe et Pégase.

6e *ordre. — Plectognathes.*

1re Famille : les GYMNODONTES, ayant pour type le genre Diodon.

2e Famille : les SCLÉRODERMES, ayant pour type le genre Baliste.

IIe SÉRIE. — POISSONS CHONDROPTÉRYGIENS OU CARTILAGINEUX.

1er *ordre. — Chondroptérygiens à branchies libres.*

Les STURIONIENS, ayant pour type l'Esturgeon.

2e *ordre. — Chondroptérygiens à branchies fixes.*

1re Famille : les SÉLACIENS, ayant pour type le genre Squale.

2e Famille : les SUCEURS OU CYCLOSTOMES, ayant pour type le genre Lamproie.

OISEAUX OU ORNITHOLOGIE.

—

CLASSIFICATION DE CUVIER.

Ier ORDRE. — OISEAUX DE PROIE.

1re *famille. — Diurnes.*

Yeux dirigés sur les côtés.

Les Vautours, les Faucons, les Aigles.

2e *famille. — Nocturnes.*

Yeux dirigés en avant et entourés d'un cercle de plumes effilées.

Les Chouettes, les Hiboux, les Effraies, les Chats-Huants, les Ducs, les Chevêches et les Scops.

IIe ORDRE. — PASSEREAUX.

Doigt externe réuni à l'interne par une ou deux phalanges.

1re *famille. — Dentirostres.*

Bec échancré au côté de la pointe.

Les Pies-Grièches, les Gobe-mouches, les Cotingas, les Drongos, les Taugaras, les Merles, les Fourmilliers, les Cincles, les Philédons, les Choquards, les Loriots, les Goulins, les Lyres, les Becs-fins, les Manakins et les Eurylaimes.

2e *famille. — Fissirostres.*

Bec court, large, aplati horizontalement et profondément fendu.

Division des Diurnes : les Hirondelles, les Martinets.

Division des Nocturnes ; Les Engoulevents, les Podarges.

3e *famille. — Conirostres.*

Bec fort, plus ou moins conique, et sans échancrures.

Les Alouettes, les Mésanges, les Bruants, les Moineaux, les Becs-croisés, les Colious, les Durbecs, les Pique-Bœufs, les Cassiques, les Etourneaux, les Corbeaux, les Rolliers et les Oiseaux de Paradis.

4e *famille. — Ténuirostres.*

Bec grêle, allongé, droit ou plus ou moins arqué et sans échancrure.

Les Sitelles, les Grimpereaux, les Colibris, les Huppes et les Symdactyles.

IIIe ORDRE. — GRIMPEURS.

Les Jacamars, les Pics, les Torcols, les Coucous, les Malcohas, les Scythrops, les Barbus, les Couroucous, les Anis, les Toucans, les Perroquets, les Touracos, les Musophages.

IVe ORDRE. — GALLINACÉS.

1re *Division.*

Doigts antérieurs réunis à leur base par une courte membrane, et dentelés le long de leurs bords.

Les Alectors, les Paons, les Dindons, les Pintades, les Faisans, les Tétras, les Tridactyles et les Tinamous.

2e *Division.*

Doigts dépourvus de membranes interdigitales.

Les Pigeons, les Colombes et les Colombards.

Ve ORDRE. — ECHASSIERS.

1re *famille. — Brévipennes.*

Ailes tout à fait impropres au vol.

Les Autruches, les Casoars.

2e *famille.—Pressirostres.*

Bec médiocre et fort, pouce nul ou trop court pour porter à terre.

Les Outardes, les Pluviers, les Vanneaux, les Huîtriers, les Court-vite et les Cariamas.

3e *famille. — Cultrirostres.*

Bec gros, long, fort, et le plus souvent tranchant et pointu.

1re *Tribu :* les Grues.

2e *Tribu :* les Savacous, les Hérons.

3e *Tribu :* les Cigognes, les Jabirus, les Ombrettes, les Becs-ouverts, les Tantales et les Spatules.

4e *famille.—Longirostres.*

Bec grêle, long et faible.

Les Bécasses et les Avocettes.

5e *famille.—Macrodactyles.*

Bec plus ou moins comprimé; doigts longs, propres à marcher et à nager; le pouce et l'ongle très-longs.

1re *Tribu. Ailes armées :* Les Jacanas, les Kamichis.

2e *Tribu. Ailes dépourvues d'armes :* Les Rales, les Foulques.

Genres isolés.

Les Vaginales, les Glaréoles ou Perdrix de mer et les Flamants.

VIe ORDRE.—PALMIPÈDES.

1re *famille.—Plongeurs ou Brachyptères.*

Jambes implantées très en arrière, ailes presque toujours impropres au vol et plumage serré.

Les Plongeons, les Pingouins et les Manchots.

2e *famille.—Longipennes ou grands voiliers.*

Bec sans dentelures; ailes très-longues et pouce libre ou nul.

Les Pétrels; les Albatros, les Goelands, les Hirondelles de mer ou Sternes et les Becs en ciseaux

3e *famille.—Totipalmes.*

Pouce réuni avec les autres doigts dans une seule membrane.

Les Pélicans, les Anhingas, les Paille-en-queue.

4e famille.—Lamellirostres.

Bec revêtu d'une peau molle et les bords garnis de lames ou de petites dents.

Les Canards et les Harles.

MAMMIFÈRES ou MAMMALOGIE.

—

CLASSIFICATION DE M. ISIDORE GEOFFROY SAINT-HILAIRE.

QUADRUPÈDES SANS OS MARSUPIAUX.

Bassin bien développé.

Ier ORDRE.—PRIMATES.

Dents dissimilaires; membres antérieurs terminés par des bras; extrémités formées par des mains.

1re famille.—Singes.

Dents de trois sortes; 4 incisives contiguës et opposées entre 2 canines verticales; ongles similaires, le pouce excepté.

1re *Tribu*. PITHÉCIENS. Semi-bipèdes; 5 molaires de chaque côté à l'une et l'autre mâchoire.
Genres : Troglodyte, Orang, Gibbon.

2e *Tribu*. CYNOPITHÉCIENS. Quadrupèdes; 5 molaires; ongles courts. *Genres :* Nasique, Semnopithèque, Colobe, Miopithèque, Cercopithèque, Macaque, Magot, Cynopithèque, Théropithèque, Cynocéphale.

3e *Tribu*. CÉBIENS. Quadrupèdes; 6 molaires; ongles courts. *Genres :* Saïmiri, Callitriche, Nyctipithèque, Sajou, Lagotriche, Eriode, Atèle, Hurleur, Saki, Brachyure.

4e *Tribu*. HAPALIENS. Quadrupèdes; 5 molaires; ongles en griffes. *Genre* Onistiti.

2e famille.—Lémuridés.

Dents de trois sortes; 2 et 4 incisives supérieures par paires; 4 incisives et canines inférieures proclives; deuxième doigt postérieur à ongle subulé.

1re *Tribu*. INDRISIENS. 2 incisives inférieures. *Genres :* Avahi, Propithèque, Indri.

2e *Tribu*. LÉMURIENS. 4 incisives inférieures; tarses ordinaires. *Genres* : Nycticèbe, Loris, Pérodictique, Cheirogale, Maki.

3e *Tribu*. GALACIENS. 4 incisives inférieures; tarses allongés. *Genres :* Microcèbe, Galago.

3e famille.—Tarsidés.

Dents de trois sortes; les antérieures contiguës et verticales; la première paire supérieure très-grande; deuxième et troisième doigts postérieurs à ongle subulé.

Le *genre* Tarsier.

4e famille. — Cheiromydés.

Dents de deux sortes et une barre.

Le *genre* Cheiromys.

IIe ORDRE.—TARDIGRADES.

Dents dissimilaires; membres antérieurs terminés par des bras; extrémités formées par des crochets.

Famille des Bradypodés.

***Genres* : Bradype, Cholèpe.**

IIIe ORDRE.—CHEIROPTÈRES.

Dents dissimilaires; membres antérieurs terminés par des ailes.

1re famille.—Galéopthécidés.

Expansions membraneuses latérales, constituant de simples parachutes.

Le *genre* Galéopithèque.

2e famille.—Ptéropodés.

Expansions membraneuses latérales, constituant de véritables ailes; phalange onguéale existant au doigt indicateur de l'aile.

1re *Tribu*. PTÉROPODIENS. Ailes insérées sur les côtés du dos. *Genres :* Roussette, Pachysome, Macroglosse, Céphalote.

2e *Tribu*. HYPODERMIENS. Ailes insérées sur la ligne médiane du dos. Le *genre* Hypoderme.

3e famille.—Vespertilionidés.

Expansions membraneuses latérales, constituant de véritables ailes; phalange onguéale manquant à tous les doigts de l'aile; lèvres offrant la disposition ordinaire.

1re *Tribu*. TAPHOZOIENS. Nez simple; membrane interfémorale peu développée; queue courte. *Genres :* Taphien, Emballonure.

2e *Tribu*. MOLOSSIENS. Nez simple; membrane interfémorale peu développée; queue longue et à demi enveloppée. *Genres :* Cheiromèle, Myoptère, Molosse, Nyctinome, Dinope.

3e *Tribu*. VESPERTILIENS. Nez simple; membrane interfémorale peu développée; queue très-développée. *Genres :* Vespertilion, Nycticée, Lasiure, Oreillard.

4e *Tribu*. NYCTÉRIENS. Nez creusé. Le *genre* Nyctère.

5e *Tribu*. RHINOLOPHIENS. Nez surmonté d'une feuille. *Genres :* Rhinopome, Rhinolophe, Mégaderme.

4e famille.—Noctilionidés.

Expansions membraneuses latérales, constituant de véritables ailes; pas de phalanges onguéales; une double fissure labiale.

Le *genre* Noctilion.

5e famille.—Vampiridés.

Expansions membraneuses latérales, constituant de véritables ailes; phalange onguéale au doigt médius de l'aile; dents offrant la disposition ordinaire.

1re *Tribu*. STÉNODERMIENS. Nez simple. Le *genre* Sténoderme.

2e *Tribu*. PHYLLOSTOMIENS. Nez surmonté d'une feuille. *Genres :* Glossophage, Vampire, Phyllostome.

6e famille.—Desmodidés.

Expansions membraneuses latérales, constituant de véritables ailes; phalange onguéale au doigt médius de l'aile; dents de la mâchoire supérieure grandes et fortement comprimées.

Le *genre* Desmode.

IVe ORDRE.—CARNASSIERS.

Dents dissimilaires et plus ou moins en série continue; membres antérieurs terminés par des pattes.

1re Section. — CARNIVORES.

Non empêtrés; dents molaires alternes et à couron

nes tranchantes ou au moins en partie ; circonvolutions cérébrales plus ou moins développées.

1re *famille.* — *Potidés.*

Doigts profondément divisés.

Le *genre* Kinkajou.

2e *famille.* — *Viverridés.*

Doigts peu profondément divisés.

1re *Tribu.* Ursiens. Plantigrades ; membres courts ; mâchelières toutes tuberculeuses. *Genres :* Ours, Mélours, Raton, Coati.

2e *Tribu.* Mustéliens. Plantigrades ou semi-digitigrades ; membres courts ; corps allongé ; une tuberculeuse supérieure. *Genres :* Blaireau, Taxidée, Mydas, Thiosme, Ratel, Glouton, Huron, Mélogole, Moufette, Zorille, Martre, Putois, Aonyx, Loutre, Luride, Enhydre.

3e *Tribu.* Viverriens. Plantigrades ou semi-digitigrades ; membres courts ou moyens ; deux tuberculeuses en haut et une en bas. *Genres :* Ictide, Paradoxure, Hémigale, Cynogale, Mangouste, Crossarque, Galidée, Galidictis, Suricate, Ailure, Civette, Genette, Bassaride, Ichneumie, Cynictis.

4e *Tribu.* Caniens. Digitigrades ; membres plus ou moins allongés ; deux tuberculeuses au moins en haut et en bas. *Genres :* Otocyon, Fennec, Renard, Chien, Hyénopode, Cyon.

5e *Tribu.* Hyéniens. Digitigrades ; membres plus ou moins allongés ; corps surbaissé en arrière ; tuberculeuses nulles ou rudimentaires. *Genres :* Hyène, Protèle.

6e *Tribu.* Féliens. Digitigrades ; membres plus ou moins allongés, et les postérieurs plus développés que les antérieurs ; tuberculeuses nulles ou rudimentaires. *Genres :* Guépard, Chat, Tigre, Lynx.

2e Section. — Amphibies.

Empêtrés ; circonvolutions cérébrales plus ou moins développées.

3e *famille.* — *Phocidés.*

Mâchelières comprimées ; point de défenses.

Genres : Phoque, Pélage, Stemmalope, Sténorhynque, Otarie.

4e *famille.* — *Trichéchidés.*

Molaires cylindriques ; deux défenses à la mâchoire supérieure.

Le *genre* Morse.

3e Section. — Insectivores.

Non empêtrés ; molaires opposées et à couronnes hérissées en partie de pointes ; lobes cérébraux lisses.

5e *famille.* — *Eupléridés.*

Plantes velues.

Le *genre* Euplère.

6e *famille.* — *Tupaidés.*

Plantes nues ; corps couvert de poils ; yeux bien développés ainsi que les membres postérieurs ; queue touffue.

Le *genre* Tupaïa.

7e *famille.* — *Gymnuridés.*

Plantes nues ; corps couvert de poils ; yeux bien développés ainsi que les membres postérieurs ; queue écailleuse.

Le *genre* Gymnure.

8e *famille.* — *Macroscélidés.*

Plantes nues ; corps couvert de poils ; yeux développés ; membres postérieurs très-allongés.

Le *genre* Macroscélide.

9e *famille.* — *Soricidés.*

Plantes nues ; corps couvert de poils ; yeux très-petits ; pattes antérieures établies sur le même type que les postérieures.

Genres : Musaraigne, Urotrique, Mygaline, Desman.

10e *famille.* — *Talpidés.*

Plantes nues ; corps couvert de poils ; yeux très-petits et pattes antérieures converties en pelles ou en pioches.

1re *Tribu.* Talpiens. Membres antérieurs pentactyles en forme de pelle. *Genre :* Taupe, Scalope, Condylure.

2e *Tribu.* Chrysochloriens. Membres antérieurs tridactyles en forme de pioche. Le *genre* Chrysochlore.

11e *famille.* — *Erinacéidés.*

Corps couvert de piquants.

Genres : Taurec, Ericule, Hérisson.

ve ordre. — Rongeurs.

Dents dissimilaires et en série interrompue par une large barre ; membres antérieurs terminés par des pattes.

1re *famille.* — *Sciuridés.*

5 molaires à la mâchoire supérieure ; fortes clavicules.

1re *Tribu.* Sciuriens. Membres postérieurs beaucoup plus longs que les antérieurs. *Genres :* Ptéromys, Polatouche, Ecureuil, Tamie.

2e *Tribu.* Arctomyens. Membres postérieurs presque égaux aux antérieurs. *Genres :* Spermophile, Marmotte.

2e *famille.* — *Muridés.*

4 molaires au plus ; clavicules fortes ; yeux de grandeur ordinaire ; point d'abajoues extérieures.

1re *Tribu.* Castoriens. 4 molaires ; membres postérieurs un peu plus longs que les antérieurs ; pattes postérieures palmées ; queue plate. Le *genre* Castor.

2e *Tribu.* Muriens. 2, 3 ou 4 molaires ; membres postérieurs un peu plus longs que les antérieurs ; pattes postérieures non palmées ou seulement en partie ; queue arrondie ou comprimée. *Genres :* Myopotame, Hydromys, Ondatra, Campagnol, Lemming, Otamys, Rat, Acomys, Hamster, Ctéromys, Péphagomys, Capromys, Dactylomys, Nélomys, Echimys.

3e *Tribu.* Gliriens. Membres postérieurs beaucoup plus longs que les antérieurs ; ongles très-courts, recourbés et acérés. Le *genre* Loir.

4e *Tribu.* Dipodiens : Membres postérieurs beaucoup plus longs que les antérieurs ; ongles allongés et peu recourbés ; pouce antérieur rudimentaire. *Genres :* Gerbille, Mérione, Gerboise, Gerbo.

5e *Tribu.* Hélamyens. Membres postérieurs beaucoup plus longs que les antérieurs; ongles allongés et peu recourbés, pouce antérieur bien développé. Le *genre* Hélamys.

3e *famille. — Pseudostomidés.*

4 molaires au plus; fortes clavicules; yeux de grandeur ordinaire; abajoues extérieures.

Genres : Pseudostome, Diplostome.

4e *famille. — Spalacidés.*

4 molaires au plus; fortes clavicules; yeux excessivement petits.

Genres : Bathyergue, Géoryque, Nyctoclepte, Spalax.

5e *famille. — Hystricidés.*

Imparfaitement claviculés; corps recouvert de piquants.

Genres : Porc-Epic, Eréthizon, Athérure, Coendon.

6e *famille. — Léporidés.*

Dents antérieures au nombre de 4 à la mâchoire supérieure; imparfaitement claviculés; corps couvert de poils.

Genres : Lièvre, Lagomys.

7e *famille. — Cavidés.*

Dents antérieures au nombre de 2 en haut comme en bas; imparfaitement claviculés.

1re *Tribu.* Viscariens. Queue longue. *Genres :* Hapalotis, Chinchilla, Lagotis, Viscache.

2e *Tribu.* Caviens. Queue courte ou nulle. *Genres :* Dolichotis, Agouti, Kérodon, Cabiai, Paca.

VIe ordre. — Pachydermes.

Dents dissimilaires; membres antérieurs terminés par des colonnes; estomac simple ou divisé en poches placées bout à bout et dont la première seulement communique avec l'œsophage.

1re *famille. — Hyracidés.*

Ongles dissimilaires.

Le *genre* Daman.

2e *famille. — Eléphantidés.*

Le *genre* Eléphant.

3e *famille. — Tapiridés.*

4e *famille. — Rhinocéridés.*

5e *famille. — Hippopotamidés*

Ces trois familles ont les mêmes caractères : Ongles similaires; trompe rudimentaire et plusieurs sabots symétriques.

Genres Types : Tapir, Rhinocéros, Hippopotame.

6e *famille. — Suidés.*

Ongles similaires; trompe nulle; deux sabots principaux aplatis en dedans.

Genres : Facochère, Sanglier, Babiroussa, Pécari.

7e *famille. — Equidés.*

Ongles similaires, trompe nulle et un seul sabot.

Le *genre* Cheval.

VIIe ordre. — Ruminants.

Dents dissimilaires; membres antérieurs terminés par des colonnes; estomac très-compliqué; œsophage communiquant à la fois avec trois poches stomacales.

1re *famille. — Camélidés.*

6 incisives inférieures et 2 supérieures; semelles calleuses; sabots moyens et de forme symétrique.

Genres : Chameau, Lama.

2e *famille. — Antilopidés.*

8 incisives en bas et aucune en haut; point de semelles calleuses; sabots très-grands, convexes en dehors et aplatis en dedans.

1re *Tribu.* Moschiens. Prolongements frontaux nuls. *Genres :* Musc, Chevrotain.

2e *Tribu.* Camélopardaliens. Prolongements frontaux consistant, chez le mâle, en des bois permanents non ramifiés. Le *genre* Girafe.

3e *Tribu.* Cerviens. Prolongements frontaux consistant, chez le mâle, en des bois caducs et communément ramifiés. *Genres :* Renne, Elan, Cerf, Cervule.

4e *Tribu.* Antilopiens. Prolongements frontaux consistant, chez le mâle, en des cornes à noyau osseux. *Genres :* Antilope, Gazelle, Alcélaphe, Chamois, Bosélaphe, Bouquetin, Mouflon, Ovibos, Bœuf.

VIIIe ordre. — Édentés.

Dents similaires ou nulles.

1re *famille. — Dasypodés.*

Corps couvert de plaques cornées, disposées par bandes transversales.

Genres : Apar, Cachicame, Tatou, Talusie, Priodonte, Chlamyphore.

2e *famille. — Myrmécophagidés.*

Corps couvert de poils.

Genres : Oryctérope, Myrmécophage, Tamandua, Dyonix.

3e *famille. — Manidés.*

Corps couvert d'écailles imbriquées.

Le *genre* Pangolin.

QUADRUPÈDES AVEC OS MARSUPIAUX.

Bassin très-développé.

Ier ordre. — Marsupiaux carnassiers.

Parallèles aux carnassiers des mammifères sans os marsupiaux.

Première section.

1re *famille. — Dasyuridés.*

De grandes canines entre lesquelles sont 8 incisives supérieures et 6 inférieures; pouces postérieurs médiocres ou rudimentaires.

Genres : Thylacine, Sarcophile, Dasyure, Phascogale.

2e *famille. — Didelphidés.*

De grandes canines entre lesquelles sont 10 incisives supérieures et 8 inférieures; pouces postérieurs très-développés et bien opposables.

Genres : Didelphe, Micouré, Hémiure, Chironecte.

3e *famille.*—Péramélidés.

De grandes canines entre lesquelles sont 10 incisives supérieures et 6 inférieures; membres postérieurs très-développés et à pouces courts.

Le *genre* Péramèle.

Deuxième section.

4e famille. — Myrmécobidés.

Dents nombreuses, mais point de grandes canines de forme ordinaire; pieds postérieurs tétradactyles.

Le *genre* Myrmécobe.

5e famille. — Tarsipédidés.

Dents en petit nombre et point de grandes canines de forme ordinaire; pieds postérieurs pentadactyles et à pouces opposables.

Le *genre* Tarsipède.

IIe ORDRE. — MARSUPIAUX FRUGIVORES.

Parallèles aux rongeurs des mammifères sans os marsupiaux.

Première section. — SEMI-RONGEURS.

1re famille. — Phalangidés.

6 incisives à la mâchoire supérieure; pouces postérieurs bien développés et opposables; queue longue.

Genres : Couscous, Phalanger, Acrobate, Acropète, Pétauriste.

2e famille. — Phascolarctidés.

6 incisives à la mâchoire supérieure; pouces postérieurs bien développés et opposables; point de queue.

Le *genre* Phascolarcte.

3e famille. — Macropodés.

6 incisives à la mâchoire supérieure; pouces postérieurs non existants; membres postérieurs très-développés.

Genres : Dendrolague, Potoroo, Hétérope, Kanguroo.

Deuxième section. — RONGEURS.

4e famille. — Phascolomidés.

" grandes dents antérieures à chaque mâchoire et suivies d'une barre.

Le *genre* Phascolome.

IIIe ORDRE. — MONOTRÈMES.

Parallèles aux édentés des mammifères sans os marsupiaux.

1re famille. — Ornithorhynchidés.

Peu de dents; bec corné, élargi et aplati.

Le *genre* Ornithorhynque.

2e famille. — Echidnidés.

Points de dents; bec corné et allongé.

Le *genre* Echidné.

MAMMIFÈRES BIPÈDES.

Bassin rudimentaire nul.

Ier ORDRE. — SYRÉNIDÉS.

Parallèles aux Pachydermes des quadrupèdes sans os marsupiaux.

1re famille. — Manatidés.

Queue large et arrondie.

Le *genre* Lamantin.

2e famille. — Halicoridés.

Des défenses à la mâchoire supérieure; queue terminée par une nageoire triangulaire.

Le *genre* Dugong.

3e famille. — Rytinidés.

Point de défenses; queue terminée par une nageoire triangulaire.

Le *genre* Rytine.

IIe ORDRE. — CÉTACÉS.

Parallèles aux ruminants et aux édentés des quadrupèdes sans os marsupiaux; et les deux dernières familles parallèles aussi aux monotrèmes des marsupiaux.

1re famille. — Delphinidés.

Tête moyenne; dents coniques ou bien une ou deux défenses.

Genres : Marsouin, Delphinaptère, Dauphin, Inie, Plataniste, Delphinorhynque, Hétérodon, Narval.

2e famille. — Physétéridés.

Tête très-grande; mâchoire inférieure garnie de dents et la supérieure dépourvue de fanons.

Genres : Physétère, Cachalot.

3e famille. — Balénidés.

Tête extrêmement grande; mâchoire inférieure dépourvue de dents et la supérieure garnie de fanons.

Genres : Balénoptère, Baleine.

ZOOMORPHITES. Nom que quelques naturalistes ont donné aux pierres dont la forme a quelque rapport avec un animal.

ZOOPHYTES ou ACTINOZOAIRES. On comprend particulièrement sous cette dénomination les animaux Rayonnés ou Radiaires; mais on a aussi confondu parmi eux plusieurs genres qui ne leur appartiennent pas, tels que les Eponges, les Acalèphes, les Beroës, les Diphyes et les Stéphanomies; et il en est de même des Bryozoaires. Les véritables Rayonnés sont les Actinies, les Alcyons, les Coraux, les Encrines, les Etoiles de mer, les Hydres, les Méduses, les Madrépores, les Millépores, les Oursins, les Pennatules, les Sertulaires, les Tubipores, etc. Nous avons déjà fait connaître que ces animaux sont placés aux derniers degrés de l'échelle zoologique; et nous avons dit aussi, à l'article POLYPIERS, quelle est l'activité de quelques-uns d'entre eux pour construire les masses calcaires qui leur servent d'habitation.

Nous allons reproduire ici, maintenant, deux méthodes de classement des zoophytes, l'une de Cuvier, l'autre de M. de Blainville.

CLASSIFICATION DE CUVIER.

Ire CLASSE. — ECHINODERMES.

1er ordre. — Pédicellés.

Genres : Astérie, Encrine, Oursin, Holothurie.

2e ordre. — Sans pieds.

Genres : Molpadie, Miniade, Priapule, Lithoderme, Siponcle, Bossellie, Thalassème.

IIe CLASSE. — INTESTINAUX.

1er ordre. — Cavitaires.

Genres : Filaire, Trichocéphale, Lernée, Némerte, etc.

2ᵉ *ordre.—Parenchymateux.*

Genres : Echinorhynque, Douve, Holostome, Cyclocotyle, Hectocotyle, Aspidogastre, Planaire, Prostome, Dérostome, Tænia, etc.

IIIᵉ CLASSE.—ACALÈPHES.

1ᵉʳ *ordre.—Simples.*

Genres : Méduse, Beroë, Porpite, Velelle.

2ᵉ *ordre. — Hydrostatiques.*

Genres : Physalie, Physsophore, Diphye.

IVᵉ CLASSE. — POLYPES.

1ᵉʳ *ordre.— Charnus.*

Genres : Actinie, Lucernaire.

2ᵉ *ordre.—Gélatineux.*

Genres : Hydre, Corine, Cristatelle, Vorticelle, Pénicellaire.

3ᵉ *ordre. — Polypiers.*

Genres : Tubifore, Tubulaire, Sertulaire, Cellulaire, Flustre, Tubulipore, Coralline, Acétabule, Antipathe, Gorgone, Isis, Madrépore, Pennatule, Virgulaire, Alcyon, Eponge.

Vᵉ CLASSE. — INFUSOIRES.

1ᵉʳ *ordre. — Rotifères.*

Genres : Furculaire, Tubiculaire, Brachion.

2ᵉ *ordre. — Homogènes.*

Genres : Cercaire, Vibrion, Enchélide, Protée, Monade, Volvox.

CLASSIFICATION DE M. DE BLAINVILLE.

Iʳᵉ CLASSE. — CIRRHODERMAIRES.

1ᵉʳ *ordre. — Holothurides.*

Le genre type Holothurie.

2ᵉ *ordre. — Echinides.*

Le genre Oursin.

3ᵉ *ordre. — Stéllérides.*

Familles : Astérides, Ophiurides, Crinoïdes.

IIᵉ CLASSE. — ARACHNODERMAIRES.

1ᵉʳ *ordre. — Médusaires.*

Le genre type Méduse.

2ᵉ *ordre. — Porpitaires.*

Le genre type Porpite.

IIIᵉ CLASSE. — ZOANTHAIRES.

1ᵉʳ *ordre. — Actiniens.*

Le genre type Actinie.

2ᵉ *ordre. — Zoanthiens.*

Le genre type Zoanthe.

3ᵉ *ordre. — Madréporiens.*

Le genre type Madrépore.

IVᵉ CLASSE. — POLYPIAIRES.

1ᵉʳ *ordre. — Milléporacés.*

Le genre type Millépore.

2ᵉ *ordre. — Tubulariacés.*

Le genre type Tubulaire.

3ᵉ *ordre. — Hydracés.*

Le genre type Hydre.

Vᵉ CLASSE. — ZOOPHYTAIRES.

1ᵉʳ *ordre. — Tubiporacés.*

Le genre type Tubifore.

2ᵉ *ordre. — Coralliacés.*

Le genre Isis.

3ᵉ *ordre. — Pennatulacés.*

Le genre type Pennatule.

4ᵉ *ordre. — Alcyonacés.*

Le genre type Alcyon.

Les Eponges et les Téthyes, qui ne figurent point dans cette classification, forment une autre série animale, celle des *Hétéromorphes*, et les infusoires se groupent également à part.

ZOOPHYTOLITHES. Nom donné par quelques naturalistes aux polypiers fossiles qui ont une ressemblance plus ou moins grande avec des végétaux.

ZOSTERITES. *Voy.* CAULINITES.

ZUNDERERZ. Nom que donnent les Allemands à une sorte d'asbeste tressé d'un brun rougeâtre.

ZUSAMMENHANG. Mot allemand qui signifie adhérence.

ZUSAMMENAUFUNG. Mot allemand qui signifie agrégation.

ZYGOBATES. *Agass.* Genre de poissons fossiles, de la famille des Raies. Son principal caractère consiste dans des chevrons dentaires, disposés sur plusieurs rangées qui vont en diminuant graduellement de largeur du milieu vers les bords. Ce genre provient du Crag.

FIN.

ESQUISSES

GÉOLOGIQUES ET GÉOGRAPHIQUES.

AVERTISSEMENT.

Nous avons réuni, sous le titre d'*Esquisses géologiques et géographiques*, divers fragments que leur étendue ne permettait pas d'introduire dans la nomenclature du Dictionnaire, sans qu'une sorte de diffusion n'en résultât au milieu des exposés théoriques ; tandis que, présentés séparément, comme nous le faisons, ils deviennent un complément utile aux faits que nous avons mentionnés ; une sorte de développement pour certains principes et pour certaines doctrines ; un examen pratique, pour ainsi dire, des lois que nous avons enseignées. M. de Humboldt a donné l'exemple, dans ses *Tableaux de la nature*, de ces descriptions partielles qui ont le double avantage de peindre convenablement une localité ou un phénomène, et d'offrir des jalons, des points sur l'espace, au moyen desquels on peut rapprocher avec plus de facilité les anneaux qui lient les diverses parties de l'ensemble.

Celles de ces Esquisses qui ne sont pas le résumé de nos études personnelles ou des observations que nous avons faites dans nos nombreux voyages, ont été empruntées par nous à des écrivains dont l'autorité jouit de l'estime du monde savant.

GÉOLOGIE DE LA VALLÉE DU NIL (1).

L'Egypte est une longue vallée sinueuse qui s'étend du sud au nord, au milieu des déserts, et semble un ruban ondoyant sur une surface uniforme. Cette vallée est placée entre les 22e et 32e degrés de latitude nord, et les 45e et 32e de longitude orientale. Elle est bornée, au nord, par la Méditerranée, le long de laquelle elle développe un littoral d'environ 33 myriamètres ; à l'est, par les monts Arabiques et la mer Rouge ; à l'ouest, par les monts Libyques, les déserts de ce nom et ceux de Barcah, qui font partie du Sahara ; au sud-est, par la Syrie ; et au sud par la Nubie, dont elle est séparée par la première cataracte du Nil. La longueur de la vallée est d'à peu près 130 myriamètres ; sa largeur moyenne, y compris les Oasis, de 50, et sa superficie de 9,574,000 mètres carrés. Sa surface totale est ainsi répartie : Sol cultivable, 5,744,000 mètres carrés ; terrains incultes, 1,196,700 ; sables, 478,700 ; fleuves et canaux, 1,922,800 ; îles du fleuve, 71,805.

Le fleuve et ses rives sont resserrés, depuis Syène jusqu'au sommet du Delta, entre deux chaînes de montagnes dépourvues de toute espèce de végétation, qui, dans la Haute-Egypte, s'entrecoupent par des gorges qui conduisent, à l'est, vers le golfe Arabique, à l'ouest, dans le désert Libyque. Le sol qui s'étend du pied de ces montagnes aux bords du Nil ne se dirige pas en pente vers les rives du fleuve ; mais il s'abaisse, au contraire, progressivement depuis ces rives jusqu'aux montagnes, effet particulier de l'exhaussement annuel produit par le limon que dépose le fleuve, et qui va en s'amoindrissant à mesure qu'il s'éloigne de son cours. Il en résulte que le niveau des berges est plus élevé que celui des terrains attenants, et qu'à la moindre crue, les eaux courent jusqu'à la limite que leur oppose les zones rocheuses qui encaissent la vallée.

Près du Caire, les deux chaînes changent brusquement de direction : la Libyque, sous le nom de Djebel-el-Naïron, se prolonge obliquement vers la Méditerranée, et l'Arabique, appelée alors Djebel-el-Attaka, se termine par une coupure escarpée qui court, presque à angle droit, vers l'isthme de Suez. La première longe les Pyramides de Gizèh, auxquelles un de ses éperons sert de plateau ; elle forme, au-delà, les vallées de Natron et du Fleuve-sans-eau ; puis s'évanouit insensiblement dans le désert. La même chaîne, dans une coupure précédente, donne aussi entrée dans le vaste bassin de Fayoum, ou vallée des Roses, que féconde un lac célèbre, celui de Mœris.

On suppose que la vallée d'Egypte n'est que le tiers environ de la longueur que le Nil parcourt du midi au septentrion, c'est-à-dire depuis sa source jusqu'à son embouchure dans la Méditerranée. Le fleuve entre

(1) Ces fragments sont extraits de notre *Voyage en Egypte*.

seulement en Egypte au-dessous d'Assouan et d'Eléphantine. Il paraît qu'à l'époque où la mer Rouge était jointe à la Méditerranée, il se trouvait arrêté dans son cours par un barrage de roches, à l'endroit qui forme aujourd'hui la cataracte de Syène. Alors la vallée n'existait pas, et le Nil gagnait la Méditerranée, en se frayant un passage à travers le désert Libyque et la Cyrénaïque. Mais le fleuve, frappant constamment avec fureur contre l'obstacle qui lui était opposé, parvint à le renverser, et il s'ouvrit d'abord un large lit dans la plaine de sable que laissaient entre elles les chaînes Arabique et Libyque, depuis Syène jusqu'au lieu où fut élevé Memphis. Il rencontra un nouvel obstacle au lieu nommé Djebel-el-Selseleh, et, obligé de dévier encore vers la gauche, il alla former les Oasis, le lac Mœris et le Fleuve-sans-eau ou Bar-sela-ma. Les traces de son passage se retrouvent dans le désert, où elles sont caractérisées par de nombreux fossiles et des débris de bateaux. Des atterrissements successifs formèrent ensuite la portion qui reçut le nom de Delta ; et par de semblables atterrissements, la mer Rouge se sépara de la Méditerranée. Les anciens prêtres égyptiens avaient donc raison de dire que leur pays était un présent du Nil, puisque sous le règne de leur premier roi Menès, la Basse-Egypte n'était qu'un marais, s'étendant du lac Mœris à la Méditerranée, et que le Delta est exactement une dépouille de l'Abyssinie transportée par le fleuve. Les progrès des dépôts du Nil sont constatés par des faits nombreux. Rosette et Damiette, qui autrefois étaient baignées par la Méditerranée, en sont aujourd'hui à quelques lieues, et la base des anciens édifices se trouve quelquefois à plusieurs mètres au-dessous de leur niveau primitif. Le sol n'a pas, du reste, la même profondeur sur tous les points. On a tenté de se rendre compte par des chiffres de l'exhaussement de la vallée de l'Egypte : quelques-uns ont trouvé qu'il était de 1 mètre 4 centimètres dans l'espace de mille ans, et qu'alors il présentait un total de 10 mètres 64 centimètres depuis le règne du roi Menès; mais d'autres observateurs prétendent qu'il résulte de fouilles opérées dans le Delta, à la profondeur de 15 mètres, qu'on ne traverse que des couches identiques aux matières déposées par le fleuve, d'où il faut alors conclure que les bas-fonds sont de beaucoup antérieurs à l'époque où gouvernait Menès.

Les deux chaînes qui encaissent la vallée sont incultes, entièrement nues depuis leur base jusqu'à leur sommet, et se détachent en blocs continus plus larges qu'élevés. La chaîne Libyque est celle qui s'éloigne le plus du fleuve. Le point culminant de la chaîne Arabique est dans le Saïd, non loin de Thèbes, et ne dépasse pas 700 mètres. Dans les environs du Caire, cette hauteur s'abaisse à 150, et le Mokattam n'en a que 200. De Thèbes jusqu'à la première cataracte, la chaîne s'affaisse sensiblement, puis elle se relève plus loin. Les chaînons qui, à l'est du Mokattam, se dirigent vers la mer Rouge et l'isthme de Suez, vont toujours en s'élevant. A la sortie du détroit de Djebel-Selseleh, la rive droite n'offre qu'une falaise coupée à pic, tandis que le talus de la rive gauche la rend presque partout praticable. Les flancs déchirés et stériles de ces montagnes, notamment ceux de la chaîne Libyque, ouvrent plusieurs gorges ou passages, qui conduisent à d'autres vallées, aux oasis et aux déserts.

La vallée du Nil, très-resserrée dans la Haute-Egypte, nous l'avons déjà dit, va toujours en s'élargissant jusqu'au Delta. Elle se divise en trois formations distinctes : dans la partie la plus élevée ce sont principalement les granites; viennent ensuite les grès, puis enfin les calcaires.

A l'ouest du Nil, les montagnes sont composées d'un calcaire coquillier postérieur à la craie. A l'est, le terrain est granitique et offre des serpentines et des schistes ardoisiers. Au nord de la chaîne Arabique, ce sont surtout des porphyres et des roches composées de spath lamellaire et d'amphibole; les granites dominent au midi; les points intermédiaires sont occupés par les schistes. A Syène et à Philæ, se trouvent les carrières de granite rose ou syénite, dont plusieurs grands monuments de l'Egypte ont été formés et entre autres l'obélisque de Louqsor. Cette syénite offre aussi des variétés qui sont rose et jaune, rose veiné de noir, blanche et noire, gris et rose, etc. On rencontre au même lieu des gneiss porphyriques et des granites blancs et quartzeux. A Eléphantine, le gneiss constitue les points saillants qui dominent le Nil ; et près des ruines de Silsilis, le granite contient du jaspe et des cornalines.

La région du grès s'étend depuis Assouan jusqu'aux environs et au sud d'Esné. Les grès se présentent en masses dont les formes ressemblent à de vieux monuments. C'est une suite de grès et de poudingues interposés, tels qu'ils se montrent communément entre les terrains primordiaux et les terrains secondaires; ils constituent des couches qui reposent au-dessus de toutes les autres; au sud, elles s'appuient sur le granite, au nord elles se joignent au calcaire. Ces grès ont des teintes grises et jaunâtres et se distinguent par la grosseur de leur grain et l'abondance des parcelles de mica dont ils sont pourvus.

Le sol de Memphis est un calcaire à cérites, c'est-à-dire un calcaire de sédiment inférieur. A la hauteur du Caire, la roche contient l'huître flabellule et la vulselle linguilée, coquilles fossiles qui caractérisent un calcaire de sédiment supérieur.

La constitution des deux vallées parallèles de la Basse-Egypte, celle de Natron et celle du Fleuve-sans-eau, est intéressante pour le géologue. La première renferme plusieurs lacs dont les bords se couvrent de cristallisations de sel marin ou chlorure de sodium, et de natron ou carbonate de soude ; dans le sol de la seconde, que les Arabes nomment Bahharbela-Mé, on trouve des troncs d'arbres entièrement pétrifiés et de nombreux débris de poissons.

Sur toute l'étendue de la vallée d'Egypte, la couche inférieure à celle du limon est formée de fragments d'animaux marins, de pierre-ponce, de cailloux roulés, de basaltes, de scories et de jaspes. Le Nil charrie toujours, pendant les débordements, des poudingues, des psammites, une grande quantité de sable quartzeux, puis des pierres de touche, des pierres Lydiennes et des basaltes verts et noirs. Dans les terrains sablonneux, on rencontre le jaspe appelé caillou d'Egypte.

La vallée de Koceyr, qui unit le Saïd à la mer Rouge, offre la brèche verte d'Egypte, l'une des plus belles qui soient connues et qui est composée de fragments roulés de granite, de porphyre et d'une roche verte semblable au pétrosilex. Elle se distingue par sa dureté et la vivacité de ses couleurs; mais elle est devenue très-rare. Entre le Nil et le golfe Arabique, et à la hauteur de Minieh, il existait anciennement une carrière d'albâtre qui était en exploitation, et près de laquelle avait été fondée une ville nommée Alabastropolis. Elle est abandonnée aujourd'hui; mais on a découvert, depuis peu d'années, un autre gisement considérable de la même substance, dans la Moyenne-Egypte, à quelques heures de distance de Benisouef. C'est aussi non loin de la mer Rouge, aux environs de l'ancien port de Bérénice et dans le flanc du mont Zabarah, que gisent les mines d'émeraudes qu'on exploitait dans les temps reculés. Il y en avait encore d'autres dans le Saïd, à Tatah, sur la rive gauche du fleuve.

Le sol que l'on parcourt pour se rendre du Fayoum à la petite Oasis, appartient en grande partie au terrain secondaire supérieur. Parmi les fossiles qui s'y rencontrent, se trouvent surtout en abondance le *Nautilus lineatus* et la variété de nummulite appelée *mammiformis*. Des individus de celle-ci ont jusqu'à 5 et 6 centimètres de dimension. La grande Oasis présente un terrain analogue, qui contient des échinides, des rognons de grès mamelonnés et des pseudomorphoses de gypse. Dans l'argile inférieure du sable, on rencontre des cristaux de gypse trapézien. Le sel marin se montre sur plusieurs points du désert, et particulièrement dans la vallée de l'Egarement, où il apparaît en petites couches compactes, sur des lits de gypse. La même vallée fournit des pierres à meule et des *Lapis judaica*, qui ont la forme d'une olive. Derrière le Mokattam, sont de nombreux végétaux fossiles, débris de palmiers et de sycomores; et, non loin des Pyramides, le sol du désert contient beaucoup d'ammonites.

On trouve du cuivre au mont Baram, et la pierre olaire dont on faisait des marmites. Le mont Zabarah fournit du plomb, et le Gebel-Kebrit du soufre. Il existe des gisements de gypse, de natron et de sel gemme dans diverses parties de l'Egypte; excepté la Pologne, elle est le pays qui fournit le plus de sel. Elle possède aussi des mines d'alun abondantes; et enfin une source de pétrole surgit au pied du Gebel-el-Ezeit (montagne de l'huile), situé sur la côte du golfe Arabique, environ vers le 28e degré de latitude.

BAIE DE CANCALE (1).

Nous avons déjà cité dans notre Dictionnaire, comme exemple de ces cataclysmes subits, imprévus, qui viennent, dans l'espace de quelques heures, changer entièrement l'aspect d'une contrée, la bouleverser sur tous ses points, la Baie de Cancale, sur l'immense grève de laquelle se dressent le mont Saint-Michel et sa célèbre abbaye qui sert aujourd'hui de prison d'Etat. Avant la catastrophe dont nous parlons, une forêt magnifique, une de ces forêts comme on en rencontre encore quelques-unes en Allemagne, occupait le sol actuellement stérile de la Baie. Cette forêt portait, selon les uns, le nom de *Scycy*, et, suivant d'autres, celui de *Cuokelunde*. Deux petits monts dominaient son épais ombrage. Sur l'un deux, le *Mons Beleni*, avait été une habitation de druidesses qui ne l'abandonnèrent qu'à l'époque de la conquête de Jules César; les Romains avaient transformé cette habitation en un temple dédié à Jupiter, d'où le rocher avait alors pris le nom de *Mons Jovis* et plus tard celui de *Mont-Jou;* enfin, vers l'an 525, saint Gaud avait substitué au temple profane une chapelle chrétienne sur les ruines de laquelle, mais à plusieurs reprises, fut construite la superbe abbaye dont quelques portions subsistent encore.

Ce fut au mois d'octobre 709 que la mer vint détruire la forêt de Scycy. Au commencement de la même année, saint Aubert, douzième évêque d'Avranches, avait fait poser les premières pierres de nouvelles constructions pour agrandir l'édifice consacré par saint Gaud, et envoyé quelques religieux à Rome, afin d'y entretenir le pape de ses projets en faveur du monastère. Qu'on juge de la surprise de ces religieux, lorsqu'à leur retour, à la fin de l'année, ils ne trouvèrent plus sur pied la majestueuse forêt qu'ils avaient laissée verdoyante, et qu'ils aperçurent leur église presque perdue au milieu de la mer, laquelle en était précédemment éloignée de 20 à 25 kilomètres. Une seule marée, mais une marée furieuse, indomptable, avait envahi les points les plus avancés des côtes de la Bretagne et de la Normandie, et découpé, au sein de la forêt, cette baie profonde que l'on voit maintenant. Outre les traditions historiques, cet événement se trouve tout à fait confirmé par la découverte que

(1) Ce passage est extrait de notre *Voyage dans la province de Normandie.*

l'on fait fréquemment, sur les bords de la grève, de larges zones d'arbres ensevelis, couchés dans la direction où le courant eut lieu, et parmi lesquelles on distingue très-bien, comme nous l'avons dit, des glands, des noisettes, des fèves et autres fruits.

La plate-forme de l'évêché, à Avranches, est le point le plus favorable que nous connaissions pour embrasser d'un seul coup d'œil l'intéressant panorama qu'offre la grève du mont Saint-Michel. L'expression manque, en quelque sorte, pour rendre compte du grandiose dont on est alors témoin. Qu'on se figure, cependant, une étendue de sable blanc, d'environ 3 myriamètres de longueur sur 1 à 2 de largeur, et l'on aura à peu près une idée, non-seulement de la grève dont nous allons parler, mais encore de l'un de ces déserts dont l'Afrique est parsemée. Qu'on imagine, après cela, au milieu de cette plage unie, un colossal monument, comme serait, par exemple, l'une des Pyramides d'Egypte, et l'on concevra d'une manière approchante, l'aspect du mont, examiné d'Avranches. La grève, telle que nous la montrons ici, n'apparaît toutefois avec cette ébauche que par un temps couvert et lorsque la mer l'a abandonnée. Quand celle-ci est loin, et si les rayons du soleil dardent sur le sable, la grève devient alors tellement étincelante, qu'elle ressemble aussi à une mer tranquille. Enfin, si les flots ont envahi la plaine de sable et qu'on la regarde à la chute du jour, le mont Saint-Michel produit l'illusion d'un vaisseau qui serait à la voile, mais en panne, c'est-à-dire immobile sur l'onde. Pendant les marées, la grève est abandonnée chaque jour, durant plusieurs heures, par la mer qui se replie entièrement jusqu'à 2 ou 3 myriamètres du mont; mais dès que le moment de son retour est arrivé, on l'entend mugir au loin, et la rapidité de sa marche est telle, qu'un cheval lancé au grand galop ne pourrait la devancer. On donne le nom de *Barre* ou de *Mascaret* à l'immense et épouvantable bande que les flots présentent alors, laquelle barre, nous le répétons, s'annonce par d'horribles mugissements, et vient quelquefois se précipiter jusque sous les murs d'Avranches et se répandre dans les prairies environnantes.

On ne peut parvenir au mont Saint-Michel que pendant la marée basse, et encore cette espèce de pèlerinage est-il toujours considéré comme dangereux, parce qu'en effet il est fréquemment signalé par de déplorables événements. Les écueils principaux qui attendent les victimes, sont les *Lises*, les *Guintres* et la *Marée montante*.

Il est difficile d'expliquer d'une manière bien exacte comment se forme la *Lise*. On parcourt une plaine de sable unie comme une glace, on ne remarque aucune différence dans la teinte de ce sable, aucun indice qui vous mette en garde contre le danger : eh bien ! le terrain cède tout à coup sous vos pieds; vous voulez résister, mais chacun de vos efforts vous enfonce davantage; vous disparaissez bientôt, et la place où vous avez été englouti redevient tellement plane après votre disparition, que, quelques secondes après, une nouvelle victime peut encore, sans la moindre défiance, se perdre au même lieu qui est devenu votre tombe. On appelle cela s'*enliser*. Les hommes, les animaux, les voitures, les masses les plus volumineuses et du plus grand poids, disparaissent de la même manière. On vous recommande pourtant, si vous êtes ainsi saisi par la *Lise*, de ne faire aucun mouvement des jambes, de vous laisser aller aussitôt sur le ventre ou sur le dos, et l'on dit que quelques-uns ont pu de la sorte échapper au péril, ou donner le temps de venir à leur secours lorsqu'ils ne se trouvaient pas seuls; mais le nombre en est probablement fort petit.

La *Guintre* est une grande flaque d'eau, ou une espèce de ravin qui vous barre souvent le passage sur la grève. Ici le danger se laisse apercevoir, et quelqu'un de prudent pourrait en toute circonstance l'éviter; mais il y a toujours des intrépides qui ont la plus grande foi dans leur témérité, et ce sont ceux-là qui deviennent la proie de la *Guintre*. Celle-ci semble souvent n'avoir que quelques centimètres de profondeur; le fanfaron pense alors qu'il n'est besoin que d'ôter sa chaussure pour traverser ce qu'il regarde comme un innocent ruisseau; mais à peine a-t-il fait deux ou trois pas en avant, qu'il disparaît comme dans la *Lise*.

La *Marée montante* n'est pas moins à redouter que la *Lise et la Guintre*. Si l'on s'écarte du sentier qui a été frayé le matin par les pêcheurs, si le désir de voir entraîne trop loin de la côte, si la méditation ou la distraction enfin vous retient trop longtemps au milieu de ce désert, la barre furieuse vient vous y enfermer, vous y engloutir ! en vain dès que vous entendez son premier cri, tentez-vous de prendre la fuite : il suffit que la sinistre voix soit arrivée à votre oreilles pour qu'il n'y ait plus pour vous aucun moyen de salut. Vous vous mettez à courir, mais sa vélocité est plus rapide que la vôtre. Si vous l'apercevez plus avancée d'un côté, vous avez l'espoir de l'éviter de l'autre, où il vous semble qu'il y a une plus grande distance entre elle et vous; mais à peine vous êtes-vous dirigé sur ce point, que vous voyez la vague écumeuse s'emparer de la portion du sol que vous considériez comme un port assuré. Vous poussez des lamentations! mais si elles parviennent par hasard à quelques passants sur la rive, aucun ne songera à venir à votre secours, car la mort est là pour tous !.. La mort ! vous la voyez béante, furieuse ! Rien ne peut vous arracher à elle ! il ne vous reste plus qu'un seul instant à donner à la prière et à cette famille qui ne vous reverra plus !.. un seul instant, et vous disparaîtrez à jamais !.. et cependant, tant que dure cette courte agonie, vous voyez, à un horizon très-rapproché, des masses de verdure qui le bordent; un soleil brillant scintille sur le flot qui va vous servir de linseul; et lorsque vos regards implorent Dieu, ils n'aperçoivent en haut qu'un ciel d'azur dont aucun nuage ne trouble la transparence !.. la mort gronde à vos côtés, et l'oiseau qui plane sur votre tête fait entendre un chant d'amour !..

Plusieurs rivières, et entre autres la *Sée*, la *Célune* et le *Coësnon*, ont frayé leur lit sur cette grève maudite; mais leurs gués changent si fréquemment, et cela dans une même semaine, que plusieurs individus n'ont pas d'autre métier que d'indiquer chaque jour au voyageur le nouvel endroit où l'on peut traverser sans danger.

Le mont Saint-Michel est tout entier de granite. La roche proprement dite s'élève au-dessus du niveau de la grève de 126 mètres; et la circonférence de la masse est de 9000 mètres. L'abbaye, ou mieux la prison, occupe toute la partie haute vers le midi, et le village s'étend au pied et en amphithéâtre sur l'autre face. Il existe aussi sur le rocher une source d'eau potable, puis quelques arbres et des jardins en miniature.

A la distance d'environ 2 kilomètres du mont Saint-Michel, se trouve un autre mont, de même dimension, qu'on dirait jumeau et qui lui forme un pendant parfait. Celui-ci porte le nom de *Tombelène*, qui lui vient de la nièce du roi Hoël, qui y fut soi-disant enterrée. En l'an 1135, l'abbé Bernard y avait fait construire quelques cellules, où il se rendait de temps en temps avec ses religieux pour y observer une sorte de retraite. Cette espèce d'ermitage devint plus tard un prieuré, et enfin une chapelle dédiée à Notre-Dame-Sainte-Apolline, chapelle qui attirait un grand nombre de fidèles. Aujourd'hui, quelques ruines seulement indiquent le passage de l'homme à Tombelène, et ce rocher n'est plus occupé que par des lapins, des oiseaux qui peuvent y construire leurs nids avec sécurité, et des lézards qui s'y ébattent au soleil.

LE TROU DU CALEL.

A 3 kilomètres environ de la petite ville de Sorèze, dans le département du Tarn, et sous un plateau que l'on nomme Le Causse, se prolonge une vaste caverne appelée le *Trou du Calel*. Elle a peu de visiteurs; car cette localité est éloignée des voies que parcourent les touristes, et ce n'est guère que par occasion que quelque voyageur attiré à Sorèze par l'admirable réservoir du canal du Midi se laisse aussi entraîner à descendre dans le trou en question. Aussi ne connaît-on guère de cette caverne que la seule description qu'en a donnée le docteur Clos. La nôtre sera moins minutieuse que la sienne; nous ne mentionnerons que les principaux objets, ceux qui nous ont le plus frappé. Nous étions accompagné alors par le guide Diomar, dit Villefranche, l'homme par excellence pour l'exploration de ce labyrinthe, et il y aurait au surplus un danger réel à y pénétrer seul ou conduit par quelqu'un qui n'aurait pas une connaissance exacte des lieux.

Le plateau du Causse est regardé par quelques naturalistes comme le cratère d'un ancien volcan; sa dépression très-apparente semble donner quelque poids à cette opinion; et le trou du Calel ne serait alors qu'une de ces excavations, de ces boursouflements que produisent les feux souterrains, et que laissent quelquefois subsister, après leur extinction et la fermeture de leur partie supérieure, les bouches par lesquelles se frayent passage les éjections volcaniques.

L'ouverture de la caverne est située sur le plateau même; on s'y introduit avec la plus grande facilité; mais il est nécessaire d'allumer, dès les premiers pas, les flambeaux dont on s'est muni. Le terrain va toujours en pente lorsqu'il n'y a pas de descente perpendiculaire; le couloir, pendant une assez longue durée, n'offre qu'une largeur médiocre; il y a peu de branches latérales, et l'on ne s'y arrête pas, attendu qu'elles n'ont rien qui vaille la peine qu'on se dérange de la voie directe; mais il faut marcher avec précaution sur celle-ci, car les énormes débris que l'on rencontre, les fissures, les précipices et autres écueils dont elle est parsemée, obligent fréquemment à se coller pour ainsi dire aux parois de la grotte, et à se maintenir avec gêne sur l'espèce de corniche qui longe ces parois. Il faut à peu près deux heures pour aller jusqu'aux limites fixées communément à ce voyage souterrain et revenir au grand jour.

La première merveille sur laquelle le guide appelle l'attention est une sorte de *colonne*, d'un mètre de largeur, formée par une stalagmite et une stalactite qui cependant n'ont pas encore opéré leur entière jonction, de manière qu'un espace vide existe encore entre elles. Près de là est un groupe de stalactites que l'on nomme le *Jeu d'orgue;* mais ces concrétions sont noirâtres, et par conséquent fort laides. Vient ensuite la *Bouche du four*, que l'on traverse à plat ventre, c'est un rocher qui barre tout à fait le passage, mais qui laisse vers sa base une ouverture de 35 à 40 centimètres de hauteur, par laquelle il faut nécessairement se glisser comme un reptile, si l'on est résolu à continuer son chemin en avant. Après cette prouesse, on ne tarde pas à entendre le cri fort maussade des chauves-souris qui se réunissent en cet endroit par milliers; elles viennent bientôt voltiger autour de vous ou s'abattre sur votre tête ou vos épaules; et leur fiente, dont le sol est recouvert par une épaisseur de plusieurs centimètres, rend fort incommode le trajet à accomplir sur ce fumier. Un abîme, dont la bouche est étroite et qu'on appelle le *puits*, est une autre station que le guide se garde bien d'oublier, car elle est pour lui l'objet d'une démonstration de son métier de *cicérone*. Il tire donc gravement de sa poche une feuille de papier qu'il tord en forme de torche, il l'allume, la laisse tomber dans le puits, vous invite à la suivre de l'œil, et vous prédit que vous ne la verrez point arriver au fond. La vérité est que le papier s'éteint ou disparaît avant que les yeux aient pu sonder la profondeur de ce trou. A peu de distance de celui-ci, on parvient à un autre précipice, mais dont il est facile d'apprécier toutes les dimensions, et dans lequel on doit descendre. On réalise cette descente par un exercice gymnastique, en se cramponnant de toute façon, de bloc en bloc, jusqu'en bas ; on est alors arrivé sur un terrain horizontal et au milieu d'une espèce de cirque, à l'extrémité duquel se présente une rivière parfaitement encaissée, roulant des flots limpides sur un lit de cailloux blancs, et dont les bords sont sablés et unis. D'où vient cette rivière ? nul ne le sait. Où se dirige-t-elle ? nous croyons qu'on n'est guère mieux instruit. Toutefois quelques personnes pensent qu'elle est la source qui alimente la fontaine de la Mandre, au pied du Berniquaut. On traverse cette rivière en sortant du cirque, et presque en face est un petit couloir qui donne entrée dans une très-belle salle toute revêtue de stalactites dont la lumière des torches fait étinceler les cristaux. C'est le couronnement de l'œuvre, le bouquet offert aux visiteurs ; après cet hommage on tire le rideau. On pourrait peut-être remonter encore la rivière, soit à gauche, soit à droite, pendant une durée plus ou moins considérable ; mais on ne tarde pas à rencontrer des débris menaçants ; le guide, parvenu au terme de son itinéraire habituel, se montre peu disposé à seconder la volonté qu'on aurait de pousser plus avant ; il déclare au contraire qu'au bout de quelques instants les torches s'éteindront, que d'ailleurs il n'y a plus rien à voir ; et pour peu que l'on soit prudent, ce qu'on a de mieux à faire est de ne point trop batailler avec cette Ariadne en pantalon, qui tient le fil conducteur destiné à vous reconduire aux clartés du soleil.

Du plateau du Causse, on peut se diriger vers la tour en ruines de Roquefort, au pied de laquelle se trouve le gouffre de Malamort, où se précipitent les eaux du Sor, par une chute de 65 mètres, et qui est renommé par ses truites qui y vivent. Le mont Berniquaut, qu'ordinairement aussi l'on traverse pour revenir à la ville, offre çà et là, sur sa pelouse verdoyante, les traces des fondements de l'ancien Sorèze, place qui avait une certaine importance au moyen âge.

SOURCE DE LA SORGUE ou FONTAINE DE VAUCLUSE.

La fontaine de Vaucluse, qui ne doit guère sa célébrité qu'au séjour que Pétrarque fit auprès d'elle et aux chants qu'elle lui inspira, mérite cependant aussi la renommée dont elle jouit, par tout ce que ses bords ont de gracieux, par tout ce que son site proprement dit a de pittoresque en même temps que de sévère, par la remarquable disposition de sa source, et enfin par l'abondance de ses eaux à leur point de départ.

Pour se rendre d'Avignon à Vaucluse, on traverse une des plus riantes parties du comtat, et lorsque surtout on approche d'Isle, joli bourg qu'entourent des cultures variées et de frais ombrages, il faut admirer les nombreuses artères de cette source vers laquelle on se dirige, artères qui fécondent des plaines déjà favorisées par un magnifique climat, et qui donnent à la fois la vie aux arbres, aux fleurs, à toutes les plantes utiles, et le mouvement à une multitude d'usines qui font aussi la richesse du pays.

Le village de Vaucluse est comme le dernier terme de cette fertile contrée et prend part à tous ses avantages. Comme elle il a des fabriques en activité ; comme elle ses vergers sont enclos de haies où le jasmin et le myrte unissent leurs rameaux à ceux du grenadier, où les fleurs du smilax et du chèvrefeuille qui balancent leurs guirlandes dans l'air mêlent leurs parfums à celui de l'origan, de la lavande, du romarin et de l'immortelle qui croissent sur le même sol.

Vaucluse est situé sur la rive gauche de la Sorgue; il est adossé pour ainsi dire à la masse rocheuse du sein de laquelle s'élance ce cours d'eau si rapide, à l'onde si pure et si transparente; et l'on voit s'élever au-dessus de ses toits, dans la partie la plus lointaine, la roche de 100 mètres de hauteur qui sert de couronnement au palais de la Naïade, et sur la crête la plus rapprochée les ruines d'un château qu'on croit avoir appartenu à Philippe de Cabassoles.

Pour se rendre à la fontaine, on passe sur la rive droite de la Sorgue; on pénètre, dès les premiers pas, dans une gorge où la végétation disparaît presque tout à coup, comme par enchantement, excepté toutefois sur les bords de la rivière, où se maintiennent encore des fleurs vivant en famille avec les plantes aquatiques; et un bruit retentissant, pareil à celui d'une immense cataracte, arrive progressivement à une telle intensité, qu'on ne peut plus distinguer la voix humaine à quelques mètres de distance.

La gorge est très-resserrée : elle n'offre qu'un chemin de peu de largeur sur la droite de la rivière : à gauche, celle-ci bat les flancs du roc; de chaque côté et au fond, les rochers lui forment une muraille; mais ces rochers ne s'élèvent que graduellement à mesure qu'ils se rapprochent du point culminant qui sert de limite à cette thébaïde et la barre; et, groupés, amoncelés diversement sous des figures bizarres et quelquefois élégantes, ils sont un nouvel exemple de ces commotions reculées que la nature atteste aussi par des ruines, comme les pierres équarries par la main de l'homme confirment, dans certains lieux déserts, que le sol y fut autrefois remué pour ériger des édifices et donner asile à la civilisation. Quelques naturalistes ont avancé, au surplus, que la fontaine de Vaucluse occupe aujourd'hui l'ancien emplacement d'un volcan, quoique aucune autorité scientifique ne justifie cette assertion, du moins à notre connaissance.

La source s'échappe de la base du rocher perpendiculaire qui forme la gorge. Lorsque les eaux sont hautes, elles forment immédiatement un bassin qui se vide par deux ou trois cascades successives dans le lit où la rivière prend ensuite un cours égal et rapide; et c'est le bruit de ces cascades, c'est-à-dire de la chute des eaux sur des blocs énormes où elles se brisent écumeuses et en bondissant, qui cause dans cet étroit passage un fracas qui a vraiment quelque chose de solennel. Les eaux ont, sur toute l'étendue de la gorge, une teinte verte très-prononcée qu'elles doivent à une mousse, l'*Hedwigia aquatica*, qui tapisse les roches et le lit sur lesquels elles roulent. Après les cascades, et par conséquent à une très-courte distance de la source, la Sorgue est tellement abondante, qu'elle peut porter bateau. Pendant l'été cette abondance se conserve presque la même, car la rivière est toujours alimentée par des bouches inférieures; mais le bassin supérieur se tarit peu à peu; il arrive une époque où il est tout à fait sec; une ouverture, comme celle d'une caverne, se présente au pied du rocher; et enfin il est une période durant laquelle il devient possible de pénétrer dans cet antre et de descendre jusqu'au niveau d'une espèce d'entonnoir rempli d'une eau limpide et tranquille. C'est le temps du repos pour cette portion de la source. On a fait quelques tentatives pour sonder la profondeur de cet entonnoir; mais elles n'ont fourni aucun résultat satisfaisant. Deux faits restent constamment les mêmes : chaque été l'eau de la caverne diminue petit à petit; puis, quand l'automne vient, le réservoir se remplit progressivement comme il s'était vidé. Toutefois quelques circonstances particulières déterminent des crues instantanées; mais quoiqu'il soit facile d'attribuer ces crues subites à des causes physiques analogues à celles qui, dans d'autres lieux, ont été soumises à l'observation directe, on ne peut néanmoins affirmer que les choses se passent dans les mêmes conditions.

Le plateau qui domine Vaucluse est aride et présente çà et là des dépressions que les Plutoniens considèrent comme des traces de cratères; et, attendu que ce plateau se lie par une suite de chaînons au mont Ventoux, on dit aussi que les phénomènes météorologiques et autres qui se produisent sur ce mont ne sont pas étrangers à ceux qui se manifestent à la fontaine de Vaucluse.

CONSIDÉRATIONS SUR L'ÉTUDE DU GLOBE TERRESTRE.

Dans son *Cosmos* et après avoir examiné les espaces planétaires, M. de Humboldt s'exprime de la manière suivante sur l'étude du monde terrestre :

« Abandonnons maintenant les hautes régions que nous venons de parcourir, pour redescendre sur notre étroit domaine; après la nature céleste, abordons la nature terrestre. Un lien mystérieux les unit toutes deux, et c'était le sens caché dans le vieux mythe des Titans, que l'ordre dans le monde dépend de l'union du ciel et de la terre. Si, par son origine, la terre appartient au soleil, ou du moins à son atmosphère jadis subdivisée en anneaux, actuellement encore la terre est en rapport avec l'astre central de notre système et avec tous les soleils qui brillent au firmament, par les émissions de chaleur et de lumière. La disproportion de ces influences ne doit pas empêcher le physicien d'en reconnaître la similitude et la connexité. Une faible partie de la chaleur terrestre provient de l'espace où se meut notre planète, et cette température de l'espace, résultante des radiations calorifiques de tous les astres de l'univers, est presque égale, d'après Fourier, à la température moyenne de nos régions polaires. Sans doute l'action prépondérante appartient au soleil; ses rayons pénètrent l'atmosphère, éclairent et réchauffent sa surface, ils produisent les courants électriques et magnétiques, ils font naître et ils développent le germe de la vie dans les êtres organisés; cette influence bienfaisante sera plus tard l'objet de notre étude.

« Comme désormais nous nous renfermons dans la sphère de la nature terrestre, nous aurons d'abord à considérer la répartition des éléments solides et liquides, la figure de la terre, sa densité moyenne et les variations de cette densité jusqu'à une certaine profondeur, enfin, la chaleur et la tension électro-magnétique du globe. Nous serons ainsi conduits à étudier la réaction que l'intérieur exerce contre la surface; l'intervention d'une force universellement répandue, la chaleur souterraine, nous expliquera le phénomène des tremblements de terre, dont l'effet se fait ressentir dans des cercles de commotion plus ou moins étendus, le jaillissement des sources thermales, et les puissants efforts des agents volcaniques. Les secousses intérieures, tantôt brusques et répétées, tantôt continues, et par suite peu sensibles, modifient peu à peu, dans le cours des siècles, les hauteurs relatives des parties solides et liquides de l'écorce terrestre, et changent la configuration du fond de la mer. En même temps il se forme des ouvertures temporaires ou permanentes qui font communiquer l'intérieur de la terre avec l'atmosphère : alors, d'une profondeur inconnue, surgissent des masses en fusion; elles s'épanchent en étroits courants sur les flancs des montagnes, tantôt avec l'impétuosité d'un torrent, tantôt d'un mouvement lent et progressif, jusqu'à ce que la source ignée se tarisse et que la lave fumante se solidifie sous la croûte dont elle s'est recouverte. Alors des roches nouvelles se produisent sous nos yeux, tandis que les forces plutoniques modifient les roches anciennes par voie de contact immédiat avec les formations récentes, plus souvent encore par l'influence d'une source voisine de chaleur; même là où la pénétration n'a pas eu lieu, les particules cristallines sont déplacées et s'unissent en un tissu plus dense. Les eaux nous offrent des formations d'une tout autre nature : telles sont les concrétions de débris d'animaux ou de végétaux, les sédiments terreux, argileux ou calcaires, les conglomérats composés des détritus des roches, recouverts par des couches formées des carapaces siliceuses des infusoires et par les terrains de transport, où gisent les espèces animales de l'ancien monde. L'étude de ces formations, qui accusent tant d'origines diverses, de ces couches disloquées, relevées, infléchies en tous sens par des pressions contraires ou par les efforts des agents volcaniques, a conduit l'observateur à comparer l'époque actuelle aux époques antérieures, à combiner les faits suivant les plus simples règles de l'analogie, à généraliser les rapports d'étendue et ceux des forces qu'il voit encore à l'œuvre; elle a tiré ainsi du vague et de l'obscurité cette belle science de la géognosie qu'on soupçonnait à peine il y a cinquante ans.

« On a dit que les grands télescopes nous avaient appris à connaître l'intérieur des autres planètes plutôt que leur surface. La remarque est juste, si on en excepte la lune. Grâce aux admirables progrès des observations et des calculs astronomiques, on pèse les planètes, on mesure leurs volumes, on détermine leurs masses, leurs densités, avec une précision toujours croissante; mais leurs propriétés physiques restent inconnues. Sur la terre seule, le contact immédiat nous met en rapport avec les éléments dont se composent la nature organique et la nature inorganique. Cette immense série d'éléments combinés, transformés de mille manières par le jeu des forces sans cesse en présence, offre à notre activité l'aliment qui lui convient; elle pose un but à nos recherches, elle ouvre un vaste champ à nos investigations, et l'esprit humain, fortifié dans cette lutte continuelle, s'élève et s'agrandit avec ses conquêtes. Ainsi le monde des faits se réfléchit dans le monde des idées; et chaque grande classe des phénomènes devient à son tour l'objet d'une nouvelle science.

« Dans la science de la terre, l'homme retrouve cette supériorité d'action dont j'ai déjà parlé plusieurs fois, et qui résulte de sa position même sur la surface du globe. Nous avons vu comment la physique du ciel, depuis les lointaines nébuleuses jusqu'au corps central de notre système, est limitée aux notions générales de volume et de masse. Là nos sens ne peuvent percevoir aucune trace de vie, et si l'on a pu hasarder quelques conjectures sur la nature des éléments qui constituent tel ou tel corps céleste, il a fallu les déduire de simples ressemblances, souvent même l'imagination seule a prononcé. Mais les propriétés de la matière, ses affinités chimiques, les modes d'agrégation régulière qui en réunissent les particules tantôt en cristaux, tantôt en une texture grenue; ses rapports avec la lumière qui la traverse en se déviant ou en se divisant, avec la chaleur rayonnante, transmise à l'état neutre ou polarisée, avec les forces électromagnétiques si énergiques alors même que leur action ne se manifeste point sous de brillantes apparences; en un mot, ce trésor de connaissances qui donnent à nos sciences physiques tant de grandeur et de puissance, nous le devons uniquement à la surface de la planète que nous habitons, et plus encore à sa partie solide qu'à sa partie liquide. Mais il serait superflu de nous arrêter plus longtemps sur ce sujet : la supériorité intellectuelle de l'homme dans certaines parties de la science de l'univers dépend d'un enchaînement de causes semblables à celles qui donnent à certains peuples une supériorité matérielle sur une partie des éléments.

« Après avoir signalé la différence essentielle qui existe, à cet égard, entre la science de la terre et la science des corps célestes, il est indispensable de reconnaître aussi jusqu'où peuvent s'étendre nos recherches sur les propriétés de la matière. Le champ en est circonscrit par la surface terrestre, ou plutôt par la profondeur où les excavations naturelles et les travaux des hommes nous permettent d'atteindre dans les couches voisines de la surface. Or, dans le sens vertical, ces travaux ne pénètrent guère qu'à 650 mètres au-dessous du niveau de la mer, c'est-à-dire à $\frac{1}{9800}$ du rayon de la terre. Les masses cristallines lancées par les volcans encore en activité, et semblables pour la plupart aux roches de la surface, proviennent de profondeurs indéterminées, mais au moins 60 fois plus grandes que celles où les travaux de l'homme ont pu atteindre. Là où un lit de charbon de terre plonge et se recourbe pour remonter plus loin à une distance bien connue, il est possible d'évaluer en nombre la profondeur de la couche; et l'on a montré que ces dépôts de charbon, mêlés de débris organiques de l'ancien monde, s'enfoncent à 2000 mètres au-dessous du niveau de la mer (en Belgique, par exemple); les calcaires et les couches dévoniennes, recourbées en forme de vallées, atteignent une profondeur double. Si l'on compare ces dépressions souterraines avec les cimes des montagnes que l'on a regardées jusqu'à présent comme les parties les plus hautes de l'écorce soulevée de notre globe, on trouve une distance de 1 myriamètre et $\frac{8}{10}$, ce qui revient à $\frac{1}{324}$, du rayon terrestre. Tel est dans le sens vertical, le seul espace où pourraient s'exercer les recherches de la géognosie, même quand la surface de la terre entière s'étendrait jusqu'aux sommets du Dhawalagiri ou du Sorata. Tout ce qui est situé plus profondément que les dépressions dont j'ai parlé, que les travaux des hommes, que le fond de la mer où la sonde a pu parvenir (James Ross a filé 25,400 pieds de sonde sans l'atteindre), nous est aussi inconnu que l'intérieur des autres planètes de notre système solaire. De même, nous connaissons seulement la masse de la terre entière et sa densité moyenne comparée à celle des couches superficielles, les seules qui soient accessibles pour nous. En l'absence de toute donnée positive sur les propriétés chimiques ou physiques de l'intérieur du globe, nous sommes de nouveau forcés de nous en tenir aux conjectures, tout comme s'il s'agissait des autre planètes qui tournent avec la terre autour du soleil. Ainsi, nous ne possédons aucune donnée certaine sur la profondeur à laquelle les roches sont à l'état de ramollissement ou de fusion complète, sur les cavités que remplissent les vapeurs élastiques, sur l'état des gaz intérieurs soumis à une pression énorme et à une haute température, enfin sur la loi que suivent les densités croissantes des couches comprises entre le centre et la surface de la terre.

« La température croissant avec la profondeur et la réaction de l'intérieur du globe contre la surface nous conduiront à la longue série des phénomènes volcaniques : tels sont les tremblements de terre, les émissions gazeuses, les sources thermales, les volcans de boue et les courants de lave qui s'épanchent des cratères d'éruption ; enfin la puissance des forces élastiques s'exerce aussi en altérant le niveau de la surface. De grandes plages, des continents entiers sont soulevés ou déprimés ; les parties solides se séparent des parties fluides ; l'Océan, traversé par les courants chauds ou froids, comme par des fleuves isolés dans sa masse liquide, couvre les pôles de glace, et baigne de ses eaux les roches tantôt denses et résistantes, tantôt désagrégées et réunies en bancs mobiles. Les limites qui séparent les eaux des continents ou des terres subissent de fréquents changements. Les plaines ont oscillé de bas en haut et de haut en bas. Après le soulèvement des continents, il s'est produit de grandes fissures presque toutes parallèles ; ce fut probablement vers les mêmes époques que les chaînes de montagnes surgirent. Des lacs salés et de grands amas d'eaux intérieures, longtemps habités par les mêmes espèces animales, furent violemment séparés, et les restes fossiles de coquillages et de zoophytes qu'on retrouve partout identiques, témoignent assez de ces révolutions. Ainsi, en suivant les phénomènes dans leur mutuelle dépendance, on découvre que les forces puissantes dont l'action s'exerce dans les entrailles du globe sont aussi celles qui ébranlent l'écorce terrestre, et qui ouvrent des issues aux torrents de lave chassés par l'énorme pression des vapeurs élastiques.

« Or, ces forces qui jadis soulevèrent, jusqu'à la région des neiges perpétuelles, les cimes des Andes et de l'Himalaya, ont produit aussi dans les roches des combinaisons et des agrégations nouvelles ; elles ont transformé les couches qui s'étaient antérieurement déposées du sein des eaux, où déjà pullulait sous mille formes la vie organique. Nous reconnaissons ici toute la série des formations superposées par ordre d'ancienneté ; nous retrouvons, dans ces couches, toutes les variations de forme qu'a subies la surface, les effets dynamiques des forces de soulèvement, et jusqu'aux actions chimiques des vapeurs émises par les fissures.

« Les parties solides et desséchées de la surface terrestre où la végétation a pu se développer dans toute sa luxuriante vigueur, c'est-à-dire les continents, sont en rapport continuel d'action et de réaction avec les mers environnantes où règne presque exclusivement l'organisation animale. L'élément liquide est à son tour recouvert par les couches atmosphériques, océan aérien dont les chaînes de montagnes et les plateaux sont les bas-fonds. Là se produisent aussi des courants et des variations de température ; l'humidité rassemblée dans les régions nuageuses de l'air se condense autour des sommets élevés, coule sur les flancs des montagnes, et de là va répandre partout dans les plaines le mouvement et la fécondité.

« Mais si la distribution des mers et des continents, la forme générale de la surface, et la direction des lignes isothermes (zones où les températures moyennes de l'année sont égales), règlent et dominent la géographie des plantes, il n'en est pas de même quand il s'agit des races humaines, le dernier, le plus noble but d'une description physique du monde. Les progrès de la civilisation, le développement des facultés, et cette culture générale de l'intelligence qui fonde, dans une nation, la suprématie politique, concourent avec les accidents locaux, mais d'une manière bien autrement efficace, à déterminer les caractères différentiels des races, et leur distribution numérique sur la surface du globe. Certaines races, fortement attachées au sol qu'elles occupent, peuvent être refoulées, anéanties même par d'autres races voisines plus développées ; à peine s'il en reste un souvenir que l'histoire puisse recueillir. D'autres races, inférieures par le nombre seulement, traversent alors la mer. C'est presque toujours ainsi que les peuples devenus navigateurs ont acquis leurs connaissances géographiques, quoique la surface entière du globe, celle du moins des pays maritimes, n'ait été connue d'un pôle à l'autre que beaucoup plus tard.

« Avant d'aborder dans des détails le vaste tableau de la nature terrestre, j'ai voulu indiquer ici, d'une manière générale, comment il est possible de réunir dans une seule et même œuvre, la description de la surface de notre globe ; les manifestations des forces sans cesse en action dans son sein, l'électromagnétisme et la chaleur souterraine ; les rapports d'étendue et de configuration dans le sens horizontal et en hauteur ; les formations typiques de la géognosie ; les grands phénomènes de la mer et de l'atmosphère ; la distribution géographique des plantes et des animaux ; enfin la gradation physique des races humaines, les seules qui soient aptes à recevoir, partout et toujours, la culture intellectuelle. Cette unité d'exposition suppose que les phénomènes ont été envisagés dans leur dépendance mutuelle et dans l'ordre naturel de leur enchaînement. Une simple juxtaposition des faits ne remplirait point le but que je me suis proposé; elle ne pourrait satisfaire le besoin d'une exposition cosmique qu'a fait naître en mon âme l'aspect de la nature dans mes voyages de terre et de mer sous les zones les plus diverses ; désir qui s'est formulé plus énergiquement à mesure que l'étude attentive de la nature développait en moi le sentiment de son unité. Sans doute cette tentative sera imparfaite sous plus d'un rapport ; mais les progrès rapides dont toutes les branches des sciences physiques offrent aujourd'hui le beau spectacle, permettent d'espérer qu'il sera bientôt possible de corriger et de compléter les parties défectueuses de mon œuvre. Il est dans l'ordre même des progrès scientifiques que les faits restés longtemps sans lien avec l'ensemble viennent successivement s'y rattacher et se soumettre aux lois générales. Je n'indique ici que la voie de l'observation et de l'expérience ; c'est celle où je suis entré, comme l'ont fait bien d'autres avant moi, en attendant qu'un jour vienne où, comme Socrate le demandait, l'on interprète la nature à l'aide de la seule raison.

« Puisqu'il s'agit maintenant de peindre la nature terrestre sous ses principaux aspects, il faut commencer par la figure et par les dimensions de la planète elle-même. C'est qu'en effet la figure géométrique de la terre décèle son origine et retrace son histoire aussi bien que l'étude de ses roches et de ses minéraux. Son ellipticité accuse la fluidité primitive, ou du moins le ramollissement de sa masse. Pour tous ceux qui savent lire dans le livre de la nature, l'aplatissement de la terre est une des données les plus anciennes de la géognosie ; de même, la forme elliptique du sphéroïde lunaire, et la direction constante de son grand axe vers notre planète, sont des faits qui remontent à l'origine de notre satellite ; la figure mathématique de la terre est celle que prendrait sa surface, si elle était couverte d'un liquide en repos ; c'est à cette surface idéale, qui ne reproduit ni les inégalités, ni les accidents de la partie solide de la surface réelle, que se rapportent toutes les mesures géodésiques, quand elles ont été réduites au niveau de la mer ; elle est complétement déterminée lorsqu'on connaît la valeur de l'aplatissement et la longueur du diamètre équatorial. Mais l'étude complète de la surface exigerait une double mesure exécutée dans deux directions rectangulaires.

« Déjà onze mesures de degrés (déterminations de la courbure de la terre en différents points de sa surface), dont neuf appartiennent à notre siècle, nous ont appris à connaître la figure de notre globe, que déjà Pline appelait un point dans l'univers. Ces mesures ne s'accordent point à donner, pour différents méridiens, la même courbure sous la même latitude : cette contradiction même est un argument en faveur de l'exactitude des instruments employés, et de la fidélité des résultats partiels. La décroissance de la pesanteur, quand on marche de l'équateur au pôle, dépend de la loi que suivent les variations de la densité dans l'intérieur du globe ; il en sera de même de toute conclusion qu'on en voudra déduire sur la figure de la terre. Aussi, lorsque Newton, inspiré par des considérations théoriques, et sans doute aussi par la découverte de l'aplatissement de Jupiter, que Cassini avait faite avant 1666 ; quand Newton, dis-je, annonça, dans ses immortels *Philosophiæ naturalis Principia*, l'aplatissement de la terre, il en fixa la valeur à $\frac{1}{230}$, dans l'hypothèse d'une masse *homogène*, tandis que les mesures effectives, soumises aux puissantes méthodes d'une analyse récemment perfectionnée, ont prouvé que l'aplatissement du sphéroïde terrestre, où la densité des couches est considérée comme croissant vers le centre, est à très-peu près $\frac{1}{300}$.

« Trois méthodes ont été employées pour déterminer la courbure de la terre : ce sont les mesures de degrés, les observations du pendule et certaines inégalités lunaires ; toutes les trois ont conduit au même résultat. La première méthode est à la fois géométrique et astronomique ; dans les deux autres, on passe des mouvements observés avec exactitude, aux forces qui les ont produits, puis de ces forces mêmes à leur cause commune, qui est liée à l'aplatissement de la terre. Si, dans ce tableau général de la nature, où il ne peut être question de méthodes, j'ai fait exception pour celles que je viens de citer, c'est qu'elles sont éminemment propres à faire ressortir l'étroite solidarité qui relie la forme et les forces aux phénomènes généraux. D'ailleurs, ces méthodes ont joué dans la science un rôle capital : elles ont fourni l'occasion de soumettre à une épreuve délicate les instruments de mesure de toute espèce, de perfectionner en astronomie la théorie des mouvements de la lune, et en mécanique celle du pendule oscillant dans un milieu résistant ; on peut dire enfin qu'elles ont sollicité l'analyse à s'ouvrir à de nouvelles voies. Après la recherche de la parallaxe des étoiles qui a conduit à la découverte de l'aberration et de la nutation, on ne trouve dans l'histoire des sciences qu'un seul problème, celui de la figure de la terre, dont la solution puisse rivaliser d'importance avec les progrès généraux qui résultent indirectement des efforts tentés pour atteindre le but. Onze mesures de degrés, dont trois furent exécutées hors d'Europe, une au Pérou (l'ancienne mesure française), et deux aux Indes orientales, ont été comparées et calculées par Bessel, d'après les méthodes les plus rigoureuses : il en est résulté un aplatissement de $\frac{1}{299}$. Ainsi, dans cet ellipsoïde de révolution, le demi-diamètre polaire est plus court de 10,938 toises (21 kilomètres environ ou 5 lieues de poste) que le demi-diamètre équatorial ; le renflement équatorial a donc à peu près cinq fois la hauteur du Mont-Blanc et deux fois et demi seulement la hauteur probable du Dhawalagiri, la plus haute montagne de la chaîne de l'Himalaya. Les inégalités lunaires (perturbations du mouvement de la lune en longitude et en latitude) ont donné à Laplace un aplatissement de $\frac{1}{299}$, c'est-à-dire le même résultat que les mesures de degrés. Mais les observations du pendule ont conduit à un aplatissement beaucoup plus fort $\frac{1}{288}$.

« On raconte que, pendant le service divin, Galilée encore enfant, et sans doute un peu distrait, reconnut qu'on pourrait mesurer la hauteur du dôme de l'église, par la durée des oscillations des lampes suspendues à la voûte, à des hauteurs inégales ; mais qu'il était loin de prévoir que son pendule dût être un jour transporté d'un pôle à l'autre, pour déterminer la figure de la terre, ou plutôt pour constater que l'inégale densité des couches terrestres influe sur la longueur du pendule à secondes ! On ne peut trop admirer ces propriétés géognostiques d'un instrument destiné d'abord à mesurer le temps, et qui peut servir à sonder, en quelque sorte, les profondeurs ; à indiquer, par exemple, s'il existe dans certaines îles volcaniques et sur les versants des chaînes de montagnes, des cavités souterraines ou des masses pesantes de basalte et de mélaphyre. Malheureusement ces belles propriétés deviennent autant d'inconvénients graves, quand il s'agit d'appliquer la méthode des oscillations du pendule à l'étude de la forme générale de la terre. Les chaînes de montagnes et la densité variable des couches réagissent aussi, mais d'une manière moins nuisible, sur la partie astronomique d'une mesure de degré.

« Quand la figure de la terre est connue, on peut en déduire l'influence qu'elle exerce sur les mouvements de la lune ; réciproquement, de la connaissance parfaite de ces mouvements on peut remonter à la forme de notre planète. C'est ce qui a fait dire à Laplace : « Il est très-remarquable qu'un astronome, sans sortir de son observatoire, en comparant seulement ses observations à l'analyse, eût pu déterminer exactement la grandeur et l'aplatissement de la terre, et sa distance au soleil et à la lune, éléments dont la connaissance a été le fruit de longs et pénibles voyages dans les deux hémisphères. » L'aplatissement qu'on déduit ainsi des inégalités lunaires a, sur les mesures de degrés isolées et sur les observations du pendule, l'avantage d'être indépendant des accidents locaux ; c'est l'aplatissement *moyen* de notre planète. Comparé à la vitesse de rotation de la terre, il prouve que la densité des couches terrestres va en croissant de la surface au centre ; l'on obtient le même résultat pour Jupiter et pour Saturne, quand on compare leurs aplatissements avec les durées de leurs rotations respectives. Ainsi la connaissance de la figure extérieure des astres conduit à celle des propriétés de leur masse intérieure.

Les deux hémisphères paraissent avoir à peu près la même courbure sous les mêmes latitudes ; mais les mesures de degrés et les observations du pendule donnent, pour les diverses localités, des résultats tellement différents, qu'aucune figure régulière ne peut s'adapter à toutes les déterminations ainsi obtenues. La figure réelle de la terre est, à une figure régulière géométrique, ce que la surface accidentée d'une eau en mouvement est à celle d'une eau tranquille.

« Après avoir ainsi mesuré la terre, il fallait encore la peser. Plusieurs méthodes ont été imaginées dans ce but. La première consiste à déterminer, par une combinaison de mesures astronomiques et géodésiques, la quantité dont le fil à plomb dévie de la verticale, sous l'influence d'une montagne voisine ; la seconde est fondée sur la comparaison des longueurs d'un pendule qu'on a fait osciller d'abord au pied, puis au sommet d'une montagne ; la troisième méthode est celle de la balance de torsion, qu'on peut aussi considérer comme un pendule oscillant horizontalement. De ces trois procédés le dernier est le plus sûr, parce qu'il n'exige pas, comme les deux autres, la détermination toujours difficile de la densité des minéraux dont se compose une montagne. Les recherches récentes que Reich a faites avec la balance de torsion ont fixé la densité moyenne de la terre entière à 5,44, celle de l'eau pure étant prise pour unité. Or, d'après la nature des roches qui composent les couches supérieures de la partie solide du globe, la densité des continents est à peine 2,7 : par conséquent, la densité moyenne des continents et des mers n'atteint pas 1,6. On voit par là combien la densité des couches intérieures doit croître vers le centre, soit par suite de la pression qu'elles supportent, soit à cause de la nature de leurs matériaux. C'est une nouvelle raison à ajouter à celles qui ont fait donner au pendule vertical ou horizontal le nom d'instrument géognostique.

« Plusieurs physiciens célèbres, placés à des points de vue différents, ont tiré de ce résultat des conclusions diamétralement opposées sur l'intérieur de notre globe. Ainsi, l'on a calculé à quelle profondeur les liquides et même les gaz doivent avoir acquis, sous la pression des couches supérieures, une densité supérieure à celle du platine ou de l'iridium ; puis, pour accorder l'hypothèse de la compressibilité indéfinie de la matière avec l'aplatissement, dont la valeur est fixée aujourd'hui entre des limites très-rapprochées, l'ingénieux Leslie se vit conduit à présenter l'intérieur du globe terrestre comme une caverne sphérique remplie d'un fluide impondérable, mais doué d'une force d'expansion énorme. Ces conceptions hardies firent naître bientôt des idées encore plus fantastiques dans des esprits entièrement étrangers aux sciences. On en vint à faire croître des plantes dans cette sphère creuse ; on la peupla d'animaux, et, pour en chasser les ténèbres, on y fit circuler deux astres, Pluton et Proserpine. Ces régions souterraines furent douées d'une température toujours égale, d'un air toujours lumineux par suite de la pression qu'il supporte : on oubliait sans doute qu'on y avait déjà placé deux soleils pour l'éclairer. Enfin, près du pôle Nord, par 82° de latitude, se trouvait une immense ouverture par où devait s'écouler la lumière des aurores boréales, et qui permettait de descendre dans la sphère creuse. Sir Humphry Davy et moi, nous fûmes instamment et publiquement invités par le capitaine Symmes à entreprendre cette expédition. Telle est l'énergie de ce penchant maladif qui porte certains esprits à peupler de merveilles les espaces inconnus, sans tenir compte ni des faits acquis à la science, ni des lois universellement reconnues dans la nature. Déjà, vers la fin du XVIIe siècle, le célèbre Halley, dans ses spéculations magnétiques, avait creusé ainsi l'intérieur de la terre : il supposait qu'un noyau, tournant librement dans cette cavité souterraine, produit les variations annuelles et diurnes de la déclinaison de l'aiguille aimantée. Ces idées, qui ne furent jamais qu'une pure fiction pour l'ingénieux Holberg, ont fait fortune de nos jours, et l'on a cherché, avec un sérieux incroyable, à leur donner une couleur scientifique.

« La figure, la densité et la consistance actuelles du globe sont intimement liées aux forces qui agissent dans son sein, indépendamment de toute influence extérieure. Ainsi la force centrifuge, conséquence du mouvement de rotation dont le sphéroïde terrestre est animé, a déterminé l'aplatissement qui dénote la fluidité primitive de notre planète. Une énorme quantité de chaleur latente est devenue libre par la solidification de cette masse fluide, et si, comme le veut Fourier, les couches superficielles, en rayonnant vers les espaces célestes, se sont refroidies et solidifiées les premières, les parties plus voisines du centre doivent avoir conservé leur fluidité et leur incandescence primitive. Longtemps cette chaleur interne a traversé l'écorce ainsi formée, pour se perdre ensuite dans l'espace ; puis à cette période a succédé un état d'équilibre stable dans la température du globe, en sorte qu'à partir de la surface, la chaleur doit aller en croissant graduellement vers le centre. En fait, cet accroissement se trouve établi d'une manière irrécusable, au moins jusqu'à une grande profondeur, par la température des eaux qui jaillissent des puits artésiens, par celle des roches qu'on exploite dans les mines profondes, et surtout par l'activité volcanique de la terre, c'est-à-dire par l'éruption des masses liquéfiées qu'elle rejette de son sein. D'après des inductions, fondées à la vérité sur de simples analogies, il est hautement probable que cet accroissement se propage jusqu'au centre.

« Dans l'ignorance complète où nous sommes sur la nature des matériaux dont l'intérieur de la terre est formé, sur les degrés divers de capacité pour la chaleur et de conductibilité des couches superposées, enfin sur les transformations chimiques que les matières solides ou liquides doivent subir sous l'influence d'une pression énorme, nous ne pouvons appliquer sans réserve à notre planète les lois de la propagation de la chaleur qu'un profond géomètre a découvertes pour un sphéroïde homogène en métal, à l'aide d'une analyse qu'il avait créée lui-même. Déjà notre esprit réussit avec peine à se représenter la limite qui sépare la masse liquide intérieure des couches solides dont se compose l'écorce terrestre, ou bien cette gradation insensible par laquelle les couches passent de la solidification complète à la demi-fluidité des substances terrestres ramollies, mais non pas en fusion. Or, les lois connues de l'hydraulique ne peuvent s'appliquer à cet état intermédiaire sans de grandes restrictions. L'attraction du soleil et de la lune, qui soulève les eaux de l'Océan et produit les marées, doit se faire sentir encore sous la voûte formée par les couches déjà solidifiées ; il se produit sans doute dans la masse en fusion un flux et un reflux, une variation périodique de la pression que supporte la voûte. Toutefois ces oscillations doivent être fort petites, et ce n'est point à elles, mais à des forces intérieures plus puissantes, qu'il faut attribuer les tremblements de terre. Il existe ainsi des séries entières de phénomènes dont nous pourrions à peine déterminer numériquement la faible influence, mais qu'il est utile de signaler, afin d'établir les grandes lois de la nature dans toute leur généralité et jusque dans les moindres détails.

« D'après les expériences assez concordantes auxquelles on a soumis l'eau de divers puits artésiens, il paraît qu'en moyenne la température de l'écorce terrestre augmente dans le sens vertical, avec la profondeur, à raison de 1° du thermomètre centigrade, pour 30 mètres. Si cette loi s'applique à toutes les profondeurs, une couche de granite serait en pleine fusion à une profondeur de 4 myriamètres, 4 à 5 fois la hauteur du plus haut sommet de la chaîne de l'Himalaya.

« La chaleur se propage dans le globe terrestre de trois manières différentes. Le premier mouvement est périodique ; il fait varier la température des couches terrestres suivant que la chaleur, d'après les saisons et la position du soleil, pénètre de haut en bas ou s'écoule de bas en haut, en reprenant la même voie, mais en sens inverse. Le deuxième mouvement, qui résulte encore de l'action solaire, est d'une excessive lenteur : une partie de la chaleur qui a pénétré les couches équatoriales se meut dans l'intérieur de l'écorce terrestre jusque vers les pôles ; là elle se déverse dans l'atmosphère et va se perdre dans les régions éloignées de l'espace. Le troisième mode de propagation est le plus lent de tous : il consiste dans le refroidissement séculaire du globe, c'est-à-dire dans la perte de cette faible partie de la chaleur primitive qui est actuellement à la surface. A l'époque des plus anciennes révolutions de la terre, cette déperdition de la chaleur centrale a dû être considérable ; mais, à partir des temps historiques, elle s'est tellement ralentie, qu'elle échappe presque à nos instruments de mesure. Ainsi la surface de la terre se trouve placée entre l'incandescence des couches intérieures et la basse température des espaces célestes, température vraisemblablement inférieure au point de congélation du mercure.

« Les variations périodiques que la situation du soleil et les phénomènes météorologiques produisent dans la température de la surface ne se propagent dans l'intérieur de la terre qu'à une très-faible profondeur. Cette lente transmission de la chaleur à travers le sol diminue la déperdition qu'il éprouve pendant l'hiver; elle est favorable aux arbres à racines profondes. Ainsi les points situés à diverses profondeurs sur une même ligne verticale atteignent, à des époques très-différentes, le maximum et le minimum de la température qui leur écheoit en partage; et plus ils s'éloignent de la surface, plus la différence de ces deux extrêmes diminue. Dans la région tempérée que nous habitons, la couche de température invariable se trouve à une profondeur de 24 à 27 mètres; vers la moitié de cette profondeur, les oscillations que le thermomètre éprouve par suite des alternatives des saisons vont à peine à un demi-degré. Sous les tropiques, la couche invariable se trouve déjà à 1 mètre au-dessous de la surface, et Boussingault a tiré parti de cette circonstance pour déterminer, d'une manière simple et, à son avis, très-sûre, la température moyenne de l'atmosphère du lieu. On peut considérer cette température moyenne de l'atmosphère en un point donné de la surface, ou mieux dans un groupe de points rapprochés, comme l'élément fondamental qui détermine dans chaque contrée la nature du climat et de la végétation. Mais la température moyenne de la surface entière est très-différente de celle du globe terrestre lui-même. On s'enquiert souvent si le cours des siècles a sensiblement modifié cette moyenne température du globe, si le climat d'une région s'est détérioré, si l'hiver n'y serait pas devenu plus doux et l'été moins chaud. Le thermomètre est l'unique moyen de résoudre de pareilles questions, et c'est à peine si sa découverte remonte à deux siècles et demi; il n'a guère été employé d'une manière rationnelle que depuis cent vingt ans. Ainsi la nature et la nouveauté du moyen restreignent considérablement le champ de nos recherches sur les températures atmosphériques. Il n'en est plus de même s'il s'agit de la chaleur centrale de la terre. De même que de l'égalité dans la durée des oscillations d'un pendule on peut conclure à l'invariabilité de sa température, de même la constance de la vitesse de rotation qui anime le globe terrestre nous donne la mesure de la stabilité de sa température moyenne. La découverte de cette relation entre la *longueur du jour* et la *chaleur du globe* est assurément l'une des plus brillantes applications qu'on ait pu faire d'une longue connaissance des mouvements célestes à l'étude de l'état thermique de notre planète. On sait que la vitesse de rotation de la terre dépend de son volume. La masse de la terre venant à se refroidir par voie de rayonnement, son volume doit diminuer; par conséquent, tout décroissement de température correspond à un accroissement de la vitesse de rotation, c'est-à-dire à une diminution dans la longueur du jour. Or, en tenant compte des inégalités séculaires du mouvement de la lune dans le calcul des éclipses observées aux époques les plus reculées, on trouve que depuis le temps d'Hipparque, c'est-à-dire depuis deux mille ans, la longueur du jour n'a certainement pas diminué de la centième partie d'une seconde. On peut donc affirmer, en restant dans les mêmes limites, que la température moyenne du globe terrestre n'a pas varié de $\frac{1}{170}$ de degré depuis deux mille ans.

« Cette invariabilité dans les dimensions suppose une égale invariabilité dans la répartition de la densité à l'intérieur de la terre. Il en résulte que la formation des volcans actuels, l'éruption des laves ferrugineuses et le transport des lourdes masses de pierres qui ont comblé les fentes et les crevasses, n'ont produit en réalité que des modifications insignifiantes; ce sont des accidents superficiels dont les dimensions s'évanouissent quand on les compare à celles du globe.

« Les considérations que je viens de présenter sur la chaleur interne de notre planète reposent presque exclusivement sur les résultats des belles recherches de Fourier. Poisson a élevé des doutes sur la réalité de cet accroissement continu de la chaleur terrestre depuis la surface du globe jusqu'au centre; suivant lui, toute chaleur a pénétré de l'extérieur à l'intérieur, et celle qui ne provient pas du soleil dépend de la température, ou très-haute ou très-basse, des espaces célestes que le système solaire a traversés dans son mouvement de translation. Cette hypothèse, émise par un des plus profonds géomètres de notre époque, n'a pu satisfaire ni les physiciens, ni les géologues. Mais quelle que soit l'origine de la chaleur interne de notre planète, quelle que soit la cause de son accroissement, limité ou illimité vers le centre, toujours est-il que la connexité intime de tous les phénomènes primordiaux de la matière, et le lien caché qui unit entre elles les forces moléculaires, nous conduisent à rattacher à la chaleur centrale du globe les mystérieux phénomènes du *magnétisme terrestre*. En effet, le magnétisme terrestre, dont le caractère principal est de présenter, dans son triple mode d'action, une continuité de variations périodiques, doit être attribué, soit aux inégalités de la température du globe, soit à ces courants galvaniques que nous considérons comme de l'électricité en mouvement dans un circuit fermé. La marche mystérieuse de l'aiguille aimantée dépend à la fois du temps et de l'espace, du cours du soleil et de la position géographique. A l'inspection d'une aiguille aimantée, de même que, sous les tropiques, à la vue des oscillations du baromètre, on peut reconnaître l'heure de la journée. Bien plus, les aurores boréales, ces lueurs rougeâtres qui colorent le ciel de nos régions arctiques, exercent sur elle une action passagère, mais immédiate. Lorsque le mouvement horaire de l'aiguille est troublé par un *orage magnétique*, il arrive souvent que la perturbation se manifeste simultanément et dans toute la rigueur de ce terme, sur terre et sur mer, à des centaines et à des milliers de lieues; ou bien elle se propage dans tous les sens à la surface du globe, d'une manière successive et à de petits intervalles de temps. Dans le premier cas, la simultanéité des phénomènes pourrait servir à déterminer les longitudes géographiques, tout comme les éclipses des satellites de Jupiter, les signaux de feu et les étoiles filantes convenablement observées. On reconnaît avec admiration que les mouvements saccadés de deux petites aiguilles aimantées pourraient faire connaître la distance qui les sépare, même quand elles seraient suspendues sous terre à de grandes profondeurs, et nous apprendre, par exemple, à quelle distance Casan se trouve placé à l'orient de Gœttingue ou de Paris. Il existe sur le globe des régions où un navigateur, enveloppé par les brouillards pendant de longues journées, est souvent privé des moyens astronomiques qui servent à déterminer l'heure et la position du navire : l'inclinaison de l'aiguille lui indiquera alors avec exactitude s'il se trouve au nord ou au sud d'un port où il doit relâcher.

« Mais si la perturbation qui vient affecter subitement la marche horaire de l'aiguille annonce et prouve l'existence d'un orage magnétique, il faut avouer que le lieu où gît la cause perturbatrice est encore à chercher. Existe-t-elle dans l'écorce terrestre ou dans les régions supérieures de l'atmosphère? la question n'est malheureusement pas soluble actuellement. Si l'on considère la terre comme un aimant réel, il faut alors, suivant l'expression du célèbre fondateur d'une théorie générale du magnétisme terrestre, Frédéric Gauss, attribuer à la terre, par chaque huitième de mètre cubique, la force magnétique d'un barreau aimanté dont le poids serait d'une livre. S'il est vrai que le fer, le nickel, et probablement le cobalt, soient les seules substances qui puissent retenir d'une manière durable les propriétés magnétiques, en vertu d'une certaine force coercitive, d'un autre côté, le magnétisme de rotation d'Arago et les courants d'induction de Faraday prouvent que toutes les substances terrestres peuvent devenir *passagèrement* magnétiques. Les recherches du premier de ces deux illustres physiciens ont établi que l'eau, la glace, le verre, le charbon et le mercure exercent une action sur les oscillations de l'aiguille aimantée. Presque toutes les substances présentent un certain degré d'aimantation lorsqu'elles jouent le rôle de conducteurs, c'est-à-dire lorsqu'elles sont traversées par un courant d'électricité.

« Les peuples occidentaux paraissent avoir connu très-anciennement la force d'attraction des aimants naturels; mais, fait bien remarquable, ce sont les peuples de l'extrémité orientale de l'Asie, les Chinois, qui seuls ont connu l'action directrice que le globe terrestre exerce sur l'aiguille aimantée. Mille ans et plus avant notre ère, à l'époque si obscure de Codrus et du retour des Héraclites dans le Péloponèse, les Chinois avaient déjà des *balances magnétiques*, dont un des bras portait une figure humaine qui indiquait constamment le sud; et ils se servaient de cette boussole pour se diriger à travers les steppes immenses de la Tartarie. Déjà, au IIIe siècle de notre ère, c'est-à-dire sept cents ans au moins avant l'introduction de la boussole dans les mers européennes, les jonques chinoises naviguaient sur l'Océan Indien d'après l'indication magnétique du Sud. J'ai fait voir dans un autre ouvrage quelle supériorité la connaissance et l'emploi de l'aiguille aimantée, à ces époques reculées, avaient donnée aux géographes chinois sur les géographes grecs ou romains, qui ignorèrent toujours, par exemple, la vraie direction des Apennins et des Pyrénées.

« La force magnétique de notre planète se manifeste à la surface par trois classes de phénomènes, dont l'une répond à *l'intensité* variable de la force elle-même, tandis que les deux autres comprennent les faits relatifs à sa direction variable, c'est-à-dire l'*inclinaison* et la *déclinaison;* ce dernier angle est compté, en chaque lieu, dans le sens horizontal, à partir du méridien terrestre. L'effet complet que le magnétisme produit à l'extérieur peut ainsi se représenter graphiquement à l'aide de trois systèmes de lignes, savoir : les lignes *isodynamiques*, les lignes *isocliniques* et les lignes *isogoniques*, ou, en d'autres termes, les lignes d'égale intensité, d'égale inclinaison et d'égale déclinaison. La distance et la position relative de ces lignes ne restent point constantes : elles sont soumises à de continuels déplacements oscillatoires. Cependant, il est sur la surface du globe des points, tels que la partie occidentale des Antilles et le Spitzberg, où la déclinaison de l'aiguille aimantée ne varie pas, ou du moins ne varie que de quantités à peine sensibles dans le cours entier d'un siècle. De même, si des lignes isogoniques, par suite de leur mouvement séculaire, viennent à passer de la surface de la mer sur un continent ou sur une île un peu considérable, elles s'y arrêtent longtemps, et s'y recourbent à mesure qu'elles avancent ailleurs.

« Ces déplacements successifs et ces modifications inégales des déclinaisons orientales et occidentales compliquent les représentations graphiques qui répondent à des siècles différents, et empêchent d'y reconnaître facilement les rapports et les analogies des formes. Telle branche d'une courbe a toute une histoire particulière; mais, chez les peuples occidentaux, cette histoire ne remonte pas au delà de l'époque mémorable où le grand homme qui fit la seconde découverte du nouveau monde reconnut une ligne sans déclinaison vers 3° à l'ouest du méridien de l'une des Açores, l'île de Flores. Sauf une petite partie de la Russie, l'Europe entière a maintenant une déclinaison occidentale, tandis qu'à la fin du XVIIe siècle, à Londres en 1637, puis en 1669 à Paris, l'aiguille était dirigée exactement vers le pôle. Deux excellents observateurs, Hansteen et Adolphe Erman, ont signalé l'étonnant phénomène que les lignes d'égale déclinaison présentent dans les vastes régions de l'Asie septentrionale : concaves vers le pôle entre Obdorff sur l'Obi et Turuchansk, elles sont convexes entre le lac Baikal et la mer d'Ochotsk. Dans ces régions du Nord de l'Asie orientale, entre la chaîne de Werchojansk, Jakoutsk et la Corée septentrionale, les lignes isogoniques forment un système particulier très-remarquable, dont la forme ovalaire se reproduit sur une plus grande échelle dans la mer du Sud, presque sous le méridien de Pitcairn et de l'archipel des Marquises, entre 20° de latitude boréale et 45° de latitude australe. On serait porté à attribuer ces systèmes isolés, fermés de toutes parts, et formés de courbes presque concentriques, à des propriétés locales du globe terrestre ; mais si de tels systèmes, en apparence isolés, doivent se déplacer aussi dans la suite des siècles, il faudrait en conclure que ces phénomènes, comme tous les grands faits naturels, se rapportent à une cause beaucoup plus générale.

« Les variations horaires de la déclinaison dépendent du temps vrai ; elles sont réglées par le soleil, tant que cet astre est sur l'horizon du lieu, et elles décroissent en valeur angulaire avec la latitude magnétique. Près de l'équateur, par exemple dans l'île de Rawak, elles sont à peine de trois à quatre minutes, tandis qu'elles montent à treize ou quatorze minutes dans l'Europe centrale. Or, comme depuis 8 heures et demie du matin jusqu'à une et demie du soir, terme moyen, l'extrémité boréale de l'aiguille marche de l'est à l'ouest dans l'hémisphère septentrional, et de l'ouest à l'est dans l'hémisphère austral, on a eu raison d'avancer qu'il doit y avoir sur la terre une région, située probablement entre l'équateur terrestre et l'équateur magnétique, où la variation horaire de la déclinaison est nulle. Cette dernière courbe pourrait être nommée *ligne sans variation horaire de la déclinaison* ; elle n'a pas été trouvée jusqu'à présent.

« De même qu'on a donné le nom de *pôles magnétiques* à ces points de la surface terrestre où la force horizontale disparaît, points dont l'importance a du reste été fort exagérée, de même *l'équateur magnétique* est la courbe des points où l'inclinaison de l'aiguille est nulle. La position de cette ligne et les changements séculaires de sa forme ont été, dans ces derniers temps, l'objet de sérieuses recherches. D'après les excellents travaux de Duperrey, qui a traversé l'équateur magnétique, à six reprises différentes, de 1822 à 1825, les nœuds des deux équateurs, c'est-à-dire les deux points où la *ligne sans inclinaison* coupe l'équateur terrestre, et passe ainsi d'un hémisphère dans l'autre, sont placés d'une manière peu régulière : en 1825, le nœud qui se trouvait près de l'île de Saint-Thomas, vers la côte occidentale de l'Afrique, était à 188° ½ du nœud situé dans la mer du Sud, près des petites îles de Gilbert, à peu près sous le méridien de l'archipel de Viti. Au commencement de ce siècle, j'ai déterminé astronomiquement, à 3600 mètres au-dessus du niveau de la mer, le point (7° 1' lat. aust. et 48° 40' long. occid.) où la chaîne des Andes est coupée par l'équateur magnétique, entre Quito et Lima. A l'ouest de ce point, l'équateur magnétique traverse presque toute la mer du Sud dans l'hémisphère austral, et se rapproche lentement de l'équateur terrestre. Il passe dans l'hémisphère septentrional un peu en avant de l'archipel Indien, touche seulement les extrémités méridionales de l'Asie, et pénètre ensuite dans le continent Africain, à l'ouest de Socotora, vers le détroit de Bab-el-Mandeb ; c'est alors qu'il s'écarte le plus de l'équateur terrestre. Après avoir traversé les régions inconnues de l'intérieur du continent Africain dans la direction sud-ouest, l'équateur magnétique revient dans la zone australe des tropiques, vers le golfe de Guinée ; il s'écarte alors tellement de l'équateur terrestre, qu'il va couper la côte brésilienne par 15° de latitude australe, vers Os Ilheos, au nord de Porto-Seguro. De là aux plateaux élevés des Cordillères, où je pus observer l'inclinaison de l'aiguille entre les mines d'argent de Micuipampa et l'ancienne résidence des Incas, Caxamarca, il parcourt toute l'Amérique du Sud, vaste contrée qui, vers ces latitudes, est encore pour nous une *terra incognita* magnétique, de même que l'Afrique centrale.

« De nouvelles observations, recueillies et discutées par Sabine, nous ont appris que de 1825 à 1837 le nœud de l'île Saint-Thomas s'est déplacé de 4° en avançant de l'orient vers l'occident. Il serait extrêmement important de savoir si l'autre nœud, situé dans la mer du Sud, vers les îles Gilbert, a marché vers l'ouest d'une quantité égale, en se rapprochant du méridien des Carolines. On peut voir, par cet aperçu général, comment les différents systèmes de lignes isocliniques se relient à cette grande ligne sans inclinaison dont les variations de forme et de position changent les latitudes magnétiques, et influent aussi sur l'inclinaison de l'aiguille, jusque dans les contrées les plus éloignées. On voit aussi que, par une favorable répartition des terres et des mers, les ⅘ de l'équateur magnétique sont situés sur l'Océan ; or, comme nous possédons aujourd'hui les moyens de mesurer en mer, avec la dernière exactitude, l'inclinaison et la déclinaison de l'aiguille aimantée, cette position océanique n'est pas un médiocre avantage pour l'étude du magnétisme terrestre.

« Après avoir exposé la distribution du magnétisme à la surface du globe, sous le double point de vue de la déclinaison et de l'inclinaison de l'aiguille aimantée, il nous reste encore à l'envisager par rapport à l'intensité de la force elle-même, intensité que les lignes isodynamiques sont destinées à représenter graphiquement. Le vif intérêt qu'inspirent universellement aujourd'hui l'étude et la mesure de cette force par la méthode des oscillations d'une aiguille verticale ou horizontale, ne remonte pas au-delà du commencement de ce siècle. Grâce aux ressources perfectionnées de l'optique et de la chronométrie, ce genre de mesure dépasse en exactitude toutes les autres déterminations magnétiques. Sans doute les lignes isogoniques sont plus importantes pour le navigateur et pour le pilote; mais il s'agit de la théorie du magnétisme terrestre, les lignes d'égale intensité sont celles dont on espère aujourd'hui les résultats les plus féconds. Le premier fait que l'on ait constaté par des mesures directes, c'est la décroissance de l'intensité totale en allant de l'équateur vers le pôle.

« Si nous connaissons actuellement la loi que suit cette diminution d'intensité et la distribution géographique de tous les termes dont elle se compose, nous le devons surtout, depuis 1819, à l'infatigable activité d'Edouard Sabine; après avoir observé les oscillations de l'aiguille avec les mêmes appareils, au pôle nord américain, au Groënland, au Spitzberg, sur les côtes de Guinée et au Brésil, Sabine s'est encore occupé de rassembler et de coordonner tous les documents capables d'éclaircir la grande question des lignes isodynamiques. J'ai moi-même donné, pour une petite partie de l'Amérique du Sud, le premier essai d'un système isodynamique divisé par zones. Ces lignes ne sont pas parallèles à celles d'égale inclinaison; la force magnétique est loin d'atteindre son minimum d'intensité à l'équateur, comme on le crut d'abord; elle n'y est même uniforme nulle part. Lorsque l'on compare les observations d'Erman dans la partie méridionale de l'Océan atlantique, où se trouve une zone de faible intensité qui va d'Angola, par l'île de Sainte-Hélène, jusqu'aux côtes du Brésil, avec les dernières observations du grand navigateur James Clark Ross, près du cap Grozier, on trouve que la force magnétique augmente presque dans le rapport de 1 à 3 vers le pôle magnétique austral (ce pôle est situé sur la terre Victoria, à l'ouest du volcan Erebus, dont le sommet s'élève, au milieu des glaces, à 3800 mètres au-dessus de la mer). L'intensité, près du pôle magnétique austral, étant à très-peu près 2052 (l'unité qu'on a adoptée dans ce genre d'évaluation est l'intensité que j'ai déterminée au Pérou sur l'équateur magnétique), Sabine a trouvé qu'elle était seulement 1624 au pôle magnétique Nord, près des îles Melville, par 74° 27' de latitude septentrionale, tandis qu'elle est 1803 à New-York, c'est-à-dire sous la même latitude que Naples.

« Les brillantes découvertes d'Oersted, d'Arago et de Faraday, ont établi un rapport intime entre la tension électrique de l'atmosphère et la tension magnétique du globe terrestre. D'après Oersted, un conducteur est aimanté par le courant électrique qui le traverse; d'après Faraday, le magnétisme fait naître, par induction, des courants électriques. Ainsi, le magnétisme n'est qu'une des formes multiples sous lesquelles l'électricité peut se manifester; il était réservé à notre époque de prouver l'identité des forces électriques et magnétiques, identité pressentie obscurément dès les temps les plus reculés. « Lorsque l'ambre (*electrum*) est *animé* par le frottement et par la chaleur, dit Pline d'après Thalès et l'école Ionique, il attire les fragments d'écorces et de feuilles sèches, tout comme l'aimant attire le fer. » On retrouve la même idée dans les annales scientifiques d'un peuple qui occupe l'extrémité orientale de l'Asie, et le physicien chinois Kuopho l'a reproduite avec les mêmes termes, dans son éloge de l'aimant. A ma grande surprise, j'ai dû reconnaître que les sauvages des bords de l'Orénoque, une des races les plus dégradées de la terre, savent produire de l'électricité par le frottement; les enfants de ces tribus s'amusaient à frotter les graines aplaties, desséchées et brillantes, d'une plante grimpante à siliques (c'était probablement une *negretia*), jusqu'à ce qu'elles attirassent des brins de coton ou de roseaux. Ce n'était là qu'un jouet d'enfant pour ces sauvages nus, au teint cuivré; mais pour nous, quel sujet de graves réflexions! quel abîme entre ces jeux électriques des sauvages et nos paratonnerres, nos piles voltaïques, nos appareils magnétiques producteurs d'étincelles! Des milliers d'années de progrès et de développement intellectuel ont creusé cet abîme.

« Quand on réfléchit à la perpétuelle mobilité des phénomènes du magnétisme terrestre, lorsqu'on voit l'intensité, la déclinaison, l'inclinaison, varier à la fois avec les heures du jour et de la nuit, avec les saisons de l'année, et même avec le nombre des années écoulées, on ne peut se refuser à croire que les courants électriques dont ces phénomènes dépendent forment des systèmes partiels très-complexes dans l'intérieur de l'écorce de notre planète. Mais quelle est l'origine de ces courants? Sont-ils, comme dans les expériences de Seebeck, de simples courants thermo-électriques, produits par l'inégale répartition de la chaleur, ou plutôt des courants d'induction nés de l'action calorifique du soleil? Accorderons-nous une certaine influence sur la distribution des forces magnétiques au mouvement de rotation de la terre et aux vitesses différentes que les zones possèdent d'après leurs distances à l'équateur? Peut-être existe-t-il un centre d'action magnétique dans les espaces inter-planétaires, ou dans une certaine polarité du soleil et de la lune. Ces dernières hypothèses rappellent que Galilée, dans son célèbre *Dialogo*, explique la direction constante de l'axe de la terre, par un centre d'action magnétique situé dans les espaces célestes

« Si l'on se représente l'intérieur du globe terrestre comme une masse liquéfiée par une chaleur énorme, il faut renoncer à ce noyau magnétique, dont certains physiciens ont doué la terre pour expliquer les phénomènes qui nous occupent. Cependant, le magnétisme ne disparaît complétement qu'à la chaleur blanche, et le fer en conserve encore des traces quand sa température ne dépasse point le rouge obscur : quelles que soient, d'ailleurs, dans ces expériences, les modifications qu'éprouve l'état moléculaire des corps, et par suite leur force coercitive, il restera toujours une notable épaisseur de l'écorce terrestre où nous pourrons chercher le siége des courants magnétiques. On attribuait autrefois les variations horaires de la déclinaison à l'échauffement progressif de la terre sous l'influence du mouvement diurne apparent du soleil; mais cette action n'intéresse que la couche la plus superficielle, car des observations faites avec soin en plusieurs lieux du globe, à l'aide de thermomètres enfoncés dans le sol à diverses profondeurs, ont montré avec quelle lenteur la chaleur solaire pénètre à quelques pieds seulement. En outre, l'état thermique de la surface de la mer, qui forme les $\frac{4}{5}$ de celle du globe entier, s'accordera difficilement avec cette théorie, tant qu'il s'agira d'une action immédiate, et non d'une action d'induction exercée par les couches d'air ou de vapeurs aqueuses de l'atmosphère.

« Ainsi, dans l'état actuel de nos connaissances, il faut se résoudre à ignorer les dernières causes physiques de ces phénomènes compliqués; si la science a fait récemment de brillants progrès, c'est dans une autre voie; c'est par la détermination numérique des valeurs moyennes de tout ce qui peut être soumis à nos mesures de temps ou d'espace; c'est en dirigeant tous les efforts vers ce qu'il y a de constant et de régulier au fond de ces apparences variables. De Toronto, dans le Haut-Canada, au cap de Bonne-Espérance et à la terre Van-Diemen, de Paris à Pékin, la terre est couverte, depuis 1828, d'*observations magnétiques*, où l'on épie sans cesse chaque manifestation régulière ou irrégulière du magnétisme terrestre, à l'aide d'observations simultanées. On y mesure des variations de $\frac{1}{40000}$ dans l'intensité totale. A certaines époques, on y observe pendant 24 heures consécutives, par intervalles de deux minutes et demie. En trois ans, d'après les calculs d'un illustre astronome anglais, le nombre des observations à discuter s'élèvera à 1,958,000. Jamais efforts aussi grandioses, aussi dignes d'admiration, n'ont été tentés dans le but d'approfondir une des grandes lois de la nature. En comparant ces lois à celles qui règnent dans notre atmosphère ou dans certaines régions plus éloignées encore, on pourra remonter, tout nous porte à le croire, jusqu'à la source même des manifestations magnétiques. Dès à présent, du moins, il nous est permis de nous glorifier du nombre et de l'importance des moyens qui sont mis en œuvre; mais prétendre que la théorie physique du magnétisme terrestre ne laisse plus rien à désirer aujourd'hui, ce serait agir comme font ceux qui ne tiennent aucun compte des faits qu'autant qu'ils s'accommodent à leurs spéculations.

« D'intimes rapports unissent à la fois le magnétisme du globe et les forces électro-dynamiques qu'Ampère a mesurées, à la production de la lumière polaire, ainsi qu'à la chaleur de notre planète, dont les pôles magnétiques sont considérés comme des pôles de froid. Il y a plus de 128 ans, Halley soupçonnait que les aurores boréales pourraient bien être de simples phénomènes magnétiques : aujourd'hui, la brillante découverte de Faraday, qui fit naître de la lumière par l'action des seules forces magnétiques, a donné à ce vague soupçon la valeur d'une certitude expérimentale. »

MINE DE SEL DE WIELICZKA.

La mine de sel de Wieliczka est située sous la ville de ce nom, qui appartient à la Gallicie autrichienne, et se trouve distante de Cracovie d'environ 8 kilomètres. Sa plus grande profondeur arrive à 500 mètres ; son étendue, de l'ouest à l'est, est de 3040 mètres, et dans cette direction elle va rejoindre la mine de Bochnia ; enfin, du nord au sud, elle occupe un espace de 1158 mètres. On attribue sa découverte à un pâtre, appelé Wielicz, qui lui a laissé son nom. L'activité qui a lieu dans ce souterrain, où se meuvent une population de 7 à 800 âmes, des chevaux, des bestiaux, des charrettes, etc., est semblable à celle qui se manifeste à la surface du sol, dans une ville où l'industrie est prospère.

Les salines de Wieliczka offrent trois divisions : la première se nomme les Monts-Vieux ou *Gory-Stare;* la seconde, les *Monts-Neufs* ou *Gory-Nowe;* et la troisième, les Monts-Saint-Jean ou *Gory-Ianinskie.* Ces trois divisions ont plusieurs ouvertures ou puits. Dans celui de Leszno, le roi Auguste III a fait construire un escalier tournant de 476 marches; celui de Gora ne sert qu'à l'extraction des eaux qui s'infiltrent des terrains supérieurs; et c'est par celui de Danielowitz que les visiteurs descendent. « On entre ordinairement dans la mine, dit M. Beudant, par le grand puits d'extraction, parce qu'on est plus tôt arrivé par ce moyen que par les escaliers, et que d'ailleurs tout est disposé de manière à ce qu'il n'y ait rien à craindre. Ce puits peut avoir 3 mètres de diamètre à son ouverture; mais il s'élargit considérablement dans le bas. Il a 64 mètres de profondeur jusqu'à la première galerie, au delà de laquelle on descend partout par de superbes escaliers. La première partie du puits est boisée, parce qu'elle traverse un terrain de sables mouvants; mais la partie inférieure, qui est taillée dans la masse de sel ou dans l'argile salifère, n'a besoin d'aucun étai. La manière dont on descend est assez extraordinaire; dans nombre de mines que j'ai visitées, j'étais souvent descendu assis ou debout sur le bord de la tonne aux minerais, tenant d'une main un câble et de l'autre une lampe. Cette méthode peut déjà paraître assez effrayante aux personnes qui n'y sont pas habituées ; mais celle de Wieliczka ne l'est guère moins, et de plus, elle est assez singulière. On attache à un nœud du câble un certain nombre de cordes, suivant le nombre des personnes qui doivent descendre. Chaque corde, pliée en deux, comme une balançoire, porte dans le bas une petite sangle qui doit servir de siége, et une autre qui forme un petit dossier : il en résulte une espèce de petit fauteuil aérien, sur lequel on se place. Pour s'y asseoir, on tire une corde au bord du puits, et lorsqu'on y est bien arrangé, on laisse la masse reprendre la verticale; on reste alors suspendu au milieu du gouffre jusqu'à ce que tout le monde se soit placé : il en résulte un paquet d'hommes en manière de lustre, qui est d'autant plus singulier, que chacun porte une bougie à la main. S'il y a un grand nombre de personnes à descendre, on fait plusieurs paquets les uns au-dessus des autres. Les chevaux marchent, et en très-peu d'instants on arrive au bas du puits, où l'on est reçu très-civilement par les mineurs. »

Lorsqu'on est parvenu dans la première mine, on est tout d'abord frappé du développement, de la régularité et de la propreté des galeries et de leurs voûtes. On voit sur les côtés de ces galeries des logements d'employés et d'ouvriers, de vastes magasins, des écuries, des étables et autres communs. Plusieurs chapelles ont été aussi taillées dans le sel : celle de Saint-Antoine a 10 mètres de hauteur; celle de Sainte-Cunégonde est ornée d'une statue colossale d'Auguste II et de figures de saint Pierre et de saint Paul, également sculptées au sein de la mine. Dans quelques endroits on s'est amusé à représenter quelques portions de fortifications, des portiques, des pyramides, et un obélisque rappelle la visite de l'empereur François. Çà et là, aussi, sont des inscriptions qui rappellent divers faits qui intéressent les mineurs; et enfin l'on rencontre des amas d'eau d'une assez grande étendue sur lesquels on peut se promener au moyen de radeaux plus ou moins décorés.

L'air est généralement très-sain dans ces régions souterraines, quoique cependant il se forme, vers la partie supérieure des galeries, un deutoxyde d'azote qui s'enflamme quelquefois par l'approche des flambeaux et brûle lentement avec une lueur rougeâtre. Il règne dans ces lieux, comme dans toutes les mines de sel, au surplus, une sécheresse remarquable. Le toit des galeries est soutenu, d'espace en espace, par de très-gros piliers de sel et quelques échafaudages en bois; cependant, en 1745, un écroulement considérable vient entraver la marche des travaux. Aux deux premiers étages le sel se présente en masses informes et de grandes dimensions, dans lesquelles on pourrait tailler des blocs de 100 à 150 mètres cubes.

Les couches ou formations de la mine de Wieliczka sont de trois sortes. La première est une marne de couleur grise foncée, quelquefois mêlée de gypse et humide, dans laquelle se trouve, au premier étage, l'espèce de sel nommé Ziélona ou sel vert, *Grünsalz*, et au second étage, le Spisa ou sel commun, le Lodowata ou sel glacé, et le Iarka, espèce de sable salin. La seconde couche se compose d'une marne sablonneuse qui renferme plusieurs genres de mollusques fossiles, tels que des Peignes, des Lucines, des Cardites, des Cérites, etc. Enfin, la dernière couche, formée aussi de plusieurs étages, offre en premier lieu un mélange de sel impur, de gypse et de pyrites, que l'on nomme Zuber, et dans lequel se rencontrent des cristaux de sel gemme, soit cubiques, soit en prismes rectangulaires; après ces nids de cristaux, on arrive au lit appelé Szybakowa, qui fournit un sel plus compacte et plus pur que les précédents et que l'on nomme Szybik; puis vient la zone du sel gemme dans toute sa pureté, zone que l'on désigne par le nom d'Oczkowata, et dont on emploie les beaux échantillons pour fabriquer des vases, des bijoux et autres objets qui se vendent aux visiteurs de la mine. Les diverses couches que nous venons d'indiquer se dirigent, avec un fort abaissement, de l'occident à l'orient, et s'inclinent principalement vers le midi, c'est-à-dire vers les monts Karpathes. Ces couches sont en général fortement ondulées vers leur sommet, tandis qu'à leur base elles présentent un niveau régulier.

En 1510, un violent incendie, dont on put se rendre maître, éclata dans la mine de Wieliczka; mais on fut moins heureux en 1644, le sinistre dura une année et exerça des ravages épouvantables. S'il faut en croire Cellarius, les Suédois se seraient efforcés aussi, en 1655, de détruire cet établissement par le feu.

Les salines de Bochnia, qui font suite à celles de Wieliczka, furent découvertes, suivant les historiens polonais, en 1351, par sainte Cunégonde, princesse hongroise et épouse de Boleslas V, dit le Chaste. Elles consistent en un creusement dont l'étendue, les directions et la profondeur sont à peu près les mêmes que celles de Wieliczka. Le sel commence à s'y montrer par cristaux et se dispose en filons. Les bancs d'argile ou de sel y sont ondulés et d'une épaisseur inégale; le sel y est brun, rougeâtre ou bleuâtre, rarement limpide, et ses couleurs ne sont pas disposées en zones parallèles; enfin, on trouve dans cette formation du sel fibreux et de l'albâtre.

PUITS ARTÉSIENS ET PUITS DE FEU DES CHINOIS.

Tous ceux qui s'occupent d'histoire et qui se tiennent au courant des relations de voyages, savent que, depuis plusieurs siècles déjà, les Chinois font usage des puits forés et de l'éclairage par le gaz. Leurs moyens mécaniques n'ont pas, sans aucun doute, la perfection de nos appareils; il leur faut plusieurs années pour arriver à des résultats que nous obtenons dans un laps de temps peu considérable; mais enfin la découverte du principe leur appartient, et il en est de même pour une infinité d'inventions que l'Europe moderne n'a pas craint de s'attribuer.

C'est particulièrement pour amener à la surface du sol l'eau des sources salines que les Chinois creusent les puits dont il est question, lesquels sont toujours pratiqués au sein de la roche. Quels sont les indices qui leur font connaître la situation exacte de ces sources? C'est ce que nous ignorons? Toujours est-il qu'ils ne se trompent point dans leurs prévisions; et ce sont les mêmes jets d'eau qui sont accompagnés d'un gaz inflammable, ce qui prouve que les sources contiennent aussi une quantité notable du bitume que nous appelons *naphte*, et auquel les Indiens donnent le nom de *moum*. Klaproth a rapporté, au sujet de ces puits, les détails qui suivent, et qu'il a extraits de la lettre d'un missionnaire.

« Dans le département de Kia-ting-tau (à 250 lieues dans le nord-est de Canton), plusieurs milliers de puits salants se trouvent dans un espace d'environ dix lieues de long sur quatre ou cinq lieues de large. Chaque particulier un peu riche se cherche quelque associé, et creuse un ou plusieurs puits : c'est une dépense de 7 à 8000 francs. Leur manière de creuser ces puits n'est pas la nôtre. Ce peuple vient à bout de ses desseins avec le temps et la patience, et avec bien moins de dépense que nous ; il n'a pas l'art d'ouvrir les rochers par la mine, et tous les puits sont dans le rocher. Ces puits ont ordinairement de 1500 à 1800 pieds de profondeur, et n'ont que cinq à six pouces de largeur. On reste au moins trois ans pour faire un puits. Pour tirer l'eau, on descend dans le puits un tube de bambou long de vingt-quatre pieds, à l'extrémité duquel il y a une soupape; lorsqu'il est arrivé au fond, un homme fort s'assied sur la corde et donne des secousses; chaque secousse fait ouvrir la soupape et monter l'eau ; l'eau donne à l'évaporation un cinquième et plus, quelquefois un quart de sel. Ce sel est très-âcre ; il contient beaucoup de nitre. L'air qui sort de ces puits est très-inflammable. Si l'on présentait une torche à l'ouverture du puits, quand le tube plein d'eau est près d'y arriver, il s'enflammerait en une grande gerbe de feu de vingt à trente pieds de haut. Cela arrive quelquefois par l'imprudence ou la malice d'un ouvrier.

« Il est des puits dont on ne retire point de sel, mais seulement du feu ; on les appelle *puits de feu*. En voici la description : Un petit tube en bambou ferme l'embouchure du puits et conduit l'air inflammable où l'on veut; on l'allume avec une bougie, et il brûle continuellement. La flamme est bleuâtre, ayant trois à quatre pouces de haut et un pouce de diamètre. Le gaz est imprégné de bitume, fort puant, et donne une fumée noire et épaisse : son feu est plus violent que le feu ordinaire.

« Les grands puits de feu sont à Tsee-li-cou-tsing, bourgade située dans les montagnes, au bord d'une petite rivière. Dans une vallée voisine il s'en trouve quatre qui donnent du feu en une quantité vraiment effroyable, et point d'eau. Ces puits, dans le principe, ont donné de l'eau salée : l'eau ayant tari, on creusa, il y a environ quatorze ans, jusqu'à 3000 pieds et plus de profondeur, pour trouver de l'eau en abondance : ce fut en vain, mais il sortit soudainement une énorme colonne d'air qui s'exhala en grosses particules noirâtres. Cela ne ressemble pas à la fumée, mais bien à la vapeur d'une fournaise ardente : cet air s'échappe avec un bruissement et un ronflement affreux qu'on entend fort loin. L'orifice du puits est surmonté d'une caisse de pierre de taille qui a 6 à 7 pieds de hauteur, de crainte que, par inadvertance ou par malice, quelqu'un ne mette le feu à l'embouchure du puits : ce malheur est arrivé il y a quelques années. Dès que le feu fut à la surface, il se fit une explosion affreuse et un assez fort tremblement de terre. La flamme, qui avait environ 2 pieds de hauteur, voltigeait sans rien brûler. Quatre hommes se dévouèrent et portèrent une énorme pierre sur l'orifice du puits; aussitôt elle vola en l'air ; trois hommes furent brûlés, le quatrième échappa au danger; ni l'eau ni la boue ne purent éteindre le feu. Enfin, après quinze jours de travaux opiniâtres, on porta de l'eau en quantité sur une hauteur voisine, on y forma un petit lac, et on le laissa s'écouler tout à coup; il éteignit le feu. Ce fut une dépense d'environ 30,000 francs : somme considérable en Chine.

« A un pied sous terre, sur les quatre faces du puits, sont entés quatre énormes tubes de bambou qui conduisent le gaz sous les chaudières. Chaque chaudière a un tube de bambou ou conducteur du feu, à la tête duquel est un tube de terre glaise, haut de six pouces, ayant au centre un trou d'un pouce de diamètre. Cette terre empêche le feu de brûler le bambou. D'autres bambous mis en dehors éclairent les cours et les grandes halles ou usines. On ne peut employer tout le feu, l'excédant est conduit hors de l'enceinte de la Saline, et y forme trois cheminées ou énormes gerbes de feu flottant et voltigeant à 2 pieds de hauteur au-dessus de la cheminée. La surface du terrain de la cour est extrêmement chaude, et brûle sous les pieds; en janvier même, tous les ouvriers sont à demi nus, n'ayant qu'un petit caleçon pour se couvrir.

« Le feu de ce gaz ne produit presque pas de fumée, mais une vapeur très-forte de bitume qu'on sent à deux lieues à la ronde. La flamme est rougeâtre, comme celle du charbon ; elle n'est pas attachée et enracinée à l'orifice du tube, comme le serait celle d'une lampe; mais elle voltige à deux pouces au-dessus de cet orifice, et elle s'élève à peu près de 2 pieds. Dans l'hiver, les pauvres, pour se chauffer, creusent en rond le sable à un pied de profondeur, une dizaine de malheureux s'asseyent autour; avec une poignée de paille, ils enflamment ce creux, et ils se chauffent de cette manière aussi longtemps que bon leur semble; ensuite ils comblent le trou avec du sable et le feu s'éteint. »

Nous avons indiqué, au mot BITUME du Dictionnaire, diverses localités où le naphte se recueille au moyen de puits creusés plus ou moins profondément. L'espèce la plus pure est celle que l'on rencontre sur la côte nord-est de la mer Caspienne, non loin de Derbent. Plusieurs portions argileuses du sol de la Perse sont tellement imprégnées de naphte, qu'il suffit d'y creuser des bassins, pour que ces cavités se remplissent aussitôt d'un liquide que l'on enflamme et dont le feu ne cesse d'être alimenté par le bitume qui se précipite vers le même point. Il en est de même de quelques parties de l'Inde; on voit aussi dans divers lieux la religion des idolâtres exploiter ce phénomène; et nous venons de traduire d'un journal anglais la relation suivante, fournie par le baron Von Hugel. Il s'agit du temple de Jualamuki, dans le Kashmir.

« Le temple de Jualamuki présente un de ces phénomènes singuliers qui excusent presque la superstition de l'ignorance qui déifie tout ce qui est grand et incompréhensible. Jualamuki est un lieu considérable, qui contient certainement 5 ou 600 maisons ou davantage; une grande population y est agglomérée; et d'innombrables bandes de singes rôdent dans les rues. Nulle part, dans l'Inde, je n'ai trouvé rassemblé tant de Gossian, Bhairagi, Jogi, Jati et autres pénitents, et il y a une tombe érigée pour chacun d'eux, lorsqu'il vient à décéder dans l'endroit, avec le Lincjam au centre, qui désigne le culte de Siva. Ces tombes, par conséquent, sont en quantité et occupent un vaste espace. Au milieu d'elles il y a une place ouverte, avec de magnifiques figuiers, sous lesquels les tentes des pèlerins distingués sont déployées. Le bayaar est très-étendu, avec des stalles sans fin, qui contiennent principalement des images, des guirlandes de roses et des amulettes.

« La situation de ce temple est d'environ 25 à 30 mètres au-dessus de la plaine. Lorsque j'en approchai, je fus reçu par des brahmines qui s'enquérirent si j'avais la permission d'entrer, et lorsque Myra, mon guide, le leur eut certifié, ils me conduisirent, à travers un édifice élevé, au pont de pierre qui mène à l'entrée du portail. Un autre chemin y aboutit plus directement; mais ils me conférèrent l'honneur de monter en passant par l'édifice; et lorsque je fus là, d'énormes tambours, qui, dit-on, se font entendre à dix milles dans la plaine, furent frappés avec grand appareil.

« Après avoir franchi le portail, on aperçoit de nombreux petits temples, bâtis çà et là sur des hauteurs rocheuses, lesquels temples, avec celui du centre, sont entourés d'une muraille élevée. Tous sont en pierre, très-solidement construits et quelquefois taillés dans un seul bloc. Le temple principal a un beau toit richement doré et au-devant de lui est placé un plus petit sanctuaire, séparé et ouvert, dans lequel sont deux tigres dorés, exécrablement sculptés.

« Je fus arrêté à mon arrivée à la porte de ce temple, qui n'admet seulement qu'une personne à la fois. Myra, mon conducteur, disait qu'il était chargé de me conduire dedans, et qu'il voulait accomplir sa mission; mais apercevant, de la porte, tout ce que je souhaitais voir, j'exprimai à Myra le désir que j'avais qu'il se désistât de sa prétention, ce qui me concilia immédiatement la bienveillance de tous les prêtres. L'idée de profanation n'existe pas, au surplus, dans la région des Silkhs, comme dans celle des Hindous : un Européen peut entrer dans tous les lieux sacrés. Jualamuki est, il est vrai, le refuge des pèlerins indous; mais, d'après les proscriptions de Ranjeet-Singh, les brahmines eux-mêmes cachent ou renoncent à plusieurs de leurs préjugés.

« L'intérieur du temple à la porte duquel j'étais arrêté est disposé de la manière suivante : Un mur de roc occupe la moitié de la hauteur et de la largeur du carré. Dans le milieu d'une moitié du front est une excavation aussi large et aussi profonde qu'une fosse, à chaque bout de laquelle est une place où les fakirs sont assis. Du centre de cette excavation s'élève une masse de flamme qui a souvent 6 décimètres carrés; et, à deux autres endroits, sur chaque côté de la fosse et visibles de l'entrée, sont d'autres flammes qui s'échappent du roc, lesquelles ont peut-être de 15 à 20 centimètres de long et 5 de largeur. Ceux qui sont amenés là par leur dévotion offrent en entrant aux fakirs des dons qui consistent communément en fleurs. Ces fakirs les présentent aux flammes et les jettent ensuite dans le temple. A deux autres places du mur de roc, et à quelques décimètres au-dessus du plancher du temple, sont encore des flammes de même taille que celles des côtés de l'excavation. J'imaginai d'abord que toutes ces flammes étaient une invention des brahmines, parce que je voyais un nombre considérable de vaisseaux contenant du *ghie* (beurre fondu), rangés dans l'enceinte et qui y avaient été apportés comme offrandes; mais mon investigation dans un autre temple me convainquit bientôt de mon erreur.

« Un petit temple, peu éloigné du grand, est appelé Gogranat, et est dédié au saint patron de Gurka. J'entrai sans cérémonie ou sans prohibition dans celui-ci. Cette circonstance me démontra pleinement que ce temple avait dû appartenir, dans l'origine, à la religion budhiste, qui ne reconnaît point l'existence de caste; et le nom de Gogranat, l'une des mille appellations de Budhu, confirme cette opinion. Je pense que ce fut aussi le nom primitif de tout ce groupe de temples.

« Je montai quelques pas et trouvai, sur le roc perpendiculaire, deux places d'où sortaient des flammes semblables à celles que j'avais déjà vues. Où le feu se montrait, étaient de petits creux dans la pierre polie, tels qu'ils sont faits dans un comble par un verre brûlant et ayant exactement la même apparence. Cette flamme ne sort pas par une ouverture, mais par une place semblable à du charbon, comme cela a lieu pour le comble. L'odeur est précisément celle de l'alcool qui brûle, avec un mélange de quelque arome très-agréable, que je ne saurais comparer à aucun autre. Sous chacune de ces places enflammées est un bassin contenant de l'eau à la température de l'atmosphère. Cette eau est le restant condensé du gaz non consumé, dans lequel tant de matière inflammable existe toujours, qu'une lumière appliquée à la surface embrase chaque fois le tout, pendant au moins la durée d'une minute. La surface de l'eau est continuellement agitée, comme si elle était en ébullition, par le gaz qui est généré. Je pensai tout naturellement qu'elle devait être bouillante; mais, en la touchant avec le doigt, je m'aperçus du contraire. La saveur de cette eau, tant soit peu trouble, est insipide, sans aucun mélange qui la rende particulièrement agréable ou d'un goût dominant. Le feu est d'une couleur rougeâtre et donne peu de chaleur. Le spectacle de ce phénomène doit certainement avoir porté les hommes à l'adorer, dès l'antiquité la plus reculée, et je considère que ce lieu est l'un de ceux auxquels on a le plus longtemps rendu un culte; l'aspect de la flamme à ciel ouvert, lorsque quelque accident l'allumait avant que le temple fût élevé, devait être des plus extraordinaires et rappeler à la mémoire le buisson ardent de Moïse. Ce fait est toujours surprenant quoiqu'il ait perdu beaucoup de sa singularité en se trouvant renfermé dans des murs, parce que nous sommes accoutumés à voir le feu et la lumière dans tous les temples. Mais le corps de la flamme entretenue par les fakirs sur la surface de l'eau, dans l'excavation du grand temple, est réellement imposant, et, comme je l'ai déjà dit, il peut seulement être comparé à une quantité égale d'esprit de vin en ignition (1).

« Dans plusieurs parties de l'intérieur du temple, se tiennent les plus bizarres figures de fakirs que j'aie jamais vues, représentant des idoles, on ne peut pas dire dans leurs vêtements, car ils sont nus, mais investis d'attributs de divinités, et immobiles comme de véritables statues. Ces fakirs siégent là pour toute leur vie. Un d'eux représente Gogranat, avec les jambes croisées, mais non les yeux baissés et les mains pliées comme Budhu : il a au contraire le bras gauche étendu, reposant sur un piédestal d'argent, qui est si adroitement établi qu'il ne paraît pas. L'homme, qui a déjà une peau sombre, est couvert de cendres, ce qui lui donne exactement l'apparence d'une image ciselée dans la pierre. Cet homme est beau et bien constitué, richement paré de colifichets, et ses yeux, fixes comme ceux d'un mort, sont épouvantables à regarder. Ce fakir me faisait mal à contempler : sa contenance portait l'empreinte du fanatisme qui a atteint la frénésie; c'était l'expression d'une extase religieuse prête à conduire à la fureur.

« Plus on considère ce temple, et plus il devient évident qu'il a été originairement dédié à Budhu : ses proportions, sa structure intérieure avec quatre piliers carrés qui supportent le toit; la circonstance que nulles images sacrées n'y sont vues, soit à l'extérieur, soit à l'intérieur; par dessus tout, que nul signe de caste n'est apparent, et que non-seulement chaque Hindou peut aller dans chaque temple, mais que l'admission est aisément accordée à ceux qui ne sont pas Hindous; le nom de Gogranat, et enfin les ornements extérieurs et les tombes, toutes ces indications constatent le culte originaire. Par une singularité, remarquable aussi, tous ces temples modernes sont de la même forme que les deux tours de Jaggernaut, le temple célèbre et infâme de la côte d'Arissa. »

LES CORBIÈRES (2).

Les Corbières forment un chaînon considérable des Pyrénées : elles courent du sud-ouest au nord-ouest, et se divisent en hautes et basses Corbières. Celles-ci s'étendent jusque près la montagne d'Alaric, au sud-est de Carcassonne, et sont bornées au sud par deux courants d'eau, la Boulsane et l'Agly; les premières prolongent leurs ramifications vers l'est, en s'approchant de la mer, et leur point le plus avancé est le cap de Leucate, célèbre par la bataille que les Français gagnèrent sur les Espagnols en 1637; puis elles vont se lier, dans le département de l'Hérault, aux montagnes de Saint-Pons, qui, de même que la montagne Noire, sont regardées comme faisant partie des Cévennes. La composition générale des Corbières est un calcaire compacte appartenant au terrain de craie, et auquel s'unissent, sur plusieurs points, du calcaire de transition et quelques filons de houille. Cette formation est extrêmement riche en hippurites et en polypiers fossiles; et c'est au sein de ce groupe qu'est situé l'établissement de Rennes-les-Bains, qui, à l'époque de la saison des eaux, attire surtout une grande affluence d'habitants du Languedoc, et devient aussi, communément, le point central d'où les naturalistes dirigent leurs explorations dans la contrée.

Suivant l'opinion de plusieurs historiens, le village de Rennes-les-Bains serait l'an-

(1) Quelque intéressant que soit ce récit, il est aisé de voir que le narrateur est peu familiarisé avec la science; et nous n'avons pas besoin d'ajouter, après ce que nous avons dit précédemment, que les flammes dont il parle provenaient d'une source de naphte.

(2) Ces fragments sont extraits de notre *Voyage dans les Pyrénées*.

cienne *Rheda*, qui donna son nom au comté de Razez (*comitatus Redensis*). Ce fait peut être contesté, mais ce qui est hors de doute, d'après les médailles romaines et autres monuments que le sol de Rennes fournit chaque jour aux explorateurs, c'est que son origine remonte au moins à l'époque de la domination romaine dans le midi de la Gaule. Pendant le moyen âge, les princes d'Aragon venaient souvent en ce lieu prendre les eaux. L'établissement de thermes postérieur à celui des Romains fut longtemps appelé Bains-de-Montferrand, du nom d'un village qu'on aperçoit à quelque distance, vers l'est, près du mont Cardon. Alors il n'y avait aucun logement aux sources, et les baigneurs faisaient une demi-lieue environ pour gagner le gîte qu'ils trouvaient à Montferrand, où il y avait aussi un château et une église. Le village actuel de Rennes est bâti entre deux chaînes de petits monts qui se dirigent du sud au nord; il est distribué d'une manière pittoresque, et divisé en deux parties par la Salz, rivière qui prend son nom d'une source salée dont les eaux viennent se réunir à elle un peu au delà du village.

Les bains de Rennes ont trois sources : la première est située sur la rive droite de la Salz, au village même; elle est renfermée dans un bâtiment assez spacieux où logent des baigneurs, et s'appelle le *Bain-Fort*. La seconde, qui porte le nom de *Bain-de-la-Reine*, est à dix minutes du village, sur la rive gauche et au bord de la rivière. A un kilomètre de là, et sur le grand chemin, au pied d'un côteau, est située la troisième que l'on appelle le *Bain-doux*. Le *Bain-Fort*, extrêmement chaud, contient du carbonate de fer, et le *Bain-Doux*, du gaz hydrogène sulfuré.

En traversant le village de Rennes, et en jetant un coup-d'œil dans l'intérieur des habitations, on voit de suite que bêtes et gens sont pour ainsi dire au même foyer, que les uns et les autres reposent à peu près sur la même litière. Cependant, le montagnard est là, sur ce fumier, comme l'avare sur son trésor. Cet engrais, qu'il amoncelle tant qu'il peut sous son toit, est le principe vivifiant de la culture qui doit pourvoir à ses besoins, et ce n'est même qu'avec beaucoup de zèle et de fatigue qu'il parvient à transporter ces précieux débris sur le champ qu'ils fertilisent. Non-seulement il faut qu'une mule, couverte de paniers, fasse de nombreux voyages pour vider l'étable, mais quelquefois encore elle ne peut arriver sur le lieu exploité, empêchée qu'elle est par d'infranchissables obstacles. Alors le conducteur la décharge de ses paniers, et c'est sur ses épaules ou sur sa tête à lui qu'il les place pour achever le trajet. L'activité, l'intelligence que l'agriculteur des montagnes déploie dans ses opérations, sont réellement admirables.

En sortant du village, du côté du Bain-Fort, et en suivant parallèlement la rivière, on parcourt d'abord un sentier charmant qui laisse le regret de sa courte durée. Ce sentier conduit à la source qui alimente la fontaine de Rennes, et au chemin de Montferrand. Une pente boisée, quelques prés, des masses de roches d'où sortent l'adiante au vert feuillage et le polypode au fruit doré, des touffes de buis, de lavande, etc., voilà pour le côté sur lequel on se trouve. Au delà de la Salz, même coup d'œil gracieux : le village se groupe avec gentillesse sur le coin du tableau; puis la grande route se dessine en serpentant au pied de collines couvertes de chênes et de hêtres; elle fuit et va s'enfoncer avec la Salz au sein de plusieurs monts qui rapprochent leurs courbes vers un même point.

Lorsqu'on est parvenu à l'endroit où commencent les champs cultivés, on rencontre le chemin pierreux de Montferrand, et de ce point jusqu'à la bergerie qui se montre en face, on trouve de nombreux mollusques fossiles, tels que des térébratules, des gryphées, des cérites, des ammonites, des nautiles, etc., auxquelles se mêlent des oursins, des cyclolites et des madrépores. A Montferrand, on jouit de l'aspect du mont Cardon, qui jadis avait une mine exploitée de plomb sulfuré; et sur le versant opposé du village, existe une sorte de Thébaïde, plantée de hêtres, de chênes et de châtaigniers fort beaux. On suit alors le chemin pratiqué sur la crête où est bâti le village, et l'on arrive, après une demi-lieue de trajet, à une brèche moins imposante que celle de Roland, mais qui est là d'un assez bon effet. Cette déchirure donne entrée dans un vallon étroit et nu, et, en le traversant en ligne droite, on gagne le lac Barenc, qui s'annonce de loin par une terre verdoyante et quelques arbres à cime bien étalée. Ce lac occupe le milieu d'une espèce de cirque, et paraît avoir une grande profondeur. Son eau est transparente, d'une couleur vert-de-gris comme celle de la source de Vaucluse et de la source du Lez; et les circonstances physiques qui l'accompagnent ont beaucoup d'analogie avec les observations recueillies sur ces deux dernières sources. Par exemple, le lac Barenc offre cette circonstance particulière, c'est qu'il conserve presque toujours, même durant les plus grandes chaleurs de l'été, un niveau égal, et qu'il ne déborde, en hiver, qu'autant que des cours d'eau supérieurs à son bassin viennent s'y vider. Ce site est joli, et l'on croirait que l'art y est pour quelque chose, tant il y a de régularité dans les contours.

On sort de cette enceinte du côté opposé à celui par lequel on est entré, et l'on pénètre dans un bois d'une hauteur médiocre, mais assez touffu. A cinquante pas de cette sortie, et au milieu de la bruyère, on rencontre une excavation de 25 mètres à peu près de profondeur, sur 4 à 5 de diamètre. Cet affaissement a eu lieu il y a peu d'années, et cette circonstance, jointe à un bruit souterrain que les bergers affirment entendre fréquemment, semblerait donner quelque autorité à l'assertion de ceux qui pensent que le bassin du lac fut, dans des temps reculés, la bouche d'un volcan.

L'éboulement dont nous venons de parler a fourni un exemple de ces avertissements que le ciel paraît accorder quelquefois aux mortels. Sur l'emplacement même de l'excavation actuelle, un berger s'était endormi, ayant près de lui sa panetière et son chien. Un gémissement prolongé de cet animal réveille tout à coup le berger, qui jette aussitôt les yeux sur ses brebis et s'aperçoit que quelques-unes ont dépassé la limite qu'elles ne doivent pas franchir. Mais alors, au lieu d'envoyer son fidèle compagnon pour rétablir l'ordre, comme il se contente de le faire habituellement, il se lève vivement et s'élance vers son troupeau. Un second cri du chien l'oblige, presqu'au même instant, à tourner la tête, et il voit le sol s'abîmer à la même place qu'il vient de quitter. Sa panetière, sa houlette furent englouties; mais le pauvre chien put aussi, d'un énorme bond, éviter le péril qui le menaçait.

Du bois on revient à Rennes par la montagne que l'on nomme *des Cornes*, parce que depuis son sommet jusqu'à sa base elle est formée d'une agglomération d'hippurites mêlés à d'autres corps marins, particulièrement des polypiers. Ces fossiles se montrent là en si grand nombre, qu'on ne sait où voir, que choisir; on pourrait emporter à charretées, même les échantillons les mieux conservés. Parmi les variétés d'hippurites que l'on ramasse dans cette localité, il en est une surtout fort remarquable par sa ressemblance avec le pied d'un bœuf et qui est fréquemment à l'état siliceux.

L'excursion aux sources salées est l'une des plus intéressantes que l'on puisse réaliser quand on se trouve à Rennes-les-Bains. A un kilomètre environ du village et en remontant la Salz, on arrive à la jonction des eaux de la rivière Salée et du torrent qui vient de Bugarach. C'est alors que ces eaux réunies prennent le nom de Salz. Sur la rive gauche de la rivière Salée s'élève une montagne dont l'un des côtés se prolonge aussi dans la direction de Bugarach, et sur le versant de laquelle sont superposés d'énormes quartiers de roches dont la singulière disposition a l'aspect des ruines d'une ville fortifiée. Çà et là, au milieu de ces rochers, sont de longues traînées d'une terre grisâtre comme de la cendre; elles indiquent les places où se faisaient anciennement des fouilles pour extraire du jayet, ce qui est confirmé par les débris de cette substance que l'on recueille dans cette terre grise, et qui sont mêlés à des morceaux d'ambre.

Les chemins qui bordent les deux rivières, surtout celle de Bugarach, sont frayés au milieu d'une sorte de chaos; ils se trouvent à une assez grande élévation au-dessus des courants; l'espace qui sépare les premiers des seconds est presque perpendiculaire, et cependant il est cultivé! En même temps qu'on s'étonne de la hardiesse et qu'on loue l'intelligence du cultivateur qui vient là répandre ses sueurs, on déplore la nécessité qui l'oblige à exposer des instants si précieux, puisqu'il suffit d'un orage pour entraîner dans la rivière, et la terre qu'il a si laborieusement remuée, et la semence qu'il lui a confiée. La pente est tellement rapide, que l'ouvrier travaille à reculons, en se penchant vers la montagne et se maintenant dans cette position. Il construit aussi des murailles en pierres sèches qui retiennent un peu la terre; mais comme il apprécie parfaitement qu'avec une inclinaison si prononcée, la digue qu'il oppose sera d'une bien faible résistance s'il y a un fort courant d'eau, il dresse cette barrière d'une façon très-imparfaite, et semble s'en rapporter presque entièrement à la Providence. N'ayant pas l'intention non plus de recueillir au delà d'une récolte ou deux de son défrichement qu'il abandonne ensuite, il n'opère l'écobuage qu'à demi.

Le premier village qu'on traverse en se rendant aux sources salées est Sougraigne. Puis vient le hameau de Clémentis; et, peu après celui-ci, un plateau que l'on nomme *Salinès*. Celui-ci offre, sur presque toute son étendue, mais particulièrement dans les endroits où la terre est presque noire, ces jolis cristaux de quartz prismatique pyramidé ou pierre d'hyacinthe, que les marchands de curiosités recherchent avec tant d'empressement. Aussi les bergers en font-ils d'amples récoltes pour aller les vendre à Rennes. De cet endroit on aperçoit les sources salées, et l'on y arrive bientôt.

Les sources surgissent dans une sorte de bassin qui ressemble au point de départ du lit d'un torrent, et subissent l'influence des saisons, c'est-à-dire qu'elles sont très-abondantes l'hiver, et quelquefois presque à sec l'été. Ces sources, lorsque nous les visitâmes, n'étaient sujettes à aucun droit, chacun pouvait y venir puiser l'eau nécessaire à son ménage, et le propriétaire de la petite ferme voisine avait même constamment sur le feu deux énormes chaudières qui lui donnaient chaque jour un produit de sel assez notable; mais jadis cette exploitation était aussi soumise à la surveillance des employés de la gabelle, et la maison qu'ils occupaient s'élève encore au bord de la rivière.

A peu de distance des sources est un gisement de jayet qu'on exploitait autrefois et qui est maintenant abandonné, mais dont on pourrait encore tirer un parti avantageux, car les couches y ont de l'étendue et de la puissance.

Un très-beau bois de sapins, que l'on aperçoit des diverses sommités des Corbières, n'est pas non plus très-éloigné de la rivière Salée, et, pour qui ne connaît point cette magnifique végétation qui caractérise particulièrement les contrées du Nord, c'est vraiment chose fort curieuse à voir. Pour nous, charmé de nous retrouver encore en présence d'anciens amis, nous nous empressâmes d'aller vers eux.

A un quart de lieue de la rivière Salée, on trouve une seconde ferme que l'on appelle le trou *del Rey*, dénomination qu'elle doit sans doute à une sorte d'entonnoir, assez vaste et cultivé, qui est près d'elle, et que l'on regarde aussi comme un ancien cratère. Non loin de ce bassin et en sortant d'un bois de chênes, on aperçoit le rideau noir et imposant des sapins. Près de la lisière du bois est la maison d'un garde, et c'est là que l'homme peut encore mesurer sa taille et son génie en présence de son œuvre; car il faudra que son orgueil s'efface bientôt au pied de ces colossales proportions, de cette symétrie admirable que va lui opposer la nature.

Le bois dont nous parlons offre tout le grandiose, toute la volupté rêveuse de ceux qui font l'ornement des régions septentrionales; mais peut-être a-t-il ici de plus pour lui son délaissement, son encombrement sauvage, qui le font ressembler à ces solitudes ombreuses de la Virginie, ou à ces masses de verdure, presque impénétrables, qui arrêtent le voyageur explorant les contrées équatoriales. Dans le bois de sapins des Corbières, en effet, les noisetiers, des arbustes sans nombre, des ronces, des plantes sarmenteuses et de hautes fougères, laissent à peine distinguer quelques rares sentiers qu'on y a frayés; et partout l'herbe, la mousse, des débris de branchages, le détritus de tout ce qui meurt dans ce désert. Du sein des diverses tribus végétales s'élance le sapin, élevant sa tête conquérante jusqu'aux régions où se forment les orages, et dont on ne sait qu'admirer le plus, ou de son tronc si droit, si élégant, ou de la disposition si régulière et en même temps si gracieuse de ses branches. Sur l'écorce rugueuse de sa flèche hardie append l'*Usnea* à la chevelure dorée, et près d'elle s'étalent les foliations glauques des *Sticta* et des *Lecanora* aux cupules brunes et argentées ; tandis qu'au pied du géant s'éparpillent des champignons dont les chapeaux, brillamment colorés, tranchent avec la blancheur de leur cassure, et dont l'odeur particulière annonce en quelque sorte la terre encore vierge de la destruction de l'homme. Le bruit que l'air fait toujours entendre au milieu des pins et des sapins a été remarqué des poëtes, chanté par Virgile et comparé par eux au bruit des vagues : si la brise est légère, c'est le murmure des flots venant battre mollement la plage; si l'aquilon est déchaîné parmi les branches, c'est le mugissement d'une mer en furie, ouvrant ses abîmes, et portant jusqu'aux cieux son écume menaçante.

Le sapin est l'un des arbres qui parviennent à la taille la plus développée : il y en a qui atteignent jusqu'à 64 mètres de hauteur. Il offre aussi des phénomènes dans son accroissement. Sur le Mont-Pilate, en Suisse, on remarquait naguère un sapin dont la tige avait environ 3 mètres de circonférence jusqu'à une élévation de 5 mètres au-dessus du sol; puis de ce point partaient neuf branches, presque horizontales, de 1 mètre de diamètre, sur 2 à peu près de longueur, et de chacune d'elles s'élançait ensuite une tige droite, de manière que ce sapin ressemblait à un lustre garni de bougies. Avant le sapin se montre, pour la taille, le pin du Chili, qui s'élève jusqu'à 70 et 80 mètres; et après lui viennent les palmiers, les tulipiers, les cèdres, les chênes, les hêtres et les frênes. On sait aussi quelle est l'utilité du sapin dans l'industrie, et combien il est révéré chez plusieurs peuples modernes. Le Tyrolien obtient de son bois, et au moyen d'un simple couteau, des milliers de figures et d'objets dont il fait un grand commerce; le Suisse qui le rencontre sur une terre étrangère éprouve à sa vue une joie aussi vive que celle que lui cause l'air national appelé le *ranz-des-vaches;* et sur les monts Sudètes, les jeunes filles promènent, le dimanche de la Passion, si le temps est assez doux pour le permettre, une branche de sapin à laquelle sont suspendus des rubans et des coquilles d'œufs : cela se nomme les *Annonces d'été*.

En abandonnant le bois de sapins dont nous venons de parler, on peut revenir à Rennes par le chemin de Bugarach, ce qui permet de passer tout à fait au pied de ce pic, dont l'élévation est de 1216 mètres. De ce pic au village qui porte le même nom, on traverse une contrée inculte, maussade et couverte de débris de roches ; mais au milieu de ces débris on peut faire une ample provision de polypiers fossiles, et surtout d'oursins d'une belle conservation.

Une station fort intéressante à faire en sortant de ce désert caillouteux et avant de rentrer à Rennes, est celle de l'*Ermitage*, espèce d'oasis située sur la rive gauche du torrent de Bugarach, peu avant sa jonction avec la rivière Salée. Dès qu'on se trouve en vue de cette remarquable création, on aperçoit surgir un massif assez considérable de peupliers, à travers lesquels se montrent aussi des vignes, des arbres fruitiers, des cyprès et des fleurs. Déjà l'on a appris de son guide que l'ermite, le fondateur de cette gracieuse retraite, est un ancien soldat de l'armée d'Egypte, lequel a apporté, disent les gens du pays, force science et secrets de la patrie des Pharaons.

Arrivés en face de l'Ermitage, on traverse le torrent sur quelques pierres vacillantes et on pénètre dans une longue allée dont les arbres se replient en berceau. A gauche on entend l'eau qui murmure en battant la rive ; à droite sont des pépinières bien soignées, des vergers, des treilles, des allées de peupliers, puis des rochers verdoyants en perspective. Au bout de l'allée qu'on vient de parcourir se présente un escalier tortueux, rocailleux, pratiqué rigoureusement selon les règles du plus sévère romantisme, et qui conduit à l'habitation du créateur de toutes les choses qui vous entourent. Cette habitation est creusée dans le roc ; mais elle est façonnée, unie, crépie à l'extérieur, et figure la façade d'une gentille bastide provençale, avec l'indispensable tonnelle et le parterre en miniature. Une source limpide sort avec un bruissement très-doux, de la roche même qui donne abri au solitaire; et, après avoir traversé un petit canal qui sert à l'arrosage du parterre, elle va, par d'autres conduits, épancher son onde fécondante dans toutes les parties de l'établissement. Au devant du réduit, non-seulement la vigne ombrage la tonnelle, mais elle rattache ses guirlandes de l'un à l'autre des gros arbres qui servent de colonnade au plateau, et s'élance encore, pour y mêler ses feuilles et ses grappes, jusque parmi les fougères qui ceignent le dôme de l'Ermitage. Enfin, vis-à-vis la tonnelle, de l'autre côté du torrent, se groupent des rochers couverts d'arbrisseaux, de plantes que la nature y a fait naître, ou de fleurs que l'ermite y a artistement mélangées.

Si nous sommes entré dans ces détails avec un peu de minutie, c'est que non-seulement cet ensemble est gracieux et plairait partout, mais qu'encore il commande, dans cette circonstance, une véritable admiration, quand on se rappelle qu'un seul homme a édifié tout cela, que ses bras, presque débiles, ont osé entreprendre des travaux aussi considérables; que ses cheveux blancs ne l'épouvantèrent jamais sur la brièveté des instants qu'il avait peut-être devant lui pour obtenir les résultats qu'il poursuivait sans cesse.

L'ermite, celui qui a fait éclore ce nouvel Eden, est un petit vieux homme qui se vante d'avoir, lui aussi, *démoli* plus d'un Mamelouk, et d'avoir fumé bon nombre de pipes à l'ombre de la plus grande des Pyramides. Cet invalide touche une pension fort modique, et, pour l'aider à subsister, la commune de Rennes l'a laissé, depuis longues années, défricher tout ce qu'il a voulu, au milieu des rochers, sur le terrain communal. Il nous énuméra tous les soins qu'il donne à son domaine, et le fit avec un juste orgueil. Il nous apprit aussi que, malgré l'élévation de sa grotte au-dessus du lit du torrent, plusieurs débordements l'avaient obligé de quitter son lit pour aller se réfugier sur la partie la plus haute du rocher, et que l'hiver il était fréquemment visité par les loups, qui, dans la nuit surtout, lui donnaient de bruyants concerts. Eh bien ! en dépit de tous ces inconvénients, cet homme achève paisiblement la durée qui lui est assignée. Il songe au passé sans regrets et regarde l'avenir sans inquiétude; car il est convaincu qu'il s'éteindra quelque soir, sans secousse, ainsi qu'une lampe; qu'aucune maladie ne précédera sa fin et ne l'empêchera d'accomplir le travail de sa dernière journée.

Avant de s'éloigner des Corbières, il est bien d'aller visiter les formations de marbres qui sont dans les environs d'Arques, de Valmigère, de Missègre et autres localités. Pour s'y rendre on suit d'abord le chemin de Limoux, et l'on passe au pied du pic de Blanquefort, lequel, suivant les légendes du pays, appartenait à une certaine *reine Blanche* dont il est beaucoup parlé, sans qu'on sache rien de positif sur son compte : c'est pis que la dame blanche d'Avenel. Cependant s'il faut en croire M. de Labouïsse, qui reproduit sans doute cette opinion d'après d'autres autorités, il s'agirait de Blanche de Bourbon, épouse de Pierre le Cruel, roi de Castille. Quoi qu'il en soit de cette question, on rapporte des choses merveilleuses sur le château de Blanquefort, et entre autres l'existence d'un trésor qui est gardé dans ses ruines par une légion de lutins. Ce qui est plus positif, c'est qu'il existe dans les flancs de ce mont des restes de galeries d'une mine de cuivre qu'on y exploitait.

Après le village de Peyroles, on traverse un pays montueux, pierreux, dont la monotonie est à peine interrompue, de loin en loin, par quelques arbustes, quelques bouquets d'arbres; cependant après s'être récrié un moment sur ces sites sauvages que l'on rencontre si fréquemment lorsqu'on parcourt les montagnes, on finit bientôt par se familiariser avec eux et par mettre son esprit en harmonie avec ce qui vous entoure. Si l'on n'a point à admirer de fraîches feuillées, des pelouses fleuries, des ruisseaux murmurant sous l'anémone et la primevère, on sourit à ces humbles touffes d'herbes odoriférantes qui s'abritent au milieu de petits tas de pierres, et l'on respire avec plaisir leur parfum. Un vide règne, mais il semble qu'il vous élève à une plus grande hauteur au-dessus du sol. L'air que vous respirez si librement vous sature d'une activité nouvelle; vous éprouvez une émotion singulière qui tient du contentement et de l'orgueil de vous-même; et vous vous approchez avec plus d'aménité d'un pâtre à qui vous trouvez alors une empreinte mieux prononcée de la dignité de votre espèce. Le chien qui vient fièrement à vous vous inspire aussi plus d'intérêt; la brebis qui relève sa tête en broyant le serpolet vous offre une attitude gracieuse que vous ne lui soupçonniez pas; et la chèvre qui frappe du pied à votre aspect est pour vous l'emblème de cette indépendance de l'habitant du désert, qui dit à l'homme civilisé : « Que viens-tu faire ici ? »

Près du hameau de la Frau, on trouve un gisement d'hématite, et tout le terrain environnant est couvert de cristaux de quartz, dont quelques-uns passent à l'améthyste et offrent de charmantes teintes violettes et purpurines qui scintillent au soleil. Entre Valmigère et Bouïsse est une mine de manganèse qu'on exploite. De ce point l'on promène ses regards sur une vaste étendue, on suit de l'œil les sinuosités de la rivière d'Arques, et l'on aperçoit le château de ce nom qui appartenait à la maison de Joyeuse. Valmigère, qui se présente après cela sur votre chemin, est une espèce de bourg dont les environs ont des sites assez jolis; et de ce bourg à Missègre, la voie est bordée de buis, de houx et de pruniers sauvages qui sont d'une venue remarquable. On y voit aussi des prés nombreux cloturés par des haies vives comme cela se pratique en Normandie, ce qui fournit aux bestiaux des parcs où ils se trouvent en sûreté; et le torrent qu'on traverse avant d'arriver à Missègre est un véritable musée d'échantillons de marbre, car son lit est formé de fragments de toutes les marbrières de la contrée, lesquelles se distinguent par les nuances les plus variées qui comprennent le gris et le blanc, le vert et le blanc, le rose, le blanc et le jaune, le jaune et le rose, le blanc et le noir, le blanc pur, et d'autres mélanges intermédiaires. Nous passâmes au delà de trois heures à visiter quelques-unes de ces belles formations calcaires, dont la description serait ici sans intérêt; nous dirons seulement que le marbre est si commun, qu'on l'emploie dans la bâtisse des plus humbles habitations.

Tous les chemins qui traversent ces montagnes ont des bordures de buis qui atteignent même quelquefois à une assez grande élévation, car on les abandonne généralement à leur libre croissance. Comme ces buis ont été mis en terre dans des temps reculés et de main d'homme, il est présumable que quelque cause religieuse ou superstitieuse a présidé à ces plantations.

DU NATRON.

Dans son *Voyage géologique et minéralogique en Hongrie*, M. Beudant donne sur le natron d'intéressants détails que nous reproduisons ici.

« Le natron, qu'on nomme en Hongrie *Szekso* (sel de latrine), parce qu'on l'a d'abord confondu avec le salpêtre, se trouve en abondance aux environs de Debretzin, où il est en solution au milieu des marais et des lacs qui s'étendent de tous côtés dans la plaine. On assure qu'on en retrouve partout, en plus ou moins grande quantité, depuis les plaines de Szathmar jusque dans celles des comitats de Bacs et de Pest, ainsi que dans celles de Stuhlweissenburg et d'OEdenburg; mais c'est principalement entre Debretzin et Nagy-Varad qu'on l'exploite depuis longtemps, dans plusieurs lacs qui se dessèchent pendant l'été, et où ce sel effleurit alors en grande abondance à la surface de la terre. Ces efflorescences salines qui, au milieu de l'été, ressemblent à des amas de neige, ont fait donner à tous ces lacs le nom de Lacs blancs, *Fejer-to*. Elles se renouvellent au bout de trois ou quatre jours, après avoir été enlevées; de sorte que, pendant toute la belle saison, on en ramasse des quantités considérables, qu'on transporte ensuite à Debretzin, tant pour la fabrication du savon que pour l'exportation. Il paraît que l'exploitation annuelle est de plus de 10,000 quintaux, et tout annonce qu'on pourrait en tirer une quantité infiniment plus grande, parce qu'il y a des lacs très-riches qui sont négligés à cause de leur éloignement.

« L'existence du natron au milieu des plaines, dans les eaux des lacs et des marais qui les recouvrent, est un des faits les plus intéressants et encore des moins connus de la géologie. Ce n'est pas seulement en Hongrie que ce phénomène se présente, on le reconnaît partout au milieu des vastes déserts que la surface de notre globe offre en tant de lieux différents. Tout ce que nous savons de cette production minérale en Egypte, en Arabie, en Perse, aux Indes, au Thibet, à la Chine, dans la Sibérie, dans les plaines de la mer Caspienne et de la mer Noire, dans l'Asie Mineure, au Mexique, nous fait voir que partout elle se trouve dans les mêmes rapports et avec les mêmes circonstances; partout elle se rencontre au milieu des sables mélangés de marne et d'argile, et elle est accompagnée de plusieurs autres sels, dont le sel commun est le plus constant. Ces lacs de natron de la Hongrie, qui sont les plus rapprochés de nous, et ceux qu'on peut visiter avec le plus de facilité, étaient bien faits pour exciter ma curiosité; mais il est bien difficile de recueillir au milieu de ces plaines, qui ne présentent pas un seul ravin, quelques données suffisantes pour conduire à résoudre toutes les questions qu'on pourrait se proposer. Je suis rentré à Debretzin tout aussi peu avancé à cet égard que je l'étais en partant, d'après les indications que présentent différents ouvrages publiés sur cette matière; encore les pluies continuelles qui avaient eu lieu précédemment avaient-elles tellement détrempé le terrain, que ce n'est qu'avec beaucoup de peine que j'ai pu parvenir à vérifier les principales circonstances qui avaient été décrites.

« C'est entre Debretzin et Nagy-Varad, et surtout dans les landes aux environs de Kis-Maria, qu'il faut aller voir les lacs où l'on exploite particulièrement le natron. Tout le terrain qui les entoure est couvert de *Salicornia*, de *Salsoda* et de plusieurs autres plantes des côtes maritimes, qu'on recueille aussi pour en retirer le même sel par incinération. Le sol sur lequel croissent ces plantes présente un sable quartzeux micacé, blanchâtre ou grisâtre, imprégné de matières salines. Au bord des lacs on trouve une matière argileuse, grise, et noire lorsqu'elle est mouillée, qui est toujours plus ou moins mélangée de sable. Il paraît que c'est cette matière qui forme le sol des endroits où les eaux se rassemblent plus particulièrement. Elle fait effervescence avec les acides, même lorsqu'on a enlevé le carbonate de soude par lixiviation, ce qui est dû à un peu de carbonate de chaux, dont la quantité s'élève à 6 pour 100 dans les échantillons que j'ai recueillis. Ces lacs ou marais qui, en général, ont très-peu de profondeur, se dessèchent presque entièrement pendant l'été; mais à mon passage, tous étaient remplis d'eau, par suite des pluies qui avaient eu lieu tous les jours précédents. Ces eaux étaient troubles, grisâtres, et présentaient une légère teinte rouge lorsque, par le repos, elles avaient déposé leur limon.

« Ce sont les seules observations que j'aie pu faire, quoique j'aie parcouru les bords de ces lacs et de ces marais pendant toute une journée; mais partout le terrain est uni, et on ne trouve aucun ravin où l'on puisse étudier avec plus de détails sa composition. Il serait nécessaire, pour bien connaître le phénomène que ces terrains présentent, de faire quelques fouilles particulières, ou de profiter de celles qui ont quelquefois lieu pour les puits dans les environs. Ruckert, qui a exploité le natron pendant longtemps, et qui a étudié plus particulièrement le terrain, assure que les sables renferment quelquefois de la mine de fer en grain, qu'ils n'ont pas plus de quatre ou cinq pieds d'épaisseur, et qu'ils reposent sur une couche d'argile bleue. Il nous apprend aussi que la plupart des lacs se dessèchent au milieu de l'été, et qu'alors on ramasse le natron qui effleurit à la surface. L'efflorescence se renouvelle au bout de trois ou quatre jours, et l'on peut alors l'enlever de nouveau; de sorte que l'on en recueille une très-grande quantité pendant tout l'été. Mais il y a des parties plus profondes où l'eau se conserve constamment et finit par renfermer une grande quantité de carbonate de soude (50 à 60 pour 100, dit Ruckert), qui cristallise pendant les nuits froides de l'automne. Ces eaux saturées sont conduites dans les fabriques, et mises en réserve pour le travail de l'hiver.

« Ne pouvant voir les efflorescences salines sur le terrain, où tout était redissous, j'ai examiné le natron qui avait été recueilli auparavant; il était mêlé d'une assez grande quantité de matière argileuse grise, et renfermait beaucoup de muriate de soude, ainsi qu'une certaine quantité de sulfate. J'ai eu ensuite l'occasion d'en voir chez les paysans, dans la Grande-Cumanie, qui avait été recueilli dans les marais qui bordent la Theiss, et il renfermait aussi les mêmes sels, quoique en moins grande quantité. J'ai refait la même observation sur le natron recueilli dans les plaines du lac de Neusiedel. Il paraît donc évident que le carbonate de soude n'est jamais pur, et qu'il est, en Hongrie, comme dans tous les autres lieux où on en trouve, toujours mélangé de muriate de soude, en plus ou moins grande quantité.

« Tels sont les faits que j'ai pu recueillir ou vérifier au milieu de ces plaines désertes, où le géologue, ne pouvant examiner que la dernière pellicule du globe, se trouve tout à coup arrêté dans les recherches qui lui offraient le plus d'intérêt. Le premier objet qui se présentait ici était de déterminer l'origine de cette immense quantité de natron qui s'effleurit journellement à la surface du terrain, et qu'on retrouve partout dans les eaux qui recouvrent les plaines de la Hongrie. Mais les données que nous possédons ne peuvent nous permettre de rien prononcer avec certitude à cet égard, et nous en sommes réduits à des conjectures plus ou moins probables, qui cependant méritent une certaine attention, parce qu'elles sont déduites des faits et ne reposent sur aucune hypothèse.

« Ruckert pensait que le sous-carbonate de soude se trouvait tout formé dans les sables ou les argiles, à une certaine profondeur, avec les différents sels dont il est mélangé, et que les eaux, en filtrant à travers la masse du terrain pour reprendre leur niveau, s'emparaient de ces substances qu'elles apportaient à la surface du sol. Cette opinion a dû être en effet celle qui s'est présentée tout naturellement aux premiers observateurs, parce qu'elle était la plus simple; mais on ne peut l'appuyer sur aucune observation positive, puisqu'on n'a fait aucune fouille qui puisse la constater dans les différents lieux où le natron se présente à la surface du sol. Mais il y a plus, elle n'a même pour elle aucune analogie; car nulle part, dans les dépôts de sel gemme, soit des plus anciens, soit des plus modernes, on n'a trouvé de carbonate de soude; et enfin, les eaux de nos mers qui déposent leur sel sur les rivages n'en renferment également aucune trace. Or, on voit cependant, dans ce dernier cas, se former aussi du natron, à la vérité en petite quantité, qui effleurit à la surface du sol, et dont l'origine ne peut dès lors être attribuée qu'à la décomposition du muriate de soude. Nous savons en effet que cette décomposition peut avoir lieu par plusieurs moyens qui ne diffèrent entre eux que par la promptitude ou la facilité avec laquelle ils opèrent. On en a profité pour la fabrication du sous-carbonate de soude artificielle, à laquelle on a employé successivement plusieurs procédés plus ou moins avantageux.

« C'est donc aussi dans la décomposition naturelle du muriate de soude qu'on est conduit à chercher l'origine du natron qu'on trouve en si grande quantité dans les vastes plaines de nos continents. C'est ainsi que M. Bertholet a expliqué, d'une manière extrêmement probable, la formation journalière de ce sel dans la vallée de Natron, en Égypte. Ce savant chimiste fait voir qu'elle est due à l'action réciproque du muriate de soude et du carbonate de chaux, aidée de l'efflorescence qui détermine la séparation successive du carbonate de soude, et qui permet, par ce moyen, à la décomposition de se continuer indéfiniment. L'inspection des lieux donne toute probabilité à cette explication, car les lacs renferment une grande quantité de muriate et de soude, et ils se trouvent au milieu d'un terrain calcaire dont la roche perce çà et là les sables qui la recouvrent. On rencontre également des bancs de gypse, qui probablement accompagnent les dépôts de sel gemme que les eaux traversent avant d'arriver dans les lacs. Cette explication me paraît aussi convenir parfaitement aux lacs de natron de la Hongrie; car il est à remarquer que les plus riches se trouvent dans la partie orientale de la grande plaine, à peu de distance du pied des montagnes calcaires qui forment les avant-postes des hautes montagnes de Transylvanie, et au milieu desquelles ou derrière lesquelles se trouvent des masses de sel considérables. Plus à l'ouest, la plaine est remplie par des dépôts de calcaires grossiers, analogues à ceux des environs de Paris, qu'on trouve en plusieurs points aux environs de Pest, et qui probablement s'étendent très-loin sous les sables qui les dérobent aux naturalistes. Le carbonate de chaux paraît être d'ailleurs très-abondant par toute la plaine, puisqu'il se dépose journellement, comme nous le verrons bientôt, au fond des marais, où il forme des couches plus ou moins solides. Enfin, dans les plaines de Stulhweissenburg et d'OEdenburg, où l'on retrouve également le natron, il existe encore des montagnes considérables de calcaires compactes, ou des dépôts de calcaires grossiers coquilliers.

« Ainsi, il suffit d'admettre, comme tout l'indique, qu'il existe beaucoup de muriate de soude dans toutes les plaines de la Hongrie, pour pouvoir expliquer la formation journalière du natron. Mais il peut être possible d'aller plus loin, et de ramener ces dépôts salifères à ceux qui existent en si grande abondance dans la Transylvanie et sur les frontières des Marmaros. Il est évident d'abord que les dépôts de sel de Sziget et de Rhouazek se prolongent dans la vallée de la Theiss ; que ce sont eux qu'on trouve à Talaborfalva, à Sandorfalva, et qui produisent les sources salées de Huszt, de Wisk, etc. Ces mêmes dépôts se trouvent dans la vallée de Szamos, tant dans les montagnes qui en forment la droite que dans celles qui se trouvent à gauche, et qui se prolongent jusqu'aux plaines de la Hongrie. D'après cela il devient presque impossible de se refuser à l'idée que les marais du comitat de Szathmar, qui se trouvent sur la même ligne et à peu de distance des dernières exploitations, ne doivent aussi la propriété de fournir et du muriate et du carbonate de soude aux mêmes dépôts salifères, qui formeraient en cet endroit le sol de la plaine, où ils seraient seulement recouverts par des dépôts sableux. Il en serait nécessairement de même à l'égard des comitats de Szaboltz et de Bihar, qui sont contigus au premier ; et il serait possible que les matières argileuses qu'on trouve au bord des lacs qui sont auprès de Debretzin ne fussent autre chose que l'argile salifère. Je ferai remarquer à cet égard que la plupart des argiles salifères que j'ai eu l'occasion de voir renferment, comme les masses argileuses des bords des lacs de natron, une certaine quantité de carbonate de chaux, et qu'elles sont toutes plus ou moins sableuses. Ces mélanges préparent naturellement la décomposition du muriate de soude, l'un en fournissant directement la substance qui peut l'opérer, et l'autre en rendant la masse plus poreuse et facilitant ainsi l'efflorescence du natron. Si la décomposition ne s'opère pas dans les mines, c'est sans doute parce que la chaleur n'est pas assez considérable, ni l'humidité assez grande, et surtout parce que l'air ne peut être assez renouvelé. Il est probable qu'en portant au jour les déblais des mines de sel, il s'y formerait aussi du carbonate de soude. Quoi qu'il en soit, il n'est pas moins extrêmement remarquable qu'en suivant ces plaines, où le muriate de soude se trouve constamment dans les eaux, on arrive, sans discontinuité, jusqu'à des masses de sel qui font l'objet d'exploitations considérables.

« En admettant ainsi la prolongation des dépôts salifères dans la plaine, on expliquerait encore assez facilement la formation du sulfate de soude ; car on sait que les argiles salifères renferment toujours des nids plus ou moins considérables de gypse ou sulfate de chaux. Or, le muriate de soude paraît pouvoir être encore décomposé par le sulfate de chaux, de la même manière que par le carbonate : il doit en résulter du sulfate de soude qui s'effleurit aussi à la surface du terrain. On sait, d'après les expériences de Green, que cette décomposition s'opère surtout pendant l'hiver, de sorte qu'elle doit avoir lieu particulièrement dans les eaux mères qui restent au fond de quelques lacs. Il est assez probable que c'est à une décomposition de cette nature qu'est dû le sulfate de soude qui se formait à Dieuze, dans les schlot et résidus des chaudières, amoncelés en tas considérables, au pied desquels M. Gillet de Laumont a observé, dans l'hiver de 1790, une source d'eau chargée de sulfate de soude. Mais, outre le sulfate de chaux, il est possible qu'il existe dans les eaux une assez grande quantité de sulfate de magnésie, dont la décomposition par le muriate, également à une basse température, est encore plus facile. Green a reconnu que la grande quantité de sulfate de soude qui s'est formée dans les bassins des salines de Saxe, pendant l'hiver de 1794, était due principalement au sulfate de magnésie. Il est à remarquer qu'il existe en effet aussi, dans les plaines de la Hongrie, beaucoup de sulfate de magnésie, auquel on fait, en général, peu d'attention.

« Il existe encore, dans les plaines de Hongrie, un autre sel dont l'origine est peut-être plus difficile à expliquer : c'est le salpêtre qui s'y trouve, à ce qu'il paraît, en très-grande quantité ; il effleurit aussi à la surface du terrain dans les comitats de Szathmar, de Szabolcz, de Bihar, ainsi que dans les plaines de Stulhweissenburg et d'OEdenburg : l'exploitation peut en être fort considérable et fournir complétement à tous les besoins de la Hongrie et de l'Autriche. On en a tiré près de 7000 quintaux pour le compte du gouvernement, en 1802, quoique les ateliers ne soient pas montés pour recueillir tout ce qui peut en exister.

« Ruckert pensait encore que ce sel devait être une production minérale, et il était porté à croire qu'il en existait un banc de plus de 60 lieues de longueur sur 25 à 30 de largeur ; il se fondait principalement sur ce que tous les puits que l'on creuse dans la partie orientale de la grande plaine ne présentent que des eaux nitreuses, et sur ce que le salpêtre qui effleurit à la surface du terrain se trouvait dans des lieux où il ne paraissait pas que des substances animales aient pu contribuer à sa formation. Je ne puis être encore de son avis à cet égard ; car j'observe au contraire qu'il y a dans cette contrée des troupeaux immenses de bœufs, de buffles et de chevaux, qui doivent contribuer pour beaucoup à la production de ce sel. Il me semble voir encore, et même d'après ce que dit Ruckert, que les eaux des sources souterraines ne renferment qu'une très-petite quantité de ce sel, et il ne serait pas étonnant qu'elle y fût le résultat de l'infiltration des eaux de la surface. Au reste, l'existence du salpêtre au milieu des landes, et dans une foule d'autres circonstances, est encore un phénomène qui a besoin de beaucoup de recherches. Nous savons positivement que ce sel se forme en abondance dans tous les lieux où se trouvent réunies des matières animales et végétales en décomposition ; mais il n'est pas certain que celui qui se forme dans la nature soit toujours dans le même cas. Il est surtout bien difficile d'adapter cette explication à la formation du nitrate de potasse dans certaines cavernes de montagnes calcaires comme, par exemple, dans la nitrière de Molfetta, de la Pouille, et dans celles qu'on connaît en nombre d'endroits de la même contrée. »

Nous ajouterons aux renseignements donnés par M. Beudant, qu'en Egypte les lacs Natron, que nous avons explorés, sont au nombre de 10, et situés à l'ouest du village de Terraneh dans la Basse-Egypte. Leurs bords offrent une multitude d'échancrures ou de sources dont les courants se dirigent vers les bassins principaux, et les rives de ceux-ci sont couvertes d'une couche de natron. Les eaux de ces lacs ou lagunes sont colorées en rouge par une substance végétale qui colore également le sel marin qu'on extrait des mêmes bassins et lui donne un parfum qui ressemble à celui de la rose. Les sels contenus dans les lacs Natron sont des muriates, des carbonates et des sulfates de soude ; ils se solidifient durant l'évaporation, et sont alors exploités ; mais les proportions dans lesquelles ces sels sont mélangés sont très-variables, ou, en d'autres termes, le carbonate domine dans les uns et le muriate dans les autres.

LE SIDOBRE (1).

A 4 kilomètres environ de la ville de Castres, dans le département du Tarn, et en remontant, à l'est, vers la froide région de Lacaune, on rencontre un chaînon transversal de roches primitives, qui semble former un barrage dans le vaste bassin compris entre la montagne Noire et les croupes de l'Aveyron. Ce chaînon porte le nom de *Sidobre*, et il est entrecoupé par des vallons de plus ou moins d'étendue, étroits à leur point de départ, qui se rapproche du sommet où est situé Lacaune, et qui vont en s'élargissant pour aboutir aux plaines de Castres. Le Sidobre a subi, sans le moindre doute, l'irruption de terribles courants d'eau qui non-seulement l'ont bouleversé, mais ont dû encore y laisser une portion de leur masse pendant une certaine durée, car il conserve de nombreux témoignages de ces deux circonstances. Ainsi, dans la plaine qui le borde, et dans tous les vallons qui le traversent, on trouve en quantité de ces concrétions pierreuses et cylindriques qui se forment au fond des eaux stationnaires par voie de sédiment. Quant à la violence des courants, elle est établie par cette multitude de blocs arrondis qui encombrent les vallons et ont été transportés aussi sur les sommets des plus hautes collines, où ils encaissent, pour ainsi dire, la plupart des arbres qui y croissent. Ces blocs sont de même nature que la roche qui constitue le sol environnant, et l'on peut croire alors qu'ils n'ont pas été amenés de loin ; mais ils n'en proviennent pas moins d'un déplacement, d'une catastrophe qui les a brisés, arrachés à la masse dont ils faisaient partie originairement, pour porter leurs débris sur d'autres points et les y accumuler. Dans quelques vallons ils se sont superposés les uns les autres à une hauteur considérable et sur une vaste étendue ; et au hameau de la Roquette, principalement, se présente une de ces immenses traînées de blocs détachés, qui n'a pas moins de 30 mètres de hauteur ou d'épaisseur sur quelques points.

Cette énorme avalanche rocheuse couvre un ruisseau qui a quelque importance, puisqu'il imprime le mouvement dans plusieurs usines établies à la Roquette ; mais ce n'est que là qu'il se laisse apercevoir ; au delà du hameau il sort de dessous les blocs comme d'une source ; et, en remontant la coulée jusqu'au sommet du vallon, on ne le revoit plus une seule fois, on l'entend seulement mugir, comme au fond d'un abîme.

C'est au centre de cette coulée qu'est situé ce que les gens du pays appellent la grotte de Saint-Dominique, dénomination donnée au hasard et qui s'est perpétuée comme tant d'autres choses erronées se perpétuent quand on les accepte sans examen. Une ouverture laissée entre quelques-uns des blocs dont nous venons de parler permet de pénétrer dans une cavité qui peut avoir 12 à 15 mètres de profondeur et de largeur, sur environ 6 à 8 de hauteur, et dans laquelle le jour pénètre. Cette cavité se trouve formée par un arrangement particulier de la superposition des blocs qui a laissé cet écartement entre eux. Cette voûte ainsi établie a probablement toute la solidité désirable : mais il demeure sans aucun doute aussi que la chute d'un seul bloc entraînerait celle de tout l'édifice. Une pierre qu'ont creusée les gouttes d'eau qui tombent du cintre, et qui s'en trouve constamment remplie, est appelée le *Bénitier;* une autre pierre qui fait saillie dans la paroi, a reçu le nom de *Chaire;* et il va sans dire que chacun affirme que saint Dominique y prêchait. De cette première grotte et avec des flambeaux, on descend dans une seconde qui a la même construction, mais dont les dimensions sont bien plus considérables.

(1) Ce fragment est extrait de notre *Voyage dans la montagne Noire.*

Non loin de la grotte de Saint-Dominique, sur la rive droite du vallon et tout à fait au bord de la coulée, se trouve ce rocher célèbre qui est connu sous le nom de la *Pierre qui tremble*, ou *Pierre de la Roquette*. Les rochers tremblants, ou *Roulers* des druides, ne sont pas rares dans le Sidobre : on en compte sept ou huit, et parmi les plus renommés après celui de la Roquette sont ceux de la Crouzette, del Piot et de Caud-Soulel. Deux ou trois sont d'une très-grande dimension. Nous n'avons pas à examiner ici le plus ou moins de fondement de l'opinion qui veut que les Roulers soient l'œuvre de l'homme, ni leur destination réelle; nous dirons simplement que le rocher de la Roquette a à peu près la forme d'un œuf, que sa hauteur est d'environ 3 mètres et qu'il a une circonférence de huit ; enfin on lui suppose un poids de 300 kilogrammes. Il n'est pas vrai qu'on puisse, ainsi que quelques-uns le prétendent, le mettre en mouvement en le poussant d'un seul doigt ; il faut au contraire toute la force d'un homme pour arriver à ce résultat ; mais une fois que ses oscillations ont commencé, on peut facilement les entretenir d'une main. Le balancement a lieu du midi au nord ; le bord de la base se soulève de 7 millimètres, et après sept ou huit vibrations il revient à son état d'immobilité.

M. Marcorelle, membre de l'académie de Toulouse, qui publia, il y a un demi-siècle, un mémoire sur ce rocher, essaya d'expliquer de la manière suivante le mouvement qu'on lui imprime : 1° Tous les corps durs ont une élasticité sensible et un ressort qui agit lorsqu'ils se choquent ; 2° un corps pesant n'est plus soutenu lorsque la ligne à plomb qui passe par son centre de gravité tombe en dehors de la partie de la base sur laquelle il s'appuie ; 3° deux forces sont en équilibre si elles sont en raison réciproque de la longueur des bras du levier auquel elles sont appliquées ; 4° un corps qui peut rouler cède à la force la plus légère si son centre de gravité est à plomb du point ou de la ligne qui sert d'appui. Faisant alors application de ces principes au mouvement du rocher de la Roquette, on trouve, 1° que ce rocher, uniforme dans sa situation ordinaire, appuie sur une ligne quelques éminences de sa base qui l'empêchent de se renverser ; 2° que son centre de gravité, lorsqu'il est en repos, est dans la verticale qui passe entre cette ligne et ces éminences ; 3° que si l'on pousse le roc vers le nord avec une force suffisante, sa cime s'avance de ce côté d'environ un pouce, son centre de gravité parcourant alors environ un demi-pouce de chemin, tandis qu'abandonné à lui-même il prend une direction opposée et revient vers le midi ; 4° qu'il en résulte que, lorsque son centre de gravité est le plus près du nord, il n'en est pas moins toujours au midi du plan perpendiculaire qui passe par la ligne sur laquelle il se balance, ce qui fait que le centre de gravité du rocher, quand il est en repos, est éloigné de ce plan de plus d'un demi-pouce vers le midi. Voilà une explication fournie d'après les théories de la physique et qui est peut-être la vraie ; comme il est possible aussi que des conditions tout à fait en dehors de ces principes soient la cause de l'oscillation de ce rocher. Enfin, en admettant même la première hypothèse, on voit que rien ne prouverait pour cela que ce rocher eût été établi sur son plan de la main des hommes, puisqu'au temps où il faudrait remonter pour s'arrêter à cette opinion, les règles que nous venons d'exposer ne faisaient point partie de l'enseignement chez les Gaulois.

Le rocher de la Roquette, étant un objet de curiosité, se trouve couvert des chiffres, des noms et des inscriptions qu'y gravent les visiteurs. Pendant de longues années on y remarqua celle-ci : *Il più alto è quel che teme*, qu'une autre main avait ainsi traduite : *Le plus élevé tremble donc aussi !*

LE NIL (1).

Le Nil est désigné dans la Bible sous les noms de Ghikhon, de Shikhôr, de Nehhl et de Nakhal-Mitzraïm. Les Grecs le nommaient Neilos, Triton et Mélas ; les Ethiopiens l'appellent Abaoui ou Aboui, et les Arabes modernes lui donnent quelquefois les surnoms d'El-Fayd (le don de Dieu) et d'El-Mobarek (le Béni). Les prêtres anciens l'appelaient Horus et Zeidorus, ce qui signifiait soleil et fertilité ; son nom actuel lui vient de Nilus, l'un des Pharaons qui s'occupèrent le plus de l'utile direction des eaux ; et il porta aussi celui d'Egyptus, en l'honneur d'un autre souverain du pays.

La position des sources du Nil fut un mystère pour les anciens, comme elle l'est encore pour les modernes ; aussi existait-il parmi les premiers ce proverbe : *Caput Nili quærere*. Sésostris, Cambyse, Alexandre et plusieurs des Ptolémées, César et Néron ordonnèrent des recherches qui demeurèrent infructueuses. Les Arabes de la Haute-Egypte auxquels Hérodote s'adressa pour obtenir des renseignements, lui répondirent qu'il fallait remonter ce fleuve pendant quatre mois pour arriver à Méroë, en Ethiopie ; mais ce n'était rien indiquer sur les sources. — « Aucune des personnes avec lesquelles je me suis entretenu, dit cet historien, soit parmi les Egyptiens, soit parmi les Libyens et les Grecs, ne s'est donnée à moi comme les connaissant. » Le géographe Eratosthènes, qui accompagnait Ptolémée-Evergète dans l'invasion qu'il fit en Ethiopie, nota quelques mesures du fleuve depuis Méroë jusqu'à Syène ; mais la question principale demeura toujours dans la même obscurité. Deux centurions envoyés par Néron dans cette contrée rapportèrent qu'après avoir suivi le Nil tant qu'il leur avait été possible de le faire, ils avaient aperçu deux rochers

(1) Cet article est extrait de notre *Voyage en Egypte*.

d'où le fleuve paraissait sortir, mais que des marais infranchissables ne leur avaient pas permis de pénétrer jusqu'à l'endroit où ils soupçonnaient que les sources devaient se trouver. Au XVIe siècle, des jésuites portugais, en mission dans l'Abyssinie, annoncèrent avec grand bruit qu'ils les avaient trouvées; mais Danville prouva facilement qu'ils avaient confondu un des affluents du Nil avec le fleuve lui-même.

Une tradition accréditée rapporte que des voyageurs se sont rendus par eau de Timbouctou au Caire; mais comme Timbouctou est situé près du Niger, il faudrait, pour que le fait cité se fût accompli, que ce fleuve fût le Nil lui-même, ou que l'une de ses branches se dirigeât vers l'Egypte, ou enfin qu'une autre rivière inconnue établît une communication entre le Niger et le Nil. Ce dernier point resterait à approfondir, comme le mystère des sources des deux fleuves.

L'opinion la plus généralement admise aujourd'hui est que les sources du Nil doivent exister dans les montagnes de la Lune (Djebel-el-Gamar), en Abyssinie, et c'est ce que confirmerait le rapport du voyageur d'Abadie, qui dit avoir trouvé en effet ces sources dans le pays des Gamrus, près des monts Pochi ou Dochi, c'est-à-dire les montagnes de la Lune. Le Nil porte d'abord le nom de fleuve Blanc (Bahr-el-Abyad). Après avoir arrosé le Douga, le pays des Chelouks et le Denka, puis à droite le Dar-el-Aïz, dans le Sennaar, et à gauche le Kordofan, il opère sa jonction, par la rive orientale, avec le fleuve Bleu (Bahr-el-Azrek), qui vient aussi de l'Abyssinie, et plus bas il reçoit encore le Tanaxé ou Artoboras. A partir de ce point jusqu'au Delta, c'est-à-dire sur une longueur de 216 myriamètres, le Nil n'a plus aucun affluent, circonstance que M. de Humboldt signale comme unique dans l'hydrographie du globe. Après sa réunion avec le fleuve Bleu, le Nil traverse donc la Nubie, et c'est à la hauteur de Philæ qu'il pénètre en Egypte.

A deux myriamètres au-dessous du Caire, le fleuve se partage en deux grandes branches : celle de Damiette et celle de Rosette; la première se portant vers le nord-est, et la seconde vers le nord-ouest. Dans les temps reculés, les branches du Nil étaient plus nombreuses et ses embouchures ou *Bogoz* ont souvent changé de position; toutefois, les anciens en comptaient sept principales dont les points étaient constants et qui sont constatés par les plus vieux documents géographiques. Voici leur ordre, en allant d'orient en occident : la branche Pélusiaque ou Bubastique; la Tanitique ou Saïtique, aujourd'hui Omm-Sarèdj; la Mendésienne ou Dybeh; la Phatnitique ou Phalmétique, qui est celle de Damiette; la Sebennytique ou Boulos; la Bolbitine, qui est celle de Rosette, et la Canopique ou branche d'Aboukir. Les branches Pélusiaque, Tanitique, Mendésienne, Sebennytique et Canopique n'existent plus. La Bolbitine et la Phatnitique portent actuellement les noms de Rosette et de Damiette; et l'on croit avoir retrouvé la branche Mendésienne dans le canal d'Achmoun, puis la Tanitique dans celui d'Omm-Sarèdj.

Le Nil forme cinq cataractes ou barrages, avant de parvenir aux frontières d'Egypte. Celle de Syène est la sixième en venant de la Nubie; mais on la désigne communément comme la première, parce que d'habitude on compte les cataractes en remontant le fleuve depuis la Méditerranée. Trois de ces cataractes ont seules quelque importance par l'obstacle qu'elles apportent au cours du Nil. La cinquième, dans la Nubie, est la plus forte; après elle vient celle d'Assouan. La hauteur de celle-ci varie selon les saisons, mais généralement elle n'acquiert pas au delà de 15 décimètres, ce qui n'a pas empêché certains voyageurs de lui attribuer une chute de 60 mètres. Au surplus, les anciens ne le cédaient en rien aux modernes sous le rapport de l'exagération, et en voici précisément un exemple à propos de la cataracte de Syène ou d'Assouan.

Dans la vie d'Apollonius de Thyane, Philostrate dit : « Apollonius et ses compagnons entendaient, à quinze stades (1) de là, le bruit d'une autre cataracte insupportable à l'ouïe, tellement que la plupart d'entre eux refusèrent d'aller plus loin; mais Apollonius se rendit à la cataracte, accompagné d'un Gymnosophiste et d'un Timérion. De retour, il raconta aux siens que c'étaient les sources du Nil qui paraissaient suspendues à une hauteur prodigieuse; que la rive était une carrière immense, où l'eau se précipitait toute blanche d'écume, avec un fracas épouvantable; et qu'enfin le chemin de ces sources était roide et pénible au delà de tout ce qu'on pouvait imaginer. »

Bruce s'exprime à son tour en ces termes au sujet de cette cataracte : « Le bruit de la chute est tel, qu'il plonge dans un état de stupeur et de vertige, et que le spectateur n'a plus ses facultés pour observer le phénomène avec attention. La nappe qui se précipite a un pied d'épaisseur et plus d'un demi-mille de large; elle s'élance d'environ quarante pieds dans un vaste bassin d'où le fleuve rejaillit avec fureur, et répand en diverses directions des flots bouillonnants et pleins d'écume. »

On pourrait d'abord penser, après avoir lu Philostrate, que, du temps d'Apollonius, quelques circonstances géologiques donnaient à la cataracte une élévation que d'autres circonstances, tout aussi naturelles, lui auraient fait perdre depuis. Mais, premièrement, la description de Bruce s'oppose à ce que l'on admette qu'un bouleversement ait eu lieu à une époque postérieure à la visite d'Apollonius; et d'un autre côté, Strabon dit simplement, en parlant de la cataracte de Syène : « C'est une éminence de rocher au milieu du fleuve, qui finit par un

(1) Le stade est de 192 mètres.

récipice d'où l'eau s'élance avec impétuosité. »

Cette cataracte est formée en effet par un arrage de roches qui occupent la largeur u Nil. Celui-ci, brisé de tous côtés par des asses anguleuses, se sépare en une foule e rapides que de nouvelles barrières arrêent à chaque instant; et l'espace compris ntre Syène et Éléphantine n'offre, sur toute on étendue, que des tourbillons et des brints dont l'ensemble produit un spectacle es plus singuliers. Le Nil présente d'ailleurs, la hauteur des cataractes, un véritable arhipel dont l'île de Philæ est le lieu princial; mais les obstacles que le fleuve renontre et les chutes multipliées auxquelles il st soumis ne déterminent qu'un bruit semlable au mugissement des flots, et qui ne fait entendre qu'à une distance peu éloinée. C'est particulièrement sur la rive roite que le cours du Nil se trouve le plus bstrué, à cause du rapprochement des îles; ır la gauche, ce cours est plus rapide, mais lus égal. Les diverses cascades formées en et endroit n'ont guère que 3 à 4 décimètres 'élévation, et celle de Syène, comme nous avons dit plus haut, n'en a pas au delà de 5. es hautes eaux recouvrent toutes les cataactes, et alors le Nil n'offre plus qu'un caal uni, que les bateaux peuvent remonter la voile.

Les rives du fleuve, assez élevées au-desus du niveau de ses eaux après la cataracte e Syène, vont toujours en diminuant à meure qu'elles se rapprochent de la Méditerranée. Dans l'Égypte supérieure, elles ont de 0 à 12 mètres, et aux environs du Caire, eulement 5 à 6. Ces rives sont tantôt à pic, antôt en talus, et constamment dépourvues e végétation. Quelquefois, pourtant, des alées d'acacias, de sycomores et de mûriers, rrivent des habitations voisines jusqu'aux ords du fleuve; ou bien quelques groupes e palmiers ou d'orangers se montrent près 'eux de loin en loin. Il faut espérer que les nmenses plantations entreprises par Méhéet-Ali changeront incessamment cet aspect.

Plusieurs opinions ont été émises sur la ause de la crue périodique du Nil, et, pour expliquer, les géographes anciens n'ont pas ıanqué de recourir au merveilleux, faute de ouvoir s'appuyer sur des observations exaces. Celle de ces opinions qui prévaut actuellement est que cette crue provient des vapeurs u'un vent du sud-est pousse dans l'Abyssinie, esquelles, retenues dans cette région par la ime des montagnes, s'y forment en orages t s'y résolvent en pluie. Les premières eaux ui grossissent le fleuve passent à Kartoum, oint de jonction du fleuve Bleu et du fleuve lanc, ce qui a lieu dans la première quinaine de mars, tandis que la crue ne devient pparente au Caire que dans la dernière uinzaine de juin. Les eaux, lorsqu'elles ommencent à s'élever, conservent leur impidité; mais, au bout de deux ou trois ours, elles deviennent subitement rouges. a crue se prolonge jusqu'à l'équinoxe d'auomne, époque de son *maximum*, et le décroissement dure trois mois. Les eaux ont mis aussi le même temps pour parcourir un trajet de 230 myriamètres, que la vitesse du courant devrait achever en un seul mois. On explique le retard qui a lieu, par les saignées et les infiltrations qui s'emparent des premières eaux du fleuve, avant que celui-ci ne parvienne dans l'Égypte supérieure et le Delta. L'augmentation de ses eaux ne s'effectue pas d'ailleurs avec une parfaite régularité. Quelquefois la crue est subite, puis elle s'arrête également tout à coup, et demeure stationnaire, ou bien elle diminue lentement pour s'élever derechef avec une extrême rapidité. Dans la moyenne Egypte et le Delta, la crue commence vers la fin de juin ou dans les premiers jours de juillet; sa plus grande élévation s'accomplit à la fin de septembre ou au commencement d'octobre; et les eaux atteignent leur étiage en mars, avril et mai.

La déclinaison de la vallée, depuis Assouan jusqu'à la mer, est peu considérable. A 3 myriamètres au-dessous d'Assouan, c'est-à-dire à environ 93 de l'embouchure du fleuve, celui-ci est élevé de 165 mètres au-dessus du niveau de la Méditerranée; à Thèbes, qui est distant de 86 myriamètres de la même embouchure, l'élévation est de 109 mètres, elle est de 88 à Syout, qui est à 59 myriamètres de la mer; et au Caire, qui n'en est plus qu'à 24, la plus grande hauteur des eaux est d'à peu près 12 mètres. Le Nil parcourt environ 7200 mètres à l'heure, et 4800 seulement pendant les basses eaux. D'après des calculs qui sont dus à M. Linant, ingénieur du vice-roi, les volumes d'eau que le Nil roule dans la durée de 24 heures, seraient dans la proportion suivante :

Basses eaux.

	mètres cubes.
Par la branche de Rosette,	79,532,551,728
Par celle de Damiette,	71,033,840,640
	150,566,392,368

Hautes eaux.

Par la branche de Rosette,	478,317,838,960
Par celle de Damiette,	227,196,828,480
	705,514,667,440

On a l'habitude de parler de l'inondation dans des termes qui laissent penser qu'elle a toujours lieu comme un débordement qui ferait irruption sur le sol entier, et le couvrirait de manière à le rendre tout à fait semblable à une mer. Ce résultat est rare au contraire. L'inondation est dirigée avec régularité au moyen de canaux irrigateurs qui distribuent les eaux avec ordre sur les terres environnées de digues, et lorsque ces terres ont été suffisamment abreuvées, on fait écouler les eaux par divers points. L'inondation n'est presque jamais générale, et, dans aucun cas, on ne l'abandonne au caprice du fleuve, qui pourrait causer de nombreux et d'irréparables désastres. La crue nécessaire à la prospérité du pays est de 10 à 12 mètres. Lorsqu'elle n'atteint point à ce terme, une portion du sol reste stérile; mais lorsqu'elle le dépasse, les terres sont dévastées. Les anciens Egyptiens avaient construit, sur divers points du Nil, des *Nilomètres* au moyen desquels ils pouvaient connaître d'avance si l'inondation serait favorable ou non. Il y en avait un à Memphis et un autre à Philæ, dont les ruines existent encore.

Les eaux, qui sont troubles durant l'inondation, déposent ensuite les matières qu'elles tiennent suspendues et se clarifient facilement. Elles ont une saveur agréable, sont d'une grande pureté, très-propres à préparer les aliments, peuvent remplacer l'eau de pluie et l'eau distillée dans les opérations chimiques, et sont légèrement purgatives, propriété qu'elles doivent à divers sels neutres dont elles sont chargées. Leur salubrité est si bien établie dans l'opinion des Egyptiens, qu'ils disent que si Mahomet en eût bu, il n'eût pas manqué de demander à Dieu une vie éternelle, afin d'en boire toujours. Au reste, l'eau du Nil est envoyée à Constantinople pour l'usage du sultan.

Plusieurs analyses du limon du Nil ont fourni, sur 100 parties, 50 d'alumine, 25 de carbonate de chaux et le surplus en eau, carbone, oxyde de fer et carbonate de magnésie. Selon M. Lassaigne, ce limon ne contiendrait que 24 parties d'alumine, tandis qu'il en aurait 42 de silice; il ne présenterait pas un seul atome de carbone, mais il donnerait de l'azote et de l'acide ulmique. L'analyse faite par la commission d'Egypte donne le résultat suivant: $\frac{4}{8}$ d'alumine; à peu près $\frac{1}{8}$ de carbonate de chaux; $\frac{1}{10}$ de carbonate libre; 5 à $\frac{6}{100}$ d'oxyde de fer, qui communique aux eaux la teinte rouge qu'elles ont à l'époque de l'inondation; 2 à $\frac{3}{100}$ de carbonate de magnésie; et enfin quelques atomes de silice divisés pour demeurer en suspension dans les eaux. Les différences qui existent entre ces trois analyses indiquent suffisamment la nécessité de revenir sur ce travail. Le limon du Nil est employé pour faire de la brique, de la poterie, des pipes; les verriers s'en servent dans la construction de leurs fourneaux, et les fellahs en revêtent leurs habitations.

Comme l'Egypte doit sa merveilleuse fécondité aux inondations de son fleuve, ses anciens habitants ne manquèrent pas d'attribuer au Nil des facultés surnaturelles dont ils célébraient la puissance par les fêtes les plus somptueuses. Un savant de l'expédition d'Egypte raconte en ces termes l'effet que produisit sur lui le phénomène de la crue de ce fleuve : « C'était un spectacle bien digne d'admiration, de voir régulièrement chaque année, sous un ciel serein, sans aucun symptôme précurseur, sans cause apparente, et comme par un pouvoir surnaturel, les eaux d'un grand fleuve, jusque-là claires et limpides, changer subitement de teinte à l'époque fixe du solstice d'été, et se convertir en fleuve couleur de sang, et en même temps grossir, s'élever graduellement jusqu'à l'équinoxe d'automne, et couvrir toute la surface de la contrée ; puis, pendant un intervalle aussi régulièrement déterminé, décroître, se retirer peu à peu et rentrer dans leur lit à l'époque où les autres fleuves commencent à déborder. »

Le Nil rend principalement variable, suivant les saisons, l'aspect de l'Egypte. Dans la région granitique, tout l'espace est souvent rempli par le fleuve. Plus bas, entre les formations de grès, la vallée acquiert quelquefois au delà de 5000 mètres d'ouverture; mais, dès que le Nil pénètre dans la zone calcaire, ses dimensions se développent avec plus d'importance; il se forme alors un lit de 1000 à 1200 mètres de large, bordé de bandes sablonneuses ; les rives accroissent leur superficie de plus en plus, et le sol cultivable devient aussi de plus en plus étendu et productif. La vallée de l'Egypte est exactement une couche d'alluvions déposée sur un fond de sable ; partout où cette couche n'existe pas, le désert règne avec sa désolation. C'est cette lutte incessante entre le sable stérile et le limon fécondant que les anciens avaient caractérisée par le combat allégorique de Typhon et d'Osiris.

A Syène, le Nil offre un tableau d'une teinte grave : là, il se précipite, en écumant et en mugissant, au milieu de roches déchirées, de toutes dimensions et formes bizarres; puis, au-dessous de ce point, ses rives conservent une monotonie attristante jusqu'aux abords du Caire. La végétation du Delta vient la rompre. Cette dernière contrée a toutefois, comme l'Egypte en général, trois phases bien distinctes. Vers le milieu du printemps et après l'enlèvement des récoltes, le sol ne présente qu'une terre grisâtre, profondément crevassée et dangereuse même à parcourir en plusieurs endroits. Au mois de septembre, c'est-à-dire à l'équinoxe d'automne, tout le pays, vu à une certaine distance, semble une nappe d'eau, une mer rouge, du sein de laquelle surgissent çà et là des villages, des sycomores, des palmiers et quelques bouquets d'autres arbres. Après la retraite des eaux, on n'aperçoit plus qu'un terrain noir et fangeux, un véritable marécage où l'on n'ose s'avancer, et les habitants communiquent entre eux au moyen de digues étroites et fragiles. C'est durant l'hiver que la nature déploie en Egypte toute sa pompe, qu'elle étale sa robe diaprée et ses bosquets d'orangers, de citronniers et de dattiers ; qu'elle se couvre de riantes cultures de dourah, de maïs, de riz et de sésame; c'est à cette époque enfin que les sycomores répandent de l'ombre, tandis qu'ils n'en offrent aucune dans les autres saisons. Le paysage s'anime en même temps de quelques troupeaux de chameaux et de buffles, et de groupes de Fellahs dont le costume misérable est racheté par la bigarrure artistique, et surtout par les belles proportions et les physionomies régulières de la plupart de ceux qui le portent.

Malgré son ensemble monotone, et quoique la nature se soit certainement montrée avare envers l'Egypte, cette terre a cependant, en dehors de ses monuments et de son histoire, un cachet particulier qui la fait admirer, un charme indéfinissable qui la fait aimer. Son ciel, d'ailleurs, est toujours pur, toujours serein; l'air y est d'une douceur qui pénètre l'âme, le sol d'une fécondité remarquable; et la végétation, qui n'est jamais ralentie, ferait de quelques parties de l'Egypte une espèce d'Eden, si le débordement du Nil ne venait souiller ou détruire les cultures qui pourraient être continuellement entretenues. Les scènes grandioses des Alpes et des Pyrénées, les forêts de l'Allemagne, les vallées de l'Asie, les savanes et les mornes des Antilles, ont excité en nous un sentiment d'enthousiasme que nous n'avons jamais éprouvé en Egypte; mais dans aucun autre lieu, non plus, nous n'avons goûté le charme que nous ont procuré les matinées et les soirées que nous avons passées, soit au bord du Nil, dans les environs du Caire, soit auprès de ce lac Mœris sur les eaux duquel s'épanouissent les belles rosaces du Nymphæa à fleurs bleues. Nous ne sommes pas les seuls, au reste, qui ayons conservé ce souvenir agréable de l'Egypte, et M. Savary, en parlant du Delta, lui accorde cet éloge : « Représentez-vous tout ce que les eaux courantes ont d'agrément, tout ce que la fleur d'orange a de parfum, tout ce qu'un air doux, suave, balsamique a de volupté, tout ce que le spectacle d'un beau ciel a de ravissant, et vous aurez une faible idée de cette langue de terre, resserrée entre le grand lac et le cours du Nil. »

LES STEPPES ET LES DÉSERTS.

A l'article Plaine de ce Dictionnaire, nous avons dit quelques mots des déserts, des steppes et des landes; mais le tableau poétique de ces immenses solitudes ne pouvait trouver place à cet article, et, voulant revenir sur un sujet aussi plein d'intérêt, nous ne saurions mieux faire que de recourir au brillant pinceau de M. de Humboldt et de le laisser parler lui-même.

« Au pied de la chaîne de montagnes de granit qui résista à l'action violente des eaux, quand, au premier âge de notre planète, leur irruption forma le golfe du Mexique, commence une vaste plaine qui s'étend à perte de vue. Lorsque l'on a laissé derrière soi les vallées de Caracas et le lac de Tacarigua parsemé d'îles, et dont les eaux reflètent l'image des bananiers dont il est entouré; lorsque l'on a quitté les campagnes ornées par la tendre verdure de la canne à sucre de Taïti, ou les bosquets ombragés par l'épais feuillage des cacaotiers, la vue se porte au sud sur des steppes ou déserts qui s'élèvent insensiblement, et terminent l'horizon dans un lointain sans bornes.

« En quittant ces lieux où la nature prodigue la vie organique, le voyageur, frappé d'étonnement, entre dans un désert dénué de végétation. Pas une colline, pas un rocher ne s'élève comme une île au milieu de ce vide immense. La terre présente seulement çà et là des couches horizontales fracturées, qui souvent couvrent un espace de deux cents lieues carrées et sont sensiblement plus élevées que tout ce qui les environne. Les naturels du pays les appellent des *bancs*, et semblent par cette expression deviner l'ancien état des choses, lorsque ces élévations formaient des écueils de la grande mer intérieure dont les steppes étaient le fond.

« Encore aujourd'hui une illusion nocturne nous retrace souvent ces grands traits du monde primitif. Quand à leur lever et à leur coucher les astres brillants éclairent le bord de la plaine, ou quand leur image tremblante paraît doublée dans la couche la plus basse des vapeurs onduleuses, on croit y voir l'Océan sans bornes. Ainsi que l'Océan, les steppes remplissent l'esprit du sentiment de l'infini. Mais l'aspect de la mer est embelli par le perpétuel roulement des vagues écumeuses; tandis que, semblable à la pierre nue, enveloppe d'une planète désolée, le désert, dans sa vaste étendue, ne présente que le silence et la mort.

« Dans toutes les zones, la nature offre de ces plaines immenses; dans chaque zone elles ont un caractère particulier et une physionomie déterminée par leur élévation au-dessus du niveau de la mer, et par la différence du sol et du climat.

« Dans le nord de l'Europe, on peut considérer comme des steppes ces bruyères qui sont couvertes d'une seule espèce de plantes dont la végétation étouffe celle des autres, et qui s'étend depuis la pointe de Jutland jusqu'à l'embouchure de l'Escaut. Mais ces steppes peu étendues et parsemées de collines ne peuvent se comparer aux *llanos* et aux *pampas* de l'Amérique méridionale, ni aux savanes du Missouri et du fleuve Mine de cuivre, où errent le bison au poil floconneux et le petit bœuf musqué.

« Les plaines de l'intérieur de l'Afrique développent un aspect plus grand et plus imposant. Comme la vaste étendue du Grand Océan, ce n'est qu'à une époque encore récente qu'on s'est hasardé à les parcourir. Ces plaines font partie d'une mer de sable qui, à l'est, sépare des régions fertiles, ou qui les entoure entièrement comme des îles; tel on voit le désert voisin des monts basaltiques d'Haroutch, où l'oasis de Siouah, riche en dattiers, recèle les ruines du temple d'Ammon, indices vénérables d'une ancienne civilisation. Aucune rosée, aucune pluie ne vient humecter cette surface déserte, ni développer le germe de la vie des plantes dans le sein brûlant de la terre; car de toute sa superficie s'élèvent des colonnes d'air embrasé qui dissolvent les vapeurs et engloutissent les nuées à leur rapide passage.

« Partout où le désert s'approche de l'Océan Atlantique, comme entre Ouady-Noun et le cap Blanc, l'air humide de la mer se précipite comme en torrents dans l'intérieur du pays pour remplir le vide occasionné par les courants d'air perpendiculaires. Quand, au milieu de ces parages que rend semblables à des prairies le varec dont la surface des eaux est couverte, le navigateur qui dirige sa route vers l'embouchure de la Gambie se voit tout à coup abandonné par le vent alisé de l'Est, il devine le voisinage de ces sables où se réfléchit la chaleur dans une étendue sans bornes.

« De légers troupeaux d'autruches et de gazelles aux pieds légers, des hordes de lions et de panthères altérées remplissent cet espace immense de leurs combats trop inégaux. Quelques groupes d'îles, riches en sources, et nouvellement découvertes dans cette mer de sable, voient leurs rives verdoyantes fréquentées par les essaims nomades des Tibbous et des Touariks ; mais le reste du désert de l'Afrique ne peut être considéré comme habitable. Les peuples civilisés qui l'avoisinent, ne se hasardent à y pénétrer qu'à certaines époques périodiques. C'est en suivant des routes fixées depuis des milliers d'années d'une manière invariable par des relations de commerce, que la longue caravane marche de Tafilet à Timbouctou ou de Mourzouk à Bournou : entreprises hardies dont la possibilité repose sur l'existence du chameau, le navire du désert, comme l'appellent les anciennes chroniques de l'Orient.

« Ces plaines d'Afrique occupent un espace près de trois fois égal à celui de la mer Méditerranée. Elles sont situées sous le tropique et dans son voisinage, et cette position détermine leur caractère. Au contraire, dans la partie orientale de l'ancien continent, le même phénomène géologique est particulier à la zone tempérée.

« C'est sur le dos des montagnes centrales de l'Asie, entre le mont d'Or ou Altaï et le Tsoung-ling, depuis la grande muraille de la Chine jusqu'au delà du Thian-chan ou des monts Célestes et vers le lac d'Aral, que s'étendent, dans une longueur de plus de deux mille lieues, les steppes les plus élevées et les plus vastes du monde. Quelques-unes sont des plaines couvertes d'herbes ; d'autres se parent de plantes salines, toujours vertes, grasses et articulées. Un grand nombre brillent au loin d'efflorescences muriatiques qui se cristallisent en forme de lichens et qui couvrent le sol glaiseux de taches éparses semblables à de la neige nouvellement tombée.

« Ces steppes tartares et mongoles, interrompues par diverses chaînes de montagnes, séparent, des peuples encore grossiers du nord de l'Asie, la race des hommes anciennement civilisés, qui, depuis un temps immémorial, habitent le Tibet et l'Indoustan. Elles ont exercé aussi de l'influence sur les diverses destinées de l'espèce humaine. Elles ont refoulé la population vers le sud, et bien plus que l'Himalaya, bien plus que les cimes glacées du Sirinagor et de Gorka, intercepté les rapports des nations dans le Nord ; elles ont opposé des barrières insurmontables à l'introduction de mœurs plus douces, et au génie créateur des arts.

« Mais ce n'est pas seulement sous ces rapports que l'histoire doit considérer les plaines de l'intérieur de l'Asie. Elles ont plus d'une fois répandu sur toute la terre le malheur et la dévastation. Les peuples pasteurs qui les habitent, tels que les Avars, les Mongols, les Alains et les Ouzes, ont ébranlé le monde. Si dans les temps anciens la première culture de l'esprit, comme la lumière vivifiante du soleil, a dirigé sa marche d'orient en occident, à une époque plus récente la barbarie et la grossièreté des mœurs, suivant la même direction, ont menacé de voiler l'Europe d'un nuage épais. Une race de pasteurs basanés, de race Tou-ki-ouiché ou Turque, les Hiongnoux, habitaient sous des tentes de peaux la steppe élevée de Gobi. Une partie de la race, longtemps formidable à la puissance chinoise, fut repoussée au Sud vers l'Asie intérieure. Ce choc des peuples se propagea sans discontinuer jusqu'à l'Oural, dans l'ancien pays des Finnois : de là s'élancèrent les Huns, les Khasars, les Avars, et résultèrent des mélanges nombreux de peuples asiatiques : les armées des Huns se montrèrent d'abord sur le Volga, puis en Pannonie, aux bords de la Loire, et enfin sur les rives du Pô, dévastant ces belles campagnes si richement plantées, où, depuis le temps d'Anténor, le travail de l'homme entassait monuments sur monuments. Ainsi des déserts de la Mongolie s'échappa avec furie un souffle mortel qui vint étouffer sur le sol cisalpin la fleur délicate des arts, cultivée avec tant de soins pendant une longue suite de siècles.

« Quittons les steppes salines de l'Asie, les bruyères de l'Europe ornées en été de fleurs rougeâtres abondantes en miel, et les déserts de l'Afrique dénués de plantes. Retournons aux plaines de l'Amérique méridionale, dont j'ai commencé à ébaucher le tableau.

« L'intérêt que ce tableau peut inspirer à l'observateur est purement celui qu'il tient de la nature. On n'y rencontre point d'oasis qui rappelle le souvenir d'anciens habitants, point de pierres taillées, point d'arbre fruitier devenu sauvage, qui attestent les travaux des générations éteintes. Ce coin du monde, comme s'il était étranger aux destinées du genre humain, et qu'il n'existât que pour le présent, est le théâtre de la vie libre des animaux et des plantes.

« La steppe s'étend depuis la chaîne côtière des montagnes de Caracas jusqu'aux forêts de la Guyane ; depuis les monts neigeux de Mérida, sur la pente desquels le lac de natron d'Urao est un objet de superstition religieuse des indigènes, jusqu'au grand Delta que l'Orénoque forme à son embouchure. Elle se prolonge au sud-ouest comme un bras de mer, au delà des rives du Meta et du Vichada, jusqu'aux sources non visitées du Guaviare, ou même jusqu'à ce groupe de montagnes isolées, que les guerriers espagnols, par un jeu de leur active imagination, appelèrent le *Paramo de la Summa Paz*, comme s'il était l'heureux séjour d'une paix perpétuelle.

« Ce désert occupe un espace de plus de 16,000 lieues carrées. Le défaut de connaissances géographiques l'a quelquefois fait représenter comme s'étendant sans interruption et conservant la même largeur jusqu'au détroit de Magellan; on ne faisait pas attention à la plaine boisée du fleuve des Amazones, qui est bornée au nord et au sud par les steppes herbeuses de l'Apouré et du Rio de la Plata. Les Andes de la Cochabamba et le groupe des montagnes du Brésil envoient, entre la province de Chiquitos et le détroit terrestre de Villabella des dos de montagnes isolées qui se rapprochent les unes des autres. Une plaine étroite unit les hylæa du fleuve des Amazones aux pampas de Buenos-Ayres. Celles-ci égalent trois fois les llanos de Vénézuéla en superficie. Leur étendue est si prodigieuse, qu'au nord elles sont bornées par des bosquets de palmiers, et au sud par des neiges éternelles. Les Touyous, oiseaux de la famille des casoars, sont indigènes de ces pampas, ainsi que des hordes de chiens devenus sauvages qui vivent en société dans des antres souterrains, et qui souvent attaquent avec acharnement l'homme, pour la défense de qui combattaient les auteurs de leur race.

« Ainsi que le désert de Sahara, les llanos, ou les plaines septentrionales de l'Amérique du Sud, sont situées dans la zone torride. Deux fois chaque année, leur aspect change totalement; tantôt nues comme la mer de sable de Libye, tantôt couverte d'un tapis de verdure comme les steppes élevées de l'Asie moyenne.

« C'est un travail satisfaisant et cependant difficile pour la géographie générale, de comparer la constitution physique des contrées les plus distantes, et de présenter en peu de lignes le résultat de cette comparaison. Des causes multipliées et en partie encore peu développées contribuent à diminuer la chaleur et la sécheresse dans le nouveau monde.

« Le peu de largeur de ce continent découpé de mille manières dans les régions équinoxiales au nord de l'équateur; son prolongement vers les pôles glacés; l'Océan, dont la surface non interrompue est balayée par les vents alisés; l'aplatissement de la côte orientale; des courants d'eau très-froide, qui se portent depuis le détroit de Magellan jusqu'au Pérou; de nombreuses chaînes de montagnes remplies de sources, et dont les sommets couverts de neige s'élèvent bien au-dessus de la région des nuages; l'abondance de fleuves immenses, qui, après des détours multipliés, vont toujours chercher les côtes les plus lointaines; des déserts non sablonneux, et par conséquent moins susceptibles de s'imprégner de chaleur; des forêts impénétrables, qui couvrent les plaines de l'équateur remplies de rivières, et qui, dans les parties du pays les plus éloignées de l'Océan et des montagnes, donnent naissance à des masses énormes d'eau qu'elles ont aspirées ou qui se forment par l'acte de la végétation; toutes ces causes produisent, dans les parties basses de l'Amérique, un climat qui contraste singulièrement par sa fraîcheur et son humidité avec celui de l'Afrique. C'est à elles seules qu'il faut attribuer cette végétation si forte, si abondante, si riche en sucs, et ce feuillage si épais qui forment le caractère particulier du nouveau continent.

« S'il est vrai que sur l'un des côtés de notre planète l'air est plus humide que sur l'autre, la comparaison de leur état actuel suffit pour résoudre le problème de cette inégalité. Le physicien n'a pas besoin de couvrir du voile de fables géologiques l'explication de pareils phénomènes, de supposer que ce n'est qu'à des époques différentes qu'a cessé sur notre planète la lutte des éléments portant avec elle la destruction, ou enfin d'avancer que, semblable à une île marécageuse, séjour des serpents et des crocodiles, l'Amérique n'est sortie du sein des eaux que longtemps après les autres parties du monde.

« L'Amérique méridionale a sans doute une ressemblance frappante avec la péninsule sud-ouest de l'ancien continent, par sa forme, ses contours et la direction de ses côtes. Mais la structure intérieure du sol et la position relative des régions contiguës occasionnent en Afrique cette aridité étonnante qui, dans un espace immense, s'oppose au développement de la vie organique. Les quatre cinquièmes de l'Amérique méridionale sont situés au-delà de l'équateur, et par conséquent dans un hémisphère qui, à raison de ses grandes masses d'eau, et par une infinité d'autres causes, est plus frais et plus humide que notre hémisphère boréal; et c'est à celle-ci qu'appartient la partie la plus considérable de l'Afrique.

« Les steppes de l'Amérique méridionale ou llanos ont, de l'est à l'ouest, trois fois moins d'étendue que les déserts de l'Afrique. Les premières sont rafraîchies par les vents alizés; les seconds, placés sous le même parallèle que l'Arabie et la Perse méridionale, ne sont visités que par des courants d'air qui ont passé sur de vastes régions d'où se réfléchit une chaleur brûlante. Déjà le respectable père de l'histoire, Hérodote, dont le mérite a été si longtemps méconnu, vraiment pénétré de ce sentiment qui porte à observer la nature en grand, a dépeint les déserts du nord de l'Afrique, ceux de l'Yémen, du Kerman, du Mekhran ou Gédrosie des anciens, et même ceux du Moultan, dans l'Inde antérieure, comme une seule mer de sable continue.

« A l'effet du souffle embrasé des vents de terre se joint encore, en Afrique, autant du moins que nous la connaissons, le manque de grandes rivières, de forêts et de hautes montagnes exhalant des vapeurs aqueuses et produisant du froid. On ne voit des neiges éternelles que sur la partie occidentale de l'Atlas, dont la chaîne rétrécie, aperçue de profil par les navigateurs anciens, leur parut une masse aérienne et isolée, destinée à soutenir le ciel. Prolongée à l'est jusqu'au Dakoul, où fut cette dominatrice des mers, Carthage, dont les ruines même ont disparu;

et, formant, à peu de distance des côtes, une chaîne, barrière de la Gétulie, cette montagne arrête le vent frais du nord et les vapeurs qu'il a balayées à la surface de la Méditerranée.

« C'est probablement aussi au-dessus de la limite inférieure des neiges que s'élèvent les monts de la Lune, ou Al-Komri, dont on rapporte sans raison que de l'est à l'ouest ils forment une chaîne entre les plaines élevées de l'Abyssinie (le Quito de l'Afrique) et les sources du Sénégal. La Cordillère de Lupata même, qui longe la côte orientale d'Afrique à Mozambique et au Monomotapa, comme les Andes serrent au Pérou la côte occidentale de l'Amérique, est couverte de glaces éternelles dans le pays de Manica, riche en or. Mais ces montagnes abondantes en sources sont très-éloignées de l'immense désert qui s'étend depuis la pente méridionale de l'Atlas jusqu'au Niger, dont les eaux coulent vers l'orient.

« Ces causes réunies d'aridité et de chaleur n'auraient peut-être pas été suffisantes pour changer le plateau de l'Afrique en une affreuse mer de sable, si quelque grande révolution de la nature, par exemple, une irruption de l'Océan, n'avait pas enlevé jadis à cette surface les plantes et la terre végétale qui la couvraient. Quelle fut l'époque de cette catastrophe? Quelle force détermina cette irruption? c'est ce qui est profondément caché dans la nuit des temps. Peut-être fut-elle un effet du remous, de ce courant impétueux qui pousse les eaux échauffées du golfe de Mexique au delà du banc de Terre-Neuve, jusque sur les côtes de notre continent, et qui charrie les cocos des Antilles sur les rives de l'Irlande et de la Norwége. Encore aujourd'hui, au moins un des bras de ce courant se dirige des Açores au sud-est, et va frapper, avec une violence souvent funeste aux navigateurs, la côte occidentale de l'Afrique, bordée de monticules sablonneux. Tous les rivages de la mer (et je citerai entre autres ceux de la côte du Pérou, entre Coquimbo et Amotapé) prouvent combien, dans les régions de la zone torride, où sous un ciel d'airain ni les licidées, ni aucun autre lichen ne peuvent végéter, il s'écoule de siècles, et peut-être de milliers d'années avant que le sable mouvant puisse offrir aux racines des plantes un point d'appui assuré.

« Ces considérations expliquent comment, malgré leur ressemblance extérieure de forme, l'Afrique et l'Amérique offrent des différences si tranchées dans leur température relative et dans le caractère de leur végétation. Quoique la steppe de l'Amérique méridionale soit couverte d'une légère couche de terre végétale, quoiqu'elle soit arrosée périodiquement par des ondées de pluies et ornée de graminées d'une végétation magnifique, elle n'a cependant pu engager les peuples voisins à abandonner les belles vallées de Caracas, les bords de la mer, ni le bassin immense de l'Orénoque, pour venir errer dans une solitude privée d'arbres et de sources. Aussi, à l'arrivée des premiers colons européens et africains, la trouva-t-on presque inhabitée.

« Les llanos sont, à la vérité, propres à la nourriture du bétail; mais l'éducation des animaux qui donnent du lait était inconnue aux habitants primitifs du nouveau continent. Aucun des peuples américains ne cherchait à mettre à profit les avantages que sous ce rapport leur offrait la nature. Dans les savanes du Canada occidental, à Quivira et autour des ruines colossales du château des Aztèques, cette Palmyre de l'Amérique, qui s'élève solitairement dans le désert auprès des rives du Gyla, on voit paître deux races indigènes d'animaux à cornes. Le moufflon aux longues cornes, souche primitive de notre mouton, erre sur les rochers calcaires, arides et pelés de la Californie. Les vigognes, les alpacas et les lamas, tous ressemblants au chameau, appartiennent à la péninsule méridionale. Mais ces animaux utiles ont, à l'exception du lama, conservé, depuis des siècles, leur antique liberté. L'usage du lait et du fromage est, ainsi que la possession de la culture des plantes céréales, un des traits distinctifs qui caractérisent les peuples de l'ancien monde.

« Si quelques-uns ont passé par le nord de l'Asie sur la côte occidentale de l'Amérique, et, craignant une température moins froide, ont longé les sommets élevés des Andes pour aller au Sud, cette migration a eu lieu par des routes où ces voyageurs ne pouvaient transporter avec eux ni leurs troupeaux, ni leurs céréales. Peut-être lorsque l'empire des Hiongnioux longtemps ébranlé s'écroula, la marche de cette tribu puissante occasionna-t-elle une migration de peuples du nord-est de la Chine et de la Corée, et alors des Asiatiques policés passèrent-ils dans le nouveau continent? Si ces nouveaux venus avaient été des habitants des steppes où l'agriculture est inconnue, cette hypothèse hardie, et peu favorisée jusqu'à présent par la comparaison des langues, pourrait au moins expliquer ce manque surprenant des plantes céréales proprement dites, qui est particulier au nouveau continent; peut-être une colonie de prêtres, battue par la tempête, aborda-t-elle aux côtes de la Californie, événement qui produisit des idées mystiques relativement à la navigation, et dont l'histoire de la population du Japon, au temps de Djindi-Hoangti, nous fournit un exemple mémorable.

« La vie pastorale, cet intermédiaire bienfaisant qui attache les hordes nomades de chasseurs à un sol abondant en herbes, et qui les prépare à l'agriculture, n'était pas moins inconnue aux habitants primitifs de l'Amérique. C'est dans cette ignorance qu'on doit chercher la cause du défaut de population des steppes de l'Amérique méridionale. Aussi est-ce avec plus de liberté que l'énergie de la nature s'y est développée dans une si grande variété de formes organiques. Elle n'y a connu de bornes que celles qu'elle s'est données, ainsi que dans la vie qu'elle prodigue aux végétaux au sein des forêts de l'Orénoque, où l'hymenæa et le laurier à tige gigantesque ne redoutent pas la main destructive de l'homme, mais seulement les circonvolutions vigoureuses des plantes grimpantes qui les étouffent.

« Les agoutis, les petits cerfs mouchetés, les tatous cuirassés qui, semblables aux rats, se glissent dans la retraite souterraine du lièvre effrayé, des troupeaux de cabiais indolents, des chinches agréablement rayés par bandes, mais dont l'odeur empeste l'air, le grand lion sans crinière, les jaguars mouchetés, nommés tigres dans ces contrées, et assez robustes pour traîner au haut d'une colline le jeune taureau qu'ils ont tué, tous ces animaux et une multitude d'autres parcourent la plaine dénuée d'arbres.

« Habitable en quelque sorte pour eux seuls, elle n'aurait pu fixer aucune des hordes nomades qui, de même que les Hindoux, préfèrent la nourriture végétale, si des palmiers en éventail, les *Mauritia*, n'y étaient dispersés çà et là. Elles sont justement célèbres les qualités bienfaisantes de cet arbre de vie. Seul il nourrit, à l'embouchure de l'Orénoque, la nation indomptée des Guaranis, qui tendent avec art d'un tronc à l'autre des nattes tissues avec les nervures des feuilles du mauritia, et, dans la saison des pluies, quand le Delta est inondé, semblables à des singes, vivent au sommet des arbres.

« Ces habitations suspendues sont en partie couvertes avec de la glaise. Les femmes allument sur cette couche humide le feu nécessaire aux besoins du ménage; et le voyageur qui, pendant la nuit, navigue sur le fleuve, aperçoit de longues files de flammes à une grande hauteur en l'air, et absolument séparées de la terre. Les Guaranis doivent leur indépendance physique, et peut-être aussi leur indépendance morale, au sol mouvant, tourbeux et à moitié liquide qu'ils foulent d'un pied léger, et à leur séjour sur les arbres; république aérienne, où l'enthousiasme religieux ne conduira jamais un stylite américain.

« Le mauritia ne procure pas seulement aux Guaranis une habitation sûre, il leur fournit aussi des mets variés. Avant que la tendre enveloppe des fleurs paraisse sur l'individu mâle, et seulement à cette période de la végétation, la moëlle du tronc recèle une farine analogue au sagou. Comme la farine contenue dans la racine du manioc, elle forme en se séchant des disques minces de la nature du pain. De la séve fermentée de cet arbre les Guaranis font un vin de palmier doux et enivrant. Les fruits encore frais, recouverts d'écailles comme les cônes du pin, donnent, ainsi que le bananier et la plupart des fruits de la zone torride, une nourriture variée, suivant qu'on en fait usage après l'entier développement de leur principe sucré, ou auparavant, lorsqu'ils ne contiennent encore qu'une pulpe abondante. Ainsi nous trouvons, au degré le plus bas de la civilisation humaine, l'existence d'une peuplade enchaînée à une seule espèce d'arbre, semblable à celle de ces insectes qui ne subsistent que par certaines parties d'une fleur.

« Depuis la découverte du nouveau continent, la plaine est devenue moins inhabitable. Pour faciliter les relations entre la côte et la Guyane, on a bâti quelques villes sur le bord des rivières de la steppe, et on a commencé à élever des bestiaux dans toutes les parties de cet espace immense. On rencontre, à des journées de distance les unes des autres, des huttes isolées construites en claies de roseaux attachées avec des courroies et couvertes de peaux de bœuf. Entre ces habitations grossières, on voit errer dans la steppe des troupeaux innombrables de bœufs, de chevaux et de mulets devenus sauvages. L'accroissement prodigieux de ces animaux de l'ancien monde est d'autant plus surprenant que les dangers qu'ils ont à combattre sous cette zone sont plus nombreux.

« Lorsque, par l'effet vertical des rayons du soleil qu'aucun nuage n'arrête, l'herbe brûlée tombe en poussière, le sol endurci se crevasse, comme s'il était ébranlé par de violents tremblements de terre. Alors, si des vents opposés viennent à se heurter à sa surface, et si leur choc se termine par produire un mouvement circulaire, la plaine offre un spectacle extraordinaire. Pareil à une vapeur, le sable s'élève au milieu du tourbillon raréfié et peut-être chargé d'électricité, tel qu'une nuée en forme d'entonnoir, qui avec sa pointe glisse sur la terre, et semblable à la trombe bruyante redoutée du navigateur expérimenté. Le ciel qui paraît abaissé ne jette qu'un demi-jour trouble et livide sur la plaine désolée. L'horizon se rapproche tout à coup. Il resserre le désert et le cœur de l'homme. Suspendu dans l'atmosphère qu'il voile d'un nuage épais, le sable embrasé et poudreux augmente la chaleur étouffante de l'air. Au lieu de la fraîcheur, le vent d'est apporte une ardeur nouvelle en charriant les émanations brûlantes d'un terrain longtemps échauffé.

« Les flaques d'eau que protégeait le palmier dont le soleil a fané la verdure disparaissent peu à peu. De même que dans les glaces du Nord les animaux s'engourdissent, de même ici le crocodile et le boa, profondément enfoncés dans la glaise desséchée, s'endorment sans mouvement. Partout l'aridité annonce la mort, et partout elle poursuit le voyageur altéré, déçu par le jeu des rayons de lumière réfractés, qui lui présentent le fantôme d'une surface ondulée. Enveloppés de nuages de poussière, tourmentés par la faim et par une soif ardente, de toutes parts errent les bestiaux et les chevaux. Ceux-là faisant entendre des mugissements sourds, ceux-ci, le cou tendu dans une direction contraire à celle du vent, aspirent fortement l'air pour découvrir, par la moiteur de son courant, le voisinage d'une flaque d'eau non entièrement évaporée.

« Les mulets, plus circonspects et plus rusés, cherchent à apaiser leur soif d'une autre manière. Un végétal de forme sphérique, et portant de nombreuses cannelures, le melocactus, renferme, sous son enveloppe hérissée, une moëlle très-aqueuse. Le mulet, à l'aide de ses pieds de devant, écarte les piquants, approche ses lèvres avec précaution, et se hasarde à boire le suc rafraîchissant. Mais ce n'est pas toujours sans danger qu'il peut puiser à cette source végétale vivante. On voit souvent des animaux dont le sabot est estropié par les piquants du cactus.

« A la châleur brûlante du jour succède la fraîcheur d'une nuit qui égale le jour en durée; mais les bestiaux et les chevaux ne peuvent même alors jouir du repos. Pendant leur sommeil, des chauves-souris monstrueuses se cramponnent sur leur dos comme des vampires, leur sucent le sang et leur occasionnent des plaies purulentes, où s'établissent les hippobosques, les mosquites et une foule d'autres insectes à aiguillon. Telle est l'existence douloureuse de ces animaux, dès que l'ardeur du soleil a fait disparaître l'eau de la surface de la terre.

« Quand, après une longue sécheresse, s'approche enfin la saison bienfaisante des pluies, soudain la scène change dans le désert. Le bleu foncé du ciel, jusqu'alors sans nuage, prend une teinte plus claire. A peine reconnaît-on pendant la nuit l'espace obscur de la Croix, constellation du pôle austral. La légère phosphorescence des nuées de Magellan perd son éclat. Les étoiles verticales de l'Aigle et du Serpentaire brillent d'une lumière tremblante, qui ne ressemble plus à celle des planètes. Il s'élève dans le sud des nuages isolés qui paraissent des montagnes éloignées. Les vapeurs s'étendent comme un brouillard sur tout l'horizon. Les coups de tonnerre annoncent dans le lointain la pluie vivifiante.

« A peine la surface de la terre est elle humectée, que le désert couvert de vapeurs se revêt de killingia, de paspaluna aux panicules nombreuses, et d'une infinité de graminées. A la lumière, la sensitive herbacée développe ses feuilles endormies et salue le soleil levant, comme les plantes aquatiques en ouvrant leurs fleurs délicates, et les oiseaux par leurs chants harmonieux. Les chevaux et les bestiaux bondissent dans la plaine. Le jaguar agréablement moucheté se cache dans l'herbe haute et touffue; par un saut léger, à la manière des chats, il s'élance comme le tigre d'Asie, pour saisir les animaux au passage.

« Quelquefois, si l'on en croit les récits des naturels, on voit sur les bords des marais la glaise humide s'élever en forme de mottes; puis on entend un bruit violent comme celui de l'explosion de petits volcans vaseux : la terre soulevée est lancée en l'air. Celui à qui ce phénomène est connu fuit dès qu'il s'annonce; car un monstrueux serpent aquatique, ou un crocodile cuirassé, sort de son tombeau aux premières ondées de pluie et se réveille de sa mort apparente.

« Les rivières qui bornent la plaine au sud, l'Araca, l'Apouré, et le Payara, se gonflent peu à peu. Alors la nature contraint à mener la vie des amphibies ces mêmes animaux qui, dans la première moitié de l'année, mouraient de soif sur un sol aride et poudreux. Une partie du désert présente l'image d'une vaste mer intérieure. Les juments se retirent avec leurs poulains sur les bancs élevés qui, semblables à des îles, sortent de la surface des eaux. Chaque jour l'espace non inondé se rétrécit. Les animaux, pressés les uns contre les autres et privés de pâturage, nagent longtemps çà et là, et trouvent une nourriture chétive dans les panicules fleuries des graminées qui s'élèvent au-dessus d'une eau brunâtre et en fermentation. Beaucoup de jeunes chevaux se noient; beaucoup sont surpris par le crocodile, qui, de sa queue armée d'une crête dentelée, leur fracasse les os, puis les dévore. Souvent on voit des chevaux et des bœufs qui, échappés à la voracité de ce féroce reptile, portent sur leurs cuisses les marques de ses dents pointues.

« Ce spectacle rappelle involontairement à l'observateur attentif la facilité de se plier à tout, dont la nature prévoyante a doué certains animaux et certains végétaux. Le bœuf et le cheval, ainsi que les plantes céréales, ont suivi l'homme par toute la terre, depuis le Gange jusqu'au Rio de la Plata, depuis la côte d'Afrique jusqu'aux plaines de l'Antisana, plus élevées que le Pic de Ténériffe. Ici, c'est le bouleau habitant du Nord, là, le dattier, qui mettent le bœuf fatigué à l'abri des rayons du soleil. La même espèce d'animaux qui, dans l'est de l'Europe, combat les ours et les loups, est, sous un autre parallèle, exposée aux attaques du tigre et du crocodile.

« Ce ne sont pas seulement les crocodiles et les jaguars qui, dans l'Amérique méridionale, dressent des embûches au cheval. Cet animal a aussi parmi les poissons un ennemi dangereux. Les eaux marécageuses de Béra et de Rastro sont remplies d'anguilles électriques, dont le corps gluant, parsemé de taches jaunâtres, envoie de toutes parts et spontanément une commotion violente. Ces gymnotes ont cinq à six pieds de long; ils sont assez forts pour tuer les animaux les plus robustes, lorsqu'ils font agir à la fois et dans une direction convenable leurs organes, armés d'un appareil de nerfs multipliés. A Uritucu on a été obligé de changer le chemin de la steppe, parce que le nombre de ces anguilles s'était tellement accru dans une petite rivière, que tous les ans beaucoup de chevaux frappés d'engourdissement se noyaient en la passant à gué. Tous les poissons fuient l'approche de cette redoutable anguille. Elle surprend même l'homme qui, placé sur le haut du rivage, pêche à l'hameçon; la ligne mouillée lui communique souvent la commotion fatale. Ici, le feu électrique se dégage même du fond des eaux

« La pêche des gymnotes procure un spectacle pittoresque. Dans un marais que les Indiens enceignent étroitement, on fait courir des mulets et des chevaux, jusqu'à ce que le bruit extraordinaire excite à l'attaque ces poissons courageux. On les voit nager comme des serpents sur la superficie des eaux, et se presser adroitement sous le ventre des chevaux. Plusieurs de ceux-ci succombent à la violence des coups invisibles; d'autres, haletants, la crinière hérissée, les yeux hagards, étincelants et exprimant l'angoisse, cherchent à éviter l'orage qui les menace; mais les Indiens, armés de longs bambous, les repoussent au milieu de l'eau.

« Peu à peu l'impétuosité de ce combat inégal diminue. Les gymnotes fatigués se dispersent comme des nuées déchargées d'électricité; ils ont besoin d'un long repos et d'une nourriture abondante pour réparer ce qu'ils ont dissipé de force galvanique. Leurs coups de plus en plus faibles donnent des commotions moins sensibles. Effrayés par le bruit du piétinement des chevaux, ils s'approchent craintifs du bord du marais; là on les frappe avec des harpons; puis on les entraîne dans la steppe au moyen de bâtons secs et non conducteurs du fluide.

« Tel est le combat surprenant des chevaux et des poissons. Ce qui forme l'arme vivante et invisible de ces habitants de l'eau; ce qui, développé par le contact de parties humides et hétérogènes, circule dans les organes des animaux et des plantes; ce qui dans les orages embrase la voûte du ciel; ce qui lie le fer au fer, et détermine la marche tranquille et rétrograde de l'aiguille aimantée, découle d'une même source, comme les couleurs variées du rayon réfracté: tout se réunit dans une force unique et éternelle qui anime la nature, et règle les mouvements des corps célestes.

« Je pourrais terminer ici le tableau physique du désert que j'ai tenté d'esquisser. Mais de même que sur l'Océan notre imagination aime à s'occuper de l'image des côtes éloignées, de même, avant que le désert échappe à notre vue, jetons un coup d'œil rapide sur les régions qui l'environnent.

« Le désert du nord de l'Afrique sépare deux races d'hommes, qui originairement appartiennent à la même partie du monde, et dont la lutte toujours subsistante paraît être aussi ancienne que la fable d'Osiris et de Typhon. Au nord de l'Atlas vivent des hommes à cheveux longs et non crépus, ayant le teint jaunâtre et les traits des habitants du Caucase. Au sud du Sénégal et du côté du Soudan, on trouve des peuplades de nègres parvenues à différents degrés de civilisation. Dans l'Asie moyenne, les steppes de la Mongolie sont la ligne de démarcation entre la barbarie de la Sibérie et l'antique civilisation de l'Hindoustan.

« Les plaines de l'Amérique sont aussi la borne où s'arrête le domaine de la demi-civilisation européenne. Au nord, entre la chaîne des montagnes de Vénézuéla et la mer des Antilles, on rencontre, presque les uns contre les autres, des villes industrieuses, des villages charmants et des champs soigneusement cultivés. Le goût des arts, la culture des sciences et l'amour de la liberté civile y sont même développés depuis longtemps.

« Au sud, la steppe est entourée par une solitude sauvage et effrayante. Des forêts âgées de milliers d'années, et d'une épaisseur impénétrable, remplissent la contrée humide située entre l'Orénoque et le fleuve des Amazones. Des masses immenses de granite, couleur de plomb, rétrécissent le lit des rivières écumeuses. Les montagnes et les forêts retentissent incessamment du fracas des cataractes, du rugissement des jaguars et des hurlements sourds du singe barbu qui annonce la pluie.

« Dans les endroits où les eaux plus basses laissent un banc à découvert, un crocodile est étendu sans mouvement comme un rocher et la gueule béante. Son corps écailleux est souvent couvert d'oiseaux.

« Le boa à peau tigrée, et le corps roulé sur lui-même, sûr de sa proie, se tient en embuscade sur la rive. Il se déploie avec promptitude pour saisir au passage le jeune taureau ou quelque animal plus faible; après l'avoir enveloppé d'une humeur visqueuse, il le fait entrer avec effort dans son gosier dilaté.

« Au milieu de cette nature grande et sauvage, vivent des peuples de races et de civilisation diverses. Quelques-uns, séparés par des langages dont la dissemblance est étonnante, sont nomades, entièrement étrangers à l'agriculture, se nourrissent de fourmis, de gomme et de terre, et sont le rebut de l'espèce humaine; tels sont les Otomaques et les Jarourès. D'autres, comme les Maquiritains et les Makos, ont des demeures fixes, vivent des fruits qu'ils ont cultivés, ont de l'intelligence et des mœurs plus douces. De vastes espaces entre le Cassiquiaré et l'Atabapo, ne sont habités que par des singes réunis en société et par des tapirs. Des figures gravées sur des rochers prouvent que jadis cette solitude a été le séjour d'un peuple parvenu à un certain degré de civilisation; de même que la forme des langues qui appartiennent aux monuments les plus durables des hommes, elles attestent les vicissitudes qu'éprouve le sort des peuples.

« Dans la steppe, c'est le tigre et le crocodile qui combattent le cheval et le taureau; sur ses bords garnis de forêts, et dans les régions sauvages de la Guyane, c'est l'homme qui est perpétuellement armé contre l'homme. Là, avec une avidité féroce, des peuplades entières boivent le sang de leurs ennemis; d'autres les égorgent non armés en apparence, mais préparés au meurtre par le poison dont est enduit l'ongle de leur pouce. Aussi les hordes les plus faibles, lorsqu'elles entrent dans la région des sables, effacent soigneusement avec leurs mains la trace de leurs pas timides.

« Ainsi l'homme se prépare à lui-même une vie inquiète et orageuse, soit que sa grossièreté tienne encore à celle des animaux, soit que l'éclat apparent de la civilisation lui assigne le degré le plus élevé. Le voyageur qui parcourt le globe, l'historien qui s'enfonce dans la nuit des âges, rencontrent sans cesse le tableau uniforme et désolant des dissensions de l'espèce humaine.

« C'est pourquoi celui qui, au milieu des discordes des peuples, cherche à reposer son esprit, porte volontiers ses regards sur la vie paisible des plantes et étudie les ressorts mystérieux qui meuvent l'univers ; ou bien, se livrant à cette noble impulsion dont le cœur de l'homme fut toujours animé, par un pressentiment secret il porte la vue vers les astres qui, obéissant aux lois immuables de l'harmonie, poursuivent leur carrière éternelle. »

GROTTE DE MIREMONT.

Près du village de Pivaset, situé entre Périgueux et Sarlat, département de la Dordogne, se trouve une grotte célèbre qui porte les noms de *Miremont*, de *Trou de Granville* et de *Cluseau*. Son entrée se présente dans le flanc d'une colline aride; sa profondeur, depuis l'ouverture jusqu'à l'extrémité de sa plus longue branche, dépasse 1000 mètres; et ses ramifications sont très-nombreuses. On ne peut pénétrer sans danger dans cette immense caverne, qu'en se faisant accompagner par un guide dont l'expérience soit garantie; mais du reste tous ceux qui font ce métier suivent constamment le même itinéraire, et appellent l'attention sur les objets dans un ordre invariable.

La branche que l'on parcourt la première est celle de droite. Sa voûte est hérissée de stalactites plus ou moins brillantes, et l'on rencontre, à peu de distance de l'entrée, une stalagmite de forme conique et haute d'environ 2 mètres, que les gens du pays nomment le *Tas de la Vieille*. Plus loin est une chambre de figure elliptique, longue d'une dizaine de mètres sur une élévation d'à peu près le tiers, dont les parois et le plafond sont ornés de branches de silex entrelacées avec symétrie et élégance. Cette pièce s'appelle la *Chambre des Gâteaux*. Elle est immédiatement suivie d'une autre plus petite, couverte sur toutes ses faces d'un spath de la plus belle transparence et dont les cristaux ont des reflets qui étincellent comme ceux du diamant. Après cela on pénètre dans une chambre dite des *Coquillages*, parce qu'elle est toute parsemée de mollusques fossiles, particulièrement d'huîtres et de térébratules; et enfin dans une dernière pièce décorée de stalactites comme la première.

On parvient de ce rameau que l'on vient de parcourir à l'embranchement principal, par un chemin où diverses coupoles brillantes se font remarquer de distance en distance, et que borde de chaque côté une espèce de socle continu. L'humidité qui règne dans ce chemin, jointe au peu d'air qu'on y respire, en rend le trajet pénible, et l'on éprouve même quelque difficulté à entretenir la flamme des torches par lesquelles on est éclairé. Une pierre énorme, qui se montre dans cette galerie, a reçu le nom de *Tombe de Gargantua*.

Lorsqu'on est parvenu au bout de ce chemin, on entre dans l'*Allée de Lalanche*, remarquable par de nombreuses stalactites qu'on appelle communément *Choux-Fleurs*, parce qu'elles ont effectivement toute l'apparence de la plante de ce nom; et de cette allée on arrive, non sans rencontrer quelques obstacles et par une pente rapide, dans une vaste enceinte dont les belles coupoles sont encore ornées d'arabesques de silex; et comme le sol argileux de cette pièce conserve l'empreinte des pas de ses nombreux visiteurs, on lui a donné le nom de *Place du marché*. Elle conduit à la grande branche.

Celle-ci offre, à droite et à gauche, des ramifications multipliées, lesquelles ne sauraient être décrites sans tomber dans des répétitions inutiles; toutefois elles présentent quelques objets qui doivent être mentionnés. Telle est entre autres la voûte de l'artère principale, dont les stalactites, venant s'unir de loin en loin aux stalagmites du sol, forment entre elles de véritables arceaux et laissent subsister une galerie circulaire autour de la coupole; puis se succèdent plusieurs pièces de diverses dimensions, dont les unes sont tapissées de cristaux brillants, les autres incrustées de coquillages, et quelques-unes couvertes de lames d'un tuf de couleur roussâtre.

Ce qu'on nomme le *Ruisseau* est une sorte d'abîme, en forme d'entonnoir, dans lequel on descend au moyen de la stratification que la roche présente en cet endroit. Parvenu à une profondeur d'environ 10 mètres, on se trouve en face d'un passage frayé à perte de vue au milieu des rochers, et dans lequel se perd, dès l'entrée, un cours d'eau qui reparaît ensuite à quelque distance. Les bords de ce ruisseau sont difficiles à explorer, parce que d'une part il faut presque toujours gravir sur des débris de dimensions plus ou moins considérables, et que de l'autre la privation d'air incommode non-seulement d'une manière sensible, mais fait craindre à chaque instant de se trouver dans une obscurité complète, tant la flamme des torches diminue à mesure qu'on avance. Au surplus, disons-le une fois pour toutes au sujet des cavernes, rarement on résiste au désir de pénétrer dans leur intérieur; on veut vérifier ce que les autres en ont dit, et l'on espère même ajouter des observations aux leurs; et cependant on revient rarement satisfait de ces fatigantes explorations, parce que ces grottes, sauf leur étendue et leurs autres proportions qui varient, présentent presque constamment les mêmes objets, les mêmes phénomènes et ne méritent pas en définitive le mal qu'on se donne pour les visiter. Qui en a vu deux ou trois est presque aussi savant à leur sujet, que celui qui en a vu cent.

LE MONT-PERDU.

Le groupe de Marboré, l'un des points culminants des Pyrénées françaises, se compose du Mont-Perdu, haut de 3401 mètres; du

Cylindre, qui a 3354 mètres; de la Cascade, qui en a 3261, et de la Brèche de Roland, élevée de 2982. On a dit que le Mont-Perdu était pour les Pyrénées ce qu'est le Mont-Blanc pour les Alpes, et l'on s'est accoutumé à le considérer comme le géant de la chaîne; mais c'est à tort, puisqu'il est inférieur de 88 mètres au pic Poseto, et de 66 à la Maladetta. Quoi qu'il en soit, ce mont est l'un de ceux qui ont le plus excité la curiosité, l'intrépidité et la vanité des voyageurs, parce qu'on s'est habitué à considérer comme une sorte d'héroïsme de surmonter les obstacles et les dangers qu'offre son ascension. Plusieurs l'ont entreprise, et nous croyons même qu'une femme, la duchesse d'Abrantès, est du nombre de ceux qui l'ont accomplie; mais nous reproduirons ici l'un des récits les plus anciens sur cette escalade, celui du naturaliste Ramond, parce qu'il est le plus intéressant et le mieux raconté. Après avoir détaillé les premières difficultés du voyage, il continue en ces termes :

« Nous approchions du sommet de la crête; il ne restait plus qu'un petit nombre de degrés à monter; je regardais mes compagnons; aucun ne donnait des signes de joie. Une sorte de tristesse, produite par une longue anxiété, laissait à peine concevoir ce que la vue du Mont-Perdu nous préparait de dédommagements. Après tant de plans inclinés, de rochers si droits, de glaces si perfides, nous ne sentions d'autre besoin que celui d'un peu de terrain plat, où le pied pût se poser sans délibération; mais ce terrain, nous ne le touchions pas encore, que déjà la scène changeait et faisait oublier tout. Du haut des rochers, nous considérions avec une muette surprise le majestueux spectacle qui nous attendait au passage de la Brèche; nous ne le connaissions pas; nous ne l'avions jamais vu; nous n'avions nulle idée de l'éclat incomparable qu'il recevait d'un beau jour. La première fois, le rideau n'avait été que soulevé : le crêpe suspendu aux cimes répandait le deuil sur les objets mêmes qu'il ne couvrait pas. Aujourd'hui, rien de voilé; rien que le soleil n'éclairât de sa lumière la plus vive; le lac, complétement dégelé, réfléchissait un ciel tout d'azur; les glaciers étincelaient, et la cime du Mont-Perdu, toute resplendissante de célestes clartés, semblait ne plus appartenir à la terre. En vain j'essayerais de peindre la magique apparence de ce tableau; le dessin et la teinte sont également étrangers à tout ce qui frappe habituellement nos regards. En vain je tenterais de décrire ce que son apparition a d'inopiné, d'étonnant, de fantastique, au moment que le rideau s'abaisse, que la porte s'ouvre, que l'on touche enfin le seuil du gigantesque édifice. Les mots se traînent loin d'une sensation plus rapide que la pensée; on n'en croit pas ses yeux; on cherche autour de soi un appui, des comparaisons : tout s'y refuse à la fois. Un monde fuit, un autre monde commence, un monde régi par les lois d'une autre existence. Quel repos dans cette vaste enceinte, où les siècles passent d'un pied plus léger qu'ici-bas les années! Quel silence sur ces hauteurs, où un son, quel qu'il soit, est la plus redoutable annonce d'un grand et rare phénomène! Quel calme dans l'air, et quelle sérénité dans le ciel qui nous inondait de clartés! Tout était d'accord : l'air, le ciel, la terre et les eaux; tout semblait se recueillir en présence du soleil, et recevoir un regard dans son immobile aspect. En comparant l'imposante symétrie du cirque au désordre hideux qu'il offrait lorsqu'une brume épaisse se traînait autour de ses degrés, nous reconnaissions à peine les lieux que nous avions parcourus. Jamais rien de pareil ne s'était offert à mes yeux. J'ai vu les hautes Alpes; je les ai vues dans ma première jeunesse, à cet âge où l'on voit tout plus beau et plus grand que nature; mais ce que je n'y ai pas vu, c'est la livrée des sommets les plus élevés, revêtue par une montagne secondaire. Ces formes simples et graves, ces coupes nettes et hardies, ces rochers si entiers et si sains, dont les larges assises s'alignent en murailles, se courbent en amphithéâtres, se façonnent en gradins, s'élancent en tours où la main des géants semble avoir appliqué l'aplomb et le cordeau : voilà ce que personne n'a rencontré au séjour des glaces éternelles; voilà ce qu'on chercherait en vain dans les montagnes primitives, dont les flancs déchirés s'allongent en pointes aiguës, et dont la base se cache sous des monceaux de débris. Quiconque s'est rassasié de leurs horreurs trouvera encore ici des aspects étrangers et nouveaux. Du Mont-Blanc même, il faut venir au Mont-Perdu; quand on a vu la première des montagnes granitiques, il reste à voir la première des montagnes calcaires.

« Ici ce n'est point un géant entouré de pygmées. Telle est l'harmonie des formes et la gradation des hauteurs, que la prééminence de la cime principale résulte moins de son élévation relative que de sa figure, de son volume et d'une certaine disposition de l'ensemble, qui lui subordonne les objets environnants. Elle n'excède le Cylindre que de cent cinq mètres, et ne s'élève que d'environ deux cents mètres au-dessus de la plate-forme qui les soutient tous deux; mais cette cime est le dernier de tant de rochers amassés l'un sur l'autre; c'est vers elle que remontent, comme à leur source, les glaciers amoncelés sur les rives du lac; c'est d'elles que descendent toutes ces nappes de neige qui tapissent les gradins, se déroulent sur leurs pentes, se déchirent à mesure qu'elles s'éloignent, et ne couvrent qu'elle seule d'un voile qui ne s'entr'ouvre jamais. Cette cime est un dôme arrondi, placé à l'angle d'un long toit qui se dirige parallèlement à la chaîne, et s'incline en pente douce, du coté du levant. De toutes ces montagnes, c'est le seul talus d'inclinaison modérée, et le seul sommet qui ait quelque chose des formes ordinaires; il semble que la nature, lasse d'entasser étages sur étages, ait essayé de les couronner d'un comble, et que ce comble se soulève avec peine dans la haute région, où nul autre sommet n'ose s'élancer. L'effet de cette apparence était de nous rendre l'élévation du Mont-Perdu sensible, quoique nous ne le vissions que sur une hauteur d'environ sept cents mètres, à compter du niveau du lac, qui était lui-même fort au-dessous de nous. Mais en même temps elle ravalait notre propre station, au point de n'admettre aucune comparaison directe entre les hauteurs respectives. Comme nous avions perdu notre baromètre en route, il fallut nous contenter d'estimer cette hauteur à vue d'œil; mais cette estimation même n'était guère propre à nous encourager, dans le cas que nous aurions encore conservé l'espérance de gagner la cime par la route du lac. Sans doute trois mille mètres d'élévation sont beaucoup, quand il n'en reste plus que cinq cents à monter; mais nulle proportion entre la hauteur où nous étions parvenus et ce qu'il nous en avait coûté pour l'atteindre, et surtout nulle comparaison entre les murs que nous avions gravis et ceux dont il aurait fallu risquer l'escalade. Le dégel avait beaucoup augmenté le circuit du lac, et l'eau couvrait presque tout ce que nous avions pris l'autre fois pour les rives. Nous le trouvâmes au pied même du ravin par lequel nous étions descendus. De quelque côté que nous portassions la vue, ce lac, tout à l'heure si beau et maintenant si fâcheux, n'avait pour bords que des murailles de roche ou des murailles de glace. A l'occident seulement les pentes s'adoucissaient, et de longs tapis de neige s'élevaient insensiblement jusqu'au pied du col : c'était là que nous voulions aller; mais c'était précisément là qu'on ne pouvait atteindre. Le passage était fermé par des rochers d'une hauteur épouvantable, et qui s'élevaient à pic du sein même des eaux. Nulle ressource : il n'était pas plus possible de gravir ces rochers que de les tourner : en vain on regarde, on se consulte, on se dépite; il faut se résigner et reprendre nos anciens errements.

« Nous tournons donc à gauche : autre embarras. Ici ce perfide lac nous attendait encore, et l'eau battait le pied d'une énorme lavanche tombée des crêtes septentrionales. Je ne sais si elle existait lors de notre premier voyage; mais alors la glace du lac nous livrait passage, et nous n'avions eu nul motif de l'envisager. Cette fois point de milieu : il fallait rétrograder, et l'on sait par quel chemin; ou bien il fallait attaquer de front ces neiges dures et entièrement inclinées, d'où un faux pas nous précipitait dans le lac. Ce faux pas, un de nos guides le fit : il partit comme la foudre ou comme la lavanche elle-même était partie... Un petit enfoncement, une pierre, un rien l'arrêta à deux pas du lac. Sans ce hasard il y périssait, car nous n'avions que nos cordes pour l'en tirer, et c'était justement lui qui en était chargé.

« Enfin nous étions au terme de nos embarras, et nous atteignîmes ce promontoire de si difficile accès, dont je voulais au moins fouiller l'intérieur à loisir. Outre les corps marins que j'y avais rencontrés antérieurement, j'en observai plusieurs qui avaient alors échappé à mes regards, ou dont je n'avais obtenu que des échantillons informes.

« Mais, quelque résolus que nous fussions, il était impossible de rien entreprendre de plus : le lac et les glaciers coupaient toutes les communications. Placés au milieu d'une aire immense, nous ne pouvions nous mouvoir dans aucun sens ; touchant toutes les sommités de la main, nous ne pouvions en aborder aucune ; tout semblait nous repousser, et nous n'avions que deux issues si hasardeuses et si précaires, que tel accident que l'on puisse imaginer, qu'un orage, un éboulement, une lavanche, peut tout à coup priver de l'une ou de l'autre, si ce n'est à la fois de toutes deux. Une seule chance nous restait, celle de parvenir au col de Faulo par les corniches, et d'essayer d'atteindre le sommet par sa face orientale; mais pour tenter cette aventure il aurait fallu être ici de grand matin et durant les jours les plus chauds de l'année. Il y a des glaciers considérables entre le col et la cime du Mont-Perdu, et nous venions de faire l'expérience de ce que sont les glaciers à la fin de l'été. Il fallait passer au moins une nuit, et nous sentions déjà ce que c'est qu'une nuit d'automne passée à cette hauteur. Il suffisait de considérer ces affreux déserts pour concevoir l'impossibilité d'y subsister à l'époque où tout ce qui vit les avait abandonnés. On parle souvent de déserts, et l'on ne peint que les lieux où la nature a répandu le mouvement; l'esprit se repose encore sur les sombres forêts où le sauvage poursuit sa proie, sur les sables que traverse le chameau, sur les rivages où se vautre le phoque et que visite le pingouin; mais ici, point d'autres témoins que nous du lugubre aspect de la nature. Le soleil, éclairant ces hauteurs de sa lumière la plus vive, n'y répandait pas plus de joie que sur la pierre des tombeaux. D'un côté, des rochers arides et déchirés qui menacent leurs bases de la chute de leurs cimes; de l'autre, des glaces tristement resplendissantes, d'où s'élèvent des murailles inaccessibles; à leurs pieds, un lac immobile et noir à force de profondeur, n'ayant pour rives que la neige, ou le roc, ou des grèves stériles. Plus de fleurs; pas un brin d'herbe : durant huit heures de marche, je n'avais recueilli que les restes desséchés de l'anémone des Alpes, et c'était à la montée de la Brèche. Rien de vivant désormais dans ces régions inhabitables. Les izards avaient cherché les gazons où l'automne n'était pas encore descendue. Dans les eaux, pas un seul poisson ; pas même une seule de ces salamandres aquatiques que l'on rencontre jusque dans les lacs qui ne dégèlent que trois mois de l'année. Pas un lagopède piétant sur ces champs de neige; pas un oiseau qui sillonnât de son vol la déserte immensité des cieux : partout le calme de la mort. Nous avions passé plus de deux heures dans cette silencieuse enceinte, et nous l'aurions quittée sans y avoir vu mouvoir autre chose que nous-mêmes, si deux frêles papillons ne nous avaient ici précédés; encore n'étaient-ce pas les papillons des montagnes : ceux-là sont plus avisés; ils se confinent dans les vallons, où ils pompent le nectar des plantes alpestres; c'étaient deux étrangers, le *souci* et le *petit nacré*, voyageurs comme nous, et qu'un coup de vent avait sans doute apportés. Le premier volait encore autour de son compagnon naufragé dans le lac... Il faut avoir vu de pareilles solitudes, il faut y avoir vu mourir le dernier insecte, pour concevoir tout ce que la vie tient de place dans la nature. »

UNE BANQUISE.

On donne le nom de banquise à un glacier d'une immense étendue ou à un amas de glaces qui, s'élevant quelquefois comme une muraille au sein des mers polaires, met obstacle à la navigation ou oblige à la côtoyer comme on ferait d'une falaise. Les navires que commandait le capitaine Dumont-d'Urville, dans son voyage au pôle Sud, rencontrèrent plusieurs de ces banquises, et nous reproduisons ici la relation que M. Hombron a donnée de l'une d'elles en l'accompagnant d'études curieuses.

« Nous venons de prolonger la banquise dans une étendue de deux cent vingt-cinq lieues. Nous l'avons rencontrée le 22 janvier pour la première fois; elle nous fermait le passage tout à la fois dans l'est et dans le sud; nous étions alors sur un des méridiens des îles Orkney, par 63° 26' de latitude et 47° 7' de longitude ouest à midi. Elle courait d'un côté nord et sud, de l'autre ouest-sud-ouest. Cette dernière direction me rappela aussitôt que ce ne fut qu'à 1° 24' plus sud, et par 55° de longitude ouest, que Bransfield fut arrêté en 1820. Il est très-probable en effet que notre banquise allait rejoindre vers le sud le point où se terminèrent les progrès de ce navigateur à travers ces régions glacées. Je crois si peu aujourd'hui à l'inconstance des révolutions qu'éprouveraient chaque année les glaces australes, que je suis convaincu que nous eussions retrouvé une pareille barrière, et cela à peu près dans la même position, si la nature de notre mission nous eût permis d'attaquer la banquise plus à l'ouest, sur le même parallèle et sur le même méridien que Bransfield.

« Tout en nous forçant de décrire d'immenses sinuosités, la banquise nous ramena vers le nord, et le 26 janvier nous nous trouvâmes en vue des îles Orkney. Les 24, 25 et 26, M. Dumoulin ne discontinua point de lever le tracé de la banquise, là précisément où, en 1823, Weddell aurait trouvé la mer libre. Dans la soirée du 24, la banquise nous apparut en grand désordre dans l'est : contre l'ordinaire, elle était composée d'une multitude d'énormes montagnes de glace, dont les formes, aussi bizarres que variées, nous offraient la perspective des ruines d'une foule de grands monuments. Ce simulacre de cité antique subissant l'action destructive du temps occupait une zone peu étendue en largeur, un quart de lieue environ, mais il s'étendait au sud jusqu'à la dernière limite de l'horizon. La présence d'un nombre de glaces élevées aussi considérable me fait croire que dans ce parage, et probablement à peu de distance, existe quelque haute terre : les montagnes, ou plutôt les falaises de glace, sont toujours un indice de son voisinage, puisque sans elle elles ne pourraient exister.

« Le 4 février, nous retrouvions la banquise; des contrariétés de vent nous en avaient éloignés pendant les journées des 30 et 31 janvier, des 1er, 2 et 3 février : cette nouvelle rencontre a lieu par 62° 20' de latitude et 39° 18' de longitude ouest. Elle se prolonge beaucoup à l'ouest et va évidemment rejoindre celle que, le 26 janvier, nous avons laissée s'étendant vers l'est. Ainsi la route parcourue par Weddell les 24, 25, 26, 27 et 28 janvier 1823 était barrée. Tout près de là, à moins de vingt lieues de l'espace parcouru par le navigateur anglais, effectuant son premier retour vers le nord, la tentative de M. Dumont-d'Urville pour pénétrer dans le sud, à travers la banquise, n'eut d'autre résultat que de nous y faire bloquer.

« Enfin, les 14 et 15 février, nous louvoyons afin de sortir d'un golfe creusé dans le contour de la banquise, et où le vent n'eût pas manqué de nous acculer contre les glaces, s'il eût acquis plus de force. Là encore, le 7 février 1823, Weddell cinglait à pleines voiles dans une mer parfaitement libre. Aujourd'hui, 16 février, nous revenons décidément à l'ouest, et nous abandonnons la poursuite de la banquise du côté de l'est : nous suivrions sans but cette direction, maintenant que nous avons reconnu l'état des glaces sur les différents points où se serait exécutée la plus heureuse et la plus remarquable navigation. Quant à nous, nous mettons au nombre des chimères l'espérance de parvenir cette année au 73e ou 75e degré de latitude sud, en suivant les traces du capitaine dont la relation inspira à notre souverain l'idée d'une exploration polaire. Peut-être serons-nous moins contrariés du côté de l'ouest, où sans doute le commandant nous ramène dans l'intention de faire d'autres reconnaissances.

« J'ai dit que je croyais peu aux grandes perturbations de la banquise australe et à l'inconstance de ses changements. Le beau travail que vient de faire M. Vincendon-Dumoulin servira de base un jour ou à la critique de cette opinion ou à sa confirmation : il a relevé avec le plus grand soin les sinuosités de cette immense surface de glace; de sorte que les explorateurs qui nous suivront dans la carrière pourront comparer ce qu'ils observeront avec ce que nous avons observé, et, par suite, on se fera une idée juste de l'étendue des variations dont serait susceptible cet agrégat de glaces. Il est inutile de dire qu'il ne s'agit point ici des changements qui s'opèrent sans cesse dans la configuration de son profil, lequel est aussi mobile que les flots et les vents sont inconstants; mais qu'il importe de savoir si la banquise qui vient d'être le sujet de nos observations depuis le 48e jusqu'au 33e degré de longitude ouest du méridien de Paris, peut, sous l'inflence de certains phénomènes annuels, être dispersée de manière à ouvrir un passage jusqu'aux plus hautes latitudes antarctiques, jusqu'au 71e degré, par exemple, terme qu'est parvenu à atteindre le célèbre capitaine Cook sur un point de la circonférence du pôle où n'existe, remarquons-le bien, aucune terre avancée vers le nord. Il serait mieux de savoir de combien de lieues ou de degrés la limite nord de cette banquise peut reculer dans le sud en été, ou s'avancer dans le nord en hiver. Il serait aussi intéressant de confirmer cette assertion : quelle que soit la latitude où se fixe la limite septentrionale de la banquise en été, elle se rattache toujours par de longues pointes aux îles Orkney et Sandwich. Sur aucun point de la circonférence du pôle antarctique les glaces ne s'avancent autant vers le nord que dans la partie de l'Océan que nous explorons en ce moment; mais sur aucun point on ne rencontre de terre sur des parallèles aussi élevés. Or, n'oublions pas qu'elle est le principal foyer de la formation des glaces, qu'ainsi il est naturel que ces dernières restent en communication avec les archipels, lors même que la faible chaleur de l'été les refoule encore du côté du sud.

« Un pôle sans terre serait d'un facile accès : les plateaux de glace qui résulteraient de la congélation de la mer se disperseraient facilement, si les obstacles que les terres leur opposent ne leur offraient des points d'appui; si les énormes falaises de glace qui se détachent de la côte, et les avalanches qui tombent des montagnes n'encombraient la mer de leurs débris.

« Il résulte de tout ce qui vient d'être dit : 1° Qu'aussitôt que l'on rencontrera des îles, les difficultés de la navigation augmenteront, parce qu'aussi les glaces se multiplieront; 2° que plus ces terres s'avanceront vers le nord, plus la ceinture de glace s'étendra dans le même sens; 3° enfin, que l'on ne doit tenter d'approcher du pôle antarctique que sur les points de la circonférence qui sont libres de toute terre jusqu'à de très-hautes latitudes. Ainsi le point où Cook atteignit le 71°, le 30 janvier 1774, sans avoir rencontré la moindre apparence de terre, serait parfaitement convenable, si le but de la mission était uniquement d'approcher le plus possible du pôle. De nombreuses explorations confirmeront seules nos observations et les assertions qui en sont la conséquence. En attendant la sanction du temps, on doit s'abstenir de porter un jugement critique sur l'heureux voyage du capitaine Weddell, ou de s'empresser d'admettre sa relation comme fait incontestable. Mais si le voisinage de la terre oppose de si grandes difficultés aux navigateurs, à cause des glaces dont elle est constamment entourée, comment se fait-il que l'on soit parvenu au nord à de très-hautes latitudes? Certes, les terres s'y développent sur une immense étendue. Pour répondre à cette objection, il suffit de se représenter la topographie des deux pôles et d'en faire le parallèle.

« L'Amérique, l'Europe et l'Asie encadrent le bassin de la mer polaire du Nord : la mer du Nord en est le principal débouquement limité par l'Europe et l'Amérique; elle n'est, relativement à la mer Glaciale, qu'un grand détroit qui donne passage aux énormes accumulations d'eau d'une mer infiniment plus étendue et qui reçoit un nombre prodigieux de grands fleuves. Il résulte des courants de cette disposition hydrographique, et leur force est en raison directe du resserrement qu'ils subissent : si leur existence pouvait être mise en doute, bien que la simple inspection de la carte suffise pour y faire croire sans le secours de l'observation, les bois qui couvrent la mer dans ces régions nous fourniraient une preuve complète de leur présence; car la nature des débris végétaux a permis de remonter à leur origine : ils proviennent des côtes de la Sibérie, où aboutissent les grands cours d'eau des monts Oural, Altaï, Stanovoy, du fleuve Makensie, principal affluent des rivières de l'Amérique septentrionale, trop plein d'une foule de lacs du même continent, et principal déversoir des montagnes rocheuses.

« Ces courants sont une cause incessante du déplacement des glaces du nord; ils permettent de compter sur des débâcles jusqu'à un certain point périodiques; car toutes les fois que le froid rigoureux de l'hiver fera place à une plus douce température, les glaces se disjoindront et seront entraînées dans l'ouest d'abord, dans le sud ensuite. Le voyage de Brogg fait foi de l'existence de ces courants : sans leur secours il serait impossible de pénétrer dans les hautes latitudes du nord; les glaces s'y amoncelleraient tellement, que la terre et la mer finiraient par être de niveau. Mais cette supposition serait absurde, car il faut bien que les eaux des fleuves trouvent un écoulement, et il ne peut avoir lieu que par les détroits de Behring et de Lancaster, et surtout à travers cette partie de l'Atlantique que l'on nomme la mer du Nord.

« Au pôle arctique, il est une autre circonstance digne de remarque, c'est l'influence des vents du sud : plusieurs d'entre eux conservent en été leur température élevée jusqu'à de très-hautes latitudes : c'est surtout à ceux qui passent sur l'Asie et l'Europe d'une part, l'Amérique de l'autre, que cette observation est applicable. Ils apportent nécessairement de grandes modifications à l'état thermométrique de l'atmosphère polaire, et produisent parmi les glaces des désagrégations favorables à l'action dispersive des courants, et par conséquent à la navigation. Tout le monde a entendu parler des fortes chaleurs que l'on éprouve à Saint-Pétersbourg; or, comme cette ville est située par les 60° de latitude nord, il est très-probable que la température de ses étés se propage vers le nord bien au delà du parallèle de cette capitale. De plus, à l'action dissolvante de la chaleur atmosphérique, il faut joindre celle des eaux fluviales : elles proviennent de latitudes infiniment moins rigoureuses que celles où se terminent leurs cours, aussi sont-elles douées d'une température qui contribue beaucoup à la dispersion des glaces.

« Dans le sud, rien de tout cela n'existe : les terres polaires australes sont isolées ; elles ne peuvent recevoir l'influence atmosphérique étrangère qu'à travers des mers immenses; l'Afrique se rétrécit en s'avançant vers le sud et s'arrête au 34e degré 30 minutes de latitude sud; l'Amérique s'avance jusqu'au 56e degré, mais elle s'y réduit à une étroite bande de terre qui n'est plus que la base des pics élevés et glacés des Cordillères; l'Asie se termine par l'île de Van-Diémen, point imperceptible pour l'Océan qui l'entoure. Le continent austral, également froid sur tous les points de son étendue, ne peut avoir que des fleuves glacés comme lui. Tout, sur ce point de notre globe, contribue à entretenir une température uniforme, une atmosphère propre, qui, sans jamais atteindre les degrés de froid extrême du pôle boréal, n'égale jamais en été, sur les latitudes correspondantes, le plus haut degré de chaleur dont chacune d'elles soit susceptible dans le nord.

« Si le rayonnement de la terre échauffée ajoute beaucoup à l'ardeur directe des rayons solaires et à leur action sur l'atmosphère, les terres couvertes de neige et de glace ont un effet contraire : elles refroidissent l'air qui se trouve en contact avec elles. L'isolement du pôle sud, en le soustrayant à une pareille alternative, le constitue dans un état d'uniformité parfaite de température. Jamais de chaleur, mais jamais de froid aussi violent que le froid le plus rigoureux du nord. Que l'on se figure quel degré de refroidissement doit acquérir un vent qui parcourt trois ou quatre cents lieues couvertes de frimas avant d'atteindre les parages du pôle. Le Kamtschatka, par sa position, reçoit les vents d'est qui lui arrivent du large avant qu'ils n'aient traversé les immenses plaines neigeuses de la Sibérie et les cimes glacées de ses chaînes de montagnes ; « aussi, dit Lapérouse, l'hiver y est généralement moins rigoureux qu'à Pétersbourg et dans plusieurs provinces de l'empire de Russie; tellement que les Russes en parlent comme les Français de la Provence.» Mais en été, le climat de Saint-Pétersbourg est infiniment plus chaud que celui du Kamtschatka; sa position explique encore cette singularité. L'époque de la maturité des fruits est en effet extrêmement chaude par les 60° nord, latitude de Saint-Pétersbourg ; et, chose très-remarquable, bien que la pointe sud de la presqu'île Kamtschatka ne soit que par 51°, et Petropowlowskoï que par 52° 30', on ne peut y cultiver le blé, et dès le mois de septembre la terre y est couverte de neige. En sorte que le Kamtschatka présente la double particularité d'avoir un hiver tempéré, comparativement au reste de la Russie, et cependant aussi des chaleurs d'été infiniment plus modérées. L'hémisphère sud est complètement dans le même cas du 30° degré aux plus hautes de ses latitudes, ce qu'il faut attribuer aux mêmes causes, c'est-à-dire à l'isolement ou à l'absence de toute terre étendue dans son voisinage, et à la grande surface d'eau qui l'entoure. Par 60° sud on ne rencontre que des îles stériles couvertes de glaces éternelles. Certes cette épithète est ici bien appliquée, car ces glaces sont aussi immuables l'été que l'hiver ; on pourrait même dire aussi invariables que l'atmosphère qui les environne. J'ai doublé huit fois le cap Horn; je m'y suis trouvé dans toutes les saisons et toujours assez contrarié pour qu'il me fût permis d'y faire des observations thermométriques pendant quinze jours au moins : rien n'est plus régulier ; l'heure de la journée ou de la nuit, le temps, la nature du vent influaient sur les variations du thermomètre; mais quelle que soit la saison, mes observations se trouvent toujours renfermées entre ces deux limites : 4° au-dessous de zéro et 9° au-dessus. La route pour doubler le cap Horn se fait toujours entre 57° et 60°. Le parallèle n'influe même pas beaucoup sur le thermomètre : par 63° 32' de latitude et 45° 42' de longitude ouest, le point le plus élevé qu'il nous ait été possible d'atteindre, le thermomètre de Réaumur marqua, le 23 janvier 1838, $+ 2^{\circ} \frac{6}{10}$ à midi ; par 58° 46' et 45° 26', $+ 8^{\circ}$ à midi, le 1er février; par 56° 47' et 62°, $+ 6^{\circ} \frac{8}{10}$ le 13 janvier, à midi ; et par 56° de latitude et 8° de longitude, $+ 8^{\circ} \frac{9}{10}$ à midi, le 23 mars.

« Quelle que soit l'étendue du bassin que ces terres australes circonscrivent, les fleuves qui y débouchent ne peuvent être comparables ni par le nombre, ni par leur cours, ni par leur abondance avec ceux de la mer Glaciale du Nord; quelle que soit l'étendue des canaux dont ces terres sont sillonnées, leurs eaux n'y peuvent être longtemps retenues, vu le peu d'espace qu'occupent ces terres, comparées à celles du pôle boréal; enfin, ajoutez à cela qu'elles passent tout à coup d'étroits défilés à un espace sans bornes, et vous aurez un ensemble de circonstances toutes extrêmement défavorables à la conservation de leur force de translation. Ce sont là des considérations à faire valoir en faveur de cette opinion que les courants n'ont qu'une action extrêmement limitée sur le déplacement des glaces australes. Ainsi, autant les glaces du nord seraient mobiles, autant celles du sud seraient fixes; grâce à cette mobilité des premières, on pourra peut-être, à force de persévérance, s'approcher plus encore du pôle nord qu'on ne l'a fait jusqu'à présent ; mais dans le sud le seul moyen d'arriver à un pareil résultat sera de rechercher le point de la circonférence du pôle antarctique qui soit le moins entouré de terres.»

Voici comment Dumont-d'Urville parle

d'une de ces énormes masses de glace : « Un moment avant de laisser porter, à travers la brume je venais de découvrir un bloc d'une prodigieuse étendue, et chacun de nous douta longtemps si ce n'était pas réellement une terre; mais en approchant et dans une éclaircie, nous pûmes nous assurer que c'était un immense bloc de glace, à flancs imitant une énorme falaise verticale, à cime parfaitement aplatie et uniforme comme une table horizontale et couverte d'une neige éblouissante de blancheur. Les angles et les relèvements pris par M. Dumoulin ont assigné à ce formidable glaçon une longueur de plus de 11 milles sur 36 mètres de hauteur. On voyait de chaque côté deux fragments de même élévation et longs de 2500 à 3000 mètres, qui en avaient sans doute fait primitivement partie. Malheur au navire que le vent ou le calme ferait inopinément tomber sur une masse semblable, dans sa partie exposée au vent, avec une mer comme celle que nous avions! Sa perte serait prompte et inévitable, car il chercherait en vain des points d'appui pour tenter de se relever, et le ressac l'aurait bientôt mis en pièces. Les équipages n'auraient pas même la ressource de songer à gravir sur l'inaccessible masse; cette impossibilité leur sauverait au moins les transes horribles qui leur seraient réservées. »

DU GLACIER ET DE LA SOURCE DU RHONE.

Voici le récit qu'a fait Bourrit, de Genève, de son excursion à la source du Rhône :

« Parvenus au sentier qui mène à la source, nous n'avons plus d'habitations à passer, nous voyons s'enfuir loin de nous celles que nous avons parcourues et s'enfoncer à mesure que nous montons. Arrivés près d'une petite chapelle, nous eûmes l'aspect du Mont-Blanc, que nous avions perdu depuis quelques jours. Malgré notre grand éloignement, on le voit dominer en souverain toutes les montagnes, tandis que leurs chaînes paraissent aussi transparentes que l'air : il faudrait à un homme qui ne les aurait jamais vues de loin une bien forte imagination pour concevoir que ces objets, si faibles de couleur, sont les mêmes masses qu'il a vues de près et touchées.

« De ce lieu, nous jouissions avec délices de la perspective presque entière du Valais : le serpentement du Rhône, la diversité des couleurs, les formes nouvelles des montagnes et des paysages, tous ces tableaux intéressants font une impression profonde, donnent un sentiment de plaisir et d'admiration dont on ne se lasse pas de jouir. Mais ces beautés allaient s'éclipser sous les dehors effrayants d'une nature sauvage, nue, hérissée de rochers menaçants et couverte de neiges éternelles.

« Ce changement de scène n'est pas pénible : le cœur de l'homme aime tout ce qui peut le remuer : c'est ainsi qu'il recherche les spectacles tragiques, qu'il ne fuit pas ce qui l'effraye, et qu'il espère le plus vif plaisir partout où il peut espérer de nouvelles idées : il semble que l'aspect des montagnes où la nature est à découvert, où la main de l'homme n'a point terni ses grâces fraîches et neuves, où la grandeur et la variété du spectacle l'étonnent, lui montre moins sa faiblesse que l'étendue de son âme qui mesure ces merveilles, qui en sonde les profondeurs et qui en brave les dangers.

« C'est ce que nous éprouvâmes : nos yeux, enchantés par la vue riante du Valais, se saisirent avec empressement de ces lieux désolés. Nous montâmes avec plaisir la gorge du Rhône par un sentier taillé sur le roc, ayant le fleuve à notre droite, des pins au-dessus de nos têtes et des rochers suspendus devant nous : ce lieu sauvage nous offrait sans cesse de nouvelles scènes dans l'aspect des rochers prêts à s'écrouler et la profondeur des abîmes où la rivière se précipite : tout fait spectacle, tout paraît être en mouvement; le bruit terrible de l'eau, l'agitation de l'air, les pins qu'on trouve renversés, les torrents, les cascades concouraient à rendre ces lieux intéressants, lorsqu'au bout de deux heures nous vîmes devant nous l'horizon se développer, nous annoncer un nouvel ordre de choses et des beautés d'un autre genre. Bientôt nous vîmes le fleuve s'ensevelir sous un amas de neige que la chaleur de l'été n'a pu fondre : à quelques pas plus haut des débris de rochers, des troncs d'arbres couchés pêle-mêle le coupent; aux deux côtés de la gorge l'on voit des vestiges d'anciennes avalanches, et les accumulations de rochers qu'elles ont charriés jusque-là forment des amoncellements si considérables, que la gorge en pourrait être comblée un jour, si ces débris s'accroissent, comme tout semble l'indiquer. Enfin, nous parvenons au dernier échelon du chemin. Là nous aperçûmes, au travers des arbres, un mont de glace aussi éclatant que le soleil, et éclairant comme lui tout ce qui l'environne. Ce premier aspect du glacier du Rhône nous en donna la plus grande idée. Ce massif de glace énorme, ayant disparu derrière de grands pins, se représenta à nous, quelques instants après, entre deux blocs de rochers prodigieux, qui formaient une espèce de portique. Surpris de la magnificence de ce spectacle et de ses admirables contrastes, nous le contemplâmes avec ravissement, et nous atteignîmes enfin ce beau portique au delà duquel nous devions voir à découvert tout le glacier. A l'aspect de celui-ci on croit toucher à un autre monde, tant la nature des objets et leur immensité frappent l'imagination. Pour s'en former une idée, qu'on se représente un échafaudage de glace transparente occupant un espace de deux milles, s'élevant jusques aux nues et lançant des feux de lumière comme le soleil. Les détails n'en sont pas moins magnifiques, ni moins surprenants encore : on croirait voir les rues et les édifices d'une ville bâtie en amphithéâtre et embellie par des nappes l'eau, des cascades et des torrents; c'est un prodige dans les effets, comme en immensité et en hauteur. Le plus bel azur, le blanc le plus éclatant, la coupe la plus régulière de mille pyramides de glace, sont des beautés plus faciles à imaginer qu'à décrire. Tel est le glacier du Rhône, élevé par la nature et d'après un plan qu'il n'appartient qu'à elle d'exécuter. On admire le cours majestueux du fleuve, on ne soupçonne pas que ce qui le fait naître et l'entretient puisse être plus majestueux et plus magnifique encore.

« La vallée qu'il faut traverser pour arriver au pied des glaces contraste bien avec elles. C'est un pâturage que le Rhône partage, et sa longueur est de trois quarts de lieue. A cette distance, on voit le fleuve sortir de deux bouches de glace : à la droite de l'amas, on découvre la gorge nue de la Fourche qui s'élève à une grande hauteur, de même que les sommets qui lui ont fait donner ce nom; c'est par cette gorge qu'on pénètre du Valais dans le canton d'Uri; à la droite, on voit le mont Grimsel, qui ferme la vallée de ce côté-là.

« Nous employâmes deux heures à explorer les bases du glacier. Nous pénétrâmes à la gauche en marchant sur d'immenses débris, parmi lesquels nous nous perdîmes, parce que, occupés chacun à nous tirer d'affaire, nous n'avions pas toujours la même direction présente à nos yeux. Nous arrivâmes cependant dans l'enfoncement du glacier. Là nous vîmes la large bouche du Rhône, et le fleuve en sortir avec bruit. La voûte est d'une glace aussi transparente que le cristal : les blocs énormes de glace élancés du haut du dôme et semés au pied de l'amas représentent les ruines d'un palais; des parties de cette voûte qui étaient à moitié fendues laissaient un passage libre aux rayons du soleil qui pénétraient dans des abîmes obscurs, tandis que des blocs excavés et concaves nous éblouissaient les yeux.

« Nous jouissions de toutes ces beautés sans prévoir les risques que nous courions de nous en être approchés de si près. La chute d'un fragment qui vint tomber jusqu'à nous nous fit comprendre notre imprudence. Nous vîmes alors des tours de glace, grosses comme des maisons, qui ne tenaient à la masse entière que par des filets : le moindre bruit, le roulement d'une pierre, pouvait les faire rompre et nous ensevelir sous leur ruine. Dès l'instant que nous connûmes notre danger, nous ne promenâmes plus nos regards qu'avec inquiétude sur ces masses si peu solides.

« Cette partie du glacier du Rhône n'est pas connue des voyageurs, parce qu'elle est à l'opposé du chemin de la Fourche. Quelques saillies de cette masse contribuent aussi à masquer les belles excavations qu'elle forme de ce côté-là. Cependant, c'est ce qu'il y a de plus intéressant à voir; non-seulement les jeux infinis des glaces étonnent, mais la beauté de leur transparence et la vivacité du bleu et du vert des crevasses, jointes aux filets d'eau qui distillent du haut des voûtes, les embellissent encore. Les environs sont remarquables aussi par les débris des montagnes : ce sont des blocs de granite d'une dimension prodigieuse, entassés dans leur chute et dispersés au loin comme des ruines d'édifices; l'imagination se représente aisément le fracas qu'a dû causer l'écroulement de tant de masses.

« Ayant examiné avec toute l'attention possible la plus belle et la plus dangereuse partie du glacier, nous traversâmes les sources nombreuses qui sortent du pied du Grimsel et qui se réunissent au Rhône; puis, comme nous ne pouvions douter qu'il n'existât au-dessus du glacier une vallée de même nature, nous résolûmes de la découvrir et nous escaladâmes la montagne qui se trouve à l'occident. Nous traçâmes un chemin à travers les rocs éboulés et les bruyères; peu après nous ne trouvâmes qu'une mousse rase sur laquelle nous avions de la peine à nous tenir; mais notre ardeur croissait avec les difficultés, et d'ailleurs nous commencions déjà à découvrir une plus grande étendue de glace. En nous élevant, en effet, nos regards se fixaient sur le glacier qui semblait s'élever aussi par étages en même temps que nous; nous y remarquions des pyramides de la plus belle transparence, et des milliers de colonnes depuis cent pieds jusqu'à cent toises de hauteur. A leur base notre attention se perdait dans d'immenses cavités dont nous ne pouvions sonder la profondeur; tous les bancs ou gradins que nous avions vu s'élever verticalement depuis le pied de l'amas et se perdre dans les nues, reprenaient une consistance nouvelle, se transformaient en d'effroyables tas de glace d'où l'on voyait s'élancer d'autres masses non moins énormes; de sorte que ces murs qui nous avaient paru depuis le pied couronner le glacier, s'offraient comme de nouvelles bases qui soutenaient d'autres masses aussi énormes que celles qui nous avaient si fort étonnés.

« Du même site nous avions l'aspect du mont Saint-Gothard, assemblage de rochers élevés les uns sur les autres, et dont les parties les moins saillantes sont revêtues de glaces et de neiges. Sa hauteur est considérable, sa tête se perd presque toujours dans la région des nuages, et souvent ce n'est que par intervalle que l'on aperçoit au milieu d'eux son sommet glacé.

« Enfin nous arrivâmes au point où nous avions espéré de découvrir l'éternel réservoir du Rhône, et nous eûmes la satisfaction de voir que nous ne nous étions pas trompés dans nos conjectures. Nous nous trouvâmes à l'entrée d'une vallée comblée de neiges et de glace, de six lieues de longueur sur une de large, et serrée entre deux chaînes de rochers pyramidaux qui la tiennent presque toujours dans l'ombre. Son abord est presque impraticable : les embrasures de ses rochers sont des précipices horribles, comblés de neige pour la plupart, et n'offrant qu'un tombeau au mortel téméraire qui s'en approche. Qui sait même si nous n'étions les premiers voyageurs qui eussent vu cette vallée de si près? Nous n'étions montés là aussi qu'avec la conviction qu'étant peu éloignés de l'hospice du Grimsel, il nous serait facile de nous orienter quand nous serions parvenus au sommet, et nous fûmes encore assez heureux pour distinguer parfaitement le lac près duquel il nous fallait passer pour nous rendre à notre gîte. Ce lac, enfoncé au milieu des rochers comme dans le cratère d'un volcan, est aussi l'un des réservoirs du Rhône, et nous n'en pûmes douter quand nous vîmes des filets d'eau s'en décharger à travers des rochers et se diriger vers le lit du fleuve. Les bords du lac sont couverts de neige en tout temps. Le lieu où l'hospice est situé était, par rapport à nous, dans un grand enfoncement, et nous ne le découvrîmes que lorsque nous eûmes atteint la limite qui sépare le Valais du canton de Berne. De cette limite nous joignîmes le chemin pratiqué sur la montagne, et qui n'est accessible que pour des mulets ou des chevaux accoutumés à gravir des rochers. Nous trouvâmes sur notre passage des matrices de cristal qui sont communes dans toutes ces formations, et nous arrivâmes à l'hospice, asile si précieux pour les voyageurs. »

CIRQUE DE GAVARNIE (1).

Cette merveille de la nature jouit d'une telle célébrité, qu'il n'est pas un voyageur amené dans les Pyrénées qui ne considère comme une obligation, s'il n'est mû par un motif d'étude scientifique, d'accomplir l'espèce de pèlerinage qui conduit à Gavarnie. A moins que d'autres excursions ou une station déjà établie n'imposent un autre point de départ, c'est le plus communément de la vallée de Baréges qu'on se met en route pour ce lieu. Le chemin longe presque toujours un précipice dont l'aspect, dont les scènes varient fréquemment ; mais il est étroit, dangereux dans quelques parties, et il faut, surtout si l'on est à cheval, apporter beaucoup de prudence au sein de ces éboulements, de ces lieux sauvages qu'on croirait quelquefois n'avoir jamais été témoins de la présence de l'homme, tant la solitude et le silence qui vous entourent ont quelque chose de triste, de solennel, comme une cessation de la vie.

C'est à Luz qu'on joint la vallée de Gavarnie, et de ce point jusqu'au cirque ce n'est qu'une alternative continue de défilés et de bassins, allant toujours en diminuant leurs dimensions. Ils justifient d'une manière frappante la théorie de Darcet et de l'abbé Palassou sur la formation des vallées des Pyrénées, c'est-à-dire sur la distribution de ces divers réservoirs qui, depuis la sommité des monts jusqu'à leur base, se sont vidés les uns dans les autres, ont laissé entre eux des couloirs ou canaux par lesquels les eaux se frayaient passage, et se montrent d'autant plus vastes à mesure qu'ils se rapprochent de la plaine, que le volume des eaux s'était augmenté pour les former.

La vallée de Gavarnie est traversée dans toute sa longueur par le gave de Pau, qui prend sa source au pied du Marboré. Dans les environs de Saint-Sauveur, il est assez bien encaissé ; ses bords ne sont pas trop arides, et d'épais feuillages viennent parfois l'ombrager; mais, à mesure qu'on s'élève, son lit et ses rives se présentent plus sévères; le murmure de son onde commence à devenir plus grondeur ; après les ruines du fort de l'Escalette ou de l'Echelle, les habitations disparaissent presque entièrement, et elles sont remplacées par des masses de rochers nus et menaçants. Cependant, le hameau de Sia rompt un instant la triste monotonie dont les regards ont été affectés : posé là comme une sorte d'oasis, il semble orgueilleux de la verdure de ses beaux noyers et de la halte qu'il peut offrir au voyageur. Dès qu'on a dépassé ce hameau, on descend, par un sentier rapide, jusqu'à un vieux pont dont l'arche unique s'élève de 30 mètres audessus du torrent, et l'on aperçoit en face une chute du gave qui se précipite, avec grand fracas, entre des rochers perpendiculaires que couronnent quelques arbustes à une grande hauteur. On passe alors sur la rive gauche, on suit un long défilé, étroit, désolé, et qui ne présente que des montagnes à son horizon ; puis, lorsqu'on est parvenu à son extrémité, on trouve un second pont qui donne entrée dans un assez joli bassin, au milieu duquel est le village de Pragnères, bâti près de la jonction du gave de Gavarnie et d'un autre gave qui descend du pic de Neouvielle.

La vallée de Pragnères repose agréablement du trajet qu'il a fallu faire pour arriver jusqu'à elle. Son bassin est couvert de prairies et d'ombrages, émaillé de fleurs, sillonné de ruisseaux, et ce n'est pas sans regret qu'on l'abandonne pour s'emprisonner encore dans une gorge où l'ombre et l'humidité remplacent l'air pur et les rayons d'un soleil vivifiant dont on jouissait dans la vallée. Toutefois, ce nouveau défilé dans lequel on pénètre est plus supportable que celui qui précède le bassin de Pragnères : la rive du gave est assez unie, et elle est bordée de quelques arbustes, principalement de buis. Le mont Comélie se montre en perspective, et c'est constamment encore une suite de gorges plus ou moins étroites, de bassins plus ou moins ouverts, le long desquels on rencontre, de loin en loin, quelques cabanes et le hameau de Sarre-de-Ven. Enfin, au pied du Comélie, apparaissent le village de Gèdre et sa gracieuse vallée, ornée de tilleuls et où s'embranche celle de Héas.

Les habitants de Gèdre ne manquent pas de vous inviter à voir la merveille de leur vallée : c'est une sorte de grotte dont la disposition est en effet aussi singulière qu'attrayante. Elle est formée par deux énormes rochers dont le sommet s'arrondit en forme

(1) Extrait de notre *Voyage dans les Pyrénées.*

de voûte, mais qui cependant ne se joignent pas, et dont le front est couronné d'arbustes et de plantes sarmenteuses dont les guirlandes se balancent au gré du vent. Au fond de cette grotte qui est assez obscure, jaillit une masse d'eau limpide, celle du gave de Héas, qui vient bondir en écumant sur quelques étages qu'offrent à sa chute les strates qui se trouvent en cet endroit. Cette petite retraite est poétique, c'est un charmant abri où l'on peut lire quelques pages de Virgile, ou se rappeler quelques descriptions de ce chantre de la nature.

Lorsqu'on a dépassé Gèdre, on gravit la base du Comélie et l'on s'engage dans un désert, solitude affreuse qu'avec justice on a appelée le *Chaos*. C'est un immense éboulement de blocs de granite qui est venu entasser là débris sur débris ; c'est un nouvel exemple des commotions violentes qui bouleversent les masses les plus énormes avec la rapidité qui leur fait anéantir les plus légères ; qui changent en peu d'instants une contrée fertile en un sol à jamais aride ; qui viennent, au sein des populations et des richesses de la nature, exposer tout à coup le tableau de ce que la puissance de Dieu peut réaliser, de ce qui attend peut-être notre monde au jugement dernier. Lorsqu'on circule péniblement parmi ces blocs portés à vide les uns sur les autres et dont la superposition semble menacer sans cesse d'une nouvelle catastrophe, on ne peut pas même poursuivre une pensée riante dans le lointain ; car à quelque distance que l'on porte ses regards, ils ne rencontrent que des montagnes gigantesques, aux cimes glacées et neigeuses, qui se dressent pour former l'horizon : là apparaissent à la fois le Pic du Midi, les Tours du Marboré, la Brèche de Roland, le Vignemale, le Pré-Blanc et autres sommités dont le front se perd dans les nues. Ce chaos est appelé la *Peyrada* par les gens du pays.

A sa sortie on aperçoit la belle cascade de Saoussa ou d'Arrondet, qui de la montagne du même nom tombe dans le gave. Les neiges du Marboré se présentent en face, comme nous venons de le dire, ce qui rend plus tranchante encore la verdure dont est recouvert le Comélie, que l'on continue à longer.

Après avoir franchi une nouvelle suite de défilés et de bassins, on passe le gave au Pont-Bary-Gui, et l'on arrive bientôt au village de Gavarnie, d'où le cirque se développe déjà aux regards avec tout son grandiose, c'est-à-dire avec ses gradins chargés de neiges éternelles, ses rochers qui ressemblent à des tours espacées sur un rempart, et ses nombreuses cascades. C'est tout cet ensemble qu'on appelle le Marboré. Le village de Gavarnie n'a rien de remarquable : il conserve seulement quelques ruines de l'hospice ou de la commanderie qui avait appartenu dans l'origine aux Templiers, puis à l'ordre de Malte.

Si l'on veut se rendre de Gavarnie en Espagne, il faut prendre à droite du village un chemin qui s'engage dans une vallée latérale et qui conduit au port de Boucharo, lequel donne entrée en Espagne par la vallée de Broto. C'est à l'occident du Marboré que l'on franchit la ligne ou la crête qui sépare les deux royaumes ; la hauteur de cette brèche est de 2290 mètres, et elle est pratiquée dans la roche qu'on appelle Grauwacke. Pour aller au Cirque proprement dit, ou à ce qu'on nomme le Pont-de-Neige, il faut continuer à remonter le gave, et l'on arrive ainsi au but qu'on s'est proposé d'atteindre.

Le Cirque ou l'oule de Gavarnie offre une enceinte semi-circulaire, de 3500 mètres de circonférence, dont le sol est creusé en entonnoir et qu'environne un mur vertical, haut de 405 mètres. Ce mur est surmonté de vastes gradins ou d'un amphithéâtre que blanchissent les neiges qui s'y trouvent éternellement amoncelées ; ceux-ci sont couronnés d'une sorte de diadème composé de roches qui s'élèvent de distance en distance, et que l'on désigne sous le nom de Tours de Marboré ; enfin, dominant tout cela, apparaissent au plan le plus éloigné le Mont-Perdu et le Cylindre. Plusieurs torrents se précipitent dans le Cirque, et le plus considérable est celui du Gave, dont la chute est la plus élevée de toutes les cascades qui existent en Europe. Elle a 96 mètres de plus que celle de Lanterbrunnen ; seulement celle-ci ne rencontre aucun obstacle qui interrompe sa chute, tandis que le Gave se brise une première fois contre une arête du rocher, et une seconde sur une saillie plus grande encore que la première.

Pour peu qu'on ait lu quelques descriptions des terres polaires, des solitudes du Spitzberg ou de la contrée qui avoisine le cap Nord, on se croit transporté, comme par enchantement, dans l'une de ces contrées de désolation, lorsqu'on a fait quelques pas dans le Cirque de Gavarnie. Cette enceinte est jonchée de débris qui gisent au milieu de la glace et de la neige, et traversée par des torrents qui jettent leurs artères à droite et à gauche. Le fond de l'entonnoir conserve des neiges permanentes dans les lieux abrités, et c'est une portion de ces neiges, sous laquelle le Gave se fraye un passage, qu'on appelle le Pont-de-Neige, pont qui du reste s'écroule fréquemment et change d'aspect. Il forme une sorte de voûte ou de grotte dans laquelle se déposent quelques débris de végétaux et autres, et qui offrent aussi des congélations dont les formes sont pareilles à celles des stalactites. Plusieurs glaciers, que les montagnards nomment Serneilles, se laissent apercevoir de loin, faisant saillie sur les neiges de l'amphithéâtre.

C'est dans la partie opposée à la Cascade, c'est-à-dire sur la droite du Cirque, que se trouve la Brèche de Roland. Pour y atteindre on monte par des sentiers roides jusqu'à la corniche du Cirque ; une pente herbeuse, que l'on appelle la *Malhada de Serradès*, conduit ensuite aux premiers gradins du Marboré ; puis, après avoir franchi le glacier nommé *Sernelha de la Brya*, on pénètre dans le vallon de Neige, et l'on arrive au pied du mur de rocher dans lequel est pratiquée la Brèche. Celle-ci, qui se trouve élevée de 2982 mètres au-dessus du niveau de la mer, présente une ouverture de 100 mètres. Autour d'elle plus de végétation, rien que le chaos, la glace, la neige, le silence; seulement, après l'avoir franchie et en portant ses regards vers le midi, on aperçoit les plaines de l'Aragon. Ce passage est extrêmement dangereux, soit à cause des difficultés du sol, soit par rapport à la basse température qui y règne en toute saison, et aux orages et aux trombes de neige qui s'y déclarent à chaque instant; cependant les hardis contrebandiers ne craignent pas de s'y engager quelquefois, parce que là ils sont sûrs de ne point rencontrer de douaniers, et que s'ils en trouvaient ils en auraient bon marché.

LE PIC DE TÉNÉRIFFE.

Parmi les descriptions de ce Pic que nous avons eues sous les yeux, nous avons donné la préférence à celle de M. du Bouzet, officier de marine, parce que, d'un côté, c'est l'une des plus récentes, et que de l'autre elle donne un aperçu pittoresque de la contrée et de ses productions.

« En sortant de Sainte-Croix, dit M. du Bouzet, nous prîmes la route de Laguna, qui suit les hauteurs voisines. Pendant l'espace d'environ une lieue, cette route est assez bien entretenue, et ne présente que les difficultés naturelles de la pente rapide du terrain ; mais au delà elle cesse pour ainsi dire d'être tracée, et on gravit les montagnes au milieu des coulées de basalte dont les aspérités seules empêchent les chevaux de glisser. Sur les côtés du chemin et par-dessus les blocs de basalte qui le bordent dans quelques endroits, on aperçoit quelques champs de maïs fraîchement récoltés, dans les lieux seuls où les cultivateurs avaient pu diriger les eaux, et çà et là quelques plants de figuiers et de cactus qui rappelaient assez, surtout avec le ciel brûlant qui nous servait de voûte, l'aspect de l'Afrique. Des misérables huttes voisines disséminées sur le bord de la route, on voyait sortir des enfants à demi nus, sur la figure desquels des mouches se disputaient le peu de place qui n'avait pas été envahi par la crasse, et qui venaient nous demander, sur le ton habituel des mendiants de tous les pays, un *quartillo*. En approchant de Laguna, le pays s'embellit, et une fois rendu sur le plateau où est bâtie cette ville, nous nous trouvâmes au milieu de champs de blé et de maïs, et de jardins plantés d'arbres chargés de fruits, entourés de murs couverts de treilles et de grandes joubarbes. A l'entrée de cette ville se trouve une grande place bordée de beaux édifices. Ses rues sont larges, régulières, garnies de trottoirs comme celles de Sainte-Croix, mais presque désertes. Les maisons n'y ont généralement qu'un étage, et le rez-de-chaussée est occupé par des boutiques qui n'ont rien de remarquable, si ce n'est les nombreuses enseignes des barbiers sur lesquelles on voit peints la lancette et le bras du patient, d'où le sang coule dans un vase placé au-dessous. Ces enseignes sont toujours restées, en Espagne, les attributs du métier, en dépit des progrès qui ont séparé pour jamais en Europe la profession des Sangrados de celle des Figaros, et ont ravi à celle-ci son plus bel apanage. Si on ne voyait à cette heure presque personne dans les rues, nous surprîmes néanmoins aux ventanas plusieurs figures de femmes qui jetaient à la dérobée des regards sur nos costumes et nos physionomies étrangères.

« Les champs voisins, une partie de la ville et les jardins de Laguna ont formé jadis un lac où se déversaient les eaux qui coulent des montagnes et qui encaissent ce plateau au nord-est et au sud-ouest. C'est de là que lui vient son nom de Laguna. Avant 1822, cette ville était le siége du gouvernement. Elevée de 400 toises au-dessus du niveau de la mer, la température y est aussi beaucoup plus agréable qu'à Sainte-Croix. Ses magnifiques jardins couverts de palmiers, de dattiers, lui donnent en outre un air de fraîcheur qui plaît et en fait une résidence agréable.

« En sortant de cette ville, nous entrâmes dans une plaine dont le sol, mêlé d'argile et du tuf volcanique extrêmement meuble, paraît très-fertile. Les champs étaient encore couverts des chaumes du blé et du maïs, témoignage des dernières récoltes, et des charrues attelées de bœufs d'une petite race étaient en ce moment occupées au labourage. Ce spectacle champêtre avait pour nous un vif attrait ; hors de la vue de la mer, nous pouvions nous croire transportés au milieu des champs de notre pays, et nous avions rompu pour quelques instants avec la vie monotone du bord. La route suivait sa direction vers le sud-ouest, et à mesure que nous avancions, le paysage devenait de plus en plus varié ; le chemin, tout en plaine et fort beau, nous permettait d'accélérer le pas. Le terrain devint, au bout d'une heure, plus inégal, la plaine se resserra, et nous eûmes à traverser quelques lits de torrents. Enfin, à midi, nous arrivâmes à Agua-Garcia, un des sites les plus pittoresques de toute la route.

« Là le chemin est traversé par un aqueduc en bois suspendu à une vingtaine de pieds de hauteur. L'eau la plus limpide y coule toujours abondamment, et, après avoir arrosé tous les jardins situés dans la direction de son cours, va alimenter la ville de Tacoronte, qu'on aperçoit dans le lointain. A gauche, sur un petit tertre, se trouve un abreuvoir dont les auges sont en lave ; là tous les voyageurs ont l'habitude de s'arrêter pour faire boire les chevaux et les laisser reposer, et la beauté du site les invite eux-mêmes à en faire autant. Nous y restâmes environ une demi-heure, je l'employai à remonter le cours des eaux. J'avais à peine fait quelques pas pour gravir le sommet de cette colline, quand j'aperçus un charmant vallon rempli d'habitations, à travers lequel serpentait l'aqueduc, si simple dans sa construction, qu'il rappelle l'ouvrage des peuples les moins avancés dans la civilisation. Je le suivis des yeux jusqu'à une belle et magnifique forêt qui garnit les flancs de la montagne d'où descendent ses eaux ; j'aurais voulu pouvoir errer tout à mon aise pendant quelques heures au milieu de ces ombrages délicieux, mais il fallut se contenter de les contempler de loin, ainsi que tout le panorama qui se déployait à mes regards. Les habitations disséminées dans la plaine, entourées de jardins et de bouquets d'arbres, me permirent de suivre la direction des eaux jusqu'à Tacoronte, petite ville située sur le bord de la mer, dans une position des plus agréables, car tout est fertile autour d'elle. La plaine est sillonnée par des ravins profonds, creusés par des torrents dont les bords sont garnis de cactus, et près desquels on voit surgir de belles hampes de l'agave américaine. Reposés par notre halte dans le site d'Agua-Garcia, le seul endroit où l'on trouve de l'eau sur la route, nos chevaux nous conduisirent avec une nouvelle ardeur jusqu'à la Matanza (le massacre), lieu célèbre et ainsi nommé des Espagnols, parce qu'ils y furent taillés en pièces par les Guanches, qui étaient alors commandés par un de leurs valeureux chefs, le dernier prince de Tacoronte. Nous rencontrâmes presqu'à chaque instant sur la route des paysans au teint bronzé, ayant la démarche grave et sérieuse des Espagnols, vigoureux et bien découplés, comme tous les montagnards. Tous demandaient à nos gardes si nous étions des Anglais, car ce sont les voyageurs de cette nation qu'on voit le plus souvent dans toutes les parties du monde. Tous nous saluaient d'un air respectueux qui nous étonnait ; à Ténériffe, la distinction des rangs est toujours fort tranchée, et l'orgueil démocratique n'a pas encore assez pénétré pour que le paysan croie pouvoir s'y soustraire en refusant le salut à l'homme d'une classe plus élevée, au joug de l'inégalité qui lui pèse, et qui n'en existe pas moins pour cela dans les pays les plus démocratiques. Dans ceux-ci, je regarde comme une exagération funeste cette idée qui tend à abolir une coutume toute patronale qui n'a rien d'humiliant et qui a son côté utile, en ce que cette marque d'égard et de bienveillance réciproque de deux hommes qui se rencontrent sur une route et se saluent, tend à resserrer les liens de la société, et ne peut avoir que la plus heureuse influence sur les relations des hommes qui la composent. Je ne jugeai donc point les habitants de Ténériffe comme moins civilisés, parce qu'ils nous témoignaient ces marques de déférence ; malheureusement bientôt après j'eus lieu de voir, à leurs habitudes mendiantes, que ce peuple a bien peu le sentiment de sa dignité. Des groupes de villageoises qui passaient auprès de nous, à l'œil vif et au teint basané, auxquelles les belles proportions de leur taille et leur désinvolture donnaient un air de santé et de grâce toute particulière, et qui marchaient pieds nus en portant d'énormes paniers de fruits, ne nous en demandaient pas moins un quartillo.

« Nous rencontrâmes aussi un Français qui fut dans le ravissement de retrouver des Français avec lesquels il pût parler sa langue natale, et qui, dans l'effusion de sa joie, fut sur le point d'abandonner les affaires qui le conduisaient à Sainte-Croix, pour nous accompagner jusqu'à l'Orotava et nous y recevoir chez lui. Nous apprîmes de lui qu'il était directeur du jardin botanique de cette ville, et il nous témoigna tout le plaisir qu'il aurait à nous en faire les honneurs et à nous procurer toutes les plantes et les graines du pays que nous désirerions. L'air ouvert de ce brave homme prévenait tellement en sa faveur, que nous regrettions vivement de ne pouvoir pas prolonger notre séjour à l'Orotava jusqu'à son retour. Pour célébrer cette rencontre, nous lui offrîmes au milieu du chemin des rafraîchissements dont nous étions abondamment pourvus, et nous trinquâmes avec lui au souvenir de la patrie. Nous savions assez ce que c'était que d'en être longtemps séparés, pour comprendre les sensations qu'il éprouvait et qui lui faisaient tant d'honneur.

« En le quittant, nous traversâmes un ravin profond formé par une large fracture qui paraît s'être produite dans les couches de basalte qui se trouvent sur les côtes et dominent la route à une hauteur d'environ quarante pieds. On voit à nu les masses prismatiques de leurs *stratas* inclinées ; celles-ci recouvrent des bancs de tuf volcanique d'un rouge éclatant. Nous ramassâmes quelques échantillons de ces roches qu'il fut très-difficile de détacher. Bientôt après, tournant vers la gauche, nous vîmes se déployer devant nos regards toute la partie occidentale de l'île, la plus renommée par ses vignobles. Aussi la culture en est-elle très-soignée, et avant d'atteindre Matanza, les deux côtés de la route sont bordés de vignes. Nous atteignîmes cet endroit à une heure après midi ; les hauteurs qui le dominent et le ravin profond qu'on traverse avant d'y arriver ont été sans doute le théâtre des exploits des Guanches, quand ils vainquirent pour la dernière fois leurs intrépides conquérants. Là nous fîmes une halte de quelques instants pour faire reposer nos chevaux que la chaleur avait fait beaucoup souffrir ; nos guides voulaient nous y faire arrêter pour dîner, mais ce point étant encore trop près de Sainte-Croix, nous insistâmes pour passer outre, et les fîmes taire en leur achetant du pain et des œufs et quelques fruits. L'auberge de Matanza ressemblait parfaitement à ces hôtelleries si bien décrites dans les romans de Lesage ; ses murs étaient tapissés de mauvaises gravures représentant la vie de Geneviève de Brabant et ses malheurs. Le village se compose d'une quarantaine de maisons autour d'une modeste église, sans compter les espèces de cavernes habitées par de pauvres familles. Les jardins d'alentour sont remplis de dattiers couverts de fruits qui sont petits et ligneux et sont loin de ressembler aux dattes de Barbarie. La principale utilité de cet arbre, je crois, est l'emploi qu'on fait de ses feuilles pour des chapeaux et des nattes.

« De Matanza à Vittoria le chemin est roide et difficile. Le pays est entièrement planté de vignes; à droite, à une distance qui varie d'une à deux lieues, on a la mer, et à gauche, dans le lointain, d'assez hautes montagnes. Le village de Vittoria se compose d'une centaine de maisons ; là les conquérants se vengèrent de la défaite de Matanza, et le nom de leur victoire est resté au théâtre de leurs exploits. La route est remplie de petits monuments qui renferment des niches de saints et de madone, objets de la vénération du peuple. La campagne à nos pieds était remplie de paysans des deux sexes occupés à la vendange; mais à la hauteur où nous étions, la plus grande partie des raisins était encore loin d'être mûre. Nous découvrîmes bientôt après le port de l'Orotava, petite ville où il y a un fort mauvais mouillage, que fréquentent cependant les caboteurs pour y venir chercher les vins qui sont les plus renommés de toute l'île. La plaine allait toujours en s'agrandissant, et comme le chemin tournait à gauche, nous ne tardâmes pas à voir la ville de l'Orotava, située à mi-côte, dans une des positions les plus heureuses qu'on puisse rencontrer. Les environs sont boisés, couverts de jolies maisons de campagne, et le pays a un air prospère que semblaient cependant démentir les importunités des enfants et des femmes qui nous demandaient l'aumône sur la route.

« A quatre heures nous arrivâmes à l'Orotava, grande et jolie ville, dont les rues sont larges, bien pavées, mais fatigantes à cause de la rapidité de leur pente. Les maisons, bâties avec une pierre de lave noire, sont toutes d'architecture mauresque, et ont un caractère d'originalité qui plaît à l'œil; mais ce que la ville a de plus remarquable et de plus curieux, ce sont ces eaux limpides qui coulent avec une abondance rare, à plein canal, dans les principales rues, et répandent un air de fraîcheur délicieux. Nous descendîmes près de l'église dans une auberge où nos guides nous conduisirent, en nous disant, pour la vanter, qu'elle avait logé dernièrement un prince français. Comme c'est, je crois, la seule de la ville, ce n'était guère une recommandation. Nous avions encore deux heures de jour devant nous ; nous les employâmes à visiter la ville et ses environs. Nous entrâmes d'abord dans l'église qui était tout contre l'hôtel ; l'architecture en est mesquine et de mauvais goût ; un vieux *padre*, qui en était le gardien, nous dit cependant que c'était une imitation de Saint-Pierre de Rome. La coupole appartient en effet au même ordre d'architecture ; mais combien d'imitations des œuvres du génie n'ont rien de leurs modèles ! Nous nous gardâmes bien de désenchanter ce brave *padre*, qui, tout content de voir que nous l'écoutions, alla jusqu'à nous proposer de monter au clocher ; mais nous avions nos jambes à ménager pour le Pic, et nous refusâmes poliment son offre. Nous ne nous doutions pas alors qu'en acceptant celle que des enfants qui nous suivaient nous firent de nous conduire au jardin botanique, nous allions précisément tomber dans l'inconvénient que nous voulions éviter. On nous avait dit ce jardin à un quart d'heure de marche de la ville ; nous en mîmes cependant trois à nous y rendre, suivis d'un nombreux cortége de mendiants, dont nous ne nous débarrassâmes qu'en distribuant des sous. Comme le chemin qui conduisait au jardin allait en descendant, nous le parcourûmes sans nous apercevoir de sa longueur. Il était bordé de haies d'épines en fleur, entrelacées de charmants buissons qui servaient d'enceintes à de jolies maisons de campagne. A la porte de chacune de celles-ci nous croyions être au terme de notre route ; mais les enfants qui nous guidaient nous répondaient avec un imperturbable sang-froid : *Luzgo, señor*. Enfin, cependant, nous arrivâmes devant le jardin, que rien ne distingue extérieurement, si ce n'est un grand mur d'enceinte qui n'est pas toujours continu. La porte donne sur une grande allée du côté de l'ouest, laquelle est plantée de *Dracœna draco*, arbre particulier aux Canaries, qui produit une espèce de résine à laquelle le pays accorde des propriétés dentifrices. Nous fûmes parfaitement accueillis à notre arrivée par la señora don Miguel Daguaire, ou plutôt madame Daguaire, comme elle nous le dit, épouse du jardinier que nous avions rencontré sur notre route avant Matanza. Après nous avoir raconté avec une volubilité surprenante son histoire, celle de ses malheurs et du naufrage qui l'avait condamnée à l'exil, elle nous sauta presque au cou, tant elle paraissait heureuse, comme son mari, de retrouver des Français. La pauvre femme nous exprima sa joie dans un langage moitié espagnol, moitié français (car en voulant apprendre la première langue elle avait oublié l'autre), qui avait quelque chose de plaisant, et nous fit de son mieux les honneurs de sa maison et du jardin, en nous exprimant tous ses regrets de l'absence de son mari. Cet établissement, qui est aujourd'hui dans un état presque d'abandon, fut créé par un riche Espagnol des Canaries, à la fin du siècle dernier ; il voulait doter son pays de toutes les productions des pays tropicaux. Le gouvernement, auquel il appartient aujourd'hui, y entretient un jardinier, sans faire seulement le quart des frais qui seraient nécessaires pour le maintenir sur un pied d'utilité pour le pays et d'agrément pour les habitants. Je remarquai, en me promenant, toutes les plantes du midi de la France, et beaucoup d'arbres de la Chine et des Canaries, tels que le superbe magnolia, le dracæna et une grande quantité d'ananas. Je me procurai un peu de la fameuse racine de dracæna, et la nuit nous ayant surpris tandis que nous étions à contempler toutes ces richesses végétales, nous prîmes congé de la vieille señora, qui nous vit partir presque les larmes aux yeux et nous exprima encore une fois combien elle serait heureuse de revoir sa chère Lorraine, ce qui excita en nous les sentiments d'intérêt et de pitié qu'elle méritait. Il faut voir hors de leur pays les gens qui ont perdu l'espoir de jamais y rentrer, pour pouvoir comprendre combien est fort le sentiment qui nous y attache. En remontant jusqu'à l'Orotava, nous éprouvâmes une vive chaleur, et la montée qui nous avait paru si douce en descendant fut très-pénible, et nous arrivâmes à l'hôtel, harassés de fatigue. Nos compagnons, qui, pour ménager leurs baromètres, n'étaient arrivés qu'après nous à l'Orotava, nous attendaient avec impatience, et nous nous mîmes à table aussitôt. Notre appétit avait été tellement excité par la marche, que nous nous aperçûmes à peine combien tout ce qu'on nous servait était mal préparé. Comme nous quittions là nos montures pour prendre des mules, nous arrêtâmes celles-ci et un guide pour le lendemain. L'hôtel n'ayant pas de chambres suffisamment pour nous loger, on établit des lits de sangles dans la salle du billard, où nous reposâmes tant bien que mal jusqu'au lendemain matin. Le froid, qui fut naturellement sensible à des gens comme nous qui venions de passer par les chaleurs de Santa-Cruz et de la route, nous éveilla heureusement avant cinq heures, que nous avions indiquées à nos guides pour l'heure du départ, car ceux-ci s'étaient endormis sur la consigne, et nous aurions éprouvé sans cela un grand retard.

« Nous nous levâmes tous dans les meilleures dispositions. Nos bagages étaient si considérables qu'on mit beaucoup de temps à les charger; il avait fallu cette fois ajouter une mule de renfort pour porter l'eau qui nous était nécessaire, à l'endroit où nous devions bivouaquer; nous avions en outre un guide spécial pour voyager dans les solitudes voisines du Pic qui ne sont connues que d'un petit nombre de gens. Le temps était beau, l'air calme, et les nuages qui couvraient, la veille au soir, le sommet du Pic, étaient dissipés et nous promettaient une journée sans pluie, temps indispensable pour un pareil voyage; car on souffrirait beaucoup au bivouac de l'Estancia, avec des pluies comme celles qui tombent dans la montagne, et il serait impossible de gravir le Pic ou du moins dangereux de le tenter. A cinq heures et demie, notre caravane était en campagne, munie de vivres et d'eau pour deux jours, auxquels chacun de nous avait ajouté quelque chose qu'il portait avec lui et un léger à-compte pris à l'hôtel. Nous sortîmes de la ville par un chemin rapide, pavé de laves glissantes que, grâce à nos excellentes montures, nous franchîmes rapidement. Le jour commençait à paraître, mais à cette heure, où presque tout le monde dormait encore, le silence de la ville, la teinte sombre de ses maisons, le style de leur architecture, le léger brouillard qu'on apercevait dans la montagne et celui qui reposait sur la mer dans le lointain, donnaient à tout ce qui nous entourait un air de sévérité qui invitait au recueillement, et contre lequel notre gaieté naturellement bruyante réagissait à peine. Nous passâmes près de l'ancien collége, grande et belle maison qui ressemble à un palais, aujourd'hui déserte, grâce aux persécutions qu'éprouvèrent jadis ceux qui étaient à la tête de cet établissement. Je cherchai en vain du regard, dans le jardin qui l'entoure, le beau pied de dracæna si souvent cité par les voyageurs, arbre que la tradition a dit bien antérieur à la descente de Jean de Bethencourt et de ses compagnons dans l'île, en 1406, époque à laquelle il était aussi haut et aussi creux qu'aujourd'hui. Cependant il a 48 pieds à sa base, et avait 70 pieds avant le coup de vent de 1819. Le savant Bertholet, qui a trouvé des dracænas dans les lieux les plus inaccessibles de l'île, a prouvé que cette plante est l'arbre propre des Canaries. Ses recherches ont démontré que les Guanches faisaient des bouchons de son bois, et d'autres savants ont fondé là-dessus l'hypothèse qu'il devait être le dragon du jardin des Hespérides de la Fable, hypothèse qui s'accorderait avec celle qui suppose que les Canaries sont les débris de l'Atlantide des anciens, abîmée dans un cataclysme, celui où, selon quelques géologues, Calpe et Abyla s'ouvrirent pour laisser passer les eaux de la Méditerranée. Nous suivîmes, en sortant de la ville, pendant trois quarts d'heure environ, un sentier étroit qui traversait des ravins où la lave glissante se montrait souvent à nu. A gauche, nous laissions des chaumières entourées de figuiers, de cactus et de treilles, et à droite des vignobles plantés par gradins, comme on les cultive en Provence et dans tous les pays où les coteaux sont escarpés. Nous arrivâmes ensuite dans un magnifique vallon couvert d'énormes châtaigniers au feuillage touffu, qui semblaient être enfermés dans des murs naturels de basalte représentant les arêtes qui encaissent ordinairement les diverses coulées sur les flancs d'une montagne volcanique. Les éboulements successifs et les eaux ont tellement modifié la surface de ce ravin, qu'il paraît aujourd'hui former le lit d'un torrent; la végétation y est pleine de vigueur, et le doit sans doute aux eaux qui, sans être apparentes, doivent suinter presque partout en arrosant un peu. Après avoir traversé ce vallon, nous vîmes encore quelques champs de maïs et de lupin, et bientôt après une nature tout à fait inculte. On ne voyait plus alors que des arbres à feuilles épaisses et persistantes, tels que des lauriers, des oléas, des ilex, des myrtes, etc. Nous étions entrés dans ce qu'on appelle avec raison la région des nuages; car presque toujours un rideau de ceux-ci nous séparait du pays qui était au-dessous de nous, nous interceptait la vue de la mer, et nous offrait de ce côté, quand les rayons du soleil réussissaient à pénétrer au travers, des apparitions vraiment fantastiques. Quelques pins rabougris se distinguaient parfois au milieu de cette végétation, qui bientôt elle-même changea tout à fait de caractère, et nous entrâmes alors dans la zone des bruyères touffues dont la hauteur variait de quatre à cinq mètres. Les espèces en paraissaient assez variées, et à leur ombre on voyait s'élever quelques thyms rabougris et d'autres petits arbrisseaux. Quelques papillons voltigeaient autour de ces fleurs, peu d'oiseaux; mais en revanche le gibier y abondait, des lapins partaient à chaque instant au pied de nos chevaux; nous n'avions malheureusement ni le temps ni les moyens de les chasser. En nous élevant un peu, l'atmosphère s'éclaircissait, mais aussi la végétation devenait moins active, les bruyères plus rares. Nous fîmes halte au fond d'un petit ravin, pour attendre les mules chargées de bagages, et reposer nos montures qui en avaient bien besoin. Le soleil, qui avait dissipé les brouillards, nous permettait d'apercevoir tout le chemin que nous venions de parcourir; nous avions derrière nous tout le rideau de montagnes qui sépare l'Orotava de Laguna, et devant nous l'entrée des Cañadas et le Pic, qui se détachait majestueusement de sa base et semblait se perdre dans les nues. Des paysans qui descendaient d'un village situé à gauche des Cañadas, le plus élevé de toute l'île, vinrent nous vendre des figues et des fruits de cactus que la nature stérile qui nous entourait nous fit trouver délicieux : d'autres portaient à l'Orotava des copeaux de bois gras destinés aux pêcheurs. Tous ceux-ci, habitués à voir des voyageurs escalader le Pic, étaient bien loin de comprendre le but qui nous y conduisait, mais n'en paraissaient pas moins fiers, comme tous les habitants de Ténériffe, de ce que leur île possède une pareille merveille. Ils nous prédirent, en nous quittant, du beau temps, mais nous engagèrent à bien nous défier du froid. Dès que nous nous remîmes en route, le chemin commença à devenir de plus en plus difficile, et nous ne vîmes plus pour toute végétation autour de nous, que des cytises et des genêts. Sur les flancs des montagnes que nous avions à gauche, on apercevait des cônes aplatis qui n'étaient autres que les anciens cratères des volcans dont les éruptions avaient produit les coulées qui tapissaient les bords des ravins. Nous nous arrêtions souvent pour regarder derrière nous la mer de nuages formée par les vapeurs condensées sur les forêts, et qui nous interceptaient la vue du véritable Océan. Souvent l'horizon paraissait même si bien marqué, que l'illusion était presque complète; on voyait les flocons écumeux des lames qui ressemblaient à des flocons de neige, et quelquefois même plusieurs étages marqués, qui tous offraient à nos regards l'aspect du ciel pommelé des marins, toujours si changeant. C'était à nos pieds et non au zénith que le ciel paraissait, et ce spectacle, tout nouveau pour moi, qui n'avais jamais gravi de hautes montagnes, m'offrait le plus vif intérêt; je ne me fatiguais pas d'en jouir.

« Nous laissâmes à gauche, avant d'entrer dans les Cañadas, la grotte du Pin des Espagnols, remarquable en ce qu'elle renferme le seul pin qui croît à cette hauteur. Nous fîmes ensuite notre entrée dans les Cañadas, grandes plaines tout à fait désertes et stériles, recouvertes entièrement de pierres-ponces et d'obsidiennes, dont la couleur blanchâtre réfléchit les rayons du soleil au point d'éblouir, et produirait une chaleur très-grande si elle n'était tempérée par le vent du nord, déjà très-frais à cette hauteur de 1400 toises. Aussi l'air est-il d'une siccité fatigante. Ces vastes plaines, resserrées entre des montagnes, d'où leur vient le nom de Cañadas, qui veut dire gorges de montagnes, ont formé l'ancien cratère du volcan. Là la végétation cessa presque entièrement : le *spartium* est la seule plante qui survit, encore, est-il très-disséminé. Il en est de même des oiseaux et des insectes, et cette nature inerte rend le trajet triste et monotone au milieu de ces solitudes. Des blocs de basalte à cristaux de feldspath paraissent çà et là au milieu de ces plaines où ils semblent avoir été lancés du cratère ou volcan dans les grandes éruptions des temps anciens, et viennent seuls rompre l'uniformité des champs d'obsidienne. Plusieurs de ces blocs ont jusqu'à 20 pieds de diamètre, leurs formes sont très-variées, et on aperçoit quelques prismes assez prononcés sur leurs arêtes. Avant d'entrer dans les Cañadas, nous rangeâmes de très-près un cratère éteint qui paraît avoir été en activité à une époque très-rapprochée de nous. Les mules glissaient presque à chaque pas sur ce sol mouvant, et l'une d'elles fit un faux pas qui renversa son cavalier, accident qui n'eut d'autre suite que de casser un baromètre; aussi redoublâmes-nous de prudence. Nous mîmes une heure et demie à franchir ce passage. Du milieu des Cañadas on aperçut enfin le dôme immense du Pic, sur les flancs duquel on voyait d'énormes blocs de basalte entassés de manière à rappeler les grandes murailles cyclopéennes. Mais les masses de chacun de ces blocs étaient telles que la nature seule avait pu les y placer, et ce travail pouvait défier tous ceux des géants. Ces masses énormes, suspendues sur nos têtes, nous masquaient souvent la vue du cône, au pied duquel nous arrivâmes enfin à trois heures et demie. Nous l'attaquâmes bravement alors, par un monticule très-escarpé, formé d'un amas d'obsidiennes jaunâtres et de pierres-ponces qui, cédant sous les pieds des mules, rendaient son ascension fort difficile, bien que le sentier tournât la position. Après trois quarts d'heure de marche très-pénible pour elles et pour nos guides, nous arrivâmes au plateau de la *Estancia de los Ingleses*, terme de notre route pour la journée, et où l'on couche habituellement. Là d'énormes blocs de basalte, semblables à ceux de la plaine, se trouvent agglomérés et forment un abri naturel, et le *spartium supra nubium* s'y rencontre assez abondamment pour alimenter l'indispensable feu qu'on est obligé d'allumer. Nous prîmes possession aussitôt d'un de ces abris. Le vent du nord, qui soufflait au point de paraître déjà froid, nous promettait un grand abaissement de température; nos guides prirent aussi bien vite leurs précautions. Arrivés là, nous nous trouvions dans un véritable désert, isolés du monde entier, à 1600 toises d'élévation ; la masse de nuages que nous avions laissée au-dessous de nous, avant d'entrer dans les Cañadas, nous masquait aussi une grande partie de l'île, et on ne voyait pointer de temps à autre que quelques sommets hors de la ceinture de cratères qui entouraient le grand cratère que nous venions de traverser. Pressés de reconnaître les lieux qui nous entouraient, nous profitâmes des deux heures de jour qui restaient encore pour gravir la montagne jusqu'à *Alta-Visa*. Nous mîmes une demi-heure très-pénible à arriver jusqu'à ce plateau, situé au sommet d'un petit monticule d'obsidienne qui nous séparait de la grande chaussée de blocs basaltiques suspendus sur nos têtes. On y voyait cependant quelques traces du passage des mules. Chemin faisant, nous aperçûmes au milieu des touffes de *spartium* des fientes de lapins qui prouvaient que nous n'étions pas les seuls habitants de ce désert; peu se doutaient, en venant s'y réfugier, qu'ils y trouveraient encore leur plus cruel ennemi, car nos guides nous dirent en avoir tué souvent. La station d'*Alta-Visa* étant plus rapprochée du Pic, il arrive quelquefois que des voyageurs la choisissent pour passer la nuit, mais l'abri y est beaucoup moins bon qu'à la Estancia, et il faut y porter avec soin du bois, si l'on veut y faire du feu. Nous voulûmes pousser plus loin, mais la crainte de ne plus retrouver notre route, si la nuit nous surprenait au milieu des précipices qu'il fallait désormais parcourir, nous força à revenir sur nos pas, mais non pas avant d'avoir aperçu le Pic, dont le sommet paraissait près de nous toucher, quoique encore bien loin de nous.

« La descente fut beaucoup plus difficile, car, obligés de sauter de rocher en rocher, nous manquâmes plusieurs fois de nous rompre le cou. Nous rapportâmes néanmoins des échantillons des roches les plus remarquables, qui se composaient de trachytes, de basaltes et de débris de coulées de différents âges, plus ou moins altérés par l'air, le feu et les eaux pluviales, et présentant divers degrés de cristallisation. Un peu avant sept heures, nous rentrâmes à la Estancia, où notre souper et un bon feu nous attendaient; nous fîmes honneur au premier, car tout paraît bon à un pareil bivouac. La flamme vive et pétillante de notre superbe feu répandait une clarté qui animait et égayait tout ce qui nous entourait ; le *spartium* brûlait à ravir, en dépit de la raréfaction de l'air, qui, théoriquement, doit ralentir la combustion, et, par reconnaissance, nous étions tentés de le classer parmi les meilleurs bois de chauffage.

« Bientôt après le souper, nous endossâmes nos vêtements de nuit. Un de nos compagnons de voyage, M. Coupvent, un peu meurtri par sa chute de cheval, fut pris d'une espèce de refroidissement qui céda heureusement bien vite, grâce aux soins qui lui furent donnés et à une tasse de thé qu'on lui fit aussitôt. Chacun de nous prit position, peu de temps après, devant le foyer, et s'arrangea le mieux qu'il put pour se faire un lit de cailloux, ayant pour oreiller un portemanteau et enveloppé dans un manteau ou une couverture. Une petite muraille en pierre, de deux pieds d'élévation, nous séparait de nos guides, qui avaient de leur côté un feu pareil au nôtre. Le rocher nous servait d'abri contre le vent du nord, qui souffla toute la nuit. Quand nous eûmes trouvé chacun la position la plus convenable, nos conversations cessèrent, et nous fîmes tous nos efforts pour tâcher de dormir un peu, afin d'être en état de supporter les fatigues du lendemain. Ces peines furent inutiles. D'un côté, le bruit des causeries de nos guides entre eux et avec nos montures, celui que faisait à chaque instant l'homme chargé d'alimenter le feu, en passant près de nous ; et, d'un autre côté, le froid qui pénétrait, malgré toutes mes précautions, par-dessous mon manteau, tandis que je grillais sur une autre partie, me tinrent éveillé. D'ailleurs, je sentis bientôt que j'avais à lutter contre un ennemi de tout sommeil bien plus cruel, car les puces, qui étaient naturalisées depuis longtemps dans cette station, où, sans doute, elles n'étaient pas venues toutes seules, se réveillèrent à la douce chaleur de notre foyer et commencèrent à me faire une guerre à outrance, ainsi qu'à tous mes compagnons. En vain je voulus opposer une résignation stoïque à leurs piqûres, qui me causaient un plus grand mal en me tenant éveillé que par leurs morsures mêmes ; en vain, pour détourner quelque temps mon attention, je fixai mes yeux sur la belle constellation d'Orion, dont les brillantes étoiles venaient défiler successivement et s'éclipser derrière l'angle d'un énorme bloc basaltique qui nous abritait du côté du sud, comme devant un cercle mural ; à minuit, la position n'était plus tenable, et je fus obligé de me lever pour aller prendre l'air sur le plateau. A peine avais-je quitté le voisinage du feu, que je sentis combien la température avait baissé; mes sens, en effet, ne me trompaient pas, car le thermomètre, qui était à 14° à huit heures du soir, était descendu à 8°. Mais il était impossible de voir une nuit plus belle. Le ciel était d'une pureté telle, que les étoiles les plus petites étaient étincelantes de lumière, et celle-ci était même tellement répandue dans l'atmosphère, qu'on eût cru que la lune était encore sur l'horizon, quoiqu'elle fût couchée depuis longtemps. Les montagnes qui me dérobaient alors une grande partie du ciel avaient une teinte noirâtre assez prononcée pour qu'elles se détachassent de manière à ce qu'on aperçût distinctement leurs contours. A quelques pas de notre camp régnait le silence le plus lugubre : on pouvait facilement se croire seul au milieu de cette solitude, et s'y livrer à son aise au recueillement et à la méditation que tout semblait inspirer. Une foule de réflexions généralement tristes vinrent m'assaillir en ce moment : elles roulaient sur la France, qui était déjà loin de moi ; sur ma famille et mes amis, que j'avais quittés pour si longtemps ; sur les chagrins que leur avait causés mon départ, et sur les chances heureuses et malheureuses d'un voyage qui débutait par cette intéressante ascension, et me causaient des émotions souvent pénibles, qui me firent cependant du bien, car je sortis de ces rêveries plein de confiance dans l'avenir. Ce n'étaient pas des émotions de ce genre que j'étais venu chercher au Pic, j'étais venu pour y admirer la nature et une de ses plus grandes merveilles, et satisfaire au désir de l'étudier. Sans doute, ce désir aurait trouvé ample matière pour quelqu'un plus initié aux sciences que je ne le suis ; mais, si j'avais manqué mon but de ce côté, au moins ce retour sur le passé, cette anticipation de l'avenir, que tout ce qui m'entourait fit apparaître dans mon esprit, me dédommagèrent à eux seuls de la peine et des fatigues du voyage.

« On se lasse de tout dans la vie, et dans l'ordre moral et intellectuel cette vérité est surtout juste et applicable. Après une promenade solitaire d'une demi-heure, temps pendant lequel l'imagination peut faire bien du chemin, le froid me ramena vers notre camp, où, dans toute autre position, mon retour eût pu jeter l'alarme ; mais nous n'avions rien à craindre de ce côté, car nous n'avions rien qui fût capable de tenter les voleurs ; et qui eût voulu d'ailleurs se faire voleur à ce prix ! Je retrouvai mes compagnons qui, à défaut de sommeil, continuaient à chercher le repos dans l'immobilité et bravaient les maudites puces avec un courage digne de ces banians, sectateurs de Brahma, qui par pénitence se consacrent à nourrir de leur sang tous les parasites de l'humanité, qui sont pour eux des objets dignes de la plus grande vénération. A côté d'eux, à travers un nuage de fumée et à la clarté des feux, j'admirais les figures calmes de nos guides qui ressemblaient tant, par leurs costumes, les roches qui réfléchissaient leurs ombres et leur air mâle et énergique, à ces bandits de la Corse et de la Calabre, qu'on nous représente se partageant la nuit le butin de la veille dans une halte au milieu des montagnes. Je pris alors place auprès du feu, et là j'essayai de tracer quelques lignes, en attendant le jour, pour ma famille et pour mes amis. J'arrivai ainsi à la troisième heure de la nuit ; mes compagnons, n'y pouvant plus tenir, se levèrent à leur tour et s'approchèrent du feu ; nous nous entretînmes des fatigues de la nuit et nous convînmes que c'était forcer le sens des mots que d'appeler cela du repos. Le thermomètre était alors descendu à 5° ; nous arrêtâmes en conseil que quatre heures et demie seraient le moment du départ, afin de ne point nous trouver avant le point du jour à Alta-Visa, où le chemin devient impraticable de nuit. Quand cette heure tant désirée arriva, nous nous mîmes en route escortés du guide et de deux de nos muletiers qui portaient nos instruments, les vivres et un pâté que nous avions destiné à être mangé solennellement sur le sommet du cratère. Nous avions alors dans la figure une bise glaciale de nord à laquelle on est plus sensible qu'à une gelée intense ; cet air était tellement sec, que nous avions les lèvres toutes gercées, et en grimpant par une pente aussi rapide, on était d'autant plus suffoqué, que l'air était déjà excessivement raréfié ; j'éprouvai pour mon compte des douleurs d'oreilles comme quand on plonge à une grande profondeur, et j'avais beau hâter le pas sur ce terrain mouvant et difficile, j'avais marché pendant près d'une demi-heure avant d'avoir pu me réchauffer les pieds. Il faisait à peine jour quand nous atteignîmes Alta-Visa ; nous ne nous y arrêtâmes que le temps nécessaire pour reprendre haleine. Au bout d'une demi-heure environ de marche, au milieu de blocs de trachyte et de basalte, en sautant de l'un à l'autre, au risque de se rompre le cou, et en faisant de la gymnastique continuelle, nous arrivâmes à la *Cueva de las nieves* (grotte des neiges), espèce de caverne où, pendant toute l'année, l'eau reste congelée, et où, dans l'été, on vient souvent chercher de la glace de l'Orotova. Là nous fûmes témoins d'un des plus magnifiques spectacles auxquels on puisse assister dans les montagnes, surtout à cette hauteur, celui du lever du soleil, qui sortait alors brillant et radieux du sein des vapeurs qui couvraient l'Océan, et n'éclairait encore que les habitants favorisés de ces régions ; car pour les créatures de la plaine et du rivage, son disque, qui paraissait considérablement aplati et grandi au delà de toute idée par la réfraction, était encore plongé au-dessous de l'horizon pour quelque temps. Les effets du rayonnement à l'entour avaient quelque chose de fantastique : il eût fallu des pinceaux pour pouvoir les rendre, et je doute encore qu'il eût été possible d'y parvenir ; à plus forte raison ma plume serait-elle impuissante ; je me bornerai donc à signaler ce phénomène aux observateurs curieux, comme digne à lui seul de les engager à gravir de hautes montagnes. Le thermomètre marquait alors 5° 8, et le baromètre était descendu à 0 mètre 4934. Nous aperçûmes bientôt après l'espèce de pain de sucre appelé *El Pilon*, qui s'élevait majestueusement du milieu du plateau qui couronne la montagne. Nous mîmes près d'une heure à atteindre cette espèce de dôme, tant la marche était lente et difficile entre les deux amas de blocs basaltiques qui couronnent ses flancs. Grâce à la saison, on n'apercevait aucune neige dans les vides qu'ils laissaient entre eux ; quand elle recouvre ce sentier, il est bien de redoubler de prudence, mais on ne peut pas dire cependant que ce passage offre jamais comme on le prétendait jadis, de dangers sérieux. Un peu avant d'arriver à la petite plaine semée de massifs de lave d'où s'élève le Pain de sucre, nous ramassâmes en passant quelques mousses qui tapissaient des fissures brûlantes d'où sortaient des vapeurs aqueuses très-chaudes. Nous nous y arrêtâmes quelques instants avant d'entreprendre notre dernière ascension, dont nous mesurions d'avance toutes les difficultés. Enfin nous nous mîmes en marche. La base et les flancs du Pain de sucre sont couverts d'un amas d'obsidiennes mouvantes dans lesquelles nous enfoncions à mi-jambe, et qui cédaient tellement sous nos pas que nous avancions à peine d'un sur trois. Nous avions eu la précaution de marcher tous de front pour éviter les accidents qu'auraient pu occasionner les éboulements. Presque à chaque instant nous étions obligés de nous arrêter pour reprendre haleine, et nous éprouvions tous, plus ou moins, des oppressions pénibles, occasionnées par la grande raréfaction de l'air, qui furent accompagnées, chez quelques-uns, de saignement de nez, tant cette raréfaction avait rompu l'équilibre nécessaire à notre organisation entre la pression intérieure et celle de l'atmosphère. Enfin, après nous être aidés bien souvent des mains, nous atteignîmes au bout de trois quarts d'heure le sommet du cône. Arrivés là, nous vîmes un cratère à moitié oblitéré, dont les parois unies et légèrement inclinées s'élevaient à des hauteurs inégales, et des bords desquelles seulement sortaient, de distance en distance, des vapeurs sulfureuses assez abondantes. Le fond du cratère paraissait tout à fait éteint. Nous contournâmes ce vaste entonnoir en nous appuyant comme nous pouvions sur les blocs irréguliers de basalte blanchis par le feu, qui formaient les parois du cratère, et qui, semés très-irrégulièrement, ne permettaient d'accès que du côté où nous avions abordé. Ce cône est destiné probablement à s'affaisser un jour pour donner cours à une nouvelle éruption qui en produira un nouveau, comme celui-ci paraît s'être élevé au-dessus d'un ancien cratère représenté parfaitement par le dôme qui lui sert de base. Ce dôme, à une époque beaucoup plus éloignée, où l'action volcanique agissait avec une toute-puissance dont les temps historiques n'offrent point d'exemples, sortit lui-même sans doute des Cañadas, ce grand cratère si bien dessiné, le plus important de l'île, dont l'origine elle-même fut toute volcanique. Les bords des diverses fumerolles sont tapissées de beaux cristaux de soufre, d'efflorescences d'alumine et d'alumine pâteuse. En marchant dessus, nous éprouvions une chaleur assez vive. Nous ramassâmes des échantillons de ces diverses substances, et quelques morceaux d'obsidienne nitreuse, mêlée à la masse qui couvrait les flancs du Pain de sucre. Le ciel était pur, sans nuages, d'un bleu sombre, et la brise soufflait modérément du nord-est ; la température s'élevait jusqu'à 14° et baissait à l'ombre jusqu'à 9° ; enfin, le froid était encore sensible. Cependant, vers dix heures, nous commençâmes à être incommodés de la chaleur, et plusieurs de nous éprouvèrent des douleurs de tête assez vives, auxquelles on fit peu d'attention. Je me félicitai d'avoir apporté pour coiffure un chapeau de paille, quoiqu'en partant de la Estancia cette coiffure ne fût guère de saison. Quand j'eus parcouru dans tous les sens le cratère et ses alentours, je m'arrêtai pour jouir du coup d'œil imposant que m'offrait la vue de la partie du Pic de Teyde qui s'élevait au-dessus de la mer de nuages qui semblait l'isoler du monde entier. Ces vapeurs se dissipaient cependant quelquefois en partie, et me permettaient d'apercevoir sur quelques points la grande chaîne de cratères qui descendent par gradation jusqu'à la mer, et l'Océan sans bornes qui venait baigner la base du Pic, car la surface entière de l'île pouvait passer pour la sienne. Je pus découvrir dans une de ces éclaircies quelques-unes des îles voisines qui paraissent autant de points disséminés sur cette immense surface. Un besoin vulgaire, mais qui n'en était pas moins impérieux, m'arracha au bout de quelque temps à l'admiration de ces merveilles de la nature que je ne me lassais pas d'admirer : l'heure du déjeûner était arrivée, et nous commencions à éprouver un vif appétit. Nous plaçâmes le fameux pâté que nous avions apporté avec nous, sur le point culminant du Pic ; son utilité pour nous alors lui donnait droit à de pareils honneurs, et après avoir rassemblé près de lui toutes nos provisions, nous battîmes en brèche cette forteresse avec une telle activité, que bientôt tout avait disparu. Jamais déjeûner ne fut trouvé plus exquis, nous étions aussi fiers que joyeux de faire un pareil repas à 1800 toises au-dessus du niveau de la mer, et pensions que bien des gens nous envieraient un tel bonheur. Après cet excellent déjeûner, chacun de nous travailla à compléter sa collection minéralogique; et à midi précis, chargés de nos pierres et de tous nos outils, nous commençâmes à descendre le Pain de sucre, opération qui s'exécuta souvent plus vite que nous ne voulions et qui dura à peine dix minutes. Puis, sans nous arrêter, nous continuâmes jusqu'à la Estancia, où nous fûmes rendus à deux heures précises. Après tous les savants du premier ordre qui ont visité successivement le Pic de Teyde, et leurs théories si claires et si satisfaisantes sur sa formation, il y aurait de la témérité de ma part à vouloir hasarder quelques idées sur un pareil sujet, que je n'ai pu d'ailleurs étudier que très-imparfaitement. Notre but était seulement de mesurer de nouveau la hauteur précise de la montagne et d'y faire des observations d'intensité magnétique. Grâce aux soins de MM. Dumoulin et Coupvent, elles furent exécutées de la manière la plus satisfaisante. Mes observations particulières se bornaient donc à constater que les descriptions que j'avais lues avant d'y monter m'ont paru on ne peut pas plus satisfaisantes.

« Arrivés à la Estancia, nous ne perdîmes pas de temps pour nous remettre en route, et traversâmes rapidement les Cañadas, qui cette fois n'avaient plus le même intérêt pour nous. A mesure que nous descendions, nous éprouvions un changement de température et d'atmosphère qui nous faisait éprouver un bien-être sensible. Quelque effort que nous fissions pour hâter le retour, la nuit nous surprit encore dans les régions inhabitées, et il était huit heures du soir quand nous ralliâmes notre gîte à l'Orotava, tous tellement fatigués qu'à peine eûmes-nous le courage de nous mettre à table et de manger. J'aurais bien désiré pouvoir m'arrêter un jour à cette station, mais dès le lendemain matin nous reprîmes nos anciennes montures et partîmes pour Sainte-Croix. Nous nous arrêtâmes durant quelque temps à Laguna, pour y visiter deux églises assez belles, dont l'une est remarquable par des boiseries qui ne sont pas sans mérite, et l'autre par une chaire soutenue par des anges armés d'un glaive dont l'exécution est assez belle. Les églises me parurent du reste décorées avec mauvais goût, malgré la richesse des autels, où l'on voyait beaucoup de dorures et d'ornements d'argent massif. A midi, enfin, nous arrivâmes à Sainte-Croix, le terme de notre course, bien fatigués, mais bien contents de l'avoir faite. »

La hauteur totale du Pic, calculée par M. Dumoulin, d'après la méthode d'Oltmanns, s'est trouvée de 3705 mètres.

FORMATION DES VALLÉES DANS LES PYRÉNÉES.

L'abbé Palassou est le premier qui, parmi les géologues français, ait consacré des études suivies aux monts Pyrénéens; et les opinions qu'il a émises sur la formation des vallées de cette chaîne ont non-seulement l'avantage d'offrir une théorie sagement formulée sur un sujet plein d'intérêt pour la science et pour la contrée dont il est question, mais celui encore de tracer une méthode rationnelle pour les observations analogues à suivre dans d'autres lieux. Nous laisserons donc parler ce savant naturaliste.

« La vallée d'Aspe, dit-il, est traversée dans toute sa longueur par le Gave, qui prend sa source vers les frontières d'Espagne; dans les temps de pluie et d'orage, cette rivière est colorée en rouge par des terres composées de schiste rougeâtre qui s'éboulent des montagnes de Gabedaille et de Peyrenère : au reste, les eaux du Gave, profondément encaissées dans leur lit, ne peuvent plus contribuer à la fécondité des plaines qu'elles ont formées. On observe, en suivant cette rivière, que lorsque les montagnes courent parallèlement, les angles saillants qu'elles forment correspondent aux angles rentrants. Cette règle générale sert à établir que les vallées des Pyrénées, qu'il faudrait plutôt appeler des gorges, puisqu'elles n'ont qu'une demi-lieue dans leur plus grande largeur, sont l'ouvrage des eaux. Mais doit-on les ranger parmi celles que M. de Buffon a démontré avoir été creusées par les courants de la mer, ou les supposer formées par les torrents qui se précipitent des montagnes? la dernière opinion est plus probable.

« Dans les premiers temps que les Pyrénées commencèrent à paraître au-dessus du niveau de la mer, cette chaîne de montagnes ne formant qu'une masse continue fut exposée à l'action des eaux du ciel, qui en sillonnèrent bientôt les plus hauts sommets ; elles creusèrent d'abord leurs lits parmi les couches, presque perpendiculaires, des matières qui opposaient la moindre résistance ; les schistes, faciles à se détruire, dirigèrent en général le cours des premiers torrents ; les eaux étant obligées de courir de l'ouest à l'est et de l'est à l'ouest, suivant la direction ordinaire des couches schisteuses, il faut supposer divers lieux où elles durent nécessairement se rencontrer en allant vers des points opposés : cette jonction produisit des espèces de lacs, dont les eaux s'ouvrirent des issues par la partie du nord et celle du sud; elles creusèrent, avec les siècles, dans ces deux directions, du côté de la France et de l'Espagne, de longues vallées, presque toutes parallèles : uniformité occasionnée par la disposition régulière que suivent communément les matières des Pyrénées. Si la direction des bancs était du sud au nord, il y a lieu de penser que les vallées se seraient prolongées de l'ouest à l'est.

« Pour se persuader qu'elles sont l'effet des courants de la mer, 1° il ne faudrait point trouver à leur entrée des gorges étroites, que l'effort continuel des vagues aurait dû naturellement agrandir avant de creuser de larges bassins dans le centre des montagnes; 2° les vallées devraient avoir à peu près la même largeur parmi des substances d'une égale solidité : les exemples suivants suffiront pour prouver qu'elle varie prodigieusement, différence qu'il faut attribuer au volume plus ou moins considérable d'eau que ces profondes cavités reçoivent. C'est ainsi que, dans la vallée d'Aspe, le bassin de Bédous, où aboutissent plusieurs torrents, est l'endroit le plus large de la vallée; j'ai fait la même observation dans la plaine de Laruns, la moins étroite de la vallée d'Ossau. On y remarque le Causeitche, ruisseau venant des montagnes de Béost; le Valentin, qui descend de celles d'Aas, et l'Arriusé, qui se précipite des montagnes de Laruns. Dans le Lavedan, trois rivières aboutissent à la plaine d'Argelès, la plus étendue de ce pays. Examinons maintenant les endroits plus resserrés, nous les trouverons situés à l'entrée des vallées et vers l'extrémité.

« On pénètre dans la vallée d'Aspe par une gorge étroite, qui s'étend en longueur l'espace d'environ deux lieues, depuis le village d'Escot jusqu'au large bassin de Bédous ; les montagnes se rapprochent de nouveau bientôt après, et ne sont séparées, pour ainsi dire, que par le lit du Gave. La plaine par laquelle on entre dans la vallée d'Ossau a peu de largeur entre les villages de Loubie et de Castet, elle s'élargit plus ou moins jusqu'à Laruns : on ne trouve après ce lieu qu'un vallon fort étroit. Près du pont de Lourde il y a une gorge où commence la vallée de Lavedan, dont la largeur augmente du côté d'Argelès ; mais on s'aperçoit qu'elle se rétrécit considérablement après Pierrefite, soit en suivant le chemin de Baréges, soit dans le vallon qui mène à Cauterets. En parcourant les différents endroits où les montagnes sont si rapprochées, vous n'y verrez que de petits ruisseaux, coulant à des intervalles éloignés les uns des autres ; il résulte de ces faits que la largeur plus ou moins grande des vallées dépend de la réunion et de la quantité d'eau des torrents qui les ont formées.

« D'après ces observations, il ne faut pas s'attendre à trouver constamment les vallons les moins larges dans les endroits les plus éloignés de la mer, comme on prétend que cela arrive lorsqu'ils ont été formés par ses courants. Il est certain au contraire que la longueur des vallées s'étend en raison inverse de cette distance. Le pays de Labourd et de la Navarre n'offre que de petits vallons ; la vallée de Baretons est moins étroite, celle d'Aspe s'élargit encore davantage ; la vallée d'Ossau, qui se présente ensuite, est plus étendue, mais elle cède à son tour aux vallées de Lavedan et d'Aure ; enfin la vallée qu'arrose la Garonne, plus éloignée des rivages de l'Océan que celles que nous venons de nommer, est aussi la plus considérable. Cet agrandissement successif dépend de la graduation que les montagnes observent dans leur hauteur ; les plus basses de la chaîne sont situées sur les bords de la mer et s'élèvent à mesure que cette distance augmente : leurs cimes deviennent insensiblement plus propres à arrêter les vapeurs de l'atmosphère et à perpétuer ces masses énormes de neige, sources principales des grandes rivières. Les vallées étant l'ouvrage des torrents qui descendent des Pyrénées, elles s'agrandissent à proportion du volume d'eau qu'elles reçoivent, ainsi qu'on les voit se rétrécir quand les montagnes qui s'abaissent n'en versent plus une si grande quantité. Si ces profonds sillons avaient été creusés par les courants de la mer, ils offriraient généralement à peu près la même largeur ; ou s'il existait quelque différence, nous trouverions les plus grandes vallées, comme on l'a avancé, dans les montagnes battues par les vagues pendant une plus longue suite de siècles : ce qui est contraire aux observations que j'ai faites dans les Pyrénées, où les vallons les moins larges sont situés près de la mer, dans les endroits qu'elle a abandonnés les derniers. »

Cette question de la formation des vallées, d'une grande importance en géologie, a été l'objet de nombreuses controverses, parce que beaucoup de naturalistes l'ont rattachée forcément à des idées préconçues, sans étudier les localités particulières ; et que d'autres, sans se préoccuper non plus d'un examen consciencieux, ont combattu en faveur de telle ou telle hypothèse, par cela seul qu'elle avait pour ou contre tel ou tel défenseur ou adversaire. Toutefois, ceux qui ont consenti à s'en tenir à l'observation directe ont été amenés à des conclusions à peu de chose près semblables à celles de l'abbé Palassou ; et quoiqu'on n'ait pas toujours fait connaître la priorité qui lui appartient, il demeure évident qu'il a le premier répandu la lumière sur la solution que l'on cherchait, et que les géologues qui sont venus après lui n'ont rien ajouté de remarquable aux explications qu'il a données. Pour s'en convaincre il suffit d'entendre deux ou trois de ces autorités.

« Quelque part qu'on pénètre dans cette chaîne, dit M. Darcet, ce sont toujours des ravins creusés par les torrents qui en ouvrent les passages, et ces passages sont d'autant plus ouverts, que les torrents y rassemblent plus d'eau et sont plus considérables. On peut concevoir la chaîne des Pyrénées comme un grand banc, comme une contrée excessivement élevée dans son origine, d'abord pleine et unie, mais qui se serait ensuite dégradée et aurait été sillonnée par la fonte des neiges, les pluies, les orages. Les eaux qui en provenaient n'ont pas pris les routes des vallées, parce qu'elles les ont trouvées frayées antérieurement à leur cours ; ce sont les eaux même d'en haut qui, se rassemblant peu à peu, se sont ouvert de force ces passages ; elles se sont creusé ces lits dans les temps passés, comme elles les creusent encore tous les jours. En considérant dans toutes les gorges étroites les deux flancs de rochers qui les bordent, on verra partout la même couche, la même symétrie, la même usure, s'il m'est permis de le dire, et partout une même inclinaison. »

Ramond s'exprime dans un sens analogue : « Les bassins que l'on remarque dans les Pyrénées furent sans doute jadis, pour la partie située entre Lourde et Gavarnie, autant de lacs formés au point de réunion de plusieurs torrents, et les défilés, autant de détroits par lesquels les eaux sont tombées d'étage en étage, sous la forme de longues et terribles cataractes, avant d'avoir creusé le lit qu'elles parcourent actuellement. Si les courants de mer avaient tracé ces vallées, leur entrée n'offrirait pas les étroits sentiers qui en forment les issues. Les flots qui, selon quelques savants, ont creusé ces lacs, ces bassins, ces oules ou cirques, auraient agrandi ces débouchés, tandis qu'en général les parties les plus resserrées des vallées sont leur entrée et leur naissance. Les Pyrénées ne sont réellement accessibles que par les érosions creusées par les eaux qui en découlent. »

Enfin, l'opinion de M. Johan de Charpentier vient confirmer à peu près celle qui précède : « Lorsqu'on considère, dit-il, la constitution physique de ces vallées et les divers phénomènes qu'elles présentent, on reconnaît facilement que leur excavation ne peut pas être le résultat, ni de courants de mer, ni d'affaissement ou de soulèvement des montagnes, mais celui d'une chute ou descente constante des eaux. Il est plus que vraisemblable que les Pyrénées, lorsqu'elles sortirent de la mer, où elles sont nées, n'ont formé qu'une seule et longue montagne; que les deux pentes n'étaient point unies, mais présentaient des creux, des enfoncements et d'autres inégalités; que les eaux qui remplissaient ces creux ou bassins ont épanché leur trop plein par la voie la plus convenable aux lois de la pesanteur, et du côté où elles éprouvaient la moindre résistance, et qu'enfin, en se versant des bassins supérieurs dans les bassins inférieurs, elles ont dû insensiblement excaver et creuser les rochers qui séparaient un bassin de l'autre, agrandir ces mêmes bassins, élargir et approfondir les canaux par lesquels elles s'écoulaient d'un réservoir à l'autre, et former de cette manière, peu à peu, de vastes conduits, auxquels on a donné le nom de vallées. »

Toutes les vallées des Pyrénées sont remarquables par leur aspect pittoresque, par la variété de leurs sites, par l'imprévu des scènes qu'elles viennent offrir. Les flancs des montagnes qui les bordent sont le plus souvent couverts de forêts, de prairies, de sources limpides dont les filets argentés descendent jusque dans la plaine pour y féconder les cultures. Celles-ci se montrent sur tous les points, même dans des endroits où l'on croirait qu'il est impossible de rien obtenir de l'ingratitude du sol. « La vallée de Cauterets, dit M. Dralet, qui est peut-être le lit d'un ancien lac, rassemble, dans son joli bassin, des habitations spacieuses et commodes; l'air qu'on y respire est frais et balsamique, les rigueurs de l'hiver n'obligent point les habitants, comme ceux de Baréges, à aller attendre dans des lieux plus tempérés le retour de la belle saison. Les avalanches ne menacent point leur existence, parce qu'elles parcourent les hauteurs graduées qui dominent la ville au sud. Le Gave ne trouble pas même le calme que les étrangers viennent chercher avec la santé aux bains de Cauterets : quoique engendré par des torrents tumultueux, il semble oublier son origine, ou se reposer des agitations de son enfance. » Ramond décrit ainsi la vallée de Luz : « L'étroit vallon qui s'élève de Pierrefite à Luz rassemble des beautés et des horreurs étrangères à des vallées plus élevées, comme la route du Schell-Menthal au pied du Saint-Gothard en a que la partie supérieure ne présente point. Il y a entre ces deux gorges une extrême ressemblance : mêmes obstacles à vaincre, mêmes efforts de l'homme et mêmes succès. Des rochers d'une effrayante hauteur resserrent de même un torrent furieux qui roule, tombe, fuit entre leurs débris, au bord d'un horrible précipice. Un chemin taillé dans les flancs escarpés de ces rochers, soutenu souvent en saillie par des voûtes qui le suspendent au-dessus du torrent, le franchit lorsque tout appui lui manque, et cherche sur les rocs opposés des rampes moins rebelles : même fracas dans les profondeurs, même silence sur les hauteurs; un ciel resserré entre des cimes âpres et menaçantes, comme le torrent l'est entre leurs profondes racines. » Puis vient M. Alexandre du Mége, qui esquisse rapidement comme suit le charme de la vallée de Campan : « Cette vallée ne prend pas naissance sur le faîte de la grande chaîne; elle est enfermée entre les montagnes du Lavedan, de Baréges et de la vallée d'Aure; on y voit l'Adour de Bandeau, qui descend du Tourmalet, et celui de Campan, qui vient des montagnes d'Aure. Les *Campani* l'habitaient autrefois et lui ont légué leur nom. Des monuments marquent encore les traces de cette tribu, et des tours féodales indiquent des temps plus rapprochés de notre siècle, et où quelques tyrans subalternes avaient établi le siége de leur puissance dans cette vallée, séjour délicieux que le voyageur envie à ses tranquilles habitants, et où tous les dons de la nature s'offrent aux regards sous les formes les plus heureuses! Les torrents qui parcourent les autres vallons pyrénéens les embellissent sans doute; mais leurs ondes, grossies par l'affreuse avalanche et par les orages, y portent trop souvent la dévastation et le deuil, tandis que l'Adour semble rouler avec ses flots limpides, et la fortune et la sécurité : des javelles dorées s'entassent sur ses rives pittoresques, des ruisseaux coulent sans cesse dans les prés, longtemps fleuris, qui bordent son cours, dans des jardins, dans des vergers enrichis des présents de l'automne, tandis que les arts viennent emprunter aux rochers de Campan les marbres qui doivent embellir les palais des rois. Jadis les Aquitains placèrent dans cette vallée le *sacellum* du puissant Agéion; ils y offrirent un culte solennel aux montagnes; les Hellènes auraient fixé dans cette autre Tempé la scène des mythes les plus touchants, des fictions les plus ingénieuses, et peut-être aussi le séjour de leurs dieux. »

DUNES.

Dans sa Statistique des départements pyrénéens, M. Alexandre du Mége donne les détails suivants sur les Dunes qui bordent l'Océan : « Elles s'élèvent presque partout, en suivant un plan incliné, de 10 à 25° de pente : le versant opposé à ce plan est un talus de 30 à 60°; néanmoins la position de ces Dunes varie quelquefois : ainsi, pour celles qui s'élèvent au sud du bassin d'Arcachon, entre la pointe de l'Aiguillon et celle du Pilat, la pente la plus douce est au nord-ouest, et le talus rapide au sud-est : cette disposition provient de la prédominance des vents d'ouest et de nord-ouest, qui sont les plus communs sur ces côtes. Les Dunes forment une chaîne qui s'étend en longueur à près de 240 kilomètres ou 60 lieues du nord au sud, ayant au plus 8 kilomètres ou 2 lieues de large; la partie la plus haute de la chaîne en occupe à peu près le milieu, et répond, suivant M. Thore, aux latitudes de Mont-de-Marsan et de Captieux; et cette disposition est la même pour les Dunes de l'intérieur, si l'on en juge par celles de Bailongues, Arrengosse et Pissos. Leur crête ne s'élève jamais à plus de 60 mètres, ou environ 180 pieds de hauteur. Du centre de la chaîne, cette élévation diminue au nord et au sud, si bien qu'aux deux extrémités elles n'ont pas plus de 4 à 5 mètres de hauteur. Ces Dunes sont tantôt disposées en chaînes suivies et régulières, tantôt elles forment des plateaux d'une grande étendue, tantôt enfin elles sont isolées les unes des autres, et laissent entre elles des vallons connus sous le nom de *Lètes*, qui ont quelquefois de 6 à 8 kilomètres d'étendue sans interruption, et qui se font remarquer dans l'intérieur jusqu'à la crête des monticules qui dominent les vallons de la Garonne et de l'Adour.

« On sait que cette chaîne de Dunes est mobile, qu'elle s'étend sur les plaines, et qu'elle est sans cesse renouvelée par les sables que vomit l'Océan; ainsi la formation de ces plaines ou landes est différente de celle que les géologues ont attribuée aux déserts sablonneux de l'Afrique et aux bruyères de l'Allemagne. L'ingénieur Brémontier évaluait à 10 mètres 649 millimètres par 2 mètres courants, ou 1,245,405 mètres cubes pour cette longueur, qui est de plus de 120,000 toises, la quantité de sable jetée par la mer depuis la pointe de Graves jusqu'à l'embouchure de l'Adour. Ce sable, enlevé ensuite par les vents d'ouest, est arrangé en monticules ou en Dunes : rarement ces hauteurs restent dans le même état pendant longtemps : tantôt leur sommet s'élève, tantôt il s'abaisse, tantôt elles se réunissent, et de nouveaux vallons se forment, tandis que d'autres disparaissent au gré des vents d'ouest et de nord-ouest, dont elles semblent être le jouet. Cette masse énorme de sable s'avance tout à la fois pendant un ouragan : elle ensevelit insensiblement des champs cultivés, des villages, des bois, mais sans rien détruire; il n'est rien de si commun, en effet, que de voir à la Teste, à Mimisan et à Vielle, des pins dont les sommets forment, au moment de disparaître pour toujours, une espèce de petite forêt naissante, tandis que la base du tronc est déjà enfoncée de 20 à 30 mètres dans les sables. On a remarqué que la marche des Dunes, qui est très-rapide, l'est beaucoup plus vers le centre que vers les extrémités de la chaîne qu'elles forment; en effet, elle est à ce point d'environ 20 mètres par année, et l'on pourrait calculer assez exactement l'époque où tous les villages voisins de la côte seraient couverts par les sables, si l'on n'avait trouvé l'ingénieux moyen de fixer les Dunes et même de les fertiliser. »

STRUCTURE ET ACTION DES VOLCANS.

L'article que nous avons donné sur les volcans, dans le Dictionnaire, renferme des détails assez nombreux sur leur structure, leur composition, leurs effets, leurs produits et leur disposition géographique; cependant ce sujet a une telle importance en géologie, il joue un rôle si remarquable dans la constitution du globe et dans les révolutions que celui-ci a subies, qu'on ne saurait pousser trop loin l'étude des feux souterrains et du résultat de leur action à la surface du sol; et parmi les naturalistes dont les observations doivent être consultées avec le plus de fruit, il faut placer au premier rang M. de Humboldt, dont les voyages nombreux et le temps qu'il a pu consacrer à ses recherches garantissent des documents aussi complets que possible. C'est donc encore à lui que nous empruntons l'esquisse qui suit.

« Quand on réfléchit, dit-il, à l'influence que, depuis des siècles, les progrès de la géographie et les voyages scientifiques entrepris dans les régions lointaines ont exercée sur l'étude de la nature, on ne tarde pas à reconnaître combien cette influence a été différente, suivant que les recherches ont été dirigées sur les formes du monde organique ou sur la masse inanimée de la terre, sur la connaissance des roches, sur leur âge relatif et leur origine. Des formes différentes de plantes et d'animaux vivifient la surface de la terre dans chaque zone ; n'importe que la chaleur de l'atmosphère change, soit d'après la latitude géographique ou les courbes nombreuses des lignes isothermes, dans les plaines unies comme la surface de la mer, soit presque verticalement sur les pentes rapides des chaînes de montagnes. La nature organique donne à chaque région de la terre la physionomie particulière qui la caractérise. Il n'en est pas de même de la nature inorganique dans les lieux où l'enveloppe solide de la terre est dépouillée de végétaux. Les mêmes espèces de roches, s'attirant et se repoussant par groupes, se montrent dans les deux hémisphères, depuis l'équateur jusqu'aux pôles. Dans une île éloignée, entourée de plantes étrangères, sous un ciel où ne resplendissent plus les étoiles auxquelles son œil est accoutumé, le navigateur reconnaît souvent avec joie le schiste argileux de sa patrie et les roches qu'il était habitué à y voir.

« Cette indépendance de la constitution actuelle des climats, propre à la nature inorganique, ne diminue pas l'influence bienfaisante que des observations nombreuses faites dans des contrées lointaines exercent sur les progrès de la géognosie ; seulement elle leur donne une direction particulière. Chaque expédition enrichit l'histoire naturelle d'espèces nouvelles d'animaux et de plantes. Tantôt ce sont des formes organiques qui se rattachent à des types connus depuis longtemps, et qui nous présentent, dans sa perfection primitive, le réseau régulièrement tissu et souvent interrompu en apparence des formes naturelles animées. Tantôt ce sont des formes qui se présentent isolées comme les restes de races éteintes, tantôt des membres de groupes non encore découverts. L'examen de l'enveloppe solide ne nous développe pas une telle diversité. Au contraire, elle nous révèle, dans les parties constituantes, dans le gisement et dans le retour périodique des différentes masses, une ressemblance qui excite l'étonnement du géognoste. Dans la chaîne des Andes, de même que dans les montagnes centrales de l'Europe, une formation semble, pour ainsi dire, en appeler une autre. Des masses de même nom prennent des formes semblables : le basalte et la dolérite composent les montagnes jumelles ; la dolomie, le grès blanc et le porphyre forment des masses escarpées ; le trachyte vitreux et riche en feldspath s'élève en cloches et en dômes. Dans les zones les plus éloignées, de gros cristaux se séparent semblablement de la texture compacte de la masse primitive, comme par un développement intérieur, s'agroupent les uns aux autres, se montrent comme des couches subordonnées, et annoncent souvent le voisinage de nouvelles formations indépendantes. C'est ainsi que tout le monde organique se représente plus ou moins évidemment dans chaque montagne d'une étendue considérable ; cependant, pour connaître parfaitement les phénomènes les plus importants de la composition, de l'âge relatif et de l'origine des formations, il faut comparer entre elles les observations faites dans les contrées les plus éloignées les unes des autres. Des problèmes qui ont paru longtemps énigmatiques au géognoste habitant du nord trouvent leur solution près de l'équateur. Si, comme on l'a observé plus haut, les zones lointaines ne nous fournissent pas de nouvelles formations, c'est-à-dire des groupes inconnus de substances simples, elles nous apprennent, en revanche, à expliquer les lois uniformes de la nature, selon que les divers strates se supportent mutuellement, se pénètrent sous forme de filet, ou se soulèvent en obéissant à des forces élastiques.

« Si nos connaissances géognostiques tirent une grande utilité de recherches qui embrassent de vastes étendues de pays, on ne doit pas être surpris de ce que la classe de phénomènes qui est l'objet principal de ce mémoire n'ait été pendant très-longtemps examinée que d'une manière incomplète, parce que les points de comparaison sont très-difficiles, et on pourrait même dire pénibles à trouver. Jusqu'à la fin du XVIIIe siècle, tout ce que l'on savait de la forme des volcans et de l'action de leurs forces souterraines était pris de deux montagnes d'Italie, le Vésuve et l'Etna. Le premier étant le plus accessible, et, comme tous les volcans peu élevés, ayant des éruptions plus fréquentes, une colline est en quelque sorte devenue le type d'après lequel on se figurait tout un monde lointain, les puissants volcans du Mexique, de l'Amérique méridionale et des îles de l'Asie, disposés d'après des lignes faciles à reconnaître. Cette manière de raisonner devait rappeler naturellement le berger de Virgile, qui, dans son humble cabane, croyait voir l'image de la ville éternelle.

« Un examen attentif de toute la mer Méditerranée, notamment de ses îles et de ses côtes orientales, où le genre humain a commencé à s'élever vers la culture intellectuelle et les sentiments généreux, pouvait cependant réformer cette manière incomplète d'étudier la nature. Entre les Sporades, des roches de trachyte se sont élevés du fond de la mer, et ont formé des îles, semblables à cette île des Açores qui, dans un espace de trois siècles, s'est montrée périodiquement à des intervalles presque égaux. Entre Epidaure et Trézène, près de Méthrone, dans le Péloponèse, se trouve un Monte-Nuovo, décrit par Strabon et revu par Dodwel : il est plus haut que le Monte-Nuovo des champs Phlégréens, près de Baies ; peut-être même plus haut que le nouveau volcan de Jorullo, dans les plaines du Mexique, que j'ai trouvé environné de plusieurs milliers de petits cônes basaltiques sortis de terre et encore fumants. Dans le bassin de la Méditerranée, le feu volcanique s'échappe non-seulement de cratères permanents, de montagnes isolées qui ont une communication constante avec l'intérieur de la terre, comme Stromboli, le Vésuve et l'Etna ; à Ischia, sur le mont Epomée, et suivant les récits des anciens, dans la plaine de Lelantis, près de Chalcis, des laves ont coulé des fentes qui se sont ouvertes tout à coup à la surface de la terre.

« Indépendamment de ces phénomènes qui appartiennent aux temps historiques, au domaine étroit des traditions certaines, les côtes de la Méditerranée renferment de nombreux restes de plus anciens effets de l'action du feu. La France méridionale nous montre, en Auvergne, un système particulier et complet de volcans disposés par alignements, des cloches de trachyte alternant avec des cônes terminés en cratère, desquels des torrents de lave ont coulé par bandes étroites. La plaine de Lombardie, qui, unie comme la surface des eaux, forme le golfe le plus reculé de la mer Adriatique, entoure le trachyte des collines Euganéennes, où s'élèvent des dômes de trachyte grenu, d'obsidienne et de perlite, trois masses qui naissent les unes des autres, qui ont fait leur éruption à travers le calcaire jurassique rempli de silex pyromaques, mais qui n'ont jamais coulé en torrents étroits. De semblables témoins d'anciennes révolutions de la terre se retrouvent dans plusieurs parties du continent de la Grèce et de l'Asie Mineure, pays qui offriront un jour de riches matériaux aux recherches du géognoste, quand la lumière sera retournée vers ces contrées d'où elle a commencé à luire sur l'Occident, quand l'humanité outragée ne gémira plus sous la sauvage barbarie des Ottomans.

« Je rappelle la proximité géographique de ces nombreux phénomènes, pour faire voir que le bassin de la Méditerranée avec ses îles pouvait offrir à l'observateur attentif tout ce qui a été découvert récemment sous des formes diverses dans l'Amérique méridionale, à Téneriffe, ou dans les îles Aléoutiennes, près des régions polaires. Les objets à observer étaient réunis ; mais des voyages dans des climats lointains, des comparaisons de vastes régions en Europe et hors d'Europe, étaient nécessaires pour reconnaître clairement la ressemblance des phénomènes volcaniques entre eux, et leur dépendance les uns des autres.

« Le langage habituel qui souvent donne la consistance et la durée nées de la manière erronée de voir les choses, mais qui souvent aussi indique par instinct la vérité; le langage habituel, dis-je, nomme volcaniques toutes les éruptions de feux souterrains et de substances fondues; les colonnes de fumée et de vapeur qui s'élèvent du sein de rochers, comme à Colarès, après le grand tremblement de terre de Lisbonne; les salses ou cônes argileux qui vomissent de la boue humide, de l'asphalte et de l'hydrogène, comme à Girgenti, en Sicile, et à Turbaco, dans l'Amérique méridionale; les sources chaudes du Géiser, qui, comprimées par des vapeurs élastiques, s'élancent à une très-grande hauteur; en un mot, enfin, tous les effets des forces puissantes de la nature, qui ont leur siége dans l'intérieur de notre planète. Dans l'Amérique moyenne ou dans le pays de Guatémala, et dans les îles Philippines, les indigènes font une différence essentielle entre les volcans d'eau et les volcans de feu (*volcanes de agua y de fuego*). Par le premier nom ils désignent les montagnes desquelles, dans les violents tremblements de terre et avec un craquement sourd, sortent de temps en temps des eaux souterraines.

« Sans nier la connexion des phénomènes dont il vient d'être question, il paraît cependant convenable de donner une langue plus précise à la partie physique et oryctognostique de la géognosie, afin de ne pas appliquer le nom de volcan, tantôt à une montagne qui se termine par une fournaise permanente, tantôt à chaque cause souterraine des phénomènes volcaniques. Dans l'état actuel du globe terrestre, la forme la plus ordinaire des volcans, dans toutes les parties du monde, est celle d'une montagne conique isolée, comme le Vésuve, l'Etna, le Pic de Teyde, le Tunguragua et le Cotopaxi. Je les ai observés s'élevant depuis la dimension des collines les plus basses, jusqu'à 17,700 pieds au-dessus du niveau de la mer; mais auprès de ces montagnes coniques on trouve aussi des ouvertures permanentes, des communications constantes avec l'intérieur de la terre sur de longues chaînes à dos haché, non au milieu de leur sommet en forme de mur, mais à leur extrémité et près de la pente. Tel est le Pichincha, qui s'élève entre le Grand Océan et la ville de Quito, et que les formules barométriques de Bouguer ont depuis longtemps rendu célèbre; tels sont les volcans qui dominent sur la Steppe de Los Pastos, haute de 10,000 pieds. Tous ces sommets de formes diverses sont composés de trachyte, nommé autrefois porphyre trappéen, roche grenue, fendillée, formée de feldspath vitreux et d'amphibole, et à laquelle le pyroxène, le mica, le feldspath feuilleté et le quartz ne sont pas étrangers. Dans les lieux où les témoins de la première éruption, je pourrais dire de l'ancien échafaudage volcanique, se sont conservés en entier, la montagne conique isolée est entourée, en forme de cirque, d'un grand mur construit de couches rocheuses, superposées les unes aux autres. Ces murs ou circonvallations sont les restes de cratères, de soulèvements, phénomène digne d'attention, sur lequel le premier géognoste de notre temps, M. Léopold de Buch, aux écrits duquel j'emprunte plusieurs idées exposées dans ce mémoire, a présenté, il y a trois ans, des vues si intéressantes.

« Les volcans qui communiquent avec l'atmosphère par des ouvertures permanentes, les cônes basaltiques ou les dômes de trachyte dépourvus de cratère, tantôt bas comme le Sarcony, tantôt élevés comme le Chimborazo, forment des groupes divers. La géographie comparée nous montre, d'un côté, de petits archipels et des systèmes entiers de montagnes volcaniques ayant leurs cratères et leurs courants de laves, comme les îles Canaries et les Açores; de l'autre, des monts sans cratère et sans courants de lave proprement dits, comme les Euganéens et les sept montagnes de Bonn; ailleurs elle nous montre des volcans disposés par lignes simples ou doubles et se prolongeant à plusieurs centaines de lieues, tantôt parallèlement à l'axe de la chaîne, comme dans le Guatémala, le Pérou et Java; tantôt la coupant perpendiculairement, comme dans le pays des Aztèques, où des monts de trachyte, qui vomissent du feu, atteignent seuls à la hauteur des neiges éternelles, et sont vraisemblablement placés sur une crevasse qui traverse tout le continent sur une longueur de 105 lieues géographiques, depuis le Grand Océan jusqu'à l'Océan Atlantique.

« Cette réunion des volcans, soit par groupes isolés et arrondis, soit par bandes longitudinales, démontre de la manière la plus décisive que les effets volcaniques ne dépendent pas de petites causes voisines de la surface de la terre, mais sont des phénomènes dont l'origine se trouve à une grande profondeur dans l'intérieur du globe. Toute la partie orientale du continent américain, pauvre en métaux, est, dans son état actuel, sans montagne ignivome, sans masses de trachyte, probablement même sans basalte avec olivine. Tous les volcans d'Amérique sont réunis dans la chaîne des Andes, qui est située dans la partie de ce continent opposée à l'Asie, et qui s'étend, dans le sens des méridiens, sur une longueur de 1800 lieues. Tout le plateau de Quito, dont le Pichincha, le Cotopaxi et le Tunguragua forment les cimes, est un seul foyer volcanique. Le feu souterrain s'échappe tantôt par l'une, tantôt par l'autre de ces ouvertures, que l'on s'est accoutumé à regarder comme des volcans particuliers. La marche progressive du feu y est, depuis trois siècles, dirigée du nord au sud. Les tremblements de terre même, qui causent des ravages si terribles dans cette partie du monde, offrent des preuves remarquables de l'existence de communications souterraines, non-seulement avec des pays dépourvus de volcans, fait connu depuis longtemps, mais aussi entre des montagnes ignivomes, qui sont très-éloignées les unes des autres. C'est ainsi qu'en 1797 le volcan de Pasto, à l'est du cours du Guaytara, vomit continuellement, pendant trois mois, une haute colonne de fumée. Cette colonne disparut à l'instant même où, à une distance de 60 lieues, le grand tremblement de terre de Riobamba et l'éruption boueuse de la Moya firent perdre la vie à près de quarante mille Indiens. L'apparition soudaine de l'île de Sabrina, dans l'est des Açores, le 30 janvier 1811, fut l'annonce de l'épouvantable tremblement de terre qui, bien plus loin, à l'ouest, depuis le mois de mai 1811 jusqu'en juin 1812, ébranla, presque sans interruption, d'abord les Antilles, ensuite les plaines de l'Ohio et du Mississipi, enfin les côtes de Vénézuéla, situées du côté opposé. Trente jours après la destruction totale de la ville de Caracas arriva l'explosion du volcan de Saint-Vincent, île des petites Antilles, éloignée de 130 lieues de la contrée où s'élevait cette cité. Au même moment où cette éruption avait lieu, le 30 avril 1811, un bruit souterrain se fit entendre et répandit l'effroi dans toute l'étendue d'un pays de 2200 lieues carrées. Les habitants des rives de l'Apuré, au confluent du Rio-Nula, de même que ceux de la côte maritime, comparèrent ce bruit à celui que produit la décharge de grosses pièces d'artillerie. Or, depuis le confluent du Rio-Nula et de l'Apuré, par lequel je suis arrivé dans l'Orénoque, jusqu'au volcan de Saint-Vincent, on compte 157 lieues en ligne droite. Ce bruit, qui certainement ne se propageait point par l'air, doit avoir eu sa cause bien avant dans le fond de la terre. Son intensité était à peine plus considérable sur les côtes de la mer des Antilles, près du volcan en éruption, que dans l'intérieur du pays.

« Il serait inutile d'augmenter le nombre de ces exemples; mais, afin de rappeler un phénomène qui, pour l'Europe, a acquis une importance historique, je me bornerai à citer le fameux tremblement de terre de Lisbonne. Il arriva le 1er novembre 1755; non-seulement les eaux des lacs de Suisse et de la mer, sur les côtes de Suède, furent violemment agitées, mais aussi celles de la mer autour des Antilles orientales. A la Martinique, à Antigoa, à la Barbade, où la marée ne s'élève pas ordinairement à plus de dix-huit pouces, elle monta brusquement à vingt pieds. Tous ces phénomènes prouvent que les forces souterraines se manifestent, soit dynamiquement en s'étendant et en ébranlant par les tremblements de terre, soit en produisant et en opérant chimiquement des changements, par les éruptions volcaniques : ils démontrent aussi que ces forces agissent, non pas superficiellement dans l'enveloppe supérieure de la terre, mais à des profondeurs immenses dans l'intérieur de notre planète, par des crevasses et des filons non remplis, qui conduisent aux points de la surface de la terre les plus éloignés.

« Plus la structure des volcans, c'est-à-dire des élévations qui entourent le canal par lequel les masses fondues de l'intérieur du globe parviennent à sa surface, offre de diversités, plus il est important de soumettre cette structure à des mesures exactes. L'intérêt de ces mesures qui, dans une autre partie du monde, ont été l'objet de mes recherches, s'accroît si l'on considère que la grandeur à mesurer est variable dans plusieurs points. L'étude philosophique de la nature s'est appliquée, dans la vicissitude des phénomènes, à rattacher le présent au passé. Pour établir un retour périodique ou fixer les lois de phénomènes progressifs et variables, on a besoin de quelques points de départ bien fixes, d'observations faites avec soin, et qui, liées à des époques déterminées, puissent fournir des comparaisons numériques. Si seulement, de mille en mille ans, on avait pu déterminer la température moyenne de l'atmosphère et de la terre sous différentes latitudes, ou la hauteur moyenne du baromètre sur le bord de la mer, nous saurions dans quel rapport la chaleur des climats a augmenté ou diminué, et si la hauteur de l'atmosphère a subi des changements. On a besoin de ces points de comparaison pour la déclinaison et l'inclinaison de l'aiguille aimantée, ainsi que pour l'intensité des forces électro-magnétiques. Si c'est une occupation louable pour les sociétés savantes de suivre avec persévérance les vicissitudes cosmiques de la chaleur, de la pression de l'air, de la direction et de la tension magnétiques, en revanche, il est du devoir du géognoste, en déterminant les inégalités de la surface de la terre, de prendre en considération le changement de hauteur des volcans. Ce que j'avais essayé dans le temps, dans les montagnes du Mexique, au Toluca, au Nauhamputepetl et au Jorullo, dans les Andes de Quito au Pichincha, j'ai eu l'occasion, depuis mon retour en Europe, de le répéter plusieurs fois au Vésuve.

« En 1773, Saussure avait mesuré cette montagne à une époque où les deux bords du cratère, celui du nord-ouest et celui du sud-est, lui parurent de hauteur égale. Il trouva leur élévation de 609 toises au-dessus du niveau de la mer. L'éruption de 1794 a occasionné un écroulement dans le sud et une inégalité des bords du cratère que l'œil le moins exercé distingue à une distance considérable. En 1805, M. de Buch, M. Gay-Lussac et moi, nous mesurâmes trois fois le Vésuve. Le résultat de nos opérations nous fit voir que la hauteur du bord septentrional, la Rocca del Palo, qui est vis-à-vis de la Somma, s'accordait avec la mesure de Saussure, mais que le bord méridional était de 75 toises plus haut qu'en 1773. L'élévation totale du volcan, vers la Torre del Gréco, côté vers lequel le feu, depuis trente ans, dirige principalement son action, avait diminué d'un huitième. Le cône de cendres est à la hauteur totale de la montagne, sur le Vésuve, dans le rapport de 1 à 3; sur le

Pichincha, comme 1 à 10; sur le Pic de Ténériffe, comme 1 à 22. Le Vésuve a donc proportionnellement le cône de cendres le plus haut, vraisemblablement parce que, comme volcan peu élevé, il a agi principalement par son sommet. J'ai réussi récemment non-seulement à répéter sur le Vésuve mes précédentes mesures barométriques, mais aussi, dans trois ascensions sur cette montagne, à prendre une détermination complète de tous les bords du cratère. Ce travail mérite peut-être quelque intérêt, parce qu'il embrasse l'époque des grandes éruptions de 1805 à 1822, et parce qu'il est peut-être la seule mesure d'un volcan, comparable dans toutes ses parties, que l'on ait publiée jusqu'à présent; elle fait voir que les bords du cratère, non-seulement dans les endroits où, comme au Pic de Ténériffe et dans tous les volcans de la chaîne des Andes, ils sont composés visiblement de trachyte, mais aussi partout ailleurs sont un phénomène beaucoup plus constant qu'on ne l'avait cru précédemment, d'après des observations faites rapidement. De simples angles de hauteur, déterminés du même point, conviennent beaucoup mieux à ces recherches que des mesures trigonométriques et barométriques d'ailleurs bien complètes. D'après mes dernières déterminations, le bord nord-ouest du Vésuve ne s'est peut-être pas abaissé depuis Saussure, par conséquent depuis quarante-neuf ans, et le bord du sud-est, du côté de Bosche-Tre-Case, qui, en 1794, était de 400 pieds plus bas que le précédent, a éprouvé une diminution de 10 toises.

« Si les feuilles publiques, en décrivant les grandes éruptions, racontent très-fréquemment que la forme du Vésuve a totalement changé, et si ces assertions sont confirmées par les vues pittoresques de cette montagne que l'on dessine à Naples, la cause de l'erreur vient de ce que l'on confond le contour des bords du cratère avec les contours des monceaux de scories qui se forment accidentellement dans le centre du cratère, sur le sol de la bouche ignivome, soulevé par des vapeurs. Un de ces monceaux, composé de rapilli et de scories entassés, était en 1816 et 1818, devenu graduellement visible au-dessus du bord sud-est du cratère. L'éruption du mois de février 1822 l'avait grandi à un tel point, qu'il dépassait même de 100 à 110 pieds la Rocca-del-Palo, ou le bord nord-ouest du cratère. Dans la dernière éruption, le cône remarquable que l'on était habitué, à Naples, à regarder comme le sommet véritable du Vésuve, s'est écroulé, dans la nuit du 22 octobre, avec un fracas terrible; de sorte que le sol du cratère qui, depuis 1811, était constamment accessible, est actuellement 750 pieds plus bas que le bord septentrional du volcan, et 200 pieds plus bas que le méridional. La forme variable et la position relative des cônes d'éruption, dont on ne doit pas, comme il arrive si souvent, confondre les ouvertures avec le cratère du volcan, donne au Vésuve, à des époques différentes, une physionomie particulière, et l'historiographe de ce volcan pourrait, d'après les contours de la cime et d'après le simple aspect des paysages peints par Hackert, qui sont à Portici, suivant que le côté septentrional ou méridional de la montagne est représenté plus haut ou plus bas, deviner l'année dans laquelle l'artiste a fait le dessin qui lui a servi à composer son tableau.

« Un jour, après que le cône de scories, haut de 400 pieds, se fut écroulé, lorsque déjà de petits mais nombreux torrents de lave avaient coulé, dans la nuit du 23 au 24 octobre, commença l'éruption lumineuse des cendres et des rapilli. Elle dura douze jours sans interruption; mais sa force fut plus grande dans les quatre premiers. Durant ce temps, les détonations dans l'intérieur du volcan furent si violentes, que le simple ébranlement de l'air (car on ne s'est pas aperçu de commotion de la terre) fit crevasser les plafonds des appartements du palais de Portici. Les villages de Résina, Torre-del-Gréco, Torre-del-Anunziata, et Bosche-Tre-Case, voisins du Vésuve, furent témoins d'un phénomène remarquable. L'atmosphère était tellement remplie de cendres, que tout le canton, au milieu du jour, fut, durant plusieurs heures, enveloppé de ténèbres profondes. On allait dans les rues avec des lanternes, comme cela arrive si souvent à Quito, dans les éruptions du Pichincha. Jamais les habitants ne s'étaient enfuis en si grand nombre. On redoute bien moins les torrents de lave qu'une éruption de cendres, phénomène qui n'y était pas encore connu à ce degré, et qui, par la tradition obscure de la manière dont Herculanum, Pompéi et Stabiæ ont été détruites, remplit l'imagination des hommes d'images effrayantes.

« La vapeur aqueuse et chaude qui, durant l'éruption, s'élança du cratère et se répandit dans l'atmosphère, forma, en se refroidissant, un nuage épais autour de la colonne de cendres et de feu haute de 9,000 pieds. Une condensation si brusque des vapeurs, et, comme M. Gay-Lussac l'a montré, la formation même du nuage, augmentèrent la tension électrique. Des éclairs, partis de la colonne de cendres, se dirigeaient de tous les côtés, et l'on entendit très-distinctement gronder le tonnerre que l'on distinguait bien du fracas intérieur du volcan. Dans aucune autre éruption le jeu des forces électriques n'avait été si étonnant.

« Le matin du 26 octobre, un bruit surprenant se répandit : c'est qu'un torrent d'eau bouillante jaillissait du cratère et descendait le long de la pente en cône de cendres. Monticelli, le docte et zélé observateur du volcan, reconnut bientôt qu'une illusion d'optique avait occasionné cette rumeur erronée. Le prétendu torrent était un grand tas de cendres sèches qui, semblable à du sable mobile, descendait d'une crevasse du bord supérieur du cratère. Une sécheresse qui répandit la désolation dans les champs, avait précédé l'éruption du Vésuve; vers la fin de ce phénomène, l'orage volcanique qui vient d'être décrit occasionna une pluie extrêmement abondante et de longue durée. Un tel météore caractérise, sous toutes les zones, la cessation d'une éruption. Tant que celle-ci dure, le cône de cendres étant ordinairement enveloppé de nuages, et les flots de pluie étant les plus forts dans son voisinage, on voit couler de tous côtés des torrents de boue. Le cultivateur effrayé croit que ce sont des eaux qui, après être remontées du fond du volcan, sortent par le cratère. Le géognoste déçu croit y reconnaître de l'eau de mer, ou des productions boueuses du volcan, ou, suivant l'expression des anciens auteurs systématiques français, des produits d'une liquéfaction igno-aqueuse.

« Lorsque la cime du volcan, ainsi qu'on le voit presque toujours dans les Andes, s'élève au-dessus de la région des neiges, ou atteint à une hauteur double de celle de l'Etna, la neige, en fondant et en coulant vers les régions inférieures, y produit des inondations fréquentes et désastreuses. Ce sont des phénomènes que les météores lient aux éruptions des volcans et que modifient diversement la hauteur de la montagne, l'étendue de son sommet couvert de neiges perpétuelles et l'échauffement des parois du cône de cendres. Il s'en faut de beaucoup qu'on puisse les regarder comme de véritables phénomènes volcaniques; ils n'en sont que les effets. Dans de vastes cavités, tantôt sur la pente, tantôt au pied des volcans, naissent des lacs souterrains qui communiquent de plusieurs manières avec les torrents alpins. Quand les commotions terrestres qui précèdent toutes les éruptions ignées dans la chaîne des Andes ont ébranlé fortement toute la masse du volcan, alors les gouffres souterrains s'ouvrent, et il en sort en même temps de l'eau, des poissons et du tuf argileux. Tel est le phénomène singulier qui produit au jour le *Pimelodes cyclopum*, poisson que les habitants du plateau de Quito nomment *Prenadilla*, et que j'ai décrit peu de temps après mon retour. Lorsqu'au nord du Chimborazo, dans la nuit du 19 au 20 juin 1698, la cime de Carguaraizo, montagne haute de 18,000 pieds, s'écroula, toutes les campagnes des environs, dans une étendue de près de deux lieues carrées, furent couvertes de boue et de poissons. Sept ans auparavant, une fièvre pernicieuse, qui désola la ville d'Iburra, avait été attribuée à une semblable éruption de poissons du volcan d'Imbabaru.

« Je rappelle ces faits parce qu'ils répandent quelque jour sur la différence qui existe entre les éruptions de cendres sèches et celles de boue, de bois, de charbon, de coquilles, servant à expliquer les atterrissements de Tuffa et de Trass. La quantité de cendres que le Vésuve a vomies le plus récemment a été, de même que toutes les particularités qui tiennent aux volcans et aux autres grands phénomènes de la nature, propres à inspirer la terreur, excessivement grossie dans les feuilles publiques. Deux chimistes napolitains, Vicenzo Pepe et Giuseppe di Nobili, ont même écrit, malgré les assertions contraires de Monticelli et de Covelli, que les cendres contenaient de l'or et de l'argent. D'après mes recherches, la couche de cendres tombées pendant douze jours, du côté de Bosche-Tre-Case, sur la pente du cône, dans les endroits où du rapillo s'y mêlait, ne s'élevait qu'à 3 pieds, et dans la plaine n'avait tout au plus que 15 à 18 pouces d'épaisseur. Les mesures de ce genre ne doivent pas s'exercer dans les lieux où les cendres sont entassées comme de la neige ou du sable, par l'effet du vent, ou accumulées par l'eau comme du mortier. Ils sont passés ces temps où, à la manière des anciens, on ne cherchait dans les phénomènes volcaniques que le merveilleux, où, comme Ctésias, on faisait voler la cendre de l'Etna jusqu'à la presqu'île de l'Inde. Sans doute une partie des filons d'or et d'argent du Mexique se trouve dans un porphyre trachytique; mais la cendre du Vésuve que j'ai rapportée avec moi, et qu'un excellent chimiste, M. Henri Rose, a bien voulu analyser, n'offre pas la moindre trace d'or ni d'argent.

« Bien que les résultats que j'expose, et qui s'accordent parfaitement avec les observations exactes de Monticelli, diffèrent beaucoup de ceux que l'on a publiés depuis quelques mois, l'éruption de cendres du Vésuve, le 24 et le 28 octobre 1822, n'en est pas moins la plus remarquable dont on ait une relation authentique depuis la mort de Pline l'Ancien, en l'an 70. La quantité de cendres tombées alors a été peut-être trois fois plus considérable que celle de toutes les éruptions du même genre que l'on a vues depuis que les phénomènes volcaniques ont été observés avec attention. Une couche de 15 à 18 pouces d'épaisseur paraît, au premier aperçu, insignifiante en comparaison de la masse qui recouvre Pompéi; mais, sans parler des torrents de pluie et des atterrissements qui, depuis des siècles, peuvent avoir accru cette masse, sans ranimer la vive discussion qui s'est élevée au delà des Alpes et qui a été conduite avec un grand scepticisme sur les causes de la destruction des villes de la Campanie, il est peut-être à propos de rappeler ici que les éruptions d'un volcan à des époques très-éloignées les unes des autres ne peuvent nullement être comparées ensemble pour leur intensité. Toutes les conséquences fondées sur des analogies sont insuffisantes quand elles ont pour objet des rapports de quantité, par exemple, la masse de la lave et des cendres, la hauteur des colonnes de fumée et la force des détonations.

« La description géographique du Vésuve, par Strabon, et l'opinion de Vitruve sur l'origine volcanique de la pierre-ponce, nous montrent que, jusqu'à l'année de la mort de Vespasien, c'est-à-dire jusqu'à l'éruption qui couvrit Pompéi, cette montagne ressemblait plus à un volcan éteint qu'à une solfatare. Après un long repos, les forces souterraines s'ouvrirent de nouvelles routes et pénétrèrent à travers les couches de roches primitives et trachytiques. Alors durent se manifester des effets pour lesquels ceux qui suivirent depuis ne peuvent fournir aucune mesure. La célèbre lettre dans laquelle Pline le Jeune raconte à Tacite la mort de son oncle fait voir clairement que le renouvellement des éruptions, et on pourrait même dire le réveil du volcan endormi, commença par une explosion de cendres. La même chose a été observée au Jorullo, lorsqu'en septembre 1759, le nouveau volcan, perçant les couches de syénite et de trachyte, s'éleva soudainement dans la plaine. Les campagnards s'enfuirent, parce qu'ils trouvèrent sur leurs chapeaux des cendres que la terre avait vomies en s'entr'ouvrant de toutes parts. Au contraire, dans les explosions périodiques et ordinaires des volcans, la pluie de cendres termine chaque éruption partielle. D'ailleurs la lettre de Pline le Jeune renferme un passage qui montre clairement que dès le commencement, sans l'influence d'aucune cause qui les eût entassées, les cendres sèches tombées d'en haut avaient atteint une hauteur de 4 à 5 pieds. « La cour, dit Pline le Jeune dans la suite de son récit, que l'on traversait pour entrer dans la chambre où Pline reposait, était si remplie de cendres et de pierres-ponces, que, s'il eût tardé plus longtemps à sortir, il eût trouvé l'issue bouchée. » Dans un espace fermé comme celui d'une cour, l'action du vent qui rassemble les cendres ne peut guère avoir été très-considérable.

« J'ai osé interrompre mon examen comparé des volcans par des observations particulières faites sur le Vésuve, tant à cause du grand intérêt que la dernière éruption a excité, qu'à cause du souvenir de la catastrophe de Pompéi et d'Herculanum, que chaque pluie de cendres considérable rappelle involontairement à l'esprit. J'ai réuni dans un supplément tous les éléments des mesures barométriques et des notices sur les collections géognostiques que j'ai eu occasion de faire, vers la fin de 1822, au Vésuve et dans les champs Phlégéens, près de Pouzzoles. Cette petite collection, ainsi que les roches que j'ai rapportées des monts Euganéens, et celles que M. de Buch a recueillies dans un voyage à la vallée de Flemme, entre Cavalèze et Predazzo, dans le Tyrol méridional, sont déposées au musée royal de Berlin, établissement qui, par son utilité, répond parfaitement aux nobles intentions du monarque, et dont la partie géognostique, renfermant des échantillons des régions les plus éloignées, l'emporte sous ce rapport sur toutes les collections de ce genre.

« Nous venons de considérer la forme et l'action des volcans qui sont, par un cratère, en communication constante avec l'intérieur de la terre. Leurs sommets sont des masses de trachyte et de lave, soulevées par des forces élastiques et traversées par des filons. La permanence de leur action donne lieu de conclure que leur structure est très-compliquée : ils ont pour ainsi dire un caractère individuel qui reste toujours le même dans de longues périodes. Des montagnes voisines donnent le plus souvent des produits entièrement différents, des laves d'amphigène et de feldspath, de l'obsidienne avec des pierres-ponces, et des masses basaltiques contenant de l'olivine. Ils appartiennent aux formations les plus récentes du globe, traversent presque toutes les couches des montagnes secondaires ; leurs éruptions et leurs coulées de lave sont d'une origine plus récente que nos vallées ; leur vie, s'il est permis d'employer cette expression figurée, dépend du mode et de la durée de leur communication avec l'intérieur de la terre. Souvent ils se reposent pendant des siècles, se rallument soudainement, et finissent par être des solfatares exhalant des vapeurs aqueuses, des gaz et des acides. Quelquefois, comme au Pic de Ténériffe, leur sommet est déjà devenu un laboratoire de soufre régénéré. Cependant sortent des flancs de la montagne de gros torrents de laves basaltiques et lithoïdes dans leurs parties inférieures; vitrées sous forme d'obsidienne et de pierre-ponce dans la partie supérieure où la pression est moindre.

« Indépendamment de ces volcans pourvus de cratères permanents, il y a une autre espèce de phénomènes volcaniques, que l'on observe plus rarement, mais qui sont surtout instructifs pour la géognosie, parce qu'ils rappellent le monde primitif, c'est-à-dire les plus anciennes révolutions de notre globe. Des montagnes de trachyte, s'ouvrant tout à coup, vomissent de la lave et des cendres et se referment peut-être pour toujours. C'est ce qui est arrivé au gigantesque Antisana, dans la chaîne des Andes et au mont Epomée de l'île d'Ischia, en 1302. Une éruption de ce genre a lieu quelquefois dans les plaines, par exemple, sur le plateau de Quito, en Islande, loin de l'Hécla, en Eubée dans les champs de Lelantée. Plusieurs îles soulevées soudainement appartiennent à ces phénomènes passagers. Dans ces cas la communication avec l'intérieur de la terre n'est point permanente ; l'action cesse aussitôt que l'ouverture du canal de communication se ferme de nouveau. Des filons de basalte, de dolérite et de porphyre, qui, dans les diverses zones de la terre, traversent presque toutes les formations, des masses de syénite, de porphyre pyroxénique et d'amygdaloïde, qui caractérisent les couches les plus modernes des roches de transition, et les couches les plus anciennes des roches secondaires, ont vraisemblablement été formées de cette manière. Dans la jeunesse de notre planète, les substances de l'intérieur, encore fluides, pénétraient à travers l'enveloppe de la terre crevassée de toutes parts ; tantôt se condensant comme des masses de filons à texture grenue, tantôt s'épanchant en nappes et en coulées stratiformes. Ce que le monde primitif nous a transmis de roches volcaniques n'a guère coulé par bandes étroites comme les laves sorties des cônes volcaniques qui existent aujourd'hui. Les mélanges de pyroxène, de fer titané, de feldspath vitreux et d'amphibole, peuvent bien, à diverses époques, avoir été les mêmes, tantôt plus rapprochés du basalte, tantôt du trachyte; les substances chimiques ont pu, ainsi que nous l'apprennent les travaux importants de M. Mitscherlich, et l'analogie des produits des hauts fourneaux, s'être réunies sous une forme cristalline, d'après des proportions définies. Il n'en est pas moins vrai que des substances composées de la même manière sont arrivées par des voies très-différentes à la surface de la terre, soit en s'insinuant par des crevasses dans les strates de roches plus anciennes, c'est-à-dire à travers l'enveloppe déjà oxydée de notre planète, soit en sortant sous la forme de lave de montagnes coniques qui ont un cratère permanent. Si on confond ensemble ces phénomènes si différents, on rejette la géognosie des volcans dans l'obscurité à laquelle un grand nombre d'expériences comparées a commencé à la soustraire peu à peu.

« On a souvent agité cette question : Qu'est-ce qui brûle dans les volcans? Qu'est-ce qui y produit la chaleur par laquelle la terre et les métaux se fondent et se mêlent? La nouvelle chimie répond : Ce qui brûle, c'est la terre, les métaux, les alcalis même, c'est-à-dire les métalloïdes de cette substance. L'enveloppe solide déjà oxydée de la terre sépare l'atmosphère riche en oxygène des principes inflammables non oxydés qui résident dans l'intérieur de notre planète. Des observations que l'on a faites sous toutes les zones, dans les mines et dans les cavernes, et que, de concert avec M. Arago, j'ai exposées dans un mémoire particulier, prouvent que, même à une petite profondeur, la chaleur de la terre est de beaucoup supérieure à la température moyenne de l'atmosphère voisine. Un fait aussi remarquable et presque généralement constaté se lie à ce que les phénomènes volcaniques nous apprennent. Laplace a même essayé de déterminer la profondeur à laquelle on peut regarder la terre comme une masse fondue. Quelque doute que, malgré le respect dû à un si grand nom, on puisse élever contre la certitude numérique d'un semblable calcul, il n'est pas moins probable que tous les phénomènes volcaniques proviennent d'une seule cause, qui est la communication constante ou passagère entre le dedans et le dehors de notre planète. Des vapeurs élastiques élèvent, par leur pression à travers des crevasses profondes, les substances qui sont en fusion et qui s'oxydent. Les volcans sont, pour ainsi dire, des sources intermittentes de substances terreuses; les mélanges fluides de métaux, d'alcalis et de terres, qui se condensent en courants de lave, coulent doucement et tranquillement, lorsqu'une fois soulevés ils ont trouvé une issue. C'est de la même manière, d'après le Phédon de Platon, que les anciens se figuraient tous les torrents de feu comme des émanations du Pyriphlégéton.

« A ces considérations qu'il me soit permis d'en ajouter une plus hardie. C'est peut-être dans la chaleur intérieure de la terre, chaleur qu'indiquent les essais tentés par le thermomètre et les observations faites sur les volcans, que réside la cause d'un des phénomènes les plus étonnants que nous offre la connaissance des pétrifications. Des formes tropicales d'animaux, des fougères arborescentes, des palmiers et des bambusacées sont enterrés dans les régions froides du Nord. Partout le monde primitif nous montre une distribution des formes organiques qui est en contradiction avec l'état actuel des climats. Pour résoudre un problème si important, on a eu recours à un grand nombre d'hypothèses, telles que l'approche d'une comète, le changement de l'obliquité de l'écliptique, l'augmentation de l'intensité de la lumière solaire. Aucune n'a pu satisfaire à la fois l'astronome, le physicien et le géognoste. Quant à moi, je laisse l'axe de la terre dans sa position; je n'admets point de changement dans le rayonnement du disque solaire; changement par lequel un célèbre astronome a voulu expliquer la fécondité et les mauvaises récoltes de nos campagnes; mais je crois reconnaître que, dans chaque planète, indépendamment de ses rapports avec un corps central, et indépendamment de sa position astronomique, il existe des causes nombreuses de développement de chaleur, soit par les procédés chimiques de l'oxydation, soit par la précipitation et les changements de capacité des corps, soit par l'augmentation de la tension électro-magnétique, soit par la communication entre les parties intérieures et extérieures du globe.

«Lorsque, dans le monde primitif, la croûte de la terre profondément crevassée exhalait de la chaleur par ces ouvertures, peut-être durant plusieurs siècles, des palmiers, des fougères arborescentes, et les animaux des zones chaudes, ont vécu dans de vastes étendues de terrain. Depuis cette manière d'envisager les choses, que j'ai déjà indiquée dans mon ouvrage intitulé : *Essai géognostique sur le gisement des roches dans les deux hémisphères*, la température des volcans serait la même que celle de l'intérieur de la terre, et la même cause qui aujourd'hui produit des ravages si épouvantables aurait pu jadis faire sortir, sous chaque zone de l'enveloppe de la terre nouvellement oxydée, et des couches de rochers profondément crevassées, la végétation la plus riche.

« Si, pour expliquer la distribution des formes tropicales enfouies dans les régions boréales, on veut supposer que des éléphants à longs poils, aujourd'hui ensevelis sous les glaçons, furent originairement indigènes des climats du Nord, et que des formes semblables au même type principal, tel que celui des lions et des lynx, ont pu vivre à la fois dans des climats très-différents, ce mode d'explication ne pourrait pas cependant s'appliquer aux productions végétales. Par des causes que la physiologie végétale développe, les palmiers, les bananiers, les monocotylédones arborescentes ne peuvent supporter les froids du Nord; et dans le problème géognostique que nous examinons ici, il me paraît difficile de séparer les plantes des animaux ; la même explication doit embrasser les deux formes. »

TEMPÉRATURE DES MINES DE CORNWALL.

Les mines de Cornwall, situées dans la paroisse de Gwennap, au nord de Falmouth et non loin de la mer, jouissent d'une température très-élevée qui a souvent frappé l'attention des naturalistes. MM. Fox et Francis ont émis à ce sujet quelques réflexions qu'ils ont communiquées à la société polytechnique de Cornwall, et nous empruntons à l'*Institut* la traduction qu'il a donnée de leur rapport. Celui-ci, en effet, est intéressant pour l'histoire de la physique du globe, et par conséquent pour la géologie, qui ne doit rien négliger de tout ce qui se rattache à l'une des questions les plus importantes pour son étude, celle de la chaleur centrale.

« La température de quelques-unes des parties les plus profondes des *United-Mines*, dit M. Fox, a été remarquée depuis longtemps à cause de son élévation, et elle a beaucoup augmenté depuis avec l'accroissement de la profondeur des excavations. Le capitaine Youren, l'un des agents de cette mine, me fait savoir que, près de l'extrémité orientale du niveau le plus bas, sur le Middle-Lode, il y a une source ou jet d'eau qui donne environ 94 gallons (429 litres) par minute, à la température de 106 ¼° Fahrenheit (42° cent.). Ce niveau est à environ 250 fathoms (273 mètres) ou brasses au-dessous de la surface, et à peu près 200 au-dessous du niveau de la mer. Le filon a une plongée d'environ 2 ½ pieds (76 centimètres) par fathom vers le nord, et l'eau coule de son mur septentrional ou supérieur, tandis que sur le côté ou mur méridional, à une distance de 3 ½ pieds (1 mètre 6 cent.) seulement, il y a une autre source qui décharge 30 gallons (136 litres) d'eau par minute, à une température de 97 ¾° Fahr. (37° centigrades). L'air voisin de ces deux sources a été trouvé à 104 ¼° Fahr. (40° cent.), et le *Killas* est la seule roche qu'on ait aperçue tout autour à une distance de 30 fathoms (54 m 60 c). Le granite ne se montre qu'à une distance considérable à l'ouest de la localité, et deux *elvan-courses* traversent la mine dans à peu près la même direction est et ouest que le filon.

« J'ai trouvé que ¼ de pinte (14 centilitres) d'eau de la source la plus chaude renfermait 45 grains (2 gram. 92 cent.) de matière saline, consistant en muriate de chaux et sel marin, en proportions à peu près égales, avec traces d'acide sulfurique probablement combiné à la chaux. Dans la même quantité d'eau de la source plus froide, je n'ai trouvé que 10 ½ grains (68 centigr.) de muriate de chaux et de sel marin, le dernier en proportion moindre que le premier ; il y avait aussi dans cette eau une légère trace d'acide sulfurique. Dans les deux cas, l'eau était limpide, un peu salée au palais et sans aucun sel métallique. On peut, je pense, conclure, d'après les matières salines contenues dans ces sources, qu'elles ont une origine commune, tandis que leur température élevée indique qu'elles proviennent d'une grande profondeur, et, d'après la grande quantité d'eau qu'elles fournissent, que le filon ou la roche au-dessous doit être très-perméable à l'eau. Dans ces circonstances, il n'y a pas le moindre motif de supposer qu'une décomposition chimique du minerai sulfuré est la cause de cette élévation de la température de l'eau, ou y contribue en aucune manière, puisque cette eau ne renferme pas de sel métallique, ni seulement de traces de sulfate.

« La différence de température des deux sources peut être attribuée en partie à la tendance des courants plus chauds à s'élever vers le mur supérieur, et peut-être plus encore à ce que l'eau à une température beaucoup plus basse, descendant sur la surface inclinée du mur inférieur, se mélange avec l'eau qui s'élève d'en bas, ce qui modifie la température aussi bien que la proportion des matières salines. Il n'est pas possible de douter que des courants d'eau ascendants et descendants plus ou moins abondants, et à différents degrés de température, n'existent dans les veines et les fissures de la terre, et souvent au point de jonction de différentes roches, et qu'ils ne doivent avoir une grande influence pour modifier la température souterraine à divers degrés dans différentes localités.

« Le sel marin se rencontre rarement dans nos mines ; sa présence dans les eaux en question ne saurait être attribuée à une filtration de l'eau de la mer dans les excavations, par suite de la pression locale ou directe qu'elle exerce ; car si une distance de quelques milles de la côte ne rendait pas cette conjecture infiniment peu probable, les courants d'eau considérables, et à des températures très-élevées et très-constantes (ainsi que le démontrent les observations faites à différentes époques), sont des faits qui ne s'accordent nullement avec une semblable explication. Si les jaillissements d'eau étaient causés par des pénétrations de la mer voisine, on devrait s'attendre à voir ces eaux à des températures comparativement basses, et celles-ci diminuant en proportion de la durée ou de la proportion de l'infiltration. »

M. Francis s'exprime à son tour de la manière suivante : « Les *United-Mines* de Cornwall sont traversées de l'ouest à l'est, dans toute leur étendue, par deux grands *elvan-courses*, qui sont d'une épaisseur considérable, et dont la direction est presque parallèle avec le filon principal. A la surface, la distance du filon méridional au premier *elvan-course* est d'environ 200 fathoms (364 mètres), et au second d'environ 230 fathoms (418 m 60 c). Mais le plongement vers le nord des *elvan-courses* étant beaucoup plus rapide que celui des filons, les premiers coupent et traversent les derniers à des profondeurs qui varient en différentes parties des mines; mais le niveau de 155 fathoms (282 m 10 c) peut être considéré comme la profondeur moyenne à laquelle le filon sud traverse le premier *elvan-course*; le filon moyen y passe à son tour au niveau de 170 fathoms (309 m 40 c), et le filon nord, au niveau de 194 fathoms (253 m 08 c), tandis que le second *elvan-course* n'a encore été rencontré qu'au niveau de 220 fathoms (400 m 40 c), où le filon sud y entre, et que les deux autres filons ne peuvent le couper qu'à une plus grande profondeur. Ces *elvan-courses* peuvent se suivre distinctement sur un espace de plusieurs milles, et sont tellement stratifiés et ouverts, surtout près de la surface, qu'ils peuvent aisément servir à conduire de grandes quantités d'eau, et c'est à cette circonstance qu'on peut principalement attribuer la quantité énorme d'eau contre laquelle il faut lutter dans ces mines. La quantité élevée dans la saison sèche est d'environ 1400 gallons (6356 litres) par minute, et dans la saison des pluies d'environ 2400 (10,896 litres). La plus grande différence qu'on remarque dans la température de l'eau est quand on en élève la plus grande quantité, et la moyenne totale quand on en élève le moins. Dans tous les cas, l'eau qui provient du côté méridional du niveau est plus froide que celle du côté septentrional, et l'eau du filon sud est plus froide que celle des filons moyen et nord. Les *elvan-courses* sont, dans toutes les saisons de l'année, les canaux à travers lesquels les eaux sont charriées en grande partie dans les usines, et je crois que toute l'eau additionnelle de la saison humide en proviendrait aussi. Cette eau pénètre du moins dans les mines et sans avoir traversé les filons, du moins en proportion aussi considérable que l'eau qui coule constamment, et qui peut être considérée comme une source permanente de travail pour les machines.

« Mes observations relativement à la manière dont les *elvan-courses* coupent les filons, montrent comment l'eau qui les traverse doit, dans tous les cas, apparaître du côté sud des niveaux, et comment le filon sud doit égoutter une plus grande portion des eaux ainsi amenées dans les mines, qu'aucun des deux autres; il en résulte que la température de l'eau dépend du temps dont elle a besoin pour passer de sa source dans les différentes parties de la mine et du milieu qui la charrie. Il existe plusieurs circonstances qui montrent que l'alimentation que j'ai appelée permanente des machines doit être empruntée à des sources à une distance considérable des mines, et que le cours de ces eaux à travers les filons est à une profondeur de la surface, peu différente de celle à laquelle elles arrivent dans les puits, et qui varie de 200 à 260 fathoms (364 à 473 mètres). Je sais qu'on peut objecter que, dans d'autres mines où l'on observe une différence de température dans les eaux, il n'existe pas de causes semblables à celles que j'ai signalées pour les mines-unies; mais, malgré que les premières n'aient pas d'*elvan-courses* qui les traversent, on trouvera qu'il existe d'autres moyens de faire filtrer les eaux, comme de grands croisements, des changements de couches, etc., et l'eau ainsi filtrée dans les mines aura toujours une température plus basse que les eaux ordinaires.

« Après avoir cherché à rendre raison de la différence de température de l'eau, je serais heureux de pouvoir mentionner quelques faits propres à expliquer la source de la chaleur elle-même. Mais, quoique j'aie étudié les diverses circonstances dans lesquelles on a observé les températures les plus élevées, il y a toujours quelque doute dans mon esprit sur la cause qui les produit. On admet généralement que les degrés les plus élevés de température indiquent de grandes masses contiguës de minerais, quoique non encore exposées à la vue; mais aux mines-unies et dans beaucoup d'autres, les filons, à ces niveaux où la température est plus élevée, sont presque sans minerais, et le filon ainsi que la roche qui l'environne sont durs et très-compactes. J'admets, de plus, qu'on aura trouvé dans ces filons une grande quantité de minerai de cuivre; mais mon attention, en faisant la remarque précédente, a plutôt pour but de montrer que la présence d'une haute température ne doit pas être considérée comme une indication infaillible du voisinage de grandes masses de minerai. Il est bon en outre de remarquer que les filons qui donnent généralement le plus de minerai de cuivre renferment des quantités considérables d'autres minéraux, tels que pyrites de fer, arsenic, etc., et il s'agit de résoudre la question de savoir si on ne doit pas leur attribuer en partie ou même en totalité la chaleur dans les mines.

« Il n'y a pas de doute que les filons, surtout ceux qui ont fourni de grandes quantités de minerais de cuivre, ont, à une certaine époque, été sous l'influence d'une température élevée et suffisante pour fondre leurs matériaux, et je ne vois pas de raison pour ne pas croire que cette chaleur intense existe encore en eux à une certaine distance des points où on les a pénétrés; mais il faut se rappeler que les symptômes qui indiquent l'action de la chaleur ne sont pas aussi fréquents ou marqués dans les points les plus profonds des mines qui ont été creusées aux plus grandes profondeurs, qu'à des niveaux plus élevés et principalement près de la surface, où ce fait se présente souvent de la manière la plus nette à quelques fathoms de profondeur. J'ai eu plusieurs fois l'occasion de vérifier ce fait dans les mines les plus profondes du district de Gwennap; et, dans presque tous les cas, les filons, dans les points les plus bas, sont composés de quartz dur et compacte, presque exempt de minéraux, et cependant les eaux qui surgissent de ces parties sont aux plus hautes températures, ce qui appuie certainement l'opinion qui veut que la source de la chaleur soit à une plus grande profondeur encore, et si ses effets ne sont pas plus évidents dans ces points, c'est qu'il y a dans ces filons absence de substances sur lesquelles l'action de la chaleur pourrait se manifester. Mais, en admettant que la température augmente avec la profondeur, il est bon d'observer qu'elle n'est pas toujours la même à la même profondeur, même pour des points de la mine qui ne sont qu'à quelques fathoms de distance les uns des autres. Dans différentes mines de la même localité et dans les formations qui sont précisément les mêmes, le résultat est souvent très-différent. Je citerai pour exemple les *Consolidated-Mines*, voisines des *United-Mines*, où les filons suivent la même direction et sont parallèles les uns aux autres. Les premières ont été exploitées à une profondeur de 316 fathoms (575^{m} 12^{c}) de la surface, tandis que les secondes ne l'ont été que jusqu'à 260 fathoms (473^{m} 20^{c}) ou 56 fathoms (101^{m} 92^{c}) de moins. La température la plus élevée aux *Consolidated-Mines* a été de 90° Fahr. (32° 22 cent.), tandis qu'aux *United-Mines*, elle est de 106° (74° 44 cent.). De même à Tresaveau, où la profondeur est de 320 fathoms (582^{m} 40^{c}), la température observée jusqu'à présent n'a été que d'environ 95° (35° cent.). Mais il faut toutefois faire remarquer que la partie la plus profonde de Tresaveau est dans les granites, tandis qu'aux mines consolidées et aux mines unies elle est dans les schistes.

« Ces circonstances tendent à démontrer qu'il doit y avoir d'autres causes de production de chaleur, indépendantes de la profondeur des mines, et, sans être préparé à fournir des preuves concluantes de son origine et de la source dont elle provient, je ne puis m'empêcher de faire remarquer que le degré de chaleur augmente beaucoup en passant à travers les immenses masses de matières minérales puissamment mises en jeu par l'action galvanique. »

LACS D'ÉGYPTE (1).

Une partie de l'Egypte ayant été recouverte, dans les temps reculés, soit par les eaux du Nil, soit par celles de la mer, et les digues et autres travaux que les anciens Egyptiens avaient faits pour les renfermer ayant été détruits, les habitants actuels de cette contrée comptent dix lacs principaux, dont sept sont en communication avec la mer, et trois tout à fait séparés. Les premiers sont les lacs Boheyreh-el-Mariout ou lac Maréotis, Boheyreh-Mahdyeh, Edkon, Bourlos, Menzaleh, Birket-el-Baleh et Sebakah-Bardoual; les seconds sont le lac Amer, les lacs Natron et le lac Birket-el-Keroun ou Mœris. Quelques-uns de ces lacs servent à la navigation, et plusieurs ont un intérêt historique.

(1) Extrait de notre *Voyage en Egypte*.

Le Boheyreh-el-Mariout est le lac Maréotis des anciens, lac d'eau douce, célèbre par ses jardins et par ses vignobles. Ses eaux, qui lui étaient amenées du Nil par des canaux, étaient encore douces au XVIe siècle; mais peu à peu le bassin se dessécha en partie, et il était devenu une plaine sablonneuse dont la partie basse seulement retenait les eaux de la pluie. Cet état subit une transformation en 1801. Le 4 avril, l'armée anglo-turque, qui était venue pour combattre les Français, coupa les digues du canal d'Alexandrie, à l'extrémité du lac Mahdyeh; les eaux salées de ce lac se frayèrent divers passages pour aller envahir l'ancien lit du Maréotis, et pendant la durée de deux mois qu'elles mirent à le remplir, elles submergèrent quarante villages et les cultures qui en dépendaient. Méhémet a fait barrer la communication de ce lac avec la mer, et actuellement il ne reçoit plus que les eaux pluviales du canal Mahmoudieh, lesquelles, après leur évaporation en été, laissent une épaisse couche saline qui est exploitée.

Le Boheyreh-Mahdyeh tire son nom d'un passage qui le fait communiquer avec la mer et qui est frayé sur l'emplacement de l'ancienne branche Canopique. Ce lac, dont les eaux sont salées, est situé entre Aboukir et le lac d'Edkon, et présente une superficie de 14,000 hectares. En 1715, la mer rompit une digue de 3000 mètres qui lui était opposée, et commença alors à remplir le bassin actuel du Mahdyeh.

L'Edkon est situé entre le lac Mahdyeh et la branche de Rosette, et prend son nom d'un village élevé sur ses bords. Il est alimenté par les eaux du Nil, et sa superficie est de 30 à 32,000 hectares.

Le lac Bourlos est situé à la base du Delta; il s'étend d'une branche du Nil à l'autre et communique avec la Méditerranée par une coupure. Divers canaux l'alimentent, il est d'une assez grande profondeur, sa longueur est de 12 myriamètres et sa superficie de 112,000 hectares.

Le Menzaleh s'étend de Damiette aux ruines de Péluse, et communique avec la mer par deux passages nommés Dibeh et Omm-Sarèdj, dans lesquels on croit avoir reconnu les traces des branches Mendésienne et Tanitique. Les eaux de ce lac sont moins désagréables que celles de la mer, parce que, durant l'inondation, elles reçoivent celles du Nil par le canal de Moey. La plus grande dimension du Menzaleh est de 84,000 mètres, sa plus petite de 22,000, et sa superficie est de 184,000 hectares environ. Ce lac a quelques petites îles nommées Mataryeh, dont les indigènes sont misérables et ne s'abritent que sous des huttes. Les bouches du Menzaleh sont souvent visitées par les marsouins, qui viennent de la haute mer, et qui paraissent se complaire au milieu de ces confluents.

Le Birket-el-Baleh (étang des Dattes), dont la superficie est de 13,000 hectares, n'est qu'un marécage formé par le lac Menzaleh, à sa partie méridionale.

Le Sebakah-Bardoual est l'ancien lac Sirbon. Il est situé le long de la côte maritime, près d'El-Arisch et à l'est des ruines de Péluse. Diodore de Sicile en donne une description qui peut encore convenir à l'époque actuelle. Voici comment s'exprime cet historien : « Des corps d'armée ont péri faute de connaître ces marais profonds, que les vents recouvrent de sables qui en cachent les abîmes. Le sable vaseux ne cède d'abord que peu à peu sous le poids, comme pour séduire les voyageurs, qui continuent d'avancer jusqu'à ce que, s'apercevant de leur erreur, les secours qu'ils tâchent de se donner les uns aux autres ne puissent plus les sauver. Tous les efforts qu'ils font ne servent qu'à attirer le sable des parties voisines, qui achève d'engloutir ces malheureux voyageurs. C'est pour cela qu'on a donné à cette plaine fangeuse maudite le nom de *Barathrum*, qui veut dire abîme. »

Le lac Amer est situé au milieu de l'isthme de Suez, c'est-à-dire sur l'ancien lit de la mer Rouge. Il paraît qu'il servit de point intermédiaire au canal qui mettait en communication la mer Rouge avec le Nil.

Les lacs Natron sont des espèces de lagunes dont l'alimentation est due, à ce que l'on pense, aux infiltrations du Nil. Cette opinion s'appuie sur ce que le fond de ces lacs est inférieur au lit du fleuve, et que la hausse et la baisse de leurs eaux est toujours en rapport avec celles du Nil. Si ce fait est exact, l'infiltration traverserait un espace d'environ 5 myriamètres.

Le Birket-el-Keroun est le célèbre lac Mœris. Il occupe le fond de la vallée circulaire formée par la chaîne Libyque et que l'on appelle Fayoum, nom formé de *Piom* et *Phaïoum*, qui signifiaient, dans la vieille langue égyptienne, lieux marécageux. Sous les Romains et les Grecs, le Fayoum fut appelé d'abord Crocodilopolite, et plus tard Arsinoïte; puis il fut aussi désigné sous le nom de lac à Caron, parce que quelques-uns croyaient que l'allégorie du nocher du Styx devait se rapporter à cette immense nappe d'eau. Le nom de Mœris lui vient de celui des Pharaons auquel on a attribué le creusement du bassin. L'ancien lac Mœris n'avait pas moins de 287,220 mètres carrés, et son importance était d'autant plus grande pour l'Egypte, qu'il régularisait le débordement du Nil et rendait à peine sensible l'inégalité des pluies d'Abyssinie. Les eaux du fleuve lui arrivaient par un canal qui porte actuellement le nom de Bahr-Joussef (canal de Joseph), dont l'entrée avait été pratiquée à travers la chaîne Libyque. Après avoir arrosé, par plusieurs ramifications, le sol cultivable du Fayoum, ces eaux se rendaient dans le lac; celui-ci les conservait jusqu'au mois de décembre, et l'on suppose qu'il en écoulait à son tour une partie, par deux coupures dont l'une était le canal appelé aujourd'hui Bahr-Bela-Ma ou Fleuve-sans-eau. Cet écoulement permettait de suppléer à la fourniture du Nil dans les crues mauvaises, et c'est dans le même but que Méhémet a entrepris de régulariser par un barrage les débordements capricieux du Delta.

Les anciens Egyptiens croyaient que ce lac avait été creusé sous leur Pharaon Mœris; mais d'après sa superficie et sa profondeur, on peut calculer qu'il eût fallu enlever près de 1500 milliards de mètres cubes de terre, opération qui probablement ne s'est pas réalisée.

Les eaux du lac Mœris ont habituellement un degré de salure, qui s'augmente surtout dans une proportion considérable, trois mois après que celles du Nil y sont arrivées. Le bassin n'est cependant alimenté que par des eaux douces; mais il paraît que la base calcaire du sol contient du sel gemme; on en trouve du moins dans les environs du lac, et les berges de celui-ci présentent une très-grande quantité de muriate de chaux.

La vallée du Fleuve-sans-eau, qui a près de 15,000 mètres de développement, fait suite à l'extrémité orientale du lac Mœris, et prend son nom actuel de son état ordinaire de sécheresse. Elle s'avance vers le nord par le désert, parallèlement au cours du Nil, et allait anciennement se terminer au lac Maréotis. Selon toutes les apparences, c'est cette vallée qui a été creusée par la main de l'homme, pour servir d'appendice au lac Mœris.

Outre les lacs dont nous venons de parler, le Delta présente un grand nombre de lagunes de peu d'étendue, espèces de marécages qui offrent fréquemment des efflorescences salines et dont l'aspect et les productions végétales ont beaucoup d'analogie avec les sables vaseux qui bordent quelques points du littoral de la Provence, comme on peut en remarquer dans les environs de Toulon, à la Ciotat, aux Martigues, etc.

VOLCANS ÉTEINTS DU DÉPARTEMENT DE L'HÉRAULT.

M. Marcel de Serres a donné l'aperçu suivant du système volcanique du Languedoc : « Le territoire d'Agde est borné à l'est et au sud par la Méditerranée, à l'ouest par l'Hérault et au nord par le canal du Languedoc; il avance dans la mer en forme de promontoire, qui, par un banc de sable de plus de 24 kilomètres, se trouve lié avec la montagne sur laquelle est bâti Cette. Le volcan de Saint-Loup est situé à 6 kilomètres sud-est d'Agde; il offre de remarquable un ancien cratère qui, dans son état d'affaissement, a au moins 300 toises de diamètre, et se trouve composé, au nord-ouest, d'une protubérance d'environ 150 toises au-dessus du niveau de la mer, et ensuite au nord et vers l'ouest, de quatre sommités beaucoup plus basses, liées entre elles par des chaînons, de manière à former les trois quarts d'un cirque, la plus basse de ces sommités ayant au plus 50 toises de hauteur; l'écroulement de l'ancien cratère est, comme il arrive souvent, très-irrégulier. A partir du cratère, on remarque deux courants principaux : l'un, au nord-ouest, de 6 kilomètres de longueur, qui se bifurque principalement en deux parties d'un quart de lieue de large chacune, et sur l'une desquelles est bâtie la ville d'Agde ; l'autre, courant du sud-est, en se courbant vers le sud, à environ 1800 toises de longueur, et son extrémité forme le cap d'Agde, son prolongement sous la mer, ainsi qu'une île basaltique avancée dans la mer même et sur laquelle est bâti le fort de Brescou. On trouve encore quelques courants moins étendus et en différentes directions vers le nord, au sud et à l'ouest. Cependant on peut encore remarquer que le courant de laves s'est aussi fort étendu à l'ouest, et paraît être la continuation de celui sur lequel Agde est bâti, et s'étendre jusqu'à Notre-Dame du Grau, dans un espace de plus de 1000 toises, en se continuant vers le sud, et venant joindre le grand courant qui a formé le cap d'Agde. Toutes les laves de ces volcans sont à base d'argile ferrugineuse, ou grise, ou noirâtre, mêlée de petits grains d'augite et de péridot; mais elles contiennent peu de noyaux de ce dernier : la plupart sont plus ou moins poreuses ; quelques-unes, en petit nombre, sont parfaitement compactes.

« En partant d'Agde et en se dirigeant vers le nord, on trouve, à 9 kilomètres de cette ville, et à une pareille distance au midi de Pézénas, trois sommités appelées Saint-Thibéry-lez-Monts, dans la direction du sud au nord, dont la plus élevée et la plus étendue, qui est la plus près de Saint-Thibéry, peut avoir au plus 100 toises au-dessus du niveau de la mer; la seconde a quelques toises de moins, et la troisième, au sud, est beaucoup plus basse. Ces trois sommités, entièrement volcaniques, sont au centre d'un canton de même nature, formé principalement de deux grands plateaux qui occupent ensemble un espace d'environ 2000 toises de longueur sur 1800 de largeur. Nous avons reconnu que le cratère devait avoir existé dans l'intervalle qui sépare les deux collines les plus élevées. Ce cratère est moins reconnaissable que celui de Saint-Loup; mais ces deux collines se trouvent composées, surtout à leur sommet, d'une si grande quantité de scories rouges, noires ou grises, cordées en larmes, en bombes, ou roulées sur elles-mêmes, de laves poreuses boursouflées, de tufau, de cendres agglutinées, qu'on ne peut douter qu'elles n'aient fourni une partie de l'enceinte du principal foyer. Si l'on examine les flancs de la colline la plus près de Saint-Thibéry, on trouvera de nouvelles preuves de ce fait, en observant que les courants qui se dirigent vers ce lieu paraissent provenir de ce même cratère. L'un des courants s'est prolongé en forme de promontoire dans le lieu sur lequel on a bâti le fort de Saint-Thibéry, et la lave, s'y étant accumulée, a formé, sur un courant plus ancien, une chaussée basaltique de 35 pieds de hauteur, qui paraît souvent divisée en trois couches, dont les plus inférieures offrent des prismes à 3, 4, 5 et 6 pans. La plupart de ces prismes sont hexagones et passablement réguliers; plusieurs ont 12 à 14 pieds de hauteur sur un demi-pied de diamètre. On observe distinctement, à 100 toises de Saint-Thibéry, une coulée qui a recouvert le sable et le gravier quartzeux de la plaine, ce qui prouve, à ce qu'il paraît, ainsi que l'ensemble de ce volcan, qu'il est postérieur à tous les dépôts marins, et qu'il n'est pas d'une date très-reculée.

« La petite montagne basaltique de Mont-Ferrier est baignée à l'est par la rivière du Lez, bornée au sud par le territoire de Montpellier, à l'ouest par une chaîne de hauteurs, et au nord par le pic de Saint-Loup : son élévation serait, d'après des observations barométriques, de 11^{m} 70^{c} au-dessus de la place du Peyrou de Montpellier, et de 40^{m} 95^{c} au-dessus du niveau de la mer. Elle semble se continuer vers l'ouest jusqu'à la colline de Valmahargues, et faire le pendant de la montagne volcanique de Saint-Loup, située près d'Agde, ainsi que de la chaîne et de la chaussée de Saint-Thibéry : sa distance est, de la première colline volcanique, de 2000 toises à l'ouest, et des deux autres points d'environ 54 kilomètres au sud. Elle se trouve isolée au milieu d'un sol entièrement calcaire secondaire, et l'on en fait facilement le tour dans une demi-heure : sa forme est celle d'un cône tronqué à son sommet, dont les côtés sont plus ou moins escarpés. D'après l'inspection des lieux et des substances qui y sont contenues, M. Fleuriau de Bellevue a été parfaitement convaincu que tous les produits de Mont-Ferrier étaient volcaniques et qu'ils avaient un grand rapport avec les substances qu'on trouve dans les volcans éteints du Vivarais.

« Au nord de Montpellier, on voit, à une lieue de distance, à l'est du chemin de Grabels, et à 2000 toises à l'ouest de Mont-Ferrier, une sommité basaltique que sa formation rend remarquable, et qui, d'après les observations barométriques, serait élevée d'environ 10 mètres au-dessus de la place du Peyrou, et 58 au-dessus du niveau de la mer : cette sommité, presque au milieu d'une vallée entourée de petites montagnes calcaires, est, à l'est, et surtout au sud, entièrement calcaire, et n'est basaltique qu'à l'ouest et au nord; sa forme est celle d'un cône tronqué, et on en fait facilement le tour en dix minutes. Ce petit mont basaltique ne se prolonge que vers le nord-ouest, où il s'étend en forme de chaussée élevée de quelques pieds au-dessus de la plaine, et se continue, toujours vers le même point de l'horizon, dans un espace de 300 toises, ne se divise que vers la fin de cette chaussée, et la partie qui s'est dirigée vers l'ouest forme la base du monticule calcaire sur lequel est bâti le hameau de Valmahargues. La manière singulière dont est formée cette colline basaltique pique trop vivement la curiosité pour ne pas désirer d'en chercher une explication. Voici ce que l'observation peut fournir pour établir sa formation : à l'ouest de la colline on remarque un petit vallon, ceint de monticules calcaires, qui n'a d'autre issue que vers le sud, et dont la forme est celle d'un bassin peu profond; de manière que si, par la grande quantité d'obsidiennes qu'on trouve dans les basaltes de cette montagne, on était fondé à attribuer sa formation à une cause volcanique, on pourrait peut-être reconnaître dans ce vallon une disposition cratériforme, quoiqu'elle soit peu prononcée. Si donc un cratère avait existé vers ce point, on pourrait alors expliquer pourquoi la colline de Redonnelles ne se trouve formée que vers l'ouest et au nord de basaltes et de brèches basaltiques; en effet, le cratère, étant à l'ouest de cette colline, n'aura vomi les matières volcaniques que vers ce point et au nord, et les laves compactes de sa principale coulée se seront alignées dans la même direction pendant un espace de 300 toises, en s'élargissant à leur extrémité, et se divisant vers le nord-ouest, pour former la base de la petite colline de Valmahargues. Les basaltes qui en proviennent présentent presque tous la polarité; elle est si marquée, que, placés dans un bateau de liége mis sur une eau reposée, ils le dirigent dans la direction du méridien magnétique, et qu'elle est sensible même avec le barreau aimanté. Les brèches basaltiques de la colline de Redonnelles sont nuancées de très-belles couleurs; le basalte qui en forme la masse a acquis une couleur brune ou violette et quelquefois rougeâtre; des noyaux d'olivine, souvent de plus d'un pied, en varient agréablement la surface, tandis que l'éclat vitreux de gros noyaux d'amphiboles et d'obsidiennes la rendent éclatante par leur noir brillant. »

Suivant Gensanne, auteur de l'*Histoire naturelle du Languedoc*, le volcan d'Agde aurait eu trois caractères : le premier sur le mont Saint-Loup, le second au territoire de Saint-Martin, et le troisième sur l'emplacement actuel du fort Brescou. Il affirme même que la roche sur laquelle ce fort a été construit est entièrement vitrifiée, et que des laves qui en furent extraites ressemblaient à des scories de forges.

LES VENTS ALIZÉS.

Tout ce qui appartient à la physique du globe se rattache aussi d'une manière plus ou moins immédiate aux phénomènes géologiques. L'article suivant, que nous extrayons de la *Revue Britannique*, et qui est traité *ex professo*, a donc un intérêt réel, et par le sujet en lui-même et par ses applications.

« Il n'est aucun marin, aucune personne tant soit peu familiarisée avec la navigation de l'Océan, qui n'ait remarqué ce sentiment de bien-être et de satisfaction qui s'empare de l'équipage d'un vaisseau lorsque, après une rude traversée de la baie de Biscaye et des vents inconstants que l'on rencontre ensuite, le navire entre dans les latitudes des vents alizés, et file rapidement, toutes voiles dehors, devant une mer qui semble vouloir atteindre au couronnement de sa poupe. C'est un sentiment que le vaisseau lui-même, tout inanimé qu'il est, semble partager. Ce phénomène météorologique des vents alizés a excité l'étonnement de beaucoup de gens disposés à s'étonner de tout; cependant sa cause et ses effets commencent à être assez bien compris, et le seront sans doute, dans quelque temps, beaucoup mieux encore. La question est d'une haute importance, et l'attention des hommes spéciaux est aujourd'hui dirigée sérieusement vers cette partie de la science de la navigation, qui n'avait peut-être pas été jusqu'à présent étudiée avec assez de soin. L'astronomie nautique, si nous pouvons nous servir de cette expression, c'est-à-dire la connaissance des méthodes qui servent à déterminer la position en mer, a été portée à un haut degré de perfection; c'est maintenant à prendre note exacte des courants et des vents, de leur force, de leur direction et de toutes les circonstances accessoires, que doivent surtout s'appliquer les marins éclairés. Ce n'est en effet qu'après des expériences multipliées, ce n'est qu'après avoir rassemblé une grande masse de faits positifs qu'on peut espérer de jeter les bases d'une explication systématique des marées aériennes, et de tirer une conclusion décisive des observations et des recherches d'hommes tels qu'Hippocrate, Aristote et Pline parmi les anciens; Galilée, Bacon, Halley, Mead, Toaldo, Deluc, Romme, Dampier, Capper, Kirwan, Redfield et Reid parmi les modernes.

« Les vents alizés sont certains vents qui règnent constamment entre les tropiques ou dans le voisinage des tropiques, et auxquels les marins donnent aussi le nom de vents du commerce, à cause des avantages particuliers qu'ils offrent à la navigation marchande. On les retrouve dans toutes les mers ouvertes, des deux côtés de l'équateur, jusqu'à 30 degrés environ tant au nord qu'au sud, ce qui n'empêche pas que l'on ne rencontre quelquefois, dans les régions orientales de l'Océan, des vents variables en deçà de 28 degrés de la ligne. C'est à tort et improprement qu'on donne quelquefois le nom de vents alizés ou vents du commerce à certains vents locaux et périodiques : cette dénomination ne doit être appliquée qu'aux vents qui soufflent continuellement, et en vertu d'une cause uniforme et constante, dans une même direction. « Les vents alizés généraux, dit Dampier, ne règnent que dans l'Océan Atlantique qui sépare l'Afrique de l'Amérique, dans l'Océan Indien et dans la grande mer du sud. » (C'est ainsi qu'on désignait alors l'Océan Pacifique.)

« Quoique les anciens étudiassent les phénomènes météorologiques et qu'ils aient composé des traités sur cette matière, ils ne connaissaient pas les vents alizés : l'existence de ces vents paraît même avoir été inconnue aux navigateurs modernes, jusqu'à l'époque de Colomb, qui recueillit certaines données à ce sujet pendant sa relâche aux Canaries. Colomb était grand observateur, et l'on rapporte qu'il tenait, dans chacun de ses voyages, un journal très-exact de tous les incidents qui survenaient, et qu'il y consignait soigneusement la direction des vents et la distance parcourue sous chaque vent. Il se trouva cependant, lors de sa première expédition, en 1492, dans une position fort délicate. Il avait mis hardiment le cap sur l'ouest, sans autre guide que ses espérances et ses conjectures, d'ailleurs fort rationnelles; ses équipages, remarquant que les vents soufflaient constamment du nord-est et de l'est, prirent l'alarme et manifestèrent, avec quelque apparence de raison, la crainte que ces mêmes vents ne missent obstacle à leur retour en Espagne. A partir de cette époque, la navigation de l'Atlantique et les vents alizés devinrent familiers aux marins, et une traversée sous ces vents alizés, avec retour par la région des vents variables, fut bientôt une chose commune. Galilée paraît avoir été le premier qui songea à expliquer la cause de ce phénomène. Raisonnant d'après les principes du système de Copernic, qu'il avait adopté, il émit l'opinion que les vents alizés avaient pour cause la révolution de la terre autour de son axe : l'atmosphère, tout en participant à ce mouvement, n'était cependant pas entraîné avec une vitesse égale à celle de la masse de la planète, et cette inégalité de vitesse donnait naissance à un contre-courant, c'est-à-dire à un grand mouvement dans l'air, en sens contraire à celui de la rotation de la terre.

« Environ soixante-seize ans après l'émission de cette théorie, le docteur Martin Lister mit en avant une autre hypothèse, qui toutefois n'eut pas de succès. Il prétendit que les vents tropicaux ou alizés étaient produits en grande partie par les exhalaisons diurnes et constantes d'une plante marine connue sous le nom de sargasse ou lentille de mer, qui croît en grande quantité du 18ᵉ au 36ᵉ degré de latitude nord, et ailleurs encore sur les mers les plus profondes. En effet, dit-il, la matière du vent, étant produite par les exhalaisons d'une seule plante, sera nécessairement constante et uniforme, tandis que l'immense variété des arbres et autres végétaux terrestres donne naissance à une matière confuse de vents. De là vient, ajoute-t-il, que les vents alizés acquièrent plus de force vers le milieu de la journée, parce qu'alors la chaleur du soleil, accélérant l'action vitale de la plante, rend ses exhalaisons plus rapides et plus énergiques. Quant à la direction de ces vents, de l'est à l'ouest, il l'attribue au courant général de la mer : n'observe-t-on pas, en effet, que le courant d'une rivière détermine toujours un léger courant d'air? Il ne faut pas oublier non plus que chacune de ces plantes est un héliotrope qui suit le mouvement du soleil, et par conséquent exhale sa vapeur dans cette direction; de sorte que la direction des vents alizés est elle-même subordonnée jusqu'à un certain point au mouvement du soleil. Ceux de nos lecteurs qui voudront méditer sur cette profonde théorie la trouveront embaumée dans les *Transactions philosophiques* pour l'année 1683, nº 156.

« Mais revenons à quelque chose de plus sérieux. Lorsqu'on commença à étudier les vents alizés, la preuve la plus forte de l'hypothèse galiléenne se trouvait dans cette circonstance, qu'on ne rencontre ces vents que dans les basses latitudes où la surface de notre globe décrit, dans sa révolution de vingt-quatre heures autour de son axe, un plus grand cercle, et se meut par conséquent avec une plus grande vitesse que dans les latitudes plus élevées. Il y avait dans tout cela quelque chose de si plausible, que l'opinion de Galilée fut généralement adoptée jusqu'en 1686; c'est à cette époque que le capitaine Halley publia, dans le nº 183 des *Transactions philosophiques*, son mémoire historique sur les vents alizés et les moussons. Ce travail, bien différent de celui de Lister, auquel il succédait presque immédiatement, reposait sur une base plus large et plus solide. Halley avait recueilli une plus grande masse d'informations, et était, plus que Lister, en état d'en tirer parti. En classant et comparant les matériaux qu'il avait réunis, il ne tarda pas à reconnaître plusieurs faits incompatibles avec la théorie de Galilée. Les deux plus décisifs étaient : 1º Que les vents alizés ne se font pas sentir à l'équateur même, où le mouvement diurne de la terre est plus rapide; 2º qu'ils sont soumis à l'influence de saisons; circonstances qui n'existeraient point, si ces vents n'avaient d'autre cause que l'action du mouvement rotatoire de notre globe.

« On n'a pas, depuis l'époque où Halley écrivait, ajouté beaucoup de faits nouveaux à ceux qu'il avait recueillis, mais ils ont été déterminés avec plus de précision : la science est particulièrement redevable aux observations de l'intelligent Dampier. La théorie de Halley, appuyée par celle de Hadley, repose sur ce principe maintenant bien établi, que le vent n'est autre chose qu'un courant d'air, c'est-à-dire une partie de notre atmosphère dans un état de mouvement plus ou moins rapide, mouvement qui a pour cause principale une raréfaction partielle ou locale de l'air par la chaleur. L'air échauffé, acquérant une plus grande légèreté spécifique, tend nécessairement à s'élever; l'air moins raréfié, ou plus froid, se précipite aussitôt pour remplir le vide qui s'est fait et rétablir l'équilibre : c'est ainsi que se forme le courant d'air qui s'appelle vent. Si la surface de notre globe n'était qu'un vaste océan, on pourrait, d'après les principes de la science, prévoir ce qui arriverait : le courant d'air produit par la chaleur du soleil suivrait le cours de cet astre. Mais cet effet général sera modifié de mille manières, du moment où l'on admet l'interposition d'îles et de continents, différant de forme et de grandeur, les uns plats, les autres accidentés et montagneux. Il est évident que les vents ne se comporteront pas alors comme ils le feraient si la surface du globe était uniforme; et s'ils conservent, dans certaines régions, la direction et la force qu'ils devraient avoir d'après les principes de la théorie, ce ne sera que sur les mers d'une grande étendue. Ces données conduisent l'ingénieux M. Romme à des considérations générales sur les grands mouvements de l'atmosphère, mouvements produits par l'attraction et par la chaleur du soleil. Les mouvements produits par la première de ces causes peuvent être assimilés aux perturbations qu'on rencontre dans l'astronomie physique, à celles, par exemple, qui ont lieu dans l'orbite de la lune; et M. Romme s'est servi, pour les déterminer, d'une méthode à peu près semblable à celle dont Newton a fait usage dans sa onzième section. Ainsi il commence par trouver la force avec laquelle une molécule aérienne est attirée vers le soleil; puis il décompose cette force en deux autres, l'une tendant au centre de la terre, l'autre parallèle à une ligne tirée du centre de la terre au soleil; une seconde décomposition donne deux autres forces, l'une tendant au centre ou partant du centre, l'autre tangentielle. Il est inutile de nous arrêter à l'action de la première de ces forces sur la production du vent, puisqu'elle a pour fonction principale de modifier la figure de l'atmosphère, et de lui donner une forme sphéroïdale. La force tangentielle, au contraire, est celle qui, la terre étant en mouvement, détermine les vents, et il est facile de la calculer : elle varie comme 2 sin. θ cos θ, ou comme sin. 2 θ, θ étant la distance du soleil au zénith du lieu. M. Romme la décompose encore en deux forces, l'une perpendiculaire au parallèle sous lequel est située la molécule, l'autre dans la direction de ce parallèle; et les termes de l'angle horaire, de l'azimut, etc., lui fournissent, au moyen d'un procédé fort simple, l'expression de ces forces. De ces expressions il ressort clairement que si la terre tourne autour de son axe, il se produira nécessairement des courants d'air, c'est-à-dire des vents ; de l'est à l'ouest, et vers l'équateur, les derniers modifieront les effets des premiers, qu'on suppose être le résultat des forces agissant dans la direction de parallèles à l'équateur. Telle est l'ingénieuse formule de M. Romme ; et tandis que quelques-uns de nos lecteurs en font l'application, nous poursuivrons, avec les autres, l'examen général du phénomène qui fait l'objet de cet article.

« La raréfaction produite dans l'atmosphère par l'action diurne du soleil est incontestablement la cause des vents alizés, la chaleur ainsi communiquée à l'air étant assez forte pour déterminer cet effet sur une étendue d'environ 60 degrés de latitude. Dans cette zone immense, dont chaque partie se présente successivement au soleil, l'air raréfié est remplacé par l'air plus froid et plus dense qui occupe la région contiguë à celle des vents alizés, et cette transformation d'air est elle-même le vent alizé. La différence de densité des deux courants d'air qui sont ainsi mis en contact n'étant pas grande, le vent est d'une force modérée. Si le vent pouvait se mouvoir avec une vitesse égale à celle de la marche apparente du soleil, il soufflerait du nord sur la face nord des lieux qui sont sous l'influence des rayons perpendiculaires du soleil, et du sud sur la face sud de ces mêmes lieux. Mais la vitesse du vent est infiniment moindre que celle de la terre, et à peine a-t-il pris la direction qui lui est donnée par la raréfaction d'une certaine partie de l'atmosphère, que déjà la plus grande raréfaction a lieu sur un autre point, plus à l'ouest. Il en résulte que, la direction du vent se portant vers le point où la raréfaction est la plus grande, le vent du nord se transforme en un vent du nord-est, et le vent du sud en un vent du sud-est. Si l'on considère en outre que ce mouvement dans l'atmosphère se propage rapidement vers l'ouest, lorsqu'il n'est pas arrêté par l'interposition de hautes terres, on concevra facilement que la tendance rapide de la raréfaction vers l'ouest doit, à la longue, exercer une influence encore plus sensible sur la direction du vent ; aussi remarque-t-on que, dans les parties occidentales de l'Océan et près de l'équateur, les vents alizés soufflent presque plein est. On est surpris, lorsqu'on entre pour la première fois dans la région des vents alizés, de l'apparence brumeuse et de la fraîcheur de l'atmosphère. La raison cependant en est simple : la chaleur, en développant l'évaporation, permet à l'atmosphère de se charger d'une plus grande quantité d'humidité qu'elle ne pourrait le faire sous une température plus basse. C'est là une des causes principales de la variété des vents et des changements de temps, particulièrement au nord et au sud des tropiques ; car cet excès d'humidité augmente l'expansion de l'air, et lui donne une plus grande légèreté spécifique qu'il n'aurait, avec le même degré de chaleur, dans un état plus sec.

« Les vents alizés, dans leur direction comme dans leurs limites, inclinent vers le soleil, c'est-à-dire vers le lieu où la raréfaction est la plus grande. Ainsi, quand le soleil approche du tropique du Cancer ou s'en éloigne, après avoir échauffé l'hémisphère septentrional, le vent alizé du sud-est s'écarte plus de l'est que dans la saison opposée, et souffle avec force vers le point de plus grande raréfaction ; ses limites septentrionales atteignent alors presque l'équateur, et, en certains endroits, le dépassent. A cette même époque de l'année, le vent alizé du nord-est se rapproche davantage de l'est, diminue d'intensité, et se resserre dans ses limites méridionales, qui reculent de plusieurs degrés, quelquefois même de quatorze à quinze, au nord de l'équateur. Dans la saison opposée, lorsque l'hémisphère méridional est fortement échauffé par le soleil, le vent alizé du nord-est acquiert plus de force, s'écarte davantage de l'est, et arrive plus près de l'équateur ; on voit en même temps diminuer la force du vent alizé du sud-est, qui se rapproche alors de l'est. Dans l'un et l'autre cas, la terre, ou plutôt la température de la terre exerce une influence plus ou moins sensible, selon l'action du soleil à telle ou telle époque de l'année. Ces divers effets ont été étudiés avec tant de soin, qu'on a pu assigner des limites assez précises à un élément aussi fugitif et aussi capricieux que les vents alizés. Au nord de l'équateur, ils soufflent dans les régions orientales de l'Océan, du nord-est, dépassent rarement, au nord, le nord-est, et à l'est, l'est-nord-est. A mesure qu'on avance vers l'ouest, ils se rapprochent de l'est ; souvent ils soufflent plein est, quelquefois même plus au sud, mais le plus généralement ils sont à un ou deux points du compas au nord de l'est. Au sud de l'équateur, les vents alizés, dans les régions orientales de l'Océan, viennent du sud-est, et ordinairement du sud-est à l'est ; mais ils se rapprochent aussi de l'est, à mesure qu'on avance vers l'ouest. On ne rencontre pas les vents alizés dans le voisinage immédiat des continents, dont ils sont, en général, séparés par une certaine étendue ou lisière de mer, où règnent des vents périodiques ou variables : on n'éprouve leur influence que lorsqu'on a tout à fait gagné la haute mer. Le vent souffle avec moins de force et de fermeté dans la partie orientale de l'Océan que dans la partie occidentale ; il est aussi plus fort et plus ferme dans l'hémisphère où le soleil n'est pas, que dans celui qui est exposé à ses rayons verticaux ; dans ce dernier, cependant, il a une direction plus orientale que dans le premier. La région des vents alizés se distingue par une sérénité et un beau temps presque constants. Quoique les vents alizés de l'hémisphère septentrional et de l'hémisphère méridional soufflent dans une direction oblique les uns par rapport aux autres, ils ne se rencontrent pas ordinairement, mais ils sont séparés par une zone de mer dans laquelle les calmes sont communs, et où l'on rencontre aussi des brises variables, principalement de l'ouest. Cette région des calmes est remarquable par une atmosphère épaisse et brumeuse, et par des pluies fréquentes et de courte durée, accompagnées de tonnerre et d'éclairs.

« Lord Bacon fait observer avec raison que la chaleur et le froid peuvent être considérés comme les mains de la nature, l'une raréfiant les corps, l'autre les condensant. On peut citer comme exemple de la justesse de cette image, toute la théorie des vents et des modifications qu'ils subissent; et ceci nous amène au beau principe de la théorie de Halley. Quiconque a navigué dans la zone des vents alizés a dû remarquer souvent que les nuages, dans les régions supérieures de l'air, se meuvent dans une direction contraire à celle du vent qui règne plus bas. Voici comment Halley explique cette singularité : « L'air équatorial, dit-il, et celui du tropique dont s'approche le soleil, étant raréfié par la chaleur et pressé par l'air plus froid, s'élève et se dilate dans la région supérieure, formant un courant dans une direction contraire à celle du courant inférieur de l'air plus froid ; en sorte qu'un vent du nord-est en bas est accompagné d'un vent du sud-est en haut, et un vent du sud-est en bas d'un vent du nord-est en haut. » D'après ce principe de statique, l'air échauffé et raréfié s'élève au-dessus de la partie plus dense de l'atmosphère ; parvenu à une certaine élévation au-dessus de la surface du globe, il est condensé par le froid ; mais ne pouvant reprendre sa première position, où il a été remplacé par un air plus froid venu d'ailleurs, il se dirige vers les régions polaires, ou plutôt vers les points qui fournissent incessamment cet air aux parties de la zone torride où la raréfaction a eu lieu. Ce mouvement d'expansion de l'air supérieur prend donc une direction opposée à celle des vents alizés, c'est-à-dire qu'il se porte vers le nord-ouest, d'où est venue la plus grande partie de l'air qui a pris sa place dans la zone des vents alizés ; et c'est ainsi qu'on trouve dans cette zone deux courants d'air, l'un inférieur, soufflant, au nord de l'équateur vers le sud-ouest, et au sud de l'équateur vers le nord-ouest, et l'autre supérieur, dans les directions opposées. De cette manière s'établit une action et une réaction continuelle, espèce de circulation atmosphérique, adaptée à la conservation de la vie animale. L'existence de ce contre-courant aérien n'avait été, pendant longtemps, qu'une induction tirée de la théorie et du mouvement de nuages; mais la catastrophe qui bouleversa l'île de Saint-Vincent, en 1812, en fournit une preuve plus décisive. A la suite de la terrible éruption du morne soufrière qui eut lieu à cette époque, des quantités considérables de cendres et d'autres matières volcaniques allèrent se répandre sur la Barbade, île située directement au vent de la première. Cette circonstance causa beaucoup de surprise, le vent alizé soufflant toujours avec tant de force dans ces parages, que les navires qui vont de Saint-Vincent à la Barbade sont obligés de faire un long détour pour arriver à leur destination. Il est évident que les matières rejetées par le volcan furent lancées à une telle hauteur qu'elles atteignirent le contre-courant qui, soufflant de l'ouest, les porta sur la Barbade.

« Le malheureux capitaine Glass nous apprend, dans son *Histoire des Canaries*, que les parties les plus élevées de ce groupe sont exposées, pendant les vents alizés, à l'action d'un vent d'ouest continu qui souffle avec beaucoup de force ; et M. de Humboldt trouva au sommet du Pic de Ténériffe, une forte brise du sud-ouest, tandis que toutes les autres parties de l'île subissaient l'influence du vent alizé.

« On ne rencontre les vents alizés qu'en mer ; mais il existe, dans quelques parties du globe, situées entre les tropiques, ou dans le voisinage des tropiques, des vents d'est réguliers et constants qui peuvent être produits par les mêmes causes. Ces vents ne règnent que sur les grandes plaines unies, où il ne se trouve rien qui puisse modifier leur force ni leur direction ; car si un vent, quel qu'il soit, vient à se heurter contre des plateaux élevés ou des chaînes de montagnes, sa marche régulière est interrompue. Toutefois la surface de l'Océan est le véritable domaine des vents, et ceux de l'Atlantique en particulier sont maintenant bien connus. Du côté de l'Afrique, les vents se rapprochent plus du sud, et du côté de l'Amérique, de l'est. Dans ces mers, Halley a observé que, lorsque le vent venait de l'est, le temps était couvert et pluvieux et les coups de vent fréquents ; mais que, lorsqu'il passait au sud, le temps devenait serein, avec de molles brises.

« Les principaux pays plats auxquels nous avons fait allusion plus haut sont la partie occidentale du grand Sahara, la grande plaine traversée par le bas Orénoque et celle de l'Amazone. Ces pays sont contigus aux parages de l'Océan Atlantique où les vents alizés soufflent, en général, régulièrement pendant toute l'année. Mais les vents alizés de l'Océan et les vents de terre de ces plaines ne viennent pas en contact les uns avec les autres. Ils sont séparés par un espace du globe où règnent d'autres vents. Cet espace intermédiaire est cette partie de l'Océan qui s'étend le long des continents et dont la largeur, fort irrégulière, varie d'une quantité presque insignifiante à une centaine de milles. La continuité des vents d'est est évidemment interrompue par la différence de température entre la couche d'air qui s'étend sur la mer et celle qui s'étend sur la terre, différence qui change avec les saisons. A l'époque de la plus grande déclinaison méridionale du soleil, c'est-à-dire en décembre et en janvier, la limite septentrionale du vent alizé nord-est de l'Atlantique est par le sud du 25ᵉ degré de latitude nord, tandis que dans la saison opposée, de juin à septembre, elle s'étend jusqu'au 32ᵉ degré environ.

« Il en résulte que cette zone de mer embrassant sept degrés de latitude est exposée alternativement à l'influence des vents alizés et des vents variables. Les Canaries se trouvent presque au milieu de cette zone; elles sont donc, pendant six mois de l'année, dans les vents alizés, et, pendant les six autres mois, hors des vents alizés. Von Buch a, dans sa description de ces îles, rendu compte de la manière régulière dont le vent alizé s'avance vers le nord, à mesure que le soleil s'élève dans l'hémisphère septentrional, et dont il se retire, lorsque le soleil traverse l'équateur pour revenir dans l'hémisphère méridional ; il fait observer en même temps que le vent du sud-ouest qui règne toujours dans la région supérieure de l'atmosphère, au-dessus des vents alizés, ne commence pas à se manifester dans le sud, comme sa direction pourrait le faire supposer, mais qu'il se fait d'abord sentir à Madère, d'où il s'avance graduellement sur Ténériffe et les autres Canaries. En s'avançant ainsi du nord au sud, ce vent du sud-ouest s'abaisse aussi peu à peu des couches supérieures aux couches inférieures de l'atmosphère et jusqu'à la surface du globe. Ceci a lieu au Ténériffe au mois d'octobre; le vent du sud-ouest se fait alors sentir sur toutes les montagnes de 6000 pieds de hauteur ; mais en général il se passe une et quelquefois plusieurs semaines avant qu'il descende au niveau de la mer.

« Il existe souvent un intervalle de calme entre les vents alizés et les vents opposés dans les hautes latitudes. Ce n'est cependant pas une règle absolue ; si le vent alizé a, vers ses limites, une direction bien marquée de l'est, il arrive fréquemment qu'il tourne peu à peu sans qu'il y ait un intervalle de calme. On trouve généralement aussi des calmes dans un certain espace entre deux vents réguliers soufflant dans des directions opposées, par exemple entre le vent alizé et le vent d'ouest sur la côte d'Afrique. Dans les limites du vent alizé, un calme plat est ordinairement le prélude d'une tempête et doit toujours être considéré comme un mauvais pronostic ; on sait en effet que c'est la rencontre des vents alizés et des vents variables qui occasionne les calmes et les tempêtes dans les régions tropicales. Mais c'est un des problèmes météorologiques les plus difficiles que de suivre, dans leurs nombreuses variations, les rapports compliqués de ces causes et de ces effets, et les vents alizés réclament encore toute l'attention des navigateurs. Toutefois le grand courant aérien qui réjouit le cœur du marin lorsqu'il entend craquer son gréement sous son influence est assez bien connu. Dampier lui-même, qui ne paraît pas avoir étudié Halley, dit : « Je me propose de traiter séparément de tous les vents ci-dessus mentionnés, en commençant par le vent alizé, que j'appellerai le vent alizé général en mer, parce que tous les autres vents alizés ou vents du commerce, constants ou variables, paraissent dépendre de quelque cause accidentelle, tandis que la cause de celui-là, quelle qu'elle soit, paraît être uniforme et constante. »

« Nous n'avons eu d'autre but, dans cet article, que de donner une idée générale du grand vent alizé proprement dit ; autrement nous aurions pu être tenté de parler aussi de ces moussons régulières à l'aide desquelles tant de navigateurs des mers orientales conduisent leurs bâtiments d'un port à l'autre. Qu'il nous soit au moins possible de recommander aux personnes qui désirent en avoir une connaissance exacte, le précieux *Directoire oriental* du feu capitaine Horsburgh, ouvrage qui est le fruit d'une longue expérience, et qui a, par le fait, abrégé la route des Indes. Grâce à ce guide sûr, plus d'un officier peut jouir aujourd'hui d'un repos qu'il ne connaissait pas auparavant. Mais pour en revenir à notre sujet, on a trouvé, par la comparaison de près de quatre cents journaux de mer, tant anglais que français, que les limites équatoriales du vent alizé perpétuel, entre les 18ᵉ et 26ᵉ degrés de longitude ouest, variaient considérablement, et cela dans les mêmes mois de l'année. Horsburgh a résumé tous les éléments de la question, et il est arrivé aux conclusions formulées dans le tableau qui suit. Dans ce tableau, les colonnes des extrêmes indiquent les limites incertaines des vents alizés, telles qu'elles ont été observées à bord des différents vaisseaux. Les colonnes qui suivent celles des extrêmes, indiquent la moyenne probable ; enfin la dernière colonne indique la largeur moyenne de l'intervalle qui sépare le vent du nord-est de celui du sud-est.

« Ainsi, on a trouvé que dans le mois de janvier, le vent alizé du nord-est s'arrêtait tantôt au 10e, tantôt au 3e degré de latitude nord, et que la moyenne probable de cette limite était vers le 5e degré. A la même époque, on a trouvé que le vent alizé du sud-est s'arrêtait tantôt à un demi-degré au nord de la ligne, tantôt à quatre degrés, et que la moyenne probable de cette limite était vers deux degrés trois quarts : d'où il résulte que l'intervalle entre les moyennes présumées de ces deux vents est de deux degrés un quart, et ainsi de suite.

	VENT ALIZÉ DU N.-E.			VENT ALIZÉ DU S.-E.			INTERVALLE.
S'arrête en	EXTRÊMES généraux.		MOYENNE probable.	EXTRÊMES généraux.		MOYENNE probable.	LARGEUR moyenne.
Janvier.	de 3°	à 10° N.	5° N.	0 ½°	à 4° N.	2 ¾° N.	2 ¼ Degrés.
Février.	2	10	4 ½	0 ½	3	1 ¼	3 ¼
Mars.	2	8	2 ¾	0 ½	2 ½	1 ¼	3 ¼
Avril.	2 ½	9	5	0	2 ½	1 ¼	3 ¾
Mai.	4	10	6 ½	0	4	2 ½	4
Juin.	6 ½	13	8 ½	0	5	3	5 ½
Juillet.	8 ½	14	11	1	6	3 ½	7 ½
Août.	11	15	13	1	5	3 ¼	9 ¾
Septembre.	9	14	11 ½	1	5	3	8 ½
Octobre.	7 ½	14	10	1	5	3	7
Novembre.	6	11	8	1	5	3 ¼	4 ¼
Décembre.	8	7	5 ½	1	4 ½	3 ¼	2 ¼

« On a reconnu que dans l'intervalle des vents alizés indiqué dans la dernière colonne de ce tableau, intervalle occupé par des vents variables, les vents du sud dominent, surtout quand le soleil a une grande déclinaison septentrionale ; d'où il suit que les vaisseaux revenant des Indes en Angleterre peuvent, à cette époque, franchir cet intervalle plus rapidement que ceux qui partent d'Angleterre pour la même destination ; avantage qu'ils ont, du reste, presque toujours. Cependant, à toutes les époques de l'année, on rencontre dans cet intervalle des calmes et des vents variables ; mais ces calmes, plus fréquents dans le voisinage du vent alizé du nord-est, sont rarement de longue durée : ils sont souvent suivis de bourrasques soudaines, contre lesquelles il est bon de prendre toutes les précautions convenables ; car beaucoup de vaisseaux ont ainsi perdu leurs mâts de hune et éprouvé d'autres avaries. Des ouragans accompagnent quelquefois ces bourrasques. On a avancé comme un fait probable que, dans ces parages de l'Océan, une tempête n'arrive jamais, en aucune partie du globe, loin de la terre ou près de l'équateur, quoiqu'on rencontre assez souvent, dans le voisinage de ce même équateur, des coups de vent soudains et même des ouragans.

LA LAPONIE ET LE CAP NORD.

L'esquisse suivante a été tracée par M. Adalbert de Beaumont : « Après un assez long voyage en Danemark et en Suède, j'arrivai, vers le 15 juin, à Tornéa. Cette ville est située au sommet du golfe Bothnique, à l'embouchure du fleuve Tornéo. Elle fut bâtie, en 1602, par les ordres de Charles IX, le premier roi de Suède qui vint jusqu'ici, pour assister au spectacle du solstice d'été. Autrefois capitale de la Laponie suédoise, Tornéa est devenue celle de la Laponie russe en 1815, époque à laquelle la Finlande ainsi que la moitié de la Laponie furent livrées à la Russie. Sur la rive de Suède, une nouvelle ville s'élève, du nom d'Haparenda. Composée seulement d'une vingtaine d'habitations éparses, elle n'est, à bien dire, qu'un faubourg séparé maintenant par la politique si différente des deux pays.

« Tornéa est le centre du commerce de la Laponie et de la Finlande avec la Suède ; c'est là, pendant l'hiver, que se tiennent les grandes foires où les Lapons arrivent en traîneaux du fond de leurs déserts de glace, pour échanger les peaux et la viande de renne, les poissons secs et les fourrures de renards noirs, bleus, jaunes et blancs, contre le tabac, l'eau-de-vie, la laine, les munitions de chasse ; en un mot, contre les produits de la civilisation qui manquent dans ces pays, où le climat ne permet guère aux habitants d'autre industrie que celle de la chasse et de la pêche. Cette petite ville de bois, perdue dans les solitudes du pôle, est la dernière limite du monde civilisé. Elle se compose de quatre-vingts maisons de bois et huit cents habitants. On compte d'ici à Stockholm 214 lieues et 600 jusqu'à Paris. Placée sous le 25e degré 52' de longitude, et le 65e degré 59' latitude boréale, elle est par conséquent la ville la plus septentrionale d'Europe.

« C'est d'Haparenda qu'on juge le mieux

l'ensemble du pays étrange où est placé Tornéa. Figurez-vous donc un large fleuve coulant sur un lit sans rivage ; son calme et sa limpidité étonnent d'autant plus qu'on entend le tumulte immense de ses eaux, sans que rien puisse l'expliquer. Mais si vous le remontez de quelques milles jusque là-bas, dans ce beau fond de montagnes d'un violet si sombre, alors vous saurez la cause de ces plaintes bruyantes en voyant, en entendant de près les cataractes qui dérangent son cours. Au milieu du fleuve, sur la petite île Swentzar qui le divise en deux branches, se montre Tornéa, dont les maisons, presque toutes peintes en rouge, dominées par l'église et sa flèche aiguë, et baignées de tous côtés par les flots, ajoutent encore à la singularité de ce tableau. Le soleil, qui à cette époque ne disparaît qu'un instant de l'horizon, répand sur ce paysage une lumière d'éclipse qui lui donne une incroyable mélancolie. A l'automne, au contraire, et pendant l'hiver, le jour fuit ces contrées; par compensation, il apparaît alors dans le ciel des lueurs ignées si vives que, pour un instant, elles remplacent le jour. Comme dit un ancien auteur suédois : « On voit à Tornéa des flots de lumière, tantôt en jaune, tantôt en blanc, et tantôt flamboyant de mille couleurs, former autour de cette campagne de neige un arc étincelant d'une clarté que l'imagination la plus exaltée ne saurait créer plus brillante. »

« Si ces éclats polaires diminuent la tristesse d'une nuit si longue, ils n'adoucissent pas les rigueurs d'un impitoyable hiver. Ici, chaque famille reste au coin de son feu, dans sa maison soigneusement close et abondamment fournie de vivres et de bois pour six ou sept mois. Dans ces maisons à un étage, on remarque le soin avec lequel tout est organisé pour la vie intérieure : nécessité impérieuse au milieu d'une nature où, pendant si longtemps, l'air glacé n'est pour ainsi dire plus respirable. Il faut donc s'arranger de façon à pouvoir vivre sans sortir. Aussi trouve-t-on, dans les maisons des plus simples habitants, en outre des ustensiles de ménage et des métiers pour les diverses fabrications, des violons, des guitares, souvent même des pianos. Les Finnois aiment la musique avec passion, et il n'est pas rare de voir des compositeurs surgir tout à coup des classes les plus pauvres, sans aucune éducation première.

«A partir du mois de novembre, les glaces et les neiges ne fondent plus, et ce n'est qu'au mois de mai, vers le 10 ou le 15, que commencent les pluies et la débâcle; alors quelques pointes élevées de montagnes apparaissent noires et lugubres au-dessus des glaces, qui fléchissent lentement devant les rayons d'un soleil assidu. Mais, sous cette zone glacée, aussitôt que le soleil est abaissé, le froid se fait de nouveau sentir ; en sorte que, du matin au soir, le thermomètre parcourt un espace presque aussi grand que dans nos pays, depuis l'époque des plus grandes chaleurs jusqu'à celle des plus grands froids. Au mois de janvier 1840, le thermomètre de mercure de Réaumur, qui, dans le fameux hiver de 1709 à Paris, descendit à 14 degrés, ce qu'on regardait comme extraordinaire, est descendu ici à 39 degrés ½ passés, près de 40 degrés. Cet écartement au-dessous de zéro est égal, en chiffres, à celui que donne au-dessus la plus forte chaleur des Indes. Lorsque l'on sortait, le nez était immédiatement gelé, et on sentait dans les poumons comme des aiguilles de glace. Pendant ces terribles froids de l'hiver, les yeux ne peuvent supporter sans voile la vibration de l'air, malgré l'obscurité qui adoucit l'éclat des neiges ; si l'on voyage, il faut se couvrir de fourrures de la tête aux pieds, et le bonnet qui vous descend sur les épaules a deux trous où l'on adapte des verres de lunettes; sans cette précaution on risquerait de perdre la vue. On est dévoré d'une soif ardente comme dans les déserts brûlants, et l'eau étant impossible à obtenir à cause de la glace qui a jusqu'à 18 pieds d'épaisseur, on est obligé d'emporter une assez grande quantité d'eau-de-vie ; c'est la seule liqueur, en la portant sur soi, qu'on puisse tenir assez liquide pour la boire; mais il arrive souvent qu'en approchant les lèvres de la fiole, elles s'y gèlent, s'y collent ainsi que la langue et se déchirent en les arrachant. Les vitres des fenêtres se brisent lorsqu'elles ne sont pas garanties par des planches; et si la main nue touche les boutons de fer ou de cuivre des portes extérieures, elle est brûlée comme si elle saisissait un métal ardent. Ouvrez-vous un instant la porte, le froid extérieur convertit immédiatement en neige la vapeur chaude de l'intérieur, qui vous tombe alors sur la tête comme à ciel ouvert. Heureusement l'atmosphère est presque toujours calme; sans cela, lorsque l'air s'agite, le froid, ravivé par le vent, devient insupportable, et ceux qui s'y exposent, souvent périssent en peu d'instants.

« Le 18 juin, je quittai Tornéa pour entrer en Laponie; c'est ici que toute route cesse et que commence le désert : il n'est d'autre moyen, pour pénétrer dans tous ces marécages du pôle, que de suivre le cours du fleuve, ou, pour mieux dire, de le remonter. Le *Tornéa-Elf* (fleuve Tornéa), d'abord couvert de longues îles d'herbages qui le divisent en plusieurs bras, se réunit ensuite en un cours unique qui s'élargit en vaste bassin dont la surface calme et pure est d'un grand aspect. Le peu de profondeur de ces étendues d'eau sans mouvement indique un manque complet d'inclinaison dans le terrain, l'aplatissement déjà sensible du pôle. Quelques cabanes éparses au pied des collines, que l'éloignement et le ciel enrichissent de teintes inconnues à nos climats, ajoutent à la mélancolie de ces lieux. Aussi ces lagunes sauvages sont-elles chéries des oiseaux d'eau, qui se plaisent dans les lieux d'un caractère rêveur et doux comme toutes les solitudes. Tous ces petits promontoires semblent animés sous l'agitation des oiseaux qui les couvrent. Bientôt ce calme disparaît et on entre dans la région des cataractes, dont on entendait déjà depuis longtemps le roulement formidable.

« Il ne faut pas se figurer ces cataractes formées par un changement subit de niveau dans le lit du fleuve, comme celles de Niagara, par exemple; il en est peu de cette espèce, et celles-là, qui sont des chutes d'eau plutôt que des cataractes, ne peuvent jamais se remonter et rarement se descendre. Il faut, lorsqu'on en rencontre de ce genre, sortir des bateaux et les transporter par terre. Mais les cataractes qu'on trouve à chaque pas dans les fleuves de Laponie sont de longues pentes qui durent quelquefois trois lieues sans interruption, et sur lesquelles glisse avec violence l'immense masse d'eau de ces torrents gigantesques. Ces rapides effrayants, ces entraînements d'eau sont causés d'abord par les inclinaisons subites, puis par un fond de roches en place et roulées qui forment des trous, des courants terribles, des bouillonnements, des vagues et des tourbillons où l'on se débattrait en vain. Ces cataractes, il n'est qu'un moyen pour les remonter : c'est d'alléger les bateaux et de les tirer avec des cordes, tantôt au milieu du courant, tantôt sur les rochers. Deux ou trois bateliers les halent du rivage, tandis que les autres, restés dedans font des efforts inouïs, à l'aide de longs bâtons qui servent de leviers, pour vaincre la résistance du courant et éviter les écueils.

« Les Finnois sont grands, vigoureux, beaux et fiers; et quand ils se décident à sortir de cet état d'engourdissement magnétique où les plonge le climat, ils savent mieux que d'autres supporter la fatigue la plus grande, les exercices les plus violents. Ils passent à bon droit pour les plus habiles et les plus hardis bateliers du monde; et les gondoliers de Venise, dont les barques ont quelque rapport avec les leurs, n'ont ni plus de grâce dans les poses, ni plus d'adresse dans la manière de les conduire. Ils sont même hardis jusqu'à la témérité, et c'est surtout dans la descente des rapides qu'il est aisé d'en juger. Les barques, espèce de pirogues, sont étroites, allongées, et de plus elles ont la proue fortement relevée en pointe pour fendre les vagues et s'en préserver. Longues de 18 à 20 pieds et larges de trois, d'une excessive légèreté, elles sont d'un travail simple, mais excellent. De même que les poissons, dont elles semblent avoir copié la forme pour habiter leur élément, elles nagent sans crainte et se faufilent dans les passes les plus dangereuses; en un mot, elles descendent et remontent les cataractes comme le saumon lui-même.

« Après la cataracte de Kattila, où se trouvent les poteaux élevés il y a cent ans par la commission scientifique pour fixer la limite du cercle polaire, on arrive à la grande cataracte de Gien-Païka, qui signifie à peu près, en langue finnoise, la cascade du vieux du torrent. C'est une des plus longues, des plus rapides et des plus belles par son site qu'on ait à traverser. Le fleuve ici a changé de nom en se séparant d'un torrent qui prend sa source sur la gauche, dans les lacs qui avoisinent Kengis : au lieu du Tornéa, c'est le Muonio-Elv. Sur les hauts parapets de granite rouge qui encaissent le fleuve s'élèvent d'épaisses forêts de bouleaux et d'arbres verts. Les bancs de roche sur lesquels glisse cette masse d'eau gigantesque présentent à chaque instant des défectuosités de terrain, des pointes qui déchirent la surface, ou d'autres à fleur d'eau, et des plans inclinés qui forment des cascades, des reflux et des tourbillons terribles.

« C'est au milieu de ces rapides effrayants que sont lancés tout à coup ces frêles embarcations, qui bondissent sur les flots, se dérobent à l'œil qui veut les suivre, s'enfonçant sous les vagues comme ensevelies et coulées, et reparaissant tour à tour. Sur ce fleuve si vaste, une des pirogues ne fait pas plus d'effet qu'un brin de paille emporté par les torrents. Qui donc peut avoir l'adresse, la force et le courage de conduire les barques entre ces milliers d'écueils? un seul habitant du village voisin. Son nom est Carl Rigina. Il se tient debout à l'arrière, dirigeant la nacelle avec une courte rame libre qui lui sert de gouvernail. Les yeux fixés sur la route à suivre, il n'a qu'une pensée, celle d'éviter les rochers tantôt visibles, tantôt cachés, sur lesquels, à la moindre hésitation, la barque se briserait comme du verre. Aussi son regard est-il admirable, et dans l'expression de ses prunelles brillantes on suit toutes les phases du danger. Je n'ai jamais rien vu de plus énergique que ces yeux expressifs et cette figure inspirée; c'est qu'en ce moment il s'agit de la vie ou de la mort, et la rapidité est si grande, qu'il faut réfléchir vite et ne pas se tromper. La cataracte de Gien-Païka est reconnue comme si périlleuse, que le mille se paye triple. Tous les gens du pays qui sont obligés de la descendre s'adressent à Carl Rigina : c'est pour lui un revenu assuré. En Laponie, savoir bien diriger les barques au milieu des rapides est un talent qui donne à celui qui le possède ce genre de gloire, cette espèce de supériorité que l'on ne conteste pas au plus habile tireur d'arc en Suisse, au plus intrépide toréador de l'Andalousie.

« Il était tard quand nous arrivâmes au petit village de Muonionisko, composé d'une douzaine de cabanes de bois et d'une église, et qui est le dernier pour ainsi dire qu'on trouve en Laponie. Je gagnai les bords du fleuve, en proie à cette mélancolie qu'inspire toujours la clarté dans la nuit, et j'allai m'établir au sommet du plateau où s'élève l'église rouge de Muonionisko. C'est là qu'on doit se placer pour dominer en entier le vaste tableau qui se déroule tout autour, et pour admirer à l'aise le majestueux spectacle du *soleil de minuit*. En face s'étendait le vaste bassin que forme le Muonio. Des îles d'herbages fleuris, disposées en demi-cercle, donnent un aspect étrange à cette vue; puis sur l'autre rive s'élève la chaîne violette du mont Pallas, qui ferme la perspective. Il était onze heures du soir; la nuit était magnifique. Le plein soleil versait l'éclat de son disque sans chaleur et sans rayons sur le miroir des eaux, qui le reflétait avec le ciel tout entier. Les petites vaches laponnes, toutes blanches ou café au lait, agenouillées sur l'herbe, les yeux ouverts, paraissaient suspendre leur repas pour contempler ce soleil, qui, à cette heure, ne fatigue plus leurs yeux délicats, habitués à de si longues nuits. Les collines couvertes de forêts s'élevaient sombres sur le ciel, et se baissaient dans les eaux par de si purs reflets, qu'en regardant à l'envers cette image ainsi renversée, on prenait celle d'en bas pour la véritable. Enfin à minuit le soleil sembla s'arrêter à quelques pieds au-dessus de la chaîne, et dès lors tout rayonnement disparut; il restait un globe plus foncé, ou, pour mieux dire, plus brillant que l'océan d'or dans lequel il reposait comme un ballon majestueux que le vent n'agite plus. Des bandes de pourpre, annonçant l'aurore ou le coucher du soleil en d'autres climats, répandaient une teinte générale d'un rose clair et céleste sur tout ce paysage de ciel et d'eau. Peu à peu d'immenses nuages noirs s'avancèrent de toutes parts, jetant leurs ombres par place dans les cieux, comme pour rendre plus éclatante la splendeur du reste. On eût dit un beau clair de lune avec les couleurs du soleil couché; tout ce qui n'était pas lumière était ombre, sans passer par la demi-teinte. Alors il se fit un grand calme; la brise du soir était tombée, pas une feuille ne frémissait; il n'y avait pas un cri, pas un vol d'oiseau dans l'espace. La terre entière dormait; c'était la première fois que je voyais le crépuscule et l'aurore se confondre dans une même harmonie; c'était le matin d'un jour qui devait durer plusieurs mois.

« Le lendemain nous continuâmes notre route, tantôt au milieu des cataractes, tantôt à pied dans des marais profonds, et toujours au milieu des nuages de ces moustiques si terribles, qu'il faut, pour résister à leur morsure, se couvrir d'un masque. Nous avions arrangé une sorte de sac de gaze tendu sur des fils de laiton, qui nous enveloppait toute la tête. En outre, nous gardions toujours nos gants, et malgré cela ils trouvaient encore moyen d'enfoncer leurs avides suçoirs à travers la couture, et lorsqu'on les retirait, le dessin s'en trouvait marqué en sang sur la peau. Pour manger en repos, il est indispensable d'allumer un feu de mousse et de se mettre dans la fumée : c'est là le seul moyen de les chasser. Les Finnois établis sur ces rives se couvrent souvent la figure et les mains d'une épaisse couche de goudron. Ces myriades innombrables d'insectes dévorants, qu'on appelle alcanaras, vous inoculent une fièvre nerveuse qui va jusqu'à la folie; et c'est là sans contredit la plus grande difficulté d'un pareil voyage. La plupart de ceux qui l'entreprennent en cette saison y renoncent au bout de quelques jours; et les Lapons eux-mêmes, qui ne sont cependant pas délicats, pour les fuir, s'en vont pendant trois mois, avec leurs troupeaux de rennes, sur les bords de la mer Glaciale.

« Nous avions dépassé Karrasuvando, centre de la Laponie, sans rencontrer un seul Lapon, et cependant ils n'avaient pas dû partir depuis bien longtemps, car chaque jour nous retrouvions des traces de leur campement. Là nous résolûmes, au lieu de suivre la route de Kantokeino, déjà décrite par le voyageur Acerby, d'appuyer davantage sur la gauche, en remontant le fleuve Kongaruo, qui sort des lacs Kelloti-Jervi, Nuimaka, Kivijer-Jvi et Kilpis-Jaure; puis de traverser la chaîne des Alpes scandinaves par le col de Lapa, et redescendre enfin au golfe de Lyngen, pour aller de là, par les côtes de la mer Glaciale, jusqu'au cap Nord. Ce côté du Lappmarck, moins plat que l'autre, d'après sa position géographique, devait offrir des sites plus beaux; et ce qui surtout nous décida, ce fut l'attrait d'une route entièrement nouvelle et inconnue jusqu'à présent.

« Ici le pays a changé complétement d'aspect : plus d'habitations, plus rien que la solitude; des espaces couverts de mousse blanche et d'arbres rampants, formant parfois d'inextricables forêts de quelques pouces de hauteur; ou bien d'immenses étendues d'eau calme, interrompues par des langues d'herbages ou par une roche nue sur laquelle le faucon d'Islande vient se poser. Ces déserts d'eau composent des paysages d'une beauté singulière, inconnus des autres régions. La gorge-bleue, charmant petit oiseau, bavard et railleur, qui se tient dans les oseraies; le bouvreuil cramoisi, fort différent du nôtre et dont l'éclatant plumage rose le ferait croire d'origine équatoriale plutôt que polaire; le moineau lapon, fort rare même ici; le colombus arctique et des troupes incalculables de canards noirs à pattes roses, de canards verts au bec orange, et mille autres espèces, animent ces lacs, peuplés aussi de saumons énormes, de brochets et de castors beaucoup plus estimés que ceux d'Amérique. Souvent, lorsque nous voguions sur ces eaux calmes, lourdes et presque glacées, vers onze heures du soir, et que le soleil abaissé laissait sentir vivement la fraîcheur de la nuit, tout le monde s'endormait, excepté les trois ou quatre bateliers, qui, pour résister au danger d'en faire autant, chantaient alternativement, d'une voix douce et sourde, des stances d'un rhythme nouveau. La modulation en était étrange et comme inspirée par le calme du ciel et des eaux, par la tristesse du lieu, la fatigue du travail. On ne saurait sans l'entendre se faire idée de cette divagation de la voix, de cette rêverie chantée qui semble venir de l'autre monde et vous émeut jusqu'aux larmes.

« Enfin, après bien des jours de marche à travers les eaux calmes, les marais ou les cataractes, n'ayant pour lit qu'une peau de renne sur la terre humide, pour nourriture que les canards et les saumons que nous pouvions tuer, et pour nous rafraîchir que l'eau du fleuve et ce petit fruit rouge, le *ru-*

bus, le seul qu'on trouve dans ces pays déshérités et qui ressemble à la fraise pour la tige et la couleur, à la framboise pour la forme, et à rien pour le goût, car il est sans saveur; après toutes ces privations et ces fatigues, nous aperçûmes sur les bords du lac Nuïmacka deux huttes d'où s'échappaient des colonnes de fumée. C'était une famille laponne établie là avec son troupeau de rennes, et s'occupant à pêcher. Les kota ou huttes laponnes, hautes de 6 à 7 pieds et larges à la base de 15 environ, sont construites avec des troncs de bouleaux et recouvertes de branchages, de gazon et de morceaux d'étoffe; elles ont la forme d'un cône dont le sommet ouvert laisse échapper la fumée. Ces kota, d'une si petite dimension, contiennent cependant des familles nombreuses. La nécessité où elles sont de changer de place chaque fois que les mousses dont se nourrissent leurs rennes sont dévorées ou que la pêche est épuisée, est évidemment la cause du peu de soin de ces constructions que les Lapons élèvent facilement partout et qu'ils abandonnent sans regret, car les peuples les moins intelligents savent se faire un abri plus recherché que celui-ci. C'est donc par nécessité qu'ils sont nomades. Les Lapons ne sont plus de cette race si petite décrite par les anciens voyageurs : le commerce, en les mettant en rapport avec les Finnois et les Norwégiens, descendants de cette belle race du Nord, si haute et si forte, a, par des mariages, changé le type primitif. Cependant ils sont généralement trapus, bruns, et ont phrénologiquement et physionomiquement le caractère de la race mongole, dont ils paraissent descendre. Lors de ce débordement des peuples de l'Asie sur l'Europe, ils furent sans doute refoulés jusque dans ces déserts, où ils cherchèrent la tranquillité plutôt que le bien-être. Leur costume, de laine blanche ou bleue, est tout orné de broderies et de galons rouges, jaunes ou verts. Ils aiment les couleurs brillantes, les verroteries et les bijoux. Le pantalon, de même étoffe que la robe, est serré par des cordes sur la chaussure de peau de renne; ils portent les cheveux assez longs, et on a souvent de la difficulté à reconnaître les hommes des femmes, tant ils sont semblables de visage et de costume. Abrutis par la sévérité du climat, la solitude et la misère dans lesquelles ils vivent, ils sont généralement fort laids; de plus, le vice d'ivrognerie, importé par les commerçants, qui leur donnent en abondance l'eau-de-vie de grain, afin d'obtenir d'eux sans difficulté les fourrures précieuses et les troupeaux de rennes, les détruit de bonne heure et leur donne de graves maladies. Cependant j'en ai rencontré de jeunes, d'une figure agréable et d'une expression triste et douce.

« Plus nous avancions, plus nous retrouvions l'hiver, et, malgré le soleil resplendissant, la neige couvrait encore par place la rive des lacs. Des glaces flottantes gênaient la navigation, et bien que nous fussions au milieu de juillet, rien ici n'annonçait le printemps. A cette hauteur, sur le pôle, toute verdure a disparu, et les arbres nains et réticulés qu'on y trouve sont secs comme au cœur de l'hiver. A chaque instant nous apercevions les traces récentes du passage des Lapons et de leurs troupeaux fuyant vers la mer Glaciale. Nous étions à l'entrée du grand lac Kilpis-Jaure, fermé de toute part, excepté de notre côté, par la haute chaîne scandinave. Là, notre guide principal refusa d'aller plus loin, parce que, disait-il, c'était l'instant de la débâcle, que les torrents, s'élançant des montagnes, étaient dans leur plus grande violence, et qu'il y avait danger à s'aventurer au milieu des avalanches, par une route inconnue qu'il n'avait jamais traversée qu'une fois en hiver. Cependant, avec quelque argent, nous lui redonnâmes du courage, et, à son tour, il engagea nos hommes, moyennant une double rétribution, à nous accompagner et à porter nos bagages jusqu'à la mer Glaciale. C'était un rude travail de gravir ces hautes cimes avec de pesants fardeaux, et les trois bateliers finnois s'y refusèrent. Notre caravane fut ainsi réduite à onze personnes. Les discussions terminées et les arrangements pris, nous entrâmes enfin à dix heures du matin dans le bassin de Kilpis, qui, à cette époque, était encore presque entièrement glacé. Cette vallée, où se déroule l'histoire entière de la transformation des montagnes, est le centre d'attraction, le réservoir commun de toutes les neiges des sommets environnants. Les aiguilles qui les couronnent, les pics qui les surmontent, proclament en effet, par leur blancheur, d'où vient le tribut de tant d'eau. Ce lac, l'aire désolée où il repose, l'amas de glaces de toutes formes et de toutes nuances qui s'élève en désordre à sa surface; les murailles escarpées, nues, déchirées, écroulées qui l'enferment; ce pic de Parras, si régulier, qui le surmonte; enfin l'ensemble de ce désert imposant frappe d'admiration et d'étonnement. Tout échappe à la fois à toute comparaison, car nulle part mes yeux n'avaient été habitués à un pareil spectacle.

« Cependant nous voguions dans un étroit sentier liquide, entre deux murailles de glace; le canal se rétrécissait de plus en plus, et des piles de glaçons se dressant de tous côtés, il devenait impossible d'avancer. La chaleur, fort grande, faisait à chaque instant détacher des murailles entières de glace qui croulaient avec le fracas du tonnerre. Nous étions au milieu des frimas, sous un ciel de feu. Il fallut donc abandonner les barques et déposer les bagages sur la glace. Alors, ayant appris qu'une troupe de Lapons avec leurs rennes et leurs traîneaux étaient campés dans une gorge voisine, à un quart de mille environ, nous dépêchâmes un de nos hommes afin de leur demander secours pour traverser sans fatigue cette immense plaine glacée. Il était important de conserver toutes nos forces pour franchir la chaîne, haute de 6 à 7000 pieds, qui nous séparait de la mer Glaciale. Ils arrivèrent bientôt, et nous partîmes immédiatement, les uns à pied, les autres dans ces demi-bateaux qui leur servent de traîneaux et qu'on nomme *pulke* en langue laponne. C'est une manière peu confortable de voyager, et il faut une bien grande habitude pour se tenir dans ces voitures amphibies, construites pour la glace et la neige. Leur quille tranchante en dessous, leur légèreté extrême, la rapidité avec laquelle le renne qu'on y attèle les entraîne au milieu des obstacles, des pentes et des difficultés de toute sorte, les font verser à droite, à gauche, et parfois même se retourner. Pour échapper à ce danger, on n'a qu'un petit bâton ferré sur lequel on s'appuie pour se redresser et éviter les culbutes trop complètes. Les rennes sont d'une légèreté extrême, et lorsqu'ils n'ont qu'une personne à traîner, et que la neige est ferme et unie, ils semblent voler comme l'oiseau. Ils font aisément 6 lieues à l'heure, et peuvent courir ainsi pendant sept ou huit heures. Les Lapons ont une expression très-poétique pour indiquer la distance que parcourt un renne sans se reposer : Il peut en un jour, disent-ils, changer trois fois d'horizon, c'est-à-dire joindre trois fois la plus grande distance que l'homme puisse embrasser. Les Lapons, armés de leurs skies, sorte de patins longs de 6 pieds, filaient sur la glace presque aussi vite que nous. Le premier lac franchi, on entre dans un autre dont l'extrémité semble encore plus éloignée par l'effet des vapeurs ambiantes qui circulent au-dessus des glaces. Enfin, après quinze heures de course dans les avenues de cristal du beau lac Kilpis-Jaure, nous arrivâmes à son extrémité. Nous étions ici sous le 70e degré de latitude.

« Après un frugal repas, nous commençâmes l'ascension des Alpes toutes blanches, toutes glacées qui se dressaient devant nous. Notre guide dirigeait la marche vers le pic de Parras, cône tronqué qui s'élève hardiment au-dessus de tous les autres pics. Ce que nous éprouvâmes de fatigues et de peines pour atteindre le port élevé ou col de Lapa serait trop long à raconter. Qu'il suffise de dire que nous eûmes dix ou douze torrents furieux à traverser, en nous mettant jusqu'à la ceinture dans l'eau glacée; que tout le reste du temps nous marchâmes dans des neiges molles ou des marais profonds, poursuivis et dévorés par ces moustiques maudits, qu'un temps d'orage rendait plus furieux encore. Vers les cimes, on trouve des lacs glacés que de larges crevasses rendent fort difficiles à traverser. Enfin, après bien des peines, nous atteignîmes le col de Lapa, dont les formes équarries, régulières, sont pleines de grandeur et de fierté. Il était minuit, et le soleil, en revêtant d'or et de pourpre ces rochers et ces glaces, ajoutait encore à la magnificence du tableau. Après un instant de repos, nous gravîmes le dernier plateau, et de là nous apparut, au fond d'un gouffre impossible à décrire par son étrangeté, la mer Glaciale, qui ressemblait, ainsi enfermée, à l'eau qu'on aperçoit au fond d'un puits. C'était le commencement du golfe de Lyngen, vers lequel nous allions descendre. Sur les premières pentes couvertes de neiges, nous glissâmes avec une excessive rapidité ; puis elles disparurent, et bientôt se montrèrent les mousses et les plantes rampantes de la seconde région, qui firent place ensuite à une végétation splendide, à laquelle depuis longtemps nous n'étions plus habitués. Des fougères hautes et touffues; l'angélique parfumée que recherchent avidement les Lapons; des bruyères à grandes cloches, d'un rouge foncé ; des pensées jaunes et des touffes de renoncule nivale, embellissaient cette vallée fertile, qui, au sortir des déserts de la Laponie, nous apparut comme l'Eden. Après avoir traversé une forêt d'aunes et de frênes, et des torrents d'une excessive violence, où nous courûmes de vrais dangers, nous arrivâmes au bord du golfe, à demi morts de fatigue. Quarante lieues de suite, au milieu des marais, des neiges, des torrents et des montagnes, privés de sommeil et de nourriture, dévorés par des insectes de toute sorte, c'était trop à la fois, et nous tombâmes épuisés dans la barque qui devait nous conduire jusqu'à une habitation voisine.

« Etendu sur des branchages au fond du bateau, bercé seulement par le mouvement des rames, tant la mer était calme, j'apercevais au-dessus de moi un ciel de feu, éclatant et sombre à la fois, comme le fait paraître le soleil à minuit; puis de chaque côté, d'immenses murailles recouvertes de glaces étincelantes et toutes ruisselantes de cascades. A demi engourdi par la fatigue et le bien-être, tout cela passait devant mes yeux comme une décoration qu'on voit en rêve. Au bout de quelques heures, la barque aborda au fond d'un petit golfe, sur les bords verdoyants duquel s'élevait une élégante villa entourée de bosquets et de fleurs. Nous fûmes reçus par un homme d'une cinquantaine d'années, mis avec élégance et qui nous présenta sa femme et ses enfants. Bientôt il nous fit asseoir à une table servie avec tout le luxe parisien. J'appris ensuite que de distance en distance sont établis sur ces côtes des négociants norwégiens, qui, par le commerce des fourrures, des poissons secs, des baleines, des phoques et des oiseaux, font promptement leur fortune.

« Après deux jours passés dans le repos et l'abondance, nous continuâmes notre route vers le cap Nord, nous arrêtant chez les principaux commerçants qui se trouvent sur ces plages désertes. Ces golfes étroits, abrités par d'immenses rochers, aussi beaux de forme que de couleur, sont les lieux aimés des oiseaux et des poissons. Le cormoran, le fou glacial, le cygne, les pingouins, huîtriers, canards, hidres et cent espèces diverses, abritent leurs nids dans les anfractuosités de ces palais en ruine, tandis que les phoques, les baleines, les veaux et les chiens de mer, les esturgeons et tant d'autres, trouvant dans les cavernes sous-marines le calme nécessaire à leur reproduction, viennent s'y livrer à de joyeux ébats. A chaque instant nous apercevions les jets d'eau des baleines et des cachalots, et leur dos noirâtre qui servait de perchoir à tous ces oiseaux pêcheurs, qui savent que la baleine ne s'élève ainsi à la surface que lorsqu'elle poursuit les bancs de harengs, de sardines ou de maquereaux. Nous restâmes trois jours à Hammerfest, petite ville composée de trente ou quarante maisons élevées récemment. Toute voisine du cap Nord, c'est le dernier centre habité dans les régions arctiques. Après une lutte pénible, car le vent est presque toujours contraire et pousse les barques sur ces dangereux écueils, nous arrivâmes en face du cap Nord.

« Cette extrémité de la terre est formée de trois ou quatre pics de rochers disjoints, d'une imposante structure, et qui semblent pour ainsi dire des flammes pétrifiées sortant des flots. Une petite anse nous offrit un refuge, et après avoir dressé la tente à l'abri des blocs de rochers détachés de ces murailles, nous gravîmes au milieu d'un véritable chaos, afin de gagner la cime de la montagne. Bientôt une gorge étroite se présente, puis, appuyant vers la droite, on suit les bords escarpés d'un entonnoir de rocs brisés, au fond duquel un petit lac dort dans le plus morne repos. Quelques saules réticulés, des lichens de toute espèce et le myosotis, cette fleur des souvenirs, croissent seuls sur ces bords glacés. De là nous arrivâmes, en remontant le torrent qui alimente ce bassin, sur les terrasses qui couvrent le sommet des rochers. Un vent terrible règne constamment dans ces tristes parages et les enveloppe de brouillards si épais, que, pour ne pas nous égarer ou tomber dans les immenses crevasses qui sillonnent les crêtes, nous dûmes revenir sur nos pas. Le désert!! on en fait de terribles descriptions; mais quiconque n'est pas venu dans cette solitude affreuse n'en saurait avoir idée. Dans les déserts de l'Afrique, on souffre de la soif, on est brûlé par le soleil; mais enfin on y voit le ciel brillant, la terre éclatante; mais on y trouve parfois quelque oasis et quelque caravane, et sous une tente on y peut encore vivre et respirer. Mais ici, rien; rien que le vent, les pierres et le brouillard. La vie en est chassée, et nulle part on ne peut mieux comprendre la fin du monde, la terre inhabitable et dépeuplée. En face d'un pareil tableau, l'âme est saisie de tristesse et de découragement. Le but que l'on cherche ici-bas serait-il donc comme ce but de notre voyage que nous venions d'atteindre? »

SOURCES THERMALES DE HAMMAM-MESKOUTIN, EN ALGÉRIE.

Les Bains maudits ou Thermes de Hammam-Meskoutin ont été décrits dans les fragments qui suivent par M. Fr. Lacroix: «Ce sont des sources minérales chaudes, nombreuses, inépuisables, déposant, sous forme de cônes, le principe calcaire qu'elles contiennent. Le spectacle de ces fontaines brûlantes, jaillissant au milieu d'un monde d'énormes pierres pyramidales, a quelque chose de saisissant. La blancheur de ces *tumuli* et du sol qui les porte fait, avec la verdure environnante, un contraste frappant. Dans toute la vallée c'est un frais paysage où se confondent les cimes arrondies des oliviers sauvages et des lentisques; sur l'emplacement des sources, au contraire, c'est la nature morte, pétrifiée : c'est une espèce de nécropole aux monuments uniformes, et qui, par sa teinte éclatante, rappelle, sous un aspect plus triste, ces villes orientales assises, éternellement blanches, au milieu de délicieuses oasis, éternellement vertes. On conçoit fort bien, qu'à l'aspect de ce champ fantastique, peuplé de gigantesques fantômes, labouré par l'eau bouillante et sans cesse enveloppé de vapeurs sulfureuses, l'imagination des Arabes se soit exaltée et ait enfanté des contes poétiques.

« On ne peut faire un pas à Hammam-Meskoutin, sans rencontrer une marmite naturelle bouillant avec bruit, sans se heurter à un monticule recouvrant une source ancienne. Ici le liquide brûlant s'échappe en nappe plus ou moins profonde; là il forme des ruisseaux dont les parois brillantes semblent avoir été récemment revêtues d'une couche de plâtre passée au lait de chaux; plus loin il s'échappe en cascade écumante. Partout ce sont des objets dont on ne reconnaît plus la forme première sous la chemise calcaire qui les couvre, des brins d'herbe ou des plantes incrustés, des stalagmites gracieuses ou bizarres. Les cônes sont généralement disposés par groupes assez serrés. Quelques dépôts ont une forme allongée et constituent de longues murailles. La plus remarquable de ces créations est un rempart d'environ 1 kilomètre de longueur sur 20 mètres de largeur à la base et 10 ou 12 au sommet. D'un bout à l'autre de ce mur compacte règne un conduit de 1 mètre de profondeur, dont les exhaussements successifs ont très-probablement donné naissance à ce phénoménal monolithe. Le rocher est tapissé d'appendices stalactiformes, curieux par leur extrême variété et leur aspect, tantôt grotesque, tantôt élégamment capricieux.

« Plusieurs sources, au lieu de jaillir ou de couler de façon à engendrer soit des cônes, soit des murailles, couvrent tout simplement le sol de leurs dépôts, qui, dans leurs accroissements, se moulent sur les inégalités du terrain et les reproduisent, par conséquent, tout en les dissimulant sous leur épaisse enveloppe. Une de ces sources étalées, la plus volumineuse et la plus belle, forme une magnifique cascade qui aboutit à un large ruisseau d'eau froide, tributaire de la Seybouse. Aux eaux de cette source se joignent celles d'une multitude d'autres situées, comme elle, à environ 50 mètres au-dessus du torrent; elles s'épanchent en nappes limpides, en suivant la pente du ravin, et leurs dépôts ont construit une espèce d'escalier colossal de plus de 100 mètres de développement. Là où elles ont trouvé un obstacle, elles ont creusé un bassin, d'où elles s'échappent par débordement, pour tomber dans de semblables réservoirs inférieurs, et ainsi de suite jusqu'à ce que, parvenues au niveau de la rivière, elles s'y précipitent avec impétuosité. De la réunion de cette eau bouillante avec celle du ruisseau résulte, on peut le dire, un bain tiède, donné par la nature. Ainsi, bain chaud et même brûlant au sommet du monticule, bain tiède au bas, bain froid à quelques pas en amont du torrent, on peut, dans cette immense baignoire, se procurer toutes les températures possibles. Ce qui ajoute à la beauté du tableau, c'est la couleur du vaste lit sur lequel bondissent ces eaux voyageuses : on dirait une muraille de marbre blanc, largement veiné d'une teinte fauve. C'est ainsi que m'est apparu ce rempart naturel ; mais M. le docteur Grellois dit à ce sujet : « La coloration propre au dépôt est blanche ; mais elle est susceptible de varier à l'infini par la présence d'une matière organique qui change de teinte aux divers degrés de son développement, par la dissolution continue des principes colorants des matières qui se trouvent en contact avec l'eau, enfin et surtout par la diversité des éléments minéralisateurs qui se déposent à des distances variables du point d'origine. Aussi, rien n'est-il plus fugace que les différentes couleurs de cette cascade : on est surpris de ne pas trouver aujourd'hui toutes les teintes qu'on avait observées hier, et demain sans doute l'aspect ne sera plus le même qu'aujourd'hui. »

« La température des sources principales est, à toutes les époques de l'année invariablement, de 95 degrés centigrades. Ce fait si remarquable place Hammam-Meskoutin au premier rang des sources thermales, car je ne sache pas qu'il existe en Europe des eaux aussi chaudes. En France, les eaux dont la température est le plus élevée sont celles de Chaudes-Aigues (Cantal), qui ont 88° centigrades. Puis viennent celles d'Ax (Ariége), 82° 5; celles d'Olette (Pyrénées-Orientales), 75°; de Dax (Landes), 72° 5, etc. Les eaux d'Aix-la Chapelle, en Prusse, n'ont que 61° 66; celles de Carlsbad, en Bohême, 73° 89. Si, conformément à l'opinion de quelques géographes, on considère l'Islande comme une dépendance de l'Europe, le premier rang pour la température n'appartiendra plus aux sources d'Hammam-Meskoutin, car l'eau de Geyser, dans le bassin et après l'éruption, a 95° de chaleur ; au fond du cratère elle a 124° ; et dans la même île, le Reckum a 100 degrés.

« De quelle profondeur viennent les eaux d'Hammam-Meskoutin ? Si l'on admet que leur température résulte, non de la présence d'un volcan, mais simplement de la profondeur d'où elles jaillissent, cette question peut recevoir une solution, sinon définitive, du moins approximative et provisoire. On sait en effet qu'il a été constaté par des expériences faites au puits de Grenelle par MM. Arago et Walferdin, que la température de la terre s'accroissait en raison directe de la profondeur et dans la proportion d'un degré par 32 mètres. Si l'on reconnaît la rigueur de cette loi de progression (contre laquelle, il faut le dire, se sont inscrits plusieurs physiciens), il sera aisé de calculer la distance de la nappe souterraine d'où s'échappent les sources en question. De 95, chiffre de la température de ces sources, il faut d'abord retrancher la température constante du sol, qui, dans cette partie de l'Afrique, peut être *a priori* évaluée à environ 15° ; restera donc 80 à multiplier par 32 mètres, ce qui donnera, pour la profondeur totale, 2560 mètres, c'est-à-dire plus de la moitié de la hauteur du Mont-Blanc et plus du double de celle du Vésuve.

« Les eaux d'Hammam-Meskoutin répandent une odeur sulfureuse assez forte pour annoncer leur présence à la distance de 3 ou 400 mètres. Le dégagement du gaz a lieu presque entièrement au point où le liquide surgit du sein de la terre. Du reste, malgré les principes minéraux dont elle est saturée, cette eau est parfaitement incolore et sans goût. Comme les eaux biens connues de Sainte-Allyre en Auvergne, de Véron dans l'Yonne, de Carjac dans le Lot, d'Albert en Picardie, celles d'Hammam-Meskoutin sont incrustantes, c'est-à-dire qu'elles ont la propriété de recouvrir tous les objets exposés à leur action d'une couche calcaire d'autant plus épaisse que l'incrustation se fait plus près de la source. Tout ce qui trempe dans les ruisseaux, feuilles, brins d'herbe, branches d'arbres, animaux, détritus quelconques, est presque immédiatement revêtu d'une enveloppe d'un blanc éclatant, et dont chaque jour augmente la solidité. Une semaine suffit pour incruster un nid d'oiseau, de façon à ce que la matière première soit complétement invisible.

« On ne saurait dénombrer les sources du plateau d'Hammam-Meskoutin ; car tandis que les unes tarissent, d'autres apparaissent à quelque distance. On a constaté une véritable solidarité entre les fontaines d'un même système, c'est-à-dire que, si l'une diminue d'activité, sa voisine augmente dans la même proportion, tandis que les sources d'un système éloigné et distinct ne subissent pas la même influence. Des expériences faites, il résulte que ces eaux thermales sont souveraines contre les engorgements des viscères, conséquences des fièvres intermittentes (tant il est vrai que la nature place toujours le remède à côté du mal), contre les hydropisies passives, les rhumatismes anciens, les douleurs, les ulcères invétérés, les maladies de la peau, les plaies résultant de blessures de longue date, les anémies, la prédominance lymphatique et les abcès scrofuleux. »

ILES DE CORAIL, DE LA MER DU SUD (1).

Parmi les particularités les plus curieuses qui distinguent les îles de la mer du Sud, il faut citer les bancs de corail qui les entourent ou les constituent. Les plus grandes de ces îles ne sont pas formées de cette substance ; mais les récifs qui les bordent leur font une es-

(1) *Polynesian Researches.*

pèce de rempart naturel. Quatre des petites îles, c'est-à-dire, Tetuaroa, Tobica, Moupiha et Temsaara, paraissent reposer sur des fondations de corail. La première, qui est située à vingt milles environ au nord de Taïti, comprend cinq îlots dont voici les noms : Nimatu, Onehoa, Moturna, Hoatère et Reiona. Ils sont tous les cinq renfermés dans l'enceinte d'un banc de corail, lequel a une ouverture du côté du nord-est ; mais cette ouverture étroite ne laisse un accès, et encore un accès très-difficile, qu'aux petites barques des indigènes. Ce sont des îles fort basses, dont les parties les plus élevées ont rarement 3 ou 4 pieds au-dessus du niveau de la mer ; le sol n'y est guère formé que de sable et de fragments de corail ; le tout est mélangé d'un peu de terre végétale. Les naturels se nourrissent principalement des fruits du cocotier. Cet arbre est extrêmement multiplié dans les îles ; il y forme des touffes et des massifs qui, vus de loin, semblent pousser du sein des flots. Les racines de la plupart de ces cocotiers sont baignées par l'Océan, et quand la marée monte un peu haut, elle en atteint le pied. Les indigènes trouvent une autre ressource dans le poisson qu'ils pêchent en abondance parmi les bancs de corail.

On donne le nom de Tetuaroa, qui signifie la mer lointaine, à plusieurs îlots qui font partie des possessions héréditaires de la famille qui règne sur Taïti, et l'on dit qu'autrefois les rois de l'Archipel y déposaient leurs trésors. Les bancs de corail qui entourent ces îles, non-seulement protégent les basses terres contre la violence des flots, mais encore présentent un des spectacles les plus curieux et les plus imposants qu'on puisse rencontrer sur l'Océan. Ils sont généralement situés à un mille ou à un mille et demi de la côte : cette distance est parfois de deux milles. Aux abords de ces récifs, la surface de l'eau est tranquille et transparente ; mais que la moindre brise s'élève, ils se couronnent d'écume, et de grosses vagues viennent s'y entre-choquer avec fracas. Ces bancs de corail ont ordinairement une largeur de 20 à 30 pas : le vent, qui souffle constamment de la haute mer, y pousse les flots avec violence. Les vagues de l'Océan Pacifique, qui s'étendent quelquefois sur une ligne de un mille et demi, se heurtent contre cette barrière naturelle et s'élèvent jusqu'à quatorze pieds : on les voit alors s'élancer par-dessus les rochers et former des arcades qui reflètent les rayons du soleil et brillent comme si c'étaient des diamants ; mais avant que l'œil du spectateur puisse les suivre dans les courbes qu'elles décrivent, elles retombent à grand bruit sur le sein écumant de la mer. C'est un tumulte, c'est un désordre plein d'une magnifique horreur !

Lorsqu'une vallée est traversée par un courant qui va se perdre dans la mer, le banc de corail qui environne la côte a ordinairement une ouverture en face de cet endroit. On doit admirer en cela la Providence, qui a si sagement pourvu à l'entrée et à la sortie de ces lieux, et noter ce phénomène comme l'un des plus intéressants de l'histoire naturelle. Soit que le courant d'eau fraîche, que déversent incessamment les torrents et les rivières, gêne ces myriades de petits architectes des coraux, et les empêche d'élever leurs remparts concentriques sur une ligne continue, soit que l'eau fraîche elle-même renferme un principe contraire à l'accroissement du corail, toujours est-il, et c'est une particularité remarquable, que les bancs placés autour des îles de la mer du Sud n'ont guère de trouées ou ouvertures, si ce n'est en face des courants d'eau fraîche. On observe fréquemment des bancs de corail plus ou moins étendus, soit au delà de la grande barre, soit près du rivage, soit à l'embouchure d'une rivière. Mais ceux-là se sont formés dans des bas-fonds ; le corail n'en ressemble pas à celui des bancs qui s'élèvent des profondeurs de l'Océan, il est beaucoup plus petit. Quant aux lagunes des grandes îles, le corail ne s'y forme pas. Les récifs qui entourent l'île de Saint-Charles Sander et celle de Maurua, autres îles basses, ont des trouées très-étroites et très-embarrassées ; quelques-uns mêmes n'offrent aucun accès, probablement parce que le sol de ces îles ne fournit pas une quantité d'eau suffisante, et parce que les rivières et les torrents qui en découlent sont d'un volume trop peu considérable. Mais, autour des grandes îles, les ouvertures des bancs de corail se rapportent généralement aux dentelures de la côte et aux embouchures des vallées : non-seulement elles forment des havres extrêmement sûrs, mais encore on y trouve autant d'eau fraîche qu'on puisse s'en procurer dans toute autre partie de l'île. La circonstance que des rivières se jettent toujours dans ces havres offre encore une précieuse ressource aux navigateurs.

En beaucoup d'endroits, notamment à Papite, à Taïti, à Afareaïtu, à Moureafari, à Huanini et le long de la côte orientale de Raïatea et de Tahaa, ces ouvertures des bancs de corail sont très-propices à la navigation ; de plus, elles servent d'ornement et contribuent à la beauté du paysage avoisinant. Celle d'Ava-Moa, qui conduit à Opoa, et qu'on appelle l'*entrée sacrée*, contient une petite île où croissent quelques cocotiers. Dans celle de Tipaemaü, il y a deux îles, une de chaque côté de la passe et situées à l'extrémité du banc : ces petites îles, qui s'élèvent à deux ou trois pieds au-dessus du niveau de la mer, sont couvertes de buissons et de verdure, et ornées d'un grand nombre de cocotiers magnifiques. La passe de Te-Avapiti, située à plusieurs milles au nord de Tipaemü, en face l'établissement des missionnaires, est double : on y trouve aussi deux belles îles bien boisées et toutes verdoyantes. La hutte élevée par un pêcheur ou par quelque voyageur qui attend un vent favorable, y anime souvent le paysage. Deux autres îles, également gracieuses, ornent la passe de Toma-Hahatu, laquelle conduit à l'île de Tahaa. La plus grande n'a guère qu'un mille et demi de circonférence ; mais toutes deux sont couvertes d'arbres touffus qui fournissent des ombrages délicieux. Ces îlots, qui se détachent des grandes îles et que battent, d'un côté, les vagues agitées du chenal, de l'autre, les flots du Grand Océan se brisant avec fracas sur les bancs de corail, vous apparaissent de loin comme des émeraudes. Le calme, la solitude profonde qui y règnent contrastent avec la scène de confusion qui les entoure et l'éternelle agitation de la mer, ils embellissent ces parages ; ils sont utiles aux indigènes aussi bien qu'aux étrangers. Les cocotiers qui les décorent s'aperçoivent à plusieurs milles de distance, et indiquent au marin l'endroit où il trouvera une passe pour aborder au rivage. Le courant qui traverse ces ouvertures dépose, sans doute, aux extrémités des bancs de corail, des herbes marines, des feuilles, des branches d'arbres qu'on voit quelquefois s'élever à la surface de l'eau ; les vagues et les vents y ont apporté des semences ; peu à peu il s'y est formé une couche de terre que le progrès de la végétation a augmentée. C'est ainsi qu'ont dû naître et s'étendre les jolies petites îles dont il vient d'être question.

Le sol y est extrêmement varié. Les flancs des montagnes sont souvent recouverts d'une terre légère ; mais sur le sommet de quelques collines peu élevées, on trouve un lit épais de terreau, d'ocre rouge très-dure ou de marne jaune. L'ocre ressemble beaucoup à de la terre brûlée ; dans l'île de Ruturu et dans quelques autres de l'Archipel, les indigènes s'en servent pour peindre leurs portes, leurs fenêtres, leurs canots et les murs de leurs maisons ; mais dans ce dernier cas ils la mélangent avec de la chaux. Cette ocre, que l'on rencontre rarement sur les hautes montagnes formées de basalte ou de pierre volcanique cellulaire, mais qui couvre ordinairement les collines situées entre le point central des îles et le rivage, n'est particulière à aucune localité ; en beaucoup d'endroits, elle a plusieurs pieds d'épaisseur. Outre le terreau qui revêt le flanc des montagnes et forme le fond des vallées, il y a autour de chaque île des dépôts d'alluvions contenant une grande quantité de terre végétale et dont l'étendue est quelquefois de trois ou quatre milles : c'est là que les indigènes se créent des jardins ; c'est de là qu'ils tirent leurs principaux moyens d'existence. Le sol y est d'une richesse et d'une fécondité extraordinaires ; la seule préparation qu'il demande consiste à le joncher de feuilles mortes, plutôt pour le rendre léger que pour le rendre fertile. La base des montagnes, quoique pierreuse, est susceptible de culture ; mais dans le voisinage immédiat de l'Océan, l'abondance des sables nuit à la fécondité du terrain. En plusieurs endroits, la côte s'est exhaussée par suite de l'action de la mer, et il s'y est formé des falaises beaucoup plus élevées que l'espace intermédiaire entre le rivage et les montagnes. De là l'existence de marais considérables. Quoique les vapeurs qu'ils exhalent soient nuisibles à la santé publique, les habitants y attachent le plus grand prix ; car ils y cultivent diverses espèces d'*arum* qui servent d'aliment lorsque la saison du fruit de l'arbre à pain est passée. Le sol des îles de la mer du Sud pourrait, s'il était cultivé, nourrir une population dix fois plus nombreuse que celle qui y vit actuellement.

GLACIERS DE LA SUISSE (1).

Aucun pays du monde ne peut offrir aux admirateurs des beautés de la nature autant de paysages magnifiques et variés qu'on en trouve dans les grandes chaînes centrales du continent européen. Les montagnes de l'Himalaya et les Andes, plus élevées sans doute, ont moins de riches effets et des perspectives moins grandioses. Elles fatiguent l'œil par la monotonie de leur énormité partout identique, et l'habituent bien vite à des prodiges qui lui deviennent alors indifférents. Ajoutez à cela que la zone des neiges éternelles est tout aussi large en Suisse, à l'heure présente, que sur les cimes les plus élevées du monde, à une ou deux exceptions près ; et ceci s'explique, puisque les portions les plus éminentes du globe sont situées auprès de l'équateur, où la température, beaucoup plus élevée qu'en Europe, place la limite inférieure de leurs neiges à la hauteur de nos cimes les plus orgueilleuses. L'œil, qui ne peut rien juger absolument, et qui se fait, à propos de tout, une échelle de proportions, en se réglant sur le rapport des objets entre eux, prend d'ordinaire pour point de départ le niveau de la mer. Si ce niveau lui manque, il compte à partir de la plaine ; et, venant à ne plus trouver ce dernier point de repère, il n'a, pour se former une idée relative d'élévation, que le niveau des neiges qui ne fondent jamais. Elles l'aident à concevoir ces impressions graduées que l'extrême hauteur, l'extrême solitude, l'étendue extrême, ne manquent jamais de produire sur l'intelligence.

On a souvent remarqué que le Chimborazo n'est pas à beaucoup près aussi élevé, par rapport au plateau sur lequel sa base repose, que le Mont-Blanc par rapport à la vallée de Chamouni ; et si l'on place le niveau inférieur des neiges alpines à 8500 pieds, le Mont-Blanc a 7000 pieds de cimes constamment recouvertes. Pour offrir une zone de cette étendue, il faut qu'un pic de l'Himalaya s'élève à 22,000 pieds ; hauteur fort rare, même sous l'équateur.

La portion des Alpes suisses et savoisiennes, qu'on appelle la Chaîne Pennine, est remarquable entre toutes par le nombre et l'étendue de ses glaciers. C'est là que doit se rendre par préférence le naturaliste curieux d'étudier la formation phénoménale de ces mers immobiles qui dorment depuis des siècles au fond de certaines vallées. C'est là qu'un de nos plus savants professeurs, M. Forbes, s'est transporté plusieurs années de

(1) Extrait du *Quaterly Review*.

suite, afin d'établir sur une série d'observations inattaquables la théorie incontestée de ces formations singulières. Les glaciers offrent en effet plusieurs problèmes, et tout d'abord l'incertitude de leur origine. Une montagne revêtue de neige n'implique nullement l'existence d'un glacier voisin. Dans les mêmes conditions de température, exposée aux mêmes vents, ouverte dans la même direction, labourée par des avalanches pareilles, une vallée n'aura pas, comme sa voisine, le privilége qui vaut à celle-ci la visite empressée des touristes. En quoi il consiste, nous allons le dire d'après notre savant professeur.

La forme commune d'un glacier est celle d'une rivière de glaces répandue peu à peu dans une vallée comme dans son lit naturel, et entraîné par son poids dans les vallées inférieures. Ce n'est point une mer glacée, bien qu'on le désigne souvent ainsi, mais bien un torrent congelé. Son origine la plus ordinaire, sa source la plus commune, se trouve bien évidemment dans les replis profonds qui sillonnent le penchant des montagnes revêtues de neige ; mais il n'en est ni l'accessoire indispensable ni l'apanage exclusif. En été, les neiges fondent à sa surface comme sur les rochers qui l'environnent et soutiennent sa masse. Elle s'avance comme un appendice de la région d'hiver au milieu des pentes attiédies que les pins et les pâturages recouvrent chaque année, et vient aboutir aux confins de la terre cultivée. Les huttes des paysans sont quelquefois atteintes par cette masse envahissante, et bien des personnes vivant encore aujourd'hui ont vu les épis en pleine croissance poindre au bord du glacier, ou même cueillir des cerises mûres sur un arbre dont les racines étaient en partie engagées dans ses laves transparentes. Par cela même que le glacier existe dans des régions abritées du nord où la température est relativement assez douce et où se multiplient les influences qui devraient le détruire, il est évident que la glace répare, au moyen d'une sorte de germination intérieure, les pertes qu'il subit chaque jour, et que ses barrières de cristal, muraille brillante que rien ne semble altérer, sont en réalité le résultat toujours changeant d'une reproduction quotidienne. Leur forme subsiste, leur substance change. Dissoutes à chaque minute, les particules qui s'en détachent sont à l'instant même remplacées.

Aussi remarque-t-on, à la partie inférieure de tous les glaciers, un courant d'eau épaisse et trouble, produit par la fonte des neiges et des glaces, par l'écoulement des pluies d'été, enfin par le travail des sources naturelles qui se rencontrent inévitablement au sein du vallon envahi. Le glacier lui-même ajoute abondamment par ses pertes à cette espèce de dégorgement, lorsque les chaleurs sont devenues assez fortes pour agir sur lui, et de là vient que les rivières du continent provenant de sources alpines, au lieu de décroître pendant l'été, roulent alors des eaux plus abondantes que jamais. De là vient aussi que la voix des torrents, faible au point du jour, grandit à mesure que le soleil monte dans le ciel, diminue vers le soir, et n'est jamais plus faible qu'à l'heure matinale où les premiers feux de l'aurore n'ont pas encore éclairé l'horizon. Pendant la nuit, le glacier dort, les rigoles étincelantes qui le sillonnaient diminuent de volume et de murmure ; le bruit des chutes d'eau s'affaiblit par degrés. Le silence et la nuit s'emparent en même temps des solitudes. Mais alors même quel beau spectacle n'offrent-elles pas ! La lune aux splendeurs inoffensives s'élève lentement des sommets boisés du Montanvert, et sème ses rayons d'argent dans la profondeur des vallées, aussi bien que sur les vastes flancs des monts revêtus de neige. Çà et là se dressent ces clochers de granite, vulgairement appelés *aiguilles*, comme autant de fantômes gris et de taille inégale, puisque les plus petits ont 10 pieds, et les plus grands 14,000 au-dessus du niveau de la mer. Enfin, sur le ciel, que l'excessive profondeur de ses voûtes d'azur fait paraître presque noir, les étoiles se détachent plus vivement que dans aucune autre région du globe.

L'extrémité basse d'un glacier, la limite où on le voit enfoncer ses angles vigoureux, comme autant de socs tranchants, à travers la terre molle des vallées, est ordinairement à pic, et présente des anfractuosités qui le rendent inaccessible. Le milieu, bien loin encore d'offrir une surface unie, a des pentes plus douces et plus régulières. Au sommet se retrouvent des plans heurtés, des reliefs capricieux, des sillonnements abruptes. La surface est traversée à peu près également de tous côtés par ces fissures que les Français appellent crevasses et qui sont de véritables dislocations plus ou moins élargies. Il en est de trop écartées pour que l'on puisse impunément tenter de les franchir. Bien que leurs faces verticales soient souvent d'une transparence vitrée, la surface générale d'un glacier ne ressemble en rien à celle d'une eau paisible que le froid a saisie, à celle d'un lac gelé, par exemple. A distance, l'œil n'en discerne guère les inégalités ; mais une inspection plus attentive, et surtout l'épreuve plus directe d'une promenade sur ces ondulations glissantes, dissiperont bientôt toute illusion à cet égard. Elles offrent si peu de sûreté aux pieds les plus fermes, qu'on en vient après quelques essais, à leur préférer les escarpements du granite, quelque lissés et périlleux qu'ils puissent être. Les inégalités en question viennent en général des sécrétions liquides que la chaleur détermine à fleur du glacier. Elles se creusent peu à peu une infinité de petits canaux qui chaque jour augmentent de profondeur et les conduisent, d'abord très-lentement, puis très-vite, à l'orifice de quelque crevasse béante dans laquelle ces filets d'eau s'abîment silencieusement.

D'autres reliefs sont produits par l'ombre de quelque roche éminente, qui protége contre les rayons solaires telle ou telle portion du glacier, autour de laquelle les parties moins bien défendues fondent et s'affaissent. Peu à peu la pierre protectrice se trouve, par l'abaissement graduel de ce qui l'entoure, portée sur une sorte de piédestal qu'elle surplombe d'une manière effrayante et qui bientôt, miné à son tour, ou bien s'écroule sous elle, ou bien la laisse glisser le long de ses parois amincies. Le plus bel échantillon de ces sortes de dolmen, mi-partie glace et granite, que M. Forbes a dessiné, n'avait pas moins de 13 pieds en hauteur, et la pierre qu'il supportait, équilibrée sur une pointe invraisemblable, devait donner le vertige à ceux qui se hasardaient près d'elle.

On ne peut pas aborder la mer de glace par sa partie inférieure, désignée sous le nom de Glacier-des-Bois; il faut escalader le Montanvert qui borde une portion de son rivage occidental, et l'on descend de là pour longer un des côtés du glacier. En arrivant à ses limites inférieures, on a sous les yeux un tableau délicieux. A droite et à gauche, des bois de sapins bordent de leurs massifs ardemment colorés les confins neigeux du glacier; tandis qu'on a derrière soi, et pour ainsi dire au-dessus de sa tête, l'énorme obélisque de Dru, monolithe de granite à qui son isolement, sa hauteur, ne laissent presque pas de rivaux parmi les aiguilles alpines, et auprès duquel les Pyramides égyptiennes n'obtiendraient pas même un regard de mépris, tant elles sembleraient insignifiantes. La cime du Montanvert est à 6300 pieds du niveau de la mer, et c'est une promenade du matin que d'y monter en partant de Chamouni, déjà élevé de 3400 pieds. Du temps de Saussure, en 1778, il n'y avait d'autre abri sur ce sommet perdu qu'un bloc de granite, dont une des faces, inclinée en avant, formait une sorte de caverne; et devant cette caverne, un mur grossier, percé d'une espèce de porte, avait été pratiqué. C'était la forteresse du pasteur qui gardait le Montanvert. Peu d'années après, sur une des vues coloriées que Lenk publia, nous voyons une petite cabane avec un toit de planches et tout récemment élevée. Son nom, *Blair's hopital*, dit assez qu'elle avait été construite par un Anglais. En 1816, quand nous y passâmes, il y avait une maisonnette d'assez raisonnable dimension, et qu'on avait bâtie aux frais de M. Desportes, résident de France à Genève. Nous ne saurions dire combien de temps elle a duré, mais notre voyageur décrit une hôtellerie, d'un ordre très-supérieur, composée, outre le salon commun, de trois chambres à coucher pour les étrangers, et d'une quatrième à l'usage des guides, sans compter les pièces nécessaires aux gens de service qui résident là, au nombre de trois, pendant quatre mois de l'année. M. Forbes y demeura plusieurs semaines, et il eut, vers la fin de septembre, à se plaindre du froid. Le thermomètre de sa chambre marquait 39° Fahr. (3° 89 cent.).

Comme nous l'avons déjà fait pressentir, la neige et la glace n'ont sur les Alpes aucun rapport nécessaire. Pendant l'hiver, la neige recouvre les glaciers comme les rochers qui les environnent; l'été vient, la neige fond et laisse à découvert les uns comme les autres. A peine remarque-t-on une légère différence dans la hauteur à laquelle ils lui permettent de subsister. Elle descend un peu plus bas sur le glacier, un peu moins sur le granite, et voilà tout. Cependant, on a pu observer quelquefois la métamorphose de certains quartiers où les neiges amoncelées ont fini par devenir des glaces compactes. Le changement est supposé s'opérer ainsi : Le dégel d'été fait filtrer dans la neige qu'il dissout partiellement une certaine quantité d'eau; les gelées de l'hiver suivant pénètrent assez avant pour condenser cette humidité cachée, et lui donner d'abord une certaine épaisseur, peut-être celle du premier lit de neige. L'année suivante, le même fait se reproduit, et la couche ainsi commencée augmente en consistance, en étendue, en épaisseur. A cette hypothèse se rattache directement l'explication donnée par M. Elie de Beaumont de l'absence des glaciers entre les tropiques. Ce savant l'attribue à ce que, les saisons n'y amenant pas de grandes variations dans la température, les alternations de dégel et de gelée n'ont pas une action assez profonde pour y convertir les neiges en glaces. A ce compte, l'absence de glace dans les régions supérieures de la zone neigeuse proviendrait plutôt du manque de chaleur que du manque de froid, et il faudrait admettre, quoique cette interprétation semble tout d'abord contraire au bon sens, que l'influence du soleil entre pour beaucoup dans la formation des glaciers.

Maintenant quelle est la cause de ce mouvement majestueux qui, d'année en année, se trouve imprimé à leurs flots pesants, et transporte dans les régions inférieures les immenses réservoirs de neige formés au sommet des Alpes? Sur ce point on s'en est d'abord tenu à la théorie de Gruner, adoptée par Saussure, à savoir : « Que les vallons où gisent les glaciers ayant toujours une pente plus ou moins inclinée, leur propre poids suffisait pour attirer ceux-ci vers le point le plus bas, mouvement accéléré d'ailleurs par le poids des neiges d'hiver accumulées sur les hauteurs, et facilité par le dégel des portions du glacier les plus rapprochées du sol, lesquelles lui forment une base glissante. » Mais cette théorie de la gravitation, savamment détruite, a été remplacée par la théorie de la dilatation, exposée tout récemment encore avec beaucoup de force et de talent par M. de Charpentier, qui n'en réclame pourtant pas la responsabilité première.

Selon celle-ci : « La neige, pénétrée par l'eau se consolide graduellement. Même à l'état de glace, elle demeure perméable à l'eau qui traverse les innombrables fissures par lesquelles sa masse est divisée. Celles-ci se remplissent d'eau pendant la chaleur du jour; la nuit vient, ce fluide se congèle, et son expansion, d'une force incalculable, tend à chasser le glacier tout entier dans la direction où il rencontre le moins de résistance, c'est-à-dire vers le lit inférieur de la vallée où il est posé. »

M. Forbes, examinant ces deux théories, se demande d'abord, en ce qui touche la première, comment une masse aussi vaste et aussi peu régulièrement formée que l'est généralement un glacier, peut glisser, en vertu des lois ordinaires de la gravitation et du frottement, sur une pente dont l'inclinaison moyenne n'excède pas 8 degrés, et qui souvent est réduite à 5; pente inégale d'ailleurs, et semée d'aspérités nombreuses; lit sinueux, irrégulier, et dont les issues, souvent trop étroites de moitié, ne sont en aucune façon préparées pour livrer passage au courant massif. Il oppose à cette conjecture les lois mécaniques en vertu desquelles les pierres taillées ne glissent l'une sur l'autre, alors même que leurs surfaces sont polies avec le plus grand soin, qu'à un angle incliné de 30 degrés au moins. Comment d'ailleurs éviterait-on l'accélération d'un pareil mouvement, et les désastres qui seraient la conséquence naturelle d'une avalanche de cette espèce? D'un autre côté, la théorie de la dilatation repose, suivant notre professeur, sur une erreur absolue relativement à un fait physique qui en est la base. M. de Charpentier affirme que le minimum de la température d'un glacier est de 32° Fahr. (0° cent.), et que l'eau renfermée dans ses fissures n'est conservée à l'état liquide que par le très-petit dégagement calorique des couches d'eau supérieures, elles-mêmes en rapport avec l'air extérieur. « Supprimez, ajoute-t-il, cette unique source de calorique, c'est-à-dire condensez à l'état de glace les couches d'eau supérieures, et toute l'eau contenue dans le glacier sera congelée en peu d'instants. » M. Forbes s'élève contre ce système, qui ne tient aucun compte de la *chaleur latente* dont l'eau ne se dégage que dans un milieu de température bien inférieure à 32°.

« Nous admettons, dit-il, toutes les prémisses de M. de Charpentier; un morceau de glace à 32°, traversé dans ses plus intimes profondeurs par des fissures remplies d'eau, également à 32°; la nuit vient, la surface est totalement congelée, il ne pénètre plus dans l'intérieur du glacier une seule goutte d'eau réchauffée par l'air extérieur. Alors, dit notre adversaire, une congélation immédiate s'ensuit pour toute l'eau renfermée entre les parois glacées des fissures. Pas le moins du monde; car dans cette hypothèse, où déposerait-elle la portion du calorique qui la maintient à l'état fluide? la glace dont elle est entourée et qui est déjà au même degré de température (32°), ne pourrait s'en imprégner sans fondre à l'instant même. La congélation ne saurait donc s'opérer que graduellement, par une absorption lente de ce calorique latent, laquelle absorption ne peut avoir d'autre cause que l'intensité du froid extérieur, maintenue pendant un assez long temps. Il en sera de même du glacier comme de la terre, sur laquelle le froid le plus intense n'opère, dans le laps d'une seule nuit, qu'une congélation superficielle. En faut-il davantage pour se rendre compte des effets que peut produire le froid d'une nuit d'été sur une masse comme celle du glacier?»

De plus, en admettant pour véritable cette doctrine du mouvement par congélation et par expansion, comment arriverait-il que ce mouvement fût surtout remarquable à l'époque de l'année où les variations quotidiennes de la température deviennent presque inappréciables, et où l'on pourrait démontrer que la congélation interne, si toutefois elle existe, est moins probable qu'en aucun autre temps? En l'admettant encore, il faudrait conclure que les conditions les plus favorables à la dilatation du glacier sont les alternatives d'une température très-douce et soudainement refroidie. Or, les tables dressées par le professeur écossais donnent un résultat tout opposé, puisqu'elles démontrent que la marche du glacier, retardée par les grands froids, reprend avec plus d'activité dès les premiers dégels. Est-ce à dire que pendant l'hiver le glacier reste complétement stationnaire? Les partisans de la dilatation l'ont prétendu, et ils en infèrent que l'état de congélation perpétuelle, sans alternative de fontes partielles, arrête le mouvement des glaciers en suspendant l'action à laquelle ils l'attribuent. « Le mouvement des glaciers suppose des alternances fréquentes de chaud et de froid, dit Agassiz : il en résulte que l'hiver est pour les glaciers l'époque du repos. » « C'est un fait reconnu et attesté par tous ceux qui demeurent dans leur voisinage, répète M. de Charpentier, que les glaciers restent parfaitement stationnaires dans la saison d'hiver. »

Eh bien! on vient de constater, sans qu'il puisse rester un doute à cet égard, que le progrès de la mer Glaciale pendant un hiver, c'est-à-dire du 20 octobre au 4 avril, a été de 212 pieds. Dans le plus fort de la saison, depuis le 12 décembre jusqu'au 17 février, cet accroissement avait recouvert 76 pieds, c'est-à-dire environ 13 $\frac{1}{2}$ pouces par jour. Le progrès annuel des portions latérales de la mer de glace est évalué approximativement à 483 pieds, et celui des masses centrales doit être des deux cinquièmes plus considérable. Cette dernière observation tient encore à tout un ordre de découvertes récentes, en ce qui concerne les glaciers. Il était généralement admis que les côtés de ces courants glacés avançaient bien plus rapidement que leur centre. Observé au télescope par M. Forbes, leur mouvement, tout au contraire, pareil à celui des cours d'eau, est plus marqué au centre, plus lent sur les bords. Par une autre loi, tout à fait analogue à celle-ci, la surface du glacier et les portions adhérentes avancent plus rapidement que ses couches inférieures plus voisines du sol, et plus arrêtées par les obstacles qui résultent du frottement. Ces deux tendances combinées produisent ces longues lames ondées, ces courbes paraboliques qui caractérisent la structure horizontale du glacier ; ensemble de phénomènes qui vont directement à l'encontre des deux systèmes que nous avons exposés plus haut.

Celui de M. Forbes, auquel ils se rattachent étroitement, est d'une clarté satisfaisante. Un glacier n'est point pour lui une masse tout à fait compacte ; on y trouve, outre une certaine quantité de blocs de glace à l'état solide, une quantité plus considérable encore de glace à demi fondue, de neige encore malléable, de substances bourbeuses et d'eaux restées à l'état liquide. Cet amalgame, susceptible d'être plus ou moins ramolli par l'influence de la température extérieure, possède une sorte d'élasticité grossière, appréciable même au toucher, dans certaines circonstances particulières. Maintenant, comme toute autre substance pâteuse, comme tout autre amas de viscosités plus ou moins adhérentes les unes aux autres, déposés sur un plan incliné, celle-ci tend, par la pesanteur qui lui est propre, et par l'effet plus ou moins contrarié de son incomplète fluidité, à descendre le long de la pente qui lui est offerte. Ce faisant, il arrivera inévitablement que sa plus grande force ira des côtés au centre; que, rencontrant un obstacle, elle s'accumulera autour de lui jusqu'à ce qu'elle l'ait surmonté par sa masse, et que de ce double travail résultera pour ses parties constituantes une disposition lamelleuse et curviligne; justement ce qui a été observé pour les glaciers. Nous pensons donc que, grâce à l'hypothèse ingénieuse de M. Forbes, confirmée par tant de preuves inattaquables, la question des glaciers se trouve fixée irrévocablement et à jamais.

Une des assertions corollaires de la théorie du mouvement par dilatation consistait à soutenir que, pendant l'été, la surface des glaciers n'éprouvait aucune dépression, malgré les pertes que la chaleur amenait pour eux. Il fallait, afin que cette doctrine fût vraie, qu'il s'établît une sorte de compensation entre l'accroissement, le gonflement des glaces résultant du travail qu'on signalait en elles, et les pertes sensibles que l'influence du soleil leur fait subir. Sur ce point encore, les observations de M. Forbes démentent la théorie qu'il attaque. Il établit victorieusement que, pendant la saison chaude, il y a diminution notable dans le volume du glacier. Le soleil le fond, la pluie lave et dissout les portions qu'elle frappe; mille imperceptibles courants labourent ses parois désunies, et vont s'enfouir dans ses obscurs recès; d'autres se font jour sous la glace même, et minent, invisibles, les lourdes bases de cristal qui la soutiennent. La terre elle-même lui fait sentir l'influence de sa chaleur renouvelée, et participe à ce travail rongeur. Toutes ces causes réunies, dont rien, quoiqu'on ait pu dire, ne contre-balance l'effet, amènent une déperdition quotidienne qui se révèle par un abaissement de plusieurs pouces chaque jour. Un des côtés de la mer de glace avait, suivant les calculs de M. Forbes, baissé de 25 pieds et au delà, du 26 juin au 16 septembre. Au centre, la diminution était encore plus sensible. Les gelées de l'hiver réparent ces pertes et ajoutent au glacier tout ce qu'elles condensent de fluides, soit à l'intérieur, soit à la surface. Mais l'effet de la dilatation incontestable qu'elles produisent n'est point de pousser le glacier en avant. Cette dilatation s'opère du côté où la résistance est moindre, c'est-à-dire dans une direction verticale. Le glacier n'avance pas, il épaissit.

Nous n'avons pu, on le pense bien, que résumer les principales idées du professeur écossais, en insistant sur les théories nouvelles qu'il suggère. C'est la portion scientifique de son travail; mais il en est une autre que nous allons aborder plus en détail, et dont l'analyse aura pour but de faire connaître une partie de la Suisse où les touristes ordinaires ne se hasardent presque jamais.

Bien des gens, par exemple, ont parcouru la vallée de Chamouni tant célébrée par les romanciers ; mais combien de ceux-là ont fait le tour du Mont-Blanc, en prenant le village même de Chamouni pour point de départ et de retour? Cette excursion est une de celles qui déroulent sous les yeux du voyageur un des plus splendides panoramas et des plus variés qu'on puisse trouver au sein des Alpes. En longeant les bords de l'Arve, et en traversant le beau glacier de Bossons, dont la limite inférieure ne doit pas être aujourd'hui à moins de 5000 pieds au-dessous du niveau des neiges, on tourne à gauche par la vallée de Montjoie, et l'on traverse l'épaulement sud-ouest du Mont-Blanc par le col du Bonhomme, une des passes alpines les plus lugubres qui soient. Le vent d'ouest y soulève fréquemment ces tourbillons de neige que les Français appellent des tourmentes, et qui ont reçu dans les Alpes allemandes le nom de *guxen*. Les guides n'y pénètrent qu'à contre-cœur pour peu que le temps menace. Du sommet, le regard embrasse au loin les vallées de la Tarentaise. Les montagnes de l'Isère supérieure y sont en vue ; l'aiguille de Vanoize, espèce de pyramide aux flancs neigeux, s'élève parmi elles, orgueilleuse et toujours remarquée. En face est la profonde et sauvage vallée de Bonneval, gorge déserte, qui se prolonge jusqu'à Bourg-Saint-Maurice, et par laquelle on arriverait à la passe du petit Saint-Bernard. Mais pour se rendre à l'allée Blanche, il vaut mieux prendre par les chalets de Motet, et traverser le col de la Seigne dont l'ascension, sauf l'ennui, n'offre aucun péril. Il s'élève à un peu plus de 8400 pieds au-dessus du niveau de la mer, et les énormes escarpements du Mont-Blanc s'y montrent, plongeant à la gauche du voyageur, vers le fond de la vallée ; elle-même a 4000 pieds du niveau en question. De là, bien mieux que de Chamouni, l'œil saisit et comprend ce que l'aspect du Mont-Blanc a de grandiose et d'écrasant, avec ses 11,700 pieds de rochers verticaux, auxquels la neige ne peut se cramponner que çà et là. Mais ce n'est pas tout, et l'allée Blanche est aussi célèbre pour ses glaciers que pour ses amples perspectives. Ils la traversent dans toute son étendue, depuis le sommet du Col jusqu'au village de Courmayeur, situé à cinq heures de marche. C'est le séjour indiqué des explorateurs curieux que tenteraient les merveilles glacées qu'on remarque sur le côté sud-est du Mont-Blanc. Le capitaine Basil Hall, frappé de leur magnificence, a déclaré que les chutes du Niagara luttaient seules de grandeur avec le glacier de Miage. M. Forbes, qui a plusieurs fois traversé ce glacier dans tous les sens, le décrit en ces termes :

« Son immense étendue, aussi bien que les inégalités de sa surface, contribuent à tromper le regard, et je ne me rappelle pas avoir fait une excursion plus pénible ou plus fatigante que la traversée du glacier de Miage dans sa partie inférieure, que je suivis depuis le milieu du glacier jusqu'à l'endroit où il se partage en deux branches. Ce torrent glacé, tel qu'il s'étend depuis l'allée Blanche, me parut avoir environ 3 milles et demi de long sur 1 mille et demi de largeur; mais j'ai la conscience que ces mesures, purement approximatives, n'ont rien d'assuré. Après m'être longtemps débattu parmi les fissures et les moraines, je gravis enfin un groupe de blocs plus élevés que le reste, et je contemplai à loisir une scène de désolation qui me donnait l'idée du chaos primitif. Les crevasses, larges et nombreuses, n'avaient rien de régulier comme celles de la mer de glace; mais inégales, heurtées, anguleuses, coupant le glacier dans toutes les directions, elles attestaient une interminable série de commotions intestines. On voit à la surface, dispersés comme pour un jeu, et comblant à demi les crevasses les plus écartées, quelques gros blocs de granite, soulevés et roulés au hasard par cette force mystérieuse. Le voyageur les rencontre avec joie quand le glacier, lui refusant toute issue, semble vouloir le garder à jamais dans l'infranchissable dédale de ses abîmes entre-croisés. On se rappelle involontairement, à leur aspect, la tradition mythologique de Sisyphe et de son rocher; car ce sont aussi des chutes éternellement renouvelées, sans que jamais le bloc, qui sans cesse tombe, atteigne au fond des précipices ouverts devant lui. Une force secrète le repousse constamment au sommet des monceaux de glace, des vagues pétrifiées sur le dos desquelles il voyage.

« Que le piéton se méfie de ces pesantes masses, et qu'il se garde bien de confier sa vie à leur apparente stabilité. Il en est qui semblent assises, comme le Snowdon, sur une base inébranlable, mais qui portent en réalité sur l'arête d'un mur de glace, et que le choc du plus léger caillou précipiterait à droite ou à gauche dans les cavités qu'elles déguisent. Ne vous fiez pas davantage à ce banc sablonneux dont l'aspect est si engageant; il recouvre d'ordinaire la glace la plus amincie et prête à céder sous la moindre pression de votre pied hasardeux. Tout est immobile, tout va remuer. Asseyez-vous un instant avec moi sur les moraines de Miage, pour épier la lutte silencieuse du soleil et des glaces. Pas un être animé ne traverse le paysage; pourtant une sorte de vie intérieure s'y révèle à tout instant. Un bloc craque, se fend et glisse. D'un lit où les froids de la nuit l'avaient fixé, mais dont le soleil a lubrifié la surface, le gravier mouillé se détache; d'abord c'est le sable le plus fin, puis le plus pesant, que suivent les petits cailloux; après quelques bruits précurseurs, tout s'ébranle, l'avalanche de rochers roule dans l'abîme avec un bruit de tonnerre, et le silence renaît plus profond après la crise. »

A peu de distance, sur les deux côtés de la vallée, et en particulier sur les pentes nord du mont Chétif, appelé aussi le Pain-de-Sucre, on voit verdoyer quelques arbres. Si vous suivez le sentier boisé qui mène à Courmayeur, à travers les tiges élancées des pins au milieu desquels il est tracé, brille de temps à autre un éclat soudain. Ce sont les flamboyantes clartés que le soleil projette sur le grand et beau glacier de la Breuva. Comme il descend fort bas dans la vallée, on peut aisément en approcher, et d'ailleurs on le voit complétement du sentier à mulets qui traverse l'allée Blanche. C'est un de ceux où se remarquent le mieux les veinures si souvent étudiées par les géologues, et qui alternent du vert tirant sur le bleu, au blanc tirant sur le vert. Il a énormément augmenté depuis l'époque où il fut décrit par Saussure, et dans le cours de ses progrès il avait, en 1820, acquis d'assez vastes proportions pour renverser en partie un promontoire de granite qui faisait obstacle à sa marche. Sur ce promontoire était une chapelle, qui se trouva désormais trop exposée pour qu'on osât continuer à s'en servir. Il fallut la démolir et la transporter sur un rocher plus éloigné. Il y a, du reste, sur ce glacier, comme sur bien d'autres, une tradition populaire. On raconte qu'autrefois il n'occupait pas même le fond de la vallée qu'il remplit aujourd'hui. Mais, un certain jour de fête, le 15 juillet, dédié à sainte Marguerite, les habitants d'un village, appelé Saint-Jean de Pertus, au-dessus duquel pendait alors le glacier, ayant employé leur temps au fanage, au lieu de respecter, par le repos et les exercices religieux, l'hommage rendu à la sainte, furent punis de ce sacrilége par la chute du glacier, qui tomba sur eux à l'improviste, et les engloutit corps et biens.

Courmayeur est, dans la vallée d'Aoste, le plus élevé des villages qui, par leur importance, méritent ce nom. L'exquise fraîcheur et la pureté de l'air qu'on y respire, et ses eaux minérales très-fréquentées en été par les baigneurs piémontais, lui ont donné une certaine réputation. D'ailleurs, à proximité de l'allée Blanche et de sa grande prolongation, le val Ferret, les explorateurs de glaciers ne sauraient choisir une meilleure station. Entre autres excursions dont il peut être le centre, nous recommanderions l'ascension du Cramont, où l'on a une vue générale de tous les précipices ouverts au sud du Mont-Blanc et de la chaîne adjacente. Sur la route qu'on parcourt en y allant, et lorsqu'on descend de la Thuille, on rencontre une magnifique échappée de paysages alpestres. L'aiguille du Géant, la grande Jorasse et toute la chaîne orientale du Mont-Blanc s'offrent à la fois au regard.

Les voyageurs qui tentent une traversée directe de Courmayeur à Chamouni ont à traverser l'épaulement du Mont-Blanc, et descendent de la mer de glace par le passage du col du Géant. C'est une entreprise ardue et hasardeuse. La masse ovale que décrivent le Mont-Blanc et les hauteurs tributaires dont il est environné s'étend sur une longueur de 30 milles environ, à partir du col du Bonhomme, sud-ouest, jusqu'au mont Catogne, au-dessus de Martigny, nord-est. Le chemin de traverse de Courmayeur à Chamouni n'a guère que 13 milles. Aussi serait-il très-fréquenté, n'étaient les dangers que présente le glacier du Tacul, un des bras supérieurs de la mer de glace. La tradition rapporte qu'on y passait plus commodément jadis ; mais pendant des siècles on l'a jugé impraticable. En 1781, Bourrit disait de ses crevasses : « Elles sont si effroyables, qu'elles font désespérer de retrouver jamais la route qui conduisait à la vallée d'Aoste ; » et il n'est question que dans le quatrième volume des Voyages de Saussure, publié en 1788, de la route nouvellement découverte pour aller de Chamouni à Courmayeur. Nous donnerons une idée de la difficulté, sinon des dangers qu'elle présente, en disant que, pour faire ces 13 milles, il ne faut pas moins de deux journées, et qu'on passe une nuit tout entière sur les neiges, sans le moindre abri. M. Forbes prit le parti de voyager durant toute cette nuit, de manière à gagner le sommet du col peu de temps après le lever du soleil.

« Nous fûmes sur pied, dit-il, à une heure trente minutes du matin, et ma mauvaise humeur, causée par les prétentions exorbitantes des aubergistes, se dissipa bien vite en face du beau spectacle qu'offrait en ce moment la vallée de Courmayeur. La pleine lune était à son apogée dans un ciel sans nuages, la brise calme et rafraîchie passait lentement sur nos fronts. Le village et les maisons environnantes étaient plongés dans le silence et l'immobilité du sommeil. J'avançais sans me presser à la tête de ma petite caravane, et à mesure que s'abrégeait devant moi la route bien connue qui conduit à l'allée Blanche et au pied du Mont-Blanc, cette vaste muraille de montagnes, couronnée de frimas éternels, semblait s'élever menaçante au-dessus du paisible vallon, où toute la richesse d'été débordait, où les prairies vertes fleurissaient sous les arbres verts, et d'où s'exhalaient ces fraîches odeurs qui suivent une pluie récemment tombée. J'avais vu rarement autant de grâce unie à tant de majesté, et le plaisir de cette contemplation s'augmentait encore d'une sorte d'espoir orgueilleux, quand je me promettais que, peu d'heures après, je serais au sommet des cimes glacées qui maintenant me disputaient le passage. »

Lorsqu'il eut traversé le torrent qui descend du val Ferret, il accomplit l'ascension du mont Frety, par le sommet duquel, après trois heures de marche assidue, il gagna la base du pic principal. Avant de le gravir, il fallut faire halte pendant une demi-heure, et nos aventureux voyageurs profitèrent de ce répit pour déjeuner auprès d'une fontaine. Ensuite ils reprirent leur ascension devenue alors une affaire sérieuse. Plus de vestige de gazons ou d'herbages. Il fallut grimper lentement le long d'une arête dont les reliefs facilitaient la marche, et parmi des masses de rochers entièrement dépouillés sur lesquels on ne rencontra qu'un champ de neige à peine long de quelques vingt pas. Peu après sept heures du matin, la caravane était installée sur une des cimes, à 11,140 pieds de hauteur. Le ciel favorisait les voyageurs d'un temps magnifique ; trop beau même pour qu'on pût le croire stable. A l'est, au sud et à l'ouest, les chaînes parfaitement distinctes dessinaient nettement leurs profils gradués, et aussi loin que l'œil pouvait embrasser l'horizon, il errait sans obstacle sur ces océans de granite. Notre voyageur ne les contemplait pas d'un œil indifférent, car tous leurs promontoirs, tous leurs abîmes lui étaient connus : à chacun il rattachait un nom familier et le vague cortége des souvenirs qu'il y avait recueillis pendant ses nombreuses excursions. Il décrit avec un enthousiasme sincère le panorama dont il était alors entouré ; l'inaccessible obélisque du mont Cervin, roc pointu de 1000 pieds, à peine inférieur au Mont-Blanc, et certainement une des plus remarquables parmi les aiguilles alpestres ; les vingt cimes du mont Rose, fondues en un seul groupe vaporeux par le prisme azuré de l'éloignement; les rocs de la Valpelline, enceinte dentelée d'un vaste désert de neiges; les masses grises et sévères de Champorcher; les solitudes éblouissantes du Ruitor ; et à l'ouest, et bien au delà de ces pics gigantesques, les chaînes éloignées du mont Thabor séparant les vallées de l'Arc et de la Durance, le royaume de France et les États de Savoie. Si de cet horizon lointain il rappelait ses regards sur le pays immédiatement à ses pieds, ils y trouvaient la base énorme d'une colonne de 8000 pieds ; l'allée Blanche avec ses glaciers rayonnants, son lac tranquille, ses torrents presque muets, les pics orgueilleux du mont Chétif et même du Cramont, la monotone étendue du val Ferret, les villages de Courmayeur et de Saxe, et les vertes prairies de Saint-Didier entourées de rochers où les pins abondent.

Si haut qu'ils fussent parvenus, nos voyageurs avaient encore derrière eux et audessus de leurs têtes le dernier sommet du Mont-Blanc et l'aiguille de Peteret, c'est-à-dire 4630 pieds de hauteurs entassées.

Le naturaliste génevois et son fils virent

;amper sur ces hauteurs le 3 juillet 1788, ıvec une nombreuse escorte de guides et de)orteurs. Quinze jours après seulement, ils 'edescendirent à Courmayeur. Les guides, ;puisés de fatigue et d'ennui, avaient, dit-on, :aché les provisions, afin d'abréger un exil ıui commençait à leur paraître insupportable. Pendant ces deux semaines, Saussure)assa les jours entiers et une partie des ıuits auprès de ses instruments de physique. Aussi n'a-t-on jamais réuni une aussi belle ;érie d'observations sur l'état de l'atmos)hère dans les régions élevées. Maintenant ncore il faudrait admirer le courage et la)ersévérance d'un savant qui risquerait la nême entreprise; mais si l'on veut bien se 'endre compte de ce qu'étaient les Alpes il y ı soixante ans, et des périls qu'entraînaient llors l'ignorance des guides, l'insuffisance les instruments et des renseignements, l'acion de Saussure acquiert un caractère de 'éritable héroïsme. Son âge la rehausse en:ore; car il est bien rare de trouver un dé'ouement aussi téméraire, un zèle aussi arlent pour la science dans un homme de cinıuante ans. Son fils, qui vit encore pour 'aconter ce prodigieux exploit, n'avait alors ıue dix-huit ans.

M. Forbes quitta le Col à huit heures et 'edescendit vers Chamouni. Nous le laisse'ons dépeindre le spectacle qui s'offrit à ses 'eux : « Il est difficile, dit-il, de décider si la lescente est moins dangereuse que l'ascenion sur un glacier comme celui-ci. En des:endant, au moins, on est exposé à plus de urprises. Le regard inaverti se prolonge ur des pentes lisses et continues en appa'ence, mais qui lui dérobent des abîmes sans ond et sans nombre. Les crevasses allaient :n s'élargissant toujours. Les courants l'eau, venus de côtés différents, se rejoi;naient, et tantôt poussaient les uns contre es autres leurs eaux brisées par ce choc, antôt disparaissaient ensemble dans quelıue béante cavité. La pente, d'abord plus nénagée, plus également recouverte de ıeige, devenait à la fois plus roide et plus ıue. On courait moins le risque de tomber lans un précipice masqué au regard, mais es crevasses visibles, plus nombreuses et)lus longues, nous obligeaient à de contiıuels circuits. Le glacier se terminait par ıne sorte d'abîme. Au point où il est le plus :troit, il est aussi le plus à pic, et la glace, lans ses efforts pour franchir l'issue resser'ée qui lui est laissée, se déchire en quariers énormes. Un moment après nous nous rouvâmes parmi des roches inclinées et des)récipices verticaux, ayant entre nous et la ner de glace un véritable chaos de fissures :ntre-croisées, sans nombre et sans ordre, ıui semblaient d'une profondeur et d'une argeur infranchissables. Notre embarras :tait encore augmenté par l'impossibilité où ıous étions d'embrasser l'ensemble du labyrinthe qu'elles formaient autour de nous et ıue nous devions traverser. Le sentier qui promettait le plus menait dans des passes inextricables; le plus ardu en apparence était souvent le plus direct et le plus sûr.

« Nous nous étions dirigés vers le côté nord-ouest du glacier, presque au pied du Petit-Rognon, espérant arriver ainsi, non pas sur les rochers eux-mêmes, mais tout auprès d'eux; toutefois, quand nous approchâmes de cette partie du glacier, Couttet lui-même, ce guide courageux, secoua la tête d'un air ambigu, et proposa d'essayer l'ancien passage, par le pied de l'Aiguille-Noire, où Saussure laissa jadis son échelle. En général, pourtant, les guides n'aiment guère ce passage dangereux, non-seulement à cause des plans inclinés que la glace y affecte, mais encore à cause des cailloux que la chaleur du jour détache de ses escarpements labourés par les pluies. Ces avalanches de pierres doivent compter parmi les plus grands périls d'une excursion sur les glaciers. Le bloc vacillant dont vous avez le mieux prévu la chute, et contre lequel vous croyez vous être mis en garde, peut néanmoins tomber de telle manière, que, cerné par les crevasses, ou engagé sur l'étroite arête de quelque rocher, vous ne sauriez en aucune façon éviter sa rencontre. Encore est-il rare qu'un bloc isolé se détache. Une chute pareille ébranle tous les environs; un véritable torrent se forme et grossit, qui, dans sa course tantôt plane, tantôt bondissante, soulève un nuage de poussière çà et là coupé d'étincelles. Sur sa route il heurte peut-être quelque énorme roche mal équilibrée; elle s'ébranle à son tour, saute pesamment de cime en cime, et finit par tomber à grand bruit sur le glacier, parmi des tourbillons de poudre et de fumée que soulève ce choc affreux. J'ai plus d'une fois assisté à la chute de ces avalanches granitiques, et je les range parmi les plus terribles moyens de défense que le génie des solitudes puisse déployer contre l'importune curiosité des hommes. Leur course laisse sur les rochers de profondes traces, et tout guide prudent a grand soin de ne jamais passer sur le lit qu'ils se sont creusé.

« J'ai déjà dit que nous pensions pouvoir passer dans la direction de l'Aiguille-Noire, et nous traversâmes le glacier pour étudier cette issue, mais là des barrières plus insurmontables semblaient devoir nous arrêter. Une fente d'une longueur prodigieuse coupait le glacier dans toute sa largeur, et cette fente avait au moins 500 pieds d'un bord à l'autre; elle se terminait à l'opposite des précipices de l'Aiguille-Noire, par un vaste enfoncement de glace, lui-même aboutissant à d'autres abîmes non moins terribles. Il ne nous fallut que jeter un coup d'œil sur ces fortifications naturelles, pour sentir que sans cordages et sans échelles nous n'avions aucune chance de les franchir. Plus d'autre parti à prendre que de revenir sur nos pas; mais encore, de manière ou d'autre, fallait-il nous tirer de l'espèce de prison que nous nous étions faite. L'expérience de Couttet nous inspirait heureusement toute la confiance nécessaire, et sa présence d'esprit, qui ne se démentit pas un seul instant, me laissa le sang-froid qu'il fallait pour chercher par mille essais, la plupart infructueux, à franchir les nombreux détours du labyrinthe formé par les crevasses sur le côté nord du glacier. Un chamois qui d'abord nous avait servi de guide, et ceci se voit souvent en pareille occurrence, paraissait à cette heure tout aussi embarrassé que nous : il cherchait sa route avec autant d'hésitation ; il avançait et reculait, tantôt à droite, tantôt à gauche, et si souvent, que, fatigués de le suivre, nous perdîmes sa trace pendant quelque temps. Cette espèce d'animal ne s'aventure qu'avec une prudence infinie sur la perfide surface des neiges, la forme de son pied ne lui permettant guère d'éviter les mauvais pas où elles l'engagent. Aussi avions-nous passé hardiment en maints endroits où le chamois en question n'avait osé nous suivre, mais sur la glace dure et découverte il reprenait tous ses avantages ; il bondissait sur les points escarpés où nous serions difficilement parvenus, et, sûr de sa retraite, il n'était pas obligé comme nous de calculer à deux fois, avant de descendre sur un plateau, les moyens de remonter sur celui que nous aurions abandonné à l'étourdie. Plus d'une fois il fallut revenir sur nos pas ; plus d'une fois nous fatiguer en circuits inutiles ; mais, en fin de compte, nous retrouvions toujours les empreintes de notre chamois, le meilleur des guides dans une telle route. Au reste ces incertitudes ont tout le charme du jeu le plus compliqué. L'esprit tendu vers la solution du problème que présente chaque nouvel obstacle ne s'arrête jamais sur les idées tristes ou décourageantes. Mille fois trompé, l'espoir renaît toujours, la surexcitation physique aide, maintient le courage moral, et le moindre progrès constaté repose des plus rudes fatigues. Souvent il nous fallait descendre au fond du glacier et choisir la partie la plus dentelée, la plus usée pour ainsi dire, afin de traverser les crevasses dans les portions où elles étaient comblées par les décombres de leurs parois. Embarrassés dans les glaces, nous n'en sortions un instant que pour en voir d'autres au delà, et constater les faibles progrès que nous avions péniblement accomplis. Enfin, grâce au talent de Coutlet, secondé par notre patience et notre unanimité d'efforts, attachés l'un à l'autre, nous ne nous quittâmes pas une seule minute; descendant à quatre pattes dans un précipice, à quatre pattes remontant hors d'un autre, faisant le tour d'un troisième, creusant des escaliers dans le roc à l'aide du marteau des géologues, nous tirant à la corde les uns les autres, nous finîmes par sortir de ce chaos jugé d'abord impénétrable, et cela sans avoir précisément couru de très-sérieux dangers. »

En effet, nos voyageurs se retrouvaient sur un terrain mieux connu, et, par comparaison, très-facile à pratiquer. Ils distinguaient les profils familiers de la mer de glace, et le jardin qui la borde au loin, les ramifications glacées du Tacul, de Charmoz et du Moine; enfin ils revoyaient l'eau, dont l'aspect a tant de charme pour qui a longtemps erré sur des champs de neige. M. Forbes et ses guides en burent abondamment. Le sentiment qui les dominait tous était une excessive gaieté qui leur faisait franchir sans hésitation, sur les pentes du Géant, des crevasses assez larges pour les intimider s'ils eussent été de sang-froid. Une fois sur la plate-forme qui communique avec le glacier de Léchaud, la route devint facile et belle, et M. Forbes arriva sur le Montanvert où il avait résolu de passer quelques semaines, à quatre heures de l'après-midi, sans fatigue, sans mal de tête, sans épuisement. Les guides qui avaient achevé leurs provisions d'eau-de-vie descendirent à Chamouni, où leur présence excita une surprise générale. On n'avait jamais entendu dire que le col du Géant pût être traversé en une seule journée, et de plus on le supposait impraticable à cause des neiges récemment tombées.

Les voyageurs qui ne veulent ou ne peuvent traverser le col du Géant, ou qui désirent faire le tour du Mont-Blanc d'une manière plus commode et plus simple, doivent suivre cette prolongation de l'allée Blanche que nous avons déjà indiquée sous le nom de val Ferret. Ce nom est porté par deux longues vallées d'assez bon aspect : l'une, la plus voisine du Courmayeur, est le val Ferret piémontais ; l'autre, le val Ferret suisse; creusées dans une direction parallèle, elles sont séparées par un col qui est à cinq heures de marche de Courmayeur. De cette élévation centrale, si l'on regarde derrière soi, on a le coup d'œil saisissant des vastes renforts qui soutiennent le Mont-Blanc du côté du sud ; le Peteret se fait surtout remarquer par son jet audacieux qui lui donne l'aspect d'un clocher gothique. L'ascension par la vallée suisse est excessivement longue et d'un intérêt médiocre; elle conduit par Orsières à Martigny, d'où le voyageur peut faire volte-face et gravir le col de Balme ; en le traversant, il gagne la vallée de Chamouni, et complète ainsi le tour du Mont-Blanc. Mais le touriste qui se trouve à Orsières et qui désire pénétrer plus profondément au sein des Alpes pennines, au lieu d'arriver jusqu'à Martigny, peut traverser la Dranse à Chable et remonter le val de Bagnes; il y trouvera sans doute encore les traces de l'effroyable débâcle qui, en 1818, ravagea le fond de cette vallée, et auprès de laquelle l'inondation du Morayshire, si bien décrite par sir Thomas Lander, n'est qu'un désastre secondaire.

La saison avait été remarquable par l'accroissement des glaciers de la Suisse en général, et de celui de Gitroz en particulier. Ce dernier, qui gît à l'extrémité supérieure du val de Bagues et sur sa pente orientale, s'accumula de telle sorte, qu'il arrêta les eaux de la Dranse ; elles grossirent peu à peu sur ce point, et y formèrent un lac qui avait une demi-lieue de long, 700 pieds de large, et dans certains endroits, 200 pieds de profondeur. Désormais il fut certain que, si l'on ne parait par des moyens artificiels à cette terrible éventualité, l'énorme masse d'eau que nous venons de décrire romprait, aux premiers jours du printemps, la digue affaiblie que lui offrirait alors le glacier, et qu'en une demi-heure cette masse calculée à 500,000,000 de pieds cubes tomberait à la fois sur une vallée tortueuse et remplie de défilés étroits. Figurez-vous la chute du Rhin à Bâle, grossie de quatre fois son volume, et subitement précipitée dans le lit d'un torrent de montagnes. Il ne faut pas s'étonner que M. Venetz, l'intrépide ingénieur du Valais, ait eu la pensée de détourner cette catastrophe en creusant, à travers la glace, un canal qui peu à peu devait donner passage aux eaux prisonnières. On y travailla depuis le 10 mai jusqu'au milieu de juin, et on commençait à espérer que l'approfondissement graduel du canal amènerait bientôt le résultat désiré ; mais, à ce qu'il paraît, l'eau à 32 degrés ne mine la glace que par une action très-lente, et bientôt la cataracte, frappant d'aplomb sur ces digues glacées, les travailla de telle sorte, que le canal ou galerie, pratiqué sur une longueur de 600 pieds, fut complétement détruit et tomba par morceaux. En outre, la cascade pénétrant sur le sol inférieur, l'amollit de telle sorte, que le surplus des glaces se détacha de la montagne et mit le comble au désastre. « Ce fut, dit notre observateur philosophe, une terrible, mais une grande leçon pour les géologues. » Par malheur elle frappa sur beaucoup d'honnêtes gens, hommes et femmes, qui n'avaient rien de commun avec la géologie. « La force des eaux, ajoute-t-il, se déploya sur une échelle si rare, que Hutton et Playfair eussent sans doute désiré d'assister à cette scène, si elle n'avait amené d'aussi tragiques conséquences. Les ponts cédaient; celui de Chable, résistant un moment, repoussa le torrent vers le village, mais par bonheur, alors que les maisons semblaient menacées d'une ruine certaine, il s'écroula tout à coup. Dans le court espace que parcourait le torrent, de Gétroz à Chable, la chute n'a pas moins de 2800 pieds; aussi les eaux avaient-elles acquis une rapidité inouïe ; elles parcouraient au début de leur course environ 33 pieds par seconde. Je suis, en conséquence, disposé à admettre tout ce qu'on a dit de leur puissance : des bâtiments renversés par elles, des arbres, des meules de foin, des masses de blé et de sable, emportés avec elles ; mais nous croyons qu'on a exagéré leur force en leur attribuant le déplacement de plusieurs blocs de granite. »

Les parties supérieures du val de Bagnes comptent de nombreux glaciers, et deux surtout, ceux de Chermontane et de Durand, qui, descendus de deux pentes opposées, se rejoignent presque l'un et l'autre. Le premier est une magnifique mer de glace jusqu'ici presque inexplorée; le sommet du val lui-même est peu connu. L'une de ses passes les plus élevées, le col des Fenêtres, est celui par où Calvin, en 1541, se déroba aux persécutions des habitants d'Aoste avec lesquels il avait résidé pendant cinq années. Par un beau temps, ce col n'est rien moins que difficile à traverser, bien qu'il soit toujours couvert de neige et à plus de 9,000 pieds au-dessus du niveau de la mer. La vue qu'on a de là sur l'Italie est tout à fait saisissante : les montagnes en deçà desquelles est Aoste et les glaciers du Ruitor, se développent sur les plans éloignés, et au-dessus d'eux, la profonde vallée d'Ollomon débouchant sur le val Pelline, qui est lui-même tributaire du val d'Aoste. Ce tableau est encadré par de hautes arêtes aux formes fantastiques qui descendent des montagnes sur les deux côtés du col des Fenêtres : celles qui viennent du nord-est dépendent du mont Combin; elles ont, en hauteur, 14,200 pieds anglais; celles du sud-est appartiennent au mont Gelé, qui, haut de 11,100 pieds, est presque trop ardu pour retenir la neige; il présente une chaîne continue d'aiguilles pyramidales qui se dirigent vers le val Pelline. Le côté du mont Gelé qui fait face au col semble un rideau de neige adhérente étendu sur des plans si fortement inclinés, que, vu de front, on le dirait absolument vertical.

M. Forbes descendit dans la vallée d'Ollomon. A chaque pas le paysage s'égayait : quatre heures de marche avaient suffi pour passer des glaciers et des neiges éternelles dans des sites et sous un ciel italiens, sous des ombrages bien autrement verts que ceux de l'Italie. Après s'être reposé une nuit dans le village piémontais du val Pelline, il se proposait de passer, si cela était possible, par le glacier qui domine la vallée jusque sur les hauteurs de la vallée d'Erin. Ses conditions furent bientôt faites avec un guide qu'il avait rencontré par hasard; homme de haute taille, robuste et beau, qui passait pour l'Hercule de la vallée et qu'on appelait tantôt l'homme fort de Biona, tantôt l'Habit-Rouge, à cause de son surtout écarlate. Il assura que ce passage, auquel il donnait le nom de col de Collon, lui était parfaitement connu. Le village de Biona fut le dernier que nos voyageurs trouvèrent sur les sommités du val Pelline. Les jésuites, qui ont dans ces pâturages alpestres des propriétés très-étendues, y font pratiquer des sentiers à mulets. A quelques milles plus haut, aux chalets de Prarayon, nos voyageurs passèrent la nuit dans un fenil fort proprement tenu, propriété aussi des jésuites.

Cette journée de voyage ébranla toute la confiance que M. Forbes avait mise jusque-là dans les cartes du pays. Les plus complètes, ce sont celles de Wœrl, ne donnent pas même le tracé général de la grande chaîne. La route qui conduit au passage n'est point à la dernière extrémité du val, mais au-dessus de la première vallée latérale que l'on trouve, à gauche en montant, au-dessous du sommet. C'est une gorge profonde, complément fermée par les glaces à son extrémité supérieure, mais qui, par la nature de ses rochers, offre une montée plus facile que le dernier glacier du val Biona. A trois heures des chalets, nos voyageurs trouvèrent le col de Collon. Nonobstant sa hauteur, qui est de 10,333 pieds, la vue, bornée de tous côtés par des sommets plus élevés, est plutôt imposante qu'étendue. La petite troupe descendit le long des glaces qu'elle avait devant elle. Lorsqu'elle se trouva de front avec le mont Collon, le guide poussa tout à coup un cri sauvage qui frappa les échos rarement éveillés de ces prodigieux précipices. Ils renvoyèrent le bruit avec un retentissement fantastique. L'homme de Biona dit alors que cet écho était bien connu des contrebandiers et servait à diriger leur marche dans les temps de brume. La grande largeur et l'aspect monotone du glacier, sa subdivision en branches nombreuses, dont l'une ressemble parfaitement à l'autre, doivent rendre un pareil trajet excessivement périlleux. Mais bientôt l'attention des voyageurs, détournée un instant par cet appel aux esprits invisibles de la montagne, fut attirée vers un but plus sérieux.

« Nous aperçûmes, dit M. Forbes, sur la neige, à notre gauche, justement au-dessous des précipices du mont Collon, une sorte de tache noire, et nous nous dirigeâmes en hâte vers ce point. En approchant, nous discernâmes le corps d'un homme complétement vêtu, qui était tombé sur la tête dans la direction même que nous suivions. A le voir ainsi étendu, rien n'empêchait de croire que l'accident venait d'arriver; mais lorsque nous le relevâmes, la tête et la figure couvertes de sang étaient dans un état de décomposition tout à fait effrayant, résultat du dégel qui commençait. Les habits n'avaient pas souffert, et, complétement gelés, ils protégeaient le cadavre contre les atteintes de l'air. Il était évident qu'un malheureux paysan, surpris par quelque orage, probablement l'année précédente, était resté sous la neige pendant toute la saison d'hiver et tout le printemps. Nous étions les premiers qui, passant par cet endroit depuis que le soleil d'août avait fait disparaître son froid linceul, pouvions constater l'accident. Les mains de cet homme étaient gantées et dans ses poches; elles indiquaient que, saisi par le froid, il avait autant que possible cherché à s'en préserver. Le corps gisait étendu sur la neige, et, selon toute apparence, le malheureux marchait à grands pas vers la vallée, lorsque la force lui avait manqué. Alors il était tombé sur place, et s'était endormi du dernier sommeil. L'effet produit sur nous par cet incident fut véritablement douloureux, et si le soleil n'avait pas brillé dans toute sa gloire, si la solitude mélancolique et blanche n'eût pas dû à ses rayons une extraordinaire sérénité, nous aurions encore mieux ressenti les frissons de la crainte. »

Nos voyageurs, continuant leur exploration sur le grand glacier d'Arolla, descendirent jusqu'à la branche occidentale qu'on remarque au sommet du val d'Erin. Ce glacier, parfaitement normal dans sa structure, présente des échantillons parfaits de bandes parallèles et verticales, s'arrondissant dans leurs parties inétayées en formes irrégulièrement conoïdes. Le torrent qui descend sur la vallée sort d'une espèce d'arceau ouvert au pied du glacier. Le fond de la vallée est large, sablonneux et stérile. Un grand nombre de pins, désolés et rabougris, occupent la pente occidentale, et semblent gélivés d'avance par le voisinage de la glace. Beaucoup sont morts et quelques-uns gisent à terre; ils donnent sa proportion au paysage imposant qui s'étend au delà. Leur espèce est celle du *Pinus cimbra*, la plus vigoureuse de toutes celles que possède et que respecte le climat de la Suisse; on les trouve par conséquent à de grandes élévations. Ce pin a des noms divers dans le patois de la Savoie; on lui donne celui d'*Arolla*, qui a passé, comme nous venons de le voir, au glacier même et à la vallée. Ces arbres d'ailleurs portent un fruit qui se mange; le bois en est très-doux et se prête facilement à la sculpture; pour cet usage on le préfère à tout autre, surtout dans le Tyrol et dans les Alpes de l'est.

Voici comment M. Forbes raconte sa descente sur le glacier de Zmutt : « Pralong, le principal guide, proposa de tenter la descente du glacier, sur lequel il se souvenait d'avoir passé heureusement, pour atteindre le glacier au-dessous. Comme il s'agissait d'un vrai précipice, élevé de plusieurs centaines de pieds, nous commençâmes à descendre avec les plus grandes précautions; Pralong le premier, moi sur ses traces, et les autres guides attendant sur la plate-forme que nous eussions constaté si le passage était ou non praticable. Plusieurs mauvais pas étaient déjà franchis, et je commençais à espérer qu'il ne se présenterait aucune difficulté insurmontable, lorsque Pralong annonça que la neige avait tellement fondu cette année-là, qu'il était impossible d'arriver au glacier; car le roc formait une tranchée à pic, de 30 pieds au moins, que nous ne pouvions tourner en aucune manière. Ainsi tout était à recommencer, et nous remontâmes le rocher. Après avoir regagné les neiges, nous côtoyâmes le précipice pour trouver un endroit plus favorable à notre essai. A la fin les roches nous furent masquées par des amas de neige à pentes rapides, et Pralong proposa courageusement de s'y aventurer. Il se hasarda le premier, à l'instant même, sur le lieu du danger; nous étions alors à 200 pieds au-dessus du glacier, et nous avions de la neige jusqu'au-dessus de la cheville. Il était à craindre que notre poids ne produisît une avalanche; mais ce n'était pas le plus grand danger que nous eussions à courir, puisque nous devions arriver, en fin de compte, sur le glacier; selon toute apparence, pourtant, nous en étions séparés par une crevasse, et nous savions que le formidable Bergshrund s'ouvrirait alors pour recevoir l'avalanche au sein de laquelle nous serions enveloppés. Nous n'avions pas d'échelle; mais Pralong fut attaché à une corde assez longue que nous tînmes au bord de la pente;

nous le laissâmes descendre par degrés pour nous assurer de l'existence et de la profondeur de la brèche, dont la couche supérieure forme ordinairement comme la voûte d'une caverne bordée de glaçons suspendus. Si cette enveloppe venait à manquer, il enfonçait, et nous pouvions être précipités avec lui dans l'abîme; nonobstant ce péril, il effectua ce passage avec le plus grand sang-froid, et nous cria que ce précipice ayant été comblé par des avalanches antérieures, nous pouvions passer sans danger. Ensuite, lorsqu'il se fut débarrassé de la corde, il commença l'exploration du glacier, me laissant avec les deux autres guides nous dégager comme nous pourrions. Je descendis d'abord par la corde, puis ce fut le tour de Biona et enfin celui de Tairratz, qui, n'étant pas supporté, avait à courir des chances qu'il goûtait médiocrement. Nous suivîmes alors Pralong et nous continuâmes à sonder notre chemin jusqu'au glacier supérieur de Zmutt, assez roide pour être coupé de fissures profondes, et couvert de neiges éternelles, en ce moment ramollies par la chaleur du matin. C'était un dangereux passage qui nous contraignit à de grands circuits, mais enfin nous arrivâmes dans une direction oblique jusqu'à la seconde terrasse qui sépare les glaciers supérieur et inférieur de Zmutt; là, nous nous arrêtâmes en nous félicitant d'avoir traversé sans accident ce passage difficile. Pralong alors me demanda la permission de retourner à Erin au lieu de descendre au glacier de Zermatt; il craignait un changement de temps et désirait ne pas allonger sa route en retournant par Visp. L'idée de reprendre seul, à midi, le chemin que nous venions de parcourir, était un acte de courage qui frappait d'étonnement l'imagination des autres guides. »

Le travail de M. Forbes détruit en grande partie les théories qui l'ont précédé dans l'explication des phénomènes alpestres. Les recherches antérieures ne remontent pas au delà de cent années, ainsi que l'on peut s'en assurer en lisant Scheuchzer, Gruner et Saussure. Les successeurs de ce dernier, dont les opinions ont longtemps fait loi, n'ont guère entrepris de les contrôler qu'à partir de l'année 1818, après la catastrophe du grand glacier de Gétroz. Hugi et Agassiz sont ceux qui ont déployé le plus d'obstination et de courage dans leurs travaux d'analyse, résultats d'une expérience souvent périlleuse. Mais, quoique ces savants et intrépides observateurs eussent découvert beaucoup de faits nouveaux et attaché beaucoup d'intérêt à leurs théories, ils n'avaient pas résolu un problème qui exige des études souvent étrangères aux naturalistes. Il appartient moins, en effet, à l'histoire naturelle qu'à la physique et à la dynamique proprement dites : à la physique, qui seule peut expliquer la structure du glacier, produite par des forces moléculaires et mécaniques; à la dynamique, seule appelée à résoudre certaines questions de force et de mouvement où la pesanteur des corps se combine avec leur état semi-fluide, l'influence exercée sur eux par les variations de la température, et l'expansion que cette dernière développe en des masses hétérogènes composées de glace, de neige, d'eau et d'air. M. Forbes, excellent géomètre, a porté de nouvelles lumières sur cette face d'un sujet jusqu'ici imparfaitement étudié. Il a établi pour la première fois la continuité du progrès par lequel les glaciers s'étendent; il a constaté la régularité de ce mouvement qui peut s'apprécier, pour ainsi dire, par jours et par minutes; il a démenti les systèmes fondés sur cette opinion erronée que les côtés du glacier avancent plus vite que le centre, opinion tellement reçue, qu'Agassiz en avait fait un argument principal contre le système de Saussure; il a trouvé le moyen d'apprécier historiquement le progrès annuel d'un glacier par l'examen de ses couches transversales et longitudinales, de même qu'on apprécie l'âge de certains animaux par les nœuds de leurs ramures; enfin, les vérités démontrées par M. Forbes ont une incontestable importance.

LE MONT VENTOUX.

Non loin de Carpentras, dans le département de Vaucluse, se dresse une des montagnes les plus élevées de l'intérieur de la France, car elle est à 2021 mètres au-dessus du niveau de la mer, et l'une des plus curieuses qu'il y ait peut-être sur le globe, par la coupe perpendiculaire que présente celui de ses flancs qui fait face au Dauphiné.

Lorsqu'on se propose de faire l'ascension du mont Ventoux, on part ordinairement, le soir, de l'un des villages qui se trouvent au pied, afin de se trouver sur le sommet avant le lever du soleil. On se repose alors, pendant deux ou trois heures, à peu près à moitié du trajet, soit sur la lisière du bois, où l'on allume un grand feu, soit dans une cabane de berger, inhabitée, que l'on rencontre sur le chemin. Il est facile d'arriver jusqu'au plateau avec une monture, ce qui est un grand avantage pour les personnes qui ne sont point habituées à la fatigue; mais il est indispensable, de quelque manière qu'on accomplisse le voyage, de se procurer un bon guide, de se munir de vivres, de manteaux et de tout ce qu'il faut pour couper du bois et avoir du feu; car on serait gelé, c'est le mot, si l'on ne prenait cette dernière précaution. Quant à nous, nous montâmes sur le Ventoux vers le milieu du mois d'août, et cependant nous souffrîmes beaucoup du froid, malgré un énorme bûcher que nous avions allumé. Lorsqu'une portion de notre corps était tournée vers le feu, nous étions glacés de l'autre, et il ne nous fut pas possible de goûter un seul instant de sommeil. Espérant un peu d'amélioration à notre sort, nous abandonnâmes notre premier bivouac, que nous avions établi en plein air, et nous allâmes nous réfugier dans la cabane du berger; mais nous tombâmes de Charybde en Scylla, car le sol de cette cabane était fangeux, et dès que nos fagots furent enflammés, la fumée nous aveugla à un tel point qu'il fallut encore fuir cette abominable retraite. Nous prîmes donc le parti de nous remettre en route, et nous arrivâmes sur le plateau du Ventoux, longtemps avant le jour. Le lieu n'eût pas été tenable non plus, car l'âpreté de la bise nous gerçait la figure; mais nous courûmes nous installer dans la chapelle, où nous fîmes un bon feu avec notre provision de bois, et sans que la fumée nous y incommodât.

Cette chapelle est petite et entièrement nue. On n'y apporte des ornements que lorsqu'on y dit la messe, ce qui n'a lieu qu'une seule fois l'année, et durant tout le reste du temps elle sert d'asile aux visiteurs du Ventoux. On l'a environnée, à l'extérieur, d'un manteau de pierres sèches qui a plusieurs mètres d'épaisseur; elle est presque ensevelie sous cet amas; et de loin elle a l'apparence d'un *tumulus*. Mais cette énorme et solide enveloppe la préserve de la destruction, et fait aussi que, lorsqu'on s'y trouve enfermé avec du feu, on y a une température convenable.

Nous avons dit qu'on se rendait sur le mont Ventoux pendant la nuit, afin d'y précéder le lever du soleil, parce que, sans cette attention, on ne pourrait jouir du magnifique panorama qu'on se propose d'y voir. Peu après, en effet, que le soleil est parvenu à l'horizon, une mer de nuages enveloppe les deux tiers de la montagne, et il n'est plus possible de rien distinguer dans la plaine. Aussi, dès que le jour commença à nous éclairer suffisamment, nous nous empressâmes de nous diriger vers nos points d'observation.

Nous commençâmes par le versant perpendiculaire; mais, nous conformant aux instructions de notre guide, nous nous couchâmes à plat ventre, quand nous fûmes à quelque distance du bord, et nous nous approchâmes petit à petit, pour n'avancer seulement que la tête, et plonger nos regards dans l'abîme. On se met de la sorte à l'abri du danger qui résulterait d'un vertige si l'on restait debout, et l'on peut observer les choses avec plus de calme. C'est qu'en vérité on ne saurait se figurer rien de plus effrayant, de plus étourdissant que ce rocher vertical de 2000 mètres de profondeur! Quel soulèvement singulier si cette cause est celle qui l'a fait surgir! Quel exemple prodigieux d'érosion, si le cours des eaux l'a ainsi taillé! Les hommes qu'on aperçoit de là, dans la plaine, au pied de la montagne, semblent n'avoir que 2 ou 3 millimètres de hauteur, et l'on dirait que les maisons ne sont pas plus grosses qu'un gobelet ordinaire. Du côté du Comtat, la gradation des pentes et des plans rend le tableau plus gracieux, plus saisissable dans ses détails, et l'on se réjouit d'avoir pu assister à de pareilles scènes.

Bientôt une lumière purpurine vient colorer la plaine qui se déploie à vos pieds, ainsi que la base de la montagne; puis tout à coup un disque immense, rouge comme le feu, apparaît à votre gauche: on dirait une fournaise qui va tout embraser. Mais à mesure que ce disque s'élève, ses proportions diminuent; ses nuances passent du rouge au doré; de nombreux rayons s'en détachent et vont porter leur éclat sur quelques portions du sol, tandis que d'autres demeurent dans l'ombre, et durant ces transformations de l'astre, des nuages plus ou moins floconneux, plus ou moins blanchâtres, se sont interposés entre vous et lui; et votre extase dure encore, qu'un rideau vous a déjà dérobé le spectacle qui l'avait fait naître.

Le plateau du mont Ventoux est nu, stérile; quelques dépressions contiennent ou de la neige ou une eau glaciale; et vers le bord méridional seulement végètent quelques petites plantes alpines, parmi lesquelles domine surtout le joli pavot orangé.

On explore le sommet du mont Ventoux avec plaisir; mais on s'en éloigne sans regret. C'est même avec une sorte de délices que l'on rejoint la région des arbres, et particulièrement celle où la lavande, que vous broyez en marchant, répand son parfum dans l'air tiède que vous respirez.

GUANO DE L'ILE D'ICHABOE.

L'île d'Ichaboë est à 3 milles de la côte au sud-ouest de l'Afrique. C'est un roc nu, de 1 mille de circonférence, sans trace de végétation. Le Guano le recouvre à la hauteur de plus de 6 mètres, sans changement dans sa qualité. Le continent est très-sablonneux, et, dans les tempêtes, le sable est lancé si loin, qu'il recouvre le pont d'un navire à 100 milles du rivage. Il doit en conséquence s'en mélanger fréquemment au Guano. Les oiseaux de l'île sont une espèce de pingouin qui peut à peine voler, tant ses ailes sont courtes. Le capitaine de navire qui le premier aborda dans cette île rapporte qu'il ne pouvait y faire un pas sans marcher sur ces oiseaux, qui attaquaient ses pieds de leur bec, et qu'ayant tiré un coup de fusil, ils se mirent à agiter leurs ailes avec un très-grand bruit. Il ne pleut jamais ni dans l'île ni sur la côte voisine, et il paraît qu'on manque d'eau douce sur plusieurs centaines de milles le long de cette côte.

Un chimiste anglais, le docteur J. Davy, a voulu s'assurer de la composition réelle des excréments frais d'oiseaux nourris de divers aliments, dans le but surtout d'y rechercher l'oxalate d'ammoniaque, qui abonde dans le Guano. Les espèces d'oiseaux qui ont servi à ses expériences sont l'oie ordinaire nourrie d'herbe, le pigeon, la poule, la mouette, le pélican et l'aigle de mer à tête blanche; ces trois derniers, surtout la mouette, étaient entièrement nourris de poisson. Les excréments de tous ces oiseaux se ressemblaient beaucoup: ils étaient d'un blanc opaque avec une tache brunâtre. Au microscope ils paraissaient composés de matière granulaire, comme le Guano, les grains étant seulement un peu plus gros. Dans ceux de l'aigle seul on découvrit de petits cristaux en forme de tables. A l'analyse, tous les excréments donnèrent de l'urate d'ammoniaque et un peu de phosphate de chaux et de magnésie. Ceux de l'aigle contenaient de plus de l'oxalate de chaux, qui formait les cristaux tabulaires déjà mentionnés. Dans ceux de l'oie on trouva une trace d'urée et un peu de carbonate de chaux et de magnésie. Dans chacun d'eux la présence de l'oxalate d'ammoniaque fut recherchée avec soin, et le docteur Davy n'en put découvrir aucune trace. C'est donc à la décomposition seule de l'acide urique, et probablement à l'absorption de l'oxygène de l'air, qu'il faut attribuer la présence constante de ce sel dans le Guano.

La présence de l'air et l'absorption de l'oxygène paraissent nécessaires à cette conversion, car le docteur Davy ayant exposé dans le vide, pendant 24 heures, à la température de l'eau bouillante, des excréments d'oiseaux, n'y trouva après l'expérience aucune trace d'oxalate d'ammoniaque. L'expérience ayant été répétée pendant le même temps avec l'addition d'un peu de peroxyde de manganèse, la présence de l'oxalate d'ammoniaque fut clairement constatée; car la matière dirigée dans l'eau, puis filtrée, donnait une liqueur qui précipitait les sels de chaux, et le précipité était de l'oxalate de cette base. La liqueur était en même temps légèrement colorée en brun, comme s'il s'y était formé la même substance colorante qui existe dans le Guano et lui donne cette couleur. Le Guano ancien ne doit donc contenir que de l'oxalate d'ammoniaque, et le Guano plus récent un mélange d'oxalate et d'urate de cette base. Ces deux sels se découvrent aisément par les réactifs, et le premier se reconnaît même au microscope.

On commence déjà à falsifier le Guano et à le mélanger de divers composts que même on lui substitue entièrement, au grand profit des fraudeurs. Le seul moyen d'éviter cette fraude est l'analyse chimique. Le vrai Guano, en effet, doit contenir au moins 40 pour 100 de matières solubles dans l'eau, volatiles ou destructibles au feu, et composées d'urate ou d'oxalate d'ammoniaque, de biphosphate et d'un peu de matière animale.

MONTAGNES DE L'ÉTHIOPIE (1).

L'après-midi d'un jour très-chaud du mois d'avril 1841, le major Harris s'embarqua sur un bateau à vapeur de la compagnie de l'Inde orientale, et, neuf jours après, ce steamer, nommé *Auckland*, était en vue du cap Aden, à 1680 milles de Bombay. Ce promontoire, que les indigènes appellent Jebel-Shemshau, s'élève au moins de 600 mètres au-dessus du niveau de l'Océan, et des nuages couronnent presque toujours son sommet. C'est un énorme rocher, à l'aspect sauvage, tout sillonné de larges crevasses, un de ces phares naturels, manifestement destinés à annoncer aux navigateurs l'approche d'une mer intérieure. Il a évidemment une origine volcanique. Si l'on en croit une inscription arabe du xe siècle, l'éruption aurait eu lieu à cette époque. « Le bruit de l'explosion égala celui du tonnerre et se fit entendre à une distance de plusieurs milles, puis la terre vomit des pierres rougies par le feu et des torrents de lave. » La réputation de stérilité dont jouit Aden n'est pas nouvelle. « Aden, dit Ben-Batuta, de Tanger, est située sur le rivage de la mer; c'est une grande ville sans culture, sans eau et sans arbres. » L'expédition partit d'Aden le 15 mai, et le 17 elle était en vue de Tajura.

Au sortir de Tajura, la route de l'intérieur se dirige sur d'immenses chaînes de montagnes basaltiques, où la chaleur du soleil se fait sentir avec une intensité dont les Européens qui n'ont pas visité l'Afrique ne peuvent pas se former une idée. D'abord on longe la base des collines arides, couvertes de monceaux de fragments de lave; de distance en distance on passe devant une colonne de pierres, élevée en souvenir d'un crime; puis on aperçoit au loin le haut pic conique du Jebel-Seearo, au pied duquel étincelle le lac Assad, entouré de mirages changeants. Bien que fort curieux, ce phénomène n'avait rien d'agréable au premier aspect. Un bassin elliptique, ayant 7 milles dans son axe transversal, est rempli à demi d'une eau stagnante et bleue, à demi d'une couche de sel blanc comme la neige; il est entouré de trois côtés par de hautes montagnes calcinées, qui plongent leurs pieds dans ce grand réservoir, et de l'autre par d'affreux rochers de lave, brisés en morceaux et horriblement crevassés. Aucun bruit ne se faisait entendre dans le silence de ce désert brûlant; aucune ride ne troublait la surface de ce lac immobile, semblable à une vaste table d'acier poli; le ciel était sans nuages, et l'impitoyable soleil, comme une balle de métal chauffée à blanc, décrivait sa courbe dans tout son éclat. On ne doit pas s'étonner qu'un peuple superstitieux ait placé sur ces cols dangereux et dans ces vallées inhabitables les demeures des génies malfaisants.

Une forte odeur méphitique, qui nous empêchait de respirer, s'élevait des exhalaisons salines du lac stagnant. Le sel blanc et les collines de craie brillaient d'un tel éclat, que nous craignions à chaque instant de perdre la vue. La pesanteur accablante de l'atmosphère était plutôt augmentée que diminuée par les violentes rafales du vent du nord-ouest, qui souffla sans interruption pendant toute la journée. L'air paraissait enflammé, le ciel étincelait, les colonnes de sable brûlant que la tempête soulevait par intervalles à des hauteurs considérables devenaient si lumineuses, qu'elles ressemblaient à d'immenses pilastres de feu. La température de ces retraites égalait celle d'une briqueterie : elle s'élevait, à l'ombre de nos manteaux et de nos parasols, à 126°.

A minuit, la caravane commença à franchir la chaîne de rochers volcaniques qui

(1) Fragments extraits de l'*Edinburgh Magazine*.

borde le lac au sud-est. Le vent du nord-est soufflait presque avec la même violence et la même force, et ses tourbillons suffoquants venaient s'abattre sur la surface étincelante de ce vaste bassin d'eau et de sel, où se réfléchissaient les rayons de la lune. A chaque rafale succédait le calme effrayant qui annonce un ouragan des tropiques. Rien de plus sauvage que la contrée au milieu de laquelle nous nous trouvions alors : nous n'apercevions autour de nous que des pics basaltiques et des colonnes de lave dentelée. Le sentier lui-même avait quelque chose de formidable : il serpentait sur la crête de cette chaîne de montagnes au milieu de fragments de lave, et il était à peine assez large pour un chameau.

La ligne entière des frontières de l'Abyssinie paraît avoir une origine volcanique; les débris calcinés qui recouvrent sa surface sont une preuve impérissable des ravages exercés autrefois par les cratères aujourd'hui éteints. Une plaine parsemée de cônes volcaniques, sortis des entrailles de la terre et entourés d'une ceinture noirâtre de lave vitrifiée, l'environne de trois côtés; au-dessus de ces petits cratères s'élève le mont Abida, haut de 1000 mètres, et dont le sommet, presque toujours caché dans les nuages, a 2 milles et demi de diamètre. Derrière le mont Abida apparaît le cratère encore plus élevé d'Aïullon, l'ancienne limite de l'empire actuellement détruit de l'Ethiopie, et dans les brumes bleuâtres de l'horizon on aperçoit la grande chaîne des montagnes de l'Abyssinie.

Le Hawash, la seconde rivière de l'Abyssinie sous le rapport du volume de ses eaux, prend sa source au cœur même de l'Ethiopie, à une élévation de 2700 mètres au-dessus du niveau de la mer. Il est alimenté par de faibles tributaires descendus des hautes montagnes de Shoa et d'Efat, et après avoir arrosé les plaines arides de l'Adaiel, qui ne sont vertes et boisées que sur ses bords, il va se perdre dans les lagunes d'Aussa. Parvenue au bord du Hawash, l'expédition trouva des eaux boueuses et couvertes de morceaux de bois flottants, qui roulaient avec une vitesse de trois milles à l'heure entre deux murailles de terre de 8 mètres environ de hauteur. Le terrain devint bientôt marécageux, et cependant il était de plus en plus peuplé d'animaux. Le Ado, lac de 2 milles de diamètre, que l'expédition côtoyait, servait de résidence à une foule innombrable de canards, de sarcelles, de hérons et de flamants; à une plus grande hauteur, des nuées de sauterelles qui venaient de ravager les côtes se dirigeaient vers l'Abyssinie et interceptaient presque la lumière du jour; enfin, au-dessus de ces redoutables insectes tourbillonnaient des bandes d'oiseaux affamés. Les éléments ne sont pas moins terribles dans ce pays que les animaux : le tonnerre déchire l'oreille, les éclairs éblouissent les yeux, la pluie est une cataracte, la grêle une décharge continue de balles de glace, les nuages rampent jusqu'à terre et recouvrent le soleil d'un voile noir, les rivières se transforment subitement en torrents, et la plaine, brûlante et sèche, devient en quelques heures un marais et une mer.

L'expédition traversa ensuite une contrée, la plus belle peut-être de toute cette partie du globe. En Afrique les extrêmes se touchent : on passe sans transition aucune d'un désert dans une oasis. Au lieu des terrains calcinés que nous foulions hier sous nos pieds, nous traversons aujourd'hui de riches pâturages et des champs couverts de magnifiques récoltes. La matinée était fraîche et charmante, une brise fortifiante gravissait avec nous les flancs de la montagne, ornée, à moins de 10 degrés de l'équateur, de la végétation des climats du Nord. Le sentier à peine tracé et pierreux, tantôt s'élevait au haut d'une colline abrupte en côtoyant un précipice, tantôt descendait au fond d'un vallon tout rempli de verdure, où il serpentait à l'ombre de beaux arbres entre deux haies de fleurs. On peut se représenter certaines régions centrales de l'Ethiopie, comme comparables, sous le rapport de la végétation, aux provinces les plus vertes et les plus fleuries de l'Angleterre. D'énormes bouquets de roses sauvages, de fougères et de chèvrefeuille, ornaient une série de terrasses admirablement cultivées, et au sommet de chaque éminence s'élevait un groupe de maisons aux toits de paille coniques, entourées de haies vertes et cachées à demi sous d'épais ombrages. Nous franchîmes trois chaînes de collines l'une après l'autre, et du haut de la dernière, enfin, nous découvrîmes le pays boisé d'Ankober, occupant le centre d'un fer à cheval formé par des montagnes élevées qui bornent un magnifique amphithéâtre de 10 milles de diamètre. Toutes ces contrées sont recouvertes d'une végétation aussi riche et aussi vigoureuse que variée.

La montagne qui porte le nom de Mamrat est l'une des merveilles de l'Abyssinie. Son sommet s'élève de 4400 mètres environ au-dessus du niveau de la mer; d'épaisses forêts recouvrent ses flancs ; et partout où la charrue peut atteindre, le sol est cultivé. Séparées par des clôtures, les habitations s'élèvent de terrasse en terrasse jusqu'à une hauteur de 1000 mètres ; à cette hauteur elles sont de plus en plus difficiles à distinguer, et elles finissent par devenir imperceptibles aux regards de l'habitant de la plaine. On a confié à cette montagne les trésors que les rois abyssiniens ont amassés depuis le rétablissement de leurs royaumes, c'est-à-dire depuis cent cinquante ans.

DES MONTAGNES (1).

Les chaînes de montagnes, dans les deux continents, sont parallèles aux mers qui les avoisinent, en sorte que si vous voyez le plan d'une de ces chaînes avec ses diverses

(1) Extrait des *Etudes de la nature*, de Bernardin de Saint-Pierre. — Cet article n'est pas présenté ici comme un document scientifique, mais seulement comme une théorie ingénieuse.

branches, vous pouvez déterminer les rivages de la mer qui leur correspondent; car, comme je viens de le dire, ces montagnes leur sont toujours parallèles. Vous pouvez de même, en voyant les sinuosités d'un rivage, déterminer celles des chaînes de montagnes qui sont dans l'intérieur d'un pays; car les golfes d'une mer répondent toujours aux vallées des montagnes du continent latéral. Ces correspondances sont sensibles dans les deux grandes chaînes de l'ancien et du nouveau monde. La longue chaîne du Taurus court est et ouest, comme l'Océan Indien, dont elle renferme les différents golfes par des branches qu'elle prolonge jusqu'aux extrémités de la plupart de leurs caps. Au contraire, la chaîne des Andes, en Amérique, court nord et sud, comme l'Océan Atlantique. Il y a encore ceci digne de remarque, et j'ose dire d'admiration, c'est que ces chaînes de montagnes sont opposées aux vents réguliers qui traversent ces mers et qui leur en apportent les émanations, et que leur élévation est proportionnée à la distance où elles sont du rivage; en sorte que plus ces montagnes sont loin de la mer, plus elles sont élevées dans l'atmosphère. C'est par cette raison que la chaîne des Andes est placée le long de la mer du Sud, où elle reçoit les émanations de l'Océan Atlantique, que lui apporte le vent d'est, par-dessus le vaste continent d'Amérique. Plus l'Amérique est large, plus cette chaîne est élevée. Vers l'isthme de Panama, où il y a peu de continent, et partant peu de distance de la mer, elle n'a pas une grande élévation; mais elle s'élève tout à coup, précisément dans la même proportion que le continent de l'Amérique s'élargit. Ses plus hautes montagnes regardent la partie la plus large de l'Amérique, et sont situées à la hauteur du cap Saint-Augustin. La situation et l'élévation de cette chaîne étaient également nécessaires à la fécondité de cette grande partie du nouveau monde; car si cette chaîne, au lieu d'être le long de la mer du Sud, était le long des côtes du Brésil, elle intercepterait toutes les vapeurs apportées sur le continent par le vent d'est, et si elle n'était pas élevée jusqu'à la région de l'atmosphère, où il ne peut monter aucune vapeur, à cause de la subtilité de l'air et de la rigueur du froid, tous les nuages apportés par les vents d'est passeraient au delà, dans la mer du Sud. Dans l'une et l'autre supposition, la plupart des fleuves de l'Amérique méridionale resteraient à sec.

On peut appliquer le même raisonnement à la chaîne du Taurus: elle présente à la mer du Nord et à la mer de l'Inde un double ados, d'où coulent la plupart des fleuves de l'ancien continent, les uns au nord, les autres au midi. Ses branches ont la même disposition; elles ne côtoient point les presqu'îles de l'Inde sur leurs bords; mais elles les traversent au milieu, dans toute leur longueur; car les vents de ces mers ne soufflent pas toujours d'un seul côté, comme le vent d'est dans l'Océan Atlantique, mais ils soufflent six mois d'un côté et six mois de l'autre. Ainsi il était convenable de leur partager le terrain qu'ils devaient arroser.

Ces montagnes sont surmontées, de distance en distance, par de longs pics, semblables à de hautes pyramides. Ces pics sont de granite pour la plupart; ils attirent les vapeurs de l'atmosphère et les fixent autour d'eux en si grande quantité, que souvent ils disparaissent à la vue. Mais ce n'était pas assez que les nuages fussent fixés au sommet des montagnes; les fleuves qui y ont leurs sources n'auraient eu qu'un cours intermittent; la saison des pluies passée, ils auraient cessé de couler. La nature, pour remédier à cet inconvénient, a ménagé, dans le voisinage de leurs pics, des lacs qui sont de vrais réservoirs ou châteaux d'eau, pour fournir constamment et régulièrement à leur dépense. La plupart de ces lacs ont des profondeurs incroyables; ils servent encore à plusieurs usages, tels que de recevoir les fontes des neiges des montagnes voisines, qui s'écouleraient trop rapidement; et quand ils sont une fois pleins, il leur faut un temps considérable avant de s'épuiser. Ils existent ou intérieurement ou extérieurement, à la source de tous les courants d'eau réguliers; mais quand ils sont extérieurs, ils sont proportionnés, ou par leur étendue, ou par leur profondeur et par leurs dégorgeoirs, au volume du fleuve qui en doit sortir, ainsi que les pics qui sont dans le voisinage. Il faut que ces correspondances aient été connues de l'antiquité, car il me semble avoir vu des médailles fort anciennes où des fleuves étaient représentés appuyés sur une urne et couchés au pied d'une pyramide; ce qui désignait peut-être à la fois leur source et leur embouchure.

Si donc nous venons à appliquer ces dispositions générales de la nature à la configuration particulière des îles, nous verrons qu'elles ont, comme les continents, des montagnes dont les branches sont parallèles à leurs baies; que l'élévation de ces montagnes est correspondante à leur distance de la mer, et qu'elles ont des pics, des lacs et des rivières, qui sont proportionnés à l'étendue de leur terrain. Elles ont aussi leurs montagnes disposées, comme celles des continents, par rapport aux vents qui soufflent sur les mers qui les environnent. Celles qui sont dans la mer de l'Inde, comme les Moluques, ont leurs montagnes vers leur centre, en sorte qu'elles reçoivent l'influence alternative des deux moussons atmosphériques. Celles, au contraire, qui sont sous l'influence régulière des vents d'est, dans l'Océan Atlantique, comme les Antilles, ont leurs montagnes jetées à l'extrémité de l'île, qui est sous le vent, précisément comme les Andes par rapport à l'Amérique méridionale. La partie des îles qui est au vent est appelée, aux Antilles, *Cabsterre*, comme qui dirait *caput terræ*; et celle qui est au-dessous du vent, *Basse-Terre*, quoique, pour l'ordinaire, celle-ci soit plus haute et plus montagneuse que l'autre.

L'île de Juan-Fernandez, qui est dans la mer du Sud, mais fort au delà des tropiques, par le 33e degré 40' de latitude sud, a sa partie septentrionale formée de rochers très-hauts et très-escarpés, et sa partie méridionale plate et basse pour recevoir les influences du vent du sud, qui y souffle presque toute l'année. Les îles qui s'écartent de ces dispositions, et qui sont en bien petit nombre, ont des relations éloignées plus merveilleuses et certainement bien dignes d'être étudiées. Si elles étaient, comme on le prétend, les restes d'un grand continent submergé, elles auraient conservé une partie de leur ancienne et vaste fabrique; on verrait s'élever immédiatement du milieu de la mer de grands pics, comme ceux des Andes, de 12 à 1500 toises de haut, sans montagnes qui les supportent. Ailleurs on verrait ces pics supportés par d'énormes montagnes qui leur seraient proportionnées, et qui renfermeraient dans leurs enceintes de grands lacs comme celui de Genève, d'où sortiraient des fleuves comme le Rhône, qui se précipiteraient tout d'un coup dans la mer sans arroser aucune terre. Il n'y aurait, au pied de leurs croupes majestueuses, ni plaines, ni provinces, ni royaumes; ces grandes ruines du continent au milieu de la mer ressembleraient à ces énormes Pyramides élevées dans les sables de l'Egypte, qui ne présentent au voyageur que de frivoles structures, ou bien à ces vastes palais des rois, renversés par le temps, où l'on aperçoit des tours, des colonnes, des arcs de triomphe, mais dont les parties habitables sont absolument détruites. Les sages travaux de la nature ne sont point inutiles et passagers comme les ouvrages des hommes. Chaque île à ses campagnes, ses vallées, ses collines, ses pyramides hydrauliques et ses naïades, qui sont proportionnées à son étendue.

Quelques îles, à la vérité, mais en bien petit nombre, ont des montagnes plus élevées que ne comporte leur territoire. Telle est celle de Ténériffe; son pic est si haut, qu'il est couvert de glace une grande partie de l'année; mais cette île a des montagnes peu élevées qui sont proportionnées à ses baies : celle de ces montagnes qui supporte le pic s'élève au milieu des autres en forme de dôme, à peu près comme celui des Invalides au-dessus des bâtiments qui l'environnent. Je l'ai observée et dessinée moi-même en allant à l'Ile de France. Les montagnes inférieures appartiennent à l'île, et le pic à l'Afrique. Ce pic, couvert de glace, est situé précisément vis-à-vis l'entrée du grand désert de sable appelé *Zara*, et il sert sans doute à en rafraîchir les rivages et l'atmosphère, par l'effusion de ses neiges, qui arrive au milieu de l'été. La nature a placé encore d'autres glaciers à l'entrée de ce désert brûlant, tels que le mont Atlas. Le mont Ida, en Crète, avec ses montagnes collatérales couvertes de neiges en tout temps, suivant l'observation de Tournefort, est situé précisément vis-à-vis le désert brûlant de Barca, qui côtoie l'Egypte du nord au sud. Ces observations nous donneront encore lieu de faire quelques réflexions sur les chaînes de montagnes à glaces et sur les zones de sable répandues sur la terre.

Les montagnes à glaces paraissent principalement destinées à porter la fraîcheur sur les bords des mers situées entre les tropiques; et les zones de sable, au contraire, à accélérer par leur chaleur la fusion des glaces des pôles. Nous ne pouvons indiquer qu'en passant ces harmonies admirables, mais il suffit de considérer les journaux des navigateurs et les cartes géographiques, pour voir que la principale partie du continent de l'Afrique est située de sorte que c'est le vent du pôle nord qui souffle le plus souvent sur ses côtes, et que le rivage de l'Amérique méridionale s'avance au delà de la ligne, de manière qu'il est rafraîchi par le vent du pôle sud. Les vents alizés, qui règnent dans l'Océan Atlantique, participent toujours de ces deux pôles; celui qui est de notre côté tire beaucoup vers le nord, et celui qui est au delà de la ligne dépend beaucoup du pôle sud. Ces deux vents ne sont pas orientaux, comme on le croit communément, mais ils soufflent à peu près dans les directions du canal qui sépare l'Amérique de l'Afrique.

Ce sont les vents chauds de la zone torride qui soufflent à leur tour le plus constamment vers les pôles; et il est bien remarquable que, comme la nature a mis des montagnes à glaces dans son voisinage, pour rafraîchir ses mers conjointement avec les glaces des pôles, comme le Taurus, l'Atlas, le pic de Ténériffe, le mont Ida, etc., elle y a mis aussi une longue zone de sables pour augmenter la chaleur du vent de sud qui vient échauffer les mers du Nord. Cette zone commence au delà du mont Atlas, et ceint la terre en baudrier, s'étendant depuis la pointe la plus occidentale de l'Afrique jusqu'à l'extrémité la plus orientale de l'Asie, dans une distance réduite de plus de 3000 lieues. Quelques branches s'en détachent et s'avancent vers le nord. On peut conclure de ces aperçus que, sans les glaces du pôle et des montagnes du voisinage de la zone torride, une grande portion de l'Asie et de l'Afrique serait inhabitable, et que, sans les sables de l'Afrique et de l'Asie, les glaces de notre pôle ne fondraient jamais.

Chaque montagne à glaces a aussi, comme les pôles, sa zone sablonneuse qui accélère la fusion de ses neiges. C'est ce qu'on peut remarquer dans la description de toutes les montagnes de cette espèce, comme du pic de Ténériffe, du mont Ararat, des Cordillères, etc. Non-seulement ces zones de sables entourent leurs bases, mais il y en a encore sur le haut de ces montagnes, au pied de leurs pics; il faut y marcher pendant plusieurs heures pour les traverser. Ces zones sablonneuses ont encore un autre usage, c'est de fournir à la réparation du territoire des montagnes; il en sort des tourbillons perpétuels de poussière, qui s'élèvent, en premier lieu, sur les rivages de la mer, où l'Océan forme les premiers dépôts de ses sables, qui s'y réduisent en poudre impalpable par le battement perpétuel des flots qui s'y brisent; ensuite on retrouve ces tourbillons de poussière dans le voisinage des hautes montagnes. Les transports de ces sables se font des rivages de la mer dans l'intérieur du continent, en différentes saisons et de différentes manières. Les principaux arrivent aux équinoxes, car alors les vents soufflent des mers sur les terres. Ces transports de sable appartiennent à la révolution générale des saisons; mais il y en a de journaliers pour l'intérieur des terres, qui sont très-sensibles vers les parties hautes des continents. Tous les voyageurs qui ont été à Pékin conviennent qu'il n'est pas possible de sortir, une partie de l'année, dans les rues de cette ville, sans avoir le visage couvert d'un voile, à cause du sable dont l'air est rempli. Lorsque Isbrand-Ides arriva vers les frontières de la Chine, à la sortie des montagnes voisines de Xaixigar, c'est-à-dire à cette partie de la crête la plus élevée du continent de l'Asie, d'où les fleuves prennent leurs cours, les uns au nord, les autres au midi, il observa une période régulière de ces émanations : « Tous les jours, dit-il, régulièrement à midi, il souffle un grand vent qui dure deux heures, lequel, joint à la chaleur journalière du soleil, sèche tellement la terre, qu'il s'en élève une poussière presque insupportable. Je m'étais déjà aperçu de ce changement de l'air. Environ à 5 milles au-dessus de Xaixigar, j'avais trouvé le ciel nébuleux sur toute l'étendue des montagnes; et lorsque je fus sur le point d'en sortir, je le vis fort serein. Je remarquai même, à l'endroit où elles finissaient, un arc de nuées qui régnaient de l'ouest à l'est jusqu'aux montagnes d'Albase, et qui semblait faire une séparation de climat. » Ainsi les montagnes ont à la fois des attractions nébuleuses et des attractions fossiles; les premières fournissent de l'eau aux sources des fleuves qui en sortent, et les secondes, du sable à l'entretien de leur territoire et de leurs minéraux.

Les zones glacées et sablonneuses se retrouvent dans une autre harmonie sur le continent du nouveau monde. Elles courent, comme ses mers, du nord au sud, tandis que celles de l'ancien sont dirigées suivant la longueur de l'Océan Indien, d'occident en orient.

Il est très-remarquable que l'influence des montagnes à glaces s'étend plus sur les mers que sur les terres. Nous avons vu celles des deux pôles se diriger dans le canal de l'Océan Atlantique. Les neiges qui couvrent la longue chaîne des Andes en Amérique servent pareillement à rafraîchir toute la mer du Sud, par l'action du vent d'est qui passe par-dessus; mais comme la partie de cette mer et de ses rivages, qui est à l'abri de ce vent par la hauteur des Andes, aurait été exposée à une chaleur excessive, la nature a fait faire un coude vers l'ouest, à la pointe la plus méridionale de l'Amérique, qui est couverte de montagnes à glaces, en sorte que le vent frais qui en sort perpétuellement vient prendre en écharpe les rivages du Chili et du Pérou. Ce vent, qu'on appelle vent du sud, y règne toute l'année, suivant le témoignage de tous les voyageurs. Il ne vient pas en effet du pôle sud, car s'il en venait, jamais les vaisseaux ne pourraient doubler le cap Horn; mais il vient de l'extrémité de la terre Magellanique, évidemment recourbée par rapport aux rivages de la mer du Sud. Les glaces des pôles renouvellent donc les eaux de la mer, comme les glaces des montagnes celles des grands fleuves. Ces effusions des glaces polaires se portent vers la ligne, par l'action du soleil qui pompe sans cesse les eaux de la mer dans la zone torride, et détermine, par cette diminution de volume, les eaux des pôles à s'y porter. C'est la cause première du mouvement des mers méridionales, comme nous l'avons dit. Il paraît vraisemblable que les effusions polaires sont en proportion avec les évaporations de l'Océan; mais, sans sortir de l'objet qui nous occupe, nous examinerons pourquoi la nature a pris encore plus de soin de rafraîchir les mers que les terres de la zone torride; car il est digne d'attention que non-seulement les vents polaires qui y soufflent, mais la plupart des fleuves qui s'y jettent, ont leurs sources dans des montagnes à glaces, tels que le Zaïre, l'Amazone, l'Orénoque, etc.

La mer était destinée à recevoir, par les fleuves, toutes les dépouilles des végétaux et des animaux de la terre; et comme son cours est déterminé vers la ligne, par la diminution journalière de ses eaux que le soleil y évapore continuellement, ses rivages, sous la zone torride, auraient été bientôt exposés à la putréfaction, si la nature n'avait employé ces divers moyens pour les rafraîchir. C'est, disent quelques-uns, pour cette raison qu'elle y est salée; mais elle l'est bien davantage dans le Nord, et d'ailleurs la salure de la mer ne préserve point ses eaux de la corruption, comme on le croit communément. L'eau de la mer n'est pas seulement imprégnée de sel, mais de bitume, et encore de quelque autre chose que nous ne connaissons pas. Si la nature en avait fait une saumure, l'Océan serait couvert de toutes les immondices de la terre qui s'y conserveraient perpétuellement; mais l'eau de la mer n'est point une saumure, c'est au contraire une véritable eau lixivielle qui dissout très-vite les corps morts.

Ces observations nous indiqueront l'usage des volcans. Ils ne viennent point des feux intérieurs de la terre, mais ils doivent leur naissance et les matières qui les entretiennent aux eaux. On peut s'en convaincre en remarquant qu'il n'y a pas un seul volcan dans l'intérieur des continents, si ce n'est dans le voisinage de quelque grand lac, comme celui du Mexique. Ils sont situés pour la plupart dans les îles, à l'extrémité ou au confluent des courants de la mer, et dans le remou de leurs eaux. Voilà pourquoi ils sont en grand nombre vers la ligne et le long de la mer du Sud, où le vent du sud, qui y souffle perpétuellement, ramène toutes les matières qui y nagent en dissolution. Une autre preuve qu'ils doivent leur entretien à la mer, c'est que dans leurs éruptions ils vomissent souvent des torrents d'eau salée. Newton attribuait leur origine et leur durée à des cavernes de soufre qui seraient dans l'intérieur de la terre ; mais ce grand homme n'avait pas réfléchi à la position des volcans dans le voisinage des eaux, ni calculé la quantité prodigieuse de soufre qu'exigeraient le volume et la durée de leurs feux. Le seul Vésuve, qui brûle jour et nuit depuis un temps immémorial, en aurait consommé une masse plus grande que le royaume de Naples. D'ailleurs la nature ne fait rien en vain. A quoi serviraient de pareils magasins de soufre dans l'intérieur de la terre? On les retrouverait tout entiers dans les lieux où ils ne sont point embrasés, et on ne rencontre nulle part des mines de soufre, que dans le voisinage des volcans. Qu'est-ce qui les renouvellerait d'ailleurs quand elles sont épuisées? Les provisions si constantes des volcans ne sont point dans la terre, elles sont dans la mer ; elles sont fournies par les huiles, les bitumes et les nitres des végétaux et des animaux, que les pluies et les fleuves charrient de toutes parts dans l'Océan, où la dissolution de tous les corps est achevée par son eau lixivielle. Il s'y joint des dissolutions métalliques, et surtout celles du fer, qui, comme on sait, abonde par toute la terre. Les volcans s'allument et s'entretiennent de toutes ces matières. Si la nature n'avait allumé ces vastes fourneaux sur les rivages de l'Océan, ses eaux seraient couvertes d'huiles végétales et animales, qui ne s'évaporeraient jamais, car elles résistent à l'action de l'air. On les y remarque souvent à leur couleur gorge-pigeon, lorsqu'elles sont dans quelque bassin tranquille. La nature purge les eaux par les feux des volcans, comme elle purifie l'air par ceux du tonnerre ; et comme les orages sont plus communs dans les pays chauds, elle y a multiplié, par la même raison, les volcans. Elle brûle sur les rivages les immondices de la mer, comme un jardinier brûle, à la fin de l'automne, les mauvaises herbes de son jardin. On trouve, à la vérité, des laves qui sont dans l'intérieur de la terre ; mais une preuve qu'elles doivent leur origine aux eaux, c'est que les volcans qui les ont produites se sont éteints quand les eaux leur ont manqué. Ces volcans s'y sont allumés, comme ceux d'aujourd'hui, par les fermentations végétales et animales dont la terre fut couverte après le déluge, lorsque les dépouilles de tant de forêts et de tant d'animaux, dont les troncs et les ossements se trouvent encore dans nos carrières, nageaient à la surface de l'Océan, et formaient des dépôts monstrueux que les courants accumulaient dans les bassins des montagnes. Sans doute ils s'y enflammèrent par le simple effet de la fermentation, comme nous voyons des meules de foin mouillé s'enflammer dans nos prairies. On ne peut douter de ces anciens incendies, dont les traditions se sont conservées dans l'antiquité, et qui suivent immédiatement celles du déluge.

Il ne me reste plus qu'à détruire l'opinion de ceux qui font sortir la terre du soleil. Les principales preuves dont ils s'appuient sont ses volcans, ses granites, ses pierres vitrifiées répandues à sa surface, et son refroidissement progressif d'année en année. Je respecte le célèbre écrivain qui l'a mise en avant, mais j'ose dire que la grandeur des images que cette idée lui a présentées a séduit son imagination. Nous en avons dit assez sur les volcans pour prouver qu'ils ne viennent point de l'intérieur de la terre. Quant aux granites, ils ne présentent, dans l'agrégation de leurs grains, aucun vestige de l'action du feu. J'ignore leur origine, mais certainement on n'est pas fondé à la rapporter à cet élément, parce qu'on ne peut l'attribuer à l'action de l'eau, et parce qu'on n'y trouve pas de coquilles. Comme cette assertion est dénuée de preuves, elle n'a pas besoin de réfutation. Je ferai observer cependant que les granites ne paraissent point être l'ouvrage du feu, en les comparant aux laves des volcans ; la différence de leur matière suppose des causes différentes dans leur formation. Les agates, les cailloux et toutes les espèces de silex, semblent avoir des analogies avec des vitrifications, par leur demi-transparence, et parce qu'on les trouve, pour l'ordinaire, dans des lits de marne qui ressemblent à des bancs de chaux éteinte ; mais ces matières ne sont point des productions du feu, car les laves n'en présentent jamais de semblables.

Je pourrais m'étendre sur l'impossibilité géométrique que notre globe ait pu être détaché de celui du soleil par le passage d'une comète, parce qu'il aurait dû, suivant l'hypothèse même de cette impulsion, être entraîné dans la sphère d'attraction de la comète, ou être ramené dans celle du soleil. A la vérité il est resté dans celle de cet astre, mais il n'est pas aisé de concevoir comment il ne s'en est pas rapproché davantage, et comment il s'en tient à peu près à 32,000,000 de lieues, sans qu'aucune comète l'empêche de retourner à l'endroit d'où il est parti. Le soleil, dit-on, a une force centrifuge : le globe de la terre doit donc s'en écarter. Non, ajoute-t-on, parce que la terre tend toujours vers lui. Elle a donc perdu la force centrifuge qui devait adhérer à sa nature, comme étant une portion du soleil. Je pourrais m'étendre encore sur l'impossibilité physique que la terre puisse renfermer dans son sein tant de matières hétérogènes, sortant d'un corps aussi homogène que le soleil, et faire voir qu'elles ne peuvent en aucune façon être considérées comme des débris de matières solaires et vitrifiables (si tant est que nous puissions avoir une idée des matières d'où sort la lumière), puisque quelques-uns de nos éléments terrestres, tels que l'eau et le feu, sont absolument incompatibles ; mais je m'en tiendrai au refroidissement qu'on attribue à la terre, parce que les témoignages dont on appuie cette opinion sont à la portée de tous les hommes et importent à leur sécurité. Si la terre se refroidit, le soleil, d'où on la fait sortir, doit se refroidir à proportion, et l'affaiblissement mutuel de la chaleur dans ces deux globes doit se manifester de siècle en siècle, au moins à la surface de la terre, dans les évaporations des mers, dans la diminution des pluies, et surtout dans la destruction successive d'un grand nombre de plantes, qu'un simple affaiblissement de quelques degrés de chaleur fait périr aujourd'hui, lorsqu'on les change de climat ; cependant, il n'y a pas une seule plante de perdue de celles qui étaient connues de Circé, la plus ancienne des botanistes, dont Homère nous a en quelque sorte conservé l'herbier. Les plantes chantées par Orphée existent encore avec leurs vertus. Il n'y en a pas même une seule qui ait perdu quelque chose de son attitude. La jalouse Clytie se tourne toujours vers le soleil, et le beau fils de Liriope, Narcisse, s'admire encore sur le bord des fontaines.

Tels sont les témoignages du règne végétal sur la constance de la température du globe : examinons ceux du genre humain. Il y a des habitants de la Suisse qui se sont aperçus, disent-ils, d'un accroissement progressif de glaces de leurs montagnes. Je pourrais leur opposer d'autres observateurs modernes qui, pour faire leur cour à des princes du Nord, prétendent, avec aussi peu de fondement, que le froid y a diminué, parce que ces princes y ont fait abattre des forêts ; mais je m'en tiendrai au témoignage des anciens, qui, sur ce point, ne voulaient flatter personne. Si le refroidissement de la terre est sensible dans la vie d'un homme, il doit l'être bien davantage dans la vie du genre humain : or, toutes les températures décrites par les historiens les plus anciens, comme celle de l'Allemagne par Tacite, des Gaules par César, de la Grèce par Plutarque, de la Thrace par Xénophon, sont précisément les mêmes aujourd'hui que de leur temps. Le livre de l'Arabe Job, que l'on croit être plus ancien que Moïse, lequel contient des connaissances de la nature beaucoup plus profondes qu'on ne le pense, et dont les plus communes nous étaient inconnues il y a deux siècles, parle fréquemment de la chute des neiges dans son pays, qui était vers le 30e degré de latitude nord. Le mont Liban porte, dans la plus haute antiquité, le nom arabe de *Liban*, qui signifie blanc, à cause des neiges dont son sommet est couvert en tout temps. Homère rapporte qu'il neigeait à Ithaque quand Ulysse y arriva, ce qui l'obligea d'emprunter un manteau du bon Eumée. Si depuis 3000 ans et davantage le froid eût été chaque année en croissant dans tous ces climats, il devrait y être aujourd'hui aussi long et aussi rude que dans le Groënland. Mais le Liban et les hautes provinces de l'Asie ont conservé la même température. La petite île d'Ithaque se couvre encore en hiver de frimas, et elle porte, comme du temps de Télémaque, des lauriers et des oliviers.

VUE DE LA NATURE (1).

La nature est le système des lois établies par le Créateur, pour l'existence des choses et pour la succession des êtres. La nature n'est point une chose, car cette chose serait tout ; la nature n'est point un être, car cet être serait Dieu ; mais on peut la considérer comme une puissance vive, immense, qui embrasse tout, qui anime tout, et qui, subordonnée à celle du premier Etre, n'a commencé d'agir que par son ordre, et n'agit encore que par son concours ou son consentement. Cette puissance est de la puissance divine la partie qui se manifeste ; c'est en même temps la cause et l'effet, le mode et la substance, le dessein et l'ouvrage : bien différente de l'art humain, dont les productions ne sont que des ouvrages morts, la nature est elle-même un ouvrage perpétuellement vivant, un ouvrier sans cesse actif, qui sait tout employer, qui, travaillant d'après soi-même, toujours sur le même fonds, bien loin de l'épuiser, le rend inépuisable : le temps, l'espace et la matière sont ses moyens, l'univers son objet, le mouvement et la vie son but.

Les effets de cette puissance sont les phénomènes du monde, les ressorts qu'elle emploie sont des forces vives, que l'espace et le temps ne peuvent que mesurer et limiter sans jamais les détruire, des forces qui se balancent, qui se confondent, qui s'opposent sans pouvoir s'anéantir : les unes pénètrent et transportent les corps, les autres les échauffent et les animent ; l'attraction et l'impulsion sont les deux principaux instruments de l'action de cette puissance sur les corps bruts ; la chaleur et les molécules organiques vivantes sont les principes actifs qu'elle met en œuvre pour la formation et le développement des êtres organisés.

Avec de tels moyens que ne peut la nature ? Elle pourrait tout si elle pouvait anéantir et créer ; mais Dieu s'est réservé ces deux extrêmes de pouvoir ; anéantir et créer sont les attributs de la toute-puissance ; altérer, changer, détruire, développer, renouveler, produire, sont les seuls droits qu'il a voulu céder. Ministre de ses ordres irrévocables, dépositaire de ses immuables décrets, la nature ne s'écarte jamais des lois qui lui ont été prescrites ; elle n'altère rien aux plans qui lui ont été tracés, et dans tous ses ouvrages elle présente le sceau de l'Eternel : cette empreinte divine, prototype inaltérable des existences, est le modèle sur lequel elle opère, modèle dont tous les traits sont exprimés en caractères ineffaçables et prononcés pour jamais ; modèle toujours neuf, que le nombre des moules ou des copies, quelque infini qu'il soit, ne fait que renouveler.

Tout a donc été créé et rien encore ne

(1) Extrait des Œuvres de Buffon.

s'est anéanti ; la nature balance entre ces deux limites sans jamais approcher ni de l'une ni de l'autre : tâchons de la saisir dans quelques points de cet espace immense qu'elle remplit et parcourt depuis l'origine des siècles.

Quels objets ! Un volume immense de matière n'eût formé qu'une inutile, une épouvantable masse, s'il n'eût été divisé en parties séparées par des espaces mille fois plus immenses ; mais des millions de globes lumineux, placés à des distances inconcevables, sont les bases qui servent de fondement à l'édifice du monde ; des millions de globes opaques, circulant autour des premiers, en composent l'ordre et l'architecture mouvante : deux forces primitives agitent ces grandes masses, les roulent, les transportent et les animent ; chacune agit à tout instant, et toutes deux, combinant leurs efforts, tracent les zones des sphères célestes, établissent dans le milieu du vide des lieux fixes et des routes déterminées ; et c'est du sein même du mouvement que naît l'équilibre des mondes et le repos de l'univers.

La première de ces forces est également répartie ; la seconde a été distribuée en mesure inégale : chaque atome de matière a une même quantité de force d'attraction, chaque globe a une quantité différente de force d'impulsion ; aussi est-il des astres fixes et des astres errants, des globes qui ne semblent être faits que pour attirer, et d'autres pour pousser ou pour être poussés, des sphères qui ont reçu une impulsion commune dans le même sens, et d'autres une impulsion particulière, des astres solitaires et d'autres accompagnés de satellites, des corps de lumière et des masses de ténèbres, des planètes dont les différentes parties ne jouissent que successivement d'une lumière empruntée, des comètes qui se perdent dans l'obscurité des profondeurs de l'espace, et reviennent après des siècles se parer de nouveaux feux, des soleils qui paraissent, disparaissent et semblent alternativement se rallumer et s'éteindre, d'autres qui se montrent une fois et s'évanouissent ensuite pour jamais. Le ciel est le pays des grands événements ; mais à peine l'œil humain peut-il les saisir : un soleil qui périt et qui cause la catastrophe d'un monde, ou d'un système de mondes, ne fait d'autre effet à nos yeux que celui d'un feu follet qui brille et qui s'éteint : l'homme, borné à l'atome terrestre sur lequel il végète, voit cet atome comme un monde et ne voit les mondes que comme des atomes.

Car cette terre qu'il habite, à peine reconnaissable parmi les autres globes, et tout à fait invisible pour les sphères éloignées, est un million de fois plus petite que le soleil qui l'éclaire, et mille fois plus petite que d'autres planètes qui comme elle sont subordonnées à la puissance de cet astre, et forcées à circuler autour de lui. Saturne, Jupiter, Mars, la Terre, Vénus, Mercure et le Soleil occupent la petite partie des cieux que nous appelons *notre univers*. Toutes ces planètes, avec leurs satellites, entraînées par un mouvement rapide dans le même sens et presque dans le même plan, composent une roue d'un vaste diamètre dont l'essieu porte toute la charge, et qui, tournant lui-même avec rapidité, a dû s'échauffer, s'embraser et répandre la chaleur et la lumière jusqu'aux extrémités de la circonférence : tant que ces mouvements dureront (et ils seront éternels, à moins que la main du premier moteur ne s'oppose et n'emploie autant de force pour les détruire qu'il en a fallu pour les créer), le soleil brillera et remplira de sa splendeur toutes les sphères du monde ; et comme dans un système où tout s'attire, rien ne peut ni se perdre, ni s'éloigner sans retour, la quantité de matière restant toujours la même, cette source féconde de lumière et de vie ne s'épuisera, ne tarira jamais ; car les autres soleils qui lancent aussi continuellement leurs feux, rendent à notre soleil tout autant de lumière qu'ils en reçoivent de lui.

Les comètes, en beaucoup plus grand nombre que les planètes, et dépendantes comme elles de la puissance du soleil, pressent aussi sur ce foyer commun, en augmentent la charge et contribuent de tout leur poids à son embrasement : elles font partie de notre univers, puisqu'elles sont sujettes, comme les planètes, à l'attraction du soleil ; mais elles n'ont rien de commun entre elles ni avec les planètes, dans leur mouvement d'impulsion ; elles circulent chacune dans un plan différent et décrivent des orbes plus ou moins allongés dans des périodes différentes de temps, dont les unes sont de plusieurs années, et les autres de quelques siècles : le soleil tournant sur lui-même, mais au reste immobile au milieu de tout, sert en même temps de flambeau, de foyer, de pivot à toutes ces parties de la machine du monde.

C'est par sa grandeur même qu'il demeure immobile et qu'il régit les autres globes ; comme la force a été donnée proportionnellement à la masse, qu'il est incomparablement plus grand qu'aucune des comètes, et qu'il contient mille fois plus de matière que la plus grosse planète, elles ne peuvent ni le déranger, ni se soustraire à sa puissance, qui, s'étendant à des distances immenses, les contient toutes, et lui ramène au bout d'un temps celles qui s'éloignent le plus ; quelques-unes même à leur retour s'en approchent de si près, qu'après avoir été refroidies pendant des siècles, elles éprouvent une chaleur inconcevable ; elles sont sujettes à des vicissitudes étranges par ces alternatives de chaleur et de froid extrême, aussi bien que par les inégalités de leur mouvement, qui tantôt est prodigieusement accéléré et ensuite infiniment retardé : ce sont, pour ainsi dire, des mondes en désordre, en comparaison des planètes, dont les orbites étant plus régulières, les mouvements plus égaux, la température toujours la même, semblent être des lieux de repos, où tout étant constant, la nature peut établir un plan, agir uniformément, se développer successivement dans toute son étendue. Parmi ces globes choisis entre les astres errants, celui que nous habitons paraît encore être privilégié ; moins froid, moins éloigné que Saturne, Jupiter et Mars, il est aussi moins brûlant que Vénus et Mercure, qui paraissent trop voisins de l'astre de la lumière.

Aussi, avec quelle magnificence la nature ne brille-t-elle pas sur la terre ? Une lumière pure s'étendant de l'orient au couchant dore successivement les hémisphères de ce globe ; un élément transparent et léger l'environne ; une chaleur douce et féconde anime, fait éclore tous les germes de vie ; des eaux vives et salutaires servent à leur entretien, à leur accroissement ; des éminences distribuées dans le milieu des terres arrêtent les vapeurs de l'air, rendent ces sources intarissables et toujours nouvelles ; des cavités immenses faites pour les recevoir partagent les continents : l'étendue de la mer est aussi grande que celle de la terre ; ce n'est point un élément froid et stérile, c'est un nouvel empire aussi riche, aussi peuplé que le premier. Le doigt de Dieu a marqué leurs confins ; si la mer anticipe sur les plages de l'Occident, elle laisse à découvert celles de l'Orient : cette masse immense d'eau, inactive par elle-même, suit les impressions des mouvements célestes, elle balance par des oscillations régulières de flux et de reflux, elle s'élève et s'abaisse avec l'astre de la nuit, elle s'élève encore plus lorsqu'il concourt avec l'astre du jour, et que tous deux, réunissant leurs forces dans le temps des équinoxes, causent les grandes marées : notre correspondance avec le ciel n'est nulle part mieux marquée. De ces mouvements constants et généraux résultent des mouvements variables et particuliers, des transports de terre, des dépôts qui forment au fond des eaux des éminences semblables à celles que nous voyons sur la surface de la terre ; des courants qui, suivant la direction de ces chaînes de montagnes, leur donnent une figure dont tous les angles se correspondent, et coulant au milieu des ondes comme les eaux coulent sur la terre, sont en effet les fleuves de la mer.

L'air, encore plus léger, plus fluide que l'eau, obéit aussi à un plus grand nombre de puissances ; l'action éloignée du soleil et de la lune, l'action immédiate de la mer, celle de la chaleur qui le raréfie, celle du froid qui le condense, y causent des agitations continuelles ; les vents sont ses courants, ils poussent, ils assemblent les nuages, ils produisent les météores et transportent au-dessus de la surface aride des continents terrestres les vapeurs humides des plages maritimes ; ils déterminent les orages, répandent et distribuent les pluies fécondes et les rosées bienfaisantes ; ils troublent les mouvements de la mer, ils agitent la surface mobile des eaux, arrêtent ou précipitent les courants, les font rebrousser, soulèvent les flots, excitent les tempêtes ; la mer irritée s'élève vers le ciel, et vient en mugissant se briser contre des digues inébranlables qu'avec tous ses efforts elle ne peut ni détruire ni surmonter.

La terre, élevée au-dessus du niveau de la mer, est à l'abri de ses irruptions ; sa surface, émaillée de fleurs, parée d'une verdure toujours renouvelée, peuplée de mille et mille espèces d'animaux différents, est un lieu de repos, un séjour de délices, où l'homme, placé pour seconder la nature, préside à tous les êtres ; seul entre tous, capable de connaître et digne d'admirer, Dieu l'a fait spectateur de l'univers et témoin de ses merveilles ; l'étincelle divine dont il est animé le rend participant aux mystères divins ; c'est par cette lumière qu'il pense et réfléchit, c'est par elle qu'il voit et lit dans le livre du monde, comme dans un exemplaire de la Divinité.

La nature est le trône extérieur de la magnificence divine ; l'homme qui la contemple, qui l'étudie, s'élève par degrés au trône intérieur de la toute-puissance ; fait pour adorer le Créateur, il commande à toutes les créatures ; vassal du ciel, roi de la terre, il l'ennoblit, la peuple, l'enrichit ; il établit entre les êtres vivants l'ordre, la subordination, l'harmonie ; il embellit la nature même, il la cultive, l'étend et la polit ; en élague le chardon et la ronce, y multiplie le raisin et la rose. Voyez ces plages désertes, ces tristes contrées où l'homme n'a jamais résidé ; couvertes ou plutôt hérissées de bois épais et noirs dans toutes les parties élevées, des arbres sans écorce et sans cime, courbés, rompus, tombant de vétusté, d'autres en plus grand nombre gisants au pied des premiers pour pourrir sur des monceaux déjà pourris, étouffent, ensevelissent les germes prêts à éclore. La nature, qui partout brille par sa jeunesse, paraît ici dans sa décrépitude ; la terre, surchargée par le poids, surmontée par les débris de ses productions, n'offre, au lieu d'une verdure florissante, qu'un espace encombré, traversé de vieux arbres chargés de plantes parasites, de lichens, d'agarics, fruits impurs de la corruption : dans toutes les parties basses, des eaux mortes et croupissantes, faute d'être conduites et dirigées ; des terrains fangeux qui, n'étant ni solides, ni liquides, sont inabordables, et demeurent également inutiles aux habitants de la terre et des eaux ; des marécages, qui, couverts de plantes aquatiques et fétides, ne nourrissent que des insectes vénéneux, et servent de repaires aux animaux immondes. Entre ces marais infects qui occupent les lieux bas, et les forêts décrépites qui couvrent les terres élevées, s'étendent des espèces de landes, des savanes qui n'ont rien de commun avec nos prairies ; les mauvaises herbes y surmontent, y étouffent les bonnes ; ce n'est point ce gazon fin qui semble faire le duvet de la terre, ce n'est point cette pelouse émaillée qui annonce sa brillante fécondité ; ce sont des végétaux agrestes, des herbes dures, épineuses, entrelacées les unes dans les autres, qui semblent moins tenir à la terre qu'elles ne tiennent entre elles, et qui, se desséchant et repoussant successivement les unes sur les autres, forment une bourre grossière épaisse de plusieurs pieds. Nulle route, nulle communication, nul vestige d'intelligence dans ces lieux sauvages; l'homme, obligé de suivre les sentiers de la bête farouche, s'il veut les parcourir; contraint de veiller sans cesse pour éviter d'en devenir la proie; effrayé de leurs rugissements, saisi du silence même de ces profondes solitudes, rebrousse chemin et dit : La nature brute est hideuse et mourante; c'est moi, moi seul qui peux la rendre agréable et vivante : desséchons ces marais, animons ces eaux mortes en les faisant couler, formons-en des ruisseaux, des canaux; employons cet élément actif et dévorant qu'on nous avait caché et que nous ne devons qu'à nous-mêmes; mettons le feu à cette bourre superflue, à ces vieilles forêts déjà à demi consumées; achevons de détruire avec le feu ce que le feu n'aura pu consumer : bientôt, au lieu du jonc, du nénuphar, dont le crapaud composait son venin, nous verrons paraître la renoncule, le trèfle, les herbes douces et salutaires; des troupeaux d'animaux bondissants fouleront cette terre jadis impraticable; ils y trouveront une subsistance abondante, une pâture toujours renaissante; ils se multiplieront pour se multiplier encore : servons-nous de ces nouveaux aides pour achever notre ouvrage; que le bœuf soumis au joug emploie ses forces et le poids de sa masse à sillonner la terre, qu'elle rajeunisse par la culture; une nature nouvelle va sortir de nos mains.

Grand Dieu! dont la seule présence soutient la nature et maintient l'harmonie des lois de l'univers; vous qui du trône immobile de l'Empyrée, voyez rouler sous vos pieds toutes les sphères célestes sans choc et sans confusion; qui du sein du repos reproduisez à chaque instant leurs mouvements immenses, et seul régissez dans une paix profonde ce nombre infini de cieux et de mondes; rendez, rendez enfin le calme à la terre agitée! Qu'elle soit dans le silence! Qu'à votre voix la discorde et la guerre cessent de faire retentir leurs clameurs orgueilleuses! Dieu de bonté! auteur de tous les êtres, vos regards paternels embrassent tous les objets de la création; mais l'homme est votre être de choix; vous avez éclairé son âme d'un rayon de votre lumière immortelle; comblez vos bienfaits en pénétrant son cœur d'un trait de votre amour; ce sentiment divin, se répandant partout, réunira les natures ennemies; l'homme ne craindra plus l'aspect de l'homme, le fer homicide n'armera plus sa main; le feu dévorant de la guerre ne fera plus tarir la source des générations; l'espèce humaine, maintenant affaiblie, mutilée, moissonnée dans sa fleur, germera de nouveau et se multipliera sans nombre; la nature, accablée sous le poids des fléaux, stérile, abandonnée, reprendra bientôt avec une nouvelle vie son ancienne fécondité; et nous, Dieu bienfaiteur, nous la seconderons, nous la cultiverons, nous l'observerons sans cesse pour vous offrir à chaque instant un nouveau tribut de reconnaissance et d'admiration!

PYRÉNÉES.

Nous donnons ici un aperçu général et statistique des Pyrénées, travail ou résumé que nous avons établi après de nombreux voyages dans toutes les parties de ces monts célèbres.

Les Pyrénées sont une chaîne de montagnes qui sépare la France de la péninsule hispanique, et traverse, en courant de l'ouest-nord-ouest à l'est-sud-est, l'isthme renfermé entre l'Océan et la Méditerranée.

Géographie physique. Les Pyrénées s'étendent entre les 42° 26' et 43° 23' de latitude septentrionale, et entre les 16° 62' et 20° 50' de longitude à l'ouest du méridien de l'île de Fer. Cette chaîne forme le groupe septentrional du système hespérique, et se divise elle-même, ainsi que ses contre-forts, en quatre autres groupes appelés *Pyrénées galibériques*, *Pyrénées cantabriques*, *Pyrénées asturiques* et *Pyrénées callaïques*, ainsi désignées du nom des *Callaici* qui les habitaient. Le premier de ces groupes, qui séparait la Gaule de l'Ibérie, comprend l'extrémité orientale de la chaîne, et se partage à son tour, sur le versant septentrional, en basses Pyrénées, hautes Pyrénées et Pyrénées orientales; et, sur le versant méridional, en Pyrénées de la Catalogne, Pyrénées de l'Aragon et Pyrénées de la Navarre. Ses points les plus culminants sont ceux du pic Poseto, qui a 3499 mètres, et du pic Nethou, dont l'élévation est de 3467. Le second groupe, situé à l'ouest du précédent, se compose de la Sierra d'Arazar, de celle de Salinas et de celle de San-Salvador, dont les sommités atteignent de 1700 à 2000 mètres. Le troisième groupe est formé par les montagnes des Asturies, la Sierra de Séjos, celle de Cavadonga et celle de Penamarella, la pena de Penaranda, qui est élevée de 3460 mètres, et le mont Gaviavia, qui en a 2403. Le quatrième groupe, enfin, est représenté par les cimes les moins hautes de la chaîne, c'est-à-dire celles qui atteignent au plus 8 à 900 mètres, comme la Pena Trivina, par exemple. On a proposé aussi de réunir les divers ramifications et contre-forts qui s'étendent en Espagne sous le nom de *Système pyrénaïque*. Quant aux rameaux qui se prolongent en France et se redressent notablement sur plusieurs points, on peut citer entre autres les Corbières, la montagne Noire, les sommités de l'Aveyron, celles de la Lozère, etc., groupes qui établissent un lien plus ou moins direct, plus ou moins interrompu entre les Pyrénées et les Alpes.

Montagnes. La chaîne centrale des Pyrénées se divise en deux lignes de sommités qui viennent aboutir, l'une contre l'autre, à peu près vers le milieu de sa longueur, où elles forment un coude presque rectangulaire, en sorte que le prolongement de ces lignes offre deux parallèles éloignées l'une de l'autre d'environ 30,000 mètres. Les monts pyrénéens, qui s'élèvent graduellement à partir des environs du cap de Figueroa jusqu'au groupe du Marboré, vers le centre de la chaîne, s'abaissent ensuite, à peu près dans la même progression, pour disparaître entièrement au cap de Creux. Les points culminants sont très-nombreux dans les Pyrénées; mais nous nous bornerons à la mention des suivants, en partant de ceux dont l'élévation est la plus grande pour arriver, progressivement, à ceux dont la hauteur est peu considérable. Ainsi le pic Poseto, dans la vallée d'Astos, a 3499 mètres; la Maladetta, ou pic de Nethon, 3467; le groupe de Marboré : mont Perdu, 3401; Cylindre, 3354; Cascade, 3261; et Brèche de Roland, 2982; le Vignemale, 3352; le pic de Montcalm, vallée d'Ausat, 3236; le pic de Biédous, vallée de Gistain, 3230; le pic Long, vallée de Gèdre, 3213; le pic de Crabioules, vallée de Lys, 3162; le pic de Néouvielle, 3135; le tuque del Maoupas, vallée de Lys, 3133; le pic de Badescure, vallée de Bun, 3133; le pic Quayrat, vallée d'Astos, 3085; le pic Fourcanade, 3046; le pic d'Arrio-Grand, vallée d'Arun, 2990; le pic de Baronde, 2962; le pic des Aiguillons, 2955; le pic de la Serrière, vallée d'Aston, 2939; le mont Arto, 2927; le pic du Midi de Bigorre, 2896; le pic de Montouliou, 2887; le pic d'Arré, 2880; le pic de la Neux, 2844; le pic d'Arbizon, 2832; le pic de Montvallier, près Saint-Girons, 2823; le pic de Fontargente, 2807; le mont Arrouy, 2784; le Canigou, 2774; le pic Peizic, aux sources de l'Ariége, 2768; le pic du Midi d'Ossau, 2742; le pic de Sacroutz, 2716; le tuque de Sieyo, 2716; le pic de Crabère, 2627; le mont Astainca, 2562; le mont Mosset, 2398; le pic de Montaigu, 2312; le mont de Tabe ou de Saint-Barthélemy, 2303; le Tourmalet, 2194; le pic d'Anie ou d'Ahuga, 2181; le pic de Bergons, 2150; le pic de Leyré, 2150; le pic d'Endrou, 2053; le pic de Cambiel, 2037; le mont Orhy, 2000; la pena de Lhieriz, 1591; le pic del Rey, 1346; le pic de Bugarach, 1216; le mont Haya, 970; le mont Tauch, 867; le mont Alaric, 588; et le pic d'Aisquebel, entre la Bidassoa et le port du Passage, 539.

Passages. Ceux que les Pyrénées présentent à leur sommet sont en très-grand nombre, mais peu sont accessibles pour les voitures. Ces brèches ou échancrures reçoivent le nom de *ports* vers le centre de la chaîne, et celui de *cols* dans la partie orientale. Celles de ces dépressions qui sont le plus remarquables par leur élévation sont le port d'Oo, situé à 2988 mètres; celui de Cambiel, à 2586; puis ceux de Viel, à 2549; de Viella, à 2495; de la Pez, à 2454; de la Picade, à 2421; de la Pinède, à 2400; de Venasque, à 2388; de la Glère, à 2312; et de Gavarnie, à 2289. Plusieurs de ces ports sont plus élevés que les cols du grand Saint-Bernard et du Saint-Gothard, puisque le premier de ceux-ci n'est qu'à 2459 mètres et le second à 2064 seulement. Presque tous les passages des Pyrénées ont dans leurs environs une espèce d'hospice, qui, lors même que des gardiens ne l'habitent point, n'en offre pas moins un abri très-utile aux voyageurs.

Vallées. Elles sont encore plus multipliées que les ports dans les Pyrénées; mais chacun de ceux-ci donne entrée dans deux vallées, une sur chaque versant. Les vallées pyrénéennes ont cela de particulier, que les transversales s'y montrent en plus grand nombre que les longitudinales ou parallèles au faîte, et sont celles qui ont le plus de profondeur, tandis que c'est tout le contraire pour les vallées alpines; elles offrent aussi cette disposition non moins remarquable, qu'à partir du faîte de la chaîne principale jusqu'aux dernières pentes des deux versants opposés, elles forment une suite de bassins vidant successivement leurs eaux l'un dans l'autre, d'où il faut nécessairement conclure que la formation de ces vallées n'est point le résultat ni des courants de mer, ni du soulèvement ou de l'affaissement des montagnes, mais bien de cette chute constante des eaux. Les vallées, ainsi étayées, sont souvent très-étroites et rapides à leur origine; mais quelquefois aussi elles se disposent comme des cirques, dont le plus renommé est l'Oule de Gavarnie. Les vallées transversales se dirigent, en général, du sud au nord; les longitudinales sont au nombre de vingt-sept sur le revers méridional et de vingt-neuf sur le revers septentrional. D'autres vallées encore s'appuient sur les longitudinales pour former avec elles un angle droit; telle est, entre autres, celle de Barousse, qui débouche dans la plaine de Saint-Bertrand. Les vallées principales des basses Pyrénées sont celles d'Ossau, de Neïs, de Mious, de Machebat, du Valentin, d'Aspe, de Lescure, de Barétous, du Vert, de la Bourdaque, de Guerre, de Lourdios, de la Soule, de la Bidouze, de Lusaïde, de Baygory, etc. —Dans les hautes Pyrénées sont les vallées de Luchon, de Barousse, de Burbe, du Lys, de la Pique, d'Artigue-Telline, d'Arbouste, d'Oneil, de Louron, de Lasto, de Gistain, de Lessera, de Vénasque, d'Aure, de Gavarnie, de Héas, de Beyrede, d'Ilhet, de Trébous, de Lesponne, de Campan, de Peyras, de Queyras, de Baréges, de Lienz, de Bastan, d'Argellès, de Cauterets, d'Arun, de Lutour, du Camp-Basque, du Gaulu, de Marcadaou, d'Ossone, d'Estaubé, d'Ordesa, de Faulo, de Bielsa, etc.—Les Pyrénées orientales ont les vallées de l'Aude, de Mosset, de la Téta, de la Gly, du Tech, de Prats, de Cabréri, de Carol, d'Andorre, de l'Ariége, d'Ascou, d'Orgeix, de Prades, de Nagear, de Castellet, d'Aston, de Savignac, d'Unac, d'Urg, de Cabanes, de Saint-Martin, de Caussou, du Sallat, d'Aran, d'Ercé, de Seix, de Saurat, etc.

Glaciers. Il existe sur les points les plus élevés des Pyrénées, et surtout entre les vallées de la Gaume et celle d'Ossau, des glaciers assez considérables, mais peu nombreux, que de longs intervalles séparent le plus souvent, et dont la direction est généralement dans le sens de la crête de la montagne qu'ils occupent. Ces glaciers se remarquent principalement sur le versant septentrional. Quant à ceux qui se trouvent sur le versant méridional, ils reposent sur les pentes opposées au nord, à l'exception, néanmoins, de quelques-uns, qui, bien que situés sur le côté méridional, sont abrités par de hautes montagnes; mais ces glaciers ne sont guère que des amas de neiges qui fondent habituellement au mois d'août. Parmi les véritables glaciers, on distingue ceux de la Maladetta, de Cabridoul, du mont Perdu, du Vignemale et de Néouvielle. Le pied du premier est à environ 2346 mètres au-dessus du niveau de la mer, 500 au-dessus du sol de la vallée, et sa largeur est d'à peu près 2400. Le glacier de Cabridoul, placé dans la vallée de Lys, est sillonné par de nombreuses crevasses qui en rendent l'accès aussi difficile que dangereux. Celui du mont Perdu, situé au fond de la vallée de Pinède, est également coupé par de larges crevasses, et ses flancs sont très-escarpés; il en est de même de celui du Vignemale, dont les eaux forment le gave d'Ossone; et enfin le glacier de Néouvielle, l'un des plus considérables, a des flancs d'une rapidité considérable. Les neiges sont perpétuelles sur les Pyrénées, à la hauteur de 2700 à 2800 mètres.

Lacs. Les bassins les plus élevés des Pyrénées contiennent fréquemment des lacs dont la dimension est relative à celle de ces bassins eux-mêmes; ils sont plus nombreux sur le versant septentrional que sur celui du midi; et la différence de température et le moins de rapidité de pente font que les masses d'eau y ont plus ou moins d'importance, comme souvent aussi elles sont couvertes de glace toute l'année. Les lacs d'Oo et du Portillon d'Oo, par exemple, ne dégèlent jamais; et ceux du mont Perdu et d'Estoum-Soubiran conservent de la glace jusqu'au mois d'août. Les principaux lacs des Pyrénées sont ceux de Seculejo et d'Espingo, sur la montagne d'Oo; le Houchet, à la base du pic du Midi; de Belac, sur le Canigou; de Gaube, près de Cauterets; de Héas; d'Estom, dans le vallon de Lutour; de Tabe; de Barrenc, dans les Corbières; de Glaire, de Coumbelongue, de Coumbe-Scure, de Mail, de Mourelle et de Stellat, dans le val de Lieuz; le lac glacé de Selh-de-la-Baque; la fontaine intermittente de Saillagouse; puis les lacs de Lourde, d'Arrens, d'Estaigne, d'Escoubous, des Truites, de Tersan, d'Aigue-Cluse, du Couret, d'Anchet, de Camon, d'Ovat et d'Omar, dans les hautes Pyrénées; et ceux du Canigou, du Carensa, de Cambradase, de Camardous, de Carlitte, de Puy-de-Prigue, de l'Aude, de Componnel, de Blu, d'Essalar, de Corneilla-del-Bercol, de Saint-Cyprien, de Leucate, etc., dans les Pyrénées orientales.

Rivières. Le système hydrographique des Pyrénées a un développement très-vaste, très-compliqué, et n'a pas encore été suffisamment étudié. Les limites de ce Dictionnaire ne nous permettraient pas, d'ailleurs, d'esquisser les immenses ramifications de ces courants d'eau qui prennent naissance dans les flancs des monts pyrénéens, et sillonnent ensuite leur surface, ainsi que les contrées adjacentes. Les basses Pyrénées sont arrosées par l'Adour, qui naît au pied du pic du Midi, et qui fut couvert des vaisseaux romains, à l'époque où Auguste et Messala soumirent les Cantabres; par la Bidassoa, le Vert, le Nées, la Bidouze, le Job, l'Uhaishandia et la Haussette; par les gaves de Pau, d'Oloron, d'Aspe et d'Ossau; et sous les murs de Saint-Jean-Pied-de-Port se réunissent les ruisseaux qui sourdent des monts neigeux de Mendibelsa, Attalairay, Erostate et Orion, lesquels ruisseaux se grossissent encore, non loin de la ville, de l'Aïssenecco-Erréca et du Galsa-Gorrico. C'est de la réunion de ces cours d'eau que provient la Nive. —Les hautes Pyrénées sont parcourues par la Garonne, qui prend sa source au plan de Goueou, dans la gorge d'Artigue-Telline, val d'Aran, et par la Gimone, l'Arros, la Save, la Neste, l'Ourse, la Nivelle, le Louzon, les gaves de Bun, de Cauterets, etc.—Dans les Pyrénées orientales sont l'Aude, qui prend sa source au pied des hauteurs de Carlitte; l'Ariége, qui naît aussi dans les environs de Mont-Louis et du port de Franiquel, se grossissant ensuite du Baladra, de l'Hespisalet, etc.; la Gly, qui a sa source dans les Corbières, près de Saint-Paul-de-Fenouillet, et se grossit du Maury, du Verdouble et du Robuel; le Tet ou Teta, qui vient des étangs de Puy-Prigue et se grossit de plusieurs ruisseaux, parmi lesquels on remarque principalement ceux de Prats, de Balagné, de Carensac, de Lentilla, de Boules, de Cabrils, d'Epinouse, etc.; le Tech, qui prend sa source vers la frontière d'Espagne; puis le Réart, la Sals, la Castellane, la Désise, etc. Le versant méridional donne naissance à l'Èbre, au Minho, etc.

Cascades. Les principales sont celles de Gavarnie, dont la chute est de 405 mètres; de Lauterbrunnen, haute de 288 mètres; de Seculejo, qui a 256 mètres; puis celle de Ceriset, du Pas-de-l'Ours et de Roussis, près de Cauterets; et enfin celles du Val-Jaret et de Saousa.

Sources minérales et thermales. Ces sources sont extrêmement nombreuses dans les Pyrénées, et la majeure partie ont des vertus éprouvées depuis une longue suite de siècles, puisqu'elles furent recherchées par les Romains, qui renfermèrent plusieurs d'entre elles dans des édifices somptueux. Les établissements les plus remarquables des basses Pyrénées sont : 1° Les Eaux-Bonnes, où furent envoyés les soldats blessés à Pavie, et qui ont trois sources principales : la source Vieille, la source Neuve et la source d'Ortech; 2° les Eaux-Chaudes, dont cinq sources : la fontaine du Roi, l'Esquirette, le Trou, l'Aresec et la Main-Vieille, sont éprouvées contre les obstructions et les maladies qui en dépendent. Viennent ensuite les eaux thermales ou ferrugineuses de Salies, d'Acous, d'Escot, de Gau, de Surde, de Borce, de Bedous, de Monein, d'Ogeu, de Sare, d'Aydius, de Sarrance, etc.—Les hautes Pyrénées présentent, en première ligne, 1° les sources de Bagnères-de-Bigorre, anciennement *Vicus Aquensis*, qui portent les noms de bains de Bré, de Mora, de Santé, de Versailles, de la Peyrie, de Belle-Vue, de Théas, de Cazaux, du Foulon, de Petit-Bain, d'eau de la Serre, d'eau du Salut, d'eau de Pinac, d'eau de Saint-Roc, de sources de la Reine, de la Gutière, du Petit-Prieur, d'Angoulême, de Fontaine-Nouvelle, de fontaine ferrugineuse de Carrère et de roc de Lannes; 2° Baréges, qui compte les bains de Genty, du Papillon, de la Chapelle, de l'entrée et du fond de Polard; 3° Cauterets, que fréquentait la reine Marguerite, sœur de François Ier, et dont les sources, au nombre de dix, sont appelées bains de Bruzaud, de la Reine, de Poze, de César, de la Raillière, du Petit-Saint-Sauveur, de Mahourat, des OEufs et du Roi; 4° Saint-Sauveur, qui a treize sources, dont les principales sont celles de la Chapelle, de la Terrasse, de Béségua et de la Châtaigneraie; 5° Capbvern, l'ancien *Aquæ Convenarum*, dont les deux sources portent le nom de grande Source et de fontaine du Bouridet; 6° Cadéac, vallée d'Aure, établissement fondé par la reine de Navarre, fille de Jean, qui y avait été délivrée de la lèpre. On trouve, après cela, d'autres sources, chaudes ou froides, à Luz, Lescun, Beaucen, Baux, Siradan, Gazost, Labassère, etc.—Les Pyrénées orientales, dans lesquelles on ne peut faire un pas, pour ainsi dire, sans rencontrer une source minérale, offrent d'abord les établissements thermaux de Molitg, de Vernet, d'Arles et de la Preste, puis ceux d'Elo, d'Err, de Mosset, de Saint-Paul-de-Fenouillet, de Corneilla, d'Espira, de las Escaldas, de Fort-les-Bains, de Fornral, de Force-Réal, de Glorianes, de Lio, de Lesquerde, de Montner, de Monné, de Mont-Louis, de Neyres, de Notre-Dame-de-Consolation, de Nobedas, de Sorède, de Salces, de Saint-Martin, de Fenouilla, de Thoès, de Tautavel, de Vinça, de Villefranche, de Reynes, de Fillos, d'Estoher, de Mir, de Nossa, de Saint-Thomas, de Caudiés, etc.—Dans le département de la Haute-Garonne on trouve premièrement Bagnères-de-Luchon, anciens thermes onésiens des Romains, qui ont aujourd'hui huit sources appelées source de la Grotte supérieure, source de la Reine, source des Yeux, source Richard, source Ferras, source Froide et source Blanche; puis l'établissement d'Encausse, près de Saint-Gaudens; celui de Lig, vallée d'Azan, qui compte six sources; celui d'Escousse, où séjournèrent Chapelle et Bachaumont; et enfin ceux de la Barthe-la-Rivière, de Sainte-Marie, de Sidaran, de Montespan, de Barbazan, de Sainte-Madeleine-de-Flourens, de Bourrassol et de Montjoire.—Dans le département de l'Ariége sont les bains d'Ax, qui ont trois sources, celles de Caloubret, de Breil et de Boulies; ceux d'Ussat, de Carcanières et d'Audinac; puis ceux de Bastide-du-Peyrat, de Pamiers, de Tarascon et de Sainte-Quiterie.—Enfin le département de l'Aude possède, 1° les bains de Rennes, l'ancienne *Rheda*, dans les Corbières, lesquels ont cinq sources : trois thermales, le bain Fort, le bain de la Reine et le bain Doux; et deux froides, le bain du Cercle et celui du Pont; 2° ceux d'Aleth, qui ont trois sources thermales et une froide; puis les sources de Sougraigne, de Ginoles, de Campagne, d'Escouloubre, de Cartanières, de Paziols, etc.

CONSTITUTION GÉOGNOSTIQUE. Le soulèvement des Pyrénées serait le neuvième dans l'ordre établi par M. Elie de Beaumont, et aurait été simultané avec celui des Apennins, de la chaîne du Carmel, en Syrie, des montagnes de la Mésopotamie, de la chaîne de Gates, dans l'Inde, de celle des Alleghanys, dans l'Amérique septentrionale. Ce soulèvement aurait eu lieu entre l'époque secondaire et l'époque tertiaire, et dans la direction de l'ouest-nord-ouest à l'est-sud-est. Voilà ce que la science cherche à constater; mais les vieilles légendes ne manquent pas d'exprimer une opinion toute différente sur la formation des Pyrénées. Selon elles, l'existence des monts Pyrénées serait due à un témoignage de regret qu'Alcide aurait donné à Pyrène, fille de Bébrix, roi des Celtes. Ayant appris, au retour d'un voyage, que celle qu'il aimait avait été déchirée par des animaux sauvages, il rassembla, plein de désespoir, les membres dispersés de la princesse, et, afin de consacrer à celle-ci un monument immortel, il souleva tous les rochers de la contrée et les entassa, pour former un tombeau gigantesque qui s'étendit des rives de l'Océan à celles de la Méditerranée. Quoi qu'il en soit, au surplus, de l'origine des Pyrénées, la convulsion qui leur a donné naissance fut, sans contredit, l'une des plus énergiques que le sol de l'Europe ait jusqu'alors éprouvées; et l'apparition des Alpes put seule lui en procurer de plus fortes encore. A cette époque du soulèvement des Pyrénées et de la formation des Alpes, se déposèrent particulièrement la plus grande partie des couches d'étain. Le terrain granitique forme le noyau de la chaîne des Pyrénées, et le cap Creux n'est qu'une masse intégrale de granite. Depuis ce cap et en suivant le littoral méditerranéen jusqu'aux rives de l'Aude, toute la plaine qui succède aux dernières pentes des Pyrénées appartient au terrain supercrétacé et présente de vastes surfaces couvertes d'atterrissements. Ce terrain, depuis la Méditerranée jusqu'à l'Océan, forme un immense dépôt qui se termine à l'embouchure de l'Adour. Le mont Alaric, que l'on voit isolé entre l'Aude et l'Orbière, se compose de roches jurassiques; et il en est de même des ramifications des Corbières et d'une bande étroite qui, s'appuyant sur les pentes de la chaîne, va se terminer sur la rive droite de l'Adour. Recouvert ensuite par la formation crétacée, le calcaire jurassique ne se rencontre plus qu'à Navarreins, d'où, suivant la rive gauche du gave de Pau et s'adossant aux pentes des Pyrénées, il gagne l'embouchure de la Bidassoa. A côté de la formation jurassique s'élève le terrain schisteux, lequel constitue les montagnes et les vallées qui, sur toute la longueur de la chaîne, descendent des hautes cimes granitiques. Au-dessus de ces points culminants se dressent aussi quelquefois des pics composés de schistes micacés, tels, par exemple, que le pic Trabesson, le pic du Midi et celui de Montaigu. — Les granites des Pyrénées se montrent dans des conditions de gisement et dans des relations minéralogiques extrêmement remarquables et qui ont beaucoup d'analogie avec l'éjection des dykes. On trouve, en effet, des masses granitoïdes intercalées dans des couches calcaires où elles n'ont pu s'introduire que sous forme de filons; des altérations très-prononcées ont eu lieu sur les plans de contact; les calcaires sont changés en marbres et en dolomies; et le minerai de fer peut être considéré comme le produit des réactions qui se sont opérées. — Le terrain de transition occupe aussi une vaste étendue dans la chaîne des Pyrénées et forme deux bandes épaisses qui longent au nord et au sud la zone granitique. — Le grès rouge ne constitue point de masses importantes, et la plus grande hauteur à laquelle il atteigne est d'à peu près 2200 mètres. — Mais l'une des roches les plus remarquables des Pyrénées est l'ophite ou grunstein, espèce de porphyre d'origine ignée, qui a été l'objet des recherches de prédilection du savant abbé Palassou. Cette roche forme, au pied de la chaîne et dans les vallées, des monticules isolés et arrondis; rarement on la rencontre en masses vers le centre; et c'est au soulèvement de cette roche que quelques-uns attribuent les dislocations qui se montrent dans les Pyrénées occidentales. La présence de l'ophite est constamment annoncée par des variations brusques dans la direction et l'inclinaison des couches; par le nombre plus ou moins considérable des brèches; et cette roche, véritable Protée, apparaît sous les aspects les plus variés, relativement à sa texture et à sa couleur. Il arrive très-souvent aussi que son développement et celui du gypse sont simultanés; que, dans ce cas, ils sont presque toujours acccompagnés de sources salées et de sel gemme; et le principal centre d'exploitation des sources salées est le cirque de calcaires crétacés d'Anona, cratère de soulèvement dont l'ophite et le gypse occupent le centre. Les eaux salées y sortent d'un puisard qui est au milieu de l'ophite. — Comme l'ophite, le pyroxène en roche joue un rôle assez important dans la constitution des Pyrénées, où on le trouve intercalé dans le calcaire primitif. — Sur le versant septentrional de la chaîne, toutes les couches s'inclinent du sud au nord, en formant un angle de 45°; et les mêmes terrains offrent la même inclinaison sur le versant méridional. — Diverses parties des Pyrénées sont riches en fossiles; mais il paraît qu'on a négligé, jusqu'à ce jour, d'explorer les grottes qui existent dans les flancs de ces montagnes, pour y chercher des ossements qui doivent sans doute s'y rencontrer. Les Corbières sont une mine inépuisable d'hippurites, de madréporites et autres produits marins.

Grottes. Le calcaire jurassique des Pyrénées offre un assez grand nombre de cavités tout le long de la chaîne, et si ces cavités n'ont pas généralement les vastes proportions de celles que l'on trouve ailleurs dans le même terrain, plusieurs, cependant, sont dignes de fixer l'attention : telles sont, par exemple, la grotte de Villefranche ou *Cara Bastera*, à laquelle on ne parvient qu'après avoir monté un escalier de cent trente-deux marches; celle de Gargas, dans la vallée de Barousse, que l'on s'est avisé de considérer comme l'antre favori de l'enchanteur Merlin; celle de Bédeillac, où l'on s'est amusé aussi à placer le tombeau de Roland; celle d'Ussat, près Tarascon, où se trouvent les plus belles stalactites; celle d'Espalungue, dans la vallée d'Ossau; et celle de Sirach, non loin de Prades, dans les Pyrénées-Orientales. Viennent ensuite les grottes d'Iseste, vallée d'Ossau; d'En-Britchot, près de la Preste; de Palumeros, près de Portel; de Font-Santo, de Troubat, dans la vallée de Barousse; d'Urion, dans les Basses-Pyrénées; de Corbère et de Corsavy, près d'Arles, Pyrénées-Orientales; d'Isturits, dans la vallée d'Aspe; de Manhourat, près de Cauterets; de Naupounts, dans la vallée d'Aure; de Pallasset, à Gèdre; de Cova-Den-Pey, près Montferré; de Lorlét, de Meigut, etc. Sur les rives de la Neste, dans la vallée d'Aure, il y a aussi des grottes qui furent fortifiées pendant l'occupation du pays par les Anglais.

Marbres. Le terrain schisteux des Pyrénées abonde en calcaire dont les variétés fournissent à l'industrie des marbres nombreux et très-recherchés. Ce calcaire repose quelquefois sur le terrain granitique; mais, plus communément, il se trouve intercalé dans le schiste micacé, et souvent aussi ses fragments forment des brèches de diverses nuances qui couronnent plusieurs montagnes. Les Romains employèrent à profusion les marbres des Pyrénées dans tous les monuments qu'ils élevèrent dans le voisinage de cette chaîne, et l'on en trouve des preuves dans les édifices qui subsistent encore. Au moyen âge, on en fit un grand usage dans la construction des églises; enfin François Ier, Henri IV, Louis XIV et Napoléon se firent gloire d'orner leurs palais de marbres pyrénéens. Les marbres blancs ont été ou sont encore exploités à Montolo, Mont-Niane, Loubie, Medous, vallée d'Ossau, Sost, Seix, Bagnères-de-Bigorre, Ilhet, Juzet-d'Izaut, Sarrance, Tuchau, etc. — Le marbre rouge et blanc, à Argut-Dessus; le blanc veiné de gris et de vert, à Bagnères; le blanc et vert, blanc et violet, et blanc et rouge, à Seix; le blanc et vert, à Saint-Gaudens; le blanc nuancé de rouge, à Médous; le blanc taché de rouge, à Laguingue; le blanc et rouge, à Villefranche. — Les marbres gris, à Saint-Sauveur, au col de Siscous, à Saint-Michel, Olhomme, Saint-Girons, Saint-Etienne de Baigorry, Arugne, Uhart, Lege, Lasse, Laruns, Larieu, Laguingue, Mont-Perdu, Mancioux, Massat, Pierrefite, Bandeau, Mongelos, Bédous, Cibits, l'île des Faisans, etc. — Les marbres gris nuancés de rouge et de blanc, à Montferrand; les gris et jaunes avec taches rouges, à Sarrancolin; les gris et noirs, à Audinac; le gris jaspé, à Barbazan. — Les marbres verts, à Lescun; le rubané vert et rouge, à Sost. — Les marbres roses, à Médous, Sost, Cierp, Autin, Saint-Girons, etc. Le marbre nankin, à Mancioux. — Les marbres rouges, à Salat, Seix, Saint-Girons, etc. — Les marbres noirs, à Seix, Villefranche, Saint-Girons; noir veiné de blanc, à Saint-Bertrand, Arudy, Audinac, etc.; noir jaspé, à Barbazan. — Les lumachelles, à Pène-d'Escot, etc.; la brèche jaune et noire, à Baudéan; la blanche et jaune, à Pène-de-Saint-Martin; la griotte, à Sost; le sarrancolin, à Sarrancolin, dans la vallée d'Aure, les vallons de Beyrède, etc.; le marbre coquillier, à Espalungue, Mancioux, etc. Enfin il y a encore des marbrières à Vicdessos, Saint-Béat, Tarascon, Verdets, Venasque, Eygun, Pena Blanca, Biros, Bizes-Nistos, Beyrude, Beuleterneri, Cascastel, dans la vallée de Campan, à Cadéac, Caunes, Escot, aux Eaux-Chaudes, à Gabat, Gourdan, Huart, Houras, Hèches, Izaourt, Lourdes, Loubie, etc., etc.

Minéraux. Le terrain granitique des Pyrénées est peu riche en filons métalliques, et, jusqu'ici, on n'y a observé que le plomb et le fer qui s'y présentent quelquefois en couches; mais, en revanche, le fer, le plomb, l'antimoine, le cuivre, etc., sont fort abondants dans les formations schisteuses. Le grès rouge ne contient que du fer sulfuré, du fer hydraté et du cuivre pyriteux. Quelques écrivains ont avancé que les Phéniciens avaient ouvert, les premiers, des mines dans les Pyrénées, et longtemps la tradition reproduisit cette fable, que, des bergers ayant incendié des forêts, l'embrasement causa la fonte des métaux précieux, qui coulèrent alors en ruisseaux sur les flancs des montagnes et firent connaître aux habitants de la contrée les richesses qu'ils possédaient. Suivant Possidonius, les Tectosages auraient exploité fructueusement des mines d'or dans les monts pyrénéens, et de cette croyance naquit sans doute la célébrité de ce prétendu or de Toulouse, *aurum Tolosanum*, dont les anciens ont tant parlé. Une chose remarquable dans les Pyrénées, c'est la mise à nu de leurs produits minéralogiques : c'est une sorte de musée, une exposition immense qui offre les facilités les plus précieuses à l'étude.—Le sel gemme présente, dans les Pyrénées, des conditions particulières de gisement, c'est-à-dire que, au lieu de s'y trouver en couches, comme cela a lieu communément partout ailleurs, il n'y existe qu'en amas. Il y en a deux puissantes masses dans la vallée de Cardone, lesquelles sont réunies par leur base et affluent sur un des versants de la colline qui porte le même nom. Ces deux masses affectent la forme amygdaloïde : l'une, exploitée, a environ 130 mètres sur 250, et une profondeur indéterminée; l'autre, non exploitée, est soudée à la première sur la base, de telle sorte qu'elles offrent l'apparence de deux renflements du même massif : elle ne paraît point stratifiée, et, abandonnée aux actions atmosphériques, elle devient escarpée, hérissée de pointes aiguës, ce qui lui donne de la ressemblance avec un glacier. Les sources salées sont fréquentes dans les Pyrénées, et leur salure ne saurait être attribuée qu'à la circulation souterraine et au contact avec les masses, puisque, à mesure que ces sources s'éloignent du point de contact, leur salure diminue. Il y a des sources salées à la Salcette, à Durban, à Salies, à Salces, à Saugues, etc.—On croit avoir reconnu une mine d'or à Saint-Estève, et la plupart des courants d'eau de l'Ariége ont des sables plus ou moins aurifères qui furent jadis un objet d'exploitation.—On dit avoir trouvé des indices de mines d'argent à Saint-Gougat, Sainte-Élisabeth, Ondarolles, Cabanes, Freissinet, Caunette, Astobisar, Azain, au val de l'Asto, etc.—Des mines de plomb argentifère existent dans les montagnes de Courette, de Cazenave, du Turon, des Artigues, de Saint-Philippe, de Cazet de Héas, de la Raillère, de Bax, de la Vazeille, de la Choure et de Fourcade de Belzayet, au trou des Maures, au bois de Hegeulle, à celui de Ramounouille, à celui de la Providence, à Laruns, Azet, Gèdre-Dessus, Araïus, Gazos, etc.— Les mines de fer se rencontrent à Asté, Ascous, Artigue, Arnave, Arbas, Bonaus de Sinzac, Freissinet, Foix, Fillos, Gavarnie, Houillette, vallée de Hèches, Haux, Juzet-d'Izaut, Jara Lourdalès, Loubie, Piqqueta, Larroque, Larieu, Bessoles, Bernadelle, Bedous, vallée de Carol, Carbon de la Ramaillère, Cabanes, Escoul, Eaux-Bonnes, Larrace, Larcat, Melles, Rasin, Piouselle, Dessole, Cassagne, Massac, Mas-d'Azil, Miglos, Norjat, Pinet, Herichet, Nortez, Engadne, Grenillère, Labastide, Mounhos, Sem, Saint-Paul, Saint-Jean-Pied-de-Port, Pinouse, Pech de Ferrières, Quorre, Portere-de-Gave, Surde, Rébénac, Rancié, Sarrancolin, Sem, Saurat-Sainac, Saborre, Uston, Villefranche, Vernet, Villelongue, Vicdessos, Escarro, Gorsavie, Luzenac, Lapinouse, Caunette, etc.—Il y a des mines de cuivre à Causia, Malpètre, Azain, au val de l'Asto, à Ascous, Astobisar, Auazan, Batera, Bastide de Lerou, Freissinet, Borce, Istourrestegny, Lourdalès, Fournateig, dans la vallée de Gavarnie, à Laruns, Lescun, Cascastel, Caranca, dans la vallée de Carol, à Causson, Bellastavy, Bedous, Cadena, Bielle, dans la vallée de Devantaigues, à Estober, Esteus, Larrau, Montolo, Larbous, Lamanère, Melles, Beharabin, Maupas, Malpètre, Seix, Meras, Saint-Pé, Ondarolles, les Trois-Vallées, Saint-Jean-Pied-de-Port, Sainte-Marie, Tramesaigues, Uston, Urdos, Fourmiguères, Gavarnie, Velmanga, Valls, Lamanère, Villelongue, Orgibet, Prats-de-Mollo, Vallongue, Saint-Laurent-de-Cerdans, etc.—Les mines de plomb sont à Arles, Azain, dans le val de l'Asto, dans la vallée d'Aure, à Aulus, Argut-Dessus, Argenterres, dans la vallée d'Arboust, dans celle de Lys, à Beaucen, Bagnères-de-Luchon, Gèdre, Gavarnie, Héas, Gazost, Hargue, Haiguisse, Lusenac, pic de la Fourcade, Lourdalès, Bessède, dans la vallée de Carol, à Couledons, Clavagnerd, Escous, Escarro, Devantaigues, Labat, Melles, Lourdaloue, Miglos, Montferré, Montauban, montagne d'Oo, Sourinu, Pierrefite, Pène-de-Cezi, Salau, Sirach, Pech de Ferrières, Seix, la Raillère, Saint-Sauveur, Saint-Philippe, Uston, Saint-Pé, Saint-Mamet, Tougères, Viscos, Tauringa, Tramesaignes, etc.—On trouve l'alun à Perles, Sainsac, Villerach, etc.; le zinc, au val de l'Asto, à Aulus, Gazost, Carbeliouse, Pierrefite, Uston, Ourisson, Larmès, Esponne, Chaize, Nestalas, Arens, Cirès, Carboire, etc.; l'arsenic, à Aulus.—Il y a des indices de houille à Alet, Roc-Redon, Grangule, Delesta, Bize, Carcanières, Estavar, Mancioux, Montesquieu, Rémont, Rabouillet, Orthez, etc.—Le jayét se montre à Bugarach, Roc-Redon, Moutsa, etc.; le cobalt, à Juzet-d'Izaut, Luz, Saint-Lary, etc.; l'antimoine, à Cascastel, Quintillan, Palairac, Maisons, dans la vallée de Gistain, etc.; le manganèse, à Caunes, Sem, Trausine, Traisines, Lapinouse, au Canigou, etc.; le cristal de roche, à Melles, au Tourmalet, etc.; enfin il existe des ardoisières à Batsouriguère, Borce, etc.

Climat. La température est très-douce dans la région moyenne des Pyrénées; l'hiver y a peu de durée, le froid y est modéré, et le peu de neige qui tombe dans le fond des vallées n'y demeure que quelques jours. Les chaleurs de l'été sont assez fortes, les orages fréquents et souvent désastreux, et les pluies très-abondantes; enfin les deux extrémités de la chaîne sont beaucoup plus chaudes que la partie centrale.

Végétation. Voici comment elle se présente sur le versant septentrional, en partant de la Méditerranée pour se diriger vers l'Océan : dans les vallées des Pyrénées orientales, la culture de l'olivier est très-riche et abondante; dans la vallée de l'Aude, elle n'est plus un produit exploité, et au delà de cette vallée cet arbre n'est plus cultivé. Depuis les rives de l'Adour jusqu'au cap Ortegal, les végétaux sont à peu près les mêmes que ceux des provinces centrales de la France. En allant des plaines jusqu'au sommet de la chaîne, on rencontre une flore analogue à celle des Alpes, c'est-à-dire qu'aux céréales et aux arbres fruitiers succèdent les arbres verts, et qu'enfin, à 1800 mètres de hauteur, se montrent les rhododendrons. Quant au versant méridional, la vigne et l'olivier y prospèrent; le citronnier et l'oranger y sont parfaitement acclimatés; il y a des forêts de chênes à glands doux; les bons terrains sont couverts de mûriers, de figuiers et de grenadiers; et dans ceux qui sont arides croissent en abondance le lentisque, le caroubier, etc.

Animaux. Le seul animal que l'on cherchait autrefois dans les Pyrénées, comme appartenant à peu près en propre à cette région, était le bouquetin; mais il a maintenant disparu, ou ne se montre qu'à de très-longs intervalles, et l'isard, qui vient après lui, tend aussi à s'éteindre. La race canine fournit une magnifique variété, le chien de berger; le cheval navarrin et celui de la Cerdagne sont assez recherchés : les aigles et les vautours se multiplient sur les sommités pyrénéennes et sont de grande taille; la torpille électrique existe dans les étangs; enfin l'entomologie est extrêmement riche dans ces montagnes, et ses nombreuses tribus offrent chaque jour des espèces nouvelles.

Histoire. On ne possède aucuns monuments historiques qui puissent fixer sur les premiers habitants des Pyrénées, et ce n'est absolument que par conjecture que l'on a souvent écrit que les marchands de Tyr et de Carthage, après avoir abordé dans les ports de la Cantabrie, pénétrèrent aussi dans les montagnes pour y exploiter les mines et y élever des troupeaux. Toutefois le nom des Celtes subsiste dans les traditions les plus anciennes de la contrée, et c'est aux mythes des peuples celtiques que l'on doit la fable que nous avons rapportée d'après Diodore, laquelle fable attribue l'origine des Pyrénées à l'amour qu'avait éprouvé Alcide pour Pyrène, fille de Bébrix. On faisait aussi de ce héros le chef de colonies qui seraient venues de l'Helvétie apporter leur langage dans les Pyrénées ; et, selon Ammien, les Doriens n'auraient pas tardé à suivre ces premiers émigrés pour s'établir à leur tour dans le même pays, où divers lieux, voisins de l'Océan, portent encore des noms grecs, tels que ceux d'Abydos, de Sestos, de Scyros, etc. On a parlé aussi de l'existence sur les monts pyrénéens de femmes guerrières, d'espèces d'amazones qui s'y étaient constitué un gouvernement particulier. Quels qu'aient été, au reste, les habitants primitifs de ces monts, ce qui demeure incontestable, c'est que des Africains et des Grecs y ont formé des établissements; que les Ibères ont fréquemment franchi cette chaîne, et que l'extrémité occidentale est occupée, depuis des temps fort reculés, par une race particulière à laquelle quelques-uns donnent les noms de *Vascons* et de *Cantabres*, mais qui se désigne, elle, par celui d'*Escualdanac*, et se dit d'une patrie qu'elle appelle *Leuscalerra* ou *Leusquerria*. Cette race parle une langue qui se nomme *escuara*, et que beaucoup de savants considèrent comme le celte pur. L'occupation romaine vint apporter une sorte de classement dans les provinces et les tribus pyrénéennes. Du temps de César, la basse Navarre était habitée par les Tarbelli, les Vassei, les Bigerriones, les Flustates, etc. ; le Béarn par les Benearni; et, sous Honorius, ces pays faisaient partie de la Novempopulanie ou Aquitaine troisième. La région centrale, où se trouvaient répandus les Volsci-Tectosages, était comprise dans la Narbonnaise et la première Lyonnaise. Les pyrénées orientales, occupées par les Sardones, les Cerralini, les Consuarini, etc., faisaient également partie de la Gaule narbonnaise.

Après les Romains, ces contrées furent en proie au ravage des peuples du Nord; et, plus tard, à celui des Arabes, que battirent successivement Charles Martel et Charlemagne. Les Goths ou les Maures, on ne sait trop lesquels, ont laissé, dans les Pyrénées occidentales, quelques descendants qui ont porté les noms de *Goths*, de *Gahets*, et qui portent encore celui de *Cagots*, qui signifie, au reste, *chiens de Goths*. Ces débris d'une noble race furent, jusqu'au commencement de ce siècle, l'objet du mépris, souvent de la persécution, et la misère avait engendré parmi eux diverses maladies qui semblaient justifier le dégoût qu'ils inspiraient. Le nouvel ordre des idées, en rappelant ces parias dans la société, a fait disparaître la plus grande partie des infirmités dont ils étaient affligés.

Archéologie. Les églises sont les seuls édifices anciens qui aient été bien conservés dans les contrées pyrénéennes; mais des recherches, des fouilles ont procuré aux divers musées du midi un grand nombre de fragments de monuments romains et gaulois. Dans le nombre des lieux où l'on a le plus recueilli de richesses de ce genre, il faut citer surtout la petite ville de Martres ou l'ancienne *Calagorris ;* et, parmi les collections, on doit placer au premier rang celle qu'a formée à Toulouse le chevalier Alexandre du Mége. Les archéologues visitent, dans le département de la Haute-Garonne, Saint-Bertrand ou *Lugdunum Convenarum*, puis l'estelou de Vielle, espèce d'obélisque situé près de Saint-Martin-d'Arcizac, en Bigorre; et dans le département des Pyrénées-Orientales, la tour de Russino; les bains d'Arles; Elne, l'ancienne *Illiberis*, où campa Annibal, l'an de Rome 536, et où se trouve le tombeau de Constant; enfin l'église de Planès, appelée *Mesquita*, située près de Mont-Louis, et dont la forme singulière a été l'objet d'une foule de conjectures. On a pensé généralement que c'était une mosquée, mais son plan triangulaire indique évidemment une fondation des chrétiens.

Mœurs. L'habitant des Pyrénées est brave, généreux et hospitalier. Les Basques et les Roussillonnais ont fait leurs preuves dans nos armées de terre et de mer. Ainsi qu'on le remarque chez tous les peuples pasteurs, le montagnard des Pyrénées a l'esprit superstitieux, l'imagination exaltée; il est convaincu que des bons génies et des mauvais l'entourent sans cesse et exercent de l'influence sur chacun de ses actes. Ces génies, il croit les voir au sein de la nuée qui couronne un pic ou qui rase le sol, dans l'ombre des forêts, au bord des torrents et des fontaines, sur les chemins et surtout aux carrefours des bois. Sur le pic de Néthon, habité par l'enchanteur Averanus, il se passe les choses les plus merveilleuses ! Il en est à peu près de même du pic d'Anie, que fuient les gens de la contrée et sur lequel les étrangers ne peuvent opérer leur ascension qu'en se mettant en garde contre le mauvais parti que sont toujours disposés à leur faire les bergers qui s'aperçoivent de leur projet. Le lac de Tabe est aussi la résidence d'un génie fort redoutable; les fées d'Ancizan ont une très-grande célébrité; il en est de même de la fée des Escualdanac, qui se nomme Outazuna-Maithagarria, et qui court les montagnes et les forêts montée sur un cerf. Toutefois ceux-là mêmes qui se montrent les plus crédules, à l'endroit des sortiléges et de la magie, n'en sont pas moins pénétrés de principes religieux, n'en pratiquent pas moins avec zèle, avec amour, les devoirs qu'impose le culte catholique, et il n'est pas rare de rencontrer un montagnard qui s'agenouillera devant une image de la sainte Vierge, au moment même où il vous entretient de la beauté et de la puissance de Beuzonia, la Vénus des Pyrénées. Il a aussi une très-grande foi pour le fruit que l'on retire des pèlerinages, et il en accomplit en sa vie le plus grand nombre possible. Les plus renommés de ces pèlerinages sont ceux de Betharram, de Sarrance et de Héas, dans les Pyrénées occidentales; et ceux de Notre-Dame-de-Consolation et de Saint-Antoine-de-Galamus dans les Pyrénées orientales.

Division administrative. Jadis les contrées pyrénéennes formaient divers Etats qui relevaient, pour la plupart, de la couronne de Navarre et de celle de France. Le pays basque, par exemple, comprenait la terre de Labour, la basse Navarre et le vicomté de Soule ; il y avait le vicomté de Béarn et celui d'Oloron; le Lavedan et le Nebouzan; le comté de Bigorre et le Roustan ; le haut Armagnac, qui comprenait les quatre vallées de Magaoac, de Neste, de Barousse et d'Aure; le comté de Comminges et le Couserans ; le comté de Foix et le Donnezan; le Roussillon, le Conflent, le Vallespir, la vallée de Carol et la Cerdagne. Lors de la division du territoire français en départements, trois de ceux-ci conservèrent le nom de Pyrénées; ce sont les suivants :

Basses-Pyrénées. Ce département, formé du Béarn, d'une partie de la basse Navarre et de la Gascogne, et des pays basques, de Soule et de Labour, est borné, au nord, par les départements des Landes et du Gers; à l'ouest par l'océan Atlantique; au sud, par l'Espagne; et, à l'est, par le département des Hautes-Pyrénées. Il compte cinq arrondissements : Pau, Bayonne, Orthez, Oloron et Mauléon : sa superficie est d'environ 755,950 hectares, et sa population de 430,000 âmes.

Hautes-Pyrénées. Formé de l'ancien comté de Bigorre, du pays des Quatre-Vallées, de ceux de Rivière-Basse et de Rivière-Verdun, des vallées du Lavedan et d'une partie du Nebouzan, ce département est borné, à l'ouest, par celui des Basses-Pyrénées ; au nord, par celui du Gers; à l'est, par celui de la Haute-Garonne; et, au sud, par l'Espagne. Il se divise en trois arrondissements : Tarbes, Bagnères-de-Bigorre et Argelès. Sa superficie est de 4937 kilomètres carrés; ses forêts occupent 89,638 hectares; et sa population est de 250,000 âmes.

Pyrénées-Orientales. On a formé ce département du comté de Roussillon, qui comprenait lui-même le Conflent et le Vallespir, puis de la Cerdagne française; de la vallée de Carol et d'une portion du Languedoc. Il est borné, au nord, par l'Aude : à l'est, par la Méditerranée; au sud, par l'Espagne; et, à l'ouest, par les Pyrénées et le département de l'Ariége. Ses arrondissements sont Perpignan, Céret et Prades : sa superficie est d'à peu près 76 myriamètres carrés, et sa population de 160,000 âmes. — Les autres départements, dont une portion de chaque se trouve aussi comprise dans la zone pyrénéenne, sont ceux de la Haute-Garonne, de l'Ariége et de l'Aude.

TABLEAU SYNOPTIQUE

DES ARTICLES CONTENUS DANS CE DICTIONNAIRE.

D

E

F

G

Q

R

S

FIN DU DICTIONNAIRE DE GÉOLOGIE.

Préface.

Il y a dix ans que ce Dictionnaire fut publié pour la première fois, et reçut du public un accueil plein d'indulgence. Cette première édition est épuisée depuis longtemps. Les circonstances, pourtant si fécondes en dates mémorables, m'empêchaient de songer à publier une seconde édition ; toutefois je la préparais en silence, ce livre étant fréquemment demandé. M. l'abbé Migne, désirant enrichir son *Encyclopédie Théologique*, si utile au clergé catholique, d'un *Dictionnaire de Chronologie* qui doit ajouter encore à son immense utilité, a cru devoir s'adresser à moi pour avoir le travail désiré. Je lui livre donc mon *Manuel des Dates*, qui, rédigé primitivement en forme de dictionnaire et avec un esprit tout catholique, paraît éminemment propre à remplir son but ; j'ai d'ailleurs fait les corrections indispensables et les additions nombreuses que nécessitait le laps de dix années. Je me contenterai de reproduire ici, afin de mieux mettre en évidence l'utilité d'un *Dictionnaire de Chronologie*, les réflexions suivantes, qu'on trouvera dans l'*Avant-propos* de ma première édition.

AVANT-PROPOS DE LA PREMIÈRE ÉDITION

Le travail que j'offre aujourd'hui au public m'occupe depuis quinze années. Un ouvrage de ce genre manquait absolument ; j'en avais moi-même éprouvé très-fréquemment la nécessité ; il devait être d'une utilité incontestable, ayant pour but de soulager la mémoire et d'économiser le temps. Je l'entrepris donc, quelque longue, quelque pénible que dût me paraître une semblable tâche.

Il y a près d'un an, je proposai mon ouvrage à la *Société Hagiographique*, qui l'approuva et le classa parmi les premières publications qu'elle projetait. Vers cette époque, mon livre fut annoncé, sous le titre de *Dictionnaire des Dates*, dans les principaux journaux et dans des prospectus ; mais, au moment où il allait être mis sous presse, la *Société Hagiographique* fut dissoute, et tous ses projets de publication tombèrent avec elle.

Cependant, la publicité qu'on a donnée au titre de mon livre en ayant éventé l'idée même, j'ai dû me mettre en garde contre les *imitateurs*. On sait que de notre temps une idée, pour peu qu'elle ait chance de succès, ne reste pas longtemps la propriété de celui qui l'a conçue : il se trouve une foule d'habiles gens prompts à s'en emparer, qui la mûrissent, la mettent à exécution, et l'exploitent avec une mirifique célérité. Les procédés de ce genre sont devenus si nombreux, surtout en matière littéraire, qu'on en fait souvent à peine une simple question de délicatesse : heureusement ils ne passent pas toujours inaperçus.

D'après cela, j'ai pris le parti de publier moi-même mon ouvrage, dans la crainte de m'exposer à perdre entièrement le fruit de mon labeur si j'eusse attendu que l'occasion me procurât un éditeur à ma convenance. D'ailleurs, en différant, j'aurais peut-être encouru quelque formidable accusation de plagiat ou de contrefaçon, et personne ne me blâmera, je pense, d'avoir eu à cœur d'éviter un pareil désagrément.

C'est encore pour ne donner lieu à aucune méprise, que j'ai cru devoir substituer à mon premier titre celui de *Manuel des Dates*, qui, après mûre réflexion, m'a semblé beaucoup plus exact, et surtout plus propre à caractériser la destination usuelle de l'ouvrage.

A la suite de ces réflexions, qui ne sont ni oiseuses ni intempestives, je dois au public quelques détails sur l'utilité générale de ce livre, sur les ouvrages qui m'en ont fourni les matériaux, sur le plan et l'ordre que j'ai suivis, dans le but de le rendre utile le plus commodément possible.

UTILITÉ DU MANUEL DES DATES.

Je l'ai déjà dit, économiser le temps et soulager la mémoire, tels sont les principaux avantages que ce livre est destiné à procurer. Ces avantages ne peuvent manquer d'être appréciés à une époque aussi studieuse que la nôtre, où, par suite de la variété des matières sur lesquelles ont à s'exercer les facultés de l'esprit, on accueille avec empressement tous les moyens qui tendent à simplifier, abréger, faciliter le travail

Il n'est personne qui ne se soit fréquemment trouvé dans le cas de désirer avoir sous la main un répertoire du genre de ce *Manuel des Dates*. Combien de fois n'est-on pas arrêté dans son travail ou dans sa lecture par le besoin de préciser la date d'un événement? Des dates sont si fugitives, elles laissent si peu de traces dans l'esprit, que la mémoire la plus heureuse se trouve fréquemment en défaut, même au sujet des plus marquantes ; et cependant combien n'est-il pas satisfaisant, sinon toujours indispensable, d'avoir une indication aussi précise que possible?

Cette indication, on la trouvera sur-le-champ en consultant ce *Manuel des Dates*. Cet ouvrage ne sera pas moins utile à l'homme du monde qu'à l'homme de cabinet. Tous les jours il s'élève dans la conversation des doutes, soit sur l'époque d'une découverte, soit sur celle d'une bataille, sur celle de l'origine d'une mode; on est incertain sur beaucoup de faits même de notre histoire contemporaine. Les avis sont partagés, la discussion s'engage : que l'on consulte le *Manuel des Dates*, et le doute sera levé.

On objectera peut-être que les dates dont on a besoin peuvent se trouver dans de nombreux recueils qui traitent spécialement de la chronologie; cela est vrai. Cependant, avec un peu d'attention, il sera facile de comprendre que ces ouvrages, d'ailleurs plus ou moins volumineux et d'un prix généralement élevé, ne sauraient tenir lieu du *Manuel des Dates*. Ce sont assurément de fort bons livres à consulter, si l'on désire étudier la longue série des événements de l'histoire, ou bien établir une sorte de concordance entre plusieurs faits d'une même époque. On verra d'ailleurs plus loin que ces ouvrages m'ont été d'un grand secours pour la composition du mien; c'était là que je pouvais généralement prendre ou vérifier mes indications. Aussi m'est-il permis de parler avec connaissance de cause des difficultés qui accompagnent les recherches qu'on veut y faire. Désire-t-on trouver, par exemple, une date isolée, soit dans les tablettes chronologiques les mieux faites, soit dans les atlas historiques les plus estimés, ou bien encore dans l'*Art de vérifier les dates*, ce vaste et précieux monument de savoir et de patience? alors la recherche devient une tâche, même pour les personnes instruites; et si l'on manque absolument de données sur le point historique dont on s'occupe, errant alors de siècle en siècle, de période en période, d'année en année, on se voit forcé de compulser, souvent au hasard, maint volume, et de se livrer à une investigation fatigante, quelquefois même infructueuse.

Le *Manuel des Dates* dispense de pâlir sur de volumineux in-folio; il offre à l'instant même toutes les dates importantes qu'on peut désirer. Il suffit de consulter chacun des articles qui servent à les annoncer.

NOTICE DES PRINCIPAUX OUVRAGES CONSULTÉS POUR LE MANUEL DES DATES.

Art de vérifier les dates des faits historiques, etc., depuis la naissance de Jésus-Christ. Paris, 1783-1787, 3 vol. in-fol.

Atlas historique, généalogique, chronologique et géographique de Lesage (Las Cases). 2e édition. Paris, 1814, gr. in-fol.

Les Fastes universels, par M. Buret de Longchamps. In-fol.

Exposé comparatif de toutes les religions de la terre, considérées dans leurs dogmes, dans leur morale et dans leur culte; par Anot de Maizières. 2e édition, 1838, in-fol.

Abrégé chronologique de l'histoire sacrée et profane, par le R. P. Dom Augustin Calmet. 1 vol. in-12. Nancy, 1729.

Tablettes chronologiques, contenant avec ordre l'état de l'Eglise en Orient et en Occident, les conciles généraux et particuliers, les schismes, hérésies, etc.; par G. Marcel, avocat au parlement. Petit in-8°. Paris, 1682.

Abrégé chronologique de l'histoire universelle, par Lenglet-Dufresnoy. Nouvelle édition; 2 vol. in-8°. Paris, 1823.

Ephémérides universelles, ou Tableau religieux, politique, littéraire, scientifique et anecdotique. 2e édition; 13 vol. in-8°. Paris, 1834.

Dictionnaire des origines. Paris, 1777, 6 vol. in-8°.

Nouveau Dictionnaire des origines, inventions et découvertes dans les arts, les sciences, la géographie, l'agriculture, le commerce, etc.; 2e édition, par MM. Fr. Noël, Carpentier et Puissant; 4 vol. in-8°. Paris, 1834.

Mémorial de chronologie, de biographie, d'économie politique, etc. 1 vol. in-12. Paris, 1822.

Encyclopédie, ou Dictionnaire raisonné des sciences, des arts et des métiers. 3e édition, 36 vol. in-4°.

Dictionnaire de la conversation et de la lecture, répertoire des connaissances usuelles. Cet ouvrage, commencé en 1832, forme aujourd'hui 46 vol. in-8°, et se continue avec activité.

Biographie universelle de Michaud.

Dictionnaire historique de Feller.

Nouvel abrégé chronologique de l'histoire de France, par le président Hénault. 3e édition; 2 vol. in-12. Paris, 1749

Chronologie historique des papes, des conciles généraux et des conciles des Gaules et de France, par Louis de Maslatrie, de l'école des Chartes; dédiée au clergé de France. 2e édition, 1 vol. in-8°, 1838.

Manuel d'histoire du moyen âge, depuis la chute de l'empire d'Occident jusqu'à la mort de Charlemagne, par J. Moeller. 1 vol. in-8°. Paris, 1837.

Les siéges, batailles et combats mémorables de l'histoire ancienne et romaine, par M. de Saint-Allais, auteur de l'*Histoire généalogique des maisons souveraines de l'Europe*. 1 vol. in-8°. Paris, 1815.

Manuel des fêtes et solennités principales de l'Eglise, contenant leur origine, leur institution et les particularités qui s'y rattachent; par M. Adrien Philbert. 1 vol. in-18. Paris, 1834.
La collection des *Annuaires historiques universels* de Lesur. 1818-36, etc., etc.

Ce n'est point une simple notice, mais bien le catalogue d'une volumineuse bibliothèque que j'aurais à transcrire, si je voulais mentionner ici tous les livres qui ont pu me fournir quelque document. Je pense donc que, sur ce point, il doit me suffire d'avoir signalé les principales sources où j'ai puisé le plus habituellement, ainsi que les guides que j'ai suivis.

Quelques savants, qui m'honorent de leur bienveillante amitié, ont bien voulu m'éclairer de leurs conseils et de leurs utiles communications. Leur modestie me défend de les nommer; je leur dois néanmoins un hommage public de ma sincère gratitude : qu'ils veuillent donc l'agréer avec autant de bonté que j'ai de plaisir à le leur offrir.

MÉTHODE SUIVIE DANS LA COMPOSITION DU MANUEL DES DATES

J'ose espérer qu'en se servant de cet ouvrage on se convaincra que je n'ai rien négligé pour lui donner le degré d'utilité générale qui doit le recommander, et que j'ai fait consciencieusement les recherches dont je voulais épargner aux autres la fatigue et l'ennui.

La nomenclature du *Manuel des Dates*, aussi variée qu'étendue, embrasse tous les sujets les plus intéressants dont il est parlé dans l'histoire proprement dite, dans les annales des sciences et des arts. Ayant pour objet de faciliter les recherches, je n'ai point évité de répéter les mêmes dates sous des noms différents, quand parfois il y avait lieu. Les doubles emplois de ce genre sont réellement avantageux dans un livre de la nature de notre *Manuel*. Dans des cas semblables, j'ai toujours le soin d'indiquer par des renvois les articles qui offrent le plus de détails.

On trouvera dans des articles collectifs la série chronologique des papes, des Pères et docteurs de l'Eglise, celle des souverains de chaque Etat, etc.; ce qui n'empêche pas que chacun de ces personnages n'ait encore un article particulier dans la nomenclature du *Manuel*. Il en est de même pour les conciles, les batailles, les siéges, les traités, etc., qui tous sont indiqués collectivement et particulièrement.

Pour ce qui est des indications biographiques, je me borne le plus souvent à donner les dates de naissance et de mort. Les exceptions que je me suis permises à cet égard sont toujours suffisamment motivées par l'importance des personnages. Il m'eût été sans doute bien facile de grossir mon volume, d'abord en reproduisant tant de noms obscurs qui fourmillent dans les dictionnaires, puis en donnant plus de développement à chacun de ces articles; mais alors je me serais beaucoup écarté du but que je m'étais proposé. Au lieu de donner un livre portatif et commode, j'aurais été forcé de publier une collection de volumes; au lieu de me renfermer dans le cercle des choses véritablement utiles et intéressantes, il aurait fallu m'étendre sans avantage réel, pour agglomérer des dates insignifiantes et dont on n'a jamais besoin. J'ai donc visé constamment à ne faire qu'un *manuel*, et à le rendre aussi complet que possible, sans le surcharger d'articles superflus.

Quant à la chronologie, j'ai suivi le savant ouvrage d'Ussérius, archevêque d'Armagh, pour la partie qui appartient à l'histoire ancienne; mais depuis la naissance de Jésus-Christ jusqu'à nos jours, je ne me suis attaché à aucun auteur particulier. Je me range presque toujours à l'opinion de celui dont les raisons ou les conjectures me paraissent le plus solides; quelquefois même, dans le doute, j'ai cité les dates diverses données sur le même événement par plusieurs auteurs.

Afin d'éviter la confusion, j'ai adopté différents caractères pour les noms d'hommes et les noms de choses : les premiers sont en grandes capitales, les seconds en italique.

Depuis que ce *Manuel des Dates* est sous presse, plusieurs notabilités de notre époque ont disparu de la scène du monde. Un petit *supplément* devenait indispensable; j'ai profité de cette circonstance pour soumettre mon travail à une révision sévère : de là des additions qui ne sont pas sans intérêt, et quelques rectifications ou développements qui m'ont paru nécessaires (1).

Présenter la *Concordance des calendriers républicain et grégorien* était absolument indispensable. Les actes publics et privés, depuis le 22 septembre 1792 jusqu'au 1er janvier 1806, ne portent que les indications du calendrier républicain; beaucoup d'ouvrages historiques n'indiquent pas d'une autre manière les événements de cette époque. A l'aide de la concordance que nous joignons à notre travail, concordance tout à fait simple, on pourra, sans difficultés et d'un coup d'œil se procurer les renseignements qu'on désire.

Telles sont les explications que j'avais à donner sur mon travail. Loin de moi la prétention d'avoir fait un ouvrage comparable à ceux des doctes et laborieux Bénédictins. Je me plais seulement à espérer qu'il sera jugé utile, malgré ses imperfections.

(1) Dans cette nouvelle édition, le *supplément* de la première a été refondu dans le corps du Dictionnaire

DICTIONNAIRE

DE

CHRONOLOGIE.

A

AA (Pierre Van der), jurisconsulte flamand, né à Louvain, mort en 1594.

AA (Pierre Van der), géographe et libraire-éditeur, établi à Leyde dès 1682, mort vers 1730, a publié un grand nombre de voyages et de cartes.

AAGARD (Christian), poëte latin estimé, né à Wibourg en Danemark, en 1616, mort en février 1664.

AAGESEN (Svend), auteur d'une histoire du Danemark, en latin, vivait en 1186.

AARON, frère de Moïse, premier pontife et premier sacrificateur des Israélites, né l'an 1574 av. J. C., mort l'an 1452 av. J.-C., l'an du monde 2552.

AARON (Saint), abbé du premier monastère fondé dans la Bretagne, vivait dans le VIe siècle.

AARON-RASCHID ou HAROUN-AL-RASCHILD, cinquième calife de la race des Abassides, né en 765, monta sur le trône en 786, et mourut l'an 800 de J.-C.

AARON (Isaac), interprète de l'empereur Manuel Comnène pour les langues occidentales, né vers le milieu du XIe siècle. Il eut les yeux crevés et la langue coupée pour crime de trahison.

AARON-ARISCON, célèbre rabbin Caraïte, était médecin à Constantinople, vers la fin du XIIIe siècle.

AARON-ACHARON, autre rabbin, né à Nicomédie, vivait vers 1346.

AARON (Pietro), écrivain musical, né à Florence, vivait en 1520.

AARON-ABEN-CHAIM, rabbin, chef des synagogues de Fez, de Maroc et d'Egypte, né à Fez au XVIe siècle, mort à Venise en 1609 ou 1610.

AARON (d'Alexandrie), prêtre et médecin, le premier qui ait décrit la petite vérole, vivait vers l'an 22 du XVIe siècle.

AARON-ARIOB, rabbin de Thessalonique, vivait vers la fin du XVIe siècle.

AARON-BEN-ASER, rabbin, florissait vers 1034.

AARON-SCHASCON, rabbin de Thessalonique, existait à la fin du XVIe et au commencement du XVIIe siècle.

AARON de Raguse, rabbin du XVIIe siècle.

AARSCHOT (duc d'), d'une noble famille du Brabant, remplit au XVIe siècle les premières charges civiles et militaires; mort à Venise en 1595.

AARSSEN (Corneille Van), né à Anvers, en 1543, pensionnaire et greffier des Etats-Généraux de Hollande de 1584 à 1623; il mourut peu après avoir renoncé à cet emploi.

AARSSEN (François Van), fils du précédent, homme d'Etat hollandais, né à La Haye en 1572, mort en 1641; on lui reproche la mort de Barneveldt.

AARTGENS ou AERGENS, peintre, né à Leyde en 1498, avait été d'abord cardeur de laine; il mourut en 1564.

AARTSEN (Pierre), surnommé *Pietro longo*, peintre, né à Amsterdam en 1519, mort dans cette ville en 1573.

AASCOW (Urbain Bruan) médecin des armées navales du Danemark, publia, en 1774, un journal d'observations sur les maladies de la flotte danoise, équipée pour bombarder Alger en 1770.

ABA ou OWON, roi de Hongrie en 1041 ou 1042, massacré en 1044 par ses sujets dont il était devenu le tyran.

ABACCO (Antonio), architecte et graveur, né à Rome, en 1749, fut élève d'Antonio di San Gallo.

ABAILARD ou ABÉLARD (Pierre), célèbre religieux de l'ordre de Saint-Benoît, né en 1079 à Palais, près Nantes, fameux par son savoir, plus encore par sa passion pour Héloïse; condamné pour son *Traité de la Trinité* au concile de Soissons, en 1121, et à celui de Sens en 1140. Mort le 21 avril 1142.

ABANCOUR (Charles-Xavier-Joseph Franqueville d'), né à Douai, ministre de la guerre sous Louis XVI; massacré à Versailles le 9 septembre 1792.

ABANCOURT (F.-J. Willemain d'), homme de lettres, né à Paris en 1745, mort en 1803.

ABANO (Pierre d'), médecin et philosophe, né à Apono, aujourd'hui Abano, poursuivi comme sorcier par l'Inquisition, mort en 1312.

ABARCA, roi de Navarre et d'Aragon, tué dans une bataille en 926.

ABARCA (Pierre), jésuite espagnol, né à Jaca en 1619, mort en 1661.

ABARIS, prêtre d'Apollon l'hyperboréen, fameux, vers l'an 564 av. J.-C., par ses connaissances en médecine.

ABASCANTUS, médecin, né à Lyon, florissait dans le IIe siècle.

Abassides (califes de la famille des) commencent à régner en Arabie en 750. On compte trente-sept califes de cette dynastie de 750 à 1258. L'avénement des Abassides est de la même époque que celui des Carlovingiens.

ABATE (André), peintre de fruits, né à Naples, mort en 1732.

Abattoirs; il en est établi cinq à Paris en 1810 pour remplacer les tueries. — En 1824, le droit modique que les bouchers payent par tête d'animal, rapporta un million.

ABAUZIT (Firmin), savant distingué, naquit à Uzès le 11 novembre 1679 et mourut à Genève en 1767. Ses œuvres ont paru en 1773, 2 vol. in-8°.

ABBACO (Paul de l'), géomètre, astronome et poëte florentin, florissait au XIVe siècle; il mourut quelque temps avant Boccace, mort en 1375.

ABBADIE (Jacques), théologien protestant, né à Nay en Béarn, l'an 1659, mort le 25 septembre 1727 à Marybone près de Londres. Son traité de la *Vérité de la religion chrétienne*, la Haye. 1743, 4 vol. in-12, obtint l'approbation des catholiques et des calvinistes.

ABBATUCCI (Jacques-Pierre), lieutenant-général au service de la France, né en 1726, dans l'île de Corse, mort dans sa patrie en 1812.

ABBATUCCI (Charles), fils du précédent, général de division de la république française, né vers 1771, tué le 2 décembre 1796, dans une sortie qu'il fit pour déblayer les abords de la place d'Huningue, dont la défense lui était confiée.

Abbayes. Au XVIIIe siècle, avant la révolution, on comptait en France six cent trente et une abbayes d'hommes *en commende*, à la nomination du roi; quinze abbayes chefs d'ordres ou de congrégations dont une de filles, celle de Fontevrault, cent neuf abbayes régulières d'hommes et deux cent cinquante-trois abbayes régulières de filles, sans compter les abbayes et chapitres nobles de filles.

ABBÉ. Autrefois ce titre était donné aux supérieurs des communautés de moines, mais à ceux-là seulement qui possédaient des abbayes ou qui étaient chefs de tout un ordre. Aujourd'hui on donne, par politesse, le titre d'abbé à tous les ecclésiastiques.

Abbeville, ville du département de la Somme (Picardie), n'était d'abord qu'une maison de plaisance de l'abbé de Saint-Riquier (*Abbatis villa*). C'est de là qu'elle tire son nom. — Elle commença à devenir ville à la fin du Xe siècle, sous Hugues Capet. — Le droit de commune, qui lui fut accordé en 1130, lui fut confirmé le 9 juin 1181 par le comte de Ponthieu. — Cette ville se vante de n'avoir jamais été prise.

ABBON, moine de Saint-Germain-des-Prés, auteur d'une relation en vers latins du siége de Paris par les Normands; mort vers l'an 923.

ABBON ou ALBON DE FLEURY, né vers 945 dans le territoire d'Orléans, élu en 970 abbé du monastère de Fleury; réformateur de l'abbaye de la Réole en Gascogne où il fut tué en voulant apaiser une querelle le 13 novembre 1004.

ABBOTT (Georges), archevêque de Cantorbéry, né à Guilford, comté de Surrey, en 1562, mort à Croydon en 1633.

ABBT (Thomas), philosophe allemand, né à Ulm en 1738, mort à Buckeburg en 1766.

Abdalis (pays des) ou royaume de Caboul; fondé en 1747, après la mort de Nadir-Schah, par Abdallah, l'un de ses généraux. Il comprend l'ancien royaume de Ghizni.

ABDALLAH BEN SAED, chef des Wéchabites: sa défaite et son exécution le 17 décembre 1818.

ABDÉRAME ou ABDALRAHMAN, général du calife Hescham, avait conquis l'Espagne et une grande partie de la France, lorsqu'il fut tué à la bataille de Poitiers en octobre 733.

ABDIAS, le quatrième des douze petits prophètes, était, suivant les uns, contemporain d'Isaïe (75? ans av. J.-C.); suivant d'autres, il écrivit depuis la ruine de Jérusalem par les Chaldéens.

Abdications de souverains: abdication des empereurs Dioclétien et Maximien en l'an 305.—D'Augustule et fin de l'empire romain, le 4 septembre 476. — De Charles-Quint, empereur et roi d'Espagne, le 6 février 1556. — De Christine, reine de Suède, le 16 juin 1654. — De Casimir V, roi de Pologne, le 16 septembre 1668. — De Philippe V, roi d'Espagne, le 15 février 1724.—De Victor-Amédée II, roi de Sardaigne, le 2 septembre 1730. — De Charles-Emmanuel IV, roi de Sardaigne, le 4 juin 1802. — De Gustave-Adolphe IV, roi de Suède, le 29 mars 1808. — De Bonaparte (Louis), roi de Hollande, le 1er juillet 1810.— De Bonaparte (Napoléon), empereur des Français, le 11 avril 1814; sa seconde abdication, le 22 juin 1815.—De don Pédro, roi de Portugal, le 2 mai 1826. — De Charles X, roi de France, le 16 août 1830.— De Charles-Albert, roi de Sardaigne, le 26 mars 1849.

ABDON (S.), reçut la couronne du martyre à Rome en 250, durant la persécution de Dèce.

ABDUL-WECHAB; il se proclama calife des mahométans, le 1 août 1803.

ABDUL-HAMID, vingt-septième empereur ottoman, né le 20 mai 1725, régna en 1774, mourut le 7 avril 1789.

ABEILLE (l'abbé Gaspard), de l'Académie française, né à Riez en Provence en 1648, mort à Paris le 22 mai 1718.

ABELLI (Louis), né à Paris en 1603, évêque de Rodez; mort le 4 octobre 1691

Abéloïtes, sectaires du Ve siècle.

Abensberg (bataille d'), le 20 avril 1809; les Autrichiens y furent battus par Napoléon.

ABERCROMBY (sir Ralph ou Raphaël), général anglais, était lieutenant en 1760 et général en chef en 1797. Blessé à mort le 21 mars 1801; mort le 28 du même mois.

Aberration des étoiles fixes; découverte de sa cause et de ses effets, par Bradley, en 1727.

ABESAN, juge d'Israël, succède à Jephté, depuis l'an du monde 2823 jusqu'en 2830.

ABIAS, successeur de Roboam, roi de Juda, règne depuis l'an du monde 3046 jusqu'en 3049.

ABIATHAR est dépouillé du sacerdoce vers l'an du monde 2990.

ABIBAL, premier roi de Tyr, connu vers l'an du monde 2931.

ABICHT (Jean-Georges), orientaliste et théologien, né à Kœnigssea en 1672, mort à Wittemberg en 1740.

ABLANCOURT (Nicolas Perrot d'), écrivain français, membre de l'Académie française, né à Châlons-sur-Marne, le 5 avril 1606, mort le 17 novembre 1664.

Abo, capitale de la Finlande méridionale, prise par les Russes en 1808.

Abo (traité d') entre les Russes et les Suédois, le 17 août 1743.

Abo (Conférence d'); elle fut ouverte secrètement en 1812; là fut décidé l'accession de la Suède à la coalition contre la France.

ABOUBEKR, beau-père et successeur de Mahomet; enseveli à Médine l'an de J.-C. 634 selon les uns et 640 suivant les autres.

Aboukir (combat naval d'), gagné par l'amiral Nelson sur la flotte française commandée par l'amiral Bruix, le 1er août 1798.

Aboukir; les Turcs y sont mis en déroute par les Français le 28 juillet 1799.

ABOVILLE (François-Marie, comte d'), général d'artillerie, né à Brest en janvier 1730, mort à Paris le 1er novembre 1817.

ABRAHAM, patriarche, né à Ur en Chaldée l'an 1996 av. J.-C.; mort l'an 1821, âgé de 175 ans.

ABRAHAM (saint), apôtre du mont Liban, mort à Constantinople vers l'an 439.

ABRAHAM (saint), solitaire, oncle de sainte Marie pénitente, vivait dans le IVe siècle de l'Eglise; sa fête est célébrée le 15 mars.

Abrahamistes ou *Déistes Bohêmes*, nom d'une secte qui se forma en 1782 dans un comitat de Bohême; ces religionnaires furent chassés de leurs possessions en 1783, par l'ordre de l'empereur Joseph II.

Abruzze (l'), la partie la plus méridionale de l'Italie, doit son nom aux Brutiens, qui s'y établirent l'an 356 av. J.-C.

ABSALON, fils de David, se révolte contre son père et est mis à mort l'an du monde 3981.

ABULFÉDA (Ismaël), célèbre et savant prince de Syrie, né à Damas l'an 1273 de J.-C., mort en 1331 ou 1332.

Abus (Appel comme d'). En 1309, Pierre de Cugnières, avocat du roi, proposa le premier ce mode pour résister à l'autorité ecclésiastique.

Abyssins (les) sont convertis au christianisme par Frumentius, l'an 327.

Académicienne. Mme Deshoulières, membre de l'académie d'Arles, est la première qui ait reçu en France des lettres d'Académicienne, en 1689.

Académie. L'antiquité vit naître plusieurs écoles de ce nom; l'ancienne académie eut pour fondateur Platon, dans le IVe siècle av. J.-C. La moyenne fut fondée par Arcésilas, mort l'an 300 av. J. C., et la nouvelle est attribuée à Carnéade, mort vers l'an 218 av. J.-C.

Académie d'Alexandrie ou *Muséon*, fondée par Ptolémée Soter, roi d'Egypte, mort l'an 221 av. J.-C.

Académie française; commence à se former en 1629 dans la maison de Valentin de Conrard où elle tient ses séances jusqu'en 1633. — Première publication de son dictionnaire en 1694.

Académie royale des sciences à Paris, établie au mois de décembre 1666.

Académie des inscriptions et belles-lettres, son établissement à Paris en 1663.

Académie de peinture et de sculpture; établie à Paris le 10 septembre 1664.

Académie royale d'architecture; établie à Paris en 1671.

Académie royale de musique; son établissement en 1669. Voy. *Opéra.*

Académie de la Crusca, fondée à Florence dans le XIIIe siècle, par Bruneto Latini. — Son rétablissement par ordre de Napoléon, le 19 janvier 1811.

Acadie ou *Nouvelle-Ecosse*, presqu'île de l'Amérique septentrionale; il s'y établit quelques colonies françaises en 1604. Les Anglais la prirent et la nommèrent Nouvelle-Ecosse; ils la rendirent en 1661. La France la céda en 1763 à l'Angleterre, qui en chassa les colons français en 1769.

Acajou. C'est en Angleterre que l'usage de ce bois s'introduit vers le milieu du XVIIIe siècle.

Acuraï, nommée aussi *la Nativité*, place du Paraguay, bâtie par les jésuites en 1624.

Accompagnement. Plusieurs auteurs attribuent l'invention de cet art à Louis Viadana, maître de chapelle de la cathédrale de Mantoue, né à Lodi en 1580. Les premières notions de l'accompagnement furent exposées en 1703 par François Gasparini, directeur de musique au conservatoire de Venise. M. Fétis a complété le système de l'harmonie et de l'accompagnement en 1824 par la découverte du mécanisme de la *substitution* dans les accords dissonants.

ACCURSE (François), jurisconsulte célèbre, né à Florence en 1151, mort vers 1229.

Acéphales, sectaires du Ve siècle.

ACHAB, roi d'Israël, règne depuis l'an du monde 3086 jusqu'en 3107.

Achalkalaki; prise de cette forteresse par les Russes sur les Turcs, le 19 septembre 1810.

ACHARD, écrivain ascétique, abbé de Saint-Victor à Paris, évêque de Séez, puis d'Avranches, mort le 29 mars 1171.

ACHAZ, roi de Juda, règne depuis l'an du monde 3262 jusqu'en 3278.

Achéens ; leur république fondée l'an 284 av. J.-C., eut un gouvernement démocratique pendant 25 ans; la ligue achéenne, confédération des villes de l'Achaïe, formée près de trois siècles av. J.-C., conserva son indépendance pendant 135 ans. — Le pays des Achéens devient une province romaine sous le nom d'Achaïe, 146 ans avant J.-C.

ACHENWALL (Godefroi), publiciste allemand, né le 20 octobre 1719, à Elbing en Prusse, mort le 1 mai 1772.

ACHÉRY (dom Luc d'), né à Saint-Quentin en Picardie, en 1609, mort à Saint-Germain-des-Prés, le 29 avril 1685.

Ackermann (Traité d'), entre la Russie et la Porte ottomane, le 7 octobre 1826.

ACCOLTI (Benoît), jurisconsulte célèbre, né à Arezzo en 1415, mort vers 1466.

ACHMET Ier ou AHMED, empereur des Turcs, succéda à Mahomet III son père, en 1603, et mourut en 1617, âgé de 30 ans.

ACHMET II, empereur des Turcs, commença à régner en 1691; mort le 29 janvier 1695.

ACHMET III, nommé empereur en 1703, mort le 23 juin 1736, âgé de 74 ans; il y avait 5 ans et 8 mois qu'il avait été déposé.

Acier; le secret de convertir le fer en acier était déjà connu du temps d'Aristote dans le IVe siècle av. J.-C.

Acier (bijouterie d'); introduit en France l'an 740.

Açores (îles), découvertes au milieu du XVe siècle (1432) par Gonzalo-Vello, Portugais, commencent à être peuplées en 1449.

Acoustique, théorie des sons. Ce fut en 1740 que Sauvage, de l'Académie des sciences, employa ce mot pour la première fois. — Expériences de Hauksbée sur l'acoustique, publiées en 1754.

Acqui, ville du Montferrat, prise par les Espagnols en 1745, par les Piémontais en 1746. Les Français y battirent, en 1794, les Piémontais et les Autrichiens.

Acte additionnel ; accepté à l'Assemblée du Champ-de-Mai, le 1er juin 1815.

Actes publics; Carloman, roi de France, commença le premier, en 742, à les dater de la naissance de J.-C.

Actes notariés ; introduits en France, pour les affaires civiles, en 1270. — Ordonnance de François Ier, pour cesser de les écrire en latin et pour y employer la langue française, rendue en 1539.

Actium (bataille d'), remportée par Octave sur Antoine, l'an 32 av. J.-C.

ACTON (Joseph), premier ministre du royaume de Naples, né à Besançon le 1 octobre 1737, mort en décembre 1808.

ACTON (le cardinal), né à Naples, le 6 mars 1803, mort dans la même ville, le 27 juin 1847.

Acupuncture, méthode chirurgicale qu'on attribue aux Japonais, connue en Europe dans le XVIIe siècle; mise à la mode en France pendant quelque temps, vers 1820.

ADALBERT (saint), né en Bohême vers l'an 956, devint évêque de Prague, évangélisa les Bohémiens, puis les Polonais, qui le massacrèrent en 997, le 23 avril, jour où l'Eglise célèbre sa fête.

ADAM, le premier homme, créé l'an 1 du monde, mort en 930.

ADAM (Robert), architecte célèbre, né en Ecosse en 1728, mort en 1792.

Adamites, sectaires du IIe siècle, dont le chef se nommait Prodicus.

ADAMS (John), président des États-Unis d'Amérique, né le 19 octobre 1735, mort à New-Yorck en 1803.

ADAMSON (Michel), botaniste français, né à Aix en Provence, le 7 avril 1727, mort le 3 août 1806.

Adda (l'), rivière de Suisse et d'Italie, est rendue navigable au moyen du canal creusé par les soins de Léonard de Vinci, en 1426, et plus tard par un nouveau canal exécuté en 1777.

ADDISON (Joseph), poëte et critique anglais, né le 1 mai 1672, mort le 17 juin 1719.

ADÉLAIDE (sainte), impératrice, fille de Rodolphe I, roi de Bourgogne, femme de l'empereur Othon I; née vers 931, morte l'an 999. L'Eglise célèbre sa fête le 16 décembre.

ADELARD (saint), abbé de Corbie en Picardie, cousin-germain de Charlemagne; mort en 827, le 2 janvier, jour où l'Église célèbre sa fête.

ADELSTAN ou ATHELSTAN, fils et successeur d'Edouard Ier, roi d'Angleterre, commença à régner en 924, mourut en 941.

ADELUNG (Jean-Christophe), savant philologue, né en Poméranie le 30 août 1734, mort le 10 août 1806.

ADÉMAR, historien, né au diocèse de Limoges, vers l'an 988, mort vers 1031.

Aden, ville considérable de l'Arabie heureuse; prise par les Turcs en 1539; abandonnée depuis aux princes arabes; les Anglais s'emparent de son port au commencement de 1839.

Adiaphoristes, sectaires du XVIe siècle ; leurs erreurs portaient sur les conciles, les cérémonies et les constitutions de l'Eglise.

ADOLPHE, comte de Nassau, élu roi des Romains le 6 janvier 1292, couronné empereur à Aix-la-Chapelle, le 25 juin de la même année, et tué dans une bataille auprès de Spire, le 2 juillet 1298.

ADON (saint), archevêque de Vienne en Dauphiné en 859, mort le 16 décembre 875, à 76 ans.

Adoption; institution connue en France sous les rois de la première race. — L'usage de cette institution se perd sous les rois de la seconde race. — Elle entre dans le plan de nos lois civiles en 1792, et est consacrée depuis dans notre code civil.

Adour (l), rivière de France (Hautes-Pyrénées), se jette dans la mer à Bayonne par un canal ouvert en 1579.

ADRETS (François de Beaumont, baron des), né au château de la Frette en 1513, mort en 1587.

ADRIEN (P. Ælius-Adrianus), empereur romain, né près de Séville en Espagne, proclamé empereur, le 14 août 117 de J.-C., mort à Baïes en Campanie, le 10 juillet 138, à 62 ans.

ADRIEN (saint), reçoit la palme du martyre, à Nicomédie, vers l'an 306. L'Eglise célèbre sa fête le 8 septembre, jour de la translation de ses reliques à Rome.

ADRIEN (saint), évêque de Nérida près de Naples, mort le 9 janvier 720.

ADRIEN (saint), évêque de Saint-André en Ecosse, souffrit le martyre en 874.

ADRIEN Ier, pape, reçut la tiare en 772, après la mort d'Etienne III, et mourut le 29 décembre 795.

ADRIEN II, pape, élu le 14 décembre 867, mort le 1er novembre 872.

ADRIEN III, élu pape en 884, ne garda la tiare qu'un an et quatre mois.

ADRIEN IV, anglais de naissance, élu pape le 3 décembre 1154, mort le 1er septembre 1159.

ADRIEN V, élu pape le 12 juillet 1276, mort à Viterbe un mois après.

ADRIEN VI, pape, né à Utrecht, le 2 mars 1459, succède à Léon X en 1522; mort le 24 septembre 1523.

Ægos Potamos (bataille d') ; elle fut suivie de la prise d'Athènes par Lysandre, général des Lacédémoniens, vers l'an l'an 400 av. J.-C.

Aériens, sectaires du IVe siècle; ils rejetaient les prières pour les morts, vers l'an 342.

Aérolithes ou pierres aériennes; l'an 89 av. J.-C., il en tomba deux, en Chine, d'un volume assez gros, après trois coups de tonnerre. — En 1510, chute d'une de ces pierres en Lombardie, qui pesait 120 livres.—Le 13 mars 1807, dans le gouvernement de Smolensk en Russie, chute d'une pierre noirâtre du poids de 160 livres après un violent coup de tonnerre. — Le 18 février 1815, pierre météorique tombée dans l'Inde anglaise. Les Brames font transporter cet aérolithe du poids de 25 livres, à Dooralla, et veulent lui consacrer un temple.

Aérostats; première expérience de ce genre, faite par Montgolfier à Annonay, le 5 juin 1783. Le jésuite Gusman en avait donné la première idée en 1729.—La première expérience publique à Paris eut lieu le 27 août 1783. — Premier essai du parachute fait en France par Garnerin en 1797.

AETIUS, général romain : il défit Attila dans les plaines de Châlons, le 20 septembre 451.

AETIUS, sectateur d'Arius, mort en 366 à Constantinople.

AFER (Cn. Domitius), célèbre orateur romain, né à Nîmes dans les Gaules, l'an 15 ou 16 av. J.-C., mort sous le règne de Néron, l'an de Rome 812.

Affiches (petites) de Paris ; leur commencement en 1732.

Affranchissement ; commença à Rome sous le règne du roi Servius Tullius, mort l'an 533 av. J.-C. — Le nombre des esclaves commença à diminuer sous Louis le Gros en 1135 et sous Louis VIII en 1223. — Un des plus anciens affranchissements dont la formule nous ait été conservée est de 1185.

AFFRE (Denis-Auguste), archevêque de Paris, né à Saint-Rome de Tarn, au diocèse de Rodez, le 18 septembre 1793; sacré archevêque le 13 juillet 1840 ; mort le 27 juin 1848, des suites d'une blessure reçue aux barricades du faubourg Saint-Antoine.

AFFRI (Louis-Auguste-Augustin, comte d'), colonel du régiment des gardes-suisses du roi de France, né à Versailles en 1703, mort en 1793, du chagrin que lui causa la mort de l'un de ses fils tué aux Tuileries le 10 août 1792.

AFRE (sainte), principale patronne d'Augsbourg, souffrit le martyre avec plusieurs saintes compagnes, le 7 août, durant la persécution de Dioclétien, commencée l'an 305 de J.-C. L'Eglise célèbre sa fête le 5 du même mois.

Afrique. Les Romains en cèdent une partie à Genseric, roi des Vandales, le 11 février 430; les murs de toutes les villes y sont abattus en 455, par l'ordre de Genseric, à l'exception de ceux de Carthage.—Est conquise par Bélisaire, le 15 septembre 533. — Subjuguée par les Sarrasins en 647.

Afrique (compagnie française d'), supprimée en 1792; rétablie le 17 janvier 1801.

Afrique, voyez *Alger*

Agapes (les), repas que les chrétiens faisaient entre eux en signe d'amitié, furent abolies l'an 397 par le IIIe concile de Carthage.

AGAPET (saint), reçut la palme du martyre sous Aurélien, en 273.

AGAPET, pape, élu en 535, ne garda la tiare que dix mois.

Agaric de chêne: découverte de sa propriété d'arrêter les hémorragies, par un médecin du Berry, nommé Brossard, en 1751.

AGATHE (sainte), vierge chrétienne, morte en prison l'an 251 de J.-C. : son nom se trouve dans le calendrier de Carthage qui est de l'an 530. Elle est la patronne des Maltais. L'Eglise la fête le 5 février.

AGATHOCLE, tyran de Sicile, meurt empoisonné l'an 287 av. J.-C., la vingt-huitième année de son règne et la soixante et douzième de son âge.

AGATHON, pape, élu en 678, mort, dit-on, le 10 janvier 682.

Agde : on place la fondation de cette ville à l'an 163 de Rome.—Alaric, roi des Visigoths, y convoqua un concile en 506.— Elle fut remise à Pepin en 743.— Le roi d'Aragon céda ses droits sur cette ville à saint Louis, en 1258. La construction de son port actuel date de 1633.

Age (moyen). Cette grande division de l'histoire commence à l'an 406 et finit vers la moitié du XVe siècle. Ce sont les dix siècles écoulés depuis la destruction de l'empire romain en Occident, jusqu'à la destruction du même empire en Orient.

Agen : prise de cette ville par les Français en 1322. — Elle fut rendue par ceux-ci aux Anglais en 1330. — Prise d'assaut par le comte d'Armagnac, en 1418. — Les protestants s'en emparèrent en 1562.

— Agen prend le parti de la Ligue en 1588, mais elle fut soumise au roi en 1591.

Agents de change. Ils furent créés en titre d'office par Charles IX en juin 1572. — Le nombre en fut fixé par Henri IV, en 1592, à huit, pour Paris; leur nombre fut porté à vingt en 1634, puis à trente par un édit de décembre 1638. — En 1645 Louis XIV créa six nouveaux offices et les choses demeurent en cet état jusqu'en 1705 que tous les offices d'agents de change ayant été supprimés, excepté ceux de Marseille et de Bordeaux, le roi créa cent seize nouveaux offices avec la qualité de *conseillers du roi, agents de banque, change, commerce et finance.* Ces nouvelles charges furent encore supprimées en 1708 pour Paris, et au lieu de vingt agents qu'y établissait l'édit de 1705, celui de 1708 en porta le nombre à quarante et en 1714, le roi y en ajouta encore vingt autres pour Paris. Le titre de ces *agents* fut encore supprimé en 1720, et soixante autres agents furent établis pour faire leurs fonctions. Ceux-ci furent supprimés à leur tour, et d'autres créés en leur place, par édit du mois de janvier 1723. Le nombre de soixante fixé par cet édit, porté ensuite à quatre-vingts, fut réduit à vingt-cinq par l'édit du 28 vendémiaire an IV. Par arrêté des consuls du 13 messidor an IX, le nombre des agents de change a été porté à quatre-vingts et celui des courtiers de commerce à soixante. Enfin l'ordonnance royale du 29 mai 1816 fixe à soixante le nombre des agents de change de Paris, conformément aux lettres patentes données le 4 novembre 1786.

AGESILAS, roi de Sparte, mort l'an 361 av. J.-C., âgé de 84 ans, en ayant régné 44.

AGIS Ier, roi de Sparte, vers 980 av. J.-C.

AGIS II, commença à régner vers l'an 427 av. J.-C., mort l'an 399.

AGIS III, monta sur le trône de Sparte l'an 346 av. J.-C., et fut tué dans une bataille l'an 335 av. J.-C.

AGIS IV, monta sur le trône l'an 243 av. J.-C., et fut étranglé par suite d'une conspiration vers l'an 235 avant J.-C.

Agnadel (batailles d') : l'une où Louis XII défit les Vénitiens, le 14 mai 1509; l'autre où le duc de Vendôme battit le prince Eugène, le 16 août 1705.

AGNAN (saint), évêque d'Orléans du temps d'Attila, mourut en 453

AGNÈS (sainte), née à Montepulciano en Toscane, en 1274, morte le 20 avril 1317. — Son nom fut inscrit dans le martyrologe en 1627, et le pape Clément VIII autorisa son culte.

AGNÈS SOREL, née en Touraine, vers l'an 1409, morte le 9 février 1450 au château du Mesnil.

Agnoïtes, sectaires du VIe siècle, qui refusaient à Jésus-Christ la connaissance du jour du jugement.

Agonyclites, sectaires du VIIIe siècle, qui ne faisaient leurs prières que debout.

Agosta, ville forte de Sicile; abîmée en 1693 par un tremblement de terre qui l'a séparée de la terre ferme.

Agraire (loi), publiée à Rome pour la première fois l'an 486 av. J.-C. — César la fait adopter l'an 59 av. J.-C., malgré l'opposition de Caton.

Agria, petite ville de la Haute-Hongrie, prise en 1596 par Mahomet II; reprise par les Impériaux en 1715.

AGRICOLA (Cneius-Julius), célèbre romain, beau-père de l'historien Tacite, né vers l'an 40 de J.-C., mort en 98.

AGRICOLA (saint), évêque de Châlons-sur-Saône, dans le VIe siècle, mort vers l'an 560.

Agriculture (l') remonte jusqu'à Caïn, vers l'an 3600 av. J.-C. L'art de semer fut enseigné en Grèce par Cérès, suivant les *marbres d'Arundel*, vers l'an 1409 av. J.-C., et celui de labourer par Triptolème, vers l'an 1406.

Agriculture (Société d') : la plus ancienne de France, date du 20 mars 1757; elle était établie en Bretagne. — A Rambouillet, on forma un établissement d'agriculture en 1786.

Agrigente (Siége d'), par les Carthaginois, l'an 408 av. J.-C.

AGRIPPA Ier (Hérode), roi de Judée, mort la septième année de son règne, et la quarante-troisième de J.-C.

AGRIPPA II, dernier roi des Juifs, mort sous Domitien, l'an 90 de J.-C.

AGRIPPA (Henri-Corneille), astrologue, né à Cologne le 14 septembre 1486, mort à Lyon en 1534, et suivant d'autres à Grenoble en 1535.

AGRIPPINE, mère de Néron, assassinée par l'ordre de son fils, l'an 59 de J.-C.

AGUESSEAU (Henri-François d'), célèbre magistrat français, né à Limoges, le 7 novembre 1668, mort à Auteuil à 83 ans, le 9 février 1751.

Aides de camp sous les rois de la première race (de 418 à 752); leurs aides de camp étaient des barons. Avant 1150, ces fonctions étaient remplies par les connétables et les maréchaux. — De 1792 à 1800, il y avait en France un corps de 300 aides de camp. — Depuis 1818, ces fonctions sont spécialement dévolues aux officiers du corps d'état-major.

Aides-loyaux, subsides que le roi Louis-le-Jeune leva sur tous les Français en 1146, lors de son expédition à la terre sainte.

Aigle-Blanc (ordre de l'), institué en 1325 par Uladislas, roi de Pologne.

Aigle-Noir (ordre de l'), institué en Prusse le 18 janvier 1701, par Frédéric, électeur de Brandebourg.

AIGNAN (Etienne), de l'Académie française, né à Beaugency-sur-Loire, en 1773, académicien en 1811, mort le 22 juin 1821.

Aigues-Mortes, petite ville du Languedoc (Gard). Saint Louis s'y embarqua pour l'Afrique en 1248 et 1269. François Ier et Charles-Quint y eurent une entrevue en 1538.

Aiguilles; elles étaient connues de toute antiquité en Egypte, dans l'Inde, etc.; mais les aiguilles comme nous les connaissons, furent d'abord fabriquées en Angleterre, en 1545, par un Indien. Le procédé de ce premier fabricant s'étant perdu après lui, ne fut retrouvé qu'en 1560, par Christophe Greening. — Leur fabrication ne date que de 1820 en France; et nous en tirions encore une grande quantité de l'étranger, en 1839.

Aiguillon, ville de France : assiégée inutilement par les Français, au nombre de 60,000, en 1346.—Les Anglais s'en rendirent maîtres en 1430.— Cette ville fut érigée en duché-pairie par Louis XIII, en 1638.

AIGUILLON (Marie-Madeleine de Vignerod, duchesse d'), morte en 1675.

AIGUILLON (Armand-Vignerod-Duplessis-Richelieu, duc d'), né en 1720, mort quelques années avant la révolution.

AIGUILLON (Armand-Vignerod-Duplessis-Richelieu, duc d'), fils du précédent, mort en émigration le 4 mai 1800.

Aile de Saint-Michel; ordre de chevalerie institué par Alphonse Henriquez, premier roi de Portugal, 1171.

AILLY (le cardinal d'), né à Compiègne en 1330, mort en 1420 à Avignon, où il était légat du saint-siége.

Aimant; découverte de cette matière et de sa propriété, l'an 60 de notre ère. — On découvre en Europe qu'il a toujours sa direction vers les pôles, et l'on commence à faire usage de la boussole dans le XIIIe siècle.

AIMOIN, bénédictin de l'abbaye de Fleury-sur-Loire, historien français, mort en 1008.

Aînesse (droit d'). La chambre des pairs de France rejette le projet de loi qui avait pour objet de le rétablir, 8 avril 1826.

Air. Sa pesanteur et ses propriétés sont démontrées par Pascal et Toricelli, de 1646 à 1650. — Découverte des moyens de le désinfecter et de prévenir la contagion, en 1773, par Guiton de Morveau; cette invention est perfectionnée en 1801 et 1815.

Aire, ville de l'Artois, fondée par Lidoric, premier comte de Flandre, en 630; prise par la Meilleraie le 27 juillet 1641, reprise la même année par les Espagnols; retombe au pouvoir des Français le 31 juillet 1676; reprise de nouveau par les alliés, est enfin rendue à la France par le traité d'Utrecht.

Aix, belle ville de France (Bouches-du-Rhône), fondée par Sextus Calvinus, l'an de Rome 630. — Fondation de son Université, en 1409.

Aix-la-Chapelle, ville considérable d'Allemagne, bâtie par Serenus Granus, sous l'empereur Adrien, vers l'an de J.-C. 124. — Elle prit le nom d'Aix-la-Chapelle en 796, époque à laquelle Charlemagne y fit construire un palais et une chapelle. — Sa cathédrale, fondée aussi par Charlemagne en 796 fut terminée en 864; le chœur fut ajouté en 1553.—Ce temple fut consacré en 804, par le pape Léon III en présence de 365 archevêques et évêques

Aix-la-Chapelle (paix d'), conclue le 2 mai 1668.

Aix-la-Chapelle (congrès d'), commence en mars 1748. La paix y est signée le 18 octobre suivant, entre la France, l'Angleterre et la Hollande.

Aix-la-Chapelle (nouveau congrès d'); son ouverture le 28 septembre 1818; il termine ses séances le 9 octobre, en concluant la paix entre la France et les puissances alliées.

AKBAR, grand Mogol, régnait vers l'an 977 de l'hégire, de l'ère vulgaire, 1569-70.

A-KEMPIS, moine allemand, l'un de ceux à qui on attribue l'*Imitation de J.-C.*, né à Kempis près de Cologne, mort en 1471.

AKENSIDE, médecin et poëte anglais, né à Newcastle en 1721, mort le 23 juin 1770.

Akmerjid, ville de Crimée, ancienne résidence du khan de Tartarie; prise par les Russes en 1771.

ALACOQUE (Marguerite-Marie), né en 1645, en Bourgogne, morte le 17 octobre 1690.

Alais, ville des Cévennes; sa citadelle fut bâtie en 1689.

ALAIN DE LISLE, surnommé le *Docteur universel*, né au milieu du XIIe siècle, mort dans les premières années du siècle suivant.

Alambic; inventé vers 960 par Glaber, savant arabe. — En 1801, Edouard Adour perfectionne le mode de distillation des eaux-de-vie et esprits. — En 1813, M. Cellier Blumenthal obtient un brevet d'invention pour un appareil propre à opérer la distillation continue.

ALAN ou ALLYN (Guillaume), cardinal, né à Rossal dans le Lancashire en 1532, mort à Rome en 1574.

Aland (îles d'); victoire navale remportée par les Russes sur les Suédois, près de ces îles, en 1713.

ALARIC Ier, roi des Visigoths, à la fin du IVe siècle et au commencement du Ve

ALARIC II, huitième roi des Goths en Espagne, monta sur le trône en 484, et périt de la main de Clovis à la bataille de Vouillé près de Poitiers. V. *Vouillé*.

ALARY, missionnaire français, né à Pampelune le 10 janvier 1731, mort à Paris le 4 août 1817.

Alba de Tormès (combat d') en Espagne, l'avantage demeure à l'armée française, le 28 novembre 1809.

ALBAN (Saint), premier martyr de l'Angleterre, mourut pour la foi l'an 303 de J.-C. L'Eglise le fête le 26 juin.

ALBANE (l'), célèbre peintre italien, né à Bologne le 17 mars 1578, mort le 4 octobre 1660.

Albanais, sectaires du VIIIe siècle, qui croyaient à la métempsycose et méconnaissaient le pouvoir de l'Eglise.

ALBANY (comtesse d'), née en 1753, épouse en 1772 le prétendant d'Angleterre Charles Stuart; morte le 20 janvier 1824.

Albans (bataille de Saint), dans laquelle Henri VI, roi d'Angleterre, est fait prisonnier par le duc d'York, en 1455.

Albasinsk, ville de la grande Tartarie; les Russes l'abandonnèrent en 1715 aux Chinois, qui rasèrent les forts.

Albâtre; l'art de travailler l'albâtre est introduit à Paris par Gozzoli vers 1810. — Les produits de la fabrique de cet industriel parraissent avec honneur à l'exposition de 1819.

Albe, ville d'Italie, fondée l'an 1775 av. J.-C.; d'autres placent sa fondation vingt-deux ans plus tard. — Sa destruction par les Romains l'an 667 av. l'ère chrétienne, XXVIII° olympiade.

Albe ou *Alba*, ville épiscopale du Piémont, cédée par la paix de Quérasque, en 1631, au duc de Savoie.

ALBE (Ferdinand-Alvarez de Tolède, duc d'), né en 1508, nommé gouverneur des Pays-Bas en 1567, mort le 12 janvier 1582.

ALBERONI (Jules), cardinal et ministre d'Espagne, né le 31 mars 1664 dans le Parmesan, mort à Rome le 26 juin 1752.

ALBERT (le Bienheureux), patriarche latin de Jérusalem, auteur des constitutions de l'ordre des Carmes, assassiné à Saint-Jean-d'Acre le 14 septembre 1214, à la procession de la fête de l'Exaltation de la Sainte-Croix. Il a été béatifié.

ALBERT (saint), de l'ordre des Carmes. Canonisé par Sixte IV en 1426.

ALBERT Ier d'Autriche, né en 1248, couronné empereur en 1278, assassiné en 1308.

ALBERT II, duc d'Autriche, mort le 16 août 1358, âgé de 60 ans.

ALBERT III, fils du précédent, mort en 1395.

ALBERT IV, frère du précédent, mort en 1414.

ALBERT V, connu comme empereur sous le nom d'Albert II, né à Vienne le 10 août 1397, élu empereur le 1er janvier 1438, mort le 27 octobre 1439.

ALBERT, surnommé *le Grand*, né à Lawingen en Souabe en 1193, mort à Cologne en 1280.

ALBERTI (Michel), médecin allemand, né à Nuremberg en 1682, mort à Hall en 1757.

Albi, ville du Haut-Languedoc; il s'y tint en 1176 un concile qui condamna les Albigeois. — Cette ville fut prise et saccagée par les Sarrasins en 730.—Pépin s'en empara en 765.— Elle fut gouvernée par des comtes depuis le VIIIe siècle jusque vers le milieu du XIII.—Sa cathédrale fut commencée en 1228 et ne fut entièrement terminée qu'en 1512.

Albigeois; ligue et croisade formée contre eux au commencement du XIIIe siècle, de 1206 à 1229.

ALBINUS (Bernard-Sigefroi), médecin-anatomiste allemand, né à Francfort-sur-l'Oder, le 24 février 1697, mort le 9 septembre 1770.

ALBION, général saxon, se soumet à Charlemagne en 785.

Albion (Nouvelle), grande étendue de côtes du N.-O. de l'Amérique; découverte par Drake et reconnue par George Vancouver en 1792.

ALBOIN, roi des Lombards, monta sur le trône en 561; assassiné en 573.

Albret, petite ville de Gascogne, érigée en duché-pairie en 1556, en faveur d'Antoine de Bourbon : Henri IV la réunit à la couronne; Louis XIV la donna au duc de Bouillon en échange de Sédan et Raucour.

Albret, une des plus anciennes maisons de France, tirait son nom du pays d'Albret en Gascogne; érigée en duché-pairie par Henri II, l'an 1556, en faveur d'Antoine de Bourbon père de Henri IV.

Albuféra (bataille d'), où les Français, commandés par le maréchal Soult, battirent les Espagnols et les Portugais, le 15 mai 1811.

Albumine, principe immédiat des végétaux et des animaux, reconnu en 1806 par le chimiste Séguin dans le café et dans plusieurs sucs végétaux. Suivant ce savant, l'albumine est le véritable ferment.

ALBUQUERQUE (Alphonse, duc d'), vice-roi des Indes Orientales, sous don Emmanuel, roi de Portugal, mort à Goa en 1515, à 63 ans.

Alcaçar-Quiver, ville d'Afrique, fameuse par la bataille de 1578, où périrent le roi de Maroc et Sébastien, roi de Portugal.

Alcala, fondation de son université par le cardinal de Ximénès, en 1517.

Alcantara, ville d'Espagne dans l'Estramadure, prise par les Portugais en 1664 et par les alliés en 1705.

Alcantara (ordre d'), institué en 1212 par Alponse IX, roi de Castille.

ALCÉE, premier poëte lyrique grec, fut, dit-on, mis à mort par l'ordre de Pittacus, vers l'an 604 av. J.-C.

Alchimie; invention de cette prétendue science, par Siphoas, roi d'Egypte, vers l'an 1996 av. J.-C. — Commence à être étudiée en Europe aux IVe et Ve siècles.

ALCIAT (André), célèbre jurisconsulte, né au village d'Alzano près de Milan, le 8 mai 1492, mort en 1550.

ALCIBIADE, célèbre Athénien, tombe sous les coups de lâches assassins l'an 494 av. J.-C.

Alcmaër, ancienne et belle ville des Pays-Bas. En 1799, les Français y remportèrent une victoire sur les Anglais et les Russes.

ALDROVANDI (Ulysse), naturaliste italien, né à Bologne en 1527, mort dans cette ville le 10 mars 1605.

ALÉANDRE (le cardinal Jérôme), savant et littérateur italien, né en 1480, mort à Rome le 1er février 1542.

ALEMBERT (Jean Le Rond d'), philosophe du XVIIIe siècle, né à Paris le 16 novembre 1717, mort le 26 octobre 1783.

ALCUIN (Alcuinus-Flaccus), le maître et l'ami de Charlemagne, né en 732 à York ou à Londres, fonde à la cour de France l'Académie palatine vers 782; entre à l'abbaye de Saint-Martin en 801; mort en 804.

Aldenhoven (bataille d'), gagnée par le prince de Cobourg et les Autrichiens sur les Français commandés par Dumouriez, le 1er mars 1793.

Alençon, ville de Normandie. — Au IXe siècle, ce n'était qu'un bourg. En 1026, Guillaume de Belesme y fit construire un château où il fut assiégé l'année suivante par Robert, duc de Normandie.—Geoffroy-Martel, comte d'Anjou, s'empara de cette ville, qui fut reprise en 1048 par Guillaume le Conquérant

—Henri II, roi d'Angleterre, la prit en 1135. —Vers la fin du XIV siècle, Alençon fut érigé en duché par Charles VI, roi de France.—Henri V s'en empara en 1417.—En 1421, les Français reprirent la ville, qui retomba au pouvoir des Anglais en 1428. —Elle revint à Charles VII en 1440.—Les Anglais y rentrèrent en 1444.—Enfin, en 1450, ils en furent définitivement chassés. — En 1559, la ville devint le douaire de Catherine de Médicis, mère de Charles IX.—Les ligueurs s'en rendirent maîtres en 1589.— Elle fut reprise en 1590 par Henri IV lui-même, qui fit alors détruire une partie du château.

ALENÇON (Jean II, dit *le Beau*, duc d'), pair de France : son procès le 15 juin 1458.

Aleth, ville du Languedoc : elle doit son origine à une abbaye de l'ordre de Saint-Benoît, fondée vers 813.—Erigée en évêché en 1341.—Prise par les protestants en 1573.

ALEXANDRE LE GRAND, roi de Macédoine, né à Pella, 356 ans av. J.-C., mort à Babylone l'an 324 av. J.-C., âgé de 32 ans.

ALEXANDRE SÉVÈRE, empereur romain, monta sur le trône l'an 222, après la mort d'Héliogabale, et fut assassiné près de Mayence en 235, à l'âge de 27 ans.

ALEXANDRE (saint), évêque de Jérusalem, mort en prison sous l'empereur Dèce en 251. Les Grecs le fêtent le 16 mai et le 22 décembre, les catholiques romains, le 18 mars.

ALEXANDRE (saint), dit le *Charbonnier*, fut martyrisé en 248.

ALEXANDRE (saint), fondateur des *Acémètes*, mort vers l'an 430.

ALEXANDRE (saint), patriarche d'Alexandrie, en 313, mort le 26 février 326. L'Eglise romaine le fête le même jour.

ALEXANDRE Ier (saint), pape, élu souverain pontife l'an 109 de J.-C., mort le 3 mai 119.

ALEXANDRE II, élu pape en 1061, mort le 21 avril 1073.

ALEXANDRE III, élu pape le 7 septembre 1159, mort le 30 août 1181.

ALEXANDRE IV, élu pape le 25 décembre 1254, mort à Viterbe le 25 mai 1261.

ALEXANDRE V, proclamé pape au concile de Pise en 1409, mort à Rome le 3 mai 1410.

ALEXANDRE VI (Rodéric-Borgia), élu le 11 août 1492, mort le 8 août 1503.

ALEXANDRE VII, né à Sienne le 12 février 1599, élu pape le 7 avril 1655, mort le 22 mai 1667.

ALEXANDRE VIII, né le 10 avril 1610 à Venise, élu pape le 6 octobre 1689, mort le 1er février 1691.

ALEXANDRE-NEWSKI, saint et héros moscovite, qui monta sur le trône impérial en 1244; mort en 1263.

Alexandre-Newski (ordre d'), institué en Russie en 1725.

ALEXANDRE Ier (Paulovitch), empereur de toutes les Russies, né le 23 décembre 1777; monte sur le trône le 21 mars 1801; est couronné le 27 septembre de la même année; mort le 1er décembre 1825 à Taganrog.

Alexandrie, capitale de la Basse-Egypte; fondée par Alexandre le Grand, 332 ans av. J.-C. — Embrasement du temple de Sérapis, l'an 182 depuis J.-C. — Ravagée par la peste, l'an 252 depuis J.-C.; le temple de Sérapis est abattu par Théodose, en 389; prise par les Perses en 615; prise par Amrou, général des Sarrasins, en 641; prise par les Français, le 2 juillet 1798; elle tombe au pouvoir des Anglais en 1802 : reprise aux Anglais par le pacha du Caire, le 24 septembre 1807.

Alexandrie (phare d'); sa construction vers 332 av. J.-C. — Achevé sous Ptolémée-Philadelphe, l'an 287 av. J.-C.

Alexandrie : fondation de sa fameuse bibliothèque sous Ptolémée-Lagus, vers 322 av. J.-C.; elle est brûlée par l'ordre d'Omar, calife et prince des Sarrasins, en 640.

Alexandrie (code d'), précieux manuscrit du musée Britannique, venu d'Egypte; il fut donné au roi Charles Ier en 1628 par Cyrille-Lascaris, patriarche de Constantinople.

Alexandrie, ville et forteresse du Piémont, bâtie en 1178 par les Crémonais et les Milanais; prise et saccagée en 1522 par Sforce; prise en 1707 par le prince Eugène de Savoie : Bonaparte et le général autrichien Mélas y concluent un armistice, le 16 juin 1800, après la bataille de Marengo.

Alexandrin (vers). Il tire son nom de l'emploi qu'en firent dans le XIIe siècle Lambert le Court et *Alexandre* de Paris, dans une traduction de l'Histoire d'Alexandre.

ALEXIS (saint), florissait sous le pontificat d'Innocent Ier, au commencement du Ve siècle; son corps fut trouvé en 1216 sur le mont Aventin. Sa fête est célébrée le 17 juillet.

ALEXIS Ier (Comnène), empereur de Constantinople, né dans cette ville l'an 1048, mort en 1118, âgé de 70 ans.

ALEXIS II (Comnène), né à Constantinople en 1168, mort assassiné en 1183.

ALEXIS III (l'Ange), usurpe l'empire en 1195, mort vers 1204.

ALEXIS IV, fils du précédent, mort étranglé en 1204.

ALEXIS V, commence à régner en janvier 1204 pour ne régner que trois mois.

ALFIERI (Victor), célèbre poëte italien, né à Asti en Piémont, le 17 janvier 1749, mort le 8 octobre 1803.

Alfort (école véterinaire d'); son établissement en 1766, par Bourgelát. Voyez *Vétérinaire*.

ALFRED, surnommé *le Grand*, célèbre roi d'Angleterre, monte sur le trône en 871, à l'âge de 23 ans; mort en 900.

ALGAROTTI (François), littérateur italien, né à Venise en 1712, mort à Pise le 23 mai 1764.

Algarves (royaume des), réuni à celui de Portugal par la conquête, en 1188.

Algèbre : première connaissance de cette science en Europe, en 1494 : un livre imprimé sur cette science parut alors à Venise; il était de Lucas de Burgo, cordelier. — En France, François Viète publia un livre sur l'algèbre en 1590. — Invention de la manière de l'appliquer aux hautes sciences, par Harriot, en 1607. — L'algèbre appliquée à la géométrie par Descartes en 1637.

Alger, Etat de la Barbarie, soumis à l'empire romain. — Les Vandales s'en emparent en 428. — Ils sont chassés par Bélisaire en 533. — Cet état demeure dans la possession de l'empire grec jusqu'à l'invasion des Sarrasins en 690. — L'Espagne s'empare d'Alger dans le XIVe siècle; mais, en 1516, le fameux corsaire Barberousse s'en rend maître. — En 1536, le pape Paul III engage vivement l'empereur Charles-Quint à prendre les armes contre les Algériens. — Charles-Quint fait, en 1541, une descente à quatre lieues d'Alger; mais, le 27 octobre, une tempête ruine son expédition. — Bombardée par les Français sous les ordres de Duquesne en 1682 et 1683; et en 1816 par les Anglais commandés par lord Exmouth. — Prise de cette ville par les Français, le 5 juillet 1830; dès ce moment tout le territoire de l'ancienne régence est considéré comme possession française. — Etablissement d'un évêché à Alger le 25 août 1838.

Algérie, nom donné à tout le territoire d'Alger depuis notre conquête; sa complète soumission par la reddition de l'émir Abd-el-Kader, le 19 décembre 1847. — La colonisation de ce pays par des Français est décidée vers juillet 1848.

ALI, cousin et gendre de Mahomet, et son quatrième successeur au califat, né à la Mecque vers l'an 600 de J.-C.; assassiné le 24 janvier 661, la cinquième année de son règne.

ALI, pacha de Janina; né vers 1745 dans une bourgade de l'Epire, mort assassiné le 28 janvier 1822; il avait sous sa tyrannique domination toute l'Epire moderne.

ALIBERT (Jean-Louis), célèbre médecin, né à Villefranche, en 1775, mort en novembre 1837.

Alicante (combat naval d'), où les Espagnols sont vaincus par les Français le 18 avril 1688.

ALIGRE (Etienne d'), chancelier de France, mort le 11 décembre 1635, à 76 ans.

ALIGRE (Etienne d'), son fils, garde des sceaux en 1672, chancelier en 1674, mourut le 25 octobre 1677, à 85 ans.

ALIGRE (Etienne-François d'), premier président au parlement de Paris jusqu'en 1788, mort pendant l'émigration en 1792.

Aljubarotta (bataille d'), gagnée sur les Castillans par Jean Ier dit le Grand, roi de Portugal, en 1385.

ALLARD (........), général français au service de Runget-sing, roi de Lahore, mort à Peichawer (Inde) le 23 janvier 1839.

ALLAINVAL (l'abbé Léonore-Jean-Christine Soulas d'), auteur dramatique français, mort à l'Hôtel-Dieu de Paris, le 2 mai 1753.

ALLEGRAIN (Christophe-Gabriel), statuaire français, né en octobre 1710, mort le 17 avril 1795.

ALLEGRI (Gregorio), compositeur italien, né à Rome au commencement du XVIe siècle, mort le 16 février 1640.

Alleluia: c'est saint Jérôme, qui, au quatrième siècle, introduisit le premier ce mot dans le service de l'Eglise.

Allemagne : la littérature de cette contrée date du VIIIe siècle au temps de Charlemagne; on compte quatre périodes littéraires : de 768 à 1137, de 1137 à 1515, de 1515 à 1618, de 1618 jusqu'à nos jours.

Allemagne (l'empire d'), doit son origine au partage de la monarchie des Francs, par le traité de Verdun en 843. Voyez *Autriche.*

Allemagne : il s'y forma des associations secrètes, au commencement de 1816.

Allemagne (empereurs d'). Voyez *Occident* (empereurs d').

Allemands ; l'empereur Maximien fut le premier qui les battit en 236. — Sont soumis par l'empereur Gratien en 338. — Clovis anéantit leur puissance en 496.

Allia (bataille d') et prise de Rome par les Gaulois, sous Brennus, le 18 juillet, 367 ans av. J.-C.

Alliance (traité de la triple), conclu le 25 avril 1668 entre l'Angleterre, la Suède et la Hollande et renouvelé le 4 mai 1670.

Allumettes : machine pour en fabriquer, inventée à Paris, en 1802, par Pelletier; elle fabrique 60,000 allumettes par heure.

Almageste, recueil d'observations astronomiques et de problèmes géométriques, composé par Ptolémée vers l'an 140.

ALMAGRO (Diego d'), gouverneur du Chili sous Charles-Quint : il fut exécuté comme assassin le 6 avril 1538.

Almanachs : le premier qu'on ait connu fut publié par Martin de Ilkus, Polonais, vers 1470. — L'almanach royal de France parut pour la première fois en 1679, ainsi que celui des longitudes.

Almanza (bataille d') gagnée par le maréchal de Berwick sur l'archiduc Charles, le 25 avril 1707.

Almeïda : les Espagnols s'emparent de cette forteresse du Portugal en 1762. Cette ville se rend aux Français, le 27 août 1810.

Almenara (bataille d'), perdue par Philippe V, contre l'archiduc Charles, en 1710.

Almohades : succèdent aux Almoravides en Espagne et en Barbarie, en 1146.

Almoravides (empire des), dans l'Afrique septentrionale : fondé par Abubeker, en 1061. — Fin de leur royaume en Espagne et en Barbarie, en 1146.

Alney, petite île sur la Saverne (Angleterre), où Edmond-Côte-de-Fer, roi d'Angleterre, et Canut, roi de Danemark, se battirent en champ clos, l'an 1015.

Alogiens, sectaires du IIe siècle, qui niaient le Verbe et la divinité de J.-C.

ALPHONSE Ier, surnommé *le Catholique*, roi des Asturies, mort en 757, âgé de 64 ans.

ALPHONSE II, roi des Asturies, mort en 842, après un règne de 50 ans.

ALPHONSE III, dit *le Grand*, règne en 866, et meurt le 20 décembre de l'an 912.

ALPHONSE IV, roi des Asturies et de Léon, commence à régner en 924, et, trois ans après, abdique en faveur de son frère.

ALPHONSE V, roi de Léon et de Castille, règne dès l'âge de cinq ans en 999; après son mariage en 1014, il meurt au siége de Viseu.

ALPHONSE VI, roi de Léon et de Castille, contemporain du Cid; mort en 1109.

ALPHONSE VIII (Raymond), roi de Castille, de Léon et de Galice, né en 1106, mort en 1157.

ALPHONSE IX, roi de Léon et de Castille, règne de 1158 à 1214, époque de sa mort.

ALPHONSE X, roi de Léon et de Castille, monte sur le trône en 1252; est élu empereur en 1257; meurt le 21 avril 1284.

ALPHONSE XI, commence à régner en 1312, meurt de la peste au siége de Gibraltar, le 27 mars 1350.

ALPHONSE Ier, roi d'Aragon et de Navarre, commence à régner en 1104, meurt en 1134.

ALPHONSE II, roi d'Aragon, monte sur le trône en 1162, meurt à Perpignan en 1196.

ALPHONSE III, roi d'Aragon, commence à régner en 1285, meurt en 1291.

ALPHONSE IV, roi d'Aragon, monte sur le trône en 1327, et meurt le 24 juin 1336.

ALPHONSE V, roi d'Aragon, surnommé le *Magnanime*, mourut en 1458 à 74 ans.

ALPHONSE Ier, roi de Portugal, né en 1104, de la maison de France, fut proclamé roi après la bataille d'Ourique en 1139, et mourut le 6 décembre 1185, après 73 années de règne.

ALPHONSE II, roi de Portugal, monta sur le trône en 1211 et mourut le 25 mars 1223 à 38 ans.

ALPHONSE III, né en 1210, est roi de Portugal en 1248 et meurt le 16 février 1279.

ALPHONSE IV, commence à régner en 1323; il périt le 30 octobre 1340 à la bataille de Salado.

ALPHONSE V, roi de Portugal, commence son règne à l'âge de six ans, en 1438; meurt de la peste à Cintra, le 24 août 1481

ALPHONSE VI, roi de Portugal, né le 21 août 1643; meurt détrôné le 12 septembre 1683.

Alsace : Cette province est assurée à la France par la paix de Rastadt, conclue en 1714.

Alstætten, petite ville suisse, prise et brûlée en 1419 par le duc Frédéric d'Autriche.

Altenkirchen (bataille d'), où le général français Marceau est blessé à mort, le 20 septembre 1796.

Altesse royale, *Altesse sérénissime*. L'usage de ces titres date de 1633. Le prince de Condé prend le premier le titre d'altesse sérénissime.

Altona, ville considérable du Danemark, n'était qu'un pauvre village en 1500, devient bourg en 1604; érigée en ville en 1664; incendiée complétement en 1716; sortie de ses ruines depuis cette époque.

Altorf, bourg considérable de la Suisse, patrie de Guillaume Tell. En 1798, un incendie causé par les Français n'en épargna que six maisons.

Alt-Ranstadt (traité de), entre Charles XII et Auguste, roi de Pologne, le 24 septembre 1706. Par ce traité, ce dernier prince renonçait pour jamais à la couronne de Pologne.

Altkirch, ville d'Alsace : bâtie au XIIe siècle par Frédéric II.

Aluminium, métal; isolé par M. Wöhler en 1827.

Alun : art de le purifier, pratiqué pour la première fois en Angleterre en 1608.

ALVINZY (le baron d'), général autrichien, né dans la Transylvanie en 1726, mort à Ofen le 20 septembre 1810.

ALYPIUS ou ALYPE (saint), évêque de Tagaste, ami de saint Augustin, se convertit avec lui la veille de Pâques de l'année 387. On croit qu'il mourut peu de temps après l'année 429. L'Eglise célèbre sa fête le 15 août.

AMABLE (saint), curé de Riom en Auvergne, mort le 15 octobre 475.

Amalfi, ville d'Italie, saccagee par les Pisans en 1135.

AMAND (saint), évêque de Tongres, né aux environs de Nantes, mort en 679.

AMAURI Ier, roi de Jérusalem en 1165, meurt le 11 juillet 1173, âgé de 38 ans.

AMAURI II de Lusignan, roi de Chypre, devient roi de Jérusalem, en 1194, meurt en 1205.

Amazones (le fleuve des) : son embouchure est découverte en 1500 par Pinson, officier de Christophe Colomb; c'est le plus grand fleuve du monde.

Ambassades remarquables. L'empereur Antonin envoie par mer, l'an 166 depuis J.-C., une ambassade à l'empereur de la Chine, pour faciliter le commerce de la soie. — Les Romains en envoient une en Chine en 644.

Ambassadeurs. Disputes à Rome à l'occasion de la préséance, entre les ambassadeurs d'Espagne et de France, en 1662. — Audience accordée par Louis XIV à l'ambassadeur du roi de Maroc, le 6 février 1699. — Entrée publique de l'ambassadeur du roi de Perse à Paris, le 7 février 1715; il est reçu par Louis XIV le 19 du même mois.

Ambigu-Comique. Théâtre du boulevard du Temple, fondé par Audinot et ouvert en avril 1770; la salle consumée entièrement en 1827; reconstruite sur un autre emplacement et sur un plan plus vaste; l'ouverture de cette nouvelle salle a eu lieu le 7 juin 1828.

Ambleteuse (combat d'), livré le 17 juillet 1805, entre la flottille française et plusieurs bâtiments anglais, qui sont forcés de prendre le large.

Amboine, île et ville d'Asie, aux Moluques découverte par les Portugais vers 1515; prise par les Hollandais le 23 février 1605, et par les Anglais en 1796.

Amboise (conjuration d'), formée par les protestants contre les Guise, et découverte peu avant son exécution, le 17 mars 1560.

Amboise (maison d'), l'une des plus illustres de France, qui avait pris son nom de la seigneurie d'Amboise, qu'elle possédait depuis l'an 1256.

AMBOISE (George d'), cardinal, premier ministre de Louis XII, roi de France, né en

1460, mort à Lyon le 25 mai 1510.

AMBROISE (saint), Père de l'Eglise et archevêque de Milan; né vers l'an 340, sacré le 7 décembre 374, mort le 4 avril, veille de Pâques, en 397. On célèbre sa fête le 7 décembre, jour auquel il reçut l'ordination épiscopale.

AMÉDÉE. Voy. les articles *Piémont*, *Sardaigne* et *Savoie*.

AMEILHON (Hubert-Pascal), continuateur de l'*Histoire du Bas-Empire* par Lebeau, né à Paris le 5 avril 1730, mort en novembre 1811.

Ameland, île de Hollande près des côtes de la Frise; formée en 1225 par une inondation du Zuyderzée.

AMELOT DE LA HOUSSAYE (Abraham-Nicolas), né à Orléans en 1654, mort à Paris le 8 décembre 1706.

AMERIC VESPUCE, né à Florence le 9 mars 1451, fait partie de l'expédition d'Alphonse Ojeda en 1499; revient en Espagne en 1507, donne son nom au continent découvert par Christophe Colomb, et meurt au service du Portugal en 1516.

Amérique. Sa découverte par Christophe Colomb, en 1492.

Amérique méridionale, découverte en 1497 par Améric Vespuce. — Plantation de l'arbre de l'indépendance, le 23 août 1811. En avril 1812, toutes les provinces espagnoles se soulèvent contre la mère-patrie. — Une expédition espagnole part pour ce pays, le 26 janvier 1817, sur des vaisseaux anglais qui l'y transportent; elle échoue, et aujourd'hui toutes ces colonies espagnoles sont indépendantes et travaillées par l'esprit de révolution. — Reconnaissance des républiques de l'Amérique méridionale par l'Angleterre, le 2 janvier 1825.

Amérique septentrionale, découverte en 1499, par Cabot, pour Henri VIII, roi d'Angleterre, depuis Terre-Neuve jusqu'à la Virginie. — Les Anglais commencent à y former des établissements en 1584. — En 1765, commencement de l'insurrection des colonies anglaises contre la métropole; elles refusent de se soumettre à de nouvelles impositions. — En avril 1775, commencement des hostilités entre les Anglais et les Anglo-Américains qui veulent secouer le joug britannique. (Voy. *États-Unis d'Amérique*.)

Amiante, espèce de fossile; montagne d'amiante découverte en Sibérie vers 1712.

Amidon; découverte, au commencement du XVIIIe siècle, de la racine d'une plante qui fournit un amidon aussi bon que celui qu'on tire de la farine de froment. — L'amidon de pomme de terre est préféré à l'amidon ordinaire, en 1739, par l'Académie des sciences.

Amiens, ville de Picardie; prise le 11 mars 1597, par Fernand Tello, gouverneur de Doulens; reprise quelque temps après par Henri IV, qui y fit bâtir une citadelle. — La première pierre de la cathédrale fut posée en 1200 par Evrard de Fouillay, évêque d'Amiens. Cet édifice fut entièrement terminé en 1288.

Amiens (traité d'), conclu le 29 août 1475, entre Louis XI, roi de France, et Edouard IV, roi d'Angleterre. Les clauses de ce traité sont d'abord une trêve de sept ans, puis le mariage entre le dauphin et Elisabeth, fille d'Édouard; et Louis s'engage à payer tous les ans à Edouard, tant que les deux rois vivront, une somme de cinquante mille écus d'or.

Amiens (traité de paix d'), conclu entre la France, l'Espagne, la république batave et la Grande-Bretagne, le 27 mars 1802.

AMIOT (le père), missionnaire jésuite, né à Toulon en 1718, mort à Pékin en 1794.

Amiral, commandant d'une flotte. Florent de Varennes exerça cette charge en 1270. Cette même charge fut supprimée en France en janvier 1627, rétablie en 1669 et supprimée de nouveau en 1758; depuis elle fut rétablie et supprimée encore plusieurs fois.

Amirauté (conseil d'), créé en France en 1824.

Amis (îles des), découvertes dès l'année 1643 par le capitaine hollandais Tasmann; visitées et nommées par Cook en 1773.

Amisus, ville grecque du Pont; son ère commence à l'an 33 av. J.-C., époque à laquelle elle fut délivrée de la tyrannie de Straton

AMMANN (Paul), médecin et botaniste allemand, né à Breslau en 1634, mort le 4 février 1691.

AMMIEN MARCELLIN, historien latin du IVe siècle, vécut, dit-on, jusqu'à l'an 391.

Amnistie (célèbre loi d'), en France, le 12 janvier 1816.

AMONTONS (Guillaume), savant français, né à Paris le 31 août 1663, mort le 11 octobre 1705.

Amour du prochain. Ordre institué par l'impératrice Elisabeth Christine, en 1708.

AMOS, prophétise sous le règne de Jéroboam II, l'an du monde 3181.

AMPÈRE, savant mathématicien, né à Lyon en 1775, mort le 10 juin 1836.

Amphictyons (conseil des), établi aux Thermopyles vers l'an 1522 av. J.-C., pour juger les affaires générales de la Grèce.

Amsdorfiens, sectaires du XVIe siècle, disciples de Nicolas Amsdorff.

Amsterdam: n'était qu'un village au commencement du XIIe siècle. — Les accroissements de cette ville datent du siècle suivant (XIIIe). — Emeute violente qui éclate dans cette ville, le 29 mai 1787, par suite de la division entre le parti stathoudérien et le parti patriote. — Elle est prise par les Français dans l'hiver de 1795. — A partir de cette époque, cette grande cité déchut de son ancienne prospérité. — Par suite de la réunion de la Hollande à l'empire français, elle fut nommée la troisième ville de l'empire, le 9 juillet 1810.

Amsterdam, fort de la Guiane hollandaise, près de Surinam, pris par les Anglais, en 1799.

AMURAT I, empereur des Turcs, commence à régner en 1360, meurt assassiné en 1389.

AMURAT II, monte sur le trône en 1422, meurt le 11 février 1451.

AMURAT III, règne en 1575 et meurt en 1595.

AMURAT IV, commence son règne en 1623, à l'âge de 13 ans, et meurt le 8 février 1640.

AMYOT (Jacques), évêque d'Auxerre, traducteur de Plutarque; né à Melun le 30 octobre 1513, mort en 1593.

Ana. Les premiers recueils de ce nom ont paru vers 1666 et 1669 : ce sont *Scaligerana prima et secunda*, *Perroniana* et *Thuana*.

Anabaptistes : leurs désordres en Allemagne, en 1523 et années suivantes.

ANACHARSIS, philosophe scythe, disciple de Solon, vivait dans le VIe siècle avant l'ère chrétienne.

ANACLET (saint), contemporain de saint Pierre, succéda dans le pontificat à saint Lin, l'an 78 ou 79.

ANACLET, anti-pape, élu en 1130, mort le 7 janvier 1138.

ANACRÉON, célèbre poëte grec, né à Téos en Ionie, l'an 530 av. J.-C.; mort à l'âge de 85 ans.

Analyse : découverte de cette science par Platon, vers l'an 360 av. J.-C.

Ananas, fruit d'Amérique, connu des botanistes d'Europe depuis 1535.— Il est transporté de Santa-Cruz aux Indes orientales et en Chine, où il était connu en 1578. — Sa culture obtient en France des fruits pour la première fois en 1753.

Anape, ville du Cuban, sur la mer Noire; prise d'assaut par les Russes, le 22 juin 1791.

ANASTASE Ier (saint), pape, élu au souverain pontificat en 398, mort en 402.

ANASTASE II, élu pape le 28 novembre 496, mort le 17 novembre 498.

ANASTASE III, pape en 911, meurt deux ans et demi après.

ANASTASE IV, pape le 9 juillet 1153, meurt le 2 décembre 1154.

ANASTASE Ier, empereur de Constantinople, né en 430, mort le 1 juillet 518.

ANASTASE II, empereur d'Orient, élu par le peuple en 713, mis à mort par l'ordre de Léon l'Isaurien l'an 719.

ANASTASIE (sainte), martyrisée sous Dioclétien. Le rite romain célèbre sa fête le 25 décembre.

Anathèmes : en usage dans l'Eglise catholique en 387.

ANATOLE (saint), évêque de Laodicée, né en Syrie l'an 269, mort au commencement du siècle suivant.

Anatomie : découverte de cette science par Hippocrate, l'an 437 av. J.-C. — Pratiquée pour la première fois par Erasistrate, l'an 320 av. J.-C. — Jean de Concorrigio, de Milan, fut le premier qui, vers 1515, exposa avec quelque méthode en Europe les principes de l'anatomie. — Perfectionnée par Vésale au XVIe siècle.—Au XVIIe siècle, Ruisch, anatomiste hollandais, avait trouvé un admirable secret d'injections anatomiques, qui est mort avec lui.

Anatomie artificielle ou en cire : inventée par Gaetano Giulio de Syracuse, en 1701.

Anazarbe, ville de Cilicie : on y établit une nouvelle ère, l'an 19 av. J.-C., à cause des bienfaits qu'elle avait reçus d'Auguste; renversée par un tremblement de terre, en 524. Justin la fait rebâtir sous le nom de Justinopolis.

ANCILLON (David), né à Metz le 18 mars 1617, mort réfugié à Berlin en 1692.

ANCILLON (Charles) son fils, né à Metz le 29 juillet 1659, mort à Berlin le 5 juillet 1715.

ANCILLON (Jean-Pierre-Frédéric), ministre de Prusse et publiciste, né à Berlin le 30 avril 1767, mort dans la même ville le 19 avril 1837.

ANCKARSTROOM (Jean-Jacques), assassin de Gustave III, roi de Suède, condamné à mort et exécuté le 22 avril 1792.

Ancône, ville d'Italie; déclarée port libre en 1732. — Prise de cette ville par le général Victor, le 9 février 1797. — Assiégée et prise en 1799 par les Russes, les Autrichiens et les Turcs. — Depuis 1815, il ne reste d'autres fortifications que celles de la citadelle, qui a été longtemps occupée, depuis 1831, par des troupes françaises.

ANCRE (Concino Concini, maréchal d') : assassiné le 14 avril 1617.

ANCRE (Eléonore Galigaï, marquise d'), femme du précédent : son exécution le 6 juillet 1617.

Ancyre, prise par les Perses, en 619.

Ancyre, *Angouri* ou *Angora* (bataille d'), livrée le 30 juin 1402, entre Tamerlan, conquérant de la Perse et des Indes, et Bajazet, sultan des Turcs; l'action dura trois jours et fut à l'avantage de Tamerlan qui fit le sultan prisonnier.

Anderlecht (bataille d'), gagnée le 13 novembre 1792, par les Français qui s'emparent de Bruxelles et de plusieurs autres villes.

Andernach, petite ville d'Allemagne, près de laquelle Charles le Chauve fut défait en 876.

ANDRÉ (saint), apôtre, frère de saint Pierre, mourut crucifié à Patras en Achaïe. En 357, on transféra de Patras à Constantinople le corps de ce saint apôtre. Sa fête est célébrée le 30 novembre.

ANDRÉ (saint), né dans le royaume de Naples en 1521, mort à Naples le 10 novembre 1608; canonisé par le pape Clément XI, le 22 mai 1712.

ANDRÉ Ier, roi de Hongrie, monte sur le trône en 1047, puis meurt détrôné.

ANDRÉ II, couronné en 1205 roi de Hongrie; mort l'an 1235.

ANDRÉ III, couronné à Bude en 1290, fut le dernier roi de Hongrie, descendant de saint Etienne, premier roi de cette contrée.

André (ordre de Saint-), institué en Russie le 10 septembre 1698 par le czar Pierre le Grand.

André (Saint-), groupe d'îles ou archipel, entre l'Amérique septentrionale et l'Asie, découvert par Tolstyk, en 1761, et reconnu par Cook et Clarke, en 1777 et 1778.

ANDRÉOSSI (François), né à Paris en 1633, mort à Castelnaudary en 1688. On lui attribue l'idée et le plan du canal du Languedoc.

ANDRIEU (Bertrand), graveur français, mort le 6 décembre 1822.

ANDRIEUX (François-Guillaume-Jean-Stanislas), de l'Académie française, né à Strasbourg le 6 mai 1759, mort le 10 mai 1833.

Andrinople (traité d') entre la Russie et la Porte ottomane, le 14 septembre 1829.

Andrinople, ville de la Romanie, bâtie par l'empereur Adrien, au commencement du IIe siècle.— Bataille gagnée près de cette ville l'an 323, par Constantin sur Licinius. — Les Goths y battent les Romains le 9 août 378. — Cette ville est enlevée aux empereurs grecs par Amurat Ier en 1362— Prise de cette ville par les Russes, le 20 août 1829; paix dont elle est suivie, 14 septembre, même année.

ANDRONIC Ier, empereur d'Orient, mort assassiné le 12 septembre 1185.

ANDRONIC II (Paléologue), empereur d'Orient, mort le 14 février 1332.

Andujar (ordonnance d') rendue par le duc d'Angoulême, généralissime de l'armée française, pendant la dernière guerre d'Espagne, 8 août 1823.

Anémomètre, instrument destiné à mesurer la force du vent; inventé en 1808.

Anémoscope, instrument servant à mesurer la vitesse et la force du vent; inventé par Otto de Guericke, vers le milieu du XVIIe siècle. — Sous le nom d'anémomètre, un instrument du même genre fut inventé, vers 1780, par M. Bréguin.

Anesse (lait d'): sa réputation en France date du règne de François Ier, de 1515 à 1547.

Ange (Château Saint-), à Rome; vieil édifice qui doit, dit-on, son origine à une apparition de saint Michel-Archange, en 590, sous le pontificat de saint Grégoire le Grand: transformé en citadelle par le pape Alexandre VI, depuis la fin du XVe siècle.

Angélique, ancien ordre de chevalerie institué en 1191 par Isaac Ange Comnène, empereur de Constantinople.

Angelus, prière instituée en mémoire de l'Annonciation. Ce fut dans le concile de Clermont de 1095 que le pape Urbain II prescrivit de la réciter trois fois par jour, au son de la cloche, le matin, à midi et le soir.

Angers, passe du pouvoir des Romains à celui des Francs, en 471; fondation de son université par Charles V, en 1378.

Angers: il s'est tenu dans cette ville six conciles, en 455, 1055, 1279, 1366, 1448 et 1583; et les célèbres conférences, connues sous le nom de *Conférences d'Angers*, en 1713 et 1714.

Anges (fête des saints). Voy. *Michel* (saint), *Gabriel* (saint), *Raphaël* (saint).

Anges gardiens (fête des), instituée généralement à Paris en 1680.

Angleterre. Formation de ce royaume par Egbert, en 827. Soumise par Guillaume, dit le Conquérant, duc de Normandie, en 1066. — Reçoit la grande charte le 15 ou 19 juin 1215, sous le règne de Jean sans Terre. — Les femmes recouvrent leurs droits à la couronne, par un acte du parlement, le 2 décembre 1406. — Son gouvernement érigé en république après la mort de Charles Ier en 1649. — Le protectorat y est établi dans la personne d'Olivier Cromwell, le 26 décembre 1653.— Révolution dans le gouvernement de ce royaume, en 1688; Guillaume, prince d'Orange, se fait couronner roi en 1689, — Le parlement fixe la couronne dans la ligne protestante de Brunswick, en 1705. — Acte qui réunit ce royaume à celui d'Ecosse, le 22 juillet 1705. — La France fait d'immenses préparatifs pour tenter une descente dans cette île, vers la fin de 1797.

Angleterre (souverains de l'), Cerdick, roi en 519. — Chenrick, 535. — Ceolin, 560. — Ceolrick, 592. — Ceolulf, 597. — Cinigisil, 611. — Cenowalck, 643. — Saxburge, reine, 672. — Census, 673. — Cedwalla, 685. — Ina, 689. — Adelard, 727. — Cudred, 741 — Sigebert, 754. — Cynulfe, 755. — Brithrich, 784. — Egbert, 800. — Ethelwolf, 837. — Ethelbald, 858. — Ethelbert, 860. — Ethlred, 866. — Alfred le Grand, 871. — Edouard Ier l'Ancien, 900. — Aldestan, 924. — Edmond Ier, 940. — Edred, 946. — Edwy, 955. — Edgard, 959. — Edouard II, le Martyr, 965. — Ethelred II, 978. — Suénon, roi de Danemarck, usurpateur, 1014. — Ethelred rétabli et Canut, usurpateur, 1015. — Edmond II, 1016. — Canut Ier, roi de Danemarck, 1017. — Harold, danois, 1036. — Hardi-Canut, danois, 1040. Edouard II, (saint), 1042. — Harald II, usurpateur, 1066. — Guillaume Ier, le Conquérant, duc de Normandie, 1066. — Guillaume II, 1087. — Henri Ier, 1100. — Etienne, 1105. — Henri II, 1154. — Richard Ier, Cœur de Lion, 1189. — Jean sans Terre, 1199. — Henri III, 1216. — Edouard Ier, 1272. — Edouard II, 1307. — Edouard III, 1327. — Richard II, 1377. — Henri IV, 1399. — Henri V, 1413. — Henri VI, 1422. — Edouard IV, 1461. — Edouard V, 1483. — Richard, 1483. — Henri VII, 1485. — Henri VIII, 1509. — Edouard VI, 1547. — Marie, reine, 1553. — Elisabeth, 1558. — Jacques Ier ou Jacques VI, roi dEcosse, 1603. — Charles Ier, 1625. — République, 1649. — Olivier Cromwell, usurpateur, sous le titre de Protecteur, 1653. — Richard Cromwell, protecteur, 1658. — République, 1659. — Charles II, 1660. — Jacques II, 1685. — Guillaume III, 1688. — Anne, reine, 1702. — George I de Brunswick de Hanovre, 1714.— George II, 1727. — Georges III, 1760. — George IV, 1820. — Guillaume IV, 1830. — Vittoria, 1837.

Angleterre (Nouvelle-): province de l'Amérique septentrionale découverte par Jean Varazani, qui en prit possession pour François Ier en 1524. — Les Anglais y portèrent des habitants en 1607 et 1608. — Sa plantation par les Puritains en 1621; ce qui est le commencement des colonies anglaises en Amérique.

Anglicanisme, Eglise anglicane; son établissement en 1533; le roi déclaré chef suprême de la religion en Angleterre, en 1534.

--Les six articles de cette secte furent publiés en 1536 par Henri VIII, roi d'Angleterre

Anglomanie (l'), commença à s'impatroniser en France en 1784.

Angora ou *Angouri* (bataille d'). (Voy. *Ancyre*.)

Angoulême: ruinée par les Normands dans le IXe siècle, et rebâtie dans le Xe. Cet ancien comté, qui datait du IX siècle, fut érigé en duché par François Ier pour sa mère, en 1518. Depuis, les princes de l'ancienne maison royale l'ont conservé titulairement

Anhalt, ancienne principauté d'Allemagne, dont l'origine remonte au XIIe siècle; ce ne fut qu'en 1807 que les princes d'Anhalt prirent le titre de ducs.

ANICET (saint), élu pape l'an 157, souffrit le martyre le 17 avril 168, sous Marc-Aurèle.

Anio (première bataille de l'), gagnée sur les Gaulois par les Romains, sous la conduite de Camille, l'an 367 av. J.-C.

Anio (deuxième bataille de l'), gagnée sur les Gaulois par les Romains, l'an 362 av. J.-C.

Anjou. Réunion définitive de cette province à la couronne de France, en 1480. Le second fils de Louis XV, mort en 1733, fut le dernier prince français qui porta le titre de duc d'Anjou.

Annates, revenus annuels du pape sur certains bénéfices. Le droit d'annates, introduit en France, vers l'an 1320, par Jean XXII. Aboli par une ordonnance de Charles VI, de l'an 1385; cette abolition fut renouvelée par saint Louis, et par arrêt du parlement du 11 septembre 1496. Les annates rétablies en 1562, furent abolies de nouveau en 1789.

ANNE (sainte), mère de la sainte Vierge; l'Eglise célèbre sa fête le 26 juillet.

ANNE DE BRETAGNE, reine de France, née à Nantes le 26 janvier 1476; son mariage avec Louis XII, le 7 janvier 1499; sa mort, le 9 janvier 1514.

ANNE DE BOLEYN ou BOULEN, reine d'Angleterre, née en 1499 ou 1500, mise à mort le 19 mai 1536.

ANNE DE CLÈVES : son divorce avec Henri VIII, roi d'Angleterre, le 12 juillet 1540.

ANNE IWANOWNA, impératrice de Russie, morte le 28 octobre 1740.

ANNE (Stuart), reine d'Angleterre, morte le 12 août 1714.

ANNE COMNÈNE, fille de l'empereur Alexis Comnène Ier, née le 1er décembre 1083; on ignore l'époque de sa mort.

ANNE D'AUTRICHE, épouse Louis XIII, roi de France, en 1615; régente du royaume en 1643; meurt en 1666.

ANNE, reine d'Angleterre, de 1702 à 1714.

Anneau de Saturne, découvert par Huyghens en 1655.

Anneau du Pêcheur, sceau des papes, date de saint Pierre, qui avait été pêcheur. Voy. *Pierre* (saint).

ANNEBAUT ou ANNEBAUD (Claude d'), maréchal de France en 1538, amiral en 1543; commande en cette dernière qualité la flotte envoyée contre l'Angleterre en 1545; mort à La Fère le 2 novembre 1552.

Année solaire; sa durée de 365 jours, 5 heures, 49 minutes, fut découverte par Denis d'Alexandrie, l'an 285 av. J.-C.

Année (commencement de l'), fixé au 1er janvier par un édit de Charles IX en 1564. L'année ne commençait en France, auparavant, que le Samedi Saint ou à Pâques.

ANNIBAL, fameux général carthaginois, bat les Romains sur les bords du Tésin et de la Trébia, l'an 218 av. J.-C.; près du lac de Trasimène, l'an 217; à Cannes, l'an 216; mort l'an 183 av. J.-C., âgé de 64 ans.

ANNON ou HANNON (saint), archevêque de Cologne en 1066, mort en 1075.

Annonay, ville du Vivarais. C'est là que fut faite, en 1783, la première ascension aérostatique par Montgolfier.

Annonciade (ordre militaire de l'), institué en 1362 en Sardaigne, par Amédée VI, en l'honneur du rosaire. Consacré à la Vierge par Amédée VIII, en 1434.—Etabli en France en 1498 par Jeanne de Valois, femme de Louis XII, roi de France; confirmé par Léon X, en 1517.

Annonciades célestes (ordre des), institué à Gênes en 1602 par Victoire Fornari; confirmé en 1604 par une bulle du pape Clément VIII, et soumis à la règle de saint Augustin.

Annonciades (ordre religieux des) : il fut fondé dans la ville de Bourges en 1500, par sainte Jeanne de Valois, reine de France, fille de Louis XI et femme de Louis XII. Cette fondation eut lieu en l'honneur de l'Annonciation. — Autre ordre d'Annonciades, fondé dans la ville de Gênes en 1604, par la bienheureuse Marie-Victoire Fornari.

Annonciation (fête d') : elle est fort ancienne dans l'Eglise. Le pape Gélase Ier en fait mention dès l'an 492. —Elle est fixée au 25 mars.

Anoblissement (lettres patentes d'); les plus anciennes sont de 1270. — Philippe le Hardi les donna à son argentier, Raoul, et abaissa ainsi la barrière qui séparait la noblesse du tiers-état.

ANQUETIL (Louis-Pierre), historien français, né à Paris le 21 février 1723, mort le 6 septembre 1808.

ANQUETIL-DUPERRON (Abraham-Hyacinthe), orientaliste, frère de l'historien, né à Paris le 7 décembre 1731, mort le 17 janvier 1805.

ANSBERT (saint), évêque de Rouen en 683, mort vers 700 dans le monastère de Haimont en Hainaut.

Anséatiques (villes). Commencement de leur union pour l'assurance de leur indépendance, en 1255.

ANSELME (saint), archevêque de Cantorbéry, né à Aoste en Piémont, en 1033, sacré en 1093, mort le 21 avril 1109 : ce jour est aussi celui de sa fête dans l'Eglise romaine.

ANSON (George), amiral anglais, né en 1700, ou suivant d'autres en 1697, mort le 6 juin 1762.

ANSSE DE VILLOISON, helléniste français, né à Corbeil le 5 mars 1750, mort le 26 avril 1805.

ANTÈRE (saint), élu pape en novembre 235, mort en janvier 236.

ANTHELME (saint), évêque de Belley, mort en 1178, âgé de plus de 70 ans ; il avait été élu prieur de la grande Chartreuse, l'an 1141.

ANTHIME (saint), évêque, reçoit la palme du martyre à Nicomédie, avec plusieurs autres chrétiens, en février 302. La fête de ces confesseurs de J.-C. est célébrée le 27 avril.

ANTIGONE, l'un des généraux d'Alexandre le Grand, tué dans une bataille, l'an 299 av. J.-C., à l'âge de 84 ans.

Antilles, îles situées dans le golfe du Mexique, découvertes en 1492 par Christophe Colomb. Les principales sont Cuba, Saint-Domingue, Porto-Ricco et la Jamaïque. (Voy. ces noms.)

Anti-démoniaques, hérétiques du XVIe siècle, qui niaient l'existence du démon.

Anti-luthériens. (Voy. *Sacramentaires*).

Antimoine. Paracelse est, parmi les médecins, le premier qui en fit usage, vers 1522.

Antitactes, sectaires du IIe siècle, qui prétendaient que le péché n'est pas un mal.

Anti-trinitaires, sectaires séparés de la secte de Calvin, au XVIe siècle.

ANTINE (Dom Maur d'), savant français, mort le 3 novembre 1746.

Antinoé, ville d'Egypte, bâtie par l'empereur Adrien, l'an 132 de J.-C., en l'honneur de son favori Antinoüs.

ANTINOUS, jeune Bithynien d'une beauté rare, se noya dans le Nil, l'an 132 de J.-C.

Antioche, ville fondée par Séleucus, l'an 301 av. J.-C. Son ère s'établit l'an 48 av. J.-C., en mémoire de la victoire remportée à Pharsale par César. — Est renversée par un tremblement de terre dans la nuit du 14 septembre 458. — Consumée par un incendie en 526. — Nouveau tremblement de terre en 528. — Cette ville est rebâtie par Julien, *ibid*. — Sédition et massacre en 512. — Justinien la fait rebâtir en 542. — Prise par les Sarrasins en 638; par les Croisés, le 3 juin 1098; érigée en principauté en faveur de Bohémond, dont la famille y régna jusqu'en 1268. — Conciles, en 252, 264, 269, 341, et 361.

ANTIOCHUS 1er, dit *Soter*, roi de Syrie, mort l'an 201 av. J.-C.

ANTIOCHUS II, surnommé *Théos*, fils du précédent, lui succède l'an 262 av. J.-C. et meurt empoisonné l'an 246 av. J.-C.

ANTIOCHUS III, dit le Grand, monte sur le trône l'an 223 av. J.-C.; tué dans l'Elymaïde, l'an 187 av. J.-C.

ANTIOCHUS IV, fils du précédent, surnommé *Epiphane*, fut l'ennemi acharné des Juifs, et mourut dans les douleurs les plus aiguës l'an 164 av. J.-C., à Tabes en Perse, aujourd'hui Sara.

ANTIOCHUS V, règne l'an 164 av. J.-C., est mis à mort l'an 162.

ANTIOCHUS VI, règne l'an 144 av. J.-C., et meurt trois ans après.

ANTIOCHUS VII, s'empare de Babylone l'an 131 av. J.-C. et meurt l'année suivante.

ANTIOCHUS VIII monte sur le trône l'an 123 av. J.-C. ; mis à mort l'an 122.

ANTIOCHUS IX, dit *Philopator*, commence à régner l'an 113 av. J.-C. ; tué l'an 94 dans une bataille.

ANTIOCHUS X, mort l'an 95 av. J.-C.

ANTIOCHUS XI, se noie dans l'Oronte l'an 93 av. J.-C.

ANTIOCHUS XII, meurt dans un combat, l'an 85 av. J.-C.

Antipapes. Voy. *Schismes*.

ANTIPATER, roi de Macédoine, auparavant général d'Alexandre le Grand; mort 321 ans av. J.-C.

Antipodes. Un prêtre, nommé Vigile, est condamné comme hérétique, en 748, pour avoir soutenu qu'il y a des hommes sous nos pieds ou des antipodes

ANTISTHÈNE, le premier des philosophes cyniques, vivait environ 324 ans av. J.-C.

Antium, ville du Latium, prise par les Romains qui en font une colonie l'an 468 av. J.-C.

ANTOINE (Marc), orateur romain, vivait un siècle environ av. J.-C.

ANTOINE (Marc), l'un des triumvirs, collègue d'Auguste, mort à l'âge de 56 ans, 30 ans av. J.-C.

ANTOINE (saint), instituteur de la vie monastique, né dans la Haute-Egypte l'an 251, mort le 17 janvier l'an 356 de J.-C. C'est aussi ce jour-là que l'Eglise célèbre sa fête.— Etablissement de son ordre en France en 1297. Voy. *Hospitaliers*.

ANTOINE (saint) de Padoue, né à Lisbonne en 1195, mort à Padoue le 13 juin 1231, à l'âge de 36 ans, canonisé dès l'an 1232 par Grégoire IX. L'Eglise romaine célèbre sa fête le 13 juin.

ANTOINE (saint), archevêque de Naples en 1446, meurt en 1459.

Antoine (Ordre militaire de Saint-), établi en 1381, par Albert de Bavière, comte de Hainaut, de Hollande et de Zélande.

ANTOINE DE BOURBON, roi de Navarre, né en 1518, mort le 17 novembre 1562.

ANTONELLE (Pierre-Antoine, marquis d'), fameux révolutionnaire, né à Arles en Provence, mort converti en novembre 1817, âgé de 70 ans.

ANTONIN, empereur romain, surnommé *le Pieux*, né en Italie le 19 septembre de l'an 86 de J.-C., mort le 7 mars 161, âgé de 74 ans et demi.

ANTONIN (saint), archevêque de Florence, né dans cette ville en 1389, mort le 2 mai 1459, canonisé par le pape Adrien IV en 1523. Sa fête est célébrée le 10 mai.

Antropomorphites, sectaires qui concevaient Dieu semblable à un homme ordinaire, vers l'an 395.

Anvers. Assiégée par le duc Alexandre de Parme, capitule, après quinze mois de défense, le 16 août 1585. — Prise par Louis XV le 19 mai 1746; par les Français en 1792; évacuée, puis reprise en 1794; réunie à la France le 9 octobre 1795 : elle en fut séparée par le traité de Paris en 1814. — Bombardée et mise à feu et à sang par les Hollandais, le 26 octobre 1830. — Cette ville, assiégée par les Français, capitule le 23 décembre 1832.—Elle fait partie de la Belgique.

ANVILLE (Jean-Baptiste Bourguignon d'), célèbre géographe, né à Paris le 11 juillet 1697, mort le 28 janvier 1782.

Aoust ou *Août*. Ce mois est ainsi appelé du nom d'Auguste, empereur romain, l'an du monde 3996.

Août (dix). Voy. *Révolution française*.

Apamée. Tombe au pouvoir des Perses en 610.

Apanage. La cession de l'Aquitaine en 636, à deux des fils de Charibert, à titre de possession héréditaire, est le premier exemple d'un apanage donné à des princes du sang de France, sous la condition de foi et hommage à la couronne.

APELLE, peintre célèbre de l'antiquité, florissait l'an 332 av. J.-C.

Appellites, sectaires du II siècle.

APOLLINAIRE (saint), disciple de saint Pierre, premier évêque de Ravenne, où il siégea vingt ans, mourut martyr sous l'empereur Vespasien. L'Eglise célèbre sa fête le 23 juillet.

Apollinaires (jeux), institués à Rome en l'honneur d'Apollon; célébrés, pour la première fois l'an 542.

Appollinaristes, sectaires qui avaient des opinions toutes particulières touchant l'âme et le corps de J.-C., vers l'an 377.

APOLLINE ou APOLLONIE (sainte), vierge et martyre d'Alexandrie, morte l'an 248 de J.-C.

APOLLONIUS, de Tyanes, philosophe pythagoricien, né en Cappadoce, mort à Ephèse vers l'an 97 av. J.-C., âgé d'environ 100 ans.

APOLLONIUS (saint), sénateur romain, souffrit le martyre vers l'an 186. L'Eglise célèbre sa fête le 18 avril.

Apostolins, religieux dont l'ordre prit naissance au XIVe siècle à Milan en Italie.

APOSTOLO-ZENO. Voy. au *Manuel* ZENO (Apostolo).

Apôtres (fête des saints); Voy. les noms des saints André, Barnabé, Barthélemy, Jacques le Majeur, Jacques le Mineur, Jean, Jude, Mathias, Mathieu, Paul, Philippe, Pierre, Simon, Thomas. — Indépendamment de ces fêtes particulières, l'Eglise célébrait autrefois, le 1er mai, la fête de tous les apôtres.

Apôtres (ordre des), fondé en 1260 par Ghérard Sagarelli de Parme; supprimé en 1286 par le pape Honoré IV.—Ces religieux furent poursuivis par l'inquisition, de 1304 à 1368. Leur hérésie consistait en imprécations contre le pape et le clergé.

Appienne (voie), commencée par Appius-Claudius-Crassus-Cœcus, 313 ans av. J.-C. Cette admirable construction a subsisté près de 900 ans, dans toute son intégrité.

APPIUS CLAUDIUS, le décemvir, mort l'an 305 de Rome (449 ans av. J.-C.).

Approbation (en librairie). Suivant l'abbé de Saint-Léger, l'approbation des livres remonte à l'an 1480. Bertholde, archevêque de Mayence, fit une loi le 4 janvier 1486, qui défendait d'imprimer quelque livre que ce fût sans l'avoir auparavant soumis à la censure.

APULÉE (Lucius), philosophe et écrivain satirique, né à Madaure en Afrique, florissait dans le IIe siècle, sous l'empereur Adrien.

AQUAVIVA (Claude), célèbre général des Jésuites, né en 1543, élu au généralat en 1581, mort le 3 janvier 1615.

Aqueducs : Les Romains commencèrent à en construire vers l'an 441 de la fondation de leur ville.

Aqueduc d'Arcueil, construit de 292 à 306 sous Constance Chlore. Après être resté plus de 800 ans abandonné, Marie de Médicis le fit reconstruire par Jacques de la Brosse, qui en posa la première pierre le 15 juillet 1613; il fut terminé en 1624.

Aqueduc de Lisbonne, commencé par les ordres de Jean V en 1713 et achevé en 1736.

Aqueduc de Maintenon, commencé par le célèbre Vauban vers 1686; est resté inachevé.

Aqueduc de Montpellier, construit vers 1710 par l'ingénieur Pitat.

Aqueduc de Nîmes dit Pont du Gard, construit dans le Ier siècle av. J.-C., restauré en 1747.

AQUILA (Barthélemy), dominicain, grand inquisiteur en 1278.

Aquilée, saccagée par Attila, roi des Huns, en 452. Voy. *Conciles*.

Aquilonis (bataille d'), où les Samnites furent battus par les Romains, l'an 293 av. J.-C.

AQUIN (Saint Thomas d'). Voy. *Thomas*.

Aquitaine, pays célèbre dans l'histoire de l'ancienne Gaule, subit la conquête des Romains en 698 de Rome (57 ans av. J.-C.). — Vers le milieu du IVe siècle, l'Aquitaine est divisée en deux parties, et peu après en trois; est cédée aux Visigoths en 470; 35 ans après, en 507, elle passe aux mains des Francs. Erigée en royaume en 631, puis en duché en 845; passe en 1102 sous la domination anglaise. Le duché d'Aquitaine, confisqué par Philippe-Auguste, en 1204, est réuni à la couronne de France. — Un traité de 1259 rétablit le roi d'Angleterre dans la possession de l'Aquitaine, sous la souveraineté de la France; vers cette époque aussi, le nom de *Guienne* commence à être substitué à celui d'Aquitaine. Voy. *Guienne*.

Arabie, subjuguée par Mahomet, en 630.

Arabiens, sectaires du IIIe siècle; ils croyaient que l'âme mourait et ressuscitait avec le corps. — Concile à l'occasion de cette secte, l'an 249.

Aracan, royaume de la presqu'île orientale de l'Inde, fut conquis en 1783 par les Birmans.

Aragon (canal d'), entrepris en 1529 par Charles-Quint, et navigable en partie en 1784.

ARANDA (le comte d'), ministre de Charles IV, roi d'Espagne, né en 1716, mort en septembre 1794.

ARANZI (Jules-César), célèbre anatomiste, né à Bologne vers 1530, mort le 7 avril 1589.

Arau (traité d') en Suisse, qui mit fin à la guerre civile entre les cantons protestants et catholiques, conclu le 2 août 1712.

Arbalètes. On commence à s'en servir dans les armées françaises en 1200.

Arbelles (bataille d'), où l'armée de Darius fut entièrement défaite par Alexandre, le 2 octobre, 331 ans av. J.-C.

ARBRISSELLES (Robert d'), fondateur de l'ordre de Fontevrault, né à Rennes en 1047; établit son ordre en 1103; mort en 1117.

ARBUTHNOT (Jean), célèbre médecin écossais, mort en février 1735.

Arc; son usage s'introduit en France en 752, ainsi que celui des flèches.

Arc-en-ciel; ce phénomène est expliqué par Sénèque, l'an 50 de notre ère.

— Explication des réfractions de la lumière, par Antonio de Dominis, en 1611. Ce système fut développé par Newton en 1689.

Arcades (Académie des), fondée à Rome vers la fin du XVIIe siècle.

ARCADIUS, empereur de Constantinople, mort en 408, âgé de 31 ans, après en avoir régné 14.

Archevêque. En Orient, on ne trouve point la qualité d'archevêque avant le concile d'Éphèse, tenu en 321; elle a été reconnue fort tard dans l'Occident.

Archiduc. Ce titre remonte au temps de Dagobert, dans la première partie du VII siècle.

ARCHILOQUE, poëte grec, né à Paros, l'an 700 av. J.-C.

ARCHIMÈDE, grand géomètre sicilien, mort 212 ans avant J.-C., âgé de 75 ans.

Archiprêtres, vicaires des évêques pendant leur absence; dans le VIe siècle, on en voyait plusieurs dans le même diocèse.

Architecture : invention des ordres dorique et ionique vers l'an 1000 av. J.-C. — Le chapiteau corinthien, orné de feuilles d'acanthe, est imaginé par Callimaque de Corinthe, vers 522 av. J.-C. — L'ordre Toscan est inventé à Rome, vers l'an 60 av. J.-C., et presque en même temps paraît l'ordre composite.

Architecture gothique : introduite dans l'Occident par les Visigoths, vers l'an 400.

Archives du royaume de France ; ont commencé par celles de l'Assemblée constituante, établies le 24 août 1789. — Elles furent transférées aux Tuileries après le 10 août 1792, puis au palais Bourbon en 1800, enfin en 1809 à l'hôtel Soubise.

Archontes ; magistrats qui gouvernaient la république d'Athènes. Ils y furent perpétuels jusqu'à l'an 754 av. J.-C. A cette époque, la durée de leur gouvernement fut réduite à dix ans. — Cette magistrature devint ensuite amovible, l'an 684 av. l'ère chrétienne; elle sert à régler la chronologie grecque.

Archontites, sectaires du IIe siècle, qui attribuaient la création du monde aux archanges.

Arcis-sur-Aube (combat d'), le 21 mars 1814. Napoléon y bat les Russes.

Arcole (bataille d'), gagnée sur les Autrichiens par les Français le 15 novembre 1796.

Arcueil : Marie de Médicis y fait commencer un aqueduc en 1613.

Ardres, forte ville de Picardie, remarquable par l'entrevue de François Ier et de Henri VIII, au camp du drap d'or, en 1520.

ARENA (Joseph), né en Corse : impliqué dans une conjuration contre Bonaparte; son exécution le 31 janvier 1801.

Aréomètre ; invention de cet instrument destiné à peser les fluides, en 398; perfectionné par Homberg en 1690.

Aréopage; son établissement à Athènes, l'an du monde 2472 ou l'an 1552 av. J.-C.

Aréquipa, ville du Pérou, fondée par François Pizarre, en 1536; elle a été détruite par un tremblement de terre, le 13 mai 1784.

ARETIN (Pierre), poëte satirique italien, né à Arezzo, le 20 avril 1492, mort en 1556.

ARGENS (le marquis d'), ami et complice de Voltaire, né en 1704 à Aix en Provence, mort repentant le 11 janvier 1771.

ARGENSON. V. Voyer d'Argenson.

ARGENTIER (Jean), médecin italien, mort à Turin le 13 mai 1572, âgé de 58 ans.

ARGENTRÉ (Charles-Duplessis d'), évêque de Tulle, né en Bretagne le 16 mai 1673, mort le 27 octobre 1740.

Arginuses (combat naval des), où les Athéniens battirent les Lacédémoniens, l'an 406 av. J.-C.

Argonautes : leur fameuse expédition qui avait pour objet d'ouvrir un commerce dans la mer Noire, eut lieu vers l'an 1292 av. J.-C.; d'autres la placent à l'année 1360. — Enfin, Calmet la place à l'année 1269 av. J.-C. (an du monde 2731).

Arguin (cap); sa découverte par les Portugais, en 1442.

ARIARATHE. Il y eut dix rois de ce nom sur le trône de Cappadoce depuis l'an 378 jusqu'à l'an 36 av. J.-C.

Aricie, ville ancienne d'Italie; assiégée vainement par Porsenna, roi des Etrusques, l'an 507 av. J.-C.

Ariens, partisans de l'hérésiarque Arius, dont la doctrine fut condamnée à Alexandrie en 320, et dans le concile de Nicée en 325. — Vers 337, l'arianisme fut de mode à la cour de Constantinople. Depuis 350, il acquit beaucoup d'influence dans l'Occident. — Vers le milieu du Ve siècle, il disparut de l'empire romain; mais il se maintint chez plusieurs peuples barbares, et notamment les Lombards, jusqu'en 662.

ARIOSTE (Louis), célèbre poëte italien, né à Reggio de Modène le 8 septembre 1474, mort le 6 juin 1533.

Arish (el), place forte d'Égypte, prise par les Français en 1799.

ARISTARQUE, célèbre critique grec, né l'an 160 av. J.-C., mort âgé de 72 ans.

ARISTIDE, surnommé *le Juste*, vivait vers l'an 483 av. J.-C.

ARISTIPPE, célèbre philosophe, disciple de Socrate, fondateur de la secte Cyrénaïque, florissait vers l'an 400 av. J.-C.

ARISTOCRATE Ier, roi d'Arcadie, l'an 700 av. J.-C.

ARISTOCRATE II, roi d'Arcadie, vers l'an 640 av. J.-C.

ARISTOPHANE, poëte comique grec, né à Athènes vers l'an 446 av. J.-C.; d'autres disent l'an 400.

ARISTOTE, surnommé le prince *des philosophes*, né à Stagyre, en Macédoine, l'an 384 av. J.-C., mort à Chalcis 322 ans av. J.-C. — Ses livres de physique et de métaphysique, apportés de Constantinople et traduits en latin, sont condamnés et brûlés par un concile de Paris, en 1210.

Arithmétique : on en attribue l'invention aux peuples de Sidon, vers 1850 av. J.-C. — Introduite en Europe par les Arabes en 991; en usage en France au commencement du xve siècle. — Traité complet d'Arithmétique publié en 1556 par le Vénitien Tartaglia.

ARIUS, fameux hérésiarque, né en Libye, mort à Constantinople, en 346.

ARKWRIGHT (sir Richard), manufacturier et mécanicien anglais, mort à Crombford dans le Derbyshire, en 1792.

Arles, soutient quatre siéges mémorables contre les Visigoths, en 425, 429, 452 et 457. — Théodoric en fait, en 511, la capitale de ses États. — Tombe sous la domination des Francs vers la fin du vi^{e} siècle. — Cette ville est prise en 1146 par le comte de Barcelonne, et en 1167 par Alphonse II, roi d'Aragon. — Se constitue en république vers 1240; reconnaît l'autorité de Charles Ier, comte de Provence, en 1251, et suit dès ce moment la destinée de toute la Provence.

Armada, flotte espagnole dite *Invincible*, envoyée par Philippe II en 1588, contre Elisabeth d'Angleterre, et dispersée par une tempête.

ARMAGNAC (Jean I, comte d'), mort en 1373.

ARMAGNAC (Jean III, comte d'), l'un des petits-fils du précédent, mort en 1391.

ARMAGNAC (Jean V, comte d'), le dernier des princes souverains de cette maison, né vers 1420, assassiné en 1473.

ARMAGNAC (Jacques d'), duc de Nemours, descendant des comtes souverains d'Armagnac, condamné à mort par ordre de Louis XI, le 4 août 1477.

Armée française. Loi sur son recrutement, le 10 mars 1818.

Arménie (la Grande); cesse d'avoir des lois, et est partagée entre les Perses et les Romains, en 412. — Tombe au pouvoir des Arabes vers l'an 650 de notre ère. — Cédée aux Turcs par les Persans, en 1589.

Arméniens, hérétiques du viie siècle, qui tiraient leur origine de l'eutychianisme.

Armentières, en Flandre : la fondation de cette ville paraît remonter au ixe siècle. — Les Anglais et les Flamands la prirent et l'incendièrent en 1339. — Pillée par les Français en 1382. — De terribles incendies la ruinèrent en 1420, 1467, 1518 et 1589. — Détruite par les calvinistes en 1566. — Les maréchaux de Gassion et de Rantzau la prirent en 1645. — L'archiduc Léopold la reprit en 1647. — Les Français s'en rendirent maîtres de nouveau en 1667. — Elle est demeurée à la France par le traité d'Aix-la-Chapelle, en 1668.

Armes à feu, sont inventées en France en 1338. — On commence à les connaître en 1339.

Armes d'honneur : récompense militaire instituée par un arrêté du 25 décembre 1799, et supprimée lors de la création de la Légion d'honneur.

Arminiens : leurs différends avec les Gomaristes furent décidés en faveur de ces derniers par le synode de Dordrecht, tenu en 1618 et 1619.

ARMINIUS, guerrier germain, né 18 ans av. J.-C., mort en l'an 19 de notre ère.

ARMINIUS (Jacques), chef de la secte des arminiens, né en Hollande en 1560, mort en 1609. Voy. *Arminiens*.

Armoiries : leur établissement en France vers 1150; elles prirent naissance dans les croisades. — Elles ne deviennent fixes et héréditaires que dans le xiiie siècle. — Abolies par décret de l'Assemblée constituante du 19 juin 1790. — Celles des villes de France leur sont rendues en août 1814.

ARMSTRONG (Jean), médecin et poëte italien, mort le 7 septembre 1779.

Armures : elles font une partie de l'habillement en France, au commencement du xie siècle; les hommes et les chevaux étaient, à cette époque, bardés de fer de la tête aux pieds.

ARNAUD DE BRESSE ou DE BRESCIA, fameux hérétique du xiie siècle; condamné dans le concile de Latran par le pape Innocent II, en 1139; brûlé vif en 1155.

ARNAUD-BACULARD, écrivain français, né à Paris le 15 septembre 1718, mort le 8 novembre 1805.

ARNAULD D'ANDILLY (Robert), né à Paris en 1588, mort le 27 septembre 1674.

ARNAULD (Antoine), célèbre théologien, né à Paris le 6 février 1612, mort à Bruxelles, le 5 août 1694.

Arneberg, ville du Brandebourg, brûlée en 1767.

ARNOUL (saint), évêque de Soissons, mort l'an 1087.

Arundel (marbres d') ou de *Paros*, apportés du Levant en Angleterre au commencement du xviie siècle. — Ils retracent les plus célèbres époques de l'histoire grecque, depuis le règne de Cécrops jusqu'à l'archonte Diognète, qui les fit mettre en ordre l'an 264 av. J.-C.; ce qui présente une série chronologique de 1318 années.

Arquebuse : cette arme fut inventée vers 1550, sous Henri II, roi de France, et perfectionnée en 1154 par d'Andelot, général de l'infanterie française.

Arques (combat d'), où Henri IV bat les ligueurs, le 21 septembre 1589.

Arras : César en fait la conquête 150 ans av. J.-C. Les Vandales la dévastent en 407 ; les Normands en 880. — Charles V s'en rend maître en 901, et l'archiduc Maximilien en 1492; le prince d'Orange s'en empare en 1578. Cette ville est enlevée aux Espagnols par les Français, le 10 août 1640. — Etait renommée pour ses belles tapisseries, vers 1465. — La communauté des *Sœurs* de sainte Agnès est établie dans cette ville par Jeanne Bisco, en 1645.

Arras (paix d'), conclue le 21 septembre 1435; elle porta un coup terrible à l'Angleterre.

Arsacides, dynastie des rois Parthes, commence l'an 256 av. J.-C., l'an 198 de la fondation de Rome, et 4458 de la période Julienne, et cesse de régner l'an 226 depuis J.-C., au bout de 482 ans.

Arsenal de Paris, fondé en 1396, sous Charles VI; agrandi en 1547 sous Henri II; endommagé par la foudre le 19 juillet 1538; détruit par une explosion le 28 janvier 1563; reconstruit sous Charles IX; la porte qui faisait face au quai des Célestins fut bâtie en 1584; l'hôtel du gouverneur de l'Arsenal fut construit en 1718. L'Arsenal fut supprimé par édit du mois d'avril 1788; sur l'emplacement du parc fut établie, en 1806, une partie du boulevard Bourdon.

Arsenic : fut considéré pour la première fois comme un métal particulier par Brandt, en 1733.

ARSENNE (saint), diacre de l'Eglise romaine, fut choisi en 383 pour être précepteur d'Arcadius, fils aîné de l'empereur Théodose; mort en 445, âgé de 95 ans. L'Eglise célèbre sa fête le 19 juillet.

Art dramatique moderne ; son origine. Voy. *Mystères.*

Art militaire. Voy. *Artillerie, Cavalerie, Infanterie, Fortifications*, etc.

ARTAXERCES *Longue-Main*, roi de Perse, mort l'an 426 av. J.-C.

ARTAXERCES *Memnon*, monté sur le trône de Perse, l'an 405 av. J.-C., mort l'an 361.

ARTAXERCES *Ochus*, commence à régner l'an 361 av. J.-C., empoisonné l'an 338.

ARTEMISE, reine de Carie, veuve de Mausole, morte l'an 351 av. J.-C.

Artésiens (puits); le plus ancien qu'on connaisse en France est celui de Lillers en Artois, percé, dit-on, en 1126. Cassini, en 1671, appela l'attention des savants sur les fontaines jaillissantes de Modène et de Bologne. Louis XVI fit faire un puits de ce genre à Rambouillet, en 1780.

ARTEVELLE ou ARTAVEL (Jacques d'), brasseur, tyran des Flamands ses compatriotes, meurt massacré par le peuple en 1343.

ARTHUR I, duc de Bretagne, né à Nantes en 1187, assassiné par Jean Sans-Terre, son oncle, le 3 avril 1203.

Artichauts : parurent pour la première fois à Venise en 1473, et passèrent en France au commencement du XVIe siècle; on les croit indigènes de l'Andalousie.

Artifice (feux d'); en usage de temps immémorial dans l'Inde et dans la Chine. En 1520, à l'entrevue dite du *Camp du Drap d'or*, on lança en l'air une salamandre en artifice. L'invention des bombes d'artifice date du commencement du XVIII siècle; on l'attribue à un Ruggieri.

Artillerie : employée en 1147 contre les Espagnols et les Normands, par les Arabes assiégés dans Lisbonne. — En France, on commence à en faire usage dans la première moitié du XIVe siècle. — Les Anglais en firent usage à la bataille de Crécy, en 1346.

Artillerie (grand maître de l'); cette charge, créée en 1600, en faveur de Sully, fut supprimée par édit du 8 décembre 1755, et ses fonctions réunies au ministère de la guerre.

Artillerie (Ecole d'), établie à Châlons, le 17 août 1791.

Artois (comte d'). Ce fut Robert, frère de Louis IX, qui porta le premier ce titre, en 1237.

Artois, cédé à la France par la paix des Pyrénées, le 7 novembre 1659.

Arts. Par suite des conquêtes de Paul-Emile, les arts de la Grèce passent à Rome, vers l'an 167 av. J.-C.

Arts et Métiers (Conservatoire des); son établissement à Paris, le 10 octobre 1794.

Arts et Métiers (Ecole des), établie à Compiègne, en 1803. — Est transférée de Compiègne à Châlons-sur-Marne, le 5 septembre 1806.

Ascalon, ville de Palestine, rebâtie par Gabinius, gouverneur de Syrie, l'an 58 av. J.-C. De là la nouvelle ère qu'on voit sur ses médailles.

Ascalon (bataille d'), gagnée le 11 août 1099. Godefroi de Bouillon, avec 15,000 hommes, remporte cette victoire sur le calife d'Egypte, dont l'armée était de 400,000 soldats; cent mille de ces derniers restent sur la place.

Ascension de Notre-Seigneur. Cette fête est d'institution apostolique; elle se célèbre le jeudi, quarantième jour après Pâques.

Ascension (île de l'), dans l'océan Atlantique, découverte en 1501 par Jean de Nova, navigateur au service du Portugal.

ASCLEPIADE, médecin de l'antiquité, mort dans un âge avancé, l'an 96 av. J.-C.

Asculum (bataille d'), livrée par Pyrrhus, roi d'Epire, aux Romains, l'an 277 av. J.-C.

ASDRUBAL BARCA, général carthaginois; sa défaite et sa mort le 24 juin 207 ans av. J.-C.

Asenay (combat d'), où les royalistes de la Vendée laissent 1200 morts ou blessés, le 26 mai 1815.

ASHMOLE (Elie), médecin et antiquaire anglais, mort le 18 mai 1692, à 75 ans.

Asie Mineure : Conquête de ses provinces par Alexandre le Grand, l'an 333 av. J.-C. — Ravagée par les Perses en 619.

Asperge. Ce légume a été cultivé pour la première fois en France en 1608, et environ trente ans plus tard en Russie.

Asphalte : une mine de ce bitume fut découverte en 1793, dans le département de l'Ain, commune de Fourjoux.

ASSAS (Nicolas, chevalier d'), capitaine au régiment d'Auvergne en 1760, périt victime de son héroïque dévouement, dans la nuit du 15 au 16 octobre, même année.

Assemblée nationale : est formée le 17 juin 1789, par le tiers-état des états-généraux de France. — La salle de ses séances est fermée par ordre du roi, le 20 juin 1789. Les députés se rendent au jeu de Paume, où ils jurent de ne se séparer qu'après avoir donné une constitution à la France.

Assidéens (congrégation des) : son établissement l'an du monde 3837, 163 ans av. J.-C.

Assises (les), monument de jurisprudence féodale : elles furent promulguées à Jérusalem, en 1266, par l'ordre de Jean d'Ibelin, comte de Jaffa. — Elles furent publiées pour la première fois, à Paris en 1690, par la Thaumassière, dans ses *Coutumes du Beauvoisis.*

Assomption de la sainte Vierge : cette fête était solennisée dans les églises d'Orient, le 16 ou le 18 janvier, dès l'an 428. — En 602, elle fut transférée au 15 août par l'empereur Maurice. — En 1638, le roi de France Louis XIII, ayant mis le royaume sous la protection de la sainte Vierge, institua une procession annuelle le jour de l'Assomption.

Assurances (calcul des) : on en attribue l'invention aux juifs d'Italie ; en 1523, les assurances étaient en usage à Florence. — L'assurance contre les risques de la mer, pratiquée en Angleterre en 1560.

Assurances sur la vie (société d') : la première a été créée en Angleterre sous la reine Anne, en 1708.

Assurance contre l'incendie (compagnie d'), formée à Paris en 1740.

ASSELINE (Jean-René), évêque de Boulogne-sur-mer, né à Paris en 1742, mort en Angleterre le 11 avril 1813.

Assyrie (royaume d') fondé vers 2640 av. J.-C., par Assur. D'après les observations astronomiques trouvées à Babylone par Callisthène, ce royaume aurait été fondé par un Bélus, l'an 2229 av. J.-C. — Son démembrement, à la mort de Sardanapale, l'an 770 av. J.-C. suivant quelques historiens. Dom Calmet place cet événement à l'année 742 av. J.-C. — Une seconde monarchie des Assyriens est fondée vers l'an 677 av. J.-C; elle ne dure qu'environ cent cinquante ans. Le fameux Balthazar est le dernier roi d'Assyrie.

ASTÉRIUS (saint), évêque de Pétra en Arabie, vivait en 347.

Astracan, gouvernement de Russie, les Russes s'en emparèrent en 1554.

Astrologie : cette science est cultivée par les Assyriens, vers l'an 2264 av. J.-C. — Enseignée par Albert le Grand, en 1257.

Astrologues : leur expulsion de l'Italie par le sénat de Rome, l'an 49 de J.-C.

Astronomie : cultivée par les Indiens, les Chaldéens, les Egyptiens, les Chinois, dans la plus haute antiquité. — Plus tard, les Grecs y firent de grands progrès. — Dès l'année 813, les Arabes avaient fait en astronomie des travaux remarquables ; ils répandirent en Europe le goût de cette science. — L'*Almageste* de Ptolémée fut traduit en Europe en 1234. En 1530, Copernic publia son système du monde. Voy. *Galilée, Cassini, Herschell*, etc.

ASTRUC (Jean), célèbre médecin, né à Sauves dans le diocèse d'Alais, le 19 mars 1684, mort à Paris en 1766.

ATHANASE (saint), patriarche d'Alexandrie, l'un des docteurs de l'Eglise, né à Alexandrie l'an 296, mort le 2 mai 373. C'est aussi le 2 mai que l'Eglise célèbre sa fête.

ATHANASE (saint), diacre de l'Eglise de Jérusalem, reçut la couronne du martyre, l'an 452 ; sa fête est célébrée le 5 juillet.

ATHANASIE (sainte), fille de l'empereur Nicétas, née au commencement du IX siècle, morte le 15 août 860. Les Grecs célèbrent sa fête le 16 août.

ATHENAIS, impératrice d'Orient, morte le 20 octobre 460.

ATHÉNÉE, grammairien, appelé le *Varron des Grecs*, né en Egypte, vivait dans le II siècle de l'ère chrétienne.

Athènes : sa fondation par Cécrops, vers 1578 av. J.-C., l'an du monde 2422. C'est l'époque de l'institution de l'Aréopage. — (siége et prise d') par Démétrius Poliorcète, l'an 297 av. J.-C. — Assiégée par les Lacédémoniens, l'an 408 av. J.-C. — Assiégée de nouveau et prise par les Lacédémoniens, l'an 405 av. J.-C. — 3ᵉ Siége de cette ville par Thrasybule, qui s'en empare, l'an 403 av. J.-C. — Tous les édifices de cette ville sont restaurés sous l'empereur Adrien, l'an 130 de notre ère. — Prise par Mahomet II en 1453, et par les Vénitiens en 1464 et 1687 ; ils l'abandonnèrent aux Turcs. Voyez *Grèce moderne.*

ATHÉNODORE (saint), évêque de Néocésarée, frère de saint Grégoire Thaumaturge, souffrit le martyre l'an 233.

ATLAS, célèbre géographe et astronome, vivait vers 1749 av. J.-C. Sa science a fait dire qu'il portait le monde sur ses épaules. C'est de son nom que les modernes ont appelé *atlas* toute réunion de cartes géographiques.

ATTAIGNANT (Gabriel-Charles de l'), littérateur français, né à Paris en 1697, mort le 10 janvier 1779.

ATTICUS (Titus-Pomponius), ami de Cicéron, mort l'an 33 av. J.-C., âgé de 77 ans.

ATTILA, roi des Huns, mort en 453.

Attique (guerre de l'), entre les Athéniens et les Lacédémoniens, l'an 450 av. J.-C.

Attraction : devinée par le chancelier Bacon, en 1600. — Ses lois, découvertes par l'illustre Newton, en 1667.

Aubaine (le droit d') : est abrogé en France par une loi, le 24 juillet 1819.

AUBIGNÉ (Théodore-Agrippa d'), né le 8 février 1550 à Saint-Maury, près de Pons en Saintonge, mort le 9 avril 1630.

AUBIN (saint), évêque d'Angers, assiste au concile d'Orléans en 538, meurt le 1 mars 549.

Aubin-du-Cormier, ville de Bretagne ; la Trémouille y vainquit, en 1488, le duc d'Orléans, depuis Louis XII.

AUBRIET (Claude), célèbre peintre de

fleurs et d'animaux, né à Châlons-sur-Marne en 1651, mort à Paris en 1743.

AUBRIOT (Hugues), célèbre prévôt des marchands, né à Dijon dans le XIVe siècle, fut élevé à la première magistrature de la capitale en 1367, mort dans sa ville natale vers 1385.

AUBUSSON (Pierre d'), grand-maître de l'ordre de Saint-Jean de Jérusalem, né dans la Marche en 1423, honoré de la pourpre en 1489, mort le 13 juillet 1505.

Auch : cette ville fut dès le IV siècle le siége d'un évêché dont les prélats prirent le titre d'archevêque dès 879. — La cathédrale, commencée en 1489, sous Charles VIII, ne fut terminée que sous Louis XIV.

AUDRAN (les), célèbres graveurs français: Gérard, né à Lyon en 1640, mort à Paris en 1703 ; Benoît, né en 1661, mort en 1721 ; Jean, mort en 1756.

AUGER (Athanase), savant ecclésiastique, né à Paris le 12 décembre 1734, mort le 7 février 1792.

AUGEREAU (Pierre-François-Gabriel), maréchal et pair de France, duc de Castiglione, né à Paris le 11 novembre 1757, mort le 12 juin 1816.

Augsbourg (diète d'), où les luthériens s'assemblent, le 22 juin 1530, pour y discuter leur confession de foi en présence des catholiques ; cette diète se sépare le 13 novembre suivant.

Augsbourg (ligue d') contre la France, formée en 1686, par l'empereur, les rois d'Espagne et de Suède, auxquels se joignirent, l'année suivante, les Hollandais et les Anglais.

Augst, ancienne capitale des Rauraques, où Minucius Plancus conduisit une colonie romaine, sous Auguste, dans les premières années de l'ère vulgaire.

Augustales : fêtes établies en l'honneur d'Auguste, l'an 735 de Rome ; les jeux augustaux furent établis huit ans après ; ils avaient lieu, ainsi que la fête, le 12 octobre.

AUGUSTE (Caïus-Julius-Cæsar-Octavianus), premier empereur de Rome, né le 23 septembre de l'an 62 av. J.-C., mort le 19 août de l'an 14 de l'ère chrétienne.

Auguste (siècle d'), commence à l'an 31 av. J.-C., après la bataille d'Actium.

AUGUSTIN (saint), célèbre Père de l'Eglise, né à Tagaste en Afrique, le 13 novembre 354, mort le 28 août 430. Ce jour est aussi celui de sa fête.

Augustin (ermites de saint), réformés en 1588.

AUGUSTIN (saint) premier archevêque de Cantorbéry, apôtre de l'Angleterre, mort le 26 mai, l'an 607 ou 604. L'Eglise célèbre sa fête le 27 mai.

Augustiniens, hérétiques du Xe siècle.

Augustins déchaussés (ordre des), fondé en 1552 par le père Thomas de Jésus.

AUGUSTULE, dernier empereur romain, détrôné en 476. L'Empire d'Occident avait subsisté 1229 ans depuis la fondation de Rome, et 506 depuis la bataille d'Actium.

Aulique (conseil), institué en 1501 par l'empereur Maximilien Ier.

AULU-GELLE, célèbre grammairien latin, florissait à Rome, sa patrie, vers l'an 130 de J.-C.

AUMALE (Claude II de Lorraine, duc d'), né en 1523, mort à Bruxelles en 1631, avait assisté aux sacres des rois Henri II, François II et Charles IX.

Aumôniers militaires : leur institution remonte à l'an 742, qu'elle fut décrétée par le concile de Ratisbonne.

Auneau, bourg de l'île de France ; le duc de Guise y battit les Reîtres en 1587.

Auray (bataille d'), remportée le 29 septembre 1364, par Chandos, général anglais, sur Duguesclin, qui y fut fait prisonnier.

AURÈLE (saint), archevêque de Carthage en 388, mort en 423.

AURÉLIEN, empereur romain, mort en 235, âgé de 63 ans.

AURENG-ZEB, grand Mogol, né en 1619, mort en 1707.

Aurore boréale : en 1715, premier phénomène de ce genre dont on ait fait mention.— Découverte de l'électricité de l'aurore boréale, en 1769.

Auscultation médicale. Voy. *Stéthoscope*.

AUSONE (Decius-Magnus), célèbre poëte latin du IV siècle, né à Bordeaux en 309, mort en 394.

AUSONE (saint), premier évêque d'Angoulême et martyr. En 1568, les calvinistes brûlèrent ses reliques. L'Eglise célèbre sa fête le 11 juin.

AUSPICE (saint), évêque de Toul, mort vers l'an 474.

Austerlitz (bataille d'), surnommée la bataille des trois empereurs, parce que les empereurs Napoléon, Alexandre et François II y assistaient en personne; les Austro-Russes y furent entièrement défaits par les Français, le 2 décembre 1805.

Australes (terres), aperçues par Magellan en 1520. Voy. *Océanie*.

Austrasie (le royaume d'), créé en 511, est réuni aux autres portions de la monarchie française, en 772.

AUSTRÉGÉSILE (saint), archevêque de Bourges, mort en 624.

Autels : dans les églises catholiques, ils furent construits en bois jusqu'au commencement du VIe siècle; à cette époque, un concile ordonna de les bâtir désormais en pierres.

Auteurs. Voy. *Propriété littéraire*.

Automates : les premiers connus furent fabriqués par Héron d'Alexandrie, vers 210 av. J.-C. — Albert le Grand parvint à faire, en 1233, une tête automate qui parlait. — Vaucanson invente son flûteur automate en 1738, et en 1741, son fameux canard mangeant, buvant et digérant comme un canard ordinaire.

Autriche, d'abord marquisat ou margraviat, est érigée en duché, en 1156. — La première époque de sa grandeur remonte à 1282, alors que ce duché échut à la maison de Habsbourg. — La couronne élective de l'empire romano-germanique est assurée à la maison d'Autriche, en 1438. — Erigée en archiduché en 1453. La Bohême et la Hongrie se soumettent volontairement à la dynastie des Habsbourg, en 1526. La maison d'Autriche conserve le rang de monarchie européenne à la paix d'Aix-la-Chapelle de 1748. — François II, empereur d'Allemagne, se déclare empereur héréditaire d'Autriche, le 4 août 1804.— La prépondérance de l'Autriche est reconnue au congrès de Vienne de 1815. — Formidable insurrection qui éclate à Vienne en juin 1848, et qui, après avoir menacé l'autorité impériale, cède à la force des armes dans le mois d'octobre suivant.

Autun : ruinée par les Bagaudes, elle est rétablie par Constance Chlore, l'an 294. V. *Conciles.*— Cette ville fut assiégée par les Allemands en 355.—Les Bourguignons s'en emparèrent en 414, et Gondicaire, leur roi, y fixa sa résidence.—Dévastée par les Sarrasins en 731. Brûlée par les Normands en 888 et 895.— Le président Jeannin sauva les protestants de cette ville du massacre de la Saint-Barthélemy, en 1572.—Le maréchal d'Aumont assiégea vainement cette ville en 1591.

Auvergne : état indépendant jusqu'à l'an 46 av. J.-C., époque où il fut réduit en province romaine; passe sous la domination des Visigoths en 474; est conquis par Clovis en 507, et incorporé au royaume d'Austrasie en 511; fait partie de l'apanage du duc d'Aquitaine en 630, et est érigé en comté. — Réuni à la couronne sous Louis XIII. — Cédé au duc de Bouillon par Louis XIV, le 20 mars 1651, en échange des principautés de Sédan et de Raucourt; cette maison en a joui jusqu'à la Révolution.

Auvergne (dauphins d') : ce titre commença à être porté par Guillaume VIII, comte d'Auvergne, vers 1169, et passa successivement à un grand nombre de princes et princesses, jusqu'au duc d'Orléans, frère de Louis XIV, qui le transmit encore à ses descendants.

AUVERGNE (Antoine d'), compositeur, né à Clermont en Auvergne, le 4 octobre 1713, dirigea le grand Opéra de 1767 à 1775, et de 1785 à 1790; mort en 1797.

Auxerre, ville très-ancienne, que les Romains fortifièrent d'une enceinte dont la construction remonte à l'an 710 de Rome. — Fait partie de l'héritage de Clovis. — Fut érigée en comté sous Clotaire, de 558 à 561. — Les comtes d'Auxerre sont inconnus à l'histoire pendant le VIIe et une partie du VIIIe siècle. — Auxerre, abandonné au duc de Bourgogne en 1435; réunie à la couronne avec la Bourgogne. — En vertu d'une bulle apostolique de 1823, les archevêques de Sens portent cumulativement le titre d'évêques d'Auxerre. V. *Conciles.*

Avein, village des Pays-Bas : les Français y battirent les Espagnols en 1635.

AVEIRO (don Joseph Mascarenhas, duc d'), grand de Portugal; exécuté comme conspirateur, le 13 janvier 1759.

Avent (dimanches de l') : leur nombre fixé à quatre en l'année 1000. — L'institution du jeûne de l'Avent remonte bien plus haut; il en est parlé dans le neuvième canon du concile de Mâcon, tenu en 581, et il était en usage bien longtemps auparavant dans l'Eglise Romaine et dans celle de France. Le pape Urbain V, en 1270, en fit une pratique de rigueur pour les clercs de la cour de Rome. Le premier dimanche de l'Avent tombe entre le 27 novembre et le 3 décembre inclusivement.

Aventin (sédition du Mont-), éclate à Rome l'an 448 av. J.-C.

AVENTIN (saint), évêque de Chartres, assiste au concile d'Orléans en 511; mort l'an 528.

AVERROÈS, médecin et philosophe arabe, né à Cordoue, dans le XIIe siècle, mort à Maroc en 1198.

Avesnes, ville de Flandre : bâtie au XIe siècle.— Prise par les Espagnols en 1559.— Cédée à la France en 1659, par le traité des Pyrénées. — Les Russes s'en emparèrent en 1814, et les Prussiens le 24 juillet 1815.

Aveugles (institution des jeunes), fondée par Valentin Haüy, en 1786.

AVICENNE, médecin et chimiste arabe, né en 980, mort en 1050.

Avignon : les papes, depuis Clément V jusqu'à Grégoire XI, y firent leur résidence pendant 68 ans. Clément VI en acheta la propriété en 1348, pour 80,000 florins d'or qui ne furent jamais payés.—Massacre dans cette ville par les brigands de Jourdan, surnommé *Coupe-Tête*, le 10 juin 1791. — Avignon et le comtat Venaissin sont réunis à la France, le 14 septembre 1791. — En 1817, dans un concordat avec la France, Pie VII fit de nouvelles réserves de ses droits sur Avignon et le comtat Venaissin.— Au IIIe siècle de l'ère chrétienne, Avignon avait un évêché suffragant de Vienne, près d'Arles; ce siége fut érigé en archevêché en 1475, par Sixte IV. V. *Conciles.*

Avis (ordre militaire de) : son institution en avril 1147.

Avocat Patelin (comédie de l') : le monument le plus ancien et le plus curieux de la gaieté comique de nos ancêtres; fut composée bien avant l'année 1474.

Avoués : l'Encyclopédie fixe à l'an 420 ou 423 l'origine de leurs fonctions.

Avranches : prise de cette ville par Geoffroy Plantagenet, en 1141, et par Gui de Thouars, en 1203. — Ses fortifications furent rétablies en 1229. — Fut rendue à la France en 1404. — Les Anglais s'en emparèrent en 1418. — Livrée aux calvinistes en 1562. — Assiégée par les troupes royales en 1591.

AVRIGNY (Hyacinthe-Robillard d'), jésuite historien, né à Caen en 1691, mort le 24 avril 1719.

Axum, ancienne capitale de l'Abyssinie; brûlée par les Arabes en 1532.

AZADE (saint) et plusieurs saintes femmes souffrent le martyre en Perse, dans l'année 341; leur fête est célébrée le 22 avril.

Azincourt (bataille d'), gagnée le 25 octobre 1415 par Henri V, roi d'Angleterre, sur les Français ; une grande partie de la noblesse y périt.

Azof : cette ville est prise aux Turcs par les Russes, en 1736 ; est cédée à la Russie en 1774.

Azote (gaz), découvert en 1775 par Lavoisier.

B

Babacos, groupe d'îles de la mer du Sud, découvertes en 1793 par les Espagnols.

Babel (la tour de), fondée vers l'an 531 après le déluge (2680 ans av. J.-C.).

BABEUF ou BABOEUF (François-Noël), connu aussi sous le nom de *Gracchus*, fameux révolutionnaire, né à Saint-Quentin vers 1762, exécuté comme conspirateur à Paris le 25 mai 1797.

Babeuf (conspiration de), tendant à rétablir l'anarchie et la constitution de 1793 ; elle est dénoncée par le Directoire de France, le 11 mai 1796.

BABINGTON (Antony), gentilhomme anglais, qui conspira contre la reine Elisabeth, en août 1586, pour sauver Marie Stuart. Ce malheureux fut pendu et écartelé le 13 septembre de la même année.

BABYLAS (saint), évêque d'Alexandrie et martyr. Sa mort arriva vers l'an 250. Le martyrologe romain en fait mémoire au 24 janvier.

Babylone (royaume de). On fait remonter son origine jusqu'à l'an 2640 av. J.-C. Les historiens profanes lui donnent Bélus pour fondateur ; les historiens juifs, Nembrod ou Nemrod, petit-fils de Cham. Ses jardins suspendus et son magnifique temple de Bélus furent construits par Sémiramis, vers l'an 2100 av. J.-C. — L'an 886 av. J.-C., Babylone passe sous la domination des Mèdes. — L'an 747, elle redevient capitale du royaume, sous Nabonassar. — L'an 680, elle retombe sous le joug des rois de Médie jusqu'à l'an 625 av. J.-C. — Cyrus l'assiége l'an 554, et remporte une victoire sur Balthazar, roi d'Assyrie. — Deuxième siége et prise de cette ville par le même conquérant, l'an 538 av. J.-C. ; ce fut la fin de l'empire babylonien, qui avait duré 210 ans. — Prise pour la troisième fois par Darius fils d'Hystaspe, l'an 516 av. J.-C. — Prise enfin par Alexandre le Grand, l'an 333 av. J.-C.

BACH (Jean-Sébastien), compositeur allemand, né à Eisenach le 21 mai 1685, mort à Leipsick en 1754. Il eut plusieurs fils qui se rendirent célèbres dans son art : 1° Guillaume Friedmann, né à Weimar en 1710, mort à Berlin en 1784 ; 2° Charles-Philippe-Emmanuel, né en 1714 à Weimar, mort à Hambourg le 14 décembre 1788 ; 3° Jean-Christophe-Frédéric, né en 1732, mort à Buckebourg le 26 février 1795 ; 4° Jean-Christian, né à Leipsick en 1735, mort en 1782, maître de chapelle de la reine d'Angleterre.

Bacchanales, fêtes des anciens en l'honneur de Bacchus ; abolies par le sénat romain en l'année 568, à cause de la licence de ses orgies. Notre carnaval n'est qu'un renouvellement des bacchanales.

BACHAUMONT (François-le-Coigneux de), poëte épicurien, né à Paris en 1624, mort dans cette ville en 1702.

BACHAUMONT (Louis-Petit de), auteur des fameux *Mémoires secrets*, né à Paris, à la fin du XVII siècle, mort en 1771.

BACHELIER (J.-J.), peintre français, né en 1724, mort en avril 1805 ; fonda, en 1763, à Paris, l'école gratuite de dessein en faveur des ouvriers.

BACHELU (.... le général), né à Dôle (Jura), le 9 février 1777, mort à Paris en juin 1849.

BACON (Roger), savant moine anglais, né dans le comté de Sommerset en 1214, mort à Oxford en 1294.

BACON (François), historien, physicien, écrivain politique, grand chancelier d'Angleterre, né à Londres le 22 janvier 1561, mort le 9 avril 1626.

Bactriane : sa conquête par Alexandre le Grand, l'an 338 av. J.-C. — L'an 255, Théodose Ier y fonde un nouveau royaume. — L'an 141, ce pays passe sous la domination des Parthes, et plus tard, des rois de Perse. — La Bactriane est conquise l'an 650 de J.-C. par les Arabes musulmans. Voy. *Khoraçan*.

Baculaires, hérétiques du XVIe siècle.

Badajoz, ville d'Espagne : les Portugais y furent battus par Don Juan d'Autriche en 1661. — La ville fut prise par les Français le 10 mars 1811.

Badajoz (traité de), conclu le 6 juin 1801, entre le prince de la Paix (Godoï) et l'ambassadeur de Portugal.

Bade (marquisat de), commence en 1052. — La ville de Carlsruhe y fut fondée en 1715. — Ce fut le prince Charles-Frédéric, mort le 10 juin 1811, qui prit le premier le titre de grand-duc. — Le grand duc de cet état donne une constitution libérale à ses sujets le 9 décembre 1814.

Bade, ville de Suisse (Argovie) : la diète helvétique y tient ses séances jusqu'en 1712.

BADIA (Charles-François), célèbre prédicateur italien, né à Ancône en 1675, mort dans la même ville en 1751.

BAFFIN (William), navigateur anglais, né en 1584 ; ses campagnes vers le pôle en 1615 et 1616 ; tué au siége d'Ormus, dans les Indes, en 1622.

Baffin (baie de), découverte en 1616 par le navigateur qui porte ce nom. — Le capitaine Parry s'y embarque en 1819, pour aller à la découverte d'un passage au nord-ouest.

Bagatelle (château de), construit en 1779, sur la limite du bois de Boulogne ; appartenait au comte d'Artois, depuis Charles X. Ce château, échappé à la *bande noire* lors de la révolution de 1789, a été mis en vente par suite de celle de 1830.

Bagaudes, paysans gaulois; leur révolte contre les Romains l'an 269; sont soumis par Maximien, l'an 285.

Bagdad, capitale de l'empire des Sarrasins, est bâtie par Abougiafar-Almanzor, en 762, (l'an de l'hégire 145). — Cette ville fut pendant près de 500 ans le siége du califat et la résidence des trente-six derniers califes *abbassides*. — Prise en 1258 par Houlagou, petit-fils de Dgengiskhan. — Les khans mogols sont chassés de cette capitale, en 1392, par Tamerlan. — Cara-Youssouf s'en empare et y établit une nouvelle dynastie de 1410 à 1469. — Cette ville passe au pouvoir des sofys de Perse en 1508. — Assiégée en 1625 par cent cinquante mille Turcs. — Prise en 1638. Depuis cette dernière époque, elle forme un gouvernement ou pachalik.

BAGLIVI (George), médecin italien, docteur en médecine de Padoue, professeur de chirurgie et d'anatomie à Rome, membre de la Société royale de Londres, mort en 1706, à l'âge de 38 ans. Le docteur Pinel a donné une édition de ses œuvres, enrichie de notes savantes; Paris, 1788, 2 vol. in-8°.

Bagnes ou *galères*; les archives de ces établissements pénitentiaires ne contiennent point d'ordonnance de date antérieure au règne de Charles IX (de 1560 à 1574).

Bagnara, petite ville du royaume de Naples, presque entièrement détruite par le tremblement de terre de 1783.

Bagnères (eaux minérales de) : leur réputation est très-ancienne.—A dater de 1777, elles cessèrent d'attirer les étrangers ; elles ont repris faveur vers 1820, époque à laquelle un grand établissement fut formé à Bagnères.

Bagnols (eaux minérales de) : leur réputation médicale date du XVI siècle. — Dès 1687, leur célébrité était déjà assez grande. — Toutefois il n'y eut un véritable établissement thermal qu'à partir de 1813 à 1814.

BAGRATION (K.-A.), général russe blessé mortellement à la bataille de la Moscowa, en 1812.

Baguette divinatoire, à laquelle l'on attribuait la propriété de découvrir les minières, les trésors cachés et les voleurs : fut très-célèbre vers 1621.

Bahama, ou îles Lucayes, groupe de 700 îles découvert par Christophe Colomb, en 1492.

BAIF (Jean-Antoine de la Neuville), ancien poëte français, né à Venise en 1532, mort en 1589.

BAILLET DE LA NEUVILLE (Adrien), biographe français, né le 13 juin 1649, mort en 1706.

BAILLEUL ou BALIOL (Jean de), roi d'Ecosse, mort en 1314.

BAILLEUL (Edouard de), roi d'Ecosse, cède son trône à Edouard III, roi d'Angleterre, en 1356. On ignore la date de sa mort.

BAILLOU (Guillaume de), célèbre médecin français, né à Paris vers l'an 1538, mort en 1616. C'est de lui que date la renaissance de la médecine d'observation.

BAILLY (Jean-Sylvain), astronome et littérateur français, né à Paris le 15 septembre 1736, mort dans cette ville, sur l'échafaud révolutionnaire, le 12 novembre 1793.

Bain (ordre du), en Angleterre : institué par Richard II, à la fin du XIVe siècle. — Il était presque oublié, lorsque Georges I le rétablit en 1725.

BAIUS (Michel), docteur de Louvain, mort en 1589; plusieurs de ses opinions furent condamnées par une bulle de Pie V, en 1567. Baïus se rétracta.

BAJAZET I, empereur des Turcs, en 1389; fait prisonnier, en 1402, par Tamerlan ; mort en 1403.

BAJAZET II, succède à son père Mahomet II en 1481 ; mort empoisonné en 1512.

Balambuan ou *Palambuan*, ville commerçante de l'île de Java ; prise en 1768 par les Hollandais.

Balance à calculer, ou balance arithmétique : son invention, par Cassini, en 1669.— *Balance* d'après la méthode des doubles pesées, imaginées par Borda dans la seconde moitié du XVIII siècle.— *Balance de Ramsden*, inventée par celui dont elle porte le nom vers 1760. — *Balance* à pendule, inventée par Lambert, mathématicien du XVIIIe siècle. — *Balance de torsion*, imaginée par le physicien Coulomb vers la fin du XVIIIe siècle.

Balancier, machine pour le monnoyage : fut dit-on, inventée par un menuisier nommé Aubin Olivier, en 1553.

BALBOA (Vasco Nugnez de), navigateur castillan, né en 1475, décapité à Santa-Maria en 1517, sous le poids d'une fausse accusation.

Baldaquin, ouvrage d'architecture ; remonte aux premiers siècles de l'Eglise, quoique ce soit une invention moderne; il a pris la place des anciens *ciboires*.

BALDE (Jacques), jésuite, prédicateur et poëte latin très estimé, né en Alsace en 1603, mort à Neubourg en 1668.

BALDINGER (Ernest-Godefroi), célèbre médecin et savant distingué, né près d'Erfurth, le 18 mai 1738, mort le 2 janvier 1804.

Bâle. Prise et brûlée par les Hongrois, en 917.

Bâle (concile général de), son ouverture le 13 juillet 1431. — Synode des protestants suisses, tenu dans cette ville en 1536.

Bâle (évêché de), réuni à la France, le 23 mars 1793, sous le nom de département du Mont-Terrible.

Bâle (traités de) : 1° le 5 avril 1795 avec la Prusse ; 2° le 22 juillet de la même année avec l'Espagne. Par ces deux traités, la république française était reconnue. — Le 28 août 1795, autre traité entre le landgrave de Hesse-Cassel et la république française.

Baléares, îles de la Méditerranée, prises sur les Romains, par les Vandales en 426 et en 798 par les Maures. Ces derniers en sont chassés en 1259, par Jacques Ier, roi d'Aragon.

BALECHOU (Jean-Jacques), graveur français, célèbre par ses gravures en taille-douce; né à Arles en 1715, mort à Avignon en 1765.

Baleine. Vers le VIe siècle, les Basques commencent à se livrer à la pêche de ce poisson.— Au XVIe, les Danois entreprennent la pêche de la baleine dans les mers du Spitzberg; les Anglais en 1598. — Le harpon à canon pour cette pêche, inventé par les Anglais en 1774. — Le harpon à ressort, imaginé par les baleiniers américains, date de ces derniers temps. — Dans le VIII siècle, on mangeait en France la chair de la baleine.

Baliste, machine de guerre : est inventée vers l'an 400 av. J.-C.

Balistique, branche de l'art militaire. Depuis l'invention de l'artillerie, Tartaglia fut le premier qui en fit des expériences dans le XVIe siècle.

BALLANCHE (.......), membre de l'Académie française, auteur de la *Palingénésie sociale*, né à Lyon en 1776, mort à Paris, le 12 juin 1847.

Ballet, composition chorégraphique. Ce genre de spectacle s'introduisit à la cour de France vers 1581, du temps de Catherine de Médicis. — Les premiers entre chats furent battus par la Camargo en 1730. — La pirouette fut apportée de Stuttgard en France en 1766.

BALLIN (Claude), célèbre orfévre, né à Paris en 1625, mort en 1678.

BALLON (Louise-Blanche-Thérèse Perruchard de), fondatrice des Bernardines réformées, née au château de Vanchi, près Genève, en 1591, morte en odeur de sainteté, le 14 décembre 1668, à Seyssel.

Ballon, V. *Aérostats*.

Balsora (bataille de), gagnée par les Persans contre les Turcs en 1616.

BALTHAZAR, dernier roi de Babylone, détrôné par Cyrus, et mis à mort, l'an 538 av. J.-C.

Baltimore, ville des Etats-Unis, n'était qu'une ferme en 1709, et renfermait 5000 habitants en 1776. — Elle reçut le droit de cité en 1796; en 1806, elle était la troisième ville commerçante des Etats-Unis, et comptait environ 16,000 habitants.

Baltimore, ville des Etats-Unis d'Amérique: création de son évêché par une bulle du pape Pie VI, le 7 novembre 1789.

BALUE (Jean la), cardinal, né en 1421 au bourg d'Angle, en Poitou, mort à Ancône en 1491.

Balustre, ornement d'architecture, ne date que des premiers siècles de la renaissance des arts.

BALUZE (Etienne), savant érudit français, né à Tulle le 24 décembre 1630, mort à Paris le 28 juillet 1718.

BALZAC (Jean-Louis Guez, seigneur de), écrivain français, membre de l'Académie française, né à Angoulême en 1597, mort dans sa terre de Balzac, sur les bords de la Charente, le 18 février 1654.

Bamberg. Son évêché fondé l'an 1006. — Sa cathédrale, dans le goût gothique, date de 1110. — Son Université fut instituée en 1585, et transformée en Académie en 1648.

Ban et arrière-ban. Cet ancien système féodal de levée militaire ne commença à se régulariser que sous Louis le Gros, vers 1124.

Banda, l'une des Moluques. Les Hollandais y avaient plusieurs forts, dont les Anglais se sont emparés en 1813.

BANDINELLI (Baccio), peintre et sculpteur italien, né à Florence en 1487, mort en 1559.

BANDINI (Ange-Marie), célèbre littérateur italien, né à Florence le 25 septembre 1726, mort en 1811.

BANIER ou BOAER (Jean Gustafson), feld-maréchal de Suède, né à Diursholm, dans la province d'Uplan, en 1596, mort à Halberstadt en 1641.

BANIER (Antoine), savant ecclésiastique, né à Dalet en Auvergne, le 2 novembre 1673, mort en 1741.

BANKS (sir Joseph), naturaliste et voyageur anglais, né, vers 1741, d'une famille de Suède, mort en 1821.

Bannière de France. En 925, Charles le Simple avait à la bataille de Soissons une enseigne portée par un seigneur attaché à sa personne. C'était la bannière de France.

Bannockburn (bataille de), remportée par les Ecossais, commandés par leur roi Robert Bruce, sur les Anglais, le 24 juin 1314. Cette victoire eut pour résultat de leur faire recouvrer l'indépendance.

Banques: celle de Venise, établie en 1157; celle de Gênes, en 1345; celle de Saint-Georges, établie dans cette dernière ville en 1407, servit de modèle à toutes les banques publiques formées depuis. — Etablissement de celle d'Amsterdam en 1609, de celle de Hambourg en 1609, de celle d'Angleterre en 1694, de celle d'Ecosse en 1695, de celle des Indes orientales en 1787, de celle d'Amérique en 1791. La banque de France, créée le 1 mars 1800; réorganisée en 1803.

Banquets patriotiques. Le premier et le plus nombreux qui eut lieu en France, fut celui du parc du château de la Muette, le 14 juillet 1790. Cet usage s'est étendu depuis.

Bans. Leur publication dans les églises date de l'année 1210.

Bantam (royaume de) sur la côte N.-O. de Java. Les Hollandais et les Anglais y avaient des comptoirs en 1603. — Les Hollandais y furent tout-puissants jusqu'en 1811, époque où les Anglais en furent maîtres à leur tour jusqu'en 1814. Alors cette colonie fut restituée au roi des Pays-Bas.

Baptême de Notre-Seigneur (fête du), instituée dans le IV siècle, et fixée au 13 janvier, octave de l'Epiphanie. Voir ce dernier mot.

Baptême, sacrement institué par J.-C. — Depuis le règne de Constantin (IVe siècle), on administra le baptême dans des édifices appelés baptistères. Cet usage subsistait encore au VIIIe siècle. — L'an 787, le concile de Calcuth prescrivit de ne baptiser que dans le temps de Pâques.—Dans le XIIIe siècle, on baptisait encore par immersion.—Au XVIe siècle, on baptisait les enfants dans le sein des femmes en danger de mourir. La Sorbonne, consultée sur un cas de ce genre en 1733, n'osa pas autoriser cet usage. — Les parrain et marraine furent admis dans cette cérémonie l'an 130.

Baptême de la ligne ou *du Tropique*. Cet usage fut aboli par le conseil général du Cap, par arrêt du 8 janvier 1784.

Bar-sur-Aube : cette ville fut réunie à la couronne en 1361. — Un combat mémorable fut livré sous ses murs, le 24 janvier 1814, par le maréchal Mortier qui y défit les Autrichiens.

Bar-le-Duc, capitale du Barrois, existait déjà au V siècle. — Cette ville fut prise par Louis XIII en 1632, Voy. *Barrois*.

BARAGUAY-D'HILLIERS (Louis), général français, né à Paris en 1734, mort à Berlin en 1812.

Baraquement, terme de la langue militaire, et qui vient des tentes ou baraques d'un camp. A la fin du XVIIe siècle, on appelait baraques les cabanes de l'infanterie et de la cavalerie. — Depuis 1794, le nom et l'usage des baraques sont devenus communs. — Il en est question dans le règlement du 5 avril 1792. — Le premier camp de baraques régulièrement construit le fut en 1794 dans les Dunes, sous Dunkerque.

BARATIER (Jean-Philippe), jeune savant, d'une étonnante capacité, né à Schwabach dans le margraviat d'Anspach, le 19 janvier 1721, mort à Hall, en 1740, âgé de 19 ans.

Barbacolle, jeu de hasard, défendu par un arrêt royal du 15 janvier 1691.

Barbade (la), île découverte par les Portugais du Brésil. — Les Anglais y sont établis depuis 1624. — Plantation de cette île par les Anglais en 1626. — Un ouragan terrible éclate dans cette île en octobre 1780, et fait périr près de 5000 personnes. — En 1816, insurrection des nègres, étouffée après une grande effusion de sang.

Barbares (invasion des). Celle des Germains dans les Gaules et l'Italie, 400 ans av. J.-C.—Suivirent celle des Alains, des Suèves, des Marcomans, des Hérules, des Huns, des Goths, des Gépides, des Bourguignons, des Allemands, des Vandales, jusque vers le commencement du Ve siècle. —En 405, invasion de Radagaise, roi des Goths, en 409, celle d'Alaric ; en 449, des Anglo-Saxons ; en 452, d'Attila ; en 489, de Théodoric; au commencement du VIIIe siècle, celle des Sarrasins ou Arabes.

BARBAROUX (Charles), célèbre girondin, né à Marseille en 1767, mort sur l'échafaud révolutionnaire, à Bordeaux, le 25 juin 1794.

BARBE (sainte), vierge et martyre de Nicomédie, eut la tête tranchée par son père, en 240. On célèbre sa fête le 4 décembre.

Barbe. En 1120, il y avait déjà longtemps que le sceau des lettres et charges émanées des souverains, portait, pour plus de sanction, trois poils de leur barbe. — En France, l'époque de triomphe pour la barbe fut le siècle de François Ier, le XVIe. — Elle ne fit que décroître sous Louis XIII et ses successeurs. — La révolution de 1789 ramena la moustache. — Celle de 1830, grâce aux Jeunes-France, a fait pousser longues barbes et longs cheveux.

BARBEROUSSE I (Aruch), roi d'Alger, célèbre pirate, massacré par les Espagnols en 1518, âgé de 48 ans.

BARBEROUSSE II (Heyradin), frère et successeur du précédent, également pirate, mort en 1546, âgé de 70 ans.

BARBÉZIEUX (Louis-François-Marie le Tellier, marquis de), secrétaire d'état de la guerre, né à Paris en 1668, mort le 5 janvier 1701.

BARBIÉ DU BOCAGE (Jean-Denis), géographe français, né le 28 avril 1761, mort le 28 décembre 1825.

BARBIER (Antoine-Alexandre), savant bibliographe, né à Coulommiers le 11 janviar 1765, mort le 5 décembre 1825. — Auteur du *Dictionnaire des ouvrages* anonymes et pseudonymes.

BARBIER D'AUCOURT (Jean), critique et littérateur français né à Langres vers 1641, mort le 15 septembre 1694.

BARBOU (les), célèbres imprimeurs et éditeurs, commencèrent, vers 1580, leur réputation de famille, qui s'est perpétuée de père en fils jusqu'à nos jours. Le dernier des Barbou est mort en 1808.

Barca, grande contrée de l'Afrique visitée par Browne en 1792, Hornemann en 1799, Cailliaud en 1819, Frediani en 1820, et en 1821 par le général Minutoli.

Barcelone, ville d'Espagne conquise par les Romains sur les Carthaginois deux siècles avant l'ère chrétienne. — Passe sous la domination des Visigoths l'an 414 de J.-C. — Conquise par les Arabes vers 711. — Prise par Louis le Débonnaire, roi d'Aquitaine, vers 802. — Demeure soumise à la couronne de France de 814 jusqu'à 1258, époque à laquelle elle est abandonnée en souveraineté au roi d'Aragon. Jusqu'à ce moment elle fut gouvernée par des comtes. — En 1640, Barcelone se sépare de l'Espagne pour revenir à la France; elle fut replacée sous la domination espagnole par le traité des Pyrénées. — Bombardée en 1691 ; assiégée et prise en 1697. — Se rend au roi d'Espagne le 12 septembre 1714, après plus de six mois d'une défense obstinée. — Occupée par les Français durant la guerre de 1808-1813. — Est en proie à la fièvre jaune en 1821; des médecins français vont lui porter du secours.

Barcelonnette, ville de Provence bâtie en 1223 par Raymond-Béranger, comte de Provence; brûlée par le marquis d'Uxel, en 1528; par les Français, en 1542; par le baron de Vains, en 1582; par les religionnaires, en 1601 ; le feu y fut mis par accident en 1714 ; la foudre consuma 80 maisons en 1740, enfin, une imprudence y causa l'incendie de cent maisons, en 1761.

BARCLAY (Jean), auteur de romans satiriques latins, né, en 1582, à Pont-à-Mousson, mort à Rome en 1621.

Bardewick, ville autrefois fameuse du Hanovre, rasée par Henri le Lion en 1189.

Bardt, petite ville de Poméranie, fondée vers 1179.

Barèges. Les eaux des sources de cet endroit commencent à avoir de la célébrité vers 1675.

Barczim, petite ville de Pologne : les Polonais y battirent les Prussiens en 1794.

Barium, métal ; découvert ou indiqué par Davy en 1807.

BARKOKIBAS, célèbre imposteur qui se disait le Messie guerrier et conquérant, fit, pendant deux ans, une guerre acharnée aux Romains : c'était vers l'an 134.

BARLAAM (saint), martyr, vivait dans le IVe siècle. Il mourut, suivant l'opinion la plus probable, durant la première persécution de Dioclétien. Sa mémoire est honorée par l'Eglise le 16 novembre.

Barmécides (les), illustre famille de Perse proscrite par le calife Aroun-al-Raschild en janvier 803.

BARNABÉ (saint), apôtre, vivait au I siècle. On ignore la date de sa mort. L'Eglise célèbre sa mémoire le 11 juin.

Barnabites (ordre des), établi à Milan en 1533, et selon d'autres en 1536, par Antoine Marie Zacharie.

BARNAVE (Antoine-Pierre-Joseph-Marie), célèbre orateur, né à Grenoble en 1761, mort sur l'échafaud révolutionnaire, à Paris, le 29 nov. 1793.

BARNES (Josué), théologien et savant helléniste anglais, né à Londres le 10 janvier 1654, mort le 3 août 1712.

Barnet (bataille de), livrée en Angleterre, le 14 avril 1471, entre Edouard IV et Henri VI.

BARNEVELDT (Jean d'Olden), grand pensionnaire de Hollande, né vers 1549, décapité le 13 mai 1619.

Barneveldt, île de l'Amérique, découverte en 1616, par les Hollandais.

Baromètres. Leur invention par Torricelli en 1626 : d'autres disent en 1643.

BARON (Michel Boyron, dit), célèbre acteur et auteur dramatique, né à Paris en 1653, mort en 1729.

Baron : ce titre en honneur dès le VIe siècle. — Il eut beaucoup d'éclat aux XIe, XIIe et XIIIe siècles.

Baronet, titre créé en Angleterre, en 1611, par le roi Jacques Ier.

BARONIUS (César), cardinal, écrivain politique, historien ecclésiastique, né à Sora, dans le pays de Naples, le 30 octobre 1538, mort le 30 juillet 1607.

BARRAS (Paul-François-Jean-Nicolas vicomte de), conventionnel et membre du Directoire, né en Provence, le 20 juin 1755, mort à Chaillot, près Paris, le 22 janv. 1829.

Barrau (fort), en Dauphiné : construit, en 1597, par un duc de Savoie, et pris, l'année suivante, par le maréchal Lesdiguières.

BARRÉ (Yves), vaudevilliste célèbre, né à Paris vers 1750, mort en 1832.

BARRÈRE, DE VIEUZAC (Bertrand), célèbre membre du comité de salut public, né à Tarbes au mois de septembre 1753, mort en 1841.

Barricades (1re journée des), le 12 mai 1588.

Barricades de Paris (2e journée des), 27 août 1648.

Barrières de Paris. Construites de 1782 à 1789.

Barrières (traité des), signé par les Hollandais le 29 janvier 1713.

Barrois (le), situé entre la Lorraine et la Champagne ; ce pays était connu sous ce nom dès le commencement du VIIIe siècle. — Ses possesseurs prirent le titre de duc depuis 958 jusque vers 1034, époque à laquelle ils prirent celui de comte. — En 1355, ils revinrent à leur premier titre de duc.

BARRUEL (Augustin), ancien jésuite, auteur des *Helviennes*, né, dans le Vivarais, en 1741, mort le 5 octobre 1820.

BARRY (Marie-Jeanne Gomart Vaubernier, comtesse du), née à Vaucouleurs en 1744, exécutée le 5 décembre 1793.

BARTH (Jean), célèbre marin, né à Dunkerque en 1650, mort le 27 avril 1702.

BARTHÉLEMY (saint), apôtre, prêcha l'Evangile dans les Indes et dans l'Ethiopie ; fut crucifié, selon les uns, écorché vif, suivant les autres : l'Eglise honore sa mémoire le 24 août.

BARTHÉLEMY (Jean-Jacques), antiquaire, littérateur et savant écrivain français, né à Cassis près Aubagne, le 20 janvier 1716, mort à Paris le 30 avril 1795.

Barthélemy (massacre de la Saint-), commencé à Paris le 24 août 1572, et continué dans la même ville et les provinces, les jours et mois suivants.

Barthélemy (Saint-), une des Antilles, cédée par les Français aux Suédois, en 1784.

BARTHEZ (Pierre-Joseph), célèbre médecin de l'école de Montpellier, né dans cette ville le 11 décembre 1734, mort en 1806.

BARTHOLE, jurisconsulte et écrivain politique, né à Sasso-Ferrato, dans la Marche d'Ancône, en 1313, mort à Pérouse en 1356.

BARTHOLOZZI (Francesco), l'un des plus célèbres graveurs, né à Florence en 1730, mort à Lisbonne en avril 1815.

Baruliens, hérétiques du XIIe siècle.

Bas de soie : leur fabrication en France date de 1520. Le roi François Ier fut le premier qui en porta. La première manufacture de bas au métier, établie en France en 1656, par Jean Hindret, au château de Madrid dans le bois de Boulogne.

BASILE I, empereur d'Orient, parvenu au trône en 867, mort en 886.

BASILE II, empereur d'Orient, né en 956, succède à Zimiscès en 976 ; mort en 1025.

BASILE LE GRAND (saint), né à Césarée en 329, promu à l'évêché de cette ville en 370, mort le 1 janvier 379. L'Eglise célèbre sa fête le 14 juin.

Basilique, compilation de lois, publiée en

grec par l'empereur Basile, dans la dernière partie du IXe siècle.

Basins : la première fabrique de cette étoffe, établie à Lyon en 1580, par des Milanais ou Piémontais.

BASKERVILLE (Jean), célèbre imprimeur et graveur anglais, né à Wowerley en 1706, mort le 18 janvier 1775 à Birmingham.

BASNAGE DE BEAUVAL (Jacques), ministre et écrivain protestant, né à Rouen le 8 août 1653, mort en Hollande en décembre 1723.

Basoche : sa juridiction, datant de l'année 1303, existait encore en 1789.

BASS (Henri), habile chirurgien allemand, mort le 5 mars 1754.

BASSAN (François da Ponte, dit le), célèbre peintre, né à Vicence vers la fin du XVe siècle, fut un des artistes les plus distingués de l'école vénitienne.

BASSAN (Jacques da Ponte, dit le Vieux), fils du précédent, né en 1510, à Bassano, mort à Venise en 1592. Le Musée royal de Paris possède plusieurs de ses tableaux.

Bassano (combat de), où le général autrichien Wurmser est battu par l'armée française d'Italie, le 8 septembre 1796.

Bassano (combat de), où les Autrichiens sont défaits par les Français, le 24 novembre 1805.

Basse (détroit de), découvert en 1803 par Plaiders, entre la Nouvelle-Hollande et la terre de Van-Diémen.

Bassiens, sectaires du IIe siècle de l'ère chrétienne.

Bassignana, bourg du Piémont, fameux par la bataille du 25 novembre 1745.

Bassinet de sûreté ; inventé en 1815 pour les armes à feu, par M. Régnier, conservateur du Musée de l'Artillerie à Paris.

Bassora, grande ville de la Turquie d'Asie, bâtie par Omar en 636 (l'an 14 de l'hégire). Dès l'an 1055, cette ville éprouve les mêmes révolutions que Bagdad.

BASSOMPIERRE (François de), maréchal de France, né au château d'Harwels en Lorraine, le 12 avril 1579, mort le 12 octobre 1646.

Bastia, ville de Corse : elle ne date que du XIVe siècle.— Fut assiégée et prise par les Anglais en 1745. — Les Piémontais l'assiégèrent sans succès en 1748.— Les Anglais s'en emparèrent en 1794.

Bastille, à Paris : la première pierre en est posée le 22 avril 1369 ou 1370, par Aubriot. — Est terminée sous Charles VI en 1383. — Reste au pouvoir des Anglais de 1420 à 1436. — Est convertie en prison d'Etat depuis 1553. — Subit plusieurs siéges et fut prise plusieurs fois, notamment le 13 mai 1588 et le 13 janvier 1650. — Est remise au roi le 21 octobre 1651. — Est assiégée et prise pour la dernière fois le 14 juillet 1789.

Bastions : inventés par les Turcs, après la prise d'Otrante, en 1480. — Ils n'ont guère commencé à être en usage que vers l'an 1500 ou 1520. — Perfectionnés en 1566, lors de la construction de la citadelle d'Anvers.

Batailles : d'Aboukir, le 25 juillet 1799. — d'Actium, 2 septembre, 31 ans av. J.-C. — d'Agnadel, 14 mai 1509.— d'Allia, 18 juillet 367 ans av. J.-C.— d'Almanza, 25 avril 1707. d'Altenkirchen, 4 juin 1796. — d'Ancyre, 30 juin 1402. — D'Aquilée, 6 septembre 394. — d'Arbelles, 2 octobre 331 av. J.-C. — d'Arcole, 17 novembre 1796. — d'Ascalon, 11 août 1099. — d'Auray, 29 septembre 1364.— d'Austerlitz, 2 décembre 1805. — d'Azincourt, 25 octobre 1415. — de Bannockburn, 24 juin 1314. — de Barnet, 14 avril 1471. — de Beaugé, 22 mars 1421. — de Belgrade, 16 août 1717. — de la Bicoque, 22 avril 1520.— de Bosworth, 22 août 1485. — de Bouvines, 27 juillet 1214. — de Boyaca, 7 août 1819. — de la Boyne, 11 juillet 1690. — de Buckholz, en 779. — de Cassano, 27 avril 1799. — de Cassel, 23 août 1328. — de Castiglione, 5 août 1796. — de Cérignole, 28 avril 1503. — de Cerisoles, 14 avril 1544.— de Chacabuco, 12 février 1817. — de Chéronée, 3 août 333. — de Cocherel, 27 mai 1364. — de la Corogne, 16 janvier 1809. — de Coutras, 20 octobre 1587. — de Crécy, 26 août 1346. — de Courtray, 9 juin 1302. — de Culloden, 27 avril 1746. — de Denain, 24 juillet 1712. — de Dettingen, 27 juin 1743. — de Dresde, 27 août 1813.— de Dreux, 19 décembre 1562.— de Dunbar, 13 septembre 1650.— des Dunes, 14 juin 1658. — d'Eckmülh, 22 avril 1809.— d'Espinosa, 10 novembre 1808. — d'Essling, 21 mai 1809. — d'Eylau, 8 février 1807.— de Falkirk, 22 juillet 1298. — de Fleurus, 1er juillet 1690 et 26 juin 1794. — de Flodden-Field, 9 septembre 1513. — de Fontenay, 25 juin 841. — de Fontenoy, 11 mai 1745.— de Formigny, 18 avril 1450. — de Fornoue, 6 juillet 1495. — de Fribourg, 3 août 1644. — de Fridlingen, 14 octobre 1702. — de Friedberg, 4 juin 1745. — de Friedland, 14 juin 1807.— de Granson, 3 mars 1476.— de Guastalla, 19 septembre 1734. — de la Guebora, 19 février 1811. — Halidon-Hill, 19 juillet 1333.— de Hanau, 30 octobre 1813.— d'Hastenbeck, 26 juillet 1757. — d'Hastings, 14 octobre 1066. — d'Héliopolis, 20 mars 1800. — d'Hochstedt, 20 septembre 1703, 13 août 1704, 19 juin 1800. — de Hohenlinden, 3 décembre 1800.— d'Hondschoote, 9 septembre 1793. — d'Iéna, 14 octobre 1806. — d'Ivry, 14 mars 1590. — de Jarnac, 13 mars 1569.— de Jemmapes, 6 novembre 1792. — de Karibah, 4 novembre 656. — de Laufeld, 2 juillet 1747.— de Leipsick, 7 septembre 1631, 19 octobre 1813.— de Lens, 20 août 1648. — de Lépante, 7 octobre 1571. — de Leuctres, 8 juillet 371 av. J.-C. — de Ligny ou de Fleurus, 16 juin 1815. — de Loano, 23 novembre 1795. — de Lodi, 10 mai 1796. — de Lutzen, 2 mai 1813. — de Luzara, 15 août 1702. — de Magnano, 5 avril 1799. — de Maïpo, 5 avril 1818. — de Malplaquet, 11 septembre 1709. — de Mantinée, 5 juillet 362 av. J.-C. — de Marathon, 29 septembre 490 av. J.-C. de Marengo, 14 juin 1800. — de la Marfée, 6 juillet 1641. — de Mariendal, 5 mai 1645. — de Marignan, 13 septembre 1515. — de la Marsaille, 4 octobre 1693. — de Marston-Moor, 2 juillet 1644. — de Medina del Rio

Secco, 14 juillet 1808. — de Millesimo, 14 avril 1796. — du Mincio, 8 février 1814. — de Molwitz, 11 avril 1741. — de Mondovi, 22 avril 1796. — de Mons-en-Puelle, 18 août 1304. — de Moncontour, 3 octobre 1569. — de Montenotte, 11 avril 1796.— de Montfaucon, 24 juin 889. — de Montlhéry, 27 juillet 1465. — du Monthabor, 16 avril 1799. — de Morat, 22 juin 1476. — de Morgarten, 15 novembre 1315. — de la Moskowa, 7 septembre 1812. — de Mulberg, 24 avril 1547. — de Mycale, 22 septembre 479 av. J.-C. — de Nancy, 5 janvier 1477. — de Narva, 30 novembre 1700. — de Naseby, 14 juin 1645. — de Navarette, 3 avril 1367. — de Navarin, 20 octobre 1827. — de Nerwinde, 18 mars 1793. — de Nezib, gagnée sur les Turcs par les Egyptiens, en juillet 1839. — de Nicopolis, 28 septembre 1396. — de Nordlingue, 6 septembre 1634, 3 août 1645.— de Novarre, 6 juin 1513. — de Novi, 15 août 1799. — d'Orthez, 27 février 1814. — d'Ourique, 25 juillet 1139. — de Paris, 30 mars 1814. — de Parme, 29 juin 1734. — de Pavie, 24 février 1525. — de Peterwaradin, 5 août 1716. — de Pharsale, 20 juillet 48 av. J.-C. — de Philippes, 23 octobre 42 av. J.-C. — de Platée, 22 septembre 479 av. J.-C. — de Poitiers, 19 septembre 1356.— de Prague, 8 novembre 1620. — de Pultawa, 8 juillet 1709. des Pyramides, 21 juillet 1798. — de Raab, 14 juin 1809.— de Ramillies, 23 mai 1706.— de Raucoux, 11 octobre 1746.— de Ravenne, 11 avril 1512. — de Renty, 13 août 1554. — de Rhétel, 15 décembre 1650. — de Rivoli, 14 janvier 1797. — de Rocroy, 19 mai 1643. — de Rosbach, 5 novembre 1757.— de Rosebecq, 27 novembre 1382.— de Saint-Denis, 10 novembre 1567.— de Saint-Quentin, 10 août 1557. — de Sedyman, 7 octobre 1798. — de Sempach, 9 juillet 1386. — de Sénef, 11 août 1674.— de Simancas, 6 août 938.— de Soissons, décisive contre les Romains, et dans laquelle Syagrius, leur général, fut défait par Clovis, en 486. — de Staffarde, 18 août 1690. — de Steinkerque, 3 août 1692. — de Stoke, 6 juin 1487.— de Taillebourg, 21 juillet 1242.—de Talaveira, 28 juillet 1809.— de Talca, 19 mars 1818.—de Tewkesbury, 4 mai 1471. — de Tibériade, 23 juillet 1187. — de Tolbiac, gagnée par Clovis contre les Allemands, en 496. Le vainqueur se fit chrétien après cette bataille mémorable. — de Tolentino, 3 mai 1815.— de Tolosa, 16 juillet 1212. — de Toulouse, 10 avril 1814. — de Trasimène, 23 juin 217 av. J-C. — de la Trebia, 19 juin 1799.— dans les plaines de Trévoux, près de Lyon, entre Albinus et Septime-Sévère qui s'y disputèrent l'empire, le 19 février 197. — de Tunja, du 1 juillet 1819. — de Turckheim, 5 janvier 1675.—de Valmy, 20 septembre 1792. — de Varna, 10 novembre 1444. — de Villaviciosa, 10 décembre 1710. — de Vimeiro, 22 août 1808. — de Vittoria, 21 juin 1813. — de Vouillé ou de Vivonne, près de Poitiers, gagnée par Clovis sur Alaric, en 507. — de Wagram, 6 juillet 1809. — de Waterloo, 18 juin 1815. — de Wattignies, 15 octobre 1793. — de Wiazma, 3 novembre 1812. — de Worcester, 13 septembre 1651. — de Wurtchen, 20 mai 1813. — de Xérès-la-Frontera, 11 novembre 711. — de Zenta, 11 septembre 1697. — de Zurich, 27 septembre 1799.— *Batailles navales :* d'Aboukir, le 1 août 1798. — de la Hogue, 29 mai 1692. — de Salamine, 20 octobre 480 av. J.-C. — de Trafalgar, 20 octobre 1805.

Batavia, fondée dans l'île de Java, par les Hollandais, en 1619. — Les Anglais s'en emparent en 1811; elle fut restituée aux Hollandais le 19 août 1816.

Bateaux à vapeur : premières expériences faites à ce sujet par Périer, en 1775, et par le marquis de Jouffroy, en 1783.— Exécutées en grand par Fulton, en 1807.

Batemburgiques, hérétiques du XVIe siècle.

Bath (bataille de), gagnée, en 520, par les Bretons sur les Anglo-Saxons.

Bath : découverte de ses sources d'eaux minérales, en 870 av. J.-C. La cathédrale de cette ville, le dernier et le plus pur monument d'architecture gothique qui existe en Angleterre, fut commencée en 1495.

BATHILDE (sainte), née en Angleterre, fut d'abord esclave d'un seigneur français nommé Archambault, qui la donna ensuite comme épouse à Clovis II, en 649 : elle mourut dans l'abbaye de Chelles, où elle avait pris le voile, en 680, le 30 janvier, jour auquel elle est honorée en France.

BATHORI ou BATTORI (famille des) : son chef, Etienne Bathori, prince de Transylvanie en 1571, roi de Pologne en 1576, mort en 1586. — Sigismond, vayvode de Transylvanie en 1595, mort dans l'obscurité. — Gabriel, frère du précédent, aussi prince de Transylvanie, assassiné en 1613.

Batiste, toile blanche très-fine, dont Jean-Baptiste Chambrai fut le premier fabricant, vers le XIIIe siècle.

Bâtonnier des avocats : cette dénomination vient de ce qu'aux processions d'une confrérie, établie par les clercs du palais en 1342, le doyen ou le chef de l'ordre portait une bannière ornée de l'image de saint Nicolas. Les avocats ne participent plus à cette confrérie depuis 1782. La qualification de bâtonnier a été maintenue par un décret du 14 décembre 1810, et par des ordonnances du 20 décembre 1822 et du 27 août 1830.

Batteries de campagne : on en fait remonter l'usage à la guerre de 1778. En France, depuis 1792, elles furent attachées aux divisions, puis aux corps d'armée : leur organisation, réglée par une ordonnance du 5 août 1829, a subi depuis plusieurs modifications.

Batteries flottantes (essai des), au siége de Gibraltar, le 13 septembre 1782.

Batteries à ricochets, inventées par Vauban, qui les employa la première fois au siége d'Ath, en 1697.

BATTEUX (Charles), critique littéraire, né près de Reims, le 7 mai 1713, mort à Paris le 14 juillet 1780.

Battle, bourg d'Angleterre, fameux par la bataille livrée, en 1066, entre Harold,

roi d'Angleterre, et Guillaume, duc de Normandie.

BAUDELOCQUE (Jean-Louis), célèbre accoucheur, né à Heilly en Picardie, en 1746, mort le 1er mai 1810.

BAUDOUIN I, roi de Jérusalem en 1100, mort en 1118.

BAUDOUIN II, couronné roi de Jérusalem en 1118, mort en 1131.

BAUDOUIN III, succède à Foulques d'Anjou, en 1142; mort en 1163.

BAUDOUIN I, empereur de Constantinople, né à Valenciennes en 1171, proclamé roi après la prise de Constantinople par les croisés en 1204; mort en 1206.

BAUDOUIN II, dernier empereur latin de Constantinople, élu en 1228, mort en 1273.

BAUDRAND (le général), pair de France, né en Franche-Comté en 1774, mort à Paris le 2 septembre 1848.

BAUME (Antoine), chimiste français, né en 1728, mort en 1804.

Baunck-Burn (bataille de), remportée sur les Anglais par les Ecossais, en 1314.

BAUSSET (Louis-François, cardinal de), célèbre historien de Fénelon et de Bossuet, membre de l'Académie française, né à Pondichéry en 1748, mort à Paris le 21 juin 1824.

BAUTRU (Guillaume), comte de Séran, l'un des premiers membres de l'Académie française, quoiqu'il n'ait rien écrit, naquit à Angers en 1581, et y mourut en 1665.

Bautzen (bataille de), où le roi de Prusse est vaincu par le maréchal comte de Daun, le 14 octobre 1758. — Autre bataille du même nom, gagnée le 20 mai 1813 par Napoléon sur les Prussiens et les Russes.

Bavière : d'abord royaume au VIIIe siècle, jusqu'à l'extinction de la race carlovingienne, en 911. — A pour souverains des ducs, de 911 à 1651; des électeurs, de 1651 à 1806; des rois, de 1806 jusqu'à l'époque actuelle. Le roi régnant, Louis I, est monté sur le trône en 1825. La constitution de Bavière porte la date du 26 mai 1818. — Envahie pour la troisième fois par les Autrichiens, en juin 1743. — Le roi de ce pays supprime l'état d'asservissement des paysans dans ses nouvelles provinces sur le Mein, le 25 juillet 1817.

BAYARD (Pierre du Terrail), capitaine français, né dans la vallée de Graisivaudan, près de Grenoble, en 1476; blessé à mort à la retraite de Romagnano, le 30 avril 1524.

Bayeux, ville de Normandie : prise par les Normands en 884 et en 890. — Brûlée par accident vers 1046. — Henri Ier, roi d'Angleterre, s'en empara et la livra aux flammes, en 1106. — Prise et brûlée par Philippe de Navarre, en 1356. — Bayeux se rendit aux Anglais en 1450. — Les protestants s'emparèrent de cette ville en 1561 et 1563. — La Moricière la prit pour la Ligue, en 1589, et la rendit, en 1590, au duc de Montpensier.

BAYLE (Pierre), écrivain critique et politique, né au Carlat, ancien comté de Foix, le 7 février 1646, mort à Rotterdam le 28 décembre 1706.

BAYLE (Pierre-Laurent), médecin français, mort le 11 mai 1816.

Baylen (capitulation de), le 19 juillet 1808.

Bayonne : Cette ville existait longtemps avant J.-C., sous le nom de *Lapurdum;* elle reçut son nouveau nom vers 1141. — En 1214, elle avait été érigée en république par Jean sans Terre, et conserva cette forme de gouvernement jusqu'en l'année 1451. — Elle a soutenu quatorze siéges, de 401 à 1814, contre les Vandales, les Sarrasins, les Normands, les Navarrois, les Gascons, les Béarnais, les Aragonnais, les Anglais, les Espagnols et les Portugais. — Elle avait d'abord été fortifiée par Vauban, dans la dernière moitié du XVIIe siècle; elle a aujourd'hui de bonnes fortifications extérieures construites en 1813.

Bayonne (traité de), signé le 5 mai 1808.

Bayonnette, ou *baïonnette :* arme terrible, inventée, dit-on, à Bayonne pendant le siége de cette ville, en 1523; mise en usage dans les régiments français par Martinet, officier de cette nation, en 1671. — Les Français en font usage, pour la première fois, à la bataille de Turin, en 1692.

Bdellomètre, instrument propre à remplacer les sangsues, inventé par le docteur Sarlandière en 1819.

Béarn, ancien vicomté, principauté et province de France; sa conquête par Euric, roi des Visigoths, en 477; puis par Clovis en 507; enlevé aux Francs par les Gascons en 501; eut des vicomtes depuis 819 jusqu'en 1290. Dans le XIIIe siècle, le Béarn passe dans la maison de Foix, puis dans celle de Grailly en 1381; enfin dans celle d'Albret en 1484. Réuni à la couronne en 1607, réunion qui fut confirmée par Louis XIII en 1620.

Béatification : son origine remonte au pontificat d'Alexandre III, en 1159. Quelques auteurs veulent qu'elle ne date que de Grégoire X, en 1271.

Beaucaire (foire de) : s'ouvre au 1 juillet de chaque année, commence à s'animer vers le 15, et se termine le 28 à minuit.

BEAUFORT (François de Vendôme, duc de), dit *le Roi des halles*, né en 1616, tué au siége de Candie en 1669.

BEAUFORT (Henri), cardinal, évêque de Lincoln, puis de Winchester, frère de Henri IV, roi d'Angleterre, mort le 11 avril 1447.

Beaugé (bataille de), remportée par le maréchal de la Fayette sur le duc de Clarence, commandant les forces d'Angleterre, le 22 mars 1421.

BEAUHARNAIS (Alexandre, comte de), général en chef de l'armée du Rhin, condamné à mort par le tribunal révolutionnaire, le 22 juillet 1794. Il était le père du prince Eugène, vice-roi d'Italie.

BEAUHARNAIS (Eugène de), duc de Leuchtemberg, né à Paris le 3 septembre 1781; nommé vice-roi d'Italie, le 8 juin 1805; mort à Munich, le 21 juin 1824.

BEAUJEU (Anne de France, dame de), régente du royaume pendant la minorité de Charles VIII, morte le 14 novembre 1522.

Beaujolais (le) : passe en 1683 dans la

deuxième maison d'Orléans, aujourd'hui exilée.

BEAUJON (Nicolas), banquier, né à Bordeaux en 1718, mort à Paris le 26 décembre 1786, forma, en 1784, un établissement destiné à l'éducation gratuite de vingt-quatre enfants des deux sexes, qui fut ensuite converti en hôpital, portant le nom du fondateur.

Beaulieu en Argonne : commencement de ce monastère en 667.

BEAUMANOIR (Jean IV), l'un des plus braves et des plus habiles généraux bretons; mort peu de temps après le traité de Guérande, conclu le 12 avril 1365.

BEAUMARCHAIS (Pierre-Augustin Caron de), auteur dramatique, né à Paris le 24 janvier 1732, mort le 19 mai 1799.

Beaumont (bataille de), où les Français mettent les alliés en déroute, le 16 juin 1815.

BEAUSOBRE (Isaac de), ministre et écrivain calviniste, né dans le Limousin en 1659, mort à Berlin à l'âge de 79 ans.

BEAUVAIS (Jean-Baptiste-Charles-Marie de), évêque de Senez, célèbre prédicateur, né à Cherbourg en 1731, mort le 4 avril 1790.

Beauvais : cette ville fut bâtie par Bellovèze, vers l'an 164 de Rome. — Prise par César, 54 ans av. J.-C. — Vers l'an 471, Chilpéric y fit son entrée comme vainqueur. — Brûlée en 850 et 886. — Pillée par les Normands en 923 et 925. —Incendiée de nouveau en 1018. — En 1109, Beauvais fut pris par Louis le Gros, après deux ans de siége. — En 1180, elle devint encore la proie des flammes. — Assiégée par le duc de Bourgogne, cette ville est défendue par Jeanne Hachette, qui en fait lever le siége le 10 juillet 1472. — La manufacture de tapisseries de cette ville, établie en 1664 par Louis Hinard. — Son hôtel de ville fut construit en 1753 et 1754.

BEAUVEAU (Charles-Juste, duc de), maréchal de France, né à Lunéville le 10 septembre 1720, mort le 21 mai 1793.

Beaux-arts (école des) : est établie en février 1817, dans le local du Musée des monuments français, aux Petits-Augustins.

BECCARI (Jacques-Barthélemi), célèbre médecin et physicien italien, né à Bologne en 1682, mort le 30 janvier 1766.

BECCARIA (César Bonesana, marquis de), criminaliste et littérateur, né à Milan en 1735, mort en 1793.

BECKET (Thomas), archevêque de Cantorbéry, né à Londres le 21 décembre 1117, assassiné dans son église cathédrale, le 29 décembre 1170.

BECLARD (Pierre-Augustin), célèbre professeur de l'Ecole de Médecine de Paris, né à Angers en 1785, mort le 16 mars 1825.

BEDE (saint), Père de l'Eglise dit le *Vénérable*, né en Angleterre en 673, mort le 26 mai 735 : ce jour est celui où l'on célèbre sa fête. Il ne faut pas le confondre avec un autre Bède plus ancien, moine de Lindisfarne.

Bedlam, ancienne maison des aliénés à Londres; son origine remontait à Henri VIII, au commencement du XVIe siècle. —Le Bedlam actuel date de 1812.

Bédriac (bataille de), où Vitellius, proclamé empereur romain, défit l'armée d'Othon, son compétiteur, l'an 69 de J.-C.

Beering (détroit de), est découvert par le navigateur qui lui a donné son nom, en 1728.

BEETHOVEN (Ludwig van), célèbre compositeur de musique, né le 15 décembre 1770 à Bonn, mort en 1827.

Bégghards, Béguards, Béguins et *Béguines*, hérétiques du XIV siècle.

Belgique : gouvernée par les maires du palais à partir de 613. — Ravagée par les Normands dans les VIII et IX siècles. — Insurrection de ses provinces contre l'Autriche en 1787. — Les troubles de ce pays finissent par la reddition de Bruxelles aux troupes autrichiennes, le 2 décembre 1790. — Réunie à la France le 1 octobre 1795. — Son insurrection contre Guillaume de Nassau son souverain, le 1 septembre 1830. — Ouverture d'un congrès national dans ce pays, le 10 novembre 1830. — Est érigée en royaume particulier, en faveur du prince Léopold de Saxe-Cobourg, le 20 décembre 1830.

Belgrade. En 1073, le roi Salomon de Hongrie la prit aux Grecs. — Elle est assiégée par les Turcs en 1442 et 1456. — Prise de cette ville par Soliman II, le 9 août 1521, après six semaines de siége. — Enlevée aux Turcs par les Allemands le 6 septembre 1688. — Reprise par les Turcs en 1689. — Prise par les Autrichiens sur les Turcs, le 8 octobre 1789. — Les Serviens, insurgés contre les Turcs, s'emparent de cette ville le 13 novembre 1806, et de la forteresse, le 24.

Belgrade (bataille de), gagnée par le prince Eugène sur les Turcs, le 16 août 1717; cette victoire assure la possession de la ville à l'Autriche.

Bélier, machine de guerre : inventée par les Carthaginois vers 441 av. J.-C.

Bélier hydraulique : machine inventée en 1796 par le célèbre Montgolfier.

BELISAIRE, général romain, né vers la fin du V siècle, débarque en Afrique et en fait la conquête le 15 septembre 533; entre dans Rome le 9 décembre 537; mort le 23 mars 565.

BELLARMIN (Robert), cardinal, théologien et savant critique, né à Monte-Pulciano en 1542, mort à Rome le 17 septembre 1621.

BELLART (Nicolas-François), avocat distingué et magistrat français, né à Paris en 1761, mort le 8 juillet 1826.

BELLAY (Guillaume du), grand capitaine et habile négociateur, mort en 1545. — Son frère, Martin du Bellay, devenu prince d'Yvetot par son mariage, meurt le 9 mars 1559. — Jean du Bellay, frère des précédents, fut successivement évêque de Bayonne, de Limoges, du Mans, et archevêque de Bordeaux : mort à Rome le 15 février 1660.

BELLAY (Joachim du), poëte français, né vers 1524 à Liré en Anjou, mort à Paris en 1555.

BELLEAU (Remi), poëte français, mort le 6 mars 1577.

BELLE-ISLE (Charles-Louis-Auguste Fouquet, comte de), maréchal de France, né à Villefranche de Rouergue en 1684, mort le 26 janvier 1761.

Belle-Isle; faisait partie de la Bretagne au XI siècle.— Fut adjugée à l'abbaye de Quimperlé, en 1072, par Alexandre III. — Dévastée par les Espagnols en 1557. — Réunie au domaine de la couronne par Charles IX, en 1572.— Pillée par Montgommeri en 1573.— Prise par l'amiral Tromp en 1674. — Rendue à la France par la paix de Nimègue (10 août 1678.) — Avait été vendue par le duc de Retz à Fouquet en 1658; elle fut cédée par le fils de Fouquet à la France en 1718, et réunie de nouveau au domaine de la couronne.— Assiégée par les Anglais en 1761, elle capitule le 7 juin. — Bloquée par les Anglais en 1795, mais sans succès.

Belle-Isle (combat naval de), où les Français, commandés par M. de Conflans, sont défaits par les Anglais le 20 novembre 1759.

Belley, ville du Bugey, cédée à la France par Charles-Emmanuel, duc de Savoie en 1601.

BELLIARD (Augustin-Daniel), général français, né à Fontenay-le-Comte en Vendée, le 25 mai 1769; mort le 28 janvier 1832.

BELLINI (Laurent), médecin italien, mort le 8 juin 1703.

BELLINI (Vincenzo), compositeur de musique, né à Palerme, en 1808, mort en 1836.

BELLOY (Jean-Baptiste de), cardinal, archevêque de Paris, né le 9 octobre 1709 à Morangles, diocèse de Beauvais, mort le 10 juin 1808.

BELLOY (Pierre-Laurent-Buirette du), poëte tragique, né à Saint-Flour le 17 novembre 1727, mort le 5 mars 1775.

BELSUNCE DE CASTEL-MORON (Henri-François-Xavier de), évêque de Marseille, né au château de la Force, en Périgord, le 4 décembre 1671, mort le 4 juin 1755.

BELZONI, célèbre voyageur italien, mort le 3 décembre 1823.

BEMBO (Jean), doge de Venise, fut élevé à cette dignité en novembre 1615, mort en 1617, âgé de 83 ans.

BEMBO (Pierre), cardinal et célèbre littérateur italien, né à Venise l'an 1840, mort en 1547.

Bénarès, province de l'Indostan, acquise en 1775 par les Anglais.

Bénédictins; fondation de cet ordre par saint Benoît, près le mont Cassin, en 528.

Bénédictines (institut religieux des): la plus ancienne maison de cet ordre était celle de Sainte-Croix de Poitiers, bâtie en 544 par sainte Radegonde.

Bénéfices (pluralité des), condamnée par la faculté de théologie en 1238. — Lettres patentes du roi Henri II portant injonction de résidence, 17 mai 1557.

Bénévent, duché du royaume de Naples; appartint à l'Eglise depuis le IIe siècle jusqu'en 1806, où l'empereur Napoléon en fit don à son ministre Talleyrand.— Rendu au pape en 1815.

Bénévent (bataille de), gagnée sur Pyrrhus, roi d'Epire, par les Romains, l'an 275 av. J.-C.

BENEZET (saint), berger d'Alvilard, dans le Vivarais, né en 1165 à Hermillon, près Saint-Jean-de-Maurienne, mort en 1184. L'Eglise l'honore le 14 avril.

Bengale, tombe au pouvoir des Anglais en 1765.

BENIOWSKI (Maurice-Auguste, comte de), célèbre aventurier, né à Verbowa, en Hongrie, tué à l'Ile-de-France le 23 mai 1786.

BENJAMIN-CONSTANT. Voyez CONSTANT DE REBECQUE.

BEN-JOHNSON. Voy. au *Manuel* l'article JOHNSON.

BENOIT (saint), fondateur de l'ordre des Bénédictins, né à Norica, ville du duché de Spoletto, en 480, mort en 543. L'Eglise honore sa mémoire le 21 mars.

BENOIT D'ANIANE (saint), abbé en Languedoc: naquit dans ce pays, et mourut au monastère d'Inde, dans le duché de Clèves, le 11 février 821, âgé d'environ 71 ans. On célèbre sa fête le 12 février.

BENOIT I, surnommé Bonose, élu pape en 574, mort le 30 juillet 578.

BENOIT II (saint), prêtre de l'Eglise de Rome, élu pape le 26 juin 684, mort le 7 mai 685.

BENOIT III, pape malgré lui le 1er septembre 855, mort le 10 mars 858.

BENOIT IV, élevé au pontificat au mois de décembre 900, mort en août 904.

BENOIT V, pape en 964, mort le 5 juillet 965.

BENOIT VI, élu pape le 22 septembre 972, étranglé dans le château Saint-Ange, par les ordres de l'antipape Boniface, en 974.

BENOIT VII, pape en 975, mort le 6 juillet 994.

BENOIT VIII, évêque de Porto, né à Tusculum; élu pape le 7 juin 1012, mort le 10 juillet 1024.

BENOIT IX, monte sur le trône pontifical à l'âge de 12 ans, en 1033; mort dans le monastère de Grotta-Ferreta en 1054.

BENOIT X, antipape, placé sur le siége de Rome par des factieux le 30 mars 1058; chassé quelques mois après par les Romains, mort le 18 janvier 1059.

BENOIT XI (saint), général de l'ordre des Frères Prêcheurs, fait pape le 22 octobre 1304, mort le 6 juillet 1305.

BENOIT XII, appelé *Jacques de Nouveau*, surnommé *Fournier*, né à Saverdun, comté de Foix, élu pape le 20 décembre 1334, mort le 25 avril 1342.

BENOIT XIII, pape, né à Rome en 1649, prit en 1667 l'habit de Saint-Dominique; fut cardinal en 1672, archevêque de Manfredonia, puis de Césène, et enfin de Bénévent; élu le 29 mai 1724, mort le 21 février 1730.

BENOIT XIV, né à Bologne le 13 mars 1675, nommé archevêque de Théodosie en

1724, cardinal en 1728, pape le 17 août 1740; mort le 3 mai 1758.

BENOIT, antipape, appelé *Pierre de Lune*, connu sous le nom de Benoît XIII; élu le 28 septembre 1394, mort le 17 novembre 1424. Il institua, en 1405, la fête de la Sainte-Trinité.

BENSERADE (Isaac), poëte, né à Lyons-la-Forêt, en Normandie, en 1612; mort le 19 octobre 1691.

BENTHAM (Jérémie), savant jurisconsulte, né à Louvain le 15 février 1747, mort le 6 juin 1832.

Bentheim, comté de Hanovre; incorporé à l'empire français en 1810; rendu au Hanovre en 1815. — Le propriétaire de ce comté fut élevé au rang de prince, en 1817, par le roi de Prusse.

BENTINCK (Lord George), chef du parti tory dans le parlement anglais, né le 17 février 1802, mort à Welbach le 21 septembre 1848.

BENTIVOGLIO (Gui), cardinal, écrivain politique, né à Ferrare en 1579, mort le 27 avril 1644.

BENVENUTO-CELLINI. Voyez CELLINI.

Bérengariens, hérétiques sectaires de Bérenger, au XIe siècle.

BERENGER Ier, roi d'Italie, élu vers 893, assassiné en 924.

BERENGER II, dit le *Jeune*, monte sur le trône d'Italie en 950; mort dans les prisons de Bamberg en 966.

Bérésina (passage de la), où la division française Partouneaux, égarée, est enlevée par les Russes, le 27 novembre 1812.

Berg (duché de) : réuni à celui de Clèves en 1806; en 1815, il fut donné au roi de Prusse par le congrès de Vienne.

Berg-op-Zoom, ville de Hollande : assiégée inutilement par le prince de Parme en 1581, et par Spinola en 1586; prise d'assaut par les Français sous les ordres de Lowendal, le 16 septembre 1747; rendue à la paix, et prise de nouveau par les Français en 1795; attaquée vainement en 1814 par les Anglais.

BERGASSE (Nicolas), avocat et publiciste, membre de l'Assemblée constituante, né à Lyon en 1750, mort en 1832.

BERGERAC (Savinien Cyrano de), poëte, né en 1620 d'une famille du Périgord, mort en 1655.

Bergerac, ville du Périgord : prise et fortifiée par les Anglais, en 1345.—Reprise sur ceux-ci par Louis d'Anjou, en 1371.— Les Anglais s'en rendirent maîtres une seconde fois, en 1450. — Louis XIII s'en empara en 1621, et fit raser la citadelle et les fortifications.

Bergfried (combat de), où les Russes sont repoussés par les Français, le 3 février 1807.

Berghem (bataille de), gagnée par les Français sur les Hessois et les Hanovriens le 13 avril 1759.

Berghen (combat de), où les Anglo-Russes sont défaits par les Français, commandés par le général Brune, le 19 septembre 1799.

BERGIER (Nicolas-Sylvestre), théologien et critique, né à Darnay, en Lorraine, en 1718, mort à Paris en 1790.

BERING ou BEERING (Vitus), célèbre voyageur du XVIIIe siècle, né dans le Jutland, mort dans une île déserte en 1741.

BERKLEY (Georges), évêque de Cloyne, écrivain politique, théologien et métaphysicien anglais, né à Kilcrin, en Irlande, en 1684, mort en 1753.

Berlin, capitale de la Prusse, reçoit le nom qu'elle porte le 17 janvier 1709.— Prise par un corps d'Autrichiens et de Russes le 9 octobre 1760. — Entrée des Français dans cette ville le 23 octobre 1806.

BERMUDE ou VÉRÉMOND Ier, roi des Asturies en 788.

BERMUDE ou VÉRÉMOND II, roi de Léon et des Asturies en 982, mort en 999.

BERMUDE ou VÉRÉMOND III, roi de Léon en 1027, mort en 1037.

Bermudes, îles de l'Amérique septentrionale, ainsi nommées de Jean Bermudez, qui les découvrit en 1522. Les Anglais s'y établirent en 1612.

BERNARD (saint), fondateur de l'ordre de Clairvaux, né en 1091 au château de Fontaine, près Dijon, mort le 20 août 1155, jour où l'Eglise honore sa mémoire.—Sa canonisation avait eu lieu en 1174.

Bernard (le Saint-); son ermitage date de 962.

Bernard (célèbre passage du Saint-), opéré par l'armée française du 16 au 18 mai 1800.

BERNARD (Pierre-Joseph), dit le *Gentil Bernard*, poëte français né à Grenoble en 1710, mort le 1er novembre 1775.

BERNARDIN DE SIENNE (saint), franciscain, né à Massa en 1380, mort à Aquila, dans l'Abruzze, le 20 mai 1444; canonisé par Nicolas V, en 1450.

BERNARDIN DE SAINT-PIERRE (Jacques-Henri), célèbre écrivain français, né au Havre le 19 janvier 1737, mort à Eragny, près Pontoise, le 21 janvier 1814.

Berne, en Suisse : fondée par Berthold, duc de Zeringen, en 1191.— Son canton accède à la confédération helvétique en 1353. —La ville est prise par les Français le 5 mars 1798, après de sanglants combats.

Berne, ville de Russie, fondée en 1763 au delà du Volga.

BERNIER (François), célèbre voyageur et médecin, né à Angers en 1625, mort à Paris en 1688.

BERNINI (Giovanni-Lorenzo), dit *le Cavalier Bernin*, sculpteur, architecte et peintre, né à Naples en 1598, mort à Rome en 1680.

BERNIS (François-Joachim de Pierres de), cardinal, ambassadeur, poëte français, né à Saint-Marcel en Vivarais, le 22 mai 1715, mort à Rome en 1794.

BERNOULLI (Jacques), mathématicien, né à Bâle le 25 décembre 1654, mort le 16 août 1705.

BERNOULLI (Jean), frère du précédent, professeur de mathématiques, et membre des académies des sciences de Paris, Londres, Berlin et Pétersbourg; né à Bâle le 27 juillet 1667, mort le 1er janvier 1741.

BERNOULLI (Daniel), fils de Jean Bernoulli, professeur de physique, de philosophie et de médecine, membre des plus célèbres académies de l'Europe; né à Groningue le 9 février 1700, mort en 1782.

BERQUIN (Arnaud), surnommé *l'Ami des enfants*, né à Bordeaux vers 1749, mort à Paris le 21 décembre 1791.

Berri, ancienne province de France : eut des comtes héréditaires jusqu'au xe siècle, puis des vicomtes jusqu'au xiie. Depuis cette dernière époque, elle fut réunie à la couronne, jusqu'à ce que le roi Jean la donnât en apanage au prince Jean, son troisième fils, et l'érigeât en duché-pairie vers le milieu du xive siècle.

BERRI (Charles-Ferdinand de France, duc de), second fils de Monsieur, comte d'Artois, depuis Charles X, né à Versailles le 24 janvier 1778, assassiné par Louvel le 13 février 1820.

BERRUYER (Joseph-Isaac), jésuite, écrivain, né à Rouen le 7 novembre 1681, mort en 1758 à Paris.

BERTHEZÈNE (..... le baron), lieutenant général, pair de France, gouverneur général de l'Algérie, né en 1774, mort à Vendargues (Hérault), le 9 octobre 1847.

BERTHIER, intendant de Paris : assassiné par la populace le 22 juillet 1789.

BERTHIER (Alexandre), général français, né à Versailles le 20 novembre 1753, mort à Bamberg, en Bavière, le 1er juin 1815.

BERTOLLET (Claude-Louis, célèbre chimiste français, né en 1478, mort en 1822.

BERTRAND-MOLLEVILLE (le marquis Antoine-Francois de), ministre sous Louis XVI; né à Toulouse en 1744, mort à Paris le 19 octobre 1818.

BERULLE (Pierre de), cardinal, fondateur de la congrégation de l'Oratoire, né en 1575 au château de Serilly, près de Troyes en Champagne, mort à Paris le 2 octobre 1629.

BERVIC (Charles-Clément), très-célèbre graveur français, né en 1756 à Paris, mort le 23 mars 1822.

BERWICK (Jacques Fitz-James, duc de), maréchal de France, né le 21 août 1670 à Moulins, tué d'un coup de canon au siége de Philisbourg, le 12 juin 1734.

BERZÉLIUS (Jacob), célèbre chimiste suédois, né à Vafressundo, dans le canonicat de Linkogring, le 29 août 1779, mort à Stockholm le 7 août 1848.

Besançon, capitale de la Franche-Comté, était déjà célèbre du temps de César.—Dans les temps modernes, devenue ville libre et impériale, elle fut cédée par l'empereur aux Espagnols en 1631.—Louis XIV s'en rendit maître en 1674 ; elle resta définitivement à la France.— En 1814, elle fut assiégée sans succès par les alliés.

Besicles. Leur invention ne remonte pas au delà du xive siècle ; on la doit à Alexandre Spina de Pise. — *Bésicles périscopiques :* inventées par Wollaston, au commencement de notre siècle ; elles sont imitées par l'opticien Cauchois en 1813.

Bessarabie (la) : conquise par les Russes sur les Turcs en 1790 ; la possession leur en est assurée définitivement par la paix de Bucharest en 1812.

BESSARION (Jean), cardinal, savant critique, né à Trébisonde en 1389, mort à Ravenne en 1472.

BESSIÈRES (Jean-Baptiste), maréchal de l'empire, né à Preissac (Lot) le 6 août 1763, tué par un boulet de canon la veille de la bataille de Lutzen, le 1er mai 1813.

BÉTHENCOURT (Jean), navigateur, conquérant des îles Canaries, né en Normandie dans le xive siècle, mort en 1425.

Béthune, ville de l'Artois : fut prise par les alliés en 1710, et restituée à la France par le traité d'Utrecht, en 1714.

Betterave (sucre de), découvert par Margraf en 1781 : il avait été indiqué longtemps auparavant par l'agronome Olivier de Serre

Betteraves : décret relatif à leur culture en France, rendu le 15 janvier 1812.

BEURNONVILLE (Pierre Riel, comte de), maréchal de France, né le 10 mai 1752 à Champignolle en Bourgogne, mort en avril 1821.

BÈZE (Théodore de), écrivain politique français, savant théologien protestant, né à Vézelay en Nivernais en 1519, mort à Genève le 13 octobre 1605.

BEZENVAL (Pierre-Victor, baron de), né à Soleure, en 1722, mort en 1794.

Béziers. Cette ville fut saccagée par les Vandales dans le ve siècle ; par les Visigoths, durant les ve, vie et viie siècles ; par les Sarrasins, en 720; par Charles-Martel, en 737.—Elle est prise, à la fin de juillet 1209, par les croisés contre les Albigeois, qui y massacrèrent plus de trente mille personnes. — Elle fut réunie à la couronne par saint Louis, en 1247.

BIANCHI (Jean-Baptiste), médecin italien, né à Turin le 12 septembre 1681, mort le 20 juin 1761.

BIAS, l'un des sept sages de la Grèce, né à Priène, ville d'Ionie, vers 570 av. J.-C.

Biberach (bataille de), gagnée par le général Moreau pendant sa célèbre retraite, le 2 octobre 1796.

BIBIANE (sainte), vierge romaine, dans le ive siècle, souffrit le martyre sous Julien l'Apostat.

Bible des Septante, version grecque de l'Ecriture sainte, faite l'an 277 av. J.-C.

Dates des premières traductions de la Bible en différentes langues :—Saxonne, en 963; — Bohémienne, dans le xiiie siècle ; — Française, dans le xiiie siècle, par ordre de saint Louis ; — Allemande, imprimée vers l'an 1466 à Strasbourg ; — Italienne, en 1471, à Venise, faite par Malherbi ; — Anglaise, en 1536, attribuée à Richard Grafton et à Edouard Wilcharch, faite par ordre d'Henri VIII ; — Espagnole, en 1569, imprimée en Allemagne, due à Cassiodore Reyna ;—Hongroise, imprimée à Vienne en 1626 ;—Suédoise, imprimée à Upsal en 1541.

Bibliothèque du Roi, à Paris, fondée, en 1360, par Charles V, qui la place dans une des tours du Louvre. — Est transportée rue Vivienne en 1666. —Elle est placée, en 1714, à l'hôtel de Nevers, rue Richelieu, où elle est encore.—Le cabinet des Antiques est dépouillé par des voleurs le 16 février 1804 et en 1831.

Bibliothèque Mazarine, fondée par le cardinal Mazarin vers 1640 ; devint publique en 1648.

Bibliothèque de l'Arsenal, à Paris, créée par le marquis de Paulmy, fut acquise, en 1781, par le comte d'Artois (depuis Charles X).

Bibliothèque Sainte-Geneviève, à Paris, fondée en 1624, comptait déjà 20,000 volumes en 1687.

Bibliothèque de la ville, à Paris, eut pour première base la bibliothèque que légua le procureur du roi Moreau, en 1759.

Bibliothèque du Vatican, fondée et accrue par Sixte-Quint, en 1588.

Bibliothèque Ambroisienne, à Milan, fut ouverte au public en 1609.

Bibliothèques. La plus ancienne d'Alexandrie, celle de Ptolémée, composée de 400,000 volumes, est consumée l'an 47 av. J.-C.—La seconde bibliothèque d'Alexandrie fut totalement ruinée vers l'an 650 de l'ère vulgaire ; voyez *Alexandrie*.— La première qu'il y eut à Rome fut formée des livres enlevés aux rois de Macédoine, l'an 167 av. J.-C.

Biblistes, hérétiques du XVIe siècle.

Bicêtre (château de). Ses premières fondations datent de la seconde moitié du XIIIe siècle.—Il prit le nom qu'il porte en 1523.—Il avait été rebâti avec magnificence, en 1400, par Jean, duc de Berri, oncle du roi de France. — Rasé jusqu'aux fondements, en 1632, par le cardinal de Richelieu, il fut aussitôt rebâti pour y recevoir des soldats invalides. — Sert d'asile aux enfants trouvés en 1648.—Dès l'année 1657, il devient le refuge des pauvres et une prison pour les vagabonds.—Son puits fut construit de 1733 à 1735.

BICHAT (Marie-François-Xavier), célèbre chirurgien français, né à Toirette, dans l'ancienne Bresse, le 11 novembre 1771, mort à Paris en juillet 1802.

Bicoque (bataille de la), gagnée par les Espagnols sur les Français, le 22 avril 1522.

Bidassoa, rivière d'Espagne. C'est dans une île qu'elle forme que fut conclue la paix des Pyrénées, en 1659. — Le 6 février 1823, l'armée française, commandée par le duc d'Angoulême, franchit cette rivière.

Bien public (guerre dite du), entre Louis XI, roi de France, et plusieurs seigneurs français révoltés, en 1465.

Bière (levure de), introduite dans la fabrication du pain, à Londres, en 1650. — Cet usage est adopté à Paris avec autorisation du parlement du 21 mars 1670.

BIÈVRE (N. Maréchal, marquis de), fameux auteur de calembourgs et de pointes, né en 1747, mort en 1789, aux eaux de Spa.

BIGNON (Jérôme), magistrat français, né à Paris le 24 août 1589, mort le 7 avril 1656.

BIGNON (Edouard, baron), diplomate, publiciste et historien, né à la Meilleraye le 3 janvier 1771, mort à Paris le 6 janvier 1841.

Bigorre, comté et ancienne province de France, passa, avec le Béarn, en 1484, dans la maison d'Albret ; réuni à la couronne de France par lettres patentes d'octobre 1607.

Bilbao, ville d'Espagne, fondée, en 1300, par don Diego Lopez de Haro. Prise et reprise plusieurs fois par les Français et les Espagnols ; remise aux Anglais en 1808 et 1809.

Bilboquet (jeu de), était très-en vogue du temps de Henri III, vers la fin du XVIe siècle. — Il reprit faveur en 1789.

BILLAUT (Adam), poëte français connu sous le nom de *Maître Adam*, vers la fin du règne de Louis XIII ; mort le 19 mai 1662.

BILLECOCQ (Jean-Baptiste-Joseph), célèbre avocat du barreau moderne, né à Paris en 1765, mort en 1829.

Billets sous seing privé. Déclaration royale y relative du 22 septembre 1733 ; enregistrée le 14 octobre.

Billonneurs, hommes préposés par Charles VI, en 1385, pour retirer de la circulation les pièces démonétisées.

Billons, pièces de monnaie valant dix centimes ; sont fabriquées en France en vertu d'une loi du 15 septembre 1807.

BION, philosophe grec, florissait 276 ans av. J.-C.

BIRAGUE (René de), chancelier de France, né à Milan le 3 février 1507, mort en 1583.

BIREN, duc de Courlande : mort le 28 octobre 1772.

BIRGER, roi de Suède, succéda à son père, Magnus, en 1290.

Birman (empire) : sa fondation remonte au delà du XVe siècle. — Il est maintenant au pouvoir des Anglais, surtout depuis 1827.

Birmingham, ville florissante d'Angleterre, n'était qu'un bourg dans la première partie du dernier siècle (XVIIIe).

BIRON (Armand de Gontaud, baron de), maréchal de France ; né vers 524, tué, au siége d'Epernay, le 26 juillet 1592.

BIRON (Charles de Gontaud, duc de), fils du précédent, amiral et maréchal de France, né vers 1562, décapité le 31 juillet 1602.

Bisacramentaux, hérétiques du XVIe siècle.

Biscaye, l'une des provinces Basques, eut ses souverains particuliers depuis la fin du IXe siècle jusqu'à 1479.

Bismuth, métal : décrit pour la première fois dans le traité d'Agricola, qui parut en 1520. — Geffroy le Jeune est le premier qui, en 1753, publia un mémoire sur le bismuth connu autrefois sous le nom d'*étain de glace*.

Bissextile (année), fut établie par Jules César, en sa qualité de souverain pontife, l'an 46 avant la naissance de J.-C.

BISSON, officier de la marine française : sa mort héroïque le 4 novembre 1827.

Bithynie, ancien royaume de l'Asie Mineure ; Nicomède, le dernier roi, légua ses états aux Romains 75 ans av. J.-C.—Les Ottomans y fondèrent un nouvel empire en 1298.

Bitonto (bataille de), où les impériaux sont battus par les Espagnols, le 25 mai 1734.

Bivac ou *bivouac*. Ce mot commença, en 1793, à exprimer un établissement militaire en plein champ.

BLACAS (Blacas de), seigneur d'Aulps, l'un des neuf preux de la Provence et surnommé le *grand guerrier*, vécut au milieu du XIIe siècle.

BLACKSTONE (William), célèbre jurisconsulte, né à Londres en 1723, mort en 1780.

BLAIR (Hugues), orateur et écrivain religieux, né à Edimbourg le 7 avril 1718, mort le 27 décembre 1800.

Blair, petite ville d'Ecosse remarquable par la bataille de 1689.

Blaisois ou *Blésois*, pays de France, ancien comté, fut gouverné par des comtes depuis le commencement du IXe siècle jusqu'en 1398, époque de sa réunion à la couronne de France. Cependant cette réunion ne fut définitive qu'en 1515, sous Henri II.

BLAKE (Robert), amiral anglais, né dans le Sommerset en 1599, mort le 17 août 1657, devant Plymouth.

BLAKE (William), graveur, peintre et poëte anglais, né à Londres le 28 novembre 1757, mort le 12 août 1828.

BLANCHARD (Nicolas), célèbre aréonaute, mort le 7 mars 1809.—Sa femme, aéronaute comme lui, périt à sa 76e ascension, le 6 juillet 1819.

BLANCHE DE CASTILLE, mariée, en 1200, à Louis VIII, roi de France, morte, le 1er décembre 1252, à l'âge de 65 ans.

Blanchiment des toiles, perfectionné, en 1787, par Berthollet, au moyen de l'acide muriatique oxygéné.

Blanchiment. Nouveau procédé inventé par Chaptal en 1799, et qui a pour base la vapeur de la soude.

Blancs, sectaires qui parurent à Rome, en 1499, sous le pontificat de Boniface IX.

Blancs-Battus, confrérie religieuse, instituée par Henri III, roi de France, en 1583.

Blancs-Manteaux, ordre de religieux mendiants fondé, dit-on, par saint Louis, fut aboli par le second concile de Lyon, en 1274; ils furent remplacés, en 1298, dans leur maison de Paris, par les Guillemites, qui prirent le même nom, quoique vêtus de noir.

Blason, science des armoiries; introduite en France, en Allemagne, en Angleterre vers la fin du XIe siècle. V. *Armoiries*,

Blasphèmes. Législation y relative introduite en France (de 814 à 840). — L'ordonnance de saint Louis est de 1363 ou 1364. — Ordonnance de Philippe le Hardi de 1274. — De Philippe le Valois du 22 février 1347. — De Louis XII, 9 mars 1510.—De François Ier, 30 mars 1514. — De Louis XIII, 10 novembre 1617 et 7 août 1631. — De Louis XIV, de 1666 et 1681. Voyez *Sacrilége*.

Blaubeuren, ville du Wurtemberg. Les Français y gagnèrent une bataille en 1800.

Blaye, ville du département de la Gironde: les Français la reprirent sur les Anglais en 1339. —Prise par les protestants en 1568. — Les Anglais tentèrent inutilement de s'emparer de cette place en 1814.

Blé. L'art de le moudre est attribué à Pilumnus, prince Rutule qui vivait vers l'an 1350 av. J.-C.

Blé de Turquie ou *maïs*, fut importé du Pérou en Europe sur la fin du XVe siècle.

Blénau (Combat de), livré, entre le prince de Condé et le maréchal d'Hocquincourt, le 6 avril 1652.

BLESSINGTON (Lady Power), écrivain anglais, née en Angleterre le 1er septembre 1789, morte à Londres en juin 1849.

BLETTERIE (Jean-Philippe-René de la), historien, né à Rennes le 25 février 1696, mort en 1772.

Bleu d'outremer. Le secret de sa composition a été découvert, en 1827, par M. Guimet.

Bleu de Prusse, découvert à Berlin en 1710, par Dippel, célèbre chimiste; ou, suivant d'autres, par Diesbach, fabricant de couleurs. Le procédé de sa fabrication fut publié en France par Woodward en 1724.

BLIN DE BOURDON (.....), député, puis représentant du peuple, né en 1780, mort à Paris le 23 mars 1849.

Blockhaus, espèce de redoute. Son origine paraît remonter à l'année 1778, et le général Marion pense que le premier blockhaus fut construit à Schedelsdorff en Silésie.

Blocus continental, établi par l'empereur Napoléon, à l'égard des Iles Britanniques, le 21 novembre 1806. Décret du 6 août 1807, qui déclare en état de blocus tous les ports de l'Angleterre.

Blois, capitale du Blaisois; érigée en évêché en 1694 par le pape Innocent XII; fut deux fois le siége des états généraux, sous Henri III, en 1577 et en 1588. — Son beau pont en pierre fut commencé en 1711.

BLONDEAU (Claude), avocat au parlement de Paris, l'un des fondateurs, en 1672, du *Journal du Palais*; mort au commencement du XVIIIe siècle.

BLONDEL (François), célèbre architecte, né à Richemont, en Picardie, en 1617, mort à Paris en 1686.

BLUCHER (Lebrecht de), feld-maréchal de Prusse, né à Rostock, le 16 décembre 1742, mort le 12 septembre 1819.

Blutoir, nouvel instrument de ce genre, inventé en 1813 par M. Régnier,

BOABDIL, roi maure; son expulsion de Grenade, le 2 janvier 1492.

Bocane, ancienne danse grave et mesurée, introduite à la cour de France en 1645 par Bocan, maître à danser de la reine Anne d'Autriche.

BOCCACE (Jean), célèbre écrivain italien, né à Paris en 1313, mort le 21 décembre 1375.

BOCCAGE (Marie-Anne Lepage, épouse de Fiquet du), poëte, née à Rouen le 22 octobre 1710, morte à Paris en juillet 1802.

BODIN (Jean), célèbre publiciste, né à Angers vers 1530, mort à Laon en 1596.

BOËCE, né à Rome en 470, ministre d'état de l'empereur Théodoric. Il fut massacré par son ordre en 525, sous le poids d'une fausse accusation.

BOERHAAVE (Herman), célèbre médecin, né à Woorhout, près de Leyde, le 31 décembre 1688, mort le 23 septembre 1738.

BOETCHER (Jean-Frédéric), inventeur de la porcelaine de Saxe, né à Schleiz le 5 février 1687, mort le 13 mars 1716.

Bœuf gras, fête figurative du carnaval ; elle existe depuis des siècles. La plus mémorable description qu'en fasse l'histoire se rapporte à l'année 1739.

Bogarmites ou *Bogomiles*, sectaires qui parurent à Constantinople au commencement du XIIe siècle.

Bohême, possédée par les Marcomans jusqu'à l'apparition d'Attila (432-452). — Les Tschiques s'y établissent vers 480 ; ils prennent le nom de Bohêmes vers 680. — Le christianisme s'y établit dans le Xe siècle. — Ce pays est soumis par l'empereur Othon en 950. — Il fut gouverné par des ducs jusqu'en 1198, époque de son érection en royaume par la diète de Mayence. — Est en proie aux troubles religieux, année 1416 et suiv. — Est incorporé à l'empire d'Autriche par la paix de Westphalie en 1648.

BOHEMES (frères), association religieuse formée, vers le milieu du XVe siècle, des débris des Hussites.

BOHÉMIENS, charlatans nomades. Leur origine est placée à l'année 1427 par Pasquier.

BOIELDIEU (Adrien), né à Rouen en décembre 1775, mort le 8 octobre 1834.

BOILEAU-DESPRÉAUX (Nicolas), poëte français, né à Crosne, près Paris, le 1er novembre 1636, mort le 13 mars 1711.

BOISGELIN de CUCÉ (Jean-de-Dieu Raymond de), archevêque d'Aix, né à Rennes en 1732, mort à Angervilliers le 22 août 1804.

BOISMONT (Nicolas Thyrel de), prédicateur distingué du XVIIIe siècle, membre de l'Académie française, né en Normandie vers 1715, mort à Paris en 1786.

BOISROBERT (François-Metel de), l'un des premiers membres de l'Académie française, né à Caen en 1592, mort le 30 mars 1662.

BOISSAT (Pierre de), l'un des premiers membres de l'Académie française, né à Vienne en Dauphiné en 1603, mort le 28 mars 1662.

BOISSIEU (Denis Salvaing de), premier président de la chambre des comptes du Dauphiné, né le 21 avril 1600, mort en 1683.

BOISSIEU (Barthélemi-Camille de), médecin, né à Lyon en 1734, mort à la fin de 1770.

BOISSIEU (Jean-Jacques de), peintre et graveur, né à Lyon en 1736, mort en 1810.

Boissons. Les lois récentes relatives à leur impôt en France, sont du 25 février 1804, 24 avril 1806, 28 avril 1816 et 12 décembre 1830.

BOISSY-d'ANGLAS (François-Antoine), né dans un petit village du département de l'Ardèche, donna un sublime exemple de courage civil, le 1er prairial an VIII (20 mai 1795) ; mort à Paris le 20 octobre 1826.

BOJARDO (Mathieu-Marie, comte), auteur du poëme de l'*Orlando innamorato*, né vers l'an 1534 à Scandiano, mort le 20 décembre 1494 à Reggio.

BOLESLAS Ier le Grand, premier roi de Pologne, monta sur le trône en 999, mourut en 1025.

BOLESLAS II, roi de Pologne, né vers 1042, élu en 1058, mort vers 1090.

BOLESLAS III, proclamé roi de Pologne en 1103, mort en 1139.

BOLESLAS IV, roi de Pologne en 1147, mort en 1173.

BOLESLAS V, dit *le Chaste*, monte sur le trône de Pologne en 1227 ; mort en 1279.

BOLEYN ou BOULEN (Anne de). Voy. ANNE DE BOLEYN.

BOLINGBROKE (Henri-Saint-Jean, lord, vicomte de), secrétaire d'état et écrivain sous la reine Anne ; né en 1672, mort le 25 novembre 1751.

BOLIVAR (Simon) : nommé chef suprême du gouvernement de Venezuela, le 10 novembre 1817. — Proclamé le libérateur du Pérou, le 10 février 1825 ; mort le 17 décembre 1830.

Bolivia, nouvelle république de l'Amérique méridionale. Son indépendance date du 1er avril 1825.

Bollandistes, fondateurs et coopérateurs des *Actes des Saints*. Les deux premiers volumes de leur collection parurent en 1643. En 1794, elle comptait 53 vol. in-fol.

Bologne, ville d'Italie, prise par les Français le 19 juin 1796, et réunie à la république cisalpine ; en 1799, elle passe aux Autrichiens, puis revient aux Français en 1800, après la bataille de Marengo. Elle fait maintenant partie de l'Etat de l'Eglise.

Bombay, île et ville de l'Océan indien, cédée aux Portugais en 1520. Ceux-ci la cédèrent aux Anglais en 1662.

Bombes, sont inventées, ainsi que les mortiers, en 1346. — Quelques-uns prétendent que les Espagnols en firent usage les premiers en Europe en 1588. Suivant d'autres, l'usage de ce projectile ne daterait que de 1634.

Bon-Pasteur (congrégation des filles du), fondée à Paris par madame de Combé en 1668. Plusieurs autres villes ont eu des maisons de cette communauté.

BONAPARTE. *V.* NAPOLÉON.

BONAVENTURE (saint), cardinal, évêque d'Albano et docteur de l'Eglise, né en 1221 à Bognarea en Toscane, mort à Lyon le 15 juillet 1274. L'Eglise honore sa mémoire le 14 juillet.

BONCHAMPS (Artus de), général vendéen, né en Anjou en 1759, tué le 17 octobre 1793.

BONET (Théophile), médecin genevois, mort le 29 mars 1689.

BONIFACE (saint), martyr. Il fut torturé, puis décapité par ordre du gouverneur de la ville de Tarse en Cilicie, vers l'an 307. Sa mémoire est honorée par l'Eglise le 14 mai.

BONIFACE Ier, élu pape en 418, mort en 422.

BONIFACE II, pape le 28 septembre 530, mort le 8 novembre 532.

BONIFACE III monta sur le saint-siége en

606, mort le 12 novembre de la même année.

BONIFACE IV (saint), succède au précédent en 607, mort en 614.

BONIFACE V, pape en 617, mort en 625.

BONIFACE VI, élu le 11 novembre 896, ne tint le saint-siége que quinze jours.

BONIFACE VII, antipape, reconnu pape en 974, mort au mois de décembre de la même année.

BONIFACE VIII (Benoît Cajétan), élevé sur le trône pontifical le 24 décembre 1294, mort, le 12 octobre 1303, à Rome.

BONIFACE IX, pape le 2 novembre 1389, mort le 1er novembre 1404.

Bonn, ville du cercle prussien de Cologne. Ses fortifications furent rasées en 1717, l'année de la fondation de son Académie, qui fut transformée en Université en 1786, et en Lycée de 1794 à 1814. — Le roi de Prusse y a fondé une nouvelle Université le 18 octobre 1818.

Bonne-Espérance (cap de) en Afrique, découvert en 1486 par le Portugais Barthélemi Diaz. — Les Hollandais y établissent une colonie en 1652. — Les Anglais s'emparent du cap de Bonne-Espérance en 1796; mais ils le rendent à la république batave (la Hollande) en 1802, après la paix d'Amiens. — Les Anglais le reprirent en 1806, et le possèdent encore actuellement.

BONNET (Charles), philosophe et naturaliste, né à Genève en 1720, mort en 1793.

Bonnet à poil; il fut introduit dans nos armées en 1767.

Bonnet vert; coiffure imposée aux faillis, par arrêt de règlement du 26 juin 1582. — Aujourd'hui il n'est plus en usage que dans les bagnes.

Bonnets; ils furent en usage parmi le clergé dès le IXe siècle.

Bonnets (faction des) en Suède, date de la diète de 1738.

BONNEVAL (Claude-Alexandre, comte de), célèbre aventurier, né vers 1672, mort en 1747.

BONNIVET (Guillaume Gouffier de), amiral de France, tué à la bataille de Pavie, le 24 février 1525.

Bons-Fieux, anciens frères pénitents du tiers-ordre de Saint-François; leur existence remontait à 1615.

Bons-hommes, religieux établis l'an 1259 en Angleterre. — Les minimes de Chaillot portaient aussi le nom de *bons-hommes*. — Leur couvent fut supprimé en 1790.

BONTEKOE (Corneille de), médecin hollandais, mort le 3 janvier 1685.

Boraes, ville de la Gothie occidentale en Suède; bâtie en 1621, par Gustave, sur la Viska.

BORDA (Jean-Charles), illustre physicien, né à Dax en 1733, mort en ventôse an VII (février 1799).

Bordeaux; cette ville d'une haute antiquité, après avoir passé des Romains aux Goths, passa aux Français, qui furent expulsées par les Sarrasins dans le VIIIe siècle; — fut ensuite conquise par les Anglais, qui s'y maintinrent jusqu'au règne de Charles VII, vers 1460, époque de l'institution de son parlement. — Fondation de son université par Louis XI, en 1473. — Cette ville arbore le drapeau blanc le 12 mars 1814. — Elle est attaquée par le général Clausel, le 1er avril 1815. — Les deux foires de Bordeaux se tiennent en mars et en octobre, chacune durant quinze jours.

BORDERIES (Etienne-Jean-François), évêque de Versailles, célèbre par ses vertus, sa science et son éloquence, né à Montauban en 1764, mort à Versailles en 1832.

BORDEU (Théophile), célèbre médecin, né à Iseste le 22 février 1722, mort le 24 décembre 1776.

BORGHÈSE (famille); originaire de Sienne, s'établit à Rome dans le XVIIe siècle. Le pape Paul V, qui en était issu, augmenta ses richesses et sa puissance de 1605 à 1620. Depuis elle s'est alliée en France à la famille de Napoléon, par le mariage de Camille Borghèse avec Pauline Bonaparte (6 novembre 1803).

BORGHI (Giuseppe, abbé), célèbre poëte et historien italien, né à Bibieno (Piémont), en 1790, mort à Rome en juin 1847.

BORGIA (César), cardinal, fameux par ses crimes, mort en 1507.

BORIS GODOUNOFF : son avénement au trône de Russie, le 22 août 1598; mort en 1605.

Borique (acide), découvert par Hombert, vers 1702; considéré comme corps simple, jusqu'en 1808; à cette époque MM. Gay-Lussac et Thénard reconnurent qu'il était formé d'oxygène et d'une substance qu'ils appelèrent *bore;* de là le nom d'acide *borique*.

BORN (Ignace), naturaliste allemand, mort le 28 août 1791.

Bornéo; est découverte par les Hollandais en 1523.

Borodino (combat de), entre les Français et les Russes, le 5 septembre 1812; l'issue en est douteuse.

Borrélistes, sectaires, dont le chef, Adam Tuclan de Borrel, dogmatisait à Amsterdam en 1670.

Borromées (îles), n'étaient encore que des rochers au XVIIe siècle; furent métamorphosées en jardins et en bosquets, vers 1670, par le comte Borromée.

BORROMINI, architecte célèbre, né à Bissone, dans le diocèse de Come, en 1597, mort en 1667.

BOSC (Louis-Augustin-Guillaume), célèbre agronome, né en 1759, mort en 1828.

BOSCOVICH (Roger-Joseph), mathématicien, né à Raguse le 18 mai 1711, mort le 12 février 1787.

Bosnie, province de la Turquie européenne; Mahomet II la prit en 1465.

Bosphore. Voyez *Constantinople*.

Bosphore Cimmérien, royaume fondé vers l'an 485 av. J.-C., dura jusqu'à la fin du IVe siècle de notre ère.

BOSSUET (Jacques-Bénigne), évêque de Meaux, célèbre orateur chrétien, né à Dijon le 17 septembre 1627, mort à Paris le 12 avril 1704.

BOSSUT, profond mathématicien français, né en 1730 à Tartaras (Rhône), mort à Paris en 1814.

Boston, ville de l'Amérique septentrionale, fut assiégée par Washington, et évacuée par les Anglais le 17 mars 1776.

Boston (jeu de) ; son origine remonte à la révolution de l'Amérique anglaise, vers 1776. — Il prit faveur en France quelques années avant notre révolution de 1789.

Bostres, ville d'Arabie ; son ère commence, suivant les médailles, à l'an 105 de J.-C., époque où une partie de l'Arabie fut réduite en province romaine.

Bosvaïdes ou *Bouides* (la dynastie des) : s'éleva en Perse pendant la décadence du califat, et régna puissante et indépendante, depuis l'an 322 de l'hégire (934 de J.-C.), jusqu'à l'an 455 (1063).

Bosworth (bataille de), gagnée le 22 août 1485, sur Richard III, par Henri Tudor, depuis roi sous le nom de Henri VII.

Botanique : Plutarque découvre, en 101, que chaque plante est renfermée dans sa graine ou dans sa semence. — Publication de la classification de Tournefort, en 1664. — Système sexuel des plantes, développé par Linné en 1775. — Jussieu publie, en 1789, sa méthode de classification des plantes par familles naturelles.

Botaniques (jardins) : le premier jardin botanique proprement dit fut établi à Salerne, au commencement du XIVe siècle. — En 1333, il y en eut un à Venise ; en 1553, à Padoue, et peu après à Pise et à Pavie. — Les premiers jardins botaniques de l'Angleterre et de l'Allemagne datent de 1620 à 1630. — Celui de Paris de 1591.

Botany-Bay, contrée reconnue, en 1770, par Cook.—Colonie qui sert de lieu de déportation à l'Angleterre depuis le 13 mai 1787.

Bouchain : pris le 18 septembre 1711, par les Anglais, après vingt et un jours de tranchée ouverte.

BOUCHARDON (Edme), sculpteur, né à Chaumont en Bassigny en 1698, mort le 17 juillet 1762.

BOUCHER (François), premier peintre de Louis XIV, né à Paris en 1704, mort en 1770.

BOUCICAUT (Jean le Maingre de), maréchal de France, né à Tours en 1364, mort en Angleterre en 1421.

Boucles et agrafes ; en usage en Angleterre en 1680.

BOUDDHA, législateur indien, né au commencement du IVe siècle avant l'ère chrétienne, mort le 15 mai l'an 542.

Bouffes ou *Bouffons italiens*, parurent à Paris, pour la première fois, au mois d'août 1752, sur le théâtre de l'Opéra. Ils furent forcés de quitter Paris en mars 1754. V. *Opéra italien*.

BOUFFLERS (Louis-François, duc de), pair et maréchal de France, né en 1644, mort à Fontainebleau, le 22 août 1711.

BOUFFLERS (Stanislas, chevalier de), littérateur distingué, né à Lunéville en 1737, mort en janvier 1815.

BOUGAINVILLE (Louis-Antoine de), célèbre navigateur français, né à Paris le 11 novembre 1729, mort le 31 août 1811.

Bougie : ce mot n'est usité en France que depuis le XVIIe siècle. En 1599, on distinguait encore la bougie sous le nom de *chandelle de cire*. Son usage est introduit en France vers l'an 700. — Philippe le Bel défend en 1313 de mêler la cire avec le suif.—Le procédé de filer la bougie était connu dès 1357.

BOUHIER (Jean), magistrat et savant français, né à Dijon le 17 mars 1673, mort le 17 mars 1746.

BOUHOURS (Dominique), savant jésuite, né à Paris en 1628, mort en 1702.

Bouiane (bataille de) : l'armée romaine, commandée par Fabius, y bat les Samnites l'an 299 av. J.-C.

BOUILLÉ (François-Claude-Amour, marquis de), né au château de Cluzel, en Auvergne, le 19 novembre 1739, mort à Londres le 14 novembre 1800. Ses mémoires parurent pour la première fois à Londres en 1797.

Bouillon (duché de) : une partie a été réunie, en 1815, au duché de Luxembourg ; l'autre donnée à la maison de Rohan.

BOUILLON (Henri de la Tour d'Auvergne, duc de), vicomte de Turenne, prince de Sédan et maréchal de France, né en 1555, mort vers 1622 ou 1623.—Son fils, Frédéric-Maurice de la Tour d'Auvergne, duc de Bouillon, né à Sédan le 22 octobre 1605, mort l'an 1652.

BOUILLON (Emmanuel-Théophile de la Tour, cardinal de), fils du précédent, né le 24 août 1644, mort en 1715.

BOUILLON (Marie-Anne Mancini, duchesse de), nièce du cardinal Mazarin, née à Rome en 1649, morte le 21 juin 1714. Elle avait été impliquée dans l'affaire des poisons en 1680.

Boulac, port du Caire en Afrique ; pris par les Français, après un combat opiniâtre, le 20 mars 1800.

BOULAINVILLIERS (Henri de), historien, né à Saint-Saire en Normandie, en 1658, mort en 1722.

BOULANGER (Nicolas-Antoine), auteur de l'*Antiquité dévoilée*, né à Paris en 1722, mort en 1759.

Boulangers de Paris : un règlement du 1er mars 1418 porte des peines sévères contre ceux qui vendraient à faux poids.— Ils sont régis aujourd'hui par un décret du 19 vendémiaire an X (11 octobre 1801).

BOULEN ou BOLEYN (Anne), l'une des femmes de Henri VIII, roi d'Angleterre, née en 1499 ou 1500, morte le 19 mai 1536.

Boulets : ils furent en pierre jusqu'à la fin du XVe siècle. Les écrivains fixent positivement la date des boulets en fer à l'an 1470.

Boulogne-sur-Mer, ville d'une origine très-ancienne ; détruite deux fois, la première par les Normands en 888 ; la seconde, par les troupes de Charles-Quint en 1553. — Elle avait été prise par Henri VIII, roi d'Angleterre, le 14 septembre 1544.— Le Boulonais, ancien comté, dont Boulogne était la capitale, ne fut définitivement soumis à l'autorité des rois de France qu'à partir de 1478.

Boulogne (camp de) ; est levé le 27 août 1805 ; les troupes qui le composaient, et qui étaient destinées contre l'Angleterre, se dirigent sur l'Allemagne.

Boulogne, village près Paris ; commence de l'année 1319 ; son église gothique fut terminée en 1343.—Le bois qui l'avoisine s'appela le bois de Rouverai jusqu'en 1577.

BOULTON (Matthew), célèbre constructeur de machines, né en 1728 à Birmingham, mort à Soho en 1809.

BOUQUET (dom Martin), savant bénédictin, né à Amiens en 1685, mort en 1721.

BOURBON (maison royale de), tire son nom de Bourbon-l'Archambault, et reconnaît pour chef Robert le Fort, mort en 661.

BOURBON (Charles, duc de), connétable de France, né en 1489, tué le 6 mai 1527 sous les murs de Rome.

Bourbon (île de), découverte en 1545 par le navigateur portugais Mascarenhas. —Les Français s'y établirent en 1653.—Cette colonie demeura entre les mains de la compagnie des Indes jusqu'en novembre 1767, époque de son retour sous la domination royale.—Prise par les Anglais, en 1810, elle nous fut rendue par le traité du 30 mai 1814.

Bourbonnais, fut érigé en duché-pairie au commencement du XIVe siècle (1327) ; ce pays était une baronie depuis 770. — Fut réuni à la couronne par arrêt du parlement de Paris du 16 juillet 1527.

BOURDALOUE (Louis), célèbre prédicateur de la compagnie de Jésus, né à Bourges le 20 août 1632, mort le 13 mai 1704.

BOURDONNAIS (Mahé de la), gouverneur des îles de France et de Bourbon, mort le 5 mars 1754.

BOURG (Anne du), chancelier de France, pendu et brûlé, par les factieux, en place de Grève, le 23 décembre 1559, à l'âge de 38 ans.

Bourg en Bresse, ville de France ; existait vers la fin du IVe siècle. Elle passa des Romains aux Bourguignons, aux Francs, fit partie du royaume d'Arles au IXe siècle, appartint aux empereurs d'Allemagne jusqu'au XIe, à la maison de Savoie jusqu'au XVIe, et fut enfin réunie à la France en 1601.

Bourgeoisie. V. *Tiers-état*.

Bourges, ville de France ; fut la capitale de l'Aquitaine sous Auguste ; fut détruite entièrement par Chilpéric en 583.—Restaurée par Charlemagne et Philippe-Auguste, elle devint la capitale du Berri. V. *Berri*.

Bourges : l'origine de cette ville remonte à l'antiquité la plus reculée. 139 ans après la fondation de Rome et 615 av. J.-C., elle était la capitale de la Gaule celtique.— Elle resta jusqu'en 475 sous la domination romaine.— Clotaire II la réunit à la couronne en 614.— Elle fut prise par Pépin le Bref en 762, après un long siége. — Prise et pillée par les Normands, en 878.—Le roi Jean l'érigea en duché-pairie en 1360. — Une partie de la ville fut brûlée en 1353. — Inutilement assiégée par le duc de Bourgogne, en 1412. —Les protestants s'en emparèrent en 1562. —Elle se rendit à Henri IV en 1594. — Fut reprise de nouveau par les protestants en 1615. —Reprise sur ceux-ci par le maréchal de Matignon, en 1616. — La cathédrale de cette ville fut commencée en 845 et ne fut terminée que plusieurs siècles après.

Bourgogne (royaume de) : cesse d'exister en 534, et est démembré par les rois de France.

Bourgogne : elle fut principauté ducale de 808 à 921 ; principauté ducale souveraine de 965 à 1031 ; devient propriété de la première race ducale capétienne, de 1032 à 1075 ; — de la deuxième race capétienne, branche de Valois, de 1363 à 1404 ; est recouvrée par Louis XI, après la mort de Charles le Téméraire, en 1477.

Bourgogne (hôtel de) ; confirmation des priviléges accordés aux comédiens de ce théâtre, le 13 janvier 1613.

BOURGOGNE (Louis, duc de), élève de Fénelon, né à Versailles le 6 août 1682, mort à Marly le 18 février 1712.

Bourgs-pourris d'Angleterre ; certaines localités privilégiées pour les élections depuis 1350 environ. — Cet ordre de choses a été aboli par la réforme électorale opérée en 1832.

Bourguignons : paraissent, en 373, sur les bords du Rhin, au nombre de 80,000. —Les Romains leur accordent des établissements dans la Gaule, en 375. — Ils affermissent, en 413, leurs établissements dans la Gaule, et fondent un royame qui dure jusqu'en 534. — Ils avaient embrassé la religion chrétienne en 431.

BOURIGNON (Antoinette), visionnaire, née à Lille en 1616, morte le 30 octobre 1680.

BOURKE (.... le comte), lieutenant général et pair de France, mort à Pleleur (près Lorient) en septembre 1847.

Bourreau : un arrêt du parlement du 31 août 1709 défendait au bourreau d'établir sa demeure dans Paris, à moins que ce ne fût dans la maison du pilori.

BOURRIENNE (Louis-Antoine Fauvelet de), ancien secrétaire, ami, puis ennemi de Napoléon, né à Sens, en 1769, mort en 1834, dans une maison d'aliénés de Caen.

BOURSAULT (Edme), poëte et financier, né à Mussi-l'Evêque en Bourgogne en 1638, mort en 1701.

Bourse (palais de la) de Paris : commencement de sa construction, le 24 mars 1808, inauguré en septembre 1824.

Bourses : celle de Lyon fut la première établie en France. — Celle de Toulouse fut créée par Henri II en 1549. — Celle de Montpellier en 1691. —Celle de Londres, ou *Royal Exchange*, bâtie en 1666. V. *Londres*. — Celle d'Amsterdam, commencée en 1608, et finie en 1613. — La nouvelle bourse de Saint-Pétersbourg, achevée en 1811, fut ouverte au commerce le 15 juin 1816.

Boussole : est inventée chez les Chinois l'an 2600 av. J.-C. — On commence à en faire usage vers l'an 1200; ses propriétés sont connues en France et à Venise en 1260. — Son usage est perfectionné par Flavio Goia, en 1302; les variations dans la déclinaison de la boussole furent observées en 1500.

Bouteille de Leyde : sa découverte eut lieu à Leyde en 1746, par Cuneus et Muschenbroek.

BOUTEVILLE (François de Montmorency, comte de), décapité comme duelliste, le 21 janvier 1627, à Paris.

Bouts rimés : ils doivent leur origine à un poëte du XVIIe siècle, qui avait pour habitude de commencer ses sonnets toujours par les rimes.

Bouvines (bataille de), gagnée le 27 juillet 1214 par Philippe-Auguste, roi de France, qui, avec une armée de 50,000 hommes, battit celle d'Othon, empereur d'Allemagne, et de ses alliés, forte de 150,000.

BOYER (Alexis), chirurgien célèbre, né à Uzerche le 1er mars 1760, mort le 25 novembre 1833.

BOYLE (Robert), savant anglais, né en 1626, mort en 1691. Il a perfectionné la machine pneumatique.

Boyne (bataille de la), en Irlande : perdue par le roi Jacques contre le prince d'Orange, le 11 juillet 1690.

BOZE (Claude Gros de), érudit, né à Lyon le 28 janvier 1680; mort le 10 septembre 1755.

Brabant (le) : au IXe siècle ce pays était divisé en quatre comtés; ses limites ont beaucoup varié depuis cette époque. — Le traité de Westphalie, en 1648, y apporta encore de grandes modifications. — Pendant la réunion de la Belgique à la France, c'est-à-dire pendant tout l'empire, le Brabant formait le département de la Dyle. Il reprit son ancien nom en 1815.

BRACCIO DE MONTONE (André), l'un des plus grands généraux de l'Italie, né le 1er juillet 1368, mort vers 1425.

BRADLEY (Jacques), astronome anglais, né en 1692, dans le comté de Glocester; mort le 13 juillet 1762.

Bragance, ville du Portugal : bâtie l'an du monde 2015 par Brigo, roi d'Espagne, fut érigée en duché en 1442; et Jean II, le chef de la dynastie actuelle des rois de Portugal, y fut élu roi en 1640, sous le nom de Jean IV.

Braïlow, forteresse turque de la Valachie: les Russes s'en rendent maîtres par capitulation le 23 juin 1828.

Brandebourg (le pays de) : établissement de ses margraves, ou marquis, en 926. — Le margraviat est vendu en 1415 pour 400,000 ducats, à Frédéric, burgrave de Nuremberg, qui devint ainsi la tige de l'illustre maison de Brandebourg qui s'assit sur le trône de Prusse le 18 janvier 1701. Voy. *Prusse*.

BRANTOME (André de Bourdeille, vicomte, abbé de), auteur des fameux *Mémoires*, mort le 7 juillet 1614.

Brassards d'armure. On y a renoncé en France depuis le règne de Henri III, mort en 1589.

Braunsberg (combat de) où les Russes sont battus par les Français, le 26 février 1807.

BRAUWER (Adrien), peintre flamand, né à Harlem en 1608, mort à l'hôpital d'Anvers en 1642.

BRÉA (.... le général de), né à Menton le 23 avril 1790, assassiné, contre le droit des gens, à la barrière Fontainebleau, le 25 juin 1848.

BRÉBEUF (Guillaume de), traducteur ampoulé de Lucain, né à Rouen en 1618, mort en 1661.

Breda : enlevée aux Espagnols par Maurice, prince d'Orange, le 3 mars 1590. — Prise par Spinola et les Espagnols en 1625.

Breda (paix de), conclue le 26 janvier 1667 entre l'Angleterre, la Hollande, la France et le Danemark.

Brefs apostoliques : on en découvre les premières traces au XIIIe siècle; mais leur forme ne fut bien déterminée que vers le milieu du XVe.

Brégentz, ville du Tyrol autrichien : les Français s'en emparèrent en 1799.

BRÉGUET (Abraham-Louis), célèbre horloger français, né à Neufchâtel en Suisse, le 10 janvier 1747, mort le 17 septembre 1823.

Brême (duché de) : son archevêché fut sécularisé par la paix de Westphalie en 1648. — Ce pays fut conquis par les Danois en 1712, et passa successivement entre les mains de l'électeur de Brunswick, puis des Suédois. — La ville de Brême est déclarée libre, ainsi que son territoire par le congrès de Vienne, en 1815.

BRENNUS, fameux chef des Gaulois : il prit Rome le 17 juillet 387 av. J.-C.

Brenta, rivière qui se jette dans le golfe de Venise : célèbre par deux victoires remportées en 1796 par les Français sur les Autrichiens.

Brescia, en Italie : fondation de cette ville par les Gaulois, vers l'an 600 av. J.-C. — Elle soutint vaillamment plusieurs siéges contre les Vénitiens, dans la première partie du XVe siècle. — Prise par Trivulce, général de la république vénitienne, le 24 mai 1516. — Plus de deux mille personnes y périssent, le 18 août 1769, par l'effet de l'explosion d'un magasin à poudre. — Elle appartint à la république de Venise jusqu'à sa dissolution, époque où elle fit partie de la république cisalpine et italienne. Depuis 1814, elle est sous la domination autrichienne.

Brésil : visité en 1499 par Pinson, officier de Colomb; découvert et reconnu en 1500 par Pedro Alvarez Cabral, navigateur portugais. — En 1549, le Portugal y fait jeter les fondements de Bahia. — Les Hollandais, par un traité du 6 août 1661, renoncent à leurs prétentions sur ce pays, qu'ils abandonnent aux Portugais. — Ceux-ci en restent paisibles possesseurs jusqu'en 1821. — Le Brésil proclame son indépendance et prend le titre d'empire constitutionnel en août 1822. — Le prince royal de Portugal, don Pedro, est proclamé empereur le 12 octobre suivant. — Abdication de don Pédro, le 7 avril 1831.

Breslaw, capitale de la Silésie : le roi de

Prusse s'en empare le 10 août 1741. Traité prélimaire pour la paix entre le roi de Prusse et la reine de Hongrie, arrêté le 11 juin 1742, confirmé à Berlin le 28 juillet suivant. — Cette ville se rend aux Autrichiens le 25 novembre 1757, par suite de la défaite des Prussiens trois jours auparavant. — Elle se rend aux Français le 5 janvier 1807, après un mois de siége.

Bresse, province de France; fit partie du second royaume de Bourgogne au IXe siècle. — Fut acquise en 1402 par les comtes de Savoie. — Passa à la France en 1601, par suite d'un traité d'échange.

Brest, ville et port de Bretagne : ne commence à figurer dans l'histoire qu'au XIVe siècle, lorsqu'elle fut assiégée par Duguesclin en 1373. — Reste au pouvoir des Anglais jusqu'en 1395.

Bretagne (*Basse*) ou *Bretagne armoricaine :* tire son nom des habitants de la Grande-Bretagne, qui furent chassés de leur pays en 449 par les Anglo-Saxons.

Bretagne (duché de) : il est abandonné par la France à Jean de Montfort, par le traité de Guérande, conclu le 12 avril 1365. — Ce duché est réuni à la France par le mariage de Louis XII avec Anne de Bretagne, en 1499, mais il est plusieurs fois sur le point d'en être séparé. — Enfin il est définitivement réuni à la couronne par François Ier en 1532.

Bretagne (*Grande-*) : tombe au pouvoir des Anglo-Saxons en 449.

Bretagne (*Nouvelle*), découverte par Dampierre en 1700.

BRETEUIL (Louis-Auguste le Tonnelier, baron de), homme d'Etat, né à Preuilly (Indre-et-Loire) en 1730, mort en 1807.

Brétigny (traité de), conclu le 8 mai 1360, et par lequel le duché d'Aquitaine, le Ponthieu et Calais sont cédés au roi d'Angleterre.

Breton (cap), à l'entrée du Canada ; enlevé aux Français par les Anglais le 26 juin 1745.

BREUGHEL, célèbre famille de peintres flamands. Pierre Breughel, surnommé *le Paysan* ou *le Gai*, fut le chef de cette famille ; il vécut de 1510 à 1570, et selon d'autres de 1530 à 1590. — L'un de ses fils, Jean, surnommé *Breughel d'Enfer* ou *Breughel de velours*, mourut vers 1640. D'autres artistes de cette famille vivaient en Italie sur la fin du dernier siècle.

Bréviaire : la constitution expresse qui oblige les ecclésiastiques de le réciter fut décrétée dans le concile de Latran en 1512.

BREZE (Pierre de), guerrier tué à la bataille de Montlhéry le 14 juillet 1465.

Briare : commencement de son canal en 1604.

BRICE (saint), évêque de Tours, mort le 13 novembre 444.

BRIDAINE (Jacques), célèbre missionnaire, né à Uzès le 21 mars 1701, succomba à ses fatigues apostoliques le 22 décembre 1767, à Roquemaure, près d'Avignon.

Bride : Bellérophon est le premier qui ait enseigné aux Grecs à mener un cheval avec le secours de la bride, vers l'an 1360 av. J.-C.

BRIDGEWATER (le duc de), à qui l'Angleterre est redevable de son système de canalisation intérieure, naquit en 1726, et mourut en 1803.

Brie (le comté de) : réuni à la couronne avec la Champagne en 1361.

Brienne (combat de), livré le 29 janvier 1814. Les Français, commandés par Napoléon, y repoussent les Prussiens.

BRIEUC (saint), né vers 409, mort à la fin du Ve siècle, âgé de plus de 90 ans.

Brigade de sûreté : formée par le fameux Vidocq en 1817.

BRIGITTE (sainte), fondatrice de l'ordre du Sauveur. Elle naquit en Suède, fille de Burger, prince du sang royal, et mourut le 23 juillet 1373. Elle fut canonisée par Boniface IX, le 7 octobre 1391 ; sa fête est marquée au 8 du même mois.

Brignais (bataille de), où périrent, en 1361, Jacques de Bourbon et son fils.

BRILLAT-SAVARIN (Anthelme), magistrat, auteur de la *Physiologie du Goût*, né à Belley le 1er avril 1755, mort à Paris le 2 avril 1826.

Brinn ou *Brunn*, ville frontière de la Moravie. Les Français y entrèrent en 1805 et 1809.

BRINVILLIERS (la marquise de), empoisonneuse, exécutée le 17 juillet 1676.

Briques, inventées à la Chine, vers 2611 av. J.-C.

Bris et naufrage (droit de), aboli entièrement en France par une ordonnance de Louis XIV de 1681.

BRISSAC (Charles de Cossé, maréchal de), né en 1506, mort en 1563, gouverneur de Picardie.

Brisach (Neuf-), bâtie par Louis XIV, et fortifiée par Vauban vers la fin du XVIIe siècle.

Brisgau, ancien landgraviat de la Souabe méridionale, cédé au duc de Modène par la paix de Lunéville (9 février 1801), retourné au grand-duc Ferdinand d'Autriche en octobre 1803, échu au grand-duc de Bade à la paix de Presbourg en 1805.

Brisserte (combat de) : il eut lieu entre les Francs et les Normands en 866; Robert le Fort y perdit la vie.

BRISSON (Barnabé), savant, président du parlement de Paris, auteur du *Code Henri*, était né en 1531 : il périt victime des fureurs de la Ligue, le 15 novembre 1591.

BRISSOT DE WARVILLE, député à la Convention nationale, né à Chartres le 14 janvier 1754, guillotiné, le 31 octobre 1793, avec les célèbres Girondins.

Bristol, grande ville d'Angleterre. Son Université fondée par souscription en 1829. — Une émeute violente éclata dans cette ville le 30 octobre 1831.

Britannicus, tragédie de Racine. Sa première représentation eut lieu le 11 décembre 1669.

Broderie en or, inventée par Atalus III, roi de Pergame, l'an 138 av. J.-C.

BROGLIE ou BROGLIO (Victor-François, duc de), maréchal de France, né le 19 octobre 1718, mort à Munster en 1804.

Bromberg, petite ville de Prusse. Un traité y fut conclu en 1657, entre les Polonais et l'électeur de Brandebourg, qui y fut reconnu duc de la Prusse orientale.

Brôme. Ce nouveau corps simple fut découvert en 1826 dans les eaux-mères des marais salants, par M. Balard de Montpellier.

BRONGNIART, famille célèbre dans les arts et les sciences. — Alexandre-Théodore Brongniart, né à Paris en 1739, mort en 1839, fut l'architecte de la Bourse de Paris. — Son fils, Alexandre Brongniart, auteur d'un traité de minéralogie et de plusieurs autres ouvrages scientifiques, est né à Paris en 1770.

Bronze. Selon Pausanias, le statuaire Rhucus de Samos fut le premier des artistes grecs qui le fondit, l'an 700 av. J.-C.

BROSSE (Pierre de la), barbier de saint Louis, chambellan de Philippe le Hardi, pendu au gibet de Montfaucon, le 30 juin 1278.

BROSSES (Charles de), premier président au parlement de Bourgogne, né à Dijon le 1er février 1709, mort le 1er mai 1777.

BROSSETTE (Claude), commentateur des œuvres de Boileau, né à Lyon en 1671, mort en 1746.

BROTIER (Gabriel), jésuite, savant critique, né à Tannay (Nivernais), le 5 septembre 1723, mort le 12 février 1789.

Brouage, ville de Saintonge, fondée par Jacques de Pons en 1555.

BROUSSEL (Pierre), membre du parlement de Paris, pendant les troubles de la Fronde, joua un grand rôle politique à cette époque. (Voy. *Barricades*, *Fronde.*)

BROWN (Jean), célèbre médecin, né en Ecosse en 1735, mort en 1788.

BRUCE (Robert), roi d'Ecosse, célèbre par ses aventures et ses exploits, mort en 1329.

BRUCKER (Jean-Jacques), savant allemand, né le 22 janvier 1696, mort en novembre 1770.

BRUEYS (David-Augustin de), théologien et poëte comique, né à Aix en Provence en 1640, mort le 25 novembre 1723.

BRUEYS (l'amiral), né à Uzès vers le milieu du XVIIIe siècle, tué à la bataille d'Aboukir, le 1er août 1798.

Bruges, ville de la Flandre occidentale, fortifiée en 867 par le comte Baudouin-Bras-de-Fer, agrandie en 1270 et 1331. — Sa cathédrale dévorée par un incendie avant le XIIe siècle; rebâtie, elle fut consacrée de nouveau le 27 avril 1127; incendiée une seconde fois le 9 avril 1358; incendiée de nouveau le 20 juillet 1839. — En 1429, l'ordre de la Toison-d'Or y est institué par le duc Philippe-le-Bon. — L'imprimerie y était établie en 1476. — Bruges fut le berceau de la pêche du hareng.

BRUIX (Eustache), vice-amiral français et ministre de la marine, né à Saint-Domingue en 1757, mort à Paris le 18 mars 1805.

Brumaire (18). V. *Révolution française.*

BRUMOY (Pierre), savant jésuite, né à Rouen en 1688, mort en 1742.

BRUNCK (Richard-François-Philippe), savant philologue, né à Strasbourg le 30 décembre 1729, mort le 12 juin 1803.

BRUNE (Guillaume-Marie-Anne), maréchal de l'empire, né à Brives-la-Gaillarde le 13 mars 1763, assassiné à Avignon le 2 août 1815.

BRUNEHAUT, reine d'Austrasie, mise à mort vers la fin du VIe siècle.

BRUNELESCHI (Philippe), célèbre architecte italien, né en 1375, mort en 1444.

Brunette (la), fort très-important du Piémont près de Suze, démoli par les Français en 1798.

BRUNO (saint), fondateur de l'ordre des Chartreux, né vers l'an 1035. L'Eglise l'honore le 6 octobre, jour de sa mort, qui arriva en 1101.

BRUNO ou BRUNI D'AREZZO, savant célèbre de la période de la renaissance, né en 1369, mort le 9 mars 1444.

Brunswick. L'érection de son territoire en duché eut lieu en 1235. — La ville de ce nom avait été fondée en 861. — Assiégée en 1761, elle fut délivrée le 13 octobre. — Un combat eut lieu à Brunswick en 1813.

BRUNSWICK-LUNEBOURG (le duc de) s'empara de la Hollande le 10 octobre 1787; mort le 10 novembre 1806.

BRUTUS (Lucius-Junius) chassa les Tarquins de Rome l'an 509 av. J.-C. — Brutus (Lucius-Junius), l'un des premiers tribuns du peuple (l'an 493 av. J.-C.). — Brutus (Marcus-Junius), l'un des meurtriers de César, mort le 23 octobre l'an 42 av. J.-C.

Bruxelles, capitale de la Belgique. Sa première mention historique ne remonte pas au delà du VIIe siècle. — Siége de cette ville en 1216 par Ferrand, comte de Flandre. — En 1256, congrès pour accorder les Brabançons, les Flamands, les Hollandais et les Liégeois. — Prise de cette ville par le maréchal de Saxe, le 20 février 1746. — Le 14 novembre 1793, entrée de Dumouriez dans Bruxelles, à la tête de l'armée française. V. *Belgique.* — Insurrection et révolution dans cette ville, le 23 septembre 1830.

BRUYERE (Jean de la). Voy. *Labruyère.*

Bruyères, petite ville de Picardie qui ne remonte pas au delà du Xe siècle. — En 1130, Louis le Gros l'érigea en commune. — Les Anglais la saccagèrent en 1358 et en 1373. — Les Bourguignons s'en emparèrent en 1433, mais elle fut rendue l'année suivante au roi. — Les calvinistes s'en rendirent maîtres en 1567. — Les ligueurs la prirent en 1589.

Brzescie ou *Brest-Litewsky* (bataille de), perdue par les Polonais contre les Russes le 18 mai 1794.

BUACHE (Philippe), célèbre géographe, membre de l'académie des sciences, né vers 1700, mort le 27 janvier 1773.

BUCER (Martin), l'un des compagnons de Luther, né à Strasbourg en 1491, mort à Cambridge le 17 février 1551.

BUCHANAN (Georges), historien et poëte célèbre, né en Ecosse en 1506, mort le 28 septembre 1582.

BUCKELZ ou BEUKEL (William), pêcheur hollandais, habitant de Bervliet, à qui on attribue l'invention de la manière de saler le hareng; mort vers 1347.

Buckholz (bataille de) : Charlemagne y

défit les Saxons commandés par Wittikind, en 779.

BUCKINGHAM (Georges-Villiers, duc de), ministre et favori de Jacques Ier et de Charles Ier, rois d'Angleterre, né le 28 août 1592, assassiné le 23 août 1628.

Bude, ville capitale de la Basse-Hongrie. Elle a été définitivement enlevée, en 1686, aux Turcs, qui s'en étaient emparés plusieurs fois.

BUDÉ (Guillaume), savant français, né à Paris en 1467, mort le 23 août 1540.

Budget. Ce terme n'est connu en France que depuis 1789.

Buenos-Ayres, ville de l'Amérique méridionale fondée par Pierre Mendoza en 1535. — Erigée en vice-royauté en 1778. — Les Anglais prennent cette ville aux Espagnols le 24 juin 1806. — Les Espagnols la reprennent le 12 août 1806. — Buenos-Ayres proclama son indépendance dès 1810.

Buenos-Ayres (congrès de), le 3 décembre, 1817.

BUETTNER, philologue allemand, mort le 26 février 1801.

BUFFIER (Claude), savant jésuite, né en Pologne en 1661, mort en 1737.

BUFFON (Georges-Louis Leclerc, comte de), célèbre naturaliste et écrivain français, né à Montbar, en Bourgogne, le 7 septembre 1707, mort le 16 avril 1788.

BUGEAUD DE LA PICONNERIE (.... duc d'Isly), maréchal de France et membre de l'Assemblée législative, né à Limoges le 15 octobre 1784, mort à Paris le 10 juin 1849.

Bugey (le), cédé, en 1601, à la France par la Savoie.

Bugie, ville maritime voisine d'Alger, prise par les Français le 19 octobre 1833.

Bukarest ou *Bucharest*, capitale de la Valachie; cédée à l'Autriche en 1718. — Rendue aux Turcs par la paix de Belgrade, en 1739. — Prise plusieurs fois par les Russes, notamment en 1806. —Premier congrès tenu dans cette ville depuis octobre 1772 jusqu'en mars 1773. —Second congrès en 1812, suivi d'un traité signé le 28 mai.

Bukowine, ancienne partie de la Moldavie, réunie à la Gallicie depuis 1777. — Peuplée en 1781.

Bulgares, sectaires hérétiques du IXe siècle.

Bulgares: se révoltent contre les Romains, en 1186, et recommencent un nouveau royaume qui subsiste jusqu'en 1396.

Bulle d'or, loi fondamentale de l'empire Germanique, proposée, par l'empereur Charles IV, aux diètes de Nuremberg et de Metz, qui l'approuvent en 1356.

Bulles. Les plus célèbres sont celles de Boniface IX pour l'établissement des annates (1399); de Léon X contre les doctrines de Luther (15 juin 1520), elle commence par ces mots : *Exsurge, Domine;* de Paul III, du 27 octobre 1540, portant approbation de l'ordre des jésuites; de Grégoire XIII, confirmant l'établissement de l'Oratoire (25 juillet 1575); de Clément VIII pour absoudre Henri IV (17 septembre 1595); celle du pape Innocent XII, du 28 juin 1692, qui condamne le livre de Fénelon; celles de Clément XI, appelées *Vineam Domini* (15 juillet 1705) et *Unigenitus* (8 septembre. 1713); celle de Clément XIV, qui abolit les jésuites (21 juillet 1773): celle de Pie VII, du 7 août 1814, qui rétablit ces religieux et proscrit les sociétés secrètes. — Le pape Alexandre VIII en accorde, en 1690, aux évêques de France nommés par le roi, et auxquels on les refusait depuis l'assemblée du clergé de 1682.

BULLET (Pierre), architecte du XVIIe siècle à qui l'on doit la Porte Saint-Martin, à Paris élevée en 1674; mort au commencement du XVIIIe siècle.

BULLET (Jean-Baptiste), profond érudit, né à Besançon en 1699, mort en 1775.

Bulletin des lois : établi par la loi du 14 frimaire an II (4 décembre 1793).

BUONTALENTI (Bernardo), architecte florentin, né en 1535, mort en 1608.

BURGER (Geoffroi-Auguste), poëte allemand, né dans la principauté d'Halberstadt en 1748, mort à la fin de 1794.

Burgos : prise de cette ville par l'armée française, le 8 novembre 1808.

BURGOYNE (John), général anglais, mort en 1792.

Burich, petite ville du grand-duché du Bas-Rhin; ses fortifications furent rasées, en 1672, par les Français.

BURKE (Edmond), célèbre publiciste et orateur parlementaire, né à Dublin le 1er janvier 1730, mort le 8 juillet 1797.

BURIDAN (Jean), recteur de l'université de Paris et fameux dialecticien, mort vers 1358.

BURIGNY Jean Levesque de), auteur d'une savante *Histoire de la philosophie païenne*, né à Reims en 1692, mort à Paris en 1785.

BURLAMAQUI (Jean-Jacques), célèbre moraliste et publiciste, né à Genève en 1694, mort en 1748.

BURLEIGH (Cécile-William, baron de), secrétaire d'état et grand trésorier d'Angleterre, né en 1520, mort en 1598.

BURNET, (Gilbert), évêque de Salisbury, l'un des plus zélés promoteurs de la révolution de 1688, né à Edimbourg le 18 septembre 1643, mort le 27 mars 1715.

BURNS (Robert), célèbre poëte écossais, né le 25 janvier 1759, mort le 18 juillet 1796.

Bursa ou *Broussa*, ville d'une province de l'Anatolie, fut la capitale de l'empire turc de 1356 à 1452.

BUS (César de), instituteur de la congrégation de la doctrine chrétienne, né à Cavaillon en 1544, mort à Avignon en 1607.

BUSCHING (Antoine-Frédéric), géographe allemand, né à Stadtagen, en Prusse, vers 1724, mort en 1793.

BUSBECQ (Augier Ghislain de), né en 1522 à Comines en Flandre, mort le 28 octobre 1592, fut un diplomate de distinction.

BUSEMBAUM (Hermann), jésuite, né en 1600 en Westphalie, mort le 31 janvier 1668; est auteur d'un ouvrage intitulé *Medulla theologiæ moralis*.

Busiris, ville d'Egypte : rasée par Dioclétien l'an 296.

BUSSY (Roger de Rabutin, comte de), né à Epiry en Nivernais, en 1618, mort en 1693.

BUSSY-LECLERC (Jean), l'un des chefs de la faction des Seize : gouverneur de la Bastille en 1589. On assure qu'il vivait encore en 1634.

BUTE (John Stuart, comte de), homme d'état anglais, né en Ecosse au commencement du XVIIIe siècle, mort en 1692.

BUTLER (Samuel), poëte satirique anglais, l'auteur du poëme d'*Hudibras*, né en 1612, mort en 1680.

BUZOT (François-Nicolas-Léonard), membre de la convention nationale, né à Evreux le 1er mars 1760, mort proscrit en 1793.

Byblis ou *Byblos* (Bataille de), gagnée par les Egyptiens sur les Perses, l'an 457, avant Jésus-C.

BYNG (Jean), marin anglais, fils de l'amiral Georges Byng, mis à mort le 14 mars 1757, pour n'avoir pas été vainqueur dans un combat naval livré, le 20 mai 1756, contre une escadre française.

BYRON (John), commodore anglais, intrépide voyageur, né le 8 novembre 1723, mort en 1786.

BYRON (George Gordon, lord), célèbre poëte anglais, né à Londres le 22 janvier 1788, mort en Grèce le 19 avril 1824.

Byzance : cette ville se rend aux Romains, l'an 196 depuis J.-C., après trois ans de siége. — Devient le siége de l'empire romain l'an 328, et reçoit le nom de Constantinople de l'empereur Constantin. — Voy. *Constantinople*.

Byzantin (empire) : fondé l'an 395, cessa d'exister le 14 mai 1453.

C

CABANIS (Pierre-Jean-Georges), médecin, philosophe et littérateur, né à Cosnac (Charente-Inférieure) en 1757, mort en 1807.

Cabarets : en 1639, le sultan Amurat IV, par un édit jusqu'alors inouï chez les mahométans, permit aux cabaretiers de vendre du vin publiquement.

Cabbale, système de philosophie mystique : cette science florissait parmi les Juifs pendant les deux premiers siècles de l'Eglise. — Au Xe siècle, Saadiah Gaôn de Fryyoum la fit revivre. — Depuis le XIIIe siècle, on pourrait citer un grand nombre de cabbalistes juifs et chrétiens.

Cabestan : son perfectionnement en 1734 et 1741, par Ludot ; en 1773 par Eckhart, de la société royale de Londres ; en 1783, par Deshayes des Vallons ; et en 1793, par Lalande.

Cabillauds, nom d'une faction célèbre qui parut en Hollande vers 1350, et qu'on retrouve encore à la fin du XVe siècle.

Câbles : en 1792, on inventa en Angleterre un procédé qui réduisit au dixième le nombre des ouvriers employés à leur fabrication.

Câbles-chaînes : leur invention est due au capitaine Samuel Brown, qui, en janvier 1808, eut l'idée de remplacer le chanvre par le fer dans plusieurs cordages.

Cabochiens (guerre des), à Paris : elle se termina par un traité conclu le 14 juillet 1413.

CABOT (Jean et Sébastien), célèbres *découvreurs*, nés à Venise, voyagèrent pour l'Angleterre de 1496 à 1526. On leur doit la découverte du banc de Terre-Neuve.

Cabotage : règlements y relatifs pour ce qui est de la France. — Acte de navigation décrété le 21 septembre 1793. — Ordre en date du 7 avril 1814. — Arrêté ministériel du 6 septembre 1817.

CABRAL (Pierre-Alvarez), navigateur portugais, découvre, le 24 avril 1500, la *Terre de Sainte-Croix*, maintenant le Brésil.

Cabrières et Mérindol (massacre de), exercé contre les Vaudois en 1545.

Cacao : est apporté d'Amérique en Europe en 1510.

Cachad ou *Cashan*, ville de Perse ; un tremblement de terre y renversa 600 maisons en 1755.

Cachet (lettres de) ; leur abolition par une loi du 15 janvier 1790.

CADAMOSTO (Aloïs ou Louis), le plus ancien des voyageurs modernes, né à Venise en 1432, mort après 1463.

Cadastre : il a été réglé par la loi de finances du 31 juillet 1821.

Cadenas : leur invention en 1540, par Ehrmann de Nuremberg.

Cadesiah (bataille de), entre les Sarrasins et Jezdedgerdes, roi de Perse, en 636 ; elle dura trois jours, et les Sarrasins furent vainqueurs.

CADET DE VAUX (Antoine-Alexis), savant distingué, né à Paris en 1743, mort en 1828.

Cadets : leur institution dans nos armées date d'assez loin. — Il en est question dans l'ordonnance du 25 février 1670. — En 1682, ils furent réunis en six corps ou compagnies, qui furent cassés en 1692. — En 1726, les six compagnies furent rétablies ; en 1729, fondues en deux ; en 1732, en une seule, qui fut supprimée le 22 décembre 1733.

Cadets-gentilshommes : institution créée dans l'armée par l'ordonnance du 25 mars 1776, supprimée en 1782.

CADIÈRE (procès de la) : le parlement de Provence rendit un arrêt dans cette affaire, le 7 décembre 1731.

Cadix : bâtie par les Phéniciens de Tyr, fut possédée par les Carthaginois, par les Romains, puis par les Arabes, qui s'y maintinrent jusqu'en 1262, qu'elle tomba au pouvoir des Espagnols. — En 1696, prise et pillée par les Anglais, puis rebâtie par les Espagnols. — Blocus de cette ville par l'amiral Nelson, commencé le 15 avril 1797. — Bombardée en 1792 et en 1800 par les Anglais; assiégée par les Français en 1811. — Bombardement de cette ville par les Français, le 1er mai 1812. — Ravagée par la fièvre jaune sur la fin de 1819; 48, 000 individus en sont frappés. — Entrée des Français à Cadix, le 3 octobre 1823. — Elle est déclarée port-franc depuis le 21 février 1829.

Cadmium, métal découvert en 1818 par M. Herman ou M. Stromayer.

CADOUDAL (Georges), chef vendéen : exécuté à Paris le 25 juin 1804.

Cadrans : inventés par les astronomes babyloniens, vers l'an 2234 av. J.-C. — Le premier que l'on vit à Rome fut tracé par Papirius Cursor, l'an 306 av. J.-C.

Cadrans solaires : inventés par Anaximène de Milet vers 520 av J.-C.

Cadrans solaires horizontaux : leur invention par Pelonier, ingénieur de Paris, en 1787.

Caen, ville de la Basse-Normandie : date de l'installation des peuples du nord dans ce pays. — Prise d'assaut, en 1346, par Edouard III, roi d'Angleterre. — Les Anglais s'en emparent une seconde fois en 1417, et la gardent jusqu'en 1448. — Son université, fondée en 1433, et confirmée par Charles VII en 1450. — La congrégation de *Notre-Dame de la Charité* fut établie dans cette ville, en 1641, par le père Eudes. — Etablissement des *Filles du bon Sauveur*, pour le soulagement des femmes malades, en 1720, par Anne Leroy.

Café : il est apporté de la Perse aux Arabes, qui commencent à en faire usage vers 1412. — On commença d'en faire usage en France vers 1655.—Le premier café public en France fut ouvert à Marseille, par un Vénitien, en 1664. — L'ambassadeur turc, Soliman-Aga, mit le café à la mode à Paris en 1669. — L'introduction en est prohibée, en Autriche, le 4 mai 1810.

Café chicorée : la première manufacture de ce produit fut établie à Berlin en 1771. — En 1800 et années suivantes, des fabriques de ce genre s'établirent en Belgique, dans le duché de Bade, et en France.

CAFFARELLI DU FALGA (Louis-Marie-Joseph-Maximilien-Auguste), général français, tué à Saint-Jean-d'Acre le 9 avril 1799.

CAFFARELLI (Auguste, comte, de) frère du précédent, général de division, pair de France, né au château de Falga (Haute-Garonne) le 7 octobre 1766, mort le 23 janvier 1849.

Cagliari, capitale de l'île de Sardaigne; son université fut reconstituée en 1765; société d'agriculture fondée en 1805.

CAGLIOSTRO (le comte Alexandre de), célèbre charlatan du XVIIIe siècle, né a Palerme, en Sicile, le 8 juin 1743; mort, en 1795, au château de Saint-Léon.

Cahiers des bailliages : les derniers furent rédigés, en 1789, sur l'ordre même de Louis XVI.

Cahors, ville du Quercy : prise et dévastée par Pepin, en 763. — Les Normands la ravagèrent en 824. — Prise par Henri IV, le 22 mai 1580.

Cahsgar (royaume de), ou petite Bucharie. La Chine en fit la conquête en 1759.

Caïfa, ville de Palestine; prise par les Français en 1799.

CAILLE (Nicolas-Louis de la), savant mathématicien, né à Rumigny (Aisne) le 15 mars 1713; mort à Paris le 21 mars 1762.

CAIN, premier-né d'Adam et d'Ève, vit le jour l'an 2 du monde.

Caïnites, sectaires qui parurent vers l'an 159 de notre ère.

Caire (le) : fondation de cette ville d'Egypte, en 969; d'autres disent l'an 795, par les califes Fathimites. — Prise de cette ville par les Français, le 23 juillet 1798. — Insurrection des habitants contre les Français, qui la répriment sévèrement le 21 août. — Se rend aux Anglo-Turcs le 27 juin 1801; les Français l'évacuent. — Rendu aux Turcs en 1803.

Caisse à eau (marine); ses premiers essais en Angleterre en 1798; faite en fer battu quelques années après.

Caisse d'amortissement : le principe de son organisation se trouve dans un édit de décembre 1764; sa création définitive date de l'an VIII (1800).

Caisse des dépôts et consignations : est séparée de la caisse d'amortissement par la loi du 28 avril 1816.

CAIUS (saint), élu pape le 17 décembre 283; mort le 22 avril 296.

CAJETAN (Thomas de Vio, dit), célèbre cardinal, né à Gaëte, le 20 février 1469, mort à Rome le 9 août 1534.

Calaboso (prise de), par Bolivar, le 5 janvier 1820.

Calabre, province d'Italie : les bohémiens en furent bannis, en 1560, comme voleurs et espions; et en 1685 l'ordre de leur bannissement fut renouvelé.—La partie de ce pays, que l'on nomme ultérieure, a été presque entièrement détruite par le tremblement de terre du 5 février 1783.

Calais : on ne parla guère de cette ville qu'aux Xe et XIe siècles; prise par Edouard III, en 1347, après une année de siége; reprise par le duc de Guise le 8 janvier 1558. — Bombardée sans effet par les puissances alliées en 1696.

Calandre, machine qui sert à lustrer le drap : les premiers instruments de ce genre, employés en France, furent dus à l'activité industrielle de Colbert vers le milieu du XVIIe siècle.

CALAS (Jean), né le 19 mars 1698, rompu vif à Toulouse, le 9 mars 1762.

Calatrava (ordre militaire de), fondée en Castille, en 1158, comme obstacle aux Maures d'Espagne. — En 1219, s'élève une communauté de religieuses du même ordre. — En 1540, une bulle de Paul III permit aux chevaliers de se marier.

Calcédoine (concile œcuménique de). L'empereur Marcien et l'impératrice Pulchérie, les magistrats et les sénateurs y assistent; il commence le 8 octobre 451. Plus de 630 évêques s'y trouvent. Les légats du pape y président; Eutychès et Dioscore y sont condamnés. On y fait vingt-neuf canons. Il finit le 1er novembre.

Calcium, métal; indiqué par Davy en 1807.

Calcul différentiel : découvert par Leibnitz vers 1684, et en même temps par Newton sous le nom de *calcul des fluxions*.

Calcul intégral : découvert par Bernoulli en 1690, et perfectionné par Euler en 1734.

Calcutta : est enlevée aux Anglais en 1756; ils la reprennent l'année suivante, sous la conduite du colonel Clive, qui jette les fondements du vaste empire britannique dans les Indes.

CALDERON DE LA BARCA (don Pedro), célèbre auteur dramatique espagnol, né en 1600, florissait vers l'an 1640.

CALDERWOOD (David), célèbre théologien de l'Eglise d'Ecosse, né en 1575, mort en 1651.

Caldiero (combat de), où les Français battirent les Autrichiens, le 30 octobre 1805.

Calédonie (Nouvelle-), grande île de la mer Pacifique, découverte en 1772 par le capitaine Cook.—Vingt ans après elle fut visitée par d'Entrecasteaux.

Calendrier : sa réformation par Jules-César, l'an 46 av. J.-C.—La première année julienne commence au 1er janvier de l'an 45 av. J.-C. — Auguste en ordonne une nouvelle réformation, et donne son nom au sixième mois de l'année, à présent le mois d'août. — Réformé par le pape Grégoire XIII, le 24 février 1582.

Calendrier Julien, non réformé : introduit en Russie par Pierre le Grand, en 1689. Auparavant les Russes commençaient l'année au 1er septembre.

Calendrier Grégorien : admis par les Anglais en 1751. — Par les Suédois en 1752, et par les Etats protestants vers le même temps. La Russie et la Grèce seule suivent aujourd'hui en Europe l'ancien calendrier. — Le 9 septembre 1805, un sénatus-consulte ordonne d'en reprendre l'usage à dater du 1er janvier 1806.

Calicot, toile de coton; sa fabrication ne remonte guère au delà du commencement de ce XIXe siècle.

Calicut, ville des Indes; ère de sa fondation, en 907.

Califat : sa création en 632.

Califes fathimites, en Afrique : commencement de cette dynastie, en 999.—Fin de leur empire en 1158.

Californie : découverte par les Espagnols, sous la conduite de Cortez, en 1534.

CALIGULA (Caïus-César-Augustus-Germanicus), empereur romain, né à Antium l'an 13 de J.-C., parvient au trône l'an 37; mort en 41.

CALIXTE Ier (saint), élu pape en 217, souffrit le martyre le 14 octobre 222.

CALIXTE II (Gui de Bourgogne), élevé à la chaire pontificale le 29 janvier 1119, mort en 1124.

CALIXTE III (Alphonse Borgia), élu pape le 8 avril 1455, mort le 6 août 1458.

Calixtins, sectaires hussites de la Bohême, commencèrent à paraître vers 1450.

Callao, ville considérable de l'Amérique méridionale : presque totalement détruite, le 29 septembre 1746, par un tremblement de terre.

CALLIMAQUE, célèbre poëte grec, natif de Cyrène, florissait vers l'an 280 av. J.-C.

CALLINIQUE, architecte, natif d'Héliopolis en Egypte, inventeur du *feu grégeois*, vivait vers l'an 670 de J.-C.

CALLISTHENES, philosophe grec, né à Olynthe, ville de Thrace, vers la 365e année av. J.-C., mort victime du despotisme cruel d'Alexandre.

CALLOT (Jacques), peintre, dessinateur et graveur, né à Nancy en 1595, mort en 1635.

Calmar (union de), établie le 13 juillet 1397, à l'occasion de la jonction des trois couronnes du nord.—Son abolition en 1523.

CALMET (Dom Augustin), savant bénédictin, né près de Commercy en 1672, mort en 1757.

CALONNE (Charles-Alexandre de), ministre français, né à Douai le 20 janvier 1734, mort à Paris le 29 octobre 1802.

Calorimètre : cet instrument fut inventé par Lavoisier et Laplace vers 1789.

Calotte (régiment de la) : association de farceurs satiriques, formée sur la fin du règne de Louis XIV (de 1705 à 1715), par de joyeux officiers.

CALPRENEDE (Gautier de Costes de la), romancier, mort en 1663.

Calpurnia (loi) : établie par Pison, pour empêcher les brigues, l'an 87 av. J.-C.

Calvi, ville de Corse : elle fut fondée en 1268. — Assiégée par les Anglais en juin 1794.

Calvi (bataille de), gagnée sur les Napolitains par les Français, le 9 décembre 1798.

CALVIN (Jean), second chef de la réforme au XVIe siècle, né à Noyon le 10 juillet 1509, mort à Genève le 27 mai 1564.

Camail, vêtement ecclésiastique : il en est déjà fait mention dans le concile provincial de Salzbourg, tenu en 1386. — Le concile de Bâle (1435), celui de Reims (1456), ceux de Sens (1460 et 1485) ne veulent pas que les chanoines portent le camail à l'office; mais ce droit fut rétabli par un autre concile, tenu à Paris en 1428.

Camaldules (ordre des), fondé par saint Romuald, vers l'an 1012.

Camargue (île de la) : une tour construite dans cette île, en 1737, à l'embouchure du grand Rhône, est maintenant éloignée de ce fleuve de près d'une lieue.

Camarilla : la première dont parle l'histoire d'Espagne est celle d'Alphonse X, vers le milieu du XIIIe siècle.

CAMBACÉRÈS (Jean-Jacques-Régis de), ancien archi-chancelier de l'empire, né à Montpellier le 18 octobre 1753; mort en 1824.

Cambrai, capitale de l'ancien Cambrésis : cette ville date du temps de la conquête des Romains, et n'acquit quelque importance qu'après la chute de Bavai en 395. — Elle passa sous la domination d'Arnould, roi d'Allemagne, en 899; revint à la France de 925 à 936; retourna au roi d'Allemagne jusqu'en 1007; demeura en toute souveraineté à des évêques jusqu'en 1543, que Charles-Quint la réunit à son domaine. — De l'an 500 à 1570, elle eut 72 évêques; devenue alors archevêché, elle eut 16 archevêques. — Simple évêché depuis 1802, Louis-Philippe y a rétabli un archevêché le 2 décembre 1841.

Cambrai (ligue de), conclue le 10 décembre 1508, entre le pape Jules II, l'empereur Maximilien, Louis XII, roi de France, et Ferdinand, roi d'Espagne, contre les Vénitiens.

Cambrai (conciles de) : l'un en 1303, l'autre en 1383.

Cambrai (traités de), en 1529, entre Louise de Savoie, mère de François Ier, et Marguerite, gouvernante des Pays-Bas; — en 1815, entre Louis XVIII et la coalition.

Cambridge, ville d'Angleterre : son université date du VIIe siècle; suivant quelques auteurs du Xe : elle fut restaurée sous Edouard Ier à la fin du XIIIe siècle. — La ville fut brûlée en 1010 par les Danois; détruite de nouveau par un incendie, en 1174. — Le 2 mai 1534, l'Université se déclare contre la suprématie du pape. — En 1630, peste terrible.

CAMBYSE, roi de Perse, monte sur le trône l'an 529 av. J.-C. : mort en 525 av. J.-C.

CAMERARIUS (Joachim Ier), grand littérateur de l'Allemagne, né le 12 avril 1500, mort à Leipzik le 17 avril 1574.

CAMERARIUS (Joachim II), fils du précédent, né à Nuremberg le 6 novembre 1534, savant médecin et botaniste de son temps.

Camérier, dignité ecclésiastique et séculière, instituée sous Grégoire XIII en 1073; mais le titre était déjà connu sous Etienne IX, en 1057.

CAMERON (Jean), théologien protestant écossais, mort à Montauban à 46 ans, en 1625.

Caméroniens, secte de l'Ecosse, qui se sépara des presbytériens en 1666 : ils avaient pris leur nom de Richard Caméron, fameux prédicant. — Il y eut aussi en France, au XVIe siècle, des caméroniens calvinistes, qui tiraient leur nom de Jean Caméron. Voy. ce nom.

CAMILLE, général romain, mort en 365 av. J.-C.

CAMILLE DE LELLIS (saint), né en 1550 à Bacchianico (Abruzze), mort le 14 juillet 1614, béatifié en 1742 et canonisé en 1746 par Benoît XIV. On célèbre sa fête le 14 juillet.

Camisards : leur soulèvement dans les Cévennes, en 1703; apaisé par Villars en 1704.

CAMOENS (Louis), célèbre poëte portugais, né à Lisbonne vers 1517, mort en 1579.

CAMPAN (Madame), célèbre institutrice, auteur de *Mémoires* curieux sur la révolution française, surintendante de la maison d'Ecouen, morte le 16 mars 1822.

CAMPANELLA (Thomas), philosophe du XVIe siècle, né le 5 septembre 1568, dans la Calabre, mort le 21 mai 1639.

CAMPER (Pierre), médecin et naturaliste hollandais, mort le 7 avril 1789.

CAMPISTRON (Jean-Galbert), poëte français, né à Toulouse en 1656, mort le 11 mai 1723.

Campo-Formio (traité de), conclu entre la France et l'Autriche, le 17 octobre 1797, et ratifié à Paris et à Vienne le 3 novembre suivant.

Campo-Santo (bataille de), entre les Espagnols et les Autrichiens, le 8 février 1743.

CAMPOMANES (don Pedro-Rodriguez, comte de), écrivain espagnol, né vers 1710, mort à Madrid dans les premières années du XIXe siècle.

CAMUS (Jean-Pierre), évêque de Belley, écrivain, né à Paris en 1582, mort à l'hôpital des Incurables, en 1652.

CAMUS (Armand-Gaston), conventionnel, né à Paris le 2 avril 1740, mort le 2 novembre 1804.

Canada : découvert en 1523 par le Florentin Jean Verrazani, envoyé par François Ier. D'autres attribuent cette découverte à Jean et Sébastien Cabot, en 1407. — Etablissement des Français dans ce pays de l'Amérique, en 1604; ils prennent possession de Québec en 1608. — Les Anglais achèvent la conquête de cette vaste contrée par la prise de Montréal, le 8 septembre 1760; ils ont conservé dès lors cette partie de l'Amérique, qui leur fut cédée par le traité de Paris de 1763.

Canal de Picardie : commencement de ses travaux en 1728.

Canal du Languedoc : son ouverture le 19 mai 1681.

Canal de l'Ourcq, commencé en partie sous Louis XIII; les travaux furent repris le 22 septembre 1802, et terminés vers 1820.

Canal des Pyrénées : son exécution, d'après les plans du colonel Louis Galabert, a été autorisée par une loi promulguée le 20 février 1832. Jusqu'ici (juin 1839), c'est tout ce qui existe de ce canal.

Cananor, ville sur la côte du Malabar; prise par les Hollandais en 1664.

Canarie (la grande), connue des anciens, mais négligée jusqu'en 1483, que Pierre de Vera, Espagnol, en fit la découverte.

Canaries (îles) : leur découverte par Jean de Bethencourt, gentilhomme normand, en 1405.

Candahar : ce pays est enlevé au roi de Perse par les Afghans, en 1713. — Conquis en 1738 par Thamas-Kouli-Khan. — En 1747, Candahar devient la capitale d'un royaume connu depuis sous le nom de Kaboul.

CANDIAC (Montcalm de), enfant célèbre né en 1719, mort le 8 octobre 1726.

Candie, ville de l'île de Crète, bâtie en 823 par les Sarrasins. — Elle reste en leur pouvoir jusqu'en 961, et passe à cette époque en la possession des Grecs, jusqu'à la prise de Constantinople en 1204. — Vendue aux Vénitiens, elle est attaquée par les Turcs en 1645, 1649, 1656; enfin elle est prise le 27 septembre 1669, après une guerre de 25 ans, un investissement de 13 ans et un siége où la tranchée resta ouverte pendant 2 ans et 4 mois.—Cédée au pacha d'Egypte par le traité de 1833.

Candy, royaume dans l'île de Ceylan; les Anglais s'en sont emparés en 1814.

CANGE (Charles du Fresne, sieur du), savant érudit, né à Amiens en 1610, mort en 1688.

Cannes (bataille de), remportée sur les Romains par Annibal, l'an 216 av. J.-C. On rapporte qu'il resta 40,000 Romains sur le champ de bataille.

Cannes, petite ville de Provence, près de laquelle Bonaparte débarqua, le 1er mars 1815, après avoir quitté l'île d'Elbe.

CANNING (Georges), homme d'Etat et poëte anglais, né à Londres le 11 avril 1770, mort le 8 août 1827.

CANO (Alonzo), peintre, sculpteur et architecte, né à Grenade en 1600, mort dans cette ville en 1676.

Canon pascal, commencé l'an 225 dep. J.-C., par Hippolyte, évêque de Porto.

Canon : M. Diamanti, mécanicien à Rome, en invente un, en 1819, qui doit être chargé par la culasse.

Canonique (droit) : la première collection de lois et usages de l'Eglise approuvée par le saint-siége, fut publiée par le bénédictin Gratien, vers le milieu du XIIe siècle. — Les *Décrétales* sont de 1230; les *Clémentines* de 1317; les *Extravagantes* parurent quelques années après.

Canonisation : les papes commencent à appeler au saint-siége les causes de canonisation, en 993. — Les métropolitains conservent néanmoins leur ancien droit de canoniser jusqu'en 1153.

Canonniers : ils sont mentionnés dans l'histoire dès le commencement du XVe siècle.

Canons : les Maures s'en servent pour la première fois au siége d'Algésiras, en 1341. — Les Anglais en font usage, en 1346, à la bataille de Crécy.

Canosa, ville du royaume de Naples, détruite par un tremblement de terre en 1694.

CANOVA (Antoine), marquis d'Ischia, célèbre sculpteur, né en 1757, mort le 12 octobre 1822.

CANTACUZÈNE (Jean), se fait déclarer empereur de Constantinople en 1345, abdique en 1355.

Canterbury ou *Cantorbéry* : fondation de son Académie en 630.— Cette ville est assiégée et incendiée par les Danois en 1011. — Sa cathédrale, rétablie en grande partie, fut brûlée de nouveau en 1067, et rebâtie en 1130. — Le 29 décembre 1170, l'archevêque Becket fut assassiné au pied de l'autel de ce temple.

CANTEME (Démétrius), hospodar de Moldavie et historien; mort le 21 août 1723.

Canton ou *Kanton*, ville de la Chine, est pillée en 758, par les Arabes et les Persans qui y étaient établis. — Un incendie y consume 10,000 maisons, le 1er novembre 1823; cet immense désastre était réparé en 1824.

CANUT Ier, le Grand, roi de Danemark, mort en 1036.

CANUT II, déclaré roi d'Angleterre en 1040, mort en 1042.

CANUT IV (saint), roi de Danemark, monta sur le trône en 1080; fut tué et mis au nombre des martyrs en 1086.

CANUT V, roi de Danemark en 1147, mort vers 1155.

CANUT VI, règne sur le Danemark en 1182, mort vers 1210.

CANUT (saint), duc de Jutland ou de Sleswig, souffrit le martyre l'an 1133. On célèbre sa fête le 10 juillet.

Caorsins ou *Corsins*, marchands ou trafiquants d'Italie, fameux au XIIIe siècle par leurs usures, en France, en Angleterre, dans les Pays-Bas, en Sicile. — Furent expulsés d'Angleterre en 1240, puis derechef en 1251, l'année d'après leur rétablissement. — Ils furent chassés du Brabant en 1260, et de France en 1268.

Cap Français (le), ville de Saint-Domingue, fondée en 1670, et incendiée le 21 mai 1793 et le 4 février 1802.

Cap-Blanc (le) : découvert par Jean Tristan, portugais, en 1440, sur la côte occidentale d'Afrique.

Cap-Breton (le), île considérable au sud-ouest de Terre-Neuve, possédée d'abord par les Français, qui la cédèrent aux Anglais par le traité de 1763.

Cap Corse (le) : établissement anglais sur la Côte-d'Or (Guinée sept.); détruit en 1825 par les Aschantes

Cap Mesurado, établissement fondé en 1817 par les Etats-Unis d'Amérique, sur la côte de la Guinée septentrionale.

Cap Vert (îles du), découvertes par les Portugais en 1446, suivant quelques-uns; en 1460 selon d'autres; enfin, suivant le rapport de plusieurs, en 1474.

CAPELLO (Bianca), déclarée reine de Chypre en 1579, morte empoisonnée en 1587.

Capétiens, troisième dynastie des rois de France; la première branche de cette dynastie commence en 987 et finit en 1328. Pour les autres branches, voy. *Valois* et *Bourbons*.

Capitation, impôt personnel établi pour la première fois par les états généraux assemblés à Paris, le 1er mars 1356; ne fut supprimé qu'après 1789.

Capitole (siége du) par les Gaulois, qui furent sur le point de s'en emparer, lorsque les oies de Jupiter jetèrent l'alarme par leurs cris, l'an 390 av. J.-C. — Détruit en partie par un incendie; est rétabli par Vespasien, l'an 69 de J.-C.

Capitolias : son ère commence à l'an 91 de J.-C., époque où cette ville obtint la liberté de se gouverner elle-même.

Capitolins (jeux) : établis à Rome l'an 387 av. J.-C., par Camille, vainqueur des Gaulois. — Rétablis par Domitien pour être célébrés tous les cinq ans, l'an 86 de J.-C.

Capitulaires de Charlemagne, dressés à Aix-la-Chapelle en 805.

CAPO D'ISTRIA (Jean-Antoine), homme d'Etat, né à Corfou en 1776, ministre des affaires étrangères en Russie, de 1816 à 1822, assassiné à Napoli le 9 octobre 1831.

Capo-di-Monte : le roi de Naples y fait élever, en 1814, un magnifique observatoire.

Capoue : ville célèbre de la Campanie, fondée, suivant quelques-uns, l'an 801 av. J.-C., et suivant d'autres, l'an 469 av. J.-C. — L'an de Rome 332, elle fut prise par les Samnites, et se mit sous la protection de la république romaine qui l'asservit. — Elle se releva sous Jules-César, vers l'an de Rome 693. — Plus tard, elle fut ruinée par Genséric, vers l'an 450 de l'ère chrétienne; puis restaurée par Narsès ; elle fut de nouveau détruite par les Lombards, dans le VIe siècle; puis, renaissant de ses ruines, et devenue principauté lombarde, elle tomba au pouvoir des Normands qui l'incorporèrent au royaume de Naples vers le Xe siècle. — Prise par les Français en 1799.

Cappadoce, occupée par les Mèdes, environ l'an 100 av. J.-C., eut une suite de rois jusqu'en l'an 17 de l'ère chrétienne, où elle devint province romaine : elle tomba ensuite au pouvoir des Turcs.

CAPPERONNIER (Claude), érudit et philologue distingué, né à Montdidier en 1671, mort en 1744. — (Jean), neveu du précédent, né en 1716, mort en 1775.

CAPRAIS (saint), né à Agen dans le IIIe siècle, martyr le 6 octobre 287. Sa fête se célèbre le 20 octobre.

Caprée (expédition de), tentée et exécutée par les Français, le 4 octobre 1808.

Capuchon : controverse et guerre qui eut lieu au sujet de cette partie de l'habillement, durant le XIIIe siècle, et qui se prolongea jusqu'en 1318.

Capucins (ordre des), fondé en 1528 par Mathieu de Baschi et Louis de Fossembrun.

CARACALLA (Marc-Aurèle-Antonin), empereur romain, né à Lyon le 4 avril 188, proclamé le 4 février 211, mort le 8 avril 217.

Caracas, province de la république de Vénézuéla; sa capitale fut bâtie en 1567 par Diego de Lerada. — Les Français la prirent et la dévastèrent en 1679; détruite par un tremblement de terre le 26 mars 1812.

Caracas (déclaration d'indépendance de), le 5 juillet 1811.

Caracorum (assemblée de), où les Mogbols élurent pour chef le célèbre Gengiskhan, en 1206.

Caractères mobiles d'imprimerie : P. Schœffer trouve l'art de les jeter en moule, vers 1452.

Caraïtes, secte juive qui date du VIIIe siècle de l'ère chrétienne.

CARAVAGE (Polydore Caldara, plus connu sous son surnom de), peintre célèbre, né en 1495 à Caravaggio, dans le Milanais, mort en 1543, assassiné par son domestique.

Carbonari. Voy. *Bulles* et *Sociétés secrètes*.

Carcassonne, ancienne ville de France; enlevée aux Visigoths par les Sarrasins en 724; réunie à la couronne en 759, par Pepin le Bref, enfin cédée à Louis IX par son dernier comte, en 1247. — Elle avait été érigée en évêché en 507.

CARDAN (Jérôme), philosophe et médecin, né à Paris le 24 septembre 1501, mort le 22 septembre 1575.

Cardinaux : dès le IIIe siècle de l'ère chrétienne, ce titre était exclusivement accordé à des prêtres titulaires. — Ce fut seulement dans un concile tenu à Rome en 853, qu'il fut donné à des diacres. — L'élection des papes leur fut confiée en 1059. Voy. *Conclave*. —Le chapeau rouge leur fut accordé en 1245, dans le premier concile de Lyon.

Carhaix, ville de Bretagne : les Normands et les Danois la ruinèrent en 878. — En 1341, elle se rendit au comte de Montfort.— Charles de Blois la prit en 1342. — Le comte de Northampton, chef des Anglais, du parti de Montfort, s'en empara en 1345. — Reprise par les Français, les Anglais s'en rendirent maîtres une seconde fois en 1347. — Prise par Duguesclin en 1363.

CARIBERT ou CHEREBERT, roi de France, monté sur le trône en 561, mort à Paris en 567.

Caricala ou *Karikal*, ville de la côte de Coromandel : appartient aux Français depuis 1755. — Prise par les Anglais en 1760; ils la rendent en 1763, et la reprennent dans les guerres de la révolution. — Elle nous a été rendue en 1814.

Carillons : horloges musicales inventées en Flandre. La première fut faite à Alost en 1487.

Carillon (le fort) au Canada : les Français y soutinrent un violent assaut, en 1738, contre les Anglais.

Carinthie (la), érigée en duché par l'empereur Othon Ier en 976, est restée incorporée aux états héréditaires de la maison d'Autriche depuis 1368.

CARISSIMI (Jean-Jacques), musicien célèbre, né à Venise vers 1582, introduisit des accompagnements d'orchestre dans la musique d'église.

Carleby (Gamla), ville d'Ostro-Bothnie; construite en 1620.

CARLIN (Charles-Antoine Bertinazzi ; connu sous le nom de), acteur, né à Paris en 1713, mort à Paris en 1783.

Carlintini, ville de Sicile, bâtie par Charles-Quint au commencement du XVIe siècle.

Carlo-Pago, petite ville du littoral adriatique. L'empereur Joseph II y a fait construire un port en 1782.

CARLOS (don), infant d'Espagne, fils de Philippe II et de Marie de Portugal, né à Valladolid en 1545, mort le 24 juillet 1568.

Carlovingiens, seconde dynastie des rois de France : commence à Charlemagne en 768, et dure jusqu'en 987.

Carlowitz (paix de), conclue entre les deux empires d'Allemagne et de Turquie, le 25 janvier 1699.

Carlsbad, ville de Bohême, célèbre par ses eaux thermales ; fondée par l'empereur Charles IV, vers 1347.

Carlsbad (congrès de), le 7 août 1819.

Carlsruhe, capitale du grand-duché de Bade : fondée vers 1715.

Carmathes, hérétiques musulmans ; ils

commencèrent à faire la guerre aux califes dès 891 (l'an 278 de l'hégire), et ne furent réduits qu'en 985.

Carmel (tiers-ordre du), établi en 1702 au diocèse d'Avranches, et dans plusieurs autres villes.

Carmélites (ordre des) : réformé par sainte Thérèse de Cépède, en 1562.

Carmes (ordre des). La première règle de cet ordre lui fut donnée en 1209, par Albert, patriarche de Constantinople. On attribue la fondation des Carmes à Barthold, chevalier de l'armée de Godefroy de Bouillon.

CARMIGNANI (Giovanni), savant jurisconsulte italien, né dans un bourg aux environs de Pise le 31 juillet 1768, mort à Pise le 29 avril 1847.

CARMONTELLE, auteur de *Proverbes dramatiques*, né à Paris le 25 août 1717, mort dans la même ville en 1806.

Carnaval. Voyez *Bacchanales*

CARNEADE, célèbre philosophe grec, né à Cyrène en Afrique, vers l'an 218 av. J.-C., mort à l'âge de 85 ou 90 ans.

Carniole, contrée d'Allemagne : ce ne fut que dans le VIIIe siècle que le christianisme s'y établit. — Elle fut longtemps un margraviat, et fut érigée en duché en 1231. — Cédée à la France en 1809, puis restituée à l'Autriche en 1814.

CARNOT (Lazare-Nicolas-Marguerite), célèbre ingénieur et régicide, né le 13 mai 1753 à Nolay (Côte-d'Or), mort à Magdebourg le 2 août 1823.

Carolina, petite ville d'Espagne, chef-lieu des peuplades établies en 1767 dans la Sierra-Morena.

Caroline (loi) : code criminel de l'empereur Charles IV, adopté par la diète de Ratisbonne de 1532.

Caroline (la) : est découverte par les Anglais en 1585. — Sa plantation, en 1663.

Carolines (îles) : découvertes par les Espagnols en 1686.

Caronade ou *Carronade*, bouche à feu, à tir direct, adoptée par la marine anglaise en 1779; elle avait été inventée en 1774, à Carron en Ecosse.

Carrousel (place du) prend ce nom par suite d'un carrousel donné par Louis XIV dans la cour des Tuileries, 1662. — Erection de son arc de triomphe, en 1806.

Carpe (la), poisson d'eau douce; fut portée en Angleterre en 1514; en 1560 dans le Danemark, et quelques années après en Hollande et en Suède.

Carpi (bataille de), gagnée en Italie par le prince Eugène, en 1701.

Carpocratiens, hérétiques du temps de Néron, vers l'an 64 de l'ère chrétienne.

CARRACHE (Annibal, Louis et Augustin), célèbres peintres du XVIe siècle.

CARRIER (Jean-Baptiste), l'un des proconsuls de la révolution, né en 1756 à Yolai, village voisin d'Aurillac, mort le 16 décembre 1794, sur l'échafaud, où tant de ses nombreuses victimes l'avaient précédé.

CARRON (Gui-Toussaint-Julien), ecclésiastique savant et vertueux, né à Rennes le 23 janvier 1760, mort le 15 mars 1820.

Carrosses : leur invention en France en 1515.

Carrosses suspendus : leur invention en 1661.

Cartes à jouer : sont inventées par un Français, en 1391, pour amuser le roi Charles VI pendant sa maladie.

Carthage, ville d'Afrique, célèbre par la longue lutte qu'elle soutint contre Rome; fondée par les Phéniciens de Tyr vers l'an 1259 av. J.-C.; selon Appien, vers l'an 1233, vingt-six ans après. — La première guerre punique dura de 264 à 241 av. J.-C.; la seconde, de 219 à 202; et la troisième, de 150 jusqu'à 146, époque de sa prise et de sa destruction par les Romains. — Prise par Genséric le 22 octobre 439. — Prise par Bélisaire en 533. — Pillée par les Perses en 616. — Détruite et rasée par les Sarrasins en 698.

Carthage (concile de), où la doctrine de Pélage est condamnée le 1er mai 418.

Carthagène, ville d'Espagne, fondée par Asdrubal, l'an 228 av. J.-C.; tombe au pouvoir de Scipion l'Africain l'an 210.

Carthagène (Amérique méridionale), fondée en 1533 par Pedro de Heredia; prise plusieurs fois, entre autres, par les Français en 1544 et 1697.

CARTIER (Jacques), navigateur français, né à Saint-Malo; vivait dans le XVIe siècle.

CARTOUCHE (Louis-Dominique), fameux voleur; né à Paris en 1663, exécuté en place de Grève le 20 novembre 1721.

Cartulaires, recueil de chartes : on en fixe l'invention et l'usage général dans les monastères au Xe siècle.

Casan, ville considérable de Russie. Ce gouvernement formait jadis un royaume tartare, que le czar Ivan Wassilievitch conquit en 1552.

CASANOVA (François), peintre, né à Londres d'une famille italienne, en 1730, mort à Brülh, près Vienne, en 1805.

CASAS (Barthélemy de Las), homme vraiment apostolique, né à Séville en 1474, mort à Madrid en 1566

CASAUBON (Isaac de), célèbre critique du XVIe siècle, né à Genève le 18 février 1559, mort en Angleterre le 1er juillet 1614.

Casemates à feu. L'invention de ce genre de plate-forme est attribuée à San-Micheli, architecte célèbre du XVIe siècle. — En 1684, Vauban adapta des casemates à la forteresse de Landau.

Casernes : c'est Vauban qui, le premier, dans le XVIIe siècle, assujettit leur construction à des règles d'architecture uniforme.

CASIMIR (saint), prince de Pologne, né le 5 octobre 1458, mort à Wilna le 4 mars 1485.

CASIMIR Ier, roi de Pologne, élu en 1034, mort le 28 novembre 1058.

CASIMIR II, monta sur le trône en 1177.

CASIMIR III, dit *le Grand*, né en 1309, proclamé roi de Pologne en 1333, mort le 8 septembre 1370.

CASIMIR IV, roi de Pologne en 1447.

CASIMIR V (Jean), né en 1609, élu roi le 29 mai 1648, mort dans l'abbaye de Saint-Martin de Nevers, le 14 décembre 1672.

Casoar, oiseau de l'Asie, presque aussi grand que l'autruche : on n'en avait pas vu en Europe avant l'année 1697.

Casques : leur usage s'introduit en France en 752.

Cassano (bataille de), gagnée par le prince Eugène de Savoie sur les Français, le 16 août 1705.

Cassano (bataille de), où les Français sont défaits par Suvarow, le 27 avril 1799.

Cassation des jugements : fut autorisée en certains cas par Philippe de Valois, en 1331. — Il y a aussi à ce sujet une ordonnance de 1539. -- Le conseil du roi, en 1667, fut investi du privilége exclusif de casser les arrêts des cours souveraines.

Cassation (cour de) : créée en France par la loi du 1er décembre 1790, et installée le 20 avril 1791.

Casse : introduite dans la médecine par les Arabes, au commencement du IXe siècle.

Cassel. Cette ville est réunie au territoire de Kehl le 21 janvier 1808.—De 1807 à 1814, elle est le chef-lieu du royaume éphémère de Westphalie.

Cassel (bataille de), où Philippe Ier fut défait par Robert le Frison, en 1071. — Autre bataille gagnée par Philippe de Valois sur les Flamands, le 23 août 1328. — Autre bataille dans laquelle le prince d'Orange y est battu par les Français, le 11 avril 1677.

CASSIEN (saint), martyr à Imola, pendant la persécution de Dèce, selon les uns, de Julien, selon les autres. L'Eglise honore sa mémoire le 13 août.

CASSIEN (Jean, surnommé), théologien, abbé de Saint-Victor à Marseille, né en Scythie, mort en 433.

CASSINI (Jean-Dominique), célèbre astronome, né le 8 juin 1625 à Perinaldo, dans le comté de Nice, mort le 14 décembre 1712. — Cassini (Jacques), fils du précédent, né à Paris en 1677, mort dans sa soixante et dix neuvième année. — Cassini de Thury (César-François), directeur de l'Observatoire, naquit le 17 juin 1714, et mourut le 4 septembre 1784.

CASSIUS. Voyez BRUTUS.

Cassovie (bataille de), gagnée en 1389, sur les Serviens, les Bulgares et les Hongrois, par Amurat, sultan des Turcs.

CASTAING, condamné comme empoisonneur et exécuté le 6 décembre 1823.

ASTE et EMILE (saints), souffrirent le martyre en 250, sous l'empereur Dèce. On les fête le 22 mai.

CASTEL (Louis-Bertrand), jésuite, né à Montpellier le 11 novembre 1688, mort le 11 janvier 1757.

CASTEL (Louis-Bertrand), géomètre et philosophe, né à Montpellier en 1688, mort en 1757.

Castiglione (bataille de), gagnée le 5 août 1796 par les Français sur les Autrichiens, qui y perdirent près de 20,000 hommes.

Castille, province d'Espagne : elle eut des comtes jusqu'en 1033, époque ou elle fut érigée en royaume. — Elle fut réunie à la couronne d'Espagne par le mariage d'Isabelle de Castille et de Ferdinand d'Aragon.

Castillon, ville de Guienne : les Français y remportèrent, en 1451, une grande victoire sur les Anglais.

CASTLEREAGH (Robert-Stewart, vicomte de), depuis marquis de Londonderry, célèbre ministre anglais ; mort le 12 août 1822.

CASTOR (saint), évêque d'Apt, mort dans le Ve siècle. L'Eglise célèbre sa fête le 21 septembre.

Castration, abus odieux que condamna le pape Clément XIV, de 1769 à 1774. — Condamné comme absurde et criminel dans la société royale de médecine en 1779

Castricum (combat de), où les Anglo-Russes sont battus par les Français, le 6 octobre 1799.

CASTRO (Jean de), héros portugais, né le 7 février 1500 à Lisbonne, mort à Ormus en 1548.

CASTRO (Inès de). *Voyez* INÈS DE CASTRO

CASTRUCCIO-CASTRACANI, l'un des plus grands capitaines et des plus habiles politiques du XIVe siècle, mort le 3 septembre 1328.

Catacombes de Paris : construites de 1786 à 1811.

Catalogne. Ce pays ne fut pas toujours sous la domination du roi d'Espagne. Dans l'année 1640, il s'était donné volontairement à la France ; mais en 1652 il retourna au roi d'Aragon. V. *Roussillon*.

Catane. Cette ville et ses habitants, au nombre de plus de 15,000, sont engloutis par un tremblement de terre en 1173.

Catanzaro, ville de Naples, détruite par un tremblement de terre le 5 février 1783.

Catapulte, machine de guerre : est inventée vers l'an 400 avant J.-C.

Cataracte (opération de la), découverte et pratiquée par abaissement, vers l'an 300 avant J.-C., par Hérophile. — Il fut démontré par le chirurgien Lasnier, dans le XVIIe siècle, que cette maladie de l'œil provient de l'opacité du crystallin. — L'opération de la cataracte, connue dans l'antiquité, fut renouvelée par Daviel en 1745.

Cateau-Cambrésis (paix de), conclue entre la France et l'Espagne, en 1559.

CATEL (Charles-Simon), savant compositeur, né à Laigle le 10 juin 1773, mort le 29 novembre 1830.

Cathares, *Cathars* ou *Catharistes*, sectaires du XIIe siècle.

Cathédrales. La première qui apparaisse avec grand éclat dans l'histoire est celle de Saint-Marc de Venise, construite en 829. — La cathédrale de Reims se bâtissait dans le même temps.—Celle d'Amiens commença en 1220 ; celle d'Orléans, en 1287 ; celle de Strasbourg, en 1307 ; celle de Paris date de l'année 1163.

CATHELINEAU, chef vendéen, mort le 10 juillet 1793.

CATHERINE (sainte), vierge, subit le mar

tyre sous Maximien. L'Eglise célèbre sa fête le 25 novembre.

CATHERINE DE GÊNES (sainte), veuve, née en 1447, morte le 14 septembre 1510, canonisée en 1737 par Clément XII. On honore sa mémoire le jour de sa mort.

CATHERINE DE SIENNE (sainte), vierge, née à Sienne en 1347, morte à Rome le 29 avril 1380, canonisée par le pape Pie II en 1461. L'Eglise la fête le 30 avril.

CATHERINE HOWARD, reine d'Angleterre, femme de Henri VIII : son exécution le 12 février 1542.

CATHERINE PARR : son mariage avec Henri VIII, roi d'Angleterre, le 12 juillet 1545 : morte le 7 septembre 1547.

CATHERINE DE MÉDICIS, reine de France, née à Florence en 1519, morte en 1589.

CATHERINE Ire (Alexiowna), impératrice de Russie, née en Livonie le 5 avril 1689, épouse de Pierre le Grand en 1707, morte le 17 mai 1727.

CATHERINE II, impératrice de toutes les Russies, née à Stettin le 25 avril 1729, proclamée le 9 juillet 1762, morte le 9 novembre 1796.

Catholicon d'Espagne, fameuse satire contre la Ligue, qui parut pour la première fois en 1593.

CATILINA (Lucius Sergius), fameux conspirateur, tué dans une bataille le 5 janvier 692 de Rome, l'an 60 av. J.-C.

CATINAT (Nicolas), maréchal de France, né à Paris le 1er septembre 1637, mort à Saint-Gratien le 5 février 1712.

CATON LE CENSEUR, né l'an 232 avant l'ère chrétienne, mort l'an 147.

CATON d'Utique, né l'an 660 de Rome (93 ans av. J.-C.), mort l'an 48 av. l'ère chrétienne.

CATULLE (Caius ou Quintus Valerius), poëte latin, né à Vérone l'an de Rome 667, mort vers l'an 696.

CAULAINCOURT (Armand - Augustin-Louis de), duc de Vicence, général et diplomate français, mort le 19 février 1827.

CAUMARTIN (Louis - Urbain Lefèvre de), magistrat français, mort le 2 septembre 1720

CAUX (Louis-Victor de Blanquetot, vicomte de), lieutenant-général et ministre de la guerre, né à Douai le 23 mars 1775, mort à Paris le 6 juin 1845.

CAVALCANTI (Guido), philosophe et poëte florentin du XIIIe siècle.

Cavalerie. Son ère dans les temps modernes commence véritablement vers l'an 1740.

CAVANILLES (Antoine-Joseph), botaniste espagnol, né le 16 janvier 1745, mort à Madrid en 1804.

CAVAZZI (Jean-Antoine), capucin missionnaire de Modène, mort à Gênes en 1692.

CAVENDISH (Henry), savant anglais, né le 10 octobre 1731, mort à Londres le 24 février 1810.

CAXTON (William), le Guttemberg de l'Angleterre, né en 1410, mort en 1491.

Cayenne, île et ville de la Guiane, prise par les Anglais en 1808, et restituée à la France en 1814.

CAYLUS (Marthe-Marguerite de Villette, marquise de), auteur de curieux *souvenirs*, morte le 15 avril 1729.

CAYLUS (Anne-Claude-Philippe de Tubières, de Grimoald, de Pestels, de Lévis, comte de), écrivain français, né à Paris en 1692, mort dans cette ville en 1765.

CAZALÈS (Jean-Antoine-Marie), publiciste et orateur politique, né à Grenade sur la Garonne en 1757, mort à l'âge de 50 ans.

CAZOTTE, écrivain français, né à Dijon en 1720, massacré par les septembriseurs le 25 septembre 1792.

CECIL (Guillaume), surnommé le *Caton anglais*, homme d'Etat sous Elisabeth d'Angleterre, né en 1520.

CÉCILE (sainte), patronne des musiciens, vierge et martyre, fut mise à mort pour la foi vers l'an 230, sous le règne d'Alexandre Sévère. Le plus ancien auteur qui ait parlé de cette sainte la fait mourir en Sicile entre les années 176 et 180. L'Eglise célèbre sa fête le 22 novembre.

Cecilia Didia : loi appelée ainsi du nom de son auteur, et faite à Rome l'an 98 av. J.-C. Elle défendait de porter en une seule fois une loi qui comprendrait plusieurs chefs, et ordonnait que les lois seraient publiées pendant 3 jours.

CECILIUS (saint), vivait dans le IIIe siècle. L'Eglise l'honore le 3 juin.

Cèdre : celui qu'on voit au Jardin des Plantes de Paris, y fut apporté d'Angleterre, en 1734, par M. Bernard de Jussieu.

Célèbes (île de), découverte par les Portugais en 1515.

CELESTIN Ier (saint), élu pape le 3 novembre 422.

CÉLESTIN II, pape le 25 septembre 1143, ne gouverne l'Eglise que cinq mois.

CÉLESTIN III, monte sur le trône pontifical en 1191, mort en 1198.

CÉLESTIN IV, pape en octobre 1241, mort dix-huit jours après son élection.

CÉLESTIN V (saint), appelé *Pierre de Moron*, pape, né dans la Pouille en 1215, déclaré souverain pontife en 1294, mort en 1296 ; canonisé par Clément V en 1313.

Célestins ; ordre religieux fondé en 1254, par Pierre de Moron, qui fut pape sous le nom de Célestin V. Cet ordre, qui suivit la règle de saint Benoît, fut supprimé en 1778.

Celia (loi) : tire son nom du tribun Cœlius, qui la proposa ; elle fut promulgnée l'an de Rome 630, et introduisit dans les procès de trahison le vote par bulletin.

Célibat. Voy. *Mariage*.

Cellamare (conspiration de), le 2 décembre 1718.

Cella-Nova, située sur les confins de la Galice en Espagne : un évêque de Compostelle y avait fondé, en 935, une abbaye, qui fut unie par Jules II, en 1506, à la congrégation de Valladolid.

CELLARIUS (Christophe), célèbre et laborieux érudit du XVIIe siècle, né en 1638 à Smalkalde, mort à Halle le 4 juin 1707.

CELLINI (Benvenuto), peintre, sculpteur, graveur et orfévre florentin, né en 1500 ; mort en 1570.

Cellites, nom d'une congrégation de religieux hospitaliers de l'Allemagne et des Pays-Bas, fondée vers 1348, et confirmée d'abord par Pie II vers 1460, puis par Sixte IV en 1471.

CELSE (Aurelius-Cornelius Celsus), écrivain latin qui vécut, dit-on, à la fin du règne d'Auguste, ou au commencement de celui de Tibère, de l'année 30 av. J.-C., à l'année 37 du Ier siècle

Cénacle de Jérusalem : cet édifice, détruit par les infidèles en 640, aurait, dit-on, été restauré par les chrétiens en 1044.

Cendres (mercredi des) : jour de pénitence, dont la cérémonie religieuse fut confirmée et même prescrite par le Concile de Bénévent en 1091.

Cenis (Mont-) : hospices de religieux hospitaliers fondé sur le plateau de cette montagne, dans le IXe siècle, par Louis le Débonnaire ; rétabli et augmenté, en 1801, par Napoléon, qui a fait ouvrir aussi dans cette localité, de 1802 à 1811, une route magnifique ; l'ancienne route ouverte par Auguste, élargie par Charlemagne et restaurée par Catinat en 1691, avait alors totalement disparu.

Censeurs, censure chez les Romains : cette institution fut créée l'an de Rome 310.

Censure des livres : elle date, en France, du XIe siècle.

Censure dramatique en France : son origine le 23 janvier 1538.

Censure des journaux : son origine peut être rattachée à l'ordonnance de 1761.—Abolie par la révolution de 1789. Rétablie à l'occasion de l'assassinat du duc de Berri, en février 1820. — Elle est supprimée à l'avénement de Charles X, en septembre 1824. — Elle est rétablie en France, par une ordonnance royale, le 24 juin 1827.

CENTLIVRE (Mistriss Suzanne), poëte et auteur dramatique, morte le 1er décembre 1723.

Cent-suisses, troupe d'infanterie : son origine en 1453 ; elle fut attachée au service du roi en 1496.—Supprimée sur la fin du règne de Louis XVI ; rétablie en 1814. En 1817, ils reçurent le nom de *grenadiers gardes à pied du corps du roi ;* licenciés en 1830.

Centumcelle, aujourd'hui *Civita-Vecchia*, rebâtie par le pape Léon, en 854. Voyez *Civita-Vecchia.*

Centuries de Magdebourg : cette collection protestante parut à Bâle en 13 volumes in-folio, de 1559 à 1574. Les *Annales* de Baronius, publiées en 12 vol. in-folio, 1588 et années suiv., sont l'antidote des Centuries de Magdebourg.

Céphalonie, l'une des îles Ioniennes : tombée au pouvoir des Anglais en 1819.

CERACCHI (Joseph), sculpteur et fameux révolutionnaire, né à Rome, mort sur l'échafaud le 10 février 1801

Ceram, une des Moluques ; les Anglais se sont emparés, en 1810, de cette possession hollandaise

Céramique (art). Voy. *Faïence, Porcelaine, Sèvres.*

Céréales : valeur de l'hectolitre de blé à différentes époques, estimée par l'économiste Say en grains d'argent pur. A Athènes, au temps de Démosthène (de 381 à 322 av. J.-C.), 303 grains ; — A Rome, au temps de César (de l'an 90 à l'an 43 av. J.-C.), 270 grains ; — en France, au temps de Charlemagne (IXe siècle), 245 grains ; — Au temps de Charles VII (XVe siècle), 219 grains ; — en 1514, 333 grains ; — en 1536, sous François Ier, 731 grains ; — en 1610, à la mort d'Henri IV, 1130 grains ; — en 1640, 1280 grains ; en 1789, 1342 grains ; — en 1820, 1610 grains.

CERCEAU (Jean-Antoine du), jésuite né à Paris le 12 novembre 1670, mort à Veret, près Tours, le 4 juillet 1738.

Cercle de l'empire Germanique. Ils furent établis, en 1387, par l'empereur Wenceslas.

Cerdagne. Ce comté fut affranchi de la suzeraineté du roi de France par le traité de Corbeil, conclu le 11 mai 1528. — Don Pèdre IV le confisque et le réunit à ses Etats le 29 mars 1344. — Il est engagé au roi de France Louis XI, en 1462. Mais Charles VIII le restitua au roi d'Aragon en 1493.—Par le traité des Pyrénées, en 1659, une partie de la Cerdagne revient à la France. Voy. *Roussillon.*

Cérès, neuvième planète, découverte le 1er janvier 1801, par Piazzi, astronome de Palerme, en Sicile.

Cérignole (bataille de), dans la Pouille, gagnée, le 28 avril 1503, sur les Français, par Ferdinand, roi d'Aragon.

Cérinthiens, disciples de l'hérésiarque Cérinthe, qui vivait encore l'an 66 de J.-C.

Cerisier. Cet arbre nous vient de l'Asie ; Lucullus le rapporta, 60 ans environ avant J.-C., de Cérasonte à Rome, d'où il se propagea dans le reste de l'Europe.

Cérisoles (bataille de), gagnée, le 14 avril 1544, par le duc d'Enghien sur les Impériaux.

Cérium, métal découvert, en 1804, par les chimistes suédois Hésinger et Berzélius.

CERULARIUS (Michel), élu patriarche de Constantinople en 1043, mort en 1058. C'est lui qui avait consommé le grand schisme des Grecs entamé par Photius.

CÉRUTTI (Joseph-Antoine-Joachim), poëte, né à Turin en 1738, mort en février 1792.

CERVANTES SAAVEDRA (Michel), poëte dramatique espagnol, né à Alcala de Hénarès le 9 octobre 1549, mort le 23 avril 1616.

CÉSAIRE (saint), archevêque d'Arles, né à Châlons-sur-Marne en 470, mort en 542 ; l'Eglise célèbre sa fête le 27 août.

CÉSAR (Caïus-Julius), empereur romain, né à Rome vers l'an 90 avant J.-C., assassiné le 15 mars de l'an 43 av. J.-C., âgé de 56 ans.

Césarée, ville, à l'ouest de la Palestine, bâtie par Hérode le Grand l'an 729 de Rome, 24 ans avant l'ère chrétienne. — *Césarée de*

Bithynie, ruinée par un tremblement de terre vers l'an 127 de J.-C.—*Césarée de Cappadoce* tombe au pouvoir des Perses l'an 260 de J.-C., et en celui des Sarrasins en 726. — *Césarée-Philippi* (Damas), ville de la Palestine, d'abord appelée *Panca*, fondée par Philippe, l'un des fils d'Hérode, l'an 2 av. J.-C

Césarienne (opération) ; on ne connaît pas de faits authentiques qui prouvent qu'elle ait été réellement pratiquée avant l'année 1520. — Suivant Baudeloque, elle ne paraît avoir réussi que 24 fois depuis 1750 jusqu'à 1800.

CESAROTTI (Melchior), poëte, littérateur et critique italien, né à Padoue le 15 mai 1730, mort le 3 novembre 1808.

Ceuta, ville d'Afrique, incorporée au royaume de Maroc ; appartint au Portugal depuis la fin du xve siècle jusqu'en 1580, qu'elle passa à l'Espagne, à laquelle elle fut cédée par la paix de 1668. — Elle fut assiégée par les Maures depuis 1694 jusqu'à 1720.

Cévennes : furent le théâtre des guerres de religion depuis 1652 jusqu'en 1760. V. *Dragonnades.*

Ceylan (île de), découverte et reconnue par le portugais Almeida, en 1505. — Les Portugais s'établissent sur les côtes en 1514. — Enlevée aux Portugais par les Hollandais en 1656. — Ceux-ci forcent le roi de Candi de leur abandonner la souveraineté de cette île en 1766.—Les Anglais s'en sont emparés en 1802, et elle leur fut cédée en 1815, époque où ils déposèrent le roi de Candi.

CHABANNES (Antoine de), comte de Dammartin, grand-maître de France, né en 1411, mort le 25 décembre 1488, à 77 ans.

CHABERT (Joseph-Bernard de), chef d'escadre, né à Toulon le 28 février 1723, mort à Paris en 1805.

CHABOT (François), député à la convention nationale, exécuté le 5 avril 1794, à l'âge de 35 ans.

CHABOT (Philippe de), amiral de France, mort en 1543.

Chacabuco (bataille de), gagnée sur les Espagnols par le général Saint-Martin, le 12 février 1817.

Chaconne, danse fort en vogue au xvie siècle, et venue d'Italie suivant les uns, d'Espagne suivant d'autres, ou même d'Afrique.

CHAH-AALEM, dernier souverain de la dynastie de Tamerlan dans l'Inde, né en 1723, mort le 16 novembre 1806.

CHAH-DJIHAN (Chenab Eddyn, *la lumière de la religion*), son avénement au trône de l'Indoustan, le 1er février 1628 ; mort en prison le 21 janvier 1666.

CHAH-ROUKH-MIRZA, quatrième fils de Tamerlan, né à Samarcande en 1377, mort le 20 mars 1447.

Chaillot : n'était d'abord qu'un village, et fut érigé en faubourg de Paris par Louis XIV, en 1659.

Chaire de Saint-Pierre à Rome. Cette fête a été instituée en mémoire de la translation du siége de saint Pierre d'Antioche à Rome, vers l'an 42. — Elle est mentionnée le 22 février dans les anciens calendriers liturgiques; mais, en 1558, le pape Paul IV décréta que la *chaire de Saint-Pierre à Rome* serait célébrée le 18 janvier, et depuis cette époque le 22 février est consacré spécialement à la *chaire de Saint-Pierre à Antioche*, quoique plusieurs églises réunissent les deux fêtes le 18 janvier.

Chaises de poste. On en vit pour la première fois en France en 1664.

Chalcédoine, ville de Bithynie. Un concile œcuménique y fut assemblé en 451. — Cette ville fut prise par les Perses en 619.

CHALAIS (Henri de Talleyrand, prince de). Voy. au *Manuel :* TALLEYRAND.

Châles ou *Schalls :* ils deviennent de mode en France vers 1800. — A l'exposition publique de 1801, parurent les premiers essais de la fabrication en ce genre; l'exposition de 1806 put attester les progrès de nos fabricants.

CHALGRIN (Jean-François-Thérèse), habile architecte, né à Paris le 22 octobre 1739, mort le 20 janvier 1811.

CHALMERS (.......... le docteur), célèbre écrivain et orateur écossais, mort à Edimbourg le 1er juin 1847

Châlons-sur-Marne, ancienne ville des Gaules. Saint Memmie y prêcha le christianisme vers 250, et en fut le premier évêque. — Deux grandes batailles furent livrées dans son voisinage : l'une, où Tétricus fut vaincu par Aurélien, en 274 ; l'autre, où l'armée d'Attila fut anéantie, en 451.— Assiégée inutilement par les Anglais en 1430 et en 1434.

Châlon-sur-Saône, ancien comté qui, réuni au duché de Bourgogne en 1247, passa avec ce duché dans le domaine de la couronne en 1477.

CHALOTAIS (Louis-René de Caradeuc de la), magistrat breton, né en 1701, mort le 12 juillet 1785.

Chambellans (grands). Suivant le P. Anselme, célèbre généalogiste, le premier de tous les chambellans fut Gauthier de Villebéon, mort en 1205, et le dernier, qui était un duc de Bouillon, prêta serment en avril 1658

CHAMBER'S (Ephraïm), écrivain anglais, l'auteur de la première Encyclopédie qui ait paru, mort le 15 mai 1740.

Chambéry : des seigneurs particuliers possédèrent cette ville jusqu'en 1230, époque de sa cession au duc de Savoie.— Les Français et les Espagnols s'emparèrent de Chambéry en 1742, et ne le rendirent que six ans après. — Conquise par les Français en 1792; réincorporée, en 1815, au royaume de Sardaigne; cette ville est le siége d'un archevêché érigé en 1317.

Chambord (château de): construit par François Ier depuis 1526, et continué après sa mort par ses successeurs. — Donné, en 1745, au maréchal de Saxe. — Louis XVI en accorda la jouissance, en 1775, à la famille Polignac.— Napoléon en fit don au maréchal prince Berthier sur la fin de 1809. Mis en vente en 1820, et acheté par la France pour le duc de Bordeaux.

CHAMBRAY (Nicolas-François, marquis de), né le 29 juillet 1675, au château de

Chambray (à 6 lieues d'Evreux), mort en 1750, est auteur d'un ouvrage intitulé : *Fruits de la solitude*, publié en 1839 par son descendant, M. le marquis George de Chambray

Chambre obscure : découverte en 1499 par J.-B. Porta, et selon d'autres en 1515.

Chambre impériale : décrétée à la diète de Worms, en 1495, sous l'empereur Maximilien Ier.

Chambre des vacations : créée par édit de 1519.

Chambre syndicale de la librairie et de l'imprimerie : avait été organisée par arrêt de règlement de 1618.

Chambre des comptes : longtemps ambulatoire, elle devint sédentaire à Paris par suite d'un édit daté de Viviers en Brie, en janvier 1319.

CHAMFORT (Sébastien-Roch-Nicolas), littérateur, né en 1741 en Auvergne, mort en avril 1794.

Chamouny (bourg et vallée de) : ils étaient entièrement inconnus avant 1741.

Champ d'asile : sa destruction le 10 octobre 1818.

Champ-Aubert, village près de Sézanne ; célèbre par la victoire du 10 février 1814, remportée par les Français sur les alliés.

Champagne : gouvernée par des ducs depuis 570 jusqu'en 714 ;— aux ducs succédèrent des comtes jusqu'à la réunion de la Champagne à la couronne en 1316.

CHAMPAGNE (Philippe de), peintre, né à Bruxelles en 1602, mort à Paris en 1674.

CHAMPAGNY (......... de), duc de Cadore, homme d'Etat français, né en 1756, député de la noblesse du Forez aux états généraux en 1789, membre de l'Assemblée constituante en 1791, ministre de l'intérieur en 1805, ministre des relations extérieures en 1807 ; mort le 4 juillet 1834.

CHAMPEAUX (Guillaume des), un des philosophes les plus célèbres du XIe et du XIIe siècle, mort le 18 ou le 25 janvier 1121.

CHAMPIONNET (Jean-Étienne), général français, né en 1762 à Valence en Dauphiné, mort en décembre 1799.

CHAMPMESLÉ (Marie Des Mares, femme de), actrice dramatique, née à Rouen en 1644, morte en 1698.

CHAMPOLLION le Jeune (Jean-François), savant et profond orientaliste, né à Figeac le 23 décembre 1790 ;— chaire d'archéologie créée pour lui au collége de France en 1831. — Mort à Paris le 1er mars 1832.

Champs de Mars en France : depuis la fin du IXe siècle il n'y eut plus de ces assemblées nationales.

Champs Elysées de Paris : furent plantés en 1760, et replantés en quinconces en 1765, à peu près comme on les voit aujourd'hui.

Champtoceau, petite ville de Touraine : prise en 1173 par les Anglais. — Saint Louis l'assiégea et la prit aussi en 1230. — Jean, duc de Normandie, s'en empara en 1341. — Le duc de Bretagne assiégea cette place et la prit, en 1420.

Chancelier de France : jusqu'au commencement du XIVe siècle, tout le pouvoir du ministère fut concentré entre les mains du chancelier.

Chandeleur : on attribue la fondation de cette fête religieuse au pape Gélase vers 472 ou au pape Vigile, qui occupait le siége pontifical en 536. Voy. *Purification*.

Chandelles de suif : on commence à s'en servir en Angleterre en 1298.

Chandernagor, au Bengale : la garnison française de cette place forcée de capituler, le 24 mars 1757, devant une escadre anglaise. — Cédée aux Français en 1814. — Est remise aux agents de Louis XVIII en 1816.

Change (lettres de) : leur origine est attribuée aux juifs, lorsqu'ils furent chassés de France au XIIe siècle. — Leur usage, en France, date de la fin du XVe siècle.

Chant grégorien : introduit en France par Charlemagne, en 787.

CHANTAL (sainte Jeanne-Françoise Frémiot de), fondatrice de l'ordre de la Visitation, née à Dijon en 1572, morte en 1641 ; béatifiée par Benoît XIV en 1751, et canonisée par Clément XII en 1767.

Chantilly, petite ville et château célèbres : tous deux existaient en 900, mais la ville n'était qu'un village. — Depuis le XIe siècle, le château appartint aux familles Le Bouteiller, de Laval, d'Orgemont et Montmorency. — Les Anglais s'en emparèrent sous Charles VI, mais Charles VII le recouvra en 1429. — En 1661, Louis XIV le céda en toute propriété au grand Condé.— En 1793, le château fut converti en prison ; de 1804 à 1814, en caserne ; la forêt avait été donnée en dot à la reine Hortense, fille de l'impératrice Joséphine. — En 1814, la maison de Condé reprit possession de ces domaines

Chanoines (institution des) : suivant Pasquier, elle date du VIIIe siècle.

Chapeaux (les) : nom d'une faction politique qui troubla la Suède de 1739 à 1772. Voy. *Bonnets*.

CHAPELAIN (Jean), littérateur, né à Paris en 1595, mort en 1674.

CHAPELIER (Isaac-René Gui le), député à l'Assemblée nationale, né à Rennes en 1754, exécuté le 22 avril 1794.

CHAPELLE (Claude-Emmanuel Luillier, surnommé), poëte épicurien, né en 1626 à la Chapelle, près Saint-Denis ; mort en septembre 1686, à Paris.

Chapelle (la Sainte-) de Paris : fondée par saint Louis en 1245, sa dédicace eut lieu en 1248.

Chapelle-musique des rois de France : fut établie dès le premier temps de la monarchie, et a été conservée jusqu'en 1830.

CHAPPE D'AUTEROCHE (Jean), voyageur et astronome, né à Mauriac le 2 mars 1722, mort en Californie en 1769.

CHAPPE (Claude), neveu du précédent, inventeur des télégraphes, né à Brulon, dans le Maine, en 1763 ; mort en 1804 ou 1805.

CHAPTAL (Jean-Antoine), chimiste et homme d'Etat, né le 5 juin 1756 à Nogaret (Lozère), mort à Paris le 29 juillet 1832.

Charbon de terre : fut découvert vers 1049 environ.

Charbon de terre (mines de) : elles furent exploitées en France depuis 1744 et 1763 ; en 1789, on en comptait 212 ; leur produit s'est triplé depuis cette dernière époque.

CHARDIN (Jean), voyageur français, né à Paris en 1643, mort à Londres en 1713.

CHARETTE DE LA CONTRIE (François-Athanase), général vendéen, né à Couffé, près Ancenis, en 1765, fusillé le 29 mars 1796.

Charenton : fondation de la maison des aliénés, par Sébastien Leblanc, en 1641.

Charité (ordre de la), fondé par saint Jean de Dieu en 1540, approuvé par Pie V en 1572.

Charité (congrégation des sœurs de la), fondée par saint Vincent de Paul en 1623. Madame Legras, qui avait participé à cet établissement, en fut la première supérieure. Cette institution fut approuvée en 1651 par l'archevêque de Paris, autorisée de Louis XIV par lettres patentes de 1657, et confirmée en 1660 par le légat du pape.

Chariots à voiles : inventés au commencement du XVIIe siècle par Simon Stevin.

Charlemont, ville forte des Ardennes, fondée par Charles-Quint en 1555 ; appartient à la France depuis le traité de Nimègue, conclu en 1678.

Charleroi, ville bâtie et fortifiée par les Espagnols de 1666 à 1669. — En 1692, cette place fut bombardée, et en 1693, le maréchal de Luxembourg en fit le siége, qui fut dirigé par Vauban avec succès. — Prise de cette place par le prince de Conti, en 1736. — Charleroi, tombée au pouvoir de la France le 25 juin 1794, lui demeure jusqu'en 1814, époque de sa reddition aux coalisés.

CHARLES MARTEL, duc d'Austrasie, fils de Pepin d'Héristal, vainqueur des Sarrasins à la célèbre bataille de Poitiers ; né en 691, mort en 741. Il régnait sous le titre de maire du palais.

CHARLES Ier ou CHARLEMAGNE, roi de France et premier empereur d'Occident, né vers 742 en Bavière, reconnu roi en 771, couronné empereur en 800, mort en 814, canonisé par Pascal III en 1165. Sa fête est célébrée le 28 janvier.

CHARLES II (*le Chauve*), roi de France, né à Francfort-sur-Mein le 13 juin 823, élu en 840, empereur en 875, mort à Brios en Bresse, le 6 octobre 877.

CHARLES III, dit *le Simple*, né le 17 septembre 879, couronné roi de France le 29 janvier 893, mort le 7 octobre 929.

CHARLES IV, dit *le Bel* : parvint à la couronne de France en 1322 ; mort le 31 janvier 1328.

CHARLES V, dit *le Sage*, né à Vincennes le 21 janvier 1337, couronné à Reims en 1364, mort le 16 septembre 1380.

CHARLES VI, dit *le Bien-Aimé*, fils du précédent ; né le 3 décembre 1368, parvenu au trône en 1380, mort le 20 octobre 1422.

CHARLES VII, dit *le Victorieux*, né à Paris le 22 février 1403, couronné à Poitiers en 1422. — Son entrée solennelle à Reims le 27 juillet 1429 ; son sacre a lieu quelques jours après ; mort de faim à Meun-sur-Yèvre le 22 juillet 1461.

CHARLES VIII (*l'Affable*), né à Amboise le 30 juin 1470, monté sur le trône en 1483, mort le 7 avril 1498.

CHARLES IX, né à Saint-Germain-en-Laye, le 27 juin 1550, déclaré roi de France le 15 décembre 1560, sacré le 15 mars 1561, mort le 3 mai 1574.

CHARLES X, né à Versailles le 9 octobre 1757, roi de France, le 16 septembre 1824, sacré le 29 mai 1825 ; son remplacement sur le trône par Louis-Philippe Ier, le 9 août 1830 ; sa mort à Goritz, le 6 novembre 1836.

CHARLES IV, empereur, né le 16 mai 1316, monte sur le trône en 1347 ; mort le 29 novembre 1378.

CHARLES V, dit communément *Charles-Quint*, empereur et roi d'Espagne, né à Gand le 4 février 1500, roi d'Espagne en 1516, élu empereur en 1517 ; cède l'empire à son frère Ferdinand en 1556, et la couronne d'Espagne à son fils Philippe II, en 1555 ; mort le 21 septembre 1558.

CHARLES VI, empereur, né le 1er octobre 1685, couronné en 1711, mort le 20 octobre 1740.

CHARLES VII (Charles-Albert), né à Bruxelles en 1697, électeur de Bavière en 1726, empereur d'Allemagne le 24 janvier 1742, mort à Munich le 20 janvier 1745.

CHARLES-ALBERT, roi de Sardaigne, né le 2 octobre 1798, mort à Oporto le 28 juillet 1849.

CHARLES D'AUTRICHE (l'Archiduc), né le 5 septembre 1771, mort à Vienne le 30 avril 1847.

CHARLES-EMMANUEL III, roi de Sardaigne, né en 1701, parvient au trône en 1730, mort le 20 février 1773.

CHARLES-EMMANUEL IV, roi de Sardaigne, né le 26 mai 1751, mort en octobre 1819.

CHARLES II, roi d'Espagne, né le 6 novembre 1661, successeur de Philippe IV, son père, en 1665, mort le 1er novembre 1700.

CHARLES III, né le 20 janvier 1716, roi des deux Siciles en 1734, roi d'Espagne en 1759, mort le 14 décembre 1788.

CHARLES IV, roi d'Espagne et des Indes, né à Naples le 11 novembre 1748, monté sur le trône en 1788, mort le 21 janvier 1819.

CHARLES LE TÉMÉRAIRE, duc de Bourgogne, né à Dijon en 1433, mort à la bataille de Nancy le 5 janvier 1477.

CHARLES II, roi de Navarre, dit *le Mauvais*, né vers 1332, mort le 8 septembre 1425.

CHARLES VII, roi de Suède, monta sur le trône en 1151, assassiné en 1163.

CHARLES VIII, déclaré roi de Suède en 1448, mort le 13 mai 1470.

CHARLES IX, roi de Suède, parvient au trône en 1604 ; mort le 30 octobre 1611.

CHARLES X, ou Charles-Gustave, né à Upsal en 1622, monte sur le trône de Suède en 1654, mort à Gottembourg le 13 février 1660.

CHARLES XI, fils du précédent, né le 25 décembre 1655, succède à son père en 1660 ; mort le 15 avril 1697.

CHARLES XII, fils de Charles XI, né le 27 juin 1682, reconnu roi en 1697, tué au siége de Frédéricshall le 12 décembre 1718.

CHARLES XIII, roi de Suède et de Norwége, né le 7 octobre 1748, régent du royaume en 1792, couronné le 29 janvier 1809, mort le 5 février 1818.

CHARLES Ier, roi d'Angleterre, d'Ecosse et d'Irlande, né à Dumferling en Ecosse le 29 novembre 1600, succède à Jacques Ier, son père, en 1625 ; mort sur l'échafaud le 30 janvier 1649.

CHARLES II, fils du précédent, né le 29 mai 1630, rappelé en Angleterre en 1660, couronné en 1661, mort le 16 février 1685.

CHARLES (Jacques-Alexandre-César), physicien et aéronaute français, né à Beaugency en 1746, mort le 7 avril 1823.

CHARLES BORROMÉE (saint), archevêque de Milan, né en 1538, mort le 4 novembre 1584. Le jour de sa mort est celui où l'on célèbre sa fête.

Charlestown, capitale de la Caroline du sud, fondée en 1630.

Charleville (Ardennes) : bâtie en 1609, par Charles de Gonzague, duc de Mantoue. — Ses fortifications rasées en 1686.

CHARLOTTE ELISABETH de Bavière, duchesse d'Orléans, mère du régent, née à Heidelberg le 27 mai 1652, morte à Saint-Cloud le 8 décembre 1722.

Charnier des Innocents, à Paris : supprimé par arrêt du Parlement en 1765 ; toutefois les inhumations dans l'intérieur ne cessèrent qu'en 1780.

CHARONDAS, célèbre législateur, né à Catane en Sicile, florissait vers l'an 650 av. J.-C.

Charpente, on commence à s'en servir en Chine vers 2611 av. J.-C.

CHARRON (Pierre), moraliste, né à Paris en 1541, mort en 1603.

Chars : inventés chez les Grecs vers 1678 av. J.-C.

Charte constitutionnelle française, octroyée par Louis XVIII à ses sujets, le 4 juin 1814. — Est consacrée par l'ordonnance du 5 septembre 1816, qui fixe le gouvernement de la France. — Est révisée le 7 août 1830, et acceptée deux jours après par Louis-Philippe, élu roi des Français.

Charte (grande) anglaise. Cette ordonnance, qui est le fondement de la liberté britannique, fut octroyée le 19 juin 1215.

CHARTIER (Alain), littérateur, né à Bayeux en 1386, mort à Avignon en 1449.

Chartres (école des) : son établissement à Paris par ordonnance du 22 février 1821.

Chartreux. Fondation de cet ordre par saint Bruno, en 1083. — La Chartreuse, établie dans les montagnes du Dauphiné, commença d'être habitée par les religieux à la Saint-Jean en 1084.

Charrue-Grangé (la), machine aratoire très-utile et très-ingénieuse, inventée en 1833 par un jeune laboureur des Vosges qui lui a donné son nom.

Chartrain (pays) : il eut des comtes héréditaires depuis la fin du IXe siècle. — En 1528, François Ier l'érigea en duché. — Louis XIII l'acheta du duc de Nemours en 1623.

CHASSÉ (Claude-Louis-Dominique de), acteur français, né à Rennes en 1698, mort à Paris le 27 octobre 1786.

Chasseurs à cheval. En 1776, un escadron de ces chasseurs fut attaché à chaque régiment de dragons. — Législation y relative : la constitution de 1789, un arrêté de l'an IX et une loi de l'an VII.

Chassidéens ou *Hassidéens*, secte juive qui se forma en 1760 en Gallicie, en Pologne et en Hongrie.

CHASTELET (Gabrielle-Emilie le Tonnelier de Breteuil, marquise du), femme savante, née en 1706, morte à Lunéville en 1749.

CHASTELLUX (François-Jean de), littérateur, né à Paris en 1734, mort dans cette ville le 24 octobre 1788.

CHATAIGNERAIE (François Vivonne de la), tué en duel par Jarnac, le 10 juillet 1547.

CHATAM (William Pitt, premier comte de), orateur et homme d'Etat anglais, né à Westminster le 15 novembre 1708, mort en mai 1778, à l'âge de 70 ans.

CHATEAUBRIAND (François-René, vicomte de), célèbre écrivain français, né à Saint-Malo le 4 septembre 1768, mort à Paris le 4 juillet 1848.

Chateauneuf de Randon, bourg du Gévaudan ; le connétable Duguesclin mourut pendant le siége de cette place en 1380.

CHATEAUROUX (Marie-Anne, duchesse de), morte le 8 décembre 1744.

Chateauroux, ville de France (Indre), fondée au milieu du Xe siècle ; incendiée en 1088, et rebâtie peu de temps après. — Erigé en duché-pairie sous Louis XIII, de 1610 à 1643.

Château-Thierry : Raoul, duc de Bourgogne, assiégea cette ville en 933, et s'en empara après six semaines de siége. — Assiégée de nouveau par Raoul et Hugues, duc de France, qui la prirent après quatre mois de siége, en 934. — Hébert, comte de Vermandois, rentra en possession de Château-Thierry en 935. — Assiégée sans succès en 1371 par les Anglais. — Prise par trahison par ces derniers en 1421. — En 1425, les habitants la firent rentrer sous l'autorité royale, après avoir chassé la garnison anglaise. — Charles-Quint l'attaqua en 1544, et parvint à s'en emparer. — Prise par le duc de Mayenne en 1591. — Château-Thierry se soumit à Henri IV en 1595. — Lors de l'insurrection de 1615, elle se rendit au prince de Condé et au duc de Bouillon. — Elle rentra sous l'obéissance du roi en 1616. — Prise et pillée en 1652 pendant les guerres de la Fronde.

Château-Thierry (combat de), où les Français battent le général russe Sacken, et lui font 5,000 prisonniers, le 12 février 1814.

CHATEL (Jean), assassin de Henri IV, mort sur la roue en 1594, âgé de 18 ou 19 ans.

Châtelet (petit), de Paris ; déjà ancien sous Philippe-Auguste, au XIIe siècle ; après avoir été détruit, il fut rebâti en 1369 : il fut définitivement démoli en 1782.

Châtelet (grand), ancienne forteresse dont on attribue la construction à César. Elle servit à défendre Paris contre les Normands en 886. — Elle ne fut démolie définitivement qu'en 1802.

Châtelet (grand) de Paris, considéré comme la justice ordinaire de Paris. En 1551, ce tribunal avait été érigé en tribunal présidial, et en 1674, il comprenait tous les tribunaux particuliers ; en 1684, il ne formait plus qu'un seul tribunal. — Il fut transféré au Louvre en 1506, puis à Mantes et à Saint-Denis en 1591 et 1592, pendant la ligue.

Châtillon (congrès de). Le 5 février 1814 ; il tient sa première séance et est rompu le 19 mars de la même année.

CHATTERTON (Thomas), littérateur anglais, né à Bristol en 1752, mort en août 1770 à l'âge de 18 ans.

Chauffeurs, fameux brigands pendant les dernières années du XVIIIe siècle. Cette bande formidable, après avoir commis des atrocités, cessa d'exister en novembre 1803, après le supplice de son chef Schinderhannes.

CHAUCER (Geoffroy), le père de la poésie anglaise, né à Londres en 1328, mort en 1400.

CHAUDET (Antoine-Denis), sculpteur et peintre, né à Paris en 1763, mort le 16 avril 1810.

CHAULIEU (Guillaume Amfri, abbé de), poëte français, né dans le Vexin normand en 1639, mort en 1720.

CHAUMETTE (Pierre-Gaspard), révolutionnaire, né à Nevers le 14 mai 1763, mort sur l'échafaud le 13 avril 1794.

Chaumont en Bassigny. Un traité y fut conclu en 1814, entre les alliés, pour renverser Napoléon.

CHAUSSEE (Pierre-Claude-Nivelle de la), auteur dramatique, né à Paris en 1692, mort le 14 mai 1754.

CHAUSSIER (François), médecin célèbre, né à Dijon le 2 juillet 1740, mort le 19 juin 1828.

CHAUVELIN (Germain-Louis de), garde des sceaux de France, né en 1685, mort en avril 1762.

Chavez, place forte du Portugal, fondée par Trajan vers la fin du Ier siècle.

CHEMINAIS DE MONTAIGU (Timoléon), jésuite, prédicateur, né à Paris en 1652, mort en 1689.

Cheminées : on commence à en faire construire en Angleterre en 1200, — et à en faire usage en Europe en 1310.

Chemin de fer. C'est de l'année 1767 environ que datent les premiers chemins de fer proprement dits. Voy. *Machines à vapeur*.

CHENIER (André), poëte et littérateur français, né à Constantinople en 1762, mort sur l'échafaud révolutionnaire le 25 juillet 1794.

CHENIER (Marie-Joseph), frère du précédent, poëte dramatique et satirique, né le 28 août 1763 à Constantinople, mort le 10 janvier 1811.

CHEOU-SIN ou **TCHEOU**, empereur de la seconde dynastie chinoise, comparé à Néron pour la barbarie, monte sur le trône en 1154 av. l'ère chrétienne ; brûlé dans son palais en 1122 av. J.-C.

Cherbourg (combat naval de), où les Anglais battent les Français, le 29 mai 1692.

Cherbourg : pris par les Anglais le 7 août 1758 ; les Anglais forcés de se rembarquer dans la nuit du 15 au 16. – Construction de son port en 1786. — Le 2 février 1808, une tempête violente emporte la digue et le fort Napoléon ; plus de 400 personnes périssent.

Chéronée (première bataille de), où les Athéniens furent battus par les Béotiens, l'an 447 av. J.-C.

Chéronée (seconde bataille de), gagnée par Philippe sur les Athéniens et les Thébains, le 3 août 338 av. J.-C.

CHERON (Elisabeth-Sophie), mathématicienne, poëte et peintre, née à Paris en 1648, morte le 3 septembre 1711.

Cherson, capitale de la Nouvelle Russie, bâtie en 1778.

Chesapeak (combat naval de), où les Anglais sont battus par les Français, le 5 septembre 1781.

CHESTERFIELD (Philippe Dorner Stanhope de), ministre d'Etat et écrivain anglais, né en 1694, mort en 1773.

Chevalerie : ses premiers temps au milieu du VIIIe siècle. — Elle prit son premier essor à peu près à l'époque du règne de Robert (de 996 à 1031) et vivifie les Etats modernes durant plus de cinq cents ans. — La découverte de la poudre à canon fut une des principales causes de sa chute (XIVe siècle).

Chevau-légers. Ils furent organisés en compagnie par le roi Louis XII, en 1498.

CHEVERUS (Jean-Louis-Anne-Madeleine Lefebvre de), archevêque de Bordeaux, né à Mayenne le 28 janvier 1768 ; part pour Boston et y arrive le 3 octobre 1796 ; évangélise les sauvages de cette contrée jusqu'en 1823 ; est sacré évêque de Boston le 1er novembre 1810 ; de retour en France, est nommé à l'évêché de Montauban en 1824, et archevêque de Bordeaux le 30 juillet 1826, et presque dans le même temps, pair de France ; sa promotion au cardinalat, le 1er février 1836 ; sa mort, le 19 juillet de la même année.

CHEVERT (François de), lieutenant général, né le 21 février 1695, mort en 1769.

Chevrons militaires : ils ont pris naissance par suite d'un édit du 4 août 1771. — Abolis par la loi du 6 août 1791, ils ont été rétablis par décision du 3 thermidor an X (22 juillet 1801). — Une ordonnance du 9 juin 1821 a institué des *demi-chevrons*.

Chiari (bataille de), gagnée par le prince Eugène en Italie, le 1er septembre 1701.

Chiffres. On attribue leur invention aux Arabes, vers 1600 av. J.-C.

Chiffres arabes ou *indiens* ; apportés d'Espagne en France par Gerbert, archevêque de Reims, vers la fin du x° siècle.

CHILDEBERT Ier, roi de France, commence à régner à Paris en 511, meurt en 558.

CHILDEBERT II, monte sur le trône en 575, âgé de 5 ans, mort en 596, âgé de 26 ans.

CHILDEBERT III, succède, en 695, à Clovis III ; meurt en 712.

CHILDERIC Ier, fils et successeur de Mérovée, monte sur le trône des Français en 458, meurt en 481, âgé de 45 ans.

CHILDERIC II, roi d'Austrasie en 660, le fut de toute la France en 670 ; assassiné en 673, âgé de 24 ans.

CHILDERIC III, dernier roi de la première race, proclamé souverain en 742, déposé en 752, mort en 755.

Chili : Don Almagro, compagnon de Pizarre, y pénètre en 1536. — Ce pays proclame son indépendance le 1er janvier 1818.— Les Espagnols abandonnent cette colonie en 1819. — Terribles tremblements de terre en 1822 et 1829.

CHILON, l'un des sept sages de la Grèce, éphore de Sparte vers l'an 556 av. J.-C.

CHILPERIC Ier, roi de France, appelé le *Néron* de son temps, monte sur le trône en 561 ; assassiné en 584.

CHILPERIC II, roi de France en 715, mort à Attigny en 720.

Chimie : naissance de cette science chez les Arabes en 750. — Sa première théorie scientifique fut publiée vers le milieu du XVIIe siècle par Becher. — Création de la doctrine pneumatique, ou découverte des substances aériformes, ou fluide élastique, appelé *gaz*, par Lavoisier, en 1770 et années suivantes. — La nomenclature nouvelle, créée par Lavoisier, est adoptée en 1787. — Système des connaissances chimiques publié par Fourcroy en 1800. — Application de cette science aux arts mécaniques par Chaptal en 1807.

Chine (empire de la). L'an 1122 av. J.-C., commence la troisième dynastie de ses empereurs, dite des *Tcheou*. C'est à cette famille que le savant de Guignes rapporte le commencement de la véritable histoire de la Chine. — La dynastie impériale des Ta-tsin commence à l'an 258 av. J.-C. ; elle ne compte que six empereurs, qui ont régné 51 ans. —La dynastie impériale des Han commence l'an 207 av. J.-C.; elle a régné pendant 428 ans et a eu 25 empereurs. Cette famille fut la restauratrice des sciences chez les Chinois. — Conquise par les Mogols ou Tartares en 1280. — La dynastie des Mogols en est chassée en 1368. — En 1644, les Mogols ou Tartares s'en emparent de nouveau ; alors s'établit la dynastie impériale aujourd'hui régnante, et qui ne fut reconnue dans toute la Chine qu'en 1649. — Marc-Aurèle envoya des ambassadeurs en Chine en 166. — Les Romains en envoyèrent d'autres l'an 284. — En 507, Kosroës, roi de Perse, envoya aussi une ambassade dans ce pays.—On en cite une autre qui partit de Rome en 643. — Les Portugais firent un traité de commerce avec les Chinois en 1517. — Les Hollandais commencèrent à commercer avec eux vers 1609, les Anglais en 1600, les Suédois en 1731, les Américains en 1784.... L'empereur de la Chine établit, en 1759, une compagnie exclusive pour commercer avec les marchands étrangers. — Le pape Clément XI y envoya le légat Mezza-Barba, avec de magnifiques présents pour l'empereur Kamhi, en 1719.— L'empereur chinois publie un édit contre les chrétiens le 11 janvier 1724. — Commencement de la grande muraille destinée à la séparer de la Tartarie, vers 244 av. J.-C.

Chiozza (bataille de) : les Génois y sont défaits par les Vénitiens, en 1380.

Chio, île de l'Archipel : après avoir fait partie de l'empire d'Orient, elle échut aux Français, l'an 204 de J.-C., puis elle tomba au pouvoir des Génois qui la possédaient depuis plus de deux siècles, lorsqu'une flotte ottomane s'en empara en 1565. Les Vénitiens la conquirent en avril 1694 ; mais en février 1695 elle fut soumise définitivement aux Turcs.

CHIRAC (Pierre), célèbre médecin, né en 1650, à Conques en Rouergue, mort en 1732.

Chiraz, grande ville de Perse, ne fut fondée que l'an 76 de l'hégire (695 de J.-C.). — Prise en 1723 par les Afghans, et en 1793 par Aga-Mohammed-Khan, chef de la dynastie des Khadjars, et oncle du monarque régnant.

Chirurgie: elle commença à devenir une science entre les mains du centaure Chiron, vers l'an 1450 av. J.-C. *Voy.* HIPPOCRATE, GALIEN, CELSE, AVERROÈS, etc.

Chirurgie (école de) : sa fondation en 1271.

Chirurgie (Académie royale de) : fondée à Paris en 1731 ; elle tint sa première séance publique le 18 décembre de cette même année.—Constituée définitivement par lettres patentes en 1748.

Chlore: corps découvert en 1774 par Scheele déjà, précédemment en 1773, Guiton de Morveau s'en était servi comme moyen d'assainissement. — En 1827, M. Gannal indique une de ses propriétés thérapeutiques les plus importantes.

Chocolat : les Espagnols en adoptèrent l'usage vers 1520 ; les Français vers le milieu du XVIIe siècle.

Choczim, remarquable par plusieurs victoires des Polonais sur les Turcs, en 1621, 1673, 1683, et par celle des Russes, le 8 août 1739.

Choczim: prise aux Turcs par les Russes, en septembre 1788.

CHOISEUL-STAINVILLE (Etienne François, duc de), ministre des affaires étrangères, de la guerre, de la marine, né en 1719, mort à Paris le 8 mai 1785.

CHOISEUL-GOUFFIER (le comte Marie-Gabriel-Auguste de), célèbre ami des sciences et des arts, né en 1752, mort à Paris en 1817.

CHOISEUL - PRASLIN (Charles - Laure-Hugues-Théobald, duc de), pair de France, auteur de l'assassinat commis sur la duchesse sa femme; né à Paris le 29 juin 1805 (10 messidor an XIII, mort dans la même ville le 24 août 1847.

CHOISY (François-Timoléon, abbé de), né en 1644 à Paris, mort le 2 octobre 1724.

Chollet (combat de), dans la Vendée: où furent blessés à mort de Bonchamp et d'Elbée: le 17 octobre 1793.—La ville de Chollet avait été évacuée, le 16, par les Vendéens.

CHOPIN (René), jurisconsulte français, né à Bailleul, près de la Flèche, en 1537, mort à Paris le 2 février 1606

CHORON (Alexandre-Etienne), directeur du conservatoire de musique classique, né le 21 octobre 1771, mort le 29 juin 1834.

Chorégraphie: invention de cet art par Thoinet-Orbeau, chanoine de Tongres, en 1588.

Chotzemitz (bataille de), gagnée sur le roi de Prusse par les Autrichiens, le 18 juin 1757.

CHOUDJA-ED-DHOULAH, vice-roi du Mogol, né à Delhy en 1727, mort le 27 janvier 1757.

Chrétiens : persécutés pour la 4e ou la 5e fois, l'an 163 dep. J.-C., sous Marc-Aurèle. — 5e persécution, l'an 202. — 6e, l'an 235.— 7e, l'an 250.—8e, l'an 257.—9e, l'an 272.—10e, l'an 303; elle fut violente et générale dans l'empire romain. — 11e, en 361. — Leur destruction au Japon, le 12 avril 1638.

Christ (chevaliers du): établissement de cet ordre en Portugal par Denis le Libéral, roi de ce pays, en 1318: il est confirmé par le pape Jean XXII, en 1320.

CHRISTIAN Ier, roi de Danemark, élu en 1448, institue l'ordre de l'*Eléphant* en 1478, mort en 1481.

CHRISTIAN II, dit *le Cruel*, né le 2 juillet 1481, roi de Danemark en 1513, de Suède en 1520, déposé en 1523; mort le 24 janvier 1559.

CHRISTIAN III, né en 1503, monte sur le trône de Danemark en 1534, couronné en 1536 : mort le 1er janvier 1559.

CHRISTIAN IV, roi de Danemark, né le 12 avril 1577, successeur en 1588 de Frédéric II, son père: mort le 28 février 1648.

CHRISTIAN V, élu souverain de Danemark en 1670, mort le 4 septembre 1699, âgé de 54 ans.

CHRISTIAN VI, né le 10 décembre 1699, roi de Danemark en 1730, mort le 6 août 1746.

CHRISTIAN VII, né le 29 janvier 1749, proclamé roi le 13 janvier 1766, mort le 13 mars 1808.

CHRISTIAN VIII, roi de Danemark, né le 18 septembre 1786, mort à Copenhague le 20 janvier 1848.

Christiania, ville de Norwége, brûlée en 1567, et rebâtie en 1614.

CHRISTINE (sainte), vierge, souffrit le martyre sous l'empereur Dioclétien. L'Eglise célèbre sa fête le 24 juillet.

CHRISTINE DE PISAN, femme auteur, née à Venise vers 1365.

CHRISTINE, reine de Suède, née le 18 septembre 1626, succède à Gustave-Adolphe, son père, en 1632, abdique le 16 juin 1654; morte le 19 avril 1689.

CHRISTOPHE (saint), eut la tête tranchée en 250.

CHRISTOPHE (Henri), roi d'Haïti, né à l'île de Saint-Christophe, le 6 octobre 1767, proclamé en 1805; mort en octobre 1820.

CHRODEGANG (saint), évêque de Metz, mort le 6 mai 766.

Chrôme : nouveau métal, dont Vauquelin signala les propriétés en 1797.

Chrôme oxydé: son existence est découverte en 1821, dans l'île Nust, l'une des îles Shetland, par M. Mac Culloch.

Chronique de Paros ou marbres d'Arundel: cette chronique remonte à l'an 1582 av. J.-C.

CHRYSIPPE, philosophe stoïcien, né en Cilicie, vers l'an 280 av. J.-C.; mort en 207 av. l'ère chrétienne.

CHRYSOSTOME (saint Jean), l'un des Pères de l'Eglise, né à Antioche vers 344, archevêque de Constantinople en 398; mort le 14 septembre 467 : l'Eglise célèbre sa fête le 27 janvier.

CHURCHILL (Charles), poëte anglais, né en 1731, mort en 1764.

Chypre ou *Cypre* (royaume de), cédé, en 1191, à Gui de Lusignan, dont la postérité le conserve jusqu'en 1489.

Chypre (bataille navale de), gagnée sur les Perses par les Athéniens, de 470 à 450 av. J.-C.

Chypre; prise de cette île par Ptolémée-Soter, l'an 313 av. J.-C.— Catherine Cornaro, dernière reine de cette île, la cède, en 1489, aux Vénitiens, qui la gardent 82 ans.—Enlevée aux Vénitiens par les Turcs, en 1571.

CIBBER (Colley), acteur et auteur anglais, né à Londres en 1671, mort le 12 décembre 1757.

CICERON (Marcus Tullius Cicero), célèbre orateur romain, né à Arpinum dans le pays de Labour, en Italie, le 3 janvier de l'an 105 av. J.-C.; assassiné l'an 43 av. J.-C.

CICOGNARA (Léopold, comte), amateur éclairé des beaux-arts, né à Ferrare le 26 novembre 1767: mort à Venise le 5 mars 1834.

CID (le), dont le vrai nom était *Rodrigue Dias de Bivas*, héros castillan, mort en 1099.

Cierge Pascal: le *Pontifical* en attribue l'institution au pape Zozime, élu en 417. Le cardinal Baronius la fait remonter encore plus haut.

CIMABUÉ (Giovanni), peintre, restaurateur de la peinture en Italie, né à Florence en 1240; mort en 1310, âgé de 70 ans.

CIMAROSA (Dominique), musicien, né à Naples en 1754, mort à Venise le 11 janvier 1801.

Cimbres: sont exterminés par Marius dans les champs Raudiens, près de Verceil, le 30 juillet, l'an 101 av. J.-C.

CIMON, général athénien, fils de Miltiade, mort au siége de Citium, dans l'île de Chypre, l'an 449 av. J.-C.

Cinabre ou *Vermillon*: sa fabrication par Desmoulins, en 1819.

Cincinnati (ordre des): il fut institué aux Etats-Unis d'Amérique, le 14 avril 1783.

CINCINNATUS, célèbre romain, fameux guerrier laboureur, qu'on arracha de la charrue, l'an de Rome 293 (461 av. J.-C.), pour être consul; puis l'an de Rome 296 (458 av. J.-C.), et l'an de Rome 316 (438 av. J.-C.), pour être dictateur.

CINNA (Lucius-Cornelius), élevé au consulat, l'an 665 de Rome.

CINQ-MARS (Henri Coiffier de Rusé, marquis de), grand écuyer de France, né en 1620, eut la tête tranchée le 12 septembre 1642.

Cinq plaies de Notre-Seigneur (la fête des): elle est fixée au vendredi après les Cendres.

Circassie, pays d'Asie: subjuguée par les Huns au ve siècle de l'ère chrétienne, et plus tard par les Khazars avec lesquels ses habitants furent incorporés jusqu'au XIIe siècle.— Au commencement du XIIIe, conquise par Balou-Khan, petit-fils de Gengis-Khan.— A la fin du XIVe, envahie et dévastée par Tamerlan.—Dépendante encore de la Géorgie au XVIe siècle. — Soumise au tzar de Moscovie vers 1560, elle repasse sous le patronage des khans de Crimée, au commencement du XVIIe siècle; mais en 1708, elle s'insurge et se place sous la protection de la Porte-Ottomane.—Enfin en 1783, par suite des conquêtes de la Russie, la Circassie est incorporée à ce vaste empire.

Circenses (jeux): institués en l'honneur de Neptune par le roi Evandre; ils furent rétablis par Romulus, vers l'an du monde 3258 (742 av. J.-C.). — L'empereur Adrien en inventa de nouveaux, de 117 à 138 de l'ère chrétienne.

Circoncision de Notre-Seigneur: cette fête qui se célèbre le 1er janvier, est indiquée sous le titre d'*Octave de la Nativité de Notre-Seigneur*, dans un livre liturgique de l'Eglise romaine du ve siècle.

Cire d'Espagne; composition résineuse, inventée, dit-on, par un Français nommé Rousseau, vers l'an 1640; suivant d'autres, cette invention serait plus vieille d'un siècle.

Cirque-Olympique, à Paris. Dès 1780, l'anglais Astley avait fait construire un manége dans la rue du Faubourg du Temple.— L'ouverture du cirque de Franconi dans les rues Mont-Thabor et Saint-Honoré, n'eut lieu qu'en 1807. — L'établissement fut transféré au faubourg du Temple le 8 février 1817, et incendié en 1826. — On en reconstruisit immédiatement un autre sur le boulevard du Temple.

CISALPIN (André), philosophe, médecin et naturaliste italien, mort le 24 mars 1603.

Cisalpine (république), instituée en 1796 par le général Bonaparte; elle avait été reconnue indépendante par les traités de Campo-Formio et de Lunéville, en 1797 et 1802. — Les événements de 1814 mirent fin à son existence.

Cistella (combat de) en Espagne, où les Espagnols furent battus par les Français, le 5 mai 1795.

Citeaux (ordre de), fondé à 4 lieues de Dijon, en 1075, par saint Robert, abbé de Molesme. — Les religieux s'y établissent en 1098, un dimanche des Rameaux, et dix ans après, la renommée de Citeaux s'étendait dans tout l'univers.

Citoyen français; la définition de cette qualification se trouve dans la constitution de 1791, dans celle de 1793, dans celle de l'an III (1795). — Les mots *citoyen*, *citoyenne* furent substitués à *monsieur* et *madame*, et cette mode eut faveur jusqu'au 18 brumaire (9 décembre 1799).

Ciudad-Rodrigo: prise de cette ville par les Français, le 10 juillet 1810.

Civeaux (bataille de), remportée par Clovis sur Alaric II, vers la fin du ve siècle.

Civita-Castellana (bataille de), gagnée sur les Napolitains par le général français Macdonald, le 4 décembre 1798

Civita-Vecchia, fortifiée par le pape Urbain VIII, de 1623 à 1644. — Capitule et se rend aux Français, le 7 mars 1799.

CLAIRAUT (Alexis-Claude), géomètre français, né à Paris en 1713, mort en 1765.

CLAIRE (sainte), vierge et abbesse, morte le 11 août 1253, âgée de 60 ans. L'Eglise célèbre sa mémoire le 12 août.

CLAIRON (Claire-Josèphe Leybis de la Tude, dite Mlle), actrice française, née dans les environs de Condé en Flandre, en 1723, morte le 18 janvier 1803.

Clairvaux: ordre religieux fondé par saint Bernard, en 1115, et dont il fut le premier abbé.

CLAPPERTON (Hugues), voyageur célèbre, né en Ecosse en 1788, mort vers 1824 ou 1825 dans les déserts de l'Afrique.

CLARAC (Charles-Othon-Frédéric-Jean-Baptiste, comte de), antiquaire, membre de l'Institut, né à Paris en 1777, mort dans la même ville le 20 janvier 1847.

CLARENDON (Edouard Hyde, comte de), homme d'Etat anglais, né en 1608 dans le Wiltshire; mort le 10 décembre 1674 à Rouen.

Clarification et purification des eaux: filtres inventés à cet effet par Smith, Cuchet et Montfort, en 1801.

Clarinette, instrument de musique; inventé à Nuremberg vers l'an 1710.

Clarisses ou *Second ordre*, fondé par saint François d'Assise en 1212.

CLARKE (Samuel), philosophe anglais, né à Norwich le 8 octobre 1675, mort en 1729.

CLARKE (Henri-Jacques-Guillaume), duc de Feltre, maréchal de France, et ministre de la guerre sous Napoléon et sous Louis XVIII; né à Landrecies le 17 octobre 1765, mort le 28 octobre 1818.

Claude (Saint-): cette ville fut presque entièrement détruite par le feu, en 1799.

CLAUDE Ier (Tiberius Drusus), empereur romain, né à Lyon 10 ans av. l'ère chrétienne ou le 1er août de l'an 744 de Rome, parvint au trône l'an 41 de J.-C., meurt l'an 54 de J.-C. âgé d'environ 65 ans.

CLAUDE II (Marcus Aurelius Flavius), empereur romain, né en 214, proclamé par l'armée en 268, mort de la peste en 270.

CLAUDE (saint), chanoine et évêque de Besançon, né en Bourgogne, mort abbé de St.-Oyan en 703, âgé de 99 ans.

CLAUDE (Jean), savant théologien protestant, né à la Sauvetat près de Villeneuve-d'Agen, en 1619, mort à La Haye en 1687.

CLAUDIEN (Claudius), poëte romain, florissait dans le IVe siècle.

Clavecin oculaire, inventé par le P. Castel, vers le milieu du XVIIIe siècle.

Clavi-Lyre, instrument de musique, inventé vers 1820, à Londres, par un artiste nommé Balteman.

CLEANTHE, philosophe stoïcien, florissait environ 240 ans av. J.-C.

CLEMENCE ISAURE, illustre toulousaine, fit revivre, à la fin du XVe siècle, l'amour des lettres dans sa patrie, en ravivant les jeux floraux.

CLEMENCET (D. Charles), savant bénédictin de la congrégation de Saint-Maur, né à Painblanc, diocèse d'Autun, en 1703, mort le 5 avril 1778.

CLEMENT D'ALEXANDRIE (Titus Flavius Clemens), honoré comme un saint, quoiqu'il ne figure pas sur le Martyrologe romain, appartient à la fin du IIe siècle de l'Eglise et aux premières années du IIIe ; mort en 217.

CLEMENT Ier (saint), pape, succède à saint Anaclet l'an 91 ; mort l'an 100.

CLEMENT II, évêque de Bamberg, élu pape en 1046, mort le 9 octobre 1047.

CLEMENT III, pape le 19 octobre 1187, mort le 27 mars 1191.

CLEMENT IV (Guido de Foulque), né au commencement du XIIIe siècle, élu pape à Pérouse le 5 février 1265, mort le 29 novembre 1268.

CLEMENT V, pape, né à Villandreau, diocèse de Bordeaux ; élu le 13 juin 1305, mort le 12 avril 1312.

CLEMENT (Pierre-Roger) Limousin, docteur de Paris, élu pape le 7 mai 1342, mort à Avignon le 6 décembre 1352.

CLEMENT VII, pape, élevé à la chaire pontificale le 17 novembre 1523, mort le 26 septembre 1534.

CLEMENT VIII (Hippolyte Aldobrandini), élu souverain pontife le 30 janvier 1592, mort le 5 mars 1605, âgé de 69 ans.

CLEMENT IX (Jules de Rospigliosi), pape, né à Pistoie en Toscane, en 1600, élu le 20 juin 1667, mort le 9 décembre 1669.

CLEMENT X (Jean-Baptiste-Emile Altieri), élevé à la tiare le 29 avril 1670, mort le 22 juillet 1676, à 86 ans.

CLEMENT XI (Jean-François Albani), pape, né à Pesaro en 1649, élu le 24 novembre 1700, mort le 17 mars 1721.

CLEMENT XII (Laurent Corsini), pape en 1730, mort le 6 février 1740, âgé de 88 ans.

CLEMENT XIII (Charles Rezzonico), né à Venise en 1693, élu pape le 6 juillet 1758 ; mort le 2 février 1769.

CLEMENT XIV (Jean-Vincent-Laurent Ganganelli), pape, né le 31 octobre 1705, élu le 19 mai 1769, mort le 22 septembre 1774.

CLEMENT (Jacques) ou CLEMENT NON-PAPA, célèbre compositeur de musique du commencement du XVIe siècle ; mort avant l'année 1540, était premier maître de chapelle de Charles-Quint.

CLEMENT (Jacques), dominicain, assassin de Henri III, roi de France, mis à mort le 1er août 1589.

CLEMENT (dom François), savant bénédictin, auteur de l'*Art de vérifier les dates*, né à Bèze en Bourgogne, le 7 avril 1714, mort le 9 mars 1793.

CLEMENT (Jean-Marie-Bernard), critique, né à Dijon le 25 décembre 1742, mort à Paris le 3 février 1812.

CLEMENTI (Muzio), pianiste et compositeur renommé, né à Rome en 1746, mort à Londres vers 1830.

CLEOMENES, sculpteur athénien, auteur de la célèbre *Vénus de Médicis*, florissait dans la 153e ou 154e olympiade, sur la fin du VIe siècle de Rome.

CLEOMENE Ier, roi de Lacédémone, règne en 1519 av. J.-C. — CLÉOMÈNE II, règne vers l'an 371 av. J.-C. — CLÉOMÈNE III, monte sur le trône de Sparte en 230 av. J.-C.

CLEOPATRE, reine d'Egypte, morte l'an 30 av. J.-C., âgée de 39 ans.

Clepsydre ou horloge d'eau : inventée, dit-on, par Hermès ou le Mercure grec, vers l'an 1846 av. J.-C. — On dit qu'elle fut inventée en Egypte vers l'an 250 av. J.-C.

CLERFAYT (François-Sébastien-Charles-Joseph de Croix ; comte de), feld-maréchal autrichien, né en Hainaut le 14 octobre 1733, mort à Vienne en 1798.

Clergé de France (assemblée générale du) en 1682, dans laquelle on accorde au roi la régale dans toutes les églises et sur tous les bénéfices de France.

Clermont, ville de l'Ile de France, prise et brûlée, en 1359, par les Anglais.

Clermont-Ferrand (Puy-de-Dôme) : prise de cette ville par les Vandales en 408. — Saccagée par les Romains en 412. — Assiégée sans succès par les Visigoths en 473. — Prise par Thierry, fils naturel de Clovis, en 507. — Ravagée et détruite par les Normands en 853. — En 1095, siége du concile où fut décidée la première croisade. — Réunie à la couronne en 1212. — Autrefois capitale du comté d'Auvergne. — La cathédrale de cette ville fut bâtie au Ve siècle par saint Namatius, évêque d'Auvergne. — Les états généraux de France s'y assemblèrent en 1374.

Clermont, ville de Picardie : assiégée par le maréchal de Boussac en 1430. — Prise par les Anglais en 1434. — La Hire la reprit ; elle fut rendue en 1437, pour la rançon du même La Hire. — En 1569, Charles IX l'aliéna en faveur du duc de Brunswick, pour 360,000 livres. — Henri IV la prit sur la Ligue en 1595.

Clermont (collége de), ouvert à Paris par les jésuites en 1618.

Clèves. Ce pays eut, jusqu'au commencement du XVIIe siècle, des comtes, puis des ducs. — En 1804, le consul Bonaparte, devenu l'empereur Napoléon, donna les duchés de Clèves et de Berg à son beau-frère Joachim Murat.—Ces Etats retournèrent à leurs anciens maîtres après 1814 et 1815.—Aujourd'hui, le duché de Clèves fait partie de la monarchie prussienne.

Cliniques médicales publiques. Leur origine date de Boerhaave, mort en 1738.—A son exemple, Stoll en établit à Vienne, de 1776 à 1788.—Dans les premières années de ce siècle, Corvisart, médecin de Bonaparte, établit une clinique à l'hôpital de la Charité, et surpassa ses modèles.

Clissau (bataille de), gagnée par Charles XII, roi de Suède, sur Auguste, roi de Pologne, en 1702.

CLISSON (Olivier, sire de), connétable de France, né en 1336, mort en 1407.

CLIVE (Robert, lord), gouverneur du Bengale, né en 1725 à Styche, comté de Shrop, mort en 1774.

Cloches, inventées par le roi de Chine, Hoang-ti, l'an 2601 av. J.-C.—On commence à s'en servir, en Bourgogne, pour les églises, en 615.—Etablissement de leur usage dans les églises en 605.—Commencèrent à être en usage dans tout l'Occident vers 615.

CLODION, dit le Chevelu, roi de France, mort en 447.

Closter-Camp, près de Rhinberg en Westphalie. Les Français y battirent les Hanovriens en 1760.

Closterseven (capitulation de), conclue entre les Français et les Hanovriens, le 10 août 1757.

CLOTAIRE Ier, roi de France, né en 497, règne en 558, meurt en 561.

CLOTAIRE II, règne en 584, meurt en 628.

CLOTAIRE III, règne en 655, meurt en 670.

CLOTAIRE IV, monte sur le trône en 717; mort en 720.

CLOTILDE (sainte), reine de France, morte le 3 juin 545. Sa fête est le même jour de chaque année.

CLOUD ou CLODOALD (saint), prêtre, né en 522, mort à Nogent vers 560, est nommé dans le Martyrologe sous le 7 septembre.

CLOUD (Saint-), Bourg très-ancien du département de Seine-et-Oise.—Réduit en cendres par les Anglais en 1358.—Sous Louis XIV, le duc d'Orléans, son frère, fit construire le château et dessiner le parc, et mourut dans cette résidence en 1701.—Le château resta dans la maison d'Orléans jusqu'en 1782. La reine Marie-Antoinette en fit l'acquisition alors.—En 1793, le château et le parc devinrent propriétés nationales.—Ce fut là qu'eut lieu le coup d'état du 18 brumaire.—Napoléon avait embelli cette habitation royale; mais en 1815 elle fut dégradée par les Prussiens.—La Restauration hérita du Saint-Cloud impérial; ce fut là que, le 29 juillet 1830, elle reçut l'*ultimatum* de la Révolution. Depuis lors, le château de Saint-Cloud fut au pouvoir de la royauté du 9 août 1830.—En février 1848 le château et le parc de Saint-Cloud redevinrent propriétés nationales.

CLOUET, chimiste et mécanicien, né le 11 novembre 1751, à Singly près Mézières, mort à Cayenne le 4 juin 1801.

CLOVIS Ier, premier roi chrétien de France, né en 465, monta sur le trône en 481, et fut baptisé en 496, mort en 511.

CLOVIS II règne sur la France en 638, meurt en 655, à 23 ans.

CLOVIS III, roi de France en 691, mort en 695, âgé de 14 ans.

Clubs. Leur établissement à Paris et dans plusieurs provinces, au commencement de 1789. — Furent rouverts en février 1848.

Cluny (congrégation de), de l'ordre des Bénédictins, fondé en 910.—La règle de cette congrégation est recueillie par le frère Bernard en 1067; elle est en tête de la *Biblioth. Cluniacensis*. Le meilleur texte se trouve dans le *Spicilegium* de D. D'Achéry, tom. IV, aux preuves, 9.

Cnide, dans la Doride (bataille de), où la flotte lacédémonienne fut battue par les forces combinées du roi de Perse et des Grecs alliés, l'an 394 av. J.-C.

COBENTZEL (le comte Louis de), homme d'Etat, né à Bruxelles le 21 novembre 1753, mort à Vienne le 22 février 1808.

Coblentz, ville prussienne, devient, en 1791 et 1792, le rendez-vous des émigrés français.—Prise par l'armée républicaine, le 23 octobre 1794.

COBOURG (Frédéric-Jonas, duc de Saxe-), feld-maréchal au service d'Autriche, né en 1737, eut, en 1793, le commandement général de l'armée dirigée contre la République française; mort en 1815.

Cocardes. Elles ne datent que des dernières guerres du XVIIe siècle. — Les chapeaux de l'armée française furent décorés de cocardes de papier dans la guerre de 1688.—Elles ne devinrent d'un usage plus général que de 1700 à 1710.

Cochenille, est apportée d'Amérique en Europe en 1510.

Cocherel (bataille de), où Duguesclin battit les Anglais et les Navarrois, le 16 mai 1364.

COCHIN (Henri), avocat au Parlement de Paris, né dans cette ville le 10 juin 1687, mort le 24 février 1747.

COCHIN (Jacques-Denis), docteur de Sorbonne, curé de Saint-Jacques-du-Haut-Pas, fondateur de l'hôpital qui porte son nom; né à Paris le 1er janvier 1726, mort le 3 juin 1783.

Cochin. Les Hollandais s'emparent de cette ville des Indes en 1662.

Code Théodosien. La rédaction en est ordonnée par Alaric, roi des Visigoths, en 506.

Code Justinien. Il est achevé et publié le 16 avril 529.

Code Marillac ou *Code Michault*, fut publié en 1629.

Code Louis ou *Code de Louis XIV*. Ordonnances qui le composent : Pour la procédure civile, année 1667; pour les évocations, 1669; pour les eaux et forêts, même année; pour la procédure criminelle, 1670; pour la juridiction de la ville de Paris, 1672; pour le commerce, 1673; pour les gabelles, 1680; pour la marine, 1681; pour la police des nègres, 1685 : pour les fermes, 1687 ; pour la juridiction ecclésiastique, 1695.

Code de Louis XV : renferme, entre autres ordonnances importantes, celle des donations, de 1731 ; celle des faux, de 1737 ; celle des substitutions, de 1747 ; celle des testaments, de 1735.

Code Napoléon.—Le 1er titre du *Code civil* fut décrété le 5 mars 1803, et le dernier le 30 mars 1804.—Le *Code de procédure civile* est de la session de 1806.—Le *Code de commerce* est de 1807.—Le *Code d'instruction criminelle*, de 1808 ; et le *Code pénal*, de 1810. — Louis XVIII ordonna, le 17 juillet 1816, la correction des dénominations, expressions et formules de l'Empire.

Codes. Celui de l'empereur Théodose le Jeune, publié en 438.

Codiciles. Leur usage est introduit par l'empereur Auguste, l'an 7 av. J.-C.

COEUR (Jacques), célèbre négociant sous Charles VII, roi de France, mort vers 1456.

Cognac (Ligue et Assemblée de), formée contre Charles-Quint par François Ier, le 21 mai 1526.

Cognée. On attribue son invention à Dédale, vers l'an 1301 av. J.-C.

COHORN (Menno, baron de), célèbre ingénieur hollandais, né en 1641, mort le 17 janvier 1704.

Coiffures. Inventions des bonnets et des chapeaux en France, en 1449 : ils remplacent les chaperons et les capuchons.

Coïmbre, ancienne ville du Portugal, fut, suivant Pline, bâtie par les Romains, 300 ans av. J.-C.—Elle est célèbre par son université, fondée en 1290 par le roi Denis, le Louis XII du Portugal.

COLALTO (. . . . .), acteur de la Comédie italienne, mort le 5 juillet 1778, âgé de 65 ans.

COLARDEAU (Charles-Pierre), poëte français, né à Janville en Orléanais, en 1732, mort le 7 avril 1776.

COLBERT (Jean-Baptiste), ministre et secrétaire d'Etat sous Louis XIV, né à Reims en 1619, mort en 1683.

COLBERT (Auguste, comte de), général français, tué en Espagne le 3 janvier 1809.

Colchester, ville d'Angleterre, soutint, contre l'armée du parlement, en 1648, un siége mémorable.

COLEBROOKE (Henri Thomas), célèbre linguiste, né à Londres, le 15 juin 1765, mort dans la même ville, le 10 décembre 1837.

COLERIDGE (S. J.), poëte anglais, né en 1773 dans le Devonshire, mort près de Londres le 25 juillet 1834.

COLIGNY (Gaspard de), amiral de France, né le 16 février 1517 à Châtillon-sur-Loing, tomba le premier sous les coups des assassins de la Saint-Barthélemy, le 24 août 1572.

Colisée de Rome, monument imposant de la grandeur romaine, fut construit par Auguste, vers l'an 20 av. J.-C.

Colisée de Paris, monument ridicule, qui avait été construit (1769-1771) près du faubourg Saint-Honoré. — Cette espèce de théâtre tombait en ruines en 1783 ; il fut démoli en 1784.

Collatie : prise de cette ville d'Italie par Aruns Tarquin, depuis surnommé Collatin, l'an 610 av. J.-C.

Collége royal de France : est fondé par François Ier en 1530.

COLLÉ (Charles), vaudevilliste, né à Paris en 1709, mort le 3 novembre 1753.

COLLET (Pierre), docteur et professeur de théologie, né à Ternay, le 6 septembre 1693, mort le 6 octobre 1770.

COLLETET (Guillaume), l'un des premiers membres de l'Académie française, né à Paris en 1598, mort dans cette ville le 11 février 1659.

COLLETTI (Jean), célèbre homme d'Etat grec, né à Saraco en 1788, mort à Athènes le 12 septembre 1847.

Collier (ordre du), institué en 1355 par Amédée, comte de Savoie.

Collier (procès du), eut lieu en septembre 1785.

COLLIN D'HARLEVILLE (Jean-François), auteur dramatique, né à Mévoisins près Chartres, le 3 mai 1755, mort à Paris en 1816.

COLLINS (William), poëte anglais très-estimé, né à Chichester en 1721, mort en 1765.

COLLINS (William), habile peintre anglais, né à Londres en 1788, mort à Hyde-Park-Garden le 17 février 1847.

Colloque de Poissy. Voyez *Poissy* (colloque de).

COLLOT D'HERBOIS (J.-M.), fameux révolutionnaire, mort le 8 février 1796.

Colmar : n'était qu'un village qui fut réduit en cendres en 1106.—En 1220, le bailly Vœlfel l'éleva au rang de ville ; son enceinte fut agrandie en 1282. — En 1552, elle fut entourée de tours et de fortifications. — Les Suédois s'en emparèrent en 1632. — Louis XIV la prit en 1673, et en fit raser les fortifications.—Elle a été réunie à la France en 1697 par la paix de Ryswick.

Colmar (conspiration de) ; est découverte en juin 1822.

COLOCOTRONI (.....), ministre du royaume de Grèce, mort en janvier 1849.

Cologne, capitale de la province rhénane de Prusse : fondée, suivant quelques auteurs, l'an 32 avant J.-C. — Est prise et détruite par les Francs en 355. — Sa cathédrale fut commencée en 1248, et achevée seulement en 1499. — Fondation de son université en 1358. — Les fortifications de cette ville sont rasées par ordre du roi de Prusse, le 26 juin 1816.

COLOMB (Christophe), célèbre navigateur, né en 1441, à Cuccaro, dans le Montferrat, découvre l'Amérique en 1492 ; mort à Valladolid le 8 mai 1506.

COLOMBAN (saint), abbé, né vers le milieu du VIe siècle ; mort à Bobio le 21 novembre 615. Il est nommé en ce jour dans le martyrologe romain.

COLOMBE (sainte), vierge, souffrit le martyre à Sens, sous Aurélien, en 273.

COLOMBE (sainte), née à Cordoue dans le IXe siècle, souffrit le martyre en 853. On célèbre sa fête le 17 septembre.

Colombie : formation de la république de ce pays, le 17 décembre 1819. — Une consti tution est donnée à ce pays, le 1er janvier 1822, par Bolivar, libérateur.

COLONIA (Dominique), jésuite, né à Aix en 1660, mort à Lyon le 12 septembre 1741.

Colonies anglaises en Amérique : leur origine le 2 novembre 1606.

Colonies françaises : le 8 janvier 1817, défense d'y introduire des noirs de traite.

Colonnades : celle de l'église de Saint-Pierre, à Rome, fut commencée en 1661, le 25 août, sous la direction du célèbre Bernini. — Voyez *Louvre*.

Colonne Trajane à Rome : construite par Apollodore, l'an 108 de notre ère.

Colons anglais, massacrés par les Américains, en Virginie, le 22 mars 1622.

Colosse de Rhodes. Voyez *Rhodes*.

Columbium, métal; sa découverte par Hatchett en 1802.

COLUMELLE (Lucius-Junius-Moderatus), le plus savant agronome de l'antiquité, né à Cadix, vivait en l'an 42 de J.-C.

Combat ou *duel judiciaire* : aboli en France par saint Louis en 1261. — Une déclaration générale du 6 avril 1333 défendit formellement aux juges d'autoriser le combat judiciaire. — Cependant, en 1386, le parlement de Paris ordonna un duel entre deux seigneurs; mais ce fut le dernier.

Combats célèbres : — d'Arques, le 21 septembre 1589; — d'Arcis-sur-Aube, 20 mars 1814; — de Bassano, 8 septembre 1796; — de Blénau, 7 avril 1652; — de Brienne, 29 janvier 1814; — de Champ-Aubert, 10 février 1814; — de Château-Thierry, 12 février 1814; — de Chiari, 1er septembre 1701; — d'Elchingen, 14 octobre 1805; — d'Exiles, 18 juillet 1745; — du faubourg Saint-Antoine, 2 juillet 1652; — de Fontaine-Française, 5 juin 1595; — de Lexington, 19 avril 1775; — de Montmirail, 11 février 1814; — de Montereau, 18 février 1814; — de Nangis, 17 février 1814; — et prise de Parme, 2 mars 1814; — et prise de Ratisbonne, 23 avril 1809; — et seconde journée de Rhinfeld, 3 mars 1638; — de Rieti, 7 mars 1821; — de Roveredo, 4 septembre 1796; — de Saint-Cast, 4 septembre 1758; — de Saint-Dizier, 26 mars 1814; — de Saint-Georges, 15 septembre 1796; — des Thermopyles, 7 août 480 av. J.-C.; — des Trente, 27 mars 1351; — de Vauchamps, 14 février 1814; — de Veillane, 10 août 1630; — de Wracbawice, 4 avril 1794; — de Znaïm, 12 juillet 1809; — naval de l'Ecluse, 22 juillet 1340; — de Tchesmé, 5 juillet 1770; — d'Ouessant, 27 juillet 1770.

Côme : Fondation de cette ville par les Gaulois, vers l'an 600 av. J.-C.

Comédie : l'invention de cet art est généralement attribuée à Aristophane, qui florissait dans le Ve siècle av. J.-C. — Elle s'introduisit à Rome, l'an 714 de cette ville (135e olympiade). — En France, elle date du roi Charles V, mort en 1380.

Comédie-Italienne (théâtre de la) : fondé en 1680; c'est lui qui a préparé les voies à l'Opéra-Comique en France. Voyez *Opéra-Comique*.

COMENIUS (Jean-Amos), grammairien et théologien protestant, né en Moravie en 1592, mort en 1672.

Comètes : l'an 619 av. J.-C., on observe pour la première fois la comète périodique qui reparut à la mort de Jules-César, et dont on croit que la période est de 575 ans. — L'an 1173 av. J.-C., il s'en montra une aux environs des Pléiades, qui traversa la partie septentrionale du ciel et disparut vers le cercle arctique.

COMINES (Philippe de), historien, né en Flandre en 1445, mort en Poitou le 17 octobre 1509.

Comité de salut public : établi par les décrets des 18 mars et 6 avril 1793.

Commanderies de l'ordre de Malte : instituées vers le milieu du XIIIe siècle.

Commémoration de saint Paul : cette fête a été fixée par l'Eglise au 30 juin de chaque année, pour honorer d'un culte particulier l'*Apôtre des nations*.

Commémoration des morts ou des fidèles trépassés : cette solennité, instituée en 998 par saint Odilon, abbé du monastère de Cluny, ne tarda pas à être adoptée dans toute l'Eglise. Elle est célébrée annuellement le 2 novembre.

Commendes : furent instituées, dit-on, en faveur des ecclésiastiques chassés de leurs bénéfices par les Sarrasins, sous le pontificat de Léon IV, de 847 à 855.

Commerce : dès 1639, la tenue des livres de commerce, d'après la méthode italienne, était généralement pratiquée à Londres. — Le compte par livres, sous et deniers, était établi en France dès l'année 755.

Commercy, ville de la Lorraine : obtint le titre de commune en 1324. — Charles-Quint l'assiégea en 1554.

Comminges, pays de l'ancienne Gascogne, qui, après avoir longtemps appartenu aux ducs d'Aquitaine, eut des comtes particuliers jusqu'en 1548, époque de sa réunion à la couronne de France.

Commissaires-priseurs de Paris : créés par une loi du 13 ventôse an IX (4 mars 1801).

Commissaires de police : leur institution remonte à un édit du mois de novembre 1699.

COMMODE (Marcus-Ælius-Aurelius), empereur romain, né l'an 161 de J.-C., élu l'an 180, mort l'an 192.

Communes : leur insurrection en Espagne, le 5 juin 1520.

Communes d'Angleterre : s'emparent du pouvoir législatif vers 1461.

Communes : leur introduction dans le parlement anglais, le 22 juin 1264; et, suivant quelques historiens, seulement en 1295 ou 1296.

Communes de France : troisième ordre formé dans l'Etat, par suite des croisades qui eurent lieu dans les XIe et XIIe siècles. — Elles sont admises dans les états généraux, sous le nom de *Tiers-Etat*, en 1303.

Communicants : c'était le nom d'une secte d'anabaptistes du XVIe siècle.

Communion : ce fut au XIIIe siècle que l'Eglise commença à la donner aux fidèles, sous l'espèce du pain seulement.

Comorn, belle et grande ville de la basse Hongrie : aujourd'hui c'est une ville toute nouvelle, bâtie à peu de distance de l'ancienne, ruinée en 1763 par un tremblement de terre. — Soutient un long siége contre les troupes autrichiennes en 1849.

Compagnie angloise des Indes : établie en 1600 par la reine Elisabeth.

Compagnie hollandaise des Indes occidentales : sa formation en 1717.

Compagnie hollandaise des Indes orientales : fut établie en 1602.

Compagnie française des Indes : instituée sous Louis XIV, en 1664, par les soins de Colbert. — Son affaiblissement, en 1712. — Son extinction, le 8 avril 1770. — Rétablie le 14 avril 1785, par arrêt du conseil du roi, elle fut enfin supprimée par décret de l'Assemblée constituante du 14 août 1790.

Compas : l'invention de cet instrument remonte à Icare ou Perdix, neveu de Dédale, vers l'an 1290 av. J.-C.

Compas de proportion : son invention en 1664.

Compassion de la sainte Vierge : cette fête, appelée aussi *Notre-Dame de Pitié* ou *des Sept Douleurs*, fut instituée en 1423 par un concile assemblé à Cologne. On la célèbre en plusieurs endroits le 18 mars ; mais dans l'Eglise de Paris, elle est fixée au vendredi de la semaine de la Passion.

Compiègne, ville de Picardie, bâtie par Charles le Chauve dans le IXe siècle.

Compiègne. V. *Arts et métiers*.

Complies, la dernière partie de l'office du jour : ne paraît pas avoir été instituée avant saint Benoît, qui vivait de 480 à 523.

Compostelle, fondation de son université, en 1532.

Componium, orgue à cylindre d'une grande perfection, que l'on fit entendre à Paris en 1824.

Comtat Venaissin : il échut en 1125 au comte de Toulouse, Alphonse Jourdain, dont les successeurs le possédèrent jusque vers la fin du XIIe siècle.—Donné au pape Grégoire X, en 1273, par Philippe le Hardi. — Réuni à la France en 1791.

Conception de la sainte Vierge. Cette fête passa de l'Orient en Occident vers le IXe siècle. — En 1070, Guillaume le Conquérant, roi d'Angleterre et duc de Normandie, la fit instituer à Rouen. — Le chapitre de Lyon, vers 1140, et l'Eglise de Paris, vers 1288, reçurent cette fête, dont la célébration générale fut ordonnée en 1476 par le pape Sixte IV.— La fête de la conception est fixée au 8 décembre.—En 1486, il se forma à Rouen, et plus tard à Caen, une académie littéraire où l'on décernait tous les ans un prix à la meilleure pièce de vers sur l'immaculée conception de Marie.

Conception immaculée (ordre des religieuses de la), fondé à Tolède en Espagne par Béatrix de Sylva, Portugaise, et approuvé en 1489 par le pape Innocent VIII.

Concerto. Ce genre de pièce musicale fut créé par Torelli, célèbre violoniste italien, mort au commencement du XVIIIe siècle.

Concerts spirituels. Le premier exécuté à Paris date du 18 mars 1725.

Conciles. Villes et pays qui ont été le siége de conciles nationaux et provinciaux. — Afrique et Carthage, en 390, 401, 403, 405, 407, 419, 484, 525, 534, contre les monothélites en 646. — Agde, pour la discipline, en 506.— Aix en Provence, en 1585 et 1612. — Aix-la-Chapelle, en 802, en 809, en 817, en 836, en 860, en 862, en 1022.—Alby, en 1254. Alexandrie, en 315, 419, 362, 398, 430, 452 et 633. — Allemagne, en 745, 759 et 1225. — Altino, en 802.—Ancyre ou Angouri, en 314 et 357.—Angari, en 391.— Angers, touchant la discipline ecclésiastique, en 453, 1365, 1448.— Angleterre, en 679 ; sous saint Dunstan, en 973 ; en 1072, où l'on confère la suprématie à l'archevêque de Cantorbéry ; en 1074 et 1075 ; en 1095, en 1237, à Londres, pour la réformation de l'église d'Angleterre ; en 1404 et 1405. — Antioche, contre Fabius, en 252 ; contre Paul de Samosate, en 265 et 272 ; assemblée convoquée par les ariens, en 344 ; pour l'ordination de Mélèce comme évêque en 361 ; en 1142. — Aquilée, en 381, 553, touchant les trois chapitres, en 698, en 1184. — Aragon, en 1062, 1408 et 1409. — Arabie, en 249. — Arles, contre les donatiens, en 314 ; contre Photin, Marcel et saint Athanase, en 353 ; touchant les ordinations, en 524 ; touchant la discipline de l'Eglise, en 554 ; en 1234, en 1275. — Armach, en Irlande, en 1171. — Arménie, en 435. — Aschaffembourg, en 1292. — Asie, en 198. — Astorga, en 947. — Attigny, en 765, en 822, en 870.— Augsbourg, en 952, 1548.— Autun, en 672, en 1077, où le roi Philippe est excommunié, en 1094. — Auxerre, en 586. — Avignon, en 1209 et 1210, en 1279, 1282, 1326, 1329, 1337, 1457, 1594. — Avranches, en 1172. — Auvergne, en 735. — Baga, ville de Numidie, en 394. — Bâle, en 1060.—Bamberg, en 1011.— Barcelone, en 599 et 1064. —Bayeux, en 1300. — Beaugency, en 1151. — Beauvais, en 845, en 1114. — Becanfeld ou Bucanfeld, en 694, 798.—Bergansteld, en 697.—Berythe, en 448.— Bethléem, en 1676. — Béziers, en 1246, 1279, 1280, 1351. — Bénévent, en 1091 et 1113.—Bonne, en 393.— Bordeaux, en 1583, 1624. — Bostres, en 242. —Bourges, 1031, 1225, 1584. — Braga, en Espagne, en 563, 572, 675. — Braine ou Brenne en Champagne, en 583.— Bresse, en 10?0.—Bretagne, en 1079.—Brionne, en 1050. —Bysacène, dans le royaume de Tunis, en 504, 541, 602, 640. — Caire sur le Nil, en 1582.—Chalcédoine. Voyez Conciles œcuméniques. — Calcutta, en 787. — Cambrai, en 1565. — Cantorbéry, en 1399. — Capoue, en 1087.—Carpentras, touchant les biens ecclésiastiques, en 527. — Carthage, sur le baptême des enfants, en 253 ; sur le baptême des hérétiques, en 255 ; en 258, 308, 397 et 398, 416, 640.--Casselan en Irlande, en 1171. --Ceste, en 305. — Châlons-sur-Marne, en 1115, 1129. — Châlons-sur-Saône, en 582, 603, 894. — Chartres, en 1146. — Château-Gontier, en 1231, 1253, 1336. — Château-Thierry, en 924. — Cirte ou Cirthes, dans le royaume d'Alger, 305 et 411.—Clare, en Angleterre, 1164.—Clarendon, en 1164.—Clermont, en 1077, 1095, 1130. — Clichy, vers 660.— Clif, en Angleterre, en 747, 799, 800, 803, 824.— Coblentz, en 860.—Cognac, 1238. — Cologne, en 346, 887, 1115, 1260, 1322, 1452, 1470, 1536, 1549. — Compiègne, en 833, 1277, 1301, 1304, 1329. — Compostelle, en 1056.— Constance, en 1094.—Constantinople, en 336, 360, 439, 448, 450, 459, 483, 518, 520, 553, 639, 692, 809, 920, 944, 1277, 1280, 1284, 1341, 1344, 1346, 1355, 1442, 1639, 1642.—Cordoue, en 852.—Coyac, en Espagne, en 1050.— Cressy, en Flandres, en 856. — Dalmatie, en 1199. — Danemark, en 1257.—Denis (Saint-), en France, en 997. Diamper, aux Indes orientales, en 1599. — Dijon, en 1077 et 1199. — Diospolis, contre Pélage, en 415.— Dortmund, en Westphalie, en 1005. — Douzi, en 871, 874. — Dublin, en 1183. — Duisberg, en 927. — Duren, en 75 et 79. — Ecosse, en 1203. — Egypte, contre Arius, en 324.— Elvire, vers l'an 300.— Engam, en Angleterre, en 1010. — Epaone, en 517.— Ephèse, en 431 et en 449.— Epire, en 516.—Erfort, en 932, en 1073.—Espagne, en 447. — Etampes, en 1130. — Fismes, en 935. — Florence, en 1055, 1105. Voy. Conciles œcuméniques.—Forchain, en 1077.—France, en 806. — Francfort, en 794, 1066. — Frioul, en 791.—Frisinghen, en Bavière, en 1440.— Gangre, contre les eustathiens, en 324. — Gaules, en 198, au sujet de la fête de Pâques, et en 685.— Genest (S.), près de Lucques, en 1074.— Genève, en 773.— Gentilly, touchant la sainte Trinité et le culte des images, en 766.— Girone, en 517.— Guastallo, en 1006. —Huesca, en 598, où l'on décrète les synodes diocésains annuels.—Iconie, en Phrygie, en 258, condamnation du baptême des hérétiques. — Illyrie, en 364. — Ingilenheim, en 788, 817, 948 et 972.—Jacca, en Aragon, en 1060.—Jérusalem, en 34 et 51 de J.-C., en 335, 350, 454, 518, 536, 553, 1107, 1111, 1143.—Jouarre, en 1130.—Lambth, en 1362, pour régler le salaire des prêtres. — Lampsico, en 364.— Landaff, en 988. — Laodicée, pour la discip. ecclés., en 330. — Laon, en 1230 et 1231. — Lavaur, contre Pierre, roi d'Aragon, en 1213.—Léon, en 1012.—Lérida, pour la discip. ecclésiast., en 524. — Liége, en 1131.—Limoges, en 1029.— Lipstadt, en Saxe, en 780.—Liptines ou Liftines, en 743. —Lodi, en 1161. — Londres, en 1102, 1124, 1127, 1138, 1143, 1162 ; en 1202, pour réformer l'Eglise d'Angleterre ; pour le même motif, en 1237 ; en 1297 ; en 1342, pour la discipline ecclésiastique ; en 1382, contre les erreurs de Viclef ; *ibid.* en 1396. — Lugo, vers l'an 572. — Lumbers, contre les albigeois ou les bons-hommes, en 1176.—Lyon, pour la discipline ecclésiastique, en 587 ; pour les pauvres ladres, même année ; en 1055, en 1245 et 1274. Voy. *Conciles généraux ;* en 1292 et en 1449. — Macédoine, en 414. — Mâcon, contre les Juifs, en 582 ; en faveur de la règle de saint Colomban, en 627. — Malines, pour la discipline ecclésiastique, en 1607. — Mantoue, en 1065. — Mayence, en 847 ; contre l'hérésie de Godescalc, en 848 ; pour les droits ecclésiastiques, en 857 ; contre la simonie, en 1049 ; en 1069, en 1075, en 1105, en 1131 ; contre les templiers, en 1310. — Meaux, en 845, en 962 et en 1080.—Melfi, en 1059, 1089.—Mérida, en 666.—Mésopotamie, en 1616. — Metz, en 592, en 835, en 863 et 869.—Mexique, touchant la discipline ecclésiastique, en 1585. — Milan, en 344, en 355 ; contre Jovinien, en 390, en 451 ; pour la discipline ecclésiastique, en 1287 ; en faveur des croisés, en 1291 ; six sessions tenues par saint Charles Borromée, pour la discipline ecclésiastique, depuis l'an 1565 jusqu'à 1582. — Milvie, en 402 et 416. — Montpellier, en 1215. — Mopsueste, en 550. — Mouson, en 948 et 995. — Muret, en 1213. — Naplouse; assemblée religieuse et politique, tenue sous le patriarche Guaramond, en 1120. — Narbonne, pour la discipline ecclésiastique, en 590; contre l'hérésie de Félix d'Urgel, en 788 ; contre Raymond, comte de Toulouse, en 1227; contre l'hérésie, en 1235; pour la discipline, en 1209. — Néocésarée, pour la discipline, en 314. — Neustrie, en 877. — Nicée, contre les ariens, en 325. — Nogaro, en 1315. — Northampton, en 1164. — Noyon, en 1344. — Numidie, contre les simoniaques, en 604 ; contre les monothélites, vers 640. — Orange, pour la discipline, en 441; contre les semi-pélagiens, en 529. — Orient, contre les messaliens, en 427. — Orléans, touchant les lieux d'asile, en 511; pour la discipline, en 536 et 540; contre les hérétiques, en 545, en 552 et 1017. — Osbori en Allemagne, en 1062. — Osrohene, touchant la fête de Pâques, en 198. — Oviédo, pour l'érection de cette église en métropole, vers 902. — Oxford, pour la réformation de l'Eglise d'Angleterre, en 1222. — Paderborn, pour établir la foi en Saxe, en 777 et 786. — Palencia, en 1388. — Palestine, en 198. — Paris, contre les ariens, en 362, 555, 557, 573, 577, 615, 847, 849, 1059, 1147, 1186, 1188, 1201, 1210, 1212; contre les albigeois, 1226, 1228, 1255, 1260, 1263, 1264, 1284, 1290, 1302; où les templiers sont condamnés, en 1310, 1323, 1329, 1346, 1394, 1429; contre les luthériens, en 1528 et 1612. — Pavie, pour la réforme des mœurs, en 850, en 997, en 1077; en faveur de l'antipape Anaclet, en 1160. — Perpignan, contre l'antipape Pierre de Luna, en 1408 et 1409. — Philadelphe, contre les erreurs de Béryllc, en 1142.—Pise, contre l'antipape Anaclet, en 1134; contre le schisme en 1415. — Pistre-sur-Seine, en 865. — Plaisance, contre l'antipape Anaclet, en 1132. — Poitiers, en 593, en 1100. — Pont, sur la fête de Pâques, en 198. — Pontyon, en 876. — Ptolémaïde, en 411. — Quedlimbourg, contre les hérétiques, en 1025; pour la réforme des mœurs, en 1105. — Ratisbonne, pour la discipline, en 742; contre l'hérésie de Félix d'Urgel, en 792. — Ravenne, en 904, pour la discipline, en 967, en 1128; pour la discipline, en 1286; sur l'affaire des templiers, en 1310; en 1317. — Reims, sur la réforme des mœurs, 514, 630 ; pour la discipline, 935, 989, 1049, 1109; contre Anaclet, 1131; contre des hérétiques, 1148; pour l'observation du Concile de Trente, 1583. — Riez, en 439. — Rimini, contre les ariens, en 359. — Romano-Britannique (concile), touchant l'état de l'Eglise d'Angleterre, en 680. — Rome, en 445, 483, 484; contre les apostats, en 487, 495, 499, 500, 501, 502; contre les schismatiques, 503, 504, 530, 532, 590, 601, 606, 610, 648; contre les monothélites, en 649; contre les mariages illicites, 721, 724; contre les iconoclastes, 725, 732, 743, 761, 769, 799, 826, 864, 865, 868, 881, 949, 983, 989, 993, 998, 1049, 1050, 1051, 1053, 1063, 1065, 1074, 1075, 1076, 1078, 1079, 1080, 1081, 1089, 1098, 1102, 1234, 1302, 1412. — Rouen, en 682. — Sablonnières, en 862; la paix y fut conclue entre Louis, Charles et Lothaire. — Saïde, contre des hérétiques, en 512. — Saltzbourg, en 1281, 1291, 1310 et 1386. — Samarie, en 1120. — Sardique, contre les ariens, en 347. — Saragosse, contre les Priscillianistes, en 381; en 691. — Saumur, en 1315. — Seleucha, en 359. — Selgenstadt, en 1022. — Senlis, en 863, 990 et 1317. — Sens, contre les erreurs d'Abailard, en 1140; en 1185, en 1612. — Séville, 590 et 619. — Sicile, pour la foi, en 364. — Sida, en 383. — Sienne, contre les schismatiques, 1424. — Singedun, en 366. — Sirmich, en 349 et 357. — Soissons, en 853, 866, 909, 941 et 1456. — Sutry, en 1146, et contre l'antipape Benoît Mincius, en 1059. — Synada, en 258. — Syrie, en 1115. — Tarragone, en 517, 610, 1229 et 1279. — Télepte, en 418. — Thionville, en 814 et 835. — Turin, en 397. — Tolède, en 406, 531, 589, 597, 610, 633, 636, 646, 653, 655, 675, 681, 684, 688, 693, 694, 701, 1324, 1347, 1473. — Tortose, en 1429 et 1575. — Toul, en 859. — Toulouse, en 1056, 1090, 1229, 1590. — Tours, 482, 567, 813, 849, 1055, 1096, 1163, 1448, 1510, 1583. — Trèves, vers 386; en 948, 1148 et 1548. — Tribur, en 895 et 1035. — Trosly, en 924. — Troie dans la Pouille, en 1089. — Troyes en Champagne, en 867, 878 et 1104 et 1128. — Tyr, en 335, 448 et 518. — Udine, contre les schismatiques, 1409. — Utrecht, 697. — Vaison, 529. — Valemolette en Espagne, en 1322. — Valence en Dauphiné, en 374 et 589. — Valence en Espagne, 524. — Venise, 1177. — Verceil, en 1050. — Verdun, en 947. — Vermerie ou Verberie, en 870. — Vernon, en 756. — Vézelay, en 1146. — Vienne en Dauphiné, en 474, 1113, 1119 et 1311. Voy. *Conciles généraux*. — Westminster, en 1216. — Worcester, en 1240. — Worms, en 776, 868 et 1076. — Wurtzbourg, en 1287. — Xaintes ou Saintes, en 566. — York, en 1195.

Conciles généraux ou *œcuméniques :* de Nicée, tenu en 325 contre les ariens; — de Constantinople, en 381, contre les macédoniens; — d'Ephèse, en 431, contre Nestorius et les pélagiens; — de Chalcédoine, en 451, contre Eutychès; — deuxième de Constantinople, en 553, contre les trois chapitres; — troisième de la même ville, en 680, contre les monothélites; — le deuxième de Nicée, en 787, contre les iconoclastes; — le quatrième de Constantinople, en 869, contre l'intrusion de Photius; — le premier de Latran, en 1123, pour des matières de discipline; — le deuxième du même lieu, en 1139, contre Arnaud de Brescia; — le troisième, en 1179, sur la discipline; — le quatrième, en 1215, contre les albigeois; — le premier de Lyon, en 1245, pour la septième croisade et contre Frédéric II; — le deuxième de Lyon, en 1274, pour la réunion des Grecs; — de Vienne en Dauphiné, en 1311, pour l'abolition des templiers; — de Florence, en 1439, pour une seconde réunion des Grecs; — le cinquième de Latran, opposé à celui de Pise, sous Jules II et Léon X, en 1517; — de Trente, en 1545, contre les hérésies de Luther et de Calvin.

Il y a en outre trois autres conciles que les défenseurs des libertés gallicanes ajoutent à cette série; ce sont : le concile de Pise, tenu en 1409, pour l'extinction du grand schisme d'Occident; celui de Constance, qui, de 1414 à 1417, déposa les trois prétendants à la tiare, condamna l'hérésie des hussites, et proclama la suprématie des conciles généraux; enfin le concile de Bâle, qui, commencé en 1431, se termina par un schisme, après 12 ans de session.

Conciles : la collection la plus complète des actes de ces diverses assemblées est celle des PP. Labbe et Cossart, dont l'édition la plus récente, en 26 vol. in-fol., a paru à Lucques en 1748. La première édition était de Paris, 1672; 18 vol. in-fol.

Conclave : institué en 1270, lors de l'élection du successeur de Clément IV.

Concordat conclu entre Léon X et François Ier, à Bologne, le 14 décembre 1515. — Publié en 1517, par ordre de François Ier, malgré le parlement et les universités.

Concordat signé à Paris le 15 juillet 1801, entre la France et le pape Pie VII. — Proclamé à Paris le 18 avril 1802. — Décret impérial sur cet objet et sur les libertés de l'Eglise gallicane, le 28 février 1810.

Concordat de Fontainebleau, entre le pape Pie VII et l'empereur Napoléon, signé le 25 janvier 1813.

Concordat conclu entre Pie VII et Louis XVIII, le 11 juin 1817; il rétablit le concordat de François Ier.

Concordat contre le saint-siège et le royaume des Pays-Bas, le 18 juin 1827.

CONDAMINE (Charles-Marie de la), voyageur et savant, né à Paris en 1701, mort le 4 février 1774.

CONDÉ (Louis Ier de Bourbon, prince de), né en 1530, mort à la bataille de Jarnac le 13 mars 1569.

CONDÉ (Henri Ier de Bourbon, prince de), fils du précédent, né à la Ferté-sous-Jouarre le 9 décembre 1552, mort le 5 mars 1588.

CONDÉ (Henri II de Bourbon, prince de), fils du précédent, né à Saint-Jean-d'Angély le 1er septembre 1588, mort à Paris le 26 décembre 1646.

CONDÉ (Louis II de Bourbon, prince de), premier prince du sang et duc d'Enghien, surnommé *le Grand*, né à Paris en 1621, mort le 11 décembre 1686.

CONDÉ (Henri-Jules de Bourbon, prince de), fils du précédent, né en 1643, mort en 1709.

CONDÉ (Louis-Joseph de Bourbon, prince de), né à Chantilly le 9 août 1735, mort le 13 mai 1818.

CONDÉ (Louis-Henri-Joseph, duc de Bourbon, prince de), le dernier de sa race, né le 13 avril 1756, trouvé mort dans sa chambre à coucher le 27 août 1830.

CONDILLAC (Etienne Bonnot de), philosophe français, né à Grenoble en 1715, mort près de Beaugency le 3 août 1780.

Condomois, petit pays de l'ancienne Guienne; réuni à la couronne en 1451, sous Charles VII.

CONDORCET (Marie-Jean-Antoine-Nicolas Caritat, marquis de), philosophe et écrivain, né à Riberon en Picardie, le 17 septembre 1743, s'empoisonne dans sa prison, au Bourg-la-Reine, le 28 mars 1794.

Condottieri : il y en avait déjà à la solde de la république de Venise en 1143.

Condrieu, ville du Lyonnais; le plant de son vignoble y fut transporté de Dalmatie par l'empereur Probus, vers l'an 280.

Confédération germanique, formée le 23 juillet 1785 par plusieurs princes d'Allemagne, dans le but de s'opposer à l'échange de la Bavière contre les Pays-Bas.

Confédération (acte de), signé par les députés de toutes les provinces belges le 11 janvier 1790.

Confédération du Rhin : sa formation, le 12 juillet 1806; — Napoléon en est déclaré le protecteur. — Elle se détache des intérêts de la France le 12 août 1813.

Confédération germanique, formée par le congrès de Vienne le 2 décembre 1814.

Confession auriculaire : introduite vers le VIe siècle; commandée expressément par le concile d'Attigny en 765. L'obligation de se confesser au moins une fois dans l'année fut prescrite en 1215, par le quatrième concile de Latran; cette loi fut renouvelée depuis par le concile de Trente.

Confire (art de) les fruits : est attribué aux Ioniens, vers l'an 1077, av. J.-C.

Conflans (traité de), conclu le 5 octobre 1465, qui mit un terme à la guerre dite du *bien public*, entre Louis XI, roi de France, et quelques seigneurs révoltés.

CONFUCIUS, le père des philosophes chinois, né à Kinfou vers l'an 350 de J.-C., mort à l'âge de 73 ans.

Congélation factice (expériences de), faites par Berthollet le 6 janvier 1795.

Congo. Découverte des côtes de ce pays par les Portugais, en 1484.

Congrès, preuve scandaleuse, admise longtemps en justice en France : le parlement de Paris défendit formellement d'y recourir par un arrêt de règlement du 18 février 1677.

CONGRÈVE (Guillaume), poëte dramatique anglais, né en 1672, mort en 1729.

Coni (combat de), où les troupes du roi de Sardaigne sont battues par les Espagnols, le 30 septembre 1744.

Connétable : on signale comme le premier qui ait été revêtu de cette haute dignité, Albéric, qui vivait en 1060.

CONRAD (saint), évêque de Constance, mort en 976, canonisé par Calixte II en 1120.

CONRAD Ier, duc de Franconie, élu roi d'Allemagne en 912, mort en 918.

CONRAD II, duc de Franconie, roi d'Allemagne en 1024, mort à Utrecht le 4 juin 1039.

CONRAD III, duc de Franconie, né en 1093, élu empereur d'Allemagne le 22 février 1138, mort à Bamberg le 15 février 1152.

CONRAD IV, duc de Souabe, élu empereur en 1250, mort le 27 mai 1254.

CONRADIN, fils de Conrad IV, roi de Germanie, né le 25 mars 1252, mis à mort le 26 octobre 1268.

Consarbruck (bataille de), gagnée par les Impériaux sur les Français le 11 août 1675.

Conscription militaire en France, établie par une loi le 5 septembre 1798.

Conseil des Anciens et conseil des Cinq-Cents, institués par la constitution du 23 juin 1795.

Conseil d'Etat, en France : il fut établi sur de nouvelles bases par la loi du 22 frimaire an VIII (18 décembre 1799.) — Organisé de nouveau par ordonnance du 29 juin 1814 et du 27 août 1815. — Est soumis à une nouvelle organisation en mai 1849.

Conseils de guerre permanents : créés par la loi du 13 brumaire an V (3 novembre 1796).

Conservatoire de musique : sa création le 2 septembre 1793.

Conspiration royaliste, contre le Directoire en France, le 31 janvier 1797.

Conspiration militaire, dite *du* 19 *août* 1820. La chambre des pairs, constituée en haute cour de justice, commence à s'occuper de ce procès, le 9 mai 1821, et ne le termine que le 16 juillet suivant.

Conspirations. Voy. CELLAMARE, MALLET, *Poudres*, *La Rochelle*.

Constance (concile de), ouvert le 5 novembre 1414; clos le 22 avril 1418.

Constance (traité de), signé sous le patronage de Louis XI, au mois d'avril 1474.

CONSTANCE CHLORE Ier (Flavius Valerius), empereur romain, né vers l'an 250, élu en 305, mort à York le 25 juillet 306.

CONSTANCE II (Constantius Flavius Julius), né à Sirmich l'an 317, élu empereur en 337, mort le 3 novembre 361.

CONSTANT Ier (Flavius Julius Constance), empereur romain, né en 320, proclamé en 337, mort à Elne dans les Pyrénées, en 350.

CONSTANT II (Heraclius Constantius), empereur d'Orient, monté sur le trône en 641, mort le 15 juillet 668.

CONSTANT DE REBECQUE (Henri-Benjamin), publiciste célèbre, né à Lausanne le 25 octobre 1767, mort à la fin de 1830.

CONSTANTIN LE GRAND (Caius Flavius Valerius Aurelius), empereur romain, né à Naïsse en 274, proclamé le 25 juillet 306, baptisé en 337, mort le 2 mai de la même année.

CONSTANTIN II, dit *le Jeune* (Claudius Flavius Julius Constantinus), empereur romain, fils aîné du précédent, né à Arles en 316, proclamé en 337, mort en 340.

CONSTANTIN III (Flavius Claudius), proclamé empereur en 407, mort le 18 septembre 411.

CONSTANTIN IV, empereur d'Orient, surnommé *Pogonat*, couronné en 668, mort en 685, âgé de 37 ans.

CONSTANTIN V, surnommé *Copronyme*, né à Constantinople en 718, empereur le 18 juin 741, mort de la peste en 775.

CONSTANTIN VI, né en 770, succède à Léon IV, son père, en 780, mort en 792.

CONSTANTIN VII, surnommé *Porphyrogénète*, empereur d'Orient, né à Constantinople en 905, mort le 9 novembre 959, après un règne de 48 ans.

CONSTANTIN VIII, empereur en 868, mort en 878.

CONSTANTIN IX, mort en 1028, âgé de 70 ans.

CONSTANTIN X, monte sur le trône en 1042; mort vers 1054.

CONSTANTIN XI, surnommé *Ducas*, empereur d'Orient, monte sur le trône en 1059.

CONSTANTIN DRAGASÈS, xve du nom, dernier empereur de Constantinople, né en 1403, mort le 29 mai 1453.

Constantine (prise de) par les Français, commandés par le général Valée, le 13 octobre 1837.

Constantinople : sa fondation l'an 328 de notre ère, sous le règne de l'empereur Constantin. — Est réduite en cendres en partie, par un incendie qui éclata le 15 août 433 et dura 3 jours. — En 446, souffre du feu, de la peste, de la famine et d'un tremblement de terre qui renversa les murs, le 27 septembre. — Constantin relève ses murs en 447. — Est incendiée en 461. — Autre incendie en 465. — Est encore incendiée en 476 : presque toute la ville est consumée, et surtout la fameuse bibliothèque de cent vingt mille volumes, où étaient les œuvres d'Homère en lettres d'or. — Tremblement de terre en 477. — Est incendiée en 509. — Il y éclate, en 511, une sédition; plus de dix mille personnes y périssent. — Conspiration et sédition contre Justinien, en 532; les troupes tuent en un seul jour plus de trente-cinq mille personnes, et brûlent les plus beaux édifices. — Tremblement de terre qui y dure quarante jours, en 553. — Assiégée par les Sarrasins, en 672. — Effrayante mortalité en 746. — Assiégée, en 917, par les Bulgares, qui sont repoussés. — Prise le 18 juillet 1203 par les croisés Français et Vénitiens. — Prise par les Latins, le 12 avril 1204. — Siége de cette ville, en 1423, par Amurat avec une armée de deux cent mille hommes. — Prise de cette ville, le 29 mai 1453, par Mahomet II, qui y établit le siége de l'empire turc. — Peste qui y moissonne, en 1611, plus de deux cent mille personnes. — Une imprimerie y est établie en 1726, malgré les obstacles qu'y oppose le mufti. — Par un traité signé dans cette ville le 8 janvier 1784, les Turcs renoncent à la Crimée qu'ils cèdent à la Russie. — Est bloquée le 19 février 1807 par une escadre anglaise, dans le but de forcer les Turcs à livrer leur flotte et à se déclarer contre la France. — Le 2 mars, la flotte anglaise se retire sans succès, et repasse les Dardanelles. — La confiscation y est abolie, le 1 décembre 1826.

Constantinople (concile de), composé de cent cinquante évêques : on y condamne les erreurs des macédoniens contre le Saint-Esprit; on y renouvelle le symbole de Nicée avec quelques additions. On assigne les bornes de chaque exarchat; on accorde à l'évêque de Constantinople le premier rang après l'évêque de Rome. On déclare nulles les ordinations faites par Maxime. Ce concile, qui avait commencé dans le mois de mai, finit le 30 juillet 381. — Il y eut trois autres conciles généraux dans cette ville, en 553, en 680 et en 869. Voy. *Conciles.*

Constellations : instituées par les Grecs, vers 1250 et 1200 av. J.-C.

Constituante (assemblée); se constitue en février 1790, et termine ses travaux le 21 septembre 1792.

Constitution de l'ancienne monarchie française, elle fut consommée en 1303 par l'introduction du tiers état dans les états généraux.

Constitutions. Voy. *Droit constitutionnel actuel.*

Consulat : son établissement en France, depuis le 13 décembre 1799 jusqu'au 2 décembre 1804.

CONTAT (Louise, madame de Parny, connue sous le nom de mademoiselle), actrice française, née à Paris en 1760, morte le 9 mars 1813.

CONTÉ (Nicolas-Jacques), mécanicien et chimiste habile, inventeur des crayons, né à St-Ceneri près Séez, le 4 août 1735, mort le 6 décembre 1805.

CONTI (Armand de Bourbon, prince de), né à Paris en 1629, mort à Pézénas en 1666.

CONTI (François-Louis de Bourbon, prince de la Roche-sur-Yon et de), fils du précédent, né en 1664, mort à Paris en 1709.

CONTI (Louis-François de Bourbon, prince de), né à Paris le 13 août 1717, mort le 2 août 1776.

CONTI (Louise-Marguerite de Lorraine, princesse de), née en 1577, morte le 30 avril 1631. — Le dernier prince de la famille de CONTI (Louis-François-Joseph) est mort le 10 mars 1814.

Contrainte par corps : les jurisconsultes n'en datent l'introduction que de l'ordonnance de Villers-Cotterets de 1539, et de celle de Moulins de 1566; mais il est prouvé que cette peine existait dans les lois romaines, lesquelles lois devinrent le droit commun des divers peuples des Gaules, au commencement du xie siècle. — Les lois relatives à la contrainte par corps, depuis la révolution de 1789, sont des 9 et 12 mars 1793, du 24 ventôse an V (14 mars 1797), du 25 germinal an VI (14 avril 1798), du 10 septembre 1807.

Contre-danse : elle était en vogue en Hollande en 1688. — Oubliée en France durant plusieurs siècles, elle y reparut en 1745.

Contre-seing : son usage considéré comme

formalité nécessaire, ne paraît pas remonter au delà du XVe siècle.

Contribution : ce n'est guère que depuis 1789 que ce mot est devenu synonyme d'impôt.

Convention nationale de France : instituée par les décrets du 10 et du 12 août 1792, elle ouvrit ses séances le 21 septembre suivant, et mit fin à sa session le 4 brumaire an IV (26 octobre 1795).

Conversion de saint Paul : cette fête est indiquée dans les calendriers liturgiques du VIIIe siècle ; la célébration générale en fut ordonnée au commencement du XIIIe siècle ; elle est fixée au 25 janvier.

Convertor, instrument mécanique d'une puissance beaucoup plus étendue que le levier, le coin, la poulie, la vis, etc., inventé en Angleterre en 1817.

Convulsionnaires, fanatiques jansénistes du XVIIIe siècle, qui faisaient de prétendus miracles sur le tombeau du diacre Pâris, mort le 1er mai 1727, en protestant contre la bulle *Unigenitus*.

COOK (Jacques), célèbre navigateur anglais, né à Morton dans le comté d'York, le 25 octobre 1721, massacré par les naturels de l'île d'Owihée, le 24 février 1780.

Copenhague, capitale du Danemark, fondée par le roi Valdemar Ier, vers le milieu du XIIe siècle. — Ruinée en 1728 par un incendie. — Est attaquée par la flotte anglaise sous les ordres de Nelson, le 2 avril 1801. — Se rend à une armée anglaise, le 7 septembre 1807 ; six semaines après, les Anglais évacuent la ville et emmènent la flotte danoise.

Copenhague (traité de) conclu le 27 mai 1732, entre l'empereur, la Russie et le roi de Danemark.

COPERNIC (Nicolas), habile astronome, né à Thorn, dans la Prusse royale, le 19 février 1473, mort le 11 juin 1543.

Copistes : bien avant la découverte de l'imprimerie, même avant le XIVe siècle, il y avait un grand nombre de copistes qui multipliaient les exemplaires des manuscrits.

Copte, ville d'Egypte ; rasée par Dioclétien l'an 296.

Coqueluche : ce nom paraît avoir été employé pour la première fois en 1414, et appliqué à un catarrhe épidémique.

Coquimbo, ville du Chili ; bâtie par Pierre de Baldivia, en 1544.

Coran, vulgairement nommé *Alcoran :* ce fut le calife Aboubekr qui en fit rassembler les feuillets épars et en forma un livre la 13e année de l'hégire (635 de J.-C.).

Corbach (combat de), dans la Weteravie ; les Français y ont l'avantage sur les Prussiens, le 10 juillet 1760.

Corbie (prise de), en Picardie, par les Espagnols, le 15 août 1636.

Corbineau (Jean-Baptiste, comte), général de division, ancien pair de France, né à Marchiennes (Nord) le 1er août 1776, mort en décembre 1848.

Corbillards : à Paris leur usage pour toutes les classes indifféremment ne date que de la révolution de 1789.

Corbits, en Saxe : lieu remarquable par un combat, en 1759, entre les Prussiens et les Impériaux.

Corcyre, aujourd'hui Corfou, fondée par les Corinthiens l'an 703 av. J.-C. (19e olympiade). Voyez *Iles Ioniennes.*

CORDAY D'ARMANS (Marie-Anne-Charlotte, née à Saint-Saturnin, en Normandie, en 1768, assassine Marat et meurt elle-même sur l'échafaud révolutionnaire le 16 juillet 1793, agée de 25 ans.

Cordeliers, religieux de l'ordre des frères mineurs de Saint-François : ce nom leur fut donné lors de la guerre de saint Louis contre les infidèles, vers le milieu du XIIIe siècle. — Combat livré dans leur couvent, à Paris, le 4 août 1582.

Cordeliers (club des) : rival de celui des Jacobins, pendant la révolution ; fut dissous, comme société politique, par la loi du 6 fructidor de l'an III (23 août 1795).

CORDEMOI (Géraud de), historien, membre de l'Académie française, né à Paris au commencement du XVIIe siècle, mort le 8 octobre 1684.

CORDEMOI (Louis Giraud de), historiographe de France, né à Paris le 16 décembre 1651, mort le 7 février 1722.

Cordon sanitaire : formé de troupes françaises sur les frontières d'Espagne, sous le prétexte de la fièvre jaune, le 26 septembre 1821. — Il est converti en armée d'observation en septembre 1822.

Cordouan (tour de), fameux phare à l'embouchure de la Gironde ; rebâti par Louis XIV en 1665.

Cordoue : devient le siége des arts et des sciences en Europe, sous le calife Abdérame II, en 822.

CORELLI (Archangelo), violoniste et compositeur italien, né à Fusignano dans le Bolonais, en 1653, mort à Rome le 3 décembre 1712.

CORINNE, surnommée la *Muse* lyrique, contemporaine de Pindare, florissait dans le VIe siècle av. J.-C.

Corinthe, ville célèbre de la Grèce ; fondée 1376 ans avant l'ère chrétienne. — Incendiée par les Romains l'an 146 av. J.-C. — Rebâtie par Jules-César l'an 40 de J.-C. — Appartint aux Turcs en 1450 ; à Venise en 1687, jusqu'en 1715, qu'elle fut reprise par les Turcs, qui l'ont gardée jusqu'en 1822.

CORIOLAN (Caïus-Martius, surnommé), général romain ; massacré par le peuple l'an 489 av. J.-C.

Corioles (siége et prise de) par les Romains, l'an 492 av. J.-C.

CORNARO LUSIGNANA (Catherine), reine de Chypre, née à Venise en 1454, mariée en 1470 à Jacques Lusignan XIV, roi de Chypre, morte en 1510.

CORNARO (Louis), né à Venise en 1467, mort à Padoue, le 26 avril 1566, âgé de près de 100 ans.

CORNEILLE (saint), pape, installé en 251 mort le 14 septembre 252.

CORNEILLE (Pierre), le premier des poëtes dramatiques français, né à Rouen le 6 juin 1606, mort à Paris le 1er octobre 1684.

CORNEILLE (Thomas), poëte dramatique, frère du précédent, né à Rouen en 1625, mort aux Andelys le 8 décembre 1709.

CORNELIE, fille du grand Scipion et mère des Gracques, vivait durant le VIIe siècle depuis la fondation de Rome, un peu plus d'un siècle av. J.-C.

CORNELIUS NEPOS, historien latin, florissait dans le IIe siècle de J.-C.

CORNWALLIS (Charles, marquis et comte de), général anglais, né en 1738, mort le 5 octobre 1805.

Corogne (bataille de la), le 16 janvier 1809. Le maréchal Soult y battit les Espagnols et les Anglais.

Coromandel (côte de) : les Danois y acquièrent un vaste territoire en 1618. — Les Anglais s'y sont établis vers la fin du XVIIIe siècle.

Coronée en Béotie (bataille de), gagnée par les Spartiates sur les armées combinées d'Athènes, de Corinthe, de Thèbes et d'Argos, l'an 394 av. J.-C.

Corps législatif de France : son entrée en fonctions le 1er janvier 1800 (11 nivôse an VIII).

Corps francs (art militaire). —Cette dénomination disparut des armées françaises depuis 1793. —Elle reparut un instant en 1814 et 1815.—L'origine des *corps francs* ou compagnies franches remontait à Louis XI, au XVe siècle.

CORRÈGE (Antoine Allegri, dit le), célèbre peintre italien, né à Correggio, dans le Modénois, en 1494; mort en 1534.

Corrégidor : cette charge n'est pas d'une création ancienne en Espagne; il n'en est fait mention que depuis l'année 1387.

Corse (île de) : la famille Colonna y règne jusqu'en l'an 1000. — Cette île se soumet à la république de Gênes, en 1289. — Elle s'insurge contre ses maîtres en 1729. — Cédée à la France par les Génois en 1768, et conquise sur les habitants l'année suivante.— Prise par les Anglais en 1794, elle reste deux ans en leur pouvoir. — Divisée en deux départements français sous Napoléon, elle n'en forme qu'un seul aujourd'hui, depuis le 3 septembre 1814.

CORSINI (Edouard), savant helléniste et antiquaire, né à Fanono en 1702; mort en 1765 à Pise.

Corsets à baleines : leur usage introduit en France par Catherine de Médicis, au XVIe siècle.

Cortès d'Espagne : assemblées politiques très-anciennes; les premières où l'on trouve des députés du peuple sont celles de Léon, en l'an 1188. — Depuis Philippe II elles n'existaient plus que de nom et pour la forme. — Leur rétablissement vers la fin de 1812. — Leur constitution déclarée nulle par Ferdinand VII, le 4 mai 1814. Leurs archives sont brûlées dans un au-to-dafé, par ordre de ce prince, le 28 novembre 1814. — La constitution qu'elles avaient décrétée, en 1812, est proclamée de nouveau, le 1er janvier 1820, par les troupes rassemblées dans l'île de Léon pour passer en Amérique. Ferdinand VII accepte et jure ce pacte fondamental. — Le 7 mars, leur convocation à Madrid ; cette assemblée supprime les majorats, l'inquisition et les ordres monastiques.

CORTEZ (Fernand), conquérant du Mexique, né à Medelin, en Estramadure, en 1485; mort le 2 décembre 1554.

CORTONE (Pierre de), peintre qui se nommait *Berettini*, né à Cortone dans la Toscane en 1609 ; mort en 1669.

CORVIN (Matthias), roi de Hongrie et de Bohême, né en 1443; élu roi de Hongrie le 24 janvier 1458, mort à Vienne en Autriche le 5 avril 1490.

CORVISART (Jean-Nicolas), médecin et chirurgien, né à Dricourt en Champagne le 15 février 1755, mort le 18 septembre 1821.

Cosaques zaporogues en Russie; leur destruction le 14 août 1775.

Cosenza, ville du royaume de Naples : presque détruite par le tremblement de terre de 1783.

COSME (saint). Voyez DAMIEN (saint).

COSME (frère Jean), chirurgien, né en 1703 près Tarbes, mort le 8 juillet 1781.

Cosmorama : spectacle établi à Paris le 1er juin 1808, par M. Gazzera.

COSSÉ (Charles Ier de), plus connu sons le nom de *maréchal de Brissac*, né vers 1505 ; mort à Paris le 31 décembre 1563.

COSSÉ (Artus de Brissac), frère du précédent, maréchal de France, mort le 15 janvier 1582.

COSTER (Jean-Laurent), l'un de ceux à qui l'on attribue l'invention de l'imprimerie, né vers 1370, mort vers 1440.

Costume (art dramatique) : la tragédie de *Charles IX*, jouée en novembre 1789, est la première pièce où l'on ait suivi le costume avec une rigoureuse exactitude.

Cotereaux, aventuriers du XIIe siècle; on les voit figurer en Angleterre en 1137 ; en France en 1171.

COTIN (Charles), chanoine de Bayeux, littérateur français, né à Paris en 1604, mort en 1682.

Coton : sa filature en France a lieu au moyen de mécaniques depuis près d'un siècle. — En 1785, des filatures continues y furent établies par l'anglais Miln, avec la protection du gouvernement. — Ces machines étaient en usage en Angleterre depuis 1770.

Cotopaxi, volcan du Pérou : en 1747, il jeta des cendres jusqu'à 90 lieues en mer.

COTTIN (Sophie Ristaud), romancière, née à Tonneins en 1773, morte le 25 août 1807.

COTTON (Pierre), jésuite, confesseur de Louis XIII, né en 1564 à Néronde en Forez, mort le 19 mars 1626.

COUCY (Enguerrand III, sire de), succède à son père, Raoul de Coucy, en 1191.

COUCY (Raoul, seigneur de), né vers 1160, mort sous les murs de Saint-Jean-d'Acre en 1190.

Couleurs : Newton découvre leurs principes en 1675.

COULOMB (Charles-Auguste de), physicien distingué, né à Angoulême en 1736 mort le 23 août 1806.

Coulommiers, ville de la Brie : fut distraite du comté de Champagne en 1404, et passa sous la domination du roi de Navarre. — Prise, pillée et en partie brûlée par les Ligueurs, le 13 janvier 1593.

Couperose blanche : sel découvert en Allemagne vers le milieu du XVIIe siècle.

Coupoles : celle de Sainte-Marie-des-Fleurs à Florence, exécutée de 1420 à 1440. — Celle de Saint-Pierre de Rome, de 1546 à 1590. — Celle de Saint-Paul de Londres, au commencement du XVIIIe siècle. — Celle des Invalides, à Paris, en 1704. — Celle de Ste.-Geneviève ou Panthéon, en 1790.

Cour des comptes : instituée et organisée par une loi du 16 septembre 1807. — Instituée sur de nouvelles bases le 27 février 1815.

Cours d'amours, tribunaux au moyen âge ; ils existèrent depuis le XIIe siècle jusqu'à la fin du XIVe siècle.

Cour dite *des Poissons :* instituée par Colbert à l'Arsenal, par lettres patentes du 7 avril 1679.

Courbe cycloïde : son invention par Bovillas, en 1500. Voyez *Cycloïde.*

COURIER (Paul-Louis), helléniste et pamphlétaire célèbre, né le 4 janvier 1772, mort assassiné le 10 avril 1825.

Courlande (duché de), son érection en 1561. — Est remis, le 22 janvier 1763, par la Russie à Ernest-Jean de Biren, qui l'avait perdu avec la liberté en 1741. — Appartient à la Russie depuis 1786.

Couronne de fer : institution de cet ordre dans le royaume d'Italie, en 1805.

Courriers : leur établissement en France date de celui des postes par Louis XI, dans le XVe siècle.

Cours prévôtales : leur rétablissement le 20 décembre 1815. — Leur installation le 23 janvier 1816.

Courses de chevaux : établies à Paris en 1808.

COURT DE GÉBELIN (Antoine), savant philologue, né à Nîmes en 1725, mort à Paris le 10 mai 1784.

COURTENAY (Pierre de), comte de Nevers, couronné empereur d'Orient le 29 avril 1217.

COURTENAY (Robert de), élevé au trône de Constantinople le 25 mars 1221.

Courtrai (bataille de), dite *des éperons d'or*, dans laquelle les Flamands défirent complétement les Français le 11 juillet 1302.

COUSIN (Jean), peintre, sculpteur, architecte, graveur et anatomiste, surnommé le *Michel-Ange français*, né à Soués près Sens en 1530, mort à Paris en 1589.

Coutances : en 430, le siége épiscopal de cette ville fut fondé par saint Ereptiole, qui en fut le premier évêque. — Cette ville fut saccagée en 866. — Charles V la céda aux Bretons en 869. — Elle fut de nouveau ruinée en 886, et le siége épiscopal transféré d'abord à Saint-Lô, et ensuite à Rouen, vers 888. — Ruinée par Charles V en 1378. — Reprise en 1431, et pillée par les Anglais, elle fut reconquise en 1449 par les Français. — En 1465, elle se soumit au duc de Berri, en révolte contre le roi, qui depuis, lui confirma le titre de duc de Normandie. — Les protestants s'en emparèrent en 1562, et en furent chassés en 1575.

COUTHON (George), révolutionnaire, né à Orsay, près de Clermont (Auvergne), en 1756, guillotiné le 28 juillet 1794.

COUSTOU (Nicolas), statuaire, né à Lyon le 9 janvier 1658, mort le 1er mai 1733. — COUSTOU (Guillaume), son frère, né en 1678, mort à Paris le 22 février 1746, surpassa son aîné dans la même carrière. Il laissa après lui un statuaire d'un grand mérite dans la personne de son fils Guillaume, mort en 1777.

Coutras (bataille de), où le roi de Navarre, chef des huguenots, est vainqueur de la Ligue le 20 novembre 1586.

Couverts d'argent : on commença à en fabriquer en Angleterre en 1298, ainsi que des couteaux à manche d'argent et des gobelets de même matière.

Covenant, ligue solennelle formée, dans les derniers jours de juin 1613, entre le parlement d'Écosse et celui d'Angleterre.

COWLEY (Abraham), célèbre poëte anglais, né à Londres en 1618, mort le 3 août 1667.

COWPER (Guillaume), poëte anglais, né à Berkhamstead en 1732, mort en 1800.

COYPEL (Antoine), peintre, né à Paris en 1661, mort dans cette ville le 7 janvier 1722.

COYSEVOX (Michel), sculpteur lyonnais, né en 1640, mort en 1720 à Paris.

CRABBE (George), poëte célèbre anglais, né à Aldborough en 1754, mort en 1832.

Cracovie : fondation de son université, en 1364, avec un observatoire construit en 1817. — Cette ville échut à l'Autriche en 1795. — En 1809, elle fit partie du duché de Varsovie.

CRANMER (Thomas), premier archevêque protestant de Cantorbéry, né à Aslacton dans le comté de Nottingham, l'an 1489 ; mort sur le bûcher le 21 mars 1556.

Cranologie : système créé par le docteur Gall en 1801.

Cranon (bataille de), gagnée par Antipater, roi de Macédoine, sur les Grecs, l'an 321 av. J.-C.

Craonne (bataille de), où le général prussien Blücher est forcé dans sa position, par Napoléon, le 6 mars 1814.

CRASSUS (Marcus-Licinius), général romain, mort l'an 53 av. J.-C.

CRATÈS, célèbre philosophe de l'antiquité, vivait vers l'an 328 av. J.-C.

Cravate. Cet ajustement fut introduit en France vers l'an 1636. On attribue son origine aux Croates.

CRÉBILLON (Prosper Jolyot de), auteur tragique français, né à Dijon le 15 février 1674, mort à Paris le 17 juin 1762.

CRÉBILLON (Claude-Prosper Jolyot de), fils du précédent, romancier, né à Paris le 14 février 1707, mort le 12 avril 1777.

Crécy (bataille de), gagnée par Edouard, roi d'Angleterre, sur Philippe de Valois, le 26 août 1346.

Créosote, substance découverte, il y a

quelques années, en Allemagne, par M. Reichenbach.

Crépy en Laonnais : cette ville fut érigée en commune en 1184, sous le règne de Philippe-Auguste.—Les Anglais la saccagèrent en 1339, et tentèrent inutilement de s'en emparer en 1359.—Le duc de Lancastre la ruina en 1373.—Les Bourguignons la prirent en 1418. — Reprise sur ceux-ci par Pothon et Xaintrailles en 1419.—Le duc de Bourgogne l'assiégea en 1420.—Prise par le duc de Mayenne en 1590.—En 1649, elle fut pillée par les troupes étrangères au service de France.

Crépi ou Cripy en Laonnais (paix de), conclue, le 18 septembre 1544, entre Charles-Quint et François Ier.

Crespy ville de Picardie : prise par les Anglais et les Bourguignons en 1431. — Charles VII la fit reprendre par escalade en 1433. — Les Ligueurs s'en emparèrent en 1588.

CRÉPIN et CRESPINIEN (saints), subirent le martyre en 287. L'Eglise les honore le 25 octobre.

CRÉQUI DE BLANCHEFORT ET DE CANAPLES (Charles de), prince de Poix, pair et maréchal de France, duc de Lesdiguières, tué, en 1638, d'un coup de canon, au siége de Brême, à l'âge d'environ 60 ans.

CRÉQUI (François de Bonne de), maréchal de France, mort le 4 février 1687, âgé de 63 ans.

CRESCEMBENI (Jean-Marie), célèbre littérateur et poëte italien, né à Macerata, dans la Marche d'Ancône, le 9 octobre 1663, mort le 8 mars 1728.

CRÉSUS, cinquième et dernier roi de Lydie, né vers l'an 591 av. J.-C. On ne connaît pas l'époque de sa mort.

Crevelt (bataille de), gagnée par les Hanovriens sur les Français, le 23 juin 1758.

CRÉVIER (Jean-Baptiste-Louis), historien, né à Paris en 1693, mort le 1er décembre 1765.

Cric : inventé par Archimède vers l'an 220 av. J.-C., et perfectionné dix ans plus tard par Héron d'Alexandrie.

CRILLON (Louis de Balbe de Bertoa de), vaillant capitaine, né à Mars en Provence en 1541, mort à Avignon le 2 décembre 1615.

Crimée, est cédée à la Russie le 28 juin 1783.

Crin. Etablissement à Paris de fabriques d'étoffes de crin en 1801.

Cristal de roche. On en découvrit une mine en Chine, en 1297.

Cristaux. Etablissement, en France, de fabriques de cristaux, en 1603. — L'art de les tailler fut importé de Bohême en France, vers 1765, par un nommé Bucher. — Aujourd'hui, on fait ce travail plus facilement, au moyen de l'acide fluorique, inventé par Scheele en 1771.

Croisades. La 1er, résolue au concile de Clermont en 1095, commença en 1096 et dura jusqu'en 1099; la 2e eut lieu de 1145 à 1148. — La 3e, de 1187 à 1193. — La 4e, de 1195 à 1198. — La 5e, de 1198 à 1204. — La 6e, de 1213 à 1240. — La 7e, de 1245 à 1254. — La 8e et dernière, de 1255 à 1291. — Il y avait eu une croisade en 1064; mais la plupart des historiens l'omettent, parce qu'elle n'eut pas de chef, et qu'elle se dissipa sans faits remarquables.

Croissant (ordre militaire du), institué par René d'Anjou, en 1448.

Croix (Invention de la vraie), vers l'an 326. — Son enlèvement par les Perses, l'an 614. — Héraclius la reprend et la transporte à Constantinople. — Le dernier morceau de cette croix, porté à Venise, fut racheté par saint Louis, qui le mit, en 1241, à la Sainte-Chapelle, avec la couronne d'épines.

Croix. L'épreuve de la croix, approuvée par le concile de Verberie, en 753.

CROMWELL (Thomas), célèbre politique anglais, né vers l'an 1490, eut la tête tranchée le 28 juillet 1540.

CROMWELL (Olivier), Protecteur de l'Angleterre, né le 22 avril 1599 à Huttington, mort le 3 septembre 1658.

CROMWELL (Richard), fils du précédent, né en 1626, mort le 24 juillet 1712.

Cronenbourg, ville forte du Danemark, construite en 1577 pour défendre le passage du Sund.

Cronstadt, un des principaux ports de la Russie, bâti par Pierre le Grand en 1710.

Cronstadt (bataille navale de), où les Suédois, qui menaçaient Pétersbourg, furent défaits le 3 juin et jours suivants 1790.

Croquans (révolte dite des), dans le Périgord, dans les premiers mois de 1637; leur défaite au mois d'août de la même année.

Croska (bataille de,) gagnée par les Turcs sur les Impériaux, le 21 juillet 1739.

Crosnière, île de l'Océan, près de Noirmoutiers, tirée de dessous les eaux par une digue très-longue, depuis 1767, par Jacob et Bureau son gendre.

Crustumères, ville d'Italie, prise par les Romains l'an 500 av. J.-C.

Cuba, la plus grande des Antilles; découverte par Christophe Colombe en 1494. — Les Espagnols s'y établissent en 1511.

Cuirasses. Leur usage s'introduit en France en 752.

Cuirs. Manière de les tanner, inventée par Armand Seguin en 1795; ce qui réduit à peu de jours un travail qui exigeait deux années.

Cuivre. Le roi de Chine, Hoang-Ti, en découvre une mine et fait fondre des vases, l'an 2600 av. J.-C.

CUJAS (Jacques), célèbre jurisconsulte, né à Toulouse en 1520, mort à Bourges le 4 octobre 1590.

Culeyt et Muaydin, ville forte du royaume de Maroc, bâtie en 1520.

CULLEN (Guillaume), célèbre médecin écossais, né au comté de Lanerck en 1712, mort le 5 février 1790.

Culloden, en Ecosse. Le prince Edouard y perd une bataille décisive, le 27 avril 1746, d'autres disent le 16 avril.

Cultes (ministère des). Sa création en France le 7 octobre 1801.

Cumana, province de l'Amérique méridionale, découverte, en 1499, par Americ Vespuce. — La ville capitale du même nom fut renversée par un tremblement de terre en 1784.

CUMBERLAND (Guillaume-Auguste, duc de), général anglais, né en 1721, mort le 30 octobre 1765.

CUMBERLAND (Richard), écrivain anglais, né à Cambridge en 1732, mort le 7 mai 1811.

CUNITZ (Marie), femme savante, célèbre surtout par ses talents en astronomie, née à Schweidnitz en Silésie, au commencement du XVIIe siècle, morte le 22 août 1664.

Curaçao, île du golfe du Mexique; prise aux Hollandais par les Anglais en 1798 et 1806; elle a été rendue à la Hollande en 1814.

Curtius (salon ou cabinet de figures de), établi à Paris vers 1770.

CUSA (Nicolas de), cardinal, né en 1401 à Cusa, sur la Moselle; mort à Todi le 11 août 1464.

Cusco, autrefois capitale des Incas du Pérou ; prise par Pizarre en 1583.

CUSTINES (Adam-Philippe, comte de), général français, né à Metz le 4 février 1740; mort sur l'échafaud révolutionnaire le 27 août 1793.

CUSTINES (Renaud-Philippe de), fils du précédent, né en 1768; mort sur l'échafaud le 3 janvier 1794.

CUVIER (George), savant illustre et presque universel de notre époque, né à Montbéliard le 23 août 1769, la même année que Canning, Walter-Scott, Brougham, Humboldt, Mackintosh et Napoléon ; mort le 13 mai 1832.

Cyanogène, combinaison gazeuse découverte par M. Gay-Lussac en 1815.

CUTHBERT (saint), évêque anglais, mort en 686.

CYAXARE Ier, roi des Mèdes, monte sur le trône en 635 avant l'ère chrétienne, mort l'an 595 av. J.-C.

CYAXARE II. Voyez DARIUS.

Cybire, ville de Phrygie ; son ère, marquée sur ses médailles, commence l'an 23 de notre ère.

Cycle Pascal : dressé en 462 par Victorius d'Aquitaine, commençant à la Passion de J.-C., et finissant l'an 532.

Cycle Dionysien : composé en 526. Il comptait les années depuis J.-C.; et ne fut généralement en usage en Occident qu'au IXe siècle.

Cycle solaire ou période de 28 ans ; établi l'an 14 av. J.-C.

Cycle lunaire, ou période de 19 années solaires ; établi l'an 6 av. J.-C.

Cycloïde : les plus célèbres mathématiciens s'en occupèrent pendant tout le XVIIe siècle, surtout vers 1697.

Cygne (ordre du), institué, dit-on, en 711, par Théodoric ou Thierry, duc de Clèves.

Cymbale : son invention est attribuée aux Hébreux, ainsi que celle du tambour, vers 1048 av. J.-C.

Cynocéphales (bataille de), en Thessalie, gagnée sur Philippe, roi de Macédoine, par le consul romain Quintius, l'an 197 av. J.-C.

CYPRIEN (saint), évêque de Carthage, souffrit le martyre le 14 septembre 258.

CYR ou CYRIQUE (saint), fils de sainte Julitte, native d'Icone, fut martyrisé, âgé de 3 ans, sous le règne de Dioclétien.

Cyr (monastère de Saint-), institué le 15 mai 1686 et supprimé en 1793. — Devient une école militaire en 1802. — Cette école subit des changements le 26 juillet 1814, en 1818 et en 1831.

Cyrénaïque (la) : devient province romaine l'an 67 av. J.-C. De là l'*ère de Cyrène* marquée sur ses médaillles.

CYRILLE (saint), archevêque de Jérusalem, et docteur de l'Eglise, né vers 315 à Jérusalem, mort en 386. Sa mémoire est célébrée le 18 mars.

CYRILLE (saint), patriarche d'Alexandrie, mort le 28 juin 442. Le martyrologe en fait mémoire le 28 janvier.

CYRILLE (saint) et METHODE (saint), morts dans le IXe siècle Ils sont nommés conjointement le 9 mars dans le martyrologe romain.

Cyropédion (bataille de), où Séleucus, roi de Syrie, remporte la victoire sur Lysimaque, roi de Thrace et de Macédoine, l'an 283 av. J.-C.

CYRUS, roi des Perses, célèbre conquérant, né l'an 599 av. J.-C., monte sur le trône l'an 536 av. J.-C., mort l'an 529 av. J.-C.

Czaslau (bataille de), gagnée par le roi de Prusse sur les Autrichiens, le 17 mai 1742.

D

DACIER (André), savant traducteur, né à Castres en 1651, mort le 18 septembre 1722, à Paris.

DACIER (Anne Lefèvre, femme du précédent, helléniste, née à Saumur en 1651, morte le 17 août 1720.

DACIER (le baron Bon-Joseph), membre de l'Académie des Inscriptions et Belles-Lettres et de l'Académie Française, né à Valognes en 1742, mort à Paris le 4 février 1833.

Dactylographe, instrument pour mettre en communication des sourds-muets et des aveugles : inventé par M. Pienne en 1819.

Daghestan, ancienne province de la Perse : réunie à la Russie par le traité de Tiflis en 1813.

DAGOBERT Ier, roi de France, né vers l'an 600, fut fait roi d'Austrasie en 622, de Neustrie, de Bourgogne et d'Aquitaine en 628; mourut le 19 janvier 638.

DAGOBERT II, roi d'Austrasie, monte sur le trône en 656, meurt assassiné en 679.

DAGOBERT III, roi de Neustrie, l'an 711; mort le 17 janvier 715.

Daguerrotype, procédé inventé par M. Daguerre, de 1824 à 1838, pour dessiner instantanément, et par le seul moyen de la lumière solaire, tous les aspects de la nature.

DAILLY (Pierre). Voyez AILLY (le cardinal d').

DAIN (Olivier le), fameux barbier de Louis XI, pendu en 1484.

DALAYRAC (Nicolas), célèbre compositeur, né à Muret, en Languedoc, le 13 juin 1753, mort à Paris le 27 novembre 1809.

Dalmatie : conquise par les Slaves vers le milieu du VIIe siècle, devint un royaume jusqu'à 1030. — Lors du traité de Campo-Formio, le 17 octobre 1797, elle fut réunie à l'Autriche.—En 1805, cédée à l'empire français. — Retournée sous la domination autrichienne depuis 1814.

DALRYMPLE (sir John Hamilton Maggil), écrivain anglais, né en 1726, mort en 1810.

DALRYMPLE (Alexandre), célèbre géographe anglais, mort en 1808.

DALRYMPLE (David), frère du précédent, jurisconsulte et historien, né à Edimbourg en 1726, mort en 1792.

Damanhour, ville d'Egypte : prise par les Français en 1798.

Damas en Syrie : prise de cette ville par Ninus, et fin du royaume qui y était établi l'an 747 av. J.-C. — Prise par les Perses en 914.

DAMASCENE (saint Jean), prêtre savant, né à Damas vers l'an 676, mort vers l'an 760.

DAMASE Ier (saint), élu pape le 1er octobre 366, mort en 384, âgé de 80 ans.

DAMASE II, pape en 1048, mort à Paris vingt-trois jours après son élection.

Damassé (linge de table) : son usage général ne remonte pas au delà du XVe siècle.

Dambroca (bataille de), gagnée par les Français, en Espagne, le 11 août 1809.

Dames (paix des) : conclue entre Marguerite d'Autriche, tante de Charles-Quint, et Louise, mère de François Ier, le 5 août 1529, dans la ville de Cambrai.

DAMIENS (Robert-François), régicide, né à Tieulloy, diocèse d'Arras, le 9 janvier 1714 ; écartelé en place de Grève, à Paris, le 28 mars 1757.

Damiette : prise par saint Louis en 1249 ; détruite en 1250 par les Arabes, et ce fut après cette catastrophe que la nouvelle Damiette fut bâtie.

DAMPIERRE (Auguste-Marie-Henri-Picot de), général français, né à Paris le 19 août 1756, tué en défendant le camp de Famars le 8 février 1793.

DANCHET (Antoine), poëte dramatique, membre de l'Académie française et de celle des inscriptions et belles-lettres, né à Riom en 1671, mort le 19 février 1748.

DANCOURT (Florent-Carton), poëte comique français, né à Fontainebleau le 1er novembre 1661, mort le 16 décembre 1726.

DANDOLO (Henri), noble vénitien, né en 1108, élu doge en juin 1192, mort en 1205, âgé de 97 ans.

DANDOLO (..... comte), vice-amiral autrichien, né dans les Etats de Venise en 1759, et mort dans cette ville le 14 décembre 1847.

Danemark, royaume fondé par Odin quatre ans après la naissance de J.-C. — Le christianisme s'y introduit en 819.—Règne de Canut le Grand, de 1014 à 1036.—De Canut le Saint, de 1076 à 1086. — Union de Calmar, 1397.— La maison d'Oldenbourg monte sur le trône en 1448. — Le Danemark se sépare définitivement de la Suède, par un traité, le 13 septembre 1570. —Fut un gouvernement électif et aristocratique jusqu'en 1660, époque où il devint monarchique et absolu, par suite de la décision des états du royaume. — Révolution politique, et promulgation de la loi royale, le 14 novembre 1665. — Abolition totale de l'esclavage en 1788.

Danemark (souverains du) : Gormond, roi, en 714. — Sigefrid, en 764. — Getticus, en 865. — Olaüs III, en 809. — Hemmingus, en 810. — Siward et Ringo, en 812. — Harald V et Klarck, en 817. — Siward III, en 843. — Eric Ier, en 846.—Eric II, en 847.—Canut Ier, en 863. — Frotho, en 873.— Gormond II, en 889. — Harald VI, en 897. — Gormond III, en 917. — Harald VII, en 935. — Suénon, en 985. — Canut II, en 1015. — Canut III, en 1036. — Magnus, en 1042. — Suénon II, en 1047.— Harald VIII, en 1074.— Saint Canut, en 1080. — Olaüs IV, en 1086. — Eric III, en 1095. — Interrègne, en 1103. — Nicolas, en 1105. — Eric IV, en 1135. — Eric V, en 1137. — Suénon III et Canut V en 1149.— Valdemar Ier, *le Grand*, en 1157.—Canut VI, *le Pieux*, en 1182. — Valdemar II, *le Victorieux*, en 1202. — Eric VI, en 1241. — Abel, en 1250.— Christophe, en 1252. — Eric VII, en 1259. — Eric VIII, en 1286. — Christophe II, en 1320. — Interrègne, en 1334. — Valdemar III, en 1340. — Marguerite, reine de Danemark et de Norwége, en 1375. — Olaüs, avec sa mère Marguerite, en 1375 ; il mourut en 1387. — Eric IX et Marguerite, en 1397. — Eric IX, seul, en 1402. — Christophe III, en 1439. — Christiern, en 1448.— Jean, en 1487. — Christiern II, en 1513. — Frédéric Ier, en 1523.—Interrègne, en 1533. — Christiern III, en 1534. — Frédéric II, en 1559.—Christiern IV, en 1588.—Frédéric III, en 1648. — Christiern V, en 1670. — Frédéric IV, en 1699. — Christiern VI, en 1730. — Frédéric V, en 1746. — Christiern VII, en 1766. — Frédéric VI, en 1808. — Christiern VIII, en 1848.

DANGEAU (Louis de Courcillon, abbé de), grammairien et académicien français, né à Paris en janvier 1643, mort dans cette ville le 1er janvier 1723.

DANGEAU (Philippe de Courcillon, marquis de), auteur de *Mémoires*, né dans la Beauce en 1638, mort le 9 septembre 1720.

DANGEVILLE (Marie-Anne Botot), actrice française, née à Paris le 26 décembre 1714, morte dans cette ville en mars 1796.

DANIEL, le quatrième des grands prophètes, mort à l'âge d'environ 88 ans, vers la fin du règne de Cyrus.

DANIEL (saint), né à Marathe près de Samosate, mourut à l'âge de 80 ans vers 490.

DANIEL (Gabriel), jésuite et historien

français, né à Rouen en 1649, mort à Paris le 23 juin 1728.

DAMREMONT (Denis, comte de), lieutenant-général, commandant en chef une armée d'expédition en Afrique, tué par un boulet de canon au siége de Constantine, le 12 octobre 1837.

Danois : sont taillés en pièce par Théodebert, fils de Thierry, roi de Metz, en 515.

Danois (massacre des) en Angleterre, le 13 novembre 1103.

Danse aux flambeaux : était fort en vogue au XVIe siècle.

DANTE ALIGHIERI, célèbre poëte italien, né à Florence au mois de mai 1265, mort à Ravenne le 14 septembre 1321.

DANTON (George-Jacques), orateur révolutionnaire, né à Arcis-sur-Aube le 26 octobre 1759, mort sur l'échafaud le 5 avril 1794.

Dantzig, ville de la Prusse occidentale : fondée vers le milieu du XIIe siècle par Valdemar Ier, dit *le Grand*, roi de Danemark. — Assiégée par les Russes, durant cinq mois, en 1733. — Se rend le 27 juin 1734. — Soumise à la Prusse en 1793. — Assiégée par les Français, capitule le 20 mai 1807; elle est remise, le 27, au maréchal Lefebvre. — Est rétablie dans son ancienne indépendance par le traité de Tilsitt, le 9 juillet 1807.—Est remise à la Prusse par les alliés le 1er janvier 1814.

Danube : Trajan fit jeter sur ce fleuve, entre la Servie et la Moldavie, un pont composé de vingt arches, hautes de 150 pieds et larges de 160, l'an 98 de notre ère.

Daphné : le temple d'Apollon, bâti par Antiochus Epiphane, dans cette ville, est consumé par le feu le 21 novembre 361.

DARA-CHEKOUH, souverain de l'Indostan, né l'an 1025 de l'hégire (1616-17 de J.-C.), mort le 11 septembre 1659.

DARCET (Jean), savant chimiste et médecin, mort à Paris, en 1801, âgé de 78 ans.

Dardanelles : deux nouveaux châteaux des Dardanelles furent bâtis par Mahomet IV en 1610.

Darien (golfe de) : est découvert par Christophe Colomb en 1503.

DARIUS *le Mède*, le même, selon quelques-uns, que Cyaxare II, fils d'Astyages, mort à Babylone vers l'an 1548 av. J.-C.

DARIUS, roi de Perse, fils d'Hystaspes, monta sur le trône l'an 522 av. J.-C. ; mort l'an 485 av. J.-C.

DARIUS II, roi de Perse, s'empare du trône l'an 423 av. J.-C., meurt l'an 405 av. J.-C.

DARIUS, 12e et dernier roi de Perse, monte sur le trône l'an 336 av. J.-C., assassiné l'an 330 av. J.-C.

DARN (Pierre-Bruno), homme d'Etat, historien et littérateur français, né à Montpellier en 1767, mort en 1829.

DARU (Pierre-Antoine-Noël-Bruno), homme d'Etat et littérateur français, né à Montpellier le 12 janvier 1767, mort le 5 septembre 1829.

DARWIN (Erasme), médecin et poëte anglais, né à Ebston, près de Newark, en 1732, mort à Derby le 18 mai 1802.

Dates : les dates romaines des *calendes*, des *nones* et des *ides* furent les plus communes jusqu'au XIIIe siècle. — Depuis le IXe siècle, et surtout depuis le XIe, on rencontre des dates du jour de la lune, des fêtes mobiles, etc.; c'est alors qu'il faut recourir au célèbre ouvrage d'érudition historique, connu sous le titre d'*Art de vérifier les dates.*

Dates (*art de vérifier les*). Cet utile et admirable ouvrage parut pour la première fois à Paris, 1750, in-4°; la seconde édition est de 1770, in-fol.; la troisième de 1783-87, 3 vol. in-fol. La plus récente est celle qu'a publiée M. de Saint-Allais, in-8°.

DAUBENTON (Louis-Jean-Marie), naturaliste et anatomiste célèbre, né à Montbar le 29 mai 1716, mort le 1er janvier 1800.

DAUMESNIL (......), dit la *Jambe du bois*, célèbre défenseur de Vincennes, lieutenant général, né à Périgueux le 14 juillet 1777, mort à Vincennes le 17 août 1832.

DAUW (Léopold-Joseph-Marie, comte de), feld-maréchal et ministre d'Etat autrichien, né à Vienne en 1705, mort le 5 février 1766.

DAUNOU (H.), historien, membre de la Convention nationale, mort à Paris, le 19 juin 1840.

Dauphin (château) en Piémont, pris le 19 juillet 1744 par les Français.

Dauphiné : sa réunion à la couronne de France en 1349.

Dauphins de France : les fils aînés de nos rois ont porté ce titre depuis la réunion du Dauphiné à la couronne de France en 1349.

DAVENANT (Guillaume), poëte anglais, né à Oxford en 1603, mort le 7 avril 1668.

DAVID, roi d'Israël, né à Bethléem l'an 1085 av. J.-C., sacré l'an 1054 av. J.-C., mort l'an 1015 av. J.-C.

DAVID (J.-L.), célèbre peintre d'histoire, né à Paris en 1748, mort à Bruxelles le 29 décembre 1825.

DAVIDSON (Lucrèce), Américaine, auteur de plusieurs productions poétiques et littéraires, morte le 25 août 1825.

DAVILA (Henri-Catherin), historien italien, né au Secco, dans le Padouan, en 1576, mort assassiné vers l'an 1631.

DAVILA (don Pedro-Franco), savant péruvien, né à Guayaquil en 1713, mort à Madrid en 1785 ou 1786.

Davis (détroit de) : est découvert, en 1585, par l'Anglais qui lui a donné son nom.

DAVIS (Jean), navigateur anglais, né à Sandridge dans le Devonshire, mort aux Indes, le 29 décembre 1605.

DAVOUST (Louis-Nicolas), prince d'*Eckmühl*, maréchal de France, né en 1770 à Annoux (Yonne), mort le 1er juin 1823.

DAVY (Humphry), savant célèbre, président de la Société royale de Londres, né le 17 décembre 1778, à Penzance, comté de Cornouailles, mort à Genève le 29 mai 1829.

DAZINCOURT (Joseph-Jean-Baptiste Albouy, plus connu sous le nom de), acteur français, né à Marseille le 11 décembre 1747, mort le 28 mars 1809.

DEBURE (Guillaume-François, libraire de

Paris, né en janvier 1731, mort le 15 juillet 1782.

Début, formule initiale dans les chartes, diplômes, bulles, etc. Au IVe siècle, l'usage était de les commencer par l'invocation de J.-C., et il se maintint jusqu'à la fin du XIe siècle.

Décalogue (le), ou les dix commandements de Dieu, donnés à Moïse sur le mont Sinaï, l'an 1596 av. J.-C.

DÈCE (Cneius-Metius-Quintus-Trajanus-Decius), empereur romain, né l'an 201 à Bu-Jalie, proclamé en 246, mort l'an de J.-C. 251.

Décemvirs : établis à Rome pour former les lois romaines, l'an 447 ou 451 av. J.-C. (l'an de Rome 302, dans la 82e olympiade). — Abolis deux ans après, à l'occasion de l'enlèvement de Virginie par le décemvir Appius-Claudius.

Décimal (système) : son établissement en France le 1er août 1793.

Décimale (fraction). L'art de calculer par les fractions décimales fut inventé par Regiomontanus, célèbre astronome du XVe siècle.

Décimes : imposés par le pape pour la guerre contre les Turcs, en 1456.

Décollation de saint Jean-Baptiste : cette fête est fixée au 29 août.

Découvertes géographiques (dates des principales) : *Aléoutiennes* (îles), dans l'Océan oriental, découvertes dans les dernières années du XVIIe siècle; reconnues par le capitaine Behring, en 1728 et 1741, et par les capitaines Billing et Sarytchef, en 1781 et 1795. — *Amérique :* sa découverte par Christophe Colomb, en 1492. Voy. *Amérique* au Manuel. — *Ascension* (île de l') : découverte en 1501, par Jean de Nova. — *Baffin* (baie de) : découverte en 1616 par William Baffin. — *Bahama* (île) : découverte par Colomb, dans la nuit du 11 au 12 octobre 1492. — *Bengale :* découvert en 1517, par quelques Portugais jetés par la tempête sur les côtes de ce pays. — *Behring* (détroit de) : traversé pour la première fois, en 1728, par le Danois Behring. — *Bourbon* (île) : occupée par les Français en 1654. — *Brésil :* sa découverte, le 24 avril 1500, par le Portugais Alvarez de Cabral. — *Calédonie* (Nouvelle) : découverte par Cook en 1774. — *Californie :* découverte par Cortez en 1535. — *Canada :* reconnu en 1508 par Thomas Aubert; le Florentin Jean Veruzzan en prit possession au nom de François Ier, en 1523. — *Canaries* (îles) : découvertes par des navigateurs catalans et génois, en 1345; elles étaient connues des anciens. — *Cap Blanc :* sa découverte par le Portugais Tristan, en 1440. — *Cap de Bonne Espérance :* découvert par l'amiral portugais Barthélémi Diaz, en 1486. — *Cap Vert :* découvert en 1446 par le portugais Denis Fernandez. — *Ceylan* (île de) : sa découverte par les Portugais en 1506. — *Charlotte* (îles de la reine) : découvertes par l'Anglais Carteret, en 1766. — *Chesapeak* (baie de) : découverte en 1607 par John Smith. — *Chili :* découvert par Diégo de Almagro, en 1536-1537. — *Chine :* découverte par mer par Fernand Perez d'Andrada, en 1517. — *Christophe* (île de Saint-) : découverte par Colomb en 1493. — *Congo :* découverte des côtes de ce pays par les Portugais, en 1484. — *Courilles* (îles) : reconnues et occupées par les Russes en 1711 et 1720. — *Cuba :* découverte de cette île par Colomb, en 1494. — *Davis* (détroit de) : découvert en 1585 par le pilote anglais qui lui a donné son nom. — *Domingue* (île Saint-). ou *Haïti :* découverte par Colomb en 1492. — *Dominique* (la) : découverte de cette île par le même navigateur, le 3 novembre 1493. — *Esprit* (terres du Saint-) : découvertes en 1606. — *Feu* (Terre de) : découverte par Magellan en 1520. — *Floride :* découverte de cette contrée par Ponce de Léon, le 2 avril 1512. — *Frobisher* (détroit de) : découvert en 1576. — *Guinée :* découverte par des navigateurs dieppois, sous le règne de Charles V, vers 1364. — *Guinée* (Nouvelle) : découverte par Alvaro de Saavedra, en 1527. — *Hélène* (île Sainte-) : découverte par le Portugais Jean de Nova, en 1502. — *Hollande* (Nouvelle) : découverte vers 1525, et même antérieurement, par les Portugais. — *Horn* (cap) : découvert par Jacques Lemaire, en 1616. — *Hudson* (détroit et baie d') : découverts en 1607. — *Jamaïque* (île de la) : découverte par Christophe Colomb en 1494. — *Janeiro* (Rio-) : découvert par Diaz de Solis, en 1515. — *Japon :* découverte de ce pays par des Portugais jetés sur ses côtes par la tempête, en l'année 1542. — *Kamtschatka :* découvert par le chef cosaque Morosko, en 1690. — *Kerguelen* (terre de) : découverte par le navigateur dont elle porte le nom, en l'année 1772. — *Louisiane* (la) : sa découverte par des Français, en 1673. — *Madagascar* (île de) : découverte par Tristan de Cunha, en 1506. — *Madère* (île de) : sa découverte est attribuée à l'anglais Robert-Macham, en 1344. — *Magellan* (détroit de) : découvert en 1519. — *Malabar* (côte de) : découverte par Vasco de Gama, en 1498. — *Malouines* (îles) : découvertes par Hawkins, en 1594. — *Mariannes* (îles) : découvertes par Magellan, en 1520. — *Marquises* (îles) : découvertes par Mendana, en 1595. — *Mer du Sud :* sa découverte par Nunez Balboa, en 1513. — *Mexique :* découverte de cette contrée par Jean Grijalva, en 1518. — *Moluques :* découverte de ces îles par les Portugais, en 1511. — *Mozambique* (île de) : découverte par Vasco de Gama, en 1498. — *Navigateurs* (archipel des) : découvert par Bougainville, en 1768. — *Pérou :* découvert par Perez de la Roa, en 1515. — *Philippines* (archipel des îles) : découvert par Fernand Magellan, en 1120. — *Plata* (rivière de la) : sa découverte par Jean Diaz de Solis, en 1516. — *Sandwich* (îles) : découvertes par Cook, en 1778. — *Sénégal :* sa découverte par les Portugais, de 1440 à 1445. — *Sibérie :* découverte en 1580 par un chef de Cosaques. — *Sonde* ou *Sounda* (îles de la) : découvertes par Abren, en 1511. — *Spitzberg :* découvert par les Hollandais, en 1196. — *Sumatra* (île de) : découverte par le Portugais Siqueyra, en 1508. — *Suwarow* (îles) :

découvertes par les Russes, en 1804.— *Terre-Neuve :* découverte de cette île par le Vénitien Cabot, vers l'année 1497. — *Trinité*, continent de l'Amérique, découvert par Colomb en 1498.— *Waïgats* (détroit de) : sa découverte par Stewens Borrough, en 1556. — *Zélande* (Nouvelle) : découverte en 1642 par Tasmann.

DECRÈS (Denis), ministre de la marine française, né en 1761 à Château-Vilain en Champagne, mort le 7 février 1820.

Decrès et Kangourous (l'île), découverte près de la Nouvelle-Hollande en 1811.

Décret de Gratien : compilation de canons des conciles, approuvée par le pape Eugène III, parut en 1151.

Décrétales (fausses), collection de canons, parut vers la fin du VIIIe siècle ou au commencement du IXe siècle.

Décrétales de Grégoire IX : elles furent publiées en 1235.

Dédicace (fête de la) : celle de toutes les églises de France fut fixée au dimanche après l'octave de la Toussaint, par le légat du pape, vers 1802.

DEFFANT (Marie de Vichy Chamroud, marquise du), née à Paris en 1697, morte en 1780.

Dego (combat de), où le général autrichien Beaulieu est mis en fuite par les Français le 15 avril 1796.

Delhy ou *Dhely*, ville célèbre de l'Hindoustan ; fondée, suivant les uns, trois siècles environ av. J.-C.; suivant d'autres, vers l'an 373, ou même 920 de l'ère chrétienne. — Agrandie au XVIe siècle par Schah-Djihan ; prise par Thamas-Kouli-Khan, en 1738 ; par les Anglais en 1803.

Dekhan ou *Deccan*, vaste presqu'île de l'Inde : eut une suite de souverains depuis la fin du XIIIe siècle jusqu'à la fin du XVIIIe.—Ce pays est entièrement soumis aux Anglais depuis 1818.

DELAMBRE (Jean-Baptiste-Joseph), savant astronome de notre temps, né à Amiens le 19 septembre 1749, mort le 18 août 1822.

DELESSERT (Jules-Paul-Benjamin), député, célèbre philanthrope, né à Lyon en 1773, mort à Paris le 1er mars 1847.

DELEYRE (Alexandre), écrivain, né près de Bordeaux en 1706, mort le 10 mai 1797.

Delft, ville de la Hollande méridionale; son enceinte fut commencée en 1074. — Guillaume Ier, prince d'Orange, y fut assassiné le 10 juillet 1584.

DELILLE (Jacques), célèbre poëte français, né dans les environs de Clermont en Auvergne, le 22 juin 1738, mort le 1er mai 1813.

DELISLE (Guillaume), géographe, né à Paris en 1675, mort le 25 janvier 1726.

DELISLE (Joseph-Nicolas), frère du précédent, astronome, né à Paris en 1688, mort en 1768.

DELISLE DESALES (J.-B. Isoard dit), fécond littérateur, né à Lyon en 1745, mort en 1816.

DELLA-MARIA (Dominique), compositeur, né à Paris en 1778, mort en 1800.

DELOLME (Jean-Louis), écrivain politique, né à Genève en 1740, mort à Leven, canton de Schwytz, en juillet 1806.

DELORME (Philibert), célèbre architecte, né à Lyon au commencement du XVIe siècle, mort le 9 février 1577.

DELORME (Marion), célèbre courtisane française, née vers 1612 ou 1615, morte âgée de 85 ans.

DELORT (Jacques-Antoine-Adrien, baron), lieutenant général, pair de France, né à Arbois, mort dans sa ville natale le 28 mars 1846.

DELPECH (Jacques-Mathieu), célèbre chirurgien, né à Toulouse le 2 octobre 1777, mort à Montpellier le 29 octobre 1832.

Delphes : son temple d'Apollon, brûlé l'an 540 ou 548 av. J.-C., 59e olympiade.

DELUC (Jean-André et Guillaume-Antoine), savants génevois, nés tous deux à Genève : le premier en 1727, le second en 1729. Guillaume-Antoine mourut en 1812; Jean-André vers la fin de 1816.

Déluge (le) universel. Suivant les plus habiles chronologistes, il commença le 25 novembre de l'an 1656 de la création du monde (2344 ans av. J.-C.), et dura une année entière. D'autres le font commencer le 19 avril de la même année. Il est facile de sentir que ces dates ne sont que conjecturales. Voyez OGYGÈS et DEUCALION.

DELZONS, général français, tué au combat de Malo-Jaroslawetz, le 24 octobre 1812, à l'âge de 37 ans.

Démérari : cet établissement hollandais est occupé par les Anglais le 20 septembre 1803.

DEMETRIUS DE PHALÈRE, philosophe et homme d'Etat grec, florissait dans le IVe siècle av. J.-C.

DEMETRIUS-POLIORCÈTE, l'un des successeurs d'Alexandre le Grand, roi de Macédoine, mort l'an 283 av. J.-C.

DEMETRIUS Ier, *Soter*, roi de Syrie, mort l'an 150 av. J.-C., après onze années de règne.

DEMETRIUS II, *Nicator*, fils du précédent, mort l'an 126 av. J.-C.

DEMETRIUS (Griska Eutropéia), célèbre imposteur, mort en mai 1606.

DEMIDOFF (Nicolas-Nikititch), grand seigneur et philanthrope russe, né le 9 novembre 1773, dans un château voisin de Pétersbourg ; mort à Florence le 22 avril 1828.

DÉMOCRITE, philosophe célèbre, né à Abdère, en Thrace, la 3e année de la 77e olympiade (470 av. J.-C.), mort l'an 362 av. J.-C., âgé de 109 ans.

DÉMOSTHÈNES, le plus grand orateur de la Grèce, né à Athènes l'an 381 av. J.-C., mort l'an 322 av. J.-C.

DEMOUSTIER (Charles-Albert), littérateur français, né à Villers-Coterets le 11 mars 1761, mort le 2 mars 1801.

Denain (bataille de), gagnée le 24 juillet 1712 par le maréchal de Villars sur les Impériaux et les Anglais.

Denderah : l'un de ses deux zodiaques a été apporté à Paris en 1822.

DENHAM (sir John), poëte anglais, né à Dublin en 1615, mort le 19 mars 1668.

DENINA (Charles-Jean-Marie), célèbre littérateur italien, né à Revel en Piémont en 1731, mort à Paris le 5 décembre 1813.

DENIS (saint), élu pape le 22 juillet 259, mort le 26 mai 269.

DENIS, roi de Portugal, né en 1261, mort à Santarem le 7 janvier 1325.

Denis (Saint-), ville de l'Ile de France, près de Paris : les Orléanais la prirent en 1411.— En 1412, elle tomba au pouvoir des Anglais.

Dennewitz (bataille de), où les Français furent obligés de céder la victoire au nombre le 6 septembre 1813, près de Jutœrbeck.

DENNIÉE (Pierre-Paul), écrivain militaire, et célèbre administrateur des armées, né à Dijon en 1805, mort à Grenoble le 17 septembre 1848.

DENON (Vivant, baron), peintre habile et amateur éclairé des arts, né à Châlons-sur-Saône le 4 janvier 1747, mort pendant les dernières années de la Restauration.

DENYS L'ANCIEN, tyran de Syracuse, mort 368 ans av. J.-C., âgé de 63 ans.

DENYS LE JEUNE, successeur et fils du précédent, chassé de Syracuse l'an 343 av. J.-C.

DENYS D'HALICARNASSE, historien, né à Halicarnasse, ville de la Carie, vivait l'an 30 av. J.-C.

DENYS (saint), dit l'*Aréopagite*, évêque d'Athènes, souffrit le martyre vers l'an 95 de J.-C.

DENYS (saint), évêque de Corinthe au IIe siècle; il est honoré comme martyr le 2 novembre.

DENYS (saint), patriarche d'Alexandrie, mort en 265 ; l'Eglise latine célèbre sa fête le 17 novembre.

DENYS (saint), apôtre de la France, et premier évêque de Paris, subit le martyre vers l'an 245.

DENYS (saint), évêque de Milan, mort dans le IVe siècle.

DENYS *le Chartreux*, écrivain ecclésiastique du XVe siècle, natif de Rickel, diocèse de Liége, mort en 1471 à 69 ans.

Denys (abbaye de Saint-), bâtie à la fin du IIIe siècle : son église est dépouillée de sa couverture en argent, en 656, par Clovis II, qui en fit battre de la monnaie. — Reconstruite, agrandie et enrichie par Suger, de 1140 à 1144. — Violation de ses tombeaux en 1793. — Vers 1806, on commence la restauration de cet édifice, qui ne fut achevée que sous le règne de Louis XVIII.

Denys (bataille de Saint-), où le connétable de Montmorency est blessé à mort en combattant les huguenots, en 1567.

Départements. La division de la France en départements fut décrétée par l'Assemblée constituante en février 1790.

Deppen (combat de), où les Russes sont repoussés par les Français, le 5 février 1807.

DERHAM (Guillaume), théologien anglais, né à Stowton près de Worchester, en 1657, mort à Londres le 5 avril 1735.

DESAIX (Louis-Charles-Antoine), célèbre général français, né le 17 août 1768, à Saint-Hilaire d'Ayat, près de Riom, mort aux champs de Marengo le 14 juin 1800.

DESAUGIERS (Marc-Antoine-Madeleine), vaudevilliste, et chansonnier renommé, né à Fréjus en 1772, mort en août 1827.

DESAULT (Pierre-Joseph), chirurgien distingué, né le 6 février 1744, au Magny-Vernais en Franche-Comté, mort le 1er juin 1795.

DESBARREAUX (Jacques Vallée), poëte français, né à Paris en 1602, mort à Châlons-sur-Saône le 9 mai 1673.

DESBOIS DE ROCHEFORT (Louis), médecin, né le 9 octobre 1750, mort le 26 janvier 1786.

DESCAMPS (Jean-Baptiste), peintre français, né à Dunkerque en 1714, mort le 31 juillet 1791.

DESCARTES (René), célèbre mathématicien, né à La Haye en Touraine le 31 mars 1596, mort le 11 février 1650.

DESÈZE (le comte Raimond Romain), l'un des trois défenseurs de Louis XVI, membre de l'Académie française, pair de France, né à Bordeaux en 1750, mort le 2 mai 1828.

DESFAUCHERETZ (Jean-Louis Brousse), auteur dramatique, né en 1742, mort à Paris le 18 juillet 1808.

DESFONTAINES (Pierre-François Guyot), savant jésuite, né à Rouen le 29 juin 1685, mort à Paris le 16 décembre 1745.

DESFORGES (Pierre-Jean-Baptiste Choudard), auteur et acteur dramatique, né en 1746, mort le 13 août 1806.

DESGARCINS (mademoiselle), actrice de la Comédie française : son début le 24 mars 1788, à l'âge de 18 ans ; morte en 1797.

DESHOULIÈRES (Antoinette du Ligier de la Garde), femme célèbre, née à Paris en 1633 ou 1634, morte le 17 février 1694.

Désirade, une des petites Antilles : fut la première que Christophe Colomb découvrit à son second voyage, le 3 novembre 1493.

DESJARDINS (Martin Van den Bogaert, connu sous le nom de), célèbre sculpteur, né à Breda en Hollande l'an 1640, mort à Paris en 1694.

DESLANDES (Henri-François Boureau), littérateur, né à Pondichéry en 1690, mort à Paris en 1757.

DESMAHIS (Joseph-François-Edouard de Corsembleu), littérateur français, né à Sully-sur-Loire en 1722, mort le 25 février 1761.

DESMARETS DE SAINT-SORLIN (Jean), écrivain visionnaire, né à Paris en 1595, mort le 28 octobre 1674.

DESMOULINS (Benoît-Camille), orateur révolutionnaire, né à Guise en Picardie en 1762, mort sur l'échafaud le 5 avril 1794.

DESPINOY (.... comte), général français, né à Valenciennes le 22 mai 1761, mort à Paris le 21 décembre 1848.

DESPORTES (Philippe), poëte français, né à Chartres en 1546, mort à Pont-de-l'Arche en 1606.

DESRUES (Antoine-François), fameux empoisonneur, né à Chartres en 1745, exécuté le 6 mai 1777.

DESSALINES (Jacques), proclamé empereur d'Haïti le 8 octobre 1804, assassiné le 17 octobre 1806.

Dessau (bataille de), gagnée par les puissances protestantes sur l'empereur, en 1626.

Dessèchement des marais : premier essai en ce genre par Boncerf et Courvoisier, en 1779.

Dessin (école gratuite de) : son établissement à Paris, en 1766.

DESTOUCHES (Philippe Néricault), poëte comique, né à Tours en 1680, mort le 4 juillet 1754.

DESVIGNOLES (Alphonse), savant chronologiste, né au château d'Aubais en Languedoc en 1649, mort à Berlin le 24 juillet 1744.

Détrempe. Voy. *Peinture*.

Dettingen (bataille de), entre les Français et les alliés (Autrichiens, Anglais, Hessois, Hollandais), le 13 juin 1743.

Deucalion (le déluge de) : *les marbres d'Arundel* le placent vers l'an 1529 av. J.-C. Ce déluge eut lieu en Thessalie.

Deux-Ponts, ville de la Bavière rhénane : Louis XIV s'en empara en 1676, et la conserva jusqu'à la paix de Riswyck. — Ce pays fut plusieurs fois envahi et évacué par les Français, de 1792 à 1794. — Napoléon le réunit à son empire, à la paix de Lunéville, en 1802, et la France le garda jusqu'en 1814.

Deux-Siciles (royaume des) : établissement des Normands en Italie, qui donne lieu à ce royaume en 1016. — Ce royaume est définitivement établi par Robert Guiscard, en 1052.

DEVIENNE, compositeur français, auteur de la musique de l'opéra *des Visitandines*, mort à Charenton le 7 septembre 1803.

DHELL ou **D'HELE** (Thomas), auteur d'opéras-comiques, né vers 1740, mort à Paris le 27 décembre 1780.

Diamants. Agnès Sorel est la première femme qui en ait porté en France, en 1393. — Invention de la manière de les tailler en les frottant l'un contre l'autre, par Louis de Berquen, de Bruges, en 1476. — Les Portugais découvrent, en 1728, des mines de ce précieux minéral au Brésil.

DIANE DE POITIERS, duchesse de Valentinois, née le 3 septembre 1499, morte au château d'Anet le 26 avril 1566.

DIBDIN (le révérend Dr), né en Angleterre en 1775, mort dans le même pays en 1847.

DIDEROT (Denis), philosophe et encyclopédiste, né à Langres en 1712, mort le 30 juillet 1784.

DIDIER (saint), archevêque de Vienne, mort le 15 novembre 654.

DIDIER, dernier roi des Lombards, duc d'Istrie, élu en 756, détrôné par Charlemagne en 774.

DIDIUS (Julianus Severus), empereur romain, né à Milan l'an 133, parvint à l'empire en 193, fut mis à mort le 29 septembre de la même année.

DIDOT (François-Ambroise), imprimeur, né à Paris en 1730, mort le 10 juillet 1804.

DIDOT jeune (Pierre-François), frère du précédent, né à Paris en 1732, mort le 7 décembre 1795.

DIDYME (saint), reçut la palme du martyre à Alexandrie, sous Dioclétien, en 304. Il est nommé, avec saint Théodore, dans le martyrologe romain, sous le 28 avril.

DIDYME, célèbre docteur de l'Eglise d'Alexandrie, né dans cette ville l'an 308 de J.-C., mort en 395.

Diellette, petit port de mer de Normandie (Manche), fini en 1731.

Diémen (terre de Van-) : découverte en 1642 par le navigateur hollandais Abel Tasmann.—Le détroit qui la sépare de la Nouvelle-Hollande, a été découvert en 1798 par le chirurgien anglais Bass.

Dieppe : ce n'est qu'en 1195 que cette ville commence à figurer dans l'histoire. — Surprise par les Français en 1433.—Bombardée par les Anglais le 17 juillet 1694.

Dieppe : combat naval près de cette ville où les flottes anglaise et hollandaise sont battues par Tourville, le 10 juillet 1690.

Dieppe. La congrégation des filles de la *Miséricorde de Jésus* est établie dans cette ville en 1630.

Diernstein (combat de), livré le 11 novembre 1805 entre les Russes et les Français.

Diète helvétique : son origine remonte à l'année 1481.

Diète polonaise : elle date de 1331.—La loi de 1468 détermine la forme des diètes. — Le statut organique de 1832 prive la Pologne de ses diètes.

DIETRICH (Chrétien-Guillaume-Ernest), peintre de l'école allemande, né à Weimar en 1712, mort en 1779.

DIEU (saint Jean de), fondateur de l'ordre de la Charité, né en 1495 à Monte-Major-el-Novo, en Portugal, mort le 8 mars 1550, béatifié par Urbain VIII en 1630, canonisé par Alexandre VIII en 1699.

DIEUDONNÉ Ier ou **DEUSDEDIT** (saint), élu pape le 13 novembre 614, mort en 617.

DIEUDONNÉ ou **ADÉODAT**, élu pape en avril 673, mort le 17 juin 677.

Dieu vous assiste ou *vous bénisse!* Ce souhait, qu'on adresse à ceux qui éternuent, paraît avoir son origine en 590, année remarquable par une peste violente telle que beaucoup de personnes mouraient en éternuant.

DIGBY (Kenelm), métaphysicien anglais, né en 1603, mort en 1665.

Digeste : sa première rédaction est due à Alfenus Varus, et date de l'an 66 av. J.-C. — Publié de nouveau par Justinien le 30 décembre 533.

Dijon, ville de France : rebâtie et fortifiée par l'empereur Marc-Aurèle dans le IIe siècle de l'ère chrétienne. — L'ancienne cathédrale, Saint-Etienne, avait été fondée en l'an 343, — La nouvelle cathédrale, Saint-Bénigne, fut élevée en 1288, sur les ruines d'une magnifique église du IXe siècle.

DILLEN ou **DILLENIUS** (Jean-Jacques), célèbre médecin allemand, né à Darmstadt en 1687, mort à Oxford le 2 août 1747.

DILLON (Théobald, comte de), maréchal

de camp; accusé de trahison, il fut massacré par ses soldats le 28 avril 1792; au mois de juin suivant, l'assemblée législative réhabilita sa mémoire.

DILLON (Arthur, comte de), général en chef de l'armée du Nord; condamné à mort par le tribunal révolutionnaire, et exécuté le 14 avril 1794, à l'âge de 44 ans : il était frère de Théobald de Dillon.

Dîme saladine, établie en France, en 1188, pour les croisades.

Dîmes : suppression de cet impôt le 11 août 1789.

Dinabourg, place forte de Russie; en 1812, les Français emportèrent les retranchements en avant de cette ville.

Dinan, ville de Bretagne : Duguesclin s'en empara en 1373. — Olivier Clisson, en 1379. — Duguesclin la défendit vaillamment contre le duc de Lancastre, qui l'assiégea en 1389. — Henri III la livra, en 1585, au duc de Mercœur, chef de la ligue en Bretagne. — Les habitants, fatigués de cette domination, se rendirent, en 1598, au maréchal de Brissac.

DINOUART (Joseph-Antoine-Toussaint), savant prêtre, né à Amiens le 1er novembre 1716, mort à Paris le 23 avril 1786.

Diocèses de France, leur dernière circonscription est fixée par une bulle du pape du mois d'octobre 1822.

DIOCLÉTIEN (Caius-Valerianus Diocletianus), empereur romain, né à Docléa en Dalmatie, l'an 245 de J.-C.; élevé à l'empire en 284; mort en 314.

DIODORE DE SICILE, célèbre historien, vivait dans le Ier siècle de J.-C.

DIOGÈNE, surnommé le *Cynique*, philosophe de l'antiquité, né à Sinope, la 3e année de la 91e olympiade, 412 ans av. J.-C.; mort vers l'an 320 av. J.-C.

DIOGÈNE LAERCE, philosophe, mort l'an 193 de J.-C.

Diois, comté qui faisait partie du Dauphiné : fut réuni au comté de Toulouse en 1116, et à la couronne de France en 1423.

DION CASSIUS, sénateur et historien romain, né à Nicée en Bithynie, vivait dans le IIIe siècle.

Diorama, spectacle de l'invention de MM. Daguerre et Bouton, ouvert à Paris au mois d'août 1822.

DIOSCORE, patriarche d'Alexandrie en 444, déposé le 3 octobre 451, mort en 454.

DIPPEL (Jean-Conrad), philosophe et chimiste allemand, mort le 25 avril 1734, âgé de 62 ans.

Directoire exécutif. Voy. *République française*.

Dithyrambe : inventé par Arion l'an 630 av. J.-C.

Divination. Cette prétendue science était pratiquée, dès 1996 av. J.-C., par les Zabiens de l'Arabie.

Division (art militaire); ce n'est que depuis 1789 que cette expression, *division d'armée*, a pris une signification déterminée.

Divorce : il est autorisé en France par la loi du 20 septembre 1792. — Aboli le 8 mai 1816.

Dix (conseil des) : établi à Venise vers 1310, et confirmé en 1335. Il fut sur le point d'être dissous en 1628; mais néanmoins il fut maintenu jusqu'à la dissolution de la république, en 1797.

Dixièmes ou *Dîmes*, impôt célèbre; il fut frappé sur le clergé en 1188, quand Philippe-Auguste partit pour la Croisade. — Etabli en 1710, il fut supprimé en 1717, reparut en 1734, puis en 1741, et fit place au *vingtième*.

Doctrine chrétienne (congrégation des prêtres de la), fondée à Lisle, dans le comtat, en 1592, par César de Bus, confirmée par Clément VIII en 1597.

DODARD (Denis), médecin français, né à Paris en 1634, mort le 5 novembre 1706.

DODOENS ou DODONÆUS (Rambert), botaniste, né dans la Frise en 1517, mort dans sa patrie, le 10 mars 1585.

DODWELL (Henri), savant anglais, né à Dublin en 1641, mort à Shottes-Broock le 5 juin 1711.

Doges : leur établissement dans le gouvernement de Gênes, en 1339.

Dôle, ville de Franche-Comté : assiégée par le duc de Bourbon en 1435. — Prise par les Français le 25 juin 1479. — Charles-Quint en fit augmenter les fortifications en 1530. — Le prince de Condé l'assiégea inutilement en 1636. — Louis XIV s'empara de Dôle en 1668; il la rendit à l'Espagne au mois de mai suivant, par le traité d'Aix-la-Chapelle. — Il reprit cette ville en 1674, et la paix de Nimègue du 17 septembre 1678 l'assura à la France, ainsi que la Franche-Comté.

DOLET (Etienne), célèbre imprimeur, né à Orléans en 1509, brûlé à Paris comme athée le 3 août 1546.

DOLOMIEU (Déodat-Gui-Sylvain-Tancrède de Gratet de), géologue et minéralogiste célèbre, né à Dolomieu en Dauphiné, le 24 juin 1750, mort le 28 novembre 1801.

DOMAT (Jean), savant jurisconsulte, né à Clermont en Auvergne en 1625, mort à Paris le 14 mars 1696.

Dombes, ancienne principauté souveraine : réunie à la couronne le 28 mars 1762. Sa souveraineté avait été reconnue par Philippe le Bel en 1304, François Ier en 1532, Charles IX en 1561, et plus tard par Henri IV et Louis XIV.

Domingue (saint), l'une des Antilles : fut découvert sur la fin de 1492 par Christophe Colomb. Voyez *Haïti*.

Dominicains, ordre de religieux; institué en 1216 par saint Dominique de Gusman. Ce sont les mêmes religieux que les *Frères prêcheurs* et les *Jacobins*.

Dominique (la), l'une des Antilles; prise aux Français par les Anglais, le 6 juin 1761. — Tombe au pouvoir d'une flotte française le 19 février 1805; les Français abandonnent cette île le 28 du même mois.

DOMINIQUE (saint), *l'Encuirassé*, ermite, mort le 14 octobre 1060.

DOMINIQUE (saint), instituteur de l'ordre des Frères prêcheurs ou Dominicains, né à

Calahorra en 1170, mort le 6 août 1221, canonisé par Grégoire IX en 1235.

DOMINIQUIN (Domenico Zampieri, dit le), peintre bolonais, né en 1581, mort le 15 avril 1641.

DOMINIS (Marc-Antoine de), savant jésuite, né à Arbe en Dalmatie, en 1566, mort au château Saint-Ange en 1624.

DOMITIEN (Titus-Flavius-Sabinus), empereur romain, né le 24 octobre l'an 51 de J.-C., ou 803 de Rome, proclamé l'an 81, assassiné le 18 septembre 96 de J.-C.

DONAT, évêque schismatique de Carthage, mort en 355.

DONAT (saint), évêque de Besançon, mort en 644 ou 650.

DONATELLO (Donato, plus connu sous le nom de), architecte et sculpteur, né à Florence en 1383, mort dans la même ville en 1466.

Donatistes, schismatiques du IVe siècle, ainsi appelés de leur chef Donat.

DONIZETTI (Gaetano), célèbre compositeur, né à Bergame en 1798, mort dans sa ville natale le 8 avril 1848.

DORAT (Claude-Joseph), poëte français, né à Paris le 31 décembre 1734, mort le 29 avril 1780.

Dordrecht (synode de), tenu en 1618 et 1619. Voy. *Arminiens*.

DORIA (André), célèbre marin du XVe siècle, né en 1468 à Oneille, près Gênes, mort le 25 novembre 1560.

DORLÉANS (Pierre-Joseph), jésuite, historien distingué, né à Bourges en 1644, mort à Paris le 31 mars 1696.

DORLÉANS (Louis-François-Gabriel de la Motte), évêque d'Amiens, né à Carpentras l'an 1685, mort le 10 juillet 1774.

Dornach, village et château suisse : les Suisses y remportèrent une victoire en 1499.

Dornheim, ancien château ruiné, dans le voisinage de Darmstadt, près duquel l'empereur Adolphe de Nassau fut tué, en 1298, par Albert Ier d'Autriche.

Dorpat, ville de la Livonie, fondée par les Russes en 1030. — Ruinée de fond en comble par les Russes en 1707, et rebâtie en bois quelques années après.

Douai : cette ville fut prise par Hugues le Grand, comte de Paris, en 932. — Lothaire l'assiégea et s'en rendit maître en 988. — Robert le Frison prit cette ville en 1072, et ses successeurs la conservèrent jusqu'en 1102, époque où Robert le Jeune s'en empara. — L'empereur Henri V l'assiégea sans succès en 1107. — Philippe-Auguste la prit après quatre jours de siége, en 1212. — Les Français la gardèrent jusqu'en 1302. — En 1304, Philippe le Bel l'assiégea inutilement. — En 1479 Louis XI voulut surprendre Douai et ne put y parvenir. — L'amiral de Coligny essaya, sans plus de succès, de s'en rendre maître en 1557. — Louis XIV la prit par capitulation le 7 juillet 1667. — Les puissances coalisées la reprirent le 29 juin 1710. — Le maréchal de Villars la leur enleva le 10 septembre 1712, après la victoire de Denain.

Douanes : en 1667, Colbert établit un tarif en vertu duquel toutes les marchandises fabriquées à l'étranger furent interdites. — Loi de 1792 relative au même objet. — Le 21 novembre 1806, décret impérial établissant le blocus continental.

DOW (Gérard), célèbre peintre de l'école hollandaise, né à Leyde en 1613, mort en 1666.

DOYEN (Gabriel-François), peintre d'histoire, né à Paris en 1726, mort à Saint-Pétersbourg le 5 juin 1806.

DRACON, célèbre législateur athénien, fut archonte l'an 624 av. J.-C.

Dragonnades : guerres faites aux protestants par suite de la révocation de l'édit de Nantes, publiée en 1685.

Dragons : la création de ce corps de troupes eut lieu sous le règne de Henri II, l'an 1554.

DRAKE (François), célèbre marin, né en 1545 dans le comté de Devon en Angleterre, mort à Porto-Bello le 28 janvier 1596.

Drap d'or (entrevue du camp du) entre François Ier, roi de France, et Henri VIII, roi d'Angleterre, le 7 juin 1520.

Draps : l'art de les travailler est porté en Angleterre par Jean Kamp, flamand, en 1327. Voy. *Calendre*.

Dresde, prise par le roi de la Prusse le 18 novembre 1745 : la paix y est conclue, le 25, avec le prince Charles et l'impératrice-reine de Hongrie. — Prise par le roi de Prusse, le 10 septembre 1756. — Reprise aux Prussiens le 5 septembre 1759.

Dresde (synode de) : tenu par les luthériens en 1571.

Dresde (bataille de), où les alliés sont battus par les Français, le 27 août 1813.

Dreux, ville de la Beauce : son origine est inconnue. Dès l'an 1031, il existait un comté de Dreux, et l'on y battait monnaie avant cette époque. — Les Anglais s'en emparèrent et l'incendièrent en 1188. — En 1593, Henri IV prit cette ville d'assaut, après un siége de 18 jours. — Passe par héritage dans la maison d'Orléans, dans la seconde partie du XVIIIe siècle.

Dreux (bataille de), gagnée le 19 décembre 1562 sur les protestants de France par le duc de Guise.

Droit coutumier : la collection des lois ou coutumes qui le composaient fut l'ouvrage du chancelier de l'Hopital, vers la moitié du XVIe siècle.

Droit constitutionnel actuel; actes fondamentaux qui le régissent : — ANGLETERRE, grande charte de 1215; bill des droits de 1688; acte d'union de l'Angleterre et de l'Ecosse, 1707; acte d'union de l'Angleterre, de l'Ecosse et de l'Irlande, 1800; bill de réforme du 7 juin 1832. — SUÈDE : constitution du 7 juin 1809. — NORWÉGE : constitution du 14 novembre 1814. — POLOGNE : constitution du 27 mai 1815, remplacée aujourd'hui par le statut organique du 26 février 1832. — HOLLANDE : constitution du 24 août 1815. — BAVIÈRE : du 26 mai 1818. — WURTEMBERG : du 25 septembre 1819. — PORTUGAL : du 29 avril 1826. — FRANCE : du 4 décembre 1848. —

Belgique : du 25 février 1831. — Saxe : du 4 septembre 1831. — Hanovre : du 20 septembre 1833. — Servie : nouvelle loi fondamentale de la Servie, proclamée à Belgrade le 25 février 1839. — Turquie ; Hatti-shérif du 3 novembre 1839.

Droits de l'homme (déclaration des), décrétée le 1er octobre 1789 ; une autre le 24 juin 1793.

Droits réunis : leur établissement en France le 1er février 1804.

DROUAIS (Jean-Germain), peintre, né à Paris le 25 novembre 1763, mort le 13 février 1788, âgé de 25 ans.

DROZ (François-Nicolas-Eugène), littérateur, né à Pontarlier le 4 février 1735, mort en novembre 1805.

Druides : vers 300 av. J.-C., ils cultivaient déjà la géographie, l'astronomie, la médecine et la magie.

DRUSUS (Nero Claudius Germanicus), guerrier romain, né l'an 38 av. J.-C., mort l'an 9 av. J.-C.

DRYDEN (Jean), poëte anglais, né en 1631 dans le comté de Northampton en Angleterre, mort en 1700.

DUBOIS (Jacques), *Del Boé* ou *Sylvius*, célèbre médecin, né à Amiens en 1478, mort le 13 janvier 1555.

DUBOIS (Noël Pigard, surnommé), exécuté pour crime de magie, le 25 juin 1637.

DUBOIS (Guillaume), cardinal, archevêque de Cambrai, ministre d'Etat, né à Brive-la-Gaillarde le 6 septembre 1656, mort le 10 août 1723.

DUBOIS DE CRANCÉ (Edmond-Louis-Alexis), conventionnel, né à Charleville en 1747, mort à Rhétel le 29 juin 1814.

DUBOS (Jean-Baptiste), de l'Académie française, né à Beauvais en 1670, mort le 23 mars 1742.

Ducats : les plus anciennes pièces de cette monnaie dont on connaisse le millésime, sont de l'an 1240 ; Roger, roi de Sicile, les avait fait fabriquer. — Les Vénitiens eurent aussi leurs ducats l'an 1280.

DUCHAT (Jacob le), philologue, né à Metz en 1658, mort à Berlin le 25 juillet 1735.

DUCHATEL (Pierre), savant prélat du XVIe siècle, grand-aumônier de France, mort en 1552.

DUCIS (Jean-François), célèbre poëte tragique, né à Versailles le 14 août 1733, mort dans sa ville natale, le 31 mars 1816.

DUCIS (Jean-Louis), neveu du précédent, peintre d'histoire, mort à Paris le 4 mars 1847.

DUCLOS (Charles Pineau), littérateur, né à Dinan en Bretagne en 1704, mort à Paris le 26 mars 1772.

DUCRAY-DUMINIL (François-Guillaume), fécond romancier, mort le 29 octobre 1819, âgé de 58 ans.

DUDLEY (Jean), duc de Northumberland, né en 1502, exécuté le 22 août 1553.

Duels : le parlement de Paris rend un arrêt contre ces combats singuliers, le 16 juin 1599.

DUFRESNY (Charles Rivière), poëte français, né à Paris en 1648, mort le 6 octobre 1724.

DUGAZON (Louise-Rosalie Lefèvre, femme), célèbre actrice de l'Opéra-Comique, née à Berlin en 1755, morte à Paris le 22 septembre 1821.

DUGOMMIER (Jean-François Coquille), général français, né à la Martinique en 1736, tué par un obus à l'affaire de Saint-Sébastien, le 17 novembre 1794.

DUGUAY-TROUIN (René), célèbre marin, né à Saint-Malo le 10 juin 1673, mort à Paris le 27 septembre 1736.

DUGUESCLIN (Bertrand), connétable de France, le plus fameux guerrier de son siècle, né en Bretagne vers 1314, mort devant Randon le 13 juillet 1380.

DUGUET (Jacques Joseph), théologien et moraliste, né à Montbrison le 9 décembre 1649, mort à Paris le 23 octobre 1733.

DUHAMEL (l'abbé Jean-Baptiste), physicien et mathématicien, né en 1624 à Vire en Normandie, mort le 6 août 1706.

DUHAMEL DU MONCEAU (Henri-Louis), savant estimable, mort le 27 août 1783, âgé de 82 ans.

Dulcinistes, sectaires du XIIIe siècle, prenaient leur nom de Dulcin, leur chef.

DUMANIANT (Jean-André Bourlain, dit), auteur dramatique, mort le 24 septembre 1828.

DUMARSAIS (César Chesneau), grammairien philosophe, né à Marseile le 17 août 1676, mort à Paris le 11 juin 1756.

DUMAS (Charles-Louis), médecin français, né à Lyon en 1765, mort le 3 avril 1813.

Dumbar (bataille de), gagnée par Olivier Cromwell sur les Ecossais, le 13 septembre 1650.

Dumblain (combat de) en Ecosse, entre les partisans du roi Jacques et les troupes du roi Georges qui sont victorieuses, le 23 novembre 1715.

DUMESNIL (Marie-Françoise), célèbre actrice, née à Paris en 1713, morte à Bruxelles en 1803.

DUMOULIN (Charles), célèbre jurisconsulte, né à Paris en 1500, mort en 1566.

DUMOURIEZ (Charles-François), général français, gagna la bataille de Valmy le 20 septembre 1792, et celle de Jemmapes le 6 novembre de la même année ; sa défection le 6 avril 1793 ; sa mort le 14 mars 1823.

Dunes (bataille des), gagnée par Turenne sur le prince de Condé, le 14 juin 1658.

DUNI (Gilles Romuald), compositeur, né à Montera près d'Otrante, le 9 février 1709, mort le 11 juin 1775.

Dunkerque : tombe au pouvoir de la France en 1646. — Est repris par les Espagnols en 1652, pendant les troubles de la Fronde. — Est pris par Turenne en 1658, et remis aux Anglais, conformément au traité fait avec Cromwell. Est racheté des mains des Anglais, en 1662. Louis XIV, pour le bien de la paix, sacrifie aux Anglais le port et les fortifications de cette ville en 1713 ; il les fait ensuite démolir. — Le port itérativement sacrifié aux Anglais par le traité de Paris en

1763. — Il est rendu libre par le traité de paix du 3 septembre 1783.

DUNOIS (Jean, comte de), bâtard d'Orléans, né le 23 novembre 1407, mort le 28 du même mois, en 1468.

DUNS SCOT (Jean), dit le *Docteur Subtil*, théologien, mort à Cologne le 8 novembre 1308, âgé d'environ 35 ans.

DUNSTAN (saint), archevêque de Cantorbéry, né en 924 dans le comté de Sommerset, mort en 988. On le fête le 19 mai.

DUPATY (Charles-Marguerite-Jean-Baptiste Mercier), homme de lettres et magistrat, né à la Rochelle en 1744, mort à Paris en 1788.

DUPATY (Charles Mercier), sculpteur français, né à Bordeaux le 29 septembre 1771, mort le 13 novembre 1825.

DUPERRÉ (Victor-Guy), amiral et pair de France, né à La Rochelle le 20 février 1775, mort à Paris le 2 novembre 1846.

DUPERRON (Jacques Davy), cardinal, né dans le canton de Berne, le 25 novembre 1556, mort à Bagnolet près de Paris, le 5 septembre 1618.

Dupes (journée des) en France, le 11 novembre 1630.

DUPHOT (Léonard), général français, né à Lyon en 1770, tué à Rome le 28 décembre 1797.

DUPIN (Louis-Ellies), docteur en théologie et professeur de philosophie, né à Paris le 17 juin 1657, mort le 16 juin 1719.

DUPLEIX (Scipion), historiographe de France, né à Condom en 1569, mort en 1661.

DUPONT DE NEMOURS (Pierre-Samuel), économiste, né à Paris en 1739, mort dans la même ville en 1817.

DUPORT (Adrien), conseiller au parlement de Paris, et député de la noblesse de cette ville aux états généraux, mort en 1798.

DUPRAT (Antoine), cardinal légat, chancelier de France, premier ministre de François Ier, né à Issoire en Auvergne, le 17 janvier 1463, mort en 1535.

DUPUIS (Charles-François) savant et littérateur français, né le 26 octobre 1742 à Tryé-Château près Gisors, mort le 29 septembre 1809.

DUPUY (Pierre), historien, né à Agen en 1582, mort à Paris en 1651.

DUPUYTREN (Guillaume), le plus célèbre chirurgien du siècle, né à Pierre-Buffières le 6 octobre 1777, mort à Paris le 8 février 1835.

DUQUESNE (Abraham), célèbre marin français, né à Dieppe en 1610, mort à Paris le 2 février 1688.

DURAND (David), savant ministre protestant, né vers 1681 à Saint-Pargoire près Béziers, mort à Londres le 16 janvier 1763.

DURANTI (Jean-Etienne), premier président au parlement de Paris, fut tué par les rebelles, puis pendu, le 10 février 1589.

DURAS (Jacques-Henri de Durfort, duc de), maréchal de France, né le 9 octobre 1626, mort en 1704.

DURAS (Gui Alphonse de Durfort), maréchal de France, mort à Paris le 27 octobre 1703, à 72 ans.

DURER (Albert), célèbre peintre de l'école allemande, et l'un des plus fameux graveurs, né à Nuremberg en 1471, mort le 8 avril 1528.

DURET (Louis), médecin, mort le 22 janvier 1586, âgé de 59 ans.

Durham (bataille de), gagnée par les Anglais sur les Ecossais, en 1346.

DUROC, duc de Frioul, né à Pont-à-Mousson en 1772, tué à la bataille de Lutzen le 2 mai 1813.

DURYER (Pierre), historiographe de France, membre de l'Académie française, né à Paris en 1605, mort le 6 novembre 1658.

DUSSAULT (Jean), littérateur français, né à Chartres le 28 décembre 1728, mort le 16 mars 1799.

Dusseldorf, ville d'Allemagne : bombardée par les Français en 1794.

Dutlingen (bataille de), gagnée par les Impériaux sur les Français, le 26 novembre 1642.

DUVAL (Valentin Jameray), savant, né en 1695 au village d'Artonay en Champagne, mort à Vienne le 3 novembre 1775.

DUVAL (Amaury), littérateur, antiquaire, membre de l'Institut, né à Rennes en 1760, mort à Paris en 1837.

DUVAL (Alexandre), auteur dramatique, frère du précédent, né à Rennes en 1763, mort à Paris en 1840.

DUVAL-PINEU (Henri), frère des précédents, auteur d'une histoire de Charles VI, né à Rouen le 7 juillet 1794, mort à Paris le 27 janvier 1847.

DUVERNEY (Joseph Guichard), anatomiste français, né à Feurs-en-Forez le 5 août 1648, mort le 10 septembre 1730.

DUVIVIER (Franciade-Fleurus), général de division et représentant du peuple, né à Rouen le 7 juillet 1794, mort à Paris le 24 juin 1848.

DYCK (Antoine Van), peintre célèbre, né à Anvers en 1599, mort en 1641.

Dynamique : principes de cette science, établis par Galilée en 1637; par Huyghens en 1673; par Newton en 1687; par d'Alembert en 1743; Euler en 1744; Lagrange en 1788.

E

Eaton ou *Eton* bourg d'Angleterre, sur la Tamise, remarquable par son collége fondé en 1441 par Henri VI.

Eau. Sa décomposition et sa recomposition par Cavendish, en 1775; ces expériences vérifiées en grand par Lavoisier, en 1782.

Eau de la mer. Moyen de la dessaler, découvert en 1763 par le médecin français Poissonnier. On fut obligé d'y renoncer à cause de la trop grande quantité de combustible qu'il exigeait.

Eau bénite, fut introduite, à l'instar de l'eau lustrale des anciens, dans les cérémonies du christianisme, par le pape saint Alexandre, de l'an 109 à 119.

Eau-forte. Découverte de ses propriétés en 960, par Glaber, savant arabe. En Europe, Raimond Lulle en fit la découverte en 1225.

Eau-de-vie. Voy. *Liqueurs spiritueuses.*

Eaux et Forêts. Toutes les anciennes ordonnances y relatives furent résumées et complétées par Louis XIV, dans sa célèbre ordonnance du mois d'août 1669. Voy. *Forestier* (code).

Eaux minérales factices. L'art de les fabriquer est inventé par Venel, de Montpellier, en 1755.

EBERHARD (Jean-Auguste), métaphysicien allemand, né à Halberstadt, le 31 août 1739, mort le 7 janvier 1806.

Ebionites, hérétiques du Ier ou du IIe siècle. Quelques écrivains croient qu'ils commencèrent à dogmatiser dès l'an 72 de J.-C.

Ecbatane (bataille et prise d'), par Nabuchodonosor Ier, roi des Assyriens, l'an 656 av. J.-C.

Ecclésiastique (l'), l'un des livres de la Bible, fut classé parmi les livres sapientiaux vers la fin du IVe siècle, par le troisième concile de Carthage. Cette décision fut confirmée en 494 par un concile tenu à Rome sous le pape Gélase.

Echappement. Invention de cette machine d'horlogerie, par Breguet, en 1798.

Echecs (jeu des). Son invention est attribuée à Palamède, disciple de Chiron, vers l'an 1240 av. J.-C. — Il en est fait mention dans les annales de la Chine, l'an 154 avant J.-C. — Le savant Fréret en attribue l'invention au brahmine Sissa, favori d'un monarque des Indes, au IVe ou Ve siècle.

ECHELLENSIS (Abraham), savant maronite, né à Eckel, mort à Rome en 1664.

Echenillage (l'). La loi qui régit encore cette matière en France est du 26 ventôse an IV (16 mars 1796).

Echevins. Leur origine remonte au règne de Charlemagne (de 768 à 814). — En 1251, le prévôt des marchands fut mis à la tête des échevins de Paris. — Les échevins furent supprimés dans toute la France par la loi du 14 décembre 1789.

Echiquier de Normandie. Ancienne juridiction qui s'était établie dans cette province au commencement du Xe siècle. —Cette cour de justice fut fixée à Rouen par le roi Louis XII, en 1499. — François Ier lui donna le nom de Parlement en 1515.

Echiquier (tactique). Cet ordre de bataille était connu de l'antiquité. On le pratiquait en France dès le XVe siècle. Cependant il n'en est point question dans l'instruction de 1775. Le règlement de 1791 considère l'ordre en échiquier comme une manœuvre de ligne. L'ordonnance de 1831 y a apporté des modifications.

Echiquier (billets de l'). Ces *bons du trésor* en Angleterre furent de l'invention du chancelier Montague, et leur première émission eut lieu en 1096.

ECKHEL (Jean-Hilaire), savant numismate, né le 13 janvier 1737, à Entzesfeld, en Autriche, mort le 16 mai 1798.

Eckmühl (bataille d'), gagnée par les Français en Allemagne, le 22 avril 1809.

Eclairage par le gaz hydrogène. Inventé par Murdoch, Anglais, en 1809.

Eclairage, au moyen du gaz hydrogène carboné, inventé par Windsor, en 1815. — Preuss invente des procédés nouveaux du même genre, en 1816.

Eclipses. Suivant quelques auteurs, l'école ionique, qui avait Thalès pour chef, calculait le retour des éclipses vers l'an 640 av. J.-C.

Eclipses de soleil. La plus ancienne qui ait été observée par les Chinois, remonte à l'an 2115. Depuis, elle a été vérifiée et reconnue véritable par tous nos astronomes. — *Eclipse de soleil* qui interrompt un combat entre Cyaxare, roi de Médie, et Alyatte, roi de Lydie, le 9 juillet, 597 ans av. J.-C.

Ecliptique. Son obliquité est observée pour la première fois par Eratosthène, bibliothécaire d'Alexandrie, l'an 247 av. J.-C.

Ecluse (bataille nav. de l'). Edouard, roi d'Angleterre, y défait la flotte française, composée de 120 vaisseaux, le 24 juin 1340.

Ecolâtre, ancienne dignité ecclésiastique, qui fut réglée par les décisions de plusieurs conciles, notamment de celui tenu à Bourges en 1584, et de celui de Malines en 1607.

Ecole militaire, à Paris, établie en 1751 par Louis XV, en faveur de 500 gentilshommes, et supprimée par arrêt du conseil du 9 octobre 1787.

Ecole de chirurgie de Paris. Louis XVI pose la première pierre de ce bâtiment le 14 décembre 1774.

Ecole de droit de Paris. Son origine date de 1679.

Ecole polytechnique. Ce nom succède à celui de l'École centrale des travaux publics, le 2 septembre 1795. — Licenciée le 13 avril 1816. — Sa réorganisation le 23 août même année.

Ecole royale des mines, créée en 1783 par Louis XVI; réorganisée en 1794; constituée définitivement en l'année 1816.

Ecole de cavalerie. Ordonnance du 21 août 1764 qui en crée quatre, à Metz, Douai, Besançon et Angers. Ces écoles avaient presque cessé d'exister en 1767. — L'école de Saumur les remplaça en 1771. — Une autre école fut créée à Versailles le 2 septembre 1796, et subsista jusqu'en 1809. Le 8 mars de la même année, il en fut organisé une nouvelle à Saint-Germain-en-Laye, qui fut dissoute en 1822. — Le 5 novembre 1823, elle fut rétablie de nouveau à Versailles. Enfin, par ordonnance du 11 novembre 1824, l'école de Versailles fut réunie à celle de Saumur, qui reçut, le 20 mars 1825, la dénomination d'*Ecole royale de cavalerie.*

Ecole forestière, instituée par ordonnance du 26 août 1824, et organisée définitivement par un règlement du 1er décembre 1824.

Ecole d'application du corps royal d'état-major. Son institution le 6 mai 1818. Une ordonnances du 10 décembre 1826 y apporta quelques modifications.

Ecole d'application des ingénieurs-géographes; instituée par une loi du 30 vendémiaire an IV (22 octobre 1795); réinstituée le 30 octobre 1809; licenciée en 1815; réorganisée par ordonnances des 22 octobre 1817 et 26 mars 1826.

Ecole d'application du génie maritime, créée par une loi du 21 septembre 1791; maintenue par une loi du 30 vendémiaire an IV (22 octobre 1795); constituée définitivement par une ordonnance royale du 30 mars 1830.

Ecole des arts et métiers. Voy. *Arts et métiers.*

Ecole des langues, décrétée par la Convention nationale, le 8 pluviôse an II (27 janvier 1794).

Ecole spéciale des langues orientales, instituée par un décret de la Convention, du 10 germinal an III (30 mars 1795).

Ecole de Mars, instituée sur le rapport du comité de salut public, par décret du 13 prairial an II (1er juin 1794).

Ecole des ponts et chaussées, instituée et organisée le 11 septembre 1747. — Nouvelle organisation le 7 fructidor an XII (25 août 1804).

Ecole des mineurs, fondée par ordonnance royale du 2 août 1816, à Saint-Etienne (Loire).

Ecoles buissonnières: arrêt du parlement de Paris, y relatif, le 6 août 1552.

Ecoles chrétiennes (Frères des), institués par l'abbé de la Salle, en 1681.

Ecoles navales. Une loi du 30 vendémiaire an IV (22 octobre 1795) en avait établi trois dans les ports de Brest, Toulon et Rochefort. — Cette organisation fut maintenue jusqu'au décret impérial du 27 septembre 1810, qui créa deux *Ecoles spéciales de marine*, l'une à Brest, l'autre à Toulon. Par ordonnance du 31 janvier 1816 l'école de marine fut placée à Angoulême; une école navale d'application fut établie à Brest le 7 mai 1827. — Enfin le 7 décembre 1830, l'école d'Angoulême a été supprimée, et remplacée par une *école navale* créée à Brest, et réorganisée par trois ordonnances successives, des 1er novembre 1830, 24 avril 1832 et 4 mai 1833.

Ecoles normales. Leur établissement le 31 novembre 1794, en vertu d'une loi du 3 octobre précédent. Les cours de l'école normale de Paris s'ouvrirent le 19 janvier 1795, et furent fermés quatre mois après, le 19 mai. — Une nouvelle école normale fut instituée à Paris par la loi organique de l'instruction publique du 17 mars 1808; elle fut maintenue par l'ordonnance du roi Louis XVIII, du 21 février 1815.

Ecoles primaires. Leur organisation sous ce nom, en France, le 17 novembre 1794. Leur création datait de Henri IV, 1698. — Loi sur l'instruction primaire du 28 juin 1833. — Nouvelle organisation en juillet 1848.

Ecoles secondaires. Leur institution est du 1er mai 1802.

Ecoliers (sédition d') au Pré aux Clercs, à Paris, le 12 mai 1557.

Ecorcheurs. Ce nom fut donné, en 1437, aux soldats français qui entrèrent dans le Hainaut, et y commirent mille brigandages. — Durant les guerres des XIVe et XVe siècles, la France fut aussi ravagée par des bandes d'écorcheurs.

Ecosse. Commencement de ce royaume par Fergus, en 503. — Soumise par Edouard, roi d'Angleterre, en 1304. — Recouvre son indépendance en 1314. — L'Eglise presbytérienne s'y établit en 1676. — Réunion de ce pays au royaume d'Angleterre, en 1707.

Ecosse (rois d'), à partir du XIe siècle. — Malcolm II commence à régner en 1003. — Duncan, en 1033. — Machabée, tyran, en 1040. — Malcolm III, en 1057. — Donald VII, en 1093. — Duncan II, en 1094. — Donald VII, rétabli en 1095. — Edgard, en 1098. — Alexandre, en 1107. — David, en 1124. — Malcolm IV, en 1153. — Guillaume Ier, en 1165. — Alexandre II, en 1214. — Alexandre III, en 1249. — Interrègne, en 1286. — Jean Baillol ou Bailleul, en 1294. — Robert Ier (Bruce), en 1306. — David II et Edouard, en 1329. — Robert II (Stuart), en 1371. — Robert III, en 1390. — Jacques Ier, en 1424. — Jacques II, en 1437. — Jacques III, en 1460. — Jacques IV, en 1488. — Jacques V, en 1513. — Marie Stuart et Henri, en 1542. — Jacques VI, en 1567. — Les successeurs de Jacques VI furent en même temps rois d'Angleterre et d'Ecosse jusqu'en 1707, époque de la réunion des deux royaumes.

Ecosse (Nouvelle), contrée de l'Amérique septentrionale, découverte par Sébastien Cabot, en 1497. — Les Français s'y établirent en 1598. — Prise par les Anglais, qui l'ont gardée en vertu du traité d'Utrecht (11 avril 1713).

Ecriture (l'). Suivant les Orientaux, Hénoch ou Edris en fut l'inventeur, vers l'an 3400 av. J.-C. — D'autres en attribuent l'invention aux Sidoniens, vers l'an 1850 av. J.-C. — D'autres aux Egyptiens.

Ecrivains (maîtres). Leur communauté, à Paris, fut érigée, en janvier 1719, en bureau académique, présidé par le lieutenant général de police.

EDELINCK (Gérard), graveur, né à Anvers en 1649, mort aux Gobelins, à Paris, en 1707.

Edesse (royaume d'), fondé en 137 av. J.-C., subsista jusqu'à l'an 201 de l'ère chrétienne. — Devint une métropole romaine, depuis 212 jusqu'en 1097, qu'elle fut érigée en principauté par les Croisés, et gardée par eux jusqu'en 1150.

EDGAR, dit *le Pacifique*, roi d'Angleterre, monte sur le trône en 959, meurt en 975, âgé de 33 ans.

Edimbourg, ancienne ville et capitale de

l'Ecosse : on croit que sa cathédrale de Saint-Gilles est du IXe siècle. — Son université fut originairement fondée et dotée par Jacques VI en 1582. — L'antique abbaye d'Holy-Rood, résidence des anciens rois de l'Ecosse, avait été fondée en 1128 par David Ier.

Edit d'Amboise, donné par Charles IX à Amboise, en janvier 1572.

Edit de la Bourdaisière, donné par François I, le 18 mai 1529, pour régler la forme des évocations.

Edit de Chanteloup, donné par François Ier, en mars 1545, pour confirmer l'édit de la Bourdaisière.

Edit de Châteaubriant, donné par Henri II, le 22 juin 1551.

Edit de Crémieu. Règlement fait par François I, le 19 juin 1536.

Edit des femmes, portant établissement du droit annuel ou *paulette*, rendu le 12 décembre 1604.

Edit des insinuations ecclésiastiques. Le premier de ce genre est de mars 1553.

Edit des insinuations laïques, rendu en décembre 1703.

Edit de Melun. Règlement donné par Henri III, en février 1580, à la sollicitation du clergé de France, assemblé à Melun.

Edit des mères, donné par Charles IX, à Saint-Maur, au mois de mai 1567. On l'appelle aussi *Edit de Saint-Maur*.

Edit des petites dates, donné en juin 1550 par Henri II.

Edit des présidiaux, émané aussi de Henri II, en 1551.

Edit de Nantes, rendu en faveur des Réformés de France, le 13 avril 1598. — Sa révocation, le 22 octobre 1685.

Edit de Romorantin, rendu dans cette ville par François Ier, au mois de mai 1560, au sujet des Réformés.

Edit des secondes noces. Règlement fait par François II, au mois de juillet 1560.

Edit de la subvention des procès, du mois de novembre 1563.

Edit d'union. Acte du 12 février 405, publié par l'empereur Honorius, contre les manichéens et les donatistes.

EDITHE (sainte), fille d'Edgar, roi d'Angleterre, née en 961, morte au monastère de Welton, le 16 septembre 984.

Edits du contrôle : de novembre 1637, d'août 1669, de mars 1698, de juillet 1699, d'octobre 1705.

Edits des duels, rendus par Louis XIV, en août 1679, et par Louis XV, en février 1723.

Edits de pacification et Déclarations y relatives, rendus en faveur des huguenots, en France, le 14 février 1561, le 19 mars 1562, le 19 mars 1563, et les 23 mars 1568, août 1570, juillet 1573, mai 1576, 7 septembre 1577, 28 février 1579, 26 décembre 1580. Voy. *Edit de Nantes*. — En mai 1616, nouvel Edit de pacification donné par Louis XIII.

EDME ou EDMOND (saint), archevêque de Cantorbéry, mort en France en 1241, canonisé par le pape Innocent IV en 1249.

EDMOND (saint), roi d'Angleterre, mort en 870.

EDMOND Ier, roi d'Angleterre, monte sur le trône en 941, âgé d'environ 17 ans, assassiné le 26 mai 946.

EDMOND II, surnommé *Côte de fer*, commence à régner en 1016, assassiné en 1017.

EDOUARD l'*Ancien*, roi d'Angleterre, élu en 900, mort en 925, âgé de 26 ans.

EDOUARD le *Martyr* (saint), né en 962, parvient à la couronne d'Angleterre en 975, assassiné le 18 mars 978. L'Eglise romaine l'honore comme martyr, quoiqu'il ne soit pas mort pour la religion.

EDOUARD (saint), dit *le Confesseur*, roi d'Angleterre; couronné en 1041, mort le 5 janvier 1066, après un règne de 25 ans. Il fut canonisé par le pape Alexandre III.

EDOUARD Ier, de la dynastie des Plantagenets, roi d'Angleterre, né à Winchester, en 1240; élu en 1272; mort à Carlisle, le 5 juillet 1307.

EDOUARD II, fils et successeur du précédent, né dans le pays de Galles le 23 avril 1284, couronné en 1307, mort en 1327.

EDOUARD III, fils du précédent, né à Windsor en 1312, proclamé en 1327, mort le 23 juillet 1377.

EDOUARD IV, roi d'Angleterre, né en 1441, usurpe la couronne en 1461, couronné le 20 juin de la même année, mort le 9 avril 1483.

EDOUARD V, fils du précédent, né en 1470, mort deux mois après son père, en 1483.

EDOUARD VI, né le 12 octobre 1538, monte sur le trône d'Angleterre en 1547, mort en 1553.

EDOUARD, prince de Galles, surnommé le *Prince Noir*, né en 1330 d'Edouard III, roi d'Angleterre, mort en 1376.

EDOUARD (Charles), le *Prétendant*, fils de Jacques II, roi d'Angleterre détrôné, naquit à Rome le 31 décembre 1720, fit une descente en Ecosse le 18 juillet 1745, fut défait à Culloden le 14 avril 1746, et mourut à Rome le 31 janvier 1788.

EDRISI (Abou-Abdallah-Mohammed-Ben-Mohammed-Al), célèbre géographe arabe, né à Ceuta en 1099 de l'ère vulgaire, mort vers 1186.

EDWARDS (Georges), naturaliste anglais, né à Stratfort, en Essex, en 1693, mort le 23 juillet 1773.

Effigie (exécutions par) : paraissent dater du XVIe siècle. On croit cependant que l'exemple le plus ancien est celui de l'exécution par effigie de Thomas de Marle, accusé du crime de lèse-majesté, sous Louis le Gros (de 1108 à 1137).

Effrontés, hérétiques qui parurent vers le milieu du XVIe siècle (en 1534, suivant Bergier).

EGBERT, roi d'Angleterre, monte sur le trône en 799, mort en 837.

EGÈDE (Jean), missionnaire, né en Danemark le 31 janvier 1686, mort dans l'île de Falster le 5 novembre 1758.

EGIDIO DE VITERBE, cardinal, évêque de

Viterbe, patriarche de Constantinople, mort à Rome en 1532.

EGINHARDT ou EGINARD, historien célèbre du IXe siècle, mort en 839.

Eglise (Etat de l') : fut réuni à la France en 1809 ; en 1814, le pape rentra dans l'exercice de sa souveraineté. — En 1832, l'Etat de l'Eglise fut divisé en 21 provinces. — L'origine de la souveraineté qu'exerce le pape, en qualité de chef de l'Eglise, remonte à la donation faite en 1154, à Etienne II, par le roi Pepin.

Eglise grecque ; sa rupture déclarée avec l'Eglise romaine en 1043.

Eglise catholique française, secte nouvelle qui doit son origine à Jean-François Châtel, prêtre du diocèse de Moulins, qui s'est constitué chef d'un nouveau catholicisme en 1830.

EGMONT (Lamoral comte d'), un des principaux seigneurs des Pays-Bas, né en 1522, décapité à Bruxelles le 5 juin 1568.

Egypte : suivant les anciennes histoires de cette contrée, le gouvernement royal y fut établi par Ménoï, six mille ans environ avant l'islamisme. — Elle fut envahie et ravagée par des peuples barbares environ 2800 ans avant l'hégire. — Elle commença une nouvelle ère l'an 30 av. J.-C., après avoir été soumise à la domination romaine. — Envahie par les Sarrasins en 640. — Conquise en 868 par Ahmed-Ben-Touloun, lieutenant des califes abbassides. — Elle est subjuguée par les califes fathimites en 969 : reste sous leur domination jusqu'en 1171. — Conquise par Sélim Ier, sultan des Turcs, le 13 avril 1517.

Egypte (expédition d') : départ de l'armée française le 19 mai 1798 ; elle se rend maîtresse de Malte le 12 juin, et se dirige vers l'Egypte le 19. Elle opère son débarquement le 1er juillet. La conquête de toute l'Egypte est faite dans les mois suivants. Les Français évacuèrent ce pays en septembre 1801, après l'avoir occupé pendant plus de trois ans.

Egyptiens : dès l'an 1996 av. J.-C., ce peuple avait acquis de grandes connaissances en astronomie, en architecture, en médecine, en histoire naturelle. Ils possédaient déjà des bibliothèques publiques.

Ehrenbreistein, forteresse sur un rocher escarpé : démolie par les Français en 1799 ; on l'a rétablie depuis.

El-Arich (bataille d'), gagnée en Egypte par le général Bonaparte, le 4 février 1799.

El-Arich (traité d'), conclu entre le grand-visir et Sidney-Smith d'une part, et le général Kléber de l'autre, pour l'évacuation de l'Egypte le 24 janvier 1800.

Elbe (l'île d') : appartenait aux Pisans au commencement du XIe siècle, et dès lors sa destinée se trouve liée à celle de la principauté de Piombino. V. ce mot. — Philippe III, roi d'Espagne, s'empara, en 1603, de l'île d'Elbe, qui passa ensuite sous la domination de Naples, par qui elle fut cédée à la France en vertu d'un traité du 28 mars 1801. — Réunie à la France par un sénatus-consulte, le 26 août 1802. — Avait été donnée en propriété à Napoléon en 1814 ; elle fut cédée au grand-duc de Toscane, après l'invasion en France de cet ex-empereur, en 1815.

ELBÉE (Gigot d'), général vendéen, né à Dresde en 1752, fusillé en 1793.

Elbenfeld : cette ville allemande est le siége de la compagnie rhénane des Indes occidentales fondée en 1821.

Elbeuf : cette ville de Normandie était déjà une seigneurie avant 1338 ; elle fut érigée en marquisat en 1554, et en duché-pairie en 1581. — La réunion des fabricants en communauté date de la première période du XVIIe siècle. — Ce ne fut que vers 1720 que les fabricants d'Elbeuf commencèrent à s'ouvrir au dehors de grands débouchés.

Elchingen (Combat d'), où les Autrichiens sont défaits par les Français le 14 octobre 1805.

Electeurs de l'Empire germanique : la première trace qu'on en trouve dans l'histoire se rapporte à l'élection de Conrad II, en 1024.

Elections. Loi à ce sujet, publiée en France le 5 février 1817, et portant qu'il n'y aura qu'un seul collége électoral par département. — Nouvelle loi sur cette matière, qui introduit le double vote, et porte à 430 le nombre des députés, en février 1820. — Nouvelle loi électorale promulguée pendant la session de 1831. — Suppression du cens d'éligibilité, et établissement du suffrage universel, 6 mars 1848.

Elections (troubles, barricades et massacres à l'occasion des), le 20 novembre 1827.

Electricité : premières expériences y relatives, en 1407, par Otto de Guerrick. — Découverte de la bouteille de Leyde au commencement du XVIIIe siècle. Sa cause et ses phénomènes sont indiqués par Boulanger de Riveri en 1787. — L'identité de ce phénomène avec celui du galvanisme, est prouvée par Volta de Pavie, en 1801. — Application de l'électricité à la médecine, par Gallabert, en 1748. Voy. FRANCKLIN et *Paratonnerres*.

ÉLEONORE D'AUTRICHE, reine de Portugal et de France, sœur de Charles-Quint, né à Louvain en 1498, mariée d'abord à Emmanuel, roi de Portugal en 1519, puis à François Ier, roi de France, en 1530 ; morte en 1558 à Talavera en Espagne.

ÉLEONORE DE CASTILLE, reine de Navarre, fille de Henri II, roi de Castille, mariée à don Carlos, roi de Navarre, en 1375 ; morte en 1416.

ÉLEONORE DE GUIENNE, d'abord reine de France, puis reine d'Angleterre, née vers l'an 1122 ; morte au monastère de Fontevrault vers l'an 1204.

Eléphants : le premier que l'on croit avoir été vu en France fut envoyé à Charlemagne par le calife Aroun-al-Raschild, en 786.

Eléphants de guerre : parurent pour la première fois dans les expéditions de Rome, à la bataille d'Héraclès, vers l'an 286 av. J.-C.

ELEUTHÈRE (saint), élu pape le 1er mai 177, mort en 192.

Elévation. Ce rite de la liturgie chrétienne ne date que du commencement du XIe siècle.

Elèves pour la danse de l'Opéra (théâtre des), construit à Paris, en 1778, à l'extrémité du boulevard du Temple, en face de la rue Charlot ; fermé en 1784.

Elèves de la rue de Thionville (théâtre des jeunes) ; ouvert le 20 mai 1799, supprimé par le décret impérial du 8 août 1807.

El-Hanca (combat d'), en Egypte : les Turcs y sont défaits par le général Kléber, le 10 mars 1800.

ELIE, célèbre prophète d'Israël, mort vers 895 avant J.-C.

ELIEN, écrivain tacticien, vivait vers le milieu du IIe siècle.

ELIEN (Claudius-Ælianus), historien grec, vivait du temps de l'empereur Alexandre Sévère, dans le IIIe siècle.

ELIOT (Georges-Auguste, lord de Heathfœld), baron de Gibraltar, général écossais, né à Stobbs en 1718, mort à Aix-la-Chapelle en 1790.

Elis, capitale de l'Elide. Siége et prise de cette ville par les Spartiates, qui en rasèrent les fortifications, l'an 396 av. J.-C.

ELISABETH (sainte), femme du saint prêtre Zacharie et mère de saint Jean-Baptiste, vivait au commencement du Ier siècle de l'ère chrétienne.

ELISABETH (sainte), reine de Portugal, née en 1271, épousa, en 1281, Denis Ier, roi d'Aragon, mourut au monastère de Coïmbre en 1336. Béatifiée par Léon X, en 1506, et canonisée par Urbain VIII, en 1625.

ELISABETH DE HONGRIE (sainte), duchesse de Thuringe, née en 1207, morte à Marbourg le 10 novembre 1231.

ELISABETH WOODVILLE, reine d'Angleterre, femme d'Edouard IV, morte en 1486.

ELISABETH (Christine), reine de Prusse, mariée, le 12 juin 1733, à Frédéric le Grand, morte le 13 janvier 1797.

ELISABETH DE FRANCE (Philippe-Marie-Hélène), sœur de Louis XVI, née à Versailles, le 3 mai 1764, morte sur l'échafaud révolutionnaire, à Paris, le 10 mai 1794.

ELISABETH, reine d'Angleterre, née le 7 septembre 1533, couronnée en 1559, morte le 2 avril 1603.

ELISABETH D'AUTRICHE, reine de France, mariée à Charles IX le 26 novembre 1570, morte à Vienne, en Autriche, en 1592.

ELISABETH FARNÈSE, reine d'Espagne, née en 1692, épousa Philippe V en 1714 ; morte en 1766.

ELISABETH PETROWNA, impératrice de toutes les Russies, fille de Pierre le Grand, née en 1709, monte sur le trône le 7 décembre 1741, meurt le 5 janvier 1762.

ELISÉE, disciple d'Elie et prophète, mort vers l'an 830 av. J.-C.

ELISÉE (Jean-François Copel, connu sous le nom de Père), carme déchaussé, célèbre prédicateur, né à Besançon en 1726, mort à Pontarlier le 11 juin 1783.

ELOI (saint), évêque de Noyon, né à Cadillac, près Limoges, en 588, mort en 659.

Elysée Bourbon, à Paris. Ce bel hôtel fut bâti, en 1728, par ordre et aux frais du comte d'Evreux, sur les dessins de l'architecte Molet.—Il fut occupé, en 1814 et 1815, par Alexandre, empereur de Russie.—Il était possédé par le duc de Bordeaux lors de la révolution de 1830.

ELZEVIR ou ELZEVIER, célèbre famille d'imprimeurs, commença à s'illustrer vers 1595. Le dernier membre de cette famille mourut à Amsterdam en 1680. Bonaventure et Abraham Elzevir ont donné à eux seuls plus d'ouvrages que tous les Elzevirs. Abraham mourut le 14 août 1652. Bonaventure ne dut pas lui survivre de beaucoup.

Email. Ce n'est que depuis saint Louis au XIIIe siècle, qu'on trouve en France des ouvrages d'art émaillés.—La ville de Limoges, dès le XIIe siècle, était renommée pour ses peintures en émail. — On croit que c'est Jean Toutin, orfévre à Châteaudun, qui le premier, vers 1630, imagina de faire des émaux de belles couleurs opaques, et de les employer à peindre des portraits inaltérables ; son secret fut perfectionné par Gribelin et plusieurs autres artistes ses contemporains.—Depuis, Leguay, né à Sèvres en 1762, et la célèbre madame Jacquotot ont apporté dans la préparation des couleurs un perfectionnement tel qu'elles ne peuvent éprouver aucun changement au feu.

Embaumements (art des), avait été enseigné aux Egyptiens par les Atlantes vers 3020 av. J.-C.

Embrigadement : formation des brigades dans nos armées ; cette opération eut lieu en vertu d'un décret de 1793.

Embrun (concile d') : il commença sa session le 16 août 1727 ; c'est le dernier qui ait été tenu en France et même dans tout le monde chrétien.

EMERIGON (Balthazar-Marie), jurisconsulte très-versé dans le droit commercial, né à Aix (Bouches-du-Rhône), mort en 1785, âgé de 60 ans.

Emèse (royaume d') : commence l'an 69 av. J.-C. ; de là l'*ère d'Emèse* et d'*Aréthuse*.

Emétique, médicament découvert en 1631 par Adrien Mynsicht. Guy Patin, doyen de la Faculté de Paris, obtint du Parlement un arrêt qui en défendit l'usage ; cet arrêt fut révoqué vers 1696.

Emigration helvétique : trois cent soixante mille hommes, femmes et enfants, se dirigent vers la Gaule, le 28 mars, 58 ans av. J.-C.

Emigrés français. Voy. *République française* et *Révolution française*.

Eminence, titre d'honneur réservé jadis aux cardinaux, aux trois électeurs ecclésiastiques de l'Empire et au grand maître de l'ordre de Malte, en vertu d'une bulle d'Urbain VIII de l'année 1630.

Emir, la charge la plus importante après le califat dans l'empire mahométan, créée en 934.

EMMANUEL LE GRAND ou le *Fortuné*, fils de Ferdinand, duc de Viseu, né le 3 mai 1469, monta sur le trône de Portugal en 1495 ; mort à Lisbonne le 13 décembre 1521.

EMPÉDOCLE, d'Agrigente, philosophe,

poëte et historien, florissait dans le vᵉ siècle avant J.-C. (vers l'an 440).

Empire romain, ravagé, l'an 271 depuis J.-C., par les Allemands et les Marcomans.

Empire d'Occident. Après avoir fini en 476 dans Augustule, il est renouvelé le 25 décembre 800 en la personne de Charlemagne. — Il passe aux Allemands après la mort de Louis de Germanie, arrivée le 21 janvier 912, et cet empire devient électif. Voy. *Occident* (empereurs d').

Empire d'Allemagne. Il est partagé en plusieurs cercles ou provinces en 1511. Voy. *Occident* (empereurs d').

Empire français : érigé par sénatus-consulte du 18 mai 1804.—Organisation du gouvernement, en juillet. — Coalition formée contre l'empire par la Russie, l'Angleterre et l'Autriche, et conclue à Pétersbourg le 11 avril 1805.—La république ligurienne, composée de l'Etat de Gênes, est réunie à la France le 8 octobre.— Statut constitutionnel de la famille impériale de France, le 30 mars 1806.— Le 25 septembre, quatrième coalition continentale contre la France.—Paix de Tilsitt. Voy. ce mot. — Hostilités entre la France et la Suède, le 13 juillet 1807. —Le 19 août, sénatus-consulte qui attribue au corps législatif les fonctions du tribunat et qui supprime ce dernier corps.— En conséquence du blocus établi à l'égard des ports des îles britanniques, le 11 novembre, le gouvernement anglais déclare que les places et ports de France et de ses alliés seront considérés comme en état de blocus.—Le royaume d'Etrurie réuni à la France, le 10 décembre 1807.— L'empereur nomme son frère Joseph roi d'Espagne et des Indes, le 6 juin 1808. — Il nomme au trône de Naples le prince Joachim (Murat), grand-duc de Berg. — Le mariage contracté entre Napoléon et Joséphine Beauharnais est dissous par un sénatus-consulte le 16 décembre 1809. — Le 9 janvier 1810, l'officialité de Paris déclare nul, quant au lien spirituel, le mariage de Napoléon et de Joséphine.— Le 30 janvier, fixation de la dotation de la couronne de France, du domaine extraordinaire, du domaine privé de l'empereur, du domaine des impératrices, et des apanages des princes français.— Le 11 mars, célébration à Vienne du mariage de Napoléon avec l'archiduchesse Marie-Louise. —Le 2 avril, ce mariage est sanctionné religieusement dans une chapelle du Louvre. —En 1812, désastreuse campagne de Russie; retraite et destruction de la grande armée. —Le 5 février 1813, la régence est dévolue à l'impératrice Marie-Louise.—Le 3 mars, une nouvelle coalition est formée contre la France; l'Angleterre et la Suède en font partie.— L'Autriche se déclare contre l'empire français le 10 août. — Le 12, les puissances alliées détachent les princes d'Allemagne des intérêts de la France. — Napoléon arrive à Saint-Cloud le 9 novembre. — Le 20 décembre, entrée des alliés en France, au nombre de 160,000 hommes.— Le 28 du même mois, le corps législatif est dissous pour avoir fait des représentations énergiques à l'empereur. —Levée en masse des départements des Vosges, de la Haute-Saône, du Doubs et du Mont-Blanc, le 3 janvier 1814.—Le 1ᵉʳ mars, traité de Chaumont, entre la Russie, l'Autriche, la Prusse et l'Angleterre, pour forcer la France à la paix.— Le 27 mars, l'impératrice quitte Paris avec son fils.—Le 1ᵉʳ avril, un gouvernement provisoire est établi sous l'influence des souverains alliés.—Le lendemain, la déchéance de Napoléon est prononcée par le sénat.— Le 5, Napoléon abdique en faveur de son fils; il accepte l'offre qu'on lui fait de l'île d'Elbe, et s'embarque pour cette île le 28 avril. Voy. NAPOLÉON.

Empirisme médical, système novateur et expérimentateur, qui a pris naissance en Europe vers le xvᵉ et le xviᵉ siècle.

Emprunts publics : l'Angleterre en a fait l'expérience de 1786 à 1829, époque où l'on y a aboli l'amortissement.—La France expérimente ce système depuis 1816.

Enclouage de canon. On eut recours à ce moyen de défensive en 1415, au siége de Compiègne.

Enclume. Voy. *Tenailles*.

Encyclopédie de d'Alembert et Diderot : commencement de sa publication en 1759.

Endit (l'), *Landi* ou *Landit*. Etablissement de la foire de ce nom à Saint-Denis, par Charles le Chauve, vers 877. C'était un jour de congé célèbre pour les élèves de l'université de Paris, qui avaient concouru puissamment à repousser les Normands.

Enfants trouvés. La première maison qui leur fut ouverte à Paris, près Saint-Landry, fut installée en 1636 par une veuve charitable, madame Legras; peu après le zèle de saint Vincent de Paul fit le reste.

Enfants délaissés (œuvre des) : fondée à Paris, en faveur de pauvres jeunes filles abandonnées, par madame la comtesse de Carcado, vers 1802.

Enfants sans souci, troupe de baladins qui égayaient, par la gaieté de leurs farces, la tristesse des *Mystères*. Le jour du mardi-gras 1511, ils jouèrent aux halles de Paris une *Sottie*, ou pièce satirique.—Au xviᵉ siècle, ils occupaient l'hôtel de Bourgogne, où ils furent remplacés par des comédiens italiens vers l'an 1659.

Engano (cap de l') : découvert par Ayala, en 1775, sur la côte nord-ouest de la Californie.

ENGEL (Jean-Jacques), l'un des plus savants écrivains de l'Allemagne, né à Parchien dans le Mecklembourg, le 11 septembre 1741, mort dans sa ville natale, le 28 juin 1802.

ENGELBRECHT, héros dalécarlien, qui délivra ses compatriotes du joug des Danois au xvᵉ siècle. Il fut assassiné le 4 mai 1436

ENGELBRECHT (Jean), fameux visionnaire allemand, né à Brunswich en 1599, mort en 1642. Il se disait envoyé de Dieu.

Engen (bataille d'), gagnée par le général Moreau sur les Autrichiens, le 3 mai 1800.

ENGHIEN (Louis-Antoine-Henri de Bourbon, duc d'), né à Chantilly le 2 août 1772, fusillé le 20 mars 1804 dans les fossés de Vincennes.

Enghien-Montmorency, Enghien-les-Bains. La propriété de ses eaux fut constatée en 1766 par le chimiste Macquer. Leur grande renommée ne date que de 1822, époque à laquelle Louis XVIII en fit usage.

Enghien, ville des Pays-Bas : les Français y gagnèrent une bataille contre les alliés en 1692.

ENGUERRAND DE MARIGNY. Voy. MARIGNY.

ENNIUS (Quintus), poëte latin, né en Calabre l'an 239 av. J.-C., mort l'an 169 av. J.-C.

Enquête parlementaire. Ce droit de nos assemblées politiques ne date que de 1830; il fut reconnu et proclamé par la chambre des députés en février 1834.

Enseignement mutuel. La création de cette méthode est due à un Français, le chevalier Pawlet, qui fut encouragé par Louis XVI; l'anglais Lancaster se l'est appropriée et l'a publiée en 1811. — Premier essai en France, de cette méthode, appliquée à l'instruction primaire, le 13 juin 1815.

Enregistrement (droit d') : il fut institué par Henri III en 1581. — Cette matière fut régularisée par Louis XIV en 1693.

Entsheim, près de Strasbourg : Turenne y défit le duc de Lorraine, le 4 octobre 1674.

Enzersdorf, petite ville de la Basse-Autriche. Les Français y remportèrent une victoire sur les Autrichiens en 1809.

EON DE BEAUMONT (Charles-Geneviève-Louise-Auguste-André-Timothée d'), née à Tonnerre-sur-Armançon le 5 octobre 1723, morte à Londres le 21 mai 1810.

Eoniens, sectaires absurdes et ridicules du XIIe siècle, disciples d'Eon de l'Etoile, qui fut condamné par le concile de Reims en 1148.

EPAMINONDAS, célèbre capitaine thébain, tué à la bataille de Mantinée, l'an 365 av. J.-C., âgé d'environ 48 ans.

Epargne (caisses d') : la première établie en France date de juillet 1818. — Il en fut successivement établi à Bordeaux en 1819, à Rouen et à Metz en 1820, à Marseille, à Nantes, à Troyes, à Brest en 1821, au Hâvre et à Lyon en 1822, etc.

Epaulette d'officiers : cette marque distinctive fut créée par le ministre Belle-Isle vers 1750.

Epée. Elle commença à faire partie du costume bourgeois vers le milieu du XVe siècle, et cet usage bizarre et dangereux dura jusqu'à la fin du règne de Louis XV, mort en 1774.

Epée (ordre de l'), renouvelé en Suède en 1748.

EPÉE (Charles-Michel, abbé de l'), instituteur des sourds-muets, né à Versailles le 25 novembre 1712, mort à Paris en février 1790.

Epernay, ville de Champagne : Childebert s'en empara en 533. — Prise et pillée par Frédégonde vers 593. — Les calvinistes s'en rendirent maîtres en 1586, après une vigoureuse défense. — Henri IV l'assiégea en personne et la prit par capitulation, le 9 août 1592. — Le prince de Condé y entra le 1er octobre 1615, et son parti la conserva jusqu'en 1619. — Louis XIII la reprit sur le comte de Soissons en 1634. — Mise au pillage par les alliés les 21 et 22 mars 1814.

EPERNON (Jean-Louis de Nogaret de la Valette, duc d'), né en 1554, mort à Loches le 13 janvier 1642.

Eperon (ordre de l'). Cette institution militaire avait été fondée en 1266 par Charles Ier d'Anjou, roi de Naples et de Sicile.

Eperon d'or (ordre pontifical de l'). On attribue la fondation de cet ordre civil et militaire au pape Pie IV, en 1569; mais elle paraît plus ancienne.

Eperons (journée des), nom donné à la déroute de Guinegate, en 1513. Voy. *Guinegate.* — On l'a appliqué aussi à la défaite de Courtrai, sous Philippe le Bel, en 1314.

Ephèse : fondation de cette ville vers l'an 1130 av. J.-C. — Son temple de Diane, qui passait pour une des sept merveilles du monde, est brûlé par Erostrate l'an 356 av. J.-C. — La fondation de ce temple était fort ancienne; Pline rapporte que toute l'Asie concourut à le bâtir pendant 220 ans, et qu'il fallut deux autres siècles pour l'orner et l'embellir.

Ephèse (concile d'), troisième œcuménique, tenu l'an 431 de l'ère chrétienne, contre l'hérésiarque Nestorius.

Ephores, magistrats établis par le roi Théopompe à Lacédémone, l'an 760 av. J.-C, cinquième olympiade; on les changeait tous les ans. Ils étaient chargés de censurer la conduite des rois, et de réprimer les excès de l'autorité royale.

EPHREM (saint), diacre d'Edesse, né à Nisibe en Mésopotamie, au commencement du IVe siècle, mort vers l'an 379.

Epiciers : leur profession n'est plus restreinte aujourd'hui que par la loi du 21 germinal an XI (11 avril 1803), qui leur interdit la préparation et la vente d'aucune composition pharmaceutique.

EPICTÈTE, philosophe stoïcien, vivait vers l'an 81 de J.-C.

EPICURE, philosophe de l'antiquité, né à Gargettie dans l'Attique, l'an 342 av. J.-C., mort âgé de 72 ans.

Epidaure, ville fondée par les Corcyriens, l'an 620 av. J.-C.

Epidémies mémorables. Voy. *Pestes.*

Epigones (deuxième guerre de Thèbes, dite des), qui finit par la prise, le pillage et la ruine de Thèbes, eut lieu l'an 1307 av. J.-C.

EPIMÉNIDE, philosophe de l'antiquité, mort vers l'an 598 av. J.-C., âgé de 157 ans selon Théopompe, de 299 au dire des Crétois, ou de 154 seulement suivant Xénophanes. On connaît la fable de son sommeil, qui, dit-on, avait duré 57 ans.

Epinal, ville et chef-lieu du département des Vosges; elle fut fondée vers 980 par Théodoric d'Hamelan, évêque de Metz.

Epinette, instrument de musique en usage depuis le XVe siècle jusqu'à la fin du siècle dernier.

Epingles : inventées en 1570 en Angleterre,

suivant les uns ; suivant d'autres, en 1540 à Alençon.

EPIPHANE (saint), archevêque de Salamine et père de l'Eglise, né en Palestine vers l'an 320, mort en 403.

Epiphanie de Notre-Seigneur. Cette fête était réunie autrefois à celle de la Nativité de Notre-Seigneur, le 25 décembre. Ce fut le pape Jules Ier qui, au IVe siècle, introduisit dans l'Eglise latine la célébration particulière de l'Epiphanie et la fixa au 6 janvier.

EPRÉMENIL (Jean-Jacques-Duval d'), avocat célèbre, né à Pondichéry en 1746, mort sur l'échafaud révolutionnaire le 23 avril 1794.

Equerre : inventée par Théodore de Samos, l'an 718 av. J.-C.

Equinoxes : leur mouvement annuel est découvert, en 912, par Al-Batani, savant astronome arabe. — Découverte de leur précession, par le chevalier de Louville, en 1619.

ERARD (Sébastien), célèbre facteur de pianos et de harpes, né à Strasbourg le 5 avril 1752, mort à la Muette, près de Paris, le 5 août 1831. Il avait introduit le piano en France en 1780.

ERASME (Didier), célèbre théologien, né à Rotterdam le 28 octobre 1447, mort à Bâle le 12 juillet 1536.

ERCILLA Y CUNIGA (don Alonzo d'), poëte espagnol, né à Berméo vers l'an 1525, mort à Madrid vers l'an 1595.

Ère mondaine des Juifs : celle que les Juifs nomment *ère de la création du monde*, commence, suivant eux, 3761 ans av. J.-C.

Ère d'Abraham, commence à la vocation de ce père des patriarches, fixée au 1er octobre de l'année 2015 av. J.-C.

Ère des olympiades, commence à l'an 776 av. J.-C. La première olympiade comprend donc les années 776, 775, 774 et 773 av. J.-C., et ainsi de suite, chaque olympiade se composant de quatre années. L'usage de compter par olympiades fut continué jusqu'à la fin du IVe siècle de notre ère.

Ère de Nabonassar : est fixée au 26 février de l'an 747 av. J.-C.

Ère d'Alexandre le Grand, qu'on appelle aussi *ère de Philippe* ou des *Lagides*, commence avec la 425e année de l'ère de Nabonassar, le 12 novembre 424 av. J.-C. La mort d'Alexandre en est le point initial.

Ère des Séleucides. L'époque initiale de cette ère est de l'été de l'an 312 av. J.-C., la première année de la 117e olympiade.

Ère de Denys. Le premier jour de cette ère correspond au 24 juin, 283 ans av. J.-C.

Ère de Tyr, commence au 1er jour du mois hyperberteus, correspondant au 10 octobre de l'an 125 av. J.-C.

Ère césarienne d'Antioche, commence avec l'automne de l'an 48 av. J.-C.

Ère julienne, commence l'an 45 av. J.-C.

Ère d'Espagne ; son point de départ est fixé à l'an 39 av. J.-C., au 1er janvier 38. L'adoption générale de l'ère chrétienne en fit perdre l'usage dans les XIVe et XVe siècles.

Ère actiaque ou *d'Actium* : partait de la bataille de ce nom, livrée le 2 septembre l'an 31 av. J.-C. ; son usage fut de courte durée.

Ère des Augustes : son commencement était fixé au 29 août julien de l'an 25 av. J.-C.

Ère de Jésus-Christ, ère chrétienne ou *vulgaire* : commence à la naissance du Christ. Elle ne fut établie qu'au VIe siècle par Denys le Petit ; elle ne devint commune en Occident que vers l'an 800. C'est d'après son usage que l'on compte à présent la 1849e année de cette ère.

Ère de Constantinople ; elle fixe la création du monde 5508 ans avant la première année de l'ère chrétienne. Elle fut employée dès le VIIe siècle dans les dates des conciles, et les Russes l'ont conservée jusqu'au règne de Pierre le Grand.

Ère de Dioclétien ou *des Martyrs* : commence au 29 août de l'an 283 de J.-C.

Ère des Arméniens : a pour époque initiale le 9 juillet de l'an 532 de J.-C.

Ère d'Iesdedgerd chez les Perses ; se rapporte au 16 juin de l'an 632 de J.-C.

Ère de l'hégire : commence le 16 juillet de l'an 622 de J.-C. Voy. *Hégire*.

Ère de Djelaleddyn-Malekschah, en usage chez les Orientaux, date de l'an 1079.

Ère de la république française : elle commença le 22 septembre 1792, et subsista jusqu'au 31 décembre 1805, époque où le calendrier grégorien fut rétabli par un sénatus-consulte du 21 fructidor an XIII (8 septembre 1804).

Eres : celle des Séleucides commence à l'an 312 av. J.-C. ; elle précède immédiatement la nôtre qui commence 312 ans après. — Celle de la liberté accordée par les Romains aux villes grecques de l'Asie Mineure, date de l'an 189 av. J.-C., et se trouve marquée sur leurs médailles. — Celle d'Emèse et d'*Aréthuse*, qui date de l'établissement du royaume d'Emèse, l'an 69 av. J.-C. — Celle de Cyrène, de la formation de la Cyrénaïque en province romaine, l'an 67 av. J.-C. — Celle de Pompée, datant de l'an 64 av. J.-C., lorsque ce général romain fit de la Syrie une province romaine. — Celle d'Ascalon, qui fut rebâtie par Gabinius l'an 58 av. J.-C. —Celle d'Antioche commence à l'an 48 av. J.-C. — Celle de Laodicée, l'an 47 av. J.-C. — Celle de Sinope commence à l'an 45 av. J.-C., époque à laquelle cette ville reçut une colonie romaine. — Celle d'Espagne, à l'an 38 av. J.-C., époque à laquelle ce pays fut réduit sous la domination romaine. — Celle de Leucas, ville de Cœlésyrie, à l'an 36 av. J.-C., lorsqu'elle fut délivrée de la domination de Lysanias (l'Ancien). — Celle d'Amisus, ville de Pont, l'an 33 av. J.-C., époque où elle fut délivrée de la tyrannie de Straton. — Celle d'*Auguste*, l'an 31 av. J.-C., après la bataille d'Actium. — Celle d'Egypte, même époque. — Celle de Sébaste, l'an 24 av. J.-C. — Celle de la Numidie, même époque. — Celle d'Anazarbe, l'an 19 av. J.-C. — Celle de Césarée, vers l'an 2 av. J.-C. Celle de Tibériade, l'an 17 de notre ère. — Celle de Cybire, ville de Phrygie, l'an

23 de notre ère. — Celle de Germanie, l'an 39 de notre ère. — Celle de Néopolis, ville de Palestine, l'an 70 de J.-C. — Celle de Nicopolis, l'an 71 de J.-C. — Celle de Samosate en Comagène ou en Syrie, l'an 71 également. — Celle de Capitolias, l'an 91. —Celle de Bostres, l'an 105.

Erfurth, ville de la Saxe prussienne, était, aux XVe et XVIe siècles, l'un des principaux entrepôts du commerce de l'Allemagne. — On rapporte sa fondation au Ve siècle. —De 1667 à 1802, elle fit partie des dépendances de l'électeur de Mayence. — Son université, supprimée en 1816, datait de 1376.

Erfurth (congrès d') entre la Russie, la Prusse, l'Allemagne et la France, tenu en 1808.

ERIC I - VIII, rois de Suède, régnèrent dans les IXe et Xe siècles.

ERIC IX (saint), élu roi de Suède, l'an 1152, massacré le jour de l'Ascension, en 1162.

ERIC X, régna en Suède de 1210 à 1216.

ERIC XI, roi de Suède en 1223, mort en 1250.

ERIC XII, déclaré roi de Suède en 1344.

ERIC XIII en Suède et VII en Danemark, né en 1382, détrôné en 1439.

ERIC XIV monta sur le trône en 1568, mourut en 1577.

ERIC Ier, roi de Danemark, mort en 1103.

ERIC II, élu roi de Danemark en 1135, mort en 1137.

ERIC III, se fait moine en 1147.

ERIC IV, roi de Danemark, mort en 1250.

ERIC V, mort en 1286.

ERIC VI, mort en 1319.

ERIC VII de Danemark. Voy. ERIC XIII *de Suède*.

ERICEIRA (François-Xavier de Menezès, comte d'), écrivain espagnol, né à Lisbonne en 1673, mort en 1743.

Erivan, grande ville d'Asie ; elle appartint aux Turcs depuis 1635 jusqu'en 1748, époque où la Perse reprit ce pays, qui e t devenu possession russe depuis 1827, la Perse l'ayant cédé à la Russie.

Erlangen, siége d'une célèbre université protestante qui y fut établie en 1743 par le margrave Frédéric de Brandebourg-Bayreuth.

Ermites de Saint-Augustin. La fondation de cet ordre est attribuée à saint Augustin, vers 428.

Ermites (île des), découverte par les Espagnols en 1787.

ERNESTI (Jean-Auguste), critique allemand, né à Tennstadt en Thuringe, le 4 août 1707, mort le 11 septembre 1781.

EROSTRATE, brûle le temple de Diane à Ephèse, l'une des sept merveilles du monde, l'an 356 av. J.-C.

ERSKINE (Thomas), avocat célèbre et homme d'État anglais, né en Ecosse en 1750, mort le 17 novembre 1823.

Éruptions volcaniques les plus mémorables : *Etna* en Sicile, en 227, 1157, 1536, 1669, 1683, 1727, 1755, 1763, 1766, et juillet 1787. —En 1811 et 1819, éruptions remarquables par des pluies de pierres ardentes et des torrents de lave.— *Vésuve* près de Naples : celle de l'année 79 de J.-C., où Pline le Naturaliste trouva la mort, et qui engloutit Pompéia et Herculanum ; celle de 472, qui ravagea toute la Campanie ; celle de 1631 qui rendit inabordable le cratère du volcan ; celle du 29 octobre 1767, l'une des plus remarquables que les naturalistes aient observées ; celle de 1781 qui dura plus de deux mois ; celle de 1805 qui forma dans la mer un promontoire volcanique. — *Hécla* en Islande ; en 1766, grêle de pierres dans un rayon de trois lieues; en 1783, vingt et un villages détruits, trente-quatre endommagés, douze rivières mises à sec ; nouvelles éruptions en 1784, 1788 et 1818.—*Volcan de l'Île de Fer:* il éclate à la suite d'un tremblement de terre, le 13 septembre 1777.—*Volcans du Japon:* violente éruption dans l'île de Kidjo en 1793 ; on évalue le nombre des victimes à 53,000. — *Volcans du Kamtschatka :* éruptions observées en 1737, 1762, 1767. — *Cordilières des Andes* en Amérique*;* de 1780 à 1800, il y eut plusieurs éruptions boueuses de volcans. — *Archipel aléoutien :* en 1814, une île volcanique apparut en Russie dans cet archipel, à la suite de plusieurs tremblements de terre.

ERXLEBEN (Jean-Chrétien-Polycarpe), naturaliste allemand, né à Quedlimbourg, en Saxe, le 22 juin 1744, mort à Gœttingen, le 19 août 1777, à l'âge de 33 ans.

Erzeroum, ancienne ville de la Turquie d'Asie : elle porta plusieurs noms ; en 415 de l'ère chrétienne, on lui donna le nom de Théodosiopolis, en l'honneur de l'empereur Théodose le Jeune. — Elle reçut des Turcs, en 1049 son nom actuel. — Prise par les sultans d'Iconium en 1201 ; par les Moghols en 1241 ; par Tamerlan en 1387; par Mahomet II en 1400 ; dès lors elle fut réunie à l'empire ottoman.

Escaut (canal de l') : commencement de son exécution en 1807.

ESCHINE, célèbre orateur athénien, né 397 ans av. J.-C., mort âgé de 75 ans.

ESCHYLE, célèbre auteur dramatique grec, né à Eleusis l'an 525 av. J.-C., mort l'an 477 av. J.-C.

Esclavage : son abolition dans les colonies françaises, le 4 février 1794.

Esclaves (guerre dite des), commence en Italie sous la conduite de Spartacus, l'an 73 av. J.-C. ; elle dure jusqu'à l'an 71 av. J.-C. Crassus et Pompée y mettent fin.

Esclavonie : cette contrée forma un royaume particulier jusqu'à sa réunion à la Hongrie, après la paix de Carlowitz (25 janvier 1699). — Cette réunion ne fut consommée définitivement qu'en 1746.

ESCOBAR Y MENDOZA (Antoine), célèbre casuiste jésuite, né à Valladolid en Espagne en 1589, brilla comme prédicateur pendant la première partie du XVIe siècle.

Escompte (caisse d') : son établissement à Paris, en 1767 ; sa suppression en 1769. — Rétablie par Turgot en 1776.

ESCULAPE, médecin de l'antiquité, né vers l'an 1321 av. J.-C., mort l'an 1243 av. J.-C.

Escurial (l'), fameux monastère d'Espagne, bâti par Philippe II en 1563; sa construction dura 19 ans.

ESDRAS, souverain pontife des Juifs, vivait vers l'an 467 av. J.-C.

ESMÉNARD (Joseph-Alphonse), poëte français, né à Pélissane en Provence, en 1770, mort au mois de juin 1811.

ESOPE, célèbre fabuliste, mort 560 ans avant J.-C.

ESOPUS (Clodius), comédien célèbre, vivait à Rome vers l'an 84 avant J.-C.

Espagne : son *ère* dont on fait grand usage dans l'histoire de ce royaume, commence à l'an 38 avant J.-C., époque à laquelle ce pays fut réduit sous la domination romaine. — Révolution dans ce pays en 711. Les Sarrasins y viennent d'Afrique. — Traité par lequel cette puissance reconnaît l'indépendance des provinces unies de Hollande, le 9 avril 1609. — La famille des Bourbons monte sur le trône d'Espagne dans la personne du petit-fils de Louis XIV, sur la fin de l'année 1700. — Abdication de Charles IV en faveur de son fils, le 15 mars 1808. — Du 15 au 20 mai, cession à Napoléon, de la part du roi et des princes de la maison d'Espagne, de leurs droits à la couronne. Toute la famille est conduite en France, le roi et la reine à Fontainebleau, leurs deux fils à Valençay où ils sont retenus prisonniers jusqu'en 1814. — L'empire français porte la guerre en Espagne à la fin de 1808. — Suppression de tous les ordres religieux, le 18 août 1809; le 20 abolition de l'ancienne noblesse et des anciens titres; le 18 septembre, tous les ordres de chevalerie, sauf l'ordre royal d'Espagne et celui de la Toison-d'Or, sont supprimés; le 19 octobre, le supplice de la potence est remplacé par celui de la strangulation. — Une constitution populaire est établie dans ce royaume, vers la fin de 1812. — Ferdinand VII déclare nulle la constitution des Cortès, le 4 mai 1814. — Conspiration à Cadix contre le pouvoir royal, le 7 avril 1823; une armée française passe la Bidassoa pour éteindre la révolution, qui capitule le 2 octobre. — Abolition de la loi salique, le 29 mars 1830; par suite de cette mesure, la guerre civile a désolé l'Espagne après la mort de Ferdinand VII, arrivée le 29 septembre 1833.

Espagne (rois d'), depuis l'expulsion des Maures. — Ferdinand V et Isabelle commencent à régner en 1474. — Jeanne la Folle et Philippe, en 1504. — Charles Ier ou Charles-Quint, en 1516. — Philippe II en 1555, Philippe III, en 1598. — Philippe IV, en 1621. — Charles II, en 1665. — Philippe V et la maison de Bourbon, en 1700. — Louis Ier, fils du précédent, par l'abdication de son père, en 1724. — Philippe V, de nouveau en 1724. — Ferdinand VI, en 1746. — Charles III, en 1759. — Charles IV, en 1788. — Ferdinand VII, en 1808. — Isabelle II, sous la régence de la reine Marie-Christine, en 1833.

ESPAGNOLET (Joseph Ribera, dit l'), peintre espagnol, né en 1580, mort en 1656.

ESPINASSE (Julie-Jeanne-Éléonore de l'), célèbre femme d'esprit, née en 1732, morte le 23 mai 1776.

Espinosa (bataille d'), gagnée par le maréchal Victor, duc de Bellune, contre les Espagnols, les 10 et 11 novembre 1808.

Esponton, arme de parade; pendant le XVIIe siècle, elle fut la marque distinctive des commissaires des guerres. — Les officiers de l'infanterie portèrent longtemps l'esponton, qui fut retiré aux officiers subalternes par une ordonnance de 1710. — L'esponton fut, ainsi que la hallebarde, entièrement aboli au commencement de 17 6.

Esprit (Saint-), troisième personne de la sainte Trinité : sa divinité fut niée par les macédoniens, sectaires du IVe siècle. Voy. *Pentecôte* et *Schismes*.

Esprit (ordre du Saint-), institué par Henri III, roi de France, le 31 décembre 1578, suivant quelques historiens, le 1er janvier 1579, suivant d'autres, et notamment le président Hénault; ou enfin le 2 janvier de cette dernière année, suivant les auteurs des *Ephémérides universelles*.

Esprit (terre du Saint-), découverte par Quiros en 1606, et reconnue en 1768 par Bougainville.

Esprit-de-vin. V. *Liqueurs spiritueuses*.

ESSARTS (Pierre des), surintendant des finances de France sous Charles VI, décapité le 1er juillet 1413.

Esselfeld, ville située au nord-ouest de Hambourg; fondée en 800 par Charlemagne, pour arrêter les incursions des Danois.

Esséniens, association célèbre chez les Juifs, et qui s'était formée vers l'an 150 av. J.-C.

ESSEX (Robert Devereux, comte d'), né le 10 novembre 1567, décapité à la tour de Londres, le 25 février 1601.

Essling (bataille d'), journée sanglante où le maréchal Lannes est blessé à mort, le 22 mai 1809.

Estampes : la première découverte de l'art de les faire est due à Maso Finiguerra, orfèvre florentin, vers 1452.

ESTAING (Charles Hector, comte d'), amiral français, né à Ruvel en Auvergne en 1729, mort sur l'échafaud révolutionnaire le 28 avril 1794.

ESTE (maison d'), l'une des plus illustres d'Italie, régna dans le Padouan, et notamment à Este, à Ferrare et à Modène, depuis le Xe siècle jusqu'à la fin du XVIIIe; la principauté de la maison d'Este fut anéantie par le traité de Campo-Formio (17 octobre 1797).

ESTIENNE (les), célèbres imprimeurs, commencèrent vers 1502 leur réputation de famille, qui s'est perpétuée jusqu'en 1674, époque de la mort du dernier membre de cette famille.

ESTIENNE (Robert), célèbre imprimeur de cette famille, né à Paris en 1503, mort en 1559. — Henri Estienne, son fils, plus célèbre encore que lui, né à Paris en 1528, mort dans un hôpital de Lyon en 1598. Il est l'auteur et l'éditeur du *Thesaurus linguæ grecæ* (1572).

ESTOILE (Pierre de l'). Voy. ETOILE (Pierre de l').

ESTRÉES (Jean d'), grand-maître de l'artillerie de France, né en 1486, mort en 1571.

ESTRÉES (Gabrielle d'), née vers 1571, morte le 10 avril 1599.

ESTRÉES (Marie-Victor, duc d'), maréchal de France, né à Paris le 30 novembre 1660, mort le 28 décembre 1737.

ESTRÉES (Louis-César Letellier, comte d'), maréchal de France et ministre d'Etat, né à Paris le 1er juillet 1695, mort le 2 janvier 1771.

Etablissements de saint Louis : publication de ces règlements et ordonnances en 1269.

Etablissements ecclésiastiques : loi du 24 novembre 1816, qui leur permet, avec l'autorisation du roi, de recevoir, par donation ou testament, même d'acquérir de leurs deniers, des biens immeubles et des rentes à perpétuité.

Etablissements dangereux et insalubres ; législation française y relative : loi du 24 août 1790, décret impérial du 15 octobre 1810 et ordonnance royale du 15 janvier 1815.

Etain : mine de ce métal trouvée en 1819 à Piriac (Loire-Inférieure).

Etamage des glaces : inventé en 1346.

ETAMPES (Anne de Pisseleu, duchesse d'), née vers l'an 1508, morte vers 1576.

Etats généraux : leur formation en France, en 1301, sous Philippe le Bel; les trois ordres s'assemblèrent dans la cathédrale de Paris, le 30 avril. — Assemblés le 27 octobre 1614 à Paris; ce fut leur dernière convocation jusqu'en 1789. — Convoqués par Louis XVI pour le 1er mai 1789. Leur ouverture le 5 mai à Versailles; ils sont remplacés par l'assemblée constituante. — Avaient tenu trente-trois assemblées depuis Philippe le Bel jusqu'à Louis XVI.

Etats Romains : leur réunion à l'empire français le 17 mai 1809.

Etats-Unis d'Amérique : commencement de leur révolution, à l'occasion de l'impôt du timbre, le 10 mars 1764. — Premier congrès national, le 7 octobre 1765. — L'indépendance de ce pays est proclamée le 24 juillet 1776. — La France s'unit à ce nouvel Etat vers la fin de 1777. — Un traité d'alliance et de commerce entre la France et les Etats-Unis est signé à Paris le 6 février 1778. — Le 9 juillet suivant, nouveau traité de confédération et d'union perpétuelle des Etats-Unis d'Amérique; il ne fut définitivement ratifié qu'en 1781. — Leur indépendance est reconnue par l'Angleterre le 24 septembre 1782. — Le 30 septembre 1800, renouvellement du traité d'amitié et de commerce avec la France. — Le 6 mars 1801, le congrès tient sa première séance dans la nouvelle ville de Washington. — Traité de paix entre cette puissance et la Grande-Bretagne, le 14 décembre 1814.

Etendards : en France, ils ont été de toutes les couleurs. — Dans la croisade de 1188, ils étaient bariolés d'une croix rouge; ils portaient une croix blanche dans les luttes avec les ducs de Bourgogne (XIVe et XVe siècles) : ils ont été tricolores de 1789 à 1814; blancs jusqu'en 1830; maintenant, ils sont redevenus tricolores.

ETHELRED, roi d'Angleterre, mort le 23 avril 872.

ETIENNE (saint), premier martyr du Christianisme, lapidé l'an 33. Sa fête est fixée au 26 décembre.

ETIENNE Ier (saint), monta sur la chaire pontificale en 253, mourut martyr le 2 août 257.

ETIENNE II, élu pape en 752, mort le 26 avril 757.

ETIENNE III, élu pape en août 768, mort en 772.

ETIENNE IV, souverain pontife le 22 juin 816, mort le 25 janvier 817.

ETIENNE V, élu pape le 22 juillet 886, mort en 891.

ETIENNE VI, élu pape en 896 étranglé en 897.

ETIENNE VII, pape en 929, mort en 931.

ETIENNE VIII, élu pape en 939, mort en 942.

ETIENNE IX, élu pape le 2 août 1057, mort en odeur de sainteté le 29 mars 1058.

ETIENNE Ier (saint), premier roi de Hongrie, monta sur le trône en 997, mourut le 15 août 1038.

ETIENNE II, roi de Hongrie, proclamé en 1114, mort en 1131.

ETIENNE III, roi de Hongrie en 1161, mort en 1175.

ETIENNE IV, monte sur le trône de Hongrie en 1270, meurt le 1er août 1272.

ETIENNE DE MURET (saint), mort le 8 février 1124, âgé de 78 ans.

ETIENNE (saint), abbé de Cîteaux, mort le 28 mars 1134.

ETIENNE, roi d'Angleterre, mort le 25 octobre 1154.

Etienne (chevaliers de Saint-), ordre militaire, créé en 1560 par Côme Ier, grand-duc de Toscane. — Cet ordre est rétabli pour la Hongrie par un bref du pape Benoît XIV du 5 novembre 1740.

Etna, volcan de la Sicile : ses éruptions les plus mémorables eurent lieu dans les années 1536, 1669, 1683, 1755, 1763 et 1766.

ETOILE (Pierre de l'), historien français, né à Paris vers l'an 1540, mort en 1611.

Etoile (institution de l'ordre de l'), le 6 novembre 1351, par Jean, roi de France.

Etoile polaire (ordre de l'), renouvelé en Suède en 1748.

Etolie, contrée de l'ancienne Grèce : sa soumission aux Romains l'an 189 av. J.-C.

Etrurie (royaume d'), érigé en 1801 en faveur de Louis Ier, prince de Parme. — Est cédé aux Français, qui en prennent possession le 11 décembre 1807.

Etrusques. Invasion de ces barbares dans l'Italie vers l'an 434 avant la fondation de Rome (1187 ans avant l'ère chrétienne). — Leur soumission aux Romains, 283 ans av. l'ère chrétienne.

Ettlingen (bataille d'), gagnée, le 9 juillet 1796, par le général français Moreau.

Eu (comtes d'): ils datent de l'an 996. — Le dernier comte d'Eu fut Louis-Charles de Bourbon, fils du duc du Maine, mort en 1775.

EUCHER (saint), archevêque de Lyon, mort vers l'an 454.

Euchites, anciens hérétiques qui rejetaient la pénitence, et qui furent condamnés par le concile d'Ephèse en 431.

Euclide, savant mathématicien d'Alexandrie, vivait 300 ans environ av. J.-C.

EUDES, comte de Paris et roi de France: il défend Paris contre les Normands, le 25 novembre 885; livre la bataille de Montfaucon. le 4 juin 889; sa mort, le 3 janvier 898.

EUDES (Jean), frère du célèbre historien Mézeray, fondateur de la congrégation des *Eudistes*, né en 1601, mort à Caen en 1680.

Eudistes (congrégation des), fondée en 1643 par Jean Eudes de Mézeray, l'un des frères du fameux historien.

EUDOXIE, impératrice d'Orient pendant le XI° siècle.

EUGENE (saint), évêque de Carthage, mort en 505.

EUGENE Ier (saint), élevé à la chaire pontificale en 655, mort le 1er juin 658.

EUGENE II, pape le 2 juillet 824, mort le 7 octobre même année.

EUGENE III, élu pape le 27 avril 1145, mort à Tivoli le 7 juillet 1153.

EUGENE IV (Gabriel Condolmero), élu pape le 3 mars 1431, mort en 1447, âgé de 64 ans.

EUGENE (François de Savoie, appelé ordinairement le *Prince*), généralissime des armées de l'empereur, né à Paris le 18 octobre 1663, mort à Vienne en 1736.

EULALIE (sainte), vierge et martyre, morte vers l'an 305, sous le règne de Dioclétien.

EULER (Léonard), célèbre géomètre, né à Bâle le 25 avril 1707, mort le 7 septembre 1783.

EUMENES, capitaine grec, l'un des plus dignes successeurs d'Alexandre le Grand, mort l'an 315 av. J.-C.

EUPHRANOR, célèbre peintre et sculpteur de l'antiquité, florissait dans la 140° olympiade, environ 364 ans av. J.-C.

EUPHRASIE (sainte), illustre solitaire et religieuse de la Thébaïde, née vers 383, morte âgée de 30 ans.

EURIPIDE, célèbre poëte tragique grec, né à Salamine l'an 480 av. J.-C., mort l'an 407 av. J.-C.

Eurymédon (bataille d'), où les Perses furent vaincus par l'armée des Grecs, sous les ordres de Cimon, l'an 470 av. J. C.

EUSEBE (saint), Grec de naissance, élu pape au mois d'avril 310, mort le 21 juin de la même année.

EUSEBE (Pamphile), évêque de Césarée, historien ecclésiastique, né vers l'an 267, mort vers l'an 338.

EUSEBE de Nicomédie, évêque de Constantinople, mort en 342.

EUSEBE (saint), évêque de Verceil au IV° siècle, mort en 370.

EUSEBE de Samosate, né dans cette ville, en était évêque en 361; mort en 379. L'Eglise l'honore comme martyr.

EUSEBIE (sainte), abbesse du monastère de Saint-Cyr ou Saint-Sauveur, à Marseille; massacrée par les Sarrasins en 731.

Eusébiens, sectaires du IV° siècle, disciples d'Eusèbe de Nicomédie.

EUSTACHE (saint), martyr de Rome, qui versa son sang pour la foi vers la fin du II° siècle de l'Eglise.

*EUSTATHE (saint), évêque d'Antioche en 325, mort vers l'an 337.

EUSTATHE, archevêque de Thessalonique, commentateur d'Homère, florissait à Constantinople dans le XII° siècle.

Eustathiens, sectateurs de l'hérésiarque Eustathe, qui vivait dans le IV° siècle. Leurs doctrines furent condamnées en 342 au concile de Gangre ou Gangra.

EUSTOQUIE (sainte), vierge romaine, de la famille des Scipions et des Emiles, disciple de saint Jérôme, mourut en 419.

EUTHYME (saint), archimandrite, mort le 20 janvier 473, âgé de 96 ans.

EUTROPE (Flavius Eutropius), historien latin, vivait dans le IV° siècle ap. J.-C.

EUTYCHÈS, hérésiarque, dénoncé au concile de Constantinople en 448, et condamné définitivement, en 451, par le concile de Chalcédoine.

Evangélistes (fête des). Voyez MATTHIEU (saint), MARC (saint), LUC (saint), JEAN (saint).

EVARISTE (saint), Grec de naissance, élu pape l'an 100 de J.-C., mort le 26 ou 27 octobre 109.

EVE, la première femme, née l'an 1er du monde, après le sixième jour de la création.

Eventails. Leur usage passa d'Italie en France vers 1575, sous le règne de Henri III.

Evreux, eut des comtes depuis l'an 989 jusqu'à la révolution de 1789.

Evron (sœurs de la Charité d'), fondées par madame Tulard (Perrine Brunet), en 1679.

Exaltation de la sainte Croix (fête de l'): elle se célèbre le 14 septembre, jour anniversaire de la Dédicace de l'Eglise que l'empereur Constantin fit construire à Jérusalem, en 335.

Exempts. On appelait ainsi les ecclésiastiques qui n'étaient point soumis à la juridiction ordinaire, par suite des exemptions introduites par Grégoire le Grand, au concile de Rome, tenu en 601.

Exiles (combat d'), en Piémont, le 18 juillet 1747. Le chevalier de Belle-Isle, qui commandait les Français, est tué sous les retranchements.

EXIMENO (Antoine), savant jésuite espagnol, né à Balbastro (Aragon), en 1732, mort à Rome en 1798.

EXPILLY (Jean-Joseph), savant ecclésiastique, né à Saint-Remi, en Provence, en 1719, mort dans les premières années de la révolution.

Explosions mémorables : celle de la poudrière de la plaine de Grenelle, près de Paris, où périrent près de 3000 personnes, le 3 septembre 1794. — Celle qui détruisit la plus grande partie de la ville de Leyde, en Hollande, le 12 janvier 1807, par suite de l'embrasement d'une barque chargée de poudre.

Exposition des produits des arts et de l'industrie : la première qui eut lieu dans une des salles du Louvre, pour les ouvrages de peinture et de sculpture, remonte à l'année 1740.

EXUPÈRE (saint), évêque de Toulouse, mort vers 417.

EXUPÈRE (saint), évêque de Bayeux, mort au commencement du ve siècle.

EYCK (Jean Van), dit *Jean de Bruges*, peintre flamand, né à Maaseick, en 1370.

Eylau (bataille d'), gagnée par Napoléon sur les Russes, le 8 février 1807.

EZÉCHIAS, roi de Juda, sacré l'an 727 av J.-C., mort l'an 698 av. J.-C., à l'âge de 53 ans.

EZÉCHIEL, le troisième des quatre grands prophètes, commence à prophétiser vers l'an 594 av. J.-C.

F

FABERT (Abraham), maréchal de France, né à Metz le 11 octobre 1599, mort à Sédan le 17 mai 1662.

FABIA : cette illustre famille patricienne, composée de 300 personnes, fut massacrée l'an 477 av. J.-C. par les Véiens, qui les avaient attirées dans une embuscade. Il n'en resta qu'un seul membre pour la relever de sa ruine. Elle s'éteignit dans le IIe siècle.

FABIEN (saint), pape en 236, mort pour la défense de la foi en 250.

FABIOLE (sainte), de la maison romaine des Fabius, morte vers l'an 400.

FABIUS PICTOR, historien romain, vivait vers l'an 216 av. J.-C.

FABIUS MAXIMUS (Quintus - Maximus Verrucosus), célèbre général romain, consul l'an 233 av. J.-C.

FABRE (Jean-Claude), savant et laborieux jésuite, né à Paris en 1668, mort le 22 octobre 1753.

FABRE (Jean), protestant, né à Nîmes le 18 août 1727, s'immortalisa, le 1er janvier 1756, par son dévouement filial.

FABRE D'ÉGLANTINE (Philippe-François-Nazaire), poëte français, conventionnel, né à Carcassonne le 28 décembre 1755, mort sur l'échafaud révolutionnaire le 5 avril 1794.

FABRETTI (Raphaël), antiquaire italien, né en 1619 à Urbin, en Ombrie, mort à Rome le 7 janvier 1700.

FABRI (Honoré), savant jésuite, né dans le diocèse de Belley en 1506, mort à Rome le 9 mars 1688.

FABRICE ou FABRIZIO (Jérôme), célèbre anatomiste, né en 1537, mort à Padoue en 1603.

FABRICE ou FABRI DE HILDEN (Guillaume), savant chirurgien allemand, né en 1560, mort le 17 février 1637.

FABRICIUS LUSCINUS (Caïus), général romain célèbre par sa frugalité, élu consul l'an 282 av. J.-C. (471 de Rome).

FABRICIUS (Jean-Albert), savant bibliographe, né à Leipsick le 11 novembre 1668, mort le 3 avril 1736.

FABRICIUS (Jean-Chrétien), célèbre entomologiste danois, né dans le duché de Sleswig en 1742, mort en 1807.

FABRICY (le Père Gabriel), bibliographe, né en 1725 à Saint-Maximin, mort le 13 janvier 1800.

Fabriques. Voy. *Industrie, Machines, Manufactures.*

FABROT (Charles-Annibal), jurisconsulte, né à Aix en Provence en 1580, mort le 16 janvier 1659.

FABRY (Jean-Baptiste-Germain), éditeur du *Spectateur français au* XIXe *siècle*, né à Cornus, dans le Rouergue, en 1780, mort à Paris le 4 janvier 1821.

Facata, ville et port du Japon, dans l'île de Ximo, où fut publié, en 1585, le premier édit contre les chrétiens.

Facteurs d'instruments. Au XVIe siècle, ils avaient été réunis, en France, en corps de jurande, et le roi leur avait donné des statuts.

Faculté de médecine (ancienne) : elle commença à former une compagnie distincte de l'Université vers 1331, date de la confirmation de ses statuts, par Philippe de Valois. Elle fut supprimée par la loi du 18 août 1792.

Faculté de médecine (nouvelle) : elle date du 17 mars 1808, époque de l'organisation de l'université impériale. — Sa dissolution le 21 novembre 1822. — Sa réorganisation le 2 février 1823. — Modifiée dans son organisation par ordonnance du 5 octobre 1830.

Fær-Oeerne, et non pas *Féroé*, groupe d'îles situé entre l'Islande et les Shetlands, et découvert par les navigateurs norwégiens pendant le IXe siècle.

FAERNE (Gabriel), célèbre poëte latin moderne, mort vers 1561.

FAGAN (Christophe-Barthélemy), auteur comique, né à Paris en 1702, mort le 28 avril 1755.

FAGON (Guy-Crescent), médecin de Louis XIV, né à Paris en 1638, mort le 11 avril 1718.

FAHRENHEIT (Gabriel-Daniel), habile physicien qui a donné son nom à un thermomètre encore en usage en Allemagne, et surtout en Angleterre, était né à Dantzick en 1686.

Faïence : les premiers essais qui produisirent de beaux résultats eurent lieu à Florence, de 1400 à 1540.—En France, vers 1580, Bernard Palissy inventa quelques perfectionnements; bientôt après, en 1603, on établit des manufactures de faïence.

FAIRFAX (Thomas, lord), général anglais, mort en avril 1671.

Faisans (île des), dans la Bidassoa; célèbre par la paix des Pyrénées, qui y fut conclue en 1659, et par l'entrevue des rois de France et d'Espagne, lors du mariage de Louis XIV.

Faiseurs de ponts, nom d'une congrégation religieuse instituée à la fin du XIIe siècle. On appelait aussi ces moines *hospitaliers pontifes*. Leur autre nom leur venait de ce que le but de leur institution était de se dévouer à secourir les voyageurs, à établir des bacs, à bâtir des ponts pour faciliter les communications avec leurs hospices.

FAKHR-EDDYN, plus connu sous le nom de *Faccardin*, grand émir des Druses, né en 1584, décapité le 13 avril 1635.

Falaise, ville de Normandie : assiégée par Philippe-Auguste en 1204. — Henri V, roi d'Angleterre, s'en empara, après un siége de quatre mois, le 2 janvier 1418. — Charles VII la prit par capitulation en 1450. — Les Calvinistes s'en emparèrent en mai 1562 et la rendirent vers la fin de la même année. — Coligny la reprit en 1563. — En 1585, Falaise embrassa le parti de la Ligue qui y domina jusqu'en 1590, époque où elle fut prise par Henri IV, qui en fit démanteler les fortifications.

Falbala, ornement des robes des dames : il date de la fin du XVIIe siècle.

FALCONNET (Etienne Maurice), sculpteur français, né à Paris en 1716, mort le 24 janvier 1791.

Falerium ou *Falérie* (prise de), par Camille, général romain, l'an 391 av. J.-C.

FALIERO (Marino), doge de Venise, décapité en 1338, âgé de 80 ans.

Falkirck (bataille de), où les Anglais battent les Ecossais qui voulaient secouer leur joug, le 12 juillet 1298.

Falkirck (bataille de), en Ecosse, gagnée par le prince Edouard sur les Anglais, le 28 janvier 1746.

FALKLAND (le vicomte de), homme d'Etat anglais; mort le 20 septembre 1643.

Falkoping (bataille de), dans la Westrogothie, gagnée en 1389 par Marguerite, reine de Danemark et de Norwége, sur Albert, roi de Suède.

FALLOPE ou FALLOPPIO (Gabriel), anatomiste et médecin célèbre, né à Modène en 1523, mort à Padoue en 1562.

Famagouste, ville forte de Chypre, prise sur les Vénitiens par les Turcs en 1571.

Familistes, sectaires du XVe et du XVIe siècle; ils reconnaissaient pour chef Henri-Nicolas de Munster, qui vivait et professait ses opinions en 1540.

Famille (pacte de) conclu entre la France et l'Espagne, et signé au mois d'août 1761.

Famine (pacte de), nom dont on a flétri le monopole des grains, livré aux mains d'accapareurs qui affamèrent la France pendant soixante ans. Le premier bail de cette nature date de 1729; sa durée fut fixée à douze ans; il fut successivement renouvelé jusqu'en 1789. La révolution éclata trois jours avant l'expiration du dernier bail.

Famines mémorables. En Angleterre, en 272.—A Constantinople, en 446.—En Italie, en 450; les pères et mères mangèrent leurs enfants.—En Chine, en 451, 457, 461 et 465. —En France, en 645.—En Angleterre, en 739.—En France et en Allemagne, du temps de Charlemagne, en 776, 179, 793 et 794; retour de ce fléau en France en 821, 843, 845, 861, 868 et 872.—En 874 et années suivantes, une horrible famine désole l'Allemagne et la France.—En 1006, ce fléau ravage presque toute l'Europe; en 1021, autre famine qui dure sept ans; en 1030, même calamité, ainsi qu'en 1042, 1053 et 1059.—En Russie famine et peste très-meurtrière en 1092.—Famine en Europe, en 1096, 1101 et 1108.—Affreuse famine en Afrique en 1125. —Dans les provinces septentrionales de la Russie, en 1126.—En Angleterre, en 1197.— En Italie et en Angleterre, en 1334; elle se prolongea plus de vingt ans.—A Paris, en 1420; à Paris et dans toute la France, en 1437 et 1438.—En Angleterre et en Ecosse, en 1483.—En France et en Allemagne, en 1528.—En Toscane, en 1531 et 1534.—En Italie et surtout à Rome, en 1591.—En Russie, en 1601.—En Lorraine, en 1632.—En Toscane, en 1632, 1669. —En France, en 1693 et 1709.—Au Bengale, en 1768.—En Angleterre, en 1794.—Les historiens comptent dix famines principales en France dans le Xe siècle, vingt-six dans le XIe, deux dans le XIIe, quatre dans le XIVe, sept dans le XVe, six dans le XVIe.

Fannia (loi) : loi somptuaire, décrétée l'an de Rome 593, sous les auspices du consul C. Fannius.

Fantascope, ou perfectionnement de la lanterne magique, inventé par Robert, en 1799.

Fantasmagorie : Robertson commence à la faire connaître à Paris en 1798; elle avait été inventée par Kircher dans le XVIIe siècle.

FANTIN DESODOARDS (Antoine-Etienne-Nicolas), historien plus fécond qu'estimé, né au pied des Alpes en 1738, mort à Paris le 25 septembre 1820.

Fard : inventé par Angelo, de l'île de Rhodes, l'an 1522 av. J.-C..

FARE (Charles-Auguste, marquis de la), poëte épicurien, né dans le Vivarais en 1644, mort en 1712.

FARINELLI (Charles Broschi, dit), célèbre chanteur italien, né à Naples le 24 janvier 1705, mort à Bologne en 1782.

Farnèse, maison illustre de l'Italie. Dès le XIIIe siècle, plusieurs de ses membres commandaient les troupes de l'Eglise. Farnèse (Alexandre) fut élu pape le 13 octobre 1534, sous le nom de Paul III. Farnèse (Pierre-Louis), son fils, fut élu duc de Parme et de Plaisance au mois d'août 1545, dignité que posséda la famille jusqu'à son extinction en 1731.

FARON (saint), évêque de Meaux en 627, mort le 28 octobre 672, âgé de près de 80 ans.

Farsa. Voyez *Pharsale*.

Fastes ou *Calendrier romain* : furent institués par Numa-Pompilius, qui commença à régner à Rome l'an 703 av. J.-C.

Fatimites ou *Fathémides* (califes) : ils conservèrent la souveraineté depuis l'an 909 jusqu'à 1171.

FAUCHET (Claude), historien, né à Paris vers l'an 1529, mort en 1601.

FAUCHET (Claude), évêque constitutionnel de Bayeux, né à Dorne, en Nivernais, le 22 septembre 1744, mort sur l'échafaud révolutionnaire le 31 octobre 1793.

Fauconnier (grand). Cet officier de cour n'était point connu avant 1406 : ce fut Eustache de Gaucourt, dit *Tassin*, seigneur de Viry, qui en fut pourvu le premier, sous Charles VI.

FAUST (Jean), fameux nécromancien du XVIe siècle.

FAUSTE, évêque de Riez, savant ecclésiastique, né vers l'an 390, mort en 485.

FAUSTINE (Anna-Galeria-Faustina), impératrice romaine, née vers l'an 104, morte vers l'an 141.

FAUSTINE (Anna-Faustina), femme de l'empereur Marc-Aurèle, fille de la précédente, morte l'an 175.

FAVART (Charles-Simon), auteur dramatique, né à Paris le 13 novembre 1710, mort dans cette ville le 12 mai 1792.

FAVART (Marie-Justine-Benoîte Cabaret du Ronceray), épouse du précédent, actrice de l'Opéra-Comique, née à Avignon en 1727, morte le 20 avril 1772.

FAVIER, publiciste et diplomate, né à Toulouse vers le commencement du XVIIIe siècle

FAVRAS (Thomas-Marie, marquis de), né à Blois en 1745, condamné à mort et exécuté sous le poids d'une fausse accusation, le 18 février 1790.

FAVRE (Antoine), jurisconsulte français, né à Bourg en Bresse en 1557, mort le 28 février 1624.

FAYETTE (Louise Motier de la), morte en 1665 dans la maison religieuse de Chaillot, qu'elle avait fondée.

FAYETTE (Marie-Madeleine Pioche de la Vergne, comtesse de la), auteur de la *Princesse de Clèves*, née en 1632, morte en 1693.

Fédération, fête révolutionnaire, célébrée à Paris le 14 juillet 1790, puis le 10 août 1793. On voulut la renouveler au Champ de mai en 1815.

FEDOR II (Alexiewitch), tzar de Russie, mort le 27 août 1682.

FEITAMA (Sibrand), écrivain dramatique hollandais, né à Amsterdam en 1694, mort en 1758.

Feldkirch, ville du Voralberg (Autriche). Les Français s'en rendirent maîtres en 1800.

FÉLIBIEN (André), contrôleur général des ponts et chaussées, grand amateur d'arts, né à Chartres en 1619, mort en 1695. Son fils aîné, Félibien (Jean-François), succéda à son père dans ses places, et s'occupa de l'histoire des arts ; mort en 1733. — Félibien (Dom Michel), jeune frère du précédent, né en 1666, mort en 1719, religieux de la congrégation de Saint-Maur, a laissé des travaux historiques remarquables.

FÉLICITÉ (sainte), dame romaine, souffrit le martyre vers l'an 164.

FÉLIX (saint), évêque de Trèves en 585.

FELIX Ier (saint), pape en 269, souffrit le martyre le 1er janvier 274.

FÉLIX II, pape en 355, mort le 22 novembre 365.

FÉLIX II ou III (saint), élu pape en 483, mort le 25 février 492.

FÉLIX III ou IV, pape le 24 janvier 526, mort en octobre 530.

FÉLIX (saint), prêtre de Nole en Campanie, mort vers l'an 256.

FÉLIX (saint), évêque de Thibare en Afrique, martyrisé à l'âge de 56 ans, l'an 303.

FÉLIX DE CANTALICE (saint), capucin, mort le 18 mai 1587, à 74 ans ; canonisé en 1712 par Clément XI.

FÉLIX (saint), évêque de Nantes, mort en 584.

FÉLIX DE VALOIS (saint), l'un des fondateurs de l'ordre de la Rédemption des captifs, mort à Cerfroi, près de Meaux, le 4 novembre 1212, âgé de 86 ans.

FÉLIX, évêque d'Urgel, en Catalogne, mort vers l'an 818.

FELLER (François-Xavier de), savant jésuite, né à Bruxelles le 17 août 1735, mort à Ratisbonne le 23 mai 1802.

FENELON (François de Salignac de Lamothe), archevêque de Cambrai, écrivain français, né au château de Fénelon, en Périgord, le 6 août 1651, mort le 7 janvier 1715.

Féodalité : ses commencements, sous le règne de Charles le Chauve (840-877). — Est reconnue et sanctionnée par ce prince, dans la diète de Kiersi, en 876, date de l'origine de la noblesse héréditaire, constituée comme corps politique.

Fer : fut découvert en Chine, vers 2963 av. J.-C., par Fou-Hi, 1er roi de ce pays : c'est à ce même roi que les Chinois attribuent l'invention de la plupart de leurs arts utiles et agréables.

Fer (couronne de). En 774, Charlemagne la reçut des mains du pape Adrien Ier, Frédéric IV la ceignit en 1452, Charles-Quint en 1530 et Napoléon en 1805.

Fer (ordre de la couronne de), institué par Napoléon, le 5 juin 1805, à l'occasion de son couronnement comme roi d'Italie.

Fer-blanc : connu en Saxe en 1610; fut introduit en France par les soins de Colbert, sur la fin du XVIIe siècle.

FÉRAUD, député à la Convention nationale, tué d'un coup de pistolet le 1er prairial an III (20 mai 1795).

FERDINAND Ier, empereur d'Allemagne, né à Alcala en Espagne, le 10 mars 1503, roi de Hongrie et de Bohême en 1527, roi des Romains en 1531, élevé à l'empire en 1558, mort le 25 juillet 1564.

FERDINAND II, archiduc d'Autriche, né en 1578, roi de Bohême en 1617, de Hongrie en 1618, élu empereur en 1619, mort à Vienne le 8 février 1637.

FERDINAND III, fils du précédent, né en 1608, roi de Hongrie en 1625, de Bohême en 1627, des Romains en 1636, et empereur en 1637; mort en 1657.

FERDINAND Ier, roi de Castille et de Léon, commença à régner en 1035; mort en 1065.

FERDINAND II, roi de Léon et de Castille, monte sur le trône en 1157; mort en 1187, âgé de 52 ans.

FERDINAND III, dit *le Saint*, né en 1200, couronné en 1217, mort en 1252.

FERDINAND IV, né à Séville, le 6 décembre 1285, mort en 1312.

FERDINAND V, dit *le Catholique*, roi de Castille et de Léon, né le 10 mars 1452, mort en 1516.

FERDINAND VI, dit *le Sage*, roi d'Espagne, né à Madrid le 10 avril 1712, monte sur le trône en 1746; mort le 10 août 1759.

FERDINAND VII, né à Saint-Ildephonse le 6 octobre 1782, monte sur le trône d'Espagne en 1808; mort le 29 septembre 1833.

FERDINAND, roi de Portugal, né à Coïmbre en 1340, monte sur le trône en 1367, meurt en 1383.

FERDINAND Ier, roi de Naples, né en 1458, mort en 1493.

FERDINAND II, roi de Naples, couronné en 1495, mort en 1496.

Fère (la) : dès le xe siècle, cette ville était une place forte, qui appartenait à l'évêque de Laon. — Thibaut, comte de Blois, s'en empara en 958. — Louis le Gros l'assiégea au commencement du xiie siècle. — Elle fut érigée en commune en 1207. — Le prince de Condé la prit par surprise en 1579. — Le maréchal de Matignon en 1580. — Les ligueurs la surprirent et s'en emparèrent en 1589. — Henri IV y entra par capitulation en 1595. — Elle se rendit aux Prussiens le 25 mars 1814.

Fère (école d'artillerie de la) : elle est la plus ancienne de toutes celles qui existent en France; son origine remonte à 1719.

FERGUS Ier, premier roi d'Ecosse, l'an 403 de l'ère chrétienne.

FERGUSSON (Adam), philosophe et historien anglais, né en Ecosse en 1724, mort au commencement du xixe siècle.

FERGUSSON (Jacques), mécanicien et astronome écossais, né en 1710, mort en 1776.

FERGUSSON (Robert), poëte écossais, né à Edimbourg en 1750, mort à Bedlam en 1774.

FERLONI (Severin-Antoine), savant prêtre, né en 1740 dans les Etats du pape, mort à Milan en 1813.

FERMAT (Pierre de), géomètre français, né en 1590, mort en 1664.

FERNANDEZ (Juan), navigateur portugais, fit, en 1446 et 1448, des voyages pour l'exploration des côtes d'Afrique : il fut abandonné par ses compagnons dans ce second voyage.

FERNANDEZ (Alvaro), autre navigateur portugais du xve siècle, connu surtout par la relation du naufrage du galion le *Grand Saint-Jean*. — Un autre Alvaro Fernandez fit, en 1446 et 1447, d'utiles voyages de découvertes sur les côtes d'Afrique.

Fernandez (île de) : est découverte par l'amiral Anson, en 1741.

FERNEL (Jean), célèbre médecin et mathématicien du xvie siècle, né en 1485 suivant les uns, en 1497 selon d'autres, à Clermont en Beauvaisis, mort à Paris le 25 avril 1558.

Feroé. Voy. *Fœr-Oeerne*.

Ferrare, ville d'Italie, fondée en 600. — Erigée en duché en 1452. — Son duché est réuni au saint-siége, en 1597. — Elle fait partie des Etats du pape, depuis 1598. — Prise par les Français en 1796; elle fut restituée aux papes par le congrès de Vienne, en 1815.

FERREIN (Antoine), médecin français, habile anatomiste, né en 1693, à Franquepêche, en Agénois, mort à Paris le 28 février 1769.

FERRERAS (Juan), historien espagnol, né le 7 juin 1652, mort en 1735.

FERRIER (Saint Vincent), religieux de l'ordre de saint Dominique, né à Valence, en Espagne, le 23 janvier 1357, mort en 1419.

Ferrol (combat naval du), entre une flotte anglaise et une flotte gallo-espagnole, le 22 juillet 1805.

FERTÉ (Henri de Sennecterre, dit le maréchal de la), né à Paris en 1600, mort en 1681.

Fête de la Raison, en France, le 10 novembre 1793.

Feu : Prométhée apprit, dit-on, aux Grecs à le tirer des veines du caillou, vers l'an 1749 av. J.-C. Ce qui a fait dire par les mythologues qu'il avait dérobé le feu du ciel.

Feu Saint-Antoine, *feu sacré* ou *mal des ardents*, maladie épidémique : elle assiégea Paris avec une effrayante intensité dans le xve siècle.

Feu grégeois : inventé par Callinique, en 670.

Feu Jésus, congrégation fondée par Jean de la Barrière, en 1586, et dont il fut premier abbé.

Feu d'artifice : voy. *Artifice* (feu).

Feux circulaires, ou moyens de détruire les insectes dévastateurs : inventés par Ruccellaï, agronome et poëte florentin, vers 1250.

FEUILLADE (François d'Aubusson, vicomte de la), pair et maréchal de France, mort en 1691.

FEUQUIERE (Etienne de Pas, marquis de), général français, né à Paris en 1648, mort le 27 janvier 1711.

Feydeau (le théâtre), ouvert le 6 janvier 1791 : il prit le nom de théâtre de l'Opéra-Comique le 16 septembre 1801. L'ancienne salle de ce théâtre fermée le 16 avril 1829, a été démolie en 1830.

Fiacres : leur établissement à Paris le 7 février 1662, par un nommé Sauvage.

FICHTE (Jean-Théophile), philosophe allemand, né le 19 mai 1762, mort le 29 janvier 1814.

Fidèles : dans les premiers temps de l'Eglise cette dénomination n'était donnée qu'aux chrétiens baptisés, comme le prouvent les actes du concile d'Elvire, tenu dans les premières années du IVe siècle.

Fidélité (l'ordre de la), est établi en Danemark le 7 août 1732, pour des seigneurs et des dames.

Fidènes, ville voisine de Rome; Romulus s'en empare et en fait une colonie romaine, l'an 736 av. J.-C. — Se révolte contre les Romains; et est prise d'assaut l'an 501 av. J.-C. — Son amphithéâtre, construit par Atilius, s'écroule l'an 27 de notre ère, et fait périr cinquante mille personnes.

Fidènes (bataille et prise de) par les Romains, l'an 436 av. J.-C.

Fiefs : on présume que ce genre de possession ne s'établit en France que vers la fin de la seconde race de nos rois, dans le IXe ou Xe siècle. — Le mot *feudum* (fief) n'apparaît pas dans les chartres avant l'an 1000 ; cependant quelques-unes de 950-960 portent le mot *feum*, qui, suivant Ducange, pourrait bien être une corruption du mot *feudum*. — Philippe le Hardi, en 1275, donna permission aux roturiers de posséder des fiefs, en payant une certaine finance. — En 1579, Henri III ordonna qu'à l'avenir les fiefs n'anobliraient pas.

FIELDING (Henri), célèbre romancier anglais, né le 22 avril 1707, mort à Lisbonne en 1754.

FIESQUE ou FIESCHI (Jean-Louis), comte de Lavagne, noble génois, et chef de la fameuse conspiration contre Jean Doria ; mort pendant l'exécution de son projet le 2 janvier 1547.

Figeac, ville du Querci : elle fut fondée vers 755. — Fut entourée de remparts entre les années 1080 et 1100.

Figuières (bataille de), gagnée par les Castillans sur les Maures de Grenade, en 1431.

Figure de la terre : observations dans le but de la déterminer, faites en 1735, par ordre de Louis XV, sous l'équateur du Pérou et sous le cercle polaire en Laponie.

FILANGIERI (Gaëtan), célèbre publiciste du XVIIIe siècle, né à Naples le 18 août 1752, mort le 21 juillet 1788.

Filles pénitentes, à Paris : leur réforme le 2 juillet 1616.

Financiers : création d'une chambre chargée de les poursuivre en France, le 12 mars 1716.

FINIGUERRA (Tommaso), sculpteur et orfèvre florentin, vécut dans sa patrie pendant le XVe siècle. Le marquis de Malaspina place sa naissance à l'année 1410.

Finistère (cap) ; une bataille navale y fut gagnée le 14 mai 1747, sur les Anglais, par M. de la Jonquière, chef d'escadre français.

Finlande : est enlevée tout entière aux Suédois en 1742. Rendue aux Suédois par le traité d'Abo le 23 août 1743.

FIQUEIREDO (Antonio Pereira de), savant Portugais, né à Macao le 14 février 1725, mort le 14 août 1797.

FIRDOUSI (Aboul-Kasem-Hassan-Ben-Ishak), l'un des plus grands poëtes de la Perse, naquit vers l'an 950 de l'ère chrétienne.

FIRMIN (saint), évêque d'Amiens, martyrisé en 287.

FIRMIN (saint), évêque de la même ville, vivait dans le IVe siècle.

FIRMIN (saint), évêque d'Uzès, mort le 11 octobre 553.

FIRMIN (saint), évêque de Mende, vivait dans le IVe siècle. L'Eglise célèbre sa fête le 14 janvier.

FIRMONT (Henri Essex Edgeworth de), prêtre de l'Eglise romaine et vicaire général du diocèse de Paris, né en Irlande en 1745, mort le 17 mai 1807.

FISHER (Jean), évêque de Rochester : son exécution le 22 juin 1535.

FITZ-GERALD (lord Edward), célèbre Irlandais, né en 1763, mort le 4 juin 1798.

FLACCUS (Valérius), poëte latin, l'auteur du poëme des *Argonautes*, florissait vers l'an 80 de notre ère.

Flagellants : leur secte commence à s'établir à Pérouse en 1260.

FLAMEL (Nicolas), fameux par sa merveilleuse fortune et par ses actions pieuses et charitables ; mort à Paris le 22 mars 1418. On lui attribue quelques ouvrages.

FLAMSTEED (Jean), astronome anglais, mort le 31 décembre 1719.

Flandre : ce pays couvert de bois est peuplé par Charlemagne, qui y envoie en 803 dix mille familles saxonnes. — Une partie de cette contrée est cédée à la France, en vertu de la paix des Pyrénées, le 7 novembre 1659. — Sa conquête par Louis XIV, en 1667. — Etablissement de ses fabriques de draps et de toiles, en 960.

Flavia (loi) : loi agraire, proposée l'an de Rome 693, par L. Flavius.

FLAVIEN (saint), patriarche d'Antioche mort en 404.

FLAVIEN (saint), patriarche de Constantinople, déposé en 449, mort peu de temps après.

FLAXMAN, célèbre peintre et sculpteur anglais, né à York en 1755, mort le 9 décembre 1826.

Flèche (la) : Foulques-le-Réchin la prit en 1090. — Le connétable de Richemont s'en empara en 1426. Les Vendéens y entrèrent en 1793, et les Chouans firent d'inutiles efforts pour s'en emparer en 1799.

Flèches. Voyez *Arc.*

FLECHIER (Esprit), évêque de Nîmes, célèbre orateur chrétien, né le 10 juin 1632 à Perne, près Carpentras, mort à Montpellier le 16 février 1710.

FLEMMING (Paul), poëte allemand, né le 5 octobre 1609, mort vers 1640. Il était de l'école poétique d'Opitz.

FLESSELLES (Jacques de), le dernier des prévôts des marchands de Paris et l'une des premières victimes de la révolution française, fut massacré le 14 juillet 1789 ; il était né en 1721.

Flessingue : est inondée par suite d'un violent ouragan, le 15 janvier 1808, et se trouve considérablement endommagée. — Réunie au territoire français le 21 janvier 1808. — Cette ville est incendiée par les Anglais, le 14 août 1809 : le lendemain elle capitule, et la garnison est envoyée prisonnière de guerre en Angleterre. — Est évacuée par les Anglais le 29 décembre.

FLEURIEU (Charles-Pierre Claret, comte de), savant voyageur, né à Lyon en 1738, mort le 18 août 1810.

Fleurus; bataille où les Espagnols furent défaits en 1622.

Fleurus (bataille de), gagnée par Luxembourg sur l'armée des alliés, le 1er juillet 1690.

Fleurus (bataille de), gagnée le 26 juin 1794, sur les Autrichiens, par le général français Jourdan.

Fleurus (affaire de), où les Français ont l'avantage sur les Anglais et les Prussiens, le 15 juin 1815.

FLEURY (Claude), sous-précepteur des enfants de France et historien, né à Paris le 6 décembre 1640, mort le 14 juillet 1723.

FLEURY (André-Hercule de), cardinal, ancien évêque de Fréjus, né à Lodève le 22 juin 1653, mort à Issy près Paris le 29 juin 1745.

FLEURY (Bernard), célèbre comédien français, né en 1749, mort le 15 mars 1822.

Flibustiers, espèce d'aventuriers français qui s'établirent dans les îles du Vent, en 1626.

Flodden-Field (bataille de), donnée le 9 septembre 1513, où Jacques IV, roi d'Ecosse, qui combattait contre ses seigneurs, fut tué.

FLODOARD, poëte, historien et orateur, né à Epernay-sur-Marne en 894, mourut le 28 mars 966.

FLOQUET (Etienne-Joseph), compositeur français, né à Aix en Provence en 1750, mort à Paris en 1785.

Floraux (jeux), la plus ancienne institution littéraire de France : fut fondée vers l'année 1324. Elle ne prit le nom de *jeux floraux* que peu de temps après la mort de Clémence Isaure, vers la fin du XVe siècle. Les concours étaient déjà établis en 1496.

Florence, capitale de la Toscane : détruite en 541 par Totila, roi des Goths. — Relevée de ses ruines en 581 par Charlemagne. — Adopta le gouvernement démocratique en 1251. — Revint au gouvernement aristocratique sous les Médicis, au commencement du XVe siècle. — Etablissement de son Académie de peinture, en 1350 ; — de sa célèbre Académie *de la Crusca*, en 1582. — Traité de paix signé dans cette ville entre la France et le roi des Deux-Siciles, le 28 mars 1801.

Florence (concile de) : termine ses actes le 5 juillet 1439.

FLORIAN (Jean-Pierre-Claris de), littérateur français, né le 6 mars 1755, au château de Florian, dans les basses Cévennes, mort le 13 octobre 1794.

FLORIDA - BLANCA (François - Antoine Monino, comte de), ministre espagnol, né en 1730, mort en 1808.

Floride : ce pays avait été vu pour la première fois par Cabot, en 1456; mais on en attribue la découverte à Ponce de Léon, le 11 avril 1512.

Floride (la) : traité conclu entre l'Espagne et les Etats-Unis d'Amérique, pour la cession de ce pays, le 22 février 1819.

Florin d'or : monnaie que les Florentins firent frapper en 1252, après la défaite des Siennois à Montalcino.

FLORUS (L. Annæus Julius), historien latin, florissait sous le règne d'Adrien dans le IIe siècle de notre ère.

FLUDD (Robert), savant anglais, mort le 8 septembre 1637.

FLUE (Nicolas de), célèbre ermite suisse, béatifié par les papes Clément IX et X; il était né dans le canton d'Unterwald, le 21 mars 1417.

Flûte : inventée à Célènes, par Hiognis de Phrygie, vers l'an 1506 av. J.-C.

Flux et reflux de la mer : ils eurent lieu trois fois dans une seule heure à Lyme, dans le comté de Dorset, le 31 mai 1582. — Lors du tremblement de terre de Lisbonne, le 1er novembre 1755, le flux éprouva de très-fortes agitations sur toutes les côtes de l'Angleterre. — Le 17 juillet 1761, le flux et le reflux se répétèrent quatre fois en une heure à Whitby. — Le 30 octobre 1795, le flux s'éleva de deux pieds en neuf minutes, et le reflux se fit avec la même rapidité en Angleterre. En 1808 et 1811, flux et reflux extraordinaires dans le même pays.

FODÉRÉ (Jacques), religieux cordelier, théologien et prédicateur, né dans le XVIe siècle, à Bessan, dans la Haute-Maurienne, vivait encore en 1623.

FOÉ (Daniel de), l'auteur de *Robinson Crusoé*, né à Londres en 1663, mort en 1731.

Foi (bandes dites de la) : commencent à opérer des mouvements contre-révolutionnaires en Espagne, vers le mois d'avril 1821.

Foire Saint-Germain à Paris. Sa première tenue le 3 février 1486. — Commencement de son théâtre en 1595.

Foires : leur établissement en France en 650, pour arrêter les vexations des seigneurs envers les commerçants.

Foix (comté de) : incorporé à la monarchie par Henri IV ; mais cette réunion ne fut définitivement opérée que sous Louis XIII, en 1617.

Foix, ville de Gascogne : assiégée par Simon de Montfort en 1210. — Philippe le Hardi s'en empara en 1272.

FOIX (Gaston de), duc de Nemours, né en 1489, tué à la bataille de Ravenne, le 11 avril 1512.

Fokszany (bataille de), en Moldavie, gagnée sur les Turcs, le 21 juillet 1789, par le général Suwarow.

FOLARD (le chevalier Jean-Charles de), capitaine français et écrivain militaire, né à Avignon le 15 février 1669, mort le 23 mars 1752.

FOLCUIN (saint), évêque de Thérouane en 817, mort en 836, le 14 décembre, jour où l'Eglise célèbre sa fête.

FOLENGO (Jérôme), plus connu sous le nom de *Merlin Cocaie*, poëte italien, né à Mantoue en 1491, mort le 9 décembre 1544.

Fombio, village près de Plaisance en Italie; les Français y remportèrent une victoire en 1796.

Fonderie de canons : cet art est connu en France en 1338.

FONSECA (Eléonore, marquise de), spirituelle et savante Napolitaine, née en 1768, pendue le 20 juillet 1799, comme révolutionnaire.

FONSECA SOARES (Antoine de), né à Vidiguiera, en Portugal, le 25 juin 1631, mort en odeur de sainteté, le 20 octobre 1682.

FONTAINE DES BERTINS (Alexis), géomètre, né à Claveisson en Dauphiné vers 1725, mort le 21 août 1771.

Fontaine-Française (bataille de), gagnée contre le duc de Mayenne, le 5 juin 1595, par Henri IV.

Fontainebleau : des articles préliminaires entre la France, l'Espagne et l'Angleterre sont signés dans cette ville le 3 novembre 1762. — On y crée une école spéciale militaire en 1802. — En 1807, traité entre la France et l'Espagne. — Cette ville servit de prison au pape Pie VII, depuis le 19 juin 1812 jusqu'au 24 janvier 1814. — Napoléon y fit ses adieux à ses soldats le 11 avril 1814.

FONTAINES (Marie-Louise-Charlotte de Pelard de Givry, comtesse de), auteur d'un roman intitulé : *Histoire de la comtesse de Savoie;* morte en 1730.

FONTANA (Dominique), architecte et ingénieur italien, né à Mili, sur le lac de Cosme, en 1543, mort à Naples en 1607.

FONTANA (Félix), physicien et naturaliste, célèbre par ses expériences hardies sur le venin de la vipère, né dans le Tyrol le 15 avril 1730, mort en 1805.

FONTANES (Louis, marquis de), homme d'Etat et littérateur français, né à Niort en 1762, mort le 17 mars 1821.

FONTANGES (Marie-Angélique de Scobaille, de Roussille, duchesse de), née en Auvergne en 1661, morte le 28 juin 1681. C'est d'elle que datent les coiffures *à la Fontanges.*

FONTANIEU (Gaspard-Moïse), à qui l'on doit le plus grand recueil de pièces et titres sur l'histoire du Dauphiné, mourut le 26 septembre 1767. Ces pièces, formant 841 portefeuilles, sont déposées à la bibliothèque nationale.

Fontarabie : pris aux Espagnols par le duc de Berwick, maréchal de France, le 16 juin 1719. — Est rendu aux Espagnols en 1720.

Fontenoy dans l'Auxerrois : grande bataille perdue en cet endroit, le 25 juin 841, par l'empereur Lothaire contre ses frères Charles le Chauve et Louis le Germanique.

Fontenay-le-Comte, ville de Poitou : prise par les protestants en 1568. — La Noue l'assiégea en 1570, et elle se rendit à Soubise. — En 1574, le duc de Montpensier la prit par trahison. — Le dernier siége qu'elle eut à soutenir fut celui de 1587, commandé par Henri IV en personne.

FONTENELLE (Bernard Le Bovier de), savant, philosophe et littérateur français, né à Rouen le 11 février 1657, mort à Paris le 9 janvier 1757.

Fontenoi (bataille de), gagnée le 11 mai 1745 par les Français sur les Autrichiens, Anglais et Hollandais.

Fontevrault : ordre fondé par Robert d'Arbrisselles en 1116.

FOOTE (Samuel), comédien et auteur comique anglais, né en 1717, mort à Douvres le 22 octobre 1777.

FORBIN (Claude, chevalier de), marin français, né le 6 août 1606 près d'Aix en Provence, mort près de Marseille en 1733.

FORBIN-JANSON (....., marquis de), mort à Paris le 4 juin 1849.

FORBISHER ou FROBISER (Martin), un des premiers navigateurs de l'Angleterre, mort à Plymouth en 1594.

FORBONNAIS (François Véron de), inspecteur général des manufactures de France, né au Mans le 2 septembre 1722, mort en 1800.

FORCE (Jacques Nompar de Caumont, duc de la), pair et maréchal, né vers 1559, mort en 1652.

Forces centrifuges et centripètes : démontrées par Kepler en 1590.

FORDYCE (Georges), médecin anglais, né près d'Aberdeen en 1736, mort en 1802.

Forge : Tubalcaïn, l'un des fils de Lameth, en apprend, dit-on, l'usage pour travailler l'airain et le fer, vers l'an 3100 av. J.-C.

Forges (eaux de) : cette source minérale fut découverte peu de temps avant l'an 1500. Louis XIII et le cardinal de Richelieu allèrent prendre ses eaux en 1631.

For-l'Evêque, ancienne prison de Paris : réunie au Châtelet par édit de février 1674. — Supprimée par ordonnance de Louis XVI du 30 août 1780.

FORMEY (Jean-Henri-Samuel), savant distingué, né à Berlin en 1711, d'une famille de protestants français réfugiés, mort le 8 mars 1798.

Formigny (bataille de), gagnée sur les Anglais par les Français, le 18 avril 1450.

FORMOSE, évêque de Porto, élu pape le 19 septembre 891, mort en 896.

Formose (île de) : les Hollandais s'y établissent en 1624.

Fornoue (bataille de), gagnée le 6 juillet 1495, par Charles VIII, roi de France, sur les troupes de l'Empire.

FORSTER (Jean Reinold), voyageur et naturaliste, né le 22 octobre 1729 à Dirschau en Prusse, mort le 9 décembre 1798.

FORSTER (Jean-Georges-Adam), fils du précédent, naturaliste, né près de Dantzick en 1754, mort à Paris le 12 janvier 1794. Tous deux furent compagnons des voyages du célèbre Cook.

Fortaventure, île Canarie, découverte par Jean de Béthencourt en 1417.

FORTEGUERRA, prélat et poëte italien, mort le 17 février 1735.

Fortification (art de la) : il commence à

être connu vers l'an 400 av. J.-C. — Cet art est soumis à des règles par le célèbre Vauban, en 1660.

Fort-Louis ou *Fort-Vauban*, ville bâtie par Louis XIV vers la fin du XVIIe siècle. — Autre fort de l'Amérique méridionale, bâti sur le mont Caperoux en 1643 par les Français.

Fort-Royal, ville de la Martinique : détruite par un tremblement de terre, le 11 janvier 1839.

FORTUNAT (Bonnechance), évêque de Poitiers, poëte latin, né en Italie près Trévise, en 530, mort en 609.

FOSCARI (François), quarante-cinquième doge de Venise, promu à ce poste éminent le 15 avril 1423; mort en 1457, âgé de 83 ans.

FOSCOLO, poëte dramatique italien, né à Zante en 1774 ou 1775, mort en Angleterre en 1828.

Fosse-Eugénienne : canal destiné à faire communiquer la Meuse avec le Rhin, entre Vanloo et Rimberg, commencé en 1626.

FOTHERGILL, médecin anglais, mort le 26 décembre 1780.

FOUCHÉ (Joseph), duc d'Otrante, député à la Convention nationale, ministre de la police générale, etc., né à Nantes le 29 mai 1753, mort à Trieste le 25 décembre 1821.

Fougères, ville de Bretagne : Henri II, roi d'Angleterre, s'en empara en 1166 et en 1173. — Jean-sans-Terre la prit en 1202. — Bertrand Duguesclin, chargé par Charles V de pacifier la Bretagne, entra dans cette province en 1372, et se rendit maître de plusieurs places, du nombre desquelles était Fougères. — Prise par les Anglais en 1448. — Le 25 juillet 1488, le duc de la Trémouille s'en empara, après neuf jours de siége. — Le 28 mars 1588, le duc de Mercœur, qui tenait encore pour la ligue, se rendit maître de Fougères, qu'il ne rendit qu'en 1598.

FOULON, contrôleur général des finances, l'une des premières victimes de la révolution française, assassiné le 22 juillet 1789.

FOULQUES, archevêque de Reims, assassiné le 17 juin 910.

FOUQUET (Nicolas), surintendant des finances sous Louis XIV, né à Paris en 1615, mort dans la citadelle de Pignerol, le 23 mars 1680.

FOUQUIER-TINVILLE (Antoine-Quentin), accusateur public près le tribunal révolutionnaire en 1793, condamné à mort pour ses crimes, et exécuté le 7 mai 1795, âgé de 48 ans.

Fourches Caudines : les Samnites forcèrent l'armée romaine à passer *sous le joug*, l'an 321 av. J.-C., dans un endroit appelé les *Fourches Caudines*.

FOURCROY (Antoine-François de), célèbre chimiste, né à Paris le 15 juin 1755, mort le 16 décembre 1809.

FOURMONT (Etienne, laborieux savant du XVIIIe siècle, né en 1683, à Herbelay près St.-Denis, mort à Paris le 18 février 1745.

FOURMONT (Michel), frère du précédent, également savant, né le 28 septembre 1690, mort le 25 février 1746.

FOURRIER (Joseph), savant distingué, né à Auxerre, mort le 16 mai 1830, membre de l'Académie Française et secrétaire perpétuel de l'Académie des Sciences.

Fous (ordre des) : institué en 1380 par Adolphe, comte de Clèves, dans le but de maintenir l'union entre les nobles du pays.

FOX (George) fondateur de la secte des quakers, né à Drayton dans le comté de Leicester, en 1624, mort en 1681.

FOX (Charles-Jacques), célèbre orateur et homme d'État anglais, né le 24 janvier 1748, mort le 15 septembre 1806.

FOY (Maximilien-Sébastien), général et orateur politique, né à Ham en Picardie le 3 février 1775, mort le 28 novembre 1825.

FRA-PAOLO (Pierre Sarpi, dit), médecin, anatomiste et historien italien, mort le 14 janvier 1623.

Fraga (bataille de), gagnée en 1134 par les Maures d'Espagne sur Alphonse Ier, roi de Navarre et d'Aragon.

FRAGONARD (Nicolas), peintre d'histoire, né vers 1738, mort à Paris le 22 août 1806.

Fraise, ornement pour hommes comme pour femmes, dont la mode régna dans presque toute l'Europe, à partir du XVIe siècle. La fraise disparut en France sous Louis XIII.

Français, langue française : commença à prendre une forme vers le commencement du XIe siècle. — Fut en usage dans les actes publics en Angleterre jusqu'en 1361.

Français (théâtre) : son berceau fut véritablement le spectacle ouvert par les confrères de la Trinité, en novembre 1548, au coin de la rue Mauconseil, dans une masure dépendant de l'ancien hôtel de Bourgogne.

FRANÇAIS (de Nantes, le comte Antoine), né à Valence en Dauphiné, le 17 janvier 1756, mort le 7 mars 1836 : fut un agronome distingué et un zélé philantrope.

Francavilla (bataille de), livrée entre les Espagnols et les Impériaux, le 20 juin 1719 ; chaque parti s'attribua la victoire.

France. Sa conquête par les Francs, qui lui donnèrent leur nom dès le commencement du Ve siècle. — La première dynastie de ses rois prend son nom de Mérovée en 448. — Clovis partage ses Etats entre ses quatre fils en 511. — Première réunion de la Bourgogne à la monarchie française, de 532 à 534. — Commencements de la puissance des maires du palais, vers 613. — Lutte des hommes libres ou de la moyenne propriété contre la haute aristocratie territoriale, vers 660. — La Neustrie tombe sous la domination de l'Austrasie, et les anciennes assemblées nationales sont rétablies en 687. — Invasion des Sarrasins : ils sont vaincus par Charles-Martel dans les plaines de Poitiers, en 732. — Fin de la série des rois appelés *fainéants*, en 752. — Pepin commence sa dynastie : il est sacré par le pape Etienne III, qui lui confère le titre de *Protecteur de l'Eglise*, en 754. — Charlemagne, héritier de Pepin, fait la conquête du royaume des Lombards, en 774. — En 772, il avait commencé contre les Saxons cette guerre sanglante qui devait durer trente-trois ans. Voyez *Saxons*. — Il renouvelle l'empire d'Occident en 800, 324 ans après la mort d'Augustule. — Par suite de la bataille de Fontenay (841), la langue romane, qui se formait obscurément, prédomine comme pour servir à la transmutation de la nation franque en peuple français. — Hugues-Capet, en 987, est salué roi par les grands, et sacré dans la basilique de Reims. — C'est à la fin du xe siècle que la féodalité est définitivement constituée. Ce mot apparaît pour la première fois dans une charte de Charles le Gros, en 884. — Vers la fin du xe siècle, la France est morcelée en une foule de petites souverainetés. — Seconde réunion de la Bourgogne à la monarchie, en 1015 : cette province, sous le titre de duché, est donnée à l'un des fils de Robert le Pieux, en 1031. — Croisade prêchée par saint Bernard, en 1146. — Philippe-Auguste raffermit le trône en butte aux attaques de la féodalité, de 1185 à 1215. — Première croisade de saint Louis, en 1248. — Ses *Establissemens* ou lois après son retour, en 1254. — Sa seconde croisade, en 1270. — Vers 1285, sévères ordonnances de Philippe le Bel contre les absurdes épreuves appelées *jugements de Dieu*. — Vers 1316, réunion, à Paris, des prélats, des barons et des bourgeois, qui décrète que la couronne de France n'est pas héréditaire pour les femmes : c'est la première fois qu'il est fait mention de la loi Salique dans notre histoire. — En 1318, une ordonnance établit le principe de l'inaliénabilité des domaines de la couronne. — Réunion du Dauphiné à la couronne de France, par suite d'un traité passé en 1343, confirmé en 1344, et enfin consommé en 1349. — La France est dévastée par les Anglais après la bataille de Crécy, livrée le 26 août 1346. Révolte dite de la *Jaquerie*, vers 1358. — Pendant la première partie du xve siècle, la France, en partie occupée par les Anglais, est en proie aux guerres civiles des Bourguignons et des Armagnacs. — En 1422, il ne reste à Charles VII que quelques provinces du centre de la France, le Poitou, le Berri, l'Anjou, etc. — L'aristocratie est abaissée sous le règne de Louis XI (de 1461 à 1483). — Réunion de la Provence à la couronne en 1481, et de la Bretagne en 1499. — Captivité de François Ier en Espagne, de 1525 à 1526. — Vers le même temps, la Réforme prêchée par Calvin, éclate en France. — Commencements de la puissance des Guises vers 1547, sous Henri II. — Conjuration d'Amboise, le 17 mars 1560. — Première guerre de religion, en 1562, après le massacre de Vassy. — Seconde guerre de religion, en 1567. — Massacres de la Saint-Barthélemy, le 24 août 1572. — Troubles et guerres de la Ligue, de 1588 à 1594. — Sous le règne de Henri IV (de 1539 à 1610), la France s'accroît de la Bresse, du Bugey, du Val-Romey, de la Navarre, du Béarn et du comté de Foix. — Ministère du cardinal de Richelieu (de 1624 à 1642). — Troubles de la Fronde (de 1648 à 1654). — Ministère de Mazarin (de 1643 à 1661). — Merveilles et revers du règne de Louis XIV (de 1643 à 1715). — Établissement d'un grand nombre de manufactures par le ministre Colbert, vers 1667. — Révocation de l'Edit de Nantes, le 22 octobre 1685. — Guerre dite de la Succession, en 1702. — Régence du duc d'Orléans (de 1715 à 1723). — Sous le règne de Louis XV (de 1715 à 1774), eurent lieu les désordres du funeste système de Law, et les querelles des jansénistes et des molinistes, ainsi que la bataille de Fontenoi (1743), et de longues guerres qui ne furent terminées que par la paix de 1763. — Avénement de Louis XVI, en 1774. — Convocation des états généraux, fixée au 5 mai 1789. Voy. *Révolution française*, *Empire français*. *Restauration* et *Révolution de juillet*. — La France compte soixante et onze rois depuis Pharamond jusqu'à Louis-Philippe Ier, élu le 8 août 1830. — Érigée en République en 1793, elle fut gouvernée par des Directeurs et des Consuls, jusqu'à l'établissement du gouvernement impérial par Napoléon Bonaparte, le 18 mai 1804 ; gouvernement qui subsista jusqu'en mars 1814, époque du premier retour de la famille des Bourbons, et qui ne reparut que durant trois mois, du 20 mars au 20 juin en 1815. Voyez *Interrègne des Cent-Jours*. — Érigée de nouveau en république le 24 février 1848.

France (souverains de), 1re *race :* Pharamond, de 418 à 427. — Clodion *le Chevelu*, de 427 à 448. — Mérovée, de 448 à 458. — Childéric Ier, de 458 à 481. — Clovis Ier dit *le Grand*, de 481 à 511. — Childebert Ier, de 511 à 558. — Clotaire Ier, de 558 à 561. — Charibert, de 561 à 567. — Chilpéric Ier, de 567 à 584. — Clotaire II, de 584 à 628. — Dagobert Ier, de 628 à 638. — Clovis II, de 638 à 656. — Clotaire III, de 656 à 670. — Childéric II, de 670 à 673. — Thierry Ier, de 673 à 691. — Clovis III, de 691 à 695. — Childebert III, de 695 à 711. — Dagobert II, de 711 à 716. — Chilpéric II, de 716 à 721. — Thierry II, de 721 à 737. — Childéric III, de 742 à 752. — 2e *race :* Pepin le Bref, de 752 à 768. — Charlemagne, de 768 à 814. — Louis Ier, *le Débonnaire*, de 814 à 840. — Charles II, *le Chauve*, de 840 à 877. — Louis II, *le Bègue*, de 877 à 879. — Louis III et Carloman, de 879 à 884. — Charles III, *le Gros*, de 884 à 887. — Eudes, de 887 à 893. — Charles le Simple, de 893 à 929. — Raoul, de 929 à 936. — Louis IV, *d'Outremer*, de 936 à 954. — Lothaire, de 954 à 986. — Louis V, *le Fainéant*, de 986 à 987. — 3e *race :* Hugues Capet, de 987 à 996. — Robert, de 996 à 1031. — Henri Ier, de 1031 à 1060. — Philippe Ier, de 1060 à 1108. — Louis VI, *le Gros*, de 1108 à 1137. — Louis VII, *le Jeune*, de 1137 à 1180. — Philippe II, *Auguste*, de 1180 à 1223. — Louis VIII, *Cœur de Lion*, de 1223 à 1226. — Louis IX (saint), de 1226 à 1270. — Philippe III, *le Hardi*, de 1270 à 1285. — Philippe IV, *le Bel*, de 1285 à 1314. — Louis X, *le Hutin*, de 1314 à 1316. — Philippe V, *le Long*, de 1316 à 1322. — Charles IV, *le Bel*, de 1322 à 1328. — Philippe VI de Valois, de 1328 à 1350. — Jean, *le Bon*, de 1350 à 1364. — Charles V, *le Sage*, de 1364 à 1380. — Charles VI, *le Bien-Aimé*, de 1380 à 1422. — Charles VII, *le Victorieux*, de 1422 à 1461. — Louis XI, de 1461 à 1483. — Charles VIII, de 1483 à 1498. — Louis XII, *le Père du peuple*, de 1498 à 1515. — François Ier, *le Père des lettres*, de 1515 à 1547. — Henri II, de 1547 à 1559. — François II, de 1559 à 1560. — Charles IX, de 1560 à 1574. — Henri III, de 1574 à 1589. — Henri IV, *le Grand*, de 1589 à 1610. — Louis XIII, *le Juste*, de 1610 à 1643. — Louis XIV, *le Grand*, de 1643 à 1715. — Louis XV, de 1715 à 1774. — Louis XVI, de 1774 à 1793. —République, de 1793 à 1804. — Louis XVII, mort en prison, en 1795. — Napoléon, empereur, le 18 mai 1804 jusqu'au 30 mai 1814. — Louis XVIII, du 30 mars 1814 au 20 mars 1815. — Napoléon, rétabli le 20 mars 1815 jusqu'au 20 juin 1815. — Louis XVIII, rétabli du 20 juin 1815 au 16 septembre 1824. — Charles X, du 26 septembre 1824 au 30 juillet 1830. — Louis-Philippe Ier, du 9 août 1830 au 24 février 1848. — République depuis la révolution de 1848.

France (île de), dans l'Océan indien : découverte par le navigateur Pedro Mascarenhas, en 1505; occupée par des colons français en 1721 : prise en 1810 par les Anglais, qui ont été maintenus dans sa possession par les traités de 1814.

Francfort-sur-le-Mein, ville fort ancienne; elle était déjà, en 1254, au nombre des villes libres impériales; est déclarée ville libre le 11 juillet 1814. — La diète germanique déclare, en novembre 1816, que cette ville, où elle siége, est un asile.

Franche-Comté : conquise par les Bourguignons au commencement du ve siècle; elle passa sous la domination de l'Autriche en 1476. — Ce comté fut cédé à Philippe II, roi d'Espagne, vers 1531. — Louis XIV fait la conquête de cette province sur les Espagnols, en 1668. — Cette province est conquise de nouveau par Louis XIV en 1674, et reste définitivement à la France par le traité de Nimègue, en 1678.

Franchise : ce fut longtemps le nom de la ville d'Arras; il lui avait été donné par Louis XI au mois de juin 1481.

FRANCIS (Sir Philippe), homme d'État anglais, mort le 22 décembre 1818.

Franciscains ou *frères mineurs* : ordre religieux, institué en Italie par saint François d'Assise, en 1209.

FRANCK (Jacob) DOBRUSCHKY, promoteur et restaurateur de la secte de *Sabbathaï-Tzevi*, né en Pologne en 1712, mort le 10 décembre 1791.

Franc-maçonnerie. — Suivant le plus grand nombre des historiens, cette institution remonterait au VIIIe siècle, et devrait son existence à une compagnie de maçons constructeurs. — Elle fut introduite en Angleterre en 1287, en Ecosse en 1150, en France en 1668 ou 1725, en Espagne en 1728, en Hollande en 1730, en Russie en 1731, en Italie (à Florence) en 1733, en Prusse en 1737, en Autriche en 1738, en Suisse, même année, à Rome en 1741, en Asie dès 1728, dans l'Océanie depuis 1769, dans l'Afrique depuis 1736, enfin en Amérique depuis 1721. — La grande loge d'Irlande fut fondée en 1729. — En 1718, on ne comptait encore que quatre loges à Paris; il y en avait vingt-deux en 1742. — Lors de la révolution, en 1789, il y en avait dans tout le royaume plus de 700 reconnues par le grand Orient. — Condamnation de la franc-maçonnerie à Rome, par le pape, le 12 janvier 1815.

FRANCO (Nicolas), poëte satirique et licencieux, né à Bénévent en 1510, mort en 1569.

FRANÇOIS D'ASSISE (saint), instituteur de l'ordre de son nom, né à Assise, en Ombrie, en 1182, mort le 4 décembre 1226.

FRANÇOIS DE PAULE (saint), fondateur de l'ordre des Minimes, né à Paule, en Calabre, le 27 mai 1416, mort le 2 avril 1507; canonisé en 1519 par Léon X.

FRANÇOIS DE BORGIA (saint), grand d'Espagne, vice-roi de Catalogne, né à Gandie, dans le royaume de Valence, en 1510, mort à Rome, général des jésuites, le 30 octobre 1572; canonisé, en 1671, par Clément X.

FRANÇOIS RÉGIS (saint). Voyez RÉGIS.

FRANÇOIS DE SALES (saint), évêque de Genève, instituteur de l'ordre de la Visitation, né au château de Sales, diocèse de Genève, le 21 août 1567, mort à Lyon le 28 décembre 1622. Alexandre VII le canonisa en 1665.

FRANÇOIS XAVIER (saint), surnommé l'*apôtre des Indes*, né au château de Xavier, au pied des Pyrénées, le 7 avril 1506, mort en Chine le 2 décembre 1552; canonisé par Grégoire XV en 1662.

FRANÇOIS Ier, DE LORRAINE (Etienne), empereur d'Allemagne, né en 1708, élu le 13 septembre 1745, mort à Inspruck en 1765.

FRANÇOIS II, empereur d'Allemagne, prend le titre d'empereur héréditaire d'Autriche avec le nom de François Ier, le 11 août 1804, mort le 2 mai 1835.

FRANÇOIS Ier, roi de France, surnommé *le Père des lettres*, né à Cognac le 12 septembre 1494, parvint à la couronne le 1er janvier 1515, mourut le 31 mars 1547.

FRANÇOIS II, roi de France, né à Fontainebleau le 19 janvier 1544, monte sur le trône le 10 juillet 1559, meurt le 5 décembre 1560.

FRANÇOIS Ier, duc de Bretagne, né à Vannes le 11 mai 1414, mort le 19 juillet 1450.

FRANÇOIS II, dernier duc de Bretagne, prêta foi et hommage à Charles VII en 1459, mourut le 8 ou 9 septembre 1488.

FRANÇOIS DE NEUFCHATEAU (Nicolas-Louis), littérateur, homme d'Etat et agronome, né le 17 avril 1750, à Sassay (en Lorraine), mort le 10 janvier 1828.

FRANÇOISE (sainte), dame romaine née en 1384, morte le 9 mars 1440, canonisée par Paul V en 1608.

FRANÇOISE DE FOIX, comtesse de Châteaubriand, morte le 16 octobre 1537.

Franconie. Les paysans de ce pays se déclarent pour Luther, et se soulèvent en 1525. Guillaume de Furstemberg en tue plus de 50,000.

Francs, ligne de peuplades germaniques : leur premier établissement dans la Gaule en 289. — L'empereur romain Constant Ier parvint à les retenir au delà du Rhin en 342. — Ils ravagèrent la Gaule en 388; mais Théodose les fit châtier par Arbogaste. — Les Francs recommencèrent leurs courses en

412 et 413. — En 418 commence, dit-on, le règne de Faremund ou Pharamond, qui était un chef des Francs établis sur les bords de la Dyle depuis environ cent ans ; ce chef pilla Trèves en l'année 421. — Les Francs, sous la conduite de Clodion, firent sur la Gaule plusieurs tentatives impuissantes, en 428 et 431. — Enfin, en 438, il prirent Tournai, Cambrai, et s'avancèrent jusqu'aux environs d'Arras. — Ils firent définitivement la conquête de la Gaule, sous Clovis, de 490 à 511.

Francs-archers: milice instituée en France en 1444 ; son abolition en 1480.

FRANKE (Auguste-Herman), philanthrope et théologien allemand né à Lubeck en 1663, mort en 1727.

FRANKLIN (Benjamin), philosophe et physicien américain, né à Boston, dans la Nouvelle-Angleterre, en 1706 ; mort le 17 avril 1790.

Fraubunnen (canton de Berne), remarquable par le combat qui s'y livra, en 1799, lors de l'invasion des Français en Suisse.

FRAYSSINOUS (Denis), évêque d'Hermopolis, célèbre controversiste et orateur de la chaire, ancien ministre et pair de France, de l'Académie française, né en 1765 à Curières (Aveyron), mort en 1841.

Frawstadt (bataille de), gagnée par les Suédois sur le roi Auguste, en 1706.

FRÉDÉGAIRE, un des plus anciens historiens français, florissait dans le VIIe siècle.

FRÉDÉGONDE, reine de France, femme de Chilpéric Ier, née à Montdidier en Picardie, en 543, morte en 597.

FRÉDÉRIC Ier, dit *Barberousse*, empereur d'Allemagne, né en 1121, couronné en 1152, mort le 10 juin 1190.

FRÉDÉRIC II, empereur d'Allemagne, né en 1194, roi des Romains en 1196, élu empereur le 13 décembre 1210, couronné le 22 novembre 1220, mort dans la Pouille le 13 décembre 1250.

FRÉDÉRIC III, empereur d'Allemagne, dit *le Pacifique*, né en 1415, monta sur le trône en 1440, fut couronné en 1452, mourut le 7 septembre 1493.

FREDERIC Ier, roi de Danemark, né en 1471, élu en 1523, mort en 1533.

FREDERIC II, roi de Danemark et de Norwége en 1559, mort le 4 avril 1588, âgé de 54 ans.

FREDERIC III, né en 1609, roi de Danemark et de Norwége en 1648, mort le 9 février 1670.

FREDERIC IV, roi de Danemark, né en 1671, monta sur le trône en 1699, mourut en 1730.

FREDERIC V, né en 1723, monte sur le trône d'Allemagne en 1746 ; mort en 1766.

FREDERIC Ier, électeur de Brandebourg et premier roi de Prusse, né à Kœnigsberg, en 1657, élu roi en 1700, mort en 1713.

FREDERIC GUILLAUME Ier, roi de Prusse, né à Berlin le 15 août 1688, commença à régner en 1713, mort le 31 mai 1740.

FREDERIC II (Charles-Frédéric), surnommé *le Grand*, roi de Prusse, né le 24 janvier 1712, monta sur le trône le 31 mai 1740 ; mort le 17 août 1786.

FREDERIC GUILLAUME II, roi de Prusse, né le 25 septembre 1744, proclamé le 17 août 1786, mort le 16 novembre 1797.

FREDERIC-AUGUSTE II, électeur de Saxe et roi de Pologne. mort le 1er février 1733.

FREDERIC-AUGUSTE, roi de Saxe, mort le 5 mai 1827.

FREDERIC, roi de Wurtemberg, mort le 30 octobre 1816.

Frédériksbourg (paix de) entre la Suède et le Danemark, signée le 3 juillet 1720.

FREGOSE, illustre famille de Gênes, qui donna un grand nombre de doges à cette république de 1371 à 1514.

FREIND (Jean), médecin, né en 1675 à Croton, dans le comté de Northampton, mort en juillet 1728.

Frères prêcheurs (ordre des), institué par saint Dominique de Guzman en 1216. Cet ordre prit le nom de *Jacobins*, à cause de l'église Saint-Jacques, qui lui fut cédée par l'Université de Paris en 1217. — L'Université de Paris les exclut de son sein pour avoir refusé d'observer ses constitutions, en 1253.

Frères mineurs : ordre mendiant fondé par saint François d'Assise en 1210.

Frères des écoles chrétiennes : institués à Reims, en 1679, par l'abbé de La Salle. — En 1691, établissement d'un noviciat à Vaugirard. — En 1694, tous les frères se lièrent par des vœux perpétuels. — En 1705, translation du noviciat de Vaugirard à Rouen, dans la maison de Saint-Yon, qui fut autorisée par lettres patentes de 1724. — Cet ordre obtint l'approbation du saint-siége en janvier 1725. — La maison de Saint-Yon, devenue fort importante, cessa d'être le chef-lieu de l'ordre en 1770 ; la résidence du supérieur fut alors transférée à Paris, et huit ans après à Melun. — Dispersion de l'ordre en 1790. — Après le concordat (15 juillet 1801), les écoles des Frères se rouvrirent en France ; en 1805, ceux-ci reprirent leur ancien habit religieux ; enfin, lors de l'organisation de l'Université impériale, leur ordre fut reconnu et approuvé, comme corps enseignant, le 17 mars 1808. — En 1819, le roi Louis XVIII ayant donné à l'Institut la grande maison du Saint-Enfant-Jésus, au faubourg Saint-Martin à Paris, le frère Gerbaud, supérieur, y transféra sa résidence en 1821 ; dès lors cette maison devint le chef d'ordre.

Frères de la mort : ordre religieux de la règle de saint Paul l'Ermite ; introduits en France dans le XVIIe siècle ; leurs constitutions datent de 1620 ; leur ordre fut autorisé en France en 1621. Il ne paraît pas avoir subsisté plus de vingt ans.

FRÉRET (Nicolas), pensionnaire et secrétaire de l'Academie des belles-lettres, né à Paris en 1688, mort en 1749.

FRÉRON (Elie-Catherine), célèbre critique, né à Quimper en 1719, mort le 10 mars 1776.

Fresque. Voy. *Peinture*.

Fresques: invention d'un procédé pour les enlever de dessus les murs, en 1813.

Freudenstadt, ville de la Forêt-Noire; bâtie en 1600; prise par les Français en 1795.

FRÉVILLE (M...... baron de), pair de France, mort à Paris le 8 décembre 1847.

Fribourg en Souabe : prise par le maréchal de Créquy, en 1677; par Villars en 1713; par le maréchal de Coigny en 1744.

Fribourg en Souabe (bataille de), gagnée près de cette ville sur les impériaux, par Turenne, le 3, le 5 et le 9 août 1644.

Fribourg, ville du Brisgaw : fondée en 1120.

Friedberg (bataille de), gagnée par le roi de Prusse sur les Autrichiens, le 4 juin 1745.

Friedberg (bataille de), gagnée par le général Moreau, le 24 août 1796.

Friedland (bataille de), gagnée sur les Russes par les Français, le 14 juin 1807.

Friedlingen (bataille de), où les Impériaux sont défaits par Villars le 14 octobre 1702.

FRISI (Paul), célèbre mathématicien et physicien, né à Milan en 1728, mort en 1784.

FROBEN (Jean), célèbre éditeur et typographe, né à Hermelbourg en Franconie, mort en 1527 : il était l'imprimeur et l'ami d'Erasme.

Froids excessifs : en Europe et en Asie, en 299; en France, en 358. — En Europe, de 605 à 670. — En Italie, en France et en Allemagne, en 991, 1044, 1067, 1124, 1125, 1205, 1206, 1234, 1269, 1325, 1407, 1420, 1422, 1433, 1434; cette dernière année la gelée commença à Paris le 31 décembre, et dura 2 mois et 21 jours, et la neige tomba pendant quarante jours consécutifs. — En France et en Allemagne, en 1458, 1468, 1469, 1570. En 1608, hiver très-rigoureux dans toute l'Europe. — En 1683, en France et surtout dans la Touraine. — Nous citerons encore les hivers de 1709, 1740, 1768, 1774, 1776, 1788, 1794, 1799, 1813, 1820 et 1830.

FROISSART (Jean), historien et poëte français, né à Valenciennes en 1333, mort vers 1410.

Fronde (la) : parti opposé au cardinal Mazarin ; se forme en 1648 ; guerre civile à Paris, suscitée par la Fronde en 1649. — Après plusieurs combats, les troubles s'apaisent en 1652.

FRONTON (Marcus Cornelius), célèbre orateur et rhéteur latin, nommé consul vers l'an 161, sous Marc-Aurèle, son disciple; mort l'an 164.

FRUCTUEUX (saint), évêque de Tarragone, mort pour la foi en 259.

FRUCTUEUX (saint), évêque de Parme, mort le 16 avril 655.

FRUMENCE (saint), évêque d'Ethiopie, mort vers 360.

FUENTES (le comte de), général espagnol, né à Valladolid le 18 septembre 1560, tué à la bataille de Rocroy, où il commandait la célèbre infanterie espagnole, le 19 mai 1643.

Fuhne (le canal de) : construit en 1742 par le roi de Prusse.

Fulde (abbaye de), fondée en Allemagne, par saint Boniface, en 744.

FULGENCE (saint), évêque de Ruspe, en Afrique, né vers 463, mort le 1er janvier 533.

FULRADE, abbé de Saint-Denis, mort vers 784.

FULTON (Robert), célèbre mécanicien américain, né vers l'an 1767, mort le 24 janvier 1815.

Funambules : il y avait en Grèce des danseurs de corde peu de temps après l'institution des jeux dans lesquels on dansait sur des outres de cuir, vers l'an 1345 av. J.-C. —On en vit à Rome environ 500 ans après la fondation de cette ville.

FURETIÈRE (Antoine), membre de l'Académie française, né à Paris en 1620, mort en 1688.

Fusils à ressort : inventés en 1517.

FUST (Jean), l'un de ceux à qui l'on attribue la découverte de l'imprimerie, vivait dans le XVe siècle.

G

Gabaon (siége et bataille de), par Adonisédec, roi de Jérusalem, l'an 1469 av. J.-C.; c'est pendant cette expédition que Josué commanda au soleil de s'arrêter.

Gabelle, impôt sur le sel : l'origine en remonte à Philippe IV, en 1286. — Il fut supprimé par la loi du 10 mai 1790; — et rétabli par le gouvernement impérial en 1806, lors de l'organisation des droits réunis.

Gabies (bataille de). Voyez *Gaulois*.

Gabies : prise de cette ville des Volsques par Tarquin le Superbe, l'an 510 av. J.-C.

GABRIELLE D'ESTRÉES. Voy. au manuel ESTRÉES (Gabrielle d').

GABRIELLI (Charles-Marie), savant et laborieux oratorien, né à Bologne en 1667, mort en 1745.

GABRIELLI (Catherine), cantatrice italienne, née à Rome le 12 novembre 1730 morte en avril 1796.

GACON (François), poëte satirique, né en 1667, mort le 15 novembre 1725.

GAERTNER (Joseph), savant naturaliste et botaniste allemand, né à Calw, en Souabe, en 1732, mort le 13 juillet 1791.

GAÉTAN (saint), fondateur des clercs réguliers ou théatins, né à Vicence en 1480, mort le 17 août 1547.

Gaëte ou *Gaiète*, ville du royaume de Naples : les fortifications du château furent construites par Alphonse d'Aragon, vers l'an 1440; celles de la place sont dues à Charles-Quint, à peu près cent ans plus tard. Son port, très-célèbre dans l'antiquité, fut réparé par Antonin le Pieux, l'an 145 de J.-C.

Gaëte (siéges de) : en 1433, par Alphonse V,

roi d'Aragon; — en 1707, par les Autrichiens; — en 1734, par une armée composée de Français, d'Espagnols et de Piémontais. — Assiégée et prise par 400 Français le 8 janvier 1799. — Assiégée et reprise de nouveau par les Français le 18 juillet 1806, après trois mois de tranchée ouverte.

GAFFAREL (Jacques), hébraïsant et orientaliste, né en 1601, à Manuce en Provence, mort à Sisteron en 1681.

GAFFARELLI, chanteur italien, mort le 30 novembre 1783.

Gaieté (théâtre de la), le plus ancien de tous les spectacles du boulevard du Temple: y fut établi en 1760 par Nicolet, sous le titre de *Grands danseurs du roi*, Ce fut en 1793, de triste mémoire, qu'il prit le nom *de théâtre de la Gaieté*. Incendié le 21 février 1835; reconstruit la même année.

GAIL (Jean-Baptiste), savant helléniste, né à Paris le 4 juillet 1755, mort le 5 février 1829.

GAIL (Sophie Garre, dame), épouse du précédent, auteur de charmantes compositions musicales, née à Paris en 1776, morte en 1819.

GAILLARD (Gabriel-Henri), historien français, né le 16 mars 1726 à Ostel, près de Soissons, mort en 1806.

Gaïus (Institutes de): elles durent avoir été rédigées sous Marc-Aurèle, dans la première partie du IIe siècle. Niebuhr les découvrit en 1816 dans un palimpseste de la bibliothèque de Vérone.

Galatie: réduite en province romaine l'an 25 av. J.-C.

GALBA (Servius Sulpicius), empereur romain, né le 24 décembre 749 de Rome (4 ans avant l'ère vulgaire); parvint à la pourpre l'an 68 de J.-C.; massacré par ses troupes le 15 janvier 69 de J.-C.

GALDIN (saint), archevêque de Milan, cardinal légat, mort le 18 avril 1176.

GALE (Thomas), savant et laborieux éditeur, né à Scurton dans le Yorkshire, en 1636, mort en 1702.

GALEAZ (Jean), premier duc de Milan, reçut ce titre le 5 septembre 1395. — GALEAZ (Marie-Sforze), duc de Milan en 1466; fut assassiné dans une église en 1476. — GALEAZ de Mantoue, commandait l'armée vénitienne au siége de Padoue, en 1405.

GALEN (Christophe-Bernard, van), prince-évêque de Munster, prélat guerrier; mort le 19 septembre 1678, âgé de 74 ans.

GALEOTTI (Albert), jurisconsulte fameux du XIIIe siècle, mort vers 1285.

GALÈRE (Caius Galerius Valerius Maximianus), empereur romain, mort le 1er mars 311.

Galères à trois rangs de rames, ou trirêmes; inventées par les Corinthiens l'an 786 av. J.-C.

Galères à quatre rangs de rames: inventées par les Carthaginois vers 440 av. J. C.

Galères. Voyez *Bagnes*, *Marque* et *Travaux forcés*.

GALIANI (Ferdinand), célèbre antiquaire et savant distingué, né à Chieti, au royaume de Naples, en 1728, mort en 1787.

GALIEN (Claude), célèbre médecin de l'antiquité, né à Pergame vers l'an 131 de J.-C., mort vers 210.

GALILÉE (Galilei), célèbre physicien, astronome et philosophe, né à Pise le 15 février 1564, mort à Florence le 9 janvier 1642.

Galiotes à bombes: leur invention par Bernard Renaud, en 1682

GALISSONNIÈRE (Roland-Michel Barrin, marquis de la), chef d'escadre, né à Rochefort le 11 novembre 1693, mort le 17 octobre 1756.

GALITZIN (Basile), surnommé *le Grand*, vice-roi de Kasan, d'Astrakhan, et garde-sceaux de la Russie, né vers 1633, mort en 1713.

GALL ou GAL (saint), évêque de Clermont, né vers 489, mort en 554. L'Eglise célèbre son culte le 1er juillet.

GALL (le docteur), médecin et physiologiste allemand, inventeur de la *cranologie*, mort le 22 août 1828.

GALLAND (Antoine), orientaliste et littérateur français, né à Rollot en Picardie en 1646, mort à Paris le 17 février 1715.

GALLE (André), célèbre sculpteur et graveur en médailles, membre de l'Institut, né à Saint-Etienne le 15 mars 1761, mort à Paris le 21 décembre 1844.

Galles: conquête de ce pays par Edouard Ier d'Angleterre, le 20 novembre 1277.

GALLET, épicier à la pointe Saint-Eustache, né à Paris vers le commencement du XVIIIe siècle, fut un chansonnier plein d'esprit et de naturel; Panard, Collé, Piron et lui furent les fondateurs de l'*ancien Caveau*.

GALLIEN (Publius Licinius), parvenu à l'empire romain l'an 260, assassiné l'an 268, âgé de 35 ans.

GALLOIS (Jean), savant ecclésiastique, né à Paris en 1632, mort le 5 novembre 1695.

GALLUS (Caïus Vibius Trebonianus), proclamé empereur romain en 251, massacré par ses soldats à Terni, en 255.

GALLUS (Cneus ou Publius Cornelius), poëte élégiaque latin, contemporain et ami de Virgile, vivait à la fin du VIIe et au commencement du VIIIe siècle de l'ère romaine.

GALLUS (Martin), le premier chroniqueur de la Pologne, écrivait de 1100 à 1110.

GALVANI (Louis), célèbre médecin, né en 1737, à Bologne, mort le 4 décembre 1798.

Galvanisme: est découvert par le physicien bolonais Galvani, en 1798; dès 1789, il avait fait les premières observations sur ce phénomène.

Galvanodesme, instrument pour sauver les noyés et les asphyxiés, inventé en 1819 par le docteur Struve de Goorlitz.

GAMA (Vasco de), célèbre voyageur portugais, mort le 24 décembre 1525.

GAMBARA (Véronique), femme célèbre d'Italie, née dans le territoire de Brescia en 1485, morte à Correggio en 1550.

Gambie (la): découverte de la source de cette grande rivière d'Afrique, par le voyageur français Mollien, dans le courant de 1818.

Gand (congrès de), pour traiter de la paix entre l'Angleterre et les Etats-Unis d'Amérique, le 30 juin 1814. — Rupture des négociations, le 29 août suivant.

Gand, ville de Flandre. Il n'est pas fait mention de cette ville avant le VIIe siècle. Saint-Amand vint y prêcher le Christianisme vers 636. — Vers l'année 1046, une peste affreuse enleva plus de 600 personnes par jour. — Vers 1178, Gand reçut une charte de communes. — Dans la première période du XIVe siècle, Jacques d'Artevelle changea l'organisation des Gantois, et ses règlements restèrent en vigueur jusqu'en 1510. — Gand possède aujourd'hui une citadelle commencée en 1822 et achevée en 1830.

GANGES (la marquise de), femme célèbre par ses malheurs, née à Avignon, en 1636. — Le parlement de Toulouse rendit, le 21 août 1667, un arrêt contre ses assassins.

GANNERON (Auguste-Victor-Hippolyte), député et ex-banquier français, mort à Paris le 23 mars 1847.

Gap: ville du haut Dauphiné: elle devint ville épiscopale au IVe siècle.—Grégoire, un de ses évêques, obtint, en 1058, de l'empereur Frédéric, le titre de prince et divers autres privilèges qu'il transmit à ses successeurs. —Elle éprouva de grands tremblements de terre en 1282 et 1644. — Une maladie contagieuse y fit de grands ravages en 1744.

GARAMOND (Claude), célèbre graveur et fondeur de caractères, né à Paris vers la fin du XVe siècle, mort en 1561.

GARASSE (François), savant jésuite, né à Angoulême en 1585, mort le 24 juin 1631.

GARAT (Dominique-Joseph), né dans le pays basque en 1760, mort dans ces dernières années; fut homme d'Etat, philosophe et écrivain.

GARAT (Pierre-Jean), neveu du précédent, né à Ustaritz, le 25 avril 1764, mourut le 1er mars 1823, après avoir été le chanteur le plus étonnant que la France ait jamais eu.

GARÇAO (Pedro-Antonio-Correa), célèbre poëte portugais, né à Lisbonne vers 1735, mort en 1775 environ.

GARCIA DE PAREDES (don Diégo), célèbre capitaine espagnol, né à Truxillo en 1466, mort en 1530.

GARCIA LASO, plus communément GARCILASSO DE LA VEGA, surnommé le *Prince des poëtes espagnols*, né en 1503, mort en novembre 1536.

GARCIA DE MASCARENHAS (Blaise), poëte portugais, né à Avo, dans la province de Beira, en 1596, mort le 8 août 1656.

Garde des sceaux. L'importance de cet office ne date guère que de 1302, sous Philippe le Bel. — En 1306, une ordonnance augmenta encore les droits et privilèges du garde des sceaux. — La dignité de garde des sceaux, supprimée durant la révolution et l'empire, fut rétablie le 9 juillet 1815.

Garde nationale de France: sa première formation, le 14 juillet 1789. — Supprimée peu après la journée du 18 brumaire (9 novembre 1799). — Sa seconde formation, le 13 mars 1814. Celle de Paris, licenciée par une ordonnance du 30 avril 1827.— Réorganisée en juillet 1830.

Garde impériale, instituée en 1804, augmentée en 1805 des vélites à pied et à cheval; en 1806, d'un second régiment de grenadiers, d'un second régiment de chasseurs à pied, d'un régiment de dragons, de deux compagnies d'ouvriers, d'un régiment de fusiliers-grenadiers et d'un régiment de fusiliers-chasseurs; en 1807, d'un régiment de lanciers polonais, et de plusieurs corps qui prirent le nom de *jeune garde*. La garde impériale reçut un accroissement considérable à partir de 1810 : grenadiers hollandais, lanciers rouges, flanqueurs, pupilles, pontonniers, etc. On comptait, à la fin de 1813, 81,000 hommes dans la garde impériale. — Elle fut définitivement supprimée à la fin de 1815.

Garde royale de France. Sa formation, le 1er septembre 1815; licenciée en août 1830.

Gardes d'honneur : sont levés en France en avril 1813.

Gardes du commerce, institués par Louis XV en 1772.

Gardes du corps. La première compagnie fut créée en 1448 (1423, 1440 ou 1445 selon d'autres). — En 1474 et 1475, Louis XI créa deux nouvelles compagnies. — En 1544 et 1545, François Ier institua une nouvelle compagnie. — Ces quatre compagnies, supprimées le 12 septembre 1791, furent rétablies au nombre de six par ordonnance du 12 mai 1814. — Supprimées pendant les Cent-Jours, quatre compagnies seulement furent reformées en 1815; elles furent dissoutes par ordonnance du 11 août 1830.

Gardes-Françaises : création de ce régiment en 1553; il fut dissous après la prise de la Bastille le 14 juillet 1789.

GARNERIN (André-Jacques), célèbre aéronaute, né à Paris le 31 janvier 1769, mort le 18 août 1823.

GARNIER (Robert), poëte tragique, né à la Ferté-Bernard, ville du Maine, en 1545, mort en 1601.

GARNIER (Jean-Jacques), historien, l'un des continuateurs de l'*Histoire de France* de Velly, né en 1729, mort le 21 février 1805.

GARRICK (David), célèbre auteur et acteur dramatique anglais, né à Lichtfield, le 28 février 1716, mort le 20 janvier 1779.

GARTH (Samuel), médecin anglais, mort le 18 janvier 1718.

Gascogne, ancienne province de France : forma un gouvernement distinct de celui du reste de l'Aquitaine, vers le milieu du VIIIe siècle. — Elle eut des ducs jusqu'au milieu du XIe siècle, et fut réunie au duché d'Aquitaine ou de Guienne, en 1070.

Gascons ou *Vascons*, peuple d'Espagne; passent les Pyrénées en 593, et s'établissent dans le pays qui s'appelle aujourd'hui Gascogne.

GASSENDI (Pierre), physicien, métaphysicien, géomètre et astronome français, né à

Chantersier (Provence) le 22 janvier 1592, mort le 4 octobre 1665.

GASSICOURT (Charles-Louis Cadet de), savant chimiste et pharmacien, né le 23 janvier 1769, mort le 22 novembre 1821.

GASSION (Jean de), maréchal de France, né le 20 août 1609, à Pau, tué d'un coup de mousquet à la bataille de Lens le 28 septembre 1647.

GASTON DE FOIX. Voyez Foix (Gaston de).

GAUBIL (Antoine), célèbre missionnaire jésuite, né à Gaillac le 14 juillet 1689, mort à Pékin le 24 juillet 1759.

Gaulois. Leur première expédition en Italie, sous la conduite de Bellovèse, l'an 600 av. J.-C. — Leur seconde expédition en Italie, sous la conduite de Brennus, l'an 390 av. J.-C. — Détruits par Camille l'an 390 av. J.-C.— Entièrement soumis à la domination romaine l'an 50 av. J.-C.

GAULTIER (Aloysius, ou Louis-Edouard-Camille), célèbre instituteur de la jeunesse, né à Asti en Piémont vers 1746, mort le 19 septembre 1818.

GAURIC (Luc), mathématicien et astrologue italien, né à Gifoni, dans le royaume de Naples, le 12 mars 1476, mort le 6 mars 1558.

Gaurus (combat du Mont-), où les Romains battirent les Samnites, l'an 343 av. J.-C.

GAUSSIN (Jeanne-Catherine), actrice française, morte le 9 juin 1767.

GAUTHIER (Mlle), actrice française : sa conversion le 26 avril 1722.

GAUTIER DAGOTI, peintre, graveur et anatomiste, mort à Paris en 1786.

GAVEAUX, acteur et compositeur français : mort le 9 février 1824.

GAVESTON, duc de Cornouailles : son exécution le 1er juillet 1312.

GAVINIÈS, violoniste et compositeur français : mort le 9 septembre 1800.

GAY (Jean), poëte anglais, né en 1688 à Barnstable, mort le 11 novembre 1732.

Gaz. Leur découverte, de 1750 à 1776.

Gaz hydrogène. Voyez *Eclairage.*

Gazette de France, le plus ancien de nos journaux politiques ; fondée par Théophraste Renaudot, médecin ; publication de son premier numéro le 5 novembre 1631.

GAZI-HASSAN, capitan-pacha, ou grand amiral turc, distingué par sa bravoure et ses capacités, mort en 1790.

GÉDÉON, fils de Joas, fut élu juge d'Israël vers l'an 1245 av. J.-C., mourut vers l'an 1239 av. J.-C.

GEER (Charles, baron de), célèbre naturaliste suédois, né en 1720, mort le 8 mars 1778.

Geisberg (château de), près de Weissembourg, où, le 26 décembre 1793, les Français forcèrent les lignes des Autrichiens et des Prussiens, et pénétrèrent dans le Palatinat.

GÉLASE Ier (saint), élu pape le 1er mars 492, mort le 21 novembre 496.

GÉLASE II, élu pape le 25 janvier 1118, mort à l'abbaye de Cluny, à Paris, le 29 janvier 1119.

Gélatine, substance nutritive extraite des matières animales, obtenue par Denis Papin en 1682. — Travaux de Darcet père, en 1796, pour extraire la gélatine des os ; ses procédés perfectionnés par son fils en 1814 et 1820.

GELLERT (Christian-Théotime), littérateur et poëte allemand, né à Haynichen en 1715, mort le 13 novembre 1769.

Gemblours (bataille de), gagnée en 1578, par don Juan d'Autriche sur les rebelles des Pays-Bas.

Gendarmerie. Ce corps succède en France à celui de la maréchaussée le 1er janvier 1791.

Généralités. Elles avaient été organisées en 1551, telles qu'elles existaient en 1789.

Gênes, fut gouvernée démocratiquement par des consuls en 1099. — Se soumit à l'autorité d'un doge le 23 septembre 1339. — Cette république se donna à la France en 1396.— Secoua le joug des Français, qui furent massacrés en grand nombre dans cette ville le 3 septembre 1409. — Se soumit aux ducs de Milan en 1421, et resta sous leur domination pendant 14 ans. — Son indépendance fut rétablie par André Doria, le 12 septembre 1528. — Conjuration de Fiesque contre André Doria, dans la nuit du 1er au 2 janvier 1547. — Bombardée par les ordres de Louis XIV, en 1684. — La république envoya son doge et quatre sénateurs à Paris pour faire ses soumissions à Louis XIV, le 15 mai 1685.— Prise par les Autrichiens le 6 septembre 1746. — En décembre suivant les Autrichiens en furent chassés. — Emeute populaire dans cette ville, le 30 avril 1797 : 12,000 ouvriers demandent l'abolition du gouvernement patricial et le rétablissement de la démocratie. — Cette ancienne forme de gouvernement fut rétablie le 1er mai suivant. — Ce gouvernement prend le nom de république Ligurienne le 22 juin 1797. — Assiégée par les impériaux en 1800, elle capitula. — Bonaparte la délivra par la victoire de Marengo ; et en 1804 elle se réunit à la France. — Elle fut incorporée au Piémont le 26 novembre 1814.

Genève, ville d'une haute antiquité. Après avoir fait partie de l'empire romain pendant cinq siècles, elle passa sous la domination des Bourguignons en 426. Ceux-ci la cédèrent en 436 aux Francs, qui la possédèrent pendant quatre siècles et demi. —Au commencement du XIe siècle, elle se trouvait sous la dépendance d'un évêque et d'un comte. — Réunie au comté de Savoie en 1401. — Fondation de son université par l'empereur Charles IV, en 1365. — Embrassa la Réformation, et se constitua république indépendante en 1535. Elle conserva cette indépendance jusqu'en 1798. Fut réunie à la France par un traité signé le 26 avril 1798. — Elle recouvra son indépendance en 1813 ; se donna une nouvelle constitution au mois d'août 1814 ; fut agrégée à la confédération suisse en 1815.

GENEVIÈVE (sainte), vierge célèbre, pa

tronne de Paris, née à Nanterre vers 422, morte le 3 janvier 512.

GENEVIÈVE DE BRABANT : sa légende merveilleuse place sa vie au commencement du VIIIe siècle.

GENGIS-KHAN ou DGENGHISKHAN, célèbre conquérant, né vers l'an 1163 de J.-C., mort le 24 août 1227. — L'empire fondé par lui, quoique divisé en quatre monarchies après sa mort, a continué long temps de s'accroître et de s'affermir; trois de ces monarchies ont dominé près de cent ans la Chine, la Tartarie et la Perse ; la quatrième a laissé des traces dans notre Europe jusqu'à la fin du XVIIIe siècle.

Génie militaire : ce corps prit naissance en 1668. — Il fut réuni à celui de l'artillerie de 1755 à 1758.

GENLIS (Stéphanie-Félicité Ducrest de Saint-Aubin, comtesse de), fameuse romancière de notre temps, née près d'Autun en 1746, morte le 31 décembre 1830.

Génovéfains, chanoines réguliers de Sainte-Geneviève : leurs réformes en 1626 en 1634.

GENOVESI (Antoine), célèbre philosophe italien, né à Castiglione, royaume de Naples, le 1er novembre 1712, mort en septembre 1769.

GENSÉRIC, roi des Vandales, né à Séville en 406, commence à régner en 428; meurt en 477.

GENSONNÉ (Armand), député de la Gironde à la Convention nationale, né à Bordeaux le 10 août 1758, mort sur l'échafaud révolutionnaire le 31 octobre 1793.

GENTIL(André-Antoine-Pierre), savant agronome, né à Pesme en Franche-Comté vers 1725, mort à Paris en 1800.

GENTILIS (Jean-Valentin), hérésiarque, né à Cozenza, dans le royaume de Naples, mort en 1566

Gentilly (concile de) : tenu sous le règne de Pepin, en 767 et 768.

GEOFFRIN Marie-Thérèse Rodet, madame), femme d'esprit, née à Paris en 1699, morte en 1777.

GEOFFROY (Etienne-François), célèbre médecin, né à Paris en 1672, mort dans cette ville le 5 janvier 1731

GEOFFROY (Julien--Louis), célèbre critique français, né à Rennes en 1743, mort le 26 février 1814.

Géographie : dès 332 av. J.-C., on faisait des cartes où figuraient tous les pays connus, et sur lesquelles étaient marquées la grandeur et la situation approximative de chaque lieu. — Dès Hérodote cette science était cultivée, vers l'an 444 av. J.-C. — La *Géographie* de Strabon a fait reconnaître en lui le premier géographe de l'antiquité, vers l'an 14 du premier siècle de notre ère. — Dans les temps modernes, au XVIe siècle, Mercator donna une grande impulsion à la science géographique.

Géométrie : suivant les Orientaux, Henoch ou Edric en fut l'inventeur vers 3400 av. J.-C. — Les premiers éléments de cette science furent composés par Anaximandre vers 575 av. J.-C. — Thalès l'enrichit de plusieurs inventions 600 ans av. J.-C. — Euclide publia ses *élémens*, environ 300 ans av. J.-C. Moins d'un siècle après, Archimède s'immortalisa par ses découvertes en géométrie. — *Géométrie* de Descartes, publiée en 1637. — *Géométrie descriptive* de Monge, publiée en 1799.

GEORGE (saint), patron de l'Angleterre, reçut la palme du martyre, sous le règne de Dioclétien, dans le IIIe siècle.

GEORGEL (Jean-François), ex-jésuite et grand vicaire du diocèse de Strasbourg, né à Bruyères en Lorraine le 29 janvier 1731, mort le 14 novembre 1813.

GEORGES Ier, roi d'Angleterre, né à Osnabruck le 28 mai 1660, proclamé roi le 11 août 1714, mort le 11 juin 1727.

GEORGES II (Auguste), fils du précédent, né en 1683, succède à son père en 1727; mort le 25 octobre 1760.

GEORGES III, roi d'Angleterre et de Hanovre, né le 4 juin 1738, monte sur le trône le 25 octobre 1760, mort le 30 janvier 1820.

GEORGES IV, roi d'Angleterre, fils du précédent, né le 12 août 1762, appelé à la régence en 1811, prit le titre de roi le 20 janvier 1820 ; mort le 26 juin 1830.

GEORGES CADOUDAL, chef de chouans, exécuté comme conspirateur le 5 messidor an XII (24 juin 1804), âgé de 35 ans.

Géorgie : en 684, les califes de Damas en font la conquête et y introduisent la religion mahometane. — Ce pays retombe au pouvoir des Perses en 681. — Gouvernée par des rois jusqu'en 1722, époque de sa conversion en pachalick par les Turcs. — La dynastie des rois est rétablie en 1723 par Kouli-Khan, roi de Perse. — Soumise entièrement aux Russes en 1801 ; l'empereur Alexandre l'érige en province russe en 1807.

Géorgie (Etats le), dans l'Amérique septentrionale : les Anglais s'y établissent en 1732.

Géorgie du Sud, île du Grand Océan, découverte par Cook en 1775.

GERARD (François, baron), peintre célèbre, né à Rome le 11 mars 1770, mort le 11 janvier 1837.

GERASIME (saint), solitaire de Lycie, mort le 5 mars 475.

Gerberoy, ville de Picardie : assiégée par les Anglais en 1159. — Prise par les mêmes en 1418. — Les Français s'en emparèrent en 1449. — Brûlée en 1611, 1651 et 1673.

GERBERT ou GIRBERT. Voy. SILVESTRE II, pape.

GERBIER (Pierre-Jean-Baptiste), célèbre avocat au parlement de Paris, né à Rennes le 29 juin 1725, mort à Paris le 26 mars 1788.

GERDIL (Hyacinthe Sigismond), savant cardinal, né à Samoens en Faucigny (Savoie), le 23 juin 1718, mort le 12 août 1802.

GÉRICAULT (Jean-Louis-Théodore-André), peintre distingué, né à Rouen vers 1792, mort en 1826.

GERMAIN (saint), patriarche de Constantinople, mort en 733, âgé de 95 ans.

GERMAIN D'AUXERRE (saint), évêque, né en 380, mort à Ravenne le 21 janvier 448.

GERMAIN DE PARIS (saint), évêque de cette ville vers 496, mort le 28 mai 576.

GERMAIN (Sophie), savante mathématicienne, née vers 1778, morte le 17 juin 1831.

Germain-en-Laye (Saint-), ancienne ville dont l'origine remonte au roi Robert. — Prise par les Anglais, en 1346 et 1419. — Fut exemptée de toutes charges et impôts par Henri IV, et conserva ce privilége jusqu'en 1784. — Une assemblée de notables s'y tint en 1583. — Le couvent des Loges, situé dans la fôret, a été converti, par une ordonnance de 1816, en une succursale de la maison de Saint-Denis.

Germains : peuples barbares du Nord, qui commencèrent à envahir l'Europe env. 120 ans avant l'ère chrétienne. — L'an 9 av. J.-C., ils défirent les légions romaines sous le commandement de Varus. — L'année 169 de notre ère est le point de départ de la lutte terrible qui dura près de deux siècles et demi entre les nations germaniques et l'empire romain. — L'histoire des anciens Germains finit à l'année 406. Voyez *Allemagne* et *Allemands*.

Germanicie, ville de Comagène ; son ère, marquée sur ses médailles, répond à l'an 39 de notre ère:

GERMANICUS (César), fils de Drusus, né vers l'an de Rome 738, mort empoisonné l'an 29 de J.-C.

Germanique (corps) ; institué au commencement du XIIe siècle, au profit de l'indépendance des princes et seigneurs de l'Allemagne.

GERSON (Jean Charlier de), chancelier de l'Université de Paris, né le 14 décembre 1363, mort à Lyon le 12 janvier 1429.

GERTRUDE (sainte), fille de Pepin, maire du palais, abbesse de l'ordre de Saint Benoît, née à Landen en Brabant l'an 626, morte le 17 mars 659.

GERTRUDE (sainte), abbesse de l'Elpedian, ordre de Saint-Benoît, morte en 1292.

GERVAIS (saint), souffrit le martyre vers 304 ; son corps, ainsi que celui de son frère, saint Protais, fut trouvé à Milan, en 380, par saint Ambroise. Voy. PROTAIS (saint).

Gervais (l'Eglise de Saint-) à Paris: rebâtie en 1212, elle existait déjà au VIe siècle ; le portail, qui est de l'architecte Desbrosses, ne fut construit qu'en 1616.

GERVAISE (dom François-Armand), religieux de la Trappe, historien ecclésiastique, né vers 1660, mort en 1751.

GESSNER (Salomon), graveur paysagiste et poëte célèbre, né à Zurich en 1730, mort le 2 mars 1788.

GETA (P. Septimus), empereur romain, assassiné par ordre de Caracalla, son collègue, l'an 212 de J.-C., âgé de 24 ans.

Gètes, peuples barbares venus de l'Hypanis : battent le consul Sabinius, en 505, et ravagent la Macédoine, la Thessalie et l'Epire en 517.

Gex (le): cédé en 1601 à la France par la Savoie.

GHAZAN-KAN, souverain de la Perse, né l'an 670 de l'hégire (1271), monta sur le trône en 694 de l'hégire (1295), mourut le 21 mai 1304.

GIANNONE (Pierre), historien célèbre, né dans le royaume de Naples le 7 mai 1676, mort le 7 mars 1748, ou 1758, suivant la *Biographie universelle* de Michaud.

GIBBON (Edouard), célèbre historien anglais, né à Putney dans le comté de Surrey, en 1737, mort en 1794.

Gibelins : leur origine ainsi que celle des Guelfes, leurs rivaux, remonte à l'élection de l'empereur Conrad III, en 1138. — Depuis lors, ces deux factions se firent une guerre acharnée qui désola l'Italie pendant trois siècles.

GIBERT (Jean-Pierre), savant canoniste français, né à Aix en 1660, mort le 2 décembre 1736.

GIBERT (Balthasar), professeur de l'Université de Paris, cousin du président, né à Aix en 1662, mort le 28 octobre 1741.

Gibraltar, ville très-forte sur la côte occidentale d'Espagne; prise le 4 août 1704 par les Anglais, qui la possèdent encore aujourd'hui. — Assiégée, mais inutilement, depuis juin 1779 jusqu'en septembre 1782, par les Espagnols et les Français, qui avaient fait pour ce siége des dépenses considérables.

GIÉ (Pierre, vicomte de Rohan, plus connu sous le nom de maréchal de), né en Bretagne vers le milieu du XVe siècle, mort à Paris le 22 avril 1513.

Gierace, ville du royaume de Naples, détruite par le tremblement de terre du 5 février 1783.

GIGLI (Jérôme), littérateur italien, né à Sienne le 14 octobre 1660, mort à Rome le 4 juin 1722.

GILBERT (Nicolas-Joseph-Laurent), poëte français, né à Fontenay-le-Château près de Nancy, en 1751, mort à l'Hôtel-Dieu de Paris le 12 novembre 1780.

GILBERT (François-Hilaire), savant vétérinaire, né à Châtellerault le 18 mars 1757, mort le 5 septembre 1800.

Gilbertins (ordre des), fondé en Angleterre, l'an 1148, par Gilbert de Sompringham ; il suivait les règles de saint Augustin pour les hommes, et de saint Benoît pour les femmes.

GILIBERT (Jean-Emmanuel), médecin et naturaliste français, né à Lyon le 21 juin 1741, mort le 2 septembre 1814.

GILLES (saint), abbé en Languedoc, né en 640, mort en 720.

GINANI (Pierre-Paul), écrivain distingué, moine du Mont-Cassin, né à Ravenne le 8 mai 1698, mort en 1774.

GINGUENÉ (Pierre-Louis), littérateur distingué, né à Rennes en 1748, mort le 17 novembre 1816.

GIOJA (Flavio), inventeur de la boussole, né à Pasitano près d'Amalfi, vivait au commencement du XIVe siècle.

GIORDANO (Luc), peintre célèbre, né à Naples en 1632, mort en 1705.

GIOTTO, célèbre peintre, sculpteur et architecte florentin du XIIIe siècle; les uns le font naître en 1276, les autres en 1266; cette dernière date est la plus probable.

Giovanni (San), petite ville d'Italie: en 1799, fut le théâtre d'une bataille sanglante entre les Français et les Russes.

GIOVO (Paolo) ou PAUL JOVE, célèbre auteur italien, né à Côme le 19 avril 1483, mort à Florence le 11 décembre 1552.

Girafe: Cet animal n'était point encore connu en Europe, lorsque, en 708 de la fondation de Rome, César en fit venir une du port d'Alexandrie. — Plus tard, l'an 218 de notre ère, on vit dans le cirque de Rome dix girafes à la fois.

GIRARD (l'abbé Gabriel), grammairien distingué, auteur des *Synonymes français*, né à Clermont en Auvergne vers 1677, mort le 4 février 1748.

GIRARDIN (Stanislas, comte de), l'un des députés de l'opposition sous la restauration, mort le 27 février 1827.

GIRARDON (François), sculpteur et architecte français, né à Troyes en Champagne en 1630, mort à Paris le 1er septembre 1715.

GIRAUD (Jean), célèbre auteur dramatique italien, né à Rome d'une famille d'origine française, mort en 1832 ou 1833, âgé d'environ 60 ans. C'est à lui que nos scènes secondaires doivent le *Précepteur dans l'embarras*, que nos arrangeurs dramatiques ont pris dans ses œuvres.

GIRODET (Anne-Louis de Roussy), peintre célèbre, né à Montargis le 5 janvier 1767, mort en 1824.

Gironde, nom d'un parti célèbre dans les premières luttes de la révolution française. — Les premières hostilités des girondins contre le trône commencèrent en 1792; le 31 octobre 1793, ils périssaient presque tous sur l'échafaud révolutionnaire.

Gironne, ville considérable de la Catalogne, prise par les Français en 1694, 1711 et 1809.

GIRTANNER (Christophe), savant médecin, né à St.-Gall le 7 décembre 1760, mort le 17 mai 1800.

Giurgewo: prise de cette forteresse par les Russes sur les Turcs, le 19 octobre 1810.

GIZZI (Pascal), cardinal et homme d'Etat, né à Cecano le 22 septembre 1787, mort à Fondi en juin 1849.

Glaces: les premières glaces furent soufflées à Venise en 1300. — Manufacture de glaces à l'instar de celle de Venise, établie par Colbert en 1665, à Tour-la-Ville près de Cherbourg, et transférée à Paris quelques années après. — Invention des glaces coulées de St.-Gobin, en 1688, par l'ouvrier Thévart, devenu maître fabricant. Etablissement de cette manufacture en 1691.

Gladiateurs (combats de): commencent à Rome l'an 263 av. J.-C. — Leurs spectacles sont abolis par Constantin, l'an 325; ils subsistèrent pourtant jusqu'à Honorius, qui les abolit entièrement en 403.

Glatz, forte ville de Prusse, prise par les Français en 1807.

Glauber (sel de): découvert par un chimiste allemand qui vivait dans le XVIIe siècle et qui lui a laissé son nom.

Glucine: découverte de cette espèce de terre par Vauquelin, en 1797.

GLUCK (le chevalier Christophe), célèbre compositeur, né en 1714, mort le 16 novembre 1787.

Glucynium, métal; isolé par M. Wohler en 1827.

GMELIN, famille célèbre de Tubingen qui, dans l'espace d'un demi-siècle, a produit six savants remarquables, dont le dernier et le plus distingué est Jean Frédéric, né à Tubingen en 1746.

Gnomon: l'an 1109 av. J.-C., on se servait déjà à la Chine de cet instrument pour mesurer les hauteurs du soleil aux solstices et aux équinoxes.

Gnostiques: sectaires qui prêchaient leurs doctrines hérétiques vers l'an 129 de l'ère chrétienne.

GOBEL (Jean-Baptiste-Joseph), évêque constitutionnel de Paris, né à Thann en Alsace, en 1721, mort sur l'échafaud le 13 avril 1794.

Gobelins (écarlate des): teinture inventée par Gilles Gobelin, de 1515 à 1547, sous le règne de François Ier.

Gobelins (manufacture des), établie par Colbert de 1662 à 1666. — La direction en fut confiée, en 1667, au célèbre peintre Lebrun.

GODARD (Pierre François), graveur sur bois, né à Alençon le 21 janvier 1768, mort à St.-Denis sur Sarthon, près d'Alençon, le 23 juillet 1838.

GODEAU (Antoine), évêque de Grasse et de Vence, né a Dreux en 1605, mort le 21 avril 1672.

GODEFROY (saint), évêque d'Amiens, mort le 8 novembre 1118,

GODEFROI DE BOUILLON, duc de Lorraine, premier roi chrétien de Jérusalem, mort le 18 juillet 1100.

GODESCARD (Jean-François), savant et laborieux ecclésiastique, né à Roquemont, diocèse de Rouen, en 1728, mort le 21 août 1800.

GODWIN (Williams), historien et philosophe anglais, né à Wisbach dans le comté de Cambridge, le 3 mars 1756, mort le 7 avril 1836.

GOETHE (Wolfgang von), la plus grande célébrité de l'Allemagne littéraire moderne, né à Francfort-sur-le-Mein le 28 août 1749, mort le 22 mars 1832.

Gœttingue, ville de Hanovre, célèbre par son université fondée en 1735 par le roi Georges II.

GOFFIN (Hubert), mineur français, mort le 8 juillet 1821.

Golconde: découverte de ses mines de diamant par Methold, anglais, en 1622.

GOLDONI (Charles), célèbre auteur dramatique, né à Venise en 1707, mort à Paris le 8 janvier 1793.

GOLDSMITH (Olivier), célèbre écrivain anglais, né en 1728, mort le 4 avril 1774.

GOLTIZIUS ou GOLZ (Henri), peintre, graveur et dessinateur, né en 1558 à Mulbrecht dans le duché de Juliers, mort à Harlem en 1617.

Golymin (bataille de), où les Russes et les Prussiens sont battus par les Français, le 26 décembre 1806.

GOMAR (François), célèbre chef d'un parti protestant qui porte son nom, né à Bruges en 1563, mort à Groningue en 1641.

Gomaristes, disciples de Gomar. Voy. *Arminiens*.

GOMBERVILLE (Marin Le Roi de), poëte français, né à Paris ou à Etampes en 1600, mort le 11 juin 1674.

Gombette (loi) : donnée par Gombaud ou Gondebaud, roi de Bourgogne, et promulguée à Lyon, alors capitale de ce royaume, en l'année 502.

Gomorrhe, l'une des cinq villes de la Pentapole qui furent détruites par le feu du ciel, l'an 2138 du monde (1897 ans av. J.-C.).

GONDI. Voy. RETZ.

Gonorrhée; première trace de cette maladie en France, en 1520.

GONZAGUE : célèbre maison de Mantoue, qui donna à cette ville des capitaines, puis des marquis et des ducs à ce territoire, de 1328 à 1746.

GONZAGUE (saint Louis de), de la famille souveraine de Mantoue, né le 9 mars 1568, prit l'habit des jésuites à Rome en 1585, mourut le 21 juin 1592, fut béatifié par Grégoire XV en 1621.

GONZALVE (ou Gonçalo, Hernandez y Aguilar), de Cordoue, surnommé le *Grand-Capitaine*, né à Montilla le 16 mars 1445, mort à Grenade le 2 décembre 1515.

GORDIEN *l'Ancien* (Marcus-Antonius), empereur romain, né à Rome en 157, proclamé en 237, mort six semaines après.

GORDIEN *le Jeune*, fils du précédent, né vers l'an 191, tué dans une bataille le 25 juin 237.

GORDIEN *le Pieux* (Marcus-Antonius), empereur romain, proclamé en 241, assassiné en 244.

GORDON (Georges), fanatique anglais, né en 1750, mort à Newgate le 1er novembre 1793.

Gorée, île sur la côte d'Afrique ; elle appartenait à la France depuis 1677, lorsque l'Angleterre s'en empara le 28 décembre 1758 ; elle nous a été restituée en 1814.

GORSKI (Jacques-Schtemberg), philosophe, théologien et orateur polonais, né en 1525 dans le palatinat de Mazovie, mort en 1583.

GOSSEC (François-Joseph), savant compositeur de musique, né en 1733 à Vergnies, petit village du Hainaut, mort à Passy le 16 février 1829, âgé de 96 ans.

Goths : ravagent l'Asie, l'Achaïe, l'Epire, l'Acarnanie et la Béotie, l'an 267 depuis J.-C.; — sont défaits par les Romains qui en tuent plus de 320,000, l'an 269. — L'empereur Valens commence la guerre contre eux, en 366. Ils sont vaincus et forcés de demander la paix en 369. Chassés du pays au delà du Danube, qu'ils possédaient depuis 150 ans, par les Huns, peuples venus de l'Asie, ils sont reçus dans l'empire romain en 376. — Ils se révoltent en 377 ; battent l'empereur Valens près d'Andrinople, le 9 août 378. — Sont battus à leur tour par Théodose en 379. — Gratien fait la paix avec eux en 380. — Ils viennent sur les terres de l'empire en 382. — Ils reparaissent en Italie sous la conduite d'Alaric, en 400. — Sont battus près d'Arles par le consul Constance, en 414, et forcés de se retirer en Espagne. — Ils se forment un royaume dans le midi de la Gaule, en 419. — Année 553, fin de leur domination en Italie, qu'ils avaient souvent ravagée.

GOUDELIN ou GOUDELI (Pierre), poëte languedocien, né à Toulouse en 1579, mort dans cette ville le 10 septembre 1649.

GOUJET (Claude-Pierre), savant laborieux, auteur de la *Bibliothèque des écrivains ecclésiastiques*, né à Paris en 1697, mort le 2 février 1767.

GOUJON (Jean), célèbre sculpteur et architecte, né à Paris dans le XVIe siècle, tué d'un coup d'arquebuse à la St.-Barthélemy, le 24 août 1572.

Gouverneurs militaires de provinces : cette institution de l'ancienne monarchie, supprimée le 20 février 1791, rétablie le 21 janvier 1814, a été définitivement abolie par ordonnance royale du 14 novembre 1830.

GOUVION SAINT-CYR (Laurent), maréchal de France, né à Toul le 13 avril 1764, mort le 17 mars 1830.

GOZZI (Gaspard), littérateur et poëte italien, né en 1713, mort le 26 décembre 1786.

GRACCHUS (Tibérius), tribun du peuple et orateur romain, né l'an 591 de Rome, massacré l'an 133 av. J.-C.

GRACCHUS (Caius), frère du précédent, mort l'an 121 av. J.-C.

GRAFFIGNY (Françoise d'Issembourg d'Apponcourt, dame de), auteur des *Lettres d'une Péruvienne*, née à Nancy en 1694, morte à Paris en 1758.

Grains : M. de Lasteyrie trouve, en 1819, un moyen économique de les conserver : celui de creuser des fosses souterraines où règne toujours une égale température.

GRAMMONT (Philibert, comte de), général français, mort le 10 janvier 1707, à 86 ans.

Grand-Livre de la dette publique : il fut formé en vertu de la loi du 24 août 1793. — Une autre loi du 11 mai 1802 (21 floréal an V) changea les époques de payement des intérêts de la dette. — Les autres lois qui ont apporté des modifications dans cette matière sont celles du 17 avril 1822 et du 1er mai 1825.

Grand maître de l'artillerie. Voy. *Artillerie*.

Grand-maître de l'université. Voy. *Université*.

Grande-Bretagne. L'an 121 ap. J.-C., l'empereur Adrien fit construire un mur de 30 lieues, au nord de ce pays, pour séparer les Romains et les Barbares (ou Montagnards écossais) : on en voit encore des vestiges. — Autre mur, bâti par Sévère, l'an 210, de l'est à l'ouest de l'Ecosse. — A dater de l'an 598, la religion chrétienne s'introduit dans la Grande-

Bretagne. — Le 2 juillet 1600; sanction de l'union de l'Irlande avec l'Angleterre et l'Ecosse. Ces trois royaumes sont soumis à un seul et même Parlement. Voyez *Angleterre* et *Ecosse*.

Grandes compagnies. La Bretagne fut ravagée en 1203 par une de ces bandes à la solde de Henri II, roi d'Angleterre. — D'autres bandes, aussi nombreuses que des armées, dévastèrent la Champagne, la Bourgogne, la Provence et les autres provinces, de 1356 à 1608.

GRANDIER (Urbain), curé et chanoine de Loudun, brûlé vif pour crime de magie, le 18 août 1634.

GRANDIN (Victor), manufacturier et représentant du peuple, né en 1797, mort à Paris le 25 août 1849.

GRANDMENIL (Jean-Baptiste-Fauchard de), comédien français, né à Paris en 1737, mort dans cette ville le 24 mai 1816.

Grandmontins (ordre des), fondé suivant la règle de saint Benoît, par saint Etienne de Thiers, dans le voisinage de Limoges, en 1076.

GRANDVAL (Charles-François Racot), comédien français, né à Paris en 1721, mort dans cette ville le 24 septembre 1784.

Granique, rivière de la Mysie : bataille livrée à son passage, et où Alexandre défit les troupes de Darius, l'an 334 av. J.-C.

Granson (bataille de), gagnée le 3 mars 1476, par les Suisses, sur Charles le Téméraire, duc de Bourgogne.

GRANVELLE (Nicolas Perrenot de), cardinal et homme d'Etat, né à Ornans en Bourgogne, le 20 août 1517, mort à Madrid le 21 septembre 1586, après avoir été successivement évêque d'Arras, archevêque de Malines, archevêque de Besançon, vice-roi du royaume de Naples, et président des conseils d'Italie et de Castille.

GRANVILLE (Georges), vicomte de Lansdown, poëte et ministre anglais, né en 1667, mort en 1735.

Granville, ville maritime de Normandie : ses habitants repoussèrent vaillamment les Anglais en 1792.

GRATIEN, empereur romain, né à Sirmium le 18 avril 359, proclamé le 17 novembre 375, massacré le 25 août 383.

GRATIEN, célèbre canoniste de Chiusi en Toscane, bénédictin, mort vers 1151.

GRATTAN (Henri), orateur parlementaire anglais, né à Dublin en 1746, mort le 4 juin 1836.

Gravelines (bataille de), gagnée sur les Français, le 13 juillet 1558, par les Espagnols, commandés par le comte d'Egmont.

Gravelines : sac de cette ville par les Français en 1211. — Elle est prise par les Anglais en 1388. — Prise et reprise par les Français dans le XVe siècle. — Fortifiée par Charles-Quint en 1528. — En 1579 et en 1581, la reine Elisabeth, puis le prince d'Orange, cherchent vainement à se rendre maîtres de Gravelines par trahison. — Prise par Gaston d'Orléans, le 16 juin 1644. — Reprise par l'archiduc Léopold, le 18 mai 1652. — Explosion des poudres, le 28 mai 1654. — Le 30 août 1658, Vauban se rend maître de cette place, qui depuis est toujours restée à la France. — La châtellenie de Gravelines était passée par alliance, en 1213, dans la maison de Guisnes; elle retourna à la Flandre dans le siècle suivant, fut transmise aux ducs de Bar et aux comtes de Saint-Pol, et revint enfin à la couronne de France. — Le premier canal de Saint-Omer à Gravelines fut pratiqué sous Robert Ier, comte d'Artois, dans la première moitié du XIIIe siècle. Ces travaux furent continués par Philippe II en 1370, et par Philippe IV en 1637; mais ayant été détruits par le duc d'Orléans en 1644, on y construisit une grande écluse en 1699. — Ce ne fut que près d'un siècle plus tard qu'on songea à rétablir le canal.

GRAVESANDE (Guillaume-Jacob de S'), physicien, géomètre et mathématicien célèbre, né à Bois-le-Duc le 27 septembre 1688, mort à Paris le 28 février 1742.

GRAVINA (Jean-Vincent), jurisconsulte et littérateur italien, né à Roggiano en 1664, mort à Rome le 6 janvier 1718.

Gravure : cet art est porté à sa perfection, en Italie, par Zénodore, vers l'an 66 de notre ère.

Gravure en creux, inventée par Jean delle Carniole, Florentin, en 1410, et perfectionnée par Maso Finiguerra, vers 1452.

Gravure sur verre : son invention par Landelle, de Paris, en 1809.

Gravure sur diamant : son invention par le Milanais Clément Birague, en 1564.

Gravure en plusieurs couleurs. Procédé inventé par Jacques Leblond, en 1730.

Gravure de cartes géographiques. En 1458, l'ouvrage de Ptolémée fut publié avec des cartes gravées sur bois. — En 1478 avaient paru les premières cartes géopraphiques gravées sur métal; elles étaient de Conrard Swenheim, imprimeur allemand, établi à Rome.

GRAY (Thomas), poëte élégiaque anglais, né à Cornhil le 26 décembre 1716, mort le 30 juillet 1771.

GRAY (Jeanne). Voyez JEANNE GRAY.

Gray, ville de la Franche-Comté. — Othon IV, comte de Bourgogne, y établit, en 1287, une université qui fut transférée à Dôle, vers 1420. — Gray fut brûlée en 1360, en 1384 et en 1477. — Henri IV s'empara de cette place en 1595. — Elle se soumit à Louis XIV en 1674.

Grèce ancienne. Des gouvernements républicains s'y établissent dans divers Etats : à Thèbes, l'an 1190 av. J.-C., l'année même du retour des Héraclides; à Athènes, en 1132; dans l'Argolide, en 984; à Sparte, en 766. — Guerre entre les Messéniens et les Spartiates, de 683 à 668 av. J.-C. — Lois de Dracon à Athènes, en 624. — Lois de Solon, en 582. — Commencement de la guerre contre les rois de Perse, l'an 513. — Bataille de Marathon, en 490. — Premiers succès de Philippe, roi de Macédoine, contre la Grèce, en 337. — Mort de Philippe en 335. Dès ce moment, l'histoire grecque n'est en quelque sorte que l'histoire de Macédoine. Voy. *Macédoine*. — La Grèce commence à être divisée en provinces romaines vers 206. — Cette contrée parut reprendre quelque importance sous l'empereur Constantin, dans la première partie du IVe siècle. — Après avoir subi les ravages de cent nations barbares, elle devint, en 1204, la proie des Francs de la quatrième croisade, et subit le joug turc en 1453, par suite des conquêtes de Mahomet II.

Grèce moderne. En décembre 1821, le congrès national rédige une constitution pour les diverses parties de la Grèce, insurgée contre les Turcs. — Cette constitution provisoire est promulguée à Epidaure, le 12 janvier 1822. — Une déclaration d'indépendance est publiée le 27 janvier 1822. — La constitution est légèrement modifiée en 1823, et entièrement refondue en 1827. — Traité pour sa pacification, entre la France, la Grande-Bretagne et la Russie, le 6 juillet 1827. — — Libération de son sol, le 30 octobre 1828. — La Grèce, antique berceau du gouvernement républicain, est érigée en monarchie héréditaire, par suite du protocole du 3 février 1830, arrêté entre la France, l'Angleterre et la Russie. — Le prince Frédéric Othon de Bavière, élu roi de la Grèce, a été placé sous la direction d'une régence jusqu'au 1er juin 1834, époque de sa majorité.

GRÉCOURT (Jean-Baptiste-Joseph Willart de), poëte épicurien, né en 1648, mort à Tours le 2 avril 1743.

Grecs modernes : leurs premiers mouvements pour secouer le joug des Turcs, en avril 1821. — Ils sont impitoyablement massacrés dans l'île de Chio par les Turcs, le 12 avril 1822. — Ils incendient la flotte turque devant Chio, le 19 juin 1822.

Greenwich, bourg d'Angleterre : son hôpital fut bâti par Guillaume III, pour les marins, vers la fin du XVIIe siècle. — Au commencement du XIXe siècle, le ministre Pitt consacra, sous le nom d'*Asile naval*, le palais situé au bout du parc de Greenwich, pour les enfants orphelins des matelots et soldats de marine.

GRÉGOIRE I (saint), surnommé *le Grand*, né à Rome vers l'an 550, élevé à la tiare le 3 septembre 590, mort le 12 mars 604.

GRÉGOIRE II (saint), élu pape en 715, mort le 12 février 731.

GRÉGOIRE III, élu pape le 18 mars 731, mort le 28 novembre 741.

GRÉGOIRE IV, pape, élu le 5 décembre 827, intronisé le 5 janvier 828, mort le 25 janvier 844.

GRÉGOIRE V, élu pape en mai 996, mort le 18 février 999.

GRÉGOIRE VI, élu pape en 1045, abdique en 1046.

GRÉGOIRE VII, pape en 1073, mort à Salerne le 24 février 1085.

GRÉGOIRE VIII, élu pape le 11 octobre 1187, mort le 17 décembre suivant.

GRÉGOIRE IX, cardinal, évêque d'Ostie, élu pape le 19 mars 1227, mort le 21 août 1241, âgé de près de 100 ans.

GRÉGOIRE X, (Thibaud), élu pape le 1er septembre 1271, mort à Arezzo le 10 janvier 1276

GREGOIRE XI (Pierre-Roger), né en 1329, élu à la chaire de saint Pierre le 3 décembre 1370, sacré le 5 janvier 1371, mort le 28 mars 1378.

GREGOIRE XII (Ange-Concerio), pape le 30 novembre 1406, mort à Recanati le 18 octobre 1417, âgé de 92 ans.

GREGOIRE XIII (Hugues-Buoncompagno), élu pape le 14 mai 1572, mort le 18 avril 1585, âgé de 83 ans.

GREGOIRE XIV (Nicolas Sfondrate), pape le 5 décembre 1590, mort le 15 octobre 1591.

GREGOIRE XV (Alexandre-Ludovisio), pape le 9 février 1621, à 67 ans, mort le 8 février 1623.

GREGOIRE XVI (Maur Capellari), né à Bellune le 18 septembre 1765, élu pape le 2 février 1831, mort le.....

GREGOIRE DE NAZIANZE (saint), dit le *Théologien*, né vers 328 à Nazianze en Cappadoce, mort en 391.

GREGOIRE DE NYSSE (saint), évêque de cette ville et docteur de l'Eglise, né à Sébaste en Cappadoce, vers l'an 331, mort le 9 mars 396, ou selon d'autres, le 10 janvier 400.

GREGOIRE DE NÉOCÉSARÉE (saint), surnommé *le Thaumaturge*, évêque, mort le 17 novembre 265.

GREGOIRE (saint), surnommé *l'Illuminateur*, mort vers l'an 331.

GREGOIRE DE TOURS (saint), évêque de cette ville, historien, né vers l'an 544, mort le 27 novembre 593.

Grégoire le Grand (ordre de), l'un des trois ordres de chevalerie de l'état de l'Eglise, institué en 1832.

Grégorien (calendrier). Voy. *Calendrier*.

Grenade : antique ville de l'Espagne, bâtie par les Maures vers le milieu du Xe siècle : elle dépendait alors du royaume de Cordoue. — Ce ne fut qu'en 1253 qu'elle devint le chef-lieu d'un nouveau royaume fondé par les Arabes, et qui dura presque jusqu'à la fin du XVe siècle. — Prise de Grenade, le 2 janvier 1492, par Ferdinand, roi de Castille et d'Aragon, après huit mois de siége. — Fondation de son Université par Charles-Quint, en 1537.

Grenade, une des îles Antilles, découverte par Christophe Colomb, en 1498. D'abord occupée par les Français, fut rachetée par Colbert en 1664. Prise par les Anglais en 1762, elle leur fut cédée par la France en 1783.

Grenelle (explosion de la poudrière de), le 31 août 1794. Quinze cents individus des deux sexes y périssent.

Grenoble : émeute dans cette ville le 4 mai 1816 ; 7 à 8000 hommes, commandés par des officiers à demi-solde, veulent s'emparer de la ville. Le général Donnadieu en fait arrêter 70. — Le 9 du même mois, 23 sont fusillés. — La faculté de droit de cette ville est supprimée par ordonnance du 2 avril 1821. Voy. *Dauphiné*.

GRESSET (Jean-Baptiste-Louis), poëte français, né à Amiens en 1709, mort le 16 juin 1777.

GRETRY (André-Ernest-Modeste), célèbre

compositeur français, né à Liége le 11 février 1741, mort le 24 septembre 1813.

GREUZE (Jean-Baptiste), peintre français, né à Tournus, près Mâcon, vers 1725, mort le 21 mai 1805.

GRIBEAUVAL (Jean-Baptiste Vaquette de), lieutenant général d'artillerie, né à Amiens le 15 septembre 1715, mort en 1789.

GRIFFITH (Mistriss Elisabeth), romancière anglaise, morte le 5 janvier 1793.

GRIMM (Frédéric-Melchior, baron de), critique spirituel et piquant, né à Ratisbonne le 26 décembre 1723, mort à Gotha le 19 décembre 1807.

Grippe, épidémie. Ses apparitions les plus meurtrières ou du moins les plus notables dans nos annales, sont des années 1510, 1557, 1574, 1580, 1658, 1676, 1729, 1742, 1743, 1775, 1779, 1780, 1782, 1802, 1830 et 1831.

Grisons, l'un des cantons de la Suisse : il reçut ce nom vers 1471. — En 1511, les Grisons s'emparèrent de la Valteline ; mais elle leur fut enlevée en 1797 par le général Bonaparte. — Ce canton entra dans la confédération helvétique en 1798.

Grodno (traité de), signé le 13 juillet 1793, et par lequel les Polonais cèdent à la Russie une partie de la Lithuanie, et à la Prusse une partie de la grande Pologne, avec les villes de Dantzick et Thorn.

Groënland : découvert en 982 suivant quelques-uns, en 970 selon d'autres.—Sébastien Cabot toucha ses côtes occidentales en 1498. — Cette terre est retrouvée, en 1576, par Frobisher, qui reconnaît qu'elle fait partie de l'Amérique.

Groënland (le Vieux-), aperçu en août 1817, par des pêcheurs irlandais.

GRONOVIUS (Jacques), philologue hollandais, né à Deventer en 1648, mort à Leyde le 21 octobre 1716.

GROS (Antoine-Jean), peintre célèbre de notre siècle, né à Paris en 1771, mort le 25 juin 1835.

GROSSMANN (Gustave-Frédéric-Guillaume), auteur dramatique et acteur allemand, né à Berlin le 30 novembre 1746, mort le 20 mai 1796.

GROTIUS ou GROOT (Hugues), savant érudit et publiciste, né à Delft le 10 avril 1583, mort à Rostock le 28 août 1645.

Grotzka (bataille de), gagnée par les Turcs en 1739 : la paix de Belgrade en fut le résultat.

GROUCHY (N.... de), pair et maréchal de France, né le 23 octobre 1766, mort à Saint-Etienne (Loire), le 29 mai 1847.

Grunberg (bataille de), gagnée par les Français sur le prince de Brunswick, le 21 janvier 1761.

Gruyères, ville de Suisse, autrefois capitale d'un petit Etat très-important, qui commença à briller en 1080. — Elle avait des comtes qui virent leur pouvoir décliner vers 1553.— Le comté de Gruyères fut définitivement rayé des Etats de la Suisse, à partir de 1570. — Cette ville manqua d'eau jusqu'en 1755, époque où y furent établies des fontaines publiques jaillissantes.

Guadeletta (bataille de la) près de Xérès. Roderic, dernier roi des Visigoths, y fut battu et tué par les Sarrasins en 712.

Guadeloupe, île des Antilles, découverte le 4 novembre 1493 par Christophe Colomb. — Appartient aux Français depuis 1635. — Vendue en 1649 au marquis de Boisseret. — Rachetée par Colbert en 1664, et cédée à la compagnie des Indes occidentales. — Prise aux Français par les Anglais en avril 1759. — Rendue définitivement à la France le 15 juillet 1816.

GUADET (Marguerite-Elie), célèbre girondin, né en 1758 à Saint-Emilion, près de Bordeaux, mort sur l'échafaud révolutionnaire en juillet 1794.

Guanahani (île de), l'une des Lucayes ; la première terre que Christophe Colomb découvrit dans le nouveau-monde, en 1492.

GUARINI (Jean-Baptiste), poëte italien du XVIe siècle, né à Ferrare le 10 décembre 1537, mort le 6 octobre 1612.

Guastalla (duché de), donné à la princesse Pauline, sœur de l'empereur Napoléon, le 30 mars 1806.

Guastalla (bataille de), gagnée sur les Impériaux, par le roi de Sardaigne et les Français, le 19 septembre 1734.

Guatémala ou *Guatimala* (San-Iago de), grande ville d'Amérique, fondée par Fernand Cortez vers 1523. — Ruinée par un tremblement de terre en 1773. — Incorporée en 1821 au Mexique, elle se donna, le 10 juin 1823, une constitution analogue à celle des Etats-Unis.

GUATIMOZIN, dernier empereur du Mexique, détrôné par Fernand Cortez en 1521.

Guébora (bataille de), remportée par les Français sur les Espagnols, le 19 février 1811.

GUDIN (N....), général de division, blessé à mort à la bataille de Voloutina, le 19 août 1812, à l'âge de 36 ans.

GUEBRIANT (Jean-Baptiste de), maréchal de France, né en 1602, mort le 16 novembre 1643.

Gueldre, pays érigé en comté en 1079, et en duché en 1329. — Cédé au roi de Prusse par le traité d'Utrecht en 1713, et ensuite à la maison d'Autriche.

GUÉMÉNÉE (faillite). Elle éclata en 1783; elle s'élevait à quinze millions, et sa liquidation ne fut terminée qu'en décembre 1792.

GUENEAU DE MONTBELLIARD (Philibert), naturaliste français, né à Semur en 1720, mort dans la même ville le 28 novembre 1785.

Guérande (traité de), conclu le 12 avril 1365, et par lequel la France abandonnait le duché de Bretagne à Jean de Montfort.

GUERCHIN ou GUERCINO (Gian-Francesco Barberi de Cento, dit le), peintre italien, né à Cento, près Bologne, en 1590, mort en 1649.

GUERICK (Othon de), physicien allemand, inventeur de la *machine pneumatique*, né en 1602, mort le 11 mai 1686.

GUERIN (Pierre), célèbre peintre français, né à Paris en 1774, membre de l'Institut en 1815, mort en 1833 à Rome, où il était directeur de l'école française depuis plusieurs années.

GUERLE (Jean-Nicolas-Marie de), littérateur estimé, né à Issoudun le 15 janvier 1766, mort le 11 novembre 1824.

Guerre sacrée. Deux expéditions eurent lieu sous ce nom à l'occasion du temple de Delphes, l'une en 448 av. J.-C., l'autre en 358.

Guerre sociale, entre les Athéniens et les habitants de Byzance, de Chio, de Cos et de Rhodes, l'an 355 av. J.-C.

Guerre civile, dans la république romaine, entre César et Pompée; commencée l'an 40 av. J.-C., se termina l'année suivante par la mort de Pompée.

Guerre de trente ans. Elle dura de 1618 à 1648.

Guerre entre les Français et les Anglais, commencée en 1116, dure 300 ans, à quelques intervalles près.

Guerre dite de la succession, commence en 1741 et ne finit qu'en 1748.

Guerre de sept ans, Les hostilités commencèrent le 20 août 1756, et prirent fin le 23 février 1762.

Guerres puniques. Voyez *Rome.*

GUETTARD (Jean-Etienne), médecin, naturaliste et minéralogiste, né près d'Etampes le 22 septembre 1715, mort le 8 janvier 1790.

Gueux (ligue des), association des réformés en Flandre, en 1560.

GUGLIELMI (Pierre), célèbre compositeur italien, mort le 19 novembre 1804.

Guiane ou *Guyane*, grande contrée de l'Amérique méridionale; découverte par Colomb en 1498, ou selon d'autres par Vasco Nunez en 1504. — Les Hollandais possédaient une partie de cette contrée qui leur fut enlevée en 1799, ainsi que la Guiane française, par les Anglais. Cette dernière fut restituée à la France en 1814.

GUIBERT (Jacques-Antoine--Hippolyte, comte de), célèbre tacticien français, né à Montauban le 12 novembre 1743, mort le 6 mai 1790.

GUICHARDIN ou GUICCIARDINI (François), célèbre historien italien, né à Florence le 6 mars 1482, mort en mai 1540.

GUIDE (le) ou GUIDO RENI, célèbre peintre bolonais, né en 1575, mort en 1642.

GUIDO ou GUI, moine bénédictin, inventeur de la gamme, né à Arezzo, en Toscane, vers 995.

Guienne, province du midi de la France; fut enlevée à ce royaume par les Anglais en 1361; Charles VII ne s'en rendit complétement maître qu'en 1458. — Ce pays fut donné en apanage, en 1469, au frère de Louis XI, en échange de la Normandie. — La Guienne fut irrévocablement réunie à la couronne en 1474.

GUIGNES Joseph de), savant orientaliste, né à Pontoise le 19 octobre 1721, mort à Paris en 1800.

GUILLARD (Nicolas-François), poëte dramatique, né à Chartres le 16 janvier 1752, mort à Paris le 26 décembre 1814.

GUILLAUME (saint), duc d'Aquitaine, prit l'habit monastique en 806, mourut le 28 mai 812.

GUILLAUME (saint), abbé de Saint-Bénigne de Dijon, né en 961, mort à Fécamp en 1031.

GUILLAUME de MALAVALLE (S.), fondateur des Guillermites, mort le 10 février 1157.

GUILLAUME D'ESKIL (saint), abbé de Saint-Thomas du Paraclet, né vers 1125, mort en 1203, canonisé en 1224 par Honorius III

GUILLAUME (saint), archevêque de Bourges, mort le 10 janvier 1209.

GUILLAUME 1er, *le Conquérant*, duc de Normandie, né à Falaise en 1027, roi d'Angleterre à l'issue de la bataille de Hastings en 1066, mort à Rouen le 10 septembre 1087.

GUILLAUME II, dit *le Roux*, fils du précédent, couronné roi d'Angleterre le 27 septembre 1087, mort le 2 août 1100, âgé de 44 ans.

GUILLAUME III, roi d'Angleterre, né le 14 novembre 1650, stathouder de Hollande en 1672, reconnu roi en 1688, mort le 8 mars 1702.

GUILLAUME IV, né le 21 août 1765, proclamé roi d'Angleterre le 26 juin 1830, mort le 20 juin 1837.

GUILLAUME II, roi de Hollande, né le 6 décembre 1792, mort à Tilbourg le 17 mars 1848.

GUILLAUME DE HAUTEVILLE, surnommé *Bras-de-fer*, fameux guerrier normand, mort vers 1046.

GUILLAUME LONGUE-ÉPÉE, duc de Normandie, assassiné en 942.

GUILLAUME, archevêque de Tyr, historien, mort à Rome vers 1190.

GUILLERI (les) étaient trois frères d'une maison de la Bretagne, qui, après s'être signalés dans les guerres de la ligue, devinrent chefs d'une troupe de 400 assassins et voleurs de grands chemins. Ils furent exécutés en 1608. Voyez *Grandes compagnies*

GUILLON (Marie-Nicolas-Sylvestre), évêque de Maroc, éditeur de la *Bibliothèque des Pères de l'Eglise*, né à Paris le 1er janvier 1767, mort à Montfermeil le 16 octobre 1847.

GUILLOTIN (Joseph-Ignace), habile médecin qui fit adopter en France le supplice de la guillotine, auquel il a donné son nom; né à Saintes en 1738, mort le 22 mai 1814.

Guillotine. Introduction en France de cet instrument de supplice, par Guillotin, médecin de Paris, en 1792. — Le 20 mars 1792, on commença à faire usage en France de cet instrument de supplice.

GUIMOND DE LA TOUCHE (Claude), poëte dramatique, né à Châteauroux le 17 octobre 1723, mort le 14 février 1760.

Guinée (Nouvelle-), grande île du continent de l'Australie: découverte, vers 1528, par le capitaine espagnol Saavedra. — Reconnue par le capitaine d'Urville en 1529.

GUISCARD (Robert), célèbre guerrier normand, duc de la Pouille et de la Calabre, né vers 1015, mort le 17 juillet 1085.

GUISE (Claude de Lorraine, duc de), né le 20 octobre 1496, mort en 1525.

GUISE (François de Lorraine, duc de), et d'Aumale, né au château de Bar le 17 février 1519, assassiné au siége d'Orléans par Poltrot de Méré, gentilhomme huguenot, le 24 février 1565.

GUISE (Charles de), frère du précédent, connu sous le nom de *cardinal de Lorraine*, né à Joinville en 1525, mort le 26 décembre 1574.

GUISE (Henri de Lorraine, duc de), surnommé *le Balafré*, né le 31 décembre 1550, assassiné à Blois par les ordres de Henri III, le 23 décembre 1588.

GUISE (Louis II de Lorraine, cardinal de), frère du précédent, né à Dampierre, en 1536, tué à Blois le lendemain de l'assassinat de son frère, le 23 décembre 1588.

GUISE (Henri II de Lorraine, duc de), petit-fils du *Balafré*, né à Blois le 4 avril 1614, mort à Paris le 2 juin 1664.

GUIZOT (madame Elisabeth-Charlotte-Pauline de Meulan), moraliste distinguée, née à Paris le 2 novembre 1773, morte le 1er août 1827.

GULDENSTAEDT, savant et intrépide voyageur, né à Riga en 1745, mort à Pictenhem en mars 1775.

Guntersdorf (combat de), où les Russes sont défaits par les Français, le 16 novembre 1805.

Gunzbourg (combat de), où les Français défont les Autrichiens le 9 octobre 1805.

GUSTAVE Ier ou GUSTAVE WASA, roi de Suède, né en 1490 au château de Lindholm, proclamé en 1523, mort le 29 septembre 1560.

GUSTAVE-ADOLPHE II, dit *le Grand*, roi de Suède, né à Stockholm, le 9 décembre 1595, élu roi en 1611, tué à la bataille de Lutzen, le 16 novembre 1632.

GUSTAVE III, roi de Suède, né le 24 janvier 1746, commença son règne en 1781; assassiné dans un bal masqué par Ankarstroem, le 16 mars 1792; il mourut le 29 du même mois.

GUSTAVE-ADOLPHE IV, roi de Suède, né en 1777, proclamé le 29 mars 1792; abdique le 29 mars 1809, et meurt en 1837.

GUTENBERG (Jean-Gens Fleich de Sulgelock, dit) l'un des inventeurs de l'art typographique, né à Mayence en 1400, mort en 1468.

GUYON (madame Jeanne Bouvier de Lamotte-), célèbre quiétiste, née à Montargis en 1648, morte à Blois, lieu de son exil, en 1717.

GUYTON DE MORVEAU (Louis-Bernard), chimiste français, né à Dijon le 4 janvier 1737, mort le 16 janvier 1816.

GUZMAN (Alphonse Perez de), fameux capitaine espagnol, né à Valladolid en 1258

GYLIPPE, célèbre capitaine lacédémonien, né à Sparte 450 ans environ av. J.-C.

GYLLENBORG (Gustave-Frédéric, comte de), savant littérateur suédois, né vers 1731, mort le 30 mars 1809.

Gymnase (théâtre du), son ouverture le 23 décembre 1819.

Gymnastique, appliquée, en 1819, à l'éducation physique des enfants, par M. le colonel Amoros.

H

HAAS (Guillaume), graveur, fondeur de caractères, imprimeur et géographe, né à Bâle le 23 août 1741, mort le 8 juin 1800.

HABACUC, le huitième des petits prophètes, prophétisait vers l'an du monde 3395 (605 av. J.-C.). L'Eglise célèbre sa fête le 15 janvier en mémoire de l'invention de ses reliques au temps de Théodose l'Ancien.

Habeas-corpus : loi anglaise sur la liberté individuelle, promulguée en 1679 ; suspendue plusieurs fois, notamment en 1720, et le 1er mars 1817.—Il est remis en vigueur le 29 janvier 1818.

HACHETTE (Jeanne), célèbre héroïne française, défendit Beauvais contre le duc de Bourgogne, en 1472.

HADJY-KHALFA ou plutôt KHALYFAH, historien turc et savant bibliographe, né à Constantinople à la fin du XVIe siècle, mort dans cette ville l'an de l'hégire 1057 (1647 de l'ère chrétienne).

HAENDEL (Georges-Frédéric), célèbre compositeur allemand, né à Halle en Saxe, en 1684, mort à Londres en 1759.

HAGEDORN (Frédéric de), poëte allemand, né à Hambourg le 23 avril 1708, mort le 28 octobre 1754.

HAHNEMANN. (V. *Homœopathie*.)

Hainaut (le), province des Pays-Bas : eut des comtes depuis 876 jusqu'en 1245. — Passa en 1433 dans la maison de Bourgogne, un peu plus tard dans celle d'Autriche. — Acquis en partie à la France par droit de conquête en 1660 et 1678; c'est ce qui compose le Hainaut français. — Le Hainaut autrichien, après avoir appartenu à la France sous la République et sous l'Empire, fut réuni au royaume des Pays-Bas en 1814.

Haïti (royaume d'), formé dans l'île de Saint-Domingue par le nègre Dessalines, qui se fit couronner le 8 octobre 1804. — En octobre 1820, révolution dans cette partie de l'île de Saint-Domingue; le nègre Christophe qui la gouvernait despotiquement se donna la mort, et Boyer fut nommé magistrat suprême de l'île le 26 octobre.— L'indépendance de cette île, reconnue par une ordonnance de Charles X, roi de France, le 17 avril 1825.

HALES (Etienne), physicien et naturaliste anglais, né à Beckebourn, comté de Kent, en

1677, mort à Theddington le 4 janvier 1761.

HALIFAX (George Saville, marquis de), homme d'Etat anglais, né en 1630, mort en 1695.

HALIFAX (Charles Montaigu, comte d'), homme d'Etat et poëte anglais, né en 1661 à Horton, mort le 30 mai 1715.

Hall (combat de), où l'armée de réserve prussienne est mise en déroute par le prince de Ponte-Corvo, le 17 octobre 1806.

Halle en Saxe, fondée en 981.

Halle ou *Hall* en Prusse : sa fameuse université, fondée par Frédéric Ier, fut supprimée en 1813.

Halle aux vins à Paris ; sa construction en 1812.

HALLÉ (Jean-Noël), médecin célèbre, né à Paris en 1754, mort en 1824.

HALLER (Albert, baron de), célèbre médecin, anatomiste, botaniste et poëte, né à Berne le 16 octobre 1708, mort dans cette ville le 12 novembre 1777.

HALLEY (Edmond), célèbre astronome anglais, né à Londres le 8 novembre 1656, mort à l'observatoire de Greenwich, le 25 janvier 1742.

Hambourg : cette ville reconnue indépendante par le traité de Gottorp, du 27 mai 1768. — Fortifiée et défendue par les Français en 1813, elle fut vainement assiégée par les alliés.

Hameln, ville de Hanovre : ses fortifications ont été détruites par les Français en 1808.

HAMILTON (Antoine, comte d'), auteur des *Mémoires de Grammont*, né en Irlande vers 1646, mort à Saint-Germain-en-Laye le 6 août 1720.

HAMILTON (Alexandre), premier secrétaire de la trésorerie des Etats-Unis, né en 1757, tué en duel en juin 1804.

HAMILTON (Emma Harte, depuis lady), née en 1760, morte près de Calais le 16 janvier 1815.

HAMPDEN (John), célèbre citoyen anglais, né à Londres en 1594, mort en 1643.

Hanau (le) : fut érigé en comté en 1429 par l'empereur Sigismond ; il passa aux électeurs et grands-ducs de Hesse après 1736.

Hanau (bataille de) : le 30 octobre 1813, les Bavarois y furent enfoncés par les Français et forcés à la retraite.

Hanovre (le duché d'), érigé en électorat par l'empereur, en 1692 ; reconnu comme tel par les Etats en 1708. — La ville de ce nom et plusieurs autres villes voisines tombent au pouvoir des Français en août 1757. — Sa conquête par une armée française, en mai et juin 1803. — Il fut restitué à l'Angleterre en 1814, et érigé en royaume.

Hanse teutonique ou association des principales villes d'Allemagne ; formée au commencement du XIIIe siècle.

HANWAY (Jonas), philanthrope anglais, né à Portsmouth en 1712, mort en 1786.

HARALD Ier, roi de Danemark, tué dans une bataille en 695. — Harald II, né en 911, tué le 1er novembre 985. — Harald III, régna en 1044, mourut en Angleterre en 1017. — Harald IV, régna en 1074, mourut en 1080.

HARCOURT (Henri de Lorraine, comte d'), grand écuyer de France, mort le 25 juillet 1666, à 66 ans.

HARDENBERG (Charles-Auguste, prince de), chancelier d'Etat, ministre du cabinet du roi de Prusse, né en Hanovre le 31 mai 1750, mort en novembre 1822.

HARDOUIN (Jean), savant jésuite, né à Quimper en 1646, mort à Paris le 3 septembre 1729.

HARDY (Alexandre), auteur dramatique antérieur aux beaux temps de notre théâtre, mort en 1650 ; il a fait 600 pièces de théâtre.

Harengs : invention de la manière de les saler, par Guillaume Buckelz, Hollandais, en 1340, ou, selon d'autres, en 1400. — La Hollande s'occupe, en 1570, de la pêche et de la salaison de ce poisson, ce qui fut l'origine de sa prospérité.

Harengs (journée des), où le duc de Bourbon fut défait le 18 février 1429, en voulant empêcher un convoi qui venait au camp des Anglais devant Orléans, dont ils faisaient le siége.

Harfleur, ville de Normandie, occupée par les Anglais depuis le 14 août 1415 ; est reprise par Charles VII, roi de France, le 1er janvier 1450.

HARLAY (Achille Ier de), célèbre magistrat, né à Paris en 1536, mort le 23 octobre 1616.

HARLAY (Achille II de), baron de Sancy, évêque de Saint-Malo, né en 1581, mort le 20 novembre 1646.

HARLAY DE CHANVALON (François de), archevêque de Rouen, puis de Paris, né en 1625, mort le 6 août 1695.

HARLAY (Achille III de), magistrat français, né le 1er avril 1689, mort le 23 juillet 1712.

Harlem, jolie petite ville de Hollande : soutint un siége terrible contre les Espagnols en 1572, et fut prise le 13 juillet 1573.

Harmonica, instrument de musique remis en vogue par le célèbre Franklin en 17 0. — En 1765, mademoiselle Davin fit connaître une nouvelle espèce d'harmonica à Paris.

HARO (don Louis de), homme d'État espagnol, né à Valladolid en février 1598, mort le 17 novembre 1661.

Haro ou *Harol* : ce cri, fort usité en Normandie, vient, dit-on, du nom de Rol ou Rollon, premier duc de Normandie, mort en 917, prince renommé pour sa justice sévère.

HAROUN-AL-RASCHID. *Voy.* AROUN-AL-RASCHID.

Harpe, invention d'un nouvel instrument de cette espèce, par Erard frères, en 1798.

HARRINGTON (James), écrivain politique anglais, né à Upton dans le Northampton en 1611, mort à Westminster le 17 septembre 1677.

HARRIS (James), métaphysicien et grammairien anglais, né près de Salisbury en 1709, mort à Londres le 22 décembre 1780.

HARRISON (Jean), savant mécanicien anglais, né dans le comté d'York en 1693, mort à Londres le 24 mars 1776.

HARTLEY (David), médecin anglais, né à Flingworth en 1705, mort le 28 août 1757.

HARVEY (Guillaume), illustre médecin anglais, inventeur de la découverte de la circulation du sang, né à Folkstone dans le comté de Kent, le 2 avril 1578, mort le 3 juin 1658.

Harvey (île d') : est découverte par le capitaine Cook en 1773.

HASSE (Jean-Adolphe), célèbre compositeur, né à Begerdorf, près de Hambourg, en 1705, mort à Venise le 22 décembre 1783.

Hastembeck (combat d'), où les Français battent les Hanovriens, Anglais et Hessois, le 26 juillet 1757.

Hastings (bataille d'), gagnée par Guillaume, duc de Normandie, sur le roi Harald, le 14 octobre 1066.

HASTON (Christophe), lord chancelier de la reine Elisabeth d'Angleterre, mort à Haston-Garden le 20 novembre 1591.

HAUY (René-Just), minéralogiste et physicien célèbre, né à Saint-Just (Oise), le 28 février 1743, mort le 3 juin 1822.

HAUY (Valentin), frère du précédent, fondateur de l'institution des jeunes aveugles travailleurs, né aussi à Saint-Just le 13 novembre 1745, mourut le 18 mars 1822.

Havane (la) : enlevée aux Espagnols par les Anglais, le 31 août 1762.

Havre-de-Grâce (le), ville de Normandie : fondée par Louis XII dans les premières années du XVIe siècle, fortifiée sous François Ier, et munie d'une citadelle aux frais du cardinal de Richelieu, au commencement du XVIIe siècle.

HAWKINS (sir John), écrivain anglais, né à Londres en 1719, mort le 14 mai 1789.

HAYDN (Joseph), célèbre compositeur, né à Rohrau (Autriche) le 31 mars 1732, mort à Gumpendorf le 31 mai 1809.

Haye (la), capitale du royaume de Hollande, fondée vers le commencement du XIIIe siècle par Guillaume II, comte de Hollande, élu et couronné roi des Romains en 1248.

HEBERT (Jacques), fameux révolutionnaire, né à Alençon vers 1755, mort sur l'échafaud le 24 mars 1794.

Hébrides (nouvelles), dans le Grand Océan ; vues par Quiros en 1606, visitées par Bougainville en 1768, et par Cook en 1774.

HECQUET (Philippe), médecin français, né à Abbeville en 1661, mort le 11 avril 1737.

HEDWIG (Jean), médecin allemand, né à Cronstadt, en Transylvanie, le 8 octobre ou le 8 décembre 1730, mort le 7 février 1799.

HEDWIGE (sainte), nommée aussi *Sainte Avoie*, duchesse de Pologne, morte au monastère de Trebnitz en 1243, canonisée par Clément IV en 1266.

Hégire. époque de la fuite de Mahomet à Médine en 621, le 16 juillet, 621 ans, 196 jours complets après la naissance de J.-C. C'est de cette époque que les Arabes et les musulmans comptent leurs années.

Heidelberg, capitale du Palatinat : est prise par les troupes impériales en 1622, et sa bibliothèque transférée à Rome.

Heidelberg : fondation de son université en 1346.

HEINECCIUS (Jean Gottlieb), l'un des plus célèbres jurisconsultes de l'Allemagne, né à Eisenberg en 1681, mort le 30 août 1741.

HEISTER (Laurent), célèbre médecin, né à Francfort-sur-le-Mein en 1683, mort le 18 avril 1758.

HELENE (sainte), mère du grand Constantin, découvrit la vraie croix vers l'an 326, et mourut en 327 ou 328, âgée de 80 ans.

HELENE, beauté célèbre, qui causa la guerre de Troie : enlevée par Alexandre Pâris. l'an 1229 av. J.-C.

Hélène (île Sainte-) : découverte par les Portugais le 18 août 1502. Les Hollandais s'y établirent en 1600 ; puis elle passa au pouvoir des Anglais en 1678. — Cette île fut la prison de l'empereur Napoléon Bonaparte, depuis 1816 jusqu'au 5 mai 1821, époque de sa mort.

HELIOGABALE (Elagabale Varius Antoninus), empereur romain. né à Antioche en 204, mis à mort le 11 mars 222.

Héliogoland, rocher fortifié au milieu des mers du nord : il appartint au Danemark jusqu'en 1807 ; depuis lors il est au pouvoir des Anglais, à qui la possession en a été assurée par le traité de 1814.

Héliomètre : son invention par Bouguer en 1747.

Héliopolis, ancienne ville ruinée d'Egypte : les Français y remportèrent une victoire le 20 mars 1800.

HELL (Maximillien), jésuite et célèbre astronome, né à Chemnitz en Hongrie le 15 mai 1720, mort à Vienne en 1792.

Hellènes : ce nom qu'on donne aux peuples de la Grèce, leur vient, dit-on, d'Hellen, fils de Deucalion, qui régna en Thessalie vers l'an 1521 av. J.-C.

HELMONT (Jean-Baptiste van), philosophe mystique et médecin empirique, né à Bruxelles en 1577, mort en 1644.

HELMONT (François-Mercure van), fils du précédent et héritier de ses doctrines, né en 1615, mourut à Berlin en 1699.

HELOISE, célèbre abbesse du Paraclet, née en 1100, morte le 17 mai 1164. Voy. ABAILARD.

Helsésaïtes, hérétiques sectaires du IIIe siècle de l'Eglise.

Helvétie. Voy. *Suisse*

HELVETIUS (Adrien), médecin hollandais né vers 1661, mort le 20 février 1727.

HELVETIUS (Claude-Adrien), célèbre philosophe moderne, né à Paris en 1715, mort le 26 décembre 1771.

Hemisphères de Magdebourg : leur invention est due au célèbre Otto de Guérike, dans la première moitié du XVIIe siècle.

HEMSTERHUYS (François), célèbre helléniste allemand, mort à La Haye en juin 1790.

HENAULT (le président Charles-Jean-François), historien français, né à Paris le 8 février 1685, mort le 24 novembre 1779.

HENNUYER (Jean de), évêque de Lisieux, né à St.-Quentin en 1497, mort en 1578.

HENRI Ier, dit *l'Oiseleur*, roi de Germanie

ou de l'Allemagne, né en 876, élu en 919, mort le 2 juillet 936.

HENRI II (saint), empereur d'Allemagne, né le 6 mai 972, élu, sacré et couronné à Mayence le 6 juin 1002, mort à Grone en Saxe le 13 juillet 1024.

HENRI III, *le Noir*, né en 1017, monté sur le trône d'Allemagne en 1039, mort le 5 octobre 1056.

HENRI IV, *le Vieil* et *le Grand*, élu empereur d'Allemagne en 1056 à l'âge de 6 ans, mort le 7 août 1106.

HENRI V, empereur d'Allemagne, né en 1081, déposa son père Henri IV et lui succéda en 1106, mort à Utrecht le 23 mai 1125.

HENRI VI, *le Sévère*, empereur d'Allemagne, succède à l'âge de 25 ans à Frédéric Barberousse, son père, en 1190 : mort le 28 septembre 1197, âgé de 32 ans.

HENRI VII, empereur d'Allemagne, élu en 1308, couronné en 1309, mort près de Sienne le 25 août 1313, à l'âge de 51 ans.

HENRI Ier, roi de France en 1031, mort à Vitry en Brie le 4 août 1060, âgé de 55 ans.

HENRI II, roi de France, né à St.-Germain-en-Laye le 31 mars 1518, monte sur le trône en 1545 : mort le 10 juillet 1559.

HENRI III, fils du précédent, né à Fontainebleau le 10 septembre 1551, élu roi de Pologne en 1573, sacré et couronné roi de France le 15 février 1575, assassiné par Jacques Clément le 2 août 1589.

HENRI IV, dit *le Grand*, roi de France et de Navarre, né le 13 décembre 1553 au château de Pau en Béarn, roi de Navarre en 1572, de France en 1589, abjura la religion protestante le 25 juillet 1593 ; assassiné par Ravaillac le 14 mai 1610.

HENRI Ier, roi d'Angleterre, né en 1066, couronné en 1100, mort en 1135.

HENRI II, né au Mans en 1133, couronné roi d'Angleterre en 1154, mort à Chinon le 6 juillet 1189.

HENRI III, monté sur le trône d'Angleterre le 28 octobre 1216, mort à Londres le 15 novembre 1272, à 65 ans.

HENRI IV, roi d'Angleterre, né en 1367 ; commence à régner en 1399, meurt le 20 mars 1413.

HENRI V, fils du précédent, couronné en 1413, mort en 1420 à l'âge de 36 ans.

HENRI VI, fils du précédent, lui succède en 1422 ; assassiné en 1471.

HENRI VII, roi d'Angleterre, couronné le 30 septembre 1485, mort le 22 avril 1506, âgé de 52 ans.

HENRI VIII, né le 28 juin 1491, succède à son père Henri VII, en 1509 ; mort le 28 ou le 29 janvier 1547.

HENRI Ier, roi de Castille, né en 1204, mort le 12 juin 1217.

HENRI II, dit *Transtamare*, roi de Castille, né à Séville en 1333, mort en 1379.

HENRI III succède à Jean III, roi de Castille, le 10 octobre 1390, meurt le 25 septembre 1406, âgé de 27 ans.

HENRI IV, roi de Castille, né à Valladolid en 1423, régna en 1454 ; mort en 1474.

HENRI ou plutôt FREDERIC-HENRI-LOUIS, connu sous le nom de prince *Henri de Prusse*, le plus habile général de Frédéric II, son frère, roi de Prusse, né à Berlin le 18 juin 1726, mort en juillet 1802.

HENRICH (Joseph), célèbre naturaliste, né à Schalzbourg (Transylvanie) en 1787, mort à Vienne (Autriche) le 17 mai 1847.

Henriciens, hérétiques du XIIe siècle de l'Eglise.

HENRIETTE MARIE DE FRANCE, reine d'Angleterre, née à Paris en 1609, mariée à Charles Ier en 1625, morte dans un couvent de Chaillot en 1669.

HENRIETTE ANNE D'ANGLETERRE, duchesse d'Orléans, fille de la précédente, née en 1644, morte à Saint-Cloud en 1670.

HENRIOT (François), révolutionnaire, né à Nanterre en 1761, mis à mort le 9 thermidor an II (27 juillet 1794).

Heptarchie : nom donné aux sept royaumes fondés par les Anglo-Saxons dans la Grande-Bretagne vers le IVe siècle. — L'heptarchie finit l'an 830.

Héraclée, ville fondée par les Tarentins, l'an 433 av. J.-C.

Héraclée ou du *Siris* (bataille d'), gagnée par Pyrrhus sur les Romains, l'an 280 av. J.-C.

Héracléonites, hérétiques sectaires du IIe siècle de l'Eglise.

Héraclides, descendants d'Hercule : leur dernière expédition pour rentrer dans leurs possessions eut lieu 80 ans avant la guerre de Troie (1284 av. J.-C.).

HERACLITE, célèbre philosophe grec, natif d'Ephèse, florissait dans la 69e olympiade, vers l'an 500 av. J.-C.

HERACLIUS, empereur romain, né vers l'an 575, mort le 11 février 641, après 30 ans de règne.

HERAULT DE SECHELLES (Marie-Jean), magistrat français, membre de la Convention nationale, né à Paris en 1760, mort sur l'échafaud révolutionnaire le 5 avril 1794.

HERBELOT (Barthélemy d'), orientaliste français, né à Paris en 1625, mort dans cette ville le 6 décembre 1695.

Herculanum : engloutie dans l'éruption du mont Vésuve de l'an 79 de J.-C. Cette ville a été retrouvée sous terre en 1713.

HERDER (Jean-Godefroy), philosophe et littérateur allemand, regardé comme le *Fénelon* de l'Allemagne, né à Mohrungen le 25 août 1744, mort à Weimar le 18 décembre 1804.

Hérésies. Tableau chronologique des principales hérésies, désignées par leur nom ou par celui de leur fondateur.

Ier *siècle*.

Simon le Magicien, Cerinthe, Hyménée et Philète ; les nicolaïtes ; Ebion, Ménandre, les nazaréens, les osséens, les hermogéniens ; Phygellus, Demas, Alexandre, Diotrèphe.

IIe *siècle*.

Elxai et Jexé ; les caïnites, les millénaires, les gnostiques, les carpocratiens, les adamites, les valentiniens, les cerdoniens, les marcionites, les ophites, les séthiens, les montanistes, les aloges, les melchisédéchiens, les patripassiens, les séleucites, les saturniens, les basilidiens, les antitactes, les bassiens, les marcites, les lucanistes, les apelites, les cataphrygiens, les pattalorinchites, les tatianistes, les sévériens, les bardésanites, les archonites, les artotyrites, les angéliques, les héracléonites; Arthémas, Théodote le corroyeur et Florinus.

IIIe *siècle.*

Les docètes, les valésiens, les arabiens, les novatiens, les acquariens, les manichéens, les donatistes, les méléciens, les métangismonites, les helsésaïtes, les sabellianites, les rebaptisants, les homousiastes; Noet, Privat, Tertullien, Origène, Bérille de Bostres, Paul de Samosate, Praxéas, Hierax et Symmaque.

IVe *siècle.*

Les ariens, les eusébiens, les antropomorphites, les quartodécimans, les acaciens, les anoméens ou aétiens, les antidicomarianites, les collyridiens, les priscillianistes, les ithaciens, les massaliens ou euchites, les collutiens, les eustathiens, les marcelliens, les circoncellions, les semi-ariens, les macédoniens ou pneumatiques, les rhétoriens, les patriciens ou paterniens, les apollinaristes, les timothéens, les séleuciens, les proclinia-tes, les hypsitaires, les jovinianistes, les messaliens, les enthousiastes, les bonasiens; Photin, Eunomius, Aérius.

V[e] *siècle.*

Les célicoles, les pélagiens, les prédestinatiens, les semi-pélagiens, les abéloïtes, les nestoriens, les eutychiens; Vigilance, Célestius, Julien d'Eclane, Pierre le Foulon, évêque d'Antioche, Xenaïas ou Philoxène, Vincent-Victor, Théodore, évêque de Mopsueste, Diodore, évêque de Tarse, le faux Moïse.

VIe *siècle.*

Les acéphales, les agnoïtes, les barsaniens ou semi-dulites, les trithéites, les corruptibles, les incorruptibles, les prédestinatiens, les jacobites, les tétradites ou pétrites, les chrystolites; Deuterius, Jacques Zanzale, Sévérus et Didier de Bourdeau.

VIIe *siècle.*

Les mahométans, les monothélites, les heicètes, les gnosmaques, les arméniens, les théropsychites, les ethnophrones ou paganisans, les chazinzariens, les théocatagnostes les parermeneutes et les lampétiens.

VIIIe *siècle.*

Les agoniclites, les christianocatégores, les iconoclastes, les attingans ou pauliciens, les albanais, les adoptiens; Adalbert, Samson et Clément l'Ecossais.

IXe *siècle.*

Claude de Turin, Thiote, fausse prophétesse, Gotescalc, Photius et Jean Scott.

X[e] *siècle.*

C'est le seul pendant lequel aucune hérésie n'ait paru.

XIe *siècle.*

Les simoniaques, les réordinans, les nouveaux nicolaïtes, les incestueux, les vécilliens; Leutard, Vilgard, Bérenger, Michel Cérulaire et Roscelin.

XIIe *siècle.*

Les bogomiles, les albigeois, les pétrobusiens, les publicains ou poplicains, les cathares ou patarins, les vaudois, les arnoldistes, les faux apostoliques, les baruliens, les henriciens; Abailard, Eon de l'Etoile, Gilbert de la Poirée, Démétrius de Lampe, Durand de Valdach, Marsilius de Padoue.

XIIIe *siècle.*

Les stadings, les pastoureaux, les flagellans, les bizoques, fratricelles ou *petits-frères*; Amauri de Bène, David de Dinan, Guillaume de Saint-Amour et Didier Lombard.

XIVe *siècle.*

Les apostoliques, les bégards et les béguines, les faux réformés de l'ordre de Saint-François, les frères de la vie pauvre, les quiétistes, les illuminés, les turlupins, les wicléfites, les frères de la croix, les dulcinistes, les templiers; Doucin, Arnaud de Villeneuve, Martin, pâtre, Jean Mercœur, Berthod, Raimond de Lulle, dit *Tarraga*, Acindinus, Michel de Césène et Guillaume Okam.

XVe *siècle.*

Les hussites, les thaborites, les picardins ou adamites, les orébites, les léonites, les calistins, les russiens; Jérôme de Prague, Jacob de Misnie, Mathieu Palmier, Pierre d'Osma, Augustin de Roma, Marc d'Ephèse, Gennade, Pierre de Rieu, Jean de Vésel, Renaud de Peacoke.

XVIe *siècle.*

Les anabaptistes, les frères de Bohême; Luther, Mélanchthon, Carlostad, Zuingle, OEcolampade, les ubiquitaires, les libertins, les antitrinitaires; Calvin, les antinomes ou antinoméens, les sociniens, les épiscopaux et les puritains en Angleterre, les gueux dans les Pays-Bas, les baianistes, les davidiques, les déistes, les adiapnoristes, les sacramentaires, les boquinéens, les mennonites, les ambrosiens, les augustiniens, les melchioristes, les monastériens, les communiquants, les tropistes, les adessénaires, les métamorphistes, les biblistes, une foule d'autres nés du luthéranisme, du calvinisme, du socinianisme et de la secte des anabaptistes; Muncer, Bucer, Jean Bérold ou Jean de Leyde, Jean de Géléen, Osiandre, Guillaume de Ruremonde, Robert Brown, Michel Servet, Théodore de Bèze, etc.

XVIIe *siècle.*

Les jansénistes, les arminiens ou remontrants, les presbytériens en Ecosse, les illuminés en Espagne, puis en France, les ménonites, les labadistes, les quakers, les préadamites; Gomar, Vorstius, Cyrille Lucar

XVIIIe *siècle.*

Le jansénisme et le protestantisme continuent à se propager. En France, la révolution de 89 donne naissance à l'église constitutionnelle.

XIXe *siècle.*

La petite église ou les anti-concordataires, les templiers, les saint-simoniens, les fouriéristes ou phalanstériens, et l'église dite *catholique française*.

HERMANN (Paul), célèbre botaniste du

XVIIe siècle, né à Hall en 1646, mort le 29 janvier 1695.

HERMANN. Voy. ARMINIUS.

HERMANN (Jean-Godefroy-Jacques), célèbre helléniste, né à Leipsick en 1772, mort dans la même ville le 31 décembre 1848.

Hermogéniens, hérétiques du Ier siècle de l'Eglise.

Herniques, peuples de la Campanie : défaits dans trois batailles consécutives par les Romains, l'an 463 av. J.-C.

HERODE LE GRAND, roi de Judée, né vers l'an 680 de Rome (72 ans av. J.-C.), mort l'an 750 de Rome (4 ans avant l'ère vulgaire).

HERODOTE, historien grec célèbre, né à Halicarnasse dans la Carie, l'an 4e de la 75e olympiade (484 ans av. J.-C.).

HEROLD (Ferdinand), célèbre compositeur de musique, né à Paris en 1790, mort à Paris le 19 janvier 1833.

HERSCHELL (Frédéric-Guillaume), célèbre astronome moderne, né à Hanovre, le 15 novembre 1738, mort le 25 août 1822.

Herschell : planète découverte, le 13 mars 1781, par cet astronome anglais, qui lui donna d'abord son nom.

Hérules : viennent occuper les terres de l'empire romain, en 512. — Leur roi Odoacre avait déposé précédemment l'empereur Augustule en 476.

HERVEY (James), écrivain anglais, né en 1714, mort le 25 décembre 1758.

HERZ (Marc), philosophe et médecin allemand, né le 17 janvier 1747, mort le 19 ou 20 janvier 1803.

HESBURN (Jacques), comte de Bothwel, mort en 1577.

Hesdin, ville de l'Artois : fondée en 1554 par Philibert-Emmanuel, duc de Savoie. — Prise par Louis XIII en 1639. — Sa possession fut assurée à la France par le traité des Pyrénées, conclu en 1659.

HESIODE, célèbre poëte de l'antiquité ; suivant les *marbres d'Arundel*, vivait l'an 944 av. J.-C.

HEVELIUS (Jean), célèbre astronome, né à Dantzick en 1611, mort le 28 janvier 1687.

HEYNE (Chrétien Gotlob), savant allemand, né en Saxe le 25 septembre 1729, mort le 11 juillet 1812.

Hialographe, instrument servant à dessiner des perspectives et à obtenir des épreuves du dessin ; inventé en 1822, par M. Clinchamp.

Hiéraples : engloutie par un tremblement de terre, en 494.

Hiéroglyphes : remplacent en Egypte les images symboliques, vers 2965 av. J.-C.

HIERON Ier, roi de Syracuse, monta sur le trône l'an 478 av. J.-C., mourut l'an 461 av. J.-C.

HIERON II, roi de Syracuse, mort l'an 214 av. J.-C., âgé de plus de 96 ans.

Hiéronymites (ordre des) : le pape Grégoire XI approuva leur congrégation en 1374, et leur donna la règle de saint Augustin.

HILAIRE (saint), évêque de Poitiers, docteur de l'Eglise, né dans cette ville au commencement du IVe siècle : mort le 13 janvier 367, ou, selon saint Jérôme, en 368.

HILAIRE (saint), évêque d'Arles, né en 401, mort en 449.

HILARION (saint), instituteur de la vie monastique dans la Palestine, né à Gaza, vers 292, mort dans l'île de Chypre en 371.

HILDEBRAND. V. GRÉGOIRE VII.

HILDEGARDE (sainte), abbesse du mont Rupert sur le Rhin, née sur la fin du XIe siècle ; morte en 1180.

HILDEGONDE (sainte), vierge de l'ordre de Cîteaux, au XIIe siècle.

HILL (Aaron), poëte anglais, né à Londres en 1685, mort en 1750.

HILL (sir John), écrivain anglais, né en 1716, mort en 1775.

Himara, en Sicile (combat d') : les Carthaginois y furent vaincus par l'armée des Grecs, le 19 octobre 480.

HIPPARQUE, célèbre astronome de l'antiquité, florissait l'an 159 av. J.-C.

HIPPOCRATE, célèbre médecin de l'antiquité, né vers l'an 460 av. J.-C., mort à Larisse, dans sa 85e ou 90e année.

HIPPOLYTE (saint), évêque et martyr dans le IIIe siècle.

HOBBES (Thomas), philosophe et publiciste anglais, né à Malmesbury, le 5 avril 1588, mort à Hardwick, le 4 décembre 1679.

Hoch-Kirchen (bataille de). Voy. *Wurtzen.*

HOCHE (Lazare), général français, né à Versailles le 4 février 1768, mort le 15 septembre 1797.

Hochstedt (bataille de), gagnée sur les Français par les Impériaux, le 13 août 1704. — Autres victoires remportées par les Français sur les mêmes lieux, en 1793, 1794 et 1800.

Hoff (combat de), où les Russes sont défaits par les Français, le 6 février 1807.

HOFFMAN (François-Benoît), littérateur et critique distingué, né à Nancy en 1760, mort le 25 avril 1828.

HOFFMANN, créateur du genre dit *fantastique*, né à Kœnigsberg le 24 janvier 1770, mort le 25 juin 1822.

HOGARTH (Guillaume), peintre anglais, né à Londres en 1697, mort à Leicester en octobre 1764.

Hogue (combat de la). V. *Lahogue.*

Hohenlinden (convention de), conclue entre les Français et les Autrichiens, le 20 septembre 1800.

Hohenlinden (bataille de), gagnée par le général Moreau sur les Autrichiens, le 3 décembre 1800.

Hohenlohe, ancienne principauté d'Allemagne. Le plus ancien prince de ce nom dont l'histoire fasse mention, vivait dans le IXe siècle.

Hohentwail, forteresse d'Allemagne prise par les Français en 1801 et démolie.

HOLBACH (Paul-Thierry, baron d'), membre des Académies de Pétersbourg, de Manheim et de Berlin, né en 1723 à Heidelsheim dans le Palatinat, mort à Paris le 21 février 1789.

HOLBEIN (Jean), célèbre peintre, originaire d'Augsbourg, né à Bâle en 1495, mort de la peste à Londres en 1554.

HOLBERG (Louis, baron de), littérateur danois, né en 1684 à Bergen en Norwége, mort à Copenhague le 25 janvier 1754.

Hollande : n'étant encore connue que sous le nom de Frisons, ses habitants reçoivent le christianisme en 679. — Vers 698, le christianisme s'y répand. — Ses digues, rompues près de Dordrecht, en 1447 ; il périt cent mille personnes.— Origine de sa prospérité, vers 1570. Voy. *Harengs.* — L'union des sept provinces est signée à Utrecht, le 23 janvier 1579. — Formation des états généraux, le 26 juillet 1581. — L'indépendance des Provinces-Unies est reconnue par l'Espagne, le 9 avril 1609. — Conquête d'une partie de la Hollande par Louis XIV, en 1672. — Une armée prussienne y pénètre en septembre 1787, et y rétablit le stathoudérat héréditaire. — La France déclare la guerre à la Hollande le 1er février 1793. — La Hollande est conquise par les Français sous les ordres de Pichegru, dans les mois de janvier et de février 1795. Nouvelle abolition du stathoudérat.— La Hollande est gouvernée sous le nom de République batave, suivant les formes du gouvernement français, jusqu'en 1806. — Louis Napoléon est nommé roi de ce pays, le 5 juin 1806. — La Hollande est réunie à la France, le 9 juillet 1810, par suite de l'abdication de Louis Napoléon.— Le décret est rendu le 10 décembre suivant. — La Hollande est distraite de la France, en 1814, pour entrer dans la composition du nouveau royaume des Pays-Bas.

Hollande (souverains et gouvernements de la): Guillaume Ier, prince d'Orange, stathouder, de 1579 à 1584. — Maurice, de 1584 à 1625. — Frédéric-Henri, de 1625 à 1647. — Guillaume II, de 1647 à 1650. — Suspension du stathoudérat, de 1650 à 1672. — Guillaume III, roi d'Angleterre, de 1672 à 1702. — Nouvelle suspension du stathoudérat, de 1702 à 1747.—Guillaume-Charles Frison, de 1747 à 1751. — Guillaume V, de 1751 à 1795. — Etablissement de la république batave de 1795 à 1806. — Louis Napoléon Bonaparte, roi de 1806 à 1811, époque de son abdication. — Depuis 1815 jusqu'à nos jours, Guillaume-Frédéric, roi des Pays-Bas.

Hollande (Nouvelle-), déjà connue dans le XVIIe siècle. En 1628, sa partie occidentale fut découverte par des vaisseaux hollandais ; en 1632, Tasman découvrit les parties S. et S.-E. — Elle fut visitée par Cook en 1770 et 1777. — Les Anglais établissent sur la côte orientale de ce pays une colonie appelée *Nouvelle-Galles méridionale*, vers la fin de 1797. — Le 22 octobre 1800, le capitaine Baudin est envoyé par le gouvernement français pour explorer la partie sud-ouest de ce pays.

HOLOPHERNE, général des armées de Nabuchodonosor, roi d'Assyrie ; mis à mort par Judith, femme de la ville de Béthulie, qu'il assiégeait vers l'an 634 av. J.-C.

Holstein : érigé en duché en faveur de Christian Ier, roi de Danemark, en 1474. — Incorporation de ce duché à la monarchie danoise, au commencement de l'année 1807.

HOMBERG (Guillaume), célèbre chimiste, né à Batavia en 1652, mort le 24 septembre 1715.

HOMERE, dont le premier nom était Mélésigènes, commence ses poëmes vers l'an 975 av. J.-C. On place sa mort à l'an 912 av. J.-C. Les marbres d'Arundel le font vivre encore 3 ans après. — Son tombeau est découvert en 1771, dans l'île de Nio, l'une des Sporades, par le comte de Drum, officier hollandais au service de Russie.

Homœopathie: système médical, inventé et propagé par le docteur Hahnemann, au commencement de ce siècle.

Homousiastes, hérétiques sectaires du IIIe siècle de l'Eglise.

Hondschoote (bataille de), où le général Houchard bat le duc d'York, le 8 septembre 1793.

Honduras, province de l'Amérique septentrionale ; découverte par Christophe Colomb en 1502. Les Anglais y sont établis depuis 1783.

Hongrie: érigée en royaume pour Etienne l'an 1000. — Possédée définitivement par la maison d'Autriche, depuis 1527.—Ce royaume est reconnu héréditaire dans la maison d'Autriche, en 1687 ; jusqu'à cette époque il avait été électif.

Hongrie (souverains de la), depuis le Xe siècle. — Saint Etienne, premier roi, règne de 997 à 1038. — Pierre, de 1038 à 1041. — Aba, de 1041 à 1044. — Pierre, rétabli, de 1044 à 1047.— André Ier, de 1047 à 1061.— Béla Ier, de 1061 à 1064.—Salomon, de 1064 à 1075. — Géisa II, de 1075 à 1077. — Ladislas, de 1077 à 1095. — Coloman, de 1095 à 1114.— Etienne II, de 1114 à 1131.—Bela II, de 1131 à 1141. — Geisa III, de 1141 à 1161. — Etienne III, de 1161 à 1174. — Bela III, de 1174 à 1195. — Emeric, de 1195 à 1204. — Ladislas II, qui règne en 1204, meurt la même année.— André II, de 1204 à 1235. — Bela IV, de 1235 à 1270. — Etienne IV, de 1270 à 1272. — Ladislas III, de 1272 à 1290. — André III, de 1290 à 1301. — Venceslas, roi de Bohême, de 1301 à 1305. —Othon de Bavière, de 1305 à 1310.—Charobert, de 1310 à 1342. —Louis Ier, le Grand, de 1342 à 1382.—Marie, seule, de 1382 à 1387. — Marie et Sigismond, de 1387 à 1392. —Sigismond, seul, de 1392 à 1438.— Albert d'Autriche, de 1438 à 1440. — Ladislas II, de 1440 à 1445. — Jean Corvin Huniade, régent, de 1445, à 1453. — Ladislas V, de Bohême, de 1453 à 1458. — Mathias Corvin, de 1458 à 1490. — Ladislas VI, de 1490 à 1516. — Louis II, de 1516 à 1526. — Jean de Zapolski, règne trois mois en 1526. — Ferdinand, frère de Charles-Quint, de 1527 à 1563. — Maximilien, de 1563 à 1572. —Rodolphe, de 1572 à 1608.— Mathias, de 1608 à 1618. — Ferdinand II, de 1618 à 1625.—Ferdinand III, de 1625 à 1647. — Ferdinand IV, de 1647 à 1655. —Léopold, de 1655 à 1687.— Joseph Ier, de 1687 à 1712. Charles VI, de 1712 à 1741.—Marie-Thérèse, de 1741 à 1780. — Joseph II, de 1780 à 1790.

— Léopold II, de 1790 à 1792. —François II, de 1792 à 1836.

HONORAT ou HONORÉ (saint), évêque d'Arles, vivait vers 410.

HONORIUS ou HONORÉ Ier, élu pape en 626, mort le 12 octobre 638.

HONORIUS II (le cardinal Lambert), élu pape le 21 décembre 1124, mort le 14 février 1130.

HONORIUS III, élevé à la chaire pontificale le 17 juillet 1216, mort le 18 mars 1227.

HONORIUS IV (Jacques Savelli), pape le 2 avril 1285, mort le 3 avril 1287.

HONORIUS (Flavius), empereur d'Occident, né à Constantinople le 9 septembre 384, mort à Ravenne en 423.

HOOGVLIET (Arnold), poète hollandais, né à Vlardingen, sur la Meuse, en 1687, mort en 1763.

Hoorn (cap) : est doublé pour la première fois par l'amiral Anson, en 1741.

Hôpital, dit l'*Hôtel-Dieu*, à Paris : fondé par saint Landry, vers 608. — Louis XVI ordonne, en 1781, que les malades y soient couchés chacun dans un lit séparé, et placés dans des salles divisées suivant les genres de maladies.

Hôpital général de Paris, ou la Salpêtrière : son établissement en 1666.

Hôpital de la Charité : fondé à Paris dans le XIIe siècle.

Hôpital Saint-Antoine, à Paris : ouvert aux pauvres malades en 1795.

Hôpital Beaujon, fondé en 1784, faubourg du Roule, par Nicolas Beaujon, receveur général des finances.

Hôpital Saint-Louis, à Paris : fondé par Henri IV, en 1607.

Hôpital des Vénériens, à Paris, établi en 1784.

Hôpital de la Pitié, à Paris : fondé sous Louis XIII (de 1610 à 1643).

HOPPERS (Joachim), homme d'état et jurisconsulte hollandais, né à Sneek en 1523, mort à Madrid le 25 décembre 1576.

HORACE (Quintus-Horatius-Flaccus), célèbre poète latin, né à Vénusie le 8 décembre de l'an de Rome 688 (66 ans av. J.-C.); mort le 27 novembre de l'an de Rome 754.

HORACES : leur fameux combat avec les Curiaces, l'an 667 ou 669 av. J.-C., 27e olympiade.

Horloge : la première à balancier fut entreprise par Gerbert, vers 992.

Horloge hydraulique, nocturne et diurne : inventée par Scipion Nasica, vers l'an 155 av. J.-C.

Horloge à rouages : envoyée à Pepin le Bref, par le pape Paul Ier, en 760.

Horloge sonnante : celle que le calife Aroun-Al-Raschild envoya à Charlemagne, en 786, fut regardée comme un prodige.

HORN (Philippe II de Montmorency-Nivellet, comte de), décapité le 4 juin 1558.

Hortensia, fleur originaire de l'Asie orientale, fut naturalisée en France vers l'année 1790.

Hospitaliers de Saint-Antoine : confrérie fondée, en 1095, par un gentilhomme du Viennois, par suite d'un vœu qu'il avait fait à saint Antoine, pour la guérison de son fils.

Hospitaliers de Saint-Jean de Jérusalem : fondation de cet ordre, en 1091. — Cet ordre est confirmé par le pape Pascal II, en 1113. — Ces religieux s'emparent de Rhodes en 1310, et en portent le nom. Voy. *Malte*.

Hospitaliers de Saint-Joseph : fondés à Paris par Marie Delpech de l'Etang, en 1638.

Hostalrich : ce port d'Espagne est pris par l'armée française, le 11 mai 1810.

Hôtel-de-ville de Paris : entièrement reconstruit dans le XVIe siècle.

HOUCHARD, général en chef de l'armée du Nord pendant la Révolution ; condamné à mort par le tribunal révolutionnaire et exécuté le 16 novembre 1793 à l'âge de 53 ans.

HOUDETOT (Elisabeth-Françoise-Sophie de la Live de Bellegarde, comtesse d'), née vers 1750, morte le 28 janvier 1813.

HOUDON (Jean-Antoine), célèbre sculpteur, né à Versailles en 1741, mort le 16 juillet 1828.

HOWARD (John), célèbre philanthrope anglais, né à Hackney, en 1726; mort de la peste à Cherson en Crimée, le 20 janvier 1790.

HOWARD (Henri), célèbre peintre anglais, né en 1770, mort à Bath le 5 octobre 1847.

HUBER (Michel), littérateur et traducteur, né à Frontenhausen en Bavière, en 1727 ; mort à Leipzig, le 15 avril 1804.

HUBERT (saint), évêque de Maestricht, apôtre des Ardennes, mort le 30 mai 727.

Hubert (ordre militaire de Saint-), créé en 1473, par le duc Gérard V, et placé sous le patronage de saint Hubert, évêque de Liége : aboli en 1487.

HUDSON (Henri), célèbre navigateur et pilote anglais, mort en 1611.

Hudson (détroit et baie d') : découverts en 1607 par le navigateur dont ils portent le nom. — Les Anglais entreprennent, en 1612, le voyage de la Chine par le nord du côté de cette baie.

HUET (Pierre-Daniel), évêque d'Avranches, et membre de l'Académie française, né à Caen le 8 août 1630, mort le 26 janvier 1721.

HUGUES (saint), archevêque de Rouen, mort à Jumiéges le 9 avril 730.

HUGUES (saint), évêque de Grenoble en 1080, mort le 1er avril 1132.

HUGUES (saint), abbé de Cluny, mort en 1109, à 85 ans.

HUGUES LE GRAND, comte de Paris, duc de France, mort le 16 juin 956.

HUGUES-CAPET, comte de Paris et d'Orléans, chef de la 3e race des rois de France, élu en 987, sacré à Reims le 3 juillet de la même année; mort le 24 octobre 996, âgé de 57 ans.

Huigne (la), rivière qui se jette dans la Sarthe au-dessous du Mans ; flottable depuis 1747.

Huîtres : le premier document qu'on puisse trouver en France à l'égard de leur usage, est une ordonnance prohibitive de 1779. — Un règlement, du 20 juillet 1787, interdit la pêche des huîtres dans la baie de Cancale depuis le 1er avril jusqu'au 15 octobre.

Hulans ou *Houlans*, sorte de milice originaire de l'Asie. Le maréchal de Saxe essaya d'introduire cette milice en France en 1734, et forma un régiment qui fut licencié après la mort de son fondateur (1750).

HUME (le baron), jurisconsulte écossais, neveu de l'historien, mort en août 1838, âgé de 82 ans.

HUME (David), philosophe et historien anglais, né à Edimbourg, le 26 avril 1711, mort le 26 août 1776.

HUNIADE (Jean Corvin), vayvode de Transylvanie, un des plus grands capitaines de son siècle, mort à Zeinplen le 10 septembre 1456.

Huningue, ancienne place forte en deçà du Rhin; ce fut là qu'une grande partie de l'armée française de Moreau opéra son passage, après la célèbre retraite de ce général en 1796. — Cette ville, défendue admirablement par le général Barbanègre, à la tête d'une poignée d'hommes, capitule le 28 août 1815; les fortifications sont détruites. — Huningue est déclarée ville franche le 11 janvier 1816.

Huns (empire des) : détruit par un général chinois, l'an 93 de J.-C. Suivant les annales de la Chine, il était fondé 1209 ans avant J.-C. — Fin ou division de leur empire, à la mort d'Attila, en 453. — Ceux du nord sont chassés de la Grande-Tartarie par les Awares, en 402. — Ils ravagent la Thrace, en 422. — Désolent la Cappadoce et la Lycaonie, en 515. — L'Illyrie, en 539, et font plus de 120,000 prisonniers. — Cette horde de barbares disparaît de l'histoire vers la fin du VIe siècle.

HUNTER (Guillaume), anatomiste et médecin, né à Kilbride en Ecosse, en 1718; mort le 30 mars 1783.

HUNTER (Jean), frère du précédent, chirurgien, né en Ecosse en 1728, mort en octobre 1793.

HUSKISSON (Williams), homme d'état anglais, mort le 15 septembre 1830.

HUSS (Jean), fameux hérésiarque, né en Bohême dans la seconde moitié du XIVe siècle, brûlé vif en 1415.

Hussards : on en vit pour la première fois en France sous le règne de Louis XIII, l'an 1637. On ne les connaissait alors que sous le nom de *cavalerie hongroïse*. — Les régiments de hussards étaient au nombre de six en 1789; ils furent doublés sous la république et l'empire; depuis 1816, ils sont au nombre de six.

Hussites de Bohême : s'emparent de Prague, en 1419. — Ravagent la Bohême en 1417, en 1431 et suiv. — Sont défaits en 1434, et se soumettent à Sigismond.

HUTCHINSON (Thomas), gouverneur du Massachussetts, né à Boston; mort à Brampton, en 1780, âgé de 69 ans.

HUTTEN (Jacob), enthousiaste silésien du XVIe siècle, l'un des chefs des anabaptistes.

HUYGHENS DE ZUYLICHEN (Christian), célèbre mécanicien, né à La Haye en 1629; mort le 8 juillet 1695.

HYACINTHE (saint), religieux de l'ordre de Saint-Dominique, né à Sasse en Silésie, en 1183; mort le 15 août 1257; canonisé par Clément VIII en 1594.

Hydaspe (bataille de l'), gagnée par Alexandre le Grand sur Porus, roi des Indiens, l'an 327 av. J.-C.

HYDE (Thomas Edouard), savant orientaliste, né à Billengsley, dans le comté d'York en 1636; mort le 18 février 1703.

HYDER-KAN ou HAYDER-ALY, souverain de l'Inde, né en 1718, mort le 7 décembre 1782.

Hydrocyanique (acide), découvert en 1780 par Scheele, chimiste suédois. — en 1787, Berthollet reconnut que cet acide était composé d'azote, de carbone et d'hydrogène.

Hymnes : les plus antiques hymnes connus sont de Moïse et de Débora la prophétesse, qui chanta des actions de grâces au Seigneur (2719 ans av. J.-C.)

Hypothénuse (carré de l'), découvert par Pythagore vers 540 av. J.-C.

Hypothèques : leur conservation a été confiée à l'administration de l'enregistrement et des domaines par la loi du 21 ventôse an VII (11 mars 1799).

Hypsitaires, hérétiques du IVe siècle de l'Eglise.

HYRCAN Ier (Jean), souverain sacrificateur et prince des Juifs, élu l'an 135 av. J.-C.; mort l'an 103 av. J.-C.

HYRCAN II, souverain pontife des Juifs, l'an 78 av. J.-C. : mort l'an 30 av. J.-C., âgé de 80 ans.

I

Iago (Sant-), capitale du Chili, bâtie par Baldivia en 1541 : souffrit beaucoup des tremblements de terre, en 1647 et 1657; prise en 1818, par les insurgés de Buénos-Ayres.

IAMBLICHUS ou JAMBLIQUE, philosophe néoplatonicien, vivait à la fin du IIIe siècle et au commencement du IVe, sous Constantin.

IBRAHIM, empereur des Turcs, monta sur le trône le 8 février 1640, fut étranglé le 18 août 1649.

IBRAHIM-PACHA, fils de Méhémet-Ali, vice-roi d'Egypte, né à Cavalla (Roumélie) en 1789, mort le 10 novembre 1848.

Iconoclastes, sectaires du VIIIe siècle. Voy. *Images*.

IDE (sainte), comtesse de Boulogne en Picardie, née en 1040, morte le 13 avril 1113.

Iéna (bataille d'), gagnée sur les Prussiens

par l'armée française, commandée par l'empereur Napoléon, le 14 octobre 1806.

Iéna, ville de Thuringe : son université a été fondée, en 1555, par l'électeur de Saxe, Jean-Frédéric le Magnanime.

Iénatajewkaïa, ville de Russie, fondée en 1741 par l'impératrice Elisabeth.

IFFLAND (Auguste-Guillaume), acteur et auteur allemand, né à Hanovre le 19 avril 1759, mort le 20 septembre 1814.

IGNACE (saint), surnommé *Théophore*, Père de l'Eglise, évêque d'Antioche l'an 68, martyrisé l'an 116 de J.-C.

IGNACE (saint), surnommé *Curopalate*, patriarche de Constantinople en 846, mort le 23 octobre 877, à 78 ans.

IGNACE DE LOYOLA (saint), fondateur des Jésuites, né en 1491, mort le 28 juillet 1556.

Ildefonse (saint), gros bourg et magnifique maison royale d'Espagne, bâtis par le roi Philippe V, au commencement du XVIIIe siècle.

Ile Royale, dans l'Amérique septentrionale, cédée aux Anglais par le traité de Versailles, en 1763.

Ile de France, dans l'Océan des Indes : découverte dans le XVIe siècle par le capitaine portugais D. Pedro Mascarenhas. En 1598, l'amiral hollandais Van-Nek en prit possession au nom de Maurice, prince d'Orange. — En 1640, les Hollandais la colonisèrent. — En 1720, les Français s'en emparèrent. — Ce ne fut qu'en 1734, sous le gouvernement de Labourdonnaye, que cette colonie commença à devenir importante. — En décembre 1810, elle se rendit aux Anglais.

Illinois, un des Etats-Unis de l'Amérique septentrionale, lequel fut formé en 1818.

Illuminés, hérétiques sectaires du XIVe siècle de l'Eglise.—Au XVIIe siècle, il y en eut en Espagne, puis en France.

Illuminés (secte des), société secrète, fondée en 1776, en Allemagne, par Adam Weishaupt, professeur de droit canonique à Ingolstadt. — Elle s'est éteinte depuis 1785.

Illyrie (nouveau royaume d'), créé par l'empereur d'Autriche, le 3 août 1816.

Illyriennes (provinces) : cédées à la France par l'Autriche, elles furent organisées sous le rapport militaire et financier par décrets impériaux des 14 octobre 1809 et 15 avril 1811. — Elles sont rentrées, en 1814, sous la domination autrichienne.

Ilotes ou *Hilotes*, population de la ville d'Hélos dans le Péloponèse, qui fut indignement réduite en esclavage par Agis Ier, roi de Lacédémone, environ 1100 ans av. J.-C.

Images (le culte des), condamné par Léon l'Isaurien, en 725. — Elles sont abattues et détruites à Constantinople, en 726, par les sectaires appelés Iconoclastes. — Rétablissement de leur culte, en 780.—Nouvelles persécutions à leur sujet, en 814, suscitées par Léon, empereur d'Orient, protecteur des Iconoclastes ; — par Claude Clément, évêque de Turin, en 815 ; — par l'empereur Théophile, en 830. — Le culte des images est rétabli à Constantinople, sous Michel Porphyrogénète, en 842.

Impériale, ville d'Amérique méridionale, fondée par Baldivia, en 1551.

Imperméabilité : invention d'une liqueur qui communique cette qualité aux étoffes, par Lussen et Brinck, en 1801.

Impôt : sa perpétuité date en France du règne de Charles VII (de 1422 à 1461).

Imprimerie : son invention chez les Chinois en 939. — Cet art est découvert à Strasbourg et à Mayence vers 1440. — Les premiers livres portant une date certaine sont de 1457, 1459 et 1460, et parurent à Mayence ; ils sortent des imprimeries de Fust et de Guttemberg. Les livres imprimés auparavant ne portent point de date. — L'imprimerie s'établit en France : trois imprimeurs de Mayence exercent leur art à Paris en 1470.

Imprimerie royale de France : établie par François Ier par ordonnance du 23 février 1535.

Imprimerie royale du Louvre : établie en 1640.

Imprimeurs : fixation de leur nombre en France, le 5 février 1810 : ceux de Paris sont réduits à 80.

Improvisateurs italiens : ils commencent à se faire entendre dans le XIIe siècle. — Ils improvisaient d'abord en latin jusque vers la fin du XVe siècle. — L'un des plus anciens improvisateurs connus fut Seraphino d'Aquila, né en 1466 et mort en 1500.

INACHUS, fondateur du royaume d'Argos, le plus ancien de la Grèce, l'an 1823 av. J.-C.

Incendies mémorables : à Constantinople, en 476 ; sa fameuse bibliothèque de 120,000 volumes y périt.—A Constantinople, en 790 ; il consuma le palais du patriarche, dans lequel on gardait toutes les œuvres de saint Chrysostome, écrites de sa main. — Dans la même ville, en 1729, 1749 et 1750 ; en 1784, 32,000 maisons furent brûlées ; autres incendies en 1793, 1795, 1799, 1817, 1818. — En 1728, 77 rues détruites par le feu à Copenhague. — Incendie de l'Escurial en Espagne, le 2 juin 1671 : le feu fond 63 cloches dans l'église. — En 1331 et 1670, violents incendies à Genève. — A Londres, en 982, en 1132 ; autre incendie plus terrible encore, le 3 septembre 1665 : il dure trois jours, et détruit 600 rues, 89 églises et 13,200 maisons habitées. — Le 6 mars 1788, Macao, ville du Japon, fut presque entièrement consumée, après trois jours d'incendie : elle comptait 4,000 rues, un nombre prodigieux de palais et de temples. — *Incendies* de Moscou, le 15 mai 1571, et le 14 septembre 1812. — *Incendies* de Paris, le 1er août 1737, le 30 décembre 1772, le 18 juillet 1794.

Incestueux, hérétiques sectaires du XIe siècle de l'Eglise.

INCHBALD (mistriss), née Elisabeth Simpson, célèbre romancière anglaise, née en 1753, morte en 1821.

INCHOFER (Melchior), savant jésuite hongrois, né à Ginsin en 1584, mort à Milan le 28 septembre 1648.

Incombustibilité : moyen de communiquer cette vertu aux toiles, inventé par M. Gay-Lussac, en 1820. — Autre moyen découvert par M. Lapostolle, en 1821.

Incorruptibles, hérétiques sectaires du VIe siècle de l'Eglise.

Inde : Vasco de Gama découvre une nouvelle route pour y pénétrer, en 1497. — De 1506 à 1515, les Portugais fondent leur domination à Ceylan. — La réunion du Portugal à l'Espagne, en 1580, entraîne la chute de la puissance portugaise dans l'Inde.—Les Hollandais s'emparent, de 1621 à 1660, des places les plus importantes. — En 1623, les Anglais commencent à jeter dans ces contrées les fondements de leurs richesses et de leur puissance. — Pendant la guerre de la France avec l'Angleterre, de 1755 à 1763, les Français perdirent successivement toutes leurs colonies d'Asie.

Inde (établissements français dans l') : le premier date de 1668 ; ce ne fut qu'en 1678 que nos compatriotes allèrent se fixer à Pondichéry, qui, vers 1792 et 1793, nous fut enlevé, ainsi que nos autres possessions dans l'Inde, par les Anglais.—Ces possessions ne furent restituées à la France qu'en 1817.

Indemnité pour cause d'utilité publique. Le principe en fut consacré par l'Assemblée constituante, par un décret du 3 août 1789.

Indemnité en faveur des émigrés français. La loi qui accordait cette indemnité fut promulguée sous la date du 27 avril 1825.

Indes : leur conquête par Darius, roi de Perse, l'an 506 av. J.-C.

Indes orientales. En 1769, une horrible famine y enlève huit cent mille personnes, tant à Calcutta que dans le Bengale. — Famine qui y fait périr trois millions d'individus, en 1774.

Indiction, période de quinze années. J. Scaliger place l'époque de son invention à l'an 48 av. J.-C. — On assure que l'indiction romaine commença sous Constantin, le 25 septembre, en 312.

Indigo : est apporté d'Amérique en Europe en 1510.

Indulgences : elles sont d'institution apostolique. Au IIIe siècle, les Montanistes, au IVe les Novatiens, s'élevèrent contre les indulgences. — Le concile de Clermont, de 1095, accorda une indulgence plénière à tous les Croisés, publiée par Léon X en 1517. — Le concile de Trente (1545) rendit un décret touchant les indulgences.

Industrie française : elle ne date véritablement que du règne de Henri IV, à la fin du XVIe siècle. —Colbert, de 1650 à 1683, donna l'essor aux manufactures, au commerce, à la navigation.

Industrie française : établissement d'une exposition périodique de ses produits, par ordonnance du 13 janvier 1819. — Antérieurement on avait eu les expositions de 1801, 1802 et 1806 ; et depuis, celles de 1823, 1827 et 1834.

INÈS DE CASTRO, poignardée en 1344.

Ingelheim (assemblée de) : convoquée par Charlemagne en 788; la peine de mort y fut prononcée contre Tassillon, duc de Bavière.

Ingénieurs : ce n'est qu'au XVIIe siècle, sous Louis XIV, qu'ils furent organisés en corps. Voy. *Génie civil et militaire.*

Ingolstadt, ville de Bavière. Les Français firent sauter sa forteresse en 18[illegible]0.

Inhumations : ce fut vers l'an 1200 que s'introduisit l'usage d'inhumer dans les églises. — Cette coutume ne commença d'être abolie que vers 1780. — Il avait été défendu, en France, en 1765, d'en faire dans l'intérieur des villes.

INNOCENT Ier (saint), natif d'Albano, élu pape en 402, mort le 14 mars 417.

INNOCENT II (Grégoire), monta sur la chaire pontificale le 14 février 1130 ; mort le 13 septembre 1143.

INNOCENT III, élu pape le 8 janvier 1198, mort à Pérouse le 20 juillet 1216.

INNOCENT IV (Sinibalde de Fiesque), pape le 24 juin 1243, mort le 10 novembre 1254.

INNOCENT V (Pierre de Champagni), pape le 21 février 1276, mort le 22 juin de la même année.

INNOCENT VI (Etienne Aubert), parvint à la papauté le 1er décembre 1352, mourut le 12 septembre 1362.

INNOCENT VII (Claude Meliorati), élu pape le 17 octobre 1404, mort le 6 novembre 1406.

INNOCENT VIII (Jean-Baptiste Cybo), souverain pontife en 1484, mort en 1492.

INNOCENT IX (Jean-Antoine Fachinetti), élevé à la chaire de saint Pierre le 29 octobre 1591, mort le 30 décembre de la même année.

INNOCENT X (Jean-Baptiste Panfili), pape le 15 novembre 1644, mort le 7 janvier 1655, à 81 ans.

INNOCENT XI (Benoît Odescalchi), né à Côme en 1611, élu pape le 21 septembre 1676, mort le 12 août 1689.

INNOCENT XII (Antoine Pignatelli), né le 13 mars 1615, souverain pontife en 1691, mort le 7 septembre 1700.

INNOCENT XIII (Michel-Ange Conti), né le 15 mai 1655, élu pape le 8 mai 1721, mort le 7 mars 1724.

Inoculation : est mise en usage à Constantinople en 1712; elle était pratiquée depuis longtemps en Circassie. — Est adoptée en France en 1755. — Voy. *Vaccine.* — Est apportée de Constantinople en Angleterre par lady Montague, en 1720.

Inondations mémorables : en Chine, en 404; en Angleterre, en 573; en Italie, en 649, 738, 761, en Hollande, en 808; en Flandre, en 1014 ; en Allemagne et en Angleterre, en 860, 945, 1100; en France, en 1195; — à Paris, les eaux forcèrent Philippe-Auguste d'abandonner son palais de la cité. — D'autres inondations désolent, en 1230, la Hollande; en 1287 et 1296, la France, et notamment Paris ; en 1400 et 1421, la Hollande ; en 1408, Paris ; en 1427 et 1493, la France; en 1521, 1530 et 1532, la Hollande ; en 1550, Rome ; en 1557, l'Allemagne, l'Angleterre, la Chine, la France, la Hollande et l'Italie ; en 1571, l'Allemagne et la France ; en 1578, l'Allemagne, la France et la Hollande ; en 1607, l'Angleterre ; en 1608, la France ; en 1626, l'Espagne ; en 1634, la Chine et la Hollande ; en 1641, la Hollande ; en 1647, la Hollande et Paris ; en 1651, la France ; en 1658 et 1671, la Hollande ; en 1702, l'Italie et Rome ; de 1707 à 1721, l'Angleterre : en 1709, la France ; en 1722, le Chili et le Holstein ; en 1726, la France ; en 1762, la France, l'Allemagne et l'Italie ; en 1771, l'Italie, Naples et Venise ; en 1773, les Indes Orientales ; en 1782, l'Angleterre, la France et la Hollande ; en 1787, la Navarre et l'Irlande ; en 1789, l'Angleterre et l'Italie ; en 1791 et 1792, l'Angleterre ; en 1800, l'Allemagne, la France et la Hollande ; en 1808, la France et la Hollande ; en 1812, Londres ; en 1818, la Louisiane et le Bengale ; en 1834 et 1836, la France.

Inquisition. On fait remonter son origine à l'année 1184. — Etablissement de ce tribunal en Castille le 17 septembre 1480. — Il est introduit en Portugal en 1526.—En France, édit pour l'établissement de l'inquisition le 27 juillet 1557. — Elle est abolie en Espagne vers la fin de 1808.

Institut de France. Sa création en 1795.

Institut d'Egypte, créé par le général Bonaparte en 1799.

Institut catholique de la grande Bretagne, fondé en juillet 1838.

Instruction publique. Son organisation en France, le 25 octobre 1795. — Est réorganisée le 30 avril 1802.

Intégral (calcul). Voyez *Calcul intégral.*

Intendants. Les premiers intendants de provinces furent établis par le roi Henri II en 1551.—Ils ont été entièrement supprimés en 1790.

Interrègne des cent jours en France. — Le 20 mars 1815, Bonaparte arrive aux Tuileries. — Quelques jours après, les Bourbons sont proscrits par un décret de Bonaparte.— Le 30 mai, Bonaparte réorganise l'armée et passe tous les corps en revue. — Le 2 avril, seconde déclaration de guerre des puissances alliées contre Bonaparte et ses adhérents.— Manifeste de l'Angleterre contre la France, le 30 avril. — Le 17 mai, une insurrection royaliste éclate dans les Deux-Sèvres. — Le 1er juin, assemblée du Champ-de-Mai, l'acceptation de l'acte additionnel aux constitutions de l'empire y est prononcée. — Le 15 mai, l'armée française est en plein mouvement sur la frontière du nord. — Après la déroute de Waterloo, Bonaparte rentre à Paris, le 20 juin, à neuf heures du soir —Le 21, Bonaparte abdique une seconde fois : son règne est irrévocablement fini.

Invalides (hôtel des). Fondé par Louis XIV, roi de France, en 1664, et ouvert aux anciens militaires le 30 novembre 1670.

Invention de la sainte croix. Autrefois cette fête était célébrée, tant en Orient qu'en Occident, le 14 septembre ; mais, dans le VIIIe siècle, l'Eglise latine la fixa au 3 mai.

Invention (brevets d'). Leur création ne remonte qu'à la loi du 7 janvier 1791.

Investitures des bénéfices. Querelles à ce sujet entre le pape et l'empereur en 1093. — Fin des querelles à ce sujet entre l'empereur et le pape en 1122.

Iode. Corps solide, dont la découverte a été faite en 1811 par les chimistes.

Ioniennes (îles). Par un traité conclu le 5 novembre 1815, entre l'Angleterre et la Russie, avec l'adhésion de l'Autriche, ces îles forment un état libre et indépendant sous la protection exclusive de la Grande-Bretagne.

Ipécacuanha (l'). Est apporté du Brésil à Lisbonne et du Pérou en Espagne en 1501.— Il commence à être en usage dans la médecine vers 1649.

Ipsara, ville grecque. Sa défense contre les Turcs, le 3 juillet 1824.

Ipsus (bataille d'). Antigone, roi de l'Asie Mineure, y fut battu par Cassandre, Ptolomée, Lysimaque et Séleucus, ligués contre lui, l'an 301 av. J.-C.

IRÈNE, impératrice de Constantinople ; morte, reléguée dans l'île de Lesbos, le 9 août 803.

IRENÉE (saint), évêque, né vers l'an 130 de J.-C., martyrisé sous Marc-Aurèle l'an 177.

Iridium, métal ; découvert par Descotils, et constaté par Fourcroy, Vauquelin et Smithson-Tennant en 1803.

Irkoutsk, capitale d'un gouvernement de la Russie : bâtie en 1691.

Irlande, l'une des îles Britanniques : sa conversion au christianisme, en 472. — Est gouvernée par des rois particuliers jusqu'en 1171, époque de sa conquête par Henri II, roi d'Angleterre.—Les catholiques de ce pays massacrent près de cent mille Anglais protestants, le 13 octobre 1641. — L'indépendance de son parlement est reconnue par le parlement d'Angleterre, le 22 janvier 1783.— Cette île est tourmentée par une guerre civile pendant le mois de mai 1798. Les insurgés sont défaits le 21 juin suivant à Vinegar-Hill. — L'Irlande est déclarée en état de rébellion contre le gouvernement anglais, le 28 février 1799. — L'insurrection fut étouffée, mais l'Irlande perdit son gouvernement particulier et sa nationalité en 1801.

ISAAC, fils d'Abraham et de Sara, né vers l'an 1896 av. J.-C., mort l'an 1716 av. J.-C., à 180 ans.

ISAAC Ier, Comnène, empereur grec, proclamé le 8 juin 1057, abdiqua en 1059, mourut au monastère de Stude en 1061.

ISAAC II, l'*Ange*, empereur grec, élu le 12 septembre 1185, mort en 1204, âgé d'environ 50 ans.

ISABEAU ou ISABELLE de Bavière, femme de Charles VI, roi de France, née en 1371, mariée le 17 juillet 1385, morte le 30 septembre 1435.

ISABELLE DE CASTILLE, reine d'Espagne, née en 1450, morte en 1504.

ISABELLE DE FRANCE, fille de Philippe le Bel et reine d'Angleterre, née en 1292, morte le 22 août 1358.

ISABELLE (Claire-Eugénie) d'Autriche, née en 1566, morte en 1633.

Isabelle, ville bâtie en Amérique par Christophe Colomb, en 1493.

ISAIE, le premier des quatre grands prophètes, prophétisa depuis l'an 735 jusqu'à l'an 781 av. J.-C.

Isenbourg, principauté d'Allemagne : appartient au grand duc de Hesse Darmstadt depuis 1815.

ISIDORE (saint) d'Alexandrie, surnommé l'*Hospitalier*, né en Egypte, vers 318, mort à Constantinople en 400, le 15 janvier, jour où l'Eglise célèbre sa fête.

ISIDORE (saint) de Séville, évêque de cette ville, né vers 570, élu en 601, mort le 4 avril 636.

Islamisme, ou religion mahométane. Ses commencements vers 612.

Islande. Découverte par les Norwégiens en 861. Un moine d'Oxford, nommé Linna, astronome, aidé de la boussole, pénètre dans cette île en 1327.

Ismaïl ou *Ismaïloff* : prise d'assaut par les Russes en 1790. Prise de nouveau par eux le 25 septembre 1809.

ISOCRATE, célèbre orateur grec, né à Athènes l'an 436 av. J.-C., mort l'an 338 av. J.-C., âgé de 99 ans.

Ispahan : devient la capitale de la Perse en 1590.

Israël (royaume d') : il se forma à la mort de Salomon vers 975 av. J.-C., et ne dura que 250 ans. Jéroboam fut le premier roi d'Israël.

Issoudun, ville du Berri : elle fut gouvernée par des seigneurs particuliers jusqu'en 1187, époque où elle fut cédée à la France par le traité de paix signé en 1177 entre Louis VII, roi de France, et Henri II, roi d'Angleterre.— Elle fut réunie à la couronne en 1220. — Incendiée en grande partie, en 1651.

Issus (bataille d'), où Darius fut vaincu par Alexandre, l'an 333 av. J.-C.

Isthmiques (jeux). Ils furent institués, dit-on, dans le XIVe siècle av. J.-C.

Istrie (l') : passa tout entière sous la domination autrichienne en 1814.

Italie (royaume d') : établi en 476. Ravennes en est la capitale. — Conquise par les Français en 1796, porta d'abord le nom de république cisalpine, qui fut changé en celui de république italienne en 1801. — Erigée en royaume en faveur de Napoléon, le 18 mars 1805. — Son organisation, le 10 mai ; le Code français y est publié le 1er juin. — Est remplacée aujourd'hui par le royaume Lombardo-Vénitien depuis 1814.

Italien, *langue italienne*, composée de la langue romane et du latin : commence à se former en 1240.

Ithaciens, hérétiques sectaires du IVe siècle.

ITURBIDE, né en 1778, au Mexique; proclamé empereur du Mexique, sous le nom d'Augustin Ier, le 18 mai 1822, forcé d'abdiquer le 20 mars 1823, fusillé le 16 juillet de la même année.

Iucatan ou *Yucatan*, grande péninsule du Mexique, découverte par Ferdinand de Cordoue, en 1516.

Ivry (bataille d'), gagnée par Henri IV sur la ligue, le 14 mars 1590.

IWAN III (Wassiliewitch, souverain de la Russie en 1462, mort le 15 octobre 1505, âgé de 66 ans.

IWAN IV (Wassiliewitch), premier tzar de Moscovie, en 1533, mort le 19 mars 1584.

IWAN V (Jean-Alexiewitch), tzar de Russie, né en 1661, mort en 1696.

IWAN VI, de Brunswick-Bevern, né le 20 août 1740, déclaré tzar le 29 octobre de la même année, massacré le 16 juillet 1764.

J

JACOB, célèbre patriarche, né vers l'an 1836 av. J.-C., mort l'an 1689 av. J.-C., âgé de 147 ans.

JACOB DE SAINT-CHARLES (Louis), bibliographe, né à Châlons-sur-Saône en 1608, mort en 1670.

JACOBI (Frédéric-Henri). philosophe et poëte allemand, mort le 10 mars 1819.

Jacobins (le club des), ouvert à Versailles en 1789, transféré à Paris en octobre de la même année; fut irrévocablement fermé le 24 juillet 1794.

Jacobites, secte d'hérétiques, formée par un moine syrien nommé Jacob Zanzale, vers le milieu du VIe siècle.

JACOBSEN ou JACOBSON (Michel), brave et habile marin, né à Dunkerque vers le milieu du XVIe siècle, mort en 1633.

Jacotot (méthode). Cette théorie de l'enseignement universel fut publiée par son auteur, dont elle porte le nom, en l'année 1818.

JACQUARD (Joseph-Marie), célèbre inventeur du métier qui porte son nom, né à Lyon le 7 juillet 1752, mort à Oullins le 7 août 1834. — Son métier qui n'avait obtenu qu'une médaille de bronze à l'exposition de 1801, lui valut en 1819 la médaille d'or et la croix de la Légion d'honneur.

Jacquerie (la), soulèvement général qui éclata parmi les paysans de l'Ile de France, le 21 mai 1358.

JACQUES (saint) LE MAJEUR, apôtre et martyr, mort par le glaive l'an 44 de J.-C.

JACQUES (saint) LE MINEUR, mis à mort l'an 62 de J.-C. L'Eglise célèbre sa fête le 1er mai.

JACQUES (saint), évêque de Nisibe, sa patrie, mort en 338.

JACQUES (saint), ermite de Sancerre, mort vers 865.

JACQUES Ier, roi d'Ecosse, né en 1391, assassiné en 1437.

JACQUES II, roi d'Ecosse, tué au siége de Roxburg le 3 août 1460, à 29 ans.

JACQUES III, succéda à Jacques II, son père, le 3 août 1460, mourut le 11 juin 1488.

JACQUES IV, fils du précédent, tué à la bataille de Frowden en 1513.

JACQUES V, fils du précédent, mort en 1542.

JACQUES VI, roi d'Ecosse, dit JACQUES Ier, roi d'Angleterre et d'Irlande, né en 1556, régna en 1603 sur les trois royaumes : mort le 8 avril 1625.

JACQUES II, roi d'Angleterre, d'Ecosse et d'Irlande, né à Londres le 30 octobre 1633, proclamé en 1685, détrôné en 1688, mort à Saint-Germain-en-Laye le 16 septembre 1701.

Jafanapatnam, ville forte de l'Indostan, devenue possession anglaise depuis 1802.

Jaffa, prise par les Français au commencement de février 1799. Ce fut alors que la peste attaqua l'armée française.

JAGELLON, duc de Lithuanie, né vers 1354 ; roi de Pologne, sous le nom de Wladislas V, en 1386 ; mort le 31 mai 1434.

Jagellons, dynastie polonaise : finit en 1572 dans la personne de Sigismond II ; elle avait subsisté 186 ans.

Jagerndorf (bataille de). Les Russes y défirent les Prussiens en 1757.

Jalès (camp de) en Velay. Les gentilshommes français s'y réunirent en 1790, pour s'opposer à la révolution.

Jamaïque, l'une des plus grandes Antilles, découverte par Colomb en 1594. Un amiral anglais prit cette île sur les Espagnols en 1655. Depuis ce temps, elle est restée aux Anglais. — Les nègres s'y révoltent en 1730.

Jamaïque. Voy. *Saint-Domingue*.

JAMES (Robert), médecin anglais, né à Kinverston dans le Staffordshire, en 1703, mort le 23 mars 1776.

Janicule (combat du), où les Romains furent battus par les Etrusques, l'an 477 av. J.-C.

Janissaires, soldats d'infanterie turque : institués par l'empereur Orcan, vers le milieu du XIVe siècle. — Leur destruction par Mahmoud II, empereur des Turcs, le 17 juin 1826.

Jansénisme, secte dont les opinions émanaient des livres de Jansénius, et qui excita de violents démêlés dans l'Eglise de France depuis 1641 jusqu'à la fin du siècle dernier.

JANSENIUS (Corneille), évêque d'Ypres, né en 1585, mort de la peste le 8 mai 1638.

JANVIER (saint), évêque de Bénévent ; il eut la tête tranchée à Pouzzoles, sous l'empereur Dioclétien. L'Eglise célèbre sa fête le 19 septembre.

Janvier (ordre de St.-), institué à Naples, le 6 juillet 1738.

Japon. Fondation de cet empire par Syn-Mu, l'an 658 av. l'ère chrétienne, 30e olympiade. — Est découvert en 1542 par trois Portugais qui faisaient voile vers la Chine. Les Portugais y établirent le christianisme vers 1550 ; quelque temps après eut lieu l'apostolat de saint François Xavier. Tous les étrangers, excepté les Hollandais, sont forcés de sortir de ce pays en 1616. — Le christianisme s'y éteint, après une persécution cruelle, en 1638, et l'empire est fermé à jamais aux étrangers chrétiens.

Jardin des Plantes, à Paris, créé par Louis XIII, en 1626.

Jardinage. Hespérus invente des règles à ce sujet, vers l'an 1749 av. J.-C. Cet art est porté des Pays-Bas en Angleterre en 1509.

Jardins. L'art de les embellir est porté à sa perfection par Lenôtre, en 1687.

JARNAC (Gui Chabot de) : son duel avec La Chateigneraie, le 15 janvier 1547. C'est depuis ce temps qu'on a dit proverbialement : *un coup de Jarnac*.

Jarnac (bataille de), où les huguenots sont défaits, le 15 mars 1569.

Jarretière (ordre des chevaliers de la), institué en Angleterre par le roi Edouard III, en 1350.

Jassy, capitale de la Moldavie ; les Russes s'emparèrent de cette ville en 1739 et 1769 ; mais les traités de paix la rendirent deux fois aux Turcs. — Les Autrichiens la prirent en 1788 et la rendirent en 1792. — Ce fut à Jassy qu'Ypsilanti leva l'étendard de la révolte contre la Turquie en 1821.

Jassy (paix de) : conclue entre la Russie et la Porte, le 9 janvier 1792.

JAUBERT (Amédée), célèbre orientaliste français, membre de l'Institut, pair de France, né à Aix en Provence en septembre 1779, mort à Paris en janvier 1847.

Java, île de la Sonde. L'époque certaine de son histoire remonte à la 76e année de l'ère vulgaire.

JEAN-BAPTISTE (saint), précurseur de J.-C., le baptisa l'an 29, fut décapité peu de temps après par ordre d'Hérodiade, femme d'Hérode-Antipas, roi des Juifs. On célèbre sa fête le 24 juin.

JEAN L'ÉVANGÉLISTE (saint), apôtre, mort à Ephèse en l'an 100 de J.-C., âgé de 94 ans.

JEAN (saint), surnommé *Marc*, disciple des apôtres, vivait au Ier siècle.

JEAN (saint), martyrisé à Nicomédie le 24 février 503.

JEAN-CALYBITE (saint), mort vers l'an 450.

JEAN LE NAIN (saint), abbé et solitaire, mort vers le commencement du Ve siècle.

JEAN LE SILENCIEUX (saint), né à Nicopolis, en 454, mort vers 558.

JEAN (saint), dit l'*Aumônier*, patriarche d'Alexandrie en 610, mort à Limisso le 11 novembre 616, à 57 ans.

JEAN DE BERGAME (saint), évêque de cette ville vers l'an 656, assassiné en 683.

JEAN (saint), archidiacre de Capoue, mort dans cette ville en 934.

JEAN Ier (saint), pape, de 523 à 526.

JEAN II, élu pape en janvier 533, mort en mai 535.

JEAN III, élu pape le 1er août 560, mort le 5 juillet 573.

JEAN IV, élu pape en décembre 640, mort en octobre 642.

JEAN V, élu pape en juillet 685, mort en août 686.

JEAN VI, élu pape le 28 octobre 701, mort le 9 janvier 705.

JEAN VII, souverain pontife, élu le 1er mai 705, mort le 17 octobre 707.

JEAN VIII, élu pape le 14 décembre 872, mort le 11 décembre 882.

JEAN IX, élu pape en juillet 898, mort le 26 mars 900.

JEAN X, archevêque de Ravenne, élu pape en 914, étouffé le 9 juillet 928.

JEAN XI, élu pape en mars 931, mort en 933.

JEAN XII, élu pape le 20 août 956, assassiné en 964.

JEAN XIII, élu pape le 1er octobre 965, mort le 6 septembre 972.

JEAN XIV, évêque de Pavie, élu pape le 19 octobre 984, mort le 30 août 985.

JEAN XV, élu pape le 25 avril 986, mort le 30 avril 996.

JEAN XVI, élu pape de 997 à 998.

JEAN XVII, élu pape le 6 juin 1003, mort le 31 octobre de la même année.

JEAN XVIII, élu pape le 19 mars 1004, mort le 18 juillet 1009.

JEAN XIX, élu pape en 1024, mort le 8 novembre 1033.

JEAN XX ou XXI, élu pape le 13 septembre 1276, mort le 16 mai 1277.

JEAN XXII, né à Cahors, cardinal en 1312, élu pape le 7 août 1316, mort le 4 décembre 1334, à 90 ans.

JEAN XXIII (Balthasar Cossa), élu pape le 14 mai 1410, déposé le 29 mai 1415, mort à Florence le 22 novembre 1419.

JEAN dit *le Bon*, roi de France, succéda à son père Philippe de Valois, le 22 août 1350, à quarante ans, et mourut prisonnier à Londres le 8 avril 1364.

JEAN Ier, dit *Jean-sans-Terre*, roi d'Angleterre, usurpa la couronne en 1299, mourut le 17 octobre 1316.

JEAN Ier, roi de Castille, né en 1358, couronné en 1379, mort le 9 octobre 1390.

JEAN II, roi de Castille, né en 1404, proclamé en 1406, mort à Valladolid en 1434.

JEAN Ier, roi de Portugal, surnommé *le Grand*, né le 2 avril 1357, élevé au trône l'an 1383, mort le 4 août 1433.

JEAN II, roi de Portugal, dit *le Parfait*, né le 3 mai 1455, roi en 1481, mort le 25 octobre 1495.

JEAN III, roi de Portugal, né en 1502, commence à régner en 1521, meurt en 1557.

JEAN IV, dit *le Fortuné*, chef de la maison royale de Bragance, né le 19 mars 1604, mort à Lisbonne le 6 novembre 1656.

JEAN V, né en 1689, proclamé roi de Portugal en 1705, mort en 1750.

JEAN Ier, roi de Suède en 1216, mort en 1222.

JEAN Ier, en Danemark, et II, en Suède, né en 1455, commence à régner en 1483, meurt en 1513.

JEAN III, roi de Suède, né le 21 décembre 1537, règne en 1568, meurt en 1591.

JEAN-SANS-PEUR, duc de Bourgogne, né à Dijon en 1371, assassiné sur le pont de Montereau, le 10 septembre 1419.

JEAN SECOND, poëte latin moderne, né à Lahaye le 10 novembre 1511, mort à Tournai le 8 octobre 1536.

Jean-d'Acre (St.-). Bonaparte lève le siége de cette ville le 20 mai 1799, après deux mois de tranchée ouverte.

Jean-de-Losne (St. -), petite ville de Bourgogne, célèbre par le siége que ses habitants soutinrent en 1636 contre les Impériaux.

JEANNE (sainte) de Valois, institutrice de l'ordre de l'Annonciade, fille de Louis XI et de Charlotte de Savoie, née en 1464, mourut à Bourges en 1505, le 4 février, jour où l'Église célèbre sa fête.

JEANNE, reine de France et de Navarre, née en 1272, femme de Philippe le Bel, mourut à Vincennes le 2 avril 1305.

JEANNE Ire, reine de Jérusalem, de Naples et de Sicile, née vers l'an 1326, morte assassinée par Charles de Durazzo en 1381.

JEANNE II, reine de Naples, née en 1371, morte en 1435; elle régnait depuis 1414.

JEANNE-HENRIQUEZ, reine de Navarre et d'Aragon, morte le 13 février 1468.

JEANNE d'ESPAGNE ou JEANNE LA FOLLE, fille de Ferdinand et d'Isabelle, mariée en 1496 à Philippe, archiduc d'Autriche, morte en démence en 1555, à 73 ans.

JEANNE de Bourgogne, reine de France, femme de Philippe le Long, morte à Roye en Picardie le 22 janvier 1325.

JEANNE de Bourgogne, première femme de Philippe VI, roi de France, mourut à Paris en 1348.

JEANNE, duchesse de Bretagne, femme de Jean IV de Montfort, fut une des héroïnes du XIVe siècle.

JEANNE d'Albret, reine de Navarre, mère de Henri IV, née en 1551, mourut le 9 juin 1572.

JEANNE d'ARC, surnommée *la Pucelle d'Orléans*, née en 1410, à Domremy, village situé près de Vaucouleurs, prit les armes en faveur de son roi en 1429, délivra Orléans la même année, et fut brûlée vive par les Anglais le 24 mai 1431.

JEANNIN (Pierre), connu sous le nom de *président Jeannin*, habile homme d'état, né à Autun en 1540, mort le 31 octobre 1622.

JEFFERSON (Thomas), troisième président de la république des Etats-Unis, né en 1743, mort le 4 juillet 1826.

JEFFREYS ou JEFFRYES (lord George), fameux chef-justice d'Angleterre, mourut à la Tour de Londres le 18 avril 1689.

JEHU, fils de Josaphat et dixième roi d'Israël, régna depuis environ 885 av. J.-C. jusqu'à sa mort, l'an 856 av. J.-C.

Jemmapes (bataille de), gagnée sur les Autrichiens, le 6 novembre 1792, par le général français Dumouriez; elle assura la conquête de la Belgique.

JENKINS (sir Leolins), habile négociateur anglais, né en 1623, mourut en septembre 1685.

JENNER (Edouard), médecin célèbre par l'introduction de la vaccine, né à Berkeley, comté de Glocester le 17 mai 1749, mort le 24 janvier 1823.

JENSON (Nicolas), célèbre imprimeur et graveur en caractères, à Venise, né en France en 1420, mourut vraisemblablement en 1481, année de ses derniers travaux.

JEPHTÉ, juge chez les Hébreux, remporta une victoire contre les Ammonites vers l'an 1187 av. J.-C., et mourut six ans après.

JÉRÉMIE, l'un des grands prophètes hébreux, prophétisait sous le règne de Josias, l'an 629 av. J.-C. Il fut lapidé par le peuple l'an 590 av. J.-C.

Jéricho. Prise et ruine miraculeuse de cette ville par les Hébreux sous la conduite de Josué, l'an 1470 av. J.-C.

JÉROBOAM Ier, roi d'Israël, mourut dans l'impiété après vingt-deux années de règne, l'an 954 av. J.-C.

JÉROBOAM II, fils de Joas et roi d'Israël, monta sur le trône l'an 826 av. J.-C., et mourut l'an 785, après 41 ans de règne.

JÉROME (saint), célèbre père de l'Eglise, né vers l'an 340 à Stridon sur les confins de la Dalmatie et de la Pannonie, mourut le 30 septembre 420. C'est aussi le 30 septembre que l'Eglise célèbre sa mémoire.

JÉROME de Prague, fameux disciple de Jean Hus, mourut sur le bûcher des hérétiques le 1er juin 1416.

Jérusalem. Salomon commence à bâtir son temple l'an 1015 av. J.-C. et l'achève au bout de 8 ans. — Cet édifice est détruit par Nabuchodonosor vers l'an 598 av. J.-C. — Zorobabel commence à le rebâtir l'an 534 avant J.-C.; il est achevé l'an 516.—Il est pillé par Antiochus, roi de Syrie, l'an 170 av. J.-C.— Cette ville est prise par Caïus Sosias et par Hérode l'an 37 av. J.-C. — Hérode commence à rebâtir son temple l'an 18 av. J.-C., suivant Josèphe. — Prise par Titus, fils de l'empereur Vespasien, l'an 70 de J.-C. Son temple est brûlé le 5 août de la même année, et la ville détruite le 31 du même mois. — Elle est rebâtie l'an 131 ap. J.-C., par l'empereur Adrien, qui y envoie une colonie et lui donne le nom d'*Ælia-Capitolina*. —Ses murs sont rebâtis par l'impératrice Eudoxie en 438. — Elle tombe au pouvoir des Perses qui massacrent plus de 90,000 habitants en 613. — Prise par les Sarrasins en 638. — Le temple est magnifiquement rebâti, en 643, par le calife Omar, qui le change en mosquée. — Prise par les croisés le 15 juillet 1099. Godefroi de Bouillon en est élu le premier roi. — Reprise par Saladin et par les Turcs sur les croisés, le 2 octobre 1187.

Jérusalem (royaume de). Il finit en 1187, après 88 ans d'existence.

Jésuates (ordre des), fondé par Jean Colombini de Sienne, approuvé en 1367 par Urbain V, et mis par Paul V au nombre des ordres mendiants. Il fut supprimé en 1668.

Jésuites ou compagnie de Jésus : fondée par Ignace de Loyola, Espagnol, en 1535.— Approuvée par le pape en 1540. — Etablissement de leur premier collége à Paris, rue de la Harpe, en 1550. — Sont expulsés de France par les parlements en 1594, à l'occasion de l'attentat de Jean Châtel. — Sont réintégrés par édit du roi vérifié au parlement de Paris le 2 janvier 1604. — Sont chassés en 1757 du palais du roi de Portugal, qui leur interdit la confession dans tout le royaume. — Sont bannis du Portugal par un édit du 3 septembre 1759. — Le parlement de Paris et plusieurs autres parlements de France leur défendent de porter l'habit de la société, de vivre sous l'obéissance à leur général, etc., en août 1762. — En novembre 1764, édit de Louis XV, qui supprime la société dans toute l'étendue du royaume. — Le 2 avril 1767, décret du roi d'Espagne qui les bannit de ses Etats et confisque leurs biens. — Ils sont expulsés de Naples, de Malte et de Parme, en 1768. — Suppression de leur ordre, le 21 juillet 1773, par le pape Clément XIV. — Leur rétablissement par le pape Pie VII, le 7 août 1814. — Un ukase de l'empereur Alexandre les chasse de Saint-Pétersbourg, le 2 janvier 1816. — Le roi de Sardaigne autorise leur rétablissement dans ses Etats, dans les premiers mois de 1822. — Clôture de leurs maisons d'éducation en France, en 1828.

JÉSUS-CHRIST, fils de l'homme, sauveur du monde, législateur des humains, Fils de Dieu et Dieu lui-même, naquit l'an du monde 4004, 3e avant notre ère vulgaire, et mourut sur la croix, suivant la prédiction des saints prophètes, l'an 33 de sa vie.

Jets d'eau. Mariotte en donne une théorie en 1680.

Jeux apollinaires. V. *Apollinaires*.

Jeux floraux : sont rendus annuels à Rome l'an 133 av. J.-C.

Jeux-Floraux (académie des), établie à Toulouse le 3 mai 1324. — Rétablie le 22 juin 1806, à Toulouse.

Jeux olympiques : institués en Grèce vers l'an 1458 av. J.-C.

Jeux séculaires : institués à Rome l'an 452 av. J.-C. (l'an du monde 3548).

JÉZABEL, femme d'Achab, fut dévorée par des chiens l'an 884 av. J.-C.

JOACHAZ, roi d'Israël, commença à régner l'an 856 av. J.-C., et régna 17 ans.

JOACHAZ, fils de Josias, roi de Juda, succéda à son père l'an 609 av. J.-C., et mourut peu après captif en Egypte.

JOACHIM (saint), époux de sainte Anne et père de la sainte Vierge. On ne sait rien de sa vie. L'Eglise a institué sa fête dès le VIIe siècle; on la célèbre le 20 mars.

JOAD, grand prêtre des Juifs : fit mettre à mort la reine Athalie et donna le sceptre à Joas, l'an 833 av. J.-C.

JOAS, fils d'OCHOSIAS, roi de Juda, monta sur le trône l'an 883 av. J.-C., et mourut l'an 843, après avoir régné 40 ans.

JOAS, fils de Joachaz, roi d'Israël, lui succéda, et mourut l'an 826 av. J.-C., après un règne de 16 ans.

JOATHAM, roi d'Israël, succéda à son père Osias, et mourut l'an 742 av. J.-C.

JOB, célèbre patriarche, né dans le pays de Chus, entre l'Idumée et l'Arabie, vers l'an 1700 av. J.-C., mourut vers l'an 1500 av. J.-C.

JODE (Pieter de), célèbre graveur, surnommé le *Vieux*, né à Anvers en 1570, mort dans un âge avancé.

JODELLE (Etienne), poëte français, né à Paris en 1532, mort en juillet 1572.

Johannisberg (bataille de), gagnée par les Français sur les alliés, le 30 août 1762.

JOHNSON (Benjamin), auteur dramatique anglais, plus connu sous le nom de *Ben-Johnson*, né à Westminster en 1574, mort en 1637.

JOHNSON (Samuel), littérateur anglais, né à Lichtfield le 7 septembre 1700, mort le 13 décembre 1784.

JOINVILLE (Jean, sire de), célèbre historien, contemporain et ami de saint Louis, né en 1223 ou 1224, mort vers 1318.

JOLLY (Jean-François), avocat au parlement de Paris, né à Brévannes en Champagne vers 1737, mort à Paris le 23 mars 1819.

JOMELLI (Nicolo), célèbre maître de chapelle, né à Aversa, dans le royaume de Naples, en 1714, mort à Naples le 28 août 1774.

JONAS, fils d'Amathi, le cinquième des petits prophètes, mort vers l'an 761 av. J.-C.

JONATHAS, fils de Saül, tué l'an 1055 av. J.-C.

JONES (Inigo), célèbre architecte anglais, né à Londres en 1572, mort en 1651.

JONES (Paul), célèbre marin de l'Amérique septentrionale, né à Selkirk en Ecosse vers 1736, mort à Paris en 1792.

JONES (sir Guillaume), juge et savant anglais, né à Londres le 28 octobre 1746, mort dans les Indes en 1794.

JORDAENS (Jacques), peintre célèbre, né à Anvers en 1594, mort dans la même ville en 1678.

JORDAN (Camille), orateur parlementaire, né à Lyon en 1769, mort en mars 1821.

JOSAPHAT, fils et successeur d'Asa, roi de Juda l'an 928 av. J.-C., mort l'an 889 av. J.-C.

JOSEPH, fils de Jacob et de Rachel, mort l'an 1633 av. J.-C., âgé de 110 ans, et après avoir gouverné l'Egypte pendant 80 ans.

JOSEPH (saint), descendant des rois de Juda, choisi pour être l'époux de la sainte Vierge, vivait encore dans les premières années du Ier siècle de l'ère chrétienne. L'Ecriture garde un silence presque absolu sur les particularités de sa vie et sur sa mort. L'Eglise célèbre sa fête le 19 mars.

JOSEPH D'ARIMATHIE, fut celui qui ensevelit Jésus-Christ, l'an 33.

JOSEPH DE CUPERPIN (saint), franciscain, né dans le royaume de Naples en 1603, mort en 1663, canonisé en 1767.

JOSEPH Ier, empereur d'Allemagne, né à Vienne le 26 juillet 1676, couronné roi de Hongrie en 1687, élu roi des Romains en 1690, monta sur le trône impérial le 5 mai 1705; mort le 17 avril 1711.

JOSEPH II, né le 13 mars 1741, élu roi des Romains le 27 mars 1764, couronné empereur d'Allemagne à Francfort en 1765, roi de Hongrie et de Bohême le 29 novembre 1778, mort le 20 février 1790.

JOSEPH Ier, ou JOSEPH-EMMANUEL, roi de Portugal, de la famille de Bragance, né en 1714, monta sur le trône en 1750, mourut le 23 février 1777.

JOSEPH (François Leclerc du Tremblay, plus connu sous le nom de Père), capucin, né à Paris le 4 novembre 1577, mort à Ruel le 18 décembre 1638.

JOSÈPHE (Flavius), célèbre historien juif, né à Jérusalem l'an 37 de J.-C., mort l'an 93 de l'ère vulgaire.

JOSÉPHINE (Marie-Françoise-Joséphine Tascher de la Pagerie), née le 24 juin 1761, couronnée impératrice des Français le 4 décembre 1804, morte le 29 mai 1814.

JOSIAS, roi de Juda l'an 639 av. J.-C., mort l'an 610 av. J.-C.

JOSSE (saint), roi de Bretagne, mort en 668.

JOSUÉ, célèbre chef des Hébreux, mort à 110 ans, l'an 1224 av. J.-C.

JOUBERT (Laurent), savant médecin, né à Valence en Dauphiné en 1529, mort à Lombez le 21 octobre 1583.

JOUBERT (Barthélemy-Catherine), général français, né à Pont-de-Vaux en Bresse le 14 avril 1769, tué à la bataille de Novi le 16 août 1799.

JOURDAN (Jean-Baptiste), maréchal de l'empire, né à Limoges le 29 avril 1762, mort le 23 novembre 1833 à l'hôtel des Invalides, dont il était gouverneur.

JOURDAN (Matthieu Jouve), surnommé *Coupe-Tête*, fameux brigand révolutionnaire, né à Saint-Just en Velay en 1749, mort sur l'échafaud le 27 mai 1794.

Journal des Savants, fondé en 1665 par Denis Salo, conseiller au parlement de Paris.

Journaux. Leur nombre est réduit en France à un par chaque département autre que celui de la Seine, le 3 août 1810. — Loi de février 1817, portant qu'en France ils ne pourront paraître qu'avec l'autorisation du roi. — Le 13 mars 1822, nouvelle loi relative à leur police. — Autre loi du mois de septembre 1835.

JOUVENCY (le P. Joseph), célèbre jésuite, né à Paris en 1643, mort à Rome le 29 janvier 1719.

JOUVENEL ou JUVENAL DES URSINS (Jean), célèbre magistrat français, né à Troyes en Champagne vers le milieu du XIVe siècle, mort le 1er avril 1431.

JOUVENET (Jean), peintre d'histoire, né à Rouen le 21 août 1647, mort à Paris le 5 avril 1717.

Jouy, village près de Versailles : la manufacture de toiles imprimées s'y établit en 1759.

JOVELLANOS (don Gaspard-Melchior de), né en 1749, savant magistrat espagnol, tué dans une émeute populaire en 1812.

JOVIEN (Flavius-Claudius Jovianus), empereur romain, né l'an 330 en Pannonie, mort le 17 février 364.

Jovinianistes, hérétiques sectaires du IVe siècle de l'Eglise.

JOYEUSE (Anne de), duc et pair, et amiral de France, un des favoris de Henri III, tué à la bataille de Coutras le 20 octobre 1587.

JOYEUSE DU BOUCHAGE (Henri, duc de), surnommé *Frère Ange*, né en 1567, mort à Rivoli, près de Turin, le 27 septembre 1608.

JUAN D'AUTRICHE (don), l'un des héros du XVIe siècle, fils naturel de Charles-Quint, né le 23 février 1546, mort le 7 octobre 1578.

Jubilé, d'abord établi pour tous les cent ans, en 1300, par le pape Boniface VIII. — Fixé, en 1350, à cinquante ans seulement par le pape Clément VI. — En 1389, Urbain V abrégea encore ce terme et le mit à trente-trois ans, en l'honneur des trente-trois ans de la vie de Notre-Seigneur J.-C. — Mais, en 1449, Nicolas V le remit à cinquante ans. — En 1470, Paul II le fixa à vingt-cinq ans; et enfin Sixte IV, l'an 1473, confirma cette dernière décision, qui subsiste encore aujourd'hui.

JUDA, quatrième fils de Jacob et de Lia, né l'an 1755 av. J.-C., mort l'an 1636 avant l'ère chrétienne.

Juda (royaume de), monarchie des Hébreux : fondée l'an 1095 av. J.-C., depuis Saül, son premier roi; dura jusqu'à la captivité de Sédécias, son dernier roi, vers l'an 605 av. J.-C.

JUDAS, dit Machabée, fils de Matathias, succéda à son père comme général des Juifs, l'an 167 av. J.-C., et mourut l'an 160 av. J.-C.

JUDE (saint), apôtre, reçut la couronne du martyre dans la ville de Béryte, vers l'an 80 de J.-C.

JUDITH. Voyez HOLOPHERNE.

Jugement de Dieu. Voyez *Combat* ou *Duel judiciaire*.

JUGURTHA, roi des Numides, livré aux Romains l'an 106 av. J.-C.

Jugurtha (guerre dite de), éclata entre ce roi de Numidie et les Romains l'an 111 av. J.-C., et dura jusqu'à la prise de Jugurtha par Marius, l'an 106 av. J.-C.

Juifs : leur captivité de 70 années à Babylone commença l'an 605 av. J.-C., dans la 43e olympiade. — Ils sont égorgés par les Romains, l'an 136 après J.-C., au nombre de 580,000, et suivant d'autres historiens de 1,100,000. — Massacre des Juifs en Angleterre le 2 septembre 1190. — Ils sont bannis de France à perpétuité par un édit du roi Charles VI, le 17 septembre 1394. — De nouveau expulsés de France par lettres patentes de Louis XIII, du 23 avril 1615. — Ils sont admis en France à la participation des droits civils et politiques, le 9 mars 1807.

JUIGNÉ (Antoine-Eléonore-Léon Leclerc de), archevêque de Paris, né dans cette ville en 1728, mort le 19 mars 1811.

JULES (saint), soldat romain, eut la tête tranchée vers l'an 302 par ordre de Maxime, gouverneur de la basse Mœsie.

JULES Ier (saint), élu pape le 6 février 337, mort le 12 avril 352.

JULES II (Julien de la Rovère), cardinal en 1471, élu pape le 1er novembre 1503, mort le 21 février 1513, à 70 ans.

JULES III (Jean-Marie Giocci), pape le 8 février 1550, mort le 23 mars 1555, âgé de 64 ans.

JULES ROMAIN (Giulio Pipi, plus connu sous le nom de), peintre et architecte célèbre, né à Rome en 1492, mort à Mantoue en 1546.

JULIA DOMNA (Pia Felix Augusta), femme de Septime Sévère, empereur romain, née en Phénicie vers 170, morte en 217.

JULIE (sainte), vierge et martyre de Carthage, mise à mort vers l'an 440.

JULIEN (saint), premier évêque du Mans et apôtre du Maine sur la fin du IIIe siècle.

JULIEN (saint), archevêque de Tolède, mort en 690.

JULIEN (Flavius Julius Claudius), surnommé l'*Apostat*, empereur romain, né à Constantinople le 6 novembre 331, proclamé en 361, mort le 26 juin 363.

JULIEN (Pierre), sculpteur célèbre, né en 1731, mort à Paris en juin 1804.

JULLIEN (H.), de Paris, homme de lettres, fondateur de la *Revue encyclopédique*, né en 1775, mort à Paris en novembre 1848.

JUMONVILLE (N....), parlementaire français, assassiné le 29 mai 1754.

Junius (lettres de), écrits pseudonymes d'une grande célébrité, qui parurent par intervalles dans le journal intitulé : *Public advertiser*, de 1767 à 1773. — On a publié une nouvelle édition de ces fameuses lettres à Londres en 1812, 3 vol. in-8°.

Junon, nouvelle planète découverte par Harding, à Lilienthal près Brême, le 1er septembre 1804.

JUNOT (Andoche), duc d'Abrantès, né à Bussy-les-Forges (Côte-d'Or) le 28 octobre 1771, mort le 28 juillet 1813.

Jupiter Olympien (temple de) : sa construction dans le pays des Eléens, vers 458 avant J.-C. La statue du dieu était un chef-d'œuvre de Phidias.

Jurandes et maîtrises : supprimées en 1791 par l'Assemblée constituante. — Dès 1776, le ministre Turgot avait proposé au roi la même mesure.

JURIEU (Pierre), célèbre ministre et docteur protestant, né à Mer, diocèse de Blois, le 24 décembre 1637, mort à Rotterdam le 11 janvier 1713

Jury : son institution en France en vertu de la loi du 10-29 septembre 1791. — Supprimé ou à peu près lors de la rédaction du Code d'instruction criminelle en 1808. — Consacré formellement par la Charte de 1814. — Promulgation de la loi sur l'organisation de ce corps, le 2 mai 1827. — Modifications introduites en 1832 et 1835.

JUSSIEU (Antoine de), botaniste français, né à Lyon en 1686, mort le 22 avril 1758.

JUSSIEU (Bernard de), célèbre botaniste, frère du précédent, né à Lyon le 17 août 1699, mort le 6 novembre 1777.

JUSSIEU (Antoine-Laurent de), naturaliste français, né à Lyon le 2 avril 1748, mort le 17 septembre 1836.

JUSTE ou JUST (saint), évêque de Lyon, mort dans les déserts de l'Egypte vers la fin du IVe siècle.

JUSTI (Jean-Henri Gottlob de), minéralogiste allemand, mort en 1771.

Justices seigneuriales : leur abolition en France le 8 août 1789.

Justices de paix : leur institution en France le 16 août 1790.

JUSTIN (saint), philosophe platonicien, né en Palestine martyrisé l'an 167.

JUSTIN Ier, dit *l'Ancien*, empereur d'Orient, né en 450 à Badariane en Thrace, proclamé le 9 juillet 518, mort le 1er août 527.

JUSTIN II, dit *le Jeune*, proclamé et couronné empereur le 14 novembre 565, mort le 5 octobre 578.

JUSTIN, historien latin, vivait sous le règne des Antonins, au milieu du IIe siècle.

JUSTINIEN Ier, empereur d'Orient, né le 11 mai 483, proclamé le 1er août 527, mort le 14 novembre 565.

JUSTINIEN II, empereur d'Orient, monte sur le trône en 685, mourut en 711.

JUVÉNAL (Décius Junius Juvenalis), poëte satirique latin, mort vers l'an 128 de J.-C.

K

Kaïrouan ou *Kaïrvan*, ville considérable d'Afrique, fondée par les Sarrasins en 670.

Kaléidoscope, nouvel instrument d'optique qui soumet les corps transparents aux effets de la lumière; inventé en 1818.

KALKBRENNER (Christian), célèbre compositeur, né en 1755 à Munden, dans l'électorat de Hesse-Cassel, mort le 10 août 1806.

Kalmouks, peuples de la grande Tartarie: en 1771, opprimés par les Russes, ils s'enfuirent en Chine au nombre d'environ 400,000.

KÆMPFER (Engelbert), médecin et voyageur, né le 16 septembre 1651 à Lemugo en Westphalie, mort le 2 novembre 1716.

KÆTSNER (Abraham Gotthelf), doyen des mathématiciens en Europe, né à Leipzig en 1719, mort le 20 juin 1800.

Kamtschatka: découverte de cette péninsule en 1696, et conquête de ce pays par les Russes en 1701.

KANT (Emmanuel), célèbre philosophe de l'Allemagne, né à Kœnigsberg en Prusse, mourut dans cette ville le 12 avril 1824.

Kanton. Voy. *Canton.*

KARAMSIN (Nicolas Mikhailowitch), historiographe de Russie, mort le 3 juin 1826.

Karikal, comptoir de l'Indoustan: pris à la France par les Anglais, et restitué à la France en 1814.

Kasan. Voy. *Casan.*

KAUFMANN (Marie-Anne-Angélique-Catherine), femme célèbre par ses brillants succès dans la peinture, naquit à Coire en 1741, et mourut le 5 novembre 1807.

KAUNITZ (Venceslas-Antoine de), homme d'état, né à Vienne en 1711, mourut le 27 juin 1794.

Kehl (fort de): pris le 28 octobre 1733, par le maréchal de Berwick. — Pris par le général français Moreau, le 24 juin 1796. — Assiégé par les Autrichiens le 29 octobre suivant, il se rend le 9 janvier 1797, après 51 jours de tranchée ouverte. — Réuni au territoire français, le 21 janvier 1808. — Il en a été séparé en 1814, et fait aujourd'hui partie du grand-duché de Bade.

KEILL (Jean), mathématicien et astronome, né à Edimbourg en 1671, mort en 1721.

KEITH (Jacques de), feld-maréchal prussien, né en 1696 en Ecosse, mort sur le champ de bataille le 14 octobre 1758.

KELLERMANN (François-Christophe), duc de Valmy, pair et maréchal de France, né à Strasbourg le 30 mai 1735, mort à Paris le 12 septembre 1820.

KELLEY (Edouard), ou TALBOT, célèbre nécromancien anglais, né à Worcester en 1555, mort en 1595.

KEMPIS (Thomas A-). Voyez A-KEMPIS.

Kentuckey, l'un des états unis de l'Amérique septentrionale; découvert en 1754, vendu par les sauvages eu 1773, érigé en état en 1792.

KENYON (Lloyd, lord), juge anglais, né en 1733, mort à Bath en 1802.

KEPLER (Jean), célèbre astronome, né à Weil, dans le duché de Wittemberg, le 27 décembre 1571, mort à Ratisbonne le 15 novembre 1630.

KERIM-KHAN, souverain de la Perse, mort le 13 mars 1779, à 80 ans environ.

Kermès minéral: découverte de ce médicament en 1714.

KERGUELEN-TREMAREC (Ives-Joseph de), navigateur français, né à Quimper en 1745, mort en 1797.

Kesseldorf (bataille de), gagnée par les Prussiens sur le prince Charles de Lorraine, le 15 décembre 1746.

Kensberg, village célèbre par la victoire de Henri-l'Oiseleur sur les Huns en 933.

KHANG-HI, empereur de la Chine, fondateur de la dynastie des Mandchous, monte sur le trône en 1661; mort en 1723, âgé de 69 ans.

Kherson, ville et port franc, construit depuis 1778 par la Russie.

Khoraçan, séparé de la Perse en 1752.

KHOSROU ou CHOSROES Ier, dit *le Grand*, roi de Perse, règne en 531, meurt en 579.

KHOSROU II, ou CHOSROES, règne en 590, meurt vers l'an 628.

Kiakta, petite ville dépendante de la Sibérie, fondée en 1728, par suite d'un traité de commerce conclu entre la Russie et la Chine.

Kiel (paix de). Ce traité fut conclu le 14 janvier 1814, entre la Suède et le Danemark.

KIEN-LONG, ou plutôt KHIAN-LOUNG, empereur de la Chine, mort le 7 février 1799, à l'âge de 87 ans passés.

Kilkonnel (bataille de), en Irlande: action décisive contre le parti du roi Jacques, le 22 juillet 1691.

KILMAINE (Charles-Jennings), général

français, né à Dublin en 1754, mort à Paris le 15 décembre 1799.

KINGSTON (Elisabeth Chudleig, duchesse de), née en 1720, morte à Paris le 28 août 1788.

KIRCHE (Athanase), célèbre jésuite allemand, né à Geysen, près de Fulde, le 2 mai 1602, mourut à Rome le 28 novembre 1680.

KLAPROTH (Martin-Henri), célèbre chimiste, né à Berlin le 1er décembre 1743, mort dans cette ville le 1er janvier 1817.

KLEBER (Jean-Baptiste), général français, né à Strasbourg en 1754, assassiné par Soleïman, jeune fanatique turc, le 25 prairial an VIII (14 juin 1800).

KLEIN (Louis-Dominique, comte), lieutenant général, pair de France, né à Blamont en 1759, mort le 15 décembre 1846.

KLEIST (Ewald-Christian de), poëte allemand, né à Zéblin en Poméranie, l'an 1715, mort le 12 août 1759.

KLOPSTOCK (Frédéric-Gottlieb), célèbre poëte et littérateur allemand, né à Quedlimbourg le 2 juillet 1724, mort le 14 mars 1803.

KNOX (Jean), réformateur de l'Ecosse, ne en 1505 à Gifford près de Haddington, mourut le 24 novembre 1572.

Kobryn (combat de), où l'arrière-garde russe est culbutée par les Français le 13 août 1812.

KOCH (Christophe-Guillaume de), savant publiciste, né en Alsace le 9 mai 1737, mort le 25 octobre 1813.

KOEMPFER (Engelbert), médecin, voyageur et naturaliste allemand, mort le 3 novembre 1716.

Kœnigsberg : bâtie en 1255 par Ottocar II, roi de Bohême. — Fondation de son université par le duc Albert en 1544.

Konigsberg ou *Kœnigsberg* (prise de), en Prusse, par les Français commandés par Napoléon, le 16 juin 1807.

KOERNER (Théodore), surnommé le Tyrtée de l'Allemagne, né à Dresde en 1791, mort sur le champ de bataille le 23 août 1813.

KOPROLI ou KIUPROLI (Méhémet), grand visir l'an 1065 (1655 de J.-C.), mort le 19 octobre 1661.

KOSCIUSKO (Thabée), célèbre général polonais, mort à Soleure le 16 octobre 1819.

KOTZEBUE (Auguste-Frédéric Ferdinand de), dramaturge célèbre de l'Allemagne, né à Weimar le 3 mai 1761, mort sous le poignard assassin de l'illuminé Sand, le 23 mars 1819.

Koutchouc-Kaynardgi (traité de), conclu entre la Russie et les Turcs le 21 juillet 1774.

KOUTOUSOF-SMOLENSKY (Mikhael-Lorianowitch), feld-maréchal russe, né en 1745, mort le 16 avril 1813.

Krasnoï (combat de), où les Russes sont battus par les Français, le 14 août 1812.

Kremlin (citadelle du), à Moscou, incendiée à l'entrée de l'armée française, le 14 septembre 1812. — Le maréchal Mortier la fait sauter le 23 octobre suivant.

KRUDNER (la baronne de), connue par son illuminisme enthousiaste, morte en 1825, au milieu des Tatars, dont elle voulait être l'apôtre.

Koubans (les), peuples tatars ; sous la domination de la Russie depuis 1783.

KUSTER (Ludolphe), savant prussien, né à Blomberg en 1670, mort le 12 octobre 1716.

L

LABADIE (Jean), fanatique du XVIIe siècle, né en 1610, mort en 1674.

Labarum nom donné à la croix céleste à laquelle fut attribuée la conversion de Constantin. Ce phénomène est rapporté à l'an 312. — En 416, de grands priviléges furent accordés par Théodose le Grand aux gardes du labarum.

LABARRE (le chevalier de), jeune homme de 19 ans, condamné et exécuté comme blasphémateur, en 1766, à Abbeville. Sa sentence avait été rendue par la sénéchaussée de cette ville.

LABAT (Jean-Baptiste), célèbre missionnaire de l'ordre des Dominicains, né à Paris en 1663, mort dans la même ville le 6 janvier 1738.

LABBE (Philippe), laborieux compilateur jésuite, né à Bourges en 1607, mort à Paris le 25 mars 1667.

LABÉ (Louise), connue sous le nom de *la belle Cordière*, née à Lyon en 1526 ou 1527, morte au mois de mars 1566.

LABEDOYÈRE (Charles-Félix-François Huchet, comte de), général français, né à Paris en 1786, fusillé le 19 août 1815.

Labour (terre de), fertile province de l'Italie. Voy. *Capoue* et *Gaëte*.

LABOUREUR (Jean le), historien français, né à Montmorency en 1623, mort en 1675.

Labrador, vaste presqu'île de l'Amérique : découverte en 1500 ou 1501 par Cortéreal, capitaine portugais : il fait partie de la Nouvelle-Bretagne. Voy. *Bretagne* (Nouvelle).

LABROSSE (Pierre), chambellan de Philippe le Hardi, roi de France : son exécution eut lieu le 30 juin 1278.

LA BRUYÈRE (Jean de), célèbre écrivain moraliste, né en 1644, près de Dourdan, mort en 1696.

Labyrinthe d'Egypte : sa construction, qui

fut l'ouvrage de douze rois, remonte à l'an 2040 av. J- C.

Labyrinthe de Crète : construit par Dédale, vers 1301 av. J.-C.

Labyrinthe de Lemnos : sa construction vers l'an 718 av. J.-C.

LA CAILLE (Louis - Nicolas de). Voy. *Caille* (la).

LACATHELINIERE, général vendéen, condamné à mort et exécuté en février 1793.

LACÉPÈDE (Bernard-Germain-Etienne de Laville, comte de), célèbre naturaliste, né à Agen le 26 décembre 1756, mort le 6 octobre 1825.

LA CHAISE (François d'Aix, de), jésuite, confesseur de Louis XIV, né à Aix en Forez, en 1624, mort en 1709.

LA CHALOTAIS. Voy. *Chalotais* (la).

LA CHAUSSÉE. Voy. *Chaussée* (la).

LACLOS (Pierre-Ambroise-François Choderlos de), auteur du scandaleux roman des *Liaisons dangereuses ;* né à Amiens en 1741, mort à Tarente le 15 octobre 1803.

LACOMBE-SAINT-MICHEL (J.-P.), général français, né vers 1740, mort le 27 janvier 1812.

LACRETELLE aîné (P.-H.), littérateur, membre de l'Académie française, ancien député à l'assemblée législative, né à Metz en 1751, mort en 1824.

LACROIX (J.-P. de), conventionnel, né à Pont-Audemer en 1754, mort sur l'échafaud révolutionnaire, le 5 avril 1793.

LACURNE. Voy. *Sainte-Palaye*.

LACTANCE (Lucius-Cœlius-Firmianus), philosophe chrétien et l'un des plus célèbres apologistes de la religion, vivait à la fin du IIIe siècle et au commencement du IVe. On fixe l'époque de sa mort à l'an 325.

LACUÉE (Jean-Gérard de), comte de Cessac, pair de France, général de division, membre de l'Institut, ancien ministre sous l'empire, né à Massas dans l'Agénais, en 1752, mort en 1841.

LADISLAS Ier (saint), roi de Hongrie, proclamé en 1079, mort le 30 juillet 1095, canonisé par Célestin III en 1198.

LADISLAS II, règne sur la Hongrie en 1200.

LADISLAS III, roi de Hongrie, monté sur le trône en 1272, mort en 1290.

LADISLAS IV, roi de Hongrie, régna sur la Pologne sous le nom de *Wladislas VI ;* il fut tué à la bataille de Varna le 11 novembre 1444.

LADISLAS V, né en 1439, mort en 1458, âgé de 19 ans.

LADISLAS Ier (Herman), surnommé *le Moine*, roi de Pologne, né en 1043, élu en 1081, mort à Plotsk en 1102.

LADISLAS II, roi de Pologne, dit *le Cruel*, né en 1104, élu en 1139, mort en 1159.

LADISLAS III, né en 1260, élu roi de Pologne en 1296, tué dans une bataille le 10 mars 1333.

LADISLAS IV. Voy. *Ladislas IV*, roi de Hongrie.

LADISLAS V. Voy. *Jagellon.*

LADISLAS ou LANCELOT, roi de Naples, proclamé en 1386, mort à Naples le 16 août 1414, âgé de 38 ans.

LADISLAS, roi de Pologne. Voyez *Wladislas.*

LADISLAS SIGISMOND VII, roi de Pologne et de Suède, né en 1590, élu le 13 novembre 1632, mort le 20 mai 1648.

LADVOCAT (Jean), savant hébraïsant, né à Vaucouleurs le 3 janvier 1709, mort à Paris le 9 décembre 1765.

LAENNEC (René-Théophile-Hyacinthe), médecin français, inventeur du *stéthoscope*, mort le 13 août 1826.

LÆNSBERGH (Matthieu), sous le nom de qui l'on publie un almanach fameux surtout par ses prédictions pour chaque mois de l'année, aurait été, si l'on en croit une tradition de famille, un chanoine de Saint-Barthélemy à Liége, vers la fin du XVIe siècle ou au commencement du XVIIe.

LAERCE. Voy. *Diogène-Laërce.*

LAFAYETTE (Gilbert-Motier, marquis de), l'un des personnages les plus influents de notre histoire contemporaine ; né le 1er septembre 1757, à Chavaguac, près de Brioude en Auvergne, mort le 20 mai 1834.

Lafayette (le fort), construit sous New-York. Ce nom lui a été donné le 7 avril 1823.

Lafère-Champenoise (bataille de), où le duc de Raguse perd 100 pièces de canon, 12 à 13,000 hommes, tant tués que blessés et prisonniers, le 24 mars 1814.

Laflèche (hospitalières de), établies en 1643 par Marie de la Fère.

LAFONTAINE (Jean de), illustre fabuliste français, né à Château-Thierry, le 8 juillet 1621, mort à Paris le 13 avril 1695.

LAFOREST (N....., comte de), diplomate, pair de France, né à Aire (Artois) en 1756, mort à Paris en 1846.

LAFOSSE (Antoine de), poëte tragique, auteur de *Manlius*, né à Paris en 1653, mort le 2 novembre 1708.

LAFOSSE (Jean), médecin français, né à Montpellier en 1742, mort dans cette ville le 22 février 1775.

LAGARAYE (Claude-Toussaint Marot de), bienfaiteur de l'humanité, né à Rennes le 27 octobre 1675, mort le 2 juillet 1755.

LAGARDE (le baron Jacques-Marie de), général français, né à Lodève le 16 mai 1770, mort dans cette ville le 30 décembre 1822.

Lagon (île de), de l'Archipel dangereux ; découverte par Cook, en 1769.

LAGOMARSINI (Jérôme), jésuite, célèbre philologue, né à Gênes le 30 septembre 1698, mort à Rome le 18 mai 1773.

LAGRANGE (Joseph de Chancel de), connu sous le nom de *Lagrange-Chancel*, poëte français, né au château d'Antoniat, près de Périgueux, en 1676, mort le 27 décembre 1758.

LAGRANGE (Joseph-Louis), l'un de nos plus illustres géomètres, né à Turin, le 25 janvier 1736, de parents d'origine française, mort le 10 avril 1816.

LAGRENÉE aîné (Louis-Jean-François),

peintre d'histoire, né à Paris, en 1724, mort le 19 juin 1805.

LAHARPE (Jean-François de), célèbre littérateur français, né à Paris le 20 novembre 1739, mort le 11 février 1803.

La Hogue (combat naval de), où les Français sont battus par les Anglais, le 29 mai 1692.

LAINEZ ou LAYNEZ (Jacques), 2e général des jésuites, l'un des premiers compagnons de saint Ignace, né en Castille en 1512, mort le 10 janvier 1565.

LAINEZ (Etienne), célèbre acteur de l'Académie royale de musique, né à Vaugirard vers 1751 ou 1752, mort le 15 septembre 1822.

LAIRESSE (Gérard de), peintre et graveur, né à Liége en 1640, mort à Amsterdam en 1711.

LAIS, fameuse courtisane, née à Hyccasa en Sicile, vers l'an 420 av. J.-C., morte vers l'an 340.

Lais (frères) : ce ne fut que vers le milieu du XIe siècle qu'il commença à être question des frères lais ou laïques dans les monastères.

Laines : l'Angleterre en fait le commerce, et la Flandre les met en œuvre en 1344. — Manufactures de laines établies en France en 1665.—Introduction en France des moutons mérinos par Turgot, en 1785.

LALANDE (Joseph-Jérôme le Français de), célèbre astronome français, né à Bourg en Bresse, le 11 juillet 1732, mort à Paris le 4 avril 1807.

LALLY (Thomas-Arthur, comte de), gouverneur français dans les Indes, né à Romans en Dauphiné, le 14 janvier 1702; son procès, commencé le 6 juillet 1763, terminé par sa condamnation à mort le 6 mai 1766; son exécution le 9 mai de la même année; sa réhabilitation prononcée en 1778.

LALLY-TOLENDAL (le comte de), fils du précédent, pair de France, membre de l'Académie française, né à Paris le 5 mars 1751, mort le 11 mars 1830.

LAMARK (Jean-Baptiste-Pierre-Antoine de Monnette, chevalier de), illustre botaniste, né le 1er août 1744 à Bargentin (Somme), mort à Paris en 1828.

Lamarsaille (bataille de), gagnée sur le duc de Savoie par Catinat, le 4 octobre 1693.

LAMARQUE (Maximilien), célèbre comme général et comme orateur parlementaire, né à Saint-Sever (Landes), mort du choléra dans les premiers jours de juin 1832.

LAMB (..... vicomte de Melbourne), pair d'Angleterre, principal ministre, né le 15 mars 1779, mort à Brochet-Pall, dans le Hulfortshire) le 24 novembre 1848.

LAMOURETTE (Adrien), évêque constitutionnel de Lyon et orateur parlementaire, condamné à mort par le tribunal révolutionnaire, le 11 janvier 1794.

LAMBERT (saint), évêque de Maëstricht, né vers 640, assassiné à Liége le 17 septembre 709.

LAMBERT (Anne-Thérèse de Marguenat de Courcelles, marquise de), moraliste, née à Paris vers 1647, morte le 12 juillet 1733.

LAMÉTHERIE (Jean-Claude de), naturaliste français, mort le 1er juillet 1817.

LAMI (Bernard), savant prêtre de l'Oratoire, né au Mans en 1645, mort à Rouen le 29 janvier 1715.

LAMOIGNON (Guillaume de), marquis de Basville, magistrat français, né en 1617, mort le 10 décembre 1677.

LAMOIGNON (Chrétien-François de), fils aîné du précédent, magistrat, né à Paris en 1644, mort le 7 août 1709.

LAMOIGNON-MALESHERBES. Voy. MALESHERBES.

LAMONNAIE (Bernard de), littérateur français, né à Dijon le 15 juin 1641, mort à Paris le 15 octobre 1738.

LAMOTTE-HOUDARD (Antoine de), littérateur et poëte dramatique, né à Paris le 17 janvier 1672, mort le 26 décembre 1731.

LAMOTTE-PICQUET (Toussaint-Guillaume, comte de), marin français, mort le 11 juin 1791.

Lampes ignifères, qui s'allument d'elles-mêmes, inventées en 1818 par Louis-Joseph Loque, de Paris.

Lampes docimastiques, propres à la soudure des métaux, à la manipulation du verre, inventées par Bortin en 1799.

Lampsaque ou *Ægos Potamos* (bataille navale de), gagnée par les Lacédémoniens sur les Athéniens, l'an 405 av. J.-C.

LANCASTER (Joseph), célèbre propagateur de l'enseignement mutuel, né à Londres le 25 novembre 1778, mort de misère, dit-on, à New-York, dans ses dernières années. Voir *Enseignement mutuel*.

Lancelot du Lac, célèbre roman de chevalerie, fut traduit du latin en français au XIIe siècle, par Gautier Mapp, sous Henri II, roi d'Angleterre.

LANCELOT (Claude), l'un des solitaires de Port-Royal, né vers 1615, mort à Quimperlé en Basse-Bretagne, le 15 avril 1695.

Lancerot, île d'Afrique, une des Canaries, découverte et conquise, en 1417, par Jean de Bethencourt.

Lanciers : cette arme de cavalerie prit faveur en France sous le régime de Napoléon. En 1808, quatre régiments de lanciers furent créés; leur nombre fut porté à neuf en 1812; ils furent réduits à six par l'ordonnance du 12 mai 1814. Celle du 30 août 1815 ne conserva des lanciers que dans la garde royale. — Les lanciers de la garde ayant été supprimés par suite de la révolution de 1830, un régiment de lanciers de ligne fut créé en 1831; quelque temps après, l'armée en eut six; en 1836 on en forma deux autres, ce qui compose huit régiments de lanciers.

LANCISI (Jean-Marie), médecin italien, mort le 21 janvier 1720.

Landau, ville allemande du cercle du Rhin, fortifiée par notre Vauban : prise par l'armée impériale en 1702, pendant la guerre de la succession d'Espagne : reprise par les Français en 1703. — Retombée au pouvoir des alliés en 1704, elle redevint ville impériale. — Enfin, en 1713, les Français y rentrèrent de nouveau et furent confirmés dans leur conquête par le traité de Bade en 1714. — Cette ville, cédée à l'Allemagne en 1815, est devenue une forteresse fédérale avec garnison bavaroise.

Landgraves, ou comtes provinciaux de Thuringe; leurs commencements en 1130.

LANDON (Charles-Paul), peintre et écrivain français, mort le 5 mars 1826.

Landrecies, ville forte du Hainaut: prise par les Autrichiens en 1793, et reprise l'année suivante.

LANDRY (saint), évêque de Paris, fondateur de l'*Hôtel-Dieu* de cette ville, vivait vers l'an 561.

Landshut (bataille de), gagnée par les Autrichiens sur les Prussiens, le 23 juin 1760.

Landshut : prise de cette ville par les Français le 21 avril 1809.

LANFRANC (Jean), habile peintre, né à Parme en 1581, mort à Rome en 1647.

Langenau (combat de), où les Autrichiens sont défaits par les Français, le 15 octobre 1805.

LANGLOIS (Jérôme-Martin), peintre d'histoire, né à Paris le 11 mars 1779, mort dans la même ville le 8 décembre 1836.

Langres : bataille près de cette ville, l'an 301; Constance César y défait 60,000 Allemands.

Langres, ville de Champagne: cette ville fut prise et brûlée lors du passage d'Attila, au commencement du ve siècle.

Languedoc : réuni en grande partie à la couronne de France, en 1271.

Languedoc (canal du), pour la jonction des deux mers: commencement de sa construction par Riquet et Andréossi, en 1666.

Langues orientales : une école est établie à Paris pour leur enseignement en 1721.

Langues modernes : l'établissement des Barbares dans l'empire romain, au ve siècle, devint l'origine des langues italienne, franque ou française, espagnole, anglaise, etc.

LANGUET DE GERGY (Jean-Baptiste-Joseph), curé de Saint-Sulpice à Paris, né à Dijon en 1675, mort le 11 octobre 1750.

Langula (bataille de), gagnée par l'armée romaine commandée par le dictateur Papirius, sur les Samnites, l'an 300 av. J.-C.

LANJUINAIS (N. .., comte), homme d'Etat et savant distingué, né à Rennes en Bretagne, le 12 mars 1752, mort le 14 janvier 1827.

LANNES (Jean), duc de Montebello, maréchal de l'empire, né à Lectoure (Gers) le 11 avril 1769, blessé mortellement à la journée d'Essling, le 22 mai 1809, succomba le 31 du même mois. Ses restes furent transférés au Panthéon le 6 juillet 1810.

LANOY (Charles de), guerrier espagnol, né vers 1470, mort à Gaëte en 1527.

LANOUE (François de), homme de guerre français, né en Bretagne en 1531, mort le 4 août 1591.

LANOUE (Jean-Sauvé), auteur dramatique et comédien français, né à Meaux en 1701, mort le 15 novembre 1761.

LANTARA (Simon-Mathurin), habile peintre paysagiste, né à Fontainebleau, mort à l'hôpital de la Charité de Paris, le 22 décembre 1778, âgé de 67 ou 68 ans.

Lanternes : on en attribue l'invention aux Chinois. — En Europe, Alfred le Grand, roi d'Angleterre, en donna le premier l'idée en 871.

LANTIER (E.-F. de), auteur du *Voyage d'Antenor*, si différent de celui du *Jeune Anacharsis*, naquit à Marseille au mois d'août 1734, et mourut le 31 janvier 1826, à l'âge de 91 ans.

Lanuvium (bataille de), gagnée sur les Volsques par les Romains sous la conduite de Camille, l'an 367 av. J.-C.

LANZI (l'abbé Louis), antiquaire italien, né le 13 juin 1732, mort à Florence le 31 mars 1810.

LANZONI (Joseph), médecin et antiquaire italien, né à Ferrare en 1663, mort le 1er février 1730.

Laodicée, ville de Syrie: établit une nouvelle ère, l'an 47 av. J.-C., en mémoire des priviléges que lui avait accordés César. — Engloutie par un tremblement de terre, en 494.

Laon, ville de Picardie: assiégée par les barbares en 407. — Gélimer, maire du palais de Neustrie, assiégea cette ville, la prit et la saccagea, en 682. — Pepin et Carloman s'en emparèrent en 742. — Les Normands l'assiégèrent sans succès en 882. — Eudes, comte de Paris, s'en empara en 892. — Charles le Simple la reprit vers 895. — Robert de France s'en rendit maître et la garda jusqu'en 923, époque de sa mort. — Cédée à Hugues, duc de France, en 944. — Louis d'Outremer tenta sans succès de la reprendre, en 947, et ne parvint à y rentrer qu'en 949. — Robert II s'y fit couronner en 996. — Elle fut érigée en commune au commencement du XIIe siècle. — En 1411, le duc de Bourgogne se rendit maître de Laon, après quelques jours de siége. — Reprise en 1414 par les troupes royales. — En 1419, Philippe le Bon, fils de Jean-sans-Peur, la livra aux Anglais, qui en furent chassés par les habitants, en 1429. — Les calvinistes tentèrent vainement de s'en emparer, en 1567. — L'autorité de la ligue s'établit à Laon, le 17 février 1589. — Henri IV en entreprit le siége en 1594, et s'en empara le 2 août.

Laon (bataille de): les Français, sous les ordres de Napoléon, mais très-inférieurs en nombre à leurs adversaires, y furent battus par les alliés, le 10 mars 1814.

Laon (collége de): fondé à Paris, en 1313, par Gui, chanoine de Laon et trésorier de la Sainte-Chapelle. Il était situé rue de la Montagne-Sainte-Geneviève.

LAPEYRERE (Isaac), fondateur de la secte des préadamites, mort le 30 janvier 1676.

LA PEROUSE. Voy. PEROUSE.

LAPLACE (Pierre-Simon, marquis de), l'une des illustrations savantes de notre époque, né à Beaumont-en-Auge (Calvados), le 23 mars 1749; mort à Paris le 5 mai 1827.

LARCHER (Pierre-Henri), savant distingué, né à Dijon le 12 octobre 1726, mort le 22 décembre 1812.

LA REVEILLÈRE-LÉPAUX (Louis-Marie), homme d'Etat et théophilanthrope, né à Montaigu dans la Vendée, en 1753; mort à Paris le 27 mars 1834.

LARGILLIÈRE (Nicolas), peintre d'histoire et de portraits, né à Paris en 1656; mort dans la même ville en 1746.

LARIVE (L. Manduit, dit), célèbre comédien français, né à La Rochelle en 1717 ou 1719, mort le 30 avril 1827.

La Rochelle : prise de cette ville par Louis XIII, en 1628, après un siége de quinze mois. — La congrégation des *Filles de la Sagesse* est établie dans cette ville par Louis-Marie Grignon, prêtre du séminaire de Saint-Sulpice, en 1716.

La Rochelle (conspiration de), découverte en avril 1822.

LARUE (le P.), jésuite et prédicateur célèbre, né à Paris le 18 octobre 1645, mort en 1725.

LARREY (Isaac de), historien plus fécond qu'estimé, né à Lintôt (Normandie), en 1638, mort le 17 mars 1717.

LASALLE, général français, tué à la bataille de Wagram, le 6 juillet 1809.

LASSUS (Pierre), chirurgien français, né à Paris le 11 avril 1741, mort en mars 1807.

LATIMER (Hugues), évêque de Worcester, l'un des premiers réformateurs de l'Eglise d'Angleterre, né vers 1470, brûlé vif à Oxford en 1554.

LATINI (Brunetto), grammairien célèbre, né à Florence dans le commencement du XIIIe siècle, mort vers 1295.

Latmus, ville de Carie, prise par Artémise, reine d'Halicarnasse, l'an 480 av. J.-C.

LATOUR D'AUVERGNE (Théophile-Malo Corret de), tué au combat d'Obershausen, le 28 juin 1800.

Latran (Saint-Jean de), église de Rome, bâtie par les ordres de Constantin en 324. — Elle souffrit beaucoup d'un incendie au XIVe siècle, et ne fut réparée que de 1644 à 1667, sous les papes Innocent X et Alexandre VII. — Sa façade fut construite de 1730 à 1740.

Latran (conciles de). On en compte onze, dont quatre œcuméniques ou généraux. Ceux-ci sont de 1122, 1139, 1179 et 1215. Les autres furent tenus dans les années 649, 864, 1105, 1112, 1116, 1167 et 1512. Ces conciles avaient lieu dans l'église dont ils portent le nom. Voyez l'article précédent.

LATUDE (Henri-Masers de), prisonnier d'Etat pendant 37 ans, né à Montagnac (Hérault), en 1721, mourut à Paris le 11 nivôse an XIII (1er janvier 1805).

LAUD (Guillaume), archevêque de Cantorbéry et ministre d'Etat sous Charles Ier, roi d'Angleterre, né en 1573, décapité le 10 janvier 1645.

LAUGIER (André), chimiste distingué, né à Paris le 1er août 1770, mort le 18 avril 1832.

LAUNOY (Jean de), docteur de Sorbonne, né près de Valogne le 21 décembre 1603, mort le 10 mars 1678.

LAURAGUAIS (Louis-Léon-Félicité, duc de Brancas, plus connu sous le nom de comte de), né à Paris le 3 juillet 1733, mort le 9 octobre 1824.

LAURENT (saint), diacre de l'Eglise romaine sous Sixte II, martyrisé à Rome le 10 avril 258.

LAURENT JUSTINIEN (saint), évêque et premier patriarche de Venise, né en 1380, mort le 8 janvier 1465.

LAURENT ou LAURENS (Pierre-Joseph), habile mécanicien, né en Flandre en 1715, mort en 1773.

Laurent (foire Saint-), etablie à Paris sous le règne de Philippe-Auguste (de 1180 à 1223). — Après une interruption de quelques années, elle fut rétablie en 1662. Elle s'ouvrait le 28 juin, et durait trois mois dans les derniers siècles. Elle avait cessé d'exister de fait longtemps avant 1789.

Lausanne : fondation de son académie en 1537, à la suite de la réformation.

LAUTREC (Odet de Foix, plus connu sous le nom de), maréchal de France, mort devant Naples le 15 août 1528.

LAUZUN (Antonin Nompar de Caumont, comte, et depuis duc de), né en Gascogne vers 1632, mort le 19 novembre 1723.

LAVAL (Gilles de), seigneur de Retz, maréchal de France, né vers l'an 1400, pendu et brûlé pour ses cruautés, le 23 décembre 1440.

LAVALETTE (faillite du P.) : arrêt du parlement de Paris à ce sujet, le 8 mai 1761.

LAVATER (Jean-Gaspard), philosophe, inventeur de la physiognomonie, né à Zurich le 15 novembre 1741, mort le 2 janvier 1801.

LAVOISIER (Antoine-Laurent), célèbre chimiste français, né à Paris le 26 août 1743, mort sur l'échafaud révolutionnaire le 8 mai 1794.

LAW (Jean), Ecossais, né le 16 avril 1671, mort à Venise en 1729.

Law (système de), son établissement, ainsi que celui de la banque générale en France, par lettres-patentes du 2 mai 1716.

Lawfeld (bataille de), gagnée par le maréchal de Saxe, sur les Autrichiens, les Anglais et les Hollandais, le 2 juillet 1747.

LAWRENCE (sir Thomas), célèbre peintre de portraits, né à Bristol le 13 avril 1769, mort le 7 janvier 1830.

LAYA (J.-L.), poëte dramatique, auteur de l'*Ami des lois*, membre de l'Académie française, né à Paris en 1761, mort en 1833.

Laybach (congrès de), formé par les puissances intéressées dans la sainte-alliance, se réunit dans le courant de janvier 1821. — Il se dissout au commencement de février, après avoir décidé que la révolution de Naples ne sera pas reconnue.

Lazare, (ordre religieux et militaire de Saint-) : établi par les croisés à Jérusalem au commencement du XIIe siècle, confirmé au milieu du XIIIe. — D'autres en font remonter l'institution à l'an 72 après J.-C.; d'autres à l'année 372.

Lazare (ordre de Saint-). Il est mention de cet ordre dans une bulle de Benoit IX, en 1045, et Urbain II le cite également dans une bulle de 1096.

Lazare (la maison de Saint-) à Paris : vers 1191, il y fut établi un clergé régulier.—Tout porte à croire qu'il y existait une léproserie dès le XIIe siècle. — Cette maison a été convertie en une prison pour les femmes depuis la révolution.

Lazaristes (congrégation des), fondée par saint Vincent-de-Paul en 1626, et approuvée par le pape Urbain VIII en 1632.

LEAKE (sir John), amiral anglais, né en 1656, mort à Greenwich en 1720.

LEANDRE (saint), archevêque de Séville, mort en 601.

LEBAS (Pierre), fameux révolutionnaire, se tue d'un coup de pistolet, le 9 thermidor an II (27 juillet 1794).

LEBEAU (Charles), historien, né à Paris, le 15 octobre 1701, mort le 13 mars 1778.

LEBLOND (Alexandre-Jean-Baptiste), architecte français, né à Paris en 1679, mort à Saint-Pétersbourg en 1719.

LEBON (Joseph), le digne agent de Robespierre, né à Arras, mort le 5 octobre 1795, âgé de 30 ans.

LEBRUN (Charles), célèbre peintre français, né à Paris le 22 mars 1619, mort le 12 février 1690.

LEBRUN (Pierre), prêtre de l'Oratoire, né à Brignoles en 1661, mort en 1729.

LEBRUN (Ponce-Denis-Ecouchard), poëte lyrique français, né à Paris en 1729, mort le 27 septembre 1807.

LEBRUN (Charles-François), duc de Plaisance, 3e consul de la république française, prince, archi-trésorier de l'Empire, membre de l'Institut, né à Saint-Sauveur-Landelin le 19 mars 1759, mort le 16 juin 1826.

LECAT (Claude-Nicolas), chirurgien et anatomiste. né en 1700, mort le 21 août 1768.

LECLERC (Jean), célèbre critique, né en 1657, mort le 8 janvier 1736.

LECLERC-D'OSTIN (Charles-Emmanuel), général français, né à Pontoise le 17 mars 1772, mort de la fièvre jaune à l'expédition de Saint-Domingue, le 3 novembre 1802.

LECOINTRE (Laurent), conventionnel, mort à Guignes le 4 août 1805.

LECOURBE (Claude-Joseph), général, né à Lons-le-Saulnier en 1759, mort à Béfort le 23 octobre 1815.

LECOUVREUR (Adrienne), célèbre actrice française, morte le 20 mars 1730.

Lectisternes, fêtes établies à Rome à l'occasion d'une peste, l'an 399 av. J.-C.

LEDOUX (Claude-Nicolas), architecte français, né à Dormans en Champagne en 1736, mort le 19 novembre 1806.

LEDYARD (Jean), célèbre voyageur, né à Grotton au Connecticut, mort au Caire le 17 janvier 1789.

LEE (Charles) major-général de l'armée des Etats-Unis, mort en 1780.

LEFEBVRE (François-Joseph), duc de Dantzig, maréchal et pair de France, né à Ruffach (Alsace) le 25 octobre 1755, mort à Paris le 14 septembre 1820.

LEFEVRE (Robert), peintre d'histoire et de portraits, né à Bayeux en 1756, mort le 3 octobre 1830.

LEFEVRE (Tannegui), habile humaniste, père de madame Dacier, né à Caen en 1615, mort le 12 septembre 1672.

LEFORT (François), général de Pierre le Grand, né à Genève en 1656, mort à Moscou le 12 mars 1699.

Légendaires : le premier légendaire grec est Siméon, surnommé *Métaphraste*, qui vivait au commencement du Xe siècle. — Le premier légendaire latin qui soit connu est Jacques de Varose ou Voragine, mort en 1298. Voy. l'article suivant.

Legende dorée : cet ouvrage célèbre est dû à Jacques de Varose, plus connu sous le nom de Voragine, qui mourut archevêque de Gênes en 1298, âgé de 96 ans.

LEGENDRE (Louis), historien, né à Rouen en 1655, mort à Paris le 1er février 1723.

LEGENDRE (Adrien-Marie), célèbre mathématicien, auteur des *Eléments de Géométrie*, né à Paris le 16 septembre 1752, mort dans la même ville le 9 janvier 1833.

LEGENDRE (Louis), boucher de Paris, fameux conventionnel, né en 1756, mort à Paris le 13 décembre 1797.

LÉGER (saint), évêque d'Autun, né vers l'an 616, décapité en 680.

Légion Thébéenne, massacrée l'an 286 depuis J.-C., par l'ordre de Maximien-Hercule, pour n'avoir pas voulu sacrifier aux idoles.

Légion d'Honneur : créée par une loi du 19 mai 1802, pour récompenser les services civils et militaires en France. Voyez *Armes d'honneur*.—Sa nouvelle organisation, sous le titre d'Ordre royal de la Légion d'Honneur, le 26 mars 1816.

Législatif (corps) : institué par une loi du 1er janvier 1800 (11 nivôse an VIII). — Cette dénomination n'a pas été conservée par la Charte de 1814.

Législative (Assemblée) : elle succéda immédiatement à l'Assemblée constituante le 1er octobre 1791, et termina sa session le 21 septembre 1792.

LEGOUVÉ (Gabriel-Marie-Jean-Baptiste), poëte français, né à Paris le 23 juin 1769, mort en 1813.

LEGRAND (Jacques-Guillaume), architecte des monuments de Paris, né dans cette ville le 9 mai 1745, mort à Saint-Denis le 9 novembre 1807.

LEGRAS (Louise de Marillac, veuve), fondatrice, avec saint Vincent de Paul, des sœurs de Charité dites *Sœurs Grises*, née à Paris le 12 août 1591, morte le 15 mars 1662.

LEGRIS-DUVAL (René-Michel), célèbre prédicateur et pieux ecclésiastique, né à Landernau le 16 août 1765, mort le 18 janvier 1819.

LEIBNITZ (Guillaume-Godefroy, baron de), philosophe et mathématicien célèbre, l'un des plus vastes génies des temps modernes, né à Leipsick le 3 juillet 1646, mort à Hanovre le 14 novembre 1716.

LEICESTER (Simon de Montfort), fils du fameux Montfort, l'adversaire des Albigeois, épousa la sœur de Henri III, roi d'Angleterre, en 1238. Ayant voulu s'emparer du pouvoir, il périt les armes à la main à la bataille d'Evesham, en 1265.

LEICESTER (Jean Dudley), l'un des favoris d'Elisabeth, reine d'Angleterre, et l'un des héros de Walter-Scott, né en 1531, vivait encore en 1601, lors de la mort du comte d'Essex, qu'il fut soupçonné d'avoir empoisonné.

Leipsick : fondation de son université par Frédéric Ier, électeur de Saxe, en 1409. Elle fut instituée par le pape Alexandre VI dans le cours de la même année.

Leipsick (bataille de), gagnée par Gustave-Adolphe sur les Impériaux, le 7 septembre 1631.

Leipsick (bataille de) ou de Wachau : les Français, après avoir repoussé sept fois les alliés, sont forcés à la retraite faute de munitions, les 18 et 19 octobre 1813.

LEJAY (Gui-Michel), savant avocat au parlement de Paris, mort en 1674, âgé de 86 ans.

LEKAIN (Henri-Louis), célèbre acteur tragique français, né à Paris le 14 avril 1728, mort le 8 février 1778.

LELONG (Jacques), savant oratorien, né à Paris le 19 avril 1665, mort le 13 août 1719.

Lemaire (détroit de), découvert par le navigateur qui lui a donné son nom, en 1615 ou 1616.

LEMAIRE (Jacques), navigateur hollandais : découvrit le passage qui porte son nom le 24 janvier 1616; mourut le 31 décembre de la même année.

LEMAISTRE (Antoine), avocat au parlement de Paris, solitaire de Port-Royal, né dans cette ville en 1608, mort le 4 novembre 1658.

LEMERCIER (....., comte), successivement membre du conseil des Anciens, sénateur, pair de France, né en 1755, mort à Paris le 11 janvier 1849.

LEMIERRE (Antoine-Marin), poëte dramatique, né à Paris en 1733, mort en juillet 1793, à Saint-Germain-en-Laye.

Lemnos (île de) : enlevée aux Vénitiens par les Turcs en 1660.

LEMOINE (Jacques), peintre d'histoire, né à Paris en 1688, mort fou le 4 juin 1737.

LEMOINE, habile compositeur de musique, mort le 30 septembre 1796.

Lemoine (collége du cardinal). Sa fondation en 1303.

LEMONNIER (Pierre-Charles), astronome, né à Paris le 20 novembre 1715, mort près Bayeux en 1799

LEMOT, sculpteur français, à qui l'on doit la nouvelle statue de Henri IV, né à Lyon le 4 novembre 1772, mort le 6 mai 1827.

LEMONTEY (Pierre-Edouard), historien et faiseur d'opéras et de vaudevilles, né à Lyon le 14 janvier 1762, mort à Paris le 26 juin 1826.

LEMOYNE (Pierre), jésuite, auteur d'un poëme épique de *Saint Louis*, naquit en 1602 à Chaumont en Bassigny, et mourut en 1672

LENCLOS (Anne, dite Ninon de), née à Paris le 15 mai 1616, morte le 17 août 1706.

LENFANT (Jacques), savant ministre protestant, né à La Bazoche en Beauce en 1661, mort le 7 août 1728.

LENGLET-DUFRESNOY (Nicolas), laborieux écrivain français, né à Beauvais le 5 octobre 1674, mort le 16 janvier 1755.

LENOIR (Jean-Charles-Pierre), lieutenant de police de Paris, né en 1732, mort à Paris en 1807.

LENOIR (Jean), chanoine et théologal de Séez, mort en prison à Nantes le 22 avril 1692.

LENOTRE (André), architecte et dessinateur des jardins royaux, né à Paris en 1613, mort dans la même ville en septembre 1700.

Lens (bataille de), gagnée par Condé sur les Espagnols le 20 août 1648.

LENTULUS-SURA, l'un des complices du conspirateur Catilina, périt du dernier supplice l'an 64 av. J.-C.

Leoben. Préliminaires de paix signés près de cette ville, le 18 avril 1797, entre le général Bonaparte et les ministres d'Autriche.

LÉON Ier (saint), surnommé *le Grand*, élu pape le 1er septembre 440, mort le 3 novembre 461.

LÉON II (saint), élu pape le 17 août 682, mort le 3 juillet 683.

LÉON III, élu pape le 26 décembre 795, mort le 11 juin 816.

LÉON IV, élu pape le 12 avril 847, mort le 17 juillet 855.

LÉON V, pape le 28 octobre 903, mort le 6 décembre de la même année.

LÉON VI, pape du 6 juillet 928 au commencement de février 929.

LÉON VII, élu pape en 936, mort le 23 avril 939.

LÉON VIII, pape le 6 décembre 963, mort en avril 965.

LÉON IX (saint), intronisé le 13 février 1049, mort le 19 avril 1054.

LÉON X (Jean de Médicis), né à Florence le 11 décembre 1475, reçut la tiare le 11 mars 1513; mort le 1er décembre 1521.

LÉON XI (Alexandre-Octavien), cardinal de Florence, élu pape le 1er avril 1605, mort le 27 du même mois à 70 ans.

LÉON XII, né à Rome le 2 août 1760, élu pape le 28 septembre 1823, mort le 10 février 1829.

LÉON (saint), évêque de Bayonne, martyrisé vers l'an 900.

LÉON Ier, dit *l'Ancien*, empereur d'Orient, proclamé le 7 février 457, mort le 26 janvier 474.

LÉON II, *le Jeune*, élu empereur d'Orient en 474, mort la même année.

LÉON III, *l'Isaurien*, empereur d'Orient le 25 mars 717, mort le 18 juin 741.

LÉON IV, élu empereur d'Orient en 775, mort en 780.

LÉON V, *l'Arménien*, proclamé empereur d'Orient en 813, massacré en 820.

LÉON VI, dit *le Sage* et *le Philosophe*, empereur d'Orient, monte sur le trône le 1er mai 886, meurt le 9 juin 911.

Léon, province d'Espagne avec titre de royaume, eut des rois particuliers jusqu'en 1029.

Léon, ville d'Espagne, capitale de la province de ce nom, emportée d'assaut par les Maures et rasée de fond en comble en 996. — Cette ville est rebâtie en 1016 par Alphonse V.

Léon (prise de l'île de), en Andalousie, par les troupes espagnoles insurgées, le 1er janvier 1820.

LÉONARD (saint), solitaire du Limousin, mort vers le milieu du VIe siècle. L'Eglise célèbre sa fête le 6 novembre.

LÉONARD (Nicolas-Germain), poëte, né à la Guadeloupe en 1744.

LÉONARD, dit *le Limousin*, peintre émailleur, né à Limoges en 1480.

LÉONCE (Léontius), élevé empereur de Rome en 695, mis à mort vers 705 par l'ordre de Justinien.

LÉONCE (saint), évêque de Fréjus, né à Nîmes, mort vers 450.

LÉONIDAS Ier, roi de Lacédémone, monta sur le trône l'an 493 av. J.-C., périt au passage des Thermopyles, le 7 août 480 av. J.-C.

LÉONIDAS II, roi de Sparte, vers l'an 256 av. J.-C.

LÉOPOLD (saint), dit *le Pieux*, margrave d'Autriche en 1096, mort en 1136, canonisé par Innocent VIII en 1485.

LÉOPOLD Ier, empereur d'Allemagne, né le 9 juin 1640, roi de Hongrie en 1655, élu empereur en 1658, roi de Bohême en 1659, mort le 5 mai 1705.

LÉOPOLD II (Pierre-Léopold-Joseph), empereur d'Allemagne, né le 5 mai 1747, élu en 1790, mort le 2 mars 1792.

Léopoldstadt, petite ville de la Hongrie, bâtie par l'empereur Léopold en 1665.

Lépante (bataille navale de), où les Turcs sont entièrement défaits par les chrétiens, commandés par don Juan d'Autriche, le 7 octobre 1571.

LEPAUTE (Jean-André), célèbre horloger, né à Montmédi en 1709, mort en 1802.

LEPELLETIER (Louis-Michel), comte de Saint-Fargeau, président à mortier du parlement de Paris, né à Paris le 29 mai 1760, assassiné le 20 janvier 1793 par l'ancien garde du corps Pâris.

LEPIDUS (M. Æmilius), triumvir romain, mort l'an 46 av. J.-C.

Le Puy. La congrégation des sœurs de Saint-Joseph est fondée par Henri de Maupas de la Tour, évêque du Puy, et le P. Médaille, jésuite, en 1650.

LERAY (A.), député, contre-amiral, né à Brest en 1795, mort en 1849.

Lérida (prise de), ville d'Espagne, par les Français, commandés par le duc d'Orléans, le 13 octobre 1707. — Prise de nouveau par l'armée française le 14 mai 1810.

LEROY (Vincent-Alphonse-Louis), professeur d'accouchement à la Faculté de Paris, né à Rouen le 23 août 1741, assassiné en janvier 1816.

LESAGE (Alain-René), célèbre romancier français, né à Sarzeau en Bretagne le 8 mai 1668, mort en 1747.

LESCOT (Pierre), architecte français, né à Paris en 1510, mort en 1571.

LESCURE (Louis-Marie, marquis de), général Vendéen, né le 13 octobre 1766, mort des suites d'une blessure le 3 novembre 1793.

LESDIGUIÈRES (François de Bonne, duc de), un des plus habiles et des plus dévoués capitaines de Henri IV, né à St.-Bonnet de Champsaur, en Dauphiné, le 1er avril 1543, mort le 28 septembre 1626.

LESEUR (Thomas), habile géomètre, né à Rethel le 1er octobre 1703, mort en 1770.

LESSING (Gothold-Ephraïm), l'un des plus grands écrivains de l'Allemagne, né à Kamenz en Saxe, le 22 janvier 1729, mort le 15 février 1781.

LESSIUS (Léonard), célèbre jésuite, né près d'Anvers en 1554, mort à Louvain le 15 janvier 1623.

LESUEUR (Eustache), surnommé *le Raphaël* français, né à Paris en 1617, mort dans la même ville en 1655.

LESUEUR (Jean-François), célèbre compositeur de musique, né le 15 février 1763, au hameau de Plessiel sur les frontières de la Picardie et de l'Artois, mort le 6 octobre 1837, à Passy.

LETELLIER (Michel), chancelier de France, né à Paris le 19 avril 1603, mort le 28 octobre 1685.

LETELLIER (Michel), jésuite, dernier confesseur de Louis XIV, né près de Vire le 16 décembre 1643, mort à La Flèche le 2 septembre 1719.

LETI (Gregorio), célèbre historien italien, né à Milan le 29 mai 1630, mort le 9 juin 1701.

LETRONNE (N...), membre de l'Institut, savant antiquaire, né en 1787, mort à Paris le 15 décembre 1848.

Lettres. Elles renaissent en Italie et dans tout l'Occident, par suite de l'émigration d'une foule de savants grecs, après la prise de Constantinople, en 1453.

Lettres de cachet. Arrêt du parlement de Paris contre ces lettres, le 4 janvier 1788. — Leur abolition en France est décrétée par l'Assemblée nationale en 1790.

Lettres de change, inventées et mises en usage par les Lombards ou les Florentins, vers 930. — D'autres attribuent leur invention à des juifs répandus dans la Lombardie, en 1181.

Lettres de naturalisation. Elles ont été réglées en France par l'article 3 de la Constitution de l'an VIII, par un sénatus-consulte du 18 février 1808, et par une ordonnance du 4 juin 1814.

Leu (saint), appelé aussi saint Loup, évêque de Sens, mort le 1er septembre 623.

Leucades (bataille navale de), gagnée sur les Lacédémoniens par les Athéniens, l'an 377 av. J.-C.

Leucas, de Célœsyrie. Sa nouvelle ère date de l'an 36 av. J.-C., époque à laquelle elle fut délivrée de la domination de Lysanias (l'Ancien).

LEUCIPPE, philosophe de l'antiquité grecque, inventeur du *système des atomes*, né à Abdère, florissait dans le IVe siècle avant l'ère vulgaire.

Leuctres (bataille de), remportée sur les Lacédémoniens par Epaminondas, général des Thébains, le 8 juillet (d'autres disent le 5 juin) 371 av. J.-C.

Leuze (bataille de), gagnée en Flandre par le maréchal de Luxembourg, le 18 septembre 1691.

LEVAILLANT (François), naturaliste et voyageur, né en 1753 à Pamaribo, dans la Guyane hollandaise, mort à Paris le 22 novembre 1824.

LEVESQUE (Pierre-Charles), historien, né à Paris le 28 mars 1736, mort dans cette ville le 12 mars 1812.

Levier. Voy. *Tenailles*

Leviers, leur force est découverte et constatée par Archimède vers l'an 220 av. J.-C.

LEVIS (le duc de), pair de France, membre de l'Académie française, né le 7 mars 1764, mort le 15 février 1830.

LEWENHAUPT (Charles-Emile, comte de), général suédois, né en 1659, décapité le 15 août 1743, pour avoir capitulé en Finlande.

LEWIS (Mathieu-Grégoire), auteur du fameux roman anglais intitulé *le Moine*, né en Angleterre en 1773, mort en 1801.

Lexington (combat de) en Amérique, livré le 19 avril 1775.

LEYDE (Jean de), roi des anabaptistes, né vers la fin du XVe siècle, mort en 1536.

LEYDE (Lucas Dammest, dit Lucas de), célèbre peintre et graveur, né en 1494, mort en 1533.

Leyde, ville de Hollande: fondation de son université, par les états de Hollande, en 1576. — Une partie de cette ville est renversée par l'explosion d'un bâtiment chargé de poudre, le 12 janvier 1807.

Leyde (bouteille de): sa découverte, en 1746, par Cuneus et Muschenbroeck.

LHOMOND (Charles-François), professeur émérite de l'université de Paris, né en 1727 près de Noyon, mort le 31 décembre 1794.

LHOPITAL (Michel de), chancelier de France, illustre magistrat, né en 1505 à Aigueperse en Auvergne, mort le 13 mars 1573.

L'HOPITAL (Guillaume-François-Antoine de), géomètre français, né en 1661, mort le 2 février 1704.

Liancourt (école de), fondée en 1795 par le duc de Larochefoucauld-Liancourt.

LIBANIUS, fameux sophiste d'Antioche, où il naquit l'an 314; mort vers 390.

LIBÈRE, trente-septième pape, né à Rome, élu à la place de Jules Ier en l'an 352, mort le 24 septembre 366.

Liberia, établissement fondé pour des hommes libres, en 1821, dans la Guinée, par la société de colonisation des Etats-Unis de l'Amérique septentrionale,

Liberté individuelle: loi rendue en France à ce sujet le 12 février 1817.

Liberté de la presse en France. Elle est décrétée en principe le 20 août 1789. — Le 17 mars 1791, il est établi en principe que chacun peut exercer la profession d'imprimeur. — Ces principes sont confirmés par les décrets des 14 septembre 1791 et 22 août 1795. — Le 5 septembre 1797, les feuilles périodiques sont soumises pour un an au contrôle de la police. — La loi du 26 août 1798 ajoute une nouvelle année à la première. — Le 30 septembre 1798, création de l'impôt du timbre pour les publications périodiques paraissant plus d'une fois par mois. — Le 1er août 1799, la liberté est rendue aux journaux. — Le 13 septembre suivant, la constitution consulaire maintient, sans en parler, la liberté de la presse. — Le 17 février 1800, tous les journaux imprimés à Paris sont supprimés, à l'exception de treize, parmi lesquels on remarque le *Journal des Débats*. — De 1800 à 1814, la liberté ne fut pas rendue aux journaux. — Un décret de 1810 avait statué que les imprimeurs seraient brevetés et assermentés, et réduit leur nombre pour Paris à soixante; ce nombre fut porté à quatre-vingts le 11 février 1811; il est encore le même aujourd'hui. Avant 1791, il n'y avait à Paris que 36 imprimeries. — Par décret impérial du 3 août 1811, il n'y eut plus qu'un seul journal politique dans chaque département. — Le 29 avril, les ouvrages connus en librairie sous le nom de *labeurs* furent soumis à un droit d'un centime par feuille d'impression; cet impôt sur la presse non périodique cessa en 1814. — Le 4 juin 1814, l'article 8 de la charte octroyée par Louis XVIII rétablit la liberté de la presse. — Le 21 octobre de la même année, la censure fut rétablie pour les ouvrages de vingt feuilles et au dessous; tout journal et écrit périodique dut être autorisé par le roi; le gouvernement se donna le droit de retirer le brevet à l'imprimeur condamné pour contravention aux règlements. — Le 24 mars 1815, Napoléon Bonaparte, à son retour de l'île d'Elbe, supprima la censure. — Le 22 avril suivant, le jury fut appliqué aux jugements en matière de presse; cette disposition, abrogée au retour de Louis XVIII, n'a été rétablie qu'en 1830. — Le 20 juillet 1815, Louis XVIII remit en vigueur la plupart des dispositions de la loi d'octobre 1814. — Le 18 juillet 1828, les journaux furent assujettis à un cautionnement. — Le 9 août 1830, la charte émanée des chambres et jurée par Louis-Philippe porte que la censure ne pourra jamais être rétablie. — La loi de septembre 1835 est venue ensuite donner au pouvoir les armes défensives qui lui manquaient. La liberté illimitée de la presse fut rétablie et modifiée par le décret du 11 août 1848.

Libertés de l'Eglise gallicane. Déclaration y relative, rédigée par Bossuet au nom du clergé de France, le 23 mars 1682.

Librairie : législation ancienne et nouvelle sur cette matière : décision universitaire du 2 décembre 1275. — Autre décret universitaire de 1323. — Edit donné vers 1532 par François Ier ; il ordonnait la fermeture de toutes les librairies sous peine de la hart ; un édit postérieur permit de les ouvrir. — La peine de mort fut rétablie par Henri II, et confirmée par Charles IX en 1563. — Ordonnance de Moulins, de 1566, qui modifia les pénalités. — En 1626, la peine de mort fût rétablie contre les auteurs ou distributeurs d'ouvrages dangereux. — Un règlement de 1723, tout en conservant ce système de pénalité, fit d'utiles changements dans l'organisation de la librairie. — Ce règlement fut appliqué à tout le commerce de la librairie en France par arrêt du conseil de 1744.—Un édit de 1757 modifia la pénalité. — Arrêt du conseil du 30 août 1777 relatif à la librairie. — Edit de 1786 sur le même objet.— En 1789, liberté entière pour la profession de libraire. — Le 19 juillet 1793, décret de la Convention nationale qui maintient les droits des auteurs sans restreindre en rien l'exercice du commerce de la librairie. — Décret du 1er germinal an XIII (22 mars 1805) sur la propriété des œuvres posthumes. — Décret du 5 février 1810 contenant tout le système réglementaire de la librairie et de l'imprimerie.

Librairie (Journal officiel de la) : il fut établi par décret du 14 octobre 1811.

Librairies : on donnait ce nom à toutes les bibliothèques particulières, au XIIIe et jusqu'à la fin du XVIIe siècle.

LICINIUS ou LICINIANUS (C. Flavius Valerianus), empereur romain vers l'an 263, étranglé l'an 324.

Liége, province et ville de la Belgique. Ce pays fut gouverné par des princes ecclésiastiques depuis le VIIIe siècle. — La ville fut prise et brûlée par Charles, duc de Bourgogne en 1468. — Il fait aujourd'hui partie du royaume de Belgique.

Lieutenants : en France, on comptait, en 1445, 32 lieutenants sur 16,000 hommes ; en 1516, 2 sur 1070; aujourd'hui, 1 sur 80.

Lieutenants de roi. Ce grade, à peu près de la même date que l'institution des gouverneurs de provinces, fut supprimé par décret de l'Assemblée nationale du 25 février 1791. — Vers la fin de 1814, il fut rétabli jusqu'au 31 mai 1829, qu'il fut de nouveau remplacé par celui de commandant de place.

Lieutenant-colonel : l'origine de ce grade remonte à l'an 1582. — Ce fut toutefois en 1779 qu'il eut les attributions que nous lui connaissons aujourd'hui. — Suppression de ce grade en 1793. — Remplacé par le grade de major en 1803. — Rétablissement du grade de lieutenant-colonel en 1815.

Lieutenant-général de police : cette charge ne fut établie qu'en 1667.

LIGNE (Charles-Joseph, prince de), célèbre par sa valeur et son esprit, né en 1735, mourut le 13 décembre 1814.

Lignitz (bataille de), gagnée par les Prussiens sur les Autrichiens, le 15 août 1760.

Ligny (bataille de), où les Français mettent les alliés en déroute, le 16 juin 1815.

Ligue dite des *pacifiques*, qui exterminait les Brabançons ; elle parut vers 1163.

Ligue anséatique : obtient de grands priviléges des rois de Norwége et de Danemark, en 1370.

Ligue de Cambray : sa formation, le 10 décembre 1508.

Ligue (sainte), association catholique contre le protestantisme : l'acte en fut signé le 25 juillet 1568. — Dans la période de 1570 à 1590, il se forma des associations sur le même modèle dans toutes les provinces. — Procession de la Ligue durant le blocus de Paris, le 3 juin 1590. — On peut la regarder comme dissoute sous le règne de Henri IV, vers la fin du XVIIe siècle.

LIGUORI (Alphonse-Marie de), évêque de Sainte-Agathe, fondateur de la congrégation du Rédempteur, né à Naples le 26 septembre 1696, mort le 1er août 1787, béatifié par Pie VII le 15 septembre 1816. — Canonisé par le pape Grégoire XVI, le 26 mai 1839.

Ligurienne (république) : ressuscitée par Napoléon Bonaparte en 1811 ; cette résurrection ne dura que jusqu'en 1816.

Lille, forte ville de France, fondée en 1007 par Baudouin IV. Elle reçut ses franchises communales de la comtesse Jeanne en 1235. — Fut cédée définitivement à la France en 1312. — Les alliés la prirent le 23 octobre 1708, après quatre mois de siége ; mais elle fut rendue à la France par le traité d'Utrecht. — En 1792, les Autrichiens la bombardèrent depuis le 29 septembre jusqu'au 6 octobre, mais sans succès.

Lillo, fort du royaume des Pays-Bas : les Français s'en rendirent maîtres en 1794.

LILY (Williams), astrologue anglais, né en 1602 dans le comté de Leicester, mort en 1688.

Lilybée (bataille de), gagnée par Timoléon sur les Carthaginois, l'an 343 av. J.-C.

Lima, capitale du Pérou, bâtie en 1535 par François Pizarre, sous le règne de Charles V. — Souvent ruinée par les tremblements de terre, eut surtout beaucoup à souffrir de celui de 1746, qui fit de cette cité un amas de décombres en moins de quatre minutes.

Limoges, capitale de l'ancienne province du Limousin, fut réunie à la couronne de France par Pepin-le-Bref (de 752 à 768). — Après avoir été possédée tour à tour par les ducs d'Aquitaine, les rois d'Angleterre, la maison de Bretagne et celle d'Albret, elle revint au domaine des rois de France par Henri IV, en 1589.

Limousin ou *Limosin*, ancienne province de France. Voyez *Limoges*.

LINACRE (Thomas), savant médecin anglais, né à Cantorbéry vers 1460, mort en 1557.

LINGUET (Simon-Nicolas-Henri), avocat et écrivain, né à Reims en 1736, condamné à mort par le tribunal révolutionnaire le 27 juin 1794.

LINNÉ (Charles-Linnæus), le plus célèbre des botanistes du XVIIIe siècle, né à Roeshult, en Suède, le 24 mai 1707, mort le 10 janvier 1770.

LINOIS (Charles-Alexandre-Léon de) vice-amiral français, né à Brest le 29 janvier 1761, mort en décembre 1848.

LIPPI (Fra Filippo), peintre, né à Florence en 1412, mort à Spolette en 1469.

LIPSE (Juste), célèbre philologue du XVIe siècle; né le 18 octobre 1547 à Over-Isch, entre Bruxelles et Louvain, mort le 24 mars 1606.

Liqueurs spiritueuses : leur invention nous vient des Maures d'Espagne, vers 824. — Leur usage introduit en France en 1202, par Arnaud de Villeneuve, qui en devait la connaissance aux Arabes ou Maures d'Espagne.

Liquides : leur équilibre est découvert par Archimède, vers l'an 220 av. J.-C

Lisbonne, capitale du Portugal; prise et rasée par Ordogno III, au Xe siècle; elle était à peine rebâtie qu'elle tomba au pouvoir des Maures. — Conquise en 1147, par Alphonse et quelques chevaliers croisés. — Presque entièrement renversée par un horrible tremblement de terre, en 1530. — Renversée en grande partie par un tremblement de terre, le 1er novembre 1755; il y périt 15,000 personnes. — Entrée de l'armée française à Lisbonne le 30 novembre 1807.

LISFRANC (Jacques), célèbre médecin et chirurgien, né à Saint-Paul (Loire) le 2 avril 1790, mort à Paris le 12 mai 1849.

Lisieux, ville de Normandie : en 1130, dans une excursion des Bretons, elle fut presque détruite par les flammes. — Philippe-Auguste la prit en 1203. — Les Anglais, en 1415. — Charles VII les en chassa en 1448. — Les ligueurs s'en emparèrent en 1571. — Henri IV s'en rendit maître en 1558.

Lissa (bataille de), gagnée par le roi de Prusse sur les Autrichiens le 5 décembre 1757.

LISTER (Martin), médecin et naturaliste anglais, né à Radcliffe, dans le comté de Buckingham vers 1638, mort le 2 février 1711.

LISTON (Robert), célèbre chirurgien anglais, mort à Londres le 7 décembre 1847.

Litanies des saints : elles sont fort anciennes; on en trouve des vestiges dans les monuments ecclésiastiques des VIIIe et IXe siècles.

Lithium, métal; sa découverte par M. Arfwedson en 1818.

Lithographie : invention de cet art par Aloys Sennefelder, en 1802.

Lithotome : invention de cet instrument par le frère Côme, en 1780.

Lithotritie. En 1822, le docteur Amussat inventa un instrument pour briser les calculs urinaires dans la vessie; vers le même temps, Civiale, Leroy d'Etioles, Heurteloup et autres médecins ou chirurgiens français et étrangers achevèrent de constater le succès de la lithotritie.

Lithuanie, grand-duché autrefois indépendant : il fut réuni à la Pologne en 1569. — En 1773, 1793 et 1795, plusieurs parties de son territoire furent successivement unies à la Russie.

LITTLETON (Edouard), lord garde du grand sceau d'Angleterre, sous Charles Ier, né en 1589, mort le 27 août 1645.

Liturgie : jusqu'à l'an 758, celle de l'Eglise de France avait beaucoup plus de ressemblance avec les liturgies orientales qu'avec celle de Rome.

LIVERPOOL (Robert Banks Jenkinson, lord), homme d'Etat anglais, mort le 3 décembre 1828.

Liverpool, ville commerçante d'Angleterre : en 1561, la population de cette ville n'était que de 690 habitants. — C'est à l'année 1699 que commence l'ère de sa prospérité.

Livonie : Ce pays fut converti au christianisme vers 1186. — Vers la fin du XIIe siècle, Canut, roi de Danemark, s'en empara. — Waldemar III, son successeur, le vendit à l'ordre Teutonique au commencement du XIIIe siècle. — Cette province, ainsi que l'Esthonie et la Courlande, restèrent au pouvoir de l'ordre Teutonique jusqu'en 1561, époque de la réunion de la Livonie à la Pologne. — Ce nouvel état de choses se maintint jusqu'en 1660. — La Livonie fut cédée à la Suède par suite du traité d'Oliva, conclu en 1660. — Le traité de Nystadt, de 1721, la replaça sous l'autorité de la Russie. — Affranchissement des paysans de ce pays, le 14 août 1818.

Livourne, ville du grand-duché de Toscane. Elle n'était encore qu'un bourg sans portes ni murailles en 1279.

Livre d'or, registre sur lequel étaient inscrits les noms de toutes les familles nobles de Venise : il fut institué par le doge Gradenigo en 1297.

Livre rouge : sa publication fut ordonnée par l'Assemblée nationale en France, le 9 avril 1790.

Livrée. Ce mot, appliqué au costume, date du VIIIe siècle.

LLORENTE (Juan-Antonio), prêtre et écrivain espagnol, auteur d'une *Histoire de l'Inquisition* dont on a fait grand bruit, mort le 5 février 1822.

LLOYD (Henri), tacticien anglais, né dans la principauté de Galles en 1729, mort en France le 19 juin 1783.

Lô (Saint-), ville de Normandie : elle fut fortifiée par Charlemagne en 845. — Assiégée en 850 et prise par les Saxons, qui la rasèrent. — Reconstruite en 912. — Cette ville se rendit à Philippe-Auguste en 1203. — Les Anglais y entrèrent le 13 juillet 1346, et la pillèrent. Elle fut encore saccagée plusieurs fois jusqu'au milieu du XVIe siècle.

Loano (bataille de), gagnée par les Français sur les Autrichiens, le 23 novembre 1795.

Loches : établissement des sœurs hospitalières dans cette ville, en 1629, par Pasquier Bouray, prêtre.

LOCKE (Jean), célèbre philosophe anglais, né à Wrington, près Bristol, le 29 août 1632, mort le 28 octobre 1704.

Locofao ou *Loixi*, au territoire de Laon. Le maire du palais Ebroïn y taille en pièces, en 680, l'armée de Martin et de Pepin, souverains de l'Austrasie.

Locres : cette ville grecque conserva son indépendance jusqu'au temps de Pyrrhus, roi d'Epire, qui la pilla et la soumit l'an 275 av. J.-C.

Lodève, ville de Languedoc : Pepin la réunit à la couronne en 759. — Prise et pillée par les Albigeois, en 1573.

Lodi, forte ville du royaume lombardo-vénitien, bâtie par l'empereur Frédéric Barberousse sur l'Adda, vers la fin du XIIe siècle.

Lodi (passage du pont de), où le général Bonaparte remporta une grande victoire sur les Autrichiens le 10 mai 1796.

Logarithmes, inventés par Juste Byrge en 1605. — Cette invention est publiée par Napier ou Naper en 1613 ou 1614.

Lois somptuaires : Philippe le Bel, roi de France, en rendit une le 5 juin 1310.

Lois. Voy. *Edits*, *Terentia*, *Agraire*, *Cæcilia*, *Calpurnia*, *Roscia*, *Manilia*, *Luxe*, *Liberté de la presse*, etc.

Lois des nations du moyen âge : celles des Visigoths, de 466 à 484; celles des Francs Saliens, du Ve siècle; celles des Bourguignons, vers 517; celles des Francs Ripuaires, entre 511 et 534; celles des Bavarois et des Allemands, entre 613 et 638; celles des Frisons, des Saxons, des Angles, rédigées du temps de Charlemagne; celles des Lombards, de 643 à 724; celles des Anglo-Saxons, entre 601 et 604.

LOISEL (Antoine), avocat au parlement de Paris, né à Beauvais en 1556, mort en 1617.

LOKMAN, surnommé *le Sage*, fabuliste d'Ethiopie ou de Nubie, cité dans l'Alcoran, et dont l'existence est demeurée problématique. Les fables qu'on lui attribue ont été publiées pour la première fois en 1615.

LOLLARD (Walker), hérésiarque allemand, né vers la fin du XIIIe siècle, brûlé vif à Cologne.

LOMBARD (Pierre), surnommé le *Maître des sentences*, évêque de Paris l'an 1159, mort en 1164.

Lombardie. Les Autrichiens s'en emparent le 13 mai 1814.

Lombardo-vénitien (royaume), fondé en faveur de l'Autriche par les traités de 1815.

Lombards : sortis de la Scandinavie, ils se font connaître pour la première fois en 339, et défont les Vandales en Germanie. — Entrent en Pannonie en 527, et y demeurent 41 ans. — Leur domination en Italie au VIIIe siècle; elle dura 206 ans.

LOMENIE (Etienne-Charles de), comte de Brienne, cardinal, ministre sous Louis XVI, né à Paris en 1727, membre de l'Académie française, évêque de Condom en 1760, archevêque de Toulouse en 1764, mort à Sens le 16 février 1794.

Lomitten (combat de) : les Russes y sont battus par les Français, le 5 juin 1807.

Lonado (bataille de), gagnée par les Français sur les Autrichiens, le 3 août 1796.

LONDONDERRY (Robert Stewart, lord vicomte Castelreagh, marquis de), ministre de la Grande-Bretagne, né en Irlande en 1769, mort le 12 août 1822.

Londres, capitale de l'empire britannique; le premier siége épiscopal y fut fondé par l'empereur Constantin le Grand dans la première période du IVe siècle. — Alfred le Grand en fit la capitale du royaume vers la fin du IXe siècle. — L'institution du maire de cette ville date de 1189; ce magistrat ne prit le titre de lord qu'en 1354. — De violentes dissensions troublèrent Londres en 1381 et 1450. — Les rues de la ville commencèrent à être pavées en 1542. — En 1603, la peste enleva plus de 30,000 personnes; en 1665, nouvelle apparition de ce fléau, dont les victimes, suivant Clarendon, atteignent le chiffre de 160,000. — Incendie de cette ville le 13 septembre 1666; il dura quatre jours et consuma 13,200 maisons, 87 églises, 27 hôpitaux. — Etablissement de sa banque royale en 1694. — En 1790, incendie du théâtre royal de Hay-Markett, l'Opéra de Londres. — Etablissement du théâtre de Drury-Lane, en 1662 : il est la proie des flammes en 1771, 1793 et 1809; il a été rebâti en 1811. — Le théâtre de Covent-Garden date aussi de 1662. — Une sédition éclata dans Londres le 26 janvier 1817, contre le prince régent : elle fut calmée le 31. — L'université de Londres, fondée par actions par une société de wighs, en 1826, fut ouverte le 1er octobre 1828.

Londres (bourse de) : sa fondation sous le règne d'Elisabeth, qui la fit proclamer bourse royale, le 29 janvier 1570 : elle a été incendiée dans la nuit du 10 au 11 janvier 1838.

Londres (traité de), conclu entre Louis XI, roi de France, et Edouard IV, roi d'Angleterre, le 13 février 1478. Par ce traité, qui établissait une trêve entre les deux contractants, durant leur vie et cent ans après leur mort, Louis XI s'engageait à payer 50,000 écus par lui ou par ses successeurs, pendant 100 ans, à compter du jour de la mort de l'un d'eux. On regarde ce traité comme un chef-d'œuvre de la politique de Louis XI.

Londres (traité conventionnel de), conclu le 2 août 1718, entre l'empereur, la France, l'Angleterre et la Hollande; ce qui l'a fait nommer traité de la quadruple alliance.

Longchamp (abbaye de) : avait été fondée au XIIIe siècle par Isabelle de France, sœur de saint Louis. — La fameuse promenade de Longchamp, pendant trois jours de la semaine sainte, commença à être de mode vers 1652.

LONGEPIERRE (Hilaire-Bernard de Roqueleyne, baron de), poëte français, auteur d'une tragédie de *Médée*, restée au théâtre : né à Dijon en 1659, mort à Paris le 31 mars 1721.

Longévité (exemples de) : Henri Jenkins, mort le 8 décembre 1670, dans le Yorkshire, était âgé de 169 ans. Appelé en témoignage pour un fait passé depuis 140 ans, il se présenta avec ses deux fils déjà centenaires. — Le 5 janvier 1724, mort de Pierre Zortan ou Zorten, paysan du bannat de Temeswar, âgé de 185 ans. On le regarde comme le doyen des centenaires. — En 1740, mort de Jean Rovin, aussi du bannat de Temeswar, à l'âge de 172 ans; son plus jeune fils avait 90 ans. — En 1741, Anne Oudot-Grappin mourut à Paris, âgée de 134 ans.— Le 15 décembre 1766, Jean Lafitte, dit Liaroux, mourut à Romillac, près d'Agen, à 136 ans. — Le 1er décembre 1808, Joseph Ram, nègre, mourut à la Jamaïque, à l'âge de 140 ans : peu de jours auparavant, il faisait encore à pied des courses de quatre milles.

LONGIN (Cassius Longinus), philosophe et littérateur, né à Athènes, mort l'an 273 av. J.-C.

Longitudes : le parlement anglais promet, en 1714, 20,000 liv. sterling à celui qui trouvera le secret des longitudes.

Longitudes (création du bureau des), le 25 juin 1795; il se compose aujourd'hui de deux géomètres, quatre astronomes, deux anciens navigateurs, un géographe, un opticien et plusieurs astronomes adjoints; il est chargé spécialement de la publication de la *connaissance des temps*. L'origine de ce travail remonte à Picart, en 1679.

LONGUEIL (Joseph de), graveur, né à Givet en 1733, mort à Paris le 27 juillet 1792.

LONGUERUE (Louis Dufour de), savant ecclésiastique, né à Charleville en 1652, mort à Paris le 22 novembre 1733.

LONGUEVILLE (Henri, duc de), né en 1595, mort en 1663.

LONGUEVILLE (Anne-Geneviève de Bourbon Condé, duchesse de), née au château de Vincennes en 1619, morte le 15 avril 1679

LONGUS, l'auteur du roman grec de *Daphnis et Cloé*, florissait dans les premiers siècles de l'ère chrétienne. On ne sait rien de positif à cet égard. Amyot en publia la traduction en 1559; c'est la première qui ait paru dans les quatre parties du monde. — L'original grec fut imprimé pour la première fois à Florence, en 1598.

Longwy : prise de cette ville par les Prussiens, en 1792.

Lons-le-Saulnier, ville de la Franche-Comté: elle soutint, en 1395, un siége contre les Français qui la prirent. — Reprise en 1500 par Maximilien, elle retomba au pouvoir des Français en 1637.

LOPE DE VEGA, célèbre et fécond poëte dramatique espagnol, né à Madrid en 1562, mort le 27 août 1635.

LORENZO LEOMBRUNO, habile peintre du XVIe siècle, dont les ouvrages furent altérés ou détruits par Jules Romain.

Lorette (Notre-Dame de) : origine de la dévotion à la chapelle de ce nom, d'abord dans la Dalmatie en 1291, puis dans la Marche d'Ancône en 1294. — Lors de l'invasion de l'armée française en 1797, on mit en sûreté la sainte maison de la Vierge (Casa santa); elle fut rapportée en grande pompe à Lorette, le 9 décembre 1802.

Lorette, forte ville des Etats du pape : prise en 1797 par les Français. Voir l'article qui précède.

LORIA ou LAURIA (Roger de), amiral italien, né vers le milieu du XIIIe siècle dans la Basilicate, mort le 17 janvier 1305

Lorient, ville de la Basse-Bretagne (Morbihan) : elle n'existait encore qu'en projet en 1666; en 1738 elle comptait 18,000 âmes.

LORME (Philibert DE). *Voy.* DELORME.

LORME (Marion DE). *Voy.* aussi DELORME.

LORRAIN (Claude Gelée, dit le), célèbre peintre de paysages, né en 1600, dans le diocèse de Toul en Lorraine, mort à Rome, le 21 novembre 1682.

LORRAINE (Réné II, duc de), né en 1451, mort en 1508.

LORRAINE (Charles IV, duc de), né le 5 avril 1604, mort en 1675 à Birkenfeld.

LORRAINE (Charles V, duc de), né à Vienne en Autriche, le 3 avril 1643, mort en 1690.

LORRAINE (Léopold Ier, duc de), né à Inspruck le 11 septembre 1679, mort à Lunéville le 27 mars 1729.

Lorraine, province de France : commence à avoir des ducs particuliers en 959. — Elle fut cédée en 1736, par le traité de Vienne, à Stanislas, ex-roi de Pologne, beau-père de Louis XV. — Cédée à Louis XV en échange de la Toscane. — Réunie à la France en 1766, après la mort de Stanislas.

Lorraine (maison de) : son origine date de Gérard d'Alsace, qui eut le duché de Lorraine en 1048. Voici la suite chronologique des ducs de cette illustre maison : — 1048, Gérard-Thierri-le-Vaillant, mort en 1115.— Simon, mort en 1129 ou 1139.— Matthieu Ier, mort en 1176. — Simon II, mort en 1207. — Frédéric Ier. — 1214, Thibaut Ier. — 1220, Matthieu II. — 1250, Frédéric II. — 1303, Thibaut II. — 1312, Frédéric III. — 1329, Raoul. — 1346, Jean. — 1382, Charles Ier. — 1430, Isabeau. — 1430, Réné le Bon, roi de Naples. — Nicolas d'Anjou, mort en 1473. — 1474, Yolande d'Anjou, femme de Ferry de Lorraine. — 1483, René II. — 1508, Antoine. — 1544, François. — 1545, Charles II. — 1608, Henri. — 1624, Nicole, duchesse de Lorraine, morte en 1657, et Charles III, son époux, mort en 1690. — 1690, Léopold-Joseph. — 1729, François-Etienne.

LORRIS (Guillaume de), l'un des auteurs du célèbre roman de *la Rose;* on croit qu'il mourut vers 1240.

Loterie royale de France : établie en 1737 pour l'extinction des capitaux de rentes constituées sur l'Hôtel-de-Ville. — Organisée sur de nouvelles bases en 1776. — Elle est supprimée le 16 novembre 1793. — Réorganisée de nouveau après la révolution, le 9 vendémiaire an VI (30 septembre 1798); elle a été supprimée une seconde fois le 31 décembre 1836.

Loteries : leur établissement en France en 1539. — Tirage de la première loterie publique en 1692.

LOTHAIRE Ier, empereur d'Occident, fils de Louis le Débonnaire, roi de France, né vers 795, associé à l'empire par son père, le 31 juillet 817, mort le 28 septembre 855.

LOTHAIRE II, empereur d'Allemagne, né en 1075, couronné le 4 juin 1133, mort le 4 décembre 1137.

LOTHAIRE, roi de France, né en 941, monte sur le trône en 953, meurt à Compiègne le 2 mars 986.

LOTHAIRE II, roi de Lorraine, couronné à Metz le 22 septembre 855, mort à Plaisance le 8 août 869.

Loto (jeu de), son origine ne remonte pas au delà de l'édit d'organisation de la Loterie royale, en 1776.

LOUIS Ier, dit *le Débonnaire*, né en 778, empereur d'Occident et roi de France en 814, mort le 20 juin 840.

LOUIS II, *le Jeune*, empereur, créé roi d'Italie en 844, monte sur le trône impérial en 855; mort le 13 août 875.

LOUIS III, dit *l'Aveugle*, empereur d'Allemagne, né en 880, élu en 890, mort détrôné en 928 ou 929.

LOUIS IV, dit *l'Enfant*, né en 893, empereur en 900, mort le 21 janvier 911 ou 912.

LOUIS V, empereur d'Allemagne, né en 1284, élu à Francfort le 20 octobre 1314, mort le 11 octobre 1347.

LOUIS Ier, roi de France. *Voy.* Louis Ier empereur.

LOUIS II, *le Bègue*, roi de France, né le 1er novembre 846, roi d'Aquitaine en 867, monte sur le trône de France le 6 octobre 877, meurt à Compiègne le 8 avril 879.

LOUIS III et CARLOMAN, son frère, règnent sur la France en 879. Le premier mourut en 882, le second en 884.

LOUIS IV, *d'Outremer*, roi de France, né en 916, règne en 936; mort en 954.

LOUIS V, dit *le Fainéant*, le dernier des rois de France de la deuxième race, né en 967, couronné en 986, mort le 21 mai 987.

LOUIS VI, *le Gros*, né en 1078 ou 1081, parvint à la couronne de France en 1108; mort à Paris le 1er août 1137.

LOUIS VII dit *le Jeune*, et *le Pieux*, fils du précédent, né en 1120, lui succède en 1137, meurt en 1180.

LOUIS VIII, roi de France, surnommé *Cœur-de-Lion*, né le 5 septembre 1187, monte sur le trône en 1223; mort le 8 novembre 1226.

LOUIS IX (saint), né à Neuville le 23 avril 1215, roi de France le 8 novembre 1226, mort de la peste à Tunis le 23 août 1270, canonisé le 18 août 1297 par Boniface VIII. L'Eglise célèbre sa fête le 25 août.

LOUIS X, dit *le Hutin*, roi de France et de Navarre, né le 4 octobre 1289, monte sur le trône le 29 novembre 1314; mort à Vincennes le 8 juin 1316.

LOUIS XI, né à Bourges le 3 juillet 1423, commence à régner le 2 juillet 1461; mort le 30 août 1483.

LOUIS XII, dit *le Père du Peuple*, né à Blois le 27 juin 1462, parvient à la couronne en 1498; mort le 1er janvier 1515.

LOUIS XIII, surnommé *le Juste*, né à Fontainebleau le 27 octobre 1601, monta sur le trône le 14 mai 1610, fut déclaré majeur le 2 octobre 1614; mourut le 4 mai 1643.

LOUIS XIV, dit *le Grand*, né à Saint-Germain-en-Laye, le 5 septembre 1638, son avénement à la couronne le 14 mai 1643, déclaré majeur en 1651; mort le 1er septembre 1715, âgé de 77 ans.

LOUIS XV, né à Fontainebleau le 5 février 1710, dauphin le 8 mars 1712, roi le 1er septembre 1715, couronné à Reims en 1722; mort le 10 mai 1774.

LOUIS XVI, roi de France, né le 23 août 1754, parvenu au trône le 10 mai 1774, enfermé au Temple le 10 août 1792, traduit à la barre de la Convention nationale le 10 décembre de la même année, condamné à mort le 17 janvier 1793, exécuté le 21 du même mois.

LOUIS XVII, dauphin de France, né le 27 mars 1785, mort le 8 juin 1795.

LOUIS XVIII, roi de France, né le 17 novembre 1755, reconnu roi le 6 avril 1814, mort le 15 septembre 1824.

LOUIS, surnommé *le Grand Dauphin*, né à Fontainebleau le 1er novembre 1661, mort à Meudon le 14 avril 1711.

LOUIS, dauphin, fils de Louis XV et père de Louis XVI, né à Versailles en 1729, mort le 20 décembre 1765.

LOUIS Ier D'ANJOU, roi de Hongrie et de Pologne, dit *le Grand*, né le 5 mars 1326, règne en 1342; mort le 13 septembre 1384.

LOUIS II, roi de Hongrie, règne en 1506; tué dans une bataille le 29 août 1526, âgé de 22 ans.

LOUIS Ier, duc d'Anjou, né le 23 juillet 1339, mort à Paris le 20 septembre 1384.

LOUIS II, duc d'Anjou, né à Toulouse le 7 octobre 1377, couronné roi de Naples le 1er novembre 1390; mort le 29 avril 1417 à Angers.

LOUIS III D'ANJOU, roi de Naples, né le 24 septembre 1403; mort le 15 novembre 1434.

LOUIS II DE BOURBON, comte de Clermont, né vers 1337; mort le 19 août 1410.

LOUIS (Antoine), chimiste, né à Metz le 13 février 1723; mort le 20 mai 1792.

Louis d'or : les premières pièces de monnaie qui portèrent ce nom furent frappées en 1640, sous le règne de Louis XIII.

Louisbourg, en Amérique : enlevé aux Français par les Anglais, le 26 juin 1745. — Se rend aux Anglais, le 26 juillet 1758.

LOUISE DE LORRAINE, reine de France, née à Nomény en 1554, femme de Henri III en 1575, morte à Moulins le 29 janvier 1601.

LOUISE DE SAVOIE, duchesse d'Angoulême, régente de France sous François Ier, née en Bresse le 14 septembre 1476, morte en 1532.

Louisiade : groupe d'îles découvertes par Bougainville en 1769.

Louisiane : découverte par les Français en 1678. Un Français, nommé Thomas Albret, y avait abordé le premier en 1504. — Cette contrée fut colonisée par les Français en 1702. — La France donna ce pays à l'Espagne en 1769. — Il fut rendu à la France par le traité de Saint-Ildefonse, du 1er octobre 1801. — La France céda la Louisiane aux Etats-Unis moyennant indemnité, le 30 avril 1803. — Depuis 1811, ce pays forme un des Etats les plus importants des Américains.

LOUP (saint), évêque de Troyes en 427, mort le 29 juillet 478. Le jour anniversaire de sa mort est aussi celui de sa fête.

LOUP (saint), évêque de Lyon, succéda au siége épiscopal de Saint-Viventiol vers 623 : il mourut l'an 642. Sa fête se célèbre le 25 septembre.

LOUP (Servatus Lupus), l'un des plus savants hommes du IXe siècle, né l'an 805, mourut vers 862.

Louqsor ou *Luxor* (obélisque de) : son érection dans l'ancienne Thèbes est attribuée à Sésostris ou Rhamessès, qui vivait au XVe siècle avant l'ère chrétienne. — Cet antique monolithe, après avoir été pendant plus de trois mille ans un des monuments de l'entrée du palais de Louqsor, fut enlevé de sa base primitive le 1er novembre 1831, et embarqué le 17 novembre suivant pour la France. — Ce ne fut que le 25 août 1832 que la crue des eaux permit à cette embarcation, d'un genre particulier, de descendre le fleuve du Nil. — Elle franchit la barre de l'embouchure le 1er janvier 1833, et se rendit à Alexandrie, d'où elle fit voile pour la France, remorquée par un bateau à vapeur. — L'obélisque arriva au Havre le 13 septembre 1833, et à Paris, le 23 décembre suivant. — Le 8 juillet 1834, on déposa sur le sol de France l'obélisque emmaillotté dans ses planches et dans ses poutrelles. — Enfin, il a été érigé sur son piédestal, le 25 octobre 1836, sur la place de la Révolution, au milieu de laquelle il s'élève aujourd'hui. Voy. *Obélisque.*

Louvain, ville de Belgique : son origine au VIe siècle. — Elle est citée dans l'histoire pour la première fois en 884. — Vers le milieu du XIe siècle, elle reçut du duc de Brabant, Lambert II, des droits de franchise et de commerce, et fut entourée de murs en 1165. — Fondation de son université en 1425.

LOUVEL (Pierre-Louis), assassin du duc de Berri, né à Versailles en 1783, commit son crime le 13 février 1820, et en reçut le châtiment le 7 juin suivant.

LOUVERTURE (Toussaint). Voy. *Toussaint-Louverture.*

LOUVET DE COUVRAY (Jean-Baptiste), auteur du roman immoral de *Faublas*, né à Paris en 1764, mort dans cette ville le 25 août 1797.

LOUVOIS (François-Michel Letellier, marquis de), ministre d'Etat sous Louis XIV, né à Paris le 18 janvier 1641, mort le 16 juillet 1691.

Louvre (palais du) : sa première origine est fort incertaine. — Philippe-Auguste fit construire, en 1214, une grosse tour dans son enceinte. — Ses constructions furent accrues et embellies sous Charles V, dit *le Sage* (de 1364 à 1380). — Nouveaux perfectionnements apportés à cet édifice par François Ier, en 1544. — On commença à construire sa façade en 1665. — Claude Perrault donna les dessins de sa colonnade en 1675. — En 1803, Napoléon Bonaparte, alors premier consul, fit reprendre les travaux pour l'achèvement du Louvre.

LOVAT (Simon-Frazer, lord), pair d'Ecosse, né en 1657, exécuté comme conspirateur en avril 1747.

LOWENDAHL (Ulric-Frédéric de Woldemar, comte de), maréchal de France, né à Hambourg le 6 avril 1700, mort le 27 mai 1755.

LOWER (Richard), célèbre médecin anglais, né vers 1631, mort le 17 janvier 1691.

Lowositz (bataille de), en Bohême, entre le roi de Prusse et les Autrichiens, le 1er octobre 1756.

LOYSEAU (Charles), l'un des jurisconsultes les plus habiles du droit coutumier et féodal, né à Nogent-le-Roi, près de Chartres, en 1566, mort à Paris le 27 octobre 1627.

LOYSON (Charles), littérateur et poëte, né en 1791, à Château-Gontier, mort le 27 juin 1820.

Lubeck (principauté de), enclavée dans le duché de Holstein : elle a été constituée en 1802, et abandonnée au duc d'Oldenbourg à titre de dédommagement.

Lubeck. Cette ville fut fondée en 1140 ou 1144, par Adolphe II, comte de Holstein. — En 1154, cette ville devint la proie d'un incendie : elle fut cédée par Adolphe au duc de Saxe, qui la rebâtit. — La cathédrale de cette ville fut construite à cette époque et inaugurée en 1164. — Lubeck fit sa soumission à l'empereur en 1182. En 1189, elle retomba au pouvoir du duc de Saxe; puis revint, en 1192, entre les mains du comte Adolphe de Holstein, qui en fut chassé, en 1202, par le duc Woldemar de Schleswig. — Affranchissement de cette ville en 1227; ce fut le signal de sa prospérité. — Elle fut de nouveau consumée par le feu en 1277. — Après la dissolution du Saint-Empire, en 1806, Lubeck subsista comme ville anséatique libre. — Fut prise et pillée par les Français, le 6 novembre 1806. — En 1810, elle fit partie du département des Bouches-de-l'Elbe. — Après la bataille de Leipzig (19 octobre 1813), Lubeck reprit son ancienne indépendance.

Lubeck (combat de), où les Français battent les Prussiens, le 6 novembre 1806.

LUC (saint), évangéliste, commence à prêcher en l'an 51. L'Eglise latine célèbre sa fête le 18 octobre.

LUC (Jean-André-Guillaume-Antoine de), célèbre physicien du XVIIIe siècle. *Voy.* DELUC au Manuel.

LUCAIN (Marcus-Annæus-Lucanus), célèbre poëte latin, né à Cordoue l'an 39 de J.-C., mort l'an 65.

LUCAS (Paul), célèbre voyageur, né à Rouen le 31 août 1664, mort à Madrid en 1737.

Luçayes (îles) ou de Bahama, situées dans le nord des Antilles, découvertes le 12 octobre 1492 par Christophe Colomb. — L'Angleterre s'en empara et y fonda des établissements vers 1783.

LUCE Ier (saint), pape le 18 octobre 252, reçut le martyre le 4 ou 5 mars 253.

LUCE II (Gérard de Caccianemici), élu pape le 12 mars 1144, mort à Rome le 11 février 1145.

LUCE III (Ubaldo Allincigoli), élu pape le 29 août 1181, mort à Vérone le 25 décembre 1188.

LUCE DE LANCIVAL (Jean-Charles-Julien), poëte et littérateur distingué, né en 1764 à Saint-Gobin en Picardie, mort le 17 août 1810.

Lucie (Sainte-), une des Antilles : fut occupée par les Anglais dans les premiers jours de 1639, mais ils y furent massacrés par les Caraïbes. — Près d'un siècle et demi après, les Français y formèrent des établissements; la propriété leur en fut assurée par le traité de 1763. — L'Angleterre, jalouse de leur prospérité, voulut la reprendre. De 1779 à 1782, l'île de Sainte-Lucie fut prise et reprise trois fois. — Enfin, le traité de Paris (1814) l'a définitivement adjugée à l'Angleterre.

LUCIE ou LUCE (sainte), vierge de Sicile, souffrit le martyre à Syracuse, vers l'an 304.

LUCIEN, moraliste grec, né à Samosate, florissait dans le IIe siècle de l'ère chrétienne.

LUCIEN (saint), prêtre d'Antioche, souffrit le martyre en 312.

LUCKNER, maréchal de France, condamné à mort par le tribunal révolutionnaire, et exécuté le 4 janvier 1794, à l'âge de 74 ans.

Lucques, ancienne colonie romaine; elle tomba au pouvoir des Francs en 774. — L'empereur Othon Ier, surnommé *le Grand*, s'en empara de 936 à 973. — Lucques acheta son indépendance à l'empereur Charles IV, en 1370. Cette indépendance se maintint jusqu'à l'époque de la révolution française. — La France lui imposa une nouvelle constitution en 1797. — L'armée de la république française y fit son entrée le 3 janvier 1799. — Lucques fut érigée en principauté en faveur du prince et de la princesse de Piombino, le 23 juin 1805. — Les Autrichiens s'emparèrent de cette ville en 1815; et par suite d'un acte du congrès de Vienne, la principauté fut cédée, sous le titre de duché, à l'infante Marie-Louise, fille du roi d'Espagne Charles IV.

LUCRÈCE (Lucretia), dame romaine, célèbre par son infortune tragique morte l'an 509 av. J.-C.

LUCRÈCE (Titus Lucretius Carus), célèbre poëte et philosophe latin, né à Rome l'an 659 de la fondation (95 ans av. J.-C.), mort l'an 32 av. J.-C.

LUCULLUS (Lucius Licinius), illustre général romain, né vers l'an 115 av. J.-C. mort âgé de 67 ou 68 ans.

LUDOLF (Job), orientaliste, né en 1624 à Erfurt dans la Thuringe, mort à Francfort le 8 avril 1704.

LUDOLF (Henn Guillaume), neveu du précédent, né en 1655, mort le 25 janvier 1710.

LUGO (Jean), jésuite, cardinal, né à Madrid en 1583, mort à Rome le 26 août 1660.

LULLE (Raymond), savant chimiste, né à Palma, dans l'île Majorque, en 1235, mort le 29 mars 1315.

LULLI (Jean-Baptiste), compositeur célèbre au XVIIe siècle, né à Florence, en 1635, mort à Paris en mars 1687.

Lumière : Newton en fait l'analyse en 1675.

Lunden en Scanie : les Danois y sont battus par les Suédois, le 14 décembre 1675.

Lune : on prétend que les astronomes éthiopiens observèrent les premiers (vers l'an 1900 av. J.-C.), que cet astre ne brille que d'une lumière de reflet. — La première éclipse de lune dont il soit fait mention dans les livres grecs est de 720 ans av. J.-C.

Lunettes : inventées, en 1296, par Alexandre de Spina de Pise, selon quelques-uns, et selon d'autres par Roger Bacon.

Lunettes d'approche ou grossissantes : inventées en 1608 ou 1609 par le fils de Jacques Metius, fabricant de besicles à Alcmaër.

Lunettes à deux verres convexes : leur invention par Kepler en 1611.

Lunettes acromatiques : inventées par Euler en 1747.

Lunettes polyaldes ou à grossissements, inventées par Cauchois, de Paris, en 1815.

Lunéville : Charles le Téméraire s'empara de cette place en 1476. — Le duc de Lorraine, Charles III, en augmenta les fortifications en 1587. — Prise d'assaut par les Français en 1638.

Lunéville (paix de), signée le 9 février 1801, entre la France, l'empereur d'Allemagne et les princes de l'empire.

Lupercales : ces fêtes se célébraient à Rome le 15 février, troisième jour des fêtes de Faune ou de Pan.

Lusace, contrée de l'Allemagne orientale : elle fut convertie au christianisme, sous l'empereur Othon Ier, en 968. — En 1429, elle reconnut pour roi Georges Podiebrad. — En 1467, elle tomba au pouvoir de Mathias de Hongrie, auquel le traité d'Olmutz en confirma la possession en 1479. — Elle fut cédée à l'électeur de Saxe par la paix de Prague, en 1635. — Mais, en 1815, elle fut adjugée définitivement à la Prusse.

Lustre : on appelait ainsi à Rome l'espace de temps qui s'écoulait entre les fêtes expiatoires, appelées lustrales : cet espace était de cinq années. Ces lustrales étaient fort anciennes à Rome; quand Servius Tullius établit le cens, l'an de Rome 187 (586 ans av. J.-C.), il ordonna qu'il serait terminé par les lustrales.

LUTHER (Martin), célèbre hérésiarque du XVIe siècle, né à Eisleben, le 10 novembre 1483, mort dans la même ville le 18 février 1546.

Luthéranisme. Son établissement en Allemagne, en Suède, en Danemark, de 1515 à 1523.

Luthérienne (ligue) de Smalkalde, le 31 décembre 1530.

Luthériens. Leur protestation à la diète de Spire, le 19 avril 1519.

Lutter (bataille de), gagnée par les puissances protestantes sur l'empereur en 1626.

Lutternberg (combat de), où les Français battent les Hessois et les Hanovriens, le 10 octobre 1758.

Lutzen (bataille de), gagnée sur les impériaux par Gustave-Adolphe, qui y perdit la vie, le 16 novembre 1632.

Lutzen (bataille de), où les Français repoussent les alliés les 1er et 2 mai 1813.

Luxe. Loi destinée à le réprimer, établie à Rome par Auguste, l'an 12 de notre ère.

LUXEMBOURG (François-Henri de Montmorency duc de), maréchal de France, né le 8 janvier 1628, mort le 4 janvier 1695.

Luxembourg (grand-duché de), érigé par l'acte du congrès de Vienne, du 19 juin 1815. — Il a été placé dans une position particulière par la révolution belge de 1830.

Luxembourg (ville) : prise par Louis XIV en 1684, et cédée à la France par le traité de Ratisbonne. — Rendue à l'Espagne par le traité de Ryswick en 1697. — Cédée aux Hollandais en 1713 par le traité d'Utrecht. — Prise encore par les Français en 1795.

Luxembourg (palais du), fondé par Marie de Médicis en 1615.

LUYNES (Charles d'Albert, duc de), connétable de France, premier ministre de Louis XIII, né le 5 août 1578, mort le 15 décembre 1621.

Luzara (bataille de), où les Impériaux sont battus par les Français, le 15 août 1702.

LUZERNE (Charles-Guillaume de la), cardinal, ancien évêque de Langres, né à Paris en 1738, mort en 1821.

Lycées. Sortes de colléges quasi-militaires. Leur établissement dans les principales villes de France en 1799.

LYCURGUE, célèbre législateur de Lacédémone, florissait dans le IXe siècle av. J.-C.

Lyon. Fondée par le consul Lucius Munatius Plancus, 41 ans av. J. C., ou selon d'autres 220 ans av. notre ère, par une colonie de Rhodiens. — Cette ville fut consumée par un incendie l'an 64 de J.-C. Néron fournit aux habitants les moyens de la rebâtir. — Les premières persécutions contre les chrétiens commencèrent à Lyon sous Marc-Aurèle, vers le milieu du IIe siècle de notre ère. — Elle fut ruinée par l'empereur Sévère en 197 ; mais elle se releva insensiblement sous Constantin, au commencement du IVe siècle. — Les rois de Bourgogne y établirent le siége de leur domination vers la fin du Ve siècle. — A la fin du VIe siècle, ce fut le tour des rois de France. — En 583, la moitié de la ville fut détruite par une inondation de la Saône et du Rhône. — Au VIIIe siècle, les Sarrasins y détruisirent les temples et les monuments qui restaient encore. — Vers 848, Lyon devint la capitale du royaume de Bourgogne cis-jurane, ou de Provence, légué par Lothaire à son plus jeune fils. — Lyon fut donnée en dot vers 965 par Lothaire II à sa sœur Mathilde. — Vers 1032, elle passa sous la puissance temporelle de son archevêque. Cet état dura jusqu'au commencement du XIIIe siècle. — Etablissement d'un consulat en 1228. — Lyon passa sous le sceptre des rois de France en 1312. — Les protestants s'emparèrent de la ville en 1562. — Cette ville éprouva plusieurs fois les horreurs de la peste, notamment en 1628. — Insurrection des Lyonnais contre leur municipalité révolutionnaire, dans la nuit du 29 au 30 mai 1793. — Siége de la ville à cette même époque, elle fut bombardée et prise ; son nom fut changé en celui de *Commune affranchie*, jusqu'au 7 octobre 1794, époque où un autre décret lui rendit son ancien nom. — En décembre 1801, Lyon fut le lieu de convocation de la consulta extraordinaire qui posa les bases du gouvernement de la république cisalpine. — La révolte des ouvriers en soie, en novembre de l'année 1831, et l'insurrection d'avril 1834, ont porté de rudes coups à la prospérité de cette ville.

Lyon (conciles de), en 587, 1055, 1245, 1274, 1292 et 1449.

Lyon (conspiration dite de), découverte le 8 juin 1817, par le général Canuel.

LYONNET (Pierre), avocat, anatomiste et graveur hollandais, né à Maëstricht le 22 juillet 1707, mort à La Haye le 10 janvier 1789.

Lyre. Fut inventée, chez les Grecs, par Orphée, vers l'an 1290 av. J.-C., et chez les Hébreux, par Jubal, fils de Lamech et d'Ada, qui lui donna le nom de *konnor*, environ 1651 ans av. J.-C.

LYSANDRE, général lacédémonien, mort l'an 395 av. J.-C.

LYSIAS, orateur grec, né à Athènes en 459 av. J.-C., mort l'an 374 av. J.-C.

LYSIPPE, célèbre statuaire grec, florissait vers l'an 350 av. J.-C.

LYTTELTON (Georges), littérateur anglais, né en 1709, mort le 22 août 1773.

M

MABILLON (dom Jean), l'un des plus savants religieux de la congrégation de Saint-Maur ; né à Saint-Pierremont, diocèse de Reims, le 23 novembre 1631 ; mort dans l'abbaye de Saint-Germain-des-Prés, à Paris, le 27 décembre 1707.

MABLY (Gabriel Bonnot de), littérateur français, né le 14 mars 1709, à Grenoble ; mort à Paris, le 23 avril 1785.

MACAIRE (saint), *l'Ancien*, célèbre solitaire, né dans la Haute-Egypte vers l'an 301, mort vers 391. L'Eglise célèbre sa fête le 15 janvier.

MACAIRE (saint), *le Jeune*, autre célèbre solitaire, ami du précédent, né à Alexandrie, mort en 394 ou 395.

MACAIRE (le chevalier) : son combat avec le chien d'Aubry de Montdidier, le 8 octobre 1361.

Macariens, sectaires du IIIe siècle, qui reconnaissaient Manès pour chef.

MACARTNEY (George, lord comte), gouverneur de Tabago et de la Grenade pour l'Angleterre; puis, chef d'administration à Madras, ambassadeur à la Chine et gouverneur du cap de Bonne-Espérance; né en 1737, mourut en 1806.

Macassar ou *Mangkasara*, petit Etat de la Malaisie, qui formait autrefois un royaume, dont Goa ou Goak était la capitale. D'après les annalistes de ce pays, on calculait, en 1809, que 39 empereurs avaient régné à Goa; ce qui, à cette époque, ne faisait remonter leur existence antérieure qu'à 500 ans à peu près.

MACBETH, roi d'Ecosse, dont Shakspeare a immortalisé l'ambition et les crimes, périt de la main de Macdulf, en 1057.

MACCARTHY (sir Charles), général anglais, mort le 21 janvier 1824.

MACCARTHY (Nicolas Tuite de), l'un des plus éloquents prédicateurs de notre temps; né à Dublin, le 19 mai 1769; mort le 3 mai 1833, à Annecy. Il était religieux de la compagnie de Jésus, et évêque nommé de Montauban.

Macédoine, ancien royaume de la Grèce, dont les diverses parties ne furent réunies sous un même sceptre, que vers la fin du IVe siècle av. J.-C. Avant Philippe, père d'Alexandre, on comptait seize rois dont l'histoire est couverte d'obscurité. — La monarchie macédonienne finit à Persée, l'an 169 ou 170 av. J.-C.

Macédoine (première guerre, dite de), entre Philippe, roi de ce pays, et les Romains: elle commence l'an 200 av. J.-C., et dure cinq ans. — Deuxième guerre, entre les Romains et Persée, roi de Macédoine, commencée l'an 171 av. J.-C.

Macédoine (concile de): tenu en l'année 414.

MACEDONIUS Ier, patriarche de Constantinople, fameux hérésiarque, mort en 360.

MACEDONIUS II, patriarche de Constantinople, élu en 494, mort en 516.

Macéjowitz (bataille de), où les Polonais sont totalement défaits par les Russes, le 4 octobre 1794.

MACHABÉES: martyre de ces sept frères, l'an 163 av. J.-C. (l'an du monde 3837).

MACHIAVEL (Nicolas), célèbre publiciste, né à Florence en mai 1469, mort le 22 juin 1527.

Machine infernale : cette invention vraiment satanique remonte au XVIe siècle. — La première de ce genre fut conçue et exécutée par Frédéric Jambelle, ingénieur italien, en 1585, pour le siége d'Anvers; il trouva des imitateurs. *Voy.* l'article suivant.

Machine infernale (conspiration dite de la), contre les jours de Bonaparte, le 24 décembre 1800 (3 nivôse an IX). — *Machine infernale de Fieschi*: sa désastreuse explosion eut lieu à Paris, le 28 juillet 1835.

Machine pneumatique : son invention par Otto de Guericke, consul de Magdebourg, en 1654. — Elle est perfectionnée par Boyle, en 1680.

Machines à vapeur: l'idée d'employer la vapeur comme force motrice se trouve dans un ouvrage de Salomon de Caus, ingénieur français au service de l'électeur palatin, imprimé en 1615. — Quelques années plus tard, en 1629, un ouvrage de Giovanni Branca, imprimé à Rome, donna encore plus d'extension à l'emploi de la vapeur dans les machines. — L'idée fondamentale des perfectionnements qu'on y a introduits appartient à l'anglais Savary, qui vivait dans le XVIIe siècle. Cette idée fut étendue et modifiée par Newcommen, marchand de fer ou forgeron, quelques années plus tard. — Depuis, vers 1764, Watt, perfectionnant les travaux de ses devanciers, inventa ces belles machines qui sont aujourd'hui l'âme de notre industrie manufacturière.

Machines. Voy. *Vapeur*

MACK (Charles, baron de), général autrichien, fameux par ses défaites, né à Neusslingen en Franconie, mort pauvre et oublié, vers 1807.

MACKENZIE (Georges), savant écrivain et jurisconsulte écossais, né à Dundee en 1656, mort à Londres en 1691.

MACKLIN (Charles), comédien irlandais et auteur dramatique, né en 1690, mort en 1797.

MAC-LAURIN (Colin), célèbre professeur de mathématiques à Edimbourg, né en 1698 à Kilmoddan en Ecosse, mort en 1746.

Mâcon, ville de Bourgogne : les Huns, sous la conduite d'Attila, s'en emparèrent en 451. — Elle fut saccagée en 720 par les Sarrasins. — Prise par Lothaire en 834. — Louis et Carloman assiégèrent cette ville en 880. — Elle fut pillée et saccagée par les Hongrois en 924. — Assiégée par le duc de Nevers en 1567, elle se rendit le 4 décembre de la même année.

Mâcon (concile de): contre les Juifs, en 582; en faveur de la règle de Saint-Colomban, en 627.

MACPHERSON (Jacques), écrivain écossais, né en 1738, mort le 17 février 1796.

MACQUER (Pierre-Joseph), médecin et chimiste habile, né à Paris le 9 octobre 1718, mort dans cette ville le 15 février 1784.

MACRIN (Marcus-Opelius-Severus-Macrinus), empereur romain, né à Césarée l'an 164 de J.-C., élu en 217, tué en 218.

MACROBE (Aurelius-Macrobius), philosophe et grammairien latin, florissait au commencement du Ve siècle.

Macrobites. Voy. *Longévité*

MADELEINE (sainte Marie-), fidèle servante de J.-C., vivait au commencement du Ier siècle de l'ère chrétienne. L'Eglise honore sa mémoire le 22 juillet.

Madagascar: île au sud-est de l'Afrique, découverte vers 1506 par le Portugais Laurent Almeida, ou vers la fin du XVIe siècle, par le Flamand Gérard Leroi. — Les Français essayèrent de s'y établir vers 1642. — En 1665, les possessions françaises de Madagascar passèrent à la compagnie des Indes; mais vers 1765, les Français furent forcés d'évacuer ce pays. — La plus célèbre des tentatives pour reprendre possession de cette île est celle du comte Beniousky, en 1774.

— En 1814, la France fut remise en possession de ses établissements à Madagascar, et en créa même de nouveaux.

Madère, île de l'Océan atlantique : on attribue sa découverte à l'Anglais Robert Macham, qui fut jeté par la tempête sur cette île déserte en 1344. — D'autres assurent que ce fut le navigateur Gonzalès Zarco qui aborda le premier à Madère, en 1420. — Quoi qu'il en soit, les Portugais s'en emparent en 1420, et y transplantent des ceps de vigne venus de Chypre, et des cannes à sucre tirées de Sicile. — Elle est enlevée aux Portugais par les Anglais, le 26 juillet 1801. — La ville se rend par capitulation aux Anglais, le 24 décembre 1807.

Madras, capitale de l'Inde méridionale: le canal par lequel elle communique à la rivière d'Ennore fut creusé en 1803. — Cette ville avait été prise aux Anglais par une flotte française, commandée par M. de La Bourdonnaie, le 21 septembre 1746.

Madrid, capitale du royaume d'Espagne: son origine remonte à la domination romaine; quoi qu'il en soit, elle n'apparaît, pour la première fois dans l'histoire, que de 950 à 955. — Son agrandissement date de Henri III, vers le milieu du XVe siècle. — Elle ne fut déclarée capitale de la monarchie espagnole qu'en 1560. — Capitulation de cette ville, le 4 décembre 1808; Napoléon y fait son entrée à la tête de ses troupes. — Les Français s'y maintinrent jusqu'en 1812. — Ils y rentrèrent en 1823, non comme ennemis, mais comme pacificateurs.

Madrid (traité de), conclu le 14 janvier 1526, entre François Ier, roi de France, et Charles-Quint, empereur d'Autriche et roi d'Espagne.

Maduré, province de l'Inde: les Anglais s'en sont emparés en 1776.

MAELZEL (Léonard), célèbre mécanicien, surnommé le *Vaucanson allemand*, né à Ratisbonne (Bavière) en 1776, mort au commencement d'août 1838, pendant un voyage qu'il faisait du port de La Guayra, dans la Colombie, à celui de Philadelphie. Parmi ses inventions on cite le *métronome*, le panharmonicon et plusieurs automates très-curieux.

Maestricht, ville de la Hollande: elle existait dès le IVe siècle. — Elle était possédée, avant la réunion de la Belgique à la France, et depuis le traité de Westphalie (24 octobre 1648), par les Etats-Généraux de Hollande et le prince-évêque de Liége. — Elle avait été prise en 1632 par le prince Frédéric-Henri, fils de Guillaume le Taciturne. — Bombardée en 1794, par les Français sous les ordres du général Kléber, elle fut prise le 4 novembre, après onze jours de siége. — Réunie à la France en 1795, elle devint le chef-lieu du département de la Meuse-Inférieure. Depuis 1830, cette ville est isolée de la Hollande, à laquelle elle appartient cependant encore.

MAFFÉI (Jean-Pierre), savant jésuite, né à Bergame en 1535, mort à Tivoli le 20 octobre 1603.

MAFFÉI (François-Scipion), célèbre littérateur, né à Vérone en 1675, mort en 1755.

MAFFÉI (Paul-Alexandre), savant antiquaire italien, né à Volterra en 1653, mort à Rome en 1716. — Plusieurs de ses ouvrages lui donnent une place parmi les écrivains ascétiques.

Magasins, compilations littéraires, étaient déjà fort à la mode dans le XVIIIe siècle.

Magdebourg, ville forte et commerçante dans la province de Saxe en Prusse: prise d'assaut, le 10 mai 1631, par Tilly et Papenheim, et détruite en grande partie. — Fut incorporée aux états de l'électeur de Brandebourg, en 1680. — Construction de son hôtel de ville en 1691. — Un canal, qui joint l'Elbe au Havel, et qui facilite les relations commerciales, y fut construit en 1743. — Prise de cette place par les Français, commandés par le maréchal Ney, le 11 novembre 1806. — Elle fut cédée à la France par la paix de Tilsitt (7 juillet 1807), et incorporée au royaume de Westphalie. — Son arsenal fut la proie des flammes en 1811. — Cette place fut rendue à la Prusse par le traité de Paris, en 1814. — Une partie de Magdebourg, qu'on appelle la Nouvelle-Ville a été reconstruite en 1818.

MAGELLAN ou mieux MAGALHAENS (Ferdinand), célèbre navigateur portugais, prit part à la prise de Malaca en 1510; c'est la première fois qu'il est fait mention de lui. — Il commença sa glorieuse et tragique expédition le 20 septembre 1519. — Il fut tué dans l'île de Zébu en mars 1521.

Magellan (détroit de) : est traversé en 1521 par le célèbre navigateur dont il porte le nom.

Magiciens : lois rendues contre eux par les empereurs Valens et Valentinien, en 364.

MAGLOIRE (saint), moine anglais, mort dans l'île de Jersey, le 14 octobre 575, âgé d'environ 80 ans.

Magnalore (traité de), par lequel Tippoo-Saïb conclut la paix avec les Anglais, au mois de mars 1784.

MAGNAN (Dominique), savant religieux minime, né à Reillane en Provence, en 1731, mort à Florence en 1796.

Magnats, membres de la haute noblesse de Hongrie et de Pologne : ils portèrent eux-même un coup mortel à leur puissance dans la diète de 1791, d'abord par la loi relative au droit des communes, et ensuite par la constitution du 3 mai qui assurait l'émancipation future du peuple agricole.

MAGNENCE (Flavius Magnentius Augustus), tyran romain, se fit proclamer Auguste en 350 dans la ville d'Autun; fut vaincu en Illyrie par l'empereur Constance, en 351; mort de ses propres mains en 353 à l'âge de 50 ans.

Magnesium, métal; isolé par M. Bussy en 1808.

Magnétisme animal : reconnu pour la première fois par Mesmer, médecin allemand, vers 1784.

MAHÉ DE LA BOURDONNAIE (Bernard-François), gouverneur général des îles de

France et de Bourbon, né à St-Malo en 1699, mort en 1754.

MAHMOUD Ier, empereur des Turcs, né en 1696, placé sur le trône en 1730 ; mort le 13 décembre 1754 (1168 de l'hégire.)

MAHMOUD (Nour-Eddyn), sultan de Syrie et d'Egypte ; mort le 15 mai 1174.

MAHMOUD KHAN II, empereur des Turcs, né le 20 juillet 1785 (14 ramazan 1199 de l'hég.), succède à Mustapha IV le 28 juillet 1808 ; mort le 27 juin 1839.

MAHOMET ou MOHAMMED, législateur des Musulmans, fondateur de l'islamisme et de l'empire des Arabes, né à la Mecque le 10 novembre 570 de J.-C. ; mort la onzième année de l'hégire (8 juin 652 de J.-C.).

MAHOMET Ier, empereur des Turcs, monte sur le trône en 1413 ; meurt l'an 824 de l'hégire (1421 de J.-C.)

MAHOMET II, né à Andrinople le 23 mars 1430, commence à régner en 1451, meurt le 3 mai 1481.

MAHOMET III, empereur des Turcs, le 8 janvier 1595 ; mort de la peste le 20 décembre 1603, à 39 ans.

MAHOMET IV, né en 1642, reconnu empereur des Turcs le 7 août 1649 ; mort le 22 juin 1691.

Mahon (Port) dans l'île Minorque : fondé par Magon, général carthaginois, deux siècles environ avant J.-C. — Les Anglais s'en rendirent maîtres en 1702. — Construction de son bel hôpital de la marine en 1711. — Prise de la place en 1756, par les Français sous le commandement du duc de Richelieu. — Le gouvernement français la restitue aux Anglais en 1764. — Reprise par un Français, le duc de Crillon, en 1782. Elle a été rendue depuis à l'Espagne.

MAILLAC (Joseph-Anne-Marie de Moyria de), savant jésuite et célèbre missionnaire ; mort à Pékin le 28 juin 1748, âgé de 79 ans.

MAILLARD (Olivier), fameux prédicateur cordelier, né en Bretagne au xve siècle ; mort à Toulouse le 13 juin 1502.

MAILLEBOIS (Jean - Baptiste - François Desmarêts, marquis de), maréchal de France, né en 1681, mort le 7 février 1762.

MAILLET (Benoît), voyageur et écrivain français, né à St.-Mihiel, en 1656 ; mort à Marseille en 1738.

Maillotins : troubles causés à Paris par ces anarchistes, le 27 janvier 1382.

MAILLY (Joseph-Augustin, comte de), maréchal de France, né le 5 avril 1608 ; mort sur l'échafaud révolutionnaire, à Arras, le 25 mars 1794.

MAIMBOURG (Louis), célèbre jésuite, historien, né à Nancy en 1610 ; mort à l'abbaye de St-Victor à Paris, le 13 août 1686.

MAIMONIDE ou BEN MAIMON (Moïse), célèbre rabbin juif, né à Cordoue en 1139 ; mort à Tibériade en 1209, âgé de 70 ans.

Maine, ancienne province de France : elle passa par héritage au pouvoir de Louis XI, au xve siècle (1481). — Elle avait été sous la domination de l'Angleterre, du temps de Geoffroi-Plantagenet, devenu roi sous le nom de Henri II ; mais Philippe-Auguste l'avait conquise sur Jean-sans-Terre, et saint Louis, plus tard, l'avait donnée en partage à son frère Charles avec l'Anjou. Le Maine ne fut définitivement réuni à la couronne de France qu'en 1584.

MAINE (Anne-Louise-Bénédictine de Bourbon, duchesse du) née en 1676, morte en 1753.

MAINE (Louis-Auguste de Bourbon, duc du), né en 1670, mort le 14 mai 1736.

MAINFROI, fils naturel de l'empereur Frédéric II, tué à la bataille de Bénévent, le 26 février 1266, fut le scandale et le fléau de l'Italie pendant une partie du XIIIe siècle.

MAINTENON (Françoise d'Aubigné, marquise de), petite-fille de Théodore-Agrippa d'Aubigné, née le 27 novembre 1635 dans les prisons de Niort, épousa le poëte Scarron en 1651, prit le titre de marquise en 1674, fut mariée secrètement à Louis XIV en 1685, et mourut dans la maison royale de St.-Cyr, le 15 avril 1719.

Maïpo (bataille de) : livrée le 5 avril 1818.

MAIRAN (Jean-Jacques Dortous de), physicien, mathématicien et littérateur français, né à Béziers en 1678, mort à Paris le 20 février 1771.

Maires du palais : commencèrent à s'emparer de la puissance royale en France, en 638. Pepin le Bref, le dernier des maires du palais, fut proclamé roi de France à Soissons, en 742.

Maires, officiers municipaux des communes : ils furent établis en France d'après un système général, par la loi du 14 décembre 1789.

MAIRET (Jean), poëte dramatique français, né à Besançon en 1604 ; mort dans la même ville en 1686. Il est, avec Rotrou, le seul de nos poëtes dramatiques qui ait, avant Corneille, donné des preuves de talent.

Maïs, vulgairement appelé *blé de Turquie :* on assure qu'il fut apporté d'Amérique en Europe par les Espagnols, en 1543. — Il fut cultivé en France vers 1550.

Maisons de santé. La maison des frères de la charité, dite *Saint-Maurice*, à Charenton, érigée en pensionnat de fous dès l'an 1660, peut être regardée comme le premier modèle des maisons de ce genre qui se sont établies depuis.

Maisour, contrée de l'Inde méridionale : elle avait, dès 1507, des souverains appelés Radjahs. — Vers le milieu du XVIIIe siècle, ces souverains furent dépossédés par Haïder-Ali. — En 1799, l'Angleterre rétablit sur le trône de Maisour l'ancienne dynastie des Radjahs, qui sont restés ses tributaires.

MAISTRE (le). *Voy.* SACY.

MAISTRE Joseph, comte de) célèbre philosophe et homme d'Etat, né à Chambéry le 1er avril 1755, mort à Turin le 25 février 1821.

Maîtrises, priviléges octroyés pour l'exercice des arts et métiers et du commerce ; leur régime, d'abord aboli sous le ministère de Turgot, vers le milieu du XVIIIe siècle, fut proscrit définitivement en août 1789.

MAITTAIRE (Michel), grammairien et célèbre bibliographe du XVIIIe siècle, né en 1668, mort à Londres en 1747.

Majesté, titre attribué aux rois et aux empereurs : suivant Pasquier, son usage ne daterait que de 1559; d'autres le font remonter à Louis XI, dans la seconde moitié du XVe siècle.

Major : ce grade dans nos armées date de l'année 1553. — Les ordonnances de Louis XIV de 1670 et 1677 donnaient au major le commandement sur tous les capitaines promus après lui; ils étaient donc les premiers capitaines. — En 1686, ce grade fut remplacé par celui de lieutenant-colonel, qui fut supprimé lors de la révolution ; alors celui de major reparut, jusqu'en 1815, à la tête des régiments. — Depuis cette dernière époque, le grade de major n'a plus que des attributions administratives.

Major général : c'est dans un registre de l'extraordinaire des guerres de 1568, sous Charles IX, qu'apparaît pour la première fois la dénomination de major général d'infanterie.

Major (adjudant-) : l'origine de ce grade, ou plutôt de sa dénomination, ne remonte pas au delà de 1791.

Majorats : cette institution aristocratique se développa surtout en Espagne, où elle fut consacrée par les Cortès de Toro en 1505 et 1621. — Cette sorte de substitution resta permise en Franche-Comté jusqu'en 1611, dans l'Artois, la Flandre et le Roussillon jusqu'à l'ordonnance de 1747.—Ce privilége féodal fut aboli par les lois révolutionnaires, et surtout par l'article 896 du Code civil, décrété le 13 floréal an XI) 3 mai 1803).—Le principe des majorats fut rétabli, sous l'empire, par un sénatus-consulte de l'année 1806 ; cette restauration fut complétée par un décret du 1er mars 1808. — Après Napoléon, Louis XVIII sentit l'importance des majorats pour la pairie ; leur institution fut maintenue par ordonnance du 24 juillet 1817. — Une loi du 12 mai 1835 a complétement prohibé cette institution pour l'avenir.

MAJORIEN (Julius-Valerius-Majorianus), empereur d'Occident, élevé à l'empire le 1er avril 457, massacré le 2 août 461.

Majorites, sectaires du XVIe siècle, qui étaient les antagonistes des amsdorfiens.

Majorque, petit royaume composé de cette île et des autres îles Baléares, en 1229 ; il a subsisté jusqu'en 1349.

Majors (chirurgiens-) : il y en avait un par régiment sous le règne de Louis XIII (1610-1643). — Le 27 juin 1794, ils prirent la dénomination d'*officiers de santé*. — Par un arrêté de 1803, ils reprirent leur ancien nom, qu'ils ont conservé depuis.

MAKRYZY (Taki-Eddyn-Abou-Ahmed-Mohammed), célèbre historien, né au Caire vers l'an de l'hégire 760 (1358 de l'ère chrétienne), mort dans la même ville en 845 (1442).

Malabar : il est fait mention de cette contrée des Indes dans le voyage de l'illustre voyageur Marco-Polo, en 1295 de l'ère chrétienne. — La côte du Malabar fut reconnue par Vasco de Gama en 1498.

Malaca ou *Malakka*, dans les Indes : tomba au pouvoir des Hollandais en 1640 ; mais la presqu'île et la province de Malaca, depuis 1830, relève de la présidence anglaise de Calcutta.

MALACHIE, le dernier des douze petits prophètes : on présume qu'il vécut après la reconstruction du temple qui fut commencée par Zorobabel l'an 535 av. J.-C.

MALACHIE (saint), illustre prélat d'Irlande, né à Armagh en 1094, mort à Clairvaux en 1148.

MALAGRIDA (Gabriel), jésuite italien, né en 1689 à Mercajo, dans le Milanais, étranglé et brûlé comme faux prophète et visionnaire à Lisbonne, le 21 septembre 1761.

Malaisie. Voy. *Océanie*.

MALAVAL (François), écrivain mystique, né à Marseille en 1627, mort le 15 mars 1719.

MALCOLM Ier, roi d'Ecosse, commença à régner en 938. — Malcolm II parvint au trône en 1004, et fut massacré en 1034. — Malcolm III, surnommé *Grosse-Tête*, fils du précédent, recouvra la couronne en 1057, et fut tué dans une bataille le 13 novembre 1093. — Malcolm IV monta sur le trône d'Ecosse en 1153, et mourut en 1165.

MALDONAT ou MALDONATUS (Jean), célèbre jésuite, né à Las-Casas de la Reina en 1534, mort le 5 janvier 1585.

MALDUIN, roi d'Ecosse, monta sur le trône en 664, et périt de la main de sa femme en 684.

MALEBRANCHE (Nicolas), philosophe et écrivain français, né à Paris le 6 août 1638, mort le 13 octobre 1715.

MALESHERBES (Chrétien-Guillaume de Lamoignon de), ministre de Louis XVI, né à Paris le 6 août 1721, chargé de la défense de ce monarque le 14 décembre 1792, mort sur l'échafaud révolutionnaire le 22 avril 1793.

MALET (Claude-François de), général français, né à Dôle le 28 juin 1754, fusillé comme conspirateur dans la plaine de Grenelle près de Paris, le 29 octobre 1812.

Malet (conspiration de) en France, le 23 octobre 1812.

MALEZIEU (Nicolas de), de l'Académie française et de celle des sciences, né à Paris en 1650, mort le 4 mars 1727.

MALFILATRE (Jacques-Charles-Louis de Clinchamp de), poëte français, né à Saint-Jean de Caen, le 8 octobre 1733, mort à Paris le 6 mars 1767.

MALHERBE (François de), célèbre poëte français, né à Caen vers 1555, mort à Paris en 1620.

Malines, ville de Flandre : sa cathédrale, fondée en 1250, fut achevée l'an 1487; la tour de cet édifice fut commencée en 1453. — Il est question de la ville de Malines dans un diplôme de Pepin de l'an 753. — Les évêques de Liége en possédaient la seigneurie, qu'ils cédèrent en 1333 au comte de Flandre.

Malines (concile de), pour la discipline ecclésiastique, en l'année 607

Malles-postes. Voy. *Postes*.

MALLET (Paul-Henri), historien estimable, né à Genève en 1730, mort le 8 février 1807.

MALLET-DUPAN (Jacques), littérateur et écrivain politique, né à Genève en 1749, mort à Richemond le 10 mai 1800.

MALMESBURY (John-Harris, comte de), diplomate anglais, né à Salisbury le 20 avril 1746, mort à Londres le 21 novembre 1820.

Malo (Saint-), bombardée par les Anglais le 29 novembre 1693.

Malojaroslawitz (combat de), entre les Russes et les Français, pendant la retraite de ces derniers, le 24 octobre 1812; résultat incertain.

MALOUET (Pierre-Victor), ministre de la marine, né à Riom en 1740, mort le 7 septembre 1814.

Malouines, îles de l'Océan Atlantique austral; leur découverte par Richard Hawkins, sous le règne de la reine Élisabeth en 1594, ou, suivant d'autres, par Davis en 1592. — Elles reçurent vers la fin du XVIIe siècle le nom de *Malouines* de navigateurs de Saint-Malo. — En 1764, le célèbre Bougainville y fonda un établissement auquel la France fut obligée de renoncer sur les réclamations de l'Espagne. — En 1828, le gouvernement de Buénos-Ayres fit occuper le port de Soledad. — Enfin, en 1832, l'Angleterre s'est emparée de ces îles, comme elle le fait de toutes les choses à sa convenance.

MALPIGHI (Marcel), illustre médecin et anatomiste italien, né à Crévalcuore, près de Bologne, en 1628, mort à Rome le 29 novembre 1694.

Malplaquet (bataille de), où le champ de bataille resta aux alliés qui y perdirent 30,000 hommes. Les Français n'en avaient perdu que 10,000. Elle eut lieu le 11 septembre 1709.

Malte (île de) : elle tomba au pouvoir des Phéniciens 1519 ans avant l'ère chrétienne. — Les Grecs s'y établirent 736 ans av. J.-C. — Après avoir subi la domination des Carthaginois, puis celle des Romains, elle resta à ces derniers l'an 242 avant l'ère chrétienne. — Au Ve siècle, les Vandales s'en emparèrent; dix ans après, ils en furent chassés par les Goths. — L'île rentra sous la puissance romaine en 533. — En 870, elle fut envahie par les Arabes, puis reprise par les Grecs, qui, après l'avoir gardée 34 ans, y furent exterminés par les Arabes, qui y établirent la piraterie. — En 1090, les Normands s'en emparèrent. — Vers 1224, Malte n'était plus qu'un fief de l'empire d'Allemagne. — Cette île resta 72 ans sous la dépendance des empereurs d'Allemagne. — Charles d'Anjou, frère de saint Louis, se rendit maître de Malte au XIIIe siècle; elle passa ensuite sous le joug des rois d'Aragon et de Castille. — En 1350, Louis, roi de Sicile, établit à Malte un gouvernement en forme, qui se maintint jusqu'à la fin du XVIIIe siècle. — Charles-Quint céda Malte aux chevaliers de Saint-Jean-de-Jérusalem, qui en prirent le nom en 1525 ou 1530. — Assiégée inutilement par les Turcs en 1563. — Elle se rendit par capitulation aux Français, le 12 juin 1798. — Cette île tomba au pouvoir des Anglais, le 5 septembre 1800, après un blocus de 26 mois; depuis elle est restée au pouvoir de cette nation, qui s'était engagée à la rendre à ses premiers possesseurs.

Malte (ordre de) : les chevaliers de Saint-Jean-de-Jérusalem prirent ce nom à partir de la donation de l'île par Charles-Quint en 1530. — L'empereur de Russie, Paul Ier, prit le titre de grand-maître le 29 novembre 1798. — L'empereur d'Autriche décida, le 7 août 1816, que cet ordre resterait dans l'état où il se trouve jusqu'à son extinction.

Malte (grands-maîtres de l'ordre de Saint-Jean-de-Jérusalem, de Rhodes, et enfin de) : le B. Gérard, 1099. — Raymond du Puy, 1120. — Auger de Balben, 1160. — Gerbert d'Assali, 1161. — Castus, 1169. — Joubert, 1170. — Roger de Moulins, 1177. — Garnier, 1187. — Ermengard Daps, 1191. — Godefroi de Duisson, 1191. — Alphonse, 1202. — Geoffroi Le Rath, 1204. — Guérin de Montaigu, 1208. — Bertrand de Texis, 1230. — Guérin, 1231. — Bertrand de Comps, 1236. — Pierre de Villebride, 1241. — Guillaume de Châteauneuf, 1244. — Hugues de Rivel, 1259. — Nicolas Lorgue, 1278. — Jean de Villers, 1289. — Odon de Pins, 1297. — Guillaume de Villaret, 1300. — Foulques de Villaret, 1307. — *Etablissement à Rhodes*, 1310. — Hélion de Villeneuve, 1319. — Dieudonné de Gozon, 1346. — Pierre de Cornillon, 1354. — Roger de Pins, 1355. — Raimond Bérenger, 1365. — Robert de Juillac, 1374. — J. Ferdin. de Heredia, 1376. — Philibert de Naillac, 1396. — Antoine Fluvian, 1421. — Jean de Lastic, 1437. — Jacques de Milli, 1454. — Pierre Raym. Zacosta, 1461. — Jean-Baptiste des Ursins, 1467. — Pierre d'Aubusson, 1476. — Emeri d'Amboise, 1503. — Gui de Blanchefort, 1512. — Fabrice Carretto, 1513. — Philippe de Villers de l'Isle-Adam, 1521. — *Les chevaliers perdent l'île de Rhodes*, 1522, et s'établissent à Malte, 1530. — Pierrin du Pont, 1534. — Didier de Saint-Jaille, 1535. — Jean d'Omèdes, 1536. — Claude de la Sangle, 1553. — De la Valette-Parisot, 1557. — Pierre del Monte, 1568. — Jean de la Cassière, 1572. — Hugues de Loubenx de Verdale, 1582. — Martin Garzez, 1596. — Alof de Vignacourt, 1601. — Aloisio Mendez Vasconcellos, 1622. — Antoine de Paule, 1623. — Paul Lascaris, 1636. — Martin de Redin, 1657. — Annet de Clermont, 1660. — Raphël Cotoner, 1660. — Nicolas Cotoner, 1663. — Grégorio Caraffa, 1680. — Adrien de Vignacourt, 1690. — Raymond Perellos, 1697. — M. Ant. Zondodari, 1720. — Ant. Manoël de Vilhena, 1722. — Raimond Despuig, 1736. — Em. Pinto de Fonseca, 1741. — Fr. Ximenès de Texada, 1773. — Emm. de Rohan de Polduc, 1775. — Paul Ier, empereur de Russie, 1798. — Hompesch, 1800. — Ruspoli, 1802. — Jean-Baptiste Tommasi, 1803. — Carraccioli de Saint-Edme, 1805. Ces trois derniers grands-maîtres ont été nommés par le pape. — Son rétablissement dans le royaume des Deux-Siciles, par un décret royal du 7 décembre 1839.

MALTEBRUN (Conrad), poëte, écrivain politique, philosophe et géographe, né en 1775 à Thye dans le Jutland, mort à Paris le 16 décembre 1826.

MALUS (Etienne-Louis), physicien français, membre de l'Institut, né à Paris le 23 juin 1775, mort à Paris le 23 février 1812.

Mamelouks, corporation militaire de l'Egypte, qui date de l'expédition de Gengis-Khan, en 1227. — Leur destruction le 1er mars 1811.

Mamelouks de la garde impériale : cette compagnie fut organisée le 30 nivôse an XII (21 janvier 1804); elle fut licenciée avec le reste de l'armée de la Loire à la fin de 1815.

MAMERT (saint), archevêque de Vienne en Dauphiné, mort en 475.

MAMOUN (Abou-Abbas Abdallah III, Al), 7e calife abbasside, né à Bagdad l'an 170 de l'hégire (786 de J.-C.), mort le 10 août 833.

Manchester, ville manufacturière de l'Angleterre : son origine remonte au temps des druides; elle avait été fondée par des émigrés celtiques. — Elle subit la domination des Saxons au ve siècle. — En 870, les Danois s'en emparèrent et la gardèrent jusqu'en 920. — Manchester avait déjà une certaine importance manufacturière dès le xie siècle. — Sous le règne de Henri VIII (de 1509 à 1547), ses manufactures de coton étaient déjà florissantes. — En 1764, établissement des métiers mécaniques ; à cette époque, le chiffre des importations de coton était de 3,870,392 livres ; dix ans après ce chiffre était doublé ; en 1790, il s'éleva à 31,500,000 livres ; en 1800, à 56,000,000 liv. ; en 1810, à 132,000,000 liv. ; en 1820, à 145,000,000 liv. ; en 1831, à 234,000,000 liv. — Révolte des ouvriers, en 1808; en 1812, pillage des magasins et destruction des machines; en 1818, émeute organisée de 100,000 hommes jurant d'exterminer les fabricants ; en 1825, 14,000 ouvriers se trouvaient réduits à la famine par la suspension des travaux ; en 1831 et 1832, plus de 30,000 hommes demandaient à grands cris du travail et du pain.

MANCINI (Hortense), duchesse de Mazarin et nièce du cardinal Mazarin, née à Rome en 1646; morte le 2 juillet 1699.

Mandats territoriaux : papier-monnaie, créé le 18 mars 1796, pour être changé contre les assignats.

MANDRIN (Louis), fameux contrebandier, condamné à mort pour ses crimes le 24 mai 1755 ; exécuté le 26 du même mois.

MANÈS, célèbre hérésiarque du IIIe siècle, fondateur de la secte des Manichéens, né en Perse dans l'esclavage ; écorché vif l'an 374.

MANÉTHON, savant de l'Egypte, vécut sous le règne des deux premiers Lagides, de l'an 190 à 250 avant notre ère. — Des fragments de son histoire d'Egypte nous ont été conservés par l'historien Josèphe ; il donnait à l'Egypte une antiquité de plus de 5,000 ans, antiquité évidemment imaginaire.

MANFREDI (Eustachio), géomètre et poëte italien, né à Bologne en 1674 ; mort le 15 février 1739.

Manganèse, nouveau métal découvert par Gahn et Schéele vers 1774.

MANGEART (dom Thomas), savant antiquaire, né à Metz en 1695 ; mort en 1763.

Manheim (bataille de), où l'armée française est vaincue par celle de l'archiduc Charles, le 18 septembre 1799.

Manheim (ville) : son origine ne remonte pas au delà de l'année 1606. — Elle fut ravagée durant la guerre de 30 ans, notamment dans les années 1622, 1631 et 1644. — Elle fut reconstruite après la paix de Westphalie (1648); mais elle fut détruite de nouveau en 1688, et cette fois par les Français. — Elle resta dans un état complet d'abandon jusqu'en 1699. — Enfin, en 1720, devenue la résidence du prince électeur, elle ne tarda pas à devenir aussi la plus importante ville du Palatinat. — Par la paix conclue à Lunéville en 1801, Manheim échut en partage à la maison de Bade.

Manichéens : leurs assemblées secrètes sont découvertes à Rome et leurs livres brûlés, en 443. *Voy.* MANÈS et *Conciles*.

Manifestants : sectaires du XVIe siècle, qui publiaient leurs croyances et taxaient les autres sectaires d'impiété.

Manilia (loi), rendue par Caïus Manilius, tribun du peuple, l'an 66 av. J.-C. (l'an de Rome 615).

MANLIUS CAPITOLINUS (Marcus), consul et capitaine romain, précipité du haut de la roche Tarpéienne, l'an 384 av. J.-C.

MANLIUS TORQUATUS (Titus), consul et capitaine romain, florissait vers l'an 340.

Mans (Le), ville ancienne de France : elle a soutenu 24 siéges depuis Clovis qui s'en empara en 510, jusqu'à Henri IV qui y fit son entrée le 11 février 1589. — Les Vendéens la possédaient en 1793. — Elle retomba encore en leur pouvoir le 15 octobre 1799.

Mans (bataille du), gagnée sur les Vendéens par les troupes républicaines, le 13 novembre 1793.

MANSART (François), célèbre architecte français, né à Paris en 1598, mort en septembre 1666.

MANSART (Jules Hardouin), neveu du précédent, également architecte et plus célèbre encore, né à Paris en 1645, mort en 1708.

MANSFELD (Ernest de), général espagnol, né en 1585, mort le 20 novembre 1626.

Mansfeld (le comté de) : il fut séquestré en 1570, pour cause de dettes. — Depuis 1814, il est incorporé au district de Mersebourg en Prusse.

MANSFIELD (Williams-Murray, lord comte de), homme d'Etat anglais, né à Perth en Ecosse, le 2 mars 1705, mort le 20 mars 1793.

MANSOUR (Abou-Djafar-Abdallah II, surnommé Al), 2e calife abbasside, régna l'an 136 de l'hégire (754), mort l'an 158 de l'hégire (18 octobre 773), âgé de 63 ans.

Mantes, jolie petite ville près de Paris ;

brûlée par Guillaume le Conquérant, en 1087. — Les Anglais la prirent vers le milieu du XIVe siècle. — Duguesclin la reprit en 1363. — Elle retomba au pouvoir des Anglais, qui la conservèrent jusqu'en 1449.

Mantinée (bataille de) : livrée le 5 juillet, 362 ans avant J.-C. Epaminondas, qui commandait les Thébains, battit les Lacédémoniens; mais il fut blessé, et mourut des suites de ses blessures.

Mantouan : érigé en marquisat en 1433, en faveur de Jean-François de Gonzague.

MANTOUAN (Baptista Spagnuoli, plus connu sous le nom de Baptiste), versificateur célèbre, né en 1444, mort le 20 mars 1514.

Mantoue : ce marquisat fut érigé en duché par Charles-Quint, en 1530. — Passa entre les mains de l'empereur d'Autriche, en 1705 ou en 1708. — En 1785, Mantoue fut réunie définitivement aux provinces milanaises. — Siége de cette ville par les troupes de la république française, commencé le 4 juin 1796. — Cette ville se rendit par capitulation aux Français, le 2 février 1797. — En 1797, Bonaparte incorpora cette ville à la république cisalpine. — En 1814, l'Autriche a repris possession du Mantouan et de Mantoue. — L'Université de Mantoue a été fondée en 1625.

Mantoue (concile de) : tenu en l'année 1065.

MANUCE (Alde), célèbre imprimeur italien, né en 1447 à Bassano, mort en 1515.

MANUEL (Louis-Pierre), procureur de la commune et conventionnel, né à Montargis en 1751, mort sur l'échafaud révolutionnaire, le 14 novembre 1793.

MANUEL COMNÈNE, empereur grec, né à Constantinople en 1120, couronné en 1143, mort en septembre 1180.

MANUEL PALÉOLOGUE, empereur de Constantinople, mort en 1425, âgé de 77 ans, après en avoir régné 35.

MANUEL (Jacques-Antoine), fameux orateur parlementaire, né en 1775 à Barcelonnette (Basses-Alpes), fut exclu de la chambre des députés le 4 mars 1823, et mourut le 20 août 1827.

Manufactures : elles ne trouvèrent en France une protection assurée qu'à partir du ministère de Colbert, dans la dernière moitié du XVIIe siècle. Voyez *Bas, Glaces, Gobelins, Sèvres*, etc.

Manuscrits : ceux qui nous restent de l'antiquité sont sur parchemin ou sur papier (papyrus), ou papier de coton ou de soie, inventé en Orient vers l'an 706 de notre ère, et dont l'usage n'a cessé entièrement qu'au milieu du XIVe siècle. Il y en a aussi en papier de toile ; on pense que l'invention de ce papier date de la moitié du XIIIe siècle. — L'usage des caractères gothiques dans les manuscrits date du XIIe siècle. — Antérieurement au VIIIe siècle, on ne trouve guère de ponctuation. — L'usage de la *réclame* (custos) appartient au XIIe siècle, et aux siècles postérieurs. — Depuis la découverte des ruines d'Herculanum, on est certain qu'aucun des autres manuscrits connus ne remonte au delà du premier siècle de l'ère chrétienne.

Manus-imposants : sectaires du XVIe siècle, qui regardaient l'imposition des mains par un laïque comme ayant la vertu d'un sacrement.

Maragnan (île de) au Brésil : les Français s'y établissent en 1612.

Marais : législation y relative ; ordonnance de 1669 sur les eaux et forêts (titre 25, art. 4); les lois des 15 mars 1790, 28 août 1792, 10 juin 1793. — Pour ce qui concerne leur dessèchement, la loi la plus récente est du 16 septembre 1807.

Marais-Pontins : la première tentative pour les dessécher est due au pape Boniface VIII, mort en 1303. — Quelques-uns de ses successeurs s'en occupèrent, notamment Sixte-Quint, mort en 1590.

MARALDI (Jacques-Philippe), astronome italien, né à Perinaldo dans le comté de Nice, en 1665, mort le 1er décembre 1729.

MARAT (Jean-Paul), fameux anarchiste, né à Baudry, principauté de Neufchâtel en Suisse, en 1744, assassiné par Charlotte Corday, le 13 juillet 1793. Ses restes furent transportés au Panthéon, le 21 septembre 1794, et jetés dans un égout l'année suivante.

Marathon (bataille de), où les troupes de Darius, roi de Perse, furent battues par Miltiade, général des Athéniens, le 29 septembre 490 av. J.-C., 72e olympiade.

Marattes ou *Mahrattes* (empire des), fondé au XVIIe siècle par Sevajée : a été détruit peut-être à jamais, en 1817, par les Anglais.

Marbre : il commença à être employé pour les statues vers 560 av. J.-C.

Marbres d'Arundel. Voy. *Arundel* (marbres d').

MARC (saint), évangéliste, écrivait son évangile l'an 46 de l'ère chrétienne ; mort l'an 61.

MARC (saint), élu pape le 18 janvier 336 ; mort le 6 octobre de la même année.

MARC, hérésiarque du IIe siècle, vivait vers l'an 180 ou 190.

MARC-AURÈLE ANTONIN, *le Philosophe*, né dans le jardin du Capitole, le 26 avril 121, proclamé empereur l'an 161; mort à Sirmium, le 17 mars 180.

MARCA (Pierre de), archevêque de Paris, théologien et ministre d'Etat, né à Gand en Béarn, le 24 janvier 1594; mort le 29 juin 1662.

MARCEAU (François-Séverin Desgraviers), général français, né à Chartres en 1769, blessé à mort au combat d'Altenkirchen, le 29 août 1796 ; mort le 21 septembre, âgé de 27 ans.

MARCEL Ier (saint), pape en 308; mort le 3 janvier 310.

MARCEL II (Marcel Cervius), élevé au trône pontifical le 9 avril 1555 ; mort 21 jours après son élection.

MARCEL ou MARCEAU (saint), évêque de Paris, né dans cette ville au IVe siècle ; mort au milieu du Ve siècle.

MARCEL (Claude), prévôt des marchands de Paris, de 1570 à 1572.

MARCELLE (sainte), dame romaine, morte en 410.

Marcellians, sectaires du IVe siècle, disciples de l'hérésiarque Marcel d'Ancyre, qui niait la divinité de Jésus-Christ.

MARCELLIN (saint), dont le nom était *Project*, élu pape en 295; mort le 24 octobre 304.

MARCELLINE (sainte), sœur aînée de saint Ambroise, morte en 352. L'Eglise célèbre sa fête le 17 juillet.

MARCELLO (Benedetto), compositeur et poëte italien, né à Venise d'une famille noble, le 24 juillet 1686; mort à Brescia le 25 juin 1739.

MARCELLUS (Marcus-Claudius), *le Grand* ou *l'Ancien*, célèbre capitaine romain, tué en embuscade, l'an 208 av. J.-C. (546 de Rome).

MARCHAND (Prosper), savant bibliographe, né à Guise en Picardie, en 1675, mort à Amsterdam le 14 juin 1756.

Marchand (île): découverte par le navigateur dont elle porte le nom, en 1791.

MARCHANGY (Louis-Antoine de), magistrat et littérateur distingué, né à Saint-Saulge (Nièvre), vers 1775, mort à Paris en 1826.

MARCHE (Olivier de la), auteur de *Mémoires* intéressants, né dans la terre de la Marche en 1426; mort à Bruxelles le 1er février 1501.

Marche (La), ci-devant province de France: réunie à la France par François Ier, en 1527.

MARCHESI, célèbre chanteur italien, mort le 15 décembre 1829.

Marchiennes, ville de Flandre: prise par les maréchaux de Gassion et de Rantzau en 1645.—Les alliés la fortifièrent en 1712, mais Villars s'en empara la même année, après un siége de trois jours.—En 1793, les Autrichiens surprirent cette place qu'ils conservèrent jusqu'au 24 juin 1794.

Marciano (bataille de), gagnée le 3 août 1554, sur les Français par les Espagnols.

MARCIEN, empereur romain, né en Thrace, vers l'an 391, élu en 450; mort le 26 janvier 457.

MARCION, hérésiarque, né dans le IIe siècle, à Sinope, vivait en 140.

Marcionites, sectaires, disciples de Marcion; ils apparurent vers l'an 146 de l'ère chrétienne.

Marcites, hérétiques du IIe siècle, qui conféraient aux femmes le sacerdoce et l'administration des sacrements; ils étaient disciples de Marcus.

MARCO-POLO, célèbre voyageur vénitien: il explora plusieurs contrées de l'Orient encore inconnues, de 1271 à 1295, et mourut à Venise en 1324.

MARCOS BOTZARIS, célèbre général grec, mort le 25 août 1823.

MARCULFE, moine français, qui nous a laissé un recueil de formules d'actes importants; il vivait vers la fin du VIIIe siècle. Cette collection fut publiée par Jérôme Bignon, en 1613, et par Baluze en 1677, dans le recueil des *Capitulaires des rois de France.*

MARCUS (Adalbert-Frédéric), médecin allemand, mort le 16 avril 1816.

MARECHAL (Georges), chirurgien français, né à Calais en 1658, mort en 1736.

MARECHAL (Pierre-Sylvain), littérateur, né à Paris le 15 août 1750, mort le 18 janvier 1803.

Maréchal de France.—La dignité de maréchal de France remonte à 1185; après celle de connétable, elle était la première fonction militaire. Albéric Clément, seigneur de Metz, tué en 1191, devant Saint-Jean-d'Acre, premier titulaire du maréchalat, avait été élevé à cette dignité en 1185. Depuis lors jusqu'ici, on compte 295 maréchaux.—Henri Clément, maréchal, commandait l'armée de Philippe-Auguste en 1204, dans la conquête de l'Anjou et du Poitou.—Par ordonnance de 1372, Charles V, chargea les maréchaux de l'inspection générale des troupes, et leur donna sur elles une autorité permanente.—Jusqu'en 1516, la charge de maréchal fut révocable.—François Ier porta le nombre des maréchaux à 3; Henri II à 4; en 1780, il y avait 12 maréchaux; 15 en 1788; ce nombre réduit à 6 en 1791; nombre de l'Empire, 14; nombre de la restauration, 12.

Maréchaussée: ce corps militaire était, dit-on, antérieur à l'établissement des Francs dans les Gaules (en 289).—Les brigades furent augmentées par Henri II, de 1554 à 1557.—La maréchaussée prit le nom de *gendarmerie nationale* par décrets des 22, 23, 24 décembre 1790, 16 janvier et 16 février 1791. Voyez *Gendarmerie.*

Maréchaux de France: dès l'an 783, le connétable de Charlemagne avait pour adjoints deux maréchaux.

Maréchaux de camp: ce grade prit naissance sous le règne de Henri IV (de 1589 à 1610).—En 1660, il y avait cinq maréchaux de camp pour toute l'armée française; l'armée de Flandre, en 1745, en comptait à elle seule quatre-vingt-seize.—Cette dénomination fut supprimée en 1793; elle fut rétablie en 1814 par le gouvernement de la Restauration.

Marengo (bataille de): gagnée le 14 juin 1800, par Bonaparte sur le général autrichien Mélas.

Marfée (la), près de Sédan: en 1641, le comte de Soissons y gagna une bataille où il fut tué.

MARGGRAFF (André-Sigismond), chimiste allemand, né à Berlin le 9 mars 1709, mort le 7 août 1782.

MARGON (Guillaume Plantavit de la Pause, abbé de), littérateur, mort en 1736.

MARGUERITE (sainte), vierge, reçut le martyre à Antioche, l'an 275. On célèbre sa fête le 20 juillet.

MARGUERITE (sainte), reine d'Ecosse, couronnée en 1070, morte le 16 novembre 1093, âgée de 47 ans, canonisée en 1251, par Innocent IV. Sa fête se célèbre le 10 juin.

MARGUERITE, fille aînée de Raimond Bérenger III, comte de Provence, épousa Louis IX, roi de France, en 1234, mourut à Paris en 1285, à 76 ans.

MARGUERITE DE VALOIS, reine de Navarre, sœur de François Ier, née à Angoulême le 11 avril 1492, morte le 2 décembre 1549, au château d'Odos en Bigorre.

MARGUERITE DE FRANCE, fille de Henri II, née le 14 mai 1552, épousa en 1572 le prince de Béarn, depuis Henri IV, divorça en 1599, mourut à Paris le 27 mars 1615.

MARGUERITE D'ANJOU, fille de René, dit *le Bon*, roi de Sicile, née en 1423, épouse de Henri VI, roi d'Angleterre, en 1443; morte le 25 août 1482.

MARGUERITE DE BOURGOGNE, reine de Navarre, mariée à Louis X, roi de France, en 1305; étranglée en 1315.

MARGUERITE, surnommée *la Sémiramis du Nord*, reine de Danemark et de Norwége en 1387, réunit la Suède à ces deux royaumes en 1397; morte en 1410, âgée de 59 ans.

MARGUERITE, comtesse de Derby et de Richmond, née dans le comté de Bedfort en 1441, morte à Westminster le 29 juin 1509.

MARGUERITE DE PARME, duchesse de Parme et de Florence, et gouvernante des Pays-Bas, fille naturelle de Charles-Quint, morte à Naples en 1586.

MARGUERITE D'YORK, princesse du sang royal d'Angleterre, fille de Georges, duc de Clarence, eut la tête tranchée sur l'échafaud le 28 mai 1541, à l'âge de 71 ans.

Mariage : Auguste ordonna, l'an 9 de notre ère, des récompenses pour ceux qui le contracteraient et des peines contre les célibataires.

MARIANA (Jean de), célèbre historien, né à Talavera, dans le diocèse de Tolède, en 1537, mort le 17 février 1624.

Mariannes (îles), découvertes par Magellan en 1521. — En 1565, Lopez de Legaspi en prit possession au nom de Philippe II, roi d'Espagne.

MARIE (sainte), Vierge immaculée, mère de Dieu. On a fort peu de dates sur sa vie saintement mystérieuse. On place la Conception de J.-C. à l'an du monde 3999, et la naissance du Sauveur à l'an 4000, ou bien le 25 décembre, l'an 4710 de la période julienne, suivant dom Calmet. On croit que la sainte Vierge mourut à Ephèse, âgée de 72 ans.

Marie (culte de), mère de Dieu. Le petit office de la sainte Vierge réformé par Pie V, l'an 1571. — Fête des épousailles de Notre-Dame, approuvée par Paul III en 1546. — Fête de la Purification, instituée l'an 544, sous l'empereur Justinien, à l'occasion d'une peste meurtrière. L'an 701, le pape Sergius ajoute la solennité des cierges à cette fête. — Fête de l'Immaculée Conception, par Sixte IV, l'an 1476. — Les heures et l'office de Notre-Dame institués par Urbain II, dans un concile tenu à Clermont en Auvergne, l'an 1095. — Fête de l'Annonciation, instituée par les apôtres. — Confirmation de la fête de la Conception par le concile de Trente, l'an 1546. — L'an 1562, décret de Grégoire XV, par lequel il est défendu de soutenir l'opinion contraire à l'Immaculée Conception. — Fête de la Visitation, instituée par Urbain IV l'an 1385, et confirmée par Boniface IX l'an 1389. — Fête du scapulaire, instituée l'an 1251. — Fête de l'Assomption, instituée du temps des apôtres. — Fête de la Nativité, instituée le 8 septembre 436. — Fête du Rosaire, instituée par le pape Grégoire XIII, l'an 1573, à l'occasion de la victoire de Lépante. — Fête de la Présentation, instituée dans l'Eglise grecque il y a plus de onze siècles. — Fête de la Conception, très-ancienne dans l'Orient ; elle fut instituée par Sixte IV pour toute la chrétienté, l'an 1476.

MARIE ÉGYPTIENNE (sainte), solitaire, morte l'an 378. L'Eglise célèbre sa fête le 1er mars.

MARIE (sainte), nièce du saint solitaire Abraham, morte à la fin du IVe siècle, âgée de 45 ans. On la fête le 29 octobre.

MARIE DE BRABANT, femme de Philippe le Hardi, roi de France en 1274 ; morte en 1321.

MARIE-THÉRÈSE D'AUTRICHE, impératrice d'Allemagne, reine de Hongrie et de Bohême, née le 13 mai 1717, impératrice le 20 octobre 1740, couronnée reine de Bohême à Prague le 11 mai 1743, morte à Vienne le 29 novembre 1780.

MARIE D'ANGLETERRE, fille de Henri VIII, née en 1497, troisième femme de Louis XII en 1514 ; mariée après la mort de ce prince, arrivée le 31 mars 1515, à Charles Brandon, duc de Suffolk ; morte en 1534.

MARIE DE MÉDICIS, fille de François II de Médicis, grand-duc de Toscane; née à Florence en 1573, mariée en 1600 à Henri IV; morte dans l'indigence à Cologne, le 3 juillet 1642.

MARIE LECKZINSKA, reine de France, née le 23 juin 1703, épouse Louis XV le 5 septembre 1725; morte le 4 juin 1768.

MARIE-ANTOINETTE-JOSÈPHE D'AUTRICHE, reine de France, née à Vienne le 2 novembre 1755, mariée à Louis XVI, alors duc de Berry, le 16 mai 1770, renfermée au Temple après la journée du 10 août 1792, mise en jugement le 3 octobre 1793, morte sur l'échafaud révolutionnaire le 16 du même mois.

MARIE-ADÉLAIDE DE SAVOIE, mère de Louis XV, fille aînée de Victor-Amédée II, née à Turin en 1685; mariée au duc de Bourgogne, depuis dauphin, en 1696; morte en 1712.

MARIE Ire, reine d'Angleterre, née le 11 février 1515, parvient au trône en 1542; morte en 1558.

MARIE II, reine d'Angleterre, épouse de Guillaume III, née au palais de Saint-James le 30 avril 1662, morte le 28 décembre 1694.

MARIE STUART, reine de France et d'Ecosse; fille de Jacques V, roi d'Ecosse; née le 15 décembre 1542; épouse de François, dauphin de France (François II), en 1558; décapitée le 15 février 1587, après 18 ans de captivité.

Marie-Galande ou *Galante*, l'une des Antilles : découverte par Christophe Colomb le 3 novembre 1493. — Les Français furent les premiers qui s'y établirent en 1648. Voyez *Guadeloupe*.

Marie-Thérèse, ordre militaire institué en

Autriche, à l'occasion de la victoire remportée à Chotzemitz en juin 1757.

Marienbourg, en Prusse : fondée par les chevaliers teutoniques en 1281.

Marienbourg, bâtie en 1542 par Marie, reine de Hongrie.

Mariendal (bataille de), perdue par Turenne contre Merci, commandant les Impériaux, le 5 mai 1645.

Marienwerder : les Français prennent position en cet endroit le 11 janvier 1813.

MARIGNAN (Jean-Jacques Medichino, marquis de), célèbre capitaine du XVIe siècle; mort à Milan en 1555, âgé d'environ 60 ans.

Marignan (bataille de), gagnée par François Ier sur les Suisses, le 13 septembre 1515.

MARIGNY (Enguerrand de), intendant des finances sous Philippe le Bel, pendu à Montfaucon en 1315.

MARILLAC (Michel de), garde des sceaux de France, né à Paris en 1563, mort à Châteaudun le 7 août 1632.

MARILLAC (Louis de), frère du précédent, maréchal de France; né en Auvergne en juillet 1572, décapité à Paris le 10 mai 1632.

MARINE (sainte), vierge de Bithynie, vivait, à ce qu'on croit, vers le VIIIe siècle.

Marine française : créée par Charlemagne en 807. — Rétablie par Louis IX en 1230. — Réorganisée par le premier consul Bonaparte le 24 avril 1800.

Marine française, anciennes ordonnances y relatives : la plus ancienne qui soit parvenue jusqu'à nous est celle de Charles VI, donnée à Paris au mois de décembre 1400; puis vient celle de Louis XI, donnée à Tours au mois d'octobre 1480. Dans le XVIe siècle, il y en a deux de François Ier, publiées, l'une à Abbeville en juillet 1517, l'autre à Fontainebleau en février 1543. Elles furent suivies de celle de Charles IX, datée d'Amboise, avril 1562. Henri III en publia une à Paris en mars 1584. Louis XIII en donna deux, l'une de Saint-Germain en Laye en juillet 1634, l'autre au mois de mars 1635, sans parler des édits, déclarations, etc., publiés par le cardinal de Richelieu. La première ordonnance de Louis XIV, ordonnance qui fixa beaucoup de points demeurés jusque-là dans le vague, porte la date d'avril 1681.

Marine (officiers de la) : ce corps fut créé en 1664 par Louis XIV.

Marine anglaise : son vaste développement, conséquence de la déroute complète de la marine d'Espagne sous Philippe II, date de 1588.

Marine (écoles pratiques de) : instituées en juillet 1811; il en est établi à Anvers, à Brest et à Toulon.

MARINI (J.-B.), poëte italien, né à Naples le 18 octobre 1569, mort dans la même ville le 21 mai 1625.

MARINO (Faliero). Voy. FALIERO.

Marionnettes : ce genre de spectacle n'est guère connu en France que depuis le milieu du XVIIIe siècle. Ce fut l'arracheur de dents Brioché qui le mit en vogue sur le Pont-Neuf et sur les boulevards.

MARIOTTE (Edme), célèbre physicien français, né en Bourgogne, fut reçu à l'académie des sciences en 1666 et mourut le 12 mai 1684.

MARITIME (inscription) en France. — Elle était de 104,752 hommes, en 1793; — de 83,930 hommes, en 1818; — de 86,336 hommes, en 1822; — de 80,932 hommes, en 1823; — de 83,000 hommes, en 1832; — de 52,000 hommes, en 1838.

MARIUS (Caius), célèbre général romain, mort l'an 86 de J.-C. et 668 de Rome.

MARIVAUX (Pierre Carlet de Chamblain de), littérateur et auteur dramatique, né à Paris en 1688, mort dans cette ville le 11 février 1763.

MARK (Robert de la), duc de Bouillon, de Sédan, et maréchal de France, surnommé à cause de sa férocité *le Sanglier des Ardennes*, mourut en 1537.

MARLBOROUGH (Jean Churchill, duc de), célèbre général anglais, né à Ash dans le Devonshire, le 24 juin (5 juillet) 1650, mort à Windsor-lodge en 1722.

MARLBOROUGH Sarah Jennings, duchesse de), née le 29 mai 1660, morte le 29 octobre 1744.

Marmande : cette ville fut occupée par les Goths en 270. — Elle fut détruite par les Sarrasins dans le VIIIe siècle. — En 1185, Robert de Mauzevin s'en empara par capitulation. — Les Anglais, qui s'en étaient rendus maîtres en 1212, y furent assiégés en 1214 par Simon de Montfort, qui s'empara de la ville et la livra au pillage. — Assiégée inutilement par les Anglais en 1424. — Prise traîtreusement par ces derniers en 1427. — Henri IV l'assiégea sans succès en 1577.

Marmites autoclaves : leur invention en 1820, par M. Lemare.

MARMONTEL (Jean-François), littérateur et poëte français, né à Bort en Limousin le 11 juillet 1723, mort le 31 décembre 1799.

Maroc : bâtie par Yousouf, souverain des Almoravides, en 1069. — Le royaume des Shérifs y commence vers 1500. — Ambassade du roi de ce pays à Louis XIV le 6 février 1699.

MAROLLES (Michel de), abbé de Villeloin, traducteur, auteur de *Mémoires*, né en Touraine, mort à Paris le 6 mars 1681, âgé de 81 ans.

Maronites, secte de chrétiens orientaux, qui se forma au VIIe siècle. Ce sont les restes des *Monothélites*. — Clément XII leur fit adopter les décisions du concile de Trente, dans un synode tenu en 1736, sur le Liban. — Il existe à Rome, depuis 1548, un collége spécialement destiné à former des ecclésiastiques maronites.

MAROT (Clément), poëte français, né à Cahors en 1495, mort à Turin en 1544.

Marque (lettres de) : tout ce qui est relatif à cet objet a été réglé par un arrêté du gouvernement français, en date du 2 prairial an II (21 mai 1794).

Marquises-de-Mendoce (les), îles découvertes en 1595 par Mendana.

Mars (mois de). C'était le troisième mois du calendrier de Numa, et c'est aussi le troisième du calendrier grégorien qui, en

1582, commença l'année par le solstice d'hiver.

Marsaille (bataille de la), gagnée par le maréchal de Catinat sur le duc de Savoie, le 4 octobre 1693.

Marseille, fondée par les Phocéens vers l'an 601 av. l'ère chrétienne, 45e olympiade. — Cette ville passa sous la domination des Francs, lors de l'expulsion des Goths, sous Justinien (527-595). — L'empereur Charles-Quint étant venu faire le siége de cette ville, fut obligé de le lever par les savantes combinaisons de François Ier, roi de France, le 11 septembre 1536. — Affranchissement de son port en 1669; déjà, en 1187, le comte de Montferrat avait octroyé aux Marseillais, par lettres-patentes, le droit de négocier franc d'impôts dans la ville de Tyr. — Le fléau de la peste affligea Marseille quinze fois dans l'espace de quatre siècles; mais son apparition la plus terrible est celle de 1720 : 30,000 personnes en furent, dit-on, les victimes. — Le mouvement du port de Marseille, de 1760 jusqu'à nous, montre une progression presque constante dans les affaires commerciales. — Le port de cette ville fut de nouveau déclaré port franc le 3 octobre 1814.

MARSIGLI (Louis-Ferdinand, comte de), géographe et naturaliste; né à Bologne en 1658, mort le 1er novembre 1730.

MARSOLLIER (Jacques), historien, né à Paris en 1647, mort dans cette ville en 1744.

MARSOLLIER DES VIVETIÈRES (Benoît-Joseph), auteur dramatique français, né à Paris en 1750, mort à Versailles le 22 avril 1817.

Marston-Moor (bataille de), livrée le 2 juillet 1644.

Marteau. Voy. *Tenailles*.

MARTEL (Etienne-Ange), jésuite et architecte, nommé communément *Martel l'Ange*, né à Lyon en 1559, mort en 1641.

MARTIAL (Marcus Valerius Martialis), poëte satirique romain, né vers l'an 40 de J.-C., mort vers l'an 100 de notre ère.

MARTIN (saint), évêque de Tours, né vers 316 à Sabarie dans la Pannonie, mort à Candes le 8 novembre 397 selon les uns, et le 11 novembre 400 suivant les autres.

MARTIN Ier (saint), élu pape le 5 juillet 649, mort le 16 septembre 655.

MARTIN II ou MARIN Ier, pape en 882, mort en février 884.

MARTIN III ou MARIN II, pape en 942, mort le 4 août 946.

MARTIN IV (Simon de Brion), élu pape le 22 février 1281, mort à Pérouse le 28 mars 1285.

MARTIN V (Othon Colonna), élevé à la chaire pontificale le 11 novembre 1417, mort le 20 février 1431, à 63 ans.

MARTIN (dom Jacques), savant bénédictin de Saint-Maur, né à Fanjaux en Languedoc en 1684, mort à Saint-Germain des Prés en 1751.

MARTIN (Claude), major-général au service de la compagnie anglaise, dans l'Inde, né à Lyon en 1732, mort le 13 septembre 1800.

MARTIN, roi de Sicile, fils de Pierre IV, roi d'Aragon, avait épousé en 1491 la fille de Frédéric II, dit *le Simple*, roi de Sicile. Il ne commença à régner paisiblement qu'en 1499, et mourut en Sardaigne le 25 juillet 1509, âgé de 35 ans.

Martinestie (bataille de), où les Turcs sont défaits complétement par Souwaroff et le prince de Cobourg, le 22 septembre 1789.

MARTINEZ-PASQUALIS, chef de la secte dite des *Martinistes*, institua son nouveau rite à Bordeaux en 1754, vint à Paris en 1768, et alla mourir au Port-au-Prince en 1779.

MARTINI (Jean-Baptiste), religieux franciscain et compositeur distingué, né à Bologne en 1706, mort le 23 août 1784.

MARTINI (Jean-Paul-Egide), compositeur distingué, né en 1741 à Frevstadt, mort en février 1816.

MARTINIÈRE (Antoine-Augustin Bruzen de la), auteur du *Grand Dictionnaire géographique*, né à Dieppe en 1662, mort à La Haye en 1749.

Martinique, une des Antilles françaises; elle avait été découverte par les Espagnols; mais, le 18 juin 1635, deux Français, l'Olive et Duplessis, y plantèrent l'écusson de France. — La ville de Saint-Pierre fut fondée en 1658, et en 1672 on commença à bâtir la citadelle du Fort-Royal. — Les Anglais s'emparèrent de la Martinique le 2 février 1762, et renouvelèrent leur occupation plusieurs fois depuis. Elle avait été rachetée par le ministre Colbert en 1664. — Elle fut prise le 30 janvier 1809 par les Anglais. Elle a été enfin rendue à la France le 9 décembre 1814.

Martinistes. Voy. MARTINEZ.

MARTYN (John), médecin et botaniste anglais, né à Londres en 1699, mort à Chelsea le 19 janvier 1768.

MARTYR (Pierre), dont le vrai nom était *Pierre Vermigli*, théologien protestant, né à Florence en 1500, mort en 1562.

Martyrs (culte des saints) : l'ancien Panthéon de Rome, dédié aux divinités du paganisme, fut consacré au vrai Dieu par le pape Boniface IV, sous l'invocation de la sainte Vierge et des saints martyrs, le 15 mai de l'an 607.

MARX (Jacques), médecin allemand, né à Bonn en 1743, mort à Hanovre le 24 janvier 1789.

Maryland, contrée de l'Amérique qui forme un des Etats-Unis; les Anglais vont s'y établir en 1633. — Plantation de cette contrée par lord Baltimore, en 1636. — Lord Baltimore achève de jeter les fondements de cette colonie en 1652.

MASANIELLO (Thomas Aniello, appelé), fameux pêcheur napolitain, le héros des *Lazzaroni*, né à Amalfi en 1622, fut assassiné le 16 juillet 1647.

Masbat (île), une des Philippines; les Espagnols la prirent en 1569.

MASCARON (Jules), évêque de Tulle, puis d'Agen, et célèbre prédicateur, né à Marseille en 1634, mort dans son diocèse le 16 décembre 1703.

MASINISSA ou MASSINISSA, roi de Numidie, mort l'an 149 av. J.-C., âgé de 90 ans.

Masque de fer (l'homme au), personnage historique dont l'existence est certaine autant que l'identité personnelle est vague et conjecturale. — D'après le journal de Du Junca, lieutenant de roi à la Bastille, le mystérieux prisonnier arriva à la Bastille, avec M. de Saint-Mars, le 18 septembre 1698. — L'acte de décès, trouvé dans les registres de la paroisse Saint-Paul, fixe sa mort au lundi 19 novembre 1703, ainsi que le folio 120 du registre de la Bastille, trouvé en 1789 dans les papiers de l'ancien gouverneur. — Enfin un dernier document, découvert depuis peu de temps aux archives des affaires étrangères, un mémoire autographe de Saint-Mars, ancien gouverneur de la Bastille, vient à l'appui de ces dates.

MASSARD (Jean), graveur français, mort le 16 mars 1822.

MASSÉNA (André), duc de Rivoli, prince d'Essling, maréchal de France, né à Nice en 1755, mort en avril 1817.

MASSILLON (Jean-Baptiste), l'un de nos plus célèbres orateurs chrétiens, né à Hières en Provence, le 24 juin 1663, évêque de Clermont en 1717, mort le 18 septembre 1742.

Mataca ou *Matangk*, baie commode, sur la côte septentrionale de Cuba : Pierre Heyn, amiral hollandais, y battit la flotte des galions d'Espagne, en 1627.

Matador : terme espagnol qui sert à désigner, dans les combats de taureaux, l'homme chargé de mettre l'animal à mort. — Ce nom fut donné, en 1714, à une troupe de 200 hommes levés par les habitants de Barcelone, qui refusaient de reconnaître Philippe V pour leur souverain.

Matagorda : prise de ce fort par l'armée française, en avril 1810.

Mataires, sectaires du IIIᵉ siècle, qui reconnaissaient Manès pour chef.

Matarieh, village d'Egypte : les Français y battirent les Turcs, en 1800.

Maternité (hospice de la) : créé pour l'instruction des sages-femmes, en 1802.

MATHA (saint Jean de), fondateur de l'ordre des Trinitaires, né à Faucon en Provence, en 1169 ; mort à Rome le 21 décembre 1213.

MATHIAS, empereur d'Allemagne, né le 24 février 1557, proclamé le 13 juin 1612 ; mort à Vienne le 16 mars 1619.

MATHIAS CORVIN, roi de Hongrie. *Voy.* CORVIN (Mathias).

MATHILDE (sainte), reine d'Allemagne, morte en 968 le 14 mars, jour où l'Eglise célèbre sa fête.

MATHILDE (sainte), reine d'Angleterre, morte en 1118. On l'honore le 30 avril.

MATHILDE, comtesse de Toscane, née en 1046, morte le 24 juillet 1115.

MATHILDE (Caroline), reine de Danemark, née en Angleterre le 10 juillet 1751 ; morte le 10 mai 1773.

MATHURIN BRUNEAU (affaire de) : cet imposteur, fils d'un sabotier, qui voulait se faire passer pour le dauphin de France, fils de Louis XVI, fut arrêté en 1817. — Convaincu d'imposture, il fut condamné à cinq ans de prison, le 19 février 1818.

MATHUSALEM ou plutôt MATHUSALA, fils d'Enoch, aïeul de Noé, né, suivant l'Ecriture, l'an 3317 av. J.-C. (l'an du monde 687), et mort l'année du déluge 2248 av. J.-C. (l'an du monde 1656), âgé de 969 ans.

MATIGNON (Jacques Goyon de), maréchal de France, né à Lonlay en Normandie, en 1525 ; mort le 27 juillet 1597.

MATTHIEU (saint), apôtre et évangéliste, écrivit son évangile vers l'an 36 de J.-C.

MATTHIEU (Pierre), poëte, historiographe de France, né en 1563 à Pesme en Franche-Comté, mort à Toulouse le 12 octobre 1621.

MATTHIOLE (Pierre-André Mattioli, plus connu sous le nom de), médecin et botaniste italien, né à Sienne le 23 mars 1501, mort à Trente en 1577.

MAULTROT (Gabriel-Nicolas), canoniste et jurisconsulte, né à Paris le 3 janvier 1714, mort dans cette ville le 12 mai 1803.

MAUPEOU (René-Charles de), vice-chancelier, né à Paris en 1688, mort en 1755.

MAUPEOU (René-Nicolas-Charles-Augustin de), fils du précédent, chancelier de France, né en 1714, mort le 29 juillet 1792 ; il avait fait son coup d'Etat contre le parlement en janvier 1771.

MAUPERTUIS (Pierre-Louis-Moreau de), géomètre célèbre et astronome, né à St-Malo, le 17 juillet 1698, mort le 27 juillet 1758.

Maur (congrégation de Saint-), l'une des savantes branches de l'ordre des Bénédictins ; son institution date du XVIIᵉ siècle ; elle fut l'œuvre de Jean Renaud, abbé de Saint-Augustin à Limoges, et sa date est de 1613. Elle fut confirmée par le pape Urbain VIII, en 1627. — Les parlements de Bretagne et de Bourgogne l'appelèrent à diriger plusieurs établissements d'éducation après la suppression des jésuites, en 1762. — C'est de cette savante congrégation qu'est sorti *l'Art de vérifier les dates*. Voyez *Dates*. — Le dernier général de l'ordre, D. Chevreux, périt dans les massacres de septembre 1792.

MAUREPAS (Jean-Frédéric Phelippeaux, comte de), ministre d'Etat sous les règnes de Louis XV et de Louis XVI, né en 1701, mort le 21 novembre 1781.

Maures, Sarrasins d'Afrique : vinrent s'établir en Espagne en 711. — Ils furent chassés en 747 de la Galice, des royaumes de Castille et de Léon, par Alphonse, roi des Asturies. — Ils firent une nouvelle expédition en Espagne en 1195, et défirent Alphonse VIII, roi de Castille, en lui tuant plus de cinquante mille hommes. — Fin de leur domination en Espagne, en 1492 ; elle avait subsisté 780 ans.

Maures ou *Morisques :* Philippe III, roi d'Espagne, fait exécuter, en 1610, un édit qui ordonnait à tous ces descendants des anciens Maures de sortir de ses Etats dans le terme de 30 jours. Plus de 900,000 personnes se trouvèrent sous le coup de l'édit.

Mauriac, près de Châlons en Champagne : lieu où fut livré un combat dans lequel Attila fut battu par Aétius, Théodoric et Mérovée, en 451.

Maurinc, ville d'Auvergne : était connue dès l'an 377.— Prise par les Anglais en 1357. Les protestants s'en emparèrent et la pillèrent en 1574.

MAURICE (saint), chef de la légion thébéenne; massacré avec cette légion composée de 6.600 hommes, le 22 septembre 286.

MAURICE (Mauritius Tiberius), empereur d'Orient, né l'an 539, couronné le 13 août 582, massacré le 26 novembre 602.

Maurice (ordre militaire de Saint-), institué par Amédée III, duc de Savoie, en 1416. — Cet ordre, dans l'état où il est présentement, fut institué par Emmanuel-Philibert, duc de Savoie, puis approuvé et confirmé, en 1572, par le pape Grégoire XIII. Voy. *Annonciade*.

MAURICE DE NASSAU. *Voy*. NASSAU.

MAURICE, duc de Saxe, de la branche Albertine, né le 21 mars 1521, mort le 19 juillet 1553.

MAURICE DE SAXE. *Voy*. SAXE.

Maurienne (comté de) : ses commencements en 1014; il subsista jusqu'en 1108, époque où ses souverains prirent le titre de comtes de Savoie. Voy. *Sardaigne* et *Savoie*.

Maurs, petite ville d'Auvergne : fut prise et pillée par les protestants en 1578 et 1583. — La peste y fit de grands ravages en 1588.

MAURY (Jean Siffrein), cardinal, prédicateur célèbre et orateur parlementaire distingué, né à Vauréas dans le comtat Venaissin, le 26 juin 1746, mort le 11 mai 1817.

Mausolée : magnifique tombeau qu'Artémise, reine de Carie, fit bâtir pour Mausole, son époux, l'an 353 av. J.-C.; c'était une des sept merveilles du monde.

Maxen (bataille de) : gagnée par le comte de Daun, général autrichien, sur les Prussiens, le 20 novembre 1759.

MAXENCE (Marcus Aurelius Valerius Maxentius), fils de l'empereur Maximien-Hercule, se fit proclamer Auguste par le sénat et le peuple, le 28 octobre 306 : mourut vaincu par Constantin, le 28 octobre 312.

MAXIME (saint), évêque de Jérusalem, mort en 350.

MAXIME (saint), évêque de Turin au ve siècle.

MAXIME (saint), confesseur, né à Constantinople en 580, mort en exil le 13 août 662.

MAXIME (Petronius Maximus), empereur romain d'Occident, né à Rome en 375, mort le 12 juin 455.

MAXIME (Magnus Maximus), tyran des Gaules, proclamé empereur en 381 ou 383; tué le 26 août 388.

MAXIME (Valère). *Voyez* VALÈRE-MAXIME.

MAXIMIEN-HERCULE ou VALÈRE-MAXIMIEN (Marcus Aurelius Valerius Maximianus Herculius), empereur romain, né en 250, mort en 310.

MAXIMILIEN Ier, empereur d'Allemagne, archiduc d'Autriche, né le 22 mars 1459; roi des Romains en 1486, monte sur le trône impérial le 7 octobre 1493; mort à Inspruck le 11 janvier 1519.

MAXIMILIEN II, empereur d'Allemagne, né à Vienne en 1527, roi des Romains en 1558, roi de Hongrie et de Bohême, empereur en 1564; mort à Ratisbonne le 12 octobre 1576.

MAXIMILIEN-JOSEPH, roi de Bavière, né en 1756, mort en 1825.

MAXIMIN (Caius Julius Verus Maximinus), empereur romain, né l'an 173, en Thrace, proclamé en 235; tué par ses soldats, en mars 238.

MAXIMIN (Galerius Valerius Maximinus), élu empereur romain en 308; mort en août 313.

MAXIMIN (saint), évêque de Trèves en 332 ou 335 : il parut avec honneur dans les conciles de Sardique, de Milan et de Cologne. Voy. *Conciles*.

Maximum sur le prix des denrées de première nécessité; décret qui régularise cette mesure, en date du 25 septembre 1793. — Ce décret fut rapporté le 10 décembre 1794.

Mayence, ancienne capitale de l'archevêché de ce nom, fut fondée l'an 13 av. J.-C., près de la forteresse de Moguntiacum que le général romain, Drusus, venait de faire bâtir. — En 406, les Vandales détruisirent entièrement Mayence; ce ne fut que plusieurs siècles après qu'elle fut rebâtie. — Dans le VIIIe siècle, Mayence se plaça à la tête de la confédération rhénane. L'imprimerie y fut inventée, dit-on, en 1440. — Fondation de son université en 1482.— Pendant la guerre de trente ans, Mayence fut prise en 1631 par les Suédois, en 1644 et 1688 par les Français. — Prise de nouveau par les Français le 14 octobre 1792. — Reprise par le roi de Prusse le 22 juillet 1793. — Capitulation de cette ville et sa reddition aux Français le 29 décembre 1797. La France l'a possédée jusqu'en 1814, époque où elle échut de nouveau à l'Allemagne. — Elle fut déclarée forteresse de la confédération germanique le 11 décembre 1814.—Le 20 septembre 1819, par suite de l'assassinat de Kotzebue, une commission centrale fut établie à Mayence avec droit de juger tout individu de la confédération du Rhin prévenu de faire partie d'associations secrètes.

Mayence, (archevêques et électeurs de) : saint Boniface en commence la liste en 745. — Frédéric Charles-Joseph fut le dernier électeur de Mayence, en 1774.

Mayence (conciles de) : en 847 : contre l'hérésie de Godescalc, en 848; pour les droits ecclésiastiques, en 857; contre la simonie, en 1049; contre les Templiers, en 1310. Voy. *Conciles*.

MAYENNE (Charles de Lorraine, duc de), né le 26 mars 1554, mort le 3 octobre 1611.

Mayenne : prise par les Anglais en 1424. après quatre assauts et un siége de trois mois.

MAYER (Tobie), célèbre astronome, né le

17 février 1723, à Marbach dans le Wirtemberg ; mort le 20 février 1762.

MAYNARD (François), poëte français, né à Toulouse en 1542, mort le 28 octobre 1642.

Mazacan, ville d'Afrique : prise par les Maures en 1769.

MAZARIN ou MAZARINI (Jules), cardinal, ministre d'Etat sous Louis XIV, né à Piscina dans l'Abruzze; le 14 juillet 1602, devint tout-puissant dans l'Etat à partir de la régence d'Anne d'Autriche (1643), jusqu'à sa mort arrivée le 9 mars 1661.

MAZEPPA (Jean), chef des cosaques de l'Ukraine, mort en 1709 à Bender, après la bataille de Pultawa.

MAZZOCCHI (l'abbé Alexis Symmaque), savant et laborieux antiquaire, né près de Capoue le 22 octobre 1684, mort le 12 septembre 1771.

MAZZOLARI (Joseph-Marie), poëte latin, né à Pesaro en 1712, mort le 14 septembre 1786.

MAZZUCHELLI (Jean-Marie, comte de), célèbre biographe italien, né à Brescia le 28 octobre 1707, mort le 19 novembre 1765.

MAZZUOLI (François), appelé communément *le Parmesan*, peintre, né à Parme en 1504, mort en 1540.

MEAD (Richard), célèbre médecin, né en 1673 à Stepney près de Londres, mort en 1754.

Meaux : les Anglais s'emparèrent de cette ville en 1421.— Le connétable de Richemont la reprit en 1436. — En 1439, elle retomba sous la domination anglaise. — En 1595, Meaux était au pouvoir des ligueurs.—L'Hôpital de Vitry, qui les commandait, la rendit à Henri IV, moyennant 20,000 écus, et à condition qu'il en serait nommé bailli et gouverneur.

Meaux (conciles de) : en 845, en 962 et en 1080.

Mécanique. Dans le dernier siècle, un mécanicien de Hambourg fit une danseuse automate qui faisait tous les mouvements des danseurs de corde. — L'abbé Mical, en 1733, inventa et exécuta à Paris *deux têtes en fer parlantes*, qui prononçaient distinctement plusieurs phrases françaises, entre autres celles-ci : *Le roi vient de donner la paix à l'Europe ; la paix couronne le roi de gloire*, etc. Mical mourut dans la misère en 1790 ; mais auparavant, dans un accès de désespoir, il avait mis en pièces ses ingénieuses machines. — En 1774, le Suédois Eamer inventa une machine pour recueillir, jusqu'à une certaine profondeur, les objets tombés au fond de la mer. — Joseph Montgolfier, en 1792, inventa un bélier hydraulique. Voy. *Automates* et *Machines*.

MÉCÈNE (Caius Cilnius Mecœnas), ami et ministre de l'empereur Auguste, mort l'an de Rome 745.

Mecklembourg : érigé en duché par l'empereur Charles IV, en 1378. — Les ducs des deux branches de Schwerin et de Gustrow furent destitués en 1427 par l'empereur Ferdinand II; mais les princes légitimes furent rétablis dans leur souveraineté en 1632, par Gustave-Adolphe. — La branche de Schwerin, actuellement régnante, jouit de la souveraineté depuis 1701. — Le duché de Mecklembourg tomba au pouvoir des Français, le 27 novembre 1806. — Le servage et les corvées ont été abolis dans ce pays en 1820.

Médailles : l'invention de leur monnayage est fort incertaine; on la fait remonter au VIIe siècle avant notre ère. — Les pièces les plus anciennes dont l'émission soit déterminée portent les noms d'Alexandre Ier, roi de Macédoine, mort en 454 av. J.-C., et de Gélon, roi de Syracuse, mort 478 ans avant notre ère. — Dans l'intervalle qui s'écoula jusqu'au règne d'Auguste, et par conséquent jusqu'aux premières années de l'ère chrétienne, l'art monétaire atteignit la plus haute perfection ; puis il ne fit que décroître, et tomba tout à fait dans la barbarie pour renaître au XVIe siècle.

MÉDARD (saint), évêque de Noyon, illustre prélat de l'Eglise de France, né vers 457, à Salency près de Noyon : mort à Noyon en 545, ou selon d'autres en 560, le 8 juin, jour où l'Eglise célèbre sa fête.

Médecine : cet art était pratiqué en Egypte du temps du patriarche Joseph, vers l'an 1794 av. J.-C. — La médecine dogmatique est substituée à la médecine empirique par le célèbre Hippocrate, vers l'an 437 av. J.-C. — Cette science fut cultivée avec succès par les Arabes, au commencement du IXe siècle. Rhazès la professa avec distinction à Bagdad, au Xe siècle; Avicenus au XIe, Averroès au XIIIe. Tous ces savants hommes profitèrent de la doctrine de Galien en la modifiant. — En 1530, Paracelse s'attacha à décrier la doctrine de Galien, le plus illustre médecin de l'antiquité après Hippocrate, et qui avait fleuri dans le IIe siècle de notre ère, et remplaça cette doctrine de l'humorisme par les secrets de l'alchimie. — La médecine fut pratiquée en Angleterre par les seuls ecclésiastiques jusqu'en 1500.—On rapporte qu'en France les médecins gardèrent le célibat jusqu'à l'année 1450.— Paracelse employa le premier l'opium comme remède, vers 1522. — Helvétius, mort en 1727, introduisit en France l'usage de l'ipécacuanha. — Après la grande découverte d'Harvey, celle de la circulation du sang (1619), on vit se former, en 1679, une nouvelle école médicale, qui plus tard, en 1742, embrassa le système dynamique d'Hoffmann ; c'est de là que sont sorties les diverses écoles modernes. — Nouvelle révolution opérée dans la médecine en 1798. La doctrine des humeurs, qui avait régné pendant vingt siècles, fit place définitivement à celle de l'action du principe vital et de ses modifications. — Doctrine de l'Ecossais Brown, préconisée en 1799 : elle reconnaissait des maladies qui doivent être traitées par la méthode affaiblissante, et d'autres par la méthode excitante. Voy. *Homœopathie*.

Médecine (Faculté de) de Paris : est supprimée par ordonnance royale du 21 novembre 1822. — Sa réorganisation, par ordonnancé du 2 février 1828. Voy. *Université*.

Médecine (académie royale de) : fondée par ordonnance royale, le 20 décembre 1820. — Réorganisée par ordonnance royale du 28 octobre 1829.

Médecine (société royale de) : son origine le 9 avril 1776. — Sa constitution définitive en 1778, malgré l'opposition de la Faculté. — Elle fut supprimée en même temps que la Faculté, par la loi du 18 août 1792.

Médecine (Société de) de Paris : fondée le 22 mars 1796, elle existe encore aujourd'hui.

Médecine (Société académique de) : établie dans le sein de la Faculté, par arrêté ministériel du 12 fructidor an VIII. — Dissoute le 23 février 1821.

Médecine (Ecole de) de Paris : elle fut instituée par la loi du 14 frimaire an III (4 décembre 1794), et porta d'abord le nom d'*Ecole de santé*. Elle prit le nom d'*Ecole de médecine*, à partir de 1797 jusqu'en 1808, époque où elle prit celui de *Faculté*.

Medelin (bataille de), gagnée par les Français en Espagne, le 18 mars 1809

Mèdes. Voy. *Perses*.

MÉDICIS, célèbre famille de Florence : suivant quelques historiens, son origine remonterait au XIIe siècle ; mais elle n'est bien constatée que depuis Philippe Médicis, qui était établi en 1250 à Fiorano.

MÉDICIS (Jean), premier du nom, né en 1360, gonfalonier de la république en 1421, mourut en 1428.

MÉDICIS (Côme), second du nom, fils du précédent, et surnommé le *Père de la Patrie*, était né le 27 septembre 1399 ; il fut élu gonfalonier en 1434, et fut maintenu dans cette dignité jusqu'à sa mort, arrivée en 1464.

MÉDICIS (Pierre, premier du nom), fils du précédent, fut élu gonfalonier en 1460 ; il mourut en 1472.

MÉDICIS (Laurent, premier du nom), fils de Pierre, né le 1er janvier 1448, mourut le 9 avril 1492. Il avait échappé à la conspiration des Pazzi (26 avril 1478), conspiration dont son frère Julien périt victime.

MÉDICIS (Pierre), fils et successeur du précédent comme gonfalonier de la république de Florence ; mort en 1504.

MÉDICIS (Jean). Voy. Léon X.

MÉDICIS Jules), élu pape en 1503. *Voy.* Clément VII.

MÉDICIS (Alexandre), créé duc de Florence par Charles-Quint, le 29 juillet 1531 ; mourut assassiné le 6 janvier 1537.

MÉDICIS (Laurent), assassin du précédent, auquel il se flattait de succéder, fut tué quelque temps après à Venise.

MÉDICIS (Côme, deuxième du nom), couronné grand-duc de Toscane en 1569 : son règne dura 37 ans.

MÉDICIS (François-Marie), né le 25 mars 1541, succéda à Côme son père, en 1574, et mourut le 9 octobre 1587. Le grand-duché de Toscane resta dans la famille des Médicis jusqu'en 1737, époque de la mort de Jean-Gaston Médicis.

MÉDICIS (Catherine et Marie), *Voy.* CATHERINE et MARIE DE MÉDICIS.

Medina del Rio-Secco (bataille de), remportée par Bessières sur les Espagnols, le 14 juillet 1808.

Médine, ville de l'Arabie : prise et pillée en 1803, par les Wahabis.

Médullie, ville du Latium : prise et détruite par Tullus Hostilius, roi de Rome, l'an 650 av. J.-C.

Méduse (la frégate la) : son naufrage, le 2 juillet 1816, sur le banc d'Arguin, à 20 lieues du Cap Blanc.

Mégalopolis : bâtie par les Arcadiens, l'an 368 av. J.-C.

Mégare, ville de la Sicile orientale, voisine du mont Hybla, fondée par une colonie de Mégariens grecs, environ 728 ans av. J.-C. : fut prise et pillée par les Romains, l'an 214 av. J.-C. Deux siècles après, elle avait cessé d'exister.

MÉHÉMET-ALI, célèbre pacha d'Egypte, né en 1769, mort à Alexandrie le 2 août 1849.

MÉHUL (Etienne Henri)], célèbre musicien compositeur, né à Givet en 1763, mort le 18 octobre 1817.

Mehun-sur-Yèvre, petite ville du Berri : confisquée sur Robert III d'Artois, en 1332, et réunie au domaine de l'Etat.

MEIBOMIUS (les), savants allemands qui vécurent du XVIe au XVIIIe siècle. — Henri Meibomius, professeur de littérature et d'histoire à Helmstadt, né en 1555, mourut en 1625. — Jean-Henri, son fils, célèbre médecin, né à Helmstadt, le 27 août 1590 ; mort à Lubeck, le 10 mai 1655. — Henri, fils du précédent, né à Lubeck en 1638, mort en 1700 à Helmstadt, où il avait professé la médecine, l'histoire et la poésie ; il a découvert les glandes des paupières qui portent son nom. — Marc Meibomius, cousin du précédent, excellent philologue, né en 1634 à Tœnningen, mourut à Amsterdam, en 1711.

MEILLERAIE (Charles de la Porte), pair et maréchal de France, mort à l' Arsenal à Paris, le 8 février 1664, âgé de 62 ans.

Meissen (combat de) où les Prussiens furent battus par les Impériaux, le 21 septembre 1759.

Mekke ou *Mecque* (la), ville sainte de l'Arabie, gouvernée par un descendant de Mahomet ; en 1803, ce pays fut conquis par les Wahabis ; mais leur domination y fut de très-courte durée.

MELA (Pomponius), le plus ancien géographe romain que nous connaissions, né en Espagne, florissait sous l'empereur Claude, dans la première partie du premier siècle de l'ère chrétienne.

MELANCHTON (Philippe), célèbre réformateur, disciple de Luther, né à Betten dans le Palatinat, le 16 février 1497, mort à Wittemberg, le 29 avril 1560.

Mélanchtoniens ou *Confessionistes*, sectaires, disciples de Mélanchton, vers 1550.

MÉLANIE (sainte), dame romaine, morte vers 410.

MELBOURNE. Voy. Lamb.

MELCHIADE, 33e pape, successeur d'Eusèbe, n'occupa le siége pontifical que trois ans et demi : il mourut le 19 janvier 314. Le 2 octobre 313, il avait tenu un concile à Rome, dans la maison de Latran.

Melchioristes, sectaires dont Melchior Hoffmann, anti-luthérien, était le chef, vers la fin du XVIe siècle.

Melchisédéchiens, hérétiques qui préféraient Melchisédech à Jésus-Christ, durant le IIIe siècle de l'Eglise.

MELCHTAL (Arnold de), un des principaux auteurs de la liberté helvétique, donne le signal de la révolution, le 14 novembre 1307.

MÉLÈCE (saint), évêque de Sébaste, mort à Constantinople en 379.

Mélétiens, hérétiques du IVe siècle de l'Eglise, disciples de Mélétius, apostat, qui se joignit aux Ariens.

Melfi ou *Amalfi* (conciles de) : en 1050 et 1089.

MELIK-EL-ADEL (Saïf Eddin Aboubekr Mohammed), sultan d'Egypte et de Damas, mort le 31 août 1218.

Mélinde, ville des côtes orientales de l'Afrique, occupée et ravagée par les Portugais au XVe siècle. — Elle resta en leur pouvoir jusqu'en 1698, que les Arabes parvinrent à les en chasser.

MELMOTH (Guillaume), savant jurisconsulte anglais, né en 1666, mort le 6 avril 1748.

Melun : les Anglais prirent cette ville par famine, en 1419 ; ils en furent chassés par les habitants.

Mélusine (fée) : tradition fabuleuse du Poitou, qui joue un rôle dans les armoiries de la maison de Lusignan. Son histoire fut écrite, en 1387, par Jean d'Arras, secrétaire de Jean, duc de Berri, frère de Charles V, roi de France.

Memnon : son buste colossal pesant 18,000 quintaux et formé d'une seule pierre de granit, fut découvert dans les ruines de Thèbes, en 1818, et transféré au Musée britannique.

Memnonites ou *Méliapes*, hérétiques du XVIe siècle de l'Eglise, qui, conformément à la doctrine de leur chef Memnon, rejetaient le baptême.

Memphis, ancienne et célèbre ville d'Egypte : sa fondation est généralement attribuée au roi Ménès, qui régnait l'an du monde 2965 (environ 1040 ans av. J.-C.) — Au VIIe siècle, en 640, elle fut ruinée par les Sarrasins. — Elle avait conservé la plus grande prospérité jusqu'au moment de la fondation d'Alexandrie par Alexandre le Grand, l'an 332 av. J.-C.

Memphis (bataille de), gagnée sur les Egyptiens par Cambyse, roi des Perses, l'an 525 av. J.-C.

Memphis (bataille de), gagnée sur les Perses par les Egyptiens, l'an 377 av. J.-C.

MÉNAGE (Gilles), érudit et écrivain français, né à Angers le 15 août 1613, mort le 23 juillet 1692.

MÉNANDRE, ancien poëte grec, né à Céphisia dans l'Attique, l'an 342 av. J.-C., mort l'an 293 av. J.-C., à 52 ans.

MENDELSSOHN (Mosès), savant écrivain juif, né à Dessau en 1729, mort à Berlin en 1785 ou 1786.

MENDELSSOHN-BERTOLDY (Félix), célèbre compositeur, né à Berlin le 3 février 1809 mort dans la même ville le 4 novembre 1847.

Mendiants (ordres) : ils datent presque tous de la même époque (du XIIIe au XIVe siècle). — Les franciscains furent institués en 1209 par saint François d'Assise. — Le second ordre ou les clarisses, par sainte Claire, en 1212. — Le tiers-ordre ou les tertiaires, par saint François d'Assise, en 1221. — Les capucins, par Mathias, surnommé de Baschi, en 1538. — Les minimes, par François de Paule, en 1474. — Les frères prêcheurs ou dominicains, par Dominique de Guzman, en 1216, — Les ermites de saint Augustin, en 1567, — Les carmes, venus de la Terre-Sainte en Occident, dans le XIIIe siècle. — Voy. *Cellites*, *Hiéronymites*, *Jésuates*, *Servites*, etc

Mendicité (la) : est défendue dans tout l'empire français par un décret impérial du 5 juillet 1808.

Mendicité (maison de refuge et de travail pour l'extinction de la) : fondée à Paris en 1829 par M. de Belleyme, alors préfet de police.

Menehould (Sainte-), petite ville de la Champagne (Marne) : elle soutint vaillamment plusieurs siéges aux XIe, XIIe et XVIe siècles. — Elle fut prise en 1652 par le grand Condé et Louis XIV en personne. — Dévastée en 1719 par un incendie qui y détruisit 700 maisons, elle fut reconstruite à neuf et sur un plan uniforme et régulier.

MENENIUS AGRIPPA : fut nommé consul l'an 502 av. J.-C. (l'an de Rome 252).

Ménestrels : musiciens ou jongleurs, qui avaient succédé aux bardes de la Gaule, et qu'on appelait ainsi au VIIIe siècle. — Ce fut un ménestrel de Guillaume le Conquérant, le fameux Taille-Fer, qui donna le signal de la bataille de Hastings, le 14 octobre 1066.

MÉNESTRIER (Claude-François), jésuite, l'un des plus savants hommes du XVIIe siècle, né à Lyon en 1631, d'une famille originaire de la Franche-Comté, mort le 31 janvier 1705. C'est de lui qu'est la *Méthode du Blason*, Lyon, 1770, in-8°.

MENGS (Antoine-Raphaël), peintre célèbre, surnommé *le Raphaël de l'Allemagne*, né à Aussig en Bohême, le 12 mars 1728, mort à Rome le 20 juin 1779.

Menin : se rend au roi Louis XIV, le 4 juin 1744.

MENINSKI (François de Mesgnien ou Menin), orientaliste, né en Lorraine en 1623, mort à Vienne en 1698.

Ménippée (satire) : les meilleures éditions de ce pamphlet politique sont celles de Ratisbonne, 1664, in-12, et surtout celle qu'a donnée Leduchat ; Ratisbonne (Bruxelles), 1709, 3 vol. in-8°. On fait aussi quelque cas de celles de 1711 et 1726.

MENOT (Michel), cordelier, mort en 1518.

MENOU (Jean-Jacques, baron de), général français, né à Boussay en Touraine, en 1751, mort à Venise le 13 août 1810.

MENTELI, prodige de science, linguiste universel ; il habita depuis l'année 1824 un des coins des vieux bâtiments de la bibliothèque de l'Arsenal à Paris ; il se noya dans la Seine, par accident, le 22 décembre 1836, en allant puiser de l'eau. Cet homme n'était connu du vulgaire que sous le nom du *Sauvage de l'Arsenal*.

MENTELLE (Edme), géographe, né à Paris le 11 octobre 1730, mort le 28 décembre 1815.

MENTZIKOFF (Alexandre), célèbre prince russe, né à Moscou en 1674, mort exilé en Sibérie, le 2 novembre 1729.

Mer : les lois du flux et reflux sont reconnues par Possidonius, l'an 60 av. J.-C.— Invention d'une machine distillatoire pour dessaler l'eau de la mer, par Poissonnier, médecin, en 1764.

Mer Rouge (Passage de la) par les Hébreux, sous la conduite de Moïse, le 11 mai 1491 av. J.-C.

Mer du Sud : est découverte par l'Espagnol Balboa, en 1513. — Ce fut le Portugais Fernand Magellan qui entra le premier dans cette mer, en 1520 ; dans l'espace de trois mois et vingt jours il y fit 4000 lieues.

MERCATOR (Gérard), habile géographe, né à Rupelmonde en Flandre, en 1512 ; mort à Druisbourg, le 2 décembre 1594.

Merci (Ordre de la) : institué pour la rédemption des captifs, fondé en 1223 par Pierre Nolasque, qui fut le premier général de l'ordre.

Mercie (royaume de) : l'un des sept Etats qui composaient l'Heptarchie. Son premier roi fut Crida, qui commença à régner l'an 584.—Ce royaume subsista jusqu'à la fin de l'Heptarchie, en 827.

MERCIER (Barthélemy), connu sous le nom d'*abbé de Saint-Léger*, savant bibliographe, né à Lyon le 4 avril 1734, mort le 13 mai 1799.

MERCIER (Louis-Sébastien) auteur du fameux *Tableau de Paris*, né à Paris en 1740, mort le 25 avril 1814.

Merciers : leur corporation fut établie par Charles VI ; les premiers statuts furent donnés par ce prince en 1407 et 1412, confirmés et augmentés par Henri II en 1548, 1557, 1558 ; par Charles IX en 1567 et 1570 ; par Louis XIII en 1613 ; par Louis XIV en 1645.

Merciers (roi des) : cette sorte de surintendance du commerce, qui s'étendait sur toute la France, fut supprimée par François 1er (de 1515 à 1547) : Henri III rétablit la royauté des merciers (de 1574 à 1589). Enfin le roi des merciers fut irrévocablement supprimé en 1597, par Henri IV, à cause du zèle du corps des merciers pour la Ligue.

Mercure : passage de cette planète sur le soleil, le 4 mai 1786 ; ce passage a fait connaître la véritable théorie de l'orbite de cette planète.

Mercure : découverte de mines de ce métal, à Almaden en Espagne, l'an 50 av. J.-C.— On en découvre des mines à Ydria dans la Carniole, en 1497.—En Amérique, en 1565.

Mercure Galant : fondé en 1672 par de Visé.—Il prit le nom de *Mercure de France*, de mai 1714 à octobre 1716.—de 1717 à 1721, il parut sous le titre de *Nouveau Mercure*.— En 1789, la collection du *Mercure* montait déjà à onze cents volumes.

MERCURIALE (Jérôme,) célèbre médecin, né à Forli en 1530, mort le 9 novembre 1606.

Mercuriales : fêtes de Mercure ; elles se célébraient à Rome le 14 juillet.

MÉRIAN (Jean-Bernard), philosophe et érudit, né près de Bâle le 27 septembre 1723, mort en 1807.

Mérida (bataille de), gagnée en 428 par Genséric, roi des Vandales, sur les Suèves, qui ravageaient ses Etats

Mérida (Concile de), tenu en 666.

Méridien : le premier est fixé à l'île de Fer, l'une des Canaries, dans une assemblée de savants, tenue à Paris le 15 avril 1634.

Méridienne, tracée en France par plusieurs membres de l'académie des sciences, en 1680.

Mérinos : cette race de moutons, qui a été une des principales richesses de l'Espagne, provient d'un petit troupeau des plus beaux moutons d'Angleterre, dont Edouard III fit présent à Alphonse, roi de Castille, en 1345.—On cherche à en propager l'espèce en France, en Allemagne et en Autriche, en 1760.

Mérite (Ordre du) : fondé en Hollande par Louis Napoléon, en 1806. Cet ordre et celui de l'Union furent ensuite réunis en un seul.

Mérite (Ordre du) : fondé en Grèce en 1832.

Mérite militaire (Ordre du), institué par Louis XV en faveur des officiers étrangers et protestants, en juin 1759.

MÉRODE (Henri, comte de), prince de Grimberghe, marquis de Rubempré, etc., etc., sénateur belge et homme d'Etat, né en 1787, mort à Bruxelles le 22 septembre 1847.

MÉROVÉE ou MÉROUÉE, roi de France, succéda à Clodion son père en 448, et mourut en 458.

MÉROVINGIENS, nom générique des rois de France de la 1re race, qui, à ne compter que de Clovis, régna 270 ans, de 482 environ jusqu'à 752. *Voy.* FRANCE (rois de).

MERSENNE (Marin), religieux minime, physicien et mathématicien, né à Oyzé dans le Maine, le 8 septembre 1588, mort à Paris 1er septembre 1648.

MERWAN Ier, 9e successeur de Mahomet, et 4e calife ommiade, élu l'an 64 de l'hégire (684), mort en 65 (685), âgé de 63 ans.

MERWAN II (Abou-Abdel-Meleck), 14e et dernier calife ommiade, perdit l'empire et la vie l'an 132 de l'hégire (750), âgé de 62 ans.

MERVILLE (Michel Guyot de), auteur dramatique, né à Versailles le 1er février 1696, mort à Genève en 1755.

MESLIER (Jean), curé d'Etrépigny (Marne)

né à Mazerny, autre village du même département, en 1677, mort dans sa paroisse en 1733.

MESMER (Antoine), médecin allemand, premier propagateur du magnétisme en France, né à Mersbourg en Souabe, en 1734, mort en 1815.

MESMES (Jean-Jacques de), premier président de Normandie né, en 1490, mort le 23 octobre 1569.

MESMES (Henri de), maître des requêtes sous Henri III, mort en 1596.

Mésopotamie. Cette vaste contrée de l'Asie est occupée par les Sarrasins, en 474.

Mésopotamie (Concile de) : tenu en 1616.

Messageries, voitures publiques et coches d'eau établis en France par l'Université de Paris, vers l'année 1464.—Henri IV les place, en 1594, sous un surintendant et donne des règlements pour la sûreté des voyageurs.—L'Université en conserve le privilége jusqu'en 1719, époque du rachat par le gouvernement.—La régie des Messageries nationales est supprimée par la loi du 9 vendémiaire an VII, et livrée à l'industrie privée.

Messaliens et *Enthousiastes*, hérétiques qui débitaient leurs songes comme des prophéties, vers l'an 380.

MESSALINE (Valérie), impératrice romaine, femme de l'empereur Claude, assassinée l'an 48 de J.-C.

Messène (ou Ithome), capitale de la Messénie, fondée par Epaminondas, l'an 369 av. J.-C.

Messénie (1re guerre de la) : elle commença la seconde année de la neuvième Olympiade, l'an 743 av. J.-C.—La 2e contre les Lacédémoniens, commença l'an 685 av. J.-C.; les Messéniens finirent par succomber, vers l'an 668 av. J.-C. — La 3e guerre de Messénie dura dix ans, depuis 464 jusqu'à 454; les Messéniens succombèrent encore. Ce fut l'an 371, plus de 80 ans après cette dernière guerre, qu'Epaminondas rétablit la Messénie.

Messine, ville de Sicile, où se réfugièrent les Messéniens, vers l'an 668 avant J.-C.; avant cette émigration elle s'appelait Zancli. Cette ville avait été fondée environ dix siècles avant notre ère.—Elle se rend aux Espagnols, en septembre 1718.—Prise de la citadelle par les Impériaux sur les Espagnols, le 18 octobre 1719. Cette grande cité de la Sicile fut presque détruite par le terrible tremblement de terre du 5 février 1783. Elle a été rebâtie depuis sur l'ancien emplacement.

Messine (détroit de), dans la Méditerranée : les Français y gagnèrent une bataille navale sur les Espagnols, en 1675.

Mesures. Voy. *Poids et Mesures.*

Métalliques, monnaie fictive. Ce mot fut employé pour la première fois dans ce sens, par le Directoire français, dans les inscriptions qu'il émit en 1799. Plus tard, le mot *métallique* s'accrédita en Autriche et en Russie.

Métallurgie : était connue des Atlantes ou des Sidoniens, peuples primitifs, vers 3020 av. J.-C.

Métamorphistes, hérétiques du XVIe siècle de l'Eglise.

Métangismonites, hérétiques du IIIe siècle de l'Eglise, dont les erreurs roulaient sur la Trinité divine.

MÉTASTASE (l'abbé Pierre-Antoine-Dominique-Bonaventure), dont le vrai nom était *Trapassi*, célèbre poëte dramatique italien, né à Rome le 3 janvier 1698, mort à Vienne le 2 avril 1782.

Métaux. L'or, l'argent, le fer, le cuivre, le plomb, l'étain, ont été connus de temps immémorial. Le zinc fut indiqué par Paracelse, vers 1541; le bismuth, par Agricola, en 1520; l'antimoine dans le XVe siècle; l'arsenic, découvert par Brandt, en 1733, ainsi que le cobalt; le platine, en 1741; le nickel, par Cronstedt, en 1751; le manganèse, par Gahn et Schéele, en 1774; le scheelin ou tungstène, en 1781; le tellure, en 1782; l'urane, par Klaproth, en 1789; le titane, en 1781; le chrôme, par Vauquelin, en 1797; le colombium ou Tantale, par Hatchett, en 1802; le palladium et le rhodium, par Wollaston, en 1803; l'iridium, par Descotils, en 1803; l'osmium, par Tennant, en 1803; le cérium, par Hisinger et Berzélius, en 1804; le potassium et le sodium, par Davy, en 1807; le barium, le strontium et le calcium, indiqués par le même, vers 1807; le cadmium, découvert par M. Herman ou M. Stromeyer, en 1818; le lithium par M. Arfwedson en 1818; l'aluminium, l'yttrium et le glucynium, isolés par M. Wohler en 1827; le magnésium isolé par M. Bussy en 1828; le vanadium, entrevu par del Rio en 1801, et découvert par M. Sifstram en 1830.

Métélin (Ile de) : enlevée aux Vénitiens par les Turcs, en 1660.

MÉTELLUS, famille de grands hommes, qui contribua à l'illustration de la république romaine, durant 250 années, à dater de l'an de Rome 470.—Quintus Cecilius Metellus, surnommé *Macedonicus*, fit la guerre de Macédoine l'an 148 av. J.-C., et fut élevé au consulat l'an 143.—Son fils, Quintus Cecilius Metellus *Numidicus*, fut élu consul l'an 110 av. J.-C., et conquit la Numidie. — Quintus Cecilius Pius Scipion, consul 52 ans avant J.-C., périt après la bataille de Thapsus, peu de temps après celle de Pharsale, qui eut lieu 48 ans av. J.-C.

Méthodistes. C'est le nom de ceux qui font partie d'une secte de l'Eglise anglicane, fondée en 1720 à Oxford, par John Wesley. — Les méthodistes ont formé de nombreuses communautés en Amérique; leur première conférence se tint en 1713 à Philadelphie. — Des scissionnaires, appelés *nouveaux méthodistes*, se sont déclarés depuis la mort de Wesley, en 1791; ils forment aujourd'hui la partie la plus nombreuse.

Méthone (prise et bataille de), en Péloponèse, où les Macédoniens battirent les Athéniens, l'an 360 av. J.-C.

Methuen (traité de) : conclu en 1702 entre l'Angleterre et le Portugal; par suite de ce traité, ce dernier Etat fut pendant un siècle une province commerciale de l'Angleterre.

Métropoles et *Métropolitains* : leur érection date de la fin du IIIe siècle ; elle fut confirmée par le premier concile général de Nicée, en 325.

METTRIE (Julien Offray de la), médecin et philosophe, né à Saint-Malo le 25 décembre 1709, mort à Berlin en 1751.

Metz, ville très-forte de la frontière nord-est de la France (Moselle) ; elle fut pillée et incendiée par Attila en 451.—Elle se rangea sous la domination de Clovis, l'an 510. — Devint la capitale de l'Austrasie en 511. — En 843, Metz fut la capitale de la Lorraine. —En 945, elle reconnut l'empereur Othon pour souverain. — Mais en 985, elle fut déclarée *ville libre impériale*. — Assiégée en 1444, elle se vit obligée de payer au roi de France, Charles VII, 200,000 écus d'or. — Se vit forcée de se livrer à Henri II vers 1548 ou 1549.—Inutilement assiégée par Charles-Quint, en 1552, quoiqu'elle fût investie par une puissante armée de 75,000 hommes, quoique 114 pièces de canon lui eussent fait essuyer un feu de 14,000 coups, et que la tranchée eût été ouverte pendant 45 jours. — Réunie définitivement à la France par le traité de Munster en 1648. —Sa citadelle fut bâtie en 1566, à l'occasion d'une conspiration dite des Cordeliers. — Etablissement d'une Ecole d'artillerie et du génie dans cette ville, en 1802.—Suppression de sa fonderie de canons en 1814.—La cathédrale de Metz, l'un des édifices gothiques les plus remarquables, fut commencée en 1014 par l'évêque Thierry II, et ne fut terminée qu'en 1546.—Son Hôtel-de-Ville est de 1771.

Metz (Conciles de), en 592, en 835, en 863 et en 869.

METZGER (Jean-Daniel), médecin, né à Strasbourg en 1739, mort à Kœnigsberg en septembre 1805.

METZU (Gabriel), peintre hollandais, né à Leyde en 1615, mort dans cette ville en 1658.

MEULEN (Antoine-François van der), peintre de batailles, né à Bruxelles en 1634, mort à Paris en 1690.

MEUNG ou MEHUN (Jean de), l'un des auteurs du *Roman de la Rose*, né à Mehun-sur-Loire dans le XIIIe siècle, mort vers 1320. *Voy*. LORRIS.

MEURSIUS (Jean), savant antiquaire, né près de La Haye en 1579, mort le 20 septembre 1639.

Mexico, fut la capitale de l'empire du Mexique, jusqu'au 13 août 1521 que Cortez la prit.—Cette ville proclame son indépendance le 20 octobre 1814.

Mexique, découverte de cette contrée américaine le 8 avril 1518.—Les Espagnols s'emparent de cet empire, sous la conduite de Fernand Cortez, en 1521. — Cette colonie s'insurge contre l'Espagne, sa métropole, vers 1812 ; elle repousse en 1815 et 1816 les expéditions envoyées contre elle.— Iturbide se fait proclamer empereur du Mexique, le 18 mai 1822 ; — sa déchéance est prononcée le 8 avril 1823.— Promulgation de la constitution nouvelle donnée à ce pays, le 31 janvier 1824.

Mexique (concile du), touchant la discipline ecclésiastique, en 1585.

Mexique (nouveau), grand pays de l'Amérique septentrionale : découvert en 1553 par Antoine d'Espéjo.

MÉZERAI (mademoiselle), célèbre actrice du théâtre Français, morte le 20 juin 1823.

MÉZERAY (François-Eudes de), historien français, né à Ry près d'Argentan, en Normandie, en 1610, mort à Paris le 10 juillet 1683.

Mézières, ville forte du département des Ardennes : elle est célèbre par le siége que Bayard y soutint en 1520 contre l'armée de Charles-Quint, commandée par le comte de Nassau.—En 1815, les Prussiens la bombardèrent pendant deux mois avant de l'occuper.

MEZZOFANTI (le cardinal), le plus remarquable philologue et polyglotte des temps modernes, né en 1769, mort à Naples le 14 mars 1849.

MICARA (Louis), cardinal, né à Frascati le 12 octobre 1775, mort à Rome le 24 mars 1847.

MICHAELIS (Jean-David), célèbre orientaliste, né à Halle, le 27 février 1717, mort le 22 août 1791.

MICHALLON (Claude), sculpteur français, né à Lyon en 1751, mort en 1799.

MICHALLON (N....), peintre de paysages, pensionnaire de l'école de Rome ; mort à Paris le 23 septembre 1822, dans sa 27e année.

MICHAUX (André), botaniste, né à Versailles le 7 mai 1746, mort sur la côte de Madagascar, en 1802.

MICHÉE, le sixième des petits prophètes, prophétisa de l'an 740 à l'an 724 av. J.-C.

MICHEL Ier *Curopalate*, empereur d'Orient, proclamé en 811, abdique le 11 juillet 813.

MICHEL II, *le Bègue*, empereur d'Orient en 820, mort le 1er octobre 829.

MICHEL III, *Porphyrogénète*, empereur d'Orient, né en 836, proclamé le 22 janvier 842, assassiné le 24 septembre 867.

MICHEL IV, *le Paphlagonien*, monte sur le trône impérial d'Orient en avril 1034, meurt le 10 décembre 1041.

MICHEL V, *Calafate*, empereur d'Orient en 1041, mort en 1042.

MICHEL VI, *Stratiotique*, empereur d'Orient, élu en août 1056, abdique en 1057.

MICHEL VII (Ducas) *Parapinace*, monte sur le trône en 1071, détrôné en 1078.

MICHEL VIII (Paléologue), empereur d'Orient en 1260, mort le 12 décembre 1282

MICHEL-ANGE (Buonarotti), célèbre peintre, architecte et sculpteur, né à Chiusi en Toscane, le 6 mars 1474, mort à Rome en 1564.

Michel (ordre de Saint-), institué par Louis XI, le 1er août 1469 ; le nombre des chevaliers fut fixé à 36. Sous Louis XIV, ce nombre s'éleva jusqu'à 100. — Henri III le joignit à celui du Saint-Esprit, en 1579.

Michel (ordre militaire de l'aile de Saint-)

fondé en 1171 par Alphonse Henriquez, seigneur bourguignon et roi de Portugal.

MICHELI (Pierre-Antoine), botaniste, né à Florence en 1679, mort le 2 janvier 1737.

MICHOT, célèbre acteur du théâtre Français, mort le 24 novembre 1826.

Micromètre : instrument qui sert à mesurer le diamètre des astres ou de très-petites distances ; son invention par Auzout, en 1667.

Microscope : inventé, dit-on, par Corneille Drebbel, en 1621.

Microscope solaire : inventé par Lieberkuhn, en 1742.

Microscope à calquer : inventé par M. Vincent Chevallier, en 1822.

MIDDLETON (Convers), théologien et littérateur anglais, né à Richemond le 27 décembre 1683, mort dans le comté de Cambridge le 28 août 1750.

Miel : Gorgoris, roi des Cynètes, peuple d'Espagne, trouve le premier l'usage du produit des abeilles, vers l'an 1520 av. J.-C.

MIERIS (François), peintre flamand, né à Delft en 1635, mort en 1681.

MIGNARD (Pierre), peintre français, né à Troyes en novembre 1610, mort à Paris en 1695.

Milan, ancienne capitale du duché de Milan : fondation de cette ville par les Gaulois, vers l'an 600 av. J.-C. — Elle est rasée par les Goths en 539 de l'ère chrétienne. — Prise, pillée et brûlée en partie par l'empereur Frédéric Barberousse, le 1er mars 1162. Le barbare vainqueur la fit raser et semer du sel sur les décombres; pourtant elle fut bientôt réédifiée. — L'empereur Wenceslas l'érigea en duché en 1396, en faveur de Jean Galéas Visconti. — L'Espagne s'empara en 1535 de ce duché, qu'elle conserva jusqu'en 1700. — Milan fut pris par les Espagnols le 16 décembre 1745. — Par le traité d'Aix-la-Chapelle (1748), ce duché passa à la maison impériale d'Autriche. — Les Français prirent Milan aux Autrichiens en 1796 ; les Autrichiens, aidés des Russes, la reprirent en 1799. — Entrée du premier consul Bonaparte dans cette ville, le 1er juin 1800; le 4, le rétablissement de la république cisalpine y fut proclamé. — Cette ville a été restituée aux Autrichiens en 1814. — Le dôme de la cathédrale de Milan fut commencé en 1386, sur les dessins de Brunelleschi; il n'est pas encore terminé, quoiqu'on y travaille toujours.

Milan (conciles de) en 344, en 355; contre Jovinien, en 390, en 451 ; pour la discipline ecclésiastique, en 1287 ; en faveur des croisés, en 1291; six sessions tenues par saint Charles Borromée pour la discipline ecclésiastique, depuis l'an 1555 jusqu'à l'an 1582.

Milanez ou *Milanais :* ce duché tomba au pouvoir des Espagnols après la bataille de la Bicoque, livrée le 22 avril 1522. — Voyez l'article précédent.

Milet : fondation de cette ville par les Ioniens, vers l'an 1130 av. J.-C. — Siége de cette ville l'an 621 av. J.-C., par les Lydiens; il dura onze années. — Ruinée de fond en comble par les Perses, de 504 à 496 av. J.-C.

Milice perpétuelle : son établissement en France en 1445.

Milices ou *Gardes bourgeoises*, l'une des plus anciennes institutions sociales. — Le plus ancien document que nous ayons en France sur ce point est un édit de Clotaire II, donné en 595 pour la police intérieure de Paris.

Militaire (administration) en France : ce n'est que sous le règne du roi Jean (de 1350 à 1364) qu'on aperçoit les premières traces de l'institution des commissaires des guerres. — En 1355, création d'un corps d'administrateurs militaires, sous le nom de *Conducteurs de gens de guerre.* — En 1373, les connétables, les maréchaux de France et les maîtres des arbalétriers sont autorisés à nommer des commis et des lieutenants pour les *montres* des gens de guerre sous leurs ordres. — Une ordonnance de 1413 place ces commis ou commissaires des guerres sous les ordres des maréchaux. — En 1445, on nomme également des commis pour examiner l'habillement des troupes et les harnais des chevaux. — Dès l'année 1514, année de leur création, les agents nommés à cet effet reçoivent le titre de commissaires et l'autorité nécessaire pour remplir leurs fonctions sans entraves. — En 1537, ils ont titre de *Commissaires de guerre ordinaires.* — Leur réunion en corps spécial en 1553. — Sous Henri II (de 1547 à 1559), création de deux charges de *commissaires généraux des vivres*, qui avaient sous eux des *commissaires temporaires.* — Ces deux charges sont remplacées, en 1627, par six *intendants généraux*, et peu après on crée des *trésoriers généraux des armées.* — En 1614, création d'un *commissaire général*, ayant sous ses ordres les commissaires des guerres. — Ce *commissaire général* est remplacé, en 1635, par des *commissaires ordonnateurs.* — En 1668, nomination de deux *inspecteurs généraux*, l'un pour la cavalerie, l'autre pour l'infanterie. — Création des *contrôleurs de guerre*, en 1667. — En 1704, institution de trente offices de *commissaires ordinaires provinciaux des guerres.* — En 1776, le nombre des commissaires des guerres s'était considérablement accru ; le ministre Saint-Germain les réduisit à 160. — Peu de mois après, ce dernier nombre fut porté à 176, qui fut supprimé par un édit de décembre 1783, qui remplaça ces charges par 180 nouvelles. — En 1788, il n'en restait plus que 150. — Un décret du 20 septembre 1791 appela les ordonnateurs et commissaires à concourir à la formation des cours martiales. — Un décret du 17 janvier 1795 porte leur effectif à 600. — La Convention nationale s'était réservé le choix des titulaires, sur la présentation du Comité de salut public. — Par arrêté du 29 janvier 1800, les fonctions attribuées aux commissaires des guerres sont partagées entre deux corps distincts et indépendants l'un de l'autre : celui des *inspecteurs aux revues*, et celui des *commissaires des guerres.* — Ordonnance du 29 juillet 1817, qui supprime le corps des inspecteurs aux revues et celui des commissaires des guerres; ils sont remplacés par le corps de l'*Intendance militaire*. — Une seconde ordonnance, du 27 septembre 1820, augmenta le personnel de l'intendance, et porta l'effectif du corps à 295. — Par ordonnance du 18 septembre 1822, ce cadre fut restreint et 60 titulaires supprimés. — Autres ordonnances constitutives subséquentes du 10 novembre 1829, du 16 avril 1830, du 11 décembre 1830, et du 10 juin 1835.

Militaire (pénalité) en France : notions chronologiques y relatives, depuis la troisième race de nos rois. — En 993, cours de justice mixtes établies par Hugues-Capet pour les crimes et délits civils et militaires. — Un tribunal dit de la *Connétablie* est chargé, en 1191, de juger les délits civils et militaires. — Cours prévôtales, instituées en 1271 par Philippe le Hardi, pour le jugement des délits civils et militaires. — En 1422, ces cours prennent le nom de *Prévôté de l'Hôtel du Roi*. — Ordonnance de Charles VII sur les crimes et délits militaires, en 1439. — Ordonnances sur le même sujet, de 1531, 1534, 1550, 1551, 1553, 1557, 1584. — Ordonnance de 1665, relative au mode de jugement des conseils de guerre. — En 1670, ordonnance sur la forme de procédure à suivre contre les contumaces. — En 1679, sur l'application des peines pour crimes et délits militaires. — On règle les procédures criminelles militaires en 1685, 1688, 1699, 1712, 1714, et l'on prescrit diverses formalités à remplir relativement aux déserteurs. — Les ordonnances de 1699, 1710, 1716, 1717, 1718 et 1720, portent application de peines pour d'autres délits. — En 1720, réunion en un corps d'ouvrage des lois pénales militaires existant à cette époque. — En 1730, 1733 et 1735, ordonnances touchant la désertion. — En 1737 et 1741, nouvelles formes de procédure. — Nouveau code ou réunion des lois pénales militaires, en 1750. — En 1751 et 1753, ordonnances portant application de peines pour crimes et délits militaires. — En 1768, ordonnance sur le service des places. — En 1790, loi qui établit la compétence des tribunaux militaires, les cours martiales, leur organisation, etc. — Publication d'un code militaire en 1791. — Etablissement, en 1792, de tribunaux de police correctionnelle militaire aux armées. — En 1793, suppression des cours martiales, création dans chaque armée de deux tribunaux criminels militaires, et publication d'un code pénal pour les armées. — 1794 (3 pluviôse an II), création de conseils de discipline pour les fautes graves, de tribunaux de police correctionnelle pour les délits, et de tribunaux criminels militaires pour la punition des crimes. — La loi du 13 brumaire an V (novembre 1796), et celle du 18 vendémiaire an VI (9 novembre 1797), instituent deux conseils de guerre permanents et un conseil de révision dans chaque division ou corps d'armée. — Les tribunaux militaires établis de 1801 à 1817 ont cessé d'exister; ce sont : 1° les *tribunaux spéciaux* militaires en 1801, dans 27 départements; 2° les conseils de guerre spéciaux, pour juger les déserteurs et les conscrits réfractaires; 3° les commissions militaires spéciales, pour juger les espions et embaucheurs, instituées en 1804; 4° les cours prévôtales, créées en 1815, et supprimées par ordonnance de Louis XVIII en 1817.

Millénaires, sectaires qui soutenaient que Jésus-Christ viendrait régner corporellement sur la terre après la résurrection ; ils professaient cette doctrine vers l'an 130 de l'ère chrétienne.

MILLER (Philippe), célèbre jardinier anglais, né en Ecosse en 1691, mort le 18 décembre 1771.

Millesimo (bataille de), gagnée par les Français sur les Autrichiens, le 14 avril 1796.

MILLEVOYE (Charles-Hubert), poëte français, né à Abbeville le 24 mars 1782, mort le 12 août 1816, âgé de 34 ans.

MILLIN (Aubin-Louis), archéologue et naturaliste, né à Paris en 1759, mort le 14 août 1810.

MILLOT (Claude-François-Xavier), historien, né à Ornans en Franche-Comté, en mars 1726, mort en mars 1785.

Milo, la dernière des Cyclades du côté de la Morée : appelée autrefois *Melos;* il y avait plus de 700 ans qu'elle jouissait de la liberté, lors des guerres du Péloponèse (431 ans av. J.-C.). — Elle succomba en 416, et toute sa population fut emmenée en esclavage. — C'est dans cette île qu'on a trouvé, en 1820, la *Vénus* dite *de Milo*, qu'on voit au Musée du Louvre.

MILON DE CROTONE, fameux athlète, dévoré par les bêtes sauvages, l'an 500 av. Jésus-Christ.

MILTIADE, général athénien, mort en prison l'an 489 av. J.-C.

MILTON (Jean), illustre poëte anglais, né à Londres le 9 décembre 1608, mort le 10 novembre 1674.

Milvie (conciles de), tenus en 402 et en 416.

MINA (don Xavier) : son exécution le 13 novembre 1817.

MINA (Francisco Espoz y), général espagnol, né dans la Navarre, le 17 juin 1781, mort à Barcelone, en novembre 1836.

MINARD (Antoine), célèbre magistrat français, tué d'un coup d'arquebuse le 12 décembre 1559.

Mincio, ce passage est forcé le 25 décembre 1800 et jours suivants, par l'armée française commandée par Brune.

Minden, capitale d'une principauté de ce nom : rendue à la Prusse en 1814.

Minéralogie : publication d'une nouvelle méthode minéralogique, par l'abbé Haüy, en 1801.

Mines contenant des métaux : la quantité totale de marcs d'argent que les mines du Mexique ont produits depuis 1690 jusques et y compris 1800, s'élève à 148,490,700 ; le produit des mines d'or du même pays, dans le même laps de temps, est évalué à 265,047 marcs d'or. — On a évalué en 1798, que toutes les mines de l'Europe produisent annuellement 282,300 marcs d'argent, et 7,889 marcs d'or. Le produit annuel des mines d'or et d'argent de l'Amérique a été évalué, en 1815, à 238,882,400 francs, et celui des mines d'Afrique, à environ 28,117,000 francs.

Mines de guerre : employées, suivant l'histoire, par Ancus Martius, roi de Rome, au siége de Fidènes, l'an 638 av. J.-C. — Leur invention en Europe au château de l'OEuf, par les Génois, en 1503.

Mines (école des) : créée par Louis XVI sur la proposition de B. G. Sage, en 1783. — Réorganisée en 1794. — Constituée définitivement en 1816.

Minimes (ordre des), fondé par saint François de Paule, en 1467. — Les généraux de cet ordre n'étaient d'abord élus que pour trois ans; mais par l'ordre du Saint-Siége ils commencèrent à l'être pour six ans, dès l'année 1605.

Ministères depuis juillet 1830 jusqu'à février 1848.—Le 11 août 1830, ministère sans présidence, composé de MM. Guizot, Molé, de Broglie, Dupont (de l'Eure), Gérard, baron Louis, Sébastiani : ministres sans portefeuille, MM. Lafitte, Casimir Périer, Dupin, Bignon. — Le 29 novembre 1830, ministère Lafitte. — Le 13 mars 1831, ministère Périer. — Le 11 octobre 1832, ministère Soult, ou Thiers-Guizot; modification de ce ministère, le 4 avril 1834 ; le 18 juillet de la même année, il passe sous la présidence du maréchal Gérard. — Le 27 octobre 1834, crise ministérielle.— Le 10 novembre 1834, ministère de M. le duc de Bassano, appelé ministère des trois jours. — Le 18 novembre 1834, rentrée du ministère du 11 octobre (Thiers-Guizot), sous la présidence du maréchal Mortier.— Février 1835, nouvelle crise ministérielle. — Le 12 mars 1835, ministère de Broglie. — Le 22 février 1836, ministère Thiers. — Le 6 septembre 1836 ministère Molé-Guizot. — Nouvelle crise ministérielle, 7 mars 1837. — Le 15 avril 1837, le ministère Molé-Montalivet. — Nouvelle crise ministérielle, mars 1839. — Le 31 mars, ministère provisoire. — En 1840, ministère Thiers, qui est renversé par la coalition en octobre 1841 ; — Enfin le ministère Guizot, qui disparaît le 24 février.

Minnesingers, poëtes allemands du moyen âge : ils florissaient à la fin du XIIe siècle et au commencement du XIIIe.

Minorque, île considérable d'Espagne dans la Méditerranée : prise par les Carthaginois sur les Phéniciens, vers l'an 452 av. J.-C. Les Romains la prirent au Carthaginois ; les Vandales l'enlevèrent aux Romains, l'an 421 de J.-C. : les Sarrasins la prirent vers 697. Charlemagne la conquit sur les Maures au commencement du IXe siècle, mais ils y rentrèrent peu après. Quatre siècles après, Minorque fut réunie à la couronne d'Aragon. — Stanhope la prit le 28 septembre 1708 ; prise par les Français sur les Anglais en 1756, et rendue en 1763 : prise en 1782 par les Espagnols, en 1796 par les Anglais ; enfin rendue par le traité d'Amiens, le 25 mars 1802.

Miquelets français, ou *Fusiliers des montagnes*, organisés sous Louis XIV au commencement de la guerre de 1689 ; ils se dispersèrent après la paix de Ryswick, en 1697. — Deux nouveaux bataillons créés en 1744, furent licenciés en 1763. — En 1789, on vit de nouveaux miquelets français, qui se dispersèrent aussi à la paix de 1795. — En 1808 lors de la guerre d'Espagne, Napoléon institua un corps de partisans sous le nom de *Miquelets français :* leur service cessa en 1812.

Miquelon (îles) : cédées à la France en 1768; prises par les Anglais en 1793 ; elles ont été enfin restituées à la France en 1816.

MIRABAUD (Jean-Baptiste de), littérateur français, né à Paris en 1675, mort le 24 juin 1760.

MIRABEAU (Victor Riquetti, marquis de), économiste français, qui s'intitulait *l'ami des hommes*, né à Perthuis le 5 octobre 1715, mort à Argenteuil en 1790.

MIRABEAU (Honoré-Gabriel Riquetti, comte de), grand orateur et écrivain politique, né au Bignon, près Nemours, le 7 mars 1749, mort à Paris le 2 avril 1791.

MIRABEAU (Boniface Riquetti, vicomte de), frère puîné du précédent, né au Bignon le 30 novembre 1754, mort en 1792.

Mirage, phénomène très-commun dans les déserts de l'Afrique ; ce ne fut guère qu'en 1797 qu'on s'occupa du mirage pour l'expliquer.

MIRAMION (Marie Bonneau, dame de), née à Paris le 2 novembre 1629, morte le 24 mars 1696.

Miramiones (congrégation des dames), fondée par Marie Bonneau, dame de Miramion, en 1661.

Mirandole (le duché de), donné au duc de Modène par l'empereur, en 1711.

MIRANDOLE (Jean Pic de la), génie prodigieux du XVe siècle, né le 24 février 1463, mort à Florence le 17 novembre 1494.

Mirepoix, ville du département de l'Arriége : détruite de fond en comble par une inondation en 1289. — Son évêché, érigé en 1318, fut supprimé en 1801, en vertu du Concordat.

Miroir ardent : l'an 513, la flotte de Vitellianus est brûlée devant Constantinople par Proclus, avec un miroir ardent d'airain.

Miroirs ardents : ils sont renouvelés, en 1739, par Buffon.

Miroirs de cristal : leur invention par les Vénitiens en 1360.

Misanthrope (le), chef-d'œuvre de Molière, sa première représentation le 4 juin 1666.

Missions étrangères : vers la fin du VIe siècle, Grégoire le Grand envoya en Angleterre le moine Austin ou Augustin avec quelques compagnons pour y prêcher la foi. — C'est pour organiser les travaux des missions étrangères que la congrégation de la *Propaganda*, fut fondée à Rome, en 1622, par Grégoire XV.

Missions étrangères (séminaire des) à Paris : fondé en 1663 par le P. Bernard de Sainte-Thérèse, religieux de l'ordre des carmes déchaussés et évêque de Babylone.

Missions de France (prêtres des), établis, en 1815, par l'abbé Legris-Duval.

Missions protestantes : sociétés anglaises pour propager le christianisme dans les pays étrangers, fondées en 1647 et 1698. — Etablissement d'une société danoise dans le même but en 1704. — Une autre société d'Angleterre fut fondée, en 1794, pour évangéliser l'Amérique méridionale et l'Océanie. — En 1809, mission anglo-chinoise, établie à Malacca. — L'Angleterre compte 55 sociétés religieuses, parmi lesquelles on distingue : la grande société des missions établie en 1794 ; la société fondée pour l'Ecosse en 1709 ; la société des missionnaires instituée en 1819, pour prêcher dans l'intérieur du pays ; la société des missionnaires anabaptistes, fondée en 1792 ; la société des missions de la nouvelle église de Jérusalem, en 1721 ; celle pour l'Europe, fondée en 1808 ; celle des prédicateurs, transportée en 1823 d'Edimbourg à Londres. — Aux Etats-Unis, on peut signaler principalement l'établissement américain fondé en 1810 pour les missionnaires destinés à l'étranger ; celui des missionnaires anabaptistes fondé en 1814 ; celui qui a été fondé, en 1818, par la réunion générale des presbytériens ; celui des méthodistes, fondé en 1819 ; la société des missionnaires pour l'intérieur du pays, en 1830. — De 1701 à 1817, onze missions furent fondées par autant de sociétés protestantes, dont cinq de l'Angleterre, une de l'Ecosse, une du Danemark, une de l'Allemagne, une des frères moraves, et deux de l'Amérique. — Une école destinée à préparer des missionnaires pour les établissements de l'Angleterre et de la Belgique, a été fondée à Bâle en 1816. — Il y a une autre école du même genre à Berlin depuis 1810.

Mississipi, grand fleuve de l'Amérique septentrionale ; découvert en 1544 par l'Espagnol Fernando de Soto. — Au XVIIe siècle, les missionnaires français lui donnèrent le nom de *fleuve Colbert*, et ensuite celui de *Saint-Louis*.

Mississipi, un des Etats-Unis de l'Amérique du nord : découverte de cette contrée par les Français, en 1673. — Il est constitué depuis 1817.

Missolounghi ou *Missolonghi*, principale forteresse de la Grèce occidentale : elle tomba au pouvoir d'Ali-Pacha de Janina en 1804. — Assiégée en 1822 par les Turcs, elle força les assiégeants de lever le siége le 6 janvier 1823, après deux mois d'une héroïque défense. — Assiégée de nouveau, en 1825, par des forces considérables qui la harcelaient par terre et par mer, le 27 avril 1826 elle vit entrer l'ennemi dans ses murs ; ses défenseurs firent sauter une partie de la place et s'ensevelirent sous ses ruines. Ce ne fut que le 18 mai 1829, que Missolounghi fut restituée aux Grecs par capitulation.

Missouri, grand fleuve de l'Amérique : découvert par le père Marquette en 1673, et reconnu en 1804 par les voyageurs américains Lewis et Clark.

MITHRIDATE VII, roi de Pont, né vers l'an 135 av. J.-C., monte sur le trône l'an 123 av. J.-C. ; mort l'an 64 av. J.-C.

Mithridate (guerre dite de), parce qu'elle eut lieu entre ce célèbre roi de Pont et les Romains ; commença l'an 88 av. J.-C., et finit l'an 64 av. J.-C. par la mort de Mithridate.

Mittau (bataille de), gagnée sur les Russes par Charles XII, en juillet 1705.

Mittau, capitale de la Courlande, prise par les Suédois en 1701, et par les Russes en 1706.

Mnémotechnie, ou l'art de fortifier la mémoire : on prétend que le poëte Simonide en fut l'inventeur vers le Ve siècle av. J.-C. — La mnémotechnie était cultivée chez les Romains du temps de Cicéron, dans le siècle qui précéda l'avénement de J.-C.—Raymond Lulle, au XIIIe siècle, donna dans son *grand art* des tables synoptiques qui ont trait à la mnémotechnie. — Conrad Celtes, dans le XVe siècle, et Schenckel dans le XVIe, remirent en usage et perfectionnèrent cet art. — De nos jours, plusieurs savants en ont fait l'objet de leurs études et de leurs recherches. Mais celui de tous qui a obtenu les résultats les plus positifs et les plus étonnants est sans contredit notre compatriote Aimé Paris, qui, depuis 1830, a donné des séances publiques de mnémotechnie, dans lesquelles il a déployé tous les prodiges de son art.

Mobile (le fort de la) dans l'Amérique septentrionale ; bâti par les Français et cédé aux Anglais en 1763.

Modène (duché de), son commencement en 1452. Borso d'Este fut le premier duc de Modène et de Reggio. — Le dernier des ducs de Modène appartenant à la maison d'Este fut Hercule III, qui épousa en 1741, Marie-Thérèse de Cibo-Malaspina ; puis le duché passa dans la maison d'Autriche. — En 1796, le duché de Modène fut envahi par l'armée française ; le traité de Lunéville (9 février 1801) donna le Brisgau au duc régnant à titre de dédommagement. — Son fils, le duc François IV, prince royal de Hongrie et de Bohême, archiduc d'Autriche, entra, en 1814, en possession des domaines de ses ancêtres, et fut affermi sur son trône par le traité de Vienne (31 mai 1815).

MOERIS, l'un des plus grands rois de Thèbes dans la Haute-Egypte, commença à régner vers 2040 avant J.-C. Son règne fut de 43 ans. Il fit creuser le lac célèbre qui porta son nom, et qui servait à recevoir les eaux du Nil quand son inondation était trop abondante, ou à lâcher ces mêmes eaux sur les terres lorsque le débordement ne suffisait pas pour les fertiliser.

Mœskirch (bataille de), gagnée par le général Moreau sur les Autrichiens, le 5 mai 1800.

MOHAMMED (Cheick), fondateur de la secte musulmane des Wahabis ; mort en 1803.

Mohatz (bataille de), gagnée par les Turcs sur Louis, roi de Hongrie et de Bohême en 1526.

Mohatz (bataille de), où les Turcs sont défaits, le 12 août 1687, par le duc de Lorraine, général de l'empereur.

Mohilow : les Suédois y remportèrent une grande victoire sur les Russes, en 1707.

Mohilow (combat de), où neuf régiments de cavalerie française sont taillés en pièce par le général russe prince Bagration, le 22 juillet 1812.

Mohrungen (bataille de), gagnée sur les Prussiens par les Français, le 25 janvier 1807.

Moiré métallique : procédé qui fut inventé, vers 1816, par M. Allard, ferblantier à Paris.

Mois : les noms qu'ils portent aujourd'hui leur ont été donnés par Charlemagne vers l'an 800.

MOISE, législateur du peuple juif, né dans la terre de Gessen, l'an 1571 av. J.-C. ; mort l'an 1451 av. J.-C., âgé de 120 ans.

MOITTE (Jean-Guillaume), sculpteur habile, né à Paris en 1747, mort le 2 mai 1810.

MOIVRE (Abraham), mathématicien, né à Vitry en Champagne, en 1667, mort le 27 novembre 1754.

MOLAI (Jacques de), dernier grand-maître de l'ordre des Templiers, brûlé vif à Paris, le 11 mars 1314.

Moldavie, province de la Turquie d'Europe : ce fut à dater de 1310 que les Turcs commencèrent à faire des incursions dans ce pays. — En 1503, le prince Bogdan III consentit à recevoir ses Etats de l'empire ottoman, à titre de fief. — La Moldavie fut prise aux Turcs par les Russes, en 1769. — Reprise par les Turcs en 1770. — L'empereur de Russie fut depuis 1812, possesseur de la partie située sur la rive gauche du Pruth. — Insurrection des principautés de Moldavie et de Valachie contre la Porte ottomane, en avril 1821. — Par suite de cette insurrection, le sultan nomma hospodar, le 10 juillet 1822, un boyard moldave, Jean Stourdza. — Lors de la guerre de 1828 et 1829, la Moldavie tomba au pouvoir des Russes. — L'intégrité du territoire de cette principauté fut reconnue dans le traité conclu le 14 septembre 1829, entre la sublime Porte et l'empereur de Russie ; elle est pourtant sous la suzeraineté de la Turquie.

Môle d'Adrien, depuis appelé *Château Saint-Ange :* érigé par l'empereur Antonin, l'an 138 de notre ère. Voy. *Ange* (Château Saint-)

MOLÉ (Mathieu), premier président du parlement de Paris, en 1584 ; mort le 3 janvier 1656.

MOLÉ (François-René), comédien français, né à Paris le 24 novembre 1734, mort en décembre 1802.

MOLESWORTH (Robert), diplomate, né à Dublin en 1656, mort le 22 mai 1725.

MOLIÈRE (Jean-Baptiste Poquelin, plus connu sous le nom de), célèbre poëte comique français et profond philosophe, né à Paris le 15 janvier 1620, mort le 17 janvier 1673.

MOLIÈRES (Joseph Privat de), physicien, né à Tarascon en 1677, mort le 12 mai 1742.

MOLIN (Jacques), appelé communément DUMOULIN, célèbre médecin, né à Marvège dans le Gévaudan, le 29 avril 1666, mort à Paris en 1755.

MOLINA (Louis), jésuite espagnol et savant théologien, né en 1535, mort à Madrid le 12 octobre 1600. Ce fut à l'occasion de son livre *de la Concorde de la grâce et du libre arbitre*, que le pape Clément VIII institua en 1597 la congrégation *de auxiliis*.

MOLINET (Jean), chanoine de Valenciennes, historien et poëte, né à Poligny dans le xve siècle, mort en 1507.

MOLINOS (Michel), théologien espagnol, né dans le diocèse de Saragosse en 1627, mort en prison, le 29 décembre 1696. Sa doctrine (*le molinosisme*) fut condamnée à Rome, en 1687, par le pape Innocent XI.

MOLITOR (....... comte), maréchal de France, gouverneur de l'hôtel des Invalides, grand chancelier de la Légion d'honneur, né le 7 mars 1770, mort le 28 juillet 1849.

Mollusques : en 1798, le célèbre Georges Cuvier réunit définitivement sous cette dénomination classique les vers mollusques et les vers testacés, et il en fit définitivement une classe distincte.

Moluques (îles) : découvertes par les Portugais en 1511 ; mais elles furent enlevées en 1604 au Portugal par les Hollandais, qui y établissent leur compagnie des Indes orientales.

Molwitz (bataille de), gagnée en Silésie, le 10 avril 1741, par le roi de Prusse sur les Autrichiens.

Molybdène, métal : l'existence de ce métal, soupçonnée d'abord par Schéele et Bergmann, fut constatée par Hielm en 1782.

Momus (Soupers de), société chantante et joyeuse, formée à Paris en 1813, et dissoute en 1828.

Monaco (principauté de) : le premier prince titulaire de ce petit Etat fut un membre de la famille Grimaldi, que l'empereur Othon en investit au xe siècle. — La branche mâle des princes de Monaco s'éteignit en 1731, et la souveraineté passa dans la famille française de Matignon. — A l'époque de la révolution française, la principauté de Monaco fut réunie à la France et fit partie du département des Alpes maritimes jusqu'en 1814. — Le congrès de Vienne (1815) a maintenu ce petit Etat.

MONALDESCHI (Jean, marquis de), écuyer de la reine Christine de Suède, assassiné à Fontainebleau, le 10 octobre 1657.

Monastériens, sectaires anti-luthériens et anabaptistes, dans le xvie siècle.

MONCEY (......), duc de Conégliano, pair et maréchal de France, gouverneur des Invalides, mort le 20 avril 1842.

MONCLAR (Jean-Pierre-François, Rippert de), magistrat français, procureur-général au parlement d'Aix ; mort le 12 février 1773.

MONCRIF (François-Augustin Paradis de), de l'Académie française, né à Paris en 1687, mort le 12 novembre 1770.

Monde (système du), imaginé par le célèbre Laplace, en 1796.

Monde (Voyage autour du). Voyez *Voyages.*

MONDONVILLE (Jean-Joseph Cassanka de), compositeur français, né à Narbonne le 24 décembre 1715, mort le 8 octobre 1772.

Mondovi (bataille de), gagnée sur les Piémontais par le général Bonaparte, le 22 avril 1796.

Mongatz : prise de cette ville, en 1711 ; cet événement termina la guerre de Hongrie, commencée en 1701.

Mongols ou *Mogols* : vers l'an 1203, le célèbre Gengis-Khan fonda leur empire. — De 1206 à 1223, ils soumirent les deux grands royaumes tatars, le Turkhestan, la Perse et presque toute la Russie. — Après la mort de Gengis-Khan, en 1227, ses fils soumirent l'empire de la Chine, renversèrent le califat de Bagdad, et, en 1237, envahirent une seconde fois la Russie. — En 1240, les Mogols dévastèrent la Pologne et la Silésie. — Le 9 avril 1241, ils battirent les troupes allemandes près de Wahlstadt. — La puissance de l'empire des Mogols commença à décroître au XIVe siècle ; à la Chine, elle fut renversée par une révolution, en 1358 ; mais en 1360, Tamerlan ou Timur-Begh la releva ; en 1369, il choisit Samarkand pour le siége de son empire, et en peu de temps subjugua la Perse, l'Asie centrale et l'Indostan. — En 1400, il défit le sultan des Turcs Bajazet, à la bataille d'Ancyre. — A la mort de Tamerlan, en 1405, son vaste empire fut divisé. — Un de ses descendants, Baber ou Babur fonda, en 1519, aux Indes, une nouvelle monarchie puissante, qui se maintint sous le nom d'empire du Grand-Mogol, jusqu'à la fin du XVIIIe siècle.

MONGE (Gaspard), géomètre et physicien français, né à Beaune, le 10 mai 1746, mort le 28 juillet 1818.

MONIQUE (sainte), mère de saint Augustin, née en 332, morte à Ostie en 387.

Moniteur universel, journal officiel du gouvernement français, fondé par Charles-Joseph Panckoucke ; il parut pour la première fois le 24 novembre 1789.

MONK (Georges), duc d'Albemarle, né en 1608, mort le 3 janvier 1670 ; il avait eu la gloire de replacer sur le trône d'Angleterre, en 1660, Charles II, son souverain légitime.

MONMOUTH (Jacques, duc de), fils naturel de Charles II, roi d'Angleterre, né à Rotterdam en 1649, décapité le 15 juillet 1685.

Monmouth (bataille de), gagnée par le général Washington sur les Anglais, le 28 juin 1778.

Monnaies d'or et d'argent : on en attribue la première fabrication aux Lydiens, vers 1495 av. J.-C. — On en frappa pour la première fois en Europe, en 1320. — Celle des rois de France commence à avoir cours dans l'Empire romain, en 537. — L'usage des monnaies, introduit dans le nord de l'Europe par Canut-le-Grand, roi de Danemark, à la fin du Xe ou au commencement du XIe siècle. — Elles sont altérées en France en 1312, — et sous le roi Jean en 1355. — Pendant la révolution, les lois des 24 août 1790, 16 vendémiaire an II (7 octobre 1793) et 28 thermidor an III (15 août 1795), substituèrent le système décimal au système incomplet de l'ancien régime. — Les anciennes pièces ont eu cours jusqu'à la loi du 30 mars 1834.

Monnaies (hôtels des) : lois et ordonnances relatives à leurs attributions et à leur organisation ; loi du 24 août 1799 ; loi du 7 germinal an XI (28 mars 1803) ; arrêté du 10 prairial an XI (30 mai 1803) ; ordonnance royale du 24 mars 1832.

Monnayage au moulin et au balancier, inventé par Aubry Olivier, en 1553.

MONNOIE (Bernard de la), savant littérateur et philologue, né à Dijon le 15 juin 1641, mort le 15 octobre 1728.

Monomotapa, vaste empire de l'Afrique méridionale : il fut découvert au XVe siècle par les Portugais, qui y formèrent leur capitainerie générale de Mosambique. — Aujourd'hui, la grande puissance de l'empire de Monomopata a, pour ainsi dire, disparu.

Monophole ou foyer unique dont la lumière équivaut à dix lampes d'Argant ; inventé en 1815 par Bordier-Marat.

Monosonites ou *Bonosiens*, sectaires qui parurent vers l'an 389.

Monothélites, hérétiques, appelés aussi *Egyptiens* ou *schismatiques*, qui ne reconnaissaient en Jésus-Christ qu'une seule volonté ; ils professaient leur doctrine vers l'an 563.

Mons, capitale de la province du Hainaut (Belgique) : elle figure dans l'histoire au VIIe siècle. — Au IXe, elle avait déjà quelque importance. — En 1200, Baudouin VI, depuis empereur de Constantinople, lui donna une charte célèbre. — En 1290, elle reçut des accroissements considérables. — Vers 1304, elle devint le siége de manufactures de laine et autres établissements de commerce. — Ses principaux édifices sont : l'église de Sainte-Wandrec, achevée en 1589 ; l'Hôtel-de-Ville, bâti en 1440 ; la tour du Beffroi, élevée en 1662 ; un canal de Mons à Condé, commencé en 1807 et terminé en 1814. — Cette ville a été souvent prise et reprise. — Les Français s'en rendirent maîtres en 1691, et la gardèrent jusqu'à la paix de Ryswick (20 septembre 1697) : ils la prirent de nouveau en 1701. En 1707, Eugène et Marlborough la firent capituler. Le traité d'Utrecht (11 avril 1713) l'adjugea à l'Autriche. — Prise de nouveau en 1746, elle retomba sous la domination autrichienne en 1748. — Joseph II fit démolir ses fortifications en 1784. — Le prince d'Orange fut battu près de cette ville par le maréchal de Luxembourg, en 1678.

Mons-en-Puelle (bataille de), gagnée sur les Flamands par Philippe le Bel, le 18 août 1304.

MONSIAU (Nicolas-André), peintre d'histoire, né à Paris, agrégé à l'Académie royale dès 1787, mort le 3 mai 1837.

MONSIGNY (Pierre-Alexandre), compositeur français, né à Fauquemberg le 17 octobre 1729, mort le 14 janvier 1817.

MONSTRELET (Enguerrand de), historien, né à Cambrai vers l'an 1390, mort en juillet 1455. L'édition de sa *Chronique* qui mérite le plus d'estime, est celle qu'a publiée M. Buchon. (Paris, 1826-1827.)

MONTAGU (Jean), homme d'Etat français, exécuté le 17 octobre 1409.

MONTAUSIER (Julie-Lucine d'Angennes de Rambouillet, duchesse de), gouvernante des enfants de France, née en 1607, morte le 15 novembre 1671.

MONTBRUN, général français, tué d'un coup de boulet à la bataille de la Mojaïsk, le 9 septembre 1812, à l'âge de 40 ans.

Mont-Carmel (ordre militaire de Notre-Dame du), institué par Henri IV en 1608 : il fut supprimé en 1790 avec tous les autres ordres.

Mont-de-Marsan, chef-lieu du département des Landes. Cette ville doit son nom et sa fondation à un comte de Marsan, qui la fit bâtir en 1140.

Montagne-Verte. Les Français y furent vainqueurs en 1794.

MONTAGUE (lady Marie Wortley de), née à Thoresby dans le comté de Nottingham, en 1690, morte à Londres en 1762.

MONTAIGNE (Michel, seigneur de), philosophe et écrivain français, né au château de ce nom dans le Périgord, le 18 février 1533, mort le 13 septembre 1592. — Une des éditions modernes les plus estimées de ses *Essais*, est du libraire Desoër, gr. in-8, 1818. — L'édition originale, faite sous les yeux de l'auteur et publiée en 1588, in-4°, est rare et curieuse.

MONTALEMBERT (René-Marc, marquis de), écrivain militaire, né le 16 juillet 1714, mort à Paris le 29 mars 1800.

MONTALIVET (Jean-Pierre Bachasson, comte de), ministre de l'intérieur sous l'Empire, né à Sarreguemines, le 5 juillet 1766, mort le 22 janvier 1823, dans sa terre de La Grange près Pouilly. Il avait été ministre de l'intérieur depuis 1809 jusqu'en 1814, intendant général des biens de la couronne impériale en 1815, pair de France en 1819.

MONTAN, hérésiarque du IIe siècle, mort vers 212.

Montanistes ou *Cataphrygiens*, hérétiques, disciples de Montan, qui se disait le Paraclet, et professait d'autres graves erreurs, vers l'an 173 de l'ère chrétienne.

MONTANSIER (Mademoiselle), célèbre directrice de spectacle, était née à Bayonne en 1730. Elle fit construire, en 1789, au Palais-Royal, un théâtre qui porte son nom. Elle est morte le 13 janvier 1820, âgée de 90 ans.

Montauban, chef-lieu du département de Tarn-et-Garonne. Cette ville fut fondée, en 1144, par Alphonse, comte de Toulouse. — Les habitants de cette ville embrassèrent le calvinisme en 1572 et fortifièrent leur ville. Le cardinal de Richelieu fit raser ces fortifications vers 1629.

MONTAUSIER (Charles de Saint-Maur, duc de), pair de France, né en 1610, mort le 17 mai 1690.

Mont-Blanc, la plus haute montagne des Alpes : gravi, pour la première fois, en 1786, par D. Pacard ; en 1787, par de Saussure ; en 1788, par Bourrit ; en 1802, par un Lausannais et un Courlandais.

Montbrison, autrefois capitale du Forez. Ses habitants furent affranchis par leur comte Gui en 1223. — Cette ville fut ravagée par la peste au commencement du XVIe siècle.

MONTBRUN (Charles Dupuy, dit *le Brave*), vaillant capitaine calviniste, né vers 1530, mort le 12 août 1575.

MONTCALM (Louis-Joseph de Saint-Véran, marquis de), général français, né à Candiac, près Nîmes, en 1712, tué près de Québec, le 14 septembre 1759.

Montcassel (bataille de) : les Français, commandés par leur roi Philippe Ier, y furent défaits par les Frisons et les Hollandais, en 1071.

Mont-Cenis, on y découvre de riches mines de charbon, en 1785. — La nouvelle route est achevée en septembre 1805.

Montcontour (bataille de), où les huguenots sont défaits, le 3 octobre 1569.

Mont-Dauphin, en Dauphiné : fortifié par Louis XIV en 1693.

MONTEBELLO (Jean Lannes, duc de), maréchal de France, né à Lectoure, le 11 avril 1769, tué à la bataille d'Essling, le 22 mai 1809.

MONTECUCULLI (Raimond, comte de), célèbre général autrichien, né dans le Modénois en 1608, mort à Lintz le 13 octobre 1680.

MONTÈGRE (Antoine-François Jenin de), médecin français, né à Belley le 6 mai 1779, mort de la fièvre jaune au Port-au-Prince en 1818.

Monte-Leone, petite ville de Calabre, considérablement endommagée par le tremblement de terre du 5 février 1783.

MONTE-MAYOR (Georges de), poëte castillan, né en 1520, mort vers 1562.

Montenegro, province située aux confins de l'Albanie. Ce pays secoua le joug de l'Empire ottoman, en battant les Turcs à la bataille de Kossova, en 1389. — Les Monténégrins battirent plusieurs autres fois les Turcs, notamment en 1687 et en 1712.

Montenotte (bataille de), gagnée par les Français sur les Autrichiens et les Piémontais, le 12 avril 1796. Ce fut la première victoire de Bonaparte.

Montereau-Fault-Yonne : Jean-sans-Terre, duc de Bourgogne, est tué sur le pont de cette ville, le 10 septembre 1419.

Montereau (bataille de), où les alliés sont battus par les Français, et sont obligés d'évacuer la Champagne, le 18 février 1814.

MONTESPAN (Françoise Athénaïs de Rochechouart de Mortemart, marquise de), née en 1641, morte en 1707.

MONTESQUIEU (Charles de Secondat, baron de la Brède et de), célèbre publiciste et écrivain français, né au château de la Brède, près de Bordeaux, le 18 janvier 1689, mort à Paris le 10 février 1755.

MONTESQUIOU d'ARTAGNAN (Pierre

de), maréchal de France, mort le 12 août 1725, à 85 ans.

MONTESQUIOU-FEZENSAC (Anne-Pierre, marquis de), général français, mort le 30 décembre 1798.

MONTESQUIOU-FEZENSAC (l'abbé François-Xavier-Marc-Antoine de), homme d'Etat, ministre sous Louis XVIII, né en 1757, au château de Marsan, près d'Auch (Gers), nommé pair et membre de l'Académie française en 1816, créé duc en 1821, mort en février 1832.

MONTESSON (Charlotte-Jeanne Béraud de la Haye de Rion, marquise de), née en 1737 d'une famille noble de Bretagne, morte à Paris le 6 février 1806. Elle avait épousé en secondes noces, le 23 avril 1773, le duc d'Orléans, petit-fils du régent.

Montevideo, capitale de la république de l'Uruguay ou de la Banda orientale (Amérique). Sa fondation ne date que de 1724. — Les Anglais prennent cette forteresse d'assaut, le 3 février 1807. — Elle est enlevée au roi d'Espagne au commencement de 1814.

MONTÉZUMA Ier, cinquième empereur du Mexique, monta sur le trône en 1455, donna de nouvelles lois à ses sujets, et mourut en 1483.

MONTÉZUMA II succéda à son grand-père Ahuitzoti en 1502; détrôné par l'aventurier espagnol Fernand Cortez, il mourut le 30 juin 1520.

MONTFAUCON (dom Bernard de), savant Bénédictin de la congrégation de Saint-Maur, né à Soulage en Languedoc, le 17 janvier 1655, mort à Paris le 21 décembre 1741.

Montfaucon : paix signée en cet endroit avec tous les départements insurgés à la gauche de la Loire, le 18 janvier 1800.

Montfaucon (bataille de), gagnée par Eudes, roi de France, sur les Normands, le 24 juin 889.

Montfaucon (gibet de) : l'opinion la plus commune attribue à Pierre de la Brosse, favori de Philippe le Hardi, l'érection de ces fourches patibulaires. Quoiqu'il en soit, ce même Pierre de la Brosse y fut pendu le 30 juin 1278. — Enguerrand de Marigny avait été l'un des restaurateurs du gibet de Montfaucon; il y fut attaché lui-même en 1315. — Henri Taperet, prévôt de Paris, fut pendu au même lieu en 1320. — En 1322, ce fut le tour d'un employé dans les finances, nommé Gérard Guecte; son corps fut traîné dans les rues et pendu à Montfaucon. — Jourdain de Lisle, l'un des plus grands seigneurs de Gascogne, vint y prendre place en 1321. — Pierre Remi, seigneur de Montigny, principal trésorier de Charles le Bel, fut pendu par arrêt du parlement du 25 avril 1328, au gibet de Montfaucon, qu'il avait fait réparer peu de temps auparavant. — En 1331, même supplice infligé à Macé de Maches, trésorier-changeur du trésor du roi. — En 1348, Alain de Hourderie, chevalier, conseiller au parlement, fut pendu et étranglé au gibet de Montfaucon. — En 1409, on y exposa le corps de Jean de Montagu, déclaré coupable de lèse-majesté. — Pierre des Essarts, prévôt de Paris, auparavant grand-bouteillier de France et administrateur général des finances, exécuté aux Halles le 1er juillet 1413, fut aussi porté à Montfaucon. — Olivier Ledain, ancien barbier et favori de Louis XI, expia sa faveur passée au gibet de Montfaucon, le 21 mai 1484. — Il en fut de même le 14 août 1527, pour Jacques de Bonne, seigneur de Samblançay, surintendant des finances. — Enfin, le corps de l'amiral de Coligny fut attaché au même gibet, après son assassinat, en août 1572. — Depuis longtemps, le gibet de Montfaucon n'existe plus; son emplacement est couvert par une voirie. En 1817, une ordonnance royale avait décidé le transport, au centre de la forêt de Bondy, de l'établissement dégoûtant et insalubre de Montfaucon. Cette ordonnance n'a point encore été mise à exécution.

MONTFLEURY (Zacharie Jacob, dit), acteur et auteur dramatique, né vers la fin du XVIe siècle, mort en décembre 1667.

MONTFORT (Simon de), chef de la croisade contre les Albigeois, né vers 1172, tué le 25 juin 1218.

MONTFORT (Simon VI de), comte de Leicester, mort en 1264.

MONTGAILLARD (Pierre de Faucheran de), poëte français, né à Nyons en Dauphiné, mort en 1605 ou 1606.

MONTGAILLARD (Bernard de Percin de), fameux ligueur, né en 1563, mort à l'abbaye de la Trappe, le 8 juin 1628.

MONTGAILLARD (l'abbé de), auteur d'une fameuse *Histoire de France*, mort le 28 avril 1825.

MONTGOLFIER (Jacques-Etienne), physicien et inventeur des aérostats, né à Vidalon-lez-Annonay en 1740, mort à Balaruc, le 26 juin 1810.

MONTGOLFIER (Jacques-Etienne), frère du précédent, célèbre par ses manufactures de papier, né à Vidalon-lez-Annonay le 7 janvier 1745, mort le 2 août 1799.

MONTGOMMERY (Gabriel de), célèbre par sa valeur et ses belles actions, mais encore plus par le malheur qu'il eut de tuer le roi Henri II dans un tournois, le 26 juin 1559; décapité le 26 juin 1574.

MONTHYON (Jean-Baptiste Robert Auger, baron de), philanthrope français, né en 1733, mort le 29 décembre 1820, âgé de 87 ans.

MONTI (Vincent), poëte italien, né en 1753 à Lusignano près de Ferrare, mort en 1828.

Montlhéry (bataille de), entre Louis XI et plusieurs seigneurs français révoltés, livrée le 16 juillet 1465.

Mont-Louis, ville forte du Roussillon, citadelle bâtie par Vauban sous Louis XIV, en 1681.

MONTLUC (Blaise de Lassaran-Massencome, seigneur de), maréchal de France, auteur de *Mémoires historiques*, né au château de Montluc en 1502, mort en juillet 1577.

Montmartre : l'église de ce lieu, dédiée à saint Denis et à ses compagnons, n'était d'abord qu'une chapelle bâtie au VIIIe siècle; elle eut beaucoup à souffrir en 886 dans le siége de Paris par les Normands, et fut renversée par un ouragan en 944. — Elle fut reconstruite quelques années après. — Vers 988, le bénéfice de cette église et de ses dépendances fut donné à la famille de Montmorency, en récompense de services rendus à l'Etat. — En 1096, elle fut vendue aux Bénédictins de Cluny. — En 1133, Louis le Gros l'acheta, et en fit une abbaye de Bénédictines. — Cette église, qui est plus ancienne de vingt ans que l'église de Saint-Germain des Prés, fut terminée en 1147, et consacrée par le pape Eugène III. — En 1579, un violent incendie détruisit le couvent de Montmartre et endommagea considérablement l'église.

MONTMAUR (Pierre de), poëte français, né à Bétaille, en Quercy, en 1476, mort en 1548.

Montmélian, en Savoie; les Français l'ayant pris, en 1705, démolirent ses fortifications.

Montmirail (combat de), gagné le 11 février 1814, par Napoléon, sur les Prussiens.

MONTMORENCY (Mathieu de), connétable de France, mort en 1160.

MONTMORENCY (Mathieu II de), dit le *Grand Connétable*, célèbre guerrier, mort le 12 novembre 1230.

MONTMORENCY (Charles de), maréchal de France en 1343, mort le 11 septembre 1381.

MONTMORENCY (Anne de), connétable de France; né à Chantilly en 1493, tué à la bataille de Dreux le 10 novembre 1567.

MONTMORENCY (François de), fils aîné du précédent, maréchal de France, mort au château d'Ecouen, le 5 mai 1579 à 49 ans.

MONTMORENCY DE DANVILLE (Henri Ier de), maréchal et connétable de France, second fils d'Anne de Montmorency, mort à Agde le 1er avril 1614, âgé de 70 ans.

MONTMORENCY (Henri II, duc de), maréchal et amiral de France, né le 30 avril 1595 à Chantilly, décapité à Toulouse le 30 octobre 1632.

MONTMORENCY (Charlotte-Marguerite de), sœur du précédent, mère du grand Condé, morte le 2 décembre 1650 à Châtillon-sur-Loing.

MONTMORENCY (Anne-Charles-François, duc de), pair de France, né à Paris le 12 juillet 1768, mort le 25 mai 1846.

Montmorency, petite ville de France (Seine-et-Oise): Ses domaines avaient été érigés en duché-pairie en 1551. — Cette terre fut donnée au prince de Condé, duc de Bourbon, en 1632, après le supplice de Henri II, duc de Montmorency. — Louis XIV, par lettres patentes, en confirmant cette donation, en 1690, changea le nom de Montmorency en celui d'*Enghien*.

MONTMORIN DE SAINT-EPHREM (Armand Marc, comte de), ministre d'Etat sous Louis XVI, tué dans la prison de l'Abbaye, le 31 août 1792.

MONTMORT (Pierre Raimond de), mathématicien, né à Paris en 1678, mort le 7 octobre 1719.

Montpellier, ville de France (Hérault). Son origine remonte au Xe siècle. — Elle passa au XIIIe siècle sous la domination des rois de Majorque. — Commencement de son université, par des disciples d'Avicenne et d'Averroès, en 1196. — Etablissement d'une faculté de médecine en 1219. — Institution définitive de son université en 1289, par le pape Nicolas IV, pour le droit, la médecine, et les arts. — Philippe de Valois, en 1349, acheta la seigneurie de cette ville au roi de Majorque pour 120 mille écus d'or. — Mais Charles V la céda en 1365 à Charles le Mauvais, roi de Navarre, et elle ne retourna à la France qu'à la fin du règne de Charles VI (vers 1420).

MONTPENSIER (Anne-Marie-Louise d'Orléans, plus connue sous le nom de *Mademoiselle*, duchesse de), née à Paris le 29 mai 1627, morte le 5 avril 1693.

Mont-Réal dans le Canada : prise de cette ville par les Anglais, le 8 septembre 1760.

Montres : on croit que ce fut à Nuremberg vers 1500, que furent faites les premières montres.

Montres à ressort spiral; leur invention, en 1674.

Montres à répétition; inventées par Barlow, en 1676.

MONTREVEL (Nicolas-Auguste de la Baume, marquis de), maréchal de France en 1703, mort à Paris le 11 octobre 1716, à l'âge de 90 ans.

MONTROSE (Jacques Graham, comte et duc de), général anglais, pendu et écartelé à Edimbourg pour la cause de Charles II, le 21 mai 1650.

Monts-de-piété ou maisons de prêt. — Dès le XIIIe siècle, il en existait en France, notamment à Metz. — En 1377, il y en avait dans plusieurs villes d'Italie. — Le 4 mai 1515, dans le concile de Latran, le pape Léon X déclara les monts-de-piété légaux et utiles. — Le mont-de-piété de Paris fut institué par lettres patentes du 9 décembre 1777.

Montsaléon, en Dauphiné; c'est là que fut livrée, en 353, la bataille où le tyran Magnence fut complétement défait par Constance.

Mont-Taurus (bataille du), où les Gaulois furent vaincus par Antiochus, roi de Syrie, l'an 275 av. J.-C.

Mont-Thabor (bataille du), gagnée en Syrie par le général Bonaparte, sur les Arabes et les Mamelucks, le 16 avril 1799.

MONTUCLA (J.-Etienne), savant mathématicien, né à Lyon le 5 septembre 1725, mort le 31 décembre 1799.

Monuments célèbres de l'Europe, de l'Asie et de l'Afrique.

EUROPE. *France* (monuments de la) : Bâtiments actuels de l'église de *Saint-Denis;* leur construction par les soins de l'abbé Suger, en 1152. — Château de *Fontainebleau*, commencé par Louis VII, mort en 1180; les travaux furent continués par saint Louis et par plusieurs autres princes, particulièrement par François Ier, Henri II, Louis XIII, et depuis 1806 jusqu'en 1812.— Château de *Saint-Germain en Laye*, bâti en 1370 par Charles V; réparé et agrandi par François Ier, Henri IV, Louis XIII et Louis XIV, qui y était né le 5 septembre 1638. — Le palais du *Louvre*, commencé en 1528 sur les dessins de Pierre Lescot; la galerie fut commencée sous Charles IX et terminée sous le règne de Louis XIV; le nouveau Louvre fut construit en 1665, par Louis le Veau et François Dorbay. — Palais des *Tuileries*, commencé en 1564, continué par Henri IV en 1600, et terminé par Louis XIV. — Le palais du *Luxembourg*, commencé en 1615 et fini six ans après, sur les dessins de Jacques Desbrosses; restauré depuis 1796 jusqu'en 1802; agrandi en 1837 et années suivantes. — Le château royal de *Versailles*, bâti par Louis XIV, sur les dessins de Jules Hardouin Mansard; les travaux furent commencés en 1661 et finis en 1687; Louis XIV l'habita dès le mois d'octobre 1678. Voy. *Musée*. — Eglise cathédrale de *Notre-Dame de Paris*, commencée en l'année 1010, achevée seulement vers l'année 1186, sous le règne de Philippe-Auguste; la première pierre de cet édifice avait été posée solennellement par le pape Alexandre III. — L'église et les bâtiments de la *Sorbonne* furent relevés en 1629 par le cardinal de Richelieu. — L'*Observatoire* de Paris fut bâti en 1667, sur les dessins de Claude Perrault. — Les bâtiments de l'abbaye du *Val-de-Grâce*, à Paris, furent construits sur les dessins de François Mansard; la reine Anne d'Autriche en posa la première pierre en 1624. — La cathédrale de *Reims* fut bâtie en 840. — Celle de *Strasbourg*, l'une des plus belles églises gothiques de l'Europe, commencée en 1015, ne fut terminée qu'en 1275; sa tour, qui ne fut achevée qu'en 1439, fut 162 ans à construire. — Le portail de *Saint-Gervais*, à Paris, fut élevé en 1616, sur les dessins de Desbrosses. — L'église de *Sainte-Geneviève*, dont les révolutions ont voulu faire un *Panthéon*, fut commencée en 1764, sur les dessins et plans de Jacques-Germain Soufflot; elle a été terminée de nos jours. — L'hôtel des *Invalides*, commencé au mois d'avril 1670, achevé en 1678; le dôme ne fut élevé que 30 ans après, vers 1708, sur les dessins d'Hardouin Mansard, comme le reste de l'édifice. — La colonne de bronze de la *place Vendôme*, à Paris, commencée dans les premières années de l'empire, fut terminée en 1810. — Arc de triomphe de l'*Etoile*, commencé le 15 août 1806, n'a été terminé qu'en 1836; ce monument est érigé à la gloire des armées françaises dans les différentes campagnes qui ont eu lieu depuis 1791 jusqu'en 1814. — L'arc de triomphe du *Carrousel*, commencé dans les premiers mois de 1806, fut achevé avant le 1er janvier 1809; la statue de Napoléon avait été placée dans le char, mais elle en fut descendue par son ordre le 12 septembre 1808. En 1814, les quatre chevaux de bronze attelés au char furent repris par les armées étrangères et reportés en Italie. En 1826, de nouveaux bas-reliefs, relatifs à la campagne d'Espagne, par le duc d'Angoulême, succédèrent aux anciens. Un nouveau quadrige, ouvrage de Bosio, fut placé au sommet du monument; mais en 1830 les anciens bas-reliefs ont repris leur place. Voy. *Paris*, *Ponts*, etc.

Italie (principaux monuments d') : — L'église cathédrale de *Milan*, dite *le Dôme*, fut commencée en 1386.—La tour ronde de Saint-Matthieu à *Pise*, construite en 1574.— Le château Saint-Ange à *Rome* ou Mausolée d'Adrien; l'empereur Adrien, mort en l'année 138, l'avait fait construire de son vivant; il prit le nom qu'il porte, sous le pontificat de Grégoire le Grand, vers l'an 490, et fut transformé en citadelle vers la fin du XVe siècle. — Le Panthéon à *Rome*, construit du temps de la république romaine, réparé par Agrippa, gendre de l'empereur Auguste, vers le commencement de l'ère chrétienne; converti en église chrétienne dans les siècles modernes. — L'église de Saint-Pierre de *Rome*, commencée en 1450, sous le pontificat du pape Nicolas V; érection de sa coupole en 1590, sous Sixte V. — L'église de Saint-Marc à *Venise*, fondée en 828; la tour de la place de Saint-Marc, commencée en 883, ne fut achevée qu'en 1400.

Espagne (principaux monuments de l') : la cathédrale de *Cordoue*, ancienne mosquée arabe, fut bâtie en l'année 792, ou 170 de l'hégire. — Le monastère de l'*Escurial* en Espagne, commencé en 1557. — L'église cathédrale de *Séville*, construite dans le XVe siècle.

Angleterre (principaux monuments de l') : la cathédrale de Cantorbéry, bâtie en 1184. — Le palais de *Saint-James*, résidence ordinaire des rois d'Angleterre, bâti en 1530. — L'église de *Saint-Paul* de Londres, commencée en 1670 et finie en 1726.—L'abbaye de Westminster, fondée en 914, rebâtie en 1065; ses tours furent construites en 1732 et les bâtiments entièrement réparés en 1813. — La *Tour* de Londres, bâtie en 1078, et entourée de murailles en 1090. — Cathédrale de *Salisbury*, commencée en 1220, terminée en 1258. — La cathédrale d'*York*, rebâtie en 1075, terminée en 1426. — Le château de Windsor, bâti en 1364, et sa chapelle en 1374.

Hollande et *Belgique* : l'Hôtel-de-Ville d'*Amsterdam* fut bâti de 1648 à 1655. — L'église de *Sainte-Gudule* de Bruxelles, commencée en 1226, et l'église des *Dunes*, bâtie par quatre cents moines en cinquante ans (1214 à 1262).

Allemagne. — La cathédrale de Marbourg, la première et la plus complète production des moines en Allemagne, de l'architecture dite *gothique* ou ogivale, date du XIIIe siècle. — Celle de Cologne, l'église modèle, fut commencée en 1248.

Russie : l'église de Notre-Dame de Casan, à Pétersbourg, commencée en 1801, terminée en 1811, fut consacrée le 15 décembre de la même année. — Le bâtiment de la bourse de commerce de Pétersbourg fut terminé en 1805.

Turquie : l'église grecque de Sainte-Sophie, à Constantinople, fut rebâtie par l'empereur Justinien, dans le VIe siècle. Ce prince, pendant dix-sept années, employa à sa construction tous les revenus de l'Egypte. L'église de Sainte-Sophie fut convertie en mosquée en 1453.

Asie (monuments). On ne sait rien de positif sur le commencement de la construction de la *grande muraille* de la Chine; mais son achèvement eut lieu trois siècles avant l'ère chrétienne.

Afrique (monuments). Les célèbres pyramides d'Egypte ne fournissent que des dates fort incertaines; mais la plus grande est attribuée positivement, par l'historien Hérodote, à Chéops, qui régnait l'an 1198 av. J.-C., et qui employa vingt ans à bâtir cette pyramide. Volney place cette construction à l'an 850 av. J.-C.

MONVEL (Jacques-Marie Boutet de), auteur et acteur dramatique français, né à Lunéville en 1745, mort à Paris le 13 février 1811.

Mopsueste (Concile de), tenu en 550.

MORALÈS (Jean-Baptiste), dominicain espagnol, et célèbre missionnaire, né à Ecija vers 1597, mort à Fosing-teheou, en Chine, en 1664.

Morat (bataille de), gagnée le 22 juin 1476, par les Suisses, sur Charles-le-Téméraire, duc de Bourgogne.

MORATA (Olympia-Fulvia), l'une des femmes les plus savantes du siècle où elle a vécu, née à Ferrare en 1526, morte le 26 octobre 1555.

MORATIN (Léandro), réformateur du théâtre espagnol, né en 1760, mourut à Paris le 21 juin 1828.

MORE ou MORUS (Thomas), grand chancelier d'Angleterre, historien et théologien, né à Londres en 1480, décapité le 6 juillet 1535.

MOREAU (Jacob-Nicolas), historiographe de France, né à Saint-Florentin le 20 décembre 1717, mort le 29 juin 1803.

MOREAU (Jean-Victor), général français, né à Morlaix le 11 août 1763, blessé à la bataille de Dresde le 17 août 1813, mort le 1er septembre suivant.

MOREAU SAINT-MERY (Médéric-Louis-Elie), conseiller d'État, né à la Martinique le 13 janvier 1750, mort le 28 janvier 1819.

MOREAU DE LA ROCHETTE (François-Thomas), inspecteur des pépinières royales de France, né le 4 novembre 1720, mort le 20 juillet 1791.

Morée, ancien Péloponèse. Soumise par Mahomet II, en 1408. — Conquise sur les Turcs par les Vénitiens, en 1686. — Enlevée aux Vénitiens par les Turcs, en 1715. — Insurrection de la Morée et de toute la Grèce en 1822. — Prise de la citadelle des Turcs, le 30 octobre 1828, et libération du sol de la Grèce.

MORELLET (l'abbé André), critique érudit, né à Lyon le 7 mars 1727, mort à Paris le 12 janvier 1819.

MORELLI (Jacques), savant bibliographe, né à Venise le 14 avril 1745; mort le 5 mai 1819.

MORÉRI (Louis), célèbre biographe et docteur en théologie, né le 25 mars 1643, mort à Paris le 10 juillet 1680.

Morfontaine : un traité de paix entre la France et les Etats-Unis y fut signé en 1801.

MORGAGNI (Jean-Baptiste), célèbre anatomiste, né à Forli, en Romagne, le 25 février 1682, mort le 6 décembre 1771.

Morgarten (bataille de), gagnée par les Suisses sur Léopold, duc d'Autriche, le 15 novembre 1315.

MORGHEN (Raphaël), graveur florentin, né à Naples le 19 juin 1758, mort à Florence le 8 avril 1833.

MORIN (Jean-Baptiste), astrologue et mathématicien, né à Villefranche en Beaujolais en 1583, mort en 1656.

MORIN (Jean), savant prêtre de l'Oratoire, né à Blois en 1591, mort le 28 février 1659.

MORIN (Simon), visionnaire et fanatique du XVIIe siècle, né à Richemont, en Normandie, vers 1623, brûlé vif le 14 mars 1663.

MORISON (Robert), botaniste distingué, né à Aberdeen en Ecosse l'an 1620, mort à Londres le 10 novembre 1683.

Morlaix, en Basse-Bretagne, prise par les Anglais en 1374 et en 1522.

MORNAY (Philippe-Duplessis de), l'ami d'Henri IV, et de plus théologien protestant, surnommé le *Pape des Huguenots*, né à Bihuy dans le Vexin français, le 5 novembre 1549, mort en Poitou le 11 novembre 1623.

MOROSINI (François), doge de Venise, l'un des capitaines les plus célèbres du XVIIe siècle, né à Venise en 1618, mort à Napoli de Romanie, le 6 janvier 1694.

MORTIER (Edouard-Adolphe-Casimir-Joseph), duc de Trévise, maréchal et pair de France, était entré dès l'année 1791, en qualité de capitaine, dans le 1er bataillon de volontaires du département du Nord. — Après avoir survécu à toutes les campagnes si meurtrières de la République et de l'Empire, après avoir échappé à l'explosion du Kremlin, il vint périr sous les coups de la machine infernale de Fieschi, le 28 juillet 1835.

Morts (fête des). La première trace de l'institution catholique de cette fête remonte à l'an 827. — En 998, saint Odilon, abbé de Cluny, institua dans tous les monastères de son ordre la fête de la commémoration de tous les fidèles trépassés. — L'Eglise a fixé cette fête funèbre au 2 novembre, le lendemain de la Toussaint.

Mortiers. Voy. *Bombes*.

MORTIMER (Roger, comte de), seigneur anglais, né vers 1284, exécuté le 29 novembre 1330.

Morue (pêche de la). Dès 1638, Amsterdam avait déjà une pêcherie de morue en Suède. — Au rapport d'Anderson, ce fut en 1536 que la France envoya au Banc de Terre-Neuve le premier vaisseau pour la pêche de la morue. — En 1558, la France envoya à Terre-Neuve pour la pêche, 150 navires; l'Espagne 100, le Portugal 50 et l'Angleterre 30. — De 1786 à 1790, il sortit de France, uniquement pour la pêche de Terre-Neuve, 372 bâtiments. — Depuis 1792, nos pêches déclinèrent sensiblement, jusqu'au traité d'Amiens (25 mars 1802), qui les remit sur l'ancien pied. — Législation y relative : arrêt du conseil d'Etat du 20 décembre 1687; autre arrêt du même conseil du 2 avril 1754; décret des consuls du 8 mars 1802 (17 ventôse an X); arrêtés du 17 prairial an X et 9 nivôse même année (27 mai et 30 décembre 1802) : arrêté du 15 pluviôse an XI (4 février 1803).

Mosaïque en verre et en *métaux*, son invention vers l'an 200 av. J.-C.

Mosaïque. Voy. *Peinture*.

MOSCHEROSCH (Jean-Michel), l'un des meilleurs écrivains allemands du XVIIe siècle, né à Wilstedt (grand duché de Bade) le 5 mars 1600, mort à Worms en 1669.

Moscou ou *Moskou*. Fondation de cette ville, en 1155, par Jouri Ier, ou George, prince de Russie. — Elle ne devint la capitale de l'empire russe qu'en 1328; ce fut le point de départ de sa grandeur. — Elle conserva cette supériorité jusqu'en 1703, époque de la création de Saint-Pétersbourg. — Etablissement d'une Université dans cette ville, en 1755. — L'armée française fit son entrée dans cette ville le 14 septembre 1812 : presque en même temps le feu fut mis en 500 endroits différents. Depuis cet incendie, Moscou est sorti de ses ruines comme par enchantement.

Moscowa ou *Moskowa* (bataille de la), où les Russes sont défaits par les Français, le 7 septembre 1812.

MOSER (Jean-Jacques), publiciste allemand, né à Stuttgard en 1701, mort dans la même ville le 30 septembre 1785. — Frédéric-Charles, son fils, publiciste, né à Stuttgard le 18 décembre 1723, mort le 10 novembre 1798.

MOSHEIM (Jean-Laurent), littérateur, théologien et prédicateur allemand, né à Lubeck le 30 octobre 1694, mort à Gœttingue en 1755.

MOSTANSER-BILLAH (Aboul-Hass-al-Hakem II, surnommé Al), 9e roi d'Espagne de la race des Ommiades, régna l'an de l'hégire 350 (961 de J.-C.), mourut en 366 (30 septembre 976).

MOSTASEM BILLAH, 37e et dernier calife de Bagdad, mort le 10 février 1258.

MOTHE-HOUDANCOURT (Philippe de la), maréchal de France, né en 1605, mort en 1657.

MOTHE-LE-VAYER (François de la), écrivain français, né à Paris en 1588, mort en 1672.

MOTTEVILLE (Françoise Bertaut dame de), auteur de *Mémoires* fort intéressants sur la Fronde, née en 1625, morte le 29 décembre 1689.

Motya, en Sicile : siége, prise et pillage de cette ville, par Denys, tyran de Syracuse, l'an 397 av. J.-C.

Mouchards (origine supposée de la qualification et du nom de), le 2 août 1546. C'était du nom de Mouchy (Antoine de), docteur de la maison de Sorbonne, mort le 8 mai 1574, qu'on appelait *mouchards* ceux qu'il employait pour découvrir les sectaires, et ce nom est resté aux espions de la police.

Moulins à vent : ils furent, dit-on, inventés par les Arabes en 650. — On les a connus en France en 1250.

Moulins à eau. Ils étaient connus à Rome du temps d'Auguste, quelques années avant l'ère chrétienne. — L'histoire rapporte qu'en 540, Bélisaire étant assiégé dans Rome par les Vandales, qui avaient détourné les courants d'eau employés au mouvement des moulins de la ville, fit transporter ces machines sur le Tibre même, et introduisit ainsi l'usage des moulins à bateaux.

Moulins à feu pour moudre le blé, inventés par Darnal, en 1792.

Moulins, charmante ville du Bourbonnais : on ignore la date précise de sa fondation, mais on a lieu de croire qu'elle passa à l'état de ville du XIe au XIIe siècle, et qu'elle commença à prendre de l'importance au XIVe siècle, lorsque les princes de Bourbon vinrent y fixer leur résidence.

MOUNIER (Jean-Joseph), membre de l'Assemblée constituante, orateur parlementaire et homme d'Etat, né à Grenoble en 1758, mort à Paris le 25 janvier 1806.

MOURAD-BEY, général égyptien, né en Circassie vers le milieu du XVIIIe siècle, mort de la peste le 22 avril 1801.

Mouson (conciles de), tenus en 948 et en 995.

Mousquet. Cette arme, d'origine russe, ne fut introduite en France qu'en 1527.

Mousquetaires : ce corps fut institué en 1622 par Louis XIII; il fut licencié en 1646, et rétabli en 1657; en 1661, création d'une seconde compagnie. La première avait des chevaux *gris*, et la seconde des chevaux *noirs*. — Ces troupes d'élite se distinguèrent pendant la campagne de 1672, au siége de Valenciennes en 1677, aux batailles de Fontenoi (1745) et de Cassel (1761). — Ces compagnies, réformées en 1775, rétablies en 1789, supprimées de nouveau en 1791 furent rétablies en 1814, et supprimées définitivement en 1815.

Mousquets, *fusils*, *canons*, etc. — Dates relatives aux armes à feu en France : — En 1340, Le Quesnoy se défend avec des canons et des bombardes. — En 1372, quelques vaisseaux français sont armés de canons. — En 1382, on se sert de bouches à feu, et d'armes à feu portatives à la bataille de Rosbecque. — En 1388, emploi de canons et de bombardes devant la Rochelle. — En 1428, Orléans fait usage de fusées dans sa défense. — En 1452, l'ingénieur Bureau jette des fusées dans Harfleur. — En 1478, on coule en France douze pièces de bronze qu'on appelle les douze pairs. Le fondeur J. Mocque est tué par l'explosion d'une de ces pièces. — En 1494, Charles VIII a une nombreuse artillerie de bronze, un dixième de son infanterie a des arquebuses. — En 1501, Louis XII a un vaisseau qui porte 200 bouches à feu. — En 1510, on commence à se servir de l'arquebuse, lançant une balle forte d'une once. — En 1528, Marseille possède une pièce du calibre de 100 livres. — En 1525, les mousquets causent un grand ravage à la bataille de Pavie. — En 1543, les tirailleurs français à cheval ont des pétrinals dont le canon a deux pieds et demi de long. — En 1544, emploi d'une pièce en fer, pesant 6831, forgée à Saint-Dizier. — En 1565, une pièce parvient, à Montfaucon, à tirer deux cents coups en neuf heures. — En 1579, invention du pétard par les Huguenots. — En 1582, on coule des pièces de vingt-quatre à Toulouse. — En 1590, le pistolet est adopté pour la cavalerie. — En 1598, publication des modèles *d'artifices de feu* de Boillot. — En 1620, invention de l'obusier par Renaud-Ville. — En 1620, adoption du demi-canon espagnol, du calibre de 24. — En 1621, on donne des mousquets à la cavalerie. — En 1627, au siége de la Rochelle, on tire avec succès des grenades cylindriques. — En 1629, expériences faites avec des couleuvrines de diverses longueurs. — En 1634, l'ingénieur Matthas fait connaître l'usage du mortier. — En 1635, on donne des fusils à pierre à la cavalerie. — En 1646, fondation de la fabrique d'armes de Tulle. — En 1646, Turenne a soixante bouches à feu : il n'en avait que vingt-deux auparavant. — En 1659, on emploie des gargousses en papier. — En 1671, création d'un régiment de fusiliers, tous armés de fusils à baïonnettes. — En 1679, création de l'école d'Artillerie de Douai. — En 1683, on connaît les grains de lumière à vis mis à froid. — En 1686, introduction du mortier d'épreuve. — En 1688, Vauban invente le tir à ricochet, et se sert pour la première fois du tir à boulet rouge : dans la même année, création de la manufacture d'armes de Charleville. — En 1690, adoption de la cartouche d'infanterie. — En 1692, fusil-mousquet de Vauban. — En 1702, l'italien Pali découvre un feu dangereux dont Louis XIV lui achète le secret pour le détruire, comme trop meurtrier, et contraire au droit des gens. — En 1715, notre artillerie de terre se compose de 7,192 pièces. — En 1710, création de l'école d'artillerie de La Fère. — En 1725, expériences de Bélidor sur les mines. — En 1732, introduction d'un nouveau système d'artillerie, par de Vallière. — En 1738, on décide que la cartouche d'infanterie contiendra 1/45 de poudre, et que les balles seront de dix-huit à la livre. — En 1744, les bouches à feu sont éprouvées sur affûts. — En 1749, affût à châssis proposé par Gribeauval. — En 1753, affût pour tirer à barbette, proposé par le maréchal de Saxe. — En 1754, adoption du caisson à munition de Gribeauval. — En 1757, Dupré imagine une composition incendiaire ; Louis XV lui achète son secret ; la même année la maison du roi reçoit des fusils à bassinet tournant. Voy. *Canon, fusil, artillerie, vapeur* (*canon à*), etc., etc.

Moustache. Elle paraît dater chez nous du temps de Charlemagne, du VIIIe au IXe siècle. — Elle avait entièrement disparu à la fin du IXe siècle. — Elle reparut sous Henri Ier (de 1031 à 1060), et subsista jusqu'à la fin du XIIe siècle. — Les Croisés rapportèrent de l'Orient l'usage de la moustache vers le milieu du XIIIe siècle. — La moustache, presque oubliée vers la fin du XIVe siècle, reprit faveur sous le règne de François Ier (de 1515 à 1547), et devint très-commune jusqu'à Louis XIV (XVIIe siècle). — Quand cette mode fut passée à la ville et à la cour, elle resta aux corps d'élite de l'armée ; de nos jours même, par suite d'une décision ministérielle du 20 mars 1832, tous les corps de l'armée, officiers, sous-officiers, soldats, ont le droit de la porter. Dans le civil, la mode de porter moustache, royale, mouche, etc., a repris avec une sorte de manie depuis 1831.

Mouvement perpétuel : pendule inventée, en 1816, par les frères Geyser, qui, par sa rotation continuelle, présente le plus parfaitement possible l'illusion du mouvement perpétuel.

Mozambique, capitainerie générale des possessions portugaises en Afrique : cette contrée, qui formait un royaume florissant, fut découverte par Vasco de Gama, en 1498.

MOZART (Wolfgang-Amédée), célèbre compositeur, né à Salzbourg, en 1756, mort à Vienne en Autriche, le 5 décembre 1792, à l'âge de 36 ans.

Muets (Enseignement des Sourds-). Une brochure fort intéressante, publiée en 1836 par M. Ferdinand Berthier, professeur sourd-muet à l'Institut royal des Sourds-Muets de Paris, nous fournira les indications qui composent cet article. — Pedro de Ponce, bénédictin espagnol, mort en 1584, passe pour avoir été le premier instituteur des sourds-muets ; ses essais furent heureux. — J. Pasch, en 1578, avait élevé deux de ses enfants sourds-muets. — Le philosophe Jérôme Cardan, mort en 1576, eut le mérite d'exposer le premier les principes sur lesquels repose l'art d'instruire les sourds-muets. — Pedro Bonnet, secrétaire du connétable de Castille, publia, en 1620, *l'art d'enseigner aux muets à parler*. — En 1529, Ramire de Carion, muet de naissance, publia un ouvrage sur le même sujet. — Au XVIe siècle, Pedro de Castro, espagnol, premier médecin du duc de Mantoue, pratiqua en Italie les principes de Pedro Bonnet. — Les premiers essais dans ce genre tentés en Angleterre sont dus à J. Wallis, professeur à l'Université d'Oxford, né en 1616, mort en 1793. — Dans le XVIIe siècle, il y eut en Angleterre d'autres bienfaiteurs des sourds-muets, entre autres Jean Bulwer, qui publia en 1648 son *Philosophe* ou *l'Ami des Sourds-Muets* ; Sibscota, auteur des *Discours d'un Sourd-Muet* (1770) ; William Holder, ecclésiastique, Degby et Gregory. — En Hollande, Van Helmont mit au jour, en 1667, un ouvrage utile sur le mécanisme des organes vocaux. — En 1692 et en 1700, Conrad Amman, médecin suisse, donna deux ouvrages relatifs à l'instruction des sourds-muets. — En Allemagne, Kerger s'occupa, dès 1704, de l'art d'instruire les sourds-muets. — Après lui, vinrent Othon Benjamin

Lasuis, en 1775, le pasteur Arnoldi en 1777, Heimicke qui devint directeur de l'école des sourds-muets de Leipsick, fondée en 1778 par l'électeur de Saxe. — En France, au commencement du XVIIe siècle, le Père Vanin, de la Doctrine chrétienne, fut le premier qui s'adonna à l'enseignement des sourds-muets. A peu près vers le même temps, madame de Sainte-Rose, religieuse de la Croix, du quartier Saint-Antoine, fit d'heureux essais. En 1745, le Portugais Rodrigue Pereire apporta en France les principes de Ponce et de Bonnet. En 1778, Ernaud obtint à son tour le titre d'inventeur de l'art d'instruire les sourds-muets. En 1779, l'abbé Deschamps, chapelain de l'église d'Orléans, fit paraître un *Cours d'éducation des Sourds-Muets*. — Enfin le célèbre abbé de l'Epée, né en 1712, vint consacrer son génie, sa fortune et sa vie entière au soulagement et à l'instruction des malheureux sourds-muets. Ce fut lui qui, à ses frais, fonda en 1766 l'établissement si philanthropique qui, après sa mort, devint institution royale en vertu des lois des 21 et 29 juillet 1791. — A l'abbé de l'Epée succéda l'abbé Sicard, instituteur de l'école des sourds-muets de Bordeaux, fondée en 1786 par M. Champion de Cicé, archevêque de cette ville. — Après l'abbé Sicard, mort en 1822, M. Bébian est celui de tous ses élèves qui a le plus étendu les limites de l'art d'enseigner, comme l'attestent quelques-uns de ses ouvrages publiés en 1817, 1826 et 1827. — Parmi les écrits publiés de notre temps sur ce sujet si digne d'intérêt, il est juste de citer ceux de M. Paulmier en 1820 et 1821, ceux de M. l'abbé Jamet (1820 et 1821), le *Syllabaire* de M. Recoing (1823) et son *Sourd-Muet entendant par les yeux* (1829), un traité sur l'*Education des Sourds-Muets*, par M. de Gérando (1827), et d'excellents *Mémoires* de M. Le Bouvyer Desmortiers, publiés en l'an VIII (1800). — En 1814, le médecin Itard a inventé une méthode ayant pour objet d'apprendre aux sourds-muets à parler sans le secours des signes, au moyen de l'articulation.

Mulberg (bataille de), gagnée par Charles-Quint sur les princes protestants, le 24 avril 1547.

Muldorff (bataille de), gagnée par l'empereur Louis de Bavière sur Frédéric d'Autriche, son compétiteur, en 1322.

MULEY-ABDALLAH, empereur de Maroc, mort le 12 novembre 1757.

MULEY-AHMED-DEHALY, empereur de Maroc, mort le 12 mars 1729.

MULEY-ISMAEL, empereur de Maroc, mort le 22 mars 1727.

Mulgrave (le port), découvert par Dixon en 1787.

MULGRAVE (Constantin-Jean Phips, lord), navigateur anglais, né en 1734, mort à Liége en 1792.

Mulhausen ou *Muhlhausen*, chef-lieu d'un canton du département du Haut-Rhin : cette ville n'était encore que village en 717. — Elle fut érigée en ville libre impériale en 1268. — Elle s'unit avec la Suisse en 1515 pour se mettre à l'abri des attaques des landgraves de l'Alsace. — Elle fut réunie à la France en 1798.

MULLER (Jean), plus connu sous le nom de *Regiomontanus*, mathématicien allemand, né à Kœnengshoven en Franconie, en 1436, mort à Rome en 1476.

MULLER (Jean de), célèbre historien allemand, né à Schaffhouse le 2 juin 1752, mort le 29 mai 1809. Le prince Louis de Bavière a fait élever à sa mémoire un monument qui n'a été achevé qu'en 1835.

MULLER (Othon-Frédéric), naturaliste danois, né à Copenhague en 1730, mort le 26 décembre 1784.

MUNCER, MUNTZER ou MUNZER (Thomas), chef de la secte des anabaptistes, mort sur l'échafaud à Mulhausen en 1525.

Munda (bataille de), où César défit les fils de Pompée, l'an 45 av. J.-C.

Munich, capitale du royaume de Bavière : elle était déjà puissante aux XIe et XIIe siècles. — Parmi ses monuments, on remarque l'église de Notre-Dame, dont la construction remonte au XIIIe siècle. — Prise en juin 1743, par les Autrichiens; reprise le 14 octobre 1744, elle retomba entre les mains des Autrichiens en avril 1745. — Elle ouvrit ses portes aux Français le 10 octobre 1805. — Son académie des sciences, qui date de 1759, a été entièrement réorganisée en 1827. — Elle possède un magnifique jardin des plantes formé en 1815. — Une université a été fondée dans cette ville en 1816, sur les débris de celles de Landshut et d'Ingolstadt. — On y a institué une école des mines en 1823.

Municipales (institutions) : elles sont fondées aujourd'hui en France sur la loi du 21 mars 1831, et sur celle du 18 juillet 1837. Une loi du 31 avril 1834 a donné une organisation particulière au conseil municipal de Paris.

Munitionnaire des troupes : en France, la première fourniture réglée faite aux troupes, date de l'an 1311 sous Philippe le Bel. — En 1470, Louis XI créa deux commis ou commissaires-généraux des vivres, pour la direction, la comptabilité et la distribution des subsistances. — Le premier traité des vivres et fourrages à l'entreprise fut fait sous Henri III, l'an 1574. — L'entreprise régulière des vivres et fourrages ne fut véritablement établie qu'en 1648; dès ce moment, elle fut au compte du trésor royal. — Le service administratif et de transport commença à s'organiser en 1757. — En 1787, les régiments furent chargés, en temps de paix, de la manutention de leur pain et d'une partie des achats. — En 1788, une régie fut chargée de la fourniture du fourrage. — De 1799 à 1804, le système de régie fut repris et régularisé pour les subsistances des troupes. — En 1807, on abandonna le service par entreprise, mais plus tard on y revint pour le confier à un directeur et à des inspecteurs. — La régie générale des subsistances militaires, créée le 21 mars 1817, prit en 1818 la dénomination de *Direction générale*. — L'organisation de cette administration fut déterminée par une ordonnance du 30 janvier 1821. — En 1823, suppression de la direction générale des subsistances. — Un nouveau service des subsistances militaires fut établi par l'ordonnance de septembre 1827. — Depuis 1831, on met chaque année en adjudication, avec publicité et concurrence, la fourniture des grains pour les subsistances des troupes.

MUNNICH (Burchard Christophe, comte de), célèbre général russe, né près d'Oldembourg, le 9 mai 1683, mort le 7 octobre 1767.

Munster : prise de cette ville par les anabaptistes, en 1533. — Reprise sur les anabaptistes le 24 juin 1535. — Son université catholique a été supprimée en 1818.

Munster (traité de paix de), conclu le 24 octobre 1648, entre l'Espagne et la Hollande, par lequel le roi d'Espagne renonce pour lui et ses successeurs à tout droit sur les Provinces-Unies, qu'il reconnaît pour Etats souverains et libres. Le congrès diplomatique qui eut lieu à ce sujet avait commencé ses travaux en 1644.

Muradal, l'un des passages de la Sierra-Moréna : les Espagnols y remportèrent une victoire sur les Maures en 1202.

MURAT (Joachim), grand-duc de Clèves et de Berg, depuis roi de Naples, né le 25 mars 1771, à la Bastide près Cahors, proclamé roi le 1er août 1808, fusillé au château de Pizzo, dans la Calabre, le 13 octobre 1815. — Son fils Louis-Napoléon-Achille, né en 1801, mort le 15 avril 1847, dans la Floride.

MURATORI (Louis-Antoine), célèbre et laborieux érudit italien, né à Vignola dans le Modénois, le 24 octobre 1672, mort le 23 janvier 1750.

Murcie, capitale de la province d'Espagne du même nom : elle tomba au pouvoir des Maures en 713 : c'est la première fois que l'histoire en fait mention. — En 1236, Alphonse de Castille s'en rendit maître et en expulsa les Maures. — Cette ville a beaucoup souffert des tremblements de terre de 1829.

Muret, ville du Languedoc : assiégée en 1213 par Pierre II, roi d'Aragon, avec une armée de près de 100,000 hommes.

Muret (concile de), tenu en 1213.

MURET (Marc-Antoine-François), célèbre humaniste et philosophe, né au bourg de ce nom près de Limoges, le 12 octobre 1526, mort le 4 juin 1585.

Mûriers : l'introduction du mûrier blanc en Europe n'eut lieu que vers le milieu du VIe siècle, pendant le règne de l'empereur Justinien ; elle est due à deux moines grecs qui apportèrent de l'Inde à Byzance des semences de cet arbre. — Puis cette espèce se propagea dans le Péloponèse qui, dans le XIe siècle, à cause de l'importance de ses plantations de mûriers, prit le nom de Morée. — La culture du mûrier s'introduisit en Sicile et en Italie, vers 1130. — Elle prit en France une assez grande extension vers 1494, après l'expédition de Charles VIII en Italie. — Par les ordres d'Henri IV, des mûriers furent plantés dans le jardin des Tuileries, pendant l'année 1601. Voy. *Soie* et *Vers à soie*. — Ils ne furent cultivés pour la première fois en Angleterre que vers 1609.

MURILLO (Barthélemy Esteban), célèbre peintre espagnol, né à Séville le 1er janvier 1618, mort le 3 avril 1682 ou 1685. Le Musée espagnol, possesseur de quelques-uns des chefs-d'œuvre de Murillo, a été ouvert à Paris en 1838.

MURRAY (Jacques, comte de), fils naturel de Jacques V, roi d'Ecosse, né en 1531, assassiné le 23 janvier 1569, ou suivant d'autres en 1570.

MURRAY (Guillaume Van), homme d'Etat américain, né au Maryland en 1761, mort en décembre 1803.

Murse (bataille de), sur la Drave en Pannonie, où Magnence fut défait par l'empereur Constance, l'an 351.

MUSÆUS (Jean-Charles-Auguste), écrivain allemand très-ingénieux, né à Iéna en 1735, mort le 28 octobre 1788.

Muscadier : cet arbre, originaire des Moluques et des îles de Banda, fut introduit pour la première fois dans les îles de France et de Bourbon en 1770. — L'usage de la muscade ne commença à se répandre en Europe que lorsque les Portugais, et après eux les Hollandais, se furent emparés des îles où croît le muscadier, dans la première moitié du XVIIe siècle.

Musée Français : la Convention nationale l'établit dans la grande galerie du Louvre ; son ouverture eut lieu le 10 août 1793. — En 1814, on n'y comptait pas moins de 1,234 tableaux, la plupart des chefs-d'œuvre.

Musée de Rouen : il a été ouvert en 1809 ; on y voit un tableau de Raphaël, un d'Annibal Carrache, un de Mignard, un autre de Jouvenet, et plusieurs *marines* de Vernet.

Musée d'Orléans : il n'a été fondé qu'en 1825 ; il est pourtant déjà très-riche en tableaux des maîtres anciens et modernes.

Musée de Grenoble : il a été inauguré en 1802, et renferme plus de 130 tableaux, parmi lesquels des originaux de Rubens, de l'Albane, des deux Véronèse, de Pérugin, Lebrun, Lesueur, etc.

Musée de Lyon : il date du commencement du XIXe siècle. Ce magnifique musée est établi dans le palais des arts, qui était, en 1789, une abbaye de femmes fondée dans les premiers siècles du christianisme : ce monument a été reconstruit dans le XVIIe siècle. — Le Musée d'histoire naturelle de cette ville a été ouvert en 1828.

Musée historique de Versailles : il a été ouvert en 1837 ; depuis cette époque, la ville de Louis XIV est le rendez-vous presque quotidien d'une foule d'amateurs et de curieux de tous les pays, comme le Musée lui-même est le rendez-vous de toutes les illustrations de la France. Ce magnifique Musée est l'œuvre du roi Louis-Philippe.

Musée d'artillerie à Paris : cet établissement fut fondé par arrêté du 24 floréal de l'an II (14 mai 1794). — Depuis 1825, plus de quinze cents objets ont été ajoutés à la collection d'armes qu'il renferme.

Muséum d'histoire naturelle du Jardin des Plantes à Paris : loi relative à son organisation le 10 juin 1793.

Musique : suivant l'Histoire sainte l'un des fils de Lameth, nommé Jubal, inventa cet art vers l'an 3100 av. J.-C. — Le premier système de cette science est dû à Pythagore, vers 540 av. J.-C. — Invention de nos notes musicales, par Guido ou Gui d'Arezzo en 1024. — Les notes qu'on appelle *rondes*, *blanches*, *noires*, *croches*, *doubles croches*, etc., furent inventées en 1333 par Jean des Murs, de Paris. — On ajouta aux six notes déjà connues une septième appelée *si*, en 1600. —Réforme opérée dans cet art par Rameau, en 1710. — Guerre acharnée entre les partisans de la musique française et ceux de la musique italienne, commencée en 1715 et renouvelée souvent depuis. — Querelle des Gluckistes et des Piccinistes, en 1778. — Monsigny et Grétry, dans la dernière moitié du XVIIIe siècle, naturalisent en France l'Opéra-Comique, et ouvrent à la musique une carrière toute nouvelle. — Grande révolution musicale opérée par Rossini, vers 1820.

Musique vocale : inventée en Chine vers 2366 av. J.-C.

MUSTAPHA Ier, empereur des Turcs, monte sur le trône l'an de l'hégire 1026 (1617 de J.-C.), et meurt étranglé dans sa prison en 1639.

MUSTAPHA II, empereur des Turcs, proclamé l'an 1106 de l'hégire (1695), mort en 1703.

MUSTAPHA III, empereur des Turcs, né en 1716, parvenu au trône le 29 novembre 1757, mort en 1774.

MUSTAPHA IV, empereur des Turcs, placé sur le trône le 29 mai 1807, déposé le 28 juillet 1808, mis en prison et étranglé le 15 novembre suivant.

MUSTAPHA-BAIRACTAR, grand-visir de la Porte ottomane sous Mustapha IV, mort le 15 novembre 1808.

MUTIS (don Joseph Célestino), naturaliste et agronome espagnol, ami de Linné, naquit à Cadix le 6 avril 1732, et mourut à Santa-Fé (Nouvelle-Grenade) le 11 septembre 1808.

Mutuel (enseignement). Voy. *Enseignement mutuel.*

MUY (Louis-Nicolas-Victor de Félix, comte de), général français, né à Marseille en 1711, mort le 10 octobre 1775.

Mycale (bataille navale de), où les Grecs défirent le reste de la flotte des Perses, le même jour qu'ils étaient vainqueurs à Platée, le 22 septembre 479 av. J.-C.

MYRON, célèbre sculpteur grec, vivait dans la 87e olympiade, environ 432 ans avant J.-C.

Mysore, dans l'Inde : commencement des guerres des Anglais contre Hyder-Aly, souverain de ce pays, en 1767.

Mystères dramatiques : dès le IIIe siècle, Ezéchiel le tragique donna un drame sur la vie de Moïse. — Grégoire de Tours dit qu'en l'année 587, aux funérailles de sainte Radégonde, près de deux cents religieuses chantèrent une scène funèbre dialoguée autour de son tombeau. — Vers le Xe siècle, dans le théâtre de Rosweide, religieuse allemande du couvent de Gandersheim, on trouve le drame d'*Abraham* et une pièce allégorique intitulée *la foi*, *l'espérance et la charité.* — Dans les premières années du XIIe siècle, Geoffroy, originaire du Mans, appelé par l'abbé de Saint-Alban en Angleterre pour y régir le collége de Dunstaple, y fit représenter le *Mystère de sainte Catherine*, dont il était l'auteur. — Il y a encore le *Mystère de la Résurrection*, représenté aussi en Angleterre par des confréries laïques, et le *Mystère de la venue de l'Antechrist*, joué devant l'empereur Barberousse au commencement du XIIIe siècle. — En 1313, la corporation des tisserands et des corroyeurs donna une représentation aux fêtes de la Pentecôte, par ordre de Philippe le Bel, en présence d'Edouard II, roi d'Angleterre. — La représentation des mystères fut autorisée en France par lettres patentes de 1402. — En 1458, la corporation des cordonniers représenta le *Mystère de saint Crépin et de saint Crépinien.* — Pour la représentation du *Mystère des Actes des Apôtres*, il y eut proclamation expresse faite à Paris, au nom du roi François Ier (de 1515 à 1547), pour convoquer des acteurs et les inviter à prendre des rôles, afin de jouer ledit mystère le jour de Saint-Etienne à l'Hôtel de Flandre.

N

Naasians, sectaires qui affligèrent l'Eglise vers l'an 129 de notre ère.

NABONASSAR, roi de Babylone, célèbre par la fameuse ère qui porte son nom, et qui commence le 26 février 747 av. J.-C.

Nabonassar (ère de) : elle commençait le premier jour du mois de toth de l'an 747 av. J.-C., qui répondait cette année au 26 février; elle correspond aussi à la 3967[e] année de la période julienne. Les anciens astronomes se sont longtemps servis de cette ère.

NABUCHODONOSOR Ier, roi de Ninive et de Babylone, monte sur le trône l'an 646 av. J.-C.

NABUCHODONOSOR II, surnommé *le Grand*, roi des Assyriens et des Babyloniens monte sur le trône l'an 623 av. J.-C., meurt l'an 563 av. J.-C.

Nachivan ou *Nassivan*, ville d'Arménie, prise par les Russes en 1804.

NADAL (l'abbé Augustin), poëte et littérateur, né à Poitiers en 1659, mort le 7 août 1741.

NADIR-KHAN, proclamé roi de Perse le 20 mars 1736.

NADIR-SCHAH. Voyez THAMAS KOULI-KHAN.

NAIGEON (Jacques-André), littérateur et philosophe, né à Paris en 1738, mort dans cette ville en 1810.

NALIAN (Jacques), savant patriarche de Constantinople, né à Zimara en Arménie, à la fin du XVIIe siècle, mort le 18 juillet 1764.

Namur, ville de Belgique : il en est fait mention sous le nom de *Namon*, par l'anonyme de Ravenne, géographe du VIIe siècle ; elle est appelée *Namucum* dans la *Chronique* de Sighebert (689). Il paraît qu'elle ne prit son nom actuel qu'au XIIe siècle. — Namur eut des comtes depuis le IXe siècle jusqu'en 1421, époque de sa cession à Philippe le Bon, duc de Bourgogne. — En 1477, le comté de Namur passa à la maison d'Autriche, avec le reste de la Belgique. — La ville de Namur fut prise par Louis XIV en personne, le 5 juin 1692. — Reprise par le prince d'Orange, le 4 août 1695. — Les belles fortifications de cette place furent démolies en 1784, par ordre de Joseph II. — En 1793, lors de la réunion de la Belgique à la France, Namur devint le chef-lieu du département de Sambre-et-Meuse, qui a subsisté jusqu'en 1814. — Au mois de mai 1815, le général Grouchy y livra un combat opiniâtre aux Prussiens. — Aujourd'hui, Namur est défendue par un château-fort construit en 1817. — Au XVe et au XVIe siècle, Namur fut ravagée par la peste. En 1445, 25,000 habitants succombèrent à cet horrible fléau. — Sa cathédrale, dédiée à saint Aubin, fut achevée en 1767 ; son église de Notre-Dame fut bâtie en 1756 ; son Mont-de-Piété est établi depuis 1619.

Nancy, ville très-importante de la Lorraine : on présume que ce ne fut que dans le XIe siècle qu'elle commença à être la résidence des ducs de cette contrée. — Elle tomba au pouvoir de Louis XIII en 1633, et demeura sous la domination française jusqu'à la paix des Pyrénées, en 1660. — En 1670, Louis XIV reprit cette ville, et fut forcé de l'abandonner au traité de Riswyk, en 1697, après en avoir relevé les fortifications. — Les anciens ducs de Lorraine revinrent en prendre possession en 1700. Alors commença l'heureux règne de Léopold, qu'on a nommé l'*âge d'or de trente années*. — Nancy et la Lorraine furent forcément cédés à la France pour Stanislas, beau-père de Louis XV, en 1736, en échange du grand-duché de Toscane. — Le nouveau duc vint prendre possession le 21 mars 1737. — A la mort de Stanislas, en 1766, Nancy ne fut plus qu'une ville française. — Révolte militaire dans cette ville et mort de Desilles, le 31 août 1790.

Nancy (bataille de), gagnée par le duc de Lorraine et les Suisses, sur Charles le Téméraire, duc de Bourgogne, qui y fut tué le 5 janvier 1477.

Nangis (bataille de), où les Français enfoncent les Russes, le 17 février 1814.

NANSOUTY (Etienne-Antoine-Marie, comte de), habile général de cavalerie, né en mai 1768, à Bordeaux, mort à Paris le 12 février 1815.

Nanterre, joli bourg près de Paris : était autrefois fortifié. En 1346, les Anglais s'en emparèrent et y mirent le feu. — Ils le prirent encore en 1411 et y commirent toutes sortes d'excès. — Le 2 juillet 1815, les Français y battirent complétement une colonne de l'armée des puissances alliées.

Nantes, ancienne ville de Bretagne : elle soutint au Ve siècle un siége de soixante jours contre les Huns. — Au IXe siècle, les Normands s'en emparèrent trois fois. — Attaquée par les Anglais, elle fut délivrée en 1380 par le connétable Olivier de Clisson. — Sa réunion à la couronne de France, ainsi que celle de toute la Bretagne, eut lieu en 1491, par suite du mariage d'Anne de Bretagne avec le roi Charles VIII.

Nantes (édit de), donné par Henri IV, roi de France, en faveur des protestants, le 13 avril 1598. — Sa révocation et suppression de la religion réformée en France, par un édit du 22 octobre 1685.

NANTEUIL (Robert), peintre et célèbre graveur français, né à Reims en 1630, mort à Paris le 18 décembre 1678.

NAPIER ou NEPER (Jean), savant mathématicien écossais, inventeur des *logarithmes*, né en 1550, mort en 1617.

Naples (royaume de) : il existait en 1130 sous la dénomination de royaume des Deux-Siciles, qui a été rétablie en 1816. — Cette réunion de Naples et de la Sicile dura 150 ans (jusqu'en 1268.) — Partage du royaume de Naples entre Louis XII, roi de France, et Ferdinand V, roi d'Espagne, le 27 janvier 1501. — Ce royaume est uni, en 1503, à la monarchie d'Espagne, et cet état de choses subsiste plus de deux siècles. — Révolte des Napolitains sous la conduite de Mazaniello, en 1547. — Entrée du duc de Guise dans la ville de Naples, le 15 novembre 1647. — Par le traité d'Utrecht, en 1713, Naples fut donnée à l'Autriche. — Philippe V, roi d'Espagne, conquit la Sicile en 1717, mais il fut obligé de la céder en 1720 à l'Autriche. C'est ainsi que ce royaume devint une partie de la monarchie autrichienne. — Dans la paix de Vienne, en 1735, le royaume de Naples fut réservé à don Carlos ; et lorsque ce dernier monta, en 1749, sur le trône d'Espagne, sous le nom de Charles III, il le céda à son troisième fils Ferdinand, en stipulant qu'il ne pourrait jamais être réuni à la monarchie espagnole. — Mouvements révolutionnaires dans cette ville, le 15 janvier 1799. Les lazzaroni s'en rendirent maîtres. — Le 23, les Français y firent leur entrée, et y établirent la république parthénopéenne. — Le 25, les Anglais bloquèrent le port de la ville. — Le 21 juin, l'armée royaliste napolitaine, commandée par le cardinal Ruffo, fit sa rentrée dans cette ville. — Les Français effectuèrent leur retour dans cette ville, le 15 février

1806. Joseph Napoléon fut élevé au trône de Naples, le 30 mars. — En 1814, Joachim (Murat), roi de ce pays, qui avait succédé à Joseph Napoléon, se joignit à la coalition, sous la condition que la couronne lui serait assurée à lui et à ses successeurs, et ce traité fut conclu le 4 janvier 1814. — Une révolution éclata dans ce royaume, le 22 avril 1815, en faveur de l'ancien roi Ferdinand IV. — Ce dernier prince fut rétabli dans tous ses droits, et par un décret du 12 novembre 1816, prit le nom de Ferdinand Ier. — Le 5 juillet 1820, une nouvelle révolution éclata. Le roi accepta la constitution des cortès d'Espagne; mais les Autrichiens marchèrent vers le royaume de Naples, en janvier 1821, pour y renverser le gouvernement constitutionnel. — Dans les premiers jours de mars 1821, commencement des hostilités entre les constitutionnels napolitains et les Autrichiens. Ces derniers furent vainqueurs sur tous les points. Le 20 mars, la guerre était finie. Le 23, les Autrichiens renversèrent la constitution, et établirent à Naples un gouvernement provisoire. — Fin de 1821, convention militaire, portant que les Autrichiens occuperont pendant trois ans Naples et la Sicile.

Naples, capitale du royaume de ce nom : son université fut fondée en l'année 1224, par l'empereur Frédéric II.

Naples (souverains de) depuis le XIIe siècle : — Roger II, en 1129. — Guillaume le Mauvais, en 1154. — Guillaume II, le Bon, en 1166. — Tancrède, en 1189. — Guillaume III, en 1194. — Constance, fille de Roger II, en 1194. — Frédéric, en 1197. — Conrad Ier, en 1250. — Conrad II, dit *Conradin*, en 1254. — Mainfroi, en 1258. — Charles Ier, comte d'Anjou, frère de saint Louis, en 1266. — Charles II, en 1283. — Robert, dit *le Sage* et *le Bon*, en 1309. — Jeanne, petite-fille d'André de Hongrie, en 1343. — Charles III de Durazzo, en 1382. — Ladislas, en 1386. — Jeanne II, en 1414. — Alphonse Ier, dit le Sage, en même temps roi d'Aragon, en 1433. — Ferdinand Ier, fils naturel du précédent, en 1458. — Alphonse II, en 1494. — Ferdinand IV, en 1495. — Frédéric III, en 1496. — Ferdinand le Catholique, en 1501. — Charles-Quint, empereur, en 1516. — Philippe II, roi d'Espagne en 1554. — Philippe III, roi d'Espagne en 1598. — Philippe IV, roi d'Espagne en 1621. — Charles II, roi d'Espagne en 1665. — Philippe V de Bourbon, roi d'Espagne en 1700. — Charles d'Autriche, depuis empereur, en 1708. — Don Carlos, fils de Philippe V, en 1734. — Ferdinand IV, en 1759. — Joseph Napoléon, en 1806. — Joachim Murat, en 1808. — Ferdinand IV est rétabli en 1815 sous le nom de Ferdinand Ier. — François Ier, son fils, en janvier 1825. — Ferdinand II, fils du précédent, en novembre 1830.

NAPOLÉON BONAPARTE ou BUONAPARTE, né à Ajaccio le 5 août 1769; lieutenant d'artillerie le 1er septembre 1785, capitaine le 6 février 1792, chef de bataillon le 19 octobre 1793 ; en cette dernière qualité, il contribue à la reprise de Toulon sur les Anglais le 19 décembre 1793. — Il défend la Convention attaquée par les sections de Paris insurgées, le 14 brumaire an II (5 octobre 1795). — Nommé général de division le 16 du même mois. — Général en chef de l'armée de l'intérieur le 26 octobre 1795. — Général en chef de l'armée d'Italie le 23 février 1796. — Il commence sa première campagne d'Italie par la victoire de Montenotte (11 avril 1796), et la termine par le glorieux traité de Campo-Formio le 17 octobre 1797. — Son expédition d'Egypte, commencée le 19 mai 1798, est abandonnée le 9 octobre 1799. — Il renverse le directoire en France le 18 brumaire an VIII (9 novembre 1799); donne la constitution consulaire le 22 frimaire an VIII (13 décembre 1799) ; est nommé premier consul le 26 du mois de décembre. — Commence sa seconde campagne d'Italie par le passage du mont Saint-Bernard, le 16 mai 1800. — Signe un concordat avec le pape Pie VII le 15 juillet 1801 ; — et le traité d'Amiens le 25 mars 1802. — Est nommé consul à vie le 2 août 1802. — Reçoit le titre d'empereur des Français le 18 mai 1804. — Son sacre, le 2 décembre de la même année. — Il accepte la couronne d'Italie le 18 mars 1805. — Va porter la guerre en Allemagne, en septembre 1805, gagne la bataille d'Austerlitz le 2 décembre, et conclut le traité de Presbourg le 26 du même mois. — Nommé protecteur de la confédération du Rhin, le 12 juillet 1806. — Son entrée à Berlin, le 27 octobre de la même année. — Etablissement du blocus continental par son décret daté de Berlin, le 21 novembre 1806. — Batailles d'Eylau (le 8 février 1807), et de Friedland (le 14 juin suivant). — Traité de Tilsitt, le 7 juillet 1807. — Traité de Bayonne, par lequel Charles IV et Ferdinand VII lui cèdent leurs droits à la couronne d'Espagne, le 5 mai 1808. — Commencements de la guerre d'Espagne, le 10 novembre 1808. — Napoléon est blessé pour la première fois au combat de Ratisbonne, le 23 avril 1809 ; son entrée à Vienne, le 12 mai suivant. — Il réunit les Etats romains à l'empire français, le 17 mai 1809 ; est excommunié par un bref du pape Pie VII, le 11 juin 1809. — Vainqueur à Wagram, le 6 juillet 1809, il conclut le traité de Vienne, le 14 octobre suivant. — Son divorce avec l'impératrice Joséphine, le 16 décembre 1809. — Convention de mariage avec Marie-Louise, archiduchesse d'Autriche, le 7 février 1810. Célébration de ce mariage à Vienne, le 11 mars suivant. — Naissance du roi de Rome, fils de Napoléon, le 20 mars 1811. — Napoléon convoque un concile à Paris, le 11 juin 1811. — Il déclare la guerre à la Russie, le 22 juin 1812. — Bataille de la Moscowa, le 7 septembre 1812. — Entrée de Napoléon à Moscou, le 14 septembre. — L'armée française évacue Moscou, le 23 octobre. — Passage de la Bérézina, le 26 novembre. — Napoléon quitte les débris de sa grande armée, le 5 décembre 1812. — Il signe le concordat de Fontainebleau, le 25 janvier 1813. — Batailles de Lutzen (2 mai 1813); de Bautzen

(20 mai 1813); de Dresde (27 août 1813); de Leipzig (9 octobre 1813). Campagne dite de France, commencée en janvier 1814. — La déchéance de Napoléon est prononcée par le sénat, le 2 avril 1814; son abdication pour lui et ses enfants, le 11 du même mois; son départ pour l'île d'Elbe, le 20; son arrivée dans cette résidence, le 5 mai. — Il quitte l'île d'Elbe et débarque au golfe de Juan, près de Cannes, le 1er mars 1815; son entrée à Grenoble, le 7; à Lyon, le 10; à Paris, le 20; acte additionnel aux constitutions de l'empire, présenté le 22 avril 1815; cérémonie du Champ-de-Mai, le 1er juin; ouverture des chambres législatives, le 7 juin 1815. — Bataille de Ligny ou Fleurus, le 16 juin 1815; de Waterloo, le 18 du même mois. — Seconde abdication, le 22 juin 1815. — Napoléon se livre aux Anglais et passe sur le *Bellérophon*, le 15 juillet 1815; son débarquement à l'île de Sainte-Hélène, le 18 octobre suivant; sa mort, le 5 mai 1821. — Translation de ses cendres à Paris, le 15 décembre 1840. (Voy. *Batailles, Combats, Traités, Interrègne des cent-jours*, etc., etc.

Napoli de Romanie ou *Nauplie*, siége du gouvernement actuel de la Grèce; assiégée vers la fin de 1821 par les Grecs insurgés; les Turcs qui la défendaient capitulèrent le 18 juin 1822; elle fut au pouvoir des Grecs le 1er décembre suivant. — Congrès national grec convoqué à Nauplie le 30 avril 1823. — Le nouveau gouvernement grec fut obligé d'abandonner cette ville le 6 décembre 1826, pour se transporter dans l'île d'Égine. — Nouvelle réunion du congrès national à Nauplie, le 19 mai 1827. — Nauplie redevient le siége du gouvernement après la bataille de Navarin (20 octobre 1827). — Le roi Othon y débarqua le 6 février 1833, et transporta le siége de sa nouvelle monarchie à Athènes, le 23 décembre 1834.

Narbonne, ancienne ville du bas Languedoc, bâtie l'an de Rome 357. — Dès l'année 280 av. J.-C., Pythéas la considérait comme une des principales villes des Gaules. — Elle devint colonie romaine 116 ans av. J.-C. — Réduite en cendres par un incendie sous l'empereur Antonin, mort l'an 161 de notre ère, elle fut entièrement rebâtie et plus belle qu'auparavant. — Elle devint capitale de la Gaule narbonnaise sous Constantin le Grand, vers 309. — L'église de Narbonne, l'une des plus anciennes des Gaules, fut fondée par l'apôtre saint Serge-Paul, l'an 33 de l'ère chrétienne. — L'évêque de Narbonne prit le titre d'archevêque au concile d'Éphèse, en 321. — Elle fut envahie en 719 par les Sarrasins. — De 1259 à 1652, la peste se manifesta huit fois à Narbonne.

Narbonne (conciles de): pour la discipline ecclésiastique, en 590; contre l'hérésie de Félix d'Urgel, en 788; contre Raymond, comte de Toulouse, en 1227; contre l'hérésie, en 1235; pour la discipline ecclésiastique, en 1209.

NARBONNE-LARA (le comte Louis de), ministre de la guerre sous Louis XVI, né à Corlono, dans le duché de Parme, en août 1755, mort le 17 novembre 1813.

NARCISSE (saint), prêtre du clergé de Jérusalem, mort vers 216.

NARSÈS ou NARSIS, roi de Perse, monté sur le trône en 296; mort en 303.

NARSÈS, eunuque persan, général romain, vivait vers l'an 552.

Narva (bataille de), gagnée par Charles XII, roi de Suède, sur les Russes, le 30 novembre 1700.

Naseby (bataille de), où le roi Charles Ier est vaincu par les rebelles d'Angleterre, le 24 juin 1645.

NASSAU. Voy. ORANGE, GUILLAUME, ADOLPHE.

Nassau, forteresse de Guinée: bâtie par les Hollandais en 1612.

Nassau (ducs de): les documents les plus authentiques n'en font mention d'une manière positive qu'en 1124.

NASSAU (Maurice de), prince d'Orange, l'un des plus grands capitaines des temps modernes, né en 1567, mort en 1625.

Natchez, nation sauvage de la Louisiane: les Français établis chez eux furent massacrés en novembre 1729. — Cette tribu fut réduite à peu de chose depuis la guerre que lui firent les Français en 1730.

NATHAN, faux prophète qui survint en Israël du temps du roi David; il donnait ses fausses prophéties l'an du monde 2960 (1040 av. J.-C.).

Nativité de la sainte Vierge: cette fête est mentionnée dans un sacramentaire romain qu'on regarde comme antérieur au pape saint Léon le Grand, mort en 461; l'Eglise la célèbre le 8 septembre.

Nativité de saint Jean-Baptiste: suivant saint Augustin, qui vivait sur la fin du IVe siècle, cette fête se célébrait de temps immémorial; cette solennité a lieu le 24 juin.

NATTIER (Jean-Marc), peintre français, né à Paris en 1685, mort en 1766.

Naturalisation. Voy. *Lettres de naturalisation*.

NAUDÉ (Gabriel), célèbre bibliographe, né à Paris le 2 février 1600, mort à Abbeville le 29 juillet 1653.

NAUDO (Paul), archevêque d'Avignon, né aux Angles (Pyrénées-Orientales) le 22 octobre 1794, mort à Avignon le 23 avril 1848.

Naufrages. de 1793 à 1829, on a calculé que leur nombre avait été, par année moyenne, de 557; en 1828, ce nombre a même dépassé 800. Voy. *Méduse* (naufrage de la).

NAVANA (Pierre de), grand capitaine du XVIe siècle.

Navarette (bataille de), gagnée par le prince Noir sur Duguesclin et Henri de Transtamare, le 3 avril 1367.

Navarin (bataille navale de), gagnée sur la flotte turque par les trois flottes réunies de France, d'Angleterre et de Russie, le 20 octobre 1827.

Navarre: érigée en royaume vers 859; la maison de Bigorre y régna 500 ans. — Philippe le Bel, qui régna de 1285 à 1314, fut le premier roi de France qui joignit à ce titre celui de roi de Navarre. — La Navarre fut réunie au royaume d'Espagne en 1511, quant à la partie appelée Haute-Navarre, située au milieu des Pyrénées. — La Basse-Navarre fut réunie à la couronne de France par Louis XIII, en 1620. C'était tout ce que Jeanne d'Albret avait apporté à la maison de Bourbon, par son mariage avec Antoine, père de Henri IV.

Navarre (souverains de). *Comtes:* Sanche Ier, en 836. — Garcie, en 853. *Rois:* Garcie Ximénès, en 857. — Fortun, en 880. — Sanche Ier, en 905. — Garcie Ier, en 926. — Sanche II, en 970. — Garcie II, en 994. — Sanche III, dit le Grand, en 1000. — Garcie III, en 1035. — Sanche IV, en 1054. — Sanche V, roi d'Aragon, en 1076. — Pierre, roi d'Aragon, en 1094. — Alphonse, roi d'Aragon, en 1104. — Garcie IV, en 1134. — Sanche VI, en 1150. — Sanche VII, en 1194. — Thibaut Ier, comte de Champagne, en 1234. — Thibaut II, en 1253. — Henri, en 1270. — Jeanne Ire, en 1274. — Jeanne Ire et son mari Philippe le Bel, en 1284. — Louis le Hutin, roi de France, en 1305. — Jean, en 1316; il ne régna que huit jours. — Philippe le Long, roi de France, en 1316. — Charles le Bel, roi de France, en 1322. — Jeanne et Philippe d'Evreux, en 1328. — Charles le Mauvais, en 1349. — Charles III, en 1387. — Jean, fils de Ferdinand, roi d'Aragon, en 1425. — Eléonore, en 1479. — François Phœbus de Foix, en 1479. — Catherine et Jean d'Albret, son mari, en 1483; ils sont dépouillés de la Haute-Navarre en 1512. — Henri d'Albret, en 1516. — Jeanne d'Albret et Antoine de Bourbon, son mari, en 1555. — Henri de Bourbon, en 1572; à son avénement à la couronne de France, la partie de la Navarre dont il était souverain se réunit définitivement à son nouveau royaume.

Navarre (collége de): sa fondation à Paris par Jeanne, reine de Navarre, en 1285.

Navette volante : inventée en 1801 par les frères Bauwen, de Passy.

Navigateurs (l'Archipel des), est aperçu par Bougainville en 1768.

Navigation : les premiers essais de quelque importance en ce genre sont attribués aux Atlantes qui, vers 30.0 av. J.-C., naviguèrent le long des côtes de l'Europe et allèrent jusqu'en Asie. — Les Sidoniens se rendirent célèbres dans cet art vers 2714 av. J.-C. — Les premières lois de cet art nous vinrent, dit-on, des Rhodiens, qui commençaient à se rendre puissants sur mer, vers l'an 916 av. J.-C. — On rapporte à l'an 786 av. J.-C. le premier usage des galères à trois rangs de rames ou trirèmes.

Navigation intérieure au moyen des canaux. — FRANCE : le canal de Bourgogne ou de la Côte-d'Or, qui joint l'Yonne à la Saône, fut commencé en 1775. — Le canal de Briare, destiné à établir la jonction de la Seine avec la Loire, fut commencé en 1605 par Sully, qui y fit travailler l'armée : il y eut interruption dans les travaux en 1610 : on les reprit en septembre 1638, et le canal fut terminé en 1642. — Le canal du Languedoc, qui joint la Méditerranée à l'Océan, projeté dès l'année 1608, fut commencé en avril 1667, et fini en 1686. — Le canal du Loing, qui opère sa jonction avec la Seine; les travaux en furent commencés en 1720, et finis en 1723 et 1724. — Le canal d'Orléans, qui commence dans la Loire au-dessous d'Orléans et se joint au canal de Briare à Montargis, ne fut terminé qu'en 1692; les premiers travaux exécutés par Robert Matthieu étaient demeurés suspendus jusqu'en 1682, époque de leur reprise. — Le canal de Saint-Quentin, destiné à joindre la Somme à l'Escaut, fut commencé en 1769; les travaux, interrompus en 1775, furent repris en 1802, continués en 1809, et l'ouverture du canal eut lieu le 9 septembre 1810. — Le canal de l'Ourcq, indiqué par Léonard de Vinci pendant le séjour qu'il fit à la cour de François Ier, fut commencé sous Louis XIII (de 1610 à 1643); les travaux furent repris avec activité le 22 septembre 1802; arrivée des eaux dans le bassin de la Villette, le 2 décembre 1808; ouverture de sa navigation le 15 août 1813. — Le canal du Berri, qui doit aboutir à Tours, n'est point encore achevé. Depuis 1810, année de l'ouverture des travaux jusqu'à la fin de 1832, les dépenses s'élevaient à 12 millions. — Le canal Saint-Martin, qui joint le canal de l'Ourcq à la Seine à Paris, a été ouvert solennellement le 4 novembre 1825. — ANGLETERRE. Le canal de jonction du Severn à la Tamise fut achevé en 1789. — Le canal du duc de Bridgewater, commencé en 1758, fut terminé en 1776. — Le canal entre Edimbourg et Glascow fut terminé en 1790. — Le canal de Leicester à Harborough, terminé en 1809; celui de la Tamise à Croydon, dans la même année; celui de Wilts et Berks à la Tamise, en 1810; la jonction du Wey et de l'Arun, opérée en 1816; communication de Worcester et de Birmingham en 1816; de Leeds et de Liverpool, commencés en 1770, et terminés aussi en 1816, etc. — RUSSIE. Le canal de Vychni-Volotcheok, qui réunit la Tvertso et la Msta, et par conséquent la mer Caspienne à la Baltique, fut construit par le marchand Serdoukoff, sous le règne de Pierre le Grand (de 1682 à 1725). — Le canal Marienski, qui unit les rivières Covja et Vitegra, fut achevé en 1805. — Les travaux du canal Sâski, commencés en 1769, longtemps interrompus, repris en 1800, furent achevés en 1804. — Le canal Ladoga, creusé en 1718 par Pierre le Grand, pour éviter la périlleuse navigation du lac de ce nom, fut terminé en 1732, sous le règne de l'impératrice Anne. — Le canal Oginski, ayant pour objet de réunir le Dnieper et le Niémen, fut commencé par le comte Oginski, maréchal de Lithuanie; les travaux furent repris en 1798, et achevés en 1813. — AMÉRIQUE SEPTENTRIONALE. Un canal vient d'être exécuté entre le lac Erié et la rivière Hudson; les travaux avaient été commencés le 4 juillet 1817, et la navigation a été ouverte le 4 novembre 1825, le jour même où l'on ouvrait à Paris la navigation sur le canal Saint-Martin.

Navigation accélérée (système de) : inventé

par P. Pajol de Paris, au commencement de 1815.

Naxos (bataille navale de), gagnée sur les Lacédémoniens par Chabrias, général des Athéniens, l'an 377.

Nazaréens, sectaires qui judaïsaient dans le christianisme au IIe siècle de l'Eglise.

Nazareth (bataille de), gagnée en Palestine par les Français en 1799.

Néapolis en Palestine : l'ère de cette ville commence à l'an 70 de J.-C., époque de sa soumission aux Romains.

NECKER (Noël-Joseph), botaniste, né en Flandre en 1729, mort à Manheim le 10 décembre 1793.

NECKER (Jacques), principal ministre d'Etat sous Louis XVI, frère du précédent, né à Genève le 30 septembre 1732, mort dans cette ville le 9 avril 1804. Sa retraite du ministère datait du 4 septembre 1790.

NECKER (Susanne Curchod de Nasse), femme du précédent, fondatrice de l'hospice de Paris qui porte son nom ; morte en 1794.

Nécrologes : Il existe sous ce titre plusieurs ouvrages curieux à consulter, surtout pour les dates. — *Nécrologe de l'abbaye de Port-Royal-des-Champs*, par dom Rivet, bénédictin, 1723, in-4°, avec un supplément publié par Lefebvre de Saint-Marc en 1735. — *Nécrologe des appelants et des opposants à la bulle Unigenitus*, par le P. La Belle de l'Oratoire, 1755, in-12. — *Nécrologe des plus célèbres confesseurs et défenseurs de la vérité du* XVIIe *et du* XVIIIe *siècle* (1760-1778), 7 vol. in-12, par l'abbé Cerveau. — *Nécrologe des hommes célèbres de la France* (1764-1789), 17 tomes. — *Nécrologe des auteurs vivants*, 1807, par le marquis de Langle (Fleuriau). — *Annuaire nécrologique*, publié par Mahul pendant les dernières années de la Restauration.

Négapatnam, dans les Indes : les Anglais s'en sont emparés en 1781.

Négrepont, ville de la Grèce : prise par Mahomet II en 1469.

Nègres : la traite des Nègres pour l'Amérique, commencée vers 1517 avec l'autorisation légale de Charles-Quint et l'approbation du pape Léon X. — Il y avait déjà plusieurs années qu'elle existait ; dès 1508, les premiers esclaves nègres avaient été transportés de la côte d'Afrique à Saint-Domingue par les Espagnols ; en 1510, le roi d'Espagne, Ferdinand le Catholique, avait envoyé pour son compte des Nègres au Pérou. —Les Anglais obtinrent, en 1713, le contrat de l'*assiento*, ou le commerce des Nègres en Amérique. — Les quakers censurèrent les premiers, en 1727, la traite des Nègres, et les premiers aussi la proscrivirent dans la Pensylvanie. — La Convention nationale abolit l'esclavage des Nègres le 4 février 1794. — Toutefois, l'abolition de la traite ne fut obtenue qu'en 1807 et 1818 dans le parlement anglais. — Emancipation des Nègres à Buénos-Ayres, le 13 janvier 1813. — Enfin l'abolition de la traite fut consacrée par la France en 1815.

NEGRIER (François-Marie-Casimir), général de division, représentant du peuple, né au Mans, le 27 avril 1788, tué à la barricade de la Bastille, le 25 juin 1848.

NÉHÉMIE, pieux et savant juif, mort vers l'an 430 av. J.-C.

Neiss en Silésie : cette ville et son fort capitulent le 1er juin 1807, et sont occupés le 16 par les troupes françaises.

NELSON (Horace), amiral anglais, né dans le comté de Norfolk, le 29 septembre 1758, tué au combat naval de Trafalgar, le 21 octobre 1805. Voy. *Aboukir* (combat naval d').

Nelson (le port), bâti en 1682 par deux frères canadiens.

Némée en Argolide (bataille de), où les Spartiates défirent les forces d'Argos, de Corinthe et d'Athènes, l'an 394 av. J.-C.

NEMROD, fondateur de Babylone sur l'ancien emplacement de la tour de Babel, vers l'an 2229 av. J.-C., l'an du monde 1771. On l'adora longtemps en Orient sous les noms de *Bel*, *Belus* ou *Baal*. Il est le premier exemple d'un homme déifié par l'ignorance des peuples.

Néocésarée (concile de) : tenu en 314, pour la discipline ecclésiastique.

Népaul ou *Népal*, contrée montagneuse de l'Hindoustan : ce pays n'a été bien connu que depuis la guerre que la Compagnie anglaise des Indes orientales y a faite en 1815.

NEPOMUCÈNE (saint Jean), chanoine de Prague, confesseur et martyr, né à Népomuck en Bohême, de 1320 à 1330, mort le 16 mai 1383, jour où l'Eglise célèbre sa fête.

Neresheim (bataille de), gagnée le 10 août 1796 par le général Moreau sur l'archiduc Charles.

NERI (saint Philippe de), fondateur de la congrégation des prêtres de l'Oratoire en Italie, né à Florence le 23 janvier 1515, mort à Rome le 25 mai 1595, canonisé par Grégoire XV en 1622.

Néris (eaux de) : sur les quatre sources qui les fournissent, la dernière connue date de 1755 ; elle jaillit pour la première fois à l'époque du tremblement de terre de Lisbonne.

NÉRON (Lucius Domitius Nero Claudius), empereur romain, né à Antium le 13 décembre 788 de Rome (37 de J.-C.), monte sur le trône l'an 54 de J.-C., se poignarde l'an 68, âgé de 32 ans.

NERSÈS IV, patriarche arménien, savant et vertueux, né l'an 1102 de J.-C., mort le 13 août 1173.

NERSÈS, archevêque de Tarse, neveu du précédent, littérateur, né en 1153, mort le 18 juillet 1198.

NERVA (M. Cocceius), empereur romain, né vers l'an 32 de J.-C., élu en 96, mort en 98.

Nerwinde (bataille de), gagnée par le maréchal de Luxembourg sur le prince d'Orange, le 29 juillet 1693.

Nerwinde (bataille de), gagnée sur les Français par le prince de Cobourg, le 18 mars 1793.

NESTOR ou LETOPIS NESTEROVA, historien russe, né en 1056, mort vers 1116.

Nestoriens, sectaires, disciples de Nestorius, qui ne voulaient pas reconnaître la sainte Vierge pour la mère de Dieu, et qui distinguaient deux personnes en Jésus-Christ. Ils professaient leurs erreurs dans le ve siècle de l'ère chrétienne.

NESTORIUS, évêque de Constantinople, célèbre hérésiarque, élevé à l'épiscopat en 428, mort relégué dans la Thébaïde, en 432.

NETSCHER (Gaspard), peintre, né à Prague en 1635, selon Dargenville, et selon le biographe Descamps à Heidelberg, en 1639; mort à la Haye le 15 janvier 1684, dans la 45e année de son âge.

NETSCHER (Théodore), l'aîné des fils de Gaspard et peintre comme lui, né à Bordeaux en 1661, mort à Hulst en 1732.

NETSCHER (Constantin), frère du précédent, également peintre, né à la Haye en 1670, mort dans la même ville en 1722.

Neubourg (combat de), où le général Moreau défait les Autrichiens, le 28 juin 1800. Le brave Latour d'Auvergne, surnommé le premier grenadier de France, y perdit la vie.

Neubourg, ville forte de Danemark: les Suédois y furent défaits en 1659.

Neufchâtel (principauté de): cet état appartenait aux seigneurs de Bourgogne dans le xe siècle. — Au xie, il fut réuni à l'empire germanique. — Ce ne fut que vers la fin du xive siècle qu'il fut érigé en principauté. — En 1503, la principauté de Neufchâtel tomba, par les femmes, au pouvoir des princes d'Orléans-Longueville jusqu'au commencement du xviiie siècle; elle passa alors au pouvoir du roi de Prusse, en 1707. —Fut cédée à la France par le roi de Prusse, le 28 février 1806, et donnée par l'empereur au maréchal Berthier, le 30 mars suivant. — Elle demeura au pouvoir de ce lieutenant de Napoléon jusqu'en 1814, époque où elle fut réunie à la Suisse, et prit rang parmi les cantons helvétiques.

Neufchâtel, ville de Normandie; prise en 1143. — Emportée d'assaut et saccagée en 1167. — Prise par le comte de Flandre en 1175. — Prise en 1201 par Jean sans Terre. — Reprise sur lui en 1204. — Conquise par les Anglais en 1419. — Emportée sur eux après le siége le plus meurtrier, en 1449. — Prise enfin et brûlée par les troupes du duc de Bouillon, en 1472. — Le duc de Parme prit la ville et le fort en 1592. — Les fortifications furent rasées en 1596.

Neufchâtel, ville de Suisse, capitale de la principauté de ce nom: son origine est inconnue; on croit que le nom qu'elle porte ne date que du xe siècle, et lui vient d'une nouvelle tour qui y fut élevée à cette époque. — Sa cathédrale fut bâtie en 1164, par Berthe, épouse du comte Ulric. — Cette ville fut saccagée et prise d'assaut en 1033; livrée aux flammes en 1249, par Henri, évêque de Bâle; dévorée par un incendie en 1450; incendiée de nouveau en 1714, et submergée par les eaux du torrent du Seyon, en 1759.

Neuhausel, ville forte de la haute Hongrie: prise par les Turcs en 1663, et par les impériaux en 1685.

NEUHOF (Théodore-Etienne, baron de), gentilhomme aventurier, né à Metz vers 1690, mort le 2 décembre 1756.

Neuilly, grand village situé à peu de distance de Paris: son origine est due à un port établi au xiiie siècle à la place où est le pont, et qui, en 1222, s'appelait *Portus de Lugliaco*. — En 1606, il n'y avait encore qu'un bac à Neuilly; Henri IV y fit construire un pont, qui était déjà détruit en 1638. — Le pont qu'on y voit aujourd'hui, ouvrage de l'ingénieur Perronet, fut construit sous le règne de Louis XV, et inauguré le 22 septembre 1772. — En 1815, il y eut à Neuilly plusieurs engagements entre les troupes anglaises et françaises.

Neumark (bataille de), gagnée le 22 août 1796, par l'archiduc Charles, sur le général français Bernadotte.

Neusaz, ville libre de Hongrie: fondée en 1733 par des familles grecques.

Neustadt (Saxe): cette ville a été la proie des flammes le 24 juin 1839; l'église, l'hôtel de ville, d'autres édifices publics, plus de 200 maisons n'offraient plus qu'un monceau de cendres.

Neustadt, ville de Finlande: fameuse par le traité de paix conclu en 1721 entre le Danemark, la Suède et la Russie.

Neutraux, hérétiques du xive siècle, qui s'abstenaient de la communion, disant que la foi suffisait.

NEUVILLE (Anne-Joseph-Claude Frey de), jésuite, célèbre prédicateur, né en 1693 au diocèse de Coutances, mort le 13 juillet 1774 à Saint-Germain-en-Laye.

Néva, fleuve qui arrose Saint-Pétersbourg: son débordement de novembre 1825 causa de grands désastres dans cette capitale de l'empire russe.

Nevers, ancienne ville de France: des historiens font remonter l'érection de son siége épiscopal au 1er siècle de l'Eglise. Quoi qu'il en soit, dès l'an 534 il y avait déjà eu plusieurs évêques à Nevers. — En l'an 507, Nevers devint la capitale de la portion de territoire détachée du royaume de Bourgogne, et qui a reçu le nom de Nivernais. — Cette ville fut érigée en comté et marquisat héréditaires, vers 880, par Charles le Gros, régent de Charles III dit *le Simple*. — Elle fut entourée de murs en 1194, par Pierre de Courtenai, alors comte de Nevers, pour qu'elle fût à l'abri des brigands nés des guerres civiles. Le premier octroi municipal de Nevers fut établi en 1358. — Ce ne fut qu'en 1528 que Nevers fut érigé en duché-pairie, en faveur de François de Clèves, deuxième comte de ce nom. — Fondation d'un collége de jésuites en 1571. — Etablissement de la première fabrique de faïence vers le commencement du xvie siècle, et de la première verrerie en 1694. — Son église de Saint-Etienne fut rebâtie en 1083 par Guillaume comte de Nevers ; celle de Saint-Cyr date du XIIe siècle.

NEVERS (Louis de Gonzague, duc de), né en 1538, mort en octobre 1595.

NEVERS (Philippe-Julien Mazarin Mancini, duc de), né à Rome en 1631, mort en 1707.

Newbury (bataille de), gagnée par le roi Charles Ier sur les parlementaires d'Angleterre, le 26 septembre 1643.

Newcastle, capitale du comté de Northumberland en Angleterre : en 1800, l'exportation de son charbon de terre montait à 17 millions de boisseaux.

NEWCOMEN, mécanicien anglais, inventeur des machines à vapeur, vers la fin du XVIIe siècle.

New-London, ville des Etats-Unis : brûlée par Arnold en 1781, et rebâtie près de la mer.

Newport, ville du Maryland, bâtie en 1773.

NEWTON (Isaac), célèbre philosophe, physicien et astronome, né le 25 décembre 1642, à Wolstrop dans le comté de Lincoln, mort le 20 mars 1727.

New-York, ville considérable des Etats-Unis : elle n'était qu'un pauvre village en 1640. En 1697, trente-quatre ans après l'expulsion des Hollandais, sa population s'élevait à 4302 individus. — Elle fut brûlée en partie pendant la guerre de 1783, et rebâtie depuis. — Ces désastres n'empêchèrent pas sa population de s'accroître ; en 1790, elle s'élevait à 33,000 ; en 1810, elle était de 96,000 ; en 1816, de 100,000 ; en 1819, de 119,657 ; en 1826, de 166,086 ; en 1830, de 213,470. — En 1793, il entra dans le port de New-York, 693 navires étrangers, et 1381 caboteurs ; en 1825, 1429, dont 1325 Américains. Le tonnage des bâtiments qui lui appartenaient, était, en 1825, de 300,000 tonneaux ; en 1829, de 355,534.

NEY (Michel), duc d'Elchingen, prince de la Moscowa, maréchal et pair de France, né à Sarrelouis (Moselle), le 10 janvier 1769, condamné à mort par la chambre des pairs, le 6 décembre 1815, fusillé le lendemain 7.

Nézib (bataille de), gagnée par les Egyptiens sur les Turcs, le 24 juin 1839.

Niagara, rivière d'Amérique, limite entre le Canada et les Etats-Unis. Dès 1679, un poste militaire fut établi au fort qui l'avoisine. — Ce fut presque sur ses bords que furent livrées les batailles de Queenstown le 12 octobre 1812, et de Chippeways le 5 juillet 1814.

NICAISE (saint), évêque de Reims, martyrisé au XVe siècle par les Vandales.

NICAISE (saint), premier archevêque de Rouen au milieu du IIIe siècle.

Nice, ville des Etats sardes, fondée par les Marseillais, en mémoire de leur victoire sur les Liguriens. Elle devint dans la suite capitale d'un comté, et appartint aux comtes de Provence. Ses habitants se donnèrent au comte de Savoie, Amédée VII, en 1388. — Catinat prit Nice en 1691, le duc de Berwick en 1706 ; elle tomba encore au pouvoir des Français en 1744, et en 1792. — Réunie à la république française, elle a continué à faire partie de la France, jusqu'en 1815.

Nicée, ville de Bithynie, fondée par Antigone, fils de Philippe : assiégée en vain par une armée de cent mille Sarrasins, en 727. — Enlevée aux Grecs par les Turcs, qui en firent leur capitale, en 1333.

Nicée (Conciles généraux de) : le premier, celui auquel on doit le célèbre *Symbole de Nicée*, et qui condamna les erreurs d'Arius, eut lieu en 325 sous le règne et par les ordres de Constantin. — Le deuxième concile de Nicée, qui est le septième général, fut tenu l'an 787, contre les iconoclastes ou briseurs d'images.

NICÉPHORE (saint), martyr d'Antioche sous l'empereur Valérien, vers l'an 260.

NICÉPHORE (saint), patriarche de Constantinople, né en cette ville en 750, mort en 828.

NICÉPHORE Ier, empereur d'Orient, élevé au trône en 802, tué le 28 juillet 811.

NICÉPHORE II, surnommé *Phocas*, empereur d'Orient, né en 912, assassiné le 1er décembre 969.

NICÉPHORE III, empereur d'Orient, élu en 1077, mort vers 1081.

NICÉPHORE, historien grec, dit *Calliste*, vivait au XIVe siècle.

NICÉRON (Jean-François), mathématicien, né à Paris en 1613, mort à Aix le 22 septembre 1646.

NICÉRON (Jean-Pierre), savant religieux barnabite, né à Paris en 1685, mort le 8 juillet 1738.

NICETAS ACOMINATUS, historien grec, vivait à Nicée en 1206. — Ses *Annales* commencent au règne d'Alexis en 1108, et finissent à celui de Baudouin en 1205.

NICIAS, capitaine athénien, mis à mort par les Syracusains, l'an 415 av. J.-C.

NICIAS, peintre athénien, florissait vers la 112 olympiade.

Nickel, métal ; sa découverte par Cronstedt en 1751.

Nicolaïtes, secte fondée par Nicolas, diacre d'Antioche, l'an 65 de J.-C. Tout, jusqu'aux femmes, était commun entre eux.

Nicolaïtes (nouveaux), hérétiques de Milan, qui soutenaient que la compagnie des femmes est licite aux prêtres. Cette secte parut en 1059.

NICOLAS Ier, dit *le Grand*, élu pape le 24 avril 858, mort le 13 novembre 867.

NICOLAS II (Gérard de Bourgogne), évêque de Florence, élu pape le 28 décembre 1058, mort en 1061.

NICOLAS III (Jean-Gaston), élu pape le 25 novembre 1277, mort le 22 août 1280.

NICOLAS IV (Jérôme d'Ascoli), élu pape le 22 février 1288, mort le 4 avril 1292.

NICOLAS V (Thomas-Parentucelli), évêque de Bologne, élu pape le 16 mai 1447, mort le 24 mars 1455.

NICOLAS (saint), évêque de Myre, en Lycie, mort vers 352. L'Eglise célèbre sa fête le 6 décembre.

NICOLAS (saint), religieux augustin, né à Tolentino en 1239, mort dans la même ville le 10 septembre 1310.

NICOLAS (Augustin), littérateur estimable, né à Besançon en 1622, mort en 1695.

NICOLAS DE PISE, ou *le Pisano*, habile sculpteur et architecte du XIIIe siècle, commença, selon Vasari, ses travaux dans l'année 1225, et mourut vers la fin du XIIIe siècle.

NICOLE (Pierre), théologien et moraliste français; l'un des célèbres solitaires de Port-Royal, et l'auteur des *Essais de Morale*, né à Chartres le 17 octobre 1625, mort le 16 novembre 1695.

NICOLO (Nicolas ISOUARD, dit), compositeur distingué, auteur de la musique de l'opéra de *Joconde*, né à Malte en 1775, mort à Paris le 23 mars 1818.

NICOMÈDE Ier, roi de Bithynie, monta sur le trône l'an 278 av. J.-C.

NICOMÈDE II, *Philopator*, règne l'an 148 av. J.-C., meurt l'an 90 av. J.-C.

NICOMÈDE III, roi de Bithynie, mort l'an 75 av. J.-C.

Nicomédie, ville de l'Anatolie, fondée par Nicomède : engloutie par un tremblement de terre l'an 120 après J.-C., sous le règne d'Adrien, qui contribua à son rétablissement.—Engloutie de nouveau par un tremblement de terre, en 358.

Nicopoli, ville de Turquie ; elle fut brûlée en 1798 par Passwan-Oglou, et prise par les Russes en 1810.

Nicopoli (bataille de), gagnée par Bajazet, sur Sigismond, roi de Hongrie, le 28 septembre 1396, auprès de la ville turque de ce nom.

Nicopolis, ville fondée par Auguste, après la bataille d'Actium, dans l'endroit où était son camp, l'an 31 avant J.-C.—Elle fut bâtie à la place d'Emmaüs, l'an 71 de J.-C., et commença à cette époque une nouvelle ère, marquée sur les médailles.

NICOT (Jean), seigneur de Villemain, secrétaire du roi Henri II, ambassadeur de François II en Portugal, né à Nîmes en 1530, mort à Paris en 1600. Le tabac qu'il contribua à faire connaître en Europe, fut appelé quelque temps *Nicotiane*, du nom de Nicot.

NIEBUHR (Carsten), célèbre voyageur, né le 17 mars 1733 à Ludingsworth, dans le duché de Lauenbourg, mort en mai 1815.

Nielle, terme de graveur : l'usage du nielle remonte en France au VIIe siècle.

Niémen. Entrevue des empereurs de France et de Russie sur un radeau, au milieu de ce fleuve, le 25 juin 1807.

Niémen (passage du) par l'armée française, le 23 juin 1812.

Niger, célèbre fleuve d'Afrique : il n'a été connu avec quelque exactitude que depuis le voyage du courageux Mungo-Park, pendant l'année 1796, celui de Caillié en 1828, et celui des frères Lander en 1830.

Niester (bataille de), gagnée sur les Turcs par les Polonais, le 6 octobre 1694.

Nieuport (bataille de), gagnée par Maurice, stathouder de Hollande, sur les Espagnols, en 1600.

NIEUWLAND (Pierre), savant et littérateur, né près d'Amsterdam le 5 novembre 1764; mort le 14 novembre 1794, âgé de 30 ans.

NIFO (Augustin), philosophe italien, né à Japoli dans la Calabre vers 1473, mort en 1550.

NIL (saint), moine grec, disciple de saint Chrysostome ; écrivait encore vers l'an 450, temps auquel on place ordinairement sa mort.

Nil (sources du) : elles sont encore mal connues. Bruce prétendait les avoir vues en novembre 1770, en Abyssinie; mais son assertion a trouvé de nombreux contradicteurs.

Nimègue (paix de), conclue le 10 août 1678 entre la France, la Hollande et l'Espagne. Tout l'empire accéda à ce traité dans le courant de l'année 1679 ; mais en 1688 toutes les conventions faites furent foulées aux pieds.

Nîmes, ville du Languedoc. Les Arènes et le pont du Gard y furent construits sous l'empereur Adrien, l'an 120 de notre ère. — La tour Magne paraît être le monument romain le plus ancien de Nîmes; en 737, Charles Martel avait voulu la détruire; en 1185, elle devint une forteresse; aujourd'hui elle est le siége d'une loge télégraphique. — Les bains de la Fontaine furent découverts dans des fouilles commencées en 1738. — Le temple de Diane fut converti en église en 991 ; cette église fut pillée et dévastée en 1562 par les protestants. — La ville de Nîmes fut cédée à saint Louis en 1258; prise par les Anglais en 1417.

Ninive, ancienne capitale d'Assyrie : fondée par Ninus Ier, qui régnait vers l'an 1968 av. J.-C. — Prise et destruction de cette ville et du royaume de ce nom par Cyaxare, roi des Mèdes, l'an 627 av. J.-C.

NINON. Voy. LENCLOS (*Ninon de*).

Niort, ville de France, prise par Philippe-Auguste en 1202. — En 1281, Philippe le Long donna cette ville, avec plusieurs autres, à son frère Charles. — Les Anglais s'en emparèrent au XIVe siècle et l'occupèrent pendant 18 ans. Pendant les guerres de la Ligue, dans la dernière partie du XVIe siècle, Dandelot, frère de l'amiral Coligny, fit capituler Niort, et passa au fil de l'épée la garnison de la tour de Magné.

Nissa, ville de la Servie, brûlée par les Impériaux en 1689.

NITHARD, historien et homme d'Etat, né avant l'année 790, s'attacha à la fortune de Charles le Chauve, en 842, et laissa une relation historique des événements de son temps, qui se trouve dans le *Recueil des historiens des Gaules et de la France*, publié en 1684.

Niveau. On attribue l'invention de cet instrument à Dédale, vers l'an 1301 av. J.-C.

Nivernais (le) : cette ancienne seigneurie princière fut érigée en duché-pairie par lettres patentes de François Ier, du 27 février 1528, vérifiées en parlement en 1559. Voy. *Nevers*.

NIVERNAIS (Louis-Jules Barbon Mancini Mazarini, duc de), ministre d'Etat, membre de l'Académie française et de celle des belles-lettres, né à Paris le 16 décembre 1716, mort en 1798.

NIZZOLI (Mario), savant littérateur, philosophe et grammairien; né à Boreto, dans le duché de Modène, en 1498; mort en 1566.

NOAILLES (Antoine de), chevalier de l'ordre du roi ; né au château de Noailles, près Brives, en 1504 ; mort le 11 mars 1562.

NOAILLES (François de), frère du précédent ; évêque de Dax ; né en 1519, mort à Bayonne le 16 septembre 1585.

NOAILLES (Louis-Antoine de), cardinal et archevêque de Paris, né le 27 mai 1651 ; évêque de Cahors en 1670, archevêque de Paris en 1695, promu au cardinalat la même année ; mort le 4 mai 1728.

NOAILLES (Annes-Jules de), duc et pair, et maréchal de France, né en 1650, mort à Versailles le 20 octobre 1708.

NOAILLES (Adrien-Maurice, duc de), pair et maréchal de France, fils du précédent ; né à Paris en 1678 ; s'empare de Gironne en Catalogne, en 1710 ; meurt à Paris le 24 juin 1766.

NOAILLES (Louis, duc de), né en 1713, promu à la dignité de maréchal de France en 1775, mort à Saint-Germain en Laye le 22 août 1793.

NOAILLES (Louis-Marie, vicomte de), né en 1756, mort en Amérique en 1805.

Noailles, bourg du Limousin ; érigé en duché-pairie, en 1663, en faveur d'André de Noailles, premier capitaine des gardes de Louis XIV.

Noblesse. Plusieurs savants, et parmi eux l'auteur du *Dictionnaire raisonné de diplomatique*, placent l'origine des anoblissements au IVe siècle. — Les premières lettres d'anoblissement parurent en 1270, sous Philippe III, dit *le Hardi*, qui les expédia en faveur de Raoul, son orfévre ou argentier. — En 1415, après la désastreuse bataille d'Azincourt, on fit en France une grande quantité de nouveaux nobles, pour réparer les pertes du corps de la noblesse. — Sous le règne de Louis XII, de 1498 à 1515, tous les hommes d'armes étaient gentilshommes. — Tous les bourgeois de Paris avaient été déclarés nobles par édit de Charles V, de 1371 ; mais en 1577, Henri III restreignit ce privilége au seul prévôt des marchands et aux échevins. — Henri IV, par son édit de 1600, déclara que la profession des armes n'anoblirait plus celui qui l'exercerait. — Ce fut Louis XV qui rétablit en partie cette noblesse militaire, par édit du 1er novembre 1750, en reconnaissant pour nobles tous ceux qui seraient parvenus au grade d'officiers généraux dans les troupes. —L'abolition de la noblesse française fut déclarée par l'Assemblée constituante le 19 juin 1790.

Noblesse impériale en France : sa création, le 1er mars 1808, avec titres de duc, comte, baron et chevalier.

NOÉ, célèbre patriarche, fils de Lamech, né l'an 2978 av. J.-C. ; mort l'an 2029 av. J.-C., à l'âge de 950 ans.

Noël. Ce fut au IVe siècle que cette grande solennité fut fixée au 25 décembre. — L'usage de célébrer trois messes le jour de Noël est fort ancien, puisque le pape saint Grégoire le Grand, qui vivait sur la fin du VIe siècle, en parle comme d'une pratique déjà établie. — Quelques auteurs en attribuent l'institution au pape saint Télesphore, qui reçut la palme du martyre l'an 139.

Nœud gordien. Il avait été fait par Gordien, roi de la grande Phrygie, vers l'an 450 av. J.-C. Il était si bien entrelacé, qu'on ne pouvait le défaire. Alexandre le Grand trancha la difficulté en le coupant avec son épée.

Nogaro (concile de), tenu en 1315.

Noirs (traite des) : est abolie en vertu d'un *article additionnel* au traité de paix conclu à Paris entre la France et les puissances alliées, le 30 mai 1814. Voy. *Nègres*.

NOLASQUE (saint Pierre), fondateur de l'ordre de la Merci, pour la rédemption des captifs ; né à Saint-Papoul en Languedoc, vers 1189 ; jette les premières fondations de son ordre le 10 août 1223, meurt le 23 décembre 1256.

NOLLET (l'abbé Jean-Antoine), célèbre physicien, membre de l'Académie des sciences ; né à Pimpré, diocèse de Noyon, le 17 novembre 1700 ; mort à Paris le 24 avril 1770.

Non (cap). Après avoir été longtemps le terme de la navigation des Européens, il est enfin doublé par Gilimnel en 1432.

NONOTTE ou NONNOTTE (Cl.-François), savant jésuite persécuté par Voltaire, naquit à Besançon vers l'année 1711, et mourut dans sa ville natale le 3 septembre 1793.

NOODT (Gérard), jurisconsulte, né à Nimègue en 1647, mort à Leyde le 15 août 1725.

NORBERG (Georges), chapelain et historien de Charles XII, roi de Suède ; né à Stockholm en 1677, mort en 1748.

NORBERT (saint), fondateur de l'ordre des Prémontrés et archevêque de Magdebourg ; né en 1092 à Santen, dans le duché de Clèves ; établit son ordre en 1120 ; mort à Magdebourg le 6 juin 1134 ; canonisé par Grégoire XIII en 1584.

Nord (expéditions au pôle du) : Celle de Forbisher, en 1577 ; celle de Davis, en 1587 ; celle de Hudson, en 1610 ; celles de Jones et Middleton, en 1642 ; celle d'Hearn, en 1771 ; celle de Mackensie, en 1780 ; celle du capitaine Phipps, en 1778 ; celle de Cook, à la même époque ; celle de Buchan, en 1819 ; celle du capitaine Ross, en août de la même année ; celle de Parry, en 1819 ; celle du même marin, en 1821 ; celle du capitaine Sabine, en 1823 ; celles du célèbre navigateur Scoresby, en 1817, 1820 et 1823 ; celle du capitaine Franklin, en 1819 ; celle de Parry et Lyon, en 1824 ; de Franklin et de Beechey, en 1825 ; celle du capitaine Ross, en 1829 ; enfin celle du capitaine Back, en 1836-37. On doit mentionner aussi les expéditions entreprises aux frais du gouvernement russe : celle du capitaine Otto de Kotzebue, de 1814 à 1818 ; celle du même navigateur, de 1824 à 1826 ; celle du baron Wrangel, de 1820 à 1824 ; du capitaine Wassilieff, en 1819 ; celle du lieutenant Lazareff, en 1819 ; celle du lieutenant Lawrof, en 1821 ; du capitaine Litke, en 1822 ; enfin une seconde expédition de ce dernier, en 1823.

NORDEN (Frédéric-Louis), célèbre voyageur, né à Gluckstadt dans le Holstein, le 22 octobre 1708, mort à Paris en 1742.

Nordlingen ou *Nordlingue* (bataille de), gagnée sur les Suédois par les Impériaux, le 6 septembre 1634. — Autre, gagnée sur les Impériaux par Condé et Turenne, le 3 août 1645. — Les environs de Nordlingen ont depuis servi plus d'une fois de champ de bataille, notamment en 1796 et 1800.

NORFOLK (Thomas Howard, duc de), né vers 1536, traduit devant les pairs d'Angleterre et déclaré coupable de trahison, le 16 janvier 1572, exécuté le 2 juin suivant.

Norfolk, île très-escarpée dans l'Océan Pacifique, découverte par Cook en 1774, vue par La Peyrouse en 1788.

NORIS (le cardinal Henri), illustre et savant prélat du XVIIe siècle, né à Vérone le 29 août 1631, mort le 23 février 1704.

Normandie. Est réunie à la couronne d'Angleterre en 1106. — Rentre sous le pouvoir du roi de France en 1204. — Retombe aux mains des Anglais sous Henri V, en 1418. — Est reprise aux Anglais par les Français en 1450.

Normandie (ducs de). Rollon, depuis 912 jusqu'à son abdication en 927. — Guillaume, surnommé *Longue-Épée*, de 927 à 943. — Richard *sans Peur*, de 943 à 996. Richard II, surnommé *le Bon*, de 996 à 1026. — Richard III, de 1026 à 1028. — Robert, surnommé *le Magnifique* ou *le Diable*, de 1028 à 1035. — Guillaume II, le Conquérant ou le Bâtard, de 1035 à 1087. — Robert II, dit *Courte-Hense* ou *Courte-Cuisse*, de 1087 à 1124. — Henri Ier, de 1124 à 1134. — Henri II, de 1134 à 1189. — Richard IV, surnommé *Cœur de Lion*, de 1189 à 1199. — Jean *sans Terre*, de 1199 à 1204.

Normandie (conciles tenus dans la province de). A Rouen, pour la discipline ecclésiastique, en 414. — En 584, sous le règne de Chilpéric ; ce deuxième concile est regardé comme général par des écrivains ecclésiastiques. — En 588, à l'occasion de l'assassinat de Prétextat, archevêque de Rouen. — En 850, à Rouen, sous l'archiépiscopat de saint Ouen ; 16 canons y furent décrétés sur la réformation des mœurs et la discipline ecclésiastique. — En 662, à Caen, sous le pontificat de Sergius ; quinze prélats y assistèrent. — En 861, à Pirted, sous la présidence de l'archevêque de Sens. — En 864, par l'ordre de Charles le Chauve ; on s'assembla pour traiter des immunités ecclésiastiques et des droits régaliens ; 37 canons furent décrétés à cette occasion. — En 869, pour la discipline ecclésiastique et l'observation de la foi catholique. — En 1026, à Pontoise, convoqué par Mauger, archevêque de Rouen. — En 1043, à Caen ; Guillaume le Vieil, roi d'Angleterre et duc de Normandie, y proposa la paix ou trêve de Dieu. — En 1049, à Rouen ; 19 canons sur la foi, la discipline ecclésiastique, et contre la simonie. — En 1050, à Brioné, par ordre du duc Guillaume, pour prononcer sur les erreurs de Bérenger, déjà condamné par un concile de Rome. — En 1055, à Lisieux ; l'archevêque de Rouen, Mauger, y fut déposé et condamné à l'exil. — Même année, à Rouen, pour la réformation des mœurs du clergé. — En 1061, à Caen, pour la discipline ecclésiastique. — En 1063, à Rouen, pour la condamnation des doctrines de Bérenger. — En 1066, à Lillebonne, pour confirmer la légitimité des droits du duc Guillaume II à la couronne d'Angleterre. — En 1068, à Rouen, pour l'élection d'un archevêque. — En 1070, les prélats de la Normandie se réunirent à Westminster, pour l'élection d'un archevêque de Cantorbéry. — En 1072, à Rouen, pour la discipline ecclésiastique. — En 1073, à Rouen, pour la répression d'une révolte de moines. — En 1074, à Lillebonne ; 22 canons y furent décrétés. — En 1080, à Rouen ; 46 canons, très-importants pour la législation d'alors, y furent décrétés. — En 1082, à Oissel. — En 1091, à Rouen, pour l'élection d'un évêque de Séez. — En 1098, à Rouen, pour l'approbation des décrets du concile de Clermont. — En 1106, à Lisieux, pour la paix et la réforme dans l'administration de l'Eglise et de l'Etat. — En 1118, à Rouen, pour une demande de subsides de la part du saint-siége. — En 1128, à Rouen ; on y décréta plusieurs canons sur la discipline ecclésiastique. — En 1172, à Avranches ; Henri II y fut absous du meurtre de saint Thomas de Cantorbéry, et signa 13 canons sur la discipline de l'Eglise. — En 1182, à Caen. — En 1188, à Gisors, où Henri, roi d'Angleterre, et Philippe, roi de France, reçurent la croix de l'archevêque de Tyr, légat du pape. — En 1189, à Rouen ; canons sur la discipline. — En 1214, pour la discipline ecclésiastique et pour la croisade. — En 1223, confirmation des doctrines du quatrième concile de Latran. — En 1231, règlement sur les attributions des diacres. — En 1257, à Rouen. — En 1267, à Pont-Audemer ; règlement des clercs mariés ou non mariés. — En 1279, à Pont-Audemer. — En 1295, concernant l'autorité ecclésiastique. — En 1304, à Pinterville. — En 1305, nomenclature des fêtes dans le diocèse de Rouen ; celle du Saint-Sacrement n'en fait point partie, n'ayant été instituée qu'en 1317. — En 1313, à Rouen ; modification des pénalités prescrites par les conciles précédents. — En 1321, contestations des abbayes de Saint-Ouen et de Saint-Victor-en-Caux. — En 1335, règlements ecclésiastiques. — En 1422, élection des députés pour le concile de Pise. — En 1445, à Rouen, convoqué par Georges II, cardinal d'Amboise ; 41 statuts de réformation. — En 1522, à Rouen, afin d'obtenir un subside du clergé pour le roi. — En 1527, à Rouen, même objet. — En 1581, le plus solennel des conciles tenus en Normandie ; ses canons sur la discipline et la juridiction ecclésiastiques furent approuvés par le pape le 19 mars 1582. — En 1660 et 1699, à Pontoise et au château de Gaillon, pour l'exécution des bulles de condamnation de plusieurs livres, notamment de l'explication des *Maximes des saints* sur la vie chrétienne.

Normands. Originairement peuples du Nord. Leur nom se trouve pour la première fois dans l'histoire sous la date de l'an 516. — En 820, ils commencent à ravager les côtes occidentales et méridionales de l'Europe. — Ils pénètrent en France en 845, ravagent et pillent plusieurs villes, et s'avancent jusqu'aux portes de Paris. — Ils font une descente en Hollande, en 856. — Ravagent de nouveau les environs de Paris, en 857. — Prennent Trèves, en 882, et pillent Liége, Cologne et plusieurs autres villes.—Assiégent Paris, en 886.—Au nombre de plus de 90,000 hommes, ils ravagent les Pays-Bas; puis sont défaits, en 891, par l'empereur Arnoul. — Leur établissement dans la Neustrie, en 905. — Ils s'emparent du Cotentin et du Maine; ravagent la Bretagne, la Picardie et la Champagne, en 906. — La Neustrie leur est définitivement cédée en 912, par le roi Charles le Simple.

Northampton (concile de), en 1164

Northumberland (royaume de), l'un des sept Etats qui composaient l'Heptarchie. Son premier roi fut Idda, qui commença son règne l'an 547. — Ce royaume subsista jusqu'à la fin de l'Heptarchie, en 827.

Norwége. La religion chétienne ne fut définitivement établie dans ce pays qu'au commencement du XIe siècle. — Réunie au Danemark en 1387. — Cette réunion dura sans interruption jusqu'à la paix de Kiel, en 1814, époque de la cession de la Norwége à la Suède. — Abolition de la noblesse en Norwége, le 9 mai 1821. — La mine d'argent la plus abondante de ce pays est celle de Kongsberg, découverte en 1623.

Norwége (rois de). Harald, premier roi, en 900. — Eric, en 931. — Haquin, dit Adelstan, tué en 963, avait commencé son règne en 936. — Haquin II, en 978. — Olaüs Ier, en 995. — Suénon Ier, en 1000. — Olaüs II, *le Saint*, en 1011. — Suénon II, fils de Canut le Grand, en 1031. — Magnus, en 1039. — Harald II, en 1055. — Magnus II, en 1070. — Magnus III, en 1110. — Harald III, en 1138. — Magnus III, de nouveau, en 1148. — Ingo, en 1158. — *Interrègne*, de 1176 à 1180. — Magnus IV, en 1180. — Haquin III, tyran, en 1232. — Olaüs III, en 1263. — Eric II, en 1280. — Haquin IV, en 1300. — Magnus V, en 1315. — Haquin V, en 1326. — Magnus VI, en 1328. — Olaüs IV, en 1359. — Haquin VI, en 1375. — Marguerite, reine de Suède et de Danemark, en 1388. — Eric III, en 1412.

NOSTREDAME ou NOSTRADAMUS (Michel), fameux astrologue, issu d'une famille juive, né à Saint-Remi en Provence, en 1503, mort à Salon, en 1566.

Notables (assemblées des) en France. A Rouen, sous Henri IV, en 1596; à Paris, sous Louis XIII, en 1626 et 1627; enfin, sous Louis XVI, il y eut une nouvelle assemblée de ce genre; les séances de cette réunion, convoquées pour remédier aux maux publics, commencèrent à Versailles, le 22 février 1787 et durèrent jusqu'au 25 mai. — Réunies de nouveau le 8 octobre 1788, et congédiées le 12 décembre suivant.

Notes secrètes. Nom donné aux réclamations adressées, disait-on, vers la fin de juillet 1818, aux souverains alliés pour empêcher le départ des troupes étrangères de France.

Notes musicales. Voy. *Musique*.

Notre-Dame (église de), cathédrale de Paris. Sa construction, commencée en 1165, ne fut terminée qu'au bout de trois siècles. — Le bourdon fut fondu pour la première fois en 1400; cette cloche fut nommée *Jacqueline*, du nom de Jacqueline de La Grange, belle-sœur de Gérard, evêque de Paris. Elle fut refondue en 1430, par Guillaume Sifflet. Ayant été cassée en 1681, elle fut augmentée du double en 1682, par Florentin Leguay, célèbre fondeur; Louis XIV et la reine Marie-Thérèse d'Autriche lui donnèrent leur nom, lors de sa bénédiction.

Notre-Dame de la Miséricorde (religieuses de). Cet ordre fut fondé par Madeleine Martin, d'Aix, en 1633, et approuvé en 1648, par Urbain VIII.

NOUE (François de la), surnommé *Bras-de-Fer*, gentilhomme breton, renommé par sa bravoure, né en 1531, tué d'un coup d'arquebuse au siége de Lamballe, le 4 août 1592.

NOUE (Jean Sauvé, surnommé de la), acteur et auteur dramatique, né à Meaux en 1701, mort le 15 novembre 1761.

Noukahiva, l'une des îles Washington, découverte en 1790 par Ingraham.

Nouka-Hivah, groupe d'îles de la Polynésie, découvertes en 1595 par Mendana, navigateur espagnol.

NOVALIS (Frédéric de Hardenberg, plus connu sous le nom de), l'un des écrivains les plus originaux de l'Allemagne, né à Weissenfels, le 2 mai 1732, mort le 19 mars 1797.

Novarre (bataille de), gagnée par les Suisses sur les Français, le 6 juin 1513.

Novarre. Prise de cette ville par le prince Eugène en 1706; par les Français en 1796 et 1800.

NOVATIEN, le premier des anti-papes connus dans l'Église romaine, vers le milieu du IIIe siècle. La secte qu'il avait fondée fut proscrite en 325 par le troisième concile de Nicée.

Novatiens, sectaires du IIIe siècle, disciples de Novatien le schismatique; ils ne croyaient point à l'efficacité de la pénitence.

NOVERRE (Jean-Georges), célèbre danseur et maître de ballets, né à Paris le 29 avril 1727, mort le 19 novembre 1810.

NOVES (Laure de), plus connue sous le nom de *la belle Laure*, née à Avignon en 1307 ou 1308, morte de la peste le 6 avril 1348.

Novi (bataille de), gagnée par les Austro-Russes sur les Français, le 15 août 1799.

Noyon, ville de Picardie : elle fut pendant quelque temps la capitale de l'empire de Charlemagne qui s'y fit couronner en 768. — Prise et saccagée par les Normands dans le XIe siècle. — Pillée de nouveau par ces derniers, en 1132, en 1152 et en 1228. — Brûlée en 1552 et en 1557. — Henri IV la prit en 1591. — Reprise par les ligueurs en 1593. — En 1594, elle passa définitivement sous la domination de ce prince.

Nubie, vaste contrée de l'Afrique orientale.

On doit quelques notions exactes sur ce pays aux voyageurs des dernières années du XVIIIe siècle, et des premières du XIXe.

NUMA POMPILIUS, législateur et roi des Romains, né à Cures, succède à Romulus, l'an 714 av. J.-C., meurt l'an 672 av. J.-C.

Numance (guerre dite de). Elle éclata entre les Numantins et les Romains, l'an 141 av. J.-C. — Elle se termina par la destruction de Numance, l'an 123 av. J.-C. (l'an de Rome 621).

NUMÉRIEN (Marcus-Aurelius Numerianus), empereur romain, élu César en 282, mort assassiné le 17 septembre 284.

Numidie. Réduite en province romaine l'an 40 de l'ère chrétienne.

Numidie (conciles de) : contre les simoniaques, en 604 ; contre les monothélites, en 640.

Nuremberg, célèbre ville de l'Allemagne. Elle jouissait des plus grands priviléges dès le XIe siècle. — Fondation de son gymnase en 1526. — Son église de Sainte-Egidius a été reconstruite dans le goût moderne, de 1711 à 1718. — Elle possède une école polytechnique depuis 1823.

Nus-Pieds, anti-luthériens, qui, dans le XVIe siècle, abandonnèrent tout pour être les fidèles imitateurs de la vie apostolique. On les appelait encore *les Spirituels* ou *les Séparés*.

Nysloé, ville de Finlande, cédée aux Russes en 1742.

Nystadt (traité de), conclu entre la Russie et la Suède, le 11 septembre 1721, et par lequel la Livonie, l'Ingrie et une partie de la Carélie sont cédées aux Russes.

O

O (François, marquis d'), surintendant des finances sous Henri III et gouverneur de Paris sous Henri IV, né en Normandie en 1535, mort en 1594.

OATES (Titus), accusateur public anglais, né vers 1619, mort à Londres le 23 juillet 1705.

OBEID-ALLAH-AL-MAHDY (Abou-Mohammed), fondateur de la dynastie des califes Fathimites, né vers l'an 269 de l'hégire (environ 882 de l'ère chrétienne), mort en 322 de l'hégire (4 mars 934 de notre ère).

Obélisques remarquables: les plus anciens de l'Egypte dataient du roi Mestphrés ou Mestrés de Thèbes, environ deux siècles avant le siége de Troie (vers l'an du monde 2820 et 1180 av. J.-C.). L'un de ces monuments est encore debout. Voy. *Louqsor*. — Plusieurs de ces obélisques furent transportés à Rome, où ils furent renversés et enfouis par les peuples barbares. L'un d'eux, qui y avait été transféré du temps de Caligula, fut érigé en 1586 devant l'église de Saint-Pierre. Un autre placé dans l'église *della Madona del popolo*, fut érigé en 1589 sous Sixte-Quint. Un troisième, qui orne aujourd'hui la place de Saint-Jean-de-Latran, fut relevé en 1588 par le même souverain pontife : il avait été apporté à Rome sous le règne de l'empereur Constantin II, au IVe siècle, et avait été renversé par les barbares dans le Ve siècle : on conjecture qu'il date du règne du roi d'Egypte Ramessès (2455 ans av. J.-C.).— L'obélisque égyptien, connu sous le nom d'*aiguille de Cléopâtre*, fut donné en 1820 par le vice-roi d'Egypte au roi d'Angleterre Georges IV.

OBERKAMPF (Christophe-Philippe), fondateur de la manufacture de toiles peintes de Jouy; né à Wessembach, dans le marquisat d'Anspach, le 11 juin 1738, mort le 4 octobre 1815.

OBERLIN (Jérémie-Jacques), savant antiquaire et laborieux philologue, né à Strasbourg le 7 août 1735, mort dans la même ville le 10 octobre 1806.

OBERLIN (Jean-Frédéric), frère du précédent, ministre protestant, l'un des civilisateurs du Ban-de-la-Roche (Vosges); né à Strasbourg en juin 1740, mort en 1826, à l'âge de 86 ans.

Oblation, action de consacrer le pain et le vin dans le saint sacrifice. Au IVe siècle, les catéchumènes sortaient de l'église au moment de l'oblation ; aussi, tout ce qui précédait était appelé *messe des catéchumènes*. — Les prières de l'oblation se trouvent dans le Missel gallican et dans le Missel mozarabique, qui datent environ du VIe siècle.

Oblats : ce nom était donné aux enfants qu'on dévouait au service des autels dans les maisons religieuses. Cet ancien usage religieux avait été aboli en France longtemps avant la révolution de 1789. — Parmi les autres espèces d'oblats, on distinguait les laïques qui se faisaient volontairement serfs d'un monastère, comme on le voit dans une permission trouvée dans les archives de l'église Saint-Paul de Verdun, permission octroyée en 1360 à un homme de cette abbaye, à l'effet de se marier avec une femme du diocèse de Verdun, à condition que la moitié des enfants qui naîtront de ce mariage appartiendront à l'abbaye et l'autre moitié à l'évêque.

Observance (religieux de l'), appelés encore la congrégation du Saint-Sacrement; c'était une réforme de Dominicains établie en France dès 1636.

Observations astronomiques : les plus anciennes sont attribuées à la Chine; on doit en conclure que l'astronomie y était cultivée plus de 2000 ans av. J.-C. Quoi qu'il en soit, il nous en est parvenu plusieurs qui ont incontestablement été faites vers l'an 1100 avant J.-C. — Les plus anciennes des Chaldéens, suivant Ptolémée, ne remontent qu'à l'an 720 avant notre ère. — La seule observation astronomique qu'on puisse signaler chez les Grecs avant Aristille et Timocharès, est celle du solstice d'été de l'an 432 av. J.-C., par Méton et Euctémon. — Les Arabes commencèrent leurs observations vers 880, et firent d'importantes découvertes. — Les premières observations astronomiques modernes de quelque importance furent dues au xve siècle. Vers 1450, George Purbach rectifia les instruments des anciens astronomes et en imagina de nouveaux. Voyez *Regiomontanus*, *Copernic*, *Tycho-Brahé*, *Kepler*, *Huyghens*, *Cassini*, *Halley*, *Bradley*, *Lacaille*, *Mayer*, *Herschell*, etc.

Observatoire de Paris : commencé en 1665 et terminé en 1672. C'est le plus beau monument qu'on ait consacré à l'astronomie. Il y a d'autres observatoires en France, par exemple, ceux de Marseille, de Toulouse, de Lyon, de Dijon, de Montpellier, Béziers, Avignon, Strasbourg, Bordeaux, Brest, Rouen, Montauban, etc. Mais aucun d'eux ne peut entrer en comparaison avec celui de Paris, surtout depuis les grands travaux qui y ont été faits depuis 1830, sous la direction de M. Arago.

Observatoires des principales villes de l'Europe, avec la date de leur fondation : Leyde, 1690; Utrecht, 1726; Nuremberg, 1678 et 1692; Berlin, 1711; Hall, 1788; Altorf, 1713; Giessen, 1740; Wurtzbourg, 1768; Vienne, 1755; Tyrnaw, près de Presbourg, 1775; Bude, 1780; Erlau, en Hongrie, 1781; Gœttingue, 1740; Lilienthal, près de Brême, 1788; Manheim, 1772; Leipzig et Gotha, 1788; Cremsmunster, 1748; Lambach, 1778; Prague, 1760; Polling, en Bavière, 1790; Gratz, Greiffswalden, Mittau, Wilna, 1753; Cracovie, 1787; Varsovie, Posen et Grodno, Pétersbourg, 1725; Upsal, 1739; Stockholm, 1753; Lund, en Scanie, 1753. — Genève, 1771; Turin, 1790; Bologne, 1714; Pise, 1730; Milan, 1765; Padoue, 1769; Vérone, 1787; Florence, 1772; Parme, Brescia, Venise, Murano, Rome, 1739; Palerme, 1787; Malte, 1783. — Lisbonne, 1728 et 1787; Cadix, 1753; Madrid, 1792; Séville, 1760; Mexico, 1770, etc. — Oxford, 1772; Richmond, 1770; Greenwich (de 1661 à 1685).

Obsidionales (monnaies) : les plus anciennes qu'on connaisse sont du commencement du xvie siècle ; elles furent frappées aux siéges de Pavie et de Crémone sous François Ier. — On en frappa à Nicosie en Chypre, assiégée par les Turcs en 1550. — On cite aussi la monnaie obsidionale de Campen, qui porte des deux côtés le millésime (1578), et celle que deux gouverneurs d'Aire en Artois, l'un Espagnol, l'autre Français, firent frapper à l'effigie de Philippe IV et de Louis XIII, pendant les deux différents siéges que soutint la ville en 1641.

Obus, projectile inventé par les Anglais et les Hollandais. Les premiers que l'on vit en France furent pris à la bataille de Nerwinde, que le maréchal de Luxembourg gagna sur les alliés en 1693. Voy. *Mousquets*.

OCCAM ou OCKHAM (Guillaume d'), théologien scolastique, de l'ordre des Cordeliers, Anglais et disciple de Scott, surnommé *le Docteur invincible*, chef de la secte des *nominaux*, excommunié en 1330 ; mort à Munich dans le couvent de son ordre en 1347.

Ocana (bataille d'), gagnée sur les Espagnols par les troupes françaises, le 19 novembre 1809.

Occident (empereurs d'), depuis la séparation de cet empire d'avec celui d'Orient. — Honorius monte sur le trône en 395. — Valentinien III, en 425. — Petronius Maxime, en 455. — Avitus, en 455. — Majorius, en 457. — Sévère III, en 461. — Interrègne de 465 à 467. — Anthemius, en 467. — Olybrius, en 472. — Interrègne de 472 à 473. — Glycerius, en 473. — Julius Nepos, en 474. — Romulus Augustule, en 475. — Fin de l'empire d'Occident : Odoacre, roi des Hérules, s'empare du pouvoir des empereurs en Italie, en 476.

Occident et d'Allemagne (empereurs d'), depuis le rétablissement de l'empire d'Occident par Charlemagne. — Charlemagne, élu en 800. — Louis Ier, *le Débonnaire*, en 814. — Lothaire Ier, en 840. — Louis II, en 855. — Charles *le Chauve*, en 875-877. — Interrègne. — Charles *le Gros*, en 881. — Arnoul, en 888. — Gui et Lambert, usurpateurs, en 891. — Louis III, *l'Aveugle*, usurpateur, en 899. — Louis IV en 899. — Conrad Ier, en 912. — Béranger, roi d'Italie, usurpateur, en 915. — Henri *l'Oiseleur*, en 918. — Othon *le Grand*, en 936. — Othon II, en 973. — Othon III, en 983. — Henri II, en 1002. — Conrad II, en 1024. — Henri III, en 1039. — Henri IV, en 1056. — Henri V, en 1106. — Lothaire II, en 1125. — Conrad III, en 1138. — Frédéric Ier, *Barberousse*, en 1152. — Henri VI, en 1190. — Philippe, en 1197. — Othon IV, en 1208. — Frédéric II, en 1212. — Conrad IV, en 1250. — Guillaume, en 1250. — Troubles et interrègne, de 1257 à 1273. — Rodolphe *de Habsbourg*, en 1273. — Adolphe *de Nassau*, en 1292. — Albert Ier *d'Autriche*, en 1298. — Henri VII, en 1308. — 1313, interrègne de quatorze mois. — Frédéric, en 1314. — Louis V, en 1314. — Charles IV, en 1347. — Wenceslas, en 1378. — Robert, en 1400. — Sigismond *de Luxembourg*, en 1410. — Albert II *d'Autriche*, en 1438. — Frédéric III, en 1440. — Maximilien Ier, en 1493. — Charles-Quint, en 1519. — Ferdinand Ier, en 1556. — Maximilien II, en 1564. — Rodolphe II, en 1576. — Mathias, en 1612. — Ferdinand II, en 1619. — Ferdinand III, en 1639. — Léopold Ier, en 1658. — Joseph Ier, en 1705. — Charles VI, en 1711. — Charles VII, *de Bavière*, en 1742. — François Ier, *de Lorraine*, en 1745. — Joseph II, en 1765. — Léopold II, en 1790. — François II, en 1792, prend le titre d'empereur d'Autriche en 1806. — Ferdinand Ier, le 2 mars 1835.

Océan Pacifique : il est traversé par l'amiral Anson, en 1743.

OCELLUS LUCANUS ou OCELLUS DE LUCANIS, philosophe grec, né peu de temps avant que Pythagore eut ouvert son école, florissait vers 496 avant Jésus-Christ.

OCHIN (Bernardin), *Ochinus* ou *Ochino*, moine ambitieux et apostat, né à Sienne, en 1487, mort à Staucow dans la Moravie, en 1564.

OCHOSIAS, fils et successeur d'Achab, roi d'Israël, commence à régner l'an 808 avant Jésus-Christ, meurt l'an 796 avant Jésus-Christ.

OCHOSIAS, roi de Juda, dernier fils de Joram et d'Athalie, tué l'an 884 avant Jésus-Christ.

O'CONNEL (Daniel), membre du parlement anglais, célèbre agitateur de l'Irlande, né à Carben, comté de Kerry, le 6 août 1775; mort à Gênes le 15 mai 1847.

OCTAVE (Jean-Baptiste Constantini, dit) acteur comique, né à Vérone, en 1662, mort à La Rochelle le 16 mai 1720.

OCTAVIE, sœur d'Auguste et femme de Marc-Antoine, morte l'an 11 av. J.-C.

OCTAVIE, fille de l'empereur Claude et de Messaline, femme de Néron, étouffée l'an 62 de J.-C.

OCTAVIEN, antipape, élu en 1159, après la mort d'Adrien IV, prit le nom de Victor IV; rejeté par le concile de Toulouse en 1161; il mourut à Lucques en 1164.

Octroi des villes: c'est depuis la loi du 11 frimaire an VII (1er décembre 1798), que le principe des octrois fut rétabli dans la législation française. — La loi du 27 frimaire de la même année (18 décembre) régla le mode de perception, et celle du 4 ventôse (23 février 1809) affecta spécialement le produit de ces taxes à l'entretien des hospices et des hôpitaux.

Oczakow: prise de cette ville par les Russes, le 13 juillet 1737. — Prise de nouveau le 17 décembre 1788, par le prince Potemk.

Odéon (théâtre de l'): sa construction en 1783; il était originairement le théâtre Français. — Il ne prit le nom d'Odéon qu'en 1798. — Détruit par un premier incendie en mars 1799. — Reconstruit et rouvert au bout de peu d'années. — Incendié de nouveau en 1818. — Erigé en succursale du théâtre Français, à la fin de 1837.

Odessa, ville de la Russie méridionale, fondée en 1792 par Catherine II. — Fut déclarée port franc pour 30 ans, le 7 février 1817.

ODILON (saint), abbé de Cluny, né en Auvergne en 962, mort à Sauvigny, dans le Bourbonnais, le 31 décembre 1048.

ODOACRE, roi des Hérules, tué par Théodoric en 493.

ODON (saint), chanoine de Saint-Martin de Tours, né dans le Maine en 879, élu second abbé de Cluny en 927, mort le 18 novembre 942.

ODON (saint), archevêque de Cantorbéry, mort le 4 novembre 961.

OECOLAMPADIUS ou OECOLAMPADE (Jean), l'un des principaux apôtres de la réforme en Suisse, né en 1482 dans la Franconie, mort à Bâle le 1er décembre 1531.

Offembourg, ville d'Allemagne au duché de Bade; prise par les Français en 1689. — Prise par le maréchal de Villars en 1703.

Offices: en 1467, déclaration de Louis XI, portant qu'il ne sera donné aucun office s'il n'est vacant par mort, démission ou forfaiture. — Lettres patentes de 1567, portant que nul ne sera reçu dans un office de judicature sans information de vie et de mœurs, et s'il n'est de la religion catholique.

Officiers généraux français: recherches historiques sur leur solde à diverses époques. — Il est fait mention pour la première fois de la solde allouée aux officiers généraux, dans un état de dépense de 1324; le connétable avait alors 60 sous tournois par jour, le banneret 20, le chevalier 10. Dans un état de gratifications accordées, en 1340, par Philippe de Valois, le connétable figure pour 1050 livres; Guy de Clermont, maréchal de France, pour 374 livres, et deux autres officiers généraux pour 200 livres chacun. A cette époque, le marc d'argent valait 2 livres 18 sous; la livre ou 21 sous équivalait à 17 fr. 50 cent. — En 1347, le traitement des maréchaux de France fut fixé à 500 livres par an, mais seulement dans l'exercice de leurs fonctions. — En 1515, à l'époque de la création de la charge de grand maître de l'artillerie, François Ier, en attachant à cette charge un traitement annuel de 6000 livres, fixa le premier la solde des officiers généraux. Ainsi, le maréchal de France recevait par mois de 45 jours une solde de 1000 livres; le sénéchal chargé d'un gouvernement ou d'un commandement de troupes, 500 livres; le général, 400 livres. — Une ordonnance de 1562 établit le tarif de la solde des officiers généraux, par mois de 45 jours et de présence, savoir: le maréchal de France, indépendamment de son traitement comme gouverneur, 1000 livres; le lieutenant général, 500 livres; le maréchal de camp, 300 livres. — Sous Henri IV, en 1596, la fixation de la solde des officiers généraux fut établie sur d'autres bases: il fut alloué au maréchal de France (pied de paix), par an, une somme de 12,000 livres; au lieutenant général, de 8000 livres; au maréchal de camp, de 6000 livres; au brigadier, de 3000 livres. En temps de guerre, le maréchal de France recevait, par mois de 45 jours, 8000 livres; le lieutenant général, 2000; le maréchal de camp, 900; le brigadier, 500. — Sous le règne de Louis XIV, de 1643 à 1714, un maréchal de France, commandant en chef une armée, recevait annuellement du trésor royal une somme de 89,988 livres, et 2950 rations de pain, tant pour lui que pour sa suite. Le lieutenant général employé recevait un traitement annuel de 27,948 livres et 1320 rations de pain; le maréchal de camp, 11,540 livres et 540 rations de pain par an; le commandant de la cavalerie, 600 livres et 30 rations de pain; le brigadier, 500 livres et 20 rations de pain: ces officiers généraux recevaient en outre les rations de fourrage. — De 1715 à 1773, les officiers généraux cumulaient le traitement de leurs grades avec des pensions, un ou deux gouvernements, divers emplois, et souvent encore des gratifications. Ainsi, en 1758, le maréchal de Richelieu recevait, tant comme maréchal que comme gouverneur de Guyenne et pensionnaire du trésor royal, plus de 111,000 livres. Ainsi, en 1762, le maréchal duc de Broglie touchait de même, à divers titres, une somme de 130,611 livres. Les lieutenants généraux alors employés touchaient un traitement de 20,748 livres, plus un supplément de traitement de 12,000 à 8000 livres, et des rations de fourrage équivalant à 2700 livres. Les maréchaux de camp avaient un traitement fixe de 7944 livres, plus un supplément de solde de 7000 livres à 2500, et des rations de fourrage équivalant à 2000 livres; ce qui formait un total de 12,744 livres. — En 1764, le traitement des lieutenants généraux fut fixé, sans autre allocation, à 3000 livres par mois, 36,000 livres par an. — De 1774 à 1791, les cumuls continuèrent; ainsi, en 1775, le maréchal duc de Biron recevait, comme maréchal de France, 13,522 livres 10 sous; comme gouverneur du Languedoc, 160,670 livres; comme colonel des gardes françaises, 70,000 livres: en tout, 244,192 livres 10 sous. — En 1783, la dépense des officiers généraux employés s'élevait à 10,024,002 livres pour dix maréchaux de France, deux cent dix-neuf lieutenants généraux, quatre cent quatre-vingts maréchaux de camp et quatre cent soixante-huit brigadiers. — L'ordonnance du 17 mars 1788 établissait un nouveau tarif de solde pour les officiers généraux employés dans les divisions actives. En vertu de cette ordonnance, un maréchal de France commandant en chef touchait 61,522 livres 10 sous, un lieutenant général commandant en chef, 32,000 livres; un lieutenant général en second, 19,000 livres; un maréchal de camp en second, 15,000 livres. — Un décret de l'Assemblée nationale du 18 août 1790 fixa le traitement et la composition des généraux ainsi qu'il suit: à compter du 1er janvier 1791, quatre généraux d'armée avaient un traitement annuel de 40,000 livres; trente lieutenants généraux, de 20,000; soixante maréchaux de camp, de 12,000 livres. — Une loi du 22 juillet 1794 augmenta ces traitements; celui du général en chef fut de 48,600 livres, celui du général de division de 24,480, celui du général de brigade de 14,760. — Une autre loi du 24 floréal an V (12 mai 1797) réduisit ces traitements dans de nouvelles proportions: général en chef, 40,000 livres; général de division, 18,000; général de brigade, 12,000. — Jusqu'à la formation de l'empire, il y eut encore deux lois sur cette matière, celle du 23 fructidor an VII (9 septembre 1799), et celle du 16 vendémiaire an IX (8 octobre 1800); mais elles n'apportèrent que de légères modifications. — A l'époque de la création des maréchaux d'empire (1804), les traitements de ces dignitaires ainsi que ceux des grands officiers militaires, furent fixés de la manière suivante: Maréchaux d'empire, 40,000 fr.; inspecteur général, 12,000 fr.; colonel général, 12,000 fr.: ces traitements étaient cumulés avec ceux des fonctions militaires, civiles ou diplomatiques; ainsi, le maréchal qui commandait une armée ou un corps d'armée, recevait 80,000 fr. par an. — La Restauration ne fit que très-peu de changements à cet ordre de choses. Le traitement des maréchaux de France fut de 40,000 fr. en temps de paix, de 80,000 en temps de guerre; celui des lieutenants généraux, avec leurs frais de représentation et de bureau, de 22,800 fr. en temps de paix, et de 26,000 en temps de guerre; celui des maréchaux de camp, avec frais de représentation et de bureau, en temps de paix, de 14,200 fr.; en temps de guerre, de 16,700. On ne comprend point dans ces traitements les gratifications et indemnités extraordinaires. — Enfin, une ordonnance du 9 mai 1832 a réduit à 30,000 fr. le traitement annuel des maréchaux de France; celles des 9 mai 1832 et 29 avril 1833 ont fixé la solde des officiers généraux disponibles et des officiers généraux faisant partie du cadre de réserve. En vertu de ces ordonnances, le lieutenant général disponible a 9000 fr. de traitement; le maréchal de camp disponible, 6000 fr.; le lieutenant général au cadre de réserve, 7500 fr.; et le maréchal de camp dans la même position, 5000 fr.

Officiers généraux (état des), français ou étrangers, au service de France, morts sur le champ de bataille de 1792 à 1837. — Abbatucci, tué au siége d'Huningue, le 2 décembre 1796, âgé de 27 ans. — Baste, contre-amiral, tué au combat de Brienne, le 29 janvier 1814, à 46 ans. — Bastoul meurt le 15 janvier 1801 des suites d'une blessure reçue à la bataille de Hohenlinden, le 3 décembre. — Beaupuy, tué au combat d'Emedingen, le 19 octobre 1796, âgé de 35 ans. — Beauregard, tué au combat de Los Cavalleros, le 9 février 18.0. — Béchaud meurt des suites d'une blessure reçue le 27 février 1814. — Bessières, duc d'Istrie, tué au combat de Poserna, le 1er mai 1813, à 44 ans — Billy, tué à la bataille d'Iéna, le 14 octobre 1806. — Bon, tué au siége de Saint-Jean-d'Acre, le 8 avril 1799. — Bonchamp, général vendéen, tué à l'affaire de Chollet, le 17 octobre 1793, âgé de 34 ans. — Bonnaud, mort des suites d'une blessure reçue au combat de Diessen, le 16 septembre 1796. — Bruyères, tué le 3 décembre 1808, à l'entrée des Français dans Madrid. — Brueys (l'amiral), tué au combat d'Aboukir, le 2 août 1798. — Caffarelli meurt le 27 avril 1799, des suites d'une blessure reçue le 9 du même mois, au siége de Saint-Jean-d'Acre, âgé de 43 ans. — Cambray, tué à la bataille de la Trébia, le 20 juin 1799. — Campana, tué au combat d'Ostrolenka, le 6 février 1807. — Caulaincourt (Auguste), tué à la bataille de la Moskowa, le 7 septembre 1812, âgé de 35 ans. — Causse, mort des suites d'une blessure reçue au combat de Dégo, le 17 avril 1796. — Cavrois meurt le 22 septembre 1820, des suites d'une blessure reçue pendant la campagne de 1814. — Ceryoni, emporté par un boulet de canon à la bataille d'Ekmülh, le 22 avril 1809, âgé de 41 ans. — Chambon, tué au combat de Châtillon (Vendée), le 8 octobre 1793. — Champeaux, blessé mortellement à la bataille de Marengo, le 15 juin 1800, meurt quelques jours après des suites de ses blessures. — Chapuis, tué au combat de Trois-Vill, le 26 avril 1794. — Charlet meurt le 27 novembre 1795, des suites d'une blessure reçue le 23 du même mois au combat de Loano. — Charlon, tué au combat de Castellaro, le 29 septembre 1796. — Chateau meurt des suites d'une blessure reçue à la bataille de Montereau, le 18 février 1814. — Cherin, tué à l'armée d'Helvétie, le 2 juin 1799. — Colbert (Auguste), tué au combat de Cacabelos (Espagne), le 3 janvier 1809. — Combelles meurt des suites d'une blessure reçue à la bataille de Dresde, le 27 août 1813. — Commet, tué près de Wagram, le 5 juillet 1809. — Compère, tué à la bataille de la Moskowa, le 7 septembre 1812. — Conroux, tué au camp de Sarce (armée d'Espagne), le 10 novembre 1813. — Corbineau (Constant), tué à la bataille d'Eylau, le 9 février 1807. — Dagobert meurt le 18 avril 1794, des fatigues de la guerre, à l'âge de 75 ans. — Dampierre, tué au camp de Famars à l'âge de 37 ans, le 8 mai 1793. — Damrémont (Denis de), tué par un boulet au siége de Constantine, le 12 octobre 1837. — De Conchy, meurt le 26 août 1823 devant Pampelune. — Decoux, meurt des suites d'une blessure reçue au combat de Brienne, le 29 janvier 1814. — Delaunay, général vendéen, tué au camp de Fuligné, le 15 septembre 1794. Delzons, tué au combat de Malo-Jaroslawetz, le 24 octobre 1812. — Dery, tué au combat de Winkowo, le 18 octobre 1812. — Desaix, tué à la bataille de Marengo, le 15 juin 1800, à 32 ans. — Desgraviers, tué à la bataille de Salamanque, le 22 juillet 1812. — Desjardins meurt le 9 février 1807 d'une blessure reçue à la bataille d'Eylau. — Devaux, tué à la bataille de Waterloo, le 18 juin 1815. — Dommartin meurt des suites de blessures reçues à Saint-Jean-d'Acre en avril 1799. — Dubois, tué au combat de Roveredo, le 4 septembre 1796. — Dugommier, tué au combat de la Montagne-Noire, le 15 novembre 1794, d'autres disent devant Saint-Sébastien, le 17 du même mois. — Duguat meurt à Saint-Domingue, des suites de blessures reçues à l'attaque de la Crête à Pierrot, le 16 octobre 1802. — Duhesme, blessé à la bataille de Waterloo, et impitoyablement massacré par les hussards de Brunswick, le 18 juin 1815. — Dunesme, tué à la bataille de Kulm, le 30 août 1813. — Duphot, massacré à Rome le 28 décembre 1797. — Dupuy, tué le 1er octobre 1798, au commencement de l'insurrection du Caire. — Duroc, duc de Frioul, emporté par un boulet de canon au combat de Reichenbach, le 22 mai 1813, âgé de 41 ans. — Espagne, tué à la bataille d'Essling, le 22 mai 1809. — Fénérolles, tué au combat de Golymin, le 26 décembre 1806. — Féret, tué à la bataille de Salamanque, le 22 juillet 1812. — Fischer, général polonais, tué au combat de Winkowo, le 18 octobre 1812. — Forest, tué dans un combat près de Modène, le 12 juin 1799. — Fouler, emporté par un boulet de canon au siége de Saint-Jean-d'Acre, le 8 avril 1799. — Gautier, tué à la bataille de Wagram, le 6 juillet 1809. — Girard, tué à la bataille de Fleurus, le 15 juin 1815. — Gouvion, tué d'un coup de canon, le 13 juin 1792, en effectuant sa retraite devant les troupes de Clairfait. — Grabowski, général polonais, tué à la bataille de Smolensk, le 17 août 1812. — Graindorge, tué à la bataille de Busaco, le 27 septembre 1806. — Grigny, tué au siége de Gaëte, le 12 février 1806. — Gudin, tué à la bataille de Wolotina-Gora, le 19 août 1812, âgé de 36 ans. — Guiscard, tué à la bataille de Nerwinde, le 11 mars 1793. — Hautpoult (d') meurt des suites d'une blessure reçue à la bataille d'Eylau. — Henri, massacré par les Vendéens, le 8 mars 1796. — Hoche, meurt à Westlar, le 15 septembre 1797 dans ses fonctions de général en chef, à l'âge de 29 ans. — Janssens meurt des suites de blessures reçues à Arcis-sur-Aube, le 21 mars 1814. — — Jardon, tué aux environs de Cuimaraens (Espagne), le 26 mars 1809. — Joubert, tué à la bataille de Novi, le 14 août 1799, à 30 ans. — Jouy, tué à l'attaque du camp de Peyrestortes, le 8 septembre 1793. — Kirgener, tué au combat de Reichenbach par le même boulet qui emporta Duroc, le 22 mai 1813. — Kléber, assassiné au Caire le 14 juin 1800, par le fanatique Soleyman, âgé de 50 ans. — Lachasse de Vérigny, frappé d'une balle à la tête sur le boulevard du Temple à Paris, à la revue du 28 juillet 1835, meurt le lendemain. — Lacombe-Saint-Michel, meurt au siége d'Ostalric, qu'il était chargé de diriger, en mai 1810. — Lacoste, tué au siége de Saragosse, le 21 février 1809. — Laharpe, tué au passage du Pô, le 8 mai 1796, âgé de 42 ans. — Langlois, tué à la prise de Saorgio, le 29 avril 1794. — Lannes (duc de Montebello), meurt le 31 mai 1809, des suites des blessures reçues à Essling, âgé de 40 ans. — Lanusse (François), tué à la bataille de Belbeys, le 19 mai 1801, âgé de 27 ans. — La Rochejaquelein, général vendéen, tué le 4 mars 1794, âgé de 22 ans. — Lasalle, tué à la bataille de Wagram, le 6 juillet 1809, à 34 ans. — Latour d'Auvergne, tué au combat de Neubourg, le 28 juin 1800, âgé de 57 ans. — Leclerc, meurt à Saint-Domingue, le 3 novembre 1802, à l'âge de 25 ans. — Legrand, meurt à Paris, le 8 janvier 1815, des suites de ses nombreuses blessures. — Lescure, général vendéen, tué le 18 octobre 1795. — Letort, meurt le 17 juin 1815 des suites d'une blessure reçue à la bataille de Fleurus, le 15 du même mois. — Leturcq, tué à la bataille d'Aboukir, le 25 juin 1799. — Marceau, tué à la bataille d'Altenkirchen, le 20 septembre 1796, âgé de 27 ans. — Marguet, tué au combat de la Rathière, le 1er février 1814. — Marion, tué à la bataille de la Moskowa, le 7 septembre 1812, à 55 ans. — Ménage, tué à la seconde expédition d'Irlande, le 22 octobre 1799. — Michel, tué à la bataille de Waterloo, le 18 juin 1815. — Miquel, meurt en août 1808, de blessures reçues au fort de la Lype (Portugal). — Mirabel, tué au combat de St-Laurent de la Mouga, le 13 août 1794. — Mireur, tué par trois Arabes, près de Damanhour, le 11 juillet 1798. — Montbrun, tué à la bataille de Mojaïsk, le 9 septembre 1812. — Moreau, qui a eu les deux jambes emportées par un boulet français, le 27 août 1813, à la bataille de Dresde, meurt de ses blessures le 2 septembre suivant. — Mortier, duc de Trévise, assassiné sur le boulevart du Temple à Paris, à côté de Louis-Philippe, à la revue du 28 juillet 1835, âgé de 67 ans. — Noailles (vicomte Louis de), tué dans un combat naval en Amérique, en décembre 1803.—Penne, tué sur les hauteurs de Bierge, le 19 juin 1815. — Perrée, contre-amiral, a la cuisse droite emportée par un boulet dans un combat naval, le 16 février 1800 ; il meurt peu de temps après de cette blessure. — Petit, tué dans un engagement près de Presbourg, en juin 1809. — Pigeon, tué d'un coup de feu près Vérone, le 5 avril 1799. — Poniatowski (le prince), se noie dans l'Elster, le 19 octobre 1813, âgé de 47 ans. — Proteau, tué dans un combat livré sur le canal de Louvain, le 13 juillet 1794. —Quenin, tué au combat de Cossaria, le 13 avril 1796.—Rambaud, tué au siége de Saint-Jean-d'Acre, le 7 avril 1799. — René, brûlé vif par les guérillas, en mai 1808. — Rochambeau, tué à la bataille de Leipzig, le 18 octobre 1813. — Roize, tué devant Alexandrie (Egypte), en mars 1801. — Rusca, tué dans une attaque devant Soissons, le 13 février 1814. — Saint-Hilaire, tué à la bataille d'Essling, le 22 mai 1809, âgé de 43 ans. — Sainte-Croix Descorches, tué sur les hauteurs d'Alenguer (Espagne), le 12 octobre 1810. — Salm, tué au siége d'Oliva, en mai 1811. — Sénarmont, tué au siége de Cadix, en mars 1810.—Stengel, tué d'un coup de feu à la bataille de Mondovi, le 5 avril 1796. — Taupin, tué à la bataille de Toulouse, le 10 avril 1814. — Teulié, tué au siége de Colbert, en avril 1807. — Valletaux, tué au combat de Quintanilla-del-Valle, le 23 juin 1811. — Valongue, tué au siége de Gaëte, le 12 février 1806. — Varé, meurt à Thorn, le 14 mars 1807, à la suite de plusieurs blessures graves reçues à la bataille d'Eylau. — Vial, tué d'un coup de feu à la bataille de Leipzig, le 18 octobre 1813. — Vintimille, meurt à Cosenza (Calabre), dans la campagne de 1806 (août). — Valhubert, tué à la bataille d'Austerlitz, le 2 décembre 1805, à 41 ans. — Walther, tué d'un coup de feu à la même bataille. — Wéber, tué dans un combat sur le Thur (Suisse), le 26 mai 1799. — Werlé, tué à la bataille d'Albuhera, le 16 mai 1811.

Officiers de la couronne (grands). Abolis par la révolution de 1789. Ils reparurent sous le gouvernement de Napoléon, en vertu du sénatus-consulte organique du 28 floréal an XII (18 mai 1804). L'institution des grands-officiers a disparu de nouveau depuis juillet 1830.

Officiers de paix. Leur création, à Paris, le 21 septembre 1791, au nombre de 24. — Leur réorganisation, le 6 décembre 1792. — Leur suppression, le 11 octobre 1795.—Leur rétablissement, le 12 mai 1796.

Officiers de port. Leur création par une loi du 9 août 1791 ; leur organisation définitive par un décret impérial du 10 mai 1807.

Officiers de santé militaires. Ils furent institués par la loi du 19 ventôse an XI (10 mars 1803). — Leur réorganisation dans les régiments français par un règlement du 12 août 1836.

Officiers du point d'honneur. Leur organisation par édit du 13 janvier 1771 ; leur suppression en 1789.—Des décrets du 28 mai et du 29 septembre 1791 leur assurèrent des pensions qui furent supprimées par la loi du 19 thermidor an II (6 août 1794).

Ogive (architecture). Elle ne commença en France que vers l'époque de Charlemagne, et fleurit surtout depuis le xe siècle jusqu'au xvie.

OGERON DE LA BOUERRE (Bertrand d'), fondateur de la colonie de Saint-Domingue, né en Anjou vers 1615, mort à Paris vers 1676.

OGILBY, OGILVY ou OGLESBY (Jean), littérateur et imprimeur écossais, né à Edimbourg en 1600, mort le 4 septembre 1676.

OGLETHORPE (Jacques), fondateur de la colonie de la Géorgie, dans l'Amérique septentrionale, né en Angleterre vers 1688, mort en 1785.

OGYGÈS. Règne en Attique ou plutôt en Béotie, vers l'an 1831 av. J.-C. Son règne, qu'on fait durer 35 ans, n'a rien de remarquable que le déluge arrivé de son temps, s'il est vrai toutefois que ce soit un déluge particulier. Il serait possible qu'il ne s'agît dans son histoire que d'un récit qu'il aurait fait du déluge universel. On place ce déluge d'Ogygès vers l'an 1796 av. J.-C., ou, selon Larcher, 1759 ans seulement.

Oints : hérétiques du xvie siècle, qui avaient pris naissance dans le comté de Surrey.

Oiseaux. Dans le ive siècle de notre ère, la volaille et les oiseaux en général étaient réputés *mets maigres*. On mangeait à cette époque les oiseaux de proie, faucons, vautours, etc. — Le dindon, originaire d'Amérique, fut apporté en Angleterre en 1523 et en France en 1570.— En 1708, la faculté de médecine de Paris déclara que plusieurs oiseaux aquatiques, tels que le pilot, le vernage, etc., ne pouvaient être considérés comme poissons.

Okley (bataille d'). Les Danois y sont vaincus par les Anglais en 852.

OLAUS Ier, roi de Norwége, né vers 955, mort le 9 novembre 1000.

OLAUS II (saint), roi de Norwége, né vers 992, tué près de Drontheim, en août 1033.

OLAUS III, dit *le Pacifique*, mort le 22 septembre 1093.

OLAUS IV, roi de Norwége, mort en 1116.

OLAUS V, né en 1370, monte sur le trône de Norwége en 1380, meurt le 3 août 1387.

OLAVIDÈS (Paul-Antoine-Joseph), connu aussi sous le nom de comte de Pilos, homme d'Etat espagnol, né à Lima au Pérou, en 1725, mort en Andalousie en 1803.

Oldenbourg, grand duché de la confédération germanique. Réuni en 1647 au Delmenshorst ; après l'extinction de la famille des anciens comtes, il passa à la branche qui règne en Danemark depuis 1448. — Cédé par échange en 1773 au grand duc Paul de Russie, qui l'abandonna plus tard au duc de Holstein-Gottorp, évêque de Lubeck. Le comté d'Oldenbourg fut érigé en duché en 1776.—Un décret de Napoléon, du 14 décembre 1810, réunit ce pays à l'empire français, qui le fit entrer dans les départements des Bouches du Weser et des Bouches de l'Elbe. Mais le duc rentra dans ses possessions par suite des événements de la guerre, le 26 novembre 1813.

Oldenbourg, ville, capitale du duché de ce nom ; fut bâtie en 1155 par Christian Ier, premier comte d'Oldenbourg.

OLDERICO (Gaspard-Louis), savant numismate et antiquaire, né à Gênes en 1725, mort le 10 décembre 1803.

Oldesloe, petite ville du Holstein, fortifiée en 1688.

Olibrius ou *Olybrius*, nom qu'on donne souvent aux ignorants présomptueux ; c'était celui d'un sénateur romain qui vivait dans le milieu du ve siècle, et qui fut gendre de l'empereur Valentinien III.

OLIER (Jean-Jacques), curé de Saint-Sulpice, instituteur, fondateur et premier supérieur de la communauté des prêtres du séminaire de ce nom à Paris, né en 1608, mort le 2 avril 1657.

Oliva (traité d'), conclu près de Dantzig, entre l'empereur, la Pologne et la Suède, en 1660.

Oliva (le fort d'). Est pris d'assaut par les Français, le 1er juin 1811.

OLIVARÈS (Gaspard de Guzman, comte d'), duc de San-Lucar, célèbre ministre d'Etat espagnol, mort à Toro en 1643.

OLIVET (l'abbé Joseph Thoulier d'), grammairien français, né à Salins en 1682, mort le 8 octobre 1768.

OLIVET (Fabre d'), poëte, grammairien, musicien, né à Ganges, en Languedoc, le 8 décembre 1768, mort à Paris en 1825.

Olivier. On croit que cet arbre, originaire de l'Asie, fut successivement transporté en Egypte, en Barbarie, puis en Europe. On attribue son introduction en France aux Phocéens, qui vinrent fonder une colonie à Marseille 600 ans av. J.-C.

OLIVIER DE LEUVILLE (Jacques), premier président du parlement de Paris, sous le règne de François Ier, mourut en 1519.

OLIVIER DE LEUVILLE (François), fils du précédent, président à mortier et chancelier de France, mort en 1560.

OLIVIER (Séraphin), fils naturel du précédent, élevé au cardinalat en 1604, nommé évêque de Rennes après la mort du cardinal d'Ossat, mourut en 1609.

OLIVIER (Claude-Matthieu), historien et avocat au parlement d'Aix, né à Marseille en 1701, mort en 1736.

Olmutz, ancienne résidence des margraves de Moravie ; prise par les Suédois en 1642, elle resta en leur pouvoir jusqu'à la paix de Munster, 24 octobre 1648. — Prise par les Prussiens en 1741. — Assiégée en 1758 par les Prussiens, elle fut vaillamment défendue par les habitants, qui donnèrent le temps au maréchal Daun de venir à leur secours.

OLONNOIS (Jean-David Nau, surnommé l'), fameux aventurier du XVIIe siècle, né près des Sables d'Olonne en Poitou.

Olympiades. Epoques chronologiques des Grecs. Timæus détermina le premier cette ère 280 ans av. J.-C.—Le père Petau la fait remonter à 777 ans av. J.-C. ; Usher en met le point de départ à l'an 772 ; Calvisius, à l'an 774 ; enfin, suivant Ch. Galterer, la première commence à l'an 776 av. J.-C. C'est à l'une de ces époques que remonte le commencement des jours olympiques vulgaires. Ces jours, qui reviennent tous les quatre ans, ont servi à régler la chronologie de l'histoire grecque, qui depuis ce temps devint plus certaine. Chaque olympiade durait aussi quatre ans, à partir d'une célébration des jeux olympiques à l'autre. On compte cent quatre-vingt-quatorze olympiades jusqu'à l'ère vulgaire de J.-C. — Cette manière de calculer le temps cessa totalement d'être en usage en 395.

OLYMPIAS, sœur d'Alexandre, roi des Epirotes, femme de Philippe, roi de Macédoine, mère d'Alexandre le Grand, mise à mort l'an 316 avant J.-C.

Olympie, ville de l'ancienne Elide, à l'ouest de la Morée. En 1829, des archéologues y découvrirent, dans le limon de l'Alphée, un ancien temple de Jupiter.

Olympiques (jeux). Commencèrent vers l'an 776 av. J.-C.

OMAR Ier (Aabou-Hassa-Ibn-al-Khattab), successeur d'Aboubekr, et second calife des Musulmans, après Mahomet, né vers la fin du VIe siècle de l'ère chrétienne, commence à régner l'an 634 de J.-C., est assassiné l'an 644 de J.-C., à 63 ans.

OMAR II, descendant du précédent par les femmes, huitième calife de la race des Ommyades ; commencement de son règne l'an 717 ; sa mort en 720 (101 de l'hégire).

OMAR-AL-MOTAWAKKEL-AL-ALLAH (Abou-Mohammed), surnommé *Al-Aftas*, cinquième et dernier roi maure de Badajoz en Espagne, commença à régner l'an 1079 de J.-C. (470 de l'hégire), et mourut l'an 1094 de J.-C. (487 de l'hégire).

Ombres chinoises. On fit le premier essai de ce spectacle enfantin, en France, en 1767. Sa réussite populaire ne date que de 1784, époque où il vint s'établir au Palais-Royal, sous la direction de Séraphin.

OMMEGANCK (.......), peintre flamand, né à Anvers en 1775, mort le 18 janvier 1826.

Omer (Saint-), ville de l'Artois, fondée par saint Omer, évêque de Thérouenne. Elle ne prit le nom qu'elle porte qu'en 695. — Ceinte de murailles en 902 ; conquise par Louis XIV en 1677.

Ommiades (califes de la famille des); commencent à régner en 656, et continuent jusqu'en 750.

ONIAS. Trois grands prêtres juifs ont porté

ce nom. — Onias Ier obtint le souverain pontificat l'an 324 av. J.-C. — Onias II devint grand prêtre l'an 242 av. J.-C. — Onias III fut élevé à la dignité de grand prêtre l'an 200 av. J.-C.

OOST (Jacques Van), surnommé *le Père*, l'un des grands peintres de l'école flamande, né à Bruges vers l'an 1600, mort dans la même ville en 1671.

OOST (Jacques Van), surnommé *le Jeune*, fils et élève du précédent, né à Bruges en 1637, mort dans la même ville le 29 décembre 1713.

Opéra. On a attribué l'invention de ce genre de spectacle à Rinuccini ou Rinoccio de Florence, en 1597. — On prétend que le *Pastor Fido* de Guarini avait été mis en musique au milieu du XVIe siècle. — On attribue aussi l'invention de l'opéra à un certain Jean Sulpicius, qui fit jouer, en 1486, sur la place de Rome, de petits drames accompagnés de musique. — Quoi qu'il en soit, le véritable inventeur de l'opéra paraît être Emilio del Cavaliero, qui fit représenter à Florence, en 1570, deux pièces pastorales. — En 1608, l'opéra était devenu populaire dans toute l'Italie. — Le premier *opéra buffa* fut représenté à Venise en 1624. — L'opéra fut introduit en France en 1646, sous Mazarin; en Allemagne, vers le milieu du XVIe siècle. — Le premier opéra allemand original fut *Adam et Eve*, représenté à Hambourg en 1678. — Le premier opéra représenté en Suède, par des Suédois, date de 1774. — Le premier opéra italien joué en Angleterre le fut dans le XVIIe siècle. — Ce ne fut que dans la seconde moitié du XVIIIe siècle qu'il parut sur le théâtre de Madrid.

Opéra-comique. L'origine de ce spectacle remonte aux premiers théâtres de la foire, dont l'apparition date de 1617.

Opéra ou *Académie royale de musique*. Son établissement en France, le 28 juin 1669. L'administration en fut confiée au prévôt de Paris.

Ophicléide, instrument en cuivre qui, depuis 1820, fait partie des musiques de l'armée française.

Ophites, hérétiques du IIe siècle de l'Eglise, ainsi nommés parce qu'ils disaient que le serpent qui avait déçu le premier homme était le Christ.

OPIE (Jean), peintre anglais, né dans le comté de Cornouailles en 1761, mort à Londres le 9 avril 1809.

OPITZ (Martin), littérateur et poëte de Silésie, né à Buntslow en 1597, mort de la peste à Dantzig en 1639.

OPORIN (Jean), imprimeur célèbre, né à Bâle en 1507, mort en 1568.

Oporto. Prise de cette ville par les Français, le 20 janvier 1811.

OPPÈDE (Jean Meynier, baron d'), premier président au parlement d'Aix, né dans cette ville en 1495, mort en 1558.

OPPENORD (Gilles-Marie), architecte français, né à Paris en 1672, mort dans cette ville, selon quelques biographes, en 1730, et selon d'autres en 1742.

Oppido, petite ville du royaume de Naples : détruite par le tremblement de terre du 5 février 1783.

Optique. Le célèbre Roger Bacon donna un traité sur cette matière en 1728. Voy. *Lunettes*, *Microscopes*, *Télescopes*.

Oran, ville d'Afrique : est enlevée par les Espagnols aux pirates d'Alger, en 1509. — Reprise en 1708 par les Algériens aux Espagnols, qui la possédaient depuis 1509. — Est reprise sur les Algériens par les Espagnols, en juillet 1732. — Est au pouvoir des Français depuis la conquête de l'Algérie, en 1830.

ORANGE (Philibert de Chalron, prince d'), l'un des plus grands capitaines de son siècle; né en 1502, à Nozeroi en Bourgogne; tué dans un combat près de Pistoie en Toscane, le 3 août 1530.

ORANGE (Frédéric-Henri de Nassau, prince d'), stathouder de Hollande, né à Delft le 28 février 1584, mort en 1647.

ORANGE (le prince Frédéric d'), major général au service de l'Autriche, mort en 1799.

Orange (comté d'), chef-lieu aujourd'hui d'un canton du département de Vaucluse. Le premier comte de cette ville est Gorand d'Adhémar, qui vivait au commencement du XIe siècle. — La ville d'Orange, érigée en principauté, passa en 1393 dans la maison de Châlons, et en 1530 dans celle de Nassau. — La principauté d'Orange fut cédée à la France par le traité d'Utrecht en 1713; elle fut réunie au Dauphiné en 1714.

Orangers. On voit dans l'orangerie de Versailles un oranger de 20 pieds de haut, qui fut semé à Pampelune en 1421. — On croit généralement que les orangers furent apportés de la Chine en Portugal en 1547.

Orange (conciles d') : pour la discipline, en 441; contre les semi-pélagiens, en 529.

Oratoire (Congrégation de l'), fondée en 1540, à Rome, par saint Philippe de Néri.

Oratoire (Prêtres de l') : institués en France en 1612 par Pierre de Bérulle, depuis cardinal, et confirmés en 1613 par le pape Paul V.

Oratorio, composition de musique sacrée; elle reçut ce nom, parce qu'elle dut son invention, en 1540, à saint Philippe de Néri, fondateur de la congrégation de l'Oratoire.

ORCAGNA (André de Cione, plus connu sous le nom de), architecte, sculpteur, peintre et poëte; mort à Florence en 1389, dans la soixante-neuvième année de son âge.

Orchomène (prise, ruine et bataille d'), l'an 364 av. J.-C.

Orcynium (bataille d'), où Eumène fut vaincu par Antigone, l'an 321 av. J.-C.

Ordinations : elles ont lieu au premier, au quatrième, au septième et au dixième mois de l'année, c'est-à-dire aux quatre-temps, en vertu du deuxième canon du concile de Rome, tenu en 744.

Ordonnance civile de Louis XIV, publiée au mois d'avril 1667.

Ordonnance criminelle de Louis XIV, publiée au mois d'août 1670.

Ordonnance (compagnies d') : elles furent formées régulièrement en 1444, sous Charles VII, et disparurent, ainsi que l'usage de la lance, sous Henri IV (de 1589 à 1610).

Ordonnances. La première loi qui fut appelée *ordonnance*, en français, est celle de Philippe le Bel, faite en 1287, touchant les bourgeois. Cependant Philippe-Auguste rendit en 1206 un décret en faveur des juifs, auquel plusieurs historiens donnent le nom d'ordonnance. — En 1245, ordonnance de saint Louis, nommée la *Quarantaine le Roi*; elle défendait aux héritiers de tirer vengeance du meurtre avant quarante jours écoulés. — En 1262, ordonnance du même roi sur le fait des monnaies, dans laquelle il est dit, 1° que dans les terres où les barons ne battent point monnaie, celle du roi aura seule cours; 2° que celle du roi ne perdra rien de sa valeur dans les terres où les barons auraient une monnaie. — En 1275, ordonnance de Philippe le Hardi sur les amortissements. — En 1296, Philippe le Bel, par une ordonnance faite au parlement de la Toussaint, défend les guerres privées tant que durera la sienne avec l'Angleterre. — En 1302, ordonnances du même prince sur la réformation du royaume. — En 1319, ordonnance de Philippe le Long qui porte qu'il n'y aura nuls prélats au parlement, parce que le roi *fait conscience de les empêcher de vaquer au gouvernement de leur spiritualité*. — En 1328, ordonnance de Philippe de Valois qui impose des droits appelés de *francs fiefs* sur les églises et sur les roturiers acquéreurs de terres nobles. — En 1344, Philippe de Valois rend, le 10 avril, une ordonnance qui incorpore les conseillers *jugeurs* et les conseillers *rapporteurs*. — En 1344, ordonnance du même prince qui semble attribuer au roi seul le droit de battre monnaie. — En 1374 (août), ordonnance du roi Charles V qui fixe la majorité des rois à quatorze ans. — En 1374 (octobre), ordonnances relatives à la régence du royaume. — En 1392 (janvier), ordonnance de Charles VI portant règlement sur la tutelle des enfants de France, en cas de mort du roi avant que son fils aîné fût majeur; autre ordonnance du même mois sur la régence. — En 1403 (avril), ordonnance sur la majorité des rois; cette ordonnance est confirmée par celle du 16 décembre 1407. — En 1484, ordonnance rendue à la requête des Etats Généraux de Tours, et qui la première permit à toutes sortes de personnes d'*ester* en justice par procureur. — En 1539, ordonnance de François Ier, rendue à Villers-Cotterets, pour la réformation et l'abréviation des procès, pour empêcher les tribunaux ecclésiastiques d'entreprendre sur les justices ordinaires, et pour ordonner que désormais tous les actes publics seraient écrits en français. — En 1560, ordonnance rendue à Orléans, au sujet des matières ecclésiastiques et sur le fait de la justice. — En 1564, sous Charles IX, ordonnance de Roussillon en Dauphiné, qui porte que l'année commencera dans la suite au 1er janvier, au lieu qu'elle ne commençait que le samedi saint après vêpres; le parlement ne consentit à ce changement que vers 1567. — En 1566, au mois de février, ordonnance du même prince, rendue à Moulins, qui règle le domaine de la couronne. Il y a aussi la célèbre ordonnance de Moulins, rendue le même mois, pour la réformation de la justice. — En 1579, ordonnance de Henri III, rendue à Blois, où sont posés les principes de la discipline de l'Eglise, et qui contient des dispositions importantes sur l'anoblissement. Voy. *Ordonnance civile* et *Ordonnance criminelle*.

Ordonnances de juillet, touchant la presse, les élections et la liberté individuelle; elles furent rendues le 26 juillet 1830.

Ordre (mot d') : son usage dans nos armées date du XIVe siècle. Le Grand-Maître des Arbalétriers le recevait du roi, ou du connétable, ou du maréchal, et le donnait lui-même en leur absence.

Ordre militaire de Chevalerie du Navire et du Croissant; son institution en 1270.

Ordres militaires: les plus anciens que l'on connaisse, furent institués par Sésostris, roi d'Egypte, vers 1710, av. J.-C., pour récompenser le mérite de ses soldats.

Ordres religieux : leur abolition en France le 13 février 1790.

Ordres français. — Dates des créations de divers ordres qui ont été successivement établis par les souverains français : La Ceinture militaire, 1241; l'ordre de l'Etoile, 1345; l'ordre du Saint-Esprit, 1352; l'ordre de Saint-Michel, 1469; l'Anneau d'or, 1534; réorganisation de l'ordre du Saint-Esprit, 1579; l'ordre des chevaliers de la maison royale, 1603; l'ordre de Notre-Dame du Mont-Carmel, 1608; l'ordre de Saint-Louis, 1693; l'ordre du Mérite Militaire, 1759; l'ordre de la Légion d'honneur, 1802; l'ordre de la Couronne de Fer, 1805; l'ordre des Trois-Toisons d'or, 1809; l'ordre de la Réunion, 1811; la décoration du Lis, 1814; la décoration de Juillet, 1830.

Orébites, hérétiques du XVe siècle. Bedricus était le chef de cette secte.

Orenbourg, ville et forteresse de la Russie asiatique, bâtie en 1742.

Orénoque (l') : découverte par les Espagnols en 1514.

Orfévrerie : vers 628, Eloi, trésorier de Dagobert, depuis canonisé, se rend célèbre par des ouvrages en ce genre. — La profession d'orfévre était établie en corps policé ou état juré dans Paris bien longtemps avant le XIIIe siècle. Les plus anciens titres qu'on connaisse, et qui sont du règne de saint Louis vers 1260, supposent cet établissement comme fait depuis longtemps.

Organisation militaire, en France : il n'y en eut point réellement dans nos armées avant le ministère de Louvois, qui eut le département de la guerre, de 1664 à 1691. — Dès l'année 1761, le ministre Choiseul perfectionna l'organisation militaire, et fit disparaître des armées les traces du régime féodal. — Une nouvelle organisation fut introduite à l'avénement de Louis XVI, par le comte de Saint-Germain, vers 1775 ou 1776. Dès lors, une juste proportion fut établie entre le nombre des régiments de cavalerie et celui des régiments d'infanterie. — Cet ordre de choses fut gravement altéré vers 1790 et 1791 ; mais vers la fin de 1793, l'organisation militaire reçut son complément de l'habile et laborieux Carnot. — Enfin elle fut fixée sur une base solide par la loi de l'an VI (1798), qui établissait la conscription pour le recrutement des armées. — Depuis lors il n'y a plus eu que des modifications de détail.

Organisation administrative en France, depuis la révolution. — Lois y relatives ; celle du 22 août 1791 qui fixait à six le nombre des ministères ; elle avait été précédée de la loi du 22 décembre 1789, et fut suivie de la constitution du 3 décembre 1791, lesquelles divisaient le territoire français en départements, districts, cantons et communes. — Après la chute de Robespierre, la constitution du 5 fructidor an III (22 août 1795) supprima les districts. — Vint ensuite la loi du 28 pluviôse an VIII (17 février 1800), qui, aujourd'hui encore, complétée par les lois des 21 mars 1831 et 22 juin 1833, régit notre organisation administrative.

Organisation judiciaire en France depuis la révolution. Lois et décrets à ce sujet : décret de l'assemblée constituante du 4 août 1789 ; décret du 24 août 1790 ; décrets des 20 janvier et 29 juillet 1791 ; décret du 16 septembre de la même année, portant institution du jury criminel ; constitution de 1793 ; loi du 27 ventôse an VIII (18 mars 1800), créant les tribunaux de première instance et d'appel ; le code d'instruction criminelle du 27 novembre 1808 ; loi du 20 avril 1810 ; la charte de 1814.

ORGEMOND (Pierre d'), chancelier de France, sous Philippe de Valois, en 1373, mort à Paris en 1389.

ORGEMOND (Nicolas d'), quatrième fils du précédent, conseiller au parlement de Paris, né vers le milieu du XIVe siècle, mort le 30 avril 1416.

Orgue : inventé, dit-on, par le roi de Chine Hoang-ti, l'an 2601 av. J.-C. — On commença, en Europe, à s'en servir dans les églises, en 657. Le premier qui ait paru en France fut envoyé, en 757, par Constantin Copronyme, au roi Pépin, qui en fit don à l'église de Compiègne.

Orgues hydrauliques: inventées vers l'an 234 av. J.-C., par Ctésibius d'Alexandrie.

ORIBASE, célèbre médecin de l'antiquité, né à Pergame dans la dernière moitié du IVe siècle, mort vers le milieu du Ve.

Orient (empereurs d'), depuis la séparation définitive de cet empire d'avec l'empire d'Occident. — Arcadius parvient au trône en 395. — Théodose le Jeune, en 408. — Marcien, en 450. — Léon Ier, en 457. — Léon le Jeune, en 474. — Zénon, en 474. — Anastase, en 491. — Justin Ier, en 518. — Justinien Ier, en 527. — Justin II, en 565. — Tibère II, en 578. — Maurice, en 582. — Phocas, en 602. — Héraclius, en 610. — Constantin III, en 641. — Héracléonas, en 641. — Constant II, en 641. — Constantin IV, en 668. — Justinien II, en 685. — Léonce, en 695. — Absimare Tibère, en 697. — Justinien II, rétabli en 705. — Philippique Bardane, en 711. — Anastase II, en 713. — Théodose III, en 715. — Léon III, *l'Isaurien*, en 716. — Constantin V, *Copronyme*, en 741. — Léon IV, en 775. — Constantin VI et Irène, en 780. — Constantin seul, en 790. — Irène seule, en 797. — Nicéphore, en 802. — Staurace, en 811. — Michel Curopalate, en 811 Léon V, *l'Arménien*, en 813. — Michel le Bègue, en 820. — Théophile, en 829. — Michel III, en 842. — Basile, en 867. — Léon le Philosophe, en 886. — Constantin VII, en 911. — Romain II, en 959. — Nicéphore Phocas, en 963. — Jean Zimiscès, en 969. — Basile et Constantin IX, en 976. — Romain Argyre, en 1028. — Michel IV, en 1034. — Michel Calaphate, en 1041. — Constantin Monomaque, en 1042. — Théodora, en 1054. — Michel VI, en 1056. — Isaac Comnène, en 1057. — Constantin Ducas, en 1059. — Michel VII, en 1067. — Romain Diogène, en 1068. — Michel VII, de nouveau en 1071. — Nicéphore Botoniate, en 1078. — Alexis Comnène, en 1081. — Jean Comnène, en 1118. — Manuel Comnène en 1143. — Alexis Comnène, en 1180. — Andronic Comnène, en 1183. — Isaac *l'Ange*, en 1185. — Alexis *l'Ange*, en 1195. — Isaac *l'Ange*, rétabli en 1203. — Nicolas Canabé, en 1204. — Alexis Mursufle, en 1204. — *Empereurs français à Constantinople.* — Baudouin, en 1204. — Henri, en 1206. — Pierre, en 1216. — Robert, en 1220. — Baudouin II et Jean de Brienne, en 1228. — *Empereurs grecs à Nicée :* Théodore Lascaris, en 1204. — Jean Ducas Vatace, en 1222. — Théodore Lascaris, en 1255. — Jean Lascaris, en 1259. — Michel Paléologue, en 1260. — Andronic II, Paléologue, en 1282. — Andronic III, Paléologue, en 1328. — — Jean Paléologue, en 1341. — Jean Cantacuzène, usurpateur, en 1341. — De 1355 à 1391, le trône fut occupé par Matthieu Cantacuzène et Andronic Paléologue, usurpateurs. — Manuel II, Paléologue, en 1391. — Jean VI, Paléologue, en 1425. — Constantin XII, en 1448. — Fin de l'empire d'Orient. Les Turcs s'emparent de Constantinople en 1453.

Orient (concile d') : contre les Messaliens, en 427.

Orient (Grand), espèce de sénat maçonnique en France : il date du 5 mars 1773.

Orientalistes célèbres : Guillaume Postel (1510-1581), Erpenius (1584-1624), Golius (1599-1667), Walton (1600-1661), Castel (1606-1685), Gravius (1602-1652), Meninski (1623-1698), d'Herbelot (1625-1695), Bernard (1638-1684), Hyde (1636-1703), Schickardt (1592-1635), Prideaux (1578-1650), Selden (1584-1654), Pococke (1604-1691), Kircher (1602-1680), Hottinger (1620-1667), Marracci (1612-1700), Lejay (1588-1674), Galland (1640-1705), Petis de la Croix (1653-1713), Renaudot (1646-1720), Ockley (1678-1720), Schultens (1686-1750), Schræder (1680-1756), Reiske (1716-1774), Anquetil du Perron (1723-1808), de Guignes (1721-1800), Casiri (1710-1791), William Jones (1746-1794) ; enfin, le baron Silvestre de Sacy, a terminé, en 1838, une vie de plus de 80 ans, si pleine de travaux qui ont donné une impulsion nouvelle aux études orientales.

Oriflamme, bannière de l'abbaye de Saint-Denis : elle avait été, dit-on, un présent adressé à ce monastère, en 639, par le roi Dagobert. — Louis le Gros reporta cette bannière à Saint-Denis, en 1124, et donna naissance à cet usage de nos anciens rois. — Louis le Jeune perdit l'oriflamme dans la croisade de 1147. — En 1191, Philippe-Auguste la porta en terre sainte, et en 1214, à Bouvines. — Il n'est plus parlé de l'oriflamme depuis la fin du xve siècle.

ORIGÈNE, docteur de l'Eglise, né à Alexandrie l'an 185 de J.-C., mort à Tyr l'an 254, âgé de 69 ans.

Origénistes, anciens hérétiques de la secte des gnostiques, au commencement de l'ère chrétienne. Il y eut d'autres origénistes dans les ve et vi^e siècles, qui soutenaient les sentiments attribués à Origène. — Leurs opinions furent condamnées plusieurs fois, notamment en 553, dans le cinquième concile général tenu à Constantinople.

Orléans, ville de France : assiégée par César 51 ans av. J.-C. — Elle passa au pouvoir des Francs en 470. — Elle devint, en 523, la capitale du royaume laissé par Clovis à Clodomir, l'aîné de ses fils. — Ce royaume d'Orléans fut réuni à la couronne par Hugues-Capet, vers 988. — Orléans fut érigé en duché en 1328, par Philippe de Valois, en faveur de son fils Philippe : ce fut le premier prince du sang qui porta le titre de duc d'Orléans. — Le fameux siége d'Orléans, qui fut illustré par l'héroïque défense de Jeanne d'Arc, eut lieu en 1428. — Une université pour le droit y avait été fondée par Philippe le Bel, en 1313.

Orléans (conciles d') : touchant les lieux d'asile, en 511; pour la discipline, en 536 et 540; contre les hérétiques, en 545, en 552 et 1017.

Orléans (Nouvelle-), ville des Etats-Unis : sa fondation en 1717; ce ne fut qu'en 1722 qu'elle commença à prendre quelque accroissement. — Après avoir été tour à tour sous la domination de l'Espagne et de la France, elle fut cédée, en 1813, aux Etats-Unis par Napoléon. — Attaquée vainement en 1814 par les Anglais.

ORLÉANS (Louis Ier de France, duc d'), fils du roi Charles V, né en 1371, assassiné dans la rue Barbette à Paris, le 23 novembre 1407.

ORLÉANS (Gaston Jean-Baptiste de France, duc d'), 3e fils de Henri IV, frère de Louis XIII, né à Fontainebleau le 25 avril 1608, mort relégué à Blois le 2 février 1660.

ORLÉANS (Philippe de France, duc d'), fils de Louis XIII et d'Anne d'Autriche, et frère unique de Louis XIV, né à Saint-Germain-en-Laye le 21 septembre 1640, mort le 8 décembre 1701.

ORLÉANS (Philippe, duc d'), régent de France, fils du précédent, né à Saint-Cloud le 2 août 1674, mort le 2 décembre 1723.

ORLÉANS (Louis, duc d'), premier prince du sang, né à Versailles le 4 août 1703, mort le 4 février 1752.

ORLÉANS (Louis-Philippe, duc d'), fils du précédent, né à Paris le 12 mai 1725, mort le 8 novembre 1785.

ORLÉANS (Louis-Philippe-Joseph, duc d'), fils du précédent, né à Saint-Cloud le 13 avril 1747, mort sur l'échafaud révolutionnaire le 6 novembre 1793.

ORLÉANS (Louise-Marie-Adélaïde de Bourbon-Penthièvre, duchesse d'), femme du précédent, née le 5 mars 1753, morte à Ivry près de Paris, le 22 juin 1821.

ORLÉANS (Eugénie-Adélaïde-Louise d'), sœur de l'ex-roi Louis-Philippe, née à Paris le 23 octobre 1777, morte dans la même ville le 31 décembre 1847.

ORLOFF ou ORLOW (Grégoire), seigneur russe, favori de Catherine II, fut en possession de cette haute et criminelle faveur jusqu'en 1772.

ORLOFF (Alexis), frère du précédent, amiral, mort à Saint-Pétersbourg en 1808.

ORMESSON (Louis-François de Paule Lefèvre d'), premier président au parlement de Paris, né le 7 mars 1718, mort le 26 janvier 1789.

ORMESSON DE NOYSEAU (Anne-Louis-François de Paule Lefèvre d'), magistrat français, né le 26 février 1753, mort le 20 avril 1794.

ORMESSON (Henri-François de Paule Lefèvre d'), neveu du premier président, contrôleur-général, né le 8 mai 1751, mort en 1807.

ORMOND (Jacques Butler, duc d'), homme d'état anglais, né à Londres en 1610, mort le 21 juillet 1688.

Ormus, petite île d'Asie : prise par les Portugais en 1507, et par Schah-Abbas, en 1522.

ORNANO (Alphonse d'), maréchal de France, fils de San Pietro Bastelica, mort le 21 janvier 1610, à l'âge de 62 ans.

ORNANO (Jean-Baptiste d'), fils aîné du précédent, mort le 2 septembre 1616, à l'âge de 45 ans : fut aussi maréchal de France, quoiqu'il n'eût point servi dans les armées.

OROSE (Paul), savant historien, élève et ami de saint Augustin; il écrivit au commencement du ve siècle.

ORTEGA (don Casimiro Gomez de), savant botaniste espagnol, né à Madrid en 1730, mort dans la même ville en 1810.

Orthographe française : une partie de celle de Voltaire est adoptée, en 1818, par l'Académie française, sur la proposition de son secrétaire perpétuel.

Orthopédie, science qui a fait de grands progrès dans nos temps modernes : les ouvrages d'Andry en 1741, de Desbordeaux en 1805, du docteur J. Lafond en 1827, de Delpech en 1829, ont jeté de vives lumières sur cette partie de l'art de guérir.

Osbori en Allemagne (Concile d'), tenu en 1062.

OSÉE, un des douze petits prophètes, vivait l'an 800 av. J.-C.

OSIANDER (André), théologien protestant, né à Gunzenhausen en Bavière, en 1498, mort le 17 octobre 1552.

OSIUS, évêque de Cordoue, né en Espagne en 256, mort en 358, âgé de 102 ans.

OSMAN Ier, ou plutôt OTHMAN, fondateur de l'empire ottoman, mort l'an de l'hégire 726 (1327 de J.-C.), âgé de 79 ans, dont il en avait régné 27.

OSMAN II, empereur des Turcs, monté sur le trône l'an de l'hégire 1027 (1618 de J.-C.), étranglé le 20 mai 1622.

OSMAN III, empereur des Turcs, monte sur le trône en 1754, meurt le 29 novembre 1757, à 59 ans.

Osmium, métal ; découvert par Tennant en 1803.

OSMOND (saint), évêque de Salisbury, mort en décembre 1099, canonisé en 1449 par Calixte III.

Osnabruck (bataille d'), remportée sur les Saxons par Charlemagne, en 772.

Osnabruck en Hanovre : fondée par Charlemagne en 776 ; remarquable par le traité conclu en 1648 entre les Suédois et l'empereur.

Osrohène (concile d'), touchant la fête de Pâques, en 198.

OSSAT (Arnaud d'), cardinal et ambassadeur français, né en 1536 à Laroque en Magnoac, près d'Auch, mort à Rome le 13 mars 1604.

OSSIAN, célèbre poëte ou barde écossais, vivait dans le IIIe siècle de l'ère chrétienne.

OSSONE (don Pedro Tellezy Giron, duc d'), célèbre ministre et homme d'état espagnol, né à Valladolid en 1579, mort en prison en 1624.

OSTADE (Adrien Van), peintre et graveur, né à Lubeck en 1610, mort à Amsterdam en 1685.

Ostende : n'était qu'un petit village au IXe siècle. — Son port commença à être fréquenté dans le XIe siècle. — Elle fut entourée de murailles par Philippe le Bon, en 1445, mais elle ne fut régulièrement fortifiée qu'en 1583, par le prince d'Orange. — Prise par Spinola, le 10 septembre 1604, après un siége de 3 ans. — Prise par les Français en 1745, en 1792 et 1793 ; bombardée par les Anglais en 1798.

Ostie, ville située à l'embouchure du Tibre, bâtie l'an 627 av. J.-C., 38e olympiade.

Ostrolenka (combat d'), gagné sur les Russes par les Français, le 16 février 1807.

Ostrowno (combat d'), où la cavalerie russe est culbutée et leur artillerie enlevée par l'armée française, le 25 juillet 1812.

Otagamis, peuples sauvages de la Nouvelle-France : expédition française envoyée contre eux en 1716 ; ils se soumettent.

Otaïti, *Otahiti* ou *Taïti*, la plus grande des îles de la Société : découverte de cette île par Quiros en 1606. — En 1767, le capitaine Wallis en prit possession au nom du roi de la Grande-Bretagne.

OTHON (saint), évêque de Bamberg et apôtre de la Poméranie, né en Souabe vers 1060, mort le 30 mai 1139.

OTHON (Marcus Salvius), empereur romain, né à Rome vers l'an 32 de J.-C., placé sur le trône l'an 69, se donne la mort le 15 avril 69.

OTHON Ier, surnommé *le Grand*, empereur d'Allemagne, né en 912, couronné à Aix-la-Chapelle en 936, mort le 7 mai 973.

OTHON II, surnommé *le Roux*, succède à Othon Ier, son père, à l'âge de 18 ans, le 13 mai 973 ; mort le 7 décembre 981.

OTHON III, empereur d'Allemagne, né en 980, succède à Othon II, son père, à l'âge de 3 ans ; mort en Campanie le 28 janvier 1002.

OTHON IV, dit *le Lion*, né en 1175, élu empereur en 1197, reconnu par toute l'Allemagne en 1208 ; mort le 15 mai 1218.

OTHON DE FREISINGEN, célèbre chroniqueur, mort à Morimond le 12 septembre 1158.

Otrante, ville d'Italie : prise, en 1480, par Achmet Bacha, général de Soliman le Magnifique.

Otricoli, ville du duché de Spolette : prise par les Français en 1667, 1705, 1754, 1792 ; par les Napolitains en 1799.

OTTOCARE II, dit *le Victorieux*, roi de Bohême, tué à la bataille de Marckfeld près de Vienne, en 1258, après vingt-cinq années de règne.

Ottoman (empire) : fondé par Osman en 1300 (700 de l'hégire), après la mort du sultan d'Iconium. Sa première capitale fut établie en 1328, à Bruse, ancienne capitale de la Bithynie.—Le 29 mai 1453, le siége de cet empire fut transféré à Constantinople. —De 1300 à 1566, l'empire ottoman fut la principale puissance militaire de l'Europe. Voy. *Turquie*.

OTTO-VÆNIUS ou OCTAVIO (Van Vein), peintre hollandais, né à Leyde en 1556, mort à Bruxelles en 1634.

OTWAY (Thomas), poëte dramatique anglais, né à Trottin, comté de Sussex, en 1651, mort en 1685.

Oudenarde (bataille d'), perdue par les Français le 11 juillet 1708.

OUDENARDE (Robert Van), peintre et graveur, né à Gand en 1665, mort dans la même ville le 3 juin 1743.

OUDIN (Casimir), savant bibliographe, né à Mézières en 1638, mort à Leyde en septembre 1717.

OUDIN (François), savant jésuite, né à Vignory en Champagne en 1673, mort le 28 avril 1752.

OUDRY (Jean-Baptiste), peintre et graveur, né à Paris en 1686, mort dans la même ville le 1er mai 1735.

OUEN (saint), connu aussi sous le nom de *Dodon*, archevêque de Rouen, né vers 609, à Sancy près de Soissons, mort à Clichy près Paris, le 24 août 689.

Ouessant (combat naval d'), entre les Anglais et les Français, le 27 juillet 1778 ; la victoire reste indécise.

OULOUGH ou plutôt OLEIG-BEIG, petit-fils de Tamerlan, célèbre astronome : ses tables astronomiques et le texte qui les accompagne présentent un intéressant tableau de la science au commencement du xve siècle (1437).

Ourcq (canal de l'), commencé sous le règne de Louis XIII (de 1610 à 1643); les travaux sont suspendus et repris en 1776.—On les continue avec activité en 1802.—Arrivée des eaux dans le bassin de la Villette, le 2 décembre 1808.—Ouverture de sa navigation le 15 août 1813.

Ourique (bataille d'), gagnée par le comte Alphonse sur les Maures, le 25 juillet 1139. Ce prince fut proclamé roi de Portugal à la fin de l'action.

Ovation : c'est ainsi qu'on appelait le petit triomphe à Rome : sa coutume datait de l'an 503 av. J.-C., 69e olympiade.

OVERBEECK (Bonaventure Van), dessinateur, peintre et antiquaire hollandais, né à Amsterdam en 1660, mort en 1706.

OVERBURY (Thomas), littérateur anglais, né en 1581 au comté de Warwick, mort empoisonné le 15 septembre 1613.

OVIDE (publius Ovidius Naso), célèbre poëte latin, né à Sulmone dans la contrée des Péligniens, aujourd'hui l'Abruzze, le 20 mars 711 de Rome (43 ans av. J.-C.), mort en exil, l'an 17 de J.-C.

Oviédo, ville d'Espagne : bâtie en 761 par Troïla, roi chrétien de ce pays, en mémoire des victoires qu'il avait remportées sur les Maures.

Oviédo (concile d') : pour l'érection de l'église de cette ville en métropole, vers 902.

OWEN (Jean), poëte latin du xvie siècle, né à Armon en Angleterre, mort à Londres en 1622.

Owhyhée, l'une des îles Sandwich : reconnue par le capitaine Cook en 1778, et où il fut tué, le 14 janvier 1779.

OXENSTIERN (Axel, comte d'), grand chancelier de Suède et l'un des plus grands hommes d'Etat du xviie siècle, né en 1583, mort en 1654.

Oxford : fondation de son Université par Alfred le Grand, en 895.

Oxford (concile d') : pour la réformation de l'Église d'Angleterre, en 1222.

OZANAM (Jacques), mathématicien français, né à Bouligneux en Bresse, en 1640, mort le 17 avril 1717.

P

PACHECO (Christophe), célèbre peintre portraitiste de l'école de Madrid, vivait en 1568.

PACHECO (François), peintre, écrivain et poëte, né à Séville en 1571, mort dans sa ville natale en 1654.

PACHECO. *Voy.* PADILLA.

Pacifiques, sectaires qui partageaient les erreurs des anabaptistes pendant le xvie siècle.

PACOME (saint), instituteur de la règle des cénobites, né dans la haute Thébaïde, vers 292, mort le 3 mai 348.

PACORI (Ambroise), écrivain ascétique, mort à Paris en 1730, à près de 80 ans.

Pacte de famille. Traité d'amitié et d'union entre les rois de France et d'Espagne, conclu le 15 août 1761.

Paderborn, ville du grand duché du Bas-Rhin. Son évêché, qui appartenait jadis au cercle de Westphalie, est un des premiers que fonda Charlemagne (de 768 à 814).—Son église diocésaine fut bénie par le pape Léon III lui-même, en 799; les fondements de cette église avaient été jetés en 777; elle fut la proie des flammes en 1000. La cathédrale qui existe aujourd'hui date du xiiie et du xive siècle. — La ville de Paderborn possédait une Université avec faculté de théologie et de philosophie, fondée en 1592 par le prince-évêque Théodore de Furstemberg; elle fut supprimée en 1819.—En 1802, le territoire de Paderborn avait été donné à la Prusse; en 1806, il fut annexé au royaume de Westphalie; en 1814, il fut rendu à la Prusse.

Paderborn (conciles de), pour établir la foi en Saxe, en 777 et 786.

PADILLA (don Juan de), célèbre chef de *communeros* espagnols en 1520, mort sur l'échafaud en 1522. Son histoire embrasse aussi celle de l'héroïque dona Maria Pacheco, sa digne épouse.

PADOUAN (Louis-Léon), dit *le Padouan*, du nom de sa ville natale, célèbre peintre, mort à Rome à l'âge de 75 ans, au commencement du xiiie siècle. — Il y eut encore un Francisco surnommé *le Padouan*, peintre, né en 1629, mort en 1717.

Padoue, aujourd'hui ville du royaume lombardo-vénitien. Sa fondation par les Gaulois vers l'an 600 av. J.-C.—Détruite par les Lombards, elle dut sa restauration à Charlemagne au viiie siècle.—Commencement de son Université en 1179. Elle fut réellement fondée ou du moins considérablement augmentée par l'empereur Frédéric en 1222, selon d'autres en 1260; le pape Urbain IV la confirma en 1263.—La ville de Padoue se soumit à Venise en 1405.—Passa sous la domination de l'Autriche en même temps que cette république.—Une partie de cette ville fut détruite par le tremblement de terre du 17 août 1756.—En 1805, Padoue fut réunie au royaume d'Italie; puis elle redevint province autrichienne en 1814.

PAGI (le père Antoine), chronologiste, né à Rognes en Provence, le 31 mars 1624, mort à Aix le 5 juin 1699.

Paimbœuf, ville de Bretagne, n'était au commencement du xviiie siècle qu'un hameau de pêcheurs.

Pain. Son excessive cherté en France dans l'été de 1817 le met au-dessus des moyens du peuple. Il en résulte des troubles dans plusieurs villes.

PAINE (Thomas), écrivain politique, né à Thetfort, dans le comté anglais de Norfolk, le 29 janvier 1737, mort naturalisé Français en juin 1809.

Pairie (nouvelle), établie en France par la Charte constitutionnelle, le 4 juin 1814 ; 154 pairs à vie sont en même temps élus par le roi.

Pairies, pairs. C'est au xe siècle qu'on place généralement l'origine assez obscure de la pairie en France. — Le duché de Bourgogne fut érigé en duché-pairie en 1001. — En 1200, une cour des pairs fut convoquée solennellement pour juger Jean-sans-Terre, usurpateur et meurtrier. — En 1224, Louis VIII rendit un arrêt portant que, suivant l'ancien usage et les coutumes observées, les grands officiers de la couronne doivent assister aux procès qui seraient faits à des pairs de France. — Les premières lettres d'érection en duché-pairie de la Bretagne, après que le comté-pairie de Champagne eut été réuni à la couronne, sont de 1297. — Celles des comtés-pairies d'Anjou et d'Artois sont de la même date. — Erection de la baronnie de Bourbon en 1324. — Erection de la terre de Beaumont-le-Roger en comté-pairie en 1329. — Philippe le Hardi, fait duc de Bourgogne, est institué premier pair de France, en 1361. — Le comté de Nevers est la première pairie créée en faveur d'un prince étranger, en 1505. — Le comté de Nemours, érigé en duché-pairie en 1505. — Le comté d'Angoulême, en duché-pairie en 1515 ; la terre de Guise, en duché-pairie en 1527 ; la baronnie de Montmorenci, en duché-pairie en 1551 ; ce fut la même année que les pairs commencèrent à entrer au parlement, l'épée au côté. — Ordonnance sur les duchés-pairies en juillet 1566. — Déclaration rendue à Blois en 1576, qui accorde aux princes du sang la préséance sur tous les pairs. — Erection du comté de Joyeuse et de la baronnie d'Epernon en duchés-pairies, en 1581. — Erection en duché-pairie de Luxembourg, en 1581.—Du duché de Montbazon, en 1588. — Du duché de Thouars, en 1595 ; les lettres patentes ne furent enregistrées qu'en 1599. — Du comté de Beaufort en duché-pairie, en 1597. — De la baronnie de Biron en duché-pairie, en 1598 ; elle redevint baronnie après l'exécution du maréchal de Biron, en 1602, et fut érigée de nouveau en duché-pairie en 1723. —Erection du vicomté de Rohan en duché-pairie, en 1603 ; de la terre de Sully, en 1606. — Du comté de Brissac, en 1611 ; les lettres ne furent enregistrées qu'en 1620. — De la seigneurie de Lesdiguières, en 1611.—De la terre de Maillé, sous le nom de Luynes, en 1619. — D'Halluin en 1620. — De la Rochefoucauld, en 1625. — De Richelieu, en 1631. — De Saint-Simon, en 1635. — De la Force, en 1637. — D'Aiguillon, en 1638. — De Valentinois, en 1641. — De Rohan-Chabot, d'Estrées, de Grammont et de Tresmes, en 1648. — De Mortemart, en 1650.—D'Albret, de Château-Thierry et de Villeroi, en 1651.—De Villars-Brancas, en 1652.—De Nevers, en 1661.—De La Meilleraie, de Mazarin, de Saint-Aignan, de Noailles, de Coislin, en 1663. — D'Aumont, en 1665. — De La Vallière, en 1667. — De Charost, en 1673. — De l'archevêché de Paris, en 1674 ; les lettres ne furent enregistrées qu'en 1690. — Des duchés de Villars et d'Harcourt, en 1709. — De Warti, sous le nom de Fitz-James, en faveur du maréchal de Berwick, en 1710. — Du comté de Chaulnes, en 1711, ainsi que du marquisat d'Antin. — De la baronnie de Fontenay, sous le nom de Rohan-Rohan, et du vicomté de Joyeuse, en 1714. — Du marquisat d'Hostun, en 1715.

Pairs (Chambre des) : sa formation en haute cour de justice ; en 1819, pour le procès de la conspiration militaire du 19 août ; — en 1820, pour le procès de Louvel, assassin du duc de Berry ; — en 1826, pour le procès relatif aux marchés Ouvrard ; — en 1830, pour le procès des ministres de Charles X ; — en 1834, pour le procès d'avril ;—en 1835, pour le procès Fieschi ; — en 1836, pour le procès Alibaud ; — en 1838, pour le procès Meunier ; — en 1838, pour le procès Laity ; —en 1839 pour le procès Barbès ; — en 1840, pour l'expédition de Boulogne-sur-Mer ;—en 1847, pour l'affaire Teste et Despans-Cubières.

PAISIELLO ou PAESIELLO (Jean), célèbre compositeur italien, né à Tarente le 9 mai 1741, mort le 5 juin 1816.

Paix (traités de) conclus avant l'ère chrétienne. — Traité de paix imposé par le général athénien Cimon, aux Perses, vers l'an 449 av. J.-C. — En 422, paix de 50 ans conclue entre Sparte et Athènes : elle ne dura que quatre ans. — Paix honteuse conclue en 387 par le Spartiate Antalcidas avec les Perses. — Paix générale donnée à la Grèce après la bataille de Mantinée, en 362, à laquelle Sparte refuse d'accéder. — Traité de paix entre la république d'Athènes et Artaxercès III, roi de Perse, en 356. — En 210, paix entre Antiochus le Grand, roi de Syrie, et le roi des Parthes. — En 322, Antipater accorde la paix à Athènes : elle met fin à la guerre lamiaque. — En 217, paix accordée par Philippe III, roi de Macédoine, aux Etoliens. — L'an 341, paix entre les Romains et les Carthaginois, qui mit fin à la première guerre punique. — En 284, paix accordée par les Romains aux Gaulois cisalpins. — Nouvelle paix entre ces mêmes peuples, en 225. — En 202, traité de paix qui termina la seconde guerre punique. — En 197, après la bataille de Cynocéphale, paix imposée par Titus Quintius Flaminius, à Philippe, roi de Macédoine. — En 190, traité de paix conclu entre les Romains et Antiochus, roi de Syrie. — En 168, le Romain Popilius Lenas commande la paix entre la Syrie et l'Egypte. — Paix conclue au nom de Rome avec Mithridate, en 85. — Nouvel accommodement avec Mithridate, en 80. — Transaction de Pompée avec Tigrane, roi d'Arménie, après la mort de Mithridate, en 63.

Paix (traités de) postérieurs à l'ère chrétienne. — En 90, Domitien fut obligé d'acheter la paix des Daces, moyennant un tribut annuel.—En 101, Trajan força les Daces à la soumission; en 106, il réduisit leur pays en province romaine. — Paix avec les Parthes, sous Adrien, dans le Ier siècle. — Paix glorieuse avec les Marcomans, sous Marc-Aurèle, en 174. — Depuis lors jusqu'à l'an 476, Rome acheta des Barbares la paix à prix d'or plus souvent qu'elle ne la leur imposa. — L'an 500, Clovis conclut un traité de paix avec Gondebaud, roi de Bourgogne; un autre, en 509, avec Théodoric, roi d'Italie. — En 556, un traité de paix eut lieu entre Clotaire Ier et les Saxons; un autre, en 563, entre Sigebert, roi d'Austrasie, et les Abares : il fut renouvelé en 568. — Dans les guerres civiles des Mérovingiens, on rencontre les traités de paix entre Sigebert et Chilpéric Ier, son frère (564), Sigebert et Gontran, Sigebert et Chilpéric Ier (570). Huit ans plus tard (578), Chilpéric signait la paix avec Waroc, roi des Bretons. — Traité de paix entre Chilpéric Ier, roi de Soissons, Childebert II et Gontran, roi de Bourgogne (575-596). — L'an 584, les Lombards, par un traité de paix conclu avec Chilpéric Ier, s'obligèrent à lui payer un tribut. — En 587, paix entre Childebert II et Récarède, roi des Visigoths; en 558, entre Gontran, roi de Bourgogne, et Widimade, comte de Bretagne. — En 590, entre Childebert II, Gontran, et les Lombards. — En 590, entre la reine Brunehaut, régente des royaumes de Bourgogne et d'Austrasie, et les Abares. La même année, paix perpétuelle entre Thierry II, roi de Bourgogne, et Agilulfe, roi des Lombards. —En 600, traité de paix entre Clotaire II, roi de Soissons, Théodebert II, roi d'Austrasie, et Thierry II, roi de Bourgogne. — En 617, traité pour le renouvellement de la paix entre Clotaire II, roi des Francs, et Adoloald, roi des Lombards, contenant rachat d'un tribut annuel payable par celui-ci. — En 629, renouvellement de paix entre Dagobert Ier et l'empereur d'Orient Héraclius. — En 684, traité de paix entre Pepin, maire du palais sous Thierry II, roi des Francs, et Radbode, duc des Frisons. — En 720, traité de paix entre Charles, duc des Francs austrasiens, et Eudes, duc d'Aquitaine, renouvelé avec quelques modifications en 722. — En 743, paix entre Carloman et Théodoric, duc des Saxons. — En 747, paix entre ces derniers et Pepin, chef des Francs. — Nouvelle paix entre les mêmes en 753. — En 754, paix entre Pepin le Bref et Astolphe, roi des Lombards, et en 760, traité de paix entre Waïfre, duc d'Aquitaine, et Pepin le Bref. — En 772 et 775, Charlemagne fait la paix avec les Saxons. — En 782, avec Sigefried, roi des Danois.—En 787, avec Tassillo, duc de Bavière, qui se reconnaît feudataire de la monarchie des Francs.—En 790, Louis, roi d'Aquitaine, fils de Charlemagne, fait la paix avec les Sarrasins d'Espagne. — En 795, Charlemagne signe un traité de paix avec les Huns. — En 797, Louis, roi d'Aquitaine, fait de nouveau la paix avec les Sarrasins d'Espagne.—En 810, traités de paix entre Charlemagne et l'empereur d'Orient Nicéphore, entre Charlemagne et Abulaz, calife de Cordoue. — En 811, paix entre Charlemagne et Hemming, roi des Danois, confirmée en 812, avec les rois du même peuple, Hariold et Ragenfried. — En 812, encore confirmation de la paix entre l'empereur d'Occident et l'empereur d'Orient, Michel Rangabé. — La même année, nouveau traité de paix entre Charlemagne et Abulaz, calife de Cordoue. — En 843, traité de paix conclu à Verdun, le 15 juin, entre Charles le Chauve, Louis de Germanie et l'empereur Lothaire. — En 845, entre Charles le Chauve et les Normands, qui reçoivent une somme de 5000 livres d'argent. — En 846, entre Charles le Chauve et Noménoé, duc des Bretons. — En 847, entre Charles le Chauve, Louis de Germanie et l'empereur Lothaire; entre Charles le Chauve et Abdérame, calife de Cordoue. — En 860, formule de paix entre Charles le Chauve, Louis de Germanie, Lothaire, roi de Lorraine, et Charles, duc de Bourgogne et de Provence. —En 870, traité de paix signé à Aix-la-Chapelle, le 6 mars, entre Charles le Chauve et Louis de Germanie.—En 879, traité de paix entre Louis le Bègue, roi de France, et Louis, roi de Germanie, conclu à Foron, entre Aix-la-Chapelle et Maestricht. — En 880, entre les rois Louis et Carloman et le roi de Germanie.—En 884 et 887, entre Charles le Gros et les Normands. — En 889, entre le roi Eudes et les Normands. — En 899, entre ce même peuple et Charles le Simple.—En 912, traité de Cloir-sur-Ept, entre Charles le Simple et Rollon.—En 926, entre Charles le Simple et l'empereur Henri l'Oiseleur. — En 933, entre le roi Raoul et le comte de Vermandois. — En 942, entre Louis d'Outremer, et Hugues le Grand, duc de France. — En 945, entre Louis d'Outremer et le duc de Normandie. — En 950, entre Louis d'Outremer et Hugues le Grand. — En 1059, traité de paix entre Henri Ier et Guillaume le Bâtard, duc de Normandie.—En 1097, entre Philippe et Guillaume, roi d'Angleterre. — En 1109, 1113, 1124, 1129, traités de paix entre Louis le Gros et Henri Ier, roi d'Angleterre. — En 1153, paix entre Louis le Jeune, et Etienne, roi d'Angleterre; en 1159, 1166, 1169, 1177, diverses paix entre Louis le Jeune et le roi d'Angleterre, Henri II. — En 1195, traité de paix conclu à Issoudun, le 5 décembre, entre Philippe-Auguste et Jean-sans-Terre. — En 1199, traité de paix signé à Péronne, entre Philippe-Auguste et Baudouin, comte de Flandre. — En 1200, traité de paix, signé à Galeton, entre Philippe-Auguste, et Jean sans-Terre, roi d'Angleterre, par lequel celui-ci cède à Philippe le comté d'Évreux, et à Louis, fils de Philippe, plusieurs fiefs, en considération de son prochain mariage avec Blanche de Castille, sa nièce. — En 1217, paix entre Louis, fils de Philippe-Auguste, et Henri III, roi d'Angleterre, signée à Lameth, en Angleterre, le 11 septembre, pour l'évacuation de l'Angleterre par Louis.—En 1226, traité de paix entre Louis IX et le comte et la comtesse de Flandre. — En 1229, paix signée à Paris, le 12 avril, entre Louis IX, et Raimond, comte de Toulouse, par laquelle celui-ci promet de réparer les pertes occasionnées aux églises, et consent à donner sa fille à l'un des frères du roi, pour être son héritier, etc. — En 1234, entre Louis IX, et Pierre, duc de Bretagne.— En 1256, traité de paix entre Marguerite, comtesse de Flandre et de Hainaut, et Florent, régent de Hollande, par l'entremise de Louis IX. — En 1258, entre Louis IX et Richard, roi des Romains, au sujet des domaines qui appartenaient à Richard, en vertu de la succession de son père, Henri III, roi d'Angleterre.—En 1259, paix signée à Paris, le 13 octobre, entre Louis IX et Henri III, roi d'Angleterre, concernant la restitution par le premier de plusieurs provinces et diverses renonciations par le second. — En 1286, paix entre Philippe le Bel et Edouard Ier, roi d'Angleterre. — En 1303, paix conclue à Paris, le 20 mai, entre Philippe le Bel et Edouard Ier, par laquelle celui-ci est reçu duc de Guyenne et pair de France, à la charge d'hommage envers le roi, par lui-même ou par son fils.— En 1304, paix entre Philippe le Bel et les Flamands. — En 1305, entre Philippe le Bel et Robert de Béthune, comte de Flandre. — Traité de paix conclu à Paris, le 5 mai 1320, entre Philippe le Long et Robert, comte de Flandre, par lequel Louis, fils du feu comte de Nevers, devait épouser Marguerite, fille du roi, et les Flamands payer à Philippe, dans un an, une somme de 30,000 livres pour servir de dot à Marguerite ; les Flamands s'engageaient aussi à ne point secourir Robert, ni ses successeurs, dans le cas où ils violeraient la paix, et le comte de Flandre à remettre au roi, Lille, Douai et Béthune. — Le 31 mai 1325, paix de Paris, entre Charles le Bel et Edouard II. — Le 31 mars 1327, paix de Paris, entre Charles le Bel et Edouard III. — En 1330, le 9 mars, paix de Paris, entre Philippe de Valois et Edouard III. — Le 27 août 1334, paix d'Amiens, sous la médiation de Philippe de Valois, entre le roi de Bohême, l'archevêque de Cologne, l'évêque de Liége, les comtes de Flandre, de Hainaut, de Gueldres, de Juliers, de Soissons, de Lootz, de Zélande, de Namur, et autres, et le duc de Brabant, de l'autre. — Traité de paix entre la France et l'Angleterre, conclu à Bretigny, le 8 mai 1360. — Paix de Saint-Denis, conclue le 12 décembre 1360, entre le roi de France Jean II, et Charles le Mauvais, roi de Navarre. — Le 6 mai 1365, paix de Saint-Denis, entre le roi de France Charles V et Charles le Mauvais.—La même année, paix de Guérande, conclue sous la médiation de Charles V, entre le comte de Montfort et la comtesse de Blois. — En 1380, paix de Vincennes, signée le 15 janvier, entre Charles V et Jean IV, duc de Bretagne.— En 1404, traité de paix de Raciauz, par lequel les grands ducs de Lithuanie sont forcés de céder la Samogitie à l'ordre teutonique.—En 1414, le 2 février, paix d'Arras, entre Charles VI et le dauphin, son fils, d'une part, et Jean, duc de Bourgogne, de l'autre. — Le 11 juillet 1419, paix de Ponceau, près Poilly, conclue entre Charles, dauphin de France, et Jean, duc de Bourgogne. — En 1435, paix d'Arras, entre Charles VII et le duc de Bourgogne, le 21 septembre.—En 1444, paix d'Ensisheim, entre Louis, dauphin, et quelques cantons suisses.—En 1465, traités de Conflans et de Saint-Maur, qui mettent fin à la guerre du bien public. — En 1466, paix de Thorn, entre la Pologne et l'ordre teutonique.— En 1468, traité de paix et de réconciliation entre Louis XI, d'une part, et le duc Charles, son frère, et François, duc de Bretagne, d'autre part, signé à Ancenis, le 10 septembre.—Le 14 octobre de la même année, paix de Péronne entre Louis XI et Charles le Téméraire. — En 1471, paix entre les mêmes, conclue au château du Crotoy. — Le 11 juin 1474, traité de paix et d'alliance conclu à Senlis, entre Sigismond, duc d'Autriche, et les Suisses, par la médiation de Louis XI. — Le 9 octobre 1475, paix de Senlis entre Louis XI et le duc de Bretagne. — Nouveau traité de paix entre les mêmes, signé à Arras le 27 juillet 1477. — Le 23 décembre 1482, paix d'Arras entre Louis XI, d'une part, et Maximilien, archiduc d'Autriche, l'archiduc Philippe et Marguerite d'Autriche, d'autre part. — Le 2 novembre 1485, paix de Bourges entre Charles VIII et le duc de Bretagne. — Le 20 août 1488, paix de Sablé entre les mêmes. —Le 15 novembre 1491, paix de Rennes entre Charles VIII et Anne, duchesse de Bretagne.—Le 3 novembre 1492, paix d'Étaples entre Charles VIII, roi de France, et Henri VII, roi d'Angleterre.—Le 23 mai 1493, paix de Senlis entre Charles VIII et Maximilien, roi des Romains, et Philippe, archiduc d'Autriche. — En 1499, paix de Bâle entre l'empereur Maximilien et les cantons suisses : elle décide de fait l'indépendance de la confédération helvétique à l'égard de l'empire germanique. — Le 5 avril 1503, traité de paix entre Louis XII, Ferdinand et Isabelle, signé à Lyon et non ratifié en Espagne.—Le 11 avril de la même année, au camp devant Lucerne, paix entre Louis XII et les cantons d'Uri, de Schwitz et d'Underwalden, par laquelle le roi leur cède en toute souveraineté le comté de Bellinzona.—Le 12 octobre 1505, traité de paix et d'alliance entre Louis XII et Ferdinand, roi d'Espagne, par lequel on stipule le mariage de Germaine de Foix, nièce de Louis XII, avec Ferdinand. — Le 10 décembre 1508, traité de paix et d'alliance conclu à Cambrai entre Louis XII et Charles d'Egmont, duc de Gueldre, d'une part, et l'empereur Maximilien Ier, et Charles, son petit-fils, de l'autre.—Le 13 septembre 1513, paix de Dijon entre Louis XII et les Suisses. —Le 23 mars 1514, traité de paix et d'alliance signé à Blois entre Louis XII et la république de Venise, pour la conquête et le partage du duché de Milan. — Le 7 août, même année, paix de Londres entre Louis XII et Henri VIII roi d'Angleterre et leurs alliés. — Le 7 novembre 1515, traité de paix de Genève entre François Ier et les cantons suisses, par lequel le roi s'engage à exécuter le traité de Dijon.

— En 1516, traité de paix perpétuelle conclu à Fribourg entre la France et les Suisses et leurs alliés. — Le 30 août 1525, à Moore, traité de paix et d'alliance entre François Ier et Henri VIII, dont l'objet était de faire recouvrer la liberté au roi de France, prisonnier à Madrid. — Paix de Cracovie entre la Pologne et la Prusse, le 8 avril 1525. — — Le 14 janvier 1526, à Madrid, traité de paix entre François Ier et Charles-Quint, contenant la mise en liberté du premier, la cession faite par lui de plusieurs provinces, et sa promesse de mariage avec Eléonore, reine douairière de Portugal, sœur de l'empereur. — Le 5 août 1529, à Cambrai, traité de paix entre François Ier et Charles-Quint, et rectification de celui de Madrid qui n'avait point été exécuté. — En 1544, paix de Constantinople entre les Vénitiens et les Turcs; ceux-ci obtiennent les deux seules places qui restaient encore aux Vénitiens dans la Morée. — En 1544, traité de paix conclu à Crespy, le 18 septembre, entre François Ier et Charles-Quint, par lequel celui-ci promet de rendre la ville de Boulogne, moyennant une somme de deux millions de couronnes d'or; ce traité fut signé au camp entre Ardres et Guines, le 7 juin. — Traité de paix conclu le 20 avril 1552 entre le roi de France Henri II et le pape Jules II. — Le 21 septembre 1555, à Augsbourg, paix définitive de religion entre les catholiques et les protestants d'Allemagne. — Traité de paix de Cateau-Cambrésis du 2 avril 1559, entre Henri II et Elisabeth, reine d'Angleterre. — Traité de paix conclu le lendemain, dans la même ville, entre Henri II et Philippe II, roi d'Espagne. — Le 6 juillet 1560, paix d'Edimbourg entre François II, roi de France, Marie Stuart, reine d'Ecosse, et Elisabeth, reine d'Angleterre. — Traité de paix signé à Troyes, le 11 avril 1564, entre le roi de France Charles IX et la reine Elisabeth. — En 1570, paix de Stettin, par laquelle les Danois reconnaissent l'entière indépendance de la Suède. — En 1573, paix entre les Vénitiens et les Turcs, ceux-ci restent maîtres de l'île de Chypre. — Traité de paix conclu entre Henri III, roi de France, et la Ligue, à Beaulieu près de Loches, le 6 mai 1576. — Paix de Kiewerowa-Horca, en 1582, entre la Russie et la Pologne, favorable à celle-ci, qui maintient la Livonie contre son adversaire.—En 1594, traité de paix signé à Saint-Germain-en-Laye, le 16 novembre, entre le roi de France Henri IV et le duc de Lorraine. — Paix de Vervins, le 2 mai 1598, entre Henri IV, Philippe II et le duc de Savoie. — Le 17 janvier 1601, paix de Lyon entre Henri IV et le duc de Savoie. — En 1613, paix de Siorod entre la Suède et le Danemark. — Le 21 mai 1619, paix de Marseille entre la France et Alger; le 19 novembre 1628, ce traité de paix et de commerce fut renouvelé à Alger. — Le 11 mars 1629, paix de Suze entre Louis XIII et le duc de Savoie. — Le 24 avril de la même année, dans la même ville, paix entre la France et l'Angleterre. — Le 29 mai 1630, à Lubeck, paix entre l'empereur d'Allemagne et Christiern IV, roi de Danemark; elle met fin à la période danoise de la guerre de 30 ans. — — Le 13 octobre 1630, paix de Ratisbonne entre Louis XIII et l'empereur Ferdinand II. — Le 17 septembre 1631, paix signée à Maroc entre Louis XIII et l'empereur de Maroc. — Le 6 janvier 1632, paix de Vic entre Louis XIII et le duc de Lorraine, Charles III. — Nouvelle paix entre les mêmes, à Liverdun, le 26 juin 1632. — Le 30 mai 1635, paix de Prague entre l'empereur d'Allemagne et l'électeur de Saxe Jean-Georges Ier. — Le 31 mars 1644, à Ferrare, paix entre le pape Urbain VIII et le duc de Parme, Odoard Farnèse, par l'entremise de la France. — En 1645, paix de Bromsebro, entre le Danemark et la Suède, à l'avantage de cette dernière puissance. — Le 30 janvier 1648, paix particulière de Munster entre les Provinces-Unies et l'Espagne; la république est reconnue pour indépendante par les Espagnols. — Traité de paix conclu entre Louis XIV, l'empereur Ferdinand III, les électeurs, princes et Etats de l'empire à Munster, le 24 octobre 1648. — Le même jour, à Osnabruck, paix entre l'empire et la Suède. — Paix de Copenhague entre le Danemark et la Suède, le 12 mai 1658. — Paix conclue le 7 mars 1659, dans l'île des Faisans près des Pyrénées, entre la France et l'Espagne. — Paix d'Oliva entre la Suède, d'une part, et d'autre part la Pologne et ses alliés, l'empereur et l'électeur de Brandebourg, le 3 mai 1660. — Paix entre la Russie et la Suède, conclue à Kardis en Estonie, le 1er juillet 1661. — Le 12 février 1664, paix de Pise entre Louis XIV et le pape Alexandre VII. — Le 25 novembre 1665, paix conclue à la baie de la Goulette, entre la France et Tunis. — Le 18 avril 1666, paix de Clèves, entre les Provinces-Unies et l'évêque de Munster. — Le 17 mai 1666, paix d'Alger entre la France et Alger. — Le 22 mai de la même année, à Québec, paix entre la France et les Iroquois Tsonnontouans. — Le 12 juillet, entre la France et les Iroquois Onnoioutes. — Le 13 décembre, entre la France et les Iroquois Ounontagues. — Le 31 juillet 1667, paix de Bréda entre Louis XIV et Charles II, roi d'Angleterre. — En 1667, paix de Bréda entre l'Angleterre et les Provinces-Unies. — Le 2 mai 1668, paix d'Aix-la-Chapelle entre la France et l'Espagne. — Le 5 septembre 1669, paix de Candie, entre les Turcs et les Vénitiens. — Paix entre la France et Tunis, à la baie de la Goulette, le 28 juin 1672. — Paix de Nimègue entre la France et les Provinces Unies, le 10 août 1678. — Le 17 septembre de la même année et dans la même ville, entre Louis XIV et Charles II, roi d'Espagne. — Le 5 février 1679, à Nimègue, entre Louis XIV et l'empereur d'Allemagne. — Le 5 février 1679, à Zell, entre Louis XIV et Charles XI, roi de Suède, d'une part, et les ducs de Brunswick, Lunebourg, Zell et Wolfenbüttel, d'autre part. — Le 29 mars 1679, à Nimègue, entre Louis XIV et Ferdinand, évêque de Munster. — Le 29 juin 1679, à

Saint-Germain-en-Laye, entre Louis XIV et Charles XI, roi de Suède, d'une part, et Frédéric-Guillaume, électeur de Brandebourg, d'autre part. — Le 2 septembre, à Fontainebleau, entre Louis XIV et Charles XI, d'une part, et Christiern V, roi de Danemark, d'autre part. — Le 29 janvier 1682, à Saint-Germain-en-Laye, articles et conditions de paix entre Louis XIV et l'empereur de Maroc, Muley-Ismaël. — Du 25 avril 1684, articles de la paix accordée par le chevalier de Tourville, au nom de Louis XIV, à la régence de Tunis. — Le 12 février 1685, à Versailles, articles de paix accordés par Louis XIV à la république de Gênes. — Le 29 juin, à Tripoli, articles et conditions de paix accordés par l'amiral et maréchal d'Estrées à la régence de Tripoli. — Le 30 août, à Tunis, traité de paix de cent ans, entre la France et le royaume de Tunis. — Paix de Moscou, le 6 mai 1686, entre la Pologne et la Russie. — Le 24 septembre 1689, à Alger, traité de paix entre la France et Alger. — Le 29 août 1696, à Turin, traité de paix entre Louis XIV, et Victor-Amédée, duc de Savoie. — En 1697, à Ryswick, le 20 septembre, traités de paix, 1° entre Louis XIV et les Provinces-Unies; 2° Entre Louis XIV, et Guillaume III, roi d'Angleterre; 3° entre Louis XIV et le roi d'Espagne; 4° enfin, le 30 octobre, entre Louis XIV et l'empereur Léopold. — Le 26 janvier 1699, paix de Carlowits, entre la Porte et l'Autriche, sous la médiation de la Hollande et de l'Angleterre. — Le 24 septembre 1706, paix d'Altranstadt, par laquelle le roi de Suède, Charles XII, force le roi de Pologne, Auguste de Saxe, à renoncer à son alliance avec le czar et à reconnaître Stanislas Leczinski, roi légitime de Pologne. — Paix de Falczi, le 21 juillet 1711, par laquelle le czar Pierre le Grand rend aux Turcs la forteresse d'Azow. — En 1712, paix d'Arau, entre les cantons suisses protestants et les cantons catholiques. — En 1713, à Utrecht, le 11 avril, traités de paix, 1° entre la France et l'Angleterre; 2° entre la France et le Portugal; 3° entre la France et la Prusse; 4° entre la France et le duc de Savoie. — Le 6 mars 1714, à Rastadt, traité de paix entre Louis XIV, l'empereur et l'empire. — Nouveau traité avec les mêmes, à Bade, le 7 septembre 1714. — Paix de Passarowitz, conclue le 21 juillet 1718, entre l'Autriche et la Porte, sous la médiation de l'Anglèterre et de la Hollande. — En 1719, traité de paix entre la Suède et l'Angleterre, conclu, par la médiation de la France, à Stockholm le 20 novembre. — Le 7 septembre de la même année, paix entre la France et Alger. — Traité de paix entre la Suède et la Prusse, signé à Stockholm, le 21 janvier 1720. — Le 20 février, entre la France et Tunis. — Le 3 juin, à Stockholm, paix entre la Suède et le Danemark. — Paix de Nystadt, entre Pierre le Grand et la Suède, le 10 septembre 1721. — Le 8 juillet 1724, traité de paix entre la Russie et la Porte, par la médiation de la France. — En 1729, traité de paix entre la France et Tunis. — La même année, le 9 novembre, à Séville, traité de paix et d'alliance défensive entre la France, l'Espagne et l'Angleterre. — A Vienne, le 18 novembre 1738, traité de paix définitive entre la France, l'empereur et l'empire. — Le 18 septembre 1739, à Belgrade, traité de paix entre l'Autriche et la Porte, sous la médiation de la France. — Paix de Berlin, du 28 juillet 1742, sous la médiation du roi d'Angleterre : Marie-Thérèse, reine de Hongrie et de Bohême, cède à Frédéric II, roi de Prusse, la Silésie et le comté de Glatz, à l'exception de la principauté de Teschen et d'une partie des principautés de Troppau, de Jægerndorf et de Neisse. — Le 9 novembre 1742, à Tunis, paix entre la France et Tunis, complétée le 24 février 1743. — Paix de Fuessen, entre l'électeur de Bavière, Maximilien-Joseph, et la reine de Hongrie, Marie-Thérèse, le 22 avril 1745. — Paix de Dresde, signée sous la médiation de l'Angleterre, le 25 décembre 1745, entre le roi de Prusse, Frédéric II, Marie Thérèse et l'électeur de Saxe. — Le 18 octobre 1748, à Aix-la-Chapelle, traité de paix entre la France, le roi d'Angleterre et la reine de Hongrie et de Bohême, renfermant le traité entre le roi d'Angleterre, l'impératrice reine et le roi de Sardaigne d'une part, et le roi d'Espagne de l'autre. — Le 22 mai 1762, paix de Hambourg entre la Suède et la Prusse. — Le 10 février 1763, paix de Paris, entre la France, l'Espagne et l'Angleterre, avec accession du Portugal. Ce fut un traité désavantageux pour la France, qui y perdit sa marine, le port de Dunkerque, l'utile colonie du Canada, et ses établissements de l'Inde. — Le 15 février 1763, paix de Hubertsbourg, qui réconcilie la Prusse avec Marie-Thérèse et avec l'électeur de Saxe.—Le 16 janvier 1764, à Alger, paix entre la France et Alger. — Le 28 mai 1767, à Maroc, traité de paix et de commerce entre la France et Maroc. — Au palais de Barde, le 13 septembre 1770, paix entre la France et Tunis. — Paix de Koutschouc Kaynardji, dans la Bulgarie, signée le 21 juillet 1774, entre les Turcs et les Russes. — Le 3 juin 1774, à Tunis, renouvellement des traités de paix entre la France et Tunis. — Le 13 mai 1779, à Teschen, paix entre l'Autriche et la Prusse. — Le 3 septembre 1783, traité de paix signé à Paris entre la France, l'Espagne et l'Angleterre.— A Fontainebleau, le 10 novembre 1785, paix entre l'Autriche et les Provinces-Unies. — Le 9 janvier 1792, paix de Yassy, entre la Russie et la Porte.

Paix (traités de) conclus depuis la révolution française.—Traité de paix conclu à Bâle, entre la république française et le roi de Prusse, le 5 avril 1795. — Le 28 août de la même année, le landgrave de Hesse-Cassel fit également la paix à Bâle.—Les 6 et 22 juillet 1795, le roi d'Espagne conclut aussi la paix à Bâle ; il céda à la république sa part de l'île Saint-Domingue.—Paix définitive signée à Paris le 5 novembre 1796, entre la république, le roi des Deux-Siciles et le duc de Parme.—Le 9 octobre de la même année, paix avec la république de Gênes. — Le 17 octobre 1797, paix de Campo-Formio, entre la France et l'Autriche. Le 18 janvier 1800, paix de Montfaucon avec les Vendéens.— Le 14 février suivant, paix avec les Chouans.— Paix de Lunéville entre la France et l'Autriche le 9 février 1801.—Le 28 mars 1801, paix de Florence entre la république française et le roi des Deux-Siciles : celui-ci céda l'Etat des Présides, et la part qu'il avait à l'île d'Elbe et à la principauté de Piombino. — Le 29 septembre de la même année, paix de Madrid entre la France et le Portugal. — Le 8 octobre suivant, paix de Paris avec la Russie. —Le 25 juin 1802, paix de Paris avec la Porte. — Le 27 mars 1802, paix d'Amiens entre la France et l'Angleterre. — Paix de Presbourg entre la France et l'Autriche, le 26 décembre 1805. — Le 7 juillet 1807, paix de Tilsit, entre la France et la Russie.—Paix de Schœnbrunn, entre la France et l'Autriche, le 14 octobre 1809.—Le 6 janvier 1810, paix de Paris entre Napoléon et Charles XIII, roi de Suède : ce dernier rentra en possession de la Poméranie, à condition d'accéder au système continental avec quelques modifications.—Le 17 septembre 1809, paix de Friderichshamn, entre la Russie et la Suède.— Paix de Jonkoping, entre la Suède et le Danemark, le 10 décembre 1809. — Traité de paix de Constantinople, entre la Porte et l'Angleterre, le 5 janvier 1809.—Paix de Paris le 30 mai 1814, entre la France et les souverains alliés. — Traité de Paris, du 20 novembre 1815, entre la France et les alliés. —Traité de Paix d'Oerebro, des 12 et 18 juillet 1812, entre l'Angleterre, la Suède et la Russie.—Paix de Gand, le 24 décembre 1814, entre l'Angleterre et les Etats-Unis d'Amérique, sous la médiation de la Russie.— Le 28 mai 1812, paix de Bucharest, entre la Porte et la Russie. — Le 12 octobre 1813, et le 15 septembre 1814, paix de Seïva et de Tiflis, entre la Russie et la Perse, sous la médiation de l'Angleterre. — Traité de paix signé à la Vera-Cruz le 9 mars 1839, entre la France et le Mexique, avec la médiation de l'Angleterre.—Traité de la Tafna, conclu entre l'émir Abd-el-Kader et la France représentée par le général Bugeaud, le 30 mai 1837.—Traité définitif conclu entre la France et le Maroc, le 18 mars 1845.

Paix, petite plaque de métal ciselée, que le prêtre officiant donne à baiser pendant l'*Agnus Dei*. Cette cérémonie fut établie dans le ve siècle par le pape Innocent Ier.—On cite un assez grand nombre de ces *paix* comme objets d'art très-remarquables ; celle de l'église de Saint-Jean de Florence, qui fut gravée par Maso Finiguerra en 1452 ; une autre qu'on voit maintenant dans le musée de Florence, fut gravée et niellée en 1455, par Matthieu, fils de Jean Dei ; une autre que le même artiste fit en 1480 pour la communauté de Saint-Paul, fut achetée en 1801 pour la galerie royale de Florence.

PAJOU (Augustin), célèbre statuaire français, né à Paris en 1730, mort dans la même ville en mai 1809.

PALAFOX (Jean de), savant évêque espagnol, né en Aragon en 1600, mort le 3 septembre 1659.

Palais (le), ville capitale de l'île de Belle-Ile en Bretagne (Morbihan). Les Anglais la prirent en 1761 et la rendirent en 1763.

Palais-Royal. Construit en 1629 sur les dessins de Lemercier, et par les ordres du cardinal de Richelieu, d'où lui venait son nom primitif de *Palais-Cardinal*.—Richelieu le légua à Louis XIII, qui vint en prendre possession en 1642 ; dès lors ce bâtiment prit le nom de *Palais-Royal*. — En 1692, Louis XIV céda le Palais-Royal à son frère unique le duc d'Orléans et à tous ses descendants mâles.—La famille d'Orléans y fit son séjour jusqu'en 1793. — Le tribunat s'y fixa depuis 1802 jusqu'à sa suppression le 19 août 1807. — Lucien Bonaparte en prit possession en 1815 ; la famille d'Orléans l'a occupé depuis la Restauration jusqu'au 24 février 1848.

PALAPRAT (Jean de), poëte comique, ami et collaborateur de Brueys, né à Toulouse en mai 1650, mort à Paris le 14 octobre 1721.

Palatinat, ancienne contrée de l'Allemagne : fut donnée en 1620 à l'électeur Maximilien de Bavière. — Fut incendiée par l'armée de Turenne en 1674, et ravagée de nouveau par les Français en 1689. — Fut réunie à la Bavière en 1777, sauf une partie qui fut cédée à l'Autriche. — Les traités de 1814 et de 1815 ont rendu à l'Allemagne les portions du Palatinat dont la France s'était emparée. —Les Français s'en rendirent maîtres en 1693.

Palencia (concile de), tenu en 1388.

Paléographie, science des écritures anciennes. Le meilleur ouvrage pour étudier cette science est un *Traité de diplomatique*, publié par les soins des Bénédictins de Saint-Maur, 1748, vol. in-4°.

PALÉOLOGUE (Jean VI), empereur d'Orient, né à Constantinople en 1332, monta sur le trône en 1341, mourut en 1390.

PALÉOLOGUE (Jean VII), empereur de Constantinople, né le 25 octobre 1390, monta sur le trône en 1415, mourut le 31 octobre 1448.

Palerme, capitale du royaume de Sicile ; son université fut fondée en 1374. — Cette ville a été deux fois exposée aux désastres des tremblements de terre en 1726 et 1823. —Elle fut le théâtre des Vêpres siciliennes en 1282. — Cette ville se rendit aux Espagnols le 13 juillet 1718.—Une flotte hollandaise avait été incendiée dans son port en 1676 par le duc de Vivonne.

Palestine (concile de), tenu l'an 198.

Palilies ou *fêtes de Palès*, célébrées à Rome dans les temps du paganisme, le 21 avril, mois de Vénus.—Elles furent aussi célébrées en l'honneur de César depuis l'an de Rome 708, 45 ans av. notre ère, et ne furent interrompues qu'en l'an 692 de J.-C., époque où elles furent interdites par le concile de Constantinople.

PALESTRINA (Jean-Baptiste-Pierre-Louis

de), le plus grand compositeur du XVIe siècle, né à Palestrina en 1529, mort à Rome le 2 janvier 1594.

PALICE (Jacques II de Chabannes, seigneur de la), maréchal de France, tué à la bataille de Pavie en 1525.

Palimpsestes, anciens manuscrits que l'on grattait pour les rendre propres à recevoir d'autres écritures. Cet usage barbare s'établit en Grèce et dans toute l'Europe, du XIe au XIIe siècle.

PALISOT (Ambroise-Marie-François-Joseph), baron de Beauvois, naturaliste français, mort à Paris le 21 janvier 1820, âgé de 68 ans.

PALISSOT DE MONTENOY (Charles), littérateur distingué, né à Nancy le 3 janvier 1730, mort à Paris le 15 juin 1814.

PALISSY (Bernard), célèbre peintre émailleur français, né au commencement du XVIe siècle, mort en 1590, âgé de 90 ans.

PALLADIO (André), célèbre architecte, né à Vicence en 1518, mort dans la même ville en 1580.

Palladium, ou nouvel argent : découverte de ce métal en Angleterre en 1803.

Pallas, dixième planète, découverte à Brême, par Olbers, le 28 mars 1802.

PALLAS (Pierre-Simon), naturaliste et voyageur allemand, né à Berlin le 22 septembre 1741, mort dans la même ville le 8 septembre 1811.

PALLAVICINO ou PALLAVICINI (le cardinal Pierre Sforza), écrivain italien, auteur de l'*Histoire du concile de Trente*, né à Rome en 1607, mort dans cette ville en 1667.

Pallium. Cet ornement épiscopal date, suivant Languet, du temps de saint Isidore de Damiette, mort au milieu du Ve siècle.

PALMA (Charles-François), savant jésuite, né à Rosemberg en Hongrie, le 18 août 1735, mort à Pesth le 10 février 1787.

PALME (Jacques), surnommé *le Vieux*, célèbre peintre, né, suivant les uns, à Farinata en 1540, et selon d'autres, à Sarmaleta, dans le territoire de Bergame, en 1548, mourut à Venise en 1588.

PALME LE JEUNE (Jacques), neveu du précédent et peintre comme lui, né à Venise en 1544, mort dans sa ville natale en 1628.

PALMER, célèbre acteur anglais, né en 1741, mort sur le théâtre le 2 août 1798.

Palmyre, ville d'Orient, célèbre par ses ruines et par sa reine Zénobie, fondée par Salomon vers l'an 1000 av. J.-C. — Est détruite par l'empereur Aurélien, l'an 273 de J.-C. — Rétablie vers la fin du IIIe et au VIe siècle par Dioclétien et Justinien, elle fut renversée de nouveau par les mahométans. — Ses ruines n'ont été retrouvées qu'en 1691 par des Anglais, Robert Wood et Darkins ; l'ouvrage de Volney les a surtout rendues célèbres.

Palos ou *Petew*, archipel du grand Océan équinoxial. Ces îles ne furent connues parfaitement qu'à la suite du naufrage du capitaine Wilson, au mois d'août 1783.

Pamplona ou *Pampelune*, ville de la Colombie, fondée en 1549 par Pédro de Ursua.

Pampelune, capitale de la Navarre espagnole, fondée, suivant quelques auteurs, par Pompée (environ 60 ans av. J.-C.), et suivant d'autres, plusieurs siècles plus tard; rasée par ordre de Charlemagne en 778. — Elle fut prise par les Français en 1808 et 1823.

PAMPHILE (saint), prêtre et martyr de Césarée en Palestine, né vers le milieu du IIIe siècle, subit le martyre sous Maximien, vers 308.

Panama. Clôture du congrès de ce nom le 15 juillet 1826.

PANARD (Charles-François), vaudevilliste français, né à Courville, près de Chartres, vers 1694, mort à Paris le 13 juin 1765.

PANCKOUCKE (Charles-Joseph), littérateur et libraire, fondateur du *Moniteur universel*, né à Lille en 1736, mort le 19 décembre 1798.

Pandectes ou *Digeste*, recueil de décisions d'anciens jurisconsultes, formé sur l'ordre de l'empereur Justinien, et publié le 30 décembre 533.

Pandours, milices hongroises. En 1750, elles commencèrent à avoir une organisation régulière.

PANIGAROLA (François), prédicateur célèbre, évêque d'Asti en Piémont, né à Milan en 1548, mort à Asti en 1594.

Pannonie, pays situé sur la pente septentrionale des Alpes orientales; sa conquête par l'empereur Auguste l'an 10 depuis J.-C.; par les Vandales au IVe siècle; par les Hongrois vers l'an 900.

Panoramas, tableaux circulaires présentant la vue en perspective d'une ville ou d'un paysage. — Leur invention, au XVIIIe siècle, fut due au professeur Breyssig de Dantzig. — Le premier tableau de ce genre qui parut dans la Grande-Bretagne fut exposé en 1793, à Edimbourg, par Robert Barker. — Importation en France de ce genre de tableaux circulaires, par Robert Fulton, en 1799. — Procédés relatifs à l'art de les peindre, inventés en 1816 par Pierre Prévost de Paris.

PANTALÉON (saint), martyr de Nicomédie, mort vers l'an 305.

PANTÈNE (saint), philosophe stoïcien et père de l'Eglise, né en Sicile, vivait en 216.

Panthéon de Rome, bâti par les soins d'Agrippa, gendre d'Auguste, l'an 25 av. J.-C. et suiv.

Panthéon de Paris. Cet édifice fut projeté en 1747; mais ce ne fut que le 6 septembre 1764 que Louis XV posa la première pierre de ce temple, qui porta d'abord le nom de Sainte-Geneviève, nom qui a été changé par les révolutions politiques.

Pantographe du sculpteur, machine inventée en 1820 pour mettre *au point* les statues et bustes en marbre.

PAOLI (Sébastien), savant religieux de la congrégation de la Mère de Dieu, né dans la petite république de Lucques, en 1684, mourut en 1751.

PAOLI (Pascal), général corse, mort aux environs de Londres en 1807.

PAPEBROCK, ou plus exactement PAPEBROECK (Daniel), jésuite, l'un des plus la borieux éditeurs des *Acta Sanctorum*, né à Anvers en 1628, mort en 1714.

Papes. Leur couronnement date de Damase II, en 1048.

Papes, suivant *l'Art de vérifier les dates.* Saint Pierre vient à Rome et y commence son pontificat l'an 2. — St. Lin, élu en 66. — St. Anaclet, en 78. — St. Clément Ier, en 91. — St. Evariste, en 100. — St. Alexandre, en 109. — St. Sixte Ier, en 119. — St. Télesphore, en 127. — St. Hygin, en 139. — St. Pie Ier, en 142. — St. Anicet, en 157. — St. Soter, en 168. — St. Eleuthère, en 177. — St. Victor, en 193. — St. Zéphirin, en 202. — St. Calixte, en 219. — St. Urbain, en 223. — St. Pontien, en 230. — St. Antère, en 235. — St. Fabien, en 236. — St. Corneille, en 251. — St. Luce, en 252. — St. Etienne, en 253. — St. Sixte II, en 257. — St. Denis, en 259. — St. Félix Ier, en 269. — St. Eutychien, en 275. — St. Caius, en 283. — St. Marcellin, en 296. — St. Marcel, en 308. — St. Eusèbe, en 310. — St. Miltiade ou Melchiade, en 311. — St. Sylvestre, en 314. — St. Marc, en 336. — St. Jules, en 337. — St. Libère, en 352. — Félix II, pendant l'exil de Libère, en 355-358. — St. Damase, en 366. — St. Sirice, en 384. — St. Anastase, en 398. — St. Innocent Ier, en 402. — St. Zozime, en 417. — St. Boniface, en 418. — St. Célestin, en 422. — St. Sixte III, en 432. — St. Léon le Grand, en 440. — St. Hilaire, en 461. — St. Simplice, en 468. — St. Félix II, en 483. — St. Gélase, en 492. — St. Anastase II, en 496. — Symmaque, en 498. — Hormisdas, en 514. — St. Jean Ier, en 523. — Félix III, en 526. — Boniface II, en 530. — Jean II, en 533. — Agapet, en 535. — Sylvère, en 536. — Vigile, en 537. — Pélage Ier, en 555. — Jean III, en 560. — Benoît Bonose, en 574. — Pélage II, en 578. — St. Grégoire le Grand, en 590. — Sabinien, en 604. — Boniface III, en 606 ou 607. — Boniface IV, en 607 ou 608. — Deusdedit, en 614 ou 615. — Boniface V, en 617 ou 618. — Honorius ou Honoré, en 625. — Séverin, en 640. — Jean IV, en 640. — Théodore, en 642. — St. Martin, en 649. — St. Eugène Ier, en 654. — Vitalien, en 657. — Adéodat, en 672. — Donus, en 676. — Agathon, en 678 ou 679. — St. Léon II, en 682. — Benoît II, en 684. — Jean V, en 685 ou 686. — Conon, en 686. — Sergius Ier, en 687. — Jean VI, en 701. — Jean VII, en 705. — Sisinnius, en 708. — Constantin, en 708. — Grégoire II, en 715. — Grégoire III, en 731. — Zacharie, en 741. — Etienne, en 752, mais non sacré. — Etienne II, en 752. — Paul Ier, en 757. — Etienne III, en 768. — Adrien Ier, en 772. — Léon III, en 795. — Etienne IV, en 816. — Pascal Ier, en 817. — Eugène II, en 817. — Valentin, en 827. — Grégoire IV, en 827. — Sergius II, en 844. — Léon IV, en 847. (C'est entre les papes Léon IV et Benoît III que plusieurs auteurs, même catholiques, ont placé la fable de la papesse Jeanne.) — Benoît III, en 855. — Nicolas Ier, en 858. — Adrien II, en 867. — Jean VIII, en 872. — Marin ou Martin II, en 882. — Adrien III, en 884. — Etienne V, en 885. — Formose, en 891. — Boniface VI, en 896. — Etienne VI, en 896 — Romain, en 897. — Théodore II, en 898. — Jean IX, en 898. — Benoît IV, en 900. — Léon V, en 903. — Christophe, en 903, antipape, suivant l'abbé Lenglet. — Sergius III, en 904. — Anastase III, en 911. — Landon, en 913 ou 914. — Jean X, en 914. — Léon VI, en 928. — Etienne VII, en 929. — Jean XI, en 931. — Léon VII, en 936. — Etienne VIII, en 939. — Martin III, en 942. — Agapet II, en 946. — Jean XII, en 956. — Léon VIII, en 963. — Benoît V, en 964. — Jean XIII, en 965. — Benoît VI et Donus II, en 972. — Benoît VII, en 974 ou 975. — Jean XIV, en 983. — Jean XV; on ne le compte que pour le nombre. — Jean XVI, en 985. — Grégoire V, et *Jean XVII*, antipape, en 996. — Sylvestre II, en 999. — Jean XVII, en 1003. — Jean XVIII, en 1003. — Sergius IV, en 1009. — Benoît VIII, en 1012. — Jean XIX, en 1024. Benoît IX, en 1023. — Grégoire VI, en 1044. — Clément II, en 1046. — Damase II, en 1048. — St. Léon IX, en 1048. — Victor II, en 1055. — Benoît X, antipape, en 1058. — Nicolas II, en 1058. — Alexandre II, en 1061. — Grégoire VII, en 1073. — Victor III, en 1086. — Urbain II, en 1088. — Pascal II, en 1099. — Gélase II, en 1118. — Calixte II, en 1119. — Honorius II, en 1124. — Innocent II, en 1130. — Celestin II, en 1143. — Lucius II, en 1144. — Eugène III, en 1145. — Anastase IV, en 1153. — Adrien IV, en 1154. — Alexandre III, en 1159. — Lucius III, en 1181. — Urbain III, en 1185. — Grégoire VIII, en 1187. — Clément III, en 1187. — Célestin III, en 1191. — Innocent III, en 1198. — Honorius III, en 1216. — Grégoire IX, en 1227. — Célestin IV, en 1241, non sacré. — Innocent IV, en 1243. — Alexandre IV, en 1254. — Urbain IV, en 1261. — Clément IV, en 1265. — Grégoire X, en 1271. — Innocent V, en 1276. — Adrien V, en 1276, non sacré. — Jean XXI, en 1276. — Nicolas III, en 1277. — Martin IV, en 1281. — Honorius IV, en 1285. — Nicolas IV, en 1288. — Célestin V, en 1294. — Boniface VIII, en 1294. — Benoît XI, en 1303. — Clément V, en 1305. — Jean XXII, en 1316. — Benoît XII, en 1334. — Clément VI, en 1342. — Innocent VI, en 1352. — Urbain V, en 1362. — Grégoire XI, en 1370. — Urbain VI, à Rome, en 1378. — Clément VII, à Avignon, en 1378. — Benoît XIII, à Avignon et ensuite en Catalogne, en 1394; il mourut en 1424. Innocent VII, à Rome, en 1404. — Grégoire XII, à Rome, en 1406; déposé en 1409, mort en 1417. — Alexandre V, en 1409. — Jean XXIII, en 1410, deposé en 1415. — Martin V, en 1417. — Clément VIII, antipape, en 1424. — Eugène IV, en 1431. — Nicolas V, en 1447. — Calixte III, en 1455. — Pie II, en 1458. — Paul II, en 1464. — Sixte IV, en 1471. — Innocent VIII, en 1484. — Alexandre VI, en 1492. — Pie III, en 1503. — Jules II, en 1503. — Léon X, en 1513. — Adrien VI, en 1522. — Clément VII, en 1523. — Paul III, en 1534. — Jules III, en 1550. — Marcel II, en 1555. — Paul IV, en 1555. — Pie IV, en 1559. — Pie V, en 1566. — Grégoire XIII, en 1572. — Sixte V, en 1585. — Urbain VII, en 1590. — Grégoire XIV, en 1590. — Innocent IX, en 1591. — Clément VIII, en 1592. — Léon XI, en 1605. — Grégoire XV, en 1621. — Urbain VIII, en 1623. — Innocent X, en 1644. — Alexandre VII, en 1655. — Clément IX, en 1667. — Clément X, en 1670. — Innocent XI, en 1676. — Alexandre VIII, en 1689. — Innocent XII, en 1691. — Clément XI, en 1700. — Benoît XIII, en 1721. — Clément XII, en 1724. — Benoît XIV, en 1740. — Clément XIII, en 1758. — Clément XIV, en 1769. — Pie VI, en 1775. — Pie VII, en 1800. — Léon XII, en 1823. — Pie VIII, en 1829. — Grégoire XVI, en 1831. — Pie IX, actuellement régnant.

Papes, suivant l'abbé Lenglet. J.-C., pontife éternel, selon l'ordre de Melchisédech. — Saint Pierre siége à Jérusalem, en 33, puis à Antioche, puis en l'an 41, à Rome ; il y a gouverné 25 ans, 2 mois, 7 jours. Martyr le 29 juin 66. — St. Lin, élu en 66.—Clément, en 67. — Saint Clet, 16 février 77. — Saint Anaclet, 7 septembre 83. — Saint Evariste, 13 juillet 96.— Saint Alexandre, 3 décembre 108. — Sixte Ier, 7 juin 117. — Télesphore, 5 avril 127. — Hygin, 6 janvier 138. — Pie Ier, 9 avril 142. — Anicet, 13 juillet 150. — Soter, 1er janvier 162.— Eleuthère, 3 mai 171. — Victor Ier, 18 juillet 185. — Paphirin, 25 septembre 197. — Calixte Ier, 2 août 217. Urbain Ier, 13 octobre 222. — Pontien, 29 août 230. — Anthère, 22 novembre 235. — Fabien, 4 janvier 236. — Saint Corneille, 2 juin 250. — Novatien, 1er antipape, en 251. — Luce Ier, le 18 octobre 252. —Etienne, 10 avril 254. — Sixte II, en 257. — Denis, 19 septembre 259. — Félix Ier, le 2 janvier 269. — Eutychien, 3 janvier 274. — Caius, 16 décembre 283. — Marcellinus, 22 décembre 295. — Marcellus Ier, 21 mai 304. — Eusèbe, 2 avril 310. — Melchiade, 17 août 310. — Sylvestre, le 31 janvier 314. — Marc, 18 janvier 336. — Jules Ier, 6 février 337. — Liberius, 24 mai 352. — Félix II, antipape en 356. — Liberius abdique le 29 août 358. — Félix II, le 29 août. — Liberius, derechef, en 359. — Damase, 1er octobre 366. — Ursicin, 3e antipape en 366. — Siricius, le 1er janvier 385. — Anastase, le 9 octobre 399. — Innocent Ier, 24 novembre 401. — Zozime, 9 mars 417. — Boniface Ier, 30 décembre 418. — Eulalius, antipape en 420. — Célestin Ier, en 422. — Sixte III, 10 août 432. — Saint Léon le Grand, 1er septembre 440. — Hilaire, 21 novembre 461. — Simplicius, 24 février 468. — Félix III, 6 mars 483. — Gélase, 1er mars 492. — Anastase II, 24 novembre 496. — Symmaque, 22 novembre 498. — Laurent, antipape en 498. — Hormisdas, 26 novembre 514. — Jean Ier, 13 août 523. — Félix IV, 24 juillet 526. — Boniface II, 28 septembre 530. — Jean II, 23 janvier 533. — Agapet, 3 juin 535. — Sylvère, 30 mai 536. — Vigile, 6e antipape en 537. — Vigile, en juin 538. — Pélage Ier, 18 avril 555. — Jean III, 1er août 560. — Benoît Ier, 27 mai 574. — Pélage II, 27 novembre 578. — Saint Grégoire le Grand, 3 septembre 590. — Sabinien, 30 août 604. — Boniface III, 19 janvier 607. — Boniface IV, 23 août 608. — Deusdedit, 19 octobre 615. — Boniface V, 24 décembre 618. — Honoré Ier, 27 octobre 625. — Séverin, 28 mai 640. — Jean IV, 24 décembre 640. — Théodore, 24 novembre 642. — Martin Ier, 5 juillet 649. — Eugène Ier, du vivant de Martin, 654. — Vitalien, 30 juillet 657. — Adéodat, 11 avril 672. — Donus, 2 novembre 676. — Agathon, 26 juin 679. — Léon II, 17 août 682. — Benoît II, 26 juin 684. — Jean V, 23 juillet 685. — Pierre et Théodore antipapes en 685. — Conon, 21 octobre 686. — Sergius, 15 décembre 687. — Pierre et Pascal, antipapes, en 687. — Jean VI, 3 octobre 701. — Jean VII, 5 mars 705. — Sisinnius, 19 janvier 708. — Constantin, 25 mars 708. — Grégoire II, 19 mai 715. — Grégoire III, 18 mars 731. — Zacharie, 4 décembre 741. — Etienne II, en 752, non sacré. — Etienne II ou III, le 26 mars 752. — Paul, 28 mai 757. — Théophylacte, Constantin et Philippe, antipapes en 757. — Etienne III ou IV, 5 août 768. — Adrien Ier, 9 février 772. — Léon III, 26 décembre 795. — Etienne IV ou V, 22 juin 816. — Pascal Ier, 25 janvier 817. — Eugène II, 5 juin 824. — Zizimus, antipape en 824. — Valentin, 1er septembre 827. — Grégoire IV, 5 janvier 828. — Sergius II, 27 janvier 844. — Léon IV, 12 avril 847. (La fable de la papesse Jeanne se place ici.) — Benoît III, le 1er septembre 655.—Nicolas Ier, 25 mars 858. — Adrien II, 14 décembre 867. — Jean VIII, 15 décembre 872. — Marin ou Martin II, le 23 décembre 882. — Adrien III, le 1er mars 884. — Etienne V ou VI, 25 juillet 885. — Anastase, antipape en 885.—Formose, 19 septembre 891.—Sergius, antipape en 891. —Boniface VI, 11 avril 896.—Etienne VI ou VII, 2 mai 896.—Romain, antipape, le 17 septembre 897.—Théodore II, le 12 février 898.—Jean IX, 19 mars 898. — Benoît IV, 6 avril 900.—Léon V, 28 octobre 904.—Christophe, antipape, en 904. — Sergius III, 9 juin 905. — Anastase III, 4 octobre 913.—Lando, 4 décembre 914. — Jean X, 30 avril 915. — Léon VI, 6 juillet 928.—Etienne VII ou VIII, 1er février 929 — Jean XI, 20 mars 931. — Léon VII, 14 février 936 — Etienne VIII ou IX, 1er septembre 939.—Marin ou Martin III, 22 janvier 943. — Agapet II, 9 août 946. — Jean XII, 23 mars 956. — Benoît V, 19 mai 964.—Léon VIII, 24 juin 964.—Benoît V, derechef en mai 965. —Jean XIII, 1er octobre 965. — Benoît VI, 22 septembre 972. — Boniface VII, antipape, 1er mars 974. — Donus, 5 avril 974. — Benoît VII, 19 décembre 975. — Jean XIV, 19 octobre 984. — Boniface, antipape derechef, en 985. — Jean, en 985, non sacré. — Jean XV ou XVI, 25 avril 986. — Grégoire V, 17 mai 996. — Jean, antipape, en 999. — Sylvestre II, 19 février 999. — Jean XVII, 6 juin 1003. — Jean XVIII, 19 mars 1004. — Sergius IV, 11 octobre 1009. — Benoît VIII, 20 juillet 1012. — Léon ou Grégoire, antipape, en 1012. — Jean XIX ou XX, le 19 juillet 1024. — Benoît IX, à 10 ans, 9 décembre 1033. — Sylvestre et Jean, antipapes, en 1044. — Grégoire VI, 28 avril 1045. — Clément II, 25 décembre 1046. — Benoît IX, derechef, 8 novembre 1047. — Damase II, 17 juillet 1048. — Léon IX, 11 février 1049. — Victor II, 13 avril 1055. — Etienne IX ou X, 2 août 1057. — Benoît, antipape, en 1058. — Alexandre II, 30 septembre 1060. — Cadalous, dit Henri II, antipape, en 1061. — Grégoire VII, 22 avril 1073. — Guibert ou Clément, antipape, en 1080. — Victor III, 24 mai 1086. — Urbain II, 12 mars 1088. — Pascal II, 24 août 1099. — Albert et Théodoric, antipapes, après Guibert. — Gélase II, 25 janvier 1118. — Maurice Burdin, dit Grégoire, antipape, en 1118. — Calixte II, 1er février 1119. — Honoré, le 21 décembre 1124. — Calixte, antipape, en 1124. — Innocent II, 17 février 1130. — Pierre-Léon ou Anaclet et Victor, antipapes, en 1130. — Célestin II, le 25 septembre 1143. — Luce II, 12 mars 1144. — Eugène III, 27 février 1145. — Anastase IV, 9 juillet 1153. — Adrien IV, 4 décembre 1154. — Alexandre III, 7 septembre 1159. — Victor, Pascal, Calixte et Innocent, antipapes, en 1159. — Luce III, 29 août 1181. — Urbain III, 25 novembre 1185. — Grégoire VIII, 10 octobre 1187. — Clément III, 19 décembre 1187. — Célestin III, 28 mars 1191 — Innocent III, 8 janvier 1198. — Honoré III, 11 juillet 1216. — Grégoire IX, 20 mars 1227. — Célestin IV, 20 septembre 1241. — Innocent IV, 24 juin 1245. — Alexandre IV, 25 décembre 1254. — Urbain IV, 29 août 1261. — Clément IV, 5 février 1265. — Grégoire X, 1er septembre 1272. — Innocent V, 20 janvier 1276. — Adrien V, 4 juillet 1276. — Vicedominius, 5 septembre 1276, non compté. — Jean XXI, 13 septembre 1276. — Nicolas III, 25 novembre 1277. — Martin IV, 22 février 1281. — Honoré IV, 2 avril 1285. — Nicolas IV, 22 février 1288. — Célestin V, 7 juillet 1294. — Boniface VIII, 24 décembre 1294. — Benoît XI, 21 octobre 1303. Les papes suivants, jusqu'à Grégoire XI, siégent à Avignon. — Clément V, 21 juillet 1305. — Jean XXII, 7 août 1316. — Pierre de Corbario, antipape, en 1328. — Benoît XII, 20 décembre 1334. — Clément VI, 9 mai 1342. — Innocent VI, 1er décembre 1352. — Urbain V, 27 septembre 1362. — Grégoire X, 30 décembre 1370. — Urbain VI, 18 avril 1378, à Rome. — Clément VII, 20 septembre 1378, à Avignon. — Boniface IX, 2 novembre 1389, à Rome. — Benoît XIII, 28 septembre 1394, à Avignon. — Innocent VII, 17 octobre 1404, à Rome. — Grégoire XII, 30 novembre 1406. — Alexandre V, 26 juin 1409. — Jean XXIII, en 1410. — Martin V, 11 novembre 1417. — Clément VIII, en 1424, non reconnu. — Eugène IV, 3 mars 1431. — Félix V, 17 novembre 1439, abdique en 1449. — Nicolas V, 6 mars 1447. — Calixte III, 8 avril 1455. — Pie II, 19 août 1458. — Paul II, 31 août 1464. — Sixte IV, 9 août 1471. — Innocent VIII, 24 août 1484. — Alexandre VI, 11 août 1492. — Pie III, 23 septembre 1503. — Jules II, 1er novembre 1503. — Léon X, 15 mars 1513. — Adrien VI, 9 janvier 1522. — Clément VII, 29 novembre 1523. — Paul III, 13 octobre 1534. — Jules III, 8 février 1550. — Marcel II, 9 avril 1555. — Paul IV, 23 mai 1555. — Pie IV, 25 décembre 1559. — Pie V, 7 janvier 1566. — Grégoire XIII, 13 mai 1572. — Sixte V, 12 avril 1585. — Urbain VII, 15 septembre 1590. — Grégoire XIV, 5 décembre 1590. — Innocent IX, 30 octobre 1591. — Clément VIII, 30 janvier 1592. — Léon XI, 1er avril 1605. — Paul V, 16 mai 1605. — Grégoire XV, 9 février 1621. — Urbain VIII, 6 août 1623. — Innocent X, 14 septembre 1644. — Alexandre VII, 7 avril 1653. — Clément IX, 20 juin 1667. — Clément X, 29 avril 1670. — Innocent XI, 21 septembre 1676. — Alexandre VIII, 6 octobre 1689. — Innocent XII, 21 juillet 1691. — Clément XI, 29 novembre 1700. — Innocent XIII, 8 mai 1721. — Benoît XIII, 29 mai 1724. — Clément XII, 12 juillet 1730. — Benoît XIV, 17 août 1740. — Clément XIII, 6 juillet 1758. — Clément XIV, 19 mai 1769. — Pie VI, 15 février 1775. — Pie VII, 13 mars 1800. — Léon XII, le 28 septembre 1823. — Pie VIII, le 31 mars 1829. — Grégoire XVI, 2 février 1831. — Pie IX, actuellement régnant.

PAPHNUCE (saint), disciple de saint Antoine, évêque de la Haute-Thébaïde, confesseur de J.-C., vivait en 325.

Papier de soie, inventé à la Chine vers l'an 201 av. J.-C.

Papier en chiffons de toile : son invention par des Grecs réfugiés à Bâle, en 1170. Ce ne fut guère qu'au XIVe siècle que l'usage de ce papier devint général en Europe. — Les papeteries ne s'établirent guère, même en France, que vers 1340, sous Philippe de Valois. — La première feuille de papier qu'on connaisse est de 1319. — Fabrique de papier de linge, établie à Nuremberg en 1390. — Mécanique propre à faire, sans ouvrier, du papier d'une grandeur indéfinie; inventée par Louis Robert, mécanicien à Essone, en 1799.

Papier à écrire : l'introduction de son usage en France date de Clovis (Ve siècle).

Papier velouté : son invention par François, de Rouen, en 1620.

Papier maroquiné : inventé en Allemagne, et perfectionné en France en 1804 et en 1808.

Papier-monnaie : sa première émission en France est de 1701, pendant la vieillesse de Louis XIV. — La première émission des assignats fut décrétée le 21 décembre 1789. Voy. *Law* (système de.)

Papier timbré. Voy. *Timbre.*

PAPIN (Isaac), écrivain théologien, né à Blois en 1657, mort à Paris le 19 juin 1709.

PAPIN (Denis), mathématicien, physicien et médecin français, né à Blois, mort à Paris en 1710. Il avait publié en 1690 un mémoire dans lequel se trouve la description la plus méthodique et la plus claire de la machine à vapeur.

PAPINIEN (Æmilius Papinianus), célèbre jurisconsulte du IIIe siècle, décapité en 212, âgé de 36 ans suivant les uns, et de plus de 70 suivant d'autres.

PAPON (Jean-Pierre), auteur d'une *Histoire générale de Provence ;* né près de Nice en 1734, mort à Paris le 15 janvier 1803.

PAPIRE-MASSON (Jean), historien; né en 1544 à Saint-Germain-Laval en Forez; mort à Paris en 1611.

Papyrus : sa découverte sous Ptolémée-Lagus, vers l'an 322 av. J.-C.

Pâques (fête de); elle est d'institution apostolique : on la célèbre le dimanche qui suit le quatorzième jour de la lune après l'équinoxe du printemps (fixé au 21 mars). Cet usage fut sanctionné en 325 par le premier concile de Nicée.

Pâques (jour de) : contestation, en 577, entre les Espagnols et les Français, au sujet de la fixation de ce jour. Les Espagnols le solennisèrent le 21 mars; les Français, le 18 avril.

Pâques (île de), dans le Grand Océan, vue par Roggewin en 1721.

PARACELSE (Auréole-Philippe-Théophraste Bombast de Hohenheim), fameux alchimiste et enthousiaste du XVIe siècle; né à Einsiedeln, canton de Schwytz, en 1493; mort à Saltzbourg, le 24 septembre 1541.

Parachute : l'invention de cette machine aérostatique est due à Le Normand, qui fit sa première expérience à Montpellier en 1783. — L'aéronaute Blanchard en fit usage peu de temps après; ce qui lui en fit attribuer l'invention. — Un parachute d'un nouveau genre fut inventé par Garnerin, en 1802.

Paraclet, monastère de femmes, fondé près de Nogent-sur-Seine, en 1129, par le célèbre Abailard, qui y fut inhumé le 16 novembre 1142.

Paraguay, contrée américaine, découverte par Sébastien Cabot en 1526. — Peu après, les Portugais vinrent s'y établir. — En 1656, les habitants de ce pays étaient traités comme des bestiaux. — Vers cette époque, les jésuites commencèrent à travailler à la conversion de ces sauvages.—L'empire sage et florissant de ces missionnaires se maintint jusqu'en 1767.— Après le départ des jésuites, le Paraguay forma une grande province de la vice-royauté de la Plata, jusqu'à 1808.—L'insurrection des habitants de cette grande province contre le gouvernement espagnol commença en 1809, et le fameux docteur Francia fut investi de la dictature suprême et perpétuelle, qu'il a conservée jusqu'à sa mort, en 1838.

Parallaxe. On connaît trois méthodes de trouver la parallaxe : celle de Ptolémée, renouvelée par Halley en 1679; celle de Regio-Montanus, proposée en 1544; celle de Lalande, employée à Berlin en 1751.

Parapluie : l'usage de ce petit pavillon portatif si commode, usage très-ancien dans l'Orient, ne date en France que de 1680.

Paratonnerres : inventés par Franklin, en 1757.

Parchemin : inventé, dit-on, par Eumène, roi de Pergame, vers 263 av. J.-C.

PARDIES (Ignace-Gaston), géomètre français, né à Pau en 1636, mort en 1673.

PARÉ (Ambroise), le père de la chirurgie française, né à Laval vers le commencement du XVIe siècle; mort à Paris le 22 décembre 1590.

PARENT-RÉAL (Nicolas-Joseph-Marie), jurisconsulte, né à Ardres le 30 avril 1768; mort le 28 avril 1834.

Parermeneutes ou *Faux interprètes*, hérétiques du VIIe siècle.

Parfums : leur invention est attribuée aux Ioniens, vers 1077 av. J.-C.

Parga, ville et port de mer sur les côtes de l'Albanie : cette ville contracta, en 1401, une alliance avec Venise, qui dura jusqu'en 1797. — Parga fut incorporée aux îles Ioniennes en 1811. — Cette ville a été vendue par les Anglais à la Turquie, le 24 avril 1819.

PARINI (Joseph), littérateur et poëte italien, né à Bosizio, dans le Milanais, le 22 mars 1729, mort le 3 septembre 1799.

Paris, capitale de la France, l'ancienne Lutèce : ce fut en 510, sous le règne de Clovis, que cette ville commença à être considérée comme la capitale de la France. Clovis y fut enterré en 511, dans l'église de Saint-Pierre et de Saint-Paul, qui fut depuis sous l'invocation de sainte Geneviève. Cette cité continua à être une résidence royale sous les Mérovingiens, dont la race s'éteignit en 750.—Consumée par un incendie en 589.

Paris (sous la seconde race) : cette cité, sous Charlemagne, qui mourut à Aix-la-Chapelle en 814, n'eut qu'un rôle secondaire. — Elle fut assiégée par les Normands en 845, en 856, en 861, en 885, en 892. Le siége de l'année 885 fut surtout mémorable, il dura treize mois; les Parisiens se défendirent avec une constance invincible, sous la conduite de leur brave évêque, Goslin, et d'Eudes, leur comte. — En 978, l'empereur Othon II, en guerre contre Lothaire, roi de France, vint jusqu'aux portes de Paris, à la tête de soixante mille combattants.

Paris (sous la troisième race) : à l'avénement de Hugues Capet, cette ville redevint le séjour des rois de France, en 987. — Sous la première et la seconde race, il n'existait guère de Paris que l'enceinte de l'île de la Cité; il paraît aujourd'hui prouvé que ce fut sous le règne de Louis le Gros (de 1108 à 1137) que l'on construisit la seconde enceinte ou mur de clôture, autour des faubourgs qui s'étaient formés au nord et au midi de la Cité. — Paris commença à être pavé vers 1184, par l'ordre de Philippe-Auguste. — Cette ville fut inondée par un débordement de la Seine, au mois de mars 1196, ainsi qu'une grande partie de l'Ile-de-France. — L'enceinte de la partie méridionale, qui commençait à la tour de Nesle, à l'endroit même du pavillon oriental du collége Mazarin, fut entreprise vers l'an 1208, sous le règne de Philippe-Auguste. — La quatrième enceinte, qui donna un accroissement considérable à la ville, fut entreprise en 1356, sous les ordres du prévôt des marchands, Etienne-Marcel. — En 1368, cette quatrième enceinte fut réparée et les fortifications augmentées; au midi, on entoura les anciens murs d'un fossé profond; sur les bords de la Seine étaient quatre tours, la tour du Bois, près du Louvre; la tour de Nesle, vis-à-vis; la Tournelle, au levant, près du pont de ce nom; et la tour de

Billy, près des Célestins; un fort en bois défendait la tête de l'île Saint-Louis. — Paris fut privé de son administration municipale par suite des troubles des Maillotins, le 27 janvier 1382. — En 1418, une grande partie des habitants de Paris fut massacrée par l'horrible troupe des Cabochiens. — En 1420, cette capitale tomba au pouvoir des Anglais, qui s'y maintinrent pendant seize ans. — Les Anglais furent chassés et Paris rentra sous l'autorité de Charles VII, roi de France, le 13 avril 1436. — Sous Philippe le Hardi (1270 à 1285), on s'occupa de l'alignement et de la propreté des rues. — En 1313, le parlement fut rendu sédentaire dans cette ville. — Sous Louis XI (de 1461 à 1483), on y comptait plus de 300,000 habitants, et la ville s'étendait chaque jour. — Paris converti temporairement en lieu d'asile en 1467. — Sous François Ier, Paris reçut de notables embellissements; en 1540, on commença à rebâtir le faubourg Saint-Germain, qui était presque entièrement ruiné depuis les guerres du siècle précédent; et en 1544, on pavait quelques-unes de ses rues. — Siége de Paris par Henri III et Henri IV, en 1589. — Erection de l'évêché en archevêché, en 1622. — En 1667, un magistrat fut chargé de la police de cette ville et fit cesser en partie les désordres qui l'affligeaient; l'enceinte de Paris fut portée plus loin, et le village de Chaillot fut un de ses faubourgs; plus de 80 rues nouvelles furent ouvertes; la plupart des anciennes élargies et reconstruites, et la butte Saint-Roch aplanie. Voyez plus loin *Monuments de Paris*. — De 1726 à 1728, l'enceinte de Paris reçut un nouvel accroissement, elle commençait au jardin de l'Arsenal et suivait les boulevards actuels jusqu'à la porte St-Honoré, passait au boulevard des Invalides, allait en droite ligne jusqu'à la rue de la Bourbe, d'où elle suivait les murs du Val-de-Grâce, et aboutissait en droite ligne au bord de la rivière vis-à-vis du jardin de l'Arsenal. — Etablissement de reverbères dans Paris, en 1745; auparavant des lanternes, renfermant chacune une chandelle, étaient suspendues dans les rues. — Le 20 juin 1789, séance du jeu de paume; commencement de la révolution. — Prise et destruction de la Bastille, le 14 juillet suivant. — Le 14 juillet 1790, fête patriotique de la Fédération au Champ-de-Mars. Voyez *Révolution* (journées mémorables de la). — Traité d'alliance contre l'Angleterre, conclu à Paris entre la république française et la république batave, le 16 mai 1795. Voyez *Empire*, Napoléon, etc. — Capitulation de Paris, le 30 mars 1814. Le lendemain, les souverains alliés y font leur entrée et y ouvrent un congrès. — Deuxième entrée des troupes alliées dans cette ville, le 7 juillet 1815. — Le lendemain, 8 juillet, entrée du roi Louis XVIII. — Les 27, 28 et 29 juillet 1830, révolution opérée à main armée, qui met fin au règne de la branche aînée des Bourbons. — Les 23 et 24 février 1848, nouvelle révolution qui renverse la branche cadette, et érige la France en république. V. *France* (rois de).

Paris (conciles de). Contre les Ariens, en 362, 555, 557, 573, 577, 615, 847, 849, 1059, 1147, 1186, 1188, 1201, 1210, 1212; contre les Albigeois, 1226, 1228, 1255, 1260, 1263, 1264, 1284, 1290, 1302; contre les Templiers, en 1310, 1323, 1329, 1346, 1394, 1429; contre les luthériens, en 1528 et 1612. — Enfin le concile convoqué par Napoléon Bonaparte le 11 juin 1811.

Paris (évêques de). Les documents manquent pour plusieurs de ces anciens prélats; nous croyons pourtant avoir suivi exactement l'ordre chronologique dans la liste suivante : — Saint Denis, en 272 ou 275. — Mallo-Massus. — Marcus et Adventus, de 315 à 335. — Victorien, mort en 347. — Paul, évêque en 360. — Prudent ou Prudence, en 410. — St. Marcel, mort en 436. — Vivien, Félix, Flavien, Ursicien, Apidemius ou Apidinius. — Héraclius, en 523. — Probat. — Amelius, en 413. — Saffaras, en 549; il fut déposé et renfermé dans un monastère. — Eusèbe Ier, en 555. — St. Germain, le 28 mai 576. — Regnemode, mort en 591. — Eusèbe II; Faramonde; — Simplie, évêque en 601. — St. Ceraune (Ceraunius ou Ceraunus), mort le 27 septembre 615. — Leudebert, évêque en 625. — Audobert, en 644. — St. Landry, mort en 656. — Chrodobert, évêque en 663. — Sigobaud, en 664. — Importun, en 666. — St. Agilbert, mort en 680. — Sigofroid, mort en 693. — Furnoalde, év. en 696. — Adulphe-Bernichaire. — St. Hugues (Hugo), mort le 9 avril 730. — Marseïde; Fédole; Ragnecapt; Madalbert; Diodefroid, en 767. — Erchenrad Ier, mort le 15 mars 795. — Ermenfrède, mort en 810. — Inchade, mort le 3 mars 831. — Erchenrad II, mort le 9 mai 857. — Enée, mort le 26 décembre 871. — Ingelvin, évêque en 883. — Gozelin ou Goslin, mort en 886. — Anscheric, mort en 891. — Théodulphe, mort le 22 avril 922. — Fulrade, évêque en 926. — Adilhilme, en 927. — Gauthier Ier, mort le 13 juin 941. — Alberic; Constant, en 954. — Garin; Rainaud Ier, en 980. — Elisiard, mort le 8 avril 988. — Gislebert, mort le 3 février 991. — Rainaud II, le 14 septembre 1016. — Azelin; Franco, le 22 juillet 1030. — Imbert de Vergy, mort le 22 novembre 1060. — Geoffroi de Boulogne, mort en mars 1095. — Guillaume Ier de Montfort, le 27 août 1102. — Foulques Ier, mort le 3 avril 1104. — Galo ou Gaalo, mort le 22 février 1116. — Girbert ou Gilbert, mort le 2 février 1123. — Etienne Ier, de Senlis, mort en 1142. — Thibaut, mort le 8 janvier 1157. — Pierre Ier, dit *Lombard*, mort le 20 juillet 1160. — Maurice de Sully, mort le 11 septembre 1196. — Odon ou Eudes de Sully, mort le 14 juillet 1208. — Pierre II, de Nemours, dit *le Chambellan*, mort le 7 décembre 1219. — Guillaume II, de Seignelay, mort le 7 juin 1268. — Barthélemy, mort le 20 octobre 1227. — Guillaume III, dit d'*Auvergne*, mort le 1er avril 1248. — Gauthier II, de Château-Thierry, mort le 1er octobre 1249. — Rainaud III, de Corbeil, mort le 3 septembre 1279. — Etienne II, templier, mort le 3 septembre 1279. — Renaud d'Homblonière, mort le 12 novembre 1288. — Simon Matifas, dit *de Bucy*, mort le 3 juin 1304. — Guillaume IV, de Baufet, dit *d'Aurillac*, mort le 30 décembre 1320. — Etienne III, de Bourret, mort le 25 novembre 1325. — Hugues II, de Besançon, mort le 29 juillet 1332. — Guillaume V, de Chanac, mort le 3 mai 1348. — Foulques II, de Chanac, mort le 15 juillet 1349. — Audoin-Aubert, mort le 10 mai 1363. — Pierre II, dit *de la Forest*, mort le 25 juin 1361. — Jean Ier de Meullent, mort le 22 novembre 1363. — Etienne IV, de Paris, mort le 16 octobre 1373. — Aimeric de Maignac, mort le 20 mars 1384. — Pierre IV, d'Orgemont, mort le 16 juillet 1409. — Gérard de Montaigu, mort le 23 septembre 1420. — Jean II, de Courte-Cuisse, mort le 4 mars 1422. — Jean III, de la Roche-Taillée, mort le 24 mars 1436. — Jean IV, de Nant ou Nanton, mort le 7 novembre 1438. — Denis II, du Moulin, mort le 15 septembre 1447. — Antoine du Bec. — Crespin, mort le 15 octobre 1472. — Guillaume IV, Chartier, mort le 1er mai 1472. — Louis de Beaumont, dit *de la Forest*, mort le 5 juillet 1492. — Gérard Gobaille, mort le 2 septembre 1494. — Jean V, Simon de Champigny, mort le 23 décembre 1502. — Etienne V, de Poncher, mort le 24 février 1524. — François Ier de Poncher, mort le 1er septembre 1532. — Jean VI, du Bellay, mort le 17 février 1560. — Eustache du Bellay, mort en 1565. — Guillaume VII, Viole, mort le 4 mai 1568. — Pierre V, de Gondy, cardinal, mort le 1er mai 1616. — Henri de Gondy, cardinal, mort le 2 août 1622.

Paris (archevêques de). Le siége épiscopal de cette ville fut érigé en archevêché en 1622, et le premier prélat qui prit le titre d'archevêque de Paris fut Jean-François de Gondy, mort le 21 mars 1654.— Jean-François-Paul de Gondy, cardinal de Retz, mort le 24 août 1679.— Pierre VI de Marca, mort le 29 juin 1662. — Hardouin de Péréfixe, de Beaumont, mort le 1er janvier 1671. — François de Harlay de Champvallon, mort le 6 août 1695.— Louis-Antoine de Noailles, cardinal, mort le 4 mai 1729. — Charles-Gaspard-Guillaume, de Vintimille, du Luc, mort le 13 mars 1746. —Jacques Bonne-Gigault de Bellefonds, mort le 20 juillet 1746. — Christophe de Beaumont du Repaire, mort le 12 décembre 1781.—Antoine-Eléonore-Léon-Leclerc de Juigné de Neuchelle, mort le 20 mars 1811. — Jean-Baptiste du Belloy, cardinal, mort le 10 juin 1808.— Alexandre-Angélique de Talleyrand Périgord, archevêque de Reims en 1777, cardinal en 1817, préconisé pour l'archevêché de Paris dans le consistoire du 1er octobre 1817, mort le 20 octobre 1821.— Hyacinthe-Louis, comte de Quelen, créé pair de France par Louis XVIII, sacré évêque de Samosate *in partibus*, le 28 octobre 1817, promu à l'archevêché de Trajanople le 17 décembre 1819, avec la coadjutorerie de Paris ; archevêque de Paris le 20 octobre 1821, mort le 31 décembre 1839. — Affre (Denis-Auguste), nommé archevêque de Paris le 26 mai 1840, sacré le 13 juillet 1840, mort des suites d'une blessure reçue en allant exercer son ministère de paix sur les barricades, le 27 juin 1848. — Mgr Auguste Sibour, évêque de Digne, promu à l'archevêché de Paris, le 15 juillet 1848.

Paris (principaux monuments religieux de).—*Eglise métropolitaine de Notre-Dame :* deux églises, dont l'origine remontait aux premiers siècles de l'Eglise, s'élevaient sur l'emplacement où nous la voyons. L'évêque Maurice de Sully, vers l'an 1160, entreprit de faire une seule basilique des deux églises. La nouvelle construction fut le résultat de trois siècles de travaux non interrompus.

Ier ARRONDISSEMENT DE PARIS.—*L'Assomption*, rue Saint-Honoré, construite en 1670. —*Saint-Louis-d'Antin*, construite un peu avant la révolution, par Brongniart.—*Saint-Philippe-du-Roule*, construite de 1769 à 1784, par Chalgrin. — *Saint-Pierre-de-Chaillot*. Cette église existait au XIe siècle ; elle fut reconstruite en 1750.

IIe ARRONDISSEMENT.—*Saint-Roch*, rebâtie en 1653. Cette église ne fut achevée qu'en 1750. — *Notre-Dame-de-Lorette :* l'ancienne église de ce nom existait depuis 1646 ; la première pierre de la nouvelle fut posée le 25 août 1823, et les travaux ont été achevés en 1836, et consacrés le 15 décembre de la même année, par monseigneur l'archevêque de Paris. Cette église fait honneur au talent de l'architecte, M. Hippolyte Lebas.

IIIe ARRONDISSEMENT. — *Saint-Eustache :* sa construction en 1532 sur les dessins de David ; le chœur fut commencé en 1624 et achevé en 1637, sous le règne de Louis XIII. —*Notre-Dame-des-Victoires*, ou des *Petits-Pères :* la première pierre fut posée en 1629 par Louis XIII ; la construction fut commencée en 1656 sur les dessins de Lemuet ; le portail, commencé en 1739, est de Cartaud. —*Notre-Dame-de-Bonne-Nouvelle* ; elle a été construite récemment sur l'emplacement d'une église bâtie en 1624.

IVe ARRONDISSEMENT. — *Saint-Germain-l'Auxerrois :* cette église passe pour avoir été fondée par Chilpéric ; ruinée par les Normands, elle fut reconstruite par le roi Robert, au commencement du XIIe siècle ; le chœur fut rebâti dans le XIVe siècle ; le portail actuel date de 1435 ; fermée en 1831, par suite des dévastations de l'émeute, elle a été rendue au culte le 13 mai 1837.

Ve ARRONDISSEMENT.—*Saint-Laurent :* cette église fut entièrement reconstruite en 1429 ; augmentée en 1548 ; reconstruite en partie en 1595 ; ornée d'un portail en 1622.—*Saint-Vincent-de-Paul :* la première pierre de la nouvelle église de ce nom a été posée le 25 août 1824.

VIe ARRONDISSEMENT.—*Saint-Nicolas-des-Champs :* son érection en paroisse vers 1176 ; sa reconstruction en 1420 et 1575. — *Saint-Leu :* sa fondation en 1235 ; sa reconstruction en 1320 ; son érection en paroisse en 1617 ; sa nouvelle reconstruction en 1727.—*Sainte-Elisabeth :* sa construction en 1626.

VIIe ARRONDISSEMENT. — *Saint-Merry ;* sa reconstruction vers 1520 ; son achèvement l'an 1612.— *Les Blancs-Manteaux ;* sa construction en 1687. — *Saint-François d'Assise ;* cette église fut bâtie en 1623 — *Saint-Denis ;* sa construction en 1834.

VIII° ARRONDISSEMENT — *Sainte-Marguerite ;* cette église n'était qu'une petite chapelle en 1625 ; elle devint succursale en 1634, et paroisse en 1712 ; elle fut augmentée d'une chapelle en 1765.

IX° ARRONDISSEMENT. — *Saint-Gervais ;* sa reconstruction en 1212 ; rebâtie de nouveau en 1420, considérablement augmentée en 1581, décorée d'un beau portail de Jacques Desbrosses en 1616, sous le règne de Louis XIII qui en posa la première pierre.— *Saint-Louis-en-l'île ;* l'église actuelle, commencée en 1664, occupe l'emplacement d'une petite chapelle bâtie en 1604 ; le chœur fut achevé en 1679, et la coupole en 1725.— *Saint-Louis-Saint-Paul ;* cette église fut commencée en 1627, achevée en 1641, et dédiée en 1676 ; elle était destinée à la maison professe des jésuites.

X° ARRONDISSEMENT. — *Saint-Thomas-d'Aquin ;* cette église, commencée en 1683, fut achevée en 1740, sur les dessins de Pierre Bullet. — *L'Abbaye-aux-Bois ;* la première pierre fut posée en 1718.— *Les Missions-Etrangères ;* sa fondation par Bernard et sainte Thérèse en 1683. — *Saint-Pierre du Gros-Caillou ;* sa construction en 1822. — *Sainte-Valère ;* sa fondation en 1704.

XI° ARRONDISSEMENT. — *Saint-Sulpice ;* l'église actuelle fut élevée en 1635 sur l'emplacement d'une chapelle construite en 1211, réédifiée et agrandie en 1646 ; suspension des travaux faute d'argent en 1678 ; grâce au zèle du curé Languet, ils furent repris en 1718 ; la nef fut construite en 1736, le portail de 1733 à 1745. — *Saint-Germain-des-Prés ;* sa première construction sous Childebert, fils de Clovis (de 511 à 558) ; ruinée par les Normands dans le IX° siècle, reconstruite au commencement du XI°, elle ne fut achevée qu'en 1163.— *Saint-Séverin ;* l'église actuelle est un édifice gothique dont plusieurs parties ont été reconstruites en 1347 et 1489.

XII° ARRONDISSEMENT. — *Saint-Etienne-du-Mont ;* sa première construction dans le XII° siècle ; son agrandissement en 1491, en 1538 et en 1606.— *Saint-Médard ;* ancienne église souvent restaurée, et qu'on croit être du XII° siècle. — *Saint-Jacques-du-Haut-Pas ;* c'était dans l'origine une chapelle qui fut convertie en église en 1566 et augmentée d'une chapelle en 1584 ; la première pierre de l'église actuelle fut posée en 1675. — *Sainte-Geneviève* convertie en Panthéon par les révolutions ; ses fondations furent commencées en 1757 ; la première pierre posée le 6 septembre 1764 ; l'achèvement et la décoration de ce magnifique édifice n'ont eu lieu que de nos jours.

La Madeleine ; il n'y eut d'abord sur son emplacement qu'une chapelle de confrérie dont Charles VIII avait posé la première pierre en 1493 : cette chapelle fut érigée en paroisse en 1639 ; la première pierre d'une église plus grande fut posée en 1660 ; le tout fut vendu nationalement et démoli en 1795. En 1806, Napoléon conçut l'idée de faire construire sur son emplacement un temple de la gloire ; les travaux furent commencés peu après ; suspension par suite des événements politiques de 1814 et 1815 ; deux ordonnances de 1816 rendirent cet édifice à sa destination religieuse ; les travaux furent repris par suite d'une ordonnance du 6 mai 1818, sur les dessins et sous la direction de M. P. Vignon, et l'édifice a été terminé de nos jours, à l'exception des décorations intérieures auxquelles on travaille encore. — *Sainte-Chapelle du Palais ;* fondée en 1245 par saint Louis ; en 1802, elle fut transformée en dépôt des archives judiciaires. Elle vient d'être entièrement restaurée. — *Tour Saint-Jacques-la-Boucherie ;* construite en 1520, sous François Ier, ce monument a été racheté en 1836 par la ville de Paris.— *Chapelle expiatoire de la rue d'Anjou-Saint-Honoré* : construite sous la Restauration, par M. Fontaine.— *Le Temple*, affecté aujourd'hui à une congrégation religieuse, n'est qu'une petite partie du vaste palais des Templiers ; son donjon, qui datait du XII° siècle, fut démoli en 1810.

Paris (palais et édifices remarquables de). Le *palais du Louvre ;* quelques auteurs font remonter son origine au VII° siècle ; mais il est plus certain qu'il n'est que du XII°, du temps de Philippe-Auguste. En 1528, François Ier fit commencer par Pierre Lescot le nouveau palais, appelé depuis le vieux Louvre. Les travaux furent continués sous Charles IX, Henri III, Henri IV, Louis XIII, Louis XIV, Louis XV. Napoléon les fit reprendre avec activité en 1804 ; la fameuse colonnade de Claude Perrault est de 1666-1670. Le musée du Louvre fut ouvert pour la première fois au public le 18 brumaire an IX (9 novembre 1800). — *Le château des Tuileries ;* commencé en 1564, sous Catherine de Médicis ; les travaux furent repris et continués sous Henri IV, et achevés, ainsi que ceux du jardin, chef-d'œuvre de Lenôtre, vers l'année 1665. — *Palais du Luxembourg :* bâti en 1615, achevé en 1620, sur les dessins de Jacques Desbrosses et sur le modèle du palais Pitti à Florence. Le jardin éprouva de notables changements en 1810 et 1811. — Ancien palais Bourbon (Chambre des Députés) ; commencé en 1722, achevé en 1807. — *Palais de l'Elysée ;* construit en 1778. — *Palais-Royal ;* commencé en 1628, par le cardinal de Richelieu, achevé en 1636. — *Palais de Justice ;* ses commencements remontent au roi Eudes, qui y fit sa résidence vers la fin du IX° siècle ; saint Louis le fit restaurer et l'habita ; Philippe le Bel y fit faire plusieurs reconstructions qui furent achevées en 1313. Les rois l'habitèrent jusqu'en 1364. Cet édifice fut considérablement endommagé par deux incendies, l'un du 7 mai 1618, l'autre du 10 janvier 1776. Le premier détruisit l'antique et magnifique salle du palais, qui fut reconstruite par Desbrosses (1618-1622). — *Palais des Thermes :* sa construction est attribuée à Constance Chlore, père de Constantin, mort en 306, ou à son petit-fils Julien ; il offre des restes intéressants de construction romaine. — *Hôtel de Ville* : la première pierre de cet édifice fut posée en 1538 ; la construction n'en fut achevée qu'en 1606. — *Palais de l'Institut ;* ancien collége Mazarin ou des Quatre-Nations ; construit par l'ordre du cardinal Mazarin vers 1640 ; il devint le palais de l'Institut en 1806. — *Ancien hôtel Soubise ;* Archives du royaume ; les premières constructions furent faites par Olivier Clisson, connétable de France, sur la fin du XIVe siècle ; cet hôtel passa au prince de Soubise en 1697 ; reconstruit en entier en 1706. — *Conservatoire des Arts et Métiers ;* fondé en 1795. — *Hôtel des Invalides ;* fondé par Louis XIV en 1670. *L'Ecole Militaire ;* fondée par Louis XV, en janvier 1751.

Paris (places, ponts, fontaines et autres curiosités de). *Place Vendôme ;* elle fut exécutée sur les dessins de Mansard, de 1699 à 1715 ; on y voyait autrefois la statue équestre de Louis XIV, abattue en 1792 ; la colonne de la grande armée l'a remplacée. — *Place des Victoires ;* construite en 1686 par Mansard. — *La Place Louis XV ;* fut commencée en 1763, achevée en 1772. Elle a reçu de notables embellissements sous le règne de Louis-Philippe. — *La place Royale ;* fut construite en 1610 sur l'emplacement de l'hôtel des Tournelles. — *Fontaine des Innocents ;* elle fut construite en 1551, sur les dessins de Pierre Lescot, et embellie par Jean Goujon. — *Fontaine Grenelle ;* elle fut construite et ornée par Bouchardon vers 1745. — *Fontaine du Château-d'Eau ;* date du temps de l'Empire. — *Le Pont-Neuf ;* commencé en 1578, fut achevé en 1604 sous le règne de Henri IV. La statue équestre de ce prince, détruite en 1792, a été réédifiée en 1818. — *Le Pont-Saint-Michel ;* son origine remonte à l'an 1318 ; mais il a été ruiné et reconstruit plusieurs fois ; le pont actuel est de 1616 ; les maisons qui le surchargeaient furent abattues en 1804. — Le *Pont Notre-Dame ;* bâti pour la première fois en 1412, il s'écroula en 1499, et fut reconstruit en 1507 ; les maisons qui le couvraient furent démolies en 1787. — Le *Pont-au-Change ;* il fut reconstruit en pierre en 1629, après avoir été ruiné plusieurs fois. En 1788, on abattit les maisons qui chargeaient ce pont. — Le *Pont Marie ;* commencé en 1614, il fut achevé en 1635 ; les maisons bâties dessus furent démolies en 1787. — Le *Pont de la Tournelle ;* sa construction date de 1656. — Le *Petit-Pont ;* c'est le plus ancien des ponts de Paris ; on ignore la date de sa première origine ; sa construction actuelle est de 1719. — Le *Pont-au-Double ;* il fut achevé en 1634. — Le *Petit-Pont en fer ;* il fut construit en 1606. — Le *Pont d'Austerlitz* ou le *Pont du Jardin du Roi ;* commencé en 1801, il fut achevé en 1806. — Le *Pont-Royal ;* il fut construit en 1685 par ordre de Louis XIV. — Le *Pont de la Concorde ;* commencé en 1787, il fut terminé en 1791 ; il est dû au célèbre ingénieur Perronet, constructeur du pont de Neuilly. Le *Pont des Arts ;* construit en 1804. Le *Pont d'Iéna ;* commencé en 1806, et achevé en 1815. — Le *Pont d'Antin ;* construit en 1829. — Le *Pont d'Arcole* date des derniers temps de la Restauration ; le *Pont du Carrousel*, le *Pont de la Réforme* et celui dit *de Bercy* sont d'une date postérieure à 1830.

Paris (Arcs de triomphe de) : *la Porte Saint-Denis ;* sa construction en 1672. — La *Porte Saint-Martin :* ce monument fut élevé en 1674, à la gloire de Louis le Grand. — *L'arc de triomphe de l'Etoile ;* son érection fut décrétée par Napoléon, le 18 février 1806 ; les travaux, commencés peu de temps après, furent suspendus en 1814, repris en 1823 et achevés en 1836, moins toutefois ceux du couronnement.

Paris (édifices divers de) *La maison dite de François Ier :* elle est du XVIe siècle ; ce monument, où l'on admire le génie de Jean Goujon, est dans les Champs-Elysées. — *L'hôtel du Carnavalet*, édifice de la même époque, embelli aussi par Jean Goujon ; il fut longtemps habité par madame de Sévigné. — *L'hôtel* dit *de la Reine Blanche :* cet édifice, situé rue du Foin Saint-Jacques, paraît être du XIIIe siècle. — *L'hôtel de Cluny*, bâti vers 1340. — *L'hôtel des Preux* ou *des Carneaux ;* on y voit beaucoup de sculptures du commencement du XIVe siècle. — *La Sorbonne*, fondée en 1253 par Robert Sorbon, et réédifiée en 1629 par le cardinal de Richelieu. — *L'hôtel de Sens :* le roi Charles V y avait fixé sa résidence, de 1364 à 1380. — *Le Mont-de-Piété*, achevé en 1786. — *Le palais du quai d'Orsay*, achevé en 1836. — Voy. *Abattoirs, Bibliothèques, Bourse de Paris, Catacombes, Hôpitaux, Monuments, Observatoire, Ponts*, etc.

Paris (Faculté de droit de) : son institution vers 1384 ; sa réorganisation en 1630 ; ce fut en 1771 qu'elle fut transférée dans le bâtiment qu'elle occupe.

Paris (Faculté de Médecine de) : l'édifice qui en est le siége, commencé en 1769 sur les dessins de Gondouin, ne fut achevé qu'en 1786.

Paris (bataille de), où les alliés perdent douze mille hommes sous les murs de la capitale, le 30 mars 1814.

PARIS (Matthieu), historien, bénédictin anglais, du monastère de Saint-Alban, mourut en 1259.

PARIS (François), diacre de Paris célèbre par les miracles que le jansénisme lui a attribués ; mort le 1er avril 1737, âgé de 37 ans.

PARIS, garde du corps du comte d'Artois, assassine, le 20 janvier 1793, Lepelletier de Saint-Fargeau, député de la Convention, qui avait voté la mort de Louis XVI.

PARIS-DUVERNEY (Joseph), financier français, mort le 17 juillet 1770.

PARISET (Etienne), médecin et écrivain distingué, membre de l'institut, né à Grand (Vosges) le 5 août 1770, mort à Paris le 3 juillet 1847.

PARK (Mungo), voyageur anglais, né le 10 septembre 1771 ; son premier voyage en Afrique eut lieu de 1795 à 1797, le 2e en 1805. On croit que ce voyageur mourut en novembre 1805.

PARKINSON (Jean) botaniste anglais, né en 1567, mort à l'âge de 73 ans.

Parlement d'Angleterre : son origine date de

1264. Il usurpa l'autorité législative sous Edouard II, en 1308.

Parlement de Paris : sa véritable constitution date de l'ordonnance du 23 mars 1302. Auparavant, il n'était qu'un tribunal ambulatoire ; dès lors il fut sédentaire à Paris. Suivant le président Hénault, Antoine Séguier fut le premier qui siégea, en 1624, en qualité d'avocat général. Quant au titre de procureur général, il paraît remonter jusqu'en 1312. — Le parlement de Paris vaquait depuis le 9 octobre jusqu'au 12 novembre, lendemain de la Saint-Martin. — Il fut conduit à la Bastille par Bussy-Leclerc, l'un des Seize, le 16 janv. 1589. — Edit de Louis XV, du 13 avril 1771, qui casse cette compagnie et en crée une nouvelle. — Louis XVI rétablit l'ancienne magistrature du parlement, dans un lit de justice tenu le 12 novembre 1774. — Exil du parlement à Troyes le 15 août 1787, pour avoir refusé d'enregistrer un nouvel impôt ; il fut rappelé le 20 septembre suivant. — Son autorité fut restreinte par des édits enregistrés dans un lit de justice tenu à Versailles le 8 mai 1788.

Parlements de France : ceux de Toulouse et de Rouen furent constitués en même temps que celui de Paris, par l'ordonnance du 23 mars 1302. — Celui d'Aix fut érigé en 1415 ; celui de Grenoble en 1431 ; celui de Bordeaux en 1460 ; celui de Dijon en 1746. — Ceux de Rennes, de Paris, de Metz, de Besançon et de Douai furent institués à diverses époques : celui de Rennes, en 1553 ; celui de Pau, en 1620 ; celui de Metz, en 1633, etc. — Les parlements furent exilés par édit de Louis XV du 13 avril 1771. — Ils furent rétablis par Louis XVI, roi de France, le 12 novembre 1774. — Abolis définitivement par un décret de l'Assemblée constituante, du 24 mars 1790.

Parme et *Plaisance :* érigés en duché en faveur de la famille Farnèse, en 1545. —Réunion de ce duché à la France, le 21 juillet 1805. — Après le traité de Paris de 1814, et après celui de Vienne de 1815, ce duché fut donné à l'archiduchesse Marie-Louise. — Par une convention particulière signée à Paris le 10 juin 1817, il fut décidé que Parme et ses dépendances appartiendraient, après la mort de Marie-Louise, à la duchesse de Lucques et à ses descendants.

Parme (bataille de) : gagnée sur les Impériaux par les Français et les Piémontais, le 29 juin 1734.

Parme (combat et prise de), le 2 mars 1814.

PARMÉNIDES D'ÉLÉE, philosophe grec, vivait vers l'an 436 av. J.-C.

PARMENTIER (Jehan), voyageur français, né en 1494 ; mort à l'île de Sumatra en 1530.

PARMENTIER (Antoine-Augustin), chimiste et pharmacien français, né en 1745 à Montdidier, mort le 17 décembre 1810.

Parmesan (le). Voyez *Mazzuoli.*

PARNELL (Thomas), poëte anglais, né à Dublin en 1679, mort à Chester en juillet 1717.

PARNY (le chevalier Evariste de), poëte élégiaque, surnommé le *Tibulle français,* né à l'île de la Réunion le 6 février 1753, mort en décembre 1814.

Paros, l'une des Cyclades : assiégée sans succès par Miltiade, l'an 489 av. J.-C.

PARR (Catherine), sixième femme de Henri VIII, roi d'Angleterre, morte le 7 octobre 1547.

PARRHASIUS, peintre grec, contemporain et rival de Zeuxis, florissait au commencement du ve siècle av. l'ère chrétienne.

PARSONS ou PERSONS (Robert), jésuite anglais, auteur d'un *Dictionnaire bibliographique anglais,* né en 1546, mort le 18 avril 1610.

Parthes (royaume des) en Asie : commence l'an 256 av. J.-C. Arsace en est le premier roi. Ce royaume soumis par l'empereur Trajan, l'an 115 ap. J.-C. Deux ans après, les Parthes se remirent en liberté. — Vaincus de nouveau par l'empereur Sévère, l'an 201. — Leur pays ravagé de nouveau par les Romains, l'an 216.— La monarchie des Parthes tomba, l'an 226, dans la personne d'Artaban, sous les armes des Perses.

Pas de Suze, à l'entrée du Piémont : est forcé par Louis XIII, en 1629.

PASCAL (Blaise), célèbre géomètre, physicien et écrivain français, né à Clermont en Auvergne, le 19 juin 1623 ; mort à Paris le 19 août 1662.

PASCAL Ier (saint), élu pape en 817.

PASCAL II, élevé à la chaire pontificale le 12 août 1099, mort le 21 janvier 1118.

Paschalites, ou *Quartodécimans,* hérétiques du IVe siècle de l'Eglise.

Pasigraphie : invention de cet art par de Maimieux, en 1796 ; il a pour objet d'écrire et d'imprimer en une langue de manière à être entendu en toute autre.—La première idée de cet art appartient à l'Anglais John Wilkins, qui le fit connaître en 1648.

PASQUIER (Etienne), célèbre avocat et historien français, né à Paris en 1529, mort dans la même ville le 31 août 1615.

Passarovitz (paix de), conclue entre les Turcs et l'empereur d'Allemagne, le 22 juillet 1718.

Passaw (paix de), qui accorde aux protestants d'Allemagne la liberté de religion ; conclue le 22 août 1552.

Passaw, célèbre ville de la basse Bavière, prise et fortifiée par les Français en 1809.

PASSERAT (Jean), auteur de poésies françaises et latines, né à Troyes en Champagne, en 1534, mort le 14 septembre 1602.

Passeports. L'article 1er du titre VIII de la loi du 10 vendémiaire an V (2 octobre 1795), et la loi du 1er février-28 mars 1792 indiquent les formalités à remplir à cet égard.

PASSEVAN-OGLOU, ou PAZMAN-OALU, général turc, dont le vrai nom était *Osman,* mort au commencement du XIXe siècle.

Passion (confrères de la) : ils furent autorisés par le roi, le 1er décembre 1402, à venir s'établir à Paris, et donnèrent leurs représentations jusqu'en 1545.

PASSIONEI (le cardinal Dominique), littérateur et négociateur italien, né à Fossembrone, dans le duché d'Urbin, en 1682, mort le 5 juillet 1761.

PASTORET (Claude-Emmanuel-Pierre-Joseph, marquis de) jurisconsulte, pair de France, de l'Académie française, de l'Académie des inscriptions et belles-lettres, de l'Académie des sciences morales et politiques, né à Marseille le 6 octobre 1756, mort le 28 septembre 1840.

Pastoricides ; hérétiques du XVIe siècle, qui s'en prenaient à la personne des chefs des Églises.

Pastoureaux : bandes redoutables qui parcoururent et ravagèrent la France pendant le XIIIe siècle.

Pasturano, village des Etats sardes : les Français y furent battus sous Scherer, en 1799.

Patagonie ou *Terre magellanique,* vaste contrée de l'Amérique méridionale ; sa découverte par Magellan en 1519.

Patay, en Beauce : les Anglais y furent defaits par les Français, en 1429.

Patentes : cet impôt, créé en 1791, fut supprimé en 1793 et rétabli peu de temps après. — Les patentes, aujourd'hui, sont réglées par les lois et ordonnances des 1er brumaire an VII (22 octobre 1798), 25 mars 1817 et 15 mai 1818.

PATERCULUS (Velleius), historien latin, né en l'an 735 de Rome, florissait sous le règne de Tibère, dans la première moitié du Ier siècle de l'ère chrétienne.

Patiliers ou *Pâtissiers,* bande de ministres luthériens, au XVIe siècle.

PATIN (Gui), médecin et littérateur français, né à Houdan, en Picardie, en 1601, mort en 1672.

PATIN (Charles), fils du précédent, également médecin, auteur d'un grand nombre d'écrits en latin, en français et en italien, né à Paris en 1663, mort à Padoue en 1694.

PATKUL (Jean-Reinold), Livonien, né à Stockolm, fut condamné à mort et écartelé en octobre 1707, victime de la vengeance très-peu héroïque de Charles XII.

Patzas, ville de la Grèce, en Morée, incendiée par les Turcs le 4 avril 1821. — Cette ville se rendit par capitulation, aux Français, le 5 octobre 1828 ; depuis cette époque le pavillon grec flotte sur la ville.

Patriciens ou *Paterniens,* hérétiques du IVe siècle de l'Eglise.

PATRIN (......), minéralogiste français, mort le 15 août 1815.

Patriotes de 1816. Leur conspiration, le 15 février 1816; on en arrête un grand nombre en mai de la même année ; le 6 juillet, les nommés Pleignier, Tolleron et Carbonneau, chefs de cette association, sont condamnés à mort et exécutés quelques jours après.

Patripassiens ou *Patropassiens.* Ce nom fut donné à des hérétiques du IIe et du IVe siècle, qui professaient les mêmes erreurs.

PATRIS (Pierre), poëte français, né à Caen en 1585, mort à Paris en 1672.

PATRU (Olivier), célèbre avocat, né à Paris en 1604, mort le 16 janvier 1681.

Pattalorynchites, sectaires du IIe siècle, qui faisaient profession de garder le silence.

PATU (Charles-Pierre), avocat et auteur dramatique, né à Paris en octobre 1729, mort à Saint-Jean de Maurienne, le 20 août 1757.

PAUL-EMILE, surnommé *le Macédonique,* général et consul romain, mort l'an 168 av. Jésus-Christ.

PAUL (saint), né à Tarse en Cilicie, écrivait ses *Épîtres* de l'an 57 à l'an 63 de J.-C., eut la tête tranchée par ordre de Néron en 66 de J.-C., le 29 juin, jour où l'Eglise célèbre sa fête.

PAUL (saint), premier ermite, né dans la Thébaïde, mort en 341, à 114 ans.

PAUL Ier (saint), pape, élu en 757, mort en 767.

PAUL II (Pierre Barbo), pape, promu au cardinalat en 1440, à la tiare le 29 août 1464, mort le 26 juillet 1471, à 54 ans.

PAUL III (Alexandre Farnèse), évêque d'Ostie, né à Carin, en Toscane, en 1468; élu pape le 13 octobre 1534, convoque le concile de Trente le 13 décembre 1545, meurt le 10 novembre 1549.

PAUL IV (Jean-Pierre Caraffa), archevêque de Théate, né en 1476, élu pape le 23 mai 1555, à près de 80 ans, mort le 18 août 1559.

PAUL V (Camille Borghèse), élu pape le 16 mai 1605, mort le 28 janvier 1621, âgé de 69 ans.

PAUL (le chevalier), vice-amiral français, célèbre par sa bravoure, mort le 18 octobre 1667.

PAUL Ier (Pétrowitch), empereur de Russie, né le 1er octobre 1754, monte sur le trône le 17 novembre 1796 ; meurt assassiné dans la nuit du 12 mars 1801.

PAUL de Tyr, célèbre rhéteur, contemporain de Philon de Byblos, florissait l'an 120 de l'ère chrétienne.

PAUL, patriarche d'Alexandrie, né vers la fin du Ve siècle, fut exilé et déposé en 537.

PAUL de Samosate, patriarche d'Antioche, hérésiarque du IIIe siècle de l'ère chrétienne. Ses partisans portaient le nom de *Paulianistes.*

PAUL (saint Vincent de). Voy. VINCENT.

Paul (Saint-), ville de l'Amérique méridionale, bâtie en 1770.

Paul (Saint-), église de Rome située sur la route d'Ostie: elle fut brûlée le 15 juillet 1823.

Paul (Saint-) de Londres, le plus beau monument d'architecture moderne de l'Angleterre; il fut construit de 1675 à 1710.

Paulette (droit de) : il fut établi en 1604, sur la proposition du secrétaire Charles Paulet, et maintenu jusqu'en 1789.

Paulijoannites, sectaires du VIIIe siècle, dont les erreurs portaient sur le baptême et l'eucharistie.

PAULIN (saint), né à Bordeaux vers 353, consul en 373, fut ordonné prêtre en 393, mourut le 22 juin 431.

PAULIN (saint), patriarche d'Aquilée en 777, mort le 11 janvier 804.

Paulines (congrégation des), fondée à Tréguier, par madame du Parc de Lezerdot, en 1699.

PAUSANIAS, général lacédémonien, mort de faim l'an 474 av. J.-C.

PAUSANIAS, historien et orateur grec,

florissait à Rome sous l'empereur Antonin le philosophe.

Pausilippe (grotte de); elle fut agrandie sous le règne d'Alphonse 1er, de 1442 à 1458.

Pauvres : un arrêt du conseil fixe une retenue à leur profit sur les recettes des théâtres, le 1er mars 1699.

Pauvres de Lyon : voy. *Vaudois*.

Pavé : la ville de Rome n'eut un pavé que 188 ans après l'expulsion de ses rois.—Paris commença à être pavé en 1185 sous Philippe-Auguste. Sous Louis XIII, la moitié des rues de cette ville n'avait point encore de pavé.

Pavie, ancienne ville d'Italie : prise en 1706 par le duc de Savoie et le prince Eugène; par les Français en 1733. — Son université, fondée par Charlemagne au VIIIe siècle, fut réinstituée en 1361, renouvelée par Marie-Thérèse en 1771, et par l'empereur François 1er, en 1817.

Pavie (1re bataille de) : Charlemagne y battit complétement Didier, roi des Lombards, en 774.

Pavie (2e bataille de) : perdue le 24 février 1525, par François Ier contre les Espagnols qui le font prisonnier.

Pavie (Conciles de) : pour la réforme des mœurs, en 850, en 997, en 1077; en faveur de l'antipape Anaclet, en 1160.

PAYNE (Thomas), auteur des fameux *Droits de l'homme*, membre de la Convention nationale, mort aux Etats-Unis le 8 juin 1809.

Pays-Bas (royaume des), nouvel État formé en 1814, en faveur du prince d'Orange-Nassau.

PAZUMOT (François), ingénieur-géographe, né à Beaune le 30 avril 1733, mort en septembre 1804.

PAZZI (conspiration des) : ourdie le 26 avril 1478, contre les Médicis, qui devinrent dans la suite plus puissants à Florence qu'ils ne l'étaient auparavant.

Peaux : l'art de les préparer et d'en ôter le poil avec des rouleaux de bois, fut inventé par le fondateur de la dynastie chinoise des Chang, vers 1766 av. J.-C.

Pêche (législation de la) : ordonnances de 1515 et de 1597, concernant le droit de pêche et le mode de l'exercer.—Autre ordonnance de 1669, attribuant à l'État le droit de pêche dans les rivières navigables et dans les rivières non navigables, ou plutôt le laissant aux seigneurs hauts-justiciers, ou aux seigneurs de fiefs; ce droit fut aboli par la loi du 4 août 1789, ainsi que tous les autres droits féodaux. — Par décret du 8 frimaire an II (28 novembre 1793), le droit de pêche devint libre aussi bien dans les rivières navigables que dans les rivières ordinaires. — Un arrêté du 6 messidor an VI (16 juillet 1798) remit en vigueur onze articles de l'ordonnance de 1669, concernant la conservation et la police de la pêche. — Enfin la loi du 14 floréal an X (4 mai 1802) restitua au domaine le droit exclusif de pêcher dans les rivières navigables. — Un avis du conseil d'Etat, du 30 pluviose an XIII (19 février 1805), attribua aux propriétaires riverains le droit de pêche dans les rivières non navigables. — Aujourd'hui ce qui concerne ces différentes pêches est réglé par la loi sur la pêche fluviale du 15 avril 1829. — Les principes de la pêche maritime ont été posés par le titre V de l'ordonnance sur la marine du mois d'août 1781, qui trace certaines règles applicables à chaque genre de pêche.

Pêche : voy. Baleines, Harengs et Morue.

PECHMEJA (Jean de), littérateur, né à Villefranche dans le Rouergue, en 1751, mort à Saint-Germain-en-Laye en 1785.

Pecquet : le réservoir du chyle appelé de ce nom, fut découvert, en 1661, par Jean Pecquet, médecin de Dieppe.

Péculat, vol des deniers publics chez les Romains. Les lois les plus connues sur ce point de la jurisprudence criminelle de l'ancienne Rome sont : 1° celle rendue contre Scipion l'Asiatique, l'an de Rome 561; 2° la loi Calpurnia, portée par le tribun L. Calpurnius Piso, l'an de Rome 605; la loi Julia, rendue par Jules-César, l'an de Rome 695.

PEDRO (Don), ex-empereur du Brésil : donne une constitution au Portugal, le 29 avril 1826; abdique comme roi du Portugal le 2 mai de la même année; il est forcé d'abdiquer la couronne du Brésil en faveur de son fils, le 7 avril 1831; sa mort, le 24 septembre 1834.

Pégu (royaume de) dans la presqu'île de l'Inde au delà du Gange; il conserva son indépendance jusqu'en 1757.

Peignitz (ordre de la), fondé en 1644 par Georges-Philippe Harsdoeffer et Jean Kloy, pour développer la pureté de la langue allemande, et encourager les travaux poétiques.

Peine de mort : loi relative à son exécution en France, le 25 mars 1792, voy. *Guillotine*.

Peinture monochrome ou à une seule couleur : on attribue son invention à Cléophante de Corinthe, vers l'an 840 av. J.-C. C'est ce qu'on a appelé depuis *Camaïeu*.

Peinture en émail : était connue des Toscans, l'an 620 av. J.-C.

Peinture encaustique : inventée par Pausias de Sicyone, vers l'an 333 av. J.-C.

Peinture sur toile : son origine est placée au Ier siècle de notre ère.

Peinture chez les modernes : les Italiens commencent à connaître la détrempe, la fresque et la mosaïque, vers 1020. Restauration de cet art, en Italie, par Cimabué, en 1270. — Fondation de l'école flamande, par Jean de Bruges, en 1401. — La peinture sur verre commence à être cultivée en France en 1410. — Etablissement de l'école vénitienne, en 1421 ou, selon d'autres, en 1501, par le Giorgion.—Le secret de la peinture à l'huile est trouvé, vers 1428 ou 1450, par Jean Van-Eyck, peintre de Bruges. — Le secret de la peinture sur émail est retrouvé en Italie, en 1504. — Fondation de l'école romaine par Raphaël, en 1510. — Fondation de l'école allemande par Albert Durer, en 1514. — Fondation de l'école lombarde par le Corrège, en 1520. — Fondation de l'école française, par Simon Vouet, en 1628. — Fondation de l'école française à Rome par Louis XIV en 1665.

Péking ou *Pékin*, ancienne ville de la Chine : devient la capitale de cet empire en 1125, sous la dynastie de Kiu. — Révolution qui excite une guerre civile, dans laquelle cette ville voit périr un million d'hommes, dans le courant de 1814.

PÉLAGE Ier, élu pape en 555, mort le 2 mars 560.

PÉLAGE II, élu pape le 27 novembre 578, mort le 12 février 590.

PÉLAGE, célèbre hérésiarque, né dans la Grande-Bretagne au IVe siècle.

PÉLAGE, roi des Asturies, fit une guerre terrible aux Maures d'Espagne, de 716 à 720. Il mourut à Canigar, le 28 septembre 737.

PÉLAGIE (sainte), vierge et martyre d'Antioche, dans le IVe siècle. L'Eglise honore sa mémoire le 9 juin.

PÉLAGIE (sainte), illustre pénitente du Ve siècle.

Pélagiens, sectaires du Ve siècle, disciples de Pélage l'hérésiarque.

Pelew (îles), découvertes par le capitaine anglais Wilson, en 1783.

PÉLISSON ou **PELLISSON-FONTANIER** (Paul), avocat et historien français, non moins célèbre par ses talents oratoires que par son fidèle dévouement au surintendant Fouquet ; né à Béziers en 1624, mort le 7 février 1693.

PELLEGRIN-TIBALDI ou **PELLEGRIN** de Bologne, peintre et architecte milanais, mort en 1592, à 70 ans.

PELLEGRIN (l'abbé Simon-Joseph), poëte français, né à Marseille en 1663, mort le 5 décembre 1745.

PELLETAN (N.....), célèbre chirurgien français, mort le 26 septembre 1829.

PELLETIER (Bertrand), savant chimiste français du dernier siècle, enlevé aux sciences en 1797.

PÉLOPIDAS, général thébain, né à Thèbes en Béotie, tué dans une bataille l'an 364 av. J.-C.

Péloponèse : première conquête de ce pays par les Héraclides, l'an 1190 av. J.-C.

Péloponèse (guerre du), entre les Athéniens et les Lacédémoniens : commença l'an 431 av. J.-C. et dura près de 28 ans (jusqu'à l'an 404).

Péluse en Egypte : siege et prise de cette ville par Cambyse, fils de Cyrus, l'an 520 av. J.-C.

Pendule à mouvement perpétuel, qui marque le temps avec la plus grande exactitude : inventée en 1816.

Pendules : leur invention par le Hollandais Jean Fromentel, en 1662.

Pénitence publique : elle avait été instituée dans le IIe siècle de l'Eglise.

Pénitence (ordre de la), de sainte Madeleine : institué à Marseille, en 1272.

Pénitentiaire (système) organisé par cellules ; il fut établi en Italie par ordonnance du pape Clément IX, en date du 14 novembre 1703.

Pénitentiaires, hérétiques du XVIe siècle, dont les principales erreurs roulaient sur le sacrement de Pénitence.

PENN (Guillaume), fondateur de la ville de Philadelphie; né à Londres en 1644 ; mort à Ruschomb, dans la province de Buckingham, en 1718.

PENNANT (Thomas), naturaliste et antiquaire anglais, mort le 16 décembre 1798.

Pensacola, ville et fort sur la côte de la Floride occidentale : le général américain Jackson les a enlevés aux Espagnols en 1818.

Pensylvanie : le plus puissant des Etats-Unis : donné, en 1680, par Charles II, roi d'Angleterre, à Guillaume Penn, de la secte des quakers. — Constitution donnée à ce pays le 25 avril 1682, par Guillaume Penn. —Les Suédois et les Finois s'y étaient établis en 1627.

Pentecôte (île de la), dans le grand Océan ; découverte en 1767 par Wallis.

PENTHIÈVRE (Louis-Jean-Marie de Bourbon, duc de), grand amiral de France, né à Rambouillet le 16 novembre 1725, mort le 4 mars 1793.

PEPIN LE VIEUX ou **PEPIN DE LANDEN**, maire d'Austrasie en 613, ministre de Dagobert Ier en 622, mourut en 639.

PEPIN LE GROS, appelé aussi Pepin d'Héristal ou d'Héristel, gouverna la France en souverain pendant près de 28 ans, sous les règnes successifs de trois rois fainéants, et mourut le 16 décembre 714.

PEPIN LE BREF, petit-fils du précédent, premier monarque de la seconde race des rois de France, monte sur le trône l'an 752, meurt à Saint-Denis le 23 septembre 768.

PEPIN Ier, roi d'Aquitaine, né vers l'an 802, fils puîné de Louis le Débonnaire, fut nommé roi d'Aquitaine en 817, et mourut à Poitiers le 13 décembre 838.

PEPIN II, roi d'Aquitaine, fils aîné du précédent, proclamé roi en 839 ; condamné à mort par l'assemblée des Francs, comme traître et rebelle à la patrie, en 864 ; gracié par Charles le Chauve ; il mourut obscurément dans un couvent de Senlis.

PERDICCAS, général d'Alexandre, chercha à s'emparer du pouvoir suprême après la mort du conquérant, et périt bientôt lui-même assassiné dans une révolte, l'an 322 avant l'ère chrétienne.

PEREDA (don Antoine), peintre espagnol, né à Valladolid, en 1599, mort à Madrid en 1669.

PÉRÉFIXE (Hardouin de Beaumont de), évêque de Rodez et archevêque de Paris, précepteur de Louis XIV, et historien, mort le 31 décembre 1670.

PÉRÉGRIN, fameux philosophe, surnommé *Protée*, mort l'an 166 av. J.-C.

PEIRERA (Jacob-Rodriguez), instituteur des sourds-muets, né à Cadix en 1715, mort le 16 septembre 1780.

Pères et docteurs de l'Eglise.—PÈRES APOSTOLIQUES. — Saint Barnabé, qui fut l'apôtre des gentils, vers l'an 42 de J.-C. — Saint Clément, pape vers l'an 91 de J.-C. mort l'an 100. — Saint Ignace, évêque d'Antioche, martyrisé vers l'an 107 de J.-C. — Saint Polycarpe, évêque de Smyrne, martyrisé vers l'an 166 de J.-C. — Saint Irénée, évêque de

Lyon, envoyé dans les Gaules par saint Polycarpe vers l'an 157, succéda à saint Pothin en 177 et reçut la palme du martyre l'an 202. — Saint Denis, évêque de Corinthe, vers l'an 171. — Hégésippe l'historien, mort vers l'an 181 de J.-C. — Saint Denis, évêque d'Alexandrie, mort en 252.

Pères et docteurs de l'Eglise. — APOLOGISTES GRECS. — Quadrat, disciple des apôtres, adressa son Apologie à l'empereur Adrien, vers l'an 126. — Aristide, d'Athènes, vers le même temps. — Agrippa, même époque. — Ariston de Pella, vers l'an 140. — Saint Justin, vers 150. — Tatien, vers l'an 167.— Saint Apollinaire, vers l'an 171. — Athénagore, vers 177. — Théophile, évêque d'Antioche, vers l'an 181. — Hermias, dans le IIe siècle de l'Eglise.—Saint Clément, d'Alexandrie, vers l'an 189. — Saint Hippolyte, évêque, docteur et martyr, vers l'an 240. — Origène, prêtre de l'Eglise d'Alexandrie et confesseur, de l'an 189 à l'an 253.

Pères et docteurs de l'Eglise. — APOLOGISTES LATINS. — Miltiade, vers l'an 180. — Apollonius, sénateur romain, martyrisé vers l'an 186, sous l'empire de Commode. — Astère Urbain, vers l'an 188. — Tertullien, prêtre de Carthage, publia son apologie vers l'an 194. — Minutius Félix, dans le IIIe siècle. — Saint Cyprien, évêque de Carthage et martyr, ordonné prêtre en 248, mort en 258. — Saint Grégoire Thaumaturge, évêque de Néocésarée, en 270. — Saint Archelaüs, évêque de Cascare, vers 278. — Arnobe, en 303. — Lactance, vers la même époque. — Saint Pamphile, prêtre et martyr, l'an 309. — Prudence, né à Saragosse en 348.—Philostorge, vivait à la fin du IVe et au commencement du Ve siècle. — Saint Fulgence, mort en 533. — Saint Isidore de Séville, de 570 à 636. — Saint Julien de Tolède, mort en 690. — Saint Jean Damascène, vers 760. — Agobard, archevêque de Lyon, mort en 840.

Pères et docteurs de l'Eglise. — PÈRES DOGMATIQUES. — Eusèbe, surnommé *Pamphile*, évêque de Césarée, né vers l'an 270. — Saint Ephrem, diacre d'Edesse, docteur, vers la fin du IIIe siècle. — Saint Méthodius, vers 303. — Saint Alexandre, patriarche d'Alexandrie, vers 313. — Marcel, évêque d'Ancyre, métropole de la Galatie, en 330. — Saint Philastre, évêque de Bresse, vers 334. — L'empereur Constantin (année 335). — Saint Athanase, patriarche d'Alexandrie, en 336. — Le pape saint Jules, vers 341. — Libère, pape, en 352. — Saint Eusèbe de Verceil, en 354. — Lucifer, évêque de Cagliari en Sardaigne, vers 354. — Saint Hilaire de Poitiers, évêque et docteur en 355, d'après Baronius. — Saint Antoine, patriarche des solitaires d'Egypte, célèbre dès l'an 315 et mort en 356. — Osius, évêque de Cordoue, en 295, mort l'an 358. — Saint Phébade, évêque d'Agen, vers 359. — Saint Mélèce, archevêque d'Antioche, vers 360. — Saint Eusèbe de Samosate, vers l'an 360. — Saint Zénon, évêque de Vérone, en 362. — Saint Opat de Milève, en 368. — Saint Basile, archevêque de Césarée, vers 370. — Saint Victorin d'Afrique, mort vers l'an 370. — Didyme l'aveugle, docteur de l'Eglise d'Alexandrie, vers 370. — Saint Amphiloque, archevêque d'Icone, métropole de Lycaonie, en 373. — Saint Pacien, évêque de Barcelone, vers 370 ou 373. — Saint Sirice, pape, en 385. — Saint Cyrille, patriarche de Jérusalem, mort en 386. —Saint Gaudence, évêque de Bresse ou Brescia, vers 387. — Saint Grégoire de Nazianze, surnommé le Théologien, archevêque de Constantinople, mort vers l'an 389. — Saint Nectaire, patriarche de Constantinople, vers 390. — Saint Grégoire de Nysse, vers 394. — Saint Ambroise, archevêque de Milan, né vers 340, évêque en 374, mort en 397.—Saint Eustathe d'Antioche, dans le IVe siècle. — St. Epiphane, archevêque de Salamine et docteur de l'Eglise, au IVe siècle. — Ruffin, prêtre d'Aquilée, au IVe siècle. — St. Maxime de Turin, au IVe siècle. — Jean Cassien, prêtre et abbé de Marseille, vivait dans les IVe et Ve siècles. — St. Astère, archevêque d'Amasée, vers l'an 400. — St. Martin, évêque de Tours, mort en 400. — St. Innocent Ier, élu pape en 402. — St. Jean Chrysostome, patriarche de Constantinople, mort en 407. — Synésius, archevêque de Ptolémaïde, en 410. — St. Cyrille, patriarche d'Alexandrie, en 412. — Paul Orose, disciple de St. Augustin, vers l'an 415. — Sulpice-Sévère, prêtre d'Aquitaine, mort vers l'an 420. — St. Jérôme, né vers l'an 331, mort en 420. — St. Théodoret, évêque de Cyr, en 423. — St. Hilaire, en 429. — St. Augustin, évêque d'Hippone, docteur de l'Eglise, né en Afrique en 354, mort en 430. — St. Paulin, évêque de Nole, né en 353, mort en 431. — Hesychius, de Jérusalem, mort en 433. — St. Proclus, archevêque de Constantinople, en 434. — St. Vincent de Lérins, vers 434. — St. Nil, abbé, vers 440. — Le pape St. Léon le Grand, mort en 441. — St. Prosper d'Aquitaine, florissait vers l'an 444. — St. Germain, évêque d'Auxerre, mort à Ravenne en 448. — St. Basile de Séleucie, en 448. — St. Eucher, archevêque de Lyon, mort en 449. — St. Léon en 458. — Sidoine Apollinaire, évêque de Clermont, vers 472. — St. Ennode, de Paris, né vers 473. — St. Victor, évêque de Vite en Afrique, vers 487. — Julien Pomère, prêtre et abbé, vers l'an 498. — St. Isidore de Peluse, au Ve siècle. — St. Pierre Chrysologue, au Ve siècle. — St. Loup, évêque de Troyes, au Ve siècle. — Le pape St. Hormisdas, en 514. — St. Alcime Avite, archevêque de Vienne, mort en 523. — Boèce, sénateur, mort en 524. — St. Fulgence, évêque de Ruspe en Afrique, mort en 532. — St. Remi, archevêque de Reims, mort en 533. — St. Césaire, archevêque d'Arles, mort en 542. — St. Benoît, abbé du Mont-Cassin, mort en 543. — St. Léandre, évêque de Séville, vers l'an 582. — St. Fortunat, évêque de Poitiers, en 599. — Cassiodore (Magnus Aurelius), sénateur, au VIe siècle. — St. Jean Climaque, au VIe siècle. — St. Grégoire le Grand, né en 544, élu pape en 590, mort en 604. — Anastase le Sinaïte, vers 608. — St. Sophrone, patriarche de Jérusalem en 639. — St. Isidore de Séville, mort en 639, — St. Eloi, évêque de Noyon, en 640. —St. Colomban, abbé, mort en 645. St. Ildefonse, archevêque de Tolède, mort en 653. — St. Julien, archevêque de Tolède, mort en 690. — St. Germain, évêque de Paris, au VIIe siècle. — André, archevêque de Crète, vers 710. — St. Boniface, archevêque de Mayence, l'apôtre de l'Allemagne, vers 719, mort en 755. — Bède le Vénérable, mort en 735. — Le pape Adrien Ier, mort l'an 795. — Alcuin, abbé de Saint-Martin de Tours, au VIIe siècle. — Agobart, archevêque de Lyon, mort en 840. — Amolon, archevêque de Lyon, en 852. — Saint Célestin, pape, mort en 842. — Loup (Servat), abbé de Ferrières, en 844. — Walafride Strabon, abbé de Richenow, en Allemagne, mort vers l'an 849. — Pascase Radbert, abbé de Corbie, mort en 853. — Le B. Raban Maur, archevêque de Mayence, en 847, mort en 856. — Wulfade, archevêque de Bourges, mort en 876. — Georges, métropolitain de Nicomédie, vers 879. — Hincmar, archevêque de Reims en 845, mort en 882. — Atton, évêque de Verceil, mort en 960. — Gerbert, pape, sous le nom de Sylvestre II, en 999. — St. Fulbert de Chartres, au Xe siècle. — Hildebrand, pape, sous le nom de Grégoire VII, au XIe siècle. — Le cardinal Pierre Damien, évêque d'Ostie, au XIe siècle.

Pères et docteurs de l'Eglise. — SCOLASTIQUES, THÉOLOGIENS ET PRÉDICATEURS CÉLÈBRES. — Jean Scot Erigène, mort en Angleterre, en 874. — Halinard, mort en 1052. — Le B. Lanfranc, archevêque de Cantorbéry, mort en 1089. — Le pape Urbain II proclama, dans le concile de Clermont, en 1095, la première croisade. — Raoul Ardent, au commencement du XIIe siècle. — Foulques de Neuilly, dans le même temps. — St. Bruno, instituteur des Chartreux, mort en 1101. — Bérengose, abbé de Saint-Maximin de Trèves, en 1112. — Yves de Chartres, mort en 1115. — Guillaume de Champeaux, instituteur des chanoines réguliers de Saint-Victor, mort en 1121. — Brunon, abbé de Mont-Cassin et évêque de Segni, mort en 1125. — Geoffroy de Vendôme, mort en 1132. — Rupert, mort en 1135. — L'abbé Suger, mort en 1152. — St. Bernard, abbé de Clairvaux, mort en 1153. — Arnaud ou Ernaud, abbé de Bonneval, contemporain de saint Bernard. — Pierre le Vénérable, mort en 1156. — Pierre Lombard, évêque de Paris, surnommé le *Maître des Sentences*, mort en 1164. — Pierre Comestor, chancelier de l'Eglise de Paris, en 1164. — Saint Anselme, archevêque de Cantorbéry, mort en 1169. — Jean de Sarisbéry, évêque de Chartres, mort en 1182. — St. Dominique de Guzman, mort en 1221. — St. François d'Assise, patriarche des Frères mineurs, mort en 1226. — St. Antoine de Padoue, mort en 1231. — Vincent de Beauvais, en 1244. — Guillaume d'Auvergne, évêque de Paris, mort en 1248. St. Thomas d'Aquin, mort en 1274. — Saint Bonaventure, mort en 1274. — Albert le Grand, mort en 1280. — Jacques de Voragine, archevêque de Gênes, en 1292. — Roger Bacon, mort en 1294. — Jean Duns, surnommé Scot, mort à Cologne, en 1308. — Raymond Lulle, mort en 1315. — St. Vincent Ferrier, mort en 1419. — Pierre d'Ailly, mort en 1425. — Gerson, mort en 1429. — Jean Nider, mort à Nuremberg, en 1438. — St. Bernardin de Sienne, mort en 1444. — Tostat, évêque d'Avila, mort en 1454. — Le cardinal Bessarion, mort en 1472. — Jean Eckius de Souabe, au XVIe siècle. — Jean Raulin, religieux de Cluny, mort en 1514. — Le cardinal Ximénès, mort en 1517. — Le cardinal Cajetan, mort en 1534. — St. Thomas de Villeneuve, archevêque de Valence en Espagne, en 1545. — Le cardinal Bembo, mort en 1547. — Le cardinal Sadolet, mort en 1547. — Saint François-Xavier, apôtre des Indes, mort en 1552. — Melchior Canus, dominicain, mort à Tolède, en 1560. — Simon Vigor, archevêque de Narbonne, mort en 1575. — Alphonse Salmeron, mort en 1585. — St. Philippe de Néri, mort en 1595. — Le cardinal Baronius, mort en 1607. — St. François de Sales, mort en 1618. — Le cardinal Bellarmin, mort en 1621. — Le cardinal de Bérulle, fondateur de l'Oratoire, mort en 1629. — Camus, évêque de Belley, mort en 1652. — Claude de Lingendes, mort en 1660. — Jean de Lingendes, mort en 1665. — Le P. Lejeune, mort en 1672. — St. Charles Borromée, mort en 1684. — Claude de La Colombière, Giroult, Mascaron, Bossuet, dans la première partie du XVIIe siècle.

Pergame, ville de l'Asie Mineure : prise par les Sarrasins, en 716.

PERGOLÈSE (Jean-Baptiste), compositeur italien, né à Casoria, dans le royaume de Naples, en 1704, mort au commencement de 1737.

PÉRIANDRE, tyran de Corinthe, mis au nombre des sages de la Grèce, mort l'an 585 av. J.-C., âgé de 80 ans.

PÉRICLÈS, grand capitaine, habile politique et excellent orateur athénien, mort de la peste, l'an 429 av. J.-C.

Périclès (siècle de) : cette période si brillante pour la Grèce commence vers l'an 450 av. J.-C.

PÉRIER (Jacques-Constantin), mécanicien, né à Paris en 1742, mort en 1818. C'est à lui, ainsi qu'à ses deux frères, qu'on doit la première pompe à feu exécutée à Paris, celle de Chaillot.

PÉRIER (Casimir, né à Grenoble le 12 octobre 1777, appelé à la présidence du conseil des ministres le 13 mars 1831, mort du choléra le 16 mai 1832.

PÉRIER (Camille-Joseph), frère du précédent, successivement député et pair de France, né à Grenoble le 15 août 1781, mort à Paris le 14 septembre 1844.

Périgueux : les calvinistes s'emparèrent de cette ville en 1575. — Le prince de Condé s'en rendit maître en 1651.

Périple d'Hannon : fut dressé par ce célèbre Carthaginois, vers l'an 1008 av. J.-C.

PERKIN ou PETERKIN WAERBECK, prétendant au trône d'Angleterre, après avoir tenté des invasions contre ce royaume en 1496, 1497 et 1498, fut pris et conduit à la potence en 1499 par l'ordre de Henri VII.

PERKINS. Voy. VAPEUR.

Pernicieuses (îles) : sont découvertes par le capitaine Cook, en 1774.

PÉRON (François), savant voyageur, né le 22 août 1775, à Cerilly (Allier), mort dans la même ville, le 14 décembre 1810.

Pérou (empire du) : François Pizarro, Espagnol, y pénètre en 1525, et s'en rend maître huit ans après. — Ce pays demeura sous le joug de l'Espagne, depuis cette époque jusqu'en 1815, époque de la première révolte des Péruviens. — Vers 1821, le Pérou fut constitué en république indépendante. — Toutefois la déclaration d'indépendance ne fut signée que le 26 août 1825. — La constitution de ce pays fut promulguée le 9 octobre 1826.

PÉROUSE (Jean-François Galaup de la), célèbre navigateur français, né à Albi, en 1741, partit le 1er août 1785 : ses dernières dépêches furent du 7 février 1788.

Perpignan, ancienne capitale du Roussillon, n'était encore qu'un simple hameau au xe siècle. — La coutume de cette ville fut confirmée par le comte Gérard, en 1162. — Prise par Louis XIII le 29 août 1642.

Perpignan (Conciles de) contre l'antipape Pierre de Luna, en 1408 et 1409.

PERRAULT (Claude), architecte, peintre, musicien, ingénieur, médecin et physicien, né à Paris en 1613, mort le 9 octobre 1688.

PERRAULT (Charles), frère du précédent, littérateur français, né à Paris le 12 janvier 1628, mort en 1703.

PERRÉE (Jean-Baptiste-Emmanuel), contre-amiral de la marine française, né à Saint-Valery en 1762, tué dans un combat naval devant Malte le 18 février 1800.

PERRIN DEL VAGA, peintre célèbre, né en Toscane vers l'an 1500, mort à Rome en 1547.

PERRONNET (Jean-Rodolphe), habile ingénieur, né à Surêne en 1708, mort à Paris en 1794.

Perruques : inventées pour remplacer les calottes, en 1616.

Perruquiers : l'origine de leur profession est fort ancienne en France. Elle y fut confirmée par arrêts du conseil du 5 mars et du 11 avril 1634. — Le 14 avril 1674, le nombre des maîtres, qui était de 48, fut porté à 200.

Perse, grand empire d'Asie : plusieurs dynasties régnèrent sur ce pays dans l'antiquité ; celle des Mohabades, celle des Paishdadiens et des Kaianides, sont enveloppées de ténèbres. Les temps glorieux de l'Orient commencèrent au règne de Cyrus, l'an 559-529 av. J.-C. — La Perse devint dépendante des rois d'Égypte sous Darius II, vers l'an 404. — Sa conquête par Alexandre le Grand, l'an 329. — La dynastie des Séleucides s'y établit l'an 323 et occupa le trône jusqu'en 246. — Les Arsacides leur succédèrent jusqu'à l'an 229 depuis J.-C. — Puis vinrent les Sassanides qui conservèrent la domination pendant 407 ans, jusqu'à l'an 651. — A cette époque la Perse devint la proie des Califes, dont la domination dura près de six siècles, jusqu'en 1220. — Les Turcs-Seldjouks envahirent la Perse vers 1044. — Ils firent place à la dynastie des Khowaresmiens, qui furent détruits par Djenghis-Khan avec ses Tartares et ses Mogols ; le règne des conquérants dura de 1220 à 1405. — En 1505, Ismael Sephi établit sa dynastie sur le trône de Perse : elle y demeura jusqu'en 1779. — Depuis la guerre de 1827, la Perse est aujourd'hui plus que jamais soumise à la Russie.

Perse (souverains de) à partir du règne de Cyrus. — Cyrus commence à régner seul sur le vaste empire des Perses l'an 536 avant J.-C. — Cambyse, en 529. — Smerdis, l'un des mages, en 522. — Darius, fils d'Hystaspe, en 522. — Xercès le Grand, en 486. — Artaxerce Longue-main, en 465. — Xercès II, en 424. — Sogdien, en 424. — Darius Nothus ou le bâtard, même année. — Artaxerce Mnémon, en 405. — Artaxerce Ochus, en 360. — Arsès ou Arsame, en 338. — Darius Codoman, en 336. — Alexandre s'empare de l'empire d'Asie, et lui impose son joug pendant sept ans jusqu'à sa mort en 324. — Les Arsacides, souverains des Parthes, régnèrent sur la Perse et succédèrent aux Séleucides, jusqu'en 223 depuis J.-C. — A cette époque, Artaxars ou Artaxercès, vainqueur d'Artaban, monta sur le trône jusqu'en 238. — Sapor Ier ou Chapour, commença son règne en 238. — Hormisdas Ier, en 269. Vararanès Ier ou Bahram, en 272. — Vararanès II, en 279. — Narsès, en 294. — Hormisdas II, en 303. Sapor II, en 310. — Artaxercès II, en 380. — Sapor III, en 384. — Vararanès III, en 389. Yezdegerd Ier, en 399. — Vararanès IV, en 420. Yezdegerd II, en 440. — Prozès, en 457. — Balascès ou Obalas, en 488. — Cavadès ou Cobad, en 491. — Chosroès le Grand, en 531. — Hormisdas III, en 579. — Chosroès II, en 599. — Siroès, en 628. — Adeser, en 629. — Sarbazas, en 629. — Tourandokht, reine, en 630. Elle eut pour successeurs cinq princes qui ne firent que paraître. — Yezdegerd III, en 632. — Ici commence la dynastie arabe qui règne sur la Perse durant près de six siècles. — Djenghis-Khan fonde la dynastie des souverains mogols, en 1176. — Octai-Khan lui succède en 1229. — Tourakina-Katoun, régente, en 1241. — Gaiouk, en 1246. — Ogoul Ganmisch, régente, en 1249. — Mangou-Khan, en 1251. — Houlagou-Khan, en 1259. — Abaka-Khan, en 1265. — Nicoudar, dit Ahmed-Khan, en 1282. — Argoun-Khan, en 1284. — Kandjaton-Khan, en 1290. — Baidou-Khan, en 1294. — Casan-Khan, dit Mohammed, en 1295. — Aldjiapton, dit Khodabandeh, en 1304. — Abousaïd, en 1317 ; après sa mort, arrivée en 1335, la Perse fut en proie aux agitations de la guerre civile, jusqu'au moment où Tamerlan s'en rendit maître en 1363. Ses descendants furent chassés après sa mort. — Usum Casan ou Onsoug-Hassan, s'empara du trône en 1468. — Jacoub régna en 1478. — Julaver, en 1485. — Baysancor, en 1488. — Rostam, en 1490. — Ahmed, usurpateur, en 1497. — Alvaud, même année. — Ismaël Iᵉʳ, Sophi, établit sa dynastie sur le trône en 1505 et règne jusqu'en 1575. — Ismaël II, en 1577. — Thamas lui succède en 1577. —Mohammed Khodabendeh, en 1583. — Hamzeh, en 1585. — Ismaël III, en 1586.—Abbas le Grand règne depuis 1587 jusqu'en 1625. — Mirza, son successeur, règne jusqu'en 1642. — Abbas II, jusqu'en 1666. — Soliman jusqu'en 1694. — Hussein-Chah, jusqu'en 1721.—Mahmed, usurpateur, jusqu'en 1725. — Asraff, usurpateur, jusqu'en 1730. — Thamas II, déposé en 1732. — Mirza Abbas, mort en 1736. — Thamas Kouli-Khan, usurpateur, assassiné à l'âge de 59 ans, en 1747. — Adel-Chah lui succède jusqu'en 1748. — Ibrahim règne jusqu'en 1749. —Charokh jusqu'en 1750.— Interrègne et troubles.—Ismaël IV règne jusqu'en 1751. — Kerim Kouli-Khan, usurpateur, jusqu'en 1779 — Sadek, usurpateur, jusqu'en 1781. — Ali-Murai-Khan, jusqu'en 1751. — Méhémet-Khan, jusqu'en 1797. — Feth-Ali-Khan, après un interrègne d'un an, commença à régner en 1798; mort en 1831. — Son fils, Abbas Mirza, lui succéda et mourut en 1833. — C'est le fils de ce dernier, Mohammed-Mirza, qui gouverne actuellement la Perse (1838)

PERSE (Aulus Persius Flaccus), poete satirique latin, né l'an 34 de J.-C.

Persécutions: contre les apôtres, dans la première partie du Iᵉʳ siècle de l'Eglise : ce fut la première depuis l'établissement du christianisme. — La 2ᵉ éclata à Rome, sous Néron, de l'an 64 à l'an 68. — La 3ᵉ sous Domitien, de 90 à 96. — La 4ᵉ sous Trajan, de 97 à 116. — La 5ᵉ sous Adrien, de 118 à 129. — La 6ᵉ sous Antonin le Pieux, de 138 à 153. — La 7ᵉ sous Marc-Aurèle, de 161 à 174. — La 8ᵉ sous Sévère, de 199 à 211. — La 9ᵉ sous Maximien, de 235 à 238. — La 10ᵉ sous Dèce, de 249 à 251. — La 11ᵉ sous Gallien, de 264 à 268. — La 12ᵉ sous Aurélien, de 273 à 275. — La 13ᵉ, la plus violente de toutes, sous Dioclétien et Maximien, de 303 à 310, et sous Licinius jusqu'en 315. — La 14ᵉ en Perse, sous Sapor II, l'an 343. — La 15ᵉ sous Julien, en 362. — La 16ᵉ sous Valens, empereur arien, de 366 à 378. — La 17ᵉ en Perse, l'an 420; elle dura 30 ans. — La 18ᵉ sous Genséric, roi des Vandales, prince arien, de 433 à 476. — La 19ᵉ sous Hunneric, son successeur, en 483. — La 20ᵉ sous Gondebaud, en 474. — La 21ᵉ sous Trasimond, en 504. — La 22ᵉ en Espagne, sous Leuvigilde, roi des Goths, l'an 584. — La 23ᵉ en Perse, sous Khosroès, en 599. — La 24ᵉ de 766 à 775; persécution des iconoclastes, sous Léon l'Isaurien. — La 25ᵉ, l'an 1584, en Angleterre, sous Henri VIII et sa fille Elisabeth, après leur schisme. — La 26ᵉ au Japon, en 1587, 1616 et 1631. — Nous ne mentionnerons pas les persécutions en Chine contre les chrétiens; on sait qu'elles sont à peu près permanentes.

PERSÉE, roi de Macédoine, fils de Philippe V, mort prisonnier à Rome peu de temps après l'an 583.

Perses : vaincus par Aphraarte, roi des Mèdes, et réunis par lui à son empire, l'an 657 av. J.-C.

Perspective : elle fut appliquée aux décorations théâtrales, l'an 450 av. J.-C. — Les premières leçons de cette science furent données à Paris, en 1650, par Abraham Bossé.

PERSUIS (Louis-Luc Loiseau de), compositeur de musique, mort le 20 décembre à l'âge d'environ 50 ans.

PERTINAX (Publius Helvius), empereur romain, né à Villa-Martis, près d'Albe, le 1ᵉʳ août 126, élu le 1ᵉʳ janvier 193, tué dans une révolte le 28 mars 193, après un règne de 87 jours.

PÉRUGIN (Pierre Venuci, dit le), célèbre peintre, né à Pérouse en 1546, mort en 1624.

PERUZZI (Balthasar), peintre, ingénieur et architecte, né à Volterra en Toscane, en 1481, mort à Rome en 1536.

PESCENNIUS-NIGER (C. Justus), gouverneur de Syrie, élu empereur romain à Antioche en 193, mort l'an 195.

PESTALOZZI (Henri), instituteur célèbre, né à Zurich le 12 janvier 1745, mort dans le canton de l'Argovie le 27 février 1827.

Pestes mémorables: à Alexandrie en Egypte, l'an 252 depuis J.-C. — A Rome, en 467. — En France, en 583. — En 589. — Ce fléau ravage l'Afrique en 599. — La Calabre, la Sicile et la Grèce sont ravagées par ce fléau depuis 746 jusqu'à la fin de 749. — En Saxe, en 1020. Voy. *Epidémies.*

Pesth, ville importante de la Hongrie; elle était déjà puissante lors de l'invasion des Mongols, en 1241. — En 1526, elle tomba pour 160 ans sous le joug des Turcs; elle ne fut reconquise par les chrétiens qu'en 1686.

Pestum, ville grecque de l'Italie inférieure; on présume que c'était une colonie fondée par Sybaris, l'an 510 av. J.-C.

PETAU (Denis), savant jésuite, né à Orléans en 1583, mort le 11 décembre 1652.

PETERBOROUGH (Charles Mordaunt, comte de), général et amiral anglais, né en 1658, mort le 5 novembre 1736.

Pétersbourg (Saint-), aujourd'hui la capitale de la Russie, fondée par Pierre-le-Grand en 1704. — On y publia, en 1755, deux journaux, l'un en russe, l'autre en français. — Cette ville fut ravagée par une terrible inondation, le 19 novembre 1824.

Peterwaradin (bataille de), gagnée sur les Turcs par le prince Eugène, le 5 août 1716.

PETIET (Claude), membre du sénat de l'empire, né à Châtillon-sur-Seine le 9 février 1749, mort à Paris le 25 mai 1806.

PÉTION DE VILLENEUVE (Jérôme), maire de Paris en 1791, suspendu de ses fonctions le 6 juillet, décrété d'accusation le 2 juin et mis hors la loi le 28 juillet 1793; trouvé mort en 1794 aux environs de Saint-Emilion (Gironde).

PÉTION, ou PETHION, président d'Haïti, élu à cette dignité populaire le 27 janvier 1807, mort le 29 mars 1818.

PETIT (Jean-Louis), chirurgien français, membre de l'Académie des sciences, né à

Paris en 1674, mort dans cette ville le 20 avril 1750

PETIT (Antoine), médecin, né à Caen le 4 mai 1616, mort le 10 novembre 1676.

PETIT (Jean), docteur de Paris, réputé par son savoir et son éloquence, mort à Hesdin en 1411.

PETIT (Alexis-Thérèse), professeur de physique à l'école polytechnique, né à Vesoul le 2 octobre 1791, mort le 21 juin 1820.

PETIT-RADEL (N...), médecin français, mort le 30 novembre 1815.

Petite-vérole : il fut pour la première fois question de cette maladie vers 990, dans les ouvrages de Rhazès, ou Razi. Voy. *Vaccine.*

PETITOT (Jean), peintre émailleur, né à Genève en 1607, mort à Vevay, dans le canton de Berne, en 1691.

PÉTRARQUE (François), célèbre poëte italien, né à Arezzo le 20 juillet 1304, mort à Arqua, près de Padoue, le 13 juillet 1374.

Pétrites, sectaires du VIe siècle, qui rejetaient le quatrième concile général.

Pétrobruissiens, sectaires du XIIe siècle, disciples de Pierre de Bruys.

PÉTRONE (Petronius Arbiter), poëte satirique romain, consul sous Néron, dans le Ier siècle de J.-C. — Le manuscrit du *Satyricon*, que possède la Bibliothèque du roi, découvert, en 1663, dans une ville de Dalmatie.

PÉTRONE (saint), évêque de Bologne au IIIe siècle.

PEYRE (Marie-Joseph), architecte, né à Paris en 1730, mort à Choisi, âgé de 55 ans.

PEYRÈRE (Isaac de la), théologien, mort au séminaire des Vertus, le 30 janvier 1676, à 82 ans.

PEYRON (Jean-François-Pierre), l'un des régénérateurs de la peinture française, né à Aix en Provence le 15 novembre 1744, mort le 20 janvier 1815.

PEYRONIE (François de la), chirurgien français, né à Montpellier en 1678, mort à Versailles en 1748.

PEYROT (Jean-Claude), prieur-curé de Pradinas, et poëte rouerguois, né à Milhaud en 1709, mort en 1795.

PEZEY (le marquis de), versificateur musqué du dernier siècle, mort le 6 décembre 1777.

PEZRON (Paul), bernardin érudit, né à Hennebon, l'an 1639, mort le 10 octobre 1706.

Pfaffenhoffen (combat de), entre les Français et les Autrichiens, livré le 16 mars 1745; belle retraite des Français après cette affaire.

Pfaffenhoffen (combat de), le 19 avril 1809.

PHALARIS, tyran d'Agrigente, était né dans l'île de Crète, l'an 572 av. J.-C.

Phantasiastes, ou *Caïnites*, hérétiques du XIIe siècle.

PHARAMOND, nom que la plupart des historiens donnent au premier roi de France. Il fut proclamé en 420 et mourut en 428.

Phare d'Alexandrie en Egypte; il fut élevé par le Gnidien Sostrate, vers l'an 274 av. J.-C. —Démoli en partie par suite de tremblements de terre, en 1182. — Détruit complétement par une nouvelle secousse, en 1303.

Phare de Boulogne-sur-mer : il avait été construit par les Romains, et subsistait encore en 1643; il s'écroula en 1644.

Phare d'Eddystone: son achèvement le 20 octobre 1759.

Phare de Barfleur: sa construction, commencée en 1829, a été achevée en 1836.

Pharisiens, secte juive: son origine remontait à 180 ou 200 ans avant notre ère.

Pharmacie : cette science fut pendant longtemps, en France, moins un art qu'un commerce. — Les querelles des médecins et des apothicaires commencèrent dès le XVe siècle. — Vers la fin du XVe siècle, les apothicaires furent assujettis à une surveillance organisée. — Au XVIe siècle, il y eut une ordonnance de Charles VIII, pour régler le mode de réception des apothicaires, et les conditions exigées pour y être admis. — La pharmacie chimique ne date que de 1789.

Pharsale (bataille de), gagnée par César sur Pompée, le 20 juin de l'an de Rome 705, 48 ans av. J.-C.

PHÈDRE (Phædrus), célèbre fabuliste latin, natif de Thrace, vivait sous le règne de l'empereur Tibère, de l'an 37 à l'an 41. — Le manuscrit des *Apologues* de Phèdre fut trouvé, en 1562, dans la bibliothèque d'une abbaye catholique. — Ses productions furent publiées pour la première fois par Pierre Pithou, en 1596, à Troyes; un vol. in-12.

Phèdre, l'un des chefs-d'œuvre de Racine; sa première représentation le 1er janvier 1677.

Phénicie, contrée célèbre dans l'antiquité; les sciences y étaient cultivées 1500 ans av. J.-C. — La Phénicie avait déjà des colonies en Afrique 1100 ans av. J.-C. — Elle tomba sous la domination des Perses, l'an 555 av. J.-C. — Sous celle d'Alexandre après la bataille d'Issus, l'an 333 av. J.-C. — Sous celle des Romains, l'an 65 av. J.-C. — La ville de Tyr fut une place d'armes importante pour les croisés, l'an 1099 ap. J.-C.; elle fut prise par le sultan d'Egypte en 1223 et 1292.

PHÉRÉCYDE, philosophe de l'île de Scyros, vers l'an 60 av. J.-C.

PHÉRÉCYDE, historien, natif de Léros, l'une des Sporades, florissait vers l'an 436 av. J.-C.

Phibionites, sectaires abominables, qui vivaient en même temps que les gnostiques, au IIe siècle de l'Eglise.

PHIDIAS, célèbre sculpteur athénien, florissait dans la 85e olympiade.

Philadelphie, ville de l'Asie Mineure, fondée par Attalus Philadelphus auprès du mont Tmolus; prise deux fois par Ducas, général grec, en 1097 et 1106; assiégée par Alisuras, en 1306; réduite à capituler par Bajazet en 1391. Aujourd'hui il n'en reste plus que des ruines.

Philadelphie (concile de): contre les erreurs de Béryle, en 1142.

Philadelphie, capitale de la Pensylvanie: fondée en 1688.

Philadelphie (congrès de), où se réunissent, le 5 septembre 1774, les représentants de toutes les colonies anglaises de l'Amérique, à l'effet de résister aux actes du Parlement britannique faits sans le concours des colonies. — Un autre congrès y arrête un nouveau plan de constitution fédérale, le 17 septembre 1787.

PHILIBERT Ier, dit le *Chasseur*, quatrième duc de Savoie, mort à Lyon en 1482, à l'âge de 18 ans.

PHILIBERT II, dit le *Beau*, huitième duc de Savoie, commença à régner à 17 ans, en 1497; il mourut vers 1503.

PHILIDOR (André), l'un des fondateurs de l'Opéra-Comique en France, célèbre joueur d'échecs, né à Dreux en 1726, mort à Londres le 30 août 1793.

PHILIPPE (saint), l'un des apôtres de Jésus-Christ, vivait dans le Ier siècle.

PHILIPPE BENITI ou BENIZI (saint), 5e général des Servites ou serviteurs de la sainte Vierge, né à Florence en 1232, mort à Todi le 22 août 1284, béatifié par Léon X en 1516, canonisé par Clément X en 1671.

PHILIPPE II, roi de Macédoine, monte sur le trône l'an 360 av. J.-C.; gagne la bataille de Chéronée, l'an 338 av. J.-C.; assassiné par Pausanias, un de ses gardes, l'an 330 av. J.-C., âgé de 47 ans.

PHILIPPE V, roi de Macédoine, monte sur le trône l'an 220 av. J.-C., meurt à Amphipolis l'an 178 av. J.-C., après un règne de 41 ans.

PHILIPPE (Marc-Jules), surnommé l'*Arabe*, empereur romain, proclamé l'an 244, tué par ses soldats près de Vérone, en 249.

PHILIPPE Ier, roi de France, né en 1051: placé sur le trône en 1059; mort à Melun le 29 juillet 1108.

PHILIPPE II, surnommé *Auguste*, roi de France, né le 22 août 1165, parvient à la couronne en 1180, gagne la bataille de Bouvines le 22 juillet 1214; mort à Mantes le 14 juillet 1223.

PHILIPPE III, dit *le Hardi*, né en 1245, proclamé roi de France en Afrique, le 25 août 1270, mort à Perpignan le 6 octobre 1285.

PHILIPPE IV, dit *le Bel*, roi de France et de Navarre, né à Fontainebleau en 1268, monte sur le trône en 1285, ordonne la destruction de l'ordre des Templiers en 1310, meurt le 29 novembre 1314.

PHILIPPE V, roi de France, surnommé *le Long*, né en 1294, règne en 1316, meurt le 3 janvier 1321.

PHILIPPE VI, DE VALOIS, né en 1293, monte sur le trône en 1328, perd la bataille de Crécy le 26 août 1346, meurt le 23 août 1350.

PHILIPPE Ier, roi d'Espagne, né en 1478, monte sur le trône en 1490, meurt à Burgos le 25 septembre 1506.

PHILIPPE II, né à Valladolid le 21 mai 1527, roi de Naples et de Sicile en 1554, roi d'Espagne le 17 janvier 1556, gagne la bataille de Saint-Quentin le 10 août 1557, meurt le 13 novembre 1598.

PHILIPPE III, roi d'Espagne, fils du précédent, né à Madrid le 14 avril 1578, succède au trône le 13 septembre 1598, meurt le 31 mars 1621.

PHILIPPE IV, roi d'Espagne, fils du précédent, né le 8 avril 1605, proclamé le 31 mars 1621, mort le 17 septembre 1665.

PHILIPPE V, roi d'Espagne, duc d'Anjou, né à Versailles le 19 décembre 1683, appelé à la couronne d'Espagne le 2 octobre 1700, déclaré roi le 8 du même mois à Fontainebleau, et le 24 à Madrid, abdique en 1724, reprend le sceptre peu après; meurt le 9 juillet 1739.

PHILIPPE-LE-HARDI, duc de Bourgogne, né à Pontoise en 1342, mort à Halle en Hainaut, le 27 avril 1404.

PHILIPPE DE NÉRI (saint), fondateur de la congrégation des prêtres de l'Oratoire en Italie, né à Florence en 1515, mort à Rome en 1595.

PHILIPPE, successeur de l'antipape Constantin, placé sur le saint-siége le 31 juillet 768, et déposé quelque temps après par Etienne III.

PHILIPPE Ier, troisième comte de Savoie, mort en 1585: il n'était parvenu au pouvoir qu'à l'âge de 60 ans.

PHILIPPE II, septième duc de Savoie, dit *Sans-Terre*, commença à régner vers 1494 et mourut en 1496.

PHILIPPEAUX (Pierre), membre de la Convention nationale, arrêté comme conspirateur le 30 mars 1794, condamné à mort et exécuté le 5 avril suivant, à 35 ans.

Philippes (bataille de), remportée par Octave et Antoine sur Brutus et Cassius, le 23 octobre, 42 ans av. J.-C. Ces derniers se voyant vaincus se donnent la mort.

Philippeville: appartenait jadis à la France: cédée au roi des Pays-Bas par le traité de Paris, en 1815.

PHILIPPINE, reine de Suède: sa retraite dans un cloître le 5 février 1430.

Philippines (îles): découvertes par Magellan en 1521. — Attaquées et prises par les Anglais en 1762. — Reconquises par les Espagnols en 1764.

Philippines (Nouvelles), découvertes par les Espagnols en 1706.

PHILIPPUS (Marcus Julius), empereur romain, proclamé par les soldats, le 10 mars 244.

Philipsbourg ou *Philisbourg*, ville d'Allemagne: prise par le Dauphin en 1668, rendue en 1697, reprise le 18 juillet 1734 par le maréchal d'Asfeld, après 48 jours de tranchée ouverte, bloquée en 1796, et bombardée en 1799 et 1800.

Philologues modernes célèbres: en Italie, Léonard Bruni d'Arezzo (1370-1444); Poggio Bracciolini (1380-1459); Laurent Valla 1407-1457); Marcile Ficin (1433-1499); Ange Politien (1454-1492). — En Allemagne: Rud. Agricola (1442-1485); K. Celtès (1459-1508); Jean Reuchlin (1454-1521). — En Hollande: Hugo de Groot (Grotius), de 1583 à 1645; et vers la même époque Juste Lipse, Heinsius, Gronovius, Burmann, Walckenaër, etc. —

En Angleterre, pendant le XVIIe siècle, on compta parmi les savants philologues, les Clarke, les Taylor, les Middleton, les Bentley et beaucoup d'autres. — Les premiers et principaux philologues français sont: Guill. Budé ou Budæus (1467-1540); Cujas, Lambin, Muret, Robert et Henri Estienne, les Scaliger, Saumaise, Casaubon, Lefèvre, Montfaucon, qui furent tous à peu près du même temps.

PHILON, écrivain juif d'Alexandrie, qui vivait vers l'an 40 de J.-C.

PHILOPOEMEN, général des Achéens, gagne la bataille de Messène contre les Etoliens, l'an 208 av. J.-C.; empoisonné l'an 183 av. J.-C.

Philosophes: leur expulsion de Rome et de l'Italie, sous Vespasien, l'an 73 de J.-C., et sous Domitien, l'an 83 et l'an 89.

PHILOSTRATE, orateur et sophiste célèbre: il florissait vers la fin du second siècle ap. J.-C.

PHILOXÈNE, poëte grec dithyrambique, mort l'an 380 av. J.-C.

PHOCAS, empereur d'Orient, couronné à Constantinople le 23 novembre 602, décapité le 4 octobre 610.

PHOCION, célèbre général grec, né environ 400 ans av. l'ère vulgaire, mort vers l'an 317 av. J.-C.

Phosphore: découvert en 1674 par le chimiste allemand Kunkel; ce ne fut que 63 ans après (vers 1737), que la préparation du phosphore fut apportée en France. Cent ans après la découverte du phosphore, en 1774, Galm et Sheele découvrirent que ce corps existe dans les os à l'état d'acide combiné avec la chaux et une substance animale.

PHOTIUS, patriarche de Constantinople en 857, suspendu en 869, rétabli en 877, chassé de nouveau en 886, mort renfermé dans un monastère d'Arménie, en 891.

PHRYNÉ, musicienne et célèbre courtisane de la Grèce, vivait vers l'an 328 avant J.-C.

Physiognomonie: science créée par Lawater, en 1775.

Piano, instrument de musique qui a succédé au clavecin. — On en attribue l'invention au Florentin Cristofori, vers 1718. — Silbermann, facteur d'orgues, fait son premier piano vers 1750; il existe encore à Strasbourg. — Le piano commence à se répandre en France en 1780. — Le premier piano à queue fut exécuté, en 1808, par Sébastien Erard. — Les pianos de Pleyel datent de 1808.

Piano harmonica: inventé par Schmidt en 1802.

PIAZZI (Joseph), astronome italien ; il découvrit, le 1er janvier 1801, une nouvelle planète à laquelle il donna le nom de *Cérès Ferdinandea;* sa mort le 27 juillet 1826.

PIBRAC (Guy Dufour de), chancelier de la reine de Navarre, poëte français, auteur de *Quatrains moraux*, né à Toulouse en 1528, mort à Paris le 27 mai 1584.

PIC DE LA MIRANDOLE. Voyez MIRANDOLE (*Pic de la*).

PICARD (Louis-Benoît), comédien et auteur dramatique, né à Paris le 29 juillet 1769, mort le 31 décembre 1828.

PICARD (Jean), célèbre astronome français, né à La Flèche le 21 juillet 1620, mort le 12 juillet 1682.

Picardie: ce pays fut cédé, en 1435, par le roi de France Charles VII, à Philippe-le-Bon, duc de Bourgogne. — Il fut rendu à la France par les traités de Cambrai (5 août 1529) et de Crépy (1544).

PICART (Bernard), habile graveur, né à Paris le 11 juin 1673, mort à Amsterdam le 8 mai 1733.

PICCINI (Nicolas), célèbre compositeur de musique, né à Bari, dans le royaume de Naples, en 1728, mort à Paris le 7 mai 1800.

PICHEGRU (Charles), général français, né le 16 février 1761, député au conseil des Cinq-Cents en mars 1797, condamné à être déporté à la Guiane, arrêté le 18 fructidor an V (4 septembre 1797); le 19 du même mois (1803), arrêté de nouveau et trouvé étranglé dans sa prison au Temple le 6 février 1804.

Pichincha, montagne volcanique des Indes: fameuse par les observations astronomiques de Bouguer et La Condamine en 1740.

PICCOLOMINI (Æneas-Sylvius-Bartolomeo), élu pape sous le nom de Pie II en 1458. Voy. *Papes* et PIE II.

PICCOLOMINI (Alphonse), duc de Montemariano, chef de brigands italiens, mort à la potence en 1591.

PICCOLOMINI (Octave), l'un des plus habiles généraux des troupes impériales, pendant la guerre de trente ans, mort à Vienne en 1656.

Picpus (tiers ordre de), institué par saint François d'Assise en 1221; confirmé par le pape Nicolas IV en 1289.

Pictes, peuples de l'Ecosse : embrassent le Christianisme en 670.

PIE Ier (saint), élu pape en 142, martyrisé l'an 157.

PIE II (Æneas Sylvius Piccolomini), pape, né en 1405 à Corsigni dans le Siennois, élu le 27 août 1458, mort le 19 août 1464.

PIE III (François Todeschini), élu pape le 22 septembre 1503, mort le 13 octobre suivant.

PIE IV (Jean Ange), cardinal de Médicis, né à Milan en 1499, élu pape le 25 décembre 1559, mort le 9 décembre 1565.

PIE V (Saint Michel Ghissleri), né à Boschi ou Bosco, dans le diocèse de Tortone, le 17 janvier 1504, évêque de Sutri en 1557, pape en 1566, mourut le 30 avril 1572, et fut canonisé par Clément XI en 1712.

PIE VI (Jean Ange Braschi), né à Césène le 27 décembre 1717, élu pape le 14 février 1775, conclut le traité de Tolentino avec la France le 19 février 1797, est forcé de quitter ses états le 19 février 1798; son arrivée à Valence le 14 juillet 1799 et sa mort le 29 août suivant.

PIE VII (Grégoire-Barnabé-Chiaramonti), né à Césène le 14 août 1742, élu pape le 15 juillet 1801, signe un concordat avec la France le 15 juillet 1807; lance un bref d'excommunication contre Napoléon le 27 mars 1808, est enlevé de Rome et conduit à Florence le 9 juillet 1809; signe le concordat de Fontainebleau le 25 janvier 1813, sa mort le 20 août 1823.

PIE VIII, élu pape le 31 mars 1829, mort le 30 novembre 1830.

Piémont : la loi salique commença à s'établir dans ce pays en 1091. — Au XIVe siècle le droit d'aînesse y avait pris naissance sous Amédée VII. — Dès 1607, établissement à Annecy de l'académie florimontane qui devança de 30 ans l'académie française. — Promulgation du code Victorien en 1720. — Pris par les Français en 1798; repris par les Autrichiens en 1799, rendu aux Français après la bataille de Marengo; réuni à la France en 1802, restitué au roi de Sardaigne en 1814. — Révolution constitutionnelle dans ce pays au commencement de mars 1821.

Piémont (souverains du). *Comtes :* Odon, en 1050; — Amédée II en 1060; — Humbert II, *le Renforcé*, en 1080; — Amédée III, *le Croisé*, en 1103; — Humbert III, *le Saint*, en 1149; — Thomas, en 1188; — Amédée IV, en 1230; — Boniface *le Roland*, en 1253; — Pierre *le Charlemagne*, en 1263; — Philippe Ier, en 1268. — Amédée V, *le Grand*, en 1285. — Edouard *le Libéral*, en 1323; — Aymon *le Pacifique*, en 1329; — Amédée VI, *le Vert*, en 1344; — Amédée VII, *le Roux*, en 1383; — Amédée VIII, *le Pacifique*, en 1391. — *Ducs :* Louis en 1440; — Amédée IX, *le Bienheureux*, en 1445; — Philibert Ier, *le Chasseur*, en 1472; — Charles Ier, *le Guerrier*, en 1482; — Charles II, en 1490; — Philippe II, *Sans-Terre*, en 1496; — Philibert II, *le Beau*, en 1497; — Charles III, *le Bon*, en 1504; — Emmanuel-Philibert, *Tête de fer*, en 1553; — Charles-Emmanuel Ier, *le Grand*, en 1580; — Victor-Amédée Ier, en 1630; — François-Hyacinthe, en 1637; — Charles-Emmanuel II, en 1638. — *Rois :* Victor-Amédée II, en 1684; Charles-Emmanuel III, en 1730; — Victor-Amédée III, en 1773; — Charles-Emmanuel IV, en 1796; — Victor-Emmanuel, en 1802; — Charles-Félix, en 1821; — Charles-Albert, en 1831. — Victor-Emmanuel II, régnant depuis 1849.

PIERRE (saint), prince des apôtres, établit le siége épiscopal à Rome l'an 42 de l'ère vulgaire, martyrisé l'an 66 de J.-C., sous le règne de Néron.

PIERRE (saint), évêque d'Alexandrie l'an 300, reçut la palme du martyre en 311.

PIERRE Chrysologue (saint), archevêque de Ravenne en 433, mort vers 458.

PIERRE d'ALCANTARA (saint), né en 1499, mort en 1562.

PIERRE LE CRUEL, roi de Castille, monta sur le trône en 1350 à l'âge de 16 ans, fut vaincu et tué dans une bataille par Duguesclin le 14 mars 1369.

PIERRE III, roi d'Aragon, placé sur le trône en 1276, mort le 28 novembre 1285.

PIERRE ALEXIEVITCH Ier, surnommé *le Grand*, czar de Moscovie, né vers 1672, élu en 1682; son voyage en Hollande en 1697, en Angleterre en 1698; gagne la bataille de Pultawa sur Charles XII, roi de Suède, le 8 juillet 1709; jette les premiers fondements de Pétersbourg en 1703; vient à Paris en 1717; meurt le 28 janvier 1725, à 53 ans, après en avoir régné 43.

PIERRE II, empereur de Russie, monte sur le trône en 1726, meurt en 1738 dans la 15e année de son âge.

PIERRE III, né en 1728, grand-duc de Russie en 1742, proclamé empereur le 5 janvier 1762 (25 décembre 1761, vieux style), détrôné le 16 juillet 1772, mort en prison le 22 du même mois.

PIERRE, dit *l'Ermite*, gentilhomme français d'Amiens, et pèlerin, prêche la première croisade en 1093.

PIERRE de CLUNY, dit *le Vénérable*, abbé, puis général de l'ordre de Cluny en 1121, à 28 ans, mort le 24 décembre 1186, âgé de près de 65 ans.

Pierre philosophale : on prétend que c'est Geber, Gerbert ou Giaber, savant arabe, qui travailla le premier à la recherche de cette chimère, vers 960.

Pierreries : l'art de les tailler est cultivé en France par saint Eloi vers 628.

PIERRES (Philippe-Denis), imprimeur français, mort le 18 février 1808.

PIETERS (Gérard), peintre, né à Amsterdam vers 1580; on ignore l'époque de sa mort.

PIETERS (Bonaventure), le meilleur peintre de marine de son temps, né à Anvers en 1614, mort le 25 juillet 1652.

PIETERS (Jean), frère du précédent, né comme lui à Anvers, en 1625, cultiva le même genre de peinture avec succès.

PIETERS (N.), peintre d'histoire, né à Anvers en 1648; on ignore l'époque de sa mort.

PIETRO DE CORTONE, peintre et sculpteur, né à Cortone dans la Toscane en 1596, et suivant d'autres en 1609, mort à Rome en 1669.

PIGALE ou PIGALLE (Jean-Baptiste), sculpteur français, né à Paris en 1714, mort dans la même ville le 20 août 1785.

PIGANIOL de la FORCE (Jean Aimar), savant historiographe, né en Auvergne, mort à Paris en 1753, âgé de 83 ans.

PIGAULT-LEBRUN, romancier fameux par le scandale de quelques-unes de ses productions, né à Calais en 1753, mort le 24 juillet 1835.

Pignerol, ville du Piémont; elle ne commença à avoir quelque importance que vers le milieu du XIIe siècle. — Elle fut cédée à la France en 1632.

PIGNOTTI (Laurent), littérateur et naturaliste italien, mort le 5 août 1812.

Pikardins ou *nouveaux adamites*, sectaires du XVe siècle.

PILATE (Pontius Pilatus), gouverneur de la Judée l'an 26 ou 27 de J.-C., mort l'an 56.

PILATRE du ROSIER (François), aéronaute français, né à Metz le 30 mars 1756, est précipité d'un ballon et meurt sur le coup le 15 juin 1785 à Boulogne-sur-mer.

Pilau, ville forte sur la Baltique, prise par

les Suédois en 1726, par les Russes en 1758.

Pile de Volta, appareil électrique imaginé en 1800, par le physicien italien dont il porte le nom.

Pilnitz, château royal de Saxe : il fut le siége du congrès célèbre de princes qui discutèrent les affaires de la Pologne, le 27 juillet 1791.

PILON (Germain), sculpteur et architecte, mort à Paris dans un âge fort avancé, en 1590.

PILPAY ou BIDPAY, célèbre fabuliste indien, florissait quelques siècles av. J.-C.

PINDARE, célèbre poëte lyrique grec, né à Thèbes, vers l'an 500 av. J.-C., mort vers l'an 436 av. J.-C.

PINDEMONTE (Hyppolyte), poëte italien, mort le 15 novembre 1828.

PINEL (Philippe), célèbre médecin français, mort le 25 octobre 1826.

PINKERTON (Jean), écrivain numismate et géographe anglais, mort le 10 mars 1826.

PINTO-RIBEIRO (Jean), savant laborieux et modeste, président de la chambre des comptes et garde des archives royales du Portugal ; connu surtout par la conspiration qui assura la couronne au duc de Bragance; mort à Lisbonne en 1643.

Piombino (principauté de), cédée à la France par le traité signé à Florence, le 28 mars 1801. — Napoléon donna, en mars 1805, cette principauté à sa sœur la princesse Elisa. — Le congrès de Vienne, en 1815, rendit cet état à ses anciens propriétaires, les Buoncompagni-Ludovisi.

PIPER (François le), dessinateur anglais, mort vers l'an 1740.

PIRANESI (Jean-Baptiste), célèbre graveur et amateur de l'art, né à Rome en 1707, mort dans la même ville en 1778.

PIRANESI (François), fils du précédent et son élève ; mort à Paris le 27 janvier 1810.

Pirates (guerre des), entreprise par les Romains, qui furent victorieux, l'an 347 av. J.-C.

Pirates ou *Forbans* : la Russie invite toutes les puissances européennes à conclure une convention générale pour les détruire, le 21 septembre 1817.

Pirna, ville de Misnie (Saxe) : les Prussiens la prirent par famine en 1756.

PIRON (Alexis), poëte français, né à Dijon le 9 juillet 1689, mort le 21 janvier 1773.

PISAN (Christine de). Voy. *Christine de Pisan*.

Pise, l'une des plus anciennes villes d'Italie. Au XIIIe siècle, elle comptait plus de 150,000 habitants. Aujourd'hui, elle en renferme à peine 20,000. — Vendue aux Florentins par Galeazzo Visconti, en 1406. — Assiégée vainement par les Florentins en 1499 et en 1505. — Cette ville, pressée par la famine, fut enfin obligée de se rendre le 8 juin 1509 à la république de Florence. — Fondation de son université par Côme II de Médicis, grand duc de Toscane, en 1560.

Pise (conciles de) : contre l'anti-pape Anaclet, en 1134 ; contre le schisme en 1415.

PISISTRATE, tyran d'Athènes, mort l'an 528 avant J.-C. après un règne de 33 ans.

PISON, chef d'une conspiration contre Néron, mort l'an 65 de J.-C.

Pistolets : inventés en 1517, bien qu'une notice ministérielle de 1806 ne rapporte leur invention qu'à l'année 1545.

Pistres-sur-Seine (concile de) : il fut tenu en 865.

Pithiviers, ville de l'Orléanais : assiégée sans succès par les Anglais en 1350. — Le comte de Salisbury s'en empara en 1428. — Le prince de Condé la prit et la ravagea en 1562 et en 1567. — Henri IV fit démanteler les fortifications en 1589.

PITHOU (Pierre), jurisconsulte français, né à Troyes le 1er novembre 1539, mort à Nogent-sur-Seine le 1er novembre 1595.

PITHOU (François), frère du précédent, né en 1544, mort en 1621.

PITROU (Robert), habile architecte et ingénieur, né à Mantes en 1684, mort en 1749.

PITT (Christophe), poëte anglais, né à Blandfort en 1699, mort en 1748.

PITT (William), comte de Chatam, ministre et homme d'état anglais, né en 1708, mort le 11 mai 1778.

PITT (William), célèbre ministre anglais, troisième fils du précédent, né à Angers en 1759, mort le 23 janvier 1806.

PITTACUS, l'un des sept sages de la Grèce, mort l'an 579 avant J.-C. à 70 ans.

Pittsbourg, ville de Pensylvanie : fondée en 1765.

PIZARRO ou PIZARRE (François), capitaine espagnol, né à Truxillo, assassiné le 19 juin 1541.

Place royale à Paris : elle fut commencée en 1604 par ordre de Henri IV. — Elle reçut son nom par lettres patentes du mois de juillet 1605. — L'enceinte fut achevée en 1612. — La statue équestre de Louis XIII y fut placée le 7 septembre 1639. — Ce ne fut qu'en 1685, sous le règne de Louis XIV, que fut élevée la grille qui entourait ce monument, lequel fut détruit pendant la révolution. — Inauguration de la nouvelle statue de Louis XIII le 4 novembre 1829.

PLACETTE (Jean de la), moraliste protestant, né à Pontac en Béarn, l'an 1639, mort en Danemark en 1711.

PLACIDIE (Galla Placidia), impératrice d'Occident, morte à Ravenne le 27 novembre 450.

Plaisance (bataille de) où les troupes autrichiennes défont celles d'Espagne et de France, le 15 juin 1746.

Plaisance (duché de), réuni à la France le 21 juillet 1805. — Rendu à l'Autriche en 1815.

Plaisance (Concile de) : contre l'antipape Anaclet, en 1132.

Planètes : l'antiquité n'en connaissait que sept, proprement dites, savoir : Mercure, Vénus, Mars, Jupiter et Saturne, le Soleil et la Lune. — De 1781 à 1807, on en a découvert cinq autres : *Uranus*, découvert par Herschell le 16 mars 1781 ; *Cérès*, découverte par Piazzi le 1er janvier 1801 ; *Pallas*, découverte le 28 mars 1802, par Olbers; *Junon*, découverte le 5 septembre 1804, par Harding; et *Vesta*, découverte le 29 mars 1807, par Olbers.

PLANTIN (Christophe), célèbre imprimeur, né à Mont-Louis près de Tours en 1514, mort en 1589.

Plaqué, application sur cuivre d'une lame d'or ou d'argent; ce procédé fut inventé en France en 1785.

Plastique ou sculpture en terre molle; inventée en Grèce vers 809 av. J.-C.

Plata (la), ville d'Amérique : fondée par Pizarre en 1539.

Platée (bataille de) gagnée sur l'armée de Xercès, par Pausanias et Aristide, le 22 septembre 479 av. J.-C., 75e olymp.

PLATINE (Barthélemy Sacri, dit), littérateur italien, né à Piadena, entre Crémone et Mantoue, en 1421, mort en 1481.

Platine : découverte de ce métal dans l'Amérique espagnole en 1540, au milieu des lavages d'or. — Wood, essayeur à la Jamaïque, appelle une attention toute particulière sur ce précieux métal en 1741.

PLATNER (Jean-Zacharie), médecin-chirurgien, né à Chemnitz en Misnie, le 16 août 1694, mort à Leipzig le 19 décembre 1747.

PLATNER (Ernest), savant professeur et philosophe allemand, né à Leipzig le 15 janvier 1744, mort le 12 mai 1818.

PLATOFF ou PLATOV (le comte), hetman des Kosaks au service de la Russie, né vers 1765, mort en 1818, à Novotcherkask.

PLATON, l'un des plus éloquents et des plus célèbres philosophes de l'antiquité, né à Athènes vers l'an 429 ou 430 av. J.-C., mort l'an 348 av. J.-C.

Plâtre (sulfate de chaux) : André Verocchio employa le premier, en 1740, le plâtre de Paris, pour prendre la ressemblance sur la figure même. — Le plâtre fut employé pour la première fois en France, en 1776, pour fertiliser certaines terres.

Platzberg (bataille de), gagnée en 1794, par les Français sur les Prussiens.

Platzen (bataille de) où les Russes défont les Prussiens, en 1759.

PLAUTE (Marcus-Accius-Plautus), célèbre auteur comique latin, mort l'an 184 av. J.-C.

Pleiss (passage du pont de la) : affaire désastreuse pour les Français; le pont est rompu par un malentendu; 12,000 hommes et 60 pièces de canons restent au pouvoir des alliés, le 18 octobre 1813.

Plessis (Collége du) *:* fondé à Paris, en 1322, par Geoffroy du Plessis, notaire du pape.

PLÉVILLE LEPELLEY (Georges-René), vice-amiral français, né à Granville le 26 juin 1720, mort le 1er octobre 1805.

PLEYEL (Ignace), compositeur de musique et facteur de pianos, né en Autriche en 1757, mort en France il y a quelques années.

PLINE L'ANCIEN (Caïus Plinius Secundus), le prince des naturalistes, mort suffoqué par la flamme pendant une éruption du mont Vésuve, le 24 août 79 de J.-C.

PLINE LE JEUNE (Cæcilius Plinius Secundus), neveu du précédent, orateur et écrivain romain, né l'an 61 ou 62 de J.-C., mort l'an 113.

Plombières (Bains de) : ce fut vers 1600, lors de la fondation de l'abbaye de Remiremont, qu'ils commencèrent à être généralement fréquentés. — Mais la date de leur renommée est beaucoup plus ancienne, car Montaigne, qui vécut de 1533 à 1592, dit que les bains de Plomblières sont avec ceux de Baréges les plus agréables de France; et plus anciennement encore, en 1292, Ferri II, duc de Lorraine, fit bâtir un château au-dessus du bourg pour la sûreté des baigneurs. — Le bain royal, situé sur l'emplacement de l'ancien couvent des Capucins, et construit par ordre du gouvernement, commencé en 1810, n'a été terminé qu'en 1820.

PLOTIN, philosophe de la secte platonicienne, mort en Campanie l'an 270 de J.-C., âgé de 66 ans.

PLUCHE (Antoine), écrivain français, auteur du *Spectacle de la Nature*, né à Reims en 1688, mort le 20 novembre 1761.

PLUMIER (Charles), pieux minime, né à Marseille en 1646, mort près de Cadix en 1706.

PLUQUET (François-Anne), auteur du *Dictionnaire des Hérésies*, né à Bayeux le 14 juillet 1716, mort le 18 septembre 1790.

PLUTARQUE, célèbre philosophe et biographe de l'antiquité, florissait sous le règne de Trajan, au commencement du IIe siècle de l'ère chrétienne.

PLUVINEL (Antoine de), célèbre écuyer, auteur du *Manége Royal* et de l'*Art de monter à cheval*, mort à Paris le 24 août 1620. Il est le premier qui ait ouvert en France des écoles d'équitation.

PLUYÈRES, célèbre horloger, mort à Valenciennes, sa ville natale, en 1773.

Plymouth (le môle de); il a été construit de 1812 à 1820.

Pneumatique (machine); inventée par Otto de Guerick, en 1653.

Pneumatiques ou *Macédoniens*, sectaires du IVe siècle de l'Eglise, qui niaient la divinité de J.-C.

POCOCKE (Richard), savant écrivain et voyageur anglais dans l'Orient; mort en 1766, âgé de 87 ans.

POELENBOURG (Cornelius), peintre hollandais, né à Utrecht en 1586, mort dans sa ville natale en 1656.

Poêles et *fourneaux fumivores;* inventés par Thilorier, en 1800.

Poésie française ; les chants royaux, ballades, rondeaux et pastorales prennent naissance sous Charles V, vers 1364.

Pæstum ou *Posidonia*, ancienne ville de la grande Grèce; découverte de ses ruines en 1799.

POGGIO BRACCIOLINI (Francesco), littérateur italien, né à Terra-Nova dans le territoire de Florence, en 1380, mort près de Florence, le 30 octobre 1459.

Poids et mesures : l'historien Josèphe en

attribue l'invention à Caïn, vers l'an 3600 av. J.-C.

Poids et mesures: le système décimal est mis à exécution dans Paris, le 22 septembre 1801.

Poignards; au xve siècle, on portait des poignards dont la gaîne était attenante au fourreau de l'épée. La mode d'en porter, qui s'était établie avec le règne des Valois, disparut depuis le règne de Henri IV (1589-1610).

POILLY (François), graveur, né à Abbeville en 1622, mort à Paris en 1693.

POINSINET (Antoine-Alexandre-Henri), médiocre auteur dramatique, né à Fontainebleau en 1735, mort le 7 juin 1769.

POINSINET DE SIVRY (Louis), auteur des tragédies d'*Ajax* et de *Briseis*, né à Versailles le 20 février 1733, mort à Paris le 11 mars 1804.

Pointre-à-Pitre, ville de la Guadeloupe; consumée presque entièrement par un incendie en 1780.

POIRIER (Germain), savant bénédictin, l'un des collaborateurs de l'*Art de vérifier les dates*, né à Paris en 1724, mort au commencement de 1808.

POISSON (Nicolas-Joseph), savant prêtre de l'Oratoire, mort à Lyon le 5 mai 1710.

POISSON (Raimond), excellent comédien du xviie siècle, mort à Paris en 1690.

POISSON (Jeanne-Antoinette), voy. POMPADOUR.

POISSONNIER (Pierre-Isaac), savant médecin et écrivain, né à Dijon, mort en 1797, âgé de 79 ans.

Poissons: les Flamands en font le commerce avec les Ecossais, en 836.

Poissy (Colloque de), tenu en 1561, pour les affaires de la religion en France.

Poitiers, jadis capitale du Poitou; cette ville fut six fois assiégée et pillée, savoir: en 410 par les Vandales; en 454 par les Huns; en 730 par les Sarrasins; en 846 et 866 par les Normands; et en 1346 par les Anglais,

Poitiers (bataille de) où le roi Jean fut fait prisonnier par les Anglais, le 19 septembre 1356. Voy. TOURS et VOUILLÉ.

Poitiers (Conciles de): en 593 et en 1100.

Poitou, ancienne province de France; elle fut soumise aux Romains jusqu'au milieu du ve siècle, où elle tomba au pouvoir des Wisigoths. — Clovis la conquit au milieu du vie siècle. — Les ducs d'Aquitaine la possédèrent depuis la fin du viie siècle jusqu'après le milieu du viiie siècle, époque à laquelle Pepin en fit la conquête. — Le Poitou passa dans la maison des rois d'Angleterre au xiie siècle. — Philippe-Auguste, roi de France, le confisqua sur Jean-sans-Terre au commencement du xiiie siècle. — Ce pays fut définitivement cédé à la France par le traité de l'an 1259. — Réuni à la couronne en 1271. — Repris par les Anglais en 1356, il leur fut cédé avec la Guyenne en 1360 par le traité de Brétigny. — Le roi Charles V le reconquit sur les Anglais (de 1364 à 1380). — Charles VI en disposa en faveur de Jean, son fils; ce prince étant mort jeune et sans enfants en 1416, le Poitou resta depuis toujours uni à la couronne.

POIVRE (Pierre), voyageur, naturaliste et administrateur célèbre, né à Lyon le 23 août 1719, mort dans cette ville le 6 janvier 1786.

Polders, terres d'alluvions entourées de digues en Flandre et en Hollande: une charte du comte Philippe d'Alsace, de l'année 1171, désigne les polders près d'Ostende. Toutefois la plus ancienne charte dans laquelle on rencontre le mot *polder* est de l'année 1218.

POLEMON, philosophe grec, mort l'an 272 av. J.-C.

Polémoscope; son invention par Hévélius en 1637.

Police (lieutenant de); création de cette charge à Paris, le 15 mars 1667.

Police (ministère de la); sa création le 1er janvier 1796 (11 nivôse an IV).

POLIGNAC (Melchior de), cardinal, homme d'Etat et littérateur français, né au Puy-en-Velay le 11 octobre 1661, mort à Paris le 10 novembre 1741.

POLIGNAC (Gabrielle-Claude-Martine, née Polastron, duchesse de), gouvernante des enfants de France, morte en Russie à la fin de 1793, âgée de 44 ans.

POLIGNAC (Jules, prince de), pair de France, président du conseil des ministres en 1830, mort à Saint Germain-en-Laye le 30 mai 1847.

POLINIERE (Pierre), le père de la physique expérimentale en France, né à Coutances près de Vire le 8 septembre 1671, mort le 9 février 1734.

POLITIEN (Ange), littérateur italien, né à Monte-Pulciano (Toscane) le 14 juillet 1454, mort à Florence le 24 septembre 1494.

POLLION (Caïus Asinius), homme d'Etat et homme de lettres, ami de César, d'Antonin et d'Auguste, fut nommé consul l'an 714 de Rome (40 de J.-C.): mort à Tibur à l'âge de 80 ans, à la fin du règne d'Auguste.

POLO (Marc) ou MARCO-POLO ou PAOLO, célèbre voyageur, né à Venise vers 1255.

Pologne: ce pays tombe au pouvoir des Sclavons ou Slaves vers 496. — Son érection en duché vers 550. — En 823, fin de la première race des ducs de cet état. — Piast commence, en 842, la seconde dynastie des ducs de ce pays. — Commencement du christianisme dans ce pays, en 966, dans la personne du duc Micislas Ier, qui se fait baptiser. — La Pologne est désolée par une guerre civile, en 1196, sous le règne de Lesko V. — Ravagée par les Mogols ou Tartares, en 1285. — Erigée en royaume, en 1295. — Réunion de la Pologne à la Hongrie, sous le règne de Louis (de 1370 à 1382). — La Pologne est envahie par le sultan Mahomet IV qui la rend tributaire en 1672. — Premier partage d'une partie du royaume, arrêté à Saint-Pétersbourg, le 5 août 1772, entre la Russie, la Prusse et l'Autriche. — Révolution dans ce pays, le 3 mai 1791: on y proclame une nouvelle constitution dont la base principale est l'hérédité de la couronne, auparavant élective. — Son second démembrement le 23 juillet 1793. — Son dernier partage entre la Russie, l'Autriche et la Prusse, signé à Pétersbourg, le 3 janvier 1795. — Ce partage est opéré au mois de mai suivant. — Dernière convention au sujet de ce pays, signée à Pétersbourg, par la Russie, l'Autriche et la Prusse, le 26 janvier 1797. — Le 7 février 1815, il est décidé au congrès de Vienne qu'une grande partie de la Pologne restera à la Russie. — Le 10 avril, l'empereur de Russie prend le titre de roi de Pologne. — Insurrection de la Pologne contre la Russie : le mouvement commence à Varsovie dans la nuit du 29 novembre 1830. — Cette révolution ne fut comprimée qu'en septembre 1831.

Pologne (ducs et rois de) depuis environ 550. — Leck Ier, duc en 550. — Grack ou Cracus et Leck II, en 700. — Venda, reine, en 740. — Prémislas ou Lesko Ier, duc en 760. — Lesko II, en 804. — Lesko III, en 810. — Popiel Ier, en 815. — Popiel II, en 823. — Piast, en 842. — Ziemovit, en 861.— Lesko IV, en 892. — Ziemomislas, en 913.— Micislas Ier, en 964. —Boleslas Ier, en 999. — Micislas II, en 1025. — Interrègne de 1037 à 1041. —Casimir, en 1041. — Boleslas II, en 1058. — Ladislas, en 1081. — Boleslas III, en 1102.—Ladislas II, en 1138.—Boleslas IV, en 1146..— Micislas III, déposé en 1173. — Casimir II, en 1177.—Lesko V, en 1194.—Micislas III, rétabli en 1200. — Lesko, rétabli la même année. — Ladislas III, en 1202. — Lesko pour la 3e fois. — Boleslas V, en 1227. — Lesko VI, en 1279. — Interrègne de 1289 à 1295. — Prémislas II, élu roi en 1295. — Ladislas IV, chassé en 1296.—Venceslas III, de Bohême, en 1300. — Ladislas IV, rétabli en 1304. — Casimir III, *le Grand*, en 1333. — Louis, roi de Hongrie, en 1370. — Interrègne de 1382 à 1386. — Ladislas V Jagellon, duc de Lithuanie et Hedwige, en 1386. — Ladislas VI, en 1434. — Casimir IV, en 1445. — Jean-Albert, en 1492. — Alexandre, en 1501. — Sigismond Ier, en 1506. — Sigismond II Auguste, en 1548. — Interrègne de 1572 à 1574.—Henri d'Anjou, 5 mois de 1574. — Etienne Battori, prince de Transylvanie, en 1576. — Sigismond III, roi de Suède, en 1587. — Ladislas VII, en 1632. — Jean Casimir, en 1648. — Michel Ier, en 1669. — Jean Sobieski, en 1674. — Frédéric-Auguste Ier, en 1697. — Stanislas Ier, en 1704. — Frédéric-Auguste, rétabli en 1709. — Stanislas, élu de nouveau en 1733, abdique la même année. — Frédéric-Auguste II, en 1733. — Stanislas-Auguste, en 1764 ; il se démet en 1795 ; et la Pologne est partagée entre la Russie, l'Autriche et la Prusse. — Le duché de Varsovie, formant un cinquième de l'ancienne Pologne, est cédé par le roi de Prusse à Frédéric-Auguste III, roi de Saxe, en 1807. — La Pologne est de nouveau érigée en royaume, en 1814 ; Alexandre Ier, empereur de Russie, prend le titre de roi de cet Etat.—Nicolas lui succède en décembre 1825.

Pologne (ordres militaires de la) : l'ordre de l'Aigle blanc, fondé par le roi Auguste de Saxe, le 2 novembre 1705, pendant la guerre contre Charles XII. — L'ordre de Saint-Stanislas (le patron de la Pologne), fondé par le roi Stanislas-Auguste à son avénement au trône, le 8 mai 1765 ; cet ordre fut divisé en quatre classes par Alexandre. — L'ordre du Mérite militaire institué par Stanislas-Auguste, en 1791.

Polotsk (combat de) où les Russes sont défaits par les Français, le 17 août 1812.

POLUS ou POOL ou de la POLE (Renaud), cardinal et homme d'état anglais, né en 1499, mort le 25 novembre 1558.

POLYBE, célèbre historien grec, né à Mégalopolis, en Péloponèse, vers l'an 203 av. J.-C., mort l'an 121 av. J.-C. — La première édition du texte grec de Polybe (les 5 premiers livres seulement) parut à Haguenau en 1530. — La dernière grande édition de cet historien, et la meilleure de toutes, a été publiée à Leipsick, de 1789 à 1793, en 9 volumes in-8°.

POLYCARPE (saint), évêque de Smyrne, brûlé vif dans cette ville vers l'an 166, âgé d'environ 95 ans.

POLYCRATE, tyran de Samos, vers l'an 532 av. J.-C., crucifié l'an 524 av. J.-C.

POLYDORE VIRGILE ou VERGILE, historien, né à Urbin en Italie en 1470, mort vers 1555.

Polygamites, sectaires du XVIe siècle, qui avaient pour chef Bernardin Okin, calviniste.

Polyglottes (Bibles) : la plus ancienne est celle qui fut imprimée en 1515 à Hénarès (Nouvelle-Castille) sous les yeux et par les ordres du cardinal Ximénès ; on l'appelle indifféremment la bible d'Alcala ou de *Complute*. — La seconde Bible polyglotte ou Bible royale fut imprimée par Plantin à Anvers en 1572 par l'ordre de Philippe II et sous la direction du savant Arias Montanus ; elle contient tout ce qui était déjà dans la Bible de *Complute*, avec d'importantes additions, et surtout de précieux vocabulaires. — La troisième Bible polyglotte est celle de Paris, imprimée en 1645, sous la direction de Le Jay ; il y manque les dictionnaires qui sont dans la polyglotte de 1572. — La quatrième Bible polyglotte est celle d'Angleterre, imprimée à Londres en 1657, et connue sous le nom de *Bible de Walton*, du nom de son éditeur ; on y trouve la Vulgate selon l'édition revue et corrigée par le pape Clément VIII, et beaucoup d'autres choses qui manquent dans les autres polyglottes. — On peut aussi mettre au nombre des polyglottes le Pentateuque imprimé par les juifs de Constantinople, en 1547, et celui qu'ils publièrent en 1551 ; la Bible de Hutter, imprimée à Hambourg, en 1599, en 12 langues ; le Psautier publié à Gênes en 1516, par les soins d'Augustin Justiniani, évêque de Nébo ; celle de Vatable Commelin, 1596 ; celle de Polken, imprimée en 1546 ; celle de Reineccius, Leipsick, 1750.

Polygraphe mécanique, instrument au moyen duquel on peut tracer simultanément deux minutes de ce qu'on écrit; il est d'invention anglaise, et fut importé à Paris, en 1805, par M. Rochette père.

Polypes d'eau douce : leur découverte en 1703. — Vers 1727, Peyssonel démontra jusqu'à l'évidence que les polypes qu'on avait rangés longtemps parmi les zoophytes, étaient les habitations d'un grand nombre de petits animaux qui ne pouvaient subsister ailleurs.

Polypes : découverte de leur reproduction après leur séparation, par Tremblays, en 1740. — Vers 1768, Ellis, savant naturaliste anglais, compléta l'étude des polypes, en retrouvant des animaux analogues dans les *sertulaires*, les *escharres* et les *gorgones*.

POMBAL (Sébastien-Joseph Carvalho, marquis de), homme d'état célèbre, né à Soure dans le territoire de Coimbre (Portugal) en 1699, mort le 8 mai 1782.

POMERANCIO (le chevalier de), peintre italien, né à Volterra en 1552, mort en 1626 à Rome; son véritable nom était Cristoforo Roncali.

Poméranie suédoise; son invasion par l'armée française le 26 janvier 1812.

Poméranie, duché appartenant à la Prusse : le christianisme commença à y pénétrer en 1124 (15 juin); c'est en commémoration de cet heureux événement qu'on célébra le 15 juin 1824, le septième jubilé séculaire. — A l'extinction de la race des ducs de Poméranie en 1637, ce pays devait revenir à l'électeur de Brandebourg; mais il resta à la Suède qui l'occupait. — Il fut assuré à la Prusse par le traité du 4 juin 1815.— Les Etats provinciaux y existent depuis 1823.

Pommes de terre (culture des) en France : en 1815, on récolta 21,597,940 hectolitres; en 1820, 40,670,683 hect.; en 1830, la récolte fut de 34,835,166 hect.; et en 1835, elle a été de 71,985,811 hect. — En 1815, on avait consommé 558,963 hectolitres de pommes de terre, et en 1835, on en a compté 803,834.

POMPADOUR (Jeanne-Antoinette Poisson, marquise de), née en 1720, morte le 14 avril 1764.

Pompe, machine hydraulique, inventée, vers l'an 234, par Ctésibius, d'Alexandrie.

Pompe à air : inventée par Otto-Guerik, en 1456.

Pompes qui font monter l'eau par l'action du poids de l'air : inventées par Héron, dit l'*Ancien*, d'Alexandrie, vers l'an 190 av. J-C.

Pompes à incendie : inventées par Van-der-Leyden, Hollandais, en 1699. — Leur usage n'est établi en France que depuis 1805.

Pompes à feu : leur invention en 1662; selon d'autres, les Anglais les auraient imaginées au XVIIIe siècle. — Elles furent introduites en France en 1781 par les frères Périer.

POMPÉE LE GRAND (Cn. Pompeïus Magnus), célèbre général romain, né l'an 106 av. J.-C., appelé au triumvirat avec Crassus et César, l'an 60 av. J.-C., assassiné après la bataille de Pharsale, l'an 48 av. J.-C.

Pompée (ère de), connue principalement des antiquaires, et ainsi appelée du nom de Pompée, qui fit de la Syrie une province romaine, et accorda des priviléges à plusieurs des villes du royaume, l'an 64 av. J.-C.

Pompeïa : engloutie dans l'éruption du mont Vésuve de l'an 79 de J.-C.; cette ville a été découverte sous terre pendant le XVIIIe siècle.

Pompiers (corps des sapeurs-) : son organisation militaire en vertu d'un décret du 18 septembre 1811. — L'ordonnance du 7 novembre 1821 les plaça définitivement dans l'armée.

POMPIGNAN (Jean-Jacques-Nicolas Lefranc, marquis de), littérateur français, né à Montauban le 10 août 1709, mort le 1er novembre 1784.

POMPIGNAN (Jean-Georges Lefranc de), évêque du Puy, et archevêque de Vienne, frère du précédent, né à Montauban le 22 février 1715, mort à Paris le 29 décembre 1790.

POMPONACE (Pierre), en latin *Pomponatius*, savant et philosophe distingué du XVe siècle, né à Mantoue en 1462, mort vers 1526.

PONÇOL (l'abbé Henri-Simon-Joseph-André de), littérateur estimable, né à Quimper en 1730, mort le 13 janvier 1783.

Ponctuation : inventée par le grammairien Aristophane de Byzance, vers l'an 200 av. J.-C.

Pondichéri : les Français en font l'acquisition en 1674. — Etablissement des Français dans cette contrée en 1680. — Prise aux Français par les Hollandais, en 1693. — Rendue en 1697.—Prise de cette ville par les Anglais, le 15 janvier 1761, après 9 mois de blocus. Alors finit la puissance des Français dans les Indes. — Prise aux Français par les Anglais en 1803. — Restituée à la France en 1814.

PONIATOWSKI, famille polonaise d'origine italienne; la dignité princière lui fut conférée en 1764.

PONIATOWSKI (Stanislas, comte de), connu par ses relations avec Charles XII, roi de Suède, naquit en 1678 et mourut en 1762.

PONIATOWSKI (Stanislas II Auguste), fils aîné du précédent, né en 1732, élu roi de Pologne en 1764, détrôné en 1794, mort le 12 février 1798.

PONIATOWSKI (le prince Joseph), brave général polonais, né à Varsovie le 2 mai 1762, noyé au passage de la Pleiss, le 19 octobre 1813.

Pont (royaume du) : il devint province romaine sous le règne de Néron, dans la seconde moitié du Ier siècle de l'ère chrétienne. — En 1204, lors de la prise de Constantinople par les Croisés, Alexis Comnène fonda dans le Pont un nouveau royaume qui subsista jusqu'à Mahomet II, en 1453.

Pont (royaume du), fondé, dit-on, par un fils du premier Darius, roi de Perse, près de 500 ans av. J.-C. — Il dura près de 500 ans dans la même famille. — Son dernier roi fut le fameux Mithridate, mort l'an 64 av. J.-C. — Il devint peu après province romaine.

Pont (concile de), relativement à la fête de Pâques, en 198.

Pont-à-Mousson: la ville neuve a été bâtie en 1230 par Thiébaut II, comte de Bar. — Mathieu II la brûla en 1240. En 1354, elle fut érigée en marquisat et en ville libre impériale par Charles V. — En 1444, elle reçut le titre de cité, et devint en 1572 le siége d'une université qu'elle conserva pendant deux siècles. Le duc de Bourgogne l'emporta d'assaut en 1475. — Louis XIII la prit en 1632.

Pont-de-Cé : l'armée de Marie de Médicis y fut défaite en 1620.

Pont-de-l'Arche, ville du département de l'Eure : doit son origine à Charles le Chauve, qui la fit bâtir en 854.

Pontarlier, ville de la Franche-Comté : son origine remonte à la fin du ve siècle. — Elle fut incendiée ainsi que les villages voisins par les Allemands en 1475.— Le 16 janvier 1639, elle fut assiégée par le duc de Weimar qui la prit par capitulation et y fit mettre le feu le 2 juillet de la même année. — Cinq nouveaux incendies la consumèrent en 1656, 1675, 1680, 1736 et 1754.

PONTCHARTRAIN (Louis-Philippeaux, comte de), né en 1643, premier président au parlement de Bretagne en 1667, contrôleur des finances en 1689, chancelier en 1699; mort en 1727.

PONCHARTRAIN (Jérôme Philippeaux de), fils du précédent, né en mars 1674, secrétaire d'Etat en 1692, démissionnaire en 1715; mort en 1717.

PONTE (Giacomo da), dit *le Bassan*, peintre célèbre, né à Bassano en 1519, mort dans sa ville natale en 1592; il fut le chef d'une école estimée.

PONTEDERA (Jules), naturaliste italien, mort le 3 septembre 1757.

Ponthieu (le) : il fut longtemps gouverné par des comtes qui se rendirent indépendants et héréditaires vers la fin du xe siècle. — Ce comté passa dans la maison d'Alençon au commencement du XIIe siècle, et successivement dans celles de Dammartin, de Castille et d'Angleterre. — Il fut confisqué en 1380 sur Edouard III, roi d'Angleterre, et réuni à la couronne de France. — Possédé plus tard par la maison de Bourgogne, il fut réuni une seconde fois à la couronne par Louis XI, et en 1526 par le traité de Madrid.

Pontoise : prise d'assaut par Charles VII sur les Anglais, en 1442.

PONTORMO (Giacomo Carrucci, dit), peintre italien, mort à 63 ans en 1558.

Ponts : inventés en Chine vers 2602 av. J.-C. — C'est au XIIe siècle de notre ère seulement que remonte la construction des ponts importants de la France. — Du XIIe au XVe siècle, les ponts de Bonpas sur la Durance, celui d'Avignon, ceux du Pont-Saint-Esprit, de la Guillotière, du Saut-du-Rhône, furent établis sur divers points de la France. — Le premier pont qui fut construit en pierre à Paris fut celui de Notre-Dame ; emporté en 1507, il fut promptement remplacé en 1512 par celui qui existe aujourd'hui ; il était chargé de maisons, qui ne furent démolies qu'en 1786. — La construction du Pont-Neuf, commencée le 30 mai 1578, fut achevée en 1604.—En 1656, les ponts Saint-Michel, de l'Hôtel-Dieu, le pont Marie, le Pont-au-Change, celui de la Tournelle, servaient de communication aux deux rives de la Seine. — Le Pont-Royal fut commencé le 25 octobre 1685, sous la direction de Mansart, et achevé par le frère François Romain. — Le pont Louis XVI et celui de Neuilly, tous deux du célèbre ingénieur Perronnet, sont de 1770 à 1775. — Le pont d'Iéna, commencé en 1806, terminé en 1813. — Parmi les ponts de pierre signalés par les voyageurs, il faut citer celui de Bordeaux sur la Garonne, projeté depuis longtemps, commencé en 1810, achevé en 1821, et livré à la circulation le 1er octobre 1822. — On cite aussi celui de la Basse-Terre (Guadeloupe); il est d'une seule arche et fut construit en 1773. — Le pont de Westminster, à Londres, commencé en 1738, et fini en 1750.

Ponts en fer forgé : inventés vers 1780; les Anglais s'attribuent l'invention de ce genre de ponts; ils ont au moins le mérite de la première exécution, car le premier pont en fer coulé et forgé fut construit par eux en 1793 sur la rivière de Warmouth. — Le pont des Arts, à Paris, fut exécuté en 1803. — Le pont d'Austerlitz ou du Jardin-du-Roi, le fut en 1804. — Dans ces derniers temps, plusieurs ponts suspendus ont été jetés sur la Seine, à la Grève, à Bercy, à l'île Saint-Louis, sur le quai Voltaire, en face des Invalides. — Le premier essai, en France, de ce dernier genre de ponts ne remonte pas au delà de 1822, époque où les frères Seguin firent construire un pont suspendu sur le Rhône, entre Tain et Tournon.

Ponts-et-Chaussées : établissement en France des ingénieurs des Ponts-et-Chaussées, en 1739. L'existence de ce corps fut sanctionnée par lettres-patentes de 1750. — Cette première organisation fut modifiée successivement par arrêt du conseil de 1770, par la loi du 17 janvier 1791, par celle du 18 août de la même année, par le décret impérial du 25 août 1804 (7 fructidor an XII), par ordonnances royales du 19 octobre 1830 et du 8 juin 1832.

Pont-Saint-Maxence, ville du département de l'Oise ; son beau pont, dont les piles sont composées de quatre colonnes recouplées, laissant entre elles un intervalle de neuf pieds, fut construit en 1777, sur les dessins et sous la direction du célèbre ingénieur Perronnet.

Pontyon (concile de), en 876.

Popayan, capitale d'une province de l'Amérique méridionale, bâtie en 1538.

POPE (Alexandre), célèbre poëte anglais, né à Londres le 8 juin 1688, mort le 30 mai 1744.

POPELINIÈRE (Lancelot de Voesin, seigneur de la), négociateur, écrivain et homme de guerre, mort à Paris en 1608.

POPELINIÈRE (Alexandre-Jean-Joseph Leriche de la), fermier-général et littérateur français, mort le 5 décembre 1762.

POPILIUS LÆNAS (Caius), consul, l'an de Rome 582 (173 ans av. J.-C.).

PORBUS (Pierre), peintre, né à Gouda vers 1510, mort dans un âge assez avancé.

PORBUS (François), fils et élève du précédent, né à Bruges en 1540 : on ignore l'époque de sa mort.

PORBUS (François), dit *le Jeune*, fils du précédent, peintre estimé, né à Anvers en 1570, mort à Paris en 1622.

Porc-épic (Ordre du), autrement dit *du Camail* ou *d'Orléans* : c'était un ordre de chevalerie institué en 1394 par Louis, duc d'Orléans, fils de Charles V.

Porcelaine : inventée en Europe par le baron de Boeticher de Saxe, en 1676. — Perfectionnée en Saxe par Tschirnhaus, en 1695. — En 1738, infructueux essai d'une fabrique de porcelaine à Vincennes par le marquis de Fuloy, sur les indices de Réaumur. — Cette manufacture, transférée à Sèvres en 1759, s'acquiert une grande renommée, grâce aux soins des chimistes Macquer et Montigny.

PORÉE (Charles), savant jésuite, né le 14 septembre 1675, à Vendes près Caen, mort le 11 janvier 1741.

Porentrui, ville du ci-devant duché de Bâle : appartenait aux Français pendant la Révolution. — Rendue à la Suisse en 1814.

PORPHYRE, philosophe platonicien, qui écrivit contre les chrétiens et fut réfuté par saint Méthodius, vivait vers la fin du IIIe siècle.

PORPHYRE, poëte chrétien, vivait dans le IVe siècle de l'ère chrétienne, vers l'an 329.

PORPHYRE (saint), connu sous le nom d'*Andrinople*, mort martyr sous le règne de Julien l'Apostat, qui cessa de régner et de vivre en 368. Dans le Martyrologe romain, la fête de saint Porphyre est fixée au 15 septembre.

PORPHYRE, évêque de Gaza, sous le règne d'Arcadius, mort le 26 février 420.

PORRUS (Pierre-Paul), célèbre imprimeur, né à Milan, vivait en 1516.

PORSENNA (Lars), roi d'Etrurie : commencement de sa guerre contre les Romains l'an 507 av. J.-C.

Port-au-Prince, ville de Saint-Domingue; fondée en 1749. — Détruite en 1770 par un tremblement de terre, et brûlée par les noirs en 1792; incendiée de nouveau, le 22 novembre 1797.

Port-Royal en Amérique, sur la côte méridionale de la Jamaïque; bâti en 1604 par quelques colonies françaises. — Cette ville a été presque ruinée par un tremblement de terre en 1692, par le feu en 1702 et par un ouragan en 1782 : elle est réduite à 200 maisons.

Port-Royal-des-Champs, abbaye de religieuses de Cîteaux : bâtie en 1204. — Réformée en 1608, par Marie-Angélique Arnauld. Devient la retraite des fameux solitaires jansénistes dès 1688. — Suppression de cette abbaye, le 11 juillet 1709. — Sa destruction par arrêt du conseil du 22 janvier 1710.

Port-Royal de Paris (abbaye de) : elle subsista jusqu'en 1790. — En 1801, on y plaça l'institution de la Maternité, et en 1814, l'hospice de l'accouchement appelé vulgairement la *Bourbe*.

Port-Mahon (les Anglais s'en emparent en 1708 et le gardent à la paix. — Combat naval livré à peu de distance de cette ville, et où l'escadre française bat la flotte anglaise, le 20 mai 1756. — Port-Mahon pris par le duc de Richelieu, le 28 juin suivant.

PORTA (Jean-Baptiste), littérateur et physicien italien, mort le 4 février 1615, à 70 ans.

PORTALIS (Jean-Etienne-Marie), ministre des cultes, grand-officier de la légion-d'honneur, etc., sous Napoléon : mort à Paris, le 25 août 1807.

Porte-Glaives (ordre des chevaliers) en Livonie : leur institution en 1200.

PORTE (Pierre de la), premier valet de chambre de Louis XIV, né vers l'an 1603, mort le 13 septembre 1680.

PORTE (l'abbé Joseph de la), littérateur français, né à Béfort en 1718, mort à Paris en décembre 1779.

Porte-voix, instrument de marine connu dans nos contrées dès 1645.

Porto, ville du Portugal : prise par les Français en 1807 et 1809.

Porto-Bello, ville de l'Amérique méridionale, bâtie en 1584 : pillée en 1591 par l'amiral Parker : ses fortifications détruites en 1740 par l'amiral Vernon. — Prise par les Anglais sur les Espagnols, le 3 décembre 1739.

Porto-Cavalho : révolution dans le gouvernement de cet état, en juillet 1811.

Porto-Rico ou Puerto-Rico (*San Juan de*), une des Antilles : découverte par Christophe-Colomb en 1493. — Occupée par les Espagnols en 1510. — Prise par les Anglais en 1597. — Appartenant aujourd'hui à ses premiers propriétaires. — La ville fut fondée en 1514; elle a été ravagée par un ouragan en 1825. — Voyez Saint-Domingue.

Portraits : l'art de les modeler avec des moules de plâtre remplis de cire, fut inventé vers 328 av. J.-C., par Lysistrate.

Portsmouth, ville maritime de l'Angleterre : elle se compose de deux villes, dont l'une reçut le nom de *Portsea* en 1792.

Portugal : origine de cet état dans la personne de Henri de Bourgogne, qui fut créé comte de Portugal en 1095. — Erection de ce comté en royaume en 1139. — Son premier roi fut Alphonse Henriquez, le 25 juillet 1149. Depuis, ce royaume a eu des rois particuliers jusqu'en 1580, époque où Philippe II, roi d'Espagne, en prit possession; mais en 1640, les Portugais placèrent sur le trône la maison de Bragance. — Bulle de Benoît XIV, du 23 décembre 1748, qui octroie au roi de Portugal le titre de *Roi très-Fidèle*.—Le 4 octobre 1807, la famille royale se disposa à partir pour le Brésil; insurrection du peuple à cette nouvelle. — Le prince régent, avec toute sa suite, mit à la voile pour le Brésil, le 29 novembre. — Le 30, les

Français firent leur entrée à Lisbonne et s'emparèrent de tout le pays sans combat. — Le 25 mai 1817, conspiration découverte, ayant pour objet d'assassiner le maréchal Beresford, tous les membres de la régence et tous les Anglais, et d'offrir la couronne au duc de Cadaval, le plus proche parent du roi. — En juillet 1820, la constitution des Cortès d'Espagne y fut proclamée; une junte de gouvernement provisoire fut établie à Lisbonne. — Contre-révolution en Portugal, le 31 mai 1823. — Ce pays reçut une constitution de la part de don Pedro, empereur du Brésil, le 29 avril 1826. — Contre-révolution opérée par don Miguel, le 23 juin 1828. — En 1833, don Pedro ayant abdiqué la couronne du Brésil en faveur de son fils, vint asseoir sa fille, dona Maria da Gloria, sur le trône de Portugal. — En 1836, la charte de don Pedro fut remplacée par la constitution démocratique de 1820.

Portugal (souverains du) : Henri, comte, en 1095. — Alphonse, créé roi en 1139. — Sanche Ier, en 1185. — Alphonse II, en 1211. — Sanche II, en 1233. — Alphonse III, en 1248. — Denis, en 1279. — Alphonse IV, en 1325. — Pierre, en 1357. — Ferdinand, en 1367.—Interrègne de 1383 à 1385.—Jean Ier, en 1385. — Edouard, en 1433.— Alphonse V, en 1438. — Jean II, en 1481. — Emmanuel, en 1495. — Jean III, en 1521. — Sébastien, en 1557. — Henri, *cardinal*, en 1578. — Le Portugal est pris par Philippe II, en 1580. — Jean IV, duc de Bragance, en 1640. — Alphonse VI, en 1656; il est déposé en 1667, et meurt en 1683. —Pierre, régent, en 1667, devient roi en 1683. — Jean V, en 1706. — Joseph Ier en 1750. — Don Pèdre et Marie, en 1777. —Marie seule, en 1786.—Les Français et les Espagnols s'emparent du Portugal en 1807. — Jean VI, en 1816. — Don Pedro, empereur du Brésil, en 1826. — Dona Maria da Gloria, le 2 mai de la même année, par suite de l'abdication de don Pedro.

Posen (traité de paix de) : conclu entre la France et la Saxe, le 11 décembre 1806.

Posen : prise par Charles XII en 1703, et reprise par les Polonais en 1716. — La ville et la province de ce nom furent érigées en grand-duché par le congrès de Vienne, en 1814.

POSIDONIUS ou POSSIDONIUS, philosophe stoïcien, était célèbre du temps de Cicéron, l'un de ses disciples, quelques années avant l'ère chrétienne.

Potsdam (traité de) : signé le 2 octobre 1805 entre la Prusse et la Russie, dans le but de mettre des bornes à la puissance de la France.

Poste (la petite), établie à Paris en 1759, d'après le projet de Chamousset, et en activité le 9 juin 1760.

Poste (maîtres de): leur institution remonte à l'année 1464. — La conduite des voitures de Messageries devint, en 1719, le droit des maîtres de poste, et ce droit, consacré par différents édits antérieurs à la révolution, est reconnu jusqu'à cette époque de transformation. — La loi du 9 vendémiaire an VII néglige leurs intérêts. Celle du 15 ventôse an XIII, en obligeant tout propriétaire de voitures publiques à leur payer une redevance par poste et par cheval, relève le service des relais en France.

POSTEL (Guillaume), écrivain extravagant, né à Dolerie en Normandie, en 1510, mort relégué à l'abbaye de Saint-Martin-des-Champs à Paris, le 6 septembre 1581.

Postes : l'invention en est attribuée à Cyrus, vers 530 av. J.-C. — Leur usage établi en France par Louis XI, en 1464, par un édit qui est le premier édit régulier fait sur cette matière. — Jusqu'en 1792, le transport des dépêches s'était fait à cheval ou par des voitures lourdes, incommodes et non suspendues; mais à cette époque on commença à améliorer ce service.

Potassium, nouveau métal ou substance métalloïde : sa découverte par le célèbre Humphries Davy, en 1807.

POTEMKINE (Grégoire-Alexandre), ministre et général russe, l'un des hommes les plus extraordinaires de son siècle, né dans les environs de Smolensk en 1736, mort le 15 octobre 1791.

Potence : abolition du supplice, en France, par le Code pénal de 1791.

Poterie de terre : l'art de la fabriquer fut inventé par Epiméthée, vers l'an 1749 av. J.-C.

POTHIER (Robert-Joseph), savant jurisconsulte français, né à Orléans le 19 janvier 1699, mort le 2 mars 1772.

POTHIN (saint), premier évêque de Lyon, martyrisé l'an 177, à l'âge de 90 ans.

Potose ou *Potosi :* découverte de ses mines d'or, en 1545. — La ville de ce nom fut fondée en 1547.

POTTER (Jean), archevêque de Cantorbéry, savant critique et écrivain anglais, né en 1674, mort en 1747.

POTTER (Paul), célèbre peintre hollandais, né à Enckuysen, en 1624, mort à Amsterdam en 1654.

Poudre à canon : les Chinois s'en servirent, dit-on, pour la première fois en 1232, quoique, suivant eux, l'invention de la poudre remonte à 1700 ans plus haut. — Sa découverte en Europe est préparée par Roger Bacon en 1278. — Son invention en Europe est attribuée à un moine de Fribourg, nommé Berthold Schwartz, et on la place dans la première partie du XIVe siècle. — Des historiens assurent qu'elle fut employée pour la première fois dans les guerres européennes, en 1338. — Le colonel George Gibbe proposa, en 1819, d'y faire entrer une certaine portion de chaux vive, pour augmenter sa force.

Poudre à cheveux : en usage en France et en Angleterre vers 1590.

Poudre végétative : résultat de la conversion des matières fécales, inventée par Bridet en 1796.

Poudreries françaises : explosions mémorables dans quelques-uns de ces établissements. — Le 1er vendémiaire an XII (24 septembre 1803), destruction d'une grande partie de la poudrerie de Maromme près de Rouen, par suite d'une explosion. —Le 16 avril 1816, explosion et destruction d'une grande partie de la poudrerie de Toulouse; 16 personnes y perdirent la vie.—Le 25 mai 1818, explosion et destruction de la presque totalité de la poudrerie de Saint-Jean-d'Angély (Charente-Inférieure). —Le 16 octobre 1820, destruction de la poudrerie d'Essonne par suite d'une explosion. — Le 26 juillet 1822, destruction complète de la poudrerie de Colmar, par l'explosion de tous les ateliers de fabrication, et par l'incendie général qui s'ensuivit. — Le 3 août 1825, à la poudrerie du Ripault, près de Tours (Indre-et-Loire), explosion du grand grenoir qui contenait de 10 à 11000 kil. de poudres; 14 personnes tuées. Voy. *Grenelle*.

Poudres et salpêtres (Direction générale du service des) : elle a été instituée, réorganisée ou modifiée en vertu des diverses ordonnances royales du 19 novembre 1817, du 25 mars 1818, du 15 juillet de la même année, du 20 septembre 1829, des 27 août et 18 septembre 1830.

Poudres et salpêtres : l'exportation du salpêtre est interdite par François Ier, en 1540. —Les communes de France, par édit de 1547, sont obligées de fournir chaque année 800,000 livres de salpêtre. — En 1601, ordonnance de Henri IV relative à la fabrication du salpêtre. — En 1634, création en France d'un surintendant et de commissaires pour la fabrication du salpêtre et de la poudre. — En 1686, introduction du mortier d'épreuve. — En 1725, expériences de Bélidor sur les mines. En 1754, fabrication en France de la poudre par les meules.

Poudres (conspiration dite des), en Angleterre, le 5 novembre 1605.

POUGATCHEFF (Ikhelmann), aventurier et fameux cosaque du Don, décapité le 21 janvier 1775.

POUGENS (Marie-Charles-Joseph, chevalier de), savant et spirituel écrivain, né à Paris le 15 août 1755, mort à Vauxheim près de Soissons, le 19 novembre 1833.

Poulie : inventée par le mécanicien Archytas de Tarente, l'an 381 av. J.-C.

Poulie mobile : inventée par Archimède, vers 220 av. J.-C.

POULLE (Nicolas-Louis), prédicateur français, mort à Avignon le 8 novembre 1781, à 79 ans.

Pourpre : l'art de teindre en cette couleur est attribué à Phénix, fils d'Agénor, roi de Sidon, qui trouva, dit-on, un petit vermisseau produisant cette couleur, vers l'an 1519 av. J.-C.

POUSSIN (Nicolas), célèbre peintre français, né aux Andelys en Normandie en 1594, mort à Rome le 19 novembre 1665.

POYET (Guillaume), chancelier de France, mort en 1548, âgé de 74 ans.

PRADES (l'abbé Jean-Martin de); thèse qu'il soutient à la Sorbonne le 18 novembre 1751 ; sa mort arrivée à Glogau en 1782.

PRADO (Blas de), peintre espagnol, mort au commencement du XVIIe siècle, âgé de 60 ans.

PRADON, poëte dramatique français, qu'on voulut opposer à Racine; mort en janvier 1698.

Praga, ville forte de Pologne : fameuse par la victoire de Charles-Gustave, roi de Suède, sur les Polonais, en 1656; — prise d'assaut par les Russes le 24 novembre 1794, après un combat sanglant.

Pragmatique-Sanction de saint Louis : donnée en 1268.

Pragmatique-Sanction de Charles VII : arrêtée à Bourges, le 7 juillet 1438. — Abolie par le concordat de François Ier, en 1515. Abrogée par une bulle du pape Léon X, en date du 18 août 1516.

Pragmatique-Sanction de l'empereur Charles VI : arrêtée le 13 avril 1713, et par laquelle il assure à sa fille aînée, Marie-Thérèse, la possession de tous ses Etats héréditaires, à défaut d'hoirs mâles.

Prague, capitale de la Bohême; on croit qu'elle fut bâtie en 723. — Son château royal fut construit en 1333 par Charles IV sur le modèle du Louvre. — Prise de cette ville, le 26 novembre 1741, par le maréchal de Saxe à la tête de l'armée française combattant pour l'électeur de Bavière. — La garnison de cette ville, composée de 1800 Français commandés par Chevert, capitula honorablement le 2 janvier 1743. — Prise par le roi de Prusse, le 16 septembre 1744.

Prague (Congrès de) ; arrêté par une convention, le 30 juin 1813; sa dissolution, le 10 août suivant.

Prague (bataille de); l'Electeur palatin y fut défait, le 8 novembre 1620.

Praguerie : on donna ce nom, en 1440, à un parti de factieux qui se révoltèrent contre Charles VII, roi de France.

Prandnitz (bataille de) en Bohême, gagnée, le 30 septembre 1745, par le roi de Prusse, sur les Autrichiens.

Pransnitz, ville de la Silésie prussienne : incendiée par les Hussites en 1432.

PRAT (le chancelier du), voy. DUPRAT.

PRAXITÈLE, célèbre statuaire de l'antiquité, né dans la grande Grèce, ou la Calabre, florissait vers l'an 364 av. J.-C.

Prédestinatiens, hérétiques du VIe siècle, qui regardaient toutes sortes d'œuvres indifférentes pour le salut comme pour la damnation.

Préfectures et conseils de préfectures : leur institution pour l'administration des départements, le 28 pluviôse an VIII (17 février 1800).

Préfectures (sous-) : instituées par la même loi que les préfectures (28 pluviôse an VIII).

Préfecture de police de Paris : instituée par arrêté des consuls du 12 messidor an VIII (13 août 1800).

Prémontré : ordre religieux fondé près de Laon, suivant la règle de saint Augustin, par un gentilhomme allemand, nommé Norbert, en 1120.

Préneste en Italie : prise de cette ville par les Romains, l'an 385 av. J.-C.

Prentzlow (combat de) où les Français battent les Prussiens, le 28 octobre 1806.

Presbourg, ville de la Basse-Hongrie; ce fut dans cette ville qu'en 1790 la liberté de conscience fut accordée aux luthériens. — Prise par les Français en 1805 et 1809. — En 1811, le magnifique château de Presbourg devint la proie des flammes.

Presbourg (paix de), conclue entre la France et l'Autriche, le 26 décembre 1805.

Préséance : en 1661, le roi d'Espagne consent enfin que ses ambassadeurs cèdent le pas à ceux de France; cette dispute durait depuis plus de 100 ans.

Présentation de la sainte Vierge : cette fête se célèbre dans l'Eglise romaine le 21 novembre; elle fut instituée par le pape Grégoire XI vers l'an 1372.

Présentation (Sœurs de la) : institution religieuse consacrée à l'éducation des filles, fondée en 1793, dans la petite commune de Thucys, au fond des montagnes du Vivarais. Cette communauté s'est répandue dans tous les départements voisins. Sous la Restauration, le chef-lieu fût transféré dans l'ancien couvent de la Visitation, au Bourg Saint-Andéol.

Présentation de Notre-Dame (Religieuses de la) : instituées à Senlis, en 1627, par l'évêque de cette ville, Nicolas Sanguin. Avant la révolution, elles travaillaient à l'éducation des jeunes filles du pays.

Présentation de Notre-Dame (Ancien ordre de la) : établi, en 1664, par Frédéric Borromée, visiteur apostolique de la Valteline.

Présidial, ancienne juridiction établie dans les principaux bailliages et sénéchaussées, par édit de Henri II (janvier 1551).

Presse (Liberté de la), voy. *Liberté de la Presse*.

Presse des matelots : cet usage barbare fut autorisé en Angleterre par acte du parlement de 1779.

Presse d'imprimerie mue par une machine à vapeur ; inventée par M. Selligue en 1822.

Preston-Pans (bataille de), gagnée en Ecosse, le 2 octobre 1745, par le prince Edouard sur les Anglais.

Préteur, magistrat souverain de Rome : le premier préteur fut élu en l'an de Rome 387; c'était Spurius Furius Camillus. — La préture fut entièrement abolie sous le règne de Justinien (de 527 à 595 de notre ère).

PRÉTEXTAT (saint), évêque de Rouen, assassiné par les ordres de Frédegonde, reine de France, le 25 février 588.

Preussich-Eylau (bataille de), gagnée sur les Russes, le 8 février 1807, par l'armée française.

Prevesa, ville d'Albanie : 400 Français y résistèrent à 11,000 Turcs, en 1798.

PRÉVILLE (Pierre-Louis-Dubus de), célèbre acteur français, né à Paris en 1721, mort à Beauvais en décembre 1799.

PREVOST (Pierre), peintre français, inventeur des panoramas, mort le 9 janvier 1823.

PRÉVOST D'EXILES (Antoine-François), appelé ordinairement *l'abbé*, auteur du roman intitulé *Manon Lescaut*, né à Hesdin en 1697, mort à Chantilly le 23 novembre 1763.

Prévôt de France (Grand-) : cette magistrature suprême avait été instituée par Charles VI au commencement du XIVe siècle.

Prévôt des marchands, ancien titre du premier magistrat municipal de Paris ; suivant Duhaillan, cette magistrature avait été instituée vers l'an 1190.

Prévôt des marchands de Lyon : il fut institué par édit de Henri IV de 1595.

Prévôtales (Cours) : les premières furent instituées par un décret impérial du 8 octobre 1810, sous le titre de *Cours prévôtales des Douanes*. — Celles qui furent créées à la fin de 1815 n'avaient pour objet que le jugement des crimes et délits politiques, voy. *Cour de justice*.

PRICE (Richard), écrivain politique anglais, mort en 1791, âgé de 68 ans.

PRIDEAUX (Humphrey), savant érudit, né à Padstow, dans le comté de Cornouailles, en 1648, mort à Norwich en 1724.

PRIESTLEY (Joseph), physicien et chimiste célèbre, né à Fieldhead dans le Yorkhsire (Angleterre) en mars 1733, mort le 6 février 1804.

PRIMATICE (François), peintre et architecte, né à Bologne en 1490, mort à Paris en 1570.

Princes légitimés, enfants naturels de Louis XIV : un arrêt du conseil de régence les déclara inhabiles à succéder à la couronne de France, le 2 juillet 1717.

PRINGLE (sir John), médecin anglais, né à Stichel-House en Ecosse, en 1707, mort à Londres le 18 janvier 1782.

PRIOR (Matthieu), poëte et diplomate anglais, né à Londres le 21 juillet 1664, mort le 18 septembre 1731.

Priscillianistes, sectaires dont le chef était Priscillien, vers l'an 388.

PRISCILLIEN, hérésiarque, décapité en 388.

Prises mémorables de villes. Prise d'Aix-la-Chapelle, le 8 décembre 1792. — d'Alexandrie, 2 juillet 1798. — d'Alger, 5 juillet 1830. — d'Amiens, 11 mars 1597. — d'Amsterdam, 21 janvier 1795. — d'Anvers (citadelle), 23 décembre 1832. — de Badajoz, 10 mars 1811. — de Bamberg, 4 août 1796. — de Barcelone, 12 septembre 1714. — de la Bastille à Paris, 14 juillet 1789. — de Belbeys, 28 mars 1800. — de Belgrade, 20 août 1521. — de Berg-op-Zoom, 15 septembre 1747; 12 février 1795. — de Berlin, 25 octobre 1806. — de Berne, 5 mars 1798. — de Bréda, 3 mars 1590; 26 janvier 1793; 27 décembre 1794. — de Bruxelles, 14 novembre 1792; 10 juillet 1794. — de Brezsk en Lithuanie, 7 mai 1657. — de Burgos, 10 novembre 1808. — de Calais, par Edouard III, roi d'Angleterre, 3 août 1347; par François de Guise, 8 janvier 1553. — de Calaboso, 5 janvier 1820. — de l'île de Candie, 16 septembre 1669. — de Charleroy, 24 juin 1794. — de Ciudad-Rodrigo, 10 juillet 1810. — de Coblentz, 22 octobre 1794. — de

Cologne, 2 octobre 1794. — de Constantine, 13 octobre 1837.— de Constantinople par les Croisés, 12 avril 1204; par les Turcs, 29 mai 1453. — de Corbie, 15 août 1636. — de Dantzig, 26 mai 1807. — de Fontarabie, 1er août 1794.— de Fribourg, 5 novembre 1744. — de Francfort, 23 octobre 1792.— de Gaëte, 8 janvier 1799. — de Gibraltar, 4 août 1704. — de Grenade, 28 janvier 1810.— de Hanau, 30 octobre 1813. — de Harfleur, 1er janvier 1450. — de Jaffa, 7 mars 1799. — de Jérusalem, 9 juin 588 av. J.-C.; par Titus, 8 septembre 70; par les Croisés, 15 juillet 1099.— de Kœnigsberg, 15 juin 1807. — de l'île de Léon, 3 janvier 1820. — de Lérida, 13 octobre 1707. — de Liége, 28 novembre 1792. — de Lille, 23 octobre 1708. — de Lisbonne, 30 septembre 1807. — de Livourne, 23 mars 1799.— de Lyon, 9 octobre 1793.— de Maëstricht, 4 novembre 1794. — de Magdebourg, 8 novembre 1806.— de l'île de Malte, 12 juin 1798. — de Malines, 17 novembre 1792.— de Manheim, 21 septembre 1795. — de Menin, 13 septembre 1793. — de Milan, 16 mai 1796. — de Missolonghi, 22 avril 1826. — de Mons, 1er juillet 1794. — de Moscou, 15 septembre 1812. — de Munster, 24 juin 1535. — de Namur, 5 juin 1692. — Naples, 22 janvier 1799. — d'Otchakoff, 6 décembre 1788. — d'Ostende, 10 septembre 1604. — de Port-Mahon, 28 juin 1756. — de Praga, 4 novembre 1794. —de Ptolémaïs, 13 juillet 1191. — de Ratisbonne, 23 avril 1809. — de la Rochelle, 28 octobre 1628. — de Rome, par Brennus, 17 juillet 387 av. J.-C.; par Alaric, roi des Goths, 24 août 410; par Totila, chef des Ostrogoths, 17 décembre 548; par le connétable de Bourbon, 6 mai 1527; par Berthier, général français, 4 février 1798; par Championnet, 14 décembre de la même année. — de Saint-Jean d'Ulloa, au Mexique, par l'escadre française sous les ordres de l'amiral Baudin, le 27 novembre 1838. — de Saragosse, 21 février 1809. — de Stralsund, 26 janvier 1812. — de Tarragone, 28 juin 1811. — de Thèbes, 12 septembre 336 av. J.-C. — de Thorn, 7 décembre 1806. — de Tirlemont, 22 novembre 1792. — de Toulon, 16 décembre 1793. — de Trente, 7 janvier 1801.— de Tripolitza, le 5 octobre 1821. — du Trocadéro, 31 août 1823. — de Troie, 29 mai 1183 av. J.-C. — de Turin, 24 septembre 1640. — d'Ulm, 15 octobre 1805. — de Valence, 9 janvier 1812. — de Valenciennes, 17 mars 1677. — de Varna, 11 octobre 1828. — de Varsovie, 8 septembre 1831. — de Worms, 12 janvier 1794. — de Wurtzbourg, 22 juillet 1796. — de Ximabara, le 12 avril 1638. — d'Ypres, 17 juin 1796.

Prisons d'Etat : leur organisation en France, le 3 mars 1810.

Prisons : création d'une société royale pour leur amélioration en France, le 10 avril 1819.

Prisons de Paris (massacre dans les) : le 12 juin 1418; les 2 et 3 septembre 1792.

Privas, petite ville du Vivarais : défendue par les huguenots révoltés, elle fut prise et saccagée par Louis XIII, le 27 mai 1629.

PRIVAT (saint), évêque et patron du Gévaudan, martyrisé dans le IIIe ou IVe siècle.

Privilèges féodaux : leur abolition en France, le 4 août 1789.

Prix d'utilité : il fut décerné pour la première fois par l'Académie française, le 16 janvier 1783.

Prix décennaux en France : décret portant l'institution de ces prix, le 11 septembre 1804.

PROBUS (M. Aurelius Valérius), empereur romain : proclamé en 276, massacré par ses soldats à Sirmich, en 282, âgé de 50 ans.

Procès du collier : arrêt rendu par le parlement de Paris dans cette affaire, le 31 mars 1786.

Procession du Saint-Esprit : il en fut question au concile de Gentilly, tenu en 767; dans celui d'Aix-la-Chapelle, en 809; dans le concile de Latran, en 1215. — Le second concile de Lyon, tenu en 1274, s'occupa de cette grave question, ainsi que le concile de Florence, en 1439.

Procliniates, sectaires du IVe siècle, qui niaient l'incarnation de J.-C., la résurrection des morts et le jugement dernier.

PROCLUS (saint), patriarche de Constantinople, mort en 447.

PROCLUS-DIADOCUS, philosophe platonicien, mort le 17 avril 485.

PROCOPE, fameux historien grec, mort sur la fin du règne de Justinien Ier, vers 563.

PROCOPE (Rase ou le Rasé), dit *le Grand*, général des Hussites en Bohême, mort en 1434.

Procureurs : il fut permis pour la première fois en France d'*ester* par procureur, par une ordonnance de 1484, faite sur la réquisition des Etats-généraux assemblés à Tours. — Les procureurs furent érigés en titre d'office et leur nombre limité, en 1620.

Profil : cette manière de peindre fut, dit-on, inventée par Apelles pour Antigone, l'un des généraux d'Alexandre, qui était borgne, vers 330 av. J.-C.

PROPERCE (Sextus Aurelius Propertius), poëte latin, né à Moravia en Ombrie (aujourd'hui Bevagna), mort 19 ans av. J.-C.

Propriétés : celle des découvertes et inventions en France est assurée par un décret de l'Assemblée constituante, le 30 décembre 1790. — Loi relative à la propriété des ouvrages dramatiques, le 13 janvier 1791. — Celle des ouvrages posthumes est conservée aux héritiers des auteurs, le 22 mars 1805.

Proses : certaines hymnes d'église composées de vers sans mesure; leur usage commença au plus tard au IXe siècle, comme on peut le voir dans une lettre de Notker, moine de Saint-Gall, écrite vers l'an 880.

PROSPER (saint), né au commencement du Ve siècle, vivait encore en 463.

Protestants : nom donné aux Réformés depuis la diète de Spire, tenue le 9 avril 1529, et où plusieurs princes allemands protestèrent contre un décret peu favorable aux luthériens. — Ils présentent leur confession de foi à la diète d'Augsbourg, le 26 juin 1530.

Protestants de France : arrêt du conseil d'état relatif aux dettes contractées envers les protestants, le 11 janvier 1665. — Déclaration relative aux enfants des protestants, le 12 janvier 1685. — Edit du 18 septembre 1713, portant que la liberté du commerce stipulée dans les traités de paix ne peut autoriser les protestants réfugiés à s'établir dans le royaume sans la permission du roi, ni les nouveaux convertis à passer dans les pays étrangers. Louis XVI rend un édit par lequel la validité de leurs actes de naissance, de mariage et de décès est reconnue, le 29 janvier 1788. Voyez *Edit de Nantes*.

PROTAGORAS, philosophe grec, mort dans un âge très-avancé, vers l'an 400 av. J.-C.

PROTOGÈNE, célèbre peintre de Cannes, ville située sur la côte de Rhodes, florissait l'an 328 av. J.-C.

Provence, ancienne province de France; elle tomba au pouvoir des Visigoths en 480. —Faisait partie du royaume de Childéric III, en 742. — Elle passa sous la domination de l'empereur Lothaire en 842. — Elle revint à la France en 855. — Elle fit partie du royaume d'Arles, établi par Boson, frère de Charles le Chauve, en 879. — Elle appartint plus tard au second royaume de Bourgogne, qui prit fin par la mort de Rodolphe III, décédé sans enfants en 1033. — Charles d'Anjou, comte du Maine, à qui René d'Anjou, son oncle, avait donné la Provence, la laissa par son testament à Louis XI, en 1480. — Elle fut réunie à la France, par Louis XI, en 1481; cette réunion fut consommée en 1487 sous Charles VIII. — Charles-Quint chercha vainement à s'en emparer sous le règne de François Ier, en 1536. — Le prince Eugène et le duc de Savoie échouèrent dans une pareille entreprise, en août 1707; — les troupes d'Allemagne en 1747. Voy. *Marseille* et *Toulon*.

Providence (séminaire de la), congrégation de filles, fondée à Fontenay, près Paris, par Marie Lumague, en 1630.

Providence (maison dite de la), fondation pieuse en faveur des jeunes orphelines, commencée en 1820 et achevée en 1824, par M. l'abbé Dufriche des Genettes.

Providence (Sœurs de la), instituées dans plusieurs villes de la Lorraine, pour l'instruction de la jeunesse, par l'abbé Moye, vicaire de Saint-Victor à Metz, en 1762.

Providence (Sœurs de la) fondées en 1820 à Rueillé-sur-Loir près La Châtre, par M. Dujarrié, curé de cette paroisse; cette congrégation possède cinquante établissements répartis dans différents départements.

Providence, une des Lucayes; prise par les Anglais en 1762, elle leur fut concédée à la paix en 1763.

Provinces-Unies. Voy. *Hollande*.

PRUD'HON (Pierre-Paul), peintre français, mort en février 1823.

PRUDENCE (Aurélius-Prudentius-Clémens), poëte chrétien, né à Saragosse, en 348.

Pruse ou *Burse* ou *Broussa*, ville autrefois capitale de la Bithynie, aujourd'hui l'une des plus importantes de la Turquie; Théodore Lascaris s'en empara en 1214. — Prise par Othman en 1326. — Conquise par Tamerlan sur Bajazet au commencement du XVe siècle.

PRUSIAS, roi de Bythinie, tué à Nicomédie l'an 148 avant l'ère chrétienne.

Prusse. Son partage entre la Pologne et l'Ordre Teutonique, en 1466. — Ce pays fut érigé en duché par Albert de Brandebourg, en 1525. — Réunion de ce duché au Brandebourg, en 1618. — Le duché de Prusse fut définitivement reconnu indépendant de la Pologne, en 1663, en faveur de la maison de Brandebourg. — Ce duché fut érigé en royaume en faveur de l'électeur Frédéric de Brandebourg, en 1701. — Le roi de ce nouvel Etat fut reconnu comme tel par le traité d'Utrecht, le 11 avril 1713. — La Prusse fut envahie par une armée autrichienne et russe en 1760. — L'armée française fit son entrée à Berlin, capitale de ce royaume, le 23 octobre 1806. — L'établissement d'une constitution représentative dans ce royaume y excita des troubles, le 15 janvier 1816.

Prusse (ducs et rois de), Albert de Brandebourg, duc en 1525. — Albert-Frédéric, en 1568. — Jean-Sigismond, électeur de Brandebourg, en 1618. — George-Guillaume, en 1619. — Frédéric-Guillaume, *le Grand*, en 1640; il est reconnu duc indépendant en 1657 et en 1663. — Frédéric Ier, en 1688; il prend le titre de roi en 1701. — Frédéric-Guillaume Ier, en 1713. — Frédéric II, *le Grand*, en 1740. — Frédéric-Guillaume II, en 1786. — Frédéric-Guillaume III, en 1797.

Prusse (Frédérique-Sophie Wilhelmine de), margrave de Bareith, née à Potsdam le 3 juillet 1709, morte sur la fin du siècle dernier.

Prussiate de fer ou procédé pour teindre la soie avec le bleu de Prusse, découvert en 1811.

Prussique (acide); il fut découvert en 1780 par Shecle qui lui donna ce nom parce qu'il l'avait obtenu du *bleu de Prusse*.

Pruth, grande rivière qui se jette dans le Danube: les Russes battirent les Turcs sur ses bords en 1770.

Pruth (Traité du), conclu le 21 juillet 1711, entre les Russes et les Turcs. Pierre Ier rend Azof et renonce à la mer Noire.

PRYNNE (Guillaume) jurisconsulte anglais, né à Swainswich, près Bath, en 1600, mort à Lincoln'sinn le 24 octobre 1669.

Przedlitz, village de Bohême: ce fut dans son voisinage que les Hussites battirent, en 1426, les Allemands commandés par l'électeur de Saxe.

Psara ou *Ipsara:* sa belle défense contre les Turcs, le 3 juillet 1824.

Ptolémaïde (Concile de): tenu en 411.

Ptolémaïs ou *Acre* (prise de), en Palestine, le 13 avril 1191, par Richard Ier, roi d'Angleterre.

PTOLEMÉE-LAGUS ou SOTER, roi d'Egypte, commence à régner en 323 av. J.-C., meurt l'an 285 av. J.-C., âgé de 92 ans.

PTOLEMÉE-PHILADELPHE, fils du précédent, succède l'an 285 av. J.-C. à son père, meurt l'an 246 av. J.-C., âgé de 64 ans.

PTOLEMÉE-EVERGÈTE, fils et successeur du précédent, monte sur le trône l'an 246 av. J.-C., meurt l'an 221 av. J.-C.

PTOLEMÉE-PHILOPATOR, roi d'Egypte, fils du précédent, lui succède l'an 221 av. J.-C., meurt l'an 204 av. J.-C.

PTOLEMÉE-EPIPHANE, roi d'Egypte, succède à l'âge de 4 ans à Ptolémée-Philopator son père, l'an 204 av. J.-C., meurt empoisonné l'an 180 av. J.-C

PTOLEMÉE-PHILOMETOR, fils du précédent, lui succède l'an 180 av. J.-C., meurt l'an 146 av. J.-C.

PTOLEMÉE-PHYSCON, s'empare du trône d'Egypte l'an 146 av. J.-C., meurt l'an 116 av. J.-C.

PTOLEMÉE-LATYRE, fils du précédent, lui succède l'an 116 av. J.-C., meurt l'an 80 av. l'ère vulgaire.

PTOLEMÉE-AULÈTES, fils du précédent, monta sur le trône d'Egypte l'an 73 av. J.-C., mourut l'an 51 av. J.-C.

PTOLEMÉE-DENIS ou BACCHUS, succède à Aulètes, son père, l'an 51 av. J.-C., se noie dans le Nil l'an 46 av. J.-C.

PTOLEMÉE (Alexandre-Claude), astronome, géographe et mathématicien, né à Ptolémaïde en Egypte, vécut à Alexandrie vers l'an 130 de l'ère chrétienne; fit sa dernière observation astronomique le 22 mars 141.

Ptolémée (système astronomique de) qui plaçait la terre immobile au centre de l'univers ; il fut publié l'an 140 de notre ère. Ce système avait été ébauché plus de trois siècles auparavant ; il a été suivi jusqu'au XVIe siècle. — La dernière observation astronomique de Ptolémée est du 22 mars de l'an 141.

Publicains, hérétiques du XIIe siècle ; les mêmes que les Patarins ou Cathares.

PUBLIUS SYRUS, poëte dramatique latin, florissait à Rome peu d'années avant l'ère chrétienne; car il fut contemporain de Jules-César.

PUFFENDORF (Samuel de), publiciste et historien allemand, né à Fleh en Misnie en 1631, mort le 26 octobre 1694.

PUGATSCHEFF. V. *Pougatscheff*.

PUGET (Pierre), sculpteur, peintre, architecte, surnommé le *Michel-Ange français*, né à Marseille en 1623, mort le 2 décembre 1694.

Puits artésiens. Voy. *Artésiens*.

PULAUSKI (......), général polonais, mort le 15 septembre 1779.

PULCHÉRIE (sainte), impératrice romaine, morte en 454, âgée de 56 ans.

Pulstausk, ville de Pologne ; Charles XII, roi de Suède, y battit les Saxons. en 1703.

Pulstuck (bataille de), où les Russes et les Prussiens sont battus par les Français, le 26 décembre 1806.

Pultawa (bataille de): gagnée sur le célèbre Charles XII de Suède, par Pierre le Grand de Russie, le 8 juillet 1709.

Pulo-Condor (île de), près de la Cochinchine : les Anglais s'y établissent en 1702.

Puniques (guerres) : la première commença l'an de la fondation de Rome 535 (258 ans av. J.-C.), dura 19 ans et, selon quelques historiens, 24 ans. — La seconde commença l'an 214 av. J.-C. et finit l'an 197 par une paix accordée aux Carthaginois. — La troisième, commencée l'an 145 av. J.-C., se termina par la ruine de Carthage, l'an 143.

Pupille artificielle : elle fut inventée en 1800, par Demours, oculiste à Paris.

Purification (Fête de la): chez les juifs et chez les chrétiens, elle est fixée au 2 février. — Quelques auteurs pensent qu'elle fut instituée dans l'Eglise catholique en 492 ou en 536 ; mais elle est antérieure, puisqu'on a de saint Cyrille, patriarche d'Alexandrie, mort en 444, des sermons composés pour cette fête.

Puritains, sectaires calvinistes qui se prétendaient plus orthodoxes que les autres, pendant le XVIe siècle.

PURBACH ou BURBACH (George), théologien, physicien et astronome allemand, mort en 1462, âgé de 39 ans.

Purmerend, petite ville de la Nord-Hollande, bâtie en 1405 par Guillaume Eygaut.

Puy (le). Cette ville passa, en 975, ainsi que le Velay, dont elle était la capitale, sous la domination des comtes d'Auvergne. — Assiégée vainement par les Bourguignons en 1419.— En 1589, Saint-Vidal, qui en était gouverneur, força les habitants à embrasser le parti de la Ligue.— L'autorité de Henri IV n'y fut reconnue qu'en 1596.

PUY-SÉGUR (Jacques de Chastenet, seigneur de), lieutenant général sous Louis XIII et Louis XIV, mort à 82 ans, en 1682.

PUY-SÉGUR (Jacques François de Chastenet, marquis de), maréchal de France, né à Paris en 1655, mort en 1743.

PUY-SÉGUR (Armand-Marc-Jacques de Chastenet, marquis de), célèbre partisan du magnétisme, né à Paris en 1750, mort le 1er août 1825.

PUY-SÉGUR (Gaspard, comte de), pair de France, né en 1770, mort à Rabastens (Tarn) le 10 février 1848.

Pydna (bataille de), où Persée, roi de Macédoine, fut vaincu par le consul romain Paul-Emile, l'an 168 av. J.-C.

Pyramides d'Égypte. Voy. *Monuments*.

Pyramides (bataille des), gagnée par l'armée française en Egypte, le 21 juillet 1798.

Pyrénées (Paix des), conclue le 9 novembre 1659, entre la France et l'Espagne. L'Artois, le Roussillon, et une partie de la Flandre, du Hainaut et du Luxembourg sont cédés à la France.

Pyrmont, ville du Hanovre ; fondée en 1668.

PYRRHON, philosophe grec, vivait vers l'an 300 av. J.-C.

PYRRHUS, roi des Epirotes, tué par une femme d'Argos, l'an 272 av. J.-C.

PYTHAGORE, célèbre philosophe grec,

né à Samos l'an 592 ou 600 av. J.-C., mort à Métaponte vers l'an 490 av. J.-C.

PYTHÉAS, philosophe natif de Marseille, contemporain d'Aristote, vivait l'an 834 av. J.-C.

Q

Quadrature des figures géométriques : le premier travail moderne sur cette matière est dû à Neill et Brownker qui, vers 1657, trouvèrent quelques moyens de démontrer géométriquement l'égalité de quelques espaces curvilignes courbes avec des espaces rectilignes. — En 1668, Newton trouva la quadrature des courbes par sa méthode des fluxions. — A peu près vers le même temps, Christophe Wren et Huyghens se disputèrent l'honneur d'avoir découvert la quadrature de la cycloïde. — Leibnitz, peu après, découvrit celle d'une autre portion. — En 1698, Mercator chercha à réduire le problème au calcul analytique. — En 1699, Bernouilli découvrit la quadrature d'une infinité de segments et de secteurs de la cycloïde.

Quadrilles, divertissements chevaleresques très-en vogue sous nos anciens rois : le dernier de ce genre qu'on ait vu en France est celui que donna Louis XIV en 1662, vis-à-vis des Tuileries, dans l'enceinte qui a retenu le nom de *Place du Carrousel*.

Quadrisacramentaux, hérétiques du XVIe siècle, qui ne reconnaissaient que quatre sacrements, le baptême, l'eucharistie, la pénitence et l'ordre.

Quadruple alliance (traité de la) : entre l'empereur d'Allemagne, la France, l'Angleterre et la Hollande, signé le 2 août 1718.

Quadruples louis : les premières pièces d'or de ce nom furent fabriquées sous Louis XIII, en 1641.

Quakers : secte qui prit naissance en Angleterre au milieu des guerres civiles du règne de Charles Ier (de 1625 à 1649). George Fox, mort en 1681, fut le fondateur de cette secte. — Guillaume Penn, mort en 1718, fut le fondateur et le législateur des quakers en Amérique.

Quarantaine-le-Roi : c'était une ordonnance rendue par saint Louis en 1245, et par laquelle il était défendu aux héritiers de tirer vengeance du meurtre avant quarante jours écoulés.

Quarante heures (prières de) : elles furent instituées au XVIe siècle par les papes Pie IV et Clément VIII. — Pour expier les scandales du carnaval, on dit les prières de quarante heures le dimanche de la quinquagésime et les deux jours suivants qui précèdent immédiatement le carême ; le premier exemple en fut donné en 1556, à Macerata, dans la Marche d'Ancône.

QUARIN (Joseph), médecin allemand, mort le 19 mars 1814.

QUARLES (François), poëte anglais, né à Stewar dans le comté d'Essex, en 1592, mort à Londres en 1665.

Quart anglais, instrument pour observer les astres sur mer, inventé en Angleterre en 1700.

Quart d'écu. On donnait ce nom aux pièces d'argent de quinze sous ; on commença à en fabriquer en France sous Henri III (de 1039 à 1050).

Quartodécimans ou *Paschalites*, hérétiques du IIe siècle de l'Eglise; ils voulaient qu'on célébrât la fête de Pâques le même jour que les Juifs.

Quatre-Nations (collége des) : fondé à Paris en 1661 par le cardinal Mazarin, pour l'éducation de soixante jeunes gentilshommes des pays conquis par Louis XIV, savoir : quinze de Pignerol et de l'Italie; quinze d'Alsace; vingt de Flandre, et dix du Roussillon. Ce collége est aujourd'hui l'Institut de France.

Quatre-Temps (le jeûne des) : dès le Ve siècle, l'observance en était généralement établie à Rome. — Le pape Grégoire VII, sur la fin du XIe siècle, régla les quantièmes tels qu'on les suit aujourd'hui.

Québec, capitale du Canada : fondée par les Français dans le Canada, en 1608. — Son érection en évêché en 1675. — Les Anglais l'assiégèrent vainement en 1690. — En juillet 1696, le gouverneur français de Frontenac fit une expédition contre les Iroquois pour préserver Québec des courses de ces sauvages. — Nouvelle tentative des Anglais en 1711, aussi infructueuse que la première. — Enfin Québec se rendit aux Anglais, le 18 septembre 1759, après avoir été assiégée 64 jours. — Elle fut cédée, en 1763, à l'Angleterre par la France.

Quedlimbourg (conciles de) : contre les hérétiques, en 1025; pour la réforme des mœurs, en 1105.

QUELEN (Hyacinthe-Louis, comte de), archevêque de Paris, né à Paris, le 8 octobre 1778, mort dans la même ville le 31 décembre 1839.

QUELUS (Jacques de Levis, comte de), mort à l'hôtel de Boissy, à Paris, le 29 mai 1578, à l'âge de 24 ans.

QUENTIN (saint), regardé comme l'apôtre de la ville d'Amiens et du Vermandois, souffrit le martyre sous le règne de Dioclétien, le 31 octobre 287.

Quentin (Saint-), ville forte du Vermandois: cette ville passe pour être ancienne, mais elle n'est un peu connue que depuis le XVIe siècle, depuis la désastreuse bataille de ce nom. — Les arbalétriers de Saint-Quentin avaient une haute réputation de bravoure et de fidélité depuis le XIIe siècle.

Quentin (bataille de Saint-), où les Français sont défaits par les Espagnols commandés par le duc de Savoie, en 1557.

QUERLON (Antoine-Gabriel Meusnier de), littérateur et traducteur, né à Nantes le 15 avril 1702, mort le 22 avril 1780.

QUERNEL (Eustache-Louis-Jean), contre-amiral, né à Granville le 7 avril 1787, mort le 2 février 1847.

QUESNAY (François), premier médecin de Louis XV, né à Méré, diocèse de Chartres, en 1694, mort le 16 décembre 1774.

QUESNEL (Pasquier), fameux janséniste, né à Paris le 14 juillet 1634, mort à Amsterdam, le 2 décembre 1719.

Quesnoy (le), ville forte du Hainaut, prise par Turenne le 6 septembre 1654; par le prince Eugène, le 4 juillet 1712; prise par les Autrichiens en 1794, et évacuée la même année; les alliés l'ont occupée depuis 1815 jusqu'en novembre 1818.

Question (la) : est abolie en France par Louis XVI, le 15 février 1788.

QUEVEDO DE VILLEGAS (don François), littérateur espagnol, né à Madrid en 1580, mort à Villa-Nueva de los Infantes, le 8 septembre 1640.

Quiberon, village des côtes de la Bretagne : les Anglais y firent une descente en 1746, et ils en furent repoussés avec perte.

Quiberon (bataille de), où les émigrés français furent défaits par les troupes de la république, le 21 juillet 1795; massacre atroce de plus de 350 prisonniers.

Quiétisme, sorte de mysticisme professé par Molinos, dont la doctrine fut condamnée par le pape Innocent XI, en 1687. — Le livre des *Maximes des Saints*, par Fénelon, fut condamné le 16 mars 1699, comme contenant 37 propositions favorables à la doctrine du quiétisme.

QUILLET (l'abbé Claude), poëte latin moderne, né à Chinon au commencement du XVIIe siècle; mort à Paris en 1661, à 59 ans.

Quiloa, île et ville d'Afrique : les Portugais en firent la découverte en 1498, et rendirent ce pays leur tributaire.

QUIN (Jacques), célèbre acteur anglais, né à Paris le 15 février 1693, mort à Bath le 21 janvier 1766.

QUINAULT (Philippe), créateur de la tragédie lyrique en France, né en 1636, mort le 26 octobre 1688.

QUINAULT l'aîné (Jean-Baptiste-Maurice) excellent acteur comique, mort en 1744.

QUINAULT-DUFRESNE (Abraham-Alexis), le jeune, acteur français, débute le 7 octobre 1712, meurt en 1767, à 72 ans.

Quinquets : lampes à double courant d'air, ainsi appelées du nom de celui qui en avait donné la première idée, en 1785.

Quinquina : est apporté du Pérou en Europe en 1526. — Apporté de Lima à Rome par les Jésuites, en 1639. — En 1640, on le vendit à Séville cent écus la livre. — Ce fut le cardinal de Lugo qui le fit connaître en France, en 1650.

QUINTE-CURCE (Q. Curtius Rufus), historien latin, florissait sous Vespasien ou sous Trajan, dans le Ier siècle de J.-C.

QUINTILIEN (Marcus Fabius Quintilianus), célèbre critique et rhéteur romain, né l'an 41 de J.-C.

Quintinistes ou *Libertins*, sectaires du XVIe siècle.

QUINTINYE (Jean de la), célèbre agronome et horticulteur, né près de Poitiers, en 1626, mort à Paris vers 1700.

Quinze-Vingts (hospice des) : fondé par saint Louis, vers 1255. — Règlement de Philippe le Bel, du mois de juillet 1312, ordonnant que les Quinze-Vingts, fondés par saint Louis, porteront une fleur de lis sur leur habit, pour les distinguer des autres congrégations d'aveugles instituées avant eux. — Cet hospice, autrefois rue Saint-Honoré, fut transféré, en 1780, au faubourg Saint-Antoine.

QUIQUERAN DE BEAUJEU (Honoré de), évêque d'Oléron, prédicateur, né à Arles en 1655, mort le 26 juillet 1736.

QUIRINI ou QUERINI (Ange-Marie), cardinal, archevêque de Corfou, évêque de Brescia, né à Venise en 1680, mort le 9 janvier 1755.

Quito, ville considérable du Pérou : conquise par les Espagnols en 1534. — Renversée en 1735 par un tremblement de terre. — Le 2 août 1810, massacre horrible de la noblesse, des femmes et des enfants, par ordre du gouverneur de cette ville.

Quixos, province de l'Amérique méridionale, reconnue en 1536 et soumise en 1559.

Quo-Warranto, statut, ainsi nommé du mot anglais *warrant* (garantie), et qui fut fait en 1279, par le parlement d'Angleterre, sous le règne d'Édouard Ier.

R

Raab ou *Javarin*, ville de la basse Hongrie : prise par les Turcs sous Amurat III vers 1592; reprise par le comte de Palfi, en 1664; prise par les Français le 14 juin 1809.

Raab (bataille de), gagnée par le prince Eugène, vice-roi d'Italie, le 14 juin 1809.

RABAN-MAUR (Magnance), archevêque de Mayence, né à Fulde en 788, mort en 856.

RABAUD DE SAINT-ÉTIENNE (Jean-Paul), député à la Convention nationale, né à Nîmes en 1743, mort sur l'échafaud révolutionnaire le 15 frimaire an II (4 novembre 1793).

RABAUD-POMMIER (Jacques-Antoine), frère du précédent, également député à la Convention, né à Nîmes le 24 octobre 1744, mort à Paris le 16 mars 1820.

RABELAIS (Maistre François), célèbre écrivain satirique français, curé de Meudon près de Paris, né à Chinon en Touraine, vers l'an 1483, mort à Paris en 1553. — La plus ancienne édition connue du premier livre du fameux roman de Rabelais, porte la date de 1535; cependant on a sous la date de 1533 et sous celle de 1534, des éditions du second livre. M. Beuchot, autorité très-compétente, pense que le premier livre n'a été publié qu'après le second. — L'édition moderne la plus savante et la plus curieuse des œuvres de Rabelais, est de 1823, 8 vol. in-8°. C'est une édition *variorum*.

RABUTIN. Voy. BUSSY.

RACAN (Honorat de Beuil, marquis de), poëte français, né à la Roche-Racan en Touraine en 1589, mort le 29 février 1670.

Rachat (droit de) ou de relief : il fut exercé d'une manière fort arbitraire jusqu'à ce que, en 1453, Charles VII eut ordonné la rédaction des coutumes des provinces.

Racheans, sectaires abominables du IIe siècle de l'Eglise.

RACHEL, seconde fille de Laban, épousa le patriarche Jacob l'an 1572 av. J.-C.

RACINE (Jean), célèbre poëte français, né à la Ferté-Milon le 21 décembre 1639, mort le 21 avril 1699.

RACINE (Louis), second fils du précédent, poëte français, né à Paris en 1692, mort le 29 janvier 1763.

Rackelsbourg, petite ville de la basse Styrie; les Turcs furent battus devant cette place par les troupes impériales en 1418.

RADCLIFFE (Jean), médecin anglais, né à Wakefield, dans le comté d'York, en 1650, mort le 1er novembre 1714.

RADCLIFFE (Anne), célèbre romancière anglaise, morte à Broughton, près de Steinford (Angleterre), à l'âge de 71 ans, au commencement de 1809.

Radeberg, ville et canton d'Allemagne : des eaux minérales y furent découvertes en 1717.

RADEGONDE (Sainte), fille de Bertaire, roi de Thuringe, et femme de Clotaire Ier, roi de France, née en 519, morte à l'abbaye de Sainte-Croix à Poitiers le 13 août 587; elle avait pris le voile à Noyon des mains de saint Médard.

RAGOTZKI (François-Léopold), prince de Transylvanie, mort le 8 avril 1735.

Raguse, ville de la république du même nom en Dalmatie; conquise par les Français en 1697. — Plusieurs fois ruinée par les tremblements de terre, notamment en 1634 et 1667. — Elle tomba au pouvoir des Français commandés par le général Marmont, le 14 août 1807, et fut réunie au royaume d'Italie. — Depuis 1815, elle appartient à l'Autriche.

RAIMOND VII, dit *le Vieux*, comte de Toulouse, mort à 66 ans en 1222.

RAIMOND VIII, dit *le Jeune*, dernier comte de Toulouse, fils du précédent, mort à Milhaud en 1249.

RAIMOND DE PENAFORT (saint), général de l'ordre des Dominicains, né au château de Penafort, en Catalogne, en 1175. mort le 6 janvier 1275; canonisé par Clément VIII, en 1601.

RAIMOND NONNAT (saint), cardinal, né en Catalogne en 1204, mort en 1240, le 31 août, jour où l'on célèbre sa fête.

RAIMOND (Jean-Arnaud), architecte distingué, membre de l'Institut, né à Toulouse le 9 avril 1742, mort le 28 janvier 1811.

RALEIGH (Walter). Voy. RAWLEGH.

Ramanieh (combat de), en Egypte, gagné par les Français sur les Mamelucks le 12 juillet 1798.

Rambouillet, petite ville de l'Ile de France; Louis XIV l'érigea en duché-pairie en 1714.

RAMEAU (Jean-Philippe), célèbre compositeur et musicien français, né à Dijon le 25 septembre 1683, mort le 12 septembre 1764.

Rameaux (Dimanche des) : cette pieuse solennité est très-ancienne. On fait remonter la bénédiction des Rameaux au pontificat de saint Grégoire le Grand, vers la fin du Xe siècle.

RAMÉE (La), prétendu fils de Charles IX, roi de France; son supplice, le 9 février 1596.

RAMEL, général français, assassiné le 15 août 1815.

RAMEY (Claude), sculpteur, membre de l'académie des Beaux-Arts, né à Dijon le 29 octobre 1754, mort le 4 juin 1838.

Ramillies (bataille de), gagnée sur les Français par les alliés, le 23 mai 1706.

RAMIRE Ier, roi d'Aragon; mort les armes à la main en 1063, après un règne d'environ 28 ans.

RAMUS ou LA RAMÉE (Pierre), philosophe et théologien protestant, né à Cuth en Vermandois, vers 1502, tué au massacre de la Saint-Barthélemy, en 1572.

RANCÉ (Dom Armand-Jean le Bouthillier de), célèbre réformateur de la Trappe, né à Paris le 9 janvier 1626, mort le 26 octobre 1700.

RANTZAU (Josias, comte de), maréchal de France, mort le 27 février 1649.

RAOUL, roi de France, né en 893, régna en 923, mourut en 936.

RAOUL, comte d'Eu et de Guienne, connétable de France; son exécution le 19 novembre 1360.

Rapersvill, ville du canton de Zurich; elle fut bâtie en 1091, et passa sous la domination des cantons de Zurich et de Berne en 1712.

RAPHAEL SANZIO, le peintre par excellence, né à Urbin en 1483, mort en 1520.

RAPIN (René), jésuite et poëte latin, né à Tours en 1621, mort à Paris le 29 octobre 1687.

RAPIN DE THOIRAS (Paul), historien, né à Castres le 25 mars 1661, mort à Wesel le 25 mai 1725.

RAPP (Jean), général français, né en Alsace, le 26 avril 1772, mort le 2 novembre 1821.

Rapt (le) : l'ordonnance de Blois de 1579 portait contre ce crime la peine de mort; cette disposition fut pleinement confirmée par la déclaration du 26 novembre 1640 sur les mariages clandestins et sur le rapt.

Rastadt (paix de) entre le roi de France et l'empereur, signée le 6 mars 1714 et ratifiée, le 7 septembre suivant, à Baden en Suisse.

Rastadt (bataille de), gagnée le 5 juillet 1796 par le général français Moreau.

Rastadt (congrès de), ouvert le 9 décembre 1797, pour la paix de l'Empire avec la France. — Les conférences sont rompues par le ministre impérial, le 8 avril 1799. — Assassinat des plénipotentiaires français à leur départ, le 28 avril 1799.

Ratenau, ville d'Allemagne dans le Brandebourg ; cette ville fut bâtie en 430.

Ratibor, ville de Silésie ; les Suédois la prirent en 1553 et 1741.

Ratisbonne (conciles de) : pour la discipline en 742 ; contre l'hérésie de Félix d'Urgel, en 792.

Ratisbonne (trêve de) : conclue, le 10 août 1684, entre la France et l'Espagne.

Ratisbonne (bataille de), gagnée par Napoléon, en Allemagne, le 23 avril 1809.

Ratschdorf, ville de la basse Hongrie, dans le comté de Presbourg : elle fut presque réduite en cendres en 1732.

Ratzkove, ville de Hongrie : donnée en 1698 au prince Eugène.

RAUCOURT (Sophie), célèbre actrice du théâtre français, morte à Paris en 1815.

Raucoux (bataille de), gagnée, le 11 octobre 1746, par le maréchal de Saxe sur les Autrichiens, Anglais et Hollandais.

Rava, petite ville de la haute Pologne : le roi Auguste II y donna des fêtes à Pierre le Grand en 1698.

RAVAILLAC (François), assassin de Henri IV, roi de France, exécute son crime le 14 mai 1610 ; est écartelé sur la place de Grève le 27 du même mois, âgé d'environ 32 ans.

Ravenne : devient le siége du royaume d'Italie en 476. — Est forcée de se rendre à Théodoric, après un siége de trois ans, en 493. — Est prise par Bélisaire, en 540. — Vers 568, elle devient le siége de l'exarchat, espèce de vice-royauté exercée sur une partie de l'Italie au nom de l'empereur. — En 751, le roi lombard Astolfe s'empare de tout l'exarchat de Ravenne et met fin à cette vice-royauté qui avait duré 183 ans.

Ravenne (conciles de) : pour la discipline en 904, en 907, en 1128, en 1286, sur l'affaire des Templiers, en 1310, en 1317.

Ravenne (exarchat de) : établi en 568. Longin, premier exarque. — Aboli en 751. Voy. plus haut.

Ravenne (bataille de), gagnée le 11 avril 1512, par Gaston de Foix, duc de Nemours, sur les Espagnols et les troupes du pape.

RAVEZ (N....), successivement avocat, député, pair de France, membre de l'Assemblée législative, né à Lyon le 21 décembre 1770, mort à Bordeaux le 3 septembre 1849.

RAWLEGH ou RALEGH (sir Walter), l'un des favoris d'Elisabeth, reine d'Angleterre, né à Budley, dans le comté de Devon, en 1552, décapité en juillet 1618.

Rawleigh, ville nouvelle des Etats-Unis, fondée en 1791, en l'honneur de Walter Rawleigh.

RAY (Jean), naturaliste anglais, mort le 17 janvier 1704.

RAYNAL (Guillaume-Thomas-François), écrivain célèbre du XVIIIe siècle, né à Saint-Geniès, dans le Rouergue, en 1713, mort à Passy le 6 mars 1796.

RAYNOUARD (François-Just-Marie), auteur de la tragédie des *Templiers*, membre de l'académie française, né à Brignolles (Var), le 16 septembre 1761, mort le 27 octobre 1836.

Ré (île de) : l'histoire n'en fait pas mention avant le VIIIe siècle. — Charles VIII, en 1457, exempta de la taille les habitants de cette île.

REAUMUR (René-Antoine-Ferchault, sieur de), célèbre physicien et naturaliste, né à la Rochelle en 1683, mort dans le Maine, le 17 octobre 1757.

Rebaptisants, sectaires du IIIe siècle, qui voulaient qu'on rebaptisât les hérétiques, contre l'usage de l'Eglise.

REBOULET (Simon), historien, né à Avignon le 9 juin 1687, mort dans la même ville le 27 février 1757.

RECAMIER (Françoise-Julie-Adélaïde-Bernard Mme), née à Lyon le 3 septembre 1777, morte à Paris, en mai 1849.

Récollets, congrégation de Franciscains réformés, qu'on appelle aussi *frères mineurs* : elle fut établie vers l'an 1530, sous le pontificat de Clément VII. — Cette réforme fut apportée d'Italie en France vers l'an 1584. — Dès l'an 1603, les récollets avaient un couvent à Paris.

Recrutement de l'armée en France ; loi sur cette matière rendue sous le ministère du maréchal Gouvion-Saint-Cyr, le 10 mars 1818.

Rédempteur (Congrégation du très-saint) : instituée par Alphonse-Marie de Liguori, approuvée en 1759 par Benoît XIV.

Rédemption des captifs (Ordre de la) ou de la Merci ; son institution, en 1198, ou en 1218 ou en 1223 ; il fut approuvé en 1235.

REDI (François), naturaliste et poëte italien, mort le 1er mars 1697.

Redondo, ville de Portugal, dans la province de Beira ; elle fut fondée l'an 1512.

Rees, ville d'Allemagne appartenant à la Prusse ; elle fut prise par les Espagnols en 1598 ; les Hollandais l'enlevèrent à ces derniers en 1614.

Réformation protestante : commencée en Allemagne par Martin Luther, en 1517, à l'occasion des indulgences. — Les doctrines de Luther sont condamnées par Léon X en 1520. — La réformation s'introduit en Suède en 1521 ; en Danemark, en 1527 ; en Misnie et en Thuringe, en 1539 ; en Suisse, vers le même temps, sous l'influence de Zwingle et d'OEcolampade ; à Genève, en 1535, avec le despotisme de Calvin ; en Hollande, dès 1523 ; en France, vers 1533 ou 1534.

Réfraction de la lumière : découverte par Willebrod Snellius, de Leyde, en 1622.

Régale (affaire de la) : différends entre le pape et le roi de France à ce sujet, en 1678.— Edit du roi de France y relatif, en 1682 ; le droit de régale avait étéreconnu par l'assemblée générale du clergé.

Régence : l'époque qui porte ce nom dans l'histoire de France commence à la mort de Louis XIV en 1715 (2 septembre), et dure jusqu'au sacre de Louis XV, le 25 octobre 1722.

Régent (le), fameux diamant qui avait été mis en gage dans la révolution ; il fut retiré, en 1801, par les ordres de Bonaparte, premier consul, qui le fit placer sur la garde de son épée.

Reggio (duché de) : son commencement en 1452.

REGGIO (Nicolas-Charles Oudinot, duc de), maréchal et pair de France, grand chancelier de la légion d'honneur, né à Bar-sur-Ornain, le 25 avril 1767, mort à Paris le 13 septembre 1847.

Régicides, membres de la Convention qui votèrent la mort de Louis XVI ; sont bannis de France à perpétuité, le 6 janvier 1816.

Regille (combat du lac de), où les Latins furent mis en déroute par les Romains, l'an 496.

Régime féodal : son abolition en France, décrétée par l'assemblée constituante, le 4 août 1789.

RÉGIS (saint Jean-François), jésuite, né en Languedoc en 1596, mort à Louvesque en Dauphiné en 1640, canonisé par Clément XII en 1736.

REGNARD (Jean-François), excellent poëte comique, né à Paris en 1647, mort près de Dourdan le 4 septembre 1709.

REGNAULT DE SAINT-JEAN-D'ANGÉLY (le comte Michel-Louis-Etienne), homme d'Etat français, né à Saint-Jean-d'Angély en 1760, mort à Paris le 10 mars 1819.

REGNIER (Mathurin), poëte satirique français, né à Chartres le 21 décembre 1573, mort à Rouen le 22 octobre 1613.

REGNIER (Jacques), médecin et poëte latin, né à Beaune le 6 janvier 1589, mort dans la même ville en 1663.

REGNIER-DESMARAIS (François-Séraphin), né à Paris en 1632, mort le 6 septembre 1713.

REGNIER (Claude-Ambroise), duc de Massa-Carara, ministre de la justice, etc., né à Blamont (Meurthe) le 6 avril 1736, mort à Paris le 24 juin 1814.

Regrat ou *vente en détail :* le bénéfice en fut accordé aux maîtres chandeliers-huiliers, qui furent agrégés en corps par une chartre écrite en français, l'an de J.-C. 1061, le premier du règne de Philippe Ier.

Régule d'antimoine : sa découverte, en Suède, en 1748.

REGULUS (Marcus Attilius), consul romain l'an 267 av. J.-C., mis à mort par les Carthaginois l'an 251 av. J.-C.

Réhabilitations mémorables. Celle d'Enguerrand de Marigny, en 1324 ; celle de Jeanne d'Arc, en 1454. — Celle du général Lally, en 1718.

Reichenau, petite île sur le lac de Constance ; saint Firmin y fonda en 714 un célèbre monastère sous la règle de saint Benoît.

Reichenbach, ville d'Allemagne, dans la haute Saxe; elle fut mise en cendres par un incendie en 1720.

Reichenbach, ville d'Allemagne : elle fut pillée par les Saxons en 1632, par les Impériaux en 1633, et par les Suédois en 1642.— Le 16 août 1762, il y eut à ses portes un combat de cavalerie où les Autrichiens furent vaincus par les Prussiens.

Reichenberg, ville de Bohême : les Autrichiens y furent battus par les Prussiens en avril 1757.

REICHSTADT (Napoléon-François-Joseph-Charles, duc de), fils de l'empereur Napoléon, né à Paris le 20 mars 1811, mort au château de Schœnbrunn, près de Vienne, le 22 juillet 1832.

REID, métaphysicien écossais, mort le 7 octobre 1796.

Reims : cette ville embrassa le christianisme en 360.— Saint Remy convertit au christianisme et baptisa à Reims, en 496, Clovis et presque tous les chefs francs, après la bataille de Tolbiac. — Philippe-Auguste s'y fit sacrer en 1179, et depuis, ses successeurs jusqu'à Louis XVI (Henri IV excepté) y ont été sacrés. Charles X y a renouvelé cette cérémonie en 1824. — Construction de sa cathédrale avant l'an 406 ; mais elle ne fut achevée dans le goût arabe qu'en 835.— L'église épiscopale de Reims devint archiépiscopale en 774. Cette église comptait alors 28 évêques ; elle a eu depuis 71 archevêques.

Reims (conciles de): pour la réforme des mœurs, en 514 et 630 ; pour la discipline, en 935, 989, 1049, 1109 ; contre Anaclet, en 1131 ; contre diverses hérésies, en 1148 ; pour l'observation du concile de Trente, en 1583.

Reims (collége de), à Paris : il fut fondé, en 1409, par Gui de Roye, archevêque de Reims. — En 1763, il fut réuni à celui de l'Université.

REINHARD (François-Wolkmar), théologien et prédicateur allemand, mort le 6 septembre 1812.

REINHART (.....), célèbre peintre allemand, né en 1761, mort à Rome, le 9 juin 1847.

REISKE (Jean-Jacques), savant orientaliste et critique profond, né dans le duché d'Anhalt en 1706, mort en 1774.

Reliques (fête des saintes) ; elle est mentionnée dans les calendriers liturgiques dès l'an 1194. Elle se célèbre en plusieurs endroits le 4 décembre. Dans l'Eglise de Paris, elle est fixée au 8 novembre, jour de l'octave de la Toussaint.

REMBRANDT (Van-Ryn), célèbre peintre et graveur, né près de Leyde en 1606, mort à Amsterdam en 1668 ou 1674.

REMI (saint), archevêque de Reims : baptise Clovis en 496, meurt le 13 janvier 533, âgé de 94 ans.

REMI (saint), grand aumônier de l'empereur Lothaire, archevêque de Lyon en 854; mort le 28 octobre 875.

Remi (ordre militaire et religieux de saint); institué par Clovis en 496, le jour de son baptême.

Remiremont (ancienne abbaye de) : sa fondation en 620.

Remontrants ou *Arminiens*. Voy. *Arminiens*.

Remorque (bateau de), destiné à faire remonter aux bateaux les fleuves et rivières au moyen d'un mécanisme; inventé par Briesta de Bonval, en 1816.

Renards (île aux), chaîne d'îles au nord-ouest de l'Amérique, découverte par les Russes en 1756.

RENAUDIE (Jean de Barri, sieur de la), second chef de la conjuration que les Huguenots firent en 1560, contre les princes de la maison de Guise : fut tué, en exécutant son projet, près d'Amboise, le 16 mars 1559 vieux style (1560 nouveau style).

RENAUDOT (l'abbé Eusèbe), savant distingué, né à Paris en 1646, mort le 1er septembre 1720.

Renchen (combat de), où le général français Moreau remporte la victoire sur les Autrichiens, le 29 juin 1796.

RENÉ, comte d'Anjou et de Provence, premier duc de Lorraine, roi de Sicile, né à Angers en 1408, mort à Aix en 1480.

RENÉE DE FRANCE, duchesse de Ferrare, fille de Louis XII et d'Anne de Bretagne, née à Blois en 1510.

RENKIN ou RENNEKIN (Swalm), mécanicien liégeois, mort le 29 juillet 1708.

Rennes, ancienne capitale de la Bretagne; elle tomba au pouvoir des Francs dans le IXe siècle. — En 1710, elle fut désolée par un incendie qui dura six à sept jours, et qui consuma, dit-on, huit cent cinquante maisons.

RENNIE (John), ingénieur et mécanicien anglais; mort le 16 octobre 1821.

Renoncule : cette fleur odoriférante fut mise à la mode par le visir Cara-Mustapha, celui-là même qui échoua devant Vienne en 1683.

Rentes perpétuelles sur l'Etat : elles furent établies en France en 1521, sous le règne de François Ier, à l'occasion de la guerre du Milanais.

Rentes viagères : le premier édit concernant les rentes viagères est du mois d'août 1693.

Renti ou *Renty*, bourg de l'Artois, autrefois ville : c'était le premier marquisat de l'Artois, et Charles V l'avait érigé en 1533. — Henri II y battit les Espagnols le 13 août 1554.

Réordinants, sectaires du XIe siècle.

Répétition (montres ou pendules à) : ce fut en 1676, sur la fin du règne de Charles II, que les pendules à répétition furent inventées.

REPNIN (le prince), ambassadeur, feld-maréchal de Russie, mort le 12 mai 1801.

République française : son ère date du 22 septembre 1792 jusqu'au 1er janvier 1806. — En mars 1793, elle voit toutes les puissances européennes liguées contre elle seule. — Nouvelle constitution présentée au peuple français par la Convention, le 24 juin. — Le 4 novembre 1795, formation du directoire exécutif, composé de cinq membres. — Emission de mandats territoriaux, le 18 mars 1796. — Les pères et mères d'émigrés sont admis, en mai 1796, au partage des biens séquestrés sur leurs enfants. — Les Bourbons qui sont encore en France sont déportés en Espagne, le 12 octobre 1797. — Journées des 18 et 19 brumaire (9 et 10 novembre 1799) : le Corps législatif est transféré à Saint-Cloud; le Directoire supprimé; la Constitution de l'an III abolie; création d'une Commission consulaire provisoire, formée de Bonaparte, Sieyès et Roger-Ducos. — Le 13 décembre, nouvelle Constitution, dite de l'an VIII. Bonaparte est nommé premier consul, chargé de la direction de la guerre et des affaires étrangères. Cambacérès et Lebrun, ses deux collègues, sont mis à la tête, le premier, de la justice, le second, des finances. — 1er janvier 1800, installation du nouveau Corps législatif et du Tribunat. — Les départements du nord-ouest de la France se soumettent au gouvernement, le 14 février. — Le 9 mars 1801, réunion des quatre départements du Rhin à la république française. — Le 16 avril 1802, abolition de la liste des émigrés. — Le 8 mai, le consulat de Bonaparte est prorogé pour dix ans par le Sénat-Conservateur. — Le 2 août, le Sénat proclame Napoléon Bonaparte premier consul à vie. — Prohibition des marchandises anglaises dans les ports de France, en juin 1803. — Le 18 mai 1804, le Sénat de France proclame Napoléon Bonaparte empereur des Français. — Le 2 décembre suivant, sacre et couronnement de l'empereur Napoléon à Paris. — Le 24 février 1848, rétablissement de la République française.

République cisalpine : formée de plusieurs parties de l'Italie; elle est proclamée le 7 juillet 1797; elle n'est définitivement formée qu'après le traité de Campo-Formio.

République lémanique : elle est constituée le 24 janvier 1798, par suite d'une révolution dans le pays de Vaud en Suisse.

Resche ou *Resht*, grande ville de Perse. La paix entre les Russes et les Persans y fut conclue en 1732.

Résidence des évêques. En 347, le concile de Sardique défendit aux évêques d'aller à la cour sans le consentement du métropolitain. — Le concile de Trente (1552-1562) ne permit aux évêques de s'absenter de leur diocèse que pour l'une des quatre causes ci-après énoncées : la charité chrétienne, une urgente nécessité, l'obéissance légitime à des ordres supérieurs, ou bien l'utilité patente de l'Eglise ou de l'Etat. — Ce règlement fut adopté par le concile de Bordeaux en 1583. En 1581, le concile de Rouen avait pris des mesures sévères à ce sujet. — Relativement à la résidence imposée aux évêques, chanoines et autres bénéficiers, les conciles de Bourges et de Sens, en 1528, celui de Narbonne en 1551, celui de Reims en 1564, l'assemblée de Melun en 1579, le concile d'Aix en 1585, celui de Narbonne en 1609, celui de Bordeaux en 1624, la chambre ecclésiastique des états, en 1614, firent des règlements sur ce point de la discipline. — Il y eut aussi des ordonnances du royaume qui prescrivaient la résidence aux évêques, curés et autres bénéficiers; celle de Chateaubriant, en 1551, celle de Villers-Cotterets en 1557, celle d'Orléans en 1560, l'édit du mois de mai 1560, l'ordonnance de février 1580, celle de 1629, et enfin l'édit de 1695.

Restauration (période historique, connue sous le nom de la). — Le 1er mai 1814, Louis XVIII est reconnu à Compiègne roi de France, par une députation des grands corps de l'Etat. — Le 9 mai, proclamation de ce prince sur son avénement au trône. — La France rentre, à peu de chose près, dans ses anciennes limites, par suite du traité de paix signé à Paris, le 30 mai. — Le 4 juin, Louis XVIII octroie à la France une charte constitutionnelle. — Le 3 décembre, les biens des émigrés, non vendus, leur sont rendus par une loi. — Le 4, autre loi portant que les dettes de Louis XVIII seront payées par le trésor. — Le 19 mars 1815, à la nouvelle de l'approche de Bonaparte, Louis XVIII quitte Paris. Voyez *Interrègne des Cent-Jours.* — Le 8 juillet, Louis XVIII rentre dans Paris. — Le 13 du même mois, il modifie la charte. — Le 16, la France est frappée de cent millions de contributions de guerre. — Le 4 août, le licenciement de l'armée française est arrêté. — Le 26 septembre, traité de la sainte-alliance. — Le 3 novembre, traité de partage des pays cédés par la France entre les puissances alliées. — Le 20, traité qui fixe la nouvelle frontière de France, et exige d'elle sept cents millions de contributions. — Rétablissement des cours prévôtales, le 20 décembre. — Le 6 janvier 1816, la famille de Napoléon et les régicides sont bannis de la France à perpétuité. — Ordonnance du 5 septembre 1816, qui fixe le gouvernement de la France, consacre pour toujours la charte sur laquelle il repose, et porte qu'aucun des articles qui la composent ne sera révisé. — Le 5 février 1817, loi sur les élections et sur la presse périodique. — L'entière libération du territoire français par les troupes étrangères, est fixée au 30 novembre 1818, par le congrès d'Aix-la-Chapelle. — En 1819, première exposition des produits de l'industrie. — Le 13 février 1820, assassinat du duc de Berri. — En 1822, conspiration de Saumur, Belfort et Colmar. — En 1823, guerre d'Espagne. — Le 16 septembre 1824, mort de Louis XVIII et avénement de Charles X. — En 1825, indemnité des émigrés. — En 1827, loi répressive de la traite des noirs. — En 1828, combat de Navarin et expédition en Morée. — Le 8 août 1829, formation du ministère Polignac. — En 1830, expédition d'Afrique et conquête d'Alger. — Ordonnances qui donnent lieu à la révolution des trois jours 27, 28 et 29 juillet. — le 7 août suivant, avénement de Louis-Philippe d'Orléans comme *roi des Français*, et fin du gouvernement de la Restauration.

RESTAUT (Pierre), grammairien français, né à Beauvais, en 1694, mort à Paris, le 14 février 1764.

RESTIF-DE-LA-BRETONNE (Nicolas-Edme), littérateur, né en 1734, à Sacy, en Bourgogne, mort à Paris en 1804.

Rethel, ancienne ville de Champagne, prise par les Espagnols le 15 décembre 1650. — Cette ville avait été érigée en duché par Henri III, en 1581, en faveur de Charles de Gonzague.

Retrait ducal : c'était une faculté qu'un édit de mai 1711, portant règlement sur les duchés-pairies, avait donnée aux aînés des mâles descendant en ligne directe de ceux en faveur desquels aurait été faite l'érection des duchés-pairies.

Retrait lignager : quelques jurisconsultes prétendent qu'il fut introduit en France sous Charlemagne au VIIIe siècle. — Il en est fait mention dans les *Etablissements* de saint Louis, rédigés en 1270. Depuis lors il devint un droit commun et presque général pour tous les pays coutumiers.

Retraite des dix mille : marche vantée dans l'histoire, et qui est encore aujourd'hui admirée par les gens du métier. Elle fut opérée sous la conduite du célèbre Xénophon, qui en a écrit l'histoire, l'an 401 av. J.-C.

Retraite du général Moreau, à la tête de l'armée de Rhin-et-Moselle; commencée le 10 septembre 1796, elle est effectuée le 26 octobre suivant.

RETZ (Albert de Gondi, dit le maréchal de), un des conseillers du projet de la Saint-Barthélemy; mort en 1602.

RETZ (Pierre de Gondi de), frère du précédent, cardinal, évêque de Langres, puis archevêque de Paris; mort le 17 février 1616, à 84 ans.

RETZ (Jean-François-Paul de Gondi, cardinal de), auteur de *Mémoires* célèbres sur la Fronde, né à Montmirail en Brie, en 1614, mort à Paris le 24 août 1679.

Retz ou *Rais*, canton de la Bretagne : il fut érigé en duché-pairie en 1581, en faveur d'Albert de Gondi.

REUCHLIN (Jean), également connu sous les noms de *Fumée et Kapnion*, savant allemand; né à Pfortzheim, près de Spire (Allemagne), en 1455; mort le 30 juillet 1520.

RÉVEILLON, fabricant de papiers peints dans le faubourg Saint-Antoine, à Paris. Le pillage de sa maison, le 28 avril 1789, fut en quelque sorte le prélude de la révolution.

Revel, grande ville de la Russie : elle fut fondée au commencement du XIIe siècle par Waldemar II, roi de Danemark. — Elle fut au nombre des villes anséatiques jusqu'en 1550. — Elle soutint deux siéges mémorables contre les Moscovites, l'un en 1470, l'autre en 1577.

Revel, ville du haut Languedoc : elle fut érigée en ville par Philippe le Bel (de 1285 à 1314). — Ses fortifications, construites par les Calvinistes, furent démolies en 1629.

Réverbères : ils furent substitués aux lanternes dans Paris en 1770.

Revin, petite ville de France aux confins du Hainaut et de la Champagne : elle appartient à la France depuis 1679.

Révolution française (Journées et faits mémorables de la).

Année 1789.

Le 28 avril, la populace de Paris pille et dévaste la maison de Réveillon dans le faubourg Saint-Antoine. — Le 5 mai, ouverture des États-Généraux à Versailles. — Le 17 juin, la chambre du tiers-état se constitue en assemblée nationale. — Le 20 du même mois, l'assemblée nationale est fermée par ordre du roi ; le même jour serment du jeu de paume. — Le 23, le roi casse les arrêtés du tiers-état. — Le 27, la noblesse et le clergé se réunissent au tiers-état, à la demande du roi. — Le 14 juillet, prise et destruction de la Bastille. — Le 22, massacre de Foulon et de Berthier ; dans le même temps, incendie et pillage d'un grand nombre de châteaux. — Le 4 août, abolition des priviléges en France par l'assemblée nationale. — Le 5 octobre, émeute à Paris ; des hommes et un grand nombre de femmes du peuple se transportent à Versailles et l'investissent. — Le 6, après une nuit désastreuse, le roi et la famille royale sont amenés à Paris par les insurgés. — Le 19, première séance de l'Assemblée nationale à Paris. — Le 2 novembre, tous les biens du clergé sont mis à la disposition de la nation. — Le 22 décembre, constitution des assemblées primaires et assemblées administratives.

Année 1790.

Le 13 février, suppression des vœux monastiques. — Le 24, abolition des distinctions honorifiques. — Le 28, décret sur la constitution de l'armée. — Le 1er mars, décret sur les droits féodaux ; le 9, suite du même objet ; le 15, décret général sur les droits féodaux. — Le 21, suppression de l'impôt de la gabelle et son remplacement. — Le 6 avril, institution du jury. — Le 17, décret sur le nombre, la forme et la fabrication des assignats. — Le 13 mai, décret sur l'aliénation des biens dits nationaux. — Le 22, décret portant que le droit de guerre et de paix appartient à la nation. — Le 27, établissement des tribunaux de commerce. — Le 3 juin, décret établissant que chaque département ne formera qu'un seul diocèse. — Le 15, décret relatif à la nomination des évêques, curés, vicaires et autres fonctionnaires ecclésiastiques. — Le 16, on arrête que les ministres de la religion catholique seront salariés par la nation. — Le 20, suppression de tous les titres et armoiries. — Le 29, décret relatif à la vente des biens dits nationaux. — Les 7 et 8 juillet, institution et organisation des juges de paix. — Le 12 juillet, décret relatif à la constitution civile du clergé. — Le 14, fête de la fédération au Champ-de-Mars. — Le 25 août, les ecclésiastiques sont exclus de toute fonction judiciaire. — Le 22 septembre, décret sur la compétence des tribunaux militaires et sur leur organisation. — Le 13 octobre, décret relatif à l'éducation publique. — Le 17, décret qui ordonne l'exécution des dispositions législatives sur la constitution civile du clergé, dans la ci-devant province d'Alsace. — Le 11 novembre, décret qui permet aux évêques d'accorder des dispenses de mariage. — Le 13, pillage de l'hôtel de Castries. — — Le 15, décret sur la formation et la circonscription des paroisses. — Le 27, serment à prêter par tous fonctionnaires ecclésiastiques. — Le 9 décembre, décret sur la restitution des biens des religionnaires fugitifs. — Le 14, décret sur l'état des enfants nés de mariages mixtes entre des catholiques et des protestants. — Le 21, l'assemblée décrète qu'il sera élevé une statue à l'auteur d'*Emile* (J.-J. Rousseau), et que sa veuve sera nourrie aux dépens de l'Etat. — Le 22, décret relatif au traitement des supérieurs des séminaires et vicaires directeurs. — Le 30, décret sur la propriété des découvertes utiles.

Année 1791.

Le 26 janvier, loi pour l'exécution du décret déjà rendu sur la prestation du serment des ecclésiastiques. — Le 21 février, désarmement des chevaliers du poignard. Emigration. — Le 22, suppression des distinctions seigneuriales. — Le 3 mars, il est décidé que l'argenterie des églises inutile au culte, sera transportée aux hôtels des monnaies. — Le 25, la majorité pour les rois est fixée à 18 ans. — Le 2 avril, mort de Mirabeau ; le 4, son corps est déposé au Panthéon. — Le 18, la garde nationale et le peuple empêchent le roi de partir pour Saint-Cloud ; on le surveille dans son château des Tuileries. — Le 1er mai, on ne paye plus d'entrée aux barrières dans toute l'étendue de la France. — Le 10, décret qui supprime les expéditions en cour de Rome. — Le 19, on décide que les brefs, rescrits et bulles provenant de la cour de Rome, seront réputés nuls s'ils n'ont été approuvés par le corps législatif et sanctionnés par le roi. — Dans la nuit du 20 au 21, le roi et toute la famille royale partent de Paris. — Le 22, leur arrestation à Varennes ; le 25, ils sont ramenés à Paris. — Le 9 juillet, premières mesures de rigueur prises contre les émigrés. — Le 22 août, décret sur la liberté individuelle, et le 23, décret sur les délits de la presse. — Le 13 septembre, le roi accepte la Constitution. — Le 30, l'Assemblée nationale, dite constituante, déclare qu'elle a terminé ses séances. — Le 1er octobre, l'Assemblée législative commence sa session ; la coalition des puissances étrangères se forme contre la France. — Le 1er novembre, émission de 1400 millions d'assignats.

Année 1792.

Le 20 janvier, établissement du *maximum*, ce qui donne occasion à la populace de Paris de piller les boutiques des épiciers, sous prétexte d'accaparement. — Le 12 février, les biens des émigrés sont séquestrés et les prêtres *réfractaires* déportés.—Le 20 juin, les faubourgs de Paris ameutés se rendent aux Tuileries ; la révolte place un bonnet rouge sur la tête du roi et l'abreuve d'insultes. — Le 12 juillet, sur la nouvelle de l'approche d'une armée de 62,000 Prussiens, l'Assemblée législative déclare la patrie en danger. — Le 10 août, les *Marseillais*, et les hommes des faubourgs, marchent en armes sur les Tuileries, en forcent l'entrée et massacrent les Suisses, qui défendent le château avec un héroïque dévouement. Le roi et la famille royale se réfugient dans la salle des séances de l'Assemblée législative. Louis XVI est suspendu de ses fonctions, et le gouvernement républicain établi. — Le 12 août, Louis XVI et sa famille sont renfermés dans la prison du Temple. — Les 2 et 3 septembre, massacre des prisons à Paris ; cet exemple atroce est imité dans un grand nombre de villes. L'Assemblée législative tombe complétement sous le joug de la commune de Paris. — Le 21, dissolution de l'Assemblée législative. — Le même jour (21 septembre), la Convention dite nationale succède à l'Assemblée législative ; elle proclame la république française et l'abolition de la royauté en France. — Le 8 décembre, la Convention décrète que le roi Louis XVI sera jugé par elle-même. — Le 11, le roi paraît à la barre de l'Assemblée pour entendre son acte d'accusation. — Le 16, il y reparaît avec Tronchet, Malesherbes et Desèze, ses défenseurs.

Année 1793.

Du 14 au 17 janvier, la mort de Louis XVI est décrétée. — Le 19, le roi est condamné à mort par 361 voix sur 721 ; 26 autres voix votent la mort conditionnelle. — Le 21, le malheureux monarque est exécuté sur la place de la Révolution. — Le 1er février, levée de trois cent mille hommes en France ; commencement des troubles de la Vendée ; toutes les puissances européennes se coalisent contre la république française. — Le 28 mars, installation du tribunal révolutionnaire. — Les 31 mai et 2 juin, proscription du parti dit de la Gironde, triomphe des Jacobins et de la terreur. — Le 24 juin, la Convention décrète la Constitution de l'an II. — Le 1er août, décret contre la Vendée, les suspects, les étrangers et les Bourbons. — Le 16 août, on décrète une levée en masse pour la défense de la liberté. — Le 16 octobre, la reine Marie-Antoinette est condamnée à mort. — Le 7 novembre, la Convention arrête de substituer *un culte raisonnable au culte catholique.*

Année 1794.

Le 4 février, la Convention abolit l'esclavage dans les colonies françaises. — A cette époque, le régime de la terreur organise des massacres journaliers, pendant plus de trois mois, tant à Paris que dans les provinces. — Le 10 mai, madame Elisabeth, sœur du roi Louis XVI, est condamnée à mort par le tribunal révolutionnaire. — Le 7 juin, fête de l'Être suprême, célébrée par Robespierre. — Le 27 juillet (9 thermidor), chute de Robespierre ; fin du régime de la terreur. — Le 24 décembre (3 nivôse an IV), suppression du *maximum* sur les denrées.

Année 1795.

Le 1er avril (12 germinal), insurrection des sections de Paris contre la Convention. — Le 16 mai, traité de paix conclu à Paris, entre la république française et la république batave ; alliance offensive et défensive de ces deux nations contre l'Angleterre. — Le 20 mai (1er prairial), insurrection des Jacobins contre la Convention ; le lieu de ses séances est envahi ; mort horrible du député Féraud ; courage impassible de Boissy d'Anglas. — Le 22 août (5 fructidor), nouvelle Constitution, dite de l'an III, décrétée par la Convention. — Le 5 octobre (13 vendémiaire), plusieurs sections ameutées contre la Convention, sont mises en déroute par les troupes de l'Assemblée, sous le commandement du général Bonaparte. — Le 26 (4 brumaire), la Convention termine sa session, qui avait duré plus de trois ans. — Le 28 octobre, ouverture du nouveau Corps législatif, divisé en deux conseils, l'un des *Anciens*, l'autre des *Cinq-Cents ;* la Constitution de l'an III est mise en vigueur. — Le 4 novembre, installation du Directoire exécutif de France.

Année 1796.

Le 18 mars, création des *mandats territoriaux*, nouveau papier-monnaie, pour être échangés contre les assignats. — Le 4 mai, le Directoire dénonce la conspiration de Babœuf.

Année 1797.

Le 4 septembre (18 fructidor an V), mouvement à Paris en faveur du Directoire. — Le 27 octobre, traité de Campo-Formio, ratifié à Paris et à Vienne, le 3 novembre suivant. — Le 9 décembre, ouverture du congrès de Rastadt.

Année 1798.

Le 11 avril, établissement de la république helvétique sur le modèle de celle de France. — Le 19 mai, départ de l'armée d'expédition pour l'Egypte. — Le 12 septembre, la Turquie déclare la guerre à la France, à cause de l'expédition d'Egypte.

Année 1799.

Le 8 avril, rupture du congrès de Rastadt. Par suite de cette rupture, l'Angleterre, l'Autriche, une partie des Etats d'Allemagne, les rois de Naples et de Portugal, la Russie, la Turquie et les Etats barbaresques sont coalisés contre la France. — Le 28 avril, les plénipotentiaires français sont assassinés à leur départ de Rastadt. — Le 9 octobre, le général Bonaparte, revenu d'Egypte, débarque à Fréjus, et, le 16, il arrive à Paris. — Les 9 et 10 novembre (18 et 19 brumaire an VIII), nouvelle révolution politique ; le Directoire exécutif et la Constitution de l'an III sont abolis ; formation du Consulat. — Le 13 décembre, nouvelle Constitution, dite de l'an VIII ; Bonaparte est nommé premier consul. Voy. *Consulat*, *Empire français*, NAPOLÉON BONAPARTE, *République française*, etc.

REWBEL (Jean), membre et président du

directoire exécutif pendant la révolution, né à Colmar en 1746, mort en 1801.

Reyna, ville d'Espagne ; elle fut prise sur les Maures en 1185 par le roi don Alphonse IX.

REYNIER (le comte Jean-Louis Ebenezel), général français, né à Lausanne le 14 janvier 1771, mort le 27 avril 1815.

REYNOLDS (Josué), célèbre peintre anglais dans le portrait, né à Plimpton dans le Devonshire, le 26 juillet 1723, mort le 23 février 1792.

Rheinberg, ville fortifiée d'Allemagne : le roi de Prusse s'en empara en 1703, mais elle fut rendue par la paix de Rastadt en 1714.

Rhesan, ville de l'empire russe : elle fut presque entièrement ruinée par les Tartares de la Crimée en 1568.

Rhéteurs : ils sont chassés de Rome à la demande de Caton, vers l'an 155 avant J.-C., et l'on rend un décret contre eux.

Rhétoriens, sectaires du IVe siècle, qui soutenaient que tous les hérétiques avaient raison.

Rhin, fleuve célèbre; Drusus fait élever une digue pour le retenir dans son lit, et préserver l'île des Bataves de ses inondations, l'an 10 avant J.-C. — Fameux passage de ce fleuve par Louis XIV, le 12 juin 1672. — Tous les pays conquis par les Français, à la gauche de ce fleuve, sont réunis à la France par la Convention et divisés en 9 départements le 1er octobre 1795. — Tous les pays situés sur la rive gauche de ce fleuve sont réunis à la France le 24 avril 1810. — Ce fleuve rompt ses digues a Philisbourg le 12 juillet 1817, et détruit l'espérance des récoltes.

Rhinberg (bataille de), près de Wésel, gagnée par les Français sur les Hanovriens, le 16 octobre 1760.

Rhinfeld (journées de), le 28 février et le 3 mars 1638. Dans la première journée, le duc de Weimar, qui faisait le siége de cette petite ville, fut battu par Jean de Wert, et le duc de Rohan fut blessé à mort. Dans la seconde, le duc de Weimar mit les Impériaux en déroute, et fit les quatre généraux de l'empereur prisonniers : Jean de Wert fut mené en triomphe à Paris.

Rhode-Island, contrée de l'Amérique septentrionale : les Anglais s'y établissent en 1635.

Rhodes (siége de) par Artémise, reine de Carie, qui s'en rend maîtresse l'an 352 av. J.-C.

Rhodes (colosse de), l'une des sept merveilles du monde dans l'antiquité ; exécuté vers l'an 280 avant J.-C.; renversé par un tremblement de terre l'an 224 av. J.-C. Il avait, suivant Pline, 70 coudées de haut, et les vaisseaux passaient à pleines voiles entre ses jambes. Ce ne fut que 900 ans après son renversement qu'on en enleva les débris.

Rhodes, ville située dans l'île de ce nom : fondée dans la 1re année de la 93e olympiade, l'an 408 ou 407 avant J.-C. — Soutint un siége fameux contre Démétrius Poliorcète, l'an 285 av. l'ère chrétienne. — Prise en 652 par les Sarrasins qui brisèrent le fameux colosse de Rhodes, l'une des sept merveilles. — Prise par les chevaliers de Saint-Jean de Jérusalem en 1310. — Enlevée aux chevaliers de Saint-Jean de Jérusalem par les Turcs, en 1522.

Rhodium, métal; découvert par Wollaston en 1803.

Rhubarbe : mise en usage dans la médecine par les Arabes, au commencement du IXe siècle.

Ribauds (le roi des) : une ordonnance royale en date du 23 février 1280, donnée à Vincennes par Philippe III, dit le *Hardi*, fixait le traitement de ce singulier roi.

RIBEIRA. Voy. ESPAGNOLET (l').

RICARD (Dominique), traducteur des œuvres de Plutarque, né à Paris le 25 mars 1741, mort en 1803.

RICARDO (David), économiste anglais, mort le 16 septembre 1823.

RICCI (Matthieu), missionnaire italien jésuite, né à Macerata en 1552, mort à Pékin en 1610.

RICCI (Laurent), général de l'ordre des jésuites, né à Florence le 2 août 1703, mort le 22 novembre 1775.

RICCI (Scipion), évêque de Pistoie et de Prato en Toscane, né à Florence en 1741, mort le 27 janvier 1810.

RICCOBONI (Louis), littérateur et comédien italien, né à Mantoue en 1707, mort le 15 mai 1772.

RICCOBONI (Marie de Laboras de Mezières), femme du précédent, romancière française, née à Paris en 1714, morte le 6 décembre 1792.

RICHARD Ier, roi d'Angleterre, surnommé *Cœur-de-Lion*, né à Londres en 1156, monta sur le trône le 6 juillet 1189, fut tué devant Chalus en Limousin, le 6 avril 1199.

RICHARD II, roi d'Angleterre, monta sur le trône le 23 juillet 1377, mourut assassiné en 1399, âgé de 33 ans.

RICHARD III, roi d'Angleterre, proclamé le 22 juin 1483, tué à la bataille de Bosworth, le 22 août 1485.

RICHARD Ier, surnommé *Sans-Peur*, duc de Normandie, succéda, l'an 942, à son père Guillaume Longue-Epée, à l'âge de dix ans; mourut à Fécamp en 996.

RICHARD II, dit *le Bon*, fils du précédent, lui succéda et régna jusqu'en 1027, époque de sa mort.

RICHARD de Cornouailles, fils de Jean-Sans-Terre, roi d'Angleterre, fut appelé au trône d'Allemagne en 1257, et mourut en 1271, oublié des Allemands qui le connaissaient à peine.

RICHARD (René), historiographe de France, né à Saumur en 1654, mort à Paris le 21 août 1727.

RICHARD (Louis-Claude-Marie), botaniste français, mort le 7 juin 1821.

RICHARDSON (Samuel), célèbre romancier anglais, né en 1689, mort le 4 juin 1761.

RICHE (Claude-Antoine-Gaspard), voyageur et naturaliste français, né le 20 août 1762, mort le 5 septembre 1797.

RICHELET (Pierre), grammairien, né en 1632 à Cheminon en Champagne, mort le 18 novembre 1698.

RICHELIEU (Armand-Jean du Plessis, cardinal de), célèbre ministre d'Etat français, né à Paris le 5 septembre 1585, sacré évêque de Luçon en 1607, prend la Rochelle le 27 octobre 1628, meurt le 4 décembre 1642.

RICHELIEU (François-Armand du Plessis, duc de), maréchal de France, de l'Académie française et de celle des sciences, né à Paris le 13 mars 1696, prend la ville de Mahon le 28 juin 1756, meurt le 8 août 1786.

RICHELIEU (Armand du Plessis, duc de), pair de France, ministre de Louis XVIII, né vers 1770, mort le 17 mai 1822, âgé de 53 ans.

Richelieu, ville de Touraine, bâtie par le cardinal de ce nom, en 1637. Mais le duché-pairie de ce nom avait été érigé en 1631.

Richemond, ou plutôt *Richemont*, ville commerçante d'Angleterre : elle fut érigée en duché par Henri VIII en 1535.

RICHER (Edmond), théologien du temps de la ligue, né à Chaource, diocèse de Langres, le 30 septembre 1560, mort le 28 novembre 1631.

Richeriens, hérétiques du XVIe siècle, qui reconnaissaient pour chef le calviniste Pierre Richer.

RICHTER (Auguste-Gottlob), chirurgien allemand, mort le 23 juillet 1812.

RICHTER (Jean-Paul-Frédéric), écrivain allemand, mort le 14 novembre 1825.

RIEGO (Rafael del), général espagnol : son exécution comme chef de rebelles, le 7 novembre 1823.

RIENZI, ou mieux RIENZO (Nicolas Gabrino, plus connu sous le nom de), gouverneur et tribun de Rome; s'empare du pouvoir vers le 15 mai 1347 : est renversé sept mois après, le 15 décembre; est tué à Rome par ses concitoyens le 8 octobre 1354.

Rieti (combat de), livré le 7 mars 1821, entre les Napolitains et les Autrichiens.

Rieux, ville de l'ancienne province du Languedoc; son évêché fut érigé par le pape Jean XXII, en 1317.

Riez (concile de), tenu en 439.

Riga, ville de Livonie : sa fondation en 1200. — Prise par Gustave-Adolphe sur les Polonais, en 1621 ; prise par les Russes, en 1710.

Riga (bataille de), gagnée sur les Polonais par Charles XII, roi de Suède, en 1701.

RIGAUD (Hyacinthe), peintre de portraits, surnommé le *Van-Dyck* de la France, né à Perpignan en 1663, mort en 1743.

RIGOLEY DE JUVIGNY (Jean-Antoine), érudit français, mort à Paris en 1788.

Rime : on en attribue l'invention et l'introduction dans les vers des langues modernes, au pape Léon II, qui vivait dans la seconde partie du VIIe siècle.

Rimini (concile de), contre les Ariens, en 359.

Riobamba, ville du Pérou ; abîmée par le tremblement de terre de 1737.

Rioja, ville de l'Amérique méridionale : fondée, vers l'an 1596, par Juan Ramirez.

Rio-Janeiro ou *Saint-Sébastien*, la plus belle ville du Brésil : sa découverte par l'Espagnol Diaz de Solis, en 1515. — Fut prise et rançonnée par Duguay-Trouin, en 1711.

Ripaille, bourg de la Savoie : fondé par Amédée VIII, vers 1416.

RIQUET ou RIQUETI (Pierre-Paul de), constructeur du canal de Languedoc, mort à Toulouse en 1680.

Riswyck (paix générale de), conclue en septembre et octobre 1697.

RITCHIS (Joseph), naturaliste et voyageur dans l'intérieur de l'Afrique ; né à Otley en Angleterre; mort le 20 novembre 1819, à Mourzouk, ville du Soudan.

RITTENHOUSE (David), célèbre philosophe anglo-américain, né à Germantown en Pensylvanie, en 1732, mort en 1796.

RITTER (Jean-Guillaume), médecin allemand, mort le 23 janvier 1810.

RIVARD (François-Dominique), mathématicien français, né à Neufchâteau en Lorraine, en 1697, mort à Paris en 1778.

RIVAROL (Antoine de), écrivain spirituel et satirique, né à Bagnols en Languedoc, le 17 avril 1757, mort à Berlin, le 11 avril 1801.

RIVAZ (Pierre-Joseph de), mathématicien et mécanicien, né à Saint-Gingoux en Valais (Suisse), le 29 mars 1711, mort le 6 août 1772.

RIVE (l'abbé Jean-Joseph), littérateur, né à Apt, le 19 mai 1730, mort à Marseille en 1790.

Rivoli (bataille de), gagnée les 14, 15 et 16 janvier 1797, par le général Bonaparte, sur les Autrichiens, qui, après une perte de vingt-cinq mille hommes, sont obligés de renoncer à l'Italie.

RIZZIO (David), musicien italien de la suite de Marie Stuart, mort assassiné le 9 mars 1566.

ROBERT LE FORT ou l'ANGEVIN, comte de Paris vers la fin de la seconde race de nos rois, mort au combat de Brisserte en 866. C'est à lui que remonte l'origine certaine de la race capétienne.

ROBERT, roi de France, surnommé *le Sage* et *le Dévot*, né en 971, parvenu à la couronne en 996, mort le 20 juillet 1031. — La date du commencement du règne de Robert présente des incertitudes. Les diplômes portent quatre indications différentes. Les uns font commencer le règne de ce prince à 988, année de son sacre à Orléans ; d'autres le font partir de l'an 989. Le plus ordinairement on place le commencement de ce règne au 24 octobre 996, jour de la mort de Hugues Capet. Enfin quelques annalistes le font rapporter à l'an 991, après l'emprisonnement de Charles de Lorraine.

ROBERT D'ANJOU, dit *le Sage*, roi de Naples, monta sur le trône en 1309, mourut le 19 janvier 1343, âgé de 64 ans.

ROBERT, dit *le Magnifique*, duc de Normandie, succéda à son frère Richard II, en 1028, mourut à Nicée l'an 1035.

ROBERT, dit *Courte-Cuisse*, établi duc de Normandie par Guillaume le Conquérant, son père, en 1087, mort emprisonné en Angleterre, en 1134.

ROBERT (saint), évêque de Molesme en Bourgogne, premier auteur de l'ordre de Cîteaux, mort le 21 mars 1108, à 84 ans, canonisé en 1222 par Honorius III.

ROBERT GROSSE-TÊTE, en latin *Capito*, savant évêque de Lincoln, mort en 1253.

ROBERT BRUCE. Voy. BRUCE.

ROBERT (Hubert), peintre d'architecture et de paysage, né à Paris en 1733, mort le 15 avril 1808.

ROBERT (Léopold), peintre français, né à la Chaud-de-Fonds (Suisse) le 11 mai 1794, mort à Venise le 20 mars 1835.

ROBERTSON (Williams), célèbre historien anglais, auteur de l'*Histoire de Charles-Quint*, né à Berwick en 1721, mort en juin 1794.

ROBERVAL (Gilles Personne, sieur de), célèbre physicien, né à Roberval, petite ville de Picardie, en 1602, mort le 27 octobre 1675.

ROBESPIERRE (Maximilien-Isidore), personnage fameux dans les fastes de notre révolution, né à Arras en 1759, guillotiné le 10 thermidor an II (28 juillet 1794).

ROBESPIERRE le jeune (Augustin-Benoît-Joseph), frère du précédent, mis à mort le même jour que lui, le 10 thermidor an II.

ROBINS (Benjamin), mathématicien anglais, né à Bath en 1707, mort dans l'Inde, le 29 juillet 1751.

ROBINSON (mistriss), actrice anglaise et écrivain, surnommée la *Sapho anglaise*, morte le 25 décembre 1800.

ROBOAM, roi de Juda, succéda à Salomon, son père, l'an 975 av. J.-C., mourut l'an 958 avant l'ère chrétienne.

ROCHAMBEAU (Jean-Baptiste Donatien de Vimeur de), maréchal de France, né le 1er juillet 1725, mort en 1804.

Roche-Bernard (la), bourg et ancienne baronnie de France en Bretagne; érection de ce fief en duché-pairie, sous le nom de Coislin, en 1663; son extinction en 1738.

Roche-d'Errion (la), bourg de France en Bretagne : une bataille fut livrée sous ses murs en 1347, dans laquelle Charles de Blois, qui réclamait le duché de Bretagne, fut vaincu.

Rochefort, ville de France, dans la Saintonge : bâtie par Louis XIV en 1664, ainsi que son magnifique arsenal et ses casernes.

ROCHEFOUCAULD (François de la) cardinal et évêque de Clermont, puis de Senlis, né le 8 décembre 1558, mort le 14 février 1645.

ROCHEFOUCAULD (François, duc de la), prince de Marsillac, moraliste, auteur des *Réflexions* et *Maximes*, né en 1603, mort à Paris le 17 mars 1680.

ROCHEFOUCAULD (François, duc de la), fils aîné du précédent, prince de Marsillac, grand-veneur de France, etc.; né en 1634, mort en 1714.

ROCHEFOUCAULD (Frédéric-Jérôme de Roye de la), cardinal et archevêque de Bourges, mort en 1757.

ROCHEFOUCAULD (Louis-Alexandre, duc de la) et de la Roche-Guyon, pair de France, massacré à Gisors, le 14 septembre 1792, âgé de 83 ans.

ROCHEFOUCAULD (duc de la), cardinal, archevêque de Rouen, etc., né en 1713 dans le diocèse de Mende, mort à Munster le 2 septembre 1799.

ROCHEFOUCAULD-LIANCOURT (duc de la), célèbre philanthrope, mort le 27 mars 1827.

ROCHEJAQUELEIN (le comte Henri de la), général vendéen, tué à Gesté, en mars 1794.—Louis de Larochejacquelein, son frère cadet, tué dans les sables des Mattes, le 4 juin 1815.

ROCHEFORT (Guillaume de), littérateur, membre de l'Académie des inscriptions et belles-lettres, né à Lyon en 1731, mort en 1788.

Rochelle (la), ville maritime de France : Louis VIII, fils de Philippe-Auguste, l'enleva aux Anglais en 1224. — Cette ville fut cédée aux Anglais par le traité de Brétigny, en 1360. — Elle se donna au roi de France Charles V, en 1372, à condition qu'elle conserverait ses priviléges. — Les calvinistes s'en emparèrent en 1557; y tinrent des synodes en 1571 et 1581. — Louis XIII la prit par la famine le 28 octobre 1628, après un siége de 13 mois, et la fit démanteler. — Louis XIV la fit fortifier, et lui donna un port. — Le siége épiscopal de Maillezais fut transféré dans cette ville en 1649.

Rochelle (conspiration de la) : déférée à la cour d'assises de Paris, le 21 septembre 1822.

ROCHESTER (Jean Wilmot, comte de), poëte anglais, né en 1648, mort le 26 juillet 1680.

ROCHOW (. . . . . . de), homme d'Etat prussien, ministre d'Etat intime, président du conseil d'Etat prussien, né en 1792; mort à Aix-la-Chapelle le 11 septembre 1847.

Rocroi (bataille de), gagnée par le prince de Condé sur les Espagnols, le 19 mai 1643.

RODE (. . . . . .), violoniste et compositeur français, mort le 25 novembre 1830.

Rodez, chef-lieu du département de l'Aveyron, autrefois capitale du Rouergue. Dès le Ve siècle, cette ville était le siége d'un évêché. — La cathédrale fut bâtie du XIIIe au XVIe siècle.

RODOLPHE Ier DE HABSBOURG, empereur d'Allemagne, surnommé *le Clément*, élu en 1723, mort à Gemersheim, près de Spire le 30 septembre 1291, à 73 ans.

RODOLPHE II, fils de l'empereur Maximilien II, né à Vienne le 18 juillet 1552, roi de Hongrie en 1572, roi de Bohême en 1575, élu roi des Romains à Ratisbonne, le 27 octobre de la même année, prit les rênes de l'empire le 12 octobre 1576, mourut en 1612.

ROEMER (Olaüs), astronome, né à Arrhus dans le Jutland, en 1644, mort le 19 septembre 1710.

ROEDERER (Pierre-Louis), ancien procureur de la commune, né à Metz le 15 février 1754, mort à Paris le 18 décembre 1835 : il était pair de France et membre de l'Académie des sciences morales et politiques.

ROESEL DE ROSENHOF (Auguste-Jean), naturaliste allemand, mort le 27 mars 1759.

Rogations : nom donné aux trois jours qui précèdent l'Ascension, à cause des prières et des processions qui ont lieu ce jour-là. Cérémonies établies vers 468, par saint Mamert, évêque de Vienne en Dauphiné, à l'occasion des tremblements de terre et autres fléaux qui affligeaient son diocèse. Cette pieuse coutume fut adoptée au XIe siècle par l'Eglise.

ROGER, premier roi de Sicile, proclamé à Palerme le 25 janvier 1130, mort en 1154.

ROHAN (le maréchal de). Voyez GIÉ.

ROHAN (Henri, duc de), pair de France, prince de Léon, blessé à la tête du régiment de Nassau, qu'il commandait à la bataille de Rhinfeld, le 28 février 1638, mort de ses blessures, le 13 avril suivant.

ROHAN (Armand-Gaston de), cardinal, évêque de Strasbourg, grand aumônier de France, membre de l'Académie française, né en 1674, mort le 19 juillet 1749.

ROHAN-GUÉMENÉ (Louis-René-Edouard), cardinal, évêque de Strasbourg, membre de l'Académie française, né le 23 septembre 1734, mort à Ettenheim le 17 février 1802.

ROLAND DE LA PLATIÈRE (J.-M.), homme d'Etat, né à Villefranche près de Lyon, nommé ministre de l'intérieur en 1792, se donna la mort au bourg de Baudoin, à quatre lieues de Rouen, le 15 novembre 1793.

ROLAND (Marie Jeanne Philipon), femme du précédent, née à Paris en 1754, morte sur l'échafaud révolutionnaire, le 18 novembre 1793.

ROLLIN (Charles), recteur de l'Université, né à Paris le 30 janvier 1661, mort le 14 septembre 1741.

ROLLON, RAOUL ou HAROUL, premier duc de Normandie, mort vers 932.

ROMAIN (saint), issu de la race des rois de France, fut nommé à l'archevêché de Rouen en 626, et mourut le 23 octobre 639.

ROMAIN, pape, monta sur la chaire de saint Pierre en octobre 897, mourut vers la fin de la même année.

ROMAIN Ier, surnommé *Lécapène*, empereur d'Orient, élu en 919, mort en 948.

ROMAIN II, dit *le Jeune*, monta sur le trône d'Orient en 959, mourut en 963.

ROMAIN III, surnommé *Argyre*, commença à régner en novembre 1028, fut étranglé en avril 1034.

ROMAIN IV, régna sur l'Orient en 1068, mourut en novembre 1071.

ROMAIN (François), dit *le frère Romain*. religieux dominicain et architecte, mort à Paris, âgé de 89 ans, en 1735.

ROMAIN (Jules). V. JULES ROMAIN.

Romains (empereurs) : Auguste, l'an 31 av. J.-C., 44 ans depuis la bataille d'Actium, ou 36 depuis son premier consulat. — Tibère, l'an 14 depuis J.-C. — Caligula, en 37. — Claude, en 41. — Néron, en 53. — Galba, en 68. — Othon, en 69. — Vitellius, en 69. — Vespasien, en 69. — Titus, en 79. — Domitien, en 81. — Nerva, en 96. — Trajan, en 98. — Adrien, en 117. — Antonin Pie ou *le Pieux*, en 138. — Marc-Aurèle et Lucius Verus, en 161. — Commode, en 180. — Pertinax, en 193. — Didius Julianus, en 193. — Pescennius Niger, en 193. — Clodius Albinus, en 193. — Septime-Sévère, en 193. — Antonin Caracalla et P. Septimus Geta, en 211. — M. Opilius Severus Macrin, en 217. M. Aurel. Antoninus Héliogabale, en 218. — Alexandre Sévère, en 222. — C. Julius Verus Maximin, en 235. — M. Antonius Gordien, *l'Ancien*; M. Antonius Gordien, *le Jeune* en 237. — Papien Maxime et Balbin, en 237. — Gordien III, en 238. — Philippe père et Philippe fils, en 244. — Dèce, en 249. — Trebonianus Gallus et Volusianus, son fils, en 251. — Hostilien, en 252. — C. Julius Æmilianus ou Emilien, Licinius, Valérien et Licinius Egnatius Gallien, fils de Valérien, en 253. — Caius Valérien, en 264. — M. Aurelius Claude, en 268. — Quintillius, en 270. — Domitius Aurélien, en 270. — 275, interrègne de 8 mois. — Tacite, en 275. — Florien, en 276. — Probus, en 276. — M. Aurelius, en 282. — M. Aurelius Carin et Numérien, tous deux fils de Carus, en 284. — Dioclétien, en 284. — Maximien Hercule, en 286. — Constance Chlore, Maximien Galère, Flav. Val. Sévère II et C. Galerius Valerius Maximin, surnommé *Daïa*, en 305. — Constantin le Grand et M. Aurelius Maxence, en 306. — Licinius, en 308. — Constantin le Jeune, Constance et Constant, en 337. — Julien *l'Apostat*, en 361. — Jovien, en 363. — Valentinien Ier, en Occident, en 364. — Valens, en Orient, en 364. — Gratien, en Occident, en 367. — Valentinien II, en Occident, en 375. — Théodose le Grand, en Orient, en 379 ; il devient aussi empereur d'Occident en 394. — Maxime, tyran de la Bretagne, des Gaules et de l'Espagne, en 383. — Eugène, tyran dans les Gaules, en 392. — En 395, sous les fils de Théodose, l'empire fut définitivement divisé en deux. Voyez *Orient* et *Occident*.

ROMAN (l'abbé Jean-Joseph), littérateur et poëte, né à Avignon en 1726, mort dans la même ville en 1787.

ROMANA (....., marquis de la), général espagnol, mort à Caturxo en Portugal, le 23 janvier 1812.

Romane (langue): elle commença à se former du mélange du latin avec la langue des Francs, au commencement du IXe siècle.

Romance : ce genre de poésie est cultivé par les Maures d'Espagne, vers 1390 ; le goût en est resté aux Espagnols.

Romano-Britannique (concile), touchant l'état de l'Eglise d'Angleterre, en 680.

Romans : leur naissance en France vers 950. On leur donna ce nom parce qu'ils étaient écrits en langue romane.

Romans, ville du Dauphiné : bâtie vers l'an 837. — Prise par le dauphin Humbert II, le 27 février 1342. C'est par un traité signé à Romans, le 13 mars 1349, que le dauphin fit donation de ses Etats au roi de France.

ROMANZOFF (Pierre Alexandrowich, maréchal de), célèbre général au service de Catherine II, impératrice de Russie, mort en 1787.

Rome, la ville éternelle, fondée par Romulus l'an du monde 3251, l'an 753 avant l'ère chrétienne, dans la 6ᵉ olympiade : c'est à cette année que commencent les années de la fondation de Rome. — Abolition de la royauté et établissement de la république l'an 509 av. J.-C., 244 ans après la fondation de Rome. — Etablissement des Saturnales, l'an 497 av. J.-C. — Création des premiers tribuns du peuple, l'an 493 av. J.-C. — Première publication de la loi agraire, l'an 486 av. J.-C. — Première célébration des jeux séculaires, l'an 456 av. J.-C. — Etablissement des Décemvirs, l'an 451 av. J.-C. —Des censeurs, l'an 443 av. J.-C.— Rome est saccagée par les Gaulois sous la conduite de Brennus, l'an 390 av. J.-C. — Assiégée par quatre armées différentes, celle de Marius, celle de Cinna, celle de Carbon et de Sertorius, elle est prise l'an 87 av. J.-C., et il s'y commet beaucoup de meurtres. — Etablissement du premier triumvirat, l'an 60 av. J.-C. ; du deuxième, l'an 43 av. J.-C. — Etablissement de la monarchie, l'an 30 av. J.-C. — Elle devint le siége de saint Pierre et la capitale du monde chrétien, l'an 41 de notre ère. — Elle fut incendiée sous Néron le 19 juillet 64. — Peste qui y fait mourir jusqu'à dix mille personnes par jour, l'an 77 de J.-C. — Le Capitole et la Bibliothèque brûlés par le feu du ciel, l'an 188 depuis J.-C. — L'an 191, un incendie consume le palais, le temple de Vesta et la plus grande partie de la ville. — Construction des Thermes Alexandrins, l'an 226, sous Alexandre Sévère — Le théâtre de Pompée fut réduit en cendres, l'an 248 depuis J.-C. — Le culte des faux dieux y fut aboli, en 389. — Assiégée par Alaric, roi des Goths, en 408, elle fut prise, pillée et ravagée, le 24 août 409, l'an 1162 de sa fondation. — Genséric, roi des Vandales, y entra le 12 juin 455. — Nouvelle invasion de la peste en 467. — Assiégée par les Goths en 538, le siége ne fut levé qu'en 539. — Prise par Totila, roi des Goths, le 17 janvier 547. —Reprise par Bélisaire la même année. — Totila la reprit de nouveau en 549. — Cette ville fut inondée par le Tibre et ravagée par la peste en 589. — Vers l'an 800, Charlemagne se fit déclarer roi des Romains. — Prise de Rome par l'empereur Frédéric-Barbe-rousse, en 1167. — On commença à y construire l'église de Saint-Pierre, en 1506. — Prise de cette ville par les Colonna, le 20 septembre 1526. — Par Charles, connétable de Bourbon, général de Charles-Quint, le 6 mai 1527. — Presque submergée en 1717 par une inondation du Tibre qui dura sept jours. — Occupée par une armée française, le 10 février 1798. — Le 15 du même mois abolition du gouvernement sacerdotal et établissement d'une nouvelle république romaine. — Cette ville et ses dépendances furent réunies à l'empire français par un sénatus-consulte, le 17 février 1810, ce qui forma deux départements. — Occupation de Rome par les troupes de Murat, roi de Naples, le 19 janvier 1814. — La même année Rome fut restituée au souverain pontife.

Rome (anciens rois de). Romulus, fondateur de Rome, en devient le premier roi, vers l'an 753 av. J.-C. ; il régna 38 ans. — Interrègne en 716. — Numa Pompilius roi, l'an 715 av. J.-C. — Tullus Hostilius, l'an 672. — Ancus Martius, l'an 640. — Tarquin l'Ancien, l'an 616. — Servius Tullius, l'an 578. Tarquin le Superbe, l'an 534 ; il fut chassé et la royauté abolie l'an 509.

Rome (conciles de) : en 445, 483 et 484, contre les apostats ; en 487, 495, 499, 500, 501, 502, contre les schismatiques ; en 503, 504, 530, 532, 590, 601, 606, 610, 648 ; contre les monothélites, en 649 ; contre les mariages illicites en 721, 724 ; contre les iconoclastes et sur divers autres articles, en 725, 732, 743, 761, 769, 799, 826, 864, 865, 868, 881, 949, 983, 989, 993, 998, 1049, 1050, 1051, 1053, 1063, 1065, 1074, 1075, 1076, 1078, 1079, 1080, 1081, 1089, 1098, 1102, 1234, 1302, 1412. Voy. *Conciles*.

Rome (palais du roi de), à Paris : on commença les fouilles pour sa construction le 15 janvier 1811.

ROMÉ DE L'ISLE (Jean-Baptiste-Louis), physicien, minéralogiste, érudit français, né à Gray en 1768, mort à Paris en 1790.

ROMIGUIÈRES (......) célèbre jurisconsulte, pair de France, mort à Paris le 25 juillet 1847.

ROMILLY (Samuel), jurisconsulte et homme d'Etat anglais, mort le 2 novembre 1818.

ROMME (Charles), conventionnel, né à Riom en 1750, se poignarde le 18 juin 1795.

Romorantin (édit de), qui attribuait aux évêques la connaissance du crime d'hérésie ; il fut donné par le chancelier de l'Hospital en 1560.

ROMUALD (saint), fondateur et premier abbé de l'ordre des camaldules, né à Ravenne, vers 952, mort le 19 juin 1027, près du Val-de-Castro.

ROMULUS, fondateur et premier roi de Rome, vers l'an 753 av. J.-C., mort vers l'an 715 av. J.-C., âgé de 55 ans, dont il en avait régné 38.

Roncevaux (journée de), où l'arrière-garde de Charlemagne fut taillée en pièces, en 778. — Les Français abattirent, en 1794, la colonne que les Espagnols avaient élevée comme un monument de cette victoire.

Ronco (combat de la), où Joachim Murat, roi de Naples, est défait par les Autrichiens, le 21 avril 1815.

Ronda, ville du royaume de Grenade, construite par les Maures, auxquels Ferdinand et Isabelle la prirent en 1485.

RONDELET (Guillaume), médecin, naturaliste et écrivain français, né à Montpellier, mort en 1566, âgé de 59 ans.

Ronéal (combat de), en Espagne, gagné par les Français, le 12 décembre 1812.

RONSARD (Pierre de), poëte français, né au château de la Poissonnière, dans le Vendômois, en 1524, mort à Saint-Côme-lez-Tours, le 27 décembre 1585.

ROOSE (Théodore-Georges-Auguste), médecin allemand, mort le 21 mars 1803.

ROQUELAURE (Antoine, baron de), maréchal de France en 1614, mort à Lectoure, le 9 juin 1625, âgé de 82 ans.

ROQUELAURE (Gaston-Jean-Baptiste, marquis, puis duc de), fils du précédent, lieutenant général, mort le 17 mars 1683, à 68 ans. C'est à lui que le peuple attribue une foule de bouffonneries plates et ridicules.

ROQUELAURE (Antoine-Gaston-Jean-Baptiste, duc de), maréchal de France, fils du précédent, mort à Paris en 1738, à 82 ans.

ROQUELAURE (Jean-Armand de Bessujols de), archevêque de Malines, membre de l'Académie française, né à Roquelaure, diocese de Rodez, en 1721, nommé évêque de Senlis, en 1754, sacré le 26 juin de la même année; archevêque de Malines en 1802, mort le 23 ou 24 avril 1818, après 64 ans d'épiscopat.

ROSA (Salvator), peintre célèbre, graveur et poëte estimé, né à Renessa, près de Naples, en 1615, mort à Rome en 1673.

Rosaire, chapelet en usage dans l'Eglise catholique, depuis l'an 1100, suivant dom Luc d'Achéry. — Saint Dominique mit le Rosaire en honneur au commencement du XIIIe siècle. — La fête du Rosaire fut instituée en 1571, sous le nom de *Notre-Dame-de-la-Victoire*, par le pape saint Pie V, en mémoire de la victoire de Lépante, remportée sur les Turcs, le dimanche 7 octobre de la même année.

ROSALBA (Cariera) femme peintre de Venise, morte en 1755, âgée de 80 ans.

Rosbach (bataille de), gagnée sur les Français par le roi de Prusse, le 5 novembre 1757.

ROSCELIN, hérétique qui, vers 1094, professait de graves erreurs sur la Trinité, et qui devint chef de secte

Roscia (loi), destinée à régler la distinction et le nombre des places dans l'amphithéâtre; établie l'an 67 av. J.-C.

ROSCIUS (Quintus), Gaulois de nation, célèbre acteur de Rome, mort vers l'an 61 av. J.-C.

ROSAMEL (Claude-Charles-Marie du Campe de), vice-amiral, député, pair de France, ministre de la marine, né en 1774, mort le 17 mars 1848.

ROSE (sainte), religieuse du tiers-ordre de Saint-Dominique, née à Lima, au Pérou, morte le 24 août 1617, âgée de 31 ans.

Rose blanche et rose rouge : noms de ralliement des maisons d'York et de Lancastre, en Angleterre : commencement de leurs guerres sanglantes en 1452.

Rosebecq (bataille de), gagnée par Charles VI, roi de France, sur les Gantois, le 27 novembre 1382.

Rose-Croix (société des frères de la) : ce fut vers 1610 qu'on commença à parler de cette société chimérique.

ROSEN MULLER (Jean-Chrétien), anatomiste allemand, mort le 28 février 1820.

Roses, ville forte de la Catalogne, prise par les Français en 1693, 1794 et le 6 décembre 1808.

Roses (baillée des) : fameuse dispute qui eut lieu à ce sujet entre le duc de Montpensier et le duc de Nevers, en 1541.

Rosheim, petite ville de France dans la basse Alsace; elle fut presque réduite en cendres en 1385.

Roskolniki (secte des) : elle s'établit en Russie dès le XIIe siècle.

Rossano, ville de la Calabre citérieure : son évêché fut érigé en archevêché vers l'an 1193.

Rossberg (le), montagne de Suisse, entre Zug et Schwytz, elle s'écroula le 2 septembre 1806 et engloutit plus de 500 individus.

ROSSET (Pierre Fulcran de), auteur d'un poëme sur l'*Agriculture*, mourut à Paris en 1788.

ROSSI (Pellegrino-Louis-Edouard, comte), savant légiste et diplomate, pair de France, membre de l'Institut, ministre papal romain, né à Carrare le 13 juillet 1787, assassiné à Rome en novembre 1848.

ROSSIGNOL (. . . . .), fameux révolutionnaire, mort déporté dans l'une des îles de l'Archipel indien, en 1803.

ROSSLYN (Alexandre Wedderburne, comte de), savant jurisconsulte écossais, né en 1733, mort en 1805.

ROSSO (le), nommé ordinairement *Maître-Roux*, peintre italien, né à Florence en 1496, mort en 1541 à Fontainebleau, dont la grande galerie fut construite sur ses dessins et ornée de ses peintures.

Rostock, ville d'Allemagne : n'était qu'un village habité par des pêcheurs en 329 : elle fut ceinte de murailles en 1262. — Son université datait de 1490.

Rotembourg, ville de Bavière, fondée au XVIe siècle. Prise par les Suédois en 1631.

Rothière (bataille de la), perdue par les Français contre les puissances alliées, le 1er février 1814 (campagne de France).

ROTROU (Jean de), poëte français né à Dreux en 1609, mort de la peste le 28 juin 1650.

Rotterdam, ville importante de la Hollande; elle ne fut érigée en ville que vers l'an 1270. — Etablissement de sa banque, en 1635.

Rotwyl, ville d'Allemagne, dans la Forêt-Noire; elle fut prise en 1643 par le maréchal de Guébriant.

Roubaix, ville de Belgique : prise par les Français, le 14 mai 1796.

ROUBO (André-Joseph), auteur de l'ancienne coupole de la Halle-aux-Blés de Paris, né à Paris en 1739, mort âgé de 52 ans, le 10 janvier 1791.

ROUCHER (J.-A.), auteur du poëme des *Mois*, né à Montpellier le 22 février 1745, mort sur l'échafaud révolutionnaire à la fin de juillet 1794.

ROUELLE (Guillaume-François), savant

chimiste, né au village de Matthieu, à deux lieues de Caen, le 15 septembre 1703, mort à Paris le 2 avril 1779.

Rouen, ancienne capitale de la Normandie : elle portait encore le nom de *Rothomagus* au xe siècle, lors de la conquête des Normands, qui le changèrent en celui qu'elle porte aujourd'hui. — En 1126, cette ville fut totalement ruinée par un incendie. — En 1204, Philippe-Auguste, roi de France, l'assiégea, la prit et la réunit à la couronne ainsi que toute la Normandie. — Après la bataille d'Azincourt (1415), Henri V, roi d'Angleterre, mit le siége devant Rouen, et ne s'en empara qu'après six mois de siége, le 19 janvier 1418. — Le 20 mai 1431, les Anglais y commirent un horrible assassinat juridique sur la personne de Jeanne d'Arc, dont la mémoire fut réhabilitée en 1454. — Siége de cette ville par Henri IV en 1591 et 1592. — La tour de la Grosse-Horloge fut élevée en 1389. — Le palais de justice ne fut achevé qu'en 1499. — La cathédrale, monument remarquable par l'ancienneté de son origine, fut reconstruite ou réparée par Rollon, qui y reçut le baptême en 912 ; la nef et les collatéraux de l'église sont du xiie siècle ; cet immense édifice, tel qu'il est aujourd'hui, ne fut achevé qu'au xvie siècle ; le clocher pyramidal fut détruit par la foudre, le 15 septembre 1822; on travaille encore à sa reconstruction ; la fameuse cloche, appelée *George d'Amboise*, fut convertie en canons en 1793.

Rouen (la congrégation des *Dames de Saint-Maur de*) : fondée en 1666 par madame de Maillefer.

Rouen (concile de), tenu en 682. Voyez *Normandie* (conciles de).

Rouergue, ancienne province de France : sa réunion à la couronne en 1258.

ROUGET-DE-LISLE (Joseph) auteur de la *Marseillaise*, né le 19 mai 1760 à Lons-le-Saulnier, mort à Choisi-le-Roi le 27 juin 1836.

ROUSSEAU (Jean-Baptiste), célèbre poëte lyrique, né à Paris le 6 avril 1671, mort le 17 mars 1741.

ROUSSEAU (Jean-Jacques), écrivain éloquent et l'un des plus célèbres philosophes du xviiie siècle, né à Genève le 28 juin 1712, mort à Ermenonville le 2 juillet 1778.

ROUSSEAU (Georges-Louis-Claude), chimiste allemand, mort le 24 janvier 1794.

ROUSSET (Jean de Missy), littérateur, né à Laon le 26 août 1686, mort en 1762.

Roussillon, ancienne province de France, avec le titre de comté : ce pays appartenait aux Visigoths en 759, époque où ils en furent expulsés par les Sarrasins. — Charlemagne s'en empara en 759, puis le comté de Roussillon fut réuni à la couronne d'Aragon. — En 1473, Louis XI s'en empara, mais le Roussillon revint au roi Ferdinand et à ses successeurs, qui en jouirent durant 149 ans. — Enfin le Roussillon tomba au pouvoir des Français, en 1642, et il a fait, depuis ce temps, partie de la France.

Roussillon (ordonnance de), donnée par Charles IX, à Lyon, en 1564 ; elle fixait le commencement de l'année au premier janvier. Le parlement n'adhéra au changement prescrit par cette ordonnance qu'en 1567.

ROVÈRE (François-Marie-Joseph de la), neveu du pape Jules II, empoisonné le 21 septembre 1538, à 48 ans.

Roveredo (combat de), gagné le 4 septembre 1796 par le général Bonaparte sur les Autrichiens, qui perdirent 7,000 hommes.

ROZE (Nicolas), compositeur de musique religieuse, né au Bourg-Neuf, diocèse de Châlons-sur-Saône, le 20 janvier 1745, mort en octobre 1819.

ROZIER (François) , célèbre agronome, né à Lyon le 24 janvier 1734, tué par une bombe dans son appartement, au siége de cette ville, le 29 septembre 1793.

ROZIÈRE (Louis-François Carlet, marquis de la), lieutenant-général et écrivain militaire, né au Pont-d'Arche près de Charleville, le 10 octobre 1733, mort le 17 avril 1808.

ROY (N..... comte), ministre, député, pair de France, savant financier, né à Savigny en Champagne le 5 mars 1764, mort à Paris, le 4 avril 1847.

ROYER-COLLARD (Antoine-Athanase), médecin, inspecteur général des écoles de médecine , professeur de médecine légale à la faculté de Paris , né à Sompuis en Champagne en 1768, mort en 1825.

ROYER-COLLARD (........), frère du précédent, savant philosophe, député et homme d'Etat, mort en 1845, dans un âge avancé.

RUBEN, fils aîné de Jacob et de Lia, mort l'an 1626 av. J.-C. à 124 ans.

RUBENS (Pierre-Paul), peintre célèbre, né à Anvers le 20 juin 1577, mort dans sa ville natale le 30 mai 1640.

Rudschuck, ville de la Turquie européenne; prise par les Russes en 1810.

RUE (Charles de la), célèbre jésuite, né à Paris en 1643, mort dans cette ville le 27 mai 1725.

Ruffac, ville de la basse Alsace, brûlée et pillée par l'empereur Henri IV en 1068, et par l'empereur Adolphe en 1298.

Ruffec (concile de) , tenu en 1327; on le nommait *Rosiacense concilium.*

RUFIN, savant moine, ami de saint Jérôme, né à Concordia en Italie, vers le milieu du ive siècle, mort en Sicile en 410.

Rugen (l'île de) : se rend aux Français le 7 septembre 1807.

RUHNKEN (David), professeur de littérature latine, d'éloquence et d'histoire à l'université de Leyde, né à Stolp en Poméranie, le 2 janvier 1723, mort à Leyde le 15 mai 1798.

RUINART (Thierry) , savant bénédictin français, né à Reims, mort a Hautvilliers en 1709, âgé de 53 ans.

RUISDAEL (Jacob), célèbre peintre, né à Harlem, en 1640, mort dans la même ville le 16 novembre 1681.

RULHIÈRE (Claude-Carloman), historien et littérateur distingué, de l'académie française, né en 1735 , à Bondy , près de Paris, mort le 30 janvier 1791.

RUMFORT (Benjamin-Thompson), physicien, naturaliste et écrivain, né à Rumfort en Amérique en 1753, mort le 21 août 1814.

RUPERT (Robert de Bavière, ou), prince palatin du Rhin, duc de Cumberland, mort le 29 novembre 1682.

Rupert (ordre de Saint-) : institué par Jean-Ernest de Thun, archevêque de Saltzbourg en Allemagne, en 1701.

Ruremonde, ville de Belgique, prise par les Français le 10 décembre 1792.

RURICK ou ROURIK, fondateur de l'empire russe, mort le 16 avril 879.

RUSSEL (Francis), duc de Bedfort, pair d'Angleterre, l'un des membres de l'opposition dans la Chambre haute du parlement, né le 22 juillet 1765, mort le 21 mai 1802

Russie (empire de) : fondé par le conquérant Rourik, en 861. Novogorod était la capitale de ce nouvel Etat. — Vers 882, sous le règne d'Oleg, Kief ou Kiow devint la capitale de l'empire. — Au xe siècle, conversion de la Russie au christianisme, sous Vladimir. — En 1167, les discordes intestines, les agressions des Polonais et des Nomades, firent transporter le siége de l'empire à Vladimir. — Enfin, en 1328, la grande Moscou devint à son tour, et pour quatre siècles, la capitale de l'empire des tzars. — En 1400, l'indivisibilité de la succession royale y devint un usage et un principe. — Les Russes secouèrent le joug des Tartares, vers 1478. — De 1533 à 1580, Ivan IV prit le premier le titre de czar ou tzar. — La dynastie actuellement régnante des autocrates de cet empire remonte à Michel Romanoff, élu czar en 1613. — Moins d'un siècle plus tard (en 1703), Pierre le Grand jeta les fondements de Pétersbourg, capitale actuelle, en même temps que ceux de la civilisation de son empire. — Institution du Saint-Synode par Pierre le Grand, en 1721.

Russie (souverains de) : Rourik, en 861. — Igor, en 879. — Sviatoslav, en 945. — Iaropolk, en 973. — Vladimir, premier prince chrétien et apôtre de sa nation, en 980. — Sviatopolk, en 1015. — Iaroslaw, grand duc, en 1019. — Isiaslaw, en 1055. — Vsevolod, en 1078. — Sviatopolk II, en 1093. — Vladimir II, en 1113. — Mstislaw, en 1125. — Iaropolk II, en 1132. — Viatscheslaw, en 1140. — Vsevolod II, en 1140. — Igor II, en 1147. — Isiaslaw, en 1147. — Iouri Ier, ou Georges, en 1149. — Isiaslaw, rétabli en 1150. — Rostislaw II, en 1154. — Isiaslaw III, en 1154. — Iouri ou Georges, rétabli en 1154. —André Ier, en 1157. — 1170. Interrègne. — Michel Ier, en 1175. — Vsevolod III, en 1177. — Iouri ou Georges II, en 1212. — Constantin, en 1217. — Iouri II, rétabli en 1218. — Iaroslaw II, en 1237. — Sviatoslaw, en 1247. — Alexandre Ier Newski (saint), en 1251. — Iaroslaw, en 1262. — Vassili ou Basile, en 1272. — Dmitri ou Démétrius, en 1276. — André II, en 1294. — Michel II, en 1304. — Iouri ou Georges III, en 1320. — Dmitri II, en 1323. — Alexandre II, en 1324. — Ivan ou Jean, en 1328. — Siméon ou Semen, en 1341. — Ivan II, en 1353. — Dmitri III, en 1359. — Dmitri IV, en 1362. — Vassili ou Basile II, en 1389. — Vassili Vassilievitch, en 1425. — Ivan III Vassiliewitch, en 1462. — Vassili ou Basile IV, en 1505. — Ivan IV Vassiliewitch, en 1533; il prend en 1545 le titre de *tzar* ou *czar*. — Fédor Ivanowitch, en 1584. — Boris Godounoff, en 1598. — Le faux Dmitri, en 1605. — Vassili Chouiski, élu et détrôné en 1606. — Vladislas, de Pologne, élu et rejeté en 1610. — Michel Romanoff, élu en 1613. — Alexis Mikhaïlowitch, en 1645. — Fédor Alexiewitch, en 1676. — Ivan V et Pierre Ier Alexiewitch, en 1682. — Pierre Ier le Grand, seul, en 1696. — Catherine Ire, veuve de Pierre le Grand, en 1725. — Pierre II, en 1727. — Anne Ivanowna, en 1730. — Ivan VI, en 1740. — Elisabeth Petrowna, en 1751. — Pierre III, en 1762. — Catherine II, sa femme, en 1762. — Paul Ier, en 1796. — Alexandre Ier, en 1801. — Nicolas Ier, actuellement régnant, en 1825.

Russie (campagne de) : le 10 avril 1812, 650,000 hommes, tant Français qu'alliés, se mettent en marche pour la Russie. — Le 13 octobre, la première neige tomba à Moscou. — Le 18, commencement de la retraite de l'armée française.

Russiens, hérétiques du xve siècle, qui rejetaient la Confirmation et l'Extrême-Onction du nombre des sacrements, et niaient le purgatoire ainsi que le pouvoir de l'Eglise.

Rustaux, sectaires du xvie siècle, qui ne voulaient point payer de tribut aux princes.

Rutschuck : prise de cette forteresse par les Russes sur les Turcs, le 12 octobre 1810.

Rutschuck (bataille de), gagnée par les Russes sur les Turcs, le 22 juin 1811.

RUYSCH (Frédéric), célèbre anatomiste, né à la Haye en 1638, mort le 22 février 1731.

RUYSDAEL (Jacques). Voy. RUISDAEL.

RUYTER (Michel-Adrien), célèbre amiral hollandais, né à Flessingue en 1607, tué dans un combat contre les Français, à Agouste en Sicile, en 1667.

RYMER (Thomas), antiquaire, littérateur et critique anglais, né en 1692, mort le 14 décembre 1713.

Ryswick ou *Riswyck* (traité de) : conclu le 20 septembre 1697. Il donna la paix à toute l'Europe.

S

Saalfeld (combat de), où les Français défont l'avant-garde prussienne, le 10 octobre 1806.

SAAVEDRA (Michel de Cervantes). Voy. CERVANTES.

SABATIER (Raphaël-Bienvenu), chirurgien distingué, né à Paris en octobre 1732, mort dans sa ville natale, le 21 juillet 1811.

SABATIER de Castres (l'abbé Antoine); littérateur, né à Castres en 1742, mort à Paris le 15 juin 1817.

Sabbathaires ou *Sabbataires*, sectaires du XVIe siècle, qui célébraient le samedi à la judaïque.

SABBATHIER (François), littérateur, né à Condom le 31 octobre 1735, mort près de Châlons le 11 mars 1807.

Sabellianites ou *Sabelliens*, sectaires du IIIe siècle qui niaient la Trinité. Sabellius, leur chef, propageait ses erreurs en Libye, vers l'an 260.

Sabins : sont soumis aux Romains par Tarquin l'ancien, de l'an 582 à 578 av. J.-C.

Sabionetta, ville forte d'Italie, sur les confins des territoires de Mantoue et de Crémone. La maison d'Autriche la céda, en 1749, au duc de Parme, par le traité d'Aix-la-Chapelle.

Sablé, petite ville de France, dans le Bas-Maine; elle fut donnée, avant l'an 628, à l'église du Mans par un seigneur nommé Alvin. Henri IV l'érigea en marquisat en 1602, en faveur d'Urbain de Laval, maréchal de France.

SABLIÈRE (madame de la), amie et protectrice de La Fontaine, morte le 8 janvier 1693.

Sablonnières ou *Sablonières* (concile de) : tenu en 862. La paix y fut conclue entre Louis, Charles et Lothaire.

SABRAN (... duc de), lieutenant-général, pair de France, mort à Marseille en janvier 1847.

SACCHINI (Antoine-Marie-Gaspard), l'un des plus célèbres musiciens du XVIIIe siècle, né à Naples le 11 mai 1735, mort à Paris le 8 octobre 1786.

SACHEVERELL (Henri), théologien anglais, mort en 1724. Deux de ses sermons avaient été condamnés au feu par la chambre des communes, en 1711.

Sacramentaires, sectaires d'abord partisans de Luther, puis ses ennemis, dans le XVIe siècle.

Sacre des rois de France : le lieu destiné à cette consécration religieuse du pouvoir était l'église cathédrale de Reims, surtout depuis la troisième race de nos rois. — La première formule de sacre royal qui nous ait été conservée, est celle du couronnement de Philippe Ier, et porte la date du dixième jour des calendes de juin de l'an de l'incarnation de Notre-Seigneur 1059. On trouve cette formule dans la grande collection des Bénédictins et dans le *Grand Cérémonial de France*. Hugues Capet fut sacré à Reims, le 3 juillet 987. — Louis VII, dit le *Jeune*, y fut sacré par le pape Innocent II, en 1137, et fit une loi pour régler cette cérémonie, lors du couronnement de Philippe-Auguste, son fils, en 1179.

Sacré cœur de Jésus (fête du) : elle est fixée au second dimanche de juillet.—La dévotion au cœur de Jésus a été pratiquée par de saints personnages dès le XIe siècle. — Le pape Clément XI y attacha des indulgences en 1706, et Clément XIII en approuva la fête de 1758 à 1769).

Sacré cœur de Marie (fête du), approuvée en 1676 par le pape Clément X, et fixée au 8 février par le pape Pie VI. — Dès 1648, la dévotion au sacré cœur de Marie était établie dans plusieurs diocèses de France.

Sacrement (Saint-) : ville et colonie sur la Plata, fondée par les Portugais en 1680.

Sacrilége (loi contre le) : sa promulgation en France le 20 avril 1825.

SACY (Louis-Isaac Le Maistre, plus connu sous le nom de), traducteur de la Bible, né à Paris en 1613, mort à Pompone le 4 janvier 1684.

SACY (Louis de), avocat au parlement de Paris, et l'un des quarante de l'Académie française, mort à Paris le 26 octobre 1727, à 73 ans.

SADELER : nom de plusieurs graveurs flamands et hollandais. — Jean, né à Bruxelles en 1550. — Gilles, né à Anvers en 1570, mort en 1629.

SADES .... (le marquis de), auteur du trop fameux roman de *Justine*, mort le 2 décembre 1814.

SADI ou SAADI, poëte et philosophe persan, né à Shiraz, l'an 1193 de J.-C., mort âgé de 116 ans.

SADOC, fameux docteur juif et chef de la secte des saducéens, vivait près de deux siècles av. J.-C.

SADOLET (Jacques), cardinal et évêque de Carpentras, né à Modène en 1478, mort en 1547.

Saducéens, ancienne secte juive, qui commença à paraître l'an 263 av. J.-C.

Saffet ou *Safad*, ville de Syrie. En 1799, les Français y défirent les Turcs et les Arabes.

Sagan, jolie ville de Silésie. Le roi de Prusse y fut battu par les Russes en 1759.

Sagonte (bataille de) en Espagne, gagnée par Suchet, le 24 octobre 1811.

Sagou, moëlle d'une espèce de palmier, propre à servir d'aliment. L'usage en a été introduit en France en 1767, par le docteur Malouin.

Saharatoga, petite ville de la province de New-York. Les Américains forcèrent, en 1777, dans cet endroit, les troupes du général Bourgoyne à se rendre.

Saide (concile de) : tenu en 512 contre des hérétiques.

Saignée : fut pratiquée par Podalire au siége de Troie, vers 1212 av. J.-C.

SAINT (Daniel), célèbre peintre en miniature, né à Saint-Lo en 1778, mort dans la même ville le 23 mars 1847.

Saint-Affrique, ville du Rouergue : fortifiée en 1357. — Assiégée inutilement par Condé en 1628.

Sainte-Alliance : formée entre la Russie, l'Autriche et la Prusse, le 25 septembre 1815.

Sainte-Alliance (traité de la) : Louis XVIII y accède, en février 1816.

Saint-Amant-de-Boisse (concile de), tenu en 1170.

SAINT-ANDRÉ (Jacques, marquis de Fronsac), maréchal de France en 1547, mort le 24 septembre 1574

Saint-André (ordre de) : institué en Russie en 1689.

Saint-André où de la Croix (sœurs de) : établies à Maislé, près Poitiers, puis à Issy, près Paris, par mademoiselle Béchier, en 1806.

SAINT-ANGE (Fariau de), traducteur d'Ovide, membre de l'Institut de France, né à Blois en 1752, mort à Paris en 1810.

Saint-Antoine (ordre militaire de) : institué en Hainaut, en 1382, par le comte Albert de Bavière, à l'occasion d'une maladie appelée *feu Saint-Antoine*. Cet ordre ne subsista pas longtemps.

Saint-Antoine (ordre religieux de) : institué en 1090 dans le diocèse de Vienne, approuvé au concile de Clermont, tenu en 1095. — Le pape Boniface VIII érigea la maîtrise de cet ordre en abbaye en 1297. — L'ordre de Saint-Antoine, supprimé en 1777, fut réuni à celui de Malte.

Saint-Antoine (combat du faubourg), à Paris, donné le 2 juillet 1652, entre Condé, révolté contre la cour, et le maréchal de Turenne, commandant les troupes royales.

Saint-Aubin (bataille de), où le duc d'Orléans (depuis le roi Louis XII) fut battu et fait prisonnier, en 1488, par Louis II, sire de la Trémouille.

SAINT-AULAIRE (François-Joseph de Beaupoil, marquis de), poëte aimable, mort le 17 décembre 1742, âgé de 98 ans.

Saint-Benoît-sur-Loire (conciles de), en 1107 et 1110.

Saint-Bernard (mont) : le premier consul Bonaparte le traversa avec l'armée française, le 14 mai 1800 et les jours suivants.

Saint-Cast (combat de), livré le 4 septembre 1758, par le duc d'Aiguillon, contre les Anglais, qui avaient tenté une descente en Bretagne.

Sainte Chapelle de Paris : bâtie en 1250.

Saint-Christophe (île de), enlevée aux Anglais par M. de Bouillé, le 4 février 1782.

Sainte-Croix (l'île de) : se rend aux Anglais, le 25 décembre 1807.

SAINTE-CROIX (Guillaume-Emmanuel-Joseph Guilhem de Clermont Lodève de), membre de l'Académie des inscriptions et belles-lettres, et ensuite de l'Institut; né près de Carpentras le 6 janvier 1746, mort à Paris le 12 mars 1809

Saint-Cyr (maison de) : son établissement pour 300 demoiselles nobles, en 1686. — L'école militaire de Fontainebleau y est transférée le 1er juillet 1808.

SAINT-CYRAN (Jean du Vergier de Hauranne, plus connu sous le nom de l'abbé de), théologien, né à Bayonne en 1581, mort à Paris le 11 octobre 1643.

Saint-Denis (conciles de), en 768, 832, 834, 996, 1053.

Saint-Denis (bataille de), remportée, le 10 novembre 1567, par l'armée royale sur le parti réformé. Le connétable de Montmorency, qui commandait les troupes du roi, fut tué dans l'action.

Saint-Denis (canal de) : son ouverture le 13 mai 1821

Saint-Dizier (combat de) : livré le 26 mars 1814.

Saint-Domingue, dans les Antilles : les Espagnols s'y établissent en 1509, ainsi qu'à la Jamaïque et à Porto-Ricco. — Les Anglais et les Français, qui y avaient abordé le même jour, commencèrent à s'y établir en 1625. — En 1800, la partie française de cette île fut réunie sous les ordres de Toussaint-Louverture. — En février 1801, ce noir prit possession de la partie espagnole de l'île au nom de la république française. — Déclaration d'indépendance de cette île, le 1er juillet 1801. — Soulèvement général dans cette île, le 22 octobre 1801 ; plus de 2,000 blancs furent renfermés au Cap Français. — Du 3 au 6 février 1802, une armée française, sous les ordres du général Leclerc, débarqua dans cette île pour la reconquérir. — Soumission de cette île, le 1er mai 1802. — Les Français l'évacuèrent le 30 novembre 1803 ; les noirs, commandés par Dessalines, massacrèrent un grand nombre de blancs. — Déclaration d'indépendance de cette île le 1er janvier 1804. — Cette île reprit son nom de Haïti le 1er janvier 1804. — En 1806, Christophe fut déclaré chef du gouvernement par l'armée noire. — Mort de ce roi, le 8 octobre 1820. — Etablissement d'une république à Saint-Domingue, le 26 du même mois.

Saint-Esprit (ordre du). Voy. *Esprit* (ordre du Saint-).

Saint-Etienne, ville du Forez : Charles VII la fit entourer de murs en 1444.

Saint-Eustache (île de) : elle fut reprise, le 26 novembre 1781, par M. de Bouillé, aux Anglais qui venaient de l'enlever aux Hollandais.

SAINT-EVREMOND (Charles Marguetel de Saint-Denis, seigneur de), philosophe et poëte français, né à Saint-Denis-le-Guast près de Coutances, le 1er avril 1613, mort en Angleterre le 20 septembre 1703.

Saint-Félix, près de Castelnaudary (concile de), en 1167.

Sainte-Foi : les calvinistes y tinrent un synode national en 1778, dans le but d'opérer une fusion de doctrine entre eux et les luthériens; ce but ne put être atteint.

SAINT-FOIX (Germain-François Poullain de), littérateur français, auteur des *Essais historiques sur Paris* ; né à Rennes le 25 février 1703, mort à Paris le 26 août 1776.

SAINT-GELAIS (Mellin de), poëte latin et français, né en 1491, mort à Paris en 1558.

SAINT-GEORGE (... dit le chevalier de), célèbre par son adresse dans l'art de l'escrime, mort en 1801.

Saint-Georges (combat de) sous Mantoue, gagné par Bonaparte sur les Autrichiens, le 15 septembre 1796.

SAINT-GERMAIN (Robert, comte de), ministre de la guerre sous Louis XVI, né à Lons-le-Saulnier en 1708. mort le 15 janvier 1778.

Saint-Germain (paix de), conclue le 15 août 1570, entre les catholiques et les protestants, et surnommée *Paix boiteuse et mal assise*, parce que des deux plénipotentiaires, de Biron était boiteux et de Mesmes portait le nom de la seigneurie de Malassise.

Saint-Germain-en-Laye : création d'une école militaire de cavalerie dans cette ville, le 8 mars 1809.

Saint-Gilles (conciles de), en 1042, 1209 et 1210.

Saint-Gothard en Hongrie (bataille de), gagnée sur les Turcs par Montecuculli et les Français, auxiliaires de l'empereur, en 1664.

Sainte-Hélène (l'île) : est découverte par les Portugais en 1502 ou 1503, le jour de Sainte-Hélène. C'est dans cette île que Napoléon Bonaparte fut relégué en 1815, et qu'il mourut, le 5 mai 1821.

SAINT-HUBERTI (madame), célèbre actrice française, assassinée le 22 juillet 1812.

Saint-Jacques (ordre de) en Espagne : approuvé par le pape Alexandre III, en 1175.

Saint-Jaumes (concile de), en 859.

Saint-Jean (l'île danoise de), aux Indes occidentales, se rend aux Anglais le 22 décembre 1807.

Saint-Jean-d'Acre. V. *Jean-d'Acre* (Saint-).

Saint-Jean-de-Losne, petite ville de Bourgogne : Dagobert y tint un lit de justice en 629. — En 1162, célèbre conférence au sujet du schisme qui désolait l'Eglise. — Cette ville soutint avec honneur les rudes assauts des troupes de l'empire, du 25 octobre au 3 novembre 1636.

Saint-Joseph (sœurs de), congrégation religieuse fondée à Lyon en 1821, par l'abbé Cholleton, pour le soulagement des filles et femmes détenues.

SAINT-JUST (Louis-Léon), fameux révolutionnaire, né à Blérancourt près de Noyon, guillotiné le 10 thermidor an II (28 juillet 1794).

SAINT-LAMBERT (Jean-François), poëte descriptif, membre de l'Académie française, né à Nancy le 16 décembre 1717, mort le 9 février 1803.

Saint-Léonard-le-Noblat (concile de), en 1290.

Saint-Lizier, ville de la Gascogne. Elle fut pendant 492 ans sous la domination romaine. —Fut séparée de l'empire, et cédée aux Goths par Honorius en 411. — Les Sarrasins firent la conquête du Couserans dont cette ville était la capitale, de 719 à 759. — Erigée en comté par Charlemagne, vers 778. — Cette ville devint le siége d'un évêché dans le ve siècle. — Fut réduite en cendres en 1120 ou 1130.

Saint-Louis (ordre militaire de) : créé par Louis XIV, le 10 mai 1693.

SAINT-LUC (François d'Espinay, dit *le brave*), l'un des favoris de Henri III, tué au siége d'Amiens, en 1597.

Sainte-Lucie (île de), acquise à la France par le traité de paix du 3 septembre 1783.

SAINTE-MARTHE (Scévole et Louis de), historiens de France et antiquaires, le premier, mort en 1650, et l'autre en 1656.

Sainte-Menehould (traité de) : conclu le 15 mai 1614, entre le roi Louis XIII et les mécontents de son royaume.

Saint-Maixent (concile de), en 1074

SAINT-MARTIN (Louis-Claude), métaphysicien, né à Amboise le 18 janvier 1743, mort à Aunay le 13 octobre 1803, âgé de 60 ans.

Saint-Martin-le-Beau, village près de Tours: Charles-Martel y défit les Sarrasins en 734. — Le 12 mai 841, les Normands, repoussés de Tours, furent défaits en ce lieu.

Saint-Maurice ou *Agaune* (conciles de), en 513, 523 et 888.

Saint-Médard (le cimetière de), fameux par les prétendus miracles des convulsionnaires ; sa clôture, le 27 janvier 1732.

Sainte-Menehould, ville de Champagne : prise par Théodoric, évêque de Verdun, en 1089.— Arnould, autre évêque de Verdun, en fit le siége, et fut tué sous ses murs en 1172. Les Anglais s'en étant emparés en furent chassés vers 1429 par le connétable de Richmond. — Assiégée vainement par les réformés en 1561. — Prise par Condé en 1652. — En 1719, un incendie y détruisit 700 maisons.

SAINT-MESGRIN (Paul-Stuert de), l'un des mignons de Henri III, assassiné le 21 juillet 1578.

Saint-Michel (ordre de) : son institution par Louis XI, roi de France, le 1er août 1469. — Restauré sous Henri III (de 1569 à 1589). — Rétabli le 12 janvier 1665; aboli en 1789. — Son rétablissement en France par Louis XVIII, le 16 novembre 1816.

Saint-Michel (combat de) en Italie, gagné par les Français sur les Autrichiens, le 2 novembre 1796.

Saint-Omer : ses fortifications achevées en 917 et augmentées en 1054. — Prise par les Autrichiens en 1486. — Assiégée sans succès par les Français en 1635. — Ils la prirent par capitulation, après 77 jours de tranchée ouverte, en 1677.

Saint-Omer (concile de), en 1099.

SAINTE-PALAYE (Jean-Baptiste de la Curne de), savant philologue, membre de l'Académie française et de celle des Inscriptions, né à Auxerre en 1697, mort le 1er mai 1781.

Saint-Paul de Cormery (concile de), en 997.

Saint-Pétersbourg : fondation de cette ville en 1704, par Pierre le Grand. — Inondation mémorable qui submerge une grande partie de cette ville, le 19 novembre 1824.

SAINT-PIERRE (Eustache de), habitant de Calais, célèbre par son dévouement pour ses compatriotes, lors du siége de cette ville par Edouard III. en 1347.

SAINT-PIERRE (Charles-Irenée Castel de, plus connu sous le nom de l'abbé de), de l'Académie française, né en Normandie en 1658, mort le 9 avril 1743.

SAINT-PIERRE (Bernardin de). Voy. BERNARDIN.

Saint-Pierre et *Saint-Paul* : première église de Paris, fondée par Clovis, en 506.

Saint-Pierre et *Miquelon* (îles de) : cédées à la France par le traité définitif de paix signé à Paris le 10 février 1763.

SAINT-POL (Louis de Luxembourg, comte de), connétable de France : son exécution le 9 novembre 1641.

SAINT-PREUIL (François de Jussac d'Ambleville, seigneur de), maréchal de camp et gouverneur d'Arras : décapité à Amiens le 9 novembre 1641.

Saint-Quentin, ville de Picardie : elle doit le nom qu'elle porte aujourd'hui à saint Quentin, qui y souffrit le martyre vers l'an 303. — Elle fut prise et pillée par les Vandales en 407.— Saccagée par Attila en 451. — Détruite par les Normands au XIIe siècle, elle fut réédifiée par le comte abbé Thierry, qui l'environna de murs. — Brûlée de nouveau par les Normands en 883.—Hugues de France s'empara de Saint-Quentin en 932. — Hébert II y rentra par surprise en 933.—Assiégée et prise par les Lorrains en 935. — Vers 1102, le comte de Vermandois, Raoul, octroya une charte de commune aux habitants de cette ville. — En 1179, la ville de Saint-Quentin fut prise par le comte de Flandre. — Philippe-Auguste la reprit en 1183. En 1317, cette charte fut abolie par Philippe le Long. — Philippe le Bel la rétablit en 1322. — Le traité d'Arras de 1345 la céda au duc de Bourgogne. — Rendue à Louis XI, en 1463, elle retourna de nouveau au duc de Bourgogne, par les traités de Paris et de Conflans. — Le 10 décembre 1470, les habitants brisèrent le joug de l'étranger, et la ville redevint française.— Investie le 2 août 1557, par 60,000 Espagnols, Flamands, Allemands, Anglais et Ecossais.— Appartient à la France depuis le traité de Cateau-Cambrésis, en 1559.

Saint-Quentin (conciles de), en 1225, 1233, 1235, 1236, 1239, 1256, 1271, 1549.

Saint-Quentin (bataille de), donnée le 10 novembre 1567. Les Français sont défaits par les Espagnols, commandés par le duc de Savoie.

SAINT-RÉAL (César Vichard de), historien distingué, mort à Chambéry en 1692.

Saint-Sacrement (fête du), instituée en 1264 par le pape Urbain IV; l'année précédente (1263), une pauvre sœur de charité, sainte Julienne de Liége, avait provoqué cette institution.

Saint-Sacrement (procession solennelle du), instituée en 1311 par le concile de Vienne.

Saint-Sacrement (congrégation des missionnaires du), fondée en 1632 par Christophe d'Authier de Sisgau; confirmée en 1647 par Innocent X.

Saint-Sauveur (ordre religieux de), approuvé par le pape Alexandre III, en 1175.

Saint-Sauveur (ordre du), institué en Grèce par le roi Othon, le 1er juin 1833, en mémoire de la délivrance de la Grèce.

Saint-Sauveur de Montreuil (ordre militaire de), établi en Espagne vers l'an 1120, par Clément VIII, roi d'Aragon et de Castille. — Aboli après la destruction des Maures (1492).

Saint-Sépulcre à Jérusalem : cédé à Charlemagne par le calife Haroun, en 807.

SAINT-SIMON (Louis de Rouvroi, duc de), diplomate français, auteur de *Mémoires* célèbres, né à Paris le 16 juin 1675, mort le 2 mars 1755.

SAINT-SIMON, philosophe, écrivain et chef de secte, mort le 19 mai 1825.

Saint-Simonisme : la Cour de cassation rendit un arrêt relatif à cette prétendue religion, le 23 décembre 1831.

Sainte-Sophie (congrégation des dames de), instituée à Metz par madame Victoire Letailleur, qui en fut la première supérieure, en 1807.

Saintes (les), petites îles de l'Amérique, prises par les Anglais en 1794.

Saintes (conciles de), en 562, 579, 1074, 1081, 1083, 1089, 1097, 1280, 1282, 1298.

Saintonge, ancienne province française : réunie à la couronne de France, sous Charles V, dans la dernière moitié du XIVe siècle.

SAINT-SORLIN. Voy. DESMARETS.

Saint-Sulpice (congrégation de) : instituée par Jacques Olier, en 1641.

Saint-Thierry (concile de), en 953.

Saint-Thomas de Villeneuve (hospitalières de) : établies en Bretagne, en 1660, par le père Ange le Proust, religieux augustin.

Saint-Thomas (l'île danoise de), aux Indes occidentales, se rend aux Anglais le 22 décembre 1807.

Saint-Tiberi (conciles de), en 907, 1050 et 1389.

SAINT-VALLIER (Jean de Poitiers, seigneur de), père de la fameuse Diane de Poitiers, maîtresse de Henri II : reçut sa grâce sur l'échafaud, le 17 février 1524.

Saint-Vincent (combat naval de), dans lequel les Anglais battent les Espagnols, le 14 février 1797.

Saïs (bataille de) en Egypte, gagnée par l'usurpateur Amasis sur Pharaon-Ophra, l'an 570 av. J.-C.

SALADIN ou SALAH EDDYN, fameux sultan d'Egypte et de Syrie, mort à Damas en 1193, âgé de 57 ans, après en avoir régné 24 en Egypte et environ 19 en Syrie.

Salado (bataille de), gagnée le 30 octobre 1340, par Alphonse, roi de Castille, sur les rois de Maroc et de Grenade.

Salahieh (Combat de) en Egypte, gagné par les Français sur les Mamelucks, le 11 août 1798.

Salamanque : fondation de son université, en 1200.

Salamine, bataille navale où les Grecs battirent la flotte de Xerxès, l'an 480 av. J.-C., 75e olympiade.

Salankemen (bataille de) : les Turcs y sont battus par le prince de Bade, général de l'empereur, le 19 août 1691.

Salberg, ville de Suède : Gustave-Adolphe la fit bâtir en 1624, et lui accorda beaucoup de priviléges.

SALCÈDE (Nicolas) : écartelé à Paris, le 26 octobre 1582, pour avoir formé une conjuration contre le duc d'Anjou et le roi de France Henri III.

Saldanha (baie de) : en 1796, les Anglais y prirent la flotte hollandaise sans tirer un coup de canon.

Salemi, petite ville de Sicile : en 1740, elle s'enfonça de 100 pieds, sans qu'aucune maison fût endommagée

Salency (la rosière de) : cette institution eut pour fondateur saint Médard, évêque de Noyon, qui mourut en 560.

Salerne, ville de Sicile : assiégée par les Sarrasins en 1026, elle fut délivrée par le courage de quarante Normands qui revenaient de la terre sainte.

Salerne (école de) : elle devint célèbre pour la médecine, en 1101.

SALES (saint François de). Voyez François de Sales (saint.)

Saliens, prêtres de Mars, établis à Rome par Numa Pompilius, l'an 709 av. J.-C.

SALIERI (Antonio), compositeur italien, auteur de la musique de l'opéra de *Tarare*, mort le 7 mai 1825.

Salins, ville de Franche-Comté, prise par le duc de Luxembourg en 1668, et reprise par le duc de La Feuillade en 1674. — Incendie général de cette ville, au mois de juillet 1825 ; le désastre dure trois jours entiers.

Salique (loi) : suivant le président Hénault, elle daterait de l'an 511, ainsi que le *droit de régale*. — En 558, à la mort de Childebert, qui ne laissait que des filles, on vit le premier exemple de cette loi fondamentale de notre monarchie, qui n'admet que des enfants mâles à la couronne. — En 1316, le jour de la Purification (2 février), une grande assemblée, convoquée par Philippe le Long, alors régent du royaume de France, conclut que la loi salique ne permettait pas que les femmes héritassent de la couronne. C'est la première fois que, dans notre histoire, il est fait mention en termes précis de la loi salique. Voy. *Espagne* et *France*.

Sallanches, petite ville de Savoie : est détruite presque entièrement par un incendie le 19 avril 1840.

SALLE (Jean-Baptiste de la), fondateur de l'Institut des écoles chrétiennes, né à Reims le 30 avril 1651, mort à Saint-Yon-ez-Rouen, le 7 avril 1719.

SALLENGRE (Albert-Henri de), critique érudit, littérateur français, né à La Haye, mort dans la même ville en 1723, âgé de 30 ans.

SALLO (Denis de), seigneur de la Coudraye, fondateur du *Journal des Savants*, né à Paris en 1626, mort dans la même ville en 1699.

SALLUSTE (Caius Crispus Sallustius), célèbre historien latin, né à Amiterne en Italie, l'an 85 avant J.-C., mort l'an 35 av. J.-C.

Salo (combat de) en Italie, gagné par les Français sur les Autrichiens, le 29 juillet 1796.

SALOMON, roi des Israélites, fils de David et de Bethsabée, né l'an 1033 av. J.-C., mort l'an 975 av. J.-C., après un règne de 40 ans.

Salomon (les îles de) : découvertes en 1567 par Alvare de Mendoce et Mendana.

Salpêtre : ce fut, dit-on, en Angleterre qu'on en fabriqua pour la première fois, en 1625. Voy. *Poudres et Salpêtres*.

Saltzbourg (conciles de), en 1281, en 1291, en 1310, en 1386.

Saluces (le marquisat de) : cédé, en 1601, à la Savoie par la France.

Salut, ancienne monnaie d'or de France. Charles VI la fit fabriquer en 1421. On l'appelait *salut*, parce que la Salutation angélique y était représentée.

Salut public (le comité de) : sa création, le 6 avril 1793.

SALVATOR ROSA. Voy. Rosa (Salvator).

Samanides (califes) : leur commencement, l'an 279.

Samarcande : embellie et rendue florissante par Tamerlan, vers le milieu du XIVe siècle.

Samarie en Palestine (prise de), par Salmanasar, roi de Ninive, l'an 728 av. J.-C. Ce fut la fin du royaume d'Israël ou des dix tribus

Samarie (concile de) : tenu en 1120.

Samaritaine, machine hydraulique, construite sur le pont Neuf, à Paris, en 1606. — Destruction de cette machine hydraulique en 1813.

SAMBLANÇAY (Jacques de Beaune, baron de), surintendant des finances sous François Ier, pendu en 1527 au gibet de Montfaucon, pour crime de péculat.

Samos (île de) : est prise par Périclès, l'an 441 av. J.-C.

Samos (bataille de), gagnée sur la flotte athénienne, par Lysandre, général des Lacédémoniens, l'an 408 av. J.-C.

Samosate, capitale de la Comagène, devient province romaine, l'an 71 de J.-C., et commence une nouvelle ère, marquée sur ses médailles. — Prise par l'empereur Héraclius, en 624.

Samosatéens (nouveaux), hérétiques du XVIe siècle ; ils ne voulaient pas reconnaître le Verbe pour la seconde personne de la très-sainte Trinité.

Samséants, sectaires du IIIe siècle, qui judaïsaient et faisaient profession d'astrologie judiciaire.

SAMSON, Juif, célèbre par sa force extraordinaire, naquit, selon l'Ecriture, vers l'an 1155 av. J.-C., mourut l'an 1117 av. J.-C.

SAMUEL, de la tribu de Lévi, prophète et juge d'Israël, naquit vers l'an 1155 av. J.-C.; sacra Saül l'an 1095 av. J.-C.; mourut l'an 1057 av. J.-C., à 98 ans.

Sancerre, ville du Berri : prise le 3 janvier 1573, par famine.

SANCHEZ (Antonio Nuñez Ribeiro), savant médecin portugais, né le 7 mars 1699, mort à Paris le 14 octobre 1783.

SANCHONIATHON, historien phénicien, qu'on suppose avoir vécu avant la guerre de Troie, plus de onze siècle avant notre ère.

SANCTORIUS, savant médecin et écrivain italien, né à Capo-d'Istria, mort à Venise en 1636, à l'âge de 75 ans.

SANCY (Nicolas Harlay de), conseiller au Parlement, colonel général des cent-suisses, surintendant des finances, etc.; né en 1546, mort le 13 octobre 1629.

Sandershausen (bataille de), gagnée sur les alliés par les Français, en 1758.

Sang : sa circulation fut soupçonnée par Némésius, évêque d'Emèse en Phénicie, en 400. — Découverte de la circulation du sang par l'anglais Harvey, en 1608 ou 1609. — Sa transfusion est enseignée à Oxford en Angleterre, en 1659.

Sang (ordre militaire du précieux) : institué par Vincent de Gonzague IV, duc de Mantoue, en 1608.

Sang (conseil de), tribunal établi en 1567, dans les Pays-Bas, par le duc d'Albe. Il était composé de douze personnes.

Sanguinaires, anabaptistes qui, au XVIe siècle, buvaient, dit-on, du sang humain, en prononçant leurs serments.

Sanhoud (bataille de), dans la Haute-Egypte, gagnée par Desaix, le 22 janvier 1799.

SANNAZAR (Jacobus Actius Sincerus Sannazarus), célèbre poëte latin et italien, né à Naples en 1458, mort en 1530.

SAN-PIETRO, fameux capitaine corse, au service de France; assassiné par un de ses lieutenants, le 17 janvier 1566, âgé de 66 ans.

San-Salvador, ville du Brésil : tombe au pouvoir des Hollandais en 1624.

SAN-SEVERO (le prince), chimiste et mécanicien italien, mort le 22 mars 1771.

SANSON (Nicolas), ingénieur et mathématicien de la même famille qu'Ignace de Jésus; né à Abbeville en 1600, mort à Paris le 7 juillet 1667.

Santa-Fé, ville d'Espagne : fondée au XVe siècle par Ferdinand, lors du siége de Grenade.

Santa-Fé, ville du Paraguay : fondée en 1573 par Jean de Garay.

SANTERRE (J.-F.-G.), général en chef de la garde nationale de Paris, après Lafayette, en 1792; mort en 1810.

SANTEUL ou SANTEUIL (Jean-Baptiste), célèbre poëte latin; né à Paris le 12 mars 1630, mort le 5 août 1697 à Dijon.

SAPHO, née à Mitylène, ville de l'île de Lesbos; surnommée la *Dixième Muse;* florissait environ six siècles avant l'ère chrétienne. Elle excella dans la poésie lyrique.

Sapience (collége de la) : sa fondation à Rome en 1302.

SAPOR Ier ou CHAPOUR, ou même CHAHPOUKR, selon l'orthographe moderne; roi de Perse, successeur d'Ardeschir ou Artaxercès, son père, l'an 238 de J.-C.; mourut assassiné en 269.

SAPOR II, roi de Perse, fut déclaré roi avant de naître, en 310; mourut en 380, après un règne de 70 années solaires : ce qui, selon les écrivains byzantins, correspond aux 72 années lunaires qui sont indiquées par la plupart des historiens persans.

SARA ou SARAÏ, femme du patriarche Abraham, née l'an du monde 2018; donna le jour à Isaac en 2108; sa mort en 2145.

SARASIN (Jean-François), écrivain français; né en 1604 à Hermanville-sur-Mer, dans le voisinage de Caen; mort à Pézenas en 1654.

Saratof ou *Soratof*, ville de Russie : construite en 1591 par le tzar Fédor Ivanovitch, réduite en cendres le 13 août 1774.

Sarbruck : prise de cette ville par les Français, le 15 novembre 1792.

Sarca (combat de) en Italie, gagné par les Français sur les Autrichiens, le 11 septembre 1796.

Sardaigne (île de) : prise par une flotte espagnole en octobre 1717. — Elle fut remise au duc de Savoie, qui en prit possession, avec le titre de roi, au mois d'août 1720.

Sardaigne (liste chronologique des souverains de). — *Comtes :* Odon, 1050. — Amédée II, 1060. — Humbert II, 1080. — Amédée III, 1103. — Humbert III, 1149. — Thomas, 1188. — Amédée IV, 1230. — Boniface, 1253. — Pierre, 1263. — Philippe Ier, 1268. — Amédée V, 1285. — Edouard, 1323. — Aymon, 1329. — Amédée VI, 1344. — Amédée VII, 1383. — Amédée VIII, 1391. — *Ducs :* Louis, 1440. — Amédée IX, 1445. — Philibert Ier, 1472. — Charles Ier, 1482. — Charles II, 1490. — Philippe II, 1496. — Philibert II, 1497. — Charles III, 1504. — Emmanuel-Philibert, 1553. — Charles-Emmanuel Ier, 1580. — Victor-Amédée Ier, 1630. — François-Hyacinthe, 1637. — Charles-Emmanuel II, 1638. — *Rois :* Victor-Amédée II, 1684. — Charles-Emmanuel III, 1730. — Victor-Amédée III, 1773. — Charles-Emmanuel IV, 1796. — Victor-Emmanuel, 1802. — Charles-Félix, 1821. — Charles-Albert, 1831. — Victor-Emmanuel II, en 1849.

Sardam ou *Saardam*, village de la Hollande, célèbre par ses chantiers de construction. Le tzar Pierre y vint en 1697.

SARDANAPALE, roi d'Assyrie, fameux par sa mollesse et ses débauches; se précipita dans un bûcher avec ses femmes, ses eunuques et ses trésors, vers l'an 770 av. J.-C.

Sardes (bataille de), gagnée par Cyrus, roi de Perse, sur Crésus, roi de Lydie, l'an 541 av. J.-C. La prise de Sardes fut la suite de cette victoire.

Sardes, ville d'Asie : réduite en cendres par les Ioniens, l'an 496 av. J.-C.

Sardique (concile de), tenu en 347 contre les Ariens.

Sarmates : révolte de leurs esclaves, qui sont vaincus et dispersés l'an 334. — Soumis par les Romains en 372.

SARPI (Pierre-Paul), historien du concile de Trente; connu sous le nom de *Fra-Paolo* ou de Paul de Venise; naquit dans cette ville le 14 août 1552, mourut le 14 janvier 1623.

Sarragosse : les Français et les Espagnols furent défaits auprès de cette ville en 1710. — Prise de cette ville par les Français, le 24 janvier 1809, après un siége des plus meurtriers de l'histoire moderne.

Sarragosse (conciles de) : en 381, contre les priscillianistes, et en 691.

Sarrasins. Voy. *Simancas*.

Sarrasins : pillent et ravagent la France jusqu'à la Bourgogne et le Poitou, en 716. — Sont complétement défaits en 732, près de Tours ou de Poitiers, par Charles Martel. — Bâtissent Candie en 823. — S'emparent de la Sicile, de la Pouille, de la Calabre, en 827. —

Pillent les faubourgs de Rome en 846. — Leur flotte est dispersée et leurs troupes mises en déroute en 849. — Ravagent la Sardaigne et l'île de Corse en 851. — S'emparent de la Campanie en 866. — — Ordogno, roi des Asturies et de Galice, leur tue 70,000 hommes dans une bataille, en 916. — Ils viennent en Italie en 920, y commettent beaucoup de désordres et sont battus.

Sarre-Louis, ville du grand-duché du Bas-Rhin, bâtie en 1681 par l'ordre de Louis XIV, et fortifiée à la Vauban.

SARTI (Giuseppi), compositeur italien, mort le 28 juillet 1802.

SARTO (André del), peintre italien, né à Florence en 1488, mort en 1530.

SARTINES, fameux lieutenant général de police, mort le 7 septembre 1801.

Sas-de-Gand, ville des Pays-Bas et place forte : prise par le duc de Parme en 1583; reprise par Frédéric-Henri, prince d'Orange, en 1644.

Sassanides (dynastie des), rois de Perse : elle commença à Artaxercès, l'an 230 de J.-C., et subsista jusque vers l'an 636. Ce fut la perte de la sanglante bataille de Cadésiah qui décida de son sort. Voy. *Cadésiah*.

Sassari, ville de Sardaigne : prise par les Français et saccagée en 1527.

Satire Ménippée : le *Catholicon d'Espagne* parut en 1593; en 1594 on y ajouta l'*Abrégé des Etats de la Ligue*, et le tout fut appelé *Satire Ménippée*. Voy. *Ménippée* (Satire).

SATUR (Pierre-David), savant économiste et géomètre, né à Montauban en 1739, mort à Paris le 23 février 1811.

Saturnales, célèbres fêtes des Romains. Suivant les uns, elles furent instituées par Tullus Hostilius, qui commença à régner l'an 667 av. J.-C.; suivant d'autres, on doit en attribuer l'institution à Tarquin le Superbe, qui monta sur le trône de Rome l'an 529 av. J.-C.

Saturniens, sectaires du IIe siècle, qui reconnaissaient pour chef Saturninus, disciple de Simon le Magicien.

SAUL (Saülus), né dans la tribu de Benjamin, fut sacré roi d'Israël par le prophète Samuel, l'an 1095 av. J.-C.; se tua l'an 1043 av. J.-C.

Saulieu, ville de Bourgogne : prise par les Anglais et brûlée en 1539; prise aux ligueurs par Tavannes en 1589.

SAUMAISE (Claude de), célèbre critique, né à Semur en 1588, mort aux eaux de Spa, le 3 septembre 1653.

Saumur. Une école royale d'équitation y fut établie en 1771. — Elle fut dissoute le 30 mars 1822 et réorganisée le 20 mars 1825, sous le nom d'*école royale de cavalerie*.

Saumur (concile de) : tenu en 1315.

SAUNDERSON (Nicolas), mathématicien anglais, né en 1682, mort en 1739.

SAURIN (Jacques), fameux sermonaire protestant, né à Nîmes en 1667, mort le 30 décembre 1730.

SAURIN (Joseph), géomètre, membre de l'Académie des sciences de Paris; né à Courteson, dans la principauté d'Orange, en 1659; mort à Paris le 29 décembre 1737.

SAURIN (Bernard-Joseph), auteur dramatique, de l'Académie française; mort à Paris le 17 novembre 1781.

SAUSSURE (Horace-Bénédict de), célèbre botaniste et minéralogiste, né à Grenoble le 17 février 1740, mort en janvier 1798.

Sauterelles : en 408, la Palestine fut ravagée par des essaims de sauterelles; nouvelle irruption de ces insectes dans ce pays en 677. — En 852, ravages des sauterelles dans les Pays-Bas; en 873, en France, en Angleterre et en Allemagne. — Nouvelle apparition de sauterelles en France, en 878; dans les environs de Milan, en 1271; en Lombardie, en 1339; en Pologne et en Valachie, en 1541; dans le pays de Galles, en 1673; en Valachie et en Moldavie, en 1747 et 1748; en Angleterre, et surtout dans les environs de Londres, en 1748; dans les environs de Varsovie en juin 1816.

SAUVAGES (François Boissier), médecin, né à Alais en 1706, mort à Montpellier le 19 février 1767.

Sauveur (ordre du), institué par sainte Brigitte, confirmé par le pape Urbain V l'an 1370.

SAUVEUR (Joseph), géomètre, né à La Flèche le 24 mars 1653, mort le 9 juillet 1716.

SAVAGE (Richard), poëte anglais, né en 1698, mort le 1er mai 1743.

Savannah, ville des Etats-Unis : les Français et les troupes des Etats-Unis y attaquèrent sans succès les lignes des Anglais, le 9 octobre 1779. — Les deux tiers de la ville ont été réduits en cendres en 1797.

Savannah-la-Mary, ville de Jamaïque, engloutie, en 1780, par les eaux.

SAVARY (Nicolas), célèbre voyageur, né à Vitré en Bretagne, mort à Paris en 1788.

Savenay en Vendée : bataille gagnée près de cette ville par Kléber et Moreau sur les Vendéens, le 25 décembre 1793.

Saverne, ville de l'ancienne Alsace : bâtie par Julien l'apostat, en 357.

SAVILLE (Henri), théologien anglais, né à Bradley, province d'York, en 1542, mort à Oxford en 1621.

SAVILLE (sir Georges). Voy. HALIFAX.

SAVOIE (Amédée V, comte de), né en 1285, régna en 1299, mourut à Avignon en 1323.

SAVOIE (Amédée VI, comte de), régna en 1343, mourut en 1383.

SAVOIE (Amédée VII, comte de), mort en 1391.

SAVOIE (Amédée VIII, duc de), successeur du précédent, en 1391, érige la Savoie en duché en 1416; est appelé à la chaire pontificale sous le nom de Félix V, en 1439; abdique en 1449; meurt à Genève le 7 janvier 1451, à 69 ans.

SAVOIE (Amédée IX, duc de), dit *le Bienheureux*, né à Thonon en 1435, régna en 1465, mourut en 1482.

SAVOIE (Charles, duc de), dit *le Guerrier*, règne en 1482, meurt le 13 mars 1489, à 21 ans.

SAVOIE (Emmanuel-Philibert, duc de),

né en 1528, gagna la bataille de St.-Quentin sur les Français, en 1557, mourut le 30 août 1580.

SAVOIE (Charles-Emmanuel, duc de), dit *le Grand*, né au château de Rivoli en 1562; mort à Savillan, le 26 juillet 1630, après un règne de 50 ans.

SAVOIE (Charles-Emmanuel II, duc de), commença à régner en 1638, à l'âge de 4 ans, mort en 1675.

SAVOIE-CARIGNAN (Marie-Thérèse-Louise de), plus connue sous le nom de la princesse de Lamballe, née à Turin le 8 septembre 1749, massacrée à la prison de la Force à Paris, le 3 septembre 1792.

Savoie (comté de) : ses commencements en 1023.

Savoie (duché de), érigé en faveur d'Amédée VIII, le 19 février 1417. — Conquis par les Français en septembre 1792; il resta uni à la France jusqu'en 1815.

Savoie (souverains de la) : ce pays fut d'abord gouverné par des comtes, de 1050 à 1391, depuis Odon jusqu'à Amédée VIII, surnommé *le Pacifique*. La Savoie eut ensuite quatorze ducs, de 1440 à 1638, depuis Louis jusqu'à Charles-Emmanuel II. Enfin, elle compte maintenant sept rois, depuis 1684 jusqu'à nos jours, de Victor-Amédée II à Charles-Albert. Voy. *Piémont* et *Sardaigne*.

Savon : en Europe, on le fabriquait, au VIIe siècle, avec de l'huile et des cendres gravelées. — Les premières fabriques considérables de savon, en Angleterre, furent établies en 1524, à Bristol et à Londres. — En 1811, l'Anglais Everhard perfectionna les procédés employés pour la fabrication du savon ordinaire.

SAVONAROLA (Jérôme), prédicateur dominicain, né à Ferrare en 1452; pendu et brûlé avec deux compagnons de son fanatisme, le 23 mai 1498.

Savone, ville forte des Etats sardes : en 1505, il y eut dans cette ville une entrevue du roi de France, Louis XII, et de Ferdinand, roi d'Espagne.

Savonières (concile de), en 859.

Savonnerie (la) : fondation de la manufacture des tapis de ce nom, par Henri IV, à Chaillot, en 1604, en faveur de Pierre du Pont, son tapissier ordinaire.

SAXE (Frédéric, électeur de), surnommé *le Sage*, né en 1463, mort en 1526.

SAXE (Jean-Frédéric, électeur de), surnommé *le Magnanime*, fut déclaré, en 1536, le chef de la ligue protestante de Smalkalde; mourut le 3 mars 1554, après avoir été dépouillé de ses Etats.

SAXE (Maurice, électeur de), né en 1521, mort en 1553, des suites de blessures qu'il avait reçues à la bataille de Sivershausen, qu'il avait gagnée deux jours auparavant.

SAXE (Maurice, comte de), guerrier célèbre, plus connu sous le nom de *Maréchal de Saxe*, né le 13 octobre 1696; prend la ville de Prague en 1741, gagne la bataille de Fontenoy le 11 mai 1745, remporte la victoire de Rocoux le 11 octobre 1746, meurt le 30 novembre 1750.

Saxe : l'électeur de ce pays prend le titre de roi de Saxe, le 11 novembre 1806. — Le roi de ce pays abdique, le 23 août 1814, prévoyant peut-être le partage de ses Etats. — Par décision du congrès de Vienne du 7 février 1815, ce pays est obligé de renoncer à une partie de ses Etats en faveur de la Prusse.

Saxe (souverains de la), depuis Charlemagne. *Ducs* : Ludolphe, descendant de Wittikind, mort en 864. — Brunon et Othon, fils de Ludolphe, lui succédèrent à cette époque. — Othon, seul, en 880. — Henri Ier, *l'Oiseleur*, en 912; il fut élu empereur en 918. — Othon II en 939; il fut empereur. — Hermann Billing, en 960 ou 961. — Brunon ou Bernard Ier, en 973. — Bernard II, en 1010. — Ordolphe, en 1062. — Magnus, en 1073. — Lothaire de Supplinbourg, en 1106; il fut élu empereur en 1125. — Henri *le Superbe*, duc de Bavière, en 1136. — Henri *le Lion*, en 1139. — Bernard III, en 1180. — Albert Ier, en 1212. — Albert II, en 1260. — Rodolphe Ier, en 1308. — Rodolphe II, en 1356. — Venceslas, en 1370. — Rodolphe III, en 1388. — Albert III, en 1418. — Frédéric, *le Belliqueux*, landgrave de Thuringe et marquis de Misnie, en 1423. — Frédéric II, en 1428. — Ernest, en 1464. — Frédéric III, *le Sage*, en 1486. — Jean, *le Constant*, en 1525. — Jean-Frédéric, *le Magnanime*, en 1532. — Maurin, en 1548. — Auguste, *le Pieux*, en 1553. — Christian Ier, en 1586. — Christian II, en 1591. — Jean-Georges Ier, en 1611. — Jean-Georges II, en 1656. — Jean-Georges III, en 1680. — Jean-Georges IV, en 1691. — Frédéric-Auguste Ier, roi de Pologne, en 1694. — Frédéric-Auguste II, roi de Pologne, en 1733. — Frédéric-Christian, en 1763. — *Roi* : Frédéric-Auguste III, duc en 1763; devenu roi de Saxe et duc de Varsovie, en 1807.

Saxe-Weimar : le grand-duc de ce pays donne une constitution libérale à ses sujets, le 10 juin 1816.

Saxons (Anglo-), sortis d'Allemagne : viennent s'emparer de la Grande-Bretagne, en 449.

Saxons : défaits plusieurs fois par Pepin, en 749. — Subjugués et mis à contribution par Pepin, en 757. — Se soumettent entièrement à Charlemagne, en 785, et embrassent la religion chrétienne. — Défaits et réduits par Charlemagne, en 803.

SAY (Jean-Baptiste), économiste français, mort le 14 novembre 1832.

SCÆVOLA (Mucius, surnommé *Cordus*, et ensuite) : voulant tuer Porsenna, roi de Toscane, qui assiégeait Rome, il manqua ce roi et se laissa brûler la main sur un brasier, l'an 507 av. J.-C.

SCALIGER (Jules-César), médecin, savant critique, né en 1484 au château de Ripa, dans le territoire de Vérone, mort à Agen le 21 octobre 1558.

SCALIGER (Joseph-Juste), savant commentateur, fils du précédent, né à Agen le 3 août 1540, mort à Leyde le 21 janvier 1609.

SCAMOZZI (Vincent), un des plus excellents architectes de son temps, né à Vicence en 1552, mort à Venise en 1616.

SCANDERBERG, ou plutôt SCANDERBEG (Georges Castriot), roi d'Albanie, guerrier célèbre du XVe siècle, né en 1404, mort à Lissa, ville des Etats de Venise, le 17 janvier 1467.

Scanie, province de Suède, cédée à la Suède par le Danemarck, en 1659.

Scapulaire : dévotion introduite dans l'Eglise romaine par Simon Stock, qui fut général des Carmes vers le milieu du XIIIe siècle. — Cette dévotion fut autorisée par le pape Paul V, qui occupait la chaire de saint Pierre, de 1605 à 1621.

SCARAMOUCHE (Jean-Baptiste), médecin, né au château de Lapidoux, dans la Marche d'Ancône, le 27 mars 1650, mort vers 1710.

SCARLATI (Dominique), célèbre musicien italien, et le plus habile joueur de harpe de son temps, mort le 8 décembre 1694. On porte à plus de 200 le nombre de ses messes.

SCARRON (Paul), célèbre poëte burlesque, né à Paris à la fin de 1610, mort dans la même ville, le 14 octobre 1660.

SCHAH-ABBAS, surnommé *le Grand*, roi de Perse, né en 1531, monte sur le trône en 1586, meurt en 1628.

Scharnitz (combat de), en Autriche, gagné par les Français, le 26 novembre 1805.

SCHEFFER ou SCHOEFFER (Pierre), de Gernzheim en Allemagne, regardé comme l'un des premiers inventeurs de l'imprimerie, avec Guttemberg et Faust, mort à Mayence en 1491.

SCHEELE (Charles-Guillaume), célèbre chimiste et physicien suédois, né à Stralsund le 7 décembre 1742, mort le 21 mai 1786.

Schelestadt, forte ville du Bas-Rhin. Vers l'an 1232, sous l'empereur Frédéric II, cette ville fut entourée de murailles, flanquée de tours et érigée en ville impériale.—Berthold évêque de Strasbourg, l'assiégea en 1338. — En 1673, Louis XIV fit raser les anciens murs, et les fit remplacer en 1675 par ceux qui existent aujourd'hui. — Bloquée par les alliés, de 1815 à 1818.

SCHERER (Barthélemy-Louis-Joseph), ministre de la guerre pendant la révolution, général des armées d'Italie, etc., mort en août 1804.

Scheringham, île des Indes orientales : prise par les Anglais en 1793.

Schetland du Sud (Nouvelle), terre située au sud du cap Horn : découverte en 1819 par William Smith.

SCHEUCHZER (Jean-Jacques), médecin, né à Zurich en 1672, mort dans cette ville en 1733. — (Jean-Gaspard), fils du précédent, habile antiquaire et naturaliste, mort à Londres en 1729. — (Jean), frère de Jean-Jacques, physicien et médecin, mort à Zurich en 1738.

SCHILLER (Frédéric de), célèbre auteur dramatique et poëte allemand, né à Murbach dans le Wurtemberg, le 10 novembre 1759, mort le 9 mai 1805.

SCHINDERHANNES (Jean Buckler, dit), fameux chef de voleurs, né à Weyden près Neustadt, en 1779, exécuté à Mayence, le 21 novembre 1803.

SCHINNER (Mathieu), évêque de Sion en Valais, cardinal et légat des papes Jules II et Léon X, mort à Rome le 30 septembre 1522.

Schiraz, ville de Perse, fondée l'an 336 de l'hégire ; prise d'assaut et saccagée en 1782.

Schisme des Grecs : il éclata en 867, à l'occasion de la prétention chimérique de préséance que forma le patriarche de Constantinople sur le siége de Rome. L'eunuque Photius, intrus au siége de Constantinople, voulut se rendre indépendant ; c'est ce qu'il exécuta en se séparant de la communion de Rome, et ce qui causa ce qu'on appelle le Schisme des Grecs. — En 1204, l'empereur Baudouin ayant fait élire un patriarche latin, réunit l'Eglise d'Orient à celle d'Occident ; mais cette réunion finit avec l'empire latin, en 1261, et le schisme recommença jusqu'en 1439. — En 1453, le culte de Mahomet s'établissant à Constantinople, mit fin en quelque sorte à l'Eglise grecque qui ne fut plus que tolérée, et dont les patriarches furent tous schismatiques.

Schismes de l'Eglise catholique romaine.

Ier *Schisme.*

Sous le pontificat de Corneille, Novatien, prêtre romain, séduit par Novat, prêtre de Carthage, qui était venu d'Afrique à Rome pour troubler l'Eglise, se fit sacrer évêque de la ville éternelle, en 252. Novatien fut le premier antipape.

IIe *Schisme*

En 381, Ursicin fut antipape, sous le pontificat de saint Damase ; il fut chassé de Rome et relégué dans les Gaules.

IIIe *Schisme.*

En 419, Eulalius, archidiacre de Rome, animé par quelques prêtres et diacres séditieux, disputa le saint-siége à Boniface Ier ; mais il fut chassé comme intrus par l'ordre de l'empereur Honorius.

IVe *Schisme.*

En 498, Laurent, archiprêtre de Rome, soutenu par l'empereur Anastase, se fit élire pape le jour même de l'élection du pape Symmaque. Ce schisme fut éteint vers 502, par Théodoric, roi des Goths

Ve *Schisme.*

En 530, Dioscore, diacre, fut antipape sous le pontificat de Boniface II ; il mourut peu de temps après son élection séditieuse.

VIe *Schisme.*

En 686, Pierre et Théodore, concurrents pour la tiare, favorisés, l'un par le clergé, l'autre par l'armée de l'empereur Justinien, occupèrent le saint-siége pendant quelques jours ; ils furent chassés après l'élection du pape Conon, qui avait pour lui le clergé, le peuple et l'armée,

VIIe *Schisme.*

En 687, Théodore et Paschal, qui se disputaient le trône pontifical, furent exclus par l'élection canonique du pape Sergius Ier.

VIIIe *Schisme.*

En 757, Théophylacte fut antipape pendant quelques mois, sous le pontificat de Paul Ier.

IXe *Schisme.*

En 767, Constantin, frère du duc de Népi, entra à main armée dans l'église de Saint-Pierre, se fit ordonner et proclamer pape après la mort de Paul Ier, et occupa le saint-siége pendant treize mois.

Xe *Schisme.*

En 824, Zinzinus fut antipape sous le pontificat d'Eugène II, surnommé le Père des pauvres.

XIe *Schisme.*

En 855, Anastase, antipape, s'éleva contre Benoît III, et fut ensuite chassé par ses partisans.

XIIe *Schisme.*

En 891, schisme de Sergius contre le pape Formose.

XIIIe *Schisme.*

En 897, Boniface usurpa le saint-siége après la mort du pape Formose, et l'occupa pendant quinze jours; mais il en fut chassé par le pape Etienne VI.

XIVe *Schisme.*

En 964, Benoît V fut élu par un faux synode, assemblé contre la disposition des canons et des saints décrets; mais il mourut le 5 juillet 965, presque en même temps que le véritable pape Léon VIII.

XVe *Schisme*

En 1012, Grégoire disputa le souverain pontificat au pape Benoît VIII.

XVIe *Schisme.*

En 1044, Sylvestre dit III et Jean dit XX se désistèrent de leurs prétentions et cédèrent la tiare à Grégoire VI, légitime successeur de Benoît IX.

XVIIe *Schisme.*

En 1058 et 1059, Mincius, antipape sous le nom de Benoît, fut opposé au pape Nicolas II.

XVIIIe *Schisme.*

En 1064, Cadaloüs, sous le nom d'Honorius II, déclaré pape sans le consentement des cardinaux et par la seule autorité de l'empereur Henri, occupa le siége apostolique environ cinq ans contre le pape Alexandre II. Il avait été condamné dans le concile d'Osborn en Saxe, par les évêques d'Allemagne et d'Italie.

XIXe *Schisme.*

En 1075, Guibert de Ravenne fut élu, sous le nom de Clément III, par les schismatiques au concile de Bresse, et tint le siége contre le célèbre pape Grégoire VII.

XXe *Schisme.*

En 1124, Thibaud, sous le nom de Célestin II, fut élu par quelques cardinaux; mais il se désista bientôt, et céda le pontificat à Honorius II.

XXIe *Schisme.*

Du 23 février 1130 au 25 janvier 1138, l'antipape Anaclet II tint le siége contre le pape Innocent II.

XXIIe *Schisme.*

De 1159 à 1181, sous le pontificat d'Alexandre III, il y eut quatre antipapes : 1° Octavien, sous le nom de Victor IV, du 7 septembre 1159 au 20 ou 22 avril 1164; 2° Gui de Crême, sous le nom de Pascal IV, du 22 avril 1164 au 20 septembre 1168; 3° Jean, abbé de Strumm en Hongrie (Calixte III), qui reconnut son erreur en 1177, et reçut l'absolution d'Alexandre; 4° Lando Sitino, qui prit le nom d'Innocent III.

XXIIIe *Schisme.*

Vers 1320, Pierre, religieux de Saint-François, élu à Rome sous le nom de Nicolas V, pendant que le siége était en France, fut arrêté par l'ordre de Jean XXII, et mourut en prison en 1327.

XXIVe *Schisme.*

En 1378, Robert, sous le nom de Clément VII, commença le grand schisme d'Occident, et tint le siége à Avignon contre les papes Urbain VI et Boniface; il mourut en 1394.

XXVe *Schisme.*

En 1394, Pierre de Luna fut élu par les schismatiques, prit le nom de Benoît XI, ou XII, ou XIII, et tint le siége à Paniscola en Catalogne, pendant près de 30 ans, contre Boniface et ses successeurs.

XXVIe *Schisme.*

En 424, Gilles de Mugnos fut élu pour succéder à Pierre de Luna, sous le nom de Clément VIII; il renonça au pontificat en 1429, et le grand schisme fut éteint.

XXVIIe *Schisme.*

En 1349, Amédée, duc de Savoie, élu par le concile de Bâle, prit le nom de Félix V, et tint le siége contre les papes Eugène IV et Nicolas V; il renonça au pontificat en 1449. Voy. l'article *Hérésies.*

SCHLEGEL (Jean-Elie), poëte allemand, mort le 13 août 1749.

Schleitz (combat de), où les Prussiens sont défaits par les Français, le 9 octobre 1806.

SCHMIDT (Jean-Jacques), célèbre orientaliste russe, né en 1779, mort à Saint-Pétersbourg le 11 septembre 1847.

SCHNEIDER (Antoine-Virgile, baron), lieutenant général, député, ministre de la guerre, né en 1779, mort à Paris le 12 juillet 1847.

Schœnbrunn (paix de), entre la France et l'Autriche, le 14 septembre 1809.

SCHOEFFER (Jacques-Chrétien), théologien et naturaliste allemand, mort le 5 janvier 1790.

SCHOENING (Gérard), savant norwégien, né le 2 mars 1722, mort le 18 juillet 1780.

SCHOEPFLIN (Jean-Daniel), savant critique et historien latin, né à Sulzbourg, dans le Brisgau, en 1694, mort à Strasbourg en 1771.

SCHOLASTIQUE (sainte), vierge, sœur de saint Benoît, née à Norcia, en Italie, sur la fin du Ve siècle, morte vers l'an 543.

SCHOMBERG (Henri de), maréchal de France en 1625, mort à Bordeaux le 17 novembre 1632, à 49 ans. — (Charles de), fils du précédent, maréchal de France en 1637, mort à Paris le 6 juin 1656, à 56 ans. —(Frédéric-Armand de), d'une autre famille que les précédents, maréchal de France en 1675, tué en Irlande le 11 juillet 1690.

SCHOTT (Gaspard), jésuite allemand,

physicien et mathématicien, né à Wurtzbourg en Franconie, en 1608, mort dans cette ville en 1666.

Schouten, île du grand Océan, découverte en 1616 par Guillaume Schouten, Hollandais.

SCHULEMBOURG (Mathias-Jean, comte de), général allemand, né en 1661, mort à Venise en 1743.

SCHURMANN (Anne-Marie de), morte le 5 mai 1678.

SCHWARTZ (Berthold), ou LENOIR, cordelier allemand, célèbre par l'invention de la poudre à canon qu'on lui attribue, né au milieu du XIIIe siècle.

Schweidnitz, ville de la Silésie prussienne, prise par les Autrichiens en 1757, capitula devant les Français en 1807.

Scie. L'invention de cet instrument remonte à Icare ou Perdix, neveu de Dédale, vers 1290 av. J.-C.

Scie circulaire : elle fut perfectionnée par Haks, de Paris, en 1818, de manière à tirer douze à treize feuilles de placage dans une planche d'un pouce d'épaisseur.

Scieries à planches par le moyen d'un cours d'eau ou par le vent. La première usine de ce genre fut établie en Angleterre par des Hollandais en 1633.

Scies sans fin, inventées par Albert de Paris, en 1799.

Scio, île de l'Archipel : prise aux Génois par les Turcs en 1595 ; prise par les Vénitiens en 1694 ; reprise par les Turcs en 1695.

SCIOPPIUS (Gaspard), littérateur allemand, né à Neumark dans le haut Palatinat, le 27 mai 1576, mort à Padoue le 19 novembre 1649.

SCIPION (Publius Cornelius), surnommé l'*Africain*, gagne la bataille de Zama, contre Annibal, l'an 204 av. J.-C.; mort à Literne l'an 180 av. J.-C.

SCIPION (Lucius Cornelius), surnommé *Asiatique*, consul l'an 189 av. J.-C., gagna une bataille contre Antiochus, à Magnésie, près de Sardes, qui lui valut ce surnom.

SCIPION NASICA, nom de trois hommes célèbres appelés P. Cornelius. — Le premier fut consul l'an 191 av. J.-C., et battit les Boïens. — Le second, fils du précédent, se distingua sous Paul-Emile, et fut nommé consul pour la seconde fois en 155, à la suite d'une bataille gagnée sur les Dalmates.—Le troisième, consul en 138, fut un des plus redoutables adversaires de Tib. Gracchus.

SCIPION (Publius Æmilianus), surnommé *Scipion l'Africain le Jeune*, fils de Paul-Emile, célèbre général romain, prend la ville de Carthage l'an 146 av. J.-C.

SCOT (Jean). Voy. DUNS SCOT.

SCOTT (sir Walter), célèbre romancier écossais, né à Edimbourg le 15 août 1771, mort au château d'Abotsford le 21 septembre 1832.

Scriptuaires, sectaires du XVe siècle, antiluthériens qui n'admettaient d'autre témoignage que celui de l'Ecriture.

SCUDÉRI (Georges de), écrivain ridicule du XVIIe siècle, né au Havre-de-Grâce en 1601, mort à Paris le 14 mai 1667.

SCUDÉRI (Madeleine de), fameuse romancière, sœur du précédent, née au Havre en 1607, morte à Paris le 2 juin 1701.

Sculpture : elle fut, dit-on, perfectionnée par le célèbre Dédale vers l'an 1301 av. J.-C. — Remise en honneur en Italie en 1250, par Nicolas de Pise. — Au nombre des premiers ouvrages de sculpture remarquables en Europe, depuis la renaissance des arts, on doit citer le tombeau et la statue du pape Grégoire X, érigés à Rome en 1276, par Margaritone d'Arezzo.

Sculpture (académie de), établie à Paris en 1663, sous le règne de Louis XIV.

SCYLAX, mathématicien et géographe de l'antiquité, natif de Carie ; il vivait vers l'an 522 av. J.-C.

Scythes : leurs premières guerres contre les Mèdes, l'Egypte et la Palestine, l'an 635 av. J.-C. — Ils font des courses dans l'empire romain, l'an 260 de J.-C.

Sébaste. Fondée par Hérode sur les ruines de Samarie, l'an 24 av. J.-C. De là l'*ère* de cette ville.

SÉBASTIEN (saint), surnommé le *Défenseur de l'Eglise romaine*, martyrisé le 19 ou le 20 janvier 288.

SÉBASTIEN (don), roi de Portugal, né en 1554, monta sur le trône en 1557 ; tué dans une bataille contre Moluc, roi de Fez et de Maroc, le 4 août 1578, à 25 ans.

SÉBASTIEN DEL PIOMBO, peintre, né à Venise en 1485, mort en 1547.

Sébastien (Saint-), ville d'Espagne : prise par les Français en 1793 et en 1808.

SÉBASTIEN (le père Jean Truchet), mécanicien français, mort le 5 février 1729.

Sécheresses mémorables. En 1214, à Londres, la Tamise fut si basse que les femmes et les enfants la passaient à gué ; la mer s'était éloignée de plusieurs milles de son rivage ordinaire. — En France, depuis 1528 jusqu'à 1534, il n'y eut pas deux jours consécutifs de gelée ; toutes les semences pourrirent en terre ou furent dévorées par les insectes. Dans le cours du XVIe siècle, notamment en 1592, il y eut plusieurs sécheresses en Angleterre, en France et en Allemagne. — Sécheresse en France en 1705, 1716, 1719. — Au Bengale, en 1769. — Dans toute l'Europe, en 1803 ; la Normandie fut sans pluie pendant 95 jours. Les eaux de la Seine laissèrent le lit de ce fleuve presque à sec. Voy. *Famines*.

Seckingen, ville du grand-duché de Bade, prise en 1638 par le duc de Weymar.

SECOND (Jean). Voy. JEAN SECOND.

SECOUSSE (Denis-François), critique et éditeur érudit, né à Paris vers 1691, mort en 1754.

Secrétaires des Finances : il paraît, par des registres de la Chambre des comptes de 1343, qu'à cette époque, ce titre était donné aux *Clercs du secret*.

Secrétaires du cabinet : cette charge ne commença à être connue en France que sous le règne de Henri III (de 1574 à 1589).

Sectes. Voy. *Hérésies*.

Sections coniques : leur théorie enseignée par Aristée, disciple d'Euclide, vers l'an 300 av. J.-C.

SEDAINE (Michel-Jean), littérateur et auteur dramatique, membre de l'Académie française, né à Paris le 24 juin 1719, mort en mai 1799.

Sédan, ville forte de Champagne, cédée à la France par le duc de Bouillon en 1642 ; occupée par les Prussiens en 1815, et évacuée en 1818.

Sédan (bataille de). Voy. *Marfée* (la).

SÉDÉCIAS, dernier roi de Juda, l'an 599 av. J.-C., mort dans les fers l'an 588 av. J.-C.

Sed-Jarra, village de Syrie : les Français y battirent les Arabes, le 11 avril 1799.

Sedyman (bataille de), gagnée par Desaix contre les Mamelucks, le 7 octobre 1798.

SEE-MA-KOANG, Chinois célèbre par ses connaissances et ses vertus, vivait dans le XIe siècle.

Segedin, ville de Hongrie : prise aux Turcs par les Impériaux, en 1686.

Segonzano (combat de), en Italie, gagné par le général Vaubois, le 2 novembre 1796.

Ségovie, ville d'Espagne : prise par les Français en 1809.

SEGRAIS (Jean-Renault de), poëte et littérateur français, né à Caen le 22 août 1624, mort le 25 mars 1701.

SÉGUIER (Pierre), chancelier de France, né à Paris le 29 mai 1588, mort à Saint-Germain-en-Laye le 28 janvier 1672.

SÉGUIER (..... baron), pair de France et premier président de la cour royale de Paris, né le 24 septembre 1768, mort à Paris le 3 août 1848.

SÉGUR (Jean-Charles de), évêque de Laon, puis de Saint-Papoul, né à Paris en 1695, mort le 28 septembre 1748.

SÉGUR (Philippe-Henri de), né vers 1723, ministre de la guerre sous Louis XVI, en 1780, maréchal de France en 1783, mort à Paris le 8 octobre 1801.

SÉGUR (Joseph-Alexandre, vicomte de), littérateur français, fils du maréchal de Ségur, grand maître des cérémonies, né à Paris en 1752, mort à Bagnères, le 27 juillet 1805.

SÉGUR (Louis-Philippe, comte de), membre de l'Académie française, ancien ministre d'Etat et grand maître des cérémonies de France sous l'empire, pair de France sous la Restauration, né en 1753, mort le 17 août 1830.

Segura de la Frontera, ville de l'Amérique septentrionale, bâtie sur des rochers en 1520, par Fernand Cortez.

SEIGNELAY (Jean-Baptiste Colbert, marquis de), ministre français, mort le 3 novembre 1690.

Seine (concile de), en 1267.

SEJAN (Ælius), ministre et favori de l'empereur Tibère, mis à mort l'an 31 de J.-C.

SÉJAN (Nicolas), célèbre organiste, né à Paris en 1745, mort dans la même ville, le 18 mars 1819.

Sel (impôt sur le) : il date de 1286, et fut établi sous le règne de Philippe le Bel. — Vers 1344, Philippe de Valois augmenta cet impôt, ce qui fit qu'Edouard III, roi d'Angleterre, le nommait plaisamment *l'Auteur de la loi salique*. — La gabelle fut mise en ferme par une adjudication faite en conseil du roi, le 4 janvier 1547, pour un premier bail de dix ans. Voy. *Gabelle*.

Sel gemme : mines de ce sel découvertes en 1670 dans le comté de Strafford en Angleterre. — On connaissait déjà en Pologne un autre gisement de sel gemme, découvert en 1289. — On en a trouvé une mine près de Vic (Meurthe), en 1819. — Le premier appareil pour extraire le sel des sources salines sans aucune dépense de calorique, fut établi en 1559, en Allemagne, dans le pays de Mersbourg.

Sel marin : procédés imaginés en France, en 1794, et exécutés en grand pour extraire la soude du sel marin.

SELDEN (Jean), célèbre jurisconsulte, né à Salvington dans le Sussex, le 16 décembre 1584, mort le 30 novembre 1654.

Seleucha (concile de), tenu en 359.

Séleuciens, sectaires du IVe siècle, qui soutenaient que la matière était coéternelle à Dieu, et qu'il était corporel.

SELEUCUS Ier, *Nicanor*, roi de Syrie, tué par un de ses courtisans à Argon, l'an 282 av. J.-C., âgé de 78 ans, dont il en avait régné 34.

SELEUCUS II, surnommé *Callinique*, roi de Syrie, mort l'an 226 av. J.-C.

SELEUCUS III, son fils, tué par ses soldats en 223 av. J.-C.

SELEUCUS IV, roi de Syrie, l'an 187 av. J.-C.

SELEUCUS V, roi de Syrie, poignardé par sa mère, Cléopâtre, l'an 124 av. J.-C.

Seldgenstadt (concile de), tenu en 1022.

Seljoucides (sultans) : commencement de leur empire dans la Perse, sous Toghrul, l'an 1037 de l'ère chrétienne (429 de l'hégire). — Fin de leur dynastie en 1250 (628 de l'hégire).

SÉLIM Ier, empereur des Turcs : détrône son père Bajazet, le 25 juin 1512 ; meurt à Cluri en Thrace, le 21 septembre 1520.

SÉLIM II, empereur des Turcs, monte sur le trône en 1566, perd la célèbre bataille de Lépante, le 7 octobre 1571, meurt en 1574, âgé de 52 ans.

SÉLIM III, sultan des Turcs, né le 24 décembre 1761, proclamé le 7 avril 1789, déposé par les janissaires le 29 mai 1807, fut étranglé quelques mois après.

Sélinonte, ville de Sicile, fondée par les Mégariens, l'an 645 av. J.-C. — Détruite par Annibal, fils de Giscon, général carthaginois, l'an 409 ou 413 av. J.-C.

Selles à cheval : les Romains commencent à en faire usage en 340. — On en attribue l'invention aux Saliens, anciens peuples de la Franconie.

Selmendria (bataille de), gagnée en 1412, par Musa, sultan des Turcs, sur l'empereur Sigismond.

Semendria, ville de Servie, prise aux Impériaux par les Turcs, en 1690.

Seminare (bataille de) en Calabre, gagnée en 1503, sur les Français, par Ferdinand, roi d'Aragon.

SÉMIRAMIS, reine des Assyriens, abdiqua volontairement l'an 2108 av. J.-C., après 56 ans de règne.

Sempach (bataille de), où Léopold II, duc d'Autriche, est défait par les Suisses, le 9 juillet 1386.

SENAC (Jean), médecin français, mort à Paris le 20 décembre 1770.

SENARMONT, général français, tué par un obus au siége de Cadix, le 26 octobre 1810, à l'âge de 41 ans.

Sénatoreries : créées en France par un sénatus-consulte, le 4 janvier 1803.

SÉNEBIER (Jean), laborieux écrivain, né à Genève en mai 1742, mort dans cette ville en 1809.

SENEÇAY ou SENECÉ (Antoine Bauderon de), poëte agréable, né à Macon le 13 octobre 1643, mort le 1er janvier 1737.

Sénéchal : cette dignité, à la fois militaire et civile, fut en France, la première de l'Etat, jusqu'au XIIe siècle; elle s'éteignit sous Philippe-Auguste, de 1180, à 1223, et son importance passa dès lors à celle de *Connétable*.

Senef en Flandre (bataille de), gagnée par le prince de Condé, le 11 août 1674.

Sénégal : sa découverte par les Portugais, en 1447. — Les Anglais y prennent aux Français le fort Louis, en mai 1758. — Cédé par les Français aux Anglais en 1763, par le traité de Versailles; repris sur eux en 1779; la France maintenue dans sa possession par la paix de 1783. — Après la paix d'Amiens, les Anglais s'en emparèrent de nouveau. Voy. *Amiens*. Ce pays rentra sous la domination française, le 11 septembre 1816.

Sénégal, fleuve d'Afrique : découverte de sa source, par le voyageur français Mollien, dans le courant de 1818.

SENÈQUE (Lucius Annæus Seneca), philosophe et écrivain romain, né à Cordoue vers l'an 6 av. J.-C., et le 12e du règne de Néron.

Senlis, ville de Picardie : assiégée par les Bourguignons en 1414. — En 1418, Charles VI, à la tête d'une forte armée, voulut la prendre, mais il fut obligé de lever le siége. — Prise par les ligueurs en 1589.

Senlis (conciles de) : en 861, 863, 873, 988, 1048, 1235, 1240, 1310, 1313, 1315. 1318, 1326 et 1402.

SENNACHERIB, roi d'Assyrie, l'an 714 av. J.-C., tué à Ninive, l'an 710 av. J.-C.

Sens, ancienne ville de Bourgogne : l'empereur Julien y est assiégé en 359. — La garde nationale de cette ville est licenciée par Louis XVIII en juin 1817, pour avoir refusé de se mêler des troubles au sujet de la la cherté du pain.

Sens (conciles de) : en 601, 657, 670, 846, 852, 853, 862, 912, 980, 986, 1048, 1080, 1140, 1198, 1216, 1239, 1252, 1256, 1269, 1280, 1320, 1460 et 1485.

Sentine (bataille de), gagnée par les Romains contre les Samnites et les Gaulois, l'an 295 av. J.-C.

Séparés, sectaires du XIVe siècle, anti-luthériens, qui abandonnaient tout pour être les fidèles imitateurs de la vie apostolique. On les appelait aussi *Nu-pieds* et *Spirituels*.

SEPHER (Pierre-Jacques), critique, érudit, littérateur français, né à Paris, mort en 1781.

Septennalité : loi relative aux élections en France, et qui établit la durée de sept ans pour les fonctions de député; rendue le 9 juin 1824.

Sept-Iles (république des) : sa formation le 21 mars 1800.

SEPTIME-SÉVÈRE, empereur romain. Voy. SÉVÈRE.

Sépulcraux, sectaires du XVIe siècle, qui niaient la descente de Jésus-Christ aux enfers, quant à l'âme, et disaient qu'il n'y était descendu que quant au corps. C'était le sentiment de Théodore de Bèze mort en 1605.

Sérapis (temple de) à Alexandrie : détruit par Théodose, en 389.

Séraphins (ordre des) : renouvelé en Suède en 1748.

Serfs : leur affranchissement en France sous Louis le Gros, vers 1135. — Leur affranchissement sous Louis VIII, en 1223. — En 1225, Louis IX signala les commencements de son règne par l'affranchissement des serfs, dont il y avait encore un grand nombre en France

Serfs de Livonie : leur affranchissement, le 6 janvier 1820.

Sergents d'armes : origine de cette première garde des rois de France, vers 1215.

SERGIUS Ier, élu pape en 687, mort le 8 septembre 701.

SERGIUS II, pape, monta sur la chaire de saint Pierre le 10 février 844, mourut le 27 janvier 847.

SERGIUS III, élu pape l'an 898, mort en 911.

SERGIUS IV, élu pape le 11 octobre 1009, mort en 1012.

Seringapatnam, ville de l'Indostan : assiégée en 1792 par les Anglais, Tippoo-Saheb fait un traité de paix avec eux. Les Anglais assiégent de nouveau cette ville et s'en emparent le 4 mai 1799.

Serpent, instrument de musique, connu des anciens Egyptiens. — On place à l'année 1590 son invention dans les temps modernes, et on l'attribue à Edme Guillaume, chanoine d'Auxerre.

SERRAO (André), évêque de Potenza, né en 1734, à Castel-Monardo en Calabre, assassiné en 1799.

SERRE (Hercule de), ministre de la justice et orateur parlementaire français du premier ordre, mort le 21 juillet 1824.

SERRES (Jean de), fameux calviniste, mort en mai 1598, âgé de 50 ans.

SERRES (Olivier de), frère aîné du précédent, célèbre agronome, né près de Viviers en 1539, mort en 1619.

SERRES (......), célèbre professeur et babile chirurgien, né en 1800, mort à Montpellier le 20 mars 1849.

SERRURIER (Jeaume-Mathieu-Philibert), maréchal de France, mort à Paris le 21 décembre 1819.

SERTORIUS (Quintus), célèbre capitaine romain, assassiné l'an 73 av. J.-C.

SERVAN (Joseph-Michel-Antoine de), magistrat français, né à Roman en Dauphiné, le 3 novembre 1737, mort le 4 novembre 1807.

SERVAN (Joseph de), frère du précédent, ministre sous Louis XVI, général des armées républicaines, mort en 1808.

SERVANDONI (Jean), peintre et architecte italien, né à Florence le 22 mai 1695, mort à Paris le 19 janvier 1766.

SERVET-VILLANOVANUS (Michel), médecin et théologien espagnol, né à Villanueva en Aragon, en 1509, brûlé vif à Genève le 27 octobre 1533.

Servie : nouvelle constitution donnée à ce pays, et proclamée le 25 février 1839.

SERVIN (Louis), magistrat français sous Henri III, Henri IV et Louis XIII, mort le 19 mars 1626.

Servites (ordre des), fondé en 1233 par sept riches marchands florentins.

Servitude personnelle : elle est abolie en Esthonie, en Courlande et en Livonie, le 24 septembre 1818.

SERVIUS TULLIUS, septième roi de Rome, monta sur le trône l'an 577 av. J.-C.; assassiné l'an 533 av. J.-C.

SÉSOSTRIS, fameux roi d'Egypte, vivait environ 1722 ans av. J.-C.

SESTINI (Barthélemy) improvisateur italien, mort le 11 novembre 1822.

Séthians, sectaires du XIe siècle, qui regardaient Seth, fils d'Adam, comme le Christ.

Sétubal ou *Sétuval*, ville du Portugal : presque entièrement détruite par le tremblement de terre de 1755.

SÉVÈRE (Lucius Septimius), empereur romain, né à Leptis en Afrique, l'an 149 de J.-C., mort à Yorck le 4 février 211.

SÉVÈRE II (Flavius Valerius Severus), empereur romain en 305, mort en avril 307.

SÉVÈRE III (Libius Severus), empereur d'Occident, en novembre 461.

SÉVÈRE-ALEXANDRE. Voy. ALEXANDRE.

Sévérians ou *Sévérites*, sectaires du IIe siècle.

SEVERIN (saint), abbé et apôtre de Bavière et d'Autriche, prêcha l'Évangile en Pannonie dans le Ve siècle, et mourut le 8 janvier 482.

SEVERIN (saint), abbé d'Agaune, mort sur la montagne de Château-Landon, le 11 février 507.

SEVERIN (saint), évêque de Cologne, mort au commencement du Ve siècle. L'Eglise célèbre sa fête le 28 octobre.

SEVERIN (Marc-Aurèle), médecin et anatomiste italien, mort le 15 juillet 1656.

SÉVIGNÉ (Marie de Rabutin-Chantal, marquise de), femme célèbre du siècle de Louis XIV, dont les lettres sont le plus parfait modèle du style épistolaire, née en Bourgogne le 5 février 1626, morte le 14 janvier 1696.

Séville : son université fondée en Espagne, en 1531. — Traité de paix et d'alliance conclu dans cette ville, le 9 novembre 1729, entre la France, l'Angleterre et l'Espagne. — Est prise par l'armée française, le 1er février 1810.

Séville (conciles de), en 590 et 619.

Sèvres : sa fabrique de porcelaine, établie en 1759, sous le règne de Louis XV. Voy. *Porcelaine.*

SEYMOUR (Jeanne), femme du roi d'Angleterre Henri VIII, morte en donnant le jour à Edouard VI, en octobre 1538.

Sfakès, ville maritime d'Afrique, régence de Tunis; bombardée par les Vénitiens en 1785 et 1786.

SFORCE (Jacques), surnommé *le Grand*, connétable de Naples, né le 28 mai 1369, à Cotignola en Romagne, mort au passage de la rivière d'Aterno, aujourd'hui Pescara, le 3 janvier 1424.

SFORCE (François), duc de Milan, fils naturel du précédent, né le 25 juillet 1401, mort en 1466.

SFORCE (Galéas-Marie), duc de Milan, fils du précédent, né le 14 janvier 1444, périt assassiné dans une église, le 25 décembre 1476.

SFORCE (Jean-Galéas-Marie), fils du précédent, empoisonné par les ordres de son oncle, Ludovic-Marie-Sforce, en 1494.

SFORCE (Ludovic-Marie), grand oncle du précédent, surnommé *le More*, mort à Loches en 1510.

SHAFTESBURY (Antoine Ashley Cooper, comte de), homme d'Etat anglais, né en 1621, mort le 22 janvier 1683.

SHAFTESBURY (Antoine Ashley Cooper), célèbre écrivain anglais, petit-fils du précédent, né le 26 février 1671, mort à Naples le 4 février 1713.

SHAKSPEARE (Williams), célèbre poëte dramatique anglais, né en avril 1564, mort le 23 avril 1616. — Son jubilé fut célébré avec pompe le 7 septembre 1769

SHENSTONE (Guillaume), poëte anglais, né à Hales-Owen, dans le Shroushire, en 1714, mort le 11 février 1763.

SHERIDAN (Thomas), écrivain, acteur et auteur dramatique anglais, né à Quilea en Irlande, en 1721, mort à Margate en 1788.

SHERIDAN (Richard Bruisley), fils du précédent, également distingué comme poëte dramatique et comme orateur parlementaire, né à Dublin en 1751, mort le 7 juillet 1816.

Shetland (Nouvelle) du Sud : découverte au sud du cap Horn, par M. Williams Smith, en 1821.

Schlett (combat de) en Prusse, gagné par le général Lasalle, le 21 février 1807.

SHORE (Jeanne), anglaise célèbre par sa beauté et par les vicissitudes de sa fortune, morte sous le règne de Henri VIII (de 1509 à 1547).

Siam : le roi de ce pays envoie des ambassadeurs à Louis XIV, en 1684. — Seconde ambassade, en 1686.

Sibérie : elle est découverte par les Russes en 1563. — Commencement de sa conquête par la Russie en 1584.

SIBTHORP (Jean), botaniste anglais, mort à Bath le 7 février 1796.

SICARD (l'abbé Roche-Ambroise), digne successeur de l'abbé de l'Épée, instituteur des sourds-muets, né à Fousseret près de Toulouse, le 20 septembre 1742, mort à Paris le 10 mai 1822.

Sicile : ce pays est ravagé par les Vandales en 454. — Ravagé par les Sarrasins en 669. — Sa réunion au royaume de Naples en 1430. — Possédée par un prince de la maison de Bourbon, en 1736.

Sicile (concile de), tenu pour la foi en 364.

Sicile (souverains de la). Roger Ier, comte de Sicile, en 1072. — Roger II, comte en 1101, duc de Pouille et de Calabre en 1127, roi de Sicile en 1129. — Guillaume, *le Mauvais*, en 1154. — Guillaume II, *le Bon*, en 1166. — Tancrède, en 1189. — Guillaume III, en 1194. — Constance, fille de Roger II, et l'empereur Henri VI, son mari, en 1194. — Frédéric, en 1197; depuis empereur. — Conrad Ier, en 1250; depuis empereur. — Conrad II, dit Conradin, en 1254. — Mainfroi, en 1258. — Charles Ier, comte d'Anjou, frère de saint Louis, en 1266. — Pierre, roi d'Aragon, gendre de Mainfroi, en 1282. — Jacques, en 1285. — Frédéric II, en 1296. — Pierre II, en 1337. — Louis, en 1342. — Frédéric III, dit *le Simple*, en 1355. — Marie et Martin dit *le Jeune*, en 1377. — Martin, *le Jeune*, seul, en 1402. — Martin II, dit *le Vieux*, roi d'Aragon, en 1409. — Ferdinand de Castille, roi d'Aragon, en 1412. — Alphonse *le Magnanime*, roi de Naples, en 1416. — Jean, roi d'Aragon et de Navarre, en 1458. — Ferdinand le Catholique, roi d'Espagne et de Naples, en 1479. — Charles-Quint, empereur, roi d'Espagne et de Naples, en 1516. — Philippe II, roi d'Espagne et de Naples, en 1554. — Philippe III, roi d'Espagne et de Naples, en 1598. — Philippe IV, roi d'Espagne et de Naples, en 1621. — Charles II, roi d'Espagne et de Naples, en 1665. — Philippe V, roi d'Espagne et de Naples, en 1700. — Victor-Amédée, duc de Savoie, en 1713. — Charles VI, empereur, et roi de Naples, en 1720. — Don Carlos, en 1734. — Ferdinand IV, roi de Naples, en 1759; le trône de Naples lui avait été enlevé en 1806; il le reprit en 1815, avec le titre de roi des Deux-Siciles. — François Ier, en janvier 1825. — Ferdinand II, en novembre 1830. Voy. *Naples*.

Siciles (le royaume des Deux-) : reçoit une constitution le 12 décembre 1816.

Sida (concile de), tenu en 383.

SIDI-MOHAMMED, empereur de Maroc, mort le 11 avril 1790.

SIDNEY (sir Philippe), négociateur anglais, né en 1554, mort près de Zutphen en 1586.

SIDNEY (Algernon), homme d'Etat anglais, cousin-germain du précédent, décapité à la Tour de Londres, le 7 décembre 1683, âgé d'environ 66 ans.

SIEBOLD (Christophe), chirurgien allemand, mort le 15 janvier 1796.

Sieg (bataille de) en Italie, gagnée par Kléber sur les Autrichiens, le 1er juin 1796.

Siéges mémorables. — d'Agrigente, par les Carthaginois, l'an 408 av. J.-C. — d'Anvers, par le duc de Parme, en 1584, et par les Français, en octobre 1830. — d'Aricie, par Porsenna, roi des Etrusques, l'an 507 avant J.-C. — d'Arles, par les Visigoths, en 425, 429, 452, 457. — Siége d'Athènes, par Démétrius Poliorcètes, 297 ans av. J.-C.; par les Lacédémoniens, l'an 488 et l'an 405 av. J.-C.; par Thrasybule, l'an 403 av. J.-C. — de Babylone, par Cyrus, l'an 554 et l'an 538 av. J.-C.; par Darius, l'an 516 av. J.-C. — de Bagdad, par les Turcs, en 1625. — de Barcelone, en 1714. — de la Bastille, en 1588, en 1690 et en 1789. — de Bayonne : cette ville a soutenu 14 siéges de 401 à 1814, contre les Vandales, les Sarrasins, les Normands, les Navarrais, les Gascons, les Aragonais, les Anglais, les Espagnols et les Portugais. — de Beauvais, en 1472. — de Belgrade, par les Turcs, en 1442 et 1456. — de Berg-op-Zoom, par le prince de Parme, en 1581; par Spinola, en 1586. — de Boston, par Washington, en 1776. — de Brest, par Duguesclin, en 1373. — de Brunswick, en 1761. — de Bruxelles, en 1216. — de Calais, par Edouard III, roi d'Angleterre, en 1347. — de Candie, en 1667. — de Carthage, par les Romains, l'an 146 av. J.-C.; en 439 et en 533. — de Charleroi, par le maréchal de Luxembourg, en 1690. — de Constantine, en 1837. — de Constantinople, par les Sarrasins, en 672; par les Bulgares, en 907; par Amurat, en 1423. — de Corioles, par les Romains, l'an 492 av. J.-C. — de Dantzig, par les Français, en 1807. — de Gabaon, l'an 1469 av. J.-C. — de Gaëte, en 1433, par Alphonse V, roi d'Aragon; en 1707, par les Autrichiens; en 1734, en 1799, par les Français; en 1806, par les mêmes. — de Gênes, par les Impériaux, en 1800. — de Gibraltar, en 1782. — de Harlem, par les Espagnols, en 1572. — de Huningne, en 1815. — de Jaffa, par les Français, en 1799. — de La Rochelle, par les catholiques français, en 1627. — de Lille, en 1708 et en 1792. — de Lyon, par les troupes de la Convention nationale, en 1793. — de Maëstricht, par les Français, en 1794. — de Malte, par les Turcs, en 1563. — du Mans : cette ville a soutenu vingt-quatre siéges depuis 510 jusqu'à 1589. — de Mantoue, par les Français, en 1796. — de Mayence, par les Français, en 1797. — de Metz, en 1444; par Charles-Quint, en 1552. — de Mézières, par Charles-Quint, en 1520. — de Milet, l'an 621 av. J.-C. — de Missolonghi, par les Turcs, en 1822 et en 1825. — de Mongatz, en 1711. — de Nantes, par les Anglais, en 1380. — de Napoli de Romanie, en 1821. — de Nicée, par les Sarrasins en

727. — d'Orléans, par César, l'an 50 av. J.-C.; par les Anglais, en 1428. — de Paris, par les Normands, en 845, en 856, en 861, en 885 et en 992; par Henri III et Henri IV, en 1589; par les troupes alliées, en 1814 et en 1815. — de Paros, par Miltiade, l'an 489 av. J.-C. — de Patras, par les Français, en 1828. — de Poitiers, en 410, par les Vandales; en 454, par les Huns; en 730, par les Sarrasins; en 846 et 886, par les Normands, et en 1346, par les Anglais. — de Praga, par les Russes, en 1794. — de Prague, par les Français, en 1742. — de Ratisbonne, en 1703, par l'électeur de Bavière, et en 1809 par les Français. — de Revel, en 1570 et en 1577. — de Rhodes, par Démétrius Poliorcètes, l'an 285 av. J.-C. — de Riga, par Gustave-Adolphe, en 1621; par les Russes, en 1700. — de Rome, par les Gaulois, l'an 390 av. J.-C.; par Alaric, roi des Goths, l'an 410 de J.-C.; par Genseric, roi des Vandales, l'an 455; par Odoacre, roi des Hérules, en 476; par Totila, en 546; par le connétable de Bourbon, en 1526. — de Saint-Jean-d'Acre, par les Français, en 1799. — de Sancerre, en 1573. — de Saragosse, par les Français, en 1809. — de Savannah, par les Franco-Américains, en 1779. — de Schweidnitz, par les Français, en 1807. — de Scutari, par les Turcs, en 1477 et 1478. — de Stenay, par Louis XIV, en 1654. — de Tarragone, par les Français, en 1811. — de Thèbes, l'an 336 av. J.-C. — de Thionville, par les Prussiens, en 1792. — de Toulon, par le duc de Savoie et le prince Eugène, en 1707; par les Français, en 1793. — de Troie, commencé l'an 1193 av. J.-C. — de Tunis, par Charles-Quint, en 1535. — de Turin, en 1706. — d'Ulm, en 1805. — de Verdun, par les Prussiens, en 1792. — de Vienne, par les Turcs, en 1529 et en 1623. — de Villaviciosa, par les Espagnols, en 1667. — de Wurtzbourg, par les Français, en 1800. — d'Ypres, par Louis VI, en 1128; par Philippe-Auguste, en 1213; par le grand Condé, en 1648; par Turenne, en 1658; par Louis XIV, en 1678.

Sienne : cette ville est réunie à la Toscane par Côme de Médicis, en 1557.

Sienne (concile de), tenu en 1424, contre les schismatiques.

Sierra-Morena (combat de la), gagné par les Français sur les Espagnols, le 20 janvier 1810.

SIEYÈS (l'abbé Emmanuel-Joseph), publiciste et homme d'État, ancien collègue de Bonaparte comme consul, membre de l'Académie des sciences morales et politiques, né à Fréjus (Var) le 3 mai 1748, mort le 20 juin 1836.

SIGALON (Xavier), peintre français, à qui l'on doit la magnifique copie du *Jugement dernier* de Michel-Ange, né à Uzès vers la fin de 1788, mort du choléra à Rome, le 18 août 1837.

Sigean, petite ville du Languedoc, fameuse par la victoire de Charles-Martel sur les Sarrasins, en 737.

SIGEBERT Ier, roi d'Austrasie, mort le 1er février 576.

SIGISMOND (saint), roi de Bourgogne en 516, mort l'an 523.

SIGISMOND, empereur d'Allemagne, né en 1368, obtint la couronne de Hongrie en 1386, fut élu empereur en 1410, mourut le 8 décembre 1437.

SIGISMOND Ier, roi de Pologne, surnommé *le Grand*, parvint au trône en 1507, mourut en 1648, âgé de 82 ans.

SIGISMOND II, fils du précédent, surnommé *Auguste*, lui succéda en 1548, mourut le 7 juillet 1572.

SIGISMOND III, élu roi de Pologne en 1587, mort en 1632, âgé de 66 ans.

Signaux à grandes distances : les Anglais revendiquent l'invention des signaux sur mer, et disent que Jacques II, depuis roi d'Angleterre, les inventa en 1645.

Signes du zodiaque : découverts par Cléostrate de Ténédos, vers l'an 536 av. J.-C.

Significatifs, sectaires du XVIe siècle, espèce de sacramentaires, qui ne voyaient que le signe du corps de Jésus-Christ dans l'Eucharistie.

SIGORGNE (l'abbé Pierre), savant physicien et astronome, né à Rembercourt-aux-Pots en Lorraine, le 25 octobre 1719, mort à Mâcon en 1809.

Silésie : est démembrée de la Pologne en 1163. — Envahie par le roi de Prusse, en décembre 1740. — Cédée à ce prince par la maison d'Autriche en 1742.

Silistrie, grande et forte ville de Turquie : prise par les Russes en 1810.

Sillé-le-Guillaume, petite ville du Maine : assiégée en 1431 et 1432 par les Anglais.

SILLERY (Nicolas de), chancelier de France, mort le 1er octobre 1624, à 80 ans.

SILVÈRE, pape en 536, mort de faim dans l'île de Palmaria, en 557.

SILVESTRE (saint), pape en janvier 314, mort en 335, le 31 décembre, jour où l'Eglise célèbre sa fête.

SILVESTRE II (Gerbert), archevêque de Reims, puis de Ravenne, élu pape en 999, mort en 1003.

SILVESTRE (Israël), graveur célèbre, né à Nancy en 1621, mort à Paris en 1671.

SILVESTRE DE SACY. Voy. *Orientalistes*

Simancas (bataille de), livrée le 6 août 938, et dans laquelle Ramire, roi de Léon, tailla dit-on, en pièces, 80,000 Sarrasins.

SIMÉON, chef de la tribu de ce nom, et second fils de Jacob et de Lia, naquit vers l'an 1757 av. J.-C.

SIMÉON, disciple de J.-C, et évêque de Jérusalem, crucifié l'an 107, âgé de 120 ans, dont il en avait consacré 40 au gouvernement de son Eglise.

SIMÉON-STYLITE (saint), fils d'un berger, né à Sisan, en Cilicie, vers l'an 392, mort le 1er septembre 459.

SIMON-MACHABÉE, prince et pontife des Juifs, l'an 143 av. J.-C., massacré l'an 135 av. J.-C.

SIMON (saint), jeune enfant, impitoyablement massacré par les Juifs en 1474. Le

Martyrologe romain en fait mention au 24 mars.

SIMON (Richard), savant oratorien, né à Dieppe le 15 mai 1638, mort dans cette ville le 11 avril 1712.

SIMON, comte de Montfort. Voy. MONTFORT.

Simoniaques, sectaires du XIe siècle, qui, sous la protection de l'antipape Guibert, vendaient les prélatures et les autres bénéfices.

SIMONIDES, poëte et philosophe grec, né à Céos, aujourd'hui Zéa, île de la mer Egée, florissait dans le Ve siècle av. J.-C., et mourut l'an 460 av. J.-C., à 98 ans.

SIMPSON (Thomas), habile mathématicien anglais, né à Bosworth, dans le comté de Leicester, le 20 août 1710, mort dans cette ville le 14 mai 1761.

Singedun (concile de), tenu en 366.

Sinnamari, rivière de la Guiane française. Ce fut sur le territoire qu'elle arrose que s'établirent les malheureux Français victimes du 5 septembre 1797.

SIRICE (saint), pape, monta sur la chaire de saint Pierre en décembre 384, mourut en novembre 398.

Sirmich, ancienne ville de l'Esclavonie : est enlevée aux Bulgares par Théodoric, en 504.

SIRMOND (Jacques), savant jésuite, né à Riom le 12 octobre 1559, mort le 7 octobre 1651.

Sissek, place de la Croatie, assiégée vainement par les Turcs en 1582, 1590 et 1593 ; prise et incendiée par eux en 1594.

SIXTE Ier (saint), pape l'an 116, mort vers la fin de 127.

SIXTE II, pape en 257, souffrit le martyre le 6 août 258.

SIXTE III, pape en 432, mort en août 440.

SIXTE IV (François d'Albecola de la Rovère), élu pape le 9 août 1471, mort le 13 août 1484, à 71 ans.

SIXTE V ou SIXTE-QUINT, né le 13 décembre 1521, dans la marche d'Ancône ; ordonné prêtre en 1545 ; élu pape le 24 avril 1585. Par une bulle du 3 décembre 1586, il fixa le nombre des cardinaux à 70 ; il mourut le 27 août 1590.

SLEIDAN (Jean), savant historien allemand et écrivain politique, né à Sleide, près de Cologne, en 1506, mort en 1556.

SLOANE (le chevalier Hans), médecin anglais, né à Killileah (Irlande) le 16 avril 1660, mort à Chelsea le 11 janvier 1753.

Smalkalde (ligue de), formée en faveur du luthéranisme, en 1529. — Elle s'assemble le 22 décembre 1530. — Elle se réunit de nouveau en 1531. — Renouvelée pour dix ans, le 12 décembre 1535.—Signature de ce nouvel engagement, en septembre 1536.

SMITH (Adam), écrivain politique et littérateur écossais, né le 5 juin 1723, mort en juillet 1790.

SMITH (Jean), fondateur de la colonie de la Virginie, né au comté de Lincoln (Angleterre) en 1579, mort à Londres en 1631.

Smolensk (bataille de), gagnée sur les Russes par les Français, le 17 août 1812.

SMOLLETT (Tobie), littérateur et médecin anglais, né à Cameron en Ecosse en 1720, mort en Italie en 1771.

Smyrne : renversée par un tremblement de terre en 1040. — Massacres et incendies dans cette ville, le 15 juin 1821.

SNORRO, ministre d'Etat en Suède, historien, critique, antiquaire, né en Islande, périt en 1241.

SOANEN (Jean), évêque de Senez, né à Riom le 6 janvier 1647, mort le 25 décembre 1740.

SOBIESKI (Jean III), roi de Pologne, l'un des plus grands guerriers du XVIIe siècle, né en 1629, élu en 1674, mort en 1696.

Société royale de Londres : ses commencements en 1657. — Sa fondation définitive par Charles II, le 15 juillet 1661

Société (îles de la) : sont découvertes par le capitaine Cook en 1769.

Sociétés populaires en France, connues sous le nom de clubs : loi qui défend toute affiliation entre elles, le 16 octobre 1794.

Sociétés secrètes : bulle du pape qui les excommunie, dans les derniers mois de 1821.

SOCIN (Lélius), chef de la secte des Sociniens, né à Sienne en 1525, mort le 16 mars 1562.

SOCIN (Fauste), neveu du précédent, né à Sienne en 1539, mort près de Cracovie, le 3 mars 1604.

Socinianisme : Lelio et Fauste Socin répandent les opinions de cette secte, en Pologne et en Transylvanie, en 1555

Sociniens, sectaires du XVIe siècle, qui renouvelèrent les erreurs de Paul de Samosate et de Photius.

SOCRATE, l'un des plus célèbres philosophes de l'antiquité, né à Athènes en 469 av. J.-C., périt en juin 399 av. J.-C., la première année de la 95e olympiade, âgé de 70 ans.

Socratites : c'était le nom d'une des sectes abominables du IIe siècle (vers l'an 129 de notre ère).

Sodium, métal ; sa découverte par Davy, en 1807.

Sodome et Gomorrhe, villes de la Pentapole (batailles de), gagnées sur les habitants de ce pays par Chodorlahomor, roi des Elamites, l'an 1912 av. J.-C.

Sogdiane (combat de la), où Alexandre le Grand battit et soumit les Sogdiens, l'an 329 av. J.-C.

Sohoum, petite ville de la Turquie d'Asie, prise par les Russes en 1810.

Soie : la manière de l'employer fut, dit-on, découverte en Chine, vers 2602 av. J.-C. — Des monuments historiques de cette antique contrée constatent que plus de dix siècles av. l'ère chrétienne, on y fabriquait des étoffes mêlées d'or et de soie. — Suivant quelques historiens chinois, les vers à soie sauvages se multiplièrent d'une manière prodigieuse environ 150 ans av. J.-C. — La soie était connue à Rome, sous le règne de Tibère, dans le Ier siècle de notre ère. — L'empereur Héliogabale se vêtit le premier à Rome d'une robe entièrement de soie en l'année 220; à cette époque, la soie s'échangeait contre l'or, poids pour poids. — On rapporte que la soie fut apportée de l'Inde en Europe par des moines persans qui établirent une manufacture pour la fabriquer, l'an 274 de notre ère. D'autres historiens disent que cet événement n'eut lieu qu'en 555, sous le règne de Justinien; suivant eux, les moines apportèrent des œufs de vers à soie de la Chine à Constantinople, dans un bâton creux, les firent éclore dans du fumier, et enseignèrent les procédés nécessaires pour les nourrir et les propager. — Suivant d'autres relations, on commença à manufacturer la soie l'an 536, dans la ville de Constantinople : cet art passa depuis en Italie et dans les États d'Occident. — En l'année 780, Charlemagne envoya à Offa, roi de Mercie, en Angleterre, deux robes de soie entre autres présents. — En 1130, Roger, roi de Sicile, fit venir à Palerme des ouvriers grecs pour apprendre à ses sujets la culture des vers à soie, la manière de la filer et d'en faire des étoffes. — En 1209, Venise reçoit ses premiers ouvriers en soie de la Grèce et de la Sicile. — En 1286, quelques dames anglaises parurent avec des robes de soie à un bal donné au château de Kenilworth. — En 1331, John Kemp apporta de Flandre en Angleterre les procédés de la fabrication des étoffes de soie. — Il s'établit plusieurs soieries en France, en 1470; la première fut fondée à Tours par des ouvriers grecs, vénitiens et génois; Louis XI leur accorda de grands priviléges, qui furent confirmés par Charles VIII en 1497. — Les premiers bas en soie furent portés, en France, par Henri II en 1559. — En France, les évêques furent autorisés, en 1563, à porter des habits de soie. — Une manufacture de velours de soie fut établie à Lyon en 1536, par les Génois Etienne Turquetti et Barthélemy Narris. — En 1645, Octave Meg, de simple canut devenu fabricant, invente le procédé au moyen duquel on lustre la soie. — Divers perfectionnements furent inventés à Lyon en 1717, par Jurines, pour la fabrication des étoffes de soie, et en 1738, par Falcon. — La première manufacture d'étoffe en soie crue, établie en Angleterre, est de 1621. — La soie fut importée pour la première fois de Perse en Russie en 1742. — La culture de la soie ne fut essayée en France que sous le règne de Henri IV (de 1589 à 1610).

SOISSONS (Charles de Bourbon, comte de), mort le 1er novembre 1612.

SOISSONS (Louis de Bourbon, comte de), grand maître de France, né à Paris en 1604, tué à la bataille de la Marfée le 6 juillet 1641.

SOISSONS (Olympe Mancini, comtesse de), morte le 9 octobre 1708.

Soissons : ville de Picardie; Clovis y avait fixé le siége de son empire, après la bataille qu'il y gagna, en 486, contre Syagrius. — Charles le Simple y fut battu en 923. — En 1311, Soissons s'affranchit et se gouverna en commune. — Prise en 1413 par les troupes de Charles VI, presque tous les habitants furent massacrés. — Saccagée en 1567 par les Huguenots qui s'y établirent, cette ville leur fut reprise par le duc de Mayenne, qui la fit entourer de fortifications. — Sa reddition aux troupes alliées, le 2 mars 1814.

Soissons (conciles de), en 744, 851, 853, 858, 861, 862, 866, 899, 941, 1092, 1115, 1122, 1155, 1201 et 1455.

SOLANDER (Daniel), naturaliste et voyageur, mort à Londres le 16 mai 1782.

Soldau (bataille de) où les Russes et les Prussiens sont battus par les Français le 26 décembre 1806.

Solde des troupes françaises à diverses époques de notre histoire. — En 1190, Philippe-Auguste partant pour la Palestine, fit paraître un règlement qui fixait à un sou par jour la solde de chaque homme de pied qui devait faire partie de l'expédition. — En 1271, sous le règne de Philippe le Hardi, la solde journalière des troupes était à peu près fixée de la manière suivante : un chevalier banneret (capitaine) 20 s.; un bachelier (lieutenant) 10 sous; un écuyer 5 sous; un homme d'armes (gentilhomme) 2 sous 6 deniers; un lancier, un archer, un sergent d'arbalétriers 1 sou; un fantassin 1 sou. — Sous Philippe le Bel, en 1303, la solde journalière des troupes avait varié : un chevalier banneret avait 30 sous; un bachelier 15 sous; un écuyer 7 sous 6 deniers; un homme d'armes 2 sous 6 deniers; un lancier, un archer, un sergent d'armes 2 sous, un fantassin 1 sou 1/2. Pour bien apprécier la différence de ces deux soldes, il est essentiel de faire connaître la valeur comparative de l'argent aux deux époques. Ainsi en 1271, 20 sous valaient 18 fr. 2 c., et le prix du marc d'argent était de 2 fr. 67 c.; tandis qu'en 1303, 20 sous valaient 17 fr. 28 c., et le marc d'argent 5 fr. 93 c. — La solde fut augmentée de 1380 à 1410. A cette dernière date, le canonnier recevait 20 livres par mois, pour lui et son valet; le piquenaire (piquier), 3 livres dix sous. — La paye du soldat ne fut assurée et réglée que sous Charles VII, en 1445; des fonds y furent spécialement affectés, par suite de l'établissement de la *taille*, impôt annuel qui a été remplacé depuis par la *contribution directe*. A cette époque (1445), l'homme d'armes et sa suite recevaient par jour 6 sous 8 deniers; un page 2 sous; un archer 2 sous 8 deniers; un coustillier (coutelier armé d'un couteau), trois sous 4 deniers. Alors 20 sous valaient 6 fr. 90 c., et le marc d'argent 7 fr. 90 c. — En 1448, peu d'années après la création des francs-archers, la solde des troupes fut ainsi fixée pour le temps de paix : un capitaine-général touchait 800 liv. par an; un capitaine 140 liv.; un lieutenant 120 liv.; l'archer de première classe 60 liv.; l'archer de deuxième classe 48 liv.; celui de troisième 36 liv.; celui de quatrième 30 liv. En temps de guerre, le capitaine-général recevait un supplément de 40 liv. par mois, le capitaine 15 livres, le lieutenant 7 livres, les archers de 10 à 15 sous. L'archer à cheval avait par jour la valeur d'un sixième de setier de blé, et l'archer à pied un peu plus d'un cinquième. — Louis XI et Charles VIII maintinrent la solde à peu près sur le même pied qu'on vient de la voir établie. En 1512, Louis XII l'augmenta ainsi qu'il suit : un capitaine d'aventuriers français 50 livres par mois ; un aventurier 10 liv. ; un capitaine d'infanterie allemande 100 livres par mois; un lansquenet 12 liv. ; un capitaine de cavalerie albanaise 25 livres par mois ; un cavalier 15 livres. Sous ce règne (1512), 20 sous en monnaie du temps équivalaient à 4 fr. 80 c.; ainsi 50 livres par mois correspondaient à 240 fr., monnaie actuelle.—François Ier, au commencement de son règne (vers 1520), fixa la solde sur de nouvelles bases : les capitaines recevaient de 40 à 200 livres par mois, selon l'espèce de troupe à laquelle ils appartenaient ; les lieutenants, de 20 à 100 livres; les enseignes, de 10 à 50 ; les arquebusiers et autres soldats, de 5 livres 6 sous à 7 livres 10 sous. A cette époque, 20 sous valaient 4 francs. — Plus tard, en 1534, François Ier, ayant remplacé les troupes étrangères par une armée nationale, établit ainsi la solde de ses troupes : un capitaine recevait par jour 33 liv. 6 s. 8 deniers ; un lieutenant 16 s. 8 d.; un enseigne 10 s. ; un centenier 8 s.; un fourrier ou sergent 6 s. 8 d. ; un cap d'escuade (caporal), 4 s. 6 d. ; un arquebusier 4 sous ; un piqueur ou arbalétrier 3 s. 4 d. ; un tambour ou fifre 4 s. 8 d. Cette solde est celle du pied de guerre, elle était beaucoup moins élevée sur le pied de paix.—Dès l'année 1600, sous Henri IV, la solde du soldat fut fixée ainsi qu'il suit : un soldat d'infanterie avait par jour 6 sous 8 deniers ; un cavalier 1 liv. 13 s. 4 d., ce qui équivalait à 15 sous de notre monnaie pour les premiers, et 3 livres 15 sous pour les derniers. Cette solde servait en même temps à la nourriture et à l'habillement du soldat. — Sous Louis XIII et sous Louis XIV, les tarifs de solde furent souvent réglés sur la hausse ou la baisse des monnaies. — Sous Louis XIII (de 1610 à 1643), un soldat d'infanterie avait 6 sous 8 deniers, valeur actuelle 75 centimes; un cavalier 1 liv. 6 sous 8 deniers, valeur actuelle 3 fr. 50 c. — Sous Louis XIV, d'après l'ordonnance de 1663, un soldat d'infanterie recevait 5 sous, valeur actuelle 37 centimes ; un cavalier 7 sous, valeur actuelle 62 c. — Le 6 avril 1718, la solde de l'armée fut augmentée et portée à 6 s. 10 d. (34 c.) pour le fantassin, et à 8 s. 10 d. (44 c.) pour le cavalier.—En 1722, cette solde fut réduite et fixée à 6 sous 6 deniers pour l'infanterie, et à 8 s. 1 denier pour la cavalerie. — En 1740, chaque soldat coûtait annuellement en temps de guerre 152 livres 18 s. 9 d. 1/2 pour l'infanterie française ; 253 livres 15 sous 1 denier pour l'infanterie étrangère ; 205 liv. 6 s. 8 deniers pour les dragons et la cavalerie légère ; 646 liv. 18 sous pour les guides et la grosse cavalerie.—De 1718 à 1762, les tarifs de solde n'éprouvèrent que peu de changement. A cette dernière date, chaque soldat fut augmenté d'un sou par jour, et de 6 deniers en 1788. — En 1806, le fantassin recevait 45 centimes par jour, le cavalier 48 centimes. Enfin aujourd'hui (1838), la solde des troupes est établie de la manière suivante pour les officiers subalternes, les sous-officiers et les soldats : *Infanterie*. Capitaine, 2000 fr à 2400 ; lieutenant, 1300 à 1450 ; sous-lieutenant, 1200; sergent-major, 95 centimes à 1 franc ; sergent 77 centimes à 85 ; caporal, 60 centimes à 65 ; soldat, 45 centimes à 50; tambour et clairon, 55 centimes à 60. *Cavalerie*. Capitaine, 2300 fr. à 2500 ; lieutenant, 1450 à 1650; sous-lieutenant, 1350 ; maréchal-des-logis-chef, 1 f. 3 c, à 1 f. 15 c. ; maréchal-des-logis, 90 c. à 1 fr. 05 ; brigadier, 62 à 67 centimes ; cavalier, 48 à 53 centimes ; trompette, 85 à 90 centimes. Les deux chiffres qui, dans chaque arme, figurent à la suite l'un de l'autre, indiquent la différence des classes pour les officiers, la différence entre les compagnies d'élite et les compagnies du centre pour l'infanterie, enfin la différence qui existe entre la solde de la grosse cavalerie et celle de la cavalerie légère.

Soleil : l'opticien hollandais Fabricius découvrit, le 13 juin 1611, des taches dans cet astre.

Soleure, ville de Suisse : il s'y conclut, en 1777, un traité d'alliance pour 50 ans entre le roi de France et les 13 cantons.

SOLIÉ (....), acteur et compositeur français, mort le 6 août 1811.

SOLIMAN Ier, empereur des Turcs en 1402, détrôné en 1410.

SOLIMAN II, empereur des Turcs, surnommé le *Magnifique*, fils et successeur de Sélim Ier en 1520, mort au siége de Sigeth (Hongrie), le 30 août 1566, à 76 ans.

SOLIMAN III, empereur turc, placé sur le trône en 1687 à 48 ans, mourut le 22 juin 1691.

SOLIMAN Ier, pacha de Bagdad, mort le 15 mai 1762.

SOLIS (Antoine de), poëte espagnol, né à Alcala de Hénarès le 18 juillet 1610, mort le 19 avril 1686.

SOLON, le second des sept sages de la Grèce, naquit à Athènes vers l'an 639 avant J.-C., 35e olympiade, mort l'an 559 av. J.-C., 55e olympiade.

SOMBREUIL (François-Charles Virot de), maréchal de camp et gouverneur des Invalides, mort sur l'échafaud révolutionnaire le 29 prairial an II (17 juin 1794), âgé de 74 ans.

SOMMARIVA (Jean-Baptiste de), célèbre amateur d'arts, mort le 6 janvier 1826.

SOMMERSET (Edouard Seymour duc de) : sa condamnation le 1er décembre 1551.

Somptuaires (lois) : les premières qui furent publiées en France sont de l'année 813 et datent du règne de Charlemagne. — On en cite une plus récente, du 12 juillet 1549.

Sonde chirurgicale : l'invention de cet instrument remonte à Esculape, vers l'an 1310 av. J.-C.

SONNINI (Charles-Sigisbert de Manoncour), naturaliste et voyageur français, né à Lunéville le 1er février 1731, mort à Paris le 9 mai 1812.

Sophie (église de Sainte-), monument religieux de Constantinople, d'abord église, aujourd'hui mosquée. — Justinien en fit la dédicace en 557.

Sophis de Perse : Ismaël Ier, en 1505. — Ismaël II, en 1577. — Thamas, en 1577. — Mohammed Kodabendeh, en 1583.—Hamzeh, en 1585. — Ismaël III, en 1586. — Abbas le Grand, en 1587. — Mirza, en 1625. — Abbas II, en 1642. — Soliman, en 1666. — Hussein Schah, en 1666. — Mahmed, usurpateur, en 1721. — Asraf, usurpateur, en 1725. — Thamas II, déposé en 1732. — Mirza-Abbas, mort en 1736. — Thamas Koulikhan, usurpateur, régna en 1735. — Adhel-Schah, en 1748. — Ibrahim, en 1748. — Charohk, en 1749. — Interrègne et troubles en 1750. — Ismaël IV, en 1751. — Kérim-Kouli-Khan, usurpateur, en 1761. — Sadek, usurpateur, en 1779. — Ali-Muraï-Khan, en 1781. — Méhémet-Khan, en 1785. — Interrègne en 1797. — Feth-Ali-Khan, en 1798. — Abbas-Mirza, en 1831. — Mohammed-Mirza, souverain actuel, en 1833.

SOPHOCLE, célèbre poëte tragique grec, né à Collore, bourgade de l'Attique, l'an 493 ou 494 av. J.-C., mort l'an 404 ou 406 av. J.-C., âgé de 90 ans.

SOPHRONE (saint), évêque de Jérusalem en 634, mort en 638.

SORBON (Robert de), fondateur de la *Sorbonne*, confesseur du roi saint Louis, mort en 1274, âgé de 73 ans.

Sorbonne (collége de), fondé en 1256 par Robert de Sorbon, confesseur de saint Louis : cette date paraît la plus exacte, quoique plusieurs historiens aient donné celle de 1250 et de 1253. — La construction du collége ne fut achevée qu'en 1271; la chapelle fut rebâtie en 1326. — La reconstruction de cet établissement, ainsi que celle de l'église, eut lieu par les soins et sous le ministère du cardinal de Richelieu ; la première pierre de la maison fut posée en 1627, celle de l'église en 1635; le tout était achevé en 1653. — Tous les bâtiments qui appartenaient à la Sorbonne ont été affectés aux facultés de théologie, des sciences, etc., par une ordonnance de février 1821.

SOREL (Agnès). Voyez AGNÈS SOREL.

Sorr, bourg de Bohême : les Prussiens y défirent les Autrichiens, le 30 septembre 1745.

Soude : en 1794, des fabriques furent établies en France pour extraire ce sel minéral du sel marin. — La culture de ce sel minéral s'étendit, en 1810, dans les départements méridionaux de la France. — En 1730, Malscod avait imaginé, dit-on, de cultiver la soude dans les montagnes de l'Ecosse.

SOUFFLOT (Jacques-Germain), architecte français, né en 1714 à Irancy près d'Auxerre, mort le 30 août 1780.

Souhama (combat de), en Egypte, gagné par les Français, le 24 avril 1799.

Souli (capitulation de), le 20 septembre 1822

SOULIÉ (Melchior-Frédéric), littérateur, né à Foix (Ariége) le 23 décembre 1800, mort à Bièvre le 23 septembre 1847.

Soultsbaie (combat naval de), entre la flotte d'Angleterre et de France, sous le commandement du duc d'York et du comte d'Estrées, et celle de Hollande sous Ruyter, le 7 juin 1672; l'issue de cette bataille fut incertaine; on s'attribua l'avantage de part et d'autre.

Soupes économiques : inventées par Helvétius, médecin français, en 1756; elles ont pris depuis le nom de *Soupes à la Rumfort*.

SOURD (Jean-Baptiste, baron), général de division, né à Signes (Var) le 24 juin 1779, mort à Paris le 3 août 1849.

Sousel, petite ville du Portugal, fameuse par la bataille livrée en 1663, entre les Espagnols et les Portugais.

Southampton, ville d'Angleterre : ruinée par les Danois en 980; incendiée par les Français dans le XIVe siècle.

SOUWAROFF (Pierre-Alexis), feld-maréchal russe, né à Moscou en 1730, mort le 18 mai 1800.

SOZOMÈNE (Hermias), surnommé *le Scolastique*, historien ecclésiastique, mourut vers 450. L'histoire qu'il a laissée comprend les événements depuis l'an 324 jusqu'à l'an 439. La meilleure édition est celle que donna Robert Estienne en 1544, dans son recueil des historiens latins.

SPADA (Bernardin), savant jurisconsulte et habile littérateur, né dans la Romagne, le 21 avril 1594, nommé cardinal le 19 janvier 1626, mort à Rome le 10 novembre 1661.

SPALLANZANI (Lazare), naturaliste italien, né à Scandiana près de Reggio en 1727, mort le 12 février 1799.

Spandau (le fort de) : assiégé par les Français, capitule le 23 octobre 1806.

Spanden (combat de), où les Russes sont défaits par les Français, le 5 juin 1807.

SPANHEIM, nom de plusieurs critiques allemands. — Frédéric, né à Amberg dans le haut Palatinat, mort en mai 1649, à 49 ans. — Frédéric, fils du précédent, mort à Leyde en 1701, à 69 ans. — Ezéchiel, frère aîné du précédent, né à Genève en 1629, mort à Londres le 25 novembre 1710.

SPARTACUS, fameux gladiateur romain, tué l'an 70 av. J.-C.

Spectacles : le goût effréné des Romains pour les spectacles commença sous Tibère, l'an 14 de notre ère.

SPENCER (Edmond), célèbre poëte anglais, mort en 1598.

SPENSER ou SPENCER (Hugues), favori d'Edouard II, roi d'Angleterre : son exécution le 29 novembre 1326.

Speyerbach, village de Bavière : le maréchal de Tallard y battit les alliés en 1703.

Sphère astronomique : inventée par le roi de Chine Hoang-ti, vers 2602 av. J.-C.

SPIGEL (Adrien), anatomiste, né à Bruxelles en 1578, mort le 7 avril 1625. Le lobe du foie dont on lui attribue la découverte porte son nom.

SPINOLA (Ambroise), habile général italien, né en 1569, mort en 1639.

SPINOSA (Benoît), chef d'une secte célèbre, né à Amsterdam le 24 novembre 1632, mort le 21 février 1677.

Spire, ville libre d'Allemagne : entièrement brûlée par les Français en 1689 ; prise encore par eux en 1734, 1792 et 1793, puis réunie à la France ; elle en fut séparée en 1814.

Spire (bataille de), gagnée par les Français sur les impériaux, le 15 novembre 1703.

Spire (diète de), tenue en faveur de la religion romaine en 1529 ; les partisans du luthéranisme protestèrent contre le décret lancé contre la réforme, c'est de là qu'ils reçurent le nom de *Protestants*.

Spirituels, sectaires. Voyez *Séparés*.

Spithead (insurrection de) : éclate sur la flotte anglaise vers le 20 avril 1797 ; est étouffée quelque temps après.

Spitzberg : découverte de cette contrée en 1553, reconnue par Hudson en 1607.

Spolette, ville d'Italie, prise par Totila, roi des Goths, en 546. — Cédée au pape par Charlemagne, en 780.

SPON (Jacob), antiquaire et critique français, né à Lyon en 1647, mort le 25 décembre 1685.

STAAL (mademoiselle de Launay), auteur de *Mémoires* curieux, morte le 15 juin 1750.

STACE (P. Papinius Statius), poëte latin, né à Naples, mort dans cette ville en l'an 100 de l'ère vulgaire.

Stade, forte ville du royaume de Hanovre : prise en 1712 par le roi de Danemark.

STAEL-HOLSTEIN (Anne-Louise-Germaine Necker, baronne de), l'une des femmes les plus célèbres de notre siècle, auteur des romans de *Corinne*, *Delphine*, etc., née à Paris le 22 avril 1766, morte le 14 juillet 1817.

Staffarde (bataille de), gagnée par Catinat sur le duc de Savoie, le 18 août 1690.

STAFFORD (Arundel, comte), ministre des rois d'Angleterre Charles Ier et Charles II, décapité le 29 décembre 1680, âgé de 69 ans.

STAHL (Georges-Ernest), l'un des plus grands médecins de son temps, né à Anspach en 1660, mort en 1734.

STANHOPE (Jacques, comte de), général anglais, né en 1673, mort à Londres le 16 février 1721.

STANHOPE (Charles, comte de), vicomte de Mahon, célèbre orateur anglais, né le 3 août 1753, mort le 17 septembre 1816.

STANISLAS (saint), né en 1030, évêque de Cracovie en 1071, tué par Boleslas II, roi de Pologne, le 8 mai 1077.

STANISLAS Ier (Leczinski), roi de Pologne, grand-duc de Lithuanie, duc de Lorraine et de Bar, né à Léopold le 20 octobre 1677, couronné roi de Pologne à Varsovie en 1705, mort le 23 février 1766.

STANISLAS-AUGUSTE (Poniatowski), dernier roi de Pologne, mort à Saint-Pétersbourg, le 11 avril 1796.

STANLEY (Thomas), historien et savant écrivain anglais, né en 1644, mort à Londres en 1678.

Stantz, bourg de Suisse : pris par les Français en 1798, après un combat sanglant.

Stathouder : création de ces fonctions en Hollande, en 1579. — Rétablissement du stathoudérat, le 4 mai 1747, puis le 10 octobre 1787.

Statique ou *théorie de l'équilibre*. Cette science était cultivée par Archimède, deux siècles av. J.-C. ; chez les modernes, par Stevin de Bruges, en 1610 ; par Descartes, en 1630 ; par Huyghens, en 1680 ; par Jean Bernouilli, en 1717 ; par Euler, en 1741 ; par Lagrange, en 1788.

Statistique : ce nom est donné à la géographie politique, en 1783.

Statues : vers l'an 1749 av. J.-C., Prométhée apprit aux Grecs à en modeler avec de l'argile ; ce qui a fait dire qu'il avait formé des hommes.

Statues de l'antiquité : le *groupe de Laocoon* fut trouvé en 1506. — La *Niobé* et les *Lutteurs* furent découverts en 1525 à Rome, près de la porte de Saint-Jean. — Le *taureau Farnèse* et l'*Hercule Farnèse* furent trouvés en 1534. — La statue de *Marc-Aurèle*, en bronze, fut découverte, à Rome, en 1475, dans un souterrain près de Saint-Jean-de-Latran. — La *Vénus*, dite de Milo, qu'on voit actuellement au musée du Louvre, fut trouvée, en 1820, dans l'île de Milo, l'une des Cyclades.

Statues votives. La première statue érigée à Rome le fut en l'honneur d'Horatius Coclès, l'an 506 av. J.-C. — Statue élevée, en 1624, en l'honneur de saint Charles-Borromée, à Arona, ville voisine du lac Borromée. Ce monument est en cuivre battu ; la tête du saint est seule coulée. La hauteur de la statue, y compris le piédestal, est de 112 pieds. — Statue de bronze, de 6 pieds de hauteur, érigée à Érasme, en 1624, dans la ville de Rotterdam, sa patrie. — Statue équestre de bronze, érigée à Henri IV, sur le terre-plain du pont Neuf, à Paris ; elle avait été commencée en août 1614 et terminée en 1635. La statue équestre de bronze qui l'a remplacée, fut inaugurée solennellement le 25 août 1818. — Statue érigée à Newton, en 1755, dans le collége de la Trinité, à Cambridge. — Statue pédestre, en marbre blanc, érigée à Voltaire, en 1770 ; elle est actuellement dans la bibliothèque de l'Institut, à Paris. — Statue équestre en bronze, du tzar Pierre le Grand, fondue en 1777, à Pétersbourg, par le sculpteur français Falconet ; elle coûta douze années de travail à l'artiste. — Statue pédestre en marbre blanc, érigée à Montesquieu, à Bordeaux, en 1821. Voy. *Paris* (monuments de).

Stawropol, ville russe, bâtie en 1737.

STEELE (Richard), auteur dramatique anglais, né à Dublin, mort le 21 septembre 1729.

Steenwich, ville forte de Hollande, prise par stratagème par le duc de Parme, en 1581 ; reprise par le prince Maurice, en 1592.

Stehliers ou *Baculaires*, hérétiques du XVIe siècle, qui ne voulaient porter que des bâtons pour toutes armes.

STEIBELT, pianiste et compositeur allemand, auteur de la musique d'un *Roméo et Juliette*, représenté avec succès sur notre seconde scène lyrique, mort le 23 septembre 1823.

Steinkerque (bataille de), gagnée par le duc de Luxembourg sur les troupes du prince d'Orange, le 3 août 1692.

STELLA (Jacques), peintre français, né à Lyon en 1596, mort à Paris en 1657.

Stenay, ville de Lorraine : prise en 1654, par Louis XIV, qui en fit raser les fortifications et la citadelle.

Stendal, ville de Prusse : brûlée en 1573, 1680 et 1687.

Sténographie : inventée par Samuel Taylor, Anglais, en 1782. — Elle est adaptée à la langue française par T.-P. Bertin, en 1803.

STENON (Nicolas), savant anatomiste danois, évêque catholique de Titiopolis en Grèce, né à Copenhague en 1638, mort à Sewrin en 1686.

STEPHENSON (Georges), célèbre ingénieur anglais, né à Wylam en avril 1781, mort à Derby le 12 août 1848.

Stéréotypie : perfectionnement de ce mode d'impression, par Firmin Didot, Herhan et Gasteau, en 1797. — En 1798 (an VI), publication d'une édition stéréotype des *Œuvres de Virgile*, exécutée d'après ces nouveaux procédés.

STERNE (Laurent), écrivain anglais, né à Clomwel (Irlande), mort le 18 mars 1768.

Sterzing, dans le Tyrol : combat gagné dans cet endroit par les Français, le 22 mars 1797.

Stéthoscope, instrument propre à l'auscultation, inventé vers 1817 ou 1818 par le professeur Laënnec.

Stettin : se rend aux Français le 29 octobre 1806.

Stève, en Bavière : prise de cette place par Kellermann, le 10 juin 1793.

STILICON, général de l'empereur Théodose le Grand, gagne la bataille de Pollome, le 29 mars 403 ; est décapité le 23 août 408 de J.-C.

Stockholm, capitale de Suède ; ses commencements en 1254.

Stockholm (paix de), conclue, le 1er février 1720, entre la Suède et l'électeur de Brandebourg.

STOFFLET (Nicolas), général vendéen, né à Lunéville, fusillé à Angers le 23 février 1796, à 44 ans.

Stoke, (bataille de), dans laquelle Henri VII, roi d'Angleterre, défait l'imposteur Simnel, prétendu comte de Warwick, le 6 juin 1487.

STOLBERG (Frédéric-Léopold, comte de), poëte et littérateur allemand, mort le 5 décembre 1819.

STOLL, médecin allemand, mort le 22 mars 1788.

STORCK (Nicolas), l'un des fondateurs de la secte des anabaptistes, mort vers 1527.

Stori (combat de), en Italie, gagné par les Français, le 15 décembre 1799.

STOWE (Jean), antiquaire et historien anglais, né en 1525, mort en 1605.

STRABON, philosophe, historien et géographe, natif d'Amasie, ville de Cappadoce, florissait sous Auguste et sous Tibère, vers l'an 14 de J.-C.

STRADA (Famien), jésuite, orateur et historien, né à Rome vers 1571, mort dans la même ville en 1649.

STRAFFORD (Thomas Wentworth, comte de), ministre anglais, décapité le 12 mai 1641.

Stralsund, ville de Poméranie, bâtie en 1230. — Prise de cette ville par l'armée française, le 26 janvier 1812.

STRANGE (Robert), graveur distingué, né aux Orcades en 1721, mort à Londres en 1792.

Strasbourg : dévastée dans les premières années du ve siècle, par les Vandales, les Alains, les Suèves et les Bourguignons. — En 451, par Attila. — Vers l'an 455, par les Allemands. — Elle passa sous la domination des Francs en 496. — Elle fut surprise et dévastée en 1102 par Hermann, duc de Souabe et d'Alsace. — Définitivement soumise à la France en 1681.

Stratiotiques, sectaires abominables du IIe siècle de l'Eglise (vers 129).

STRATON, philosophe péripatéticien de Lampsaque, fut disciple de Théophraste, à l'école duquel il succéda, l'an 248 avant J.-C.

Strauling, ville de Bavière ; prise par les Autrichiens en 1743 et rendue en 1745.

Strélitz, milice russe très-puissante : est cassée par Pierre le Grand, le 4 septembre 1698.

Strigau, ville de Silésie : il s'y livra une bataille, en 1745, entre les Autrichiens et les Prussiens.

Strontiane : nouvelle espèce de terre, découverte, en 1792, par Klaproth, de Berlin.

Strontium, métal, indiqué par Davy en 1807.

STROZZI (Pierre), maréchal de France, tué au siége de Thionville, le 20 juin 1558, âgé de 50 ans.

STROZZI (Philippe), fils du précédent, maréchal de France, né à Venise en avril 1541, tué le 26 juillet 1582.

STRUENSÉE, médecin et ministre danois, condamné à mort et exécuté comme conspirateur, le 26 juillet 1772.

STUART (François-Edouard), prince de Galles, connu en Europe sous le nom de chevalier de Saint-Georges ou de *Prétendant*, né le 20 avril 1688, mort à Rome le 2 janvier 1758. — Charles-Edouard-Louis-Philippe-Casimir, son fils, dit aussi *le Prétendant*, né à Rome le 31 décembre 1720, mourut le 31 janvier 1788. — Henri-Bénédict-Marie-Clément, frère du précédent, né à Rome le 26 mars 1725, cardinal en 1747, mourut en 1807.

Stuarts (famille des) : Robert II, premier roi de cette famille, monte sur le trône d'Ecosse en 1371.

Stuc : la manière de le composer et de l'employer fut retrouvée par Jean d'Udine, mort en 1564. La fabrication du stuc était connue des Egyptiens et des Romains.

STUKELEY (Guillaume), médecin et antiquaire anglais, né à Holbeck en 1687, mort le 3 mars 1765.

Stuttgard, ville d'Allemagne ; prise par les Français en 1796.

Style (ancien et nouveau) en matière de dates ; le calendrier avait été réformé en 1582 par le pape Grégoire XIII. — Ce ne fut qu'en 1699 que les protestants d'Allemagne admirent ce changement ; mais ceux d'Angleterre, de Suède et du Danemark s'en tiennent à l'ancien calendrier. — Il y a une différence de dix jours du vieux au nouveau style.

SUARD (Jean-Baptiste-Antoine), élégant littérateur, membre et secrétaire perpétuel de l'Académie française, né à Besançon en 1732, mort en juillet 1817.

SUARÈS (François), jésuite et théologien, né à Grenade le 5 janvier 1548, mort à Lisbonne en 1617.

Succin : on découvre une mine de cette matière bitumineuse, en Saxe près Pretsch, en 1731.

SUCHET (N....), duc d'Albuféra ; né à Lyon le 2 mars 1772 ; gagne la bataille d'Albuféra, le 15 mai 1811 ; mort le 3 janvier 1826.

Sucre : il fut mentionné en 625 par Paul d'Egine, médecin grec. — Les Arabes commencèrent à cultiver les cannes à sucre en 850, et trouvèrent le secret de faire le sucre, qu'ils répandirent dans les Indes orientales. — En 1148, on cultivait la canne en Sicile ; à Madère, en 1419 ; aux Canaries, en 1503. — La culture de la canne fut portée en Amérique en 1610, par les Espagnols et les Portugais ; elle avait été introduite à Saint-Domingue en 1545, en Provence en 1549 ; elle le fut aux Barbades en 1641, à la Guadeloupe en 1648. — Le procédé du raffinage du sucre fut inventé en 1503, par un Vénitien. — Le raffinage du sucre fut pratiqué pour la première fois en Angleterre en 1569. — Le sucre blanc était connu en France au commencement du XIVe siècle.

Sucre de betteraves : il avait été indiqué par l'agronome français Olivier de Serres, mort en 1619 ; le chimiste Margraff, de Berlin, résolut le problème en 1781.

Sucres : les Anglais furent maîtres de cette branche de commerce dans toute l'Europe, excepté dans la Méditerranée, dès 1660.

Suède : réunie à la Norwége et au Danemark en 1389, jusqu'en 1448. — Séparée entièrement du Danemark en 1523. — Ce royaume est déclaré héréditaire par les Etats en 1544. — La séparation de la Suède et du Danemark est définitivement prononcée par un traité du 13 décembre 1570. — Le clergé, les bourgeois et les paysans confèrent au roi l'autorité absolue, en 1682, pour humilier la noblesse. — Le libre exercice des religions y est établi en janvier 1779. — Le royaume de Norwége lui est annexé en 1814.

Suède (souverains de la). Il y a beaucoup d'incertitude sur l'histoire de ce royaume, jusqu'au milieu du XIIe siècle. Nous donnerons cependant la liste des rois depuis l'année 481, telle que l'a dressée l'abbé Lenglet-Dufresnoy : Swartmannus, 481. — Tordo II, 509. — Rodolphus, 510. — Arinus, 527. — Attila, 548. — Tordus, 564. — Algotus II, 582. — Godstagus, 606. — Arthus, 630. — Hakon II, 649. — Charles IV, 670. — Charles V, 676. — Birger, 685. — Eric, 700. — Tordo III, 717. — Biorne III, 764. — Alaric. — Biorne IV, 813. — Bratomunder, 814. — Siwast, 827. — Héroth, 842. — Charles VI, 856. — Ingelde Ier, 883. — Olaüs Ier, 891. — Ingelde II, 900. — Eric VI, 907. — Eric VII, 926. — Eric VIII, 940. — Olaüs II, 980. — Amund II, 1018. — Amund III, 1037. — Hakon II, 1037. — Stenchil, 1054. — Ingelde III, 1059 ; il se fait chrétien. — Helstein, 1064. Philippe, 1080. — Ingelde IV, 1110. — Ragualde, 1129. — Magnus, 1129. — Suercher. — Eric *le Saint*, 1141. — Charles VII, 1162. — Canut-Ericson, 1168. — Suercher II, 1192. — Eric X, 1210. — Jean, 1220. — Eric XI, *le Bègue*, 1223. — Valdemar, 1250. — Magnus II, 1279. — Birger II, 1290. — Magnus III, 1320. — Albert, 1365. — Marguerite, reine de Danemark, 1388. — Eric XII ou XIII et Marguerite, 1396. — Eric seul, 1412. — Christophe, roi de Danemark, 1439. — Charles VIII, Canutson, 1448. — Interrègne, 1470. — Jean de Danemark, 1497. — Interrègne, 1501. — Christiern II, 1520. — Gustave Wasa, 1523. — Eric XIV, 1560. — Jean III, 1568. — Sigismond, 1592. — Charles IX, 1604. — Gustave-Adolphe, *le Grand*, 1611. — Christine, 1632 ; son abdication, 1654. — Charles-Gustave, 1654. — Charles XI, 1660. — Charles XII, 1697. — Ulrique-Eléonore et Frédéric, 1718. — Frédéric seul, 1741. — Adolphe-Frédéric, 1751. — Gustave III, 1771. — Gustave IV, Adolphe, 1792. — Charles XIII, 1809. — Charles XIV (Jean-Baptiste-Jules Bernadotte), 1818. — Oscar Ier, 8 mars 1844.

SUÉNON III, roi de Danemark, mort le 23 octobre 1157.

SUÉTONE (C. Suetonius Tranquillus), historien latin, florissait sous le règne de l'empereur Adrien, de 117 à environ 138 de J.-C.

SUFFREN SAINT-TROPÈS (le bailli de), célèbre marin français, né en Provence en 1728, mort en 1788.

SUGER, abbé de Saint-Denis, ministre de Louis VII, roi de France ; né ou à Toury en Beauce, en 1087, ou à Saint-Denis selon Félibien, ou à Saint-Omer suivant d'autres ; mort à Saint-Denis en 1152.

SUHM (Pierre-Frédéric), historien danois, né à Copenhague le 18 octobre 1728, mort dans cette ville le 7 octobre 1798.

SUIDAS, auteur d'un lexique grec, vivait au commencement du XIe siècle.

Suisse : entrevue et serment de Werner, Arnold et Stauffacher, ses trois libérateurs, le 17 novembre 1307. — Jour fixé pour la liberté de ce pays, le 1er janvier 1308. — Cette contrée secoue le joug de la maison d'Autriche en 1315. — Est organisée en république helvétique, sur le modèle de celle de France, le 11 avril 1798. — Nouvelle constitution helvétique, le 12 mai 1802 ; la république est divisée en 18 cantons. — Vers la fin de septembre, contre-révolution dans presque toute la Suisse ; le 6 novembre, tous les cantons sont désarmés par les troupes françaises. —

Le 19 janvier 1804, nouvelle constitution ; la Suisse est divisée en 19 cantons. — Elle est reconnue indépendante et divisée en 22 cantons, au commencement de 1815.

Suisses : commencement de leur république le 17 novembre 1307.

SULLIVAN (Jean), général américain, mort en 1795, âgé de 54 ans.

SULLIVAN (Jacques), gouverneur du Massachussetts, frère du précédent; né en 1744, mort en 1808.

SULLY (Maurice de), évêque de Paris, à qui l'on doit la cathédrale de cette ville; mort le 11 septembre 1196.

SULLY (Maximilien de Béthune, baron de Rosny, duc de), maréchal de France, ami et ministre de Henri IV; né à Rosny en 1559; prend Dreux en 1593, Laon en 1594, La Fère en 1596, Amiens en 1597, Montmélian en 1600. Il fut nommé surintendant des finances en 1597, grand maître de l'artillerie en 1601; mourut au château de Villebon, le 21 décembre 1641.

SULPICE-SÉVÈRE, historien ecclésiastique, mort vers l'an 420.

SUMOROKOFF (Alexandre), fondateur du théâtre russe, né à Moscou le 4 novembre 1727, mort dans cette ville le 1er octobre 1777.

Sund (combat naval du), entre les flottes danoise et anglaise, le 2 avril 1801. Cette dernière eut tout l'avantage.

Sund, détroit d'Europe entre la Suède et le Danemark; les Anglais forcèrent ce détroit en l'année 1807, malgré le feu des batteries danoises.

Sundershausen (bataille de), gagnée par les Français sur les Hanovriens, le 22 juillet 1758.

Sundswald, ville de Suède, bâtie dans le XVIIe siècle; incendiée en 1803.

Surate, ville de l'Inde : prise par les Anglais le 2 mars 1759.

SURCOUF (Robert), célèbre corsaire, né à Saint-Malo en 1774, mort dans la même ville en 1827.

Surène (conférence de) : commencée le 29 avril 1593, sous l'influence de Renaud de Beaune, archevêque de Bourges, qui y acquit beaucoup d'honneur.

Surinam, colonie hollandaise dans la Guiane : les Anglais s'en sont emparés en 1799 et 1804. — Elle est occupée par les Anglais le 19 septembre 1803.

SURREY (Henri Howard, comte de), guerrier et poëte anglais, né vers l'an 1520; décapité, sur une fausse accusation de trahison, le 19 janvier 1547.

Suspects (loi dite des), pendant la Révolution française, le 12 août 1793.

Sutry (conciles de), en 1046, où le pape Grégoire VI quitta le pontificat ; et en 1059, où l'antipape Benoît Mincius fut déposé.

Sutri (bataille de), où le consul Fabius bat deux fois les Etrusques, l'an 310 av. J.-C.

SUTTON (Thomas), philanthrope anglais; né à Knaith, dans le comté de Lincoln, en 1532; mort à Hackney en 1611.

SUVÉE (Joseph-Benoît), peintre, né à Bruges, mort le 9 février 1807

SUZANNE, femme célèbre dans l'Ecriture par son amour pour la chasteté; elle fut injustement accusée l'an 607 av. J.-C.

SUZE (Henriette de Châtillon de Coligny, plus connue sous le nom de comtesse de la), auteur de poésies légères, née à Paris en 1618, morte le 10 mars 1673.

Suze. Voy. *Pas-de-Suze*.

Suze (traité de), signé le 24 avril 1629 par Louis XIII et le roi d'Angleterre.

SWAMMERDAM (Jean), anatomiste, médecin et écrivain hollandais, né à Amsterdam en 1647, mort en 1680.

SWEDENBORG (Emmanuel), philosophe mystique suédois, né à Stockholm le 29 janvier 1689, mort à Londres le 29 mars 1772.

Swenkasund (bataille navale de), où les Suédois défont complétement la flotte russe, le 3 juillet 1790.

Swenkfeldiens, sectaires du XVIe siècle, disciples de Swenkfeldius, anti-luthérien.

SWIFT (Jonathan), surnommé le *Rabelais de l'Angleterre*, auteur des *Voyages de Gulliver*, né à Dublin le 30 décembre 1667, mort le 9 octobre 1745.

Sybaris, ville sur le golfe de Tarente : prise, pillée et ruinée de fond en comble par les Crotoniates, l'an 520 av. J-C.

SYDENHAM (Thomas), l'un des plus célèbres médecins de l'Angleterre, né à Windford-Eagle, dans le comté de Dorset, en 1624, mort à Londres en 1689.

SYLLA (Lucius Cornelius), fameux dictateur et général romain, fit ses premières armes en Afrique sous Marius, vers l'an 107 av. J.-C., mourut l'an 78 av. J.-C., âgé de 60 ans.

SYMMAQUE, savant orateur et écrivain latin, contemporain de saint Ambroise : il était préfet de Rome en 391.

Synada (concile de) : il condamna, en 258, le baptême des hérétiques.

Synode des martyrs de Lyon : il fut tenu en 177 par les confesseurs de J.-C., pendant que les martyrs de Lyon étaient en prison. Ce synode, qu'on met au rang des conciles, condamna l'hérésie de Montan.

Synode des Eglises de Vienne et de Lyon : il fut tenu également à Lyon, en 177, et confirma le jugement porté par le premier synode contre l'hérésie de Montan. Voyez *Conciles*.

Synode de Constantinople : tenu le 11 juin 1341.

Synode de Dordrecht : le prince Maurice d'Orange, à la tête des Gomaristes, y fit condamner à mort, en 1619, le grand pensionnaire Barnewelt qui appuyait les Arminiens.

Synode national de Loudun : tenu par les protestants en 1659 ; ce fut le dernier synode de ce genre.

Syracuse, ville de Sicile, bâtie par Archias de Corinthe, l'an 758 av. J.-C., 5e olympiade selon les marbres d'Arundel, et l'an 732 selon Eusèbe. — Prise par le consul romain Marcellus, l'an 212 av. J.-C., après un siége de trois ans, pendant lequel le célèbre Archimède fournissait chaque jour de nouvelles machines pour en prolonger la défense. — Prise par Bélisaire, le 31 décembre 535. — Pillée et renversée par les Sarrasins, en 669.

Syracuse en Sicile (première guerre de), dans laquelle Denys s'érige en tyran de ce pays, l'an 404 av. J.-C.

Syracuse (combat naval de), livré à la hauteur de cette ville, le 11 août 1718, entre les Anglais et les Espagnols, qui y perdirent presque tous leurs vaisseaux.

Syracuse (anciens rois de) : Gélon commença à régner la deuxième année de la 72e olympiade (492 ans av. J.-C.), et finit son règne avec sa vie, la 3e année de la 75e olympiade (478 ans av. J.-C.). — Hiéron, son successeur, mort 461 ans av. J.-C. — Denys l'Ancien, mort 368 ans av. J.-C. — Denys le Jeune, chassé de Syracuse l'an 343 av. J.-C. — Dion, mort assassiné vers l'an 333 av. J.-C. Agathocle commença à régner l'an 307 av. J.-C., et mourut empoisonné, l'an 287 av. J.-C. — Hiéron II commença son règne l'an 275 av. J.-C. ; sa mort l'an 214 av. J.-C. — Ce fut six ans après, l'an 308, que Syracuse tomba au pouvoir des Romains.

Syrie : conquise par les Turcs, en 1517.

Syrie (rois de l'ancienne) : Seleucus Nicator, l'an 312 av. J.-C. — Antiochus Soter, l'an 281. — Antiochus Deus, l'an 262. — Seleucus II Callinicus, l'an 247. — Seleucus III Ceraunus, l'an 227. — Antiochus III le Grand, l'an 224. — Seleucus IV Philopator, l'an 187. — Antiochus IV Epiphane, l'an 176. Antiochus V Eupator, l'an 164. — Démétrius Soter, l'an 162. — Alexandre Bala, l'an 151. — Démétrius II Nicator, l'an 146. — Antiochus, fils de Balès, l'an 145. — Diodote ou Tryphon, l'an 143. — Antiochus VII Sidetès, l'an 139. — Démétrius Nicator, rétabli l'an 131. — Alexandre Zebina, tyran, l'an 128. — Seleucus V, l'an 127. — Antiochus VIII Grypus, l'an 126. — Antiochus IX Cyzicenus l'an 114. — Seleucus VI, fils de Grypus, l'an 96. — Antiochus X, l'an 95. — Antiochus XI l'an 94. — Philippe, Démétrius III, Antiochus XII, l'an 93. — Tigrane, l'an 83. — Antiochus XII seul, l'an 69. — Tigrane, soumis aux Romains l'an 66. — La Syrie devenue province romaine, l'an 64.

Syrie (concile de) : tenu en 1115.

Système décimal : son établissement en France le 1er août 1793.

T

Tabac : cette plante avait été remarquée en Amérique dès 1496. — Elle fut trouvée, en 1520, dans le Yucatan, et ensuite transportée dans la terre ferme, puis à Saint-Domingue et à la Virginie. — Le tabac fut apporté en France, en 1560 ou 1561, par Jean Nicot, ambassadeur français en Portugal, et présenté par lui à Catherine de Médicis. — Il fut naturalisé en France en 1560. — Soumis pour la première fois à un droit de douane en France, par la déclaration royale du 17 novembre 1629, il était cultivé dans les environs de Strasbourg, dès 1620. — Le premier bail de la ferme du tabac, en France, eut lieu le 1er décembre 1674. — Sa culture fut autorisée en France le 20 mai 1791. — Par un décret du 28 décembre 1810, Napoléon Bonaparte attribua exclusivement, en France, à la régie des droits réunis, l'achat des tabacs en feuille, la fabrication et la vente des tabacs fabriqués. Depuis, cette régie est restée dans les attributions des contributions indirectes.

Tabago (l'île de), une des îles Caraïbes : elle tomba au pouvoir des Français en 1677. — Une colonie de Français s'établit dans cette île en 1729. — Enlevée aux Anglais, par M. de Bouillé, le 2 juin 1781, cette possession fut garantie par la paix de 1783. — Reprise par les Anglais en 1792, et rendue en 1802. — Reprise par eux en 1803, elle leur est restée par le traité de 1814.

TABARIN (N...), acteur renommé du XVIe siècle.

Tabellions : ces espèces de greffiers eurent leurs charges à ferme jusqu'au temps de François Ier qui, par un édit de l'an 1542, érigea les clercs des tabellions en titre d'office, et en fit un office séparé.

Table de Pythagore ou *de Multiplication* ; inventée vers l'an 540 av. J.-C.

Table ronde (chevaliers de la), en Angleterre : ils florissaient au XIVe siècle.

Tables Alphonsines : tables astronomiques, faites par l'ordre d'Alphonse de Castille, en 1260.

Taborites ou *Taboristes*, sectaires de la fin du XVe siècle ; ils formaient une branche des Hussites.

TACHARD (Gui), missionnaire jésuite, écrivain et voyageur français, mort au Bengale vers l'an 1694.

Taches dans le soleil : elles furent découvertes par Fabricius, opticien hollandais, le 13 juin 1611.

Tachygraphie : les premiers essais de cet art d'écrire en abrégé sont attribués à Cicéron ou à Tiron, son affranchi, et datent de l'an 63 av. J.-C.

TACITE (M. Claudius), empereur romain, élu par le sénat le 25 septembre 275, assassiné quatre ou cinq mois après.

TACITE (C. Cornelius Tacitus), historien latin, consul l'an 97 de J.-C. — Première édition des *Histoires* de Tacite, publiée vers 1470.

TACONNET (Toussaint-Gaspard), acteur et poëte français, né à Paris en 1730, mort dans cette ville, à l'hôpital de la Charité, le 29 décembre 1774.

Tagliamento (bataille du), gagnée le 16 mars 1797, par le général Bonaparte, sur les Autrichiens.

TAILLASSON (J.-J.), peintre d'histoire et littérateur, né à Bordeaux en 1744, mort en 1809.

Taille (la) : établissement de cet impôt en France, en 1445 ; ou du moins, à dater de cette époque, elle devint perpétuelle, et fut substituée au profit que le roi faisait dans le changement des monnaies. — Suivant quelques auteurs, la taille avait commencé dès le temps de saint Louis (1226-1270).

Taille (opération de la) : pratiquée par la voie du pubis, par le frère Côme, en 1780.

Taillebourg (bataille de), dans laquelle saint Louis défait, le 21 juillet 1242, Henri III, roi d'Angleterre.

Tailleurs (maîtres, marchands-) : ils formaient autrefois deux communautés séparées qui furent réunies en 1655, et dont les statuts furent confirmés par lettres patentes du 12 mai 1660.

Talaveyra, ville d'Espagne dans la Nouvelle-Castille ; elle fut enlevée aux Maures l'an 949, par Ramire II. — Il s'y tint un synode l'an 1498.

Talaveyra-de-la-Reyna, ville d'Espagne ; le 28 juillet 1809, fameuse bataille livrée près de cette ville entre les Anglais et les Français.

TALBERT (François-Xavier), prédicateur distingué, né à Besançon en 1725, mort à Lemberg, en Gallicie, le 4 juin 1803.

TALBOT (Jean), comte de Shrewsbury et de Waterford, général anglais, tué dans une bataille le 17 juin 1453.

TALLARD (Camille d'Holstein, comte de), maréchal de France, né le 14 février 1652, mort le 3 mars 1728.

TALLEYRAND (Élie de), connu sous le nom de cardinal de Périgord, né vers 1301, évêque de Limoges en 1325, d'Auxerre en 1329, cardinal en 1331, mort à Avignon en 1364.

TALLEYRAND (Henri), prince de Chalais, décapité sous Louis XIII, le 19 août 1626.

TALLEYRAND-PÉRIGORD (Alexandre-Angélique de), né à Paris le 18 octobre 1736, nommé coadjuteur à l'archevêché de Reims, et sacré sous le titre d'archevêque de Trajanople le 28 décembre 1766, archevêque de Reims le 27 octobre 1777, se démit de ces dernières fonctions en 1816, fut créé cardinal le 28 juillet 1817, et institué pour le siége archiépiscopal de Paris le 1er octobre suivant ; mort le 1er octobre 1821.

TALLEYRAND-PERIGORD (Charles-Maurice, prince de), l'un des plus habiles diplomates de notre époque ; né à Paris en 1754, évêque d'Autun en 1789, ministre des relations extérieures en 1797, ministre des affaires étrangères en 1814, et pendant trois mois en 1815, après le retour des Bourbons ; mort le 18 mai 1838. Son rôle politique, commencé en 1789, n'a fini qu'avec sa vie.

TALLIEN (Jean-Lambert), célèbre dans les fastes de la révolution par le grand rôle qu'il joua dans la fameuse révolution du 9 thermidor, né à Paris en 1769, mort le 16 novembre 1820.

TALMA (François-Joseph), célèbre acteur tragique français, mort le 19 octobre 1826.

TALMONT (A.-Ph. de la Trémoille, prince de), général vendéen, mis à mort, par ordre de la Convention nationale, en l'année 1794. C'est dans la personne de ce prince que finit l'illustre maison de la Trémoille.

TALON (Omer), avocat général au parlement de Paris, regardé de son temps comme l'oracle du barreau ; mort le 29 décembre 1652, à l'âge de 57 ans. — On a de lui des *Mémoires* qui commencent à 1630, et finissent en juin 1652.

TALON (Denis), fils du précédent, et son successeur dans sa charge d'avocat général, mort président à mortier en 1698.

Tambour. Voy. *Cymbale*.

TAMERLAN, conquérant persan, né à Kesch en 1355, gagne la bataille d'Ancyre, en Phrygie, sur Bajazet, sultan des Turcs, l'an 1402, meurt à Otrar, dans le Turkestan, le 1er avril 1405.

Tanagre (bataille de), où les Athéniens vainquirent les Lacédémoniens, l'an 457 av. J.-C.

Tanaro (combat du), en Piémont, gagné le 27 septembre 1745, par les Espagnols et les Français sur le roi de Sardaigne et les Autrichiens.

TANCRÈDE, comte de Liches, fils naturel de Roger, proclamé roi de Naples et de Sicile en 1190.

TANDEMUS ou Tanchelin, hérétique qui, au commencement du XIIe siècle, professait des erreurs touchant les ordres sacrés et l'Eucharistie. Il fut réfuté par saint Norbert en 1126.

Tanger, ancienne ville du royaume de Fez : prise par les Portugais en 1461 ; donnée en dot en 1662 à Charles II, roi d'Angleterre ; abandonnée en 1684, elle retourna aux Maures. — Son bombardement par une escadre française sous le commandement du prince de Joinville, le 6 août 1844.

TANNEGUY-DUCHATEL, grand maître de la maison du roi sous Charles VII, mort gouverneur de la Provence, en 1449, avec la réputation d'un grand capitaine et d'un habile politique.

TANNEGUY-DUCHATEL, vicomte de Bellièvre, neveu du précédent, célèbre par son attachement à la personne de Charles VII ; tué au siége de Bouchain en 1477.

TANQUEREL (Jean), auteur d'une thèse contenant cette proposition : *Papa potest reges et imperatores hæreticos deponere* ; le parlement rendit un arrêt contre lui en 1561.

TANUCCI (Bernard, marquis de), principal ministre du royaume de Naples, né à Stia, en Toscane, en 1698, mort le 29 avril 1783.

Tapisseries : les premières furent fabriquées à Pergame, vers 321 av. J.-C. — L'art de les fabriquer fut enseigné aux Français en 720, par des Sarrasins, prisonniers de Charles-Martel. — Etablissement en France de manufactures de tapisseries en 1603, et notamment de celle des Gobelins vers 1667. — Les premières tapisseries de haute lice fabriquées en Angleterre, datent de 1619, sous le roi Jacques Ier

Tarazona ou *Taraçona*, ville d'Aragon en Espagne : les Maures en furent chassés en 1120, par Alphonse, roi d'Aragon et de Castille, qui y établit un évêché. — Il y eut un concile dans cette ville en 1229.

TARDIEU, lieutenant criminel, fameux par son avarice ; il fut assassiné avec sa femme en 1665. Boileau les a voués à une triste immortalité dans ses satires.

TARDIEU (Nicolas-Henri), graveur, l'un des meilleurs élèves de G. Audran, né à Paris en 1674, mort en 1749.

TARDIF (Jean), conseiller au Châtelet, pendu le 15 novembre 1591, comme suspect aux Seize

Tarente, ville fondée en Italie, par une colonie commandée par Phalante, l'an 703 av. J.-C., 19e olympiade.—Prise par les Romains, l'an 267 av. J.-C. — Prise par Annibal, l'an 208 av. J.-C. — Reprise par les Romains, l'an 205 av. J.-C.

TARGET (Guy-Jean-Baptiste), avocat au parlement de Paris, l'un des quarante de l'Académie française, né à Paris le 17 décembre 1733, mort le 7 septembre 1809.

TARGIONI ou TOZZETTI (Jean), médecin célèbre, né à Florence le 11 septembre 1722, mort en 1780.

Targowitz (confédération de), formée contre la nouvelle constitution polonaise, par les partisans de la Russie en Pologne, le 14 mai 1794.

Tarière : on attribue l'invention de cet instrument à Dédale, vers l'an 1301 av. J.-C.

Tarn-et-Garonne (le département de) : sa création, le 2 novembre 1808.

TARQUIN *l'Ancien*, roi de Rome, monta sur le trône après Ancus Martius, l'an 615 av. J.-C. ; périt assassiné par les deux fils de ce dernier, l'an 577 av. J.-C., âgé de 80 ans. — Dom Calmet le fait régner de 611 à 673.

TARQUIN *le Superbe*, parent du précédent, s'empara du trône, en 533 av. J.-C., fut chassé par ses sujets l'an 509 av. J.-C., mourut en Campanie, âgé de 90 ans. — Suivant dom Calmet, son règne dura depuis l'an 529.

Tarragone, ville d'Espagne, prise d'assaut par les Français le 28 juin 1811. — Démantelée par les Français, le 12 août 1813.

Tarragone (conciles de) : en 517, en 610, en 1229 et en 1279.

TARTINI (Joseph), l'un des plus habiles musiciens du XVIIIe siècle, né à Pirano en Istrie, au mois d'avril 1692, mort le 16 février 1770.

Tartufe, l'un des chefs-d'œuvre de Molière : représenté pour la première fois le 5 août 1667.

Tascodruggites ou *Pattalorynchites*, sectaires du IIe siècle de l'Eglise, qui faisaient profession de garder le silence et tenaient le doigt sur la bouche.

TASSE (Torquato-Tasso, ou le), célèbre poëte épique italien, né à Sorento, ville du royaume de Naples, le 11 mars 1544, mort le 15 avril 1595.

TASSE (Bernardo Tasso), père du célèbre auteur de *la Jérusalem délivrée*, et poëte lui-même : mort le 4 septembre 1569.

TASSONI (Alexandre), poëte italien, né à Modène en 1565, mort le 25 avril 1635.

TASSY (Charles-François-Félix de), médecin français, mort le 25 mai 1703.

TASTE (dom Louis La), bénédictin, promu à l'évêché de Jérusalem en 1738, mort à Saint-Denis en 1754, à 69 ans.

Tatianistes ou *Encratites*, sectaires du IIe siècle de l'Eglise, qui rejetaient le mariage.

TATIUS, roi des Sabins, assassiné par ordre de Romulus, vers l'an 744 av. J.-C.

Taumaco, île de la mer du Sud : découverte en 1606, par Quiros.

Tauromène, ville fondée sur le mont Taurus, dans la Sicile, l'an 358 av. J.-C.

TAVANES (Gaspard de Saulx de), maréchal de France, né en mars 1509, mort le 9 juin 1573.

TAVANES (Guillaume de Saulx de), fils du précédent, mort en 1633.

TAVERNIER (Jean-Baptiste), l'un des plus grands voyageurs du XVIIe siècle, naquit à Paris en 1605, mourut à Moscou en juillet 1689.

TAYLOR (Jérémie), savant prélat anglais, mort en 1667.

TAYLOR (Brook), célèbre mathématicien anglais, né à Edmonton, dans le comté de Middlesex, en 1685, mort le 29 décembre 1731.

Tcherkask, bourg de Russie ; bâti, en 1744, par des cosaques russes.

TCHERNISCHEFF, imposteur, qui voulut se faire passer pour l'empereur Pierre III de Russie, en 1770 ; il fut exécuté à peu près vers le même temps.

Tchesmé (combat naval de), où les Russes détruisent la flotte ottomane, le 7 juillet 1770.

Teck (bataille de), en Espagne ; gagnée par Dugommier, le 28 avril 1794.

Te Deum, cantique d'actions de grâces en usage dans l'Eglise catholique : on l'attribue à saint Ambroise et à saint Augustin, tous deux Pères de l'Eglise, et qui vivaient tous deux au IVe siècle.

Téflis ou *Tiflis*, capitale de la Géorgie : les Turcs y bâtirent une bonne forteresse en 1576, après avoir fait la conquête de tout le pays.

TEGLATPHALASAR ou NINUS le Jeune, roi d'Assyrie, succéda à Sardanapale vers l'an 740 av. J.-C. — Il emmena plusieurs tribus d'Israël en captivité vers l'an 736 et mourut en 742.

TÉKÉLI (Emmeric, comte de), né en 1658 d'une famille illustre de Hongrie, mort près de Nicomédie le 13 septembre 1705, après avoir joué un rôle important dans les troubles de sa patrie.

Télégraphes : inventés par Claude Chappe à Paris, en 1792. Des expériences faites en 1793 constatèrent que la transmission d'une dépêche à la distance de 48 lieues pouvait se faire en treize minutes quarante secondes.— Un décret de la Convention nationale, du 26 juillet 1793, en ordonna l'établissement sur les principales routes de France.

TÉLÉMAQUE (saint), solitaire d'Egypte au IVe siècle.

Télepte (concile de), tenu en 418.

Télescope : sa découverte fut préparée par Roger Bacon, en 1278. — Son invention, par le Hollandais Metius, en 1609. — Simon Marius en Allemagne, et Galilée en Italie, furent les premiers qui, au commencement du XVIIe siècle, firent de longs télescopes propres aux observations astronomiques.

Télescope de réflexion : inventé par Newton, en 1701.

Télescope d'Herschell : exécuté d'après les instructions de ce célèbre astronome, en 1809.

TELESPHORE (saint), pape en 127, martyrisé le 2 janvier 139.

TELL (Guillaume), l'un des principaux auteurs de la révolution des Suisses, en 1307. On croit qu'il périt 47 ans après, en 1354, dans une inondation.

TELLIER (le). Voy. LETELLIER.

Tellure, métal; sa découverte par Muller de Reichenstein, en 1782.

Temeswar, bannat de la haute Hongrie : Soliman II s'en rendit maître en 1551. — Repris en 1716 par le prince Eugène. — Il resta à l'Autriche par le traité de paix de Passarowitz, en 1718.

Teming (combat de), où l'archiduc Charles défait l'armée du général français Jourdan, le 23 août 1796.

Tempêtes (cap des), découvert par les Portugais en 1486

TEMPLE (Guillaume), diplomate et historien anglais, né à Londres en 1628, mort en février 1698.

Temple de Jérusalem : bâti par Salomon vers l'an 1015 av. J.-C., il fut achevé vers l'an 1007; la dédicace en fut faite en 999. — Il fut brûlé par Nabuchodonosor, vers l'an 598 av. J.-C. — Il fut rétabli par les Juifs au retour de leur captivité vers l'an 542; son achèvement par Zorobabel vers l'an 516; sa dédicace l'an 511. — Il fut pillé par Antiochus, roi de Syrie, l'an 170 av. J.-C. — Il commença à être rebâti par Hérode, l'an 18 av. J.-C. — Brûlé par Vespasien le 5 août de l'an 70 de J.-C. — Rebâti en 643 par le calife Omar qui le changea en mosquée. Voy. *Jérusalem*.

Templiers ou *Chevaliers du Temple* : institution fondée en 1118, pour la conservation des lieux saints. — Ces chevaliers reçurent leur règle de saint Bernard en 1128, après un concile tenu à Troyes en Champagne. — Ce fut le pape Eugène III qui, en 1146, leur permit de porter une croix sur leurs manteaux. — Après la chute du royaume de Jérusalem, arrivée l'an 1187, l'ordre des Templiers se répandit dans tous les Etats de l'Europe, et acquit de grandes richesses. — Leur procès commença en 1305. — Ils furent condamnés dans un concile, à Paris, en 1310. — L'extinction de leur ordre fut décidée au concile de Vienne en 1311. — Leur grand maître Jacques Molay et le frère du dauphin de Viennois furent exécutés à Paris, le 11 mars 1314.

Tenailles : inventées par Cinyre, roi de Chypre, vers l'an 1240 av. J.-C. On lui attribue aussi l'invention du marteau, de l'enclume et du levier.

TENCIN (Pierre Guérin de), ministre d'Etat, né à Grenoble en 1679, archevêque d'Embrun en 1724, obtint la pourpre en 1739, devint archevêque de Lyon en 1740 et mourut en 1758.

TENCIN (Claudine-Alexandrine Guérin de), sœur du précédent, auteur du *Siége de Calais* et de plusieurs autres romans, morte à Paris en 1749.

TENIERS (David), dit *le Vieux*, peintre, né à Anvers en 1582, mort dans la même ville en 1649.

TENIERS *le Jeune* (David), fils du précédent et son élève, né à Anvers en 1610, surpassa son père par son goût et ses talents. Il mourut à Bruxelles en 1694.

TENON (Jacques), chirurgien distingué, né à Sépaux, près de Joigny, le 22 février 1724, mort le 15 janvier 1816

Ter (bataille du), gagnée par le maréchal de Noailles sur les Espagnols, le 27 mai 1694.

TERBURGH (Gérard), peintre hollandais, né à Swool, dans la province d'Over-Yssel, en 1608, mort à Deventer en 1681.

TERCIER (Jean-Pierre), habile diplomate, né en Suisse au canton de Fribourg en 1704, mort en 1766.

TÉRENCE (Publius Terentius Afer), célèbre poëte comique latin, né à Carthage l'an 186 av. J.-C., mort en Grèce vers l'an 159 av. J.-C.

Terentia (loi), publiée à Rome en faveur des Quinquemvirs, qui auraient la puissance consulaire, l'an 462 av. J.-C.

Terme (Jean-François), député, maire de la ville de Lyon, né à Lyon le 11 juillet 1791, mort dans la même ville le 8 décembre 1847.

Terni, ville d'Italie (Etats de l'Eglise) : elle fut bâtie l'an de Rome 624 (environ 120 ans av. J.-C.)

TERRASSON (l'abbé Jean), littérateur français, auteur du roman moral de *Sethos*, né à Lyon en 1670, mort à Paris le 15 septembre 1750.

TERRAY (l'abbé Joseph-Marie), ministre de Louis XVI, né à Boin près de Roanne en 1715, mort à Paris le 18 février 1778.

Terre : son mouvement autour du soleil est démontré par Galilée en 1630.

Terre (figure de la) : est déterminée en 1736 par des académiciens français envoyés sous l'équateur et au pôle : ils démontrent qu'elle est aplatie vers les pôles.

Terre-Ferme (côte de) : est découverte par Bastides, en 1501.

Terre-Neuve, grande île de l'Océan : abandonnée aux Anglais par la paix d'Utrecht (1715) et par les traités de Versailles de 1763 et 1782.

TERREROS Y PANDO (le P. Etienne), savant jésuite espagnol, né dans la province de Biscaye en 1708, mort le 3 juillet 1782.

Terres : Picumnus, roi des Rutules, eut le premier l'idée de les fumer, vers l'an 1350 av. J.-C.

TERTRE (Jean-Baptiste du), religieux dominicain, voyageur et écrivain français, né à Calais en 1610, mort à Paris en 1687.

Tertullianistes, sectaires du IIIe siècle, qui partageaient l'erreur de Tertullien, touchant la génération de l'âme et du corps.

TERTULLIEN (Quintus Septimius Florens Tertullianus), l'oracle des théologiens, prêtre de Carthage, mort vers l'an 216.

Teschen (paix de), conclue, par la médiation de la France et de la Russie, entre l'Autriche et la Prusse, le 13 mai 1779.

Tesin (bataille du), gagnée sur les Romains par Annibal, l'an 218 av. J.-C.

TESSÉ (René Froullay, comte de), maréchal de France, fut aide de camp du maréchal de Créqui en 1669, lieutenant général en 1692, fit lever le siége de Pignerol en 1694, fut nommé maréchal en 1703, et mourut le 10 mai 1725, à 74 ans.

Test (acte du), déclaration solennelle, religieuse et politique, qui accompagne le serment en Angleterre; il fut imposé par Henri VIII, après sa séparation de l'Eglise romaine, vers 1533. — En 1662, Charles II révoqua le test. — Il fut rétabli après la révolution de 1688. — Cet acte fut modifié par le parlement britannique, le 26 février 1828.

TESTE (Pierre), ou PIETRE TESTE, peintre et graveur, né à Lucques en 1611, mort en 1648.

Têtes rondes : On désignait sous ce nom, en 1641, en Angleterre, les gens du parti populaire, qui, sous Charles Ier, voulait exclure les évêques de la chambre des communes.

Tétradites ou *Pétrites*, sectaires du VIe siècle, qui rejetaient le quatrième concile général.

Teutonique (Ordre) · ordre ecclésiastique de chevaliers allemands, établi en 1190 par le duc Frédéric de Souabe. — Cet ordre acquiert la nouvelle Marche de Brandebourg en 1402, et la Samogitie en 1404. — Supprimé complétement par Napoléon en 1809.

Teutons : défaits par Marius près de la ville d'Aix, l'an 102 av. J.-C. Deux cent mille hommes de ces peuples restent sur la place, suivant Tite-Live, et quatre-vingt-dix mille sont faits prisonniers.

Tewkesbury (bataille de), gagnée le 4 mai 1471, par Edouard IV, roi d'Angleterre, sur Marguerite d'Anjou, femme d'Henri VI.

Teverone (bataille du), gagnée sur les Sabins par Tarquin l'Ancien, l'an 600 avant J.-C.

Texas (le). Voy. *Champ d'Asile.*

Texel, petite île du royaume des Pays-Bas, fameuse par les batailles navales de 1653 et 1673. — La flotte hollandaise réunie près de cette île se rendit, sans combat, à la flotte anglaise, le 30 août 1799.

Thaborites, sectaires du XVe siècle, ennemis des moines et des images.

Thalazie, nouvelle espèce de vers intestinaux, découverts, en 1819, par M. Rhodes.

THALÈS, le premier des sept sages de la Grèce, né à Milet vers l'an 640 av. J.-C., mort vers 550 à 90 ans.

THAMAS - KOULI - KHAN ou NADIR SCHAH, célèbre conquérant persan, empereur des Mongols, né vers l'an 1100 de l'hégire (1688 de J.-C.), massacré le 8 juin 1747.

Thasos, dans la mer Egée : prise par les Lacédémoniens, l'an 468 av. J.-C.

Thé : cet arbuste fut cultivé de temps immémorial à la Chine et au Japon. — Dès le IXe siècle de l'ère chrétienne, un impôt établi sur le thé en Chine était d'un rapport considérable pour le gouvernement de ce pays. — Il fut introduit en Europe par les Hollandais en 1610. — Il fut apporté en France en 1636. — On commença à en faire usage, en Angleterre, en 1666. Cette année-là, la livre de thé se vendait, à Londres, 60 l. st., quoiqu'elle n'eût coûté que 3 l. st. à Batavia ; le thé se soutint à ce prix jusqu'en 1707.

Théatines, ordre de religieuses, institué à Naples en 1583.

Théatins (ordre des) ou de la Providence, fondé en 1524 par Gaëtan de Thienne, et confirmé en 1594 par le pape Clément VIII. Le premier supérieur de cet ordre fut Caraffa, archevêque de Théate, d'où lui vient le nom de *Théatins.*

Théâtres à Rome : érection de celui de Scaurus à Rome, où il y avait place pour 79,000 hommes, l'an 100 av. J.-C. — Erection de celui de Pompée, l'an 65 av. J.-C. Il était de pierre et pouvait contenir 40,000 personnes

Théâtres en France. En 1378, sous le règne de Charles V, roi de France, on donna à Paris une représentation de la prise de Jérusalem devant l'empereur Charles IV. — En 1392, les écoliers d'Angers donnèrent une espèce de comédie sous le titre de *Robin et Marianne.* — Le 4 décembre 1402, les confrères de la Passion obtinrent le privilége d'établir un théâtre à Paris et d'y représenter des drames pieux.— Un arrêt du parlement, du 19 novembre 1548, leur permit de jouer des sujets profanes, *licites et honnêtes*, sur un théâtre qu'ils avaient fait construire sur l'emplacement de l'hôtel de Bourgogne. — Jodelle, mort en 1573, écrivit le premier en français des tragédies et des comédies. Après lui vinrent Gabriel Bonin, La Taille, Louis Desmazures, Baïf, Montreux, Pierre Mathieu, Garnier, Chantelouvre et autres écrivains dramatiques du XVIe siècle ; puis Hardy, François Bertrand, Claude Billard, Du Ayer, Jean Mairet, Scudéry, Rotrou, etc., dans les premières années du XVIIe siècle. — Une ordonnance de police, du 12 novembre 1609, enjoignit aux comédiens de l'hôtel de Bourgogne et du Marais d'ouvrir leurs portes à une heure après midi, et de commencer leurs représentations à deux heures. — En 1659, Molière ouvrit son théâtre au Petit-Bourbon avec une troupe d'acteurs qui prit le titre de *Troupe de Monsieur.* — En 1680, Louis XIV réunit en une société les deux troupes de comédiens qui jouaient alors à Paris. — En 1669, l'opéra fut introduit en France par l'abbé Perrin, qui, en 1672, céda son privilége à Lulli. Voyez *Opéra*, *Opéra-comique*, *Vaudeville*, etc.

Théâtres en Angleterre : on joua des pièces à Londres dès 1390. — Gorboduc, tragédie de Sackville, la plus ancienne des pièces régulières anglaises, fut jouée en 1561. — En 1647, les représentations dramatiques furent interdites par le parlement; elles furent rétablies en 1659. — Etablissement de l'opéra à Londres, en 1692.

Théâtres en Allemagne : ils prirent naissance au XVIe siècle ; les plus anciens drames allemands furent composés, en 1514, par un cordonnier nommé Hans Sachs.

Théâtres en Italie : c'est au XIIIe siècle qu'il faut en faire remonter l'origine.

Théâtres en Espagne : ils commencèrent vers 1450.

Théâtres en Portugal : ils datent du XVIe siècle. — L'*Inès de Castro* de Ferreira est de 1550 ; les œuvres dramatiques de Gil Vincent, le Plaute portugais, furent publiées en 1562.

Théâtres en Hollande : ils commencèrent vers le milieu du XVIe siècle ; le plus ancien drame hollandais fut, dit-on, imprimé en 1561 à Harlem.

Thâtres en général : Ordonnance du pape qui en interdit l'entrée aux ecclésiastiques, le 3 janvier 1759.

Thèbes en Béotie (première guerre de), qui finit par l'affreux duel des deux frères Etéocle et Polynice, eut lieu, suivant dom Calmet, vers l'an 1246 av. J.-C.; d'après Lenglet-Dufresnoy, vers 1252, et suivant M. de Saint-Allais, vers 1317 av. J.-C.

Thèbes en Béotie (deuxième guerre de) : elle se termina, vers l'an 1307 av. J.-C., par le pillage et la destruction de la ville, où les Thébains ne revinrent qu'à la quatrième génération, c'est-à-dire plus de cent ans après. Voy. *Epigones*.

Thèbes en Béotie : prise et sac de cette ville, par Alexandre le Grand, le 12 septembre 336 av. J.-C., ou, selon d'autres, 335. La seule maison du poëte Pindare fut épargnée.

Thégyre en Béotie (bataille de), gagnée par Pélopidas sur les Lacédémoniens, l'an 377 av. J.-C.

THÉMINES (Ponce de Lausières, marquis de), maréchal de France, mort en 1627, à 74 ans.

THÉMISTE, fameux philosophe, préfet de Constantinople l'an 384.

THÉMISTOCLE, célèbre général athénien, gagna la bataille de Salamine l'an 480 av. J.-C., et s'empoisonna l'an 464 av. J.-C., à 63 ans.

Thénopsychites, hérétiques du VIIe siècle, qui croyaient à la mortalité de l'âme humaine.

Théocatagnostes ou *Blasphemateurs*, hérétiques du VIIe siècle.

THÉOCRITE, célèbre poëte bucolique grec, vivait vers l'an 285 av. J.-C.

THÉODA, fausse prophétesse du IXe siècle, qui se vantait de connaître le jour du jugement.

THÉODORE Ier, pape le 24 novembre 642, mort le 13 mai 649.

THÉODORE II, pape en 898, mort vingt jours après son élection.

THÉODORE de MOPSUESTE, hérésiarque et évêque de Mopsueste en Cilicie, mort en 428.

THÉODORET (B.), évêque de Cyr en Syrie, savant écrivain ecclésiastique, né à Antioche en 386, siégea au concile général de Chalcédoine en 451, et mourut quelques années après.

THÉODOSE LE GRAND (Flavius-Théodosius-Magnus), empereur romain, né en 346 à Cauca, en Espagne, appelé au trône en 379, fut baptisé en 380, gagna la bataille d'Aquilée le 6 septembre 394, mourut à Milan le 17 janvier 395.

THÉODOSE II, *le Jeune*, petit-fils du précédent, né le 11 avril 401, succéda à son père Arcade le 1er mai 408, publia, le 15 janvier 438, le code dit *Théodosien*, mourut le 28 juillet 450.

THÉODOSE III, surnommé l'*Adramitain*, fut mis malgré lui sur le trône d'Orient l'an 716, abdiqua et se retira dans un monastère en mars 717.

Théodosien (Code) : il fut publié en 438, environ cent ans avant le Code de Justinien.

THÉODOTION, faux interprète de la Bible au IIe siècle.

THÉODOTUS, hérésiarque qui reniait Jésus-Christ homme : il fut excommunié et chassé de l'Eglise par le pape Victor, vers l'an 196.

THÉODULPHE, abbé de Fleury, puis évêque d'Orléans en 795, mort en 821. Il est l'auteur de l'hymne *Gloria, laus et honor*, dont on chante le commencement au jour des Rameaux.

THÉON d'Alexandrie, philosophe et mathématicien, père de la savante Hypatie, florissait sous le règne de Théodose le Grand, vers la fin du IVe siècle.

Théophilanthropes, secte nouvelle qui s'établit à Paris en l'an V (1796-1797). — Leur première séance se tint le 26 nivôse (15 janvier 1797), dans une maison de la rue Saint-Denis, au coin de celle des Lombards. — Cette secte fut supprimée par un arrêté du 12 vendémiaire an X (4 octobre 1801).

THÉOPHILE, empereur d'Orient, monta sur le trône en octobre 829, mourut en janvier 842.

THÉOPHILE, surnommé *Viaud*, poëte français, né vers l'an 1590, à Clérac, mort à Paris le 25 septembre 1626.

THÉOPHRASTE, philosophe grec, natif d'Erès, ville de Lesbos, devint chef de l'école d'Aristote l'an 322 av. J.-C.; mort à l'âge de 99 ans.

THÉOPHYLACTE, archevêque d'Acride, métropole de la Bulgarie, occupait ce siége en 1070; on ignore l'époque de la naissance et celle de la mort de ce prélat.

THÉOPHYLACTE, surnommé *Simocatta*, historien, originaire d'Egypte, florissait au VIIe siècle. On croit qu'il mourut vers 640.— Son histoire de l'empereur Maurice comprend les événements depuis l'an 582 jusqu'à l'an 602.

THÉOPHYLACTE, antipape en 757.

Théra, île de Crète, l'une des anciennes Sporades; on croit qu'elle fut produite par un volcan.—Vers l'an 233 av. J.-C., le volcan de Théra fit sortir de la mer l'île de Thérasie, qui n'est qu'à une demi-lieue de Théra. —Ce même volcan a fait encore surgir d'autres îles, notamment dans sa terrible éruption de 1707.

THÉRÈSE (sainte), célèbre réformatrice des Carmélites, née à Avila dans la Vieille Castille, le 28 mars 1515, prit le voile le 2 novembre 1536, commença sa réforme en 1562, mourut à Alve le 4 octobre 1582; elle fut canonisée, par Grégoire XV, en 1621. L'Eglise célèbre sa mémoire le 15 octobre.

Thériaque : antidote contre les poisons et morsures venimeuses, inventé par Feridoun, roi de Perse, l'an 210 av. J.-C.

Thermomètre : inventé, dit-on, par Corneille Drebbel, en 1621 ou 1627.—Il fut perfectionné par Réaumur en 1730.—Vers 1720, Fahrenheit avait exécuté le thermomètre qui porte son nom.

Thermomètre différentiel : inventé par Rumford au commencement du XIXe siècle.

Thermopyles (combat des), où 300 Spartiates, commandés par Léonidas, périrent après avoir arrêté l'armée innombrable de Xerxès, le 7 août 480 av. J.-C., 75e olympiade.

THÉROIGNE de MÉRICOURT, courtisane fameuse, née dans le Luxembourg vers 1760, morte à la Salpêtrière en 1817.

Thérouanne, ville de l'Artois : saccagée par Attila en 451. — Ravagée par les Normands en 881 et 884. — Brûlée par les Flamands en 1303.— Après la bataille de Crécy, en 1346, les Anglais s'en emparèrent et y mirent le feu. — Prise par Charles-Quint en 1553.

THESPIS, poëte tragique grec, florissait l'an 536 av. J.-C

Thessalonique, ville de Macédoine : massacre de ses habitants, par l'ordre de l'empereur Théodose, en 390.—Réduite en cendres par un incendie dans la nuit du 8 septembre 1839.

THÉVENOT (Jean), voyageur et écrivain français, mort en 1667.

THÉVENOT (Melchisédech), savant écrivain et voyageur français, né en 1621, mort en 1692. Il était garde de la bibliothèque du roi.

THIBAULT ou THIBAUD (saint), prêtre, né à Provins, mort l'an 1066 auprès de Vicence.

THIBAULT IV, comte de Champagne et roi de Navarre, poëte français, né en 1201, monta sur le trône de Navarre en 1234, mourut à Pampelune en 1255.

THIERRY Ier, roi de France, né en 652, monta sur le trône en 670, mourut en 691.

THIERRY II, roi de France, surnommé *de Chelles*, fut placé sur le trône par Charles Martel en 720, mourut en 737, âgé de 25 ans.

THIERRY Ier ou THÉODORIC, roi d'Austrasie en 511, mort en 584, âgé d'environ 51 ans.

THIERRY II, ou THÉODORIC le Jeune, roi de Bourgogne et d'Austrasie, né en 587, mort en 613.

THIERS (Jean-Baptiste), théologien, savant critique et écrivain érudit, né à Chartres en 1636, mort le 28 février 1703.

THIERY (Nicolas-Joseph), savant naturaliste, né à Saint-Mihiel le 18 juin 1739, mort en 1780.

Thionville, ville de Lorraine : Charlemagne y tint, en 805, deux conciles nationaux. — Deux autres conciles y furent tenus en 821 et 825, par Louis le Débonnaire. — En 1433, Thionville fut assiégée sans succès, par Philippe de Bourgogne. — Le maréchal de la Vieuville et le duc de Guise l'assiégèrent et la prirent d'assaut, le 23 juin 1558. — Le marquis de Feuquières attaqua cette ville en 1637, avec une armée de 13,000 hommes, qui fut taillée en pièces, le 7 juin, sous les murs de la place. — Le grand Condé la prit par capitulation en 1643. En 1792, elle fut investie par les Autrichiens.

Thionville (conciles de), tenus en 814 et 835.

THOMAS DE CANTORBÉRY. *Voy.* BECKET.

THOMAS (saint) d'Aquin, célèbre théologien, né en 1227 à Aquin, petite ville de Campanie au royaume de Naples, mort le 7 mars 1274; canonisé par Jean XXII, en 1313.

THOMAS DE VILLENEUVE (saint), théologien, mort en novembre 1555, âgé de 67 ans.

THOMAS (Léonard-Antoine), poëte et littérateur français, membre de l'Académie française, né à Clermont-Ferrand le 1er octobre 1732, mort le 17 septembre 1785.

Thomas (île de Saint-) en Afrique : elle fut découverte par les Portugais en 1495.

THOMASIUS (Christian), philosophe allemand, né à Leipzig en 1655, mort à Hall en 1728.

THOMASSIN (Louis), savant oratorien, né à Aix le 28 août 1619, mort le 25 décembre 1695.

Thomé (San-), ville d'Afrique découverte en 1495 par les Portugais.

THOMPSON (Jacques), célèbre poëte anglais, né à Ednen en Ecosse en 1700, mort en 1748.

Thorn, ville de Pologne, fondée au XIIIe siècle; prise par Charles-Gustave, en 1655; par Charles XII, en 1703; au roi de Prusse depuis 1793; par le traité de Tilsitt, en 1807, cédée au grand-duché de Varsovie; devenue ville libre par le congrès de Vienne de 1814 et 1815.

THOU (Jacques-Auguste de), historien français, né à Paris en 1553, mort dans cette ville le 7 mai 1617.

THOU (François-Auguste de), l'une des malheureuses victimes du despotisme du cardinal de Richelieu, eut la tête tranchée avec Cinq-Mars à Lyon, le 12 septembre 1642, à 35 ans.

Thouars, ville de France, dans le Poitou : fut longtemps le siége d'un vicomté que Louis XI réunit à la couronne (de 1461 à 1483).—Charles IX érigea Thouars en duché en 1563, et Henri IV, en duché-pairie en 1595, en faveur de la maison de La Trémouille.

THOUIN (André), botaniste français, mort le 27 octobre 1824.

THOURET (Jacques-Guillaume), habile jurisconsulte, né à Pont-l'Evêque (Calvados), en août 1746, mort sur l'échafaud révolutionnaire, le 3 floréal an II (1793).

THOURET (Michel-Auguste), médecin, frère du précédent, mort à Paris le 19 juin 1810, à l'âge de 62 ans.

Thrace: est ravagée par les Huns, en 422.—Est occupée par les Huns, en 474.

THUCYDIDE, célèbre historien grec, né à Kalimonte, bourg de l'Attique, l'an 471 av. J.-C., mort à Athènes ou en Thrace, l'an 361 av. J.-C.

Thuin, petite ville dans l'évêché de Liége; elle doit son origine aux anciens abbés de Lobes, dans le xe siècle.

Thuir, petite ville du Roussillon, prise par les Espagnols; reprise par les Français en 1793.

THUNBERG (Charles-Pierre), célèbre botaniste suédois, mort à la fin du XVIIIe siècle.

Thyrrhéa (combat de), où les Lacédémoniens vainquirent les Argiens, l'an 769 av. J.-C.

Tiare : seconde couronne ajoutée à cet insigne de la papauté par Boniface VIII, en 1294 ; la troisième ne fut mise qu'environ 40 ans après, par Benoît XII.

TIBÈRE (Claudius Tiberius Nero), empereur romain, né vers l'an 42 av. J.-C., commença à régner le 19 août de l'an 14 de J.-C., mourut le 16 mars, l'an 37 de J.-C.

TIBÈRE-CONSTANTIN, empereur, créé César et adjoint à l'empire par Justin le Jeune, en 574, régna seul en 578, mourut le 14 août 582.

Tibériade, ville de Galilée, bâtie par Hérode Antipas, l'an 17 de notre ère; c'est de cette année que date l'ère de cette ville.

Tibériade (bataille de), gagnée par Saladin sur Gui de Lusignan, roi de Jérusalem, le 2 octobre 1187.

Tibbes, sectaires, disciples de Mennon, au XVIe siècle ; ils rejetaient le baptême. On les appelait aussi *Mennonites* ou *Méliapes*.

TIBULLE (Aulus Albius Tibullus), célèbre poëte élégiaque, chevalier romain, né à Rome l'an 43 av. J.-C., mort l'an 17 de J.-C.

Tibur, aujourd'hui *Tivoli*, ville d'Italie ; elle fut bâtie 1513 ans av. J.-C. — Elle fut prise, en 545, par Totila, roi des Goths, qui fit passer tous les habitants au fil de l'épée.

Tidon (combat du) en Italie, gagné par les Espagnols et les Français sur les Autrichiens, le 10 août 1746.

Tiel, ville forte du royaume des Pays-Bas : souvent ruinée et brûlée ; assiégée par Charles V, en 1528.

Tiers état. — Il doit son origine à Louis VI, dit le Gros, qui, vers 1108, signala son règne par l'affranchissement de plusieurs villes de ses domaines. Ce sont les commencements de la bourgeoisie en France. — Il est admis pour la première fois aux états de France, en 1302. — Louis XVI arrête, le 27 décembre 1788, dans son conseil privé, que le tiers état aura autant de représentants dans les états généraux que la noblesse et le clergé réunis. Voy. *Assemblée nationale*.

TILLEMONT (Louis-Sébastien Lenain de), célèbre historien ecclésiastique, né à Paris le 30 novembre 1637, mort le 10 janvier 1698.

TILLOTSON (Jean), prédicateur anglais, archevêque de Cantorbéry en 1691, mort à Lambeth le 22 novembre 1694.

TILLY (Jean Terclaës, comte de), général autrichien, blessé mortellement en défendant le passage du Lech à Ingolstadt, le 30 avril 1632.

Tilsitt (armistice de), entre les Russes et les Français, le 21 juin 1807.

Tilsitt (traité de), en vertu duquel la paix est conclue entre la France, la Russie et la Prusse, les 7 et 9 juillet 1807.

Timbrée (bataille de). Cyrus, à la tête des Mèdes et des Perses, y vainquit Crésus, roi de Lydie, l'an 545 av. J.-C. suivant Calmet, et suivant d'autres, l'an 541 av. J.-C. Voy. *Sardes* (bataille de).

TIMOLÉON, général corinthien, libérateur de Syracuse, vers l'an 323 av. J.-C.

Timothéans, hérétiques du IVe siècle, qui professaient des erreurs touchant l'incarnation de J.-C.

Tinchebray (bataille de), gagnée en 1106 par Henri, roi d'Angleterre, sur son frère Robert, duc de Normandie.

TINDALL (Mathieu), écrivain politique et théologien anglais, né le 10 avril 1655, mort à Londres le 16 août 1733.

TINTORET (Jacques Robusti, dit le), célèbre peintre italien, né à Venise en 1512, mort en 1594.

TIPPOO ou TIPPOU-SAIB, ou SAEB, souverain de Mysore et des Marattes, tué le 4 mai 1799.

TIRABOSCHI (Jérôme), jésuite italien, savant critique et historien, né à Bergame le 16 décembre 1731, mort à Modène au mois de juin 1794 ; son *Histoire de la littérature italienne* commence au règne d'Auguste.

Tirlemont : prise de cette ville par Dumouriez, le 22 novembre 1792.

Tirlemont (combat de), en Brabant, gagné par Dumouriez, le 7 mars 1793.

TISSOT (S. A. D.), célèbre médecin suisse, mort à Lausanne le 15 juin 1797, à 70 ans.

Tissus de lin : dès 1640 av. J.-C., ceux de

Tyr et de Sidon étaient renommés par leur finesse et leur blancheur.

Titane, métal découvert par Grégor en 1788.

TITE-LIVE (Titus-Livius), célèbre historien latin, né à Padoue, mort dans cette ville le même jour qu'Ovide, l'an 17 de J.-C.

TITIEN (Vecelli, dit le) peintre célèbre, né à Cadore dans le Frioul, en 1477, mort de la peste à Venise, en 1576.

TITON DU TILLET (Evrard), littérateur, né à Paris en 1677, mort le 6 décembre 1762.

Titres de pairie : ordonnance qui les règle, le 25 juillet 1817.

TITUS VESPASIANUS, empereur romain, né le 30 décembre de l'an 40 de J.-C., prit la ville de Jérusalem le 8 septembre 70, obtint le sceptre impérial le 24 juin 79, mourut le 13 septembre 81 de J.-C.

Tivoli. Voy. *Tibur*.

TOALDO (Joseph), savant italien, né le 11 juillet 1719, mort le 11 novembre 1798.

Tobolsk, ville construite par les Russes en Sibérie, en 1586.

TOFINO (don Vicente), savant mathématicien et astronome espagnol, mort à Madrid en 1806.

Toile : l'art de faire la toile fut connu des Arcadiens, vers l'an 1760 av. J.-C.

Toiles peintes : commencent à être manufacturées en France en 1665.

TOIRAS (Jean du Caylard de Saint-Bonnet, marquis de), maréchal de France, né à Saint-Jean-de-Cardonnenques le 1er mars 1585, tué devant la forteresse de Fontanette, en Piémont, le 14 juin 1636.

Toison d'Or (ordre de la), créé par Philippe, duc de Bourgogne, en 1429.

Toisons d'Or (ordre des trois), créé en France en août 1809.

TOLAND (Jean), écrivain polémique et théologien protestant, né en Irlande le 30 novembre 1670, mort à Putney, près Londres, le 21 mars 1722.

Tolbiac (bataille de), gagnée par Clovis sur les Allemands en 496. Après cette victoire, Clovis se fait chrétien.

Tôle : on tenta pour la première fois avec succès de vernir la tôle, à Rome, en 1740. — La première manufacture d'ustensiles en tôle vernissée fut établie en France, en 1768, par Clément, peintre-vernisseur.

Tolède, ville d'Espagne : fut la capitale du royaume, de 554 à 712. — Prise par les Sarrasins ou Maures, en 716. — Reprise en 1085, par Alphonse VI, roi de la Vieille-Castille. — La primatie de l'église de cette ville sur toutes les autres églises d'Espagne fut confirmée par le pape Luce, en 1144. — Fondation de son université en 1475.

Tolède (conciles de), tenus en 406, 531, 589, 597, 610, 633, 636, 646, 653, 655, 675, 681, 684, 688, 693, 694, 701, 1324, 1347, 1473.

Tolentino (traité de), conclu le 19 février 1797, entre le pape Pie VI et le général Bonaparte. Le souverain pontife céda à la France Avignon et le Comtat, le Bolonais, le Ferrarais et la Romagne.

Tolentino (combat de), où le roi de Naples, Joachim Murat, fait 8,000 prisonniers aux Autrichiens et leur prend vingt-huit pièces de canon, le 3 mai 1815. — Le 4, seconde bataille au même endroit ; Murat bat en retraite.

Toloza, ville d'Espagne, en Biscaye, fondée au XIIIe siècle par Alphonse le Sage, roi de Castille. — Prise par les Français, le 9 août 1794.

Toloza (bataille de), remportée, le 12 juillet 1212, par Alphonse IX, roi de Castille, Pierre d'Aragon et Sanche, roi de Navarre, sur les Maures. Le président Hénault assure qu'il resta 200,000 infidèles sur la place.

TONE (Théobald-Wolf), écrivain politique anglais, né à Dublin le 20 juin 1763, fusillé au mois de novembre 1798.

Tongres, ville des Pays-Bas ; ruinée par Attila au Ve siècle, et par les Normands au IXe siècle. — Prise par les Français en 1792, et démantelée par eux en 1793.

Tonneau hydraulique : nouvelle pompe à incendie, inventée par M. Launay, en 1819.

Tonnerre, ville de Bourgogne : brûlée et saccagée par les Anglais en 1359, et par le duc de Bourgogne en 1411.

Tontines : le premier établissement de tontines en France date de 1653. — Un édit du 2 décembre 1689 établit sur l'hôtel de ville de Paris une tontine de quatorze millions de rentes viagères.

TOPINO-LEBRUN (J.-B.), peintre et élève de David, condamné à mort, exécuté le 10 janvier 1801.

Torbola (combat de) en Italie, gagné par les Français sur les Autrichiens, le 28 janvier 1797.

TORELLI POMPONIO, comte de Montechiarugolo, surnommé le Corneille de l'Italie, né en 1539, mort à Parme le 12 avril 1608.

TORELLI (Joseph), célèbre mathématicien et poëte, né à Vérone le 3 novembre 1711, mort le 18 août 1781.

TORELLI (Louise), fondatrice d'ordres, comtesse de Guastalla, née en 1500, fonde une congrégation de femmes à Milan, nommée les *Angéliques*, vers 1550 ; meurt en odeur de sainteté le 28 octobre 1569.

Torgau, ville d'Allemagne (basse-Saxe) : elle fut brûlée par les Hussites en 1429. — Une assemblée de protestants s'y tint en 1576, et souscrivit aux doctrines de la Confession d'Augsbourg.

Torgau (bataille de), en Saxe, gagnée par les Autrichiens sur les Prussiens, le 3 novembre 1760.

Tornéo, dans la Laponie suédoise : pyramide qui y fut élevée en 1753, en mémoire des observations faites en 1736, par les académiciens de Paris, pour déterminer la figure de la terre.

Toro (bataille de), gagnée, en 1476, par Ferdinand, roi d'Aragon, sur Alphonse, roi de Portugal.

Torella, petite ville de Catalogne, fameuse par la bataille gagnée par les Français sur les Espagnols, le 27 mai 1694.

TORQUEMADA (Thomas de), grand inquisiteur d'Espagne, mort le 16 septembre 1498.

TORRICELLI (Evangelista), célèbre mathématicien et physicien, né à Romigliana, petite ville d'Italie, le 15 octobre 1608, mort en 1647.

Tortone, ville du Piémont; prise par les Autrichiens en 1774, par les Français en 1796, par les Impériaux en 1799.

Tortose, ville de Catalogne: les Maures s'en emparèrent en 711. — Bérenger, prince d'Aragon, la leur enleva en 1149. — Prise par les Français en 1649 et 1810.

Tortose (conciles de), tenus en 1427 et 1575.

Toscane : érigée en duché, en faveur des Médicis, en 1531. — Erigée en grand-duché, en 1569, en faveur de la maison de Médicis qui y a régné jusqu'en 1737. — Cédée au duc de Lorraine, par le traité de Vienne, en 1736; érigée en royaume par le traité de 1801; cédée à la France en 1807: cet Etat a été restitué en 1814, à l'archiduc Ferdinand d'Autriche.

TOTILA, roi des Goths en Italie: fut mis sur le trône vers 541, prit Rome en 546, l'assiégea de nouveau en 549, fut tué dans une bataille en 552.

TOUCHE-TRÉVILLE (Louis-René-Madelène Levassor de La), marin français, né à Rochefort le 3 juin 1745, mort dans la nuit du 1er au 2 fructidor an II (1804).

Toul, ville de Lorraine: prise en 1552 par Henri II, et cédée à la France par le traité de Westphalie.

Toul (concile de), tenu en 859.

Toul (bataille de), entre les rois Théodebert et Théodoric, l'an 612 de l'ère chrétienne.

Toulon, ancienne ville maritime de la Provence: son importance ne remonte pas au delà du IVe siècle. — Elle fut pillée par les Sarrasins dans le Xe et à la fin du XIIe siècle. — En 1248, saint Louis y ordonna l'érection de quelques forteresses. — En 1329, le roi Robert y fit ajouter de nouvelles fortifications. — Toulon fut réuni à la couronne, avec la Provence, sous Charles VIII, en 1487. — Cette ville fut ravagée par la peste en 1418, 1461, 1476, 1621, 1630, 1647, 1664 et 1720. — A partir de Louis XII (1498 et 1515), nos rois fortifièrent cette place successivement, de sorte qu'en 1707 elle put résister aux forces réunies de l'Angleterre, de la Hollande, du duc de Savoie et de l'Empire. — Cette ville fut livrée aux Anglais par une partie influente des habitants, le 27 août 1793. — Elle fut reprise, le 19 novembre suivant, aux Anglais, qui, en l'abandonnant, mirent le feu à l'arsenal, au port et à tous les magasins. Six mille familles, en les suivant, périrent dans la mer. — Le 19 mai 1798, une flotte française portant une armée de débarquement, commandée par Bonaparte, sortit du port de Toulon. Voy. *Egypte* (expédition d').

Toulouse, ancienne ville de France: quelques auteurs regardent sa fondation comme antérieure à celle de Rome. — Au commencement du Ve siècle, Toulouse fut préservé de la rage des Vandales par les prières et les vertus de saint Exupère qui en était évêque. — En 419, les Visigoths y établirent le siége de leur empire; elle fut leur capitale pendant 88 ans. — En 508, Clovis s'empara de Toulouse. — Vers la fin du XIe siècle, troubles auxquels donne lieu la secte des Albigeois. — Au XVIe siècle, guerres de religion. — Institution de l'académie des jeux floraux, en 1323. — La cathédrale est du XIIIe siècle. — Son parlement avait été institué en 1305.

Toulouse (conciles de), tenus en 1056, 1090, 1229 et 1590.

Toulouse (combat de), où les Anglais, malgré leur supériorité numérique, sont battus par le maréchal Soult, le 10 avril 1814.

Tourcoing (bataille de), en Belgique, gagnée par les Français le 18 mai 1794.

TOUR D'AUVERGNE (Théophile Malo Corret de la), premier grenadier de France, né à Carhaix (Finistère) le 23 novembre 1743, tué à la bataille de Neubourg le 27 juin 1800.

TOUR-DU-PIN (Jacques-François René de la), prédicateur distingué, né en Dauphiné en 1721, mort le 26 juin 1765.

TOUR-DU-PIN-GOUVERNET (Jacques-François, comte de la), frère du précédent, lieutenant général, né à Grenoble en 1728, mort sur l'échafaud révolutionnaire le 28 avril 1794.

Tournay, ville des Pays-Bas: elle fut réunie à la couronne de France, par Charles VII, par des lettres patentes données en 1422, et confirmées par d'autres lettres, dans les années 1426 et 1436. — Henri VIII, roi d'Angleterre, la prit à Louis XII, en 1513. — Les Anglais la rendirent à la France, en 1517. — En 1521, elle fut prise par Charles-Quint; et François Ier contraint de la céder par le traité de Madrid, en 1525. — Cette cession fut confirmée par le traité de Cambrai, en 1529; par celui de Crespy, en 1544, et par celui de Cateau-Cambrésis, en 1559. — Louis XIV prit Tournay en 1667, et elle lui fut cédée par le traité d'Aix-la-Chapelle, en 1668. — La ville ayant été prise, ainsi que la citadelle, en 1709, la France céda l'une et l'autre à la maison d'Autriche, par les traités d'Utrecht, de Rastadt et de Bade. — Enfin, par le traité de la Barrière, conclu en 1715, la Hollande eut la garde de cette place forte. — Reprise par Louis XV, le 19 juin 1745; prise par les Français en 1792 et 1794, elle fut alors réunie à la France; elle en a été séparée en 1814.

TOURNEFORT (Joseph Pitton de), voyageur et botaniste, né à Aix en Provence le 5 juin 1656, mort le 22 décembre 1708.

TOURNEMINE (René-Joseph de), célèbre jésuite, né à Rennes le 26 avril 1661, mort à Paris le 16 mai 1739.

TOURNEUR (Pierre Le), littérateur connu par des traductions d'un grand nombre d'ouvrages anglais, né à Valognes, en Normandie, en 1736, mort à Paris le 24 janvier 1788.

TOURNIÈRE (Robert), peintre, né à Caen en 1676, mort en 1752.

Tournois: des historiens allemands attribuent l'institution de ces joutes militaires à l'empereur Henri l'Oiseleur, qui mourut en 936. — D'autres, avec plus de fondement, citent un autre Henri, qui vivait dans le XIe siècle. — En l'an 1066, comme on le voit dans la Chronique de Tours, les tournois furent établis en France par Geoffroy, seigneur de Preuilly, en Anjou. — Soixante chevaliers et écuyers perdirent la vie dans un tournoi fait à Nuys, près de Cologne, en 1240. — Le roi Henri II ayant été blessé à mort dans un tournoi, en 1559, l'ardeur qu'on montrait en France pour les exercices chevaleresques commença à se ralentir. Une année après, Henri de Bourbon-Montpensier, prince du sang, mourut d'une chute de cheval dans un tournoi. — Ainsi l'abolition des tournois date de l'année 1560. — Dans le concile de Reims, tenu en 1148 par le pape Eugène III, les tournois avaient été expressément défendus, sous peine, pour ceux qui y perdraient la vie, d'être privés de la sépulture de l'Eglise.

TOURNON (François de), cardinal, fut archevêque d'Embrun en 1517; de Bourges en 1525; d'Auch en 1537; de Lyon en 1551; il avait été honoré de la pourpre par Clément VIII, en 1530; il mourut le 22 avril 1562, à 73 ans.

TOURNON (Charles-Thomas Maillard de), cardinal, né à Turin en 1668, patriarche d'Alexandrie en 1701, mort en Chine le 8 juin 1710.

TOURREIL (Jacques de), traducteur distingué, membre de l'Académie française, né à Toulouse le 18 novembre 1656, mort le 11 octobre 1714.

TOURRETTE (Marc-Antoine-Louis Claret de la), naturaliste distingué, né à Lyon en août 1729, mort en 1793.

Tours: cette ancienne ville de France était fondée plus d'un siècle avant l'ère chrétienne. — Elle fut réunie à la couronne en 1202, ainsi que la Touraine dont elle était la capitale. — Les états généraux y furent assemblés en 1470, 1484 et 1506. — Henri III y transféra le parlement de Paris, ainsi que les autres cours supérieures en 1589. — La cathédrale de Tours, fondée par saint Martin en 347, fut incendiée en 561, et rebâtie par Grégoire de Tours; incendiée de nouveau à la fin du XIIe siècle, elle ne fut entièrement reconstruite qu'en 1550.

Tours (conciles de), tenus en 482, 567, 813, 849, 1055, 1096, 1163, 1448, 1510 et 1583.

Tours (synode de), touchant l'autorité du pape, tenu l'an 1503.

TOURVILLE (Anne-Hilarion de Cotentin de), célèbre marin français, né au château de Tourville, arrondissement de Coutances, en 1642, chef d'escadre en 1677, lieutenant général en 1681, vice-amiral en 1690, maréchal de France en 1701, mort le 28 mai de la même année.

Tous-les-Saints (baie de): tombe au pouvoir des Hollandais, en 1624.

Toussaint (la), ou fête de tous les Saints: on croit que sa première origine remonte à la dédicace de l'église de la Rotonde à Rome, consacrée en 607, par le pape Boniface IV, à la sainte Vierge et à tous les martyrs, et dont l'anniversaire avait lieu le 13 mai. — Vers 731, le pape Grégoire III érigea, dans l'église de Saint-Pierre, une chapelle sous l'invocation de tous les Saints, dont la fête fut fixée dès lors au 1er novembre. — Cette fête s'établit en France, en 837, sous le règne de Louis le Débonnaire, pendant un voyage qu'y fit le pape Grégoire IV, et ne tarda pas à être adoptée généralement.

TOUSSAINT (François-Vincent), auteur du fameux livre des *Mœurs*, avocat de Paris, sa patrie, mort à Berlin en 1772.

TOUSSAINT-LOUVERTURE, chef des Nègres, donne une constitution à Saint-Domingue, le 1er juillet 1801; est enlevé de Saint-Domingue le 10 juin 1802; sa mort le 27 avril 1803.

Trachées, vaisseaux aériens des plantes: leur découverte est une des plus belles qu'on ait faites en botanique dans le XVIIe siècle; elle est due à Malpighi, mort en 1694.

TRAETTA (Thomas), compositeur italien, mort le 6 avril 1779.

Trafalgar (combat de), livré le 21 octobre 1805, entre une flotte anglaise et une flotte gallo-espagnole. Cette dernière est défaite. L'amiral anglais Nelson est tué dans le combat, l'amiral espagnol Gravina grièvement blessé, et l'amiral français Villeneuve fait prisonnier.

Tragédie: Eschyle en remporte le premier prix en Grèce, en 486 av. J.-C.

Traite des nègres: en 1517, commencement de cet infâme trafic, sur les côtes d'Afrique, pour la culture des terres de l'Amérique. — Abolie en France, par une loi du 5 avril 1818.

Traités d'alliance, d'amitié, de commerce. — Le 11 février 430, traité entre les Romains et le roi des Vandales, par lequel les premiers cèdent à Genseric une partie de l'Afrique. — En 1158, traité entre saint Louis et Jacques Ier, roi d'Aragon, par lequel le premier cède la souveraineté que la France avait retenue sur Barcelonne, sur le Roussillon, etc.; le roi d'Aragon, de son côté, cédait à la France tous ses droits sur les comtés de Narbonne, de Nîmes, d'Alby, Foix et autres terres du Languedoc. — En 1195, traité de paix de Jaillon, entre Philippe-Auguste et Richard Cœur de Lion, par lequel les deux parties contractantes s'engagent à réunir leurs troupes pour combattre les infidèles. — Le 31 mai 1325, traité de la Réole, entre Charles le Bel et Edouard II, par lequel la France rentre en possession de la Guienne. — En 1359, traité de Londres, entre Jean, roi de France, et Edouard III, roi d'Angleterre. — En 1365, traité de Guérande, par lequel le comte de Montfort est reconnu duc de Bretagne. — Le 21 mai 1420, traité de Troyes, entre Isabelle de Bavière, le duc de Bourgogne et Henri V, roi d'Angleterre. — Le 29 août 1475, traité d'Amiens, entre Louis XI et Edouard IV, roi d'Angleterre. On y conclut le mariage de la fille aînée d'Edouard avec le dauphin. — En 1482, traité d'Arras, où est arrêté le mariage du dauphin (Charles VIII) avec Marguerite d'Autriche, fille de l'empereur Maximilien. — Le 13 août 1516, traité de Noyon, entre François Ier et Charles-Quint, dont les principales clauses sont la restitution de la Navarre et le mariage de Louise de France avec l'empereur. — Aucune de ces conditions ne fut remplie. — En 1546, le 7 juin, traité entre la France et l'Angleterre, par lequel Henri VIII promet à François Ier de rendre Boulogne dans huit ans, moyennant 800,000 écus. Ce traité est resté sans exécution. — Le 2 août 1552, traité de Passau : Charles-Quint accorde aux protestants d'Allemagne la liberté de religion. — Le 6 avril 1631, traité de Quiérasque, entre Louis XIII, l'empereur Ferdinand II et le duc de Savoie. Ce traité rend la paix au nord de l'Italie, et assure à Louis XIII l'héritage du duché de Mantoue. — En 1649, traité signé à Rueil, le 11 mars, qui termine la première guerre de la Fronde. — Le 2 novembre 1655, traité entre la France et l'Angleterre, par lequel Louis XIV reconnaît le gouvernement de Cromwell et abandonne la cause des Stuarts. — En 1702, traité de Methuen entre l'Angleterre et le Portugal, traité qui a fait, pendant un siècle, du royaume de Portugal une province commerciale de l'Angleterre. — En 1717, le 4 janvier, triple alliance entre la France, l'Angleterre et la Hollande, par laquelle la France s'engage de nouveau à détruire les fortifications de Dunkerque. — Traité conventionnel conclu à Londres, le 2 août 1718, entre l'empereur d'Autriche, la France et l'Angleterre, pour maintenir les traités d'Utrecht et de Bade, et pour pacifier l'Italie. Les Hollandais sont invités d'y accéder; ce qui l'a fait nommer le traité de la Quadruple alliance. — Le 1er mai 1756, traité d'alliance entre la France et la Hongrie, renouvelé l'année suivante entre la France et l'Autriche. — Le 15 août 1761, traité connu sous le nom de *Pacte de famille*, entre la France et les différentes branches régnantes de la maison de Bourbon, pour contre-balancer le crédit que l'Angleterre a acquis par ses alliances. — En 1778, traité signé à Paris, le 6 février, entre la France et les Etats-Unis d'Amérique, par lequel la France reconnaît l'indépendance des Etats-Unis. — Le 3 septembre 1782, paix de Versailles, entre la France, l'Autriche, l'Espagne et les Etats-Unis. Ce traité, sanctionné à Versailles le 20 mai 1783, termine la guerre de l'indépendance de l'Amérique. — Le 8 janvier 1784, traité signé à Constantinople, par lequel la Porte cède à la Russie, la Crimée, l'île de Taman et le Kuban. — Le 26 septembre 1786, traité de navigation et de commerce, conclu à Versailles, entre la France et la Grande-Bretagne. — Le 11 janvier 1787, traité de commerce entre la France et la Russie. — Traité de commerce, signé à Saint-Pétersbourg, entre la France et la Russie, le 11 janvier 1787. — Le 9 janvier 1792, paix de Yassy, entre la Russie et la Porte : celle-ci cède aux Russes Otchakoff et le pays entre le Bog et le Dniester, qui est établi pour limite des deux empires. — Le 5 avril 1795, traité de paix entre la France et la Toscane, qui rétablit la neutralité sur le pied où elle se trouvait avant 1793. — Le même jour, traité de paix entre la France et la Prusse. — Le 16 mai 1795, traité de paix et d'alliance entre la France et la Hollande, par lequel les Provinces unies, constituées en République batave, cèdent à la France la Flandre hollandaise, Maestricht et Vanloo, et qui rend commun aux deux nations le port de Flessingue. — Le 10 octobre 1796, traité de Paris entre la France et le roi de Naples. — Le 19 février 1797, traité de Tolentino entre la France et le pape Pie VI, par lequel ce dernier renonce à la coalition et à ses prétentions sur Avignon et le comtat Venaissin. S. S. cède à la France les légations de Bologne, de Ferrare et de la Romagne. — Le 19 août 1798, traité d'alliance offensive et défensive entre la république française et la république helvétique. — En 1800, le 25 janvier, traité d'El-Arich, dans lequel on stipule les conventions relatives à l'évacuation de l'Egypte par les troupes françaises. Le 29 juin 1802, traité de paix entre la France et la Porte. Les bâtiments marchands français obtiennent le *droit d'entrée et de navigation* dans la mer Noire. — Le 27 septembre 1803, traité d'alliance de Fribourg entre la France et la république helvétique. — Traité de paix entre la France et la Suède, conclu le 6 janvier 1810. — Traité de paix conclu entre l'Angleterre et les Etats-Unis d'Amérique, le 22 février 1815. — En 1815, le 26 septembre, traité de la Sainte-Alliance, entre la Russie, l'Autriche et la Prusse, par lequel ces puissances s'engagent à réunir tous leurs efforts pour le maintien de la paix en Europe. Tous les Etats chrétiens de l'Europe accédèrent à ce traité. — Le 28 août 1817, traité de Paris entre la France et le Portugal, par lequel cette dernière puissance s'engage à remettre la Guyane à la France. — Traité d'amitié, de navigation et de commerce entre l'Angleterre et la république des provinces-unies de la Plata, le 2 février 1825. — Traité entre le Portugal et le Brésil, dont l'indépendance est reconnue, conclu le 29 août 1825. — En 1826, le 8 janvier, traité d'amitié, de navigation et de commerce entre la France et le Brésil. — Le 26 janvier, même année, traité de commerce entre la France et l'Angleterre. — Le 6 juillet 1827, traité entre la France, la Grande-Bretagne et la Russie, pour la pacification de la Grèce. — Le 6 août 1828, traité relatif à l'évacuation de la Morée par les troupes françaises. — Le 27 août de la même année, traité de paix entre l'empereur du Brésil et la république des provinces-unies de la Plata. — Le 14 septembre 1829, traité d'Andrinople entre la Russie et la Porte-Ottomane. — Le 22 avril 1834, traité de la Quadruple alliance, entre le Portugal, l'Espagne, l'Angleterre et la France, dans le but de rétablir la paix dans la Péninsule. — Convention commerciale conclue en novembre 1838, à Constantinople, entre la France et la Porte-Ottomane, et ratifiée le 21 mars 1839. — Le 19 avril 1839, signature du traité définitif entre la Hollande et la Belgique, ou traité des vingt-quatre articles. Voy. *Paix* (traités de).

Traiteurs : en 1394, les vendeurs d'aliments apprêtés étaient classés à Paris en corps de métiers, sous le nom de *Sauciers*. — Le premier restaurateur connu à Paris, s'établit en 1767, rue des Poulies; il ne vendait que des bouillons en consommés, des volailles au gros sel et des œufs frais.

TRAJAN (Ulpinus-Trajanus-Crinitus), empereur romain, né à Italica, près de Séville, le 18 septembre de l'an 52 de J.-C.; reconnu empereur l'an 98, mort le 10 août 117 de J.-C.

Trajane (colonne), élevée par l'empereur Trajan, l'an 105 de J.-C.

Trajanopolis : le premier nom de cette ville était Selinunte, qu'elle changea à l'occasion de la mort de Trajan, arrivée dans ses murs, l'an 117 de J.-C.

TRALLES (Balthazar-Louis), médecin allemand, mort le 7 février 1797.

Tranquebar : fondation de cette ville par les Danois, sur la côte de Coromandel, en 1618; prise par les Anglais en 1803, et restituée en 1814.

Transfiguration de Notre-Seigneur : cette fête était déjà célébrée au ve siècle, car on trouve un sermon sur ce mystère dans les écrits du pape saint Léon Ier, dit le Grand, mort en 461. — Ce ne fut qu'en 1457 que le pape Calixte III en ordonna la célébration générale dans l'Eglise, et en composa lui-même l'office : ce fut à l'occasion de la victoire remportée devant Belgrade, par les chrétiens sur les Turcs, le 6 août 1456. La fête fut en conséquence fixée au 6 du mois d'août.

Translation d'un évêque d'un siége à un autre. Le concile de Nicée, tenu en 325, défendit expressément ces sortes de mutations, quand il n'y avait pas nécessité ou utilité pour l'Eglise. — Le concile de Sardique, en 347, prononça des peines très-sévères à ce sujet. — Jean IX (de 901 à 905) fit un canon pour autoriser ces translations en cas de nécessité.

Transplantation d'arbres : ce fut dans le XVIIe siècle qu'un Anglais fit le premier essai de ce genre sur de grands arbres fruitiers.

Transsubstantiation : ce mot fut introduit dans l'Eglise au concile de Latran en 1215.

Transylvanie : séparée de la Hongrie en 1540. Cette séparation a subsisté pendant plus de 150 ans.

Trontanow, bourgade de Bohême : en 1745, le roi de Prusse y battit les Autrichiens.

Trappe (abbaye de la) : fondée en 1140, par Rotrou, comte de Perche, et consacrée sous le nom de la sainte Vierge en 1214, par Robert, archevêque de Rouen; réformée en 1662, par Armand-Jean le Bouthillier de Rancé, sur la même forme, mais plus sévère que celui des Chartreux.

TRASYBULE ou THRASIBULE, illustre citoyen d'Athènes, tué dans une bataille l'an 394 av. J.-C.

Trasymène (bataille de), livrée près du lac de ce nom et où les Romains, commandés par le consul Flaminius, furent vaincus par Annibal, le 23 juin 217 av. J.-C.

Travaux publics : fondation, en France, d'une école pour cet objet, en 1794.

TRAVERSARI (Ambroise), religieux camaldule, critique, théologien, littérateur italien, l'un des principaux restaurateurs des études en Europe, né dans la Romagne, mort en 1439.

Trebia (bataille de la), gagnée sur les Romains par Annibal, l'an 218 av. J.-C.

Trebia (combat de la), livré le 19 juin 1799; les Français, après trois jours de résistance, y sont défaits par les Austro-Russes.

Trébisonde (empire de), fondé en 1204 : tombe au pouvoir de Mahomet II, et est réuni à l'empire turc, en 1461.

TREILHARD (Jean-Baptiste), habile jurisconsulte, député à la Convention nationale en septembre 1792, élu président le 27 décembre, président du conseil des Cinq-Cents en 1795, directeur en 1798; mourut à Paris le 1er décembre 1810.

Tremblements de terre mémorables : — 17 ans av. J.-C. douze villes furent détruites en Asie par un tremblement de terre. — En 107 de J.-C., une secousse du même genre renversa quatre villes en Asie, deux en Grèce, trois en Galatie. — En 115, Antioche fut renversée par un tremblement de terre; ses secousses durèrent plusieurs jours et plusieurs nuits; grand nombre de personnes y périrent. — En 129, tremblement de terre en Bithynie. — En 221, à Rome. — En Orient, l'an 341. — En 358, autre tremblement de terre en Asie, qui engloutit plus de 150 villes. — Tremblement de terre, en 394; il dura depuis septembre jusqu'à novembre et engloutit plusieurs villes. — Autre, en Palestine, en 419; il détruisit plusieurs villes. — A Constantinople, le 27 septembre 446, les murs et dix-sept tours sont renversés. — Le 14 septembre 458, Antioche est presque totalement renversée, et des dégâts ont lieu dans l'Hellespont, dans la Thrace, dans l'Ionie et dans les Cyclades. — A Constantinople, en 477 et en 479. — Autre tremblement, en 494, qui engloutit Laodicée, Hiéraples, Tripoli et autres villes. — Le 20 mai 526, tremblement de terre qui fait périr à Antioche 250 mille personnes. — Tremblement de terre presque universel, le 6 septembre 543. — Tremblement de terre effroyable en Palestine, en Syrie et en Mésopotamie, en 550. — Le 9 juillet 551, la ville de Béryte, célèbre par ses écoles de droit, est détruite. — Tremblement de terre à Constantinople en 553; il dura 40 jours. — Tremblement de terre à Constantinople, à Nicée, à Nicomédie, le 26 octobre 740. — En Egypte, en 742. — En Syrie et dans la Palestine, en 746. — En 749, la Syrie est toute bouleversée par un phénomène de ce genre. Des villes entières sont déplacées considérablement sans être endommagées.—Le dernier jour d'avril 801, en France, en Allemagne, en Italie. — En 860, en Perse et en Syrie. — En 867, à la Mecque; toutes les sources y sont taries. — En 1117, tremblements de terre en Lombardie, qui durent quarante jours —En 1289, en France. — Le 5 décembre 1546, à Naples, un grand nombre d'églises, de tours, de maisons furent renversées, plus de 20,000 personnes périrent; les villes de Bénévent, de Brindes, de Gaëte, furent renversées en partie.—Nombreux et violents tremblements de terre à Constantinople en 1508 et 1509; plus de 13,000 personnes périrent.—En Allemagne, en 1517. — En Portugal, en 1531.—En 1537 et années suivantes, le royaume de Naples fut, pendant vingt mois consécutifs, tourmenté par des tremblements de terre. — En juillet 1564, tremblement de terre à Nice et sur la côte de Provence, accompagné de violents coups de tonnerre. — Le 17 février 1571, tremblement de terre extraordinaire en Angleterre; la terre s'entrouvrit en plusieurs endroits; déplacement de divers terrains; transformation de plaines en montagnes. — Le 1er mars 1584, tremblement de terre en Piémont, en Suisse, en Dauphiné et en Bourgogne; villages détruits; mort d'un grand nombre d'habitants. — Le 25 mars 1588, violent tremblement de terre en France, surtout dans les pays situés sur les bords de la Loire. — Le 5 septembre 1590, en Autriche, en Hongrie, en Moravie, en Bohême; ce phénomène creusa des gouffres qu'on ne put sonder et qui exhalaient des vapeurs pestilentielles; les plus solides édifices de Vienne furent endommagés. — En 1596, violent tremblement de terre en Angleterre. — En 1638, dans la Calabre, pendant plusieurs jours, avec des bruits terribles semblables à des décharges d'artillerie. — Le 26 octobre 1646, à Lima; grands désastres. — Le 24 avril 1657, en Norwége. — En juin 1660, dans le midi de la France. — Le 6 avril 1667, à Raguse; la plus grande partie de la population périt. — Autres tremblements de terre à Naples le 5 juin 1688, à Messine en 1693. — En 1699, un tremblement de terre en Chine fit périr plus de 400,000 personnes.—Le 2 septembre 1726, à Palerme. — Le 10 octobre 1731 et le 25 octobre 1734, en Angleterre. — Depuis le 16 jusqu'au 27 janvier 1742, à Livourne. — Le 28 octobre 1746, en quatre minutes, plus de la moitié de Lima, capitale du Pérou, disparut sous les décombres. — Tremblement de terre en Angleterre le 1er juillet 1748 et le 18 février 1750. — En 1754, le Caire en Égypte, presque entièrement détruit. — Le 20 juin 1755, les deux tiers de la ville de Lisbonne sont détruits, et trente mille personnes y trouvent la mort; l'eau s'élève à une hauteur extraordinaire et engloutit un grand nombre de vaisseaux. — Le 5 février 1783, tremblement de terre en Calabre; on compte plus de 190 secousses; environ cinquante mille personnes périrent dans ce désastre. — Le 25 août 1803, tremblement de terre en Espagne et sur plusieurs côtes de la Méditerranée. — Le 26 juillet 1805, tremblement de terre très-violent à Naples. — Le 26 mars 1812, à Caracas.—Le 2 février 1816, en Portugal. — En avril 1817, en Chine. — Le 20 février 1818, en Sicile. — Le 16 juin 1819, au Bengale; sept mille maisons furent renversées dans la seule ville de Bhoudj. — A Saint-Pierre-Martinique, le 11 janvier 1839; la ville du Fort-Royal à moitié détruite et plusieurs centaines de victimes.

TREMOILLE ou TRIMOUILLE (Louis de La), prince de Talmont, né le 20 septembre 1460, gagne la bataille de St-Aubin-du-Cormier, le 28 juillet 1488; tué à la bataille de Pavie, le 24 février 1525.

TREMOILLE ou TRIMOUILLE (Charlotte-Catherine de La), princesse de Condé, née le 18 juin 1568, morte à Paris le 28 août 1629.

TRENCK (Frédéric, baron de), fameux par sa longue captivité, né à Kœnigsberg le 16 février 1726, mort sur l'échafaud révolutionnaire, à Paris, le 7 thermidor an II (28 juillet 1794).

Trente (concile œcuménique de): indiqué en 1542, différé en 1543; indiqué de nouveau en 1544; ouvert le 13 décembre 1545; terminé en 1563.

Trente (bataille de), gagnée par les Français sur les Autrichiens, le 19 août 1796.

Trente (combat des), en Bretagne, le 27 mars 1251.

Trente: prise de cette ville par les Français, le 7 janvier 1801.

Trente ans (guerre dite de): commencée en 1618.

Trenton (combat de), sur la Delaware, où Washington remporte l'avantage sur les troupes anglaises, le 25 décembre 1776.

Très-Chrétien, titre des rois de France. — Le pape Étienne II donna ce nom à Pepin, l'an 755. — Le concile de Savonnières, tenu en 859, qualifia Charles le Chauve de roi très-chrétien. — Le pape Paul II, en conférant ce titre à Louis XI, en 1469, ne fit que continuer un usage établi.

TRESSAN (Louis-Elisabeth de la Vergne, comte de), lieutenant général et membre de l'Académie française, littérateur et traducteur, né au Mans le 5 octobre 1705, mort le 31 octobre 1783.

Trêve de Dieu: le premier exemple de cette sorte de pacification se trouve dans le concile de Charroux, tenu, en 988, par les évêques d'Aquitaine.

Trêve et paix: c'est le nom qu'on avait donné à un décret porté en 1020 contre les violences qui se commettaient alors publiquement de particulier à particulier.

Trêve du Seigneur: loi qui défendait les combats particuliers depuis le mercredi soir jusqu'au lundi matin, à cause du respect que l'on doit à ces jours que J.-C. a consacrés par les derniers mystères de sa vie. Elle fut établie en 1041.

Trèves: prise de cette ville par Turenne, le 9 novembre 1645.— Prise par les Français en 1681, 1703, 1705, 1734 et 1793.

Trèves (conciles de) : tenus vers 386 ; en 948, 1148 et 1548.

Trèves (bataille de), gagnée par les Français le 12 août 1794.

Triangle isocèle : sa propriété fut découverte par Thalès, vers 610 av. J.-C.

TRIBONIEN, jurisconsulte, contemporain de l'empereur Justinien au VIIe siècle.

Tribunal révolutionnaire : sa création en France, le 10 mars 1793.—Loi relative à son mode de procéder, le 10 juin 1794.— Sa suppression, le 31 mai 1795.

Tribunal secret de Westphalie : établi, dit-on, par Charlemagne et le pape saint Léon III, vers l'an 800, aboli en 1512 par l'empereur Maximilien Ier.

Tribunat : installation de ce corps délibérant en France, le 1er janvier 1800 ; supprimé en 1807.

Tribuns militaires : créés à Rome l'an 445 av. J.-C.

Tribuns du peuple, à Rome : ils existent de 260 à 270 (an de Rome), vers l'an 489 avant Jésus-Christ.

Tribur (conciles de) : tenus en 805 et 1035.

Trigonométrie sphérique : inventée par Hipparque, de Nicée en Bithynie, vers l'an 142 av. J.-C.

Trinitaires (ordre des), pour le rachat des captifs ; fondé par saint Jean de Matha et le saint ermite Félix de Valois, en 1199.

Trinitaires (religieuses) : établies en Espagne par Jean de Matha lui-même, en 1201.

Trinitaires ou *Déistes*, ou Nouveaux Ariens, sectaires du XVIe siècle.

Trinité (fête de la Sainte-) : elle fut instituée en 920 par Etienne, évêque de Liége, et s'établit successivement dans plusieurs diocèses ; mais elle ne fut généralement adoptée par l'Eglise qu'à la fin du XIVe siècle. — Parmi plusieurs pratiques très-anciennes adoptées par l'Eglise en l'honneur de la Trinité, il y a le trisagion ou triple *Sanctus* ajouté aux prières de la messe par le pape Sixte Ier, vers l'an 120 ; le *Gloria Patri*, par lequel saint Damase Ier, mort en 384, voulut qu'on terminât la récitation des psaumes ; les *Kyrie*, ordonnés par saint Grégoire le Grand, vers la fin du VIe siècle. — Le symbole qu'on chante à cette fête est, dit-on, de Vigile, évêque de Tarse en Afrique au Ve siècle. — En 1758, le pape Clément XIII ordonna que la Préface composée pour cette fête se dirait à la messe du dimanche au lieu de la Préface commune. — La fête de la Sainte-Trinité se célèbre le premier dimanche après la Pentecôte.

Trinité (ordre de la Sainte-), pour la rédemption des captifs : son institution par saint Jean de Matha, en 1199.

Trinité (confrérie de la Sainte-) : instituée à Rome par saint Philippe de Néri, en 1548, pour avoir soin des pèlerins qui viennent visiter les tombeaux des apôtres saint Pierre et saint Paul.

Trinité (île de la) : les Nègres s'y révoltent en 1805 ; leur conspiration contre les blancs est découverte ; ils sont punis.

Tripoli, ville d'Afrique : engloutie par un tremblement de terre en 494.— Est bombardée par une escadre française sous les ordres du maréchal d'Estrées, en 1685. — Bombardée par ordre de Louis XV, elle envoie des députés en France pour demander pardon au roi, en 1728. — Rentre au pouvoir de la sublime Porte, le 5 octobre 1809.

Tripolitza (prise de) par les Grecs, le 5 octobre 1821.

Trisacramentaux, sectaires du XVe siècle, qui ne voulaient reconnaître que trois sacrements, le Baptême, l'Eucharistie et l'Absolution.

TRISSINO (Jean-Georges), poëte épique italien, né à Vicence en 1478, mort à Rome en 1550.

TRISTAN (François), surnommé *l'Ermite*, ancien poëte dramatique, né au château de Souliers dans la Marche, en 1601 ; mort le 7 septembre 1655.

Trithéites, sectaires du VIe siècle, qui admettaient trois dieux dans la Trinité.

TRITHÈME (Jean), savant abbé de Saint-Jacques de Wurtzbourg, né près de Trèves en 1462, mort le 13 décembre 1516.

Triumvirat : le premier qu'on vit à Rome était composé de Jules César, de Pompée et de Crassus. Il s'y établit l'an 60 av. J.-C. — Second triumvirat entre Octave, Lépide et Antoine, l'an 43 av. J.-C.

TRIVULCE (Jean-Jacques), marquis de Vigevano, célèbre capitaine du XVe siècle, maréchal de France, mort à Châtre, aujourd'hui Arpajon, le 5 décembre 1518.

Trocadéro (prise du), par l'armée française commandée par le duc d'Angoulême, le 31 août 1823.

Troie (royaume de), fondé par Dardanus vers l'an 1481 av. J.-C.—Commencement de la fameuse guerre de Troie, l'an 1218 av. J.-C. Cette ville prise et détruite, l'an 1209 av. J.-C. ou, selon d'autres, l'an 1270.

Troie, dans la Pouille (concile de), tenu en 1089.

Trois Chapitres (les), nom donné aux trois articles concernant Théodore de Mopsueste, qui furent le sujet de tant de disputes ecclésiastiques pendant tout le VIe siècle. Ces trois chapitres furent condamnés en 545 par l'empereur Justinien ; en 546, par un concile de Constantinople ; enfin, en 551, par le second concile de cette dernière ville.

TROMP (Martin Happertz), célèbre amiral hollandais, né à la Brille en 1597, tué dans un combat contre les Anglais, le 10 août 1639.

TROMP (Corneille, dit le comte de), lieutenant-amiral-général des Provinces-Unies, fils du précédent, né à Rotterdam le 9 septembre 1629, mort le 21 mai 1691.

Trompette (château) à Bordeaux ; il avait été construit par l'ordre de Charles VII, en 1451.

Trompettes : elles furent, dit-on, inventées par les Toscans, vers l'an 1400 av. J.-C.

TRONCHET (Denis-François), habile jurisconsulte, l'un des défenseurs de Louis XVI, mort le 10 mars 1808.

TRONCHIN (Théodore), célèbre médecin, né à Genève en 1704 ou 1709, mort à Paris en 1781.

TRONSON DUCOUDRAY (Guillaume-Alexandre), avocat français, déporté à Cayenne, le 18 fructidor an V (4 septembre 1797), mourut dans cette île le 22 juin 1800, âgé de 45 ans.

Tropistes ou *Significatifs*, sectaires du XVI° siècle.

Troppau, ville d'Allemagne, prise par les Prussiens en 1741 et 1745. — Conférences diplomatiques ouvertes dans cette ville, le 23 octobre 1820, au sujet des affaires intérieures de Naples.

Trosly (concile de), tenu en 924.

Troubadours ou *Trouvères*, poëtes provençaux; commencent à se rendre célèbres vers 1120, et contribuent à fixer la langue française.

Troupes réglées : Philippe-Auguste en a le premier à sa solde, vers 1180.

Troyes en Champagne (conciles de), tenus en 867, 878 et 1104.

Troyes, ancienne ville de la Champagne : dès l'an 356, cette ville était fermée de murs. — En 441, saint Loup, évêque de Troyes, préserva cette ville d'être ravagée par Attila, roi des Huns. — Elle fut réduite en cendres par les Normands en 889.— Elle eut de longs siéges à soutenir au X° et au XIII° siècle. — Troyes doit une grande partie de sa prospérité à l'un de ses comtes, Thibaut IV, qui régna de 1102 à 1152. — Prise par le duc de Bourgogne vers 1415. — Ce fut dans cette ville que Charles VI adhéra au fameux traité qui rendait la France sujette du roi d'Angleterre, traité qui fut signé le 20 mai 1420. — Elle se soumit à Charles VII, grâce à une vigoureuse attaque de Jeanne d'Arc, en juillet 1429. — En 1524, elle fut, en grande partie, brûlée par des boute-feux au service de l'empereur Charles-Quint ; plus de vingt-deux rues et de trois mille maisons furent, dit-on, consumées par les flammes. — La religion réformée s'introduisit à Troyes vers 1550. — Troyes fut la première ville où fut signée l'association dite de la Sainte-Ligue, le 25 juillet 1568. — Elle ouvrit ses portes à Henri IV, le 30 mai 1595.— Les alliés y firent leur entrée, le 8 février 1814; Napoléon la leur reprit peu après; mais ils y rentrèrent et y firent des ravages.

Troyes (traité de), conclu le 21 mai 1420, et par lequel Charles VI, roi de France, donne sa fille Catherine en mariage à Henri V, roi d'Angleterre.

TRUBLET (l'abbé Nicolas-Charles-Joseph), littérateur, membre de l'Académie française, né à Saint-Malo en 1697, mort en mars 1770.

TRUCHET (Jean), religieux carme, savant mécanicien, né à Lyon en 1657, mort le 5 février 1729.

TRUDAINE (Jean-Charles-Philibert de), intendant général des finances, né à Clermont le 19 janvier 1733, mort le 7 août 1777.

Truec, bourg de l'île de France : Landry, maire du palais, y gagna, en 593, la bataille donnée entre l'armée de Clotaire II et l'armée de Childebert, roi d'Austrasie.

Truffes : elles étaient connues du temps des anciens Romains, qui les tiraient de Grèce, d'Afrique et surtout de Libye.— Ce n'est que de la fin du XVIII° siècle que date leur résurrection ; en 1780, elles étaient rares à Paris, et, suivant Brillat-Savarin, on n'en trouvait alors, et seulement en petite quantité, qu'à l'hôtel des Américains et à l'hôtel de Provence.

Truxillo, ville du Pérou : fondée par Pizarre en 1533.

TRYPHON, patriarche de Constantinople; sa déposition en 944.

TSCHIRNAUS (Ernfroi-Walter de), habile mécanicien, né à Kissingswald, dans la Lusace, le 10 avril 1651, mort le 11 octobre 1708.

Tucuman (congrès de), dans l'Amérique méridionale : ouvert le 9 juillet 1816.

Tudéla, ville d'Espagne : prise par le maréchal Bessières, le 24 novembre 1808.

TUDÈLE (Benjamin de), ou Rabbi Benjamin, célèbre voyageur juif durant le XIII° siècle, né à Tudéla en Navarre.— Son itinéraire, écrit en hébreu, fut imprimé pour la première fois à Constantinople, en 1543.

Tudelingen (bataille de), gagnée le 25 novembre 1643, sur Rantzau, par le duc Charles de Lorraine.

Tuileries (château des) : commencement de la construction de ce palais en 1564, sous Catherine de Médicis. — Les travaux furent continués sous Henri IV, et achevés, ainsi que ceux du jardin, chef-d'œuvre de Lenôtre, en 1665.

Tulipes : une seule de ces fleurs est vendue 5200 livres en Hollande, en 1637.

TULLUS - HOSTILIUS, troisième roi de Rome, succéda à Numa-Pompilius, l'an 671 av. J.-C., et mourut l'an 540 av. J.-C.

Tungstène, métal découvert vers 1781, par MM. Deluyant père et fils.

Tunis, ville des côtes d'Afrique, prise par Charles-Quint en 1535; — par les Turcs en 1574.— Assiégée et prise par les Algériens et les Tripolitains, qui y exercèrent de grandes cruautés, en 1756.

Tunja (bataille de), dans l'Amérique méridionale, où les troupes de Bolivar triomphent de celles de Morillo, le 1er juillet 1819.

Tunnel ou chemin souterrain entrepris à Londres sous la Tamise : la première pierre en fut posée le 2 mars 1825.

Turcaret, comédie de Lesage, représentée pour la première fois le 14 février 1709.

Turckheim (bataille de), remportée le 6 janvier 1675 par le vicomte de Turenne sur les troupes alliées, commandées par l'électeur de Brandebourg.

Turcs-Ottomans : commencement de leur empire en 1299 ou 1300.

TURENNE (Henri de la Tour-d'Auvergne, vicomte de), né à Sedan le 11 septembre 1611, prit Brisach en 1638, fit lever le siége de Cassel en 1639, obtint le bâton de maréchal de France en 1644, gagna la bataille de Nortlin;

gue en 1645, fut tué près du village de Salzbach, le 27 juillet 1675.

TURGOT (Anne-Robert-Jacques), contrôleur général des finances sous Louis XVI, né à Paris le 10 mai 1727, mort le 18 mars 1781.

Turin, capitale du Piémont : prise le 24 septembre 1640, par les Français commandés par le maréchal d'Harcourt. On vit pendant le siége une chose fort extraordinaire, savoir : la citadelle assiégée par le prince Thomas, maître de la ville ; la ville assiégée par le comte d'Harcourt, et le comte d'Harcourt assiégé lui-même dans son camp par le marquis de Léganès. — Prise en 1797 par les Français, évacuée en 1799, reprise en 1800, rendue en 1814.

Turin (paix de), conclue le 4 juillet 1696, entre la France et le duc de Savoie, et publiée le 10 septembre.

Turin (bataille de), où les Français sont battus, le 7 septembre 1706, et lèvent le siége de la ville.

Turin (traité de): le 5 avril 1797, la France et le roi de Sardaigne concluent dans cette ville un traité d'alliance offensive et défensive.

Turin (concile de), tenu en 397.

Turlupins et Cyniques, sectaires du XIVe siècle, qui n'avaient honte d'aucune nudité, et disaient qu'il ne fallait prier Dieu que de cœur. Ils furent condamnés et brûlés sous Grégoire XI, en 1372.

TURNÈBE (Adrien), célèbre érudit du XVIe siècle, né aux Andelys, mort à Paris en 1585, âgé de 53 ans.

Turnhout ou *Tournhout*, petite ville des Pays-Bas. Elle fut bâtie par Henri IV, duc de Brabant, en 1212. — Les Espagnols furent taillés en pièces près de cette ville, en 1576, par Maurice de Nassau.

TURPIN ou TULPIN, archevêque de Reims, vers 760, mort vers l'an 800.

Turquie, grand empire qui s'étend en Asie, en Europe et en Afrique : il fut fondé par Ortogrul, chef de Tartares Turcomans, mort l'an de l'hégire 687 et de J.-C. 1288. — Cet empire, destiné à continuer la puissance des califes, s'accrut prodigieusement depuis Othman (1299) jusqu'à Mahomet IV (1649). — La prise de Constantinople par Mahomet II, en 1453, fit de l'empire ottoman une puissance européenne. — En 1680, le circuit de cet empire s'étendait à l'occident, des deux côtés du Danube, jusqu'à 16 lieues de Vienne, capitale de l'Autriche. — Le 3 novembre 1839, le sultan fait promulguer une espèce de constitution sous la forme d'un hatti-shérif.

Turquie (souverains de la). Califes des Sarrasins : — Mahomet, en 622. — Aboubékr, en 632. — Omar, en 634. — Othman, en 644. — Moavia et Ali, en 656 : le premier régna en Egypte pendant vingt-quatre ans ; le second régna cinq ans en Arabie. — Hasan, en 661. — Moavia seul, en 661. — Yésid Ier, en 680. — Moavia II, en 683. — Merwan Ier, en 684. — Abdelmalek, en 685. — Walid Ier, en 705. — Soliman Ier, en 715. — Omar II, en 717. — Yésid II, en 720. — Hescham, en 724. — Walid II, en 743. — Yésid III, en 744. — Ibrahim, en 744. — Merwan II, en 744. — Aboul-Abbas, en 750. — Abougiafar-Almanzor, en 754. — Mahadi, en 775. — Musa, en 784. — Haroun, en 786. — Amin, en 809. — Mamoun, en 813. — Mostansem, en 833. — Watek-Billah, en 842. — Matawakkel, en 847. — Motasser, en 861. — Mostain, en 862. Motaz, en 866. — Mothadi, en 869. — Motamed, en 870. — Motadhed, en 892. — Moktafi, en 902. — Moctador, en 908. — Caher, en 923. — Radhi, en 934. — Moltaki, en 940. — Mostakfi, en 944. — Mothi, en 956. — Taï, en 974. — Cader, en 991. — Caiem, en 1031. — Moctadi, en 1075. — Mostadher, en 1094. — Mostarched, en 1118. — Raschid, en 1134. — Moktafi, en 1136. — Mostandged, en 1160. — Mosthadi, en 1170. — Nasser, en 1180. — Daher, en 1225. — Mostanser, en 1226. — Mostasem, dernier calife à Bagdad, en 1243. — Houlagou, petit-fils de Djenghis-Khan, s'empare de Bagdad, et fait mourir Mostasem, en 1258. — Sultans ou empereurs ottomans : — Othman, en 1299. — Orchan, en 1326. — Amurat, en 1360. — Bajazet, en 1389. — Soliman, en 1402. — Mahomet, en 1413. — Amurat II, en 1421. — Mahomet II, en 1451 ; il prend Constantinople, dont il fait le siége de son empire, en 1453. — Bajazet II, en 1481. — Sélim Ier, en 1512. — Soliman II, en 1520. — Sélim II, en 1566. — Amurat III, en 1574. — Mahomet III, en 1595. — Achmet Ier, en 1603. — Mustapha, déposé en 1617. — Osman, en 1618. — Mustapha, rétabli en 1622. — Amurat IV, en 1623. — Ibrahim, en 1640. — Mahomet IV, en 1649. — Soliman III, en 1687. — Achmet II, en 1691. — Mustapha II, en 1695. — Achmet III, en 1703. — Mahmoud, en 1730. — Osman II, en 1754. — Mustapha III, en 1757. — Abdoulb-Achmet, en 1774. — Sélim III, en 1789. — Mustapha IV, en 1807. — Mahmoud, neveu de Sélim, en 1808. — Abdul-Medjid, empereur actuel, en juill. 1839.

Tusculum (bataille de), gagnée par les Romains sur les Eques, l'an 411 av. J.-C.

Tweed, rivière d'Angleterre : son pont de chaînes, construit en 1820, est le premier de ce genre qu'on ait fait en Angleterre.

TYCHO-BRAHÉ, célèbre astronome danois, né le 13 décembre 1546, mort le 14 octobre 1601.

TYNDALE (William), théologien anglais, né dans le pays de Galles, vers l'an 1500, exécuté à Anvers en 1536.

Tyr, ville de Phénicie : assiégée par Nabuchodonosor, elle fut prise l'an 572 av. J.-C., au bout de 13 ans. — Prise de nouveau par Alexandre le Grand, l'an 328 avant Jésus-Christ, après sept mois de siége, elle fut détruite. — Elle sortit de ses ruines, brilla sous l'empire romain, et plus tard elle fut assiégée deux fois par les croisés : la première, sans succès, en 1112, par Baudouin Ier ; la seconde en 1124. Cette dernière fois, les chrétiens en demeurèrent maîtres jusqu'en 1188, époque où Saladin la prit et la fit démolir de fond en comble. Aujourd'hui Tyr n'est plus qu'un village.

Tyr (conciles de), tenus en 335, en 448, en 518.

Tyr (combat de), gagné par les Français sur les Turcs, le 3 avril 1799.

Tyrol : il fut investi par le général français Ney, le 7 novembre 1805. — Il tomba au pouvoir de l'armée française, le 19 mai 1809. — Désarmement des habitants, le 28 juillet suivant.

TYRTHÉE, poëte grec, habitait Athènes vers l'an 684 av. J. C.

U

Ubiquitaires, *Ubiquistes* ou *Brentiens*, sectaires du XVIe siècle, qui niaient la transsubstantiation.

UDALRIC, archevêque de Reims, mort en 968.

Udine (concile d'), tenu contre les schismatiques, en 1409.

UGOLIN GHERARDESCA (le comte) : il fut fait prisonnier par l'archevêque de Pise, Roger de Ubaldini, le 1er juillet 1288, et mourut là même année.

Ukraine : les habitants de ce pays, connus sous le nom de Cosaques, se soumettent à la Russie en 1654.

ULLOA (don Antonio), mathématicien espagnol, né à Séville le 12 janvier 1716, mort en 1795.

ULLOA (don Martin), savant biographe espagnol, né à Séville en 1730, mort à Cordoue en 1800.

Ulm, ville d'Allemagne : prise par le duc de Bavière en 1702, rendue en 1703. — Ses fortifications ont été en partie démolies par les Français en 1801 : prise par les Français sur les Autrichiens en 1805.

Ulm : une nouvelle ville de ce nom fut fondée vis-à-vis de l'ancienne, sur la rive droite du Danube, le 9 juillet 1816.

Ulm (combat d'), où les Autrichiens sont défaits par les Français, le 16 octobre 1805. — Le 17, la ville capitule, et se rend avec une armée d'environ 30,000 hommes.

ULPHILAS, évêque des Goths, habitants de la Dacie, florissait vers l'an 370. On le croit inventeur des lettres gothiques.

ULRIC ou ULDARIC (saint), évêque d'Augsbourg, mort en 973, à 83 ans.

ULRIQUE-ÉLÉONORE, sœur de Charles XII, roi de Suède, née en 1688, proclamée reine en 1719, morte le 6 décembre 1741.

Unigenitus (bulle) : promulguée par le pape Clément XI, le 8 septembre 1713, et portant condamnation des livres du P. Quesnel. — Première assemblée d'évêques, en France, relative à cette bulle, le 25 janvier 1714. — Leur déclaration, à ce sujet, le 4 août 1720. — La bulle est définitivement enregistrée par le parlement de Paris, le 3 avril 1730.

Union de Calmar. Voyez *Calmar* (union de).

Union d'Utrecht, signée par les sept provinces de Hollande, le 13 janvier 1579.

Union chrétienne (congrégation des filles de l'), fondée en 1647 par saint Vincent de Paul.

Union (ordre de l'), fondé en Hollande par Louis-Napoléon, en 1806.

Université de Paris, fondée par Charlemagne en 787. Ce fut le célèbre Alcuin qui en fut en quelque sorte le premier instituteur. Toutefois cette école, devenue si célèbre, n'était point alors organisée ; elle ne portait point encore le nom d'Université. — Elle se forma en compagnie, et se donna une constitution, en 1101, sous le règne de Philippe Ier. — Réformée par Robert de Courçon, légat du pape, qui lui donna des statuts sous le règne de Philippe-Auguste, en 1215. — La fondation des colléges est à peu près de la même époque. — Sous saint Louis (de 1226 à 1270), elle s'accrut considérablement. — Par suite d'une malheureuse querelle qui s'éleva entre les écoliers et les habitants d'un faubourg, elle cessa ses leçons publiques et se retira, partie à Reims, partie à Angers, en 1229 : elle fut rétablie en 1233. — En 1270, les facultés de droit et de médecine se formèrent en compagnies, et l'Université prit alors une forme définitive, c'est-à-dire, qu'elle fut composée de sept compagnies, les trois facultés de théologie, droit et médecine, et les quatre nations de la faculté des arts. — Pendant le grand schisme d'Occident, qui dura 38 ans, vers la fin du XIVe siècle et au commencement du XVe, l'Université sembla s'élever au-dessus de tous les pouvoirs, et professa des doctrines dangereuses pour l'État. Son triomphe sur l'autorité civile, le 18 mai 1408. — Charles VII abattit ses prétentions séditieuses vers 1440. — Sous Louis XI, (de 1461 à 1483), elle reçut des coups encore plus rudes. Ce prince viola plus d'une fois ses priviléges, et se mêla de son gouvernement intérieur ; ce qui, jusqu'alors, n'était point arrivé. Sous ce même règne, il y avait dix huit colléges ouverts à tous pour les leçons de grammaire, de rhétorique et de philosophie. — Sous Louis XII et François Ier (de 1498 à 1547), l'Université, revenue à son véritable rôle, qui est d'instruire la jeunesse, n'en acquit que plus de grandeur et d'éclat. — L'instruction gratuite y fut établie par lettres patentes de Louis XV, le 14 avril 1719.

Université de France : instituée le 10 mai 1806. — Son organisation, le 17 mars 1808. — Son maintien en 1814 et en 1815. — Le titre et les fonctions de grand maître sont rétablis en faveur de M. l'abbé Frayssinous (Mgr l'évêque d'Hermopolis), le 1er juin 1822.

Unter-Hausen, village de Bavière, remarquable par les combats de juillet 1800, entre les Français et les Autrichiens.

UNZER (Jean-Auguste), médecin allemand, mort le 2 avril 1799.

Urane, métal : sa découverte par Klaproth en 1789.

Uranibourg : fondée, en 1559, par Tycho-Brahé, dans une île de la Baltique.

Uranus, planète découverte par Herschell, le 13 mars 1781 : on lui donne aussi le nom d'*Herschell* ou *Sidus-Georgius ;* sa révolution est de 83 ans 127 jours.

URBAIN Ier (saint), élu pape le 21 octobre 223, eut la tête tranchée pour la foi de J.-C., le 25 mai 230.

URBAIN II, élu pape le 12 mars 1088, tint, en 1095, le célèbre concile de Clermont en Auvergne ; mourut à Rome le 29 juillet 1099.

URBAIN III (Hubert Crivelli), élu pape en novembre 1185, mort à Ferrare le 19 octobre 1187.

URBAIN IV (Jacques-Pantaléon), élu pape le 29 août 1261 : il institua la fête du saint sacrement, qu'il célébra, pour la première fois, en 1264.

URBAIN V (Guillaume de Grimoald), élu pape le 27 octobre 1362, mort le 19 décembre 1370.

URBAIN VI (Barthélemi Prignano), élevé sur la chaire de saint Pierre le 9 avril 1378, mort en 1389.

URBAIN VII (Jean-Baptiste Castagna), élu pape le 13 septembre 1590, mort douze jours après son élection, le 25 du même mois.

URBAIN VIII (Maffeo Barberino), élu pape le 6 août 1623, mort le 29 juillet 1644.

URBAIN GRANDIER, curé de Loudun. Voy. GRANDIER (Urbain).

URCÆUS (Antoine), poëte et littérateur italien, né le 17 août 1446, mort à Bologne en 1500.

URFÉ (Honoré d'), comte de Châteauneuf, auteur du fameux roman intitulé : l'*Astrée;* né à Marseille le 11 février 1567; mort à Villefranche en 1625.

Urgel (régence d') : se forme en Catalogne, sous les auspices de l'armée de la Foi, en septembre 1822.

URSINS (Guillaume Jouvenel ou Juvénal des), chancelier de France en 1445, mort en 1472.

URSINS (Jean Jouvenel ou Juvénal des), archevêque de Reims, frère du précédent, mort le 14 juillet 1473, à 65 ans.

URSINS (Anne-Marie de La Trimouille, princesse des), *camercra major* ou dame d'honneur de Louise-Marie, femme de Philippe V, roi d'Espagne, morte à Rome le 5 décembre 1722, âgée de 80 ans.

URSULE (sainte), fille d'un prince de la Grande-Bretagne, reçut la palme du martyre vers l'an 384.

Ursulines (ordre des), fondé par Angèle de Bresse, confirmé par Paul III, en 1544.

Ursulines de Jésus ou *de Chavagnes*, du nom du village où elles ont été établies, en 1805, par M. Beaudoin, ancien supérieur du séminaire de Luçon.

Ussel, ville du Limousin : elle fut dévastée par plusieurs incendies, en 1358, en 1404 et en 1472. — La peste la désola en 1428, en 1564 et en 1587.

USSÉRIUS (Jacques), archevêque d'Armagh, savant critique et antiquaire, né à Dublin en 1580, mort le 21 mars 1656.

Utique, ville d'Afrique, fondée vers l'an 1520 av. J.-C.

Utrecht (concile d'), tenu en 697.

Utrecht congrès d') pour la paix générale : commence le 29 janvier 1712. — La paix est conclue, le 11 avril 1713, par la France et l'Espagne avec l'Angleterre, la Savoie, le Portugal, la Prusse et la Hollande.—La paix entre l'Espagne et le Portugal y est signée le 13 février 1715 ; ce fut par là que finit ce fameux congrès.

V

Vaccine : découverte par le docteur anglais Jenner, en 1799. — Les premiers essais de l'inoculation vaccinale en France furent faits à Paris, le 1er juin 1800, sur trente enfants. — Dès 1781, on avait fait des tentatives, à Montpellier, pour employer le virus-vaccin contre la petite-vérole. — En 1804, on traduisit en langue chinoise un ouvrage sur les procédés de la vaccine ; le gouvernement chinois fonda un établissement pour propager la vaccine dans les provinces voisines de Canton.

VADÉ (Jean-Joseph), poëte français, né à Ham en Picardie, en janvier 1720, mort le 4 juillet 1757.

VAILLANT (Jean-Foy), savant antiquaire et écrivain français, né à Beauvais le 24 mai 1632, mort le 23 octobre 1706.

VAILLANT (Sébastien-Jean), célèbre botaniste, né à Vigny près Pontoise, en 1669, mort le 26 mai 1722.

VAILLANT (Pierre), fameux convulsionnaire, né à Méry-sur-Seine, arrondissement de Troyes, en 1689, mort au donjon de Vincennes, le 19 février 1761.

Vaison (concile de), tenu en 529.

Vaisseaux : Ptolémée-Philopator, roi d'Egypte, mort l'an 204 avant J.-C., avait fait construire un bâtiment long de 428 pieds, large de 64, et portant, suivant Plutarque, 400 matelots, 4000 rameurs et 3000 soldats. — Le roi de France Charles V réunit, en 1369, à Honfleur, un grand nombre de vaisseaux, dans l'intention d'opérer une descente en Angleterre.—Le premier vaisseau à deux ponts fut construit, en 1509, en Angleterre, par ordre de Henri VII; on l'appela le *Grand-Henri* — Vers 1500, un ingénieur français, employé à Brest, avait imaginé les sabords et introduit d'autres perfectionnements dans la construction des vaisseaux. — Le premier vaisseau anglais, du port de 800 tonneaux, fut construit en 1595.

Val-de-Grâce, abbaye de Bénédictines, au faubourg Saint-Jacques, fondée au VIIIe siècle, réformée en 1618. Les bâtiments du Val-de-Grâce furent commencés par François Mansard, en 1645.

Val-des-Choux (ordre du) : son institution en 1193.

Val-des-Ecoliers : fondation de l'ordre de ce nom en 1201, d'autres disent en 1212. — Depuis l'an 1653, cet institut fut uni à la congrégation des chanoines réguliers de Sainte-Geneviève de France.

Valachie : prise aux Turcs par les Russes en 1769. — Reprise par les Turcs en 1770. Voy. *Moldavie*.

Valais (république du) : le 30 août 1802, ce pays se donne une constitution et forme une république à part. — Cette république est réunie à l'empire français, le 12 novembre 1810. — Elle est séparée de la France en 1814.

VALAZÉ (Charles-Éléonore Du Friche de), membre de plusieurs sociétés savantes et député à la Convention nationale, né à Alençon le 23 janvier 1751, se donna la mort au moment où l'on prononça son arrêt, le 30 octobre 1793.

VALCKENAER (Louis-Gaspard), célèbre helléniste, mort à Leyde en 1805, âgé de 69 ans.

VALDO (Pierre), hérésiarque, chef de la secte des Vaudois, commença à dogmatiser à Lyon en 1180.

VALEE (Silvain-Charles, comte), pair et maréchal de France, ancien gouverneur général de l'Algérie, né à Brienne le 17 décembre 1773, mort à Paris le 15 août 1846.

VALENCE (Cyrus-Marie-Alexandre de Tembrune-Thimbrone, comte de), lieutenant général et pair de France, né à Agen le 20 août 1757, mort le 5 février 1820.

Valence, ville d'Espagne, tombe au pouvoir des Maures en 761. — Prise sur les Maures en 1238. — Fondation de son université vers 1350. — Se rend aux Français par capitulation, le 9 janvier 1812.

Valence en Espagne (concile de), tenu en 524.

Valence, ville du Dauphiné : assiégée par Sarus, général de l'empereur Honorius, en 408. — Zobanus, chef des Lombards, l'assiégea de nouveau en 574. — Prise par les Sarrasins en 730. — Pillée par les Normands en 860. — Prise par les protestants en 1566.

Valence en Dauphiné (conciles de), en 374 et en 589.

Valencey (traité de) : protestation des cortès contre ce traité, le 3 février 1814.

VALENCIENNES (Pierre-Henri), peintre français, mort le 15 février 1819.

Valenciennes : prise de cette ville par les Français, le 17 mars 1677. — Bombardée en 1793 ; occupée par les alliés en 1815 et évacuée en 1818.

VALENS (Flavius), empereur romain en Orient, né près de Cibale en Pannonie, vers l'an 328, fut associé à l'empire, l'an 364 ; fut brûlé vif dans une maison par les Goths, le 9 août 378, à l'âge de 50 ans.

VALENTIN, fameux hérésiarque du IIe siècle, dogmatisa de l'an 140 à l'an 160.

VALENTINE DE MILAN, femme de Louis de France, duc d'Orléans, morte veuve, le 5 décembre 1408.

VALENTINIEN Ier, empereur d'Occident, proclamé empereur à Nicée, le 26 janvier 364, mort le 17 novembre 375.

VALENTINIEN II, fils du précédent, né en 371, fut salué empereur en Pannonie, le 22 novembre 375, mourut étranglé le 15 mai 392, âgé de 20 ans.

VALENTINIEN III (Flavius-Placidus-Valentinianus), empereur d'Occident, né à Rome en 419, reconnu empereur le 23 octobre 425, assassiné le 17 mars 455.

Valentiniens, sectaires du IIe siècle, espèce de gnostiques, disciples de Valentin, qui donnait dans les erreurs de Pythagore et de Platon.

Valère (communauté des filles de Sainte-), à Paris ; instituée vers 1706, et confirmée par lettres patentes en 1717.

VALERIEN (Publius-Licinius-Valerianus), empereur romain, né en 190, proclamé en août 253, mort captif en Perse, l'an 263.

Valésiens, sectaires du IIe siècle, disciples de l'eunuque Valez, qui suivait les erreurs d'Origène.

VALETTE (Bernard de Nogaret, seigneur de la), amiral de France, né en 1553, tué au siége de Roquebrune, près de Fréjus, le 11 février 1592.

VALETTE-PARISOT (Jean de la), grand maître de Malte en 1559, mort le 31 août 1578.

VALETTE (Louis de Nogaret, cardinal de la), mort à Rivoli le 28 septembre 1639, à l'âge de 47 ans.

Valette (cité la), bâtie, à Malte, en l'honneur du grand maître de ce nom, en 1565.

VALHUBERT (Roger), général français, né à Avranches le 28 octobre 1764, tué à la bataille d'Austerlitz, le 2 décembre 1805.

VALINCOURT (Jean-Baptiste-Henri du Trousset de), membre de l'Académie française, né le 1er mars 1653, mort à Paris le 4 janvier 1730.

VALISNIERI. Voy. VALLISNIERI.

VALLA (Laurent), savant critique et écrivain italien, né à Plaisance en 1415, mort à Rome le 1er août 1465.

Valladolid : fondation de son université par Clément VI, en 1346.

VALLE (Pietro della), gentilhomme romain, voyagea pendant douze ans (de 1614 à 1626) ; en Turquie, en Egypte, dans la terre sainte, en Perse et dans l'Inde ; mourut en 1652, âgé de 66 ans.

VALLIÈRE (Louise-Françoise de La Baume Le Blanc, duchesse de la), prit l'habit de

Carmélite en 1675, mourut le 6 juin 1710, âgée de 66 ans.

VALLISNIERI (Antoine), physicien, anatomiste, naturaliste, écrivain italien, né près de Reggio en 1661; mort le 28 janvier 1730.

Vallombreuse (monastère de), dans les Apennins, fondé par saint Jean Gualbert, disciple de saint Romuald, en 1038.

Valmolette (concile de), en Espagne, tenu en 1322.

VALMONT DE BOMARE (Jacques-Christophe), célèbre naturaliste, né à Rouen le 17 septembre 1731, mort à Paris le 24 juin 1807.

Valmy (bataille de), gagnée le 20 septembre 1792, par le général Kellermann, sur les Prussiens, qui sont forcés d'évacuer le territoire français.

VALOIS (Henri de), érudit du XVIIe siècle, né à Paris en 1603, mort en 1673. — Adrien son frère, historiographe, mort le 2 juillet 1692, à 80 ans.

Valoutina (combat de), où les Russes sont mis en déroute par les Français, le 19 août 1812.

Valteline (guerre de la), où les Français attaquent les Espagnols, en 1624.

Vanadium, métal; entrevu par del Rio en 1801, et découvert par M. Sefstram en 1830.

VANBRUGH (sir John), écrivain dramatique anglais, mort en 1726.

VANCOUVER (Georges), célèbre navigateur, mort le 10 mai 1708.

VAN-DALE (Antoine), médecin, érudit, critique hollandais, né en 1638, mort à Harlem en 1708.

Vandales : ils sont défaits par Ricimer en 456. — Sont défaits, dès leur début, par les Francs, en Allemagne, en 406. — Unis aux Alains et aux Suèves, ils ravagent les Gaules jusqu'en 416. — Passent en Afrique en 429. — Font la paix avec les Romains en 435. — Leur domination cesse en Afrique en 534, après avoir duré 105 ans.

Vandanachi, dans l'Indostan, où fut livrée, en 1782, une bataille, dans laquelle les Anglais furent battus.

VANDERMEULEN (Antoine - François), peintre de batailles, né à Bruxelles en 1634, mort à Paris en 1690.

VAN-DICK. Voy. DYCK (Van).

VAN-EYCK. Voy. EYCK (Van).

VAN-EFFEN (Just), critique hollandais, né à Utrecht, mort en 1735.

VAN-HELMONT (Jean-Baptiste), médecin et chimiste brabançon, né en 1577, mort le 30 décembre 1644.

VANIÈRE (Jacques), jésuite, poëte latin moderne, né au Caux, bourg du diocèse de Béziers, le 9 mars 1664, mort à Toulouse le 22 août 1739.

Vanille : elle est apportée d'Amérique en Europe en 1510.

VANINI (Lucio), fameux athée, né à Taurozano, dans la terre d'Otrante, en 1585, brûlé vif le 19 février 1619.

VANLOO (Jean-Baptiste), peintre, né à Aix en 1684, mort dans la même ville en 1745.

VANLOO (Charles-André), dit *Carle Vanloo*, frère et élève du précédent, né à Nice en 1705, mort le 15 juillet 1765.

Vannes, ancienne ville de Bretagne : elle fut prise par les Bretons à Gontran, l'un des rois français, en 577. — Pepin s'en rendit maître l'an 753, mais les Bretons la reprirent ensuite. — Elle fut réunie à la couronne de France avec le reste de la Bretagne, en 1532.

Vannes (congrégation de Saint-) : son établissement en 1600.

Vanniers : il y avait à Paris une communauté de maîtres de cette profession, instituée en 1467, confirmée par lettres patentes de Louis XI ; elle fut réformée par arrêt du conseil sous Charles IX, en septembre 1561.

VAN-OSTADE (Adrien), peintre et graveur, né à Lubeck en 1610, mort à Amsterdam en 1685.

VAN-SPAENDONCK (Gérard), habile peintre de fleurs, né le 23 mars 1746, à Tilburg en Hollande, mort à Paris le 11 mai 1822.

VAN-SWIETEN (Gérard), savant médecin hollandais, né à Leyde le 7 mai 1700, mort à Vienne le 18 juin 1772.

Vapeur : la découverte de sa force expansive, constatée par une foule d'expériences, donna lieu à l'invention de la marmite de Papin, publiée en 1682.—En 1820, une marmite du même genre, appelée *autoclave*, fut inventée par Lemare.—En 1788, Bétancourt avait déterminé, par l'expérience, les degrés de la force expansive de la vapeur, correspondant aux degrés de température du thermomètre de Réaumur. Depuis, et de notre temps, M. Gay-Lussac a fait de nouvelles expériences sur la force de la vapeur. — Vers 1799, le célèbre chimiste Chaptal trouva un procédé pour le blanchiment des toiles par la vapeur.

Vapeur (machines à) : l'idée d'employer la vapeur comme force motrice se trouve dans un ouvrage de Salomon de Caus, ingénieur français au service de l'électeur palatin, imprimé en 1613 ou en 1615. — Quelques années plus tard, en 1629, un ouvrage de Giovanni Branca, imprimé à Rome, donna encore plus d'extension à l'emploi de la vapeur dans les machines. — En 1664, le marquis de Worcester publia un ouvrage sur le même sujet. — En 1698, Papin traita aussi des propriétés d'une machine à vapeur. — L'idée fondamentale des perfectionnements qu'on y a introduits paraît appartenir à l'anglais Savery, qui vivait dans le XVIIe siècle. — Vers 1705, Newcommen, Ferronnier et Jean Cowley exécutèrent l'idée de Savery.— Vers 1764, Watt, perfectionnant les travaux de ses devanciers, fit construire une machine où la vapeur entrait alternativement en dessus et en dessous du piston, mais cependant à simple effet. — En 1788, le même Watt et Bolton construisirent à Londres la première machine à vapeur à double effet, dans laquelle on n'employait plus le balancier. — En 1815, on fit l'application de la machine à vapeur aux voitures; on construisit en Angleterre une machine montée sur des roues et traînant avec elle quatorze chariots de charbon de terre, du poids de 4,000 liv. chacun, et faisant environ une lieue française par heure. — Déjà, en 1819, on avait, dans l'Etat de Kentucky en Amérique, une diligence à vapeur, qui parcourait 12 milles anglais à l'heure.

Vapeur (navigation par la) : avant 1789, plusieurs expériences avaient été faites, tant en France qu'en Angleterre, pour se servir, dans la navigation, de la vapeur comme force motrice.— Le premier bateau à vapeur, construit par Fulton, ingénieur américain, fut lancé à New-York le 30 octobre 1807, et vogua jusqu'à Albany, ville distante de 40 lieues. — La vapeur sert à des communications régulières en Amérique depuis 1810. — En septembre 1812, on fit l'essai d'un bateau à vapeur sur une mer très-houleuse, entre New-York et New-Haven. — En 1812, en Angleterre, Bell et Thompson firent construire, sur la Clyde, le premier bateau à vapeur employé régulièrement dans ce pays; il fut appelé *la Comète;* la machine avait seulement une force de trois chevaux. — En 1813, établissement de bateaux à vapeur entre Norwich et Yarmouth.— En 1815, bateau à vapeur pouvant transporter 300 personnes et faisant un service régulier entre Limehouse et Gravesend. — En mai 1815, navigation mémorable du capitaine Dodd, qui se rendit de Dublin à Londres sur un bateau à vapeur en 121 heures et demie, malgré des coups de vent très-violents et l'action des courants. — En 1820, on construisit à Boston une batterie flottante de dimension extraordinaire, mue par une machine à vapeur.

VARICOURT (.... de), issu d'une noble famille du pays de Gex, garde-du-corps de Louis XVI, fut tué, à Versailles, en défendant la reine Marie-Antoinette, le 6 octobre 1789.

VARIGNON (Pierre), géomètre français, né à Caen en 1654, mort le 22 décembre 1722.

VARILLAS (Antoine), historien, né à Guéret en 1624, mort le 9 juin 1696.

Varna (bataille de), gagnée le 10 novembre 1444, par les Turcs sur Ladislas, roi de Hongrie.

Varna (prise de), par les Russes, le 11 octobre 1828.

VARRON (Marcus Terentius), savant écrivain latin, né l'an 118 av. J.-C., mort l'an 29 av. J.-C.

Varsovie : prise par les Russes, le 4 novembre 1794. — Est occupée par les Français, le 28 novembre 1806. — Prise de cette ville par les Russes, le 8 septembre 1830.

Varsovie (bataille de), gagnée sur les Russes par Charles XII, roi de Suède, en juillet 1705.

Varsovie (traité de), conclu le 8 janvier 1745, entre l'Autriche, l'Angleterre, les Provinces-Unies et la Saxe. — Traité d'alliance et de paix, signé le 24 février 1768 dans cette ville, entre la Russie et la Pologne.

Varsovie (le duché de), cédé à la Russie en 1814.

VARUS (Quintilius), proconsul romain, périt l'an 9 av. J.-C., en Allemagne.

VASARI (Giorgio), peintre, architecte, et écrivain italien, né à Arezzo en 1512, mort à Florence en 1574.

VASCO DE GAMA, navigateur portugais. Voy. GAMA (Vasco de).

VASCOSAN (Michel), imprimeur français, né à Amiens, mort en 1576.

Vassy : massacre des huguenots dans cette ville par les gens du duc de Guise, le 1er mai 1562.

Vatican (bibliothèque du) : fondée à Rome en 1446.

VATOUT (Jean), littérateur, érudit, député, membre de l'Académie française, né à Villefranche (Rhône) le 25 mai 1791, mort à Claremont en novembre 1848.

VATTEL (Emmerich de), ou DE WATTEL, historien, physicien et écrivain politique, né à Couret, principauté de Neuchâtel, en 1714, mort dans la même ville en 1767.

VATTEVILLE (dom Jean de), abbé de Baume et militaire distingué, mort le 4 février 1709, âgé de plus de 90 ans.

VAUBAN (Sébastien Leprestre de), le plus célèbre ingénieur des temps modernes, né le 1er mai 1638, fait maréchal de France en 1703, mourut le 30 mars 1707, après avoir travaillé à 300 places anciennes, en avoir construit 33 nouvelles, après s'être trouvé à 140 actions de vigueur, et avoir conduit 53 siéges.

VAUCANSON (Jacques de), célèbre mécanicien français, né à Grenoble le 24 février 1709, mort le 21 novembre 1783.

Vauchamp (bataille de), où les Prussiens sont repoussés par les Français, le 14 février 1814.

Vaucouleurs, ancienne ville de Champagne : unie à la couronne de France, par Charles V, en 1365.

Vaud (pays de) : les Bernois s'en emparent sur le duc de Savoie, en 1536. — Le 4 mai 1802, insurrection des paysans qui veulent anéantir tous les titres de féodalité dans leur canton.

Vaudeville (théâtre du) : sa fondation et son ouverture, à Paris, le 9 avril 1792. — Incendié le 13 juillet 1838.

Vaudois (secte des) : elle prit naissance à Lyon, de Pierre Valdo, vers la fin du XIIe siècle. Les hérétiques qui la composaient portaient aussi les noms de *Léonistes* et de *Pauvres de Lyon :* ils furent condamnés en 1190.

VAUDREUIL (L.-P., marquis de), lieutenant général des armées navales de France, mort le 14 décembre 1802, à l'âge de 79 ans.

VAUGELAS (Claude Favre de), grammairien et critique français, né à Bourg-en-Bresse en 1585, mort en 1650.

VAUGIRAUD (Pierre-René-Marie, comte de), vice-amiral français, né aux Sables-d'Olonne en 1741, mort à Paris le 13 mai 1819.

VAUQUELIN (Nicolas), chimiste français, né le 6 mai 1763, mort le 14 octobre 1829.

VAUVENARGUES (Luc Clapiers de), écrivain et moraliste célèbre du XVIIIe siècle, né à Aix le 6 ou le 10 août 1715, mort en 1747.

VAUVILLIERS (Jean-François), savant critique, traducteur français, mort à Saint-Pétersbourg le 23 juillet 1800, âgé de 64 ans.

Véciliens, sectateurs de Vécilon, évêque intrus de Mayence au XIe siècle : ils soutenaient que ceux qui avaient été dépouillés de leurs biens n'étaient plus sujets au jugement des évêques.

VÉGÈCE (Flavius Vegetius-Renatus), écrivain latin, vivait dans le IVe siècle, du temps de l'empereur Valentinien.

Veglia (île et ville de), dans le golfe de Venise : elles appartenaient à la république de Venise, dès l'an 1480.

Veïens (guerre des), dans laquelle les Romains furent victorieux, l'an 730 av. J.-C.

Veïes (bataille de) : les Romains y battirent les Etrusques et leurs alliés, l'an 478 av. J.-C.

Veïes : siége de cette ville par les Romains, qui ne la prirent que par ruse et au bout de dix ans, l'an 393 av. J.-C.

Veillane (combat de), livré le 10 juillet 1630; le duc de Montmorency, commandant l'armée française, y bat le général Doria et les Impériaux.

VELASQUEZ (don Diego de Sylva), peintre espagnol, né à Séville en 1594, mort à Madrid en 1660.

VELDE (Van den), nom de plusieurs habiles peintres hollandais. — Adrien, né à Amsterdam en 1639, mort en 1672. — Isaïe, qui vivait en 1630. — Guillaume le Jeune, mort en 1707.

VELDE (Jean-François Van de), ex-évêque de Gand, né à Boom (province d'Anvers) le 8 septembre 1779, promu à l'épiscopat le 18 mai 1829, sacré le 8 novembre suivant, installé le 18 du même mois, mort le 7 août 1838.

Velletri, belle ville d'Italie : il s'y donna une bataille entre les Espagnols et les Autrichiens, en 1744.

VELLY (l'abbé Paul-François), historien, né près de Fismes en Champagne, mort à Paris en 1759, âgé de 48 ans.

Vélocifères : voitures inventées en 1804.

Velours ciselés de Lyon : en 1718, un arrêt du conseil accorda aux marchands fabricants de Lyon une gratification pour chaque aune de velours qu'ils faisaient fabriquer en soie ou en dorure; ce qui excita une grande émulation.

Venaissin (comtat) : Philippe le Hardi l'avait donné aux papes vers 1274. — Le pape Clément VI (Pierre Rogier, ancien chancelier de France), y joignit la ville d'Avignon, qu'il avait achetée de la reine Jeanne, par contrat du 19 juin 1348. — Réuni à la France en 1791.

Vénalité des charges en France. Celle des charges de finances fut établie par Louis XII (de 1418 à 1515). — Charles IX, par ses édits de 1567 et 1568, établit positivement la vénalité des offices de judicature. — On a lieu de croire que les charges militaires furent, pour la premiere fois, mises en vente par les Guises, de 1574 à 1583, sous Henri III.

VENCESLAS. Voy. WENCESLAS.

Vendée : troubles et guerre civile dans ce pays, depuis le commencement de 1793 jusqu'en mars et avril 1796 (germinal an IV). Le général Hoche en fut le pacificateur. — Mouvements royalistes dans ce pays en avril 1815. La Vendée fut pacifiée le 26 juin.

VENDOME (Louis-Joseph, duc de), né le 1er juillet 1654, prit Barcelone en 1697, gagna la bataille de Villaviciosa, le 10 décembre 1710; mort à Tignaros en Catalogne, le 11 juin 1712.

VENDOME (Philippe de), grand prieur de France et frère du précédent, né à Paris le 23 août 1655, mort le 24 janvier 1727

Vendôme (place) : on commence à y ériger, en 1806, une colonne d'airain, modelée sur la colonne Trajane, et fondue avec une partie des canons pris à Austerlitz.

Vendôme, ville de Beauce, prise par les réformés en 1562. S'étant déclarée ensuite pour les ligueurs, Henri IV la prit en 1586.

VENEL (Gabriel-François), médecin, né à Pézenas en 1723, mort à Montpellier en 1776.

Vengeur (le vaisseau français *le*), mort héroïque de son équipage, le 1er juin 1794.

Venise, ville et ancienne république d'Italie : ses commencements, vers 452. — Elle commence à avoir des doges vers 697. — Origine de son aristocratie et du *livre d'or* en 1297. — Commencement de son commerce et de son opulence, en 1345. — Elle est occupée par les troupes françaises, le 21 mai 1797. — Le général Miollis en prend possession, le 17 janvier 1806, au nom de l'empereur Napoléon.

Venise (doges de). La suite des doges ne commence que vers la fin du VIIe siècle. — Paul Anafesto, en 697. — M. Tegalliano, en 717. — Orso Ipato, en 726. — *Maîtres de la milice* pendant cinq ans, de 737 à 742. — Théodat Orso Ipato, en 742. — Galla en 755. — D. Monegario, en 756. — M. Galbaio, en 764. — J. Galbaio, en 787. — Obelerio Antenorio, en 804. — A. Particiaco, en 811. — G. Particiaco, en 827. — J. Particiaco, en 829. — P. Tradonico, en 837. — O. Particiaco, en 881. — J. Particiaco, en 881. — Pierre Candiano et Jean Particiaco, pour la seconde fois, en 887. — Pierre Tribuno, en 888. — Orso Particiaco en 912. — Pierre Candiano II, en 932. — P. Badoaro, en 939. — P. Candiano III, en 942. — P. Candiano IV, en 959. — P. Orsealo en 976. — Vital Candiano en 978. Tribuno-Memmo, en 979. — O. Orsealo II, en 991. — Ot. Orsealo, en 1009. — P. Barbolano, en 1026. — D. Orsealo, en 1032. — D. Flambanico, en 1034. — D. Cantareno ou Cantarini, en 1043. — D. Silvio, en 1071. — Vital Falier, en 1084. V. Micheli, en 1096. — Or. Falier, en 1102. — D. Micheli, en 1117. — P. Polani, en 1130. — D. Morosini, en 1148. — V. Micheli II, en 1156. — Seb. Ziani, en 1173. — Or. Malipiero ou Matropietro, en 1179. — H. Dandolo, en 1192. — P. Ziani, en 1205. — Jacques Tiepolo, en

1229.— M. Morosini, en 1249. — R. Zeno, en 1252. — Lau. Tiepolo, en 1268.—J. Cantarini, en 1275. — J. Dandolo, en 1279. — P. Gradenigo, en 1290. — M. Georgio, en 1311. —J. Soranzo, en 1312.—F. Dandolo, en 1328. — B. Gradenigo, en 1339. —A. Dandolo, en 1343. — M. Falier, en 1354. — J. Gradenigo, en 1355. — J. Delfino, en 1356. — Lau. Celsi, en 1361. — M. Cornaro, en 1365. — A. Cantarini, en 1367. — M. Morosini, en 1382. — A. Venieri, en 1382. — M. Steno, en 1400. — T. Mocenigo, en 1414. — F. Foscari, en 1423. — P. Malipiero, en 1457. — Ch. Moro, en 1462. — N. Trono, en 1471. N. Marcel, en 1473. — P. Mocenigo, en 1474. A. Vandramino, en 1476. — J. Mocenigo, en 1478. — M. Barbarigo en 1485. — A. Barbarigo, en 1486. — L. Loredano, en 1501. — A. Grimani, en 1521. — A. Gritti, en 1523.— P. Lando, en 1539. — F. Donato, en 1545. — M. A. Trevisani, en 1553. — F. Venieri, en 1554. — L Priuli, en 1556. — J. Priuli, en 1559. — P. Loredano, en 1567. — J. Mocenigo, en 1570. — S. Venieri, en 1577. — N. da Ponte, en 1578. — P. Cicogna, en 1585.— M. Grimani, en 1595. — L. Donato, en 1606. — M. A. Memmo, en 1612. — J. Bembo, en 1615. — N. Donato, en 1618. — A. Priuli, en 1618. — T. Cantarini, en 1623. — J. Cornaro, en 1624. — N. Cantarini, en 1630. — F. Erizzo, en 1631. — F. Molino, en 1646. — C. Cantarini, en 1655. — F. Cornaro, en 1656. —B. Falier ou Valieri, en 1656. — J. Pezari, en 1658. — D. Cantarini, en 1659. — N. Sagredo, en 1675. — L. Cantarini, en 1676.—M. A. Giustiniani, en 1684. —F. Morosini, en 1688. — S. Valieri, en 1694. — L. Mocenigo, en 1700. — J. Cornaro, en 1709. — S. Mocenigo, en 1722. — C. Ruzzini, en 1732. — L. Pisani, en 1735. — P. Grimani, en 1741. — F. Loredano, en 1752. — M. Foscarini, en 1762. — Ab. Mocenigo, en 1763. — Paul Renieri, en 1779. — Louis Marini, en 1789. — Venise est prise par les Français, et cédée à l'Autriche en 1797. — L'État de Venise est réuni au royaume d'Italie en 1805. — Réuni au royaume Lombardo-Vénitien en 1814.

Venise (concile de), tenu en 1177.

VENIUS (Otho), peintre, né à Leyde en 1556, mort à Bruxelles en 1634.

Venloo, ville forte de la Gueldre hollandaise : c'était d'abord un petit bourg que Renaud, duc de Gueldre, entoura de murailles en 1343. — C'est à Venloo que Guillaume, duc de Clèves, demanda pardon à genoux à l'empereur Charles-Quint, pour s'être révolté contre lui en 1543.

Ventilateur : le premier projet d'une machine de ce genre fut communiqué à la Société royale de Londres, en mai 1741. — Le physicien anglais Hales inventa, vers 1735, un ventilateur qui devint d'un usage presque universel.

Vents : leurs noms de Sud, Est, Nord, Ouest, leur ont été donnés par Charlemagne, en 800.

Vénus : passage de cette planète sur le soleil, le 5 juin 1761. Les astronomes l'observèrent attentivement, afin de calculer plus exactement la distance du soleil et des planètes. — Nouveau passage de cette planète sur le soleil, le 3 juin 1769. Il ne doit plus y en avoir de semblable avant 1874.

Vêpres siciliennes : massacre des Français à Palerme et dans toute la Sicile, le 30 mars 1282.

Vera-Cruz (Traité de paix de la) : signé entre la France et le Mexique, le 9 mars 1839, avec la médiation de l'Angleterre.

Veragua, province du Mexique, découverte par Christophe Colomb, en 1502.

Verceil (concile de), tenu en 1050.

VERCINGÉTORIX, célèbre général gaulois, mis à mort à Rome, l'an 47 avant J.-C.

Verdun : cette ville passa sous la domination des rois de France au IVe siècle. — Plus tard, elle fut conquise par l'empereur Othon, et jouit du privilége de ville libre et impériale jusqu'en 1552. — La ville et le comté de Verdun furent réunis à la France par le traité de Munster, en 1648. — Prise par les Prussiens en septembre 1792.

Verdun (concile de), tenu en 947.

VERGENNES (Charles Gravier, comte de), ministre des affaires étrangères sous Louis XVI, mort à Versailles le 13 février 1787, à 68 ans.

Vergetiers (communauté des) : elle était fort ancienne à Paris : ils avaient des statuts de 1485, sous le règne de Charles VIII, qui paraissaient tirés d'autres plus anciens encore ; ils eurent de nouveaux règlements, qui furent autorisés et confirmés par lettres patentes de Louis XIV, de septembre 1659.

VERGIER (Jacques), chansonnier agréable, né à Lyon en 1657, assassiné à Paris le 28 août 1720.

VERGNIAUD (Pierre-Victorin), célèbre orateur de la Convention, né à Limoges en 1759, condamné à mort par le tribunal révolutionnaire, le 30 octobre 1793.

VERHEYEN (Philippe), anatomiste hollandais, né en 1644 au bourg de Vaas, mort le 23 janvier 1710. Il y a des muscles releveurs des côtes, qui se nomment *muscles de Verheyen.*

Vérifier les dates (art de). Voyez *Dates.*

Vermandois, pays de Picardie : réuni à la couronne de France par Philippe-Auguste, en 1161.

Vermerie ou *Verberie* (concile de), tenu en 870.

VERNET (Joseph), peintre célèbre, né à Avignon en 1714, mort à Paris en 1789.

VERNEUIL (Catherine-Henriette de Balzac d'Entraigues, marquise de), morte en 1633, à 54 ans.

Verneuil (bataille de), où les Français furent défaits par les Anglais, en 1427.

Verneuil, ville de Normandie : le roi Charles VII l'enleva aux Anglais en 1449 ; depuis ce temps elle resta à la France.

Vernon (concile de), tenu en 756

Vérolamium, ville de la Grande-Bretagne : en 429, il s'y tint un concile auquel assistèrent saint Germain, évêque d'Auxerre, et saint Loup, évêque de Troyes.

Vérole (petite) : cette horrible maladie a

été connue de temps immémorial à la Chine et au Japon ; on croit que d'abord elle passa en Egypte, de là en Italie, et ensuite dans le reste de l'Europe. — Suivant le savant Huet, la maladie qui ravagea la France en 520, n'était autre que la petite vérole. — Le Syrien Rhazès donna le premier une description exacte de cette maladie, vers le IXe siècle. — En 1493 eut lieu la première apparition de ce fléau, en France, en Italie et en Allemagne. — Il exerça ses premiers ravages à Paris, en 1494. — La pratique de l'inoculation était en usage à la Chine dès le XIe siècle. — En 1713, Timonus, médecin grec, communiqua ce procédé aux universités d'Oxford et de Padoue, dont il était membre. — En 1721, l'inoculation fut essayée en Angleterre sur des criminels condamnés; dans la même année, lady Montagu fit inoculer sa fille à Londres. — En 1738, les Anglais portèrent la pratique de l'inoculation dans l'Amérique septentrionale. — En 1748, Tronchin, inspecteur des médecins d'Amsterdam, inocula avec succès son fils et plusieurs autres personnes. — L'inoculation ne fut introduite en France qu'en 1756; cette même année, le duc d'Orléans fit inoculer ses enfants par Tronchin. — Le 8 juin 1763, arrêt du parlement de Paris, qui ordonnait que les facultés de théologie et de médecine de cette ville donneraient leur avis sur la pratique de l'inoculation de la petite vérole. Voy. *Vaccine*.

Vérone, fondation de cette ville par les Gaulois, vers l'an 600 av. J.-C.

Vérone (capitulation de), le 24 avril 1797.

Vérone (combat de), où les Français sont battus par les Autrichiens, le 30 mars 1799.

Vérone (congrès de), où se réunissent les souverains d'Autriche, de Russie et de Prusse; il s'ouvre en septembre 1822. La France y est représentée par le vicomte de Montmorency. Il clot ses conférences à la fin de novembre, après avoir décidé que la France fera la guerre à l'Espagne.

VÉRONÈSE (Paul Caliari, surnommé Paul), célèbre peintre, né à Vérone en 1528 ou en 1530, mort à Venise en 1588.

VÉRONÈSE (Alexandre Turchi, surnommé), peintre, né à Vérone en 1600, mort à Rome en 1670.

VÉRONIQUE (sainte), religieuse augustine de Milan, morte en 1497. L'Eglise célèbre sa fête le 13 janvier.

Véronique (fête de la Sainte): elle est mentionnée dans un bref du pape Sergius de l'an 1011. — Elle se célèbre en plusieurs églises, le mardi de la Quinquagésime, veille du jour des Cendres.

Verre : son invention est attribuée aux Tyriens, vers 1640 av. J.-C. , et suivant d'autres , elle appartient aux Phéniciens et ne date que de 1450 av. J.-C. — Découverte du secret de sa malléabilité par un ouvrier de Rome, l'an 15 de notre ère. — Saint Jérôme, qui vivait au Ve siècle, dit que de son temps on employait le verre pour les fenêtres des maisons. — Grégoire de Tours parle du verre de vitres vers 550. Fortunat en parle aussi dans ses ouvrages vers 600. — En l'an 900, à Samarkande, on employait le verre pour le même usage. — La découverte de l'art de polir, de graver et de tailler le verre, pour tout ce qui a rapport aux objets d'ornement, est attribuée à Gaspard Lehmann, à qui l'empereur Rodolphe II, mort en 1612, accorda le titre de graveur sur verre de sa cour. — En 674, le prieur du couvent de Weymouth en Angleterre avait fait venir des ouvriers français pour garnir de vitres les fenêtres de son église ; en 1696 on comptait quatre-vingt-dix verreries en Angleterre. — On remarque à Leiht, en Ecosse, une bouteille de verre de la capacité de 500 litres, qui fut soufflée en 1747. — Un Français trouva le secret de rendre le verre malléable, en 1640. — En 1816, le Hollandais Demmenic fabriquait le verre à Paris avec le plus simple appareil et dans un très-court espace de temps, lui faisant prendre les formes les plus délicates et les plus variées.

Verre de couleur : sa fabrication est d'une date fort ancienne en France ; il était en usage au VIIe siècle. — Au XIIe siècle, les fenêtres de l'abbaye de Saint-Denis, près de Paris, étaient garnies de verre de couleur. — La peinture sur verre commença à être cultivée en France vers 1410.

VERRI (Alexandre, comte), écrivain italien, auteur des *Nuits Romaines*, mort le 23 septembre 1816.

Verriers (communauté des) : elle existait autrefois à Paris ; ses plus anciens statuts lui avaient été accordés par Henri IV, le 20 mars 1600. On lui en avait accordé de nouveaux en 1658.

Vers à soie : leur culture et la fabrication de leurs produits étaient encouragées à la Chine, dès l'an 1078 av. J.-C. — Suivant quelques historiens, les vers à soie se multiplièrent d'une manière prodigieuse, environ 150 ans av. J.-C. — Des œufs de ces insectes furent apportés, en 555, par deux moines, des Indes à Constantinople. — La culture de la soie ne fut essayée en France que sous le règne de Henri II (de 1589 à 1610). Voy. *Soie*.

Vers à tuyau : cette espèce de vers marins donna une terrible alarme à la Hollande, dans les années 1731 et 1732, en rongeant les piliers, digues, etc., de quelques-unes des Provinces-Unies.

Versailles : son château achevé en 1687.

Versailles : traité d'alliance conclu dans cette ville, le 2 mai 1756, entre Louis XV et l'impératrice reine de Hongrie et de Bohême.

Versailles (traité de), où la paix est définitivement conclue, le 3 septembre 1783, entre l'Angleterre d'un côté, et de l'autre l'Espagne, la France et les Etats-Unis.

Versailles , ville considérable de l'Ile-de-France : les états généraux, si fameux depuis sous le nom d'Assemblée nationale, y tinrent leur première séance le 3 mai 1789. Voy. *Musée*.

VERTOT D'AUBOEUF (l'abbé René Aubert de), célèbre historien français, né en Normandie le 25 novembre 1655, mort le 15 juin 1735

VERUS (Lucius Ceionius Commodus), em

pereur romain, mort à Altino, l'an 169 de J.-C., âgé de 39 ans selon les uns, et de 42 suivant les autres.

Vervins (paix de), entre la France et l'Espagne, le 2 mai 1598.

VESALE (André), médecin et célèbre anatomiste, né à Bruxelles en 1512 ou 1524, mort de faim dans l'île de Zante, où il avait fait naufrage, le 15 octobre 1564.

Véséris (bataille de), près du mont Vésuve, gagnée par les Romains sur les Latins, l'an 338 av. J.-C.

Vesoul, ville de la Franche-Comté : les Anglais la pillèrent et y mirent le feu en 1360. — Rétablie en 1369, elle fut détruite de fond en comble, en 1479, par Charles d'Amboise. — Turenne s'en rendit maître en 1649 et en démolit les fortifications. — Sa possession fut assurée à la France par le traité de Nimègue en 1678.

VESPASIEN (Titus Flavius), empereur romain, né l'an 8 ou 9 de J.-C., mort le 24 juin de l'an 79 de J.-C.

VESPUCE. Voyez AMÉRIC-VESPUCE.

Vesta : la fête de cette déesse se célébrait à Rome le 6 mars.

Vesta, onzième planète, découverte le 29 mars 1807 par le docteur Olbers.

VESTRIS (madame), actrice française, morte le 6 octobre 1804.

VESTRIS, danseur italien, mort à Paris le 27 septembre 1808.

Vésuve : terrible éruption de ce volcan, l'an 79 de J.-C. Les villes de Pompeia et d'Herculanum furent englouties. — Eruption, en 472, qui ravagea toute la Campanie. — Nouvelle éruption en 1007. — L'éruption de 1631 rendit inabordable le cratère du volcan. — Celle du 29 octobre 1767 est l'une des plus remarquables que les naturalistes aient observées. — Celle de 1781 dura plus de deux mois.—Celle de 1805 forma dans la mer un promontoire volcanique.

Vétérinaire (art) : il remonte au centaure Chiron à qui on a attribué un traité des maladies des chevaux. Il florissait vers 1450 av. J.-C. Etablissement à Lyon d'une école vétérinaire, par Bourgelat, en 1762.

Vézelay, petite ville de France dans le Morvan ; elle dut ses commencements à une abbaye fondée au IXe siècle sous Charles le Chauve. — Ce fut à Vézelay que saint Bernard prêcha la seconde croisade en 1146.

Vézelay (concile de), tenu en 1145.

VIAIXNES (Dom Thierri Fagnier de), bénédictin et théologien, né à Châlons-sur-Marne le 18 mars 1659, mort à Rhynswich près d'Utrecht en 1735.

VIC (Henri de), le plus habile mécanicien du XIVe siècle, mort en 1369.

Vic (Meurthe). Voy. *Sel gemme*.

Vicence, ville du royaume Lombardo-Vénitien, prise par les Français en 1796 et 1800.

Vich (combat de), en Espagne, où la victoire demeura aux Français, le 23 février 1810.

Vico, ville du Piémont : combat gagné près de cette ville par Bonaparte sur les Autrichiens, le 19 avril 1796.

VICO, célèbre philosophe napolitain, qui écrivait vers la fin du XVIIe et au commencement du XVIIIe siècle.

VICO (. . . . .), célèbre astronome, de la compagnie de Jésus, mort à Londres le 15 novembre 1846.

VICQ D'AZYR (Félix), médecin français, né à Valognes, le 28 avril 1748, mort le 20 juin 1794.

Victoires (place des), à Paris : statue de Louis XIV qui y est érigée par le maréchal de La Feuillade en 1686. — Inauguration de la nouvelle statue de Louis XIV sur cette place, le 25 août 1822.

VICTOR (saint), guerrier romain, eut la tête tranchée pour la foi, l'an 303.

VICTOR (saint), pape, né en Afrique, appelé à la chaire de saint Pierre le 1er juin 193, martyrisé le 28 juin 202.

VICTOR II, pape, élu le 15 avril 1055, mort à Florence en 1057.

VICTOR III, élu pape le 14 juin 1086, mort le 16 septembre 1087.

VICTOR AMÉDÉE II, duc de Savoie et premier roi de Sardaigne, né le 14 mai 1666, succéda à son père Charles-Emmanuel en 1675, abdiqua en 1730, et mourut au château de Rivoli près de Turin le 31 octobre 1732.

Victor (abbaye de saint) : elle existait dès le XIe siècle, comme on le voit par une charte de Philippe Ier, datée de l'an 1085. L'abbaye proprement dite fut fondée par Louis le Gros, et ce prince la dota par une charte datée de 1113.

VIDA (Marc-Jérôme), évêque d'Albe, poëte latin distingué, né à Crémone, en 1470, mort le 27 septembre 1566.

VIEILLEVILLE (François de Scépeaux, seigneur de), maréchal de France, mort à Duretal, en Anjou, le 30 novembre 1571.

VIEN (Joseph-Marie), peintre français, né à Montpellier le 18 juin 1716, mort le 27 mars 1807.

Vienne, capitale de l'Autriche : son archevêché fut érigé en 1721. — Fondation de son université en 1365, par l'archiduc Albert III. — Assiégée par les Turcs, le 14 octobre 1529. — Assiégée pour la seconde fois par les Turcs, qui sont repoussés, en 1683. — Entrée des Français dans cette ville, le 13 novembre 1805. — Deuxième entrée des troupes françaises à Vienne, le 12 mai 1809.

Vienne (traité de), conclu le 16 mars 1731 entre l'empereur, l'Angleterre et la Hollande.

Vienne (congrès de) : il se constitue le 12 octobre 1814, pour régler les intérêts de l'Europe ; ses conférences s'ouvrent le 18.— Le 19 décembre, il est prorogé jusqu'au 15 février 1815. — Abolit la traite des Noirs en février 1815.— Sa clôture est signée par tous les plénipotentiaires, le 29 mai suivant.

Vienne en Dauphiné : son évêché est érigé en archevêché, par le pape Clément XI, en 1721.

Vienne en Dauphiné (conciles de), en 474, 1113, 1119 et 1311.

VIÈTE (François), mathématicien, né à Fontenay, en Poitou, l'an 1540, mort en 1603.

VIGÉE (Louis-Guillaume-Bernard), littérateur et poëte français, né en 1765, mort le 7 mai 1820.

VIGILE, élu pape le 22 novembre 537, mort le 15 janvier 555.

Vigiles, jours qui précèdent les fêtes de l'Eglise: on croit qu'on commença à les célébrer dans le second siècle de l'ère chrétienne, et que ce fut à l'occasion du martyre de saint Polycarpe, évêque de Smyrne.

VIGNACOURT (Adrien de), grand-maître de l'ordre de Malte: sa mort en 1697.

Vigne : son origine remonte jusqu'à Noé qui apprit à ses enfants à la planter, vers l'an 3044 av. J.-C.—Domitien voulut en faire arracher une partie, l'an 92 de notre ère. — L'empereur Probus en fit planter dans les Gaules, et en encouragea la culture vers l'an 276 de notre ère.

VIGNEROD. Voy. AIGUILLON.

VIGNES (Pierre des), chancelier de l'empereur Frédéric II, savant écrivain, mort en prison en 1249.

VIGNOLE (Jacques Barrozio, surnommé), architecte, né à Vignola, au duché de Modène, en 1507, mort à Rome en 1573.

Vigo(bataille navale de), où le comte de Château-Renaud fut défait complétement par le duc d'Ormond, le 22 octobre 1702.

VILARIS (Marc-Hilaire), savant chimiste, né à Bordeaux en 1720, mort dans cette ville le 26 mai 1792.

Vilebrequin : l'invention de cet instrument remonte, dit-on, à Dédale, vers l'an 1301 av. J.-C.

VILFRID (saint), sacré évêque d'York en 664; sa mort en 709.

Villa-Viciosa (bataille de), où les Portugais sont vainqueurs des Espagnols en 1665.

Villa-Viciosa (bataille de), gagnée le 10 décembre 1710, par Philippe V, roi d'Espagne, sur les alliés; cette victoire lui assure la couronne d'Espagne.

Villa-Viciosa, ville de Portugal: soutint un fameux siége en 1667.

VILLANI (Giovanni), célèbre historien de Florence, mort de la peste en 1348.

VILLARET (Foulques de), grand-maître de l'ordre de Saint-Jean de Jérusalem, l'an 1307, mort en Languedoc en 1327.

VILLARET (Claude), acteur et historien, né à Paris en 1715, mort en mars 1766.

VILLARET-JOYEUSE (le comte Louis-Thomas), vice-amiral, né à Auch en 1746, mort en 1812.

VILLARS (Louis-Hector, marquis, puis duc de), célèbre capitaine français, pair et maréchal de France, né à Moulins en 1653, gagna la bataille de Friedlinghen le 14 octobre 1702, celle de Malplaquet en 1709, celle de Denain le 24 juillet 1712, se rendit maître de Pizzighitone le 11 novembre 1733, mourut le 17 juin 1734.

VILLEBRUNE (Jean-Baptiste Lefèvre de), médecin, membre de l'Académie française, né en 1732, mort à Angoulême le 7 octobre 1809.

VILLEDIEU (Marie-Catherine Desjardins, femme), romancière, née à Alençon vers 1640, morte en 1683.

VILLEGONTIER (.....comte de la), préfet, pair de France, né en 1776, mort à Villegontier le 2 juin 1849

VILLE-HARDOUIN (Geoffroy de), historien, auteur de *l'histoire de la prise de Constantinople* par les Français et les Vénitiens, en 1204, vivait au commencement du XIIIe siècle.

VILLENEUVE (Hélion de), grand-maître de l'ordre de Saint-Jean de Jérusalem en 1319, mort à Rhodes en 1346.

VILLEROI (Nicolas de Neuville, seigneur de), conseiller et secrétaire d'Etat sous Charles IX, Henri III, Henri IV et Louis XIII, mort à Rouen le 12 novembre 1617, à 74 ans.

VILLEROI (François de Neuville, duc de), fils du précédent, pair et maréchal de France, mort à Paris le 18 juillet 1730, âgé de 87 ans.

Villers-Cotterets (ordonnance de): elle fut rendue au mois d'août 1539, pour la réformation et l'abréviation des procès, pour empêcher les tribunaux ecclésiastiques d'entreprendre sur les justices ordinaires, et pour que tous les actes publics fussent désormais écrits en français.

VILLETTE (Charles, marquis de), surnommé par Voltaire le *Tibulle français*, né à Paris, mort le 10 juillet 1793.

VILLETTE (Reine-Philiberte-Roulp de Varicourt, marquise de), femme du précédent, connue sous le nom de *Belle et Bonne*, que lui avait donné Voltaire; née à Pougny le 3 juin 1757, morte le 13 novembre 1822.

VILLIBROD (Saint), prêcha l'Evangile en 690, fut sacré à Rome en 696, et mourut en 738.

VILLIERS DE L'ILE-ADAM (Philippe de), grand-maître de l'ordre de Saint-Jean de Jérusalem, en 1521, célèbre par la défense de l'île de Rhodes contre 200,000 Turcs, en 1522, mourut le 21 août 1534.

VILLOISON (J.-B.-C. d'Anse de), érudit et critique français, né à Corbeil, mort à Paris en 1805, âgé de 55 ans.

Vimeiro (bataille de), gagnée par l'armée française sur les Anglais, le 21 août 1808.

Vin : il était vendu en Angleterre, par les apothicaires, comme un cordial, en 1298. — En 1202, les approvisionnements en vins destinés à la maison du roi Philippe-Auguste, se firent par ordre du monarque lui-même à Choisy, à Montargis, à Meulan. — Vers le milieu du XIVe siècle, le vin de Beaune était en grande réputation. — Les vins de Champagne prirent beaucoup de faveur dans le XVe siècle. — En 1760, la récolte annuelle de la France, en vins, fut de treize millions six cent quatre-vingt-sept mille cinq cents muids, qui reviennent à peu près à trente-quatre millions d'hectolitres. Dans l'étendue du territoire composant la République française on compte environ un million six cent treize mille neuf cent trente-neuf hectares de terres vignobles, dont le produit moyen est de trente-cinq millions trois cent cinquante-huit mille huit cent quatre-vingt-dix hectolitres.

Vinaigre : en 1742, le nommé Le Comte, vinaigrier à Paris, vendit le premier du vinaigre blanc.—En 1800, on parvint à extraire du bois l'acide acétique ou le vinaigre; et, en 1817, on établit une grande fabrication de ce vinaigre aux environs de Paris.

Vincennes (château de) : dès l'an 1270, il y avait en ce lieu une maison royale, bâtie probablement par Philippe-Auguste. — La tour de Vincennes fut commencée sous Philippe de Valois, l'an 1337, et Charles V l'acheva. — Le nouveau bâtiment fut commencé par Louis XIII et fini au commencement du règne de Louis XIV.

VINCENT DE PAUL (Saint), l'un des plus admirables modèles de la charité chrétienne et des vertus évangéliques, né à Poix, diocèse d'Acqs, le 24 avril 1576, mort le 27 septembre 1660 ; béatifié par Benoît XIII, le 13 août 1729, et canonisé par Clément XII, le 16 juin 1737.

VINCENT (Saint), évêque de Sarragosse ; son martyre, le 22 janvier 304.

VINCENT (Saint), diacre et martyr, mort le 22 janvier 305.

VINCENT DE LERINS, célèbre religieux du monastère de ce nom, mort en 450.

VINCENT (François-Nicolas), révolutionnaire exalté, condamné à mort par le tribunal révolutionnaire, le 4 germinal an II (24 mars 1794), à l'âge de 27 ans.

VINCI (Léonard de), peintre célèbre, né dans le château de Vinci, près de Florence, en 1452, mort à Fontainebleau, dans les bras de François 1er, vers l'an 1519.

Vineam Domini Sabbaoth, bulle donnée par Clément XI, le 15 juillet 1705.

Violon : cet instrument de musique est de temps immémorial en usage en Afrique ; il s'introduisit en Italie vers 1477.

Violoncelle, inventé par Buononcini en 1727.

VIOMÉNIL (le marquis de), maréchal de France, mort le 5 mars 1827.

VIOTTI (Jean-Baptiste), violoniste et compositeur italien, mort le 6 mars 1824.

VIRGILE (Publius Virgilius Maro), surnommé le *Prince des poëtes latins*, né à Andès, près de Mantoue, le 15 octobre de l'an 70 av. J.-C., mort à Brindes, en Calabre, le 22 septembre de l'an 19 av. J.-C., âgé de 51 ans.

VIRGILE. Voy. POLYDORE.

Virginie, contrée de l'Amérique septentrionale : découverte, en 1585, par Richard Greenwill, Anglais.

Vis : son invention par le mécanicien Archytas de Tarente, vers l'an 381 av. J.-C.

Vis sans fin : inventée par Archimède vers l'an 220 av. J.-C.

Vis inclinée : inventée par Archimède vers l'an 220 av. J.-C.

Vis d'Archimède, à *double effet*, inventée par M. Pattu, en 1820.

VISCLÈDE (Antoine-Louis Chalamont de la), savant et littérateur, né à Tarascon en 1692, mort à Marseille en 1760.

VISCONTI (Jean Galéas), duc de Milan en 1395, mort en 1402.

VISCONTI (Galéas), dit *le Grand*, duc de Milan, né le 21 janvier 1277, mort à Brescia en août 1328.

VISCONTI TORELLI (Orsina), comtesse de Guastalla, héroïne milanaise, morte en 1449.

VISCONTI (Ennius Quirinus), érudit profond et habile antiquaire, né à Rome en 1752, mort le 7 février 1818.

VISDELOU (Claude de), missionnaire jésuite, né en Bretagne au mois d'août 1656, mort à Pondichéry le 11 novembre 1737.

VISÉ (Jean Donneau, sieur de), poëte français, né à Paris en 1640, mort dans cette ville en 1710.

Visigoths : ils font la guerre aux Romains en 436. — S'emparent, en 475, de tous les pays compris entre la Loire et le Rhône. — Leur puissance se maintint dans les Gaules jusqu'à l'année 507, où Clovis tua leur roi Alaric à la bataille de Vouillé.

Visitation de la sainte Vierge (fête de la) : elle fut établie dès l'an 1263 dans l'ordre des Franciscains, par leur général, saint Bonaventure, et étendue à toute l'Eglise par le pape Urbain VI, en 1389 ; elle fut aussi ordonnée par le concile de Bâle, commencé en 1431.

Visitation (Religieuses de la), instituées par saint François de Sales, en 1616 ; sainte Chantal fut leur première supérieure.

Visites pastorales : l'obligation de visiter leurs diocèses fut imposée aux évêques par le concile de Meaux, en 845, celui de Paris en 831, et le troisième de Valence, en 855.

Vistock (bataille de), gagnée sur les Impériaux par Bannier, général suédois, en 1636.

VITALIEN, pape, né à Segni en Campanie, monta sur la chaire de saint Pierre le 30 juillet 657, mourut le 27 janvier 672.

VITELLIUS (Aulus), empereur romain, né l'an 15 de J.-C., tué l'an 69 de J.-C.

Vitriers (communauté des) de Paris : ses statuts, qui dataient du règne de Louis XI, furent réformés et confirmés sous Louis XIV, par lettres patentes du 22 février 1666.

VITRUVE (M. Vitruvius Pollio), architecte et ingénieur de l'antiquité, vivait du temps de Jules-César, environ 30 ans av. J.-C.

Vitry-le-Brûlé, ancien bourg de Champagne ; il dut son triste surnom à la terrible vengeance qu'y exerça le roi Louis VII vers 1145.

Vitry-le-Français, ville de Champagne : fondée par François 1er au commencement du XVIe siècle.

Vittoria, ville de la Biscaye : prise par les Français en 1793, et le 21 juin 1808.

VIVIANI (Vincent), illustre mathématicien, né à Florence le 5 avril 1622, mort le 22 septembre 1703.

Viviers, ancienne ville du Languedoc : elle fut réunie à la couronne de France en l'année 1361.

VIVONNE (le maréchal de), mort le 15 septembre 1688.

Vizille (assemblée de), tenue en 1789 : est regardée comme le berceau de la révolution française.

VLADIMIR LE GRAND, tzar de Russie, mort le 15 juillet 1015.

VLADIMIR II, dit *Monomaque*, tzar de Russie, mort le 19 mai 1126.

VLADISLAS, fils aîné de Huniade : son exécution le 14 mars 1457.

Vœu de Louis XIII : ce prince mit la France sous la protection de la sainte Vierge, en 1638 ; la procession instituée à cette occasion avait lieu le 15 août.

Vœux monastiques: leur suppression en France, le 13 février 1790.

VOGEL, compositeur allemand, mort le 26 juin 1788.

VOISENON (l'abbé Claude-Henri de Fusée de), membre de l'Académie française, né près de Melun le 8 janvier 1708, mort le 22 novembre 1775.

VOISIN (Catherine des Haies, femme Montvoisin, plus connue sous le nom de la), fameuse empoisonneuse, brûlée vive le 22 juillet 1680.

VOITURE (Vincent), écrivain célèbre du commencement du XVIIe siècle, membre de l'Académie française, né à Amiens en 1598, mort le 27 mai 1648.

Voitures: inventées, dit-on, par Erichthonius, vers l'an 1513 av. J.-C.

Volcans (éruptions les plus mémorables de):

ETNA (l'), en Sicile: on cite ses éruptions de 227, de 1157, de 1536, de 1669, de 1688, de 1727, de 1755, de 1763, de 1766, et en juillet 1787. — En 1811 et 1819, éruptions remarquables par des pluies de pierres ardentes et des torrents de lave.

VÉSUVE (le), près de Naples: en l'année 79 de J.-C., terrible éruption de ce volcan, où périt Pline le Naturaliste, et qui engloutit les villes de Pompéia et d'Herculanum. — Eruption, en 472, qui ravagea toute la Campanie. — Autre éruption en 1007. — L'éruption de 1631 rendit inabordable le cratère du volcan. — Celle du 29 octobre 1767 est une des plus curieuses que les naturalistes aient observées. — L'éruption de 1781 dura plus de deux mois. — Celle de 1805 forma dans la mer un promontoire volcanique.

HÉCLA (l'), en Islande: en 1766, grêle de pierres dans un rayon de trois lieues. — En 1783, vingt-un villages furent détruits, trente-quatre endommagés, douze rivières mises à sec. — Nouvelles éruptions en 1784, 1788 et 1818.

ILE DE FER (volcan de l'): il éclata à la suite d'un tremblement de terre, le 13 septembre 1777.

JAPON (volcans du): violente éruption dans l'île Kiojo, en 1793; on évalua le nombre des victimes à 53,000.

KAMTSCHATKA (volcans du): éruptions observées en 1737, en 1762 et en 1767.

CORDILIÈRES DES ANDES en Amérique: de 1780 à 1800, il y eut plusieurs éruptions boueuses de volcans.

ARCHIPEL ALÉOUTIEN: en 1814, une île volcanique apparut en Russie dans cet archipel, à la suite de plusieurs tremblements de terre.

Volcans en activité en 1838; les principaux sont:

EUROPE, le Vésuve, l'Etna, Stromboli au N.-E. de la Sicile; Vulcano, près de Lipari; Vulcanello, Milo, Santorin, l'Hécla, le Borgarhraum, le Sidajokul, l'Orofsjokul, le Katlegiaa, etc.

ASIE: deux montagnes volcaniques dans la Tartarie centrale; le volcan de Tourfan; la *Montagne blanche*, dans le pays de Bisch-Balik; divers volcans au Kamtschatka, au Japon, à Sumatra, à Java, etc.

MER DU SUD: Tanna, l'une des nouvelles Hébrides; Tofô, près de l'île des Amis; l'île Brûlante; l'île Sesarga.

OCÉAN PACIFIQUE: l'île Mowée.

AFRIQUE: les volcans des îles Canaries, de l'île Bourbon; dans la Mer Rouge, Zibbel-Teir; dans la mer des Indes, l'île d'Amsterdam.

AMÉRIQUE: Arequipa au Pérou, à 15 lieues de la mer; Sangay ou Macas, Carguairazo, Cotopaxi, Tungurahua, Antisana, Ruca-Pichinchina, Guancamaya. — Autres volcans dans le Mexique, notamment le grand volcan de la Puebla. — Plusieurs autres dans le Chili, entre autres la Ligua, près de Valparaiso.

Volcans: Faujas de Saint-Fond en fit connaître la minéralogie en 1784.

VOLDER (Burchel de), mathématicien, né à Amsterdam le 26 juillet 1643, mort en 1709.

VOLKOF (Fédor), auteur et acteur russe, né à Yaroslaff en 1729, mort âgé de 33 ans.

VOLNEY (Constantin-François Chassebœuf), philosophe et voyageur célèbre, pair de France, membre de l'Académie française, né à Craon en Anjou le 3 février 1757, mort à Paris le 25 avril 1820.

VOLPATO (Jean), graveur, né à Bassano en 1735, mort à Rome le 21 août 1802.

VOLPI (D. Gaetano), savant et pieux ecclésiastique, né à Padoue en 1689, mort le 18 février 1761.

VOLPI (Joseph-Roch), jésuite, frère du précédent, né à Padoue le 16 août 1692, mort à Rome le 26 septembre 1746.

Volsques, peuples d'Italie, domptés par Tarquin le Superbe, l'an 514 av. J.-C. — Leur deuxième guerre contre les Romains l'an 495 av. J.-C. La troisième guerre suivit immédiatement. — Quatrième guerre, l'an 494 av. J.-C.; cinquième guerre, l'an 490 av. J.-C.; sixième, l'an 480; septième, l'an 470; huitième, l'an 465; neuvième, l'an 457; dixième, l'an 449 av. J.-C.

VOLTA (Alexandre), célèbre physicien italien, inventeur de l'appareil électrique qui porte son nom, mort le 5 mars 1827.

VOLTAIRE (François-Marie Arouet de), célèbre écrivain et poëte français; né à Chatenay, près de Paris, le 20 février 1694; mort à Paris le 30 mai 1778.

VOLTERRE (Daniel Ricciaveli de), peintre et sculpteur, né à Volterra en Toscane en 1609, mort à Rome en 1666.

Voltri (combat de), en Italie, gagné par les Français sur les Autrichiens, le 27 avril 1796.

Voltzheim en haute Saxe: l'empereur Henri y gagna, en 1080, une bataille décisive contre Rodolphe, duc de Souabe.

VONDEL (Juste ou Josse), surnommé le *Shakspeare hollandais*, né le 17 novembre 1587, mort le 5 février 1679.

VORAGINE (Jacques de), archevêque de Gênes, auteur de la *Légende dorée*, au XIIIe siècle.

VOSS (Jean), poëte dramatique hollandais, vivait en 1641.

VOSSIUS (Gérard-Jean), savant écrivain allemand; né dans le Palatinat, près d'Heidelberg, en 1577; mort en 1649.

VOSSIUS (Isaac), l'un des fils du précédent; savant érudit, né à Leyde en 1618, mort le 1er février 1689.

VOUET (Simon), peintre, né à Paris en 1582, mort en 1641.

Vouillé (bataille de), près de Poitiers, remportée par Clovis sur Alaric, en 507. C'est à cette victoire que la Gaule dut de porter le nom de *France*.

VOULLAND (Henri), député du tiers état aux états généraux en 1789, député à la Convention nationale en 1792, mort en 1802.

VOYAGES AUTOUR DU MONDE.

XVIe *siècle*.

MAGELLAN (voyage de Fernand) : cette expédition, la première de ce genre, fut entreprise en 1519; Magellan périt dans ce voyage. Un seul de ses vaisseaux, nommé *la Victoire*, rentra dans les ports d'Espagne en 1522.

DRACK (voyage de l'anglais François) : il partit de Plymouth avec cinq vaisseaux, le 15 septembre 1577, et il y rentra avec un seul, le 3 novembre 1580.

CANDISH (voyage de l'anglais Thomas) : parti de Plymouth le 21 juillet 1586, avec trois vaisseaux, il y rentra avec deux, le 9 septembre 1588.

HOORT (voyage du hollandais Olivier de) : il sortit de Rotterdam le 2 juillet 1598, avec quatre vaisseaux; il y rentra avec un seul, le 26 août 1601.

XVIIe *siècle*.

SPILBERG (voyage et expédition du hollandais Georges) : il partit de Zélande le 8 août 1614, avec six bâtiments; deux de ces vaisseaux rentrèrent dans les ports de Hollande le 1er juillet 1617.

LEMAIRE (voyage du hollandais Jacques) : lui et le fameux pilote Guillaume Schouten partirent du Texel le 14 juin 1615, avec les vaisseaux *la Concorde* et *le Horn*. Ils découvrirent le détroit de Le Maire, entrèrent les premiers dans la mer du Sud, en doublant le cap Horn, arrivèrent à Batavia en octobre 1616, et revinrent avec leurs deux vaisseaux, après deux ans et dix jours d'absence.

ERMITE (expédition du hollandais Jacques l') et de Jean Huppon : ils sortirent des ports de Hollande en 1623, avec onze vaisseaux, pour faire la conquête du Pérou; un seul des bâtiments de cette flotte rentra au Texel le 9 juillet 1626.

DAMPIER (voyage et expédition de l'anglais Guillaume) : il tint la mer depuis l'année 1673 jusqu'en 1711, tantôt comme flibustier, tantôt comme commerçant, commandant de bâtiment, maître canonnier et simple pilote, et fit le tour du monde, en changeant de navires, de 1699 à 1701.

COWLEY (voyage de) : parti de la Virginie en 1683, il doubla le cap Horn, fit plusieurs courses sur les côtes espagnoles, et revint par le cap de Bonne-Espérance en Angleterre, le 12 octobre 1686.

XVIIIe *siècle*.

WOOD ROGER (voyage de) : parti de Bristol le 2 août 1708, il passa le cap Horn, pénétra jusqu'aux côtes de Californie, se rendit aux Moluques, à Batavia, doubla le cap de Bonne-Espérance, et arriva en Angleterre le 1er octobre 1711.

ROGGEWEIN (voyage de) : il partit du Texel avec trois vaisseaux en 1721, entra dans la mer du Sud par le cap Horn, découvrit dans le grand Océan plusieurs terres et îles inconnues, notamment, le 6 avril 1722, une île qu'il nomma l'*île de Pâques*, fête de ce jour. Roggewein vit ensuite un groupe d'îles qu'il appela *Pernicieuses*, et qui dans la suite reçurent de Cook le nom d'*îles Paliser*. Après plusieurs navigations, il débarqua à Batavia, et revint en Hollande sur les vaisseaux de la compagnie, le 11 juillet 1723.

ANSON (voyage et expédition de l'amiral anglais Georges) : il partit en 1739 avec six navires, et parvint à doubler le cap Horn vers la fin de l'équinoxe du printemps de 1740. Il arriva à Macao avec un seul vaisseau en 1742, revint par les îles de la Sonde et par le cap de Bonne-Espérance, et aborda en Angleterre le 4 juin 1744.

BYRON (voyage du commodore) : parti des Dunes le 20 juin 1764, il traversa le détroit de Magellan, découvrit quelques îles dans la mer du Sud, arriva à Batavia, passa au Cap, et rentra en Angleterre le 9 mai 1766.

WALLIS et CARTERET (voyage des capitaines anglais) : ils partirent d'Angleterre en 1766. Wallis traversa le détroit de Magellan, arriva à Batavia en janvier 1768, et rentra en Angleterre en mai de la même année. Carteret navigua longtemps et avec beaucoup de dangers dans la mer du Sud, se rendit à Batavia le 15 septembre 1768, rencontra en mer le capitaine français Bougainville, le 18 février 1769, et arriva en Angleterre au mois de juin suivant.

BOUGAINVILLE (voyage du capitaine français) : il appareilla de la rade de Brest le 5 décembre 1766, avec la frégate *la Boudeuse* et la flûte *l'Etoile*, visita la rivière de la Plata, s'arrêta aux îles Malouines, reconnut, le 4 avril 1768, l'île Otahiti, visita les Moluques, Batavia, et rentra à St-Malo le 16 mars 1769.

COOK (premier voyage du capitaine) : il partit avec Banks et Solander, le 30 juillet 1768, et ne revint en Angleterre que trois années après, en juillet 1771.

COOK (second voyage du capitaine) : il partit en juin 1772, accompagné de Forster; il pénétra jusqu'au 71e degré de latitude méridionale, et ne revint en Europe que le 20 juillet 1775.

COOK (troisième voyage du capitaine) : cette expédition avait pour objet de faire des découvertes dans l'hémisphère boréal, et de déterminer la position et l'étendue de la côte de l'ouest et du nord de l'Amérique, et la possibilité d'un passage pour se rendre au nord; elle fut entreprise le 11 juillet 1776. Cook fut tué dans l'île d'Owhyhée le 14 févr. 1779. King ramena en Angleterre les deux vaisseaux de l'expédition, le 4 octobre 1780.

PORTLOK et DIXON (voyage des capitaines anglais), exécuté de 1785 à 1788; il eut principalement pour objet les côtes nord-ouest de l'Amérique.

LA PEYROUSE (voyage du capitaine français) : il partit de Brest le 1er août 1785. La dernière lettre que le ministère de la marine reçut de cet infortuné navigateur est datée de Botany-Bay, 17 janvier 1788. Le capitaine Dumont d'Urville, commandant la frégate *l'Astrolabe*, visitant les îles Vanikoro en 1828, a découvert le lieu même où La Peyrouse avait fait naufrage, et a élevé un monument à sa mémoire.

Malaspina et Bastiamente (voyage des capitaines espagnols), de 1790 à 1793.

Entrecasteaux (voyage d'), entrepris par ordre de l'Assemblée constituante, pour retrouver les traces de La Peyrouse, de 1791 à 1792.

Marchand (voyage du capitaine français Etienne), pour le compte de la maison de commerce Bax, de Marseille : parti de Marseille le 14 déc. 1790, le navigateur doubla le cap Horn, déboucha dans la mer du Sud le 21 avril 1791, et finit son voyage en 1792.

Vancouver (voyage du capitaine anglais Georges) : il fut entrepris principalement dans la vue de constater s'il existe à travers le continent de l'Amérique un passage pour les vaisseaux, de l'océan Pacifique du nord à l'océan Atlantique septentrional. Ce voyage prit de 1790 à 1795.

XIXe *siècle.*

Krusenstern (voyage du capitaine russe) : cette expédition avait pour but de reconnaître plus exactement la position de Nangasaki, celle du détroit de Sangaar, la côte orientale de l'île Saghalien et la côte nord-ouest qui se rapproche de la côte de Tartarie. Commencé en 1803, ce voyage se prolongea jusqu'en 1806.

Kotzebue (voyage du lieutenant russe) : exécuté de 1814 à 1816, dans l'intention de doubler le cap Horn et de chercher un passage, par le Kamtschatka, au pôle arctique.

Freycinet (voyage du capitaine français) : cette expédition mit à la voile de Toulon le 27 septembre 1817, arriva à Rio-Janeiro le 6 décembre, jeta l'ancre le 8 août 1819, à Owhyhée, la plus considérable des îles Sandwich. La corvette l'*Uranie*, commandée par le capitaine Freycinet, échoua à son retour en Europe, le 15 février 1820, à la baie Française, île Malouine. La durée de ce voyage avait été de trois ans et près de deux mois ; la longueur totale de la route parcourue avait été de 23,600 lieues.

Duperrey (voyage du capitaine français), exécuté sur la corvette *la Coquille*, pendant les années 1822, 1823, 1824 et 1825.

Bougainville (voyage du capitaine baron de), exécuté sur la frégate *la Thétis* et la corvette l'*Espérance*, pendant les années 1824, 1825 et 1826.

VOYAGES AU PÔLE NORD.

XVIe *siècle.*

Frobisher ou Forbisher (voyage de Martin) : en 1561, 1577 et 1578, il fit diverses expéditions dans lesquelles il s'éleva au nord, découvrit plusieurs îles, rangea la côte du Groënland, et pénétra dans le détroit qui porte son nom.

Davis (voyage de Jean) : il chercha un passage par le nord-ouest aux Indes orientales, en 1585, 1586 et 1587 ; mais il ne trouva que le détroit qui porte son nom.

XVIIe *siècle.*

Hudson (voyage de Henri) : il en fit quatre successivement, en 1607, en 1608, en 1609 et 1610 ; il périt dans sa dernière course, victime de la trahison des siens. Il a donné son nom à un détroit.

XVIIIe *siècle.*

Jones et Middleton (voyage de), en 1742. Cette expédition alla plus loin que toutes celles qui l'avaient précédée.

Hearne (voyage de Samuel) : il partit du fort du Prince de Galles au commencement de 1771, et n'y revint que le 30 juin 1772, après 18 mois et 25 jours d'absence.

Phipps (voyage du capitaine) : il eut lieu en 1778.

Mackensie (voyage de), au pôle Nord, en 1780.

XIXe *siècle.*

Buchan et Ross (voyage de) : ces deux expéditions eurent lieu en 1819.

Parry (voyage du capitaine), en 1819, 1821 et 1824.

Sabine (voyage du capitaine) en 1823.

Scoresby (voyage du navigateur), en 1817, en 1820 et 1823.

Franklin (expédition du capitaine), en 1819 ; avec Beechey en 1825.

Ross (nouveau voyage du capitaine), en 1829.

Back (voyage du capitaine), en 1836-1837. — On doit mentionner aussi les expéditions entreprises aux frais du gouvernement russe : celle du capitaine Otto de Kotzebue, de 1814 à 1818 ; celle du même navigateur, de 1824 à 1826 ; celle du baron Wrangel, de 1820 à 1824 ; du capitaine Wassilieff, en 1819 ; du lieutenant Lazareff, en 1819 ; du capitaine Litke, en 1822 et 1823.

VOYER DE PAULMY (Marc-René le), chevalier et marquis d'Argenson, lieutenant général de police de Paris, membre de l'Académie française et de celle des sciences, né à Venise en 1652, ministre d'Etat en 1720, mort le 8 mai 1721.

VOYER DE PAULMY (Marc-Pierre le), comte d'Argenson, fils du précédent, lieutenant général de police et conseiller d'Etat, né à Paris en 1696, mort en 1764.

VOYER (Marc-Antoine le), marquis de Paulmy, neveu du ministre d'Etat, membre de l'Académie française, né en 1722 à Valenciennes, mort en 1787.

VOYSIN (Daniel-François), chancelier de France, mort le 2 février 1717.

VRAC DU BUISSON (Jean), architecte, né à Paris en 1704, mort en 1762.

VRILLIÈRE (Louis- Phélippeaux, connu d'abord sous le nom de *comte de Saint-Florentin*, et depuis 1770, sous celui de duc de la), ministre d'Etat, né en 1705, mort le 27 février 1777.

W

Wachau (bataille de). Voy. *Leipzig*.

WAFFLARD, l'un des auteurs de la jolie comédie *le Voyage à Dieppe*, mort le 12 janvier 1824.

Wagram (bataille de), gagnée par les Français, le 6 juillet 1809.

Waigats (détroit de) : essai infructueux, tenté en 1612 par les Hollandais, pour aller, par ce détroit, dans les Indes-Orientales.

WAILLY (Noël-François de), grammairien, né à Amiens le 31 juillet 1724, mort le 7 avril 1801.

WAILLY (Etienne-Auguste de), fils du précédent, également grammairien, né vers 1770, mort en 1821.

WAILLY (Charles de), architecte, membre de l'Institut, né à Paris en 1729, mort dans cette ville le 2 novembre 1798.

Wakefield (bataille de), gagnée par Marguerite d'Anjou sur le duc d'York, le 24 décembre 1460.

Walcheren, île des Pays-Bas, dans la Zélande : Middelbourg, sa capitale, fut bâtie en 1132. — Prise par les Anglais en 1809.

WALDEMAR Ier, dit *le Grand*, roi de Danemark, mort le 12 mai 1182.

WALDEMAR II, surnommé *le Victorieux*, roi de Danemark : il commença à régner en 1202, recouvra sa liberté le 25 novembre 1225, et mourut vers 1241.

WALDEMAR III, roi de Danemark, mort le 25 octobre 1375.

WALEMBOURG, WALEMBURCH ou WALLEMBOURG (les frères Adrien et Pierre de), controversistes, nés à Rotterdam : le premier mourut à Cologne, le 12 septembre 1669 ; Pierre mourut le 21 décembre 1675.

WALERIUS (Joan. Got.), célèbre minéralogiste suédois, mort en 1785.

WALLACE ou WALLEYS (Guillaume), célèbre seigneur écossais, également distingué par son courage et par sa force gigantesque, fut mis à mort en 1303.

WALLER (Edmond), poëte écossais, né à Coleshill, province de Hereford, en 1605, mort en 1687.

WALLIS (Jean), grammairien et mathématicien anglais, né à Ashford, province de Kent, en 1616, mort à Oxford, le 23 octobre 1703.

WALPOLE (Robert), comte d'Oxford, ministre principal d'Angleterre sous les rois Georges Ier et Georges II, né à Houghton en Norfolk, en 1674, mort en mars 1745.

WALPOLE (Horace), comte d'Oxford, fils du précédent, mort en 1797.

WALSINGHAM (sir Francis), homme d'Etat anglais, mort le 6 avril 1590.

Walstadt en Silésie, lieu remarquable par la victoire des Tartares, en 1241, sur Henri, duc de Lignitz.

WALSTEIN ou WALLENSTEIN (Albert-Wenceslas-Eusèbe), baron de Bohême, duc de Friedland, général autrichien, né à Prague en 1583, assassiné le 15 février 1634.

WALTER, anatomiste allemand, mort le 4 janvier 1818

WALTHER (......), célèbre mathématicien qui florissait au commencement du XVIe siècle.

Warbourg, petite ville de Westphalie : les Français y battirent les Hanovriens en 1760 et 1761.

WARBURTON (Guillaume), évêque de Glocester, l'un des plus savants prélats de l'Angleterre, né à Newarck sur le Trent, le 24 décembre 1698, mort le 7 juin 1779.

WARGENTIN (Pierre), astronome suédois, né à Stockholm en 1717, mort dans cette ville le 13 décembre 1783.

WARIN (Jean), sculpteur et graveur, né à Liége en 1604, mort à Paris en 1672.

WARTHON (Thomas), littérateur anglais, né en 1728, mort le 21 mai 1790.

WARWICK (le comte de), surnommé *le Faiseur de rois*, mourut le 14 avril 1471.

WASHINGTON (Georges), général et l'un des fondateurs de la république des Etats-Unis d'Amérique, né à Bridges-Creck en Virginie le 22 février 1732, mort le 14 déc. 1799.

Washington, ville des Etats-Unis, fondée, en 1792, en l'honneur du général Washington.

WATELET (Claude-Henri), poëte français, membre de l'Académie française, auteur d'un poëme sur l'*art de peindre*, né à Paris en 1718, mort dans cette ville le 13 janvier 1786

Waterloo (bataille de), où les Français ont d'abord tout l'avantage, et sont ensuite mis en pleine déroute, le 18 juin 1815.

Watersdorff (combat de), où les Russes sont repoussés par les Français, le 4 février 1807.

Watignies (bataille de), gagnée sur le prince de Cobourg, par le général français Jourdan, le 16 octobre 1793.

WATT (James), habile mécanicien anglais, à qui l'on doit les perfectionnements et l'emploi de la machine à vapeur, né à Grœnock, en Ecosse, en 1736, mort le 25 août 1819.

WATTEAU (Antoine), peintre distingué, né à Valenciennes en 1684, mort à Nogent-sur-Marne, en 1717, âgé de 33 ans.

WAUWERMANS ou WOUWERMANS (Philippe), peintre, né à Harlem en 1620, mort dans la même ville en 1668.

WEDGWOOD (Josué), célèbre fabricant anglais de poteries et de porcelaines, né en 1731, mort le 3 janvier 1795.

Weimar (combat de), gagné par les Français, le 11 octobre 1806.

Weischelmunde (combat de), près de Dantzig; les Russes y sont battus par les Français, le 15 mai 1807.

WEISS (Christian-Félix), l'un des doyens de la littérature allemande, mort à Leipzig le 15 décembre 1804, à 79 ans.

WEISSENTHURM (Jean-François de), auteur dramatique allemand, né à Coblentz en 1773, mort à Vienne (Autriche), le 18 mai 1847.

Wissembourg et *Lauterbourg* : le 14 octobre 1793, les Autrichiens et les Prussiens s'emparent de ces lignes sur les Français.— Reprises par le général Hoche, le 27 novembre suivant.

WENCESLAS (saint), duc de Bohême, assassiné le 28 novembre 936.

WENCESLAS, empereur d'Allemagne, monta sur le trône en 1378 à l'âge de 15 ans, renonça au sceptre impérial en 1410, et mourut roi de Bohême en 1419, âgé de 58 ans.

WEPFER (Jean-Jacques), médecin suisse, mort le 28 janvier 1695.

WERLHOF (Paul-Godefroy), médecin allemand, mort le 26 juillet 1757.

WERNER (Abraham-Gottlob), savant minéralogiste et géologue allemand, né à Wehrau, dans la Haute-Lusace, le 25 avril 1749, mort le 30 juin 1817.

WERTH (Jean de), général allemand, mort le 6 septembre 1652.

Wertingen (combat de) sur le Danube : le général français Murat y bat les Autrichiens, le 8 octobre 1805.

Wesel : réuni au territoire français le 21 janvier 1808.

WESLEY (Jean), fondateur de la secte des méthodistes, né à Epworth en 1703, mort en 1790.

Westeras, ville de Suède : Gustave Wasa y défit, en 1520, Christian II.

WESTERMANN (François-Joseph), général français, né à Molsheim, en Alsace, en 1763, condamné à mort par le tribunal révolutionnaire, et exécuté le 5 avril 1794.

Westminster (abbaye de) : elle fut fondée au VIIe siècle. — Dans le XIe, Edouard le Confesseur la rebâtit. — Rebâtie de nouveau au XIIIe par Henri III. — Henri VII, au XVe siècle, la choisit pour être sa sépulture et celle des rois ses successeurs.

Westminster (concile de), tenu en 1216.

Westphalie (royaume de), créé en faveur de Jérôme Napoléon, en vertu du traité conclu à Tilsitt, le 9 juillet 1807; est institué le 18 du même mois. Les diverses parties qui le composaient ont été restituées à leurs anciens possesseurs en 1814.

Westphalie (paix de), conclue entre la France, l'Allemagne et la Suède, le 24 octobre 1648.

WEITSTEIN (Charles-Antoine), poëte hollandais, né à Amsterdam le 14 avril 1743, mort le 29 juin 1797.

WHISTON (Guillaume), théologien anglais, né à Northon, dans le comté de Leicester, en 1667, mort en 1755.

WHITEFIELD (Georges), éloquent prédicateur anglais, né à Glocester en 1714, mort en Amérique en 1770.

Wiazma (bataille de), gagnée par l'armée française sur les Russes, le 3 novembre 1812.

Wiborg, ville cédée par la Suède à la Russie en 1721.

Wich (combat de), en Espagne, gagné par Suchet le 6 février 1810.

WICHERLEY (Guillaume), poëte comique anglais, mort en décembre 1715.

WICKAM (Guillaume), prélat et homme d'Etat anglais, né en 1324, mort en 1404.

WICLEFF (Jean), célèbre chef de la réforme, né à Wikliffe, dans le comté d'York, en 1324, mort à Lutterword, le 2 déc. 1384.

Wicléfites, sectateurs de Jean Wiclef, dont les erreurs furent condamnées au concile de Constance (de 1414 à 1417).

WICQUEFORT (Abraham), écrivain hollandais, né à Amsterdam en 1598, mort en 1682.

WIEGLEB (Jean-Chrétien), chimiste allemand, mort le 16 janvier 1800.

WIELAND (.....), célèbre poëte allemand, né à Biberach en 1733, mort à Weimar à la fin de 1798.

WIER (Jean), médecin brabançon, mort le 24 février 1586.

WILKES (Jean), célèbre alderman de Londres, membre de la chambre des communes en 1761, mort en 1797.

WILLE (Jean-Georges), graveur allemand, né à Kœnigsberg en 1717, mort en 1808.

Willemstadt, forte ville de Hollande, bâtie en 1583. — Prise par les Français le 1er février 1795.

Williamstrand (bataille de). Voy. *Wilmanstrand*.

Willinghausen : les Français y furent défaits par les Hanovriens en 1761.

WILLIS (Thomas), savant médecin anglais, né à Great-Bedwin, comté de Wilt, en 1621, mort à Londres, le 21 novembre 1675.

WILLOUGHBY (François), célèbre naturaliste anglais, né en 1635, mort le 3 juill. 1672.

Wilmanstrand, ville de Finlande : les Suédois y furent battus, en 1741, par les Russes, qui la prirent d'assaut, la brûlèrent et la rebâtirent après la paix de 1743.

Wilna, ville de Pologne : les Français y entrèrent en 1812, après avoir battu l'armée russe.

WINCKELMANN (l'abbé Jean), célèbre antiquaire, né à Stendal, en Brandebourg, en 1718, assassiné à Trieste le 8 juin 1768.

WINCKELRIED (Arnou de), surnommé le *Décius des Suisses*, né dans le canton d'Unterwald, périt glorieusement à la bataille de Sempach, le 9 juillet 1386.

WINDHAM (William), homme d'Etat anglais, mort le 4 juin 1810.

WINSLOW (Jacques-Bénigne), célèbre anatomiste, né à Odenzée, dans la Fionie, en 1669, mort en 1760.

WINTER, compositeur allemand, mort le 17 octobre 1825.

Wisby, ville de Suède : prise en 1361 et 1669, par les Danois qui la ruinèrent entièrement.

Wismar, capitale du Mecklembourg : cette ville est vendue, en juin 1803, par le roi de Suède au duc de Mecklembourg-Schwerin, pour un million trois cent mille écus.—Prise par les Suédois en 1632, par les Danois en 1716, et par les Français en 1806.

WITHERSPOON (Jean), homme d'Etat, philosophe et théologien américain, né à Yester près d'Edimbourg, en 1722, mort en 1794.

Witepsk (combat de), gagné par les Français, le 27 juillet 1812.

Witepsk, ville de Lithuanie, prise par les Français, le 28 juillet 1812

WITT (Jean de), pensionnaire de Hollande, né à Dordrecnt en 1625, massacré avec son frère Corneille à la Haye, en 1672.

Wittemberg: fondation de son université, en 1502, par Frédéric, électeur de Saxe.

WITTIKIND LE GRAND, chef des Saxons; vaincu par Charlemagne en 779; converti au christianisme en 807; mort en 811.

WITTOLA (Marc-Antoine), écrivain ecclésiastique, curé de Probsdorf près de Vienne, né le 25 avril 1736, à Kosel (Haute-Silésie), mort à Vienne en 1797.

WOLF (Gaspard-Frédéric), anatomiste prussien, mort le 22 février 1794.

WOLFF (Jacques), général anglais, né à Westerham, au comté de Kent, en 1727, tué devant Québec le 13 septembre 1759.

WOLFF (J. Christian de), en latin *Wolfius*, savant philosophe allemand, né à Breslau le 24 janvier 1679, mort le 9 avril 1754.

WOLLASTON (Guillaume), théologien et physicien anglais, né à Caton-Clanford, dans le Staffordshire, le 26 mars 1659, mort le 24 octobre 1720.

WOLSEY (Thomas), cardinal, premier ministre de Henri VIII, archevêque d'York, né à Ipswich en 1471, mort à Leicester en 1530.

WOOD (Antoine), antiquaire anglais, né à Oxford le 17 décembre 1632, mort dans la même ville le 29 novembre 1695.

WOODWARD (Jean), médecin anglais, né en 1665 dans le comté de Derby, mort à Londres le 25 avril 1728.

WOOLETT (Guillaume), graveur, né à Londres, mort dans la même ville en 1685, à 50 ans.

WOOLSTON (Thomas), écrivain hérétique, né en 1669 à Northampton, mort le 27 janvier 1733.

Worcester (bataille de), gagnée par Olivier Cromwell sur Charles II, le 13 sept. 1651.

Worcester (concile de), tenu en 1240.

WORMIUS (Olaüs), médecin danois, né à Aarrhus, en Jutland, en 1588, mort à Copenhague en 1654.

WORMIUS (Guillaume), fils du précédent, médecin, né à Copenhague en 1638, mort en 1724.

WORMIUS (Christian), fils du précédent, théologien et savant critique, mort en 1737.

Worms, ville libre près de la gauche du Rhin : brûlée par les Français en 1689. — Prise par Custines, le 3 octobre 1792 ; par le général Hoche le 12 janvier 1794.

Worms (conciles de), tenus en 776, 868 et 1076.

WOTTON (Guillaume), savant anglais, né le 13 août 1666, à Wrentham, dans le duché de Suffolk, mort le 13 février 1726.

WOUWER (Jean de), savant hollandais, né à Hambourg le 10 mars 1574, mort le 30 mars 1612.

WOUVERMANS. Voy. WAUVERMANS.

WREN (Christophe), célèbre mécanicien et architecte du XVIIe siècle, né à Londres le 8 octobre 1632, mort le 25 février 1723.

Wunnenberg, petite ville du grand-duché du Bas-Rhin : Charlemagne y défit les Saxons en 774.

WURMSER (Dagobert-Sigismond, comte de), feld-maréchal au service d'Autriche, né en Alsace, mort en Hongrie en 1797.

Wurtemberg (comté de) : érigé en duché dans la diète de Worms, en 1495.

Wurtemberg, royaume faisant partie de l'Allemagne : nouvelle constitution donnée à ce pays, le 25 septembre 1819.

Wurtzbourg (concile de), tenu en 1287.

Wurtzbourg (bataille de), gagnée le 3 septembre 1796 par l'archiduc Charles sur le général français Jourdan.

Wurtzbourg, ville de Bavière : prise par les Français le 22 juillet 1796 ; ils y entrèrent par capitulation en 1800, et dans la citadelle en 1801. — Le 18 octobre 1817, les étudiants mêlèrent à la fête de l'anniversaire de Luther celle de la délivrance de l'Allemagne, et brûlèrent dans un auto-dafé le traité de la Sainte-Alliance.

Wurtzen ou *Wurtchen* (bataille de), gagnée par les Français sur la coalition du Nord, le 21 mai 1813.

WUTGENAU (Godefroy-Ernest de), feld maréchal autrichien, né à Biéla, dans la principauté d'OEls, le 20 août 1673, mort à Raab le 23 décembre 1736.

WYAT (Jacques) architecte anglais, mort le 5 septembre 1813.

WYCHERLEY, poëte comique anglais, mort le 1er janvier 1705.

WYNPERSSE (Jacques Thiens Van den), médecin et anatomiste, né à Groningue le 17 novembre 1761, mort le 6 février 1788.

X

XACCA, philosophe indien, regardé comme le législateur des Japonais, né à Sica, 1000 ans av. notre ère,

Xaintes ou *Saintes* (concile de), tenu en 566.

XANTIPPE, général lacédémonien, vivait l'an 255 av. J.-C.

XAVIER (saint François). Voyez FRANÇOIS-XAVIER (saint).

XÉNOCRATE, célèbre philosophe de l'antiquité, mort vers l'an 304 av. J.-C., âgé de 82 ans.

XÉNOPHANES, philosophe grec, disciple d'Archélaüs, était contemporain de Socrate (IIIe siècle av. J.-C.).

XÉNOPHON, célèbre général, philosophe et historien athénien, né à Athènes l'an 450 av. J.-C. ; il commanda la célèbre retraite dite *retraite des dix mille*, qui eut lieu en 216 jours, l'an 421 av. J.-C. ; mourut l'an 360 av. J.-C.

XERXÈS Ier, roi de Perse, et second fils de Darius, succéda à ce prince l'an 485 av. J.-C., assassiné par Artaban, capitaine de ses gardes, l'an 465 av. J.-C.

XERXÈS II, roi de Perse, l'an 425 av. J.-C., fut assassiné l'année suivante.

Xerès-de-la-Frontera, ville d'Espagne : fameuse par la bataille où Roderic, dernier roi goth, périt le 11 novembre 711.

Ximabara (prise de), et destruction des derniers chrétiens au Japon, le 3 avril 1638.

XYLANDER (Guillaume), érudit allemand, né à Augsbourg le 26 décembre 1532, mort à Heidelberg en 1576.

XIMÉNÈS (Don François), célèbre ministre espagnol, cardinal et archevêque de Tolède, né à Torrelaguna, en Castille, l'an 1437, mort le 28 novembre 1517.

Y

Yaffa ou *Jaffa*, ville de Palestine ; tous les habitants en furent massacrés en 1776, après un siége de 46 jours, par Mahmoud ; prise par les Français en 1799.

YAO, empereur de la Chine, regardé par les Chinois comme leur législateur, monta sur le trône l'an 2230 av. J.-C.

YART (Antoine), savant ecclésiastique, né à Rouen en 1709, mort en 1791.

YEREGUY (Joseph de), savant ecclésiastique espagnol, né à Vergara, province de Guipuscoa, en 1734, mort en 1805.

YERMAK, chef cosaque : il partit pour la conquête de la Sibérie le 1er septembre 1581.

Yeux : Maurolicus découvre les propriétés du cristallin, vers 1450 : il aide les presbytes par les verres convexes et les myopes par les verres concaves.

Yon (saint) à Rouen : établissement, en 1705, de ce chef-lieu de la congrégation des frères des Ecoles chrétiennes. — Cet établissement fut assuré par des lettres patentes de 1724. — Benoît XIII autorisa l'institut et ses règles par une bulle de 1725. Voy. *Ecoles chrétiennes*.

York-Town : cette ville, assiégée par les troupes franco-américaines, est obligée de capituler le 19 octobre 1781. Le général anglais Cornwallis est fait prisonnier de guerre ainsi que son armée.

York (concile de), tenu en 1195.

YOUNG (Edouard), célèbre poëte anglais, né en 1684, à Upham, dans le comté de Hampt, mort en 1765.

Ypres, ville des Pays-Bas : saccagée par les Normands vers l'an 800 ; prise, pillée, incendiée par Louis VI en 1128, par Philippe-Auguste en 1213 ; brûlée en 1240 ; faubourgs brûlés par les Français en 1397, habitants révoltés en 1425 ; prise par le grand Condé en 1648 ; par Turenne en 1658 ; par Louis XIV en 1678 ; se rend au roi Louis XV, le 25 juin 1744. — Erection de son évêché en 1559, par le pape Paul IV.

YPSILANTI (le prince Alexandre) : sa proclamation, qui donna le signal de la révolution grecque, le 7 mars 1821 ; sa seconde proclamation, le 20 juin de la même année ; sa mort le 1er février 1828.

YRIARTE (don Juan de), savant espagnol, né au port de Orotava, île de Ténériffe, le 15 déc. 1702, mort à Madrid le 23 août 1771.

YRIER ou YRIEIX (saint), religieux, né à Limoges en 517, mort en 591.

Ystrium, métal : isolé par M. Wohler en 1827.

YU, empereur chinois commença à régner l'an 2217 av. J.-C.

Yucatan, province de l'Amérique septentrionale : Christophe Colomb, en 1502, eut la première connaissance de ce pays ; découverte des terres de ce pays par Diaz de Solis, en 1508. — En 1527, François Fernandez de Cordoue acheva cette découverte. — La conquête du Yucatan fut faite par François de Montéjo, en 1527.

YVES DE CHARTRES (saint), évêque de Chartres en 1092, mort le 11 décembre 1115, à 80 ans.

YVES (saint), curé, né à Kermartin, près de Tréguier, en 1255, mort en 1303 ; canonisé par Clément VI, en 1347.

YVES DE PARIS, savant capucin, né à Paris en 1593, mort en 1678.

Yvetot (royaume d') : c'est à l'année 534 que les historiens placent l'établissement de ce prétendu royaume.

Z

ZABARELLA (François), archevêque de Florence et cardinal, l'un des plus célèbres canonistes de son siècle, né à Padoue l'an 1339, mort le 26 septembre 1417, à 78 ans.

ZABARELLA (Jacques), l'un des plus grands philosophes du XVIe siècle, né à Padoue le 5 septembre 1533, mort dans la même ville en octobre 1589.

ZABATHAI-SCEVI ou SABATEI-SEVI, imposteur qui se faisait passer pour le Messie, né à Smyrne en 1626, mort emprisonné en 1676.

ZACHARIE, l'un des douze petits prophètes, vivait l'an 520 av. J.-C.

ZACHARIE (saint), pape en 741, mort le 14 mars 752.

Zafra, ville forte de l'Estramadure : le roi Ferdinand l'enleva aux Maures en 1240.

Zaire : découverte de ce fleuve en 1484.

ZALEUCUS, fameux législateur des Locriens, peuple d'Italie, vivait 500 ans av. J.-C.

ZALUSKI (André-Stanislas-Koscka), chancelier de Pologne, mort le 16 décembre 1758.

Zama (bataille de), livrée en Afrique, et dans laquelle Annibal fut vaincu par le grand Scipion, l'an 202 av. J.-C.

ZAMET (Sébastien), riche financier sous le règne de Henri IV, mort à Paris le 14 juillet 1614, à 62 ans.

Zamora, ville forte d'Espagne, prise par les Français en 1808.

ZAMPIERI (le comte), poëte italien, né à Imola le 22 août 1701, mort le 11 janvier 1784.

ZAMPIERI. Voy. DOMINICAIN.

ZANCHIUS (Jérôme), célèbre théologien protestant, né à Alzano, en Italie, le 5 février 1516, mort à Heidelberg le 9 novembre 1590.

ZANNICHELLI (Jean-Jérôme), naturaliste italien, mort le 11 janvier 1729.

ZANOTTI (Eustache), mathématicien italien, né le 27 nov. 1709, mort le 15 mai 1782.

Zante, île de la mer Ionienne, prise par les Russes et les Turcs en 1799 ; rendue ensuite à la France qui s'en était emparée en 1797.

Zara, ville de Dalmatie : vendue aux Vénitiens par Ladislas, roi de Naples, en 1407; Bajazet la leur enleva en 1418, mais ils la reprirent.

Zehdenick (combat de), où les Français, commandés par Murat, défont les Prussiens, le 26 octobre 1806.

ZENGUI, célèbre émir musulman; il envahit la Syrie, occupée par les croisés, vers l'an 1137 (532 de l'hégire).

ZENO (Apostolo), célèbre poëte et littérateur italien, né en 1669, mort le 11 nov. 1750.

ZÉNOBIE, reine de Palmyre, l'une des plus illustres femmes qui aient porté le sceptre, commença à régner en 267, perdit ses États en 273.

ZÉNON D'ÉLÉE, l'un des principaux philosophes de l'antiquité, né vers l'an 504.

ZÉNON, philosophe grec, fondateur de la secte des stoïciens, né vers l'an 362 av. J.-C. dans l'île de Chypre, mort vers 264 av. J.-C.

ZÉNON, dit l'*Isaurien*, empereur d'Orient, commença à régner en 474, détrôné en 475, mort en 491.

ZÉNON (saint), évêque de Vérone vers la fin du IVe siècle.

Zenta en Hongrie (bataille de), où le prince Eugène de Savoie remporte la victoire sur les Turcs, le 11 septembre 1697.

Zéolithe, produit volcanique; découvert par un minéralogiste suédois, Cronstedt, vers 1756.

ZÉPHIRIN (saint), pape le 8 août 202, mort le 20 décembre 218.

ZEVECOTIUS (Jacques), jurisconsulte et poëte, mort le 17 mars 1642, âgé de 46 ans.

ZEUXIS, célèbre peintre grec, natif d'Héraclée, vivait vers l'an 400 av. J.-C.

ZIEGENBALG (Barthélemy), missionnaire protestant, né à Pulnitz, dans la haute Lusace, le 14 juin 1683, mort à Tranquebar, le 23 février 1718.

ZIMISCÈS (Jean Ier), empereur d'Orient, couronné le jour de Noël 969 ; mort empoisonné le 10 janvier 976.

ZIMMERMANN (Jean-Georges), poëte et médecin suisse, né à Brug, dans le canton de Berne, le 8 déc. 1728, mort le 7 oct. 1795.

Zinc, métal : indiqué pour la première fois par Paracelse, qui mourut en 1541.

ZINGHA-BANDI, reine d'Angola, morte le 17 décembre 1663.

ZINZENDORF (Nicolas-Louis, comte de), fondateur de la secte des hernutes, né à Dresde le 26 mai 1700, mort à Hernuth en 1760.

Ziscoberg (bataille de), gagnée par le roi de Prusse sur les Autrichiens, le 6 mai 1757.

ZISKA (Jean de Trocznow, surnommé), général des Hussites, mort le 11 octobre 1424.

ZIZIM, fils de Mahomet II, empereur des Turcs, et frère de Bajazet II, s'embarqua pour la France le 1er septembre 1482, mourut à Terracine en 1497.

Znaïm (combat de), et armistice accordé par Napoléon, le 22 juillet 1809.

Zodiaque de Denderah : sa découverte en Egypte, en 1799.

ZOLA (Joseph), célèbre professeur italien, né à Concejio, près de Brescia, en 1739, mort dans le même village le 5 nov. 1806.

Zondorff ou *Zormdorff* (bataille de), où les Russes battent les Prussiens, le 25 et le 26 août 1758.

ZOROASTRE, célèbre philosophe de l'antiquité, contemporain de Cyrus, dans le Ve siècle av. J.-C.

ZOSIME (saint), pape, monta sur la chaire de saint Pierre le 18 mars 417, mourut le 26 décembre 418.

ZOSIME, historien grec, vivait au Ve siècle.

ZUCCHARO (Fréd.), peintre, né dans le duché d'Urbin en 1543, mort à Ancône en 1609.

ZUINGLE (Ulric), en latin *Zwinglius*, célèbre sectaire, né à Wildhausen, en Suisse, le 1er janvier 1484, selon les uns, en 1487, suivant les autres, tué à Coppet le 11 oct. 1531.

Zuingliens, secte de sacramentaires du XVIe siècle, qui reconnaissaient Zuingle pour leur chef.

Zulichau (bataille de), gagnée par les Russes sur les Prussiens, le 24 juillet 1759.

ZURBARAN (François), peintre espagnol, né à la Fuente de Lantos, près de Séville, le 7 novembre 1598, mort à Madrid en 1662, âgé de 66 ans.

Zurich (le canton de) entre dans la confédération suisse, le 8 mai 1351.

Zurich, ville de Suisse : prise et reprise par les Français en 1799.

Zurich (bataille de), livrée le 4 juin 1799, et soutenue pendant cinq jours par les généraux français Masséna et Lecourbe contre les Autrichiens. — Autre bataille gagnée le 25 septembre suivant, par le général français Masséna, sur les Austro-Russes qui y sont exterminés.

ZUR-LAUBEN (Béat-Fidèle-Antoine-Jean-Dominique de la Tour Châtillon de), biographe et historien suisse, né à Zug en 1720, mort en 1770.

Zutphen, ville des Provinces-Unies : prise d'assaut, en 1572, par Frédéric de Tolède, fils du duc d'Albe. — Maurice de Nassau la reprit sur les Espagnols, en 1591.

FIN DU DICTIONNAIRE DE CHRONOLOGIE.

CORCORDANCE DES CALENDRIERS RÉPUBLICAIN ET GRÉGORIEN

DEPUIS LE 22 SEPTEMBRE 1793 JUSQU'AU 1er JANVIER 1806.

ÈRE RÉPUBLICAINE. — ÈRE VULGAIRE.
AN II. 1793.

VENDÉMIAIRE AN II.	SEPTEMBRE et OCTOBRE 1793.	BRUMAIRE AN II.	OCTOBRE et NOVEMBRE 1793.	FRIMAIRE AN II.	NOVEMBRE et DÉCEMBRE 1793.
1	22 *Dim.*	1	22 mard.	1	21 jeudi.
2	23 lundi.	2	23 merc.	2	22 vend.
3	24 mard.	3	24 jeudi.	3	23 sam.
4	25 merc.	4	25 vend.	4	24 *Dim.*
5	26 jeudi.	5	26 sam.	5	25 lundi.
6	27 vend.	6	27 *Dim.*	6	26 mard.
7	28 sam.	7	28 lundi.	7	27 merc.
8	29 *Dim.*	8	29 mard.	8	28 jeudi.
9	30 lundi.	9	20 merc.	9	29 vend.
10	OCTOBRE 1793. 1 mard.	10	31 jeudi.	10	30 sam.
11	2 merc.	11	NOVEMBRE. 1 vend.	11	DÉCEMBRE. 1 *Dim.*
12	3 jeudi.	12	2 sam.	12	2 lundi.
13	4 vend.	13	3 *Dim.*	13	3 mard.
14	5 sam.	14	4 lundi.	14	4 merc.
15	6 *Dim.*	15	5 mard.	15	5 jeudi.
16	7 lundi.	16	6 merc.	16	6 vend.
17	8 mard.	17	7 jeudi.	17	7 sam.
18	9 merc.	18	8 vend.	18	8 *Dim.*
19	10 jeudi.	19	9 sam.	19	9 lundi.
20	11 vend.	20	10 *Dim.*	20	10 mard.
21	12 sam.	21	11 lundi.	21	11 merc.
22	13 *Dim.*	22	12 mard.	22	12 jeudi.
23	14 lundi.	23	13 merc.	23	13 vend.
24	15 mard.	24	14 jeudi.	24	14 sam.
25	16 merc.	25	15 vend.	25	15 *Dim.*
26	17 jeudi.	26	16 sam.	26	16 lundi.
27	18 vend.	27	17 *Dim.*	27	17 mard.
28	19 sam.	28	18 lundi.	28	18 merc.
29	20 *Dim.*	29	19 mard.	29	19 jeudi.
30	21 lundi	30	20 merc.	30	20 vend.

ÈRE RÉPUBLICAINE. — ÈRE VULGAIRE.
AN II. 1973-1794.

NIVÔSE AN II.	DÉCEMBRE 1793. JANVIER 1794.	PLUVIÔSE AN II.	JANVIER et FÉVRIER 1794.	VENTÔSE AN II.	FÉVRIER et MARS 1794.
1	21 sam.	1	20 lundi.	1	19 merc.
2	22 *Dim.*	2	21 mard.	2	20 jeudi.
3	23 lundi.	3	22 merc.	3	21 vend.
4	24 mard.	4	23 jeudi.	4	22 sam.
5	25 merc.	5	24 vend.	5	23 *Dim.*
6	26 jeudi.	6	25 sam.	6	24 lundi.
7	27 vend.	7	26 *Dim.*	7	25 mard.
8	28 sam.	8	27 lundi.	8	26 merc.
9	29 *Dim.*	9	28 mard.	9	27 jeudi.
10	30 lundi.	10	29 merc.	10	28 vend
11	31 mard.	11	30 jeudi.	11	MARS. 1 sam.
12	JANVIER 1794. 1 merc.	12	31 vend.	12	2 *Dim.*
13	2 jeudi.	13	FÉVRIER. 1 sam.	13	3 lundi.
14	3 vend.	14	2 *Dim.*	14	4 mard.
15	4 sam.	15	3 lundi.	15	5 merc.
16	5 *Dim.*	16	4 mard.	16	6 jeudi.
17	6 lundi.	17	5 merc.	17	7 vend.
18	7 mard.	18	6 jeudi.	18	8 sam.
19	8 merc.	19	7 vend.	19	9 *Dim.*
20	9 jeudi.	20	8 sam.	20	10 lundi.
21	10 vend.	21	9 *Dim.*	21	11 mard.
22	11 sam.	22	10 lundi.	22	12 merc.
23	12 *Dim.*	23	11 mard.	23	13 jeudi.
24	13 lundi.	24	12 merc.	24	14 vend.
25	14 mard.	25	13 jeudi.	25	15 sam.
26	15 merc.	26	14 vend.	26	16 *Dim.*
27	16 jeudi.	27	15 sam.	27	17 lundi.
28	17 vend.	28	16 *Dim.*	28	18 mard.
29	18 sam.	29	17 lundi.	29	19 merc.
30	19 *Dim.*	30	18 mard.	30	20 jeudi.

ÈRE RÉPUBLICAINE — ÈRE VULGAIRE
AN II. 1794.

GERMINAL AN II.	MARS et AVRIL 1794.	FLORÉAL AN II.	AVRIL et MAI 1794.	PRAIRIAL AN II.	MAI et JUIN 1794.
1	21 vend.	1	20 *Dim.*	1	20 mard.
2	22 sam.	2	21 lundi.	2	21 merc.
3	23 *Dim.*	3	22 mard.	3	22 jeudi.
4	24 lundi.	4	23 merc.	4	23 vend.
5	25 mard.	5	24 jeudi.	5	24 sam.
6	26 merc.	6	25 vend.	6	25 *Dim.*
7	27 jeudi.	7	26 sam.	7	26 lundi.
8	28 vend.	8	27 *Dim.*	8	27 mard.
9	29 sam.	9	28 lundi.	9	28 merc.
10	30 *Dim.*	10	29 mard.	10	29 jeudi.
11	31 lundi.	11	30 merc.	11	30 vend.
12	AVRIL 1794. 1 mard.	12	MAI. 1 jeudi.	12	31 sam.
13	2 merc.	13	2 vend.	13	JUIN. 1 *Dim.*
14	3 jeudi.	14	3 sam.	14	2 lundi.
15	4 vend.	15	4 *Dim.*	15	3 mard.
16	5 sam.	16	5 lundi.	16	4 merc.
17	6 *Dim.*	17	6 mard.	17	5 jeudi.
18	7 lundi.	18	7 merc.	18	6 vend.
19	8 mard.	19	8 jeudi.	19	7 sam.
20	9 merc.	20	9 vend.	20	8 *Dim.*
21	10 jeudi.	21	10 sam.	21	9 lundi.
22	11 vend.	22	11 *Dim.*	22	10 mard.
23	12 sam.	23	12 lundi.	23	11 merc.
24	13 *Dim.*	24	13 mard.	24	12 jeudi.
25	14 lundi.	25	14 merc.	25	13 vend.
26	15 mard.	26	15 jeudi.	26	14 sam.
27	16 merc.	27	16 vend.	27	15 *Dim.*
28	17 jeudi.	28	17 sam.	28	16 lundi.
29	18 vend.	29	18 *Dim.*	29	17 mard.
30	19 sam.	30	19 lundi.	30	18 merc.

ÈRE RÉPUBLICAINE — ÈRE VULGAIRE
AN II. 1794.

MESSIDOR AN II.	JUIN et JUILLET 1794.	THERMIDOR AN II.	JUILLET et AOUT 1794.	FRUCTIDOR AN II.	AOUT et SEPTEMBRE 1794.
1	19 jeudi.	1	19 sam.	1	18 lundi.
2	20 vend.	2	20 *Dim.*	2	19 mardi
3	21 sam.	3	21 lundi.	3	20 merc.
4	22 *Dim.*	4	22 mard.	4	21 jeudi.
5	23 lundi.	5	23 merc.	5	22 vend.
6	24 mard.	6	24 jeudi.	6	23 sam.
7	25 merc.	7	25 vend.	7	24 *Dim.*
8	26 jeudi.	8	26 sam.	8	25 lundi.
9	27 vend.	9	27 *Dim.*	9	26 mardi.
10	28 sam.	10	28 lundi.	10	27 merc.
11	29 *Dim.*	11	29 mard.	11	28 jeudi.
12	30 lundi.	12	30 merc.	12	29 vend.
13	JUILLET 1794. 1 mard.	13	31 jeudi.	13	30 sam.
14	2 merc.	14	AOUT. 1 vend.	14	31 *Dim.*
15	3 jeudi.	15	2 sam.	15	SEPTEMBRE. 1 lundi.
16	4 vend.	16	3 *Dim.*	16	2 mardi
17	5 sam.	17	4 lundi.	17	3 merc.
18	6 *Dim.*	18	5 mard.	18	4 jeudi.
19	7 lundi.	19	6 merc.	19	5 vend.
20	8 mard.	20	7 jeudi.	20	6 sam.
21	9 merc.	21	8 vend.	21	7 *Dim.*
22	10 jeudi.	22	9 sam.	22	8 lundi.
23	11 vend.	23	10 *Dim.*	23	9 mardi
24	12 sam.	24	11 lundi.	24	10 merc.
25	13 *Dim.*	25	12 mard.	25	11 jeudi.
26	14 lundi.	26	13 merc.	26	12 vend.
27	15 mard.	27	14 jeudi.	27	13 sam.
28	16 merc.	28	15 vend.	28	14 *Dim.*
29	17 jeudi.	29	16 sam.	29	15 lundi.
30	18 vend.	30	17 *Dim.*	30	16 mardi
				J. COMPL. 1	17 merc.
				2	18 jeudi.
				3	19 vend.
				4	20 sam.
				5	21 *Dim.*

ÈRE RÉPUBLICAINE. — ÈRE VULGAIRE.
AN III. 1794.

VENDÉMIAIRE AN III.	SEPTEMBRE et OCTOBRE 1794.	BRUMAIRE AN III.	OCTOBRE et NOVEMBRE 1794.	FRIMAIRE AN III.	NOVEMBRE et DÉCEMBRE 1794.
1	22 lundi.	1	22 merc.	1	21 vend.
2	23 mard.	2	23 jeudi.	2	22 sam.
3	24 merc.	3	24 vend.	3	23 *Dim.*
4	25 jeudi.	4	25 sam.	4	24 lundi.
5	26 vend.	5	26 *Dim.*	5	25 mard.
6	27 sam.	6	27 lundi.	6	26 merc.
7	28 *Dim.*	7	28 mard.	7	27 jeudi.
8	29 lundi.	8	29 merc.	8	28 vend.
9	30 mard.	9	30 jeudi.	9	29 sam.
10	OCTOBRE 1794. 1 merc.	10	31 vend.	10	30 *Dim.*
11	2 jeudi.	11	NOVEMBRE. 1 sam.	11	DÉCEMBRE. 1 lundi.
12	3 vend.	12	2 *Dim.*	12	2 mard.
13	4 sam.	13	3 lundi.	13	3 merc.
14	5 *Dim.*	14	4 mard.	14	4 jeudi.
15	6 lundi.	15	5 merc.	15	5 vend.
16	7 mard.	16	6 jeudi.	16	6 sam.
17	8 merc.	17	7 vend.	17	7 *Dim.*
18	9 jeudi.	18	8 sam.	18	8 lundi.
19	10 vend.	19	9 *Dim.*	19	9 mard.
20	11 sam.	20	10 lundi.	20	10 merc.
21	12 *Dim.*	21	11 mard.	21	11 jeudi.
22	13 lundi.	22	12 merc.	22	12 vend.
23	14 mard.	23	13 jeudi.	23	13 sam.
24	15 merc.	24	14 vend.	24	14 *Dim.*
25	16 jeudi.	25	15 sam.	25	15 lundi.
26	17 vend.	26	16 *Dim.*	26	16 mard.
27	18 sam.	27	17 lundi.	27	17 merc.
28	19 *Dim.*	28	18 mard.	28	18 jeudi.
29	20 lundi.	29	19 merc.	29	19 vend.
30	21 mard.	30	20 jeudi.	30	20 sam.

ÈRE RÉPUBLICAINE. — ÈRE VULGAIRE.
AN III. 1794-1795.

NIVÔSE AN III.	DÉCEMBRE 1794. JANVIER 1795.	PLUVIÔSE AN III.	JANVIER et FÉVRIER 1795.	VENTÔSE AN III.	FÉVRIER et MARS 1795.
1	21 *Dim.*	1	20 mard.	1	19 jeudi.
2	22 lundi.	2	21 merc.	2	20 vend.
3	23 mard.	3	22 jeudi.	3	21 sam.
4	24 merc.	4	23 vend.	4	22 *Dim.*
5	25 jeudi.	5	24 sam.	5	23 lundi.
6	26 vend.	6	25 *Dim.*	6	24 mard.
7	27 sam.	7	26 lundi.	7	25 merc.
8	28 *Dim.*	8	27 mard.	8	26 jeudi.
9	29 lundi.	9	28 merc.	9	27 vend.
10	30 mard.	10	29 jeudi.	10	28 sam.
11	31 merc.	11	30 vend.	11	MARS. 1 *Dim.*
12	JANVIER 1795. 1 jeudi.	12	31 sam.	12	2 lundi.
13	2 vend.	13	FÉVRIER. 1 *Dim.*	13	3 mard.
14	3 sam.	14	2 lundi.	14	4 merc.
15	4 *Dim.*	15	3 mard.	15	5 jeudi.
16	5 lundi.	16	4 merc.	16	6 vend.
17	6 mard.	17	5 jeudi.	17	7 sam.
18	7 merc.	18	6 vend.	18	8 *Dim.*
19	8 jeudi.	19	7 sam.	19	9 lundi.
20	9 vend.	20	8 *Dim.*	20	10 mard.
21	10 sam.	21	9 lundi.	21	11 merc.
22	11 *Dim.*	22	10 mard.	22	12 jeudi.
23	12 lundi.	23	11 merc.	23	13 vend.
24	13 mard.	24	12 jeudi.	24	14 sam.
25	14 merc.	25	13 vend.	25	15 *Dim.*
26	15 jeudi.	26	14 sam.	26	16 lundi.
27	16 vend.	27	15 *Dim.*	27	17 mard.
28	17 sam.	28	16 lundi.	28	18 merc.
29	18 *Dim.*	29	17 mard.	29	19 jeudi.
30	19 lundi.	30	18 merc.	30	20 vend.

ÈRE RÉPUBLICAINE. — ÈRE VULGAIRE.
AN III. 1795.

GERMINAL AN III.	MARS et AVRIL 1795.	FLORÉAL AN III.	AVRIL et MAI 1795.	PRAIRIAL AN III.	MAI et JUIN 1795.
1	21 sam.	1	20 lundi.	1	20 merc.
2	22 *Dim.*	2	21 mard.	2	21 jeudi.
3	23 lundi.	3	22 merc.	3	22 vend.
4	24 mard.	4	23 jeudi.	4	23 sam.
5	25 merc.	5	24 vend.	5	24 *Dim.*
6	26 jeudi.	6	25 sam.	6	25 lundi.
7	27 vend.	7	26 *Dim.*	7	26 mard.
8	28 sam.	8	27 lundi.	8	27 merc.
9	29 *Dim.*	9	28 mard.	9	28 jeudi.
10	30 lundi.	10	29 merc.	10	29 vend.
11	31 mard.	11	30 jeudi.	11	30 sam.
12	AVRIL 1795. 1 merc.	12	MAI. 1 vend.	12	31 *Dim.*
13	2 jeudi.	13	2 sam.	13	JUIN. 1 lundi.
14	3 vend.	14	3 *Dim.*	14	2 mard.
15	4 sam.	15	4 lundi.	15	3 merc.
16	5 *Dim.*	16	5 mard.	16	4 jeudi.
17	6 lundi.	17	6 merc.	17	5 vend.
18	7 mard.	18	7 jeudi.	18	6 sam.
19	8 merc.	19	8 vend.	19	7 *Dim.*
20	9 jeudi.	20	9 sam.	20	8 lundi
21	10 vend.	21	10 *Dim.*	21	9 mard.
22	11 sam.	22	11 lundi.	22	10 merc.
23	12 *Dim.*	23	12 mard.	23	11 jeudi.
24	13 lundi.	24	13 merc.	24	12 vend.
25	14 mard.	25	14 jeudi.	25	13 sam.
26	15 merc.	26	15 vend.	26	14 *Dim.*
27	16 jeudi.	27	16 sam.	27	15 lundi.
28	17 vend.	28	17 *Dim.*	28	16 mard.
29	18 sam.	29	18 lundi.	29	17 merc.
30	19 *Dim.*	30	19 mard.	30	18 jeudi.

ÈRE RÉPUBLICAINE. — ÈRE VULGAIRE.
AN III. 1795.

MESSIDOR AN III.	JUIN et JUILLET 1795.	THERMIDOR AN III.	JUILLET et AOUT 1795.	FRUCTIDOR AN III.	AOUT et SEPTEMBRE 1795.
1	19 vend.	1	19 *Dim.*	1	18 mard.
2	20 sam.	2	20 lundi.	2	19 mercr.
3	21 *Dim.*	3	21 mard.	3	20 jeudi.
4	22 lundi.	4	22 merc.	4	21 vend.
5	23 mard	5	23 jeudi.	5	22 sam.
6	24 merc.	6	24 vend.	6	23 *Dim.*
7	25 jeud.	7	25 sam.	7	24 lundi.
8	26 vend.	8	26 *Dim.*	8	25 mard.
9	27 sam.	9	27 lundi.	9	26 mercr.
10	28 *Dim.*	10	28 mard.	10	27 jeudi.
11	29 lundi.	11	29 merc.	11	28 vend.
12	30 mard.	12	30 jeudi.	12	29 sam.
13	JUILLET 1795. 1 merc.	13	31 vend.	13	30 *Dim.*
14	2 jeudi.	14	AOUT. 1 sam.	14	31 lundi.
15	3 vend.	15	2 *Dim.*	15	SEPTEMBRE. 1 mard.
16	4 sam.	16	3 lundi.	16	2 mercr.
17	5 *Dim.*	17	4 mard.	17	3 jeudi.
18	6 lundi.	18	5 merc.	18	4 vendr.
19	7 mard.	19	6 jeudi.	19	5 sam
20	8 merc.	20	7 vend.	20	6 *Dim.*
21	9 jeudi.	21	8 sam.	21	7 lundi.
22	10 vend.	22	9 *Dim.*	22	8 mard.
23	11 sam.	23	10 lundi.	23	9 mercr.
24	12 *Dim.*	24	11 mard.	24	10 jeudi.
25	13 lundi.	25	12 merc.	25	11 vendr
26	14 mard.	26	13 jeudi.	26	12 sam.
27	15 merc.	27	14 vend.	27	13 *Dim.*
28	16 jeudi.	28	15 sam.	28	14 lundi.
29	17 vend.	29	16 *Dim.*	29	15 mard.
30	18 sam.	30	17 lundi.	30	16 mercr.
				JOURS COMPL. 1	17 jeudi.
				2	18 vend.
				3	19 sam.
				4	20 *Dim.*
				5	21 lundi.
				6	22 mard

ÈRE RÉPUBLICAINE. — ÈRE VULGAIRE.

AN IV. 1795.

VENDÉMIAIRE AN IV.	SEPTEMBRE et OCTOBRE 1795.	BRUMAIRE AN IV.	OCTOBRE et NOVEMBRE 1795.	FRIMAIRE AN IV.	NOVEMBRE et DÉCEMBRE 1795.
1	23 merc.	1	23 vend.	1	22 *Dim.*
2	24 jeudi.	2	24 sam.	2	23 lundi.
3	25 vend.	3	25 *Dim.*	3	24 mard.
4	26 sam.	4	26 lund.	4	25 merc.
5	27 *Dim.*	5	27 mard.	5	26 jeudi.
6	28 lundi.	6	28 merc.	6	27 vend.
7	29 mard.	7	29 jeudi.	7	28 sam.
8	30 merc.	8	30 vend.	8	29 *Dim.*
9	OCTOBRE 1795. 1 jeudi.	9	31 sam.	9	30 lundi.
10	2 vend.	10	NOVEMBRE. 1 *Dim.*	10	DÉCEMBRE. 1 mard.
11	3 sam.	11	2 lundi.	11	2 merc.
12	4 *Dim.*	12	3 mard.	12	3 jeudi.
13	5 lundi.	13	4 mere.	13	4 vend.
14	6 mard.	14	5 jeudi.	14	5 sam.
15	7 merc.	15	6 vend.	15	6 *Dim.*
16	8 jeudi.	16	7 sam.	16	7 lundi.
17	9 vend.	17	8 *Dim.*	17	8 mard.
18	10 sam.	18	9 lundi.	18	9 merc.
19	11 *Dim.*	19	10 mard.	19	10 jeudi.
20	12 lundi.	20	11 merc.	20	11 vend.
21	13 mard.	21	12 jeudi.	21	12 sam.
22	14 merc.	22	13 vend.	22	13 *Dim.*
23	15 jeudi.	23	14 sam.	23	14 lundi.
24	16 vend.	24	15 *Dim.*	24	15 mard.
25	17 sam.	25	16 lundi.	25	16 merc.
26	18 *Dim.*	26	17 mard.	26	17 jeudi.
27	19 lundi.	27	18 merc.	27	18 vend.
28	20 mard.	28	19 jeudi.	28	19 sam.
29	21 merc.	29	20 vend.	29	20 *Dim.*
30	22 jeudi.	30	21 sam.	30	21 lundi.

ÈRE RÉPUBLICAINE. — ÈRE VULGAIRE

AN IV. 1795-1796.

NIVÔSE AN IV.	DÉCEMBRE 1795. JANVIER 1796.	PLUVIÔSE AN IV.	JANVIER et FÉVRIER 1796.	VENTÔSE AN IV.	FÉVRIER et MARS 1796.
1	22 mard.	1	21 jeudi.	1	20 sam.
2	23 merc.	2	22 vend.	2	21 *Dim.*
3	24 jeudi.	3	23 sam.	3	22 lundi.
4	25 vend.	4	24 *Dim.*	4	23 mard.
5	26 sam.	5	25 lundi.	5	24 merc.
6	27 *Dim.*	6	26 mard.	6	25 jeudi.
7	28 lundi.	7	27 merc.	7	26 vend.
8	29 mard.	8	28 jeudi.	8	27 sam.
9	30 merc.	9	29 vend.	9	28 *Dim.*
10	31 jeudi.	10	30 sam.	10	29 lundi.
11	JANVIER 1796. 1 vend.	11	31 *Dim.*	11	MARS. 1 mard.
12	2 sam.	12	FÉVRIER. 1 lundi.	12	2 merc.
13	3 *Dim.*	13	2 mard.	13	3 jeudi.
14	4 lundi.	14	3 merc.	14	4 vend.
15	5 mard.	15	4 jeudi.	15	5 sam.
16	6 merc.	16	5 vend.	16	6 *Dim.*
17	7 jeudi.	17	6 sam.	17	7 lundi.
18	8 vend.	18	7 *Dim.*	18	8 mard.
19	9 sam.	19	8 lundi.	19	9 merc.
20	10 *Dim.*	20	9 mard.	20	10 jeudi.
21	11 lundi.	21	10 merc.	21	11 vend.
22	12 mard.	22	11 jeudi.	22	12 sam.
23	13 merc.	23	12 vend.	23	13 *Dim.*
24	14 jeudi.	24	13 sam.	24	14 lundi.
25	15 vend.	25	14 *Dim.*	25	15 mard.
26	16 sam.	26	15 lundi.	26	16 merc.
27	17 *Dim.*	27	16 mard.	27	17 jeudi.
28	18 lundi.	28	17 merc.	28	18 vend.
29	19 mard.	29	18 jeudi.	29	19 sam.
30	20 merc.	30	19 vend.	30	20 *Dim.*

ÈRE RÉPUBLICAINE. — ÈRE VULGAIRE

AN IV. 1796.

GERMINAL AN IV.	MARS et AVRIL 1796.	FLOREAL AN IV.	AVRIL et MAI 1796.	PRAIRIAL AN IV.	MAI et JUIN 1796
1	21 lundi.	1	20 merc.	1	20 vend.
2	22 mard.	2	21 jeudi.	2	21 sam.
3	23 merc.	3	22 vend.	3	22 *Dim.*
4	24 jeudi.	4	23 sam.	4	23 lundi.
5	25 vend.	5	24 *Dim.*	5	24 mard.
6	26 sam.	6	25 lundi.	6	25 merc.
7	27 *Dim.*	7	26 mard.	7	26 jeudi.
8	28 leudi.	8	27 merc.	8	27 vend.
9	29 mard.	9	28 jeudi.	9	28 sam.
10	30 merc.	10	29 vend.	10	29 *Dim.*
11	31 jeudi.	11	30 sam.	11	30 lundi.
12	AVRIL 1796. 1 vend.	12	MAI. 1 *Dim.*	12	31 mard.
13	2 sam.	13	2 lundi.	13	JUIN. 1 merc.
14	3 *Dim.*	14	3 mard.	14	2 jeudi.
15	4 lundi.	15	4 merc.	15	3 vend.
16	5 mard.	16	5 jeudi.	16	4 sam.
17	3 merc.	17	6 vend.	17	5 *Dim.*
18	/ jeudi.	18	7 sam.	18	6 lundi.
19	8 vend.	19	8 *Dim.*	19	7 mard.
20	9 sam.	20	9 lundi.	20	8 merc.
21	10 *Dim.*	21	10 mardi	21	9 jeudi.
22	11 lundi.	22	11 merc.	22	10 vend.
23	12 mard.	23	12 jeudi.	23	11 sam.
24	13 merc.	24	13 vend.	24	12 *Dim.*
25	14 jeudi.	25	14 sam.	25	13 lundi.
26	15 vend.	26	15 *Dim.*	26	14 mard.
27	16 sam.	27	16 lundi.	27	15 merc.
28	17 *Dim.*	28	17 mard.	28	16 jeudi.
29	18 lundi.	29	18 merc.	29	17 vend.
30	19 mard.	30	19 jeudi.	30	18 sam.

ÈRE RÉPUBLICAINE. — ÈRE VULGAIRE

AN IV. 1796.

MESSIDOR AN IV.	JUIN et JUILLET 1796	THERMIDOR AN IV.	JUILLET et AOUT 1796.	FRUCTIDOR AN IV.	AOUT et SEPTEMBRE 1796.
1	19 *Dim.*	1	19 mard.	1	18 jeudi.
2	20 lundi.	2	20 merc.	2	19 vendr.
3	21 mard.	3	21 jeudi.	3	20 samed.
4	22 merc.	4	22 vend.	4	21 *Dim.*
5	23 jeudi.	5	23 sam.	5	22 lundi.
6	24 vend.	6	24 *Dim.*	6	23 mard.
7	25 sam.	7	25 lundi.	7	24 mercr.
8	26 *Dim.*	8	26 mard.	8	25 jeudi.
9	27 lundi.	9	27 merc.	9	26 vendr.
10	28 mard.	10	28 jeudi.	10	27 samed.
11	29 merc.	11	29 vend.	11	28 *Dim.*
12	30 jeudi.	12	30 sam.	12	29 lundi.
13	JUILLET 1796. 1 vend.	13	31 *Dim.*	13	30 mard.
14	2 sam.	14	AOUT. 1 lundi.	14	31 mercr.
15	3 *Dim.*	15	2 mard.	15	SEPTEMBRE. 1 jeudi.
16	4 lundi.	16	3 merc.	16	2 vendr.
17	5 mard.	17	4 jeudi.	17	3 samed.
18	6 merc.	18	5 vend.	18	4 *Dim.*
19	7 jeudi.	19	6 sam.	19	5 lundi.
20	8 vend.	20	7 *Dim.*	20	6 mard.
21	9 sam.	21	8 lundi.	21	7 mercr.
22	10 *Dim.*	22	9 mard.	22	8 jeudi.
23	11 lundi.	23	10 merc.	23	9 vendr.
24	12 mard.	24	11 jeudi.	24	10 samed.
25	13 merc.	25	12 vend.	25	11 *Dim.*
26	14 jeudi.	26	13 sam.	26	12 lundi.
27	15 vend.	27	14 *Dim.*	27	13 mard.
28	16 sam.	28	15 lundi.	28	14 mercr.
29	17 *Dim.*	29	16 mard.	29	15 jeudi.
30	18 lundi.	30	17 merc.	30	16 vendr.
				J. COMPL. 1	17 samed.
				2	18 *Dim.*
				3	19 lundi.
				4	20 mard.
				5	21 mercr.

ÈRE RÉPUBLICAINE. — ÈRE VULGAIRE.

AN V. 1796.

VENDÉMIAIRE AN V.	SEPTEMBRE et OCTOBRE 1796.	BRUMAIRE AN V.	OCTOBRE et NOVEMBRE 1796.	FRIMAIRE AN V.	NOVEMBRE et DÉCEMBRE 1796.
1	22 jeudi.	1	22 sam.	1	21 lundi.
2	23 vend.	2	23 *Dim.*	2	22 mard.
3	24 sam.	3	24 lundi.	3	23 merc.
4	25 *Dim.*	4	25 mard.	4	24 jeudi.
5	26 lundi.	5	26 merc.	5	25 vend.
6	27 mard.	6	27 jeudi.	6	26 sam.
7	28 merc.	7	28 vend.	7	27 *Dim.*
8	29 jeudi.	8	29 sam.	8	28 lundi.
9	30 vend.	9	30 *Dim.*	9	29 mardi.
10	OCTOBRE 1796. 1 sam.	10	31 lundi.	10	30 merc.
11	2 *Dim.*	11	NOVEMBRE. 1 mard.	11	DÉCEMBRE. 1 jeudi.
12	3 lundi.	12	2 merc.	12	2 vend.
13	4 mard.	13	3 jeudi.	13	3 sam.
14	5 merc.	14	4 vend.	14	4 *Dim.*
15	6 jeudi.	15	5 sam.	15	5 lundi.
16	7 vend.	16	6 *Dim.*	16	6 mardi.
17	8 sam.	17	7 lundi.	17	7 merc.
18	9 *Dim.*	18	8 mard.	18	8 jeudi.
19	10 lundi.	19	9 merc.	19	9 vend.
20	11 mard.	20	10 jeudi.	20	10 sam.
21	12 merc.	21	11 vend.	21	11 *Dim.*
22	13 jeudi.	22	12 sam.	22	12 lundi.
23	14 vend.	23	13 *Dim.*	23	13 mardi.
24	15 sam.	24	14 lundi.	24	14 merc.
25	16 *Dim.*	25	15 mard.	25	15 jeudi.
26	17 lundi.	26	16 merc.	26	16 vend.
27	18 mard.	27	17 jeudi.	27	17 sam.
28	19 merc.	28	18 vend.	28	18 *Dim.*
29	20 jeudi.	29	19 samd.	29	19 lundi.
30	21 vend.	30	20 *Dim.*	30	20 mardi.

ÈRE RÉPUBLICAINE — ÈRE VULGAIRE.

AN V. 1796-1797.

NIVÔSE AN V.	DÉCEMBRE 1796 JANVIER 1797.	PLUVIÔSE AN V.	JANVIER et FÉVRIER 1797.	VENTÔSE AN V.	FÉVRIER et MARS 1797.
1	21 merc.	1	20 vend.	1	19 *Dim.*
2	22 jeudi.	2	21 sam.	2	20 lundi.
3	23 vend.	3	22 *Dim.*	3	21 mard.
4	24 sam.	4	23 lundi.	4	22 merc.
5	25 *Dim.*	5	24 mardi.	5	23 jeudi.
6	26 lundi.	6	25 merc.	6	24 vend.
7	27 mard.	7	26 jeudi.	7	25 sam.
8	28 merc.	8	27 vend.	8	26 *Dim.*
9	29 jeudi.	9	28 sam.	9	27 lundi.
10	30 vend.	10	29 *Dim.*	10	28 mard.
11	31 sam.	11	30 lundi.	11	MARS. 1 merc.
12	JANVIER 1797. 1 *Dim.*	12	31 mard.	12	2 jeudi.
13	2 lundi.	13	FÉVRIER. 1 merc.	13	3 vend.
14	3 mardi.	14	2 jeudi.	14	4 sam.
15	4 merc.	15	3 vend.	15	5 *Dim.*
16	5 jeudi.	16	4 sam.	16	6 lundi.
17	6 vend.	17	5 *Dim.*	17	7 mard.
18	7 sam.	18	6 lundi.	18	8 merc.
19	8 *Dim.*	19	7 mard.	19	9 jeudi.
20	9 lundi.	20	8 merc.	20	10 vend.
21	10 mard.	21	9 jeudi.	21	11 sam.
22	11 merc.	22	10 vend.	22	12 *Dim.*
23	12 jeudi.	23	11 sam.	23	13 lundi.
24	13 vend.	24	12 *Dim.*	24	14 mard.
25	14 sam.	25	13 lundi.	25	15 merc.
26	15 *Dim.*	26	14 mard.	26	16 jeudi.
27	16 lundi.	27	15 merc.	27	17 vend.
28	17 mard.	28	16 jeudi.	28	18 sam.
29	18 merc.	29	17 vend.	29	19 *Dim.*
30	19 jeudi.	30	18 sam.	30	20 lundi.

ÈRE RÉPUBLICAINE. — ÈRE VULGAIRE.

AN V. 1797.

GERMINAL AN V.	MARS et AVRIL 1797.	FLORÉAL AN V.	AVRIL et MAI 1797.	PRAIRIAL AN V.	MAI. et JUIN. 1797.
1	21 mard.	1	20 jeudi.	1	20 sam.
2	22 merc.	2	21 vend.	2	21 *Dim.*
3	23 jeudi.	3	22 sam.	3	22 lundi.
4	24 vend.	4	23 *Dim.*	4	23 mard.
5	25 sam.	5	24 lundi.	5	24 merc.
6	26 *Dim.*	6	25 mard.	6	25 jeudi.
7	27 lundi.	7	26 merc.	7	26 vend.
8	28 mard.	8	27 jeudi.	8	27 sam.
9	29 merc.	9	28 vend.	9	28 *Dim.*
10	30 jeudi.	10	29 sam.	10	29 lundi.
11	31 vend	11	30 *Dim.*	11	30 mard.
12	AVRIL 1797. 1 sam.	12	MAI. 1 lundi.	12	31 merc.
13	2 *Dim.*	13	2 mard.	13	JUIN. 1 jeudi.
14	3 lundi.	14	3 merc.	14	2 vend.
15	4 mard.	15	4 jeudi.	15	3 sam.
16	5 merc.	16	5 vend.	16	4 *Dim.*
17	6 jeudi.	17	6 sam.	17	5 lundi.
18	7 vend.	18	7 *Dim.*	18	6 mard.
19	8 sam.	19	8 lundi.	19	7 merc.
20	9 *Dim.*	20	9 mard.	20	8 jeudi.
21	10 lundi.	21	10 merc.	21	9 vend.
22	11 mardi.	22	11 jeudi.	22	10 sam.
23	12 merc.	23	12 vend.	23	11 *Dim.*
24	13 jeudi.	24	13 sam.	24	12 lundi.
25	14 vend.	25	14 *Dim.*	25	13 mard.
26	15 sam.	26	15 lundi.	26	14 merc.
27	16 *Dim.*	27	16 mard.	27	15 jeudi.
28	17 lundi.	28	17 merc.	28	16 vend.
29	18 mard.	29	18 jeudi.	29	17 sam.
30	19 merc.	30	19 vend.	30	18 *Dim.*

ÈRE RÉPUBLICAINE. — ÈRE VULGAIRE.

AN V. 1797.

MESSIDOR AN V.	JUIN et JUILLET 1797.	THERMIDOR AN V.	JUILLET et AOUT 1797.	FRUCTIDOR AN V.	AOUT et SEPTEMBRE 1797.
1	19 lundi.	1	19 merc.	1	18 vend.
2	20 mard.	2	20 jeudi.	2	19 sam.
3	21 merc.	3	21 vend.	3	20 *Dim.*
4	22 jeudi.	4	22 sam.	4	21 lundi.
5	23 vend.	5	23 *Dim.*	5	22 mard.
6	24 sam.	6	24 lundi.	6	23 merc.
7	25 *Dim.*	7	25 mard.	7	24 jeudi.
8	26 lundi.	8	26 merc.	8	25 vend.
9	27 mard.	9	27 jeudi.	9	26 sam.
10	28 merc.	10	28 vend.	10	27 *Dim.*
11	29 jeudi.	11	29 sam.	11	28 lundi.
12	30 vend.	12	30 *Dim.*	12	29 mard.
13	JUILLET 1797. 1 sam.	13	31 lundi.	13	30 merc.
14	2 *Dim.*	14	AOUT. 1 mard.	14	31 jeudi.
15	3 lundi.	15	2 merc.	15	SEPTEMBRE. 1 vend.
16	4 mard.	16	3 jeudi.	16	2 sam.
17	5 merc.	17	4 vend.	17	3 *Dim.*
18	6 jeudi.	18	5 sam.	18	4 lundi.
19	7 vend.	19	6 *Dim.*	19	5 mard.
20	8 sam.	20	7 lundi.	20	6 merc.
21	9 *Dim.*	21	8 mard.	21	7 jeudi.
22	10 lundi.	22	9 merc.	22	8 vend.
23	11 mard.	23	10 jeudi.	23	9 sam.
24	12 merc.	24	11 vend.	24	10 *Dim.*
25	13 jeudi.	25	12 sam.	25	11 lundi.
26	14 vend.	26	13 *Dim.*	26	12 mard.
27	15 sam.	27	14 lundi.	27	13 merc.
28	16 *Dim.*	28	15 mard.	28	14 jeudi.
29	17 lundi.	29	16 merc.	29	15 vend.
30	18 mard.	30	17 jeudi.	30	16 sam.
				J. COMPL. 1	17 *Dim.*
				2	18 lundi.
				3	19 mard.
				4	20 merc.
				5	21 jeudi.

ÈRE RÉPUBLICAINE. — ÈRE VULGAIRE.
AN VI. 1797.

VENDÉMIAIRE AN VI.	SEPTEMBRE et OCTOBRE 1797.	BRUMAIRE AN VI.	OCTOBRE et NOVEMBRE 1797.	FRIMAIRE AN VI.	NOVEMBRE et DÉCEMBRE 1797.
1	22 vend.	1	22 *Dim.*	1	21 mard.
2	23 sam.	2	23 lundi.	2	22 merc.
3	24 *Dim.*	3	24 mard.	3	23 jeudi.
4	25 lundi.	4	25 merc.	4	24 vend.
5	26 mard.	5	26 jeudi.	5	25 sam.
6	27 merc.	6	27 vend.	6	26 *Dim.*
7	28 jeudi.	7	28 sam.	7	27 lundi.
8	29 vend.	8	29 *Dim.*	8	28 mard.
9	30 sam.	9	30 lundi.	9	29 merc.
10	OCTOBRE 1797. 1 *Dim.*	10	31 mard.	10	30 jeudi.
11	2 lundi.	11	NOVEMBRE. 1 merc.	11	DÉCEMBRE. 1 vend.
12	3 mard.	12	2 jeudi.	12	2 sam.
13	4 merc.	13	3 vend.	13	3 *Dim.*
14	5 jeudi.	14	4 sam.	14	4 lundi.
15	6 vend.	15	5 *Dim.*	15	5 mard.
16	7 sam.	16	6 lund.	16	6 merc.
17	8 *Dim.*	17	7 mar.	17	7 jeudi.
18	9 lundi.	18	8 merc.	18	8 vend.
19	10 mard.	19	9 jeudi.	19	9 sam.
20	11 merc.	20	10 vend.	20	10 *Dim.*
21	12 jeudi.	21	11 sam.	21	11 lundi.
22	13 vend.	22	12 *Dim.*	22	12 mard.
23	14 sam.	23	13 lundi.	23	13 merc.
24	15 *Dim.*	24	14 mard.	24	14 jeudi.
25	16 lundi.	25	15 merc.	25	15 vend.
26	17 mard.	26	16 jeudi.	26	16 sam.
27	18 merc.	27	17 vend.	27	17 *Dim.*
28	19 jeudi.	28	18 sam.	28	18 lundi.
29	20 vend.	29	19 *Dim.*	29	19 mard.
30	21 sam.	30	20 lundi.	30	20 merc.

ÈRE RÉPUBLICAINE. — ÈRE VULGAIRE.
AN VI. 1797-1798.

NIVÔSE AN VI.	DÉCEMBRE 1797. JANVIER 1798.	PLUVIÔSE AN VI.	JANVIER et FÉVRIER 1798.	VENTÔSE AN VI.	FÉVRIER et MARS 1798.
1	21 jeudi.	1	20 sam.	1	19 lundi.
2	22 vend.	2	21 *Dim.*	2	20 mard.
3	23 sam.	3	22 lundi.	3	21 merc.
4	24 *Dim.*	4	23 mard.	4	22 jeudi.
5	25 lundi.	5	24 merc.	5	23 vend.
6	26 mard.	6	25 jeudi.	6	24 sam.
7	27 merc.	7	26 vend.	7	25 *Dim.*
8	28 jeudi.	8	27 sam.	8	26 lundi.
9	29 vend.	9	28 *Dim.*	9	27 mard.
10	30 sam.	10	29 lundi.	10	28 merc.
11	31 *Dim.*	11	30 mard.	11	MARS. 1 jeudi.
12	JANVIER 1798. 1 lundi.	12	31 merc.	12	2 vend.
13	2 mard.	13	FÉVRIER. 1 jeudi.	13	3 sam.
14	3 merc.	14	2 vend.	14	4 *Dim.*
15	4 jeudi.	15	3 sam.	15	5 lundi.
16	5 vend.	16	4 *Dim.*	16	6 mard.
17	6 sam.	17	5 lundi.	17	7 merc.
18	7 *Dim.*	18	6 mard.	18	8 jeudi.
19	8 lundi.	19	7 merc.	19	9 vend.
20	9 mard.	20	8 jeudi.	20	10 sam.
21	10 merc.	21	9 vend.	21	11 *Dim.*
22	11 jeudi.	22	10 sam.	22	12 lundi.
23	12 vend.	23	11 *Dim.*	23	13 mard.
24	13 sam.	24	12 lundi.	24	14 merc.
25	14 *Dim.*	25	13 mard.	25	15 jeudi.
26	15 lundi.	26	14 merc.	26	16 vend.
27	16 mard.	27	15 jeudi.	27	17 sam.
28	17 merc.	28	16 vend.	28	18 *Dim.*
29	18 jeudi.	29	17 sam.	29	19 lundi.
30	19 vend.	30	18 *Dim.*	30	20 mard.

ÈRE RÉPUBLICAINE. — ÈRE VULGAIRE.
AN VI. 1798.

GERMINAL AN VI.	MARS et AVRIL 1798.	FLORÉAL AN VI.	AVRIL et MAI 1798.	PRAIRIAL AN VI.	MAI et JUIN 1798.
1	21 merc.	1	20 vend.	1	20 *Dim.*
2	22 jeudi.	2	21 sam.	2	21 lundi.
3	23 vend.	3	22 *Dim.*	3	22 mard.
4	24 sam.	4	23 lundi.	4	23 merc.
5	25 *Dim.*	5	24 mard.	5	24 jeudi.
6	26 lundi.	6	25 merc.	6	25 vend.
7	27 mard.	7	26 jeudi.	7	26 sam.
8	28 merc.	8	27 vend.	8	27 *Dim.*
9	29 jeudi.	9	28 sam.	9	28 lundi.
10	30 vend.	10	29 *Dim.*	10	29 mard.
11	31 sam.	11	30 lundi.	11	30 merc.
12	AVRIL. 1798. 1 *Dim.*	12	MAI. 1 mard.	12	31 jeudi.
13	2 lundi.	13	2 merc.	13	JUIN. 1 vend.
14	3 mard.	14	3 jeudi.	14	2 sam.
15	4 merc.	15	4 vend.	15	3 *Dim.*
16	5 jeudi.	16	5 sam.	16	4 lundi.
17	6 vend.	17	6 *Dim.*	17	5 mard.
18	7 sam.	18	7 lundi.	18	6 merc.
19	8 *Dim.*	19	8 mard.	19	7 jeudi.
20	9 lundi.	20	9 merc.	20	8 vend.
21	10 mard.	21	10 jeudi.	21	9 sam.
22	11 merc.	22	11 vend.	22	10 *Dim.*
23	12 jeudi.	23	12 sam.	23	11 lundi.
24	13 vend.	24	13 *Dim.*	24	12 mard.
25	14 sam.	25	14 lundi.	25	13 merc.
26	15 *Dim.*	26	15 mard.	26	14 jeudi.
27	16 lundi.	27	16 merc.	27	15 vend.
28	17 mard.	28	17 jeudi.	28	16 sam.
29	18 merc.	29	18 vend.	29	17 *Dim.*
30	19 jeudi.	30	19 sam.	30	18 lundi.

ÈRE RÉPUBLICAINE — ÈRE VULGAIRE.
AN VI. 1798.

MESSIDOR AN VI.	JUIN et JUILLET 1798.	THERMIDOR AN VI.	JUILLET et AOUT 1798.	FRUCTIDOR AN VI.	AOUT et SEPTEMBRE 1798.
1	19 mard.	1	19 jeudi.	1	18 samed.
2	20 merc.	2	20 vend.	2	19 *Dim.*
3	21 jeudi.	3	21 sam.	3	20 lundi.
4	22 vend.	4	22 *Dim.*	4	21 mard.
5	23 sam.	5	23 lundi.	5	22 mercr.
6	24 *Dim.*	6	24 mard.	6	23 jeudi.
7	25 lundi.	7	25 merc.	7	24 vend.
8	26 mard.	8	26 jeudi.	8	25 samed.
9	27 merc.	9	27 vend.	9	26 *Dim.*
10	28 jeudi.	10	28 sam.	10	27 lundi.
11	29 vend.	11	29 *Dim.*	11	28 mard.
12	30 sam.	12	30 lundi.	12	29 merc.
13	JUILLET 1798. 1 *Dim.*	13	31 mard.	13	30 jeudi.
14	2 lundi.	14	AOUT. 1 merc.	14	31 vend.
15	3 mard.	15	2 jeudi.	15	SEPTEMBRE. 1 same.
16	4 merc.	16	3 vend.	16	2 *Dim.*
17	5 jeudi.	17	4 sam.	17	3 lundi.
19	6 vend.	18	5 *Dim.*	18	4 mard.
18	7 sam.	19	6 lundi.	19	5 merc.
20	8 *Dim.*	20	7 mard.	20	6 jeudi.
21	9 lundi.	21	8 merc.	21	7 vend.
22	10 mard.	22	9 jeudi.	22	8 samed
23	11 merc.	23	10 vend.	23	9 *Dim.*
24	12 jeudi.	24	11 sam.	24	10 lundi.
25	13 vend.	25	12 *Dim.*	25	11 mard.
26	14 sam.	26	13 lundi.	26	12 merc.
27	15 *Dim.*	27	14 mard.	27	13 jeudi.
28	16 lundi.	28	15 merc.	28	14 vend.
29	17 mard.	29	16 jeudi.	29	15 samed
30	18 merc.	30	17 vend.	30	16 *Dim.*
				J. COMPL. 1	17 lundi.
				2	18 mard.
				3	19 merc.
				4	20 jeudi.
				5	21 vend.

ÈRE RÉPUBLICAINE.— ÈRE VULGAIRE.

AN VII. 1798.

VENDÉMIAIRE AN VII.	SEPTEMBRE et OCTOBRE 1798.	BRUMAIRE AN VII.	OCTOBRE et NOVEMBRE 1798.	FRIMAIRE AN VII.	NOVEMBRE et DÉCEMBRE 1798.
1	22 sam.	1	22 lundi.	1	21 merc.
2	23 *Dim.*	2	23 mard.	2	22 jeudi.
3	24 lundi.	3	24 merc.	3	23 vend.
4	25 mard.	4	25 jeudi.	4	24 sam.
5	26 merc.	5	26 vend.	5	25 *Dim.*
6	27 jeudi.	6	27 sam.	6	26 lundi.
7	28 vend.	7	28 *Dim.*	7	27 mard.
8	29 sam.	8	29 lundi.	8	28 merc.
9	30 *Dim.*	9	30 mard.	9	29 jeudi.
10	(OCTOBRE 1798.) 1 lundi.	10	31 merc.	10	30 vend.
11	2 mard.	11	(NOVEMBRE.) 1 jeudi.	11	(DÉCEMBRE.) 1 sam.
12	3 merc.	12	2 vend.	12	2 *Dim.*
13	4 jeudi.	13	3 sam.	13	3 lundi.
14	5 vend.	14	4 *Dim.*	14	4 mard.
15	6 sam.	15	5 lundi.	15	5 merc.
16	7 *Dim.*	16	6 mard.	16	6 jeudi.
17	8 lundi.	17	7 merc.	17	7 vend.
18	9 mard.	18	8 jeudi.	18	8 sam.
19	10 merc.	19	9 vend.	19	9 *Dim.*
20	11 jeudi.	20	10 sam.	20	10 lundi.
21	12 vend.	21	11 *Dim.*	21	11 mard.
22	13 sam.	22	12 lundi.	22	12 merc.
23	14 *Dim.*	23	13 mard.	23	13 jeudi.
24	15 lundi.	24	14 merc.	24	14 vend.
25	16 mard.	25	15 jeudi.	25	15 sam.
26	17 merc.	26	16 vend.	26	16 *Dim.*
27	18 jeudi.	27	17 sam.	27	17 lundi.
28	19 vend.	28	18 *Dim.*	28	18 mard.
29	20 sam.	29	19 lundi.	29	19 merc.
30	21 *Dim.*	30	20 mard.	30	20 jeudi.

ÈRE RÉPUBLICAINE. — ÈRE VULGAIRE.

AN VII. 1798-1799.

NIVÔSE AN VII.	DÉCEMBRE 1798. JANVIER 1799.	PLUVIOSE AN VII.	JANVIER et FÉVRIER 1799.	VENTÔSE AN VII.	FÉVRIER et MARS 1799.
1	21 vend.	1	20 *Dim.*	1	19 mard.
2	22 sam.	2	21 lundi.	2	20 merc.
3	23 *Dim.*	3	22 mard.	3	21 jeudi.
4	24 lundi.	4	23 merc.	4	22 vend.
5	25 mard.	5	24 jeudi.	5	23 sam.
6	26 merc.	6	25 vend.	6	24 *Dim.*
7	27 jeudi.	7	26 sam.	7	25 lundi.
8	28 vend.	8	27 *Dim.*	8	26 mard.
9	29 sam.	9	28 lundi.	9	27 merc.
10	30 *Dim.*	10	29 mard.	10	28 jeudi.
11	31 lundi.	11	30 merc.	11	(MARS.) 1 vend.
12	(JANVIER 1799.) 1 mard.	12	31 jeudi.	12	2 sam.
13	2 merc.	13	(FÉVRIER.) 1 vend.	13	3 *Dim.*
14	3 jeudi.	14	2 sam.	14	4 lundi.
15	4 vend.	15	3 *Dim.*	15	5 mard.
16	5 sam.	16	4 lundi.	16	6 merc.
17	6 *Dim.*	17	5 mard.	17	7 jeudi.
18	7 lundi.	18	6 merc.	18	8 vend.
19	8 mard.	19	7 jeudi.	19	9 sam.
20	9 merc.	20	8 vend.	20	10 *Dim.*
21	10 jeudi.	21	9 sam.	21	11 lundi.
22	11 vend.	22	10 *Dim.*	22	12 mard.
23	12 sam.	23	11 lundi.	23	13 merc.
24	13 *Dim.*	24	12 mard.	24	14 jeudi.
25	14 lundi.	25	13 merc.	25	15 vend.
26	15 mard.	26	14 jeudi.	26	16 sam.
27	16 merc.	27	15 vend.	27	17 *Dim.*
28	17 jeudi.	28	16 sam.	28	18 lundi.
29	18 vend.	29	17 *Dim.*	29	19 mard.
30	19 sam.	30	18 lundi.	30	20 merc.

ÈRE RÉPUBLICAINE.—ÈRE VULGAIRE.

AN VII. 1799.

GERMINAL AN VII.	MARS et AVRIL 1799.	FLORÉAL AN VII.	AVRIL et MAI 1799.	PRAIRIAL AN VII.	MAI et JUIN 1799
1	21 jeudi.	1	20 sam.	1	20 lundi.
2	22 vend.	2	21 *Dim.*	2	21 mard.
3	23 sam.	3	22 lundi.	3	22 merc.
4	24 *Dim.*	4	23 mard.	4	23 jeudi.
5	25 lundi.	5	24 merc.	5	24 vend.
6	26 mard.	6	25 jeudi.	6	25 sam.
7	27 merc.	7	26 vend.	7	26 *Dim.*
8	28 jeudi.	8	27 sam.	8	27 lundi.
9	29 vend.	9	28 *Dim.*	9	28 mard.
10	30 sam.	10	29 lundi.	10	29 merc.
11	31 *Dim.*	11	30 mard.	11	30 jeudi.
12	(AVRIL. 1799.) 1 lundi.	12	(MAI.) 1 merc.	12	31 vend.
13	2 mard.	13	2 jeudi.	13	(JUIN.) 1 sam.
14	3 merc.	14	3 vend.	14	2 *Dim.*
15	4 jeudi.	15	4 sam.	15	3 lundi.
16	5 vend.	16	5 *Dim.*	16	4 mard.
17	6 sam.	17	6 lundi.	17	5 merc.
18	7 *Dim.*	18	7 mard.	18	6 jeudi.
19	8 lundi.	19	8 merc.	19	7 vend.
20	9 mard.	20	9 jeudi.	20	8 sam.
21	10 merc.	21	10 vend.	21	9 *Dim.*
22	11 jeudi.	22	11 sam.	22	10 lundi.
23	12 vend.	23	12 *Dim.*	23	11 mard.
24	13 sam.	24	13 lundi.	24	12 merc.
25	14 *Dim.*	25	14 mard.	25	13 jeudi.
26	15 lundi.	26	15 merc.	26	14 vend.
27	16 mard.	27	16 jeudi.	27	15 sam.
28	17 merc.	28	17 vend.	28	16 *Dim.*
29	18 jeudi.	29	18 sam.	29	17 lundi.
30	19 vend.	30	19 *Dim.*	30	18 mard.

ÈRE RÉPUBLICAINE.— ÈRE VULGAIRE.

AN VII. 1799.

MESSIDOR AN VII.	JUIN et JUILLET 1799.	THERMIDOR AN VII.	JUILLET et AOUT 1799.	FRUCTIDOR AN VII.	AOUT et SEPTEMBRE 1799.
1	19 merc.	1	19 vend.	1	18 *Dim.*
2	20 jeud.	2	20 sam.	2	19 lundi.
3	21 vend.	3	21 *Dim.*	3	20 mard.
4	22 sam.	4	22 lundi.	4	21 merc.
5	23 *Dim.*	5	23 mard.	5	22 jeud.
6	24 lundi.	6	24 merc.	6	23 vend.
7	25 mard.	7	25 jeud.	7	24 sam.
8	26 merc.	8	26 vend.	8	25 *Dim.*
9	27 jeud.	9	27 sam.	9	26 lundi.
10	28 vend.	10	28 *Dim.*	10	27 mard.
11	29 sam.	11	29 lundi.	11	28 merc.
12	30 *Dim.*	12	30 mard.	12	29 jeud.
13	(JUILLET 1799.) 1 lundi.	13	31 merc.	13	30 vend.
14	2 mard.	14	(AOUT.) 1 jeud.	14	31 sam.
15	3 merc.	15	2 vend.	15	(SEPTEMBRE.) 1 *Dim.*
16	4 jeud.	16	3 sam.	16	2 lundi.
17	5 vend.	17	4 *Dim.*	17	3 mard.
18	6 sam.	18	5 lundi.	18	4 merc.
19	7 *Dim.*	19	6 mard.	19	5 jeud.
20	8 lundi.	20	7 merc.	20	6 vend.
21	9 mard.	21	8 jeud.	21	7 sam.
22	10 merc.	22	9 vend.	22	8 *Dim.*
23	11 jeud.	23	10 sam.	23	9 lundi.
24	12 vend.	24	11 *Dim.*	24	10 mard.
25	13 sam.	25	12 lundi.	25	11 merc.
26	14 *Dim.*	26	13 mard.	26	12 jeudi.
27	15 lundi.	27	14 merc.	27	13 vend.
28	16 mard.	28	15 jeud.	28	14 sam.
29	17 merc.	29	16 vend.	29	15 *Dim.*
30	18 jeud.	30	17 sam.	30	16 lundi.
				JOURS COMPL. 1	17 mard.
				2	18 merc.
				3	19 jeud.
				4	20 vend.
				5	21 sam.
				6	22 *Dim.*

ÈRE RÉPUBLICAINE. — ÈRE VULGAIRE.
AN VIII. 1799.

VENDÉMIAIRE AN VIII.	SEPTEMBRE et OCTOBRE 1799.	BRUMAIRE AN VIII.	OCTOBRE et NOVEMBRE 1799.	FRIMAIRE AN VIII.	NOVEMBRE et DÉCEMBRE 1799.
1	23 lundi.	1	23 merc.	1	22 vend.
2	24 mard.	2	24 jeudi.	2	23 sam.
3	25 merc.	3	25 vend.	3	24 *Dim.*
4	26 jeud.	4	26 sam.	4	25 lundi.
5	27 vend.	5	27 *Dim.*	5	26 mard.
6	28 sam.	6	28 lundi.	6	27 merc.
7	29 *Dim.*	7	29 mard.	7	28 jeudi.
8	30 lundi.	8	30 merc.	8	29 vend.
9	OCTOBRE 1799. 1 mard.	9	31 jeudi.	9	30 sam.
10	2 merc.	10	NOVEMBRE. 1 vend.	10	DÉCEMBRE. 1 *Dim.*
11	3 jeudi.	11	2 sam.	11	2 lundi.
12	4 vend.	12	3 *Dim.*	12	3 mard.
13	5 sam.	13	4 lundi.	13	4 merc.
14	6 *Dim.*	14	5 mard.	14	5 jeudi.
15	7 lundi.	15	6 merc.	15	6 vend.
16	8 mard.	16	7 jeudi.	16	7 sam.
17	9 merc.	17	8 vend.	17	8 *Dim.*
18	10 jeudi.	18	9 sam.	18	9 lundi.
19	11 vend.	19	10 *Dim.*	19	10 mard.
20	12 sam.	20	11 lundi.	20	11 merc.
21	13 *Dim.*	21	12 mard.	21	12 jeudi.
22	14 lundi.	22	13 merc.	22	13 vend.
23	15 mard.	23	14 jeud.	23	14 sam.
24	16 merc.	24	15 vend.	24	15 *Dim.*
25	17 jeudi.	25	16 sam.	25	16 lundi.
26	18 vend.	26	17 *Dim.*	26	17 mard.
27	19 sam.	27	18 lundi.	27	18 merc.
28	20 *Dim.*	28	19 mard.	28	19 jeudi.
29	21 lundi.	29	20 merc.	29	20 vend.
30	22 mard.	30	21 jeudi.	30	21 sam.

ÈRE RÉPUBLICAINE. — ÈRE VULGAIRE.
AN VIII. 1799-1800.

NIVÔSE AN VIII.	DÉCEMBRE 1799. JANVIER 1800.	PLUVIÔSE AN VIII.	JANVIER et FÉVRIER 1800.	VENTÔSE AN VIII.	FÉVRIER et MARS 1800.
1	22 *Dim.*	1	21 mard.	1	20 jeud.
2	23 lundi.	2	22 merc.	2	21 vend.
3	24 mard.	3	23 jeud.	3	22 sam.
4	25 merc.	4	24 vend.	4	23 *Dim.*
5	26 jeudi.	5	25 sam.	5	24 lundi.
6	27 vend.	6	26 *Dim.*	6	25 mard.
7	28 sam.	7	27 lundi.	7	26 merc.
8	29 *Dim.*	8	28 mard.	8	27 jeud.
9	30 lundi.	9	29 merc.	9	28 vend.
10	31 mard.	10	30 jeud.	10	MARS. 1 sam.
11	JANVIER 1800. 1 merc.	11	31 vend.	11	2 *Dim.*
12	2 jeudi.	12	FÉVRIER. 1 sam.	12	3 lundi.
13	3 vend.	13	2 *Dim.*	13	4 mard.
14	4 sam.	14	3 lundi.	14	5 merc.
15	5 *Dim.*	15	4 mard.	15	6 jeud.
16	6 lund.	16	5 merc.	16	7 vend.
17	7 mard.	17	6 jeud.	17	8 sam.
18	8 merc.	18	7 vend.	18	9 *Dim.*
19	9 jeud.	19	8 sam.	19	10 lundi.
20	10 vend.	20	9 *Dim.*	20	11 mard.
21	11 sam.	21	10 lundi.	21	12 merc.
22	12 *Dim.*	22	11 mard.	22	13 jeud.
23	13 lund.	23	12 merc.	23	14 vend.
24	14 mard.	24	13 jeud.	24	15 sam.
25	15 merc.	25	14 vend.	25	16 *Dim.*
26	16 jeudi.	26	15 sam.	26	17 lundi.
27	17 vend.	27	16 *Dim.*	27	18 mard.
28	18 sam.	28	17 lundi.	28	19 merc.
29	19 *Dim.*	29	18 mard.	29	20 jeud.
30	20 lund.	30	19 merc.	30	21 vend.

ÈRE RÉPUBLICAINE. — ÈRE VULGAIRE.
AN VIII. 1800.

GERMINAL AN VIII.	MARS et AVRIL 1800.	FLORÉAL AN VIII.	AVRIL et MAI 1800.	PRAIRIAL AN VIII.	MAI et JUIN 1800.
1	22 sam.	1	21 lundi.	1	21 merc.
2	23 *Dim.*	2	22 mard.	2	22 jeudi.
3	24 lundi.	3	23 merc.	3	23 vend.
4	25 mard.	4	24 jeud.	4	24 sam.
5	26 merc.	5	25 vend	5	25 *Dim.*
6	27 jeud.	6	26 sam.	6	26 lundi.
7	28 vend.	7	27 *Dim.*	7	27 mard.
8	29 sam.	8	28 lundi.	8	28 merc.
9	30 *Dim.*	9	29 mard.	9	29 jeudi.
10	31 lundi.	10	30 merc.	10	30 vend.
11	AVRIL 1800. 1 mard.	11	MAI. 1 jeud.	11	31 sam.
12	2 merc.	12	2 vend.	12	JUIN. 1 *Dim.*
13	3 jeud.	13	3 sam.	13	2 lundi.
14	4 vend.	14	4 *Dim.*	14	3 mard.
15	5 sam.	15	5 lundi.	15	4 merc.
16	6 *Dim.*	16	6 mard.	16	5 jeudi.
17	7 lundi.	17	7 merc.	17	6 vend.
18	8 mard.	18	8 jeud.	18	7 sam.
19	9 merc.	19	9 vend.	19	8 *Dim.*
20	10 jeud.	20	10 sam.	20	9 lundi.
21	11 vend.	21	11 *Dim.*	21	10 mard.
22	12 sam.	22	12 lundi.	22	11 merc.
23	13 *Dim.*	23	13 mard.	23	12 jeudi.
24	14 lundi.	24	14 merc.	24	13 vend.
25	15 mard.	25	15 jeud.	25	14 sam.
26	16 merc.	26	16 vend.	26	15 *Dim.*
27	17 jeud.	27	17 sam.	27	16 lundi.
28	18 vend.	28	18 *Dim.*	28	17 mard.
29	19 sam.	29	19 lundi.	29	18 merc.
30	20 *Dim.*	30	20 mard.	30	19 jeudi.

ÈRE RÉPUBLICAINE. — ÈRE VULGAIRE.
AN VIII. 1800.

MESSIDOR AN VIII.	JUIN et JUILLET 1800.	THERMIDOR AN VIII.	JUILLET et AOUT 1800.	FRUCTIDOR AN VIII.	AOUT et SEPTEMBRE 1800.
1	20 vend.	1	20 *Dim.*	1	19 mardi.
2	21 sam.	2	21 lundi.	2	20 merc.
3	22 *Dim.*	3	22 mard.	3	21 jeudi.
4	23 lundi.	4	23 merc.	4	22 vend.
5	24 mard.	5	24 jeudi.	5	23 sam.
6	25 merc.	6	25 vend.	6	24 *Dim.*
7	26 jeudi.	7	26 sam.	7	25 lundi.
8	27 vend.	8	27 *Dim.*	8	26 mardi.
9	28 sam.	9	28 lundi.	9	27 merc.
10	29 *Dim.*	10	29 mard.	10	28 jeudi.
11	30 lundi.	11	30 merc.	11	29 vend.
12	JUILLET 1800. 1 mard.	12	31 jeudi.	12	30 sam.
13	2 merc.	13	AOUT. 1 vend.	13	31 *Dim.*
14	3 jeudi.	14	2 sam.	14	SEPTEMBRE. 1 lundi.
15	4 vend.	15	3 *Dim.*	15	2 mardi.
16	5 sam.	16	4 lundi.	16	3 merc.
17	6 *Dim.*	17	5 mard.	17	4 jeudi.
18	7 lundi.	18	6 merc.	18	5 vend.
19	8 mard.	19	7 jeudi.	19	6 sam.
20	9 merc.	20	8 vend.	20	7 *Dim.*
21	10 jeudi.	21	9 sam.	21	8 lundi.
22	11 vend.	22	10 *Dim.*	22	9 mardi.
23	12 sam.	23	11 lundi.	23	10 merc.
24	13 *Dim.*	24	12 mard.	24	11 jeudi.
25	14 lundi.	25	13 merc.	25	12 vend.
26	15 mard.	26	14 jeudi.	26	13 sam.
27	16 merc.	27	15 vend.	27	14 *Dim.*
28	17 jeudi.	28	16 sam.	28	15 lundi.
29	18 vend.	29	17 *Dim.*	29	16 mardi
30	19 sam.	30	18 lundi.	30	17 merc.
				J. COMPL. 1	18 jeudi.
				2	19 vend.
				3	20 sam.
				4	21 *Dim.*
				5	22 lundi

ÈRE RÉPUBLICAINE. — ÈRE VULGAIRE.
AN IX. 1800.

VENDÉMIAIRE AN IX.	SEPTEMBRE et OCTOBRE 1800.	BRUMAIRE AN IX.	OCTOBRE et NOVEMBRE 1800.	FRIMAIRE AN IX.	NOVEMBRE et DÉCEMBRE 1800.
1	23 mard.	1	23 jeudi.	1	22 sam.
2	24 merc.	2	24 vend.	2	23 *Dim.*
3	25 jeudi.	3	25 sam.	3	24 lundi.
4	26 vend.	4	26 *Dim.*	4	25 mard.
5	27 sam.	5	27 lundi.	5	26 merc.
6	28 *Dim.*	6	28 mard.	6	27 jeudi.
7	29 lundi.	7	29 merc.	7	28 vend.
8	30 mard.	8	30 jeudi.	8	29 sam.
9	OCTOBRE 1800. 1 merc.	9	31 vend.	9	30 *Dim.*
10	2 jeudi.	10	NOVEMBRE. 1 sam.	10	DÉCEMBRE. 1 lundi.
11	3 vend.	11	2 *Dim.*	11	2 mard.
12	4 sam.	12	3 lundi.	12	3 merc.
13	5 *Dim.*	13	4 mard.	13	4 jeudi.
14	6 lundi.	14	5 merc.	14	5 vend.
15	7 mard.	15	6 jeudi.	15	6 sam.
16	8 merc.	16	7 vend.	16	7 *Dim.*
17	9 jeudi.	17	8 sam.	17	8 lundi.
18	10 vend.	18	9 *Dim.*	18	9 mard.
19	11 sam.	19	10 lundi.	19	10 merc.
20	12 *Dim.*	20	11 mard.	20	11 jeudi.
21	13 lundi.	21	12 merc.	21	12 vend.
22	14 mard.	22	13 jeudi.	22	13 sam.
23	15 merc.	23	14 vend.	23	14 *Dim.*
24	16 jeudi.	24	15 sam.	24	15 lundi.
25	17 vend.	25	16 *Dim.*	25	16 mard.
26	18 sam.	26	17 lundi.	26	17 merc.
27	19 *Dim.*	27	18 mard.	27	18 jeudi.
28	20 lundi.	28	19 merc.	28	19 vend.
29	21 mard.	29	20 jeudi.	29	20 sam.
30	22 merc.	30	21 vend.	30	21 *Dim.*

ÈRE RÉPUBLICAINE. — ÈRE VULGAIRE.
AN. IX. 1800-1801.

NIVÔSE AN IX.	DÉCEMBRE 1800 et JANVIER 1801.	PLUVIÔSE AN IX.	JANVIER et FÉVRIER 1801.	VENTÔSE AN IX.	FÉVRIER et MARS 1801.
1	22 lundi.	1	21 merc.	1	20 vend.
2	23 mard.	2	22 jeudi.	2	21 sam.
3	24 merc.	3	23 vend.	3	22 *Dim.*
4	25 jeudi.	4	24 sam.	4	23 lundi.
5	26 vend.	5	25 *Dim.*	5	24 mard.
6	27 sam.	6	26 lundi.	6	25 merc.
7	28 *Dim.*	7	27 mard.	7	26 jeudi.
8	29 lundi.	8	28 merc.	8	27 vend.
9	30 mard.	9	29 jeudi.	9	28 sam.
10	31 merc.	10	30 vend.	10	MARS. 1 *Dim.*
11	JANVIER 1801. 1 jeudi.	11	31 sam.	11	2 lundi.
12	2 vend.	12	FÉVRIER. 1 *Dim.*	12	3 mard.
13	3 sam.	13	2 lundi.	13	4 merc.
14	4 *Dim.*	14	3 mard.	14	5 jeudi.
15	5 lundi.	15	4 merc.	15	6 vend.
16	6 mard.	16	5 jeudi.	16	7 sam.
17	7 merc.	17	6 vend.	17	8 *Dim.*
18	8 jeudi.	18	7 sam.	18	9 lundi.
19	9 vend.	19	8 *Dim.*	19	10 mard.
20	10 sam.	20	9 lundi.	20	11 merc.
21	11 *Dim.*	21	10 mard.	21	12 jeudi.
22	12 lundi.	22	11 merc.	22	13 vend.
23	13 mard.	23	12 jeudi.	23	14 sam.
24	14 merc.	24	13 vend.	24	15 *Dim.*
25	15 jeudi.	25	14 sam.	25	16 lundi.
26	16 vend.	26	15 *Dim.*	26	17 mard.
27	17 sam.	27	16 lundi.	27	18 merc.
28	18 *Dim.*	28	17 mard.	28	19 jeudi.
29	19 lundi.	29	18 merc.	29	20 vend.
30	20 mard.	30	19 jeudi.	30	21 sam.

ÈRE RÉPUBLICAINE. — ÈRE VULGAIRE.
AN IX. 1801.

GERMINAL AN IX.	MARS et AVRIL 1801.	FLORÉAL AN IX.	AVRIL et MAI 1801.	PRAIRIAL AN IX.	MAI et JUIN 1801
1	22 *Dim.*	1	21 mard.	1	21 jeudi.
2	23 lundi.	2	22 merc.	2	22 vend.
3	24 mard.	3	23 jeudi.	3	23 sam.
4	25 merc.	4	24 vend.	4	24 *Dim.*
5	26 jeudi.	5	25 sam.	5	25 lundi.
6	27 vend.	6	26 *Dim.*	6	26 mard.
7	28 sam.	7	27 lundi.	7	27 merc.
8	29 *Dim.*	8	28 mard.	8	28 jeudi.
9	30 lundi.	9	29 merc.	9	29 vend.
10	31 mard.	10	30 jeudi.	10	30 sam.
11	AVRIL 1801. 1 merc.	11	MAI. 1 vend.	11	31 *Dim.*
12	2 jeudi.	12	2 sam.	12	JUIN. 1 lundi.
13	3 vend.	13	3 *Dim.*	13	2 mard.
14	4 sam.	14	4 lundi.	14	3 merc.
15	5 *Dim.*	15	5 mard.	15	4 jeudi.
16	6 lundi.	16	6 merc.	16	5 vend.
17	7 mard.	17	7 jeudi.	17	6 sam.
18	8 merc.	18	8 vend.	18	7 *Dim.*
19	9 jeudi.	19	9 sam.	19	8 lundi.
20	10 vend.	20	10 *Dim.*	20	9 mard.
21	11 sam.	21	11 lundi.	21	10 merc.
22	12 *Dim.*	22	12 mard.	22	11 jeudi.
23	13 lundi.	23	13 merc.	23	12 vend.
24	14 mard.	24	14 jeudi.	24	13 sam.
25	15 merc.	25	15 vend.	25	14 *Dim.*
26	16 jeudi.	26	16 sam.	26	15 lundi.
27	17 vend.	27	17 *Dim.*	27	16 mard.
28	18 sam.	28	18 lundi.	28	17 merc.
29	19 *Dim.*	29	19 mard.	29	18 jeudi.
30	20 lundi.	30	20 merc.	30	19 vend.

ÈRE RÉPUBLICAINE. — ÈRE VULGAIRE.
AN IX. 1801.

MESSIDOR AN IX.	JUIN et JUILLET 1801.	THERMIDOR AN IX.	JUILLET et AOUT 1801.	FRUCTIDOR AN IX.	AOUT et SEPTEMBRE 1801.
1	20 sam.	1	20 lundi.	1	19 mercr.
2	21 *Dim.*	2	21 mard.	2	20 jeudi.
3	22 lundi.	3	22 merc.	3	21 vend.
4	23 mard	4	23 jeudi.	4	22 sam.
5	24 merc.	5	24 vend.	5	23 *Dim.*
6	25 jeud.	6	25 sam.	6	24 lundi.
7	26 vend.	7	26 *Dim.*	7	25 mard.
8	27 sam.	8	27 lundi.	8	26 mercr.
9	28 *Dim.*	9	28 mard.	9	27 jeudi.
10	29 lundi.	10	29 merc.	10	28 vend.
11	30 mard.	11	30 jeudi.	11	29 sam.
12	JUILLET 1801. 1 merc.	12	31 vend.	12	30 *Dim.*
13	2 jeudi.	13	AOUT. 1 sam.	13	31 lundi.
14	3 vend.	14	2 *Dim.*	14	SEPTEMBRE. 1 mard.
15	4 sam.	15	3 lundi.	15	2 mercr.
16	5 *Dim.*	16	4 mard.	16	3 jeudi.
17	6 lundi.	17	5 merc.	17	4 vendr.
18	7 mard.	18	6 jeudi.	18	5 sam.
19	8 merc.	19	7 vend.	19	6 *Dim.*
20	9 jeudi.	20	8 sam.	20	7 lundi.
21	10 vend.	21	9 *Dim.*	21	8 mard.
22	11 sam.	22	10 lundi.	22	9 mercr.
23	12 *Dim.*	23	11 mard.	23	10 jeudi.
24	13 lundi.	24	12 merc.	24	11 vendr.
25	14 mard.	25	13 jeudi.	25	12 sam.
26	15 merc.	26	14 vend.	26	13 *Dim.*
27	16 jeudi.	27	15 sam.	27	14 lundi.
28	17 vend.	28	16 *Dim.*	28	15 mard.
29	18 sam.	29	17 lundi.	29	16 mercr
30	19 *Dim.*	30	18 mard.	30	17 jeudi.
				J. COMPL. 1	18 vend.
				2	19 sam.
				3	20 *Dim.*
				4	21 lundi.
				5	22 mard.

ÈRE RÉPUBLICAINE. — ÈRE VULGAIRE.
AN X. 1801.

VENDÉMIAIRE AN X.	SEPTEMBRE et OCTOBRE 1801.	BRUMAIRE AN X.	OCTOBRE et NOVEMBRE 1801.	FRIMAIRE AN X.	NOVEMBRE et DÉCEMBRE 1801.
1	23 merc.	1	23 vend.	1	22 *Dim.*
2	24 jeudi.	2	24 sam.	2	23 lundi.
3	25 vend.	3	25 *Dim.*	3	24 mard.
4	26 sam.	4	26 lundi.	4	25 merc.
5	27 *Dim.*	5	27 mard.	5	26 jeudi.
6	28 lundi.	6	28 merc.	6	27 vend.
7	29 mard.	7	29 jeudi.	7	28 sam.
8	30 merc.	8	30 vend.	8	29 *Dim.*
9	OCTOBRE 1801. 1 jeudi.	9	31 sam.	9	30 lundi.
10	2 vend.	10	NOVEMBRE. 1 *Dim.*	10	DÉCEMBRE. 1 mard.
11	3 sam.	11	2 lundi.	11	2 merc.
12	4 *Dim.*	12	3 mard.	12	3 jeudi.
13	5 lundi.	13	4 merc.	13	4 vend.
14	6 mard.	14	5 jeudi.	14	5 sam.
15	7 merc.	15	6 vend.	15	6 *Dim.*
16	8 jeudi.	16	7 sam.	16	7 lundi.
17	9 vend.	17	8 *Dim.*	17	8 mard.
18	10 sam.	18	9 lundi.	18	9 merc.
19	11 *Dim.*	19	10 mard.	19	10 jeudi.
20	12 lundi.	20	11 merc.	20	11 vend.
21	13 mard.	21	12 jeudi.	21	12 sam.
22	14 merc.	22	13 vend.	22	13 *Dim.*
23	15 jeudi.	23	14 sam.	23	14 lundi.
24	16 vend.	24	15 *Dim.*	24	15 mard.
25	17 sam.	25	16 lundi.	25	16 merc.
26	18 *Dim.*	26	17 mard.	26	17 jeudi.
27	19 lundi.	27	18 merc.	27	18 vend.
28	20 mard.	28	19 jeudi.	28	19 sam.
29	21 merc.	29	20 vend.	29	20 *Dim.*
30	22 eudi.	30	21 sam.	30	21 lundi

ÈRE RÉPUBLICAINE. — ÈRE VULGAIRE.
AN X. 1801-1802.

NIVÔSE AN X.	DÉCEMBRE 1801. JANVIER 1802.	PLUVIÔSE AN X.	JANVIER et FÉVRIER 1802.	VENTÔSE AN X.	FÉVRIER et MARS 1802.
1	22 mard.	1	21 jeudi.	1	20 sam.
2	23 merc.	2	22 vend.	2	21 *Dim.*
3	24 jeudi.	3	23 sam.	3	22 lundi.
4	25 vend.	4	24 *Dim.*	4	23 mard.
5	26 sam.	5	25 lundi.	5	24 merc.
6	27 *Dim.*	6	26 mard.	6	25 jeudi.
7	28 lundi.	7	27 merc.	7	26 vend.
8	29 mard.	8	28 jeudi.	8	27 sam.
9	30 merc.	9	29 vend.	9	28 *Dim.*
10	31 jeudi.	10	30 sam.	10	MARS. 1 lundi.
11	JANVIER 1802. 1 vend.	11	31 *Dim.*	11	2 mard.
12	2 sam.	12	FÉVRIER. 1 lundi.	12	3 merc.
13	3 *Dim.*	13	2 mard.	13	4 jeudi.
14	4 lundi.	14	3 merc.	14	5 vend.
15	5 mard.	15	4 jeudi.	15	6 sam.
16	6 merc.	16	5 vend.	16	7 *Dim.*
17	7 jeudi.	17	6 sam.	17	8 lundi.
18	8 vend.	18	7 *Dim.*	18	9 mard.
19	9 sam.	19	8 lundi.	19	10 merc.
20	10 *Dim.*	20	9 mard.	20	11 jeudi.
21	11 lundi.	21	10 merc.	21	12 vend.
22	12 mard.	22	11 jeudi.	22	13 sam.
23	13 merc.	23	12 vend.	23	14 *Dim.*
24	14 jeudi.	24	13 sam.	24	15 lundi.
25	15 vend.	25	14 *Dim.*	25	16 mard.
26	16 sam.	26	15 lundi.	26	17 merc.
27	17 *Dim.*	27	16 mard.	27	18 jeudi.
28	18 lundi.	28	17 merc.	28	19 vend.
29	19 mard.	29	18 jeudi.	29	20 sam.
30	20 merc.	30	19 vend.	30	21 *Dim.*

ÈRE REPUBLICAINE. — ÈRE VULGAIRE.
AN X. 1802.

GERMINAL AN X.	MARS et AVRIL 1802.	FLORÉAL AN X.	AVRIL et MAI 1802.	PRAIRIAL AN X.	MAI et JUIN 1802.
1	22 lundi.	1	21 merc.	1	21 vend.
2	23 mard.	2	22 jeudi.	2	22 sam.
3	24 merc.	3	23 vend.	3	23 *Dim.*
4	25 jeudi.	4	24 sam.	4	24 lundi.
5	26 vend.	5	25 *Dim.*	5	25 mard.
6	27 sam.	6	26 lundi.	6	26 merc.
7	28 *Dim.*	7	27 mard.	7	27 jeudi.
8	29 lundi.	8	28 merc.	8	28 vend.
9	30 mard.	9	29 jeudi.	9	29 sam.
10	31 merc.	10	30 vend.	10	30 *Dim.*
11	VRIL 1802. 1 jeudi	11	MAI. 1 sam.	11	31 lundi.
12	2 vend.	12	2 *Dim.*	12	JUIN. 1 mard.
13	3 sam.	13	3 lundi.	13	2 merc.
14	4 *Dim.*	14	4 mard.	14	3 jeudi.
15	5 lundi.	15	5 merc.	15	4 vend.
16	6 mard.	16	6 jeudi.	16	5 sam.
17	7 merc.	17	7 vend.	17	6 *Dim.*
18	8 jeudi.	18	8 sam.	18	7 lundi.
19	9 vend.	19	9 *Dim.*	19	8 mard.
20	10 sam.	20	10 lundi.	20	9 merc.
21	11 *Dim.*	21	11 mard.	21	10 jeudi.
22	12 lundi.	22	12 merc.	22	11 vend.
23	13 mard.	23	13 jeudi.	23	12 sam.
24	14 merc.	24	14 vend.	24	13 *Dim.*
25	15 jeudi.	25	15 sam.	25	14 lundi.
26	16 vend.	26	16 *Dim.*	26	15 mard.
27	17 sam.	27	17 lundi.	27	16 merc.
28	18 *Dim.*	28	18 mard.	28	17 jeudi.
29	19 lundi.	29	19 merc.	29	18 vend.
30	20 mard.	30	20 jeudi.	30	19 sam.

ÈRE RÉPUBLICAINE — ÈRE VULGAIRE.
AN X. 1802.

MESSIDOR AN. X.	JUIN et JUILLET 1802.	THERMIDOR AN X.	JUILLET et AOUT 1802	FRUCTIDOR AN X.	AOUT et SEPTEMBRE 1802.
1	20 *Dim.*	1	20 mard.	1	19 jeudi.
2	21 lundi.	2	21 merc.	2	20 vend.
3	22 mard.	3	22 jeudi.	3	21 samed.
4	23 merc.	4	23 vend.	4	22 *Dim.*
5	24 jeudi.	5	24 sam.	5	23 lundi.
6	25 vend.	6	25 *Dim.*	6	24 mard.
7	26 sam.	7	26 lundi.	7	25 merc.
8	27 *Dim.*	8	27 mard.	8	26 jeudi.
9	28 lundi.	9	28 merc.	9	27 vend.
10	29 mard.	10	29 jeudi.	10	28 sam.
11	30 merc.	11	30 vend.	11	29 *Dim.*
12	JUILLET 1802. 1 jeudi.	12	31 sam.	12	30 lundi.
13	2 vend.	13	AOUT. 1 *Dim.*	13	31 mard.
14	3 sam.	14	2 lundi.	14	SEPTEMBRE. 1 merc.
15	4 *Dim.*	15	3 mard.	15	2 jeudi.
16	5 lundi.	16	4 merc.	16	3 vend.
17	6 mard.	17	5 jeudi.	17	4 sam.
18	7 merc.	18	6 vend.	18	5 *Dim.*
19	8 jeudi.	19	7 sam.	19	6 lundi.
20	9 vend.	20	8 *Dim.*	20	7 mard.
21	10 sam.	21	9 lundi.	21	8 merc.
22	11 *Dim.*	22	10 mard.	22	9 jeudi.
23	12 lundi.	23	11 merc.	23	10 vend.
24	13 mard.	24	12 jeudi.	24	11 samed
25	14 merc.	25	13 vend.	25	12 *Dim.*
26	15 jeudi.	26	14 sam.	26	13 lundi.
27	16 vend.	27	15 *Dim.*	27	14 mard.
28	17 sam.	28	16 lundi.	28	15 merc.
29	18 *Dim.*	29	17 mard.	29	16 jeudi.
30	19 lundi.	30	18 merc.	30	17 vend.
				J. COMPL. 1	18 samed
				2	19 *Dim.*
				3	20 lundi.
				4	21 mard.
				5	22 mercr

ÈRE RÉPUBLICAINE. — ÈRE VULGAIRE.
AN XI. 1802.

VENDÉMIAIRE AN XI.	SEPTEMBRE et OCTOBRE 1802.	BRUMAIRE AN XI.	OCTOBRE et NOVEMBRE 1802.	FRIMAIRE AN XI.	NOVEMBRE et DÉCEMBRE 1802.
1	23 jeudi.	1	23 sam.	1	22 lundi.
2	24 vend.	2	24 *Dim.*	2	23 mard.
3	25 sam.	3	25 lundi.	3	24 merc.
4	26 *Dim.*	4	26 mard.	4	25 jeudi.
5	27 lundi.	5	27 merc.	5	26 vend.
6	28 mard.	6	28 jeudi.	6	27 sam.
7	29 merc.	7	29 vend.	7	28 *Dim.*
8	30 jeudi.	8	30 sam.	8	29 lundi.
9	OCTOBRE 1802. 1 vend.	9	31 *Dim.*	9	30 mard.
10	2 sam.	10	NOVEMBRE. 1 lundi.	10	DÉCEMBRE. 1 merc.
11	3 *Dim.*	11	2 mard.	11	2 jeudi.
12	4 lundi.	12	3 merc.	12	3 vend.
13	5 mard.	13	4 jeudi.	13	4 sam.
14	6 merc.	14	5 vend.	14	5 *Dim.*
15	7 jeudi.	15	6 sam.	15	6 lundi.
16	8 vend.	16	7 *Dim.*	16	7 mard.
17	9 sam.	17	8 lund.	17	8 merc.
18	10 *Dim.*	18	9 mar.	18	9 jeudi.
19	11 lundi.	19	10 merc.	19	10 vend.
20	12 mard.	20	11 jeudi.	20	11 sam.
21	13 merc.	21	12 vend.	21	12 *Dim.*
22	14 jeudi.	22	13 sam.	22	13 lundi.
23	15 vend.	23	14 *Dim.*	23	14 mard.
24	16 sam.	24	15 lundi.	24	15 merc.
25	17 *Dim.*	25	16 mard.	25	16 jeudi.
26	18 lundi.	26	17 merc.	26	17 vend.
27	19 mard.	27	18 jeudi.	27	18 sam.
28	20 merc.	28	19 vend.	28	19 *Dim.*
29	21 jeudi.	29	20 sam.	29	20 lundi.
30	22 vend.	30	21 *Dim.*	30	21 mard.

ÈRE RÉPUBLICAINE. — ÈRE VULGAIRE.
AN XI. 1802-1803.

NIVÔSE AN XI.	DÉCEMBRE 1802. JANVIER 1803.	PLUVIÔSE AN XI.	JANVIER et FÉVRIER 1803.	VENTÔSE AN XI.	FÉVRIER et MARS 1803.
1	22 merc.	1	21 vend.	1	20 *Dim.*
2	23 jeudi.	2	22 sam.	2	21 lundi.
3	24 vend.	3	23 *Dim.*	3	22 mard.
4	25 sam.	4	24 lundi.	4	23 merc.
5	26 *Dim.*	5	25 mard.	5	24 jeudi.
6	27 lundi.	6	26 merc.	6	25 vend.
7	28 mard.	7	27 jeudi.	7	26 sam.
8	29 merc.	8	28 vend.	8	27 *Dim.*
9	30 jeudi.	9	29 sam.	9	28 lundi.
10	31 vend.	10	30 *Dim.*	10	MARS. 1 mard.
11	JANVIER 1803. 1 sam.	11	31 lundi.	11	2 merc.
12	2 *Dim.*	12	FÉVRIER. 1 mard.	12	3 jeudi.
13	3 lundi.	13	2 merc.	13	4 vend.
14	4 mard.	14	3 jeudi.	14	5 sam.
15	5 merc.	15	4 vend.	15	6 *Dim.*
16	6 jeudi.	16	5 sam.	16	7 lundi.
17	7 vend.	17	6 *Dim.*	17	8 mard.
18	8 sam.	18	7 lundi.	18	9 merc.
19	9 *Dim.*	19	8 mard.	19	10 jeudi.
20	10 lundi.	20	9 merc.	20	11 vend.
21	11 mard.	21	10 jeudi.	21	12 sam.
22	12 merc.	22	11 vend.	22	13 *Dim.*
23	13 jeudi.	23	12 sam.	23	14 lundi.
24	14 vend.	24	13 *Dim.*	24	15 mard.
25	15 sam.	25	14 lundi.	25	16 merc.
26	16 *Dim.*	26	15 mard.	26	17 jeudi.
27	17 lundi.	27	16 merc.	27	18 vend.
28	18 mard.	28	17 jeudi.	28	19 sam.
29	19 merc.	29	18 vend.	29	20 *Dim.*
30	20 jeudi.	30	19 sam.	30	21 lundi.

ÈRE RÉPUBLICAINE. — ÈRE VULGAIRE.
AN XI. 1803.

GERMINAL AN XI.	MARS et AVRIL 1803.	FLORÉAL AN XI.	AVRIL et MAI 1803.	PRAIRIAL AN XI.	MAI et JUIN 1803
1	22 mard.	1	21 jeudi.	1	21 sam.
2	23 merc.	2	22 vend.	2	22 *Dim.*
3	24 jeudi.	3	23 sam.	3	23 lundi.
4	25 vend.	4	24 *Dim.*	4	24 mard.
5	26 sam.	5	25 lundi.	5	25 merc.
6	27 *Dim.*	6	26 mard.	6	26 jeudi.
7	28 lundi.	7	27 merc.	7	27 vend.
8	29 mard.	8	28 jeudi.	8	28 sam.
9	30 merc.	9	29 vend.	9	29 *Dim.*
10	31 jeudi.	10	30 sam.	10	30 lundi.
11	AVRIL. 1803. 1 vend.	11	MAI. 1 *Dim.*	11	31 mard.
12	2 sam.	12	2 lundi.	12	JUIN. 1 merc.
13	3 *Dim.*	13	3 mard.	13	2 jeudi.
14	4 lundi.	14	4 merc.	14	3 vend.
15	5 mard.	15	5 jeudi.	15	4 sam.
16	6 merc.	16	6 vend.	16	5 *Dim.*
17	7 jeudi.	17	7 sam.	17	6 lundi.
18	8 vend.	18	8 *Dim.*	18	7 mard.
19	9 sam.	19	9 lundi.	19	8 merc.
20	10 *Dim.*	20	10 mard.	20	9 jeudi.
21	11 lundi.	21	11 merc.	21	10 vend.
22	12 mard.	22	12 jeudi.	22	11 sam.
23	13 merc.	23	13 vend.	23	12 *Dim.*
24	14 jeudi.	24	14 sam.	24	13 lundi.
25	15 vend.	25	15 *Dim.*	25	14 mard.
26	16 sam.	26	16 lundi.	26	15 merc.
27	17 *Dim.*	27	17 mard.	27	16 jeudi.
28	18 lundi.	28	18 merc.	28	17 vend.
29	19 mard.	29	19 jeudi.	29	18 sam.
30	20 merc.	30	20 vend.	30	19 *Dim.*

ÈRE RÉPUBLICAINE. — ÈRE VULGAIRE.
AN XI. 1803.

MESSIDOR AN XI.	JUIN et JUILLET 1803.	THERMIDOR AN XI.	JUILLET et AOUT 1803.	FRUCTIDOR AN XI.	AOUT et SEPTEMBRE 1803.
1	20 lundi.	1	20 merc.	1	19 vend.
2	21 mard.	2	21 jeudi.	2	20 sam.
3	22 merc.	3	22 vend.	3	21 *Dim.*
4	23 jeudi.	4	23 sam.	4	22 lundi.
5	24 vend.	5	24 *Dim.*	5	23 mard.
6	25 sam.	6	25 lundi.	6	24 merc.
7	26 *Dim.*	7	26 mard.	7	25 jeudi.
8	27 lundi.	8	27 merc.	8	26 vend.
9	28 mard.	9	28 jeudi.	9	27 sam.
10	29 merc.	10	29 vend.	10	28 *Dim.*
11	30 jeudi.	11	30 sam.	11	29 lundi.
12	JUILLET 1803. 1 vend.	12	31 *Dim.*	12	30 mard.
13	2 sam.	13	AOUT. 1 lundi.	13	31 merc.
14	3 *Dim.*	14	2 mard.	14	SEPTEMBRE. 1 jeudi.
15	4 lundi.	15	3 merc.	15	2 vend.
16	5 mard.	16	4 jeudi.	16	3 sam.
17	6 merc.	17	5 vend.	17	4 *Dim.*
18	7 jeudi.	18	6 sam.	18	5 lundi.
19	8 vend.	19	7 *Dim.*	19	6 mard.
20	9 sam.	20	8 lundi.	20	7 merc.
21	10 *Dim.*	21	9 mard.	21	8 jeudi.
22	11 lundi.	22	10 merc.	22	9 vend.
23	12 mard.	23	11 jeudi.	23	10 sam.
24	13 merc.	24	12 vend.	24	11 *Dim.*
25	14 jeudi.	25	13 sam.	25	12 lundi.
26	15 vend.	26	14 *Dim.*	26	13 mard.
27	16 sam.	27	15 lundi.	27	14 merc.
28	17 *Dim.*	28	16 mard.	28	15 jeudi.
29	18 lundi.	29	17 merc.	29	16 vend.
30	19 mard.	30	18 jeudi.	30	17 sam.
				J. COMPL. 1	18 *Dim.*
				2	19 lundi.
				3	20 mard.
				4	21 merc.
				5	22 jeudi.
				6	23 vend.

ÈRE RÉPUBLICAINE. — ÈRE VULGAIRE.

AN XII. 1803.

VENDÉMIAIRE AN XII.	SEPTEMBRE et OCTOBRE 1803.	BRUMAIRE AN XII.	OCTOBRE et NOVEMBRE 1803.	FRIMAIRE AN XII.	NOVEMBRE et DÉCEMBRE 1803.
1	24 sam.	1	24 lundi.	1	23 merc.
2	25 *Dim.*	2	25 mard.	2	24 jeudi.
3	26 lundi.	3	26 merc.	3	25 vend.
4	27 mard.	4	27 jeudi.	4	26 sam.
5	28 merc.	5	28 vend.	5	27 *Dim.*
6	29 jeudi.	6	29 sam.	6	28 lundi.
7	30 vend.	7	30 *Dim.*	7	29 mardi.
8	OCTOBRE 1803. 1 sam.	8	31 lundi.	8	30 merc.
9	2 *Dim.*	9	NOVEMBRE. 1 mard.	9	DÉCEMBRE. 1 jeudi.
10	3 lundi.	10	2 merc.	10	2 vend.
11	4 mard.	11	3 jeudi.	11	3 sam.
12	5 merc.	12	4 vend.	12	4 *Dim.*
13	6 jeudi.	13	5 sam.	13	5 lundi.
14	7 vend.	14	6 *Dim.*	14	6 mardi.
15	8 sam.	15	7 lundi.	15	7 merc.
16	9 *Dim.*	16	8 mard.	16	8 jeudi.
17	10 lundi.	17	9 merc.	17	9 vend.
18	11 mard.	18	10 jeudi.	18	10 sam.
19	12 merc.	19	11 vend.	19	11 *Dim.*
20	13 jeudi.	20	12 sam.	20	12 lundi.
21	14 vend.	21	13 *Dim.*	21	13 mardi.
22	15 sam.	22	14 lundi.	22	14 merc.
23	16 *Dim.*	23	15 mard.	23	15 jeudi.
24	17 lundi.	24	16 merc.	24	16 vend.
25	18 mard.	25	17 jeudi.	25	17 sam.
26	19 merc.	26	18 vend.	26	18 *Dim.*
27	20 jeudi.	27	19 samd.	27	19 lundi.
28	21 vend.	28	20 *Dim.*	28	20 mardi.
29	22 sam.	29	21 lundi.	29	21 merc.
30	23 *Dim.*	30	22 mard.	30	22 jeudi.

ÈRE RÉPUBLICAINE — ÈRE VULGAIRE.

AN XII. 1803-1804.

NIVÔSE AN XII.	DÉCEMBRE 1803 JANVIER 1804.	PLUVIÔSE AN XII.	JANVIER et FÉVRIER 1804.	VENTÔSE AN XII.	FÉVRIER et MARS 1804.
1	23 vend.	1	22 *Dim.*	1	21 mard.
2	24 sam.	2	23 lundi.	2	22 merc.
3	25 *Dim.*	3	24 mardi.	3	23 jeudi.
4	26 lundi.	4	25 merc.	4	24 vend.
5	27 mard.	5	26 jeudi.	5	25 sam.
6	28 merc.	6	27 vend.	6	26 *Dim*
7	29 jeudi.	7	28 sam.	7	27 lundi.
8	30 vend.	8	29 *Dim.*	8	28 mard.
9	31 sam.	9	30 lundi.	9	29 merc.
10	JANVIER 1804. 1 *Dim.*	10	31 mard.	10	MARS. 1 jeudi.
11	2 lundi.	11	FÉVRIER. 1 merc.	11	2 vend.
12	3 mardi.	12	2 jeudi.	12	3 sam.
13	4 merc.	13	3 vend.	13	4 *Dim.*
14	5 jeudi.	14	4 sam.	14	5 lundi.
15	6 vend.	15	5 *Dim.*	15	6 mard.
16	7 sam.	16	6 lundi.	16	7 merc.
17	8 *Dim.*	17	7 mard.	17	8 jeudi.
18	9 lundi.	18	8 merc.	18	9 vend.
19	10 mard.	19	9 jeudi.	19	10 sam.
20	11 merc.	20	10 vend.	20	11 *Dim.*
21	12 jeudi.	21	11 sam.	21	12 lundi.
22	13 vend.	22	12 *Dim.*	22	13 mard.
23	14 sam.	23	13 lundi.	23	14 merc.
24	15 *Dim.*	24	14 mard.	24	15 jeudi.
25	16 lundi.	25	15 merc.	25	16 vend.
26	17 mard.	26	16 jeudi.	26	17 sam.
27	18 merc.	27	17 vend.	27	18 *Dim.*
28	19 jeudi.	28	18 sam.	28	19 lundi.
29	20 vend.	29	19 *Dim.*	29	20 mard.
30	21 sam.	30	20 lundi.	30	21 merc.

ÈRE RÉPUBLICAINE. — ÈRE VULGAIRE.

AN XII. 1804.

GERMINAL AN XII.	MARS et AVRIL 1804.	FLORÉAL AN XII.	AVRIL et MAI 1804.	PRAIRIAL AN XII.	MAI et JUIN 1804.
1	22 jeudi.	1	21 sam.	1	21 lundi.
2	23 vend.	2	22 *Dim.*	2	22 mard.
3	24 sam.	3	23 lundi.	3	23 merc.
4	25 *Dim.*	4	24 mard.	4	24 jeudi.
5	26 lundi.	5	25 merc.	5	25 vend.
6	27 mard.	6	26 jeudi.	6	26 sam.
7	28 merc.	7	27 vend.	7	27 *Dim.*
8	29 jeudi.	8	28 sam.	8	28 lundi.
9	30 vend.	9	29 *Dim.*	9	29 mard.
10	31 sam.	10	30 lundi.	10	30 merc.
11	AVRIL 1804. 1 *Dim.*	11	MAI. 1 mard.	11	31 jeudi.
12	2 lundi.	12	2 merc.	12	JUIN. 1 vend.
13	3 mard.	13	3 jeudi.	13	2 sam.
14	4 merc.	14	4 vend.	14	3 *Dim.*
15	5 jeudi.	15	5 sam.	15	4 lundi.
16	6 vend.	16	6 *Dim.*	16	5 mard.
17	7 sam.	17	7 lundi.	17	6 merc.
18	8 *Dim.*	18	8 mard.	18	7 jeudi.
19	9 lundi.	19	9 merc.	19	8 vend.
20	10 mardi.	20	10 jeudi.	20	9 sam.
21	11 merc.	21	11 vend.	21	10 *Dim.*
22	12 jeudi.	22	12 sam.	22	11 lundi.
23	13 vend.	23	13 *Dim.*	23	12 mard.
24	14 sam.	24	14 lundi.	24	13 merc.
25	15 *Dim.*	25	15 mard.	25	14 jeudi.
26	16 lundi.	26	16 merc.	26	15 vend.
27	17 mard.	27	17 jeudi.	27	16 sam.
28	18 merc.	28	18 vend.	28	17 *Dim.*
29	19 jeudi.	29	19 sam.	29	18 lundi.
30	20 vend.	30	20 *Dim.*	30	19 mard.

ÈRE RÉPUBLICAINE. — ÈRE VULGAIRE

AN XII. 1804.

MESSIDOR AN XII.	JUIN et JUILLET 1804.	THERMIDOR AN XII.	JUILLET et AOUT 1804.	FRUCTIDOR AN XII.	AOUT et SEPTEMBRE 1804.
1	20 merc.	1	20 vend.	1	19 *Dim.*
2	21 jeudi.	2	21 sam.	2	20 lundi.
3	22 vend.	3	22 *Dim.*	3	21 mard.
4	23 sam.	4	23 lundi.	4	22 mercr.
5	24 *Dim.*	5	24 mard.	5	23 jeudi.
6	25 lundi.	6	25 merc.	6	24 vendr.
7	26 mard.	7	26 jeudi.	7	25 samed.
8	27 merc.	8	27 vend.	8	26 *Dim.*
9	28 jeudi.	9	28 sam.	9	27 lundi.
10	29 vend.	10	29 *Dim.*	10	28 mard.
11	30 sam.	11	30 lundi.	11	29 mercr.
12	JUILLET 1804. 1 *Dim.*	12	31 mard.	12	30 jeudi.
13	2 lundi.	13	AOUT. 1 merc.	13	31 vendr.
14	3 mard	14	2 jeudi.	14	SEPTEMBRE. 1 samed.
15	4 merc.	15	3 vend.	15	2 *Dim.*
16	5 jeudi.	16	4 sam.	16	3 lundi.
17	6 vend.	17	5 *Dim.*	17	4 mard.
18	7 sam.	18	6 lundi.	18	5 mercr.
19	8 *Dim.*	19	7 mard.	19	6 jeudi.
20	9 lundi.	20	8 merc.	20	7 vendr.
21	10 mard.	21	9 jeudi.	21	8 samed.
22	11 merc.	22	10 vend.	22	9 *Dim.*
23	12 jeudi.	23	11 sam.	23	10 lundi.
24	13 vend.	24	12 *Dim.*	24	11 mard.
25	14 sam.	25	13 lundi.	25	12 mercr.
26	15 *Dim.*	26	14 mard.	26	13 jeudi.
27	16 lundi.	27	15 merc.	27	14 vendr.
28	17 mard.	28	16 jeudi.	28	15 samed.
29	18 merc.	29	17 vend.	29	16 *Dim.*
30	19 jeudi.	30	18 sam.	30	17 lundi.
				J. COMPL. 1	18 mard.
				2	19 mercr.
				3	20 jeudi.
				4	21 vendr
				5	22 samed.

ÈRE RÉPUBLICAINE. — ÈRE VULGAIRE.

AN XIII 1804.

VENDÉMIAIRE AN XIII.	SEPTEMBRE et OCTOBRE 1804.	BRUMAIRE AN XIII.	OCTOBRE et NOVEMBRE 1804.	FRIMAIRE AN XIII.	NOVEMBRE et DÉCEMBRE 1804.
1	23 *Dim.*	1	23 mard.	1	22 jeudi.
2	24 lundi.	2	24 merc.	2	23 vend
3	25 mard.	3	25 jeudi.	3	24 sam.
4	26 merc.	4	26 vend.	4	25 *Dim.*
5	27 jeudi.	5	27 sam.	5	26 lundi.
6	28 vend.	6	28 *Dim.*	6	27 mard.
7	29 sam.	7	29 lundi.	7	28 merc.
8	30 *Dim.*	8	30 mard.	8	29 jeudi.
9	OCTOBRE 1804. 1 lundi.	9	31 merc.	9	30 vend.
10	2 mard.	10	NOVEMBRE. 1 jeudi.	10	DÉCEMBRE. 1 sam.
11	3 merc.	11	2 vend.	11	2 *Dim.*
12	4 jeudi.	12	3 sam.	12	3 lundi.
13	5 vend.	13	4 *Dim.*	13	4 mard.
14	6 sam.	14	5 lundi.	14	5 merc.
15	7 *Dim.*	15	6 mard.	15	6 jeudi.
16	8 lundi.	16	7 merc.	16	7 vend.
17	9 mard.	17	8 jeudi.	17	8 sam.
18	10 merc.	18	9 vend.	18	9 *Dim.*
19	11 jeudi.	19	10 sam.	19	10 lundi.
20	12 vend.	20	11 *Dim.*	20	11 mard.
21	13 sam.	21	12 lundi.	21	12 merc.
22	14 *Dim.*	22	13 mard.	22	13 jeudi.
23	15 lundi.	23	14 merc.	23	14 vend.
24	16 mard.	24	15 jeudi.	24	15 sam.
25	17 merc.	25	16 vend.	25	16 *Dim.*
26	18 jeudi.	26	17 sam.	26	17 lundi.
27	19 vend.	27	18 *Dim.*	27	18 mard.
28	20 sam.	28	19 lundi.	28	19 merc.
29	21 *Dim.*	29	20 mard.	29	20 jeudi.
30	22 lund.	30	21 merc.	30	21 vend.

ÈRE RÉPUBLICAINE. — ÈRE VULGAIRE.

AN XIII. 1804-1805.

NIVÔSE AN XIII.	DÉCEMBRE 1804. JANVIER 1805.	PLUVIÔSE AN XIII.	JANVIER et FÉVRIER 1805.	VENTÔSE AN XIII.	FÉVRIER et MARS 1805.
1	22 sam.	1	21 lundi.	1	20 merc.
2	23 *Dim.*	2	22 mard.	2	21 jeudi.
3	24 lundi.	3	23 merc	3	22 vend.
4	25 mard.	4	24 jeudi.	4	23 sam.
5	26 merc.	5	25 vend.	5	24 *Dim.*
6	27 jeudi.	6	26 sam.	6	25 lundi.
7	28 vend.	7	27 *Dim.*	7	26 mard.
8	29 sam.	8	28 lundi.	8	27 merc.
9	30 *Dim.*	9	29 mard.	9	28 jeudi.
10	31 lundi.	10	30 merc.	10	MARS. 1 vend.
11	JANVIER 1805. 1 mard.	11	31 jeudi.	11	2 sam.
12	2 merc.	12	FÉVRIER. 1 vend.	12	3 *Dim.*
13	3 jeudi.	13	2 sam.	13	4 lundi.
14	4 vend.	14	3 *Dim.*	14	5 mard.
15	5 sam.	15	4 lundi.	15	6 merc.
16	6 *Dim.*	16	5 mard.	16	7 jeudi.
17	7 lundi.	17	6 merc.	17	8 vend.
18	8 mard.	18	7 jeudi.	18	9 sam.
19	9 merc.	19	8 vend.	19	10 *Dim.*
20	10 jeudi.	20	9 sam.	20	11 lundi.
21	11 vend.	21	10 *Dim.*	21	12 mard
22	12 sam.	22	11 lundi.	22	13 merc.
23	13 *Dim.*	23	12 mard.	23	14 jeudi.
24	14 lundi.	24	13 merc.	24	15 vend.
25	15 mard.	25	14 jeudi.	25	16 sam.
26	16 merc.	26	15 vend.	26	17 *Dim.*
27	17 jeudi.	27	16 sam.	27	18 lundi.
28	18 vend.	28	17 *Dim.*	28	19 mard.
29	19 sam.	29	18 lundi.	29	20 merc.
30	20 *Dim.*	30	19 mard.	30	21 jeudi.

ÈRE RÉPUBLICAINE. — ÈRE VULGAIRE.

AN XIII. 1805.

GERMINAL AN XIII.	MARS et AVRIL 1805.	FLORÉAL AN XIII.	AVRIL et MAI 1805.	PRAIRIAL AN XIII.	MAI et JUIN 1805.
1	22 vend.	1	21 *Dim.*	1	21 mard.
2	23 sam.	2	22 lundi.	2	22 merc.
3	24 *Dim.*	3	23 mard.	3	23 jeudi.
4	25 lundi.	4	24 merc.	4	24 vend.
5	26 mard.	5	25 jeudi.	5	25 sam.
6	27 merc.	6	26 vend.	6	26 *Dim.*
7	28 jeudi.	7	27 sam.	7	27 lundi.
8	29 vend.	8	28 *Dim.*	8	28 mard.
9	30 sam.	9	29 lundi.	9	29 merc.
10	31 *Dim.*	10	30 mard.	10	30 jeudi.
11	AVRIL 1805. 1 lundi.	11	MAI. 1 merc.	11	31 vend.
12	2 mard.	12	2 jeudi.	12	JUIN. 1 sam.
13	3 merc.	13	3 vend.	13	2 *Dim.*
14	4 jeudi.	14	4 sam.	14	3 lundi.
15	5 vend.	15	5 *Dim.*	15	4 mard.
16	6 sam.	16	6 lundi.	16	5 merc.
17	7 *Dim.*	17	7 mardi	17	6 jeudi.
18	8 lundi.	18	8 merc.	18	7 vend.
19	9 mard.	19	9 jeudi.	19	8 sam.
20	10 merc.	20	10 vend.	20	9 *Dim.*
21	11 jeudi.	21	11 sam.	21	10 lundi.
22	12 vend.	22	12 *Dim.*	22	11 mard.
23	13 sam.	23	13 lundi.	23	12 merc.
24	14 *Dim.*	24	14 mard.	24	13 jeudi.
25	15 lundi.	25	15 merc.	25	14 vend.
26	16 mard.	26	16 jeudi.	26	15 sam.
27	17 merc.	27	17 vend.	27	16 *Dim.*
28	18 jeudi.	28	18 sam.	28	17 lundi.
29	19 vend.	29	19 *Dim.*	29	18 mard.
30	20 sam.	30	20 lundi.	30	19 merc.

ÈRE RÉPUBLICAINE — ÈRE VULGAIRE.

AN XIII. 1805.

MESSIDOR AN XIII.	JUIN et JUILLET 1805.	THERMIDOR AN XIII.	JUILLET et AOUT 1805.	FRUCTIDOR AN XIII.	AOUT et SEPTEMBRE 1805.
1	20 jeudi.	1	20 sam.	1	19 lundi.
2	21 vend.	2	21 *Dim.*	2	20 mard.
3	22 sam.	3	22 lundi.	3	21 mercr
4	23 *Dim.*	4	23 mard.	4	22 jeudi.
5	24 lundi.	5	24 merc.	5	23 vend.
6	25 mard.	6	25 jeudi.	6	24 samed
7	26 merc.	7	26 vend.	7	25 *Dim.*
8	27 jeudi.	8	27 sam.	8	26 lundi.
9	28 vend.	9	28 *Dim.*	9	27 mard.
10	29 sam.	10	29 lundi.	10	28 merc.
11	30 *Dim.*	11	30 mard.	11	29 jeudi.
12	JUILLET 1805. 1 lundi.	12	31 merc.	12	30 vend.
13	2 mard.	13	AOUT. 1 jeudi.	13	31 sam.
14	3 merc.	14	2 vend.	14	SEPTEMBRE. 1 *Dim.*
15	4 jeudi.	15	3 sam.	15	2 lundi.
16	5 vend	16	4 *Dim.*	16	3 mard.
17	6 sam.	17	5 lundi.	17	4 merc.
18	7 *Dim.*	18	6 mard.	18	5 jeudi.
19	8 lundi.	19	7 merc.	19	6 vend.
20	9 mard.	20	8 jeudi.	20	7 sam.
21	10 merc.	21	9 vend.	21	8 *Dim.*
22	11 jeudi.	22	10 sam.	22	9 lundi.
23	12 vend.	23	11 *Dim.*	23	10 mard.
24	13 sam.	24	12 lundi.	24	11 merc.
25	14 *Dim.*	25	13 mard.	25	12 jeudi.
26	15 lundi.	26	14 merc.	26	13 vend.
27	16 mard	27	15 jeudi.	27	14 same.
28	17 merc.	28	16 vend.	28	15 *Dim.*
29	18 jeudi.	29	17 sam.	29	16 lundi.
30	19 vend.	30	18 *Dim.*	30	17 mard.
				COMPL. 1	18 merc.
				2	19 jeudi.
				3	20 vend.
				4	21 same
				5	22 *Dim.*

ÈRE RÉPUBLICAINE. — ÈRE VULGAIRE.
AN XIV. 1805.

VENDÉMIAIRE AN XIV.	SEPTEMBRE et OCTOBRE 1805.	BRUMAIRE AN XIV.	OCTOBRE et NOVEMBRE 1805.	FRIMAIRE AN XIV.	NOVEMBRE et DÉCEMBRE 1805.
1	23 lundi.	1	23 merc.	1	22 vend.
2	24 mard.	2	24 jeudi.	2	23 sam.
3	25 merc.	3	25 vend.	3	24 *Dim.*
4	26 jeudi.	4	26 sam.	4	25 lundi.
5	27 vend.	5	27 *Dim.*	5	26 mard.
6	28 sam.	6	28 lundi.	6	27 merc.
7	29 *Dim.*	7	29 mard.	7	28 jeudi.
8	30 lundi.	8	30 merc.	8	29 vend.
9	OCTOBRE 1805. 1 mard.	9	31 jeudi.	9	30 sam.
10	2 merc.	10	NOVEMBRE. 1 vend.	10	DÉCEMBRE. 1 *Dim.*
11	3 jeudi.	11	2 sam.	11	2 lundi.
12	4 vend.	12	3 *Dim.*	12	3 mard.
13	5 sam.	13	4 lundi.	13	4 merc.
14	6 *Dim.*	14	5 mard.	14	5 jeudi.
15	7 lundi.	15	6 merc.	15	6 vend.
16	8 mard.	16	7 jeudi.	16	7 sam.
17	9 merc.	17	8 vend.	17	8 *Dim.*
18	10 jeudi.	18	9 sam.	18	9 lundi.
19	11 vend.	19	10 *Dim.*	19	10 mard.
20	12 sam.	20	11 lundi.	20	11 merc.
21	13 *Dim.*	21	12 mard.	21	12 jeudi.
22	14 lundi.	22	13 merc.	22	13 vend.
23	15 mard.	23	14 jeudi.	23	14 sam.
24	16 merc.	24	15 vend.	24	15 *Dim.*
25	17 jeudi.	25	16 sam.	25	16 lundi.
26	18 vend.	26	17 *Dim.*	26	17 mard.
27	19 sam.	27	18 lundi.	27	18 merc.
28	20 *Dim.*	28	19 mard.	28	19 jeudi.
29	21 lundi.	29	20 merc.	29	20 vend.
30	22 mard.	30	21 jeudi.	30	21 sam.

FIN DE LA CONCORDANCE.

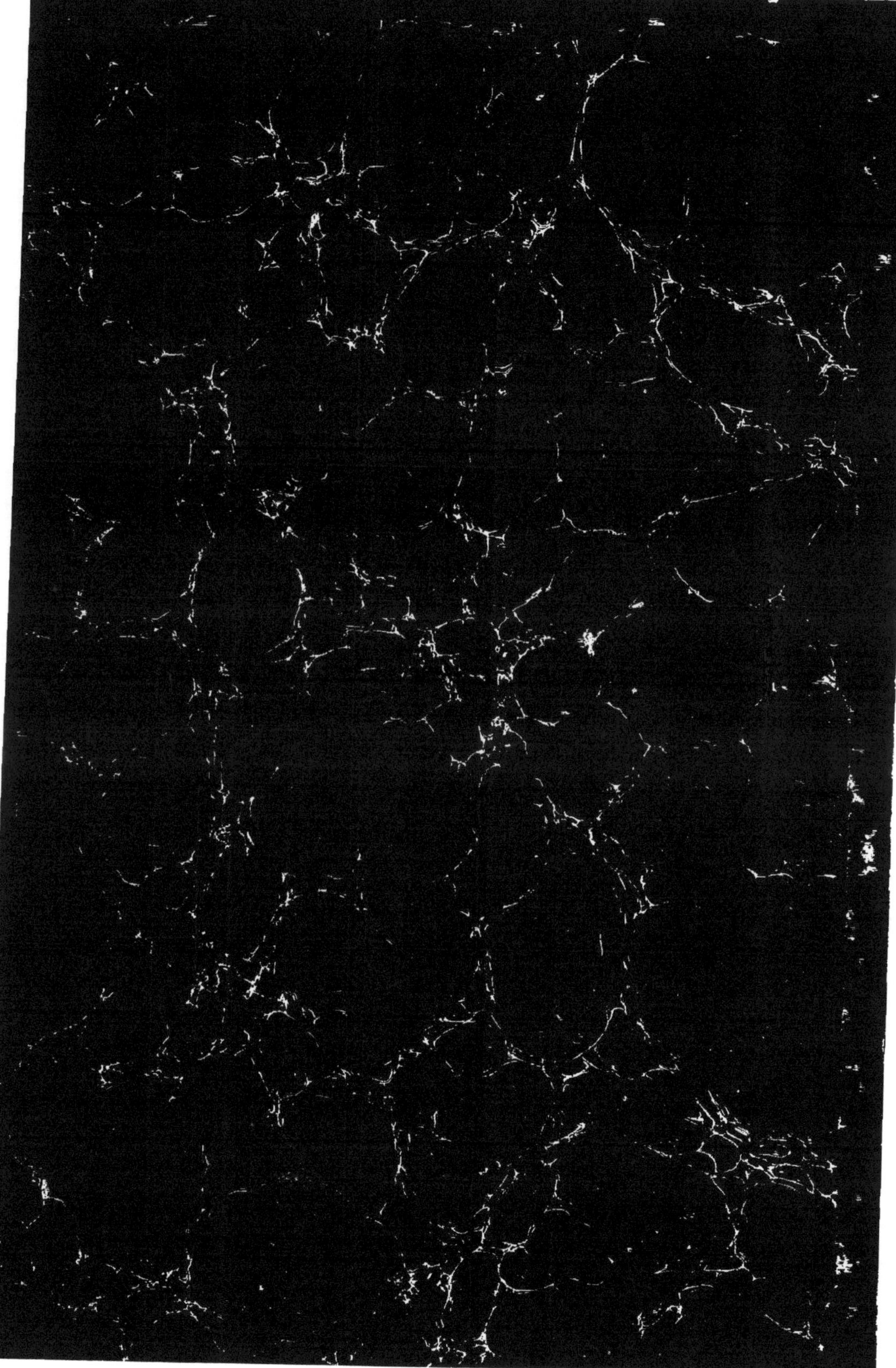

www.ingramcontent.com/pod-product-compliance
Ingram Content Group UK Ltd.
Pitfield, Milton Keynes, MK11 3LW, UK
UKHW021935200726
13855UKWH00007B/28